时代教育·国外高校优秀教材精选

微 积 分

（翻译版·原书第9版）

Dale Varberg
（美）Edwin J. Purcell 著
Steven E. Rigdon

刘深泉 张万芹
张同斌 杜保建
王锦辉 慕运动 译
焦万堂

机 械 工 业 出 版 社

本书的英文原版是一本在美国大学中广泛使用的微积分课程教材。

本书内容包括：函数、极限、导数及其应用、积分及其应用、超越函数、积分技巧、不定型的极限和反常积分、无穷级数、圆锥曲线与极坐标、空间解析几何与向量代数、多元函数的微分、多重积分、向量微积分。

本书强调应用，习题数量多、类型广，重视不同学科之间的交叉，强调其实际背景，反映当代科技发展。每章之后有附加内容，包括利用图形计算器或数学软件计算的习题或带研究性的小题目等。

本书可作为高等院校理工类专业本科生的教材或学习参考书，亦可供教师参考。

Original English language title：Calculus，9 th ed，by Dale Varberg，Edvin J. Purcell，Steven E. Rigdon.

ISBN 0-13-142924-8-6

图书在版编目（CIP）数据

微积分：第9版：翻译版/（美）沃伯格（Varberg，D.），（美）柏塞尔（Purcell，E.J.），（美）里格登（Rigdon，S.E.）著；刘深泉等译.—北京:机械工业出版社，2011.4（2024.6 重印）

时代教育·国外高校优秀教材精选

ISBN 978-7-111-33375-3

Ⅰ.①微… Ⅱ.①沃…②柏…③里…④刘… Ⅲ.①微积分-高等学校-教材 Ⅳ.①O172

中国版本图书馆 CIP 数据核字（2011）第 021202 号

机械工业出版社（北京市百万庄大街 22 号　邮政编码 100037）

策划编辑：郑　玫　责任编辑：郑　玫　任正一

版式设计：霍永明　责任校对：李秋荣

封面设计：鞠　杨　责任印制：常天培

北京机工印刷厂有限公司印刷

2024 年 6 月第 1 版第 10 次印刷

184mm×260mm·50.25 印张·1 插页·1516 千字

标准书号：ISBN 978-7-111-33375-3

定价：179.00 元

电话服务	网络服务
客服电话：010-88361066	机　工　官　网：www.cmpbook.com
010-88379833	机　工　官　博：weibo.com/cmp1952
010-68326294	金　书　网：www.golden-book.com
封底无防伪标均为盗版	机工教育服务网：www.cmpedu.com

出版说明

我国加入世界贸易组织（WTO）后，参与到越来越激烈的国际竞争中，而国际间的竞争实际上也就是人才的竞争、教育的竞争。为了加快培养具有国际竞争力的高水平技术人才，加快我国教育改革的步伐，国家教育部近来出台了一系列倡导高校开展双语教学、引进原版教材的政策。以此为契机，机械工业出版社陆续推出了一系列国外影印版教材，其内容涉及高等学校公共基础课，以及机、电、信息领域的专业基础课和专业课。

引进国外优秀原版教材，在有条件的学校推动开展英语授课或双语教学，自然也引进了先进的教学思想和教学方法，这对提高我国自编教材的水平，加强学生的英语实际应用能力，使我国的高等教育尽快与国际接轨，必将起到积极的推动作用。

为了做好教材的引进工作，机械工业出版社特别成立了由著名专家组成的国外高校优秀教材审定委员会。这些专家对实施双语教学做了深入细致的调查研究，对引进原版教材提出了许多建设性意见，并慎重地对每一本将要引进的原版教材一审再审，精选再精选，确认教材本身的质量水平，以及权威性和先进性，以期所引进的原版教材能适应我国学生的外语水平和学习特点。在引进工作中，审定委员会还结合我国高校教学课程体系的设置和要求，对原版教材的教学思想和方法的先进性、科学性严格把关，同时尽量考虑原版教材的系统性和经济性。

这套教材出版后，我们将根据各高校的双语教学计划，举办原版教材的教师培训，及时地将其推荐给各高校选用。希望高校师生在使用教材后及时反馈意见和建议，使我们更好地为教学改革服务。

机械工业出版社

由几何学得出的公式

三角形

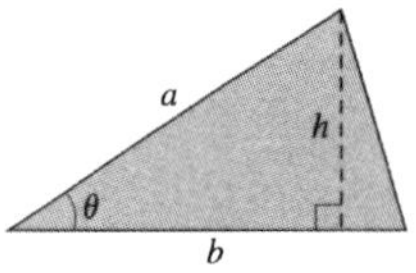

面积 $= \frac{1}{2}bh$

面积 $= \frac{1}{2}ab\sin\theta$

平行四边形

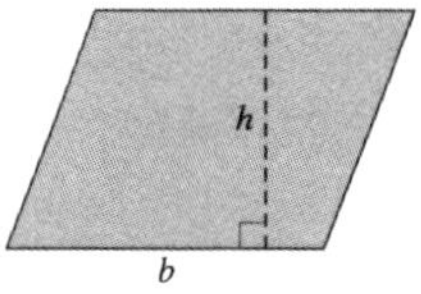

面积 $= bh$

梯形

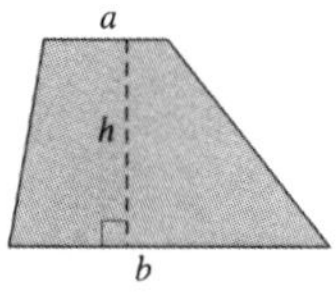

面积 $= \frac{a+b}{2}h$

圆

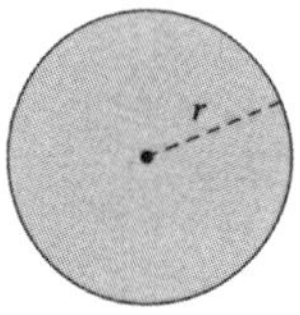

周长 $= 2\pi r$

面积 $= \pi r^2$

扇形

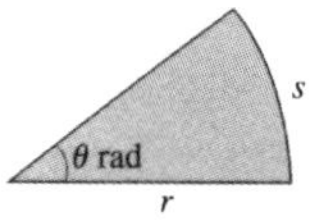

弧长 $s = r\theta$

面积 $= \frac{1}{2}r^2\theta$

极矩形

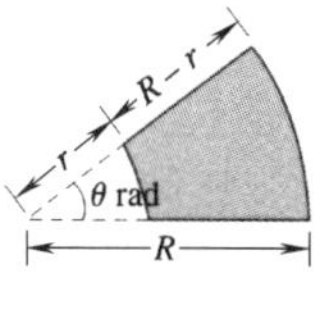

面积 $= \frac{R+r}{2}(R-r)\theta$

正圆柱体

侧面积 $= 2\pi rh$

体积 $= \pi r^2 h$

球

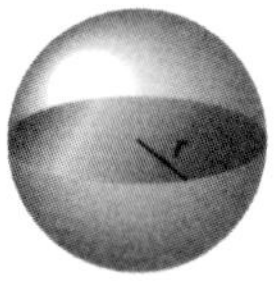

面积 $= 4\pi r^2$

体积 $= \frac{4}{3}\pi r^3$

正圆锥

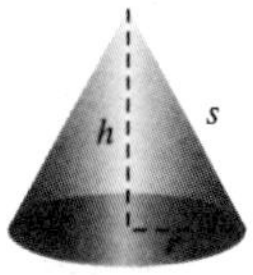

侧面积 $= \pi rs$

体积 $= \frac{1}{3}\pi r^2 h$

正圆台

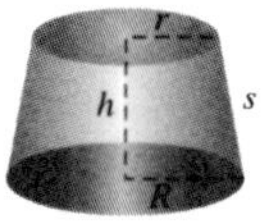

侧面积 $= \pi s(r+R)$

体积 $= \frac{1}{3}\pi(r^2+rR+R^2)h$

一般圆锥

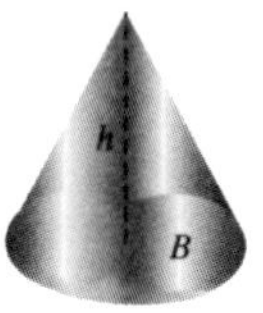

体积 $= \frac{1}{3}$(B 的面积)h

楔形

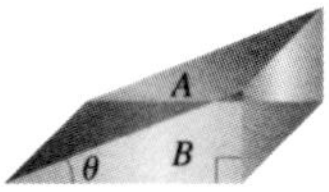

A 的面积 =（B 的面积）$\sec\theta$

译者序

英文大学数学教材《Calculus》的中文翻译版本《微积分》正式出版了，该教材是 Dale Varberg，Edwin Purcell 和 Steve Rigdon 共同完成，至今教材已经出版了第9版，在美国大学数学的教材中很有影响，美国多所重点大学一直使用该教材讲授非数学专业的大学数学课程，对应教材的辅导材料和教学平台也十分丰富。

华南理工大学计算机学院自2004年开始高等数学双语教学，使用的教材是该书的英文第8版，目前正在使用的是第9版。在多年使用该英文教材的过程中，我们坚持尊重美国作者的大学数学体系结构，一年级本科生的一年时间，用160个学时全部讲完整个教材内容。在多年教学过程中，内心非常喜欢此书，整体感觉这个教材非常好。首先，整个教材的体系来源于数学内在的联系。例如函数的概念，一般中文教材开始就总结几类初等函数，方便工科同学学习，但忽略常见函数概念的历史来源，特别是函数之间的内在联系。其次，本教材强调数学的应用，这里的应用包括对其他学科（包括数学）的适当渗透和对不同领域实际问题的解决。主要表现是教材重视计算机软件的模拟，一些实际应用内容完整给出计算结果，将数学的内涵具体化。另外，教材的例题和习题值得称赞，很多题目出自名门贵族。理论方面的问题如常数 e 无理性的证明，在半推半就之间，轻松完成，实际问题如 Logistic 模型的来源与变化，在不同领域的实际模型等。教材章节之间的讨论问题，更是伸缩自若，既紧密联系本章内容，又提高深化知识要点。供不同程度的同学选择，可以浏览了解问题，也可以亲自实践参与。我们曾经在华南理工大学计算机学院双语班，将章节之间的讨论题目分配布置给学生小组，让大家将问题和结果作成科研专题课件，效果很好。最后，需要强调的是整个教材的数学水平完全满足工科学生学习专业需要，如多元函数的微分积分中，使用向量概念，曲线积分和曲面积分的 Stokes 公式用旋度统一表达，这些略微超过中文教材大纲的要求。

与中文高等数学教材比较，本教材更数学和更实际，更数学的意思是教材的内容、体系和习题来源于数学的历史发展，不过分强调数学技巧；更实际的意思是适当向其他学科渗透，结合计算机解决实际问题，有很多内容是中文教材不具备的优点。有些教师会感觉它有些缺点。如把对数函数和指数函数放到定积分一章介绍，造成涉及这两类函数的极限、求导数、求积分都要放到后面去处理，这里作者更强调对数函数和指数函数定义为超越函数的特点；把数列极限和单调有界收敛准则放入级数一章介绍，造成常数 e 的重要极限无法及时证明，累及对数函数和指数函数的导数公式无法及时证明，这也许是作者的疏忽，也可能体现教材的弹性和重点。本教材回避无穷小概念，无穷小的概念，是数学中一个重要技巧，国内大学数学教材多突出无穷大和无穷小的概念，这是国内教材的一个特点。值得说明的是，现有的中文高等数学教材，经过不同高校老师的多年努力，教材本身已经形成完整的教学体系，有很多中文自己独立的优点，但英文教材有他们的体系。不同体系之间相互尊重，让读者体会和让学生评价，这是比较客观和理想的态度。多年的教学经验告诉我们，尊重别人的教学方法，保持自己的教学风格，让学生和读者检验我们的教材成果是多方共赢，大家接受的模式。

中文翻译版《微积分》，其教学内容满足我国大学数学的教学大纲要求，完全适合大学理工科学生大学数学的需要，教材内容上的细微差距，我们老师完全可以把握，根据自学生的实际情况做适当调整。在今天这个改革开放的社会中，我国的高等数学的双语教学蓬勃发展，中文翻译版《微积分》也会促进和帮助高等数学双语教学的进行，推动高等数学教学纵深发展。

最后，在该书出版的时候，我们非常感谢华南理工大学理学院和教务处的支持，特别感谢华南理工大学计算机学院双语班的学生，是这些聪明有灵气的年轻学生的多年创新实践和老师的教学总结，才有机会完成本书的全部翻译工作。厦门大学黄雪莹副教授审读了全书，她也用英文版进行双语教学。在翻译、出版过程中难免出现错误，欢迎不吝赐教，或讨论。

刘深泉教授
华南理工大学理学院数学系

前　言

第 9 版的《微积分》再次作适当调整，在增加一些新课题的同时，另外一些课题也被重新安排，但教材的特点仍然保持。以前版本的使用者的反馈很好，我们并不打算大规模修改这本已得到认可的教材。

对大多数读者来说，本教材仍被认为是传统教材。书中的大多数定理给予了证明，但当证明过分复杂时，证明作为练习或者忽略。对复杂证明的定理，我们试图给出直观解释，使得后面章节使用时比较合理。在某些情形下，我们给出证明的轮廓。此时，我们会解释为什么这是一个轮廓，而不是精确的证明。焦点问题仍然是理解微积分的概念，虽然有人强调清晰和准确的描述是理解微积分的简捷方法，但我们将两者作为互补的因素。如果概念定义清晰，定理陈述清楚、证明完整，学生会更容易掌握微积分。

教材概要　第 9 版继承所有成功微积分教材的主导思想，我们避免教材在新课题和新方法增加方面过度膨胀。在较少的篇幅内，本书覆盖了微积分的主要专题，包括预备章节，极限和向量微积分。在最近十几年，学生染上一些坏习惯。他们不喜欢读课本，而是喜欢寻找已经解出的例题，使得可以对照家庭作业中的问题。本教材的目标是继续保持微积分是关于以几个基本概念为中心的理论、公式和图形的课程。教材中的习题，对于开发解题思路和掌握解决问题的技巧是极其重要的，与理解微积分课程的目标并不矛盾。

概念复习问题　为鼓励学生理解阅读教材，在每个习题集之前设置四个填空题目，检验基本概念的内涵、定理的理解和应用概念解决简单问题的能力。学生应该在解决后面习题之前完成这些问题。我们采用快速反馈方法鼓励大家这样做，正确答案在习题集的后面给出。这些条目也给出测试问题，用于验证学生是否完成需要的阅读和课堂准备。

复习和预习问题　在结束一章内容后到新一章开始之间，同样给出一系列的复习和预习问题。这里的许多问题强迫学生在新一章开始之前，复习过去的课题，例如：

第 3 章，导数的应用：在求解不等式时，要求学生说明函数在哪里增减或者在哪里凹凸。

第 7 章，积分技巧：要求学生用变量代换法来求解积分，这是他们在此前学过的求积分的唯一技巧，缺乏这个技巧本章会导致“灾难”后果。

第 13 章，多重积分：要求学生在直角坐标、柱面坐标和球面坐标系下画出方程的图像，二维和三维空间的直观区域对多重积分的理解尤其重要。

其他复习和预习问题要求学生应用已经学过的知识，开始新的一章。例如：

第 5 章，积分的应用：要求学生找出两个函数之间的线段长度，这正是本章进行切片、近似和积分步骤的技巧。同样，要求学生求出小圆盘、垫圈和薄壳的体积。在本章开始之前完成这些任务可以让学生更好理解切片、近似和积分的思想，并直接用于求出一个旋转体的体积。

第 8 章，不定式的极限和广义积分：要求学生解出积分 $\int_0^a e^{-x}dx(a = 1,2,4,8,16)$ 的值。我们期望学生通过这样的问题意识到随着 a 值增加，积分值趋向于 1，从而开始理解广义积分的思想。同样的策略包含在无穷级数概念之前的求和问题中。

数的感觉 数的感觉一直在本书中起着关键作用，学生在包含数值运算的问题中出错时，数的感觉会让他们意识到答案错误并重新求解。为鼓励和发展这个潜在能力，我们强调估计过程。我们给出如何进行心算的估计，如何得到大致正确的答案。本教材中，我们有意识地增加使用数的感觉的机会，并用符号 $\boxed{\approx}$ 表示得到一个大致正确的答案，我们希望学生也这样做，特别是在求解标有符号 $\boxed{\approx}$ 的问题时。

技术的使用 第 9 版的很多问题用下列符号标示：

$\boxed{\text{C}}$ 表示常用的计算器可以帮助解决的问题。

$\boxed{\text{GC}}$ 表示需要一个有图形功能的计算器帮助解决的问题。

$\boxed{\text{CAS}}$ 表示需要计算机代数系统（计算软件）的帮助解决的问题。

第 8 版中每章最后的技术项目现在可以在互联网得到 PDF 格式的文档。

第 9 版的变化 教材的基本结构和特点仍然没有改变，本版的主要变化有：

1）前一章结束和新一章开始之间，有一系列复习和预习的问题。

2）第 0 章被压缩，微积分的预备课题（第 8 版中第 2 章开始）放在第 0 章。在第 9 版的第 1 章，开始部分是极限。第 0 章需要多少预备内容，取决于每个同学的情况和每个学校的不同要求。

3）原函数的内容和微分方程的介绍被转移到第 3 章，这样可以更清楚地区分概念“变化率”和概念“累积”。由于第 4 章开始是面积，下面直接是定积分和微积分基本定理。根据作者过去的经验，很多一年级学习微积分的学生，不能明确区分不定积分是原函数与定积分是和的极限这两个概念。这个经验从 1965 年的第 1 版到今天的版本仍然正确。我们希望分开不同的课题会加强这些概念的区分。

4）第 5 章积分的应用，增加了概率和流体压力。我们强调概率问题类似直线上的质点问题。物体的质心是密度与 x 相乘的积分，而概率的期望也是概率密度与 x 相乘的积分。

5）将 5 节的锥体部分内容浓缩成 3 节。学生在微积分之前的课程中已经了解到这些内容（不是全部）。

6）向量内容被合并成单独的一章。在第 8 版，在第 13 章讨论平面向量，在第 14 章讨论空间向量。通过合并，许多课题（如曲率、面积）不必被重复。第 9 版大部分内容介绍空间向量，但也介绍了平面向量如何使用。问题的上下文应该指出到底需要平面向量还是需要空间向量。

7）有几个关于行星运动开普勒定律的例题和练习。向量内容的最后是牛顿万有引力定律衍生出开普勒定律。我们在例题中推出开普勒第二定律和第三定律，将第一定律作为练习。在这个练习中，从步骤（a）到步骤（l）逐步推导得到结论。

8）第 13 章多重积分，现在用包含多重积分的雅可比变换作为结束。

9）数值计算方法这一节，放在整个课本的近似计算的位置。例如，方程近似求解变成 3.7 节；数值积分变成 4.6 节；微分方程的近似解变成 6.7 节；函数的泰勒近似变成 9.9 节。

10）微分方程这一章已经被删去，学生可以在互联网找到。本版教材包含的是微分方程数值解这一内容，包括梯度场和欧拉法。

11）概念问题的数量大大增加。许多问题要求学生绘制图表。对不能得到解析解的问题，我们也增加了数值方法的使用，例如牛顿法和数值积分。

致谢　非常感谢普伦蒂斯霍尔出版社的全体职员（省略名单）和仔细检查第9版的全体教师（省略名单），最后非常感谢我的妻子波特，孩子克里斯、玛丽和爱米丽容忍我很多深夜和周末在办公室工作。

斯蒂芬·E·里格登（S. E. R.）
srigdon@ siue. edu
南伊利诺斯大学　爱德华兹维尔校区

单 位 表

量的名称	单位名称	单位符号	换算关系
长度	米	m	
	厘米	cm	
	千米	km	
	海里	n mile	1 n mile = 1852m
	英尺	ft	1 ft = 0.3048 m
	英寸	in	1 in = 0.0254 m
	英里	mile	1 mile = 1609.344 m
	码	yd	1 yd = 0.9144 m
体积	升	L	1 L = 0.001 m^3
	加仑（美）	gal	1 gal = 3.78541 L
质量	千克	kg	
	磅	lb	1 lb = 0.45359237 kg
	短吨	sh ton	1 sh ton = 907.185 kg
	夸特	qr	1 qr = 12.7006 kg
时间	秒	s	
	分钟	min	
	小时	h	
速度	米每秒	m/s	
	千米每小时	km/h	
	英尺每秒	ft/s	1 ft/s = 0.3048 m/s
	英里每小时	mile/h	1 mile/h = 0.44704 m/s
质量	克	g	
	千克	kg	
力	牛	N	
	达因	dyn	1 dyn = 10^{-5} N
力矩	牛顿米	N · m	
压强	帕斯卡	Pa	
	巴	bar	1 bar = 10^5 Pa
电流	安培	A	
电压	伏	V	
电阻	欧姆	Ω	
能量	焦	J	
功率	瓦特	W	
电荷	库仑	C	
音强	分贝	dB	
角	弧度	rad	
	转	r	

常用的构成十进倍数和分数单位的词头有毫（m）表示 10^{-3}，厘（c）表示 10^{-2}，兆（M）表示 10^6。

目 录

第0章 预备知识

0.1 实数、估算、逻辑

微积分是建立在实数体系及其性质基础上的．但是实数到底是什么？它又有什么性质？要回答这两个问题，我们需要先从整数和有理数开始．

整数和有理数 在所有数中，**自然数**是最简单的数

$$1, 2, 3, 4, 5, 6, \cdots$$

通过它们，我们可以对实物进行计数，如：书籍、朋友和金钱等．如果把负数和零也包含进去，我们就得到**整数**

$$\cdots, -3, -2, -1, 0, 1, 2, 3, \cdots$$

当我们测量长度、重量或者电压物理量时，整数就不合适了，整数间的间距太大，不能提供足够的精确度来描述这些物理量．需要考虑引入整数的比值形式(图1)，例如：

$$\frac{3}{4}, \frac{-7}{8}, \frac{21}{5}, \frac{19}{-2}, \frac{16}{2}和\frac{-17}{1}$$

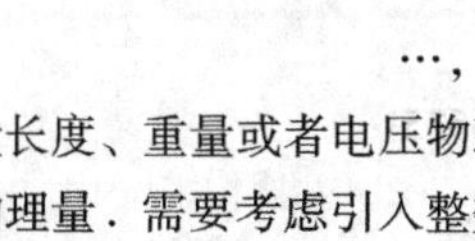

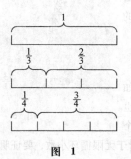

图 1

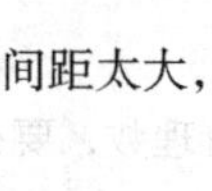

图 2

注意：这里包含$\frac{16}{2}$和$\frac{-17}{1}$，尽管按照除法的意义，平时我们习惯写作8和－17，但这里的写法不包括$\frac{5}{0}$或者$\frac{-9}{0}$，因为它们不可能给出实际的意义(见习题30)．切记，除数是不允许为0的．我们把可以写成m/n形式的数称为**有理数**，其中m和n为整数，$n\neq0$.

有理数可以用来测量所有的长度吗？答案是否定的．这个令人吃惊的事实是由公元前15世纪的古希腊人发现的．他们发现如果直角三角形两直角边均为1时，则斜边长度为$\sqrt{2}$(图2)，而$\sqrt{2}$是无法写成两个整数

的比的形式的(见习题77). 所以说，$\sqrt{2}$是一个**无理数**(非有理数). 类似的数还有$\sqrt{3}$、$\sqrt{5}$、$\sqrt[3]{7}$、π 以及其他一系列数.

实数 考虑所有可以测量长度的数(有理数和无理数)，还有它们对应的负数和零，我们把它们统称为**实数**.

实数可以被看做是一条水平直线上点的标记，标记的位置表示从固定点(称为**原点**并且标记为0)向右或者向左的距离(**有向距离**)(图3). 虽然我们不可能画出所有的标记点，但是每个点的确对应唯一一个实数，这个数被称为该点的**坐标**，这条标记坐标的直线被称为**实数直线**. 图4给出上面所讨论的这些数集的关系.

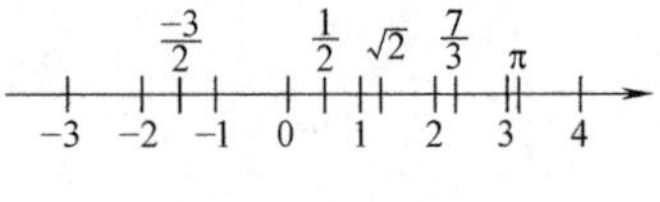

图 3

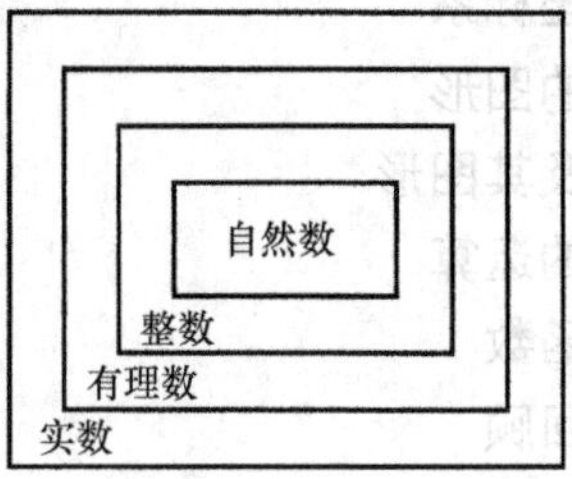

图 4

实数系统还可以进一步扩展到**复数**. 复数表示方式是 $a+bi$，其中 a 和 b 是实数，而 $i=\sqrt{-1}$. 复数在本书中很少出现. 事实上，如果我们没有特别指明的话，本书中的数默认为是实数. 实数是微积分中的主要角色.

循环小数与不循环小数 每个有理数都可以写成一个小数形式. 根据定义，它可以表达成两个整数的商. 如果用分子除以分母，可以得到一个小数. 例如：

$$\frac{1}{2}=0.5,\ \frac{3}{8}=0.375,\ \frac{3}{7}=0.428571428571428571\cdots$$

无理数，也可以表达成一个小数. 例如

$$\sqrt{2}=1.4142135623\cdots,\ \pi=3.1415926535\cdots$$

用小数表示一个有理数，要么是有限的(例如 $3/8=0.375$)，要么是无限循环的(例如 $13/11=1.18181818\cdots$)，如图5所示. 动手试验一下，只需多做几步除法计算，就知道为什么了(注意，只有可能出现有限个不相同的数字). 一个有限小数可以被认为是一个循环是0的循环小数，例如：

$$\frac{3}{8}=0.375=0.3750000\cdots$$

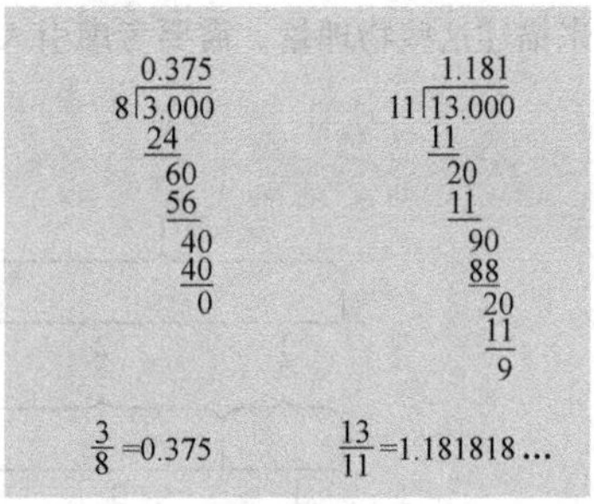

图 5

因此，每个有理数都可以被写成一个循环小数. 换句话来说，如果 x 是一个有理数，那么它可以被写成一个循环小数. 而其逆命题也同样成立：如果 x 是一个循环小数，那么 x 是一个有理数. 对于一个有限小数来说，这是很明显的(例如：$3.137=3137/1000$)，而且，对于无限循环小数，要证明也十分简单.

例1(循环小数都是有理数) 说明 $x=0.136136136\cdots$是一个有理数.

解 我们用 $1000x$ 减去 x 来求解 x

$$1000x=136.136136$$
$$x=0.136136$$
$$999x=136$$
$$x=\frac{136}{999}$$

无理数的小数形式是不循环的．反过来，一个不循环的无限小数一定是一个无理数．例如：

$$0.101001000100001\cdots$$

肯定是一个无理数(注意到数的形式中在每两个 1 之间有越来越多的 0)．图 6 中的表格总结了我们之前说过的结论．

稠密性 在任意两个不同的实数 a，b 之间，无论它们如何接近，总存在另外一个实数．特别地，$x_1=(a+b)/2$ 是 a，b 的中间值．在 a 与 x_1 之间(图 7)又有另外一个实数 x_2，同时，又有实数 x_3 在 x_1 和 x_2 之间，而且这个结论可以被无限次地重复运用，我们可以得到无限多个在 a 和 b 之间的实数．因此，并没有类似于“只比 3 大的实数”的说法．

事实上，我们可以进一步拓展这一结论．在任意两个不同的实数之间，总存在一个有理数和一个无理数．(在习题 57 里面，要求证明总有一个无理数存在于任意两个实数之间)．因此，根据上面的结论，在每一对实数之间都有无穷多个数．

数学家把这种情况描述为：有理数和无理数在实数直线上都是稠密的．每个数都同时拥有充分接近的有理数和无理数与之相邻．

这种稠密性的一个结论是：任何无理数都可以用一个满足我们期望的有理数去充分接近——事实上，这个接近过程可以用一个有限不循环小数去表示．用$\sqrt{2}$作为例子．一连串的数，1，1.4，1.41，1.414，1.4142，1.41421，1.414213，…不断接近于$\sqrt{2}$(图 8)．通过这一连串足够长的小数，可以足够接近$\sqrt{2}$.

实数	
有理数	无理数
循环小数	不循环小数

图 6

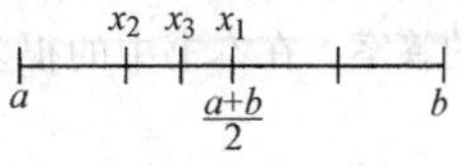

图 7

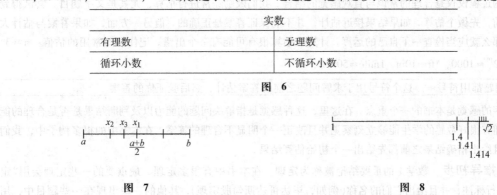

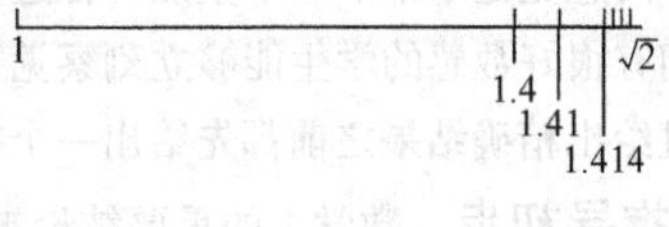

图 8

计算器与计算机 今天很多计算器都能进行运算、绘图及符号操作．几十年前，计算器已经可以完成数值运算，例如给出 $\sqrt{12.2}$、$1.25\sin 22°$的近似数值．到了 20 世纪 90 年代，计算器可以绘制出几乎是任何一个代数、三角、指数和对数函数的图形．现在先进的技术允许计算器去完成很多字母运算，例如展开$(x-3y)^{12}$或者解 $x^3-2x^2+x=0$. 计算机软件 Mathematic 或者 Maple 以及其他的软件都能够完成诸如此类的符号运算．

通常我们建议这样来使用计算器：

1）知道所使用的计算器什么时候能给出一个确切的答案，什么时候给出一个近似值．例如，如果想知道 $\sin 60°$的值，计算器可能给出一个精确的答案$\sqrt{3}/2$，或者一个近似数值 0.8660254.

2）在大多情况下，我们更偏向于得到一个精确的答案，特别是当你必须使用它来完成下一步的运算时．例如：假如当需要得到 $\sin 60°$的完全平方时，很简单，计算$(\sqrt{3}/2)^2=3/4$ 比计算 0.8660254^2 更精确．

3）在实际应用中，尽可能提供一个精确的答案和一个近似值．可以通过看近似值来检查答案是否合理，因为它与问题的描述是相关联的．

估算 面对一个复杂的计算问题，一个粗心的学生可能会马上按动计算器按键，直接得出结果，但没有意识到自己没看到一个括号或者是遗失了一个数字已经导致了错误．一个认真的学生对数有特殊的感觉，他也是按同样的键，当结果太大或者太小时马上就能意识到错误，然后将它改正．这就是估算的重要性．

例2 计算$\frac{\sqrt{430}+72+\sqrt[3]{7.5}}{2.75}$.

解 聪明的学生会估算$\frac{20+72+2}{3}$，并且得出结论，答案应该为30左右．所以，如果计算得出93.448，他会感到怀疑(他实际算的是$\sqrt{430}+72+\frac{\sqrt[3]{7.5}}{2.75}$)．重算一遍后，他得出了正确答案：34.434.

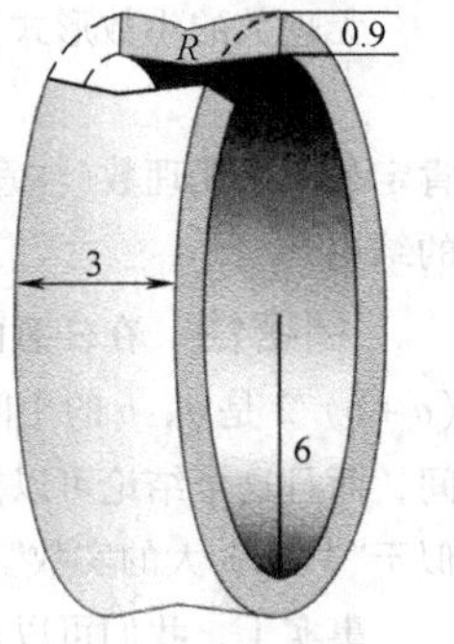

图 9

例3 假如图9中的阴影区域R绕x轴旋转一周，估计旋转后所构成物体S的体积．

解 区域R大约是3个单位长，0.9个单位高．我们估计它的面积$3\times 0.9\approx 3$平方单位．想像一下将固体环S撕开，平面铺开后形成一个盒状物，长约$2\pi r\approx 2\times 3\times 6=36$个单位．盒子的体积就是它的截面积与长的乘积．所以，我们估算它的体积是$3\times 36=108$个立方单位．如果算出它有1000个立方单位的话，最好再检查一下自己的运算过程．

> $\approx$
>
> 在例3中，我们已经应用$\approx$表示近似相等。近似计算时，可以利用这个符号运算。在正式运算时，不确定误差大小的时候不要使用这个符号。

估算的过程仅仅是合理的常识与直观感觉的结合．我们鼓励经常进行估算，尤其是文字题目．尝试得到准确答案前，先做个估算．如果结果接近估计，并不能保证答案是正确的．但另一方面，如果答案与估计大相径庭，那么就应当检查一下自己的运算．计算或估算很有可能有一个出错．记住一些常用的估值：$\pi\approx 3$、$\sqrt{2}\approx 1.4$，$2^{10}\approx 1000$，1ft≈10in，1mile≈5000ft，…

> 很多问题都用符号$\approx$。这个符号用于求解问题之前的答案估计，然后验证你的答案。

对数字的感觉是本书的一个重点．在这里，这种感觉是指解决问题的能力以及判断结果是否是合理的能力．一个拥有很好数感的学生能够立刻察觉并且改正一个明显不合理的答案．在本书中的很多例子中，我们在演算并且给出精确结果之前都先给出一个初始估算结果．

逻辑推导初步 数学上的重要结论被称为**定理**。在本书中有很多定理．最重要的一些定理会用“定理”字样进行标注，并且给出它们的名称(例如，毕达哥达斯勾股定理)．其他的一些出现在一些题目中，用“验证”或“证明”等字样进行提示．与公理和定义已经被大多数人公认的结论不同，定理需要证明．

很多定理可以用“如果P，那么Q”的命题形式表述．或者用简洁的格式，命题$P\Rightarrow Q$来表示．“如果P，那么Q”，读做“命题P推出命题Q”．我们称命题P是定理的**假设**，命题Q是定理的结论．定理的证明要阐明：只要命题P成立，那么命题Q就必然成立．

初学者(和部分非初学者)可能会搞混命题$P\Rightarrow Q$和**逆命题**$Q\Rightarrow P$. 这两个命题是不等价的．“如果约翰是密苏里州人，那么他是美国人”是个正确的命题，可是它的逆命题“如果约翰是美国人，那么他是密苏里州人”可能是假命题．

命题P的**否命题**用$\sim P$来表示．例如，如果P是命题“正在下雨”的话，那么$\sim P$就表示命题“现在没有下雨”．表达式$\sim Q\Rightarrow\sim P$称为是表达式$P\Rightarrow Q$的**逆否命题**，并且它等价于$P\Rightarrow Q$.“等价”意味着$P\Rightarrow Q$和$\sim Q\Rightarrow\sim P$同时正确、同时错误．就如我们上述约翰的例子，“如果约翰是密苏里州人，那么他是美国人”的逆否命题是“如果约翰不是美国人，那么他一定不是密苏里州人”．

因为一个命题和它的逆否命题是等价的，我们可以通过证明逆否命题“如果非Q，那么非P”来证明形式为“如果P，那么Q”的定理．所以，为证明$P\Rightarrow Q$，我们可以假设$\sim Q$，来得出$\sim P$的结论．这里给出一个简单的例子．

例4 如果n^2是偶数，那么n是偶数．

证明 该命题的逆否命题是：“如果n不是偶数，那么n^2不是偶数”，等价于“如果n是奇数，那么n^2

是奇数". 以下证明该逆否命题成立.

假如 n 是奇数，则一定存在一个整数 k 使得 $n=2k+1$，然而

$$n^2=(2k+1)^2=4k^2+4k+1=2(2k^2+2k)+1$$

因此，n^2 等于偶数加一，所以 n^2 是奇数.

逻辑排中律告诉我们：要么命题 R 成立，要么命题 $\sim R$ 成立，但不能两者同时成立. 任何一个命题的证明，如果先假设与定理中命题结论相反的假定，然后从这个假定中得出和已知条件相矛盾的结果，这种证明方法称为**反证法**.

有时，我们需要另外一种命题证明方法，称为**数学归纳法**. 这种方法的描述和本节的内容有点差距，附录 A1 给出数学归纳法的完整叙述.

反证法

归谬法也称为反证法. 著名数学家 G. H. 哈得雷对反证法这样评价. "欧几里德所钟爱的反证法，是数学家最好的工具之一. 它比任何象棋的开局让棋法都要好；一个棋手开局可能会牺牲一个或几个兵卒，而一个数学家则开始出价整个比赛."

有时，命题 $P\Rightarrow Q$(如果 P，那么 Q)和命题 $Q\Rightarrow P$(如果 Q，那么 P)都正确，在这种情况下，我们可以得到 $P\Leftrightarrow Q$，读作"当且仅当 P 成立时，Q 成立".

在例 4 中我们证明了"如果 n^2 是偶数，那么 n 是偶数"，但是逆命题"如果 n 是偶数，那么 n^2 也是偶数"也是正确的. 因此，我们可以说"当且仅当 n^2 是偶数时，n 是偶数."

序 非零实数分为不相交的两集合，一是正实数，一是负实数. 这个事实导致引入顺序关系符 $<$(读作"小于")

$$x<y\Leftrightarrow y-x\text{ 是正值}$$

我们认为，$x<y$ 和 $y>x$ 是等价的. 于是，$3<4$ 和 $4>3$；或者 $-3<-2$ 和 $-2>-3$ 分别等价.

实线上的序

我们说 $x<y$，意思是 x 在实数轴上位于 y 的左侧.

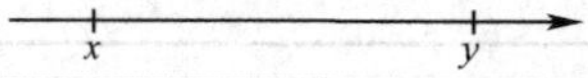

顺序关系符 $\leqslant$(读作"小于或者等于")是 $<$ 的衍生. 它的定义是如下表达式：

$$x\leqslant y\Leftrightarrow y-x\text{ 是正值或零}$$

实数顺序的性质

1. 三分法. 如果 x 和 y 是实数，一定遵循下列关系：$x<y$ 或者 $x=y$ 或者 $x>y$.
2. 传递性. $x<y$ 并且 $y<z\Rightarrow x<z$.
3. 加法运算. $x<y\Leftrightarrow x+z<y+z$.
4. 乘法运算. 当 z 是正数时，$x<y\Leftrightarrow xz<yz$. 当 z 是负数时，$x<y\Leftrightarrow xz>yz$.

在方框里的顺序性质 2，3 和 4 中，符号 $<$ 和 $>$ 可分别用 $\leqslant$ 和 $\geqslant$ 代替.

量词 许多数学命题都引入了一个变量 x，命题的正确与否很大程度上决定于 x 的值. 例如，命题"$\sqrt{x}$ 是有理数"决定于变量 x 的值. 对于一些数，例如 $x=1，4，9，\frac{4}{9}$ 和 $\frac{10000}{49}$，这个命题是正确的，可是对于另一些数，诸如 $x=2，3，77$ 和 π，该命题就是错误的. 有些命题，例如"$x^2\geqslant 0$"对所有实数都成立，而另一些命题，如"x 是大于 2 的偶数并且 x 是素数"是错误的. 我们用 $P(x)$ 来表示需要由 x 才能判定正确与否的命题.

当 $P(x)$ 对于一切实数成立时，我们说"对于所有 x，$P(x)$ 成立"或者是"对于任意 x，$P(x)$ 成立". 当 $P(x)$ 至少有一个 x 成立时，我们说"存在一个 x，使得 $P(x)$ 成立". 最重要的两个量词就是"对于所有"和"存在一个".

例5 下列哪个命题是正确的？

(a)对于所有实数 x，$x^2>0$.

(b)对于所有实数 x，$x<0\Rightarrow x^2>0$.

(c)对于任意 x，存在一个 y，使得 $y>x$.

(d)存在一个 y，使得对于全体实数 x，$y>x$.

解 (a)错误．如果 $x=0$，则命题错误．

(b)正确．如果 x 是负数，那么 x^2 是正数．

(c)正确．这个定理包含了两个量词，"对于任意"和"存在一个"．为了正确理解这个命题，我们必须读准它们的顺序．命题是以"对于任意实数"开始，所以如果命题是正确的，接下来对于所选的变量 x，仍然还是正确的．如果你不能确定命题是否正确，给 x 赋几个值，检查一下结论是否正确．例如，我们可以选择 $x=100$；赋值后，是否存在一个 y 大于 x 呢？换句话说，是否存在一个数大于100？当然，是的．数字101就比100大．下面，我们选另一个值给 x，$x=1000000$. 是否存在一个 y 比 x 大吗？同样，答案是对的．在这个例子中1000001就可以达到这个目的．现在，你可以问一下自己："如果我赋给 x 任意实数，能找到一个 y 比 x 大吗？"答案是肯定的．只要选 y 等于 $x+1$ 就可以．

(d)错误．这个命题是说存在一个实数大于任意实数．换句话说，有一个最大的实数．这是错误的；下面我们用反证法来证明．假设存在最大实数 y. 我们赋给 $x=y+1$. 那么 $x>y$，这就证明了假设 y 是最大实数是错误的．

命题 P 的对立称为"非 P"(命题"非 P"成立的条件是命题 P 错误)．考虑命题"对所有 x，$P(x)$"的逆命题，如果逆命题成立，意味着至少存在一个 x，命题 $P(x)$ 错误．换句话说，有一个 x，使得"非 P"成立．现在，考虑命题"存在一个 x，使得 $P(x)$ 成立"的逆命题．这意味着，无论 x 取何值，命题 $P(x)$ 总是错误的．换言之，即"对于一切 x，命题 $P(x)$ 都不成立"．

总之：

"对所有 x，$P(x)$"的逆命题是"存在一个 x，使得非 $P(x)$"．

"存在一个 x，使得 $P(x)$"的逆命题是"对每一个 x，使得非 $P(x)$"．

概念复习

1. 能够写成两个整数的商的数是________数．
2. 在任意两个实数间必存在另一个实数，这表明实数具有________．
3. "如果 P，则 Q"的逆否命题是________．
4. 公理和定义是公认的，但________是需要证明的．

习题0.1

尽量简化题1～16. 去掉式中所有括号并简化分式．

1. $4-2(8-11)+6$
2. $3[2-4(7-12)]$
3. $-4[5(-3+12-4)+2(13-7)]$
4. $5[-1(7+12-16)+4]+2$
5. $\frac{5}{7}-\frac{1}{13}$
6. $\frac{3}{4-7}+\frac{3}{21}-\frac{1}{6}$
7. $\frac{1}{3}\left[\frac{1}{2}\left(\frac{1}{4}-\frac{1}{3}\right)+\frac{1}{6}\right]$
8. $-\frac{1}{3}\left[\frac{2}{5}-\frac{1}{2}\left(\frac{1}{3}-\frac{1}{5}\right)\right]$
9. $\frac{14}{21}\left(\frac{2}{5-\frac{1}{3}}\right)^2$
10. $\left(\frac{2}{7}-5\right)\Big/\left(1-\frac{1}{7}\right)$

11. $\dfrac{\dfrac{11}{7}-\dfrac{12}{21}}{\dfrac{11}{7}+\dfrac{12}{21}}$ 12. $\dfrac{\dfrac{1}{2}-\dfrac{3}{4}+\dfrac{7}{8}}{\dfrac{1}{2}+\dfrac{3}{4}-\dfrac{7}{8}}$

13. $1-\dfrac{1}{1+\dfrac{1}{2}}$ 14. $2+\dfrac{3}{1+\dfrac{5}{2}}$

15. $(\sqrt{5}+\sqrt{3})(\sqrt{5}-\sqrt{3})$ 16. $(\sqrt{5}-\sqrt{3})^2$

运算 17 ~ 28 题中各式并化简.

17. $(3x-4)(x+1)$ 18. $(2x-3)^2$ 19. $(3x-9)(2x+1)$

20. $(4x-11)(3x-7)$ 21. $(3t^2-t+1)^2$ 22. $(2t+3)^3$

23. $\dfrac{x^2-4}{x-2}$ 24. $\dfrac{x^2-x-6}{x-3}$ 25. $\dfrac{t^2-4t-21}{t+3}$

26. $\dfrac{2x-2x^2}{x^3-2x^2+x}$ 27. $\dfrac{12}{x^2+2x}+\dfrac{4}{x}+\dfrac{2}{x+2}$ 28. $\dfrac{2}{6y-2}+\dfrac{y}{9y^2-1}$

29. 找出下列各项的值；如果无意义，就说无意义.

(a) $0 \cdot 0$ (b) $\dfrac{0}{0}$ (c) $\dfrac{0}{17}$ (d) $\dfrac{3}{0}$ (e) 0^5 (f) 17^0

30. 用如下方法可证明，除数为 0 是无意义的：假设 $a \neq 0$，如果 $a/0=b$，那么 $a=0 \cdot b=0$，这与假设是矛盾的. 现在，找出原因，为什么$\dfrac{0}{0}$也是无意义的.

在习题 31 ~ 36 中，通过除法把各个有理数转换成小数形式.

31. $\dfrac{1}{12}$ 32. $\dfrac{2}{7}$ 33. $\dfrac{3}{21}$ 34. $\dfrac{5}{17}$ 35. $\dfrac{11}{3}$ 36. $\dfrac{11}{13}$

在习题 37 ~ 42 中，把循环小数转换成两个整数之比的形式.

37. 0.123123123… 38. 0.217171717… 39. 2.56565656…

40. 3.929292… 41. 0.199999… 42. 0.399999…

43. 由 0.199999… = 0.200000…及 0.399999… = 0.400000…(习题 41、42). 可以看出对某一个有理数都可有两种小数表达形式. 为什么有理数具有这样的性质呢?

44. 证明对于任意有理数 p/q，其中 q 因数分解后的因数是素数 2 和 5(2，5 的个数不定)，该有理数可以表示成一个有限小数.

45. 找出比 0.00001 小且大于 0 的一个有理数和一个无理数.

46. 最小的正整数是什么？最小的正有理数是什么？最小的无理数是什么?

47. 找出在 3.14159 与 π 之间的一个有理数. 注意 $\pi=3.141592\cdots$.

48. 有没有一个介于 0.9999…(9 无限重复)和 1 之间的数？如何解释命题"在任意两个不等实数之间总存在另一个实数"?

49. 0.1234567891011121314…是有理数还是无理数?(请注意小数格式按自然数顺序排列的规律)

50. 找出和为有理数的两个无理数.

在习题 51 ~ 56 中，先估计各项的值，再用计算器计算最佳近似值.

51. $(\sqrt{3}+1)^3$ 52. $(\sqrt{2}-\sqrt{3})^4$ 53. $\sqrt[4]{1.123}-\sqrt[3]{1.09}$

54. $(3.1415)^{-1/2}$ 55. $\sqrt{8.9\pi^2+1}-3\pi$ 56. $\sqrt[4]{(6\pi^2-2)\pi}$

57. 证明在任意两个不等实数之间总存在一个有理数.(提示：若 $a<b$，则有 $b-a>0$，所以，总有一个自然数 n 满足 $1/n<b-a$. 考虑解集$\{k \mid k/n>b\}$，已知有下界的整数解集包含至少一个元素)证明在任意两个不等实数之间有无穷多个有理数.

58. 估算你头部体积是多少立方英寸.

59. 以英尺为单位估算赤道的长度. 假设地球半径为4000mile.

60. 到你二十岁生日那天，你的心脏大约已经跳了多少下?

61. 美国加利福尼亚州的雪曼将军树高270ft，平均直径约16ft. 请估算从这棵树上可得到多少板呎的木材(1板呎 $=12\text{in}\times12\text{in}\times1\text{in}=144\text{in}^3$)，假设不考虑浪费，忽略树枝.

62. 假设雪曼将军树(习题61)每年增长的年轮厚0.004ft. 请估算每年树干体积的增长.

63. 写出下列命题的逆命题与逆否命题:

(a) 如果今天下雨，我就会在家里做功课;

(b) 如果申请人满足所有的要求，那么她就会被雇用.

64. 写出下列命题的逆命题与逆否命题:

(a) 如果我在期末考试中得A，我就会通过课程测验;

(b) 如果我在周五前完成我的研究论文，我下周就会放假.

65. 写出下列命题的逆命题与逆否命题:

(a) 令 a，b，c 是三角形的三条边长，如果 $a^2+b^2=c^2$，则这个三角形是直角三角形;

(b) 如果角 ABC 是锐角，那么该角度的值大于0°，小于90°.

66. 写出下列命题的逆命题与逆否命题:

(a) 如果角 ABC 是45°，那么角 ABC 是锐角;

(b) 如果 $a<b$，那么 $a^2<b^2$.

67. 考虑习题65中的命题及其逆命题和逆否命题，哪个是真的?

68. 考虑习题66中的命题及其逆命题和逆否命题，哪个是真的?

69. 利用关于数量的命题准则，写出下列命题的逆命题，并判断原命题和它逆命题哪个是真的?

(a) 任意两边相等的三角形是全等三角形;

(b) 有一个实数不是整数;

(c) 任意一个自然数小于或者等于它的平方.

70. 利用关于数量的命题准则，写出下列命题的逆命题，并判断原命题和它逆命题哪个是真的?

(a) 任意一个自然数是有理数;

(b) 有一个圆周，它的面积大于 9π;

(c) 任意一个实数大于它的平方.

71. 假设 x，y 是实数，下面哪一项是正确的?

(a) 对于任意实数 x，$x>0\Rightarrow x^2>0$.

(b) 对于任意实数 x，$x>0\Leftrightarrow x^2>0$.

(c) 对于任意实数 x，$x^2>x$.

(d) 对于任意实数 x，存在 y，使得 $y>x^2$.

(e) 对于任意正数 y，存在另外一个正数 x，使得 $0<x<y$.

72. 下面哪一项是正确的? 除非声明是其他情况，否则认为 x，y 是实数.

(a) 对于任意 x，$x<x+1$;

(b) 存在一个自然数 N，使得所有素数小于 N(一个素数是一个自然数，它的因子只有1和它自身);

(c) 对于任意 $x>0$，存在一个数 y，使得 $y>\dfrac{1}{x}$;

(d) 对于任意正实数 x，存在一个自然数 n，使得 $\dfrac{1}{n}<x$;

(e) 对于任意正实数 ε，存在自然数 n 使得 $2^{-n}<\varepsilon$.

73. 证明下列命题.

(a) 如果 n 是奇数，那么 n^2 也是奇数；(提示：如果 n 是奇数，那么存在一个整数 k 使得 $n=2k+1$).

(b) 如果 n^2 是奇数，那么 n 也是奇数.

74. 如果 n 是奇数，当且仅当 n^2 是奇数.

75. 根据算术基本定理，每一个大于 1 的自然数可以唯一写成素数的乘积(不考虑因子的顺序). 例如，$45=3\times3\times5$. 将下列各自然数书写成素数的乘积的形式.

(a) 243　　(b) 124　　(c) 5100

76. 用算术的基本性质(习题 75)证明，任何一个大于 1 的自然数的平方都可以唯一写成一系列素数的乘积(不考虑因子的顺序). 并且每个素数都出现偶数次. 例如，$(45)^2=3\times3\times3\times3\times5\times5$.

77. 证明$\sqrt{2}$是无理数. 提示：尝试用反证法证明. 假如$\sqrt{2}=p/q$，其中 p，q 均为整数(必要的话不为 1)，那么 $2=p^2/q^2$. 用习题 76 的方法证明这是矛盾的.

78. 证明$\sqrt{3}$是无理数(参考习题 77).

79. 证明两个有理数的和仍是有理数.

80. 证明一个有理数(0 除外)和一个无理数的积是一个无理数.(提示：用反证法证明)

81. 下面哪一个是有理数，哪一个是无理数？

(a) $-\sqrt{9}$　　(b) 0.375　　(c) $(3\sqrt{2})(5\sqrt{2})$　　(d) $(1+\sqrt{3})^2$

82. 一个数 b 称为数集 S 的**上界**，如果对集合中的每个数 x 都有 $x\leqslant b$. 例如 5，6.5 和 13 就是数集 $S=\{1, 2, 3, 4, 5\}$的上界. 数 5 是数集 S 的**上确界**(最小的上界). 类似地，1.6，2 和 2.5 是无限集合 $T=\{1.4, 1.49, 1.499, 1.4999, \cdots\}$的上界，1.5 是它的上确界. 找出下列集合的上确界.

(a) $S=\{-10, -8, -6, -4, -2\}$

(b) $S=\{-2, -2.1, -2.11, -2.111, -2.1111, \cdots\}$

(c) $S=\{2.4, 2.44, 2.444, 2.4444, \cdots\}$

(d) $S=\left\{1-\frac{1}{2}, 1-\frac{1}{3}, 1-\frac{1}{4}, 1-\frac{1}{5}, \cdots\right\}$

(e) $S=\{x \mid x=(-1)^n+1/n\}$，$n$ 是正整数. 也就是说，S 是所有具有形式 $x=(-1)^n+1/n$ 的数的集合，其中 n 是正数.

(f) $S=\{x \mid x^2<2\}$，x 是有理数.

83. 实数数轴完整性公理表明：任一有上界的实数集合必有一个实数上确界.

(a) 证明这个结论是错的，如果将实数换为有理数呢？

(b) 如果将实数换为自然数，这个结论是对还是错？

概念复习答案：

1. 实数　　2. 稠密性　　3. "如果非 Q，则非 P"　　4. 定理

0.2 不等式与绝对值

解方程(如 $3x-17=6$ 或 $x^2-x-6=0$)是数学的基本内容之一，也是本课程的重要内容，我们假设已知道它们的解法. 但在微积分中，解不等式也是非常重要的(如 $3x-17<6$ 或 $x^2-x-6\geqslant0$). 解不等式就是找到满足不等式的所有实数. 与方程的解相比较，方程的解通常是一个或有限个值，但不等式的解却常常是一个实数区间或者是几个实数区间的并集.

区间　本教材中会出现几种不同的区间类型，我们需要引入它们的专门用语和符号. 不等式 $a<x<b$ 实际包含两个不等式 $x>a$ 和 $x<b$，它描述的是位于 a 与 b 之间的所有数的**开区间**，不包含 a，b 两点，这个

范围用$(a,\ b)$表示(图1). 对应不等式$a\leqslant x\leqslant b$是**闭区间**，描述的是位于a与b之间的所有数，并且包含a，b两点在内，这个范围用$[a,\ b]$表示(图2). 下面表格列出多种集合表示、区间表示及其图形.

集合表示	区间表示	图形
$\{x \mid a<x<b\}$	$(a,\ b)$	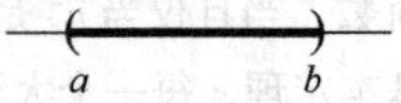
$\{x \mid a\leqslant x\leqslant b\}$	$[a,\ b]$	
$\{x \mid a\leqslant x<b\}$	$[a,\ b)$	
$\{x \mid a<x\leqslant b\}$	$(a,\ b]$	
$\{x \mid x\leqslant b\}$	$(-\infty,\ b]$	
$\{x \mid x<b\}$	$(-\infty,\ b)$	
$\{x \mid x\geqslant a\}$	$[a,\ \infty)$	
$\{x \mid x>a\}$	$(a,\ \infty)$	
R	$(-\infty,\ \infty)$	

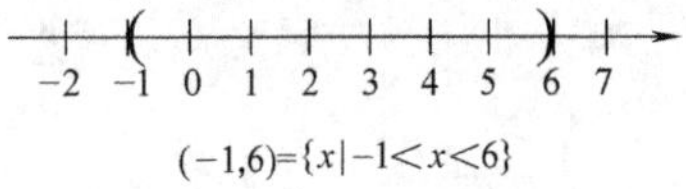

图 1

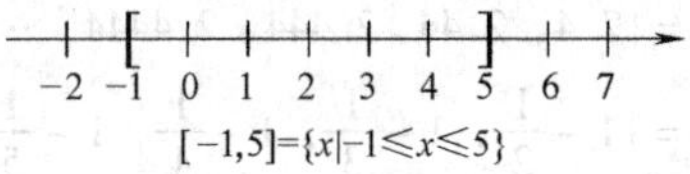

图 2

解不等式　正如解方程一样，解不等式的过程就是一步一步地对不等式进行变换，直到获得不等式的解集. 我们可以对不等式的两边进行一些运算，而不改变它的解集. 具体为：

1) 在不等式的两边加上同一个数.

2) 在不等式的两边乘上同一个正数.

3) 在不等式两边乘上同一个负数，这时必须改变不等号的方向.

例1　解不等式$2x-7<4x-2$，并用图形表示它的解集.

解　$2x-7<4x-2$

$2x<4x+5$　　(加上7)

$-2x<5$　　(加上$-4x$)

$x>-\dfrac{5}{2}$　　(乘以$-\dfrac{1}{2}$)

解集如图3所示.

例2　解不等式　$-5\leqslant 2x+6<4$

解　$-5\leqslant 2x+6<4$

$-11\leqslant 2x<-2$　　(加上-6)

$-\dfrac{11}{2}\leqslant x<-1$　　(乘以$\dfrac{1}{2}$)

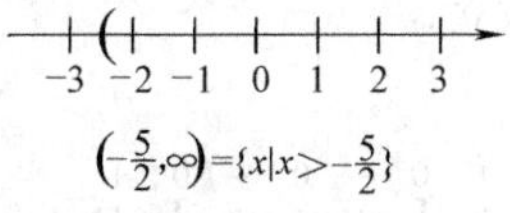

图 3

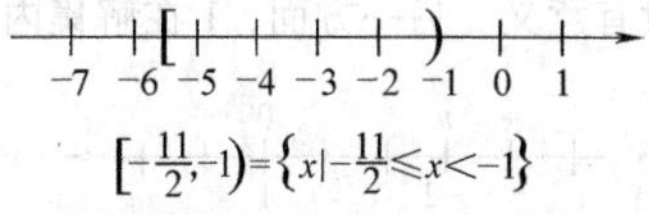

图 4

解集如图 4 所示.

在解一个二次不等式之前，我们指出一个形如 $x-a$ 的线性因子，当 $x>a$ 时它是正的，当 $x<a$ 时它是负的. 从这里可以得到乘式 $(x-a)(x-b)$ 只能在 a 或 b 处由正变成负，或者反过来. 这些使得因子成为零的点叫做**分点**. 分点是求解二次不等式和其他更复杂的不等式的解集的关键.

例 3 解二次不等式 $x^2-x<6$.

解 对于二次不等式，我们将所有非零项移到一边，然后因式分解.

$$x^2-x<6$$

$$x^2-x-6<0 \qquad (\text{加上}-6)$$

$$(x+2)(x-3)<0 \qquad (\text{因式分解})$$

我们看到 −2 和 3 是分点；它们把实线分成了三个区间 $(-\infty,\ -2)$，$(-2,\ 3)$ 和 $(3,\ \infty)$. 在每一个区间里面，$(x+2)(x-3)$ 的值保持是正的或者保持是负的. 我们用**测试点** −3，0 和 5（三个区间里的任意点都可以）来确定区间内的符号. 结果如图 5 所示.

图 5 的上半部分概述了得到的信息. 由此得到 $(x-3)(x+2)<0$ 的解集是 $(-2,\ 3)$. 图 5 的下半部分是解集的图形.

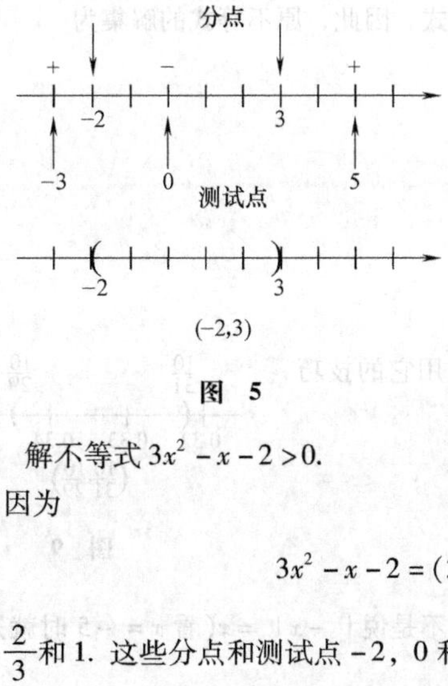

图 5

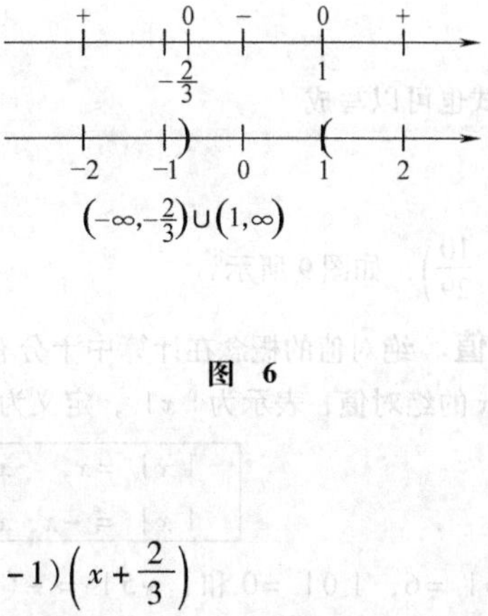

图 6

例 4 解不等式 $3x^2-x-2>0$.

解 因为

$$3x^2-x-2=(3x+2)(x-1)=3(x-1)\left(x+\frac{2}{3}\right)$$

分点是 $-\dfrac{2}{3}$ 和 1. 这些分点和测试点 −2，0 和 2 确定的信息都表示在图 6 的上半部分. 我们得出不等式的解集由 $\left(-\infty,\ -\dfrac{2}{3}\right)$ 和 $(1,\ \infty)$ 内的点组成. 用集合的语言来说，解集就是这两个区间的**并集**（用 ∪ 表示），即 $\left(-\infty,\ -\dfrac{2}{3}\right)\cup(1,\ \infty)$. 图 6 的下半部分是解集的图形.

例 5 解不等式 $\dfrac{x-1}{x+2}\geqslant 0$.

解 如果在不等式两边同时乘以 $x+2$，会导致两难的局面，因为 $x+2$ 可能是正值，也可能是负值. 应该改变不等号的方向，还是保留原方向呢？正确的方法是把问题拆开（把问题分成两种情况），通过观察发现 $(x-1)/(x+2)$ 只会在分子和分母的分点（即 1 和 −2）处改变符号. 测试点的信息表示在图 7 的上半部分，符号 u 指出商在 −2 处没有意义. 得出解集是 $(-\infty,\ -2)\cup[1,\ \infty)$. 注意 −2 不在解集里面，因为在 $x=$

−2 处，商没有意义．另一方面，1 在解集内，因为当 $x=1$ 时不等式成立．

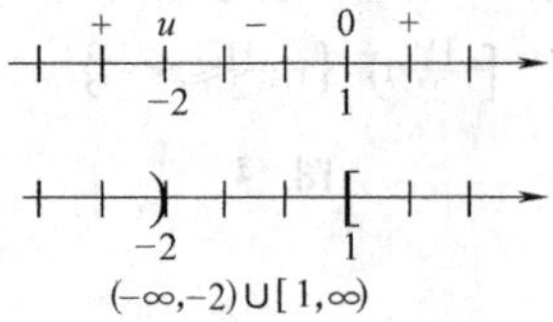

图 7

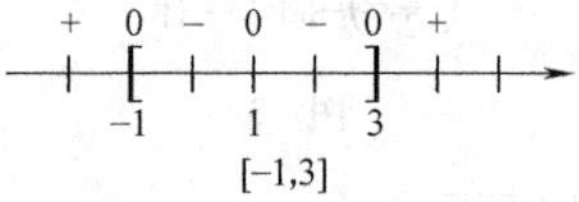

图 8

例 6 解不等式 $(x+1)(x-1)^2(x-3)\leqslant 0$.

解 分点是 −1，1 和 3，把实线分成了四个区间，如图 8 所示．对区间进行测试之后，我们得到解集是 $[-1,1]\cup[1,3]$，即 $[-1,3]$.

例 7 解不等式 $2.9<\dfrac{1}{x}<3.1$.

解 看起来应同乘以 x，但不知道 x 是正是负．在本题中，因为 $1/x$ 在 2.9 和 3.1 之间，就保证了 x 是正的．所以，在乘以 x 时，不改变不等号的方向．所以

$$2.9x<1<3.1x$$

这时，我们必须把这个复合不等式分成两个不等式，然后分别求解．

$$2.9x<1 \quad 且\ 3.1x>1$$

$$x<\frac{1}{2.9} \quad 且\ \frac{1}{3.1}<x$$

所有能够满足原不等式的解 x 的值，都必须同时满足这两个不等式．因此，原不等式的解集为

$$\frac{1}{3.1}<x<\frac{1}{2.9}$$

这个不等式也可以写成

$$\frac{10}{31}<x<\frac{10}{29}$$

区间 $\left(\dfrac{10}{31},\dfrac{10}{29}\right)$，如图 9 所示．

绝对值 绝对值的概念在计算中十分有用，读者应掌握使用它的技巧．一个实数 x 的**绝对值**，表示为 $|x|$，定义为

$$\boxed{\begin{aligned}|x|&=x, & x\geqslant 0\\ |x|&=-x, & x<0\end{aligned}}$$

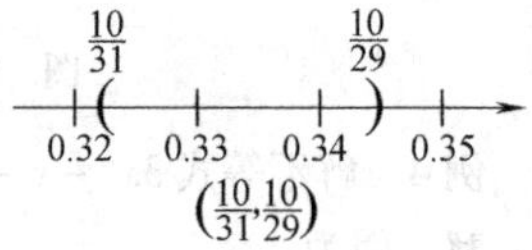

图 9

例如，$|6|=6$，$|0|=0$ 和 $|-5|=-(-5)=5$.

这种分两种情况来定义的方法值得我们认真学习．注意，这不是说 $|-x|=x$（看 $x=-5$ 时就知道为什么了）．但是 $|x|$ 一定是非负的；$|-x|=|x|$ 也是正确的．

想象一个数的绝对值，一个最好的方法就是把它想象成一个不带方向的距离．具体来说，$|x|$ 是 x 和原点之间的距离．同样地，$|x-a|$ 是 x 和 a 之间的距离（图 10）.

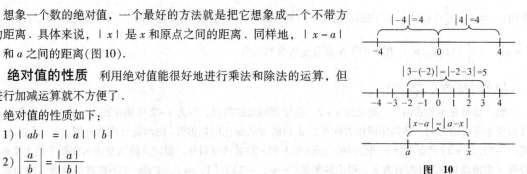

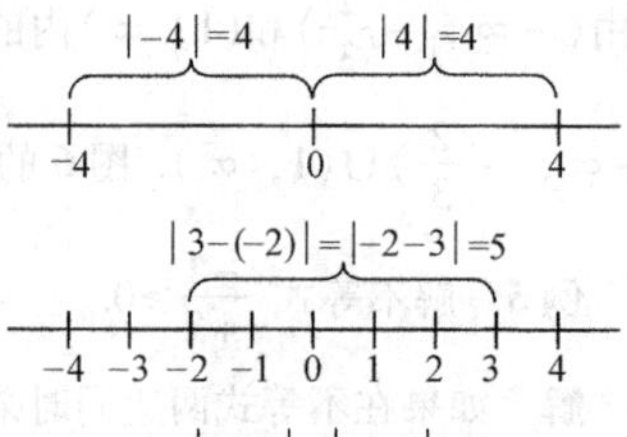

图 10

绝对值的性质 利用绝对值能很好地进行乘法和除法的运算，但是进行加减运算就不方便了．

绝对值的性质如下：

1) $|ab|=|a|\,|b|$

2) $\left|\dfrac{a}{b}\right|=\dfrac{|a|}{|b|}$

3) $|a+b| \leqslant |a| + |b|$ （三角不等式）

4) $|a-b| \geqslant \big||a| - |b|\big|$

带绝对值的不等式 如果 $|x| < 3$，那么 x 和原点之间的距离一定小于 3. 换而言之，x 必须同时小于 3，且大于 -3. 另一方面，如果 $|x| > 3$，那么 x 和原点之间的距离至少是 3. 这种情形，x 必须大于 3，或者小于 -3(图 11). 下面是当 $a>0$ 时的具体结果：

$$|x| < a \Leftrightarrow -a < x < a$$
$$|x| > a \Leftrightarrow x < -a \text{ 或 } x > a \quad (1)$$

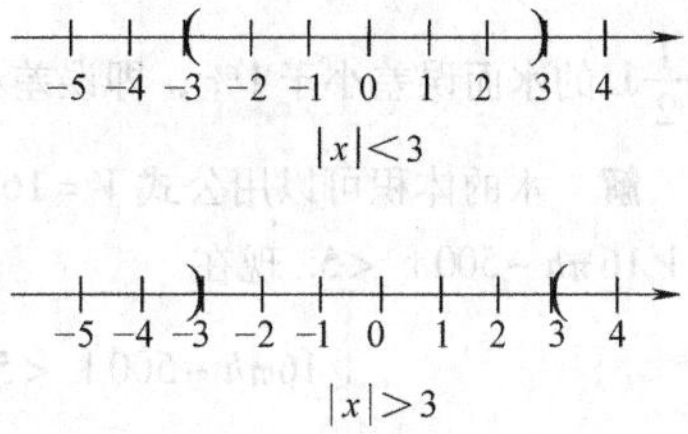

图 11

我们以此为依据来解有关绝对值的不等式，因为它给我们提供了去掉绝对值符号的方法.

例 8 解不等式 $|x-4| < 2$，并把解集在实轴上表示出来. 说明绝对值是实轴上的一段距离.

解 用 $|x-4|$ 替换式(1)中的 x，可以得到

$$|x-4| < 2 \Leftrightarrow -2 < x-4 < 2$$

当在第二个不等式的三边都加上 4 时，得到 $2<x<6$. 图 12 所示为此不等式解集图形.

用距离来表示，$|x-4|$ 表示 x 和 4 之间的距离. 因此，这个不等式就表示 x 和 4 之间的距离一定小于 2. 满足这个条件的 x 就在 2 和 6 之间，即 $2<x<6$.

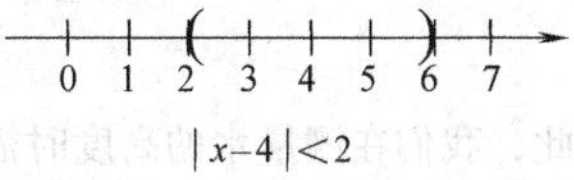

图 12

用 $\leqslant$ 和 $\geqslant$ 分别替换例 8 之前各式中的 $<$ 和 $>$，结果仍然成立.

例 9 解不等式 $|3x-5| \geqslant 1$，并把解集表示在实轴上.

解 此不等式可以依次写为

$$3x-5 \leqslant -1 \text{ 或 } 3x-5 \geqslant 1$$
$$3x \leqslant 4 \text{ 或 } 3x \geqslant 6$$
$$x \leqslant \frac{4}{3} \text{ 或 } x \geqslant 2$$

解集是两个区间的并集，即 $\left(-\infty, \frac{4}{3}\right] \cup [2, \infty)$，如图 13 所示.

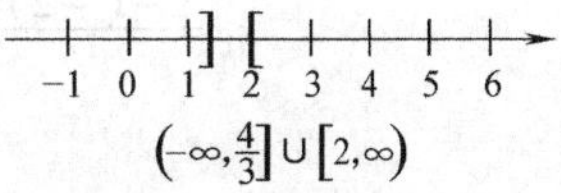

图 13

在第 1 章里我们将用到下面两个例中所使用的方法. 希腊字母 δ 和 ε 通常用来表示很小的正数.

例 10 用 ε 表示一个正数，求证

$$|x-2| < \frac{\varepsilon}{5} \Leftrightarrow |5x-10| < \varepsilon$$

用距离来表示，$5x$ 和 10 之间的距离小于 ε，当且仅当 x 和 2 之间的距离小于 $\frac{\varepsilon}{5}$.

解
$$|x-2| < \frac{\varepsilon}{5} \Leftrightarrow 5|x-2| < \varepsilon \quad \text{（乘以 5）}$$
$$\Leftrightarrow |5||x-2| < \varepsilon \; (|5| = 5)$$
$$\Leftrightarrow |5(x-2)| < \varepsilon \quad (|a||b| = |ab|)$$
$$\Leftrightarrow |5x-10| < \varepsilon$$

例 11 用 ε 表示一个正数，找一个正数 δ 使

$$|x-3| < \delta \Rightarrow |6x-18| < \varepsilon$$

解
$$|6x-18| < \varepsilon \Leftrightarrow |6(x-3)| < \varepsilon$$
$$\Leftrightarrow 6|x-3| < \varepsilon \quad (|ab| = |a||b|)$$
$$\Leftrightarrow |x-3| < \frac{\varepsilon}{6} \quad \text{（乘以} \frac{1}{6}\text{）}$$

因此，我们取 $\delta=\varepsilon/6$. 由此反推，可以得到

$$|x-3|<\delta \Rightarrow |x-3|<\frac{\varepsilon}{6} \Rightarrow |6x-18|<\varepsilon$$

下面是一个使用相同解法的实例．

例 12 一个 $\frac{1}{2}$L(500mL)的玻璃烧杯，其内半径是 4cm. 我们测量水的高度时，需要多精确的高才能得到 $\frac{1}{2}$L 的水而误差小于 1%，即误差小于 5mL?（图 14）

解 水的体积可以用公式 $V=16\pi h$ 计算．我们需要 $|V-500|<5$，或者等价的 $|16\pi h-500|<5$. 现在

$$\begin{aligned}|16\pi h-500|<5 &\Leftrightarrow \left|16\pi\left(h-\frac{500}{16\pi}\right)\right|<5\\ &\Leftrightarrow 16\pi\left|\left(h-\frac{500}{16\pi}\right)\right|<5\\ &\Leftrightarrow \left|\left(h-\frac{500}{16\pi}\right)\right|<\frac{5}{16\pi}\\ &\Leftrightarrow |h-9.947|<0.09947\approx 0.1\end{aligned}$$

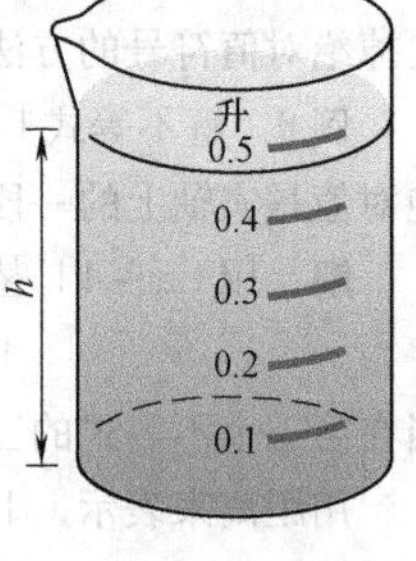

图 14

因此，我们在测量水的高度时需要精确到 0.1cm.

一元二次方程 大部分学生都会回想起**二次多项式**．二次方程 $ax^2+bx+c=0$ 的解是

$$x=\frac{-b\pm\sqrt{b^2-4ac}}{2a}$$

数值 $d=b^2-4ac$ 被称为是二次方程的**判别式**．如果 $d>0$，这个方程有两个实根；如果 $d=0$，方程有一个实根；如果 $d<0$，方程没有实根．有了二次方程的解，我们就可以很容易地解二次不等式，即便因式分解不能通过观察得到．

例 13 解不等式 $x^2-2x-4\leqslant 0$

解 方程 $x^2-2x-4=0$ 的两个解是

$$x_1=\frac{-(-2)-\sqrt{4+16}}{2}=1-\sqrt{5}\approx -1.24$$

和

$$x_2=\frac{-(-2)+\sqrt{4+16}}{2}=1+\sqrt{5}\approx 3.24$$

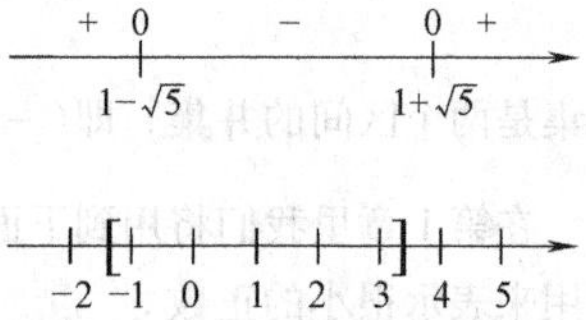

图 15

因此

$$x^2-2x-4=(x-x_1)(x-x_2)=(x-1+\sqrt{5})(x-1-\sqrt{5})$$

分点 $1-\sqrt{5}$ 和 $1+\sqrt{5}$ 把实轴分成了三个区间(图 15)．我们用 −2、0 和 4 这三个点进行测试，可以得出 $x^2-2x-4\leqslant 0$ 的解集是 $[1-\sqrt{5}, 1+\sqrt{5}]$.

平方根的符号

每一个正数都有两个平方根，例如，9 的两个平方根是 3 和 −3，有时我们将它们表示为 ±3，对 $a\geqslant 0$，符号 $\sqrt{a}$ 称为 a 的**算术平方根**，它表示 a 的非负平方根。这样，$\sqrt{9}=3$，$\sqrt{121}=11$. 等式 $\sqrt{16}=\pm 4$ 是错误的，因为 $\sqrt{16}$ 表示 16 的非负平方根，也就是 4. 数 7 有两个平方根，可写为 $\pm\sqrt{7}$，但 $\sqrt{7}$ 表示一个实数．注意到 $a^2=16$ 有两个根，$a=4$ 和 $a=-4$，但 $\sqrt{16}=4$.

我们知道，如果 n 是偶数且 $a\geqslant 0$，那么 $\sqrt[n]{a}$ 表示 a 的正的 n 次方根．当 n 是奇数时，a 的 n 次方根只有一个，用 $\sqrt[n]{a}$ 来表示．因此，$\sqrt[4]{16}=2$，$\sqrt[3]{27}=3$，$\sqrt[3]{-8}=-2$.

平方 说到平方，我们注意到

$$|x|^2 = x^2 \text{ 和 } |x| = \sqrt{x^2}$$

这是从性质 $|a||b| = |ab|$ 推出来的．

这种运算在不等式中也能使用吗？一般来说，答案是否定的．例如，$-3<2$，但是 $(-3)^2>2^2$．另一方面，$2<3$，$2^2<3^2$．对于非负数，则有 $a<b \Leftrightarrow a^2<b^2$．常用的变换(参见习题63)就是

$$|x|<|y| \Leftrightarrow x^2<y^2$$

例 14 解不等式 $|3x+1|<2|x-6|$．

解 这个不等式比前面的例子要难解些，因为它包含了两个绝对值符号．我们能用上述变换来把两个绝对值符号都去掉．

$$\begin{aligned} |3x+1|<2|x-6| &\Leftrightarrow |3x+1|<|2x-12| \\ &\Leftrightarrow (3x+1)^2<(2x-12)^2 \\ &\Leftrightarrow 9x^2+6x+1<4x^2-48x+144 \\ &\Leftrightarrow 5x^2+54x-143<0 \\ &\Leftrightarrow (x+13)(5x-11)<0 \end{aligned}$$

这个二次不等式的分点是 -13 和 $\frac{11}{5}$；它们把实轴分成了三个区间：$(-\infty, -13)$，$\left(-13, \frac{11}{5}\right)$，$\left(\frac{11}{5}, \infty\right)$．当我们用 -14、0 和 3 进行测试时，我们发现只有 $\left(-13, \frac{11}{5}\right)$ 内的点满足不等式．

概念复习

1. 集合 $\{x \mid -1\leqslant x<5\}$ 用区间表示为____；集合 $\{x \mid x\leqslant -2\}$ 用区间表示为____；
2. 如果 $a/b<0$，则 $a<0$，____或是 $a>0$，____．
3. 下面哪一个表达式总是正确的？

(a) $|-x| = x$ (b) $|x|^2 = x^2$ (c) $|xy| = |x||y|$ (d) $\sqrt{x^2} = x$

4. 不等式 $|x-2|\leqslant 3$ 等价于____$\leqslant x \leqslant$____．

习题 0.2

1. 在实数轴上表示下面的区间

(a) $[-1, 1]$ (b) $(-4, 1]$ (c) $(-4, 1)$

(d) $[1, 4]$ (e) $[-1, \infty)$ (f) $(-\infty, 0]$

2. 用习题 1 的区间符号来表示图 15 所示各区间

在习题 3 ~ 26 中，用区间符号表示不等式的解集，并画出图形．

3. $x-7<2x-5$

4. $3x-5<4x-6$

5. $7x-2\leqslant 9x+3$

6. $5x-3>6x-4$

7. $-4<3x+2<5$

8. $-3<4x-9<11$

9. $-3<1-6x\leqslant 4$

10. $4<5-3x<7$

11. $x^2+2x-12<0$

12. $x^2-5x-6>0$

13. $2x^2+5x-3>0$

14. $4x^2-5x-6<0$

15. $\dfrac{x+4}{x-3}\leqslant 0$

16. $\dfrac{3x-2}{x-1}\geqslant 0$

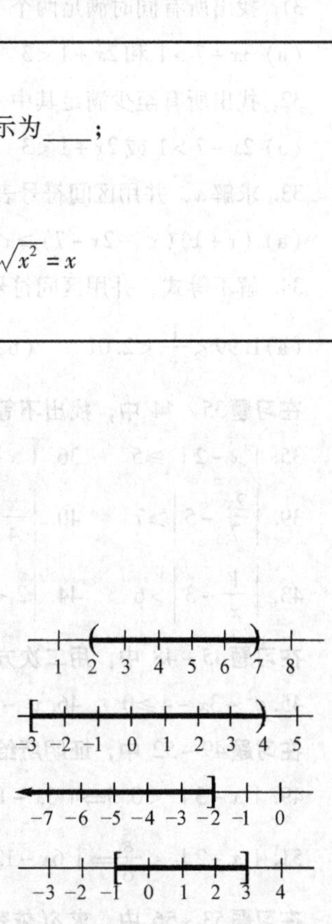

图 15

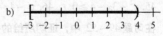

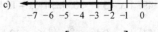

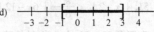

17. $\frac{2}{x}<5$ 18. $\frac{7}{4x}\leqslant 7$

19. $\frac{1}{3x-2}\leqslant 4$ 20. $\frac{3}{x+5}>2$

21. $(x+2)(x-1)(x-3)>0$ 22. $(2x+3)(3x-1)(x-2)<0$

23. $(2x-3)(x-1)^2(x-3)\geqslant 0$ 24. $(2x-3)(x-1)^2(x-3)>0$

25. $x^3-5x^2-6x<0$ 26. $x^3-x^2-x+1>0$

27. 判断下列不等式的正误

(a) $-3<-7$ (b) $-1>-17$ (c) $-3<-\frac{22}{7}$

28. 判断下列不等式的正误

(a) $-5>-\sqrt{26}$ (b) $\frac{6}{7}<\frac{34}{39}$ (c) $-\frac{5}{7}<-\frac{44}{59}$

29. 假设 $a>0$，$b>0$，证明下列命题．提示：每个命题都有两部分：证明⇒，和证明⇐.

(a) $a<b\Leftrightarrow a^2<b^2$ (b) $a<b\Leftrightarrow \frac{1}{a}>\frac{1}{b}$

30. 如果 $a\leqslant b$，那么下面哪一个是正确的．

(a) $a^2\leqslant ab$ (b) $a-3\leqslant b-3$ (c) $a^3\leqslant a^2b$ (d) $-a\leqslant -b$

31. 找出所有同时满足两个不等式的 x 的值．

(a) $3x+7>1$ 和 $2x+1<3$ (b) $3x+7>1$ 和 $2x+1>-4$ (c) $3x+7>1$ 和 $2x+1<-4$

32. 找出所有至少满足其中一个不等式的 x 的值．

(a) $2x-7>1$ 或 $2x+1<3$ (b) $2x-7\leqslant 1$ 或 $2x+1<3$ (c) $2x-7\leqslant 1$ 或 $2x+1>3$

33. 求解 x，并用区间符号表示结果．

(a) $(x+1)(x^2+2x-7)\geqslant x^2-1$ (b) $x^4-2x^2\geqslant 8$ (c) $(x^2+1)^2-7(x^2+1)+10<0$

34. 解不等式，并用区间符号表示结果．

(a) $1.99<\frac{1}{x}<2.01$ (b) $2.99<\frac{1}{x+2}<3.01$

在习题35～44中，找出不等式的解集．

35. $|x-2|\geqslant 5$ 36. $|x+2|<1$ 37. $|4x+5|\leqslant 10$ 38. $|2x-1|>2$

39. $\left|\frac{2x}{7}-5\right|\geqslant 7$ 40. $\left|\frac{x}{4}+1\right|<1$ 41. $|5x-6|>1$ 42. $|2x-7|>3$

43. $\left|\frac{1}{x}-3\right|>6$ 44. $\left|2+\frac{5}{x}\right|>1$

在习题45～48中，用二次方程的求根公式，求不等式的解．

45. $x^2-3x-4\geqslant 0$ 46. $x^2-4x+4\leqslant 0$ 47. $3x^2+17x-6>0$ 48. $14x^2+11x-15\leqslant 0$

在习题49～52中，证明所给的推论是正确的．

49. $|x-3|<0.5\Rightarrow|5x-15|<2.5$ 50. $|x+2|<0.3\Rightarrow|4x+8|<1.2$

51. $|x-2|<\frac{\varepsilon}{6}\Rightarrow|6x-12|<\varepsilon$ 52. $|x+4|<\frac{\varepsilon}{2}\Rightarrow|2x+8|<\varepsilon$

在习题53～56中，求 δ(依赖于 ε)，使得所给推论是正确的．

53. $|x-5|<\delta\Rightarrow|3x-15|<\varepsilon$ 54. $|x-2|<\delta\Rightarrow|4x-8|<\varepsilon$

55. $|x+6|<\delta\Rightarrow|6x+36|<\varepsilon$ 56. $|x+5|<\delta\Rightarrow|5x+25|<\varepsilon$

57. 在车床上，加工出一个圆周周长为 10in 的圆盘．这可以通过不断切削，使圆盘变小并随时测量其直径来完成．如果圆周的允许误差范围是 0.02in，直径的误差不能超过多少？

58. 华氏温度与摄氏温度的关系为 $C=\frac{5}{9}(F-32)$．有一个实验溶液需要保证在 50℃时的误差不超过 3%．若只有华氏计温器，请问测量误差允许范围是多少？

在习题 59～62 中，解不等式

59. $|x-1|<2|x-3|$　　60. $|2x-1|\geqslant|x+1|$

61. $2|2x-3|<|x+10|$　　62. $|3x-1|<2|x+6|$

63. 用下面给出的步骤证明：$|x|<|y|\Rightarrow x^2<y^2$

$$\begin{aligned}|x|<|y| &\Rightarrow |x||x|\leqslant|x||y| \text{ 和 } |x||y|<|y||y|\\ &\Rightarrow |x|^2<|y|^2\\ &\Rightarrow x^2<y^2\end{aligned}$$

相反地

$$\begin{aligned}x^2<y^2 &\Rightarrow |x|^2<|y|^2\\ &\Rightarrow |x|^2-|y|^2<0\\ &\Rightarrow (|x|-|y|)(|x|+|y|)<0\\ &\Rightarrow |x|<|y|\end{aligned}$$

64. 利用 63 题的结果证明 $0<a<b\Rightarrow\sqrt{a}<\sqrt{b}$.

65. 利用绝对值的性质，证明下列各式是正确的．

(a) $|a-b|\leqslant|a|+|b|$　　(b) $|a-b|\geqslant|a|-|b|$

(c) $|a+b+c|\leqslant|a|+|b|+|c|$

66. 利用三角不等式和结论 $0<|a|<|b|\Rightarrow 1/|b|<1/|a|$，证明下列不等式：

$$\left|\frac{1}{x^2+3}-\frac{1}{|x|+2}\right|\leqslant\frac{1}{x^2+3}+\frac{1}{|x|+2}\leqslant\frac{1}{3}+\frac{1}{2}$$

67. 证明(参考习题 66)：

$$\left|\frac{x-2}{x^2+9}\right|\leqslant\frac{|x|+2}{9}$$

68. 证明：

$$|x|\leqslant 2\Rightarrow\left|\frac{x^2+2x+7}{x^2+1}\right|\leqslant 15$$

69. 证明：

$$|x|\leqslant 1\Rightarrow\left|x^4+\frac{1}{2}x^3+\frac{1}{4}x^2+\frac{1}{8}x+\frac{1}{16}\right|\leqslant 2$$

70. 证明：

(a) 如果 $x<0$ 或者 $x>1$，则 $x<x^2$　　(b) 当 $0<x<1$ 时，则 $x>x^2$

71. 证明：$a\neq 0\Rightarrow a^2+1/a^2\geqslant 2$.（提示：考虑 $(a-1/a)^2$）

72. $\frac{1}{2}(a+b)$ 被称为 a 和 b 的平均值，或者**算术平均值**．证明两个数的平均值在两个数之间．即

$$a<b\Leftrightarrow a<\frac{a+b}{2}<b$$

73. $\sqrt{ab}$ 被称为两个正数 a 和 b 的**几何平均值**．证明：

$$0<a<b\Rightarrow a<\sqrt{ab}<b$$

74. 对于两个正数 a 和 b，证明：$\sqrt{ab}\leqslant\frac{1}{2}(a+b)$．这是著名的**几何均值与算术均值不等式**．

75. 在给定周长 p 下，所有矩形中正方形的面积最大.（提示：如果用 a 和 b 表示周长为 p 的矩形的两条相邻边的边长，则矩形的面积为 ab. 而正方形的面积是 $a^2=[(a+b)/2]^2$. 参考74题的结论）

76. 解不等式 $1+x+x^2+x^3+\cdots+x^{99}\leqslant 0$.

77. 公式

$$\frac{1}{R}=\frac{1}{R_1}+\frac{1}{R_2}+\frac{1}{R_3}$$

给出了由电阻 R_1、R_2 和 R_3 并联组成的电路的总电阻 R. 如果 $10\leqslant R_1\leqslant 20$，$20\leqslant R_2\leqslant 30$，$30\leqslant R_3\leqslant 40$，求 R 的取值范围.

78. 球体的半径约为10in. 试确定测量中的半径误差 δ，以保证计算球体表面积时，表面积误差小于 0.01in^2.

概念复习答案：

1. $[-1,5)$，$(-\infty,2]$　2. $b>0$，$b<0$　3. (b)，(c)　4. $-1\leqslant x\leqslant 5$

0.3 直角坐标系

在平面中画两条实线，一条水平的，一条竖直的，使得它们的交点在零点. 这两条线被称为**坐标轴**，它们的交点用 O 来表示，称为**原点**. 为了方便，我们把水平的直线称为 x 轴，把竖直的直线称为 y 轴. x 轴的正半轴在右边，y 轴的正半轴在上边. 这个坐标轴把平面分成了4个区域，称为**象限**，分别用Ⅰ，Ⅱ，Ⅲ和Ⅳ来表示，如图1所示.

平面内的每一个点都可以用一对数来表示，称为**笛卡儿坐标**. 如果经过点 P 的竖直直线和水平直线分别交 x 轴、y 轴于 a，b 两点，那么点 P 的坐标就是 (a,b)，如图2所示. 我们把 (a,b) 称为一对**有序实数**，两个数的前后顺序意义是不同的. 第一个数 a 是 ***x* 坐标**，第二个数 b 是 ***y* 坐标**.

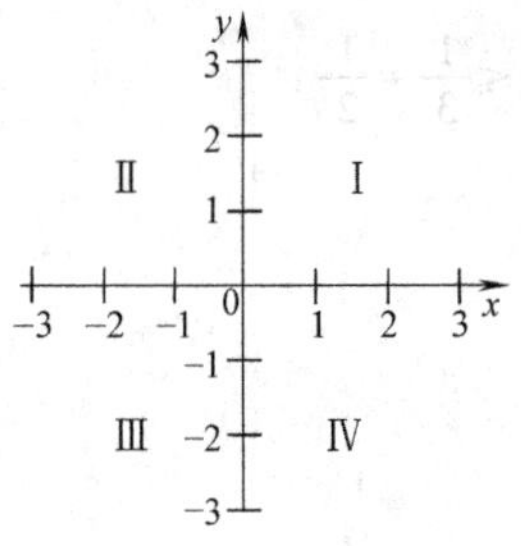

图 1

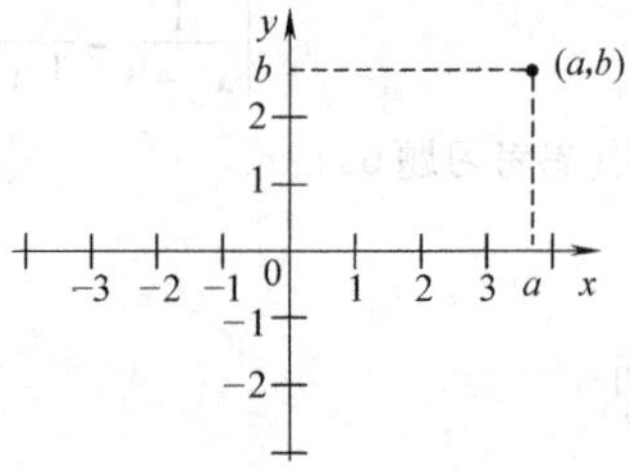

图 2

距离公式　有了坐标系，就可以求平面内两个点间的距离. 距离公式基于**勾股（毕达格拉斯）定理**，即如果 a 和 b 表示直角三角形的两个直角边的长度，c 表示斜边（图3），那么

$$\boxed{a^2+b^2=c^2}$$

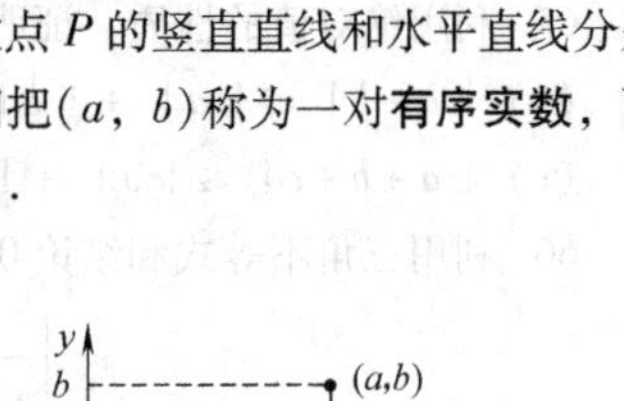

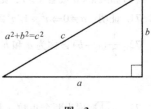

图 3

相反地，三角形三边之间的这种关系只有直角三角形才成立.

现在我们同时考虑两个点 P 和 Q，坐标分别为 (x_1,y_1) 和 (x_2,y_2). 点 P、Q 和坐标为 (x_2,y_1) 的点 R 是直角三角形的三个顶点（图4）. PR 和 RQ 的长度分别为 $|x_2-x_1|$ 和 $|y_2-y_1|$. 当我们使用勾股定理，采用算术平方根，就得到了下面的 P 和 Q 之间的距离的表达式 $d(P,Q)$：

$$\boxed{d(P,Q)=\sqrt{(x_2-x_1)^2+(y_2-y_1)^2}}$$

这称为**距离公式**.

例1　求下面两点之间的距离

(a) $P(-2, 3)$ 和 $Q(4, -1)$

(b) $P(\sqrt{2}, \sqrt{3})$ 和 $Q(\pi, \pi)$

解　(a) $d(P, Q)=\sqrt{(4-(-2))^2+(-1-3)^2}=\sqrt{36+16}=\sqrt{52}\approx 7.21$

(b) $d(P, Q)=\sqrt{(\pi-\sqrt{2})^2+(\pi-\sqrt{3})^2}\approx\sqrt{4.971}\approx 2.23$

当两点在同一水平线或同一竖直线上时，这个公式同样适用．因此，$P(-2, 2)$ 和 $Q(6, 2)$ 之间的距离是

$$\sqrt{(-2-6)^2+(2-2)^2}=\sqrt{64}=8$$

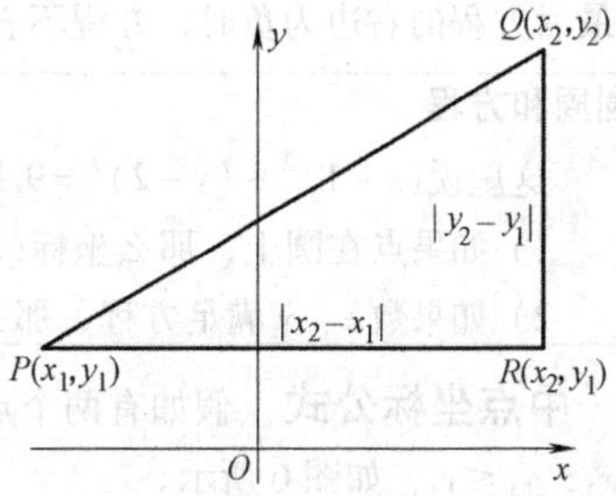

图　4

圆的方程　从距离公式推导圆的方程只有一小步．圆是一个动点到定点(圆心)的距离等于定长(半径)的点的集合．例如圆心为 $(-1, 2)$、半径为 3 的圆(图 5)．用 (x, y) 表示圆上任意一点．由距离公式可得

$$\sqrt{(x+1)^2+(y-2)^2}=3$$

两边同时平方后得到

$$(x+1)^2+(y-2)^2=9$$

我们称这个方程为**圆的标准方程**．

更概括地，以点 (h, k) 为圆心，r 为半径的圆的方程为

$$\boxed{(x-h)^2+(y-k)^2=r^2} \tag{1}$$

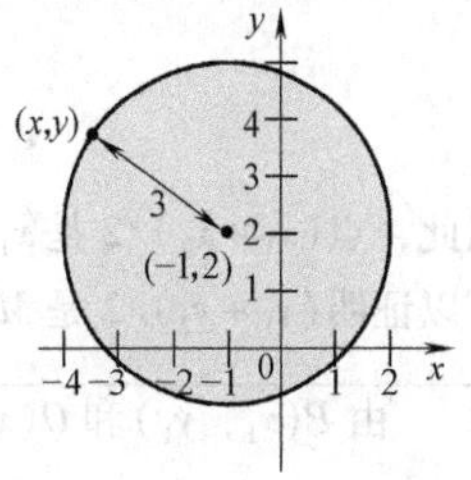

图　5

式(1)为圆的标准方程．

例2　求以点 $(1, -5)$ 为圆心、5 为半径的圆的标准方程．同时求圆上 x 坐标为 2 的两点的 y 坐标．

解　所求圆的方程是

$$(x-1)^2+(y+5)^2=25$$

把 $x=2$ 代入方程求 y，即

$$(2-1)^2+(y+5)^2=25$$

$$(y+5)^2=24$$

$$y+5=\pm\sqrt{24}$$

$$y=-5\pm\sqrt{24}=-5\pm 2\sqrt{6}$$

如果我们展开式(1)并把常数合并，圆的标准方程就变为

$$x^2+ax+y^2+by=c$$

那么，是不是每一个上述形式的等式都是一个圆的方程？答案是肯定的．只是个别情况下有一些例外．

例3　证明等式

$$x^2-2x+y^2+6y=-6$$

是圆方程，并求出圆的圆心和半径．

解　首先我们必须把方程写成完全平方式，这步非常重要．要完成 $x^2\pm bx$ 这种形式的完全平方式，可以加上 $(b/2)^2$．因此，我们把 $(-2/2)^2=1$ 加到 x^2-2x 上，同时，把 $(6/2)^2=9$ 加到 y^2+6y 上．当然，还必须把同样的数字加在等式的右边，得到

$$x^2-2x+1+y^2+6y+9=-6+1+9$$

$$(x-1)^2+(y+3)^2=4$$

最后的等式是圆的标准式．这是一个以 $(1, -3)$ 为圆心、以 2 为半径的圆的方程．对于这个过程的结果，如

果最后方程的右边为负时，方程不表示任何曲线．如果方程右边为零，等式代表一个点(1, -3)．

圆周和方程

这里说$(x+1)^2+(y-2)^2=9$是半径为3、圆心在(-1, 2)的圆的方程，意味着两点：

1）如果点在圆上，那么坐标(x, y)满足方程．

2）如果数x, y满足方程，那么(x, y)是圆上一点的坐标．

中点坐标公式 假如有两个点$P(x_1, y_1)$、$Q(x_2, y_2)$，其中$x_1 \leqslant x_2$，$y_1 \leqslant y_2$，如图6所示．

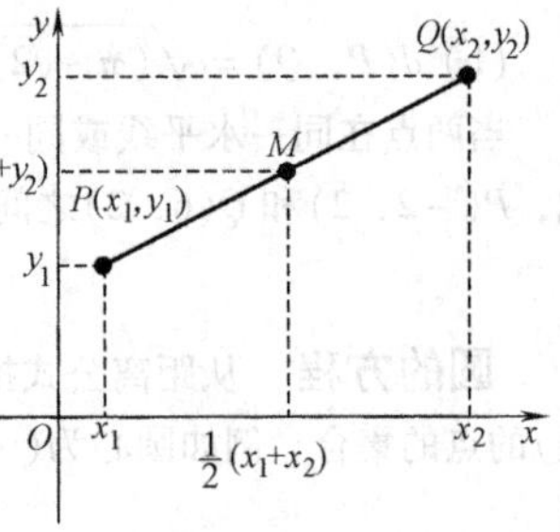

图 6

x_1和x_2之间相距x_2-x_1．当把这个长度的一半$\frac{x_2-x_1}{2}$加到x_1上，就得到x_1和x_2的中点．

$$x_1+\frac{x_2-x_1}{2}=x_1+\frac{x_2}{2}-\frac{x_1}{2}$$

$$=\frac{x_1}{2}+\frac{x_2}{2}$$

$$=\frac{x_1+x_2}{2}$$

因此，点$(x_1+x_2)/2$是x_1和x_2在x轴上的中点，因而，线段PQ的中点M的横坐标是$(x_1+x_2)/2$. 同样地，可以证明$(y_1+y_2)/2$是M的纵坐标．因此，我们得到**中点坐标公式**．

由$P(x_1, y_1)$和$Q(x_2, y_2)$组成的线段的中点坐标是

$$\left(\frac{x_1+x_2}{2}, \frac{y_1+y_2}{2}\right)$$

例4 求以连接两点(1, 3)和(7, 11)的线段为直径的圆的方程．

解 圆的圆心是直径的中点；因此，中点的坐标是$(1+7)/2=4$和$(3+11)/2=7$. 由距离公式可得，直径的长度是

$$\sqrt{(7-1)^2+(11-3)^2}=\sqrt{36+64}=10$$

所以，圆半径是5. 圆的方程是

$$(x-4)^2+(x-7)^2=25$$

直线 设想一直线如图7所示．从点A到点B有2个单位的升高(竖直方向)和5个单位的跨度(水平方向)．我们说这条直线的斜率是$\frac{2}{5}$. 通常(图8)，对于一条通过点$A(x_1, y_1)$、点$B(x_2, y_2)$的直线，其中$x_1 \neq x_2$，我们定义该直线的**斜率**m为

$$m=\frac{y_2-y_1}{x_2-x_1}$$

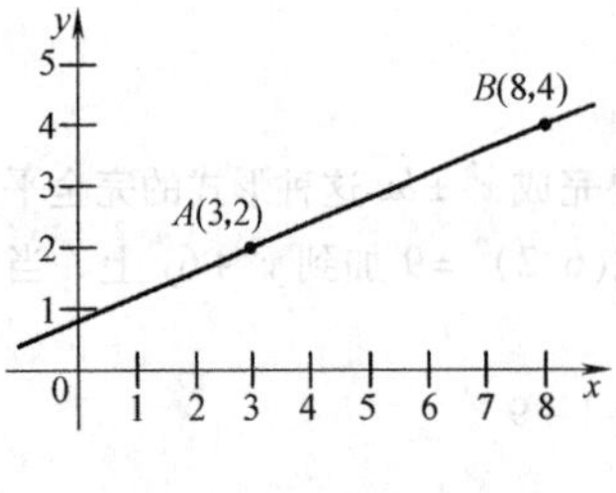

图 7

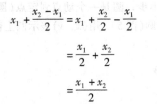

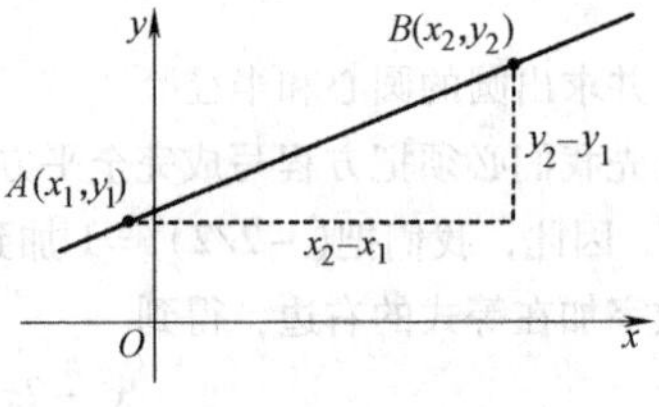

图 8

直线斜率值依赖直线上选取的点 A，B 吗？由图 9 中所示的相似三角形可以看出

$$\frac{y_2'-y_1'}{x_2'-x_1'}=\frac{y_2-y_1}{x_2-x_1}$$

因此，取点 A'，B' 和取点 A，B 的斜率值是一样的．甚至 A 是在 B 的左边或者右边都没有关系，因为

$$\frac{y_1-y_2}{x_1-x_2}=\frac{y_2-y_1}{x_2-x_1}$$

关键是在分子和分母之中所用的减法顺序应该相同．

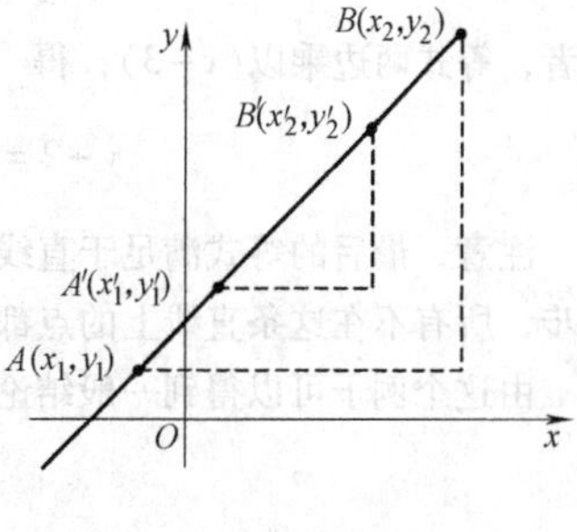

图 9

斜率 m 是刻画直线倾斜程度的量度，如图 10 所示．可以发现，水平直线的斜率是 0，向右边上升的直线斜率是正的，向右边下降的直线斜率是负的．斜率的绝对值越大，倾斜度就越大．垂直直线的斜率无意义，因为它要求除以 0. 因此，垂直直线的斜率是没有定义的．

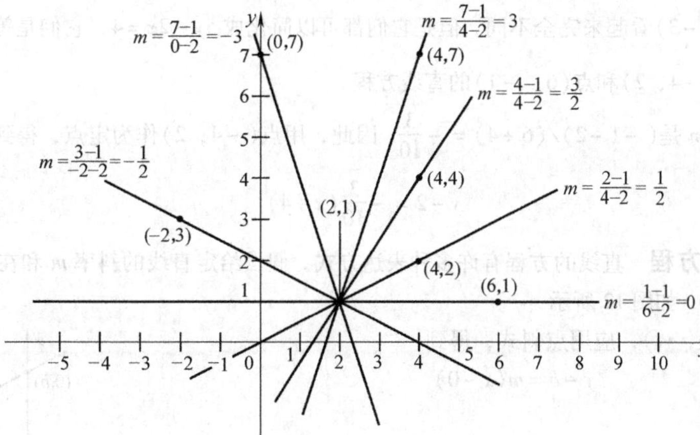

图 10

坡度和倾斜比

表示公路倾斜(坡度)的国际符号是下图。倾斜为 10% 对应斜率 ±0. 10。木匠们常用倾斜比来表示，9∶12 的倾斜比对应的斜率是$\frac{9}{12}$。

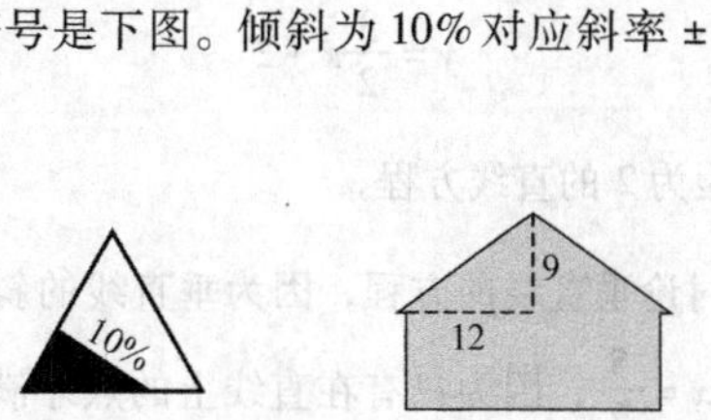

直线的点斜式方程 我们重新考虑上面讨论的那条直线，如图 11 所示．我们知道这条直线

1）经过点(3，2)． 2）斜率是$\frac{2}{5}$．

取这条直线上的其他任意点，如坐标为(x, y)．如果我们用这个点和点(3，2)来计算斜率，必然得到$\frac{2}{5}$，也就是说

$$\frac{y-2}{x-3}=\frac{2}{5}$$

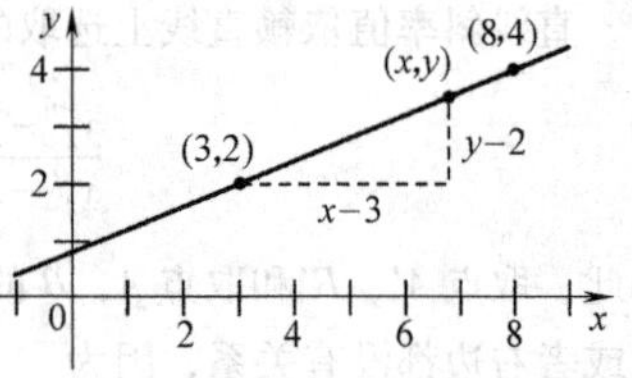

图 11

或者，等式两边乘以$(x-3)$，得

$$y-2=\frac{2}{5}(x-3)$$

注意，最后的等式满足于直线上的所有点，甚至是点(3，2)．更进一步，所有不在这条直线上的点都不满足这个等式．

由这个例子可以得到一般结论：一条经过定点$(x_1，y_1)$，斜率为m的直线方程满足

$$\boxed{y-y_1=m(x-x_1)}$$

我们称它为直线的**点斜式方程**．

再一次考虑给出的例子．直线同时经过点(8，4)和点(3，2)．如果我们用点(8，4)代替点$(x_1，y_1)$，可以得到方程

$$y-4=\frac{2}{5}(x-8)$$

这与方程$y-2=\frac{2}{5}(x-3)$看起来完全不同．但是它们都可以简化成$5y-2x=4$，它们是等价的．

例5 求经过点(−4，2)和点(6，−1)的直线方程．

解 直线的斜率m是$(-1-2)/(6+4)=-\frac{3}{10}$. 因此，用点(−4，2)作为定点，得到方程

$$y-2=-\frac{3}{10}(x+4)$$

直线的斜截式方程 直线的方程有许多种表达方式．假设给定直线的斜率m和在y轴的截距b(即直线交y轴于点$(0，b)$)．如图12所示．

选点$(0，b)$作为点$(x_1，y_1)$，应用点斜式，得到

$$y-b=m(x-0)$$

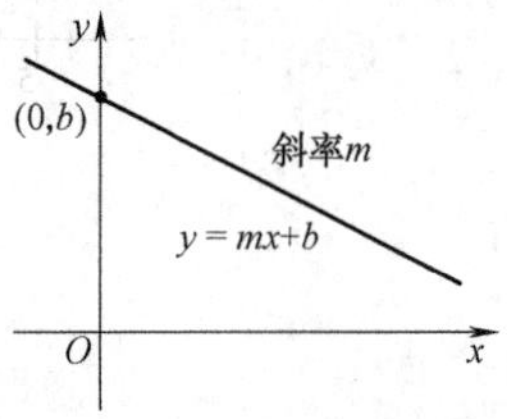

图 12

可以写成

$$\boxed{y=mx+b}$$

此方程称为直线的**斜截式方程**．任何时候看到这种形式时，能很快认出这是一条直线，并找到直线的斜率和纵轴上的截距．例如，考虑如下等式

$$3x-2y+4=0$$

解出y，得到

$$y=\frac{3}{2}x+2$$

这是一个斜率为$\frac{3}{2}$并且在y轴上截距为2的直线方程．

垂直线方程 我们至今仍未讨论垂直线的方程，因为垂直线的斜率无定义．但是它们却有非常简单的方程．图13中所示直线的方程是$x=\frac{5}{2}$，因为只有在直线上的点才满足方程，只有满足方程的点才在直线上．所有的垂直线的方程，都可以写成$x=k$的形式，其中，k是常数．同样，水平线的方程可写成$y=k$的形式．

形如$Ax+By+C=0$的方程 如果有适用于所有直线的方程形式(包括垂直线)就好了．试想一下如下的等式：

1) $y-2=-4(x+2)$

2) $y=5x-3$

3) $x=5$

它们都能被写成如下形式（把所有的东西都放在左边）：

1) $4x+y+6=0$

2) $-5x+y+3=0$

3) $x+0y-5=0$

它们都可以写成如下形式：

$$Ax+By+C=0,\ A\text{ 和 }B\text{ 不同时为 }0.$$

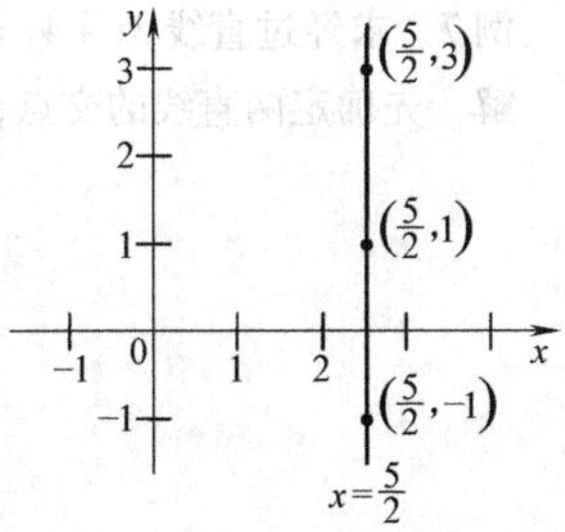

图 13

我们称它为**直线的一般方程**，所有直线方程都可以写成这种形式．反过来，直线的一般方程的图像总是一条直线．

> **总结：直线方程**
>
> 垂直线：$x=k$　　水平线：$y=k$　　点斜式：$y-y_1=m(x-x_1)$　　斜截式：$y=mx+b$
>
> 一般式：$Ax+By+C=0$

平行直线　两条没有交点的直线互相平行．例如，直线 $y=2x+2$ 和直线 $y=2x+5$ 是一对平行直线，对任意一个数 x，第二条直线高出第一条直线 3 个单位，如图 14 所示．同样地，直线 $-2x+3y+12=0$ 和直线 $4x-6y=5$ 平行．要判断平行，首先分别解出 y（即把它们都变成斜截式）．分别得到 $y=\frac{2}{3}x-4$ 和 $y=\frac{2}{3}x-\frac{5}{6}$．又因为斜率相同、截距不同，一条直线将位于另一条直线相距固定单位的下方或上方，所以，这两条直线永远都不会相交．如果两条直线的斜率和截距都相等，那么，它们实际上是同一条直线．

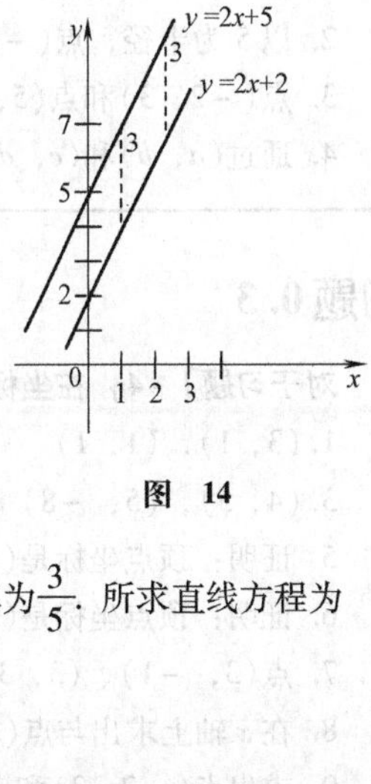

图 14

由此可以得出，对于两条非竖直直线，只要它们的斜率相同、截距不同，那么它们就是平行的．两条竖直直线只要它们的常数项不同，它们就是两条截然不同的平行直线．

例 6　求经过点(6，8)且与直线 $3x-5y=11$ 平行的直线．

解　从方程 $3x-5y=11$ 中解出 y，得到 $y=\frac{3}{5}x-\frac{11}{5}$，由此可以得到它的斜率为$\frac{3}{5}$．所求直线方程为

$$y-8=\frac{3}{5}(x-6)$$

或者写成 $y=\frac{3}{5}x+\frac{22}{5}$．可以看到这两条直线不同，因为它们有不同的截距．

垂直直线　是否有一个简单的斜率关系确定两条直线的垂直关系？是的，**存在斜率的两条直线相互垂直的充要条件是它们的斜率互为负倒数**．观察图 15，就可以看出这个结论的正确性，具体证明过程留作习题（习题 57）．构造一个几何证明，两条非竖直直线垂直的充分必要条件是 $m_2=-1/m_1$．

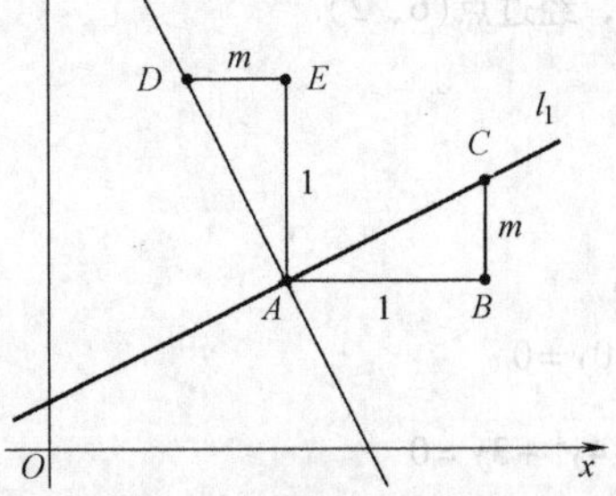

图 15

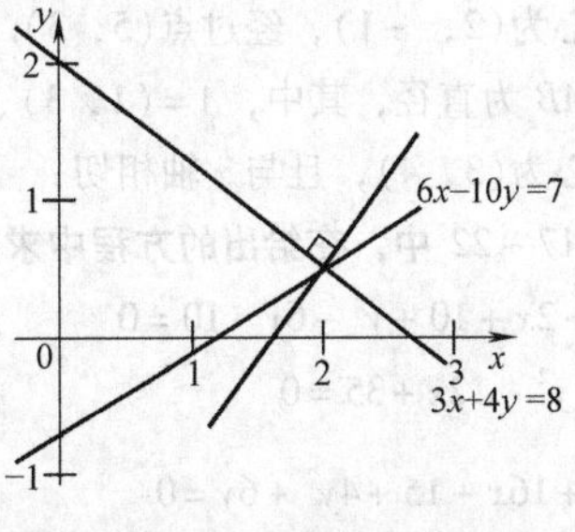

图 16

例7 求经过直线 $3x+4y=8$ 和直线 $6x-10y=7$ 的交点，并与第一条直线垂直的直线的方程.(图16)

解 先确定两直线的交点，在第一个等式中乘以 -2，并把它加到第二个等式上.

$$\begin{aligned} -6x-8y &= -16 \\ 6x-10y &= 7 \\ \hline -18y &= -9 \\ y &= \frac{1}{2} \end{aligned}$$

由 $y=\frac{1}{2}$，得出 $x=2$. 于是，交点为 $(2, \frac{1}{2})$. 如果把第一个式中的 y 解出(变成斜截式)，得到 $y=-\frac{3}{4}x+2$. 跟它垂直的直线的斜率应该是 $\frac{4}{3}$. 所求直线的方程是

$$y-\frac{1}{2}=\frac{4}{3}(x-2)$$

概念复习

1. 点 $(-2, 3)$ 和点 (x, y) 之间的距离是____.
2. 以5为半径，点 $(-4, 2)$ 为圆心的圆方程是________________.
3. 点 $(-2, 3)$ 和点 $(5, 7)$ 组成线段的中点是________.
4. 通过 (a, b) 和 (c, d) 两点的直线的斜率 $m=$____ $(a\neq c)$.

习题0.3

对于习题1~4，在坐标轴中标出给出的点的坐标，并求出它们之间的距离.

1. $(3, 1)$，$(1, 1)$
2. $(-3, 5)$，$(2, -2)$
3. $(4, 5)$，$(5, -8)$
4. $(-1, 5)$，$(6, 3)$
5. 证明：顶点坐标是 $(5, 3)$、$(-2, 4)$ 和 $(10, 8)$ 的三角形是等腰三角形.
6. 证明：顶点坐标是 $(2, -4)$、$(4, 0)$ 和 $(8, -2)$ 的三角形是直角三角形.
7. 点 $(3, -1)$、$(3, 3)$ 是一个正方形的两顶点. 给出三组其他可能的顶点坐标.
8. 在 x 轴上求出与点 $(3, 1)$ 和点 $(6, 4)$ 等距的点.
9. 求出点 $(-2, 3)$ 和以点 $(-2, -2)$、$(4, 3)$ 组成的线段的中点之间的距离.
10. 求出以线段 AB 和 CD 的中点组成的线段的长度，其中，$A=(1, 3)$，$B=(2, 6)$，$C=(4, 7)$，$D=(3, 4)$.

在习题11~16中，求出满足条件的圆的方程.

11. 圆心为 $(1, 1)$，半径为1.
12. 圆心为 $(-2, 3)$，半径为4.
13. 圆心为 $(2, -1)$，经过点 $(5, 3)$.
14. 圆心为 $(4, 3)$，经过点 $(6, 2)$.
15. 以 AB 为直径，其中，$A=(1, 3)$、$B=(3, 7)$.
16. 圆心为 $(3, 4)$，且与 x 轴相切.

在习题17~22中，在给出的方程中求出圆的圆心和半径.

17. $x^2+2x+10+y^2-6y-10=0$
18. $x^2+y^2-6y=16$
19. $x^2+y^2-12x+35=0$
20. $x^2+y^2-10x+10y=0$
21. $4x^2+16x+15+4y^2+6y=0$
22. $x^2+16x+\frac{105}{16}+4y^2+3y=0$

在习题23~28中，求出通过两点的直线斜率.

23. (1, 1)和(2, 2)　　24. (3, 5)和(4, 7)
25. (2, 3)和(−5, −6)　　26. (2, −4)和(0, −6)
27. (3, 0)和(0, 5)　　28. (−6, 0)和(0, 6)

在习题29~34中，求出每条直线的方程，然后把它们写成 $Ax+By+C=0$ 的形式.

29. 经过点(2, 2)，斜率是−1.　　30. 经过点(3, 4)，斜率是−1.
31. y 轴上截距为3，斜率为2.　　32. y 轴上截距为5，斜率为0.
33. 过点(2, 3)、(4, 8).　　34. 过点(4, 1)、(8, 2).

在习题35~38中，求出直线的斜率和在 y 轴上截距.

35. $3y=-2x+1$　　36. $-4y=5x-6$
37. $6-2y=10x-2$　　38. $4x+5y=-20$
39. 写出经过点(3, −3)且满足下列条件的直线的方程.
(a)与直线 $y=2x+5$ 平行；　　(b)与直线 $y=2x+5$ 垂直；
(c)与直线 $2x+3y=6$ 平行；　　(d)与直线 $2x+3y=6$ 垂直；
(e)与经过点(−1, 2)、(3, −1)的直线平行；
(f)与直线 $x=8$ 平行；　　(g)与直线 $x=8$ 垂直.
40. 直线 $3x+cy=5$，求出满足下列条件的 c 值.
(a)经过点(3, 1)；　　(b)与 y 轴平行；
(c)与直线 $2x+y=-1$ 平行；　　(d) x 轴与 y 轴的截距相等；
(e)与直线 $y-2=3(x+3)$ 垂直.
41. 写出经过点(−2, −1)并与直线 $y+3=-\frac{2}{3}(x-5)$ 垂直的直线方程.
42. 直线 $kx-3y=10$，找出满足下列条件的 k 的值.
(a)与直线 $y=2x+4$ 平行；　　(b)与直线 $y=2x+4$ 垂直；
(c)与直线 $2x+3y=6$ 垂直.
43. 点(3, 9)在直线 $y=3x-1$ 上方还是下方？
44. 证明：x 轴上截距 $a\neq0$，y 轴上截距 $b\neq0$ 的直线的方程，可以写成 $\frac{x}{a}+\frac{y}{b}=1$.

在习题45~48中，求交点的坐标，然后写出经过这个交点并与第一条直线垂直的直线方程.

45. $2x+3y=4$, $-3x+y=5$　　46. $4x-5y=8$, $2x+y=-10$　　47. $3x-4y=5$, $2x+3y=9$　　48. $5x-2y=5$, $2x+3y=6$

49. 点(2, 3), (6, 3), (6, −1)和(2, −1)是正方形的顶点. 求出它的内接圆和外接圆的方程.

≈ 50. 一条紧紧地环绕在两圆上的带子，两圆的方程是

$$(x-1)^2+(y+2)^2=16,\ (x+9)^2+(y-10)^2=16$$

求带子的长度.

51. 证明：直角三角形的三个顶点到斜边中点的距离相等.
52. 求出以(0, 0)、(8, 0)和(0, 6)为顶点的直角三角形的外接圆的方程.
53. 证明：两圆 $x^2+y^2-4x-2y-11=0$，$x^2+y^2+20x-12y+72=0$ 不相交. 提示：求两圆心的距离.
54. 如果方程 $x^2+ax+y^2+by+c=0$ 是圆的方程，那么 a，b，c 需满足什么条件？
55. 一座顶楼的天花板与地板成30°. 一个由管子绕成的半径为2in的圆与地板和天花板相切，如图17所示. 从顶楼的边到圆与地板的切点的距离 d 是多少？
56. 一个半径为 R 的圆位于第一象限，如图18所示. 一个半径为 r 的圆处于这个圆与原点之间，求 r 的

最大值.

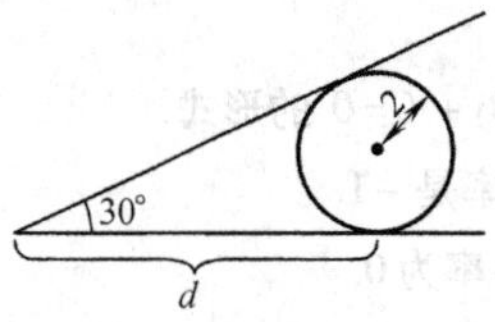

图 17

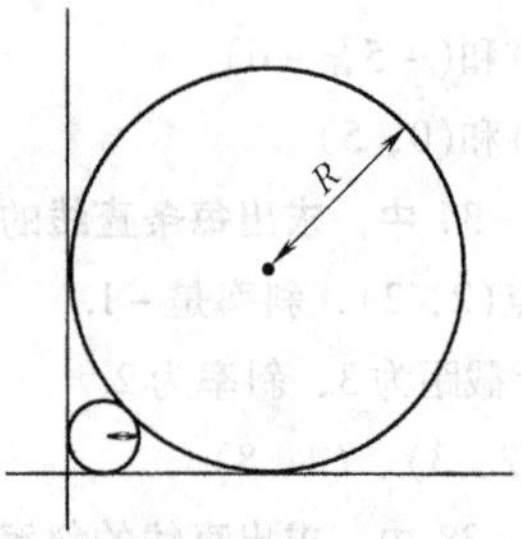

图 18

57. 利用图15，构造几何方法，证明两条直线垂直的充分必要条件是它们的斜率互为负的倒数.

58. 证明：到点(3, 4)的长度是到点(1, 1)的长度的二倍的点的集合是一个圆. 求圆的圆心和半径.

59. 毕达哥拉斯定理说明，如图19所示的面积A，B和C满足$A+B=C$. 证明半圆和正三角形具有同样的特性，给出一个更加普遍的定理.

60. 假如有一个圆和圆外的一个点P. 过P作圆的切线，切点为T. 过P作一直线通过圆的圆心，交圆上两点M，N. 证明$(PM)(PN)=(PT)^2$.

≈ 61. 一条紧紧地绕在三个圆上的皮带，这三个圆的方程分别为$x^2+y^2=4$，$(x-8)^2+y^2=4$，$(x-6)^2+(y-8)^2=4$，如图20所示. 求这条皮带的长度.

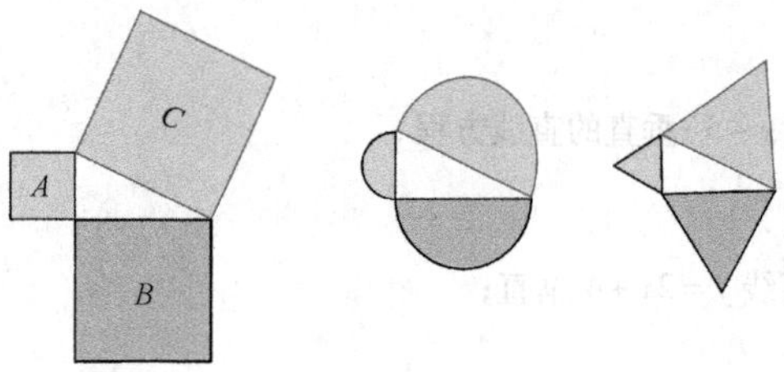

图 19

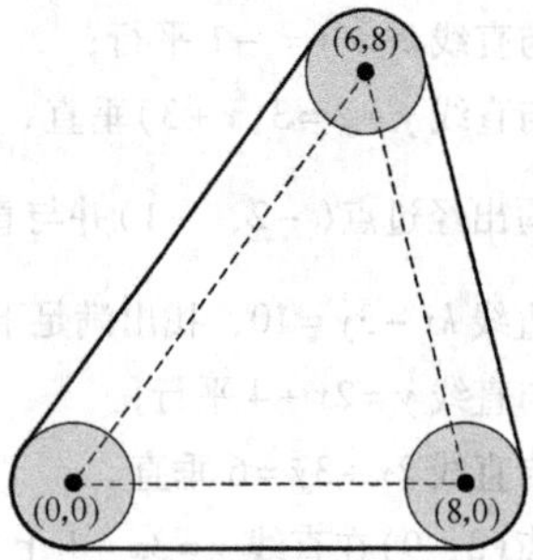

图 20

62. 进一步研究50题和61题，考虑n个互不相交的半径均为r的圆. 各圆圆心在一个边长分别为d_1，d_2，…，d_n的n凸边形的顶点上. 求围绕着这些圆的带子总长度.

可以证明：点(x_1, y_1)到直线$Ax+By+C=0$的距离d是

$$d=\frac{|Ax_1+By_1+C|}{\sqrt{A^2+B^2}}$$

利用这个结果，求出习题63~66中给出点到给出直线的距离.

63. $(-3, 2)$；$3x+4y=6$
64. $(4, -1)$；$2x-2y+4=0$
65. $(-2, -1)$；$5y=12x+1$
66. $(3, -1)$；$y=2x-5$

在第67题和第68题中，求出两平行直线的距离(垂直方向). 提示：先找一直线上的点.

67. $2x+4y=7$，$2x+4y=5$
68. $7x-5y=6$，$7x-5y=-1$

69. 求点$(-2, 3)$到点$(1, -2)$的线段垂直平分线方程.

70. 三角形外接圆的圆心在三条边的垂直平分线上. 求出顶点分别为(0, 4)、(2, 0)和(4, 6)的三角形的外接圆的圆心.

71. 求出边长分别为3、4、5的三角形的内接圆的半径(图21).

72. 假设点(a, b)在圆$x^2+y^2=r^2$上. 证明直线$ax+by=r^2$与圆相切于点(a, b).

73. 求出经过点(12, 0)并与圆 $x^2+y^2=36$ 相切的两条直线的方程．提示：参照第 72 题．

74. 求两平行线 $y=mx+b$，$y=mx+B$ 之间的垂直距离．提示：所求的距离与直线 $y=mx$ 与直线 $y=mx+B-b$ 之间的距离相等．

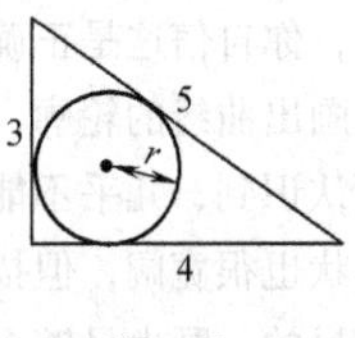

图 21

75. 证明：经过三角形两边中点的直线与第三条直线平行．提示：可以假设三角形的顶点是(0, 0)、(a, 0)和(b, c)．

76. 证明：连接四边形(四条边的多边形)边上中点的线段组成平行四边形．

≈ 77. 一个轮子的边缘的方程是 $x^2+(y-6)^2=25$，轮子逆时针方向快速转动．一块泥点在点(3, 2)上脱离，并向方程为 $x=11$ 的墙上飞去．它大约打在墙上多高处？提示：由于这块泥点沿切线飞离时很快，所以，在它打到墙壁的这段时间内重力的作用可忽略．

概念复习答案：

1. $\sqrt{(x+2)^2+(y-3)^2}$　2. $(x+4)^2+(y-2)^2=25$　3. (1.5, 5)　4. $(d-b)/(c-a)$

0.4 方程的图形

笛卡儿坐标让我们能够用方程(代数量)来描述曲线(几何量)．前面几节已经看到如何用方程来描述圆和直线．现在我们考虑相反的问题：画出方程的图形，用 x，y 表示的**方程的图形**是由平面上满足方程的所有点组成．也就是让它们图形和方程等价．

画图的步骤　手绘一个方程(例如 $y=2x^3-x+19$)的图形，常常按如下三个步骤进行：

第一步：找出一些满足方程的点的坐标；

第二步：在平面上描出这些点；

第三步：用光滑的曲线连接这些点．

这是最简单的画图方法，第 3 章后再用更高级的方法．做第一步的最好方法是做一数值表．给自变量(如 x)分配不同数值，然后，决定因变量(如 y)对应点的数值，将结果用表格列出来．

图形计算器或者计算机代数运算系统都带有很多绘图程序，用户只需简单地定义方程，即可让机器把方程的图形描绘出来．

例 1　描绘方程 $y=x^2-3$ 的图形．

解　绘图的三步骤如图 1 所示．

$y=x^2-3$

x	y
−3	6
−2	1
−1	−2
0	−3
1	−2
2	1
3	6

第一步
列数值表

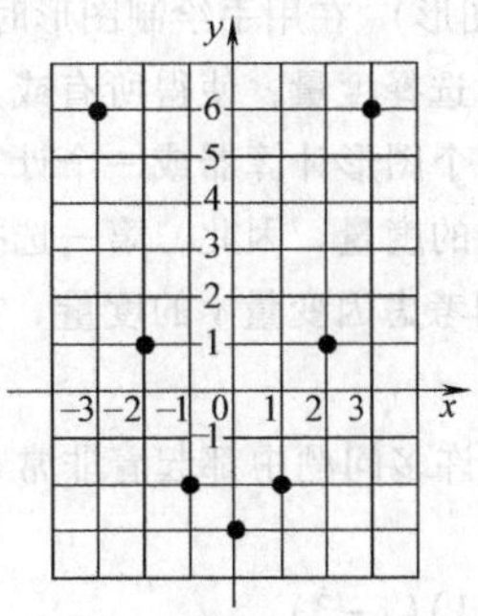

第二步
描点

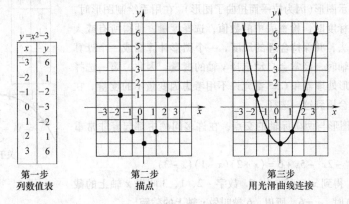

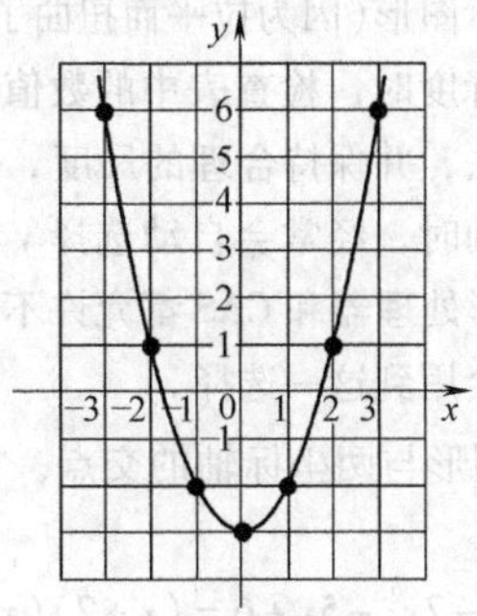

第三步
用光滑曲线连接

图 1

当然，用计算器或计算机作图时，需要有一些常识甚至一点自信．比如，当你发现一点似乎偏离很远时，检查你的计算器；假设连接相邻两点间的曲线段很光滑，那么，连接所有点所构成的整条曲线就是平滑的，你自信这是正确的．这就是为什么必须描绘足够多的点，才能较准确地画出曲线的轮廓，描的点越多，就对图形的正确性越有信心．同时，必须认识到，几乎不能画出整条曲线．在我们的例子中，曲线是无穷长的，形状也很宽阔，但描绘出的图形展示了方程的重要特征．这就是方程画图的目的．画出足够多的图形，显示方程的主要特征．在后面3.5节中，我们将用微积分工具重新定义和加强对图形的理解．

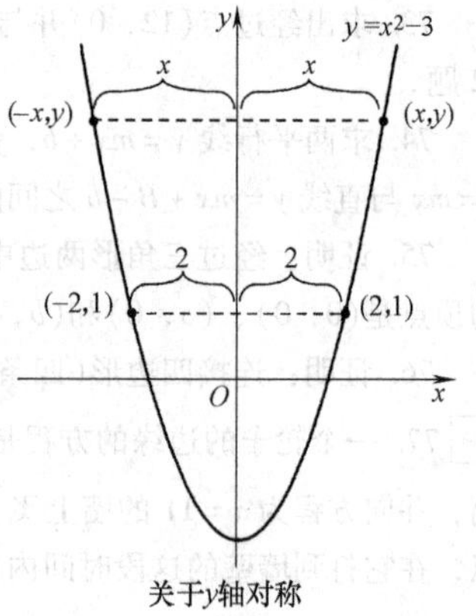

关于y轴对称

图 2

图形的对称性 有时，我们可以从方程中看出图形的对称性，这样可以减少一半的画图工作量．观察上面已画出的方程 $y=x^2-3$ 图形，再画在图2中．

如果坐标平面沿 y 轴折叠，两边的图形将重合．例如点(3，6)将与点(−3，6)重合，点(2，1)将与点(−2，1)重合，更一般地，点 (x,y) 将与点 $(-x,y)$ 重合．也就是，在方程 $y=x^2-3$ 中，用 $-x$ 代替 x，方程不变．

考虑任意一图形，如果当点 (x,y) 在图形上时，点 $(-x,y)$ 也在图形上，那么图形**关于 y 轴对称**(图2)．同样地，如果当点 (x,y) 在图形上时，点 $(x,-y)$ 也在图形上，那么图形**关于 x 轴对称**(图3)．最后，如果当点 (x,y) 在图形上时，点 $(-x,-y)$ 也在图形上，那么图形**关于原点对称**(例2)．

在方程系列中，我们有三种简单的检测方法来检验方程图形的对称性：

1）如果用 $-x$ 代替 x 得到的方程不变，那么它关于 y 轴对称(例 $y=x^2$)；

2）如果用 $-y$ 代替 y 得到的方程不变，那么它关于 x 轴对称(例 $x=y^2+1$)；

3）如果用 $-x$ 代替 x，同时用 $-y$ 代替 y 得到的方程不变，那么它关于原点对称(例 $y=x^3$)．

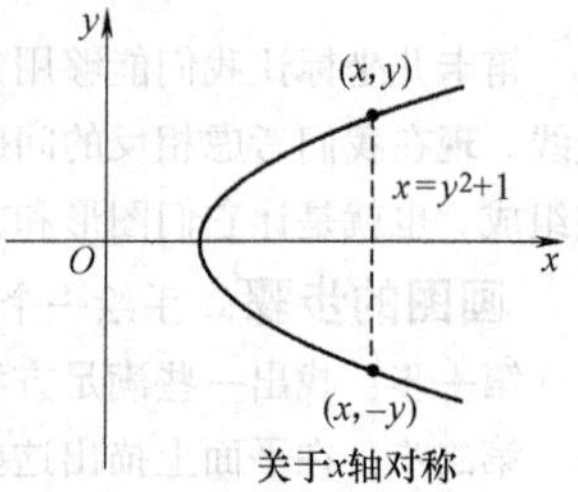

关于x轴对称

图 3

图形计算器

如果你有图形计算器，尽可能地使用它来重新绘制展示的图形．

例2 描绘方程 $y=x^3$ 的图形．

解 根据前面对称性的讨论知道，该方程图形关于原点对称，所以，只需要列一非负值的数表，就能够用对称性找到对应的点．例如(2，8)在图形上说明点(−2，−8)也在图形上．(3，27)在图形上说明点(−3，−27)也在图形上……如图4所示．

在描绘方程 $y=x^3$ 的图形时，我们在 y 轴和 x 轴使用不同的标度．这样，就最大范围地显示图形(因为拉平而扭曲了图形)．在用手绘制图形时，我们建议在选择轴的标度时，检查表中的数值，选择度量，使得所有或大多数的点都能被描进去，并保持合理的尺度．一个图形计算器或一个计算机软件在选择了用 x 轴时，经常会自动选择 y 轴的度量．因此，第一选择是描 x 的值．许多图形处理器和CAS都允许不用考虑因变量 y 的度量．在某些特殊情况下，将会用到这一选择．

$y=x^3$

x	y
0	0
1	1
2	8
3	27
4	64

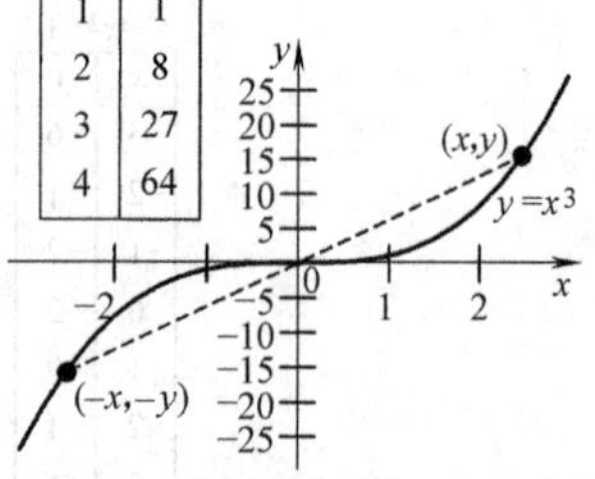

关于原点对称

图 4

截距 方程的图形与两坐标轴的交点，在许多问题中都起着非常重要的作用．例如

$$y=x^3-2x^2-5x+6=(x+2)(x-1)(x-3)$$

注意到，当 $y=0$ 时，得到 $x=-2，1，3$. 数字 −2，1，3 叫做 **x 轴上的截距**．同样地，当 $x=0$ 时，$y=6$，所以，6 被叫做 **y 轴上的截距**．

例3 找出图形 $y^2-x+y-6=0$ 的所有截距．

解 在给出的方程中令 $y=0$，得到 $x=-6$，因此，x 轴上的截距是 −6. 令 $x=0$，发现 $y^2+y-6=(y+3)(y-$

2)，在 y 轴上的截距是 -3，2. 对称性的检查表明，这个图形不是上面讨论的三种类型之一. 如图 5 所示.

二次和三次方程将会在以后的例子中经常出现，在图 6 中列出它们的基本图形.

二次方程的图形是杯子形状，对应曲线叫做**抛物线**. 假如方程是 $y=ax^2+bx+c$ 或 $x=ay^2+by+c(a\neq 0)$ 的形式，它的图形是抛物线. 若等式为第一种形式，当 $a>0$ 时开口向上，当 $a<0$ 时开口向下. 若等式为第二种形式，当 $a>0$ 开口向右，当 $a<0$ 时开口向左. 注意，例 3 中的方程可以写成 $x=y^2+y-6$.

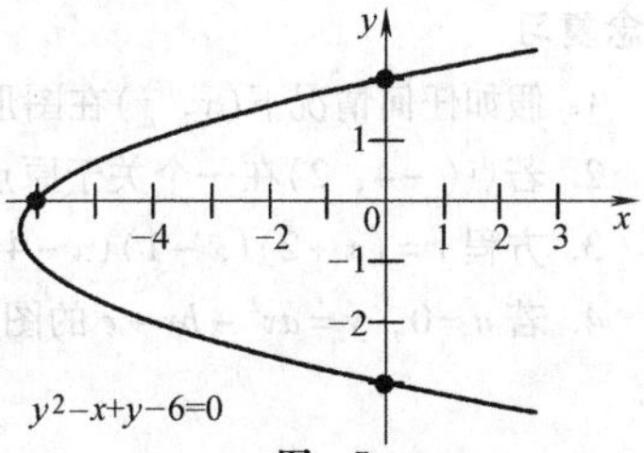

图 5

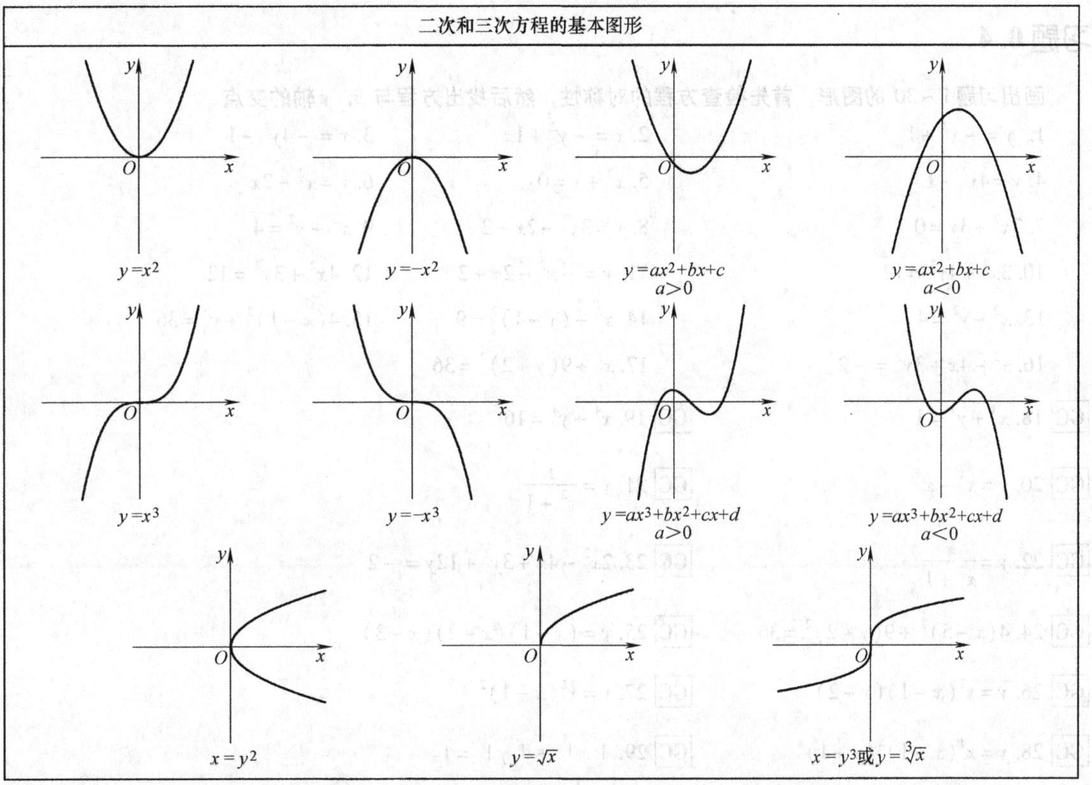

图 6

图形的交点 我们常常需要知道两个图形的交点，这些点可以通过两个方程的求解得到，如下面的一个例子：

例 4 求直线 $y=-2x+2$ 和抛物线 $y=2x^2-4x-2$ 的交点，并且在同一坐标系中画出图形.

解 首先解这两个方程. 通过用第一方程的 y 替换第二方程的 y，可以得到一个仅关于 x 的方程.

$$-2x+2=2x^2-4x-2$$

$$0=2x^2-2x-4$$

$$0=2(x+1)(x-2)$$

$$x=-1,\ x=2$$

x 代入原方程，可以得到相应的 y 的值为 4 和 -2；因此，交点为 $(-1,4)$ 和 $(2,-2)$. 两个图形如图 7 所示.

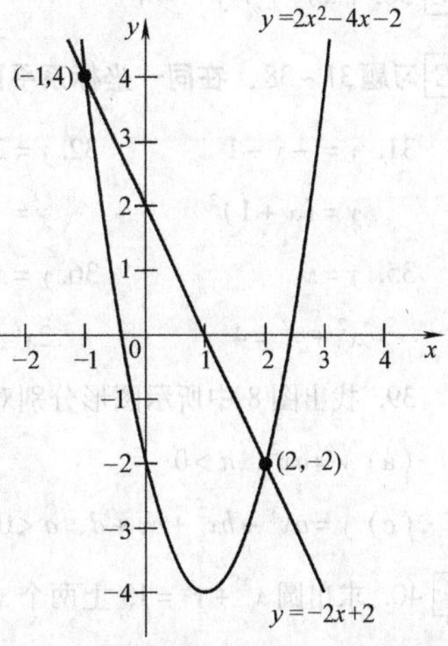

图 7

概念复习

1. 假如任何情况下(x, y)在图形上，则$(-x, y)$也在同一图形上，那么这个图形关于____对称．
2. 若点$(-4, 2)$在一个关于原点对称的图形上，那么点________也在图形上．
3. 方程$y=(x+2)(x-1)(x-4)$的图形，在y轴上的截距为________，在x轴上的截距为________．
4. 若$a=0$，$y=ax^2+bx+c$的图形为__________；若$a\neq0$，$y=ax^2+bx+c$的图形为__________．

习题 0.4

画出习题1~30的图形，首先检查方程的对称性，然后找出方程与x，y轴的交点．

1. $y=-x^2+1$
2. $x=-y^2+1$
3. $x=-4y^2-1$
4. $y=4x^2-1$
5. $x^2+y=0$
6. $y=x^2-2x$
7. $7x^2+3y=0$
8. $y=3x^2-2x+2$
9. $x^2+y^2=4$
10. $3x^2+4y^2=12$
11. $y=-x^2-2x+2$
12. $4x^2+3y^2=12$
13. $x^2-y^2=4$
14. $x^2+(y-1)^2=9$
15. $4(x-1)^2+y^2=36$
16. $x^2-4x+3y^2=-2$
17. $x^2+9(y+2)^2=36$

GC 18. $x^4+y^4=1$

GC 19. $x^4+y^4=16$

GC 20. $y=x^3-x$

GC 21. $y=\dfrac{1}{x^2+1}$

GC 22. $y=\dfrac{x}{x^2+1}$

GC 23. $2x^2-4x+3y^2+12y=-2$

GC 24. $4(x-5)^2+9(y+2)^2=36$

GC 25. $y=(x-1)(x-2)(x-3)$

GC 26. $y=x^2(x-1)(x-2)$

GC 27. $y=x^2(x-1)^2$

GC 28. $y=x^4(x-1)^4(x+1)^4$

GC 29. $|x|+|y|=1$

GC 30. $|x|+|y|=4$

GC **习题31~38，在同一坐标系平面里，画出两个方程的图形．并且标出图形的交点(如例4)．**

31. $y=-x+1$，$y=(x+1)^2$
32. $y=2x+3$，$y=-(x-1)^2$
33. $y=-2x+3$，$y=-2(x-4)^2$
34. $y=-2x+3$，$y=3x^2-3x+12$
35. $y=x$，$x^2+y^2=4$
36. $y=x-1$，$2x^2+3y^2=12$
37. $y-3x=1$，$x^2+2x+y^2=15$
38. $y=4x+3$，$x^2+y^2=81$
39. 找出图8中所示图形分别对应的方程

(a) $y=ax^2$，$a>0$　　(b) $y=ax^3+bx^2+cx+d$，$a>0$

(c) $y=ax^3+bx^2+cx+d$，$a<0$　　(d) $y=ax^3$，$a>0$

≈ 40. 求出圆$x^2+y^2=13$上两个x坐标为-2和2两点之间的距离，这样的线段有几条？

≈ 41. 求出圆$x^2+2x+y^2-2y=20$上两个x坐标为-2和2两点之间的距离，这样的线段有几条？

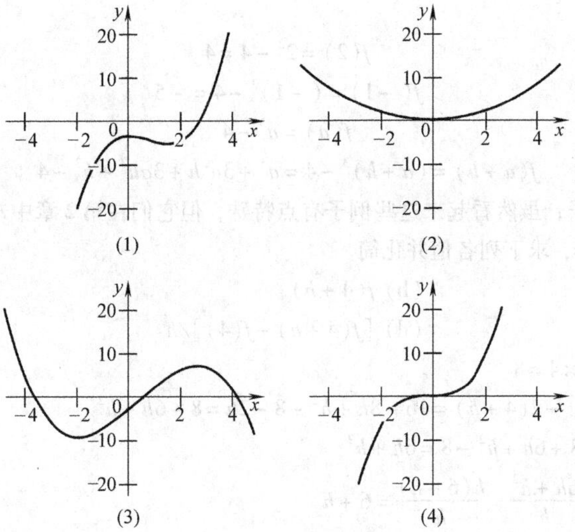

图　8

概念复习答案：

1. y 轴　2. (4, −2)　3. 8；−2，1，4　4. 直线，抛物线

0.5　函数及其图像

函数是数学上一个最基本的概念，它在微积分中是一个不可替代的角色．

定义

函数 f 是一个法则，它将一个集合（称为定义域）中的每一个点 x，唯一对应第二个集合中的一个值 $f(x)$。这样得到的所有值的集合称为这个函数的值域（图 1）.

若将函数视为一个机器，它将输入值 x 作为它的原料，将输出值 $f(x)$ 视为它的产品（图 2）．每一个输入值都有唯一一个相应的输出值，但是几个不同的输入值有可能生成相同的输出值．

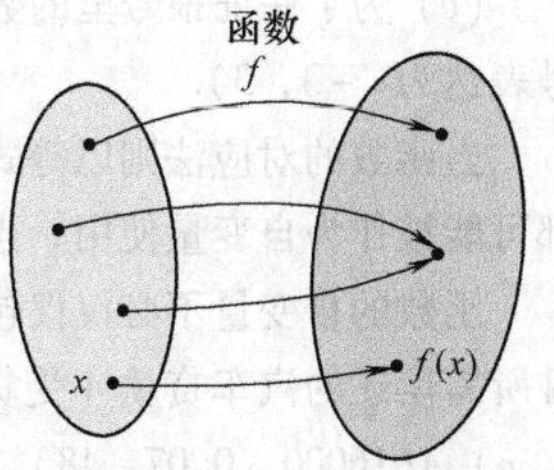

图　1

函数没有对定义域和值域进行严格的限制．假如定义域是由班中的同学构成的，此时，若给出确定学生分数等级的评定法则，那么，值域就是一个作业分数等级的集合 $\{A, B, C, D, F\}$．本书中，大部分函数都是一个或多个实数的函数．比如函数 g 包含一个实数 x 并对它进行平方运算，得到的值是实数 x^2．这样我们可以写出一个得到对应法则的公式，即 $g(x)=x^2$．此函数相应的图表如图 3 所示．

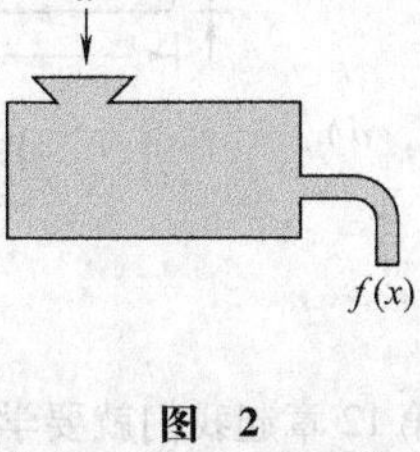

图　2

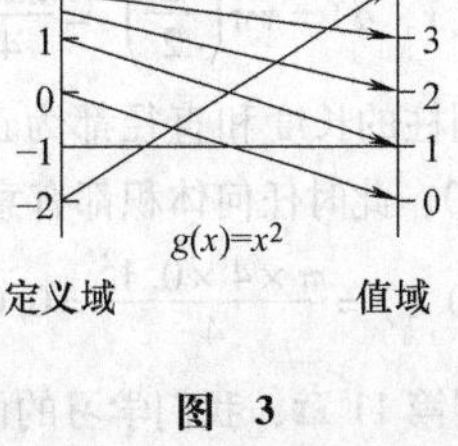

图　3

函数符号 函数是以单个字母f(或g、F)来命名．那么$f(x)$表示f在x处的值。如果$f(x)=x^3-4$，那么

$$f(2)=2^3-4=4$$
$$f(-1)=(-1)^3-4=-5$$
$$f(a)=a^3-4$$
$$f(a+h)=(a+h)^3-4=a^3+3a^2h+3ah^2+h^3-4$$

仔细研究下面几个例子，虽然看起来这些例子有点特殊，但它们在第2章中却起着重要的作用．

例1 设$f(x)=x^2-2x$，求下列各值并化简

(a) $f(4)$ (b) $f(4+h)$

(c) $f(4+h)-f(4)$ (d) $[f(4+h)-f(4)]/h$

解 (a) $f(4)=4^2-2\times4=8$

(b) $f(4+h)=(4+h)^2-2(4+h)=16+8h+h^2-8-2h=8+6h+h^2$

(c) $f(4+h)-f(4)=8+6h+h^2-8=6h+h^2$

(d) $\dfrac{f(4+h)-f(4)}{h}=\dfrac{6h+h^2}{h}=\dfrac{h(6+h)}{h}=6+h$

定义域和值域 为了完整地确定函数，除了对应法则之外，还必须指出函数的定义域．例如F是$F(x)=x^2+1$的函数，其定义域为$\{-1,0,1,2,3\}$(图4)，那么值域为$\{1,2,5,10\}$．对应法则和定义域一起决定了它的值域．

当函数的定义域没有特别指明时，我们认为定义域是使函数有意义的一切实数．这叫做函数的**自然定义域**．需要将那些使分母为零或根号里的数为负的数从自然定义域中剔除．

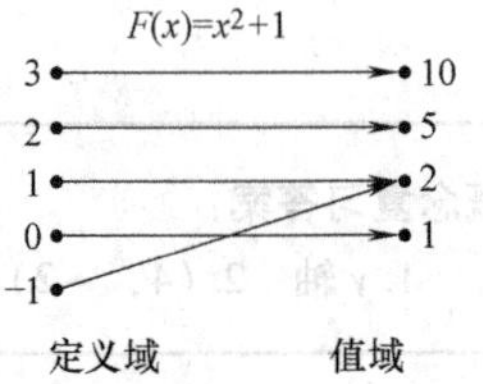

图 4

例2 找出下面函数的自然定义域

(a) $f(x)=1/(x-3)$ (b) $g(t)=\sqrt{9-t^2}$ (c) $h(w)=1/\sqrt{9-w^2}$

解 (a) 因为$x=3$时分母为零，所以其自然定义域为$\{x\in\mathbf{R}\mid x\neq3\}$.

(b) 为了保证根号内的数不为负数，必须$9-t^2\geqslant0$. 因此，t满足$|t|\leqslant3$. 所以自然定义域是$\{t\in\mathbf{R}\mid|t|\leqslant3\}$,我们通常将它写成区间的形式$[-3,3]$.

(c) 为了保证根号里的数大于零，并且分母不为零，因此，将-3和3从自然定义域中剔除．用集合符号表达为$(-3,3)$.

当函数的对应法则以等式$y=f(x)$的形式给出时，我们称x为**自变量**，y为**因变量**．定义域中的每一个数都可能被作为自变量使用．当x的值选定后，y的值也就确定了．

函数的自变量不必仅仅包含一个实数．在许多实际应用中，函数的自变量可能有两个或更多．例如每个月所需偿还的汽车贷款A受贷款的数量P，利息率r，还有偿还的月数n影响．可以将它写成一个函数$A(P,r,n)$. $A(16000,0.07,48)$，也就是在48个月里，还清利息为7%的16000美元贷款，每月需还383.14美元，这种情况，将没有一个简单数学公式将A以变量P，r和n表达出来．

例3 用$V(x,d)$表示一个长为x，直径为d的圆柱的体积，如图5所示，求出

(a) $V(x,d)$的表达式 (b) V的定义域和值域 (c) $V(4,0.1)$

解 (a) $V(x,d)=x\pi\left(\dfrac{d}{2}\right)^2=\dfrac{\pi xd^2}{4}$

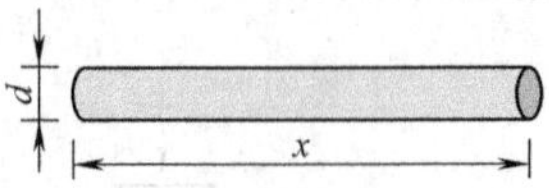

图 5

(b) 因为圆柱的长度和直径都为正的，所以定义域是有序数对(x,d)，其中$x>0$，$d>0$，此时任何体积都有意义，所以，值域为$(0,\infty)$

(c) $V(4,0.1)=\dfrac{\pi\times4\times0.1^2}{4}=0.01\pi$

从第1章到第11章，我们学习的函数大都是仅含一个自变量．从第12章起我们就要学习含有两个或更

多自变量的函数．

函数的图形 当函数的值域和定义域都为实数集合时，可以在坐标平面里画出它的图像．函数f的图像就是等式$y=f(x)$的图像．

例4 画出下面函数的图像

(a) $f(x)=x^2-2$ (b) $g(x)=2/(x-1)$

解 函数f和g的自然定义域分别是所有实数和除1以外的所有实数．根据0.4节中的方法(制作一张数值表，再画出相应的点，最后用一条光滑的曲线将这些点连接起来)，就可以得到图6和图7a中的图形．

仔细观察函数g的图形，它告诉我们，需要特别注意这样的问题．当用平滑的曲线将已经标好的点连接起来时，不要机械地作图，而忽视了图形的一些相当特殊的性质．例如$g(x)=2/(x-1)$，当x趋近于1时，奇妙的事发生了．事实上，$|g(x)|$的值趋于无穷．例如$g(0.99)=2/(0.99-1)=-200$，$g(1.001)=2000$. 我们通过作出一条垂直于x轴的虚直线(称为渐近线)来表现这一特点，当x趋近于1时，图形越来越趋近于这条直线，虽然这条直线并不是函数图形的一部分，只是一条趋势线．注意x轴也是函数g图形的一条水平标线，即水平渐近线．

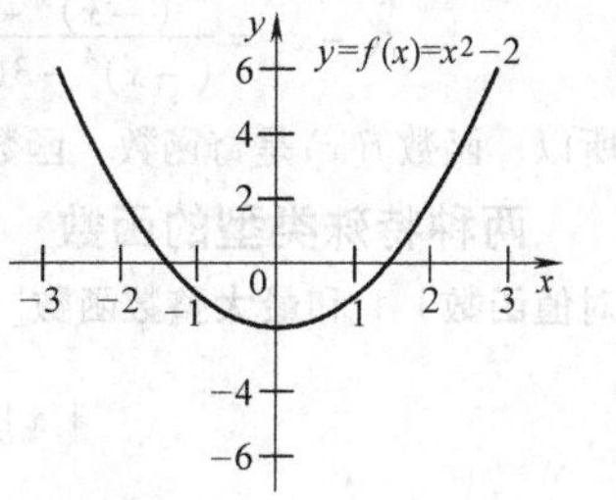

图 6

类似于函数$g(x)=2/(x-1)$，使用CAS来画图时，常常会出现问题．在区间$[-4, 4]$上当用Maple画$g(x)=2/(x-1)$的图形时，得出的图形类似于图7b. 计算机画图利用类似0.4节描述的算法，在定义域上选择点，找到值域的对应点，用线段将点连接起来。当Maple选取了一个接近1的数值时，相应的输出数也很大，Maple也将跨越点1的点连接起来，导致出现趋向于y轴的图形．当用一个作图器或者CAS作出函数图形时，一定要谨慎小心．

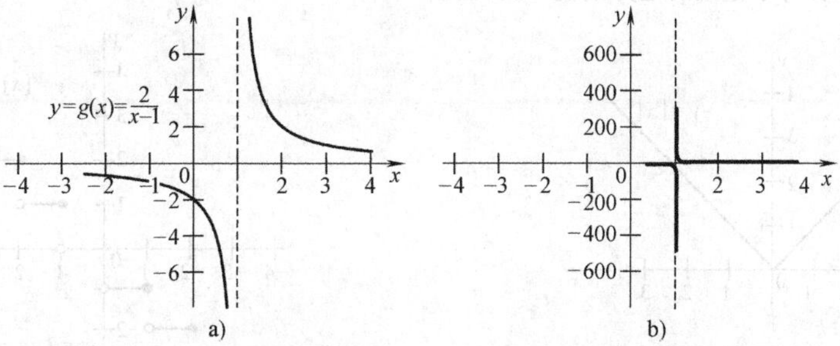

图 7

函数f和g的值域和定义域在下面的表格中列出

函数	定义域	值域
$f(x)=x^2-2$	$\mathbf{R}$	$\{y\in\mathbf{R} \mid y\geqslant -2\}$
$g(x)=\dfrac{2}{x-1}$	$\{x\in\mathbf{R} \mid x\neq 1\}$	$\{y\in\mathbf{R} \mid y\neq 0\}$

偶函数和奇函数 我们经常可以通过观察函数的表达式，得出函数的对称性．如果对于所有的x，均有$f(-x)=f(x)$，那么函数的图形关于y轴对称，称之为**偶函数**，如果$f(x)$是由一些x的偶次幂相加而成的，那么它必定是偶函数．例如函数$f(x)=x^2-2$是偶函数(图6)；同样$f(x)=3x^6-2x^4+11x^2-5$，$f(x)=x^2/(1+x^4)$和$f(x)=(x^3-2x)/2x$也均为偶函数．

如果对所有的x均有$f(-x)=-f(x)$，那么函数的图形关于原点对称，我们称之为**奇函数**，一个由x的奇次幂相加而得的函数为奇函数，所以，$g(x)=x^3-2x$为奇函数(图8)．注意

$$g(-x)=(-x)^3-2(-x)=-x^3+2x=-(x^3-2x)=-g(x)$$

对于例4，函数 $g(x)=2/(x-1)$，从图7可以看出．它非奇也非偶，具体的 $g(-x)=2/(-x-1)$ 既不等于 $g(x)$ 也不等于 $-g(x)$，即函数 $y=g(x)$ 的图形，既不关于原点对称也不关于 y 轴对称．

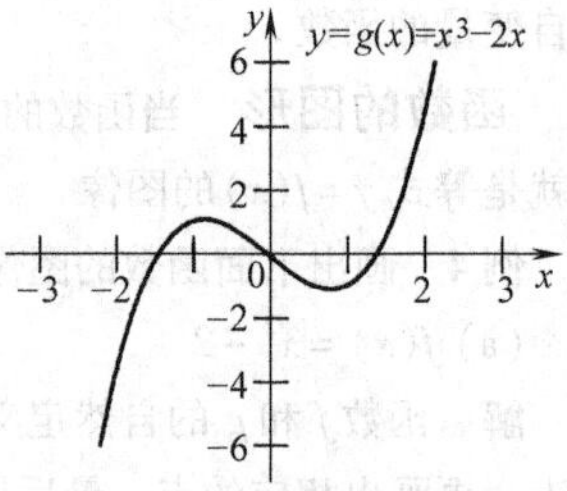

图 8

例5 判断函数 $f(x)=\dfrac{x^3+3x}{x^4-3x^2+4}$ 是奇函数，偶函数，还是非奇非偶函数？

解 因为

$$f(-x)=\frac{(-x)^3+3(-x)}{(-x)^4-3(-x)^2+4}=\frac{-(x^3+3x)}{x^4-3x^2+4}=-f(x)$$

所以，函数 $f(x)$ 是奇函数．函数 $y=f(x)$ 的图形关于原点对称，如图9所示．

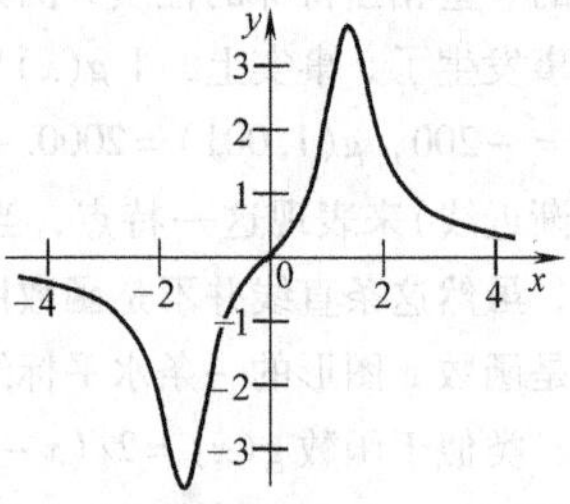

图 9

两种特殊类型的函数 在常用的函数中，有两类是非常特殊的：**绝对值函数| |**和**最大整数函数[ ]**．它们的定义如下：

$$|x|=\begin{cases}x & (x\geqslant 0)\\ -x & (x<0)\end{cases}$$

和 $[x]=$ 小于或等于 x 的最大整数

因此 $|-3.1|=|3.1|=3.1$，同时 $[-3.1]=-4$，$[3.1]=3$．图10和图11分别为这两个函数的图形．因为 $|-x|=|x|$，所以绝对值函数是偶函数．可以从图形中清楚的看到最大整数函数既不是奇函数，也不是偶函数．

在今后的学习中，我们经常会遇到具有这些特征的图形．绝对值函数 $|x|$ 在原点处有一个尖角，而最大整数函数的图形，在每个整数的地方出现一次跳跃．

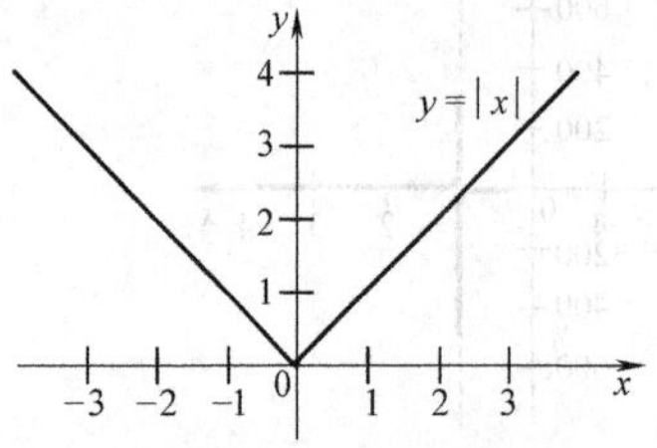

图 10

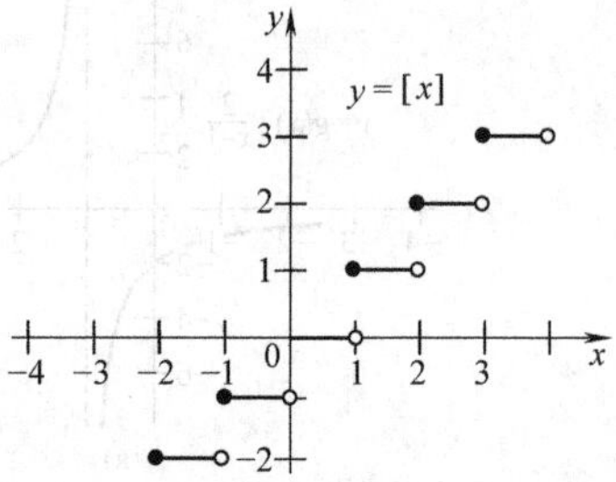

图 11

概念复习

1. 一个函数允许输入的数值的集合叫做函数的________；函数可以取到的数值的集合叫做函数的________．

2. 如果 $f(x)=3x^2$，那么 $f(2u)=$______，$f(x+h)=$______

3. 如果当 $|x|$ 增大时，$f(x)$ 越来越接近 L，那么直线 $y=L$ 是函数 f 的图形的一条________．

4. 如果 $f(-x)=f(x)$ 对于定义域内所有的值都成立，那么函数 f 被称为一个________函数；如果 $f(-x)=-f(x)$ 对于定义域内所有的值都成立，那么函数 f 被称为一个________函数；在第一种情况下，函数 f 的图形关于________对称；在第二种情况下，函数 f 的图形关于________对称．

习题 0.5

1. 已知函数 $f(x)=1-x^2$，求出下列各值：

(a) $f(1)$ (b) $f(-2)$ (c) $f(0)$

(d) $f(k)$ (e) $f(-5)$ (f) $f\left(\frac{1}{4}\right)$

(g) $f(1+h)$ (h) $f(1+h)-f(1)$ (i) $f(2+h)-f(2)$

2. 已知函数 $F(x)=x^3+3x$，求出下列各值：

(a) $F(1)$ (b) $F(\sqrt{2})$ (c) $F\left(\frac{1}{4}\right)$

(d) $F(1+h)$ (e) $F(1+h)-F(1)$ (f) $F(2+h)-F(2)$

3. 已知函数 $G(y)=\frac{1}{(y-1)}$，求出下列各值：

(a) $G(0)$ (b) $G(0.999)$ (c) $G(1.01)$

(d) $G(y^2)$ (e) $G(-x)$ (f) $G\left(\frac{1}{x^2}\right)$

4. 已知函数 $\Phi(u)=\frac{u+u^2}{\sqrt{u}}$，求出下列各值：

(a) $\Phi(1)$ (b) $\Phi(-t)$ (c) $\Phi\left(\frac{1}{2}\right)$

(d) $\Phi(u+1)$ (e) $\Phi(x^2)$ (f) $\Phi(x^2+x)$

5. 已知函数 $f(x)=\frac{1}{\sqrt{x-3}}$，求出下列各值：

(a) $f(0.25)$ (b) $f(\pi)$ (c) $f(3+\sqrt{2})$

C 6. 已知函数 $f(x)=\sqrt{x^2+9}/(x-\sqrt{3})$，求出下列各值：

(a) $f(0.79)$ (b) $f(12.26)$ (c) $f(\sqrt{3})$

7. 下面哪些方程决定了一个函数 f？对于那些可以决定的，写出 $f(x)$ 的表达式.（提示：用含 x 的式子表示 y，函数中要求每个 x 只对应一个 y 的值）

(a) $x^2+y^2=1$ (b) $xy+x+y=1$，$x\neq -1$

(c) $x=\sqrt{2y+1}$ (d) $x=\frac{y}{y+1}$

8. 在图 12 中哪些图形是函数的图形？本题给出一条规则：对于一个函数的图形，每条垂直直线与图形最多有一个交点.

9. 已知函数 $f(x)=2x^2-1$，求 $[f(a+h)-f(a)]/h$，并化简.

10. 已知函数 $F(x)=4t^3$，求 $[F(a+h)-F(a)]/h$，并化简.

11. 已知函数 $g(u)=3/(u-2)$，求 $[g(x+h)-g(x)]/h$，并化简.

12. 已知函数 $G(t)=t/(t+4)$，求 $[G(a+h)-G(a)]/h$，并化简.

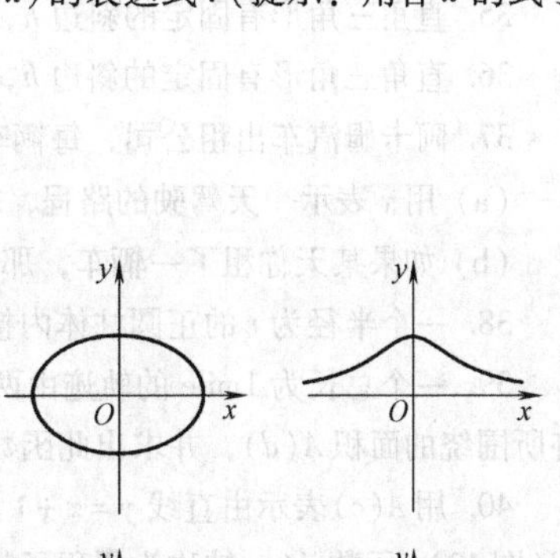

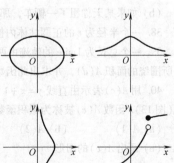

图 12

13. 找出下面每个函数的自然定义域.

(a) $F(z)=\sqrt{2z+3}$ (b) $g(v)=\frac{1}{4v-1}$

(c) $\psi(x)=\sqrt{x^2-9}$ (d) $H(y)=-\sqrt{625-y^4}$

14. 找出下面每个函数的自然定义域.

(a) $f(x)=\frac{4-x^2}{x^2-x-6}$ (b) $G(y)=\sqrt{(y+1)^{-1}}$

(c) $\phi(u)=|2u+3|$ (d) $F(t)=t^{2/3}-4$

在习题15～30中，指出函数是否是奇函数、偶函数，或者非奇非偶函数，并描出其图形.

15. $f(x)=-4$　　16. $f(x)=3x$　　17. $F(x)=2x+1$

18. $F(x)=3x-\sqrt{2}$　　19. $g(x)=3x^2+2x-1$　　20. $g(u)=\frac{u^3}{8}$

21. $g(x)=\frac{x}{x^2-1}$　　22. $\phi(z)=\frac{2z+1}{z-1}$　　23. $f(\omega)=\sqrt{\omega-1}$

24. $h(x)=\sqrt{x^2+4}$　　25. $f(x)=|2x|$　　26. $F(t)=-|t+3|$

27. $g(x)=\left[\frac{x}{2}\right]$　　28. $G(x)=[2x-1]$　　29. $g(t)=\begin{cases}1 & (t\leqslant 0)\\ t+1 & (0<t<2)\\ t^2-1 & (t\geqslant 2)\end{cases}$

30. $h(x)=\begin{cases}-x^2+4 & (x\leqslant 1)\\ 3x & (x>1)\end{cases}$

31. 一个工厂每天能生产0～100台计算机．每天工厂的管理费用是\$5000，生产一台计算机的直接成本(劳动力和原料的费用)是\$805. 写出一天生产x台计算机的总成本$T(x)$和生产每台计算机的平均成本$u(x)$. 并求出这两个函数的自然定义域.

C 32. ABC公司制造x个玩具炉的成本是$400+5\sqrt{x(x-4)}$美元，而每个玩具炉可以卖\$6.

(a) 找出制造x个玩具炉的总利润$P(x)$的函数.

(b) 求出$P(200)$和$P(1000)$的值.

(c) 如果ABC公司不盈不亏，必须制造多少个玩具炉？

C 33. 求出量$E(x)$的公式，表示x超过它的平方的值，然后画出当$0\leqslant x\leqslant 1$时$E(x)$的图形．利用图形估计，小于等于1的正数，能取到最大值.

34. 假设P表示一个等边三角形的周长，求出表示它面积的公式$A(P)$.

35. 直角三角形有固定的斜边h，其中的一直角边为x，求另外一直角边的长度公式$L(x)$.

36. 直角三角形有固定的斜边h，其中的一直角边为x，求三角形的面积公式$S(x)$.

37. 阿卡姆汽车出租公司，每辆车每天收取\$24的租金，汽车每行驶一英里，加收\$0.40.

(a) 用x表示一天驾驶的路程，求出一天总的租车费用的表达式$E(x)$.

(b) 如果某天你租了一辆车，那么用\$120总共可以驾驶多少英里？

38. 一个半径为r的正圆柱体内接于一个半径为$2r$的球体，求出圆柱体体积$V(r)$的表达式.

39. 一个总长为1mile的轨迹由两条互相平行的边和一个半圆形组成．找出用半圆形的直径d表示的轨迹所围绕的面积$A(d)$，并求出此函数的定义域.

40. 用$A(c)$表示由直线$y=x+1$的下方、y轴的右方、x轴的上方以及直线$x=c$的左方组成的区域的面积(图13)．函数$A(c)$被称为累积函数．求出：

(a) $A(1)$　　(b) $A(2)$　　(c) $A(0)$　　(d) $A(c)$

(e) 画出$A(c)$的图形　　(f) 求出A的定义域和值域

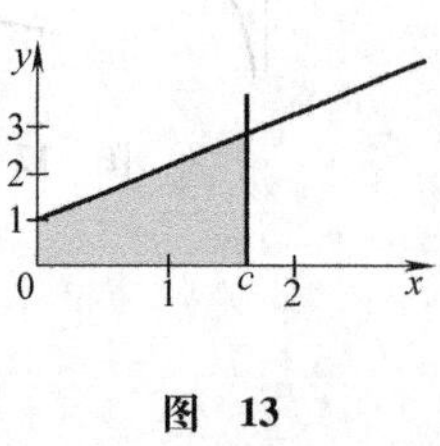

图 13

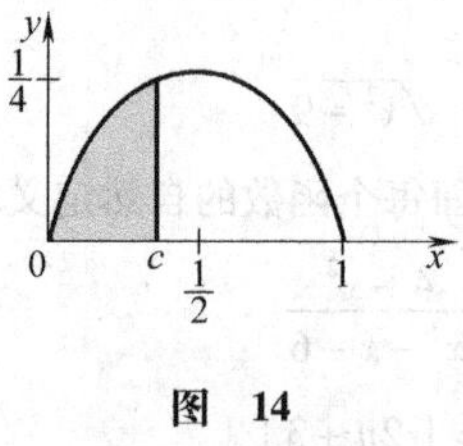

图 14

41. 用 $B(c)$ 表示由曲线 $y=x(1-x)$ 的下方、x 轴上方和直线 $x=c$ 的左方组成的区域的面积．函数 B 的定义域是 $[0, 1]$（图 14）．已知 $B(1)=\frac{1}{6}$.

(a) 求出 $B(0)$　(b) 求出 $B\left(\frac{1}{2}\right)$　(c) 尽最大可能，画出函数 $B(c)$ 的图形

42. 对于所有 $x\in\mathbf{R}$，$y\in\mathbf{R}$，下列哪个函数满足 $f(x+y)=f(x)+f(y)$？

(a) $f(t)=2t$　(b) $f(t)=t^2$　(c) $f(t)=2t+1$　(d) $f(t)=-3t$

43. 令 $f(x+y)=f(x)+f(y)$ 对于所有 $x\in\mathbf{R}$，$y\in\mathbf{R}$ 均成立．证明存在一个数 m，使得函数 $f(t)=mt$ 对于所有有理数 t 均成立．（提示：首先决定 m 是什么数，然后逐步从 $f(0)=0$，$f(p)=mp$，p 为自然数，$f\left(\frac{1}{p}\right)=m\frac{1}{p}$，…推广）

44. 一个垒球场是由边长为 90ft 的正方形组成的．一名球员，在击出了一记本垒打之后，围绕着球场以 10ft/s 的速度慢跑．用 s 表示在 t 秒后球员离本垒的距离．

(a) 写出 s 关于 t 的四段函数　(b) 写出 s 关于 t 的三段函数

为了有效地运用科技，你需要发现它的能力、长处和短处．我们迫切要求你用计算器或计算机画出不同种类的函数的图形．习题 45～50 就是为了这个目的编写的．

45. 令 $f(x)=(x^3+3x-5)/(x^2+4)$

(a) 求出 $f(1.38)$ 和 $f(4.12)$.

(b) 构造一个 $x=-4$，-3，…，3，4 时函数值的表格．

46. 对于函数 $f(x)=(\sin x^2-3\tan x)/\cos x$，回答习题 45 中相同问题．

47. 画出函数 $f(x)=x^3-5x^2+x+8$ 在区间 $[-2, 5]$ 上的图形，并回答以下问题：

(a) 求出函数 f 的取值范围．

(b) 在此区间上，求出使 $f(x)\geqslant 0$ 的集合．

48. 在习题 47 的图形上添加函数 $g(x)=2x^2-8x-1$ 在区间 $[-2, 5]$ 上的图形，并回答以下问题：

(a) 估算出当 $f(x)=g(x)$ 时 x 的值．

(b) 在此区间上，求出使 $f(x)\geqslant g(x)$ 的集合．

(c) 在此区间上，估算出 $|f(x)-g(x)|$ 的最大值．

49. 画出函数 $f(x)=(3x-4)/(x^2+x-6)$ 在区间 $[-6, 6]$ 上的图形，并回答以下问题：

(a) 求出函数在 x 和 y 轴上的截距．

(b) 求出在给定区间上函数 f 的值域．

(c) 求出图形的垂直渐近线．

(d) 当给定区间扩大到整个实数的自然定义域后，求出函数水平渐近线．

50. 已知函数 $g(x)=(3x^2-4)/(x^2+x-6)$，回答习题 49 中相同问题．

概念复习答案：

1. 定义域，值域　2. $12u^2$，$3(x+h)^2=3x^2+6xh+3h^2$　3. 渐近线　4. 奇函数，偶函数，y 轴，原点

0.6 函数的运算

就像两个数字 a 和 b 相加能够产生一个新数字 $a+b$ 一样，两个函数 f 和 g 相加也能产生一个新的函数 $f+g$. 这就是我们在这一节要学习的函数运算．

和、差、积、商和幂运算　考虑函数 f 和 g

$$f(x)=\frac{x-3}{2},\quad g(x)=\sqrt{x}$$

通过对 x 的操作 $f(x)+g(x)=\frac{x-3}{2}+\sqrt{x}$，我们可以得到一个新的函数 $f+g$，即：

$$(f+g)(x)=f(x)+g(x)=\frac{x-3}{2}+\sqrt{x}$$

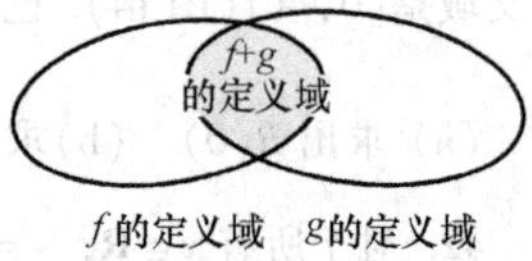

图 1

当然了，我们必须对它的定义域小心一点．显然，所取 x 的值必须同时使函数 f 和 g 都成立．换句话说，函数 $f+g$ 的定义域就是函数 f 和 g 的定义域的公共部分．(图1)

对于函数 $f-g$，$f\cdot g$ 和 f/g 都可以用一种完全相同的方法引入．假设函数 f 和 g 的定义域都是自然定义域，我们有以下结论：

表达式	定义域
$(f+g)(x)=f(x)+g(x)=\frac{x-3}{2}+\sqrt{x}$	$[0,\ \infty)$
$(f-g)(x)=f(x)-g(x)=\frac{x-3}{2}-\sqrt{x}$	$[0,\ \infty)$
$(f\cdot g)(x)=f(x)g(x)=\frac{x-3}{2}\sqrt{x}$	$[0,\ \infty)$
$\left(\frac{f}{g}\right)(x)=\frac{f(x)}{g(x)}=\frac{x-3}{2\sqrt{x}}$	$(0,\ \infty)$

为了保证除数不为零，必须把0从 f/g 的定义域中剔除．

我们也可以求一个函数的幂．用 f^n 来表示函数 $f(x)$ 的 n 次幂 $[f(x)]^n$．因此

$$g^3(x)=[g(x)]^3=(\sqrt{x})^3=x^{3/2}$$

在上述的指数里有一个必须除外，那就是 $n=-1$．我们保留 f^{-1} 这个符号，以备将来在6.2节中讨论反函数时使用．也就是，f^{-1} 不意味着 $\frac{1}{f}$．

例1 令 $F(x)=\sqrt[4]{x+1}$，$G(x)=\sqrt{9-x^2}$，它们的定义域分别是 $[-1,\ \infty)$ 和 $[-3,\ 3]$．求出 $F+G$，$F-G$，$F\cdot G$ 和 F/G 以及 F^5 的表达式，并求出它们各自的定义域．

解

表达式	定义域
$(F+G)(x)=F(x)+G(x)=\sqrt[4]{x+1}+\sqrt{9-x^2}$	$[-1,\ 3]$
$(F-G)(x)=F(x)-G(x)=\sqrt[4]{x+1}-\sqrt{9-x^2}$	$[-1,\ 3]$
$(F\cdot G)(x)=F(x)\cdot G(x)=\sqrt[4]{x+1}\sqrt{9-x^2}$	$[-1,\ 3]$
$\left(\frac{F}{G}\right)(x)=\frac{F(x)}{G(x)}=\frac{\sqrt[4]{x+1}}{\sqrt{9-x^2}}$	$[-1,\ 3)$
$F^5(x)=[F(x)]^5=(\sqrt[4]{x+1})^5=(x+1)^{5/4}$	$[-1,\ \infty)$

复合函数 在前面章节中，我们把函数比作是一台机器．它把 x 当成原料进行输入，当 x 被处理后，便制造出产品 $f(x)$．两台机器也可以前后串联起来，构成一台更加复杂的机器，两个函数 f 和 g 也可以同样串联(图2)．如果函数 f 对 x 操作，产生 $f(x)$，然后函数 g 对 $f(x)$ 操作，产生 $g(f(x))$，称为函数 f 和 g 的复合．所得到的函数，称作是由函数 f 和 g 复合而成的**复合函数**，记做 $g\circ f$．因此

$$\boxed{(g\circ f)(x)=g(f(x))}$$

在前面的例子中，我们知道 $f(x)=\frac{x-3}{2}$，$g(x)=\sqrt{x}$．现在可以用两种方式复合这两个函数：

$$(g\circ f)(x)=g(f(x))=g\left(\frac{x-3}{2}\right)=\sqrt{\frac{x-3}{2}}$$

$$(f\circ g)(x)=f(g(x))=f(\sqrt{x})=\frac{\sqrt{x}-3}{2}$$

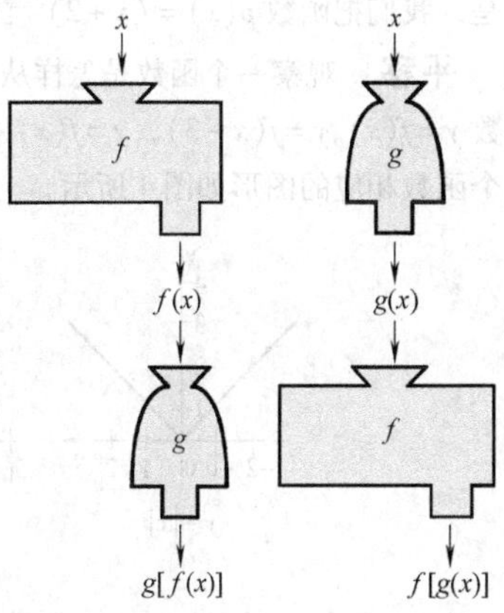

图 2

显然 $g\circ f$ 并不等于 $f\circ g$. 因此，我们说函数的复合并不是可交换的．

在写出一个复合函数的时候，我们必须要小心它的定义域．$g\circ f$ 的定义域是符合以下条件的 x 值的集合：

1) x 属于函数 f 的定义域．

2) $f(x)$ 属于函数 g 的定义域．

换句话说，x 必须是对函数 f 有意义的输入，$f(x)$ 必须是对函数 g 的有意义输入．在例 1 中，$x=2$ 在函数 f 的定义域中，但是它并不在函数 $f\circ g$ 的定义域中，因为这将导致根号下出现负数，即

$$g(f(2))=g\left(-\frac{1}{2}\right)=\sqrt{-\frac{1}{2}}$$

复合函数 $g\circ f$ 的定义域是 $[3,\infty)$，因为在这个区间上，$f(x)$ 是非负数，而函数 g 的输入恰好需要非负数．复合函数 $f\circ g$ 的定义域是 $[0,\infty)$，所以，我们可以看出函数 $f\circ g$ 和 $g\circ f$ 的定义域是不同的．从图 3 中可以看出，函数 $g\circ f$ 的定义域是如何把那些使得 $f(x)$ 不在函数 g 的定义域内的 x 的值排除在外的．

例 2 令函数 $f(x)=\dfrac{6x}{x^2-9}$，$g(x)=\sqrt{3x}$，它们有各自的自然定义域．首先求出 $(f\circ g)(12)$，然后再求出 $(f\circ g)(x)$，并求出它的定义域．

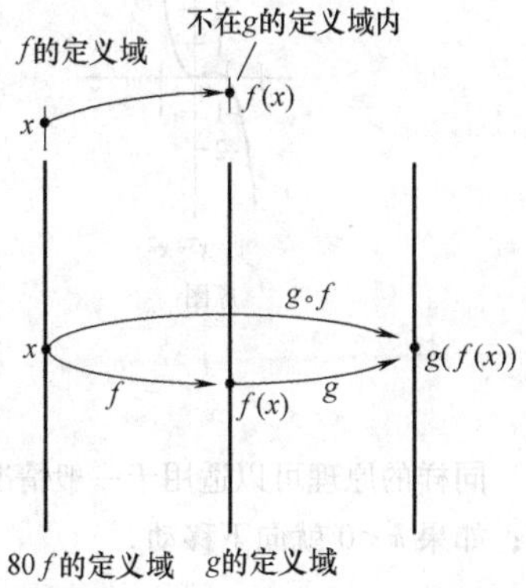

图 3

解 $(f\circ g)(12)=f(g(12))=f(\sqrt{36})=f(6)=\dfrac{6\times 6}{6^2-9}=\dfrac{4}{3}$

$$(f\circ g)(x)=f(g(x))=f(\sqrt{3x})=\frac{6\sqrt{3x}}{(\sqrt{3x})^2-9}$$

表达式 $\sqrt{3x}$ 既出现在分子上，又出现在分母上，任何负数都会导致根号下为负．因此，所有的负数都必须从 $f\circ g$ 的定义域中剔除．对于 $x\geqslant 0$，我们知道 $(\sqrt{3x})^2=3x$，从而可以写成

$$(f\circ g)(x)=\frac{6\sqrt{3x}}{3x-9}=\frac{2\sqrt{3x}}{x-3}$$

同时，必须把 $x=3$ 从 $f\circ g$ 的定义域中剔除，因为 $g(3)$ 并不在函数 f 的定义域中（它将导致分母为 0）．因此，函数 $f\circ g$ 的定义域是 $[0,3)\cup(3,\infty)$．

在微积分中，我们经常需要把一个函数写成两个更简单的函数的复合．通常，做法可以有多种方式。例如，函数 $p(x)=\sqrt{x^2+4}$ 可以写成

$$p(x)=g(f(x)),\qquad g(x)=\sqrt{x},\ f(x)=x^2+4$$

或者写成

$$p(x)=g(f(x)),\qquad g(x)=\sqrt{x+4},\ f(x)=x^2$$

（可以验证，这两种复合函数中的 $p(x)=\sqrt{x^2+4}$ 的定义域都是全体实数 $(-\infty,+\infty)$），由 $g(x)=\sqrt{x}$，$f(x)=x^2+4$ 构成的复合函数 $p(x)=g(f(x))$ 更加简单，也经常被使用．当然，也可以把 $p(x)=\sqrt{x^2+4}$ 看成是函数 x 的根式函数．这种考虑函数的方法在第 2 章中显得十分重要．

例 3 把函数 $p(x)=(x+2)^5$ 写成一个复合函数 $g\circ f$.

解 分解函数 p 最明显的方法是

$$p(x)=g(f(x)),\ \text{这里}\ g(x)=x^5,\ f(x)=x+2$$

于是，我们把函数 $p(x)=(x+2)^5$ 看做是一个 x 的函数的五次方.

平移 观察一个函数是怎样从简单的函数变化来的对于作图很有帮助. 首先问这样的一个问题：四个函数 $y=f(x)$, $y=f(x-3)$, $y=f(x)+2$, $y=f(x-3)+2$ 的图形之间有什么关系？以 $f(x)=|x|$ 为例，上述四个函数相应的图形如图4所示.

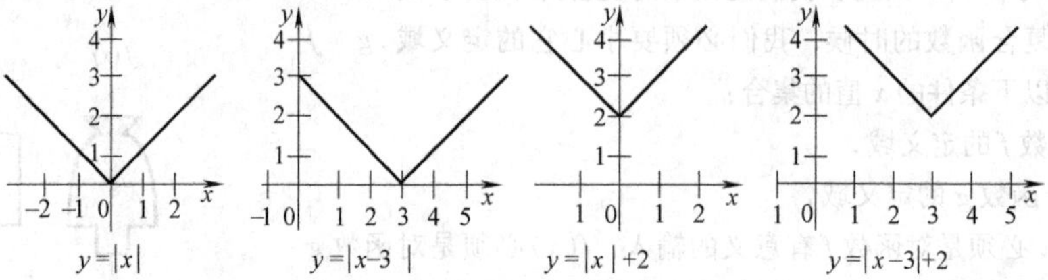

图 4

注意到四个图形的形状是一样的，最后的三个只是第一个图形作了一些移动. 用 $x-3$ 替换 x 就把图形向右移动了三个单位，加2就把图形向上移动了两个单位.

函数 $f(x)=|x|$ 上出现的现象是典型的. 图5中举例说明了函数 $f(x)=x^3+x^2$ 的图形变化.

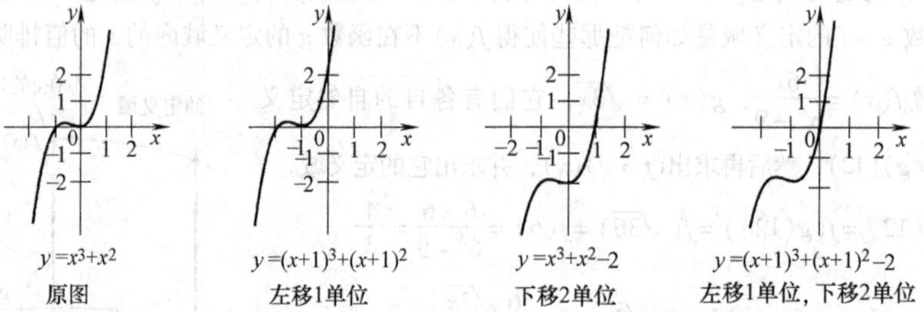

图 5

同样的原理可以适用于一般情况. 图6中举例说明了当 h 和 k 都是正数时的情况. 如果 $h<0$，就向左移动；如果 $k<0$ 就向下移动.

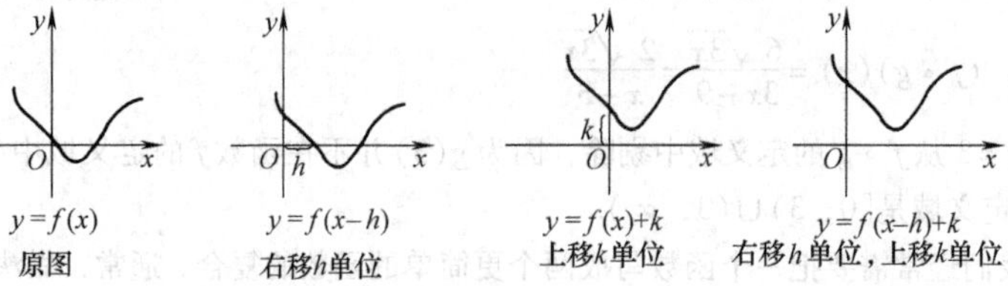

图 6

例4 通过对函数 $f(x)=\sqrt{x}$ 的移动变化，画出函数 $g(x)=\sqrt{x+3}+1$ 的图形.

解 通过对函数 f(图7)向左移动3个单位和向上移动1个单位，得到了函数 g 的图形(图8).

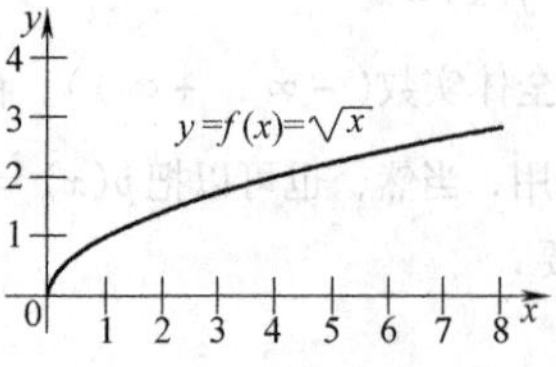

图 7

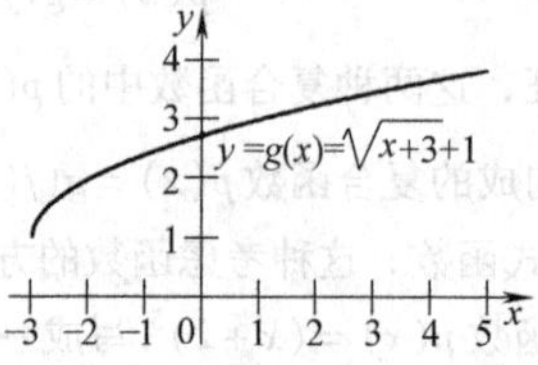

图 8

函数的部分分类 一些函数，如 $f(x)=k$，这里 k 是一个常数，被称为**常数函数**，它的图形是一条水平直线(图9)．函数 $f(x)=x$ 被称为**恒等函数**，它的图形是一条斜率为1，穿过原点的直线(图10)．用这些简单的函数可以构造许多重要的函数．

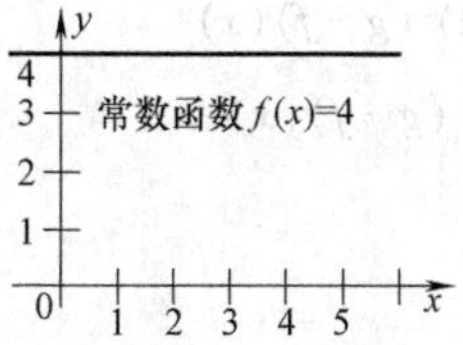

图 9

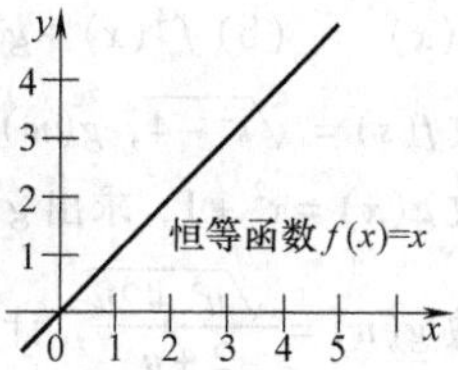

图 10

任何可以通过对常数函数和恒等函数加、减和乘法运算得到的函数被称为**多项式函数**．总的来说，如果一个函数有以下形式，它就是一个多项式函数：

$$f(x)=a_nx^n+a_{n-1}x^{n-1}+\cdots+a_1x+a_0$$

式中，a 是实数；n 是一个非负的整数．如果 $a_n\neq 0$，n 就是多项式函数的**次数**．特别地，$f(x)=ax+b$ 是一个一次的多项式函数，或者称为**线性函数**，$f(x)=ax^2+bx+c$ 是一个二次的多项式函数，或者称为**二次函数**．

多项式函数的商称为**有理函数**．因此，如果函数 f 为一个有理函数，它就有以下形式：

$$f(x)=\frac{a_nx^n+a_{n-1}x^{n-1}+\cdots+a_1x+a_0}{b_mx^m+b_{m-1}x^{m-1}+\cdots+b_1x+b_0}$$

有理函数的定义域是那些使得分母不为零的所有实数．

一个**显式代数函数**是常数函数和恒等函数通过加、减、乘、除和根式运算得到的函数．例如

$$f(x)=3x^{2/5}=3\sqrt[5]{x^2},\qquad g(x)=\frac{(x+2)\sqrt{x}}{x^3+\sqrt[3]{x^2-1}}$$

以上列出的函数以及三角函数、反三角函数、指数和对数函数(以后介绍)统称为微积分的基本初等函数．

概念复习

1. 已知函数 $f(x)=x^2+1$，则 $f^3(x)$ 的值为______．
2. 复合函数 $f\circ g$ 在 x 处的值 $(f\circ g)(x)=$______．
3. 与函数 $y=f(x)$ 的图形相比，函数 $y=f(x+2)$ 的图形是向______移动了______个单位．
4. 有理函数的定义是______．

习题 0.6

1. 已知函数 $f(x)=x+3$，$g(x)=x^2$，求下列各值(如果存在的话)．

(a) $(f+g)(2)$　(b) $(f\cdot g)(0)$　(c) $(g/f)(3)$

(d) $(f\circ g)(1)$　(e) $(g\circ f)(1)$　(f) $(g\circ f)(-8)$

2. 已知函数 $f(x)=x^2+x$，$g(x)=\dfrac{2}{x+3}$，求下列各值．

(a) $(f-g)(2)$　(b) $(f/g)(1)$　(c) $g^2(3)$

(d) $(f\circ g)(1)$　(e) $(g\circ f)(1)$　(f) $(g\circ g)(3)$

3. 已知函数 $\Phi(u)=u^3+1$，$\Psi(v)=1/v$，求下列各值.

(a) $(\Phi+\Psi)(t)$　(b) $(\Phi\circ\Psi)(r)$　(c) $(\Psi\circ\Phi)(r)$

(d) $\Phi^3(z)$　(e) $(\Phi-\Psi)(5t)$　(f) $((\Phi-\Psi)\circ\Psi)(t)$

4. 已知函数 $f(x)=\sqrt{x^2-1}$，$g(x)=2/x$，求下列各值，并指出它们的定义域.

(a) $(f\cdot g)(x)$　(b) $f^4(x)+g^4(x)$　(c) $(f\circ g)(x)$　(d) $(g\circ f)(x)$

5. 已知函数 $f(s)=\sqrt{s^2-4}$，$g(w)=|1+w|$，求出 $(f\circ g)(x)$，$(g\circ f)(x)$.

6. 已知函数 $g(x)=x^2+1$，求出 $g^3(x)$ 和 $(g\circ g\circ g)(x)$.

C 7. 已知函数 $g(u)=\dfrac{\sqrt{u^3+2u}}{2+u}$，计算 $g(3.141)$.

C 8. 已知函数 $g(x)=\dfrac{(\sqrt{x}-\sqrt[3]{x})^4}{1-x+x^2}$，计算 $g(2.03)$.

C 9. 已知函数 $g(v)=|11-7v|$，计算 $[g^2(\pi)-g(\pi)]^{1/3}$.

C 10. 已知函数 $g(x)=6x-11$，计算 $[g^3(\pi)-g(\pi)]^{1/3}$.

11. 通过给出的复合函数 $F=g\circ f$，求出函数 f 和 g.（参看例3）

(a) $F(x)=\sqrt{x+7}$　(b) $F(x)=(x^2+x)^{15}$

12. 通过给出的复合函数 $p=f\circ g$，求出函数 f 和 g.

(a) $p(x)=\dfrac{2}{(x^2+x+1)^3}$　(b) $p(x)=1/(x^3+3x)$

13. 用两种不同方法将函数 $p(x)=1/\sqrt{x^2+1}$ 写成三个函数的复合形式.

14. 将函数 $p(x)=1/\sqrt{x^2+1}$ 写成四个函数的复合形式.

15. 通过对函数 $g(x)=\sqrt{x}$ 的图形移动变换，画出函数 $f(x)=\sqrt{x-2}-3$ 的图形（参看例4）

16. 通过对函数 $h(x)=|x|$ 的图形移动变换，画出函数 $g(x)=|x+3|-4$ 的图形.

17. 通过函数图形移动的方法，画出函数 $f(x)=(x-2)^2-4$ 的图形.

18. 通过函数图形移动的方法，画出函数 $g(x)=(x+1)^3-3$ 的图形.

19. 在同一个坐标系中，画出函数 $f(x)=(x-3)/2$ 和 $g(x)=\sqrt{x}$ 的图形，然后通过纵坐标相加画出 $f+g$ 的图形.

20. 对于函数 $f(x)=x$ 和 $g(x)=|x|$，按照19题的步骤做出答案.

21. 画出函数 $F(t)=\dfrac{|t|-t}{t}$ 的图形.

22. 画出函数 $G(t)=t-[t]$ 的图形.

23. 判断下列函数是奇函数，偶函数，还是非奇非偶函数，并给出证明.

(a) 两个偶函数相加　(b) 两个奇函数相加

(c) 两个偶函数相乘　(d) 两个奇函数相乘

(e) 一个奇函数和一个偶函数相乘

24. 已知函数 F，当它的定义域包括 x 时，$-x$ 也在它的定义域上. 证明以下结论：

(a) $F(x)-F(-x)$ 是一个奇函数；　(b) $F(x)+F(-x)$ 是一个偶函数；

(c) 任意一个函数 F 总可以写成一个奇函数和一个偶函数的和.

25. 每一个奇数次幂的多项式函数都是奇函数吗？每一个偶数次幂的多项式函数都是偶函数吗？解释你的答案.

26. 将下列函数归类为多项式函数、有理函数非多项式函数、或者都不是.

(a) $f(x)=3x^{1/2}+1$　(b) $f(x)=3$

(c) $f(x)=3x^2+2x^{-1}$　　　(d) $f(x)=\pi x^3-3\pi$

(e) $f(x)=\dfrac{1}{x+1}$　　　(f) $f(x)=\dfrac{x+1}{\sqrt{x+3}}$

27. 一个特定产品的单价 P(分)和需求量 D(一千个单位)之间的关系近似满足

$$P=\sqrt{29-3D+D^2}$$

另一方面，产品的需求量自从1970年以来的 t 年中由 $D=2+\sqrt{t}$ 确定.

(a) 把 P 写成一个关于 t 的函数.

(b) 当 $t=5$ 时，计算 P 的值.

28. 经过 t 年的经营之后，一个汽车工厂每年制造 $120+2t+3t^2$ 辆汽车，销售价格以每辆美元记，而且按照 $6000+700t$ 美元/辆的规律增长. 写出工厂每年的收入函数 $R(t)$.

29. 飞机A从中午12:00开始，以400mile/h的速度向北飞行，在飞机A起飞一小时后，飞机B以300mile/h的速度向东飞行. 不记地球的表面弯曲，并假设两飞机在同样的海拔高度飞行，找出在A飞机起飞 t 小时后两飞机之间的距离 $D(t)$ 的表达式. 提示：$D(t)$ 会有两个表达式，当 $0<t<1$ 时和 $t\geqslant 1$ 时.

≈ C 30. 在下午2:30的时候，求出29题中两飞机之间的距离.

31. 已知函数 $f(x)=\dfrac{ax+b}{cx-a}$，且 $a^2+bc\neq 0$，$x\neq a/c$，证明 $f(f(x))=x$.

32. 已知函数 $f(x)=\dfrac{x-3}{x+1}$，且 $x\neq\pm 1$，证明 $f(f(x))=x$.

33. 已知函数 $f(x)=\dfrac{x}{x-1}$，求出并化简下列各值：

(a) $f(1/x)$　　(b) $f(f(x))$　　(c) $f(1/f(x))$

34. 已知函数 $f(x)=\dfrac{x}{\sqrt{x}-1}$，求出并化简下列各值：

(a) $f(1/x)$　　　　(b) $f(f(x))$

35. 证明复合函数之间满足结合律；即 $f_1\circ(f_2\circ f_3)=(f_1\circ f_2)\circ f_3$.

36. 已知函数 $f_1(x)=x$，$f_2(x)=1/x$，$f_3(x)=1-x$，$f_4(x)=1/(1-x)$，$f_5(x)=(x-1)/x$，$f_6(x)=x/(x-1)$。并且注意到 $f_3(f_4(x))=f_3(1/(1-x))=1-1/(1-x)=x/(x-1)=f_6(x)$；相当于在 $f_3\circ f_4=f_6$. 事实上，这些函数中任意两个函数的结合正是表中另外一个函数. 填写图11中的复合函数表，然后，利用这张表写出下列各函数的表达式. 从习题35中可知，可以使用结合律.

(a) $f_3\circ f_3\circ f_3\circ f_3\circ f_3$

(b) $f_1\circ f_2\circ f_3\circ f_4\circ f_5\circ f_6$

(c) 求出符合 $F\circ f_6=f_1$ 的函数 F

(d) 求出符合 $G\circ f_3\circ f_6=f_1$ 的函数 G

(e) 求出符合 $f_2\circ f_5\circ H=f_5$ 的函数 H

$\circ$	f_1	f_2	f_3	f_4	f_5	f_6
f_1						
f_2						
f_3				f_6		
f_4						
f_5						
f_6						

图 11

GC **在习题37～40中，使用计算机或者图形计算器解答.**

37. 已知函数 $f(x)=x^2-3x$. 在同一个坐标系中，画出函数 $y=f(x)$，$y=f(x-0.5)-0.6$，$y=f(1.5x)$ 在区间[-2, 5]上的图形.

38. 已知函数 $f(x)=|x^3|$. 在同一个坐标系中，画出函数 $y=f(x)$，$y=f(3x)$，$y=f(3(x-0.8))$ 在区间[-3, 3]上的图形.

39. 已知函数 $f(x)=2\sqrt{x}-2x+0.25x^2$. 在同一个坐标系中，画出函数 $y=f(x)$，$y=f(1.5x)$，$y=f(x-1)+0.5$ 在区间[0, 5]上的图形.

40. 已知函数 $f(x)=1/(x^2+1)$. 在同一个坐标系中，画出函数 $y=f(x)$，$y=f(2x)$，$y=f(x-2)+0.6$ 在

区间[-4, 4]上的图形.

CAS 41. 你的计算机软件(CAS)应该允许使用参数定义函数. 在下面各种情况下, 在同一个坐标系中, 画出参数 k 取每一个特定值时, 函数在 $-5\leqslant x\leqslant 5$ 范围内的图形.

(a) $f(x)=|kx|^{0.7}$, $k=1, 2, 0.5, 0.2$ (b) $f(x)=|x-k|^{0.7}$, $k=0, 2, -0.5, -3$

(c) $f(x)=|x|^{k}$, $k=0.4, 0.7, 1, 1.7$

CAS 42. 在同一个坐标系中, 画出在参数取以下各组值时, 函数 $f(x)=|k(x-c)|^{n}$ 的图形.

(a) $c=-1, k=1.4, n=0.7$ (b) $c=2, k=1.4, n=1$

(c) $c=0, k=0.9, n=0.6$

概念复习答案:

1. $(x^2+1)^3$ 2. $f(g(x))$ 3. 2, 左 4. 两个多项式函数的商

0.7 三角函数

我们已经知道利用直角三角形定义的三角函数. 图1给出正弦、余弦、正切函数的定义. 请对照图1认真复习, 因为这些概念在本书中会经常使用.

更一般地, 我们在单位圆内定义三角函数. 用 C 来表示单位圆. 它是一个以1为半径, 圆心在原点的圆, 表达式为 $x^2+y^2=1$. 假设点 A 坐标为(1, 0), t 为一个正数. 在 C 上有且只有一个点 P, 使得逆时针方向沿圆周 AP 得到的弧长等于 t(图2). 半径为 r 的圆, 其周长为 $2\pi r$, 所以圆 C 的周长为 2π. 因此, 如果 $t=\pi$, 则点 P 就恰好在从点 A 沿圆周一半的地方; 在这种情况下, P 点是(-1, 0). 如果 $t=3\pi/2$, 那么 P 点是(0, -1), 如果 $t=2\pi$, 那么 P 点就与 A 点重合. 如果 $t>2\pi$, 那么 P 点将沿着圆周逆时针运动超过一整圈.

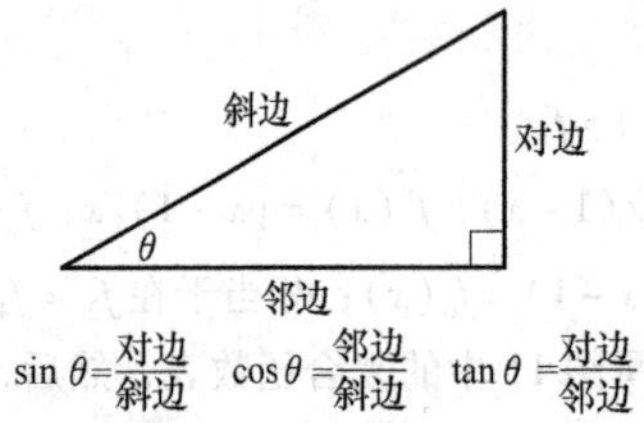

图 1

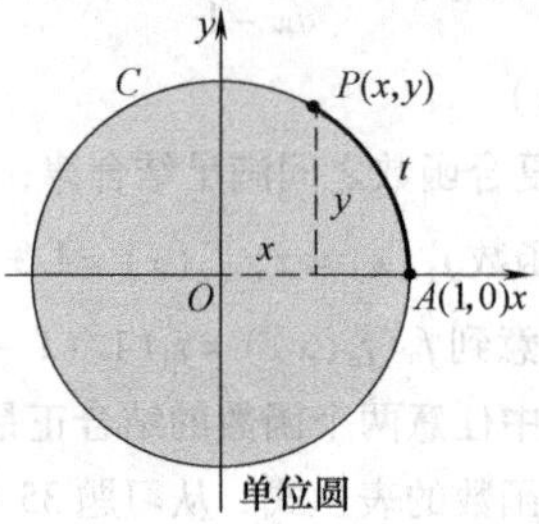

图 2

当 $t<0$ 时, 点将沿着圆周顺时针运动. 在 C 上有且只有一个点 P, 使得顺时针方向沿圆周 AP 得到的距离等于 t. 因此, 对于每一个实数 t, 我们可以在单位圆上对应一个独一无二的点 $P(x, y)$. 这就允许我们给出一个正弦、余弦函数的重要定义. 正弦、余弦函数写做 sin, cos, 而不是简单地写做 f, g. 自变量的圆括号通常省掉, 除非会造成混淆.

> **定义** 正弦、余弦函数
>
> 假设 t 为上面确定点 $P(x, y)$ 的任意实数. 则称 $\sin t=y$ 为正弦函数, $\cos t=x$ 为余弦函数.

正弦、余弦函数的基本性质 从上面的定义中, 我们可以得到许多结论. 首先, 因为 t 可以取任意实数, 那么正弦、余弦函数的定义域为 **R**; 其次, x、y 的值总是在 -1 和 1 之间, 因此, 正弦、余弦函数的值域都是区间[-1, 1].

因为单位圆的周长为 2π, 所以, t 和 $t+2\pi$ 就决定了同一个点 $P(x, y)$. 也就是说

$$\sin(t+2\pi)=\sin t,\ \cos(t+2\pi)=\cos t$$

(注意: 在上式中, 括号是必须的, 因为我们想得到 $\sin(t+2\pi)$, 而并不是 $(\sin t)+2\pi$. 使用表达式

$\sin t+2\pi$将造成意义上的不明确.)

相应值为 t 和 $-t$ 的点 P_1 和点 P_2，严格地说，是关于 x 轴对称的(图 3). 因此，点 P_1 和 P_2 的 x 坐标值是相同的，而 y 坐标值也仅仅相差一个负号. 从而

$$\sin(-t)=-\sin t,\ \cos(-t)=\cos t$$

换句话说，正弦函数是奇函数，余弦函数是偶函数.

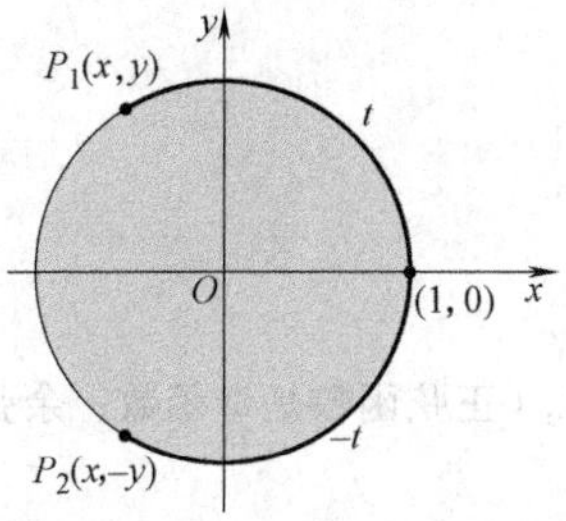

图 3

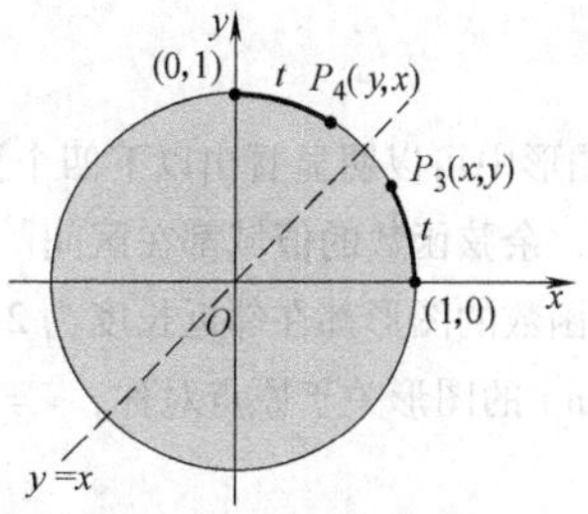

图 4

相应值为 t 和$\frac{\pi}{2}-t$ 的两点是关于直线 $y=x$ 对称的，因此，就是将它们的坐标值换了一下(图 4). 这意味着:

$$\sin\left(\frac{\pi}{2}-t\right)=\cos t,\ \cos\left(\frac{\pi}{2}-t\right)=\sin t$$

最后，我们介绍关于正弦、余弦函数的一个非常重要的公式

$$\sin^2 t+\cos^2 t=1$$

这个公式对于每一个实数 t 都是成立的. 因为点$(x,\ y)$在单位圆上，$x^2+y^2=1$，所以这个等式成立.

正弦、余弦函数的图形 为了绘制 $y=\sin t$ 和 $y=\cos t$ 的图形，我们按照传统的方法，先制作一个特殊值的对应表格，画出相应的点，再用光滑的曲线连接这些点. 当然，到目前为止我们只知道正弦、余弦函数的几个特殊值. 其他许多值可以用函数的几何定义求出. 例如：当 $t=\pi/4$ 时，那么 t 就决定了在单位圆上点(1, 0)和(0, 1)之间逆时针方向一半距离处的点，根据对称性原则，x、y 将在直线 $y=x$ 上，因此，$y=\sin t$ 和 $y=\cos t$ 的值相等. 所以直角三角形 OBP 的两直角边将相等，斜边长等于1(图 5). 勾股定理就可以给出:

$$1=x^2+x^2=\cos^2\frac{\pi}{4}+\cos^2\frac{\pi}{4}$$

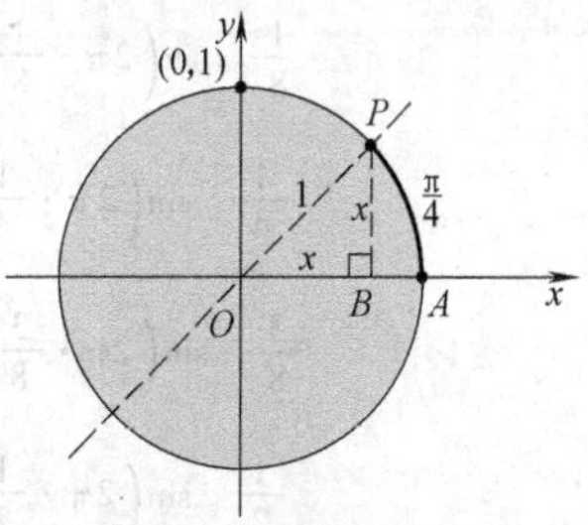

图 5

由上式，我们可以得出 $\cos\frac{\pi}{4}=\frac{1}{\sqrt{2}}=\frac{\sqrt{2}}{2}$. 同样，$\sin\frac{\pi}{4}=\frac{\sqrt{2}}{2}$. 还可以决定 $\sin t$ 和 $\cos t$ 的其他值. 它们中的一些值在下边的表格中给出. 用这些值以及用计算机算出的其他值，可以得到图 6 中的图形.

t	$\sin t$	$\cos t$
0	0	1
$\pi/6$	$1/2$	$\sqrt{3}/2$
$\pi/4$	$\sqrt{2}/2$	$\sqrt{2}/2$
$\pi/3$	$\sqrt{3}/2$	$1/2$
$\pi/2$	1	0
$2\pi/3$	$\sqrt{3}/2$	$-1/2$
$3\pi/4$	$\sqrt{2}/2$	$-\sqrt{2}/2$
$5\pi/6$	$1/2$	$-\sqrt{3}/2$
π	0	-1

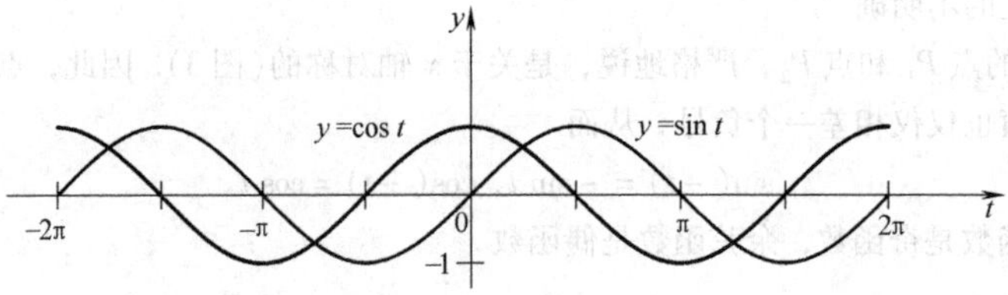

图 6

从这些图形中可以明显看出以下四个性质：

1）正弦，余弦函数的值域都在区间[−1, 1]内．

2）两个函数的图形都在邻近长度为 2π 的区间重复．

3）$y=\sin t$ 的图形关于原点对称，$y=\cos t$ 的图形关于 y 轴对称．(正弦函数是奇函数，余弦函数是偶函数).

4）$y=\sin t$ 的图形与 $y=\cos t$ 的图形相同，只是向右移动了 $\pi/2$ 个单位．

下面的例子是处理形如 $\sin(at)$ 和 $\cos(at)$ 的函数，这两种函数在应用中常常遇到．

例 1 画出下面函数的草图．

(a) $y=\sin(2\pi t)$　　(b) $y=\cos(2t)$

解 (a) 当 t 从 0 变换到 1 时，参数 $2\pi t$ 的值从 0 变到 2π，根据下表的数据，我们可以画出 $y=\sin(2\pi t)$ 的草图．

t	$\sin(2\pi t)$	t	$\sin(2\pi t)$
0	$\sin(2\pi\cdot 0)=0$	$\frac{5}{8}$	$\sin\left(2\pi\cdot\frac{5}{8}\right)=-\frac{\sqrt{2}}{2}$
$\frac{1}{8}$	$\sin\left(2\pi\cdot\frac{1}{8}\right)=\frac{\sqrt{2}}{2}$	$\frac{3}{4}$	$\sin\left(2\pi\cdot\frac{3}{4}\right)=-1$
$\frac{1}{4}$	$\sin\left(2\pi\cdot\frac{1}{4}\right)=1$	$\frac{7}{8}$	$\sin\left(2\pi\cdot\frac{7}{8}\right)=-\frac{\sqrt{2}}{2}$
$\frac{3}{8}$	$\sin\left(2\pi\cdot\frac{3}{8}\right)=\frac{\sqrt{2}}{2}$	1	$\sin(2\pi\cdot 1)=0$
$\frac{1}{2}$	$\sin\left(2\pi\cdot\frac{1}{2}\right)=0$	$\frac{9}{8}$	$\sin\left(2\pi\cdot\frac{9}{8}\right)=\frac{\sqrt{2}}{2}$

图 7 所示即为函数 $y=\sin(2\pi t)$ 的草图

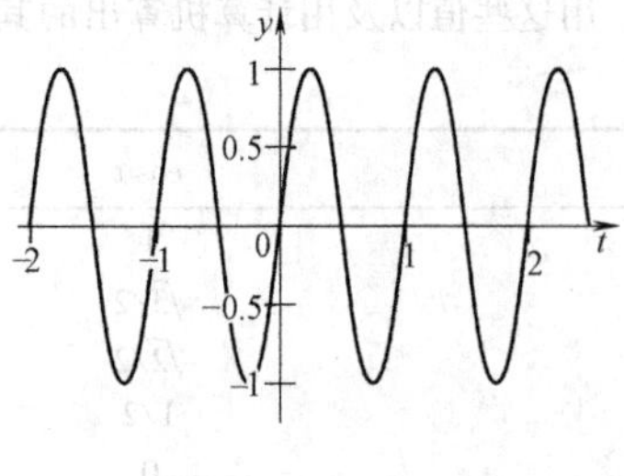

图 7

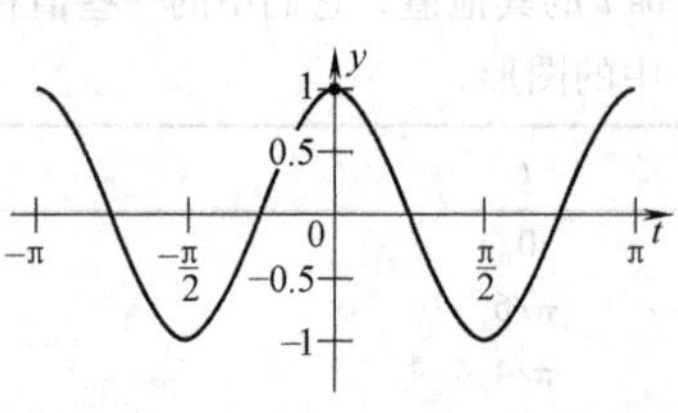

图 8

(b) 当 t 从 0 变换到 π 时，参数 $2t$ 从 0 变换到 2π 时，一旦我们建立如下表格，就能画出函数 $y=\cos(2t)$ 的草图．如图 8 所示．

t	$\cos(2t)$	t	$\cos(2t)$
0	$\cos(2\cdot 0)=1$	$\frac{5\pi}{8}$	$\cos\left(2\cdot\frac{5\pi}{8}\right)=-\frac{\sqrt{2}}{2}$
$\frac{\pi}{8}$	$\cos\left(2\cdot\frac{\pi}{8}\right)=\frac{\sqrt{2}}{2}$	$\frac{3\pi}{4}$	$\cos\left(2\cdot\frac{3\pi}{4}\right)=0$
$\frac{\pi}{4}$	$\cos\left(2\cdot\frac{\pi}{4}\right)=0$	$\frac{7\pi}{8}$	$\cos\left(2\cdot\frac{7\pi}{8}\right)=\frac{\sqrt{2}}{2}$
$\frac{3\pi}{8}$	$\cos\left(2\cdot\frac{3\pi}{8}\right)=-\frac{\sqrt{2}}{2}$	π	$\cos(2\cdot\pi)=1$
$\frac{\pi}{2}$	$\cos\left(2\cdot\frac{\pi}{2}\right)=-1$	$\frac{9\pi}{8}$	$\cos\left(2\cdot\frac{9\pi}{8}\right)=\frac{\sqrt{2}}{2}$

三角函数的周期和振幅 一个函数$f(x)$是周期函数，如果存在正数p，使得对于定义域内的所有实数x，$f(x+p)=f(x)$成立，最小的正数p就称为函数的**最小正周期**，也称为函数的**周期**. 正弦函数是周期函数，因为$\sin(x+2\pi)=\sin(x)$. 同样，$\sin(x+4\pi)=\sin(x-2\pi)=\sin(x+12\pi)=\sin x$等在定义域内都成立.

所以，4π，-2π，12π都是p，满足$\sin x=\sin(x+p)$的周期. 但是函数$\sin x$的周期是指满足此性质的最小正数p，所以$\sin x$的周期是2π，因此，我们说$\sin x$函数是周期为2π的周期函数，函数$\cos x$的周期同样也为2π.

函数$\sin(at)$的周期是$2\pi/a$，因为

$$\sin\left[a\left(t+\frac{2\pi}{a}\right)\right]=\sin[at+2\pi]=\sin(at)$$

函数$\cos(at)$的周期，同样也是$2\pi/a$.

例 2 下面函数的周期是多少?

(a) $\sin(2\pi t)$ (b) $\cos(2t)$ (c) $\sin(2\pi t/12)$

解 (a) 因为函数$\sin(2\pi t)$是函数$\sin(at)$中的a取值为2π得到，所以它的周期是$p=\frac{2\pi}{2\pi}=1$.

(b) 因为函数$\cos(2t)$是函数$\cos(at)$中的a取值为2得到，所以它的周期是$p=\frac{2\pi}{2}=\pi$.

(c) 函数$\sin(2\pi t/12)$的周期是$p=\frac{2\pi}{2\pi/12}=12$.

如果周期函数$f(x)$得到一个最小值和一个最大值，那么我们将周期函数的**振幅**A定为最高点与最低点间距离的一半.

例 3 找出下面周期函数的振幅.

(a) $\sin(2\pi t/12)$ (b) $3\cos(2t)$ (c) $50+21\sin(2\pi t/12+3)$

解 (a) 因为函数$\sin(2\pi t/12)$的值域是$[-1,1]$，所以，它的振幅是$A=1$.

(b) 因为函数$3\cos(2t)$在$t=\pm\frac{\pi}{2}$，$\pm\frac{3\pi}{2}$，…时，取得最小值-3，$t=0$，$\pm\pi$，$\pm2\pi$，…时，取得最大值3，值域是$[-3,3]$，所以，它的振幅是$A=3$.

(c) 因为函数$21\sin(2\pi t/12+3)$的取值范围在-21到21之间，所以，$50+21\sin(2\pi t/12+3)$的取值范围在$50-21=29$到$50+21=71$之间，它的振幅是$A=21$.

总结，对$a>0$，$A>0$

> $C+A\sin(a(t+b))$和$C+A\cos(a(t+b))$的周期为$\frac{2\pi}{a}$，振幅为A.

三角函数可以用于模拟许多物理现象，包括每天的潮汐水平，每年的温度变化.

例 4 圣路易，密苏里州的正常温度范围是从37°F(1月15日)到89°F(7月15日)，且正常温度关于时间的函数的图形大致成一个正弦曲线.

(a) 求 C、A、a 和 b 的值，使得 $T(t)=C+A\sin(a(t+b))$ 是正常温度关于时间的合理函数模型(t 的单位是月).

(b) 用这个函数模型计算 5 月 15 日的正常温度.

解 (a) 由于季节每 12 个月重复一次，所要求的函数一定是周期函数. 这样，由 $\frac{2\pi}{a}=12$，得到 $a=\frac{2\pi}{12}$.

振幅的值等于最大值与最小值差的一半，$A=\frac{1}{2}(89-37)=26$. 值 C 等于最大值与最小值和的一半，$C=\frac{1}{2}(89+37)=63$. 由此，可得函数 $T(t)$ 的形式如下：

$$T(t)=63+26\sin\left(\frac{2\pi}{12}(t+b)\right)$$

下面，只需再求出已知常数 b 的值，因为最低的正常温度是 37°F，是在 1 月 15 日，所以，函数一定会满足 $T(1/2)=37$，而且，当 $t=1/2$ 时，该函数可取到最小值 37. 图 9 中给出我们所知道的全部信息. 当 $2\pi t/12=-\pi/2$，函数 $63+26\sin(2\pi t/12)$ 取到最小，也就是当 $t=-3$，我们要将函数 $y=63+26\sin(2\pi t/12)$ 的图形向右平移 $1/2-(-3)=7/2$ 个单位，在第 0.6 节，我们已证明，用 $x-c$ 替代 x，将函数 $y=f(x)$ 的图形向右平移 c 单位，这样，为了将函数 $y=63+26\sin(2\pi t/12)$ 的图形向右平移 $7/2$ 单位，必须用 $t-7/2$ 替代 t，于是

$$T(t)=63+26\sin\left(\frac{2\pi}{12}\left(t-\frac{7}{2}\right)\right)$$

图 10 所示即为正常温度 T 关于时间 t 的函数图形(t 的单位是月).

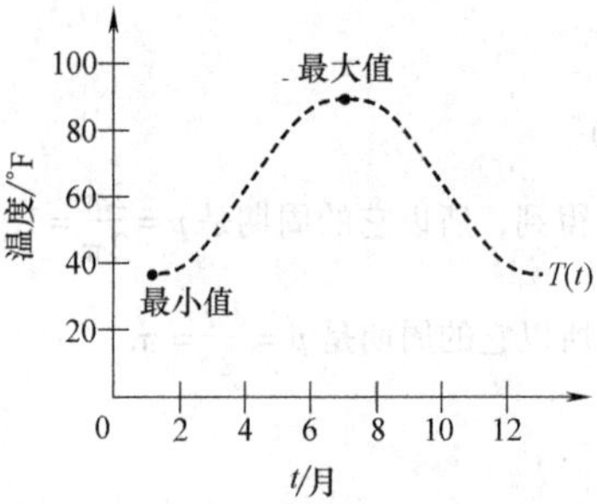

图 9

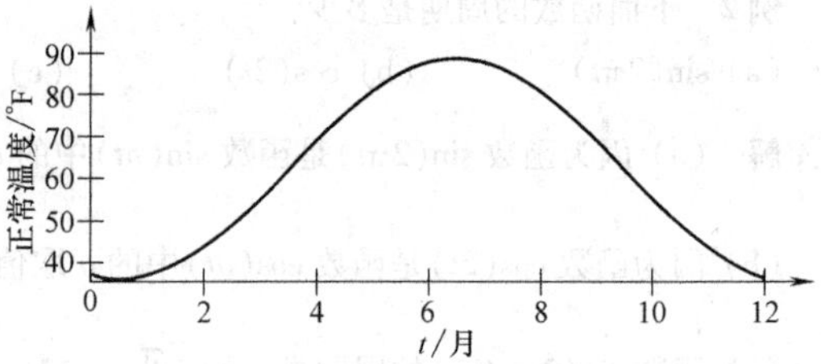

图 10

(b) 计算 5 月 15 日的正常温度，我们必须用 4.5(因为 5 月 15 日相当于一年中过了 4.5 个月)替代 t，得到

$$T(4.5)=63+26\sin(2\pi(4.5-3.5)/12)\approx 76.0$$

实际上，圣路易 5 月 15 日的正常温度是 75°F，计算所得的结论比实际高出了 1°F，可以看到，虽然只给出很少的信息，模型计算却得到十分精确的结果.

其他 4 个三角函数 我们利用知道的三角函数 sin、cos. 容易引入其他 4 个三角函数：tan、cot、sec 和 csc.

$$\tan t=\frac{\sin t}{\cos t}\quad \cot t=\frac{\cos t}{\sin t}$$

$$\sec t=\frac{1}{\cos t}\quad \csc t=\frac{1}{\sin t}$$

根据 $\sin t$、$\cos t$ 的性质，可以知道其他 4 个函数的性质.

例 5 证明 $\tan t$ 是奇函数.

解
$$\tan(-t)=\frac{\sin(-t)}{\cos(-t)}=\frac{-\sin t}{\cos t}=-\tan t$$

例 6 验证下面公式.

$$\boxed{1+\tan^2 t=\sec^2 t,\ 1+\cot^2 t=\csc^2 t}$$

解
$$1+\tan^2 t=1+\frac{\sin^2 t}{\cos^2 t}=\frac{\cos^2 t+\sin^2 t}{\cos^2 t}=\frac{1}{\cos^2 t}=\sec^2 t$$

$$1+\cot^2 t=1+\frac{\cos^2 t}{\sin^2 t}=\frac{\cos^2 t+\sin^2 t}{\sin^2 t}=\frac{1}{\sin^2 t}=\csc^2 t$$

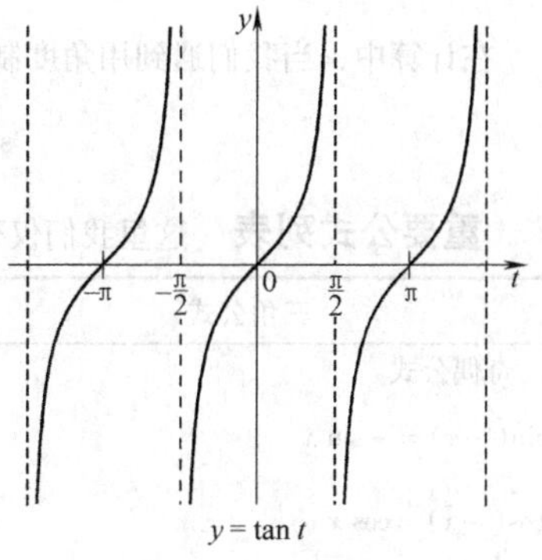

图 11

当我们研究函数 tan t(图 11)时，对两个微小的意外感兴趣．首先，图中有垂直于 x 轴的渐近线($t=\pm\pi/2$，$\pm 3\pi/2$，…)，因为当 $t=\pi/2$ 时，就意味着 $\sin t/\cos t$ 中包含 $\sin t$ 被 0 除．其次，函数 tan t 是周期函数(这是我们推测得到的)，但它的周期是 π(这是我们推测不到的)，你将会在习题 33 中看到原因．

不同角度单位的变换 角通常是以角度制或弧度(rad)制为计量单位的，1rad 的定义是单位圆上长度为 1 的弧所对应的圆心角的大小，如图 12 所示，对应旋转一圈的角度值是 360°，对应 2π rad. 同样，一个平角为 180°或 π rad，一个需要记忆的结论是：

$$\boxed{180°=\pi\ \text{rad}\approx 3.1415927\text{rad}}$$

这结论也可推出下面的结果：

$$1\text{rad}\approx 57.29578°,\ 1°\approx 0.0174533\text{rad}$$

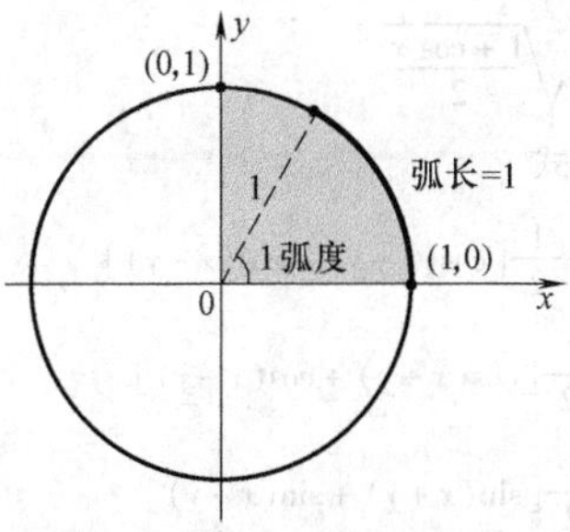

图 12

角度	弧度
0	0
30	π/6
45	π/4
60	π/3
90	π/2
120	2π/3
135	3π/4
150	5π/6
180	π
360	2π

图 13

图 13 中列出角度制与弧度制之间一些常见值的转换．

将圆周分成为 360 份比较容易(来源于古代的巴比伦喜欢 60 的倍数)，分成 2π 份却比较困难，而且这是微积分通用的弧度(rad)度量．注意，一段长度为 s 且在半径为 r 的圆上的弧所对应的圆心角为 t(图 14)，这几个量满足下面的关系式：

$$\frac{s}{2\pi r}=\frac{t}{2\pi}$$

当 $r=1$ 时，$s=t$，这意味着在单位圆中，大小为 t rad 的圆心角所对应的弧的长度是 t(顺时针测量弧长时，我们将弧长的值定义为负的．)当为负时，这结论仍然正确．

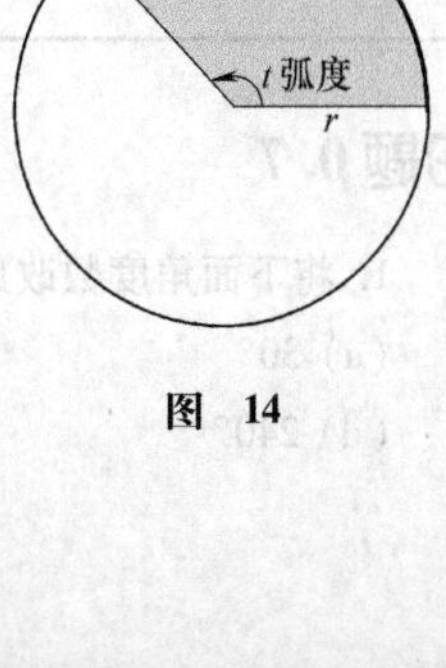

图 14

例 7 一辆自行车车轮的半径是 30cm，当它转 100 圈时，它驶过的距离多少?

解 借助结论 $s=rt$，发现 100 圈对应于 $100\times(2\pi)$rad，则

$$s=30\times 100\times 2\pi=6000\pi\approx 18849.6\text{cm}=188.5(\text{m})$$

现在，我们将普通角和单位圆周联系起来，在单位圆周上，如果 θ 是角度，t

对应弧长大小

$$\boxed{\sin\theta=\sin t \qquad \cos\theta=\cos t}$$

在计算中，当我们遇到用角度制表示的角，通常先将它转化成弧度制的角，再进行计算．例如

$$\sin 31.6^\circ=\sin\left(31.6\times\frac{\pi}{180}\right)\approx\sin 0.552$$

重要公式列表 这里我们仅列出它们，不进行证明．本书的有些地方会用到这些公式．

三角公式	（下面这些函数对所有 x 和 y 都成立）
奇偶公式	余角公式
$\sin(-x)=-\sin x$	$\sin\left(\frac{\pi}{2}-x\right)=\cos x$
$\cos(-x)=\cos x$	$\cos\left(\frac{\pi}{2}-x\right)=\sin x$
$\tan(-x)=-\tan x$	$\tan\left(\frac{\pi}{2}-x\right)=\cot x$
毕达哥拉斯公式	和角公式
$\sin^2 x+\cos^2 x=1$	$\sin(x+y)=\sin x\cos y+\cos x\sin y$
$1+\cot^2 x=\csc^2 x$	$\cos(x+y)=\cos x\cos y-\sin x\sin y$
$1+\tan^2 x=\sec^2 x$	$\tan(x+y)=\dfrac{\tan x+\tan y}{1-\tan x\tan y}$
倍角公式	半角公式
$\sin 2x=2\sin x\cos x$	$\sin\left(\frac{x}{2}\right)=\pm\sqrt{\frac{1-\cos x}{2}}$
$\cos 2x=\cos^2 x-\sin^2 x=2\cos^2 x-1=1-2\sin^2 x$	$\cos\left(\frac{x}{2}\right)=\pm\sqrt{\frac{1+\cos x}{2}}$
和差化积公式	积化和差公式
$\sin x+\sin y=2\sin\left(\frac{x+y}{2}\right)\cos\left(\frac{x-y}{2}\right)$	$\sin x\sin y=-\frac{1}{2}[\cos(x+y)-\cos(x-y)]$
$\cos x+\cos y=2\cos\left(\frac{x+y}{2}\right)\cos\left(\frac{x-y}{2}\right)$	$\cos x\cos y=\frac{1}{2}[\cos(x+y)+\cos(x-y)]$
	$\sin x\cos y=\frac{1}{2}[\sin(x+y)+\sin(x-y)]$

概念复习

1. 函数 $\sin x$ 的定义域是______；值域是______．
2. 函数 $\cos x$ 的周期是______；函数 $\sin x$ 的周期是______；函数 $\tan x$ 的周期是______．
3. 因为 $\sin(-x)=\sin x$，所以，函数 $\sin x$ 是______函数（奇或偶）；因为 $\cos(-x)=\cos x$，所以，函数 $\cos x$是______函数（奇或偶）．
4. 角 θ 的顶点在原点，始边在 x 轴（正向）上，如果点 $(-4,3)$ 在该角的终边上，那么，$\cos\theta=$______．

习题 0.7

1. 将下面角度数改成弧度数（将 π 保留）．

(a) 30°　　(b) 45°　　(c) -60°

(d) 240°　　(e) -370°　　(f) 10°

2. 将下面弧度数改成角度数.

(a) $\frac{7}{6}\pi$　(b) $\frac{3}{4}\pi$　(c) $-\frac{1}{3}\pi$

(d) $\frac{4}{3}\pi$　(e) $-\frac{35}{18}\pi$　(f) $\frac{3}{18}\pi$

C 3. 将下面的角度数改成弧度数($1° = \pi/180 \approx 1.7453 \times 10^{-2}$rad).

(a) 33.3°　(b) 46°　(c) −66.6°

(d) 240.11°　(e) −369°　(f) 11°

C 4. 将下面弧度数改成角度数(1rad = 180/π≈57.296°).

(a) 3.141　(b) 6.28　(c) 5.00

(d) 0.001　(e) −0.1　(f) 36.0

C 5. 计算(确认你的计算器的模式是正确的)

(a) $\frac{56.4\tan 34.2°}{\sin 34.1°}$　(b) $\frac{5.34\tan 21.3°}{\sin 3.1° + \cot 23.5°}$

(c) $\tan 0.452$　(d) $\sin(-0.361)$

C 6. 计算

(a) $\frac{234.1\sin 1.56}{\cos 0.34}$　(b) $\sin^2 2.51 + \sqrt{\cos 0.51}$

C 7. 计算

(a) $\frac{56.3\tan 34.2°}{\sin 56.1°}$　(b) $\left(\frac{\sin 35°}{\sin 26° + \cos 26°}\right)^3$

8. 验证图 6 中所示的 $\sin t$, $\cos t$ 值.

9. 计算(不用计算器).

(a) $\tan\frac{\pi}{6}$　(b) $\sec\pi$　(c) $\sec\frac{3\pi}{4}$

(d) $\csc\frac{\pi}{2}$　(e) $\cot\frac{\pi}{4}$　(f) $\tan\left(-\frac{\pi}{4}\right)$

10. 计算(不用计算器).

(a) $\tan\frac{\pi}{3}$　(b) $\sec\frac{\pi}{3}$　(c) $\cot\frac{\pi}{3}$

(d) $\csc\frac{\pi}{4}$　(e) $\tan\left(-\frac{\pi}{6}\right)$　(f) $\cos\left(-\frac{\pi}{3}\right)$

11. 验证下面各式的正确性(参见例 6).

(a) $(1+\sin z)(1-\sin z) = \frac{1}{\sec^2 z}$　(b) $(\sec t - 1)(\sec t + 1) = \tan^2 t$

(c) $\sec t - \sin t\tan t = \cos t$　(d) $\frac{\sec^2 t - 1}{\sec^2 t} = \sin^2 t$

12. 验证下面各式的正确性(参见例 6).

(a) $\sin^2 v + \frac{1}{\sec^2 v} = 1$

(b) $\cos 3t = 4\cos^3 t - 3\cos t$　提示：利用倍角公式

(c) $\sin 4x = 8\sin x\cos^3 x - 4\sin x\cos x$　提示：利用倍角公式两次

(d) $(1+\cos\theta)(1-\cos\theta) = \sin^2\theta$

13. 验证下面各式的正确性.

(a) $\dfrac{\sin u}{\csc u}+\dfrac{\cos u}{\sec u}=1$　　(b) $(1-\cos^2 x)(1+\cot^2 x)=1$

(c) $\sin t(\csc t-\sin t)=\cos^2 t$　　(d) $\dfrac{1-\csc^2 t}{\csc^2 t}=\dfrac{-1}{\sec^2 t}$

14. 画出下列函数的草图.

(a) $y=\sin 2x$　(b) $y=2\sin t$　(c) $y=\cos\left(x-\dfrac{\pi}{4}\right)$　(d) $y=\sec t$

15. 画出下列函数的草图.

(a) $y=\csc t$　(b) $y=2\cos t$　(c) $y=\cos 3t$　(d) $y=\cos\left(t+\dfrac{\pi}{3}\right)$

判定习题 16～23 中的函数的周期、振幅，并通过变换(水平变换或竖直变换)画出它们在区间[−5，5]上的草图.

16. $y=3\cos\dfrac{x}{2}$　17. $y=2\sin 2x$　18. $y=\tan x$　19. $y=2+\dfrac{1}{6}\cot 2x$

20. $y=3+\sec(x-\pi)$　21. $y=21+7\sin(2x+3)$　22. $y=3\cos\left(x-\dfrac{\pi}{2}\right)-1$　23. $y=\tan\left(2x-\dfrac{\pi}{3}\right)$

24. 下面哪些函数是代表同一图形的，并通过三角公式验证.

(a) $y=\sin\left(x+\dfrac{\pi}{2}\right)$　(b) $y=\cos\left(x+\dfrac{\pi}{2}\right)$　(c) $y=-\sin(x+\pi)$

(d) $y=\cos(x-\pi)$　(e) $y=-\sin(\pi-x)$　(f) $y=\cos\left(x-\dfrac{\pi}{2}\right)$

(g) $y=-\cos(\pi-x)$　(h) $y=\sin\left(x-\dfrac{\pi}{2}\right)$

25. 下面的函数中哪些是奇函数，哪些是偶函数，哪些两者都不是?

(a) $t\sin t$　(b) $\sin^2 t$　(c) $\csc t$

(d) $|\sin t|$　(e) $\sin(\cos t)$　(f) $x+\sin x$

26. 下面的函数中哪些是奇函数，哪些是偶函数，哪些两者都不是?

(a) $\cot t+\sin t$　(b) $\sin^3 t$　(c) $\sec t$

(d) $\sqrt{\sin^4 t}$　(e) $\cos(\sin t)$　(f) $x^2+\sin x$

在习题 27～31 中，用半角公式求出各式的精确值.

27. $\cos^2\dfrac{\pi}{3}$　28. $\sin^2\dfrac{\pi}{6}$　29. $\sin^3\dfrac{\pi}{6}$　30. $\cos^2\dfrac{\pi}{12}$　31. $\sin^2\dfrac{\pi}{8}$

32. 用和角公式将下面表达式展开.

(a) $\sin(x-y)$　(b) $\cos(x-y)$　(c) $\tan(x-y)$

33. 用三角函数和角公式，证明 $\tan(t+\pi)=\tan t$ 在 $\tan t$ 的定义域内成立.

34. 证明 $\cos(x-\pi)=-\cos x$ 在定义域内成立.

≈ C 35. 假设一辆卡车的轮子的外半径是 2.5ft，当卡车以 60mile/h 的速度行驶时，轮子每分钟转几圈?

≈ 36. 一个半径是 2ft 的轮子，沿水平地面滚动，当它转过 150 圈时，它行走的路程是多少?

≈ C 37. 如图 15 所示，一条传送带绕着两个轮子，当大轮子转速为 21r/s 时，小轮子的转速为多少?

图 15

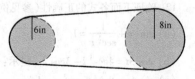

38. 倾斜角 α 是直线与 x 轴正向所成的最小的正角(水平线的倾斜角为 0)，证明：一条直线的斜率 m 等于 $\tan\alpha$ 的值.

39. 求出下面直线的倾斜角.(参见习题 38).

(a) $y=\sqrt{3}x-7$ (b) $\sqrt{3}x+3y=6$

40. 直线 l_1 和 l_2 的斜率分别为 m_1 和 m_2，θ 是 l_1 和 l_2 的夹角，并且不是直角，则

$$\tan\theta=\frac{m_2-m_1}{1+m_1m_2}$$

上面结论的证明需要利用 $\theta=\theta_2-\theta_1$(图 16).

C 41. 求第一条直线与第二条直线的夹角(用弧度制表示).

(a) $y=2x$, $y=3x$ (b) $y=\dfrac{x}{2}$, $y=-x$ (c) $2x-6y=12$, $2x+y=0$

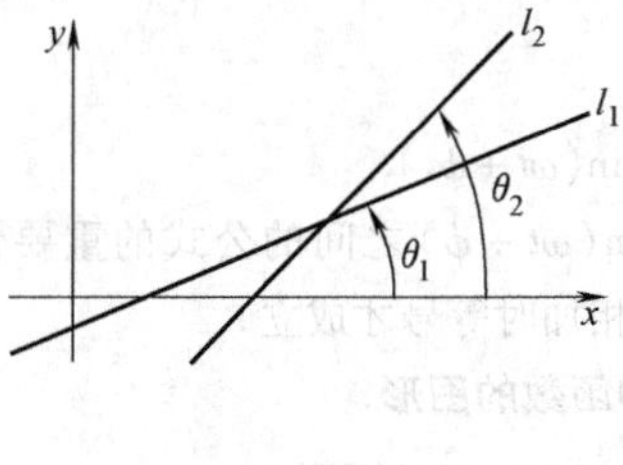

图 16

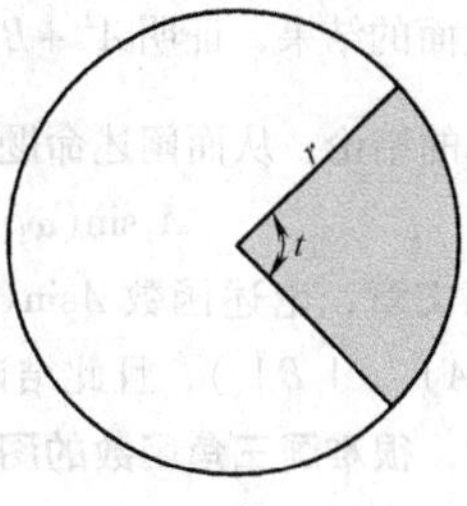

图 17

42. 论证图 17 中所示阴影部分的面积 $A=\dfrac{1}{2}r^2t$，其中 r 是圆的半径，阴影(扇形)的圆心角是 t(弧度制).

43. 求圆内圆心角度为 2rad，半径为 5cm 的扇形的面积.(参见习题 42)

44. 一个正 n 边形，内切于一个半径为 r 的圆内，求多边形的周长和面积的计算公式.

45. 如图 18 所示，一个半圆放在一个倒立的等腰三角形的上面，半圆的半径刚好和等腰三角形的底边吻合，求出整个图形的总面积的计算公式(以 r 和 t(弧度制)表示的函数).

46. 从积化和差公式，我们可得到如下公式:

$$\cos\frac{x}{2}\cos\frac{x}{4}=\frac{1}{2}\left[\cos\left(\frac{3}{4}x\right)+\cos\left(\frac{1}{4}x\right)\right]$$

求出由下面的余弦积对应的和差形式.

$$\cos\frac{x}{2}\cos\frac{x}{4}\cos\frac{x}{8}\cos\frac{x}{16}$$

你能总结出一个普遍的表达式吗?

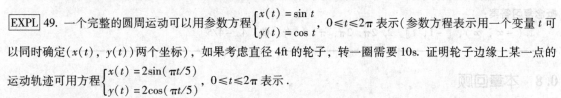

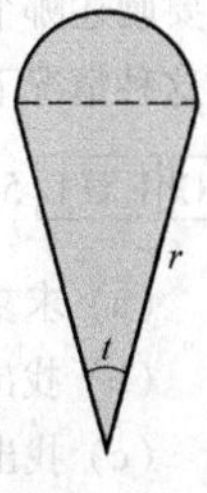

图 18

47. 内华达州的正常温度范围从 55°F(1 月 15 日)到 105°F(7 月 15 日)，假设这两个温度是全年的最高温度和最低温度，用这些信息去估计 11 月 15 日的日平均温度.

48. 潮汐通常用某些地方的一些高度标志来表示，假设高潮发生在中午 12:00 水平面为 12ft，6h 后，低潮发生，此时水平面为 5ft，另外一个高潮发生在深夜 0:00，水平面也为 12ft，假设水平面的高度随时间是周期性变化的，利用以上信息，找出水平面随时间变化的函数，并计算下午 5:30 时，水平面的高度.

EXPL 49. 一个完整的圆周运动可以用参数方程 $\begin{cases}x(t)=\sin t\\y(t)=\cos t\end{cases}$，$0\leqslant t\leqslant 2\pi$ 表示(参数方程表示用一个变量 t 可以同时确定($x(t)$，$y(t)$)两个坐标)，如果考虑直径 4ft 的轮子，转一圈需要 10s. 证明轮子边缘上某一点的运动轨迹可用方程 $\begin{cases}x(t)=2\sin(\pi t/5)\\y(t)=2\cos(\pi t/5)\end{cases}$，$0\leqslant t\leqslant 2\pi$ 表示.

(a) 分别算出当 $t=2$，6，10s 时，该对应点的位置，当轮子开始运动 $t=0$ 时，该点的位置在哪?

(b) 当轮子逆时针转动时，上面的方程会怎样变化?

(c) 求该点第一次到达(2, 0)时 t 的值.

EXPL 50. 一个点作圆周运动的频率 $\nu = \frac{2\pi}{P}$(P 是周期). 当将两个具有相同频率或者周期的圆周运动相叠时，结果会怎样？为了探究这个问题，我们可画出函数 $y(t) = 2\sin(\pi t/5)$ 和函数 $y(t) = \sin(\pi t/5) + \cos(\pi t/5)$ 的图形，并寻找它们的相似之处. 此外，我们可通过画出下面函数在区间[−5, 5]的图形来研究.

(a) $y(t) = 3\sin(\pi t/5) - 5\cos(\pi t/5) + 2\sin((\pi t/5) - 3)$

(b) $y(t) = 3\cos(\pi t/5 - 2) + \cos(\pi t/5) + \cos((\pi t/5) - 3)$

EXPL 51. 研究函数 $A\sin(\omega t) + B\cos(\omega t)$ 和函数 $C\sin(\omega t + \phi)$ 之间的关系.

(a) 用三角函数的和角公式将 $\sin(\omega t + \phi)$ 展开，从而证明 $A = C\cos\phi$, $B = C\sin\phi$.

(b) 利用上面的结果，证明 $A^2 + B^2 = C^2$ 和角 ϕ 满足 $\tan\phi = \frac{B}{A}$.

(c) 推广你的结论，从而阐述命题

$$A_1\sin(\omega t + \phi_1) + A_2\sin(\omega t + \phi_2) + A_3\sin(\omega t + \phi_3).$$

(d) 写一篇文章，论述函数 $A\sin(\omega t) + B\cos(\omega t)$ 和函数 $C\sin(\omega t + \phi)$ 之间的公式的重要性，并注意 $|C| \geqslant \max(|A|, |B|)$，且此结论只有频率相同的函数线性相加时等号才成立.

频率很大时，很难画三角函数的图形，下面我们来练习画这种函数的图形.

GC 52. 在值域[−1.5, 1.5]范围内，画出函数 $f(x) = \sin(50x)$ 在下列区间的图形.

(a) [−15, 15]　(b) [−10, 10]　(c) [−8, 8]

(d) [−1, 1]　(e) [−0.25, 0.25]

简要阐述哪个区间的图形能全面展示该函数的性质，并讨论在不同区间的图形不相同的原因.

GC 53. 在下面各区间，画出函数 $f(x) = \cos x + \frac{1}{50}\sin(50x)$ 的图形.

(a) $-5 \leqslant x \leqslant 5$, $-1 \leqslant y \leqslant 1$　(b) $-1 \leqslant x \leqslant 1$, $0.5 \leqslant y \leqslant 1.5$

(c) $-0.1 \leqslant x \leqslant 0.1$, $0.9 \leqslant y \leqslant 1.1$

简要阐述哪个 (x, y) 窗口的图形能全面展示该函数的性质，并讨论在不同的 (x, y) 窗口图形不相同的原因，在这种情况下，我们需不需要用更多 (x, y) 窗口来描述该函数的性质？

GC EXPL 54. 定义函数 $f(x) = \frac{3x+2}{x^2+1}$ 和函数 $g(x) = \frac{1}{100}\cos(100x)$.

(a) 求复合函数 $h(x) = (f \circ g)(x)$ 和复合函数 $j(x) = (g \circ f)(x)$.

(b) 找出一个(或多个)能较全面展现函数 $h(x)$ 特性的窗口.

(c) 找出一个(或多个)能较全面展现函数 $j(x)$ 特性的窗口.

55. 假设连续函数以1为周期，在0到0.25是线性的，−0.75到0也是线性的. 并且在0处的值为1，在0.25处的值为2. 画出函数在[−1, 1]上的图形，并给出函数的分段定义.

56. 假设连续函数以2为周期，在−0.25到0.25是二次的，−1.75到−0.25是线性的. 并且在0处的值为0，在0.25和−0.25处的值都为0.0625. 画出函数在[−2, 2]上的图形，并给出函数的精确定义.

概念复习答案：

1. (−∞, ∞), [−1, 1]　2. 2π, 2π, π　3. 奇，偶　4. −4/5

0.8 本章回顾

概念测试

判断正误(如果正确，请说明理由；如果错误，请举出反例)

1. 任何可以写成分数 p/q 形式的数都为有理数.

2. 两个有理数相减仍为有理数.
3. 两个无理数相减仍为无理数.
4. 两个不相等的无理数之间必定还有一个无理数.
5. 0.999…(9 循环)小于 1
6. 幂运算是可交换的，例如$(a^m)^n=(a^n)^m$.
7. 运算符*定义为：$m^*n=m^n$满足结合律.
8. 不等式$x\leqslant y$，$y\leqslant z$成立，并且$z\leqslant x$也成立，则$x=y=z$.
9. 若对于任意的正数ε，都有$|x|<\varepsilon$，那么$x=0$.
10. 若x和y均为实数，那么$(x-y)(y-x)\leqslant 0$.
11. 若$a<b<0$，那么$\frac{1}{a}>\frac{1}{b}$.
12. 两个闭区间有可能只有一个交点.
13. 若两个开区间有一个交点，那么这两个区间有无数个交点.
14. 若$x<0$，那么$\sqrt{x^2}=-x$.
15. 如果x是实数，那么$|-x|=x$.
16. 若$|x|<|y|$，那么$x<y$.
17. 若$|x|<|y|$，那么$x^4<y^4$.
18. 若x和y均为负数，那么$|x+y|=|x|+|y|$.
19. 假如$|r|<1$，那么$\frac{1}{1+|r|}\leqslant\frac{1}{1-r}\leqslant\frac{1}{1-|r|}$.
20. 假如$|r|>1$，那么$\frac{1}{1-|r|}\leqslant\frac{1}{1-r}\leqslant\frac{1}{1+|r|}$.
21. 不等式$\big||x|-|y|\big|\leqslant|x+y|$总是正确.
22. 对于任意一个正数y，都存在另一个实数x，使$x^2=y$.
23. 对于任意实数y，都存在一个x，使得$x^3=y$.
24. 不等式的解集可能只包含一个元素.
25. 对于任意实数a，等式$x^2+y^2+ax+y=0$都表示一个圆.
26. 对于任意实数a，b，c，等式$x^2+y^2+ax+bx=c$都表示一个圆.
27. 假如(a,b)在一条斜率为$\frac{3}{4}$的直线上，那么$(a+4,b+3)$也在这条直线上.
28. 假如(a,b)，(c,d)，(e,f)在一条直线上，如果这三点不重合，那么$\frac{a-c}{b-d}=\frac{a-e}{b-f}=\frac{e-c}{f-d}$.
29. 若$ab>0$，那么点(a,b)或者在第一象限，或者在第三象限.
30. 对于任意$\varepsilon>0$，均有正数x，满足$x<\varepsilon$.
31. 若$ab=0$，那么点(a,b)在x轴或y轴.
32. 若$\sqrt{(x_2-x_1)^2+(y_1-y_2)^2}=|x_2-x_1|$，那么$(x_1,y_1)$和$(x_2,y_2)$位于同一条水平线上.
33. 点$(a+b,a)$与点$(a-b,a)$之间距离为$|2b|$.
34. 任何直线的方程，都可以写成点斜式.
35. 任何直线的方程，都可以写成一般式$ax+by+c=0$.
36. 假如两条非垂直x轴的直线互相平行，它们的斜率相等.
37. 两条直线可能斜率均为正，但互相垂直.
38. 假如直线在x轴和y轴上的截距均为非零的有理数，那么直线的斜率也是有理数.
39. 直线$ax+y=c$和$ax-y=c$互相垂直.
40. 对于任意实数m，方程$(3x-2y+4)+m(2x+6y-2)=0$均表示直线的方程.

41. $f(x)=\sqrt{-(x^2+4x+3)}$的取值范围是$-3\leqslant x\leqslant -1$.
42. $T(\theta)=\sec\theta+\cos\theta$的取值范围是全体实数.
43. $f(x)=x^2-6$的值域为$[-6,\ \infty)$.
44. $f(x)=\tan x-\sec x$的值域为$(-\infty,\ -1]\cup[1,\ \infty)$.
45. $f(x)=\csc x-\sec x$的值域为$(-\infty,\ -1]\cup[1,\ \infty)$.
46. 两个偶函数之和仍为偶函数.
47. 两个奇函数之和仍为奇函数.
48. 两个奇函数之积仍为奇函数.
49. 一个奇函数和一个偶函数之积结果是奇函数.
50. 一个奇函数和一个偶函数复合结果是奇函数.
51. 两个奇函数复合结果是偶函数.
52. $f(x)=(2x^3+x)/(x^2+1)$是奇函数.
53. $f(t)=\dfrac{(\sin t)^2+\cos t}{\tan t\csc t}$是偶函数.
54. 如果一个函数的值域中只有一个值，则它的定义域也只包含一个值.
55. 如果一个函数的值域至少有两个值，则它的定义域也至少包含两个值.
56. 如果$g(x)=[x/2]$，那么$g(1.8)=-1$.
57. 如果$f(x)=x^2$，$g(x)=x^3$，那么$f\circ g=g\circ f$.
58. 如果$f(x)=x^2$，$g(x)=x^3$，那么$(f\circ g)(x)=f(x)g(x)$.
59. 如果f和g拥有相同的定义域，则f/g也拥有此定义域.
60. 如果$y=f(x)$的图形在$x=a$处与x轴相交，则$y=f(x+h)$的图形在$x=a-h$处与x轴相交.
61. 余切函数是奇函数.
62. 正切函数的定义域是全体实数.
63. 如果$\cos s=\cos t$，那么$s=t$.

测试题

1. 分别计算$n=1$，2和-2时表达式的值

(a) $\left(n+\dfrac{1}{n}\right)^n$　　(b) $(n^2-n+1)^2$　　(c) $4^{3/n}$　　(d) $\sqrt[n]{\left|\dfrac{1}{n}\right|}$

2. 化简

(a) $\left(1+\dfrac{1}{m}+\dfrac{1}{n}\right)\left(1-\dfrac{1}{m}+\dfrac{1}{n}\right)^{-1}$　　(b) $\dfrac{\dfrac{2}{x+1}-\dfrac{x}{x^2-x-2}}{\dfrac{3}{x+1}-\dfrac{2}{x-2}}$　　(c) $\dfrac{t^3-1}{t-1}$

3. 证明两个有理数的平均数仍为有理数.
4. 将循环小数4.1282828…写成分数的形式.
5. 找出一个位于$\dfrac{1}{2}$和$\dfrac{13}{25}$之间的无理数.

C 6. 计算$(\sqrt[3]{8.15\times10^4}-1.32)^2/3.24$的值.

C 7. 计算$(\pi-\sqrt{2.0})^{2.5}-\sqrt[3]{2.0}$的值.

C 8. 计算$\sin^2 2.45+\cos^2 2.40-1.00$.

对测试题9～18. 求出题目的解集，并在数轴上标出，用集合的区间符号表示出来.

9. $1-3x>0$
10. $6x+3>2x-5$
11. $3-2x\leqslant 4x+1\leqslant 2x+7$
12. $2x^2+5x-3<0$

13. $21t^2-44t+12\leqslant -3$

14. $\dfrac{2x-1}{x-2}>0$

15. $(x+4)(2x-1)^2(x-3)\leqslant 0$

16. $|3x-4|<6$

17. $\dfrac{3}{1-x}\leqslant 2$

18. $|12-3x|\geqslant |x|$

19. 找出一个 x 的值，使得 $|-x|\neq x$.

20. x 为何值时，$|-x|=x$ 成立.

21. t 为何值时，$|t-5|=5-t$ 成立.

22. t 和 a 为何值时，$|t-a|=a-t$ 成立.

23. 假如 $|x|\leqslant 2$，用关于绝对值的公式证明

$$\left|\frac{2x^2+3x+2}{x^2+2}\right|\leqslant 8$$

24. 用距离的概念，表达下面代数表达式的几何意义

(a) $|x-5|=3$　　(b) $|x+1|\leqslant 2$　　(c) $|x-a|>b$

25. 画出三个顶点分别为 $A(-2,\ 6)$，$B(1,\ 2)$，$C(5,\ 5)$ 的三角形的图形，并证明它是直角三角形.

26. 算出点 $(3,\ -6)$ 到以 $(1,\ 2)$，$(7,\ 8)$ 为端点的线段中点间的距离.

27. 算出直径两端分别为 $A(2,\ 0)$，$B(10,\ 4)$ 的圆的方程.

28. 找出圆 $x^2+y^2-8x+6y=0$ 的圆心和半径.

29. 算出两个圆 $x^2-2x+y^2+2y=2$ 和 $x^2+6x+y^2-4y=-7$ 的圆心之间的距离

30. 找出过定点并平行于所给直线的方程

(a) $(3,\ 2)$，$3x+2y=6$　　(b) $(1,\ -1)$，$y=\dfrac{2}{3}x+1$

(c) $(5,\ 9)$，$y=10$　　(d) $(-3,\ 4)$，$x=-2$

31. 写出过点 $(-2,\ 1)$，并且满足下面条件的各直线方程

(a) 过 $(7,\ 3)$　　(b) 平行于 $3x-2y=5$　　(c) 垂直于 $3x+4y=9$

(d) 垂直于 $y=4$　　(e) 在 y 轴的截距为 3

32. 证明点 $(2,\ -1)$，$(5,\ 3)$ 和 $(11,\ 11)$ 在同一条直线上.

33. 图 1 表示下面哪个等式?

(a) $y=x^3$　　(b) $x=y^3$　　(c) $y=x^2$　　(d) $x=y^2$

34. 图 2 表示下面哪个等式?

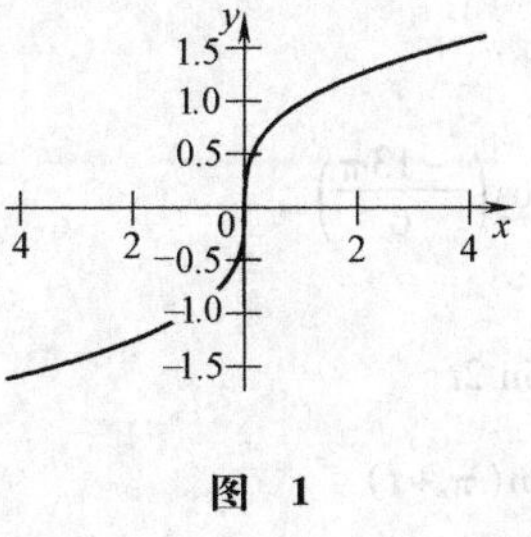

图 1

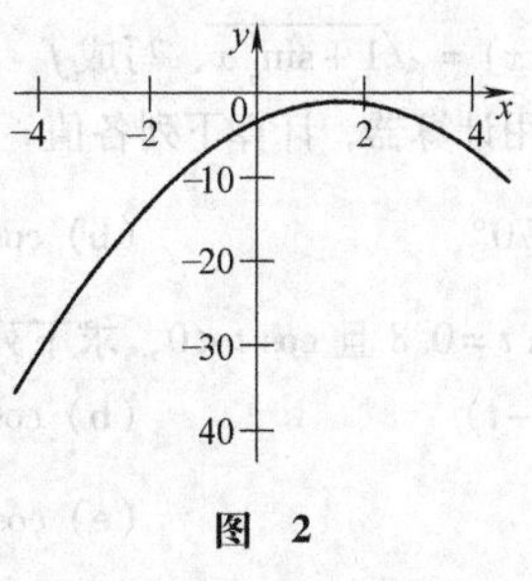

图 2

(a) $y=ax^2+bx+c$ 并且 $a>0,\ b>0,\ c>0$　　(b) $y=ax^2+bx+c$ 并且 $a<0,\ b>0,\ c>0$

(c) $y=ax^2+bx+c$ 并且 $a<0,\ b>0,\ c<0$　　(d) $y=ax^2+bx+c$ 并且 $a>0,\ b>0,\ c<0$

对测试题 35～38，画出题中每个函数的图形.

35. $3y-4x=6$

36. $x^2-2x+y^2=3$

GC 37. $y=\dfrac{2x}{x^2+2}$

GC 38. $x=y^2-3$

GC 39. 计算出图形 $y=x^2-2x+4$ 和 $y-x=4$ 的交点.

40. 找出垂直于直线 $4x-y=2$，并与 x, y 轴围成的面积为 8 的直线方程.

41. 根据 $f(x)=1/(x+1)-1/x$，求值(如存在).

(a) $f(1)$　(b) $f\left(-\frac{1}{2}\right)$　(c) $f(-1)$　(d) $f(t-1)$　(e) $f\left(\frac{1}{t}\right)$

42. 根据 $g(x)=(x+1)/x$，化简并求值.

(a) $g(2)$　(b) $g\left(\frac{1}{2}\right)$　(c) $\frac{g(2+h)-g(2)}{h}$

43. 求下列各函数的定义域.

(a) $f(x)=\frac{x}{x^2-1}$　(b) $g(x)=\sqrt{4-x^2}$

44. 判断下列函数哪些是奇函数，哪些是偶函数，哪些是非奇非偶函数?

(a) $f(x)=\frac{3x}{x^2+1}$　(b) $g(x)=|\sin x|+\cos x$

(c) $h(x)=x^3+\sin x$　(d) $k(x)=\frac{x^2+1}{|x|+x^4}$

45. 画出下列函数的图形.

(a) $f(x)=x^2-1$　(b) $g(x)=\frac{x}{x^2+1}$　(c) $h(x)=\begin{cases} x^2 & 0\leqslant x\leqslant 2 \\ 6-x & x>2 \end{cases}$

46. 假设 f 是偶函数，且当 $x\geqslant 0$ 时，满足 $f(x)=-1+\sqrt{x}$. 画出 f 在 $[-4, 4]$ 上的图形.

47. 一个长为 32in 宽为 24in 的卡片上的四个角各截掉一个边长为 x 的正方形，将四边折起做成一无盖的盒子. 用 x 表示其体积 $V(x)$，并求出其定义域.

48. 令 $f(x)=x-1/x$, $g(x)=x^2+1$. 求下列各值.

(a) $(f+g)(2)$　(b) $(f\cdot g)(2)$　(c) $(f\circ g)(2)$

(d) $(g\circ f)(2)$　(e) $f^3(-1)$　(f) $f^2(2)+g^2(2)$

49. 用平移方法，画出下列函数的图形.

(a) $y=\frac{1}{4}x^2$　(b) $y=\frac{1}{4}(x+2)^2$　(c) $y=-1+\frac{1}{4}(x+2)^2$

50. 令 $f(x)=\sqrt{16-x}$, $g(x)=x^4$. 求下列各式的定义域.

(a) f　(b) $f\circ g$　(c) $g\circ f$

51. 将 $F(x)=\sqrt{1+\sin^2 x}$，写成 $f\circ g\circ h\circ k$ 的形式.

52. 不使用计算器，计算下列各值.

(a) $\sin 570°$　(b) $\cos\frac{9\pi}{2}$　(c) $\cos\left(\frac{-13\pi}{6}\right)$

53. 若 $\sin t=0.8$ 且 $\cos t<0$，求下列各值.

(a) $\sin(-t)$　(b) $\cos t$　(c) $\sin 2t$

(d) $\tan t$　(e) $\cos\left(\frac{\pi}{2}-t\right)$　(f) $\sin(\pi+t)$

54. 用 $\sin t$ 来表示 $\sin 3t$. 提示: $3t=2t+t$.

55. 一只苍蝇落在以 20r/min 转动的车轮上. 如果车轮的半径为 9in，那么苍蝇在车轮转动 1s 内所经过的路程是多少?

0.9 回顾与预习

1. 解下列不等式

(a) $1 < 2x + 1 < 5$ (b) $-3 < \frac{x}{2} < 8$

2. 解下列不等式

(a) $14 < 2x + 1 < 15$ (b) $-3 < 1 - \frac{x}{2} < 8$

3. 解出 $|x-7| = 3$ 中的 x. 4. 解出 $|x+3| = 2$ 中的 x.

5. 在数轴上，x 与 7 的距离是 3，x 可能是什么值？

6. 在数轴上，x 与 7 的距离是 d，x 可能是什么值？

7. 解下列不等式

(a) $|x-7| < 3$ (b) $|x-7| \leqslant 3$ (c) $|x-7| \leqslant 1$ (d) $|x-7| < 0.1$

8. 解下列不等式

(a) $|x-2| < 1$ (b) $|x-2| \geqslant 1$ (c) $|x-2| < 0.1$ (d) $|x-2| < 0.01$

9. 求下列函数的自然定义域

(a) $f(x) = \frac{x^2 - 1}{x - 1}$ (b) $g(x) = \frac{x^2 - 2x + 1}{2x^2 - x - 1}$

10. 求下列函数的自然定义域

(a) $F(x) = \frac{|x|}{x}$ (b) $G(x) = \frac{\sin x}{x}$

11. 在下列 x 的取值下：0，0.9，0.99，0.999，1.001，1.01，1.1，2. 计算第 9 题中函数 $f(x)$，$g(x)$ 的值.

12. 用第 10 题中函数 $F(x)$，$G(x)$，计算在下列 x 的取值下的值：

-1，-0.1，-0.01，-0.001 0.001，0.01 0.1，1.

13. x 与 5 的距离不超过 0.1，则 x 的可能值是什么？

14. x 与 5 的距离不超过 ε，ε 是一个正数，则 x 的可能值是什么？

15. 判断对或错，假设 a，x 和 y 是实数，n 是自然数.

(a) 对任意实数 $x > 0$，存在 y，使得 $y > x$.

(b) 对任意实数 $a \geqslant 0$，存在 n，使得 $\frac{1}{n} < a$.

(c) 对任意实数 $a > 0$，存在 n，使得 $\frac{1}{n} < a$.

(d) 对平面上任意圆 C，存在 n，使得圆 C 及其内部都在离原点 n 个单位的范围内.

16. 利用正弦函数的加法公式，用 $\sin c$，$\sin h$，$\cos c$ 和 $\cos h$ 表示 $\sin(c+h)$.

第1章　极　　限

1.1　极限的介绍

上一章的讨论都是为微积分做准备的，它们是微积分的基础，但不是微积分. 现在我们已经为学习微积分的重要思想、极限概念做好了准备，极限将微积分与其他数学分支区分开来. 实际上微积分可以定义为：

微积分就是研究极限

极限概念的引入问题　极限的概念是物理学、工程学和社会学里的中心问题. 基本的问题是：当 x 接近某个常数 c 时，函数 $f(x)$ 会发生什么变化？$f(x)$ 可以针对多种多样不同的具体问题，但是基本概念的本质是一样的.

假若物体稳定向前运动，我们就可以知道物体在任意时刻的位置. 在 t 时刻，运动位置用 $s(t)$ 来表示. 那么在某一时刻 $t=1$，物体运动的速度是多少？在一个时间区间内，可以利用公式"距离等于速度与时间的乘积"来求速度，即

$$速度=\frac{距离}{时间}$$

这就是区间上的平均速度，并且无论区间多小，都不能知道在这个区间上的速度是否恒定. 例如，在区间 $[1, 2]$ 上平均速度为 $\frac{s(2)-s(1)}{2-1}$；在区间 $[1, 1.2]$ 上平均速度为 $\frac{s(1.2)-s(1)}{1.2-1}$；在区间 $[1, 1.02]$ 上平均速度为 $\frac{s(1.02)-s(1)}{1.02-1}$……那么物体在 $t=1$ 时速度是多少呢？要给出"瞬时"速度，需要引入很小区间内的平均速度的极限的概念.

我们可以通过几何公式求出矩形和三角形的面积，但是曲边区域的面积是多少呢(例如圆)？在两千多年前，阿基米德提出利用圆内接正多边形推算圆面积的方法，如图1所示. 阿基米德可以求出正 n 边形的面积，当边数越来越多时，就可以求出任意给定精度的圆面积的近似值. 换言之，圆的面积就是当 n(多边形的边数)增到无穷大时的正多边形面积的极限.

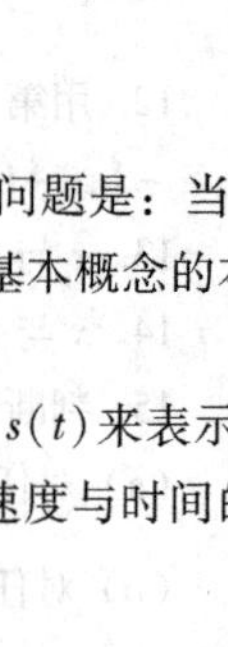

图　1

考虑函数 $y=f(x)$，$a\leqslant x\leqslant b$ 的图形. 如果图形是直线的话，可以很容易地利用距离公式求出曲线的长度. 但是如果图形是曲线呢？可以在曲线上找到很多点，然后把它们用直线依次相连，如图2所示. 如果把这些直线段都相加求和，就得到曲线的近似长度. 实际上，曲线的长度就是当直线段的数量增到无穷大时，所有直线线段和的极限.

以上描述，可以引出极限的概念. 还有很多其他与极限有关的情况，我们将在本书中逐

一介绍. 首先我们直观地来理解极限，精确的定义将在下节给出.

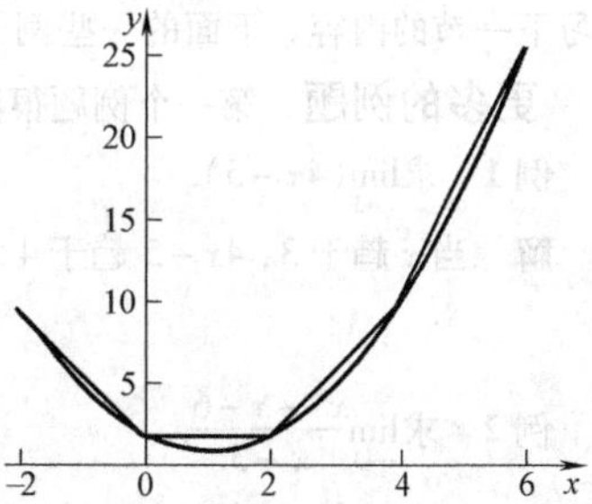

图 2

直观的理解 考虑下面的函数：

$$f(x)=\frac{x^3-1}{x-1}$$

函数在 $x=1$ 时没有定义，因为函数为 $\frac{0}{0}$ 型无意义，但是当 x 趋于 1 函数会如何变化？更确切地说：当 x 趋于 1 时，函数的值会趋向什么？通过求 1 附近的几个值，可得到一个简要的图解，并画出它的草图，如图 3 所示.

x	$y=\frac{x^3-1}{x-1}$
1.25	3.813
1.1	3.310
1.01	3.030
1.001	3.003
↓	↓
1.000	?
↑	↑
0.999	2.997
0.99	2.970
0.9	2.710
0.75	2.313

列表

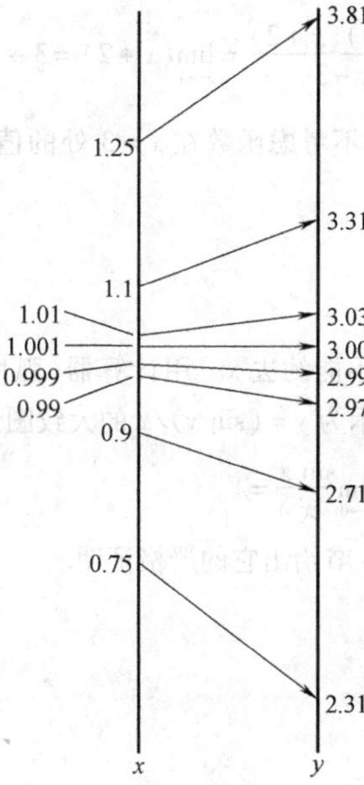

原理图

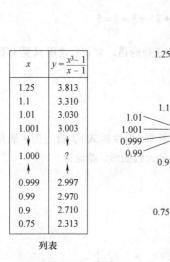

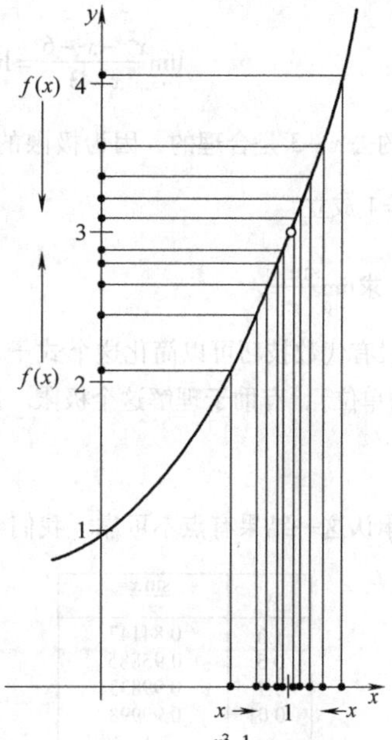

$y=f(x)=\frac{x^3-1}{x-1}$ 的图像

图 3

所有信息似乎都得到一个相同的结论：当 x 趋于 1 时，$f(x)$ 趋于 3. 用数学符号可表示为

$$\lim_{x\to 1}\frac{x^3-1}{x-1}=3$$

该表达式读作“当 x 趋向于 1 时，函数 $(x^3-1)/(x-1)$ 的极限是 3”.

利用代数运算(立方差的因式分解)，可以提供更多和更好的依据.

$$\lim_{x\to 1}\frac{x^3-1}{x-1}=\lim_{x\to 1}\frac{(x-1)(x^2+x+1)}{x-1}=\lim_{x\to 1}(x^2+x+1)=1^2+1+1=3$$

只要 $x\neq 1$ 就有 $(x-1)/(x-1)=1$，这证明了第二步. 第三步看起来是合理的，更精确的理由以后再讲. 为了更加确定我们的思路是正确的，需要有一个清楚明白的极限定义. 这是我们第一次尝试下定义.

定义 极限的直观意义

当 x 接近 c 但不等于 c 时，$f(x)$ 接近 L，称 L 为 $f(x)$ 当 x 趋向于 c 时的极限，记作：$\lim_{x\to c}f(x)=L$.

注意，这里并不要求函数 f 在 c 点怎样. 函数 f 甚至不需要在 c 处有定义，上面的例子 $f(x)=\frac{x^3-1}{x-1}$，在 $x=1$ 点说明了这个问题. 极限定义涉及函数在 c 附近的值，而不是在 c 点的值.

谨慎的读者一定注意到，我们使用接近这个词是什么意思呢？多近才算接近呢？要回答这个问题，需要学习下一节的内容．下面的一些例子，会帮助我们更深刻地理解这个问题．

更多的例题　第一个例题很简单，但很重要．

例1　求$\lim\limits_{x\to3}(4x-5)$．

解　当x趋于3，$4x-5$趋于$4\times3-5=7$．写成

$$\lim_{x\to3}(4x-5)=7$$

例2　求$\lim\limits_{x\to3}\frac{x^2-x-6}{x-3}$．

解　注意$(x^2-x-6)/(x-3)$在$x=3$处没有定义．为了知道当x趋于3时会发生什么情况，我们可以用计算器计算所给的表达式，例如在3.1、3.01、3.001等．如果用一点代数知识简化这个问题会更好．

$$\lim_{x\to3}\frac{x^2-x-6}{x-3}=\lim_{x\to3}\frac{(x-3)(x+2)}{x-3}=\lim_{x\to3}(x+2)=3+2=5$$

第二步中约去$x-3$是合理的，因为极限的定义中不考虑函数在$x=3$处的值．切记：这里只要x不等于3，总有$\frac{x-3}{x-3}=1$成立．

例3　求$\lim\limits_{x\to0}\frac{\sin x}{x}$．

解　没有代数技巧可以简化这个式子，当然不能约去x．用计算器（弧度模式）去检查图4表格中的值（以弧度为单位），有助于理解这个极限．图5所示为$y=(\sin x)/x$的大致图形，结论为

$$\lim_{x\to0}\frac{\sin x}{x}=1$$

尽管我们承认这一结果有点不可靠．我们会在1.4节给出它的严格证明．

x	$\frac{\sin x}{x}$
1.0	0.84147
0.5	0.95885
0.1	0.99833
0.01	0.99998
↓	↓
0	?
↑	↑
−0.01	0.99998
−0.1	0.99833
−0.5	0.95885
−1.0	0.84147

图　4

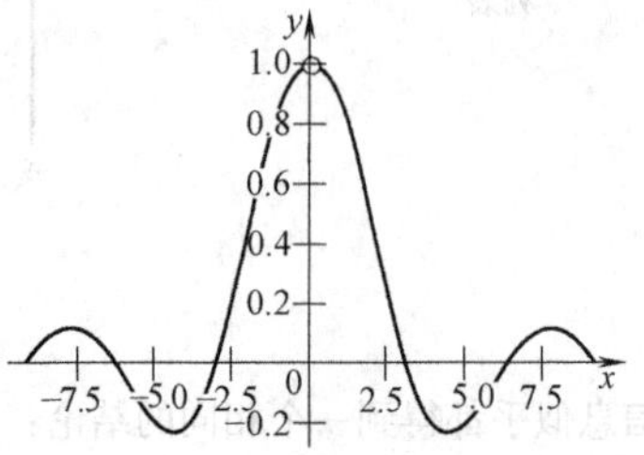

图　5

需要特别注意　事物不像看上去那样简单，计算器可能会误导我们，直觉也是如此．下面的例子展示了一些可能易犯的错误．

例4　（计算器可能会愚弄你）求$\lim\limits_{x\to0}\left(x^2-\frac{\cos x}{10000}\right)$．

解　按照例3的步骤，得到图6所示的数据表格，结果表明所求极限为0，但这是错误的．如果我们回想起$y=\cos x$的图形，就会意识到当x趋于0时，$\cos x$趋于1．

$$\lim_{x\to0}\left(x^2-\frac{\cos x}{10000}\right)=0^2-\frac{1}{10000}=-\frac{1}{10000}$$

x	$x^2-\frac{\cos x}{10{,}000}$
±1	0.99995
±0.5	0.24991
±0.1	0.00990
±0.01	0.000000005
↓	
0	?

图　6

例5　（跳跃点附近无极限）求$\lim\limits_{x\to2}[x]$．

解　注意$[x]$表示小于或等于x的最大整数（见0.5节）．图7所示为$y=[x]$的图形．对于所有小于2但接近2的x，$[x]=1$，但对于所有大于2但接近2的x，$[x]=2$．当x接近2，$[x]$接近于一个唯一的数字L

吗？不，无论使哪个数字代表 L，x 随意地从左边或右边接近 2，总有 $[x]$ 与 L 至少相差 $\frac{1}{2}$，我们的结论是 $\lim_{x\to 2}[x]$ 不存在. 如果你再仔细看一下前面的内容，就会发现我们从未声明过所写的每个极限都一定存在.

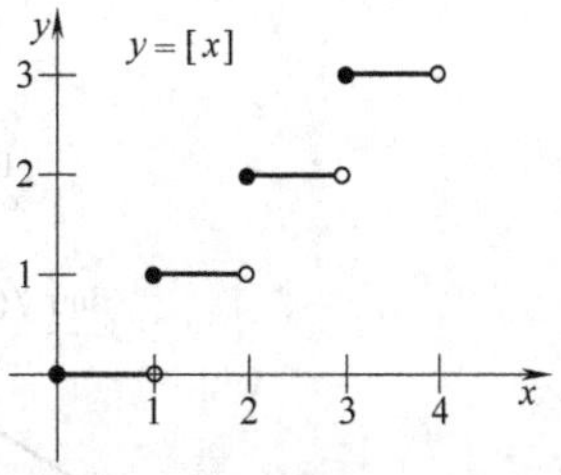

图 7

例 6 （振荡）求 $\lim_{x\to 0}\sin(1/x)$.

解 这个例子提出了最难以捉摸的极限问题. 这里，我们不想讲太多关于它的故事，只要求你做两件事情. 首先，挑出 x 值趋于 0 的数列. 用计算器去计算这些数列点 x 的 $\sin(1/x)$ 值. 除非很凑巧的选择，否则，结果会在很大范围内振荡.

第二，可以尝试画出 $y=\sin(1/x)$ 的图形. 没有人能把这事干得很好，但图 8 表中的值可以为我们提供一点线索. 在原点的附近，图形在 -1 和 1 之间上下振荡无限次(图 9). 显然，当 x 接近于 0 时，$\sin(1/x)$ 并没有接近于唯一一个数字 L. 我们得出的结论是：$\lim_{x\to 0}\sin(1/x)$ 不存在.

x	$\sin\frac{1}{x}$
$2/\pi$	1
$2/(2\pi)$	0
$2/(3\pi)$	−1
$2/(4\pi)$	0
$2/(5\pi)$	1
$2/(6\pi)$	0
$2/(7\pi)$	−1
$2/(8\pi)$	0
$2/(9\pi)$	1
$2/(10\pi)$	0
$2/(11\pi)$	−1
$2/(12\pi)$	0
↓	↓
0	?

图 8

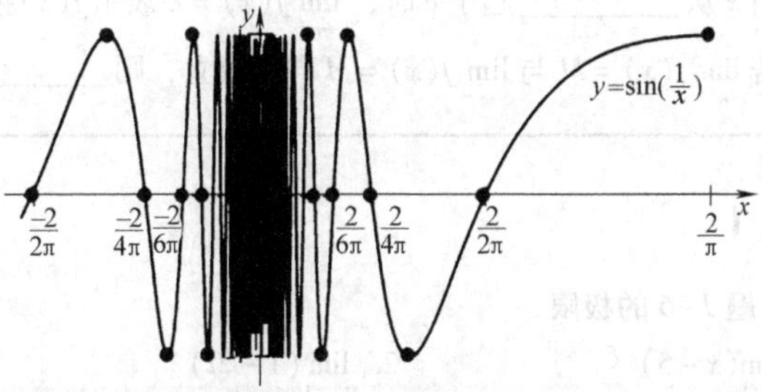

图 9

单侧极限 当一个函数有跳跃(如例 5 的 $[x]$)时，函数的极限在跳跃点不存在. 对于这样的函数，我们很自然的要引入**单侧极限**. 符号 $x\to c^+$ 表示 x 从 c 的右边趋向于 c，而符号 $x\to c^-$ 表示 x 从 c 的左边趋向于 c.

> **定义 左极限、右极限**
>
> 当 x 从 c 的右侧接近于 c 时，函数 $f(x)$ 接近于 L，则称 $f(x)$ 在 c 处的右极限存在，记作 $\lim_{x\to c^+}f(x)=L$. 同样地，当 x 从 c 的左侧接近于 c 时，函数 $f(x)$ 接近于 L，则称 $f(x)$ 在 c 处的左极限存在，记作 $\lim_{x\to c^-}f(x)=L$.

这样，极限 $\lim_{x\to 2}[x]$ 不存在，应当写成(参看图 7 的图形)

$$\lim_{x\to 2^-}[x]=1,\qquad \lim_{x\to 2^+}[x]=2$$

你会发现下面的这个定理是十分合理的.

> **定理 A**
>
> 等式 $\lim_{x\to c}f(x)=L$ 成立的充要条件是等式 $\lim_{x\to c^-}f(x)=L$ 与等式 $\lim_{x\to c^+}f(x)=L$ 同时成立.

图 10 能使你深刻理解其内涵. 即使函数的左右极限都存在，函数的极限也不一定存在.

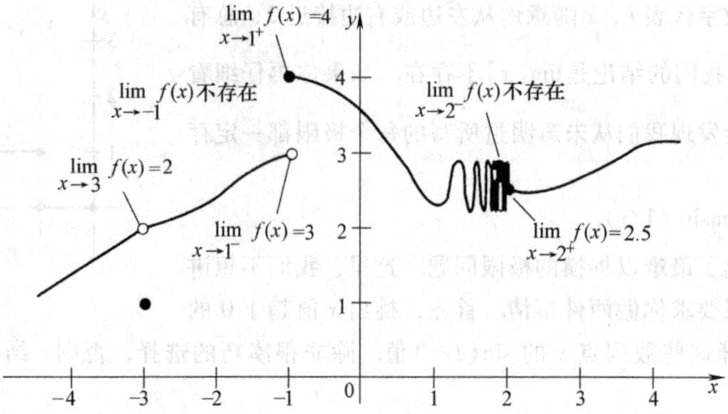

图 10

概念复习

1. 当 x 足够接近(但不等于)_________时，$\lim_{x\to c}f(x)=L$ 表示 $f(x)$ 接近于______.
2. 设 $f(x)=(x^2-9)/(x-3)$，注意 $f(3)$ 没定义，然而，$\lim_{x\to3}f(x)=$_________.
3. 当 x 从_________趋于 c 时，$\lim_{x\to c^+}f(x)=L$ 表示 $f(x)$ 接近于______.
4. 若 $\lim_{x\to c^+}f(x)=M$ 与 $\lim_{x\to c^-}f(x)=M$ 同时成立，则_________.

习题 1.1

求习题 *1~6* 的极限.

1. $\lim_{x\to3}(x-5)$
2. $\lim_{t\to-1}(1-2t)$
3. $\lim_{x\to-2}(x^2+2x-1)$
4. $\lim_{x\to-2}(x^2+2t-1)$
5. $\lim_{t\to-1}(t^2-1)$
6. $\lim_{t\to-1}(t^2-x^2)$

求习题 *7~18* 的极限. 在通常情况下，先作代数变换更明智(参考例2).

7. $\lim_{x\to2}\frac{x^2-4}{x-2}$
8. $\lim_{t\to-7}\frac{t^2+4t-21}{t+7}$
9. $\lim_{x\to-1}\frac{x^3-4x^2+x+6}{x+1}$
10. $\lim_{x\to0}\frac{x^4+2x^3-x^2}{x^2}$
11. $\lim_{x\to-t}\frac{x^2-t^2}{x+t}$
12. $\lim_{x\to3}\frac{x^2-9}{x-3}$
13. $\lim_{t\to2}\frac{\sqrt{(t+4)(t-2)^4}}{(3t-6)^2}$
14. $\lim_{t\to7^+}\frac{\sqrt{(t-7)^3}}{t-7}$
15. $\lim_{x\to3}\frac{x^4-18x^2+81}{(x-3)^2}$
16. $\lim_{u\to1}\frac{(3u+4)(2u-2)^3}{(u-1)^2}$
17. $\lim_{h\to0}\frac{(2+h)^2-4}{h}$
18. $\lim_{h\to0}\frac{(x+h)^2-x^2}{h}$

GC **用计算器求习题 *19~28* 的极限，并用计算机描绘函数在极限点附近的图形.**

19. $\lim_{x\to0}\frac{\sin x}{2x}$
20. $\lim_{t\to0}\frac{1-\cos t}{2t}$
21. $\lim_{x\to0}\frac{(x-\sin x)^2}{x^2}$
22. $\lim_{x\to0}\frac{(1-\cos x)^2}{x^2}$
23. $\lim_{t\to1}\frac{t^2-1}{\sin(t-1)}$
24. $\lim_{x\to3}\frac{x-\sin(x-3)-3}{x-3}$
25. $\lim_{x\to\pi}\frac{1+\sin(x-3\pi/2)}{x-\pi}$
26. $\lim_{t\to0}\frac{1-\cot t}{1/t}$
27. $\lim_{x\to\frac{\pi}{4}}\frac{(x-\pi/4)^2}{(\tan x-1)^2}$
28. $\lim_{u\to\frac{\pi}{2}}\frac{2-2\sin u}{3u}$.

29. 对于方程 f(图11)，求所给极限或函数的值，或者说明其值或极限不存在.

(a) $\lim\limits_{x\to-3} f(x)$　　(b) $f(-3)$　　(c) $f(-1)$

(d) $\lim\limits_{x\to-1} f(x)$　　(e) $f(1)$　　(f) $\lim\limits_{x\to1} f(x)$

(g) $\lim\limits_{x\to1^-} f(x)$　　(h) $\lim\limits_{x\to1^+} f(x)$　　(i) $\lim\limits_{x\to-1^+} f(x)$

30. 对图 12 给出的函数，求解第 29 题的问题．

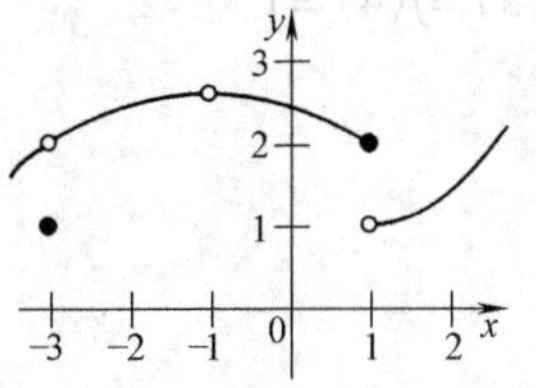

图 11

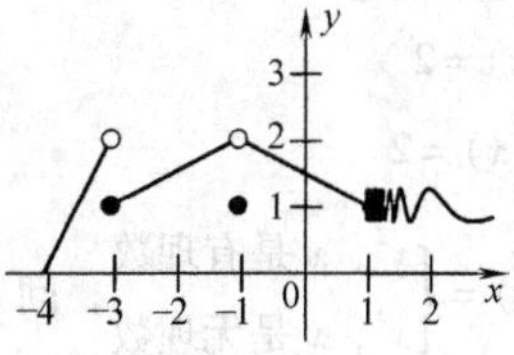

图 12

31. 对图 13 给出的函数，求下列所给极限或函数的值，或者说明其值或极限不存在．

(a) $f(-3)$　　(b) $f(3)$　　(c) $\lim\limits_{x\to-3^-} f(x)$

(d) $\lim\limits_{x\to-3^+} f(x)$　　(e) $\lim\limits_{x\to-3} f(x)$　　(f) $\lim\limits_{x\to3^+} f(x)$

32. 对图 14 给出的函数，求所给极限或函数的值，或者说明其值或极限不存在．

(a) $\lim\limits_{x\to-1^-} f(x)$　　(b) $\lim\limits_{x\to-1^+} f(x)$　　(c) $\lim\limits_{x\to-1} f(x)$

(d) $f(-1)$　　(e) $\lim\limits_{x\to1} f(x)$　　(f) $f(1)$

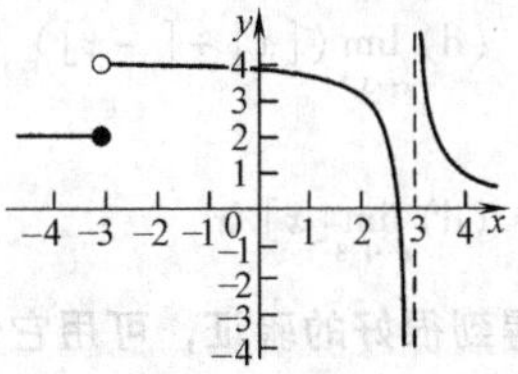

图 13

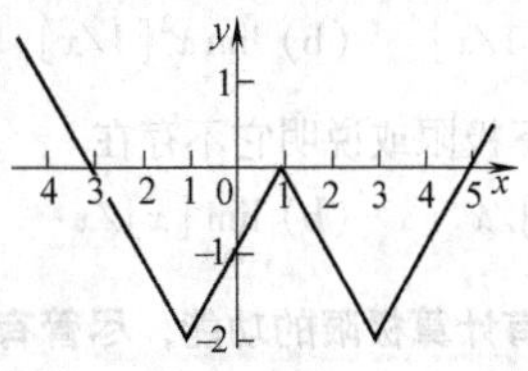

图 14

33. 画出函数图形

$$f(x)=\begin{cases}-x, & x<0\\ x, & 0\leqslant x<1\\ 1+x, & x\geqslant 1\end{cases}$$

然后再求解以下问题或说明它不存在．

(a) $\lim\limits_{x\to0} f(x)$　　(b) $\lim\limits_{x\to1} f(x)$　　(c) $f(1)$　　(d) $\lim\limits_{x\to1^+} f(x)$

34. 画出函数图形

$$g(x)=\begin{cases}-x+1, & x<1\\ x-1, & 1<x<2\\ 5-x^2, & x\geqslant 2\end{cases}$$

然后再求解以下问题或说明它不存在

(a) $\lim\limits_{x\to1} g(x)$　　(b) $g(1)$　　(c) $\lim\limits_{x\to2} g(x)$　　(d) $\lim\limits_{x\to2^+} g(x)$

35. 画出 $f(x)=x-[x]$ 的图形，然后求解以下问题或说明它不存在．

(a) $f(0)$　　(b) $\lim\limits_{x\to0} f(x)$　　(c) $\lim\limits_{x\to0^-} f(x)$　　(d) $\lim\limits_{x\to1/2} f(x)$

36. 按照习题 35 的做法，求 $f(x)=x/|x|$．

37. 求 $\lim\limits_{x\to1}(x^2-1)/|x-1|$ 或说明它不存在．

38. 计算 $\lim\limits_{x\to0}(\sqrt{x+2}-\sqrt{2})/x$．提示：分子分母都乘以 $\sqrt{x+2}+\sqrt{2}$ 来进行分子有理化．

39. 设$f(x)=\begin{cases}x, & x\text{是有理数}\\ -x, & x\text{是无理数}\end{cases}$，如果存在，请求下列问题.

(a)$\lim\limits_{x\to 1}f(x)$　　(b)$\lim\limits_{x\to 0}f(x)$

40. 如果可以，尽量作出满足以下条件的函数f的草图.

(a) 它的定义域是$[0, 4]$　　(b) $f(0)=f(1)=f(2)=f(3)=f(4)=1$

(c)$\lim\limits_{x\to 1}f(x)=2$　　(d)$\lim\limits_{x\to 2}f(x)=1$

(e) $\lim\limits_{x\to 3^-}f(x)=2$　　(f) $\lim\limits_{x\to 3^+}f(x)=1$

41. 设$f(x)=\begin{cases}x^2, & x\text{是有理数}\\ x^4, & x\text{是无理数}\end{cases}$，问$a$取何值时，$\lim\limits_{x\to a}f(x)$存在?

42. 函数$f(x)=x^2$已经画出了精准图形，但一天晚上，一位神秘人对图形的约一百万个不同位置处的值作了改动，这样对任意的a，极限$\lim\limits_{x\to a}f(x)$有没有变化？为什么？

43. 求以下极限或说明它不存在.

(a)$\lim\limits_{x\to 1}\dfrac{|x-1|}{x-1}$　(b) $\lim\limits_{x\to 1^-}\dfrac{|x-1|}{x-1}$　(c) $\lim\limits_{x\to 1^-}\dfrac{x^2-|x-1|-1}{|x-1|}$　(d) $\lim\limits_{x\to 1^-}\left(\dfrac{1}{x-1}-\dfrac{1}{|x-1|}\right)$

44. 求以下极限或说明它不存在.

(a) $\lim\limits_{x\to 1^+}\sqrt{x-[x]}$　(b) $\lim\limits_{x\to 0^+}[1/x]$　(c) $\lim\limits_{x\to 0^+}x(-1)^{[1/x]}$　(d) $\lim\limits_{x\to 0^+}[x](-1)^{[1/x]}$

45. 求以下极限或说明它不存在.

(a) $\lim\limits_{x\to 0^+}x[1/x]$　(b) $\lim\limits_{x\to 0^+}x^2[1/x]$　(c) $\lim\limits_{x\to 3^-}([x]+[-x])$　(d) $\lim\limits_{x\to 3^+}([x]+[-x])$

46. 求以下极限或说明它不存在.

(a)$\lim\limits_{x\to 3}[x]/x$　(b) $\lim\limits_{x\to 0^+}[x]/x$　(c) $\lim\limits_{x\to 1.8}[x]$　(d) $\lim\limits_{x\to 1.8}[x]/x$

GC 许多软件有计算极限的功能，尽管有时会被警告出错，但为了得到很好的验证，可用它们来检验习题*1~28*的结果. 然后求解以下极限或说明它不存在.

47. $\lim\limits_{x\to 0}\sqrt{x}$　48. $\lim\limits_{x\to 0^+}x^x$　49. $\lim\limits_{x\to 0}\sqrt{|x|}$

50. $\lim\limits_{x\to 0}|x|^x$　51. $\lim\limits_{x\to 0}(\sin 2x)/4x$　52. $\lim\limits_{x\to 0}(\sin 5x)/3x$

53. $\lim\limits_{x\to 0}\cos(1/x)$　54. $\lim\limits_{x\to 0}x\cos(1/x)$　55. $\lim\limits_{x\to 1}\dfrac{x^3-1}{\sqrt{2x+2}-2}$

56. $\lim\limits_{x\to 0}\dfrac{x\sin 2x}{\sin(x^2)}$　57. $\lim\limits_{x\to 2^-}\dfrac{x^2-x-2}{|x-2|}$　58. $\lim\limits_{x\to 1^+}\dfrac{2}{1+2^{1/(x-1)}}$

CAS 59. 因为软件是通过计算$f(x)$在x接近于a的一些值来求$\lim\limits_{x\to a}f(x)$的，它们可能会出错. 找出这样一函数f：$\lim\limits_{x\to 0}f(x)$不存在，但软件却能得出一个值.

概念复习答案：

1. L，c　2. 6　3. L，右　4. $\lim\limits_{x\to c}f(x)=M$

1.2 极限的精确定义

在上一节，已经有极限的描述性定义. 这里给出一个比较准确，但仍不是正式的极限定义. 极限$\lim\limits_{x\to c}f(x)=L$是指当$x$与$c$间的距离足够小、但不等于$c$时，$f(x)$与$L$间的距离可以任意小. 例1阐述了这一点.

例1　用$y=f(x)=3x^2$的图形去确定x有多靠近2时，才能使$f(x)$在12 ± 0.05范围之内.

解 为了使$f(x)$在12 ± 0.05范围之内，需要$11.95<f(x)<12.05$. 直线$y=11.95$和$y=12.05$如图1所示. 解出$y=3x^2$中的x，有$x=\sqrt{y/3}$. 于是$f(\sqrt{11.95/3})=11.95$和$f(\sqrt{12.05/3})=12.05$. 图1表明，如果$\sqrt{11.95/3}<x<\sqrt{12.05/3}$，则$11.95<f(x)<12.05$. 故$x$的取值区间近似为$1.99583<x<2.00416$. 当然，在该区间的两个端点，上端点2.00416与2更接近，且它在与2相差0.00416的范围内. 于是如果x落在与2相差0.00416的范围内时，$f(x)$在12 ± 0.05的范围内.

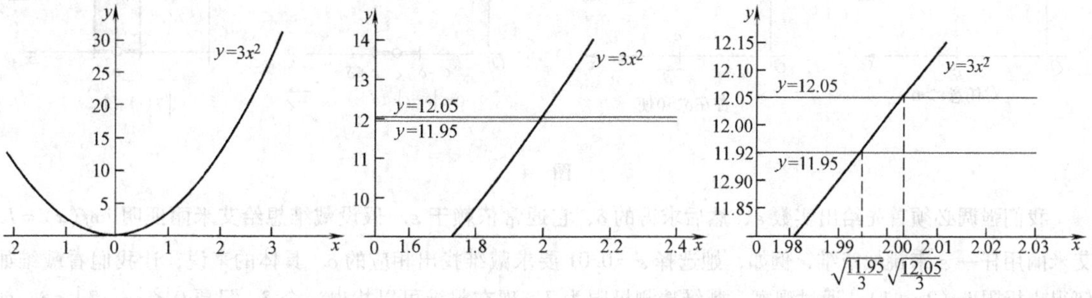

图 1

进一步地，x与2要如何接近才能使$f(x)$在12 ± 0.01范围之内？这里只需画出类似的直线，然而会发现x必须落在一个比刚才还小的区间内. 如果想让$f(x)$落在12 ± 0.001范围之内，就必须找到一个更小的区间. 在这个例子中，看起来似乎是不管$f(x)$怎么样地接近于12，都可以通过x更趋近于2来达到这个目的.

极限的精确定义 首先，按照传统用希腊字母ε(epsilon)和δ(delta)来代表任意正数. 考虑ε和δ都是很小的正数.

我们说函数$f(x)$与L的距离小于ε也就是$|f(x)-L|<\varepsilon$，或等价于$L-\varepsilon<f(x)<L+\varepsilon$，也就是说$f(x)$位于开区间$(L-\varepsilon, L+\varepsilon)$内，如图2所示.

用绝对值表示距离

考虑实直线上两个点a，b，它们之间的距离是多少？如果$a\leqslant b$，那么$b-a$是距离；如果$a\geqslant b$，那么$a-b$是距离. 我们可以把这两个结论归结为点a、b间的距离是$|b-a|$，几何解释是两个数差的绝对值是直线上两点的距离，这在理解极限定义时非常重要.

其次，要表述x与c间距离足够小，也就是说对于特定的δ，x位于开区间$(c-\delta, c+\delta)$内，c已知. 即

$$0<|x-c|<\delta$$

注意：$|x-c|<\delta$描述的区间是$c-\delta<x<c+\delta$，而$0<|x-c|$则要求不包含$x=c$，如图3所示.

现在，我们介绍微积分中最重要的定义.

定义 极限的精确定义

极限$\lim\limits_{x\to c}f(x)=L$是指：对于任意给出的$\varepsilon>0$(无论它有多么小)，总有一个相应的$\delta>0$，当$0<|x-c|<\delta$时，不等式$|f(x)-L|<\varepsilon$成立. 即

$$0<|x-c|<\delta\Rightarrow|f(x)-L|<\varepsilon$$

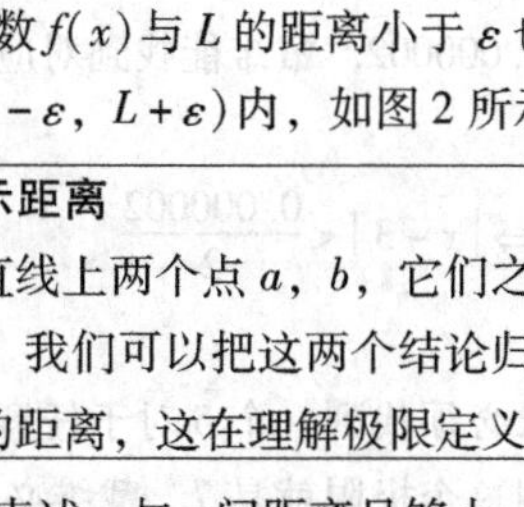

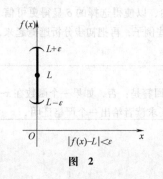

图 2

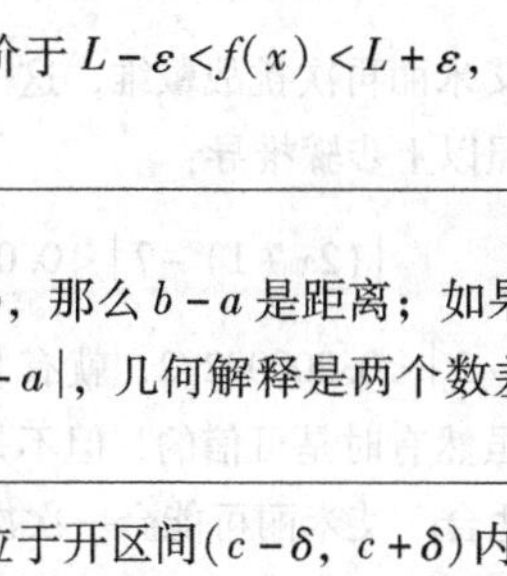

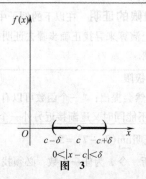

图 3

图 4 可以帮助你充分理解这个定义.

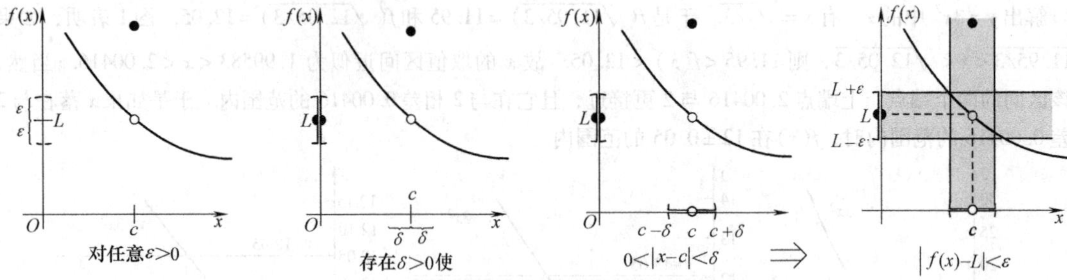

图 4

我们强调必须首先给出实数 ε，然后求得的 δ，它通常依赖于 ε. 假设戴维想给艾米丽证明 $\lim\limits_{x\to c}f(x)=L$. 艾米丽用任一 ε 来挑战戴维，例如，她选择 $\varepsilon=0.01$ 要求戴维找出相应的 δ. 具体的来说，让我们看戴维如何得出极限 $\lim\limits_{x\to 3}(2x+1)$. 通过观察，戴维猜测极限为 7. 现在戴维可以找出一个 δ，只要 $0<|x-3|<\delta$，就使得 $|(2x+1)-7|<0.01$ 成立吗？运用一个小小的代数技巧可得到

$$|(2x+1)-7|<0.01\Leftrightarrow 2|x-3|<0.01\Leftrightarrow |x-3|<\frac{0.01}{2}$$

因此，问题的答案是肯定的. 戴维可以取 $\varepsilon=0.01/2$（或其他更小的值），即只要 $0<|x-3|<0.01/2$，它会保证 $|(2x+1)-7|<0.01$. 换句话说，戴维使得 $2x+1$ 与 7 的距离在 0.01 之内，只要 x 与 3 的距离在 0.01/2 之内就可以了.

现在假设艾米丽再次挑战戴维，这一次她希望 $|(2x+1)-7|<0.000002$. 戴维能找到对应于这个 ε 值的一个 δ 吗？仿照以上步骤推导：

$$|(2x+1)-7|<0.000002\Leftrightarrow 2|x-3|<0.000002\Leftrightarrow |x-3|<\frac{0.000002}{2}$$

因此，只要 $|x-3|<0.000002/2$，就有 $|(2x+1)-7|<0.000002$.

这种推导虽然有时是可信的，但不是极限为 7 的证明. 定义要求必须找到一个 δ 对于任意 $\varepsilon>0$（不是某一个 $\varepsilon>0$）都适合. 艾米丽可能会一次次地挑战戴维，但都不能证明这个极限就是 7. 戴维必须能够找到一个 δ，对于每个正数 ε（无论它有多么小）都适合.

戴维选择亲自干这件事情，他建议让 ε 作为任一正实数. 按照以上的推理步骤进行，但这一次他用 ε（而不是某一个具体值）代替了 0.000002.

$$|(2x+1)-7|<\varepsilon\Leftrightarrow 2|x-3|<\varepsilon\Leftrightarrow |x-3|<\frac{\varepsilon}{2}$$

戴维可以选择 $\delta=\varepsilon/2$，只要 $|x-3|<\varepsilon/2$，就有 $|(2x+1)-7|<\varepsilon$ 成立. 换句话说，他可以做到如果 x 与 3 的距离在 $\varepsilon/2$ 内，则 $2x+1$ 与 7 的距离在 ε 内. 现在，戴维满足了极限定义的要求，因而可以肯定极限为 7 了，正如所猜测的一样.

一些极限的证明 在以下的例子中，我们从初步分析开始，以使得选择的 δ 显得更可信. 它展示了需要在草稿上演算来寻找正确步骤去证明的过程. 一旦理解了这些例子，再把初步分析遮掩起来，证明会显得高雅而神秘.

两个不同的极限

人们自然会提出：“一个函数可以有两个极限吗？”，直观的回答是：否，如果一个函数在 $x\to c$ 时逐渐接近 L，它不能同时又逐渐接近另外一个不同的数 M，习题 23 要求读者给出一个严格证明.

例 2 证明 $\lim\limits_{x\to 4}(3x-7)=5$.

初步分析 令 ε 为任一正数. 必须找出一个 $\delta>0$，使得

$$0<|x-4|<\delta \Rightarrow |(3x-7)-5|<\varepsilon$$

思考右边的不等式

$$|(3x-7)-5|<\varepsilon \Leftrightarrow |3x-12|<\varepsilon \Leftrightarrow |3(x-4)|<\varepsilon \Leftrightarrow |3||(x-4)|<\varepsilon \Leftrightarrow |x-4|<\frac{\varepsilon}{3}$$

现在，我们知道该怎样选择 δ 了，那就是取 $\delta=\varepsilon/3$. 当然，任一小于 δ 的数都可以.

正式证明 任给 $\varepsilon>0$，取 $\delta=\varepsilon/3$，当 $0<|x-4|<\delta$ 时，有

$$|(3x-7)-5|=|3x-12|=|3(x-4)|=3|x-4|<3\delta=\varepsilon$$

从左往右看这条等式和不等式的链，并使用"="和"<"的转化属性，会发现

$$|(3x-7)-5|<\varepsilon$$

现在戴维知道选择艾米丽挑战他的所需 δ 方法了. 若艾米丽用 $\varepsilon=0.01$ 来挑战戴维，那么戴维会回应 $\delta=0.01/3$. 若艾米丽说 $\varepsilon=0.000003$，那么戴维会说 $\delta=0.000001$. 如果他选择一个更小的值作为 δ 也行.

当然，如果考虑 $y=3x-7$ 的图形，如图 5 所示，会发现要 $3x-7$ 接近于 5，最好是让 x 更接近于 4.

观察图 6，在证明 $\lim\limits_{x\to 4}\left(\frac{1}{2}x+3\right)=5$ 中，确定 $\delta=2\varepsilon$ 是对 δ 的一个恰当选择.

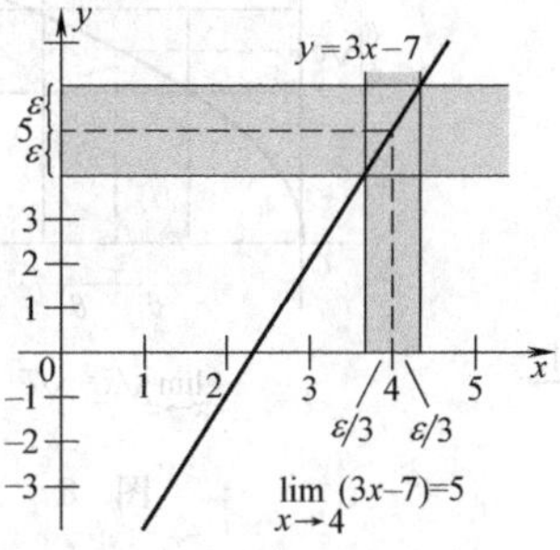

图 5

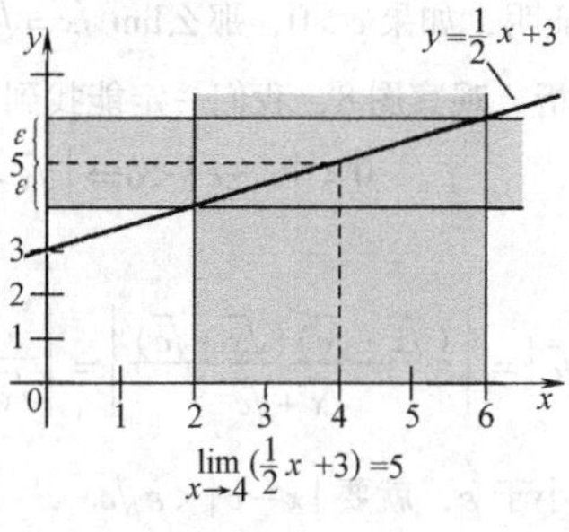

图 6

例 3 证明 $\lim\limits_{x\to 2}\frac{2x^2-3x-2}{x-2}=5$.

初步分析 我们寻找 δ 以使得

$$0<|x-2|<\delta \Rightarrow \left|\frac{2x^2-3x-2}{x-2}-5\right|<\varepsilon$$

现在，对于 $x\neq 2$，有

$$\begin{aligned}\left|\frac{2x^2-3x-2}{x-2}-5\right|<\varepsilon &\Leftrightarrow \left|\frac{(2x+1)(x-2)}{x-2}-5\right|<\varepsilon\\ &\Leftrightarrow |(2x+1)-5|<\varepsilon\\ &\Leftrightarrow |2(x-2)|<\varepsilon\\ &\Leftrightarrow |2||x-2|<\varepsilon\\ &\Leftrightarrow |x-2|<\frac{\varepsilon}{2}\end{aligned}$$

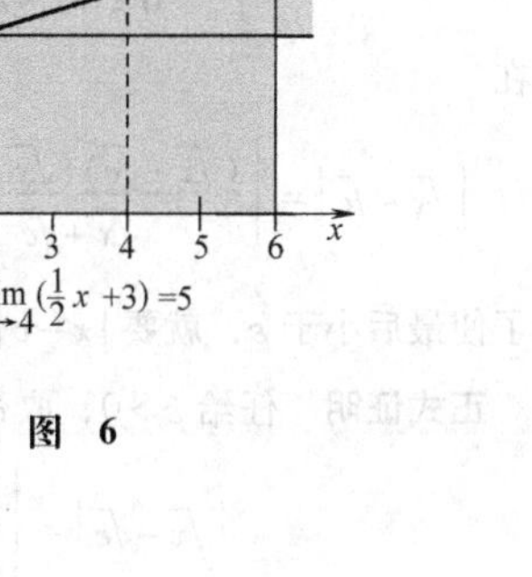

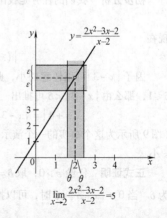

图 7

这表明 $\delta=\varepsilon/2$ 能达到目标(图 7).

正式证明 任给 $\varepsilon>0$，取 $\delta=\varepsilon/2$，当 $0<|x-2|<\delta$，推出

$$\left|\frac{2x^2-3x-2}{x-2}-5\right|=\left|\frac{(2x+1)(x-2)}{x-2}-5\right|=$$

$$|2x+1-5|=|2(x-2)|=2|x-2|<2\delta=\varepsilon$$

因子 $x-2$ 的消去是合理的，因为 $0<|x-2|$ 表明 $x\neq 2$，而只要 $x\neq 2$ 就

有$\frac{x-2}{x-2}=1$.

例 4 证明$\lim\limits_{x\to c}(mx+b)=mc+b$.

初步分析 我们想找δ，使得

$$0<|x-c|<\delta \Rightarrow |(mx+b)-(mc+b)|<\varepsilon$$

现在

$$|(mx+b)-(mc+b)|=|mx-mc|=|m(x-c)|=|m||x-c|$$

看起来，只要$m\neq 0$，$\delta=\varepsilon/|m|$就行得通.（注意m可以为正或负，所以我们得保留绝对值符号. 第0章有$|ab|=|a||b|$).

正式证明 任给$\varepsilon>0$，取$\delta=\varepsilon/|m|$，那么$0<|x-c|<\delta$推出

$$|(mx+b)-(mc+b)|=|mx-mc|=|m||x-c|<|m|\delta=\varepsilon$$

而当$m=0$时，δ可取任何值，因为

$$|(0x+b)-(0c+b)|=|0|=0$$

后者，对于所有x都小于ε.

例 5 证明，如果$c>0$，那么$\lim\limits_{x\to c}\sqrt{x}=\sqrt{c}$.

初步分析 观察图8，我们一定能找到δ，使得

$$0<|x-c|<\delta \Rightarrow |\sqrt{x}-\sqrt{c}|<\varepsilon$$

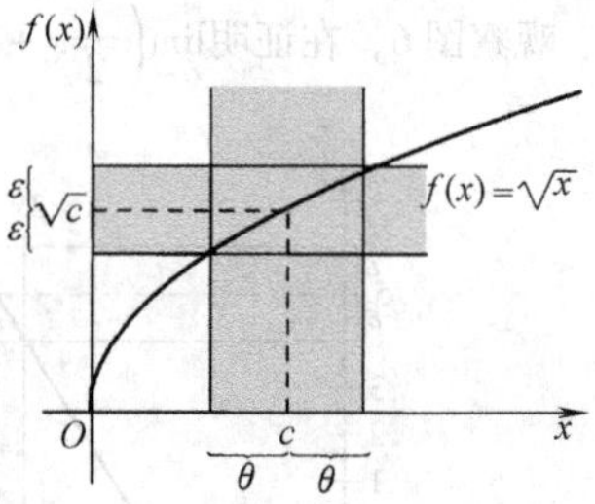

$\lim\limits_{x\to c}\sqrt{x}=\sqrt{c}$

图 8

现在

$$|\sqrt{x}-\sqrt{c}|=\left|\frac{(\sqrt{x}-\sqrt{c})(\sqrt{x}+\sqrt{c})}{\sqrt{x}+\sqrt{c}}\right|=\left|\frac{x-c}{\sqrt{x}+\sqrt{c}}\right|=\frac{|x-c|}{\sqrt{x}+\sqrt{c}}\leqslant\frac{|x-c|}{\sqrt{c}}$$

为了使最后小于ε，就要$|x-c|<\varepsilon\sqrt{c}$.

正式证明 任给$\varepsilon>0$，取$\delta=\varepsilon\sqrt{c}$，当$0<|x-c|<\delta$时，推出

$$|\sqrt{x}-\sqrt{c}|=\left|\frac{(\sqrt{x}-\sqrt{c})(\sqrt{x}+\sqrt{c})}{\sqrt{x}+\sqrt{c}}\right|=\left|\frac{x-c}{\sqrt{x}+\sqrt{c}}\right|=\frac{|x-c|}{\sqrt{x}+\sqrt{c}}\leqslant\frac{|x-c|}{\sqrt{c}}<\frac{\delta}{\sqrt{c}}=\varepsilon$$

这里有一个技巧. 我们从$c>0$考虑，但c有可能位于x轴上非常接近0的地方. 我们应该坚持要$\delta\leqslant c$. 因$|x-c|<\delta$推出$x>0$，从而$\sqrt{x}$有意义. 因此，为了绝对精确，选择c和$\varepsilon\sqrt{c}$中较小的一个来作δ.

注：例5的分析是用分子有理化转化的，这是微积分中常用的恒等变形技巧.

例 6 证明$\lim\limits_{x\to 3}(x^2+x-5)=7$.

初步分析 我们的任务是找出一个δ，使得

$$0<|x-3|<\delta \Rightarrow |(x^2+x-5)-7|<\varepsilon$$

现在

$$|(x^2+x-5)-7|=|x^2+x-12|=|x+4||x-3|$$

因子$|x-3|$可以任意的小，此时$|x+4|$大约是7，因此，我们需要为$|x+4|$找一个上界. 首先假如使$\delta\leqslant 1$，那么由$|x-3|<\delta$可推出

$$|x+4|=|x-3+7|\leqslant|x-3|+|7|<1+7=8$$

（图9所示为这个事实的一个演示）如果我们也要$\delta\leqslant\varepsilon/8$，乘积$|x+4||x-3|$会比$\varepsilon$小.

$|x-3|<1\Rightarrow 2<x<4$
$\Rightarrow 6<x+4<8$
$\Rightarrow |x+4|<8$

图 9

正式证明 任给$\varepsilon>0$，取$\delta=\min\{1,\varepsilon/8\}$，即选择1和$\varepsilon/8$中较小的一个作为$\delta$. 当$0<|x-3|<\delta$时，可以推出

$$|(x^2+x-5)-7|=|x^2+x-12|=|x+4||x-3|<8\times\frac{\varepsilon}{8}=\varepsilon$$

例 7 证明$\lim\limits_{x \to c} x^2 = c^2$.

证明 模仿例 6 来证明. 任给 $\varepsilon > 0$，取 $\delta = \min\{1, \varepsilon/(1+2|c|)\}$，那么 $0 < |x-c| < \delta$ 可推出

$$
\begin{aligned}
|x^2 - c^2| &= |x+c||x-c| = |x-c+2c||x-c| \\
&\leqslant (|x-c|+2|c|)|x-c| \qquad \text{(三角不等式)} \\
&< (1+2|c|)|x-c| < \frac{(1+2|c|)\varepsilon}{1+2|c|} = \varepsilon
\end{aligned}
$$

尽管本题证明具有不可不信的说服力，然而，我们并没有从头到尾地介绍如何找出 δ. 我们只写出证明，没有写出初步分析.

例 8 证明$\lim\limits_{x \to c} \dfrac{1}{x} = \dfrac{1}{c}$，$c \neq 0$

初步分析 观察图 10，找出 δ 使得

$$0 < |x-c| < \delta \Rightarrow \left|\frac{1}{x} - \frac{1}{c}\right| < \varepsilon$$

现在

$$\left|\frac{1}{x} - \frac{1}{c}\right| = \left|\frac{c-x}{xc}\right| = \frac{1}{|x|}\frac{1}{|c|}|x-c|$$

因子 $1/|x|$ 有点麻烦，尤其是当 x 接近于 0 时. 如果我们能够让 x 远离 0，就能使这个因子有界. 为实现这个目的，注意

$$|c| = |c-x+x| \leqslant |c-x| + |x|$$

因此，得到

$$|x| \geqslant |c| - |x-c|$$

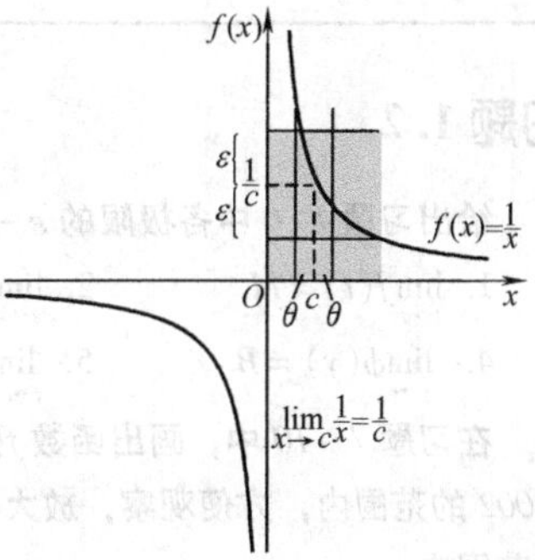

图 10

所以，如果我们选择 $\delta \leqslant |c|/2$，就可成功使得 $|x| \geqslant |c|/2$，如果要求 $\delta \leqslant \varepsilon c^2/2$. 得到

$$\frac{1}{|x|}\frac{1}{|c|}|x-c| < \frac{1}{|c|/2}\frac{1}{|c|}\frac{\varepsilon c^2}{2} = \varepsilon$$

正式证明 任给 $\varepsilon > 0$，取 $\delta = \min\{|c|/2, \varepsilon c^2/2\}$，则当 $0 < |x-c| < \delta$ 时，可推出

$$\left|\frac{1}{x} - \frac{1}{c}\right| = \left|\frac{c-x}{xc}\right| = \frac{1}{|x|}\frac{1}{|c|}|x-c| < \frac{1}{|c|/2}\frac{1}{|c|}\frac{\varepsilon c^2}{2} = \varepsilon$$

单侧极限 经过上面的分析，左右极限的 $\varepsilon-\delta$ 定义就变得简单了. 下面给出右极限的定义.

> **定义 右极限**
>
> 右极限$\lim\limits_{x \to c^+} f(x) = L$ 是指，任给 $\varepsilon > 0$，存在一个相应的 $\delta > 0$，使得
>
> $$0 < x - c < \delta \Rightarrow |f(x) - L| < \varepsilon$$

我们把左极限的 $\varepsilon-\delta$ 定义留给读者(见习题 5).

出现在本节中的 $\varepsilon-\delta$ 概念，可能是微积分教程中最难以理解和捉摸的话题. 需要一定的时间去消化这个概念，但它值得去努力. 微积分是以极限为基础的，所以，对极限概念有一个清晰的理解是很有价值的.

微积分的建立通常认为归功于艾萨克 · 牛顿(1642—1727)和莱布尼茨(1646—1716)两人，他们在 17 世纪末各自独立地完成了这一工作. 尽管牛顿、莱布尼茨以及他们的接任者，发现了微积分的一系列性质，而且人们也发现微积分在物理学上有着很多的应用，但是微积分的精确定义在 19 世纪才正式提出. 法国工程师和数学家奥古斯丁 · 路易斯 · 柯西(1789—1857)给出了这样一个定义："如果一个变量连续地取无限接近于一个固定的数值的值，以至于该变量的取值最终与这个不变值只相差一个任意小的数，这个不变值就被称为该变量的极限."即使柯西这位精确大师，在极限的定义上也有点含糊不清. 什么是"连续地取值"？"最终相差"又是什么意思？然而，正是"最终与这个不变值只相差一个任意小的数"这句话孕育

了极限的 $\varepsilon-\delta$ 定义，因为它第一次指出了可以令 $f(x)$ 与它的极限 L 之间的差值小于任何给定的数，这个数我们表示为 ε. 最早整理出与极限的 $\varepsilon-\delta$ 定义等价的精确定义的人是德国数学家卡尔·维尔斯特拉斯(1815—1897).

概念复习

1. 不等式 $|f(x)-L|<\varepsilon$ 等价于________ $<f(x)<$ ________.
2. $\lim\limits_{x\to a}f(x)=L$ 的准确含义是：任意给定一个正数 ε，存在一个相应的正数 δ，使得________推导出________.
3. 要确保 $|3x-3|<\varepsilon$ 成立，需要 $|x-1|<$ ________.
4. $\lim\limits_{x\to a}(mx+b)=$ __________.

习题 1.2

给出习题 1~6 中各极限的 $\varepsilon-\delta$ 定义.

1. $\lim\limits_{t\to a}f(t)=M$　　2. $\lim\limits_{u\to b}g(u)=L$　　3. $\lim\limits_{z\to d}h(z)=P$

4. $\lim\limits_{y\to e}\phi(y)=B$　　5. $\lim\limits_{x\to c^-}f(x)=L$　　6. $\lim\limits_{t\to a^+}g(t)=D$

在习题 7~10 中，画出函数 $f(x)$ 在区间[1.5, 2.5]上的图形. 为了确定 x 怎样接近 2，$f(x)$ 才落在 4 ± 0.002 的范围内，方便观察，放大每个函数的图形. 如果 x 落在 2 的________范围内，则 $f(x)$ 落在 4 ± 0.002 的范围内.

7. $f(x)=2x$　　8. $f(x)=x^2$　　9. $f(x)=\sqrt{8x}$　　10. $f(x)=\dfrac{8}{x}$

利用 $\varepsilon-\delta$ 定义证明习题 11~22 中各极限.

11. $\lim\limits_{x\to0}f(2x-1)=-1$　　12. $\lim\limits_{x\to-21}(3x-1)=-64$　　13. $\lim\limits_{x\to5}\dfrac{x^2-25}{x-5}=10$

14. $\lim\limits_{x\to0}\dfrac{2x^2-x}{x}=-1$　　15. $\lim\limits_{x\to5}\dfrac{2x^2-11x+5}{x-5}=9$　　16. $\lim\limits_{x\to1}\sqrt{2x}=\sqrt{2}$

17. $\lim\limits_{x\to4}\dfrac{\sqrt{2x-1}}{\sqrt{x-3}}=\sqrt{7}$　　18. $\lim\limits_{x\to1}\dfrac{14x^2-20x+6}{x-1}=8$　　19. $\lim\limits_{x\to1}\dfrac{10x^3-26x^2+22x-6}{(x-1)^2}=4$

20. $\lim\limits_{x\to1}(2x^2+1)=3$　　21. $\lim\limits_{x\to-1}(x^2-2x-1)=2$　　22. $\lim\limits_{x\to0}x^4=0$

23. 证明：如果 $\lim\limits_{x\to c}f(x)=L$ 和 $\lim\limits_{x\to c}f(x)=M$ 同时成立，则 $L=M$.

24. 使函数 F 和函数 G 满足：对所有接近于 c 但不等于 c 的 x，不等式 $0\leqslant F(x)\leqslant G(x)$ 都成立. 证明：如果 $\lim\limits_{x\to c}G(x)=0$ 成立，则 $\lim\limits_{x\to c}F(x)=0$ 也成立.

25. 证明：$\lim\limits_{x\to0}x^4\sin^2(1/x)=0$.（提示：利用习题 22 和习题 24 的结论）

26. 证明：$\lim\limits_{x\to0^+}\sqrt{x}=0$.

27. 考虑左右极限，证明：$\lim\limits_{x\to0}|x|=0$.

28. 证明：如果对于 $|x-a|<1$，$|f(x)|<B$ 成立，而且 $\lim\limits_{x\to a}g(x)=0$，则 $\lim\limits_{x\to a}f(x)g(x)=0$.

29. 假设 $\lim\limits_{x\to a}f(x)=L$ 且 $f(a)$ 存在（$f(a)$ 不一定等于 L）. 证明：f 在某个包含 a 的区间内有界，也就是说，存在区间 (c, d) $(c<a<d)$ 和常数 M，对于所有 $x\in(c, d)$，使得 $|f(x)|\leqslant M$ 都成立.

30. 证明：如果对于某个不包含 a 的区间内的所有 x 不等式 $f(x)\leqslant g(x)$ 成立，且 $\lim\limits_{x\to a}f(x)=L$ 和 $\lim\limits_{x\to a}g(x)=M$，则 $L\leqslant M$.

31. 下列哪个定义与极限定义等价？

(a) 对一些 $\varepsilon>0$ 和每个 $\delta>0$，都有 $0<|x-c|<\delta\Rightarrow|f(x)-L|<\varepsilon$.

(b) 对每个 $\delta>0$，总存在一个相应的 $\varepsilon>0$，使得 $0<|x-c|<\varepsilon\Rightarrow|f(x)-L|<\delta$.

(c) 对于每个正整数 N，存在相应的正整数 M，使得 $0<|x-c|<1/M\Rightarrow|f(x)-L|<1/N$.

(d) 对于每个 $\varepsilon>0$，总存在一个相应的 $\delta>0$，使得当 $0<|x-c|<\delta$ 时，对于某些 x 不等式 $|f(x)-L|<\varepsilon$ 成立.

32. 用 $\varepsilon-\delta$ 语言，陈述 $\lim\limits_{x\to c}f(x)\neq L$ 的含义.

GC 33. 假设想要对 $\lim\limits_{x\to 3}\dfrac{x+6}{x^4-4x^3+x^2+x+6}=-1$ 给出一个 $\varepsilon-\delta$ 证明，首先把 $\dfrac{x+6}{x^4-4x^3+x^2+x+6}+1$ 写成 $(x-3)g(x)$ 的形式.

(a) 求 $g(x)$ 的表达式.

(b) 对于某个 n，我们能不能选择 $\delta=\min(1,\ \varepsilon/n)$？请说明理由.

(c) 如果我们选择 $\delta=\min\left(\dfrac{1}{4},\ \varepsilon/m\right)$，则 m 的最小值是多少？

概念复习答案：

1. $L-\varepsilon,\ L+\varepsilon$　2. $0<|x-a|<\delta,\ |f(x)-L|<\varepsilon$　3. $\varepsilon/3$　4. $ma+b$

1.3　有关极限的定理

大部分读者都认为，利用前面提到的 $\varepsilon-\delta$ 定义来证明极限的存在和求极限的值是一件费时而且困难的事. 这也是本章的一些定理受欢迎的原因. 我们的第一个定理功能非常庞大. 利用它可以解决将要遇到的大部分问题.

定理 A　主要极限定理

令 n 为正整数，k 为常数，函数 f 和 g 在 c 处有极限，则有

1. $\lim\limits_{x\to c}k=k$；
2. $\lim\limits_{x\to c}x=c$；
3. $\lim\limits_{x\to c}kf(x)=k\lim\limits_{x\to c}f(x)$；
4. $\lim\limits_{x\to c}[f(x)+g(x)]=\lim\limits_{x\to c}f(x)+\lim\limits_{x\to c}g(x)$；
5. $\lim\limits_{x\to c}[f(x)-g(x)]=\lim\limits_{x\to c}f(x)-\lim\limits_{x\to c}g(x)$；
6. $\lim\limits_{x\to c}[f(x)\cdot g(x)]=\lim\limits_{x\to c}f(x)\cdot\lim\limits_{x\to c}g(x)$；
7. $\lim\limits_{x\to c}\dfrac{f(x)}{g(x)}=\dfrac{\lim\limits_{x\to c}f(x)}{\lim\limits_{x\to c}g(x)}$，若 $\lim\limits_{x\to c}g(x)\neq0$；
8. $\lim\limits_{x\to c}[f(x)]^n=[\lim\limits_{x\to c}f(x)]^n$；
9. $\lim\limits_{x\to c}\sqrt[n]{f(x)}=\sqrt[n]{\lim\limits_{x\to c}f(x)}$；若 n 为偶数，必须 $\lim\limits_{x\to c}f(x)>0$.

用文字来记忆可以使我们更好地记住这些重要的结论. 例如，第四个结论可以写成“和的极限等于极限的和”.

当然，定理 A 还需要进一步的证明. 证明放在本章的后面，首先来看一下它的应用.

单侧极限

尽管定理 A 表示的是双侧极限形式，但它对左极限和右极限仍然成立.

主要极限定理的应用 在以下几个例子中，箭头上的数字表示是前面列出的定理 A 中的第几个结论，该结论被用来证明对应的等式.

例 1 求极限$\lim\limits_{x\to3}2x^4$.

解 $\lim\limits_{x\to3}2x^4\overset{3}{\downarrow}{=}2\lim\limits_{x\to3}x^4\overset{8}{\downarrow}{=}2[\lim\limits_{x\to3}x]^4\overset{2}{\downarrow}{=}2[3]^4=162$

例 2 求极限$\lim\limits_{x\to4}(3x^2-2x)$.

解 $\lim\limits_{x\to4}(3x^2-2x)\overset{5}{\downarrow}{=}\lim\limits_{x\to4}3x^2-\lim\limits_{x\to4}2x\overset{3}{\downarrow}{=}3\lim\limits_{x\to4}x^2-2\lim\limits_{x\to4}x\overset{8}{\downarrow}{=}3(\lim\limits_{x\to4}x)^2-2\lim\limits_{x\to4}x\overset{2}{\downarrow}{=}3\times(4)^2-2\times(4)=40$

例 3 求极限$\lim\limits_{x\to4}\dfrac{\sqrt{x^2+9}}{x}$.

解 $\lim\limits_{x\to4}\dfrac{\sqrt{x^2+9}}{x}\overset{7}{\downarrow}{=}\dfrac{\lim\limits_{x\to4}\sqrt{x^2+9}}{\lim\limits_{x\to4}x}\overset{9,2}{\downarrow}{=}\dfrac{\sqrt{\lim\limits_{x\to4}(x^2+9)}}{4}\overset{4}{\downarrow}{=}\dfrac{1}{4}\sqrt{\lim\limits_{x\to4}x^2+\lim\limits_{x\to4}9}\overset{8,1}{\downarrow}{=}\dfrac{1}{4}\sqrt{[\lim\limits_{x\to4}x]^2+9}\overset{2}{\downarrow}{=}\dfrac{1}{4}\sqrt{4^2+9}=\dfrac{5}{4}$

例 4 如果$\lim\limits_{x\to3}f(x)=4$且$\lim\limits_{x\to3}g(x)=8$，求极限$\lim\limits_{x\to3}[f^2(x)\sqrt[3]{g(x)}]$.

解 $\lim\limits_{x\to3}[f^2(x)\sqrt[3]{g(x)}]\overset{6}{\downarrow}{=}\lim\limits_{x\to3}f^2(x)\cdot\lim\limits_{x\to3}\sqrt[3]{g(x)}\overset{8,9}{\downarrow}{=}[\lim\limits_{x\to3}f(x)]^2\cdot\sqrt[3]{\lim\limits_{x\to3}g(x)}=[4]^2\times\sqrt[3]{8}=32$

回忆多项式函数 f 的形式

$$f(x)=a_nx^n+a_{n-1}x^{n-1}+\cdots+a_1x+a_0$$

而一个有理函数 f 则是两个多项式函数的商，即

$$f(x)=\frac{a_nx^n+a_{n-1}x^{n-1}+\cdots+a_1x+a_0}{b_mx^m+b_{m-1}x^{m-1}+\cdots+b_1x+b_0}$$

定理 B 代换定理

如果 f 是一个多项式函数或者一个有理函数，则

$$\lim_{x\to c}f(x)=f(c)$$

如果 $f(c)$ 有定义. 在 $f(x)$ 为有理函数的情况下，分母在 c 处的值不为零.

定理 B 的证明来自于定理 A 的重复运用. 注意到应用定理 B，我们只要把全部的 x 都替换成 c，就可以找出多项式函数和有理函数的极限(有理函数的分母不为零).

用代换计算一个极限

如果我们用代换定理计算一个极限，我们称极限代换，并不是所有极限都可以通过代换来计算，考虑$\lim\limits_{x\to1}\dfrac{x^2-1}{x-1}$，代换定理不能在这里使用，因为 $x=1$ 时，分母为零，但极限确实存在.

例 5 求极限$\lim\limits_{x\to2}\dfrac{7x^5-10x^4-13x+6}{3x^2-6x-8}$.

解 $\lim\limits_{x\to2}\dfrac{7x^5-10x^4-13x+6}{3x^2-6x-8}=\dfrac{7\times2^5-10\times2^4-13\times2+6}{3\times2^2-6\times2-8}=-\dfrac{11}{2}$

例 6 求极限$\lim\limits_{x\to1}\dfrac{x^3+3x+7}{x^2-2x+1}=\lim\limits_{x\to1}\dfrac{x^3+3x+7}{(x-1)^2}$.

解 在这里无法应用定理 B 以及定理 A 中的第七个结论，因为分母的极限为 0. 然而，由于分子的极限为 11，当 x 趋近于 1 时，实际上是在用一个趋近于 0 的正数除一个趋近于 11 的数. 结果将会是一个非常大的正数. 事实上，只要令 x 足够接近 1，就可以使结果变得任意大. 我们称这个极限不存在.（在后面的一些章节，我们将把这个极限称为 $+\infty$）

在很多情形下，由于分母为零，定理 B 不能使用. 在这种情形下，函数经常可以简化，例如，经过因式分解，我们可以得到下面例子

$$\frac{x^2+3x-10}{x^2+x-6}=\frac{(x-2)(x+5)}{(x-2)(x+3)}=\frac{x+5}{x+3}$$

最后一步必须小心，分式 $\frac{x+5}{x+3}$ 只有在 $x\neq 2$ 时才等于左边的式子. 在 $x=2$ 时，左边的表达式没有意义(因为分母为零)，然而右边的表达式等于 $\frac{2+5}{2+3}=7/5$，这就导致这样一个问题，两个极限 $\lim\limits_{x\to 2}\frac{x^2+3x-10}{x^2+x-6}$，$\lim\limits_{x\to 2}\frac{x+5}{x+3}$ 是否相等，其答案包含在下面定理中.

> **定理 C**
>
> 如果在包含 c 的开区间内，除了在 c 点外，$f(x)=g(x)$ 对所有 x 都成立，并且 $\lim\limits_{x\to c}g(x)$ 存在，那么 $\lim\limits_{x\to c}f(x)$ 存在，并且 $\lim\limits_{x\to c}f(x)=\lim\limits_{x\to c}g(x)$.

例 7 求 $\lim\limits_{x\to 1}\frac{x-1}{\sqrt{x}-1}$

解 $\lim\limits_{x\to 1}\frac{x-1}{\sqrt{x}-1}=\lim\limits_{x\to 1}\frac{(\sqrt{x}-1)(\sqrt{x}+1)}{\sqrt{x}-1}=\lim\limits_{x\to 1}(\sqrt{x}+1)=\sqrt{1}+1=2$

例 8 求 $\lim\limits_{x\to 2}\frac{x^3+3x-10}{x^2+x-6}$

由于 $x=2$ 时分母为零，定理 B 在这里不适用. 把 $x=2$ 代入分子时也得到零，分式在 $x=2$ 时变成没有意义的 0/0，遇到这种情形我们应该先化简.

解 $\lim\limits_{x\to 2}\frac{x^2+3x-10}{x^2+x-6}=\lim\limits_{x\to 2}\frac{(x-2)(x+5)}{(x-2)(x+3)}=\lim\limits_{x\to 2}\frac{x+5}{x+3}=\frac{7}{5}$

第二个表达式可由定理 C 得到，因为 $x\neq 2$ 时，有

$$\frac{(x-2)(x+5)}{(x-2)(x+3)}=\frac{(x+5)}{(x+3)}$$

只要可以利用定理 C，也可以使用代换定理(例如应用定理 B)。

> **如何选择?**
>
> 一年级的微积分课程究竟应该证明多少定理，关于这个问题，数学教师长期存在严重分歧，请注意下面几方面的问题：
>
> 逻辑和直观；
>
> 证明和扩展；
>
> 定理和应用.
>
> 很久以前，一个伟大的科学家(达・芬奇)给出明智的建议：
>
> "一个喜欢实践，缺乏理论的人像轮船上一个没有舵和罗盘的水手，他不可能知道航行的方向."

定理 A 的证明(选讲)

当我们说证明定理A的某些结论非常复杂时，不应感到过分惊讶．正因为如此，这里只给出前五个结论的证明，而把其余的证明放在附录里(附录A.2，定理A)．根据自己的掌握情况，可以试着做一下后面的习题35和习题36.

结论1和结论2的证明 这些结论来自于$\lim\limits_{x\to c}(mx+b)=mc+b$，首先令$m=0$，然后令$m=1$，$b=0$(参考1.2节例4).

结论3的证明 如果$k=0$，结果是显然的，因此假设$k\neq0$. 任给$\varepsilon>0$，假设$\lim\limits_{x\to c}f(x)$存在且它的值为L. 根据极限的定义，存在一个正数δ使得

$$0<|x-c|<\delta\Rightarrow|f(x)-L|<\frac{\varepsilon}{|k|}$$

肯定会有人不同意我们将$\varepsilon/|k|$(而不是ε)放在不等式末尾的做法．难道$\varepsilon/|k|$就不是一个正数？答案是肯定的．难道极限的定义不要求，对于任何正数ε，都存在一个相应的数δ吗？当然要求．

现在，这样确定的δ(需要经过一些初步的分析后确定，在这里我们不详细介绍)，我们断定$0<|x-c|<\delta$可推导出

$$|kf(x)-kL|=|k||f(x)-L|<|k|\frac{\varepsilon}{|k|}=\varepsilon$$

因此

$$\lim_{x\to c}kf(x)=kL=k\lim_{x\to c}f(x)$$

结论4的证明 参考图1，令$\lim\limits_{x\to c}f(x)=L$，$\lim\limits_{x\to c}g(x)=M$. 如果$\varepsilon$是任意一个给定的正数，则$\varepsilon/2$也是正数．由于$\lim\limits_{x\to c}f(x)=L$，则存在一个正数$\delta_1$使得

$$0<|x-c|<\delta_1\Rightarrow|f(x)-L|<\frac{\varepsilon}{2}$$

同样地，由于$\lim\limits_{x\to c}g(x)=M$，存在另一个正数$\delta_2$使得

$$0<|x-c|<\delta_2\Rightarrow|g(x)-M|<\frac{\varepsilon}{2}$$

取$\delta=\min\{\delta_1,\ \delta_2\}$；即取$\delta$等于$\delta_1$和$\delta_2$中最小的一个．那么$0<|x-c|<\delta$使得

$$\begin{aligned}|f(x)+g(x)-(L+M)|&=|[f(x)-L]+[g(x)-M]|\\&\leqslant|f(x)-L|+|g(x)-M|\\&<\frac{\varepsilon}{2}+\frac{\varepsilon}{2}=\varepsilon\end{aligned}$$

在这条不等式链里，第一个不等式是三角不等式(1.2节)；第二个不等式取决于δ的选择．刚刚证明了

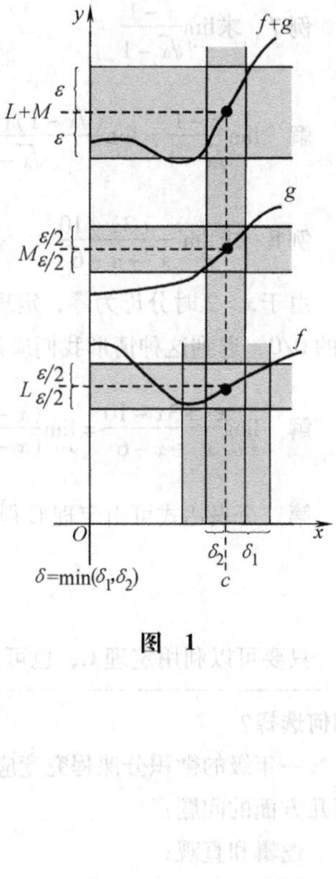

图 1

$$0<|x-c|<\delta\Rightarrow|f(x)+g(x)-(L+M)|<\varepsilon$$

因而

$$\lim_{x\to c}[f(x)+g(x)]=L+M=\lim_{x\to c}f(x)+\lim_{x\to c}g(x)$$

结论5的证明

$$\begin{aligned}\lim_{x\to c}[f(x)-g(x)]&=\lim_{x\to c}[f(x)+(-1)g(x)]\\&=\lim_{x\to c}f(x)+\lim_{x\to c}(-1)g(x)\\&=\lim_{x\to c}f(x)+(-1)\lim_{x\to c}g(x)\\&=\lim_{x\to c}f(x)-\lim_{x\to c}g(x)\end{aligned}$$

夹逼定理 有句英文“I was caught between a rock and a hard place”，意为“我现在进退两难．”而这正是

下面这个定理中 g 的处境(图2).

定理 D　夹逼定理

对于所有趋近于 c 的 x(除 $x=c$ 外)，令函数 f, g 和 h 都满足 $f(x)\leqslant g(x)\leqslant h(x)$. 如果 $\lim\limits_{x\to c}f(x)=\lim\limits_{x\to c}h(x)=L$, 那么 $\lim\limits_{x\to c}g(x)=L$.

证明(选讲)　任给 $\varepsilon>0$. 选择一个 δ_1 使得

$$0<|x-c|<\delta_1\Rightarrow L-\varepsilon<f(x)<L+\varepsilon$$

选择一个 δ_2 使得

$$0<|x-c|<\delta_2\Rightarrow L-\varepsilon<h(x)<L+\varepsilon$$

选择一个 δ_3 使得

$$0<|x-c|<\delta_3\Rightarrow f(x)\leqslant g(x)\leqslant h(x)$$

令 $\delta=\min\{\delta_1,\ \delta_2,\ \delta_3\}$，那么

$$0<|x-c|<\delta\Rightarrow L-\varepsilon<f(x)\leqslant g(x)\leqslant h(x)<L+\varepsilon$$

则断定 $\lim\limits_{x\to c}g(x)=L$.

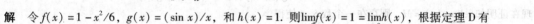

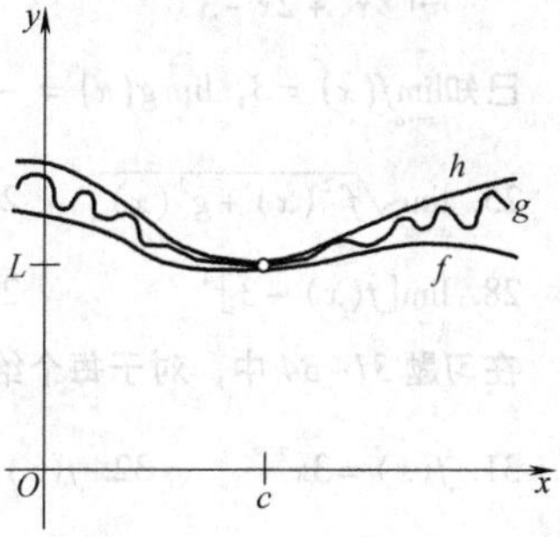

图　2

例 9　假设我们已经证明，对于所有趋近于 c 但不等于 c 的 x，都有 $1-x^2/6\leqslant(\sin x)/x\leqslant 1$. 可以得出关于 $\lim\limits_{x\to 0}\frac{\sin x}{x}$ 的什么结论？

解　令 $f(x)=1-x^2/6$, $g(x)=(\sin x)/x$, 和 $h(x)=1$. 则 $\lim\limits_{x\to 0}f(x)=1=\lim\limits_{x\to 0}h(x)$，根据定理 D 有

$$\lim_{x\to 0}\frac{\sin x}{x}=1$$

概念复习

1. 如果 $\lim\limits_{x\to 3}f(x)=4$，则 $\lim\limits_{x\to 3}(x^2+3)f(x)=$________.

2. 如果 $\lim\limits_{x\to 2}g(x)=-2$，则 $\lim\limits_{x\to 2}\sqrt{g^2(x)+12}=$________.

3. 如果 $\lim\limits_{x\to c}f(x)=4$，$\lim\limits_{x\to c}g(x)=-2$，则 $\lim\limits_{x\to c}\frac{f^2(x)}{g(x)}=$________，$\lim\limits_{x\to c}[g(x)\sqrt{f(x)}+5x]=$________.

4. 如果 $\lim\limits_{x\to c}f(x)=L$，$\lim\limits_{x\to c}g(x)=L$，则 $\lim\limits_{x\to c}[f(x)-L]g(x)=$________.

习题 1.3

应用定理 A，计算习题 *1~12* 的极限值．像例 *1~4*，给出每一步所用的结论，以表明正确性．

1. $\lim\limits_{x\to 1}(2x+1)$　2. $\lim\limits_{x\to -1}(3x^2-1)$　3. $\lim\limits_{x\to 0}[(2x+1)(x-3)]$

4. $\lim\limits_{x\to\sqrt{2}}[(2x^2+1)(7x^2+13)]$　5. $\lim\limits_{x\to 2}\frac{2x+1}{5-3x}$　6. $\lim\limits_{x\to -3}\frac{4x^3+1}{7-2x^2}$

7. $\lim\limits_{x\to 3}\sqrt{3x-5}$　8. $\lim\limits_{x\to -3}\sqrt{5x^2+2x}$　9. $\lim\limits_{t\to -2}(2t^3+15)^{13}$

10. $\lim\limits_{w\to -2}\sqrt{-3w^3+7w^2}$　11. $\lim\limits_{y\to 2}\left(\frac{4y^3+8y}{y+4}\right)^{1/3}$　12. $\lim\limits_{w\to 5}(2w^4-9w^3+19)^{-1/2}$

计算习题 *13~24* 的极限值，或者证明它们是不存在的．在很多情况下，需要先进行一些代数运算．

13. $\lim\limits_{x\to 2}\frac{x^2-4}{x^2+4}$　14. $\lim\limits_{x\to 2}\frac{x^2-5x+6}{x-2}$　15. $\lim\limits_{x\to -1}\frac{x^2-2x-3}{x+1}$

16. $\lim\limits_{x\to -1}\frac{x^2+x}{x^2+1}$ 17. $\lim\limits_{x\to -1}\frac{x^3-6x^2+11x-6}{x^3+4x^2-19x+14}$ 18. $\lim\limits_{x\to 2}\frac{x^2+7x+10}{x+2}$

19. $\lim\limits_{x\to 1}\frac{x^2+x-2}{x^2-1}$ 20. $\lim\limits_{x\to -3}\frac{x^2-14x-51}{x^2-4x-21}$ 21. $\lim\limits_{u\to -2}\frac{u^2-ux+2u-2x}{u^2-u-6}$

22. $\lim\limits_{x\to 1}\frac{x^2+ux-x-u}{x^2+2x-3}$ 23. $\lim\limits_{x\to \pi}\frac{2x^2-6x\pi+4\pi^2}{x^2-\pi^2}$ 24. $\lim\limits_{w\to -2}\frac{(w+2)(w^2-w-6)}{w^2+4w+4}$

已知$\lim\limits_{x\to a}f(x)=3$，$\lim\limits_{x\to a}g(x)=-1$，计算习题25~30的极限值.

25. $\lim\limits_{x\to a}\sqrt{f^2(x)+g^2(x)}$ 26. $\lim\limits_{x\to a}\frac{2f(x)-3g(x)}{f(x)+g(x)}$ 27. $\lim\limits_{x\to a}\sqrt[3]{g(x)}[f(x)+3]$

28. $\lim\limits_{x\to a}[f(x)-3]^4$ 29. $\lim\limits_{t\to a}[|f(t)|+|3g(t)|]$ 30. $\lim\limits_{u\to a}[f(u)+3g(u)]^3$

在习题31~34中，对于每个给定的函数f，计算极限$\lim\limits_{x\to 2}[f(x)-f(2)]/(x-2)$.

31. $f(x)=3x^2$ 32. $f(x)=3x^2+2x+1$ 33. $f(x)=\frac{1}{x}$ 34. $f(x)=\frac{3}{x^2}$

35. 证明定理A中的结论6. 提示：

$$\begin{aligned}|f(x)g(x)-LM|&=|f(x)g(x)-Lg(x)+Lg(x)-LM|\\&=|g(x)[f(x)-L]+L[g(x)-M]|\\&\leqslant|g(x)||f(x)-L|+|L||g(x)-M|\end{aligned}$$

现在证明如果$\lim\limits_{x\to c}g(x)=M$，则存在一个数$\delta_1$，使得

$$0<|x-c|<\delta_1\Rightarrow|g(x)|<|M|+1$$

36. 证明定理A中的结论7. 提示：先给出$\lim\limits_{x\to c}[1/g(x)]=1/[\lim\limits_{x\to c}g(x)]$的$\varepsilon-\delta$证明，然后应用结论6.

37. 证明$\lim\limits_{x\to c}f(x)=L\Leftrightarrow\lim\limits_{x\to c}[f(x)-L]=0$.

38. 证明$\lim\limits_{x\to c}f(x)=0\Leftrightarrow\lim\limits_{x\to c}|f(x)|=0$.

39. 证明$\lim\limits_{x\to c}|x|=|c|$.

40. 举例说明，如果

(a) $\lim\limits_{x\to c}[f(x)+g(x)]$存在，这不能说明$\lim\limits_{x\to c}f(x)$或者$\lim\limits_{x\to c}g(x)$存在.

(b) $\lim\limits_{x\to c}[f(x)\cdot g(x)]$存在，这不能说明$\lim\limits_{x\to c}f(x)$或者$\lim\limits_{x\to c}g(x)$存在.

在习题41~48中，计算左极限和右极限，或者说明它们是不存在的.

41. $\lim\limits_{x\to -3^+}\frac{\sqrt{3+x}}{x}$ 42. $\lim\limits_{x\to -\pi^+}\frac{\sqrt{\pi^3+x^3}}{x}$ 43. $\lim\limits_{x\to 3^+}\frac{x-3}{\sqrt{x^2-9}}$

44. $\lim\limits_{x\to 1^-}\frac{\sqrt{1+x}}{4+4x}$ 45. $\lim\limits_{x\to 2^+}\frac{(x^2+1)[x]}{(3x-1)^2}$ 46. $\lim\limits_{x\to 3^-}(x-[x])$

47. $\lim\limits_{x\to 0^-}\frac{x}{|x|}$ 48. $\lim\limits_{x\to 3^+}[x^2+2x]$

49. 假设对于所有x，都有$f(x)g(x)=1$，且$\lim\limits_{x\to a}g(x)=0$. 证明$\lim\limits_{x\to a}f(x)$不存在.

50. 令矩形R各顶点落在四边形Q的四条边的中点上，Q的四个顶点分别是$(\pm x,0)$和$(0,\pm 1)$，计算

$$\lim_{x\to 0^+}\frac{R\text{的周长}}{Q\text{的周长}}$$

51. 令$y=\sqrt{x}$，考虑点$M(1,0)$、$N(0,1)$、$O(0,0)$和曲线$y=\sqrt{x}$上的点$P(x,y)$，计算

(a) $\lim\limits_{x\to 0^+}\frac{\triangle NOP\text{周长}}{\triangle MOP\text{周长}}$； (b) $\lim\limits_{x\to 0^+}\frac{\triangle NOP\text{面积}}{\triangle MOP\text{面积}}$.

概念复习答案：

1\. 48　　2. 4　　3. -8，$-4+5c$　　4. 0

1.4 含有三角函数的极限

根据上一节的定理B，多项式函数的极限可以通过替换来计算，而有理函数的极限，只要分母不等于零，也可以通过替换计算出来．替换法则同样可以应用到计算三角函数的极限上．结果如下：

定理A　三角函数的极限

对于函数定义域内的每个实数 c

1\. $\lim_{t\to c}\sin t=\sin c$　　2. $\lim_{t\to c}\cos t=\cos c$

3\. $\lim_{t\to c}\tan t=\tan c$　　4. $\lim_{t\to c}\cot t=\cot c$

5\. $\lim_{t\to c}\sec t=\sec c$　　6. $\lim_{t\to c}\csc t=\csc c$

结论1的证明　首先考虑特殊情况 $c=0$. 假设 $t>0$，点 A，B 和 P 在图1中已定义，则

$$0<|BP|<|AP|<\text{弧长 }AP$$

然而 $|BP|=\sin t$，弧长 $AP=t$，所以

$$0<\sin t<t$$

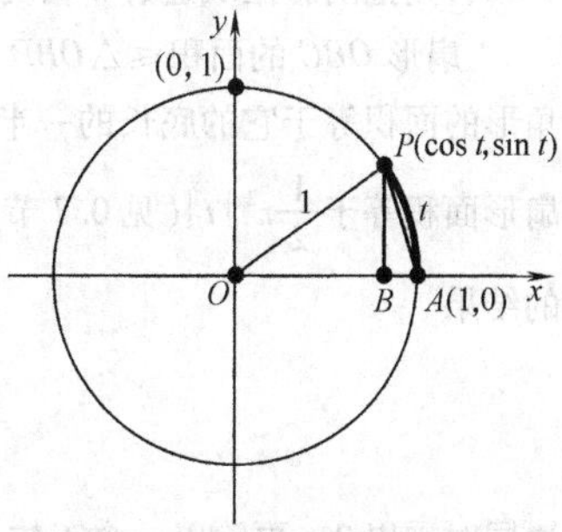

图 1

如果 $t<0$，则 $t<\sin t<0$. 因此，我们可以应用夹逼定理（定理1.3D），从而推出 $\lim_{t\to 0}\sin t=0$.

另外，还需要证明 $\lim_{t\to 0}\cos t=1$，这可以通过运用三角恒等变形和定理1.3A得到．

$$\lim_{t\to 0}\cos t=\lim_{t\to 0}\sqrt{1-\sin^2 t}=\sqrt{1-(\lim_{t\to 0}\sin t)^2}=\sqrt{1-0^2}=1$$

为了证明 $\lim_{t\to c}\sin t=\sin c$，首先令 $h=t-c$，则当 $h\to 0$ 时，$t\to c$. 则

$$\begin{aligned}\lim_{t\to c}\sin t&=\lim_{h\to 0}\sin(c+h)=\lim_{h\to 0}(\sin c\cos h+\cos c\sin h)\\&=(\sin c)(\lim_{h\to 0}\cos h)+(\cos c)(\lim_{h\to 0}\sin h)\\&=\sin c\times 1+\cos c\times 0=\sin c\end{aligned}$$

结论2的证明　使用另一个恒等变形和定理1.3A. 如果 $\cos c>0$，则当 t 趋近于 c 时，有 $\cos t=\sqrt{1-\sin^2 t}$. 因此

$$\lim_{t\to c}\cos t=\lim_{t\to c}\sqrt{1-\sin^2 t}=\sqrt{1-(\lim_{t\to c}\sin t)^2}=\sqrt{1-\sin^2 c}=\cos c$$

另一方面，如果 $\cos c<0$，则当 t 趋近于 c，有 $\cos t=-\sqrt{1-\sin^2 t}$. 在这种情况下

$$\begin{aligned}\lim_{t\to c}\cos t&=\lim_{t\to c}(-\sqrt{1-\sin^2 t})=-\sqrt{1-(\lim_{t\to c}\sin t)^2}=-\sqrt{1-\sin^2 c}\\&=-\sqrt{\cos^2 c}=-|\cos c|=\cos c\end{aligned}$$

在 $c=0$ 的情况，结论1的证明中已经证明过．

其他结论的证明留作课后的练习（见习题21、22）．定理A可以和定理1.3A一起，用来计算其他的极限．

例1　计算 $\lim_{t\to 0}\dfrac{t^2\cos t}{t+1}$.

解 $\lim\limits_{t\to0}\dfrac{t^2\cos t}{t+1}=\left(\lim\limits_{t\to0}\dfrac{t^2}{t+1}\right)(\lim\limits_{t\to0}\cos t)=0\times1=0$

两个不能用替换的方法来解决的重要极限是：

$$\lim_{t\to0}\frac{\sin t}{t}\ \text{和}\ \lim_{t\to0}\frac{1-\cos t}{t}$$

在1.1节中我们遇到过第一个极限，并推测它的极限值为1. 现在我们来证明它的值的确为1.

> **定理 B 特殊三角函数的极限**
>
> 1. $\lim\limits_{t\to0}\dfrac{\sin t}{t}=1$ 2. $\lim\limits_{t\to0}\dfrac{1-\cos t}{t}=0$

结论1的证明 在本节定理A的证明中，我们已经证明了

$$\lim_{t\to0}\cos t=1\ \text{和}\ \lim_{t\to0}\sin t=0.$$

对于 $-\pi/2\leqslant t\leqslant\pi/2$，$t\neq0$（切记，在 $t=0$ 时会发生什么情况，对我们的证明并没有影响），画出垂直线段 BP 和圆弧 BC（图2）.（如果 $t<0$，则把阴影区域通过 x 轴反射成要讨论的区域）. 显然，

扇形 OBC 的面积 $\leqslant\triangle OBP$ 的面积 $\leqslant$ 扇形 OAP 的面积

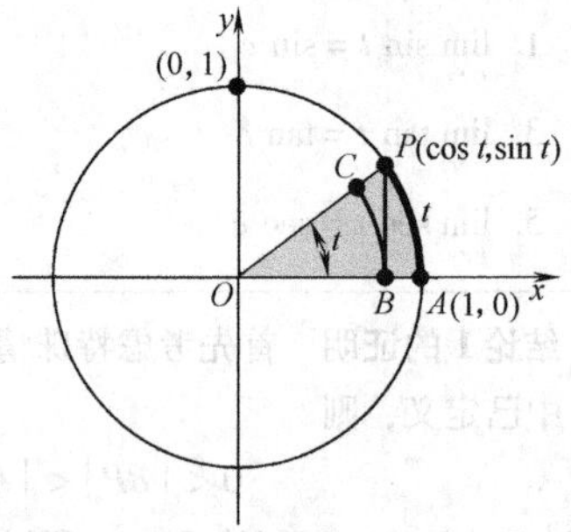

图 2

三角形的面积等于它的底长的一半乘以高，而圆心角为 t，半径为 r 的扇形面积等于 $\frac{1}{2}r^2|t|$（见0.7节的习题42）. 由此可以得出三个区域的结果

$$\frac{1}{2}(\cos t)^2|t|\leqslant\frac{1}{2}\cos t|\sin t|\leqslant\frac{1}{2}1^2|t|$$

两边同时乘以2，再除以一个正数 $|t|\cos t$，得到

$$\cos t\leqslant\frac{|\sin t|}{|t|}\leqslant\frac{1}{\cos t}$$

由于在 $-\pi/2\leqslant t\leqslant\pi/2$，$t\neq0$ 上，$(\sin t)/t$ 恒为正数，则 $|\sin t|/|t|=(\sin t)/t$. 因此

$$\cos t\leqslant\frac{\sin t}{t}\leqslant\frac{1}{\cos t}$$

因为要求中间函数的极限值，而我们已经知道了外侧两个函数的极限值，应用夹逼定理，得到

$$\lim_{t\to0}\frac{\sin t}{t}=1$$

结论2的证明 第二个极限可以由第一个极限轻易地得到．只要分子分母都乘以 $(1+\cos t)$，得到

$$\begin{aligned}\lim_{t\to0}\frac{1-\cos t}{t}&=\lim_{t\to0}\frac{1-\cos t}{t}\cdot\frac{1+\cos t}{1+\cos t}=\lim_{t\to0}\frac{1-\cos^2 t}{t(1+\cos t)}\\&=\lim_{t\to0}\frac{\sin^2 t}{t(1+\cos t)}\\&=\left(\lim_{t\to0}\frac{\sin t}{t}\right)\frac{\lim\limits_{t\to0}\sin t}{\lim\limits_{t\to0}(1+\cos t)}=1\times\frac{0}{2}=0\end{aligned}$$

在第2章中将应用这两个结论．现在，我们可以利用它们来计算其他极限．

例2 计算下列各极限．

(a) $\lim\limits_{x\to0}\dfrac{\sin 3x}{x}$　　(b) $\lim\limits_{t\to0}\dfrac{1-\cos t}{\sin t}$　　(c) $\lim\limits_{x\to0}\dfrac{\sin 4x}{\tan x}$

解　(a) $\lim\limits_{x\to0}\dfrac{\sin 3x}{x}=\lim\limits_{x\to0}3\,\dfrac{\sin 3x}{3x}=3\lim\limits_{x\to0}\dfrac{\sin 3x}{3x}$

这里正弦函数的自变量是 $3x$，并不是如定理 B 所要求的 x. 令 $y=3x$，则 $y\to0$ 当且仅当 $x\to0$ 时，所以

$$\lim_{x\to0}\frac{\sin 3x}{3x}=\lim_{y\to0}\frac{\sin y}{y}=1$$

因此

$$\lim_{x\to0}\frac{\sin 3x}{x}=3\lim_{x\to0}\frac{\sin 3x}{3x}=3$$

(b) $$\lim_{t\to0}\frac{1-\cos t}{\sin t}=\lim_{t\to0}\frac{\dfrac{1-\cos t}{t}}{\dfrac{\sin t}{t}}=\frac{\lim\limits_{t\to0}\dfrac{1-\cos t}{t}}{\lim\limits_{t\to0}\dfrac{\sin t}{t}}=\frac{0}{1}=0$$

(c) $$\lim_{x\to0}\frac{\sin 4x}{\tan x}=\lim_{x\to0}\frac{\dfrac{4\sin 4x}{4x}}{\dfrac{\sin x}{x\cos x}}=\frac{4\lim\limits_{x\to0}\dfrac{\sin 4x}{4x}}{\left(\lim\limits_{x\to0}\dfrac{\sin x}{x}\right)\left(\lim\limits_{x\to0}\dfrac{1}{\cos x}\right)}=\frac{4}{1\times1}=4$$

例 3　画出 $u(x)=|x|$，$l(x)=-|x|$和$f(x)=x\cos(1/x)$的图形．用图形和夹逼定理(1.3 节定理 D)来确定$\lim\limits_{x\to0}f(x)$.

解　注意到 $\cos(1/x)$ 的值域是$[-1,1]$，且 $f(x)=x\cos(1/x)$. 于是如果 x 是正数，$x\cos(1/x)$ 总是落在$[-x,x]$上；当 x 是负数时，则落在$[x,-x]$上．换句话说，就是 $y=x\cos(1/x)$ 的图形在 $y=|x|$与 $y=-|x|$之间，如图 3 所示．我们知道$\lim\limits_{x\to0}|x|=\lim\limits_{x\to0}(-|x|)=0$(参考 1.2 节的习题 27)．既然 $y=f(x)=x\cos(1/x)$的图形被夹逼在 $u(x)=|x|$与 $l(x)=-|x|$的图形中，且这两个函数当 $x\to0$ 时都趋于 0，用夹逼定理就可以得到$\lim\limits_{x\to0}f(x)=0$.

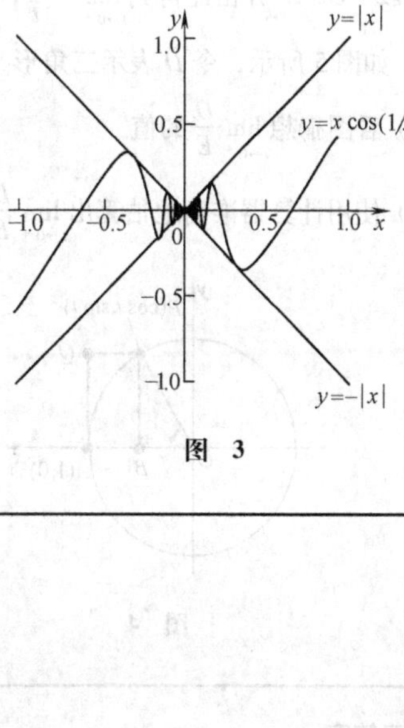

图　3

概念复习

1. $\lim\limits_{t\to0}\sin t=$________.
2. $\lim\limits_{t\to\pi/4}\tan t=$________.
3. 极限$\lim\limits_{t\to0}\dfrac{\sin t}{t}$不能通过替换来计算，因为__________.
4. $\lim\limits_{t\to0}\dfrac{\sin t}{t}=$________.

习题 1.4

计算习题 1~14 中各极限值．

1. $\lim\limits_{x\to0}\dfrac{\cos x}{x+1}$　　2. $\lim\limits_{\theta\to\pi/2}\theta\cos\theta$　　3. $\lim\limits_{t\to0}\dfrac{\cos^2 t}{1+\sin t}$

4. $\lim\limits_{x\to0}\dfrac{3x\tan x}{\sin x}$　　5. $\lim\limits_{x\to0}\dfrac{\sin x}{2x}$　　6. $\lim\limits_{\theta\to0}\dfrac{\sin 3\theta}{2\theta}$

7. $\lim\limits_{\theta\to0}\dfrac{\sin 3\theta}{\tan\theta}$　　8. $\lim\limits_{\theta\to0}\dfrac{\tan 5\theta}{\sin 2\theta}$　　9. $\lim\limits_{\theta\to0}\dfrac{\cot(\pi\theta)\sin\theta}{2\sec\theta}$

10. $\lim_{t\to0}\frac{\sin^2 3t}{2t}$　　11. $\lim_{t\to0}\frac{\tan^2 3t}{2t}$　　12. $\lim_{t\to0}\frac{\tan 2t}{\sin 2t-1}$

13. $\lim_{t\to0}\frac{\sin 3t+4t}{t\sec t}$　　14. $\lim_{\theta\to0}\frac{\sin^2\theta}{\theta^2}$

在习题 15~19 中，画出函数 $u(x)$、$l(x)$ 及 $f(x)$ 的图形．然后用图形和夹逼定理确定极限 $\lim_{x\to0}f(x)$．

15. $u(x)=|x|$，$l(x)=-|x|$，$f(x)=x\sin(1/x)$

16. $u(x)=|x|$，$l(x)=-|x|$，$f(x)=x\sin(1/x^2)$

17. $u(x)=|x|$，$l(x)=-|x|$，$f(x)=(1-\cos^2x)/x$

18. $u(x)=1$，$l(x)=1-x^2$，$f(x)=\cos^2x$

19. $u(x)=2$，$l(x)=2-x^2$，$f(x)=1+\frac{\sin x}{x}$

20. 用类似 $\lim_{t\to c}\sin t=\sin c$ 的证明方法，证明 $\lim_{t\to c}\cos t=\cos c$.

21. 应用定理 1.3A 证明定理 A 的结论 3 和结论 4.

22. 应用定理 1.3A 证明定理 A 的结论 5 和结论 6.

23. 如图 4 所示，从△OBP 的面积≤扇形 OAP 的面积≤△OBP 的面积＋矩形 $ABPQ$ 的面积，证明：$\cos t\leqslant\frac{t}{\sin t}\leqslant 2-\cos t$. 并由此得到 $\lim_{t\to0^+}\frac{(\sin t)}{t}=1$.

24. 如图 5 所示，令 D 表示三角形 ABP 的面积，E 表示阴影区域的面积．

(a) 看图猜想 $\lim_{t\to0^+}\frac{D}{E}$ 的值　　(b) 求出 D/E 关于 t 的表达式．

C (c) 使用计算器准确地估算出 $\lim_{t\to0^+}\frac{D}{E}$ 的值．

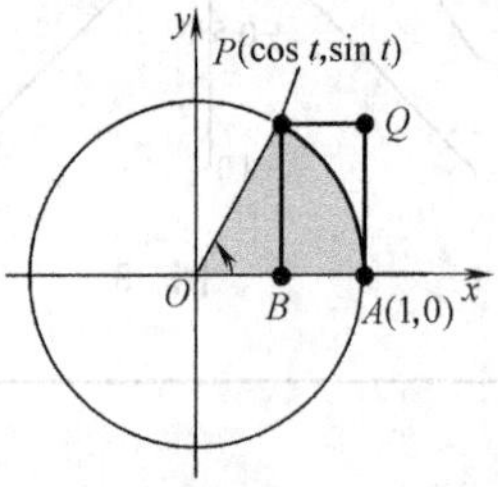

图 4

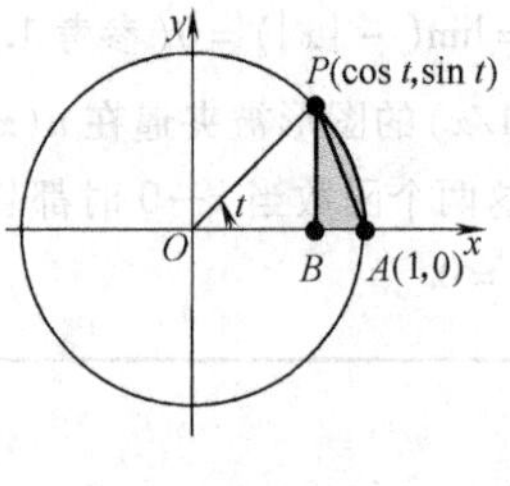

图 5

概念复习答案：

1. 0　　2. 1　　3. 当 $t=0$ 时，分母为零　　4. 1

1.5　在无穷远处的极限，无穷极限

高深的数学问题和似是而非的数学论点经常围绕着“无限”这个概念来讨论．至今数学的进展可以说一定程度上依赖于对极限概念的理解．我们已经在表示确定区间的符号中使用了∞和－∞记号．这样，我们可以用(3，∞)表示所有大于 3 的实数的集合．切记，∞永远不能看成为一个具体的数字．例如，我们从来不将它与另一个数相加或用另一个数去除它．这一节中我们会以一种新的方式来使用∞和－∞符号，但它们仍然不代表数字．

自变量趋向于无穷大时函数的极限　考虑函数 $g(x)=x/(1+x^2)$，如图 1 所示．问题是：随着 x 的无限制地增大，$g(x)$ 会怎么变化？即极限 $\lim_{x\to\infty}g(x)$ 的值是什么？

当我们书写 $x\to\infty$ 的时候，并不意味着在 x 轴右边很远的某个地方有一个比任何数都要大的数，并且 x 正趋近于它．更准确地说，我们用 $x\to\infty$ 这样一种记号，来表示 x 没有边界地逐渐变大．

在图 2 所示的表格中，列出了当 x 取若干个不同值时 $g(x)=x/(1+x^2)$ 的值．看起来 $g(x)$ 随着 x 的增大而逐渐减小．从而写出

$$\lim_{x\to\infty}\frac{x}{1+x^2}=0$$

当用距原点越来越远的负数作试验，会引导我们写出

$$\lim_{x\to-\infty}\frac{x}{1+x^2}=0$$

$x\to\pm\infty$ 时函数极限的严格定义　类似于 ε，δ 定义极限．

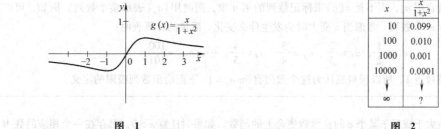

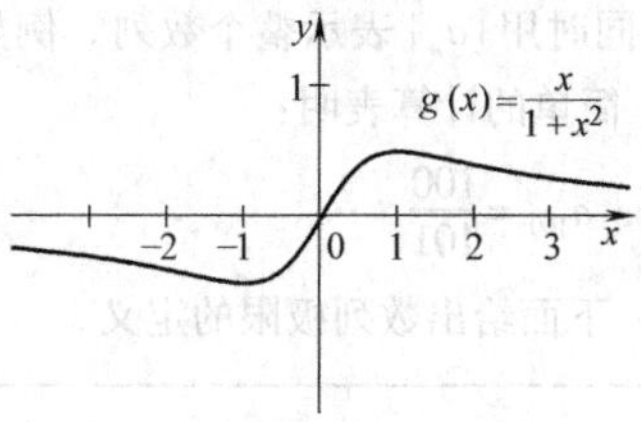

图 1

x	$\frac{x}{1+x^2}$
10	0.099
100	0.010
1000	0.001
10000	0.0001
↓	↓
∞	?

图 2

定义　$x\to\infty$ 时函数的极限

若 f 是定义在 $[c,\ \infty)$ 上的函数，c 为某个常数，如果对任意 $\varepsilon>0$，总存在相应的数 M，使得

$$x>M\Rightarrow|f(x)-L|<\varepsilon \text{ 成立}$$

则称极限 $\lim\limits_{x\to\infty}f(x)=L$ 存在．

M 是随 ε 而变化的．总的说来，ε 越小，M 就必须越大．图 3 可以帮助理解这个意思．

定义　$x\to-\infty$ 时函数的极限

若 f 是定义在 $(-\infty,\ c]$ 上的函数，c 为某个常数，如果对任意 $\varepsilon>0$，总存在相应的数 M，使得

$$x<M\Rightarrow|f(x)-L|<\varepsilon \text{ 成立}$$

则称极限 $\lim\limits_{x\to-\infty}f(x)=L$ 存在．

例 1　证明：如果 k 是一个正整数，那么

$$\lim_{x\to\infty}\frac{1}{x^k}=0,\quad \lim_{x\to-\infty}\frac{1}{x^k}=0$$

解　任给 $\varepsilon>0$. 在初步的分析之后(类似 1.2 节那样)，取 $M=\sqrt[k]{1/\varepsilon}$. 那么由 $x>M$ 可以推出

$$\left|\frac{1}{x^k}-0\right|=\frac{1}{x^k}<\frac{1}{M^k}=\varepsilon$$

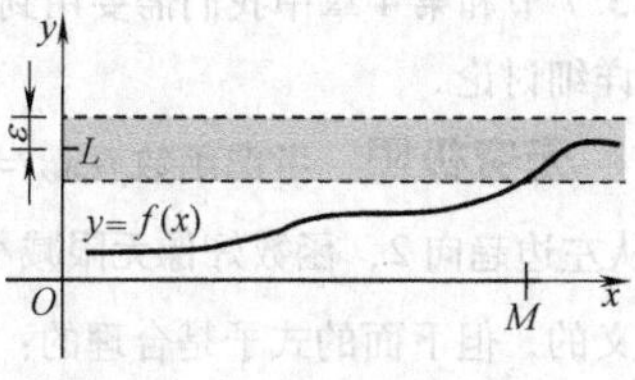

图 3

第二个结论的证明与这个类似．

既然给出了这些新极限的定义，我们就必须面对主要的极限运算法则(定理 1.3A)是否仍然成立的问题．答案是肯定的，并且证明方法跟原来的类似．注意这个定理在以下的例子中如何使用．

例 2　证明 $\lim\limits_{x\to\infty}\dfrac{x}{1+x^2}=0$

解 这里我们运用一个技巧：分子和分母同时除以 x 的最高次幂，也就是 x^2.

$$\lim_{x\to\infty}\frac{x}{1+x^2}=\lim_{x\to\infty}\frac{\frac{x}{x^2}}{\frac{1+x^2}{x^2}}=\lim_{x\to\infty}\frac{\frac{1}{x}}{\frac{1}{x^2}+1}=\frac{\lim\limits_{x\to\infty}\frac{1}{x}}{\lim\limits_{x\to\infty}\frac{1}{x^2}+\lim\limits_{x\to\infty}1}=\frac{0}{0+1}=0$$

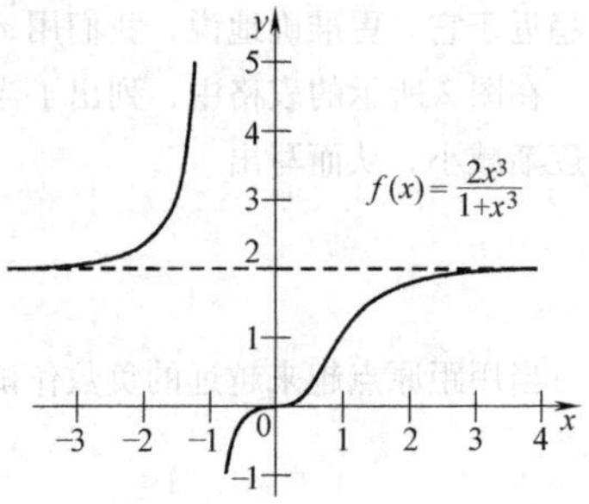

图 4

例3 求 $\lim\limits_{x\to-\infty}\frac{2x^3}{1+x^3}$

解 $f(x)=2x^3/(1+x^3)$ 的图形如图4所示．为了求出极限，分子和分母同时除以 x^3.

$$\lim_{x\to-\infty}\frac{2x^3}{1+x^3}=\lim_{x\to-\infty}\frac{2}{1/x^3+1}=\frac{2}{0+1}=2$$

数列的极限 有些函数的定义域是自然数集{1，2，3，…}．在这种情况下，我们常常用 a_n，而不是 $a(n)$ 来标记数列的第 n 项，同时用 $\{a_n\}$ 表示整个数列．例如，可以用 $a_n=n/(n+1)$ 来定义一个数列．考虑当 n 变大时会发生什么变化．简单的计算表明：

$$a_1=\frac{1}{2},\ a_2=\frac{2}{3},\ a_3=\frac{3}{4},\ a_4=\frac{4}{5},\ \cdots,\ a_{100}=\frac{100}{101},\ \cdots$$

这些值看起来越来越接近1，所以很自然认为这个数列有 $\lim\limits_{n\to\infty}a_n=1$. 下面给出数列极限的定义．

定义 数列的极限

令 a_n 是定义在大于或等于某个 c 的自然数集合上的函数．如果对任意 $\varepsilon>0$，都存在一个相应的数 M，使得

$$n>M\Rightarrow|a_n-L|<\varepsilon \text{ 成立}$$

则称极限 $\lim\limits_{n\to\infty}a_n=L$ 存在．

注意：这个极限的定义与 $\lim\limits_{x\to\infty}f(x)$ 的定义几乎一样，唯一的区别在于要求函数的参数必须是自然数．正如我们所期望的，重要极限定理(定理1.3A)对数列也同样适用．

例4 求 $\lim\limits_{n\to\infty}\sqrt{\frac{n+1}{n+2}}$

解 图5所示为 $a_n=\sqrt{\frac{n+1}{n+2}}$ 的图形．应用定理1.3A，有

$$\lim_{n\to\infty}\sqrt{\frac{n+1}{n+2}}=\left(\lim_{n\to\infty}\frac{n+1}{n+2}\right)^{1/2}=\left(\lim_{n\to\infty}\frac{1+1/n}{1+2/n}\right)^{1/2}=\left(\frac{1+0}{1+0}\right)^{1/2}=1$$

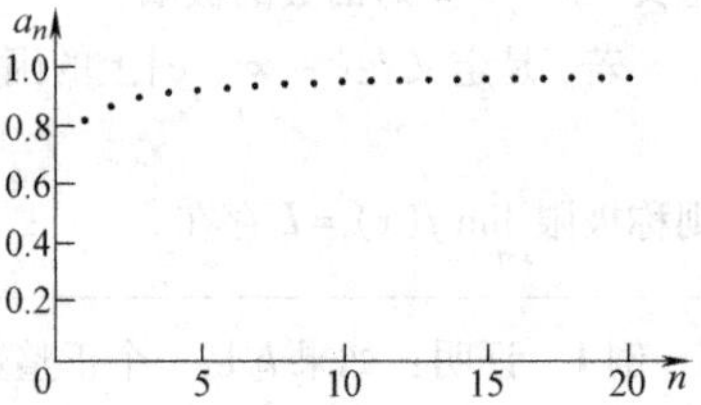

图 5

在3.7节和第4章中我们需要用到数列极限的概念．数列将在第9章中详细讨论．

无穷极限 考虑函数 $f(x)=1/(x-2)$ 的图形，如图6所示．当 x 从左边趋向2，函数好像无限减小，类似地，当 x 从右边趋向2，函数无限增加，讨论 $\lim\limits_{x\to2}1/(x-2)$ 是没有意义的，但下面的式子是合理的：

$$\lim_{x\to2^-}\frac{1}{x-2}=-\infty,\quad \lim_{x\to2^+}\frac{1}{x-2}=\infty$$

这里有一个精确定义：

定义 无穷极限

如果对于任意正数 M，都存在一个 $\delta>0$，使得

$$0<x-c<\delta\Rightarrow f(x)>M$$

则称极限 $\lim\limits_{x\to c^+}f(x)=\infty$ 为无穷大．

换句话说，只要 x 从右边充分接近 c，函数 $f(x)$ 的绝对值就可以足够大(大于我们选定的数 M)，类似相关的表达式定义有：

$\lim_{x\to c^+}f(x)=-\infty$，$\lim_{x\to c^-}f(x)=\infty$，$\lim_{x\to c^-}f(x)=-\infty$

$\lim_{x\to\infty}f(x)=\infty$，$\lim_{x\to\infty}f(x)=-\infty$，$\lim_{x\to-\infty}f(x)=-\infty$，$\lim_{x\to-\infty}f(x)=\infty$（见习题 51 和习题 52）

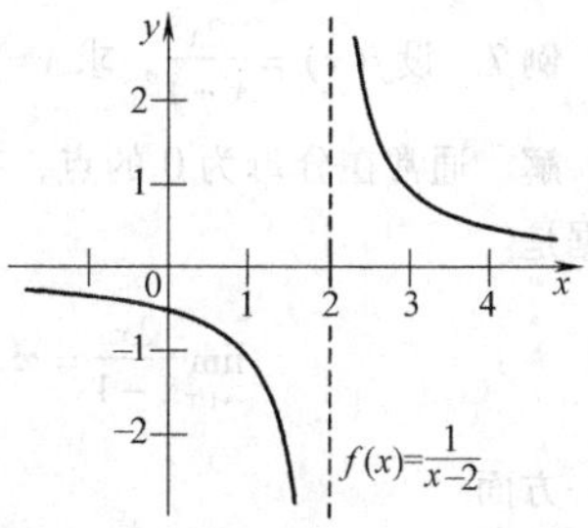

图 6

例 5 求 $\lim_{x\to1^-}\frac{1}{(x-1)^2}$ 和 $\lim_{x\to1^+}\frac{1}{(x-1)^2}$.

解 函数 $f(x)=1/(x-1)^2$ 的图形如图 7 所示．随着 $x\to1^+$，分母趋向于 0 但始终是正数，同时，对于所有的 x，分子都是 1. 那么，当 x 从 1 的右边趋近于 1 时，比值 $1/(x-1)^2$ 可以任意大．类似地，当 $x\to1^-$，分母可以无限制趋近于 0，但仍保持是正数．那么，在 x 从 1 的左边趋近于 1 的情况下，比值$1/(x-1)^2$可以达到任意大．于是我们就可以得出结论：

$$\lim_{x\to1^-}\frac{1}{(x-1)^2}=\infty \text{ 和 } \lim_{x\to1^+}\frac{1}{(x-1)^2}=\infty$$

既然这两个极限都是∞，也可以写作

$$\lim_{x\to1}\frac{1}{(x-1)^2}=\infty$$

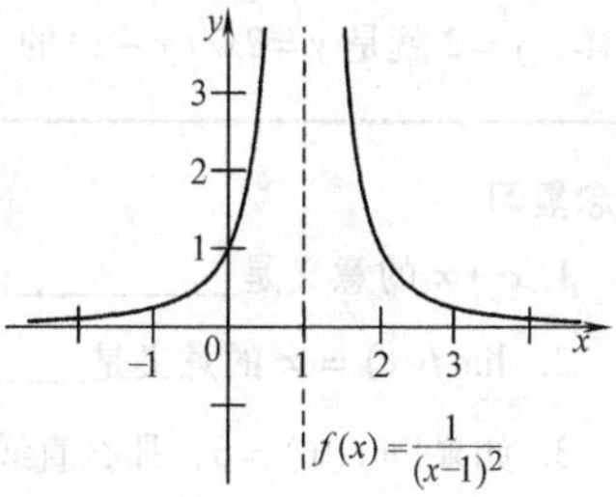

图 7

例 6 求 $\lim_{x\to2^+}\frac{x+1}{x^2-5x+6}$.

解 $\lim_{x\to2^+}\frac{x+1}{x^2-5x+6}=\lim_{x\to2^+}\frac{x+1}{(x-3)(x-2)}$

随着 $x\to2^+$ 可以得出，$x+1\to3$，$x-3\to-1$ 且 $x-2\to0^+$，也就是当 $x-2\to0^+$ 时，分子趋向于 3，但分母是负的并趋向于 0. 可以得出结论：

$$\lim_{x\to2^+}\frac{x+1}{(x-3)(x-2)}=-\infty$$

无穷大极限是否存在?

在前面各节，我们称极限存在是指它等于一个实数，否则类似于 $\lim_{x\to2^+}\frac{1}{x-2}$的极限称不存在，因为 x 从右边趋向 2 时，函数 $1/(x-2)$ 不趋向一个实数．许多数学家坚持认为，此时的极限不存在，尽管我们书写 $\lim_{x\to2^+}\frac{1}{x-2}=\infty$，说极限等于∞，但这只是一个表达极限不存在的特殊形式，这里我们只是利用“无穷大”来刻画这类极限．

无穷大与渐近线的关系 在 0.5 节中，曾简要讨论过渐近线，现在对它进行深入讨论．当下面四个表达式中任一个成立时，直线 $x=c$ 就是 $y=f(x)$ 图形的一条**垂直渐近线**：

1. $\lim_{x\to c^+}f(x)=\infty$　　2. $\lim_{x\to c^+}f(x)=-\infty$
3. $\lim_{x\to c^-}f(x)=\infty$　　4. $\lim_{x\to c^-}f(x)=-\infty$

在图 6 中，直线 $x=2$ 是一条垂直渐近线．同样地，直线 $x=2$ 和 $x=3$ 是例 6 中的两条垂直渐近线，尽管没有用图形表示出来．

类似地，如果$\lim_{x\to\infty}f(x)=b$ 或 $\lim_{x\to-\infty}f(x)=b$ 成立，则直线 $y=b$ 是 $y=f(x)$ 图形的一条**水平渐近线**．直线 $y=0$ 是图 6 和图 7 中的一条水平渐近线．

例 7 设$f(x)=\dfrac{2x}{x-1}$，求 $y=f(x)$ 的垂直渐近线和水平渐近线.

解 通常在分母为 0 的点，有一条垂直渐近线，做出这种判断的依据是

$$\lim_{x\to1^+}\frac{2x}{x-1}=\infty \text{ 和 } \lim_{x\to1^-}\frac{2x}{x-1}=-\infty$$

另一方面

$$\lim_{x\to\infty}\frac{2x}{x-1}=\lim_{x\to\infty}\frac{2}{1-1/x}=2 \text{ 并且 } \lim_{x\to-\infty}\frac{2x}{x-1}=2$$

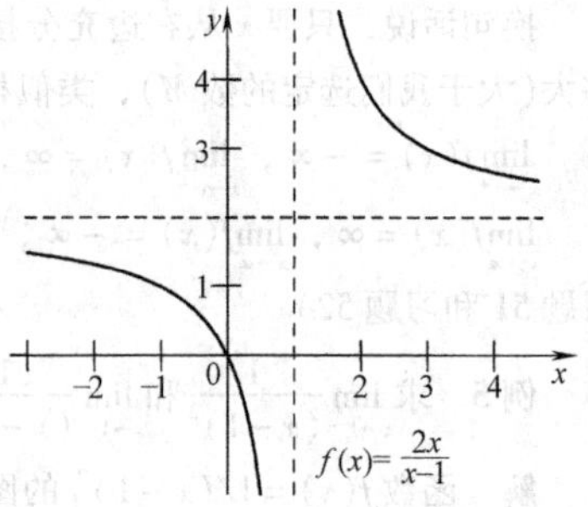

图 8

这样，$y=2$ 就是 $y=2x/(x-1)$ 的一条水平渐近线了，如图 8 所示.

概念复习

1. $x\to\infty$ 的意义是_________；$\lim\limits_{x\to\infty}f(x)=L$ 的意义是_________；用通俗的话说出答案.
2. $\lim\limits_{x\to c^+}f(x)=\infty$ 的意义是_________；$\lim\limits_{x\to c^-}f(x)=-\infty$ 的意义是_________；用通俗的话说出答案.
3. 如果$\lim\limits_{x\to\infty}f(x)=6$，那么直线_________是 $y=f(x)$ 的一条_____渐近线.
4. 如果 $\lim\limits_{x\to6^+}f(x)=\infty$，那么直线_________是 $y=f(x)$ 的一条_____渐近线.

习题 1.5

在习题 1~42 中，求每一题的极限.

1. $\lim\limits_{x\to\infty}\dfrac{x}{x-5}$　2. $\lim\limits_{x\to\infty}\dfrac{x^2}{5-x^3}$　3. $\lim\limits_{t\to-\infty}\dfrac{t^2}{7-t^2}$

4. $\lim\limits_{t\to-\infty}\dfrac{t}{t-5}$　5. $\lim\limits_{x\to\infty}\dfrac{x^2}{(x-5)(3-x)}$　6. $\lim\limits_{x\to\infty}\dfrac{x^2}{x^2-8x+15}$

7. $\lim\limits_{x\to\infty}\dfrac{x^3}{2x^3-100x^2}$　8. $\lim\limits_{\theta\to-\infty}\dfrac{\pi\theta^5}{\theta^5-5\theta^4}$　9. $\lim\limits_{x\to\infty}\dfrac{3x^3-x^2}{\pi x^3-5x^2}$

10. $\lim\limits_{\theta\to\infty}\dfrac{\sin^2\theta}{\theta^2-5}$　11. $\lim\limits_{x\to\infty}\dfrac{3\sqrt{x^3}+3x}{\sqrt{2x^3}}$　12. $\lim\limits_{x\to\infty}\sqrt[3]{\dfrac{\pi x^3+3x}{\sqrt{2}x^3+7x}}$

13. $\lim\limits_{x\to\infty}\sqrt[3]{\dfrac{1+8x^2}{x^2+4}}$　14. $\lim\limits_{x\to\infty}\sqrt{\dfrac{x^2+x+3}{(x-1)(x+1)}}$　15. $\lim\limits_{n\to\infty}\dfrac{n}{2n+1}$

16. $\lim\limits_{n\to\infty}\dfrac{n^2}{n^2+1}$　17. $\lim\limits_{n\to\infty}\dfrac{n^2}{n+1}$　18. $\lim\limits_{n\to\infty}\dfrac{n}{n^2+1}$

19. $\lim\limits_{x\to\infty}\dfrac{2x+1}{\sqrt{x^2+3}}$. 提示：分子和分母同除以 x. 注意，对于 $x>0$，$\sqrt{x^2+3}/x=\sqrt{(x^2+3)/x^2}$.

20. $\lim\limits_{x\to\infty}\dfrac{\sqrt{2x+1}}{x+4}$　21. $\lim\limits_{x\to\infty}(\sqrt{2x^2+3}-\sqrt{2x^2-5})$. 提示：用 $\sqrt{2x^2+3}+\sqrt{2x^2-5}$来乘、除.

22. $\lim\limits_{x\to\infty}(\sqrt{x^2+2x}-x)$　23. $\lim\limits_{y\to-\infty}\dfrac{9y^3+1}{y^2-2y+2}$. 提示：分子和分母同除以 y^2.

24. $\lim\limits_{x\to\infty}\dfrac{a_0x^n+a_1x^{n-1}+\cdots+a_{n-1}x+a_n}{b_0x^n+b_1x^{n-1}+\cdots+b_{n-1}x+b_n}$，$a_0\neq0$，$b_0\neq0$，$n$ 是自然数.

25. $\lim\limits_{n\to\infty}\dfrac{n}{\sqrt{n^2+1}}$　26. $\lim\limits_{n\to\infty}\dfrac{n^2}{\sqrt{n^3+2n+1}}$　27. $\lim\limits_{x\to4^+}\dfrac{x}{x-4}$

28. $\lim_{t\to3^+}\frac{t^2-9}{t+3}$ 29. $\lim_{t\to3^-}\frac{t^2}{9-t^2}$ 30. $\lim_{x\to\sqrt[3]{5}^+}\frac{x^2}{5-x^3}$

31. $\lim_{x\to5^-}\frac{x^2}{(x-5)(3-x)}$ 32. $\lim_{\theta\to\pi^+}\frac{\theta^2}{\sin\theta}$ 33. $\lim_{x\to3^-}\frac{x^3}{x-3}$

34. $\lim_{\theta\to(\pi/2)^+}\frac{\pi\theta}{\cos\theta}$ 35. $\lim_{x\to3^-}\frac{x^2-x-6}{x-3}$ 36. $\lim_{x\to2^+}\frac{x^2+2x-8}{x^2-4}$

37. $\lim_{x\to0^+}\frac{[\![x]\!]}{x}$ 38. $\lim_{x\to0^-}\frac{[\![x]\!]}{x}$ 39. $\lim_{x\to0^-}\frac{|x|}{x}$

40. $\lim_{x\to0^+}\frac{|x|}{x}$ 41. $\lim_{x\to0^-}\frac{1+\cos x}{\sin x}$ 42. $\lim_{x\to\infty}\frac{\sin x}{x}$

GC 在习题43~48 中，求出函数的水平渐近线和垂直渐近线，并画出它们的图形.

43. $f(x)=\frac{3}{x+1}$ 44. $f(x)=\frac{3}{(x+1)^2}$

45. $F(x)=\frac{2x}{x-3}$ 46. $F(x)=\frac{3}{9-x^2}$

47. $g(x)=\frac{14}{2x^2+7}$ 48. $g(x)=\frac{2x}{\sqrt{x^2+5}}$

49. 当$\lim_{x\to\infty}[f(x)-(ax+b)]=0$或$\lim_{x\to-\infty}[f(x)-(ax+b)]=0$时，直线$y=ax+b$叫做$y=f(x)$图形的一条斜渐近线．求$f(x)=\frac{2x^4+3x^3-2x-4}{x^3-1}$的一条斜渐近线．提示，先用分子除分母．

50. 求$f(x)=\frac{3x^3+4x^2-x+1}{x^2+1}$的斜渐近线．

51. 用符号M和δ，给出下面每个表达式的精确定义．

(a) $\lim_{x\to c^+}f(x)=-\infty$ (b) $\lim_{x\to c^-}f(x)=\infty$

52. 用符号M和N，给出下面每个表达式的精确定义．

(a) $\lim_{x\to\infty}f(x)=\infty$ (b) $\lim_{x\to-\infty}f(x)=\infty$

53. 严格地证明：如果$\lim_{x\to\infty}f(x)=A$且$\lim_{x\to\infty}g(x)=B$，那么$\lim_{x\to\infty}[f(x)+g(x)]=A+B$.

54. 对于$A=a$，a^-，a^+，$-\infty$，∞，给出$\lim_{x\to A}f(x)=L$的值．注意，这个极限可能是L(有限的)，$-\infty$，∞，或者可能在任何一种情况下都不存在极限．列一个表说明 20 种可能的情况．

55. 求下列各极限，或指出极限不存在．

(a) $\lim_{x\to\infty}\sin x$ (b) $\lim_{x\to\infty}\sin\frac{1}{x}$ (c) $\lim_{x\to\infty}x\sin\frac{1}{x}$

(d) $\lim_{x\to\infty}x^{3/2}\sin\frac{1}{x}$ (e) $\lim_{x\to\infty}x^{-1/2}\sin x$ (f) $\lim_{x\to\infty}\sin\left(\frac{\pi}{6}+\frac{1}{x}\right)$

(g) $\lim_{x\to\infty}\sin\left(x+\frac{1}{x}\right)$ (h) $\lim_{x\to\infty}\left[\sin\left(x+\frac{1}{x}\right)-\sin x\right]$

56. 爱因斯坦的狭义相对论说，一个物体的质量$m(v)$与其速度v有以下的关系：

$$m(v)=\frac{m_0}{\sqrt{1-v^2/c^2}}$$

式中，m_0是静止质量；c是光速．求$\lim_{v\to c^-}m(v)$.

GC 使用计算机或图形计算器，求出习题 57~64 中的极限．适当画出函数图形的一部分．

57. $\lim_{x\to\infty}\frac{3x^2+x+1}{2x^2-1}$ 58. $\lim_{x\to-\infty}\sqrt{\frac{2x^2-3x}{5x^2+1}}$ 59. $\lim_{x\to-\infty}(\sqrt{2x^2+3x}-\sqrt{2x^2-5})$

60. $\lim_{x\to\infty}\frac{2x+1}{\sqrt{3x^2+1}}$ 61. $\lim_{x\to\infty}\left(1+\frac{1}{x}\right)^{10}$ 62. $\lim_{x\to\infty}\left(1+\frac{1}{x}\right)^{x}$

63. $\lim_{x\to\infty}\left(1+\frac{1}{x}\right)^{x^2}$ 64. $\lim_{x\to\infty}\left(1+\frac{1}{x}\right)^{\sin x}$

CAS **求出习题 65~71 中的单侧极限．适当画出函数的一部分．计算机可能指出某些极限不存在，如果这样，请解释答案是∞或－∞ 的原因．**

65. $\lim_{x\to3^-}\frac{\sin|x-3|}{x-3}$ 66. $\lim_{x\to3^-}\frac{\sin|x-3|}{\tan(x-3)}$ 67. $\lim_{x\to3^-}\frac{\cos(x-3)}{x-3}$ 68. $\lim_{x\to\frac{\pi}{2}^+}\frac{\cos x}{x-\pi/2}$

69. $\lim_{x\to0^+}(1+\sqrt{x})^{1/\sqrt{x}}$ 70. $\lim_{x\to0^+}(1+\sqrt{x})^{1/x}$ 71. $\lim_{x\to0^+}(1+\sqrt{x})^{x}$

概念复习答案：

1. x 无限地递增，$f(x)$ 随着 x 的递增无限接近 L 2. $f(x)$ 随着 x 从右边趋近于 c 而无限地递增，$f(x)$ 随着 x 从左边趋近于 c 而无限地递减 3. $y=6$，水平的 4. $x=6$，垂直的

1.6 函数的连续性

在数学和其他学科中，我们用"连续"这个概念去形容一个变化过程没有突变的现象．实际上，生活经验告诉我们，连续是很多自然现象的本质属性．我们希望精确描述这个连续属性．在如图 1 所示的三个图形中，只有第三个图形在 c 点是连续的，而前面两个图形，不是 $\lim_{x\to c}f(x)$ 不存在，就是存在但不等于 $f(c)$．只有第三个图形满足 $\lim_{x\to c}f(x)=f(c)$．

不连续函数

一个非常好的不连续函数是邮资问题，在 2005 年，对 1oz 的信件收费＄0.37，对超过 1oz 的信件收费＄0.60.

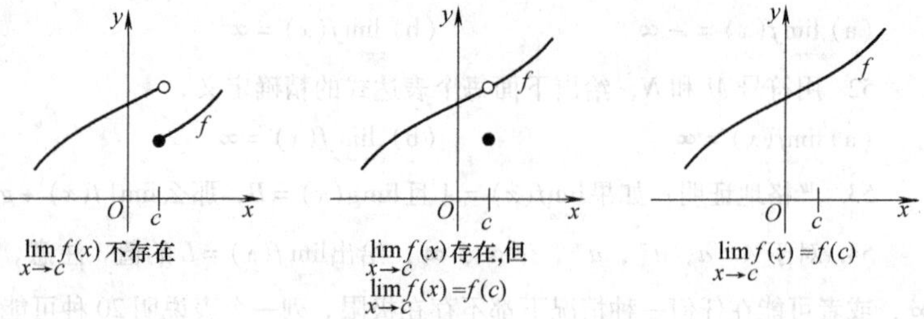

图 1

连续函数的正式定义

定义 在某点连续

设 f 是一个定义在包含点 c 的开区间内的函数．如果 $\lim_{x\to c}f(x)=f(c)$ 成立，则称 f 在点 c 处连续．

要使这个定义成立，必须满足以下三个条件：

1) $\lim_{x\to c}f(x)$ 存在．

2) $f(c)$ 存在（也就是 c 在 f 的定义域内）．

3) $\lim_{x\to c}f(x)=f(c)$．

如果这三个条件中有一个不成立，那么 f 在 c 点**间断**．图 1 中前两个图形所代表的函数在 c 点不连续．然而它们在定义域内的其他点上连续．

例 1 设 $f(x)=\frac{x^2-4}{x-2}$，$x\neq2$．如何定义在 $x=2$ 上 f 的值，使得 f 在该点连续？

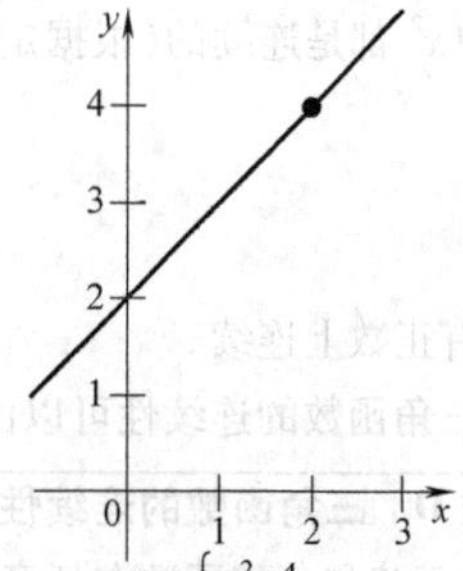

$$f(x)=\begin{cases}\frac{x^2-4}{x-2}, & x\neq 2\\ 4, & x=2\end{cases}$$

图 2

解 $\lim\limits_{x\to 2}\frac{x^2-4}{x-2}=\lim\limits_{x\to 2}\frac{(x-2)(x+2)}{x-2}=\lim\limits_{x\to 2}(x+2)=4$

则，定义 $f(2)=4$. 结果函数如图 2 所示．实际上，对于所有 x，都有 $f(x)=x+2$.

如果一个函数在点 c 处可以定义或者重新定义后变为连续函数，则这个不连续的点 c 称为**可去间断点**．其他不连续情形的点，称为函数的**不可去不连续点**．例 1 在点 2 是可去的，因为我们定义 $f(2)=4$ 后，函数就是连续的．

常见函数的连续性　本书中的大部分函数或者处处都连续，或者在除了某些个别点外都连续．特别地，定理 1.3B 揭示了以下的结论．

定理 A　多项式函数和有理函数的连续性

多项式函数在所有实数 c 处连续．有理函数在其定义域中所有实数 c 处连续(分母为零的地方除外).

回忆绝对值函数 $f(x)=|x|$，它的图形如图 3 所示．若 $x<0$，$f(x)=-x$ 是一个多项式；若 $x>0$，$f(x)=x$ 是另一个多项式．则根据定理 A，$|x|$就在除了 O 点外的所有点处连续．但是，$\lim\limits_{x\to 0}|x|=0=|0|$(见 1.2 节的习题 27)．所以，$|x|$在 0 处也连续．就是说它在实数域内任何点处都连续．

通过主要极限定理(定理 1.3A)

$$\lim_{x\to c}\sqrt[n]{x}=\sqrt[n]{\lim_{x\to c}x}=\sqrt[n]{c}$$

当 n 是偶数且 $x>0$ 时，$f(x)=\sqrt[n]{x}$是连续的．特别地，$f(x)=\sqrt{x}$在 $x>0$ 的实数域 $\mathbf{R}$ 上处处连续(图 4)．总结如下：

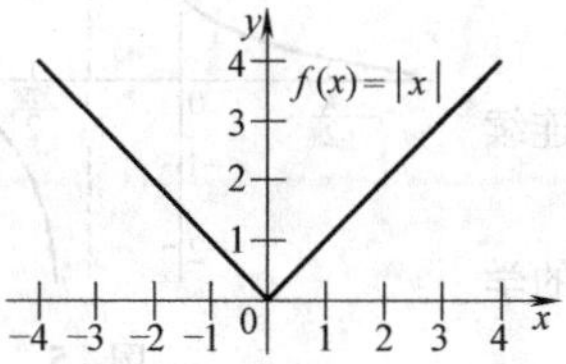

图 3

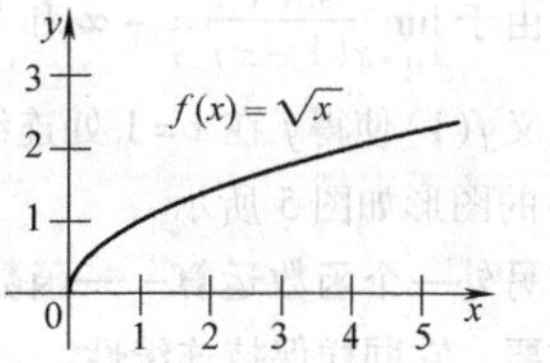

图 4

定理 B　绝对值函数和 n 次方根函数的连续性

绝对值函数在实数域 $\mathbf{R}$ 上连续．如果 n 是奇数，n 次方根函数在实数域 $\mathbf{R}$ 上连续；如果 n 是偶数，n 次方根函数在正实数域 $\mathbf{R}^+$ 上连续．

连续函数的运算　函数经过运算后能保持函数的连续性吗？下一个定理给出肯定的答案．在这个定理中，f 和 g 在 c 点连续，k 是常数，并且 n 是一个正整数．

定理 C　经过函数运算后的函数的连续性

如果 f 和 g 在 c 点连续，那么 kf, $f+g$, $f-g$, $f\cdot g$, $f/g(g(c)\neq 0)$, f^n 和 $\sqrt[n]{f}$ (当 n 是偶数时 $f(c)>0$)，均在 c 点连续．

证明　所有这些结论，都可以通过定理 1.3A 中的极限简单地得出．例如，利用定理与函数 f、g 都在点 c 处连续，就可以得出

$$\lim_{x\to c}f(x)g(x)=\lim_{x\to c}f(x)\cdot\lim_{x\to c}g(x)=f(c)g(c)$$

这正好说明了 $f\cdot g$ 在点 c 上连续．

例 2　函数 $F(x)=(3|x|-x^2)/(\sqrt{x}+\sqrt[3]{x})$ 在哪些点连续？

解　我们不需要思考非正数的情况，因为函数 F 在那些点上没有定义．对于任一个正数，函数$\sqrt{x}$、$\sqrt[3]{x}$、

$|x|$和x^2都是连续的(根据定理 A 和 B)．根据定理 C，又可以得出$3|x|$、$3|x|-x^2$、$\sqrt{x}+\sqrt[3]{x}$也是连续的，最后

$$\frac{3|x|-x^2}{\sqrt{x}+\sqrt[3]{x}}$$

在所有正数上连续．

三角函数的连续性可以由定理 1.4A 得出．

> **定理 D　三角函数的连续性**
>
> 正弦和余弦函数在任意实数 c 上连续．正切、余切、正割和余割函数在它们定义域上的任意点 c 上连续．

证明　由定理 1.4A 知，对于定义域内的任意实数 c

$$\lim_{x\to c}\sin x=\sin c \text{ 且 } \lim_{x\to c}\cos x=\cos c$$

这些正是 $\sin x$ 和 $\cos x$ 在 c 上连续的条件．

例 3　求出$f(x)=\dfrac{\sin x}{x(1-x)}$，$x\neq 0$，1 的所有不连续点，并指出每点是可去的还是不可去的．

解　根据定理 D 知，$f(x)$的分子在任一实数点连续．其分母也在任一实数点连续，但是当 $x=0$ 或 $x=1$ 时，分母为 0．于是根据定理 C，f 在除去 $x=0$ 和 $x=1$ 的任一实数点连续．由于

$$\lim_{x\to 0}\frac{\sin x}{x(1-x)}=\lim_{x\to 0}\frac{\sin x}{x}\cdot\lim_{x\to 0}\frac{1}{1-x}=1\times 1=1$$

如果定义$f(0)=1$，则函数将在 $x=0$ 处连续．于是 $x=0$ 是可去的不连续点即为**可去间断点**．

同样，由于$\lim\limits_{x\to 1^+}\dfrac{\sin x}{x(1-x)}=-\infty$和$\lim\limits_{x\to 1^-}\dfrac{\sin x}{x(1-x)}=\infty$

于是无法定义$f(1)$使得f在 $x=1$ 处连续．所以，$x=1$ 是不可去不连续点．$y=f(x)$的图形如图 5 所示．

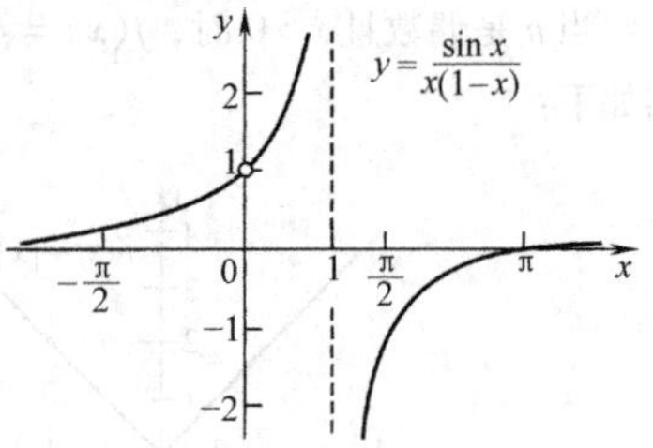

图　5

这里有另外一个函数运算——函数的复合．复合函数在以后的学习中非常重要，它同样保持连续性．

> **定理 E　复合函数极限的运算定理**
>
> 如果$\lim\limits_{x\to c}g(x)=L$成立，并且$f$在 L 点连续，那么
>
> $$\lim_{x\to c}f(g(x))=f(\lim_{x\to c}g(x))=f(L)$$
>
> 特别地，如果 g 在 c 上连续并且 f 在 $g(c)$上连续，那么$f\circ g$ 在 c 上连续．

定理 E 的证明(选讲)

证明　任给 $\varepsilon>0$，因为f在 L 上连续，则存在相应的 $\delta_1>0$，使得

$$|t-L|<\delta_1\Rightarrow|f(t)-f(L)|<\varepsilon$$

并且如图 6 所示

$$|g(x)-L|<\delta_1\Rightarrow|f(g(x))-f(L)|<\varepsilon$$

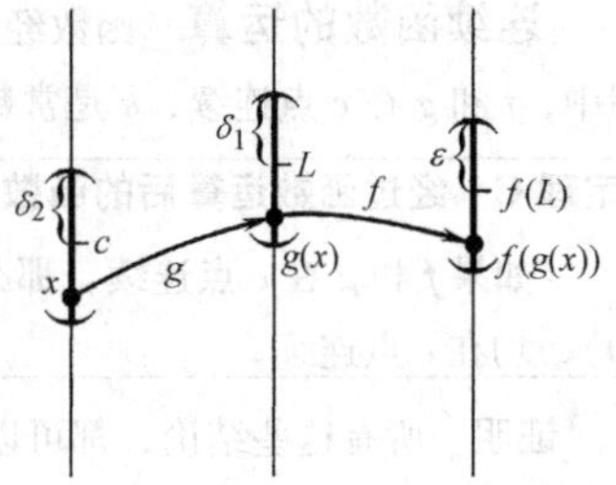

图　6

但是，因为$\lim\limits_{x\to c}g(x)=L$，对于任意给出的 $\delta_1>0$，有相应的 $\delta_2>0$ 使得

$$0<|x-c|<\delta_2\Rightarrow|g(x)-L|<\delta_1$$

将这两式结合起来，得到

$$0<|x-c|<\delta_2\Rightarrow|f(g(x))-f(L)|<\varepsilon$$

这表明了

$$\lim_{x\to c}f(g(x))=f(L)$$

观察定理 E 中第二个式子可以得到：如果 g 在 c 处连续，那么 $L=g(c)$．

例4 证明 $h(x)=|x^2-3x+6|$在任意实数上连续.

解 令 $f(x)=|x|$并且 $g(x)=x^2-3x+6$. 两者都是实数上的连续函数，它们的复合函数

$$h(x)=f(g(x))=|x^2-3x+6|$$

也是连续函数.

例5 证明 $h(x)=\sin\dfrac{x^4-3x+1}{x^2-x-6}$在除了点3和$-2$外的任意实数上连续.

解 因 $x^2-x-6=(x-3)(x+2)$，则有理函数 $g(x)=\dfrac{x^4-3x+1}{x^2-x-6}$在除了点3和$-2$外的任意实数上连续(根据定理A). 从定理D中知道正弦函数在任意实数上连续. 由定理E，我们推断出，$h(x)=\sin(g(x))$是在除了点3和-2外的任意实数上连续.

区间上的连续函数 到现在为止，我们已经讨论了函数在一个点上的连续性. 下面，我们讨论函数在区间上的连续性. 区间连续是指函数在区间的每一个点上都连续. 这正是开区间上函数连续的含义.

当我们考虑一个闭区间$[a, b]$时，我们面对一个这样的问题，f有可能在点a的左侧未被定义(例如，$f(x)=\sqrt{x}$在$a=0$)，所以，严格来说，$\lim\limits_{x\to a}f(x)$不存在. 我们通常选择这样的方式去解决这个问题：如果f在(a, b)的任意点上连续，并且$\lim\limits_{x\to a^+}f(x)=f(a)$和$\lim\limits_{x\to b^-}f(x)=f(b)$都成立，我们就说$f$在$[a, b]$上连续. 总结成一个正式的定义.

定义 函数在区间上连续

如果$\lim\limits_{x\to a^+}f(x)=f(a)$成立，则称函数$f$在$a$上**右连续**；如果$\lim\limits_{x\to b^-}f(x)=f(b)$成立，则称函数$f$在$b$上**左连续**.

如果f在一个开区间上任意一点连续，则称f在这个**开区间上连续**. 如果f在(a, b)上任意一点连续并且在a点右连续、在b点左连续，则称f在**闭区间$[a, b]$上连续**.

例如，函数$f(x)=1/x$在$(0, 1)$上连续，$g(x)=\sqrt{x}$在$[0, 1]$上连续都是正确的.

例6 用上面的定义，描述如图7所示函数的连续性.

解 这个函数在开区间$(-\infty, 0)$，$(0, 3)$和$(5, \infty)$以及闭区间$[3, 5]$上连续.

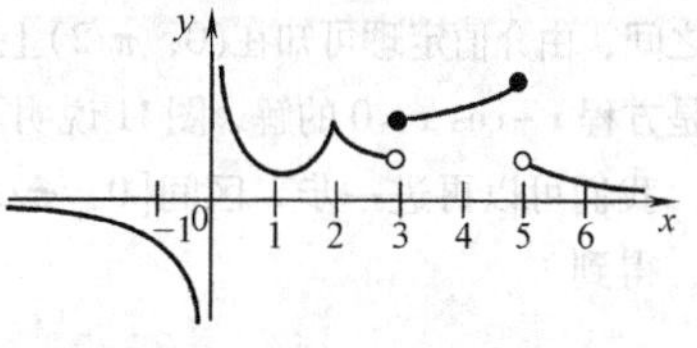

图 7

例7 使得函数$g(x)=\sqrt{4-x^2}$连续的最大区间是什么?

解 g的定义域是$[-2, 2]$. 如果c是在开区间$(-2, 2)$上，那么根据定理E，g在c上连续；因此，g在$(-2, 2)$上连续. 而单侧极限是

$$\lim_{x\to-2^+}\sqrt{4-x^2}=\sqrt{4-\left(\lim_{x\to-2^+}x\right)^2}=\sqrt{4-4}=0=g(-2)$$

和

$$\lim_{x\to2^-}\sqrt{4-x^2}=\sqrt{4-\left(\lim_{x\to2^-}x\right)^2}=\sqrt{4-4}=0=g(2)$$

这意味着g在-2点右连续，在2点左连续. 则g在它的定义区间$[-2, 2]$上连续.

直观地，f在$[a, b]$上连续的意思是f在$[a, b]$上的图形没有跳跃，所以我们能用铅笔不离纸面地“画出”f从点$(a, f(a))$到点$(b, f(b))$的图形. 函数f可以取在$f(a)$和$f(b)$之间的任何值. 这个特点在定理F中的阐述更加的准确.

定理F 介值定理

设f是一个定义在$[a, b]$上的连续函数，并且W是$f(a)$和$f(b)$之间的一个数，那么至少存在一个数c在a和b之间，使得$f(c)=W$.

图 8 所示为区间$[a, b]$上一个连续函数f的图形．介值定理是说对于在$(f(a), f(b))$之间的任意值W，肯定有一个在$[a, b]$上的c，使得$f(c)=W$. 换句话说，f可以为取在$f(a)$和$f(b)$之间的任何值．这个定理的一个前提是连续，否则可以找到一个函数f和一个数W使得在$[a, b]$上没有c满足$f(c)=W$. 图 9 所示就是这样的一个函数．

尽管这个结果的正式证明是很困难的，但很明显，连续性这个前提已经足够了．

介值定理的逆命题是指：如果f可以取在$f(a)$和$f(b)$之间的任何值，那么f是连续的．一般来说这是不成立的．图 8 和图 10 中表示的都是可以取在$f(a)$和$f(b)$之间的任何值的函数，但图 10 中的函数在$[a, b]$上并不连续．由此可见，一个函数具有介值定理的特性并不意味着它一定连续．

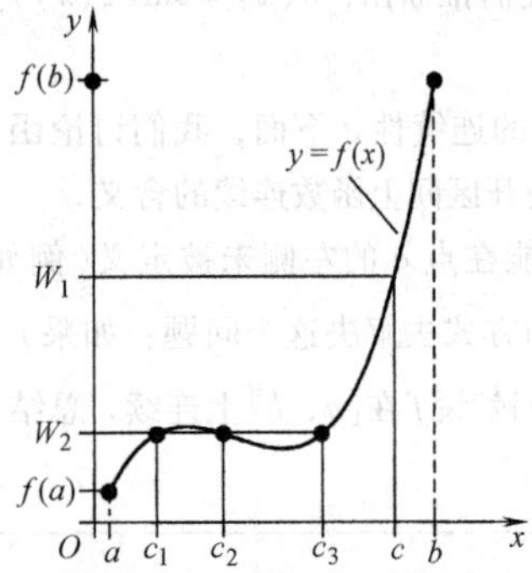

图 8

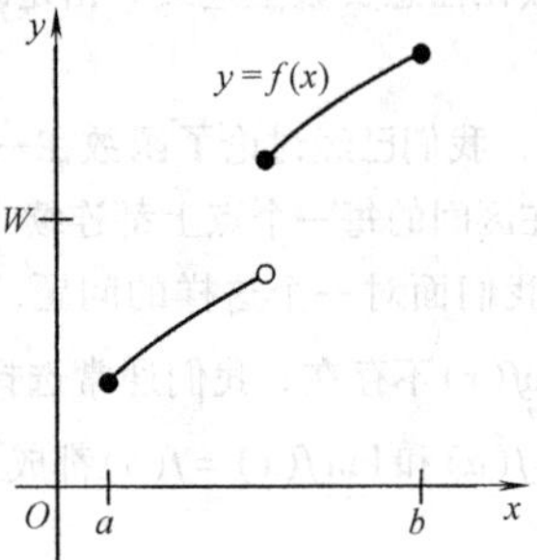

不连续,介值定理不成立

图 9

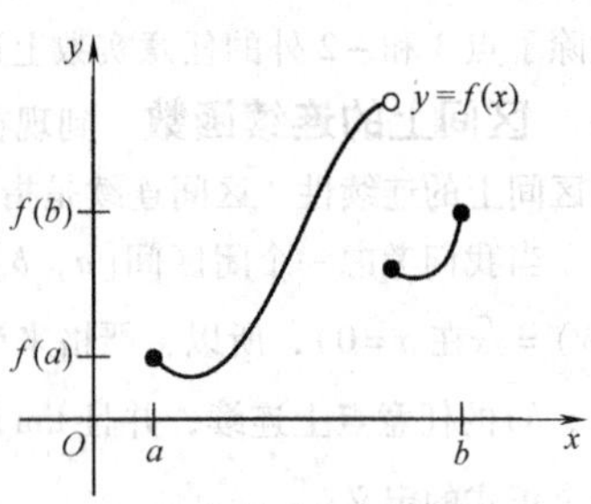

不连续,尽管介值定理成立

图 10

介值定理可以告诉我们一些有关方程的解的信息，正如以下例子所说明．

例 8 用介值定理证明方程$x-\cos x=0$有一个解在$x=0$和$x=\pi/2$之间．

解 取$f(x)=x-\cos x$，并且$W=0$. 那么$f(0)=0-\cos 0=-1$，$f(\pi/2)=\pi/2-\cos \pi/2=\pi/2$. 因为$f$在$[0, \pi/2]$上连续，并且$W=0$在$f(0)$和$f(\pi/2)$之间，由介值定理可知在$(0, \pi/2)$上存在一个$c$使$f(c)=0$. 这样的一个$c$就是方程$x-\cos x=0$的解．图 11 说明了确实存在着这么一个$c$.

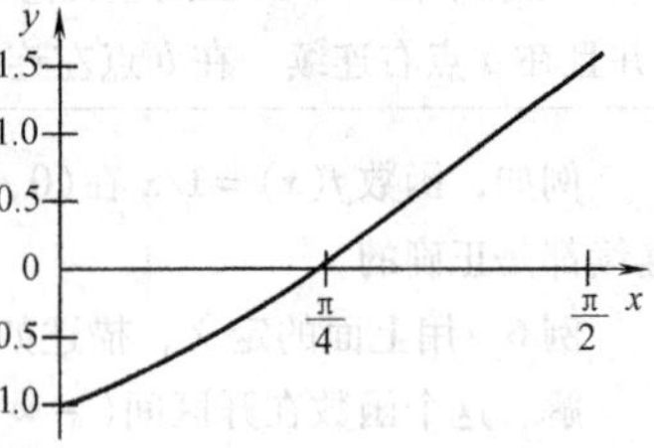

图 11

我们可以再进一步．区间$[0, \pi/2]$的中点是$x=\pi/4$. 当计算$f(\pi/4)$时，得到

$$f(\pi/4)=\frac{\pi}{4}-\cos\frac{\pi}{4}=\frac{\pi}{4}-\frac{\sqrt{2}}{2}\approx 0.0782914$$

这个结果大于 0. 因为$f(0)<0$并且$f(\pi/4)>0$，再次用介值定理，在 0 到$\pi/4$之间存在一个c使得$f(c)=0$. 这样包含有c的区间从$[0, \pi/2]$缩小到$[0, \pi/4]$. 我们继续选择$[0, \pi/4]$的中点，并且计算f在此点上的值，这样更进一步地去缩小包含有c的区间．这个过程可以无穷地进行下去，直到找到c在一个足够小的区间内．这个确定解的方法叫做**二分法**，我们将在 3.7 节中更进一步地学习这个方法．

介值定理也能引出一些令人惊讶的结果．

例 9 利用介值定理证明：在一个金属圆环形截面的边缘上，总有彼此相对的两点拥有相同的温度．

解 针对此问题选择适当的坐标，以使圆环形截面的中心恰好落在原点上，令r为圆截面的半径(图 12)．将$T(x, y)$定义为点(x, y)处的温度．考虑圆截面的直径与x轴所成的角θ，并将$f(\theta)$定义为与x轴分别成θ和$\theta+\pi$点的温度差，即

$$f(\theta)=T(r\cos\theta, r\sin\theta)-T(r\cos(\theta+\pi), r\sin(\theta+\pi))$$

根据这个定义，有

$$f(0)=T(r, 0)-T(-r, 0)$$

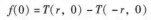

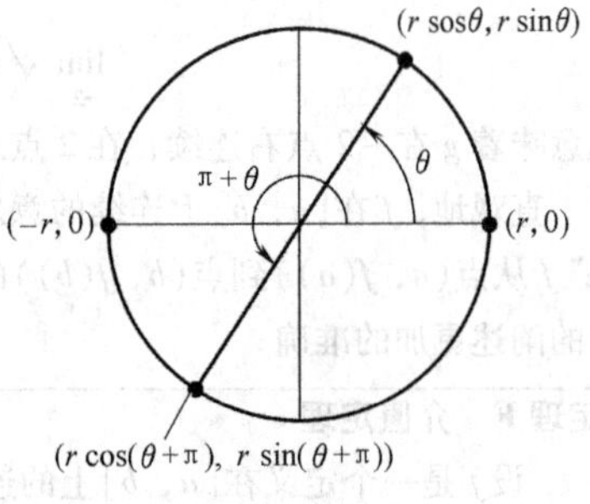

图 12

$$f(\pi) = T(-r, 0) - T(r, 0) = -[T(r, 0) - T(-r, 0)] = -f(0)$$

这样，或者$f(0)$和$f(\pi)$都是零，或者一个为正、一个为负．如果两者全为零，那么，我们就找到了所求的点．否则，可以运用介值定理．假设温度连续变化，我们得出结论：必存在一个0到π之间的值c，使得$f(c)=0$. 这样对于两个分别与x轴成角c和$c+\pi$的点，它们的温度相同．

概念复习

1. 如果__________$=f(c)$，则函数f在c处连续．
2. 函数$f(x)=[x]$在______处不连续．
3. 如果函数f在(a, b)上每一点都连续，并且如果______和______，则此函数在$[a, b]$上连续．
4. 由介值定理可知，如果函数f在$[a, b]$上连续并且W是在$f(a)$和$f(b)$之间的一个数，那么必有一个处于______和______之间的一个数c，使得______．

习题 1.6

在习题 1~15 中，说明下列函数在 3 处是否连续．如不连续，说明原因．

1. $f(x)=(x-3)(x-4)$
2. $g(x)=x^2-9$
3. $h(x)=\dfrac{3}{x-3}$
4. $g(t)=\sqrt{t-4}$
5. $h(t)=\dfrac{|t-3|}{t-3}$
6. $h(t)=\dfrac{|\sqrt{(t-3)^4}|}{t-3}$
7. $f(t)=|t|$
8. $g(t)=|t-2|$
9. $h(t)=\dfrac{x^2-9}{x-3}$
10. $f(x)=\dfrac{21-7x}{x-3}$
11. $r(t)=\begin{cases}\dfrac{t^3-27}{t-3}, & t\neq 3\\ 27, & t=3\end{cases}$
12. $r(t)=\begin{cases}\dfrac{t^3-27}{t-3}, & t\neq 3\\ 23, & t=3\end{cases}$
13. $f(t)=\begin{cases}t-3, & t\leqslant 3\\ 3-t, & t>3\end{cases}$
14. $f(t)=\begin{cases}t^2-9, & t\leqslant 3\\ (3-t)^2, & t>3\end{cases}$
15. $f(x)=\begin{cases}-3x+7, & t\leqslant 3\\ -2, & t<3\end{cases}$

16. 根据g的图形(图13)，说明g在哪些点上不连续．对于每一个点说明g是左连续、右连续还是两边都不连续．

17. 根据h的图形(图14)，说明h在哪些区间上连续．

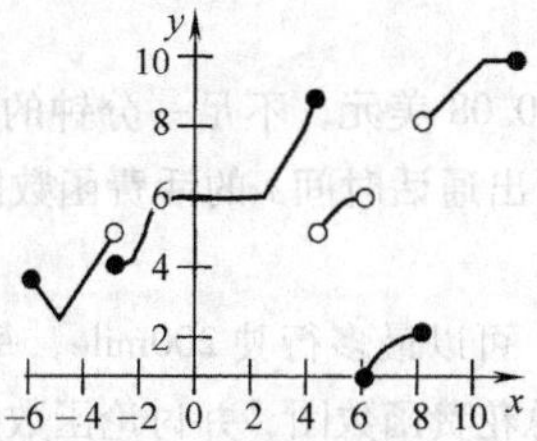

图 13

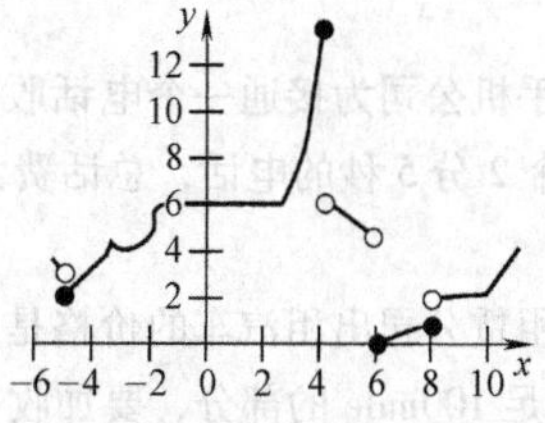

图 14

在习题 18~23 中，所给出的函数在特殊点上没有意义．为使函数在这些特殊点上连续，应如何定义？

18. $f(x)=\dfrac{x^2-49}{x-7}$
19. $f(x)=\dfrac{2x^2-18}{3-x}$
20. $g(\theta)=\dfrac{\sin\theta}{\theta}$
21. $H(t)=\dfrac{\sqrt{t}-1}{t-1}$
22. $\phi(x)=\dfrac{x^4+2x^2-3}{x+1}$
23. $F(x)=\sin\dfrac{x^2-1}{x+1}$

在习题 24~35 中，函数在哪些点处不连续？

24. $f(x)=\dfrac{3x+7}{(x-30)(x-\pi)}$
25. $f(x)=\dfrac{33-x^2}{x\pi+3x-3\pi-x^2}$

26. $h(\theta)=|\sin\theta+\cos\theta|$　27. $r(\theta)=\tan\theta$

28. $f(\mu)=\dfrac{2\mu+7}{\sqrt{\mu+5}}$　29. $g(\mu)=\dfrac{\mu^2+|\mu-1|}{\sqrt[3]{\mu+1}}$

30. $F(x)=\dfrac{1}{\sqrt{4+x^2}}$　31. $G(x)=\dfrac{1}{\sqrt{4-x^2}}$

32. $f(x)=\begin{cases}x & x<0\\ x^2 & 0\leqslant x\leqslant 1\\ 2-x & x>1\end{cases}$　33. $g(x)=\begin{cases}x^2 & x<0\\ -x & 0\leqslant x\leqslant 1\\ x & x>1\end{cases}$

34. $f(x)=[x]$　35. $g(t)=\left[t+\dfrac{1}{2}\right]$

36. 画出函数f的图形，使其满足下列条件：

(a)定义域是$[-2,2]$；　(b)$f(-2)=f(-1)=f(1)=f(2)=1$；

(c)在-1和1处不连续；　(d)在-1处是右连续，在1处是左连续．

37. 试画出定义域在$[0,2]$上，且在$(0,2]$上连续，而在$[0,2]$上不连续的函数的图形

38. 试画出定义域在$[0,6]$上，且在$[0,2]$与$(2,6]$上连续，而在$[0,6]$上不连续的函数的图形．

39. 试画出定义域在$[0,6]$上，且在$(0,6)$上连续，而在$[0,6]$上不连续的函数的图形

40. 令

$$f(x)=\begin{cases}x & x\text{为有理数}\\ -x & x\text{为无理数}\end{cases}$$

尽可能画出函数的图形，并说明函数在何处连续．

在习题41~48中，确定函数在给定点c是否连续；如果不连续，说明点c是可去还是不可去间断点．

41. $f(x)=\sin x$；$c=0$　42. $f(x)=\dfrac{x^2-100}{x-10}$；$c=10$

43. $f(x)=\dfrac{\sin x}{x}$；$c=0$　44. $f(x)=\dfrac{\cos x}{x}$；$c=0$

45. $g(x)=\begin{cases}\dfrac{\sin x}{x}, & x\neq 0\\ 0, & x=0\end{cases}$；$c=0$　46. $F(x)=x\sin\dfrac{1}{x}$；$c=0$

47. $f(x)=\sin\dfrac{1}{x}$；$c=0$　48. $f(x)=\dfrac{4-x}{2-\sqrt{x}}$；$c=4$

49. 一个手机公司为接通一个电话收费0.12美元，每分钟话费0.08美元，不足一分钟的按一分钟算．(如：打了一个2分5秒的电话，总话费为$0.12+0.08\times 3$美元)．画出通话时间t的话费函数图，并讨论函数的连续性．

50. 汽车租赁公司出租汽车的价格是每辆车租一天收费20美元，可以最多行驶200mile，每超出100mile或者超出但不足100mile的部分，要加收18美元．画出行驶路程的总花费函数图，并讨论函数的连续性．

51. 出租车公司收费为起步阶段的$\dfrac{1}{4}$mile内为2.5美元，以后每超过$\dfrac{1}{8}$mile加收0.2美元．画出行驶路程的花费函数图，并讨论函数的连续性．

52. 利用介值定理证明$x^3+3x-2=0$在0和1之间有实根．

53. 利用介值定理证明$(\cos t)t^3+6\sin^5 t-3=0$在0和$2\pi$之间有实根．

GC 54. 利用介值定理证明$x^3-7x^2+14x-8=0$在区间$[0,5]$上至少有一个解．画出函数$y=x^3-7x^2+14x-8$在区间$[0,5]$的图形，这个方程实际有多少解？

GC 55. 利用介值定理证明$\sqrt{x}-\cos x=0$在0到$\pi/2$上有一个解．画出并放大$y=\sqrt{x}-\cos x$的图形，找到一个

长度为0.1的包含这个解的区间．

56. 证明方程$x^5+4x^3-7x+14=0$至少有一实根．

57. 证明f在c处连续的充分必要条件是$\lim\limits_{t\to 0}f(t+c)=f(c)$成立．

58. 证明：如果f在c处连续并有$f(c)>0$，则存在区间$(c-\delta,\ c+\delta)$，使得$f(x)>0$在此区间上成立．

59. 证明：如果f在$[0,\ 1]$上连续并在此区间上满足$0\leqslant f(x)\leqslant 1$，则$f$有不动点，即在$[0,\ 1]$上存在一点$c$使得$f(c)=c$. 提示：对$g(x)=x-f(x)$运用介值定理．

60. 求常数a，b，使得下列函数在每一点处都连续．

$$f(x)=\begin{cases}x+1, & x<1\\ ax+b, & 1\leqslant x<2\\ 3x, & x\geqslant 2\end{cases}$$

61. 一条被拉长的橡皮筋覆盖$[0,\ 1]$. 两个端点被释放后，皮筋收缩到只覆盖$[a,\ b]$，$a\geqslant 0$，$b\leqslant 1$. 证明在变换中皮筋上至少一点保持原来的位置不变．参考习题59.

62. 令$f(x)=\dfrac{1}{x-1}$，则有$f(-2)=-\dfrac{1}{3}$和$f(2)=1$. 是否存在一点$c\in(-2,\ 2)$使得$f(c)=0$，可以用介值定理判断吗？请说明．

63. 一徒步旅行者从早晨4点开始登山，于正午到达山顶．第二天早晨5点他沿原路返回，并于11点到达山脚出发地．说明在这两天路上的某些位置处，旅行者的手表显示相同的时间．

64. 令D为第一象限内一块有界且面积形状任意的区域．已知角θ，$0\leqslant\theta\leqslant\dfrac{\pi}{2}$，$D$可被一矩形围起，且矩形的一边与$x$轴成$\theta$角，如图15所示．证明存在$\theta$使得此矩形成为正方形(即任意一块有界的区域可被正方形围起．)

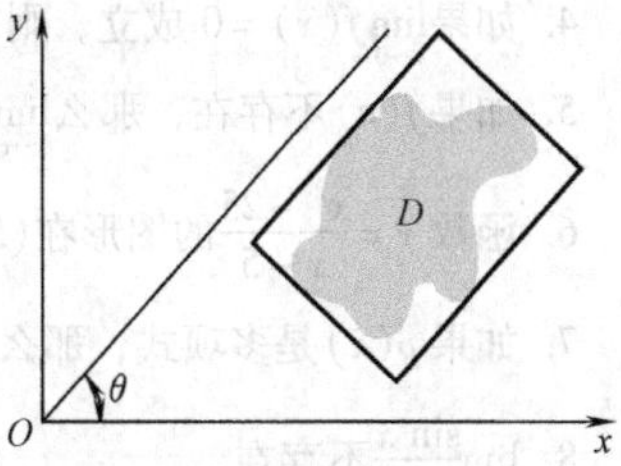

图　15

65. 地球作用在一个物体上的重力与物体的质量及其到地心的距离有关，具体如下：

$$g(r)=\begin{cases}\dfrac{GMmr}{R^3}, & r<R\\[2ex] \dfrac{GMm}{r^2}, & r\geqslant R\end{cases}$$

式中，G是重力常数，M是地球的质量，R是地球的半径．请问g是r的连续函数吗？

66. 假如f在$[a,\ b]$上连续，且它总不为0，请问f在$[a,\ b]$中有可能改变符号吗？请解释．

67. 对于实数范围内所有x，y，都有$f(x+y)=f(x)+f(y)$成立，并假设f在$x=0$处连续．

(a)证明f在定义域内处处连续．

(b)证明存在一常数m，使得对于实数范围内所有的t，$f(t)=mt$都成立(见0.5节习题43)．

68. 证明：如果$f(x)$在一区间上连续，那么$|f(x)|=\sqrt{(f(x))^2}$在此区间上也连续．

69. 证明：如果$g(x)=|f(x)|$连续，但$f(x)$不一定连续．

70. 如果x是无理数，则$f(x)=0$，如果x是有理数p/q的不可约形式，则$f(x)=1/q(q>0)$.

(a)尽可能画出f在$(0,\ 1)$上的图形．

(b)证明f在$(0,\ 1)$上每个无理数点处都连续，却在每个有理数点处都不连续．

71. 一个薄的等边三角形木块的边长为一个单位长度，它的表面在xy平面直角坐标系上，且顶点V位于原点．在重力的作用下木块会绕V旋转，直到它的一边与x轴重合为止(图16)．令x表示

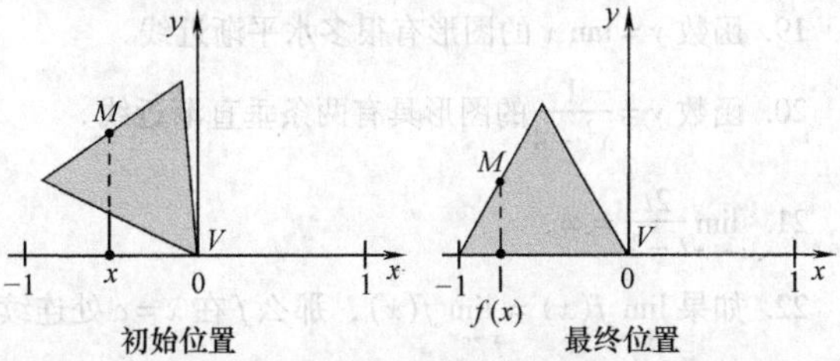

图　16

顶点 V 的对边中点 M 的起始横坐标，并令 $f(x)$ 表示 M 最终的横坐标．假设当 M 在 V 正上方时木块恰好平衡．

(a)求 f 的定义域和取值范围．

(b) f 在此定义域上哪些点处不连续？

(c)找出 f 的不动点．(参考习题59)．

概念复习答案：

1. $\lim_{x\to c}f(x)$　2. 全体整数　3. $\lim_{x\to a^+}f(x)=f(a)$，$\lim_{x\to b^-}f(x)=f(b)$　4. a，b，$f(c)=W$

1.7 本章回顾

概念测试

判断下列说法是否正确，验证你的答案．

1. 如果 $f(c)=L$，那么 $\lim_{x\to c}f(x)=L$.
2. 如果 $\lim_{x\to c}f(x)=L$，那么 $f(c)=L$.
3. 如果 $\lim_{x\to c}f(x)$ 存在，那么 $f(c)$ 存在．
4. 如果 $\lim_{x\to 0}f(x)=0$ 成立，则对任意 $\varepsilon>0$，存在 $\delta>0$ 使得，当 $0<|x|<\delta$ 时，$|f(x)|<\varepsilon$ 成立．
5. 如果 $f(c)$ 不存在，那么 $\lim_{x\to c}f(x)$ 也不存在．
6. 函数 $y=\dfrac{x^2-25}{x-5}$ 的图形在(5，10)内有不连续点．
7. 如果 $p(x)$ 是多项式，那么 $\lim_{x\to c}p(x)=p(c)$.
8. $\lim_{x\to 0}\dfrac{\sin x}{x}$ 不存在．
9. 对于每一个实数 c，都有 $\lim_{x\to c}\tan x=\tan c$.
10. $\tan x$ 在其定义域内连续．
11. 函数 $f(x)=2\sin^2 x-\cos x$ 在实数范围内连续．
12. 函数 $f(x)$ 在 c 点连续，那么 $f(c)$ 存在．
13. 函数 $f(x)$ 在区间(1，3)连续，那么 $f(x)$ 在2点连续．
14. 函数 $f(x)$ 在区间[0，4]连续，那么 $\lim_{x\to 0}f(x)$ 存在．
15. 如果一个连续函数 $f(x)$，对所有 x 满足 $A\leqslant f(x)\leqslant B$，那么 $\lim_{x\to\infty}f(x)$ 存在并且满足 $A\leqslant\lim_{x\to\infty}f(x)\leqslant B$.
16. 如果函数 $f(x)$ 在区间 (a, b) 上连续，那么 $\lim_{x\to c}f(x)=f(c)$ 对所有 $c\in(a, b)$ 都成立．
17. $\lim_{x\to\infty}\dfrac{\sin x}{x}=1$.
18. 如果直线 $y=2$ 是函数 $y=f(x)$ 的水平渐近线，那么 $\lim_{x\to\infty}f(x)=2$.
19. 函数 $y=\tan x$ 的图形有很多水平渐近线．
20. 函数 $y=\dfrac{1}{x^2-4}$ 的图形具有两条垂直渐近线．
21. $\lim_{t\to 1^+}\dfrac{2t}{t-1}=\infty$.
22. 如果 $\lim_{x\to c^-}f(x)=\lim_{x\to c^+}f(x)$，那么 f 在 $x=c$ 处连续．
23. 如果 $\lim_{x\to c}f(x)=f(\lim_{x\to c}x)$，那么 f 在 $x=c$ 处连续．

24. 函数$f(x)=\left[\dfrac{x}{2}\right]$在$x=2.3$处连续.

25. 对于包含2的某区间上的所有x，如果$\lim\limits_{x\to 2}f(x)=f(2)>0$，那么$f(x)<1.001f(2)$.

26. 如果$\lim\limits_{x\to c}[f(x)+g(x)]$存在，那么$\lim\limits_{x\to c}f(x)$和$\lim\limits_{x\to c}g(x)$都存在.

27. 如果对于全体实数x，$0\leqslant f(x)\leqslant 3x^2+2x^4$都成立，那么$\lim\limits_{x\to 0}f(x)=0$.

28. 如果$\lim\limits_{x\to a}f(x)=L$并且$\lim\limits_{x\to a}f(x)=M$，那么$L=M$.

29. 如果$f(x)\neq g(x)$对于全体x都成立，那么$\lim\limits_{x\to c}f(x)\neq\lim\limits_{x\to c}g(x)$.

30. 如果对于全体实数x，$f(x)<10$都成立，并且$\lim\limits_{x\to 2}f(x)$存在，那么$\lim\limits_{x\to 2}f(x)<10$.

31. 如果$\lim\limits_{x\to a}f(x)=b$，那么$\lim\limits_{x\to a}|f(x)|=|b|$.

32. 如果f在$[a,b]$上连续并且恒正，那么$1/f$可能为$1/f(a)$和$1/f(b)$之间的任意值.

本章测试

在习题1~22题中，求出下列极限，若不存在说明理由.

1. $\lim\limits_{x\to 2}\dfrac{x-2}{x+2}$　　2. $\lim\limits_{u\to 1}\dfrac{u^2-1}{u+1}$　　3. $\lim\limits_{u\to 1}\dfrac{u^2-1}{u-1}$

4. $\lim\limits_{u\to 1}\dfrac{u+1}{u^2-1}$　　5. $\lim\limits_{x\to 2}\dfrac{1-2/x}{x^2-4}$　　6. $\lim\limits_{z\to 2}\dfrac{z^2-4}{z^2+z-6}$

7. $\lim\limits_{x\to 0}\dfrac{\tan x}{\sin 2x}$　　8. $\lim\limits_{y\to 1}\dfrac{y^3-1}{y^2-1}$　　9. $\lim\limits_{x\to 4}\dfrac{x-4}{\sqrt{x}-2}$

10. $\lim\limits_{x\to 0}\dfrac{\cos x}{x}$　　11. $\lim\limits_{x\to 0^-}\dfrac{|x|}{x}$　　12. $\lim\limits_{x\to 1/2^+}[4x]$

13. $\lim\limits_{t\to 2^-}([t]-t)$　　14. $\lim\limits_{x\to 1^-}\dfrac{|x-1|}{x-1}$　　15. $\lim\limits_{x\to 0}\dfrac{\sin 5x}{3x}$

16. $\lim\limits_{x\to 0}\dfrac{1-\cos 2x}{3x}$　　17. $\lim\limits_{x\to\infty}\dfrac{x-1}{x+2}$　　18. $\lim\limits_{t\to\infty}\dfrac{\sin t}{t}$

19. $\lim\limits_{t\to 2}\dfrac{t+2}{(t-2)^2}$　　20. $\lim\limits_{x\to 0^+}\dfrac{\cos x}{x}$　　21. $\lim\limits_{x\to\pi/4^-}\tan 2x$

22. $\lim\limits_{x\to 0^+}\dfrac{1+\sin x}{x}$

23. 用$\varepsilon-\delta$语言，证明$\lim\limits_{x\to 3}(2x+1)=7$.

24. 令$f(x)=\begin{cases}x^3, & x<-1\\ x, & -1<x<1\\ 1-x, & x\geqslant 1\end{cases}$，求下列各值.

(a) $f(1)$　(b) $\lim\limits_{x\to 1^+}f(x)$　(c) $\lim\limits_{x\to 1^-}f(x)$　(d) $\lim\limits_{x\to -1}f(x)$

25. 第24题中(a)当x为何值时，f不连续？(b)应如何定义f才能使其在$x=-1$处连续？

26. 按下列情况给出$\varepsilon-\delta$定义.

(a) $\lim\limits_{u\to a}g(u)=M$　　(b) $\lim\limits_{x\to a^-}f(x)=L$

27. 当$\lim\limits_{x\to 3}f(x)=3$，$\lim\limits_{x\to 3}g(x)=-2$，且如果$g$在$x=3$处连续，求下列各值.

(a) $\lim\limits_{x\to 3}[2f(x)-4g(x)]$　　(b) $\lim\limits_{x\to 3}g(x)\dfrac{x^2-9}{x-3}$　　(c) $g(3)$

(d) $\lim\limits_{x\to 3}g(f(x))$　　(e) $\lim\limits_{x\to 3}\sqrt{f^2(x)-8g(x)}$　　(f) $\lim\limits_{x\to 3}\dfrac{|g(x)-g(3)|}{f(x)}$

28. 画出满足下列条件的函数f的图形.

(a)定义域为$[0,6]$.　　(b) $f(0)=f(2)=f(4)=f(6)=2$.

(c)除在 $x=2$ 处外，f 都连续.　　(d) $\lim\limits_{x\to 2^-} f(x)=1$ 并且 $\lim\limits_{x\to 5^+} f(x)=3$.

29. 令 $f(x)=\begin{cases}-1, & x\leqslant 0\\ ax+b, & 0<x<1\\ 1, & x\geqslant 1\end{cases}$，确定 a，b 的值使得 f 在每一点都连续.

30. 利用介值定理证明，方程 $x^5-4x^3-3x+1=0$ 在 $x=2$ 和 $x=3$ 之间至少有一个实根.

在习题 31~36 中，找到所给函数的水平渐近线和垂直渐近线.

31. $f(x)=\dfrac{x}{x^2+1}$　　32. $g(x)=\dfrac{x^2}{x^2+1}$　　33. $F(x)=\dfrac{x^2}{x^2-1}$

34. $G(x)=\dfrac{x^3}{x^2-4}$　　35. $h(x)=\tan 2x$　　36. $H(x)=\dfrac{\sin x}{x^2}$

1.8 回顾与预习

1. 令 $f(x)=x^2$，化简并求下列各式的值.

(a) $f(2)$　　(b) $f(2.1)$　　(c) $f(2.1)-f(2)$　　(d) $\dfrac{f(2.1)-f(2)}{2.1-2}$

(e) $f(a+h)$　　(f) $f(a+h)-f(a)$　　(g) $\dfrac{f(a+h)-f(a)}{(a+h)-a}$　　(h) $\lim\limits_{h\to 0}\dfrac{f(a+h)-f(a)}{(a+h)-a}$

2. 对函数 $f(x)=1/x$ 重做习题 1.

3. 对函数 $f(x)=\sqrt{x}$ 重做习题 1.

4. 对函数 $f(x)=x^3+1$ 重做习题 1.

5. 写出下面式子中的前两项：

(a) $(a+b)^3$　　(b) $(a+b)^4$　　(c) $(a+b)^5$

6. 利用第 5 题的结果，对任意给定的 n，试推出 $(a+b)^n$ 的表达式.

7. 用三角函数 $\sin x$，$\sin h$，$\cos x$ 和 $\cos h$ 表示 $\sin(x+h)$.

8. 用三角函数 $\sin x$，$\sin h$，$\cos x$ 和 $\cos h$ 表示 $\cos(x+h)$.

9. 一个轮子的圆心放在原点上，它的半径是 10cm. 它以 4r/s 的速度逆时针旋转，P 点位于边缘上，在 $t=0$ 时，它位于 $(10, 0)$.

(a) P 点在 $t=1, 2, 3$ 时的坐标是什么？　　(b) 在什么时候 P 点重新回到起点 $(10, 0)$？

10. 假设一个肥皂泡当它膨胀时保持球形. 在时间 $t=0$ 时，它的半径为 2cm，在 $t=1$s 时，它的半径增加到 2.5cm. 在这一秒钟内，它的体积变化了多少？

11. 一架飞机中午起飞，以 300mile/h 的速度向北. 另一架飞机在同一个机场于一个小时后起飞，速度是向东 400mile/h.

(a) 在下午 2：00 时，它们各处于什么位置？

(b) 下午 2：00 时，它们之间的距离是多少？

(c) 下午 2：15 时，它们之间的距离又是多少？

第 2 章　导　　数

2.1　一个主题下的两个问题

第一个问题是切线的斜率，它可追溯到古希腊时期的科学家阿基米德(前 287—前 212).

第二个问题是瞬时速度，它来源于开普勒(1571—1630)、伽利略(1564—1642)、牛顿(1642—1727)以及其他尝试描述运动物体速度的科学家.

这两个问题，一个是几何问题，一个是机械问题，看似没有什么关系. 然而，通过下面的讨论将会发现它们实际上是一类问题.

切线　欧几里得的切线概念指出：一条曲线的切线与这条曲线只有一个交点. 但这仅对于圆环类曲线适用(图 1)而对于绝大多数的曲线都不适用(图 2). 更为合理的观点是在曲线上 P 点的切线近似于无限接近 P 点的那部分曲线. 极限的概念为我们提供了最佳的描述方法.

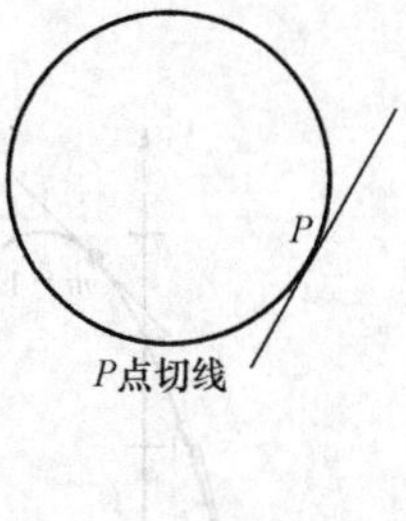

图　1

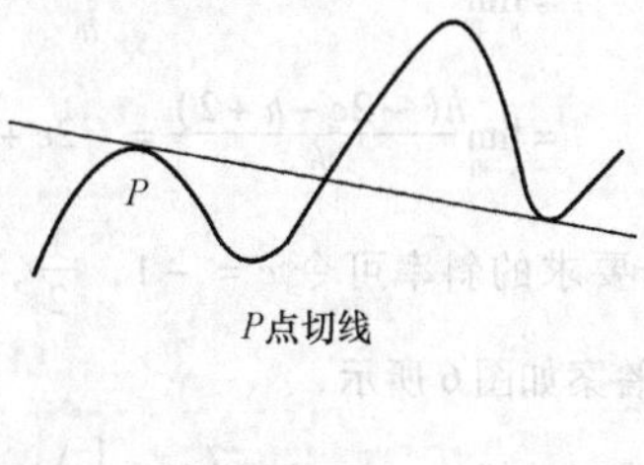

图　2

令 P 为曲线上的一点，Q 为曲线上一接近 P 的可动点. 经过 P 和 Q 的直线叫做**割线**. 在 P 点的**切线**就是当 Q 沿曲线向 P 点移动时割线的极限位置(如果存在)(图 3). 假设曲线方程为 $y=f(x)$. 则 P 的坐标为$(c, f(c))$, Q 的坐标为$(c+h, f(c+h))$，则穿过 P 和 Q 的割线的斜率 $m_{\sec}$ 表示成(图 4)

$$m_{\sec}=\frac{f(c+h)-f(c)}{h}$$

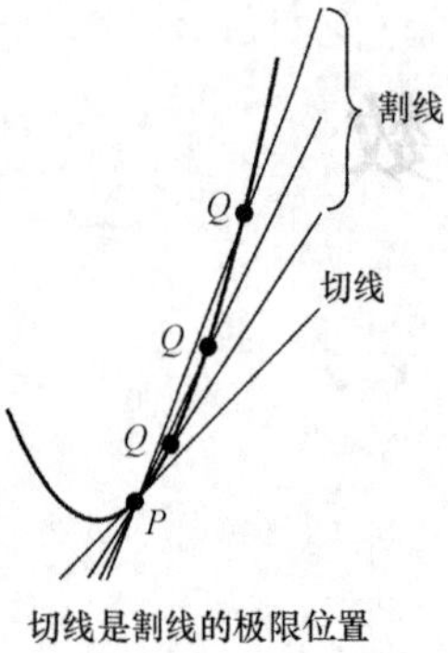

图 3

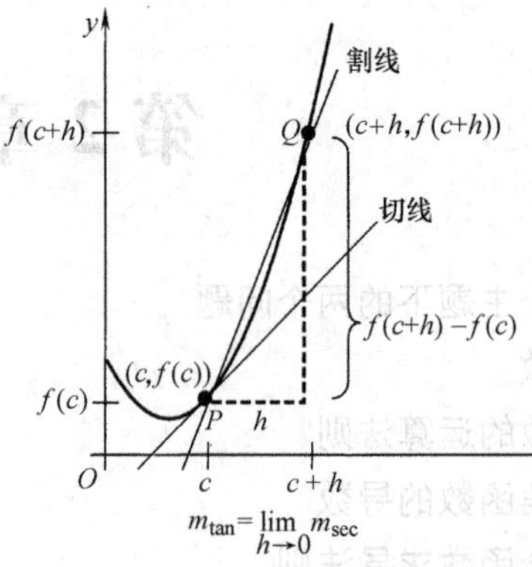

图 4

使用上一章学的极限的概念，我们可以给出切线的一般定义.

> **定义　切线**
>
> 曲线 $y=f(x)$ 在点 $P(c,\ f(c))$ 处的**切线**就是穿过 P 点的一条直线，且斜率为
>
> $$m_{\tan}=\lim_{h\to 0}m_{\sec}=\lim_{h\to 0}\frac{f(c+h)-f(c)}{h}$$
>
> 假设极限存在且不为 ∞ 或 $-\infty$.

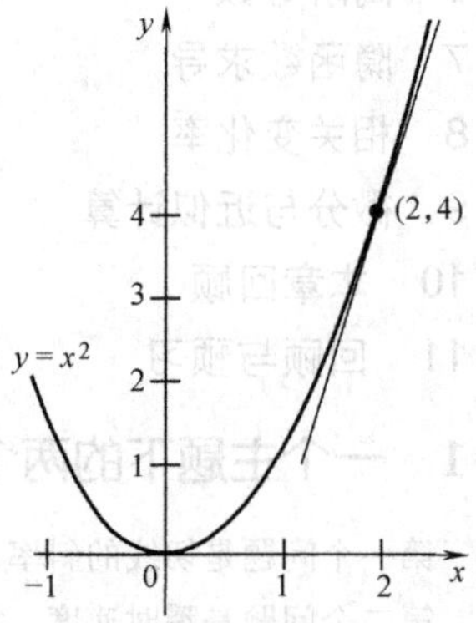

图 5

例 1　求曲线 $y=f(x)=x^2$ 在(2, 4)处切线的斜率.

解　我们要求的切线的斜率已在图 5 上显示. 很明显，斜率为一较大的正值.

$$m_{\tan}=\lim_{h\to 0}\frac{f(2+h)-f(2)}{h}=\lim_{h\to 0}\frac{(2+h)^2-2^2}{h}=\lim_{h\to 0}\frac{4+4h+h^2-4}{h}=\lim_{h\to 0}\frac{h(4+h)}{h}=4$$

例 2　求通过曲线 $y=f(x)=-x^2+2x+2$ 上 x 坐标为 -1，$\frac{1}{2}$，2，3 的点的切线的斜率.

解　与其一个个计算，不如找到切线斜率与 x 坐标的关系.

$$m_{\tan}=\lim_{h\to 0}\frac{f(c+h)-f(c)}{h}=\lim_{h\to 0}\frac{-(c+h)^2+2(c+h)+2-(-c^2+2c+2)}{h}$$

$$=\lim_{h\to 0}\frac{-c^2-2ch-h^2+2c+2h+2+c^2-2c-2}{h}$$

$$=\lim_{h\to 0}\frac{h(-2c-h+2)}{h}=-2c+2$$

于是对四个要求的斜率可令 $c=-1$，$\frac{1}{2}$，2，3，则分别得到 4，1，-2，-4. 答案如图 6 所示.

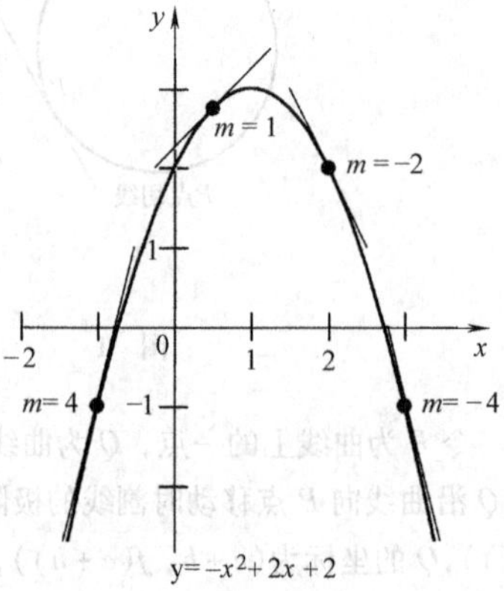

图 6

例 3　求过曲线 $y=1/x$ 上点$\left(2,\ \frac{1}{2}\right)$的切线方程(图 7).

解　令 $f(x)=1/x$，则

$$m_{\tan}=\lim_{h\to 0}\frac{f(2+h)-f(2)}{h}=\lim_{h\to 0}\frac{\frac{1}{2+h}-\frac{1}{2}}{h}$$

$$=\lim_{h\to 0}\frac{\frac{2}{2(2+h)}-\frac{2+h}{2(2+h)}}{h}=\lim_{h\to 0}\frac{2-(2+h)}{2(2+h)h}$$

$$=\lim_{h\to 0}\frac{-h}{2(2+h)h}=\lim_{h\to 0}\frac{-1}{2(2+h)}=-\frac{1}{4}$$

知道了在曲线上点$\left(2,\ \frac{1}{2}\right)$的斜率是$-\frac{1}{4}$，用点斜式$y-y_0=m(x-x_0)$就可以很容易地写出它的方程．

切线方程为　$y-\frac{1}{2}=-\frac{1}{4}(x-2)$，　即$y=1-\frac{1}{4}x$.

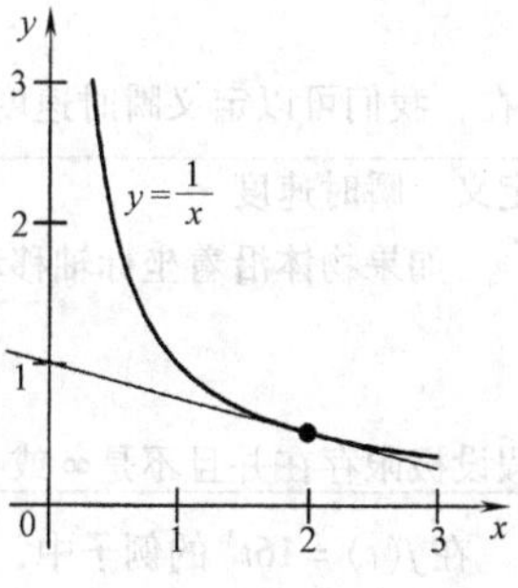

图　7

平均速度和瞬时速度　如果我们开一辆汽车从一个镇到 80mile (1mile = 1609.344m) 以外的另一个镇用了 2h，那么平均速度就是 40mile/h. 平均速度是两个位置之间的距离除以所用时间的商．

但是在我们的旅途中速度表的读数却经常和 40 不同．开始时，显示是 0，有时会上升至 57，最后又降到 0. 速度表测量的到底是什么东西呢？可以肯定，它不是平均速度．

考虑一个更加精确的例子，让一个物体 P 在真空中下落．实验表明，如果 P 是从静止开始下落的，那么它在 t 时间内下落了 $16t^2$ft. 因此，它在第一秒内下落了 16ft，在前两秒内下落了 64ft(图 8)．很明显随着时间的推移物体下落得越来越快了．图 9 显示了通过的距离(纵坐标)作为时间(横坐标)的一个函数．

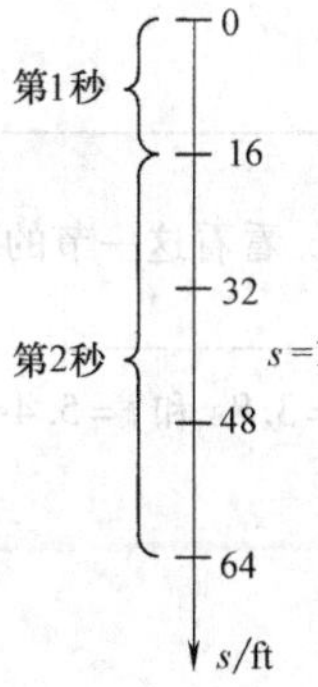

图　8

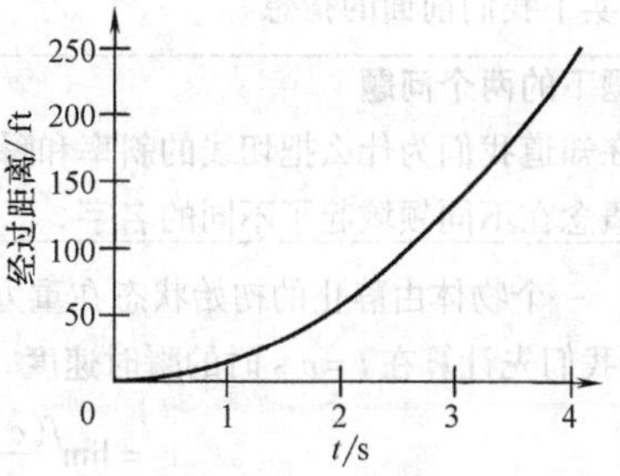

图　9

在第二秒内(即在 $t=1$s 到 $t=2$s 的时间间隔内)，P 下落了 64 − 16 = 48(ft)．它的平均速度是

$$v_{\text{avg}}=\frac{64-16}{2-1}=48(\text{ft/s})$$

在时间 $t=1$s 到 $t=1.5$s 的时间间隔内，它下落了 $16\times1.5^2-16=20$(ft)．它的平均速度是

$$v_{\text{avg}}=\frac{16\times1.5^2-16}{1.5-1}=\frac{20}{0.5}=40(\text{ft/s})$$

类似地，我们也可以算出从 $t=1$s 到 $t=1.1$s 和 $t=1$s 到 $t=1.01$s 之间相对应的平均速度

$$v_{\text{avg}}=\frac{16\times1.1^2-16}{1.1-1}=\frac{3.36}{0.1}=33.6(\text{ft/s})$$

$$v_{\text{avg}}=\frac{16\times1.01^2-16}{1.01-1}=\frac{0.3216}{0.01}=32.16(\text{ft/s})$$

我们所做的是计算越来越短的时间间隔内平均速度，都是从 $t=1$s 开始计算．时间间隔越短，计算出来的就越接近 $t=1$s 时刻的瞬时速度．从数字 48，40，33.6 和 32.16，可以猜想到瞬时速度是 32ft/s.

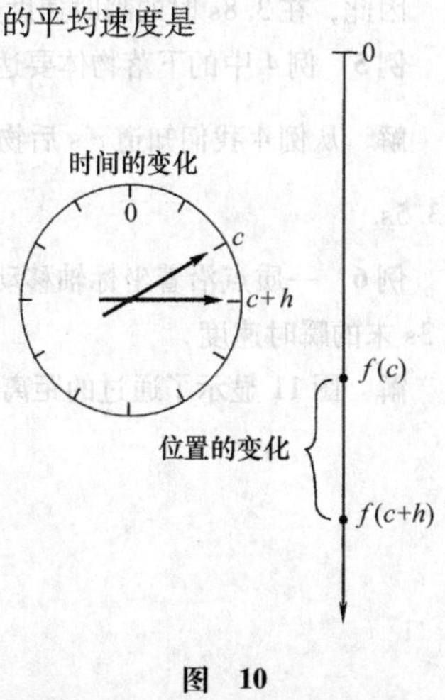

图　10

不过我们更加严谨一点：假设一个物体 P 沿着坐标轴移动，使得它的位置在时间 t 时是 $s=f(t)$．在时间 c 时物体位于 $f(c)$；在邻近的时间 $c+$

h，它的位置是$f(c+h)$（图10）. 因此在这个区间内的**平均速度**是

$$v_{\text{avg}}=\frac{f(c+h)-f(c)}{h}$$

现在，我们可以定义瞬时速度了.

定义 瞬时速度

如果物体沿着坐标轴移动的位移方程是$f(t)$，那么它在时刻c的**瞬时速度**是

$$v=\lim_{h\to 0}v_{\text{avg}}=\lim_{h\to 0}\frac{f(c+h)-f(c)}{h}$$

假设极限存在并且不是∞或$-\infty$.

在$f(t)=16t^2$的例子中，当$t=1\text{s}$时的瞬时速度是

$$\begin{aligned}v&=\lim_{h\to 0}\frac{f(1+h)-f(1)}{h}\\&=\lim_{h\to 0}\frac{16(1+h)^2-16}{h}\\&=\lim_{h\to 0}\frac{16+32h+16h^2-16}{h}\\&=\lim_{h\to 0}(32+16h)=32(\text{ft/s})\end{aligned}$$

这恰好证实了我们前面的猜想.

一个主题下的两个问题

现在知道我们为什么把切线的斜率和瞬时速度归结为同一个问题了吧. 看看这一节的两个定义，同一个数学概念在不同领域起了不同的名字.

例4 一个物体由静止的初始状态在重力的作用下开始下落. 求它在$t=3.8\text{s}$和$t=5.4\text{s}$时的瞬时速度.

解 我们先计算在$t=c$ s时的瞬时速度. 由$f(t)=16t^2$，有

$$\begin{aligned}v&=\lim_{h\to 0}\frac{f(c+h)-f(c)}{h}\\&=\lim_{h\to 0}\frac{16(c+h)^2-16c^2}{h}\\&=\lim_{h\to 0}\frac{16c^2+32ch+16h^2-16c^2}{h}\\&=\lim_{h\to 0}(32c+16h)=32c\end{aligned}$$

因此，在3.8s时的瞬时速度是$32\times 3.8=121.6(\text{ft/s})$；在5.4s时的瞬时速度是$32\times 5.4=172.8(\text{ft/s})$.

例5 例4中的下落物体要达到112ft/s的瞬时速度需要多长时间？

解 从例4我们知道c s后物体的瞬时速度是$32c$. 因此，我们必须解方程$32c=112$. 方程的解是$c=\frac{112}{32}=3.5\text{s}$.

例6 一质点沿着坐标轴移动，它在t s结束时距原点的有向距离是s cm，$s=f(t)=\sqrt{5t+1}$. 计算质点在3s末的瞬时速度.

解 图11显示了通过的距离和时间的函数关系. 3s末的瞬时速度等于在$t=3$时的切线的斜率.

$$\begin{aligned}v&=\lim_{h\to 0}\frac{f(3+h)-f(3)}{h}\\&=\lim_{h\to 0}\frac{\sqrt{5(3+h)+1}-\sqrt{5\times 3+1}}{h}\\&=\lim_{h\to 0}\frac{\sqrt{16+5h}-4}{h}\end{aligned}$$

为了计算这个极限，我们通过给分母和分子都乘以 $\sqrt{16+5h}+4$ 来有理化分子，得

$$v=\lim_{h\to 0}\left(\frac{\sqrt{16+5h}-4}{h}\cdot\frac{\sqrt{16+5h}+4}{\sqrt{16+5h}+4}\right)$$

$$=\lim_{h\to 0}\frac{16+5h-16}{h(\sqrt{16+5h}+4)}$$

$$=\lim_{h\to 0}\frac{5}{\sqrt{16+5h}+4}=\frac{5}{8}(\mathrm{cm/s})$$

我们断定质点在 3s 末的瞬时速度是$\frac{5}{8}$cm/s.

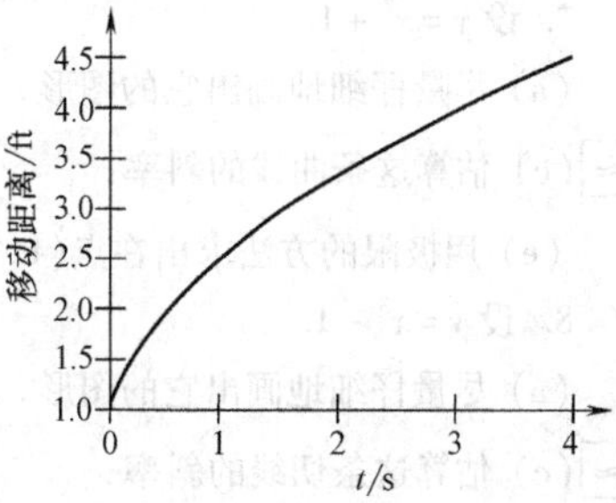

图　11

> **速度与速率**
>
> 一直以来，我们都是可互换地使用速度和速率这两个名词，在这一章的后面部分，我们将会说明它们之间的区别.

变化率　速度只是这门课程中许多重要的变化率中的一个，它是距离相对于时间的变化率. 其他我们感兴趣的变化率还有线密度(质量相对长度的变化率)、边际收入(收入相对于产品销售数的变化率)、电流(电荷量相对于时间的变化率). 这些以及其他一些变化率我们将在习题中集中讨论. 在任何情况下，我们都要注意区分是在某一个区间内的平均变化率还是在某一点的瞬时变化率. 通常，我们用变化率来表示瞬时变化率.

概念复习

1. 在曲线上的 P 点附近最接近曲线的直线是通过该点的__________.
2. 更精确地说，曲线上 P 点的切线是通过 P、Q 点的__________线当 Q 沿着曲线向 P 趋近时的极限位置.
3. 曲线 $y=f(x)$ 在 $(c, f(c))$ 的切线的斜率可以表示为 $m_{\tan}=\lim_{h\to 0}$__________.
4. 点 P(沿着直线移动)在时间 c 的瞬时速度是当 h 趋向 0 时在时间间隔 c 和 $c+h$ 上__________的极限.

习题 2.1

在习题 1 ~ 2 中画出了曲线的一条切线. 估算它的斜率. 注意坐标轴刻度的不同.

1.

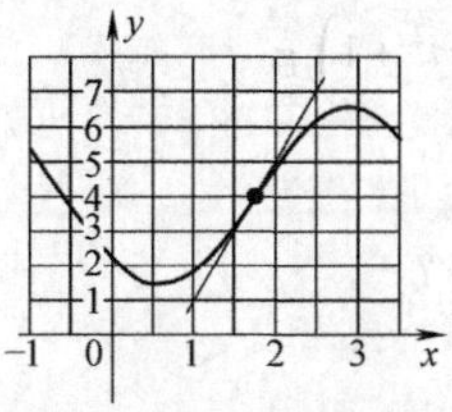

2.

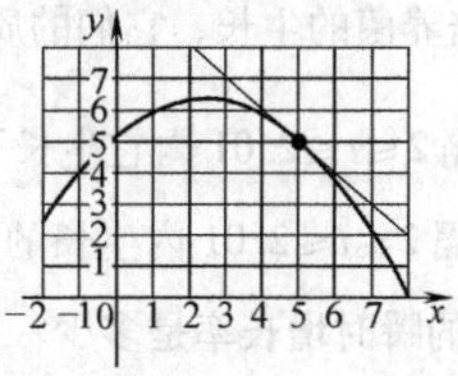

在习题 3 ~ 6 中，画出曲线在给定点的切线并估算斜率.

3.

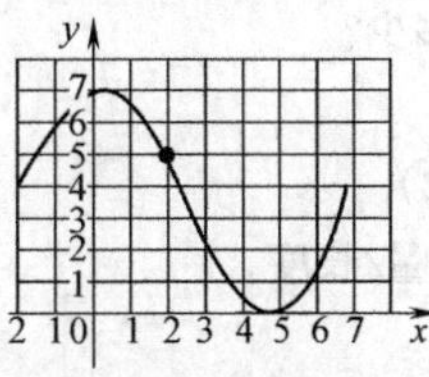

4.

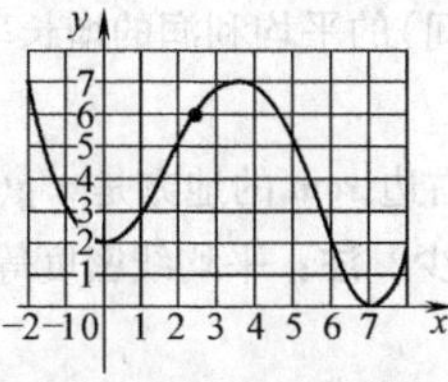

5.

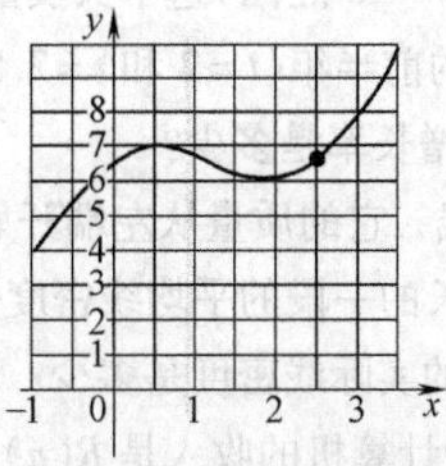

6.

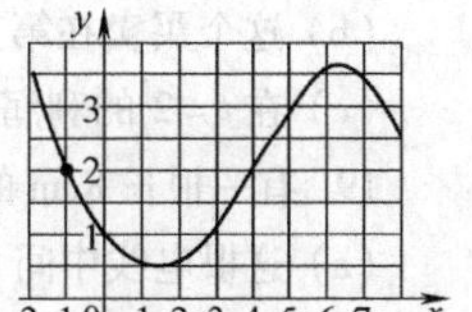

7. 设 $y=x^2+1$.

(a) 尽量仔细地画出它的图形.　　(b) 画出它在点(1, 2)的切线.

≈ (c) 估算这条曲线的斜率.　　C (d) 计算通过(1, 2)和$(1.01, 1.01^2+1.0)$的割线的斜率.

(e) 用极限的方法求出在点(1, 2)的斜率(见例1).

8. 设 $y=x^3-1$.

(a) 尽量仔细地画出它的图形.　　(b) 画出它在(2, 7)的切线.

≈ (c) 估算这条切线的斜率.　　C (d)计算通过点(1, 2)和$(2.01, 2.01^3-1)$的割线的斜率.

(e) 用极限的方法求出在点(2, 7)的斜率(见例1).

9. 分别计算曲线 $y=x^2-1$ 在点 $x=-2, -1, 0, 1, 2$ 的切线的斜率(见例2).

10. 分别计算曲线 $y=x^3-3x$ 在 $x=-2, -1, 0, 1, 2$ 的切线的斜率.

11. 画出 $y=1/(x+1)$ 的图形, 然后求出在$\left(1, \frac{1}{2}\right)$的切线方程(见例3).

12. 求 $y=1/(x-1)$ 在(0, −1)的切线方程.

13. 实验表明作自由落体运动的物体在 ts 内通过的距离大约为 $16t^2$.

(a) 在 $t=0$ 到 $t=1$ 之间物体下落了多远?　　(b) 在 $t=1$ 到 $t=2$ 之间物体下落了多远?

(c) 物体在区间 $2\leqslant t\leqslant 3$ 的平均速度是多少?　　C (d) 物体在区间 $3\leqslant t\leqslant 3.01$ 的平均速度是多少?

≈ (e) 计算物体在 $t=3$ 时的瞬时速度(见例4).

14. 一个物体沿着直线运动, 使得它在 ts 后的位置 s 为 $s=(t^2+1)$m.

(a) 物体在区间 $2\leqslant t\leqslant 3$ 的平均速度是多少?

C (b) 物体在区间 $2\leqslant t\leqslant 2.003$ 的平均速度是多少?

(c) 物体在区间 $2\leqslant t\leqslant 2+h$ 的平均速度是多少?

≈ (d) 计算物体在 $t=2$ 时的瞬时速度.

15. 假设一个物体沿着坐标轴移动, 使得它 ts 后与原点的有向距离为 $\sqrt{2t+1}$ ft.

(a) 求出物体在 $t=\alpha(\alpha>0)$ 时的瞬时速度.　　(b) 物体什么时候的速度能达到$\frac{1}{2}$ ft/s(见例5).

16. 如果一个质点沿着坐标轴移动, 使得它与原点的有向距离在 t s 后为$(-t^2+4t)$ft. 何时该质点会出现瞬间停止(即何时瞬时速度变为零)?

17. 随着某些培养菌的生长, 它们的质量在 t h 后为$\left(\frac{1}{2}t^2+1\right)$ g.

C (a) 在时间间隔 $2\leqslant t\leqslant 2.01$ 内它生长了多少?

(b) 在时间间隔 $2\leqslant t\leqslant 2.01$ 内生长的平均增长率是多少?

≈ (c) 在 $t=2$ 时的瞬时增长率是多少?

18. 一种买卖以这样的一种方式进行: t 年后的总(累积)获利是 $1000t^2$ 美元.

(a) 在第三年(在 $t=2$ 和 $t=3$ 之间)这个买卖能赚多少钱?

(b) 这个买卖在第三年的前半年($t=2$ 和 $t=2.5$ 之间)的平均利润的增长率是多少?

(c) 在 $t=2$ 的利润瞬时增长率是多少?

19. 有一根长 8cm 的电线, 它的质量从左端开始到右边 $x$cm 的地方是 x^3g(图12).

(a) 这根电线中间 2cm 长的一段的平均线密度是多少? **注:** 平均线密度等于质量/长度.

(b) 从左端开始 3cm 点的实际线密度是多少?

20. 假设生产和销售 n 台计算机的收入是 $R(n)=(0.4n-0.001n^2)$美元. 求出收入在 $n=10$ 和 $n=100$ 时

的变化率（收入相对于产品生产和销售总量的瞬时变化率称为边际收益）.

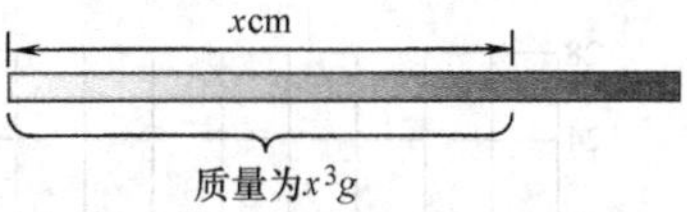

图 12

21. 速度相对时间的变化率叫做**加速度**. 假设一个质点在 t 时刻的速度是 $v(t)=2t^2$，求当 $t=1$s 时质点的加速度.

22. 某个城市被一种流感袭击，官方估计流感爆发 t 天后感染人数是 $p(t)=120t^2-2t^3$，$0\leq t\leq 40$. 在 $t=10$，$t=20$ 和 $t=30$ 时流感以多大的传播率传播？

23. 图 13 所示为某个城市在某一天水塔在水泵停止进水后的储水总量随时间变化的曲线. 问这一天的平均用水率是多少？上午 8 点时用水有多快？

24. 乘客从一楼乘电梯上到距一楼 84 ft 高的七楼，电梯的位置 s 作为时间 t（以 s 为单位）的一个函数如图 14 所示.

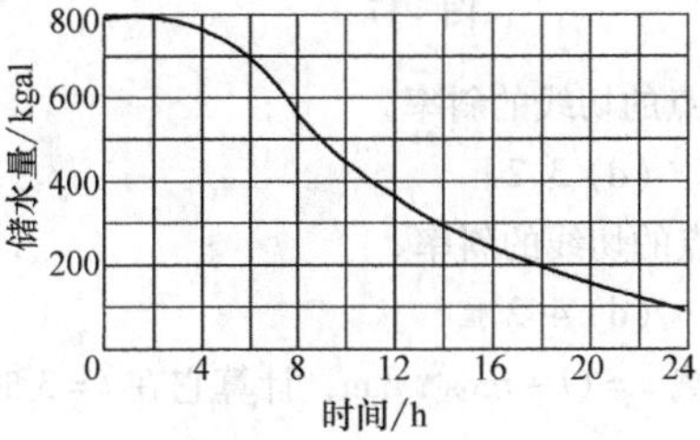

图 13

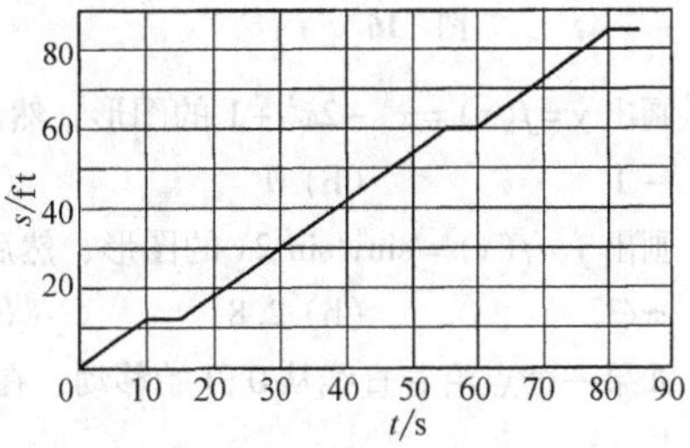

图 14

(a) 电梯从一楼升到七楼的平均速度是多少？

(b) 电梯在时间 $t=20$s 时的速度大约是多少？

(c) 在一楼到七楼之间，电梯总共停了多少次（不包括一楼和七楼）？你认为电梯在哪几层楼停的？

25. 图 15 显示的是密苏里州圣路易斯常态高温作为时间（从 1 月 1 日起用天计算）的一个函数.

(a) 在 3 月 2 日（即第 61 天）常态高温的变化率大约是多少？变化率的单位是什么？

(b) 在 7 月 10 日（即第 191 天）常态高温的变化率大约是多少？

(c) 变化率在哪些月份等于 0？

(d) 变化率在哪些月份的绝对值是最大的？

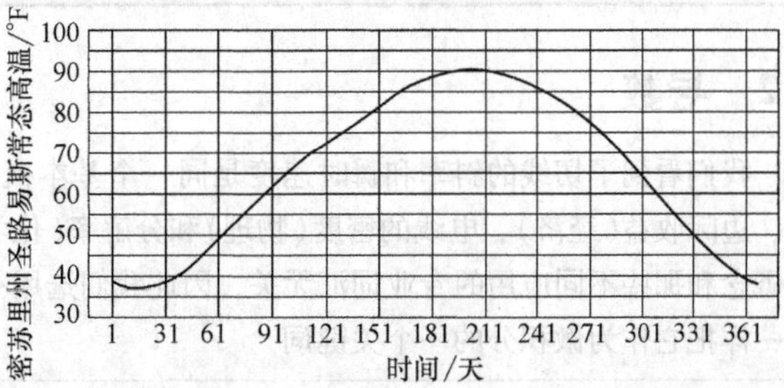

图 15

26. 图 16 所示为一个发展中国家从 1900 年到 1999 年的人口总量. 在 1930 年人口变化率大约是多少？1990 年呢？人口的增长更适合用百分比的增长来衡量，它用增长量除以当时人口总量所得比值表示. 对于图 16 所示的人口总量，在 1930 年的增长百分比大约是多少？在 1990 年呢？

27. 图 17a 和图 17b 给出了两个不同的质点沿着直线移动的位移 s 作为时间 t 的函数. 两个质点的速度是增加了还是减少了？解释结论.

28. 电荷量相对时间的变化率叫做**电流**. 假设有 $\left(\frac{1}{3}t^3+t\right)$C 电荷在 t s 内流过一根电线，求出 3s 后电流，以 A(C/s) 作单位. 什么时候会出现一个 20A 的电流脉冲？

29. 一个圆形油渍的半径以每天 2km 的不变速率增大. 油泄漏 3 天后油渍面积的增长率是多少？

30. 一个球形气球的半径以 0.25in/s 的速率增长. 如果在时间 $t=0$s 时气球的半径是 0，计算在时间 $t=3$s 时气球体积的增长率？

GC **用图形计算器或者 CAS 来计算习题 31～34.**

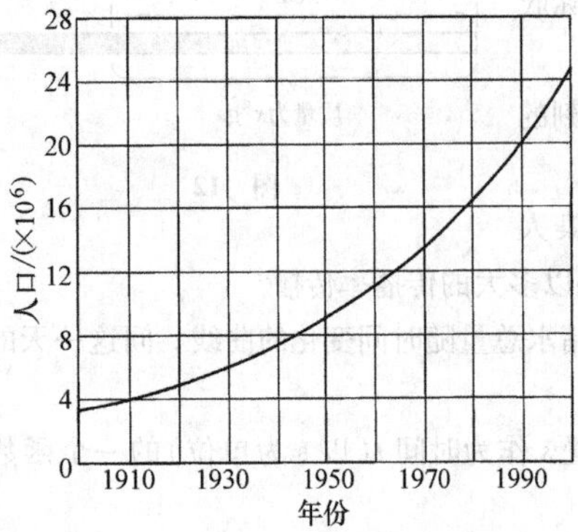

图 16

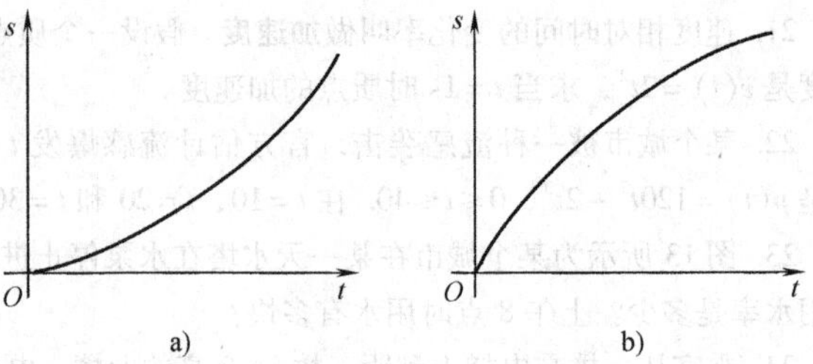

图 17

31. 画出 $y=f(x)=x^3-2x^2+1$ 的图形，然后求出在下面各点的切线的斜率.

（a）-1　　（b）0　　（c）1　　（d）3.2

32. 画出 $y=f(x)=\sin x\ \sin^2 2x$ 的图形，然后求出在下面各点的切线的斜率.

（a）$\pi/3$　　（b）2.8　　（c）π　　（d）4.2

33. 如果一个点沿着直线从0开始移动，在 t s内经过的距离 $s=(t+t\cos^2 t)$ m，计算它在 $t=3$ 时的瞬时速度.

34. 如果一个点沿着直线从0开始移动，在 t s内经过的距离 $s=(t+1)^3/(t+2)$ m，计算它在 $t=1.6$ 时的瞬时速度.

概念复习答案：

1. 切线　2. 割　3. $[f(c+h)-f(c)]/h$　4. 平均速度

2.2 导数

我们看到了切线的斜率和瞬时速度是同一个基本概念的不同表现形式. 例如，有机体(生物)的生长速率、边际收益(经济)、电线的密度(物理)和分解率(化学)都是对同一基本概念的另一种表现形式. 学习这一概念和那些不同应用的专业词汇无关，因此我们选用一个中性的词导数来表示这个概念，并且和函数、极限一样把它作为微积分的一个关键词.

> **定义　导数**
>
> 函数 f 的**导数**是另外一个函数 f'，它对定义域内的任意 x 函数值为
>
> $$f'(x)=\lim_{h\to 0}\frac{f(x+h)-f(x)}{h}$$

如果极限存在，我们说 f 在 x 点**可微**. 求导数的过程叫做**微分**；微积分学中的导数部分就叫做**微分学**.

求导　我们来举例说明.

例 1　设 $f(x)=13x-6$，求 $f'(4)$.

解　$f'(4)=\lim\limits_{h\to 0}\dfrac{f(4+h)-f(4)}{h}=\lim\limits_{h\to 0}\dfrac{[13(4+h)-6]-(13\times 4-6)}{h}$

$=\lim\limits_{h\to 0}\dfrac{13h}{h}=\lim\limits_{h\to 0}13=13$

例 2　设 $f(x)=x^3+7x$，求 $f'(x)$.

解　$f'(4)=\lim\limits_{h\to 0}\dfrac{f(x+h)-f(x)}{h}$

$$= \lim_{h \to 0} \frac{[(x+h)^3 + 7(x+h)] - (x^3 + 7x)}{h}$$

$$= \lim_{h \to 0} \frac{3x^2 h + 3xh^2 + h^3 + 7h}{h}$$

$$= \lim_{h \to 0} (3x^2 + 3xh + h^2 + 7) = 3x^2 + 7$$

例 3 设 $f(x) = 1/x$，求 $f'(x)$.

解 $f'(x) = \lim_{h \to 0} \frac{f(x+h) - f(x)}{h} = \lim_{h \to 0} \frac{\frac{1}{x+h} - \frac{1}{x}}{h}$

$$= \lim_{h \to 0} \left[\frac{x - (x+h)}{(x+h)x} \frac{1}{h} \right] = \lim_{h \to 0} \left[\frac{-h}{(x+h)x} \frac{1}{h} \right]$$

$$= \lim_{h \to 0} \frac{-1}{(x+h)x} = \frac{-1}{x^2}$$

因此，f' 就是函数 $f'(x) = -1/x^2$. 它的定义域是除了 $x=0$ 以外的所有实数.

例 4 求 $F'(x)$，其中 $F(x) = \sqrt{x}$，$x > 0$.

解 $F'(x) = \lim_{h \to 0} \frac{F(x+h) - F(x)}{h}$

$$= \lim_{h \to 0} \frac{\sqrt{x+h} - \sqrt{x}}{h}$$

注意到求这个导数将会陷入求一个分子和分母都是趋于 0 的分数的极限的情况. 我们的任务是简化这个分数使得我们能够消除分子和分母中的因子 h，以使能够求替代后的分数的极限. 在这个例子中，可以通过分子有理化实现.

$$F' = \lim_{h \to 0} \left(\frac{\sqrt{x+h} - \sqrt{x}}{h} \frac{\sqrt{x+h} + \sqrt{x}}{\sqrt{x+h} + \sqrt{x}} \right)$$

$$= \lim_{h \to 0} \frac{x+h-x}{h(\sqrt{x+h} + \sqrt{x})} = \lim_{h \to 0} \frac{h}{h(\sqrt{x+h} + \sqrt{x})}$$

$$= \lim_{h \to 0} \frac{1}{\sqrt{x+h} + \sqrt{x}} = \frac{1}{\sqrt{x} + \sqrt{x}} = \frac{1}{2\sqrt{x}}$$

因此，F 的导数 F' 可以表示为 $F'(x) = 1/(2\sqrt{x})$，它的定义域是 $(0, \infty)$.

导数的等价形式 我们不仅仅能用字母 h 来定义 $f'(c)$，还可以用其他的字母. 例如

$$f'(c) = \lim_{h \to 0} \frac{f(c+h) - f(c)}{h}$$

$$= \lim_{p \to 0} \frac{f(c+p) - f(c)}{p}$$

$$= \lim_{s \to 0} \frac{f(c+s) - f(c)}{s}$$

通过比较图 1 和图 2，可以得到另外一个更基本的变化，不过也仍然只是字母的变化. 注意到用 x 代替了 $c+h$，所以要用 $x-c$ 来代替 h. 从而

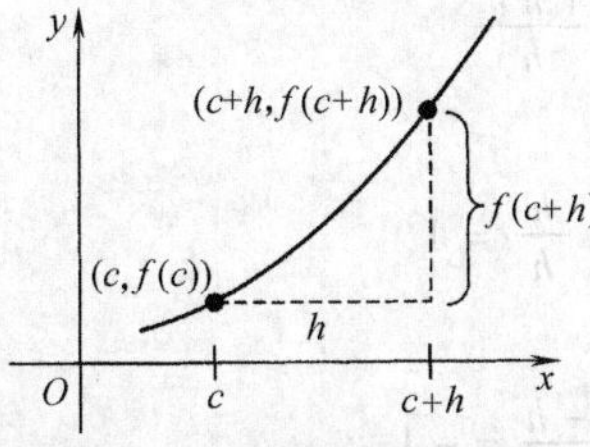

图 1

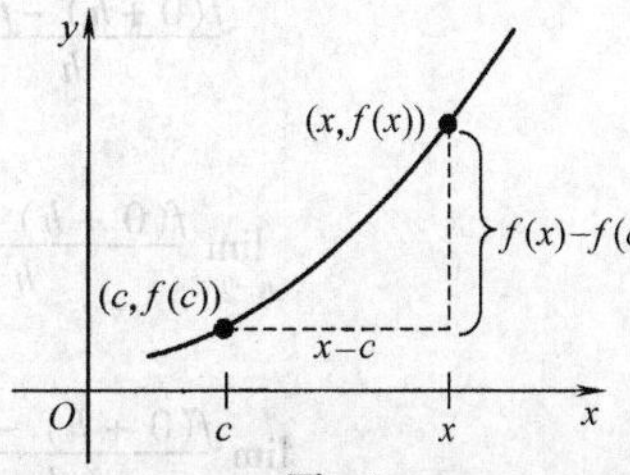

图 2

$$f'(c)=\lim_{x\to c}\frac{f(x)-f(c)}{x-c}$$

注意：在以上每一种情况下，f'计算出的数都是固定不变的．

例5 设 $g(x)=2/(x+3)$，用上面方框里的算式来求 $g'(c)$．

解
$$g'(c)=\lim_{x\to c}\frac{g(x)-g(c)}{x-c}=\lim_{x\to 0}\frac{\frac{2}{x+3}-\frac{2}{c+3}}{x-c}$$
$$=\lim_{x\to c}\left[\frac{2(c+3)-2(x+3)}{(x+3)(c+3)}\frac{1}{x-c}\right]$$
$$=\lim_{x\to c}\left[\frac{-2(x-c)}{(x+3)(c+3)}\frac{1}{x-c}\right]$$
$$=\lim_{x\to c}\frac{-2}{(x+3)(c+3)}=\frac{-2}{(c+3)^2}$$

这里，我们对商进行处理直到分子和分母中的因子 $x-c$ 能够抵消，这样就可以计算极限了．

例6 下面的每一个都是一个导数，请问它们是什么函数在哪一点的导数？

(a) $\lim_{h\to 0}\frac{(4+h)^2-16}{h}$ (b) $\lim_{h\to 3}\frac{\frac{2}{x}-\frac{2}{3}}{x-3}$

解 (a) 这是 $f(x)=x^2$ 在 $x=4$ 的导数．

(b) 这是 $f(x)=2/x$ 在 $x=3$ 的导数．

可微性推出连续性 如果一条曲线在某点有切线，那么这条曲线在该点不能跳跃或者拐得太厉害，对这个事实的精确表达就是一个重要的定理．

定理A 可微必连续

如果 $f'(c)$存在，那么 f 在 c 点连续．

证明 要证明$\lim_{x\to c}f(x)=f(c)$．我们从把 $f(x)$ 写成另外一个形式开始．

$$f(x)=f(c)+\frac{f(x)-f(c)}{x-c}\cdot(x-c),\qquad x\neq c$$

因此

$$\lim_{x\to c}f(x)=\lim_{x\to c}\left[f(c)+\frac{f(x)-f(c)}{x-c}\cdot(x-c)\right]$$
$$=\lim_{x\to c}f(c)+\lim_{x\to c}\frac{f(x)-f(c)}{x-c}\cdot\lim_{x\to c}(x-c)$$
$$=f(c)+f'(c)\cdot 0$$
$$=f(c)$$

这个定理的逆定理是不成立的．如果一个函数 f 在 c 点连续，它不一定在 c 点可导．这可以从函数 $f(x)=|x|$ 在原点的性质很容易得到证实(图3)．这个函数在0点是连续的，但是它在那里却是不可导的．证明如下：

因为

$$\frac{f(0+h)-f(0)}{h}=\frac{|0+h|-|0|}{h}=\frac{|h|}{h}$$

所以

$$\lim_{h\to 0^+}\frac{f(0+h)-f(0)}{h}=\lim_{h\to 0^+}\frac{|h|}{h}=\lim_{h\to 0^+}\frac{h}{h}=1$$

然而

$$\lim_{h\to 0^-}\frac{f(0+h)-f(0)}{h}=\lim_{h\to 0^-}\frac{|h|}{h}=\lim_{h\to 0^-}\frac{-h}{h}=-1$$

由于左极限不等于右极限，所以

$$\lim_{h\to 0}\frac{f(0+h)-f(0)}{h}$$

不存在，即 $f'(0)$ 不存在.

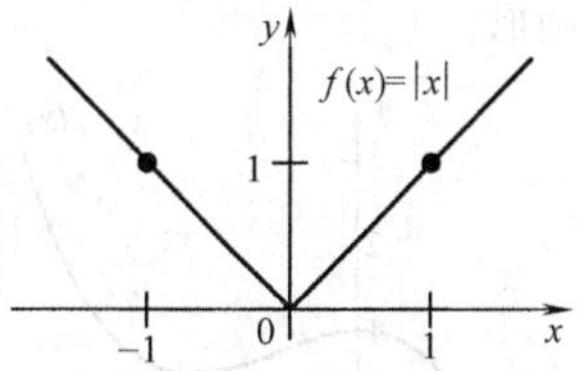

图 3

用相同的推理可以证明一个连续函数在它的图形任何有尖锐拐角的地方都不可导. 图 4 显示了一个函数在某点不可导的几种情形. 图中 c 点有垂直的切线，这是以前我们没有定义的. 一般地，若

$$\lim_{h\to 0}\frac{f(c+h)-f(c)}{h}=\infty$$

则称在 c 点有一条垂直切线.

增量 如果变量 x 的值从 x_1 改变到 x_2，那么 x_2-x_1 就叫做 x 的增量，通常记作 Δx，如果 $x_1=4.1$，$x_2=5.7$，那么

$$\Delta x=x_2-x_1=5.7-4.1=1.6$$

如果 $x_1=c$，$x_2=c+h$，那么

$$\Delta x=x_2-x_1=c+h-c=h$$

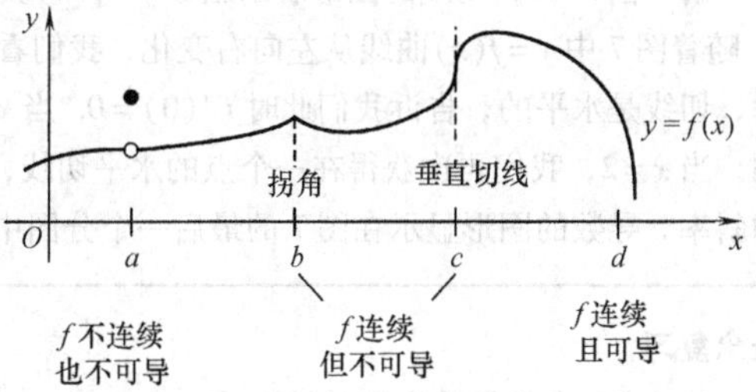

图 4

下面，我们来看函数 $y=f(x)$，如果 x 从 x_1 变化到 x_2，那么 y 从 $y_1=f(x_1)$ 变化到 $y_2=f(x_2)$，相应的 y 的增量为

$$\Delta y=y_2-y_1=f(x_2)-f(x_1)$$

例 7 设 $y=f(x)=2-x^2$，当 x 从 0.4 变化到 1.3 时，求 Δy.（图 5）

解
$$\begin{aligned}\Delta y&=f(1.3)-f(0.4)\\&=(2-1.3^2)-(2-0.4^2)\\&=-1.53\end{aligned}$$

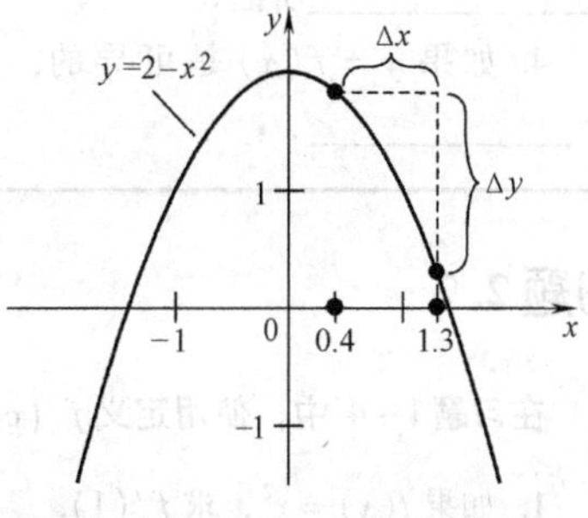

图 5

导数的莱布尼茨记号 假设自变量从 x 变化到 $x+\Delta x$，相应的因变量变化为

$$\Delta y=f(x+\Delta x)-f(x)$$

那么，增量比为

$$\frac{\Delta y}{\Delta x}=\frac{f(x+\Delta x)-f(x)}{\Delta x}$$

这个比率代表了通过 $(x, f(x))$ 的割线的斜率，如图 6 所示，当 $\Delta x\to 0$ 时，割线的斜率会趋向切线的斜率，后者用莱布尼茨符号表示为 $\mathrm{d}y/\mathrm{d}x$，因此

$$\boxed{\frac{\mathrm{d}y}{\mathrm{d}x}=\lim_{\Delta x\to 0}\frac{\Delta y}{\Delta x}=\lim_{\Delta x\to 0}\frac{f(x+\Delta x)-f(x)}{\Delta x}=f'(x)}$$

与牛顿同时代的数学家莱布尼茨称 $\mathrm{d}y/\mathrm{d}x$ 为两个无穷小的商（微商）. 无穷小的概念是模糊的，我们暂不用它. 然而 $\mathrm{d}y/\mathrm{d}x$ 是标准的导数符号，从现在起，我们将会不断地使用它.

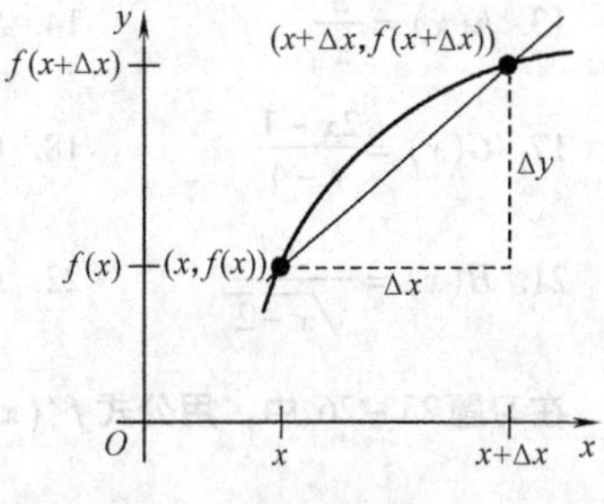

图 6

导数的图形 导数 $f'(x)$ 给出函数 $y=f(x)$ 的图形在点 x 处切线的斜率，因而，当切线向右上倾斜时，导数是正的；当切线向右下倾斜时，导数是负的. 所以，我们可以根据函数的图形得到一个粗略的导函数图形.

例 8 图 7 给出了函数 $y=f(x)$ 的部分图形，画出其导函数 $f'(x)$

的图形．

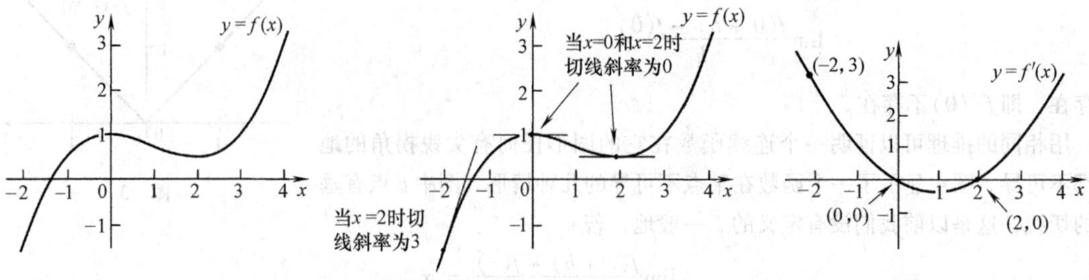

图 7

解 当 $x<0$，切线的图形表示函数 $y=f(x)$ 具有正斜率．粗略估算小段图形表明，当 $x=-2$，斜率约为 3. 随着图 7 中 $y=f(x)$ 曲线从左向右变化，我们看到，斜率仍是正的(一段)，但这些切线越来越平；当 $x=0$ 时，切线是水平的，告诉我们此时 $f'(0)=0$. 当 x 介于 0 和 2 之间，切线有负斜率，表明导数在这一段是负的．当 $x=2$，我们再次获得在一个点的水平切线，因此，当 $x=2$ 时导数等于零．当 $x>2$ 时切线再次具有正的斜率．导数的图形显示在图 7 的最后一个分图中．

概念复习

1. f 在 x 点的导数为 $f'(x)=\lim\limits_{h\to 0}$________________，即 $f'(x)=\lim\limits_{t\to x}$________________.
2. 函数 $y=f(x)$ 图形上点 $(c, f(c))$ 的切线斜率是________________.
3. 如果 f 在 c 点可导，则说明 f 在 c 点________________．它的逆命题是错误的，正如例子 $f(x)=$________________所证．
4. 如果 $y=f(x)$ 是可导的，我们有两种符号表示 y 对 x 的导数．它们是________________和________________.

习题 2.2

在习题 1 ~ 4 中，使用定义 $f'(c)=\lim\limits_{h\to 0}\dfrac{f(c+h)-f(c)}{h}$，求下列各导数：

1. 如果 $f(x)=x^2$，求 $f'(1)$.
2. 如果 $f(t)=(2t)^2$，求 $f'(2)$.
3. 如果 $f(t)=t^2-t$，求 $f'(3)$
4. 如果 $f(s)=\dfrac{1}{s-1}$，求 $f'(4)$.

在习题 5 ~ 22 中，使用定义 $f'(x)=\lim\limits_{h\to 0}\dfrac{f(x+h)-f(x)}{h}$，求下列各函数的导数：

5. $s(x)=2x+1$
6. $f(x)=\alpha x+\beta$
7. $r(x)=3x^2+4$
8. $f(x)=x^2+x+1$
9. $f(x)=ax^2+bx+c$
10. $f(x)=x^4$
11. $f(x)=x^3+2x^2+1$
12. $g(x)=x^4+x^2$
13. $h(x)=\dfrac{2}{x}$
14. $S(x)=\dfrac{1}{x+1}$
15. $F(x)=\dfrac{6}{x^2+1}$
16. $F(x)=\dfrac{x-1}{x+1}$
17. $G(x)=\dfrac{2x-1}{x-4}$
18. $G(x)=\dfrac{2x}{x^2-x}$
19. $g(x)=\sqrt{3x}$
20. $g(x)=\dfrac{1}{\sqrt{3x}}$
21. $H(x)=\dfrac{3}{\sqrt{x-2}}$
22. $H(x)=\sqrt{x^2+4}$

在习题 23 ~ 26 中，用公式 $f'(x)=\lim\limits_{t\to x}\dfrac{f(t)-f(x)}{t-x}$，求解 $f'(x)$.（见例 5）

23. $f(x)=x^2-3x$
24. $f(x)=x^3+5x$
25. $f(x)=\dfrac{x}{x-5}$
26. $f(x)=\dfrac{x+3}{x}$

在习题 27 ~ 36 中，所给的极限是一个导数，求出它是哪个函数在哪一点的导数.（见例 6）

27. $\lim\limits_{h\to 0}\dfrac{2(5+h)^3-2\times 5^3}{h}$ 28. $\lim\limits_{h\to 0}\dfrac{(3+h)^2+2(3+h)-15}{h}$ 29. $\lim\limits_{x\to 2}\dfrac{x^2-4}{x-2}$ 30. $\lim\limits_{x\to 3}\dfrac{x^3+x-30}{x-3}$

31. $\lim\limits_{t\to x}\dfrac{t^2-x^2}{t-x}$ 32. $\lim\limits_{p\to x}\dfrac{p^3-x^3}{p-x}$ 33. $\lim\limits_{x\to t}\dfrac{\dfrac{2}{x}-\dfrac{2}{t}}{x-t}$ 34. $\lim\limits_{x\to y}\dfrac{\sin x-\sin y}{x-y}$

35. $\lim\limits_{h\to 0}\dfrac{\cos(x+h)-\cos x}{h}$ 36. $\lim\limits_{h\to 0}\dfrac{\tan(t+h)-\tan t}{h}$

在习题 37 ~ 44 中，函数 $y=f(x)$ 的图形已经给出，请画出 $y=f'(x)$ 的图形.

37.

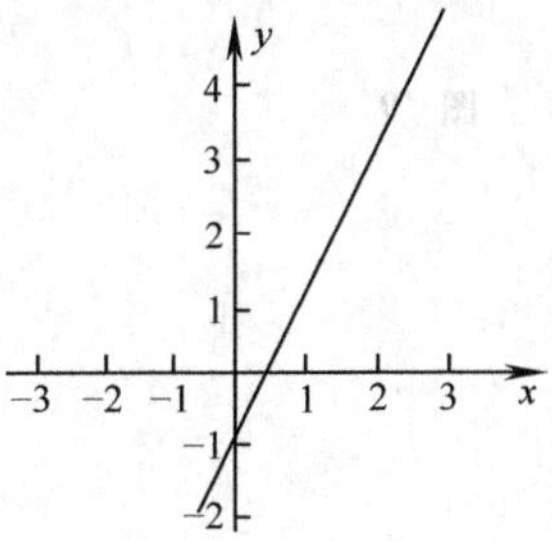

38.

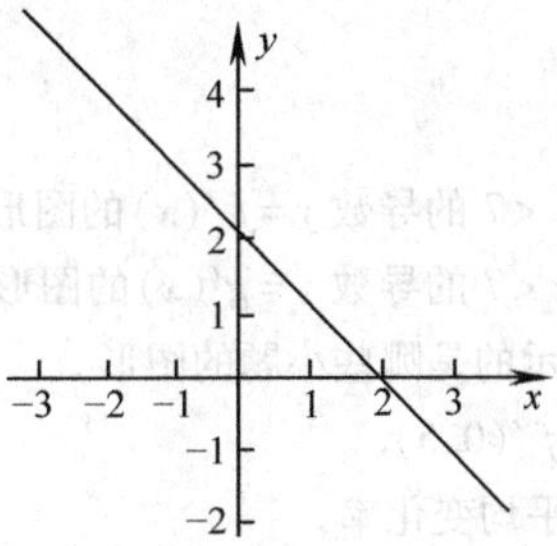

39.

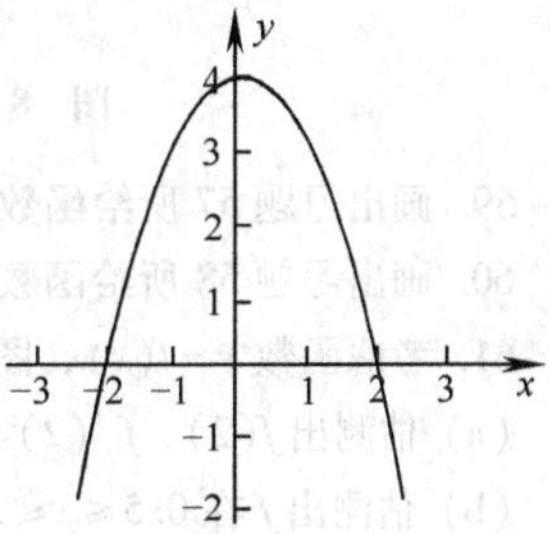

40.

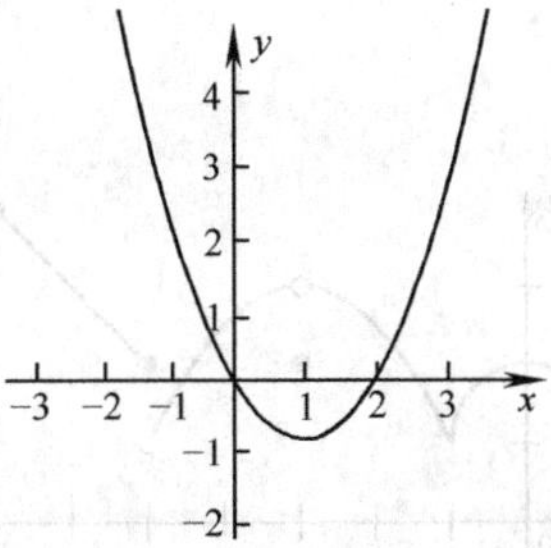

41.

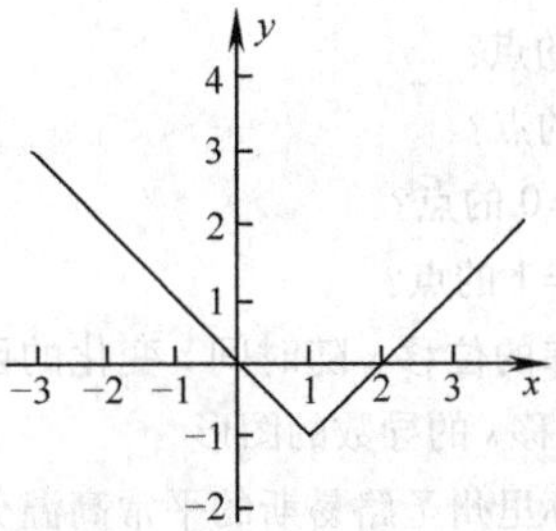

42.

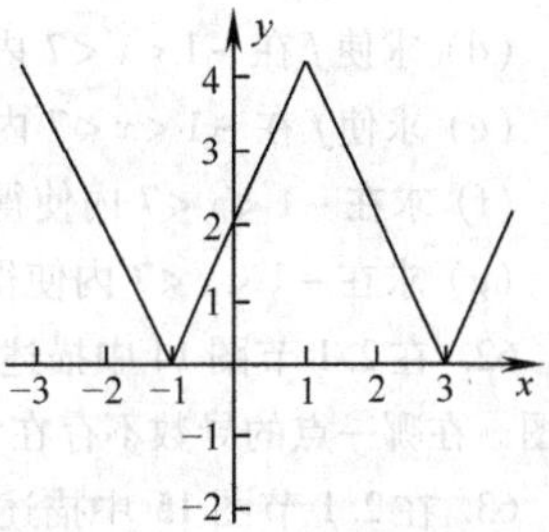

43.

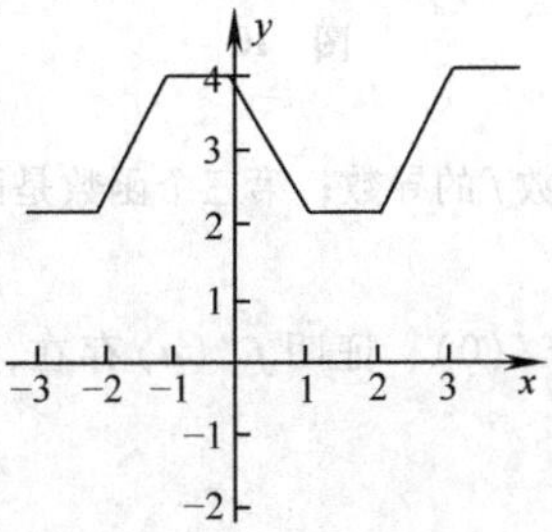

44.

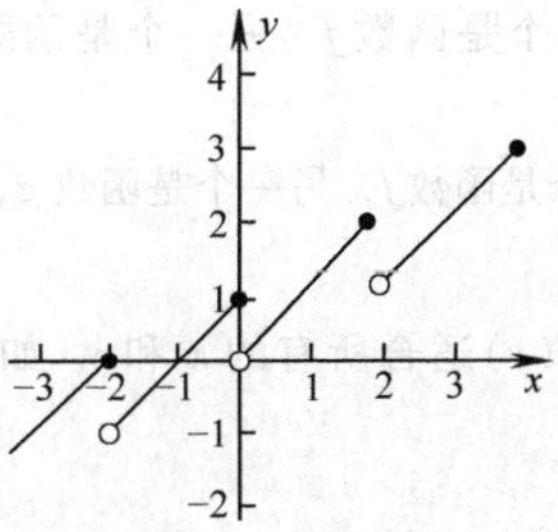

在习题 45 ~ 50 中，用给出的 x_1 和 x_2 的值计算 Δy.（参考例 7）

45. $y=3x+2$，$x_1=1$，$x_2=1.5$

46. $y=3x^2+2x+1$，$x_1=0$，$x_2=0.1$

47. $y=\dfrac{1}{x}$，$x_1=1.0$，$x_2=1.2$

48. $y=\dfrac{2}{x+1}$，$x_1=0$，$x_2=0.1$

C 49. $y=\dfrac{3}{x+1}$，$x_1=2.34$，$x_2=2.31$

C 50. $y=\cos 2x$，$x_1=0.571$，$x_2=0.573$

在习题 51 ~ 56 中，先求出 $\dfrac{\Delta y}{\Delta x}=\dfrac{f(x+\Delta x)-f(x)}{\Delta x}$，再简化，然后求出当 $\Delta x\to 0$ 时的 dy/dx.

51. $y=x^2$ 52. $y=x^3-3x^2$ 53. $y=\dfrac{1}{x+1}$ 54. $y=1+\dfrac{1}{x}$

55. $y=\dfrac{x-1}{x+1}$ 56. $y=\dfrac{x^2-1}{x}$

57. 从图8中估测出$f'(0)$、$f'(2)$、$f'(5)$和$f'(7)$.

58. 从图9中估测出$g'(-1)$、$g'(1)$、$g'(4)$和$g'(6)$.

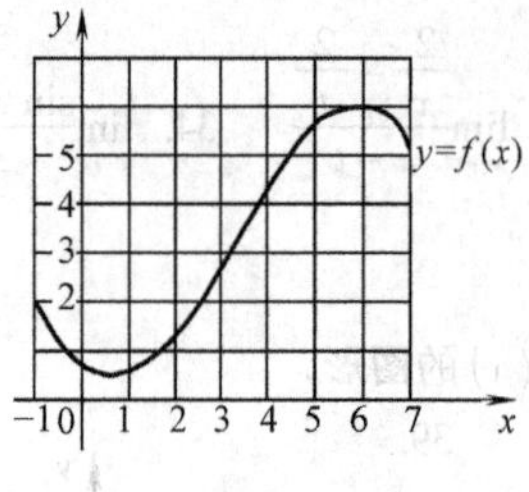

图 8

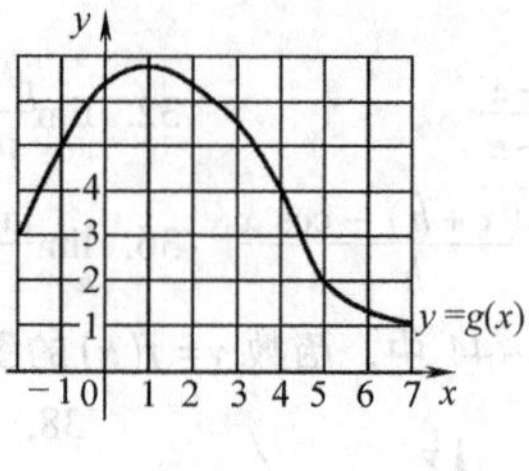

图 9

59. 画出习题57所给函数在$-1<x<7$的导数$y=f'(x)$的图形.

60. 画出习题58所给函数在$-1<x<7$的导数$y=g'(x)$的图形.

61. 考虑函数$y=f(x)$，图10中显示的是哪些小题的图形.

(a) 估测出$f(2)$、$f'(2)$、$f(5)$和$f'(0.5)$.

(b) 估测出f在$0.5\leqslant x\leqslant 2.5$内的平均变化率.

(c) 求使$\lim\limits_{u\to x}f(u)$在$-1<x<7$内不存在的点?

(d) 求使f在$-1<x<7$内不连续的点?

(e) 求使f在$-1<x<7$内不可导的点?

(f) 求在$-1<x<7$内使得$f'(x)=0$的点?

(g) 求在$-1<x<7$内使得$f'(x)=1$的点?

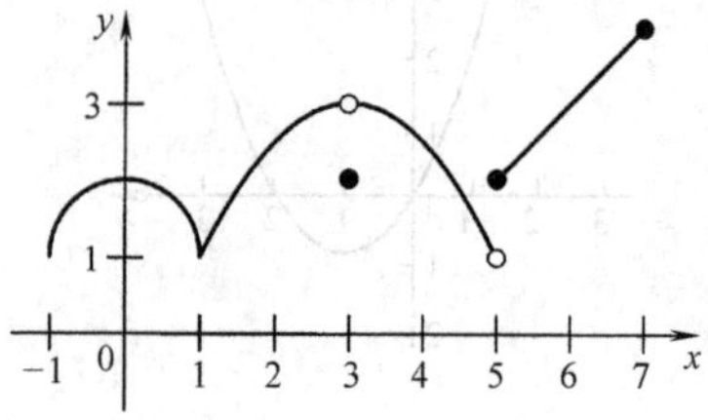

图 10

62. 在2.1节图14中描述出了电梯的位移s随时间t变化的函数图. 在哪一点的导数不存在? 画出位移s的导数的图形.

63. 在2.1节图15中描述出了密苏里州圣路易斯的平常高温分布图. 画出它的导数图形.

64. 图11是两个函数的图形. 一个是函数f，另一个是函数f'，请指明相应的图形.

65. 图12是三个函数的图形. 一个是函数f，另一个是函数g，它是函数f的导数；第三个函数是函数g的导数. 请指明相应的图形.

EXPL 66. 假设公式$f(x+y)=f(x)f(y)$适合所有的x和y. 如果存在$f'(0)$，证明$f'(a)$存在，并且$f'(a)=f(a)f'(0)$.

67. 设$f(x)=\begin{cases} mx+b, & x<2 \\ x^2, & x\geqslant 2 \end{cases}$，求出适当的$m$和$b$，使得$f$在所有点上都可导.

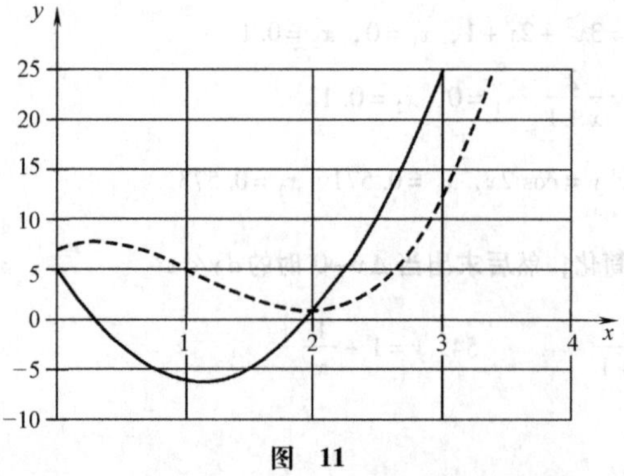

图 11

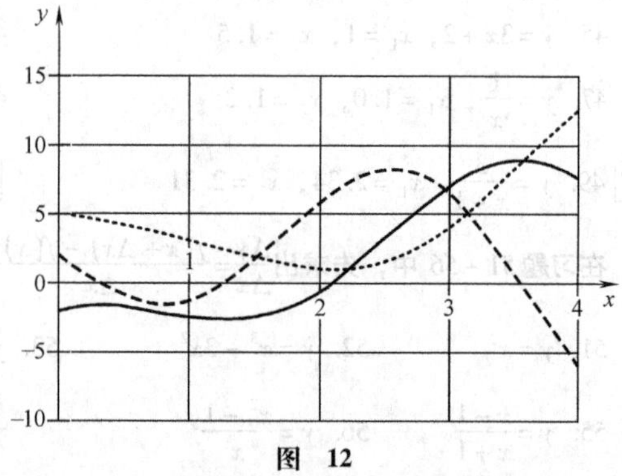

图 12

EXPL 68. 对称导数 $f_s(x)$ 的定义为 $f_s(x)=\lim\limits_{h\to 0}\frac{f(x+h)-f(x-h)}{2h}$，证明如果 $f'(x)$ 存在，则存在 $f_s(x)$，但是它的逆命题是错误的.

69. 设 f 是可导函数，并且令 $f'(x_0)=m$. 当(a) f 是一个奇函数，(b) f 是一个偶函数时，分别求 $f'(-x_0)$.

70. 证明奇函数的导数是一个偶函数，偶函数的导数是一个奇函数.

CAS ***用图形计算器或者计算机做习题 71 和习题 72.***

EXPL 71. 在同一个坐标系里画出函数 $f(x)=x^3-4x^2+3$ 在区间 $[-2, 5]$ 的图形及其导数的图形.

(a) $f'(x)$ 在区间内的哪一段内小于 0?

(b) 在区间内的哪一段内，当 x 单调递增时 $f(x)$ 单调递减?

(c) 做一个推测，用其他区间和其他函数来支持这个推测.

EXPL 72. 在同一个坐标系里画出函数 $f(x)=\cos x-\sin\frac{x}{2}$ 在区间 $[0, 9]$ 的图形及其导数的图形.

(a) $f'(x)$ 在区间内的哪一段内大于 0?

(b) 在区间内的哪一段，当 x 单调递增时 $f(x)$ 单调递增?

(c) 做一个推测，用其他区间和其他函数来支持这个推测.

概念复习答案：

1. $\frac{f(x+h)-f(x)}{h}$，$\frac{f(t)-f(x)}{t-x}$　　2. $f'(c)$

3. 连续，$|x|$　　4. $f'(x)$，$\frac{dy}{dx}$

2.3 导数的运算法则

直接从导数的定义求导，先建立差分商式 $\frac{f(x+h)-f(x)}{h}$，再求它的极限，这样的方法是非常费时和乏味的. 我们将探求一种方法来缩短求导的过程——这种方法将可以引导我们学会解决那些看起来很复杂的函数.

我们将函数 f 的导数命名为 f' 函数. 在以前的小节里看到过，如果函数的表达式为 $f(x)=x^3+7x$，则它的导数的表达式为 $f'(x)=3x^2+7$. 当对函数 f 求导时，我们说对函数 f 微分，求导算子作用在 f 上产生了 f'. 我们也经常用符号 D_x 来表示微分运算(图 1)，符号 D_x 说明我们将对它后面的变量求导. 因此我们经常这样写 $D_xf(x)=f'(x)$ 或者 $D_x(x^3+7x)=3x^2+7$. D_x 这个符号是**算子**. 如图 1 所表示的那样，算子就是输入一个函数就会输出另一种函数.

加上前面介绍到的莱布尼茨记号，共有三种方式来表示导数. 如果 $y=f(x)$，它的导数可以表示为

$$f'(x)\quad 或\quad D_xf(x)\quad 或\quad \frac{dy}{dx}$$

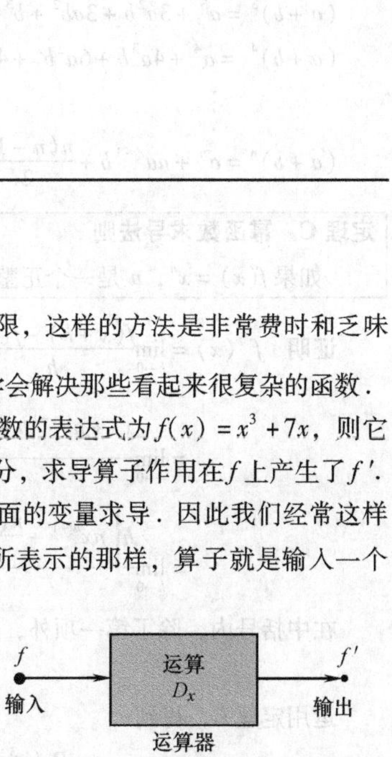

图 1

符号 $\frac{d}{dx}$ 与 D_x 含义一样.

常数和幂的求导法则　常数函数 $f(x)=k$ 的图形是一条水平线(图 2)，因此，它在各点的斜率都为 0. 这是我们理解第一个定理的一种方法.

> **定理 A　常数求导法则**
>
> 如果 $f(x)=k$，k 是一个常数，对任意的 x，$f'(x)=0$，即 $D_x(k)=0$.

证明 $f'(x)=\lim_{h\to 0}\frac{f(x+h)-f(x)}{h}=\lim_{h\to 0}\frac{k-k}{h}=\lim_{h\to 0}0=0$

函数 $f(x)=x$ 的图形是一条通过原点、斜率为1的直线(图3). 因此可以断定这个函数上所有的 x 的导数都为1.

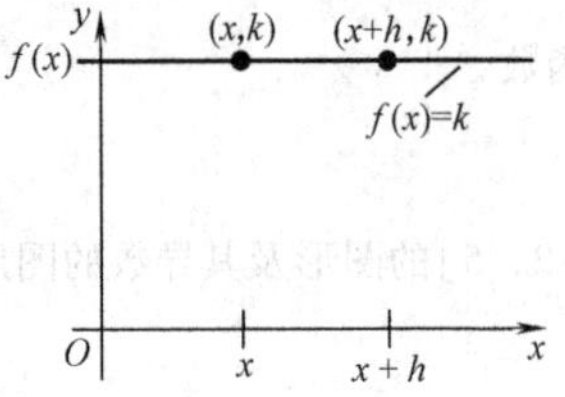

图 2

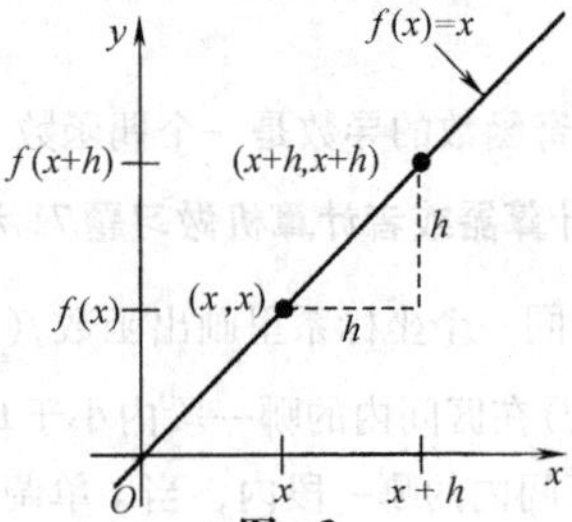

图 3

> **定理B 恒等函数求导法则**
> 如果 $f(x)=x$，则 $f'(x)=1$，即 $D_x(x)=1$.

证明 $$f'(x)=\lim_{h\to 0}\frac{f(x+h)-f(x)}{h}=\lim_{h\to 0}\frac{x+h-x}{h}=\lim_{h\to 0}\frac{h}{h}=1$$

在开始学习下一个定理之前，我们回忆代数里学习的：怎样使一个二项式升幂.

$(a+b)^2=a^2+2ab+b^2$

$(a+b)^3=a^3+3a^2b+3ab^2+b^3$

$(a+b)^4=a^4+4a^3b+6a^2b^2+4ab^3+b^4$

$\vdots$

$(a+b)^n=a^n+na^{n-1}b+\frac{n(n-1)}{2}a^{n-2}b^2+\cdots+nab^{n-1}+b^n$

> **定理C 幂函数求导法则**
> 如果 $f(x)=x^n$，n 是一个正整数. 则 $f'(x)=nx^{n-1}$，即 $D_x(x^n)=nx^{n-1}$.

证明 $f'(x)=\lim_{h\to 0}\frac{f(x+h)-f(x)}{h}=\lim_{h\to 0}\frac{(x+h)^n-x^n}{h}$

$$=\lim_{h\to 0}\frac{x^n+nx^{n-1}h+\frac{n(n-1)}{2}x^{n-2}h^2+\cdots+nxh^{n-1}+h^n-x^n}{h}$$

$$=\lim_{h\to 0}\frac{\not{h}\left[nx^{n-1}+\frac{n(n-1)}{2}x^{n-2}h+\cdots+nxh^{n-2}+h^{n-1}\right]}{\not{h}}$$

在中括号内，除了第一项外，所有的项都含有参数 h，因此当 h 趋近于0时，每一项的极限都为0. 故

$$f'(x)=nx^{n-1}$$

运用定理C，得到

$$D_x(x^3)=3x^2,\quad D_x(x^9)=9x^8,\quad D_x(x^{100})=100x^{99}$$

D_x 是一个线性算子

算子 D_x 在应用于常数乘一个函数或者两个函数的和方面都体现出线性关系.

> **定理D 常数相乘定理**
> 如果 k 是一个常数，而且 f 是一个可导函数，则 $(kf)'=k\cdot f'(x)$，即 $D_x[k\cdot f(x)]=k\cdot D_xf(x)$，也就是说，一个常数可以从 D_x 之后提取到 D_x 之前.

证明 假设 $F(x)=k\cdot f(x)$，则

$$F'(x)=\lim_{h\to 0}\frac{F(x+h)-F(x)}{h}=\lim_{h\to 0}\frac{k\cdot f(x+h)-k\cdot f(x)}{h}$$
$$=\lim_{h\to 0}k\cdot\frac{f(x+h)-f(x)}{h}=k\cdot\lim_{h\to 0}\frac{f(x+h)-f(x)}{h}$$
$$=k\cdot f'(x)$$

倒数第二步是最关键的，可以将 k 从极限运算符后移出来的依据是主要极限定理的第三个结论．

用下面的例子来说明：

$$D_x(-7x^3)=-7D_x(x^3)=-7\times 3x^2=-21x^2$$
$$D_x\left(\frac{4}{3}x^9\right)=\frac{4}{3}D_x(x^9)=\frac{4}{3}\times 9x^8=12x^8$$

定理 E　和的求导法则

如果 f 和 g 都是可导函数，则 $(f+g)'(x)=f'(x)+g'(x)$，即
$$D_x[f(x)+g(x)]=D_xf(x)+D_xg(x)$$
也就是，和的导数等于各个函数的导数的和．

证明　令 $F(x)=f(x)+g(x)$，则

$$F'(x)=\lim_{h\to 0}\frac{[f(x+h)+g(x+h)]-[f(x)+g(x)]}{h}$$
$$=\lim_{h\to 0}\left[\frac{f(x+h)-f(x)}{h}+\frac{g(x+h)-g(x)}{h}\right]$$
$$=\lim_{h\to 0}\frac{f(x+h)-f(x)}{h}+\lim_{h\to 0}\frac{g(x+h)-g(x)}{h}$$
$$=f'(x)+g'(x)$$

倒数第二步是最关键的，在主要极限定理（定理 1.3A）的第四个结论中有证明．

对于任意的算子 L，如果具有定理 D 和定理 E 陈述的性质，我们就说它是线性的．这就是说，对于所有的函数 f 和 g，如果 $L(kf)=kL(f)$ 且 $L(f+g)=L(f)+L(g)$，则说明 L 是一个**线性算子**．

线性算子将会在本书中反复出现，D_x 是一个很典型很重要的例子．一个线性算子总是满足减法法则
$$L(f-g)=L(f)-L(g)$$

定理 F　差的求导法则

如果 f 和 g 是可导函数，则 $(f-g)'(x)=f'(x)-g'(x)$，即
$$D_x[f(x)-g(x)]=D_xf(x)-D_xg(x).$$

定理 F 的证明留做练习（习题 54）.

线性算子

如数学中用的其他名词一样，在本节中给出了名词“线性”的最基本含义．判断 L 是否是一个线性算子主要看它是否满足以下两个条件：$L(ku)=kL(u)$ 和 $L(u+v)=L(u)+L(v)$.

线性算子在线性代数中处于重要地位，本书的许多读者将会学习线性代数．

像 $f(x)=mx+b$ 这种形式的函数被称作线性函数，是因为它们与直线之间有密切的联系．注意：线性函数不是线性算子！这是容易被混淆的，下面给出这个问题的说明：请注意，若 $f(kx)=m(kx)+b$，则 $kf(x)=k(mx+b)$，因此 $f(kx)\neq kf(x)$，除非 b 恰好为 0.

例 1　求 $5x^2+7x-6$ 和 $4x^6-3x^5-10x^2+5x+16$ 导数．

解　$D_x(5x^2+7x-6)=D_x(5x^2+7x)-D_x(6)$　　（定理 F）

$=D_x(5x^2)+D_x(7x)-D_x(6)$　　（定理 E）

$=5D_x(x^2)+7D_x(x)-D_x(6)$　　（定理 D）

$=5\times 2x+7\times 1-0$　　（定理 C、B、A）

$= 10x + 7$

求下一个导数，注意把和与差的定理延伸到确定的项．因此

$$
\begin{aligned}
& D_x(4x^6 - 3x^5 - 10x^2 + 5x + 16) \\
&= D_x(4x^6) - D_x(3x^5) - D_x(10x^2) + D_x(5x) + D_x(16) \\
&= 4D_x(x^6) - 3D_x(x^5) - 10D_x(x^2) + 5D_x(x) + D_x(16) \\
&= 4 \times 6x^5 - 3 \times 5x^4 - 10 \times 2x + 5 \times 1 + 0 \\
&= 24x^5 - 15x^4 - 20x + 5
\end{aligned}
$$

我们可以用上述方法来求任意多项式的导数．如果知道幂的求导法则就可以一步一步做下去，最后会得出正确的结果．当多次练习后，就可以直接写出答案，不用再写中间步骤了．

积和商的求导法则 前面学过和或差的极限等于各个函数的极限的和或差；积或商的极限等于各个函数的极限的积或商；和或差的导数就等于各个函数的导数的和或差．我们来猜测一下，是否可以很自然的得出结论积或商的导数就等于各个函数的导数的积或商？

这或许看起来很自然，但是它是错的．让我们看下面的例子，来了解为什么这是错误的．

例2 令 $g(x) = x$，$h(x) = 1 + 2x$，$f(x) = g(x)h(x) = x(1 + 2x)$．求 $D_xf(x)$，$D_xg(x)$，$D_xh(x)$，同时证明 $D_xf(x) \neq [D_xg(x)][D_xh(x)]$．

解

$$
\begin{aligned}
D_xf(x) &= D_x[x(1 + 2x)] = D_x(x + 2x^2) = 1 + 4x \\
D_xg(x) &= D_xx = 1 \\
D_xh(x) &= D_x(1 + 2x) = 2
\end{aligned}
$$

注意到

$$[D_xg(x)][D_xh(x)] = 1 \times 2 = 2$$

但是

$$D_xf(x) = D_x[g(x)h(x)] = 1 + 4x$$

因此

$$D_xf(x) \neq [D_xg(x)][D_xh(x)].$$

乘积的导数就等于导数的乘积看起来是如此的合理，以至于它都愚弄了微积分的创始者之一莱布尼茨．在1675年11月11日的手稿中，他计算了两个函数的乘积并且下结论说(没有验证)结果等于各个函数的导数的积．十天后，他发现了错误，并且给出了正确的定理，这就是下面要介绍的定理G.

> **定理G　乘积的求导法则**
>
> 如果函数 f 和 g 都是可导函数，则 $(f \cdot g)'(x) = f(x)g'(x) + g(x)f'(x)$，即
>
> $$D_x[f(x)g(x)] = f(x)D_xg(x) + g(x)D_xf(x)$$

这个定理的文字描述为：**两个函数的乘积的导数等于第二个函数的一阶导数乘以第一个函数加上第一个函数的一阶导数乘以第二个函数**．

证明 令 $F(x) = f(x)g(x)$，则

$$
\begin{aligned}
F'(x) &= \lim_{h \to 0} \frac{F(x+h) - F(x)}{h} \\
&= \lim_{h \to 0} \frac{f(x+h)g(x+h) - f(x)g(x)}{h} \\
&= \lim_{h \to 0} \frac{f(x+h)g(x+h) - f(x+h)g(x) + f(x+h)g(x) - f(x)g(x)}{h} \\
&= \lim_{h \to 0} \left[f(x+h) \cdot \frac{g(x+h) - g(x)}{h} + g(x) \cdot \frac{f(x+h) - f(x)}{h} \right] \\
&= \lim_{h \to 0} f(x+h) \cdot \lim_{h \to 0} \frac{g(x+h) - g(x)}{h} + g(x) \cdot \lim_{h \to 0} \frac{f(x+h) - f(x)}{h} \\
&= f(x)g'(x) + g(x)f'(x)
\end{aligned}
$$

刚才所给的导数先同时加、减了 $f(x+h)g(x)$，然后在最后用了定理

$$\lim_{h\to 0} f(x+h) = f(x)$$

这是2.2节中定理A的应用，同时也用了函数在某一点连续的定义．

记忆 有些人说在数学中记忆是陈旧过时的方法，只有逻辑推理才是重要的．他们错了．有些东西(包括本节的定理法则)必须成为我们的记忆中的一部分，使我们能够利用这些继续深入思考．

"社会文明通过拓展一些重要的计算而进步，我们可以不思考这些而完成任务．"(阿尔弗雷德·N. 怀特海)

例3 用积的求导法则求函数 $(3x^2-5)(2x^4-x)$ 的导数．用另一种方法作出答案来检验是否正确．

解 $D_x[(3x^2-5)(2x^4-x)] = (3x^2-5)D_x(2x^4-x) + (2x^4-x)D_x(3x^2-5)$

$= (3x^2-5)(8x^3-1) + (2x^4-x)\times 6x$

$= 24x^5 - 3x^2 - 40x^3 + 5 + 12x^5 - 6x^2$

$= 36x^5 - 40x^3 - 9x^2 + 5$

我们先分开相乘，再求导来检验．

$$(3x^2-5)(2x^4-x) = 6x^6 - 10x^4 - 3x^3 + 5x$$

因此

$D_x[(3x^2-5)(2x^4-x)] = D_x(6x^6) - D_x(10x^4) - D_x(3x^3) + D_x(5x)$

$= 36x^5 - 40x^3 - 9x^2 + 5$

定理H 商的求导法则

假设 f 和 g 是可导函数并且 $g(x)\neq 0$. 则

$$\left(\frac{f}{g}\right)'(x) = \frac{g(x)f'(x) - f(x)g'(x)}{g^2(x)}$$

即

$$D_x\left(\frac{f(x)}{g(x)}\right) = \frac{g(x)D_xf(x) - f(x)D_xg(x)}{g(x)}$$

我们建议这个公式应该这样记：**一个商式的导数等于分母乘以分子的导数与分子乘以分母的导数的差再除以分母的平方**．

证明 令 $F(x) = \dfrac{f(x)}{g(x)}$，则

$$F'(x) = \lim_{h\to 0}\frac{F(x+h)-F(x)}{h} = \lim_{h\to 0}\frac{\dfrac{f(x+h)}{g(x+h)} - \dfrac{f(x)}{g(x)}}{h}$$

$$= \lim_{h\to 0}\frac{g(x)f(x+h) - f(x)g(x+h)}{h}\frac{1}{g(x)g(x+h)}$$

$$= \lim_{h\to 0}\left[\frac{g(x)f(x+h) - g(x)f(x) + g(x)f(x) - f(x)g(x+h)}{h}\frac{1}{g(x)g(x+h)}\right]$$

$$= \lim_{h\to 0}\left\{\left[g(x)\frac{f(x+h)-f(x)}{h} - f(x)\frac{g(x+h)-g(x)}{h}\right]\frac{1}{g(x)g(x+h)}\right\}$$

$$= [g(x)f'(x) - f(x)g'(x)]\frac{1}{g(x)g(x)}$$

例4 求 $\dfrac{d}{dx}\left[\dfrac{(3x-5)}{(x^2+7)}\right]$.

解 $$\frac{d}{dx}\left[\frac{(3x-5)}{(x^2+7)}\right] = \frac{(x^2+7)\dfrac{d}{dx}(3x-5) - (3x-5)\dfrac{d}{dx}(x^2+7)}{(x^2+7)^2}$$

$$= \frac{(x^2+7)\times 3-(3x-5)\times 2x}{(x^2+7)^2}$$

$$= \frac{-3x^2+10x+21}{(x^2+7)^2}$$

例 5 对函数 $y=\frac{2}{x^4+1}+\frac{3}{x}$ 求导.

解

$$D_x y = D_x\left(\frac{2}{x^4+1}\right)+D_x\left(\frac{3}{x}\right)$$

$$= \frac{(x^4+1)D_x(2)-2D_x(x^4+1)}{(x^4+1)^2}+\frac{xD_x(3)-3D_x(x)}{x^2}$$

$$= \frac{(x^4+1)\times 0-2\times 4x^3}{(x^4+1)^2}+\frac{x\times 0-3\times 1}{x^2}$$

$$= \frac{-8x^3}{(x^4+1)^2}-\frac{3}{x^2}$$

例 6 证明幂的求导法则也适用于负指数，即

$$\boxed{D_x(x^{-n}) = -nx^{-n-1}}$$

证明

$$D_x(x^{-n}) = D_x\left(\frac{1}{x^n}\right) = \frac{x^n\times 0-1\times nx^{n-1}}{x^{2n}} = \frac{-nx^{n-1}}{x^{2n}} = -nx^{-n-1}$$

在例 5 中我们看到 $D_x\left(\frac{3}{x}\right)=-\frac{3}{x^2}$. 现在我们可以用另一种方法解决，即

$$D_x\left(\frac{3}{x}\right) = D_x(3x^{-1}) = 3D_x(x^{-1}) = 3\times(-1)x^{-2} = -\frac{3}{x^2}.$$

概念复习

1. 两个函数的乘积的导数等于第一个函数乘以__________加上__________乘以第一个函数的导数．用符号表示就是 $D_x[f(x)g(x)]=$__________.

2. 一个商式的导数等于__________乘以分子的导数减去分子乘以__________的导数，它们的差再除以__________. 用符号表示就是 $D_x[f(x)/g(x)]=$__________.

3. $(x+h)^n$ 展开式中的第二项(包含 h)是__________．正因为如此，我们得到公式 $D_x x^n=$__________.

4. L 被称作线性算子的两个条件是 $L(kf)=$__________和 $L(f+g)=$__________．求导的操作符__________就是线性操作符.

习题 2.3

在习题 1 ~ 44 中，运用这节所学的定理对以下函数求导.

1. $y=2x^2$　　2. $y=3x^3$　　3. $y=\pi x$　　4. $y=\pi x^3$

5. $y=2x^{-2}$　　6. $y=-3x^{-4}$　　7. $y=\frac{\pi}{x}$　　8. $y=\frac{\alpha}{x^3}$

9. $y=\frac{100}{x^5}$　　10. $y=\frac{3\alpha}{4x^5}$　　11. $y=x^2+2x$　　12. $y=3x^4+x^3$

13. $y=x^4+x^3+x^2+x+1$　　14. $y=3x^4-2x^3-5x^2+\pi x+\pi^2$

15. $y=\pi x^7-2x^5-5x^{-2}$　　16. $y=x^{12}+5x^{-2}-\pi x^{-10}$

17. $y=\frac{3}{x^3}+x^{-4}$　　18. $y=2x^{-6}+x^{-1}$　　19. $y=\frac{2}{x}-\frac{1}{x^2}$　　20. $y=\frac{3}{x^3}-\frac{1}{x^4}$

21. $y=\frac{1}{2x}+2x$ 22. $y=\frac{2}{3x}-\frac{2}{3}$ 23. $y=x(x^2+1)$ 24. $y=3x(x^3-1)$

25. $y=(2x+1)^2$ 26. $y=(-3x+2)^2$ 27. $y=(x^2+2)(x^3+1)$ 28. $y=(x^4-1)(x^2+1)$

29. $y=(x^2+17)(x^3-3x+1)$ 30. $y=(x^4+2x)(x^3+2x^2+1)$

31. $y=(5x^2-7)(3x^2-2x^2+1)$ 32. $y=(3x^2+2x)(x^4-3x+1)$

33. $y=\frac{1}{3x^2+1}$ 34. $y=\frac{2}{5x^2-1}$ 35. $y=\frac{1}{4x^2-3x+9}$ 36. $y=\frac{4}{2x^3-3x}$

37. $y=\frac{x-1}{x+1}$ 38. $y=\frac{2x-1}{x-1}$ 39. $y=\frac{2x^2-1}{3x+5}$ 40. $y=\frac{5x-4}{3x^2+1}$

41. $y=\frac{2x^2-3x+1}{2x+1}$ 42. $y=\frac{5x^2+2x-6}{3x-1}$ 43. $y=\frac{x^2-x+1}{x^2+1}$ 44. $y=\frac{x^2-2x+5}{x^2+2x-3}$

45. 如果$f(0)=4$，$f'(0)=-1$，$g(0)=-3$，$g'(0)=5$，求

(a) $(f\cdot g)'(0)$ (b) $(f+g)'(0)$ (c) $(f/g)'(0)$

46. 如果$f(3)=7$，$f'(3)=2$，$g(3)=6$，$g'(3)=-10$，求

(a) $(f-g)'(3)$ (b) $(f\cdot g)'(3)$ (c) $(g/f)'(3)$

47. 用乘法法则证明 $D_x[f(x)]^2=2\cdot f(x)\cdot D_xf(x)$.

EXPL 48. 求 $D_x[f(x)g(x)h(x)]$的化简公式.

49. 求出函数 $y=x^2-2x+2$ 在点(1, 1)的切线方程.

50. 求出函数 $y=\frac{1}{x^2+4}$在点$\left(1,\frac{1}{5}\right)$的切线方程.

51. 指出函数 $y=x^3-x^2$ 在哪些点的导数为0.

52. 找出函数 $y=\frac{1}{3}x^3+x^2-x$ 上所有斜率为1的点.

53. 找出函数 $y=\frac{100}{x^5}$上所有切线垂直于直线 $y=x$ 的点.

54. 用两种方法证明定理F.

55. 一个球在地面上弹起的高度 s 随时间 t 变化的函数为 $s=-16t^2+40t+100$，单位为ft，时间的单位为s. (a)求 t 在等于2s时的瞬时速度. (b) t 什么时候的瞬时速度为0?

56. 一个球从斜面上滚下来，它的位移 s 与时间 t 的函数为 $s=4.5t^2+2t$，位移的单位为ft，时间的单位是s. 求什么时候的瞬时速度为30ft/s.

≈ 57. 曲线 $y=4x-x^2$ 有两条切线过点(2, 5). 求这两条切线的方程. 提示：令(x_0, y_0)为切点，找出(x_0, y_0)满足的两个条件，如图4所示.

≈ 58. 一位太空飞行员从曲线 $y=x^2$ 的左边移向右边. 当她关闭发动机，她就会沿着她所在点的切线飞出去. 求当她到达哪一点关闭发动机时她就能到达点(4, 15).

≈ 59. 一个苍蝇从曲线 $y=7-x^2$ 的最高点从左向右飞行(图5)，一个蜘蛛停在点(4,0)上. 求当这两种昆虫第一次看见对方时的距离.

60. 设 $P(a, b)$是曲线 $y=\frac{1}{x}$在第一象限的一个点，过该点 P 的切线与 x 轴交于点 A. 证明三角形 AOP 是等腰三角形，并且算出它的面积.

61. 一个球形的西瓜以每周在径向增长2cm的速度生长，西瓜外皮的厚度始终为半径的十分之一. 在15周后西瓜的体积增长速度为多少？假设西瓜的原始半径为0.

CAS 62. 在计算机上重做习题29～44，检验你的答案是否正确.

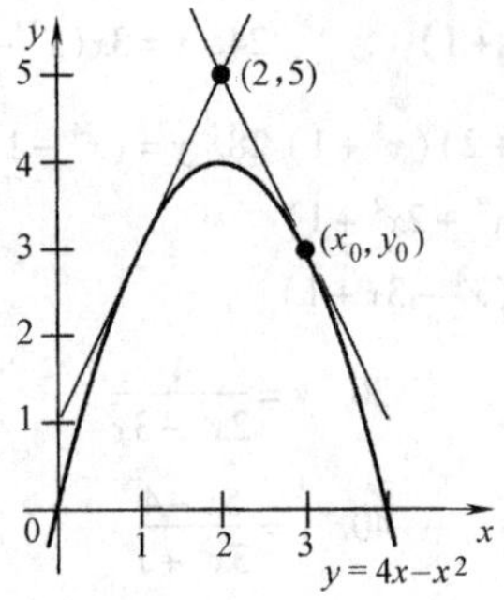

图 4

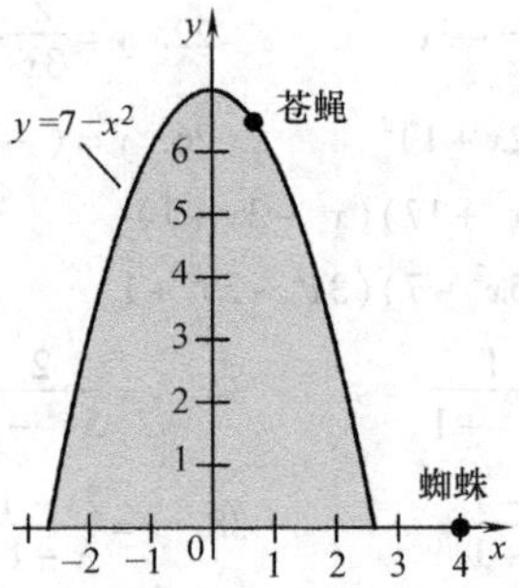

图 5

概念复习答案：

1. 第二个函数的导数，第二个函数，$f(x)D_xg(x)+g(x)D_xf(x)$
2. 分母，分母，分母的平方，$[g(x)D_xf(x)-f(x)D_xg(x)]/g^2(x)$
3. $nx^{n-1}h$，nx^{n-1}
4. $kL(f)$，$L(f)+L(g)$，D_x

2.4 三角函数的导数

图1让我们回忆函数 $\sin x$ 与 $\cos x$ 的定义．在下面这个函数中，t 是一个用来测量弧长的量，即相应角的弧度．因此，函数 $f(t)=\sin t$ 和 $g(t)=\cos t$ 的定义域和值域都为实数．我们将考虑对它们求导．

求导公式 选择 x 而不是 t 做基本变量．借助于导数的定义和函数 $\sin(x+h)$ 的几个特性，对函数 $\sin x$ 求导．

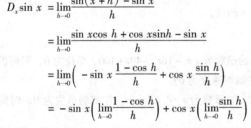

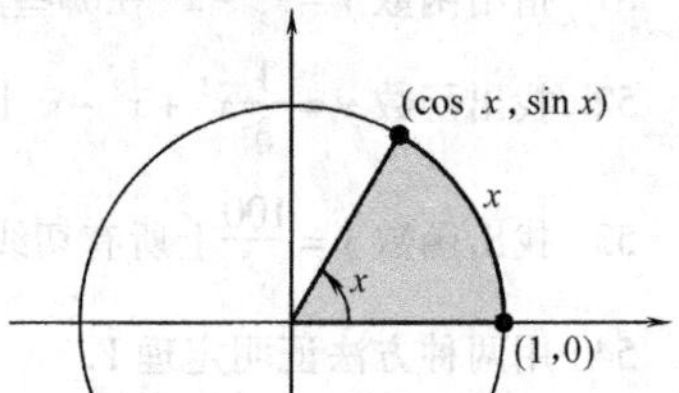

图 1

$$\begin{aligned}D_x\sin x&=\lim_{h\to0}\frac{\sin(x+h)-\sin x}{h}\\&=\lim_{h\to0}\frac{\sin x\cos h+\cos x\sin h-\sin x}{h}\\&=\lim_{h\to0}\left(-\sin x\frac{1-\cos h}{h}+\cos x\frac{\sin h}{h}\right)\\&=-\sin x\left(\lim_{h\to0}\frac{1-\cos h}{h}\right)+\cos x\left(\lim_{h\to0}\frac{\sin h}{h}\right)\end{aligned}$$

注意：最后的两个极限表达式是我们在1.4节中学过的，定理1.4B已证明

$$\lim_{h\to0}\frac{\sin h}{h}=1,\ \lim_{h\to0}\frac{1-\cos h}{h}=0$$

因此

$$D_x\sin x=-\sin x\times0+\cos x\times1=\cos x$$

类似地

$$\begin{aligned}D_x\cos x&=\lim_{h\to0}\frac{\cos(x+h)-\cos x}{h}\\&=\lim_{h\to0}\frac{\cos x\cos h-\sin x\sin h-\cos x}{h}\\&=\lim_{h\to0}\left(-\cos x\frac{1-\cos h}{h}-\sin x\frac{\sin h}{h}\right)\\&=-\cos x\times0-\sin x\times1=-\sin x\end{aligned}$$

把这些总结为一个重要的定理.

定理 A

函数 $f(x)=\sin x$ 和 $g(x)=\cos x$ 都是可导函数.

$$D_x\sin x=\cos x,\ D_x\cos x=-\sin x$$

例 1 求 $D_x(3\sin x-2\cos x)$

解 $D_x(3\sin x-2\cos x)=3D_x(\sin x)-2D_x(\cos x)=3\cos x+\sin x$

例 2 求函数 $y=3\sin x$ 在点$(\pi, 0)$的切线方程(图 2).

解 $\frac{dy}{dx}=3\cos x$，所以当 $x=\pi$ 时，斜率是 $3\cos\pi=-3$，用直线的点斜式方程可得切线的方程是

$$y-0=-3(x-\pi)$$

即 $\quad y=-3x+3\pi$

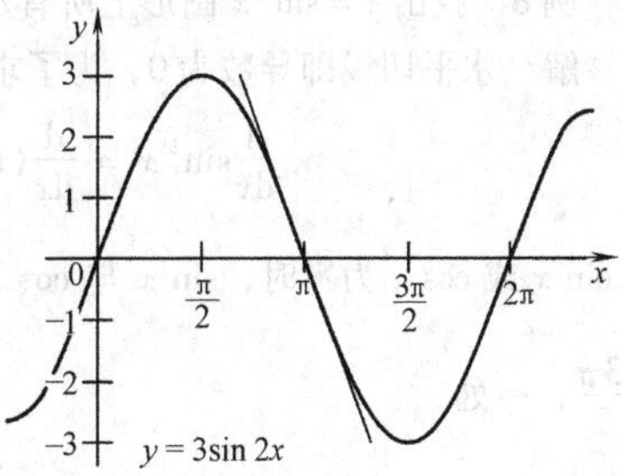

图 2

当求包含三角函数的方程的导数时，乘法和除法法则是非常有用的.

例 3 求 $D_x(x^2\sin x)$.

解 可用乘法法则来求.

$$D_x(x^2\sin x)=x^2D_x\sin x+\sin xD_xx^2=x^2\cos x+2x\sin x$$

例 4 求$\frac{d}{dx}\left(\frac{1+\sin x}{\cos x}\right)$.

解 对于这个问题，要用除法法则来求.

$$\frac{d}{dx}\left(\frac{1+\sin x}{\cos x}\right)=\frac{\cos x\left[\frac{d}{dx}(1+\sin x)\right]-(1+\sin x)\left(\frac{d}{dx}\cos x\right)}{\cos^2 x}$$

$$=\frac{\cos^2 x+\sin x+\sin^2 x}{\cos^2 x}$$

$$=\frac{1+\sin x}{\cos^2 x}$$

例 5 在 t s 时，软木塞的中心高于(或低于)水面的距离 $y=2\sin t$ cm. 在 $t=0$，$\pi/2$，π 时，软木塞的速度是多少?

解 速度是距离的导数，且$\frac{dy}{dt}=2\cos t$，故当 $t=0$ 时，$\frac{dy}{dt}=2\cos 0=2$；当 $t=\frac{\pi}{2}$时，$\frac{dy}{dt}=2\cos\frac{\pi}{2}=0$；当 $t=\pi$ 时，$\frac{dy}{dt}=2\cos\pi=-2$.

因为正切，余切和正割，余割函数都是根据正弦和余弦函数定义的，所以，这些方程的导数可以用除法法则从定理 A 中得到. 定理 B 总结了这个结果，证明在习题 5 ~ 8 中.

定理 B

对于函数定义域中的所有 x，有

$$D_x\tan x=\sec^2 x \qquad D_x\cot x=-\csc^2 x$$

$$D_x\sec x=\sec x\tan x \qquad D_x\csc x=-\csc x\cot x$$

例 6 对任意 $n\geqslant 1$，求 $D_x(x^n\tan x)$

解 应用乘法法则与定理 B

$$D_x(x^n\tan x)=x^nD_x\tan x+\tan xD_xx^n$$

$$=x^n\sec^2 x+nx^{n-1}\tan x$$

例 7 求方程 $y=\tan x$ 在点$\left(\frac{\pi}{4}, 1\right)$的切线方程.

解 $y=\tan x$ 的导数是$\frac{dy}{dx}=\sec^2 x$；当$x=\frac{\pi}{4}$时，$\sec^2\frac{\pi}{4}=\left(\frac{2}{\sqrt{2}}\right)^2=2$. 所以，所求直线的斜率为2，且过点$\left(\frac{\pi}{4},1\right)$. 于是

$$y-1=2\left(x-\frac{\pi}{4}\right)$$

$$y=2x-\frac{\pi}{2}+1$$

例8 找出 $y=\sin^2 x$ 图形上所有水平切线的切点.

解 水平切线即导数为0，为了求 $\sin^2 x$ 的导数，我们应用乘法法则

$$\frac{d}{dx}\sin^2 x=\frac{d}{dx}(\sin x\sin x)=\sin x\cos x+\sin x\cos x=2\sin x\cos x$$

当 $\sin x$ 或 $\cos x$ 为零时，$\sin x$ 与 $\cos x$ 的乘积为零. 也就是说，水平切线的切点位于 $x=0$，$\pm\frac{\pi}{2}$，$\pm\pi$，$\pm\frac{3\pi}{2}$，…处.

概念复习

1. 根据定义，$D_x\sin x=\lim\limits_{h\to0}$____________

2. 为了求极限值，我们做下列变换：

$D_x\sin x=(-\sin x)\left(\lim\limits_{h\to0}\frac{1-\cos h}{h}\right)+(\cos x)\left(\lim\limits_{h\to0}\frac{\sin h}{h}\right)$，这两个极限的值各自为________和________.

3. 上述极限的答案是重要的导数公式：$D_x\sin x=$________. 用类似的方法可求得 $D_x\cos x=$________.

4. 在 $x=\pi/3$ 时，$D_x\sin x$ 值为____________，因此，函数 $y=\sin x$ 在 $x=\pi/3$ 的切线方程为__________________.

习题 2.4

对习题1~18题，求 D_xy.

1. $y=2\sin x+3\cos x$
2. $y=\sin^2 x$
3. $y=\sin^2 x+\cos^2 x$
4. $y=1-\cos^2 x$
5. $y=\sec x=1/\cos x$
6. $y=\csc x=1/\sin x$
7. $y=\tan x=\frac{\sin x}{\cos x}$
8. $y=\cot x=\frac{\cos x}{\sin x}$
9. $y=\frac{\sin x+\cos x}{\cos x}$
10. $y=\frac{\sin x+\cos x}{\tan x}$
11. $y=\sin x\cos x$
12. $y=\sin x\tan x$
13. $y=\frac{\sin x}{x}$
14. $y=\frac{1-\cos x}{x}$
15. $y=x^2\cos x$
16. $y=\frac{x\cos x+\sin x}{x^2+1}$
17. $y=\tan^2 x$
18. $y=\sec^3 x$

C 19. 求函数 $y=\cos x$ 在 $x=1$ 处的切线方程.

20. 求函数 $y=\cot x$ 在 $t=\frac{\pi}{4}$处的切线方程.

21. 用三角函数恒等式 $\sin 2x=2\sin x\cos x$ 及乘法法则求 $D_x\sin 2x$.

22. 用三角函数恒等式 $\cos 2x=2\cos^2 x-1$ 及乘法法则求 $D_x\cos 2x$.

23. 一个半径为30ft的摩天轮以2rad/s的角速度逆时针旋转，求距圆心水平距离15ft上的座位的垂直方向速度. 提示：应用21题的结果.

24. 一个半径为20ft的摩天轮正以1rad/s的角速度逆时针旋转，当 $t=0$s 时，一个在飞轮边缘的椅子在

(20, 0)处.

(a) 当 $t=\pi/6\text{s}$ 时，椅子的坐标为多少？

(b) 当 $t=\pi/6\text{s}$ 时，椅子竖直方向上升速率为多少？

(c) 当竖直方向有最大上升速率时，上升速率为多少？

25. 求函数 $y=\tan x$ 在 $x=0$ 处的切线方程.

26. 求函数 $y=\tan^2 x$ 上所有切线斜率为 0 的点.

27. 求函数 $y=9\sin x\cos x$ 上所有切线斜率为 0 的点.

28. 已知函数 $f(x)=x-\sin x$，求 $y=f(x)$ 上所有切线斜率为 0 的点和所有切线斜率为 2 的点.

29. 求两曲线 $y=\sqrt{2}\sin x$ 和 $y=\sqrt{2}\cos x$ 在 $0<x<\pi/2$ 处的交点，使得两曲线在交点处成直角.

30. 在 t s 时，一个上下摆动的木塞在水面上方 $2\sin t$ 处，求 $t=0$，$\pi/2$，π 时的速度.

31. 用导数的定义证明 $D_x\sin x^2=2x\cos x^2$.

32. 用导数的定义证明 $D_x\sin 5x=5\cos 5x$.

GC ***习题 33 与习题 34 是计算机或图形计算器练习题.***

33. 已知 $f(x)=x\sin x$.

(a) 画 $f(x)$ 和 $f'(x)$ 在 $[\pi, 6\pi]$ 上的图形.

(b) $f(x)=0$ 在 $[\pi, 6\pi]$ 上有几个解？$f'(x)=0$ 在 $[\pi, 6\pi]$ 上有几个解？

(c) 下面的猜想有什么错误？若 f 和 f' 在 $[a, b]$ 上都连续并且可导，如果 $f(a)=f(b)=0$，而且 $f(x)=0$ 在 $[a, b]$ 上有 n 个解，则 $f'(x)=0$ 在 $[a, b]$ 上有 $n-1$ 个解.

(d) 求 $|f(x)-f'(x)|$ 在 $[\pi, 6\pi]$ 上的最大值.

34. 已知 $f(x)=\cos^3 x-1.25\cos^2 x+0.225$，求 $f'(x_0)$，x_0 在 $[\pi/2, \pi]$ 上，且 $f(x_0)=0$.

概念复习答案：

1. $[\sin(x+h)-\sin x]/h$ 2. 0，1

3. $\cos x$，$-\sin x$ 4. $\frac{1}{2}$，$y-\sqrt{3}/2=\frac{1}{2}(x-\pi/3)$

2.5 复合函数求导法则

求下列函数的导数：

$$F(x)=(2x^2-4x+1)^{60}$$

我们可以求出这个函数的导数，但是首先得把 60 个 $2x^2-4x+1$ 相乘，然后对多项式求导. 然而，如何求下面这个函数的导数？

$$G(x)=\sin 3x$$

我们可能想去用一些三角函数公式把它化成 $\sin x$ 和 $\cos x$ 的表达式，然后再用前几章的知识求导. 然而，我们还有更好的方法，学完复合导数求导法则之后就能写出下面的答案了：

$$F'(x)=60(2x^2-4x+1)^{59}(4x-4)$$

和

$$G'(x)=3\cos 3x$$

复合函数求导法则非常重要，我们在求导时要经常用到它.

复合函数求导 如果大卫的打字速度是玛丽的两倍，玛丽的打字速度是杰克的三倍，那么大卫的打字速度是杰克的 $2\times3=6$ 倍.

考虑复合函数 $y=f(g(x))$，既然导数代表一个变化率，如果令 $u=g(x)$，那么 f 是 u 的函数，设 $f(u)$ 为

u 的速度的2倍，$u=g(x)$ 为 x 的速度的3倍，则 y 的速度是多少？$y=f(u)$ 为 u 的2倍和 $u=g(x)$ 为 x 的3倍，可以表示为

$$\frac{dy}{du}=2 \quad 和 \quad \frac{du}{dx}=3$$

像前面所述，看起来速度应该相乘．也就是说 y 对于 x 的变化率应该等于 y 对于 u 的变化率乘以 u 对于 x 的变化率，即

$$\frac{dy}{dx}=\frac{dy}{du}\times\frac{du}{dx}$$

所以得出 y 的变化速率是 x 的 $D_u y\times D_x u$ 是合理的，我们把这个事实推广为一个定理．称这个定理为复合函数求导的链式法则(将在后面加以证明)．

定理 A　链式法则

已知 $y=f(u)$ 和 $u=g(x)$，如果 g 在 x 处可导，f 在 $u=g(x)$ 处可导，那么复合函数 $f\circ g$ 定义为 $(f\circ g)(x)=f(g(x))$，并且在 x 处可导，且

$$(f\circ g)'(x)=f'(g(x))g'(x)$$

也就是

$$D_x f(g(x))=f'(g(x))g'(x)$$

或

$$\frac{dy}{dx}=\frac{dy}{du}\frac{du}{dx}$$

你可以这样记这个法则，**复合函数的求导就是外部的函数关于内层函数的导数乘以内层函数的导数**．

复合函数求导法则的应用

例 1　设函数 $y=(2x^2-4x+1)^{60}$，求 $D_x y$.

解　我们可以认为 y 是一个包含 x 的函数的60次方，

$$y=u^{60} \quad 和 \quad u=2x^2-4x+1$$

外部函数是 $f(u)=u^{60}$，内层函数是 $u=g(x)=2x^2-4x+1$，因此

$$\begin{aligned}D_x y&=D_x f(g(x))\\&=f'(u)g'(x)\\&=(60u^{59})(4x-4)\\&=60(2x^2-4x+1)^{59}(4x-4)\end{aligned}$$

例 2　设函数 $y=1/(2x^5-7)^3$，求 $\frac{dy}{dx}$.

解　可以这样考虑：

$$y=\frac{1}{u^3}=u^{-3} \quad 和 \quad u=2x^5-7$$

因此

$$\begin{aligned}\frac{dy}{dx}&=\frac{dy}{du}\frac{du}{dx}=-3u^{-4}\times 10x^4\\&=\frac{-3}{u^4}\times 10x^4\\&=\frac{-30x^4}{(2x^5-7)^4}\end{aligned}$$

例 3　求 $D_t\left(\frac{t^3-2t+1}{t^4+3}\right)^{13}$.

解 计算该表达式的最后一步是对提出的表达式内的式子进行计算．对函数 $y=u^{13}$，$u=\frac{t^3-2t+1}{t^4+3}$使用链式法则．应用链式法则和除法法则，则

$$\begin{aligned}D_t\left(\frac{t^3-2t+1}{t^4+3}\right)^{13}&=13\left(\frac{t^3-2t+1}{t^4+3}\right)^{13-1}D_t\left(\frac{t^3-2t+1}{t^4+3}\right)\\&=13\left(\frac{t^3-2t+1}{t^4+3}\right)^{12}\frac{(t^4+3)(3t^2-2)-(t^3-2t+1)\times 4t^3}{(t^4+3)^2}\\&=13\left(\frac{t^3-2t+1}{t^4+3}\right)^{12}\frac{-t^6+6t^4-4t^3+9t^2-6}{(t^4+3)^2}\end{aligned}$$

链式法则简化了许多导数，包括三角函数的计算．尽管可以用三角函数的定义去求 $y=\sin 2x$ 的导数(参看2.4节的习题21)，但用链式法则会方便很多．

例4 如果 $y=\sin 2x$，求$\frac{\mathrm{d}y}{\mathrm{d}x}$.

解 表达式 $\sin 2x$ 可看做为复合函数，因此，我们对函数 $y=\sin u$，$u=2x$ 应用链式法则．

$$\frac{\mathrm{d}y}{\mathrm{d}x}=\cos 2x\times\frac{\mathrm{d}}{\mathrm{d}x}(2x)=2\cos 2x$$

例5 求 $F'(y)$，其中 $F(y)=y\sin y^2$.

解 需计算导数的式子是 y 与 $\sin y^2$ 的乘积，所以在一开始就应用乘积公式．当我们求 $\sin y^2$ 的微分时需用链式法则．

$$\begin{aligned}F'(y)&=yD_y\sin y^2+\sin y^2D_yy\\&=y\cos y^2D_yy^2+\sin y^2\times 1\\&=2y^2\cos y^2+\sin y^2\end{aligned}$$

例6 求 $D_x\frac{x^2(1-x)^3}{1+x}$.

解 计算这个表达式的最后一步是计算商，因此必须应用除法法则．但是求分子的导数，我们要用乘法法则及链式法则

$$\begin{aligned}D_x\frac{x^2(1-x)^3}{1+x}&=\frac{(1+x)D_x[x^2(1-x)^3]-x^2(1-x)^3D_x(1+x)}{(1+x)^2}\\&=\frac{(1+x)[x^2\times 3(1-x)^2\times(-1)+2x(1-x)^3]-x^2(1-x)^3}{(1+x)^2}\\&=\frac{(1+x)(1-x)^2x(2-5x)-x^2(1-x)^3}{(1+x)^2}\end{aligned}$$

例7 求$\frac{\mathrm{d}}{\mathrm{d}x}\frac{1}{(2x-1)^3}$.

解 $\frac{\mathrm{d}}{\mathrm{d}x}\frac{1}{(2x-1)^3}=\frac{\mathrm{d}}{\mathrm{d}x}(2x-1)^{-3}=-3(2x-1)^{-3-1}\frac{\mathrm{d}}{\mathrm{d}x}(2x-1)=-\frac{6}{(2x-1)^4}$

本例中没有用除法法则．如果使用除法法则，应注意分子的导数是0，这样可简化运算．(可用除法法则计算例7，结果是相同的．)作为一般性规则，如果分式的分子是常数，可以不用除法法则，而是将它看做常数与分母负指数幂的乘积，然后使用链式法则．

例8 用 $F(x)$表示下列导数，$F(x)$是可导的．

(a) $D_xF(x^3)$　　　　(b) $D_x(F(x))^3$

解 (a) 这个表达式的最后一步要用到函数 F. 因此

$$D_xF(x^3)=F'(x^3)D_xx^3=3x^2F'(x^3)$$

(b) 对这个表达式，先要计算 $F(x)$，然后对结果立方．因此先应用指数法则，然后用链式法则．

$$D_x(F(x))^3=3[F(x)]^2D_xF(x)=3[F(x)]^2F'(x)$$

多次运用复合函数求导法则 有时我们在对复合函数求导时会发现内层函数仍然是一个复合函数，如果遇到这种情况，我们就再用一次复合函数求导法则.

例9 求 $D_x\sin^3 4x$.

解 我们知道，$\sin^3 4x=(\sin 4x)^3$，可以把它看成一个关于 x 的三次方函数．因此，运用复合函数求导法则，可得

$$D_x\sin^3 4x=D_x(\sin 4x)^3=3(\sin 4x)^2D_x\sin 4x$$

现在，再对内层函数运用复合函数求导法则，得

$$\begin{aligned}D_x\sin^3 4x&=3(\sin 4x)^2D_x\sin 4x\\&=3(\sin 4x)^2\cos 4xD_x4x\\&=3(\sin 4x)^2\cos 4x\times 4\\&=12\cos 4x\sin^2 4x\end{aligned}$$

例10 求 $D_x\sin(\cos x^2)$.

解

$$\begin{aligned}D_x\sin(\cos x^2)&=\cos(\cos x^2)\cdot(-\sin x^2)\cdot 2x\\&=-2x\sin x^2\cos(\cos x^2)\end{aligned}$$

例11 假设 $y=f(x)$，$y=g(x)$ 的图如图1所示．通过图形，求下列式子的近似值.

(a) $(f-g)'(2)$　　(b) $(f\circ g)'(2)$

解 (a) 由定理2.3F，$(f-g)'(2)=f'(2)-g'(2)$，从图1可以看出 $f'(2)\approx 1$，$g'(2)\approx -\frac{1}{2}$. 因此

$$(f-g)'(2)\approx 1-\left(-\frac{1}{2}\right)=\frac{3}{2}$$

(b) 从图1看出，$f'(1)\approx\frac{1}{2}$，因此，由链式法则

$$(f\circ g)'(2)=f'(g(2))g'(2)=f'(1)g'(2)\approx\frac{1}{2}\left(-\frac{1}{2}\right)=-\frac{1}{4}$$

对复合函数求导链式法则的简略证明 在前面的章节我们学习了复合函数求导法则，现在给出一个简略的证明.

证明 假设 $y=f(u)$，$u=g(x)$，函数 g 在 x 处可导，并且 f 在 $u=g(x)$ 处可导，当 x 的增量为 Δx 时，相应的 u 和 y 的增量为

$$\begin{aligned}\Delta u&=g(x+\Delta x)-g(x)\\\Delta y&=f(g(x+\Delta x))-f(g(x))\\&=f(u+\Delta u)-f(u)\end{aligned}$$

因此

$$\begin{aligned}\frac{dy}{dx}&=\lim_{\Delta x\to 0}\frac{\Delta y}{\Delta x}=\lim_{\Delta x\to 0}\frac{\Delta y}{\Delta u}\frac{\Delta u}{\Delta x}\\&=\lim_{\Delta x\to 0}\frac{\Delta y}{\Delta u}\cdot\lim_{\Delta x\to 0}\frac{\Delta u}{\Delta x}\end{aligned}$$

既然 g 在 x 处可导，必然在此处连续，所以 $\Delta x\to 0$ 迫使 $\Delta u\to 0$. 因此

$$\frac{dy}{dx}=\lim_{\Delta u\to 0}\frac{\Delta y}{\Delta u}\cdot\lim_{\Delta x\to 0}\frac{\Delta u}{\Delta x}=\frac{dy}{du}\frac{du}{dx}$$

这个证明非常的巧妙，但是很不幸，它仍有一些缺陷．有一些函数 $u=g(x)$ 有这样的性质，$\Delta u=0$ 对于 x 的任何一个邻域的某些点都成立（函数 $g(x)=k$ 就是一个很好的例子）．这意味着在我们的第一步中除以一个 Δu 可能是不合理的，没有一个简单的办法来解决这个困难．尽管如此，复合函数求导法则仍然有效．我们有一个完整的证明

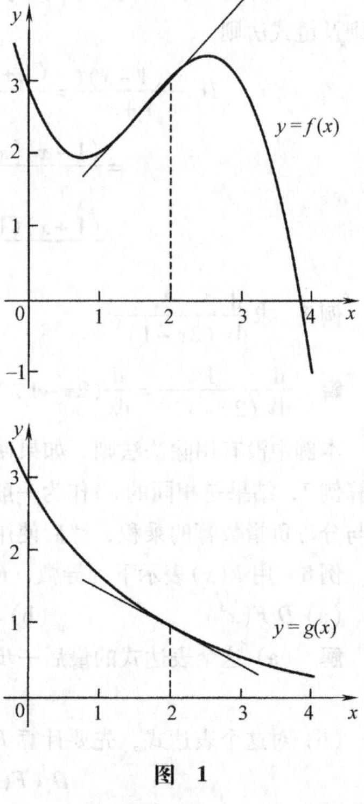

图 1

在附录中.(A.2节，定理B)

概念复习

1. 如果 $y=f(u)$，$u=g(t)$，那么 $D_ty=D_uy$ ________，用函数表示 $(f\circ g)'(t)=$ ______.
2. 如果 $w=G(v)$，$v=H(s)$，那么 $D_sw=$ __________ D_sv，用函数表示 $(G\circ H)'(s)=$ ______.
3. $D_x\cos(f(x))^2=-\sin($ __________ $)\cdot D_x($ __________ $)$.
4. 如果 $y=(2x+1)^3\sin x^2$，那么 $D_xy=(2x+1)^3$ __________ $+\sin x^2\cdot$ __________.

习题 2.5

对习题1～20，求 D_xy.

1. $y=(1+x)^{15}$
2. $y=(7+x)^5$
3. $y=(3-2x)^5$
4. $y=(4+2x^2)^7$
5. $y=(x^3-2x^2+3x+1)^{11}$
6. $y=(x^2-x+1)^{-7}$
7. $y=\dfrac{1}{(x+3)^5}$
8. $y=\dfrac{1}{(3x^2+x-3)^9}$
9. $y=\sin(x^2+x)$
10. $y=\cos(3x^2-2x)$
11. $y=\cos^3 x$
12. $y=\sin^4(3x^2)$
13. $y=\left(\dfrac{x+1}{x-1}\right)^3$
14. $y=\left(\dfrac{x-2}{x-\pi}\right)^{-3}$
15. $y=\cos\left(\dfrac{3x^2}{x+2}\right)$
16. $y=\cos^3\left(\dfrac{x^2}{1-x}\right)$
17. $y=(3x-2)^2(3-x^2)^2$
18. $y=(2-3x^2)^4(x^7+3)^3$
19. $y=\dfrac{(x+1)^2}{3x-4}$
20. $y=\dfrac{2x-3}{(x^2+4)^2}$

对习题21～28，求导数.

21. 设 $y=(x^2+4)^2$，求 y'.
22. 设 $y=(x+\sin x)^2$，求 y'.
23. $D_t\left(\dfrac{3t-2}{t+5}\right)^3$
24. $D_s\dfrac{s^2-9}{s+4}$
25. $D_t\dfrac{(3t-2)^3}{t+5}$
26. $D_\theta\sin^3\theta$
27. 设 $y=\left(\dfrac{\sin x}{\cos 2x}\right)^3$，求 $\dfrac{dy}{dx}$.
28. 设 $y=\sin t\tan(t^2+1)$，求 $\dfrac{dy}{dx}$.

对习题29～32，求指定的导数.

29. 设 $f(x)=\left(\dfrac{x^2+1}{x+2}\right)^3$，求 $f'(3)$.
30. 设 $G(t)=(t^2+9)^3(t^2-2)^4$，求 $G'(1)$.

C 31. 设 $F(t)=\sin(t^2+3t+1)$，求 $F'(1)$.
32. 设 $g(s)=\cos\pi s\ \sin^2\pi s$，求 $g'\left(\dfrac{1}{2}\right)$.

对习题33～40，多次运用复合函数求导法则，求下列导数：

33. $D_x\sin^4(x^2+3x)$
34. $D_t\cos^5(4t-19)$
35. $D_t\sin^3(\cos t)$
36. $D_u\cos^4\left(\dfrac{u+1}{u-1}\right)$
37. $D_\theta\cos^4(\sin\theta^2)$
38. $D_x[x\sin^2(2x)]$
39. $D_x\sin[\cos(\sin 2x)]$
40. $D_t\cos^2[\cos(\cos t)]$

在习题41～46中，用图2和图3去估算所求表达式.

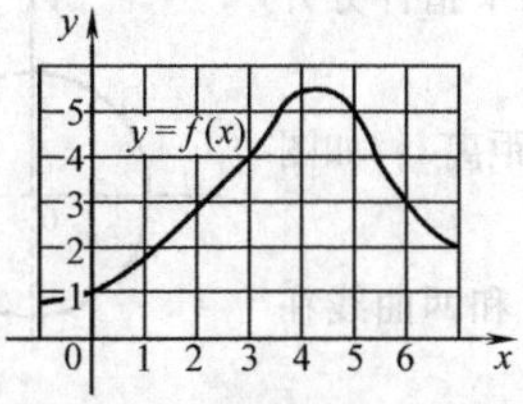

图 2

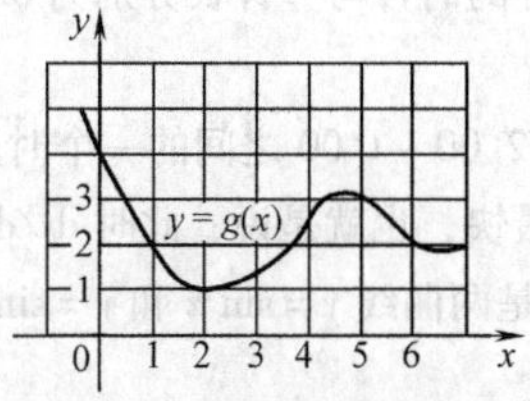

图 3

41. $(f+g)'(4)$ 42. $(f-2g)'(2)$ 43. $(fg)'(2)$ 44. $(f/g)'(2)$

45. $(f\circ g)'(6)$ 46. $(g\circ f)'(3)$

在习题47~58中，假设 F 是可微的，求下列导数，并用 $F(x)$ 表示.

47. $D_xF(2x)$ 48. $D_xF(x^2+1)$ 49. $D_t(F(t))^{-2}$ 50. $\frac{\mathrm{d}}{\mathrm{d}z}\frac{1}{(F(z))^2}$

51. $\frac{\mathrm{d}}{\mathrm{d}z}(1+F(2z))^2$ 52. $\frac{\mathrm{d}}{\mathrm{d}y}\left(y^2+\frac{1}{F(y^2)}\right)$ 53. $\frac{\mathrm{d}}{\mathrm{d}x}F(\cos x)$ 54. $\frac{\mathrm{d}}{\mathrm{d}x}\cos F(x)$

55. $D_x\tan F(2x)$ 56. $\frac{\mathrm{d}}{\mathrm{d}x}g(\tan 2x)$ 57. $D_x(F(x)\sin^2 F(x))$ 58. $D_x\sec^3 F(x)$

59. 已知 $f(0)=1$ 和 $f'(0)=2$，求 $g'(0)$，其中 $g(x)=\cos f(x)$.

60. 已知 $F(0)=2$ 和 $F'(0)=-1$，求 $G'(0)$，其中 $G(x)=\frac{x}{1+\sec F(2x)}$.

61. 已知 $f(1)=2$，$f'(1)=-1$，$g(1)=0$ 和 $g'(1)=1$，求 $F'(1)$，其中 $F(x)=f(x)\cos g(x)$.

62. 求 $y=1+x\sin 3x$ 的图形在点 $\left(\frac{\pi}{3},1\right)$ 的切线方程，它与 x 轴的交点是什么？

63. 求 $y=\sin^2 x$ 中所有切线斜率为1的切点.

64. 求函数 $y=(x^2+1)^3(x^4+1)^2$ 在点(1，32)的切线方程.

65. 求函数 $y=(x^2+1)^{-2}$ 在点 $\left(1,\frac{1}{4}\right)$ 的切线方程.

66. 求函数 $y=(2x+1)^3$ 在点(0，1)的切线与 x 轴的交点.

67. 求函数 $y=(x^2+1)^{-2}$ 在点 $\left(1,\frac{1}{4}\right)$ 的切线与 x 轴的交点.

68. 一点 P 在一平面上移动，t s时坐标为($4\cos 2t$，$7\sin 2t$)，以ft为单位.

(a) 求证：P 的运动轨迹是一个椭圆.(提示：只需求证 $(x/4)^2+(y/7)^2=1$，是一个椭圆的轨迹方程)

(b) 求 L 的表达式，L 为 t s时 P 点离原点的距离.

(c) 当 $t=\pi/8$ 时，P 点的速度为多少？(提示：利用 $D_u(\sqrt{u})=1/(2\sqrt{u})$，参考2.2节例4.

69. 一个轮子的中心在原点，半径为10cm，以4r/s的速度逆时针旋转，当 $t=0$ 时，轮边上一点 P 的坐标为(10，0).

(a) t s时 P 点的坐标为多少？ (b) 当 $t=1$ 时 P 上升或下降的速率为多少？

70. 考虑图4所示的轮-柱塞装置，轮子半径为1ft，以2rad/s的角速度逆时针方向旋转，连接杆长5ft，当 $t=0$ 时，P 点的坐标为(1，0).

(a) 当时间为 t 时，求 P 点的坐标. (b) 当时间为 t 时，求 Q 的纵坐标

(c) 当时间为 t 时，求 Q 点的速度.(提示：利用 $D_u(\sqrt{u})=1/(2\sqrt{u})$)

71. 做70题，假设轮子以60r/min旋转，并且 t 的单位为s.

72. 一个标准刻度盘表半径是10cm. 一条橡皮筋的一端系在12点处，另一端系在10cm的分针顶端. 求橡皮筋在12:15时的伸长速率.(假设时钟不会因橡皮筋而变慢)

73. 一个钟的时针与分针长分别为6in和8in. 在12:20时，这两个指针分开的速率是多少？

74. 找到12:00~1:00之间的一个时刻，在那时，分针与时针的距离 s，如图5所示，增长最快，也就是说，此时 $\mathrm{d}s/\mathrm{d}t$ 最大.

75. 设 x_0 是两曲线 $y=\sin x$ 和 $y=\sin 2x$ 相交的最小正值，求 x_0 和两曲线在 x_0 处的夹角.

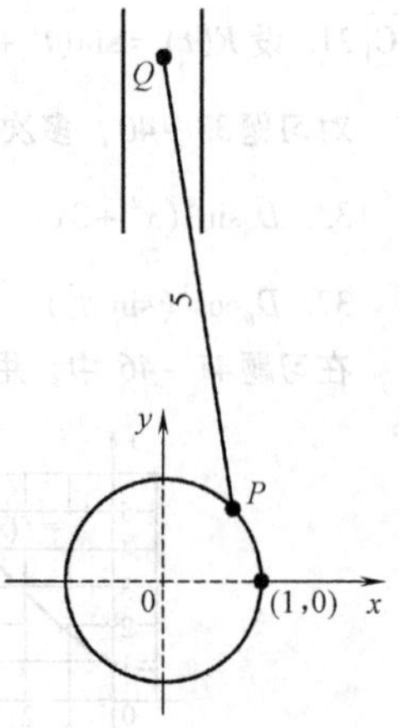

图 4

76. 一个等腰三角形的底边套着一个半圆，如图6所示，D 是三角形 AOB 的

面积，E 是整个图形的面积，用 t 表示 D/E，然后计算 $\lim_{t\to 0^+}\frac{D}{E}$ 和 $\lim_{t\to \pi^-}\frac{D}{E}$.

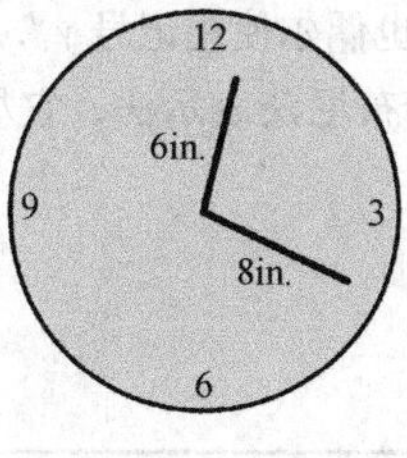

图 5

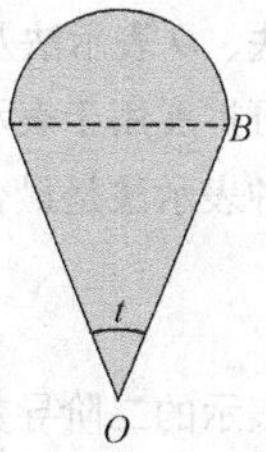

图 6

77. 求证：$D_x|x| = |x|/x$，$x\neq 0$.（提示：$|x| = \sqrt{x^2}$，然后 $u = x^2$ 用复合函数求导法则）

78. 运用 77 题的结果求 $D_x|x^2-1|$.

79. 运用 77 题的结果求 $D_x|\sin x|$.

80. 在第 6 章中我们将学习到一个导数为 $L'(x)=\frac{1}{x}$ 的函数 $L(x)$，求下列函数的导数.

(a) $D_xL(x^2)$ (b) $D_xL(\cos^4 x)$

81. 已知 $f(0)=0$，$f'(0)=2$，求函数 $f(f(f(f(x))))$ 在 $x=0$ 处的导数.

82. 假设 f 是可微函数.

(a) 求 $\frac{\mathrm{d}}{\mathrm{d}x}f(f(x))$ (b) 求 $\frac{\mathrm{d}}{\mathrm{d}x}f(f(f(x)))$

(c) 令 $f^{[n]}$ 表示如下定义的函数：当 $n\geqslant 2$ 时，$f^{[1]}=f$ 且 $f^{[n]}=f\circ f^{[n-1]}$. 例如 $f^{[2]}=f\circ f$，$f^{[3]}=f\circ f\circ f\cdots$ 基于(a)、(b)小题的结果，推测表达式 $\frac{\mathrm{d}}{\mathrm{d}x}f^{[n]}$，并证明该推测.

83. 给出除法法则的另一个证明. 记 $D_x\frac{f(x)}{g(x)}=D_x\left[f(x)\frac{1}{g(x)}\right]$，并运用乘积与链式法则.

84. 假设 f 是可微的且存在实数 x_1 和 x_2，使得 $f(x_1)=x_2$ 和 $f(x_2)=x_1$，$g(x)=f(f(f(f(x))))$，证明 $g'(x_1)=g'(x_2)$.

概念复习答案：

1. D_tu，$f'(g(t))g'(t)$ 2. D_vw，$G'(H(s))H'(s)$

3. $(f(x))^2$，$(f(x))^2$ 4. $2x\cos(x^2)$，$6(2x+1)^2$

2.6 高阶导数

对函数 f 求导产生一个新的函数 f'. 如果再对 f' 求导，我们又得到一个新的函数，表示为 f''，叫做 f 的**二阶导数**. 再次求导后，从而得到 f'''，称为 f 的**三阶导数**等. 这样依次下去，**四阶导数**可写为 $f^{(4)}$，**五阶导数**可写为 $f^{(5)}$，依此类推. 例如

$$f(x)=2x^3-4x^2+7x-8$$

则有

$$f'(x)=6x^2-8x+7$$

$$f''(x)=12x-8$$

$$f'''(x)=12$$

$$f^{(4)}(x)=0$$

因为 0 的导数是 0，所以 f 的四阶导数及所有更高阶的导数的值都是 0.

我们已经介绍过对于 $y=f(x)$ 的导数的三种表示方法(可称为一阶导数)，它们是

$$f'(x),\quad D_xy,\quad \frac{dy}{dx}$$

分别称为简单表示法、D 表示法及莱布尼茨表示法．简单表示法中我们也偶尔使用记号 y'.

这些表示法都可扩展用于表示高阶导数，如下表所示．特别注意莱布尼茨表示法，它尽管看上去复杂，但莱布尼茨认为这种表示法是最合适的，写起来更加自然：

$$\frac{d}{dx}\left(\frac{dy}{dx}\right)\quad 即\quad \frac{d^2y}{dx^2}$$

用莱布尼茨表示法表示的二阶导数，读作 y 关于 x 的二阶导数．

$y=f(x)$ 的导数表示法

导数	f'表示法	y'表示法	D 表示法	莱布尼茨表示法
一阶	$f'(x)$	y'	D_xy	$\frac{dy}{dx}$
二阶	$f''(x)$	y''	D_x^2y	$\frac{d^2y}{dx^2}$
三阶	$f'''(x)$	y'''	D_x^3y	$\frac{d^3y}{dx^3}$
四阶	$f^{(4)}(x)$	$y^{(4)}$	D_x^4y	$\frac{d^4y}{dx^4}$
⋮	⋮	⋮	⋮	⋮
n 阶	$f^{(n)}(x)$	$y^{(n)}$	D_x^ny	$\frac{d^ny}{dx^n}$

例 1 若 $y=\sin 2x$，求 d^3y/dx^3，d^4y/dx^4 及 $d^{12}y/dx^{12}$.

解

$$\frac{dy}{dx}=2\cos 2x$$

$$\frac{d^2y}{dx^2}=-2^2\sin 2x$$

$$\frac{d^3y}{dx^3}=-2^3\cos 2x$$

$$\frac{d^4y}{dx^4}=2^4\sin 2x$$

$$\frac{d^5y}{dx^5}=2^5\cos 2x$$

$$\vdots$$

$$\frac{d^{12}y}{dx^{12}}=2^{12}\sin 2x$$

速度和加速度 在2.1节中，我们曾用瞬时速度的概念来阐述导数的定义．让我们用一个例子回顾这个概念．同时，今后我们在叙述中用“速度”代替“瞬时速度”.

例 2 一个物体沿着坐标轴运动且它的位置 s 满足 $s=2t^2-12t+8$，s 的单位是 cm，$t\geqslant 0$ 且 t 的单位是 s. 计算当 $t=1$ 和 $t=6$ 时物体的速度．什么时候物体的速度为0？什么时候物体的速度为正值？

解 若我们用符号 $v(t)$ 表示在 t 时刻的速度，则

$$v(t)=\frac{ds}{dt}=4t-12$$

因此

$$v(1)=4\times 1-12=-8(\mathrm{cm/s})$$

$$v(6)=4\times 6-12=12(\mathrm{cm/s})$$

当 $4t-12=0$，即 $t=3$ 时速度为 0. 当 $4t-12>0$，即 $t>3$ 时速度为正．物体的运动过程如图 1 所示．

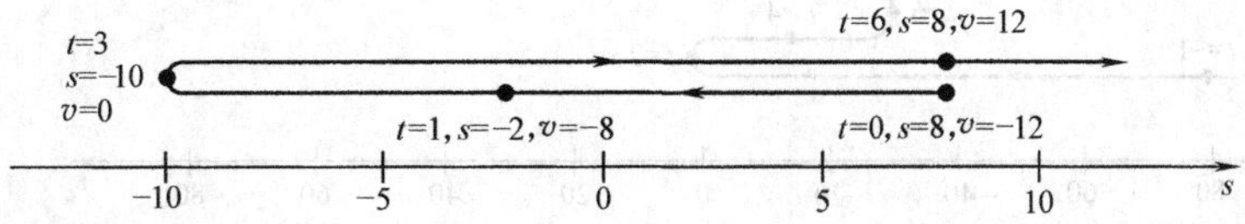

图 1

显然物体是沿着 s 轴运动的，而不是 s 轴上方的路径．但是这条路径显示了物体运动的过程．在 $t=0$ 与 $t=3$ 之间，速度是负值；物体向左移动(即背离 s 轴正方向)．当到了 $t=3$ 时，物体减速至 0，然后开始向右移动，同时速度也变为正值．因此，负的速度与 s 减少的方向相应，正的速度与 s 增加的方向相应．对于这些要点将会在第 3 章给出更严密的讨论．

速度和速率这两个词有学术上的区别．**速度**是有符号的：它可以是正的或负的．而**速率**被认为是速度的绝对值．因此，在上面的例子中，在 $t=1$ 时的速率是 $|-8|=8\text{cm/s}$. 在大多数汽车中都有一个里程表，它总是显示非负值．

现在我们用物理的概念解释 $\mathrm{d}^2s/\mathrm{d}t^2$，显然它是速度的一阶导数．因此，它是衡量速度关于时间的变化率的量，叫做**加速度**．如果把它表示为 a，那么有

$$\boxed{a=\frac{\mathrm{d}v}{\mathrm{d}t}=\frac{\mathrm{d}^2s}{\mathrm{d}t^2}}$$

时间的测量

若 $t=0$ 表示某一时间，则 $t<0$ 表示该时间以前，$t>0$ 表示该时间以后．在许多问题中，显然我们只关心未来．尽管如此，由于例 3 中并没有对此作详细说明，t 出现负值也是允许的．

在例 2 中，$s=2t^2-12t+8$，因此

$$v=\frac{\mathrm{d}s}{\mathrm{d}t}=4t-12$$

$$a=\frac{\mathrm{d}^2s}{\mathrm{d}t^2}=4$$

这表明速度是以 4cm/s 的恒定速率增加的，我们写作 4cm/s^2.

例 3 一个点沿着水平坐标轴运动且它在 t 时刻的位置满足

$$s=t^3-12t^2+36t-30$$

式中，s 的单位是 ft，t 的单位是 s. 试问

(a) 什么时候速度为 0？　　(b) 什么时候速度为正？

(c) 什么时候物体向左运动(即负向运动)？　　(d) 什么时候加速度为正？

解 (a) $v=\mathrm{d}s/\mathrm{d}t=3t^2-24t+36=3(t-2)(t-6)$. 因此，在 $t=2$ 及 $t=6$ 时 $v=0$.

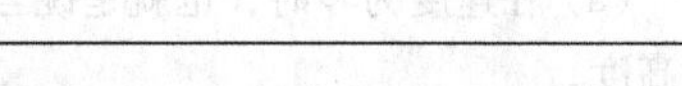

图 2

(b) 当 $(t-2)(t-6)>0$ 时 $v>0$，我们在 0.2 节中学到了如何解二次不等式，那么解是 $\{t \mid t<2 \text{ 或 } t>6\}$，或写成 $(-\infty, 2)\cup(6, \infty)$，见图 2.

(c) 当 $v<0$ 时点向左移动，即 $(t-2)(t-6)<0$ 时，这个不等式的解集是 $(2, 6)$.

(d) $a=\mathrm{d}v/\mathrm{d}t=6t-24=6(t-4)$，因此，当 $t>4$ 时 $a>0$. 点运动的示意图如图 3 所示．

落体问题 若一个物体从离地面 $s_0$ft 的初始高度以 v_0 的初速度被竖直向上(或向下)抛出，且设 s 为 t s 后物体离地面的高度，单位为 ft. 则有

$$s=-16t^2+v_0t+s_0$$

假设试验是在海平面附近进行，且忽略空气阻力．图 4 描绘了我们想象的情形．注意正速度表示物体向上运动．

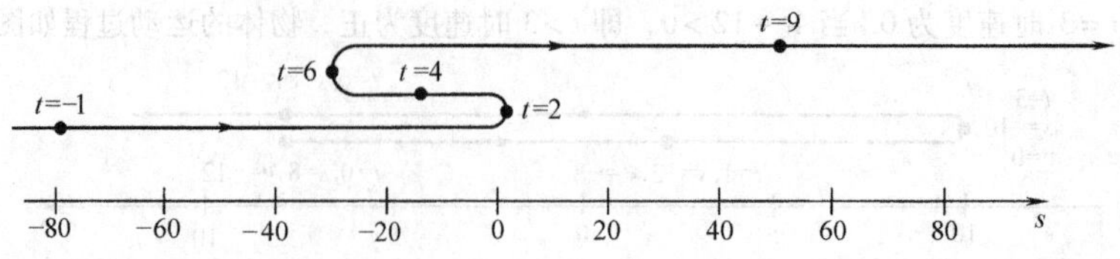

图 3

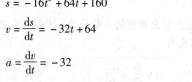

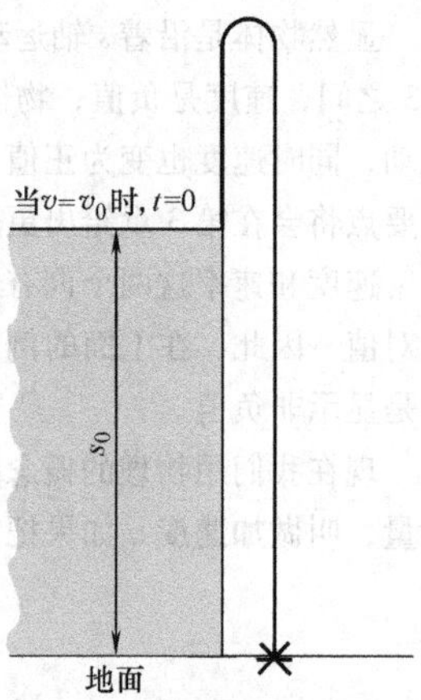

图 4

例 4 一个球从 160ft 高的建筑上以 64ft/s 的初速度被向上抛出，试问

(a) 什么时候它能达到最大高度？ (b) 最大高度是多少？

(c) 什么时候它到达地面？ (d) 它到达地面时的速度是多少？

(e) 在 $t=2$s 时它的加速度是多大？

解 设 $t=0$s 表示球被扔出的瞬间．则 $s_0=160$ft 且 $v_0=64$ft/s（v_0 是正值，因为球是向上抛出的）．因此

$$s=-16t^2+64t+160$$

$$v=\frac{ds}{dt}=-32t+64$$

$$a=\frac{dv}{dt}=-32$$

(a) 在速度为零时，也就是说当 $-32t+64=0$ 时，即 $t=2$s 时，球达到最大高度．

(b) 当 $t=2$s 时，$s=-16\times2^2+64\times2+160=224$(ft)

(c) 当 $s=0$s 时球落到地上，则有

$$-16t^2+64t+160=0$$

两边同时除以 −16 后得

$$t^2-4t-10=0$$

解得

$$t=\frac{4\pm\sqrt{16+40}}{2}=\frac{4\pm2\sqrt{14}}{2}=2\pm\sqrt{14}\text{(s)}$$

只有正值有效．因此，球在 $t=2+\sqrt{14}\approx5.74$(s) 时落地．

(d) 当 $t=(2+\sqrt{14})$s 时，$v=-32(2+\sqrt{14})+64\approx-119.73$(ft/s)，因此，球以 119.73ft/s 的速率落地．

(e) 加速度的大小恒为 -32ft/s^2. 这个值相当于海平面附近的重力加速度．

概念复习

1. 若 $y=f(x)$，则 y 关于 x 的三阶导数可表示成下列四种符号之一：________．

2. 若 $s=f(t)$ 表示在 t 时一个在坐标轴上运动的质点的位置，则它的速度可表示为________，它的速率可表示为________，它的加速度可表示为________．

3. 假设 $s=f(t)$ 表示一个物体在时刻 t 的位置，那么______时这个物体正在向右移动．

4. 假设竖直上抛一个物体，在时间 t 时，它的高度是 $s=f(t)$，当 $\frac{ds}{dt}=$______时，物体达到最大高度，在这之后，$\frac{ds}{dt}$______．

习题 2.6

在习题 1~8 中，求 d^3y/dx^3.

1. $y=x^3+3x^2+6x$ 2. $y=x^5+x^4$ 3. $y=(3x+5)^3$ 4. $y=(3-5x)^5$

5. $y=\sin 7x$　　6. $y=\sin x^3$　　7. $y=\dfrac{1}{x-1}$　　8. $y=\dfrac{3x}{1-x}$

在习题 9 ~ 16 中，求 $f''(2)$.

9. $f(x)=x^2+1$　　10. $f(x)=5x^3+2x^2+x$　　11. $f(t)=\dfrac{2}{t}$　　12. $f(u)=\dfrac{2u^2}{5-u}$

13. $f(\theta)=(\cos\theta\pi)^{-2}$　　14. $f(t)=t\sin(\pi/t)$　　15. $f(s)=s(1-s^2)^3$　　16. $f(x)=\dfrac{(x+1)^2}{x-1}$

17. 记 $n!=n(n-1)(n-2)\cdots3\times2\times1$. 因此 $4!=4\times3\times2\times1=24$，而 $5!=5\times4\times3\times2\times1$. 我们把 $n!$ 命名为 n 的**阶乘**. 证明 $D_x^n x^n=n!$.

18. 用习题 17 中阶乘符号写出计算 $D_x^n(a_{n-1}x^{n-1}+\cdots+a_1x+a_0)$ 的公式.

19. 不用计算，说出下列导数值.

(a) $D_x^4(3x^2+2x-19)$　　(b) $D_x^{12}(100x^{11}-79x^{10})$　　(c) $D_x^{11}(x^2-3)^5$

20. 求 $D_x^n(1/x)$.

21. 若 $f(x)=x^3+3x^2-45x-6$，求当 $f'(x)=0$ 时 $f''(x)$ 的值，即求所有满足 $f'(c)=0$ 的 c 点处的二阶导数.

22. 假设 $g(t)=at^2+bt+c$ 且 $g(1)=5$，$g'(1)=3$，$g''(1)=-4$，求 a，b，c.

在习题 23 ~ 28 中，一个物体沿着水平坐标轴运动且满足 $s=f(t)$，这里 s 为物体到原点的直线距离，单位是 cm，t 的单位是 s. 对于每道习题，回答下列问题(参考例 2 和例 3).

(a) 在 t 时刻物体的速度 $v(t)$ 和加速度 $a(t)$ 分别是多大?

(b) 什么时候物体向右移动?　　(c) 什么时候物体向左移动?

(d) 什么时候物体的加速度为负值?　　(e) 绘出物体运动的示意图.

23. $s=12t-2t^2$　　24. $s=t^3-6t^2$　　25. $s=t^3-9t^2+24t$

26. $s=2t^3-6t+5$　　27. $s=t^2+\dfrac{16}{t},\ t>0$　　28. $s=t+\dfrac{4}{t},\ t>0$

29. 若 $s=\dfrac{1}{2}t^4-5t^3+12t^2$，求加速度为零时物体的速度.

30. 若 $s=\dfrac{1}{10}(t^4-14t^3+60t^2)$. 求加速度为零时物体的速度.

31. 两个质点沿着坐标轴运动. 在 t s 末它们与原点间的直线距离分别为 $s_1=4t-3t^2$ 和 $s_2=t^2-2t$，单位是 ft.

(a) 什么时候它们有相同的速度?　　(b) 什么时候它们有相同的速率?

(c) 什么时候它们在相同的位置?

32. 两个质点 P_1 和 P_2 于 t s 末在坐标轴上的位置可用 $s_1=3t^3-12t^2+18t+5$ 和 $s_2=-t^3+9t^2-12t$ 表示，问它们什么时候有相同的速度?

33. 一个被垂直向上扔出的物体在 t s 后的高度是 $s=(-16t^2+48t+256)$ ft(参考例 4).

(a) 它的初始速度是多大?　　(b) 什么时候它能达到最大速度?

(c) 它能达到的最大高度是多大?　　C (d) 它什么时候能落到地面?

C (e) 它落地的时候速度是多大?

34. 一个从地面以 48ft/s 的初速度被竖直向上扔出的物体在 t s 后的高度近似是 $s=(48t-16t^2)$ ft.

(a) 它能达到的最大高度是多少?　　(b) 在第一秒末时物体运动的速率和运动方向分别是什么?

(c) 它要回到原来的位置共需多久?

C 35. 一个从地面以 v_0 ft/s 的初速度被竖直向上射出的弹珠在 t s 后的高度是 $s=(v_0t-16t^2)$ ft. 它若要达到 1mile 的最大高度则初速度至少为多大? (1mile = 5280ft)

36. 一个从悬崖上以 $v_0$ft/s 的初速度被竖直向下扔出的物体移动距离可近似表示为 $s=v_0t+16t^2$. 若3s后物体以140ft/s的速度落入下面的大海中，问悬崖有多高？

37. 一个物体沿着水平坐标轴运动且在 t 时刻的速度满足 $s=t^3-3t^2-24t-6$，这里 s 的单位是cm，t 的单位是s，问在什么时候该物体开始减速？

38. 解释为什么当一个沿直线运动的点的速度和加速度异号时，点开始减速.（参考习题37）.

EXPL 39. 莱布尼茨曾得出 $D_x^n(uv)$ 的一般公式，其中 u 和 v 都是关于 x 的函数. 试求 $D_x^n(uv)$ 的公式. 提示：先考虑 $n=1$，$n=2$，$n=3$ 时的情况.

40. 用39题中的结果求 $D_x^4(x^4\sin x)$.

GC 41. 若 $f(x)=x[\sin x-\cos(x/2)]$.

(a) 在同一坐标系中画出 $x\in[0,6]$ 时 $f(x)$、$f'(x)$、$f''(x)$、$f'''(x)$ 的图形.

(b) 求 $f'''(2.13)$ 的值.

GC 42. 将41题的条件改为 $f(x)=(x+1)/(x^2+2)$，回答相同的问题.

概念复习答案：

1. $f'''(x)$，D_x^3y，$\dfrac{d^3y}{dx^3}$，y''' 2. $\dfrac{ds}{dt}$，$\left|\dfrac{ds}{dt}\right|$，$\dfrac{d^2s}{dt^2}$ 3. $f'(t)>0$ 4. 0，<0

2.7 隐函数求导

在等式 $y^3+7y=x^3$ 中，我们不能根据 x 解出 y. 然而，确实有一个 y 满足该等式. 例如，当 $x=2$ 时，即 $y^3+7y=8$，显然，$y=1$ 是一个解，并且它还是唯一实数解. 也就是说，当 $x=2$ 时，等式 $y^3+7y=8$ 相应地确定了一个 y. 我们称这个等式将 y 定义为 x 的一个**隐函数**.

图1是这个等式的图形，它看起来很像一个可微函数的图形. 但问题是我们还没有得出形如 $y=f(x)$ 的等式，基于图形，我们假设 y 是关于 x 的未知函数，并将该函数表示为 $y(x)$ 则有

$$[y(x)]^3+7y(x)=x^3$$

尽管仍然没有得出 $y(x)$ 的等式，但现在我们可以找出 x、$y(x)$、$y'(x)$ 之间的关系. 在等式两边关于 x 进行微分，注意使用链式法则，则可得

$$\frac{d}{dx}(y^3)+\frac{d}{dx}(7y)=\frac{d}{dx}x^3$$

$$3y^2\frac{dy}{dx}+7\frac{dy}{dx}=3x^2$$

$$\frac{dy}{dx}(3y^2+7)=3x^2$$

$$\frac{dy}{dx}=\frac{3x^2}{3y^2+7}$$

注意到表达式 dy/dx 中包括 x 和 y，这确实是个麻烦事. 但如果我们只需要求在某一点处的切线斜率，那么就没有困难了. 如在(2，1)处，有

$$\frac{dy}{dx}=\frac{3\times2^2}{3\times1^2+7}=\frac{12}{10}=\frac{6}{5}$$

即在该点切线斜率是 $\dfrac{6}{5}$.

不直接根据 x 解等式求出 y，而先求 dy/dx 的方法叫**隐微分法**. 但这种方法是否合理，能不能得出正确

的答案呢?

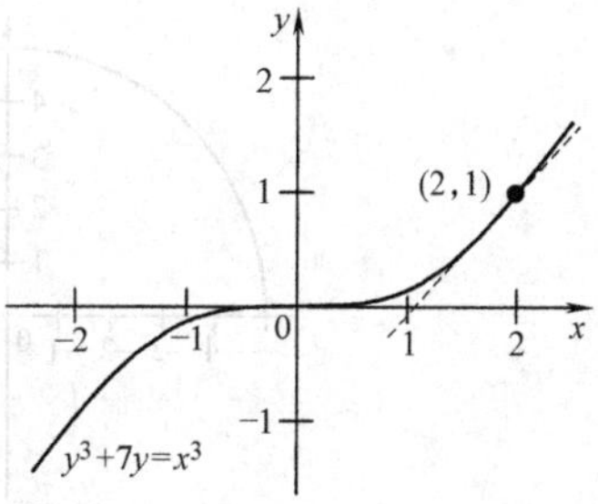

图 1

用以检验其合理性的例子 为了检验这个方法的合理性，请看下面这个例子，可以用两种方法来求解.

例 1 已知 $4x^2y-3y=x^3-1$，求 dy/dx.

解 **方法 1**：我们可以直接求出 y 的等式，如下面所示

$$y(4x^2-3)=x^3-1$$

$$y=\frac{x^3-1}{4x^2-3}$$

因此

$$\frac{dy}{dx}=\frac{(4x^2-3)\times 3x^2-(x^3-1)\times 8x}{(4x^2-3)^2}=\frac{4x^4-9x^2+8x}{(4x^2-3)^2}$$

方法 2(隐微分法)：我们对等式两边同时求导，有

$$\frac{d}{dx}(4x^2y-3y)=\frac{d}{dx}(x^3-1)$$

对其使用乘积法则后有

$$4x^2\frac{dy}{dx}+y\cdot 8x-3\frac{dy}{dx}=3x^2$$

$$\frac{dy}{dx}(4x^2-3)=3x^2-8xy$$

$$\frac{dy}{dx}=\frac{3x^2-8xy}{4x^2-3}$$

两个答案看起来不同. 方法 1 中得出的答案只包含 x，而方法 2 中得出的答案既包含 x，还包含 y. 但请记住，原等式可根据 x 解出 y 得到 $y=(x^3-1)/(4x^2-3)$. 如果我们把 $y=(x^3-1)/(4x^2-3)$ 代入方法 2 得到的 dy/dx 的表达式中，则可得到

$$\frac{dy}{dx}=\frac{3x^2-8xy}{4x^2-3}=\frac{3x^2-8x\dfrac{x^3-1}{4x^2-3}}{4x^2-3}$$

$$=\frac{12x^4-9x^2-8x^4+8x}{(4x^2-3)^2}=\frac{4x^4-9x^2+8x}{(4x^2-3)^2}$$

一些细微处的问题 如果有一个包含 x，y 的函数 $y=f(x)$，且如果它是可微的，那么隐函数的求导法(隐微分法)就可以适用于它，并可求出正确的 dy/dx. 请注意两个"如果"的前提.

考虑等式

$$x^2+y^2=25$$

它决定了两个函数：$y=f(x)=\sqrt{25-x^2}$ 和 $y=g(x)=-\sqrt{25-x^2}$. 如图 2 所示.

很幸运，在区间(5, 5)中两个方程都是可微的. 先考虑 f. 它满足

$$x^2+[f(x)]^2=25$$

当我们用隐微分法求 $f'(x)$ 时，得到

$$2x+2f(x)f'(x)=0$$

$$f'(x)=-\frac{x}{f(x)}=-\frac{x}{\sqrt{25-x^2}}$$

采取相似的方法可得到

$$g'(x)=-\frac{x}{g(x)}=\frac{x}{\sqrt{25-x^2}}$$

出于实际目的，我们对 $x^2+y^2=25$ 使用隐微分法两端同时微分，可以得到这两个结果

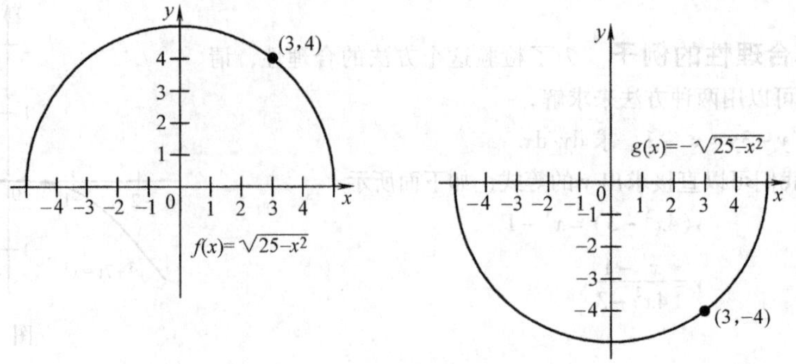

图 2

$$2x + 2y\frac{\mathrm{d}y}{\mathrm{d}x} = 0$$

$$\frac{\mathrm{d}y}{\mathrm{d}x} = -\frac{x}{y} = \begin{cases} \dfrac{-x}{\sqrt{25-x^2}}, & y = f(x) \\ \dfrac{-x}{-\sqrt{25-x^2}}, & y = g(x) \end{cases}$$

自然地，这些结果与上面的结果是一致的.

假如我们想知道圆 $x^2+y^2=25$ 在 $x=3$ 处切线的斜率，注意到为了应用我们的结果通常需要知道 $\mathrm{d}y/\mathrm{d}x = -x/y$. 当 $x=3$ 时，对应的 y 值是 4 和 −4. 将 $-x/y$ 代入，得到点(3，4)和点(3，−4)处的斜率分别是 $-\frac{3}{4}$ 和 $\frac{3}{4}$(图 2).

为了深入地讨论问题，对方程

$$x^2+y^2=25$$

可以引申出很多其他方程. 例如，考虑方程 h

$$h(x) = \begin{cases} \sqrt{25-x^2}, & -5 \leqslant x \leqslant 3 \\ -\sqrt{25-x^2}, & 3 < x \leqslant 5 \end{cases}$$

它满足方程 $x^2+y^2=25$，因为 $x^2+[h(x)]^2=25$. 但它在 $x=3$ 处不连续，因此，它在这点当然没有导数(图 3).

更多的例子　在下面的例子中，我们将看到给出的等式派生出一个或更多的方程，它们的导数能够用隐函数求导的方法求得. 注意到对每一个例子我们开始都是对关于相关变量的等式两边求导，然后根据需要采用链式法则.

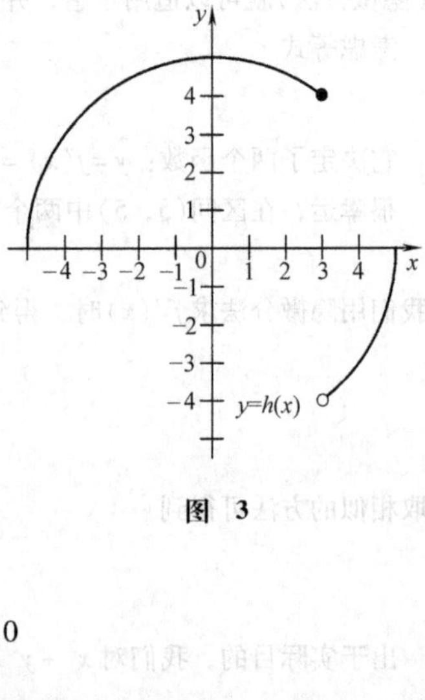

图 3

例 2　已知 $x^2+5y^3=x+9$，求 $\mathrm{d}y/\mathrm{d}x$.

解　$\frac{\mathrm{d}}{\mathrm{d}x}(x^2+5y^3) = \frac{\mathrm{d}}{\mathrm{d}x}(x+9)$

$$2x+15y^2\frac{\mathrm{d}y}{\mathrm{d}x} = 1$$

$$\frac{\mathrm{d}y}{\mathrm{d}x} = \frac{1-2x}{15y^2}$$

例 3　求曲线 $y^3-xy^2+\cos xy=2$ 在点(0，1)处切线的方程.

解　为了简单一点，我们用符号 y' 代表 $\mathrm{d}y/\mathrm{d}x$. 对两边求导，得到

$$3y^2y' - x(2yy') - y^2 - (\sin xy)(xy'+y) = 0$$

$$y'(3y^2-2xy-x\sin xy)=y^2+y\sin xy$$

$$y'=\frac{y^2+y\sin xy}{3y^2-2xy-x\sin xy}$$

在(0, 1)，$y'=\frac{1}{3}$. 因此，在(0, 1)处的切线方程是

$$y-1=\frac{1}{3}(x-0)$$

或

$$y=\frac{1}{3}x+1$$

幂函数求导法则推广 我们已经学过 $D_x x^n=nx^{n-1}$，其中，n 是任意整数. 现在扩展到 n 是任意有理数的情况.

定理 A 幂法则

如果 r 是任意非零有理数. 那么，对于 $x>0$，

$$D_x x^r=rx^{r-1}$$

若 r 能写成最简分数形式 $r=p/q$，其中 q 是奇数，那么 $D_x x^r=rx^{r-1}$ 对所有 x 都成立.

证明 因为 r 是有理数，可以被写成 p/q，p 和 q 都是整数，而 $q>0$. 设

$$y=x^r=x^{p/q}$$

那么

$$y^q=x^p$$

隐函数求导，得

$$qy^{q-1}D_x y=px^{p-1}$$

因此

$$D_x y=\frac{px^{p-1}}{qy^{q-1}}=\frac{p}{q}\frac{x^{p-1}}{(x^{p/q})^{q-1}}=\frac{p}{q}\frac{x^{p-1}}{x^{p-p/q}}$$

$$=\frac{p}{q}x^{p-1-p+p/q}=\frac{p}{q}x^{p/q-1}=rx^{r-1}$$

我们已经得到了预期的结果，但事实上，必须指出证明中存在一些漏洞. 在隐函数求导的步骤中，我们假设 $D_x y$ 存在，即 $y=x^{p/q}$ 可微的. 我们虽然可以填补这个漏洞，但因为很困难，所以我们将完整的证明放到附录中(A.2 节，定理 C).

例 4 如果 $y=2x^{5/3}+\sqrt{x^2+1}$，求 $D_x y$.

解 用定理 A 和链式法则，得到

$$D_x y=2D_x x^{5/3}+D_x(x^2+1)^{1/2}$$

$$=2\times\frac{5}{3}x^{5/3-1}+\frac{1}{2}(x^2+1)^{1/2-1}\cdot(2x)$$

$$=\frac{10}{3}x^{2/3}+\frac{x}{\sqrt{x^2+1}}$$

概念复习

1. 解关于 y 的隐函数 $yx^3-3y=9$ 得到 $y=$__________.
2. 关于 x 的隐函数 $y^3+x^3=2x$ 能推导出__________ $+3x^2=2$.
3. 关于 x 的隐函数 $xy^2+y^3-y=x^3$ 能推导出__________ $=$ __________.
4. 有理指数的幂法则指出 $D_x(x^{p/q})=$__________. 这个法则和链式法则一起推导出 $D_x[(x^2-5x)^{5/3}]$ $=$__________.

习题2.7

假设习题1~12中每个等式都定义了一个关于 x 的函数 y，请用隐函数求导的方法求出 $D_x y$.

1. $y^2-x^2=1$
2. $9x^2+4y^2=36$
3. $xy=1$
4. $x^2+\alpha^2y^2=4\alpha^2$，$\alpha$ 是一个常数.
5. $xy^2=x-8$
6. $x^2+2x^2y+3xy=0$
7. $4x^3+7xy^2=2y^3$
8. $x^2y=1+y^2x$
9. $\sqrt{5xy}+2y=y^2+xy^3$
10. $x\sqrt{y+1}=xy+1$
11. $xy+\sin(xy)=1$
12. $\cos(xy^2)=y^2+x$

在习题13~18中，求出所给点处的切线方程.

13. $x^3y+y^3x=30$，$(1,3)$
14. $x^2y^2+4xy=12y$，$(2,1)$
15. $\sin(xy)=y$，$(\pi/2,1)$
16. $y+\cos(xy^2)+3x^2=4$，$(1,0)$
17. $x^{2/3}-y^{2/3}-2y=2$，$(1,-1)$
18. $\sqrt{y}+xy^2=5$，$(4,1)$

在习题19~32中，求 dy/dx.

19. $y=3x^{5/3}+\sqrt{x}$
20. $y=\sqrt[3]{x}-2x^{7/2}$
21. $y=\sqrt[3]{x}+\dfrac{1}{\sqrt[3]{x}}$
22. $y=\sqrt[4]{2x+1}$
23. $y=\sqrt[4]{3x^2-4x}$
24. $y=(x^3-2x)^{1/3}$
25. $y=\dfrac{1}{(x^3+2x)^{2/3}}$
26. $y=(3x-9)^{-5/3}$
27. $y=\sqrt{x^2+\sin x}$
28. $y=\sqrt{x^2\cos x}$
29. $y=\dfrac{1}{\sqrt[3]{x^2\sin x}}$
30. $y=\sqrt[4]{1+\sin 5x}$
31. $y=\sqrt[4]{1+\cos(x^2+2x)}$
32. $y=\sqrt{\tan^2 x+\sin^2 x}$

33. 如果 $s^2t+t^3=1$，求 ds/dt 和 dt/ds.
34. 如果 $y=\sin(x^2)+2x^3$，求 dx/dy.
35. 画出圆 $x^2+4x+y^2+3=0$ 的图形，然后求出两条经过原点的切线的方程.
36. 求出曲线 $8(x^2+y^2)^2=100(x^2-y^2)$ 在点$(3,1)$处的**法线**(垂直于切线的直线)的方程.
37. 假设 $xy+y^3=2$，然后用隐微分法对 x 进行二次求导，有
(a) $xy'+y+3y^2y'=0$　(b) $xy''+y'+y'+3y^2y''+6y(y')^2=0$.
由(a)求出 y' 并代入(b)中求出 y''.
38. 如果 $x^3-4y^2+3=0$，求 y''(见习题37).
39. 如果 $2x^2y-4y^3=4$，求在点$(2,1)$处的 y''(见习题37).
40. 如果 $x^2+y^2=25$，两次使用隐函数求导法求点$(3,4)$处的 y''.
41. 证明曲线 $x^3+y^3=3xy$ 在点$\left(\dfrac{3}{2},\dfrac{3}{2}\right)$处的法线经过原点.
42. 证明双曲线 $xy=1$ 和 $x^2-y^2=1$ 正交.
43. 证明 $2x^2+y^2=6$ 和 $y^2=4x$ 的图形正交.
44. 假设曲线 C_1 和 C_2 相交于点(x_0,y_0)，斜率分别是 m_1 和 m_2，如图4所示. 那么，从 C_1(即在点(x_0,y_0)处 C_1 的切线)到 C_2 的正角 θ 满足(见0.7节的习题40)

$$\tan\theta=\frac{m_2-m_1}{1+m_1m_2}$$

求圆 $x^2+y^2=1$ 与圆 $(x-1)^2+y^2=1$ 在两个交点处切线的夹角.

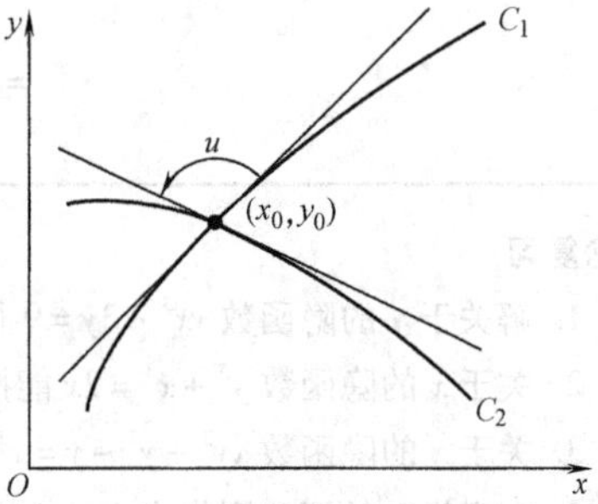

图 4

45. 求直线 $y=2x$ 与曲线 $x^2-xy+2y^2=28$ 交点处直线与切线的夹角(见习题44).

46. 一个质量为 m 的质点沿着 x 轴运动，它的位移 x 和速度 $v=\mathrm{d}x/\mathrm{d}t$ 满足

$$m(v^2-v_0^2)=k(x_0^2-x^2)$$

其中，v_0，x_0 和 k 都是常数．用隐函数求导的方法证明，当 $v\neq0$ 时，有

$$m\frac{\mathrm{d}v}{\mathrm{d}t}=-kx$$

47. 曲线 $x^2-xy+y^2=16$ 是一个以原点为中心，以直线 $y=x$ 为主轴的椭圆．求这椭圆与 x 轴的交点处的切线方程．

48. 找出曲线 $x^2y-xy^2=2$ 上具有垂直切线即 $\mathrm{d}x/\mathrm{d}y=0$ 的点．

≈ 49. 如果点(1.25，0)在照明区域的边沿，图5中的 h 应有多高？

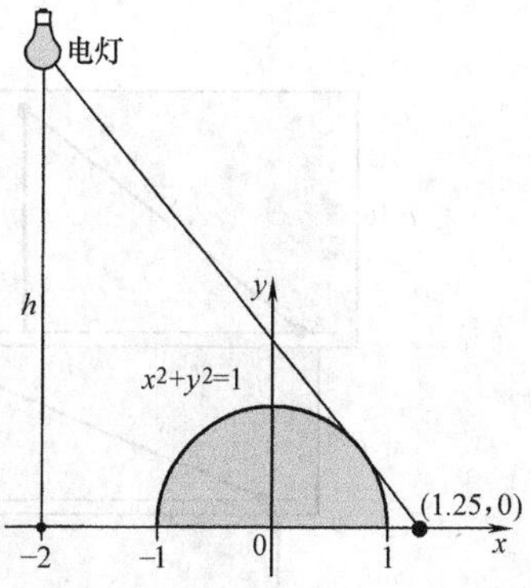

图 5

概念复习答案：

1. $9/(x^3-3)$　2. $3y^2\dfrac{\mathrm{d}y}{\mathrm{d}x}$　3. $x\cdot2y\dfrac{\mathrm{d}y}{\mathrm{d}x}+y^2+3y^2\dfrac{\mathrm{d}y}{\mathrm{d}x}-\dfrac{\mathrm{d}y}{\mathrm{d}x}=3x^2$

4. $\dfrac{p}{q}x^{p/q-1}$，$\dfrac{5}{3}(x^2-5x)^{2/3}(2x-5)$

2.8 相关变化率

如果一个变量 y 随着时间 t 变化，那么它的导数 $\mathrm{d}y/\mathrm{d}t$ 被称为**瞬时变化率**．当然，如果 y 代表距离，那么瞬时变化率也称为速度．我们对各种各样的瞬时变化率都感兴趣：水流进桶的速度，油溢出面积扩散的速度，不动产价值的增长率等．如果 y 明确给出是 t 的多项式，问题很简单；我们只需求导，然后求对应时间的值．

情况可能是这样的，y 没有明确给出是 t 的多项式，但我们知道 y 和另外一个变量 x 的关系，还有 $\mathrm{d}x/\mathrm{d}t$ 的相关情况．我们仍然能够求出 $\mathrm{d}y/\mathrm{d}t$，因为 $\mathrm{d}y/\mathrm{d}t$ 和 $\mathrm{d}x/\mathrm{d}t$ 是**相关变化率**．这种情况经常用到隐函数求导的方法．

两个简单的例子　为了说明解决相关变化率问题的系统步骤，我们讨论两个问题．

例1　一个小气球在距离水平地面上一个观察者 150ft 处释放．如果气球以 8ft/s 的速度上升，当气球达到 50ft 高时，从观察者到气球的距离以多快的速度增长？

解　假设 t 表示气球释放后的时间．h 表示气球的高度和 s 代表从观察者到气球的距离(图1)．h 和 s 都是 t 的函数；不管怎样，三角形的底(从观察者到释放点的距离)不随 t 的增长而变化．图2所示直角三角形显示出有关物理量间的关系．

≈ 在进行下一步之前，我们回顾一个以前讨论过的问题，估计答案的大小．注意到开始时 s 几乎没有变化($\mathrm{d}s/\mathrm{d}t\approx0$)，但最后 s 和 h 变化得一样快($\mathrm{d}s/\mathrm{d}t\approx\mathrm{d}h/\mathrm{d}t=8$)．估计 $h=50$ 时 $\mathrm{d}s/\mathrm{d}t$ 可能是 $\mathrm{d}h/\mathrm{d}t$ 的1/3到1/2，或3．如果得到一个跟这个值相差甚远的值，就应意识到已经犯了一个错误．例如，像17甚至7的答案明显是错误的．

我们继续精确的解答．为了突出重点，我们提出和解答以下三个基本的问题．

(a) 已知什么？答案：$\mathrm{d}h/\mathrm{d}t=8$.

(b) 想知道什么？答案：想知道 $h=50$ 时 $\mathrm{d}s/\mathrm{d}t$ 的值．

(c) s 和 h 之间有何关系？

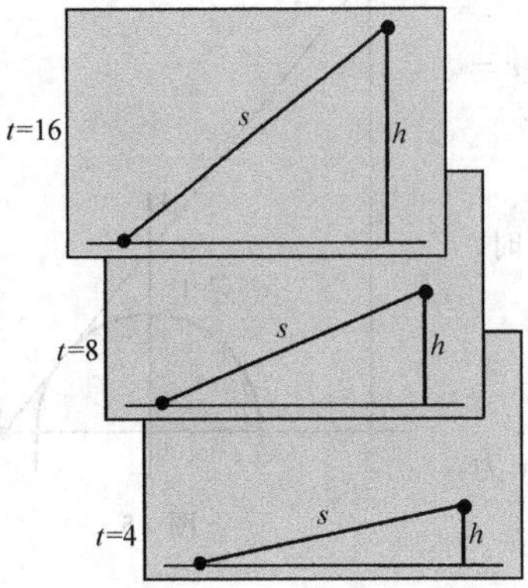

图 1

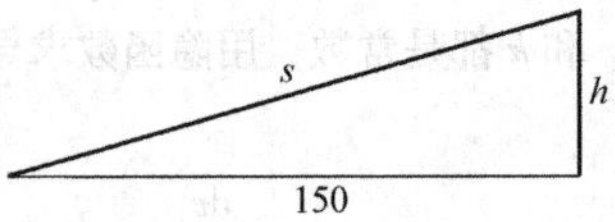

图 2

s 和 h 随时间而变化(它们是 t 的隐函数)，但根据毕达哥拉斯定理(勾股定理)它们是相关联的，即

$$s^2 = h^2 + (150)^2$$

如果对 t 求导，再用链式法则，得到

$$2s\frac{\mathrm{d}s}{\mathrm{d}t} = 2h\frac{\mathrm{d}h}{\mathrm{d}t}$$

或者

$$s\frac{\mathrm{d}s}{\mathrm{d}t} = h\frac{\mathrm{d}h}{\mathrm{d}t}$$

这对所有 $t>0$ 都成立.

得出这个关系后，我们开始讨论 $h=50$ 的那一刻. 依据毕达哥拉斯定理，可以看出，当 $h=50$ 时

$$s = \sqrt{50^2+150^2} = 50\sqrt{10}$$

代入 $s(\mathrm{d}s/\mathrm{d}t) = h(\mathrm{d}h/\mathrm{d}t)$ 得到

$$50\sqrt{10}\frac{\mathrm{d}s}{\mathrm{d}t} = 50\times 8$$

即

$$\frac{\mathrm{d}s}{\mathrm{d}t} = \frac{8}{\sqrt{10}} \approx 2.53$$

在 $h=50$ 的那一刻，气球和观察者间的距离以 2.53ft/s 的速度增加.

例 2 水以 $8\mathrm{ft}^3/\mathrm{min}$ 的速度倒进一个圆锥形的容器里. 如果容器的高度是 12ft 和它开口的半径是 6ft，当水深为 4ft 的时候水上升的速度?

解 用 h 代表水的深度同时用 r 表示对应的水面半径(图 3).

已经知道水的体积 V 以 $8\mathrm{ft}^3/\mathrm{min}$ 的速度增加；也就是，$\mathrm{d}V/\mathrm{d}t=8$. 我们想知道水深为 4ft 的时候上升的速度(也就是求 $\mathrm{d}h/\mathrm{d}t$).

我们需要找到关于 V 和 h 的等式，对它微分将得到 $\mathrm{d}V/\mathrm{d}t$ 和 $\mathrm{d}h/\mathrm{d}t$ 的关系. 容器中水的体积公式 $V=\frac{1}{3}\pi r^2 h$中包含了不需要的变量 r，因为我们不知道它的变化率 $\mathrm{d}r/\mathrm{d}t$. 但是，根据两个相似三角形之间的关系，得到 $r/h = 6/12 = 1/2$. 代入 $V=\frac{1}{3}\pi r^2 h$ 得到

$$V=\frac{1}{3}\pi\left(\frac{h}{2}\right)^2 h=\frac{\pi h^3}{12}$$

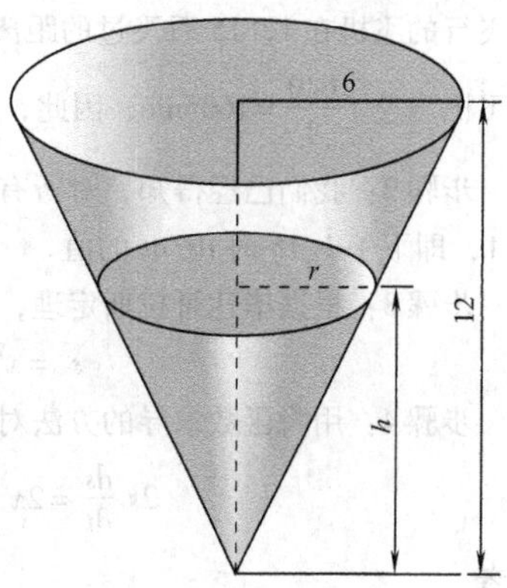

图 3

注意：V 和 h 都随 t 而变化．现在用隐函数求导的方法，得到

$$\frac{dV}{dt}=\frac{3\pi h^2}{12}\frac{dh}{dt}=\frac{\pi h^2}{4}\frac{dh}{dt}$$

我们得到 dV/dt 和 dh/dt 的关系，而在此之前，考虑过 $h=4$ 的情况．将 $h=4$ 和 $dV/dt=8$ 代入，得

$$8=\frac{\pi\times 4^2}{4}\frac{dh}{dt}$$

从而得

$$\frac{dh}{dt}=\frac{2}{\pi}\approx 0.637(\text{ft/min})$$

当水 4ft 深的时候，水平面以 0.637ft/min 的速度上升．

思考一下例 2，就会意识到水平面随时间的推移上升得越来越慢．例如，当 $h=10$ 时

$$8=\frac{\pi\times 10^2}{4}\frac{dh}{dt}$$

因此 $dh/dt=32/100\pi\approx 0.102$ft/min.

其真正的意思是加速度 d^2h/dt^2 是负的．我们可以对它求出一个表达式．在任何时间 t

$$8=\frac{\pi h^2}{4}\frac{dh}{dt}$$

因此

$$\frac{32}{\pi}=h^2\frac{dh}{dt}$$

如果再次用隐函数求导的方法，得到

$$0=h^2\frac{d^2h}{dt^2}+\frac{dh}{dt}\left(2h\frac{dh}{dt}\right)$$

从而得到

$$\frac{d^2h}{dt^2}=\frac{-2\left(\frac{dh}{dt}\right)^2}{h}$$

很显然，加速度是负的．

求解的步骤 例 1 和例 2 为解决相关变化率的问题提供了以下方法．

步骤 1：令 t 表示经过的时间．根据所有 $t>0$ 画一个合理的图表．用给出的常数标记那些数值不随 t 变化的物理量．用字母标记那些数值随 t 变化的物理量，用这些变量标记图中相应的部分．

步骤 2：列举出与变量相关的内容和所需要的关于它们的信息．这些信息是关于 t 的导数的形式．

步骤 3：根据所有 $t>0$ 写出一个将变量联系起来的等式，注意不仅仅在某几个具体时刻．

步骤 4：用隐函数求导的方法对步骤 3 中获得的方程关于 t 求导．得到的包含关于 t 的导数的方程对所有 t 都成立．

步骤 5：此时，为得到问题需要的答案，将在某些时刻有效的数据代入步骤 4 得到的等式中．计算需求的导数．

例 3 一架以 640mile/h 的速度向北方飞行的飞机在中午 12:00 时经过某一个城镇．另一架以 600mile/h 的速度向东飞行的飞机在 15min 后经过同一个城镇．如果两架飞机在同样的高度飞行，在下午 13:15 时它们分离得多快?

解 步骤 1：令 t 表示下午 12:15 后的小时数，y 表示向北飞行的飞机在 12:15 后飞过的距离，x 表示向

东飞行的飞机在12:15后飞过的距离，s 表示两架飞机之间的距离．在12:00到12:15的15min间，向北飞行的飞机飞过了$\frac{640}{4}=160$mile，因此，时间为 t 时城镇到向北飞的飞机间的距离是 $y+160$.（图4）

步骤2：我们已经得知，对所有 $t>0$，$dy/dt=640$ 和 $dx/dt=600$. 需要知道 $t=1$，即下午1:15时 ds/dt 的值．

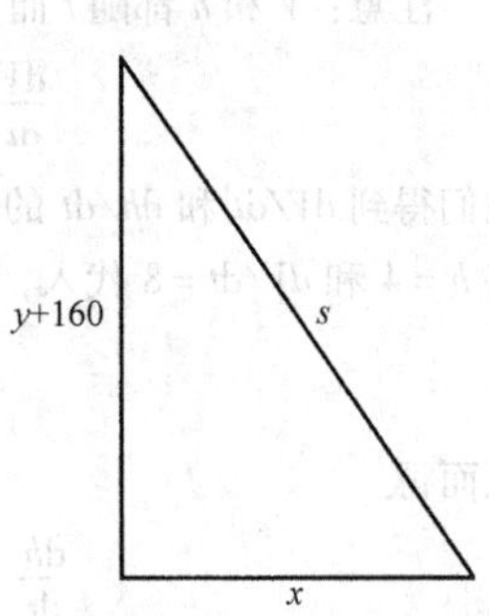

图 4

步骤3：根据毕达哥拉斯定理，有

$$s^2=x^2+(y+160)^2$$

步骤4：用隐函数求导的方法对 t 求导，然后用链式法则，我们得到

$$2s\frac{ds}{dt}=2x\frac{dx}{dt}+2(y+160)\frac{dy}{dt}$$

或者

$$s\frac{ds}{dt}=x\frac{dx}{dt}+(y+160)\frac{dy}{dt}$$

步骤5：对所有 $t>0$，$dy/dt=640$ 和 $dx/dt=600$，当在某个特定时刻 $t=1$，$x=600$，$y=640$，和 $s=\sqrt{(600)^2+(640+160)^2}=1000$. 我们将这些数据代入步骤4的等式中，得到

$$1000\frac{ds}{dt}=600\times 600+(640+160)\times 640(\text{mile/h})$$

从而得到

$$\frac{ds}{dt}=872(\text{mile/h})$$

在下午1:15时两架飞机以872mile/h的速度分离．

≈ 现在让我们估计一下答案是否正确．再看图4. 很清楚，s 比 x 或 y 增加得都快，因此 ds/dt 超过640. 在另一方面，s 一定比 x 与 y 的和增长得慢；即 $ds/dt<600+640$. 因此，$ds/dt=872$ 是合理的．

例4 一个站在悬崖上的女士通过望远镜观察一艘摩托艇，摩托艇向她正下方的海岸线靠近．如果望远镜在海平面250ft的上方，摩托艇以20ft/s靠近，当摩托艇距离海岸250ft时，望远镜角度的变化率是多少？

解 步骤1：画一个示意图（图5），并引入变量 x 与 θ.

步骤2：已知 $dx/dt=-20$；符号是负的是因为 x 随时间减少．欲求当 $x=250$ 时 $d\theta/dt$ 的值．

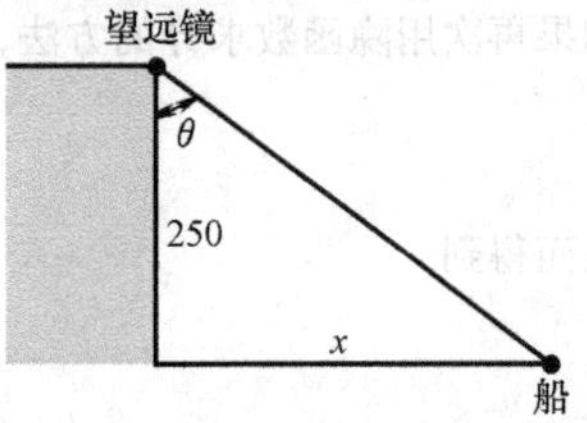

图 5

步骤3：由三角形法得到

$$\tan\theta=\frac{x}{250}$$

步骤4：利用 $D_\theta\tan\theta=\sec^2\theta$（定理3.4B）用隐函数求导的方法．得到

$$\sec^2\theta\frac{d\theta}{dt}=\frac{1}{250}\frac{dx}{dt}$$

步骤5：在 $x=250$ 时，$\theta=\pi/4$，$\sec^2\theta=\sec^2(\pi/4)=2$. 因此

$$2\frac{d\theta}{dt}=\frac{1}{250}(-20)$$

即

$$\frac{d\theta}{dt}=\frac{-1}{25}=-0.04$$

角度以 -0.04rad/s 的速度变化，负号表示 θ 随时间减少．

例5 日落时太阳在一座高120ft的建筑物后，建筑物的影子会随时间推移而拉长．当太阳光直射角度是

45°(或 π/4rad)时，影子拉长的速度是多少？(用 ft/s 表示)

解 步骤 1：令 t 表示午夜后经过的秒数，x 表示影子的长度，单位为 ft，θ 表示太阳光的直射角度，如图 6 所示．

步骤 2：由于地球每 24h 或者说 86400s 自转一周，我们知道 $d\theta/dt = -2\pi/86400$.（负号是需要的，因为当日落时 θ 减少．我们想求当 $\theta = \pi/4$ 时 dx/dt 的值．

步骤 3：从图 6 看出，变量 x 和 θ 满足 $\cot\theta = x/120$，所以 $x = 120\cot\theta$.

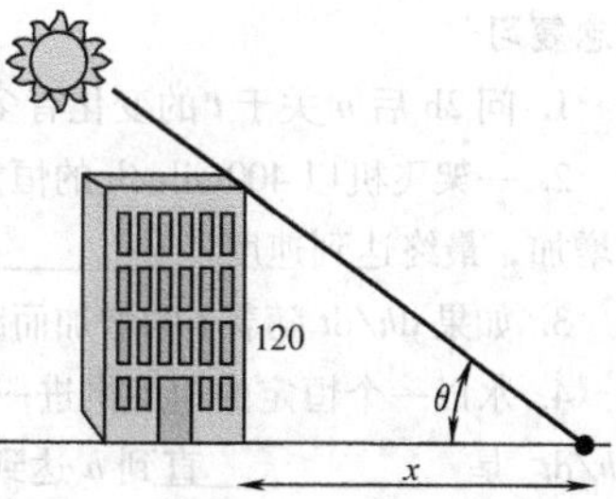

图 6

步骤 4：将 $x = 120\cot\theta$ 的两边对 t 微分，有

$$\frac{dx}{dt} = 120(-\csc^2\theta)\frac{d\theta}{dt} = -120\csc^2\theta\left(-\frac{2\pi}{86400}\right) = \frac{\pi}{360}\csc^2\theta$$

步骤 5：当 $\theta = \pi/4$，有 $\frac{dx}{dt} = \frac{\pi}{360}\csc^2\frac{\pi}{4} = \frac{\pi}{360}(\sqrt{2})^2 = \frac{\pi}{180} \approx 0.0175(\text{ft/s})$

注意：当日落时，θ 是减小的(于是 $d\theta/dt$ 是负的)，同时阴影长度 x 是增加的(于是 dx/dt 是正的)．

与图形相关变化率问题 在现实生活中，我们常常不知道某个函数的表达式，但却知道它的一些关键性的曲线．这种情况下，我们仍可能回答有关速率的问题．

例 6 韦伯斯特城用自动记录装置监测它的圆柱形水塔中水的高度．水不断以 2400 ft^3/h 的速度流入水塔，如图 7 所示．在给定的 12h 内(从午夜开始)，水平面的变化如图 8 所示．如果水塔的半径是 20ft，求在上午 7 点时的用水速度．

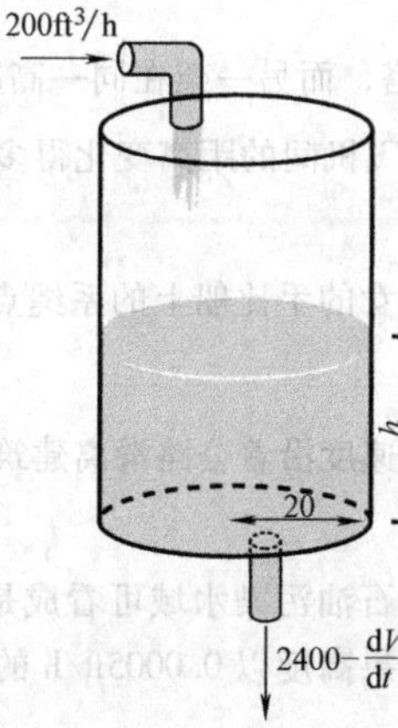

图 7

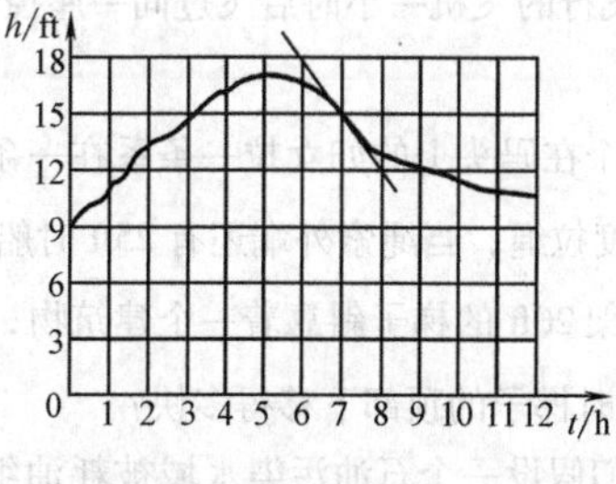

图 8

解 用 t 表示从午夜经过的小时数，h 表示在时间 t 时水塔中水平面的高度．V 表示当时水塔中水的体积．则 dV/dt 表示水的流出速度，所以 $2400 - dV/dt$ 是在时间 t 时的用水速度．当 $t = 7$ 时，切线的斜率接近于 -3，我们得到在此刻 $dh/dt \approx -3$．对于圆柱体，$V = \pi r^2 h$，于是

$$V = \pi \times 20^2 h$$

从而有

$$\frac{dV}{dt} = 400\pi\frac{dh}{dt}$$

当 $t = 7$h 时，有

$$\frac{dV}{dt} \approx 400\pi \times (-3) \approx -3770(\text{ft}^3/\text{h})$$

于是韦伯斯特城的居民在上午 7 点时，用水速度是 $2400 + 3770 = 6170\text{ft}^3/\text{h}$.

概念复习

1. 问 2h 后 u 关于 t 的变化有多快，也就是问在________时________的值．

2. 一架飞机以 400mile/h 的恒定速度飞过一个观察者的正上方．观察者和飞机间的距离以一个增长的速度增加，最终达到速度__________．

3. 如果 $\mathrm{d}h/\mathrm{d}t$ 随着 t 的增加而减少，那么 $\mathrm{d}^2h/\mathrm{d}t^2$ 是____________．(正或负)

4. 水以一个恒定的速度倒进一个球形的容器中，那么水的高度以一个变化的正值的速度 $\mathrm{d}h/\mathrm{d}t$ 增加，但 $\mathrm{d}^2h/\mathrm{d}t^2$ 是____________直到 h 达到容器高度的一半，然后，$\mathrm{d}^2h/\mathrm{d}t^2$ 变为____________．(正或负)

习题 2.8

1. 一个变化的立方体的边长以 3in/s 的速度增加．当边长为 12in 时，这个立方体的体积增加得多快？

2. 假设一个肥皂泡扩大时保持球形，如果将空气以 $3\text{in}^3/\text{s}$ 的速度吹进去，当它的半径为 3in 时，它的半径增加得多快？

≈ 3. 一架在高度为 1mile 的空中水平飞行的飞机飞过一个观察者的正上方．如果飞机的恒定速度是 400mile/h，45min 以后它与观察者间的距离增加得多快？提示：注意在 $45\text{s}\left(\frac{3}{4}\times\frac{1}{60}\text{h}=\frac{1}{80}\text{h}\right)$时，飞机飞过了 5mile.

4. 一个学生用一根麦秆以 $3\text{cm}^3/\text{s}$ 的速度从一个竖直圆锥形纸杯中喝水．如果杯的高度是 10cm 和开口的直径是 6cm，当液体的深度是 5cm 时液面下降得多快？

≈ 5. 一架以 300mile/h 速度向西飞行的飞机在正午的时候飞过控制塔，而另一架在同一高度以 400mile/h 速度向北飞行的飞机一小时后飞过同一座控制塔．在下午 2:00 时两架飞机间的距离变化得多快？提示：见例 3.

≈ 6. 一个在码头上的妇女拉一条系在一条小船船首的绳索．如果妇女的手比船上的系绳点高 10ft，她以 2ft/s 的速度拉绳，当绳索外端还有 25ft 时船靠近码头的速度有多大？

≈ 7. 一架 20ft 的梯子斜靠着一个建筑物．如果梯子的底部以 1ft/s 的速度沿着公路滑离建筑物，当梯脚离建筑物 5ft 时梯子的顶部下移得多快？

8. 我们假设一个石油污染水域被耗油细菌以 $4\text{ft}^3/\text{h}$ 的速度清理．石油污染水域可看成是油层厚度(高度)十分薄的圆柱体．当油层的厚度是 0.001ft 时圆柱体直径是 50ft. 如果高度以 0.0005ft/h 的速度减少，油层面积的变化率是多大？

9. 沙子以 16ft/s 的速度从一根导管流出．如果落下的沙子在地面上形成一个高度总是底面直径 1/4 的圆锥形沙堆，当沙堆高 4ft 时，沙堆的高度增加得多快？提示：参看图 9 并利用 $V=\frac{1}{3}\pi r^2 h$.

≈ 10. 一个小孩正在放风筝．如果风筝在小孩手上方的 90ft，风以 5ft/s 的速度水平吹向它，当撒出 150ft 的绳索时，小孩释放绳索的速度有多大？(假设从手到风筝的绳索保持笔直)

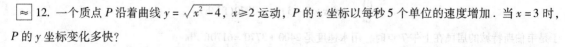

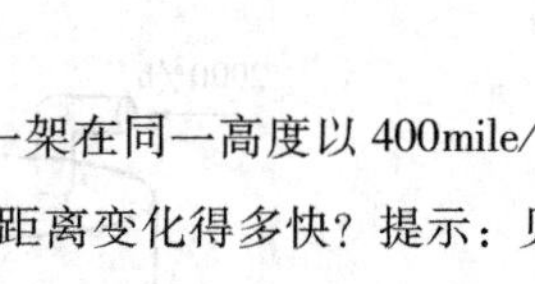

图 9

11. 一个游泳池 40ft 长，20ft 宽，深处 8ft 深，浅处 3ft 深；底部是三角形的(图 10)．如果水泵以 $40\text{ft}^3/\text{min}$ 的速度给游泳池充水，当它的深处的水深为 3ft 时，水平面上升得多快？

≈ 12. 一个质点 P 沿着曲线 $y=\sqrt{x^2-4}$，$x\geqslant 2$ 运动，P 的 x 坐标以每秒 5 个单位的速度增加．当 $x=3$ 时，P 的 y 坐标变化多快？

13. 一块金属圆片受热时变宽．如果它的半径以 0.02in/s 的速度增加，当它的半径为 8.1in 时，它表面面积增加得多快？

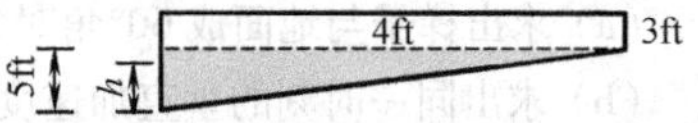

图 10

≈ 14. 两艘轮船从同一港口起航，一艘以 24 节(即 24n mile/h，1(n mile) = 1.852km)的速度向北行驶，另一艘以 30 节的速度向东行驶．向北的轮船在上午 9:00 离开，而向东的轮船在上午 11:00 离开．在下午 2:00 时它们间距离增加得多快？提示：在上午 11:00 时，令 $t=0$.

15. 一盏在距笔直的海岸线 1km 的灯塔中的灯以 2r/min 的速度旋转，那么当光线经过正对灯塔 1/2km 的点时，光束沿海岸线移动的速度有多大？

C 16. 一个飞机侦探员观察一架在 4000 英尺(ft)恒定高度飞过她头上的飞机．她注意到当仰角为 1/2rad 时它增加的速度是$\frac{1}{10}$rad/s. 问飞机的速度是多大？

17. 身高 6ft 的克里斯正以 2ft/s 的速度步行离开一根 30ft 高的灯柱．

(a) 当克里斯离灯柱 24ft 时他影子长度增加得多快？30ft 呢？

(b) 他影子顶部运动得多快？

(c) 为了跟住影子顶部，当他的影子 6ft 长时，克里斯必须以多大的角速度提高他的视角？

18. 一个腰长为 100cm 的等腰三角形的顶角以$\frac{1}{10}$rad/min 的速度增加．当顶角为 $\pi/6$ 时，三角形面积增加得多快？提示：$A=\frac{1}{2}ab\sin\theta$.

≈ 19. 一段高架路正交地跨过在它下面 100ft 的火车轨道．如果一辆摩托车以 45mile/h(66ft/s)的速度行使在以 60mile/h(88ft/s)速度行进的火车上方，10min 后它们分离的速度有多大？

20. 水以 2L/min(1L = 1000cm^3)的速度倒进一个平截圆锥体形状的容器．容器的高是 80cm，底部和顶部的半径分别是 20cm 和 40cm(图 11)．当水深为 30cm 时，水面上升的速度有多大？注意：一个高为 h、上下底半径分别为 b 和 a 的平截圆锥体的体积 $V=\frac{1}{3}\pi h(a^2+ab+b^2)$.

21. 水以 2ft^3/h 速度从一个半球形的容器的底部漏出．容器在某一时刻是满的．当水的高度为 3 英尺时，水平面变化得多快？注意：高为 h 液面半径为 r 的水的体积是 $\pi h^2[r-(h/3)]$.(图 12)

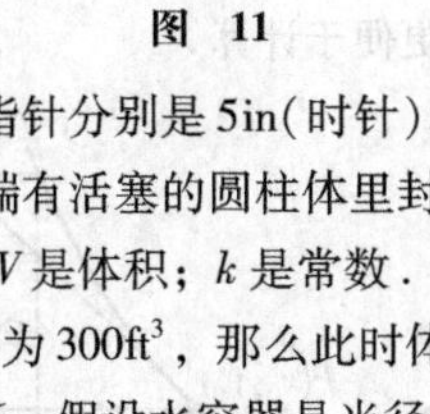

图 11

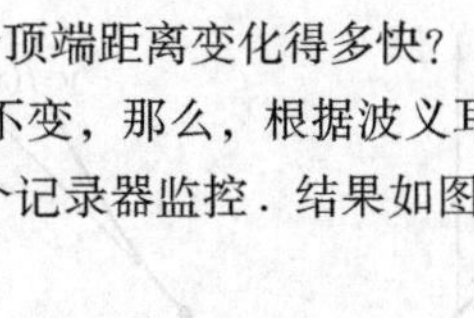

图 12

22. 时钟的指针分别是 5in(时针)和 4in(分针)．在 3:00 时，指针顶端距离变化得多快？

23. 一个一端有活塞的圆柱体里封有空气．如果空气的温度保持不变，那么，根据波义耳定律，$PV=k$，其中 P 是压强；V 是体积；k 是常数．压强在 10min 的时间段里被一个记录器监控．结果如图 13 所示．如果在 $t=6.5$ 时体积为 300ft^3，那么此时体积变化得多快？(见例 6)

24. 重做例 6，假设水容器是半径为 20ft 的球状物．(平截圆锥体的体积见习题 21)

25. 重做例 6，假设水容器是上半球的．(球状截面体积见习题 21)

26. 重做例 6，从午夜到正午这 12h 的时间段中韦伯斯特城用了多少水？提示：这不是求导问题．

≈ 27. 一张 18ft 长的梯子斜靠着一堵 12ft 高的墙，它的顶部超过墙壁，梯子的底部以 2ft/s 的速度沿地面被拉离墙壁．

(a) 求出梯子与地面成 60°角时它顶部的垂直速度.

(b) 求出同一时刻的垂直加速度

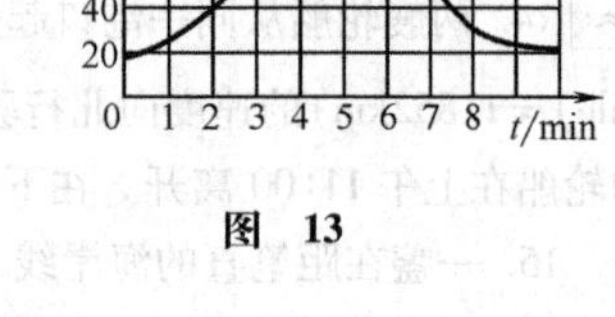

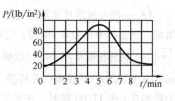

图　13

28. 一个球状的钢球静止在习题 21 的容器的底部. 回答下列问题如果球的半径是

(a) 6in　　　　(b) 2ft(假设这球的运动不受容器的影响)

29. 一个雪球表面被均匀地溶化.

(a) 证明它的半径以一个恒定的速度减少.

(b) 如果它在一个小时内溶化至原来体积的 $\frac{8}{27}$，它完全溶化需要多长时间？

30. 一个钢球在时间 t 内下落 $16t^2$ft. 这个球在离 48ft 高的路灯水平距离为 10ft 的地方的 64ft 高处释放. 当这球击中地面时，球影子的运动速度多快？

31. 一个 5ft 高的女孩以 4 ft/s 的速度走向一根 20ft 高的路灯. 她 3ft 高的弟弟以 4ft 恒定的距离在后面跟着她.(图 14)

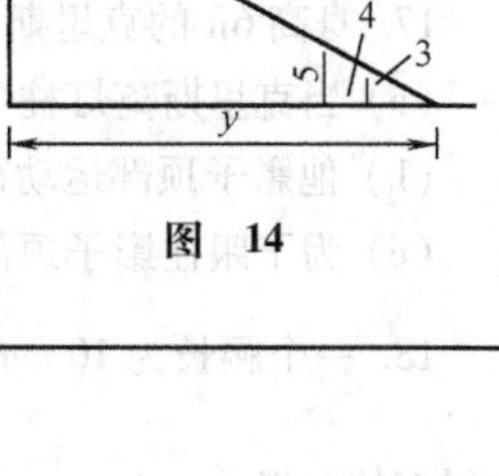

图　14

请确定阴影顶部的移动速度，即确定 dy/dt. 注意：当女孩远离路灯时，她控制着阴影的顶部，然而靠近路灯时，她的弟弟控制着它.

概念复习答案:

1. $t=2$，du/dt　　2. 400mile/h　　3. 负　　4. 负，正

2.9　微分与近似计算

在莱布尼茨表示法中，dy/dx 用于表示 y 关于 x 的导数. 符号 d/dx 作为算子表示(对 d/dx 后面的式子)关于 x 求导. 因此，d/dx 和 D_x 是同义的. 到目前为止，我们把 dy/dx(或 d/dx)当做一个整体符号，并没有尝试分别给予 dy 和 dx 单独的意义. 在这一节里，我们将对 dy 和 dx 赋予意义.

假定 f 是一个可导的函数. 为了引出我们的定义，设点 $P(x_0, y_0)$ 在 $y=f(x)$ 的图形上，如图 1 所示. 由于 f 是可微的，

$$\lim_{\Delta x\to 0}\frac{f(x_0+\Delta x)-f(x_0)}{\Delta x}=f'(x_0)$$

因此，如果 Δx 很小，商$[f(x_0+\Delta x)-f(x_0)]/\Delta x$ 将会近似于 $f'(x_0)$，那么

$$f(x_0+\Delta x)-f(x_0)\approx \Delta x f'(x_0)$$

这个表达式的左边部分称作 Δy；这是当 x 从 x_0 变到 $x_0+\Delta x$ 时 y 的真实改变量. 右边部分称作 dy，它充当 Δy 的近似值. 如图 2 所示，量 dy 等于当 x 从 x_0 变到 $x_0+\Delta x$ 时曲线在 P 点的切线的改变量. 当 Δx 很小时，我们希望 dy 能很好地近似于 Δy，而且由于它只是 Δx 的常数倍，通常更便于计算.

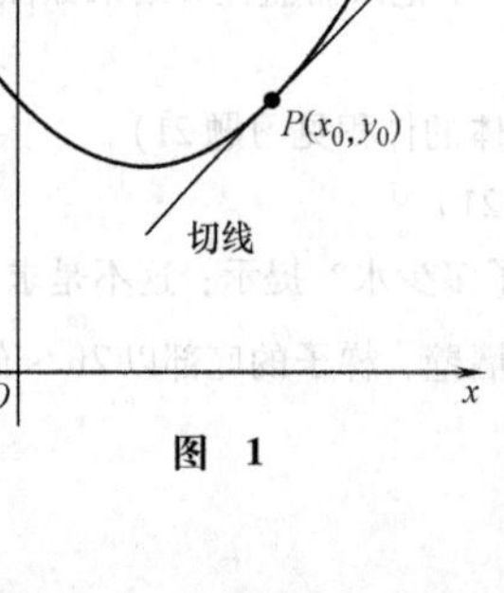

图　1

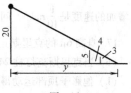

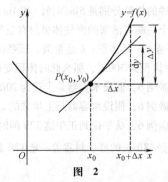

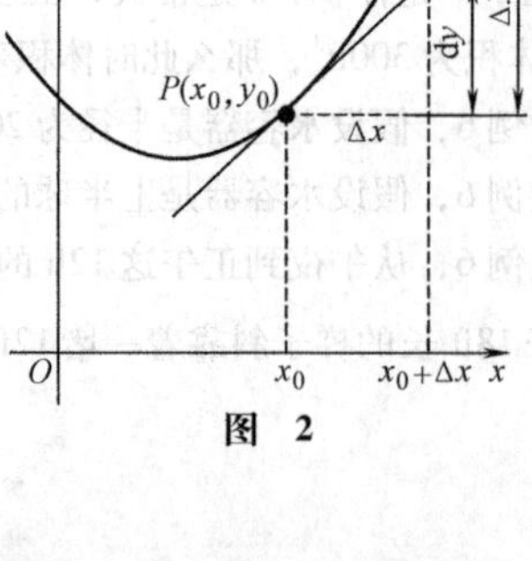

图　2

微分定义 下面是关于微分 dx 和 dy 的正式定义.

> **定义 微分**
>
> 假定 $y=f(x)$ 是关于自变量 x 的可微分的函数.
>
> Δx 是自变量 x 的任意增量.
>
> dx 称作**自变量 x 的微分**,等于 Δx.
>
> Δy 是当 x 从 x_0 变到 $x_0+\Delta x$ 时变量 y 的真实改变量,即 $\Delta y=f(x+\Delta x)-f(x)$.
>
> dy 称作**因变量 y 的微分**,定义为 $dy=f'(x)dx$.

例 1 试求 dy.

(a) $y=x^3-3x+1$ (b) $y=\sqrt{x^2+3x}$ (c) $y=\sin(x^4-3x^2+11)$

解 如果我们懂得如何计算导数,就懂得怎样计算微分.只要简单地算出导数,再把它乘以 dx 就行了.

(a) $dy=(3x^2-3)dx$

(b) $dy=\frac{1}{2}(x^2+3x)^{-1/2}(2x+3)dx=\frac{2x+3}{2\sqrt{x^3+3x}}dx$

(c) $dy=\cos(x^4-3x^2+11)(4x^3-6x)dx$

注意两点.第一,由于 $dy=f'(x)dx$,两边除以 dx 得出

$$f'(x)=\frac{dy}{dx}$$

而且如果我们愿意的话,可以把导数解释为两个微分的商.

其次,每一条求导法则都有对应的一条微分法则,这个法则是由前者"乘以"dx 得到的,如下表所示.

求导法则	微分法则
1. $\frac{dk}{dx}=0$	1. $dk=0$
2. $\frac{d(ku)}{dx}=k\frac{du}{dx}$	2. $d(ku)=kdu$
3. $\frac{d(u+v)}{dx}=\frac{du}{dx}+\frac{dv}{dx}$	3. $d(u+v)=du+dv$
4. $\frac{d(uv)}{dx}=u\frac{dv}{dx}+v\frac{du}{dx}$	4. $d(uv)=udv+vdu$
5. $\frac{d(u/v)}{dx}=\frac{v(du/dx)-u(dv/dx)}{v^2}$	5. $d\left(\frac{u}{v}\right)=\frac{vdu-udv}{v^2}$
6. $\frac{du^n}{dx}=nu^{n-1}\frac{du}{dx}$	6. $du^n=nu^{n-1}du$

近似计算 微分在这本书中将扮演多种角色,但正如我们之前已提示的那样,现在它们的主要用途是提供近似值.

假设 $y=f(x)$,如图 3 所示.增量 Δx 引起 y 的增量 Δy,这一增量可由 dy 近似.因此,$f(x+\Delta x)$ 近似于

$$f(x+\Delta x)\approx f(x)+dy=f(x)+f'(x)\Delta x$$

上式是以下所有例子解法的根据.

例 2 假设你需要较好地计算 $\sqrt{4.6}$ 和 $\sqrt{8.2}$ 的近似值,但计算器坏掉了不能用.你会怎样做?

解 仔细察看图 4 中绘出的 $y=\sqrt{x}$ 的图形.当 x 从 4 改变到 4.6 时,$\sqrt{x}$ 从 $\sqrt{4}=2$ 改变至 $\sqrt{4}+dy$.现在

$$dy=\frac{1}{2}x^{-1/2}dx=\frac{1}{2\sqrt{x}}dx$$

当 $x=4$,$dx=0.6$ 时,该式的值为

$$dy=\frac{1}{2\sqrt{4}}\times 0.6=\frac{0.6}{4}=0.15$$

因而

$$\sqrt{4.6}\approx\sqrt{4}+\mathrm{d}y=2+0.15=2.15$$

类似地，当 $x=9$，$\mathrm{d}x=-0.8$

$$\mathrm{d}y=\frac{1}{2\sqrt{9}}(-0.8)=\frac{-0.8}{6}\approx-0.133$$

因此

$$\sqrt{8.2}\approx\sqrt{9}+\mathrm{d}y\approx3-0.133=2.867$$

注意，这里 $\mathrm{d}x$ 和 $\mathrm{d}y$ 都是负的.

这两个近似值 2.15 和 2.867 可以跟真实值(精确到四位小数)2.1448 和 2.8636 相比.

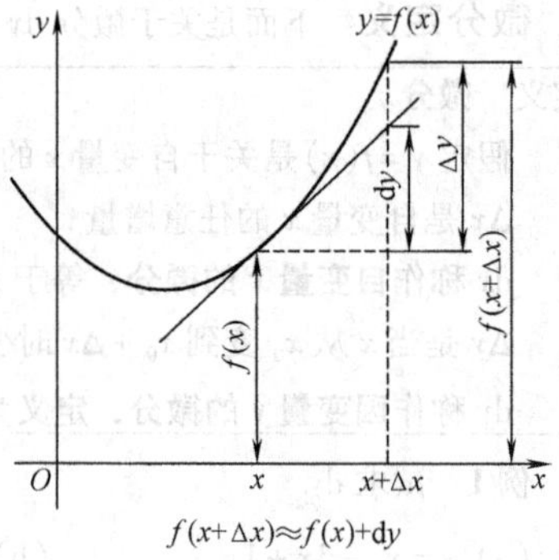

图 3

例 3 一个肥皂泡的半径从 3in 增加到 3.025in，请用微分近似计算肥皂泡表面积的增量.

解 球形肥皂泡的表面积由 $A=4\pi r^2$ 确定. 我们可以用微分 $\mathrm{d}A$ 近似算出准确改变量 ΔA，这时

$$\mathrm{d}A=8\pi r\mathrm{d}r$$

当 $r=3$，$\mathrm{d}r=\Delta r=0.025$ 时

$$\mathrm{d}A=8\pi\times3\times0.025\approx1.885(\mathrm{in}^2)$$

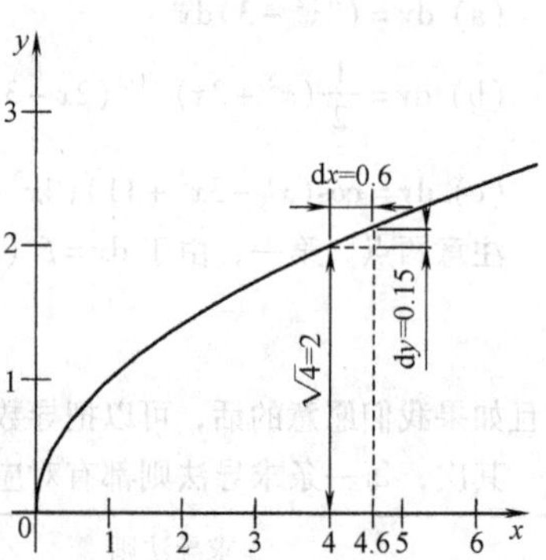

图 4

估计误差 这是科学领域中的一个典型问题. 一位研究人员测量某一个变量 x，得到可能存在误差 $\pm\Delta x$ 的值 x_0. 然后，值 x_0 被用来计算 y 的值 y_0，y 是由 x 决定的. 于是值 y_0 被 x 的误差影响了，但这误差究竟有多严重呢? 解决这一问题的办法是用微分的方法估算这个误差.

例 4 测得一个立方体的边长为 11.4cm，但可能存在 ±0.05cm 的误差. 计算该立方体的体积并给出对该值可能存在的误差范围.

解 立方体体积 V 与边长 x 的关系是 $V=x^3$. 因而，$\mathrm{d}V=3x^2\mathrm{d}x$. 当 $x=11.4$，$\mathrm{d}x=0.05$，那么 $V=11.4^3\approx1482$ 且

$$\mathrm{d}V=3\times11.4^2\times0.05\approx19(\mathrm{cm}^3)$$

因而，我们可以把体积记为 $1482\pm19\mathrm{cm}^3$.

例 4 中的量 ΔV 称作**绝对误差**. 另一种对误差的估量是**相对误差**，它是通过绝对误差除以总量确立的. 我们可以用 $\mathrm{d}V/V$ 近似 $\Delta V/V$. 在例 4 中，相对误差为

$$\frac{\Delta V}{V}\approx\frac{\mathrm{d}V}{V}\approx\frac{19}{1482}\approx0.0128$$

相对误差通常用百分比的形式表示. 因而，我们说对于例 4 中的立方体其相对误差近似于 1.28%.

例 5 Poiseuille 血液法则表明，流经动脉的血液的体积与血管半径的四次方成正比，也就是 $V=kR^4$. 为了使血液流量增加 50%，血管半径需增加多少?

解 微分式满足 $\mathrm{d}V=4kR^3\mathrm{d}R$. 它们的相对变化是 $\frac{\Delta V}{V}\approx\frac{\mathrm{d}V}{V}=\frac{4kR^3\mathrm{d}R}{kR^4}=4\frac{\mathrm{d}R}{R}$. 所以为了增加 50% 的体积改变，$0.5\approx\frac{\Delta V}{V}=4\frac{\mathrm{d}R}{R}$，相应的 R 的改变是 $\frac{\Delta R}{R}\approx\frac{\mathrm{d}R}{R}\approx\frac{0.5}{4}=0.125$. 也就是，只需血管半径增加 12.5%，就能使血液流量增加 50%.

线性近似 若 f 在 a 点可微，由直线的点斜式可知 f 在 $(a,f(a))$ 的切线可由 $y=f(a)+f'(a)(x-a)$ 给出. 函数

$$L(x)=f(a)+f'(a)(x-a)$$

叫做函数 f 在 a 点的**线性近似**，并且当 x 接近 a 时它通常能很好地接近 f.

例 6 求出 $f(x)=1+\sin 2x$ 在 $x=\pi/2$ 的线性近似并绘出图形.

解 f 的导数是 $f'(x)=2\cos 2x$，那么线性近似为

$$\begin{aligned}L(x)&=f(\pi/2)+f'(\pi/2)(x-\pi/2)\\&=(1+\sin\pi)+2\cos\pi(x-\pi/2)\\&=1-2(x-\pi/2)=(1+\pi)-2x\end{aligned}$$

图 5a 在区间 $[0,\pi]$ 上展示了函数 f 的图形和线性近似 L. 我们可以看到 $\pi/2$ 附近的近似接近得不错，但离开 $\pi/2$ 近似得就没那么好了. 图 5b 和 c 还在越来越小的区间上展示了函数 L 和 f 的图形. 对于接近 $\pi/2$ 的 x 值，我们看到线性近似是非常接近函数 f 的.

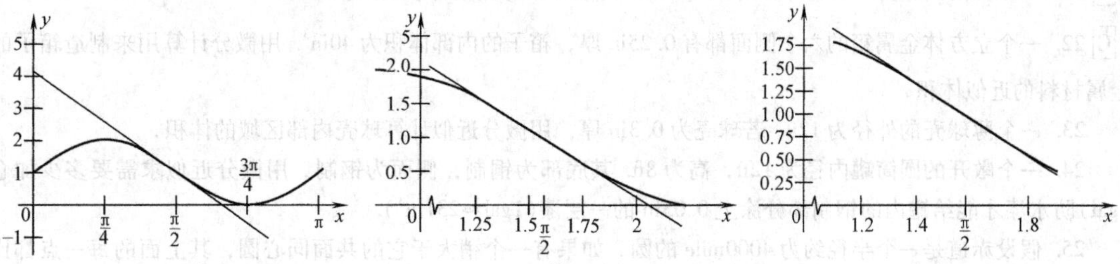

图 5

概念复习

1. 设 $y=f(x)$，以 dx 形式表示的 y 的微分定义为 $dy=$__________.

2. 考察曲线 $y=f(x)$ 并假设给出一个 x 的增量 Δx. 那么 y 在曲线上的相关改变量记作__________，y 在切线上的相关改变量记作__________.

3. 我们可以认为 dy 较好地近似 Δy，前提是__________.

4. 在曲线 $y=\sqrt{x}$ 上，认为 dy 较接近 Δy，但总是比 Δy__________. 在曲线 $y=x^2$ 上，在 $x\geqslant 0$ 一侧，认为 dy 比 Δy__________.

习题 2.9

在习题 1 ~ 8 中，求 dy.

1. $y=x^2+x-3$
2. $y=7x^3+3x^2+1$
3. $y=(2x+3)^{-4}$
4. $y=(3x^2+x+1)^{-2}$
5. $y=(\sin x+\cos x)^3$
6. $y=(\tan x+1)^3$
7. $y=(7x^2+3x-1)^{-3/2}$
8. $y=(x^{10}+\sqrt{\sin 2x})^2$

9. 若 $s=\sqrt{(t^2-\cot t+2)^3}$，求 ds.

10. 令 $y=f(x)=x^3$. 求下列各种情况下 dy 的值.

(a) $x=0.5$，$dx=1$ (b) $x=-1$，$dx=0.75$

11. 根据习题 10 中定义的函数，仔细绘出 f 在 $-1.5\leqslant x\leqslant 1.5$ 上的图形和所得曲线在 $x=0.5$ 和 $x=-1$ 处的切线；根据(a)和(b)给出的各组数据分别在图形上标注 dy 和 dx.

12. 令 $y=1/x$. 求下列各种情况下 dy 的值.

(a) $x=1$，$dx=0.5$ (b) $x=-2$，$dx=0.75$

13. 根据习题 12 所定义的函数，在 $-3\leqslant x<0$ 和 $0<x\leqslant 3$ 上作一幅精细的图形(如习题 11).

C 14. 根据习题10的数据，求 y 的实际改变量，即 Δy.

C 15. 根据习题12的数据，求 y 的实际改变量，即 Δy.

16. 令 $y=x^2-3$. 求各种情况下 Δy 和 dy 的值.

(a) $x=2$，且 $dx=\Delta x=0.5$ C (b) $x=3$，且 $dx=\Delta x=-0.12$

17. 令 $y=x^4+2x$. 求各种情况下 Δy 和 dy 的值.

(a) $x=2$，且 $dx=\Delta x=1$ C (b) $x=2$，且 $dx=\Delta x=0.005$

在习题18~20中，用微分法近似计算所给的数(参考例2)，并与用计算器算得的值相比较.

18. $\sqrt{402}$ 19. $\sqrt{35.9}$ 20. $\sqrt[3]{26.91}$

C 21. 一球壳的内径为5cm，外径为5.125cm. 近似计算球壳的体积(参考例3).

C 22. 一个立方体金属箱的六个侧面都有0.25in厚，箱子的内部体积为40in^3. 用微分计算用来制造箱子的金属材料的近似体积.

23. 一个薄球壳的外径为12ft. 若球壳为0.3in厚，用微分近似计算球壳内部区域的体积.

24. 一个敞开的圆筒罐内径为12ft，高为8ft. 其底部为铜制，侧面为钢制. 用微分近似求需要多少加仑(gal)防水漆才能给罐内的钢制部分涂上0.05in的一层漆($1\text{gal}\approx 231\text{in}^3$).

25. 假设赤道是一个半径约为4000mile的圆. 如果有一个稍大于它的共面同心圆，其上面的每一点都比赤道高2ft，那它会比赤道长多少？用微分法.

26. 设一个摆长为 L 的单摆的周期为 $T=2\pi\sqrt{L/g}$ s. 我们假设在(或非常接近)地球表面重力加速度 g 为 32ft/s^2. 若当时钟的钟摆摆长 $L=4$ft 时，时钟走得最准，如果摆长减少到3.97ft时钟在24h内会快多少？

27. 测得一球体的直径为 20 ± 0.1cm. 计算其体积并估计绝对误差和相对误差(参考例4).

28. 一个圆柱体滚筒长度的准确值为12in，其直径测得为 6 ± 0.005in. 计算其体积并估计绝对误差和相对误差.

C 29. 等腰三角形两腰夹角 θ 测得为 0.53 ± 0.005rad. 两腰长度的准确值为151cm. 计算第三边的长度并估计绝对误差和相对误差.

C 30. 计算习题29中的三角形的面积并估计绝对误差和相对误差. 提示：$A=\frac{1}{2}ab\sin\theta$.

31. 可以证明如果 $|d^2y/dx^2|\leqslant M$ 在以 c 和 $c+\Delta x$ 为终点的闭区间上成立，那么

$$|\Delta y-dy|\leqslant\frac{1}{2}M(\Delta x)^2$$

用微分求当 x 从2增加到2.001时 $y=3x^2-2x+11$ 的改变量，并给出用微分法计算所产生的误差的上限.

32. 假设 f 是满足 $f(1)=10$ 的函数，且 $f'(1.02)=12$. 利用这些信息近似计算 $f(1.02)$.

33. 假设 f 是满足 $f(3)=8$ 的函数，且 $f'(3.05)=\frac{1}{4}$. 利用这些信息近似计算 $f(3.05)$.

34. 一个圆锥状杯子，高10cm，顶部宽8cm，装了深9cm的水. 一块边长3cm的立方冰块准备要放进去. 用微分法确定杯子中的水是否会溢出.

35. 有一个两头是半球的圆柱体状水槽. 若其圆柱体部分长100cm，外径20cm，大约需要多少涂料才能把水槽的外部涂上1mm厚的一层漆？

36. 爱因斯坦的狭义相对论表明质量 m 与速度 v 相关，关系公式为

$$m=\frac{m_0}{\sqrt{1-v^2/c^2}}=m_0\left(1-\frac{v^2}{c^2}\right)^{-1/2}$$

式中，m_0 表示原质量；c 表示光速. 用微分确定当一个物体的速度由 $0.9c$ 增加到 $0.92c$，其质量增加的百分比.

在习题37~44中，求以下函数在特定点上的线性近似，并在指出的区间上绘出函数及其线性近似的图形.

37. $f(x)=x^2$ 在 $a=2$，$[0, 3]$
38. $g(x)=x^2\cos x$ 在 $a=\pi/2$，$[0, \pi]$
39. $h(x)=\sin x$ 在 $a=0$，$[-\pi, \pi]$
40. $F(x)=3x+4$ 在 $a=3$，$[0, 6]$
41. $f(x)=\sqrt{1-x^2}$ 在 $a=0$，$[-1, 1]$
42. $g(x)=x/(1-x^2)$ 在 $a=\frac{1}{2}$，$[0, 1)$
43. $h(x)=x\sec x$ 在 $a=0$，$(-\pi/2, \pi/2)$
44. $G(x)=x+\sin 2x$ 在 $a=\pi/2$，$[0, \pi]$
45. 求 $f(x)=mx+b$ 在任意点 a 的线性近似．并指出 $f(x)$ 与 $L(x)$ 有什么关系．
46. 证明对于所有 $a>0$，函数 $f(x)=\sqrt{x}$ 在 a 的线性近似 $L(x)$ 对于所有 $x>0$，满足 $f(x)\leqslant L(x)$.
47. 证明对于所有 a，函数 $f(x)=x^2$ 在 a 的线性近似 $L(x)$ 对于所有 x，满足 $L(x)\leqslant f(x)$.

EXPL 48. 求出 $x=0$ 处 $f(x)=(1+x)^\alpha$ 的线性近似，α 为任意数．对于 α 的任意值，画出 $f(x)$ 及它的线性近似函数 $L(x)$．当 α 是哪些值时，线性近似总是过大估计 $f(x)$？当 α 是哪些值时，线性近似总是过小估计 $f(x)$？

EXPL 49. 假设 f 是可微的．如果我们用近似关系式 $f(x+h)\approx f(x)+f'(x)h$，它的误差是 $\varepsilon(h)=f(x+h)-f(x)-f'(x)h$. 证明：

(a) $\lim\limits_{h\to 0}\varepsilon(h)=0$　　(b) $\lim\limits_{h\to 0}\frac{\varepsilon(h)}{h}=0$

概念复习答案：

1. $f'(x)\mathrm{d}x$　2. Δy, $\mathrm{d}y$　3. Δx 很小时　4. 大，小

2.10 本章回顾

概念测验

判断下列说法的正误，并予以说明.

1. 曲线上一点的切线不能在这一点穿过此曲线．
2. 曲线的切线只能与曲线有一个交点．
3. 曲线 $y=x^4$ 的切线的斜率在曲线上每一点都不同．
4. 曲线 $y=\cos x$ 的切线的斜率在曲线上每一点都不同．
5. 当一个物体的速率在下降时，其速度可能上升．
6. 当一个物体的速度在下降时，其速率可能上升．
7. 如果曲线 $y=f(x)$ 在 $x=c$ 处的切线是水平的，那么 $f'(c)=0$.
8. 如果 $f'(x)=g'(x)$ 对于所有 x 成立，那么 $f(x)=g(x)$ 对于所有 x 成立．
9. 若 $g(x)=x$，那么 $f'(g(x))=D_xf(g(x))$.
10. 若 $y=\pi^5$，那么 $D_xy=5\pi^4$.
11. 若 $f'(c)$ 存在，则 f 在 c 点处连续．
12. 曲线 $y=\sqrt[3]{x}$ 在 $x=0$ 有一切线，但 D_xy 依然在那里不存在．
13. 积的导数即为导数的积．
14. 如果一个物体的加速度是负的，那么它的速度在下降．
15. 若 x^2 是可微函数 $f(x)$ 的因子，则 x^2 是其导数的因子．
16. $y=x^3$ 在 $(1, 1)$ 处的切线方程为 $y-1=3x^2(x-1)$.
17. 若 $y=f(x)g(x)$，则 $D_x^2y=f(x)g''(x)+g(x)f''(x)$.

18. 若 $y=(x^3+x)^8$，则 $D_x^{25}y=0$.

19. 多项式的导数也是多项式.

20. 有理函数的导数也是有理函数.

21. 若 $f'(c)=g'(c)=0$ 且 $h(x)=f(x)g(x)$，则 $h'(c)=0$.

22. 表达式 $\lim\limits_{x\to\pi/2}\dfrac{\sin x-1}{x-\pi/2}$ 是 $f(x)=\sin x$ 在 $x=\pi/2$ 的导数.

23. 运算符 D^2 是线性算子.

24. 如果 f 和 g 都可微时，$h(x)=f(g(x))$，那么由 $g'(c)=0$ 可推出 $h'(c)=0$.

25. 若 $f'(2)=g'(2)=g(2)=2$，那么 $(f\circ g)'(2)=4$.

26. 若 f 可微且递增，$dx=\Delta x>0$，则 $\Delta y>dy$.

27. 如果球体的半径每秒增加 3ft，那么它的体积每秒增加 27ft^3.

28. 如果圆的半径每秒增加 4ft，那么它的周长每秒增加 8πft.

29. $D_x^{n+4}\sin x=D_x^n\sin x$ 对于所有正整数 n 成立.

30. $D_x^{n+3}\cos x=-D_x^n\sin x$ 对于所有正整数 n 成立.

31. $\lim\limits_{x\to0}\dfrac{\tan x}{3x}=\dfrac{1}{3}$

32. 如果 $s=5t^3+6t-300$ 给出一个物体在时间 t 时水平坐标轴的位置，那么此物体总是向右移动（s 增大的方向）.

33. 如果把空气以恒速 $3\text{in}^3/\text{s}$ 泵进一个球状橡皮气球，那么其半径会增大，不过其增长速率越来越慢.

34. 如果把水以恒速 3gal/s 泵进一个固定半径的球状罐，那么当罐子接近装满时罐中水的高度会增加得越来越快.

35. 假设误差 Δr 是在测量球体半径时产生的，在计算体积时的相关误差可近似为 $S\cdot\Delta r$，其中 S 是球体的表面积.

36. 若 $y=x^5$，则 $dy\geqslant0$.

37. 定义为 $f(x)=\cos x$ 的函数在 $x=0$ 的线性近似方程斜率为正.

测试试题

1. 运用 $f'(x)=\lim\limits_{h\to0}[f(x+h)-f(x)]/h$ 求出以下函数的导数.

(a) $f(x)=3x^3$　(b) $f(x)=2x^5+3x$　(c) $f(x)=\dfrac{1}{3x}$　(d) $f(x)=\dfrac{1}{3x^2+2}$

(e) $f(x)=\sqrt{3x}$　(f) $f(x)=\sin 3x$　(g) $f(x)=\sqrt{x^2+5}$　(h) $f(x)=\cos\pi x$

2. 运用 $g'(x)=\lim\limits_{t\to x}\dfrac{g(t)-g(x)}{t-x}$ 求出下列函数的导数 $g'(x)$

(a) $g(x)=2x^2$　(b) $g(x)=x^3+x$　(c) $g(x)=\dfrac{1}{x}$　(d) $g(x)=\dfrac{1}{x^2+1}$

(e) $g(x)=\sqrt{x}$　(f) $g(x)=\sin\pi x$　(g) $g(x)=\sqrt{x^3+C}$　(h) $g(x)=\cos 2x$

3. 以下给出的极限是一个导数，问它是哪个函数在哪一点的导数？

(a) $\lim\limits_{h\to0}\dfrac{3(1+h)-3}{h}$　(b) $\lim\limits_{h\to0}\dfrac{4(2+h)^3-4(2)^3}{h}$　(c) $\lim\limits_{\Delta x\to0}\dfrac{\sqrt{(1+\Delta x)^3}-1}{\Delta x}$

(d) $\lim\limits_{\Delta x\to0}\dfrac{\sin(\pi+\Delta x)}{\Delta x}$　(e) $\lim\limits_{t\to x}\dfrac{4/t-4/x}{t-x}$　(f) $\lim\limits_{t\to x}\dfrac{\sin 3x-\sin 3t}{t-x}$

(g) $\lim\limits_{h\to0}\dfrac{\tan(\pi/4+h)-1}{h}$　(h) $\lim\limits_{h\to0}\left(\dfrac{1}{\sqrt{5+h}}-\dfrac{1}{\sqrt{5}}\right)\dfrac{1}{h}$

4. 利用图 1 中 $s=f(t)$ 的草图近似计算以下各式.

(a) $f'(2)$　　(b) $f'(6)$

(c) 在 $[3, 7]$ 上，计算 v_{avg}

(d) 在 $t=2$ 处，求 $\frac{d}{dt}f(t^2)$

(e) 在 $t=2$ 处，求 $\frac{d}{dt}[f^2(t)]$

(f) 在 $t=2$ 处，求 $\frac{d}{dt}(f(f(t)))$

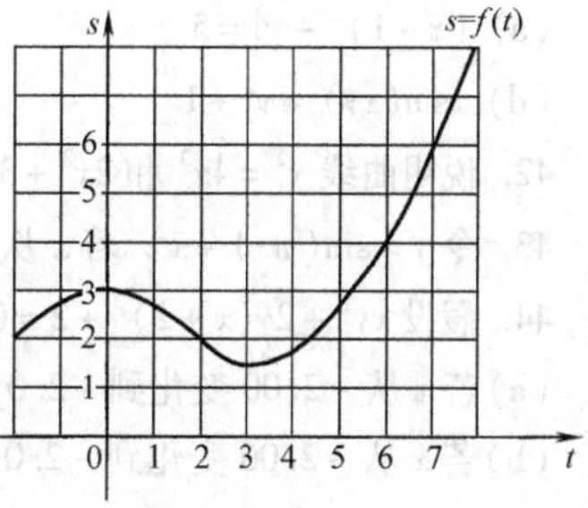

图 1

在习题 5 ~ 29 中，运用我们所掌握的法则求出指定的导数.

5. $D_x(3x^5)$　　6. $D_x(x^3-3x^2+x^{-2})$　　7. $D_z(z^3+4z^2+2z)$

8. $D_x\left(\frac{3x-5}{x^2+1}\right)$　　9. $D_t\left(\frac{4t-5}{6t^2+2t}\right)$　　10. $D_x^2(3x+2)^{2/3}$

11. $\frac{d}{dx}\frac{4x^2-2}{x^3+x}$　　12. $D_t(t\sqrt{2t+6})$　　13. $\frac{d}{dx}\frac{1}{\sqrt{x^2+4}}$

14. $\frac{d}{dx}\sqrt{\frac{x^2-1}{x^3-x}}$　　15. $D_\theta^2(\sin\theta+\cos^3\theta)$　　16. $\frac{d}{dt}(\sin(t^2)-\sin^2 t)$

17. $D_\theta\sin\theta^2$　　18. $\frac{d}{dx}\cos^3 5x$　　19. $\frac{d}{d\theta}[\sin^2(\sin(\pi\theta))]$

20. $\frac{d}{dt}\sin^2(\cos 4t)$　　21. $D_\theta\tan 3\theta$　　22. $\frac{d}{dx}\frac{\sin 3x}{\cos 5x^2}$

23. 若 $f(x)=(x^2-1)^2(3x^3-4x)$，求 $f'(2)$　　24. 若 $g(x)=\sin 3x+\sin^2 3x$，求 $g''(0)$

25. $\frac{d}{dx}\frac{\cot x}{\sec x^2}$　　26. $D_t\frac{4t\sin t}{\cos t-\sin t}$　　27. 若 $f(x)=(x-1)^3(\sin\pi x-x)^2$，求 $f'(2)$

28. 若 $h(t)=(\sin 2t+\cos 3t)^5$，求 $h''(0)$　　29. 若 $g(r)=\cos^3 5$，求 $g'''(1)$

在习题 30 ~ 33 中，假设所有给出的函数都是可微的. 求出指定的导数.

30. 若 $f(t)=h(g(t))+g^2(t)$，求 $f'(t)$

31. 若 $G(x)=F(r(x)+s(x))+s(x)$，求 $G''(x)$

32. 若 $F(x)=Q(R(x))$，$R(x)=\cos x$，且 $Q(R)=R^3$，求 $F'(x)$.

33. 若 $F(z)=r(s(z))$，$r(x)=\sin 3x$ 且 $s(t)=3t^3$，求 $F'(z)$.

34. 在曲线 $y=(x-2)^2$ 上求出一个点，该点处的切线与直线 $2x-y+2=0$ 垂直.

35. 一个球状气球由于太阳的热量而膨胀. 当气球半径为 5m 时，求出气球体积关于其半径的变化率.

36. 如果习题 35 中气球体积以 $10m^3/h$ 的恒速增大. 当气球半径为 5m 时，其半径增长有多快?

37. 一个长 12ft 的水槽，其截面为高 4ft，底边 6ft 的等腰三角形. 若以 $9ft^3/min$ 的速度往水槽里装水，当水深 3ft 时其水位上升有多快?

38. 一物体以 128ft/s 的初速度从地面竖直向上抛出. 它在 t 秒末的高度 s 近似为 $s=128t-16t^2$ft.

(a) 它何时到达最大高度? 此高度为多少?　　(b) 它以什么速度，在什么时候碰撞地面?

39. 一物体沿水平坐标轴移动. 它 t s 末离原点的位移 s 为 $s=t^3-6t^2+9t$ft.

(a) 该物体何时向右移动?　　(b) 当其速度为 0 时，加速度是多少?

(c) 其加速度何时为正?

40. 根据以下情形求 $D_x^{20}y$

(a) $y=x^{19}+x^{12}+x^5+10$　　(b) $y=x^{20}+x^{19}+x^{18}$　　(c) $y=7x^{21}+3x^{20}$

(d) $y=\sin x+\cos x$　　(e) $y=\sin 2x$　　(f) $y=\frac{1}{x}$

41. 根据以下情形求 dy/dx

(a) $(x-1)^2+y^2=5$ (b) $xy^2+yx^2=1$ (c) $x^3+y^3=x^3y^3$

(d) $x\sin(xy)=x^2+1$ (e) $x\tan(xy)=2$

42. 说明曲线 $y^2=4x^3$ 和 $2x^2+3y^2=14$ 在点(1, 2)的切线互相垂直. 提示：运用隐微分法.

43. 令 $y=\sin(\pi x)+x^2$. 若 x 从 2 变化到 2.01，则 y 近似变化了多少？

44. 假设 $xy^2+2y(x+2)^2+2=0$.

(a)若 x 从 -2.00 变化到 -2.01 且 $y>0$，则 y 近似变化了多少？

(b)若 x 从 -2.00 变化到 -2.01 且 $y<0$，则 y 近似变化了多少？

45. 假设 $f(2)=3$，$f'(2)=4$，$f''(2)=-1$，$g(2)=2$ 且 $g'(2)=5$. 当 $x=2$ 求以下各值.

(a) $\frac{d}{dx}[f^2(x)+g^3(x)]$ (b) $\frac{d}{dx}[f(x)g(x)]$

(c) $\frac{d}{dx}f(g(x))$ (d) $D_x^2f^2(x)$

≈ 46. 一把 13ft 长的梯斜靠在垂直的墙壁上. 若以 2ft/s 的速度把梯的底部从墙壁拉离，当梯的顶端离地 5ft 时，顶端沿墙壁向下移动的速度有多快？

≈ 47. 一架飞机以离水平面成 15°的夹角向上爬升. 当其速度为 400 mile/h 时，其高度增加有多快？

48. 给定 $D_x|x|=\frac{|x|}{x}$，$x\neq0$，求公式：

(a) $D_x|x|^2$ (b) $D_x^2|x|$ (c) $D_x^3|x|$ (d) $D_x^2|x|^2$

49. 给定 $D_t|t|=\frac{|t|}{t}$，$t\neq0$，求公式：

(a) $D_\theta|\sin\theta|$ (b) $D_\theta|\cos\theta|$

50. 对于以下函数，在给定点处求出其线性近似.

(a)当 $a=3$ 时，$\sqrt{x+1}$ (b)当 $a=1$ 时，$x\cos x$

2.11 回顾与预习

在习题 1 ~ 6 中，解下列所给不等式.

1. $(x-2)(x-3)<0$ 2. $x^2-x-6>0$ 3. $x(x-1)(x-2)\leqslant0$

4. $x^3+3x^2+2x\geqslant0$ 5. $\frac{x(x-2)}{x-4}\geqslant0$ 6. $\frac{x^2-9}{x+2}>0$

在习题 7 ~ 14 中，求出所给函数的导数 $f'(x)$.

7. $f(x)=(2x+1)^4$ 8. $f(x)=\sin\pi x$ 9. $f(x)=(x^2-1)\cos 2x$

10. $f(x)=\frac{\sec x}{x}$ 11. $f(x)=\tan^2 3x$ 12. $f(x)=\sqrt{1+\sin^2 x}$

13. $f(x)=\sin\sqrt{x}$ 14. $f(x)=\sqrt{\sin 2x}$

15. 求出在 $f(x)=\tan^2 x$ 的图形上所有切线是水平线的点.

16. 求出在 $f(x)=x+\sin x$ 的图形上所有切线是水平线的点.

17. 求出在 $f(x)=x+\sin x$ 的图形上所有切线与直线 $y=2+x$ 平行的点.

18. 一个四方盒由一块长 24in、宽 9in 的厚纸板来做. 从它的四个角上各剪掉一个小方格，然后把边框折起来，如图 1 所示. 如果剪掉的方格的边长是 x，做出来的盒子的容量是多少？

19. 安迪想从 A 点出发通过一条 1km 长宽的河，到达对岸下游 4km 处. 如图 2 所示. 他能以 4km/h 的速度游泳，以 10km/h 的速度跑步. 假设他开始时游泳，游到对岸后从上岸处开始跑步. 他要花多久时间到达 D 点？

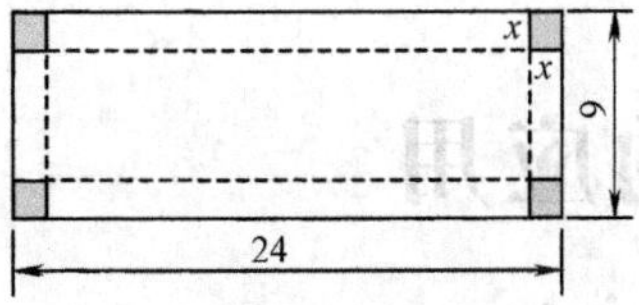

图 1

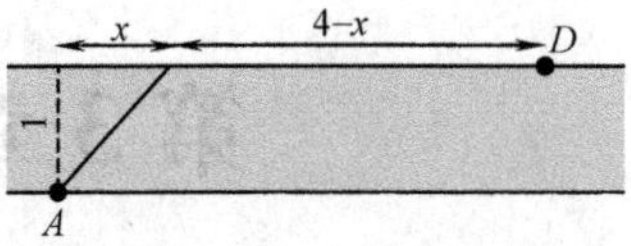

图 2

20. 令 $f(x)=x-\cos x$

(a) 等式 $x-\cos x=0$ 在 $x=0$ 到 $x=\pi$ 有解吗？为什么？

(b) 求出在 $x=\pi/2$ 处的切线．　　(c) 求 (b) 中切线与 x 轴的交点．

21. 求出函数，使得它的导数分别是：

(a) $2x$　　(b) $\sin x$　　(c) x^2+x+1

22. 为习题 21 的每个答案加 1. 这些函数是否还是习题 21 的解？请加以解释．

第3章　导数的应用

3.1　最大值和最小值

在日常生活中，我们常常会遇到寻找解决问题的最佳方法的情况. 例如，农民想要选择农作物的混合以获得最大的利润；医生希望选用最少量的药物来治疗疾病；生产商会想方设法降低产品的成本. 这类问题经常会被描述成在一个指定集合里求一个函数的最大值或最小值的问题. 而微积分就提供了一种强大的工具来解决这类问题.

假设我们得到一个定义域为 S 的函数 f，如图1所示. 现在提出三个问题.

1) f 在定义域 S 中是否存在最大值或最小值？

2) 如果这样的值存在，它出现在 S 的什么位置？

3) 如果它们存在，最大值或最小值是多少？

回答这三个问题是这一章的主要任务，我们从介绍一些名词开始.

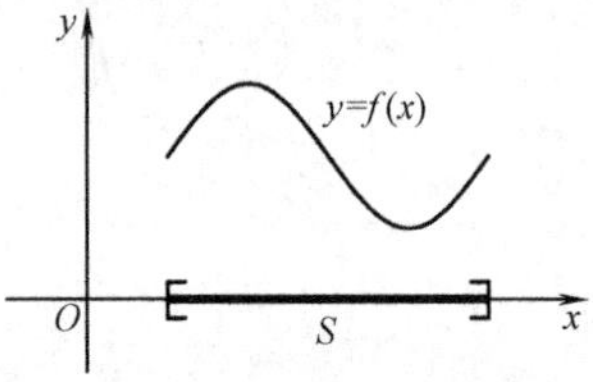

图 1

> **定义　最值**
>
> 设在函数 f 的定义域 S 中存在一点 c. 我们说：
>
> (i) 如果对于 S 上的所有 x 有 $f(c) \geqslant f(x)$，则称 $f(c)$ 是 f 在 S 上的**最大值**；
>
> (ii) 如果对于 S 上的所有 x 有 $f(c) \leqslant f(x)$，则称 $f(c)$ 是 f 在 S 上的**最小值**；
>
> (iii) 如果 $f(c)$ 是最大值或最小值，则称 $f(c)$ 是 f 在 S 上的**最值**；
>
> (iv) 我们把要求其最大值或最小值的函数叫做**目标函数**.

存在性问题　f 在 S 上是否存在最大值(或者最小值)？答案首先取决于集合 S. 考虑 $f(x)=1/x$ 在 $S=(0,\infty)$ 上，它既没有最大值也没有最小值(图2)；另一方面，同样的函数在 $S=[1,3]$ 有最大值 $f(1)=1$ 和最小值 $f(3)=\frac{1}{3}$；在 $S=(1,3]$ 上，f 没有最大值，而最小值为 $f(3)=\frac{1}{3}$.

答案也取决于函数的类型. 考虑非连续函数 g(图3)定义为

$$g(x)=\begin{cases} x, & 1\leqslant x<2 \\ x-2, & 2\leqslant x\leqslant 3 \end{cases}$$

在 $S=[1, 3]$ 上，g 没有最大值(它能任意接近 2 但不能取到 2). 然而，g 有最小值 $g(2)=0$.

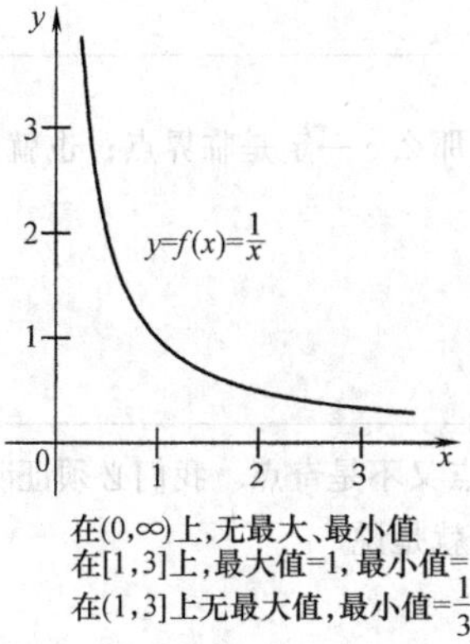

图 2

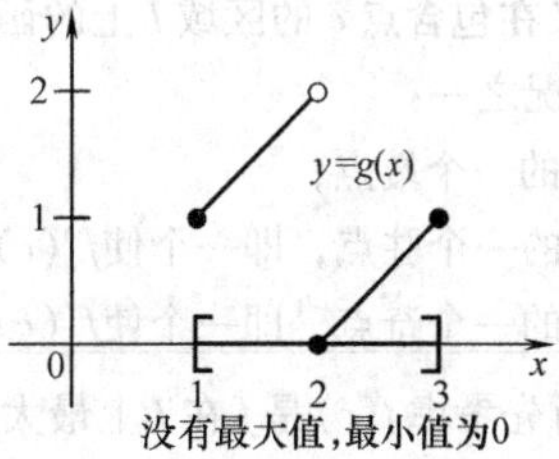

图 3

这里有一个很好的定理，它能回答很多来自实际的关于存在性的问题. 尽管这个定理直观而明显，但要给出一个严格的证明是很困难的，我们把这个问题留给更专业的课本.

定理 A　最大值—最小值存在定理

如果 f 是定义在闭区间 $[a, b]$ 上的连续函数，那么 f 在该区间上存在最大值和最小值.

注意定理 A 中的关键词：f 要求是“连续”的，S 要求是“闭区间”.

最值出现在哪里　通常目标函数会有一个区间 I 作为定义域. 但这个区间可以是 0.2 节中 9 种区间的任何一种. 有的包含它们的端点，有的没有. 例如，$I=[a, b]$ 包含两个端点，$[a, b)$ 只包含一个左端点，(a, b) 没有包含端点. 定义在闭区间的函数的最值经常出现在端点处(图 4).

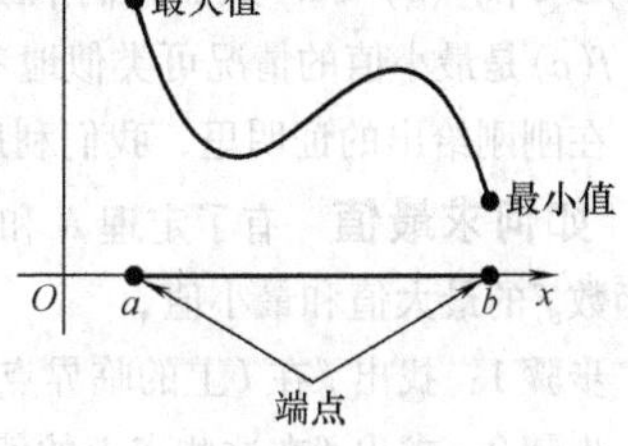

图 4

如果 c 是一个使 $f'(c)=0$ 的点，则该点的切线是水平的，我们称 c 为**驻点**. 这个名字来源于 f 的图像在驻点上变得水平这个事实. 最值通常也会出现在驻点处(图 5).

最后，如果 c 是 I 里面的一个使 f' 不存在的点，我们说 c 是**奇点**. 这个点是使 f 的图形出现尖角、一条垂直的切线或者出现一个跳跃，或者在该点附近图形摆动. 最值也可以出现在奇点处(图 6)，尽管这种情况在实际问题中很少见.

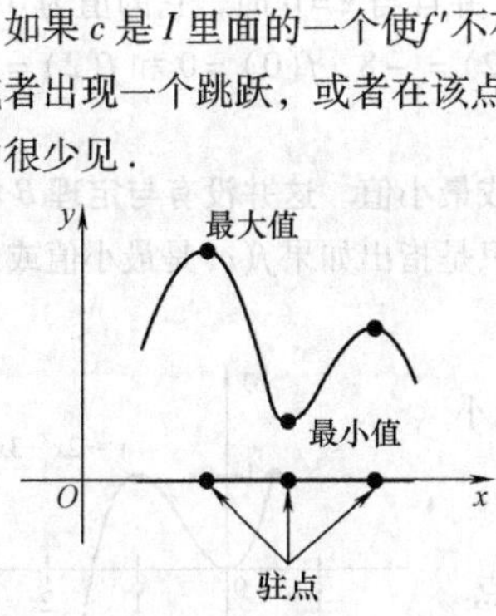

图 5

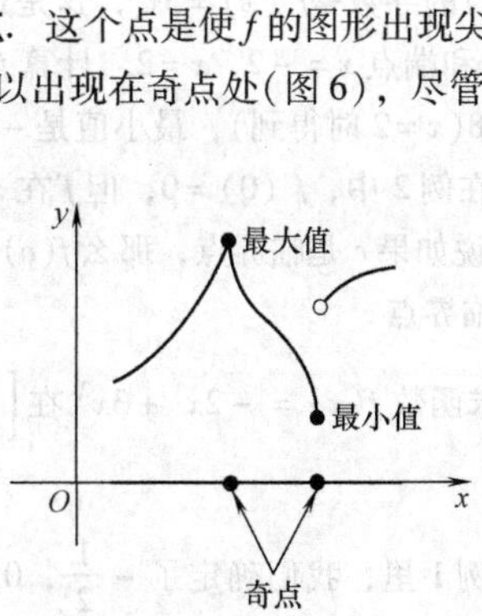

图 6

这三类点(端点、驻点和奇点)是最大值-最小值理论的关键点. 在函数 f 的定义域中这三点的任意一点都称为函数的**临界点**.

例 1　求 $f(x)=-2x^3+3x^2$ 在 $\left[-\frac{1}{2}, 2\right]$ 上的临界点.

解　端点是 $-\frac{1}{2}$ 和 2. 要求驻点，我们要解关于 x 的方程 $f'(x)=-6x^2+6x=0$，得到 0 和 1. 此函数没

有奇点. 这样，临界点是 $-\frac{1}{2}$，0，1 和 2.

定理 B　临界点定理

f 是定义在包含点 c 的区域 I 上的函数. 如果 $f(c)$ 是一个最值，那么 c 一定是临界点；也就是说，c 是下列三种情况之一：

（i）I 的一个端点；

（ii）f 的一个驻点，即一个使 $f'(c)=0$ 的点；

（iii）f 的一个奇点，即一个使 $f'(c)$ 不存在的点.

证明　首先考虑 $f(c)$ 是 f 在 I 上最大值的情况，假设 c 既不是端点又不是奇点. 我们必须证明 c 是驻点.

现在，因为 $f(c)$ 是最大值，对于 I 上的所有 x 有 $f(x)\leqslant f(c)$；也就是说

$$f(x)-f(c)\leqslant 0$$

这样，如果 $x<c$，那么 $x-c<0$，所以

$$\frac{f(x)-f(c)}{x-c}\geqslant 0 \tag{1}$$

反之，如果 $x>c$，那么

$$\frac{f(x)-f(c)}{x-c}\leqslant 0 \tag{2}$$

但是因为 c 不是奇点，故 $f'(c)$ 存在. 因此，当我们让式(1)的 $x\to c^-$ 和式(2)的 $x\to c^+$，我们分别得到，$f'(c)\geqslant 0$ 和 $f'(c)\leqslant 0$. 从而我们推断出 $f'(c)=0$，就如期望的一样.

$f(c)$ 是最小值的情况可类似地考虑.

在刚刚给出的证明里，我们利用了在取极限的运算中不等式 $\leqslant$ 仍然成立这一事实.

如何求最值　有了定理 A 和定理 B，就可以通过一个非常简单的过程来求一个定义在闭区间 I 里的连续函数 f 的最大值和最小值.

步骤 1：找出 f 在 I 上的临界点.

步骤 2：求出 f 在这些点上的值. 这些值中最大的就是最大值，最小的就是最小值.

例 2　求出函数 $f(x)=x^3$ 在 $[-2,2]$ 上的最大值和最小值.

解　$f(x)$ 的导数是 $f'(x)=3x^2$，这是定义在 $(-2,2)$ 上的函数，并且当 $x=0$ 时，它的值为 0. 因此，临界点是 $x=0$ 和端点 $x=-2$，$x=2$. 计算 f 在临界点的值，得到 $f(-2)=-8$，$f(0)=0$ 和 $f(2)=8$. 因此，f 的最大值是 8($x=2$ 时得到)，最小值是 -8(在 $x=-2$ 时得到).

注意：在例 2 中，$f'(0)=0$，但 f 在 $x=0$ 处并没有取得最大值或最小值. 这并没有与定理 B 相矛盾. 定理 B 并没有说如果 c 是临界点，那么 $f(c)$ 就是最小值或最大值；它只是指出如果 $f(c)$ 是最小值或最大值，那么 c 是一个临界点.

例 3　求函数 $f(x)=-2x^3+3x^2$ 在 $\left[-\frac{1}{2},2\right]$ 上的最大值和最小值.

解　在例 1 里，我们确定了 $-\frac{1}{2}$，0，1 和 2 是本函数的临界点. 现在 $f\left(-\frac{1}{2}\right)=1$，$f(0)=0$，$f(1)=1$，和 $f(2)=-4$. 这样，最大值是 $1\left(\text{在}-\frac{1}{2}\text{和 1 时都能得到}\right)$，最小值是 -4(在 2 时得到). 如图 7 所示.

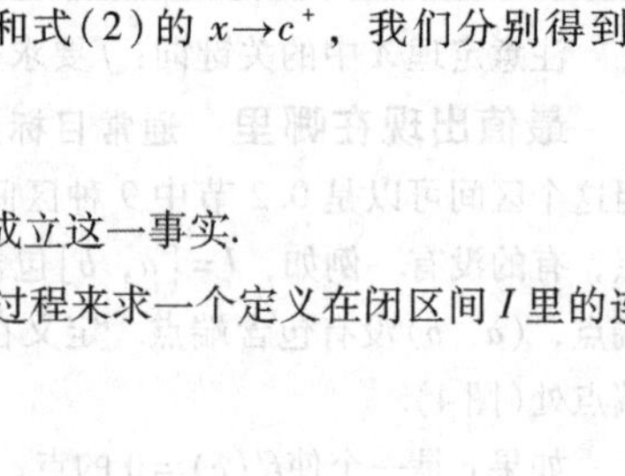

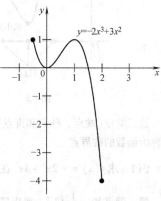

图 7

例 4　函数 $F(x)=x^{2/3}$ 在实数域 $\boldsymbol{R}$ 上处处连续，求它在 $[-1,2]$ 上的最大值和最小值.

解 $F'(x)=\frac{2}{3}x^{-\frac{1}{3}}$永远不等于0. 然而，$F'(0)$不存在，所以0就与端点$-1$和2一样都是临界点. 且$F(-1)=1, F(0)=0$，$F(2)=\sqrt[3]{4}\approx1.59$. 所以，最大值是$\sqrt[3]{4}$，最小值是0. 如图8所示.

例5 求函数$f(x)=x+2\cos x$在$[-\pi, 2\pi]$上的最大值和最小值.

解 图9给出了$y=f(x)$的图像. 它的导数是$f'(x)=1-2\sin x$，这是定义在$(-\pi, 2\pi)$的函数并且当$\sin x=1/2$时，它的值为0. 在区间$[-\pi, 2\pi]$上满足$\sin x=1/2$的x的值是$x=\pi/6$和$x=5\pi/6$. 这两个点和端点$-\pi$、2π都是临界点. 现在，计算f在每个临界点的值：

$f(-\pi)=-2-\pi\approx-5.14$　　$f(\pi/6)=\sqrt{3}+\pi/6\approx2.26$

$f(5\pi/6)=-\sqrt{3}+5\pi/6\approx0.89$　　$f(2\pi)=2+2\pi\approx8.28$

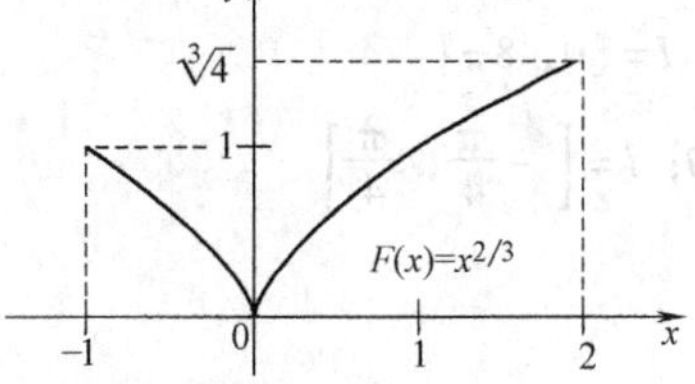

图 8

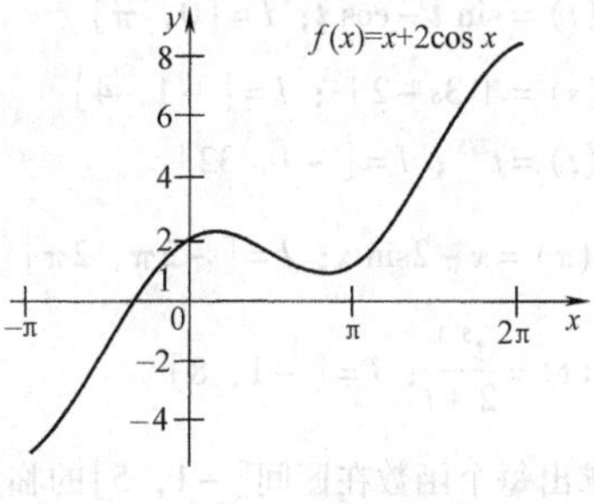

图 9

因此，$-2-\pi$是最小值(在$x=-\pi$时得到)，最大值是$2+2\pi$(在$x=2\pi$时得到).

概念复习

1. 定义在________区间上的________函数在区间内总会存在最大值和最小值.
2. ________值是指最大值或最小值.
3. 函数只在临界点达到最值. 临界点有三种：________，________和________.
4. f的驻点是一个数c使得________；f的奇点是一个数c使得________.

习题3.1

在习题1~4中，求出在$[-2, 4]$上每个函数的所有临界点和最小值、最大值.

1.

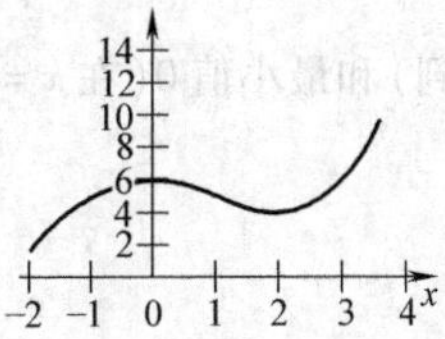

2.

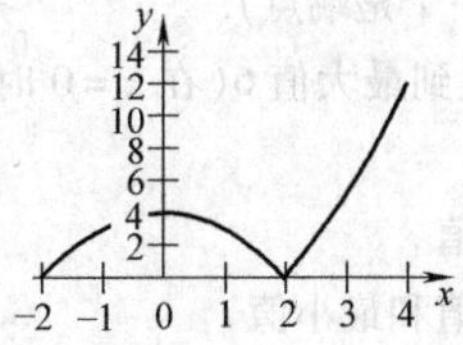

3.

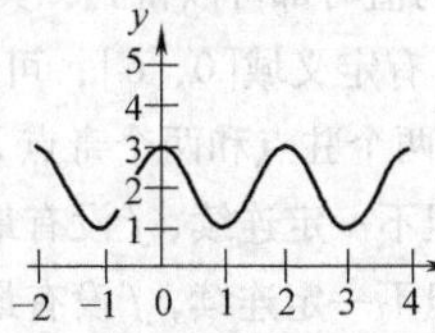

4.

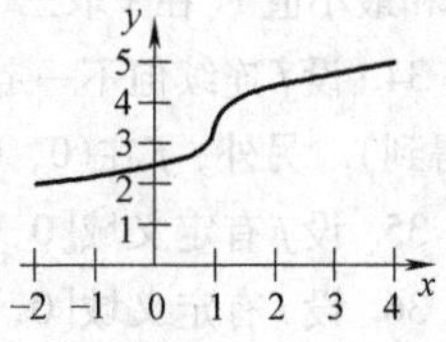

在习题5~26中，指出函数的临界点并求出其在给定区间内的最大值和最小值.

5. $f(x)=x^2+4x+4$；$I=[-4, 0]$　　6. $h(x)=x^2+x$；$I=[-2, 2]$

7. $\Psi(x)=x^2+3x$；$I=[-2, 1]$　　8. $G(x)=\frac{1}{5}(2x^3+3x^2-12x)$；$I=[-3, 3]$

9. $f(x)=x^3-3x+1$；$I=\left(-\frac{3}{2}, 3\right)$提示：画出函数的图像

10. $f(x)=x^3-3x+1$; $I=\left[-\frac{3}{2}, 3\right]$　　11. $h(r)=\frac{1}{r}$; $I=[-1, 3]$

12. $g(x)=\frac{1}{1+x^2}$; $I=[-3, 1]$　　13. $f(x)=x^4-2x^2+2$; $I=[-2, 2]$

14. $f(x)=x^5-\frac{25}{3}x^3+20x-1$; $I=[-3, 2]$

15. $g(x)=\frac{1}{1+x^2}$; $I=(-\infty, \infty)$提示：画出函数的图像

16. $f(x)=\frac{x}{1+x^2}$; $I=[-1, 4]$　　17. $r(\theta)=\sin\theta$; $I=\left[-\frac{\pi}{4}, \frac{\pi}{6}\right]$

18. $s(t)=\sin t-\cos t$; $I=[0, \pi]$　　19. $a(x)=|x-1|$; $I=[0, 3]$

20. $f(s)=|3s-2|$; $I=[-1, 4]$　　21. $g(x)=\sqrt[3]{x}$; $I=[-1, 27]$

22. $s(t)=t^{2/5}$; $I=[-1, 32]$　　23. $H(t)=\cos t$; $I=[0, 8\pi]$

24. $g(x)=x-2\sin x$; $I=[-2\pi, 2\pi]$　　25. $g(\theta)=\theta^2\sec\theta$; $I=\left[-\frac{\pi}{4}, \frac{\pi}{4}\right]$

26. $h(t)=\frac{t^{5/3}}{2+t}$; $I=[-1, 8]$

GC 27. 求出每个函数在区间$[-1, 5]$的临界点和最值：

(a) $f(x)=x^3-6x^2+x+2$　　(b) $g(x)=|f(x)|$

GC 28. 求出每个函数在区间$[-1, 5]$的临界点和最值：

(a) $f(x)=\cos x+x\sin x+2$　　(b) $g(x)=|f(x)|$

在习题29～36中，用给出的条件画出函数的图形.

29. 设f可导，有定义域$[0, 6]$，可以达到最大值6(在$x=3$时得到)和最小值0(在$x=0$时得到). 另外，$x=5$是驻点.

30. 设f可导，有定义域$[0, 6]$，可以达到最大值4(在$x=6$时得到)和最小值-2(在$x=1$时得到). 另外，$x=2, 3, 4, 5$是驻点.

31. 设f连续但不一定可导，有定义域$[0, 6]$，可以达到最大值6(在$x=5$时得到)和最小值2(在$x=3$时得到). 另外，$x=1$和$x=5$是仅有的两个驻点.

32. 设f连续但不一定可导，有定义域$[0, 6]$，可以达到最大值4(在$x=4$时得到)和最小值2(在$x=2$时得到). 另外，f没有驻点.

33. 设f可导，有定义域$[0, 6]$，可以达到最大值4(在x取两个不同的值时得到，这两个值都不是端点)和最小值1(在x取三个不同的值时都可以得到，其中一个是端点).

34. 设f连续但不一定可导，有定义域$[0, 6]$，可以达到最大值6(在$x=0$时得到)和最小值0(在$x=6$时得到). 另外，f在$(0, 6)$上有两个驻点和两个奇点.

35. 设f有定义域$[0, 6]$，但不一定连续，f没有最大值.

36. 设f有定义域$[0, 6]$，但不一定连续，f没有最大值和最小值.

概念复习答案：

1. 闭，连续的　2. 最　3. 端点，驻点，奇点　4. $f'(c)=0$，$f'(c)$不存在

3.2 函数的单调性和凹凸性

考虑图1所示的图形. 当我们说f在c的左边是递减而在c的右边递增，没有人会觉得奇怪. 但为了和

术语保持一致，我们给出准确的定义.

定义　函数单调的定义

设f是定义在区间I(开、闭或者两者都不是)上的函数.

(i) 如果对于I上的每一对数x_1和x_2，有

$$x_1 < x_2 \Rightarrow f(x_1) < f(x_2)$$

则称f在I上**递增**；

(ii) 如果对于在I上的每一对数x_1和x_2，有

$$x_1 < x_2 \Rightarrow f(x_1) > f(x_2)$$

则称f在I上**递减**；

(iii) 如果f在I上严格递增或严格递减，则称f在I**严格单调**.

我们应该怎么判断一个函数是否递增呢？有人可能会建议作它的图形来判断. 但图形通常是通过描一些点，然后用光滑的曲线把它们连起来作成的，谁能保证在描出的点与点之间图形不会摆动呢？即使是计算机和图形计算器也是通过描点作图的. 我们需要一个更好的方法.

函数的一阶导数与单调性　一阶导数为我们提供了f的图形在点x处的切线的斜率. 如果$f'(x)>0$，切线就向右边上升，此时f递增(图2). 类似地，如果$f'(x)<0$，切线就向右下降，此时f递减. 我们也可以通过直线运动来看待这个问题. 假设物体在t时刻的位置为$s(t)$，它的速度总是正的，即$s'(t)=\mathrm{d}s/\mathrm{d}t>0$. 进而有一个事实看起来是合理的，即只要导数保持为正，那么物体将会继续向右移动。换句话说，$s(t)$将会是t的一个递增函数。这些观察虽然不能证明定理A，却使接下来的定理A直观而清晰. 我们把严谨的证明推迟到3.6节.

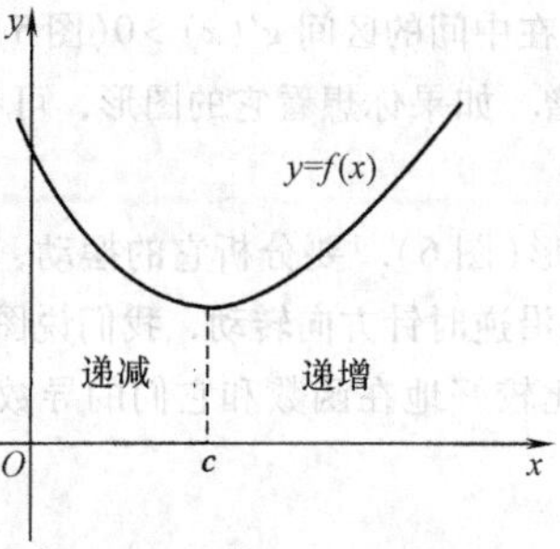

图 1

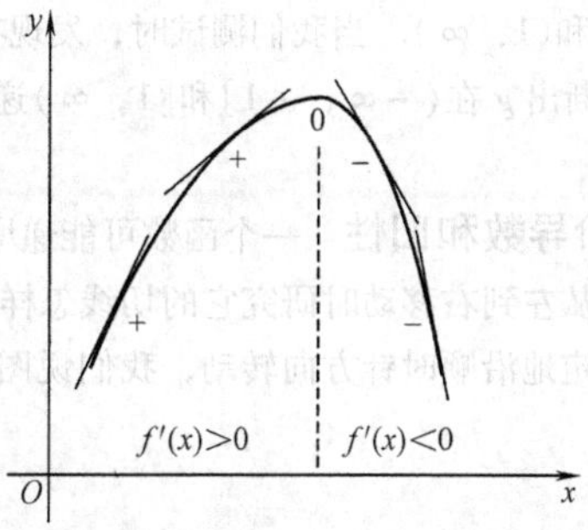

图 2

定理A　单调性定理

f是定义在区间I上并在I内每一点都可导的连续函数.

(i) 如果对于I上的所有x都有$f'(x)>0$，那么f在I上递增；

(ii) 如果对于I上的所有x都有$f'(x)<0$，那么f在I上递减.

这个定理通常能让我们准确地判断一个可导的函数哪里递增、哪里递减. 这只是一个解两个不等式的问题.

例1　如果$f(x)=2x^3-3x^2-12x+7$，求出f在何处递增何处递减.

解　我们从求f的导数开始.

$$f'(x)=6x^2-6x-12=6(x+1)(x-2)$$

我们需要决定在何处

$$(x+1)(x-2)>0$$

在何处

$$(x+1)(x-2)<0$$

这个问题已经在0.2节里多次讨论了. 分隔点是 -1 和 2；它们将 x 轴分隔成三个区间：$(-\infty, -1)$ $(-1, 2)$ 和 $(2, \infty)$. 用测试点 -2、0 和 3，推断出在第一和第三个区间 $f'(x)>0$，在中间的区间 $f'(x)<0$ (图3). 这样，根据定理A，f 在 $(-\infty, -1]$ 和 $[2, \infty)$ 内递增；在 $[-1, 2]$ 上递减. 注意到这个定理允许我们在这些区间内包括端点，尽管在那些点 $f'(x)=0$. 图4所示为 f 的图形.

图　3

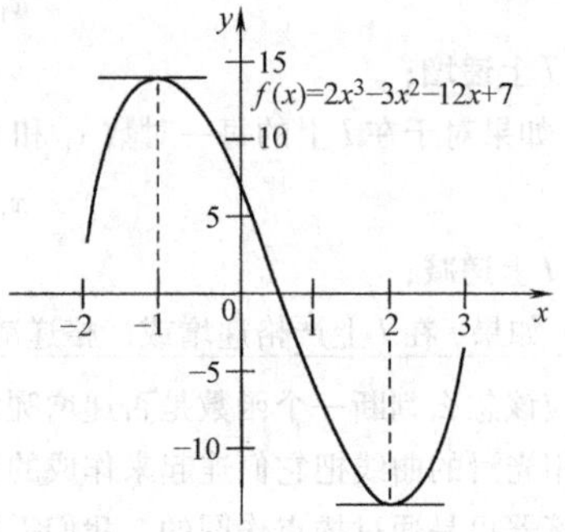

图　4

例2　判断 $g(x)=x/(1+x^2)$ 在何处递增和递减.

解
$$g'(x)=\frac{(1+x^2)-x(2x)}{(1+x^2)^2}=\frac{1-x^2}{(1+x^2)^2}=\frac{(1-x)(1+x)}{(1+x^2)^2}$$

因为分母恒为正数，$g'(x)$ 的符号与分子 $(1-x)(1+x)$ 相同. 分隔点 -1 和 1 决定了三个区间 $(-\infty, -1)$、$(-1, 1)$ 和 $(1, \infty)$. 当我们测试时，发现在首尾区间 $g'(x)<0$，在中间的区间 $g'(x)>0$ (图5). 根据定理A我们推断出 g 在 $(-\infty, -1]$ 和 $[1, \infty)$ 递减而在 $[-1, 1]$ 上递增. 如果你想看它的图形，可参看图11和例4

二阶导数和凹性　一个函数可能递增但依然为有摆动的图形(图6). 要分析它的摆动，我们需要在沿着图形从左到右移动时研究它的切线怎样转动. 如果切线稳定地沿逆时针方向转动，我们说图形*上凹*；如果切线稳定地沿顺时针方向转动，我们说图形下凹. 两个定义都比较好地在函数和它们的导数上作出了规定.

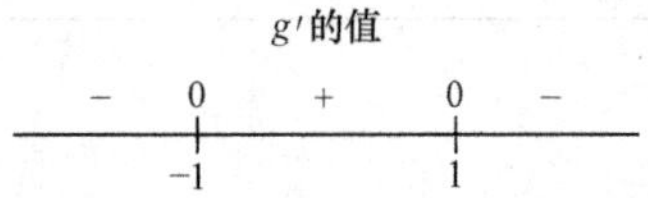

图　5

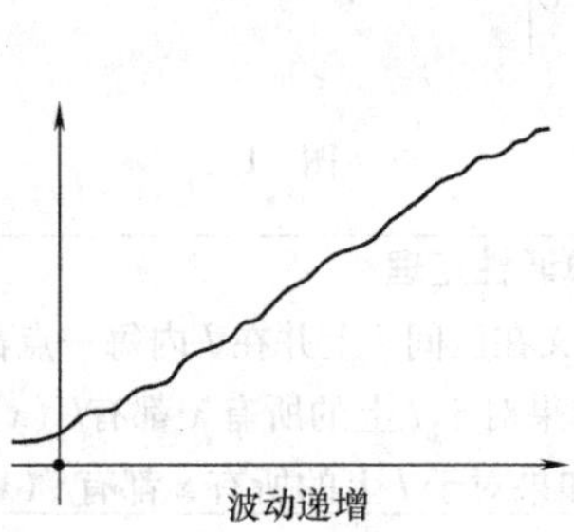

图　6

> **定义　函数凹性定义**
>
> 设 f 是在开区间 I 内的可导函数. 如果 f' 在 I 内递增，我们说 f(和它的图形)在 I 内上凹；如果 f' 在 I 内递减，则 f 在 I 内下凹.

图7有助于阐明这些概念. 注意上凹的曲线的形状就像一个杯子.

有了定理A，我们就有了一个简单的标准来判断一条曲线是上凹或者下凹. 简单的记住 f 的二阶导数就能判断 f' 的单调性. 这样，如果 f'' 为正，则 f' 递增；如果 f'' 为负，则 f' 递减.

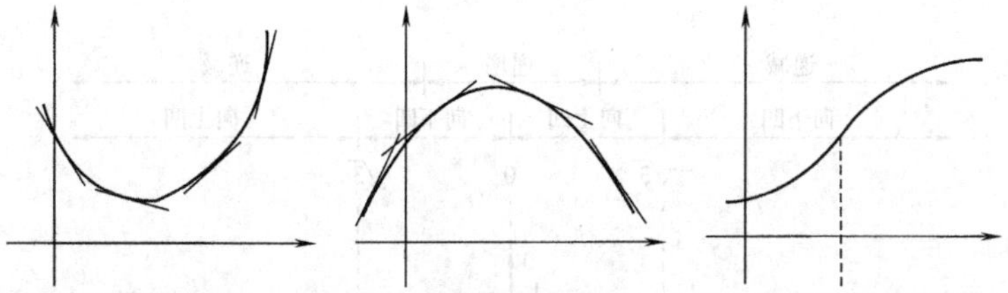

图 7

定理 B 凹性判定定理

设函数 f 在开区间 I 内存在二阶导数.

(i) 对于 I 内的所有 x 如果 $f''(x)>0$，那么 f 在 I 内上凹；

(ii) 对于 I 内的所有 x 如果 $f''(x)<0$，那么 f 在 I 内下凹.

对于大多数的函数，这个定理把决定凹性的问题简化成了解不等式的问题.

例 3 判断 $f(x)=\frac{1}{3}x^3-x^2-3x+4$ 在何处递增、递减、上凹、下凹？

解
$$f'(x)=x^2-2x-3=(x+1)(x-3)$$
$$f''(x)=2x-2=2(x-1)$$

通过解不等式 $(x+1)(x-3)>0$ 和 $(x+1)(x-3)<0$，推断出 f 在 $(-\infty,\ -1]$ 和 $[3,\ \infty)$ 上递增，在 $[-1,\ 3]$ 上递减(图 8). 类似地，解 $2(x-1)>0$ 和 $2(x-1)<0$ 得出 f 在 $(1,\ \infty)$ 内上凹，在 $(-\infty,\ 1)$ 内下凹. 图 9 所示为 f 的图形.

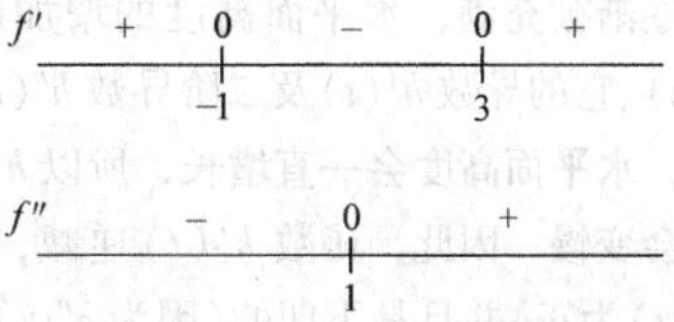

图 8

例 4 判断 $g(x)=x/(1+x^2)$ 在何处上凹？何处下凹？作 g 的草图.

解 从例 2 知道 g 在 $(-\infty,\ -1]$ 和 $[1,\ \infty)$ 上递减而在 $[-1,\ 1]$ 上递增. 要分析它的凹性，需要计算 g''

$$g'(x)=\frac{1-x^2}{(1+x^2)^2}$$

$$g''(x)=\frac{(1+x^2)^2(-2x)-(1-x^2)2(1+x^2)(2x)}{(1+x^2)^4}$$

$$=\frac{(1+x^2)[(1+x^2)(-2x)-(1-x^2)(4x)]}{(1+x^2)^4}$$

$$=\frac{2x^3-6x}{(1+x^2)^3}=\frac{2x(x^2-3)}{(1+x^2)^3}$$

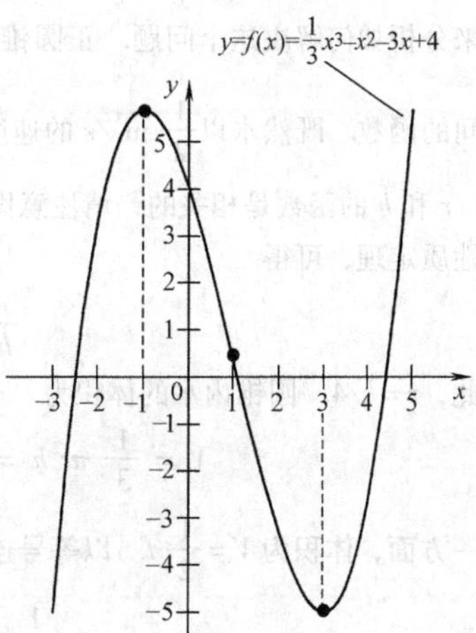

图 9

因为分母恒为正数，只需要解 $x(x^2-3)>0$ 和 $x(x^2-3)<0$. 分隔点是 $-\sqrt{3}$、0 和 $\sqrt{3}$. 这三个分隔点决定了四个区间. 在测试后(图 10)，推断出 g 在 $(-\sqrt{3},\ 0)$ 和 $(\sqrt{3},\ \infty)$ 内上凹，在 $(-\infty,\ -\sqrt{3})$ 和 $(0,\ \sqrt{3})$ 内下凹.

要作 g 的图形，我们要利用之前所获得的所有信息，加上 g 是一个奇函数这个事实. 奇函数的图形是关于原点对称的(图 11).

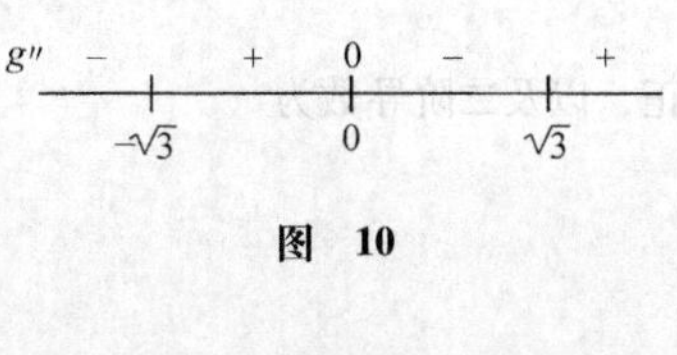

图 10

例 5 假设水以 $\frac{1}{2}$ in^3/s 的恒定速度注入一个圆锥形容器，如图 12 所示. 写出以时间 t 表示水平面高度 h 的函数，画出从 $t=0$ 至容器盛满时的函数 $h(t)$ 图形.

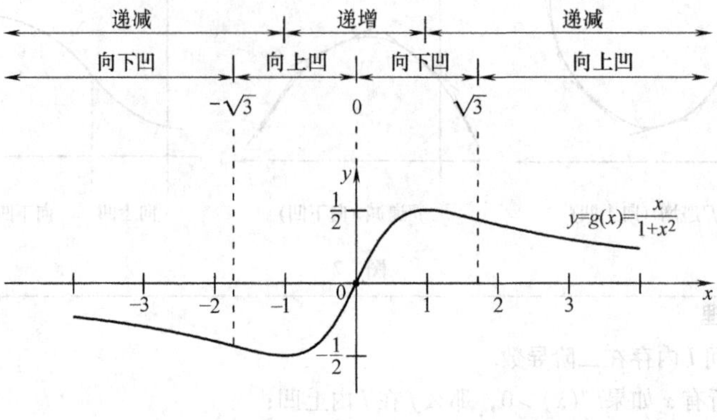

图 11

解 ≈ 在我们解决这个问题之前，让我们想一想这个图形会是什么样的. 首先，水平面高度会迅速增长，因为填满圆锥的底部只需要很少的水. 随着容器逐渐被充满，水平面高度的增加就没那么快了. 这些结论说明了关于函数 $h(t)$、它的导数 $h'(t)$ 及二阶导数 $h''(t)$ 的什么问题呢？既然水是以稳定的速度注入，水平面高度会一直增长，所以 $h'(t)$ 为正. 随着水平面高度增高，高度的增长会变慢. 因此，函数 $h'(t)$ 递减，所以 $h''(t)$ 为负. $h(t)$ 图形会递增(因为 $h'(t)$ 为正)并且是下凹的(因为 $h''(t)$ 为负).

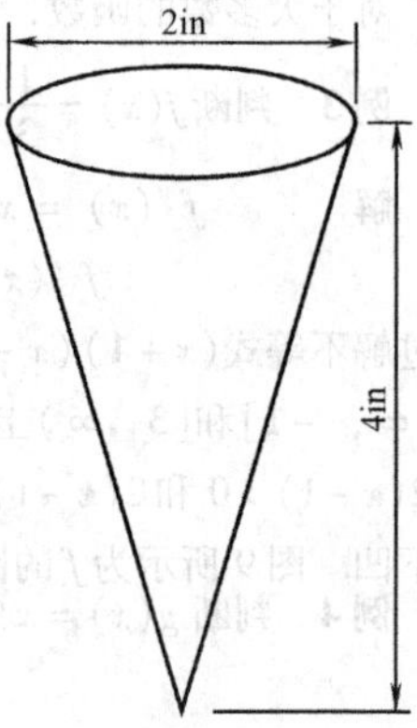

图 12

现在，一旦我们有了关于图形形状(递增且为下凹函数)的直观印象，让我们来分析如何解决这个问题. 正圆锥的体积公式为 $V=\frac{1}{3}\pi r^2 h$，V、r 和 h 都是时间的函数. 既然水以 $\frac{1}{2}\ \text{in}^3/\text{s}$ 的速度注入容器，函数 V 为 $V=\frac{1}{2}t$，t 以 s 为单位. r 和 h 的函数是相关的，请注意图 13 所示的相似三角形. 使用相似三角形的性质定理，可得

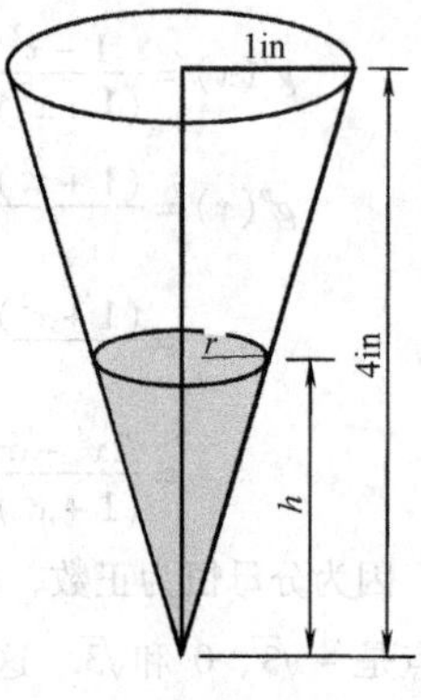

图 13

$$\frac{r}{h}=\frac{1}{4}$$

因此，$r=h/4$. 圆锥内水的体积为

$$V=\frac{1}{3}\pi r^2 h=\frac{\pi}{3}\left(\frac{h}{4}\right)^2 h=\frac{\pi}{48}h^3$$

另一方面，体积为 $V=\frac{1}{2}t$. 以等号连接 V 的两种表达式，可得

$$\frac{1}{2}t=\frac{\pi}{48}h^3$$

当 $h=4$，可得 $t=\frac{2\pi}{48}4^3=\frac{8}{3}\pi\approx 8.4$；因此，装满容器约需 8.4s. 由上式，可得

$$h=\sqrt[3]{\frac{24}{\pi}t}$$

h 的一阶导数为

$$h'(t)=D_t\sqrt[3]{\frac{24}{\pi}t}=\frac{8}{\pi}\left(\frac{24}{\pi}t\right)^{-2/3}=\frac{2}{\sqrt[3]{9\pi t^2}}$$

为正，以及二阶导数为

$$h''(t)=D_t\frac{2}{\sqrt[3]{9\pi t^2}}=-\frac{4}{3\sqrt[3]{9\pi t^5}}$$

为负. $h(t)$的图形如图 14 所示. 正如预料中的，h 的图形递增且下凹.

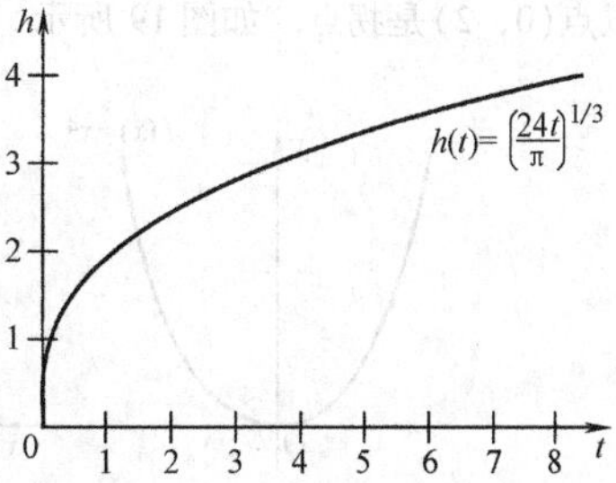

图 14

例 6 一家新闻机构在 2004 年 5 月份报告中表明：亚洲东部的失业率以不断加快的速度上升. 另一方面，食品价格也在以相对之前较慢的速度上升. 用增、减函数及函数凹性解释这些观点.

解 令 $u=f(t)$表示在时间 t 的失业总人数. 虽然 u 的单位数量不断上升，我们将用图 15 的光滑曲线表示 u. 失业率是上升也就是 $\mathrm{d}u/\mathrm{d}t>0$. 失业率以加速的速率上升也就是 $\mathrm{d}u/\mathrm{d}t$ 是上升的，亦即 $\mathrm{d}^2u/\mathrm{d}t^2>0$. 在图 15 中，注意当 t 增加时切线的斜率上升，失业率是上升的且是上凹的.

类似地，如果 $p=g(t)$表示在时间 t 的食品价格(例如一个人一天的食物量总消费). 则 $\mathrm{d}p/\mathrm{d}t$ 是正的，但是是减少的. 也就是 $\mathrm{d}p/\mathrm{d}t$ 的导数是负的，即 $\mathrm{d}^2p/\mathrm{d}t^2<0$. 注意到图 16 中切线的斜率随着时间的增加而减少，说明食品价格是上升的且曲线是下凹的.

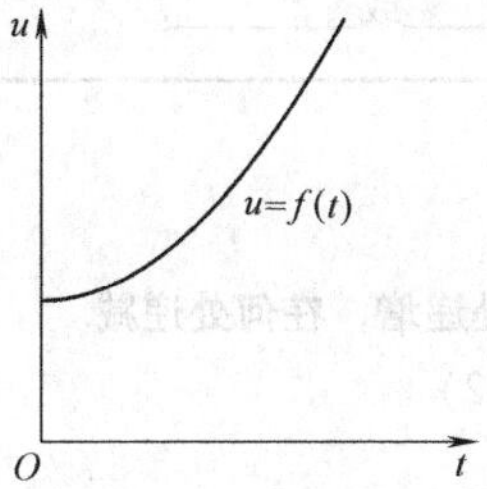

图 15

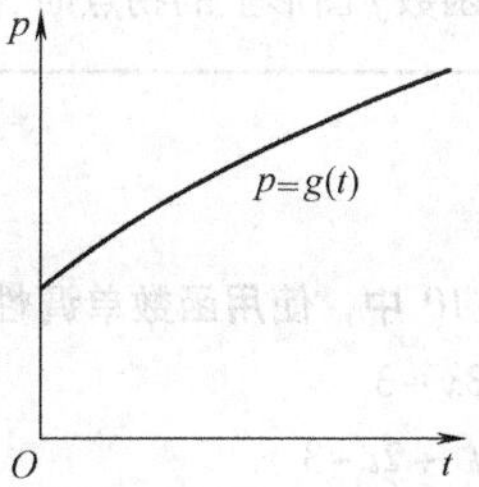

图 16

拐点 设 f 在 c 点连续. 如果 f 在 c 点的一侧为上凹函数而在另一侧为下凹函数，我们就称$(c, f(c))$是 f 图形上的**拐点**. 图 17 中表示了几种可能情况.

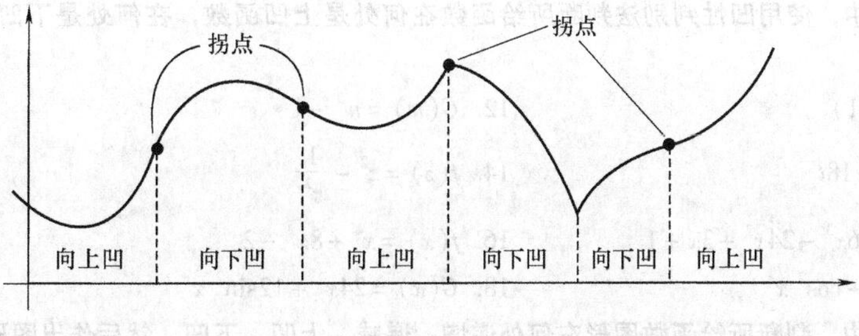

图 17

正如你可能会猜想的，$f''(x)=0$ 的点或$f''(x)$不存在的点为拐点的候选点. 我们谨慎地使用了“候选”一词. 正如候选人可能不会当选一样，一个使$f''(x)=0$ 的点也可能不是拐点. 比如 $f(x)=x^4$(图 18). 可以肯定$f''(0)=0$；但原点却不是拐点. 因此，在寻找拐点的过程中，我们开始时寻找$f''(x)=0$ 的点(还有$f''(x)$不存在的点). 然后，我们检查它们是否真的是拐点.

回顾例 4 的图形(图 11). 会看到它有三个拐点. 它们是$(-\sqrt{3}, -\sqrt{3}/4)$，$(0, 0)$和$(\sqrt{3}, \sqrt{3}/4)$.

例 7 求出 $F(x)=x^{1/3}+2$ 的所有拐点.

解 $F'(x)=\dfrac{1}{3x^{2/3}}$，　　$F''(x)=\dfrac{-2}{9x^{5/3}}$

二阶导数 $F''(x)$永不为 0；但是，二阶导数在 $x=0$ 处不存在. 因为当 $x<0$ 时 $F''(x)>0$ 且当 $x>0$ 时 $F''(x)<$

0，所以点(0，2)是拐点．如图 19 所示．

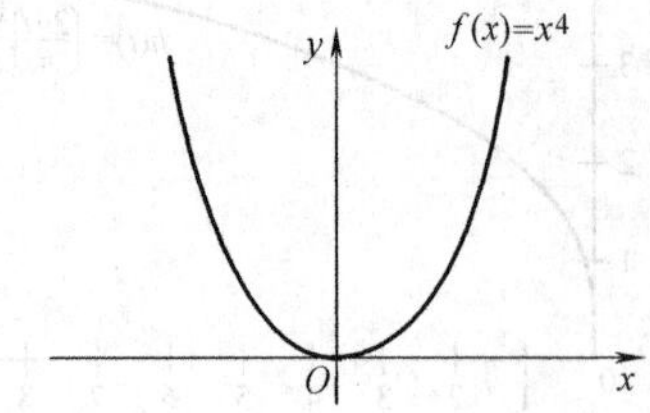

图　18

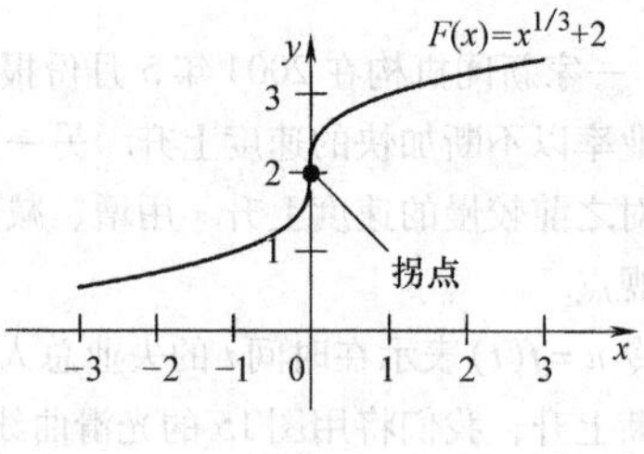

图　19

概念复习

1. 如果处处均有$f'(x)>0$，则f在处处________；如果处处均有$f''(x)>0$，则f在处处________．
2. 如果在开区间I内________且________，那么f在I内递增且为下凹函数．
3. 在连续函数图形上，凹性改变的一点称为________．
4. 在确定函数f图形上的拐点时，我们应该先看数字c，c处________或________．

习题 3.2

在习题 1 ~ 10 中，使用函数单调性判别法来寻找给出的函数在何处递增，在何处递减．

1. $f(x)=3x+3$
2. $g(x)=(x+1)(x-2)$
3. $h(t)=t^2+2t-3$
4. $f(x)=x^3-1$
5. $G(x)=2x^3-9x^2+12x$
6. $f(t)=t^3+3t^2-12$
7. $h(z)=\dfrac{z^4}{4}-\dfrac{4z^3}{6}$
8. $f(x)=\dfrac{x-1}{x^2}$
9. $H(t)=\sin t$，$0\leqslant t\leqslant 2\pi$
10. $R(\theta)=\cos^2\theta$，$0\leqslant\theta\leqslant 2\pi$

在习题 11 ~ 18 中，使用凹性判别法判断所给函数在何处是上凹函数，在何处是下凹函数．并求出所有的拐点．

11. $f(x)=(x-1)^2$
12. $G(w)=w^2-1$
13. $T(t)=3t^3-18t$
14. $f(z)=z^2-\dfrac{1}{z^2}$
15. $q(x)=x^4-6x^3-24x^2+3x+1$
16. $f(x)=x^4+8x^3-2$
17. $F(x)=2x^2+\cos^2 x$
18. $G(x)=24x^2+12\sin^2 x$

在习题 19 ~ 28 中，判断所给函数图形在何处递增、递减、上凹、下凹．然后作出图形(见例4)．

19. $f(x)=x^3-12x+1$
20. $g(x)=4x^3-3x^2-6x+12$
21. $g(x)=3x^4-4x^3+2$
22. $F(x)=x^6-3x^4$
23. $G(x)=3x^5-5x^3+1$
24. $H(x)=\dfrac{x^2}{x^2+1}$
25. $f(x)=\sqrt{\sin x}$，$0\leqslant x\leqslant\pi$
26. $g(x)=x\sqrt{x-2}$
27. $f(x)=x^{2/3}(1-x)$
28. $g(x)=8x^{1/3}+x^{4/3}$

在习题 29 ~ 34 中，作出连续函数f在$[0，6]$上的图形，函数满足下列条件．

29. 设$f(0)=1$；$f(6)=3$；在$(0，6)$内递增且为下凹函数．
30. 设$f(0)=8$；$f(6)=-2$；在$(0，6)$内递减；拐点为有序实数对$(2，3)$，在$(2，6)$内为上凹函数．
31. 设$f(0)=3$；$f(3)=0$；$f(6)=4$；

在(0, 3)内$f'(x)<0$；在(3, 6)内$f'(x)>0$；

在(0, 5)内$f''(x)>0$；在(5, 6)内$f''(x)<0$.

32. 设$f(0)=3$；$f(2)=2$；$f(6)=0$；

在$(0, 2)\cup(2, 6)$内$f'(x)<0$；$f'(2)=0$；

在$(0, 1)\cup(2, 6)$内$f''(x)<0$；在(1, 2)内$f''(x)>0$.

33. 设$f(0)=f(4)=1$；$f(2)=2$；$f(6)=0$；

在(0, 2)内$f'(x)>0$；在$(2, 4)\cup(4, 6)$内$f'(x)<0$；

$f'(2)=f'(4)=0$；在$(0, 1)\cup(3, 4)$内$f''(x)>0$；

在$(1, 3)\cup(4, 6)$内$f''(x)<0$.

34. 设$f(0)=f(3)=3$；$f(2)=4$；$f(4)=2$；$f(6)=0$；

在(0, 2)内$f'(x)>0$；在$(2, 4)\cup(4, 5)$内$f'(x)<0$；

$f'(2)=f'(4)=0$；在(5, 6)内$f'(x)=-1$；

在$(0, 3)\cup(4, 5)$内$f''(x)<0$；在(3, 4)内$f''(x)>0$.

35. 证明二次函数没有拐点.

36. 证明三次函数有一个确定的拐点.

37. 试证明，如果$f'(x)$存在并在开区间I上连续且对I上的所有内点有$f'(x)\neq 0$，则f在I内非增即减. 提示：用介值定理来证明I内不可能存在两点x_1和x_2使f'有相反符号.

38. 设函数f的导数$f'(x)=(x^2-x+1)/(x^2+1)$. 用37题来证明f在各处都递增.

39. 用单调性定理来证明下列各式，设$0<x<y$.

(a) $x^2<y^2$　(b) $\sqrt{x}<\sqrt{y}$　(c) $\dfrac{1}{x}>\dfrac{1}{y}$

40. a，b和c应符合什么情况，才能使$f(x)=ax^3+bx^2+cx+d$总是递增？

41. 确定a和b，使$f(x)=a\sqrt{x}+b/\sqrt{x}$的拐点为(4, 13).

42. 假设三次函数$f(x)$有三个零点r_1、r_2和r_3. 证明它的拐点横坐标为$(r_1+r_2+r_3)/3$. 提示：$f(x)=a(x-r_1)(x-r_2)(x-r_3)$.

43. 假设对所有x，$f'(x)>0$，$g'(x)>0$. 添加什么样的简单条件(如果有的话)才能确保：

(a) $f(x)+g(x)$对所有x递增.

(b) $f(x)g(x)$对所有x递增.

(c) $f(g(x))$对所有x递增.

44. 假设对所有x，$f''(x)>0$，$g''(x)>0$. 添加什么样的简单条件(如果有的话)才能确保：

(a) $f(x)+g(x)$对所有x为上凹函数.

(b) $f(x)g(x)$对所有x为下凹函数.

(c) $f(g(x))$对所有x为上凹函数.

GC 使用图形计算器或计算机来完成习题45~48.

45. 使在集合$I=(-2, 7)$内，$f(x)=\sin x+\cos(x/2)$.

(a) 作f在I内的图.

(b) 用这个图形来估计在I内何处$f'(x)<0$.

(c) 用这个图形来估计在I内何处$f''(x)<0$.

(d) 作出f'的图形来确认(b)的答案.

(e) 作出f''的图形来确认(c)的答案.

46. 用在(0, 10)内的$f(x)=x\cos^2(x/3)$重复做第45题.

47. 设在$I=[-2, 4]$上有$f'(x)=x^3-5x^2+2$. f在I上的何处递增.

48. 设在 $I=[-2, 3]$ 上有 $f''(x)=x^4-5x^3+4x^2+4$. f 在 I 上何处为下凹函数.

49. 将下面的说法翻译成路程对时间的导数的语言. 对于每一项，画出汽车的位置随时间变化的图形，说明凹性.

(a) 汽车的速度与它所行驶的路程成正比；

(b) 这车正在加速；

(c) 车没有在减速，而是车加速的速度在减小；

(d) 车的速度每分钟增加 10mile/h；

(e) 车在减速，并缓慢地停下；

(f) 车在相同的时间内总是行驶相同的距离；

50. 将下面的说法翻译成导数的语言. 对于每一项，画出近似的图形，说明凹性.

(a) 水从水塔中以固定的速率流出；

(b) 水以 3gal/min 的速度注入水塔，同时以 $\frac{1}{2}$ gal/min 的速度泄漏；

(c) 水以固定的速率注入圆锥形的水塔，水平面上升的速率越来越慢；

(d) 今年通货膨胀比较稳定，但是预期明年它会以越来越快的速度增长；

(e) 当前石油价格下跌，但这个趋势预期在未来两年内会停止并反弹；

(f) 大卫的体温依然在上升，但是青霉素似乎起作用了.

51. 将下面的说法翻译成数学语言. 对于每一项，画出汽车的位置随时间变化的图形，并说明凹性.

(a) 汽车的花费以越来越快的速度在上涨；

(b) 在过去两年中，美国不断减少石油消费，不过速度越来越慢；

(c) 世界人口继续增长，但是速度越来越慢；

(d) 比萨斜塔与垂直线的角度以越来越快的速度增加；

(e) Upper Midwest 电影公司的盈利速度下降；

(f) XYZ 公司一直在亏钱，但是不久就会扭转局面；

52. 将下面的新闻翻译成有关导数的语言.

(a) 在美国，政府负债与国民收入的比率 R 直到 1981 年一直在约 28% 左右，但是

(b) 它开始以显著的速度增长，在 1983 年达到 36%.

53. 咖啡以 $2\text{in}^3/\text{s}$ 的速度注入杯中，如图 20 所示. 杯口直径为 3in，杯高 5in. 这只杯子的容积为 23oz. 设高度 h 是 t 的函数，作出从 $t=0$ 到杯子装满时的图形.

54. 水以 5gal/min 的速度注入一个圆柱体容器中，如图 21 所示. 容器的直径为 3ft，长为 9.5ft. 容器的体积为 $\pi r^2 l=\pi\times1.5^2\times9.5\text{ft}^3\approx67.152\text{gal}$. 不要计算，作出水面高度 h 关于时间 t 的函数图形（见例 5）. h 在何处为上凹函数，何处为下凹函数？

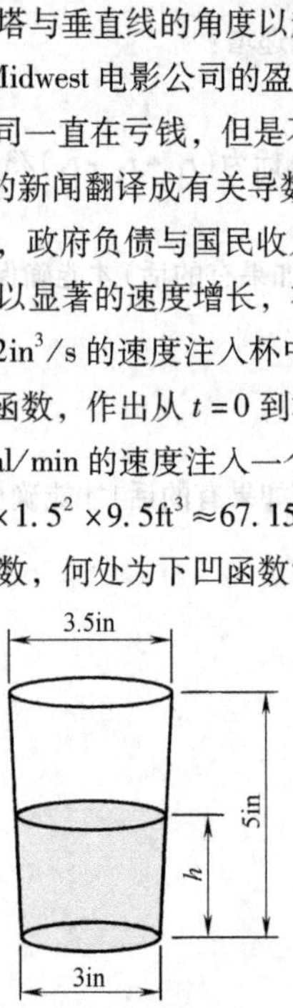

图 20

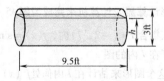

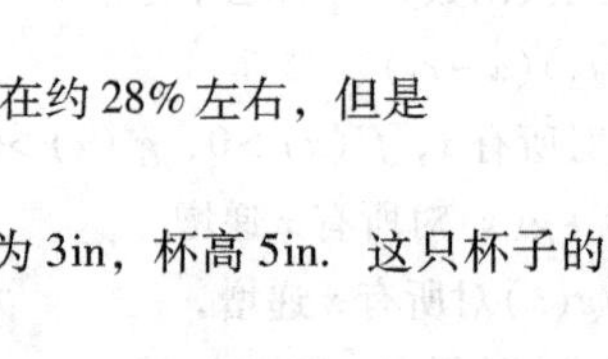

图 21

55. 一种液体以 $3\text{in}^3/\text{s}$ 的速度注入图 22 所示的容器中. 容器容积为 24in^3. 作出液面高度 h 关于时间 t 的函数图形. 特别要注意 h 的凹性.

56. 一只 20gal 的木桶，如图 23 所示，以 0.1gal/d 的恒定速度漏水．作出水面高度 h 关于时间 t 的函数图形，假设木桶在时间 $t=0$ 时是满的．特别要注意 h 的凹性．

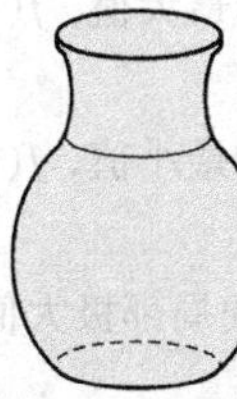

图 22

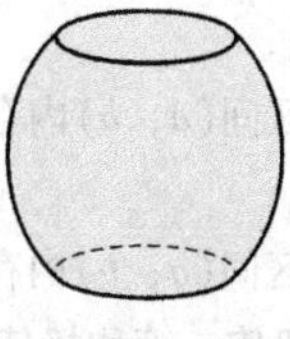

图 23

57. 通过下面表格能推断出花瓶的形状吗？能给出水的测量体积随深度变化的函数吗？

(a)

深度	1	2	3	4	5	6
体积	4	8	11	14	20	28

(b)

深度	1	2	3	4	5	6
体积	4	9	12	14	20	28

概念复习答案：

1. 递增，为上凹函数　2. $f'(x)>0$，$f''(x)<0$　3. 在拐点　4. $f''(c)=0$，$f''(c)$不存在

3.3　函数的极大值和极小值

我们复习一下 3.1 节，函数 f 在区间 S 的最大值（如果存在的话）是 f 在 S 上所能取的最大值．它有时被当做**全局最大值**，有时被当做 f 的**绝对最大值**来讨论．因此，以 $S=[a, b]$ 为定义域的函数 f，其图形如图 1 所示，$f(a)$ 是全局最大值．但 $f(c)$ 又是什么呢？我们把它称为**局部极大值**，或**相对最大值**．当然，一个全局最大值自然也是局部极大值．图 2 示意了几种可能．注意全局最大值（如果存在的话）一定是局部极大值中最大的．同样的，全局最小值是局部极小值中最小的．

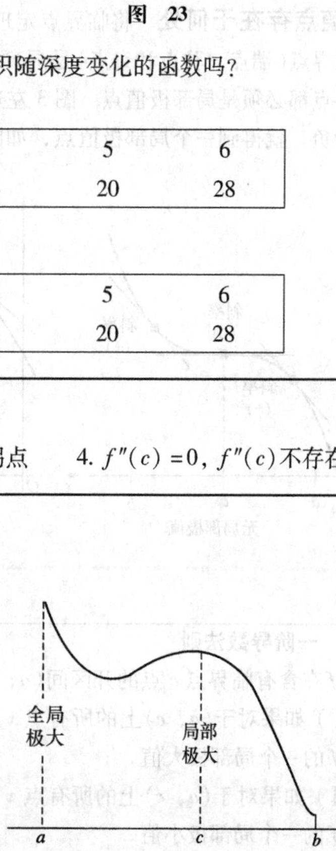

图 1

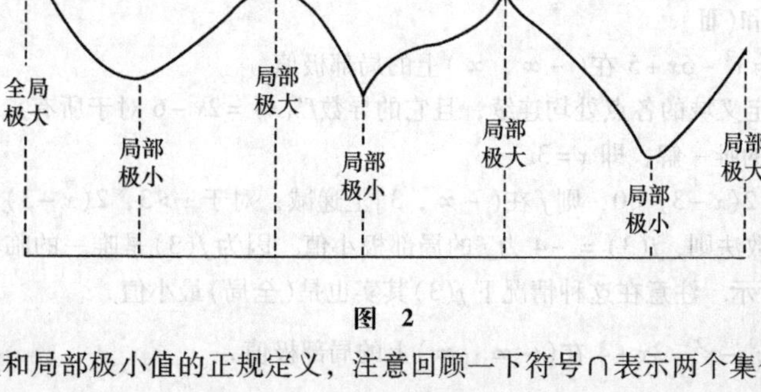

图 2

下面是局部极大值和局部极小值的正规定义，注意回顾一下符号 ∩ 表示两个集合的交集（共同部分）．

定义

设点 c 是函数 f 定义域 S 内的一点. 我们说：

（Ⅰ）如果在区间 (a, b) 内存在一点 c，使得 $f(c)$ 为 f 在 $(a, b)\cap S$ 上的最大值，$f(c)$ 就是 f 的**局部极大值**，简称**极大值**.

（Ⅱ）如果在区间 (a, b) 内存在一点 c，使得 $f(c)$ 为 f 在 $(a, b)\cap S$ 上的最小值，$f(c)$ 就是 f 的**局部极小值**，简称**极小值**.

（Ⅲ）如果在区间 (a, b) 内存在一点 c，使得 $f(c)$ 为 f 在 $(a, b)\cap S$ 上的局部极大值或局部极小值，$f(c)$ 就是 f 的**局部极值**，简称**极值**.

极值点存在于何处 将临界点定理(定理 3.1B)的最值这个词换成局部极值，证明本质上是一样的. 因此，临界点(端点、驻点和奇点)是局部极值点可能存在的候选点. 我们说是候选点因为我们并不要求每一个临界点都必须是局部极值点. 图 3 左边的图形使这一点非常清晰. 但是，如果导数在临界点的一边为正另一边为负，就得到一个局部极值点，如图 3 右边和中间的图形所示.

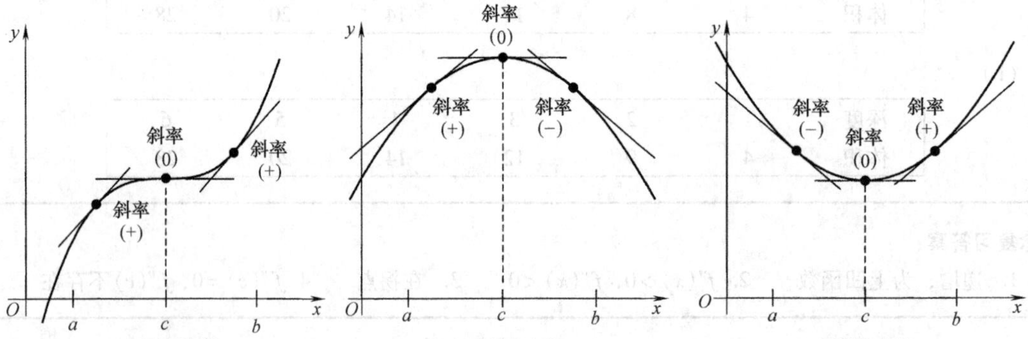

图 3

定理 A 一阶导数法则

设 f 在含有临界点 c 点的开区间 (a, b) 上连续.

（Ⅰ）如果对于 (a, c) 上的所有点 x 都有 $f'(x)>0$，且对于 (c, b) 上的所有点都有 $x\,f'(x)<0$，那么，$f(c)$ 为 f 的一个局部极大值.

（Ⅱ）如果对于 (a, c) 上的所有点 x 都有 $f'(x)<0$，且对于 (c, b) 上的所有点都有 $x\,f'(x)>0$，那么 $f(c)$ 为 f 的一个局部极小值.

（Ⅲ）如果 $f'(x)$ 在 c 的两侧符号相同，那么 $f(c)$ 就不是 f 的局部极值.

对（Ⅰ）的证明：既然对于 (a, c) 上的所有点都有 $f'(x)>0$，据单调性定理，$f(x)$ 在 $(a, c]$ 上递增. 既然对于 (c, b) 上的所有点都有 $f'(x)<0$，$f(x)$ 在 $[c, b)$ 上递减. 因此，对于 (a, b) 上除 $3x=c$ 的所有点都有 $f(x)<f(c)$. 从而得出 $f(c)$ 就是局部极大值.

类似地，可证（Ⅱ）和（Ⅲ）.

例 1 求函数 $f(x)=x^2-6x+5$ 在 $(-\infty, \infty)$ 上的局部极值.

解 这个多项式在定义域的各点处均连续，且它的导数 $f'(x)=2x-6$ 对于所有点 x 都存在. 因此，唯一的临界点就是 $f'(x)=0$ 的唯一解，即 $x=3$.

对于 $x<3$，$f'(x)=2(x-3)<0$，则 f 在 $(-\infty, 3]$ 上递减；对于 $x>3$，$2(x-3)>0$，则 f 在 $[3, \infty)$ 上递增. 因此，据一阶导数法则，$f(3)=-4$ 为 f 的局部极小值. 因为 $f(3)$ 是唯一的临界点，所以没有其他的极值. f 的图形如图 4 所示. 注意在这种情况下 $f(3)$ 其实也是(全局)最小值.

例 2 求 $f(x)=\frac{1}{3}x^3-x^2-3x+4$ 在 $(-\infty, \infty)$ 上的局部极值.

解　既然$f'(x)=x^2-2x-3=(x+1)(x-3)$，$f$仅有的临界点是$-1$和$3$. 当我们使用检验点$-2$，$0$和$4$，了解到在$(-\infty,\ -1)$和$(3,\ \infty)$上，$(x+1)(x-3)>0$，在$(-1,\ 3)$上，$(x+1)(x-3)<0$. 据一阶导数法则，得出结论$f(-1)=\frac{17}{3}$为局部极大值，$f(3)=-5$为局部极小值(图5).

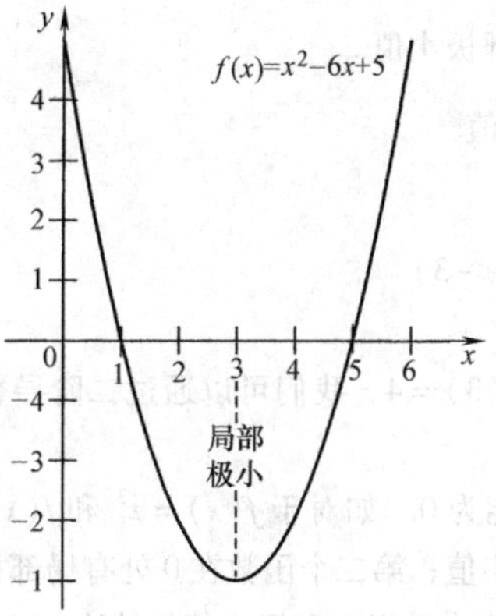

图　4

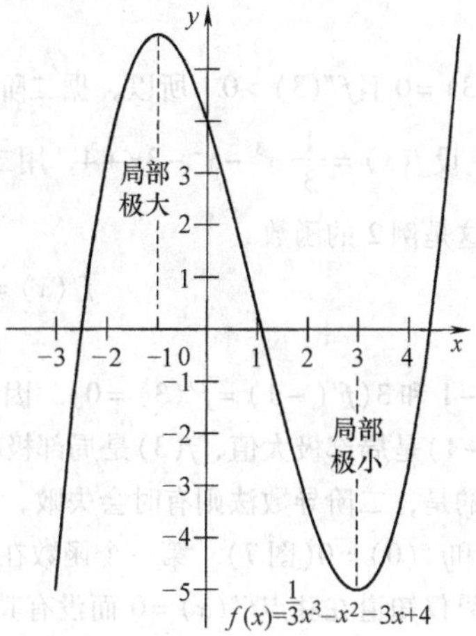

图　5

例3　求$f(x)=(\sin x)^{2/3}$在$(-\pi/6,\ 2\pi/3)$上的局部极值.

解　$f'(x)=\dfrac{2\cos x}{3(\sin x)^{1/3}}$，$x\neq 0$

因为$f'(0)$不存在且$f'(\pi/2)=0$，所以点0和$\pi/2$是临界点. 在$(-\pi/6,\ 0)$和$(\pi/2,\ 2\pi/3)$上$f'(x)<0$，在$(0,\ \pi/2)$上$f'(x)>0$. 据一阶导数法则，得出结论$f(0)=0$是局部极小值，$f(\pi/2)=1$是局部极大值. f的图形如图6所示.

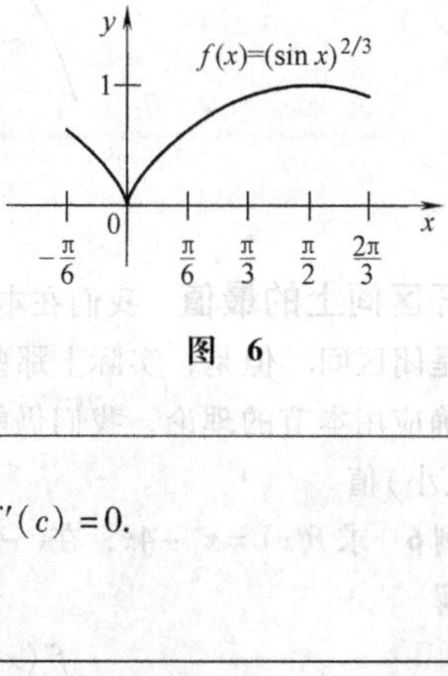

图　6

二阶导数法则　这里还有另一个关于求局部极大值和极小值的法则，有时它比一阶导数法则还实用. 它包括了求驻点的二阶导数值，它不能应用于奇点.

定理B　二阶导数法则

设f'和$f''(x)$在包含了c的开区间$(a,\ b)$上的每一点都存在，且假设$f'(c)=0$.

(Ⅰ) 如果$f''(c)<0$，则$f(c)$为f的局部极大值.

(Ⅱ) 如果$f''(c)>0$，则$f(c)$为f的局部极小值.

(Ⅰ)的证明　显然$f''(c)<0$，则f在c附近为下凹函数，就可断言(Ⅰ)已被证明. 但是，为了确定f在c附近为下凹函数，我们需要在c附近也有$f''(x)<0$(不只是在c点)，但我们的假设中没有哪一点可以保证. 必须更仔细一点.

根据定义和假设

$$f''(c)=\lim_{x\to c}\frac{f'(x)-f'(c)}{x-c}=\lim_{x\to c}\frac{f'(x)-0}{x-c}<0$$

所以可以得出结论，在c附近有一个(尽可能小的)区间$(\alpha,\ \beta)$，在此之上

$$\frac{f'(x)}{x-c}<0,\quad x\neq c$$

这就是说在$\alpha<x<c$上有$f'(x)>0$，且在$c<x<\beta$上有$f'(x)<0$. 因此，根据一阶导数法则，$f(c)$是局部极大值.

类似地，可证明(Ⅱ).

例4　设$f(x)=x^2-6x+5$，用二阶导数法则求局部极值.

解　这是例1的函数. 请注意

$$f'(x)=2x-6=2(x-3)$$
$$f''(x)=2$$

因此，$f'(3)=0$且$f''(3)>0$. 所以，据二阶导数法则，$f(3)$是局部极小值.

例5　设$f(x)=\frac{1}{3}x^3-x^2-3x+4$，用二阶导数法则求局部极值.

解　这是例2的函数.

$$f'(x)=x^2-2x-3=(x+1)(x-3)$$
$$f''(x)=2x-2$$

临界点是-1和$3(f'(-1)=f'(3)=0)$. 因为$f''(-1)=-4$和$f''(3)=4$，我们可以通过二阶导数法则得出结论：$f(-1)$是局部极大值，$f(3)$是局部极小值.

不幸的是，二阶导数法则有时会失败，因为$f''(x)$在驻点可能为0. 如对于$f(x)=x^3$和$f(x)=x^4$都有$f'(0)=0$和$f''(0)=0$(图7). 第一个函数在0处无局部极大或极小值；第二个函数在0处有局部极小值. 这表明了如果仅知道在驻点$f''(x)=0$而没有其他条件，我们不能得出有关极大和极小值的结论.

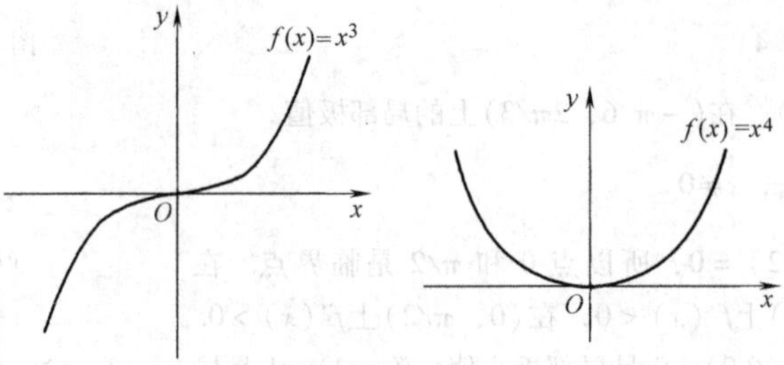

图 7

开区间上的最值　我们在本节和3.1节中学习的问题，常常认为是要寻找函数最大值与最小值的集合是闭区间. 但是，实际上那些区间并不总是闭的；它们有时是开的，甚至是半开半闭的. 如果我们正确应用本节的理论，我们仍能处理这些问题. 记住没有形容词修饰的最大(最小)值指的是全局最大(最小)值.

例6　求$f(x)=x^4-4x$，在$(-\infty,\infty)$上的最大最小值(如果存在的话).

解

$$f'(x)=4x^3-4=4(x^3-1)=4(x-1)(x^2+x+1)$$

因为$x^2+x+1=0$没有实解(二次方程公式)，只有一个临界点$x=1$. 当$x<1$，$f'(x)<0$，当$x>1$，$f'(x)>0$. 由此得出结论：$f(1)=-3$就是局部极小值；又因为f在1的左侧递减，在1的右侧递增，因此它一定就是f的最小值.

上述事实指出了f不可能有最大值. f的图形如图8所示.

例7　求$G(p)=\frac{1}{p(1-p)}$在$(0,1)$上的最大最小值(如果存在的话).

解

$$G'(p)=\frac{2p-1}{p^2(1-p)^2}$$

唯一的临界点是$p=1/2$. 对于区间$(0,1)$上的所有p来说，分母为正；因此，由分子来决定表达式的符号. 如果p在区间$(0,1/2)$上，那么分子为负；因此$G'(p)<0$. 同样地，如果p在区间$(1/2,1)$上，$G'(p)>0$. 因此，根据一阶导数法则，$G(1/2)=4$为局部极小值. 因为没有端点或奇点可以检验，所以，$G(1/2)$

就是全局最小值. $y=G(p)$图形如图 9 所示.

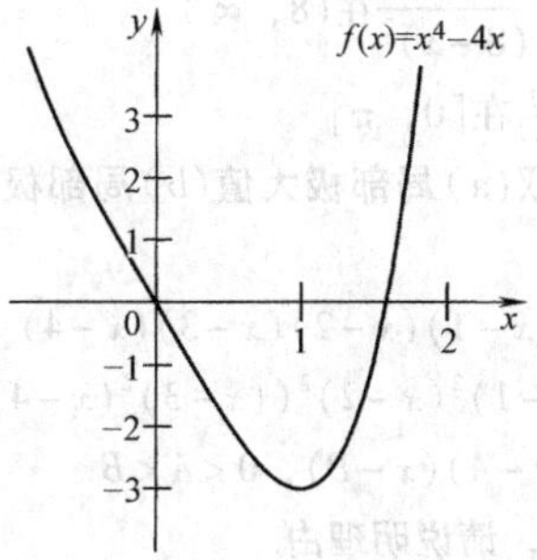

图 8

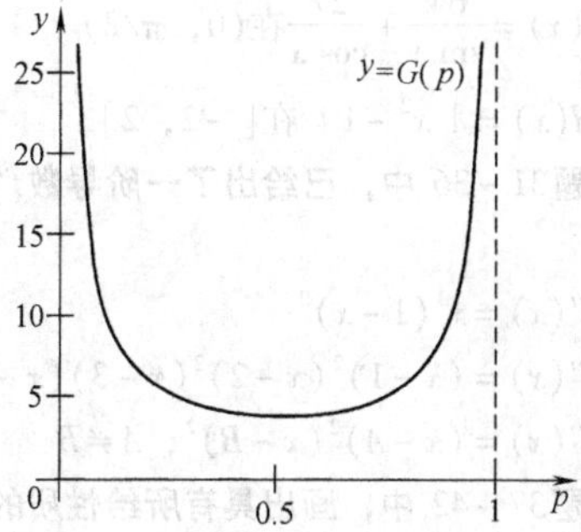

图 9

概念复习

1. 如果f在c处连续, 在c的左侧$f'(x)>0$, 在c的右侧$f'(x)<0$, 则$f(c)$就是f的局部_______值.
2. 如果$f'(x)=(x+2)(x-1)$, 则$f(-2)$就是f的局部_______值, $f(1)$就是f的局部_______值.
3. 如果$f'(c)=0$且$f''(c)<0$, 估计可以在c处找到f的局部_______值.
4. 如果$f(x)=x^3$, 则$f(0)$既不是_______也不是_______, 尽管$f''(0)=$_______.

习题 3.3

在习题 1 ~ 10 中, 求出临界点. 再使用一阶导数法则和(如果可以的话)二阶导数法则来决定哪一个临界点是局部极大值或局部极小值.

1. $f(x)=x^3-6x^2+4$
2. $f(x)=x^3-12x+\pi$
3. $f(\theta)=\sin 2\theta,\ 0<\theta<\dfrac{\pi}{4}$
4. $f(x)=\dfrac{1}{2}x+\sin x,\ 0<x<2\pi$
5. $\psi(\theta)=\sin^2\theta,\ -\pi/2<\theta<\pi/2$
6. $r(z)=z^4+4$
7. $f(x)=\dfrac{x}{x^2+4}$
8. $g(z)=\dfrac{z^2}{1+z^2}$
9. $h(y)=y^2-\dfrac{1}{y}$
10. $f(x)=\dfrac{3x+1}{x^2+1}$

在习题 11 ~ 20 中, 求出临界点, 选择法则来判断哪个临界点给出了局部极大值或极小值. 并求出这些局部极大值或极小值.

11. $f(x)=x^3-3x$
12. $g(x)=x^4+x^2+3$
13. $H(x)=x^4-2x^3$
14. $f(x)=(x-2)^5$
15. $g(t)=\pi-(t-2)^{2/3}$
16. $r(s)=3s+s^{2/5}$
17. $f(t)=t-\dfrac{1}{t},\ t\neq 0$
18. $f(x)=\dfrac{x^2}{\sqrt{x^2+4}}$
19. $g(\theta)=\dfrac{\cos\theta}{1+\sin\theta},\ 0<\theta<2\pi$
20. $g(\theta)=|\sin\theta|,\ 0<\theta<2\pi$

在习题 21 ~ 30 中, 如果可能的话, 找到所给函数在指定区间的(全局)最大值和最小值.

21. $f(x)=\sin^2 2x$在$[0, 2]$
22. $f(x)=\dfrac{2x}{x^2+4}$在$[0, \infty)$
23. $g(x)=\dfrac{x^2}{x^3+32}$在$[0, \infty)$
24. $h(x)=\dfrac{1}{x^2+4}$在$[0, \infty)$

25. $F(x)=6\sqrt{x}-4x$ 在$[0, 4]$

26. $F(x)=6\sqrt{x}-4x$ 在$[0, \infty)$

27. $f(x)=\dfrac{64}{\sin x}+\dfrac{27}{\cos x}$在$(0, \pi/2)$

28. $g(x)=x^2+\dfrac{16x^2}{(8-x)^2}$在$(8, \infty)$

29. $H(x)=|x^2-1|$ 在$[-2, 2]$

30. $h(t)=\sin t^2$ 在$[0, \pi]$

在习题 31 ~ 36 中，已给出了一阶导数f'. 求出所有能使函数f取(a)局部极大值(b)局部极小值的x的值.

31. $f'(x)=x^3(1-x)^2$

32. $f'(x)=-(x-1)(x-2)(x-3)(x-4)$

33. $f'(x)=(x-1)^2(x-2)^2(x-3)(x-4)$

34. $f'(x)=(x-1)^2(x-2)^2((x-3)^2(x-4)^2$

35. $f'(x)=(x-A)^2(x-B)^2$, $A\neq B$

36. $f'(x)=x(x-A)(x-B)$, $0<A<B$

在习题 37 ~ 42 中，画出具有所给性质的函数图形. 如果不可能，请说明理由.

37. f是可微的，定义域为$[0, 6]$，且在$(0, 6)$上有两个局部极大值和两个局部极小值.

38. f是可微的，定义域为$[0, 6]$，且在$(0, 6)$上有三个局部极大值和两个局部极小值.

39. f是连续的，但不一定是可微的，定义域为$[0, 6]$，且在$(0, 6)$上有一个局部极大值和一个局部极小值.

40. f是连续的，但不一定是可微的，定义域为$[0, 6]$，且在$(0, 6)$上有两个局部极大值，但没有局部极小值.

41. f定义域为$[0, 6]$，但不一定是连续的，且在$(0, 6)$上有三个局部极大值，但没有局部极小值.

42. f定义域为$[0, 6]$，但不一定是连续的，且在$(0, 6)$上有两个局部极大值，但没有局部极小值.

43. 思考$f(x)=Ax^2+Bx+C$，$A>0$. 证明当且仅当$B^2-4AC\leqslant 0$时，对所有x有$f(x)\geqslant 0$.

44. 思考$f(x)=Ax^3+Bx^2+Cx+D$，$A>0$. 证明当且仅当$B^2-3AC>0$时，f有一个局部极大值和一个局部极小值.

45. 由$f'(c)=f''(c)=0$和$f'''(c)>0$，能得到关于f的什么结论?

概念复习答案：

1. 极大值　2. 极大值，极小值　3. 极大值　4. 局部极大值，局部极小值，0

3.4 实际应用

基于本章前面三节所涉及的例子及定理，我们建议应用下列步骤方法解决实际优化问题，但不要死板地照搬，有时候能有更简便的方法，或者可以跳过其中一些步骤.

步骤 1：画出问题的图，并为关键量指定合适的变量.

步骤 2：写出要求最大值(最小值)的量Q的表达式，用步骤 1 中的变量表示.

步骤 3：运用题目所给条件去消除一个变量以外的所有变量，从而用一个单独的变量(例如x)表示量Q.

步骤 4：找出可能的极值点(端点、驻点、奇点).

步骤 5：运用本章理论，确定在哪个点上可取得最大(最小)值.

自始至终，运用你的直觉去找到问题可能的解. 对下面的物理问题，在详细求解之前，你能简单地进行最优值的估计吗?

例 1　矩形盒子由长为 24in 宽为 9in 的长方形剪切而来，如图 1 所示. 求使盒子取得最大容积的裁法，最大容积是多少?

解　令x为裁剪掉的面积的宽度，V是做出来的盒子的体积. 则有

$$V=x(9-2x)(24-2x)=216x-66x^2+4x^3$$

此时$0\leqslant x\leqslant 4.5$，因此，我们的问题是求在区间$[0, 4.5]$内的最大$V$. 当$dV/dx=0$时产生驻点，解得

$$\frac{dV}{dx} = 216 - 132x + 12x^2 = 12(18 - 11x + x^2)$$
$$= 12(9 - x)(2 - x) = 0$$

即有 $x=2$，$x=9$，由于 9 不在区间 $[0, 4.5]$ 内，则考虑三个临界点 0，2，4.5，当在点 0，4.5 时，$V=0$，当在点 2 时，$V=200$. 因此，如果 $x=2$ 时，即当盒子长 20in，宽 5in，高 2in 时，盒子有最大的容积 200in^3.

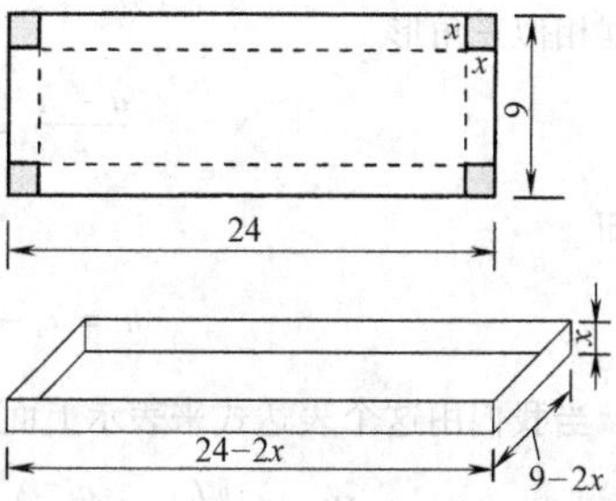

图 1

通常，画出目标函数的图形对求解是非常有用的，用画图工具或 CAS 可以很容易地画出图形. 图 2 就是函数 $V(x) = 216x - 66x^2 + 4x^3$ 的图形. 当 $x=0$ 时，$V(x)=0$，一封闭盒，当切出角的宽度为零时，就意味着没有什么可封闭的，此时的体积为零；同样，在 $x=4.5$ 时，纸板只封闭一半，此时盒子无底，因此，盒子的体积也为零，就有 $V(0)=0$ 和 $V(4.5)=0$. 体积的最大值必定是当 x 在 0 到 4.5 之间取值时得到的，通过图形我们可以很清楚地看出 x 的值大约是 2；用微积分的知识，我们能够得出 x 的精确值，即当 $x=2$ 时，体积 V 会达到最大.

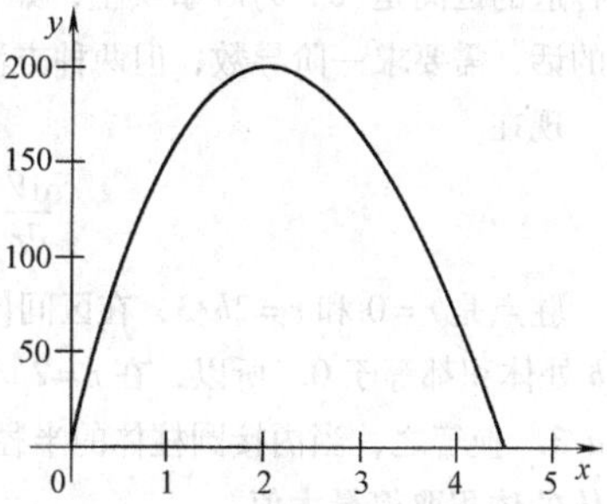

图 2

例 2 一个农民准备用 100m 长的铁丝栅栏来做如图 3 所示的畜栏. 求有最大面积的畜栏的尺寸.

解 令 x 为畜栏的宽，y 为长，单位都为 m. 由于栅栏总共有 100m，那么 $3x+2y=100$，即

$$y = 50 - \frac{3}{2}x$$

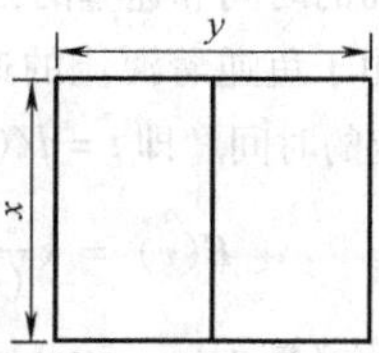

图 3

总面积 A 为

$$A = xy = 50x - \frac{3}{2}x^2$$

由于必须有 3 个边长，所以，x 满足 $0 \leqslant x \leqslant \frac{100}{3}$，因此，我们的问题是在区间 $\left[0, \frac{100}{3}\right]$ 上求 A 的最大值.

$$\frac{dA}{dx} = 50 - 3x$$

令 $50-3x=0$，解得 $x=\frac{50}{3}$，它是一个驻点. 因此，共有三个临界点 0，$\frac{50}{3}$，$\frac{100}{3}$. 当在点 x 为 0，$\frac{100}{3}$ 时，$A=0$. 当 $x=\frac{50}{3}$ 时，$A \approx 416.67$. 要求的尺寸为 $x=\frac{50}{3} \approx 16.67(\text{m})$，$y=50-\frac{3}{2}\left(\frac{50}{3}\right)=25(\text{m})$

这个结果合理吗？当然，由于 y 方向需要 2 倍的栅栏，x 方向需要 3 倍的栅栏，因此，我们希望更多的栅栏用在 y 方向.

例 3 一个正圆柱体内接于所给的正圆锥体，请求出它的尺寸，使得它的体积最大.

解 设 a 和 b 分别是所给圆锥体的高度和底面半径（均为常量）. 令 h，r 和 V 分别代表内接柱体的高、半径和体积，如图 4 所示. 在解题前，凭直觉如果圆柱体的半径接近于圆锥体的半径，那么圆柱体的体积会接近于零. 现在，设想一下内接圆柱体的高度不断变大，但半径不断减小. 开始时，体积会从零开始增大，但是，之后又会随着圆柱体的高度接近于圆锥体的高度而递减至零. 凭直觉可知，对于某个圆柱体，体积将会达到最大值.

内接圆柱体的体积是

$$V = \pi r^2 h$$

依据相似三角形

$$\frac{a-h}{r}=\frac{a}{b}$$

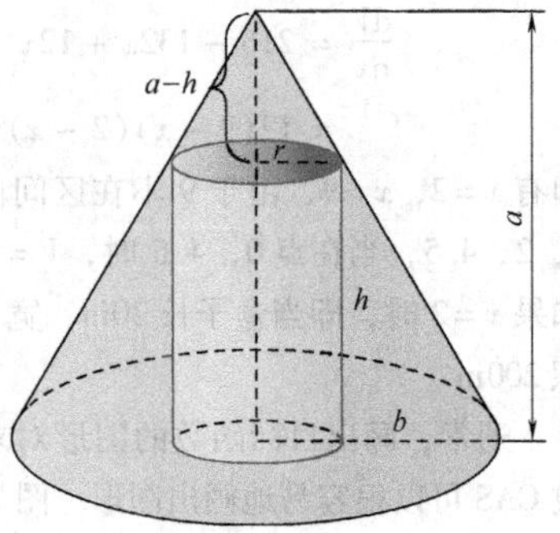

图 4

可知

$$h=a-\frac{a}{b}r$$

当我们用这个表达式来表示上面计算式中的 V 时，可得

$$V=\pi r^2\left(a-\frac{a}{b}r\right)=\pi ar^2-\pi\frac{a}{b}r^3$$

要想在 r 的区间 $[0, b]$ 内找到 V 的最大值. 肯定会有人据理力争，说合适的区间是 $(0, b)$. 事实上，如果我们采用 $(0, b)$ 区间作为定义域的话，需要求一阶导数，但两种方法得到的结果是一样的.

现在

$$\frac{\mathrm{d}V}{\mathrm{d}r}=2\pi ar-3\pi\frac{a}{b}r^2=\pi ar\left(2-\frac{3}{b}r\right)$$

驻点是 $r=0$ 和 $r=2b/3$，在区间 $[0, b]$ 有三个可能极值点：0，$2b/3$ 和 b. 正如预料的那样，在 $r=0$ 和 $r=b$ 处体积都等于0. 所以，在 $r=2b/3$ 处取得最大体积. 当我们取代了有关 r 和 h 的方程中的 r 时，可得 $h=a/3$. 换言之，当内接圆柱体的半径是圆锥体底面半径的三分之二，高是圆锥体高的三分之一时，内接圆柱体的体积取得最大值.

例4 假设鱼以 v 的速率逆流而上(图5)，河水流动的速度为 $-v_c$. 逆着河流游距离 d 所需要的能量与游距离 d 所需的时间和速率的三次方成正比. 求速率 v 使得游这段距离需要最少的能量.

解 由于鱼逆着河流的速率为 $v-v_c$，因此，有 $d=(v-v_c)t$，其中 t 是给定的时间. 即 $t=d/(v-v_c)$. 对于给定的 v 值，所需的能量为

图 5

$$E(v)=k\frac{d}{(v-v_c)}v^3=kd\frac{v^3}{(v-v_c)}$$

函数 E 的定义域为 (v_c, ∞).

$$E'(v)=kd\frac{(v-v_c)3v^2-v^3\times 1}{(v-v_c)^2}=\frac{kd}{(v-v_c)^2}v^2(2v-3v_c)=0$$

当 $2v-3v_c=0$ 时，$v=\frac{3}{2}v_c$ 是临界点. 由于其他表达式都是正的，因此，$E'(v)$ 的符号取决于表达式 $2v-3v_c$. 如果 $v<\frac{3}{2}v_c$，那么 $2v-3v_c<0$，E 在 $\frac{3}{2}v_c$ 的左边递减. 如果 $v>\frac{3}{2}v_c$，那么 $2v-3v_c>0$，E 在 $\frac{3}{2}v_c$ 的右边递增. 根据一阶导数判别法，$v=\frac{3}{2}v_c$ 是局部极小值，由于这是区间内的唯一一个临界点，故为全局最小值. 因此，需要最小的能量时的速度是流速的1.5倍.

例5 6 ft宽的过道有一个直角弯，求能够通过该直角弯的杆子的最大长度是多少？(假设不能折断杆)

解 能通过这个直角弯的杆将恰好碰到里面和外面的墙. 如图6所示，令 a 和 b 代表 AB 和 BC 的长度，θ 表示 $\angle DBA$，$\angle FCB$. 考虑到相似三角形 $\triangle ADB$ 和 $\triangle BFC$，有

$$a=\frac{6}{\cos\theta}=6\sec\theta, b=\frac{6}{\sin\theta}=6\csc\theta$$

注意到 θ 决定杆的位置，因此图6中杆的总长度为

$$L(\theta)=a+b=6\sec\theta+6\csc\theta$$

θ 的定义域为开区间 $(0, 2\pi)$，L 的导数为

$$L'(\theta)=6\sec\theta\tan\theta-6\csc\theta\cot\theta$$

$$= 6\left(\frac{\sin\theta}{\cos^2\theta} - \frac{\cos\theta}{\sin^2\theta}\right)$$

$$= 6\,\frac{\sin^3\theta - \cos^3\theta}{\sin^2\theta\cos^2\theta}$$

$L'(\theta)=0$ 即 $\sin^3\theta-\cos^3\theta=0$，亦即 $\sin\theta=\cos\theta$. 在区间$\left(0,\ \frac{\pi}{2}\right)$只有$\frac{\pi}{4}$使得 $\sin\theta=\cos\theta$(图7). 用一阶导数判别法，如果$0<\theta<\frac{\pi}{4}$，那么 $\sin\theta<\cos\theta$(图7)，因此有 $\sin^3\theta<\cos^3\theta$，即 $L(\theta)$在区间$\left(0,\ \frac{\pi}{4}\right)$递减. 如果$\frac{\pi}{4}<\theta<\frac{\pi}{2}$，$\sin\theta>\cos\theta$，因此有 $\sin^3\theta>\cos^3\theta$，即 $L(\theta)$在区间$\left(\frac{\pi}{4},\ \frac{\pi}{2}\right)$递增. 即$\theta=\frac{\pi}{4}$是最小值. 然而，该题是求满足直角弯的最长的杆的长度. 如图8所示，我们可以求出满足图6的最短的杆的长度；换言之，我们求出了不满足这个直弯角的最短长度. 因此，满足这个直角弯的最长的杆为

$$L\left(\frac{\pi}{4}\right)=6\sec\frac{\pi}{4}+6\csc\frac{\pi}{4}=12\sqrt{2}(\text{ft})\approx 16.97(\text{ft})$$

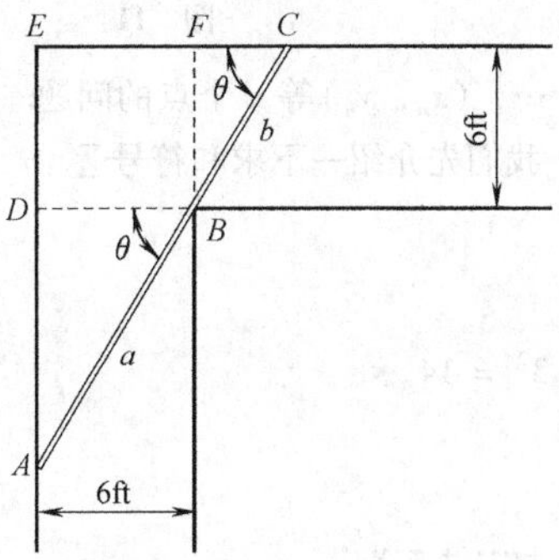

图 6

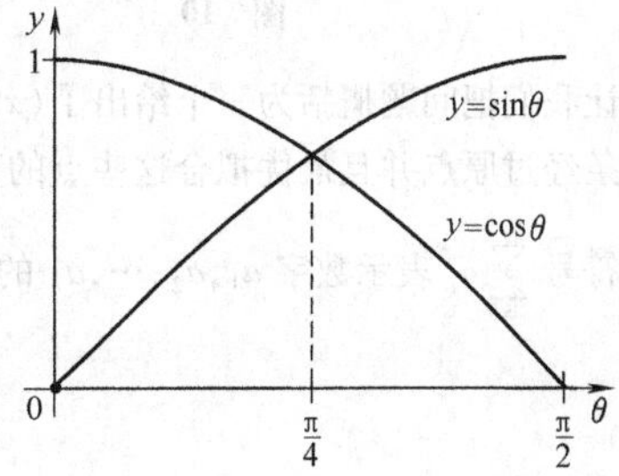

图 7

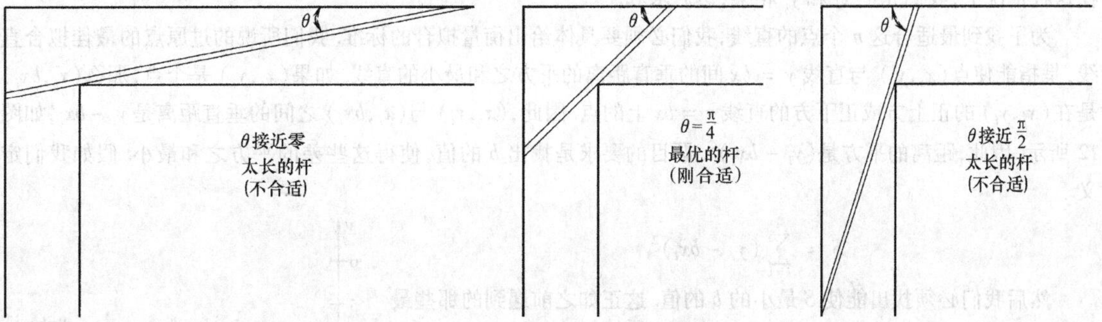

图 8

最小二乘法(选学) 在物理学、经济学、社会学的许多现象中，一个变量与另一个变量成正比. 例如，牛顿第二定律告诉我们，作用在物体 m 上的力 F 与 a 成正比($F=ma$). 胡克定律告诉我们，由弹簧施加的力的大小与它被拉伸的距离成正比($F=kx$)(胡克定律的表达式是 $F=-kx$，其中，负号表示力的方向与拉伸方向相反. 这里，我们不考虑力的符号了). 生产成本与生产的产品的单位数量成正比. 交通事故的数量与交通量成正比. 这些都是模型，在实验中，很少发现被观察数据与模型完全吻合.

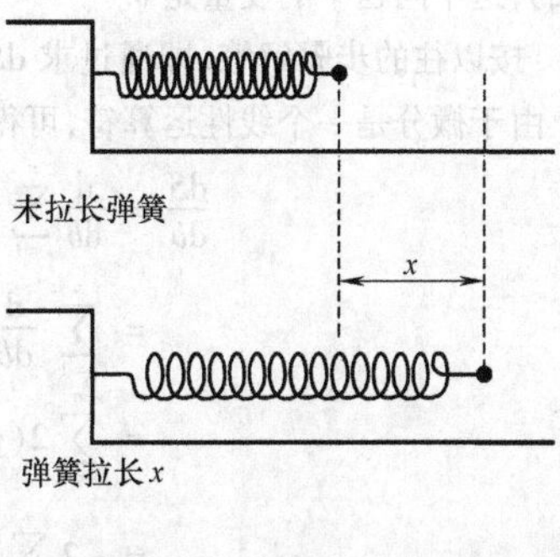

图 9

假如我们观察一个力，它是由被拉伸了 $x$dm 的弹簧施加的，如图9所示. 当我们把弹簧拉长0.5dm时，观察到一个8N大的力，把弹簧

拉长 1.0dm 时，观察到一个 17N 大的力……图 10 显示了观察结果，图 11 显示了有序对(x_i, y_i)的图，其中，x_i 表示被拉伸的距离，y_i 表示施加在弹簧上的力的大小. 像这样的关于有序对的图叫做**散点图**.

拉伸距离x/m	弹簧施加力/N
0.005	8
0.010	17
0.015	22
0.020	32
0.025	36

图 10

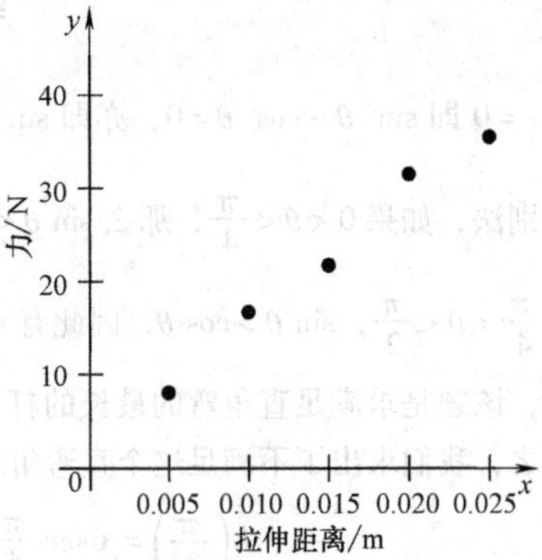

图 11

让我们把问题概括为一个给出了(x_1, y_1)，(x_2, y_2)，…，(x_n, y_n)等 n 个点的问题. 我们的目标是找到一条经过原点并且最优拟合这些点的直线. 在解题之前，我们先介绍一下求和符号$\sum$.

符号 $\sum_{i=1}^{n} a_i$ 表示数字 $a_1, a_2, \cdots, a_n$ 的和. 例如

$$\sum_{i=1}^{3} i^2 = 1^2 + 2^2 + 3^2 = 14$$

和

$$\sum_{i=1}^{n} x_i y_i = x_1 y_1 + x_2 y_2 + \cdots + x_n y_n$$

在这种情况下，我们先把 x_i 和 y_i 相乘，然后求和.

为了找到最适合这 n 个点的直线，我们必须要具体给出衡量拟合的标准. 我们所说的过原点的最佳拟合直线，是指能使点(x_i, y_i)与直线 $y = bx$ 间的垂直距离的平方之和最小的直线. 如果(x_i, y_i)是个点，那么(x_i, bx_i)是在(x_i, y_i)的正上方或正下方的直线 $y = bx$ 上的点. 因此，(x_i, y_i)与(x_i, bx_i)之间的垂直距离是 $y_i - bx_i$，如图 12 所示. 因此，距离的平方是$(y_i - bx_i)^2$. 题目的要求是找出 b 的值，使得这些差的平方之和最小. 假如我们定义

$$S = \sum_{i=1}^{n} (y_i - bx_i)^2$$

然后我们必须找出能使 S 最小的 b 的值. 这正如之前遇到的那些最小值问题一样. 然而，需要记住的是，有序点(x_i, y_i)，$i = 1, 2, \cdots, n$ 是固定的，这个问题中的变量是 b.

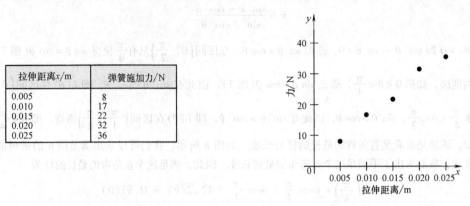

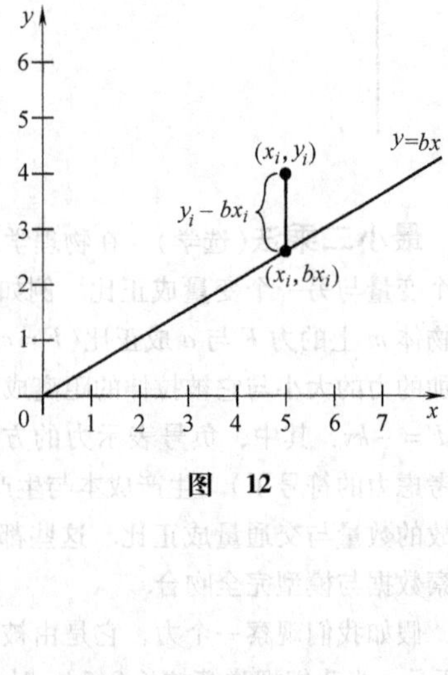

图 12

按以往的步骤解答，即通过求 dS/db，并使之等于 0，继而求出 b 的值. 由于微分是一个线性运算符，可得

$$\begin{aligned}\frac{dS}{db} &= \frac{d}{db}\sum_{i=1}^{n}(y_i - bx_i)^2 \\ &= \sum_{i=1}^{n}\frac{d}{db}(y_i - bx_i)^2 \\ &= \sum_{i=1}^{n}2(y_i - bx_i)\frac{d}{db}(y_i - bx_i) \\ &= -2\sum_{i=1}^{n}x_i(y_i - bx_i)\end{aligned}$$

令这个结果等于零并求解可得

$$0=-2\sum_{i=1}^{n}x_i(y_i-bx_i)$$

$$0=\sum_{i=0}^{n}x_iy_i-b\sum_{i=1}^{n}x_i^2$$

$$b\sum_{i=1}^{n}x_i^2=\sum_{i=0}^{n}x_iy_i$$

$$b=\frac{\sum_{i=0}^{n}x_iy_i}{\sum_{i=1}^{n}x_i^2}$$

为了看出这个式子产生 S 的最小值,我们注意到

$$\frac{d^2S}{db^2}=2\sum_{i=1}^{n}x_i^2$$

总是正的. 我们没有端点可供检验. 因而,根据二阶导数判断法则断定,从使 S 最小的意义上来说,直线 $y=bx$ 是最佳直线,其中 $b=\sum_{i=0}^{n}x_iy_i/\sum_{i=1}^{n}x_i^2$. 直线 $y=bx$ 叫做过原点的**最小二乘直线**.

例 6 依据图 10 中的数据找出弹簧过原点的最小二乘直线.

解 $$b=\frac{0.005\times8+0.010\times17+0.015\times22+0.020\times32+0.025\times36}{0.005^2+0.010^2+0.015^2+0.020^2+0.025^2}\approx1512.7$$

因此，过原点的最小二乘直线是 $y=1512.7x$，如图 13 所示. 因此，弹簧劲度系数的估算值是 $k=1512.7$.

经济学中的应用(选学) 仔细考虑一个典型的公司，如 ABC 公司. 为了简单起见，假设 ABC 公司生产和销售单独一种产品：可能是电视机、汽车蓄电池或者是肥皂. 如果它在固定时期内(例如 1 年)卖出 x 件产品，每件产品报价为 $p(x)$. 换言之，$p(x)$ 是客户用于买进 x 件产品的单价. ABC 公司期望的**总收益**是 $R(x)=xp(x)$，即产品数量乘以单价.

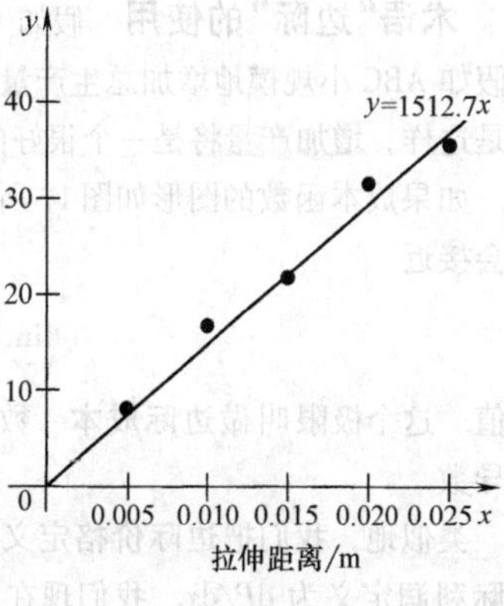

图 13

为了生产并销售出 x 件产品，要付出一个总成本 $C(x)$. 一般是**固定成本**(办公费用、实际房产税等)加上取决于产品数量的**可变成本**.

对公司而言，最重要的概念是**总利润** $P(x)$，就是收益与成本的差额. 即

$$P(x)=R(x)-C(x)=xp(x)-C(x)$$

一般说来，公司追求总利润最大化.

这里有一个用于区分经济学问题与物理科学问题的特征. 大多数情况下，ABC 的产品数量是离散的正整数(不可能制造或卖出 8.23 台电视机或 π 个汽车蓄电池). 因此，函数 $C(x)$ 通常定义在 $x=0, 1, 2, \cdots$ 上. 因此，它们的图是离散的点(图 14). 为了使微积分工具可用，我们用一条光滑的曲线把这些点连接起来，如图 15 所示，从而把 R、C 和 P 当做理想的可微函数. 这说明了数学模型的一个方面，为了对实际问题建模(尤其是在经济学中)必须作出简单化的假设. 这意味着我们得到的答案是我们要的值的近似值——也是经济学没有自然科学那么完美的原因之一. 一个著名的统计学家曾经说过：没有一个模型是精确的，但许多模型都是有用的.

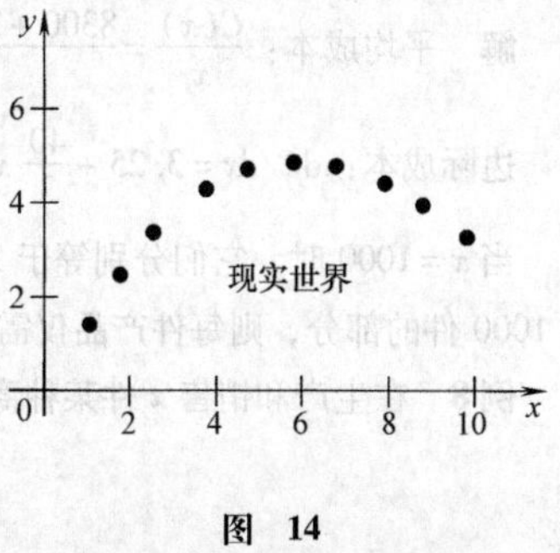

图 14

一个与经济学家相关的问题是如何得到 $C(x)$ 和 $p(x)$ 的函数. 简

单情况下，$C(x)$可能会有以下形式：

$$C(x)=10000+50x$$

如果这样的话，10000是**固定成本**，50是每件产品的直接成本，而$50x$即为**可变成本**. 也许，一种更典型的情形是

$$C_1(x)=10000+45x+100\sqrt{x}$$

这两个成本函数如图16所示.

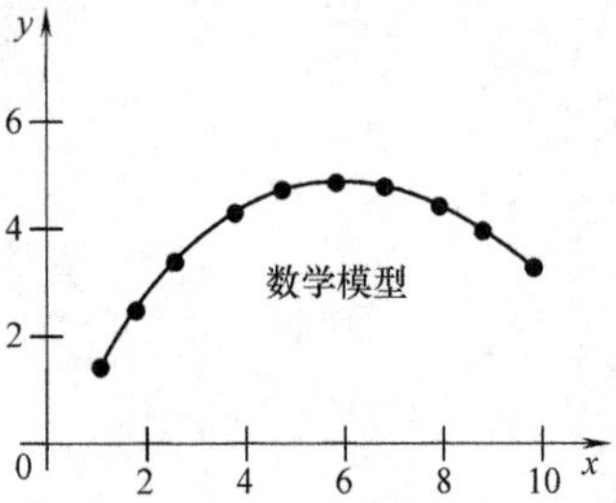

图 15

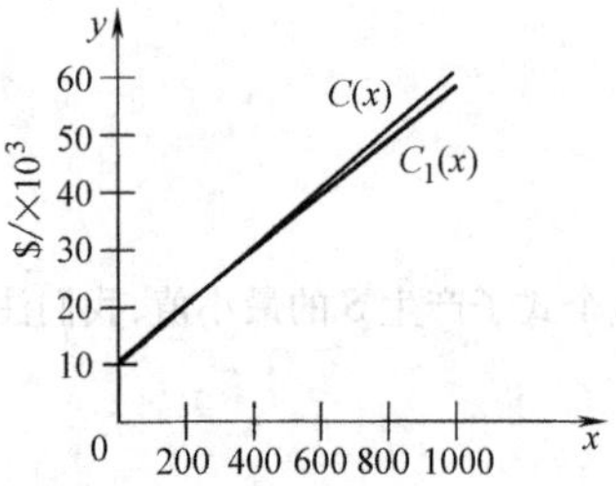

图 16

成本函数$C(x)$表明生产一个新产品的成本是固定的，与已生产了多少个产品没有关系. 另一方面，成本函数$C_1(x)$表明生产一个新产品的成本以降低的速率增长. 其实，$C_1(x)$就是经济学家所说的规模经济.

选出合适的函数将成本与价格模型化是一件重要的事. 有时，它们可以从基本的假设中得出. 其他情况下，认真研究企业史会对作出合理的选择有所启发. 有时，我们必须作出纯粹的智力猜测.

术语"边际"的使用 假如ABC公司知道它的成本函数$C(x)$，并且暂定年产量为2000件. 我们将决定假如ABC小规模地增加总生产量时，每多生产一件产品额外的成本. 那么它是否会小于额外的收入？如果是这样，增加产量将是一个很好的经济选择.

如果成本函数的图形如图17所示，我们想得到当$\Delta x=1$时$\Delta C/\Delta x$的值. 但是，我们期望当$x=2000$时，它会接近

$$\lim_{x\to\infty}\frac{\Delta C}{\Delta x}$$

的值. 这个极限叫做**边际成本**. 数学家把它记作$\mathrm{d}C/\mathrm{d}x$，即C关于x的导数.

类似地，我们把**边际价格**定义为$\mathrm{d}p/\mathrm{d}x$，**边际收益**定义为$\mathrm{d}R/\mathrm{d}x$，**边际利润**定义为$\mathrm{d}P/\mathrm{d}x$. 我们现在应知道如何解决各种不同的经济学问题.

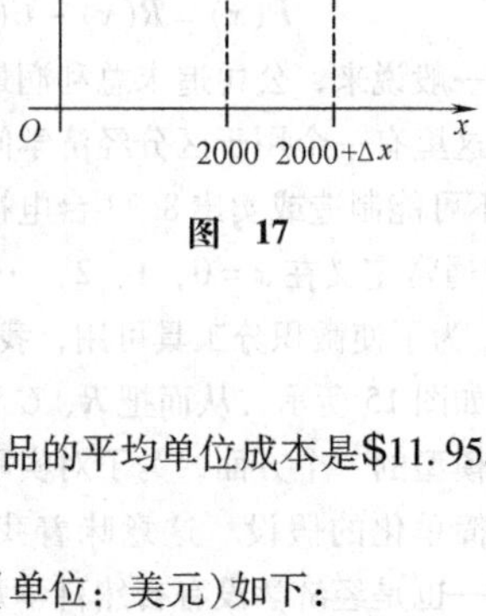

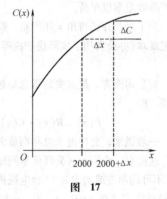

图 17

例7 假如$C(x)=8300+3.25x+40\sqrt[3]{x}$美元. 求出单位产品的平均成本及边际成本的表达式，并估算出当$x=1000$时它们的值.

解 平均成本：$\dfrac{C(x)}{x}=\dfrac{8300+3.25x+40x^{1/3}}{x}$

边际成本：$\mathrm{d}C/\mathrm{d}x=3.25+\dfrac{40}{3}x^{-2/3}$

当$x=1000$时，它们分别等于11.95，3.38. 这意味着，生产1000件产品的平均单位成本是\$11.95. 超出1000件的部分，则每件产品仅需成本约\$3.38.

例8 在生产和销售x件某种商品时，给定的价格函数p和成本函数C(单位：美元)如下：

$$p(x)=5.00-0.002x$$

$$C(x)=3.00+1.10x$$

求出边际收益、边际成本、边际利润的表达式. 算出产生最大总利润的产品数量.

解

$$R(x)=xp(x)=5.00x-0.002x^2$$

$$P(x)=R(x)-C(x)=-3.00+3.90x-0.002x^2$$

从而，我们得出以下导数：

边际收益：$\frac{dR}{dx}=5-0.004x$

边际成本：$\frac{dC}{dx}=1.1$

边际利润：$\frac{dP}{dx}=\frac{dR}{dx}-\frac{dC}{dx}=3.9-0.004x$

为了使利润最大，令 $dP/dx=0$ 并求解. 得出 $x=975$ 为唯一的可能极值点. 通过一阶导数判别法则检验，它的确是最大值. 最大利润是 $P(975)=\$1898.25$.

注意，当 $x=975$ 时，边际收益和边际成本都是\$1.10. 一般来说，当生产超出部分的产品的单位成本等于从单位产品中得到的收益时，公司预计会得到最大的利润.

概念复习

1. 若一个面积是 100 的长方形，长 x，宽 y，那么，x 的允许取值是________.
2. 题 1 中的长方形的周长 P 用 x 表示为 $P=$________.
3. 过原点的直线的最小平方和使 $S=\sum_{i=1}^{n}(\_\_\_\_\_\_\_\_)^2$ 最小.
4. 在经济领域，$\frac{dR}{dx}$被称为________，$\frac{dC}{dx}$被称为________.

习题 3.4

1. 求出两个数字，使它们的积为 -16，平方和最小.
2. 数的二次方根最多能比它的八倍大多少？
3. 数的四次方根最多能比它的二倍大多少？
4. 求出两个数字，使它们的积为 -12，平方和最小.
5. 在抛物线 $y=x^2$ 上找到离点(0, 5)最近的所有点. 提示：使(x, y)与(0, 5)之间的距离最短.
6. 在抛物线 $x=2y^2$ 上找到离点(10, 0)最近的所有点. 提示：使(x, y)与(10, 0)之间的距离最短.
7. 超过自身平方的最大数字是什么？证明这个数字是在区间[0, 1]上.
8. 证明给定周长 K 的矩形中最大面积是正方形.
9. 用一块 24in^2 的方纸板通过裁剪四个角制作一个开口的盒子，想获得最大容积，如何裁剪？(参见例 1)

10. 一名农民有 80ft 的篱笆，他计划沿着他的 100 ft 长谷仓建设一个长方形畜栏，如图 18 所示(沿着谷仓一边不用篱笆). 如何建造能使畜栏面积最大？

11. 习题 10 中的农民决定用他的 80ft 篱笆建设三个相同的畜栏，如图 19 所示. 怎样建设能使畜栏总面积最大？

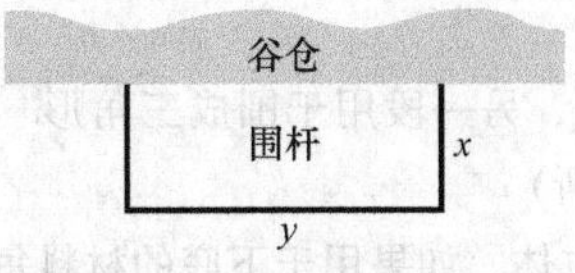

图 18

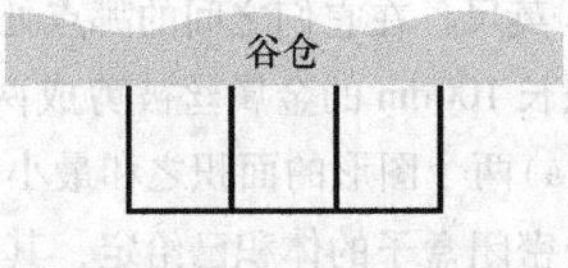

图 19

12. 假设习题10中的农民有180ft的篱笆，他希望畜栏毗连到整个100ft长的谷仓，如图20所示. 应选择什么样的尺寸使面积最大？请注意，在这种情况下 $0 \leqslant x \leqslant 40$.

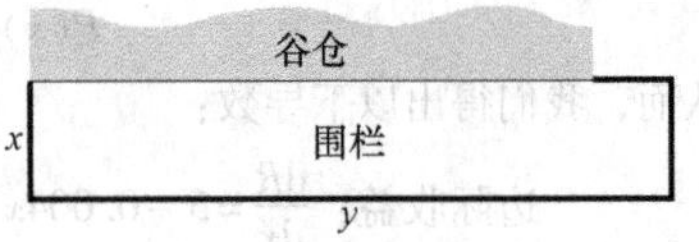

图　20

13. 一个农民想用篱笆隔出两块相似的毗连的长方形畜栏，每块的面积是 $900ft^2$，如图21所示. 当 x 和 y 分别取何值时，所需篱笆的总长度最短？

14. 一个农民想用篱笆隔出三块相似的毗连的长方形畜栏，每块的面积是 $300ft^2$，如图22所示. 当每个畜栏的宽度分别取何值时，所需篱笆的总长度最短？

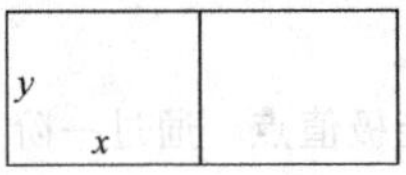

图　21

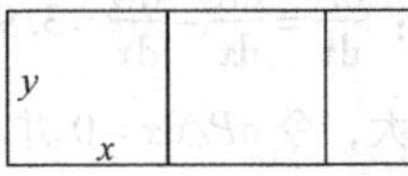

图　22

15. 假如题14中的畜栏的外围要使用价值\$3/ft的厚篱笆，但是里面的两条篱笆只需要使用价值\$2/ft的篱笆. 当 x 和 y 取何值时，用于围畜栏的费用最少？

16. 假设题14中的每块畜栏面积改为 $900ft^2$，请重新求解. 对照研究本题答案和题14的答案，猜测这类问题中 x/y 的比值. 并加以证明.

17. 在曲线 $y = x^2/4$，$0 \leqslant x \leqslant 2\sqrt{3}$ 上找到距离点 $(0, 4)$ 最近与最远的点 P 和 Q. 提示：如果考虑距离的平方，从代数上考虑会比考虑距离本身更简单.

18. 一个正圆锥体内接于另一个正圆锥体，二者具有相同的轴线且内接圆锥体的顶点位于外圆锥体的底面上. 当它们的高度比为何值时，内接圆锥体具有最大的体积？

≈ 19. 一个小岛离一个大湖的湖岸线上最近的点是 P，距离是2mile. 若一个岛上妇女划船的速度是3mile/h，跑步的速度是4mile/h，为了在最短的时间内到达沿湖岸线向下游离 P 点10mile的小镇上；小船应该在何处靠岸？（参考例4）.

≈ 20. 在习题19中，假如这名妇女靠岸后能够乘上平均速度是50mile/h的小汽车. 她应该在何处靠岸？

≈ 21. 在习题19中，假如这名妇女驾驶的是速度为20mile/h的摩托艇. 她应该在何处靠岸？

22. 一个电站位于宽 w ft的河流的岸边. 一间工厂位于河对岸电站正对面的 A 点的下游 L 英尺处. 假如铺设水下电缆的费用是 a 美元每英尺，铺设地面电缆的费用是 b 美元每英尺，从电站到工厂的电缆网如何铺设最经济（$a > b$）？

23. 早上7:00时，一艘船在另一艘船的正东60mile处. 若这艘船以20mile/h的速度向西航行，另一艘船以30mile/h的速度向东南方向航行，那么它们何时相距最近？

24. 已知椭圆方程为 $b^2x^2 + a^2y^2 = a^2b^2$，请找出一条直线，使它与椭圆在第一象限内相切，并且与坐标轴构成的三角形的面积最小，并求最小面积（a 与 b 是正常数）.

25. 已知一个正圆柱体内接于一个半径为 r 的球体，求出此圆柱体的最大体积.

26. 证明：内接于一个圆并具有最大周长的长方形是正方形.

27. 已知一个正圆柱体内接于一个半径为 r 的球体，问：当它的尺寸为何值时，它的表面积最大？

28. 一个点处的亮度与它到光源间的距离成反比，与光源的光强度成正比. 若光强度分别是 I_1 和 I_2 的两个光源相距 s 英尺，在它们之间的哪点处亮度最小？

29. 一条长100dm的金属丝被剪成两段；一段用于围成正方形，另一段用于围成三角形. 该在何处剪断，才能使（a）两个图形的面积之和最小；（b）最大？（允许不被剪断）

30. 一个密闭盒子的体积已给定，其形状为底面是正方形的长方体. 如果用于下底的材料每平方英寸要比用于侧面的材料贵20%，而用于上底材料每平方英寸要比用于侧面的贵50%，请求出盒子的最经济比例.

31. 一个气象台将要建成一个被半圆球屋顶覆盖的正圆柱体. 如果每平方英尺(ft^2)的半球形屋顶的造价是圆柱体墙壁的两倍, 那么对于给定的体积, 何种比例最经济?

32. 一个与弹簧连在一起的物体沿 x 轴方向运动, 它在 t 时刻的 x 坐标是

$$x = \sin 2t + \sqrt{3}\cos 2t$$

物体离原点的最大距离是多少?

33. 一个花床将会被做成半径是 r 的扇形, 其顶角是 θ. 求出 r 和 θ, 使得它的面积是常数 A 时, 周长最大.

34. 一个篱笆平行围着一幢高层建筑物, 它的高度是 h, 在离建筑物 w 远处, 如图 23 所示. 一架放在地上的梯子跨过篱笆顶部靠在建筑物的墙上, 问梯子的最小长度是多少?

35. 两个顶点在 x 轴上, 另外两个顶点在抛物线 $y=12-x^2$, $y \geqslant 0$ 上的矩形(图 24). 求面积最大时的尺寸?

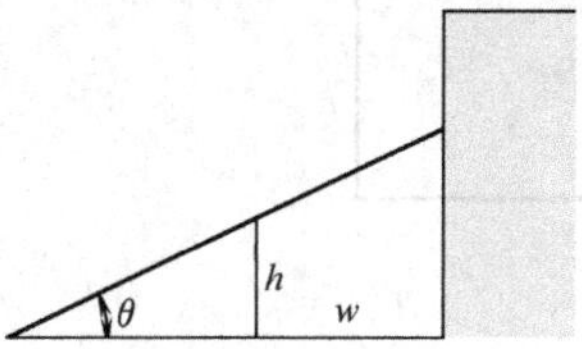

图 23

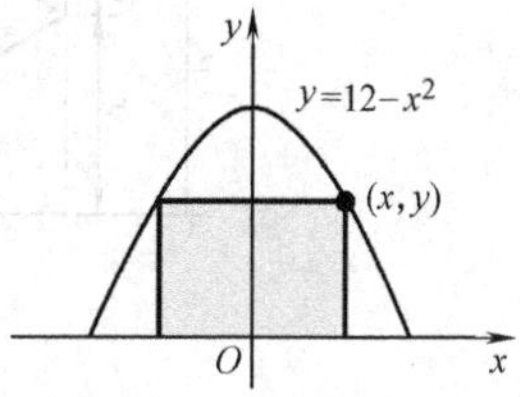

图 24

36. 如图 25 所示为半径为 r 的半圆内的矩形, 求矩形面积最大时的尺度?

37. 给定表面积的所有的直圆柱体, 什么情况下体积取得最大(注意: 圆柱的上下底都是封闭的).

38. 求在椭圆 $\frac{x^2}{a^2}+\frac{y^2}{b^2}=1$ 内的最大面积的内接矩形的尺度.

39. 对给定的对角线的所有矩形中, 何时面积最大.

40. 一个半径为 r 的旋转圆盘做成的加湿器, 圆盘部分浸在水中, 当湿的区域暴露最大时, 蒸发最多(图 26). 证明当 $h=r/\sqrt{1+\pi^2}$ 时, 蒸发最多.

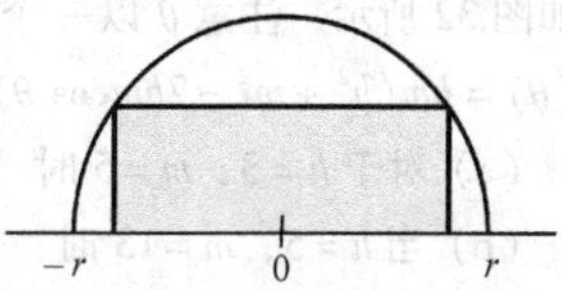

图 25

41. 金属雨水槽有 3in 的边和 3in 的水平底(图 27), 边与底的夹角为 θ. 当 θ 多大时, 水槽的容积最大?

42. 圆锥体容器由半径为 10m 的圆片切掉 θ 角度的扇形折叠而成(图 28). 当 θ 多大时, 容积最大.

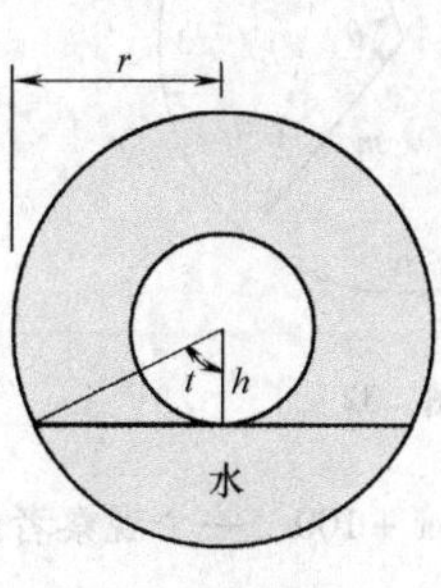

图 26

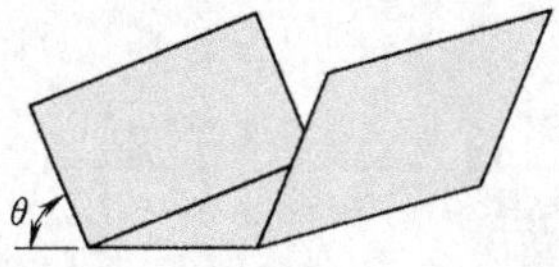

图 27

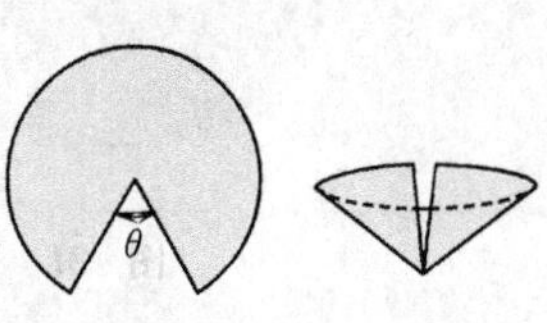

图 28

43. 有盖的盒子由 5ft × 8ft 的矩形木板做成, 切掉如图 29 所示的阴影区域, 然后按照虚线折叠. 求 x, y, z 使得体积最大.

44. 我有足够的纯银用来包 $1m^2$ 大的表面. 我计划包一个球和一支管子. 要使银所包的总体积最大, 那么它们的尺寸该如何? 若要使所包的体积最小呢? (允许将所有的银用于包一个实体物)

45. 把一张狭长的纸的一角折叠起来, 使它正好与对边接触, 如图 30 所示. 算出 x 使得

(a) 三角形 A 的面积最大; (b) 三角形 B 的面积最小; (c) z 的长度最小.

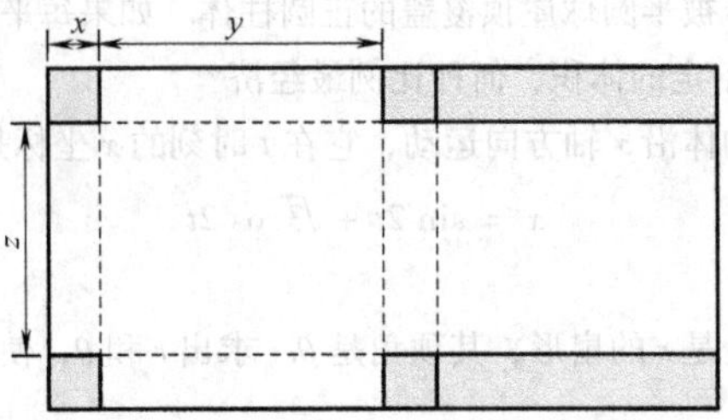

图　29

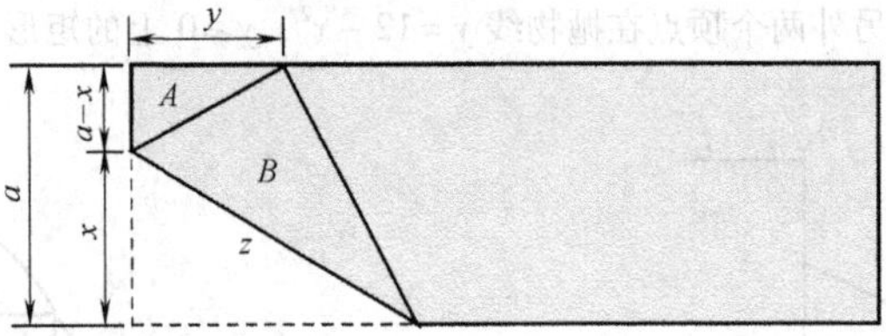

图　30

46. 确定 θ 的值，使得如图 31 所示的十字型的面积最大. 并算出最大的面积.

CAS 47. 一个钟的时针和分针的长度分别为 h 和 m，其中 $h \leqslant m$. 在 12:00 到 12:30 的时间段内，设 θ，ϕ 和 L 如图 32 所示，注意 θ 以一个恒定的速度增大. 由余弦法则可知 $L = L(\theta) = (h^2 + m^2 - 2hm\cos\theta)^{1/2}$，且 $L'(\theta) = hm(h^2 + m^2 - 2hm\cos\theta)^{-1/2}\sin\theta$.

(a) 对于 $h=3$，$m=5$ 时，确定当 L' 最大时，L，L' 和 ϕ 的大小.

(b) 当 $h=5$，$m=13$ 时，重新计算(a).

(c) 在(a)与(b)的基础上，猜想当两针的末端分开的速度最快时，L，L' 和 ϕ 的值.

(d) 试证明您的猜想.

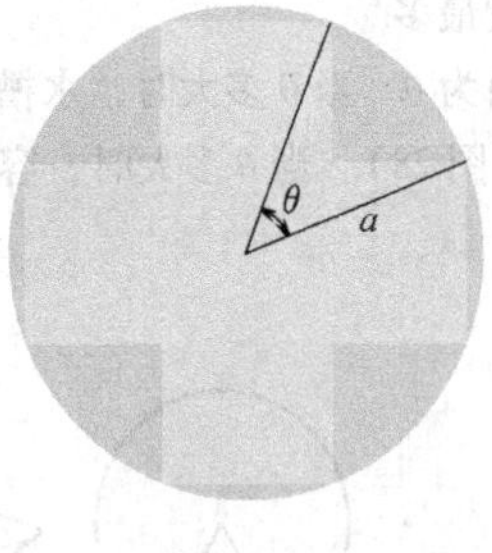

图　31

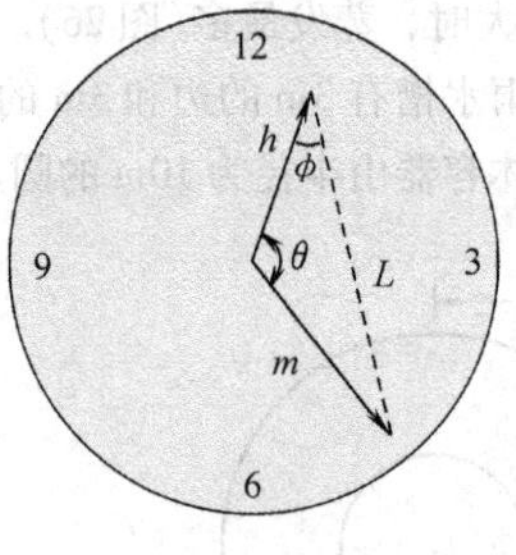

图　32

≈ C 48. 一个物体在高度为 100ft 的悬崖上被抛出，其轨迹方程是 $y = -\dfrac{x^2}{10} + x + 100$. 一个观察者站在离悬崖脚 2ft 的地方.

(a) 求出物体离观察者最近时的位置.

(b) 求出物体离观察者最远时的位置.

≈ CAS 49. 在 t 时刻，地球在太阳系中的位置大致可用 $P(93\cos(2\pi t),\ 93\sin(2\pi t))$ 描述，其中，太阳处于原点处，距离的单位是百万英里(Mmile). 假如一颗小行星位于 $Q(60\cos[2\pi(1.51t-1)],\ 120\sin[2\pi(1.51t-1)])$ 处. 经过时期[0, 20](即经过接下来的 20 年)时，小行星是否离地球最近？距离为多少？

50. 一个广告传单要包含 50in^2 的印刷面积，上下各留 2in 的边，左右两边留 1in 宽. 求该传单满足要求且用纸最少时纸张的尺寸？

≈ 51. 一架梯子长 27ft，一端靠在地面上，另一端靠在 8ft 高的墙上．随着底端沿着地面推向墙，顶端会伸出到墙外．求顶端向外伸出的最大水平距离．

C 52. 黄铜器被生产成长卷的薄片．为了检查质量，检察员随意选取一块薄片，测量它的面积，并数薄片表面的瑕疵数量．薄片的面积有所不同．下表给出了所选定的薄片的面积以及在它们表面发现的瑕疵数量的相关数据．

薄片	面积/ft^2	表面瑕疵的数量
1	1.0	2
2	4.0	12
3	3.6	9
4	1.5	5
5	3.0	18

（a）作出散点图，其中横坐标为面积，纵坐标为表面的瑕疵数．

（b）图中能看出过原点的直线是最适合这些数据的模型吗？请加以解释．

（c）求出过原点的最小二乘直线的方程．

（d）运用（c）的结果，预算面积为 2.0ft^2 的薄片表面的瑕疵数量．

C 53. 假如 XYZ 公司每收一份客户定单都需要用 5h 来做文书工作，这个时间是固定的，并不随定货量的不同而不同．那么，生产并销售 x 件产品所需的总劳动时间 y 是

$$y = (\text{生产 } x \text{ 件产品的时间}) + 5$$

公司生产柜的一些数据如下表．

定单	定货量 x	总劳动时间 y
1	11	38
2	16	52
3	8	29
4	7	25
5	10	38

（a）从问题描述来看，最小二乘直线在 y 轴上的截距应该是 5．求出斜率 b，使得以下平方和最小：

$$S = \sum_{i=1}^{n} [y_i - (5 + bx_i)]^2$$

（b）用这个公式估计 b 的值．

（c）用最小二乘直线预算生产 15 个书柜的定货所需的总劳动时间．

54. 实行一种商品 Zbars 的生产计划需要花费 7000 美元的固定月成本，其中生产每件产品的成本为 100 美元．请写出每个月生产 x 件产品所需要成本的表达式．

55. Zbars 的生产商估计：如果产品的单价为 100 美元，那么厂商就能在一个月里销售出 100 个该产品；并且，单价每降低 5 美元，销售量就能增加 10．请写出此产品价格 $p(n)$ 的表达式和 n 个产品售出后厂商的总收入 $R(n)$，其中 $n \geqslant 100$．

56. 利用习题 54 和习题 55 所给的信息写出每月总利润 $P(n)$ 的表达式，其中 $n \geqslant 100$．

57. 画出习题 56 中 $P(n)$ 图形，并根据它来估计当 P 取得最大值时 n 的值．利用积分的方法来求 n．

C 58. 生产并销售 x 单位 Xbars 每月总共需要的成本是 $C(x) = 100 + 3.002x - 0.0001x^2$．如果此时的生产水

平是每月 1600 个单位商品，求出生产每个单位产品的平均成本 $C(x)/x$ 和边际成本.

59. 生产并销售某种日用品 n 个单位，每个星期所需成本为 $C(n)=1000+n^2/1200$. 求出生产每个产品的平均成本 $C(n)/n$ 和在每星期生产 800 个单位产品的生产水平下的边际成本.

60. 生产并销售 $100x$ 单位某种特别日用品每个星期所需成本为 $C(x)=1000+33x-9x^2+x^3$. 那么在什么样的生产水平下才能使得边际成本分别达到最大和最小值?

61. 价格函数 p 定义如下：

$$p(x)=20+4x-\frac{x^2}{3}$$

其中，x 是产品的数量，$x\geqslant 0$.

(a) 求出总收入函数和边际收入函数.

(b) 总收入在哪个区间上递增?

(c) x 取什么值时才能使边际收入达到最大?

C 62. 某产品价格函数已知如下：

$$p(x)=(182-x/36)^{1/2}$$

求出产品的数量 p，使得总收入达到最大值；并求出与此相应的总收入的值. 当销售出适量的产品后，边际收入是多少?

63. 某产品价格函数已知如下：

$$p(x)=800/(x+3)-3$$

求出产品的数量 p，使得总收入达到最大值；并求出与此相应的总收入的值. 当销售出适量的产品后，边际收入是多少?

64. 在双方都认同 5 月 4 日那天将会有超过 400 名游客后，一家游艇公司把一项旅游项目交给一个兄弟公司. 票价被定为 12 美元，这家公司还允诺，当总游客量超过 400 的时候，可为每多 10 个游客每人减 0.2 美元的费用. 请写出价格方程 p；并求出游客数量 x，使得总收入达到最大值.

65. XYZ 公司生产柳条椅. 使用现在的机器，一年最多可生产 500 只. 如果生产 x 只椅子，它的单价为 $p(x)=200-0.15x$ 美元，一年的总成本为 $C(x)=5000+6x-0.002x^2$ 美元. 现在公司有机会花费 4000 美元购买新机器，每年能多生产 250 只椅子. 当 x 在 500 至 750 之间时，总成本函数是 $C(x)=9000+6x-0.002x^2$. 将你的分析建立在对明年盈利的基础上，回答下列问题：

(a) 公司是否应该购买新机器?

(b) 产量水平应该是多少?

66. 假设新机器价格为 3000 美元，重新计算习题 65.

C 67. ZEE 公司生产 Z 产品的价格是 $p(x)=10-0.001x$ 美元，其中 x 是它每个月的生产量. 它每个月的总成本为 $C(x)=200+4x-0.01x^2$. 在生产的顶峰时期，它的月产量可达 300 件. 公司的最大月利润是多少? 它这时的生产水平有多高?

C 68. 为了月生产量超过 450 件，习题 67 中的公司改进了生产设备. 它每个月的生产总成本为 $C(x)=800+3x-0.01x^2$，其中 $300<x\leqslant 500$. 当公司的月利润最大时，生产水平如何? 画出月利润方程 $p(x)$ 在区间 $0\leqslant x\leqslant 450$ 上的曲线.

69. a 和 b 的算术平均值为 $(a+b)/2$，它们的几何平均值为 $\sqrt{ab}$. 这里假设 $a>0$ 和 $b>0$.

(a) 通过两边平方及化简证明 $\sqrt{ab}\leqslant(a+b)/2$；

(b) 用微积分证明 $\sqrt{ab}\leqslant(a+b)/2$. 提示：先考虑 a 固定，不等式两边平方再左右都除以 b. 定义 $F(b)=(a+b)^2/4b$，证明 F 在 a 处有最小值；

(c) 三个正数 a，b 和 c 的几何平均值是 $(abc)^{1/3}$. 证明类似的不等式成立：

$$(abc)^{1/3} \leqslant \frac{a+b+c}{3}$$

提示：考虑 a，c 固定，定义 $F(b)=(a+b+c)^3/27b$. 证明 F 在 $b=(a+c)/2$ 处有最小值，且这个最小值是 $[(a+c)/2]^2$. 然后运用结果(b).

EXPL 70. 证明在所有给定表面积的三维立方体中，正方体的体积最大. 提示：表面积是 $S=2(lw+lh+hw)$，体积是 $V=lwh$. 记 $a=lw$，$b=lh$ 和 $c=wh$. 使用上一题的结果证明 $(V^2)^{1/3} \leqslant S/6$. 什么时候等式成立?

概念复习答案：

1. $0<x<\infty$　　2. $2x+200/x$　　3. y_i-bx_i　　4. 边际收益，边际成本

3.5　用微积分知识画函数图形

在0.4节已经学习过基本的画图方法. 我们能够依据足够多的点绘制图形，使图形的基本特点变得更加明显. 我们知道利用图形的对称性可以减少绘图所花费的精力和时间，也建议大家要留意可能存在的渐近线. 但是如果函数很复杂或者需要绘制精确的图形，前边所学到的知识就不够了.

微积分为我们提供了强有力的工具去研究图形的精密构造，特别是在确定图形特征发生改变的关键点方面. 找出局部极大值点、局部极小值点和拐点，我们能够明确地找出图形在哪些区间上单调递减或上凹. 这节将会谈到所有这些绘图步骤.

多项式函数　一个只有一次方或两次方的多项式的图形很容易画出来. 如果是一个包含50次方的多项式，那么要绘出它的图形就简直不可能了. 如果多项式包含适度的指数——3次、6次方等，我们就可以利用微积分这个先进的工具.

例1　绘出函数 $f(x)=\dfrac{3x^5-20x^3}{32}$ 的图形.

解　由于 $f(-x)=-f(x)$，所以 f 是一个奇函数，因此，它的图形关于原点对称. 令 $f(x)=0$ 可以求出它的横截距是0和 $\pm\sqrt{20/3}\approx\pm2.6$. 不用微积分就可得出这些结论.

对函数求导，得到

$$f'(x)=\frac{15x^4-60x^2}{32}=\frac{15x^2(x-2)(x+2)}{32}$$

因此，临界点为 -2，0 和 2；我们可以很快地发现(图1)：在区间 $(-\infty,-2)$ 和 $(2,+\infty)$ 上，$f'(x)>0$；在区间 $(-2,0)$ 和 $(0,2)$ 上，$f'(x)<0$. 这些事实告诉我们，f 在什么区间单调递增，在什么区间单调递减；它还证实了 $f(-2)=2$ 是一个局部极大值，$f(2)=-2$ 是一个局部极小值.

再次求导，得到

$$f''(x)=\frac{60x^3-120x}{32}=\frac{15(x-\sqrt{2})(x+\sqrt{2})}{8}$$

通过了解 $f''(x)$ 的符号(图2)，推断出 f 在区间 $(-\sqrt{2},0)$ 和区间 $(\sqrt{2},\infty)$ 内上凹，在区间 $(-\infty,-\sqrt{2})$ 和区间 $(0,\sqrt{2})$ 内下凹. 因此，图形存在3个拐点：$(-\sqrt{2},7\sqrt{2}/8)\approx(-1.4,1.2)$，$(0,0)$ 和 $(\sqrt{2},-7\sqrt{2}/8)\approx(1.4,-1.2)$.

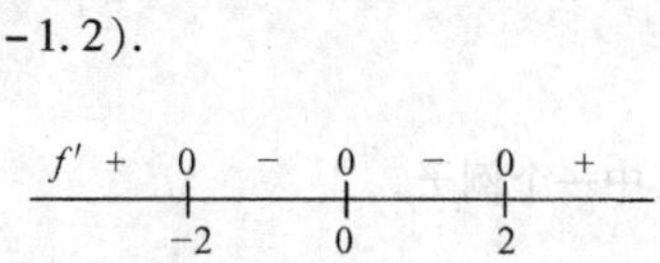

图　1

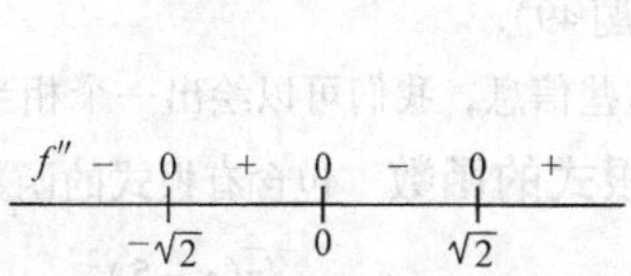

图　2

上述各种信息被集中放在图3的上部，我们可以利用这些信息来直接绘图.

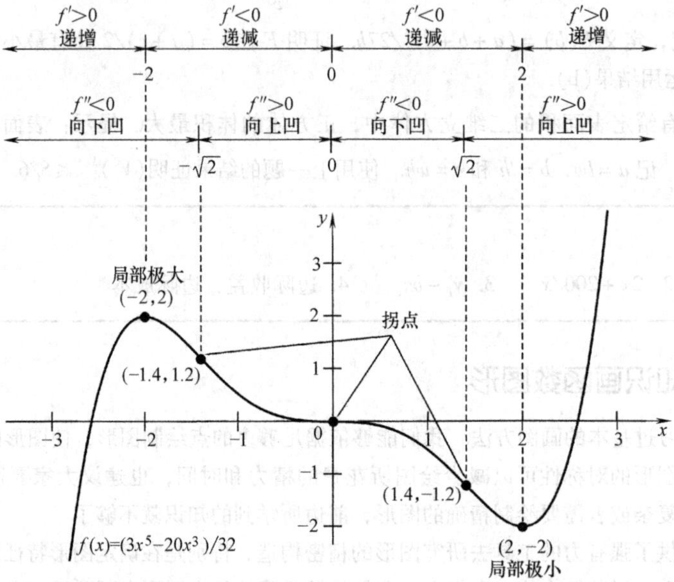

图 3

有理函数 由两个多项式组成的有理函数的绘图过程要比单个多项式更复杂. 特别要指出的是，我们将会在分母可能为零的区间附近做一些非常有趣的操作.

例 2 画出函数 $f(x)=\dfrac{x^2-2x+4}{x-2}$ 的图形.

解 这个函数不是奇函数也不是偶函数，所以它的图形并没有一般的对称关系. 因为方程 $x^2-2x+4=0$ 的解并不是实数，所以图形不存在横截距. 但存在纵截距 −2. 我们预先使用 $x=2$ 作为它的竖直方向的渐近线. 事实上 $\lim\limits_{x\to 2^-}\dfrac{x^2-2x+4}{x-2}=-\infty$，$\lim\limits_{x\to 2^+}\dfrac{x^2-2x+4}{x-2}=\infty$.

两次求导得到：$f'(x)=\dfrac{x(x-4)}{(x-2)^2}$，$f''(x)=\dfrac{8}{(x-2)^3}$

因此，我们可以得到它的驻点 $x=4$，0.

因此在区间 $(-\infty,\ 0)\cup(4,\ +\infty)$ 上 $f'(x)>0$，在区间 $(0,\ 2)\cup(2,\ 4)$ 上 $f'(x)<0$.（切记 $x=2$ 时，$f'(x)$ 不存在）同时，在区间 $(2,\ +\infty)$ 上 $f''(x)>0$，在区间 $(-\infty,\ 2)$ 上 $f''(x)<0$. 因为 $f''(x)$ 永远不会为零，所以它的图形不存在拐点. 另一方面，函数在点 0 取到局部极大值 −2，在点 4 取到局部极小值 6.

检查一下当 $|x|$ 变得很大时 $f(x)$ 的变化情况是一个很好的想法. 由于 $f(x)=\dfrac{x^2-2x+4}{x-2}=x+\dfrac{4}{x-2}$，当 $|x|$ 变得越来越大时，$y=f(x)$ 就会越来越靠近 $y=x$. 我们可以把直线 $y=x$ 称为函数图形的**斜渐近线**（参考 1.5 节的习题 49）.

利用这些信息，我们可以绘出一个相当精确的图形（图 4）.

包含根式的函数 包含有根式的函数有很多形式. 以下是其中一个例子.

例 3 分析函数 $F(x)=\dfrac{\sqrt{x}(x-5)^2}{4}$，并画出它的图形.

解 函数的定义域是 $[0,\ \infty)$，值域是 $[0,\ \infty)$，所以 F 的图形被限制在第一象限，它的坐标值都是正的. 图形的横截距分别是 0 和 5；纵截距是 0. 由于

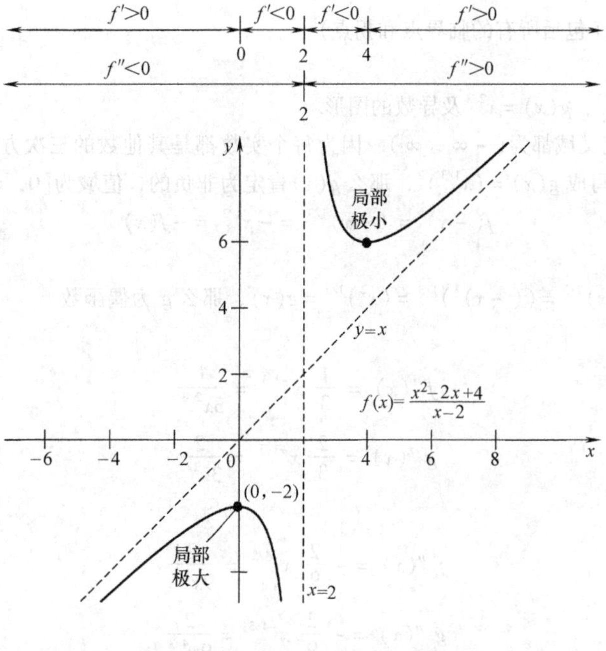

图 4

$$F'(x)=\frac{5(x-1)(x-5)}{8\sqrt{x}},x>0$$

可以看出它的驻点是 1 和 5. 因为 $F'(x)$ 在 $(0,1)$ 和 $(5,+\infty)$ 区间上大于 0，在 $(1,5)$ 区间上小于 0. 所以可以得出结论：$F(1)=4$ 是局部极大值，$F(5)=0$ 是局部极小值.

现在，图形逐渐变得清晰. 但当我们求函数的二阶导数时得到一个非常复杂的式子：

$$F''(x)=\frac{5(3x^2-6x-5)}{16x^{3/2}}$$

然而，$3x^2-6x-5=0$ 在区间 $(0,\infty)$ 上只有一个解，即 $1+2\sqrt{6}/3\approx 2.6$.

使用点 1 和点 3 作测试，得出结论：在区间 $(0,2.6)$ 上，$f''(x)<0$；在区间 $(2.6,\infty)$ 上，$f''(x)>0$. 因此，点 $(2.6,2.3)$ 为拐点.

随着 x 的增大，$F(x)$ 无限增长，增长的速度比任何的线性函数都要快；而且它不存在渐近线，如图 5 所示.

方法总结　绘制函数图形，判断力很重要. 以下的步骤在很多情况下对我们作图有很大的帮助.

第一步：用非微积分方法分析

(a) 检查函数的定义域和值域，看看是否能排除掉平面上的某些区域；

(b) 检验图形相对于 y 轴和原点是否具有对称性(函数是奇函数还是偶函数?)

(c) 找出截距.

第二步：用微积分的方法分析

(a) 求一阶导数而找临界点和函数的单调区间；

(b) 检验所找的临界点，找出局部极大值和局部极小值；

(c) 二次求导，找出图形在哪些区间上凹或下凹，并找出拐点的位置

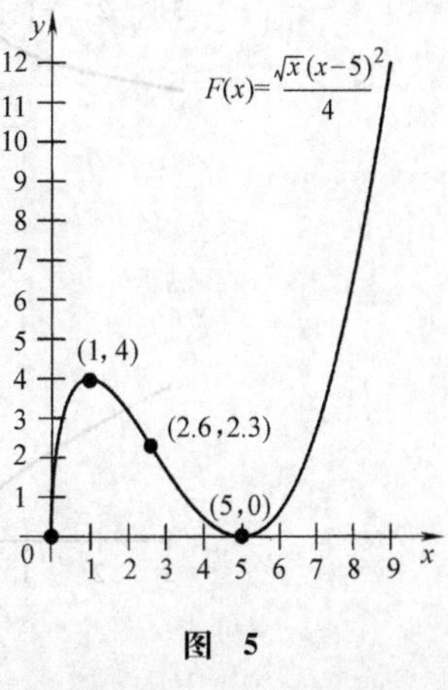

图 5

(d) 找出渐近线.

第三步：绘出一些点(包括所有的临界点和拐点).

第四步：绘出图形.

例 4　画出 $f(x)=x^{1/3}$，$g(x)=x^{2/3}$ 及导数的图形.

解　这两个函数的定义域都为 $(-\infty,\ \infty)$. 因为每个实数都是其他数的三次方根，所以 $f(x)$ 的值域也为 $(-\infty,\ \infty)$. 把 $g(x)$ 写成 $g(x)=(x^{1/3})^2$，那么 $g(x)$ 肯定为非负的，值域为 $[0,\ \infty)$. 由于

$$f(-x)=(-x)^{1/3}=-x^{1/3}=-f(x)$$

则 f 是奇函数.

同样，$g(-x)=(-x)^{2/3}=((-x)^2)^{1/3}=(x^2)^{1/3}=g(x)$，那么 g 为偶函数.

一阶导数为

$$f'(x)=\frac{1}{3}x^{-2/3}=\frac{1}{3x^{2/3}}$$

$$g'(x)=\frac{2}{3}x^{-1/3}=\frac{2}{3x^{1/3}}$$

二阶导数为

$$f''(x)=-\frac{2}{9}x^{-5/3}=\frac{2}{9x^{5/3}}$$

$$g''(x)=-\frac{2}{9}x^{-4/3}=\frac{2}{9x^{4/3}}$$

对这两个函数的临界点都是 $x=0$，即此时其导数不存在.

对所有的非 0 的 x，都有 $f'(x)>0$，因此，f 在 $(-\infty,\ 0]$ 和 $[0,\ \infty)$ 为增函数，由于 f 在 $(-\infty,\ \infty)$ 连续，可以得出 f 在整个定义域都是增函数. 因此，f 没有最大值和最小值. 由于当 x 为正数时，$f''(x)$ 为负值；当 x 为负数时，$f''(x)$ 为正值. 可以得出 f 在 $(-\infty,\ 0)$ 是上凹的，在 $(0,\ \infty)$ 是下凹的. 点 $(0,\ 0)$ 为拐点.

现在考虑 $g(x)$，注意到当 x 为负数时，$g'(x)$ 也为负值，当 x 为正数时，$g'(x)$ 也为正值. 因此，g 在 $(-\infty,\ 0]$ 上递减，在 $[0,\ \infty)$ 上递增，$g(0)=0$ 为最小值. 又注意到只要 $x\neq 0$，$g''(x)$ 都为负值. 因此，g 在 $(-\infty,\ 0)$ 是下凹的，在 $(0,\ \infty)$ 是下凹的. 点 $(0,\ 0)$ 不是拐点. $f(x)$、$f'(x)$、$g(x)$、$g'(x)$ 的图形如图 6 及图 7 所示.

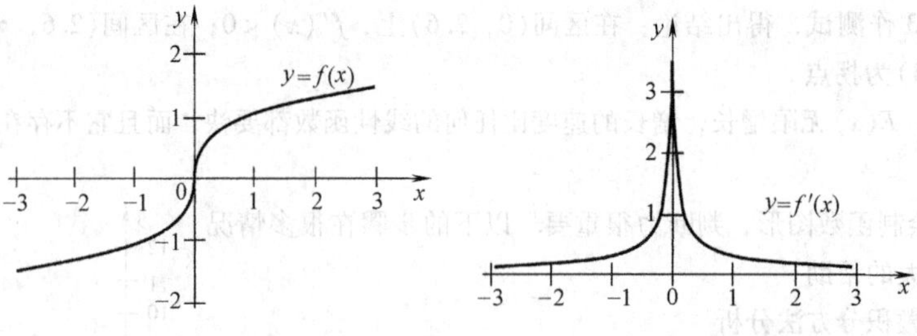

图　6

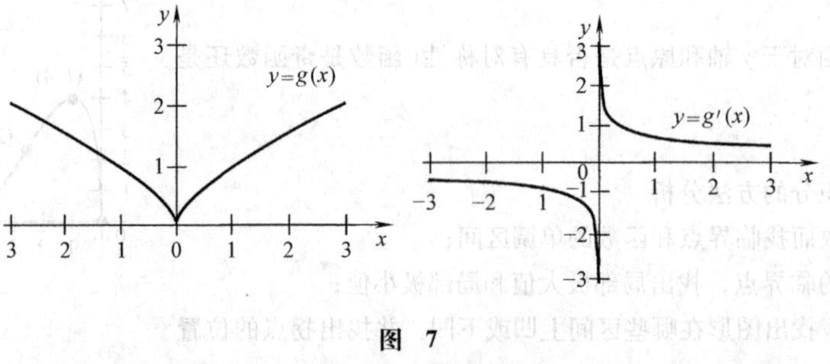

图　7

用导数来画函数的图形 函数本身的很多性质及其特性，都可以通过函数的导数来反映.

例5 图8是$y=f'(x)$的图形. 求出f在区间$[-1, 3]$上的所有的局部极值点和拐点. 如果$f(1)=0$，画出$y=f(x)$的图形.

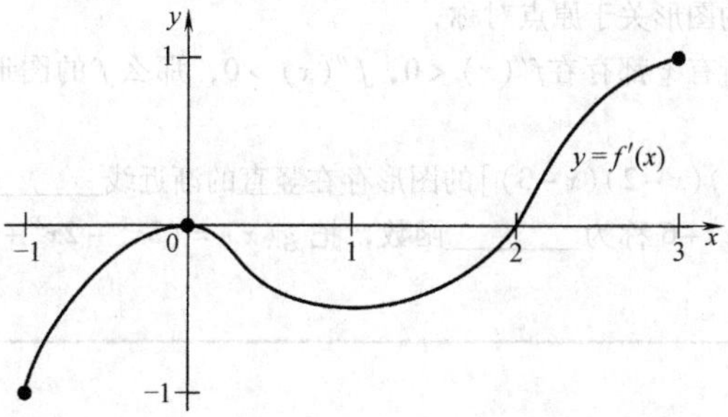

图 8

解 在区间$(-1, 0)$，$(0, 2)$上导数为负值，在区间$(2, 3)$导数为正值. 因此f在$[-1, 0]$，$[0, 2]$为减函数，并在此区间上有极大值点$x=-1$. f在$[2, 3]$为增函数，因此$x=3$为局部极大值点. 由于f在$[-1, 2]$为减函数，在$[2, 3]$为增函数，那么$x=2$为局部极小值点，图9给出了这些信息.

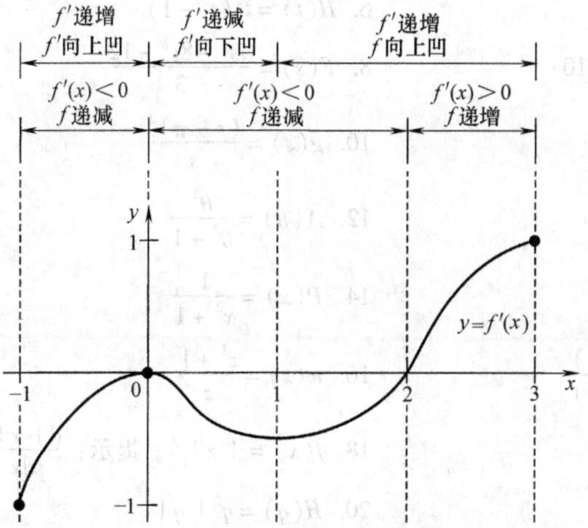

图 9

当f的凹性改变时，则f的拐点存在. 由于f'在$(-1, 0)$和$(1, 3)$为增函数，那么f在$(-1, 0)$和$(1, 3)$上为上凹，由于f'在$(0, 1)$为减函数，那么f在$(0, 1)$上为下凹. 因此f在$x=0$，$x=1$处改变凹性，拐点为$(0, f(0))$，$(1, f(1))$.

根据上面的信息以及$f(1)=0$，画出$y=f(x)$的图形(图10).

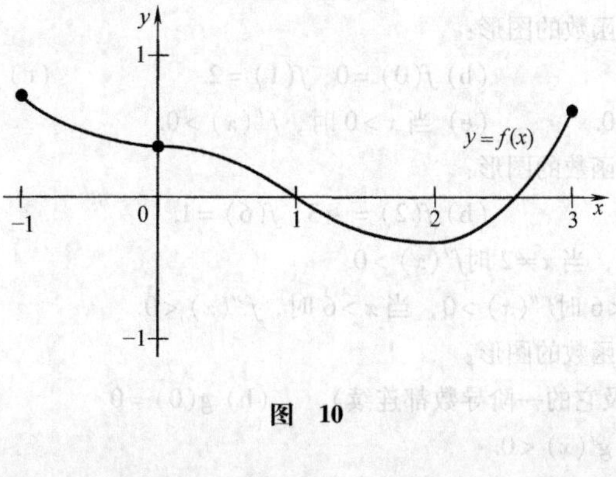

图 10

概念复习

1. 如果对于所有的 x 都存在 $f(-x)=$________，函数 $f(x)$ 的图形关于 y 轴对称；如果对于所有的 x 都存在 $f(-x)=$________，$f(x)$ 的图形关于原点对称．

2. 如果对于区间 I 上的所有 x 都存在 $f'(x)<0$，$f''(x)>0$，那么 f 的图形在 I 上不但________，而且________．

3. 函数 $f(x)=x^3/[(x+1)(x-2)(x-3)]$ 的图形存在竖直的渐近线________和水平的渐近线________．

4. 我们把 $f(x)=3x^5-2x^2+6$ 称为________函数，把 $g(x)=(3x^5-2x^2+6)/(x^2-4)$ 称为________函数．

习题 3.5

对习题 1～27，按照本节总结出的方法进行分析并绘出图形．

1. $f(x)=x^3-3x+5$
2. $f(x)=2x^3-3x-10$
3. $f(x)=2x^3-3x^2-12x+3$
4. $f(x)=(x-1)^3$
5. $G(x)=(x-1)^4$
6. $H(t)=t^2(t^2-1)$
7. $f(x)=x^3-3x^2+3x+10$
8. $F(s)=\dfrac{4s^4-8s^2-12}{3}$
9. $g(x)=\dfrac{x}{x+1}$
10. $g(s)=\dfrac{(s-\pi)^2}{s}$
11. $f(x)=\dfrac{x}{x^2+4}$
12. $\Lambda(\theta)=\dfrac{\theta^2}{\theta^2+1}$
13. $h(x)=\dfrac{x}{x-1}$
14. $P(x)=\dfrac{1}{x^2+1}$
15. $f(x)=\dfrac{(x-1)(x-3)}{(x+1)(x-2)}$
16. $w(z)=\dfrac{z^2+1}{z}$
17. $g(x)=\dfrac{x^2+x-6}{x-1}$
18. $f(x)=|x|^3$　提示：$\dfrac{\mathrm{d}|x|}{\mathrm{d}x}=\dfrac{x}{|x|}$
19. $R(z)=z|z|$
20. $H(q)=q^2|q|$
21. $g(x)=\dfrac{|x|+x}{2}(3x+2)$
22. $h(x)=\dfrac{|x|-x}{2}(x^2-x+6)$
23. $f(x)=|\sin x|$
24. $f(x)=\sqrt{\sin x}$
25. $h(t)=\cos^2 t$
26. $g(t)=\tan^2 t$

[C] 27. $f(x)=\dfrac{5.235x^3-1.245x^2}{7.126x-3.141}$

28. 绘出具有以下性质的函数的图形：
(a) f 处处连续．　(b) $f(0)=0$，$f(1)=2$．　(c) f 是偶函数．
(d) 当 $x>0$ 时，$f'(x)>0$．　(e) 当 $x>0$ 时，$f''(x)>0$．

29. 绘出具有以下性质的函数的图形：
(a) f 处处连续．　(b) $f(2)=-3$，$f(6)=1$．
(c) $f'(2)=0$，$f'(6)=3$，当 $x\neq2$ 时 $f'(x)>0$．
(d) $f''(6)=0$，当 $2<x<6$ 时 $f''(x)>0$，当 $x>6$ 时，$f''(x)<0$．

30. 绘出具有以下性质的函数的图形：
(a) g 是平滑的（它本身及它的一阶导数都连续）　(b) $g(0)=0$
(c) 对于任何的 x，都有 $g'(x)<0$．

(d) 当 $x<0$ 时，$g''(x)<0$；当 $x>0$ 时，$g''(x)>0$.

31. 绘出具有以下性质的函数的图形：

(a) f 处处连续　　(b) $f(-3)=1$

(c) 当 $x<-3$ 时，$f'(x)<0$；当 $x>-3$ 时，$f'(x)>0$；当 $x\neq 3$ 时，$f''(x)<0$.

32. 绘出具有以下性质的函数的图形：

(a) f 处处连续　　(b) $f(-4)=-3$，$f(0)=0$，$f(3)=2$.

(c) $f'(-4)=0$，$f'(3)=0$；当 $x<-4$ 时，$f'(x)>0$；当 $-4<x<3$ 时，$f'(x)>0$；当 $x>3$ 时，$f'(x)<0$.

(d) $f''(-4)=0$，$f''(0)=0$. 当 $x<-4$ 时，$f''(x)<0$；当 $-4<x<0$ 时，$f''(x)>0$；当 $x>0$ 时，$f''(x)<0$.

33. 绘出具有以下性质的函数的图形：

(a) 函数的一阶导数连续；　　(b) 当 $x<3$ 时，函数单调递减并且上凹；

(c) 函数在点(3, 1)上存在极值；　　(d) 当 $3<x<5$ 时，函数单调递增并且上凹；

(e) 在点(5, 4)上存在拐点；　　(f) 当 $5<x<6$ 时，函数单调递增并且下凹；

(g) 函数在点(6, 7)上存在极值；　　(h) 当 $6>x$ 时，函数单调递减并且下凹.

GC 渐近线为我们提供了求拐点附近的近似值的好方法. 利用微积分绘图法，我们可以轻松地在习题 34 ~ 36 中研究这种做法.

34. 绘出 $y=\sin x$ 的图形和它在拐点 $x=0$ 的线性近似 $L(x)=x$.

35. 绘出 $y=\cos x$ 的图形和它在点 $x=\pi/2$ 的线性近似 $L(x)=-x+\pi/2$.

36. 找出函数 $y=(x-1)^5+3$ 在它的拐点上的线性近似. 绘出函数的图形和它在拐点附近的线性近似.

37. 假如 $f'(x)=(x-2)(x-3)(x-4)$ 且 $f(2)=2$. 绘出 $y=f(x)$ 的草图.

38. 假如 $f'(x)=(x-2)^2(x-3)(x-1)$ 且 $f(2)=0$，绘出 f 的草图.

39. 假如 $h'(x)=x^2(x-1)^2(x-2)$ 且 $h(0)=0$，绘出 $h(x)$ 的草图.

40. 证明二次函数 $y=ax^2+bx+c$ 不存在拐点.

41. 证明曲线 $y=ax^3+bx^2+cx+d\ (a\neq 0)$ 只有一个拐点.

42. 请问四次函数 $y=ax^4+bx^3+cx^2+dx+e\ (a\neq 0)$ 所对应的曲线最多有几个拐点？

EXPL CAS 在习题 43 ~ 47 中，函数 $y=f(x)$ 的图形由参数 c 决定. 利用 CAS 探讨极值和拐点是如何受参数 c 的值决定的. 确定当曲线的形状改变时 c 的值.

43. $y=x^2\sqrt{x^2-c^2}$　　44. $f(x)=\dfrac{cx}{4+(cx)^2}$

45. $y=\dfrac{1}{(cx^2-4)^2+cx^2}$　　46. $y=\dfrac{1}{x^2+4x+c}$

47. $f(x)=c+\sin cx$

48. 根据 $f'(c)=f''(c)=0$ 和 $f'''(c)>0$，我们能获得函数 $f(x)$ 的哪些信息？

49. 假设 $g(x)$ 是一个二阶可导函数，它具有以下性质：

(a) $g(1)=1$；

(b) 当 $x\neq 1$ 时，$g'(x)>0$；

(c) 当 $x<1$ 时，g 下凹；当 $x>1$ 时，g 上凹；

(d) $f(x)=g(x^4)$.

绘出草图，并说明理由.

50. 假设 $H(x)$ 三阶可导，它的导数都是连续的，而且 $H(1)=H'(1)=H''(1)=0$，但是 $H'''(1)\neq 0$. $H(x)$ 有极小值、极大值或者在 $x=1$ 处存在拐点吗？说明你的理由.

51. 在下面各种情况下，存在两阶导数的函数有可能满足以下全部性质吗？如果存在这样的函数，请画出它的图形．如果没有，请说明理由．

(a) $F'(x)>0$，$F''(x)>0$；同时对于所有的 x，都有 $F(x)<0$；

(b) 当 $F(x)>0$ 时，$F''(x)<0$；

(c) 当 $F'(x)>0$ 时，$F''(x)<0$.

GC 52. 利用图形计算器或 CAS 画出以下函数在指定区间内的图形．找出它们的最值和拐点．你的回答应能精确到小数点一位或一位以上．按照 $-5\leqslant x\leqslant 5$ 区间去限制你的主窗口．

(a) $f(x)=x^2\tan x$；$\left(-\dfrac{\pi}{2},\dfrac{\pi}{2}\right)$　　(b) $f(x)=x^3\tan x$；$\left(-\dfrac{\pi}{2},\dfrac{\pi}{2}\right)$

(c) $f(x)=2x+\sin x$；$[-\pi,\pi]$　　(d) $f(x)=x-\dfrac{\sin x}{2}$；$[-\pi,\pi]$

GC 53. 以下每个函数都具有周期性．利用图形计算器或 CAS 画出以下函数在一个完整周期内的图形，并使这一区间的中点落在原点上．找出它们的最值和拐点．答案精确到小数点一位或一位以上．

(a) $f(x)=2\sin x+\cos^2 x$　　(b) $f(x)=2\sin x+\sin^2 x$

(c) $f(x)=\cos 2x-2\cos x$　　(d) $f(x)=\sin 3x-\sin x$

(e) $f(x)=\sin 2x-\cos 3x$

54. 假设 f 是一个连续函数，并且 $f(-3)=f(0)=2$．如果 $y=f'(x)$ 的图形如图 11 所示，画出 $y=f(x)$ 的草图．

55. 假设 f 是一个连续函数，并且 $f(2)=f(0)=0$．如果 $y=f'(x)$ 的图形如图 12 所示，画出 $y=f(x)$ 的草图．

(a) f 在何处递增？何处递减？

(b) f 在何处上凹？何处下凹？

(c) f 在何处达到局部极大值？何处达到局部极小值？

(d) f 的拐点在哪里？

56. 根据图 13 重新做习题 55.

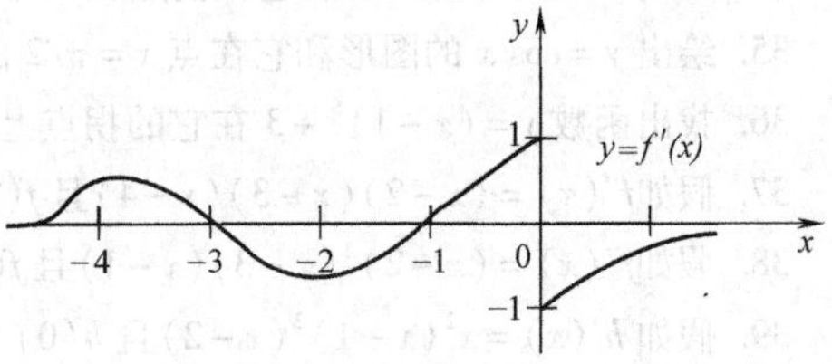

图　11

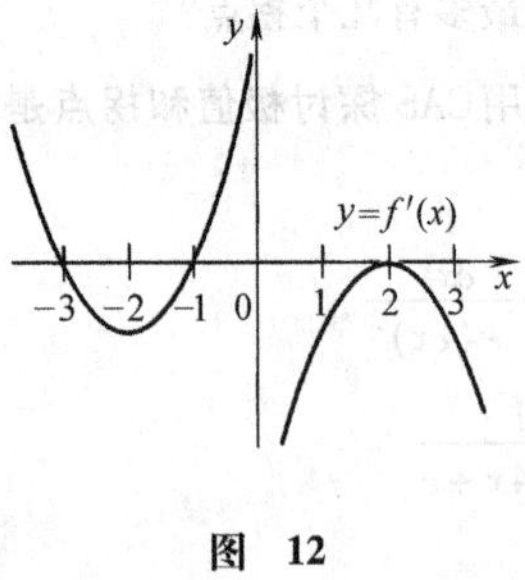

图　12

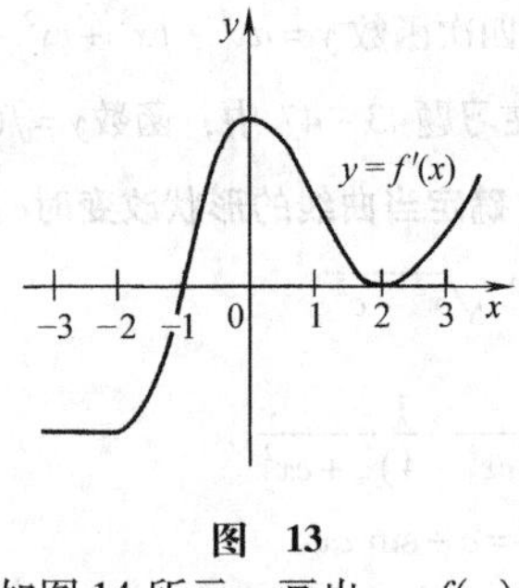

图　13

57. 令 f 是连续函数，且 $f(0)=f(2)=0$．如果 $y=f'(x)$ 的图形如图 14 所示．画出 $y=f(x)$ 的草图．

58. 假如 $f'(x)=(x-3)(x-1)^2(x+2)$ 并且 $f(1)=2$．画出 f 的草图．

GC 59. 利用图形计算器或 CAS 画出以下函数在指定区间内的图形．找出它们的最值和拐点的坐标，答案精确到小数点后 1 位．

(a) $f(x)=x\sqrt{x^2-6x+40}$

(b) $f(x)=\sqrt{|x|}(x^2-6x+40)$

(c) $f(x)=\sqrt{x^2-6x+40}/(x-2)$

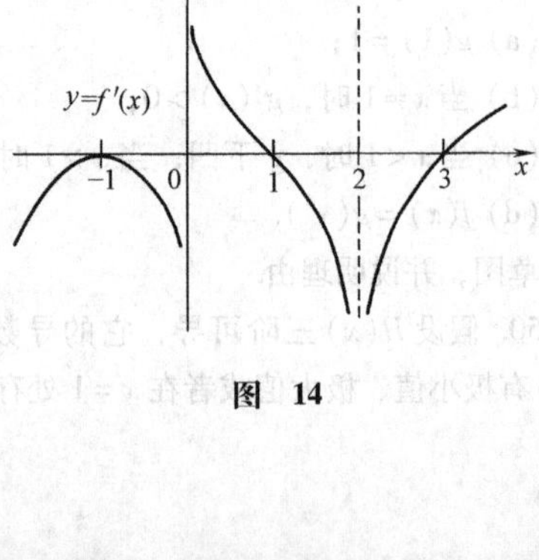

图　14

(d) $f(x)=\sin[(x^2-6x+40)/6]$

GC 60. 按习题59的要求做以下各题.

(a) $f(x)=x^3-8x^2+5x+4$ (b) $f(x)=|x^3-8x^2+5x+4|$

(c) $f(x)=(x^3-8x^2+5x+4)/(x-1)$ (d) $f(x)=(x^3-8x^2+5x+4)/(x^3+1)$

概念复习答案：

1. $f(x)$，$-f(x)$ 2. 单调递减，上凹 3. $x=-1$，$x=2$，$x=3$，$y=1$ 4. 多项式，有理的

3.6 微分中值定理

首先，我们用几何语言来表述中值定理：如果一个连续函数的图形在以A，B为端点的区间内任意一点上都不存在竖直方向的切线，那么在该区间内至少存在一点C使该点处的切线平行于割线AB(在图1中只存在一个这样的点，图2中就有数个). 显然，这样描述的中值定理很容易理解.

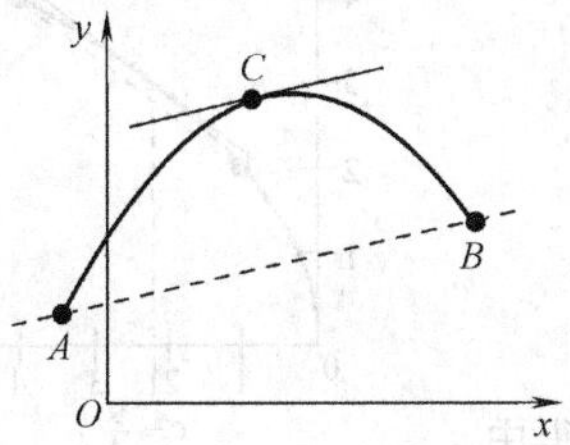

图 1

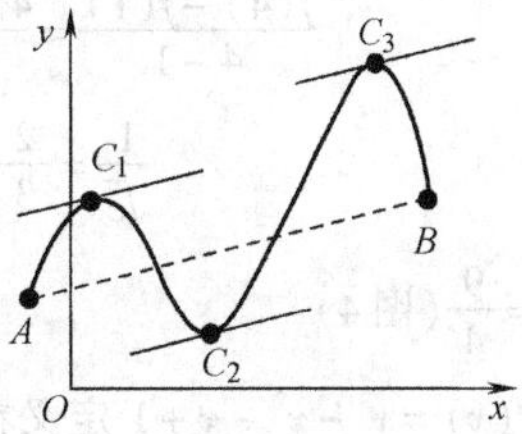

图 2

定理的证明 首先用函数的语言去陈述这个定理，随后再证明它.

定理 A 微分中值定理

如果函数f在闭区间$[a, b]$上连续并在开区间(a, b)上可导，那么在区间(a, b)内至少存在一点c，使

$$\frac{f(b)-f(a)}{b-a}=f'(c)$$

或者写成

$$f(b)-f(a)=f'(c)(b-a)$$

证明 我们的证明是建立在对图3所示函数$s(x)=f(x)-g(x)$的认真研究基础上的.

图3中$y=g(x)$是经过点$(a, f(a))$和点$(b, f(b))$的直线. 由于这条斜率为$[f(b)-f(a)]/(b-a)$的直线经过点$(a, f(a))$，所以它的点斜式方程为

$$g(x)-f(a)=\frac{f(b)-f(a)}{b-a}(x-a)$$

构造函数

$$s(x)=f(x)-g(x)$$

$$=f(x)-f(a)-\frac{f(b)-f(a)}{b-a}(x-a)$$

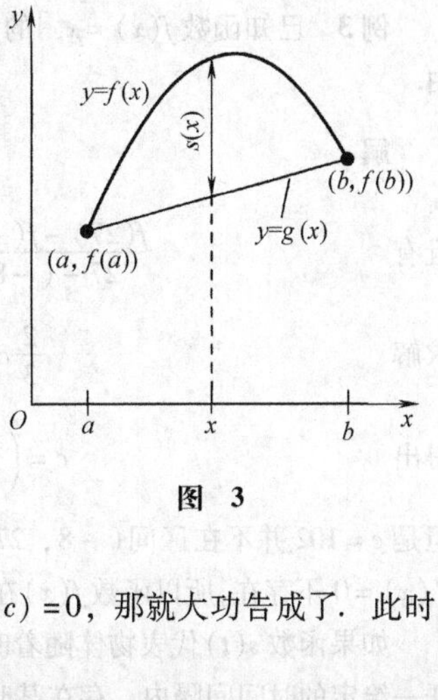

图 3

显然$s(b)=s(a)=0$，并且对于在(a, b)上的x有

$$s'(x)=f'(x)-\frac{f(b)-f(a)}{b-a}$$

现在我们更仔细地观察. 如果知道在区间(a, b)上的一个值c满足$s'(c)=0$，那就大功告成了. 此时，上式就可写为

$$0=f'(c)-\frac{f(b)-f(a)}{b-a}$$

这与定理中的结论是相同的.

为了找到(a, b)上的某些值c满足$s'(c)=0$，我们有以下理由. 很明显，s就是两个连续函数f与g的差，在$[a, b]$上是连续的. 因此，利用最值存在性定理(定理3.1A)，在$[a, b]$上$s(x)$肯定有最大值和最小值. 如果这两个值恰好等于0，那么在$[a, b]$上$s(x)$同样为0，对于(a, b)上的任何值，$s'(x)$也会为0. 即(a, b)上的任何值，都是我们所找的c.

如果它的最大值和最小值中有一个非0，由于$s(a)=s(b)=0$，则这个非0最值定会在(a, b)内部的某点c上取得. 因为在区间(a, b)内的任何一点都可导，所以，根据临界点定理(定理3.1B)有$s'(c)=0$. 这样，我们上述结论所需要的前提就全部满足了.

定理应用举例

例1 运用中值定理找出函数$f(x)=2\sqrt{x}$在区间$[1, 4]$上适合中值定理结论的数值c.

解 $$f'(x)=2\cdot\frac{1}{2}x^{-1/2}=\frac{1}{\sqrt{x}}$$

并且有 $$\frac{f(4)-f(1)}{4-1}=\frac{4-2}{3}=\frac{2}{3}$$

因此，解 $$\frac{1}{\sqrt{c}}=\frac{2}{3}$$

得出唯一解$c=\frac{9}{4}$(图4)

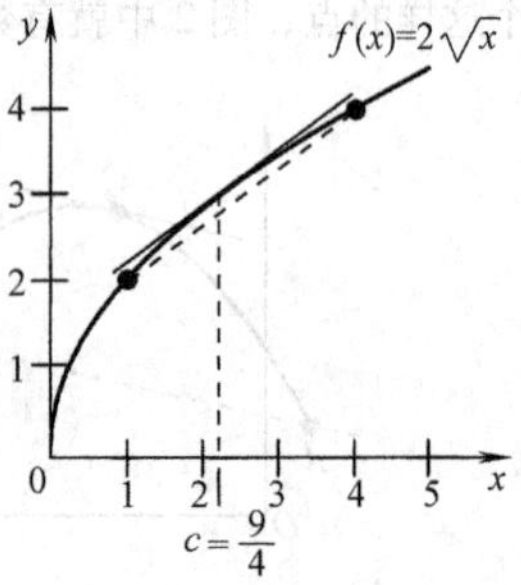

图 4

例2 设$f(x)=x^3-x^2-x+1$定义在$[-1, 2]$上. 找出所有使得中值定理结论成立的数值c.

解 函数f的图形如图5所示. 我们从图形中可以看出，存在两个点c_1和c_2符合要求. 已知

$$f'(x)=3x^2-2x-1$$

还有 $$\frac{f(2)-f(-1)}{2-(-1)}=\frac{3-0}{3}=1$$

因此，解$3c^2-2c-1=1$即$3c^2-2c-2=0$

运用二次根式求解法，得出两个解$(2\pm\sqrt{4+24})/6$，对应的近似值是$c_1\approx-0.55$，$c_2\approx1.22$. 它们都在区间$(-1, 2)$内.

例3 已知函数$f(x)=x^{2/3}$的定义区间为$[-8, 27]$. 证明中值定理中的结论在这里不成立并且说明理由.

解 $$f'(x)=\frac{2}{3}x^{-1/3},\ x\neq0$$

且有 $$\frac{f(27)-f(-8)}{27-(-8)}=\frac{9-4}{35}=\frac{1}{7}$$

求解 $$\frac{2}{3}c^{-1/3}=\frac{1}{7}$$

得出 $$c=\left(\frac{14}{3}\right)^3\approx102$$

但是$c=102$并不在区间$(-8, 27)$上. 由$y=f(x)$的图形(图6)可知，$f'(x)=0$不存在,所以函数$f(x)$在$(-8, 27)$上并不是处处可导的.

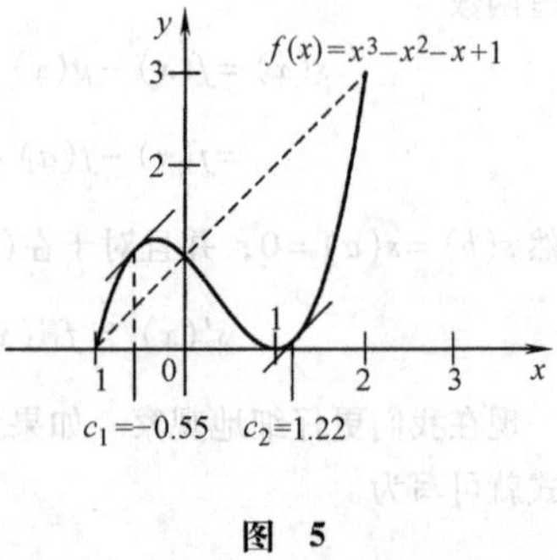

图 5

如果函数$s(t)$代表物体随着时间t改变的位置，则中值定理表示在任一给定的时间间隔内，存在某时刻的瞬时速度等于这段时间间隔内的

平均速度.

例 4 假设一物体有位移函数 $s(t)=t^2-t-2$. 求区间 $[3,6]$ 上的平均速度，并求在哪个时刻的瞬时速度与平均速度相等.

解 区间 $[3,6]$ 上的平均速度等于 $(s(6)-s(3))/(6-3)=8$，物体的瞬时速度为 $s'(t)=2t-1$. 为了找到那个时刻，我们令 $8=2t-1$，于是解得 $t=\frac{9}{2}$.

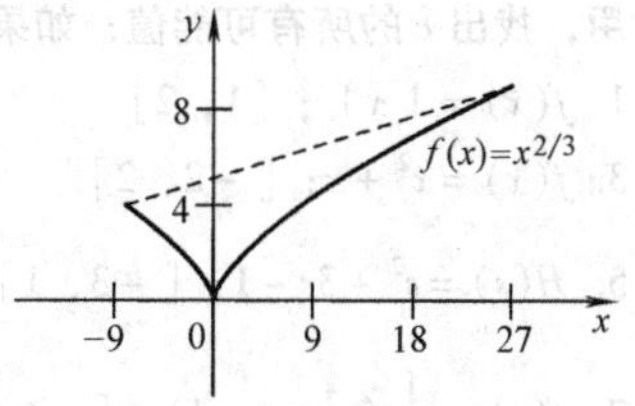

图 6

定理运用 在 3.2 节，我们已经承诺过要为单调性定理(定理 3.2A)做一次严格的证明. 这个定理把函数的一阶导数的正负符号和函数的单调性联系起来.

单调性定理的证明 我们假定 f 在 I 上连续，并且对于 I 的内部任何一点，都有 $f'(x)>0$. 考虑 I 上的两点 x_1, x_2，它们的关系是 $x_1<x_2$. 在区间 $[x_1, x_2]$ 上运用中值定理，我们知道在 (x_1, x_2) 上必存在一个 c，使得

$$f(x_2)-f(x_1)=f'(c)(x_2-x_1)$$

由于 $f'(c)>0$，得到 $f(x_2)-f(x_1)>0$；也就是说 $f(x_2)>f(x_1)$. 我们通常所说的 f 在区间 I 上单调递增就是这个意思.

$f'(x)$ 在 I 上小于 0 这种情况可以用类似的方法证明.

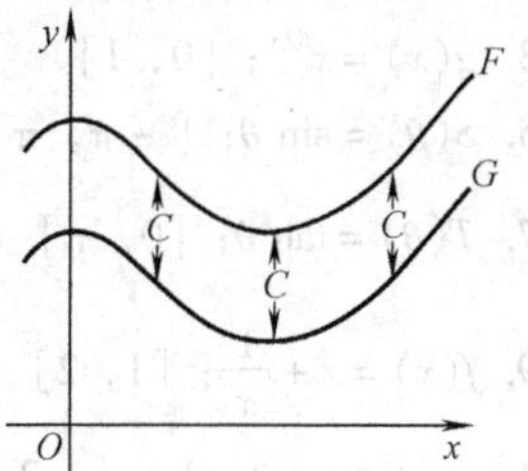

图 7

下一个定理会在后面的章节里经常用到. 我们可以这样表达：**两个一阶导数相等的函数之间只相差一个常量(可能是 0)**(图 7).

定理 B

如果对于 (a, b) 上的所有 x 都存在 $F'(x)=G'(x)$，那么必然存在一个常数 C，使得对于 (a, b) 上的所有 x 都有

$$F(x)=G(x)+C$$

证明 令 $H(x)=F(x)-G(x)$，对于 (a, b) 上的所有 x 都存在

$$H'(x)=F'(x)-G'(x)=0$$

选择 (a, b) 上某个固定点 x_1，x 是任意的其他点. 函数 H 满足中值定理关于在一个闭区间上存在两个端点 x_1, x 的假定. 因此，在 x_1 与 x 之间存在一个值 c，使得

$$H(x)-H(x_1)=H'(c)(x-x_1).$$

但是根据假定，$H'(c)=0$. 因此，$H(x)-H(x_1)=0$ 即 $H(x)=H(x_1)$. 对任何 $x\in(a, b)$，因为 $H(x)=F(x)-G(x)$，故 $F(x)-G(x)=H(x_1)$. 令 $C=H(x_1)$，得到结论

$$F(x)=G(x)+C$$

概念复习

1. 中值定理是这样叙述的：如果 f 在 $[a, b]$ 上________并且在________上可导，那么区间 (a, b) 必存在一点 c 使得________.

2. 函数 $f(x)=|\sin x|$ 在区间 $[0, 1]$ 上符合中值定理的假定，但在区间 $[-1, 1]$ 上则不符合，这是因为________.

3. 如果函数 F 和 G 在 (a, b) 上的一阶导数相等，那么必然存在一个常量 c 使得________.

4. 已知 $D_x x^4=4x^3$，那么所有适合 $F'(x)=4x^3$ 的函数都存在一种形式 $F(x)=$________.

习题 3.6

在习题 1 ~ 21 中，每个函数都的定义和自变量所在闭区间都已给出. 试判断中值定理对其是否适用. 如

果适用，找出 c 的所有可能值；如果不适用，说明理由．画出每道题中所给函数在所给区间上的图形．

1. $f(x)=|x|$；$[1,\ 2]$
2. $g(x)=|x|$；$[-2,\ 2]$
3. $f(x)=x^2+x$；$[-2,\ 2]$
4. $g(x)=(x+1)^3$；$[-1,\ 1]$
5. $H(s)=s^2+3s-1$；$[-3,\ 1]$
6. $F(x)=\dfrac{x^3}{3}$；$[-2,\ 2]$
7. $f(z)=\dfrac{1}{3}(z^3+z-4)$；$[-1,\ 2]$
8. $F(t)=\dfrac{1}{t-1}$；$[0,\ 2]$
9. $h(x)=\dfrac{x}{x-3}$；$[0,\ 2]$
10. $f(x)=\dfrac{x-4}{x-3}$；$[0,\ 4]$
11. $h(t)=t^{2/3}$；$[0,\ 2]$
12. $h(t)=t^{2/3}$；$[-2,\ 2]$
13. $g(x)=x^{5/3}$；$[0,\ 1]$
14. $g(x)=x^{5/3}$；$[-1,\ 1]$
15. $S(\theta)=\sin\theta$；$[-\pi,\ \pi]$
16. $C(\theta)=\csc\theta$；$[-\pi,\ \pi]$
17. $T(\theta)=\tan\theta$；$[0,\ \pi]$
18. $f(x)=x+\dfrac{1}{x}$；$[-1,\ \dfrac{1}{2}]$
19. $f(x)=x+\dfrac{1}{x}$；$[1,\ 2]$
20. $f(x)=[x]$；$[1,\ 2]$
21. $f(x)=x+|x|$；$[-2,\ 1]$

22. （罗尔中值定理）如果函数 $f(x)$ 在 $[a,\ b]$ 上连续，在 $(a,\ b)$ 内可导，并且 $f(a)=f(b)$，那么在 $(a,\ b)$ 内至少存在一点 c 满足 $f'(c)=0$．试证明罗尔定理只是微分中值定理的一个特例．（迈克·罗尔（1652—1719）是法国数学家．）

23. 根据图 8 所示函数图形，（大致）找出区间 $[0,\ 8]$ 上所有满足微分中值定理的点 c.

24. 证明：如果二次函数 f 满足 $f(x)=\alpha x^2+\beta x+\gamma$，$\alpha\neq 0$，那么满足微分中值定理的点 c 恰好是任给区间 $[a,\ b]$ 的中点．

25. 求证：如果 f 在区间 $(a,\ b)$ 内连续，$f'(x)$ 存在，且在 $(a,\ b)$ 上除点 $x_0\in(a,\ b)$ 外 $f'(x)>0$．那么 f 在区间 $(a,\ b)$ 递增．提示：分区间 $(a,\ x_0]$ 和 $[x_0,\ b)$ 考虑 f.

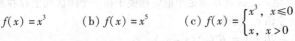

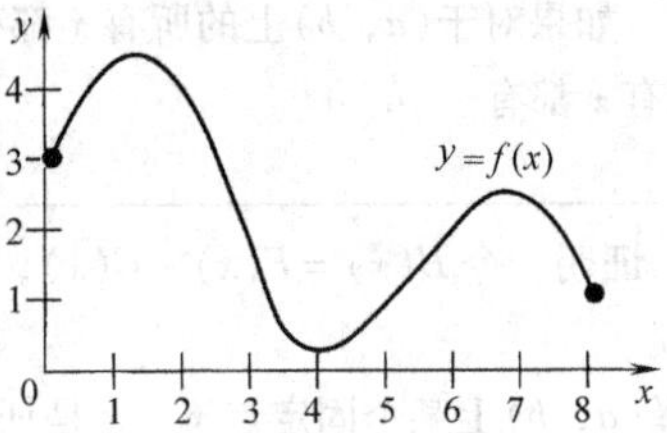

图　8

26. 运用习题 25 证明下面函数在 R 上递增．

(a) $f(x)=x^3$　　(b) $f(x)=x^5$　　(c) $f(x)=\begin{cases}x^3, & x\leqslant 0\\ x, & x>0\end{cases}$

27. 运用微分中值定理证明 $s=1/t$ 在它定义的区间上递减．

28. 运用微分中值定理证明 $s=1/t^2$ 在原点右边的任意区间上递减．

29. 如果 $F'(x)=0$ 对于 $x\in(a,\ b)$ 恒成立，证明存在常数 C 满足 $F(x)=C$，$x\in(a,\ b)$．提示：令 $G(x)=0$ 再运用定理 B.

30. 假设已知 $\cos(0)=1$，$\sin(0)=0$，$D_x\cos x=-\sin x$，和 $D_x\sin x=\cos x$，但却不知道 sin 和 cos 函数．试证明 $\cos^2 x+\sin^2 x=1$．提示：令 $F(x)=\cos^2 x+\sin^2 x$ 并利用习题 29 结论．

31. 如果 $F'(x)=D$，对于 $x\in(a,\ b)$ 恒成立，证明存在常数 C 满足 $F(x)=Dx+C$，$x\in(a,\ b)$．提示：令 $G(x)=Dx$ 再运用定理 B.

32. 假设 $F'(x)=5$ 且 $F(0)=4$．求 $F(x)$．提示：参考习题 31.

33. 令 f 在 $[a,\ b]$ 上连续并且在 $(a,\ b)$ 可导．如果 $f(a)$ 和 $f(b)$ 异号，且 $f'(x)\neq 0$，$x\in(a,\ b)$．证明 $f(x)=0$ 在 a 和 b 之间有且只有一个解．提示：运用中值定理和罗尔定理．

34. 证明 $f(x)=2x^3-9x^2+1=0$ 在 $(-1,\ 0)$，$(0,\ 1)$ 和 $(4,\ 5)$ 上恰有一根．提示：运用习题 33.

35. 设 f 在区间 I 上可导，证明在连续使 f' 为零的不同的点中最多有一个可以使 f 为零．提示：根据罗尔中值定理（习题 22），运用反证法．

36. 令 g 在区间 $[a,\ b]$ 上连续且 $g''(x)$ 存在，$x\in(a,\ b)$．证明如果在 $[a,\ b]$ 上有三个值使得 $g(x)=0$，

那么在(a, b)上至少有一个x使得$g''(x)=0$.

37. 令$f(x)=(x-1)(x-2)(x-3)$. 用习题36证明在区间$[0, 4]$上至少存在一个x使得$f''(x)=0$和两个x使得$f'(x)=0$.

38. 如果$|f'(x)\leqslant M|$, $x\in(a, b)$, 且x_1和$x_2\in(a, b)$. 证明:

$$|f(x_2)-f(x_1)|\leqslant M|x_2-x_1|$$

39. 证明$f(x)=\sin 2x$, 以一个常数c在区间$(-\infty, \infty)$上满足莱布尼茨公式. 参考习题38.

40. 对于区间I上的x_1, x_2, 如果$x_1<x_2\Rightarrow f(x_1)\leqslant f(x_2)$, 我们就说函数$f$在区间$I$上**不减**. 同理, 如果$x_1<x_2\Rightarrow f(x_1)\geqslant f(x_2)$我们就说函数$f$在区间$I$上**不增**.

(a) 画出既不减也不增的函数图形. (b) 画出既不增也不减的函数图形.

41. 试证明, 如果f在区间I上连续, $f'(x)$存在并且满足$f'(x)\geqslant 0$, 那么f在I上不递减. 同理, 如果$f'(x)\leqslant 0$, 那么f在I上不递增.

42. 证明如果在区间I上$f(x)\geqslant 0$且$f'(x)\geqslant 0$, 那么f^2在I上不递增.

43. 如果$g'(x)\leqslant h'(x)$, $x\in(a, b)$. 证明有: $x_1<x_2\Rightarrow g(x_2)-g(x_1)\leqslant h(x_2)-h(x_1)$, 其中, x_1和$x_2\in(a, b)$. 提示: 设$f(x)=h(x)-g(x)$并运用习题41.

44. 运用微分中值定理证明$\lim\limits_{x\to\infty}(\sqrt{x+2}-\sqrt{x})=0$.

45. 运用微分中值定理证明$|\sin x-\sin y|\leqslant|x-y|$.

46. 假设在一场比赛中, 赛马A和赛马B同时出发并且同时到达. 试证明在比赛过程中的某一时刻, 它们的速度相同.

47. 在习题46中, 假设两匹马以同样的速度冲过终点. 试证明在比赛过程中的某一时刻, 它们的加速度相同.

48. 运用微分中值定理证明上凹函数f的图形总在它的切线上方, 即证明

$$f(x)>f(c)+f'(c)(x-c), \quad x\neq c$$

49. 证明如果对于任意x和y都有$|f(y)-f(x)|\leqslant M(y-x)^2$, 那么函数$f$是常数函数.

50. 试给出一个函数f, 使它满足在$[0, 1]$上连续, 在$(0, 1)$内可导, 但在$[0, 1]$上不可导, 并且在$[0, 1]$上的每一点上都有切线.

51. 约翰驾车在两个小时内行驶了112mile, 并声称他的车速从未超过55mile/h. 运用微分中值定理证明约翰撒了谎. 提示: 令$f(t)$表示t时刻所行驶的路程.

52. 一辆车停在收费站. 18min后在沿着路20mile处测得汽车时速为60mile/h. 画出可能的速度v关于时间t的图形. 画出可能的位移s关于时间t的图形. 运用微分中值定理证明汽车在离开收费站后到开始测得时速为60mile/h前这段时间的某一时刻时速肯定超过60mile/h.

53. 一辆车停在收费所. 20min后在沿着路20mile处测得汽车时速为60mile/h. 解释为什么汽车在离开收费所后到开始测得时速为60mile/h前这段时间的某一时刻时速肯定超过60mile/h.

54. 证明如果一个物体的位移函数是$s(t)=at^2+bt+c$. 则在区间$[A, B]$上的平均速度与$[A, B]$的中点的速度相等.

概念复习答案:

1. 连续的, (a, b), $f(b)-f(a)=f'(c)(b-a)$ 2. $f'(0)$不存在 3. $F(x)=G(x)+C$ 4. x^4+C

3.7 数值求解方程

在数学和其他学科中, 我们经常需要求方程$f(x)=0$的根(解). 众所周知, 如果$f(x)$是线性的或者是二次多项式, 有求出精确解的公式. 但对其他代数方程和超越方程, 这些公式几乎是不可用的. 那么怎样处理这些情况呢?

对聪明的人来说，有一个常规的方法. 给一杯茶，逐渐加糖直到适度为止；对一个太大的活塞，一点点削减它直到适度为止；同样，我们可以依次轻微地改变解，改善精度，直到满意为止. 数学家称这种方法为**连续近似法，或者迭代法**.

在这一节，我们将用二分法、牛顿法和不动点法三种方法求解 $f(x)=0$. 它们都需要大量的计算，并需要运用计算器.

二分法　在 2.9 节的例 7 中，我们看到怎样运用中值定理对包含解的已知区间连续截半近似计算 $f(x)=0$ 的解. 二分法有两个突出的优点：简易与可靠. 但它也有一个缺陷——达到需要的精度需要较多的步骤（或者说收敛速度很慢）.

首先，画出 $f(x)=0$ 的图形，其中 f 是连续函数（图 1）. $f(x)=0$ 的实根是图形与 x 轴的交点 r 坐标. 找到此点的第一步：选取 r 两边的点 a_1 和 b_1，使 $a_1<b_1$，并且确保 f 在 a_1 和 b_1 两点异号，即 $f(a_1)\cdot f(b_1)$ 小于零，从而中值定理保证了 a_1 和 b_1 之间根的存在. 计算 f 在 $[a_1, b_1]$ 中点 $m_1=(a_1+b_1)/2$ 的值，如果 $f(m_1)=0$，那么 m_1 就是我们要求的实根，如果 $f(m_1)$ 与 $f(a_1)$ 或 $f(b_1)$ 的符号相异，m_1 就是我们所求的 r 的第一个近似值. 第二步：把 f 在两区间端点 $[a_1, m_1]$ 或 $[m_1, b_1]$ 异号的那个区间记为 $[a_2, b_2]$，然后计算 f 在 $[a_2, b_2]$ 中点 $m_2=(a_2+b_2)/2$ 的值（图 2），m_2 就是我们所求的 r 的第二个近似值.

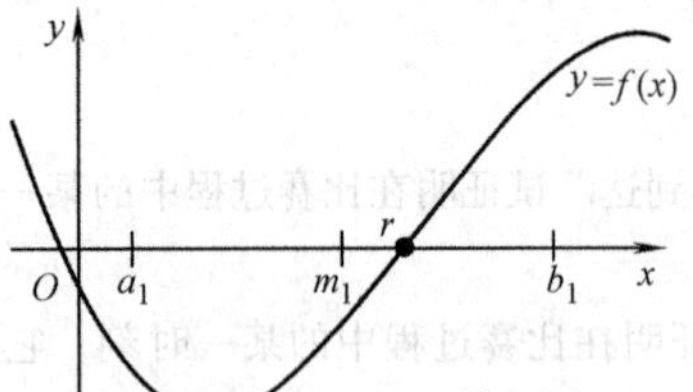

图　1

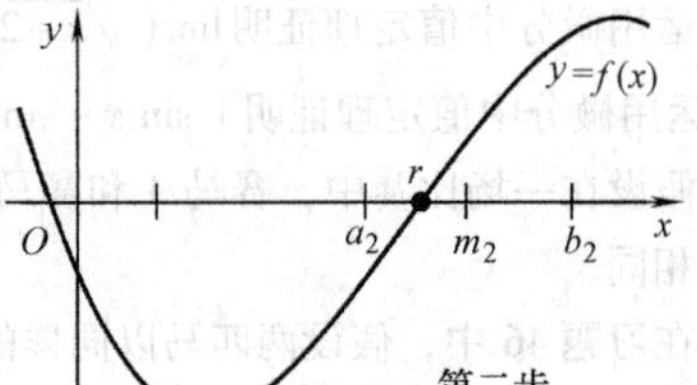

图　2

重复这一过程，得到一系列 r 的近似值 $m_1, m_2, m_3, \cdots$ 和包含根 r 区间 $[a_1, b_1]$，$[a_2, b_2]$，$[a_3, b_3]$，…，且这个有根区间序列中后者长度都是前者长度的一半. 当 r 达到要求的精度时，求解过程即可停止，也就是，当 $(b_n-a_n)/2$ 达到允许的误差时停止，我们以 E 表示这个误差.

> **二分法**
>
> 设 $f(x)$ 是一个连续函数，a_1 和 b_1 是满足 $a_1<b_1$ 且 $f(a_1)\cdot f(b_1)<0$ 的两个数. E 代表误差 $|r-m_n|$ 的上限. 重复步骤 1 到 5 直到 $h_n<E(n=1, 2, 3, \cdots)$：
>
> 1. 计算 $m_n=(a_n+b_n)/2$；
> 2. 计算 $f(m_n)$，如果 $f(m_n)=0$ 则停止；
> 3. 计算 $h_n=(b_n-a_n)/2$；
> 4. 如果 $f(a_n)\cdot f(m_n)<0$，则令 $a_{n+1}=a_n$ 和 $b_{n+1}=m_n$；
> 5. 如果 $f(a_n)\cdot f(m_n)>0$，则令 $a_{n+1}=m_n$ 和 $b_{n+1}=b_n$.

例 1　求 $f(x)=x^3-3x-5$ 的实根，精确到 0.0000001.

解　首先画出 $f(x)=x^3-3x-5$ 的图形（图 3），注意到它与 x 轴相交与 2 和 3 之间，记 $a_1=2$ 和 $b_1=3$.

第 1 步：　$m_1=(a_1+b_1)/2=(2+3)/2=2.5$

第 2 步：$f(m_1)=f(2.5)=2.5^3-3\times2.5-5=3.125$

第 3 步：　$h_1=(b_1-a_1)/2=(3-2)/2=0.5$

第 4 步：因为

$$f(a_1)\cdot f(m_1)=f(2)f(2.5)=-3\times3.125=-9.375<0$$

令　$a_2=a_1=2$ 和 $b_2=m_1=2.5$

第 5 步：条件 $f(a_n)\cdot f(m_n)>0$ 不成立

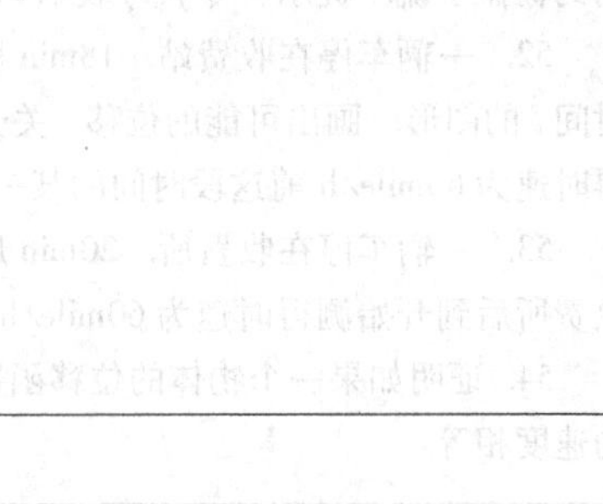

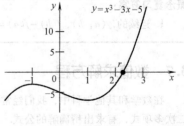

图　3

n 取不同的值并重复这些步骤，得到下表：

n	h_n	m_n	$f(m_n)$
1	0.5	2.5	3.125
2	0.25	2.25	-0.359
3	0.125	2.375	1.271
4	0.0625	2.3125	0.429
5	0.03125	2.28125	0.02811
6	0.015625	2.265625	-0.16729
7	0.0078125	2.2734375	-0.07001
8	0.0039063	2.2773438	-0.02106
9	0.0019532	2.2792969	0.00350
10	0.0009766	2.2783203	-0.00878
11	0.0004883	2.2788086	-0.00264
12	0.0002442	2.2790528	0.00043
13	0.0001221	2.2789307	-0.00111
14	0.0000611	2.2789918	-0.00034
15	0.0000306	2.2790224	0.00005
16	0.0000153	2.2790071	-0.00015
17	0.0000077	2.2790148	-0.00005
18	0.0000039	2.2790187	-0.000001
19	0.0000020	2.2790207	0.000024
20	0.0000010	2.2790197	0.000011
21	0.0000005	2.2790192	0.000005
22	0.0000003	2.2790189	0.0000014
23	0.0000002	2.2790187	-0.0000011
24	0.0000001	2.2790188	0.0000001

我们得出 $r=2.2790188$，误差限为 0.0000001.

例 1 证实了二分法的不足之处，近似值 m_1，m_2，m_3，…十分缓慢地收敛于根 r. 但它们的确收敛，即 $\lim_{n\to\infty} m_n = r$. 这个方法能够得到结果，同时我们得到一个合理的误差界 $E_n = r - m_n$，也就是，$|E_n| \leq h_n$.

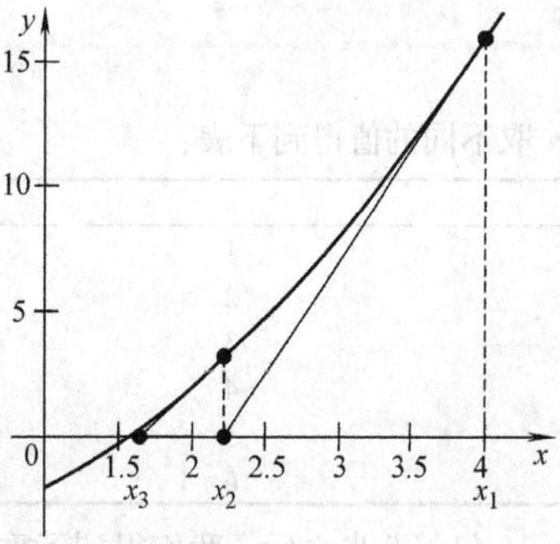

图 4

牛顿法 我们将继续思考解方程 $f(x)=0$ 以求出一个根 r 的问题. 假如 f 是可微的，那么 $y=f(x)$ 的图形在每一点都有一条切线. 如果能够利用图形或其他方法找到 r 的第一个近似值 x_1（图 4），那么下一个更佳的近似值 x_2 应该位于 $(x_1, f(x_1))$ 处的切线与 x 轴的交点处. 利用 x_2 作为 r 的第二个近似值，类似可以找到更佳的近似值 x_3，依次类推.

这一过程可以程序化以使得它容易在计算器上进行. 在 $(x_1, f(x_1))$ 处切线的方程为

$$y - f(x_1) = f'(x_1)(x - x_1)$$

进而令 $y=0$ 解出 x 求得其与 x 轴交点的横坐标 x_2. 结果为

$$x_2 = x_1 - \frac{f(x_1)}{f'(x_1)}$$

更一般地，我们得到以下的算法，也叫做**递归公式或者迭代公式**.

牛顿法

假定 $f(x)$ 是可微函数，且假定 x_1 为方程 $f(x)=0$ 的根 r 的初始近似值。用 E 表示误差 $|r-m_n|$ 的上限。对 $n=1, 2, \cdots$ 重复计算以下值直到 $|x_{n+1}-x_n| < E$

$$x_{n+1} = x_n - \frac{f(x_n)}{f'(x_n)}$$

算法

自从人们开始学会做长除法时算法就已成为数学的一部分，但使算法思维现在如此流行的是计算机科学。什么是算法？高德纳(Donald Knuth，计算机科学家)回应道：

“算法是精确定义的一系列规则，这些规则表明着如何以有限的步骤从给定的输入信息得出特定的输出信息.”

什么是计算机科学？正如高德纳所说的那样，“它是对算法的研究.”

例 2　运用牛顿法求出方程 $f(x)=x^3-3x-5=0$ 的实数根 r，精确到七位小数.

解　这是在例 1 中处理过的方程. 让我们以 $x_1=2.5$ 作为对 r 的首个近似值，正如例 1 那样. 由于 $f(x)=x^3-3x-5=0$ 且 $f'(x)=3x^2-3$，具体算法为

$$x_{n+1}=x_n-\frac{x_n^3-3x_n-5}{3x_n^2-3}=\frac{2x_n^3+5}{3x_n^2-3}$$

n 取不同的值得到下表：

n	x_n
1	2.5
2	2.30
3	2.2793
4	2.2790188
5	2.2790188

仅仅四步之后，我们得到了八位循环小数. 我们有信心确定 $r\approx 2.2790188$，仅仅最后一位小数可能有误差.

例 3　运用牛顿法求出 $f(x)=2-x+\sin x=0$ 的实数根.

解　$y=2-x+\sin x=0$ 的图形如图 5 所示. 我们会用到起始点 $x_1=2$. 由于 $f'(x)=-1+\cos x$，具体算法为

$$x_{n+1}=x_n-\frac{2-x_n+\sin x_n}{-1+\cos x_n}$$

n 取不同的值得到下表：

n	x_n
1	2.0
2	2.6420926
3	2.5552335
4	2.5541961
5	2.5541960
6	2.5541960

仅仅 5 步之后，我们得到了重复的八位小数. 结论是 $r\approx 2.5541960$.

牛顿法生成一系列的近似根. 在一般情况下，牛顿法产生一个收敛于 $f(x)=0$ 的根的序列 $\{x_n\}$，即有 $\lim\limits_{n\to\infty}x_n=r$. 然而，情况并不总是如此. 从图 6 中可看出情况是如何变坏的(也可以看习题 22). 对于图 6 中所示的函数，困难是 x_1 与根 r 不够接近，导致不能得到收敛的初始迭代. 如果 $f'(x)=0$ 或在 r 附近无定义，则

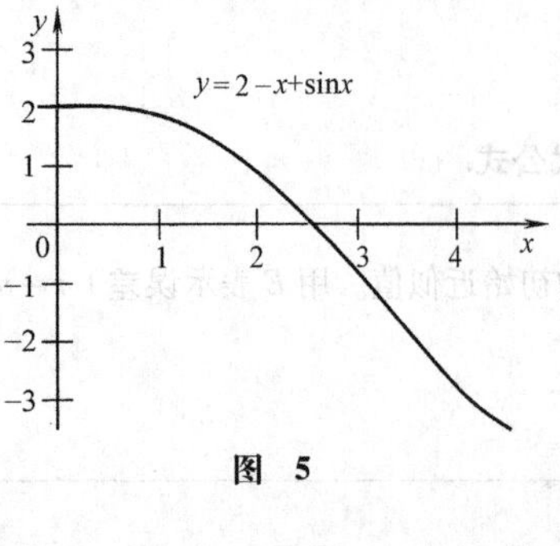

图　5

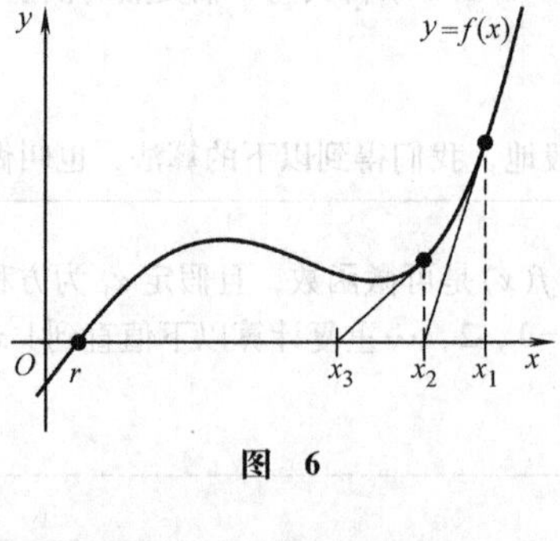

图　6

会出现其他的困难．当牛顿法失效时，可以换一个不同的初始点用牛顿法再试一下，或者干脆用一个不同的方法(如二分法)．

不动点法 不动点法非常简单，但它在许多情形下的确很有作用．

假设一个方程可写为 $x=g(x)$ 的形式．要解这道方程即要找到一个不因函数 g 而改变的数 r．我们把这样的数 r 叫做 g 的**不动点**．要找到这个数，我们提议使用以下的算法．作初始猜想 x_1，接着令 $x_2=g(x_1)$、$x_3=g(x_2)$、…依此类推．如果我们运气好的话，当 $n\to\infty$ 时 x_n 将朝向根 r 收敛．

不动点算法

假定 $g(x)$ 为连续函数，并令 x_1 作为 $x=g(x)$ 的根 r 的初始近似值．用 E 表示误差 $|r-m_n|$ 的上限．对 $n=1, 2, \cdots$ 重复计算以下 x_{n+1} 值，直到 $|x_{n+1}-x_n|<E$

$$x_{n+1}=g(x_n)$$

例 4 用不动点法解 $f(x)=x^2-2\sqrt{x+1}=0$．

解 我们把原式写成 $x^2=2\sqrt{x+1}$，于是有 $x=\pm(2\sqrt{x+1})^{1/2}$．既然我们知道解是正的，就可以用正的平方根把迭代过程写成 $x_{n+1}=(2\sqrt{x_n+1})^{1/2}=\sqrt{2}(x_n+1)^{1/4}$．

图 7 表明曲线 $y=x$ 与 $y=\sqrt{2}(x+1)^{1/4}$ 的交点在 1 和 2 之间，可能接近于 2．所以我们令 $x_1=2$ 作为我们的起始点．这样就有了下面的表格．它的解接近于 1.8350867．

n	x_n	n	x_n
1	2.0	7	1.8350896
2	1.8612097	8	1.8350871
3	1.8392994	9	1.8350868
4	1.8357680	10	1.8350867
5	1.8351969	11	1.8350867
6	1.8351045	12	1.8350867

例 5 用不动点法解 $x=2\cos x$．

解 首先注意到解此方程即等价于解方程组 $y=x$ 和 $y=2\cos x$．因而，为了取得我们的初始值，画出这两个方程的图形(图 8)，观察到两曲线近似相交于 $x=1$．取 $x_1=1$ 并采用算法 $x_{n+1}=2\cos x_n$，计算获得下面表格内的数值．

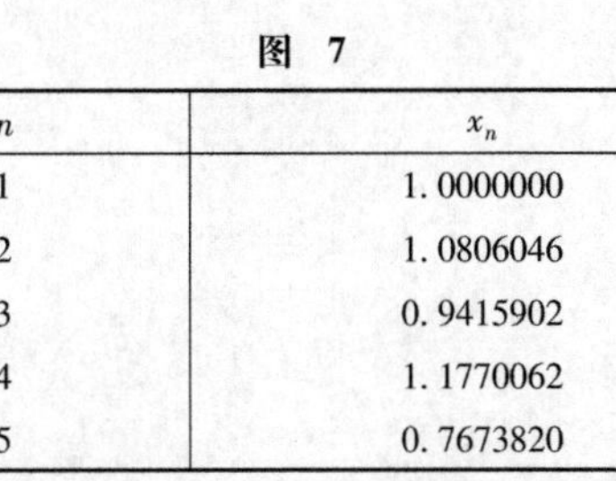

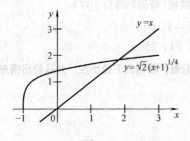

图 7

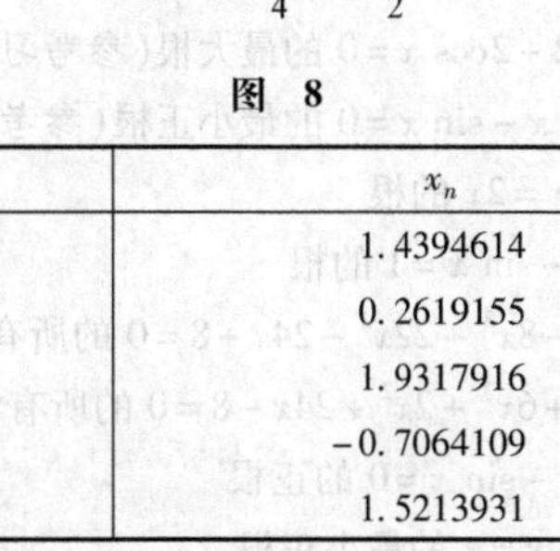

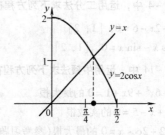

图 8

n	x_n	n	x_n
1	1.0000000	6	1.4394614
2	1.0806046	7	0.2619155
3	0.9415902	8	1.9317916
4	1.1770062	9	−0.7064109
5	0.7673820	10	1.5213931

很明显此进程并不可靠，尽管我们的初始猜测已非常接近真实根．

让我们换一个角度求．把方程 $x=2\cos x$ 改写为 $x=(x+2\cos x)/2$ 并利用算法

$$x_{n+1} = \frac{x_n + 2\cos x_n}{2}$$

此进程得出一个收敛的序列，如下面的表格所示(最后一位小数数值的摆动很可能要归因于周期性误差).

n	x_n	n	x_n	n	x_n
1	1	7	1.0298054	13	1.0298665
2	1.0403023	8	1.0298883	14	1.0298666
3	1.0261107	9	1.0298588	15	1.0298665
4	1.0312046	10	1.0298693	16	1.0298666
5	1.0293881	11	1.0298655		
6	1.0300374	12	1.0298668		

现在我们提出一个显而易见的问题. 为什么第二个算法得出一个收敛序列，然而第一个算法却会失败？同时，我们能保证在第二种情形下得到了正确的结果吗？不动点法是否有效取决于两方面因素. 一个是方程 $x=g(x)$，例5表明，方程 $x=2\cos x$ 可改写成形式不同的一个收敛序列的近似，在例5中重新设为 $x=\frac{x+2\cos x}{2}$. 一般情况下，可能有许多方法可以改写方程，关键点是找到一个有效的方法. 另一个影响不动点算法是否收敛的因素是初始点 x_1 与根 r 的接近程度. 正如我们在牛顿法中建议的，如果不动点算法失败，可以尝试用不同的初始点.

概念复习

1. 二分法的优点是其简易性和可靠性；其缺陷是其________.

2. 如果 f 在 $[a, b]$ 上连续，且 $f(a)$ 和 $f(b)$ 异号，那么在 a 和 b 之间存在 $f(x)=0$ 的一个________. 这是由________定理得出的.

3. 二分法和牛顿法都是________的例子；也就是说，它们提供一系列有限的步骤，按这些步骤可以求出一个方程的满足精度的根.

4. 满足 $g(x)=x$ 的点 x 称作 $g(x)$ 的一个________.

习题 3.7

C **在习题1~4中，运用二分法求下列方程在给定区间的近似实数根(精确到两位小数).**

1. $x^3+2x-6=0$，$[1, 2]$
2. $x^4+5x^3+1=0$，$[-1, 0]$
3. $2\cos x-\sin x=0$，$[1, 2]$
4. $x-2+2\cos x=0$，$[1, 2]$

C **在习题5~14中，运用牛顿法求下列方程在给定区间的近似实数数，精确到五位小数. 并从绘出图形开始.**

5. $x^3+6x^2+9x+1=0$ 的最大根
6. $7x^3+x-5=0$ 的实数根
7. $x-2+2\cos x=0$ 的最大根(参考习题4)
8. $2\cos x-\sin x=0$ 的最小正根(参考习题3)
9. $\cos x=2x$ 的根
10. $2x-\sin x=1$ 的根
11. $x^4-8x^3+22x^2-24x+8=0$ 的所有实数根
12. $x^4+6x^3+2x^2+24x-8=0$ 的所有实数根
13. $2x^2-\sin x=0$ 的正根
14. $2\cot x=x$ 的最小正根

C 15. 用牛顿法计算 $\sqrt[3]{6}$，精确到五位小数. 提示：解 $x^3-6=0$.

C 16. 用牛顿法计算 $\sqrt[4]{47}$，精确到五位小数.

GC 在习题 17 ~ 20 中，求 x 的近似值，使在指定区间上函数达到最大和最小值.

17. $f(x)=x^4+x^3+x^2+x$，$[-1, 1]$

18. $f(x)=\dfrac{x^3+1}{x^4+1}$，$[-4, 4]$

19. $f(x)=\dfrac{\sin x}{x}$，$[\pi, 3\pi]$

20. $f(x)=x^2\sin\dfrac{x}{2}$，$[0, 4\pi]$

21. 开普勒方程 $x=m+E\sin x$ 在天文学中是很重要的. 当 $m=0.8$，$E=0.2$ 时用不动点算法求解该方程.

22. 绘出 $y=x^{1/3}$ 的图形. 很明显，其唯一的与 x 轴的交点为零. 请实际确认一下此题用牛顿法收敛失效. 并解释失效的原因.

23. 分期付款购货时，任何人都意欲计算出真实的利率(有效利率)，但不幸的是这牵涉到解一道复杂的方程. 如果某人今天买下价值\$$P$ 的产品并同意每个月底支付\$$R$，持续支付 k 个月的付款方式为

$$P=\frac{R}{i}\left[1-\frac{1}{(1+i)^k}\right]$$

其中，i 为每月的利率. 汤姆以\$2000 的价格买下一辆二手车，并同意在以后 24 个月的每个月底支付\$100.

(a) 证明 i 满足方程

$$20i(1+i)^{24}-(1+i)^{24}+1=0$$

(b) 证明牛顿法把方程转化为

$$i_{n+1}=i_n-\frac{20i_n^2+19i_n-1+(1+i_n)^{-23}}{500i_n-4}$$

C (c) 以 $i=0.012$ 开始，求出 i 精确到五位小数，然后以百分比给出年利率($r=1200i$).

24. 在应用牛顿法解 $f(x)=0$ 的过程中，我们常常可以通过观察数字 x_1，x_2，x_3，…来断定这一序列是否收敛. 但即使它收敛直至 $\bar{x}$，我们能够肯定 $\bar{x}$ 是一个解吗？证明倘若 f 和 f' 在 $\bar{x}$ 是连续的且 $f'(\bar{x})\neq 0$，即 $\bar{x}$ 就是方程的解.

C 在习题 25 ~ 28 中，用不动点算法从给出的 x_1 开始求解，精确到五位小数

25. $x=\dfrac{3}{2}\cos x$，$x_1=1$

26. $x=2-\sin x$，$x_1=2$

27. $x=\sqrt{2.7+x}$，$x_1=1$

28. $x=\sqrt{3.2+x}$，$x_1=47$

GC 29. 给出方程 $x=2(x-x^2)=g(x)$

(a) 在同一坐标系中画出 $y=x$ 和 $y=g(x)$ 的图形，从而找到 $x=g(x)$ 的近似正根.

(b) 尝试运用不动点算法求解方程，给出初始点 $x_1=0.7$.

(c) 用代数方法求解方程.

GC 30. 对方程 $x=5(x-x^2)=g(x)$ 重做习题 29.

C 31. 给出方程 $x=\sqrt{1+x}$

(a) 运用不动点算法从起点 $x_1=0$ 求出 x_2，x_3，x_4，x_5.

(b) 用代数方法求解方程 $x=\sqrt{1+x}$.

(c) 求 $\sqrt{1+\sqrt{1+\sqrt{1+\cdots}}}$ 的值.

C 32. 给出方程 $x=\sqrt{5+x}$

(a) 运用不动点算法从起点 $x_1=0$ 求出 x_2，x_3，x_4，x_5.

(b) 用代数方法求解方程 $x=\sqrt{5+x}$.

(c) 求 $\sqrt{5+\sqrt{5+\sqrt{5+\cdots}}}$ 的值.

C 33. 给出方程 $x=1+\frac{1}{x}$

(a) 运用不动点算法从起点 $x_1=1$ 找出 x_2，x_3，x_4，x_5.

(b) 用代数方法求解方程 $x=1+\frac{1}{x}$.

(c) 求下面的表达式(这样的表达式就是所谓的**连分数**).

$$1+\cfrac{1}{1+\cfrac{1}{1+\cfrac{1}{1+\cdots}}}$$

34. 给出方程 $x=x-\frac{f(x)}{f'(x)}$，并设在区间$[a,\ b]$上有$f'(x)\neq 0$.

(a) 说明如果 r 在$[a,\ b]$内，当且仅当$f(r)=0$ 时 r 是方程 $x=x-\frac{f(x)}{f'(x)}$的一个根.

(b) 说明当 $g'(r)=0$ 时牛顿法是不动点算法的一种特殊情况.

35. 采用几个不同的 a 值，用算法

$$x_{n+1}=2x_n-ax_n^2$$

进行试验

(a) 猜想此算法计算出什么.

(b) 证明你的猜想.

C 经过微分并调整结果等于零之后，许多实际的最大最小问题导致方程不能完全解决. 对于下面的问题，使用数值方法近似地求解.

36. 长方形的两个点在 x 轴上，另两个点在曲线 $y=\cos x$，$-\frac{\pi}{2}<x<\frac{\pi}{2}$上. 矩形尺寸为何时有最大面积？(参见 3.4 节图 24)

37. 如 3.4 节图 6 所示，两个宽分别为 8.6ft 和 6.2ft 的过道相交成一个直角弯. 求能够通过该直角弯的最长的杆是多长(假设杆不能弯曲)？

38. 一条 8ft 宽的过道拐弯如图 9 所示的. 求能够通过该转弯的最长的杆是多长(假设杆不能弯曲)？

39. 在 42ft 高的悬崖边缘按如图 10 所示路径投掷物体，物体路径方程为 $y=-\frac{2x^2}{25}+x+42$，一个观察者在悬崖底部 3ft 处.

(a) 求出物体距观察者最近的位置；　　(b) 求出物体距观察者最远的位置.

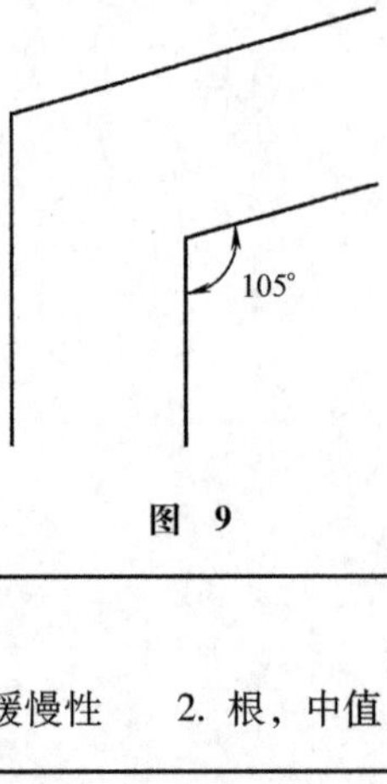

图 9

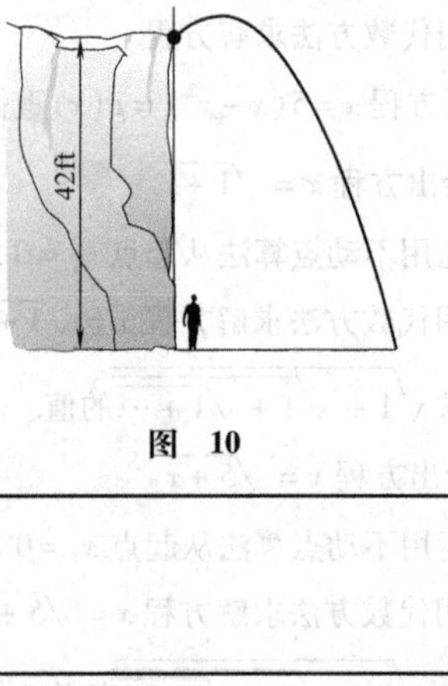

图 10

概念复习答案：

1. 收敛的缓慢性　2. 根，中值　3. 算法　4. 不动点

3.8 不定积分

我们研究的大部分数学运算总是成双成对出现：如加和减，乘和除，乘方和开方……在这种情况下，第二个运算是第一个运算的逆运算. 我们对逆运算感兴趣的一个原因是其在解方程中的用处. 例如，解方程 $x^3=8$ 就涉及到开方. 我们在这一章和前一章中已经学习了导数. 如果我们想要解涉及导数的方程，就需要掌握它的逆运算——求未求导前的函数或原函数.

定义

如果 $f(x)$ 在 I 上满足 $D_xF(x)=f(x)$，我们称 F 是 f 在区间 I 上的一个**原函数**. 即对 I 上所有 x，有

$$F'(x)=f(x)$$

在此定义中，我们说 F 只是 f 的一个原函数，而不说 F 是 f 的全部原函数. 很快你就会知道原因.

例 1 求 $f(x)=4x^3$ 在区间 $(-\infty,\infty)$ 上的一个原函数.

解 我们寻求对所有实数 x，满足 $F'(x)=4x^3$ 的函数 F. 根据求导数的经验，知道 $F(x)=x^4$ 就是这样的一个函数.

稍加思索还可以引出例 1 的另一个解：方程 $F(x)=x^4+6$ 也满足 $F'(x)=4x^3$，它也是 $f(x)=4x^3$ 的一个原函数. 事实上，$F(x)=x^4+C$（C 是任意常数），都是 $4x^3$ 在 $\mathbf{R}$ 上的原函数(图 1).

现在我们提出一个重要的问题：是否 $f(x)=4x^3$ 的每一个原函数都满足 $F(x)=x^4+C$？答案是肯定的. 从定理 3.6B 我们可以知道，如果两个函数导数相同，那么它们一定只相差一个常数.

我们可以下结论：如果函数 f 拥有一个原函数，那么它一定拥有该原函数的全体，并且每一个原函数都可通过其中一个加上一个适当的常数得到. 我们把这样的函数族叫做 f 的“**原函数族**”. 等到我们对此称呼习惯后，我们将会省略“族”这个修饰词.

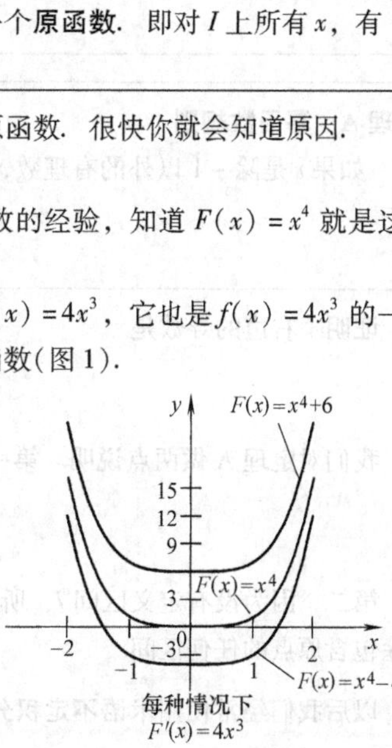

图 1

例 2 求函数 $f(x)=x^2$ 在 $(-\infty,\infty)$ 上的原函数族.

解 方程 $F(x)=x^3$ 不满足题意因为它的导数是 $3x^2$，但这意味着 $F(x)=\frac{1}{3}x^3$ 满足 $F'(x)=\frac{1}{3}\times 3x^2=x^2$. 所以原函数族是 $\frac{1}{3}x^3+C$.

积分的记号 因为我们用符号 D_x 来表示求导数的运算，很自然的我们会想到用 A_x 来表示求原函数的运算. 因此

$$A_x(x^2)=\frac{1}{3}x^3+C$$

这个表现形式被一些作者用过. 事实上，这本书早期的版本就是用这个符号来表示原函数族的. 然而，莱布尼茨的原始积分表示法仍然以压倒性的优势被广泛使用，因此，我们选择了用它来表示原函数族而不用 A_x.

莱布尼茨使用符号 $\int\cdots\mathrm{d}x$ 来表示原函数族. 例如：

$$\int x^2\,\mathrm{d}x=\frac{1}{3}x^3+C$$

和

$$\int 4x^3\,\mathrm{d}x=x^4+C$$

下一章我们会解释莱布尼茨为什么选择拉长的 s，用 $\int$ 和 $\mathrm{d}x$ 表示原函数族. 现在，只要简单地知道 $\int\cdots\mathrm{d}x$ 是用来求关于 x 的原函数，就如 D_x 表示关于 x 的导数一样就行了. 注意到

$$D_x\int f(x)\,dx = f(x) \text{ 和 } \int D_x f(x)\,dx = f(x) + C$$

原函数的证明规则

要得到任何如下形式的结果

$$\int f(x)\,dx = F(x) + C$$

我们要做的事情是证明

$$D_x[F(x) + C] = f(x)$$

定理 A　幂函数规则

如果 r 是除 -1 以外的有理数，那么

$$\int x^r\,dx = \frac{x^{r+1}}{r+1} + C$$

证明　右边的导数是

$$D_x\left(\frac{x^{r+1}}{r+1} + C\right) = \frac{1}{r+1}(r+1)x^r = x^r$$

我们对定理 A 做两点说明．第一，它包括 $r=0$，即

$$\boxed{\int 1\,dx = x + C}$$

第二，因为没有定义区间 I，所以这个结论只在 x^r 的定义区间上有效．特别地，如果 $r<0$，我们一定要排除包含原点的任何区间．

以后我们经常使用术语**不定积分**代替原函数族．求原函数族也就是求**不定积分**．在 $\int f(x)\,dx$ 记号中，$\int$ 称为**积分号**，称 $f(x)$ 为**被积函数**．也许当初莱布尼茨使用修饰词"族"的用意是为了表明，不定积分总是涉及一个任意常数．我们将这族函数称为**不定积分**，或简称**积分**．

例 3　求出 $f(x) = x^{4/3}$ 的积分．

解

$$\int x^{4/3}\,dx = \frac{x^{7/3}}{\frac{7}{3}} + C = \frac{3}{7}x^{7/3} + C$$

注意：在求一个指数函数的积分时，我们将函数指数增加 1，并且将函数本身除以该新指数．

正弦和余弦函数的积分公式直接从导数得到．

定理 B

$$\int \sin x\,dx = -\cos x + C \text{ 和 } \int \cos x\,dx = \sin x + C$$

证明　我们可以对此作简单的证明：$D_x(-\cos x + C) = \sin x$ 和 $D_x(\sin x + C) = \cos x$．

不定积分的线性性　回顾第 2 章，我们知道 D_x 是一个线性运算．这意味着两点：

1. $D_x[kf(x)] = kD_xf(x)$
2. $D_x[f(x) + g(x)] = D_xf(x) + D_xg(x)$

从以上两个式子中，可以很自然得出第三个式子．

3. $D_x[f(x) - g(x)] = D_xf(x) - D_xg(x)$

这说明了 $\int \cdots dx$ 也具有线性算子的特性．

定理 C　不定积分是一个线性运算

假设 f 与 g 具有不定积分，且 k 为常数，则

(a) $\int kf(x)\,dx = k\int f(x)\,dx$；

(b) $\int [f(x)+g(x)]\,dx = \int f(x)\,dx + \int g(x)\,dx$；

(c) $\int [f(x)-g(x)]\,dx = \int f(x)\,dx - \int g(x)\,dx$.

证明　为了证明(a)和(b)，我们只要求出等式右边的导数，便可以得到等式左边的被积函数.

$$D_x\left[k\int f(x)\,dx\right] = kD_x\int f(x)\,dx = kf(x)$$

$$D_x\left[\int f(x)\,dx + \int g(x)\,dx\right] = D_x\int f(x)\,dx + D_x\int g(x)\,dx = f(x)+g(x)$$

同样地，我们可以用证明(a)、(b)类似的方法证明(c).

例 4　利用 $\int \cdots dx$ 的线性特性，求下列各式的值：

(a) $\int (3x^2+4x)\,dx$　　(b) $\int (u^{3/2}-3u+14)\,du$　　(c) $\int (1/t^2+\sqrt{t})\,dt$

解　(a)

$$\begin{aligned}\int (3x^2+4x)\,dx &= \int 3x^2\,dx + \int 4x\,dx\\ &= 3\int x^2\,dx + 4\int x\,dx\\ &= 3\left(\frac{x^3}{3}+C_1\right)+4\left(\frac{x^2}{2}+C_2\right)\\ &= x^3+2x^2+(3C_1+4C_2)\\ &= x^3+2x^2+C\end{aligned}$$

这里出现了两个不同的常数 C_1 和 C_2，不过依照惯常的做法，我们将它合并成一个常数 C.

(b)这次我们用字母 u 代替 x. 在积分中，将相应的变量字母改变，不会对积分造成影响，因为我们是对符号进行整体变动.

$$\begin{aligned}\int (u^{3/2}-3u+14)\,du &= \int u^{3/2} - 3\int u\,du + 14\int 1\,du\\ &= \frac{2}{5}u^{5/2} - \frac{3}{2}u^2 + 14u + C\end{aligned}$$

(c)

$$\begin{aligned}\int\left(\frac{1}{t^2}+\sqrt{t}\right)dt &= \int (t^{-2}+t^{1/2})\,dt\\ &= \int t^{-2}\,dt + \int t^{1/2}\,dt\\ &= \frac{t^{-1}}{-1} + \frac{t^{3/2}}{\frac{3}{2}} + C\\ &= -\frac{1}{t} + \frac{2}{3}t^{3/2} + C\end{aligned}$$

广义幂函数积分法则　让我们回顾一下运用复合函数求导法则对幂函数的求导过程：设 $u=g(x)$ 为一可积函数，r 为有理数($r\neq -1$)，则

$$D_x\frac{u^{r+1}}{r+1} = u^r D_x u$$

或者用函数符号表示为：$D_x \dfrac{[g(x)]^{r+1}}{r+1} = [g(x)]^r g'(x)$

综上所述，可以得到关于不定积分的一条重要的定理.

定理 D　广义幂函数积分法则

设 g 为一可微函数，r 为不等于 -1 的有理数，则

$$\int [g(x)]^r g'(x)\,\mathrm{d}x = \frac{[g(x)]^{r+1}}{r+1} + C$$

在运用定理 D 之前，我们必须在表达式中找出函数 g 和它的导函数 g'.

例 5　求下列各式的积分

(a) $\int (x^4+3x)^{30}(4x^3+3)\,\mathrm{d}x$　　(b) $\int \sin^{10} x\cos x\,\mathrm{d}x$

解　(a) 令 $g(x)=x^4+3x$，则 $g'(x)=4x^3+3$. 因此，根据定理 D，可以得到

$$\begin{aligned}\int (x^4+3x)^{30}(4x^3+3)\,\mathrm{d}x &= \int [g(x)]^{30} g'(x)\,\mathrm{d}x\\ &= \frac{[g(x)]^{31}}{31} + C\\ &= \frac{(x^4+3x)^{31}}{31} + C\end{aligned}$$

(b) 令 $g(x)=\sin x$，则 $g'(x)=\cos x$. 因此

$$\begin{aligned}\int \sin^{10} x\cos x\,\mathrm{d}x &= \int [g(x)]^{10} g'(x)\,\mathrm{d}x\\ &= \frac{[g(x)]^{11}}{11} + C\\ &= \frac{\sin^{11} x}{11} + C\end{aligned}$$

从例 5 中我们可以知道为什么莱布尼茨在 $\int \cdots \mathrm{d}x$ 中用符号 $\mathrm{d}x$. 如果我们使 $u=g(x)$，则 $\mathrm{d}u=g'(x)\,\mathrm{d}x$. 那么定理 D 的结论可以表示为以 u 为变量的幂函数法则的形式，即

$$\int u^r \mathrm{d}u = \frac{u^{r+1}}{r+1} + C,\ r \neq -1$$

因此，广义幂函数法则实际上就是幂函数法则对函数的运用. 但是，运用的时候，我们必须确定与 u^r 所相应的 $\mathrm{d}u$ 是存在的. 我们将用以下的例子说明这一点.

例 6　求下列各式的积分

(a) $\int (x^3+6x)^5(6x^2+12)\,\mathrm{d}x$　　(b) $\int (x^2+4)^{10} x\,\mathrm{d}x$

解　(a) 令 $u=x^3+6x$，则 $\mathrm{d}u=(3x^2+6)\,\mathrm{d}x$. 因此，$(6x^2+12)\,\mathrm{d}x=2(3x^2+6)\,\mathrm{d}x=2\mathrm{d}u$，所以

$$\begin{aligned}\int (x^3+6x)^5(6x^2+12)\,\mathrm{d}x &= \int u^5 2\mathrm{d}u\\ &= 2\int u^5\mathrm{d}u\\ &= 2\left(\frac{u^6}{6}+C\right)\\ &= \frac{u^6}{3}+2C\\ &= \frac{(x^3+6x)^6}{3}+K\end{aligned}$$

在解题过程中，有两点需要注意. 首先，$(6x^2+12)\,\mathrm{d}x$ 是 $2\mathrm{d}u$ 而不是 $\mathrm{d}u$，并不会出现麻烦，因子 2 可以

移到积分符号前面．其次，我们不必为 $2C$ 感到烦恼，因为它仍旧是一个任意的常数，我们记作 K.

(b) 令 $u=x^2+4$，则 $du=2xdx$，因此

$$\begin{aligned}\int(x^2+4)^{10}xdx &= \int(x^2+4)^{10}\times\frac{1}{2}\times 2xdx\\ &= \frac{1}{2}\int u^{10}du\\ &= \frac{1}{2}\left(\frac{u^{11}}{11}+C\right)\\ &= \frac{(x^2+4)^{11}}{22}+K\end{aligned}$$

概念复习

1. 根据导数的幂函数法则，$dx^r/dx=$________．根据积分的幂函数法则，$\int x^r dx=$ ________.

2. 根据导数的广义幂函数法则，$d[f(x)]^r/dx=$________．根据积分的广义幂函数法则，$\int$________ $dx=[f(x)]^{r+1}/(r+1)+C$，$r\neq-1$.

3. $\int(x^4+3x^2+1)^8(4x^3+6x)dx=$________.

4. 根据线性关系，$\int[c_1f(x)+c_2g(x)]dx=$________.

习题 3.8

求出习题 1 ~ 17 中函数的不定积分，用 $F(x)+C$ 的形式表示.

1. $f(x)=5$
2. $f(x)=x-4$
3. $f(x)=x^2+\pi$
4. $f(x)=3x^2+\sqrt{3}$
5. $f(x)=x^{5/4}$
6. $f(x)=3x^{2/3}$
7. $f(x)=1/\sqrt[3]{x^2}$
8. $f(x)=7x^{-3/4}$
9. $f(x)=x^2-x$
10. $f(x)=3x^2-\pi x$
11. $f(x)=4x^5-x^3$
12. $f(x)=x^{100}+x^{99}$
13. $f(x)=27x^7+3x^5-45x^3+\sqrt{2}x$
14. $f(x)=x^2(x^3+5x^2-3x+\sqrt{3})$
15. $f(x)=\dfrac{3}{x^2}-\dfrac{2}{x^3}$
16. $f(x)=\dfrac{\sqrt{2x}}{x}+\dfrac{3}{x^5}$
17. $f(x)=\dfrac{4x^6+3x^4}{x^3}$
18. $f(x)=\dfrac{x^6-x}{x^3}$

求出习题 19 ~ 26 中给出的不定积分.

19. $\int(x^2+x)dx$
20. $\int(x^3+\sqrt{x})dx$
21. $\int(x+1)^2dx$
22. $\int(z+\sqrt{2}z)^2dz$
23. $\int\dfrac{(z^2+1)^2}{\sqrt{z}}dz$
24. $\int\dfrac{s(s+1)^2}{\sqrt{s}}ds$
25. $\int(\sin\theta-\cos\theta)d\theta$
26. $\int(t^2-2\cos t)dt$

请用例 5 与例 6 中的方法计算习题 27 ~ 36 中给出的不定积分.

27. $\int(\sqrt{2}x+1)^3\sqrt{2}\mathrm{d}x$

28. $\int(\pi x^3+1)^4 3\pi x^2\mathrm{d}x$

29. $\int(5x^2+1)(5x^3+3x-8)^6\mathrm{d}x$

30. $\int(5x^2+1)\sqrt{5x^3+3x-2}\mathrm{d}x$

31. $\int 3t\sqrt[3]{2t^2-11}\mathrm{d}t$

32. $\int\frac{3y}{\sqrt{2y^2+5}}\mathrm{d}y$

33. $\int x^2\sqrt{x^3+4}\mathrm{d}x$

34. $\int(x^3+x)\sqrt{x^4+2x^2}\mathrm{d}x$

35. $\int\sin x(1+\cos x)^4\mathrm{d}x$

36. $\int\sin x\cos x\sqrt{1+\sin^2 x}\mathrm{d}x$

在习题37~42中，已给出$f''(x)$. 用求两次积分的方法求出$f(x)$. 注意在这种情况下，答案中应当包含两个任意常数，每次积分一个. 比如，假设$f''(x)=x$，则$f'(x)=x^2/2+C_1$且$f(x)=x^3/6+C_1x+C_2$. 在这里，常数C_1和C_2不能合并成一个数，因为C_1x已不是一个常数.

37. $f''(x)=3x+1$

38. $f''(x)=-2x+3$

39. $f''(x)=\sqrt{x}$

40. $f''(x)=x^{4/3}$

41. $f''(x)=\frac{x^4+1}{x^3}$

42. $f''(x)=2\sqrt[3]{x+1}$

43. 证明下面的公式：

$$\int[f(x)g'(x)+g(x)f'(x)]\mathrm{d}x=f(x)g(x)+C$$

提示：参看定理A前面的方框中原函数的证明规则.

44. 证明下面的公式：

$$\int\frac{g(x)f'(x)-f(x)g'(x)}{g^2(x)}\mathrm{d}x=\frac{f(x)}{g(x)}+C$$

45. 利用习题43的公式计算：

$$\int\left(\frac{x^2}{2\sqrt{x-1}}+2x\sqrt{x-1}\right)\mathrm{d}x$$

46. 利用习题43的公式计算：

$$\int\left(\frac{-x^3}{(2x+5)^{3/2}}+\frac{3x^2}{\sqrt{2x+5}}\right)\mathrm{d}x$$

47. 设$f(x)=x\sqrt{x^3+1}$，求$\int f''(x)\mathrm{d}x$.

48. 证明公式：

$$\int\frac{2g(x)f'(x)-f(x)g'(x)}{2[g(x)]^{3/2}}\mathrm{d}x=\frac{f(x)}{\sqrt{g(x)}}+C$$

49. 证明公式：

$$\int f^{m-1}(x)g^{n-1}(x)[nf(x)g'(x)+mg(x)f'(x)]\mathrm{d}x=f^m(x)g^n(x)+C$$

50. 求不定积分：

$$\int\sin^3[(x^2+1)^4]\cos[(x^2+1)^4](x^2+1)^3x\mathrm{d}x$$

提示：令$u=\sin(x^2+1)^4$.

51. 求$\int|x|\mathrm{d}x$.

52. 求$\int\sin^2 x\mathrm{d}x$.

CAS 53. 一些软件包能够计算不定积分. 在此，请用你的数学软件来计算下面积分.

(a) $\int 6\sin(3(x-2))\mathrm{d}x$　(b) $\int\sin^3(x/6)\mathrm{d}x$　(c) $\int(x^2\cos 2x+x\sin 2x)\mathrm{d}x$

EXPL CAS 54. 令 $F_0(x)=x\sin x$ 和 $F_{n+1}(x)=\int F_n(x)\,dx$.

(a) 确定 $F_1(x)$，$F_2(x)$，$F_3(x)$ 与 $F_4(x)$ 的值.

(b) 在(a)的基础上，推测 $F_{16}(x)$ 的表达式.

概念复习答案：

1. rx^{r-1}，$x^{r+1}/(r+1)+C$，$r\neq -1$
2. $r[f(x)]^{r-1}f'(x)$，$[f(x)]^r f'(x)$
3. $(x^4+3x^2+1)^9/9+C$
4. $c_1\int f(x)\,dx+c_2\int g(x)\,dx$

3.9 微分方程简介

在此前的章节中，我们的任务是求一个函数 f 的积分，将 f 积分得到新的函数(原函数) F. 记作

$$\boxed{\int f(x)\,dx = F(x)+C}$$

根据定义规定：$F'(x)=f(x)$，因此以上的结论无疑是正确的. 现在，在微分语言中，表达式 $F'(x)=f(x)$ 与表达式 $dF(x)=f(x)$ 等价(3.10 节). 因此，上面的公式可以写成以下形式：

$$\boxed{\int dF(x) = F(x)+C}$$

由此可知，求一个函数微分的积分将得到原函数(不要忘记加上一个常数). 这是莱布尼茨的观点，我们可以采用它来解决微分方程.

什么是微分方程 为了找出答案，我们从一个简单的例子开始.

例 1 已知一个关于 x 的方程，方程图形过 $(-1,2)$ 点，该图形在任一点的斜率都是该点横坐标值的两倍，求该方程.

解 根据题目中的条件可以得出

$$\frac{dy}{dx}=2x$$

我们的目的是寻找一个符合上述条件且当 $x=-1$ 时，$y=2$ 的方程. 我们有两种方法解决这个问题.

方法 1 当一个等式是 $dy/dx=g(x)$ 形式的时候，通过观察可知 y 必是 $g(x)$ 的一个不定积分. 这就是说

$$y=\int g(x)\,dx$$

在题中，

$$y=\int 2x\,dx = x^2+C$$

方法 2 将 dy/dx 看作两个微分的商，当我们将等式两边同时乘以 dx，得到

$$dy=2x\,dx$$

接着，将等式两边同时积分，即

$$\int dy=\int 2x\,dx$$

$$y+C_1=x^2+C_2$$

$$y=x^2+C_2-C_1$$

$$y=x^2+C$$

得到的结果与方法 1 一样。

第二种方法不仅仅限于解决类似 $dy/dx=g(x)$ 形式的简单问题，它使用范围十分广泛，之后我们将会看

到这一点.

在图1中给出了方程 $y=x^2+C$ 的曲线，从这一组曲线中，我们要找到一条符合当 $x=-1$ 时，$y=2$ 的曲线. 为此，求解

$$2=(-1)^2+C$$

得到 $C=1$，于是题目答案为 $y=x^2+1$.

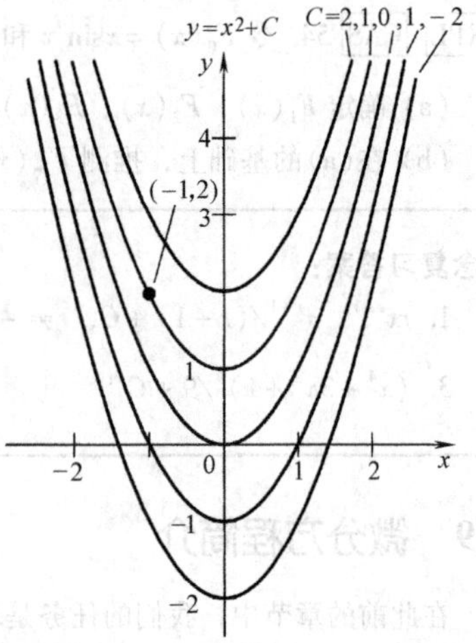

图 1

等式 $\mathrm{d}y/\mathrm{d}x=2x$ 与 $\frac{\mathrm{d}^2y}{\mathrm{d}x^2}+3\frac{\mathrm{d}y}{\mathrm{d}x}-2xy=0$ 被称为**微分方程**. 其他的例子还有：

$$\frac{\mathrm{d}y}{\mathrm{d}x}=2xy+\sin x$$

$$y\mathrm{d}y=(x^3+1)\mathrm{d}x$$

$$\frac{\mathrm{d}^2y}{\mathrm{d}x^2}+3\frac{\mathrm{d}y}{\mathrm{d}x}-2xy=0$$

我们将包含未知函数导数(或微分)的方程称为**微分方程**. 满足微分方程的函数，称为微分方程的**解**. 因此，解微分方程的过程实际上就是求未知函数的过程. 一般来说，解微分方程不是一个轻松的过程. 在这里我们只考虑最简单的问题：**一阶微分方程**. 所谓一阶微分方程是指那些未知函数的导数都是一阶导数的方程，在这种方程中，变量可以被分开到等式两边.

分离变量法 考虑微分方程

$$\frac{\mathrm{d}y}{\mathrm{d}x}=\frac{x+3x^2}{y^2}$$

如果将等式两边同时乘以 $y^2\mathrm{d}x$，得到

$$y^2\mathrm{d}y=(x+3x^2)\mathrm{d}x$$

将微分方程的变量分开成 x 与 y 分别在等式两侧的形式，在这种形式下，我们可以用方法2(将等式两边同时积分求解)来解这个方程，现在我们就来说明.

例2 已知微分方程

$$\frac{\mathrm{d}y}{\mathrm{d}x}=\frac{x+3x^2}{y^2}$$

当 $x=0$ 时，$y=6$，求出它的解.

解 如前所述，原方程可转换为

$$y^2\mathrm{d}y=(x+3x^2)\mathrm{d}x$$

因此

$$\int y^2\mathrm{d}y=\int(x+3x^2)\mathrm{d}x$$

$$\frac{y^3}{3}+C_1=\frac{x^2}{2}+x^3+C_2$$

$$y^3=\frac{3x^2}{2}+3x^3+(3C_2-3C_1)$$

$$=\frac{3x^2}{2}+3x^3+C$$

$$y=\sqrt[3]{\frac{3x^2}{2}+3x^3+C}$$

为了求出 C，我们可以利用"当 $x=0$ 时，$y=6$"这个已知条件：

$$6=\sqrt[3]{C}$$

$$216=C$$

因此

$$y = \sqrt[3]{\frac{3x^2}{2} + 3x^3 + 216}$$

为检查我们的做法是否正确，可以将结果代入原微分方程看是否成立. 同时我们也需检查"当 $x=0$ 时，$y=6$"这个条件是否成立.

将结果代入等式左边，得到：

$$\frac{dy}{dx} = \frac{1}{3}\left(\frac{3x^2}{2} + 3x^3 + 216\right)^{-2/3}(3x + 9x^2)$$

$$= \frac{x + 3x^2}{\left(\frac{3}{2}x^2 + 3x^3 + 216\right)^{2/3}}$$

代入等式右边，可以得到

$$\frac{x + 3x^2}{y^2} = \frac{x + 3x^2}{\left(\frac{3}{2}x^2 + 3x^3 + 216\right)^{2/3}}$$

和预期的一样，两边表达式相等. 当 $x=0$ 时，我们得到

$$y = \sqrt[3]{\frac{3 \times 0^2}{2} + 3 \times 0^3 + 216} = \sqrt[3]{216} = 6$$

所以，正如我们所预期的，当 $x=0$ 时，$y=6$.

运动问题 设 $s(t)$、$v(t)$ 和 $a(t)$ 分别代表位移、速度和加速度，在时间 t 内，一物体沿坐标轴运动，则

$$v(t) = s'(t) = \frac{ds}{dt}$$

$$a(t) = v'(t) = \frac{dv}{dt} = \frac{d^2s}{dt^2}$$

在前面的一些例子中(3.7 节)，我们假定 $s(t)$ 已知，从而计算出 $v(t)$ 和 $a(t)$. 现在让我们来关注一下相反的过程：已知 $a(t)$，求位移 $s(t)$ 和速度 $v(t)$.

例 3 落体运动 在地表附近，由重力引发而产生的加速度为 32ft/s^2. 忽略空气阻力，如果一个物体从初始高度 1000ft 的地方，以 50ft/s 的速度下落，求 4s 后它的速度和高度. (图 2)

解 假设高度 s 以垂直地面向上为正方向，则 $v = ds/dt$ 的初始方向为正(s 增加)，但是 $a = dv/dt$ 为负. (重力是垂直地面向下的，因此 v 逐渐减小). 因此，我们以微分方程 $dv/dt = -32$ 开始我们的分析，同时考虑到当 $t=0$s 时，$v=50$，$s=1000$ 等条件，可以用方法 1 或方法 2 解决此问题.

$$\frac{dv}{dt} = -32$$

$$v = \int -32dt = -32t + C$$

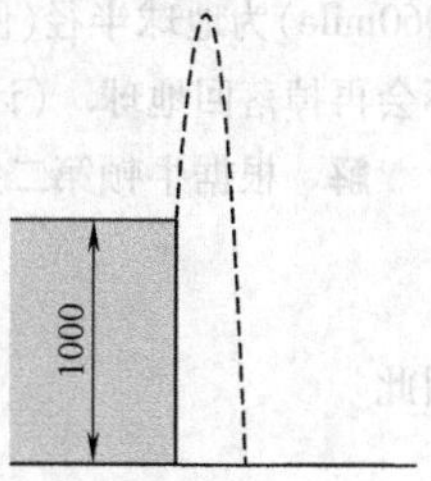

图 2

因为，当 $t=0$s 时，$v=50$，可以得到 $C=50$，所以

$$v = -32t + 50$$

因为 $v = ds/dt$，可以得到另一个微分方程

$$\frac{ds}{dt} = -32t + 50$$

积分，可得

$$s = \int(-32t + 50)dt$$

$$= -16t^2 + 50t + K$$

由于当 $t=0\mathrm{s}$ 时，$s=1000$，所以 $K=1000$，并且

$$s=-16t^2+50t+1000$$

最后，当 $t=4\mathrm{s}$ 时

$$v=(-32\times 4+50)(\mathrm{ft/s})=-78(\mathrm{ft/s})$$
$$s=(-16\times 4^2+50\times 4+1000)(\mathrm{ft})=944(\mathrm{ft})$$

在 $t=0\mathrm{s}$ 时，如果记 $v=v_0$，$s=s_0$，则例 3 的过程得出了一个著名的落体公式

$$a=-32$$
$$v=-32+v_0$$
$$s=-16t^2+v_0t+s_0$$

例 4　已知一物体沿某坐标轴运动的加速度为 $a(t)=(2t+3)^{-3}\mathrm{m/s^2}$. 假设在 $t=0$ 时刻，该物体的速度为 $4\mathrm{m/s}$，求 2s 后物体的速度.

解　首先建立如下微分方程：

$$\frac{\mathrm{d}v}{\mathrm{d}t}=(2t+3)^{-3}$$

然后将该式转化成可以使用广义幂函数法则的形式

$$v=\int(2t+3)^{-3}\mathrm{d}t=\frac{1}{2}\int(2t+3)^{-3}2\mathrm{d}t$$
$$=\frac{1}{2}\ \frac{(2t+3)^{-2}}{-2}+C=-\frac{1}{4(2t+3)^2}+C$$

因为当 $t=0\mathrm{s}$ 时，$v=4$，有

$$4=-\frac{1}{4\times 3^2}+C$$

可以算出 $C=\frac{145}{36}$，因此

$$v=-\frac{1}{4(2t+3)^2}+\frac{145}{36}$$

当 $t=2\mathrm{s}$ 时

$$v=-\frac{1}{4\times 49}+\frac{145}{36}\approx 4.023(\mathrm{m/s})$$

例 5　逃逸速度(选学)　对一个物体来说，当其质量为 m，在其距地心距离为 s 时，地心引力对其施加的作用力 F 可以用公式 $F=-mgR^2/s^2$ 表示，这里 $-g$ 为地表附近的重力加速度($g\approx 32\mathrm{ft/s^2}$)，$R$($R\approx 3960\mathrm{mile}$)为地球半径(图 3). 证明：物体以一个初始速度 $v_0\geqslant\sqrt{2gR}\approx 6.93\mathrm{mile/s}$ 从地球向外太空发射后，不会再掉落回地球.（计算时可忽略空气阻力）

解　根据牛顿第二定律 $F=ma$，有

$$F=m\frac{\mathrm{d}v}{\mathrm{d}t}=m\frac{\mathrm{d}v}{\mathrm{d}s}\frac{\mathrm{d}s}{\mathrm{d}t}=m\frac{\mathrm{d}v}{\mathrm{d}s}v$$

因此

$$mv\frac{\mathrm{d}v}{\mathrm{d}s}=-mg\frac{R^2}{s^2}$$

将变量分离，得到

$$v\mathrm{d}v=-gR^2s^{-2}\mathrm{d}s$$
$$\int v\mathrm{d}v=-gR^2\int s^{-2}\mathrm{d}s$$
$$\frac{v^2}{2}=\frac{gR^2}{s}+C$$

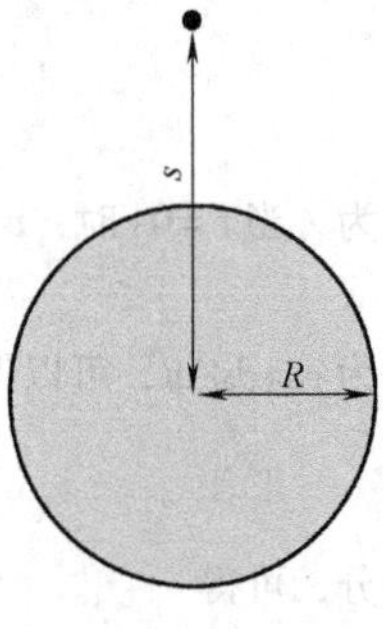

图　3

当 $s=R$ 时，$v=v_0$，如此，$C=\frac{1}{2}v_0^2-gR$，从而

$$v^2=\frac{2gR^2}{s}+v_0^2-2gR$$

最后，由于 s 增加会导致 $2gR^2/2$ 减小，可知当且仅当 $v_0\geqslant\sqrt{2gR}$，v 为正数.

概念复习

1. $dy/dx=3x^2+1$ 和 $dy/dx=x/y^2$ 形式的方程被称为________.
2. 我们可以通过求出________代替 y 而得到一个等式来解一个微分方程 $dy/dx=g(x, y)$.
3. 为求解微分方程 $dy/dx=x^2y^3$，我们所要做的第一步是________.
4. 为解决一个地表附近的落体问题，我们需用到重力加速度为 -32ft/s^2 的实验事实，也就是说：$a=dv/dt=-32$. 由此可得 $v=ds/dt=$________，$s=$________.

习题 3.9

在习题 1 ~ 4 中，证明题目中所给函数为该微分方程的解，将 y 代入方程看等式是否成立.

1. $\frac{dy}{dx}+\frac{x}{y}=0$；$y=\sqrt{1-x^2}$
2. $-x\frac{dy}{dx}+y=0$；$y=Cx$
3. $\frac{d^2y}{dx^2}+y=0$；$y=C_1\sin x+C_2\cos x$
4. $\left(\frac{dy}{dx}\right)^2+y^2=1$；$y=\sin(x+C)$，$y=\pm1$

在习题 5 ~ 14 中，先给出微分方程的一般解(包含常数 C). 再给出符合题目条件的特解. (参考例 2)

5. $\frac{dy}{dx}=x^2+1$；当 $x=1$ 时，$y=1$
6. $\frac{dy}{dx}=x^{-3}+2$；当 $x=1$ 时，$y=3$
7. $\frac{dy}{dx}=\frac{x}{y}$；当 $x=1$ 时，$y=1$
8. $\frac{dy}{dx}=\sqrt{\frac{x}{y}}$；当 $x=1$ 时，$y=4$
9. $\frac{dz}{dt}=t^2z^2$；当 $t=1$ 时，$z=1/3$
10. $\frac{dy}{dt}=y^4$；当 $t=0$ 时，$y=1$
11. $\frac{ds}{dt}=16t^2+4t-1$；当 $t=0$ 时，$s=100$
12. $\frac{du}{dt}=u^3(t^3-t)$；当 $t=0$ 时，$u=4$
13. $\frac{dy}{dx}=(2x+1)^4$；当 $x=0$ 时，$y=6$
14. $\frac{dy}{dx}=-y^2x(x^2+2)^4$；当 $x=0$ 时，$y=1$
15. 找到通过点(1, 2)且在任一点的斜率是它的 x 坐标的 3 倍的曲线方程. (见例 1)
16. 找到通过点(1, 2)且在任一点的斜率是它的 y 坐标的 3 倍的曲线方程.

在习题 17 ~ 20 中，一个物体沿着曲线运行. 加速度为 $a(\text{cm/s}^2)$，初始速度 $v_0(\text{cm/s})$，运行路程 $s_0(\text{cm})$. 求出 2s 后物体的速度及运行路程.

17. $a=t$，$v_0=3$，$s_0=0$
18. $a=(1+t)^{-4}$，$v_0=0$，$s_0=10$

C 19. $a=\sqrt[3]{2t+1}$，$v_0=0$，$s_0=10$

C 20. $a=(3t+1)^{-3}$，$v_0=4$，$s_0=0$

21. 从地球表面以 96ft/s 的初速度向上抛一个球体，它能达到的最大高度是多少?
22. 一个球从重力加速度为 k(正常数)ft/s^2 的星球表面向上抛. 如果它的初速度是 v_0，证明它的最大高度是 $-v_0^2/2k$.

C 23. 在月球表面，加速度是 -5.28ft/s^2. 如果一个物体从 1000ft 高的地方，以 56ft/s 的速度向上抛，求它 4.5s 后的速度与高度.

C 24. 习题 23 中，物体所能达到的最大高度是多少?

25. 雪球融化中体积 V 的改变速度与球的表面积成正比，也就是 $dV/dt=-kS$，其中 k 是正常数. 如果当

$t=0$ 时，雪球的半径 $r=2$；当 $t=10$ 时 $r=0.5$. 证明 $r=-\frac{3}{20}t+2$.

26. 为了使一个物体以 -136ft/s 的速度接触地面，物体要在离地面高度多高的地方开始自由下落？

C 27. 确定物体从下列天体起飞的逃逸速度(参考例 5). 这里 $g\approx 32\text{ft/s}^2$.

天体	重力加速度	半径/mile
月球	$-0.165g$	1080
金星	$-0.85g$	3800
木星	$-2.6g$	43000
太阳	$-28g$	432000

28. 假如一辆汽车的刹车全刹时，能产生固定的减速度 11ft/s^2. 如果汽车以 60mile/h 的速度急刹车，汽车刹车后行驶的最小路程是多少？

29. 怎样的恒定加速度会使一辆汽车在 10s 内从 45mile/h 加速到 60mile/h?

30. 一个木块在斜面上以 8ft/s^2 恒定加速度下滑. 如果这斜面长 75ft，木块在 3.75s 后滑到低端，这个木块的初速度是多少?

31. 某一火箭在发射后的前 10s 内以 $6t\text{m/s}^2$ 的加速度向上运动，此后发动机不再起作用，火箭仅受重力加速度 -10m/s^2. 火箭达到的最大高度是多少?

32. 从车站 A 出发，一辆火车在前 8s 的加速度是 3m/s^2，然后以速度 v_m 匀速前进 100s，最后以加速度 4m/s^2 减速到车站 B 停止，求出(a) v_m；(b)车站 A、B 间的距离.

33. 经过休息，一辆汽车以恒定加速度 a_1 加速，然后以速度 v_m 匀速前进，最后以恒定加速度 $a_2(a_2<0)$ 减速到停止. 从停车站 C 到 2mile 远的停车站 D 用了 4min，从停车站 D 到 1.4mile 远的停车站 E 用了 3min.

(a) 画出速度 v 相对于时间 t 的函数的图形，$0\leqslant t\leqslant 7$.

(b) 求出最大速度 v_m.　　(c) 如果 $a_1=-a_2=a$，计算 a.

34. 一个热气球离开地面以后以 4ft/s 的速度上升，16s 后，维多利亚向在气球上她的朋友可琳竖直向上抛出一个小球，如果可琳刚好接到球，那么维多利亚抛球的速度是多少?

35. 根据托里切利定律，一个滴水槽里水的体积 V 的时间变化率与水的深度的平方根成比例. 一个半径为 $10\sqrt{\pi}\text{cm}$，高为 16cm 的圆柱容器，开始时装满水，经过 40s 后水全部排干.

(a) 写出 t 时和 $t=0\text{s}$ 及 $t=40\text{s}$ 两个相应状态下 V 的微分方程式.

(b) 解这个微分方程.　　(c) 求出 10s 后水的体积.

C 36. 狼的数量 P 在一定情况下以一个比率增长，这个比率与狼的数量的立方根成正比. 1980 年，狼的数量为 1000，1990 年为 1700.

(a) 写出 t 时和 1980 年及 1990 年两个相应状态下 P 的微分方程式.

(b) 解这个微分方程.　　(c) 什么时候狼的数量会达到 4000?

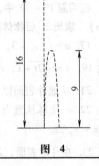

37. 在 $t=0$ 时，一个小球从 16ft 的高度落下，落到地面后反弹达到 9ft 的高度(图 4).

(a) 求出小球第二次触地前速度 $v(t)$ 的公式.

(b) 在哪两个时刻小球在 9ft 的高度?

图 4

概念复习答案:

1. 微分方程式　2. 函数　3. 分离变量　4. $-32t+v_0$；$-16t^2+v_0t+s_0$

3.10 本章回顾

概念测试

判断下列命题的正误，解释你的回答.

1. 闭区间上的连续函数一定在该区间上有最大值.
2. 如果可导函数 f 在定义域内某一点 c 上取得最大值，那么 $f'(c)=0$.
3. 一个函数可能有无数个临界点.
4. 在 $\mathbf{R}$ 上递增的连续函数一定在 $\mathbf{R}$ 上处处可导.
5. 如果 $f(x)=3x^6+4x^4+2x^2$，那么 f 的图形在 $\mathbf{R}$ 上一定向上凹.
6. 如果 f 在区间 I 上递增并且可导，那么对于 I 上的任意 x 都有 $f'(x)>0$.
7. 如果对于 I 上的任意 x 都有 $f'(x)>0$，那么 f 在区间 I 上递增.
8. 如果 $f''(c)=0$，那么点 $(c, f(c))$ 为 f 的拐点.
9. 二次函数没有拐点.
10. 如果对于 $[a, b]$ 上的任意 x 都有 $f'(x)>0$，那么在 b 点取得 $[a, b]$ 上的最大值.
11. 函数 $y=\tan^2 x$ 无极小值.
12. 函数 $y=2x^3+x$ 无极值.
13. 函数 $y=2x^3+x+\tan x$ 无极值.
14. 函数 $y=\dfrac{x^2-x-6}{x-3}=\dfrac{(x+2)(x-3)}{x-3}$ 的图形在 $x=3$ 处有一垂直渐近线.
15. 直线 $y=-1$ 为函数 $y=\dfrac{x^2+1}{1-x^2}$ 的图形的一条水平渐近线.
16. 直线 $y=3x+2$ 为函数 $y=\dfrac{3x^2+2x+\sin x}{x}$ 的图形的一条斜渐近线.
17. 函数 $f(x)=\sqrt{x}$ 在 $[0, 2]$ 上满足微分中值定理的假设.
18. 函数 $f(x)=|x|$ 在 $[-1, 1]$ 上满足微分中值定理的假设.
19. 在区间 $[-1, 1]$ 上，函数 $y=x^3$ 只在一点其切线平行于正割线.
20. 如果对于 (a, b) 上的任意 x 都有 $f'(x)=0$，那么 f 在该区间上是常数函数.
21. 如果 $f'(c)=f''(c)=0$，那么 $f(c)$ 既不是极大值也不是极小值.
22. 函数 $y=\sin x$ 的图形有无数多个拐点.
23. 在面积为定值 K 的矩形中，正方形的周长最长.
24. 如果一个函数的图形与 x 轴有 3 个交点，那么它至少有两个点的切线是水平的.
25. 两个递增函数的和是递增函数.
26. 两个递增函数的积是递增函数.
27. 如果对 $x\geqslant 0$ 有 $f'(0)=0$ 且 $f''(x)>0$，那么 f 在 $[0, \infty)$ 递增.
28. 如果 $f'(x)\leqslant 2$ 对于 $x\in[0, 3]$ 恒成立，且 $f(0)=1$，那么 $f(3)<4$.
29. 如果 f 可导，那么当且仅当 $f'(x)\geqslant 0$，$x\in(a, b)$ 时，f 在 (a, b) 上非减.
30. 当且仅当两个可导函数在 (a, b) 只相差一个常数时，它们在 (a, b) 上有相同的导数.
31. 如果对于任意 x 都有 $f''(x)>0$，那么 $y=f(x)$ 的图形不可能有水平渐近线.
32. 一个全局极大值总是局部极大值.
33. 一个三次函数 $f(x)=ax^3+bx^2+cx+d$，$a\neq 0$ 在任意开区间上最多只有一个局部极大值.
34. 线性函数 $f(x)=ax+b$，$a\neq 0$ 在任意开区间上无最小值.
35. 如果 f 在 $[a, b]$ 上连续且 $f(a)f(b)<0$，那么 $f(x)=0$ 在 a 和 b 之间有一个根.
36. 二分法的一个优点是它的快速收敛.

37. 牛顿法会产生方程 $f(x)=x^{1/3}$ 的一个收敛数列.

38. 如果牛顿法不能在一个初始值上产生收敛数列，那它在所有初始值上都不能收敛数列.

39. 如果 g 在 $[a, b]$ 上连续且 $a<g(a)<g(b)<b$，那么 g 在 a 和 b 之间有一个不动点.

40. 二分法的一个优点是它永远会收敛.

41. 不定积分是线性运算.

42. $\int[f(x)g'(x)+f'(x)g(x)]\mathrm{d}x=f(x)g(x)+C$

43. $y=\cos x$ 是微分方程 $(\mathrm{d}y/\mathrm{d}x)^2=1-y^2$ 的一个解.

44. 所有积分得到的函数一定存在导数.

45. 假如两个函数的二阶导数相等，那么这两个函数的差最多是一个常数项.

46. $\int f'(x)\mathrm{d}x=f(x)$ 对任何可微的函数成立.

47. 在地球表面上竖直上抛一小球，高度和时间的关系式是 $s=-16t^2+v_0t$，那么球着地时的速度是 $-v_0$.

测试试题

习题 1 ~ 12 中给出函数 f 及其定义域. 确定临界点，求出 f 在这些点上的值，并找出(全局)最大值和最小值.

1. $f(x)=x^2-2x$，$[0, 4]$

2. $f(t)=\dfrac{1}{t}$，$[1, 4]$

3. $f(z)=\dfrac{1}{z^2}$，$\left[-2, -\dfrac{1}{2}\right]$

4. $f(x)=\dfrac{1}{x^2}$，$[-2, 0)$

5. $f(x)=|x|$，$\left[-\dfrac{1}{2}, 1\right]$

6. $f(s)=s+|s|$，$[-1, 1]$

7. $f(x)=3x^4-4x^3$，$[-2, 3]$

8. $f(u)=u^2(u-2)^{1/3}$，$[-1, 3]$

9. $f(x)=2x^5-5x^4+7$，$[-1, 3]$

10. $f(x)=(x-1)^3(x+2)^2$，$[-2, 2]$

11. $f(\theta)=\sin\theta$，$[\pi/4, 4\pi/3]$

12. $f(\theta)=\sin^2\theta-\sin\theta$，$[0, \pi]$

习题 13 ~ 19 中给出函数 f 及其定义域 $\mathbf{R}$. 确定 f 在何处递增和在何处下凸.

13. $f(x)=3x-x^2$

14. $f(x)=x^9$

15. $f(x)=x^3-3x+3$

16. $f(x)=-2x^3-3x^2+12x+1$

17. $f(x)=x^4-4x^5$

18. $f(x)=x^3-\dfrac{6}{5}x^5$

19. $f(x)=x^3-x^4$

20. 设 $g(t)=t^3+1/t$，求其单调区间、局部极值、拐点，最后并画出其图形.

21. 设 $f(x)=x^2(x-4)$，求其单调区间、局部极值和拐点，最后并画出其图形.

22. 设 $f(x)=\dfrac{4}{x^2+1}+2$，若其有最值，找出它的最值.

在习题 23 ~ 30 中，画出给定函数 f 的图形，并标出所有的极值(局部和全局)和拐点，求出其渐近线. 注意用 f' 和 f''.

23. $f(x)=x^4-2x$

24. $f(x)=(x^2-1)^2$

25. $f(x)=x\sqrt{x-3}$

26. $f(x)=\dfrac{x-2}{x-3}$

27. $f(x)=3x^4-4x^3$

28. $f(x)=\dfrac{x^2-1}{x}$

29. $f(x)=\dfrac{3x^2-1}{x}$

30. $f(x)=\dfrac{2}{(x+1)^2}$

在习题 31 ~ 36 中，函数定义域若无标示则为 $(-\pi, \pi)$. 画出函数图形，并标出所有的极值(局部和全局)和拐点，求出其渐近线. 注意利用 f' 和 f''.

31. $f(x)=\cos x-\sin x$

32. $f(x)=\sin x-\tan x$

33. $f(x)=x\tan x$，$(-\pi/2, \pi/2)$

34. $f(x)=2x-\cot x$，$(0, \pi)$

35. $f(x)=\sin x-\sin^2 x$　　36. $f(x)=2\cos x-2\sin x$

37. 画出满足下列性质的函数 F 的图形：

(a) F 处处连续　　(b) $F(-2)=3$，$F(2)=-1$

(c) 对 $x>2$，$F'(x)=0$　　(d) 对 $x<2$，$F''(x)<0$

38. 画出满足下列性质的函数 F 的图形：

(a) F 处处连续　　(b) $F(-1)=6$，$F(3)=-2$

(c) 对 $x<-1$，$F'(x)<0$，$F'(-1)=F'(3)=-2$，$F'(7)=0$

(d) 对 $x<-1$，$F''(x)<0$，对 $-1<x<3$，$F''(x)=0$，对 $x>3$，$F''(x)>0$

39. 画出满足下列性质的函数 F 的图形：

(a) F 处处连续　　(b) F 周期为 π

(c) $0\leqslant F(x)\leqslant 2$，$F(0)=0$，$F\left(\frac{\pi}{2}\right)=2$　　(d) 对 $0<x<\frac{\pi}{2}$，$F'(x)>0$，对 $\frac{\pi}{2}<x<\pi$，$F'(x)<0$

(e) $0<x<\pi$，$F''(x)<0$

40. 一块长金属薄片，16in 宽．将其两边折起做成一个水平水槽．要使它的体积最大，问每边应折起多少 in.

41. 一个 8ft 高的围栏，与一栋建筑的墙壁平行并且与建筑相距 1ft．求最短的木板，使该木板可以靠在围栏上并且两端分别和地板、墙壁接触．

42. 一页书包含 27in^2 的印刷内容，如果在顶端、底端和一边的空白均是 2in，在另一边的空白是 1in，问什么尺寸的书页用料最少？

43. 一个敞口的金属水槽两端是相同的半圆，容积是 128πft^3（图 1）．问当该水槽的半径 r 和长 h 是多少时，它的用料最少？

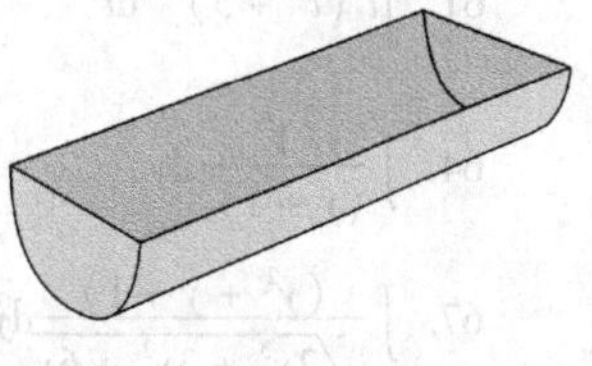

图 1

44. 找出 $f(x)$ 在闭区间 $[-2, 2]$ 上的最值，并确定它的凹性．最后画出函数图形．

$$f(x)=\begin{cases}\frac{1}{4}(x^2+6x+8), & -2\leqslant x\leqslant 0\\ -\frac{1}{6}(x^2+4x-12), & 0\leqslant x\leqslant 2\end{cases}$$

45. 对于以下函数，判断微分中值定理是否在给定区间 I 上适用．如果适用，找出所有可能的 c 值；若不适用，说明理由．要求画出函数图形．

(a) $f(x)=\frac{x^3}{3}$，$I=[-3, 3]$　　(b) $F(x)=x^{3/5}+1$，$I=[-1, 1]$

(c) $g(x)=\frac{x+1}{x-1}$，$I=[2, 3]$

46. 求出下面函数在其拐点上的切线方程．

$$y=x^4-6x^3+12x^2-3x+1$$

47. 设 f 是连续函数，$f(1)=-\frac{1}{4}$，$f(2)=0$，$f(3)=-\frac{1}{4}$．如果 $y=f'(x)$ 如图 2 所示，画出 $y=f(x)$ 的一个可能的图形．

48. 画出满足以下性质的函数 G 的图形：

(a) 对所有 $x\in(-\infty, 0)\cup(0, \infty)$，$G(x)$ 连续且 $G''(x)>0$；

(b) $G(-2)=G(2)=3$；

(c) $\lim\limits_{x\to-\infty}G(x)=2$，$\lim\limits_{x\to\infty}[G(x)-x]=0$；

(d) $\lim\limits_{x\to 0^+}G(x)=\lim\limits_{x\to 0^-}G(x)=\infty$.

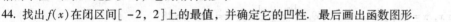

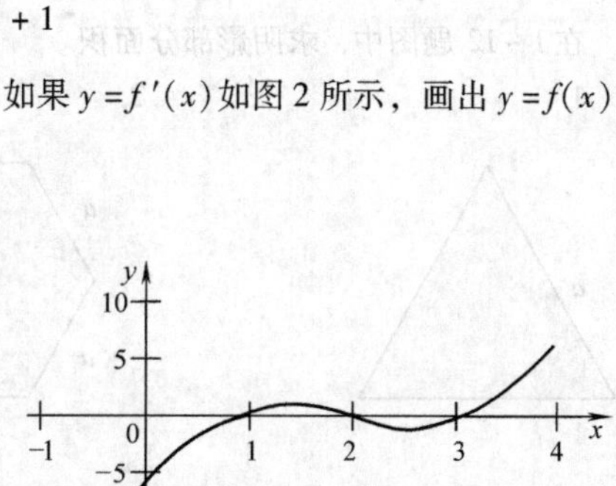

图 2

C 49. 用二分法解方程 $3x-\cos 2x=0$，并精确到小数点后 6

位．其中 $a_1=0$ 和 $b_1=1$.

C 50. 用牛顿法解方程 $3x-\cos 2x=0$，并精确到小数点后 6 位．这里取 $x_1=0.5$.

C 51. 用不动点算法解方程 $3x-\cos 2x=0$，并精确到小数点后 6 位．取 $x_1=0.5$.

C 52. 用牛顿法求方程 $x-\tan x=0$ 在区间 $(\pi, 2\pi)$ 的解，并精确到小数点后 4 位．提示：在同个坐标系中画出 $y=x$ 和 $y=\tan x$ 的图形来得到一个好的初始猜测值.

在习题 53 ~ 67 中，计算不定积分.

53. $\int (x^3-3x^2+3\sqrt{x})\,dx$　　54. $\int \frac{2x^4-3x^2+1}{x^2}dx$　　55. $\int \frac{y^3-9y\sin y+26y^{-1}}{y}dy$

56. $\int y\sqrt{y^2-4}\,dy$　　57. $\int z(2z^2-3)^{1/3}dz$　　58. $\int \cos^4 x\sin x\,dx$

59. $\int (x+1)\tan^2(3x^2+6x)\sec^2(3x^2+6x)\,dx$　　60. $\int \frac{t^3}{\sqrt{t^4+9}}dt$

61. $\int t^4(t^5+5)^{2/3}dt$　　62. $\int \frac{x}{\sqrt{x^2+4}}dx$　　63. $\int \frac{x^2}{\sqrt{x^3+9}}dx$

64. $\int \frac{1}{(y+1)^2}dy$　　65. $\int \frac{2}{(2y-1)^3}dy$　　66. $\int \frac{y^2-1}{(y^3-3y)^2}dy$

67. $\int \frac{(y^2+y+1)}{\sqrt[5]{2y^3+3y^2+6y}}dy$

在习题 68 ~ 74 中，在指定的条件下解微分方程.

68. $\frac{dy}{dx}=\sin x$，$x=0$ 时 $y=2$　　69. $\frac{dy}{dx}=\frac{1}{\sqrt{x+1}}$，$x=3$ 时 $y=18$

70. $\frac{dy}{dx}=\csc y$，$x=0$ 时 $y=\pi$　　71. $\frac{dy}{dt}=\sqrt{2t-1}$，$t=\frac{1}{2}$ 时 $y=-1$

72. $\frac{dy}{dt}=t^2y^4$，$t=1$ 时 $y=1$　　73. $\frac{dy}{dx}=\frac{6x-x^3}{2y}$，$x=0$ 时 $y=3$

74. $\frac{dy}{dx}=x\sec y$，$x=0$ 时 $y=\pi$

75. 在一个塔高为 448ft 的塔上竖直向上以 48ft/s 的初速度抛出一球，经过多长时间后它会以多大的速度着地？已知 $g=32\text{ft/s}^2$ 并且可忽略空气阻力.

3.11 回顾与预习

在 1 ~ 12 题图中，求阴影部分面积.

1.

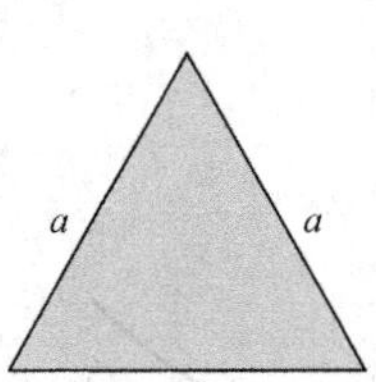

2.

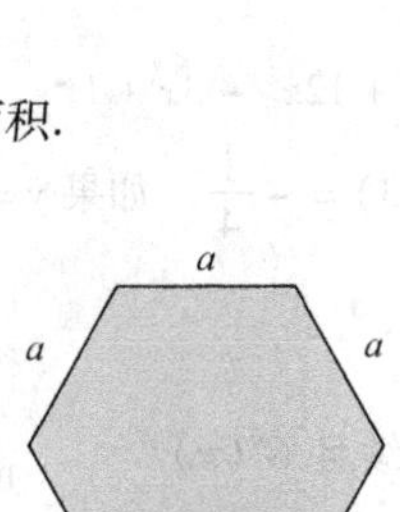

3.

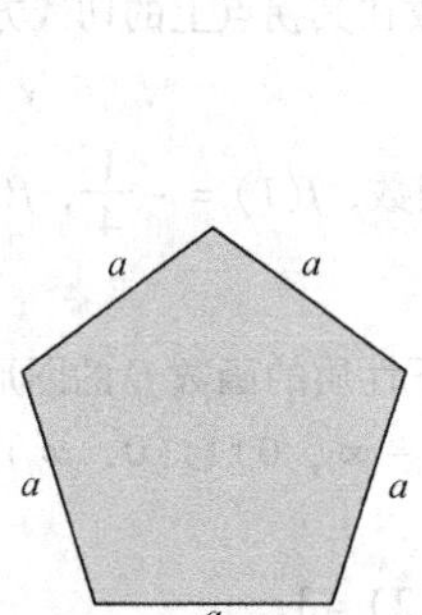

4.

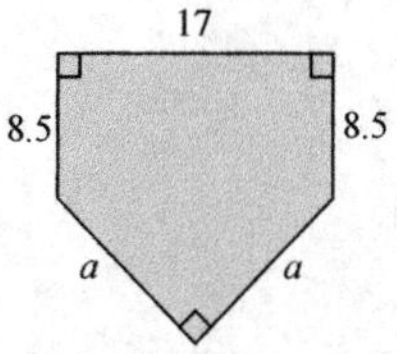

5.

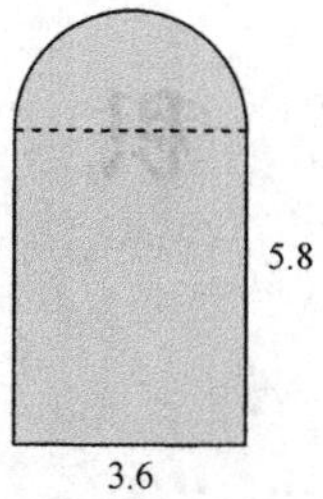

6.

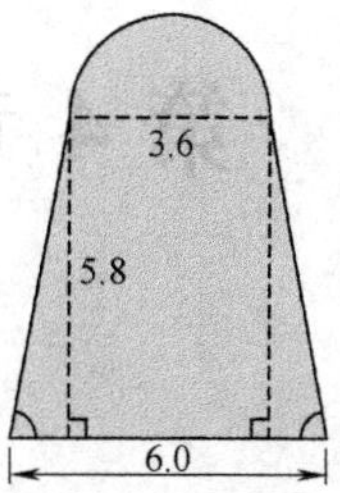

7.

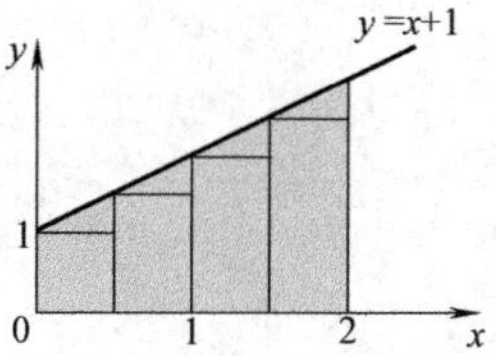

8.

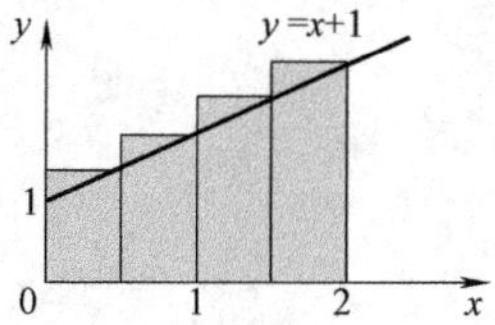

9.

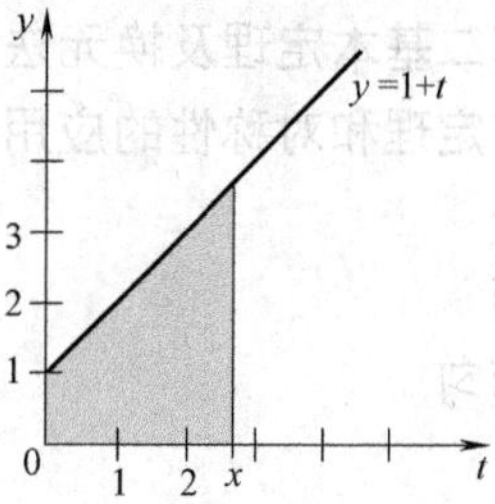

10.

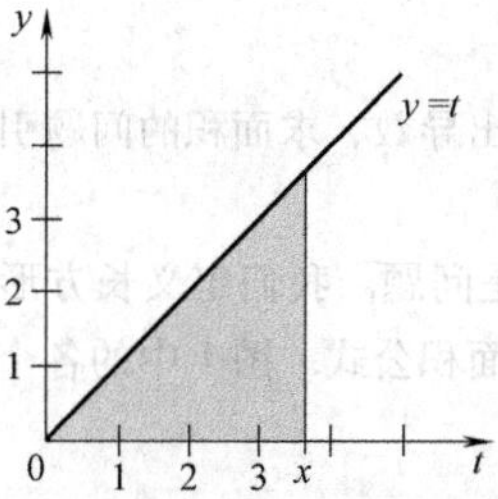

11.

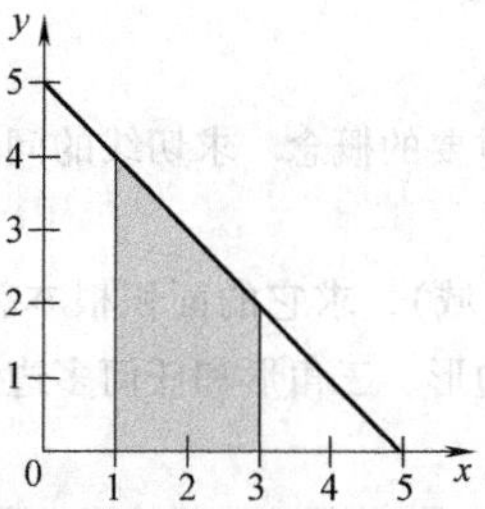

12.

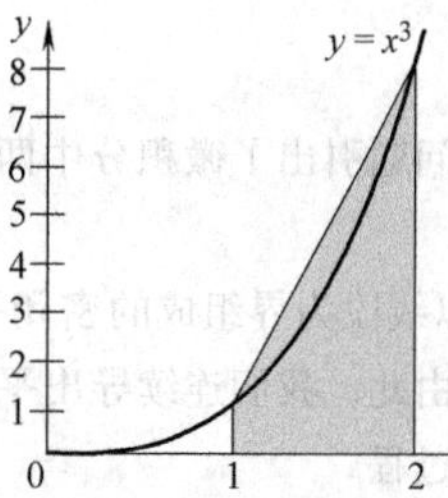

第4章　定　积　分

4.1　面积

几何学的两个问题引出了微积分中两个最重要的概念．求切线的问题引出导数，求面积的问题引出定积分．

对于多边形(以线段为界组成的密闭平面区域)，求它的面积根本就不是问题．我们定义长方形的面积为熟知的长乘宽，由此，我们连续导出平行四边形、三角形和任何多边形的面积公式．图1中的各个图表示了导出面积公式的过程．

在这些简单的图形中，明显地看出面积需要满足5个性质．

1. 平面区域的面积是一个非负数(实数)．

2. 长方形的面积是长与宽的乘积(都是由同一单位表示)，结果的单位是平方．例如，平方英尺、平方分米等．

3. 全等的区域面积相等．

4. 两个交集为一条线段的区域的并集的面积是这两个区域面积的和．

5. 如果一个区域包含在另一个区域里，那么第一个区域的面积等于或小于第二个区域的面积．

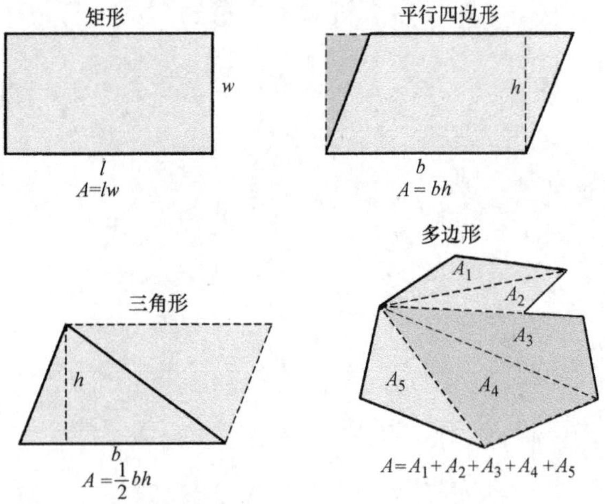

图　1

当我们考虑一个以曲线为界的区域时，确定它的面积非常难．尽管如此，二千多年以前，阿基米德给出了问题的答案．他说，考虑一个由圆内接多边形组成的序列，多边形的面积精确度越来越高地接近圆的面积．例如，对于一个半径为1的圆，考虑如图2所示的内接正多边形，P_1，P_2，P_3，…分别是正4边形，正8边形，正16边形，…，圆的面积就是当n趋向于无穷大时P_n面积的极限．因此，如果$A(F)$表示区域F的面积，那么

$$A(\text{圆}) = \lim_{n\to\infty} A(P_n)$$

阿基米德还进一步考虑了外切多边形T_1，T_2，T_3，…(图3)．他证明了不管你是用内接多边形还是外切

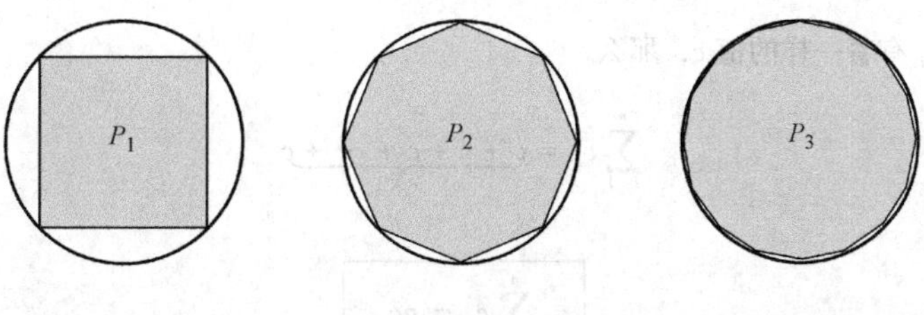

图　2

多边形都会得出半径为 1 的圆的面积的值，并且它们都是相等的(即 $\pi=3.14159$). 他所做的与我们现在求面积的方法已十分接近.

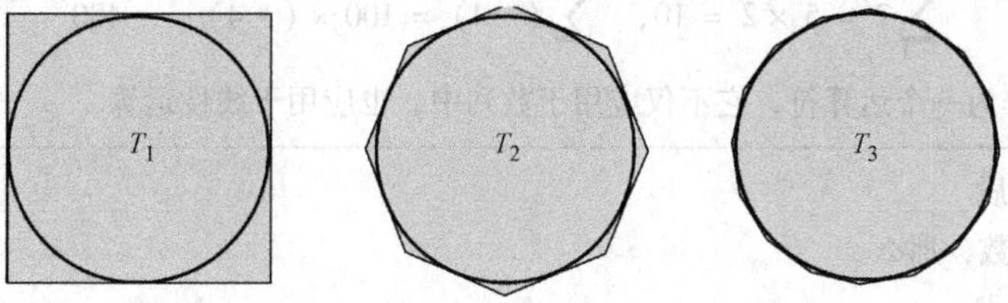

图　3

词汇滥用

下面一些词用法，表明我们允许一些词汇滥用. 三角形、矩形、正多边形和圆不仅可以代表给定形状的二维区域，也可以代表它们各自的一维边界. 注意二维区域是面积，而一维边界(曲线)是长度. 当我们说一个“圆”的面积是 πr^2、“圆”的周长是 $2\pi r$ 时，应当明确说明“圆”是指区域还是边界.

求和符号 $\sum$　求曲边图形 R 的面积分以下几步：

1. 通过将 R 分成 n 个矩形或者是包含 R 的 n 个小矩形，这样会产生一个**内接多边形**，或者是被 R 包含的一个**外切多边形**.

2. 求出每个矩形的面积.

3. 求出这 n 个矩形面积的总和.

4. 当 $n\to\infty$ 时取极限.

如果这些内接多边形或外切多边形的面积的极限相同，我们就称这面积的极限为区域 R 的面积.

第 3 步是求出各矩形面积的总和，这就要求要有一个关于求和的概念，正如它的某些性质一样. 例如，考虑以下的求和

$$1^2+2^2+3^2+4^2+\cdots+100^2$$

与

$$a_1+a_2+a_3+a_4+\cdots+a_n$$

为了用更加简洁的方法表示这些和式，我们将这两个和式写成

$$\sum_{i=1}^{100} i^2 \quad 和 \quad \sum_{i=1}^{n} a_i$$

这里 $\sum$(希腊字母)相当于英语中的 s，意思是说我们将把下标由正整数 i 表示的所有项加起来，从 $\sum$ 下面的数字开始，一直加到 $\sum$ 上面的数字为止. 因此

$$\sum_{i=2}^{4} a_i b_i = a_2 b_2 + a_3 b_3 + a_4 b_4$$

$$\sum_{j=1}^{n} \frac{1}{j} = \frac{1}{1} + \frac{1}{2} + \frac{1}{3} + \cdots + \frac{1}{n}$$

$$\sum_{k=1}^{4} \frac{k}{k^2+1} = \frac{1}{1^2+1} + \frac{2}{2^2+1} + \frac{3}{3^2+1} + \frac{4}{4^2+1}$$

如果 $\sum_{i=1}^{n} c_i$ 中所有的 c_i 有着一样的值 c，那么

$$\sum_{i=1}^{n} c_i = \underbrace{c + c + c + \cdots + c}_{n\text{项}}$$

因此

$$\boxed{\sum_{i=1}^{n} c_i = nc}$$

特别地

$$\sum_{i=1}^{5} 2 = 5 \times 2 = 10, \quad \sum_{i=1}^{100} (-4) = 100 \times (-4) = -400$$

$\sum$ 的性质 $\sum$ 作为一个运算符，它不仅应用于数列中，也应用于线性运算.

定理 A $\sum$ 的线性性质

如果 c 是一个常数，那么

(Ⅰ) $\sum_{i=1}^{n} ca_i = c\sum_{i=1}^{n} a_i$；(Ⅱ) $\sum_{i=1}^{n}(a_i + b_i) = \sum_{i=1}^{n} a_i + \sum_{i=1}^{n} b_i$；(Ⅲ) $\sum_{i=1}^{n}(a_i - b_i) = \sum_{i=1}^{n} a_i - \sum_{i=1}^{n} b_i$.

证明 证明非常容易，我们只证明(Ⅰ).

$$\sum_{i=1}^{n} ca_i = ca_1 + ca_2 + \cdots + ca_n = c(a_1 + a_2 + \cdots + a_n) = c\sum_{i=1}^{n} a_i$$

例 1 已知 $\sum_{i=1}^{100} a_i = 60$ 和 $\sum_{i=1}^{100} b_i = 11$. 计算 $\sum_{i=1}^{100}(2a_i - 3b_i + 4)$

解

$$\begin{aligned}\sum_{i=1}^{100}(2a_i - 3b_i + 4) &= \sum_{i=1}^{100} 2a_i - \sum_{i=1}^{100} 3b_i + \sum_{i=1}^{100} 4 \\ &= 2\sum_{i=1}^{100} a_i - 3\sum_{i=1}^{100} b_i + \sum_{i=1}^{100} 4 \\ &= 2 \times 60 - 3 \times 11 + 100 \times 4 = 487\end{aligned}$$

例 2 可消去项的和式 证明：

(a) $\sum_{i=1}^{n}(a_{i+1} - a_i) = a_{n+1} - a_1$ (b) $\sum_{i=1}^{n}[(i+1)^2 - i^2] = (n+1)^2 - 1$

解 (a) 在这里我们不用线性性质，而是将和式展开，希望出现一些项的互相抵消.

$$\begin{aligned}\sum_{i=1}^{n}(a_{i+1} - a_i) &= (a_2 - a_1) + (a_3 - a_2) + (a_4 - a_3) + \cdots + (a_{n+1} - a_n) \\ &= -a_1 + a_2 - a_2 + a_3 - a_3 + a_4 - \cdots - a_n + a_{n+1} \\ &= -a_1 + a_{n+1} = a_{n+1} - a_1\end{aligned}$$

(b) 由(a)马上得到.

用做下标的符号一点也不重要. 因此

$$\sum_{i=1}^{n} a_i = \sum_{j=1}^{n} a_j = \sum_{k=1}^{n} a_k$$

所有这些都等于 $a_1 + a_2 + \cdots + a_n$. 因此，下标有时被称为**哑指标**.

一些特殊的求和公式 在下一节，我们不仅要考虑前 n 项正整数的和，也要考虑它们的平方、立方等. 下面是一些常用的特殊求和公式，证明将在后面讨论.

1. $\sum_{i=1}^{n} i = 1 + 2 + 3 + \cdots + n = \frac{n(n+1)}{2}$

2. $\sum_{i=1}^{n} i^2 = 1^2 + 2^2 + 3^2 + \cdots + n^2 = \frac{n(n+1)(2n+1)}{6}$

3. $\sum_{i=1}^{n} i^3 = 1^3 + 2^3 + 3^3 + \cdots + n^3 = \left[\frac{n(n+1)}{2}\right]^2$

4. $\sum_{i=1}^{n} i^4 = 1^4 + 2^4 + 3^4 + \cdots + n^4 = \frac{n(n+1)(2n+1)(3n^2+3n-1)}{30}$

例 3 求 $\sum_{j=1}^{n}(j+2)(j-5)$ 的计算公式.

解 使用线性性质和上面的公式 1 与公式 2.

$$\begin{aligned}\sum_{j=1}^{n}(j+2)(j-5) &= \sum_{j=1}^{n}(j^2-3j-10) = \sum_{j=1}^{n}j^2 - 3\sum_{j=1}^{n}j - \sum_{j=1}^{n}10 \\ &= \frac{n(n+1)(2n+1)}{6} - 3\frac{n(n+1)}{2} - 10n \\ &= \frac{n}{6}(2n^2+3n+1-9n-9-60) \\ &= \frac{n(n^2-3n-34)}{3}\end{aligned}$$

例 4 在图 4 所示的金字塔中有多少个橙子？

解

$$1^2 + 2^2 + 3^2 + \cdots + 7^2 = \sum_{i=1}^{7} i^2 = \frac{7 \times 8 \times 15}{6} = 140$$

图 4

特殊求和公式的证明 为了证明特殊求和公式，我们从等式 $(i+1)^2 - i^2 = 2i+1$ 开始，两边同时求和，在左边运用例 2，在右边运用线性性质.

$$(i+1)^2 - i^2 = 2i + 1$$

$$\sum_{i=1}^{n}[(i+1)^2 - i^2] = \sum_{i=1}^{n}(2i+1)$$

$$(n+1)^2 - 1^2 = 2\sum_{i=1}^{n} i + \sum_{i=1}^{n} 1$$

$$n^2 + 2n = 2\sum_{i=1}^{n} i + n$$

$$\frac{n^2+n}{2} = \sum_{i=1}^{n} i$$

可用与公式 1 和类似的技巧来证明公式 2、3 和 4(习题 29 ~ 31).

内接多边形的面积 考虑由抛物线 $y = f(x) = x^2$、x 轴和垂直线 $x = 2$ 围成的区域 R(图 5). R 是指在曲线 $y = x^2$ 下面、$x = 0$ 和 $x = 2$ 之间的区域. 我们的目标是计算它的面积 $A(R)$.

借助于 $n+1$ 个点，将区间[0, 2]分割成 n 等份，如图 6 所示，每段长 $\Delta x = \frac{2}{n}$

$$0 = x_0 < x_1 < x_2 < \cdots < x_{n-1} < x_n = 2$$

因而

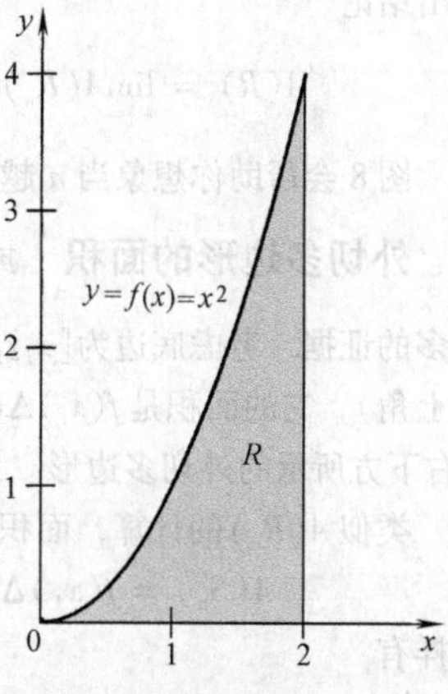

图 5

$$x_0 = 0$$

$$x_1 = \Delta x = \frac{2}{n}$$

$$x_2 = 2\Delta x = \frac{4}{n}$$

$$\vdots$$

$$x_i = i\Delta x = \frac{2i}{n}$$

$$\vdots$$

$$x_{n-1} = (n-1)\Delta x = \frac{(n-1)2}{n}$$

$$x_n = n\Delta x = n\left(\frac{2}{n}\right) = 2$$

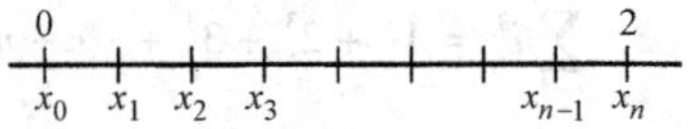

图 6

考虑底边为$[x_{i-1}, x_i]$和高为$f(x_{i-1}) = x_{i-1}^2$的长方形. 它的面积是$f(x_{i-1})\Delta x$(图 7 的左上角). 所有这些长方形的并集 R_n 组成了如图 7 所示的内接多边形.

将这些多边形的面积相加可得出面积 $A(R_n)$, 即

$$A(R_n) = f(x_0)\Delta x + f(x_1)\Delta x + f(x_2)\Delta x + \cdots + f(x_{n-1})\Delta x$$

而

$$f(x_i)\Delta x = x_i^2\Delta x = \left(\frac{2i}{n}\right)^2 \cdot \frac{2}{n} = \left(\frac{8}{n^3}\right)i^2$$

因此

$$\begin{aligned} A(R_n) &= \left[\frac{8}{n^3}\times 0^2 + \frac{8}{n^3}\times 1^2 + \frac{8}{n^3}\times 2^2 + \cdots + \frac{8}{n^3}(n-1)^2\right] \\ &= \frac{8}{n^3}[1^2 + 2^2 + \cdots + (n-1)^2] \\ &= \frac{8}{n^3}\left[\frac{(n-1)n(2n-1)}{6}\right] \quad \text{(特殊求和公式 2,用}(n-1)\text{代替 }n\text{)} \\ &= \frac{8}{6}\left(\frac{2n^3 - 3n^2 + n}{n^3}\right) \\ &= \frac{4}{3}\left(2 - \frac{3}{n} + \frac{1}{n^2}\right) \\ &= \frac{8}{3} - \frac{4}{n} + \frac{4}{3n^2} \end{aligned}$$

得出结论

$$A(R) = \lim_{n\to\infty} A(R_n) = \lim_{n\to\infty}\left(\frac{8}{3} - \frac{4}{n} + \frac{4}{3n^2}\right) = \frac{8}{3}$$

图 8 会帮助你想象当 n 越来越大时会发生什么.

外切多边形的面积 或许你还不确信 $A(R) = \frac{8}{3}$, 我们会给出更多的证据. 考虑底边为$[x_{i-1}, x_i]$和高为$f(x_i) = x_i^2$ 的长方形(见图 9 左上角), 它的面积是$f(x_i)\Delta x$. 所有这些长方形的并集 R_n 组成了如图 9 右下方所示的外切多边形.

类似 $A(R_n)$ 的计算, 面积 $A(S_n)$ 的计算也是如此.

$$A(S_n) = f(x_1)\Delta x + f(x_2)\Delta x + \cdots + f(x_n)\Delta x$$

同样有

$$f(x_i)\Delta x = x_i^2\Delta x = (8/n^3)i^2$$

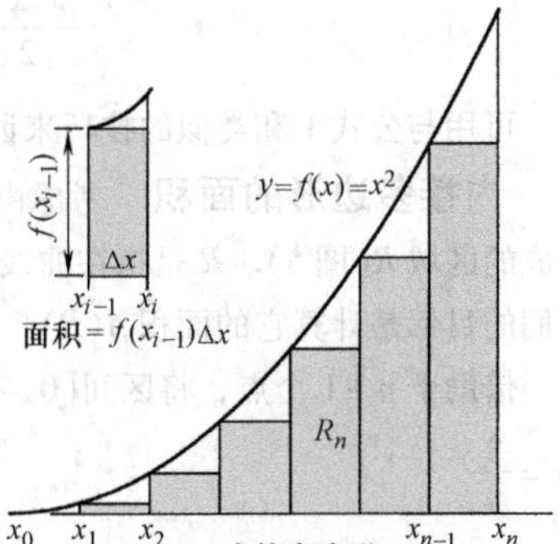

图 7

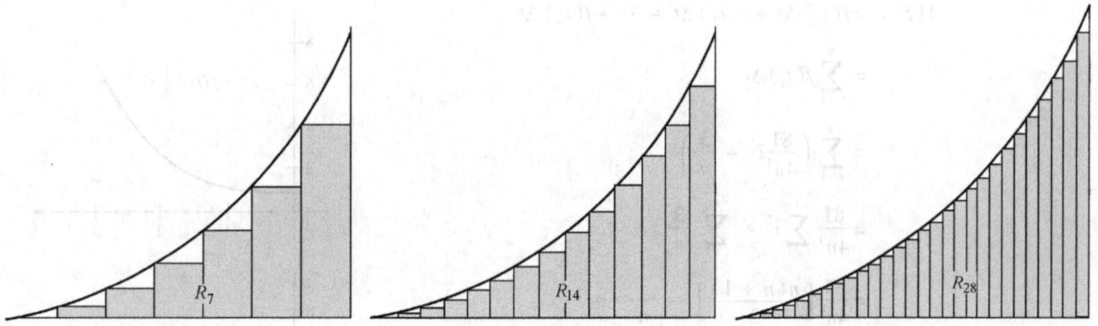

$A(R_7) \approx \frac{8}{3} - 0.5442$　　$A(R_{14}) \approx \frac{8}{3} - 0.2789$　　$A(R_{28}) \approx \frac{8}{3} - 0.1412$

图 8

因此

$$
\begin{aligned}
A(S_n) &= \frac{8}{n^3} \times 1^2 + \frac{8}{n^3} \times 2^2 + \cdots + \frac{8}{n^3} \times n^2 \\
&= \frac{8}{n^3}(1^2 + 2^2 + \cdots + n^2) \\
&= \frac{8}{n^3} \times \frac{n(n+1)(2n+1)}{6} \quad \text{(特殊求和公式 2)} \\
&= \frac{8}{6} \times \frac{2n^3 + 3n^2 + n}{n^3} \\
&= \frac{8}{3} + \frac{4}{n} + \frac{4}{3n^2}
\end{aligned}
$$

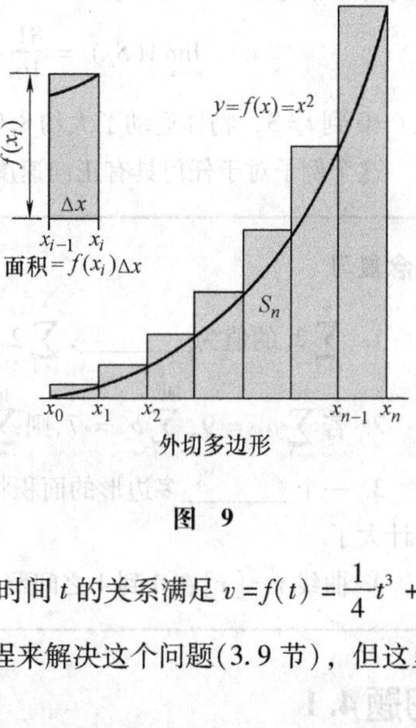

外切多边形

图 9

我们可以再次得到结论

$$A(R) = \lim_{n\to\infty} A(S_n) = \lim_{n\to\infty}\left(\frac{8}{3} + \frac{4}{n} + \frac{4}{3n^2}\right) = \frac{8}{3}$$

同样主题的另一个问题 假设一个物体沿着 t 轴运动，速度 v 和时间 t 的关系满足 $v = f(t) = \frac{1}{4}t^3 + 1$ (ft/s). 试问从 $t=0$ 至 $t=3$ 时，物体运行了多远？我们可以运用微分方程来解决这个问题(3.9 节)，但这里我们还有其他的方法.

众所周知，若一物体匀速运动，设其速度为 k，运动时间为 Δt，则它经过的距离为 $k\Delta t$. 但这只是矩形的面积，如图 10 所示.

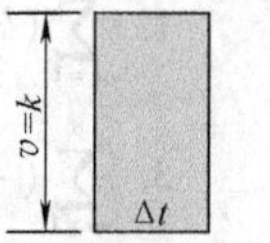

距离 $= k\Delta t$

图 10

继续考虑给出的问题，即 $v = f(t) = \frac{1}{4}t^3 + 1$. 其图形在图 11 的上半部给出．若将区间 $[0, 3]$ 分割为 n 等份，则每份长 $\Delta t = 3/n$，且 $0 = t_0 < t_1 < t_2 < \cdots < t_n = 3$. 接着研究对应的外切多边形 S_n，其图形在图 11 的下半部给出(我们也可以研究其内接多边形). 其面积 $A(S_n)$ 应是对走过路程的较好估计，特别是当 Δt 足够小的时候. 因为对于每一个小区间来说，其真正的速度几乎等于一个常数(v 在小区间末端的函数值). 此外，当 n 越来越大的时候，这个估计值也会越来越准确. 因此我们可以得到结论：准确的距离为 $\lim_{n\to\infty} A(S_n)$，即在 $t=0$ 到 $t=3$ 之间、速度曲线覆盖下的区域面积.

在计算 $A(S_n)$ 时，我们注意到 $t_i = 3i/n$，所以第 i 个矩形的面积为

$$f(t_i)\Delta t = \left[\frac{1}{4}\left(\frac{3i}{n}\right)^3 + 1\right]\frac{3}{n} = \frac{81}{4n^4}i^3 + \frac{3}{n}$$

因此

$$
\begin{aligned}
A(S_n) &= f(t_1)\Delta t + f(t_2)\Delta t + \cdots + f(t_n)\Delta t \\
&= \sum_{i=1}^{n} f(t_i)\Delta t \\
&= \sum_{i=1}^{n}\left(\frac{81}{4n^4}i^3 + \frac{3}{n}\right) \\
&= \frac{81}{4n^4}\sum_{i=1}^{n} i^3 + \sum_{i=1}^{n}\frac{3}{n} \\
&= \frac{81}{4n^4}\left[\frac{n(n+1)}{2}\right]^2 + \frac{3}{n}\cdot n \\
&= \frac{81}{16}\left[n^2\frac{(n^2+2n+1)}{n^4}\right] + 3 \\
&= \frac{81}{16}\left(1 + \frac{2}{n} + \frac{1}{n^2}\right) + 3
\end{aligned}
$$

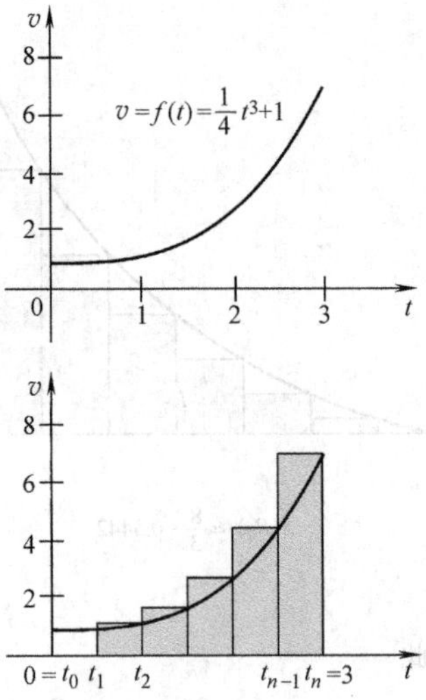

图 11

由此得到结论

$$\lim_{n\to\infty} A(S_n) = \frac{81}{16} + 3 = \frac{129}{16} \approx 8.06$$

从 $t=0$ 到 $t=3$，物体运动了大约 8.06ft.

这个例子对于任何具有正向速度的运动物体来说都是适用的. 运动的距离即为速度曲线覆盖下的面积.

概念复习

1. $\sum_{i=1}^{5} 2i$ 的值为________，$\sum_{i=1}^{5} 2$ 的值为________.

2. 若 $\sum_{i=1}^{10} a_i = 9, \sum_{i=1}^{10} b_i = 7$，则 $\sum_{i=1}^{10}(3a_i - 2b_i)$ 的值为________，$\sum_{i=1}^{10}(a_i + 4)$ 的值为________.

3. 一个________多边形的面积将区域的面积估计小了，而一个________多边形的面积却将区域的面积估计大了.

4. 曲线 $y=[x]$ 在 0 到 4 之间覆盖的准确面积是________.

习题 4.1

在习题 1 ~ 8 中，找出和式的值.

1. $\sum_{k=1}^{6}(k-1)$　　2. $\sum_{i=1}^{6} i^2$　　3. $\sum_{k=1}^{7}\frac{1}{k+1}$　　4. $\sum_{l=3}^{8}(l+1)^2$

5. $\sum_{m=1}^{8}(-1)^m 2^{m-2}$　　6. $\sum_{k=3}^{7}\frac{(-1)^k 2^k}{(k+1)}$　　7. $\sum_{n=1}^{6} n\cos(n\pi)$　　8. $\sum_{k=-1}^{6} k\sin(k\pi/2)$

在习题 9 ~ 14 中，将和式写成 Σ 形式.

9. $1+2+3+\cdots+41$

10. $2+4+6+8+\cdots+50$

11. $1+\frac{1}{2}+\frac{1}{3}+\cdots+\frac{1}{100}$

12. $1-\frac{1}{2}+\frac{1}{3}-\frac{1}{4}+\cdots-\frac{1}{100}$

13. $a_1+a_3+a_5+a_7+\cdots+a_{99}$

14. $f(w_1)\Delta x + f(w_2)\Delta x + \cdots + f(w_m)\Delta x$

在习题 15 ~ 18 中，假如 $\sum_{i=1}^{10} a_i = 40$ 和 $\sum_{i=1}^{10} b_i = 50$. 计算下列各式(见例 1).

15. $\sum_{i=1}^{10}(a_i + b_i)$

16. $\sum_{n=1}^{10}(3a_n + 2b_n)$

17. $\sum_{p=0}^{9}(a_{p+1}-b_{p+1})$　　　　18. $\sum_{q=1}^{10}(a_q-b_q-q)$

在习题 19 ~ 24 中，用特殊求和公式 1 ~ 4 求出下列各式的和（见例 3 ~ 5）.

19. $\sum_{i=1}^{100}(3i-2)$　　20. $\sum_{i=1}^{10}[(i-1)(4i+3)]$　　21. $\sum_{k=1}^{10}(k^3-k^2)$

22. $\sum_{k=1}^{10}5k^2(k+4)$　　23. $\sum_{i=1}^{n}(2i^2-3i+1)$　　24. $\sum_{i=1}^{n}(2i-3)^2$

25. 将下面两个等式的两边相加，求出 S，由此给出证明公式 1 的另一种证法.

$$S=1+2+3+\cdots+(n-2)+(n-1)+n$$
$$S=n+(n-1)+(n-2)+\cdots+3+2+1$$

26. 证明下面的**几何级数**的前 n 项和公式：

$$\sum_{k=0}^{n}ar^k=a+ar+ar^2+\cdots+ar^n=\frac{a-ar^{n+1}}{1-r}(r\neq 1)$$

提示：令 $S=a+ar+\cdots+ar^n$. 化简 $S-rS$，求出 S.

27. 用习题 26 的结论来求下面各和式.

(a) $\sum_{k=1}^{10}\left(\frac{1}{2}\right)^k$　　　(b) $\sum_{k=1}^{10}2^k$

28. 用类似于习题 25 的方法得到**算术级数**的前 n 项和公式：

$$\sum_{k=0}^{n}(a+kd)=a+(a+d)+(a+2d)+\cdots+(a+nd)$$

29. 用等式 $(i+1)^3-i^3=3i^2+3i+1$ 来证明特殊求和公式 2.

30. 用等式 $(i+1)^4-i^4=4i^3+6i^2+4i+1$ 来证明特殊求和公式 3.

31. 用等式 $(i+1)^5-i^5=5i^4+10i^3+10i^2+5i+1$ 来证明特殊求和公式 4.

32. 用图 12 的表格证明公式 1 和公式 3.

C 33. 在统计学中，我们用 $\bar{x}=\frac{1}{n}\sum_{i=1}^{n}x_i$ 和 $s^2=\frac{1}{n}\sum_{i=1}^{n}(x_i-\bar{x})^2$ 来定义数列 $x_1,x_2,\cdots,x_n$ 的平均数 $\bar{x}$ 和方差 s^2. 求出数列 2，5，7，8，9，10，14 的 $\bar{x}$ 和 s^2.

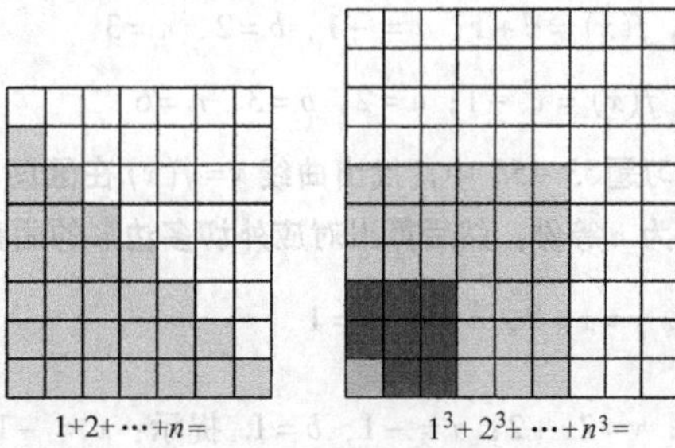

图 12

34. 用习题 33 中的定义，求出下列数列的 $\bar{x}$ 和 s^2.

(a) 1，1，1，1，1

(b) 1001，1001，1001，1001，1001

(c) 1，2，3

(d) 1000001，1000002，1000003

35. 用习题 33 的定义证明下面各式是正确的.

(a) $\sum_{i=1}^{n}(x_i-\bar{x})=0$　　　　(b) $s^2=\frac{1}{n}\sum_{i=1}^{n}x_i^2-(\bar{x})^2$

36. 以习题 34(a)，(b)的答案为基础，推测 n 个相等数的方差，并证明你的推测.

37. 令 $x_1,x_2,\cdots,x_n$ 为任意实数. 找出使 $\sum_{i=1}^{n}(x_i-c)^2$ 的值最小的 c 值.

38. 在《圣诞节的十二天》那首歌中，我真正的爱人在第一天给了我 1 个礼物，在第二天给了 1 + 2 个，在第三天给了 1 + 2 + 3 个，如此送了 12 天.

(a) 在 12 天内总共送了多少个礼物？　　(b) 找出在圣诞节 n 天内送的礼物总数的表达式 T_n.

39. 一个杂货商将橙子堆成金字塔的形状. 如果底层是一个 10 行橙子组成的长方形，每行 16 个橙子，顶层只有一行橙子．橙子堆里有多少个橙子？

40. 如果底层是50行，每行60个橙子，重新做习题39.

41. 由39和40题归纳出底层m行，每行n个橙子的情况.

42. 为下列和式找个公式

$$\frac{1}{1\times 2}+\frac{1}{2\times 3}+\frac{1}{3\times 4}+\cdots+\frac{1}{n(n+1)}$$

提示：$\frac{1}{i(i+1)}=\frac{1}{i}-\frac{1}{i+1}$

在习题43～48题中，求出图中阴影部分的面积

43.

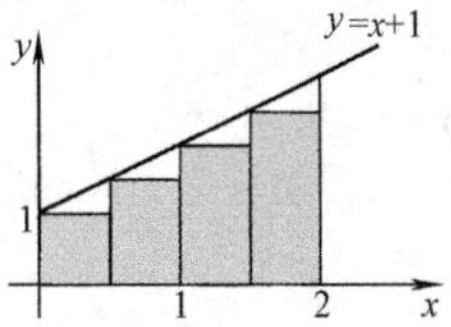

44.

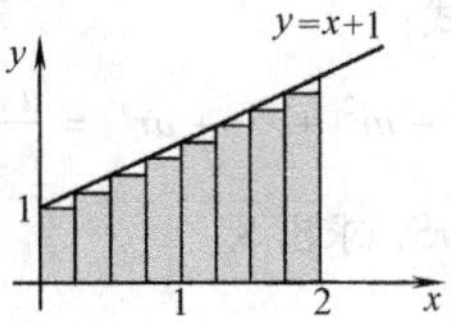

45.

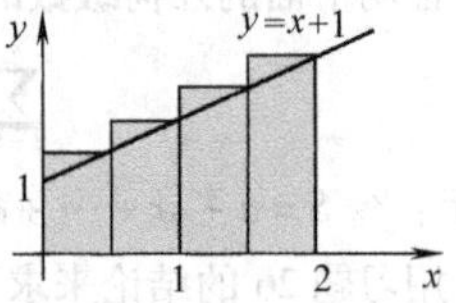

46.

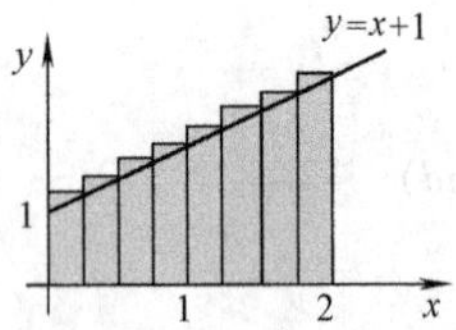

47.

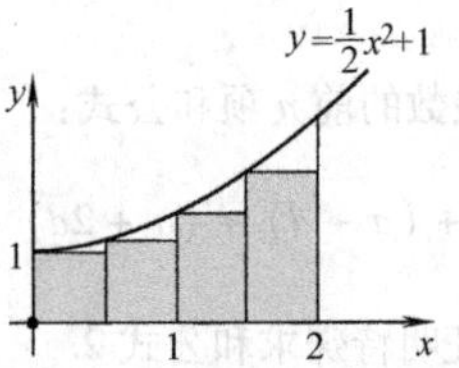

48.

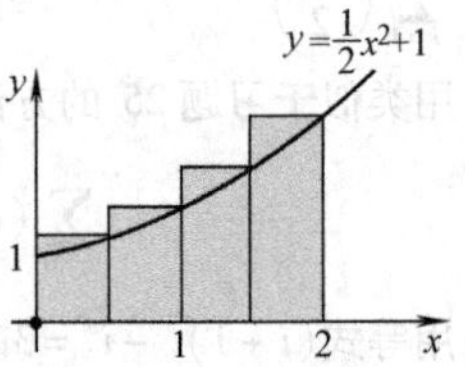

在习题49～52中，画出所给函数在区间$[a,\ b]$上的图形；接着将$[a,\ b]$分为n个相等的小区间．最后，计算相应的外切多边形的面积.

49. $f(x)=x+1$；$a=-1$，$b=2$，$n=3$

50. $f(x)=3x-1$；$a=1$，$b=3$，$n=4$

[C] 51. $f(x)=x^2-1$；$a=2$，$b=3$，$n=6$

[C] 52. $f(x)=3x^2+x+1$；$a=-1$，$b=1$，$n=10$

在习题53～58中，找出曲线$y=f(x)$在区间$[a,\ b]$内的覆盖面积．解决这个问题，可以先将区间$[a,\ b]$分割为n等份，然后算出对应外切多边形的面积，并令$n\to\infty$.

53. $y=x+2$；$a=0$，$b=1$

54. $y=\frac{1}{2}x^2+1$；$a=0$，$b=1$

55. $y=2x+2$；$a=-1$，$b=1$. 提示：$x_i=-1+\frac{2i}{n}$

56. $y=x^2$；$a=-2$，$b=2$

[≈] 57. $y=x^3$；$a=0$，$b=1$

[≈] 58. $y=x^3+x$；$a=0$，$b=1$

59. 假设一个物体沿着x轴运动，速度v和时间t的关系满足$v=t+2$(ft/s)．试问从$t=0$到$t=1$物体运动了多远？提示：参考本节末尾对速度问题的讨论，并利用53题的结果.

60. 若将59题中的条件改为$v=\frac{1}{2}t^2+2$．也许你能利用54题的结果.

61. 假设A_a^b表示区间$[a,\ b]$中曲线$y=x^2$覆盖下的面积.

(a) 证明：$A_0^b=b^3/3$. 提示：$\Delta x=b/n$，因此$x_i=ib/n$，可用外接多边形.

(b) 证明：$A_a^b=b^3/3-a^3/3$．假设$a\geqslant 0$.

62. 有一物体沿x轴运动，在t时刻的速度为$v=t^2$(m/s)那么在$t=3$到$t=5$之间物体运动了多远？可参考61题.

63. 运用61题的结果计算下列各个区间内曲线$y=x^2$覆盖下的面积.

(a) [0, 5]　　(b) [1, 4]　　(c) [2, 5]

64. 从4.1节的公式1~4中，你也许能猜到

$$1^m + 2^m + 3^m + \cdots + n^m = \frac{n^{m+1}}{m+1} + C_n$$

其中 C_n 为 n 的 m 次方的一个多项式. 若此结论正确(确实正确)，当 $a \geqslant 0$ 时，$A_a^b(x^m)$ 表示在区间 $[a, b]$ 内曲线 $y = x^m$ 覆盖的面积.

(a) 证明 $A_0^b(x^m) = \dfrac{b^{m+1}}{(m+1)}$　　(b) 证明 $A_a^b(x^m) = \dfrac{b^{m+1}}{m+1} - \dfrac{a^{m+1}}{m+1}$

65. 用64题的结果计算下列面积.

(a) $A_0^2(x^3)$　　(b) $A_1^2(x^3)$　　(c) $A_1^2(x^5)$　　(d) $A_0^2(x^9)$

66. 试证明半径为 r 的圆的内接正 n 边形和外切正 n 边形的面积公式分别为：$A_n = \frac{1}{2}nr^2\sin(2\pi/n)$，$B_n = nr^2\tan(\pi/n)$，并证明 $\lim\limits_{n\to\infty}A_n$ 和 $\lim\limits_{n\to\infty}B_n$ 都为 πr^2.

概念复习答案：

1. 30，10　2. 13，49　3. 内接，外切　4. 6

4.2 定积分

所有的准备知识已经足够了，现在我们将要给出定积分的定义. 牛顿和莱布尼茨都对这一概念给出过早期的解释. 但是，定积分的现代定义实际上是由黎曼(1826—1866)给出的. 为了明确地叙述这一定义，让我们先回想一下在先前章节中讨论过的观点，这些观点将起引导的作用. 而第一个观点就是黎曼和.

黎曼和　设想一下一个定义在闭区间 $[a, b]$ 上的函数 f，它可能在该区间上同时包含正值和负值，它甚至不必连续，其图形也许如图1所示.

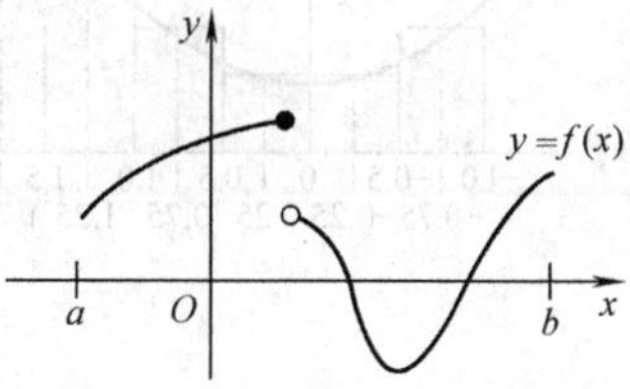

图 1

若将区间 $[a, b]$ 分割为 n 份(每份的长度不必相等)，且 $a = x_0 < x_1 < x_2 < \cdots < x_{n-1} < x_n = b$，令 $\Delta x_i = x_i - x_{i-1}$. 在每个小区间 $[x_{i-1}, x_i]$ 中任意选一点 $\bar{x}_i$(可以是端点)；我们称此点为第 i 个区间上的**样点**. 图2所示即为这种构造的一个 $n=6$ 的例子.

我们称 $R_p = \sum\limits_{i=1}^{n} f(\bar{x}_i)\Delta x_i$ 为 f 对应分割法的**黎曼和**. 它的几何表达如图3所示.

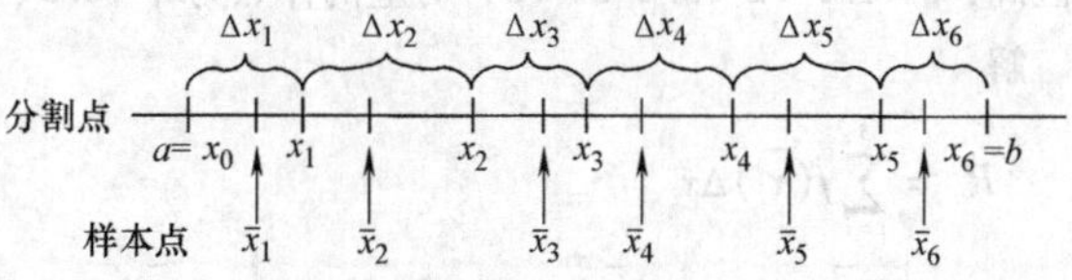

图 2

例1　估算 $f(x) = x^2 + 1$ 在区间 $[-1, 2]$ 上的黎曼和，使用以下等间隔点：

$$-1 < -0.5 < 0 < 0.5 < 1 < 1.5 < 2$$

样点 $\bar{x}_i$ 取第 i 个小区间上的中点.

解　如图4所示.

$$\begin{aligned} R_p &= \sum_{i=1}^{6} f(\bar{x}_i)\Delta x_i \\ &= [f(-0.75) + f(-0.25) + f(0.25) + f(0.75) + f(1.25) + f(1.75)] \times 0.5 \\ &= [1.5625 + 1.0625 + 1.0625 + 1.5625 + 2.5625 + 4.0625] \times 0.5 \\ &= 5.9375 \end{aligned}$$

图3和图4中所示的函数都是正的. 因此，它们的黎曼和只是简单地表示对应矩形的面积. 但是如果 f

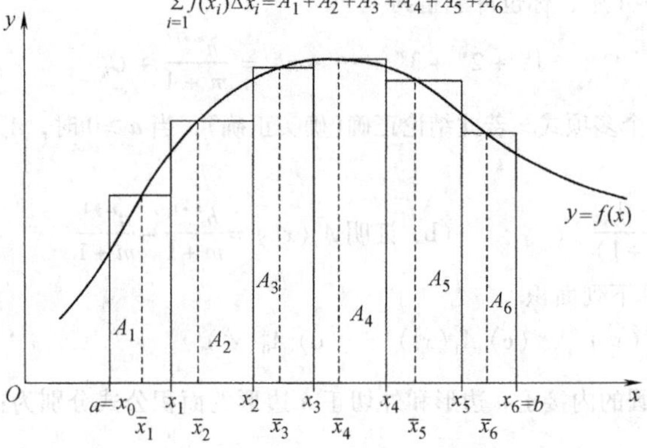

图　3

是负的又会怎样呢？在这种情况下，一个样点$\bar{x}_i$和它对应的$f(\bar{x}_i)<0$会导致对应矩形完全在x轴下方，继而$f(\bar{x}_i)\Delta x_i$将是负的．这意味着这个矩形对黎曼和产生的效果是负的，如图5所示．

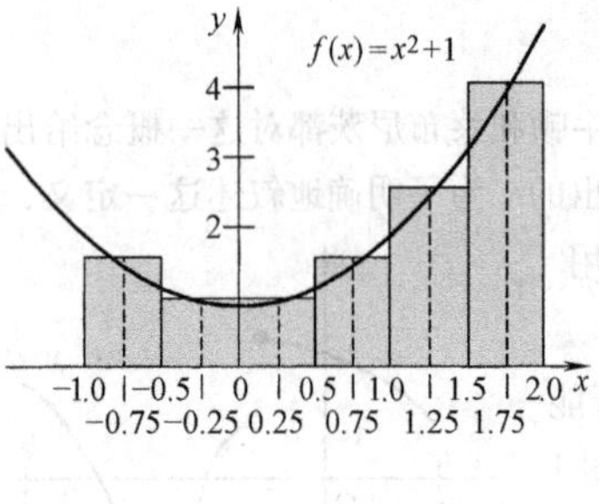

图　4

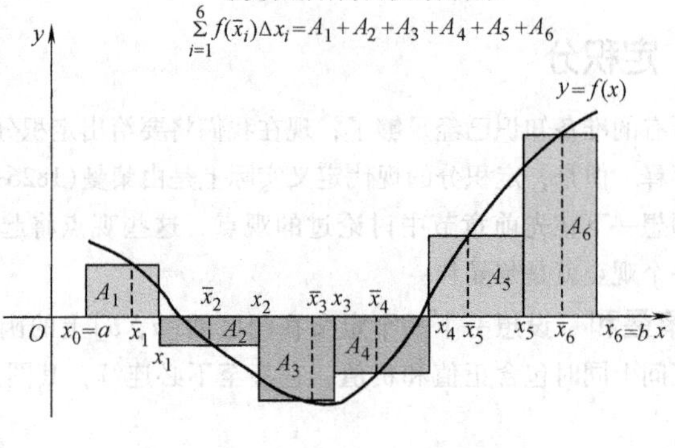

图　5

例2　估算$f(x)=(x+1)(x-2)(x-4)=x^3-5x^2+2x+8$在区间$[0,5]$上的黎曼和$R_P$．使用以下点分割区间，$0<1.1<2<3.2<4<5$，对应的样点为$\bar{x}_1=0.5$、$\bar{x}_2=1.5$、$\bar{x}_3=2.5$、$\bar{x}_4=3.6$和$\bar{x}_5=5$．

解

$$
\begin{aligned}
R_p &= \sum_{i=1}^{5} f(\bar{x}_i)\Delta x_i \\
&= f(\bar{x}_1)\Delta x_1 + f(\bar{x}_2)\Delta x_2 + f(\bar{x}_3)\Delta x_3 + f(\bar{x}_4)\Delta x_4 + f(\bar{x}_5)\Delta x_5 \\
&= f(0.5)(1.1-0) + f(1.5)(2-1.1) + f(2.5)(3.2-2) + f(3.6)(4-3.2) + f(5)(5-4) \\
&= 7.875\times 1.1 + 3.125\times 0.9 - 2.625\times 1.2 - 2.944\times 0.8 + 18\times 1 = 23.9698
\end{aligned}
$$

对应的几何图形如图6所示．

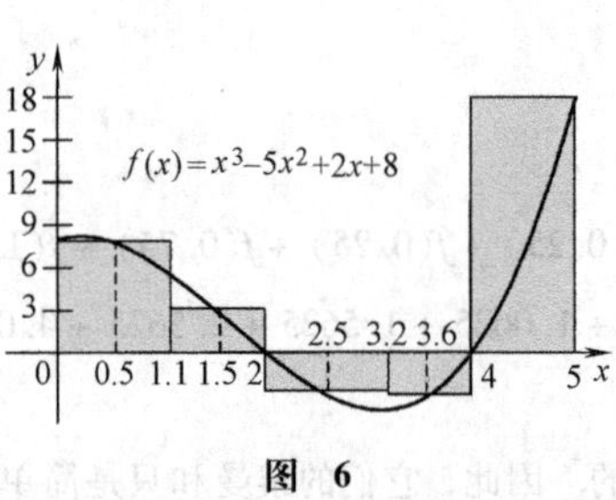

图　6

定积分的定义 假设 P、Δx_i、$\bar{x}_i$ 的意义如上文所述，用 $\|P\|$（称为 P 的**范数**）表示分割的小区间中长度最长的一个. 比如，例 1 中 $\|P\|=0.5$；例 2 中 $\|P\|=3.2-2=1.2$.

定义 定积分

设 f 为定义在闭区间 $[a,b]$ 上的函数. 如果 $\lim\limits_{\|P\|\to 0}\sum\limits_{i=1}^{n}f(\bar{x}_i)\Delta x_i$ 存在，我们就说 f 在 $[a,b]$ 上可积，$\int_a^b f(x)\,\mathrm{d}x$ 称为函数 f 从 a 到 b 的**定积分**（或称**黎曼积分**），且

$$\int_a^b f(x)\,\mathrm{d}x = \lim_{\|P\|\to 0}\sum_{i=1}^{n}f(\bar{x}_i)\Delta x_i$$

定义的核心就在最后一行. 等式中阐述的概念来自于在先前章节对面积的讨论，但是，在这里需要作一下修正. 例如，若我们允许函数 f 在区间 $[a,b]$ 的部分或全部范围内为负值，对区间的分割可以是不等长分割，同时我们允许 $\bar{x}_i$ 可以为第 i 个小区间上的任意一点. 有了这些修正，就能精确的阐述定积分与面积是如何联系起来的. 一般而言，$\int_a^b f(x)\,\mathrm{d}x$ 表示了在区间 $[a,b]$ 上函数 $y=f(x)$ 与 x 轴围成的区域面积，正值意味着该部分的面积在 x 轴上方，负值意味着该部分的面积在 x 轴下方. 用数学符号表示为

$$\int_a^b f(x)\,\mathrm{d}x = A_{\mathrm{up}} - A_{\mathrm{down}}$$

A_{up} 与 A_{down} 如图 7 所示.

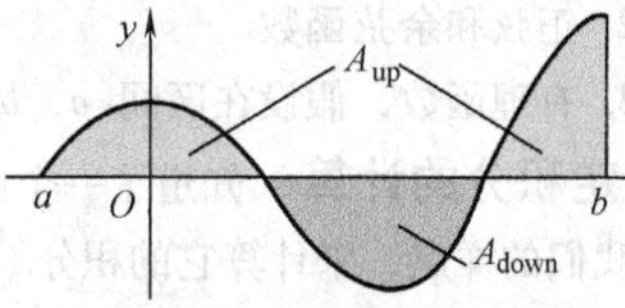

图 7

极限在定积分定义中的意义比先前的运用范围更为广泛，这里做个解释. 等式

$$\lim_{\|P\|\to 0}\sum_{i=1}^{n}f(\bar{x}_i)\Delta x_i = L$$

的意义是对于任意给出的 $\varepsilon>0$，必定存在着一个 $\delta>0$，使得

$$\left|\sum_{i=1}^{n}f(\bar{x}_i)\Delta x_i - L\right| < \varepsilon$$

对于所有区间 $[a,b]$ 上的黎曼和 $\sum\limits_{i=1}^{n}f(\bar{x}_i)\Delta x_i$（范数 $\|P\|$ 小于 δ 的分割）都成立. 在此意义上，我们说该极限存在且它的值为 L.

一下子讲的东西太多了，但我们并不准备立即消化这些知识. 在这里我们只是指出：一般的极限定理对上文这种极限一样适用.

回到符号 $\int_a^b f(x)\,\mathrm{d}x$，我们可以称 a 为积分的下端点，b 为积分的上端点. 但是，几乎所有的学者都使用"积分的**下限**""积分的**上限**"这样的术语. 我们也会这样使用，但前提是我们必须清楚这里**限**字同数学意义的极限没有任何关系.

在对 $\int_a^b f(x)\,\mathrm{d}x$ 的定义中假设了 $a<b$，而下面的定义可以帮我们去掉这种限制.

$$\int_a^a f(x)\,\mathrm{d}x = 0$$

$$\int_a^b f(x)\,\mathrm{d}x = -\int_b^a f(x)\,\mathrm{d}x,\ a>b$$

因此

$$\int_2^2 x^3\,\mathrm{d}x = 0,\ \int_6^2 x^3\,\mathrm{d}x = -\int_2^6 x^3\,\mathrm{d}x$$

最后必须指出的是，符号 $\int_a^b f(x)\,\mathrm{d}x$ 中的 x 是**哑变量**. 也就是说，x 可以被其他任何字母代替（当然，是

在x出现的每一个地方都被替换）. 因此

$$\int_a^b f(x)\,dx = \int_a^b f(t)\,dt = \int_a^b f(u)\,du$$

什么样的函数是可积的呢　并非所有的函数在闭区间$[a, b]$上都是可积的. 例如无界函数

$$f(x) = \begin{cases} \dfrac{1}{x^2}, x \neq 0 \\ 1, x = 0 \end{cases}$$

如图8所示，在$[-2, 2]$上是不可积的. 可证明此无界函数的黎曼和可以为任意大. 因此，在$[-2, 2]$上该黎曼和的极限并不存在.

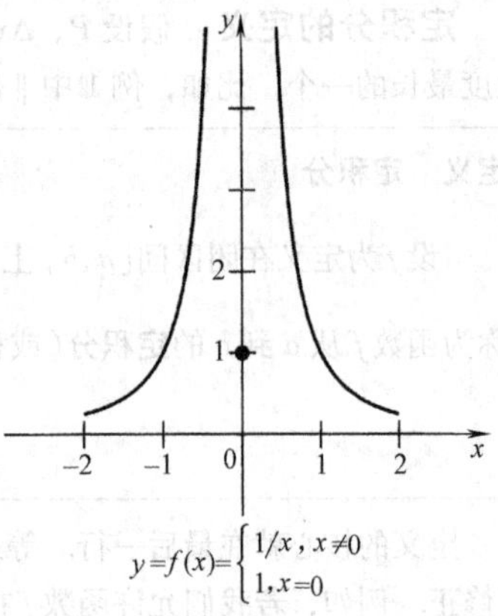

图　8

甚至有些有界函数也是不可积的，前提是这些函数足够复杂（参考习题39）. 定理A（如下）是关于积分的最重要的定理. 遗憾的是，在这里我们还没有办法证明它. 证明在更深入的微积分课本中会给出.

> **定理A　可积性定理**
>
> 如果有界函数f在$[a, b]$上除有限的一些点外处处连续，那么f在$[a, b]$上可积. 特别的，如果f在整个$[a, b]$区间上连续，则f在$[a, b]$上可积.

从定理可知，下列函数在每一个闭区间$[a, b]$上可积.

1. 多项式函数
2. 正弦和余弦函数
3. 有理函数，假设在区间$[a, b]$内分母不为0

定积分的计算　知道了一个函数是可积的后，我们可以用**正则分割法**（即等长分割），并选择任何有利于我们的样点，来计算它的积分. 例3和例4包含了可积的多项式，正如我们刚刚学到的一样.

例3　估算$\int_{-2}^{3}(x+3)\,dx$

解　将区间$[-2, 3]$分割成n份等长的小区间，每份长$\Delta x = 5/n$. 在每个小区间$[x_{i-1}, x_i]$中，令$\bar{x}_i = x_i$作为样点，则

$$x_0 = -2$$

$$x_1 = -2 + \Delta x = -2 + \frac{5}{n}$$

$$x_2 = -2 + 2\Delta x = -2 + 2 \times \frac{5}{n}$$

$$\vdots$$

$$x_i = -2 + i\Delta x = -2 + i \times \frac{5}{n}$$

$$\vdots$$

$$x_n = -2 + n\Delta x = -2 + n \times \frac{5}{n}$$

因此$f(x_i) = x_i + 3 = 1 + i \times \frac{5}{n}$，所以

$$\sum_{i=1}^{n} f(\bar{x}_i)\Delta x_i = \sum_{i=1}^{n} f(x_i)\Delta x = \sum_{i=1}^{n}\left(1 + i \times \frac{5}{n}\right) \times \frac{5}{n}$$

$$= \frac{5}{n}\sum_{i=1}^{n} 1 + \frac{25}{n^2}\sum_{i=1}^{n} i = \frac{5}{n} \times n + \frac{25}{n^2}\,\frac{n(n+1)}{2}$$

$$= 5 + \frac{25}{2}\left(1 + \frac{1}{n}\right)$$

因为 P 是一个定区域，$\|P\|\to 0$ 等同于 $n\to\infty$. 可以得出结论

$$\int_{-2}^{3}(x+3)\,\mathrm{d}x = \lim_{\|P\|\to 0}\sum_{i=1}^{n}f(\bar{x}_i)\Delta x_i = \lim_{n\to\infty}\left[5+\frac{25}{2}\left(1+\frac{1}{n}\right)\right] = \frac{35}{2}$$

我们可以很简单地检验一下答案，因为所要求的积分即为图 9 中所示的梯形的面积，我们可以从熟悉的梯形面积公式 $A=\frac{1}{2}(a+b)h$ 得到 $\frac{1}{2}(1+6)5=35/2$.

例 4 估算 $\int_{-1}^{3}(2x^2-8)\,\mathrm{d}x$.

解 这里没有基本的几何公式可以帮助我们，图 10 暗示了积分为 $-A_1+A_2$，其中 A_1 和 A_2 分别为 x 轴下方和上方的面积.

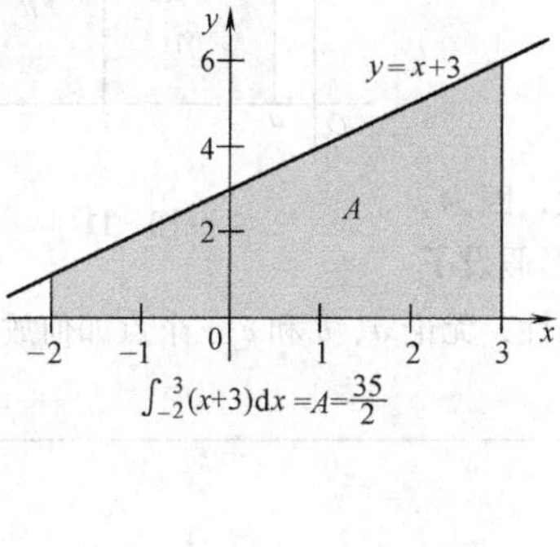

图 9

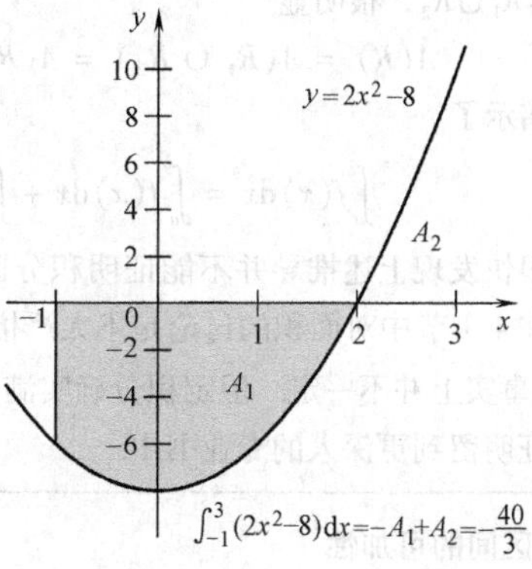

图 10

P 表示将区间 $[-1,\ 3]$ 等分为 n 份，每一份的长度 $\Delta x=4/n$. 在每个小区间 $[x_{i-1},\ x_i]$ 中，选择样点 $\bar{x}_i$ 为其右端点，则 $\bar{x}_i=x_i$，于是有

$$x_i = -1+i\Delta x = -1+i\times\frac{4}{n}$$

和

$$f(x_i) = 2x_i^2-8 = 2\left(-1+i\times\frac{4}{n}\right)^2-8$$

$$= -6-\frac{16i}{n}+\frac{32i^2}{n^2}$$

因此

$$\sum_{i=1}^{n}f(\bar{x}_i)\Delta x_i = \sum_{i=1}^{n}f(x_i)\Delta x$$

$$= \sum_{i=1}^{n}\left(-6-\frac{16}{n}i+\frac{32}{n^2}i^2\right)\frac{4}{n}$$

$$= -\frac{24}{n}\sum_{i=1}^{n}1-\frac{64}{n^2}\sum_{i=1}^{n}i+\frac{128}{n^3}\sum_{i=1}^{n}i^2$$

$$= -\frac{24}{n}(n)-\frac{64}{n^2}\frac{n(n+1)}{2}+\frac{128}{n^3}\frac{n(n+1)(2n+1)}{6}$$

$$= -24-32\left(1+\frac{1}{n}\right)+\frac{128}{6}\left(2+\frac{3}{n}+\frac{1}{n^2}\right)$$

由此得到结论

$$\int_{-1}^{3}(2x^2-8)\,dx = \lim_{\|P\|\to 0}\sum_{i=1}^{n} f(\bar{x}_i)\Delta x_i$$
$$= \lim_{n\to\infty}\left[-24-32\left(1+\frac{1}{n}\right)+\frac{128}{6}\left(2+\frac{3}{n}+\frac{1}{n^2}\right)\right]$$
$$= -24-32+\frac{128}{3} = -\frac{40}{3}$$

此题的答案是负值，但并不令人惊奇，因为 x 轴下方的区域明显比上方的区域要大(图 10). 我们的答案很接近于常识的估计值，这更坚定了对于答案正确的信心.

区间的可加性　定积分的定义是由曲线和坐标轴围成的区域的面积问题得来的，假设曲线和坐标轴围成的区域有两个 R_1 和 R_2，如图 11 所示.

令 $R=R_1\cup R_2$，很明显

$$A(R) = A(R_1\cup R_2) = A(R_1)+A(R_2)$$

此式暗示了

$$\int_a^c f(x)\,dx = \int_a^b f(x)\,dx + \int_b^c f(x)\,dx$$

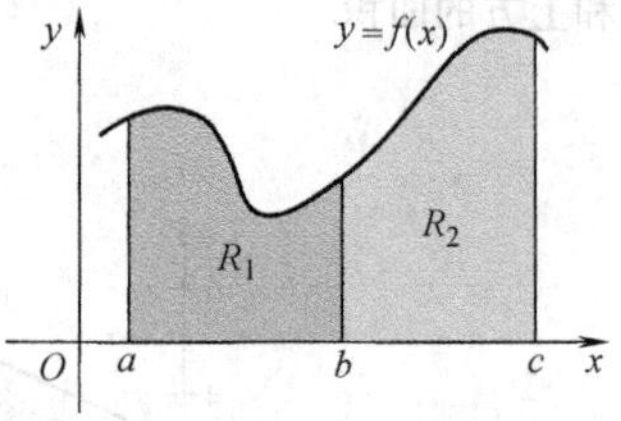

图　11

我们很快发现上述推导并不能证明积分区间可加性这一特性，因为，首先我们在 4.1 节中对面积的讨论是不太严格的，其次我们的图形假设了 f 是正值，事实上并不一定. 但定积分确实满足了这个区间的可加性，无论 a、b 和 c 三个点如何放置. 我们把严格的证明留到更深入的专业书中.

定理 B　区间的可加性

如果 f 在包含点 a，b 和 c 的区间上是可积的，那么

$$\int_a^c f(x)\,dx = \int_a^b f(x)\,dx + \int_b^c f(x)\,dx$$

a，b 和 c 如何排列无关紧要.

例如

$$\int_0^2 x^2\,dx = \int_0^1 x^2\,dx + \int_1^2 x^2\,dx$$

这是大多数人所坚信的，但下面的式子也是正确的

$$\int_0^2 x^2\,dx = \int_0^3 x^2\,dx + \int_3^2 x^2\,dx$$

也许看起来令人吃惊. 如果你不相信这一定理，也许可以试着计算一下上式的每个积分，看看等式两边是否相等.

速度和位移　在 4.1 节的结尾处我们解释过为什么当速度函数 $v(t)$ 是正值时，速度曲线下的面积和物体的位移相等. 一般地，位移(可正可负)和速度函数的定积分(可正可负)是相等的. 更准确地说，如果 $v(t)$ 是一个速度关于时间的函数，而且 $t\geqslant 0$，并且物体在时间 $t=0$ 时的位移是 0，那么在时间 $t=a$ 时物体的位移是 $\int_0^a v(t)\,dt$.

例 5　一个物体在时间 $t=0$s 时处于原点并有一个初速度，速度单位为 m/s，有

$$v(t) = \begin{cases} t/20, & 0\leqslant t\leqslant 40 \\ 2, & 40<t\leqslant 60 \\ 5-t/20, & 60<t \end{cases}$$

画出速度曲线. 以定积分的形式表示物体在 $t=140$s 时的位移并根据平面几何公式估算其值.

解 图 12 所示为速度曲线. 在 $t=140$ 时位移等于定积分 $\int_0^{140} v(t)\,dt$. 对此我们使用三角形和矩形的面积公式和区间的可加性(定理 B)

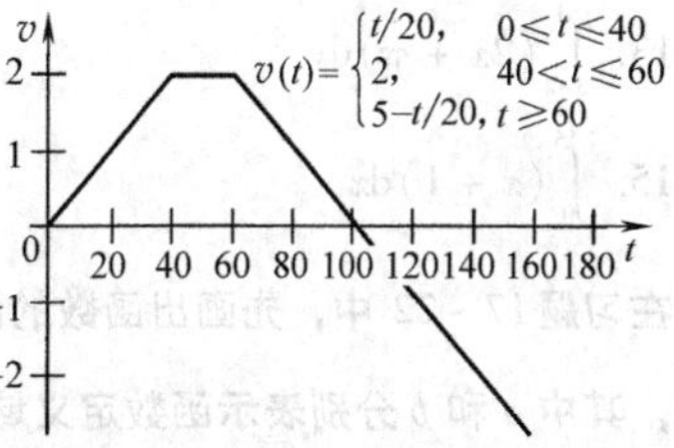

图 12

$$\int_0^{140} v(t)\,dt = \int_0^{40} \frac{t}{20}dt + \int_{40}^{60} 2dt + \int_{60}^{120}\left(5-\frac{t}{20}\right)dt$$

$$= 40+40+40-40$$

$$= 80$$

概念复习

1. 形如 $\sum_{i=1}^{n} f(\bar{x}_i)\Delta x_i$ 的和称为________.

2. 定义在 $[a, b]$ 上的函数 f 的和的极限称为________，用符号表示为________.

3. 从几何学上讲，定积分对应着一个有符号的面积，用 A_{up} 和 A_{down} 表示，$\int_a^b f(x)\,dx=$________.

4. $\int_{-1}^{4} x\,dx=$________.

习题 4.2

在习题 1 和习题 2 中，计算每个图形表示的黎曼和.

1.

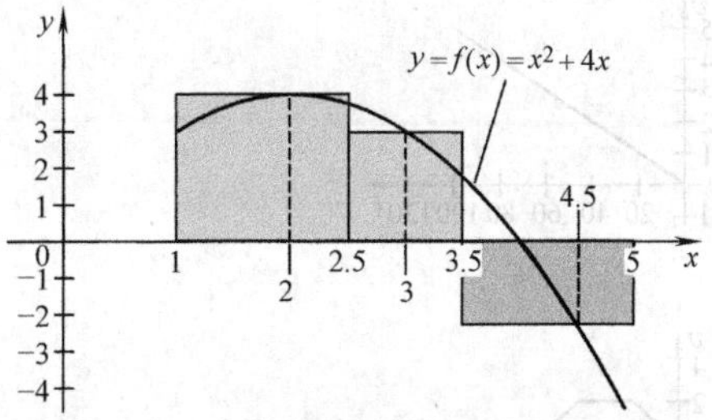

2.

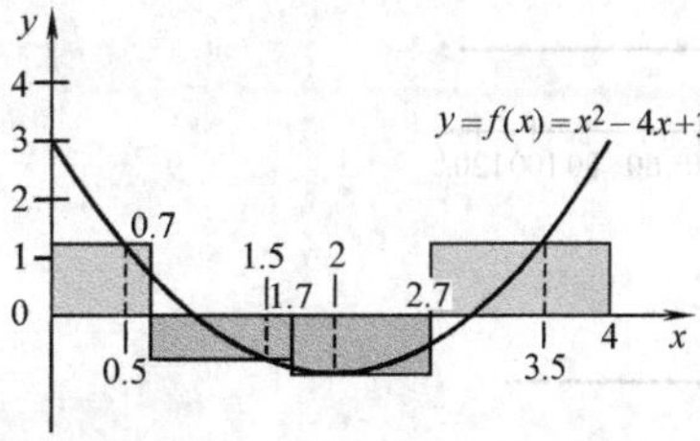

在习题 3 ~ 6 中，计算给出的每组数据的黎曼和 $\sum_{i=1}^{n} f(\bar{x}_i)\Delta x_i$.

3. $f(x)=x-1$；P：$3<3.75<4.25<5.5<6<7$；$\bar{x}_1=3$，$\bar{x}_2=4$，$\bar{x}_3=4.75$，$\bar{x}_4=6$，$\bar{x}_5=6.5$

4. $f(x)=-x/2+3$；P：$-3<-1.3<0<0.9<2$；$\bar{x}_1=-2$，$\bar{x}_2=-0.5$，$\bar{x}_3=0$，$\bar{x}_4=2$

[C] 5. 设 $f(x)=x^2/2+x$；区间 $[-2, 2]$ 被分割为 8 等份，$\bar{x}_i$ 为中点.

[C] 6. 设 $f(x)=4x^3+1$；区间 $[0, 3]$ 被分割为 6 等份，$\bar{x}_i$ 为右端点.

在习题 7 ~ 10，使用 a 与 b 的值表示给出的极限，将极限视为定积分.

7. $\lim_{\|P\|\to 0}\sum_{i=1}^{n}(\bar{x}_i)^3\Delta x_i; a=1, b=3$

8. $\lim_{\|P\|\to 0}\sum_{i=1}^{n}(\bar{x}_i+1)^3\Delta x_i; a=0, b=2$

9. $\lim_{\|P\|\to 0}\sum_{i=1}^{n}\frac{\bar{x}_i^2}{1+\bar{x}_i}\Delta x_i; a=-1, b=1$

10. $\lim_{\|P\|\to 0}\sum_{i=1}^{n}(\sin\bar{x}_i)^2\Delta x_i; a=0, b=\pi$

[≈] **在习题 11 ~ 16，运用定义估算定积分的值，正如例 3 和例 4 一样.**

11. $\int_0^2 (x+1)\,dx$

12. $\int_0^2 (x^2+1)\,dx$ 提示：用 $\bar{x}_i=2i/n$

13. $\int_{-2}^{1}(2x+\pi)\mathrm{d}x$

14. $\int_{-2}^{1}(3x^2+2)\mathrm{d}x$ 提示：用 $\bar{x}_i = -2+3i/n$

15. $\int_{0}^{5}(x+1)\mathrm{d}x$

16. $\int_{-10}^{10}(x^2+x)\mathrm{d}x$

在习题17～22中，先画出函数的图形，然后用区间可加性质和平面几何近似面积公式，计算 $\int_a^b f(x)\mathrm{d}x$ 的值，其中 a 和 b 分别表示函数定义域的左右端点.

17. $f(x)=\begin{cases}2x, & 0\leqslant x\leqslant 1\\ 2, & 1<x\leqslant 2\\ x, & 2<x\leqslant 5\end{cases}$

18. $f(x)=\begin{cases}3x, & 0\leqslant x\leqslant 1\\ 2(x-1)+2, & 1<x\leqslant 2\end{cases}$

19. $f(x)=\begin{cases}\sqrt{1-x^2}, & 0\leqslant x\leqslant 1\\ x-1, & 1<x\leqslant 2\end{cases}$

20. $f(x)=\begin{cases}-\sqrt{4-x^2}, & -2\leqslant x\leqslant 0\\ -2x-2, & 0<x\leqslant 2\end{cases}$

21. $f(x)=\sqrt{A^2-x^2},\ -A\leqslant x\leqslant A$

22. $f(x)=4-|x|,\ -4\leqslant x\leqslant 4$

在习题23～26中，题中给出了物体的速度函数．假设物体在 $t=0$ 时位于原点，求出 $t=4$ 时物体的位移.

23. $v(t)=t/60$

24. $v(t)=1+2t$

25. $v(t)=\begin{cases}t/2, & 0\leqslant t\leqslant 2\\ 1, & 2<t\leqslant 4\end{cases}$

26. $v(t)=\begin{cases}\sqrt{4-t^2}, & 0\leqslant t\leqslant 2\\ 0, & 2<t\leqslant 4\end{cases}$

在习题27～30中，题中给出了物体的速度函数的图形．利用图形求出物体在 $t=20$，40，60，80，100和120时的位移，假设物体在 $t=0$ 时位于原点处.

27.

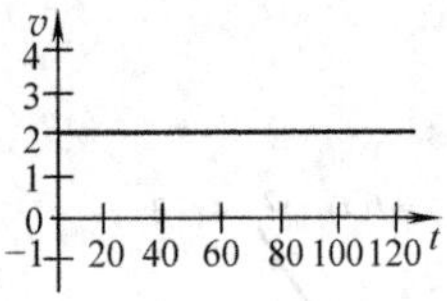

28.

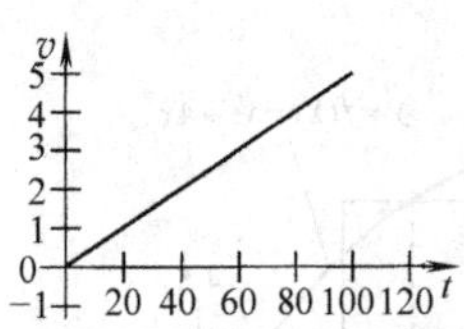

29.

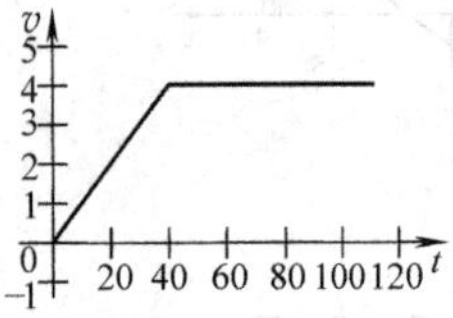

30.

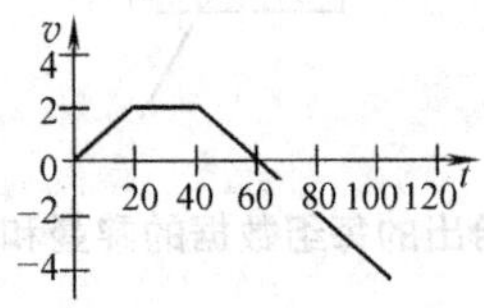

31. 符号 $[x]$ 表示一个小于或等于 x 的最大整数．请计算下面的积分．你可以利用几何解释和公式 $\int_0^b x^2\mathrm{d}x = b^3/3$（此公式在习题34中证明）.

(a) $\int_{-3}^{3}[x]\mathrm{d}x$ (b) $\int_{-3}^{3}[x]^2\mathrm{d}x$ (c) $\int_{-3}^{3}(x-[x])\mathrm{d}x$

(d) $\int_{-3}^{3}(x-[x])^2\mathrm{d}x$ (e) $\int_{-3}^{3}|x|\mathrm{d}x$ (f) $\int_{-3}^{3}x|x|\mathrm{d}x$

(g) $\int_{-1}^{2}|x|[x]\mathrm{d}x$ (h) $\int_{-1}^{2}x^2[x]\mathrm{d}x$

32. 如果 f 是奇函数而 g 是偶函数，而且 $\int_0^1|f(x)|\mathrm{d}x=\int_0^1 g(x)\mathrm{d}x=3$．借助图形来计算下列积分.

(a) $\int_{-1}^{1}f(x)\mathrm{d}x$ (b) $\int_{-1}^{1}g(x)\mathrm{d}x$ (c) $\int_{-1}^{1}|f(x)|\mathrm{d}x$

(d) $\int_{-1}^{1}[-g(x)]\mathrm{d}x$ (e) $\int_{-1}^{1}xg(x)\mathrm{d}x$ (f) $\int_{-1}^{1}f^3(x)g(x)\mathrm{d}x$

33. 通过完成以下结论来证明$\int_a^b x\mathrm{d}x = \frac{1}{2}(b^2 - a^2)$. 对于分区$a = x_0 < x_1 < \cdots < x_n = b$,让$\bar{x}_i = \frac{1}{2}(x_{i-1} + x_i)$,那么,$R_p = \sum_{i=1}^{n} \bar{x}_i \Delta x_i = \frac{1}{2}\sum_{i=1}^{n}(x_i + x_{i-1})(x_i - x_{i-1})$,先简化$R_p$,再取极限.

34. 类似习题33,用恒等式$\bar{x}_i = \left[\frac{1}{3}(x_{i-1}^2 + x_{i-1}x_i + x_i^2)\right]^{1/2}$来证明积分式$\int_a^b x^2\mathrm{d}x = \frac{1}{3}(b^3 - a^3)$,$0 \leqslant a < b$.

CAS 许多计算机代数系统(CAS)允许用左端点、右端点、中点来计算黎曼和. 使用这样的系统, 把定义域分为10份, 分别用左端点、右端点、中点计算下列式子的黎曼和.

35. $\int_0^2 (x^3 + 1)\mathrm{d}x$ 36. $\int_0^1 \tan x\mathrm{d}x$ 37. $\int_0^1 \cos x\mathrm{d}x$ 38. $\int_1^3 (1/x)\mathrm{d}x$

39. 证明函数f在区间$[0, 1]$上不可积, 如果

$$f(x) = \begin{cases} 1, x\text{是有理数} \\ 0, x\text{是无理数} \end{cases}$$

提示: 证明无论分割的范数$\|P\|$多么小, 其黎曼和都可以为0或1.

概念复习答案:

1. 黎曼和 2. 定积分, $\int_a^b f(x)\mathrm{d}x$ 3. $A_{\text{up}} - A_{\text{down}}$ 4. $\frac{15}{2}$

4.3 微积分第一基本定理

微积分主要研究极限, 而我们目前已研究的两个主要极限是导数和定积分. 一个函数f的导数是$f'(x) = \lim_{h\to 0}\frac{f(x+h) - f(x)}{h}$, 而它的定积分是$\int_a^b f(x)\mathrm{d}x = \lim_{\|P\|\to 0}\sum_{i=1}^{n} f(\bar{x}_i)\Delta x_i$.

到目前为止, 这两个极限无论怎样看都是毫无关系的. 但事实上, 它们有着密切的联系. 人们都知道牛顿和莱布尼茨同时而又独立地发现了微积分. 但是关于切线的斜率方面的内容, 在牛顿和莱布尼茨发现微积分几年前就为布莱丝·帕斯卡和艾萨克所知. 而且阿基米德更是早在公元前3世纪, 也就是1800多年以前就开始研究曲线底下区域的面积问题. 那么为什么只有牛顿和莱布尼茨获得如此高的声誉呢? 那是因为他们充分理解而且使用了定积分与不定积分间的密切关系. 这个重要的关系就称为微积分第一基本定理.

微积分第一基本定理 在学习数学的过程中应该遇到过不少"基本定理". 算术的第一基本定理告诉我们所有数都可分解为一组素数的乘积. 代数的第一基本定理则告诉我们n次多项式有n个方根, 包括复根和重根. 所有的"基本定理"都必须认真学习并且牢记住.

在4.1节的最后, 我们学习了这样一个问题, 一个物体的运动速度可表示为$v = f(t) = \frac{1}{4}t^3 + 1$. 我们发现在时间从$t = 0$到$t = 3$过程中, 物体位移为

$$\lim_{n\to\infty}\sum_{i=1}^{n} f(t_i)\Delta t = \frac{129}{16}$$

用4.2节的术语, 可以看到从时间$t = 0$到$t = 3$, 物体的位移等于定积分

$$\lim_{n\to\infty}\sum_{i=1}^{n} f(t_i)\Delta t = \int_0^3 f(t)\mathrm{d}t$$

(因为对于$t \geqslant 0$速度总是正的, t时间内物体通过的位移就等于物体在t时刻的位置. 如果速度在某些时间内为负, 那么物体在这段时间内是后退的, 这时物体通过的距离就不再等于它所在位置.) 我们可以用同样的方法分析从$t = 0$到$t = x$时物体通过的距离

$$s(x) = \int_0^x f(t)\,dt$$

而现在的问题是：s 的导数是多少呢？

既然距离的导数是速度(只要速度总是正的)，可得出下列结论

$$s'(x) = v = f(x)$$

换言之

$$\boxed{\frac{d}{dx}s(x) = \frac{d}{dx}\int_0^x f(t)\,dt = f(x)}$$

接下来，我们定义 $A(x)$ 为 $y=\frac{1}{3}t+\frac{2}{3}$ 与 x 轴、$t=1$、$t=x(x\geqslant 1)$ 所围成的图形的面积，如图1所示. 因为该函数积分是从一定点($t=1$)到一可变化值($t=x$)的曲线下的面积，所以被称为**积分函数**. 那么，A 的导数又是多少呢？

面积 $A(x)$ 等于定积分

$$A(x) = \int_1^x\left(\frac{2}{3}+\frac{1}{3}t\right)dt$$

这样，我们就可以用几何学的方法来计算该定积分了，$A(x)$ 是一个梯形的面积，所以

$$A(x) = (x-1)\frac{1+\left(\frac{2}{3}+\frac{1}{3}x\right)}{2} = \frac{1}{6}x^2+\frac{2}{3}x-\frac{5}{6}$$

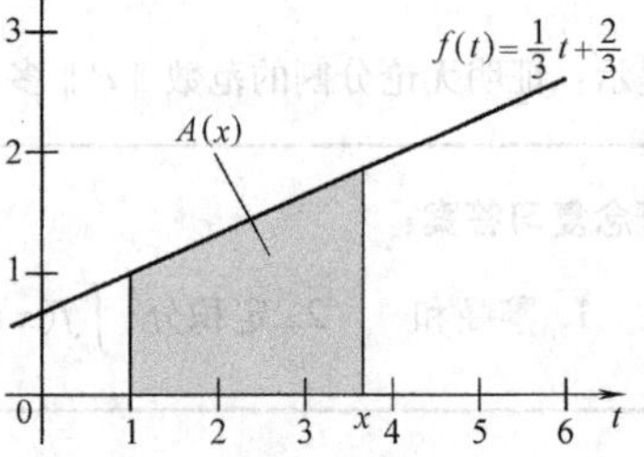

图 1

可以看出 A 的导数是

$$A'(x) = \frac{d}{dx}\left(\frac{1}{6}x^2+\frac{2}{3}x-\frac{5}{6}\right) = \frac{1}{3}x+\frac{2}{3}$$

换言之

$$\frac{d}{dx}\int_1^x\left(\frac{2}{3}+\frac{1}{3}t\right)dt = \frac{2}{3}+\frac{1}{3}x$$

术语

- 不定积分 $\int f(x)\,dx$ 是关于 x 的**函数族**.
- 若 a 和 b 是固定的常数，则定积分 $\int_a^b f(x)\,dx$ 是**一个数**.
- 如果一个定积分的上限是变量 x，那么这个定积分 $\left(如\int_a^x f(t)\,dt\right)$ 就是**一个关于 x 的函数**.
- 我们称形如 $F(x) = \int_a^x f(t)\,dt$ 的函数为**积分函数**.

让我们来定义另一个积分函数 B，B 是由曲线 $y=t^2$ 与 t 轴、直线 $t=0$ 和 $t=x$ 所围成的面积，如图2所示.

此面积等于定积分 $\int_0^x t^2\,dt$. 为了计算这块面积的大小，我们首先构造一个黎曼和. 选用正则分割划分$[0, x]$，然后计算函数在每个区间右端点的值. 那么 $\Delta t = x/n$，而且第 n 个区间最右端是 $t_i = 0 + i\Delta t = ix/n$. 因此黎曼和等于

$$\sum_{i=1}^n f(t_i)\Delta t = \sum_{i=1}^n f\left(\frac{ix}{n}\right)\frac{x}{n} = \frac{x}{n}\sum_{i=1}^n\left(\frac{ix}{n}\right)^2 = \frac{x^3}{n^3}\sum_{i=1}^n i^2$$

$$= \frac{x^3}{n^3}\,\frac{n(n+1)(2n+1)}{6}$$

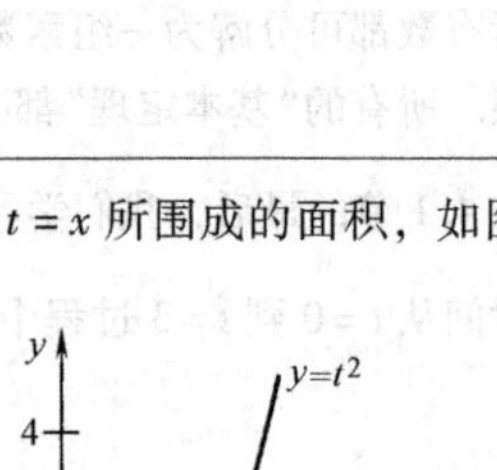

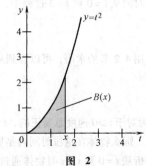

图 2

定积分就是这些黎曼和的极限，即

$$\int_0^x t^2\,dt = \lim_{n\to\infty}\sum_{i=1}^n f(t_i)\Delta t = \lim_{n\to\infty}\frac{x^3}{n^3}\frac{n(n+1)(2n+1)}{6}$$

$$= \frac{x^3}{6}\lim_{n\to\infty}\frac{2n^3+3n^2+n}{n^3}$$

$$= \frac{x^3}{6}\times 2 = \frac{x^3}{3}$$

因此

$$B'(x) = \frac{d}{dx}\frac{x^3}{3} = x^2$$

换言之

$$\boxed{\frac{d}{dx}\int_0^x t^2\,dt = x^2}$$

方框里的结果表明积分方程的导数等于被积的函数．但这总是正确的吗？如果是，那又是为什么呢？

假设我们用一把能“自动伸缩”的画笔来涂刷曲线下面的区域．(使用“自动伸缩”这一词，意思是它能随着曲线区域的大小而改变涂刷的宽度，使得曲线下面的区域刚好被完全涂刷．如图 3 所示)这样的话，要求的面积就刚好是被涂刷部分的面积，而且面积积累的速度就是被涂刷的速度．而且我们知道，涂刷速度的变化率等于画笔的宽度，也就是曲线的高度．我们把上面的结果重新叙述，那就是

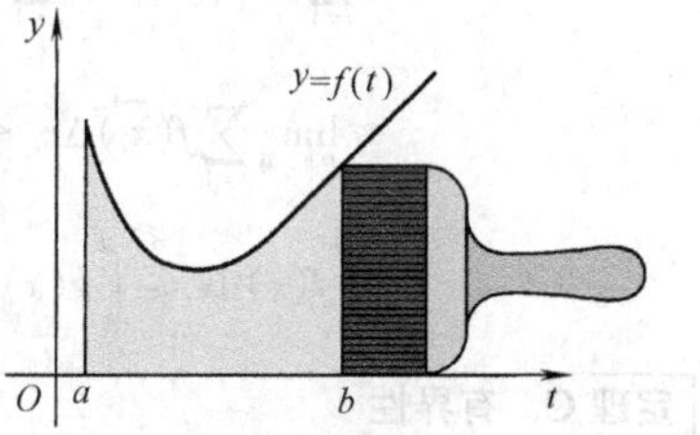

图 3

在时间 $t=x$ 积累的速度等于被积函数在 $t=x$ 时的值

用一句话概括起来，就是微积分第一基本定理．说它是**基本**的，因为它把两个重要的极限——导数和定积分——联系在一起了．

> **定理 A　微积分第一基本定理**
>
> f 是闭区间$[a,\ b]$上的连续函数，x 是$(a,\ b)$内一点．则
>
> $$\frac{d}{dx}\int_a^x f(t)\,dt = f(x)$$

简要的证明　现在我们来做一个简要的证明．该简要证明列出了证明的要点．但要完成完整的证明则必须等我们有了一些其他的结论之后．定义函数 $F(x) = \int_a^x f(t)\,dt$，定义域为 $x\in[a,\ b]$．那么对于 $x\in(a,\ b)$

$$\frac{d}{dx}\int_a^x f(t)\,dt = F'(x) = \lim_{h\to0}\frac{F(x+h)-F(h)}{h}$$

$$= \lim_{h\to0}\frac{1}{h}\left[\int_a^{x+h} f(t)\,dt - \int_a^x f(t)\,dt\right]$$

$$= \lim_{h\to0}\frac{1}{h}\int_x^{x+h} f(t)\,dt$$

最后一行应用了区间可加性(定理 4.2B)．当 h 很小时，在区间$[x,\ x+h]$中，f 变化不大．在这个区间内，f 近似等于 $f(x)$，也就是 f 在左端点的值，如图 4 所示．在区间$(x,\ x+h)$内，曲线 $y=f(t)$ 下的面积近似等于宽为 h、高为 $f(x)$ 的矩形的面积．即，$\int_x^{x+h} f(t)\,dt \approx hf(x)$．因此

$$\frac{d}{dx}\int_a^x f(t)\,dt \approx \lim_{h\to0}\frac{1}{h}[hf(x)] = f(x)$$

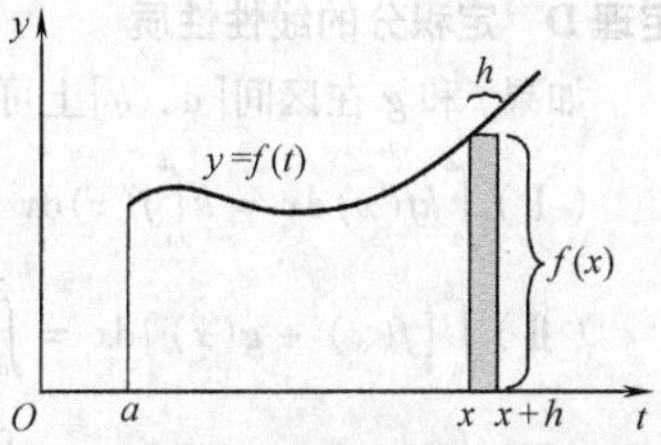

图 4

当然，这样论证的缺点是，h 是不可能为零的，因此，我们不能说

f 在区间 $[x, x+h]$ 中没有变化. 在这一节的最后，我们将给出它的完整证明.

可比性 观察图5中区域 R_1、区域 R_2 的面积，会让我们发现定积分的另一性质.

> **定理B 可比性**
>
> 如果函数 f 和 g 在 $[a, b]$ 上可积，$f(x) \leqslant g(x)$ 对于所有的 $x \in [a, b]$ 成立，则
>
> $$\int_a^b f(x)\,dx \leqslant \int_a^b g(x)\,dx$$
>
> 用非正式的描述性语言来说就是定积分具有保不等式性.

证明 假设 P：$a = x_0 < x_1 < x_2 < \cdots < x_n = b$ 是 $[a, b]$ 上的任一分割，且对于每一个 i，令 $\bar{x}_i$ 是第 i 个小区间 $[x_{i-1}, x_i]$ 上的任一点. 可以总结出

$$f(\bar{x}_i) \leqslant g(\bar{x}_i)$$

$$f(\bar{x}_i)\Delta x_i \leqslant g(\bar{x}_i)\Delta x_i$$

$$\sum_{i=1}^{n} f(\bar{x}_i)\Delta x_i \leqslant \sum_{i=1}^{n} g(\bar{x}_i)\Delta x_i$$

$$\lim_{\|P\|\to 0}\sum_{i=1}^{n} f(\bar{x}_i)\Delta x_i \leqslant \lim_{\|P\|\to 0}\sum_{i=1}^{n} g(\bar{x}_i)\Delta x_i$$

$$\int_a^b f(x)\,dx \leqslant \int_a^b g(x)\,dx$$

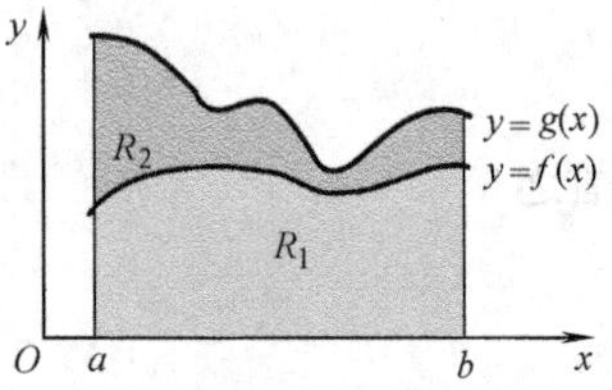

图 5

> **定理C 有界性**
>
> 如果 f 在区间 $[a, b]$ 上可积，而且对于所有 $x \in [a, b]$，有 $m \leqslant f(x) \leqslant M$，那么
>
> $$m(b-a) \leqslant \int_a^b f(x)\,dx \leqslant M(b-a)$$

证明 图6可以帮助我们理解这一定理. 从图6中可看到 $m(b-a)$ 表示的是矮小的矩形的面积，而 $M(b-a)$ 表示的是大的矩形的面积，$\int_a^b f(x)\,dx$ 则表示的是曲线下阴影部分的面积.

为了证明定理C中右边的不等式，对于所有 $x \in [a, b]$，令 $g(x) = M$，那么根据定理B，有

$$\int_a^b f(x)\,dx \leqslant \int_a^b g(x)\,dx$$

而 $\int_a^b g(x)\,dx$ 是等于宽为 $b-a$、高为 M 的矩形的面积的，因此

$$\int_a^b g(x)\,dx = M(b-a)$$

左边的不等式可类似证明.

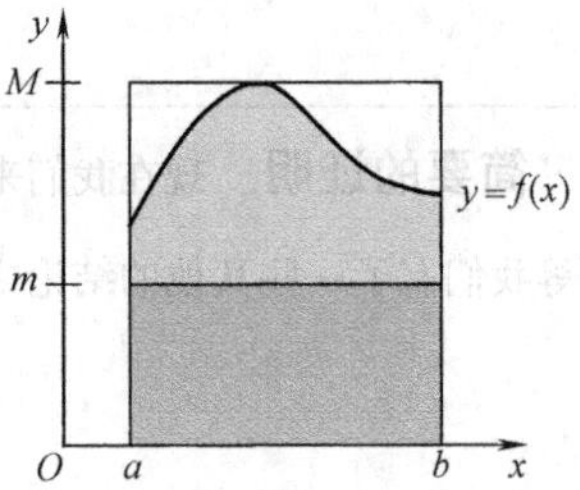

图 6

定积分是一个线性运算符 先前我们知道了 D_x、$\int\cdots dx$ 和 Σ 是线性运算符，现在可以把 $\int_a^b\cdots dx$ 也加到里面去.

> **定理D 定积分的线性性质**
>
> 如果 f 和 g 在区间 $[a, b]$ 上可积，且 k 是一个常数，则 kf 与 $f+g$ 可积，且有
>
> (Ⅰ) $\int_a^b kf(x)\,dx = k\int_a^b f(x)\,dx$；
>
> (Ⅱ) $\int_a^b [f(x)+g(x)]\,dx = \int_a^b f(x)\,dx + \int_a^b g(x)\,dx$；
>
> (Ⅲ) $\int_a^b [f(x)-g(x)]\,dx = \int_a^b f(x)\,dx - \int_a^b g(x)\,dx$.

证明 （Ⅰ）和（Ⅱ）的证明依赖$\sum$的线性关系和极限的性质．我们在这里只证（Ⅱ）

$$\begin{aligned}\int_a^b[f(x)+g(x)]\mathrm{d}x &= \lim_{\|P\|\to 0}\sum_{i=1}^n[f(\bar{x}_i)+g(\bar{x}_i)]\Delta x_i \\ &= \lim_{\|P\|\to 0}\left[\sum_{i=1}^n f(\bar{x}_i)\Delta x_i+\sum_{i=1}^n g(\bar{x}_i)\Delta x_i\right] \\ &= \lim_{\|P\|\to 0}\sum_{i=1}^n f(\bar{x}_i)\Delta x_i+\lim_{\|P\|\to 0}\sum_{i=1}^n g(\bar{x}_i)\Delta x_i \\ &= \int_a^b f(x)\mathrm{d}x+\int_a^b g(x)\mathrm{d}x\end{aligned}$$

只需把$f(x)-g(x)$写成$f(x)+(-1)g(x)$，就可按上面方法可证（Ⅲ）．

微积分第一基本定理的证明 有了上面的这些结论，就可证明微积分第一基本定理．

证明 在前面的简要证明中，我们曾定义$F(x)=\int_a^x f(t)\mathrm{d}t$，而且我们已经证明了

$$F(x+h)-F(x)=\int_x^{x+h}f(t)\mathrm{d}t$$

假设$h>0$，m，M分别为f在区间$[x,x+h]$上的最小、最大值，如图7所示．根据定理C，

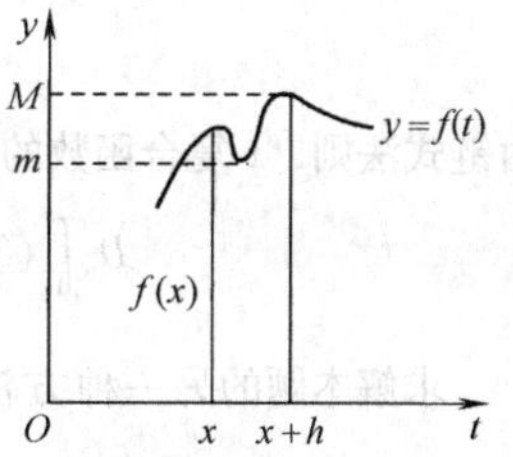

图 7

$$mh\leqslant\int_x^{x+h}f(t)\mathrm{d}t\leqslant Mh$$

或者

$$mh\leqslant F(x+h)-F(x)\leqslant Mh$$

各边同除以h后得到

$$m\leqslant\frac{F(x+h)-F(x)}{h}\leqslant M$$

可以看出m和M是依赖于h的．更重要的是，由于f是连续的，所以当$h\to 0$时，m和M都趋向于$f(x)$．因此，根据夹逼定理，有

$$\lim_{h\to 0}\frac{F(x+h)-F(x)}{h}=f(x)$$

当$h<0$时可用类似的方法证明．

这个定理一个理论性的结论是，每一个连续的函数f都有一个不定积分F

$$F(x)=\int_a^x f(t)\mathrm{d}t$$

然而，这对我们要找某个函数的积分帮助并不大．第7.6节给出了几个重要的积分函数．在第6章，我们将把自然指数定义为积分函数的形式．

例1 求$\frac{\mathrm{d}}{\mathrm{d}x}\int_1^x t^3\mathrm{d}t=x^3$

解 根据微积分第一基本定理

$$\frac{\mathrm{d}}{\mathrm{d}x}\int_1^x t^3\mathrm{d}t=x^3$$

例2 求$\frac{\mathrm{d}}{\mathrm{d}x}\int_2^x\frac{t^{3/2}}{\sqrt{t^2+17}}\mathrm{d}t$

解 你可以挑战一下自己，先求定积分，然后计算导数．但如果使用微积分第一定理的话，问题变得简单多了

$$\frac{\mathrm{d}}{\mathrm{d}x}\int_2^x\frac{t^{3/2}}{\sqrt{t^2+17}}\mathrm{d}t=\frac{x^{3/2}}{\sqrt{x^2+17}}$$

例 3 求 $\frac{d}{dx}\int_x^4 \tan^2 u \cos u dt, \frac{\pi}{2} < x < \frac{3\pi}{2}$

解 使用哑元 u 代替 t 并不防碍我们的求解. 问题是 x 是积分的下限而不是上限，有点儿让人为难了. 不过，下面我们将给出解决问题的方法.

$$\begin{aligned}\frac{d}{dx}\int_x^4 \tan^2 u \cos u du &= \frac{d}{dx}\left(-\int_4^x \tan^2 u \cos u du\right) \\ &= -\frac{d}{dx}\int_4^x \tan^2 u \cos u du \\ &= -\tan^2 x \cos x\end{aligned}$$

通过在积分式前加一个负号，就可以调换积分式的上限和下限了 $\left(\right.$ 回忆一下，我们是这样定义的：$\int_b^a f(x)dx = -\int_a^b f(x)dx.\left.\right)$

例 4 用两种方法求 $D_x\int_1^{x^2}(3t-1)dt$

解 尽管我们面临一个更复杂的情况，上限由 x 变为了 x^2，依然可以应用微积分第一基本定理求解这一导数. 本题的求解还应用了链式法则. 原导数式等价于

$$\int_1^u (3t-1)dt, \text{其中 } u = x^2$$

由链式法则，x 复合函数的导数为

$$D_u\int_1^u (3t-1)dt \cdot D_x u = (3u-1)(2x) = (3x^2-1)(2x) = 6x^3 - 2x$$

求解本题的另一种方法是，首先求解定积分，再求导数. 定积分 $\int_1^{x^2}(3t-1)dt$ 的值等于围在直线 $y=3t-1$，$t=1$ 和 $t=x^2$ 间的面积的值，如图 8 所示. 因为所围成的梯形的面积为

$$\frac{x^2-1}{2}[2+(3x^2-1)] = \frac{3}{2}x^4 - x^2 - \frac{1}{2}$$

所以

$$\int_1^{x^2}(3t-1)dt = \frac{3}{2}x^4 - x^2 - \frac{1}{2}$$

因此

$$D_x\int_1^{x^2}(3t-1)dt = D_x\left(\frac{3}{2}x^4 - x^2 - \frac{1}{2}\right) = 6x^3 - 2x$$

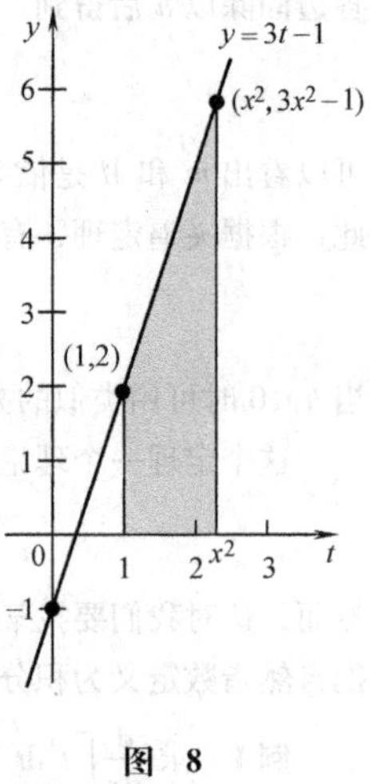

图 8

位移 在这一节最后我们将看到如何把一个物体的位移(以原点为起始点)等同于一个关于速度函数的定积分. 这就要引入积分函数，如下例所示.

例 5 当时间为 0 时，一个处于原点的物体具有速度(单位为 m/s)

$$v(t) = \begin{cases} t/20, & 0 \leqslant t \leqslant 40 \\ 2, & 40 < t \leqslant 60 \\ 5 - t/20, & t > 60 \end{cases}$$

什么时候，这物体会回到原点呢?

解 把 $F(a) = \int_0^a v(t)dt$ 定义为物体在时间 a 时的位移，如图 9 所示. 若物体在时间 a 回到原点，那么函数一定满足 $F(a)=0$. 因为在 0 到 100 之间，曲线与 x 轴所围成的面积在 x 轴上方，而要使 100 到 a 之间曲线与 x 轴围成的在 x 轴下方的面积等于上方的面积，才能使 $F(a)=0$. 因此，a 也必然大于 100. 所以

$$\begin{aligned}F(a) &= \int_0^a v(t)dt = \int_0^{100} v(t)dt + \int_{100}^a v(t)dt \\ &= \frac{1}{2}40 \times 2 + 20 \times 2 + \frac{1}{2}40 \times 2 + \int_{100}^a (5 - t/20)dt \\ &= 120 + \frac{1}{2}(a-100)(5-a/20) = -130 + 5a - \frac{1}{40}a^2\end{aligned}$$

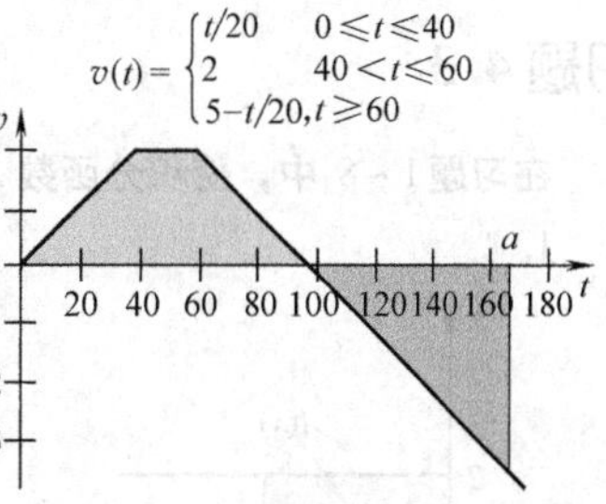

图 9

令 $F(a)=0$. 此二次方程的解分别为 $a=100\pm 40\sqrt{3}$. 由于小于 100 的解不符题意，因此，只保留 $a=100+40\sqrt{3}\approx 169.3$.

检验：

$$\begin{aligned}F(a) &= \int_0^{100+40\sqrt{3}} v(t)\,\mathrm{d}t \\ &= \int_0^{100} v(t)\,\mathrm{d}t + \int_{100}^{100+40\sqrt{3}} v(t)\,\mathrm{d}t \\ &= 120 + \frac{1}{2}(100+40\sqrt{3}-100)[5-(100+40\sqrt{3})/20] = 0\end{aligned}$$

因此，物体在时间 $t=100+40\sqrt{3}\approx 169.3\mathrm{s}$ 时回到原点.

估算定积分的方法 下例将会展示一种估算定积分的方法. 这种方法看起来确实冗长而笨拙，请耐心，我们在下一节将会用一种更便捷的方法来估算定积分.

例 6 令 $A(x) = \int_1^x t^3\,\mathrm{d}t$

(a) 如果 $y=A(x)$，证明 $\mathrm{d}y/\mathrm{d}x = x^3$

(b) 如果 $x=1$ 时，$y=0$，求解由 (a) 得到的微分方程.

(c) 求 $\int_1^4 t^3\,\mathrm{d}t$.

解 (a) 根据微积分第一基本定理，有

$$\frac{\mathrm{d}y}{\mathrm{d}x} = A'(x) = x^3$$

(b) 我们可以看到微分方程是可以分离变量的，因此

$$\mathrm{d}y = x^3\,\mathrm{d}x$$

两边积分，可得

$$y = \int x^3\,\mathrm{d}x = \frac{x^4}{4} + C$$

当 $x=1$ 时，有 $y = A(1) = \int_1^1 t^3\,\mathrm{d}t = 0$. 因此，我们选择常数 C，使得

$$0 = A(1) = \frac{1^4}{4} + C$$

因此，$C=-1/4$. 微分方程的解为 $y=x^4/4-1/4$.

(c) 由 $y=A(x)=x^4/4-1/4$，可得

$$\int_1^4 t^3\,\mathrm{d}t = A(4) = \frac{4^4}{4} - \frac{1}{4} = 64 - \frac{1}{4} = \frac{255}{4}$$

概念复习

1. 由于对于所有 $x\in[2,4]$，都有 $4\leqslant x^2\leqslant 16$，根据定积分的有界性，有________ $\leqslant \int_2^4 x^2\,\mathrm{d}x \leqslant$ ________.

2. $\frac{\mathrm{d}}{\mathrm{d}x}\int_1^x \sin^3 t\,\mathrm{d}t =$ ________.

3. 根据线性性质，$\int_1^4 cf(x)\,\mathrm{d}x = c$ ________ 和 $\int_2^5 (x+\sqrt{x})\,\mathrm{d}x = \int_2^5 x\,\mathrm{d}x +$ ________.

4. 如果 $\int_1^4 f(x)\,\mathrm{d}x = 5$，且对于所有 $x\in[1,4]$，都有 $g(x)\leqslant f(x)$，那么由可比性，有 $\int_1^4 g(x)\,\mathrm{d}x \leqslant$ ________.

习题 4.3

在习题 1 ~ 8 中，使积分函数 $A(x)$ 所表示的面积等于图中阴影部分的面积.

1.

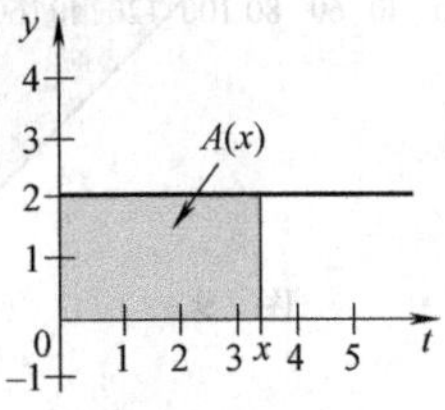

2.

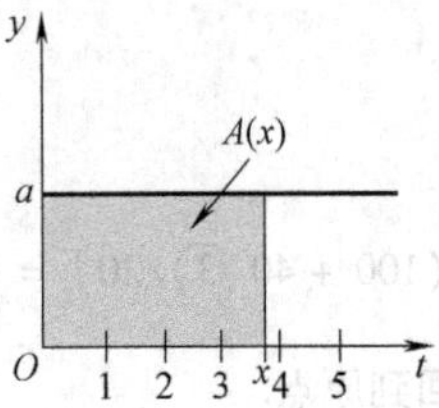

3.

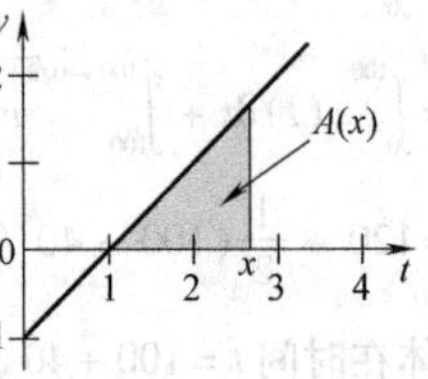

4.

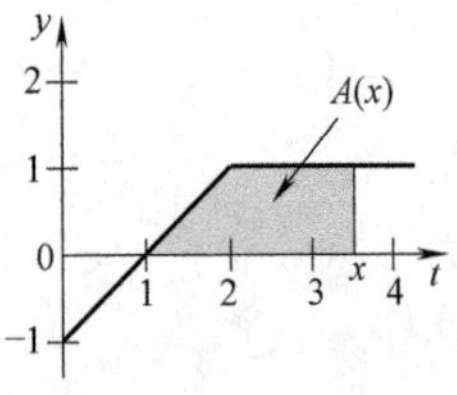

5.

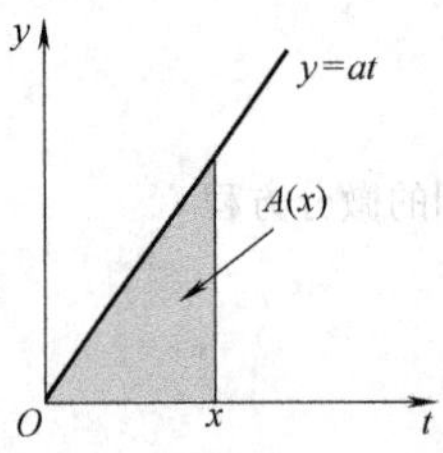

6.

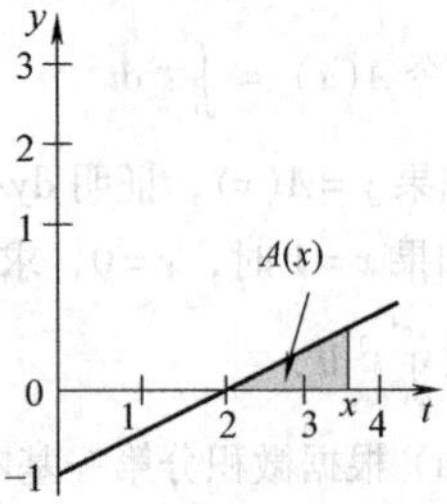

7.

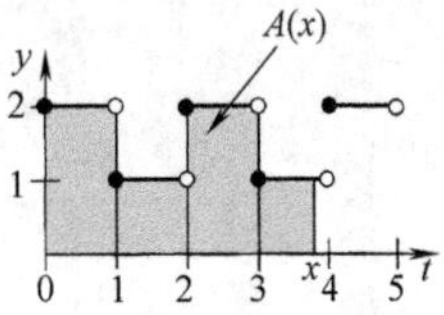

8.

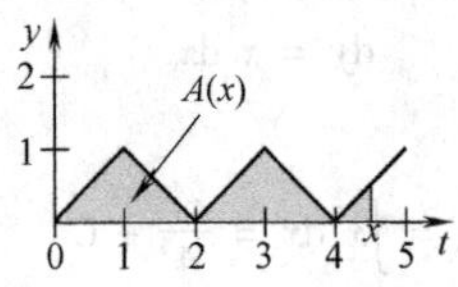

假如 $\int_0^1 f(x)\,dx = 2$，$\int_1^2 f(x)\,dx = 3$，$\int_0^1 g(x)\,dx = -1$ 且 $\int_0^2 g(x)\,dx = 4$. 使用定积分的性质(线性、可加性等等)来计算习题 9 ~ 16 中的积分.

9. $\int_1^2 2f(x)\,dx$

10. $\int_0^2 2f(x)\,dx$

11. $\int_0^2 [2f(x) + g(x)]\,dx$

12. $\int_0^1 [2f(s) + g(s)]\,ds$

13. $\int_2^1 [2f(s) + 5g(s)]\,ds$

14. $\int_1^1 [3f(x) + 2g(x)]\,dx$

15. $\int_0^2 [3f(t) + 2g(t)]\,dt$

16. $\int_0^2 [\sqrt{3}f(t) + \sqrt{2}g(t) + \pi]\,dt$

在习题 17 ~ 26 中，求 $G'(x)$.

17. $G(x) = \int_1^x 2t\,dt$

18. $G(x) = \int_x^1 2t\,dt$

19. $G(x) = \int_0^x (2t^2 + \sqrt{t})\,dt$

20. $G(x) = \int_1^x \cos^3 2t \tan t\,dt$，$-\pi/2 < x < \pi/2$

21. $G(x) = \int_x^{\pi/4} (s-2)\cot 2s\,ds$，$0 < x < \pi/2$

22. $G(x) = \int_1^x xt\,dt$（请仔细）

23. $G(x) = \int_1^{x^2} \sin t\,dt$

24. $G(x) = \int_1^{x^2+x} \sqrt{2z + \sin z}\,dz$

25. $G(x) = \int_{-x^2}^x \frac{t^2}{1+t^2}\,dt$　提示：$\int_{-x^2}^x = \int_{-x^2}^0 + \int_0^x$

26. $G(x) = \int_{\cos x}^{\sin x} t^5\,dt$

在习题 27 ~ 32 中，找出函数 $y=f(x)$，$x\geqslant 0$ 的图形为(a)递增和(b)上凹部分所对应的区间.

27. $f(x)=\int_0^x \frac{s}{\sqrt{1+s^2}}\,\mathrm{d}s$　　28. $f(x)=\int_0^x \frac{1+t}{1+t^2}\,\mathrm{d}t$

29. $f(x)=\int_0^x \cos u\,\mathrm{d}u$　　30. $f(x)=\int_0^x (t+\sin t)\,\mathrm{d}t$

31. $f(x)=\int_1^x \frac{1}{\theta}\mathrm{d}\theta$　　32. $f(x)$是在习题 8 中的函数 $A(x)$

在习题 33 ~ 36 中，先画出 f 的图形，再使用定积分的区间可加性和线性来求得 $\int_0^4 f(x)\,\mathrm{d}x$.

33. $f(x)=\begin{cases}2, & 0\leqslant x<2\\ x, & 2\leqslant x\leqslant 4\end{cases}$　　34. $\begin{cases}1, & 0\leqslant x<1\\ x, & 1\leqslant x<2\\ 4-x, & 2\leqslant x\leqslant 4\end{cases}$

35. $f(x)=|x-2|$　　36. $f(x)=3+|x-3|$

37. 一函数为 $G(x)=\int_0^x f(t)\,\mathrm{d}t$. $f(x)$是沿着直线 $y=2$ 在区间$[0,10]$内上下振荡的函数，如图 10 所示.

(a) 当 x 为多少时，$G(x)$会取得局部极大值、极小值？

(b) $G(x)$在哪里会取得绝对最大值、绝对最小值？

(c) $G(x)$在哪个区间上为下凹函数？

(d) 绘出 $G(x)$的图形.

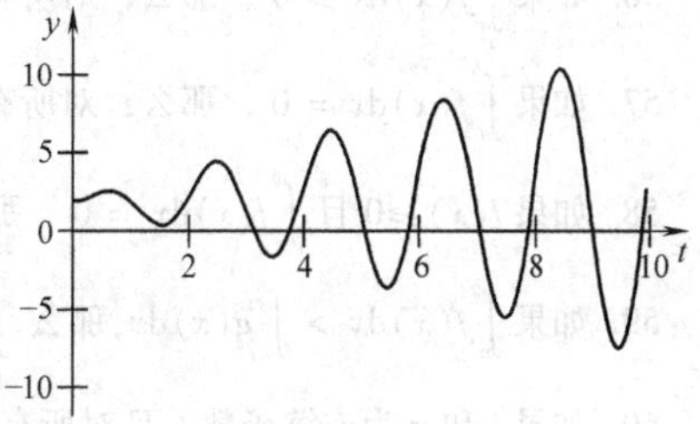

图　10

38. 一函数为 $G(x)=\int_0^x f(t)\,\mathrm{d}t$. $f(x)$是沿着直线 $y=2$ 在区间$[0,10]$内上下振荡的函数，如图 11 所示. 重做习题 37.

39. 令 $F(x)=\int_0^x (t^4+1)\,\mathrm{d}t$.

(a) 求 $F(0)$.

(b) 令 $y=F(x)$. 应用微积分第一基本定理求得 $\mathrm{d}y/\mathrm{d}x=F'(x)=x^4+1$. 求解微分方程 $\mathrm{d}y/\mathrm{d}x=x^4+1$.

(c) 当 $x=0$ 时，$y=F(0)$，解此微分方程.

(d) 证明 $\int_0^1 (x^4+1)\,\mathrm{d}x=\frac{6}{5}$.

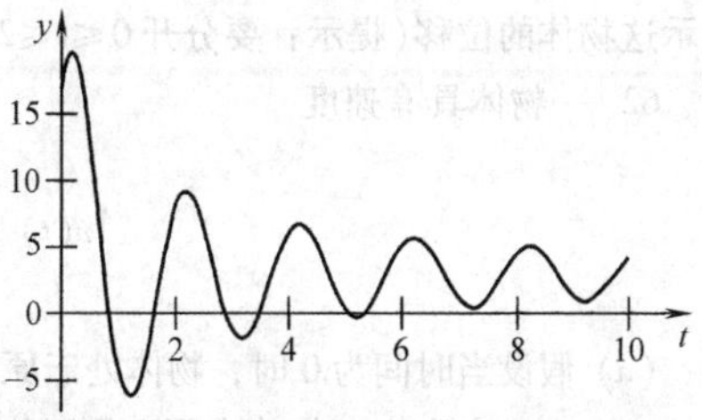

图　11

40. 令 $G(x)=\int_0^x \sin t\,\mathrm{d}t$.

(a) 求 $G(0)$和 $G(2\pi)$.

(b) 令 $y=G(x)$. 应用微积分第一基本定理求得 $\mathrm{d}y/\mathrm{d}x=G'(x)=\sin x$. 求解微分方程 $\mathrm{d}y/\mathrm{d}x=\sin x$.

(c) 如果当 $x=0$ 时 $y=G(0)$，求解微分方程.

(d) 证明 $\int_0^\pi \sin x\,\mathrm{d}x=2$.

(e) 在区间$[0,4\pi]$上找出 G 的所有极值点和拐点.

(f) 绘出 $y=G(x)$在区间$[0,4\pi]$上的图形.

41. 证明 $1\leqslant\int_0^1 \sqrt{1+x^4}\,\mathrm{d}x\leqslant\frac{6}{5}$. 提示：当 $x\in[0,1]$时，有 $1\leqslant\sqrt{1+x^4}\leqslant 1+x^4$. 然后使用可比性定理和习题 39 的结果.

42. 证明 $2\leqslant\int_0^1 \sqrt{4+x^4}\,\mathrm{d}x\leqslant\frac{21}{5}$.（提示：参考习题 41）

GC 在习题 43 ~ 48 中，使用图形计算器画出被积函数的图形，然后使用有界性找出每项的上限和下限.

43. $\int_0^4 (5+x^3)\,\mathrm{d}x$　　44. $\int_2^4 (x+6)^5\,\mathrm{d}x$

45. $\int_1^5\left(3+\frac{2}{x}\right)dx$

46. $\int_{10}^{20}\left(1+\frac{1}{x}\right)^5 dx$

47. $\int_{4\pi}^{8\pi}\left(5+\frac{1}{20}\sin^2 x\right)dx$

48. $\int_{0.2}^{0.4}(0.002+0.0001\cos^2 x)dx$

49. 求 $\lim_{x\to 0}\frac{1}{x}\int_0^x\frac{1+t}{2+t}dt$

50. 求 $\lim_{x\to 1}\frac{1}{x-1}\int_1^x\frac{1+t}{2+t}dt$

51. 如果 $\int_1^x f(t)dt = 2x-2$，求 $f(x)$

52. 如果 $\int_0^x f(t)dt = x^2$，求 $f(x)$.

53. 如果 $\int_0^{x^2} f(t)dt = \frac{1}{3}x^3$，求 $f(x)$.

54. 是否存在函数 f，使得 $\int_0^x f(t)dt = x+1$？请作解释.

在习题55～60 中，请判断命题是否正确，并解释.

55. 如果连续函数 f 对所有 $x\in[a, b]$，都有 $f(x)\geqslant 0$，那么 $\int_a^b f(x)dx\geqslant 0$.

56. 如果 $\int_a^b f(x)dx\geqslant 0$，那么，对所有 $x\in[a, b]$，都有 $f(x)\geqslant 0$.

57. 如果 $\int_a^b f(x)dx = 0$，那么，对所有 $x\in[a, b]$，都有 $f(x)=0$.

58. 如果 $f(x)\geqslant 0$ 且 $\int_a^b f(x)dx = 0$，那么，对所有 $x\in[a, b]$，都有 $f(x)=0$.

59. 如果 $\int_a^b f(x)dx > \int_a^b g(x)dx$,那么,$\int_a^b[f(x)-g(x)]dx > 0$.

60. 如果 f 和 g 为连续函数，且对所有 $x\in[a, b]$，都有 $f(x)>g(x)$. 那么，$\left|\int_a^b f(x)dx\right| > \left|\int_a^b g(x)dx\right|$.

61. 一物体的速度为 $v(t)=2-|t-2|$. 假设这物体在时间 $t=0$ 时处于原点，请用关于时间 t 的函数来表示这物体的位移(提示：要分开 $0\leqslant t\leqslant 2$，$t>2$ 两个区间来讨论). 在什么时候，物体会回到原点？

62. 一物体具有速度

$$v(t)=\begin{cases}5, & 0\leqslant t\leqslant 100\\ 6-t/100, & 100<t\leqslant 700\\ -1, & t>700\end{cases}$$

(a) 假设当时间为0时，物体处于原点. 用关于时间 t 的函数来表示这物体的位移. ($t\geqslant 0$)

(b) 在正方向上，物体离原点最远能有多远？

(c) 在什么时候，物体会回到原点？

63. 设 f 是 $[a, b]$ 上的连续函数，且在该区间内可导. 证明

$$\left|\int_a^b f(x)dx\right|\leqslant\int_a^b|f(x)|dx$$

提示：$-|f(x)|\leqslant f(x)\leqslant|f(x)|$，运用定理 B.

64. 如果 f' 可积分，且对所有 x 都有 $|f'(x)|\leqslant M$. 证明对任意 a，$|f(x)|\leqslant|f(a)|+M|x-a|$ 成立.

概念复习答案：

1. 8，32　　2. $\sin^3 x$　　3. $\int_1^4 f(x)dx,\int_2^5\sqrt{x}dx$　　4. 5

4.4 微积分第二基本定理及换元法

正如上一节所提，微积分第一基本定理描述了定积分与微分之间的相反关系. 尽管这不是非常明显，但

这种关系给了我们一种强有力的工具来求定积分的值. 这个工具就是微积分第二基本定理，并且它的应用将比微积分第一基本定理更加频繁.

定理 A 微积分第二基本定理

假设f在$[a, b]$上连续(因此可积)，并假设F为f在$[a, b]$上的任一原函数，则

$$\int_a^b f(t)\,dt = F(b) - F(a)$$

证明 对$x\in[a, b]$，定义$G(x) = \int_a^x f(t)\,dt$. 那么，通过微积分第一基本定理可知，对所有x属于$[a, b]$有$G'(x)=f(x)$. 因而，G就是f的原函数；且F同样是f的原函数. 由定理3.6B及$F'(x)=G'(x)$可以得出函数F和G仅相差一个常数. 因此，对于所有x属于$[a, b]$有

$$F(x) = G(x) + C$$

由函数F和G在闭区间$[a, b]$上连续(习题77)，得出$F(a)=G(a)+C$和$F(b)=G(b)+C$. 所以，$F(x)=G(x)+C$.

又由于在闭区间$[a, b]$上$G(a) = \int_a^a f(t)\,dt = 0$，得出

$$F(a) = G(a) + C = 0 + C = C$$

所以

$$F(b) - F(a) = G(b) + C - C = G(b) = \int_a^b f(t)\,dt$$

在3.8节中，我们把原函数族定义为不定积分. 在4.2节中，我们把定积分定义为黎曼和的极限. 在这两者中我们使用相同的词(积分)，尽管此时两者看上去很少有相似之处. 定理A之所以基本在于它说明了不定积分(原函数)与定积分(面积)之间是相关的. 在讲例题之前，请想一下为什么我们在描述定理的时候要使用任意这个词.

例 1 证明 $\int_a^b k\,dt = k(b-a)$，k为常数.

证明 因$F(x)=kx$是$f(x)=k$的一个原函数. 因此，由微积分第二基本定理，有

$$\int_a^b k\,dt = F(b) - F(a) = kb - ka = k(b-a)$$

例 2 证明 $\int_a^b x\,dx = \frac{b^2}{2} - \frac{a^2}{2}$.

证明 因$F(x)=\frac{x^2}{2}$是$f(x)=x$的一个原函数. 因此

$$\int_a^b x\,dx = F(b) - F(a) = \frac{b^2}{2} - \frac{a^2}{2}$$

例 3 证明 如果r是一个有理数且不等于-1，那么

$$\int_a^b x^r\,dx = \frac{b^{r+1}}{r+1} - \frac{a^{r+1}}{r+1}$$

证明 因$F(x)=\frac{x^{r+1}}{r+1}$是$f(x)=x^r$的一个原函数. 因此，由微积分第二基本定理，有

$$\int_a^b x^r\,dx = F(b) - F(a) = \frac{b^{r+1}}{r+1} - \frac{a^{r+1}}{r+1}$$

如果$r<0$，我们要求0不能在$[a, b]$上. 为什么?

为$F(b)-F(a)$引入一个特别的符号将会十分方便. 如下所示：

$$F(b) - F(a) = [F(x)]_a^b$$

使用这个符号，例如

$$\int_2^5 x^2\,dx = \left[\frac{x^3}{3}\right]_2^5 = \frac{125}{3} - \frac{8}{3} = \frac{117}{3} = 39$$

例4 计算 $\int_{-1}^{2}(4x-6x^2)\,dx$

(a) 直接用微积分第二基本定理；　　(b) 使用线性关系(定理4.3D).

解 (a) $\int_{-1}^{2}(4x-6x^2)\,dx=[2x^2-2x^3]_{-1}^{2}=(8-16)-(2+2)=-12$

(b) 先用线性关系，我们有

$$\begin{aligned}\int_{-1}^{2}(4x-6x^2)\,dx&=4\int_{-1}^{2}x\,dx-6\int_{-1}^{2}x^2\,dx\\&=4\left[\frac{x^2}{2}\right]_{-1}^{2}-6\left[\frac{x^3}{3}\right]_{-1}^{2}\\&=4\left(\frac{4}{2}-\frac{1}{2}\right)-6\left(\frac{8}{3}+\frac{1}{3}\right)\\&=-12\end{aligned}$$

例5 计算 $\int_{1}^{8}(x^{1/3}+x^{4/3})\,dx$.

解

$$\begin{aligned}\int_{1}^{8}(x^{1/3}+x^{4/3})\,dx&=\left[\frac{3}{4}x^{4/3}+\frac{3}{7}x^{7/3}\right]_{1}^{8}\\&=\left(\frac{3}{4}\times16+\frac{3}{7}\times128\right)-\left(\frac{3}{4}\times1+\frac{3}{7}\times1\right)\\&=\frac{45}{4}+\frac{381}{7}\approx65.68\end{aligned}$$

例6 用两种方法求 $D_x\int_{0}^{x}3\sin t\,dt$.

解 比较简单的方法是用微积分第一基本定理

$$D_x\int_{0}^{x}3\sin t\,dt=3\sin x$$

第二种方法是先用微积分第二基本定理来计算从0到 x 的积分：

$$\int_{0}^{x}3\sin t\,dt=[-3\cos t]_{0}^{x}=-3\cos x-(-3\cos 0)=-3\cos x+3$$

然后，用导数法则

$$D_x\int_{0}^{x}3\sin t\,dt=D_x(-3\cos x+3)=3\sin x$$

用不定积分的符号，我们可以将微积分第二基本定理写成

$$\int_{a}^{b}f(x)\,dx=\left[\int f(x)\,dx\right]_{a}^{b}$$

这个定理特殊的地方在于总是被用来计算不定积分 $\int f(x)\,dx$. 而还有一种有效的计算技巧就是换元法.

换元法 在3.8节中，我们介绍了在幂函数法则中换元法的应用. 该法则可被扩展到更广的范围，如以下的定理所示. 作为一名机敏的读者，你会看到换元法其实只是复合函数求导法则反过来应用而已.

> **定理B 不定积分的换元积分法**
>
> 令 g 为一个可导函数且函数 f 为函数 F 的导数，则
>
> $$\int f(g(x))g'(x)\,dx=F(g(x))+C$$

证明 我们只需证明等号右边式子的导数等于左边积分的被积函数. 这是对复合函数求导法则的一个简单应用.

$$D_x[F(g(x))+C]=F'(g(x))g'(x)=f(g(x))g'(x)$$

我们一般会如下面例子那样应用定理B. 如在积分 $\int f(g(x))g'(x)\,dx$ 中，令 $u=g(x)$，因此 $du/dx=$

$g'(x)$，$du=g'(x)dx$. 而此积分就会变成

$$\int f(\underbrace{g(x)}_{u})\underbrace{g'(x)dx}_{du}=\int f(u)du=F(u)+C=F(g(x))+C$$

因此，如果我们要求出 $f(x)$ 的不定积分，可以通过 $\int f(g(x))g'(x)dx$ 来计算.

用换元法的技巧就是要找到适合的换元. 有的题中换元会较为明显，有的则不. 简而言之，多练习，才能熟能生巧.

例 7 求 $\int \sin 3x dx$.

解 令 $u=3x$，则有 $du=d(3x)$. 因此

$$\begin{aligned}\int \sin 3x dx &= \int \frac{1}{3}\sin(\underbrace{3x}_{u})\underbrace{3dx}_{du}\\ &=\frac{1}{3}\int \sin u du=-\frac{1}{3}\cos u+C\\ &=-\frac{1}{3}\cos 3x+C\end{aligned}$$

注意，我们通过用 $\frac{1}{3}\times 3$ 来使得在积分中 $3dx=du$.

例 8 求 $\int x\sin x^2 dx$.

解 令 $u=x^2$，被积函数中则有 $\sin x^2=\sin u$. 但更重要的是，在被积函数中多出的 x 可以作为微分处理，因为 $du=2xdx$. 因此有

$$\begin{aligned}\int x\sin x^2 dx &= \int \frac{1}{2}\sin(\underbrace{x^2}_{u})\underbrace{2xdx}_{du}\\ &=\frac{1}{2}\int \sin u du=-\frac{1}{2}\cos u+C=-\frac{1}{2}\cos x^2+C\end{aligned}$$

没有规定一定要写上换元，如果能心算出换元，也可以(如下例).

例 9 求 $\int x^3\sqrt{x^4+11}dx$

解 令 $u=x^4+11$

$$\begin{aligned}\int x^3\sqrt{x^4+11}dx &= \frac{1}{4}\int (x^4+11)^{1/2}(4x^3dx)\\ &=\frac{1}{6}(x^4+11)^{3/2}+C\end{aligned}$$

例 10 计算 $\int_0^4\sqrt{x^2+x}(2x+1)dx$.

解 令 $u=x^2+x$，有 $du=(2x+1)dx$，因而

$$\begin{aligned}\int \sqrt{x^2+x}(2x+1)dx &= \int u^{1/2}du=\frac{2}{3}u^{3/2}+C\\ &=\frac{2}{3}(x^2+x)^{3/2}+C\end{aligned}$$

因此，由微积分第二基本定理，有

$$\begin{aligned}\int_0^4\sqrt{x^2+x}(2x+1)dx &= \left[\frac{2}{3}(x^2+x)^{3/2}+C\right]_0^4\\ &=\left(\frac{2}{3}\times 20^{3/2}+C\right)-(0+C)\\ &=\frac{2}{3}\times 20^{3/2}\approx 59.63\end{aligned}$$

注意：正如在定积分中一样，C 被约掉了. 这就是为什么我们在描述微积分第二基本定理的时候用"任一原函数"这个词. 一般情况下，在应用第二基本定理的时候总是选择 $C=0$.

如何运用换元法?

注意在例 10 中 u 的微分正好是 $2x+1$，这是用来换元的. 如果括号里的表达式是 $3x+1$ 而不是 $2x+1$，那么换元法将不能应用，这样问题将变得更加困难.

例 11 计算 $\int_0^{\pi/4}\sin^3 2x\cos 2x\mathrm{d}x$.

解 令 $u=\sin 2x$，那么 $\mathrm{d}u=2\cos 2x\mathrm{d}x$，因而

$$\int\sin^3 2x\cos 2x\mathrm{d}x=\frac{1}{2}\int\underbrace{(\sin 2x)^3}_{u}\underbrace{(2\cos 2x)\mathrm{d}x}_{\mathrm{d}u}=\frac{1}{2}\int u^3\mathrm{d}u$$

$$=\frac{1}{2}\frac{u^4}{4}+C=\frac{\sin^4 2x}{8}+C$$

运用微积分第二基本定理，有

$$\int_0^{\pi/4}\sin^3 2x\cos 2x\mathrm{d}x=\left[\frac{\sin^4 2x}{8}\right]_0^{\pi/4}=\frac{1}{8}-0=\frac{1}{8}$$

注意，在例 10 和例 11 中，我们一定要在应用第二基本定理前写出关于 x 的不定积分表达式. 这是因为例 10 的积分限 0 到 4 和例 11 的积分限 0 到 $\pi/4$ 是对 x 而言的，而非对 u. 那么我们怎样把例 11 中的关于 x 的上下界转化成关于 u 的呢?

$$x=0,\ u=\sin(2\times 0)=0.$$

$$x=\pi/4,\ u=\sin(2\times\pi/4)=\sin(\pi/2)=1.$$

这样我们就可以求出关于 u 的定积分了

$$\int_0^{\pi/4}\sin^3 2x\cos 2x\mathrm{d}x=\left[\frac{1}{2}\frac{u^4}{4}\right]_0^1=\frac{1}{8}-0=\frac{1}{8}$$

这就是一般的结果. 让我们替换积分中的上下限，这样就会简化一些步骤.

定理 C 定积分的换元法则

设函数 g 在区间$[a,b]$上有一个连续的导数，且 f 在 g 的值域上连续，则有

$$\int_a^b f(g(x))g'(x)\mathrm{d}x=\int_{g(a)}^{g(b)}f(u)\mathrm{d}u$$

其中 $u=g(x)$.

证明 设函数 F 为函数 f 的一个原函数(函数 F 的存在性由 4.3 节的定理 A 可证明). 那么，由微积分第二基本定理，有

$$\int_{g(a)}^{g(b)}f(u)\mathrm{d}u=[F(u)]_{g(a)}^{g(b)}=F(g(b))-F(g(a))$$

另一方面，由不定积分的换元法则(定理 B)，有

$$\int f(g(x))g'(x)\mathrm{d}x=F(g(x))+C$$

这样，再由微积分第二基本定理，有

$$\int_a^b f(g(x))g'(x)\mathrm{d}x=[F(g(x))]_a^b=F(g(b))-F(g(a))$$

例 12 求 $\int_0^1\frac{x+1}{(x^2+2x+6)^2}\mathrm{d}x$.

解 设 $u=x^2+2x+6$，有 $\mathrm{d}u=(2x+2)\mathrm{d}x=2(x+1)\mathrm{d}x$，且当 $x=0$ 时 $u=6$，当 $x=1$ 时 $u=9$. 因而

$$\int_0^1 \frac{x+1}{(x^2+2x+6)^2}\mathrm{d}x = \frac{1}{2}\int_0^1 \frac{2(x+1)}{(x^2+2x+6)^2}\mathrm{d}x$$
$$= \frac{1}{2}\int_6^9 u^{-2}\mathrm{d}u = \left[-\frac{1}{2}\frac{1}{u}\right]_6^9$$
$$= -\frac{1}{18} - \left(-\frac{1}{12}\right) = \frac{1}{36}$$

例 13 求 $\int_{\pi^2/9}^{\pi^2/4} \frac{\cos\sqrt{x}}{\sqrt{x}}\mathrm{d}x$ 的值.

解 令 $u=\sqrt{x}$，所以 $\mathrm{d}u=\mathrm{d}x/(2\sqrt{x})$. 因此

$$\int_{\pi^2/9}^{\pi^2/4} \frac{\cos\sqrt{x}}{\sqrt{x}}\mathrm{d}x = 2\int_{\pi^2/9}^{\pi^2/4} \cos\sqrt{x}\cdot\frac{1}{2\sqrt{x}}\mathrm{d}x = 2\int_{\pi/3}^{\pi/2}\cos u\mathrm{d}u$$
$$= [2\sin u]_{\pi/3}^{\pi/2} = 2-\sqrt{3}$$

这个积分的换元在第二个等式中，即 $x=\pi^2/9$，$u=\sqrt{\pi^2/9}=\pi/3$ 和 $x=\sqrt{\pi^2/4}$，$u=\pi/2$.

例 14 图 1 所示为函数 f 的图形，f 可导且连续. 虚线是图形 $y=f(x)$ 在点 $(1, 1)$ 和点 $(5, 1)$ 处的切线. 根据这个图形，指出下面的几个积分是正、是负还是零.

(a) $\int_1^5 f(x)\mathrm{d}x$　　(b) $\int_1^5 f'(x)\mathrm{d}x$

(c) $\int_1^5 f''(x)\mathrm{d}x$　　(d) $\int_1^5 f'''(x)\mathrm{d}x$

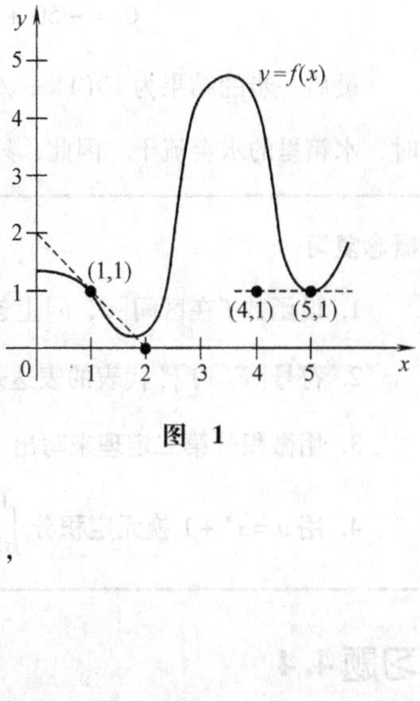

图 1

解 (a) 函数 f 对于所有 x 属于 $[1, 5]$ 都是正的，并且图形说明函数在 x 轴上方有面积. 因此，$\int_1^5 f(x)\mathrm{d}x>0$.

(b) 由微积分第二基本定理，$\int_1^5 f'(x)\mathrm{d}x = f(5)-f(1) = 1-1 = 0$.

(c) 再次使用微积分第二基本定理（这次是用 f' 作为 f'' 的积分），可以得出

$$\int_1^5 f''(x)\mathrm{d}x = f'(5)-f'(1) = 0-(-1) = 1$$

(d) 函数 f 在 $x=5$ 处上凹，因此 $f''(5)>0$，并且函数 f 在 $x=1$ 处下凹，因此 $f''(1)<0$. 因而

$$\int_1^5 f'''(x)\mathrm{d}x = f''(5)-f''(1)>0$$

这个例子说明了求解定积分中一个重要的特点，就是我们必须知道不定积分在端点 a 和 b 的值. 例如，求解 $\int_1^5 f''(x)\mathrm{d}x$，我们只需要知道 $f'(5)$ 和 $f'(1)$ 的值；而不必清楚 f' 或 f'' 在开区间 (a, b) 内任意一点的值.

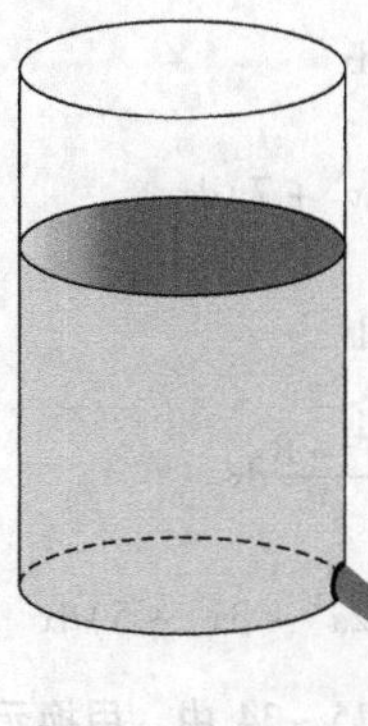
图 2

累积的变化率 微积分第二基本定理也可以写成

$$\int_a^b F'(t)\mathrm{d}t = F(b)-F(a)$$

若 $F(t)$ 是描述一堆物体的数量关于时间 t 的函数，那么微积分第二基本定理就说明，物体数量从 $t=a$ 到 $t=b$ 的变化率的积分就等于物体数量在区间 $[a, b]$ 上的增量，即等于物体在 $t=b$ 时的数量减去在 $t=a$ 时的数量.

例 15 水从一个 55gal 的水箱里以速度 $V'(t)=11-1.1t$ (gal/h) 流出（图 2）. 设水箱起初是满的. (a) 从 $t=3$ 到 $t=5$ 之间有多少 gal 的水从水

箱里流出？(b)从开始到水箱中只剩下5gal的水总共要多长的时间？

解 $V(t)$表示时间为t时所流出的水的量.

(a) 从$t=3$h到$t=5$h之间流出的水量等于$V'(t)$的曲线图形从$t=3$到$t=5$与x轴所围成的面积(图3). 因此

$$V(5)-V(3)=\int_3^5 V'(t)\,dt=\int_3^5(11-1.1t)\,dt$$

$$=\left[11t-\frac{1.1}{2}t^2\right]_3^5=13.2(\text{gal})$$

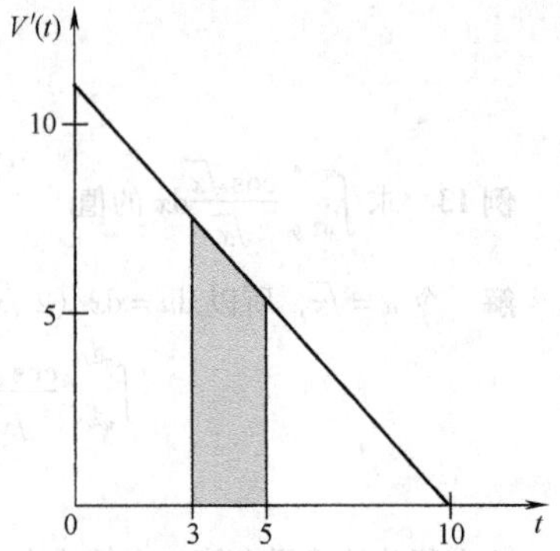

图 3

所以，从$t=3$到$t=5$两小时之间有13.2gal的水从水箱里流出.

(b) 设在t_1时，水箱中还剩5gal的水，这时，已有50gal的水流出了水箱，所以$V(t_1)=50$. 由于水箱起初是满的，所以$V(0)=0$. 则有

$$V(t_1)-V(0)=\int_0^{t_1}(11-1.1t)\,dt$$

$$50-0=\left[11t-\frac{1.1}{2}t^2\right]_0^{t_1}$$

$$0=-50+11t_1-0.55t_1^2$$

最后一步的结果为$10(11\pm\sqrt{11})/11$，分别为6.985和13.015. 但由于$\int_0^{10}(11-1.1t)\,dt=55$，即$t=10$h时，水箱里的水会流干. 因此，只取6.985h.

概念复习

1. 设函数f在区间$[a, b]$上连续，且F是f的任意________，那么$\int_a^b f(x)\,dx=$________.

2. 符号$[F(x)]_a^b$代表的表达式是________.

3. 用微积分第二定理来写出$\int_c^d F'(x)\,dx$________.

4. 用$u=x^3+1$换元定积分$\int_0^1 x^2(x^3+1)^4\,dx$，新的定积分________.

习题4.4

在习题1～14中，用微积分第二基本定理求解定积分.

1. $\int_0^2 x^3\,dx$　2. $\int_{-1}^2 x^4\,dx$　3. $\int_{-1}^2(3x^2-2x+3)\,dx$

4. $\int_1^2(4x^3+7)\,dx$　5. $\int_1^4 \frac{1}{\omega^2}d\omega$　6. $\int_1^3 \frac{2}{t^3}dt$

7. $\int_0^4 \sqrt{t}\,dt$　8. $\int_1^8 \sqrt[3]{\omega}\,d\omega$　9. $\int_{-4}^{-2}\left(y^2+\frac{1}{y^3}\right)dy$

10. $\int_1^4 \frac{s^4-8}{s^2}ds$　11. $\int_0^{\pi/2}\cos x\,dx$　12. $\int_{\pi/6}^{\pi/2}2\sin t\,dt$

13. $\int_0^1(2x^4-3x^2+5)\,dx$　14. $\int_0^1(x^{4/3}-2x^{1/3})\,dx$

在习题15～34中，用换元法求解积分.

15. $\int\sqrt{3x+2}\,dx$　16. $\int\sqrt[3]{2x-4}\,dx$　17. $\int\cos(3x+2)\,dx$

18. $\int \sin(2x-4)\,dx$　　19. $\int \sin(6x-7)\,dx$　　20. $\int \cos(\pi v-\sqrt{7})\,dv$

21. $\int x\sqrt{x^2+4}\,dx$　　22. $\int x^2(x^3+5)^9\,dx$　　23. $\int x(x^2+3)^{-12/7}\,dx$

24. $\int v(\sqrt{3}v^2+\pi)^{7/8}\,dv$　　25. $\int x\sin(x^2+4)\,dx$　　26. $\int x^2\cos(x^3+5)\,dx$

27. $\int \frac{x\sin\sqrt{x^2+4}}{\sqrt{x^2+4}}\,dx$　　28. $\int \frac{z\cos\sqrt[3]{z^2+3}}{(\sqrt[3]{z^2+3})^2}\,dz$

29. $\int x^2(x^3+5)^8\cos(x^3+5)^9\,dx$　　30. $\int x^6(7x^7+\pi)^8\sin(7x^7+\pi)^9\,dx$

31. $\int x\cos(x^2+4)\sqrt{\sin(x^2+4)}\,dx$　　32. $\int x^6\sin(3x^7+9)\sqrt[3]{\cos(3x^7+9)}\,dx$

33. $\int x^2\sin(x^3+5)\cos^9(x^3+5)\,dx$　　34. $\int x^{-4}\sec^2(x^{-3}+1)\sqrt[5]{\tan(x^{-3}+1)}\,dx$　提示：$D_x\tan x=\sec^2 x$

在习题 35 ~ 58 中，用定积分的换元法则求解定积分.

35. $\int_0^1 (x^2+1)^{10}(2x)\,dx$　　36. $\int_{-1}^0 \sqrt{x^3+1}(3x^2)\,dx$　　37. $\int_{-1}^3 \frac{1}{(t+2)^2}\,dt$

38. $\int_2^{10}\sqrt{y-1}\,dy$　　39. $\int_5^8\sqrt{3x+1}\,dx$　　40. $\int_1^7\frac{1}{\sqrt{2x+2}}\,dx$

41. $\int_{-3}^3\sqrt{7+2t^2}(8t)\,dt$　　42. $\int_1^3\frac{x^2+1}{\sqrt{x^3+3x}}\,dx$　　43. $\int_0^{\pi/2}\cos^2 x\sin x\,dx$

44. $\int_0^{\pi/2}\sin^2 3x\cos 3x\,dx$　　45. $\int_0^1 (x+1)(x^2+2x)^2\,dx$　　46. $\int_1^4\frac{(\sqrt{x}-1)^3}{\sqrt{x}}\,dx$

47. $\int_0^{\pi/6}\sin^3\theta\cos\theta\,d\theta$　　48. $\int_0^{\pi/6}\frac{\sin\theta}{\cos^3\theta}\,d\theta$　　49. $\int_0^1\cos(3x-3)\,dx$

50. $\int_0^{1/2}\sin(2\pi x)\,dx$　　51. $\int_0^1 x\sin(\pi x^2)\,dx$　　52. $\int_0^\pi x^4\cos(2x^5)\,dx$

53. $\int_0^{\pi/4}(\cos 2x+\sin 2x)\,dx$　　54. $\int_{-\pi/2}^{\pi/2}(\cos 3x+\sin 5x)\,dx$　　55. $\int_0^{\pi/2}\sin x\sin(\cos x)\,dx$

56. $\int_{-\pi/2}^{\pi/2}\cos\theta\cos(\pi\sin\theta)\,d\theta$　　57. $\int_0^1 x\cos^3 x^2\sin x^2\,dx$　　58. $\int_{-\pi/2}^{\pi/2}x^2\sin^2 x^3\cos x^3\,dx$

59. 图 4 为函数 f 的图形，设函数 f 的三阶导数连续. 虚线为图形 $y=f(x)$ 在点(0, 2)和点(3, 0)上的切线. 如果可能的话，请通过图形说明下列积分是正、负还是零.

(a) $\int_0^3 f(x)\,dx$　　(b) $\int_0^3 f'(x)\,dx$

(c) $\int_0^3 f''(x)\,dx$　　(d) $\int_0^3 f'''(x)\,dx$

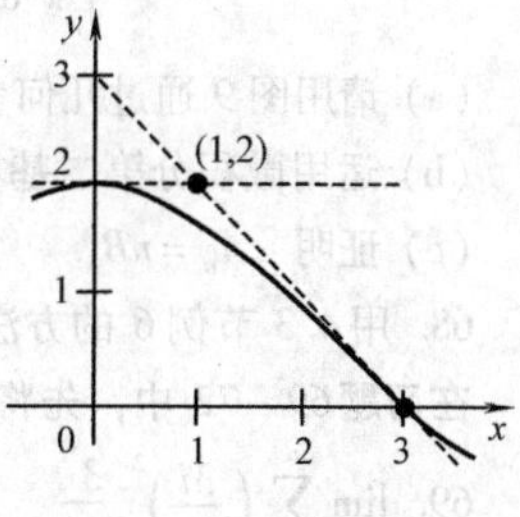

图 4

60. 图 5 为函数 f 的图形，设函数 f 的三阶导数连续. 虚线为图形 $y=f(x)$ 在点(0, 2)和点(4, 1)上的切线. 如果可能的话，请通过图形说明下列积分是正、负还是零.

(a) $\int_0^4 f(x)\,dx$　　(b) $\int_0^4 f'(x)\,dx$

(c) $\int_0^4 f''(x)\,dx$　　(d) $\int_0^4 f'''(x)\,dx$

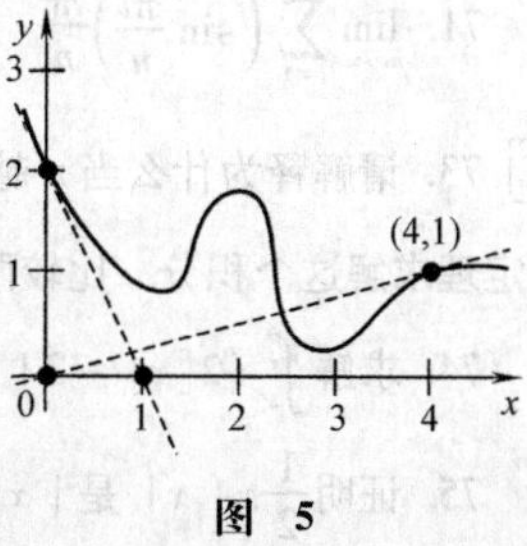

图 5

61. 水从一个 200gal 的水箱里以速度 $V'(t)=20-t$(gal/h)流出. 设水箱起初是满的. 从第 10 到第 20 小时之间有多少 gal 的水从水箱里流出？从开始到完全流完总共要多长时间？

62. 油从一个 55gal 的油箱里以速度 $V'(t)=1-t/110$(gal/h) 流出. 设油箱起初是满的. 在第一个小时内共有多少 gal 的油从油箱里流出？在第 10 个小时内呢？从开始到完全流完总共要多长时间？

63. 某一小镇的某一天（从午夜到中午）的用水情况如图 6 所示，估算出在这 12h 内总共的用水量.

64. 美国从 1973 年到 2003 年间的石油消耗率（百万桶每年）如图 7 所示，估算出美国从 1990 年到 2000 年内总共消耗的石油量.

65. 某一小镇的某一天（从午夜到中午）的用电(MW)情况如图 8 所示，估算出在这天内总共用的电量(MWh).

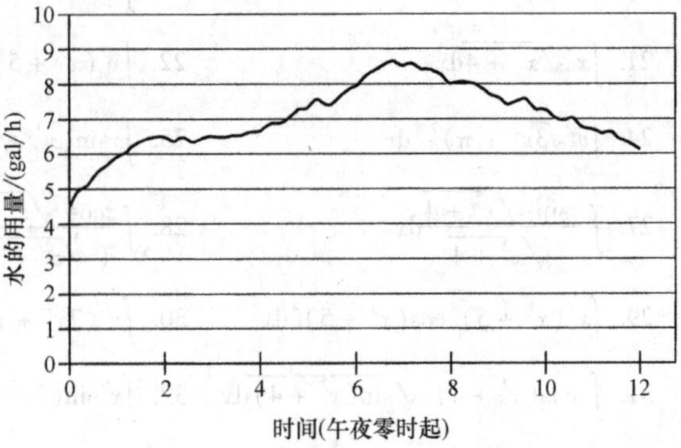

图 6

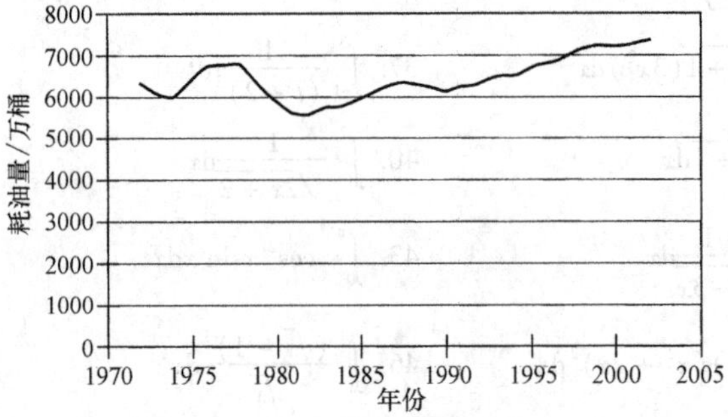

图 7

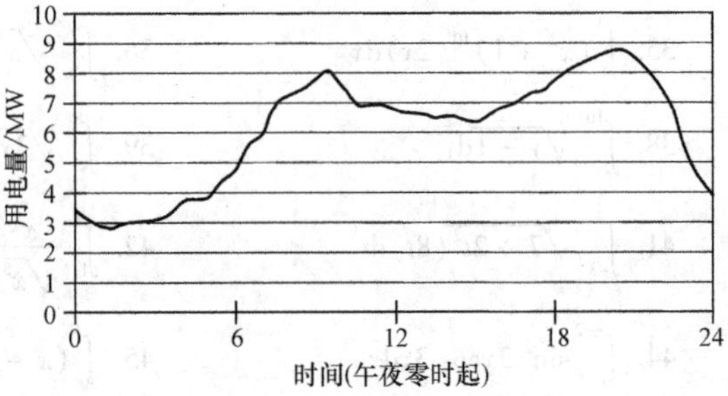

图 8

66. 一横杆，从左端开始到右 xm 的质量为 $m(x)=x+x^2/8$kg 求出杆子关于 x 的密度函数 $\delta(x)$. 假设杆子长度为 2m，写出其关于密度的质量表达式并求解.

67. 有一个结论

$$\int_a^b x^n\mathrm{d}x+\int_{a^n}^{b^n}\sqrt[n]{y}\mathrm{d}y=b^{n+1}-a^{n+1}$$

(a) 请用图 9 通过几何参数证明这个结论.

(b) 运用微积分第二基本定理证明这个结论.

(c) 证明 $A_n=nB_n$.

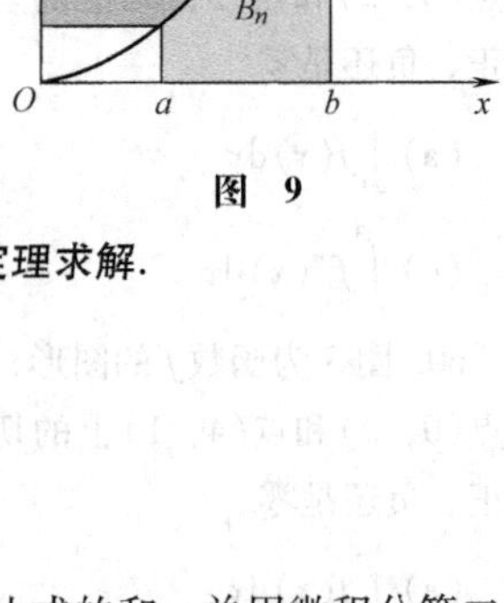

图 9

68. 用 4.3 节例 6 的方法来证明微积分第二基本定理.

在习题 69～72 中，先将给定的极限换成定积分，然后用微积分第二基本定理求解.

69. $\lim\limits_{n\to\infty}\sum\limits_{i=1}^{n}\left(\frac{3i}{n}\right)^2\frac{3}{n}$

70. $\lim\limits_{n\to\infty}\sum\limits_{i=1}^{n}\left(\frac{2i}{n}\right)^3\frac{2}{n}$

71. $\lim\limits_{n\to\infty}\sum\limits_{i=1}^{n}\left(\sin\frac{\pi i}{n}\right)\frac{\pi}{n}$

72. $\lim\limits_{n\to\infty}\sum\limits_{i=1}^{n}\left[1+\frac{2i}{n}+\left(\frac{2i}{n}\right)^2\right]\frac{2}{n}$

C 73. 请解释为什么当 n 越大，$(1/n^3)\sum\limits_{i=1}^{n}i^2$ 越接近 $\int_0^1 x^2\mathrm{d}x$. 计算前 10 项表达式的和，并用微积分第二基本定理求解这个积分. 比较两个值.

74. 求解 $\int_{-2}^{4}(2[x]-3|x|)\mathrm{d}x$.

75. 证明 $\frac{1}{2}x|x|$ 是 $|x|$ 的不定积分，并用这个结论将 $\int_a^b|x|\mathrm{d}x$ 化简.

76. 为 $\int_0^b [x]\,dx, b>0$ 找一个精确具体的公式.

77. 假设函数 f 在区间 $[a, b]$ 上连续.

(a) 若 $G(x)=\int_a^x f(t)\,dt$，证明 G 在区间 $[a, b]$ 上连续.

(b) 若 $F(x)$ 为 f 的区间 $[a, b]$ 上的任一原函数，证明 F 在区间 $[a, b]$ 上连续.

78. 给出一个例子说明即使函数 f 不连续，积分函数 $G(x)=\int_a^x f(x)\,dx$ 也能连续.

概念复习答案：

1. 原函数，$F(b)-F(a)$　2. $F(b)-F(a)$　3. $F(d)-F(c)$　4. $\int_1^2 \frac{1}{3}u^4\,du$

4.5 积分中值定理和对称性的应用

我们已知一组数 $y_1, y_2, \cdots, y_n$ 的平均值是把它们全加起来再除以 n

$$\bar{y}=\frac{y_1+y_2+\cdots+y_n}{n}$$

我们能给函数 f 在区间 $[a, b]$ 上的平均值一个定义吗?

假设有一个矩形区域 P：$a=x_0<x_1<x_2<\cdots<x_n=b$ 且 $\Delta x=(b-a)/n$，那么，$f(x_1)$，$f(x_2)$，…，$f(x_n)$ 的平均值为

$$\begin{aligned}\frac{f(x_1)+f(x_2)+\cdots+f(x_n)}{n}&=\sum_{i=1}^{n} f(x_i)\frac{1}{n}\\&=\frac{1}{b-a}\sum_{i=1}^{n} f(x_i)\frac{b-a}{n}\\&=\frac{1}{b-a}\sum_{i=1}^{n} f(x_i)\Delta x\end{aligned}$$

最后的表达式即是 f 在 $[a, b]$ 上的黎曼和，因此

$$\begin{aligned}\lim_{n\to\infty}\frac{f(x_1)+f(x_2)+\cdots+f(x_n)}{n}&=\frac{1}{b-a}\lim_{n\to\infty}\sum_{i=1}^{n} f(x_i)\Delta x\\&=\frac{1}{b-a}\int_a^b f(x)\,dx\end{aligned}$$

因此有以下定义.

函数的平均值

如果函数 f 在区间 $[a, b]$ 上可积，则其在 $[a, b]$ 上的平均值为

$$\frac{1}{b-a}\int_a^b f(x)\,dx$$

例 1　求出区间在 $[0, \sqrt{\pi}]$ 上的函数 $f(x)=x\sin x^2$（图 1）的平均值

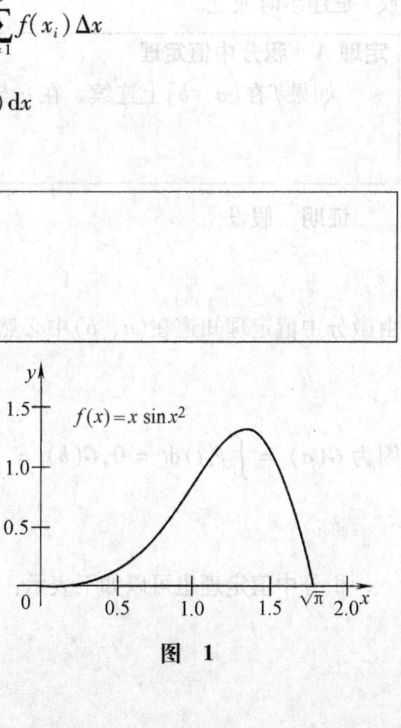

图 1

解　平均值为

$$\frac{1}{\sqrt{\pi}-0}\int_0^{\sqrt{\pi}} x\sin x^2\,dx$$

用换元法，令 $u=x^2$，则有 $du=2x\,dx$，当 $x=0$，$u=0$ 和 $x=\sqrt{\pi}$，$u=\pi$. 因此有

$$\frac{1}{\sqrt{\pi}}\int_0^{\sqrt{\pi}} x\sin x^2\,dx = \frac{1}{\sqrt{\pi}}\int_0^{\pi}\frac{1}{2}\sin u\,du$$

$$= \frac{1}{2\sqrt{\pi}}[-\cos u]_0^{\pi}$$

$$= \frac{2}{2\sqrt{\pi}} = \frac{1}{\sqrt{\pi}}$$

例 2 假设有一 2ft 长、平放于 x 轴上的金属条(从 $x=0$ 开始沿正方向). 对应其不同的部分有着相应的温度(华氏)$T(x)=40+20x(2-x)$. 求出金属条的平均温度. 在金属条上是否存在温度等于平均温度的一点?

解 平均温度为

$$\frac{1}{2}\int_0^2[40+20x(2-x)]\,dx = \int_0^2(20+20x-10x^2)\,dx$$

$$= \left[20x+10x^2-\frac{10}{3}x^3\right]_0^2$$

$$= \left(40+40-\frac{80}{3}\right)°F$$

$$= \frac{160}{3}°F$$

关于 x 的函数 T 的图形(图 2)表明在金属条上会有两个点的温度等于平均温度, 为了求出这两点, 令 $T(x)=160/3$, 从而求出 x.

$$40+20x(2-x) = \frac{160}{3}$$

$$3x^2-6x+2 = 0$$

求得

$$x = \frac{1}{3}(3-\sqrt{3}) \approx 0.42265 \quad 和 \quad x = \frac{1}{3}(3+\sqrt{3}) \approx 1.5774$$

两解皆在区间[0, 2]内. 因此在金属条上共有两个点的温度等于平均温度.

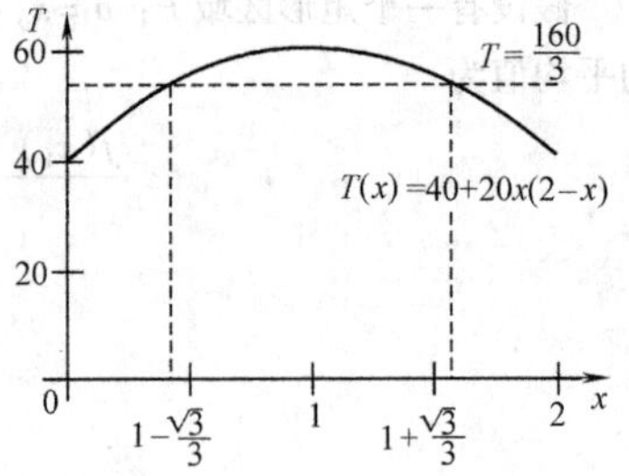

图 2

看起来, 总会存在 x 使得 $f(x)$ 等于函数的平均值. 这个结论当函数 f 是连续时成立.

> **定理 A 积分中值定理**
> 如果 f 在 $[a, b]$ 上连续, 在 a 与 b 之间必存在点 c 满足
> $$f(c) = \frac{1}{b-a}\int_a^b f(t)\,dt$$

证明 假设

$$G(x) = \int_a^x f(t)\,dt,\ a \leqslant x \leqslant b$$

由微分中值定理知道在 (a, b) 中必然有一点 c 满足

$$G'(c) = \frac{G(b)-G(a)}{b-a}$$

因为 $G(a) = \int_a^a f(t)\,dt = 0, G(b) = \int_a^b f(t)\,dt, G'(c) = f(c)$, 所以有

$$G'(c) = f(c) = \frac{1}{b-a}\int_a^b f(t)\,dt$$

积分中值定理也可以如下表示: 如果 f 在 $[a, b]$ 上可积, 则在 (a, b) 内必存在点 c 满足

$$\int_a^b f(t)\,dt = (b-a)f(c)$$

如此一来，在几何意义上，它表示在闭区间$[a, b]$上存在点c，以其函数值$f(c)$为高、$b-a$为宽围成的矩形的面积等于曲线下方的面积. 如图3中所示，曲线下方的面积与矩形阴影面积相等.

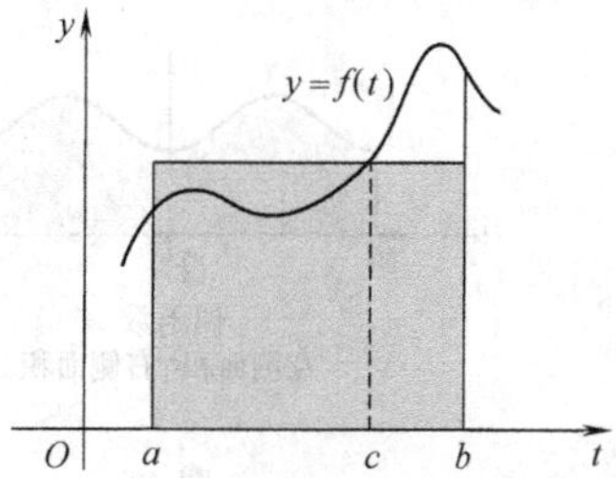

图 3

例3 在区间$[-3, 3]$中，求使函数$f(x)=x^2$满足积分中值定理的点c.

解 $f(x)$的图形(图4)表明$f(x)$会有两个c点满足积分中值定理. 函数的平均值为

$$\frac{1}{3-(-3)}\int_{-3}^{3}x^2\mathrm{d}x = \frac{1}{6}\left[\frac{x^3}{3}\right]_{-3}^{3} = \frac{1}{18}[27-(-27)] = 3$$

解得

$$3 = f(c) = c^2$$

$$c = \pm\sqrt{3}$$

由于$-\sqrt{3}$和$\sqrt{3}$都在区间$[-3, 3]$内，所以会有两个点满足积分中值定理.

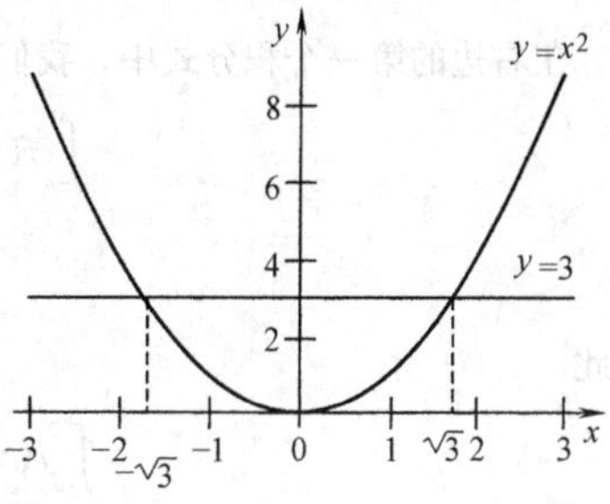

图 4

例4 在区间$[0, 2]$中，求使函数$f(x)=\dfrac{1}{(x+1)^2}$满足积分中值定理的点c.

解 $f(x)$的图形(图5)表明$f(x)$会有一个c点满足积分中值定理. 函数的平均值可通过换元法求得，即令$u=x+1$，$\mathrm{d}u=\mathrm{d}x$则有当$x=0$时，$u=1$；$x=2$时，$u=3$

$$\frac{1}{2-0}\int_{0}^{2}\frac{1}{(x+1)^2}\mathrm{d}x = \frac{1}{2}\int_{1}^{3}\frac{1}{u^2}\mathrm{d}u$$

$$= \frac{1}{2}[-u^{-1}]_{1}^{3}$$

$$= \frac{1}{2}\left(-\frac{1}{3}+1\right)$$

$$= \frac{1}{3}$$

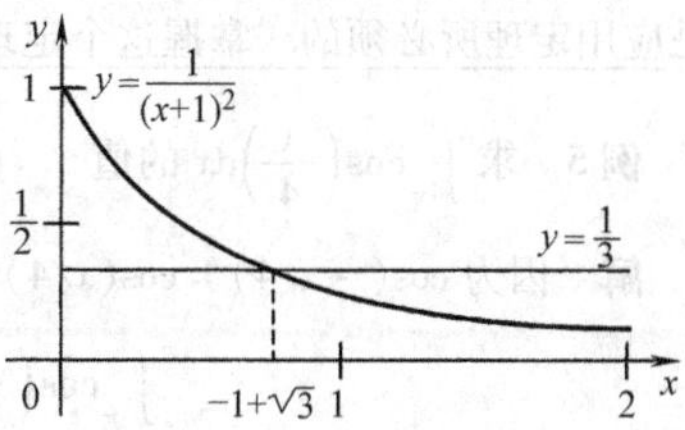

图 5

解得

$$\frac{1}{3} = f(c) = \frac{1}{(c+1)^2}$$

$$c^2+2c+1 = 3$$

$$c = \frac{-2\pm\sqrt{2^2-4(1)(-2)}}{2} = -1\pm\sqrt{3}$$

由于$-1-\sqrt{3}\approx-2.7321$和$-1+\sqrt{3}\approx0.73205$. 其中只有$c=-1+\sqrt{3}$是在区间$[0, 2]$内，所以只有一个$c$点满足积分中值定理.

对称性的应用 我们知道，满足$f(-x)=f(x)$是偶函数，满足$f(-x)=-f(x)$是奇函数. 偶函数的图形是以y轴为对称轴，而奇函数是以原点为对称中心. 对这些函数，以下是一个非常有用的定理.

> **定理B 对称性定理**
>
> 假如f是个偶函数，则$\int_{-a}^{a}f(x)\mathrm{d}x = 2\int_{0}^{a}f(x)\mathrm{d}x$.
>
> 假如f是个奇函数，则$\int_{-a}^{a}f(x)\mathrm{d}x = 0$

证明 这个定理的几何解释如图6、图7所示，为了验证这个结果，首先可得

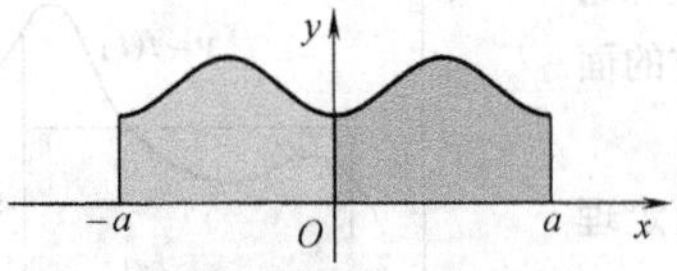

图 6

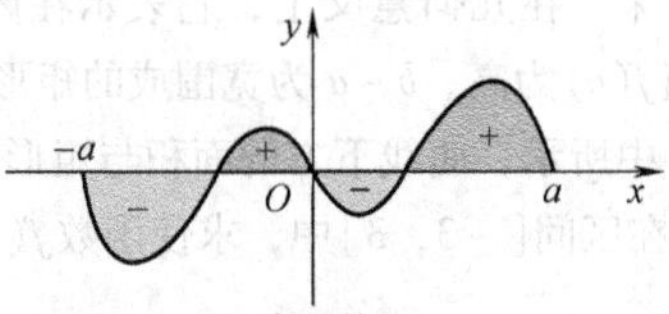

图 7

$$\int_{-a}^{a} f(x)\,dx = \int_{-a}^{0} f(x)\,dx + \int_{0}^{a} f(x)\,dx$$

在右边的第一个积分式中，我们用 $u=-x$，$du=-dx$ 实行换元，假如 f 是偶函数，则 $f(-x)=f(x)$，且

$$\int_{-a}^{0} f(x)\,dx = -\int_{-a}^{0} f(-x)(-dx) = -\int_{a}^{0} f(u)\,du$$

$$= \int_{0}^{a} f(u)\,du = \int_{0}^{a} f(x)\,dx$$

因此

$$\int_{-a}^{a} f(x)\,dx = \int_{0}^{a} f(x)\,dx + \int_{0}^{a} f(x)\,dx = 2\int_{0}^{a} f(x)\,dx$$

对奇函数的证明留下来作为作业(习题60).

> 请务必记住这个对称性定理. 被积函数为偶函数或奇函数时积分区间必须是对称的，这些限制性条件是应用定理所必须的. 掌握这个定理可以大大简化计算.

例5 求 $\int_{-\pi}^{\pi} \cos\left(\frac{x}{4}\right)dx$ 的值

解 因为 $\cos(-x/4)=\cos(x/4)$，$f(x)=\cos(x/4)$ 是个偶函数. 因此

$$\int_{-\pi}^{\pi} \cos\left(\frac{x}{4}\right)dx = 2\int_{0}^{\pi} \cos\left(\frac{x}{4}\right)dx = 8\int_{0}^{\pi} \cos\left(\frac{x}{4}\right)\frac{1}{4}dx$$

$$= 8\int_{0}^{\frac{\pi}{4}} \cos u\,du = [8\sin u]_{0}^{\pi/4} = 4\sqrt{2}$$

例6 求 $\int_{-5}^{5} \frac{x^5}{x^2+4}dx$ 的值.

解 因 $f(x)=x^5/(x^2+4)$ 是奇函数，因此其积分值为0.

例7 求 $\int_{-2}^{2} (x\sin^4 x + x^3 - x^4)\,dx$ 的值.

解 积分式中的前两项是奇函数，最后一个是偶函数，可以写成

$$\int_{-2}^{2} (x\sin^4 x + x^3)\,dx - \int_{-2}^{2} x^4\,dx = 0 - 2\int_{0}^{2} x^4\,dx$$

$$= \left[-2\frac{x^5}{5}\right]_{0}^{2} = -\frac{64}{5}$$

例8 求 $\int_{-\pi}^{\pi} \sin^3 x\cos^5 x\,dx$.

解 $\sin x$ 和 $\cos x$ 分别为奇函数和偶函数. 而奇函数的奇数次幂还是奇函数，偶函数的任何次幂都还是偶函数. 所以 $\sin^3 x$ 还是为奇函数，$\cos^5 x$ 还是为偶函数. 一个奇函数乘以一个偶函数的结果为奇函数. 因此，被积函数 $\sin^3 x\cos^5 x$ 是一奇函数. 又因为此积分的上下界关于0点对称，所以此积分的值为0.

周期性的应用 我们知道，若在函数定义域内的所有 x 满足 $f(x+p)=f(x)$，则 f 就是周期函数. 那些满足条件的数 p 中的最小正实数，称为 f 的**周期**. 三角函数就是周期函数的例子.

定理 C

如果 f 是以 p 为周期的函数，则

$$\int_{a+p}^{b+p} f(x)\,dx = \int_a^b f(x)\,dx$$

证明　几何分析如图 8 所示，为了证明这个结果，令 $u=x-p$，可得 $x=u+p$ 和 $du=dx$，得

$$\int_{a+p}^{b+p} f(x)\,dx = \int_a^b f(u+p)\,du = \int_a^b f(u)\,du = \int_a^b f(x)\,dx$$

因为 f 是周期函数，我们可以用 $f(u)$ 代替 $f(u+p)$.

例 9　求(a) $\int_0^{2\pi} |\sin x|\,dx$，(b) $\int_0^{100\pi} |\sin x|\,dx$ 的值.

解　(a) 注意到 $f(x)=|\sin x|$ 是以 π 为周期的，如图 9 所示.

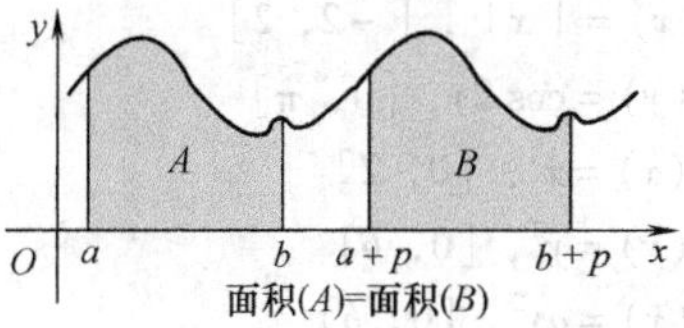

图 8

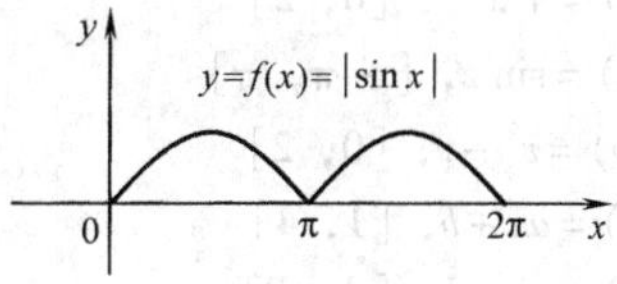

图 9

因此

$$\int_0^{2\pi} |\sin x|\,dx = \int_0^{\pi} |\sin x|\,dx + \int_{\pi}^{2\pi} |\sin x|\,dx$$

$$= \int_0^{\pi} |\sin x|\,dx + \int_0^{\pi} |\sin x|\,dx$$

$$= 2\int_0^{\pi} \sin x\,dx = [-2\cos x]_0^{\pi} = 2-(-2) = 4$$

(b) $$\int_0^{100\pi} |\sin x|\,dx = \underbrace{\int_0^{\pi} |\sin x|\,dx + \int_{\pi}^{2\pi} |\sin x|\,dx + \cdots + \int_{99\pi}^{100\pi} |\sin x|\,dx}_{100\text{个都等于}\int_0^{\pi}\sin x dx\text{的积分}}$$

$$= 100\int_0^{\pi} \sin x\,dx = 100[-\cos x]_0^{\pi} = 100\times 2 = 200$$

注意到在例 9 中，因为不能找到 $|\sin x|$ 在区间 $[0,100\pi]$ 上的积分，所以我们必须要通过周期性来进行运算.

概念复习

1. 函数 f 在区间 $[a,b]$ 上的平均值为________.

2. 根据积分中值定理，在区间 (a,b) 存在点 c 使得函数在 $[a,b]$ 上的平均值等于________.

3. 如果 f 是个奇函数，则 $\int_{-2}^{2} f(x) =$ ________；如果 f 是个偶函数，则 $\int_{-2}^{2} f(x) =$ ________.

4. 如果存在一个实数 p 使得________对 f 的定义域内的所有 x 都成立，则称函数 f 是周期函数. 最小的正实数 p 就称为函数的________.

习题 4.5

在习题 1 ~ 14 中，求每个函数在给定区间的平均值.

1. $f(x)=4x^3$，$[1,3]$

2. $f(x)=5x^2$，$[1,4]$

3. $f(x)=\dfrac{x}{\sqrt{x^2+16}}$, [0, 3]

4. $f(x)=\dfrac{x^2}{\sqrt{x^3+16}}$, [0, 2]

5. $f(x)=2+|x|$, [−2, 1]

6. $f(x)=x+|x|$, [−3, 2]

7. $f(x)=\cos x$, [0, π]

8. $f(x)=\sin x$, [0, π]

9. $f(x)=x\cos x^2$, $[0, \sqrt{\pi}]$

10. $f(x)=\sin^2 x\cos x$, [0, π/2]

11. $F(y)=y(1+y^2)^3$, [1, 2]

12. $g(x)=\tan x\sec^2 x$, [0, π/4]

13. $h(z)=\dfrac{\sin\sqrt{z}}{\sqrt{z}}$, [π/4, π/2]

14. $G(v)=\dfrac{\sin v\cos v}{\sqrt{1+\cos^2 v}}$, [0, π/2]

在习题15～28中，在给定区间内求满足积分中值定理的 c 值.

15. $f(x)=\sqrt{x+1}$, [0, 3]

16. $f(x)=x^2$, [−1, 1]

17. $f(x)=1-x^2$, [−4, 3]

18. $f(x)=x(1-x)$, [0, 1]

19. $f(x)=|x|$, [0, 2]

20. $f(x)=|x|$, [−2, 2]

21. $h(z)=\sin z$, [−π, π]

22. $g(y)=\cos 2y$, [0, π]

23. $R(v)=v^2-v$, [0, 2]

24. $T(x)=x^3$, [0, 2]

25. $f(x)=ax+b$, [1, 4]

26. $S(y)=y^2$, [0, b]

27. $f(x)=ax+b$, [A, B]

28. $q(y)=ay^2$, [0, b]

GC ≈ **在习题29～32中用图形计算器或计算机将被积函数的图形绘制出来，并用定理B的提示来估算.**

29. $\int_0^{2\pi}(5+\sin x)^4\,dx$

30. $\int_0^{2}(3+\sin x^2)\,dx$

31. $\int_{-1}^{-1}\dfrac{2}{1+x^2}dx$

32. $\int_{10}^{20}\left(1+\dfrac{1}{x}\right)^5 dx$

33. 图10所示为一栋办公大厦的相对湿度 H 与时间 t 之间的函数关系(从星期天开始每天测量). 计算这个星期相对湿度的平均值.

34. 图11所示为密苏里州圣路易城一天内温度 T 与时间 t(从午夜开始测量)之间的函数图形.

(a) 计算一天内平均温度的近似值.

(b) 是否一定有某个时刻的温度等于一天内的平均值？请解释.

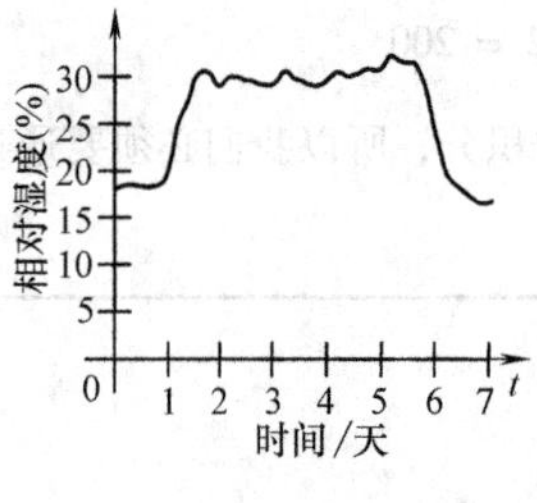

图 10

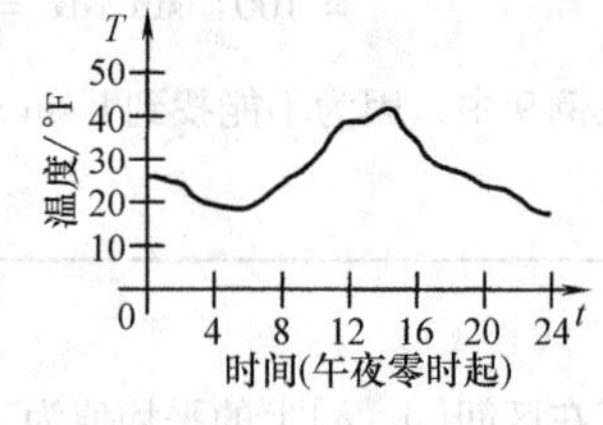

图 11

在习题35～44中，利用对称性计算所给的积分.

35. $\int_{-\pi}^{\pi}(\sin x+\cos x)\,dx$

36. $\int_{-1}^{1}\dfrac{x^3}{(1+x^2)^4}dx$

37. $\int_{-\pi/2}^{\pi/2}\dfrac{\sin x}{1+\cos x}dx$

38. $\int_{-\sqrt[3]{\pi}}^{\sqrt[3]{\pi}}x^2\cos x^3\,dx$

39. $\int_{-\pi}^{\pi}(\sin x+\cos x)^2\,dx$

40. $\int_{-\pi/2}^{\pi/2}z\sin z^2(z^3)\cos z^3\,dz$

41. $\int_{-1}^{1}(1+x+x^2+x^3)\,dx$

42. $\int_{-100}^{100}(v+\sin v+v\cos v+\sin^3 v)^5\,dv$

43. $\int_{-1}^{1}(|x^3|+x^3)\mathrm{d}x$

44. $\int_{-\pi/4}^{\pi/4}(|x|\sin^5 x+|x|^2\tan x)\mathrm{d}x$

45. 当f是偶函数或是奇函数时，分别比较一下$\int_{-b}^{-a}f(x)\mathrm{d}x$和$\int_{a}^{b}f(x)\mathrm{d}x$.

46. 证明(用换元法)

$$\int_{b}^{a}f(-x)\mathrm{d}x=\int_{-b}^{-a}f(x)\mathrm{d}x$$

47. 用周期性(参见例8)求值

$$\int_{0}^{4\pi}|\cos x|\mathrm{d}x$$

48. 计算$\int_{0}^{4\pi}|\sin 2x|\mathrm{d}x$.

49. 假如f是周期函数且周期为p，那么

$$\int_{a}^{a+p}f(x)\mathrm{d}x=\int_{0}^{p}f(x)\mathrm{d}x$$

通过自己画图来证实这个结论，然后用这个结果求$\int_{0}^{1+\pi}|\sin x|\mathrm{d}x$.

50. 用49题的结果求$\int_{2}^{2+\pi/2}|\sin 2x|\mathrm{d}x$值.

51. 计算$\int_{1}^{1+\pi}|\cos x|\mathrm{d}x$.

52. 若$\bar{f}$是函数f在区间$[a,b]$上的平均值，则等式$\int_{a}^{b}\bar{f}\mathrm{d}x=\int_{a}^{b}f(x)\mathrm{d}x$是否成立？请证明.

EXPL 53. **假设u和v在区间$[a,b]$上可积，$\bar{u}$和$\bar{v}$分别为u和v在区间$[a,b]$上的平均值，证明以下式子是否成立.**

(a) $\bar{u}+\bar{v}=\overline{u+v}$;　　(b) 假设$k$为一个实常数，$k\bar{u}=\overline{ku}$;

(c) 若$u\leqslant v$，则有$\bar{u}\leqslant\bar{v}$.

54. 家庭用电能通过$V=\hat{V}\sin(120\pi t+\phi)$将电压模拟出来，其中时间$t$单位是s，电压$\hat{V}$代表电压值中的最大值，$\phi$是相位角. 因为电压在一秒内振荡60次，所以这样的电压通常被认为是60Hz. 用V_{rms}标记方均根电压，通常是指V^2的平均值的平方根，因此$V_{\mathrm{rms}}=\sqrt{\int_{\phi}^{1+\phi}(\hat{V}\sin(120\pi t+\phi))^2\mathrm{d}t}$，通过$V_{\mathrm{rms}}$能用这个估算出具体的电压.

(a) 计算在1s内平均电压的值.　　(b) 计算在1/60s内平均电压的值.

(c) 通过计算V_{rms}的积分证明$V_{\mathrm{rms}}=\frac{\hat{V}\sqrt{2}}{2}$$\left(提示:\int\sin^2 t\mathrm{d}t=-\frac{1}{2}\cos t\sin t+\frac{1}{2}t+c\right)$.

(d) 假如对日常家庭用电来说，V_{rms}是120V，那么在这种情况下，$\hat{V}$是多少？

55. 不用微积分第一基本定理证明积分中值定理(定理A). 提示：用最大-最小值存在性定理和微分中值定理.

56. $\int_{0}^{2\pi}\cos^2 x\mathrm{d}x$和$\int_{0}^{2\pi}\sin^2 x\mathrm{d}x$是在实际运用中经常用到的积分

(a) 利用三角恒等式证明

$$\int_{0}^{2\pi}(\cos^2 x+\sin^2 x)\mathrm{d}x=2\pi$$

(b) 从图形上证明

$$\int_{0}^{2\pi}\cos^2 x\mathrm{d}x=\int_{0}^{2\pi}\sin^2 x\mathrm{d}x$$

(c) 总结得 $\int_0^{2\pi}\cos^2 x\mathrm{d}x=\int_0^{2\pi}\sin^2 x\mathrm{d}x=\pi$

GC 57. 令 $f(x)=|\sin x|\sin(\cos x)$，在以下的范围内说出结果，

(a) f 是奇函数或者偶函数或者非奇非偶？

(b) 注意到 f 是周期函数，那么其周期是多少？

(c) 计算区间 $[0,\pi/2]$，$[-\pi/2,\pi/2]$，$[0,3\pi/2]$，$[-3\pi/2,3\pi/2]$，$[0,2\pi]$，$[\pi/6,13\pi/6]$，$[\pi/6,4\pi/3]$，$[13\pi/6,10\pi/3]$ 上的定积分

58. 若 $f(x)=|\sin x|\sin(\sin x)$，回答习题 57 同样的问题.

59. 通过 $A+B=C$(图 12)完成以前在第 0.3 节习题 59 毕达哥斯拉定理的证明，在直角三角形的三边上有着相似的面积问题.

(a) 证明以下相似的等式

$$g(x)=\frac{a}{c}f\left(\frac{c}{a}x\right)\text{和 } h(x)=\frac{b}{c}f\left(\frac{c}{b}x\right)$$

(b) 证明 $\int_0^a g(x)\mathrm{d}x+\int_0^b h(x)\mathrm{d}x=\int_0^c f(x)\mathrm{d}x$

60. 证明奇函数情况下的对称性定理.

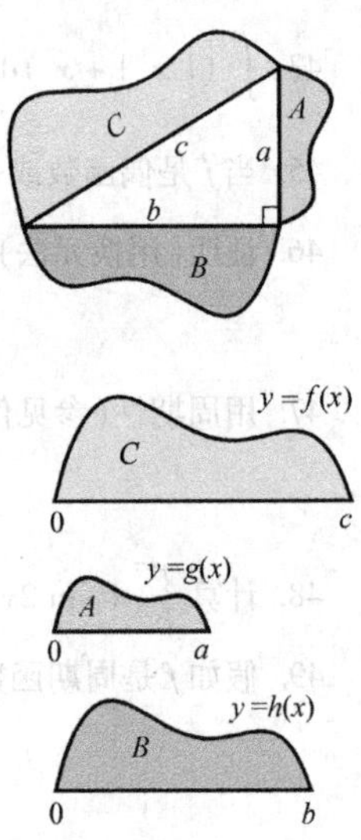

图 12

概念复习答案：

1. $\frac{1}{b-a}\int_a^b f(t)\mathrm{d}t$　2. $f(c)$　3. $0;2\int_0^2 f(x)\mathrm{d}x$　4. $f(x+p)=f(x)$，周期

4.6 数值积分

若 f 在闭区间 $[a,b]$ 上连续，则定积分 $\int_a^b f(x)\mathrm{d}x$ 一定存在. 但计算其值却不是一件易事. 有很多积分用我们现在所学的微积分第二基本定理，是无法计算出其值的. 如

$$\int\sin x^2\mathrm{d}x,\ \int\sqrt{1-x^2}\mathrm{d}x,\ \int\frac{\sin x}{x}\mathrm{d}x$$

这些不定积分就不能够用初等函数(初级微积分中所学的函数)形式表示出来. 即使能够知道不定积分基本形式，我们通常还是用本节的方法求近似值，因为用这种方法编制的算法在计算器或计算机上使用是很有效率的. 在 4.2 节中我们知道黎曼求和法可用来求不定积分的近似值. 这里我们首先复习一下黎曼求和法，然后再介绍两种方法：梯形法和抛物线法.

黎曼求和法　在 4.2 节我们介绍过黎曼和. 假设 $y=f(x)$ 在区间 $[a,b]$ 上，把区间 $[a,b]$ 分成 n 小段，如 $a=x_0<x_1<x_2<\cdots<x_n=b$，则黎曼和为

$$\sum_{i=1}^{n}f(\overline{x_i})\Delta x_i$$

式中，x_i 是区间 $[x_{i-1},x_i]$ 上的点(甚至可能是端点)，$\Delta x_i=x_i-x_{i-1}$. 现在，我们假设所有的小段都相等. 那就是说，对于所有 i 来说，$\Delta x_i=(b-a)/n$. 在 4.2 节中我们用黎曼和的极限来定义定积分. 在这里，我们可用黎曼求和法来求不定积分的近似值.

我们要考虑样点的三种情况：$\overline{x_i}$ 是 $[x_{i-1},x_i]$ 上的左端点、右端点还是中点.

左端点 $=x_{i-1}=a+(i-1)\frac{b-a}{n}$

右端点 $=x_i=a+i\frac{b-a}{n}$

$$中点 = \frac{x_{i-1}+x_i}{2} = \frac{a+(i-1)\frac{b-a}{n}+a+i\frac{b-a}{n}}{2} = a+\left(i-\frac{1}{2}\right)\frac{b-a}{n}$$

左端点处我们取$\overline{x_i}$为x_{i-1}求左黎曼值和，则有

$$左黎曼值和 = \sum_{i=1}^{n} f(\overline{x_i})\Delta x_i = \frac{b-a}{n}\sum_{i=1}^{n} f\left(a+(i-1)\frac{b-a}{n}\right)$$

右端点处我们取$\overline{x_i}$为x_i求右黎曼值和，则有

$$右黎曼值和 = \sum_{i=1}^{n} f(\overline{x_i})\Delta x_i = \frac{b-a}{n}\sum_{i=1}^{n} f\left(a+i\frac{b-a}{n}\right)$$

中点处我们取$\overline{x_i}$为$(x_{i-1}+x_i)/2$求黎曼中点值和，则有

$$黎曼中点值和 = \sum_{i=1}^{n} f(\overline{x_i})\Delta x_i = \frac{b-a}{n}\sum_{i=1}^{n} f\left(a+\left(i-\frac{1}{2}\right)\frac{b-a}{n}\right)$$

两页后的大表格中的图形讲述了这些估算（另外两个在之后会介绍）是如何应用的．通过几个例题来说明．

例1 当$n=4$，分别用左黎曼和、右黎曼和与中点黎曼和来估算$\int_1^3 \sqrt{4-x}\,dx$．

解 令$f(x)=\sqrt{4-x}$．则有$a=1$，$b=3$．$n=4$，$(b-a)/n=0.5$．x_i和$f(x_i)$分别为

$$x_0 = 1.0 \quad f(x_0) = f(1.0) = \sqrt{4-1} \approx 1.7321$$
$$x_1 = 1.5 \quad f(x_1) = f(1.5) = \sqrt{4-1.5} \approx 1.5811$$
$$x_2 = 2.0 \quad f(x_2) = f(2.0) = \sqrt{4-2} \approx 1.4142$$
$$x_3 = 2.5 \quad f(x_3) = f(2.5) = \sqrt{4-2.5} \approx 1.2247$$
$$x_4 = 3.0 \quad f(x_4) = f(3.0) = \sqrt{4-3} \approx 1.0000$$

用左黎曼值，则会有以下估算：

$$\begin{aligned}\int_1^3 \sqrt{4-x}\,dx &\approx 左黎曼和\\ &= \frac{b-a}{n}[f(x_0)+f(x_1)+f(x_2)+f(x_3)]\\ &= 0.5[f(1.0)+f(1.5)+f(2.0)+f(2.5)]\\ &\approx 0.5(1.7321+1.5811+1.4142+1.2447) \approx 2.9761\end{aligned}$$

用右黎曼值，则会有以下估算：

$$\begin{aligned}\int_1^3 \sqrt{4-x}\,dx &\approx 右黎曼和\\ &= \frac{b-a}{n}[f(x_1)+f(x_2)+f(x_3)+f(x_4)]\\ &= 0.5[f(1.5)+f(2.0)+f(2.5)+f(3.0)]\\ &\approx 0.5(1.5811+1.4142+1.2447+1.0000) \approx 2.6100\end{aligned}$$

用中点黎曼值，则会有以下估算：

$$\begin{aligned}\int_1^3 \sqrt{4-x}\,dx &\approx 中点黎曼和\\ &= \frac{b-a}{n}\left[f\left(\frac{x_0+x_1}{2}\right)+f\left(\frac{x_1+x_2}{2}\right)+f\left(\frac{x_2+x_3}{2}\right)+f\left(\frac{x_3+x_4}{2}\right)\right]\\ &= 0.5[f(1.25)+f(1.75)+f(2.25)+f(2.75)]\\ &\approx 0.5(1.6583+1.5000+1.3229+1.1180)\\ &\approx 2.7996\end{aligned}$$

在此例中，我们可以不必进行估算. 因为这题可通过微积分第二基本定理来完成：

$$\int_1^3 \sqrt{4-x}\,dx = \left[-\frac{2}{3}(4-x)^{3/2}\right]_1^3$$

$$= -\frac{2}{3}(4-3)^{3/2} + \frac{2}{3}(4-1)^{3/2}$$

$$= 2\sqrt{3} - \frac{2}{3} \approx 2.7974$$

可见，用中点黎曼和是最为接近的. 大表格中的图形说明了这个情况.

在下一例中，这会更为明显. 因为此题是不能用微积分第二基本定理来计算.

例2 通过 $n=8$，用右黎曼和估算 $\int_0^2 \sin x^2\,dx$.

解 令 $f(x)=\sin x^2$. 则有 $a=0$，$b=2$，$n=8$，$(b-a)/n=0.25$. 用右黎曼值，则会有以下估算：

$$\int_0^2 \sin x^2\,dx \approx \text{右黎曼和}$$

$$= \frac{b-a}{n}\left[\sum_{i=1}^{8} f\left(a+i\frac{b-a}{n}\right)\right]$$

$$= 0.25(\sin 0.25^2 + \sin 0.5^2 + \sin 0.75^2 + \sin 1^2 + \sin 1.25^2 + \sin 1.5^2 + \sin 1.75^2 + \sin 2^2)$$

$$\approx 0.69622$$

梯形法 已知 $y=f(x)$ 在区间 $[a, b]$ 上的图形是如图1中所示的曲线. 把区间 $[a, b]$ 分成 n 小段，每段长 $h=(b-a)/n$，也就是 $a=x_0<x_1<x_2<\cdots<x_n=b$. 将点 $(x_{i-1}, f(x_{i-1}))$ 和点 $(x_i, f(x_i))$ 之间用线段连接，如图所示，得到 n 个梯形. 然后我们用各个小梯形面积而不是矩形面积的和来逼近积分值，这种方法叫作梯形法.

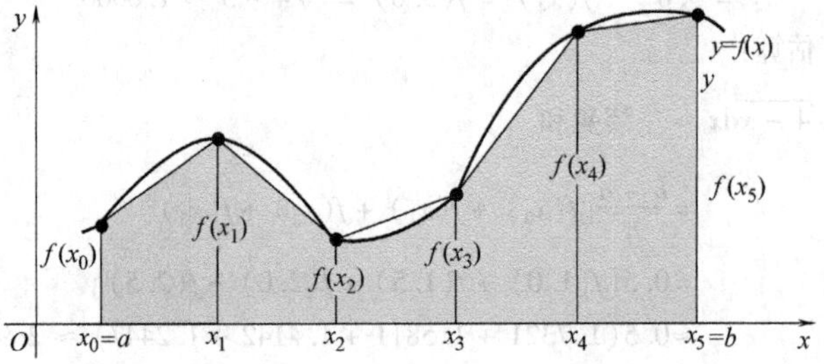

图 1

根据图2中所示的梯形面积表达式，我们写出第 i 个梯形的面积表达式

$$A_i = \frac{h}{2}[f(x_{i-1}) + f(x_i)]$$

若要说的更精确些，应该是标记区域，因为当 f 为负值时 A_i 亦为负值. 定积分 $\int_a^b f(x)\,dx$ 的值近似于 $A_1+A_2+\cdots+A_n$，也就是

$$\frac{h}{2}[f(x_0)+f(x_1)] + \frac{h}{2}[f(x_1)+f(x_2)] + \cdots + \frac{h}{2}[f(x_{n-1})+f(x_n)]$$

以上可简化为**梯形法**：

$$\int_a^b f(x)\,dx \approx \frac{h}{2}[f(x_0)+2f(x_1)+2f(x_2)+\cdots+2f(x_{n-1})+f(x_n)]$$

$$= \frac{b-a}{2n}\left[f(a) + 2\sum_{i=1}^{n-1} f\left(a+i\frac{b-a}{n}\right) + f(b)\right]$$

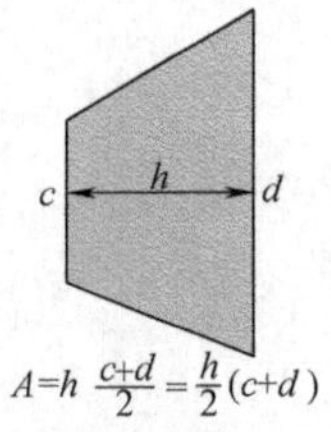

图 2

例 3 利用梯形法则计算 $n=8$ 时 $\int_0^2 \sin x^2 \mathrm{d}x$ 的近似值

解

$$\int_a^b \sin x^2 \mathrm{d}x \approx \frac{b-a}{2n}\left[f(a)+2\sum_{i=1}^{7} f\left(a+i\frac{b-a}{n}\right)+f(b)\right]$$

$$=0.125[\sin 0^2+2(\sin 0.25^2+\sin 0.5^2+\sin 0.75^2+$$

$$\sin 1^2+\sin 1.25^2+\sin 1.5^2+\sin 1.75^2)+\sin 2^2]\approx 0.79082$$

若我们把 n 值增大或许可以得到更精确的近似值；若用计算机来做的话是很容易的．然而，尽管把 n 值增大可以减少此方法的误差，却可能增大计算误差出现的机会．例如，将 $n=1000000$，就是不明智的．因为这样出现的计算误差是难以弥补的，相比之下，方法误差就极小了．后面我们会对误差进行更多的讨论．

抛物线法（辛普森法） 在梯形法则中我们用线段分割的方法对曲线 $y=f(x)$ 进行近似，若我们用抛物线分割的方法或许会更好．正如以前所做的一样，把区间 $[a,b]$ 分成 n 段长 $h=(b-a)/n$ 的小段，但这次 n 必须是偶数．然后以每三个相邻点用抛物线连接，如图 3 所示．

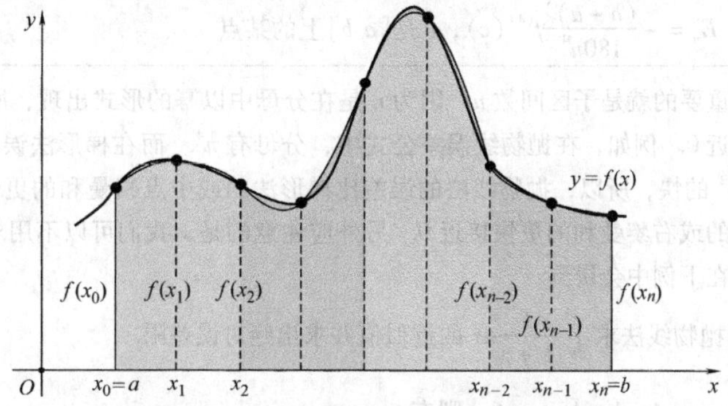

图 3

用图 4 中所示的面积表达式求出近似值的方法叫做**抛物线法**，也叫**辛普森法**，是以英国数学家汤玛斯·辛普森（1710—1761）命名的．

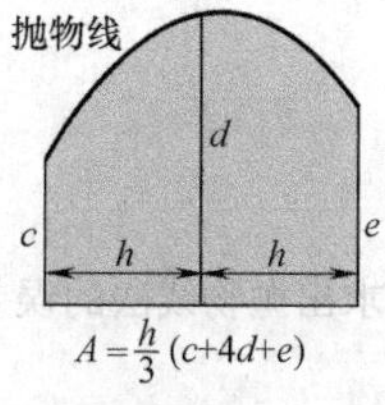

图 4

抛物线法（n 为偶数）

$$\int_a^b f(x)\mathrm{d}x \approx \frac{h}{3}[f(x_0)+4f(x_1)+2f(x_2)+\cdots+4f(x_{n-1})+f(x_n)]$$

$$=\frac{b-a}{3n}\left[f(a)+4\sum_{i=1}^{\frac{n}{2}} f\left(a+(2i-1)\frac{b-a}{n}\right)+2\sum_{i=1}^{\frac{n}{2}-1} f\left(a+2i\frac{b-a}{n}\right)+f(b)\right]$$

系数的排列格式是 1，4，2，4，2，4，2，…，2，4，1．

例 4 利用抛物线法则求 $n=6$ 时 $\int_0^3 \frac{1}{1+x^2}\mathrm{d}x$ 的近似值．

解 令 $f(x)=\frac{1}{1+x^2}$，则有 $a=0$，$b=3$，且 $n=6$. $x_0=0$，$x_1=0.5$，$x_2=1.0$，…，$x_6=3.0$，

$$\int_0^3 \frac{1}{1+x^2}\mathrm{d}x \approx \frac{3-0}{3\times 6}[f(0)+4f(0.5)+2f(1.0)+4f(1.5)+2f(2.0)+4f(2.5)+f(3.0)]$$

$$=\frac{1}{6}(1+4\times 0.8+2\times 0.5+4\times 0.30769+2\times 0.2+4\times 0.13793+0.1)$$

$$=1.2471$$

误差分析 在本节所有的估算当中，我们都需要考虑误差的大小．幸运的是，只要被积函数有足够高阶的导数，则有误差表达式．我们称 E_n 为满足

$$\int_a^b f(x)\,dx = \text{基于 } n \text{ 个子区间上的估算} + E_n$$

的误差.

误差的具体表达式在下面定理中给出. 由于证明较为困难, 因此在这里不作解释.

定理 A 假设涉及到的 n 阶导数 $f^{(n)}$ 在 $[a, b]$ 上存在, 则左黎曼和、右黎曼和、中点黎曼和、梯形法则、抛物线法则的误差分别为:

左黎曼和的误差: $E_n = \frac{(b-a)^2}{2n} f'(c)$, c 是 $[a\ b]$ 上的某点

右黎曼和的误差: $E_n = -\frac{(b-a)^2}{2n} f'(c)$, c 是 $[a\ b]$ 上的某点

中点黎曼和的误差: $E_n = \frac{(b-a)^3}{24n^2} f''(c)$, c 是 $[a\ b]$ 上的某点

梯形法的误差: $E_n = -\frac{(b-a)^3}{12n^2} f''(c)$, c 是 $[a\ b]$ 上的某点

抛物线法的误差: $E_n = -\frac{(b-a)^5}{180n^4} f^{(4)}(c)$, c 是 $[a\ b]$ 上的某点

在这些误差中, 最重要的就是子区间数 n. 因为 n 是在分母中以幂的形式出现, 所以指数 n 越大, 误差越小, 误差就越快地接近 0. 例如, 在抛物线误差公式中, 分母有 n^4. 而在梯形法误差公式中, 分母有 n^2. 由于 n^4 的增长速度比 n^2 的快, 所以, 抛物线法的误差比梯形法的或中点黎曼和的更快接近 0. 同理, 抛物线法的误差比左黎曼和的或右黎曼和的更快接近 0. 另外应注意的是, 我们可以不用求出 c 来. 而我们要做的是得到误差的上界, 在下例中会讲到.

例 5 当 $n=6$ 时用抛物线法求 $\int_1^4 \frac{1}{1+x}dx$ 的近似值并求出绝对误差限.

解 令 $f(x) = \frac{1}{1+x}$, $a=1$, $b=4$, $n=6$ 则有

$$\int_1^4 \frac{1}{1+x}dx \approx \frac{b-a}{3n}[f(x_0) + 4f(x_1) + 2f(x_2) + 4f(x_3) + 2f(x_4) + 4f(x_5) + f(x_6)]$$

$$= \frac{3}{3\times 6}[f(1.0) + 4f(1.5) + 2f(2.0) + 4f(2.5) + 2f(3.0) + 4f(3.5) + f(4.0)]$$

$$\approx \frac{1}{6}\times 5.4984 \approx 0.9164$$

求出抛物线法的误差需要对被积函数进行四次求导:

$$f'(x) = -\frac{1}{(1+x)^2}$$

$$f''(x) = \frac{2}{(1+x)^3}$$

$$f'''(x) = -\frac{6}{(1+x)^4}$$

$$f^{(4)}(x) = \frac{24}{(1+x)^5}$$

现在的问题是, 在区间 $[1, 4]$ 上 $|f^{(4)}(x)|$ 有多大? 很明显, 在此区间上 $f^{(4)}(x)$ 是个非负的递减函数, 所有当 $x=1$ 时, $f^{(4)}(x)$ 取得最大值 $f^{(4)}(1) = 24/(1+1)^5 = 3/4$, 因此

$$|E_6| = \left| -\frac{(b-a)^5}{180n^4} f^{(4)}(c) \right|$$

$$= \frac{(4-1)^5}{180\times 6^4} |f^{(4)}(c)| \leqslant \frac{(4-1)^5}{180\times 6^4}\ \frac{3}{4} \approx 0.00078$$

因此，误差不会大于 0.00078.

在下例中，我们将不再指定 n 求误差，而是给定误差来求取 n.

求 $\int_a^b f(x)\,\mathrm{d}x$ 的近似值的方法

1. 左黎曼和

第 i 个矩形面积 $=f(x_{i-1})\Delta x_i=\frac{b-a}{n}f\left(a+(i-1)\frac{b-a}{n}\right)$

$$\int_a^b f(x)\,\mathrm{d}x\approx\frac{b-a}{n}\sum_{i=1}^{n}f\left(a+(i-1)\frac{b-a}{n}\right)$$

对于 $[a,\ b]$ 上 $E_n=\frac{(b-a)^2}{2n}f'(c)$

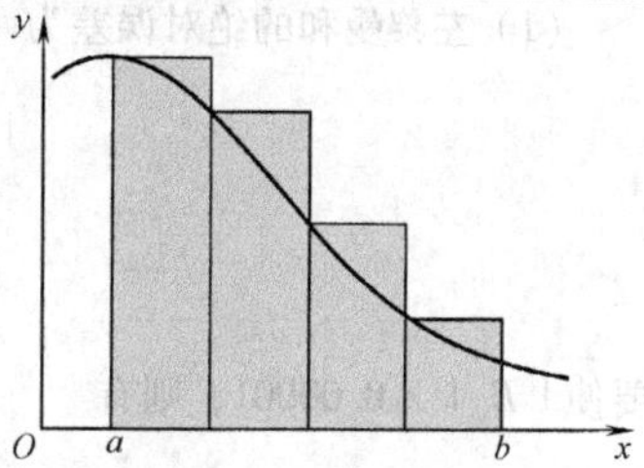

2. 右黎曼和

第 i 个矩形面积 $=f(x_i)\Delta x_i=\frac{b-a}{n}f\left(a+i\frac{b-a}{n}\right)$

$$\int_a^b f(x)\,\mathrm{d}x\approx\frac{b-a}{n}\sum_{i=1}^{n}f\left(a+i\frac{b-a}{n}\right)$$

某点 c，$E_n=-\frac{(b-a)^2}{2n}f'(c)$

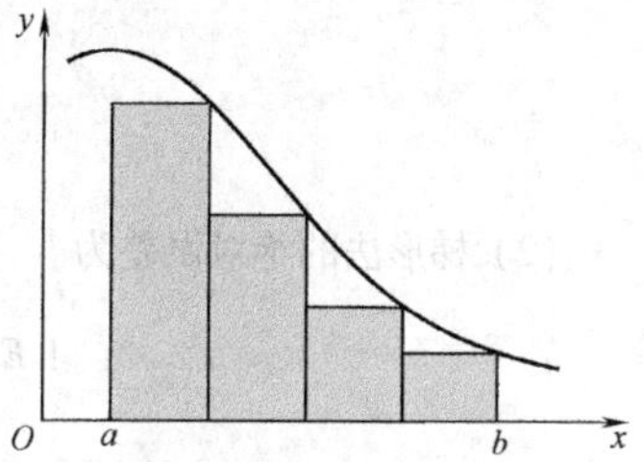

3. 中点黎曼和

第 i 个矩形面积 $=f\left(\frac{x_{i-1}+x_i}{2}\right)\Delta x_i=\frac{b-a}{n}f\left(a+\left(i-\frac{1}{2}\right)\frac{b-a}{n}\right)$

$$\int_a^b f(x)\,\mathrm{d}x\approx\frac{b-a}{n}\sum_{i=1}^{n}f\left(a+\left(i-\frac{1}{2}\right)\frac{b-a}{n}\right)$$

某点 c，$E_n=\frac{(b-a)^3}{24n^2}f''(c)$

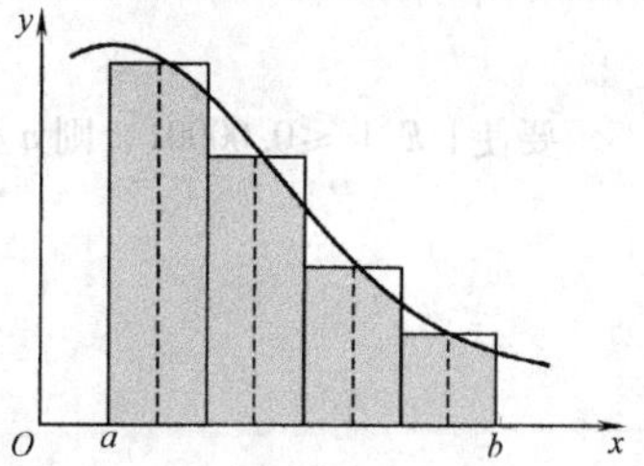

4. 梯形法

第 i 个梯形面积 $=\frac{b-a}{n}\frac{f(x_{i-1})+f(x_i)}{2}$

$$\int_a^b f(x)\,\mathrm{d}x\approx\frac{b-a}{n}\sum_{i=1}^{n}\frac{f(x_{i-1})+f(x_i)}{2}$$

$$=\frac{b-a}{2n}\left[f(a)+2\sum_{i=1}^{n-1}f\left(a+i\frac{b-a}{n}\right)+f(b)\right]$$

某点 c，$E_n=-\frac{(b-a)^3}{12n^2}f''(c)$

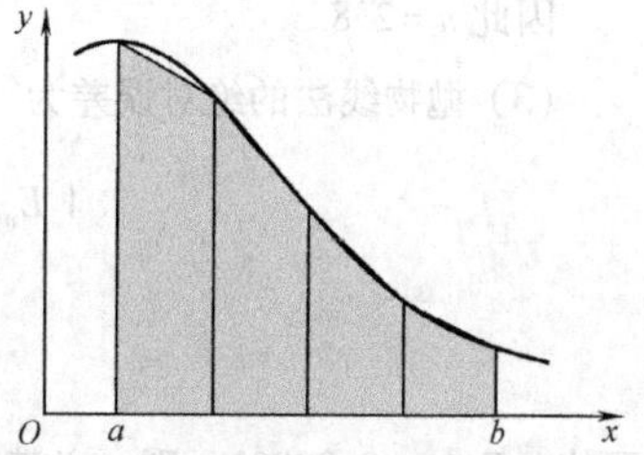

5. 抛物线法（n 必须是偶数）

$$\int_a^b f(x)\,\mathrm{d}x\approx\frac{b-a}{3n}[f(x_0)+4f(x_1)+2f(x_2)+4f(x_3)+2f(x_4)+\cdots+4f(x_{n-3})+2f(x_{n-2})+4f(x_{n-1})+f(x_n)]$$

$$=\frac{b-a}{3n}\left[f(a)+4\sum_{i=1}^{n/2}f\left(a+(2i-1)\frac{b-a}{n}\right)+2\sum_{i=1}^{n/2-1}f\left(a+2i\frac{b-a}{n}\right)+f(b)\right]$$

某点 c，$E_n=-\frac{(b-a)^5}{180n^4}f^{(4)}(c)$

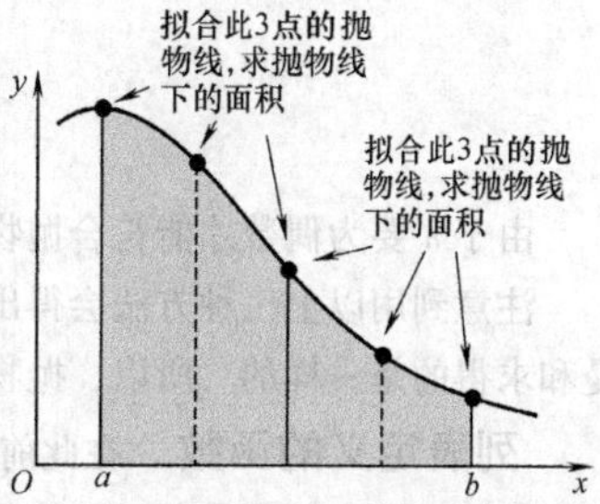

例6 当分别用(1)左黎曼和、(2)梯形法、(3)抛物线法来估算 $\int_1^4 \frac{1}{1+x}dx$ 时，均要求绝对误差小于0.00001．求出相对应的 n 值．

解 $f(x)=1/(1+x)$ 的导数在上例中已给出．

(1) 左黎曼和的绝对误差为

$$|E_n| = \left| -\frac{(4-1)^2}{2n}f'(c) \right|$$

$$= \frac{3^2}{2n}\left|\frac{1}{(1+c)^2}\right| \leqslant \frac{9}{2n}\frac{1}{(1+1)^2} = \frac{9}{8n}$$

要使 $|E_n| \leqslant 0.00001$，则有

$$\frac{9}{8n} \leqslant 0.00001$$

$$n \geqslant \frac{9}{8\times 0.00001} = 112500$$

(2) 梯形法的绝对误差为

$$|E_n| = \left| -\frac{(4-1)^3}{12n^2}f''(c) \right|$$

$$= \frac{3^3}{12n^2}\left|\frac{2}{(1+c)^3}\right| \leqslant \frac{54}{12n^2(1+1)^3} = \frac{9}{16n^2}$$

要使 $|E_n| \leqslant 0.00001$，则 n 必须满足

$$\frac{9}{16n^2} \leqslant 0.00001$$

$$n^2 \geqslant \frac{9}{16\times 0.00001} = 56250$$

$$n \geqslant \sqrt{56250} \approx 237.17$$

因此 $n=238$.

(3) 抛物线法的绝对误差为

$$|E_n| = \left| -\frac{(b-a)^5}{180n^4}f^{(4)}(c) \right|$$

$$= \frac{3^5}{180n^4}\left|\frac{24}{(1+c)^5}\right| \leqslant \frac{3^5\times 24}{180n^4(1+1)^5} = \frac{81}{80n^4}$$

要使 $|E_n| \leqslant 0.00001$，则 n 必满足

$$\frac{81}{80n^4} \leqslant 0.00001$$

$$n^4 \geqslant \frac{81}{80\times 0.00001} \approx 101250$$

$$n \geqslant 101250^{1/4} \approx 17.8$$

由于 n 要为偶数才能符合抛物线法则，所以取 $n=18$.

注意到用以上三种方法会得出不同的答案，$n=18$ 时用抛物线法则求得的精确度与 $n=100000$ 时用右黎曼和求得的是一样的．所以，抛物线法则是一种很有效的积分估算法则．

列表定义的函数 在此前的所有例子里，我们是对函数的整个区间来积分的．但实际上有很多的情况都不能对整个区间来积．如按每1min算的速度、按每10s算的水流和按每0.1mm算的代表性区域等．在这些例子中，每个积分都有其特定意义．我们不能精确地对其进行运算，但可以通过这节介绍的方法来对其

进行估算.

例 7 克里斯的爸爸从圣路易斯驾车到杰斐逊城，克里斯每 10min 就记录一次车速(其记录如下面的表所示). 用抛物线法估算车走了多远?

解 令 $v(t)$ 表示车速，t 的单位为 h. 若我们知道区间[0, 3.5]内的所有 t，则可用 $\int_0^{3.5} v(t)\,\mathrm{d}t$ 来计算路程. 但问题是，我们只知道其中的 22 个 t 值：$t_k = k/6$，$k=0, 1, 2, \cdots, 21$. 如图 5 所示. 我们把区间[0, 3.5]分成 21 个长度为$\frac{1}{6}$(10min 等于 1/6h)的子区间.

时间/min	速度/mile · h^{-1}
0	0
10	55
20	57
30	60
40	70
50	70
60	70
70	70
80	19
90	0
100	59
110	63
120	65
130	62
140	0
150	0
160	0
170	22
180	38
190	35
200	25
210	0

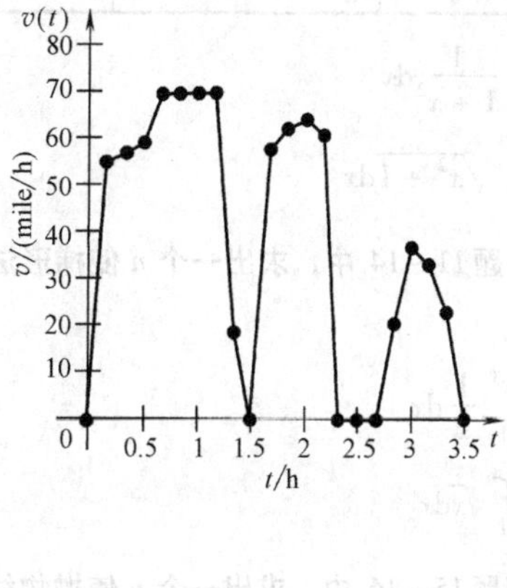

图 5

根据梯形法则，有

$$\int_0^{3.5} v(t)\,\mathrm{d}t \approx \frac{3.5-0}{2\times 21}\left[v(0)+2\sum_{i=1}^{20} v\left(0+i\frac{3.5-0}{21}\right)+v(21)\right]$$

$$=\frac{3.5}{42}[0+2(55+57+60+70+70+70+70+19+0+59$$

$$+63+65+62+0+0+0+22+38+35+25)+0]$$

$$=140(\text{mile})$$

可知，他们的车走了约 140mile.

概念复习

1. 梯形法系数的形式是________.
2. 抛物线法系数的形式是________.
3. 梯形法误差的分母有 n^2，而抛物线法误差的分母有______，因此，我们认为后者对定积分有一个更精确的近似值.
4. 如果 f 的函数值为正且图形上凹，那么梯形法对 $\int_a^b f(x)\,\mathrm{d}x$ 总是给出一个较________的值.

习题 4.6

在习题 1 ~ 6 中，对于 $n=8$ 时等份的区间，分别用(1)左黎曼和、(2)右黎曼和、(3)梯形法、(4)抛物线法近似计算每一个定积分；再用微积分第二基本定理求每个定积分的准确值.

1. $\int_1^3 \frac{1}{x^2}\mathrm{d}x$　　2. $\int_1^3 \frac{1}{x^3}\mathrm{d}x$　　3. $\int_0^2 \sqrt{x}\,\mathrm{d}x$

4. $\int_1^3 x\sqrt{x^2+1}\mathrm{d}x$　　5. $\int_0^1 x(x^2+1)^5\mathrm{d}x$　　6. $\int_1^4 (x+1)^{3/2}\mathrm{d}x$

C在习题7～10中$n=4$，8，16，分别用(1)左黎曼和、(2)右黎曼和、(3)中点黎曼和、(4)梯形法、(5)抛物线法近似计算每一个定积分(不能用微积分第二基本定理或学过的积分技巧来求)，在下列表中填写这些近似值.

	左黎曼和	右黎曼和	中点黎曼和	梯形法	抛物线法
$n=4$					
$n=8$					
$n=16$					

7. $\int_1^3 \frac{1}{1+x^2}\mathrm{d}x$　　8. $\int_1^3 \frac{1}{x}\mathrm{d}x$

9. $\int_0^2 \sqrt{x^2+1}\mathrm{d}x$　　10. $\int_1^3 x\sqrt{x^3+1}\mathrm{d}x$

C在习题11～14中，求出一个n使梯形法近似计算积分时满足$|E_n|\leqslant 0.01$．然后，用这个n近似计算以下积分.

11. $\int_1^3 \frac{1}{x}\mathrm{d}x$　　12. $\int_1^3 \frac{1}{1+x}\mathrm{d}x$

13. $\int_1^4 \sqrt{x}\mathrm{d}x$　　14. $\int_1^3 \sqrt{x+1}\mathrm{d}x$

C在习题15～16中，求出一个n使抛物线法近似计算积分时满足$|E_n|\leqslant 0.01$．然后，用这个n近似计算以下的积分.

15. $\int_1^3 \frac{1}{x}\mathrm{d}x$　　16. $\int_4^8 \sqrt{x+1}\mathrm{d}x$

17. 如果$f(x)=ax^2+bx+c$．证明

$$\int_{m-h}^{m+h} f(x)\mathrm{d}x \text{ 和 } \frac{h}{3}[f(m-n)+4f(m)+f(m+h)]$$

都有值$(h/3)[a(6m^2+2h^2)+b(6m)+6c]$．它建立了以抛物线法为基础的面积公式.

18. 用两种不同的方法证明抛物线法对任何三次多项式都是准确的.

(a) 直接计算　　(b) 利用$E_n=0$.

用两种方法判断并证明习题19～22．(1)函数图形性质，(2)定理A的误差公式.

19. 若f是在区间$[a, b]$上的增函数，那么是f的左黎曼和大还是$\int_a^b f(x)\mathrm{d}x$大?

20. 若f是在区间$[a, b]$上的增函数，那么是f的右黎曼和大还是$\int_a^b f(x)\mathrm{d}x$大?

21. 若f是在区间$[a, b]$上的增函数，那么是f的中点黎曼和大还是$\int_a^b f(x)\mathrm{d}x$大?

22. 若f是在区间$[a, b]$上的增函数，那么是f的梯形法近似值大还是$\int_a^b f(x)\mathrm{d}x$大?

23. 证明当k为奇数时抛物线法给出了计算$\int_{-a}^a x^k\mathrm{d}x$的准确值.

24. 有一个有趣的事实，梯形法的一个修正形式从总体上变得比抛物线法更加精确，其修正形式为

$$\int_a^b f(x)\mathrm{d}x \approx T - \frac{[f'(b)-f'(a)]h^2}{12}$$

其中，T是标准梯形估算值.

(a) 当 $n=8$ 时用这个公式估算 $\int_1^3 x^4 dx$ 并且标注它的显著的精确度.

(b) 当 $n=12$ 时用这个公式估算 $\int_0^\pi \sin x dx$

25. 分别用(1)左黎曼和、(2)右黎曼和、(3)中点黎曼和、(4)梯形法求取 $\int_0^1 \sqrt{x^2+1}dx$ 的近似值，然后按从小到大的顺序对它们进行排列.

26. 分别用(1)左黎曼和、(2)右黎曼和、(3)梯形法、(4)抛物线法求取 $\int_1^3 (x^3+x^2+x+1)dx$ 的近似值，然后按从小到大的顺序对它们进行排列.

27. 用梯形法近似计算图 6 所示的湖边划分的面积. 长度单位是英尺.

28. 用抛物线法近似计算填满如图 7 所示形状的池塘所需的水的体积. 长度单位是英尺.

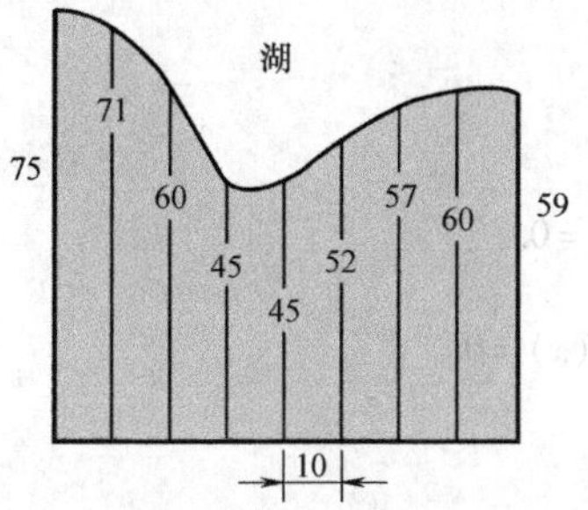

图 6

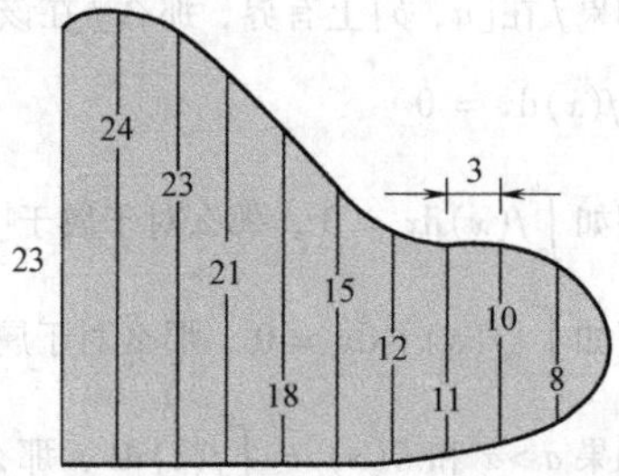

图 7

C 29. 图 8 所示为某河在宽度方向以 20ft 为间距测出的水深度. 如果河水以 4mile/h 的速度流动，问一天中有多少(ft^3)水流经过图示截面？用抛物线法.

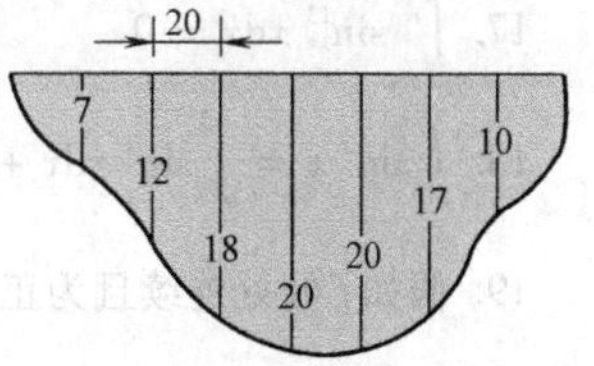

图 8

30. 特里在开车上班时每 3min 就记录一次速度，记录如下表所示，那么她开了多远？

时间/min	0	3	6	9	12	15	18	21	24
速度/mile · h^{-1}	0	31	54	53	52	35	31	28	0

31. 一小镇的水库流水，其流水速度(gal/min)从下午 4 点到 6 点间每 12min 就会被测量一次，记录如下表所示，在这 2h 里总共有多少水流出？

时间	4:00	4:12	4:24	4:36	4:48	5:00	5:12	5:24	5:36	5:48	6:00
速度/gal · min^{-1}	65	71	68	78	105	111	108	144	160	152	148

概念复习答案：

1. 1, 2, 2, …, 2, 1　2. 1, 4, 2, 4, 2, …, 4, 1　3. n^4　4. 大

4.7 本章回顾

概念测试

判断下列各题正误并解释你的判断

1. 不定积分可以作为线性运算中的一个运算符.

2. $\int [f(x)g'(x)+f'(x)g(x)]dx = f(x)g(x)+c$

3. 所有的原函数都有导函数.

4. 假如两个函数的二阶导数相等，这两个函数最多相差一个常数项.

5. $\int f'(x)\,\mathrm{d}x = f(x)$ 对任何可微的函数都成立.

6. 在地球表面上竖直上抛一球，如果球的高度 s 和时刻 t 的关系式为 $s = -16t^2 + v_0 t$，那么球着地时的速度是 $-v_0$

7. $\sum_{i=1}^{n}(a_i + a_{i-1}) = a_0 + a_n + 2\sum_{i=1}^{n-1} a_i$

8. $\sum_{i=1}^{100}(2i-1) = 10000$

9. 如果 $\sum_{i=1}^{10} a_i^2 = 100$ 和 $\sum_{i=1}^{10} a_i = 20$,那么 $\sum_{i=1}^{10}(a_i+1)^2 = 150$.

10. 如果 f 在 $[a, b]$ 上有界，那么 f 在该区间内可积.

11. $\int_a^a f(x)\,\mathrm{d}x = 0$

12. 假如 $\int_a^b f(x)\,\mathrm{d}x = 0$，那么对于属于 $[a, b]$ 的 x 都有 $f(x) = 0$.

13. 假如 $\int_a^b [f(x)]^2\,\mathrm{d}x = 0$，那么对于属于 $[a, b]$ 的 x 都有 $f(x) = 0$.

14. 如果 $a > x$ 和 $G(x) = \int_a^x f(z)\,\mathrm{d}z$，那么 $G'(x) = -f(x)$.

15. $\int_x^{x+2\pi}(\sin t + \cos t)\,\mathrm{d}t$ 的值和 x 是相互独立的.

16. lim 是一个线性的运算符.

17. $\int_{\pi}^{-\pi}\sin^{13} x\,\mathrm{d}x = 0$

18. $\int_1^5 \sin^2 x = \int_1^7 \sin^2 x\,\mathrm{d}x + \int_7^5 \sin^2 x\,\mathrm{d}x$

19. 假如 f 处处连续且为正数，那么 $\int_c^d f(x)\,\mathrm{d}x$ 也是正的.

20. $D_x\int_0^{x^2}\frac{1}{1+t^2}\mathrm{d}t = \frac{1}{1+x^4}$

21. $\int_0^{2\pi}|\sin x|\,\mathrm{d}x = \int_0^{2\pi}|\cos x|\,\mathrm{d}x$

22. $\int_0^{2\pi}|\sin x|\,\mathrm{d}x = 4\int_0^{\pi/2}\sin x\,\mathrm{d}x$

23. 奇函数的原函数是偶函数.

24. 假如 $F(x)$ 是 $f(x)$ 的原函数，那么 $F(5x)$ 是 $f(5x)$ 的原函数.

25. 假如 $F(x)$ 是 $f(x)$ 的原函数，那么 $F(2x+1)$ 是 $f(2x+1)$ 的原函数.

26. 假如 $F(x)$ 是 $f(x)$ 的原函数，那么 $F(x)+1$ 是 $f(x)+1$ 的原函数.

27. 假如 $F(x)$ 是 $f(x)$ 的原函数，那么 $\int f(v(x))\,\mathrm{d}x = F(v(x)) + C$.

28. 假如 $F(x)$ 是 $f(x)$ 的原函数，那么 $\int f^2(x)\,\mathrm{d}x = \frac{1}{3}F^3(x) + C$.

29. 假如 $F(x)$ 是 $f(x)$ 的原函数，那么 $\int f(x)\frac{\mathrm{d}f}{\mathrm{d}x}\mathrm{d}x = \frac{1}{2}F^2(x) + C$.

30. 假如在 $[0, 3]$ 上 $f(x) = 4$，那么函数给定区间上的黎曼和为 12.

31. 如果 $F'(x) = G'(x)$ 对所有在 $[a, b]$ 上的 x 成立，那么 $F(b) - F(a) = G(b) - G(a)$.

32. 如果$f(x)=f(-x)$对所有在$[-a, a]$上的x成立，那么$\int_{-a}^{a} f(x)\,dx=0$.

33. 如果$\bar{z}=\frac{1}{2}\int_{-1}^{1} z(t)\,dt$，那么在$-1\leqslant x\leqslant 1$内$z(t)-\bar{z}$是奇函数.

34. 如果$F'(x)=f(x)$对所有在$[0, b]$上的x成立，那么$\int_0^b f(x)\,dx=F(b)$.

35. $\int_{-99}^{99}(ax^3+bx^2+cx)\,dx=2\int_{-99}^{99} bx^2\,dx$.

36. 如果在$[a, b]$上有$f(x)\leqslant g(x)$，那么$\int_a^b |f(x)|\,dx\leqslant\int_a^b |g(x)|\,dx$.

37. 如果在$[a, b]$上有$f(x)\leqslant g(x)$，那么$\left|\int_a^b f(x)\,dx\right|\leqslant\left|\int_a^b g(x)\,dx\right|$.

38. $\left|\sum_{i=1}^{n} a_i\right|\leqslant\sum_{i=1}^{n}|a_i|$

39. 如果f在$[a, b]$上连续，那么$\left|\int_a^b f(x)\,dx\right|\leqslant\int_a^b |f(x)|\,dx$.

40. $\lim_{n\to\infty}\sum_{i=1}^{n}\sin\left(\frac{2i}{n}\right)\frac{2}{n}=\int_0^2 \sin x\,dx$

41. 如果$\|P\|\to 0$，那么其子域的个数趋向∞.

42. 我们总能求出初等函数的不定积分表达式.

43. 对一个增函数来说，它的左黎曼和总小于它的右黎曼和.

44. 对于线性函数$f(x)$来说，不管n为多少，其中黎曼和总与$\int_a^b f(x)\,dx$最为接近.

45. 当$n=10$时用梯形法算得的$\int_0^5 x^3\,dx$比其准确值小.

46. 当$n=10$时用抛物线法计算积分$\int_0^5 x^3\,dx$会得到准确值.

本章测试题

在习题1～12中，求以下积分的值.

1. $\int_0^1 (x^3-3x^2+3\sqrt{x})\,dx$

2. $\int_0^2 \frac{2x^4-3x^2+1}{x^2}\,dx$

3. $\int_1^{\pi}\frac{y^3-9y\sin y+26y^{-1}}{y}\,dy$

4. $\int_4^9 y\sqrt{y^2-4}\,dy$

5. $\int_2^8 z(2z^2-3)^{1/3}\,dz$

6. $\int_0^{\pi/2}\cos^4 x\sin x\,dx$

7. $\int_0^{\pi}(x+1)\tan^2(3x^2+6x)\sec^2(3x^2+6x)\,dx$

8. $\int_0^2 \frac{t^3}{\sqrt{t^4+9}}\,dt$

9. $\int_1^2 t^4(t^5+5)^{2/3}\,dt$

10. $\int_2^3 \frac{y^2-1}{(y^3-3y)^2}\,dy$

11. $\int (x+1)\sin(x^2+2x+3)\,dx$

12. $\int_1^5 \frac{(y^2+y+1)}{\sqrt[5]{2y^3+3y^2+6y}}\,dy$

13. P表示将区间$[0, 2]$均匀分割成四个小区间，令$f(x)=x^2-1$. 写出f在P上的黎曼和，其中$\bar{x}_i$是P的每个子区间的右端点，$i=1, 2, 3, 4$. 求出黎曼和的值且画图.

14. 若$f(x)=\int_{-2}^{x}\frac{1}{t+3}\,dt$，$-2\leqslant x$，求$f(7)$.

15. 求$\int_0^3 (2-\sqrt{x+1})^2\,dx$的值.

16. 若$f(x)=3x^2\sqrt{x^3-4}$，求f在区间$[2, 5]$上的平均值.

17. 计算 $\int_2^4 \frac{5x^2 - 1}{x^2}dx$.　　18. 计算 $\sum_{i=1}^{n}(3^i - 3^{i-1})$.　　19. 计算 $\sum_{i=1}^{10}(6i^2 - 8i)$.

20. 计算下列各值.

(a) $\sum_{m=2}^{4}\frac{1}{m}$　　(b) $\sum_{i=1}^{6}(2-i)$　　(c) $\sum_{k=0}^{4}\cos\frac{k\pi}{4}$

21. 用Σ符号写下列式子.

(a) $\frac{1}{2}+\frac{1}{3}+\frac{1}{4}+\cdots+\frac{1}{78}$　　(b) $x^2+2x^4+3x^6+4x^8+\cdots+50x^{100}$

22. 画出在曲线 $y=16-x^2$ 以下 $x=0$ 至 $x=3$ 之间的部分，找出将[0, 3]分割成 n 个子区间的内接多边形. 找到计算多边形面积的公式并用极限求出曲线下的面积.

23. 若 $\int_0^1 f(x)dx = 4, \int_0^2 f(x)dx = 2$, 且 $\int_0^2 g(x)dx = -3$，计算下列各积分.

(a) $\int_1^2 f(x)dx$　　(b) $\int_1^0 f(x)dx$　　(c) $\int_0^2 3f(u)du$

(d) $\int_0^2 [2g(x) - 3f(x)]dx$　　(e) $\int_0^{-2} f(-x)dx$

24. 计算下列积分.

(a) $\int_0^4 |x-1|dx$　　(b) $\int_0^4 [x]dx$　　(c) $\int_0^4 (x-[x])dx$

25. 假设 $f(x)=f(-x)$，$f(x)\leqslant 0$，$g(-x)=-g(x)$ 和 $\int_0^2 f(x)dx = -4, \int_0^2 g(x)dx = 5$，计算下列各积分.

(a) $\int_{-2}^2 f(x)dx$　　(b) $\int_{-2}^2 |f(x)|dx$　　(c) $\int_{-2}^2 g(x)dx$

(d) $\int_{-2}^2 [f(x)+f(-x)]dx$　　(e) $\int_0^2 [2g(x)+3f(x)]dx$　　(f) $\int_{-2}^0 g(x)dx$

26. 求值 $\int_{-100}^{100}(x^3+\sin^5 x)dx$

27. 在[−4, −1]上，对于 $f(x)=3x^2$，求出满足积分中值定理的 c.

28. 对以下每个函数 G 求 $G'(x)$.

(a) $G(x) = \int_1^x \frac{1}{t^2+1}dt$　　(b) $G(x) = \int_1^{x^2} \frac{1}{t^2+1}dt$　　(c) $G(x) = \int_x^{x^3} \frac{1}{t^2+1}dt$

29. 对以下每个函数 G 求 $G'(x)$

(a) $G(x) = \int_1^x \sin^2 z dz$　　(b) $G(x) = \int_x^{x+1} f(z)dz$

(c) $G(x) = \frac{1}{x}\int_0^x f(z)dz$　　(d) $G(x) = \int_0^x \left(\int_0^u f(t)dt\right)du$

(e) $G(x) = \int_0^{g(x)} \left(\frac{d}{du}g(u)\right)du$　　(f) $G(x) = \int_0^{-x} f(-t)dt$

30. 把以下极限当做定积分来求出它的值.

(a) $\lim_{n\to\infty}\sum_{i=1}^{n}\sqrt{\frac{4i}{n}}\frac{4}{n}$　　(b) $\lim_{n\to\infty}\sum_{i=1}^{n}\left(1+\frac{2i}{n}\right)^2\frac{2}{n}$

31. 设 f 是定义在(0, ∞)上的函数，证明 $f(x) = \int_{2x}^{5x}\frac{1}{t}dt$ 是个常数.

32. 当 $n=8$ 时分别用左黎曼和、右黎曼和与梯形法估算 $\int_1^2 \frac{1}{1+x^4}dx$.

33. 当 $n=8$ 时用梯形法估算 $\int_1^2 \frac{1}{1+x^4}dx$ 并求出绝对误差限.

34. 当 $n=8$ 时用抛物线法估算 $\int_0^4 \frac{1}{1+2x}dx$ 并求出绝对误差限.

35. 若用梯形法估算 $\int_1^2 \frac{1}{1+x^4}dx$ 所得的误差小于 0.00001，则 n 为多少？

36. 若用抛物线法估算 $\int_0^4 \frac{1}{1+2x}dx$ 所得的误差小于 0.00001，则 n 为多少？

37. 分别用左黎曼和、中点黎曼和与梯形法估算 $\int_1^6 \frac{1}{x}dx$ 并按从小到大的顺序对其进行排列.

4.8　回顾与预习

在习题 1 ~ 6 中，找到下列细实线段的长度.

1.

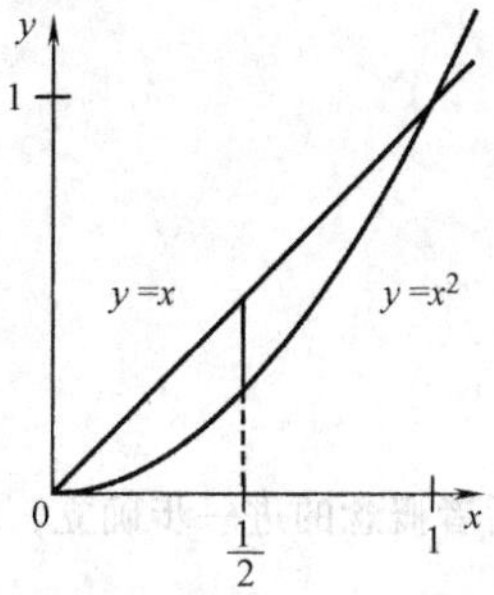

2.

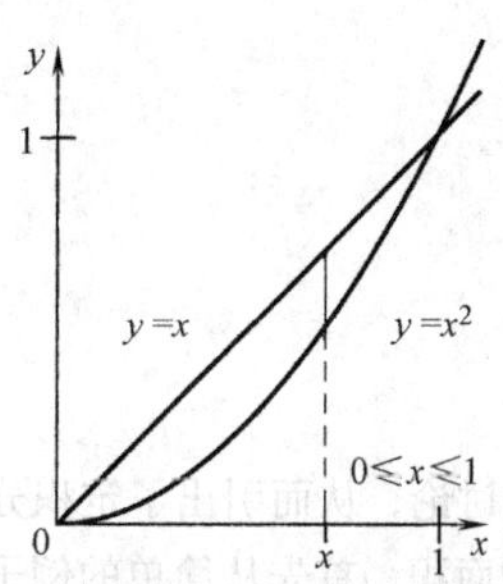

3.

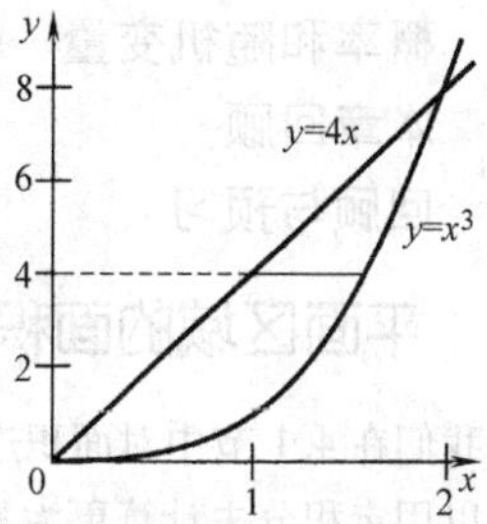

4.

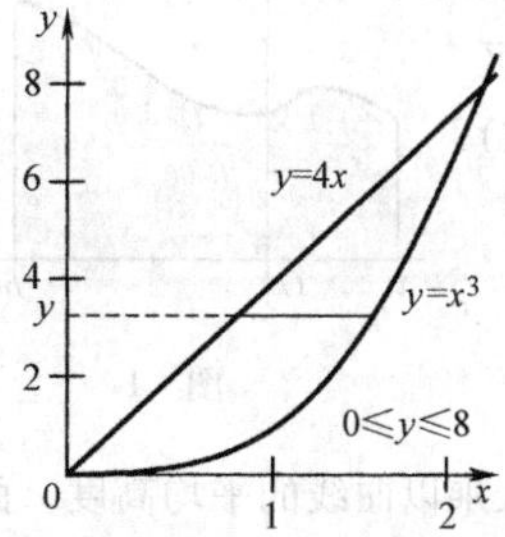

5.

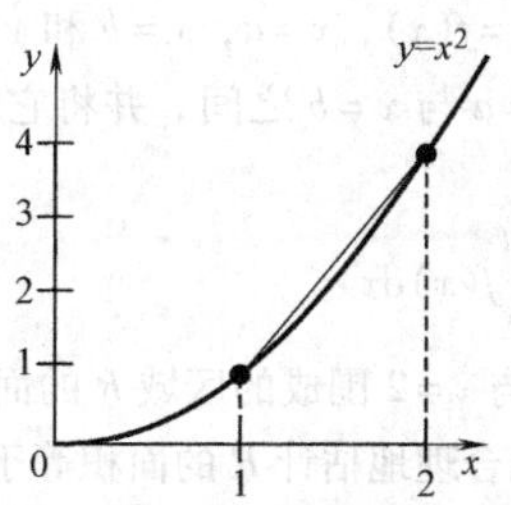

6.

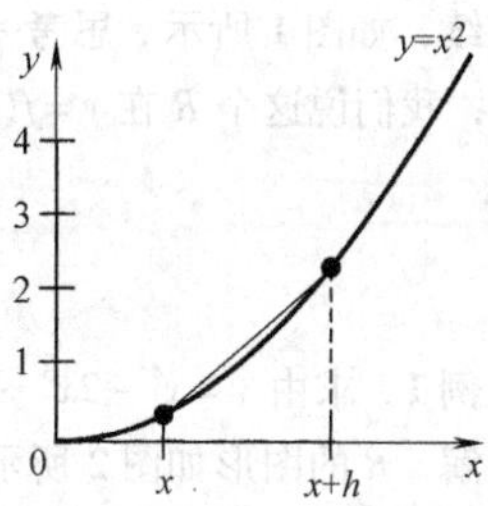

对于下面的图，立体的体积等于底面积乘以高．给出下面实物的体积.

7.

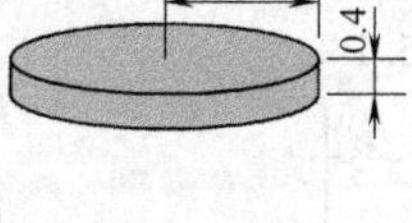

8.

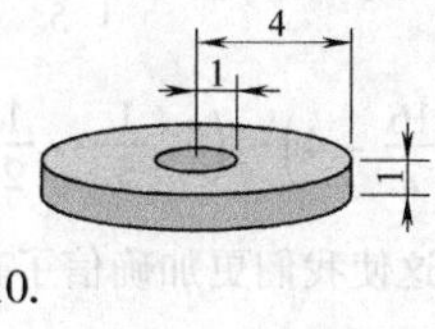

9.

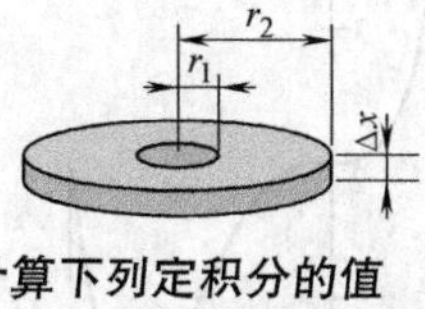

10.

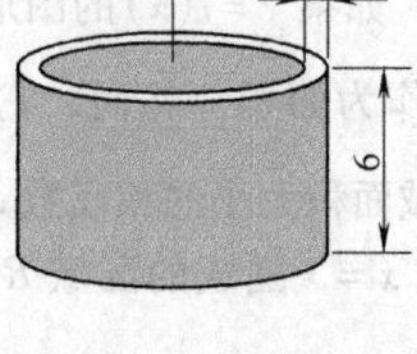

计算下列定积分的值

11. $\int_{-1}^{2}(x^4-2x^3+2)\,dx$

12. $\int_0^3 y^{2/3}dy$

13. $\int_0^2\left(1-\frac{x^2}{2}+\frac{x^4}{16}\right)dx$

14. $\int_1^4\sqrt{1+\frac{9}{4}x}\,dx$

第 5 章　积分的应用

5.1　平面区域的面积
5.2　立体的体积：薄片模型、圆盘模型、圆环模型
5.3　旋转体的体积：薄壳法
5.4　求平面曲线的弧长
5.5　功和流体力
5.6　力矩、质心
5.7　概率和随机变量
5.8　本章回顾
5.9　回顾与预习

5.1　平面区域的面积

我们在 4.1 节中对面积进行了简单的讨论，从而引出了定积分的定义．随着后者概念的进一步确立，我们可以用定积分去计算更为复杂的图形的面积．首先从简单的例子开始练习．

x 轴以上的区域　设 $y=f(x)$ 是 xy 平面坐标系中的曲线，且 f 在 $a \leqslant x \leqslant b$ 上连续，如图 1 所示．思考一下这个由 $y=f(x)$，$x=a$，$x=b$ 和 $y=0$ 围成的区域 R，我们说这个 R 在 $y=f(x)$ 以下，$x=a$ 与 $x=b$ 之间．并将它的面积 $A(R)$ 写成

$$A(R)=\int_a^b f(x)\,\mathrm{d}x$$

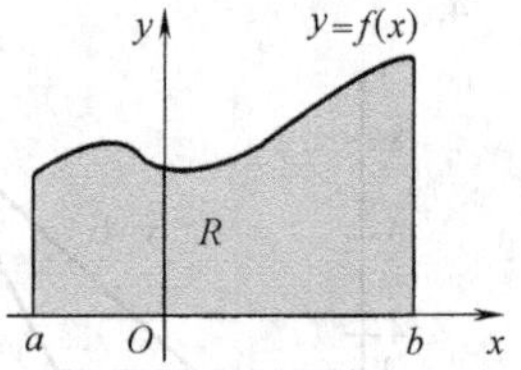

图　1

例 1　求由 $y=x^4-2x^3+2$，$x=-1$ 与 $x=2$ 围成的区域 R 的面积．

解　R 的图形如图 2 所示，我们可以合理地估计 R 的面积等于它的底边长乘以曲线的平均高度，面积的估计值为 $3\times 2=6$. 严格的计算如下：

$$A(R)=\int_{-1}^{2}(x^4-2x^3+2)\,\mathrm{d}x=\left[\frac{x^5}{5}-\frac{x^4}{2}+2x\right]_{-1}^{2}$$

$$=\left(\frac{32}{5}-\frac{16}{2}+4\right)-\left(-\frac{1}{5}-\frac{1}{2}-2\right)=\frac{51}{10}=5.1$$

计算出来的值 5.1 非常接近我们估计的值 6，这使我们更加确信了其正确性．

x 轴以下的区域　面积是一个非负数．如果 $y=f(x)$ 的图形在 x 轴以下，求得 $\int_a^b f(x)\,\mathrm{d}x$ 就是一个负数，不能作为面积．然而，它恰是由 $y=f(x)$，$x=a$，$x=b$ 和 $y=0$ 所围成的区域面积大小的相反数．

例 2　求由 $y=x^2/3-4$、x 轴、$x=-2$ 与 $x=3$ 围成的区域 R 的面积．

解　区域 R 如图 3 所示，初步估计这个面积为 $5\times 3=15$. 严格的计算如下：

$$A(R)=-\int_{-2}^{3}\left(\frac{x^2}{3}-4\right)\mathrm{d}x$$

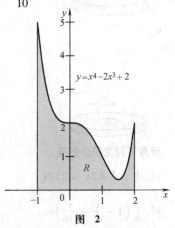

图　2

$$= \int_{-2}^{3}\left(-\frac{x^2}{3}+4\right)dx$$

$$= \left[-\frac{x^3}{9}+4x\right]_{-2}^{3} = \left(-\frac{27}{9}+12\right)-\left(\frac{8}{9}-8\right)$$

$$= \frac{145}{9} \approx 16.11$$

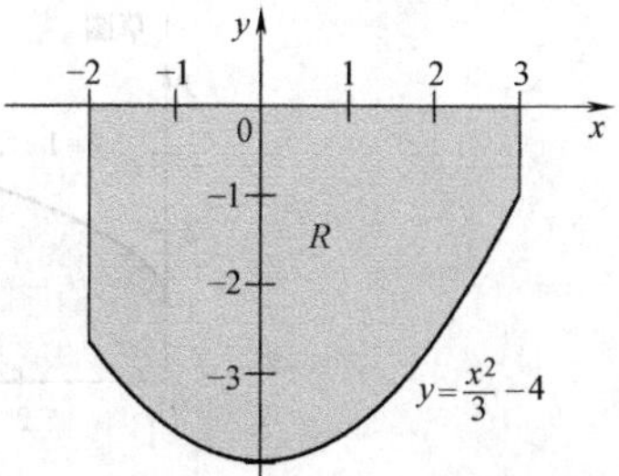

图 3

由于16.11与估计值15非常接近，我们再一次确认了它的正确性.

例3 求由 $y=x^3-3x^2-x+3$，x 轴，$x=-1$ 与 $x=2$ 围成的区域 R 的面积.

解 区域 R 为图4中所示阴影部分，一部分在 x 轴上方，另一部分在 x 轴下方. 这两部分面积 R_1 与 R_2 需要分别计算. 可以验证该曲线在 -1，1和3与 x 轴相交，因此

$$A(R) = A(R_1)+A(R_2)$$

$$= \int_{-1}^{1}(x^3-3x^2-x+3)\,dx - \int_{1}^{2}(x^3-3x^2-x+3)\,dx$$

$$= \left[\frac{x^4}{4}-x^3-\frac{x^2}{2}+3x\right]_{-1}^{1} - \left[\frac{x^4}{4}-x^3-\frac{x^2}{2}+3x\right]_{1}^{2}$$

$$= 4-\left(-\frac{7}{4}\right) = \frac{23}{4}$$

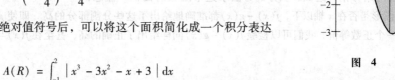

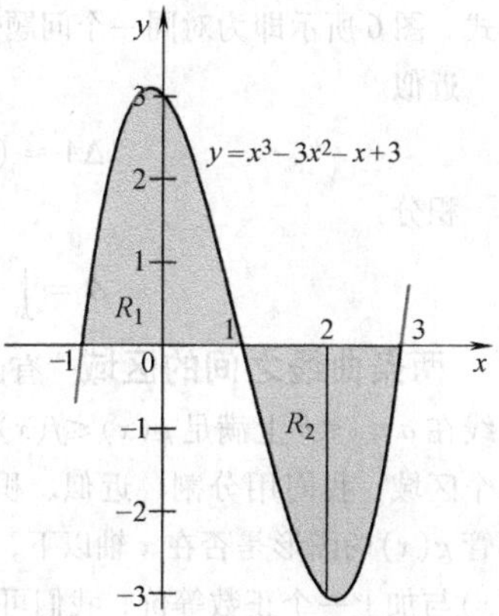

图 4

注意：在加了绝对值符号后，可以将这个面积简化成一个积分表达式

$$A(R) = \int_{-1}^{2}\left|x^3-3x^2-x+3\right|dx$$

但是这其实并没有达到真正简化的目的，为了求这个积分，我们不得不将它再次拆成两部分分别求值.

有益的思考方式 对于上面介绍的简单区域类型，我们很容易写出正确的积分表达式. 当我们接触到更复杂的图形区域(如两条曲线间的区域)时，要写出正确的积分表达式就比较困难了. 然而，下面要介绍的思考方法将给予你很大的帮助，这种方法回归到了对面积与定积分的定义，一共有如下五个步骤.

步骤一：作出区域图形；

步骤二：将这个区域切割成一个个小的片状或带状部分，然后标记其中一个特定的部分；

步骤三：将这个标记的部分近似看成为一个长方形；

步骤四：将区域中所有近似部分累加；

步骤五：对累计的结果取极限，让每一小部分的宽度趋近于0，从而得到了一个定积分表达式.

为了更好地解释这个步骤，我们来看看另一些简单的例子.

例4 建立由 $y=1+\sqrt{x}$，$x=0$ 与 $x=4$ 围成区域面积的积分(图5).

解 1. 画出图形.

2. 把图形分割.

3. 选定区域(薄片)面积的近似：

$$\Delta A_i \approx (1+\sqrt{x_i})\Delta x_i$$

4. 累加：$A \approx \sum_{i=1}^{n}(1+\sqrt{x_i})\Delta x_i$

5. 取极限：$A = \int_0^4 (1+\sqrt{x})\,dx$

一旦我们理解了这五个步骤，便可以将它缩简成三个步骤：分割、近似、积分. 这里我们将积分看做每

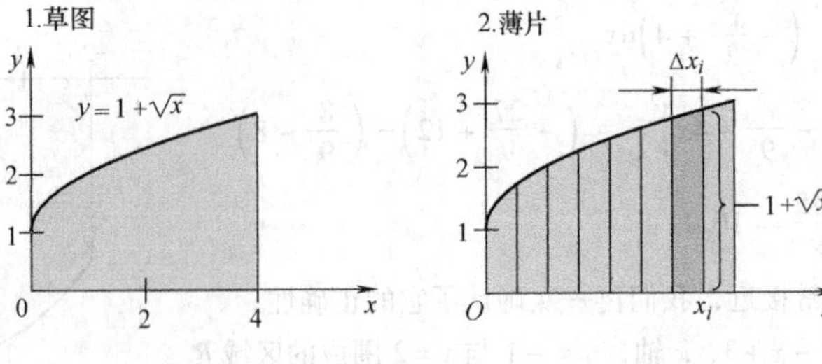

图　5

一小部分的宽度趋近于零时对累加取极限这两个步骤的合并．当我们取极限时，$\sum \cdots \Delta x$ 变形成为 $\int \cdots \mathrm{d}x$ 的

形式．图 6 所示即为对同一个问题采用了缩简形式．

近似
$$\Delta A \approx (1 + \sqrt{x}) \Delta x$$

积分
$$A = \int_0^4 (1 + \sqrt{x}) \mathrm{d}x$$

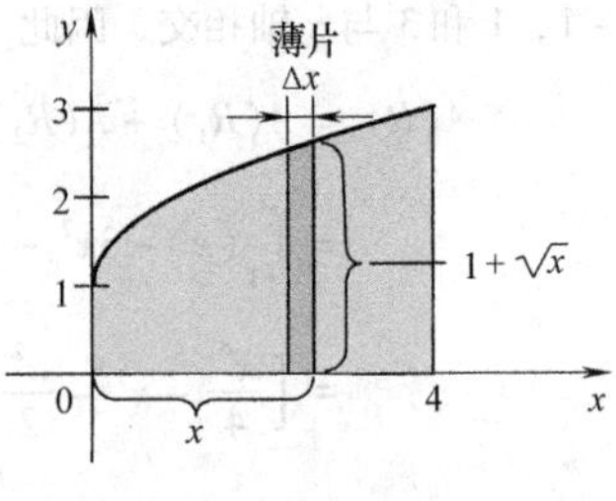

两条曲线之间的区域　有函数 $y = f(x)$ 与 $y = g(x)$，考虑这两条

曲线在 $a \leqslant x \leqslant b$ 上满足 $g(x) \leqslant f(x)$ 时的情况．它们确定了如图 7 所示的

一个区域．我们用分割、近似、积分的方法求这个区域的面积．注意，

图　6

不管 $g(x)$ 的图形是否在 x 轴以下，$f(x) - g(x)$ 都准确地给出了这些分割部分的高．即使 $g(x)$ 是负数，减掉

$g(x)$ 与加上一个正数等价．我们可以检验 $f(x) - g(x)$ 同样给出了正确的高，甚至在 $f(x)$ 与 $g(x)$ 同为负数时

也是正确的．

$$\Delta A \approx [f(x) - g(x)] \Delta x$$
$$A = \int_a^b [f(x) - g(x)] \mathrm{d}x$$

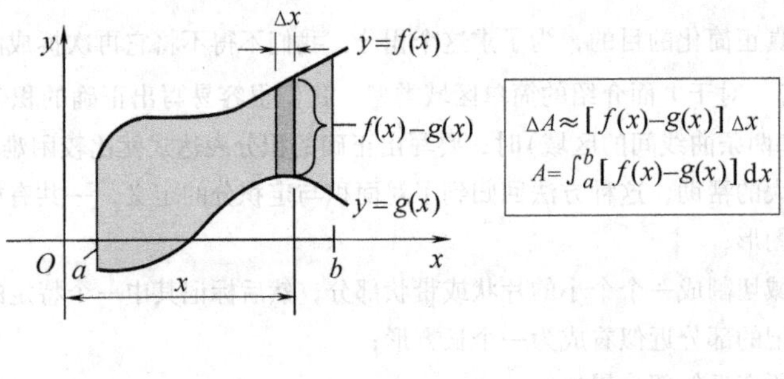

图　7

例 5　求 $y = x^4$ 与 $y = 2x - x^2$ 之间区域的面积．

解　我们从找这两条曲线的交点开始，为了找到交点，需要解 $2x - x^2 = x^4$ 这个四次方程，这种方程一般

比较难解．然而，在这道题目中可以很明显地看出 $x = 0$ 与 $x = 1$ 这两个解．我们作出这个区域的图形，并在

图 8 中附上了相应的近似于积分的值．

最后剩下的工作就是求这个定积分的值：

$$\int_0^1 (2x - x^2 - x^4) \mathrm{d}x = \left[x^2 - \frac{x^3}{3} - \frac{x^5}{5} \right]_0^1 = 1 - \frac{1}{3} - \frac{1}{5} = \frac{7}{15}$$

例 6　水平切割　求抛物线 $y^2 = 4x$ 与 $4x - 3y = 4$ 构成的区域面积．

解　我们需要找到这两条曲线的交点．将第二个式子写成 $4x = 3y + 4$，将 $4x$ 代入第一个式子求出这些交

点的 y 坐标．

$$y^2 = 3y + 4$$
$$y^2 - 3y - 4 = 0$$

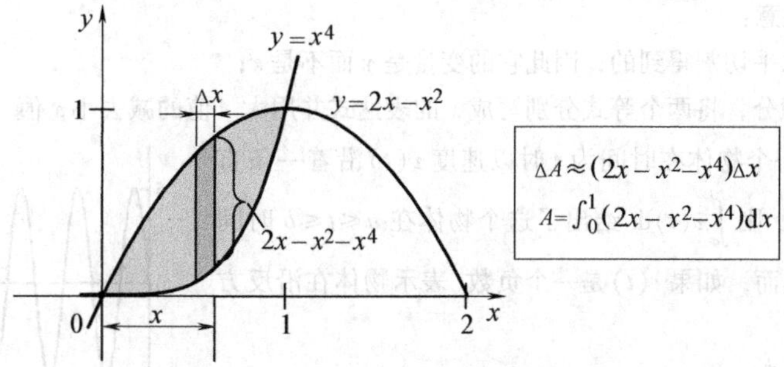

图 8

$$(y-4)(y+1)=0$$
$$y=4,\ -1$$

当 $y=4$ 时 $x=4$，当 $y=-1$ 时 $x=\frac{1}{4}$，于是得出这两条曲线的交点是(4, 4)与($\frac{1}{4}$, -1)，如图 9 所示．

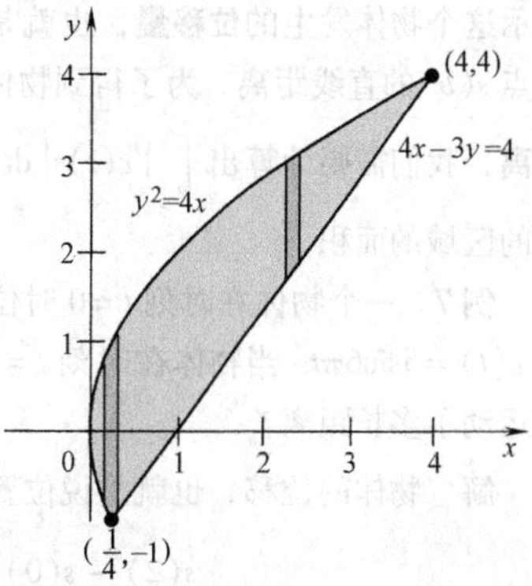

图 9

想象将这个区域垂直切割，这时我们遇到了一个问题：区域的下部由两条曲线构成，因此切割出的最左边部分是由抛物线的下支与上支构成的区域．其余部分是由直线与抛物线构成的区域．为了解决这个垂直切割问题，首先我们需要把整个区域分割成两部分，再分别建立它们的积分并求解．

一个更好的方法是将这个区域水平切割，如图 10 所示，因此，用 y 作为积分变量而不是用 x. 我们注意到水平切割部分总是从抛物线（左端）延伸到直线（右端）上．这个切割部分的长度等于用较大的 x 值$\left(x=\frac{1}{4}(3y+4)\right)$减去较小的 x 值$\left(x=\frac{1}{4}y^2\right)$. 于是

$$A=\int_{-1}^{4}\left[\frac{3y+4-y^2}{4}\right]\mathrm{d}y=\frac{1}{4}\int_{-1}^{4}(3y+4-y^2)\,\mathrm{d}y$$

$$=\frac{1}{4}\left[\frac{3y^2}{2}+4y-\frac{y^3}{3}\right]_{-1}^{4}$$

$$=\frac{1}{4}\left[\left(24+16-\frac{64}{3}\right)-\left(\frac{3}{2}-4+\frac{1}{3}\right)\right]$$

$$=\frac{125}{24}\approx 5.21$$

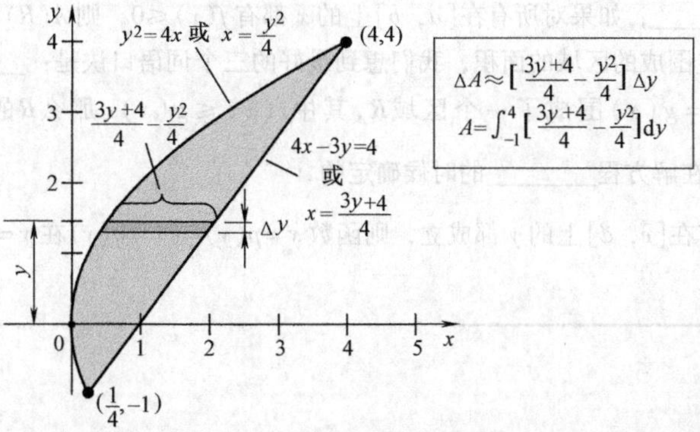

图 10

这里有两点需要注意：

1）这个积分是从水平切割得到的，因此它的变量是 y 而不是 x；

2）为了求出这个积分，将两个等式分别写成 x 的表达式并用大 x 值的减去小 x 值．

距离与位移　一个物体在时间为 t 时以速度 $v(t)$ 沿着一条直线运动，如果 $v(t)\geqslant 0$，则 $\int_a^b v(t)\,\mathrm{d}t$ 给出了这个物体在 $a\leqslant t\leqslant b$ 时间间隔内运动的距离．然而，如果 $v(t)$ 是一个负数（表示物体在沿反方向运动），那么

$$\int_a^b v(t)\,\mathrm{d}t = s(b) - s(a)$$

表示这个物体发生的**位移量**，也就是从这个物体运动的起点 $s(a)$ 到终点 $s(b)$ 的直线距离．为了得到物体在 $a\leqslant t\leqslant b$ 时间间隔内运动的**总距离**，我们需要计算出 $\int_a^b |v(t)|\,\mathrm{d}t$ 的值，也就是速度曲线与 t 轴围成的区域的面积．

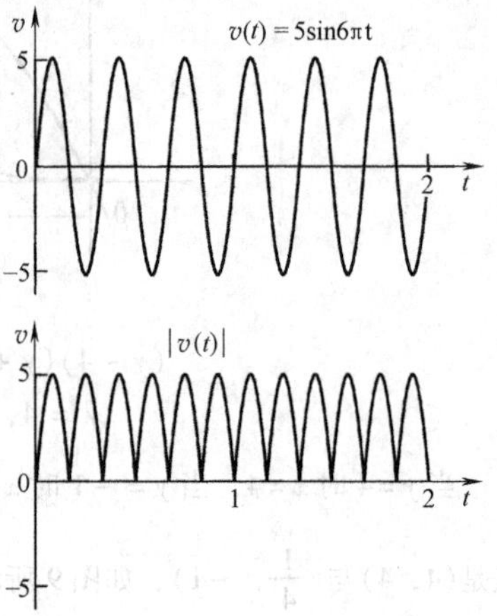

图 11

例 7　一个物体在时刻 $t=0$ 时位置 $s=3$. 它的速度在 t 上的函数为 $v(t)=5\sin 6\pi t$. 当物体在时刻 $t=2$ 时的位置是那里？这段时间内它运动了多长距离？

解　物体的位移，也就是说位置的改变是

$$s(2) - s(0) = \int_0^2 v(t)\,\mathrm{d}t = \int_0^5 5\sin 6\pi t\mathrm{d}t = \left[-\frac{5}{6\pi}\cos 6\pi t\right]_0^2 = 0$$

于是，$s(2)=s(0)+0=3+0=3$. 当 $t=2$ 时，物体在位置 3. 总的运动距离是

$$\int_0^2 |v(t)|\,\mathrm{d}t = \int_0^2 |5\sin 6\pi t|\,\mathrm{d}t$$

为了求它的积分我们用对称性（图 11）．于是

$$\begin{aligned}\int_0^2 |v(t)|\,\mathrm{d}t &= 12\int_0^{2/12} 5\sin 6\pi t\mathrm{d}t \\ &= 60\left[-\frac{1}{6\pi}\cos 6\pi t\right]_0^{1/6} \\ &= \frac{20}{\pi} \approx 6.3662\end{aligned}$$

概念复习

1. R 表示的是由定义在 $[a,\ b]$ 上的函数 $y=f(x)$ 与 x 轴围成的区域．如果对所有在 $[a,\ b]$ 上的 x 都有 $f(x)\geqslant 0$，则 $A(R)=$________，如果对所有在 $[a,\ b]$ 上的 x 都有 $f(x)\leqslant 0$，则 $A(R)=$________．

2. 为了求出两条曲线围成的区域的面积，我们想到最好的三个词语口诀是：________．

3 函数 $y=f(x)$ 与 $y=g(x)$ 围成了一个区域 R，其中 $f(x)\leqslant g(x)$．那么 R 的面积可以写成 $A(R)=\int_a^b$ ________ $\mathrm{d}x$，a 和 b 是在解方程________的时候确定的．

4. $p(y)\leqslant q(y)$ 对所有在 $[c,\ d]$ 上的 y 都成立，则函数 $x=p(y)$ 与 $x=q(y)$ 在 $y=c$，$y=d$ 之间围成的区域的面积 $A(R)=$________．

习题 5.1

习题 1～10 中，用三步法则（切割，近似，积分）分别建立计算各阴影部分的积分．

1.

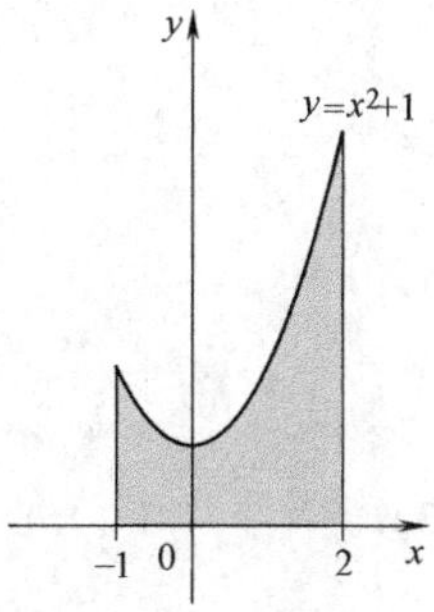

2.

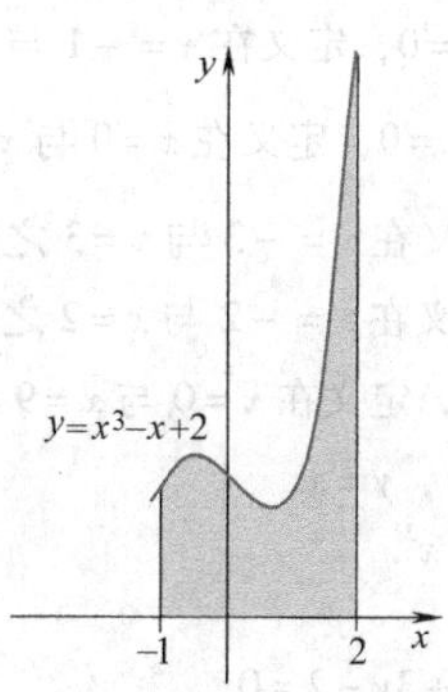

3.

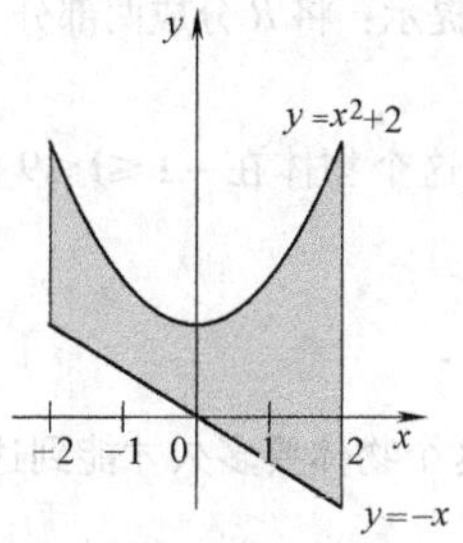

4.

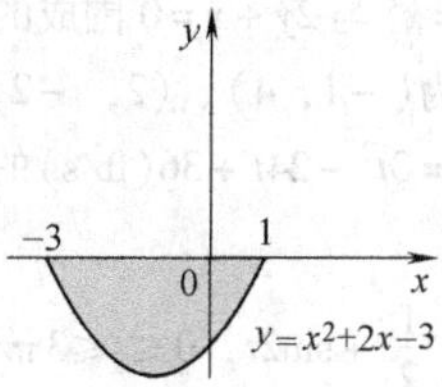

5.

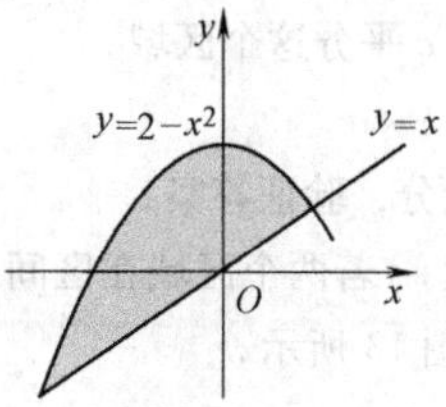

6.

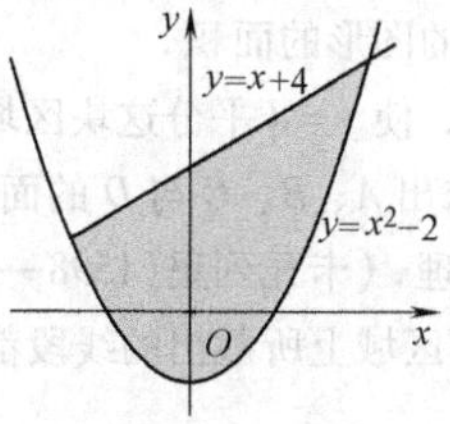

7.

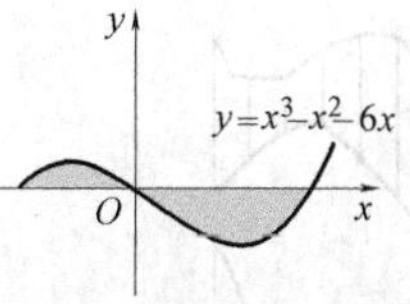

8.

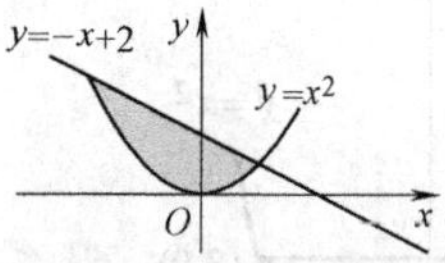

9.

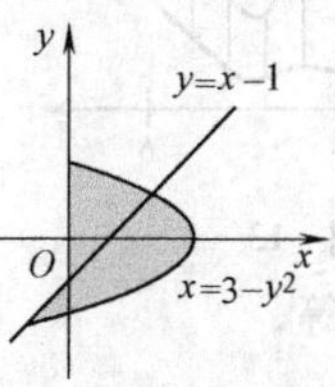

10.

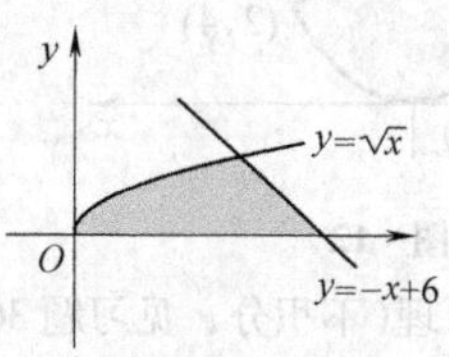

≈ **在习题 11 ~ 28 中，画出给定方程的图形所围成的区域，给出一个特定的分割，取近似面积，再建立积分. 最后求出这个区域的面积. 在计算之前估算面积的大小，并验证你的结果.**

11. $y=3-\frac{1}{3}x^2$，$y=0$，定义在 $x=0$ 与 $x=3$ 之间.

12. $y=5x-x^2$，$y=0$，定义在 $x=1$ 与 $x=3$ 之间.

13. $y=(x-4)(x+2)$，$y=0$，定义在 $x=0$ 与 $x=3$ 之间.

14. $y=x^2-4x-5$，$y=0$，定义在 $x=-1$ 与 $x=4$ 之间.

15. $y=\frac{1}{4}(x^2-7)$，$y=0$，定义在 $x=0$ 与 $x=2$ 之间.

16. $y=x^3$，$y=0$，定义在 $x=-3$ 与 $x=3$ 之间.

17. $y=\sqrt[3]{x}$，$y=0$，定义在 $x=-2$ 与 $x=2$ 之间.

18. $y=\sqrt{x}-10$，$y=0$，定义在 $x=0$ 与 $x=9$ 之间.

19. $y=(x-3)(x-1)$，$y=x$.

20. $y=\sqrt{x}$，$y=x-4$，$x=0$.

21. $y=x^2-2x$，$y=-x^2$.

22. $y=x^2-9$，$y=(2x-1)(x+3)$.

23. $x=8y-y^2$，$x=0$.

24. $x=(3-y)(y+1)$，$x=0$.

25. $x=-6y^2+4y$，$x+3y-2=0$.

26. $x=y^2-2y$，$x-y-4=0$.

27. $4y^2-2x=0$，$4y^2+4x-12=0$.

28. $x=4y^4$，$x=8-4y^4$.

29. 画出 $y=x+6$，$y=x^3$ 与 $2y+x=0$ 围成的区域 R. 求出这个区域的面积. 提示：将 R 分成两部分.

30. 用积分求出顶点为$(-1, 4)$、$(2, -2)$和$(5, 1)$的三角形面积.

31. 一个物体以 $v(t)=3t^2-24t+36$(ft/s)的速度沿着一条直线运动. 求出这个物体在 $-1\leqslant t\leqslant 9$ 时，移动的位移与总距离.

32. 若 31 题中 $v(t)=\frac{1}{2}+\sin 2t$，$0\leqslant t\leqslant 3\pi/2$，求物体移动的位移与总距离.

33. 当 $t=0$ 时 $s=0$，一个物体以 $v(t)=2t-4$(cm/s)的速度作直线运动，这个物体要多久才能到达 $s=12$ 处？运动的总距离为 12cm 需多少时间？

34. 曲线 $y=1/x^2$，$1\leqslant x\leqslant 6$.

(a)求出由曲线围成的图形的面积.

(b)确定一个 c 的值，使 $x=c$ 平分这个区域.

(c)确定一个 d 的值，使 $y=d$ 平分这块区域.

35. 如图 12 所示，求出 A、B、C 与 D 的面积. 通过计算 $A+B+C+D$ 的积分，验证答案.

36. 证明卡瓦列里原理.(卡瓦列里(1598—1647)在 1635 年提出了这个原理.)若两个区域在区间$[a, b]$上，每一条竖直线在这两区域上所截出的线段都等长，则它们的面积相等，如图 13 所示.

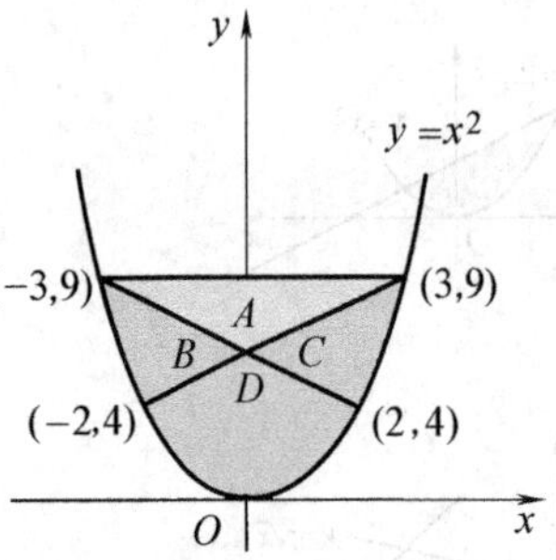

图　12

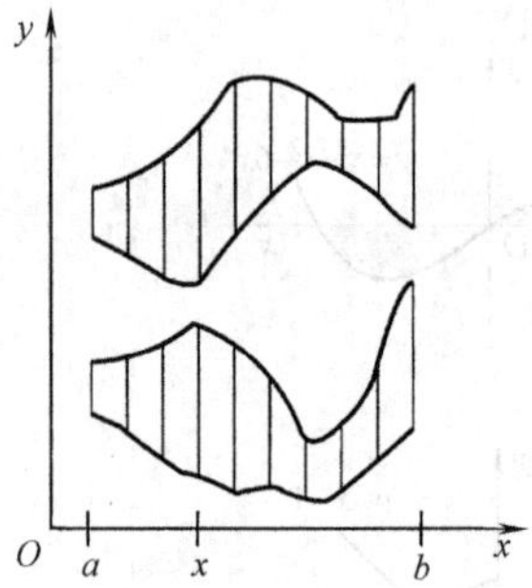

图　13

37. 运用卡瓦列里原理(不积分，见习题 36)证明图 14 中阴影区域的面积相等.

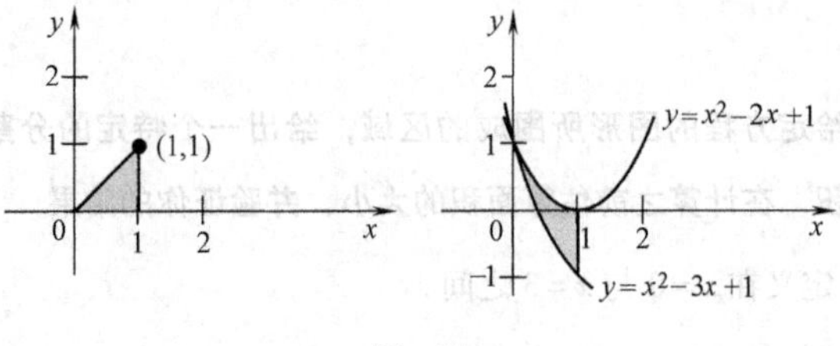

图　14

38. 求 $y=\sin x$，$y=\frac{1}{2}$在区间 $0\leqslant x\leqslant 17\pi/6$ 围成的区域的面积.

概念复习答案：

1. $\int_a^b f(x)\,dx$, $-\int_a^b f(x)\,dx$ 2. 切割,近似,积分 3. $[g(x)-f(x)]$, $f(x)=g(x)$ 4. $\int_c^d [q(y)-p(y)]\,dy$

5.2 立体的体积：薄片模型、圆盘模型、圆环模型

用定积分来计算面积并不是一件稀奇的事，因为它最早就是为了计算面积而发明的. 但是积分的应用已经远远超越了它最初的目的，大量的问题都可以用这个思路去解决：切割，近似，累加，分割越来越细时取极限。这个方法也可以用来求立体的体积，前提是我们可以比较容易地对每块小部分进行取近似.

什么是体积？我们从学习简单的立体模型——立柱开始理解这一概念. 图 1 所示的四个立体图形都属于立柱. 这四个立柱都是由它们的平面区域(底)垂直向上移动一段距离 h 得到的立体图形. 每个立体的体积被定义为底面积 A 乘以高 h，即

$$V=Ah$$

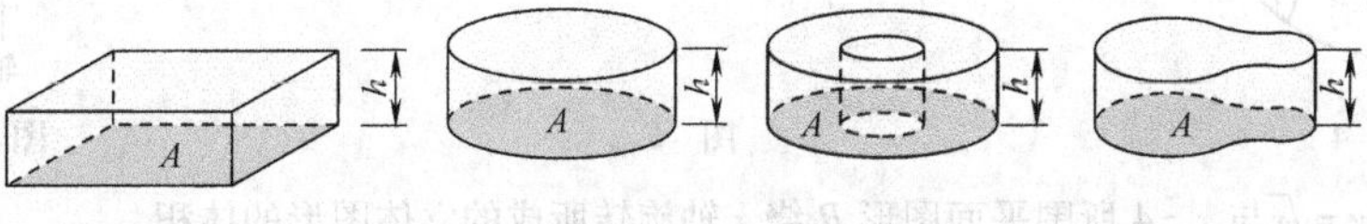

图 1

接下来我们考虑一下有这样一个性质的立体：垂直一给定直线的截面面积已知. 特别地，假定直线为 x 轴，对应 x 的截面面积为 $A(x)$，$a\leqslant x\leqslant b$(图 2). 在区间$[a, b]$中插入一些点，将它分割成 $a=x_0<x_1<x_2<\cdots<x_n=b$. 然后，我们经过垂直于 x 轴的这些点扫过平面，从而得到许多**薄片**(图 3). 这些薄片的体积 ΔV_i 可以近似成底面积为 $A(\bar{x}_i)$、高为 Δx_i 的小块立柱的体积，即

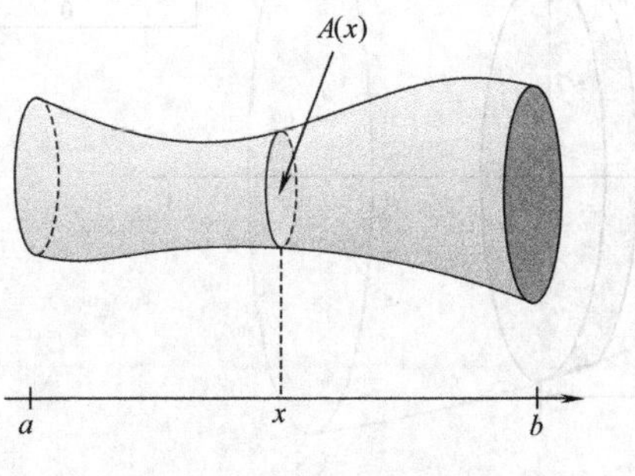

图 2

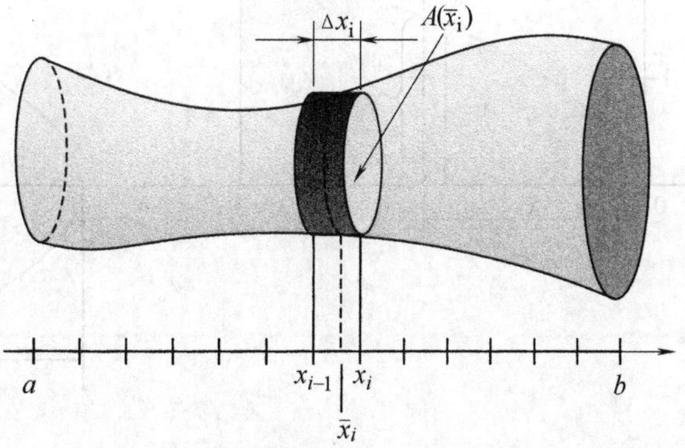

图 3

$$\Delta V_i\approx A(\bar{x}_i)\Delta x_i$$

($\bar{x}_i$ 为样点，它可以是区间$[x_{i-1}, x_i]$上任意一点)

于是，立体体积 V 可以由黎曼和近似地给出

$$V\approx\sum_{i=1}^{n}A(\bar{x}_i)\Delta x_i$$

我们让每个小部分的厚度趋近于零，得到了一个定积分，将立体体积定义为如下定积分：

$$V = \int_a^b A(x)\,dx$$

与其照搬这个公式去求体积，不如针对每一个问题重新推导，正如我们求面积一样，我们把这个推导过程总结为切割、近似、积分．接下来看一下这样的一些例子．

旋转立体的体积：圆盘模型法　当一个平面区域绕着这个平面内的一条固定的直线旋转时，产生了一个**旋转立体**，这条固定的直线叫作这个旋转立体的**轴线**．

如果这个区域是一个半圆形，当让这个半圆形绕着它的直径旋转时产生了一个球体(图4)．如果这个区域是一个直角三角形，当这个直角三角形绕着它的一条直角边旋转时产生了一个圆锥体(图5)．如果一个圆形区域绕着它平面内不与其相交的一条直线旋转时产生的是一个圆环(图6)．在这些例子中，我们都可以用一个定积分来表示这些旋转体的体积．

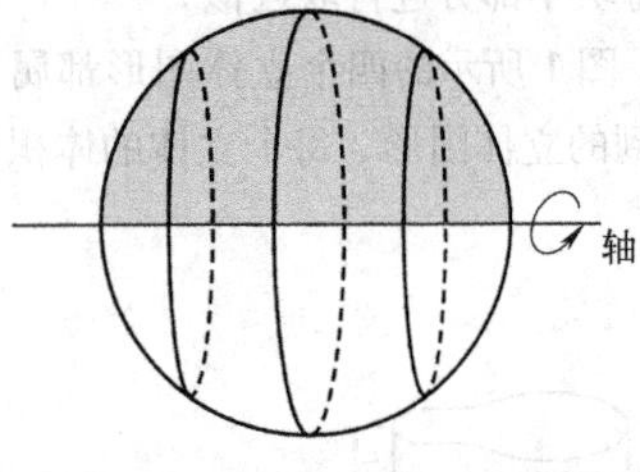

图　4

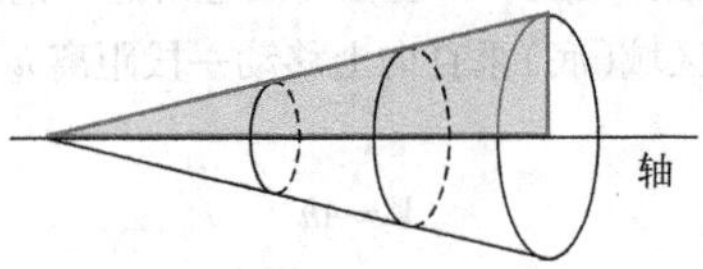

图　5

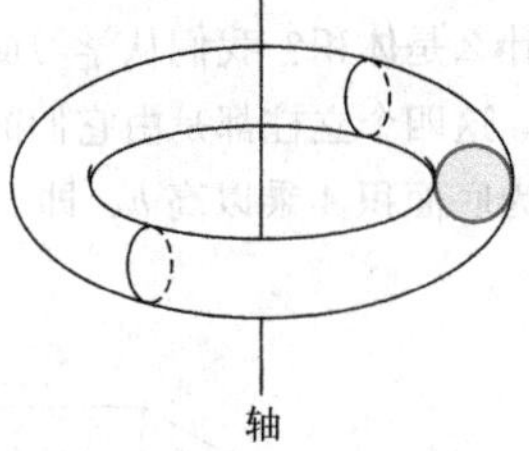

图　6

例1　计算由 $y=\sqrt{x}$ 与 $x=4$ 所围平面图形 R 绕 x 轴旋转所成的立体图形的体积．

解　区域 R 如图 7 所示，在其中标注出一个小切片．当绕着 x 轴旋转时这个区域生成一个旋转体，而这个小切片则生成一个像薄硬币一样的圆盘．

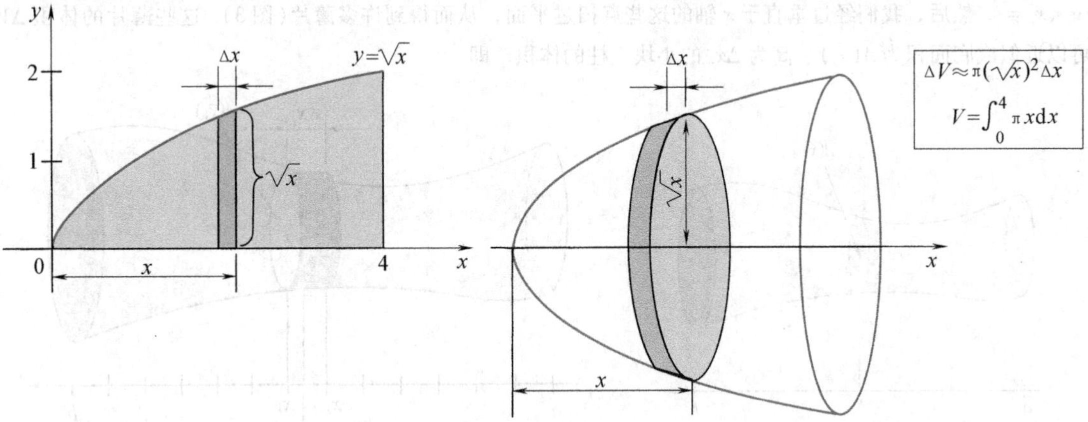

图　7

我们近似认为圆盘的体积为 $\Delta V \approx \pi(\sqrt{x})^2\Delta x$，然后求积分．

$$V = \pi\int_0^4 x\,dx = \pi\left[\frac{x^2}{2}\right]_0^4 = \pi\,\frac{16}{2} = 8\pi \approx 25.13$$

这个结果合理吗？这个旋转体的外接直圆柱体的体积是 $V=\pi 2^2\times 4=16\pi$，旋转体体积为这个结果的一半，看上去是合理的．

例2　计算由曲线 $y=x^3$ 和直线 $y=3$ 所围平面图形绕 y 轴旋转所得立体图形的体积．（图8）

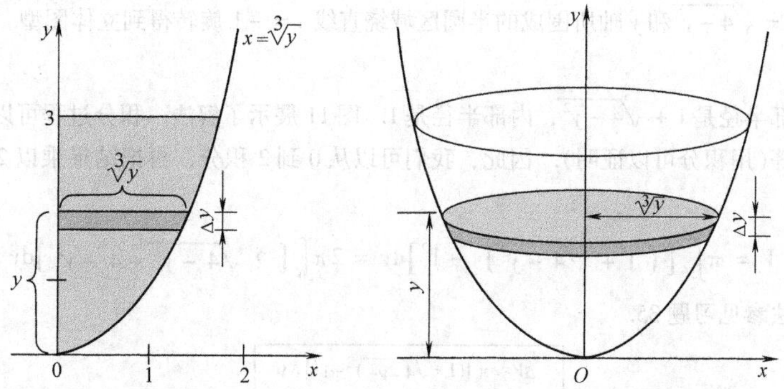

图 8

解 在这里我们用水平线切割，就可以选择 y 作为积分变量. 因此有 $y = x^3 \Leftrightarrow x = \sqrt[3]{y}$ 和 $\Delta V \approx \pi(\sqrt[3]{y})^2 \Delta y$

所以体积为 $V = \pi \int_0^3 y^{\frac{2}{3}} \mathrm{d}y = \pi \left[\frac{3}{5} y^{\frac{5}{3}} \right]_0^3 = \pi \frac{9\sqrt[3]{9}}{5} \approx 11.76$

圆环法 在很多情况下，我们切割一个旋转体得到中间有洞的圆盘. 我们称它们为**圆环**. 从图 9 可以看到它的形状和体积公式

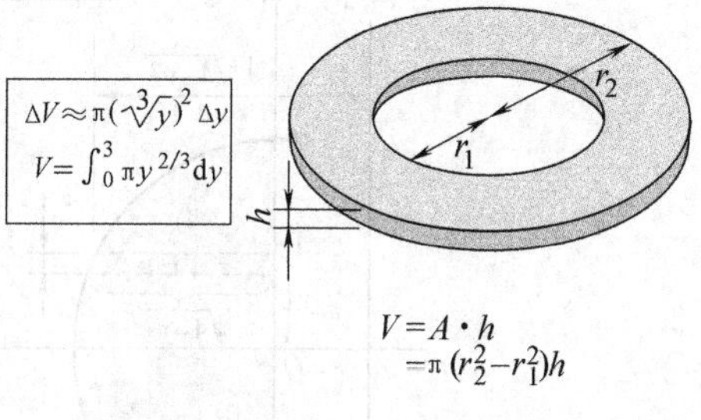

例 3 求抛物线 $y = x^2$ 和 $y^2 = 8x$ 所围图形绕 x 轴旋转得到的体积(图 10).

$$\Delta V \approx \pi(\sqrt[3]{y})^2 \Delta y$$
$$V = \int_0^3 \pi y^{2/3} \mathrm{d}y$$

$$V = A \cdot h$$
$$= \pi (r_2^2 - r_1^2) h$$

图 9

$$\Delta V \approx \pi[(\sqrt{8x})^2 - (x^2)^2]\Delta x$$
$$V = \int_0^2 \pi(8x - x^4)\mathrm{d}x$$

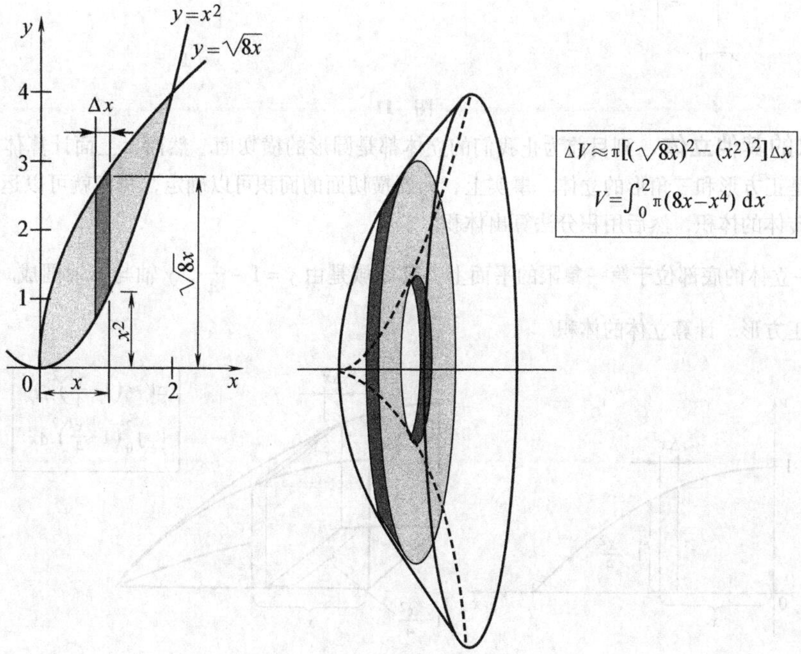

图 10

解 解题的步骤仍然是求切片，近似计算，求积分.

$$V = \pi \int_0^2 (8x - x^4)\mathrm{d}x = \pi \left[\frac{8x^2}{2} - \frac{x^5}{5} \right]_0^2 = \frac{48\pi}{5} \approx 30.16$$

例 4　由曲线 $x = \sqrt{4 - y^2}$ 和 y 轴所围成的半圆区域绕直线 $x = -1$ 旋转得到立体图型. 用积分公式表示其体积.

解　圆环的外部半径是 $1 + \sqrt{4 - y^2}$, 内部半径是 1. 图 11 展示了解法. 积分过程可以简化. 在 x 轴上方的体积与下方的相等(用积分可以证明). 因此, 我们可以从 0 到 2 积分, 再把结果乘以 2. 这样, 积分过程可得到简化

$$V = \pi \int_{-2}^{2} \left[\left(1 + \sqrt{4 - y^2} \right)^2 - 1^2 \right] dy = 2\pi \int_{0}^{2} \left[2\sqrt{4 - y^2} + 4 - y^2 \right] dy$$

计算积分的方法参见习题 35.

$$\Delta V \approx \pi \left[(1 + \sqrt{4 - y^2})^2 - 1^2 \right] \Delta y$$
$$V = \int_{-2}^{2} \pi \left[(1 + \sqrt{4 - y^2})^2 - 1^2 \right] dy$$

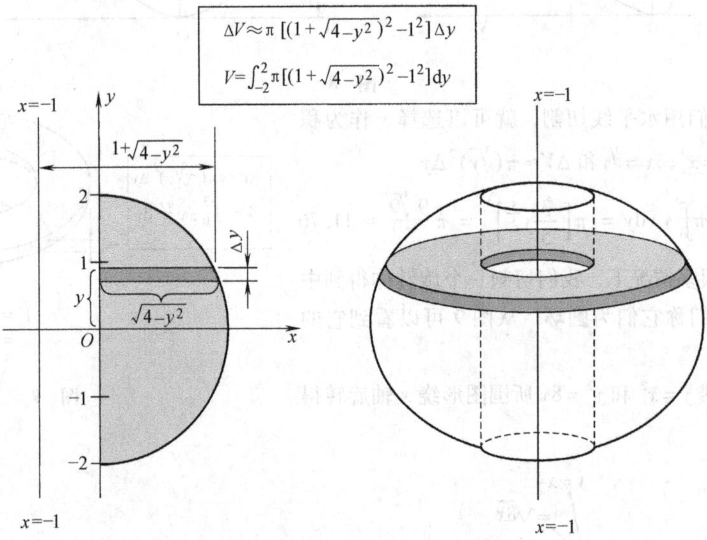

图 11

截面可求的其他立体　到目前为止我们的立体都是圆形的横切面. 然而, 上面计算体积的方法同样适用于横切面是正方形和三角形的立体. 事实上, 只要横切面的面积可以确定, 我们就可以运用求切片、近似计算切片旋转体的体积, 然后用积分法算出体积.

例 5　令一立体的底部位于第一象限的平面上, 其区域是由 $y = 1 - \dfrac{x^2}{4}$, y 轴与 x 轴围成. 假定垂直于 x 轴的横切面是正方形. 计算立体的体积.

$$\Delta V \approx \left(1 - \frac{x^2}{4} \right)^2 \Delta x$$
$$V = \int_{0}^{2} \left(1 - \frac{x^2}{4} \right)^2 dx$$

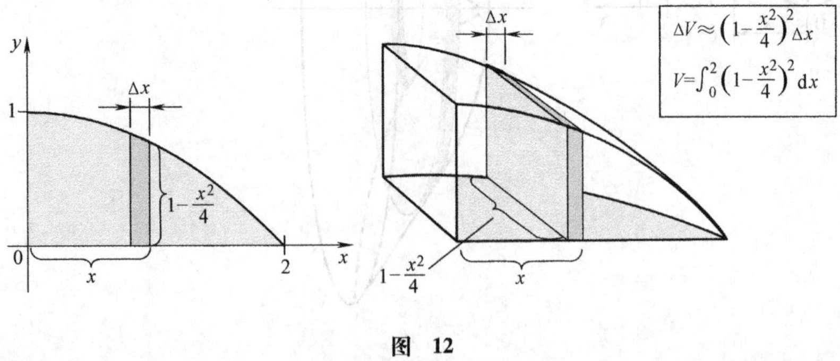

图 12

解　当我们垂直于 x 轴切割这个立体, 得到正方体形的箱子(图 12), 像干酪的切片.

$$V = \int_{0}^{2} \left(1 - \frac{x^2}{4} \right)^2 dx = \int_{0}^{2} \left(1 - \frac{x^2}{2} + \frac{x^4}{16} \right) dx = \left[x - \frac{x^3}{6} + \frac{x^5}{80} \right]_{0}^{2} = 2 - \frac{8}{6} + \frac{32}{80} = \frac{16}{15} \approx 1.07$$

例 6　立体的底部是由拱形 $y = \sin x$ 和 x 轴相交形成的区域. 每一个垂直于 x 轴的横切面是一个等边三角

形. 计算立体的体积.

解 我们需要的数据是边长为 u 的等边三角形的面积是$\sqrt{3}\frac{u^2}{4}$(图 13)，我们的计算步骤如图 14 所示，为了展示积分的过程我们使用半角公式 $\sin^2 x=\frac{(1-\cos 2x)}{2}$.

$$V=\frac{\sqrt{3}}{4}\int_0^{\pi}\frac{1-\cos 2x}{2}\mathrm{d}x=\frac{\sqrt{3}}{8}\int_0^{\pi}(1-\cos 2x)\,\mathrm{d}x$$

$$=\frac{\sqrt{3}}{8}\left[\int_0^{\pi}1\mathrm{d}x-\frac{1}{2}\int_0^{\pi}\cos 2x 2\mathrm{d}x\right]$$

$$=\frac{\sqrt{3}}{8}\left[x-\frac{1}{2}\sin 2x\right]_0^{\pi}=\frac{\sqrt{3}}{8}\pi\approx 0.68$$

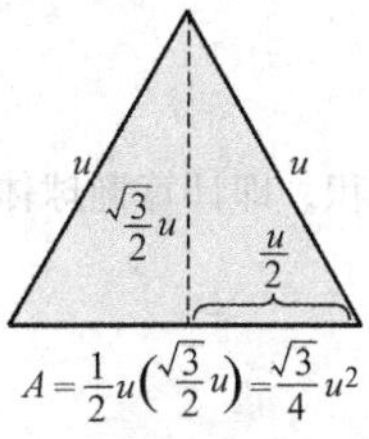

图 13

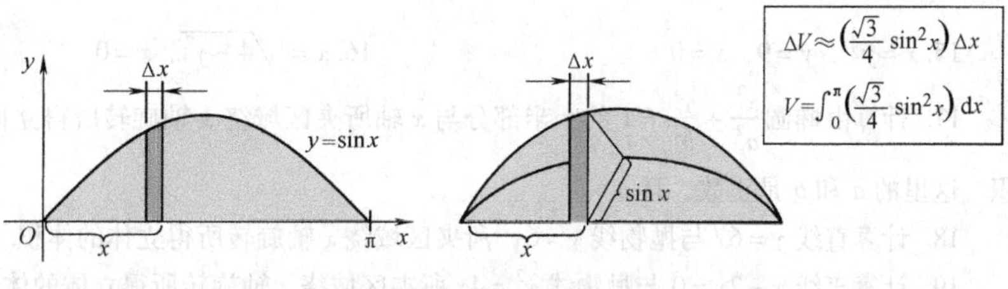

图 14

概念复习

1. 半径为 r，厚度为 h 的圆盘的体积是________.
2. 内径为 r，外径为 R，厚度为 h 的圆环的体积是________.
3. 假设有一个被 $y=x^2$、$y=0$ 和 $x=3$ 围成的区域 R 绕着 x 轴旋转，所构成的圆盘的体积 $\Delta V\approx$________.
4. 假设 3 中的区域 R 绕着直线 $y=-2$ 旋转，那这个圆环对应 x 的体积 $\Delta V\approx$________.

习题 5.2

习题 1 ~ 4 中，计算阴影区域绕特定的轴旋转所得的立体的体积.(按切片、近似、积分步骤)

1. x 轴 2. x 轴 3. (a) x 轴 (b) y 轴 4. (a) x 轴 (b) y 轴

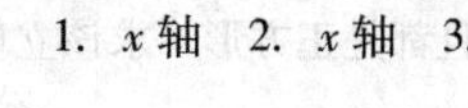

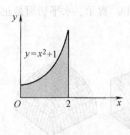

题 1

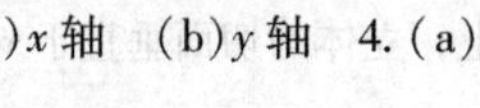

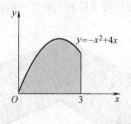

题 2

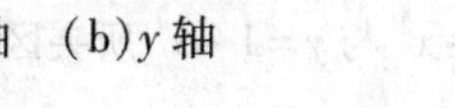

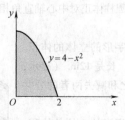

题 3

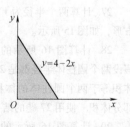

题 4

≈ 习题 5 ~ 10 中，画出给定方程的图形所围成的区域 R，并给出一个特定的垂直切片. 然后计算区域 R 绕 x 轴旋转所得立体的体积.

5. $y=\frac{x^2}{\pi}$，$x=4$，$y=0$

6. $y=x^3$，$x=3$，$y=0$

7. $y=\frac{1}{x}$，$x=2$，$x=4$，$y=0$

8. $y=x^{\frac{3}{2}}$，$y=0$，在 $x=2$ 和 $x=3$ 之间

9. $y=\sqrt{9-x^2}$，$y=0$，在 $x=-2$ 和 $x=3$ 之间

10. $y=x^{\frac{2}{3}}$，$y=0$，在 $x=1$ 和 $x=27$ 之间

≈ 习题 11～16，画出给定函数的图像的草图，并给出一个特定的水平切片．然后计算区域 R 绕 y 轴旋转所得立体的体积．

11. $x=y^2$，$x=0$，$y=3$

12. $x=\frac{2}{y}$，$y=2$，$y=6$，$x=0$

13. $x=2\sqrt{y}$，$y=4$，$x=0$

14. $x=y^{\frac{2}{3}}$，$y=27$，$x=0$

15. $x=y^{\frac{3}{2}}$，$y=9$，$x=0$

16. $x=\sqrt{4-y^2}$，$x=0$

17. 计算由椭圆$\frac{x^2}{a^2}+\frac{y^2}{b^2}=1$ 的上半部分与 x 轴所夹区域绕 x 轴旋转所得立体的体积，即计算椭球体的体积．这里的 a 和 b 是正数，且 $a>b$.

18. 计算直线 $y=6x$ 与抛物线 $y=6x^2$ 所夹区域绕 x 轴旋转所得立体的体积.

19. 计算直线 $x-2y=0$ 与抛物线 $y^2=4x$ 所夹区域绕 x 轴旋转所得立体的体积.

20. 计算圆 $x^2+y^2=r^2$，x 轴与直线 $x=r-h$ 在第一象限所夹区域绕 x 轴旋转所得立体的体积．即求球半径为 r 高为 h 的球冠的体积.

21. 计算直线 $y=4x$ 与抛物线 $y=4x^2$ 所夹区域绕 y 轴旋转所得立体的体积.

22. 计算由 $y=2$，$3x^2-16y+48=0$，$x^2-16y+80=0$ 与 y 轴在第一象限所围区域绕 $y=2$ 旋转所得立体的体积.

23. 立体的底部位于圆 $x^2+y^2=4$ 上，假设它的每一个切面垂直于 x 轴且为正方形，求该立体的体积.（提示，见习题 5～6）

24. 更改 23 题的条件，假设每一个垂直于 x 轴的切面都是等腰三角形，该三角形垂直于 xy 的平面且高为 4.（提示，为了完成计算，可以认为 $\int_{-2}^{2}\sqrt{4-x^2}\,dx$ 是半圆形的面积）

25. 立体的底部位于拱形 $y=\sqrt{\cos x}\,(-\pi/2\leqslant x\leqslant\pi/2)$ 与 x 轴所夹区域上，它的每一个切面垂直于 x 轴且都是正方形．求该立体的体积.

26. 立体的底部位于 $y=1-x^2$ 与 $y=1-x^4$ 所夹区域上，立体的切面垂直于 x 轴且都是正方形．求该立体的体积.

27. 计算两个半径为 1 的圆柱体正对中心轴直角相交所得立体的八分之一的体积．提示，水平切面是正方形，如图 15 所示。

28. 计算图 16 所示的十字形的立体的体积．假设两个圆柱体半径都是 2in，长是 12in.（提示，体积等于两个圆柱体的体积之和减去两者的公共部分体积．使用 27 题的结果）

29. 计算图 16 所示的十字形的立体的体积．假设两个圆柱体半径都是 r，长是 L.

30. 计算图 17 所示 T 形立体的体积，假设两个圆柱体半径都是 2in，长分别是 $L_1=12\text{in}$、$L_2=8\text{in}$.

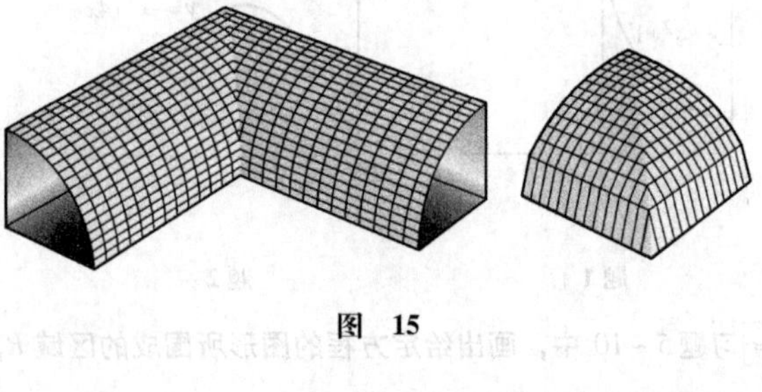

图　15

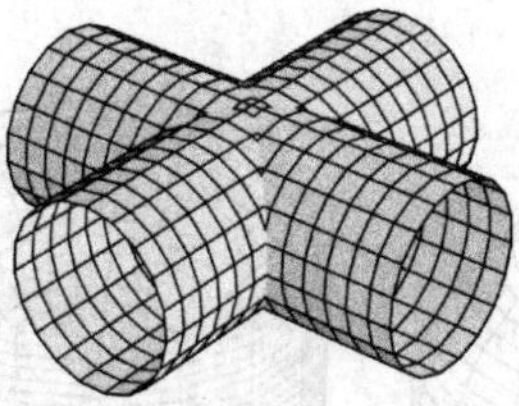

图 16

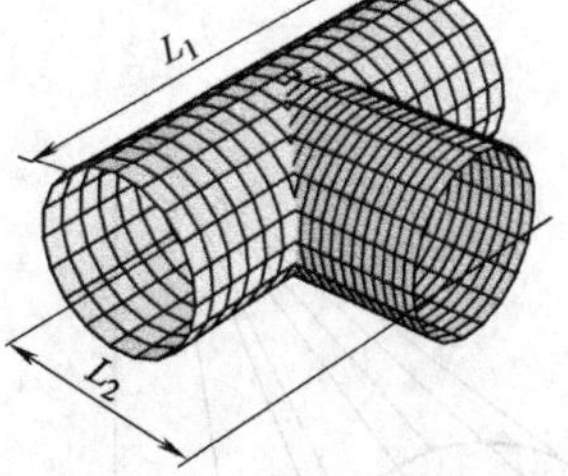

图 17

31. 把任意的 r，L_1，L_2 代入 30 题重新计算.

32. 立体的底部区域 R 是由 $y=\sqrt{x}$ 和 $y=x^2$ 围成，每一个垂直于 x 轴的切面是一个直径过该区域 R 的半圆形. 求该立体的体积.

33. 计算由曲线 $y^2=x^3$，直线 $x=4$ 与 x 轴在第一象限相交所围区域绕以下轴旋转所得的体积

(a) 直线 $x=4$　　(b) 直线 $y=8$

34. 计算曲线 $y^2=x^3$，$y=8$ 和 y 轴所围区域绕以下轴旋转所得的立体体积.

(a) 直线 $x=4$　　(b) 直线 $y=8$

35. 用 $\int_0^2 (2\sqrt{4-y^2}+4-y^2)\mathrm{d}y = 2\int_0^2 \sqrt{4-y^2}\mathrm{d}y + \int_0^2 (4-y^2)\mathrm{d}y$ 完成例 4 的积分计算. 可以认为第一个积分式代表四分之一圆的面积.

36. 一个半径为 r 高为 h 的无盖水桶，开始时装满了水. 倾斜它倒水，直到水位与桶底的直径重合，另一端恰好碰到顶部的边缘. 计算水桶里剩下的水的体积.（图 18）

37. 从半径为 r 的正圆柱切出一个楔形，如图 19 所示. 楔形的上表面是由一个穿过底面直径的平面构成，该平面与底面成 θ 角，求此楔形的体积.

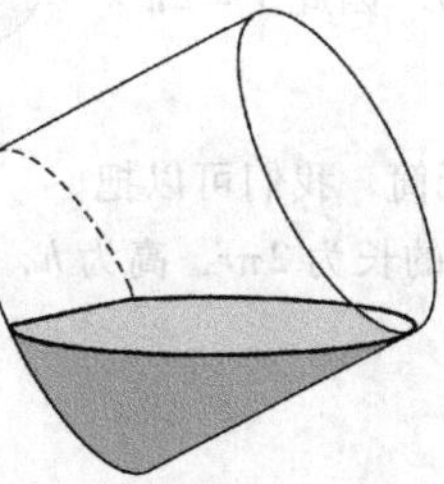

图 18

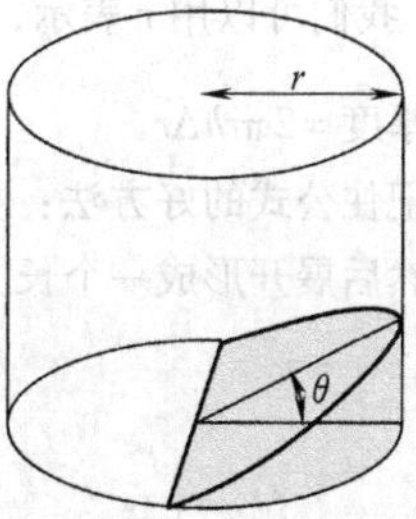

图 19

38. (流水钟) 由函数 $y=kx^4$，$k>0$，绕着 y 轴旋转形成的水桶.

(a) 求出 $V(y)$，即桶中水的体积看成水深 y 的函数.

(b) 水按照托里切利法则 $\left(\frac{\mathrm{d}V}{\mathrm{d}t}=-m\sqrt{y}\right)$ 流出该桶. 证明水位以一定的速度下降.

39. 证明普通圆锥(图 20)的体积是 $\frac{1}{3}Ah$，其中，A 是底面积，h 是高. 用这个结论导出以下情形的公式:

(a) 一个半径为 r 高 h 的正圆锥体积.　　(b) 一个边长为 r 的普通四面体的体积.

40. 说明卡瓦列里体积定理(参见 5.1 节的习题 36).

41. 应用卡瓦列里体积定理求图 21 中所示的两个物体体积.（一个是半径为 r 的半球，另一个是半径为 r

高为 r 的圆柱挖除半径为 r 高为 r 的正圆锥). 假设正圆锥的体积是 $\frac{1}{3}\pi r^2 h$，求半径为 r 的半球的体积.

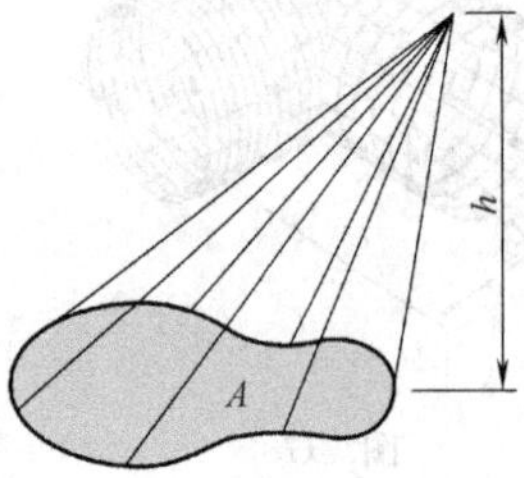

图 20

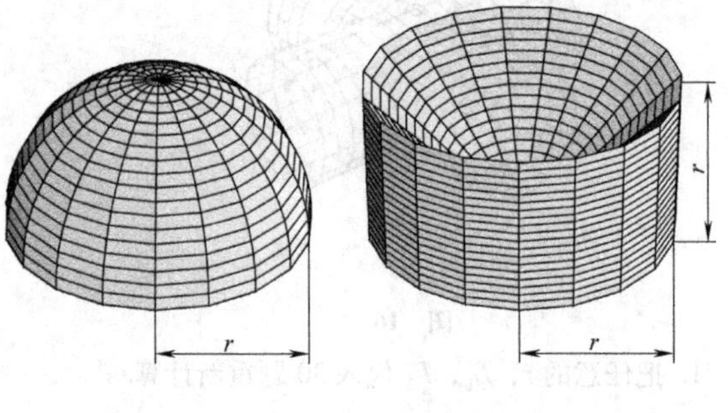

图 21

概念复习答案:

1. $\pi r^2 h$　2. $\pi(R^2 - r^2)h$　3. $\pi x^4 \Delta x$　4. $\pi[(x^2+2)^2-4]\Delta x$

5.3　旋转体的体积：薄壳法

有另一个计算旋转体体积的方法：柱形壳法. 对于很多问题来说它比圆盘法和圆环法还更简单.

一个柱形壳是两个同心的圆柱体所绕成的(图 1)，如果内径是 r_1，外径是 r_2，高是 h，则体积为

$$V = 底面积 \times 高 = (\pi r_2^2 - \pi r_1^2)h$$
$$= \pi(r_2 + r_1)(r_2 - r_1)h = 2\pi\left(\frac{r_2 + r_1}{2}\right)h(r_2 - r_1)$$

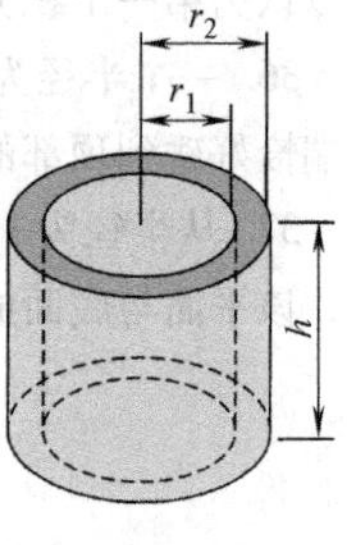

图 1

表达式$\left(\frac{r_2 + r_1}{2}\right)$，我们可以用 r 表示，是 r_1 和 r_2 的平均值(平均半径). 因此 $V = 2\pi \times$ 平均半径 × 高 × 厚度 $= 2\pi rh\Delta r$

这里有一个记住公式的好方法：如果把壳看成非常薄和柔软的纸筒，我们可以把它从旁边剪开，然后展开形成一个长方形纸片计算它的体积，该纸片的长为 $2\pi r$，高为 h，宽为 Δr，如图 2 所示。

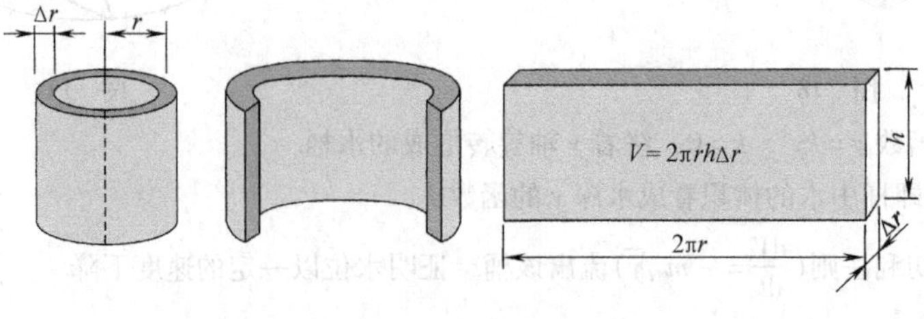

图 2

切壳方法　假设有一个和图 3 所示样式的区域. 垂直地切割它，并让它绕 y 轴旋转. 它将产生一个旋转体，每一个切片可以形成一个近似的柱形壳. 为了得到这个立体的体积我们计算每一个柱形壳的体积 ΔV，加起来，让壳的厚度趋近于零. 然后再积分. 策略还是那样：分割、近似、取极限.

例 1　由 $y=\frac{1}{\sqrt{x}}$、$x=1$ 和 $x=4$ 所围成的区域绕 y 轴旋转，求该立体的体积

解　由图 3 我们可以得到通过切割产生的壳体的体积是

$$\Delta V \approx 2\pi x f(x)\Delta x$$

因为 $f(x)=\frac{1}{\sqrt{x}}$，得到 $\Delta V \approx 2\pi x\frac{1}{\sqrt{x}}\Delta x$

经过积分后体积为

$$V = 2\pi\int_1^4 x\frac{1}{\sqrt{x}}\mathrm{d}x = 2\pi\int_1^4 x^{\frac{1}{2}}\mathrm{d}x$$

$$= 2\pi\left[\frac{2}{3}x^{3/2}\right]_1^4 = 2\pi\left(\frac{2}{3}\times 8-\frac{2}{3}\times 1\right) = \frac{28\pi}{3} \approx 29.32$$

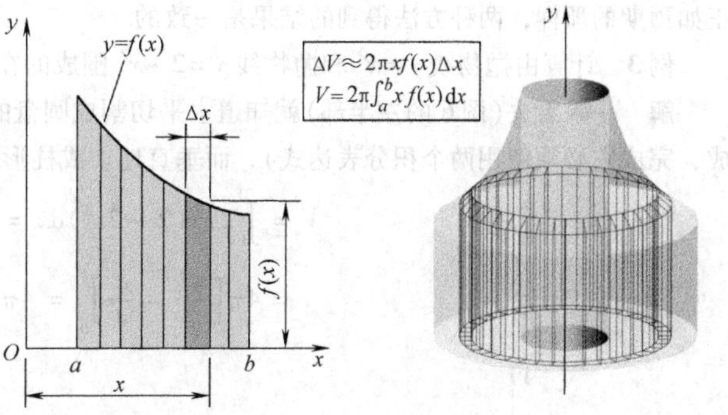

图　3

例 2　由 $y=\left(\frac{r}{h}\right)x$ 和 $x=h$，x 轴相交所得区域绕 x 轴旋转，得到一个圆锥体(假设 $r>0$，$h>0$)．分别用圆盘法和薄壳法计算

解　**圆盘法**　根据图 4 所示的步骤：切片、近似、积分．

$$V = \pi\frac{r^2}{h^2}\int_0^h x^2\mathrm{d}x = \pi\frac{r^2}{h^2}\left[\frac{x^3}{3}\right]_0^h = \frac{\pi r^2 h^3}{3h^2} = \frac{1}{3}\pi r^2 h$$

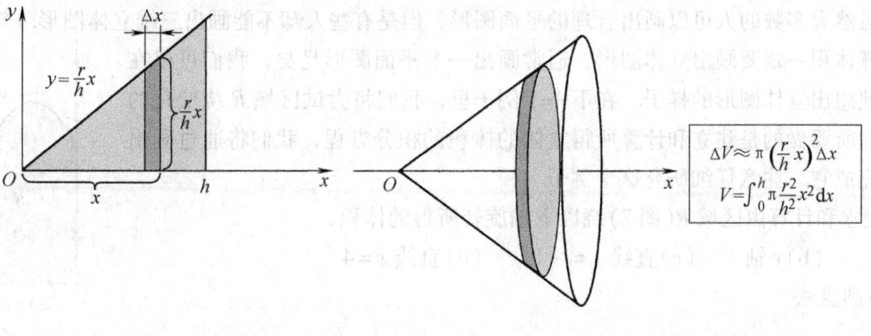

图　4

薄壳法　根据图 5 所示的步骤，体积为

$$V = \int_0^r 2\pi y\left(h-\frac{h}{r}y\right)\mathrm{d}y = 2\pi h\int_0^r\left(y-\frac{1}{r}y^2\right)\mathrm{d}y$$

$$= 2\pi h\left[\frac{y^2}{2}-\frac{y^3}{3r}\right]_0^r = 2\pi h\left(\frac{r^2}{2}-\frac{r^3}{3}\right) = \frac{1}{3}\pi r^2 h$$

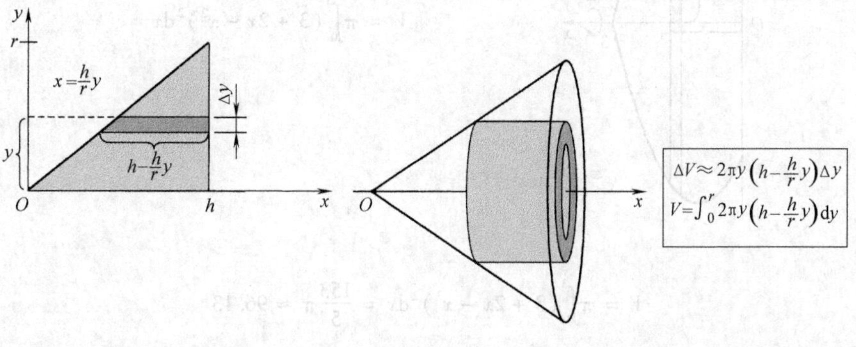

图　5

正如预期的那样，两种方法得到的结果是一致的.

例3 计算由抛物线 $y=x^2$ 和抛物线 $y=2-x^2$ 围成的在第一象限内的区域绕 y 轴所得立体的体积.

解 一眼看去(图6的左半部)就知道水平切割成圆盘的方法不是最好的选择(因为右边界由两条曲线组成，完成它必须使用两个积分表达式)，而垂直地切成柱形壳有助于本题求解.

$$V=\int_0^1 2\pi x(2-2x^2)\,dx=4\pi\int_0^1(x-x^3)\,dx$$

$$=4\pi\left[\frac{x^2}{2}-\frac{x^4}{4}\right]_0^1=4\pi\left(\frac{1}{2}-\frac{1}{4}\right)=\pi\approx 3.14$$

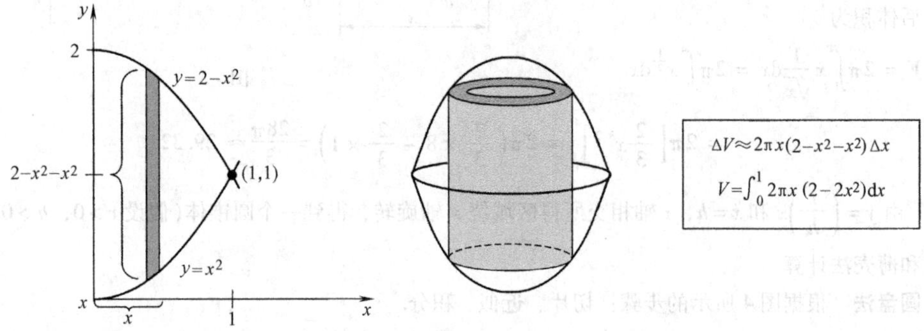

图 6

总结 虽然大多数的人可以画出合理的平面图形，但是有些人却不能画出三维立体图形. 然而，没有规定说为了计算体积一定要画出立体图形，通常画出一个平面图形足矣，我们可以在脑海里形象地想出立体图形的样子. 在下一个例子里，我们将尝试区域 R 绕变化的轴旋转. 我们所要做的是建立和计算所得立体的体积的积分方程，我们将通过画出平面图形来完成它. 注意仔细研究这个例子.

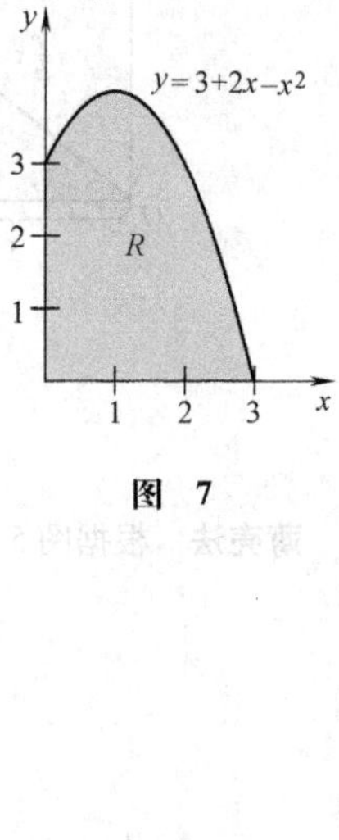

图 7

例4 建立和计算由区域 R(图7)绕以下轴旋转所得的体积.

(a) x 轴　(b) y 轴　(c) 直线 $y=-1$　(d) 直线 $x=4$

解 (a)圆盘法

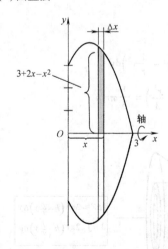

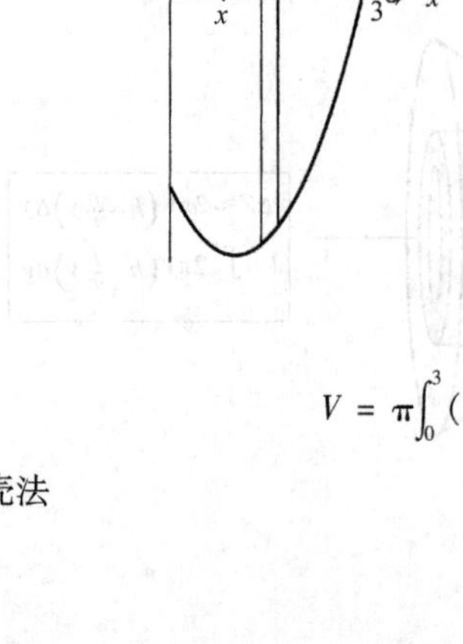

$$\Delta V=\pi(3+2x-x^2)^2\Delta x$$

$$V=\pi\int_0^3(3+2x-x^2)^2\,dx$$

$$V=\pi\int_0^3(3+2x-x^2)^2\,dx=\frac{153}{5}\pi\approx 96.13$$

(b)薄壳法

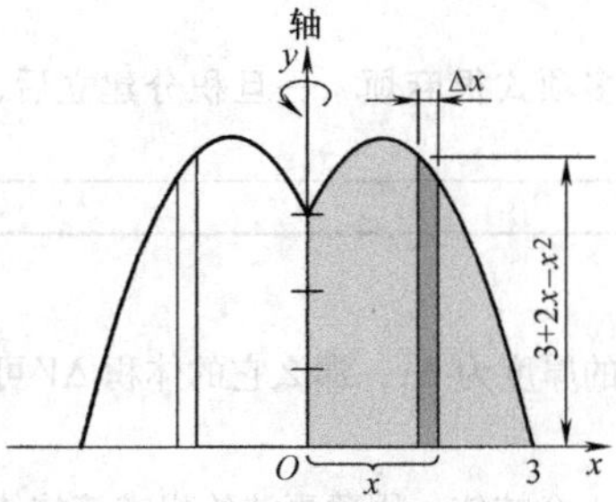

$$\Delta V \approx 2\pi x(3+2x-x^2)\Delta x$$

$$V = 2\pi\int_0^3 x(3+2x-x^2)\,dx$$

$$V = 2\pi\int_0^3 x(3+2x-x^2)\,dx = \frac{45}{2}\pi \approx 70.69$$

(c) 圆环法

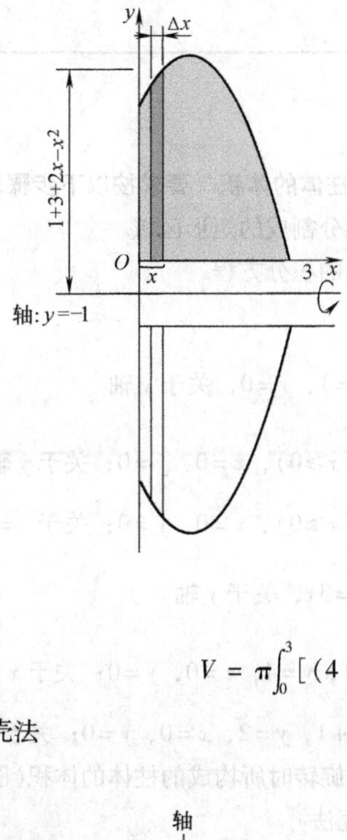

$$\Delta V \approx \pi[(4+2x-x^2)^2-1^2]\Delta x$$

$$V = \pi\int_0^3 [(4+2x-x^2)^2-1]\,dx$$

$$V = \pi\int_0^3 [(4+2x-x^2)^2-1]\,dx = \frac{243}{5}\pi \approx 152.68$$

(d) 薄壳法

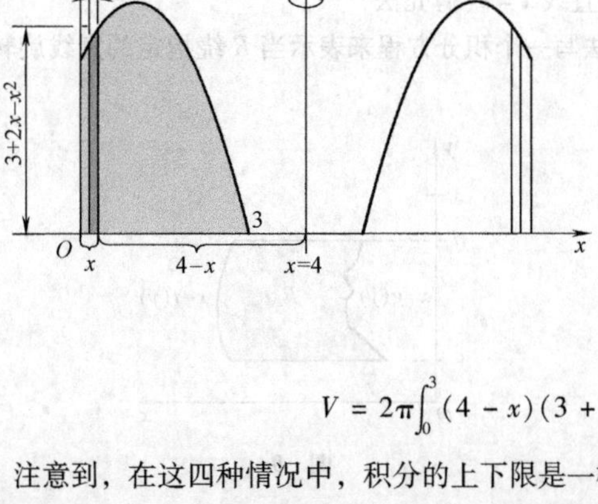

$$\Delta V \approx 2\pi(4-x)(3+2x-x^2)\Delta x$$

$$V = 2\pi\int_0^3 (4-x)(3+2x-x^2)\,dx$$

$$V = 2\pi\int_0^3 (4-x)(3+2x-x^2)\,dx = \frac{99}{2}\pi \approx 155.51$$

注意到，在这四种情况中，积分的上下限是一样的，这些上下限是由原点的平面区域决定的.

术语

在这个例子的所有四部分中，被积函数都是多项式，但求多项式很麻烦. 一旦积分建立后，用 CAS 来求解就变得非常简单了.

概念复习

1. 一个薄柱壳体的内半径为 x，高为关于 x 的函数 $f(x)$，它的厚度为 Δx，那么它的体积 ΔV 可以用公式表示为 $\Delta V\approx$________.

2. 由 $y=x$，$y=0$ 和 $x=2$ 围成的三角形区域绕 y 轴旋转形成一个柱体. 用薄壳法给出求该柱体体积的积分表达式____；用环状切片法求该柱体的体积的积分表达式____.

3. 当第 2 题中三角形区域绕 $x=-1$ 轴旋转时，形成一个柱体. 用薄壳法求该柱体的体积的积分表达式____.

4. 当第 2 题中的三角形区域绕 $y=-1$ 轴旋转时，形成一个柱体. 用薄壳法求该柱体体积的积分方程为____.

习题 5.3

在习题 1 ~ 12 中，求所给区域绕给定的旋转轴旋转时所形成的柱体的体积. 要求按以下步骤求解：

(a)画出指定的区域 R.

(b)正确标出分割成的矩形区域.

(c)写出一个估算该长方体体积的公式.

(d)建立正确的积分方程.

(e)算出该积分方程的值.

1. $y=\frac{1}{x}$，$x=1$，$x=4$，$y=0$；关于 y 轴

2. $y=x^2$，$x=1$，$y=0$；关于 y 轴

3. $y=\sqrt{x}$，$x=3$，$y=0$；关于 y 轴

4. $y=9-x^2(x\geqslant 0)$，$x=0$，$y=0$；关于 y 轴

5. $y=\sqrt{x}$，$x=5$，$y=0$；关于 $x=5$

6. $y=9-x^2(x\geqslant 0)$，$x=0$，$y=0$；关于 $x=3$

7. $y=\frac{1}{4}x^3+1$，$y=1-x$，$x=1$；关于 y 轴

8. $y=x^2$，$y=3x$，关于 y 轴

9. $x=y^2$，$y=1$，$x=0$；关于 x 轴

10. $x=\sqrt{y}+1$，$y=4$，$x=0$，$y=0$；关于 x 轴

11. $x=y^2$，$y=2$，$x=0$；关于 $y=2$

12. $x=\sqrt{2y}+1$，$y=2$，$x=0$，$y=0$；关于 $y=3$

13. 用指定的方法写一个积分表达式来表示当 R 绕指定的直线旋转时所构成的柱体的体积(图 8).

(a)x 轴(圆环法)

(b)y 轴(薄壳法)

(c)直线 $x=a$(薄壳法)

(d)直线 $x=b$(薄壳法)

14. 对于图 9 中所示的阴影部分区域 R，用指定的方法写一个积分方程来表示当 R 绕指定的直线旋转时所构成的柱体的体积.

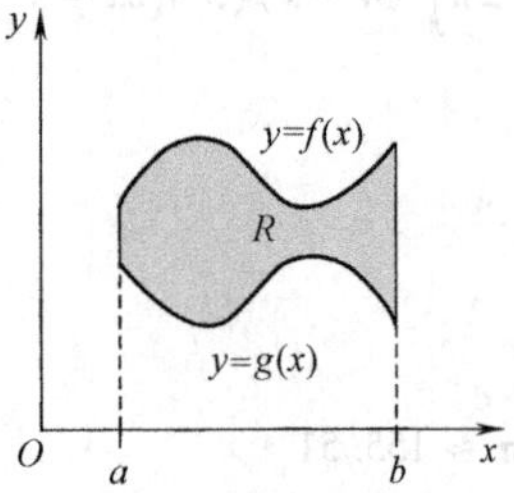

图 8

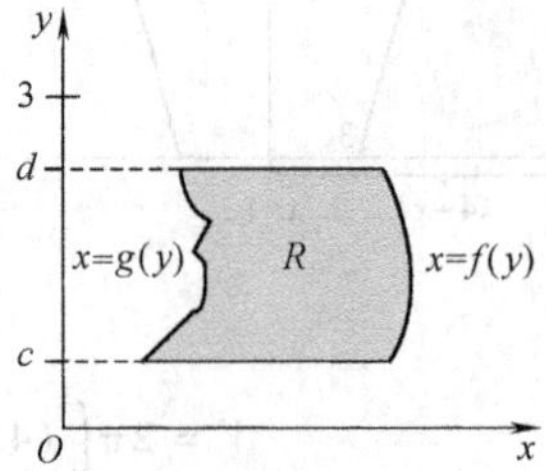

图 9

(a) y 轴(圆环法)　　(b) x 轴(薄壳法)

(c) 直线 $y=3$(薄壳法)

15. 画出由曲线 $y=\frac{1}{x^2}$，$x=1$，$x=3$ 和 $y=0$ 构成的区域 R. 按以下要求建立微分方程.

(a) R 的面积.

(b) 当 R 绕 y 轴旋转时所构成的柱体的体积.

(c) 当 R 绕 $y=-1$ 轴旋转时所构成的柱体的体积.

(d) 当 R 绕 $x=4$ 轴旋转时所构成的柱体的体积.

16. 当 R 是由 $y=x^3+1$，$y=0$，$x=0$ 和 $x=2$ 构成的区域时，按 15 题的要求建立微分方程.

17. 设 R 是由 $x=\sqrt{y}$ 和 $x=\frac{y^3}{32}$ 构成的区域. 求当 R 绕 x 轴旋转时所构成的柱体的体积.

18. 类似 17 题，求当转轴为 $y=4$ 时柱体的体积.

19. 一个半径为 b 的球体被一个半径为 a 的圆柱体从其中心穿过，求球体剩余的体积.

20. 用薄壳法建立微分方程求由圆 $x^2+y^2=a^2$ 绕 $x=b(b>a)$ 旋转构成的圆环面的体积，并求解该微分方程.

21. 在第一象限里由 $x=0$，$y=\sin x^2$ 和 $y=\cos x^2$ 构成的区域绕 y 轴旋转构成一个旋转体，求其体积.

22. 由 $y=2+\sin x$，$y=0$，$x=0$ 和 $x=2\pi$ 构成的区域绕 y 轴旋转得到一个旋转体，求其体积. 提示：$\int x\sin x\mathrm{d}x = \sin x - x\cos x + C$.

23. 设 R 是由 $y=x^2$ 和 $y=x$ 构成的区域. 求当 R 绕以下各轴旋转时的体积.

(a) x 轴　(b) y 轴　(c) 直线 $x=y$

24. 已知球的表面积公式 $S=4\pi r^2$，但并不知道该球的体积. 如图 10 所示，用薄壳法将该球切割为若干同心球壳，并用此方法来求球的体积公式. 提示：外半径为 x 厚度为 Δx 的球壳体的体积 $\Delta V\approx 4\pi x^2\Delta x$.

25. 一个半径为 r 的球体其表面面积为 S 的部分与球心相连构成一个锥体如图 11 所示. 求该锥体的体积. 提示：用类似于 24 题所提到的计算球壳体的方法.

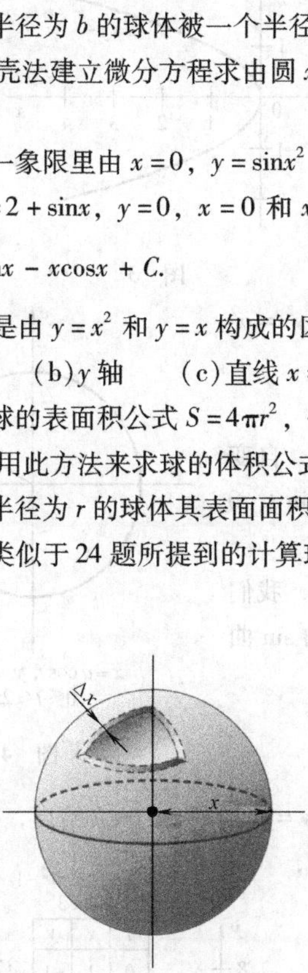

图 10

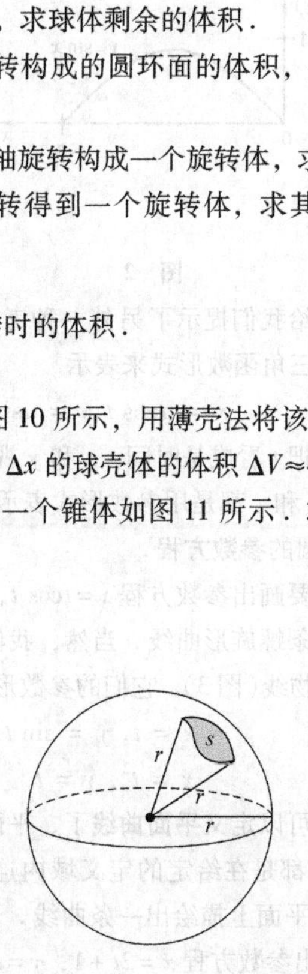

图 11

概念复习答案：

1. $2\pi x f(x)\Delta x$　2. $2\pi\int_0^2 x^2\mathrm{d}x, \pi\int_0^2(4-y^2)\mathrm{d}y$　3. $2\pi\int_0^2(1+x)x\mathrm{d}x$　4. $2\pi\int_0^2(1+y)(2-y)\mathrm{d}y$

5.4 求平面曲线的弧长

图 1 中所示螺旋形曲线的长度是多少？如果它是一条绳子，我们可以将其拉直并用尺子测量. 但如果它

是某一方程的曲线图，那就很难去测了．

究竟什么是平面曲线？在此之前，当我们提到函数的图形时，曾非正式地使用“曲线”这一术语．现在是我们精确定义这一概念的时候了，其实曲线并不单单是函数的图形．现在让我们先看几个例子．

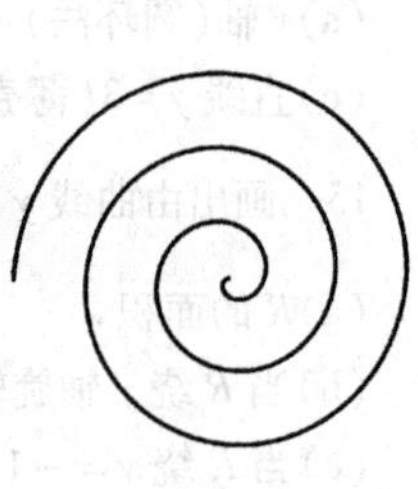

图 1

函数 $y=\sin x$，$0\leqslant x\leqslant\pi$ 的图形是平面曲线(图2)．同理，函数 $x=y^2$，$-2\leqslant y\leqslant 2$ 的图形也是平面曲线(图3)．在这两个例子中的曲线都是某一函数的图形，第一个是 $y=f(x)$ 形式，第二个是 $x=f(y)$ 形式．但是螺旋形曲线并不能适用这两种形式．圆 $x^2+y^2=a^2$ 也不适用这两种形式，尽管在这种情况下，我们可以把圆的图形看成是 $y=f(x)=\sqrt{a^2-x^2}$ 和 $y=g(x)=-\sqrt{a^2-x^2}$ 两者图形的结合体．

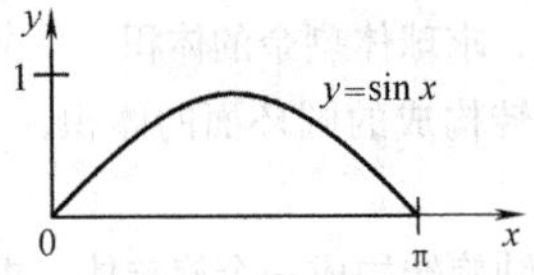

图 2

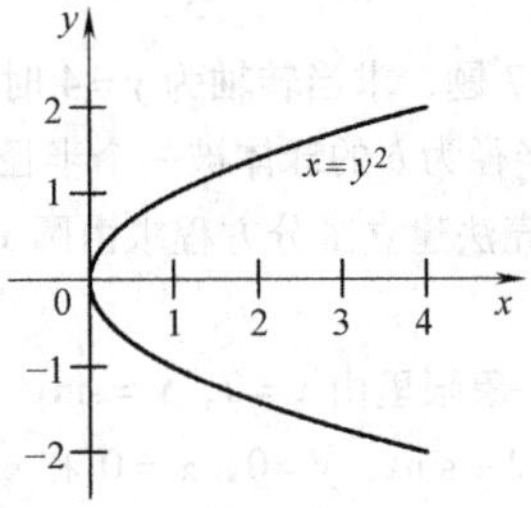

图 3

圆的方程给我们提示了另外一种考虑曲线问题的方法．圆 $x^2+y^2=a^2$ (图4)可以用三角函数形式来表示

$$x=a\cos t, y=a\sin t, 0\leqslant t\leqslant 2\pi$$

我们可以把 t 看成是时间，x 和 y 视为某一质点在时间 t 的位置．自变量 t 为**参数**．x 和 y 都是用参数形式表示的．我们把 $x=a\cos t$，$y=a\sin t$，$0\leqslant t\leqslant 2\pi$ 叫做圆的**参数方程**．

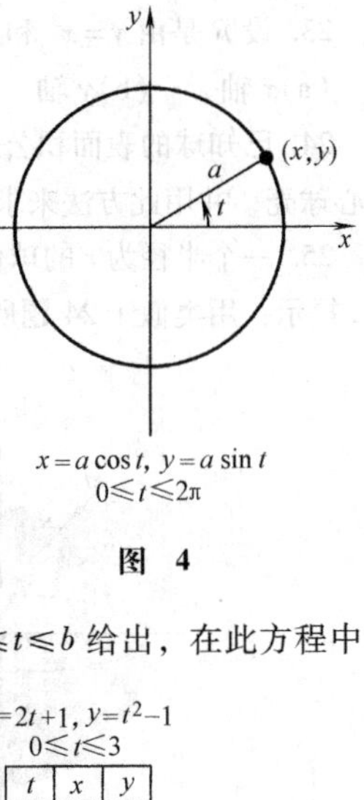

$x=a\cos t,\ y=a\sin t$
$0\leqslant t\leqslant 2\pi$

图 4

如果我们要画出参数方程 $x=t\cos t$，$y=t\sin t$，$0\leqslant t\leqslant 5\pi$ 的图形，我们就可以得到一条螺旋形曲线．当然，我们可以来研究一下参数形式的 sin 曲线(图2)和抛物线(图3)．它们的参数形式可分别表示为

$$x=t, y=\sin t \quad 0\leqslant t\leqslant \pi$$
$$x=t^2, y=t \quad -2\leqslant t\leqslant 2$$

现在我们可以定义**平面曲线**了，平面曲线由参数方程 $x=f(t)$，$y=g(t)$，$a\leqslant t\leqslant b$ 给出，在此方程中函数 $f(t)$ 和 $g(t)$ 都是在给定的定义域内连续的．当 t 由 a 递增到 b 时，点 (x, y) 就在平面上描绘出一条曲线．让我们再来看一个例子．

例 1 画出参数方程 $x=2t+1$，$y=t^2-1$，$0\leqslant t\leqslant 3$ 的曲线图．

解 我们可以先列出一个三行的数值表，然后在平面坐标上标出有序对 (x, y)，再用光滑的曲线将这些点按 t 增加的方向连接起来，如图5所示．当然，我们也可以用图形计算器或者 CAS 来画该图，CAS 软件通常是通过创建一个表，正如我们刚做的，然后把表中的数据连起来形成一张图．

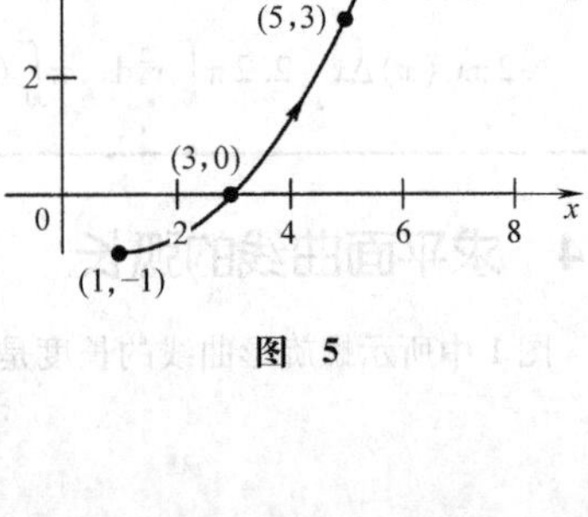

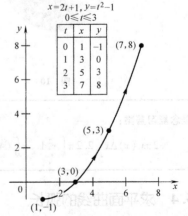

图 5

事实上，平面曲线这一概念含义很广，为此，我们把它局限为光滑曲线这一概念．形容词“光滑”就是指当一质点沿某一曲线运动，那么在时间 t 的位置 (x, y) 它的方向并不会突然改变(f' 和 g' 的连续性可保证这一点)，并且没有停顿或倒退的情况($f'(t)$ 和 $g'(t)$ 不同时为 0 可保证此点)．

定义

设一平面曲线的参数方程为 $x=f(t)$，$y=f(t)$，$a\leqslant t\leqslant b$，f'和 g'存在且在定义域$[a,\ b]$上是连续，$f'(t)$和 $g'(t)$在$[a,\ b]$上不同时为0，则称该曲线是光滑的.

当一条曲线已经参数化了，就是说方程 $x(t)$ 和 $y(t)$ 以及 t 的取值范围已经确定，从而也确定了该曲线的正方向．例如在图5中，当 $t=0$ 对应曲线上的点$(1,\ -1)$，当 $t=1$ 对应曲线上的点$(3,\ 0)$．当 t 从0增加到3时曲线图就描绘出一条从$(1,\ -1)$到$(7,\ 8)$的轨迹．在图5所示曲线上用箭头标出的方向就叫做**曲线的方向**．曲线的方向似乎与曲线的长度没关系，但在此后遇到的问题中我们就会发现与曲线的方向有关了.

例2　作出由参数方程 $x=\sin t$，$y=1-\cos t$，$0\leqslant t\leqslant 4\pi$ 的图形．这条曲线光滑吗?

解　这个表格表明了 t 从0到 4π 变化时 x 与 y 的变化值，如图6所示．这条曲线并不光滑，尽管 x 和 y 都关于 t 可导．问题是 $\mathrm{d}x/\mathrm{d}t=1-\cos t$ 和 $\mathrm{d}y/\mathrm{d}t=\sin t$ 在 $t=2\pi$ 时同时为0，图线下降直至 $t=2\pi$ 时停止，然后在新的方向开始上升.

在例2中描述的图形被称为**摆线**．它描述了一个半径为1的轮子沿 x 轴滚过时，它的边缘上一定点所经过的轨迹．参考习题18，进一步理解这个结果.

曲线长度　现在让我们回到主题上来，即怎样求参数方程 $x=f(t)$，$y=g(t)$，$a\leqslant t\leqslant b$ 的光滑曲线的长度?

我们可以用 t_i 的方法将区间$[a,\ b]$划分为 n 个子区间

$$a=t_0<t_1<t_2<\cdots<t_n=b$$

将曲线划分为 n 段，它们相对应的端点分别为 Q_0，Q_1，Q_2，…，Q_{n-1}，Q_n，如图7所示.

我们的思路是将曲线划分为无数段，分别求各段的近似长度，然后将所有各段的长度加起来，再求当被分割的段的长度趋近于0时总长度的极限．具体地，第 n 段的近似长度为

$x=t-\sin t, y=1-\cos t$
$0\leqslant t\leqslant 4\pi$

t	$x(t)$	$y(t)$
0	0.00	0
$\pi/2$	0.57	1
π	3.14	2
$3\pi/2$	5.71	1
2π	6.28	0
$5\pi/2$	6.85	1
3π	9.42	2
$7\pi/2$	10.00	1
4π	12.57	0

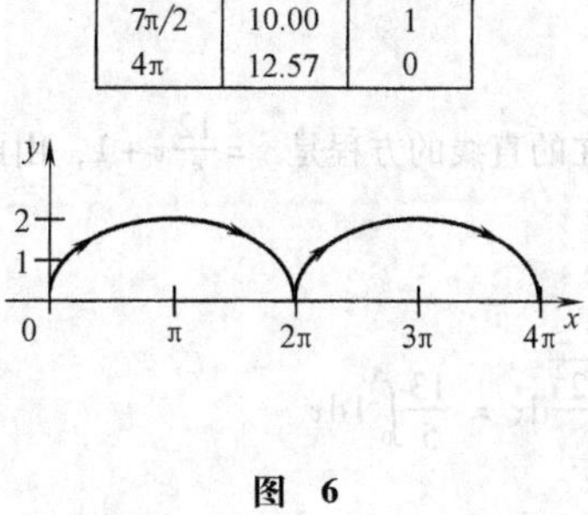

图 6

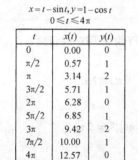

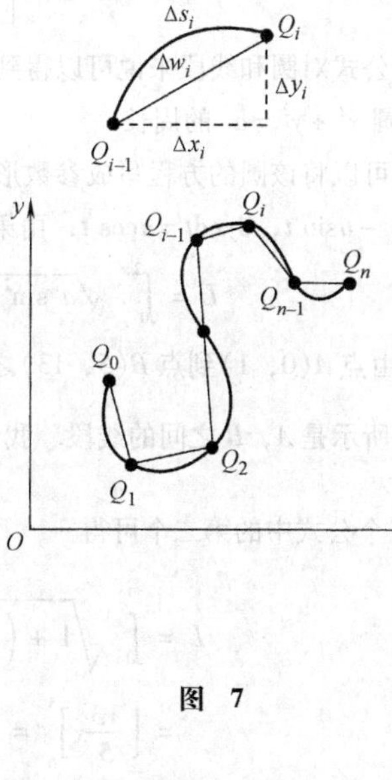

图 7

$$\Delta s_i\approx\Delta w_i=\sqrt{(\Delta x_i)^2+(\Delta y_i)^2}$$
$$=\sqrt{[f(t_i)-f(t_{i-1})]^2+[g(t_i)-g(t_{i-1})]^2}$$

由我们在4.7节中已经学过的中值定理，可知在区间$(t_{i-1},\ t_i)$中必然有 $\bar{t}_i$ 和 $\hat{t}_i$ 满足:

$$f(t_i)-f(t_{i-1})=f'(\bar{t}_i)\Delta t_i$$

$$g(t_i)-g(i_{t-1})=g'(\hat{t}_i)\Delta t_i$$

式中，$\Delta t_i=t_i-t_{i-1}$. 因此

$$\Delta w_i=\sqrt{[f'(\bar{t}_i)\Delta t_i]^2+[g'(\hat{t}_i)\Delta t_i]^2}$$
$$=\sqrt{[f'(\bar{t}_i)]^2+[g'(\hat{t}_i)]^2}\,\Delta t_i$$

因此，曲线的总长度可以表示为

$$\sum_{i=1}^{n}\Delta w_i=\sum_{i=1}^{n}\sqrt{[f'(\bar{t}_i)]^2+[g'(\hat{t}_i)]^2}\Delta t_i$$

以上这个表达式其实就是一个黎曼和，唯一让人觉得有点困难的就是$\bar{t}_i$和$\hat{t}_i$似乎并不是同一个点. 然而，在更深入的微积分课本上已经说明当被分割的段的长度趋近于0时，这两者之间是没有什么区别的. 因此，我们可以将**曲线的长度**L定义为当被分割的长度趋近于0时该表达式的极限；也就是

$$L=\int_a^b\sqrt{[f'(t)]^2+[g'(t)]^2}\mathrm{d}t=\int_a^b\sqrt{\left(\frac{\mathrm{d}x}{\mathrm{d}t}\right)^2+\left(\frac{\mathrm{d}y}{\mathrm{d}t}\right)^2}\mathrm{d}t$$

这两种不同的表达式各尽其用. 如果所给曲线的方程是$y=f(x)$，$a\leqslant x\leqslant b$，我们可以把x看成是参数并将表达式改写为

$$L=\int_a^b\sqrt{1+\left(\frac{\mathrm{d}y}{\mathrm{d}x}\right)^2}\mathrm{d}x$$

同理，当曲线方程为$x=f(y)$，$c\leqslant x\leqslant d$，我们把y看成是参数，由此可以得到以下表达式

$$L=\int_c^d\sqrt{1+\left(\frac{\mathrm{d}x}{\mathrm{d}y}\right)^2}\mathrm{d}y$$

以上这些公式对圆和线段来说可以得到相同的结果，以下几个例子说明了这一问题.

例3　求圆$x^2+y^2=a^2$的周长.

解　我们可以将该圆的方程写成参数形式：$x=a\cos t$，$y=a\sin t$，$0\leqslant t\leqslant 2\pi$.

那么　$\mathrm{d}x/\mathrm{d}t=-a\sin t$，$\mathrm{d}y/\mathrm{d}t=a\cos t$，由第一个公式可得

$$L=\int_0^{2\pi}\sqrt{a^2\sin^2t+a^2\cos^2t}\mathrm{d}t=\int_0^{2\pi}a\mathrm{d}t=[at]_0^{2\pi}=2\pi a$$

例4　求由点$A(0,1)$到点$B(5,13)$之间的直线的长度.

解　图8所示是A，B之间的线段. 我们可以得到该线段所在的直线的方程是$y=\frac{12}{5}x+1$，由此$\mathrm{d}y/\mathrm{d}x=\frac{12}{5}$；由以上三个公式中的第二个可得

$$L=\int_0^5\sqrt{1+\left(\frac{12}{5}\right)^2}\mathrm{d}x=\int_0^5\sqrt{\frac{5^2+12^2}{5^2}}\mathrm{d}x=\frac{13}{5}\int_0^5 1\mathrm{d}x$$
$$=\left[\frac{13}{5}x\right]_0^5=13$$

这个结果与我们用两点之间的距离公式所求得的结果完全相同.

例5　求曲线$y=x^{3/2}$上点$(1,1)$到点$(4,8)$之间的曲线弧长.（图9）

解　首先我们用两点间的距离公式求点$(1,1)$到点$(4,8)$之间的距离

$\sqrt{(4-1)^2+(8-1)^2}=\sqrt{58}\approx 7.6$. 实际曲线长度会大一些.

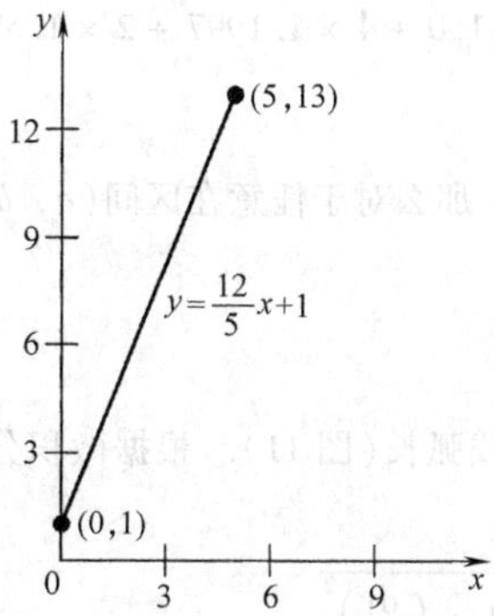

图 8

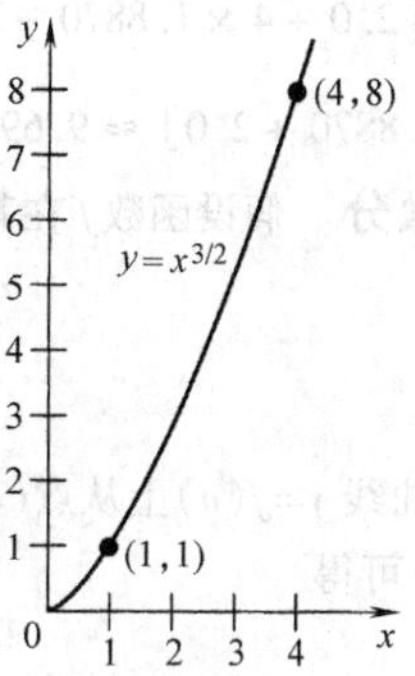

图 9

现在我们来求该曲线弧长的精确值，我们很容易得到 $dy/dx=\frac{3}{2}x^{1/2}$，因此

$$L=\int_1^4\sqrt{1+\left(\frac{3}{2}x^{1/2}\right)^2}\mathrm{d}x=\int_1^4\sqrt{1+\frac{9}{4}x}\mathrm{d}x$$

可以用换元法 $u=1+\frac{9}{4}x$，得 $\mathrm{d}u=\frac{9}{4}\mathrm{d}x$. 由此可得

$$\int\sqrt{1+\frac{9}{4}x}\mathrm{d}x=\frac{4}{9}\int\sqrt{u}\mathrm{d}u=\frac{4}{9}\frac{2}{3}u^{3/2}+C=\frac{8}{27}\left(1+\frac{9}{4}x\right)^{3/2}+C$$

因此

$$\int_1^4\sqrt{1+\frac{9}{4}x}\mathrm{d}x=\left[\frac{8}{27}\left(1+\frac{9}{4}x\right)^{3/2}\right]_1^4=\frac{8}{27}\left(10^{3/2}-\frac{13^{3/2}}{8}\right)\approx 7.63$$

对于大多数长度问题，我们可以很轻易地写出求长度的积分公式. 这只是替换公式里所需的导数的问题. 然而，很多情况下很难用微积分第二基本定理来计算，因为求原函数很难. 对于很多问题而言，我们必须借用数学技巧来解题，例如，在4.6节中提到的抛物线法来求定积分的近似值.

例6 画出参数方程 $x=2\cos t$，$y=4\sin t$，$0\leqslant t\leqslant\pi$ 的图形. 写出求这条曲线长度的定积分公式，并在 $n=8$ 时用**积分的抛物线法**求该曲线的长度.

解 首先我们列出该函数的数值表，然后根据表中数据画出函数的图形，如图10所示.

$x=2\cos t$, $y=4\sin t$
$0\leqslant t\leqslant\pi$

t	x	y
0	2	0
$\pi/6$	$\sqrt{3}$	2
$\pi/3$	1	$2\sqrt{3}$
$\pi/2$	0	4
$2\pi/3$	−1	$2\sqrt{3}$
$5\pi/6$	$-\sqrt{3}$	2
π	−2	0

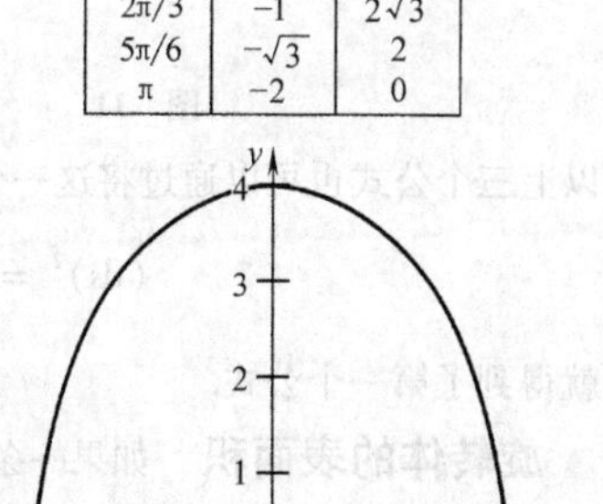

图 10

用定积分求弧长：

$$\begin{aligned}L&=\int_0^{\pi}\sqrt{\left(\frac{\mathrm{d}x}{\mathrm{d}t}\right)^2+\left(\frac{\mathrm{d}y}{\mathrm{d}t}\right)^2}\mathrm{d}t\\&=\int_0^{\pi}\sqrt{(-2\sin t)^2+(4\cos t)^2}\mathrm{d}t\\&=\int_0^{\pi}2\sqrt{\sin^2 t+4\cos^2 t}\mathrm{d}t\\&=2\int_0^{\pi}\sqrt{1+3\cos^2 t}\mathrm{d}t\end{aligned}$$

这个定积分不能用微积分第二基本定理来求值. 令 $f(t)=\sqrt{1+3\cos^2 t}$，$n=8$ 时使用**积分的抛物线法**可得

$$L\approx 2\frac{\pi-0}{3\cdot 8}\left[f(0)+4f\left(\frac{\pi}{8}\right)+2f\left(\frac{2\pi}{8}\right)+4f\left(\frac{3\pi}{8}\right)+2f\left(\frac{4\pi}{8}\right)+4f\left(\frac{5\pi}{8}\right)+2f\left(\frac{6\pi}{8}\right)+4f\left(\frac{7\pi}{8}\right)+f(\pi)\right]$$

$$\approx 2\frac{\pi}{24}[2.0 + 4\times 1.8870 + 2\times 1.5811 + 4\times 1.1997 + 2\times 1.0 + 4\times 1.1997 + 2\times 1.5811 + 4\times 1.8870 + 2.0] \approx 9.6913$$

曲线弧的微分　假设函数 f 在其定义域 $[a, b]$ 上可导且连续，那么对于任意在区间 (a, b) 上的 x，我们可以得到

$$s(x) = \int_a^x \sqrt{1 + [f'(u)]^2}\,\mathrm{d}u$$

这样，$s(x)$ 就是曲线 $y = f(u)$ 上从点 $(a, f(a))$ 到点 $(x, f(x))$ 的曲线弧长(图 11)．根据微积分的第一基本定理(定理 4.3A)可得

$$s'(x) = \frac{\mathrm{d}s}{\mathrm{d}x} = \sqrt{1 + [f'(x)]^2} = \sqrt{1 + \left(\frac{\mathrm{d}y}{\mathrm{d}x}\right)^2}$$

因此，曲线弧的微分 $\mathrm{d}s$ 可以写成如下形式：

$$\mathrm{d}s = \sqrt{1 + \left(\frac{\mathrm{d}y}{\mathrm{d}x}\right)^2}\,\mathrm{d}x$$

实际上，根据所给曲线方程的不同参数表示形式，我们可以写出曲线的弧微分三种公式

$$\boxed{\mathrm{d}s = \sqrt{1 + \left(\frac{\mathrm{d}y}{\mathrm{d}x}\right)^2}\,\mathrm{d}x = \sqrt{1 + \left(\frac{\mathrm{d}x}{\mathrm{d}y}\right)^2}\,\mathrm{d}y = \sqrt{\left(\frac{\mathrm{d}x}{\mathrm{d}t}\right)^2 + \left(\frac{\mathrm{d}y}{\mathrm{d}t}\right)^2}\,\mathrm{d}t}$$

也有人通过记住以下这一公式来记住这三个公式(图 12)

$$(\mathrm{d}s)^2 = (\mathrm{d}x)^2 + (\mathrm{d}y)^2$$

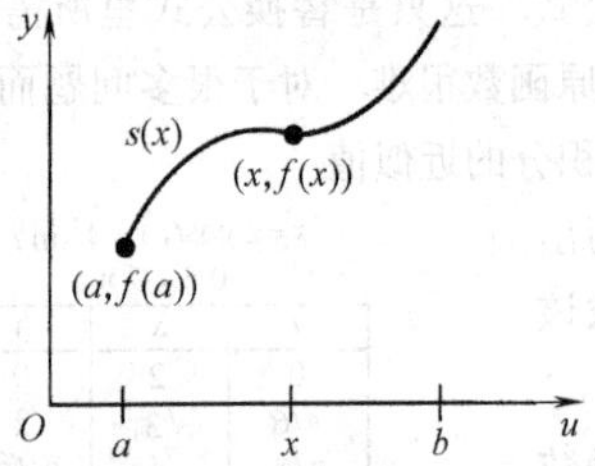

图　11

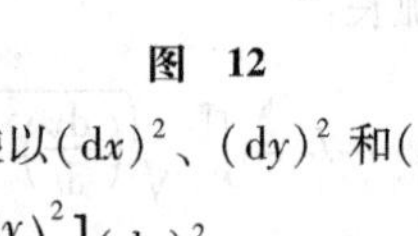

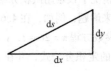

图　12

而以上三个公式也可以通过将这一公式分别在等式的右边同时除以和乘以 $(\mathrm{d}x)^2$、$(\mathrm{d}y)^2$ 和 $(\mathrm{d}t)^2$ 得到．例如

$$(\mathrm{d}s)^2 = \left[\frac{(\mathrm{d}x)^2}{(\mathrm{d}x)^2} + \frac{(\mathrm{d}y)^2}{(\mathrm{d}x)^2}\right](\mathrm{d}x)^2 = \left[1 + \left(\frac{\mathrm{d}y}{\mathrm{d}x}\right)^2\right](\mathrm{d}x)^2$$

这就得到了第一个公式．

旋转体的表面积　如果一条光滑的平面曲线绕平面内任意一条直线(轴)旋转，得到一个如图 13 所示的旋转体．我们的目的就是求出该旋转体的表面积．

在讨论这个问题之前，先让我们来学习一下圆台的侧面积公式．**圆台**就是被垂直于圆锥中线的两个平面所切得的圆锥的部分(图 14 中的阴影部分)．如果一个圆台的两个底的半径分别为 r_1 和 r_2，并且其斜高为 l，那么它的侧表面积 A 可以表示为

$$A = 2\pi\left(\frac{r_1 + r_2}{2}\right)l = 2\pi(\text{平均半径})\times(\text{斜高})$$

该公式来源于圆的面积公式(见习题 31)．

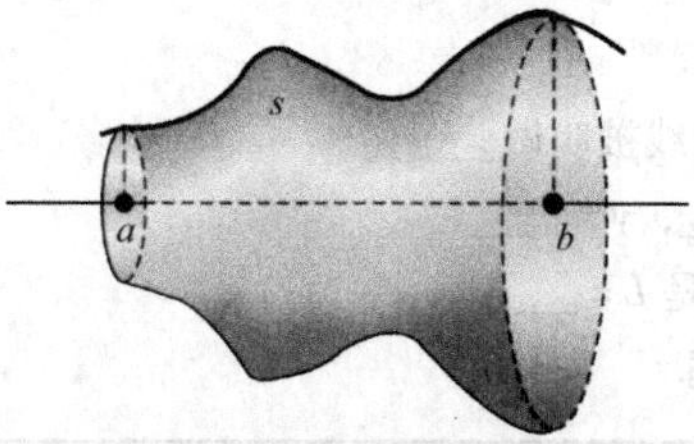

图 13

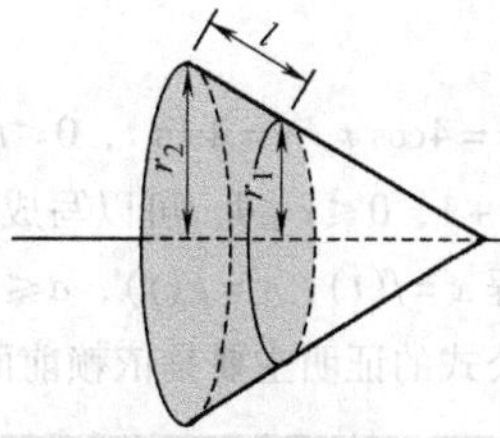

图 14

如图 15 所示，在第一象限内的曲线弧是函数 $y=f(x)$，$a\leqslant x\leqslant b$ 的图形. 我们将区间 $[a, b]$ 分割成 n 份，且该分割方法满足 $a=x_0<x_1<x_2<\cdots<x_n=b$，这样也就将曲线分割为 n 部分. 当该曲线绕 x 轴旋转时，就形成一个面，而被分割成的每一部分也就相应的构成了一个窄的环状体. 这个环状体的表面积可以近似地看成是一个圆台的侧面积，也就是 $2\pi y_i\Delta s_i$. 如果我们将所有的这些环状体加在一起并求当分割段的长度趋近于 0 时的极限，就得到了旋转体的表面积. 图 16 说明了这一切. 因此，表面积为

$$A=\lim_{\|P\|\to 0}\sum_{i=1}^{n}2\pi y_i\Delta s_i=2\pi\int_a^b y\mathrm{d}s$$
$$=2\pi\int_a^b f(x)\sqrt{1+[f'(x)]^2}\mathrm{d}x$$

例 7 当函数 $y=\sqrt{x}$，$0\leqslant x\leqslant 4$ 所表示的曲线绕 x 轴旋转时，求该旋转体的表面积.（图 17）

解 已知 $f(x)=\sqrt{x}$，可得 $f'(x)=1/(2\sqrt{x})$. 因此

$$A=2\pi\int_0^4\sqrt{x}\sqrt{1+\frac{1}{4x}}\mathrm{d}x=2\pi\int_0^4\sqrt{x}\sqrt{\frac{4x+1}{4x}}\mathrm{d}x$$
$$=\pi\int_0^4\sqrt{4x+1}\mathrm{d}x=\left[\pi\times\frac{1}{4}\times\frac{2}{3}(4x+1)^{3/2}\right]_0^4$$
$$=\frac{\pi}{6}(17^{3/2}-1^{3/2})\approx 36.18$$

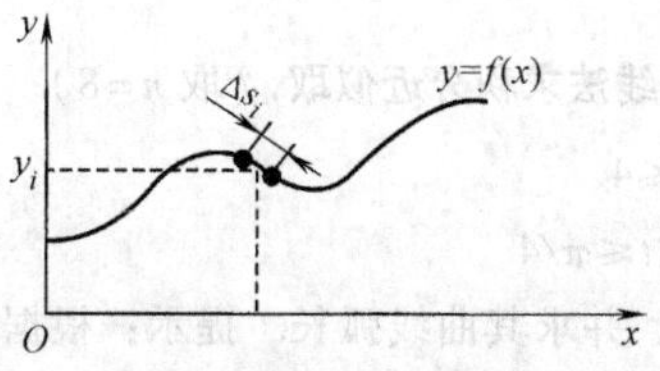

图 15

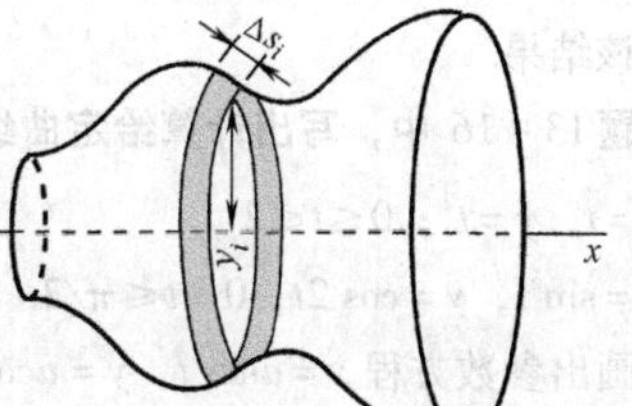

图 16

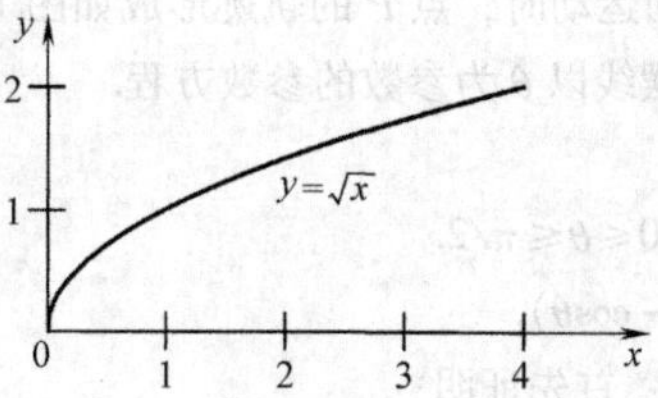

图 17

如果所给曲线的参数方程形式为 $x=f(t)$，$y=g(t)$，$a\leqslant t\leqslant b$，那么表面积公式就可以表示为

$$\boxed{A=2\pi\int_a^b y\mathrm{d}s=2\pi\int_a^b g(t)\sqrt{[f'(t)]^2+[g'(t)]^2}\mathrm{d}t}$$

概念复习

1. 参数方程 $x=4\cos t$，$y=4\sin t$，$0\leqslant t\leqslant 2\pi$ 的图形形成的曲线被叫做____.
2. 函数 $y=x^2+1$，$0\leqslant x\leqslant 4$，可以写成如下参数形式 $x=$____，$y=$____.
3. 求参数方程 $x=f(t)$，$y=g(t)$，$a\leqslant x\leqslant b$ 的曲线弧长公式是 $L=$____.
4. 曲线弧长公式的证明主要是依赖前面我们学过的____定理.

习题 5.4

≈在习题 1~6 中，求出指定曲线的弧长.

1. $y=4x^{3/2}$，在 $x=1/3$ 与 $x=5$ 之间的曲线弧.
2. $y=\frac{2}{3}(x^2+1)^{3/2}$，在 $x=1$ 与 $x=2$ 之间的弧长.
3. $y=(4-x^{2/3})^{3/2}$，在 $x=1$ 与 $x=8$ 之间的曲线弧.
4. $y=(x^4+3)/(6x)$，在 $x=1$ 与 $x=3$ 之间的曲线弧.
5. $x=y^4/16+1/(2y^2)$，在 $y=-3$ 与 $y=-2$ 之间的曲线弧.（提示：$\sqrt{u^2}=-u$ 当 $u<0$ 时）
6. $30xy^3-y^8=15$ 在 $y=1$ 与 $y=3$ 之间的曲线弧.

在习题 7~10 中，画出所给参数方程的曲线图，并求出该曲线弧长.

7. $x=t^3/3$，$y=t^2/2$；$0\leqslant t\leqslant 1$
8. $x=3t^2+2$，$y=2t^3-1/2$；$1\leqslant t\leqslant 4$
9. $x=4\sin t$，$y=4\cos t-5$；$0\leqslant t\leqslant \pi$
10. $x=\sqrt{5}\sin 2t-2$，$y=\sqrt{5}\cos 2t-\sqrt{3}$；$0\leqslant t\leqslant \pi/4$
11. 列出关于 x 的积分表达式来求直线 $y=2x+3$ 在 $x=1$ 与 $x=3$ 之间的弧长. 并且用两点间的距离公式来验证该结果.
12. 列出关于 y 的积分表达式来求直线 $2y-2x+3=0$ 在 $y=1$ 与 $y=3$ 之间的弧长. 并用两点间的距离公式来验证该结果.

在习题 13~16 中，写出计算给定曲线长度的定积，并用抛物线法求积分近似取.（取 $n=8$）

13. $x=t$，$y=t^2$；$0\leqslant t\leqslant 2$
14. $x=t^2$，$y=\sqrt{t}$；$1\leqslant t\leqslant 4$
15. $x=\sin t$，$y=\cos 2t$；$0\leqslant t\leqslant \pi/2$
16. $x=t$，$y=\tan t$；$0\leqslant t\leqslant \pi/4$
17. 画出参数方程 $x=a\sin^3 t$，$y=a\cos^3 t$，$0\leqslant t\leqslant \pi$ 的曲线图，并求其曲线弧长. 提示：根据对称原理，可以只求曲线图在第一象限里的弧长.
18. 点 P 是半径为 a 的圆轮边缘上的一点，且点 P 的初始位置与坐标系的原点重合. 当圆轮沿 x 轴正方向运动时，点 P 的轨迹形成如图 18 所示的一条称作摆线的曲线. 写出该摆线以 θ 为参数的参数方程.

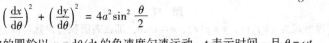

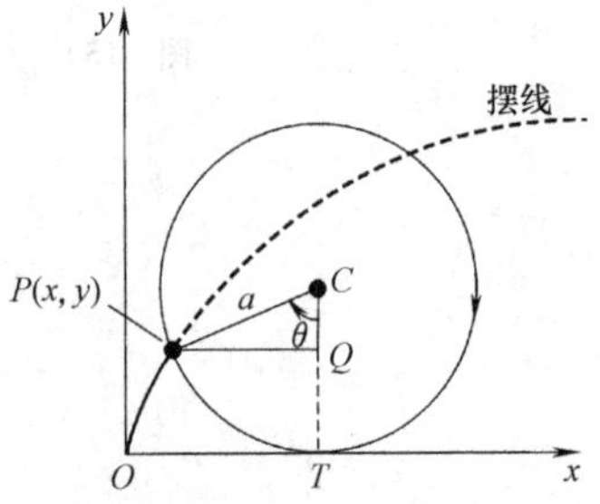

图 18

(a) 证明 $\overline{OT}=a\theta$.

(b) 证明 $\overline{PQ}=a\sin\theta$，$\overline{QC}=a\cos\theta$，$0\leqslant\theta\leqslant\pi/2$.

(c) 证明 $x=a(\theta-\sin\theta)$，$y=a(1-\cos\theta)$.

19. 求 18 题中摆线的弧长. 提示：首先证明

$$\left(\frac{dx}{d\theta}\right)^2+\left(\frac{dy}{d\theta}\right)^2=4a^2\sin^2\frac{\theta}{2}$$

20. 假设 18 题中的圆轮以 $\omega=d\theta/dt$ 的角速度匀速运动，t 表示时间，且 $\theta=\omega t$.

(a) 证明点 P 沿摆线的速度 ds/dt 是

$$\frac{ds}{dt}=2a\omega\left|\sin\frac{\omega t}{2}\right|$$

(b)点 P 的速度何时取最大值，何时取最小值？

(c)解释为什么一只趴在一辆汽车轮胎上的小昆虫，当汽车以 60mile/h 的速度行驶时，小昆虫自身的速度却是 120mile/h.

21. 分别求下列各曲线的弧长.

(a) $y=\int_1^x\sqrt{u^3-1}\,du, 1\leqslant x\leqslant 2$　　(b) $x=t-\sin t$, $y=1-\cos t$, $0\leqslant t\leqslant 4\pi$

22. 求下列各曲线的弧长.

(a) $y=\int_{\pi/6}^x\sqrt{64\sin^2u\cos^4u-1}\,du, \frac{\pi}{6}\leqslant x\leqslant\frac{\pi}{3}$

(b) $x=a\cos t+at\sin t$, $y=a\sin t-at\cos t$, $-1\leqslant t\leqslant 1$

在习题 23 ~ 30 中，求各曲线绕 x 轴旋转时所形成的旋转体的表面积.

23. $y=6x$, $0\leqslant x\leqslant 1$　　24. $y=\sqrt{25-x^2}$, $-2\leqslant x\leqslant 3$

25. $y=x^3/3$, $1\leqslant x\leqslant\sqrt{7}$　　26. $y=(x^6+2)/(8x^2)$, $1\leqslant x\leqslant 3$

27. $x=t$, $y=t^3$, $0\leqslant t\leqslant 1$　　28. $x=1-t^2$, $y=2t$, $0\leqslant t\leqslant 1$

29. $y=\sqrt{r^2-x^2}$, $-r\leqslant x\leqslant r$　　30. $x=r\cos t$, $y=r\sin t$, $0\leqslant t\leqslant\pi$

31. 如果将一个斜高为 l、底面半径为 r 的圆锥体的侧表面沿其某一斜高剪开，那么我们就可以得到一个半径为 l，圆心角为 θ 的扇形(图 19).

(a)证明 $\theta=2\pi r/l$.

(b)根据圆弧的面积公式，半径为 l 圆心角为 θ 的扇形面积为 $\frac{1}{2}l^2\theta$，证明该圆锥体的侧表面积为 πrl.

(c)由(b)中的结果证明一个上下底半径分别为 r_1 和 r_2 高为 l 的圆台的侧面积公式

$$A=2\pi[(r_1+r_2)/2]l.$$

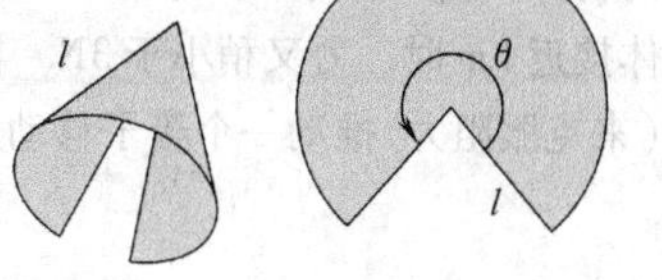

图 19

32. 证明一个半径为 a 的球体在两个平行平面(它们之间的距离为 h，且 $h<2a$)部分的表面积为 $2\pi ah$. 并证明，如果一个直圆柱体由一个球限定，那么平行于圆柱体底的两个平面所限定的区域与球和圆柱体所围成的区域是一样的.

33. 图 20 所示为某一摆线中的一段. 它的参数方程(见 18 题)为

$$x=a(t-\sin t), y=a(1-\cos t), 0\leqslant t\leqslant 2\pi$$

(a) 当该曲线绕 x 轴旋转时所形成的旋转体的表面积为

$$A=2\sqrt{2}\pi a^2\int_0^{2\pi}(1-\cos t)^{3/2}dt$$

(b) 利用半角公式 $1-\cos t=2\sin^2(t/2)$ 求解 A 的值.

34. 圆 $x=a\cos t$, $y=a\sin t$, $0\leqslant t\leqslant 2\pi$ 绕 $x=b(0<a<b)$ 旋转形成一个圆环面，求该圆环面的表面积.

GC 35. 画出以下各参数方程的图形.

(a) $x=3\cos t$, $y=3\sin t$, $0\leqslant t\leqslant 2\pi$

(b) $x=3\cos t$, $y=\sin t$, $0\leqslant t\leqslant 2\pi$

(c) $x=t\cos t$, $y=t\sin t$, $0\leqslant t\leqslant 6\pi$

(d) $x=\cos t$, $y=\sin 2t$, $0\leqslant t\leqslant 2\pi$

(e) $x = \cos 3t$，$y = \sin 2t$，$0 \leqslant t \leqslant 2\pi$

(f) $x = \cos t$，$y = \sin \pi t$，$0 \leqslant t \leqslant 40$

CAS 36. 分别求 35 题中各曲线的弧长. 提示：首先建立求弧长近似值的积分方程，然后用计算机解积分方程.

CAS 37. 在同一坐标系上，分别画出当 $n = 1, 2, 4, 10, 100$ 时 $y = x^n$ 在[0, 1]上的图形. 然后分别求出它们的曲线弧长，并估算当 $n = 10\,000$ 时曲线弧长.

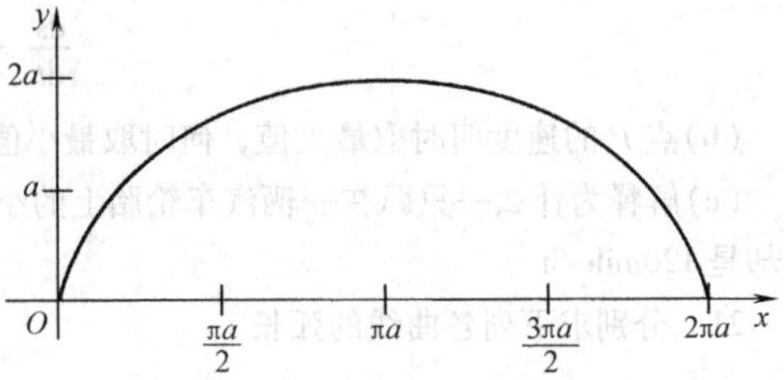

图 20

概念复习答案：

1. 圆　2. x, x^2+1　3. $\int_a^b \sqrt{[f'(t)]^2 + [g'(t)]^2}\,dt$　4. 微分中值定理

5.5　功和流体力

在物理学中，如果一个物体在恒力 F 的作用下，在该力的方向上沿直线移动距离 d，这时**力所做的功**就是

$$\text{功} = \text{力} \times \text{位移}$$

即

$$W = Fd$$

如果力是以 N(给质量为 1kg 的物体以 1m/s^2 的加速度所用的力为 1N)为单位、距离以 m 为单位，那么功的单位就是 N·m，即 J. 如果力用 lb 做单位，距离用 ft，那么功的单位就是 ft·lb. 例如，一个人将重 3N 的物体举高 2m，做的功为 $3 \times 2 = 6$J(图 1)，(严格来说，开始时要用比 3N 稍大的力才能举起物体，而当物体接近 3m 时，力又稍小于 3N. 在此例中，功是 6J，而这种详细过程很难说清.)而这个人用 150lb 的恒力(来克服阻力)推动一个箱子移动 20ft 做的功是 $150 \times 20 = 3000$ft·lb(图 2).

图 1

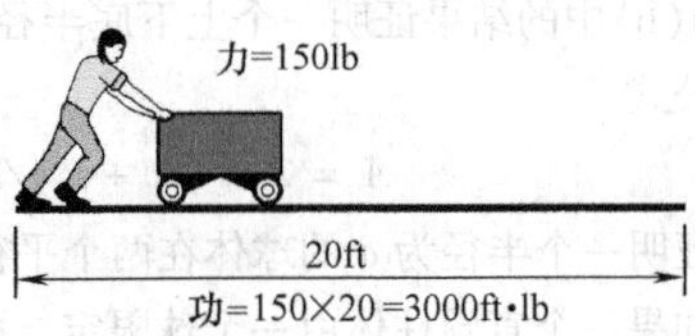

图 2

在许多实际情形下，力不是一个常量，而是随物体的移动而改变的. 假如一个物体在一个变力的作用下沿 x 轴从 a 移动到 b，这个变力在 x 点时的大小为 $f(x)$，F 是一个连续的函数. 那么，总共做了多少功呢? 划分，近似，积分这一方法又一次帮我们来寻找答案. 这里划分就是把区间[a, b]分成小部分. 近似就是在某一特定的区间 x 到 $x + \Delta x$，力视为一个常量 $F(x)$. 如果力是一个常量(在区间[x_{i-1}, x_i]上的大小是 $F(x_i)$)，那么将物体从 x_{i-1} 移到 x_i 所要做的功就是 $F(x_i)(x_i - x_{i-1})$(图 3). 积分就是把这些小区间的功加起来，然后取当这些小区间的长度趋向于零时的极限. 因此，把物体从 a 移到 b 所做的功是

$$W = \lim_{\Delta x \to 0} \sum_{i=1}^{n} F(x_i)\Delta x = \int_a^b F(x)\,dx$$

$$\boxed{\begin{aligned} \Delta W &\approx F(x)\Delta x \\ W &= \int_a^b F(x)\,dx \end{aligned}}$$

弹簧的应用问题　根据胡克定律，把一个弹簧拉伸(或压缩)超过(或短于)其自然长度 x(图 4)所用

的力 $F(x)$ 是

$$F(x) = kx$$

这里，常量 k 是弹簧的劲度系数，是一个取决于具体的弹簧的正数．弹簧越坚硬，k 就越大．

$\Delta W \approx F(x)\Delta x$

$W = \int_a^b F(x)\,dx$

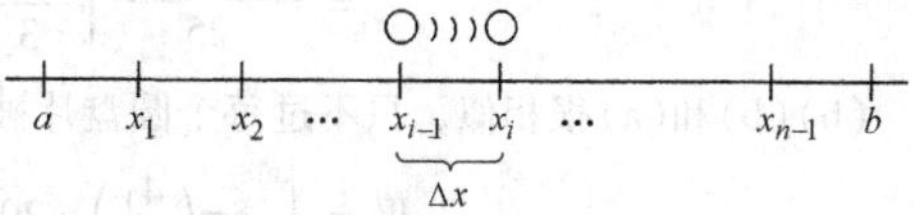

图 3

例 1 如果一个弹簧的自然长度是 0.2m，使弹簧拉伸 0.04m 需 12N 的力．求将弹簧拉伸 0.3m 所做的功．

解 根据胡克定律，将弹簧拉伸 xm 所需的力 $F(x)$ 由 $F(x)=kx$ 给出．为了计算出这个弹簧的劲度系数 k，我们注意到 $F(0.04)=12$. 因此，$k\times 0.04=12$，或 $k=300$，这样

$$F(x) = 300x$$

当弹簧在它的自然长度 0.2m 时，$x=0$；当它是 0.3m 时，$x=0.1$m. 因此，拉伸弹簧所做的功是

$$W = \int_0^{0.1} 300x\,dx = [150x^2]_0^{0.1} = 1.5(\text{J})$$

抽取液体问题 凡是手动抽过水的人都知道，将水抽出容器需要做功(图 5)．但是要做多少功呢？又如何计算呢？下面举例说明．

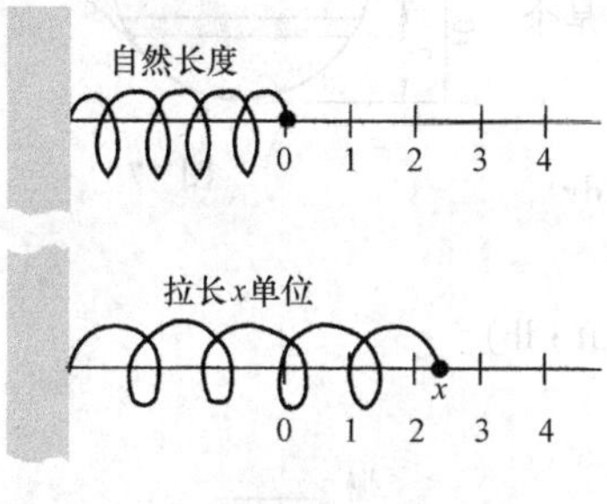

图 4

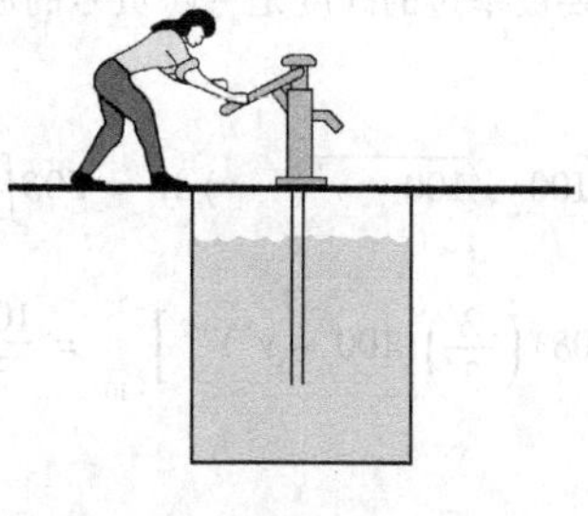

图 5

例 2 一个锥形容器(图 6)充满水，如果在这个容器高 10ft 的顶部圆的半径是 4ft，求所做的功(a)把水从它顶部抽出；(b)从高出顶部 10ft 的地方抽出．

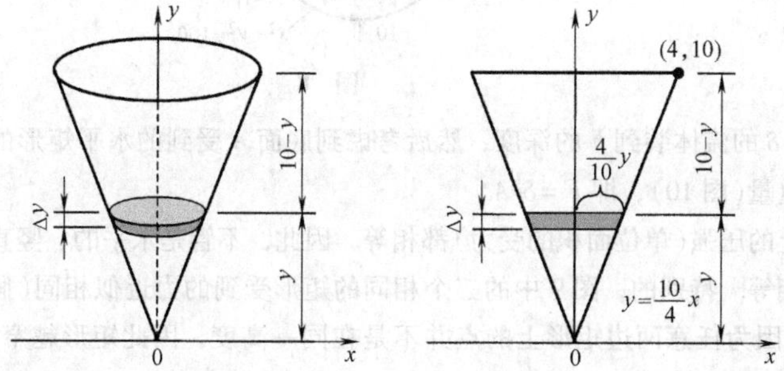

$\Delta W \approx \delta\pi\left(\frac{4y}{10}\right)^2(10-y)\Delta y$

$W = \delta\pi\int_0^{10}\left(\frac{4y}{10}\right)^2(10-y)\,dy$

图 6

解 (a)将这个容器放到一直角坐标系中，如图 6 所示．既有三维视角．也有二维横切面图．想象把水分成许多水平的圆盘片，每一个都要超出容器的顶部才被抽出．在高 y 处厚 Δy 的圆盘片的半径是 $4y/10$(由相似三角形性质)．因此，它的体积大约是 $\pi(4y/10)^2\Delta y\text{ft}^3$，它的重量大约是 $\delta\pi(4y/10)^2\Delta y$，这里 $\delta=62.4$ 是每立方米水的重量．举起这个水盘片需要的力就等于其重力，该圆盘片将被举起的高度是 $(10-y)$ft. 因此，所做的功 ΔW 大约是

$$\Delta W = 力\times位移 \approx \delta\pi\left(\frac{4y}{10}\right)^2\Delta y(10-y)$$

因此

$$W = \int_0^{10} \delta\pi\left(\frac{4y}{10}\right)^2(10-y)\,dy = \delta\pi\frac{4}{25}\int_0^{10}(10y^2-y^3)\,dy$$

$$= \frac{4\pi\times 62.4}{25}\left[\frac{10y^3}{3}-\frac{y^4}{4}\right]_0^{10} \approx 26138(\text{ft}\cdot\text{lb})$$

(b)(b)和(a)很相似，只不过每个圆盘片被举高的距离变成了 $20-y$，而不是 $10-y$，因此

$$W = \int_0^{10} \delta\pi\left(\frac{4y}{10}\right)^2(20-y)\,dy = \delta\pi\frac{4}{25}\int_0^{10}(20y^2-y^3)\,dy$$

$$= \frac{4\pi\times 62.4}{25}\left[\frac{20y^3}{3}-\frac{y^4}{4}\right]_0^{10} \approx 130690(\text{ft}\cdot\text{lb})$$

注意到极限仍然是 0 到 10(不是 0 到 20)，为什么?

例 3　一个容器，长 50ft，侧面是半径为 10ft 的半圆，里面装的水的高度是 7ft，求把水从该容器边沿抽出所需要做的功(图 7).

解　我们把容器的侧面放到一直角坐标系中，如图 8 所示，一个典型的水平切块既在图 8 平面图中画出，也在图 7 立体图中表示．这一切片近似一个盒子，因此我们通过将它的长、宽、高来计算它的体积．它的重量等于它的密度 $\delta=62.4$ 乘以它的体积，最后，我们注意到这个切片要被举过的高度是 $-y$(负号的原因是因为 y 在图 8 中是个负数)

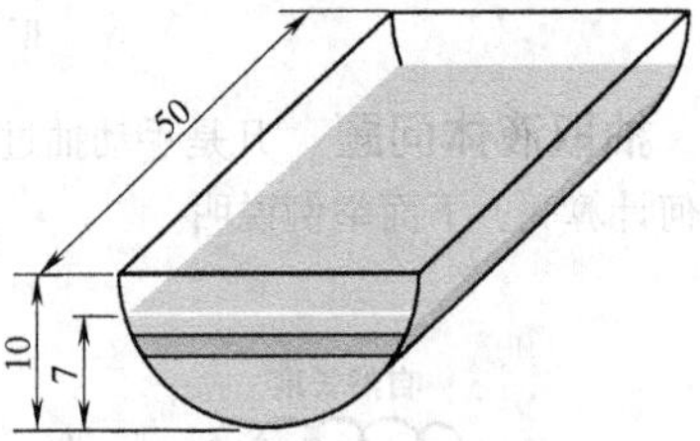

图　7

$$W = \delta\int_{-10}^{-3} 100\sqrt{100-y^2}(-y)\,dy = 50\delta\int_{-10}^{-3}(100-y^2)^{1/2}(-2y)\,dy$$

$$= \left[(50\delta)\left(\frac{2}{3}\right)(100-y^2)^{3/2}\right]_{-10}^{-3} = \frac{100}{3}(91)^{3/2}\delta \approx 1805616(\text{ft}\cdot\text{lb})$$

$$\Delta W \approx \delta\cdot 50\left(2\sqrt{100-y^2}\right)(\Delta y)(-y)$$
$$W = \delta\int_{-10}^{-3}100\sqrt{100-y^2}(-y)\,dy$$

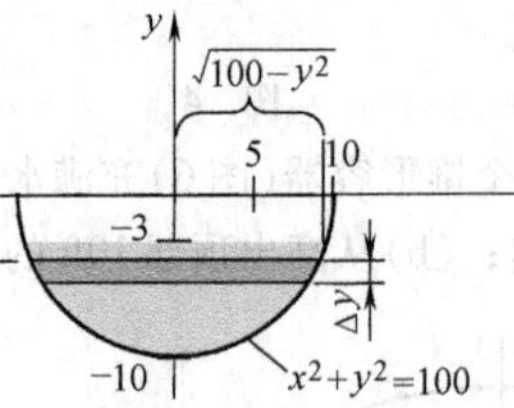

图　8

流体力　想象如图 9 中所示的用密度为 δ 的流体装到 h 的深度，然后考虑到底面 A 受到的水平矩形的流体产生的力等于在该矩形上的流体体积的重量(图 10)，即 $F=\delta hA$.

实际上，由帕斯卡首次提出，每个方向上的压强(单位面积的受力)都相等．因此，不管是水平的、竖直的、还是其他角度的表面积上的点的压强都相等．特别的，图 9 中的三个相同的矩形受到的力近似相同(假设有相同的面积)．之所以说是近似相等，是因为任意两边矩形上的点并不是在同一高度，因此矩形越窄，越接近.

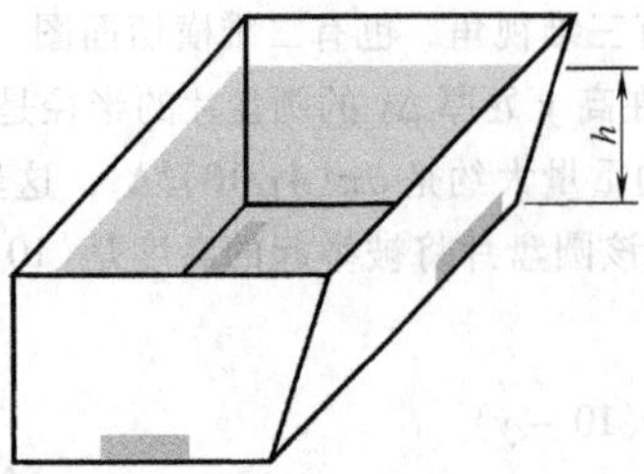

图　9

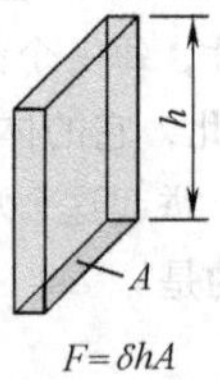

图　10

例 4 假设图 9 中所示的水槽的竖直底有图 11 所示的形状，其中装 5ft 深的水($\delta = 62.4\text{lb/ft}^3$). 求水槽底面受到来自水的总压力.

解 如图 12 所示，把水槽底面放入坐标系中，注意到右边的斜率为 3，因此有方程 $y - 0 = 3(x - 8)$，或者等价的 $x = \frac{1}{3}y + 8$. 很窄的矩形在 $5 - y$ 的深度受到的力近似于 $\delta hA = \delta(5 - y)\left(\frac{1}{3}y + 8\right)\Delta y$.

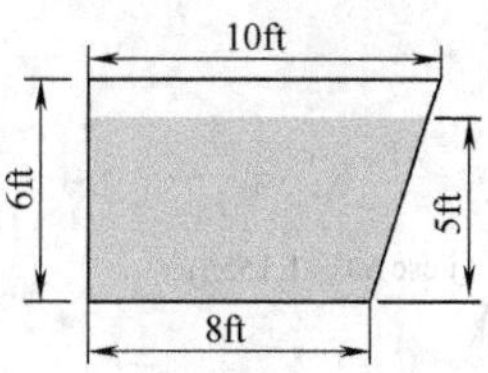

图 11

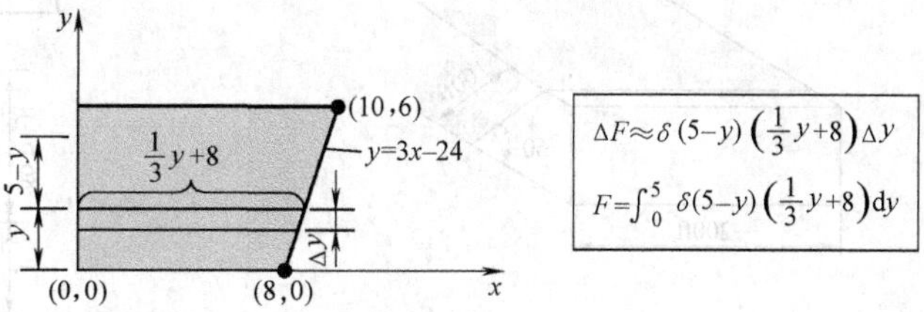

图 12

$$F = \delta\int_0^5\left(40 - \frac{19}{3}y - \frac{1}{3}y^2\right)dy = \delta\left[40y - \frac{19}{6}y^2 - \frac{1}{9}y^3\right]_0^5$$

$$= 62.4\left(200 - \frac{475}{6} - \frac{125}{9}\right) \approx 6673(\text{lb})$$

例 5 装有半桶油的油箱横躺着(图 13). 如果每个底面都是直径为 8ft 的圆，求底面受到来自油的总压力. 假设油的密度为 $\delta = 50\text{lb/ft}^3$.

解 把圆放入到坐标系中，如图 14 所示，然后按照例 4 所示的步骤

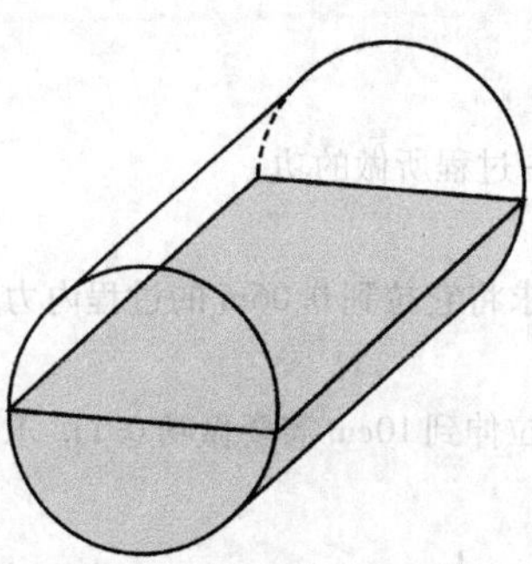

图 13

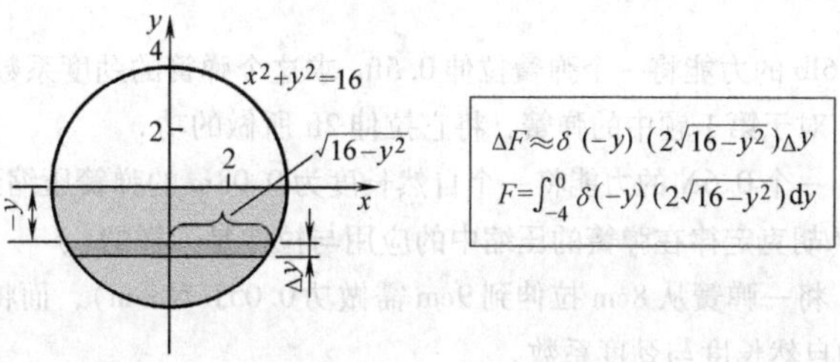

图 14

$$F = \delta\int_{-4}^0 (16 - y^2)^{1/2}(-2y\,dy) = \delta\left[\frac{2}{3}(16 - y^2)^{3/2}\right]_{-4}^0$$

$$= 50 \times \frac{2}{3} \times 16^{3/2} \approx 2133(\text{lb})$$

例 6 坝的靠水一侧为边长 200ft，宽 100ft 的矩形，它与水平面成 60°倾斜，如图 15 所示. 求当水平面到了坝的顶部时的由水对坝产生的总力的大小.

解 把坝的底面放到坐标系下，如图 16 所示，注意到坝的竖直高度为 $100\sin 60° \approx 86.6\text{ft}$.

$$F = 62.4 \times 200 \times 1.155\int_0^{86.6}(86.6 - y)\,dy$$

$$= 62.4 \times 200 \times 1.155 \left[86.6y - \frac{1}{2}y^2 \right]_0^{86.6}$$

$$\approx 54100000 \, (\text{lb})$$

$$\Delta F \approx \delta (86.6 - y)(200)(1.155\Delta y)$$
$$F = \int_0^{86.6} \delta (86.6 - y)(200)(1.155) \mathrm{d}y$$

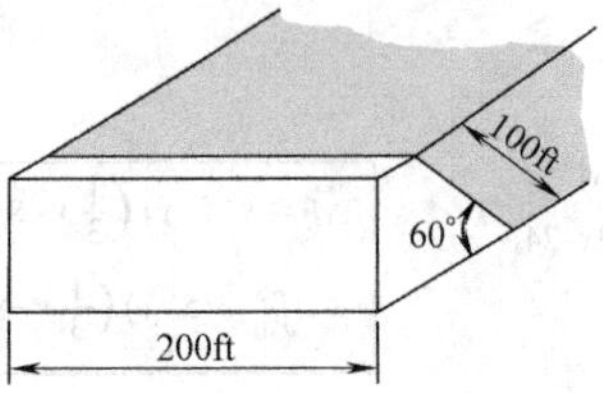

图　15　　　　　　　　　　　　　　　　图　16

概念复习

1. 如果一个力 F 为一常量，则它将一个物体沿直线从 a 移到 b 所做的功是____，如果力 $F = F(x)$ 是一变量，所做的功是____.

2. 将一重 30lb 的物体从水平面举高 10ft 所做的功是____英尺磅($\text{ft} \cdot \text{lb}$).

3. 对于一个给定的液体表面施加力，主要依赖于____.

4. 流过一面积为 A，深为 h 的液体的重量是____.

习题 5.5

1. 6lb 的力能将一个弹簧拉伸 0.5ft. 求这个弹簧的劲度系数，并求这一过程所做的功.

2. 对于第 1 题中的弹簧，将它拉伸 2ft 所做的功.

3. 一个 0.6N 的力能将一个自然长度为 0.08m 的弹簧压缩到 0.07m. 求将它拉到 0.06m 的过程内力所做的功.（胡克定律在弹簧的压缩中的应用与拉伸是一样的.）

4. 将一弹簧从 8cm 拉伸到 9cm 需做功 0.05J($\text{N} \cdot \text{m}$)，而将它从 9cm 拉伸到 10cm 需要做功 0.1J. 求这个弹簧的自然长度与劲度系数.

5. 对于一个遵循胡克定律的弹簧，试证明将它拉伸距离 d 做的功由 $W = \frac{1}{2}kd^2$ 给出.

6. 对于一非线性的弹簧，将其拉伸距离 s 需要的力由公式 $F = ks^{4/3}$ 给出. 如果将它拉伸 8in 需要的力的大小为 2lb，那么将它拉伸 27in 所做的功是多少？

7. 将一弹簧拉伸 $s$ft 所需的力由 $F = 9s(\text{lb})$ 给出，则将它拉伸 2ft 所做的功为多少？

8. 两个相似的弹簧 S_1 和 S_2，都是 3ft 长，将它们其中的任何一个拉伸 $s$ft 所需的力是 $F = 6s(\text{lb})$. 一个弹簧的末端与另一个弹簧相连，这一弹簧组合固定在相距 10ft 的两堵墙之间（图 17）后，将中点向右拉 1ft 所要做的功是多少？

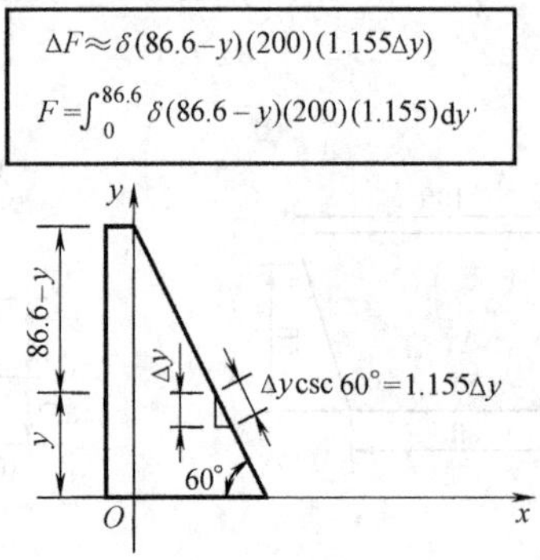

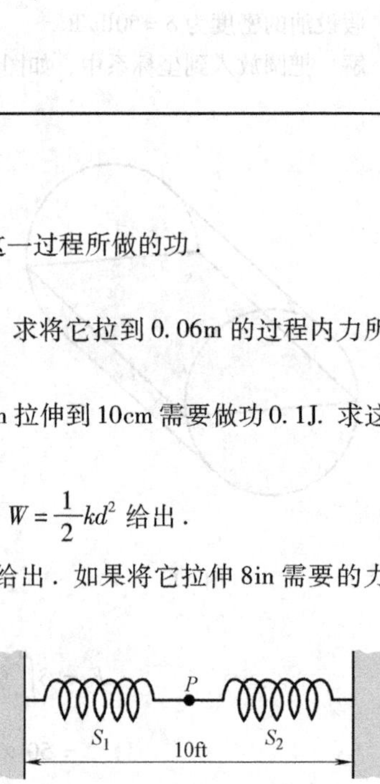

图　17

在习题 9 ~ 12 中，每一个容器的垂直切面都有图示. 如果容器都是 10ft 高并且装满了水. 将水从高出容器边沿 5ft 的地方抽出，求把水抽干所做的功.

9.

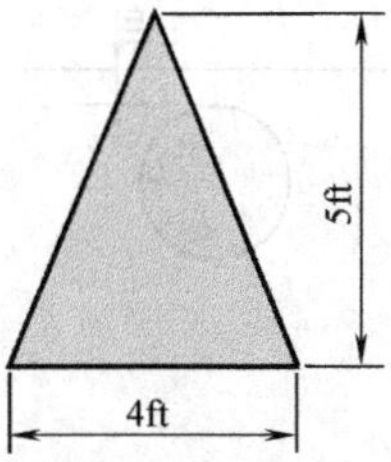

10.

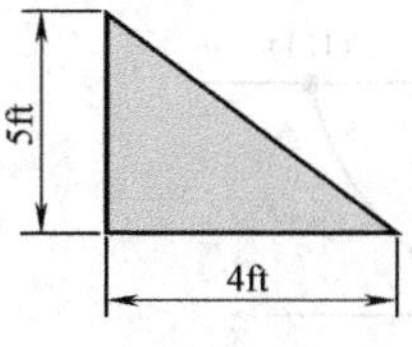

11.

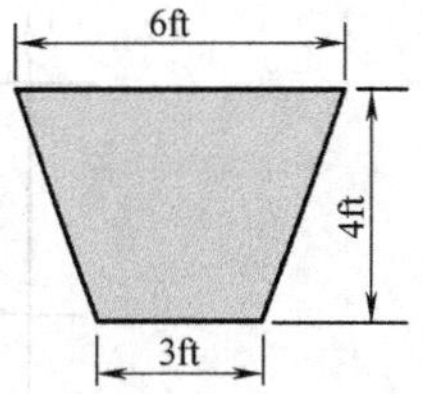

12.

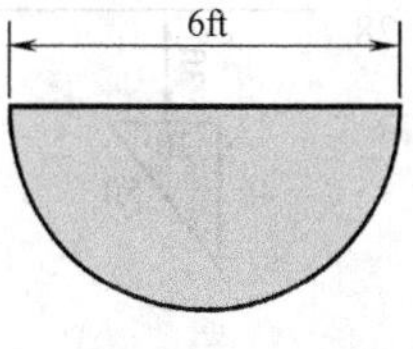

13. 求将一充满汽油（密度 $\delta=50\text{lb/ft}^3$）直立在地面上的圆柱形的容器中的汽油全部从它的边缘抽出所做的功．假如圆柱体的底部半径是 4ft，高是 10ft.

14. 在上题中，如果圆柱体在高出底面 $x$ft 的横切面是一半径为 $x+4$ 的圆，求所做的功．

15. 一体积为 V 的气压缩在一个一端由活塞封口的圆柱体中，如果是活塞表面积 A，单位是 ft^2，x 是圆柱的顶部到活塞距离，单位是 ft. 那么 $V=Ax$. 压缩气体的压强是一个关于体积的连续函数．即 $p(v)=p(Ax)$ 可由 $f(x)$ 表示．证明将气体由 $V_1=Ax_1$ 压缩到 $V_2=Ax_2$ 活塞所做的功是

$$W=A\int_{x_2}^{x_1}f(x)\,\mathrm{d}x$$

提示：活塞表面的合力是 $p(V)A=p(Ax)=Af(x)$.

C 16. 一个横切面面积是 1in^2 的圆柱体，装有 16in^3 的气体，压强为 40lb/in^3. 如果压强和体积的关系由 $pV^{1.4}=c$（一个常数）给出．那么将气体压缩到 2in^3 活塞所做的功是多少？

C 17. 如果 16 题中的活塞的表面面积是 2in^2，求所做的功．

18. 1ft^3 的空气在 80 lb/in^2 的压力下扩张到 4 ft^3，求气体所做的功．($pV^{1.4}=c$)

19. 用一根每英尺的重量是 2lb 的绳子将一重 200lb 的负荷从深 500ft 的矿井中拉出，求所做的功．

20. 一重 10lb 的猴子吊在一根长 20ft 的绳子末端．绳子重 0.5lb. 求猴子爬到顶端所做的功．假设绳子的末端是与猴子相连的．

21. 一个重 5000lb 的太空舱被推进到距离地面 200mile 的高度．求克服地球引力所做的功．假设地球是一个半径为 4000mile 的球，引力是 $f(x)=-k/x^2$，其中 x 是地心到太空舱的距离．因此，所需推力是 k/x^2，当 $x=4000$mile 时，它是 5000N.

22. 根据库仑定律，两个相同电荷之间有个与它们距离的平方成反比的力在排斥它们．如果当它们相距 2cm 时它们的排斥力是 10dYN（$1\text{dYN}=10^{-5}\text{N}$）．求把它们从相距 5cm 到相距 1cm 所做的功．

23. 一重 100lb 的篮子装满重 500lb 的沙子，一起重机将其以 2ft/s 的速度升高到 80ft 高的空中．但是沙子同时以 3lb/s 的速度从一个洞渗出．忽略摩擦和绳子的重力．求做了多少功．提示：开始要估算把篮子从 y 举到 $y+\Delta y$ 所做的功 Δw.

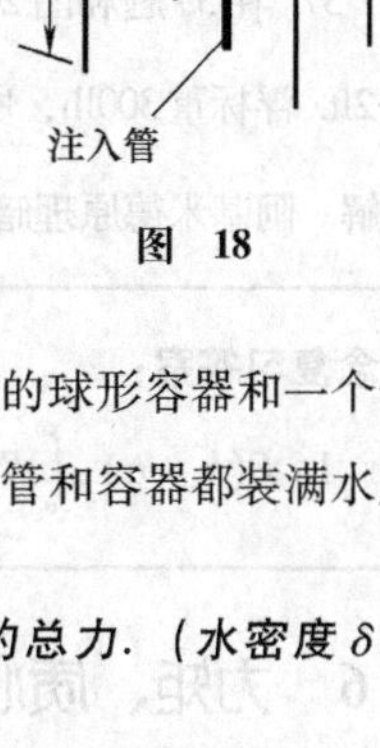

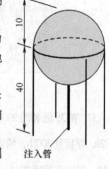

图 18

C 24. 中心城市修建了一个新的水塔（图 18）．它的主要组件包括一个内部半径为 10ft 的球形容器和一个长 30ft 的进水管．圆柱形进水管的内径是 1ft. 如果把水从地面通过水管注入容器．求把水管和容器都装满水所做的功？

在习题 25～30 中，假设阴影区域是水箱的竖直面的一部分．求该区域受到的水的总力．（水密度 $\delta=62.4\text{lb/ft}^3$）．

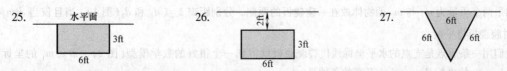

25.

26.

27.

28.

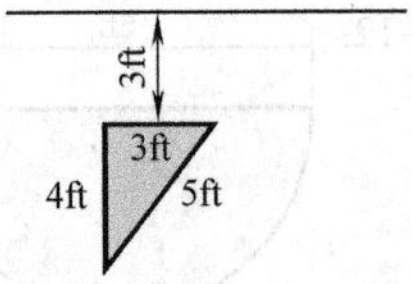

29.

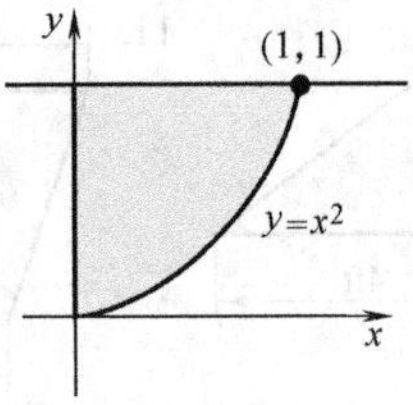

30.

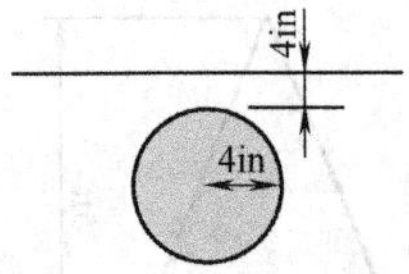

31. 证明：如果一个矩形形状的竖直水坝由对角线切成两半，那么水坝的一半受到的力是另外一半的两倍. 假设水坝的顶部是水平的.

32. 求边长为 2ft 的立方体的各表面受到的水的总力，该立方体的顶部是水平的，且位于 100m 深的湖中.

33. 求如图 19 所示的游泳池的底面所受到的力的大小，假设池中装满了水.

34. 求竖直放置的底面半径为 5ft、高为 6ft 的直圆柱的侧面积受到的液体的压力，其中装满了油($\delta = 50\text{lb/ft}^3$)

35. 一重 m 磅的锥形浮标尖端朝下，尖端低于水面 $h$ft(图 20). 一起重机要将浮标举到甲板上，需将它拉到高于水平面 15ft，求做了多少功？提示：利用阿基米德原理，也就是说将浮标举到高出它初始位置($0 \leqslant y \leqslant h$)所需的力等于浮标的重力减去排开的水的重力.

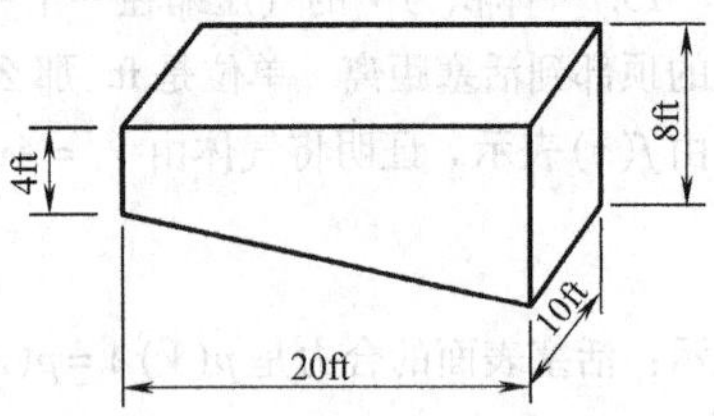

图　19

36. 最初，下面的容器装满了水，上面容器是空的(图 21). 求将水由下面容器中抽到上面容器所做的功.(长度单位为 ft)

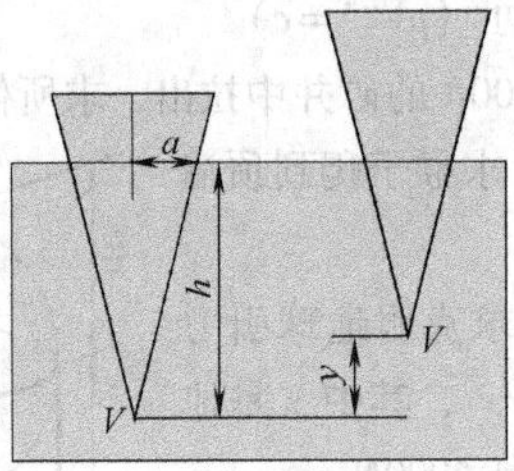

图　20

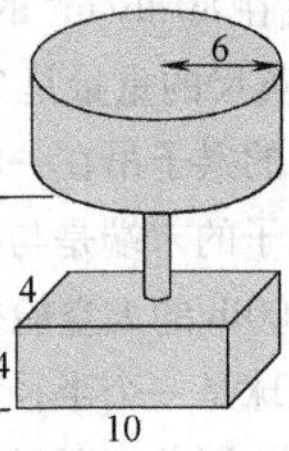

图　21

37. 在 35 题和图 20 中，如果我们试着将它往下压直到它的顶部与水平面齐平，假设 $h = 8$，最初顶部高出水平面 2ft. 浮标重 300lb，所需要的功是多少？提示：你不必知道 a(水平面的半径.)，但是 $\delta = \frac{\pi}{3}a^2 \times 8 = 300$ 将有助于理解. 阿基米德原理暗示将一浮标从它漂浮位置压下 $z(0 \leqslant z \leqslant 2)$ft 所需的力等于额外排的水的重量.

概念复习答案：

1. $F(b-a)$，$\int_a^b F(x)\,dx$　2. 300　3. 那部分表面的深度　4. δhA

5.6　力矩、质心

如果两个质量为 m_1 与 m_2 的物体放在一硗硗板的两侧. 分别距离支点 d_1 和 d_2(图 1). 当且仅当 $d_1 m_1 = d_2 m_2$ 时跷跷板将平衡.

我们用一条原点是支点的水平坐标线代替跷跷板就得到一个很好的数学模型(图 2). 那么 m_1 的坐标是 $x_1 = -d_1$，m_2 的坐标是 $x_2 = d_2$，平衡的条件是

$$x_1m_1 + x_2m_2 = 0$$

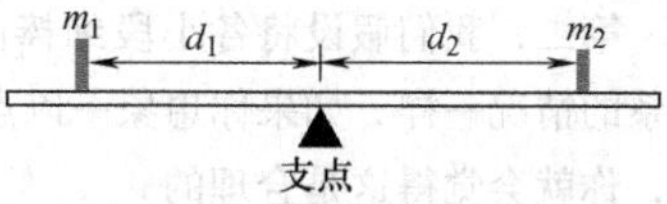

图 1

一个质点的质量 m 与它到某一点的直线距离的乘积叫做质点相对于那个点的**力矩**(图3). 它衡量了物体绕那个点转动的趋势，两个物体在一条直线上关于某点平衡的条件是它们对于该点的力矩和为零.

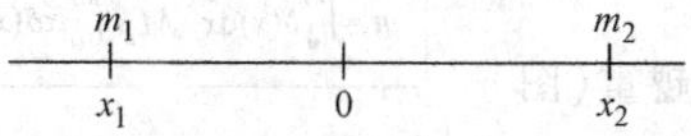

图 2

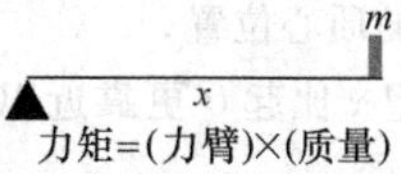

图 3

刚才描述的情况，我们可以把它一般化. 一个由 n 个质量分别为 m_1, …, m_n 组成，沿 x 轴分别位于 x_1, x_2, …, x_n 的系统的总力矩 M，就是各分力矩之和，即

$$M = x_1m_1 + x_2m_2 + \cdots + x_nm_n = \sum_{i=1}^{n} x_im_i$$

在原点平衡的条件是 $M=0$. 当然，除特殊情况，我们不应该总是期待它在原点平衡，但是任何一个系统总会在某一点平衡. 问题是该点在哪儿. 使图4中的系统保持平衡的支点的 x 坐标是什么？

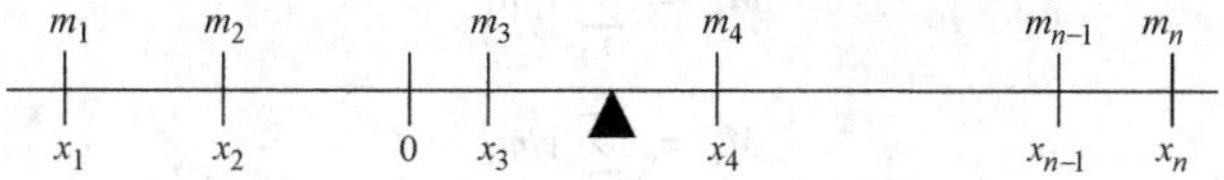

图 4

把待求的坐标记为 $\bar{x}$. 相对于它的总力矩应该是零，即

$$(x_1 - \bar{x})m_1 + (x_2 - \bar{x})m_2 + \cdots + (x_n - \bar{x})m_n = 0$$

或

$$x_1m_1 + x_2m_2 + \cdots + x_nm_n = \bar{x}m_1 + \bar{x}m_2 + \cdots + \bar{x}m_n$$

求解 $\bar{x}$，我们可以得到

$$\boxed{\bar{x} = \frac{M}{m} = \frac{\sum_{i=1}^{n} x_im_i}{\sum_{i=1}^{n} m_i}}$$

平衡点 $\bar{x}$，被称为**质心**. 注意到它就是关于原点的总力矩除以总质量.

例1 质量为4、2、6和7kg的物体沿着 x 轴分别放在点0、1、2和4，找出它的质心(图5).

解 $\bar{x} = \dfrac{0\times4+1\times2+2\times6+4\times7}{4+2+6+7} = \dfrac{42}{19} \approx 2.21$

凭直觉你应该可以确定 $x=2.21$ 大致是平衡点.

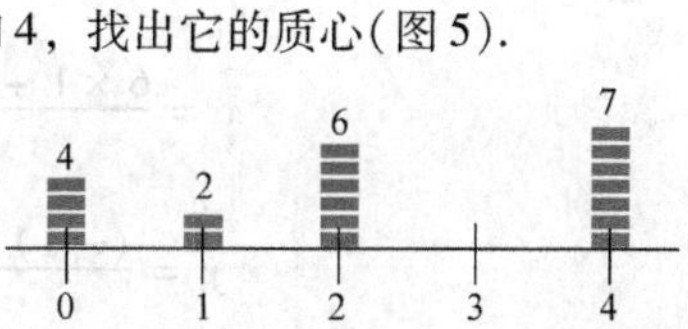

图 5

沿一条直线的连续质量分布 现在考虑一条线密度(每单位长度的质量)变化的细棒. 我们想知道它的平衡点. 我们沿棒的方向建立坐标，然后按我们经常用到的划分，近似，积分的步骤来求解. 如果在 x 点的线密度是 $\delta(x)$，我们首先得到总质量 m，再得到关于原点的总力矩 M(图6). 这样就导出了方程

$$\boxed{\bar{x} = \frac{M}{m} = \frac{\int_a^b x\delta(x)\,\mathrm{d}x}{\int_a^b \delta(x)\,\mathrm{d}x}}$$

注意以下两点：第一，通过类推点质量系方程来记住这个方程.

$$\frac{\sum x_im_i}{\sum m_i} \sim \frac{\sum x\Delta m}{\sum \Delta m} \sim \frac{\int x\delta(x)\,\mathrm{d}x}{\int \delta(x)\,\mathrm{d}x}$$

第二，我们假设将各小段细棒的力矩加起来就得到总力矩，和点质量系的情况一样．如果你想象一以点 x 为中心，长为 Δx 的某段细棒的质量，你就会觉得这是合理的．

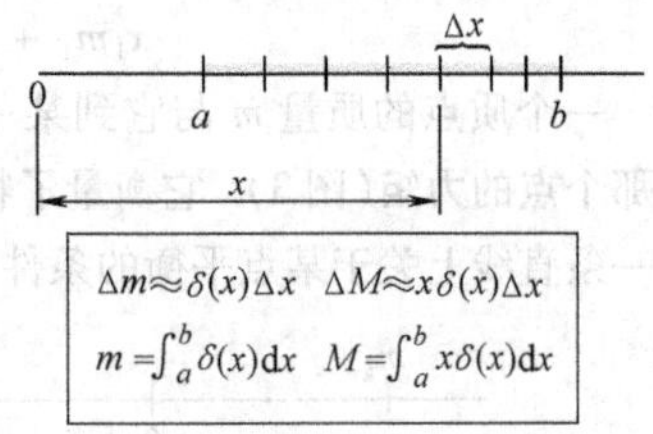

例 2 离一根细棒的一端 x cm 处的线密度 $\delta(x)=3x^2$．求从 $x=0$ 到 $x=10$ 这一段细棒的质心位置．

解 我们期望 $\bar{x}$ 比起 0 更靠近 10，因为细棒越靠近右边就越重（图 7）．

$$
\Delta m \approx \delta(x)\Delta x \quad \Delta M \approx x\delta(x)\Delta x
$$
$$
m = \int_a^b \delta(x)\mathrm{d}x \quad M = \int_a^b x\delta(x)\mathrm{d}x
$$

图 6

$$
\bar{x} = \frac{\int_0^{10} x3x^2\,\mathrm{d}x}{\int_0^{10} 3x^2\,\mathrm{d}x} = \frac{[3x^4/4]_0^{10}}{[x^3]_0^{10}} = \frac{7500}{1000} = 7.5\,(\mathrm{cm})
$$

图 7

平面上的质量分布 考虑由质量分别为 m_1，m_2，$\cdots$，m_n，位于坐标 (x_1, x_2)，(x_2, y_2)，$\cdots$，(x_n, y_n) 的 n 个质点组成的平面点系（图 8）．此点系相对于 y 轴，x 轴的总力矩分别可表示为

$$
M_y = \sum_{i=1}^{n} x_i m_i
$$

$$
M_x = \sum_{i=1}^{n} y_i m_i
$$

质心（平衡点）的坐标 $(\bar{x}, \bar{y})$ 是

$$
\bar{x} = \frac{M_y}{m} = \frac{\sum_{i=1}^{n} x_i m_i}{\sum_{i=1}^{n} m_i}
$$

$$
\bar{y} = \frac{M_x}{m} = \frac{\sum_{i=1}^{n} y_i m_i}{\sum_{i=1}^{n} m_i}
$$

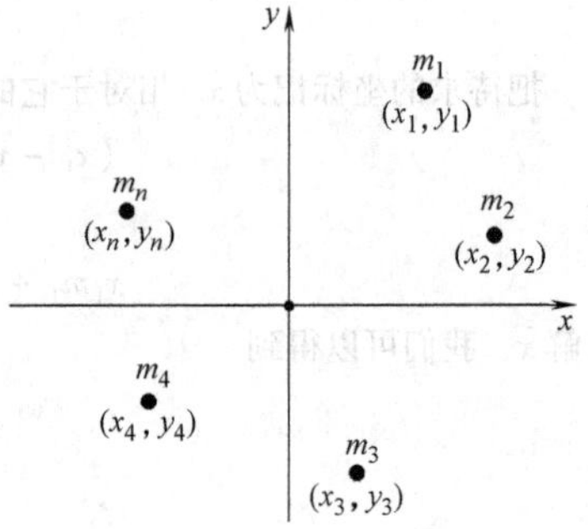

图 8

例 3 五个质点，质量分别为 1、4、2、3 和 2 单位，分别位于 $(6, -1)$、$(2, 3)$、$(-4, 2)$、$(-7, 4)$ 和 $(2, -2)$．试求出它的质心．

解

$$
\bar{x} = \frac{6 \times 1 + 2 \times 4 + (-4) \times 2 + (-7) \times 3 + 2 \times 2}{1 + 4 + 2 + 3 + 2} = -\frac{11}{12}
$$

$$
\bar{y} = \frac{(-1) \times 1 + 3 \times 4 + 2 \times 2 + 4 \times 3 + (-2) \times 2}{1 + 4 + 2 + 3 + 2} = \frac{23}{12}
$$

薄板质心问题 接下来我们考虑薄板质心问题，为简便起见．假设薄板是均匀的，也就是它的密度 δ 是一个常量．对于一个均匀长方形板，它的质心（也叫重心）就是它的几何中心，如图 9a、b 所示．

a)   b)

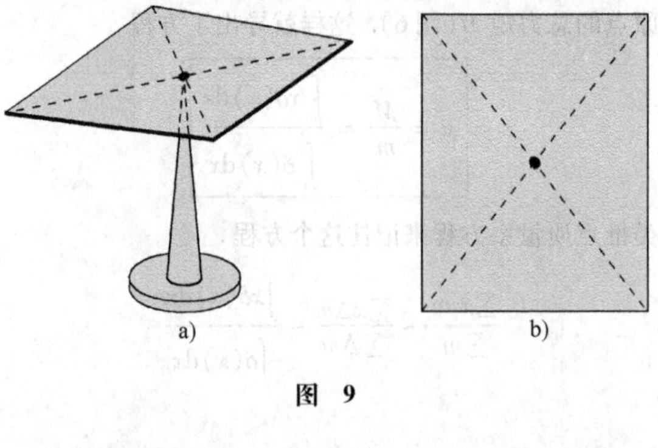

图 9

考虑由 $x=a$，$x=b$，$y=f(x)$ 和 $y=g(x)$ 包围的均匀板，其中 $g(x)\leqslant f(x)$，把薄板划分成平行于 y 轴的窄片，因此可以将它近似看成长方形的形状，想象它的质量集中在它的几何中心上．然后近似，积分，如图 10 所示，从而我们可以用以下公式计算质心的坐标：

$$\bar{x}=\frac{M_y}{m}\quad \bar{y}=\frac{M_x}{m}$$

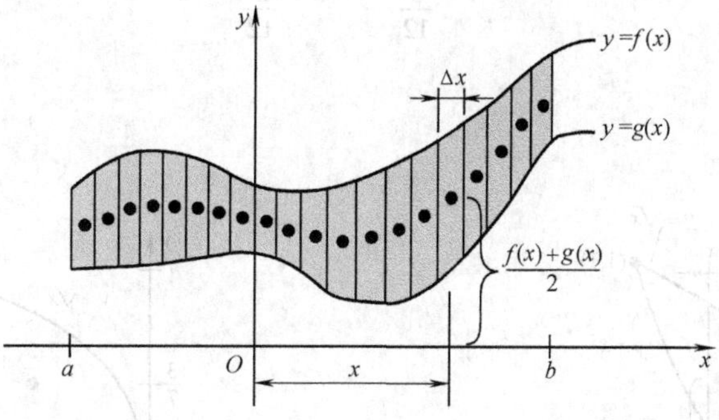

图 10

$\Delta m\approx\delta[f(x)-g(x)]\Delta x$	$\Delta M_y\approx x\delta[f(x)-g(x)]\Delta x$	$\Delta M_x\approx\frac{\delta}{2}[(f(x))^2-(g(x))^2]\Delta x$
$m=\delta\int_a^b[f(x)-g(x)]\mathrm{d}x$	$M_y=\delta\int_a^b x[f(x)-g(x)]\mathrm{d}x$	$M_x=\frac{\delta}{2}\int_a^b[f^2(x)-g^2(x)]\mathrm{d}x$

求质心时，密度 δ 在分子、分母中同时出现，故可约掉，于是，我们得到

$$\bar{x}=\frac{\int_a^b x[f(x)-g(x)]\mathrm{d}x}{\int_a^b[f(x)-g(x)]\mathrm{d}x}$$

$$\bar{y}=\frac{\int_a^b\frac{f(x)+g(x)}{2}[f(x)-g(x)]\mathrm{d}x}{\int_a^b[f(x)-g(x)]\mathrm{d}x}=\frac{\frac{1}{2}\int_a^b[(f(x))^2-(g(x))^2]\mathrm{d}x}{\int_a^b[f(x)-g(x)]\mathrm{d}x}$$

有时，平行 x 轴划分比平行 y 轴划分更有效．这就导致了在 $\bar{x}$ 和 $\bar{y}$ 的方程中 y 成了积分变量．不必设法记住所有的公式，记住它们是怎么来的就行了．

一个同种物质组成的薄板的质心与它的密度和质量无关，而只与它对应的平面区域的形状有关．因此，我们的问题变成了几何问题而非物理问题．因此，我们常说一个平面区域的中心，而不说同物质薄板的质心．

例 4 找出由曲线 $y=x^3$ 和 $y=\sqrt{x}$ 围成区域的中心．

解 注意图 11 的图解．

$$\bar{x}=\frac{\int_0^1 x(\sqrt{x}-x^3)\mathrm{d}x}{\int_0^1(\sqrt{x}-x^3)\mathrm{d}x}=\frac{\left[\frac{2}{5}x^{5/2}-\frac{x^5}{5}\right]_0^1}{\left[\frac{2}{3}x^{3/2}-\frac{x^4}{4}\right]_0^1}=\frac{\frac{1}{5}}{\frac{5}{12}}=\frac{12}{25}$$

$$\bar{y}=\frac{\int_0^1\frac{1}{2}(\sqrt{x}+x^3)(\sqrt{x}-x^3)\mathrm{d}x}{\int_0^1(\sqrt{x}-x^3)\mathrm{d}x}$$

$$= \frac{\frac{1}{2}\int_0^1[(\sqrt{x})^2-(x^3)^2]\,dx}{\int_0^1(\sqrt{x}-x^3)\,dx}$$

$$= \frac{\frac{1}{2}\left[\frac{x^2}{2}-\frac{x^7}{7}\right]_0^1}{\frac{5}{12}} = \frac{\frac{5}{28}}{\frac{5}{12}} = \frac{3}{7}$$

中心如图 12 所示.

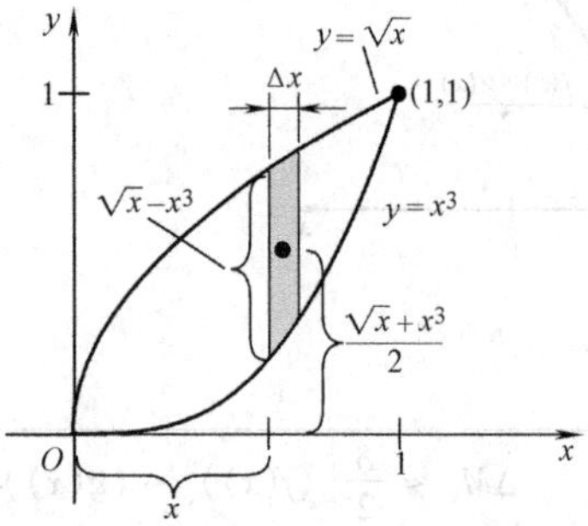

图　11

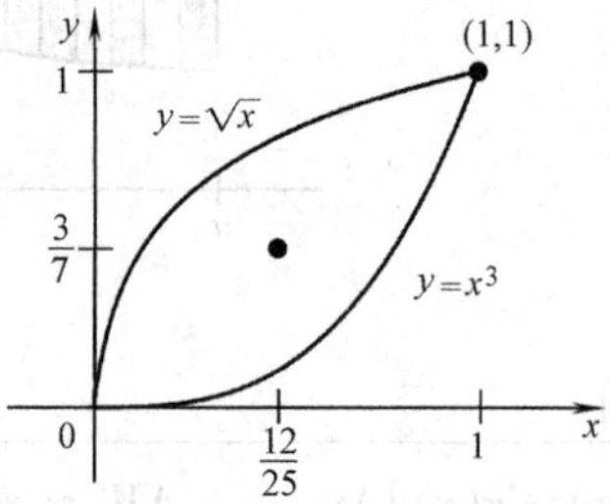

图　12

例 5　求出由曲线 $y=\sin x$，$0\leqslant x\leqslant\pi$ 下的区域的中心(图 13).

解　这个区域关于直线 $x=\pi/2$ 对称，根据这一结论我们得出 $\bar{x}=\pi/2$(不必用积分). 事实上，一个区域如果有垂直或水平对称，那么它的质量中心一定在这条直线上，这是非常明显的.

直觉告诉你 $\bar{y}$ 要小于$\frac{1}{2}$，因为这一区域的大部分都在$\frac{1}{2}$的下面. 但是要准确地找到 $\bar{y}$ 需要计算

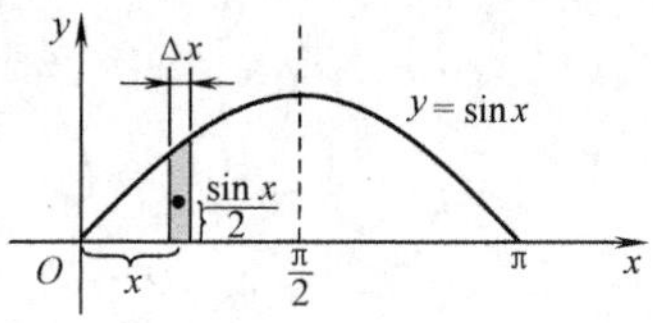

图　13

$$\bar{y} = \frac{\int_0^\pi \frac{1}{2}\sin x\,\sin x\,dx}{\int_0^\pi \sin x\,dx} = \frac{\frac{1}{2}\int_0^\pi \sin^2 x\,dx}{\int_0^\pi \sin x\,dx}$$

分母很容易计算，其值为 2. 为了计算分子，我们用半角公式 $\sin^2 x=(1-\cos 2x)/2$.

$$\int_0^\pi \sin^2 x\,dx = \frac{1}{2}\left(\int_0^\pi 1\,dx-\int_0^\pi \cos 2x\,dx\right)=\frac{1}{2}\left[x-\frac{1}{2}\sin 2x\right]_0^\pi=\frac{\pi}{2}$$

$$\bar{y} = \frac{\frac{1}{2}\cdot\frac{\pi}{2}}{2} = \frac{\pi}{8} \approx 0.39$$

帕普斯定理　大约公元 300 年希腊几何学家帕普斯发表了一个新奇的结论，该结论把旋转体的体积与质心联系在一起(图 14).

> **定理 A　帕普斯定理**
>
> 如果一个区域 R，在与它共平面的直线的一侧，绕着这一直线旋转，那么旋转产生的旋转体的体积等于 R 的面积与它的质量中心走过的路程的乘积.

我们不去证明这一定理，这是相当容易的(习题 28)，我们仅在这里说明它.

例 6　对于在 $y=\sin x$，$0\leqslant x\leqslant\pi$ 下的区域，当它绕 x 轴转动是时(图 15)，验证帕普斯定理

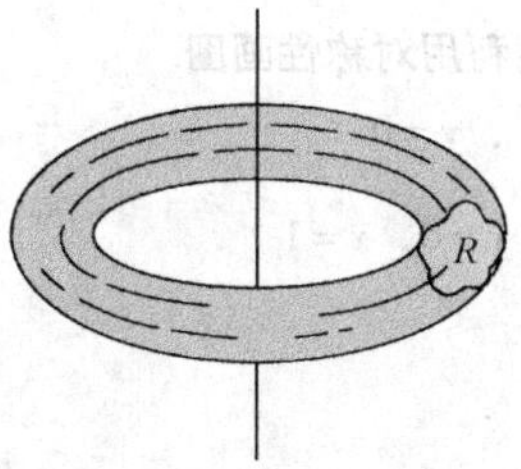

图 14

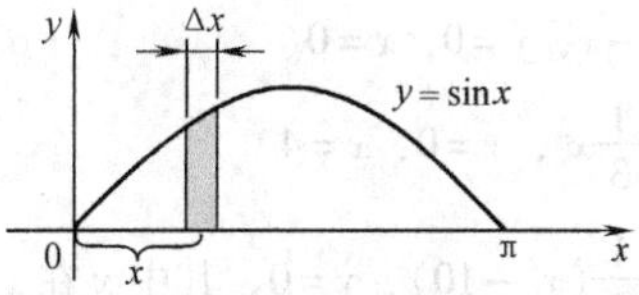

图 15

解 这是例 5 中的区域，对于 $\bar{y}=\pi/8$. 区域 A 的面积是

$$A=\int_0^{\pi}\sin x\mathrm{d}x=[-\cos x]_0^{\pi}=2$$

相应的旋转体的体积 V 是

$$V=\pi\int_0^{\pi}\sin^2 x\mathrm{d}x=\frac{\pi}{2}\int_0^{\pi}(1-\cos 2x)\mathrm{d}x=\frac{\pi}{2}\left[x-\frac{1}{2}\sin x\right]_0^{\pi}=\frac{\pi^2}{2}$$

为了证实帕普斯定理，我们必须证明

$$A\times 2\pi\bar{y}=V$$

显然

$$2\times 2\pi\frac{\pi}{8}=\frac{\pi^2}{2}$$

是正确的.

概念复习

1. 一个质量为 4 的物体在 $x=1$ 处，另一质量为 6 的物体在 $x=3$ 处. 简单的几何直觉告诉我们质心应在 $x=2$ 的________. 事实上，它在 $\bar{x}=$________.

2. 一根均质细棒沿 x 轴置于 $x=0$ 与 $x=5$ 之间将在 $\bar{x}=$________处平衡. 然而，如果细棒的密度为 $\delta(x)=1+x$，它将在 2.5 的________平衡. 事实上，它将在 $\bar{x}$ 处平衡，其中 $\bar{x}=\int_0^5$ ________ $\mathrm{d}x\Big/\int_0^5$ ________ $\mathrm{d}x$

3. 一均质长方形薄板的顶点为(0, 0)，(2, 0)，(2, 6)，(0, 6)，它将在 $\bar{x}=$________，$\bar{y}$________处平衡.

4. 一均质长方形薄板的顶点为(2, 0)，(4, 0)，(4, 2)，(2, 2)与第 3 题的薄板相连. 如果两薄板有相同的密度，则产生的 L 形薄板将在 $\bar{x}=$________，$\bar{y}=$________处平衡.

习题 5.6

1. 质量分别为 $m_1=5$，$m_2=7$ 和 $m_3=9$ 的质点，沿一直线分别位于 $x_1=2$，$x_2=-2$ 和 $x_3=1$ 处，质心在哪儿?

2. 约翰和玛丽分别重 180lb 和 110lb，他们分别坐在支点在中间、长 12ft 的跷跷板的两端，他们 80lb 重的儿子汤姆该坐在哪儿才能使之平衡?

3. 一长 7 个单位的直线在距一端 x 个单位的处的密度是 $\delta(x)=\sqrt{x}$. 找出这一端距离质心的长度.

4. 如果 $\delta(x)=1+x^3$ 在重做第 3 题.

5. 在一平面坐标内的质点系的质量和坐标给出如下：2，(1, 1)；3，(7, 1)；4，(−2, −5)；6，(−1, 0)；2，(4, 6). 找到这质点系关于坐标轴的力矩，并找到它的质心的坐标.

6. 在一平面坐标内的质点系的质量和坐标给出如下：5(−3, 2)；6，(−2, −2)；2，(3, 5)；7，(4, 3)；1，(7, −1). 找到这质点系关于坐标轴的力矩，并找到它的质心的坐标.

7. 证明图 10 下面方框中的表达式 ΔM_x、ΔM_y、M_y 和 M_x.

在习题 8 ~ 16 中，找出由给出曲线围成的区域的质心. 并尽可能利用对称性画图.

8. $y=2-x$，$y=0$，$x=0$

9. $y=2-x^2$，$y=0$

10. $y=\frac{1}{3}x^2$，$y=0$，$x=4$

11. $y=x^3$，$y=0$，$x=1$

12. $y=\frac{1}{2}(x^2-10)$，$y=0$，其中 x 在 $x=-2$ 和 $x=2$ 之间

13. $y=2x-4$，$y=2\sqrt{x}$，$x=1$

14. $y=x^2$，$y=x+3$

15. $x=y^2$，$x=2$

16. $x=y^2-3y-4$，$x=-y$

17. 如图 16 所示，对于每一个均质薄板 R_1 和 R_2，求 m、M_y、M_x、$\bar{x}$ 和 $\bar{y}$.

18. 如图 17 所示，对于一个均质薄板，求 m、M_y、M_x、$\bar{x}$ 和 $\bar{y}$.

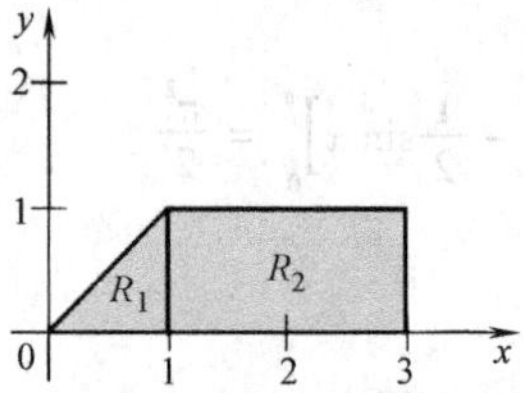

图 16

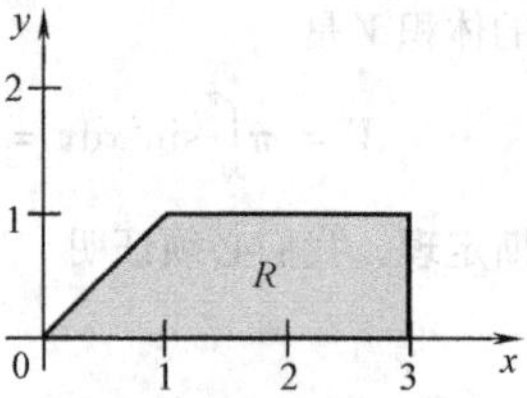

图 17

19. 如图 18 所示，对于每一个均质薄板 R_1 和 R_2 和由 R_1 和 R_2 组成的薄板 R_3. 关于 $i=1$，2，3，让 $m(R_i)$、$M_y(R_i)$ 和 $M_x(R_i)$ 分别代表质量、关于 y 轴的力矩和关于 x 轴的力矩. 证明

$$m(R_3)=m(R_1)+m(R_2)$$
$$M_y(R_3)=M_y(R_1)+M_y(R_2)$$
$$M_x(R_3)=M_x(R_1)+M_x(R_2)$$

20. 对于图 19 所示的薄板 R_1 和 R_2，重做 19 题.

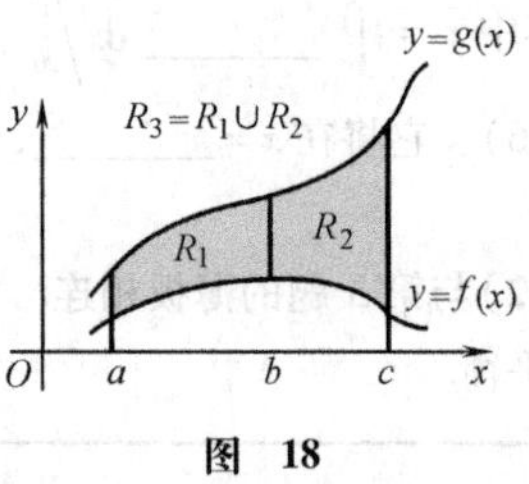

图 18

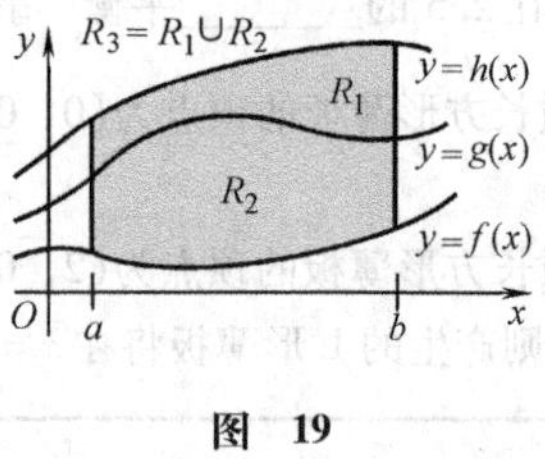

图 19

在习题 21 ~ 24 中，把阴影区域切割成矩形块并假定整个区域的力矩 M_x 和 M_y 可以通过把对应的矩形块的力矩相加而得到.（见习题 19 ~ 20）用这种方法找到每个区域的重心.

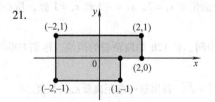

21.

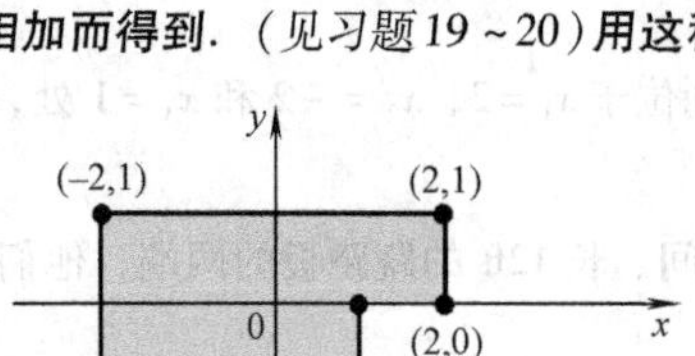

22.

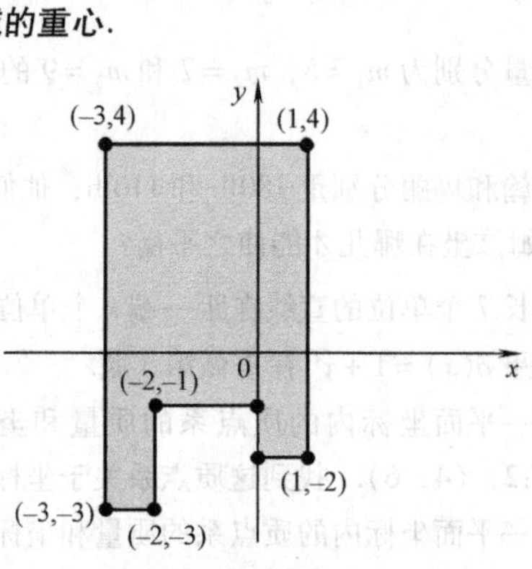

23.

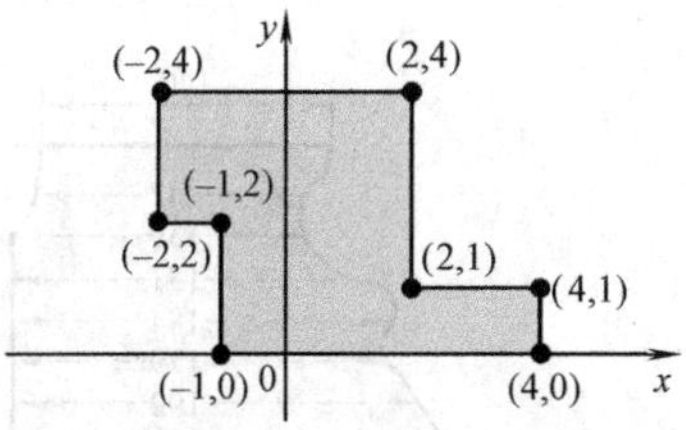

24.

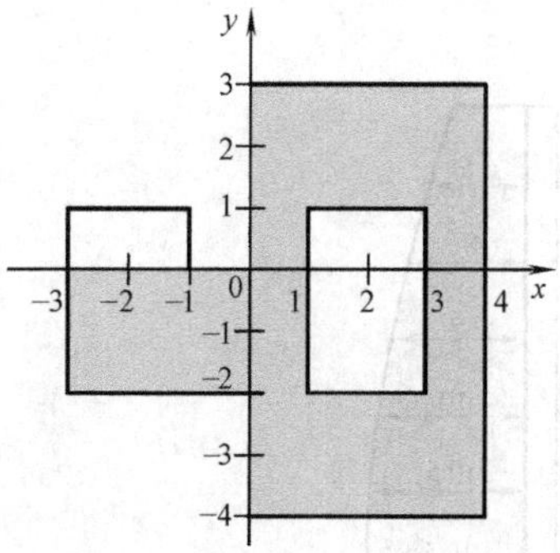

25. 用帕普斯(Pappu)定理，求由 $y=x^3$、$y=0$ 和 $x=1$ 围成的并绕 y 轴旋转而得到的区域的体积.（见 11 题的求质心）用圆筒状的壳的方法求解同一问题来验证你的答案.

26. 用 Pappu 定理找到由圆 $x^2+y^2=a^2$ 的区域内部绕直线 $x=2a$ 旋转所得的圆环的体积.

27. 用 Pappu 定理和已知球面的体积求一个半径为 a 的半圆形区域的重心.

28. 用图 20 所示的面积为 A 的区域并绕 y 轴旋转，证明 Pappu 定理. 提示：$V=2\pi\int_a^b xh(x)\,dx$ 和 $\bar{x}=\int_a^b xh(x)\,dx/A$.

29. 图 20 所示的区域绕直线 $y=K$ 旋转形成一个立体.

(a)用圆筒状的壳的方法写一个以 $w(y)$ 表示的体积公式.

(b)用 Pappu 定理得到相同的结论.

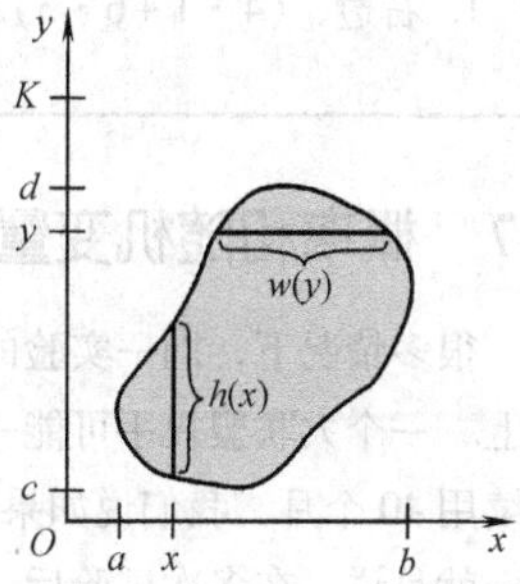

图 20

30. 如图 21 中所示的三角形.

(a)证明 $\bar{y}=h/3$（由此证明三角形的中心在中线的交点处）.

(b)若三角形 T 绕 $y=k$ 旋转，求所形成的旋转体的体积

31. 一个边长为 $2n$ 的规则多边形 P 内接于一个半径为 r 的圆.

(a)找到当 P 绕它的一边旋转所得的立体的体积.

(b)令 $n\to\infty$，验证你的答案.

32. f 是一个在区间[0，1]里非负的连续函数.

(a)证明 $\int_0^\pi xf(\sin x)\,dx=(\pi/2)\int_0^\pi f(\sin x)\,dx$.

(b)用(a)的结论计算 $\int_0^\pi x\sin x\cos^4 x\,dx$.

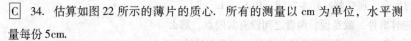

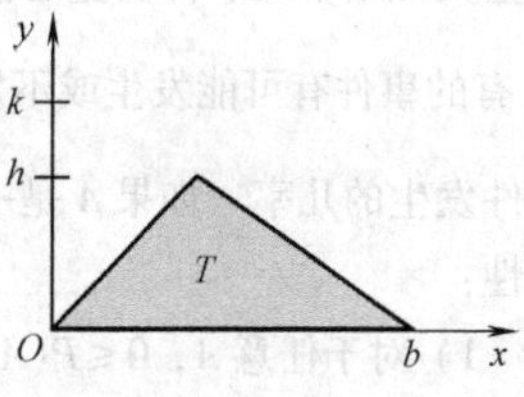

图 21

33. 在区间[0，1]内对于所有的 x 都有 $0\leqslant f(x)\leqslant g(x)$，令 R 和 S 分别为曲线 f 和 g 的区域. 证明或反驳 $\bar{y}_R\leqslant\bar{y}_S$.

C 34. 估算如图 22 所示的薄片的质心. 所有的测量以 cm 为单位，水平测量每份 5cm.

C 35. 在 34 题所示的薄片中钻一个半径为 2.5cm 的孔. 图 23 显示了孔的位置. 求剩下的薄片的质心.

C 36. 一个地区（县，州，国家）的地理中心是由那个地区的重心所决定的. 由图 24 所示的伊利偌斯州的地图估算它的地理中心. 所有的长度以英里估算. 东一西之间距离在南北向每相距 20mile 标示一次. 你会需要东部边界和一根贯穿北/南的基准线之间的距离，从而来确定东部边界. 从最北部地区开始，东部边界到直线的距离是 13mile，10mile；从最南部的地区开始，距离是 85mile（最南点），50mile，30mile，25mile，15mile 和 10mile. 假设其他所有的东/西距离尺寸都是从东部边界开始测量的.

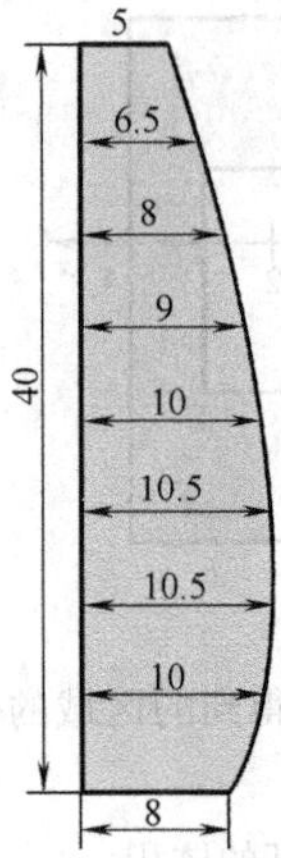

图　22

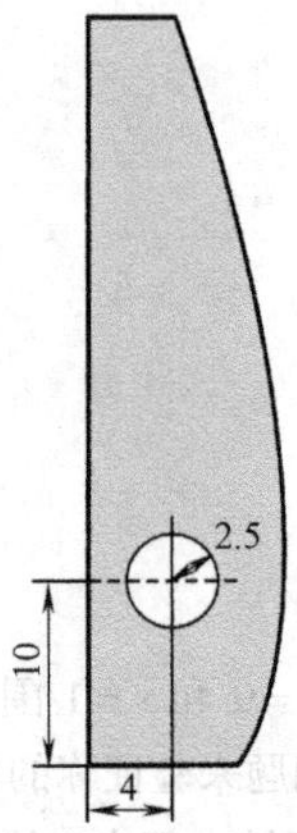

图　23

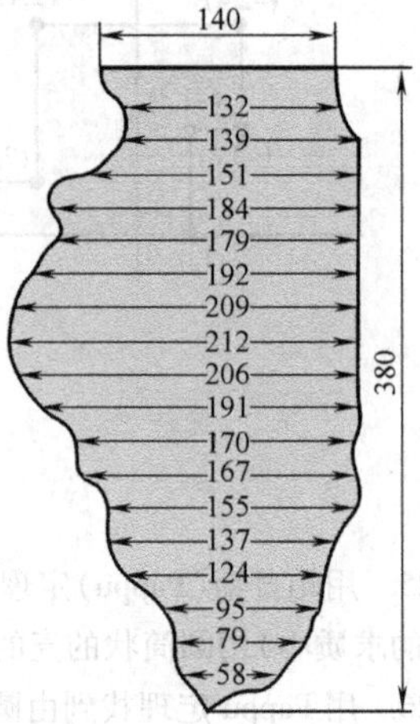

图　24

概念复习答案：

1. 右边，$(4\cdot 1+6\cdot 3)/(4+6)=2.2$　2. 2.5，右边，$x(1+x)$，$1+x$　3. 1，3　4. $\frac{24}{16}$，$\frac{40}{16}$

5.7　概率和随机变量

很多情况下，同一实验的结果几次下来都是不同的．例如，一枚抛掷的硬币可能正面朝上，也可能反面朝上．一个大联盟投手可能一局投 2 球，而另一局可以投 7 球．一个汽车电池可能持续用 20 个月，也可能持续用 40 个月．我们说如果实验的结果随着每次试验而改变，那么实验结果是随机的，前提是要从长远来看．就是说，在多次试验后，有一个结果的规则分布．

有些结果频繁出现，例如坐飞机安全到达目的地，然而有些情况发生较少，如中彩票．我们用可能性来衡量类似结果或事件发生的情况．几乎一定发生的事件可能性接近 1，而几乎不可能发生的事件可能性接近 0. 有的事件有可能发生或不发生，如抛硬币得到正面有 $\frac{1}{2}$ 的概率．总之，一事件的可能性是多次试验中此事件发生的几率．如果 A 是一事件，那么有一组结果的可能性，我们记 A 的可能性为 $P(A)$．可能性具有下属性：

1）对于任意 A，$0\leqslant P(A)\leqslant 1$.

2）若 S 是所有结果可能的集合，那它就叫样本空间，$P(S)=1$.

3）若事件 A 和 B 是互不相容事件，就是说，两者之间没有共同点，那么

$P(A\cup B)=P(A)+P(B)$．（事实上，需要更严格的条件，但现在足够了）

综上所述，我们可以推出以下几点：若 A^c 表示事件 A 的补集，就是说在样本空间 S 中而非 A 事件中的一组结果，那么 $A^c=1-P(A)$．同样，若 A_1，A_2，…，A_n 相互互不相容，那么

$$P(A_1\cup A_2\cup\cdots\cup A_n)=P(A_1)+P(A_2)+\cdots+P(A_n)$$

赋予实验结果数值的规则称为随机变量．一般用大写字母表示随机变量，用小写字母表示随机变量的可能值或者实际值．例如，我们的实验可以用三枚硬币来做．在这种情况下，样本空间是集合 {HHH，HHT，HTH，THH，HTT，THT，TTH，TTT}．我们能定义随机变量 X 作为三枚硬币中的出现 H 事件的个数．X 的概率分布，也就是，所有 X 的可能值和对应的概率的表，可以用下面的表格表示：

x	0	1	2	3
$P(X=x)$	$\frac{1}{8}$	$\frac{3}{8}$	$\frac{3}{8}$	$\frac{1}{8}$

在概率与统计中一个重要的概念是随机变量的期望值. 为了弄清这个概念，考虑下面的假想实验. 想象不断地抛三枚硬币. 为了说明，假设这三枚硬币总共被抛了10000次. 依据我们对概率的定义，我们"期望"0个正面出现八分之一的次数，也就是在10000实验中出现$\frac{1}{8}\times 10000=1250$次. 类似地，我们"期望"1个正面出现$\frac{3}{8}\times 10000=3750$次，2个正面出现$\frac{3}{8}\times 10000=3750$次，3个正面出现$\frac{1}{8}\times 10000=1250$次. 在10000次抛三个硬币中我们期望看到多少个正面呢？我们猜测

0个正面有1250次，共有0个正面；

1个正面有3750次，共有3750个正面；

2个正面有3750次，共有7500个正面；

3个正面有1250次，共有3750个正面；

全加在一起，我们期望有$0+3750+7500+3750=15000$个正面. 也就是，每次实验我们期望有15000/30000=1.5个正面(掷三枚硬币). 这种计算过程反映了实验次数10000可以是任意的，最终它能去掉. 正如上面的计算中，我们先是将每个概率乘以10000来得到期望的频率，但是后来又除以10000. 也就是

$$\begin{aligned}1.5 &= \frac{15000}{10000} = \frac{1}{10000}[0P(X=0)\times 10000 + 1P(X=1)\times 10000 \\ &\quad + 2P(X=2)\times 10000 + 3P(X=3)\times 10000] \\ &= 0P(X=0) + 1P(X=1) + 2P(X=2) + 3P(X=3)\end{aligned}$$

最后一行就是我们所定义的期望值.

定义　随机变量的期望

如果X是一个随机变量，有着如下概率分布

x	x_1	x_2	…	x_n
$P(X=x)$	p_1	p_2	…	p_n

则X的期望，记为$E(X)$，也称为X的均值且被记为μ，是

$$\mu = E(X) = x_1p_1 + x_2p_2 + \cdots + x_np_n = \sum_{i=1}^{n} x_ip_i$$

由于$\sum_{i=1}^{n} p_i$等于1，$E(X)$的公式和在位置$x_1, x_2, \cdots, x_n$的质量是$p_1, p_2, \cdots, p_n$的质心公式是一样的.

$$质心 = \frac{M}{m} = \frac{\sum_{i=1}^{n} x_ip_i}{\sum_{i=1}^{n} p_i} = \frac{\sum_{i=1}^{n} x_ip_i}{1} = \sum_{i=1}^{n} x_ip_i = E(X)$$

例1　将塑料倒进模具中可一次制作20个塑胶制成品. 这20个制成品被检验是否有存在空隙或裂缝的次品. 假设20个制成品中次品有数量的概率分布如下表.

x	0	1	2	3
p_i	0.90	0.06	0.03	0.01

求(a)20件成品中至少有一件次品的概率；(b)每20件制成品中的次品数的期望.

解　(a)　$P(X\geqslant 1)=P(X=1)+P(X=2)+P(X=3)$

$=0.06+0.03+0.01=0.10$

(b)次品数量的期望值是

$$E(X)=0\times 0.90+1\times 0.06+2\times 0.03+3\times 0.01=0.15$$

于是，平均来讲，我们期望在每20个成品中有0.15件次品.

目前为止，我们研究了结果的数目是有限的随机变量；这种情况和上一节中点的质心是很类似的. 还有一种情况是有无限个结果的. 如果随机变量 X 的取值的集合是有限的，例如 $\{x_1, x_2, \cdots, x_n\}$，或者无限的，但是也能表示成列表如 $\{x_1, x_2, \cdots\}$，那么我们说随机变量 X 是离散的. 如果一个随机变量 X 可以取到一个实数区间中的任何数，我们则说 X 是连续的随机变量. 许多情况下，至少从理论上讲，结果可以是一个区间中的任意实数：例如，红灯时的等待时间，塑料模具的质心，或者电池的使用时间等. 当然，在实际上，每一个测量都是随机的，如可能到最近的一秒，一克或者一天，等. 类似这种随机变量实际上是离散的情况，用一个连续的随机变量 X 常常是很好的估计.

模型

一个著名的统计学家说过，"模型不一定总是正确的，但很多都是有用的"，本节中所讲得概率模型跟现实世界非常接近，但并不是现实世界的完全精确的反映.

连续随机变量用类似上一节中连续分布的质量的方法来研究. 对一个连续随机变量 X，我们必须详细说明概率密度函数(PDF). 概率密度函数是指随机变量 X 在区间 $[A, B]$ 上的一个函数，它满足

1. $f(x)\geqslant 0$

2. $\int_A^B f(x)\,dx=1$

3. $P(a\leqslant X\leqslant b)=\int_a^b f(x)\,dx$，对任意的区间 $[A, B]$ 上的 a，$b(a\leqslant b)$ 都成立.

第三条性质是说我们能通过求概率密度函数面积求得连续随机变量的概率(图1). 很自然地，我们定义在区间 $[A, B]$ 外的概率密度函数为0.

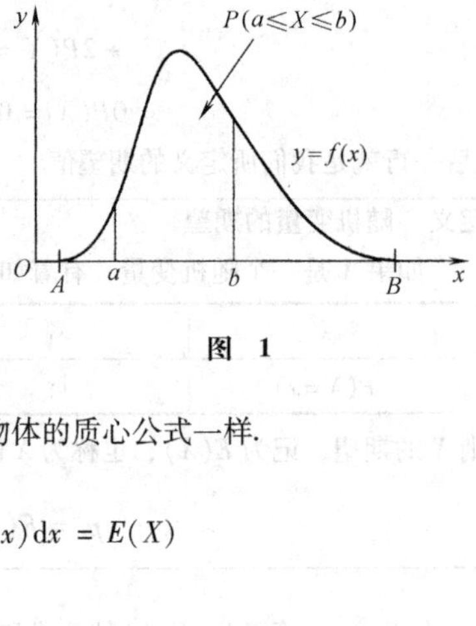

图 1

一个连续随机变量 X 的期望值，或者均值，是

$$\mu=E(X)=\int_A^B xf(x)\,dx$$

就像离散随机变量的例子一样，这个公式也和一个具有变化的密度的物体的质心公式一样.

$$质心=\frac{M}{m}=\frac{\int_A^B xf(x)\,dx}{\int_A^B f(x)\,dx}=\frac{\int_A^B xf(x)\,dx}{1}=\int_A^B xf(x)\,dx=E(X)$$

例2 一个连续随机变量有概率密度函数如下：

$$f(x)=\begin{cases}\dfrac{1}{10}, & 0\leqslant x\leqslant 10\\ 0, & 其他\end{cases}$$

求(a) $P(1\leqslant X\leqslant 9)$，(b) $P(x\geqslant 4)$，(c) $E(X)$

解 随机变量 X 取 $[0, 10]$ 上的值

(a) $P(1\leqslant X\leqslant 9)=\int_1^9 \frac{1}{10}dx=\frac{1}{10}\times 8=\frac{4}{5}$

(b) $P(X\geqslant 4)=\int_4^{10} \frac{1}{10}dx=\frac{1}{10}\times 6=\frac{3}{5}$

(c) $E(X)=\int_0^{10} x\frac{1}{10}dx=\left[\frac{x^2}{20}\right]_0^{10}=5$

这些答案是否合理呢？随机变量 X 在区间 $[0, 10]$ 均匀分布，所以80%的可能分布在1~9之间，就像

一个均匀分布的物体的80%的质量会分布在1~9一样. 根据对称性，我们可以预期均值，或者期望是5，就像长为10单位的均匀分布的物体的的质心在距离两端5单位处一样.

一个与概率密度函数密切相关的函数是关于随机变量X的累积分布函数，定义如下：

$$F(x) = P(X \leqslant x)$$

这个函数是同时为离散和连续随机变量定义的. 对离散随机变量如例1中给出的，累积分布函数是是跳跃取值在x_i处有$p_i = P(X = x_i)$. 对连续随机变量，如在区间$[A, B]$上取值，且有概率密度函数$f(x)$，则累积分布函数等于如下定积分(图2)：

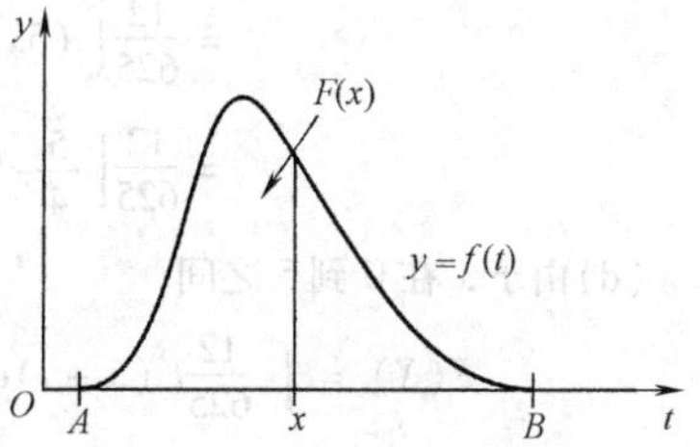

图 2

$$F(x) = \int_A^x f(t)\,\mathrm{d}t, A \leqslant x \leqslant B$$

对于$x<A$，累积分布函数是0，因为随机变量小于或等于A的概率是0. 类似地，对$x>B$，累积分布函数是1，因为随机变量小于或等于一个大于B的值的概率是1.

在第4章中我们用累积函数表示像这样定义的函数. 累积分布函数是概率分布函数下的累积函数，所以它也是累积函数. 下面的定理表明累积分布函数的一些性质，它们的证明是简单的且被留做习题.

定理A

令X是在区间$[A, B]$上取值的连续随机变量，它的累积分布函数是$F(x)$，概率密度函数是$f(x)$. 则

1. $F'(x) = f(x)$
2. $F(A) = 0$和$F(B) = 1$
3. $P(a \leqslant X \leqslant b) = F(b) - F(a)$

例3 在可靠性理论中，随机变量常常是某些物体的寿命，如笔记本计算机的电池. 概率分布函数被用于求寿命的期望与概率. 假如一个电池的寿命以小时计作为随机变量X，有着概率密度函数

$$f(x) = \begin{cases} \dfrac{12}{625}x^2(5-x), & 0 \leqslant x \leqslant 5 \\ 0, & \text{其他} \end{cases}$$

(a)证明这是一个可用的概率分布函数，并画出图形.
(b)求电池至少使用3h的概率.
(c)求寿命的期望.
(d)求累积分布函数，并画图.

解 图形计算器或CAS将在计算这类问题的积分时非常有用.

(a)对任意x，$f(x)$是正的，且

$$\int_0^5 \frac{12}{625}x^2(5-x)\,\mathrm{d}x = \frac{12}{625}\int_0^5 (5x^2 - x^3)\,\mathrm{d}x = \frac{12}{625}\left[\frac{5}{3}x^3 - \frac{1}{4}x^4\right]_0^5 = 1$$

累积分布函数的图形如图3所示.

(b)它的概率由下面的积分计算：

$$P(X \geqslant 3) = \int_3^5 \frac{12}{625}x^2(5-x)\,\mathrm{d}x = \frac{12}{625}\left[\frac{5}{3}x^3 - \frac{1}{4}x^4\right]_3^5 = \frac{328}{625} = 0.5248$$

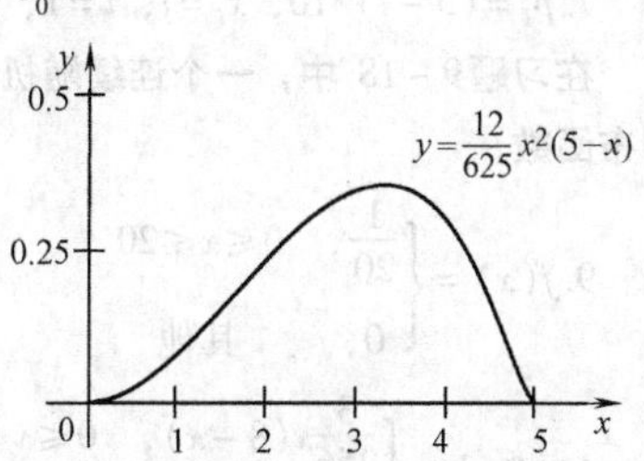

图 3

(c)它的寿命期望是

$$E(X) = \int_0^5 x\left[\frac{12}{625}x^2(5-x)\right]dx$$
$$= \frac{12}{625}\int_0^5 (5x^3 - x^4)\,dx$$
$$= \frac{12}{625}\left[\frac{5}{4}x^4 - \frac{1}{5}x^5\right]_0^5 = 3$$

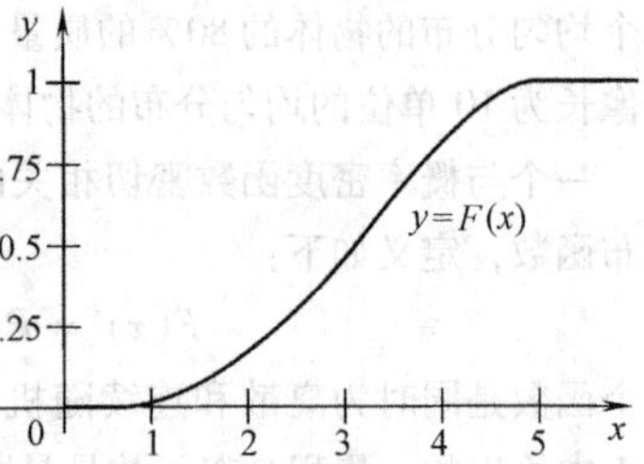

图 4

(d) 由于 x 在 0 到 5 之间

$$F(X) = \int_0^x \frac{12}{625}t^2(5-t)\,dt = \frac{4}{125}x^3 - \frac{3}{625}x^4$$

当 $x<0$，$F(x)=0$，且 $x>5$，$F(x)=1$. 图 4 即为所求的图.

概念复习

1. 一个能用有限或者无限的集合来表示它的结果取值的随机变量称为________随机变量. 一个可以取实数区间中任意值作为它的结果取值的随机变量是________随机变量.

2. 对离散随机变量，概率和期望是通过求________得到的，对连续随机变量，概率和期望是求________得到的.

3. 如果一个连续随机变量 X 能取 $[0, 20]$ 中所有值，且有概率密度函数 $f(x)$，则 $P(X\leqslant 5)$ 可通过________来求.

4. 累积函数 $\int_A^x f(t)\,dt$，是将概率累积，被称为________.

习题 5.7

在习题 1～8 中，随机变量 X 的离散概率分布已给出. 用所给的分布求 (a) $P(X\geqslant 2)$ 和 (b) $E(X)$.

1.

x_i	0	1	2	3
p_i	0.80	0.10	0.05	0.05

2.

x_i	0	1	2	3	4
p_i	0.70	0.15	0.05	0.05	0.05

3.

x_i	−2	−1	0	1	2
p_i	0.2	0.2	0.2	0.2	0.2

4.

x_i	−2	−1	0	1	2
p_i	0.1	0.2	0.4	0.2	0.1

5.

x_i	1	2	3	4
p_i	0.4	0.2	0.2	0.2

6.

x_i	−0.1	100	1000
p_i	0.980	0.018	0.002

7. $p_i=(5-i)/10$，$x_i=i$，$i=1, 2, 3, 4$

8. $p_i=(2-i)^2/10$，$x_i=i$，$i=0, 1, 2, 3, 4$

在习题 9～18 中，一个连续随机变量的密度分布函数已经给出. 求 (a) $P(X\geqslant 2)$，(b) $E(X)$ 和 (c) 累积分布函数.

9. $f(x)=\begin{cases}\dfrac{1}{20}, & 0\leqslant x\leqslant 20\\ 0, & \text{其他}\end{cases}$

10. $f(x)=\begin{cases}\dfrac{1}{40}, & -20\leqslant x\leqslant 20\\ 0, & \text{其他}\end{cases}$

11. $f(x)=\begin{cases}\dfrac{3}{256}x(8-x), & 0\leqslant x\leqslant 8\\ 0, & \text{其他}\end{cases}$

12. $f(x)=\begin{cases}\dfrac{3}{4000}x(20-x), & 0\leqslant x\leqslant 8\\ 0, & \text{其他}\end{cases}$

13. $f(x)=\begin{cases}\dfrac{3}{64}x^2(4-x), & 0\leqslant x\leqslant 20\\ 0, & \text{其他}\end{cases}$

14. $f(x)=\begin{cases}(8-x)/32, & 0\leqslant x\leqslant 8\\ 0, & \text{其他}\end{cases}$

15. $f(x)=\begin{cases}\dfrac{\pi}{8}\sin(\pi x/4), & 0\leqslant x\leqslant 4\\ 0, & \text{其他}\end{cases}$

16. $f(x)=\begin{cases}\dfrac{\pi}{8}\cos(\pi x/8), & 0\leqslant x\leqslant 4\\ 0, & \text{其他}\end{cases}$

17. $f(x)=\begin{cases}\dfrac{4}{3}x^{-2}, & 1\leqslant x\leqslant 4\\ 0, & \text{其他}\end{cases}$

18. $f(x)=\begin{cases}\dfrac{81}{40}x^{-3}, & 1\leqslant x\leqslant 9\\ 0, & \text{其他}\end{cases}$

19. 证明定理 A 中给出的累积分布函数的三个性质.

20. 如果一个连续随机变量 X 的概率密度函数是 $f(x)=\begin{cases}\dfrac{1}{b-a}, & a\leqslant x\leqslant b\\ 0, & \text{其他}\end{cases}$，我们就说它在区间$[a, b]$上服从均匀分布.

(a)求变量 X 的值相比于 b 更靠近 a 的概率；

(b)求 X 的期望；

(c)求 X 的累积分布函数.

21. 连续随机变量 X 的中值是指使得 $P(X\leqslant x_0)=0.5$ 的 x_0. 求在区间$[a, b]$上均匀分布的随机变量的中值.

22. 不用做什么积分，找到随机变量的中值. 它的概率密度函数是 $f(x)=\dfrac{15}{512}x^2(4-x)^2$，$0\leqslant x\leqslant 4$. 提示：用对称性.

23. 找到 k 的值，使得 $f(x)=kx(5-x)$，$0\leqslant x\leqslant 5$ 是可用的概率密度函数. 提示：概率密度函数的积分为 1.

24. 找到 k 的值，使得 $f(x)=kx^2(5-x)^2$，$0\leqslant x\leqslant 5$ 是有效的概率密度函数.

25. 工人完成任务的时间以 min 计，是随机变量，有概率密度函数 $f(x)=k(2-|x-2|)$，$0\leqslant x\leqslant 4$.

(a)求 k，使得这是一个可用的概率密度函数.

(b)用超过 3min 时间完成任务的概率是多少?

(c)完成任务的时间期望值是多少?

(d)求累积分布函数.

(e)将 Y 记为完成任务的时间，以 s 计. Y 的概率密度函数是什么? 提示：$P(Y\leqslant y)=P(60X\leqslant y)$.

26. 在 St. Louis 有一个每日记录空气质量指标(AQI)的记录器，它是一随机变量，服从概率密度函数是 $f(x)=kx^2(180-x)$，$0\leqslant x\leqslant 180$.

(a)求 k，使得这是一个有效的概率密度函数.

(b)如果空气质量指标在 100 ~ 150 之间，则这一天是"橙色预警". 求一天是橙色预警的概率?

(c)求出空气质量指标的期望值.

27. 一个机器钻出来的孔的直径用 mm 为单位测量，是一个概率密度函数为 $f(x)=kx^6(0.6-x)^8$，$0\leqslant x\leqslant 0.6$ 的随机变量.

(a)求 k，使得这是一个有效的概率密度函数.

(b)专家要求这些孔的直径在 0.35 ~ 0.45mm 间. 不合要求的将被丢弃. 被丢弃的概率是多少?

(c)求孔的直径的期望;

(d)求累积分布函数;

(e)将 Y 记为孔的直径，以 inch 计. (1inch = 25.4mm). Y 的概率密度函数是什么?

28. 一个公司测量一批进口的化学物质的杂质. 一批化学物质中总的杂质的概率分布函数是以每件每百万计的，概率分布函数是 $f(x)=kx^2(200-x)^8$，$0\leqslant x\leqslant 200$.

(a)求 k，使得这是一个有效的概率密度函数.

(b)这家公司不接受每批中杂质超过 100. 一批化学物质不被接受的概率是多少?

(c)求总杂质的期望.

(d)求累积分布函数.

(e)将 Y 记为总杂质的百分比. Y 的概率密度函数是什么?

29. 假设 X 是一个在[0, 1]服从均匀分布的随机变量. 点$(1, X)$被画在平面坐标中, 令 Y 表示点$(1, X)$到原点的距离. 求出 Y 的累积分布函数和概率分布函数. 提示: 先求累积分布函数.

30. 假设 X 是连续随机变量. 解释为什么 $P(X=x)=0$. 下面的那些概率是一样的吗? 请解释.

$$P(a<X<b),P(a\leqslant X\leqslant b)$$
$$P(a<X\leqslant b),P(a\leqslant X<b)$$

31. 证明如果 A^c 是 A 的补集, 也就是, 样本空间 S 中所有结果不在 A 中的元素的集合. 则 $P(A^c)=1-P(A)$.

32. 用31题的结果求习题1, 2, 5中的 $P(X\geqslant 1)$

33. 如果 X 是离散随机变量, 则累积分布函数是分段函数. 考虑 x 的取值小于0, 从0到1, 等, 求并且画出习题1中的累积分布函数.

34. 求并且画出习题2中的累积分布函数.

35. 假设随机变量 Y 有累积分布函数

$$F(Y)=\begin{cases}0, & y<0\\ 2y/(y+1), & 0\leqslant y\leqslant 1\\ 1, & y>1\end{cases}$$

求以下各项:

(a)$P(Y<2)$;　　(b)$P(0.5<Y<0.6)$;

(c)Y 的概率密度函数;　　(d)用抛物线法取 $n=8$ 来逼近 $E(Y)$.

36. 假设随机变量 Z 有累积分布函数

$$F(z)=\begin{cases}0, & z<0\\ z^2/9, & 0\leqslant z\leqslant 3\\ 1, & z>1\end{cases}$$

求以下各项:

(a)$P(Z>1)$;　　(b)$P(1<Z<2)$;

(c)Z 的概率密度函数;　　(d)$E(Z)$.

37. 有概率密度函数为 $f(x)$ 的连续随机变量函数 $g(X)$ 的期望定义为 $E[g(X)]=\int_A^B g(x)f(x)\,dx$. 如果 X 的概率密度函数为 $f(x)=\frac{15}{512}x^2(4-x)^2$, $0\leqslant x\leqslant 4$, 求 $E(X)$, $E(X^2)$.

38. 连续随机变量 X 的概率密度函数 $f(x)=\frac{3}{256}x(8-x)$, $0\leqslant x\leqslant 8$, 求 $E(X^2)$, $E(X^3)$.

39. 连续随机变量的方差记为 $V(X)$, σ^2 定义为 $V(X)=E[(x-\mu)^2]$, 其中, μ 是随机变量 X 的期望或平均值. 求37题中的随机变量的方差.

40. 求38题中随机变量的方差.

41. 证明随机变量的方差等于 $E(X^2)-\mu^2$, 用结果求37题中的随机变量的方差.

概念复习答案:

1. 离散的, 连续的　2. 和, 积分　3. $\int_0^5 f(x)\,dx$　4. 累积分布函数

5.8 本章回顾

概念测试

判断下面论题是真是假．并证明你的结论．

1. 由 $y=\cos x$，$y=0$，$x=0$ 和 $x=\pi$ 围成的区域的面积是 $\int_0^{\pi}\cos x\,dx$．

2. 一个半径为 a 的圆的面积是 $4\int_0^a\sqrt{a^2-x^2}\,dx$.

3. 一个由 $y=f(x)$，$y=g(x)$，$x=a$ 和 $x=b$ 围成的区域的面积不是 $\int_a^b[f(x)-g(x)]\,dx$ 就是负数.

4. 所有的有相同底面积和相同高的垂直圆筒有相同的体积.

5. 如果两个立体的底面在同一平面，所有与它们底面平行的平面所截的面有相同面积，那么它们体积相同.

6. 如果一个圆锥的半径变成原来的两倍，高变为原来的二分之一，那么它的体积不变.

7. 为了计算一个由 $y=-x^2+x$ 和 $y=0$ 围成的区域绕 y 轴旋转所得的旋转体的体积，与薄壳法相比较应该优先选用圆环法.

8. 一个由习题 7 所围成的区域分别绕 $x=0$ 和 $x=1$ 旋转所得旋转体有相同体积.

9. 完全在单位圆平面里的任何平滑曲线的长度是有限的.

10. 把一根弹簧从自然长度伸长 2in 所需要做的功是把它伸长 1in 所需做的功的 2 倍．（假设服从胡克定律）

11. 把水从有相同高度和容积的圆锥形的水槽和圆筒形的水槽里抽出来需要同样大小的功.

12. 有一个船，它在水平面下的部分有很多半径为 6in 的圆孔，则水对每个圆孔所施的力是一样的（不管水孔离水面多深）.

13. 沿着直线分布的坐标分别为 x_1，x_2，…，x_n 的质点系 m_1，m_2，…，m_n 的中心是 $\bar{x}$，可以得到 $\sum_{i=1}^{n}(x_i-\bar{x})m_i=0$.

14. 由 $y=\cos x$，$y=0$，$x=0$ 和 $x=2\pi$ 围成的图形的中心是 $(\pi,0)$.

15. 由 Pappu 定理可知，由 $y=\sin x$，$y=0$，$x=0$ 和 $x=\pi$ 所围成的图形（面积为 2）绕 y 轴旋转所得的旋转体的体积是 $2\times2\pi\times\frac{\pi}{2}=2\pi^2$.

16. 由 $y=\sqrt{x}$，$y=0$ 和 $x=9$ 所围成的图形的面积是 $\int_0^3(9-y^2)\,dy$.

17. 如果一根电线的密度与到它的中点的距离的平方成比例，那么它的质心是它的中点.

18. 一个底边在 x 轴上的三角形的质心的 y 坐标是它的高度的三分之一.

19. 一个从有限数中挑出来的随机变量是不连续的.

20. 考虑一条密度为 $\delta(x)$，$0\leqslant x\leqslant\alpha$ 的电线，和一个随机变量为 $x(0<x<a)$ 的概率密度函数 $f(x)$．如果对于所有的 $x\in[a,b]$，有 $\delta(x)=f(x)$，则电线的质心就等于随机变量的期望.

21. 值为 5 的概率为 1 的随机变量的期望为 5.

22. 如果 $F(x)$ 是连续的随机变量 X 的累积分布函数（CDF），那么 $F'(x)$ 等于概率密度函数（PDF）$f(x)$.

23. 如果 X 是连续的随机变量，那么 $P=(X=1)=0$

简单测试

习题 1 ~ 7 涉及由 $y=x-x^2$ 和 x 轴围成的平面区域 R（图 1）.

1. 求 R 的面积.
2. 求让 R 绕 x 轴旋转所得的旋转体 S_1 的体积.
3. 用薄壳法求让 R 绕 y 轴旋转所得的旋转体 S_2 的体积.
4. 求让 R 绕 $y=-2$ 旋转所得的旋转体 S_3 的体积.
5. 求让 R 绕 $x=3$ 旋转所得的旋转体 S_4 的体积.
6. 求 R 的质心的坐标.

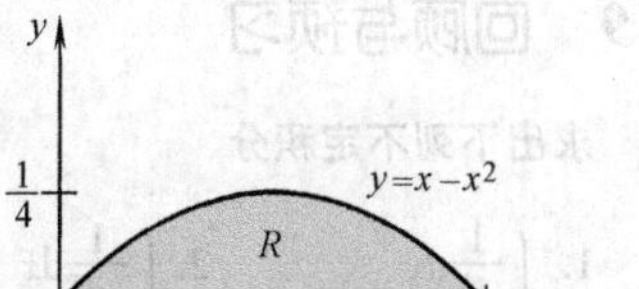

图 1

7. 由 Pappu 定理和 1 题和 6 题的结论求 S_1、S_2、S_3 和 S_4 的体积.

8. 一根弹簧的自然长度是 16in. 让它伸长 8in 需要一个 8lb 的力. 求下列情形所做的功.

(a)把它从 18in 伸长到 24in.　　(b)把它从自然长度压缩到 12in.

9. 一个直立圆柱形水槽的半径为 10ft，高为 10ft. 如果在水槽里的水有 6ft 深，那么要把所有的水从水槽的顶边抽出来需要做多少功？

10. 一个重 200lb 的物体被一根在建筑物的顶部的均质缆绳悬挂着. 如果这缆绳长 100ft，重 120lb，要把物体和缆绳一起拉上顶部需要做多少功？

11. 一个由直线 $y=4x$ 和抛物线 $y=x^2$ 围成的区域 R，用以下方法求 R 的面积.

(a)把 x 当成积分变量；　　(b)把 y 当成积分变量.

12. 求第 11 题 R 的重心.

13. 求把第 11 题的 R 绕 x 轴旋转所得的旋转体的体积. 并用 Pappu 定理来验证.

14. 求一个半径为 8ft，高为 3ft 的直圆柱体所受的水的总的压力.

(a)侧表面的压力；　　(b)底部的压力.

15. 求由 $x=1$ 和 $x=3$ 截曲线 $y=x^3/3+1/(4x)$ 形成的弧的长度.

16. 画出参数方程 $x=t^2$，$y=\frac{1}{3}(t^3-3t)$ 的草图，然后求围成的曲线的长度.

17. 由 $y=\sqrt{9-x^2}$ 和 $y=0$ 所围成的半圆为底，横截面为正方形且垂直于 x 轴，所围成的立体的体积.

在习题 18 ~ 23 题中，分别为所要求的概念写出一个积分表达式(图 2).

18. R 的面积.

19. 求让 R 绕 x 轴旋转所得的旋转体的体积.

20. 求让 R 绕 $x=a$ 旋转所得的旋转体的体积.

21. 求 R 形的均质薄片的力矩 M_x 和 M_y，假设它的密度是 δ.

22. 求 R 的边界线的总长度.

23. 求第 19 题中旋转体的总的表面积

24. 令连续随机变量 X 的概率密度函数如下：

$$f(x)=\begin{cases}\frac{8-x^3}{12}, & 0\leqslant x\leqslant 2\\ 0, & \text{其他}\end{cases}$$

(a)求 $P(X\geqslant 1)$.　　(b)求 X 接近 0 比接近 1 大的概率.

(c)求 $E(X)$.　　(d)求 X 的累积分布函数(CDF).

25. 随机变量 X 的累积分布函数为

$$f(x)=\begin{cases}0, & x<0\\ 1-\frac{(6-x)^2}{36}, & 0\leqslant x\leqslant 6\\ 1, & x>6\end{cases}$$

(a)求 $P(X\leqslant 3)$.　　(b)求 X 的概率密度函数(PDF).

(c)求 $E(X)$.

5.9　回顾与预习

求出下列不定积分

1. $\int \frac{1}{x^2}dx$　　2. $\int \frac{1}{x^{1.5}}dx$　　3. $\int \frac{1}{x^{1.01}}dx$　　4. $\int \frac{1}{x^{0.99}}dx$

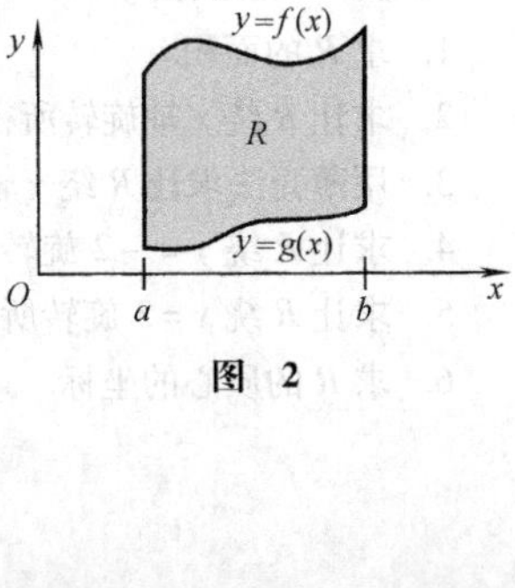

图 2

在习题5~8 中，令 $F(x) = \int_1^x \frac{1}{t}dt$，求出下列值.

5. $F(1)$　　6. $F'(x)$　　7. $D_xF(x^2)$　　8. $D_xF(x^3)$

在习题9~12 中，计算下列式子在给定值的值.

9. $(1+h)^{1/h}$；$h=1, \frac{1}{5}, \frac{1}{10}, \frac{1}{50}, \frac{1}{100}$

10. $\left(1+\frac{1}{n}\right)^n$；$n=1, 10, 100, 1000$

11. $\left(1+\frac{h}{2}\right)^{2/h}$；$h=1, \frac{1}{5}, \frac{1}{10}, \frac{1}{50}, \frac{1}{100}$

12. $\left(1+\frac{2}{n}\right)^{n/2}$；$n=1, 10, 100, 1000$

在习题13~16 中，找到所有的满足给定关系的 x 值.

13. $\sin x = \frac{1}{2}$　　14. $\cos x = -1$　　15. $\tan x = 1$　　16. $\sec x = 0$

在习题17~20 中示的三角形中，以 x 表示下列所有值：$\sin\theta$，$\cos\theta$，$\tan\theta$，$\cot\theta$，$\sec\theta$ 和 $\csc\theta$.

17.
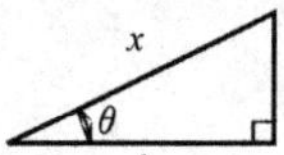

18.
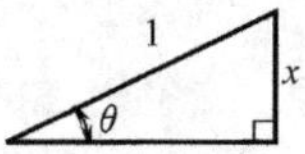

19.
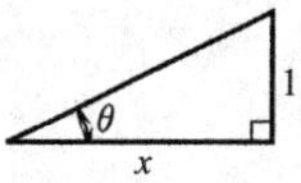

20.
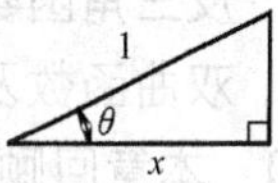

在习题21~22 中，求解给定条件下的微分方程.

21. $y' = xy^2$，$y=1$ 当 $x=0$

22. $y' = \frac{\cos x}{y}$，$y=4$ 当 $x=0$

第 6 章　超越函数

6.1　自然对数函数

我们已经详细地介绍了微积分的核心——微分和积分. 但是我们只是掌握了它们应用的一点皮毛. 为了进一步学习，需要扩大能运用的函数的种类范围. 这就是本章学习的目的.

首先注意到在导数知识中的漏洞：

$$D_x\left(\frac{x^2}{2}\right) = x^1, D_x(x) = x^0, D_x(??) = x^{-1}$$

$$D_x\left(-\frac{1}{x}\right) = x^{-2}, D_x\left(-\frac{x^{-2}}{2}\right) = x^{-3}.$$

存在一个函数的导数是 $1/x$ 吗？换句话，不定积分 $\int 1/x\mathrm{d}x$ 存在吗？微积分第一基本定理表明只要 $f(x)$ 在以 a 和 x 为端点的区间 I 内是连续的，则积分上限函数

$$F(x) = \int_a^x f(t)\,\mathrm{d}t$$

的导数是 $f(x)$. 在这个意义上，我们可以找到任何连续函数的原函数. 原函数的存在并不意味着它可以用到现在为止学过的函数的形式来表示. 在这章中我们将介绍和学习一些新函数.

第一个新函数称为**自然对数函数**，它和代数里学的对数有关，它们的关系在以后再介绍. 现在我们只是定义一个新函数并学习它的性质.

> **定义　自然对数函数**
>
> 记为 ln，定义域为正实数集 $x>0$ 的函数 $\ln x = \int_1^x \frac{1}{t}\mathrm{d}t$ 为**自然对数函数**.

图 1 所示曲线图显示了 $\ln x$ 的几何意义. 自然对数函数测量了当 $x>1$ 时，曲线 $y=1/t$ 在 1 和 x 之间的面积或当 $0<x<1$ 时的负面积. 自然对数是一个累积函数因为它累积曲线 $y=1/t$ 下的面积. 可以很清楚的看到，$\ln x$ 定义在 $x>0$；因为在包括 0 的区间内定积分不存在，所以不能定义在 $x\leqslant 0$ 内.

那么这个新函数的微分是什么？这正是我们想要知道的.

自然对数函数的微分　由微积分第一基本定理可以得到

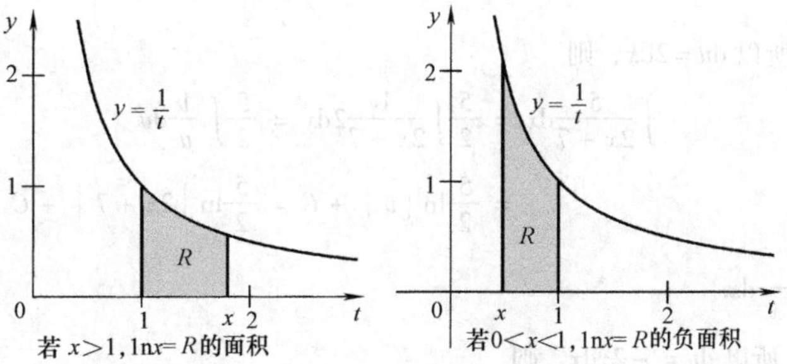

图 1

$$\boxed{D_x\int_1^x \frac{1}{t}\mathrm{d}t = D_x \ln x = \frac{1}{x}, x>0}$$

上式可以与链式法则结合起来使用. 如果 $u=f(x)>0$ 且 f 是可微的, 那么

$$D_x \ln u = \frac{1}{u}D_x u$$

例 1 求 $D_x \ln\sqrt{x}$.

解 令 $u=\sqrt{x}=x^{1/2}$, 那么

$$D_x \ln\sqrt{x} = \frac{1}{x^{1/2}}D_x(x^{1/2}) = \frac{1}{x^{1/2}}\frac{1}{2}x^{-1/2} = \frac{1}{2x}$$

例 2 求 $D_x\ln(x^2-x-2)$.

解 要保证 $x^2-x-2>0$, 这个问题才有意义. 所以 $x^2-x-2=(x-2)(x+1)$, 直接得出 $x<-1$ 或 $x>2$. 因此, $\ln(x^2-x-2)$ 的定义域是 $(-\infty, -1)\cup(2, \infty)$. 在这个定义域上

$$D_x\ln(x^2-x-2) = \frac{1}{x^2-x-2}D_x(x^2-x-2) = \frac{2x-1}{x^2-x-2}$$

例 3 证明

$$\boxed{D_x \ln|x| = \frac{1}{x}, x\neq 0}$$

解 有两种情况需要考虑. 如果 $x>0$, $|x|=x$, 那么

$$D_x\ln|x| = D_x \ln x = \frac{1}{x}$$

如果 $x<0$, $|x|=-x$, 那么

$$D_x\ln|x| = D_x\ln(-x) = \frac{1}{-x}D_x(-x) = \left(\frac{1}{-x}\right)(-1) = \frac{1}{x}$$

我们知道每个可微分的函数都有一个相应的积分函数. 所以, 例 3 意味着

$$\int\frac{1}{x}\mathrm{d}x = \ln|x| + C, x\neq 0$$

或者, 用 u 代替 x, 表示为

$$\boxed{\int\frac{1}{u}\mathrm{d}u = \ln|u| + C, u\neq 0}$$

这个等式填补了在指数法则中一直存在的漏洞: 在积分公式 $\int u^r \mathrm{d}u = u^{r+1}/(r+1)$ 中我们不得不一直排除当指数 $r=-1$ 的情况.

例 4 求 $\int \frac{5}{2x+7}dx$

解 令 $u=2x+7$，所以 $du=2dx$，则

$$\int \frac{5}{2x+7}dx = \frac{5}{2}\int \frac{1}{2x+7}2dx = \frac{5}{2}\int \frac{1}{u}du$$
$$= \frac{5}{2}\ln|u| + C = \frac{5}{2}\ln|2x+7| + C$$

例 5 计算 $\int_{-1}^{3} \frac{x}{10-x^2}dx.$

解 令 $u=10-x^2$，所以 $du=-2xdx$，则

$$\int \frac{x}{10-x^2}dx = -\frac{1}{2}\int \frac{-2x}{10-x^2}dx = -\frac{1}{2}\int \frac{1}{u}du$$
$$= -\frac{1}{2}\ln|u| + C = -\frac{1}{2}\ln|10-x^2| + C$$

所以，根据微积分第二基本公式

$$\int_{-1}^{3} \frac{x}{10-x^2}dx = \left[-\frac{1}{2}\ln|10-x^2|\right]_{-1}^{3}$$
$$= -\frac{1}{2}\ln 1 + \frac{1}{2}\ln 9 = \frac{1}{2}\ln 9$$

以上的计算都是有效的，$10-x^2$ 在$[-1, 3]$上永远不可能为0. 这显然是正确的.

当被积式是两个多项式的商(即是一个有理函数)且分子次数等于或大于分母次数时，经常先用分子除以分母，以化解成多项式与真分式的和.

例 6 求 $\int \frac{x^2-x}{x+1}dx.$

解 通过长除法(图2)，得到

$$\frac{x^2-x}{x+1} = x-2+\frac{2}{x+1}$$

因此

$$\int \frac{x^2-x}{x+1}dx = \int (x-2)dx + 2\int \frac{1}{x+1}dx$$
$$= \frac{x^2}{2} - 2x + 2\int \frac{1}{x+1}dx$$
$$= \frac{x^2}{2} - 2x + 2\ln|x+1| + C$$

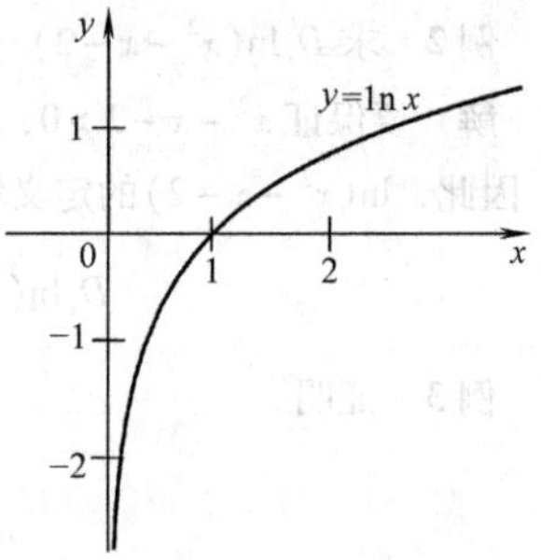

图 2

自然对数函数的性质 下面的定理列出了自然对数的几个重要性质.

> **定理 A**
> 如果 a 和 b 是正数而 r 是一个任意实数，那么
> (i) $\ln 1=0$；　　(ii) $\ln ab=\ln a+\ln b$；
> (iii) $\ln \frac{a}{b}=\ln a-\ln b$；　　(iv) $\ln a^r=r\ln a$.

证明 (i) $\ln 1 = \int_1^1 \frac{1}{t}dt = 0$

(ii)因为，对于 $x>0$，有

$$D_x \ln ax = \frac{1}{ax}\cdot a = \frac{1}{x}$$

而

$$D_x \ln x = \frac{1}{x}$$

应用两个具有同样导数的定理(定理3.6B)得

$$\ln ax = \ln x + C$$

要计算 C，令 $x=1$，可得 $\ln a = C$. 那么

$$\ln ax = \ln x + \ln a$$

最后令 $x=b$ 可得(ii).

(iii)用 $1/b$ 代替(ii)中的 a 可得

$$\ln \frac{1}{b} + \ln b = \ln\left(\frac{1}{b} \cdot b\right) = \ln 1 = 0$$

所以

$$\ln \frac{1}{b} = -\ln b$$

代入(ii)中得到

$$\ln \frac{a}{b} = \ln\left(a \cdot \frac{1}{b}\right) = \ln a + \ln \frac{1}{b} = \ln a - \ln b$$

(iv)由于 $x>0$，有

$$D_x(\ln x^r) = \frac{1}{x^r} \cdot r x^{r-1} = \frac{r}{x}$$

和

$$D_x(r \ln x) = r \cdot \frac{1}{x} = \frac{r}{x}$$

这同样符合在(ii)使用的定理3.6B

$$\ln x^r = r \ln x + C$$

令 $x=1$，可得 $C=0$. 那么

$$\ln x^r = r \ln x$$

最后，令 $x=a$ 即得(iv).

例7 如果 $y = \ln \sqrt[3]{(x-1)/x^2}$，$x>1$，求 $\frac{dy}{dx}$.

解 如果用自然对数的性质去简化 y，步骤就会减少许多.

$$y = \ln\left(\frac{x-1}{x^2}\right)^{1/3} = \frac{1}{3}\ln\left(\frac{x-1}{x^2}\right)$$

$$= \frac{1}{3}[\ln(x-1) - \ln x^2]$$

$$= \frac{1}{3}[\ln(x-1) - 2\ln x]$$

所以，最后可得

$$\frac{dy}{dx} = \frac{1}{3}\left(\frac{1}{x-1} - \frac{2}{x}\right) = \frac{2-x}{3x(x-1)}$$

自然对数函数微分法 如果一个微分表达式中含有商数、乘数或者幂数，我们通常会首先使用自然对数函数及其性质去简化这个表达式. 这种方法叫**自然对数微分法**，下面举例说明.

例8 求 $y = \frac{\sqrt{1-x^2}}{(x+1)^{2/3}}$ 的导数.

解 首先对等式两边取对数，然后两边同时对 x 求导数(用2.7节的知识)

$$\ln y = \frac{1}{2}\ln(1-x^2) - \frac{2}{3}\ln(x+1)$$

$$\frac{1}{y}\frac{\mathrm{d}y}{\mathrm{d}x} = \frac{-2x}{2(1-x^2)} - \frac{2}{3(x+1)} = \frac{-(x+2)}{3(1-x^2)}$$

所以

$$\frac{\mathrm{d}y}{\mathrm{d}x} = \frac{-y(x+2)}{3(1-x^2)} = \frac{-\sqrt{1-x^2}(x+2)}{3(x+1)^{2/3}(1-x^2)}$$

$$= \frac{-(x+2)}{3(x+1)^{2/3}(1-x^2)^{1/2}}$$

例8可以不用取对数而直接求出，我们建议读者自己尝试一下，应该可以算出两个答案是一致的.

自然对数函数的图形 函数 $\ln x$ 的定义域包含了整个正实数集，所以 $y=\ln x$ 的图形是在 y 轴的右半边. 同时对于 $x>0$，有

$$D_x \ln x = \frac{1}{x} > 0$$

和

$$D_x^2 \ln x = -\frac{1}{x^2} < 0$$

第一个表达式告诉我们自然对数函数是连续的(为什么?)并且随着 x 的增大而增大的；第二个表达式则告诉我们这个函数的图形在每一处都是**上凸**的. 在习题43和习题44中，将要证明

$$\lim_{x\to\infty}\ln x = \infty$$

和

$$\lim_{x\to 0^+}\ln x = -\infty$$

最后，$\ln 1=0$. 这些事实意味着 $y=\ln x$ 的图形和图3有相近的形状.

如果你的计算器有一个 ln 键，自然对数的值就在你的指边，例如

$$\ln 2 \approx 0.6931$$
$$\ln 3 \approx 1.0986$$

三角函数的积分 有些三角函数的积分可以利用自然对数函数计算出来.

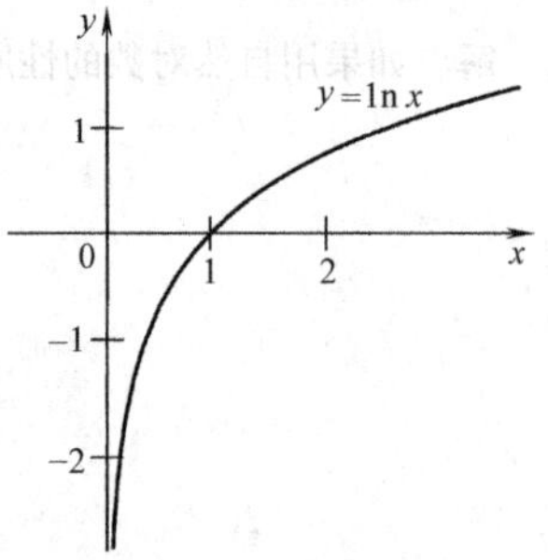

图 3

例9 求 $\int \tan x\mathrm{d}x$.

解 由于 $\tan x = \frac{\sin x}{\cos x}$，我们可以做一个换元 $u=\cos x, \mathrm{d}u = -\sin x\mathrm{d}x$，得到

$$\int \tan x\mathrm{d}x = \int \frac{\sin x}{\cos x}\mathrm{d}x = \int \frac{-1}{\cos x}(-\sin x\mathrm{d}x) = -\ln|\cos x| + C$$

同样地，$\int \cot x\mathrm{d}x = \ln|\sin x| + C$.

例10 求 $\int \sec x \csc x\mathrm{d}x$.

解 对于这个积分我们运用恒等式 $\sec x\csc x = \tan x + \cot x$. 可得

$$\int \sec x\csc x\mathrm{d}x = \int(\tan x + \cot x)\mathrm{d}x$$
$$= -\ln|\cos x| + \ln|\sin x| + C.$$

概念复习

1. 函数 ln 被定义为 $\ln x=$_______. 这个函数的定义域为___________，它的值域为___________.

2. 从前面的定义中，可以推出对于 $x>0$，$D_x\ln x=$___________.

3. 更一般的情况，对于 $x\neq0$，$D_x\ln|x|=$___________和 $\int(1/x)\,\mathrm{d}x=$___________.

4. 有一些关于 ln 常用的性质，这些是 $\ln(xy)=$___________，$\ln(x/y)=$___________，$\ln x^r=$___________.

习题 6.1

1. 用近似值 $\ln 2\approx0.693$ 和 $\ln 3\approx1.099$ 再加上定理 A 中所说性质一起计算以下每一个近似值. 例如，$\ln 6=\ln(2\times3)=\ln 2+\ln 3\approx0.693+1.099=1.792$.

(a) $\ln 6$ (b) $\ln 1.5$ (c) $\ln 81$ (d) $\ln\sqrt{2}$ (e) $\ln\frac{1}{36}$ (f) $\ln 48$

2. 用计算器直接算出题 1 中的结果.

在习题 3 ~ 14 中，算出每个导数(参考例 1 和 2). 假设每题中的 x 能使 ln 有意义.

3. $D_x\ln(x^2+3x+\pi)$

4. $D_x\ln(3x^2+2x)$

5. $D_x\ln(x-4)^3$

6. $D_x\ln\sqrt{3x-2}$

7. 当 $y=3\ln x$ 时，求 $\frac{\mathrm{d}y}{\mathrm{d}x}$.

8. 当 $y=x^2\ln x$ 时，求 $\frac{\mathrm{d}y}{\mathrm{d}x}$.

9. 当 $z=x^2\ln x^2+(\ln x)^3$ 时，求 $\frac{\mathrm{d}z}{\mathrm{d}x}$.

10. 当 $r=\frac{\ln x}{x^2\ln x^2}+\left(\ln\frac{1}{x}\right)^3$ 时，求 $\frac{\mathrm{d}r}{\mathrm{d}x}$.

11. 当 $g(x)=\ln(x+\sqrt{x^2+1})$ 时，求 $g'(x)$.

12. 当 $h(x)=\ln(x+\sqrt{x^2-1})$ 时，求 $h'(x)$.

13. 当 $f(x)=\ln\sqrt[3]{x}$ 时，求 $f'(81)$.

14. 当 $f(x)=\ln(\cos x)$ 时，求 $f'\left(\frac{\pi}{4}\right)$.

在习题 15 ~ 26 中，算出积分(参考例 4，5 和例 6).

15. $\int\frac{1}{2x+1}\mathrm{d}x$

16. $\int\frac{1}{1-2x}\mathrm{d}x$

17. $\int\frac{6v+9}{3v^2+9v}\mathrm{d}v$

18. $\int\frac{z}{2z^2+8}\mathrm{d}z$

19. $\int\frac{2\ln x}{x}\mathrm{d}x$

20. $\int\frac{-1}{x(\ln x)^2}\mathrm{d}x$

21. $\int_0^3\frac{x^4}{2x^5+\pi}\mathrm{d}x$

22. $\int_0^1\frac{t+1}{2t^2+4t+3}\mathrm{d}t$

23. $\int\frac{x^2}{x-1}\mathrm{d}x$

24. $\int\frac{x^2+x}{2x-1}\mathrm{d}x$

25. $\int\frac{x^4}{x+4}\mathrm{d}x$

26. $\int\frac{x^3+x^2}{x+2}\mathrm{d}x$

在习题 27 ~ 30 中，用定理 A 把下面的表达式写成只有一个对数符号的形式.

27. $2\ln(x+1)-\ln x$

28. $\frac{1}{2}\ln(x-9)+\frac{1}{2}\ln x$

29. $\ln(x-2)-\ln(x+2)+2\ln x$

30. $\ln(x^2-9)-2\ln(x-3)-\ln(x+3)$

在习题 31 ~ 34 中，用自然对数微分法计算 $\mathrm{d}y/\mathrm{d}x$(参考例 8).

31. $y=\frac{x+11}{\sqrt{x^3-4}}$

32. $y=(x^2+3x)(x-2)(x^2+1)$

33. $y=\frac{\sqrt{x+13}}{(x-4)\sqrt[3]{2x+1}}$

34. $y=\frac{(x^2+3)^{2/3}(3x+2)^2}{\sqrt{x+1}}$

在习题 35 ~ 38 中，根据已知的 $y=\ln x$ 的图形画出下列函数的图形.

35. $y=\ln|x|$ 36. $y=\ln\sqrt{x}$ 37. $y=\ln\left(\frac{1}{x}\right)$ 38. $y=\ln(x-2)$

39. 画出 $y=\ln\cos x+\ln\sec x$ 在区间 $(-\pi/2,\ \pi/2)$ 上的图形，在画之前想一想图形的形状.

40. 解释一下 $\lim\limits_{x\to 0}\ln\frac{\sin x}{x}=0$ 的原因.

41. 求出 $f(x)=2x^2\ln x-x^2$ 在其定义域上的极值.

42. 人们观察到电报电缆的传输速度跟 $x^2\ln(1/x)$ 成正比，其中 x 为到电缆芯的半径与绝缘层的厚度的比值 $(0<x<1)$. 当 x 的值为多少时，传输速率可以达到最大?

43. 已知 $\ln 4>1$，证明对于 $m>0$，$\ln 4^m>m$. 这可推断出只要 x 足够大，$\ln x$ 可以取任意大. 这是不是意味这与 $\lim\limits_{x\to\infty}\ln x$ 有关?

44. 已知 $\ln x=-\ln(1/x)$，加上43题的结论，证明 $\lim\limits_{x\to 0^+}\ln x=-\infty$.

45. 由 $\int_{1/3}^{x}\frac{1}{t}\mathrm{d}t=2\int_{1}^{x}\frac{1}{t}\mathrm{d}t$ 解出 x.

46. 证明

(a) 对于 $t>1$，可得 $1/t<1/\sqrt{t}$，则对于 $x>1$，$\ln x<2(\sqrt{x}-1)$.

(b) $\lim\limits_{x\to\infty}(\ln x)/x=0$.

47. 计算

$$\lim_{n\to\infty}\left(\frac{1}{n+1}+\frac{1}{n+2}+\cdots+\frac{1}{2n}\right)$$

把括号里的表达式改写成

$$\left(\frac{1}{1+1/n}+\frac{1}{1+2/n}+\cdots+\frac{1}{1+n/n}\right)\frac{1}{n}$$

这就是黎曼和.

C 48. 有一个著名的定理(素数定理)说，对于一个很大的数 n，当小于 n 的素数个数约等于 $n/(\ln n)$，那么有多少个素数小于1 000 000呢?

49. 先计算 $f'(1)$，再化简.

(a) $f(x)=\ln\left(\frac{ax-b}{ax+b}\right)^c$，其中 $c=\frac{a^2-b^2}{2ab}$. (b) $f(x)=\int_1^u\cos^2 t\mathrm{d}t$，其中 $u=\ln(x^2+x-1)$.

50. 求 $\int_0^{\pi/3}\tan x\mathrm{d}x$. 51. 求 $\int_{\pi/4}^{\pi/3}\sec x\csc x\mathrm{d}x$. 52. 求 $\int\frac{\cos x}{1+\sin x}\mathrm{d}x$.

53. 由曲线 $y=(x^2+4)^{-1}$，$y=0$，$x=1$ 和 $x=4$ 所围区域绕 y 轴旋转得到一个旋转体，求这个旋转体的体积.

54. 计算曲线 $y=x^2/4-\ln\sqrt{x}\ (1\leqslant x\leqslant 2)$ 的长度.

55. 用 $y=1/x$ 图形帮助你证明

$$\frac{1}{2}+\frac{1}{3}+\cdots+\frac{1}{n}<\ln n<1+\frac{1}{2}+\frac{1}{3}+\cdots+\frac{1}{n-1}$$

56. 证明奈培不等式，即，对于 $0<x<y$ 有

$$\frac{1}{y}<\frac{\ln y-\ln x}{y-x}<\frac{1}{x}$$

CAS 57. 令 $f(x)=\ln(1.5+\sin x)$.

(a) 求出在 $[0,\ 3\pi]$ 上的极值. (b) 如果有的话，请求出在 $[0,\ 3\pi]$ 上的拐点.

(c) 计算 $\int_0^{3\pi}\ln(1.5+\sin x)\mathrm{d}x$.

CAS 58. 设 $f(x)=\cos(\ln x)$.

(a)求出在[0.1, 20]上的极值. (b)求出在[0.01, 20]上的极值.

(c)计算 $\int_{0.1}^{20}\cos(\ln x)\,dx$.

CAS 59. 画出 $f(x)=x\ln(1/x)$ 和 $g(x)=x^2\ln(1/x)$ 在(0, 1]上的图形.

(a)求出这两条曲线在(0, 1]上围成的面积.

(b)求出 $|f(x)-g(x)|$ 在(0, 1]上的最大值.

CAS 60. 用跟第59题一样的形式处理 $f(x)=x\ln x$ 和 $g(x)=\sqrt{x}\ln x$.

概念复习答案:

1. $\int_1^x (1/t)\,dt,(0,\infty),(-\infty,\infty)$ 2. $1/x$ 3. $1/x,\ln|x|+C$ 4. $\ln x+\ln y,\ln x-\ln y,r\ln x$.

6.2 反函数及其导数

本章的一个既定目的就是扩展我们知识中函数的数量. 其中一种生成新函数的方法就是把原来函数"反"过来. 当我们对自然对数函数作这一处理时, 就遇到了自然指数函数——6.3节的内容. 本节里, 我们将研究对函数进行反函数操作时遇到的一般问题. 下面介绍一下这种操作的思想.

我们从函数 f 的定义域 D 中抽取一个数 x, 然后得到在其值域 R 中的一个 y. 如果我们幸运地遇到在图1和图2中所示的那两个函数, 那么我们就可以对 f 进行反函数操作; 换句话说, 就是对任意一个 y, 我们可以明确地回去并找到它来自哪个 x. 这个用 y 得到 x 的新函数就用 f^{-1} 表示. 注意, 它的定义域是 R 而值域是 D, 它就叫做 f 的**反函数**. 在这里我们对上标 -1 有了新的用法, f^{-1} 并不像你所想的一样代表 $1/f$. 我们和所有数学家都这样来标记反函数.

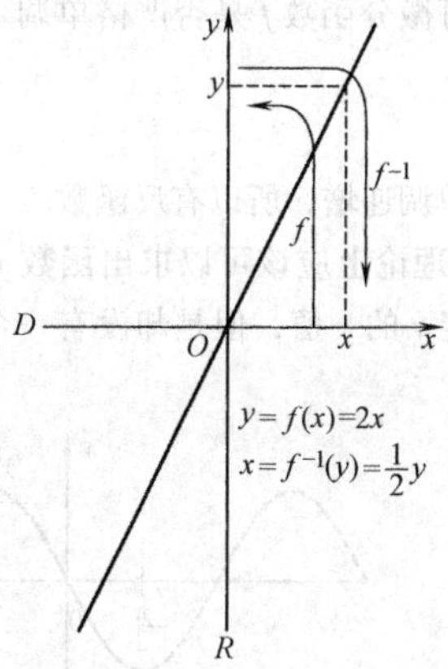

图 1

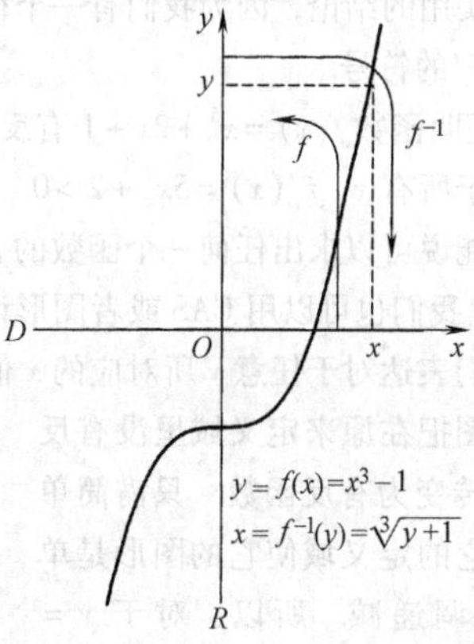

图 2

有时我们能给出一个反函数 f^{-1} 的表达式. 如 $y=f(x)=2x$, 那么 $x=f^{-1}(y)=\frac{1}{2}y$, 如图1所示. 相似地, 如果 $y=f(x)=x^3-1$, 那么 $x=f^{-1}(y)=\sqrt[3]{y+1}$, 如图2所示. 在这些情况里, 我们求解方程从而得到 x 的关于 y 的表达式, 而结果就是 $x=f^{-1}(y)$.

然而, 现实要比这两个例子复杂的多, 并不是每个函数都可以毫无疑义地进行反操作. 例如, 考察函数 $y=f(x)=x^2$, 对一个特定的 y 有两个 x 与之对应(图3); 函数 $y=g(x)=\sin x$ 更甚, 对每个 y 有无穷多个 x 与它对应(图4). 这种函数没有反函数——至少这两个例子没有, 除非我们以某种方式限制 x 值的设置, 这是稍后我们将讨论的主题.

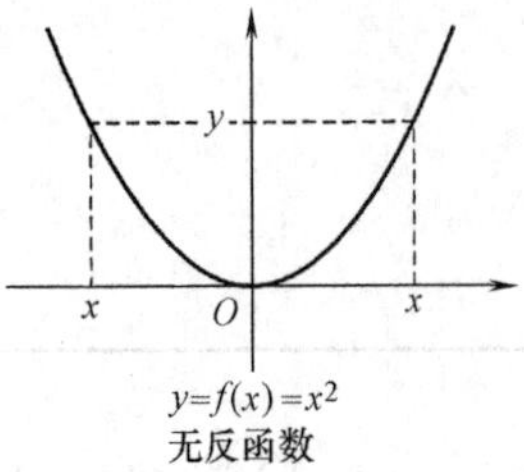

图 3

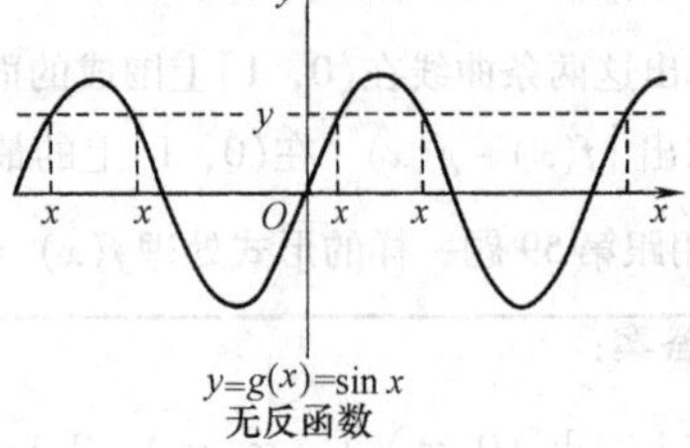

图 4

反函数的存在性 最好是能有一个简单的准则去判断一个函数有没有反函数，而这样的一个准则就是函数是不是一一对应；就是说，当 $x_1 \neq x_2$ 时，有 $f(x_1) \neq f(x_2)$. 在几何意义上，这就相当于每条水平的线都只与 $y=f(x)$ 相交一次. 但是在特定的情况下，这个准则可能会很难应用，因为它要求我们完整地知道整个图形. 要解决这本书大部分的问题有一个更实用的准则，那就是这个函数是否**严格单调**. 用这个准则我们就需要知道这个函数在它的定义域上是递增还是递减(参考在3.2节中的定义).

定理 A

如果 f 在其定义域上严格单调，那么 f 就有反函数.

证明 令 x_1 和 x_2 为 f 定义域内两个确定的数，且 $x_1 < x_2$. 由于 f 是单调函数，则 $f(x_1) < f(x_2)$ 或 $f(x_1) > f(x_2)$. 无论如何，$f(x_1) \neq f(x_2)$. 因此 $x_1 \neq x_2$ 推出 $f(x_1) \neq f(x_2)$. 这意味着 f 为一一对应函数，所以 f 有反函数.

这是个实用的结论，因为我们有一个很简单的方法去检验一个可微分函数 f 是否严格单调. 我们只需检验它的导数 f' 的符号.

例 1 证明函数 $f(x)=x^5+2x+1$ 有反函数.

解 对于所有 x，$f'(x)=5x^4+2>0$. 所以，f 在整个实数集中单调递增，所以有反函数.

我们不能说可以求出任何一个函数的 f^{-1}. 在例1中，这种方法理论上应该可以求出函数 $y=x^5+2x+1$ 中的 x. 虽然我们也可以用CAS或者图形计算器去解出关于某些特定 y 的 x 值，但是却没有一个简单的表达式可以让我们表达对于任意 y 所对应的 x 值.

我们试图把在原来定义域里没有反函数的函数转变为有反函数. 只需简单地重新限定它的定义域使它的图形是单调递增或单调递减. 所以，对于 $y=f(x)=x^2$，我们可以限定它的定义域为 $x \geqslant 0$($x \leqslant 0$ 也可以)；对于 $y=g(x)=\sin x$，我们限定它的定义域为区间 $[-\pi/2, \pi/2]$. 这样这两个函数就都有反函数了(图5)，于是我们可以把第一个函数写出反函数：$f^{-1}(y)=\sqrt{y}$.

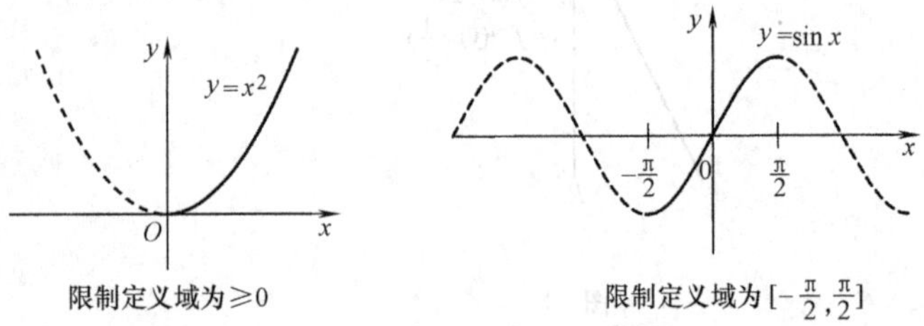

图 5

如果 f 有一个反函数 f^{-1}，那么 f^{-1} 也有一个反函数，即 f. 所以，我们可以称 f 和 f^{-1} 为一对互反的函数. 一个函数撤销(或者说逆转)了另一个函数所做的操作，即

$$\boxed{f^{-1}(f(x))=x \quad 和 \quad f(f^{-1}(y))=y}$$

不作为的机器

我们可以把函数视为一个接收输入产生输出的机器，如果把f、f^{-1}两机器串连在一起，那么它们将什么都不做．

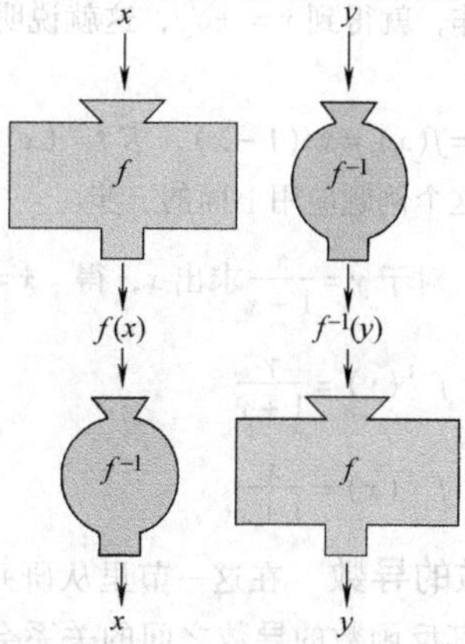

例 2 证明$f(x)=2x+6$有反函数，求出$f^{-1}(y)$的表达式，并用上面方框去检验结果．

解 因为f是一个递增函数，所以它有反函数．要求出$f^{-1}(y)$表达式，解出$y=2x+1$中的x，可得$x=(y-6)/2=f^{-1}(y)$．最后，注意到

$$f^{-1}(f(x))=f^{-1}(2x+6)=\frac{(2x+6)-6}{2}=x$$

和

$$f(f^{-1}(y))=f\left(\frac{y-6}{2}\right)=2\left(\frac{y-6}{2}\right)+6=y$$

$y=f^{-1}(x)$的图形 假设f有反函数，那么

$$\boxed{x=f^{-1}(y)\Leftrightarrow y=f(x)}$$

因此，$y=f(x)$和$x=f^{-1}(y)$决定了同样的(x, y)点，所以它们具有相同的图形．然而，我们习惯用x作为函数的自变量，所以研究$y=f^{-1}(x)$的图形(要注意到我们调换了x和y的角色)．有一点想法使我们相信当调换了x和y的角色时，图形将关于$y=x$对称．所以$y=f^{-1}(x)$的图形就是$y=f(x)$关于$y=x$对称的图形(图6)．

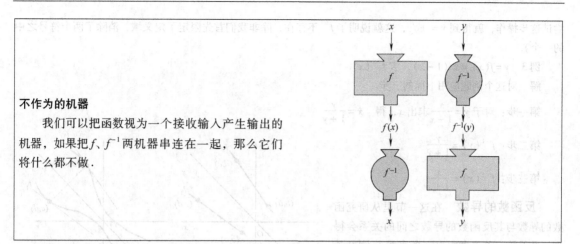

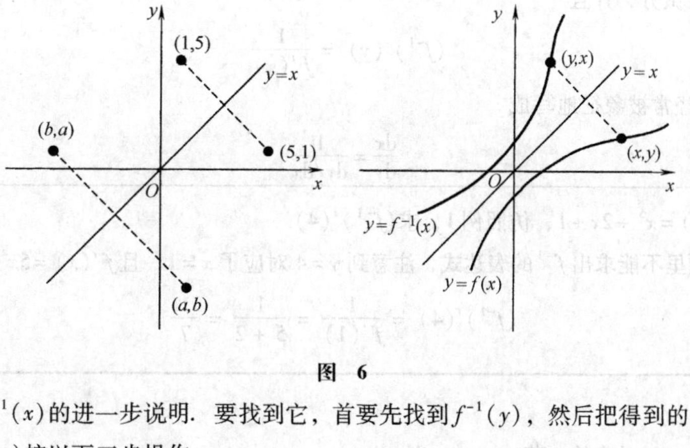

图 6

关于求反函数$f^{-1}(x)$的进一步说明．要找到它，首要先找到$f^{-1}(y)$，然后把得到的函数y替换成x．所以，我们建议找$f^{-1}(x)$按以下三步操作：

第一步：从函数$y=f(x)$中解出x，用y表示x；

第二步：用$f^{-1}(y)$来命名得到的关于y表达式；

第三步：用x替换y得到函数$f^{-1}(x)$．

在开始尝试对一个特定的函数f进行这三步操作之前，你也许会想我们应该先检验f是否有反函数．而实际上，如果我们开始做第一步然后得到每个x都对应一个y后，f^{-1}就存在了(注意到当我们对$y=f(x)=x^2$

尝试这步操作，就得到 $x=\pm\sqrt{y}$，这就说明了 f^{-1} 不存在，除非我们首先限定了定义域，消除了两个符号之中的一个）.

例3　$y=f(x)=x/(1-x)$，求 $f^{-1}(x)$.

解　对这个例题应用上面的三步.

第一步：对于 $y=\dfrac{x}{1-x}$ 求出 x，得　$x=\dfrac{y}{1+y}$

第二步：$f^{-1}(y)=\dfrac{y}{1+y}$

第三步：$f^{-1}(x)=\dfrac{x}{1+x}$

反函数的导数　在这一节里从研究函数的导数与其反函数的导数之间的关系会得到一些结论．首先考察有一条直线 l_1 刚好关于 $y=x$ 对称．在图7中的左图可以明确地看出，l_1 变换成了 l_2，而且，它们所对应的斜率为 m_1 和 m_2，其关系为 $m_2=1/m_1$，当然 $m_1\neq0$．当 l_1 刚好是 f 的图形在点 $(c,\ d)$ 的切线，而 l_2 则是 f^{-1} 的图形在点 $(d,\ c)$ 的切线（见图7的右图）．我们就得到这样的结论

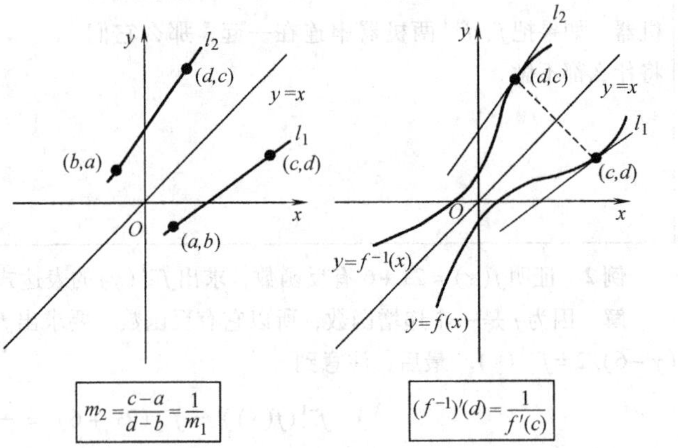

图　7

$$(f^{-1})'(d)=m_2=\frac{1}{m_1}=\frac{1}{f'(c)}$$

图形可能有时有欺骗性，所以我们认为下面的结论有点似是而非．至于严谨的证明，请翻阅更专业的微积分书籍.

定理 B　反函数定理

令 f 为可微分并在区间 I 内单调．如果对 I 内的任一个 x 都有 $f'(x)\neq0$ 成立，那么 f^{-1} 就在 f 的值域中的相应点 $y=f(x)$ 可微分，并且

$$(f^{-1})'(y)=\frac{1}{f'(x)}$$

定理B的结论经常被象征地写成

$$\frac{dx}{dy}=\frac{1}{dy/dx}$$

例4　令 $y=f(x)=x^5+2x+1$，仿照例1，求 $(f^{-1})'(4)$.

解　虽然在这题里不能求出 f^{-1} 的表达式，注意到 $y=4$ 对应了 $x=1$，且 $f'(x)=5x^4+2$，故

$$(f^{-1})'(4)=\frac{1}{f'(1)}=\frac{1}{5+2}=\frac{1}{7}$$

概念复习

1. 一个函数 f 是一一对应的，若 $x_1\neq x_2$，则________.

2. 一个一一对应的函数 f 有反函数 f^{-1}，则 $f^{-1}(f(x))=$________和 $f($________$)=y$.

3. 判断 f 在一个区间上是否为一一对应的函数（也就是有反函数）有一个很有用的准则，那就是 f 是否严格________．这就说 f 是________或________.

4. 令 $y=f(x)$，且 f 有反函数．f 和 f^{-1} 的导数的关系是________.

习题 6.2

在习题 1 ~ 6 中，$y=f(x)$ 的图形已经给出．判断每一个函数是否有反函数，如果有的话求出 $f^{-1}(2)$．

1.
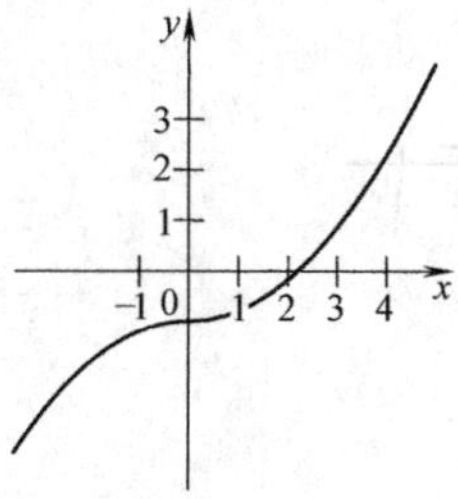

2.
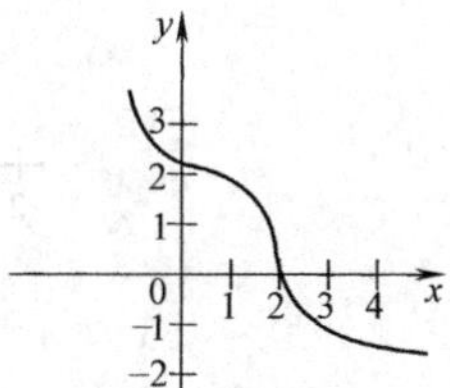

3.
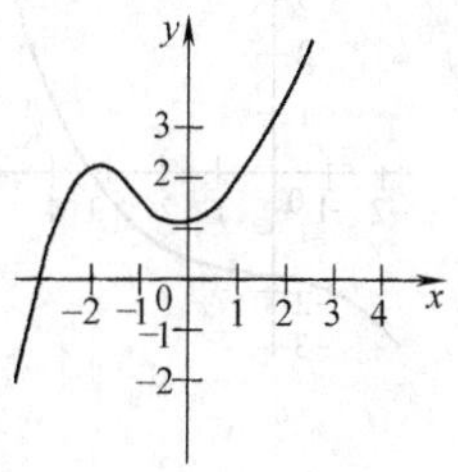

4.
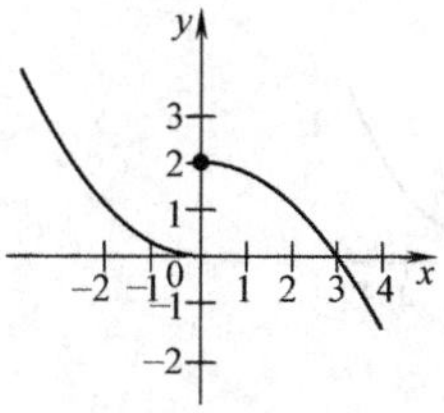

5.
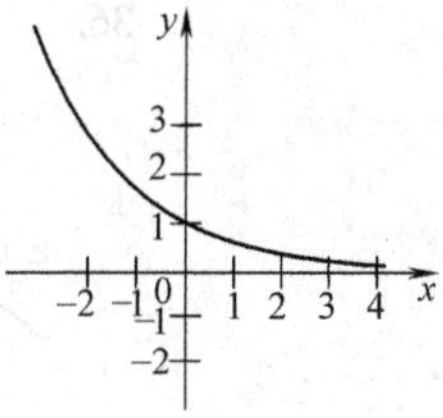

6.
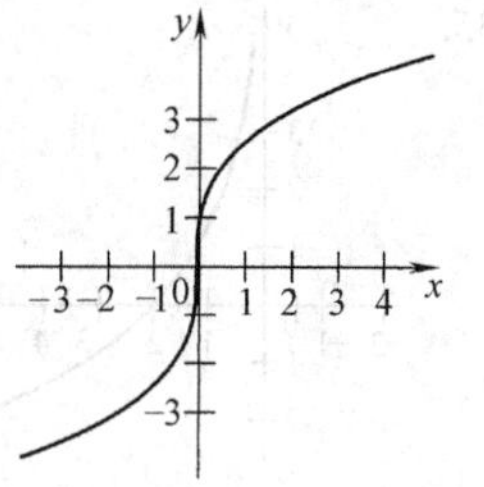

在习题 7 ~ 14 中，用证明严格单调的方法来证明 f 有反函数．

7. $f(x)=-x^5-x^3$　　8. $f(x)=x^7+x^5$

9. $f(\theta)=\cos\theta$，$0\leqslant\theta\leqslant\pi$　　10. $f(x)=\cot x=\dfrac{\cos x}{\sin x}$，$0<x<\dfrac{\pi}{2}$

11. $f(z)=(z-1)^2$，$z\geqslant1$　　12. $f(x)=x^2+x-6$，$x\geqslant2$

13. $f(x)=\int_0^x\sqrt{t^4+t^2+10}\,\mathrm{d}t$　　14. $f(r)=\int_r^1\cos^4 t\,\mathrm{d}t$

在习题 15 ~ 28 中，求 $f^{-1}(x)$ 的函数，然后验证 $f^{-1}(f(x))=x$ 和 $f(f^{-1}(x))=x$（见例 2 和例 3）．

15. $f(x)=x+1$　　16. $f(x)=-\dfrac{x}{3}+1$

17. $f(x)=\sqrt{x+1}$　　18. $f(x)=-\sqrt{1-x}$

19. $f(x)=-\dfrac{1}{x-3}$　　20. $f(x)=\sqrt{\dfrac{1}{x-2}}$

21. $f(x)=4x^2$，$x\leqslant0$　　22. $f(x)=(x-3)^2$，$x\geqslant3$

23. $f(x)=(x-1)^3$　　24. $f(x)=x^{5/2}$，$x\geqslant0$

25. $f(x)=\dfrac{x-1}{x+1}$　　26. $f(x)=\left(\dfrac{x-1}{x+1}\right)^3$

27. $f(x)=\dfrac{x^3+2}{x^3+1}$　　28. $f(x)=\left(\dfrac{x^3+2}{x^3+1}\right)^5$

29. 求图 8 所示圆锥形容器中水的体积 V，水面高度用 h 表示，再用体积 V 表示高度 h.

30. 一个球以速度 v_0 垂直向上抛出．用 v_0 表示高度 H，求高度 H 的最大值，然后再求要达到 H 所需要的速度．

在习题 31 和习题 32 中，限定 f 的定义域，使 f 有反函数，且使值域尽量大，然后求 $f^{-1}(x)$．建议：首先画出 f 的图形．

31. $f(x)=2x^2+x-4$　　32. $f(x)=x^2-3x+1$

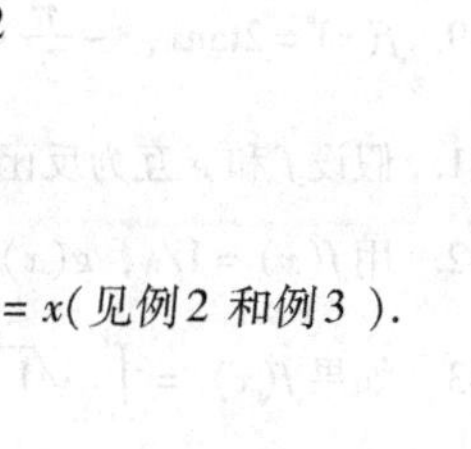

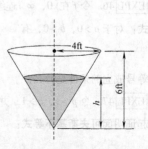

图 8

在习题 33 ~ 36 中，$y=f(x)$ 的图形已经给出．画出 $y=f^{-1}(x)$ 的图形，然

后估算出$(f^{-1})'(3)$.

33.

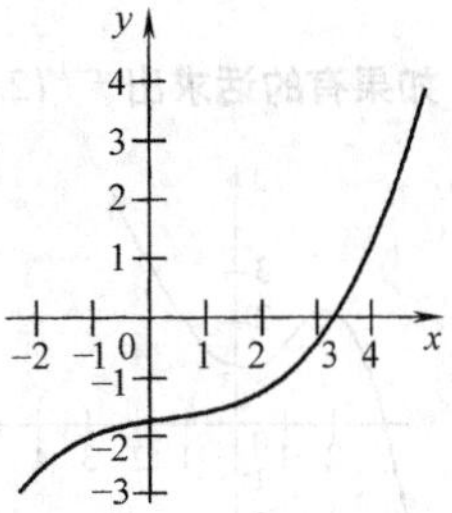

34.

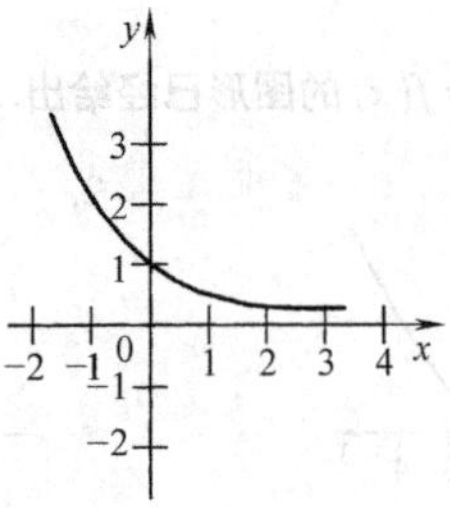

35.

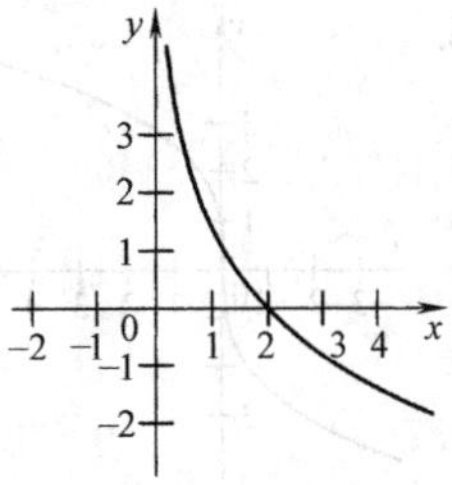

36.

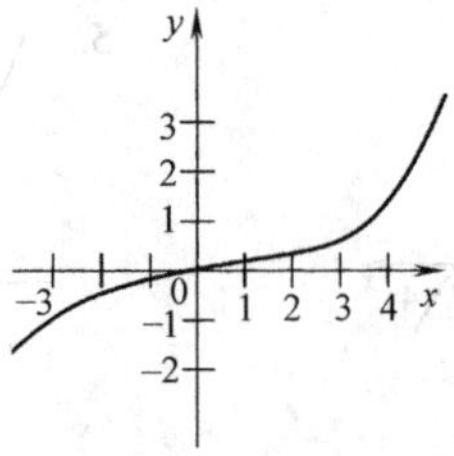

在习题37～40中，用定理B(参考例题4)求$(f^{-1})'(2)$. 注意这相当于用$y=2$来求得x.

37. $f(x)=3x^5+x-2$

38. $f(x)=x^5+5x-4$

39. $f(x)=2\tan x$，$-\dfrac{\pi}{2}<x<\dfrac{\pi}{2}$

40. $f(x)=\sqrt{x+1}$

41. 假设f和g互为反函数并且$h(x)=(f\circ g)(x)=f(g(x))$. 证明$h$有一个反函数$h^{-1}=g^{-1}\circ f^{-1}$.

42. 用$f(x)=1/x$，$g(x)=3x+2$验证41题的结果.

43. 如果$f(x)=\int_0^x\sqrt{1+\cos^2 t}\,dt$，那么$f$有一个反函数(为什么?). 令$A=f(\pi/2)$和$B=f(5\pi/6)$，求:

(a) $(f^{-1})'(A)$　　(b) $(f^{-1})'(B)$　　(c) $(f^{-1})'(0)$

44. 令$f(x)=\dfrac{ax+b}{cx+d}$并假设$bc-ad\neq 0$.

(a)求$f^{-1}(x)$的算式.　　(b)为什么$bc-ad\neq 0$必须成立.

(c)a、b、c和d符合什么条件可以使$f=f^{-1}$成立.

45. 假定f在$[0,1]$连续并且严格递增，$f(0)=0$，$f(1)=1$. 如果$\int_0^1 f(x)\,dx=\dfrac{2}{5}$，计算$\int_0^1 f^{-1}(y)\,dy$的值.（提示：画出图形）.

EXPL 46. 令f在$[0,\infty)$连续并且严格递增，$f(0)=0$，当$f(x)\to\infty$时$x\to\infty$. 用几何的方法建立**杨格不等式**：对于$a>0$，$b>0$，有

$$ab\leqslant\int_0^a f(x)\,dx+\int_0^b f^{-1}(y)\,dy$$

等号成立的条件是什么?

EXPL 47. 令$p>1$，$q>1$，并且$1/p+1/q=1$. 证明$f(x)=x^{p-1}$的反函数是$f^{-1}(y)=y^{q-1}$，并用它和46题一起证明**闵可夫斯基不等式**：

$$ab\leqslant\frac{a^p}{p}+\frac{b^q}{q},a>0,b>0$$

概念复习答案：

1. $f(x_1)\neq f(x_2)$　　2. x，$f^{-1}(y)$　　3. 单调的，递增，递减
4. $(f^{-1})'(y)=1/f'(x)$

6.3 自然指数函数

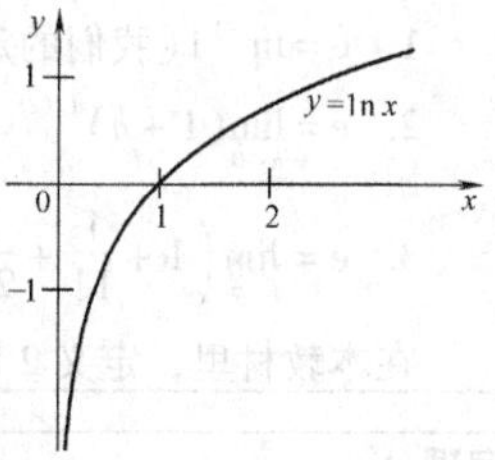

图 1

图1是自然对数函数 $y=f(x)=\ln x$ 的图形. 自然对数函数是可微分的（因此是连续的）并且在它的定义域 $D=(0,\infty)$ 是递增的；它的值域是 $R=(-\infty,\infty)$. 事实上，它正好是6.2节所学习的函数类型，因此，它有一个定义域是 $(-\infty,\infty)$、值域是 $(0,\infty)$ 的反函数 $\ln^{-1}$. 这个函数很重要，我们给它一个特别名字和一个特殊的符号.

> **定义**
>
> ln的反函数叫做**自然指数函数**，它表示为exp，即
>
> $$x=\exp y\Leftrightarrow y=\ln x$$

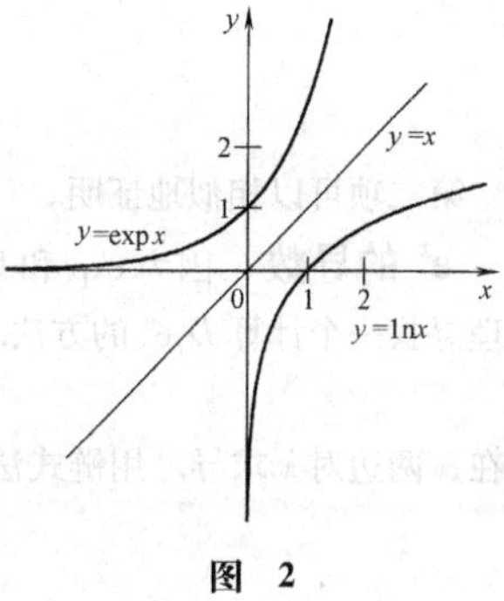

图 2

从定义可立即得出

(1) $\exp(\ln x)=x$，$x>0$

(2) $\ln(\exp y)=y$，$y\in\mathbf{R}$

因为exp和ln是互为反函数的，所以 $y=\exp x$ 的图形和 $y=\ln x$ 的图形是关于 $y=x$ 对称的（图2）.

指数函数的性质 我们从介绍一个新的数开始. 它和π一样在数学中是非常重要的数，它用一个特殊的符号e表示. 由于是里昂哈得·欧拉（Leonhard Euler）第一个认识到这个数的重要性，所以这个数用字母e表示.

> **定义**
>
> 字母e表示一个使得 $\ln e=1$ 的独特的正实数.

图3说明了这个定义；在 $x=1$ 和 $x=e$ 间的函数 $y=1/x$ 的图形下的面积是1. 因为 $\ln e=1$，所以 $\exp 1=e$ 也是对的. 这个数e和π一样，是无理数. 已经知道了它的小数点后几千位，靠前面的一小部分数是

$$e\approx 2.718281828459045$$

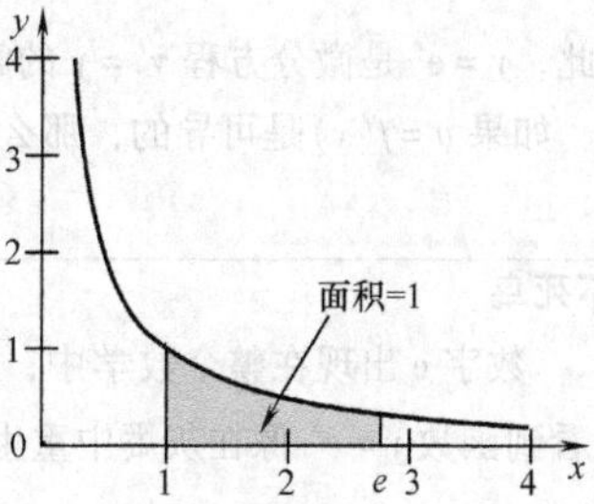

图 3

现在我们仅仅根据已经证明的事实来做一个重要的观察：上面的(1)和定理6.1A. 如果 r 是任意有理数，则

$$e^r=\exp(\ln e^r)=\exp(r\ln e)=\exp r$$

让我们强调一下这个结果. 对于有理数 r，$\exp r$ 与 e^r 是完全相同的. 理论上它是由自然对数的反函数引入的，它本身作为一个整体来定义，现在成了一个简单的幂.

但是如果 r 是无理数呢？这与初等代数课本有差别. 因为过去无理数次幂没有用比较严密的方式定义过. 如 $e^{\sqrt{2}}$ 的意思是什么？根据初等代数将很难讲清楚它的意思. 但是如果我们定义 $D_x e^x$ 之类的时候，必须要弄清楚. 依据上面所学的，我们简单地定义对全部 x（有理数或无理数），e^x 为

$$e^x=\exp x$$

注意，从现在开始，(1)和(2)可写为

$$(1)'\ e^{\ln x}=x, x>0$$
$$(2)'\ \ln(e^y)=y, y\in\mathbf{R}$$

注意，(1)′说 $\ln x$ 是指数，需要添上 e 去求 x. 这只是平常的对底数为 e 的对数的定义，就像大多学习微积分前必学的知识一样.

我们现在可以很容易地证明指数的这两个相似的法则.

e 的定义

不同的作者用不同的方法来定义 e

1. $e = \ln^{-1} 1$(我们的定义)
2. $e = \lim_{h\to 0}(1+h)^{1/h}$
3. $e = \lim_{n\to\infty}\left(1+\frac{1}{1!}+\frac{1}{2!}+\cdots+\frac{1}{n!}\right)$

在本教材里，定义 2 和 3 是定理(见 6.5 节定理 A 和 9.7 节的例题 3).

定理 A

令 a 和 b 为任意实数，那么 $e^a e^b = e^{a+b}$，$e^a/e^b = e^{a-b}$.

证明 证明第一项，我们可以写为

$$\begin{aligned} e^a e^b &= \exp(\ln e^a e^b) && \text{(i)} \\ &= \exp(\ln e^a + \ln e^b)(\text{定理 6.1A}) \\ &= \exp(a+b) && \text{(ii)}' \\ &= e^{a+b}(\text{由于 } e^x = \exp x) \end{aligned}$$

第二项可以相似地证明.

e^x 的导数 因为 exp 和 ln 互为反函数，我们从定理 6.2B 可知 $\exp x = e^x$ 是可导的. 我们可以用这个定理寻找一个计算 $D_x e^x$ 的方法. 令 $y = e^x$，那么

$$x = \ln y$$

现在，两边对 x 求导. 用链式法则，得到

$$1 = \frac{1}{y} D_x y$$

因此

$$D_x y = y = e^x$$

我们已经证明了这个特别的事实，e^x 的导数是它本身，即

$$\boxed{D_x e^x = e^x}$$

因此，$y = e^x$ 是微分方程 $y' = y$ 的解.

如果 $u = f(x)$ 是可导的，那么由链式法则得

$$D_x e^u = e^u D_x u$$

不死鸟

数字 e 出现在整个数学中，它在自然指数函数中底数的地位是重要的，到底是什么让它如此重要？“看到函数 $y = e^x$ 像在灰烬中重生的不死鸟，在它的导数中重生，谁会不吃惊?”

——弗朗索瓦·勒·莱恩纳思

例 1 求 $D_x e^{\sqrt{x}}$.

解 由 $u = \sqrt{x}$，可得

$$D_x e^{\sqrt{x}} = e^{\sqrt{x}} D_x \sqrt{x} = e^{\sqrt{x}} \cdot \frac{1}{2} x^{-1/2} = \frac{e^{\sqrt{x}}}{2\sqrt{x}}$$

例 2 求 $D_x e^{x^2 \ln x}$.

解 $D_x e^{x^2\ln x} = e^{x^2\ln x} D_x(x^2 \ln x)$

$$= e^{x^2\ln x}\left(x^2 \cdot \frac{1}{x} + 2x\ln x\right)$$

$$= xe^{x^2\ln x}(1 + \ln x^2)$$

例3 令$f(x) = xe^{x/2}$. 求f的递增、递减，**凸以及凹**的区间，并求出所有的极值点和拐点. 最后画出f的图形.

解

$$f'(x) = \frac{xe^{x/2}}{2} + e^{x/2} = e^{x/2}\left(\frac{x+2}{2}\right)$$

$$f''(x) = \frac{e^{x/2}}{2} + \frac{x+2}{2}\frac{e^{x/2}}{2} = e^{x/2}\left(\frac{x+4}{4}\right)$$

切记对所有的x有$e^{x/2} > 0$，我们看到$f'(-2) = 0$，且当$x < -2$时有$f'(x) < 0$；当$x > -2$时有$f'(x) > 0$. 因此，f在$(-\infty, -2]$上递减，在$[-2, \infty)$上递增，当$x = -2$时，它有极小值$f(-2) = -2/e \approx -0.7$.

同样，有$f''(-4) = 0$，并且当$x < -4$时$f''(x) < 0$，当$x > -4$时$f''(x) > 0$. 所以f的图形在$(-\infty, -4)$是凸函数，在$(-4, \infty)$是凹函数，它在$(-4, -4e^{-2}) \approx (-4, -0.54)$有一个拐点. 因为$\lim\limits_{x\to-\infty} xe^{x/2} = 0$，所以直线$y = 0$是一条水平渐近线. 这些信息描述了函数的图形如图4所示.

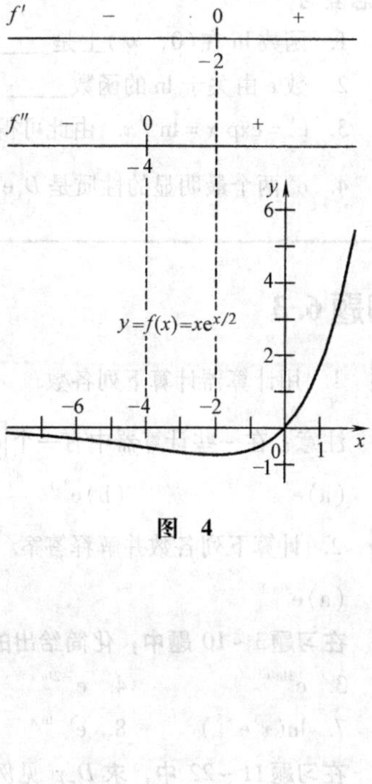

图 4

由$D_x e^x = e^x$的导数可得积分公式$\int e^x dx = e^x + C$，或者用u代替x.

$$\boxed{\int e^u du = e^u + C}$$

例4 计算$\int e^{-4x} dx$.

解 令$u = -4x$，那么$du = -4dx$，则

$$\int e^{-4x} dx = -\frac{1}{4}\int e^{-4x}(-4dx) = -\frac{1}{4}\int e^u du = -\frac{1}{4}e^u + C$$

$$= -\frac{1}{4}e^{-4x} + C$$

例5 计算$\int x^2 e^{-x^3} dx$.

解 令$u = -x^3$，那么$du = -3x^2 dx$，则

$$\int x^2 e^{-x^3} dx = -\frac{1}{3}\int e^{-x^3}(-3x^2 dx)$$

$$= -\frac{1}{3}\int e^u du = -\frac{1}{3}e^u + C$$

$$= -\frac{1}{3}e^{-x^3} + C$$

例6 计算$\int_1^3 xe^{-3x^2} dx$.

解 令$u = -3x^2$，那么$du = -6xdx$，则

$$\int xe^{-3x^2} dx = -\frac{1}{6}\int e^{-3x^2}(-6xdx) = -\frac{1}{6}\int e^u du$$

$$= -\frac{1}{6}e^u + C = -\frac{1}{6}e^{-3x^2} + C$$

用微积分的第二基本定理

$$\int_1^3 xe^{-3x^2} dx = \left[-\frac{1}{6}e^{-3x^2}\right]_1^3 = -\frac{1}{6}(e^{-27} - e^{-3})$$

$$= \frac{e^{-3} - e^{-27}}{6} \approx 0.0082978$$

最后结果可以直接用计算器求得.

例7 计算 $\int \frac{6e^{1/x}}{x^2} dx$.

解 考虑 $\int e^u du$，令 $u = 1/x$ 则 $du = (-1/x^2) dx$，于是

$$\int \frac{6e^{1/x}}{x^2} dx = -6\int e^{1/x}\left(\frac{-1}{x^2}dx\right) = -6\int e^u du$$

$$= -6e^u + C = -6e^{1/x} + C$$

虽然符号 e^y 将会在后续内容中大量地替代 $\exp y$，但是 exp 经常出现在科学论文中，特别是当指数 y 很复杂时. 例如，在统计学中，经常会遇到如下形式的概率密度函数

$$f(x) = \frac{1}{\sigma\sqrt{2\pi}}\exp\left[-\frac{(x-\mu)^2}{2\sigma^2}\right]$$

概念复习

1. 函数 ln 在 $(0, \infty)$ 上是________，所以，它有一个用 $\ln^{-1}$ 或者________表示的反函数.
2. 数 e 由关于 ln 的函数________定义的，精确到小数点后两位的值是________.
3. $e^x = \exp x = \ln^{-1} x$. 由此可得 $e^{\ln x}$ = ________$(x>0)$，$\ln e^x$ = ________.
4. e^x 两个最明显的性质是 $D_x e^x$ = ________，$\int e^x dx$ = ________.

习题 6.3

C 1. 用计算器计算下列各数.

注意：在一些计算器中有一个 e^x 的按键. 而在另外一些计算器中需按 INV（或 2nc）和 ln x 两键.

(a) e^3　　(b) $e^{2.1}$　　(c) $e^{\sqrt{2}}$　　(d) $e^{\cos(\ln 4)}$

C 2. 计算下列各数并解释答案.

(a) $e^{3\ln 2}$　　(b) $e^{(\ln 64)/2}$

在习题 3 ~ 10 题中，化简给出的表达式.

3. $e^{3\ln x}$　　4. $e^{-2\ln x}$　　5. $\ln e^{\cos x}$　　6. $\ln e^{-2x-3}$

7. $\ln(x^3 e^{-3})$　　8. $e^{x-\ln x}$　　9. $e^{\ln 3 + 2\ln x}$　　10. $e^{\ln x^2 - y\ln x}$

在习题 11 ~ 22 中，求 $D_x y$（见例题 1 和 2）.

11. $y = e^{x+2}$　　12. $y = e^{2x^2 - x}$　　13. $y = e^{\sqrt{x+2}}$　　14. $y = e^{-1/x^2}$

15. $y = e^{2\ln x}$　　16. $y = e^{x/\ln x}$　　17. $y = x^3 e^x$　　18. $y = e^{x^3 \ln x}$

19. $y = \sqrt{e^{x^2}} + e^{\sqrt{x^2}}$　　20. $y = e^{1/x^2} + 1/e^{x^2}$

21. $e^{xy} + xy = 2$（提示：用隐函数微分）.　　22. $e^{x+y} = 4 + x + y$

23. 用你所知道的 $y = e^x$ 的图形画出下列函数图形 (a) $y = -e^x$，(b) $y = e^{-x}$.

24. 试解释一下为什么 $a < b \Rightarrow e^{-a} > e^{-b}$.

在习题 25 ~ 36 题中，首先找出所给函数的定义域，然后找出它在哪里是递增，哪里是递减，哪里是凸的和哪里是凹的. 求出极值和拐点并画出 $y = f(x)$ 的图形.

25. $f(x) = e^{2x}$　　26. $f(x) = e^{-x/2}$

27. $f(x)=xe^{-x}$

28. $f(x)=e^x+x$

29. $f(x)=\ln(x^2+1)$

30. $f(x)=\ln(2x-1)$

31. $f(x)=\ln(1+e^x)$

32. $f(x)=e^{1-x^2}$

33. $f(x)=e^{-(x-2)^2}$

34. $f(x)=e^x-e^{-x}$

35. $f(x)=\int_0^x e^{-t^2}dt$

36. $f(x)=\int_0^x te^{-t}dt$

在习题 37 ~ 44 中，求出积分.

37. $\int e^{3x+1}dx$

38. $\int xe^{x^2-3}dx$

39. $\int (x+3)e^{x^2+6x}dx$

40. $\int \frac{e^x}{e^x-1}dx$

41. $\int \frac{e^{-1/x}}{x^2}dx$

42. $\int e^{x+e^x}dx$

43. $\int_0^1 e^{2x+3}dx$

44. $\int_1^2 \frac{e^{3/x}}{x^2}dx$

45. 求由 $y=e^x$，$y=0$，$x=0$ 和 $x=\ln 3$ 围成区域绕 x 轴旋转而成的旋转体的体积.

46. 求由 $y=e^{-x^2}$，$y=0$，$x=0$ 和 $x=1$ 围成区域绕 y 轴旋转而成的旋转体的体积.

47. 求由曲线 $y=e^{-x}$ 和过点(0，1)和(1，1/e)的直线所围成图形的面积.

48. 证明 $f(x)=\frac{x}{e^x-1}-\ln(1-e^{-x})$ 对于 $x>0$ 是递减的.

C 49. 对于比较大的数 n，$n!=1\times2\times3\times\cdots\times n$ 可以近似得到 $n!\approx\sqrt{2\pi n}\left(\frac{n}{e}\right)^n$，称为**司特林公式**.

(a)准确计算 10!，然后用上面的公式计算近似值.

(b)近似计算 60!.

C 50. 下面的结果将会在后面(9.9 节)给出，对于很小的 x

$$e^x\approx 1+x+\frac{x^2}{2!}+\frac{x^3}{3!}+\frac{x^4}{4!}$$

用这个结果近似计算 $e^{0.3}$ 并和直接计算的结果相比较(计算机和计算器就是用这样的和近似计算 e^x 的).

51. 求出以 $x=e^t\sin t$，$y=e^t\cos t(0\leqslant t\leqslant\pi)$ 为参数的曲线的长度.

C 52. 如果顾客经过结账台的平均概率是每分钟 k 位顾客，那么(参考概率理论的课本)在 $x$min 内经过结账台 n 个顾客的概率是

$$P_n(x)=\frac{(kx)^n e^{-kx}}{n!},\ n=0,1,2\cdots$$

顾客经过结账台的平均概率是每 4min 1 人，求在 30min 内经过 8 个顾客的概率.

53. 令 $f(x)=\frac{\ln x}{1+(\ln x)^2}$，$x\in(0,\infty)$，求：

(a) $\lim_{x\to0^+}f(x)$ 和 $\lim_{x\to\infty}f(x)$；

(b) $f(x)$ 的最大和最小值；

(c)当 $F(x)=\int_1^{x^2}f(t)dt$ 时，求 $F'(\sqrt{e})$.

54. 令 R 为 $x=0$，$y=e^x$ 和过原点的 $y=e^x$ 的切线所围成的区域，求：

(a) R 的面积；

(b) R 绕 x 轴旋转形成的旋转体的体积.

GC **用图形计算器或者 CAS 做习题 55 ~ 60.**

55. 计算

(a) $\int_{-3}^{3}\exp(-1/x^2)\mathrm{d}x$　　(b) $\int_{0}^{8\pi}\mathrm{e}^{-0.1x}\sin x\mathrm{d}x$

56. 计算

(a) $\lim\limits_{x\to 0}(1+x)^{1/x}$　　(b) $\lim\limits_{x\to 0}(1+x)^{-1/x}$

57. 求在$[-3,\ 3]$上$y=f(x)=\exp(-x^2)$和$y=f''(x)$所围成图形的面积.

EXPL 58. 在同一坐标系下画出$y=x^p\mathrm{e}^{-x}$的图形，其中p为正值. 推测：

(a) $\lim\limits_{x\to\infty}x^p\mathrm{e}^{-x}$；　　(b) $f(x)=x^p\mathrm{e}^{-x}$最大值的x轴坐标.

59. 描述对于较大的负数x，$\ln(x^2+\mathrm{e}^{-x})$将如何变化. 对于较大的正数呢？

60. 画出f和f'的图形，其中$f(x)=1/(1+\mathrm{e}^{1/x})$，然后计算下面各式：

(a) $\lim\limits_{x\to 0^+}f(x)$　(b) $\lim\limits_{x\to 0^-}f(x)$　(c) $\lim\limits_{x\to\pm\infty}f(x)$　(d) $\lim\limits_{x\to 0}f'(x)$

(e) f的最大和最小值(如果存在的话).

概念复习答案：

1. 递增，exp　2. $\ln \mathrm{e}=1$，2.72　3. x，x　4. e^x，e^x+C

6.4 一般指数函数和对数函数

我们在前面定义了$\mathrm{e}^{\sqrt{2}}$、e^{π}和其他e的无理数次幂. 但是$2^{\sqrt{2}}$、π^{π}、π^{e}和其他相似的无理数次幂呢？下面我们要给出当x是任意实数时$a^x(a>0)$的定义.

现在，如果$r=p/q$是一个有理数，那么$a^r=(\sqrt[q]{a})^p$. 但是我们还知道

$$a^r=\exp(\ln a^r)=\exp(r\ln a)=\mathrm{e}^{r\ln a}$$

这启发了**底数为a的指数函数**的定义

> **定义**
>
> 对于$a>0$和任意实数x，　$a^x=\mathrm{e}^{x\ln a}$

当然，这个定义在当且仅当指数的一般性质有效时成立，我们将会讨论这个问题. 为了坚定对这个定义的信心，我们用它来计算3^2(用计算器算一下)：

$$3^2=\mathrm{e}^{2\ln 3}\approx\mathrm{e}^{2(1.0986123)}\approx 9.000000$$

由于计算器近似计算e^x和$\ln x$是用固定的小数点位数(通常是8位的)，所以你的计算器给出的答案可能与9稍微不同.

现在我们可以填补在6.1节的自然对数性质上左边形式的小缺陷了：

$$\boxed{\ln a^x=\ln\mathrm{e}^{x\ln a}=x\ln a}$$

因此，定理6.1A的结论(iv)对全部实数成立，而不仅仅是有理数. 我们需要它来证明下面的定理A.

a^x的性质　定理A总结了指数常见的性质，它可以用严格的方法证明. 定理B给我们展示如何对a^x进行微分和积分.

> **定理A　指数的性质**
>
> 如果$a>0$，$b>0$，并且x和y是实数，那么
>
> (i) $a^xa^y=a^{x+y}$　　(ii) $\dfrac{a^x}{a^y}=a^{x-y}$
>
> (iii) $(a^x)^y=a^{xy}$　　(iv) $(ab)^x=a^xb^x$
>
> (v) $\left(\dfrac{a}{b}\right)^x=\dfrac{a^x}{b^x}$

证明 我们仅证明(ii)和(iii)，剩下的由读者来证明.

(ii) $\dfrac{a^x}{a^y} = e^{\ln(a^x/a^y)} = e^{\ln a^x - \ln a^y}$

$= e^{x\ln a - y\ln a} = e^{(x-y)\ln a} = a^{x-y}$

(iii) $(a^x)^y = e^{y\ln a^x} = e^{yx\ln a} = a^{yx} = a^{xy}$

定理 B 指数函数法则

$$D_x a^x = a^x \ln a$$

$$\int a^x \mathrm{d}x = \frac{a^x}{\ln a} + C, a \neq 1$$

证明

$$D_x a^x = D_x e^{x\ln a} = e^{x\ln a} D_x(x\ln a) = a^x \ln a$$

微分公式之后紧接着可得积分公式.

例 1 求 $D_x(3^{\sqrt{x}})$.

解 我们用链式法则和 $u = \sqrt{x}$.

$$D_x(3^{\sqrt{x}}) = 3^{\sqrt{x}}\ln 3 \times D_x\sqrt{x} = \frac{3^{\sqrt{x}}\ln 3}{2\sqrt{x}}$$

例 2 当 $y = (x^4+2)^5 + 5^{x^4+2}$ 时，求 $\mathrm{d}y/\mathrm{d}x$

解

$$\begin{aligned}\frac{\mathrm{d}y}{\mathrm{d}x} &= 5(x^4+2)^4 \cdot 4x^3 + 5^{x^4+2}\ln 5 \cdot 4x^3 \\ &= 4x^3[5(x^4+2)^4 + 5^{x^4+2}\ln 5] \\ &= 20x^3[(x^4+2)^4 + 5^{x^4+1}\ln 5]\end{aligned}$$

例 3 求 $\int 2^{x^3} x^2 \mathrm{d}x$.

解 令 $u = x^3$，那么 $\mathrm{d}u = 3x^2\mathrm{d}x$，则

$$\begin{aligned}\int 2^{x^3} x^2 \mathrm{d}x &= \frac{1}{3}\int 2^{x^3}(3x^2\mathrm{d}x) = \frac{1}{3}\int 2^u \mathrm{d}u \\ &= \frac{1}{3}\frac{2^u}{\ln 2} + C = \frac{2^{x^3}}{3\ln 2} + C\end{aligned}$$

为什么有其他底数？

除了 e 以外的底数有必要吗？没有. 公式 $a^x = e^{x\ln a}$ 和 $\log_a x = \dfrac{\ln x}{\ln a}$ 允许我们把任何一个含有底数 a 的指数或对数转换为含有底数 e 的函数. 这支持了我们的术语：**自然**指数和**自然**对数函数.

$\log_a$ 函数 最后，我们准备联系在代数里学的对数. 我们知道如果 $0 < a < 1$，那么 $f(x) = a^x$ 是一个递减函数；如果 $a > 1$，它是一个递增函数，可以用导数来检验. 另外，f 有一个反函数. 我们叫这个反函数为**以 a 为底数的对数函数**. 它定义如下：

定义

令 a 为一个不为 1 的正数，那么

$$y = \log_a x \Leftrightarrow x = a^y$$

最常用的底数是 10，称为**常用对数**. 但是微积分和所有的高等数学中，最重要的是底数 e. $\log_e$ 是 $f(x) = e^x$ 的反函数，是符号 ln 的另一种表示. 也就是说

$$\log_e x = \ln x$$

我们转了一个圈(图 1). 我们已经在 6.1 节介绍过的函数 ln，变成了一个普通对数，但它具有一个特殊的底数 e.

显然，如果 $y=\log_a x$，那么 $x=a^y$，于是

$$\ln x = y\ln a$$

从这里可得

$$\boxed{\log_a x = \frac{\ln x}{\ln a}}$$

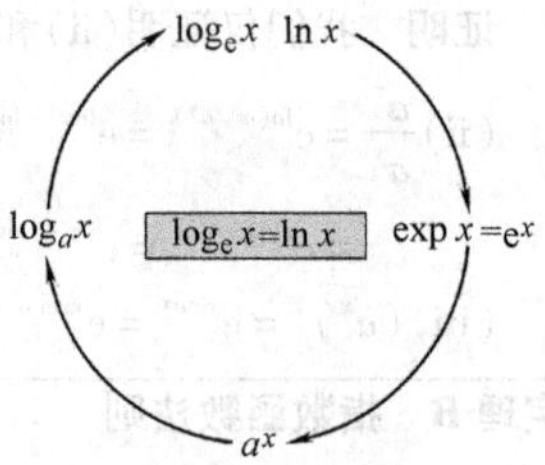

图 1

$\log_a$ 符合对数的一般的性质(见定理6.1A). 同时

$$\boxed{D_x\log_a x = \frac{1}{x\ln a}}$$

例4 如果 $y=\log_{10}(x^4+13)$，求 $\frac{dy}{dx}$.

解 令 $u=x^4+13$，由链式法则.

$$\frac{dy}{dx} = \frac{1}{(x^4+13)\ln 10}\times 4x^3 = \frac{4x^3}{(x^4+13)\ln 10}$$

函数 a^x、x^a 和 x^x 令 a 为一个常数，比较图2中三个函数的图形. 不要把指数函数 $f(x)=a^x$ 和幂函数 $g(x)=x^a$ 混淆了，也不要混淆它们的导数.

我们刚学了

$$\boxed{D_x a^x = a^x\ln a}$$

那 $D_x x^a$ 怎么样？对于一个有理数，我们在第2章证明了幂的法则，它告诉我们

$$D_x x^a = ax^{a-1}$$

现在即使 a 是无理数，我们也可以说这是对的. 看下面的过程：

$$D_x x^a = D_x e^{a\ln x} = e^{a\ln x}\frac{a}{x}$$

$$= x^a\cdot\frac{a}{x} = ax^{a-1}$$

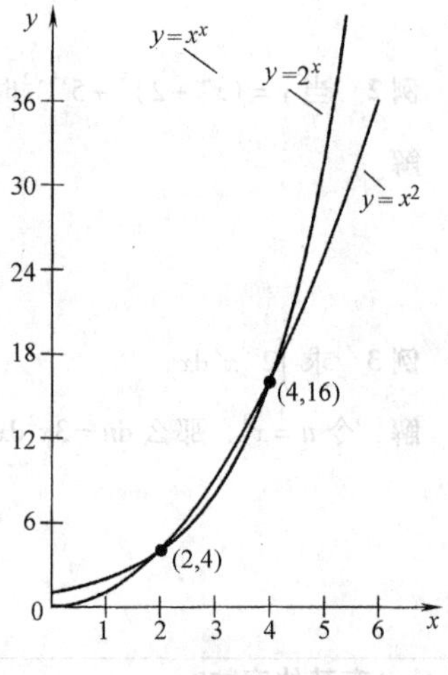

图 2

相关的积分法则在 a 是无理数时也成立.

$$\boxed{\int x^a dx = \frac{x^{a+1}}{a+1}+C, a\neq -1}$$

最后，我们思考一下 $f(x)=x^x$，一个变量的变量次幂. 这里有一个求 $D_x x^x$ 的公式，我们不要求记住它，但建议学会两种方法求它，举例如下.

例5 如果 $y=x^x$，$x>0$，用两种不同的方法求 $D_x y$.

解法1 我们可以写成

$$y = x^x = e^{x\ln x}$$

因此，根据链式法则，有

$$D_x y = e^{x\ln x}D_x(x\ln x) = x^x\left(x\frac{1}{x}+\ln x\right) = x^x(1+\ln x)$$

解法2 回想一下6.1节的对数积分技巧

$$y = x^x$$

$$\ln y = x\ln x$$

$$\frac{1}{y}D_x y = x\frac{1}{x}+\ln x$$

$$D_x y = y(1+\ln x) = x^x(1+\ln x)$$

例 6 如果 $y=(x^2+1)^{\pi}+\pi^{\sin x}$，求 $\mathrm{d}y/\mathrm{d}x$.

解 $\frac{\mathrm{d}y}{\mathrm{d}x}=\pi(x^2+1)^{\pi-1}\times 2x+\pi^{\sin x}\ln\pi\cdot\cos x$

例 7 如果 $y=(x^2+1)^{\sin x}$，求 $\frac{\mathrm{d}y}{\mathrm{d}x}$.

解 用对数积分.

$$\ln y=(\sin x)\ln(x^2+1)$$

$$\frac{1}{y}\frac{\mathrm{d}y}{\mathrm{d}x}=(\sin x)\frac{2x}{x^2+1}+(\cos x)\ln(x^2+1)$$

$$\frac{\mathrm{d}y}{\mathrm{d}x}=(x^2+1)^{\sin x}\left[\frac{2x\sin x}{x^2+1}+(\cos x)\ln(x^2+1)\right]$$

从 a^x 到 $[f(x)]^{g(x)}$

注意我们所学的函数越来越复杂. 从 a^x 到 x^a 再到 x^x 是一个链式发展. 有一个更复杂的链：从 $a^{f(x)}$ 到 $[f(x)]^a$ 再到 $[f(x)]^{g(x)}$. 现在我们知道怎样求出所有这些函数的导数. 求出最后一种函数的导数的最好办法是先求对数再微分，这种方法在 6.1 节已经介绍，例 5 和例 7 作了很好的解释.

例 8 求 $\int_{1/2}^{1}\frac{5^{1/x}}{x^2}\mathrm{d}x$

解 令 $u=1/x$，那么 $\mathrm{d}u=(-1/x^2)\mathrm{d}x$. 然后

$$\int\frac{5^{1/x}}{x^2}\mathrm{d}x=-\int 5^{1/x}\left(-\frac{1}{x^2}\mathrm{d}x\right)=-\int 5^u\mathrm{d}u$$

$$=-\frac{5^u}{\ln 5}+C=-\frac{5^{1/x}}{\ln 5}+C$$

因此，根据微积分第二基本定理，有

$$\int_{1/2}^{1}\frac{5^{1/x}}{x^2}\mathrm{d}x=\left[-\frac{5^{1/x}}{\ln 5}\right]_{1/2}^{1}=\frac{1}{\ln 5}(5^2-5)$$

$$=\frac{20}{\ln 5}\approx 12.43$$

概念复习

1. 根据 e 和 ln 的定义，$\pi^{\sqrt{3}}=$________. 一般的，$a^x=$________.
2. 如果 $\ln x=\log_a x$，那么 $a=$________.
3. $\log_a x$ 可以用 ln 表示为 $\log_a x=$________.
4. 幂函数 $f(x)=x^a$ 的导数 $f'(x)=$________；指数函数 $g(x)=a^x$ 的导数 $g'(x)=$________.

习题 6.4

在习题 1 ~ 8 中，求解 x.（提示：$\log_a b=c\Leftrightarrow a^c=b$）.

1. $\log_2 8=x$　　2. $\log_5 x=2$　　3. $\log_4 x=\frac{3}{2}$　　4. $\log_x 64=4$

5. $2\log_9\left(\frac{x}{3}\right)=1$　　6. $\log_4\left(\frac{1}{2x}\right)=3$　　7. $\log_2(x+3)-\log_2 x=2$　　8. $\log_5(x+3)-\log_5 x=1$

[C] **用 $\log_a x=(\ln x)/(\ln a)$ 计算习题 9 ~ 12 的对数.**

9. $\log_5 12$　　10. $\log_7(0.11)$　　11. $\log_{11}(8.12)^{1/5}$　　12. $\log_{10}(8.57)^7$

[C] 在习题13～16中，用自然对数求解以下指数方程. 提示：如求 $3^x=11$，可以两边取 ln，得到 $x\ln 3=\ln 11$；然后可得 $x=(\ln 11)/(\ln 3)\approx 2.1827$.

13. $2^x=17$　　14. $5^x=13$　　15. $5^{2s-3}=4$　　16. $12^{1/(\theta-1)}=4$

求习题17～26的导数或积分.

17. $D_x 6^{2x}$　　18. $D_x 3^{2x^2-3x}$　　19. $D_x\log_3 e^x$　　20. $D_x\log_{10}(x^3+9)$

21. $D_z[3^z\ln(z+5)]$　　22. $D_\theta\sqrt{\log_{10}(3^{\theta^2-\theta})}$　　23. $\int x2^{x^2}\mathrm{d}x$　　24. $\int 10^{5x-1}\mathrm{d}x$

25. $\int_1^4\frac{5^{\sqrt{x}}}{\sqrt{x}}\mathrm{d}x$　　26. $\int_0^1(10^{3x}+10^{-3x})\mathrm{d}x$

在习题27～32中，求 $\mathrm{d}y/\mathrm{d}x$. 注意：区别如例题5～例题7中像 a^x，x^a 和 x^x 类型的问题.

27. $y=10^{x^2}+(x^2)^{10}$　　28. $y=\sin^2x+2^{\sin x}$　　29. $y=x^{\pi+1}+(\pi+1)^x$　　30. $y=2^{e^x}+(2^e)^x$

31. $y=(x^2+1)^{\ln x}$　　32. $y=(\ln x^2)^{2x+3}$　　33. 如果 $f(x)=x^{\sin x}$，求 $f'(1)$.

[C] 34. 令 $f(x)=\pi^x$，$g(x)=x^\pi$. 判断求 $f(e)$ 和 $g(e)$，$f'(e)$ 和 $g'(e)$ 哪个大.

在习题35～40中，首先求出所给函数的定义域，然后求出它在哪里递增，哪里递减，哪里是凸的和哪里是凹的. 求出极值和拐点并画出 $y=f(x)$ 的图形.

35. $f(x)=2^{-x}$　　36. $f(x)=x2^{-x}$　　37. $f(x)=\log_2(x^2+1)$　　38. $f(x)=x\log_3(x^2+1)$

39. $f(x)=\int_1^x 2^{-t^2}\mathrm{d}t$　　40. $f(x)=\int_0^x\log_{10}(t^2+1)\mathrm{d}t$

41. $\log_{1/2}x$ 和 $\log_2 x$ 有什么联系？

42. 在相同的直角坐标系里画出 $\log_{1/3}x$ 和 $\log_3 x$ 的图形.

[C] 43. 一场地震的里氏强度 M 是

$$M=0.67\log_{10}(0.37E)+1.46$$

E 是地震产生的能量(kW·h). 求强度为里氏7级的地震所产生的能量和强度为里氏8级时产生的能量.

[C] 44. 为了纪念电话的发明者亚力山大·格雷厄姆·贝尔(1847—1922)，声音强度用dB来计量. 如果压力变量是 P lb/in²，那么声音强度 L 用dB表示为

$$L=20\log_{10}(121.3P)$$

求一个摇滚乐团发出115dB的声音强度时引起的压力强度 P 为多少.

[C] 45. 自从J. S. 巴赫(1685—1750)起，键盘乐器同等音阶的调音就开始了，连续音符C，C#，D，D#，E，F，F#，G，G#，A，A#，B，$\overline{\mathrm{C}}$ 的频率是以几何级数倍地增长的. ($\overline{\mathrm{C}}$ 是C频率的两倍，C#是升高半调的C). 在连续的音符中比率 r 是多少？如果A的频率是440，求 $\overline{\mathrm{C}}$ 的频率.

46. 证明 $\log_2 3$ 是无理数. 提示：用反证法证明.

[C] 47. 你怀疑你得到的 x 和 y 的数据在指数函数 $y=Ab^x$ 或者在幂函数 $y=Cx^d$ 中错了. 为了查出错误，你在一个图上描绘 x-$\ln y$ 的图形，在另一个图上描绘 $\ln x$-$\ln y$ 的图形(在计算机和CAS上按对数的比例确定竖轴，或者竖轴和横轴). 解释一下这些图形如何帮你得出结论.

48. (娱乐)对给出的问题，如果 $y=x^x$，求 y'，学生A的解答是：

错误1

$$y=x^x$$

$$y'=x\cdot x^{x-1}\cdot 1\text{(错误运用幂法则)}$$

$$=x^x$$

学生 B 的解答是：

错误 2
$$y = x^x$$
$$y' = x^x \cdot \ln x \cdot 1 \text{（错误运用指数函数法则）}$$
$$= x^x \ln x$$

它们的和 $x^x + x^x \ln x$ 却是对的（例题 5），因此

错误 1 + 错误 2 = 正确

用相同的步骤得出 $y = f(x)^{g(x)}$ 的正确答案.

49. 证明函数 $f(x) = (x^x)^x$ 与 $g(x) = x^{(x^x)}$ 不是同一函数，然后求出 $f'(x)$ 和 $g'(x)$. 注意：数学家写 x^{x^x}，意思是 $x^{(x^x)}$.

50. 思考函数 $f(x) = \dfrac{a^x - 1}{a^x + 1}$，其中 a 为定值，$a > 0$，$a \neq 1$. 证明 f 有一个反函数并求出 $f^{-1}(x)$ 的表达式.

51. a 为定值且 $a > 1$，令在区间 $[0, \infty)$ 上 $f(x) = \dfrac{x^a}{a^x}$，证明：

(a) $\lim\limits_{x \to \infty} f(x) = 0$（提示：求 $\ln f(x)$）；　　(b) $f(x)$ 在 $x_0 = \dfrac{a}{\ln a}$ 处取最大值；

(c) 方程 $x^a = a^x$ 当 $a \neq \mathrm{e}$ 时有两个正解，当 $a = \mathrm{e}$ 时有一个正解；

(d) $\pi^{\mathrm{e}} < \mathrm{e}^{\pi}$.

52. 令 $f_u(x) = x^u \mathrm{e}^{-x}$ 且 $x \geqslant 0$. 对任意定值 $u > 0$ 证明：

(a) 函数 $f_u(x)$ 在 $x_0 = u$ 处取得最大值；

(b) $f_u(u) > f_u(u+1)$ 和 $f_{u+1}(u+1) > f_{u+1}(u)$，这意味着有 $\left(\dfrac{u+1}{u}\right)^u < \mathrm{e} < \left(\dfrac{u+1}{u}\right)^{u+1}$；

(c) $\dfrac{u}{u+1}\mathrm{e} < \left(\dfrac{u+1}{u}\right)^u < \mathrm{e}$.

由 (c) 得到 $\lim\limits_{u \to \infty}\left(1 + \dfrac{1}{u}\right)^u = \mathrm{e}$.

GC 53. 求 $\lim\limits_{x \to 0^+} x^x$. 并且在区间 $[0, 4]$ 上求出 $f(x) = x^x$ 的最小值.

GC 54. 在同一坐标上画出 $y = x^3$ 和 $y = 3^x$ 的图形并求出它们的所有交点.

CAS 55. 计算 $\int_0^{4\pi} x^{\sin x} \mathrm{d}x$.

CAS 56. 参照习题 49. 在同一坐标上画出 f 和 g 的图形. 然后在同一坐标上画出 g' 和 f' 的图形.

目前我们的画图经验只局限在标准的坐标间距. 当画对数或指数函数图形时，利用对数的尺度可能更具建设性. 在 57 题和 58 题我们会探索这个问题.

GC 57. 在一个简单的坐标系中，利用你的计算器画出函数 $y = 2^x$，$y = 3^x$，$y = 4^x$ 在区间 $(0 < x < 4)$ 的图形. 对函数 $y = \log_2 x$，$y = \log_3 x$，$y = \log_4 x$ 也是同样的做法. 如果我们利用具有画半对数数轴（y 轴用的是对数尺度而 x 轴仍用标准尺度）的计算机软件来画出函数 $y = 2^x$，$y = 3^x$，$y = 4^x$ 在区间 $(-5 < x < 5)$ 的图形（图 3），我们得到三条直线.

(a) 判断图 3 中的每一条直线.

(b) 注意到如果 $y = Cb^x$，那么 $\ln y = \ln C + x\ln b$. 解释为什么图 3 中所有的曲线都经过点 $(0, 1)$.

(c) 根据图 4 所给出的图形，求出 $y = Cb^x$ 中的 C 和 b.

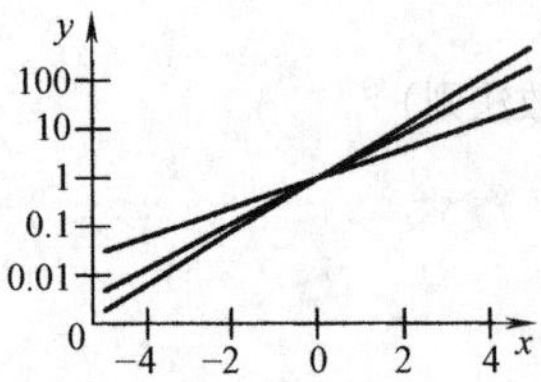

图 3

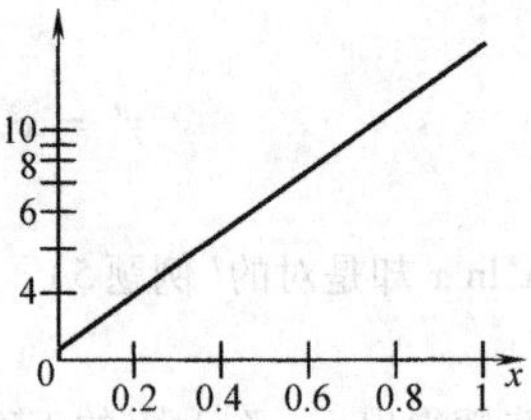

图 4

58. 如果和 y 轴一样在 x 轴上用对数尺度，然后画出几个函数，我们也能得到直线. 对 $y=Cx^r$ 取对数得到 $\log y=\log C+r\log x$，利用以上结果确定图 5 中所示图形的函数.

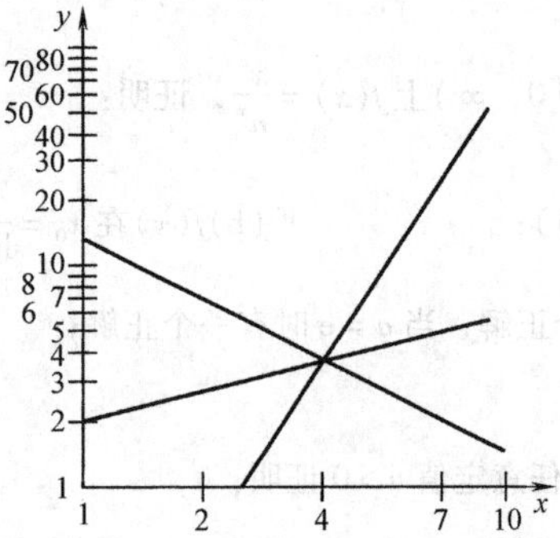

图 5

概念复习答案：

1. $e^{\sqrt{3}\ln\pi}$，$e^{x\ln a}$ 2. e 3. $\ln x/\ln a$ 4. ax^{a-1}，$a^x\ln a$

6.5 指数函数的增减

2004 年初，世界人口将近 64 亿. 这意味着到 2020 年它会达到 79 亿. 这种预言是怎样实现的呢?

把这个问题用数学的方法处理，令 $y=f(t)$ 表示时间为 t 时世界人口的数量，其中 t 是 2004 年后的年数. 事实上，$f(t)$ 是个整数，并且当一个人出生或死亡时它的图形会跳跃. 然而，对于一个数量庞大的人口，这些跳跃对总的人口影响甚小，于是如果我们把 f 看作一个可微的函数不会太错. 可以合理地认为，在一段短的时间 t 内人口的增长与起初时间的人口大小和那段时间成比例. 因而，$\Delta y=ky\Delta t$，或

$$\frac{\Delta y}{\Delta t}=ky$$

以这个极限形式，给出微分方程

$$\boxed{\frac{dy}{dt}=ky}$$

如果 $k>0$，人口增长，如果 $k<0$，人口减少. 对于世界人口，历史揭示 k 大约为 0.0132(假设 t 表示年数)，尽管一些报告有不同的结果.

解微分方程 可以参照从 3.9 节开始学习的微分方程，我们要在当 $t=0$ 时 $y=y_0$ 的条件下解 $\frac{dy}{dt}=ky$. 分离变量并积分，得到

$$\frac{dy}{y} = k dt$$

$$\int \frac{dy}{y} = \int k dt$$

$$\ln y = kt + C$$

当 $t=0$ 时 $y=y_0$ 求出 $C=\ln y_0$. 因此

$$\ln y - \ln y_0 = kt$$

或

$$\ln \frac{y}{y_0} = kt$$

变为指数形式

$$\frac{y}{y_0} = e^{kt}$$

最终

$$\boxed{y = y_0 e^{kt}}$$

当 $k>0$ 时，这种增长称为**指数增长**，当 $k<0$ 时，称为**指数衰减**.

回到世界人口问题，我们选择从 2004 年 1 月 1 日起测量时间 t，y 为以 10 亿计的人口，于是，$y_0=6.4$，$k=0.0132$

$$y = 6.4e^{0.0132t}$$

到 2020 年，即 $t=16$ 时，我们能预知 y 估计是 $y=6.4e^{0.0132\times 16}\approx 7.9\times 10$(亿)

例 1 在前述假设下，经过多少年世界人口将会翻倍?

解 这个问题等价于问“2004 年后的多少年中世界人口达到 128 亿?”我们需要解方程

$$12.8 = 6.4e^{0.0132t}$$

$$2 = e^{0.0132t}$$

两边对 t 取对数得到

$$\ln 2 = 0.0132t$$

$$t = \frac{\ln 2}{0.0132} \approx 53(\text{年})$$

如果世界人口在 2004 年后的第一个 53 年中翻倍，它将会在任一 53 年中翻倍. 例如，它会在 106 年中达到 4 倍. 更加广泛的说. 如果一个以指数增长的数在最初的时间 T 内从 y_0 翻倍到 $2y_0$，它会在任意时间 T 内翻倍，

$$\frac{y(t+T)}{y(t)} = \frac{y_0 e^{k(t+T)}}{y_0 e^{kt}} = \frac{y_0 e^{kT}}{y_0} = \frac{2y_0}{y_0} = 2$$

我们称 T 为**翻倍时间**.

例 2 细菌的数量以很快的速度增长，在中午大约为 10000，两小时后达到 40000. 预测下午 5 点时有多少细菌.

解 我们假设微分方程 $\frac{dy}{dt}=ky$ 是适用的，因此 $y=y_0 e^{kt}$. 现在我们有两个条件：$y_0=10000$ 和当 $t=2$ 时 $y=40000$，由此得出

$$40000 = 10000e^{k\times 2}$$

即

$$4 = e^{2k}$$

运用指数变换

$$\ln 4 = 2k$$

$$k = \frac{1}{2}\ln 4 = \ln\sqrt{4} = \ln 2$$

因而

$$y = 10000e^{(\ln 2)t}$$

当 $t=5$ 时，得到

$$y = 10000e^{0.693\times 5} \approx 320000$$

指数模型 $y = y_0e^{kt}(k>0)$，将会在增长越来越快后出现缺陷(图 1). 大多数情况下(包括世界人口问题)，有限的空间和资源将会最终导致一个越来越小的增长速度. 这就是另一个人口增长模型，称为**逻辑模型**，我们假设增长速度与人口大小 y 和 $L-y$ 成比例，L 是所能支持的最大人口数. 由此导出微分方程

$$\frac{dy}{dt} = ky(L-y)$$

表示对于较小数 y，$\frac{dy}{dt} \approx kLy$，它表示指数型增长. 但当 y 接近 L 时，增长缩减并且$\frac{dy}{dt}$越来越小，产生一个如图 2 的图形. 在本节习题 34、35 和 49 中将探讨该模型并且在 7.5 节中进一步探讨.

放射性衰减 并不是所有的事物都是呈增长的趋势，有些事物会随着时间的推移而减少. 例如，放射性元素衰减，它们的衰减速率与现有的量成比例. 因此，它们的速率改变同样满足微分方程

$$\frac{dy}{dt} = ky$$

但是 k 是负数，$y = y_0e^{kt}$ 仍然是该方程的解. 图 3 所示曲线就是个典型例子.

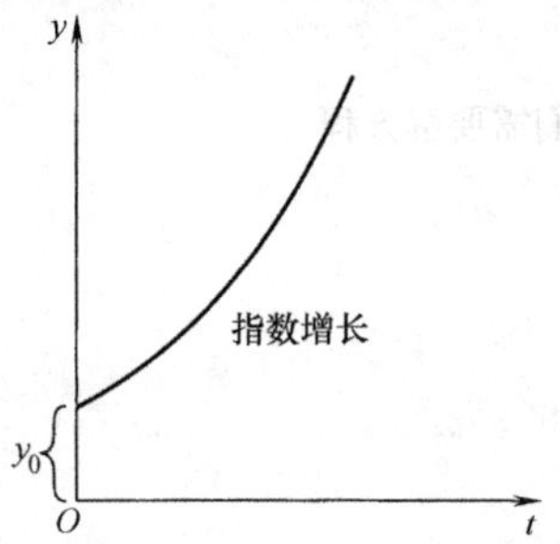

图 1

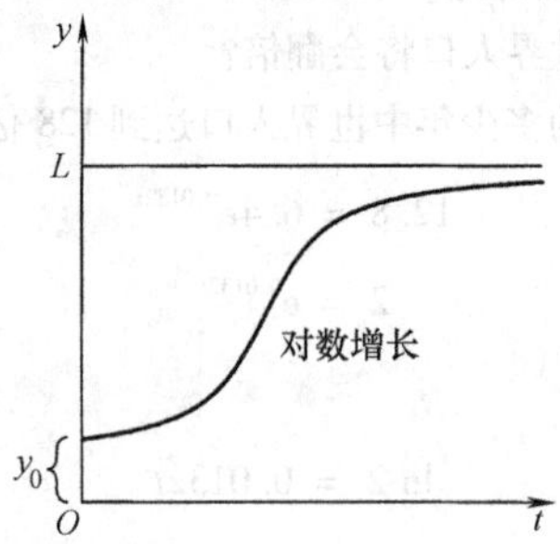

图 2

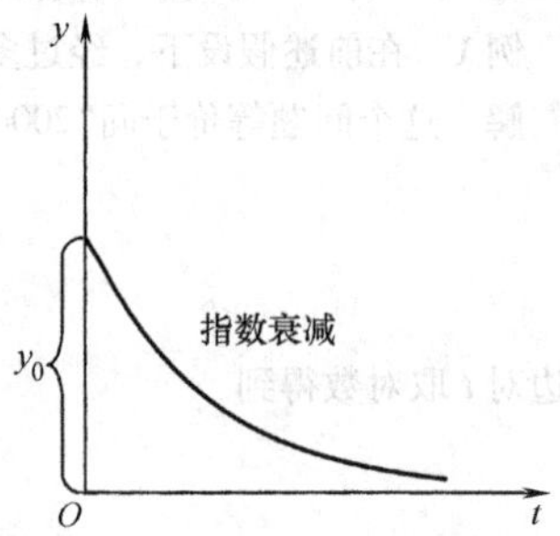

图3

例 3 碳 14，一种碳的同位素，具有放射性并以与当前量成比例的速率衰减. 它的半衰期是 5730 年，这意味着碳 14 从给定的量衰减为原来的一半将花费 5730 年. 如果碳 14 最初为 10g，2000 年后将会有多少剩下？

解 我们由半衰期 5730 年决定 k，它表示

$$\frac{1}{2} = 1e^{k\cdot 5730}$$

或者，经过对数变换

$$-\ln 2 = 5730k$$

$$k = \frac{-\ln 2}{5730} \approx -0.000121$$

继而

$$y = 10e^{-0.000121t}$$

当 $t=2000$ 时

$$y=10e^{-0.000121\times2000}\approx7.85\ (g)$$

在习题 17 中，我们会指出怎样用例 3 来确定化石和其他古生物的年龄.

牛顿热传递定律 牛顿热传递定律阐明一个物体降(升)温的速率与这个物体与周围环境的温度差成正比. 具体而言，假设最初温度为 T_0 的一个物体放置在一个温度是 T_1 的房间里. 如果 $T(t)$ 代表时间 t 时物体的温度，那么牛顿热传递定律规定：$\frac{dT}{dt}=k(T-T_1)$.

如本节增长和衰减的问题一样，此微分方程可用分离变量来解.

例 4 一个来自 350℉ 烘箱中的物体放在 70℉ 的房中冷却. 如果在 1h 后温度下降到 250℉，那么从烘箱中取出 3h 后，其温度是多少?

解 微分方程可以写为

$$\frac{dT}{dt}=k(T-70)$$

$$\frac{dT}{T-70}=k\,dt$$

$$\int\frac{dT}{T-70}=\int k\,dt$$

$$\ln|T-70|=kt+C$$

由于初始温度大于 70℉，物体温度将下降为 70℉应该是合理的，那么 $T-70$ 将是正的，从而绝对值是不必要的. 于是

$$T-70=e^{kt+C}$$

$$T=70+C_1e^{kt},\ 其中\ C_1=e^C$$

现在，我们由初始条件 $T(0)=350$ 来确定 C_1：

$$350=T(0)=70+C_1e^{k\times0}$$

$$280=C_1$$

那么微分方程的解为

$$T(t)=70+280e^{kt}$$

根据 $t=1$ 时的温度是 $T(1)=250$ 这个条件确定 k

$$250=T(1)=70+280e^{k\times1}$$

$$e^k=\frac{180}{280}$$

$$k=\ln\frac{180}{280}\approx-0.44183$$

于是

$$T(t)=70+280e^{-0.44183t}$$

如图 4 所示. 3h 后的温度为

$$T(3)=70-280e^{-0.44183\times3}\approx144.4℉$$

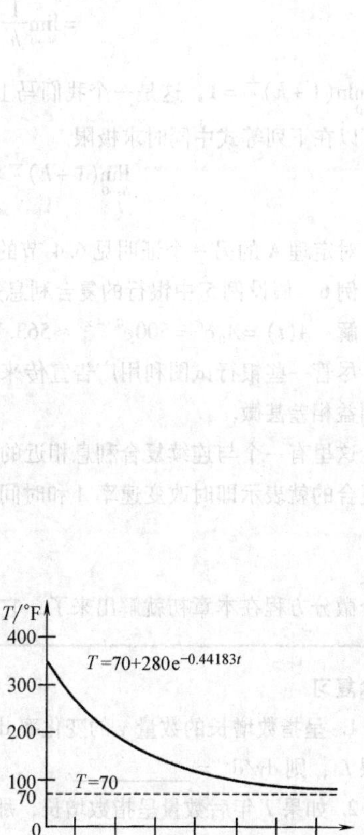

图 4

复合利息 如果我们把 100 美元存入每月计算复合利息、年息为 12% 的银行，一个月后其值为 100×1.01 美元，两个月后值为 100×1.01^2 美元，12 个月即一年后值为 100×1.01^{12} 美元.

概括地说，如果我们把 A_0 美元存进以年利率为 $100r\%$、一年计算复利 n 次的银行中，它将会在 t 年后达到 $A(t)$ 美元，即

$$A(t)=A_0\left(1+\frac{r}{n}\right)^{nt}$$

例5 假设凯瑟琳把500美元存进年息4%的银行，每天计算复利．3年后本息共多少钱？

解 这里$r=0.04$，$n=365$，因此

$$A=500\left(1+\frac{0.04}{365}\right)^{365\times 3}\approx 563.74(\text{美元})$$

现在让我们考虑当利息是**连续复合**利息时会发生什么，那就是，当n是一年中的计息时段的次数，并趋向无穷．于是得到

$$A(t)=\lim_{n\to\infty}A_0\left(1+\frac{r}{n}\right)^{nt}=A_0\lim_{n\to\infty}\left[\left(1+\frac{r}{n}\right)^{\frac{n}{r}}\right]^{rt}$$

$$=A_0\left[\lim_{h\to 0}(1+h)^{\frac{1}{h}}\right]^{rt}=A_0e^{rt}$$

这里我们将$\frac{r}{n}$换成h并且指出当$n\to\infty$，$h\to 0$．但最重要的一点是知道方括号中的极限e．这个结果可作为一个定理

定理A

$$\lim_{h\to 0}(1+h)^{\frac{1}{h}}=e$$

证明 首先指出若$f(x)=\ln x$则$f'(x)=\frac{1}{x}$，更特殊地，$f'(1)=1$．然后由导数定义和ln的性质，得到

$$1=f'(1)=\lim_{h\to 0}\frac{f(1+h)-f(1)}{h}=\lim_{h\to 0}\frac{\ln(1+h)-\ln 1}{h}$$

$$=\lim_{h\to 0}\frac{1}{h}\ln(1+h)=\lim_{h\to 0}\ln(1+h)^{\frac{1}{h}}$$

即$\lim_{h\to 0}\ln(1+h)^{\frac{1}{h}}=1$，这是一个我们马上会用到的结论．现在，$g(x)=e^x=\exp x$是一个连续函数，因此，我们可以在下列等式中同时求极限

$$\lim_{h\to 0}(1+h)^{\frac{1}{h}}=\lim_{h\to 0}\exp\left[\ln(1+h)^{\frac{1}{h}}\right]=\exp\left[\lim_{h\to 0}\ln(1+h)^{\frac{1}{h}}\right]$$

$$=\exp 1=e$$

对定理A的另一个证明见6.4节的习题52．

例6 假设例5中银行的复合利息是连续的．凯瑟琳在3年后会得到多少钱？

解 $A(t)=A_0e^{rt}=500e^{0.04\times 3}\approx 563.75(\text{美元})$

尽管一些银行试图利用广告宣传来提供连续复合利息，但连续复合与日复合(很多银行提供)的利息所得利益相差甚微．

这里有一个与连续复合利息相近的问题．设A是投资A_0美元，利率为r到某个时间t的值．说利率是连续复合的就表示即时改变速率A和时间的关系是rA，那就是

$$\frac{dA}{dt}=rA$$

这个微分方程在本章初就解出来了；它的解是$A=A_0e^{rt}$．

概念复习

1. 呈指数增长的数量y的变化率dy/dt满足微分方程$dy/dt=$________．相反，如果y越来越小且有上限L，则$dy/dt=$________．

2. 如果T年后数量呈指数增长，那么$3T$年后将是________倍．

3. 当量y呈指数衰减，从y_0到$y_0/2$的时间被称为________．

4. 数值e可通过极限$e=\lim_{h\to 0}$________来表示．

习题 6.5

在习题1~4 中，解下列服从已知条件的微分方程．注意 $y(a)$ 表示 $t=a$ 时 y 的值．

1. $\frac{dy}{dt}=-6y$，$y(0)=4$

2. $\frac{dy}{dt}=6y$，$y(0)=1$

3. $\frac{dy}{dt}=0.005y$，$y(10)=2$

4. $\frac{dy}{dt}=-0.003y$，$y(-2)=3$

5. 一种细菌的增长速率与其数量成正比．最初数量为10000，10 天以后数量变成20000．问当过了25 天以后数量是多少？（参考例2）

6. 在习题5 中，多长时间以后细菌数量可达最初的2 倍？（参见例1）

7. 在习题5 中，多长时间以后细菌数量可达最初的3 倍？（参见例1）

8. 1790 年美国人口为390 万，而1960 年为1.78 亿．如果其人口增长依照这个比率发展下去的话，估计到2000 年人口为多少？（与2000 年美国实际人口2.75 亿对比一下．）

9. 某国人口以每年3.2% 的比例增长；如果年初人口为 A，则年末人口为 $1.032A$．假设现在人口为450 万，1 年后人口为多少？2 年后呢？10 年后呢？100 年后呢？

10. 确定习题9 中与 $\frac{dy}{dt}=ky$ 相对应的常量 k，然后运用公式 $y=4.5e^{kt}$ 算出100 年后的人口数．

11. 人口增长的速度与它的大小成正比．5 年之后，人口规模16.4 万．经过12 年后人口规模是23.5 万．原来的人口规模是多少？

12. 多数肿瘤生长的速度与它的质量成正比．第一次测量时为4.0g，第一次测量前的6 个月肿瘤是多大？如果仪器可以检测到的肿瘤质量为1g 或更多，什么时候可以发现肿瘤？

13. 有一种半衰期为700 年的放射性物质．如果最初有10g，300 年后还会剩下多少？

14. 如果一种放射性物质在2 天内放射能损失15% 的话，它的半衰期是多少？

15. 铯137 和锶90 是两个放射性化学物质，被切尔诺贝利核反应堆于1986 年4 月释放．铯137 的半衰期是30.22 年，而锶90 是28.8 年．多少年铯137 的质量将等于被释放的1 %？对锶90 也回答这个问题．

16. 研究数量不明的放射性物质，两天后的质量是15.231g．经过8 天后的质量是9.086g．最初有多少？这种物质的半衰期是多少？

17.（**碳测定**）所有生命物质都含有稳定的碳12 和具有放射性的碳14．当一个植物或动物个体还活着的时候，因为碳14 的不断更新，这两种碳的同位素的比例保持不变．一旦死亡便没有新的碳14 补充．碳14 的半衰期是5730 年，如果一块来自破废堡垒的烧焦的木头相对有生命物质只有70% 的碳14，那么堡垒是多久以前烧毁的？假设这个用新伐的木头建筑的堡垒建成后立即被焚毁．

18. 一束来自非洲坟墓的人类头发被证实其中只含有生命组织51% 的碳14．那么这束头发的主人是何时被掩埋的？

19. 一个物体在烘箱中加热到300℉，然后置于75℉ 的房间中，如果0.5h 后温度下降到200℉，3h 后温度是多少？

20. 一个在室外显示为 -20℃ 的温度计，被置于环境温度为24℃ 的房间中．5min 后标度为0℃．问多久以后会显示20℃？

21. 一个最初26℃ 的物体被放置在有90℃的水中．如果在5min 之内物体温度上升到70℃，10min 后温度如何？

22. 一批取自350℉ 烘箱的巧克力饼放进40℉ 的冰箱中冷却．15min 后，该批巧克力饼已经冷却到250℉．什么时候巧克力饼的温度为110℉？

23. 一具尸体在上午10 时被发现时有温度82℉，一小时后的温度是76℉．房间的温度一直是70℉为一个常数．假定身体的温度为98.6℉ 时还活着，估计死亡时间．

24. 对任意 T_0，T_1 和 k，假设 $T_0 > T_1$，利用解牛顿热传递定律微分方程证明 $\lim_{t\to\infty}T(t) = T_1$.

25. 如果今天将 375 美元存入银行，年利息是 3.5% 并且按指定的复利计算，两年以后它会价值多少呢？

(a) 按年计息　　(b) 按月计息

(c) 按天计息　　(d) 连续计息

26. 假设利率是 4.6% 时计算 25 题.

27. 在以下特种账户利率中，多久后钱会翻倍？

(a) 按月计算复利，年利率为 6%　　(b) 连续计算复利，年利率为 6%

28. 1999 年到 2004 年间每年以 2.5% 的速度通货膨胀. 根据这个基础，计算一辆在 1999 年卖 20000 美元的汽车在 2004 年卖多少钱？

29. 据称曼哈顿岛在 1626 年被一个叫彼得伊特的人以 24 美元的价格买下. 而假设他将这些钱以利息为 6% 且按连续复利计算存于银行. 那么到 2000 年这些钱会变为多少？

30. 如果玛士撒拉的父母在他出生时在银行为他存了 100 美元，并且一直未取. 在利息为 8% 按年复利计算的情况下到玛士撒拉死时(69 年以后)会有多少钱？

31. 按 5% 的连续复利计算价值 1000 美元在一年年底时的价值. 这就是所谓的**未来价值**.

32. 假设 1 年后，你在银行有 1000 美元. 如果按利息为 5 % 连续复利计算，一年前你应放在银行多少钱？这就是所谓的**现值**.

33. 对较小的 x 有如下式子 $\ln(1+x)\approx x$. 使用这个近似式证明，按百分之 r 的连续复利计算，投资增加一倍的时间约 $70/p$ 年.

34. 逻辑增长方程是

$$\frac{dy}{dt} = ky(L-y)$$

证明这个微分方程的解为

$$y = \frac{Ly_0}{y_0 + (L-y_0)e^{-Lkt}}$$

提示：$\dfrac{1}{y(L-y)} = \dfrac{1}{Ly} + \dfrac{1}{L(L-y)}$.

35. 当 $y_0 = 6.4$，$L = 16$，$k = 0.00186$ 时，画出 34 题中解的图形(世界人口逻辑模型，见本节开始的讨论)，注意 $\lim_{t\to\infty} y = 16$.

36. 求下列极限：

(a) $\lim_{x\to 0}(1+x)^{1000}$　　(b) $\lim_{x\to 0}1^{\frac{1}{x}}$　　(c) $\lim_{x\to 0^+}(1+\varepsilon)^{\frac{1}{x}}$，$\varepsilon > 0$

(d) $\lim_{x\to 0^-}(1+\varepsilon)^{\frac{1}{x}}$，$\varepsilon > 0$　　(e) $\lim_{x\to 0}(1+x)^{\frac{1}{x}}$

37. 运用 $e = \lim_{h\to 0}(1+h)^{\frac{1}{h}}$ 求解下列极限：

(a) $\lim_{x\to 0}(1-x)^{\frac{1}{x}}$　提示：$(1-x)^{\frac{1}{x}} = \left[(1-x)^{\frac{1}{(-x)}}\right]^{-1}$

(b) $\lim_{x\to 0}(1+3x)^{\frac{1}{x}}$　　(c) $\lim_{x\to\infty}\left(\dfrac{n+2}{n}\right)^n$　　(d) $\lim_{x\to\infty}\left(\dfrac{n-1}{n}\right)^{2n}$

38. 假设 $a \neq 0$. 证明微分方程 $\dfrac{dy}{dt} = ay + b$ 有解

$$y = \left(y_0 + \frac{b}{a}\right)e^{at} - \frac{b}{a}$$

39. 假设一个国家在 1985 年有一千万人口，每年以 1.2% 的速度增长，并且每年有 6 万移民进入. 运用 38 题中的微分方程模拟这种情况并估计到 2010 年人口有多少？a 取 0.012.

40. 据说重要的消息在人群中传播的速度与人群大小 L 紧密相关，某段时间内传播速度与尚未得知消息的人数成正比．在市政厅的丑闻被披露5天后，一份民意测验表明一半的人听说了，那么要99%的人得知这个消息要多久呢？

EXPL **对数微分法除了提供一种简单的方法来区分乘积，还提供了一个衡量相对分数的变化率，其定义为 y'/y．在习题41～44 中探讨这个概念．**

41．证明：作为关于 t 的函数 e^{kt} 的相对变化率是 k．

42．证明：当变量趋于无穷时，任何多项式的相对变化率都趋于零．

43．证明：如果相对变化率是一个正常数，那么函数必定代表指数增长．

44．证明：如果相对变化率是一个负常数，那么函数必定代表指数衰减．

45．假设(1)世界人口的增长指数随增长常量 k 连续变化，$k=0.0132$；(2)这需要占用一部分土地给新增人口提供食物；(3)全世界有1350万 mile^2 的耕地．多久以后世界人口将不可再增长？注意：2004年世界人口为64亿；($1\text{mile}^2=640\text{acre}$)

GC 46．世界人口普查委员会估计在以后几十年里，世界人口的增长速度 k 以每年0.0002的速度在减慢．2004年 $k=0.0132$．

(a)将 k 用时间 t 的函数表示．t(以年为单位)是自2004年以后年数．

(b)找出可模拟此题中人口 y 的微分方程．

(c)以2004年($t=0$)人口为64亿，解微分方程．

(d)画出今后300年人口总数 y 的图形．

(e)在这种模型下，何时人口总数可达最大？何时人口低于2004年？

GC 47．在 k 每年下降0.0001的前提下重新计算46题．

EXPL 48．令 E 为对于所有 u 和 v 满足 $E(u+v)=E(u)E(v)$ 的可微方程．找出一个关于 $E(x)$ 的公式．提示：首先求出 $E'(x)$．

GC 49．在同一坐标系上画出当 $0\leqslant t\leqslant 100$ 时下列两个关于世界人口增长模型的图形(这节中所描述的两个)．

(a)指数增长：$y=6.4e^{0.0132t}$　(b)对数增长 $y=\dfrac{102.4}{6+10e^{-0.030t}}$

GC 50．计算：

(a)$\lim\limits_{x\to 0}(1+x)^{\frac{1}{x}}$　　(b)$\lim\limits_{x\to 0}(1-x)^{\frac{1}{x}}$

题(a)中的极限决定 e，题(b)中的极限决定哪个特殊数呢？

概念复习答案：

1．ky，$ky(L-y)$　2．8　3．半衰期　4．$(1+h)^{1/h}$

6.6　一阶线性微分方程

在3.9节已经求解过微分方程．那时，我们使用分离变量方法来求解．在前面章节中我们用分离变量的方法解决了包含增长和衰减的微分方程．

不是所有的微分方程都是可分离的．例如，微分方程

$$\frac{dy}{dx}=2x-3y$$

没有办法去分离变量得到 dy 和所有在一边包含 y 的表达式．然而这个方程能写成形式

$$\frac{dy}{dx}+P(x)y=Q(x)$$

$P(x)$和$Q(x)$都是只含x的函数．这种形式的微分方程称为**一阶线性微分方程**．**一阶**表示这个方程中仅含一阶导数(微分)，**线性**表示该方程能够写成$D_xy+P(x)\ Iy=Q(x)$的形式，其中，D_x是微分算子，I是恒等算子(即$Iy=y$)．D_x和I都是**线性算子**．

微分方程所有解的集合叫做**通解**．许多问题要求它的解满足当$x=a$时$y=b$，a和b是已知的．这种条件叫做**初始条件**，某个函数满足微分方程和初始条件就称为微分方程的**特解**．

一阶线性微分方程的解　为了解一阶线性微分方程，我们首先在等式两边乘以**积分因式**$e^{\int P(x)dx}$(原因马上就会明白)，微分方程变成了

$$e^{\int P(x)dx}\frac{dy}{dx}+e^{\int P(x)dx}P(x)y=e^{\int P(x)dx}Q(x)$$

左边是积$ye^{\int P(x)dx}$的导数，因此等式变成

$$\frac{d}{dx}(y\cdot e^{\int P(x)dx})=e^{\int P(x)dx}Q(x)$$

两边同时求积分

$$ye^{\int P(x)dx}=\int(Q(x)e^{\int P(x)dx})dx$$

该解就是

$$y=e^{-\int P(x)dx}\int(Q(x)e^{\int P(x)dx})dx$$

没有必要记住最后结果，求解的过程非常容易推导，请看下面的例子．

例1　求解

$$\frac{dy}{dx}+\frac{2}{x}y=\frac{\sin 3x}{x^2}$$

解　积分因式是

$$e^{\int P(x)dx}=e^{\int(\frac{2}{x})dx}=e^{2\ln x}=e^{\ln x^2}=x^2$$

将原来的等式两边都乘以x^2，得到

$$x^2\frac{dy}{dx}+2xy=\sin 3x$$

方程左边的式子是x^2y的导数．因此

$$\frac{d}{dx}(x^2y)=\sin 3x$$

两边积分得

$$x^2y=\int\sin 3x dx=-\frac{1}{3}\cos 3x+C$$

即

$$y=(-\frac{1}{3}\cos 3x+C)x^{-2}$$

例2　求

$$\frac{dy}{dx}-3y=xe^{3x}$$

满足当$x=0$时$y=4$的特解．

解　积分因式是

$$e^{\int(-3)dx}=e^{-3x}$$

通过乘以这个积分因子，等式变成

$$\frac{d}{dx}(e^{-3x}y) = x$$

或

$$e^{-3x}y = \int x dx = \frac{1}{2}x^2 + C$$

因此，解集是

$$y = \frac{1}{2}x^2e^{3x} + Ce^{3x}$$

将当 $x=0$ 时 $y=4$ 代入上式，得到 $C=4$．要求的解就是

$$y = \frac{1}{2}x^2e^{3x} + 4e^{3x}$$

应用 我们由一个混合物问题开始，这是化学中出现的典型问题.

例 3 一个容器中原盛有 120gal 的盐水，并有 75lb 盐溶解在溶液中，浓度为 1.2lb/gal 的盐水以 2gal/min 的速度流入容器并以相同速度流出(图 1)．假若持续搅动以保持混合物均匀．求 1h 后容器中所剩的盐量.

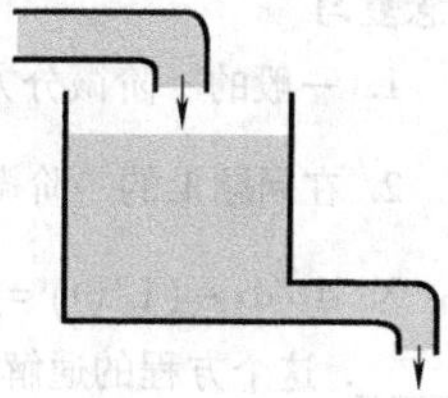

图 1

解 令 y 为 t min 后容器中的的盐量．盐水的流入使容器每分钟得到 2.4 lb 的盐；盐水的流出使容器每分钟失去$\frac{2}{120}y$ lb 的盐．因此

$$\frac{dy}{dt} = 2.4 - \frac{1}{60}y$$

由条件当 $t=0$ 时 $y=75$，方程等价于

$$\frac{dy}{dt} + \frac{1}{60}y = 2.4$$

有积分因式 $e^{\frac{t}{60}}$，于是

$$\frac{d}{dt}(ye^{\frac{t}{60}}) = 2.4e^{\frac{t}{60}}$$

得到

$$ye^{\frac{t}{60}} = \int 2.4e^{\frac{t}{60}}dt = 60 \times 2.4e^{\frac{t}{60}} + C$$

将当 $t=0$ 时 $y=75$ 代入得到 $C = -69$，于是

$$y = e^{\frac{-t}{60}}(144e^{\frac{t}{60}} - 69) = 144 - 69e^{\frac{-t}{60}}$$

1 h 后($t=60$)

$$y = 144 - 69e^{-1} \approx 118.62 \text{ (lb)}$$

注意当 $t\to\infty$ 时 y 的极限值为 144．这符合容器最终会呈现盐水进入容器这个局面．浓度为 1.2 lb/gal 的 120lb 盐水将会包含 144 lb 的盐.

我们转向一个关于电流的例子．由**基尔霍夫定律**，一个简单电路(图 2)包含电阻值为 R Ω 的电阻和电感值为 L H 的电感，以及一个提供当时间为 t 时电压为 $E(t)$ V 的电源，满足

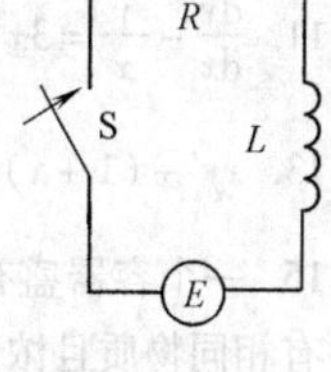

图 2

$$L\frac{dI}{dt} + RI = E(t)$$

其中，I 是以 A 为单位的电流．这是个线性方程，用本节的方法可以轻松求解.

一条通用原理

如例 3 的流动问题，我们应用一条通用原理．设 y 为时间 t 时容器中的物质量．那么 y 随时间的变化率就是流入率减去流出率，即

$$\frac{dy}{dt} = 流入率 - 流出率$$

例4 一个电路(图2)中 $L=2\text{H}$、$R=6\Omega$ 和一个提供恒定电压12V的电池．如果当 $t=0$ 时 $I=0$（当开关 S 闭和)，求时间为 t 时的电流．

解 其微分方程为

$$2\frac{\mathrm{d}I}{\mathrm{d}t}+6I=12 \text{ 或} \frac{\mathrm{d}I}{\mathrm{d}t}+3I=6$$

按照标准步骤(乘以积分因式 e^{3t}、积分、再乘以 e^{-3t})．得到

$$I=e^{-3t}(2e^{3t}+C) = 2 + Ce^{-3t}$$

由初始条件 $t=0$ 时 $I=0$，得到 $C=-2$．因此

$$I=2-2e^{-3t}$$

随着 t 的增加，电流会接近2A．

概念复习

1. 一般的一阶微分方程的形式是 $\mathrm{d}y/\mathrm{d}x+P(x)y=Q(x)$．它的积分因子是__________．
2. 在问题1的一阶微分方程中左右两边同时乘以积分因子使得左边化为 $\frac{\mathrm{d}}{\mathrm{d}x}$(________)．
3. $\mathrm{d}y/\mathrm{d}x-(1/x)y=x$，$x>0$ 的积分因子是__________，当我们在左右两边都乘以它时，方程化为__________．这个方程的通解为__________．
4. 问题1中满足 $y(a)=b$ 的解称为一个__________解．

习题6.6

在习题1～14中，解微分方程．

1. $\frac{\mathrm{d}y}{\mathrm{d}x}+y=e^{-x}$
2. $(x+1)\frac{\mathrm{d}y}{\mathrm{d}x}+y=x^2-1$
3. $(1-x^2)\frac{\mathrm{d}y}{\mathrm{d}x}+xy=ax$，$|x|<1$
4. $y'+y\tan x=\sec x$
5. $\frac{\mathrm{d}y}{\mathrm{d}x}-\frac{y}{x}=xe^x$
6. $y'-ay=f(x)$
7. $\frac{\mathrm{d}y}{\mathrm{d}x}+\frac{y}{x}=\frac{1}{x}$
8. $y'+\frac{2y}{x+1}=(x+1)^3$
9. $y'+yf(x)=f(x)$
10. $\frac{\mathrm{d}y}{\mathrm{d}x}+2y=x$ 提示：$\int xe^{2x}\mathrm{d}x=\frac{x}{2}e^{2x}-\frac{1}{4}e^{2x}+C$
11. $\frac{\mathrm{d}y}{\mathrm{d}x}-\frac{y}{x}=3x^3$，当 $x=1$ 时 $y=3$
12. $y'=e^{2x}-3y$，当 $x=0$ 时 $y=1$
13. $xy'+(1+x)y=e^{-x}$，当 $x=1$ 时 $y=0$
14. $\sin x\frac{\mathrm{d}y}{\mathrm{d}x}+2y\cos x=\sin 2x$，当 $x=\frac{\pi}{6}$ 时 $y=2$

15. 一个容器盛有20gal的溶液，其中有10 lb的化学物质A．以一恒定的溶解速度，我们开始往容器中加含有相同物质且浓度为2 lb/gal的溶液．以3 lb/min的速度加该溶液同时混合后的溶液以相同速度流出．求20min后容器中化学物质A的量．

16. 一容器原有200gal的盐水，溶液中有50 lb的盐．浓度为2 lb/gal的盐水以4gal/min的速度流入容器并以相同速度流出．如果容器中的溶液保持恒定的搅动，求出40min后容器中盐的量．

17. 一容器原盛有120gal的纯净水．浓度为1 lb/gal盐的盐水以4 lb/min的速度流进容器，搅拌好的溶液以6 lb/min的速度流出．t min后容器中还有多少盐，$0\leqslant t\leqslant 60$？

18. 一容器原有50gal的盐水，其中含30 lb的盐．水以4gal/min的速度流入容器，混合均匀的溶液以2gal/min的速度流出．将要花多长时间使容器中还有25lb的盐？

19. 假如当 $t=0$，$I=0$ 时，开关S合上，求出图3所示电路中电流与时间的函数．

20. 在图4中假如当 $t=0$，$I=0$ 时，开关合上，求出电流与时间的函数．

21. 在图 5 中假如当 $t=0$，$I=0$ 时，开关合上，求出电流与时间的函数.

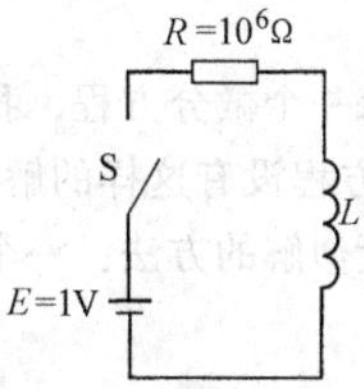

图 3

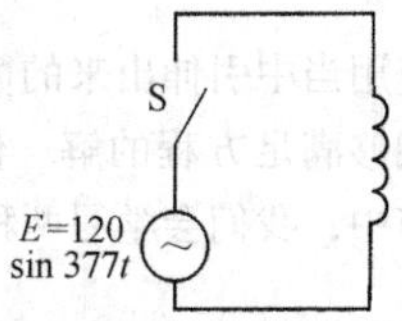

图 4

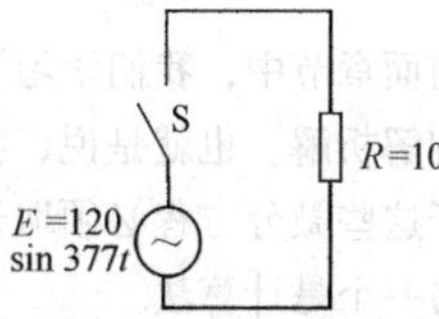

图 5

22. 假设容器 1 原盛有 100gal 溶液，其中有 50 lb 溶解的盐，容器 2 盛有 200gal 溶液，其中有 150 lb 溶解的盐. 纯水以 2gal/min 的速度流入容器 1，混合均匀的溶液以相同的速度流入容器 2，最后，容器 2 中的溶液以相同的速度流出. 令 $x(t)$ 和 $y(t)$ 表示容器 1 和容器 2 中的盐量，当时间为 t 时，求 $y(t)$. 提示：首先求 $x(t)$ 并用它建立微分方程来求解容器 2.

23. 一个容量为 100gal 的容器原先盛满了纯酒精. 排水管的排出速度是 5gal/min；进水管的速度可调节至 c gal/min. 一种浓度为 25% 的酒精可无限量地流入进水管. 我们的目的是使容器中酒精的量减少以至于它能容纳 100gal 的 50% 的溶液. 令 T 是完成该改变所需的时间.

(a) 两条管都打开，如果 $c=5$ ，求 T .

(b) 我们首先排出一部分纯的酒精后关上排出阀打开引入阀，如果 $c=5$ 求 T.

(c) c 为何值能够使得 (b) 给出一个比 (a) 快的时间.

(d) 假设 $c=4$. 如果我们起初同时打开两管然后关上排出阀，决定关于 T 的方程.

EXPL 24. 一个在地球表面附近且其空气阻力与速率成比例的自由落体运动的微分方程是 $\frac{dv}{dt}=-g-av$，其中，$g=32\text{ft/s}^2$ 是重力加速度；$a>0$ 是风阻系数. 证明：

(a) $v(t)=(v_0-v_\infty)e^{-at}+v_\infty$，$v_0=v(0)$，$v_\infty=-\frac{g}{a}=\lim\limits_{t\to\infty}v(t)$ 也叫做极限速率.

(b) 如果 $y(t)$ 表示高度，则有 $y(t)=y_0+tv_\infty+(\frac{1}{a})(v_0-v_\infty)(1-e^{-at})$.

25. 一个小球从地面以 $v_0=120\text{ft/s}$ 的初速度被竖直抛起. 假设风阻系数 $a=0.05$，求：

(a) 该小球上升的最大高度；

(b) 求关于小球回落至地面时间 t 的方程.

26. 玛丽在 8000ft 的高度从飞机上跳下，自由坠落 15s 后打开了降落伞. 假设自由坠落的风阻系数 $a=0.10$，降落伞的风阻系数 $a=1.6$. 那么，她什么时候降落到地面?

27. 对于微分方程 $\frac{dy}{dx}-\frac{y}{x}=x^2$，$x>0$，积分因式为 $e^{\int(1-\frac{1}{x})dx}$ ，积分 $\int(-\frac{1}{x})dx$ 等于 $-\ln x+C$.

(a) 在微分方程的两边同乘以 $\exp(\int(-\frac{1}{x})dx)=\exp(-\ln x+C)$，并证明 $\exp(-\ln x+C)$ 对于每个 C 值都是积分因式.

(b) 求解关于 y 的方程，并证明得到的解和假设 $C=0$ 时的解一致.

28. 在方程 $\frac{dy}{dx}+P(x)y=Q(x)$ 的两边同乘以积分因式 $e^{\int P(x)dx+C}$

(a) 证明：对于每个值 C，$e^{\int P(x)dx+C}$ 都是积分因式；

(b) 解关于 y 的方程，并证明此解和例 1 前给出的通解一致.

概念复习答案：

1. $\exp(\int P(x)dx)$ 2. $y\cdot\exp(\int P(x)dx)$ 3. $1/x$，$\frac{d}{dx}(\frac{y}{x})=1$，$x^2+Cx$ 4. 特

6.7 微分方程的近似解

在前面章节中，我们学习了一系列从物理应用当中引伸出来的微分方程. 对于每一个微分方程，我们总能够找到**解析解**。也就是说，我们找到直接的能够满足方程的解. 但是，很多微分方程没有这样的解析解，所以对于这些微分方程必须取近似解. 在这一节中，我们会学习两种对微分方程取近似解的方法：一个是图形法，另一个是计算法.

斜率场 思考一个形式是

$$y'=f(x,\ y)$$

的微分方程. 这个微分方程表示在点$(x,\ y)$的斜率是$f(x,\ y)$. 例如，微分方程$y'=y$表示经过点$(x,\ y)$的曲线在该点的斜率为y.

对于微分方程$y'=\frac{1}{5}xy$，在点(5，3)处的斜率是$y'=\frac{1}{5}\times5\times3=3$；在点(1，4)处的斜率是$y'=\frac{1}{5}\times1\times4=\frac{4}{5}$. 我们可以通过图形说明后一个结果，过点(1，4)画一小段斜率为$\frac{4}{5}$的线段(图1).

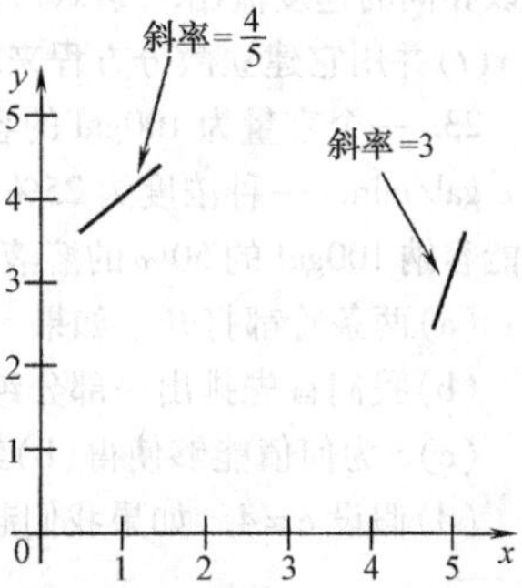

图 1

如果对一连串这样的数对(x,y)重复这个过程，我们得到一个**斜率场**. 因为用手画斜率场是一件冗长而乏味的工作，故这件工作适合用计算机完成，**Mathematica** 和 **Maple** 可以用来画斜率场. 图2所示为微分方程$y'=\frac{1}{5}xy$的斜率场. 给定一个初始条件，我们至少可以根据这些斜率得到一条近似的平滑曲线. 我们通常从斜率场得知微分方程所有解的情况.

例1 假设人口数量y满足微分方程$y'=0.2y(16-y)$. 微分方程的斜率场如图3所示.

(a)勾画出满足初始条件$y(0)=3$的解；

(b)当$y(0)>16$时描述解的情况；

(c)当$0<y(0)<16$时描述解的情况.

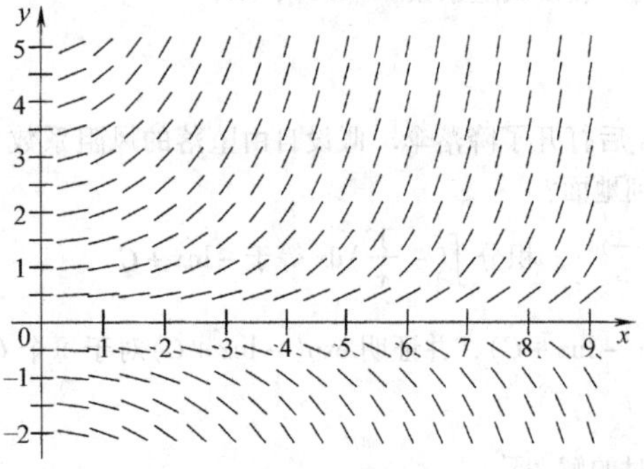

图 2

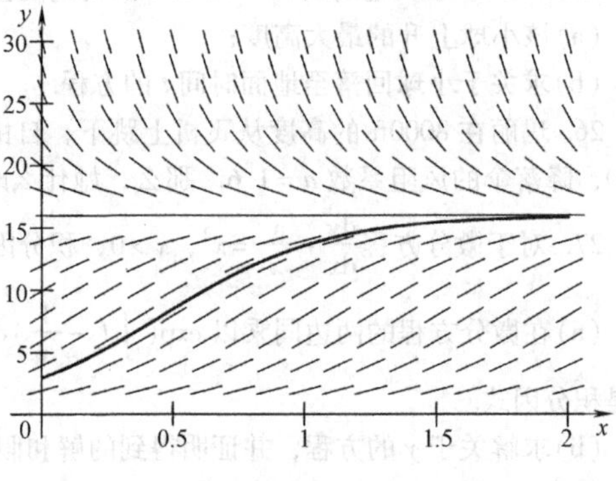

图 3

解 (a)满足初始条件$y(0)=3$的解包含点(0，3)，从该点向右，解沿着斜率线，图3中的曲线是解的图形；

(b)如果$y(0)>16$，那么解就会向水平渐近线$y=16$降低；

(c)如果$0<y(0)<16$，那么解就会向水平渐近线$y=16$抬高.

(b)和(c)都指出了人口数量对于任何初始人口数量都会向16这个值收敛.

欧拉法 我们再一次思考初始条件为$y(x_0)=y_0$、形式为$y'=f(x,y)$的微分方程. 记住无论我们是否写出来，y都是关于x的函数. 初始条件$y(x_0)=y_0$告诉我们数对$(x_0,\ y_0)$是解的图形上的一个点. 同样关于未知解我们知道更多一点的是：解在x_0的切线的斜率是$f(x_0,\ y_0)$. 这个信息总结在图4中.

如果 h 是很小的正数，我们期望切线方程

$$P_1(x)=y_0+y'(x_0)(x-x_0)=y_0+f(x_0,y_0)(x-x_0)$$

在区间$[x_0, x_0+h]$，上接近解 $y(x)$. 令 $x_1=x_0+h$. 那么在 x_1 有

$$P_1(x_1)=y_0+hy'(x_0)=y_0+hf(x_0,y_0)$$

设定 $y_1=y_0+hf(x_0, y_0)$，现在在 x_1 处有一个近似解，如图 5 所示.

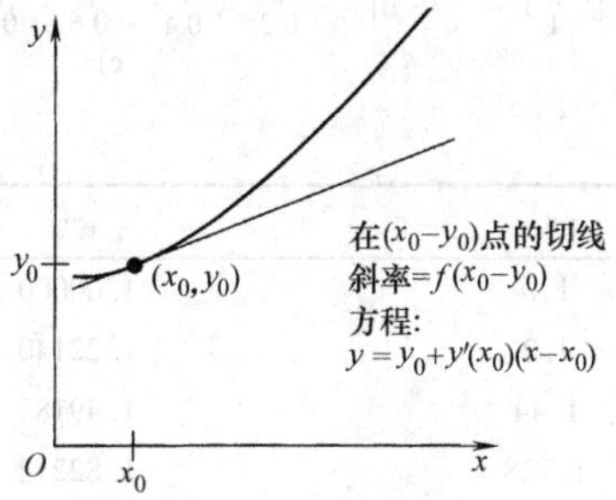

图 4

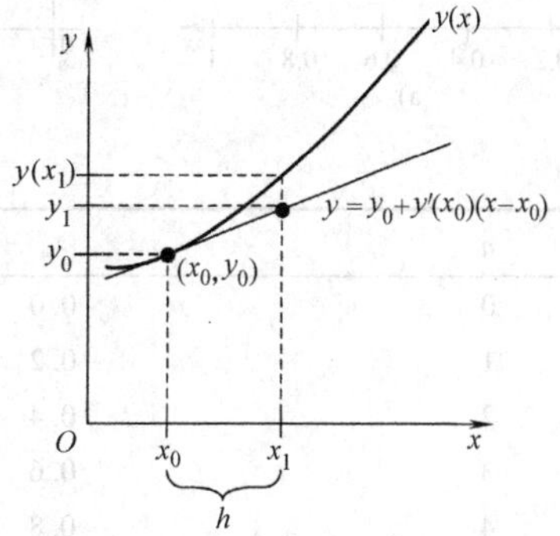

图 5

因为 $y'=f(x, y)$，知道当 $x=x_1$ 时解的斜率为 $f(x_1, y(x_1))$. 在这个点，我们知道 $y(x_1)$ 有近似值 y_1. 这样，重复这些步骤去获得在点 $x_2=x_1+h$ 的近似解 $y_2=y_1+hf(x_1, y_1)$. 以这样的方式不断进行下去，我们称之为**欧拉法**. 这是以瑞士数学家里昂赫德 · 欧拉(1707—1783)命名的. 参数 h 通常叫做**步长**.

算法 欧拉法

要求初始条件为 $y(x_0)=y_0$ 的微分方程 $y'=f(x, y)$ 的近似解，先选择一个步长 h，然后对于 $n=1, 2, \cdots$，重复以下步骤

1. 令 $x_n=x_{n-1}+h$.
2. 令 $y_n=y_{n-1}+hf(x_{n-1}, y_{n-1})$.

切记，微分方程的解是一个函数. 欧拉法不能得到一个函数. 确切地说，它给出了一系列指定的接近方程 y 的数对(x_i, y_i). 通常，这些数对已经足够描述微分方程的解.

注意 $y(x_n)$ 与 y_n 的区别：$y(x_n)$ (通常未知)是 y 在 x_n 的准确解，而 y_n 是我们所求得的 y 在 x_n 的近似解. 换句话说，y_n 是对 $y(x_n)$ 的近似.

例 2 取步长 $h=0.2$，用欧拉法在区间$[0, 1]$给方程

$$y'=y,\ y(0)=1$$

取近似解.

解 对于这个问题，$f(x, y)=y$. 由 $x_0=0$ 和 $y_0=1$，有

$$y_1=y_0+hf(x_0, y_0)=1+0.2\times1=1.2$$

$$y_2=1.2+0.2\times1.2=1.44$$

$$y_3=1.44+0.2\times1.44=1.728$$

$$y_4=1.728+0.2\times1.728=2.0736$$

$$y_5=2.0736+0.2\times2.0736=2.48832$$

微分方程 $y'=y$ 意味着 y 是自身的导数. 因此，我们知道它的一个解为 $y(x)=e^x$. 事实上，它的解确实为 $y(x)=e^x$，因为我们知道 $y(0)$ 必须是 1. 在这种情况下，我们可以比较表中所示 5 个 y 的欧拉法估计值与 y 的准确值的差值. 图 6a 显示 y 的 5 个近似解(x_i, y_i)，$i=1, 2, 3, 4, 5$；图 6 也显示了精确解 $y(x)=e^x$. 选择一个较小的 h 通常会得到更准确地逼近. 当然，一个较小的 h 意味着对区间$[0, 1]$将划分得更细.

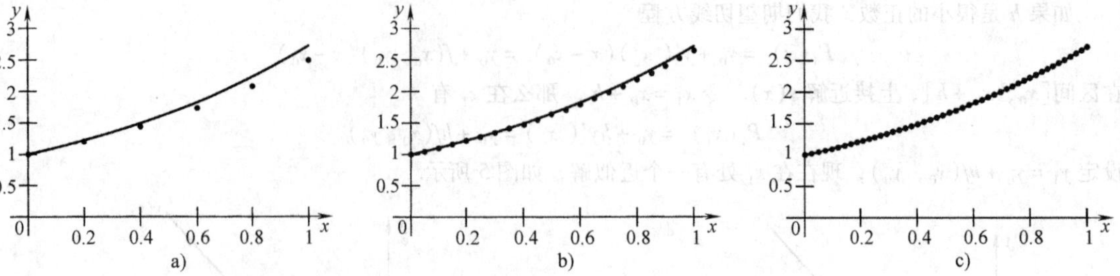

图 6

n	x_n	y_n	e^{x_n}
0	0.0	1.0	1.00000
1	0.2	1.2	1.22140
2	0.4	1.44	1.49182
3	0.6	1.728	1.82212
4	0.8	2.0736	2.22554
5	1.0	2.48832	2.71828

例3 在区间[0, 1]上利用欧拉法与 $h=0.05$ 和 $h=0.01$ 求

$$y'=y,\ y(0)=1$$

的近似解.

解 仿照上例，缩小步长 h 到0.05并获得下表：

n	x_n	y_n	n	x_n	y_n
0	0.00	1.000000	11	0.55	1.710339
1	0.05	1.050000	12	0.60	1.795856
2	0.10	1.102500	13	0.65	1.885649
3	0.15	1.157625	14	0.70	1.979932
4	0.20	1.215506	15	0.75	2.078928
5	0.25	1.276282	16	0.80	2.182875
6	0.30	1.340096	17	0.85	2.292018
7	0.35	1.407100	18	0.90	2.406619
8	0.40	1.477455	19	0.95	2.526950
9	0.45	1.551328	20	1.00	2.653298
10	0.50	1.628895			

图6b显示了当 $h=0.05$ 时欧拉法的近似解.

在 $h=0.01$ 情况下，同样地进行计算，结果总结在下表和图6c中.

n	x_n	y_n
0	0.00	1.000000
1	0.01	1.010000
2	0.02	1.020100
3	0.03	1.030301
⋮	⋮	⋮
99	0.99	2.678033
100	1.00	2.704814

注意，在例 3 中，随着步长 h 的减小，$y(1)$ 的近似值(现在为 $e^1 \approx 2.718282$)更接近 $y(1)$ 了. 当 $h=0.2$ 时，误差大概是 $e-y_5=2.718282-2.488320=0.229962$. 其他步长的近似值及误差见下表：

h	$y(1)$的欧拉近似值	误差 = 准确值 - 近似值
0.2	2.488320	0.229962
0.1	2.593742	0.124540
0.05	2.653298	0.064984
0.01	2.704814	0.013468
0.005	2.711517	0.006765

注意在这张表格中，当步长 h 减半时，误差也大约减少一半. 因此，给定点的误差大概和步长 h 成比例. 我们在 4.6 节的数值积分中找到了同样的结论. 那里我们看到左或右黎曼和法则的误差与 $h=1/n$ 成正比例，梯形法则的误差与 $h^2=1/n^2$ 成比例，这里的 n 是子区间的数目. 抛物线法则就更精确了，误差与 $h^4=1/n^4$ 成比例. 这里提出了一个问题，是否存在一个更好的方法来估算初始条件为 $y(x_0)=y_0$ 的 $y'=f(x,y)$解？实际上，有一些方法比欧拉法更好，它们的误差与 h 的高次方成比例. 这些方法在概念上类似欧拉法：它们是“步长方法”，也就是开始于它们的初始条件，一步步逐渐近似于正确的解. 方法之一是**四阶龙格-库塔法**，其误差与 $h^4=1/n^4$ 成比例.

概念复习

1. 对于微分方程 $y'=f(x,y)$，由斜率满足 $f(x,y)$ 的线段组成的图叫做__________.
2. 欧拉法的基础是__________在 x_0 上的解非常近似于它在区间 $[x_0, x_0+h]$ 上的解.
3. 在欧拉法中，计算微分方程的解的近似值的迭代公式为 $y_n=$__________.
4. 如果微分方程的解是凹的，那么欧拉法将________(低估或高估)方程的解.

习题 6.7

在习题 1～4 中，给出了微分方程 $y'=f(x,y)$ 的斜率场. 用斜率场得出满足所给初始条件的解. 在每题中，找出 $\lim_{x\to\infty} y(x)$ 和 $y(2)$ 的近似值.

1. $y(0)=5$

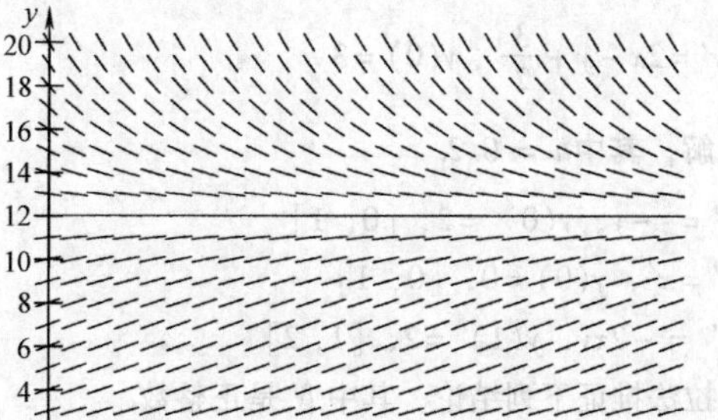

2. $y(0)=6$

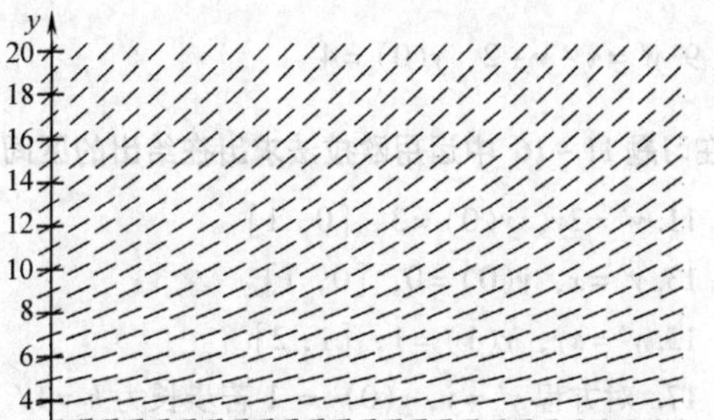

3. $y(0)=16$

4. $y(1)=3$

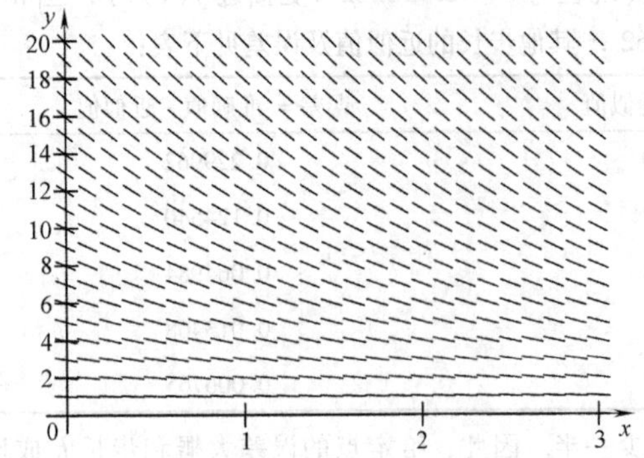

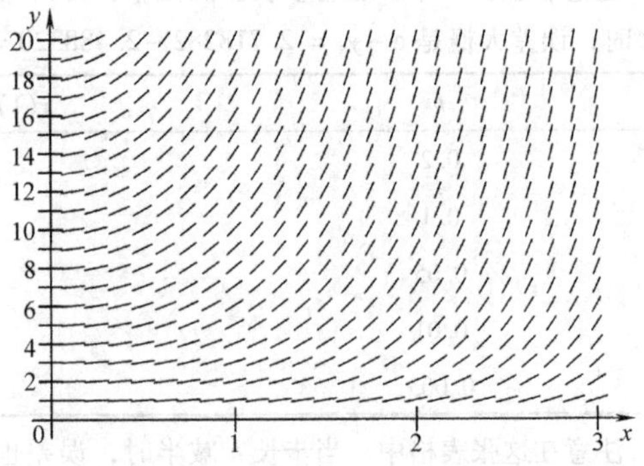

在习题5 和习题6 中，给出了微分方程 $y'=f(x, y)$ 的斜率场. 在两题中，每个解都有着同样的斜渐近线(见3.5 节). 用斜率场得出满足所给初始条件的解，并算出斜渐近线的方程.

5. $y(0)=6$

6. $y(0)=8$

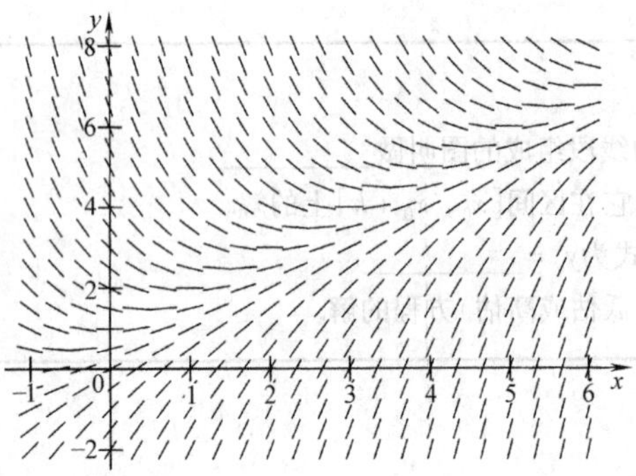

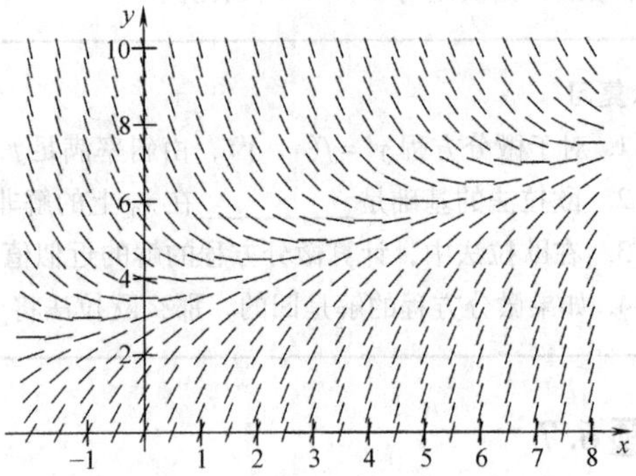

CAS **在习题7～10 中，作出每个可微分方程的斜率场图. 运用分离变量法(3.9 节)或一个积分因子(6.6 节)，为每个可微分方程找出一个满足所给初始条件的特解，并在图上标出特解.**

7. $y'=\frac{1}{2}y$，$y(0)=\frac{1}{2}$

8. $y'=-y$，$y(0)=4$

9. $y'=x-y+2$，$y(0)=4$

10. $y'=2x-y+\frac{3}{2}$，$y(0)=3$

C **在习题11～16 中运用欧拉法求出在给出的区间内的近似解，其中 $h=0.2$.**

11. $y'=2y$，$y(0)=3$，$[0, 1]$

12. $y'=-y$，$y(0)=2$，$[0, 1]$

13. $y'=x$，$y(0)=0$，$[0, 1]$

14. $y'=x^2$，$y(0)=0$，$[0, 1]$

15. $y'=xy$，$y(1)=1$，$[1, 2]$

16. $y'=-2xy$，$y(1)=2$，$[1, 2]$

17. 对方程 $y'=y$，$y(0)=1$ 若步长为 $h=1/N$ 应用欧拉法推证下列结论，其中 N 是正整数.

(a)推出关系式 $y_n=y_0(1+h)^n$.

(b)解释为什么 y_N 会接近 e .

18. 假设函数 $f(x, y)$ 只取决于 x. 微分方程 $y'=f(x, y)$ 可以写成

$$y'=f(x),\ y(x_0)=0$$

如果 $y_0=0$，解释这一微分方程如何使用欧拉法.

19. 思考习题18 中的微分方程 $y'=y$，$y(x_0)=0$. 对于这个问题，令 $f(x)=\sin x^2$，$x_0=0$，$h=0.1$.

(a)同时对等式两边求从 x_0 到 $x_1=x_0+h$ 的积分，对每个单独的区间运用黎曼和，用左端点处的值算出

积分.

(b)对等式两边求从 x_0 到 $x_2=x_0+2h$ 的积分. 在两个区间再次用左黎曼和算出积分的值.

(c)继续(a),(b)部分描述的计算,直到 $x_n=1$. 用左端点处的黎曼和值算出积分的近似值.

(d)描述这种方法与欧拉法的关系.

20. 对方程 $y'=\sqrt{x+1}$, $y_0=0$ 重做习题 19 中的(a)~(c).

21. (**改进欧拉法**)考虑解 x_0 和 x_1 之间的改变量 Δy. 欧拉法中的一个近似是:$\frac{\Delta y}{\Delta x}=\frac{y(x_1)-y_0}{h}\approx\frac{\hat{y}_1-y_0}{h}$ $=f(x_0, y_0)$.(在这里,我们使用 $\hat{y}_1$ 表示在 x_1 处的欧拉近似解.)另一个近似是从求一个在 x_1 处斜率的近似解得到的办法:

$$\frac{\Delta y}{\Delta x}=\frac{y(x_1)-y_0}{h}\approx f(x_1, y_1)\approx f(x_1, \hat{y}_1)$$

(a) 平均这两个解,得到一个近似的 $\Delta y/\Delta x$.

(b) 从解 $y_1=y(x_1)$ 获得

$$y_1=y_0+\frac{h}{2}[f(x_0, y_0)+f(x_1, \hat{y}_1)]$$

(c) 这是第一步改进欧拉法. 其他步骤按照同样的模式. 填空以下三个步骤的算法,即产生改进欧拉法:

(1)设置 $x_n=$ ____________________

(2)设置 $\hat{y}_n=$ ____________________

(3)设置 $y_n=$ ____________________

C **习题 22~27. 对题 11~16 中的方程运用改进欧拉法解微分方程,其中 $h=0.2$. 并与用欧拉法得到的答案进行比较.**

28. 在区间[0, 1]上对方程 $y'=y$, $y(0)=1$ 应用改进欧拉法,分别采用 $h=0.2$, 0.1, 0.05, 0.01, 0.005 求近似解.(注意:确切解是 $y=e^x$,所以 $y(1)=e$.)计算逼近 $y(1)$ 的误差(见例 3 和随后的讨论)并填写下列表格. 改进欧拉法的误差与 h, h^2 或 h 的其他幂成正比吗?

h	欧拉法的误差	改进欧拉法的误差
0.2	0.229962	0.015574
0.1	0.124540	
0.05	0.064984	0.001091
0.01	0.013468	0.000045
0.005	0.006765	

概念复习答案:

1. 斜率场 2. 切线 3. $y_{n-1}+hf(x_{n-1}, y_{n-1})$ 4. 低估

6.8 反三角函数及其导数

六个基本的三角函数(正弦、余弦、正切、余切、正割、余割)已经在0.7节定义过,它们的反函数,我们偶尔在前面的例题和习题中也应用过. 它们都是粗放的函数,因为对每个 y 都有无限多 x 与其对应(图 1). 尽管如此,我们仍将探讨它们的反函数,但这种方法依赖于**限制定义域**,我们已在6.2节中简要地讨论过了.

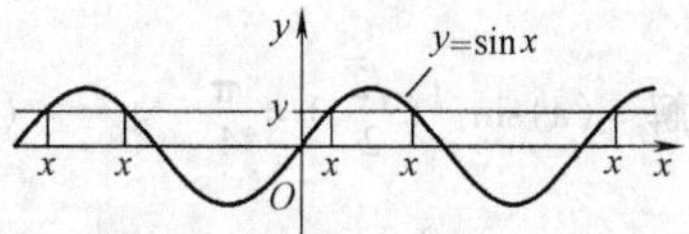

图 1

反正弦和反余弦函数 在正弦和余弦函数中，要保证它们有反函数，我们限定其定义域，然而，可限定的区域是不唯一的．图2和图3给出了一种共认的方法．我们同时给出对应的反函数的图形，像往常一样，通过直线 $y=x$ 对称即可得到．

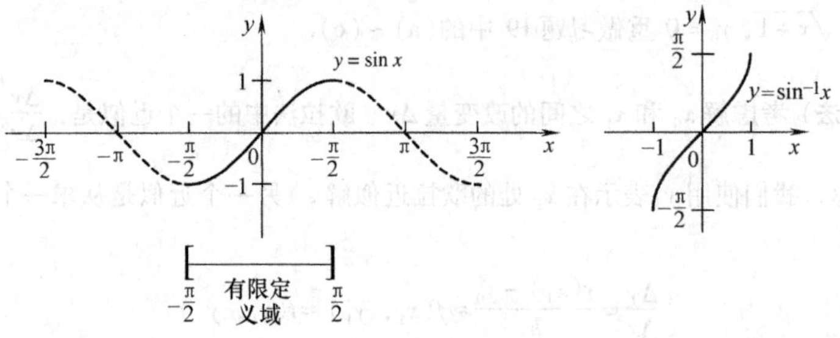

图 2

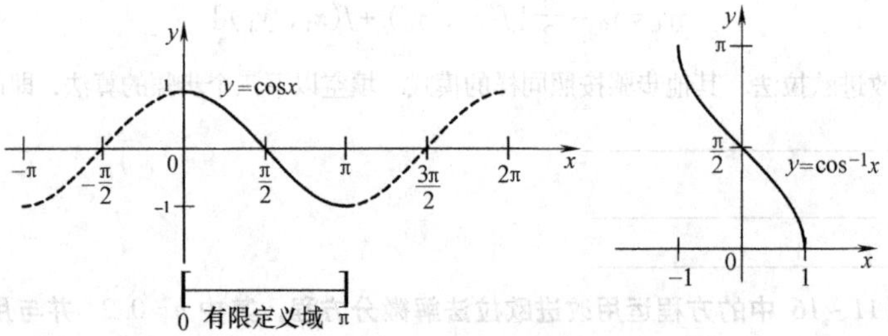

图 3

对图示的内容给出正式的定义．

> **定义**
>
> 要得到正弦函数和余弦函数的反函数，我们将它们的定义域分别限定为 $[-\pi/2,\ \pi/2]$ 和 $[0,\ \pi]$，因此
>
> $$x=\sin^{-1}y \Leftrightarrow y=\sin x,\quad -\frac{\pi}{2}\leqslant x\leqslant\frac{\pi}{2}$$
>
> $$x=\cos^{-1}y \Leftrightarrow y=\cos x\ ,\ 0\leqslant x\leqslant\pi$$

符号 arcsin 经常用来代替 $\sin^{-1}$，类似地，arccos 经常用来代替 $\cos^{-1}$．arcsin 意味着“正弦是……的弧度”或者“正弦是……的角”（图4），我们将在本书的后续部分同时使用以上两种形式．

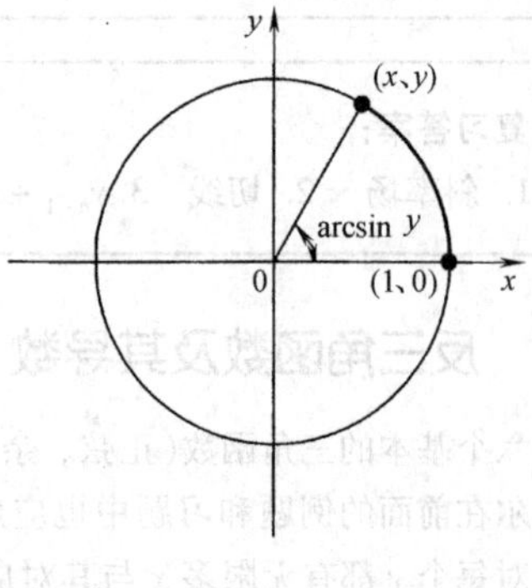

图 4

例1 求：

(a) $\sin^{-1}\left(\dfrac{\sqrt{2}}{2}\right)$ (b) $\cos^{-1}\left(-\dfrac{1}{2}\right)$

(c) $\cos(\cos^{-1}0.6)$ (d) $\sin^{-1}\left(\sin\dfrac{3\pi}{2}\right)$

解 (a) $\sin^{-1}\left(\dfrac{\sqrt{2}}{2}\right)=\dfrac{\pi}{4}$ (b) $\cos^{-1}\left(-\dfrac{1}{2}\right)=\dfrac{2\pi}{3}$

(c) $\cos(\cos^{-1}0.6)=0.6$ (d) $\sin^{-1}\left(\sin\dfrac{3\pi}{2}\right)=-\dfrac{\pi}{2}$

这些当中最微妙的是(d)，注意：如果给出的答案是 $3\pi/2$，则是错误的，因为 $\sin^{-1}y$ 总是定义在区间 $[-\pi/2, \pi/2]$. 按步骤计算，如下：

$$\sin^{-1}\left(\sin\frac{3\pi}{2}\right)=\sin^{-1}(1)=-\frac{\pi}{2}$$

例 2 求：(a) $\cos(-0.61)$ (b) $\sin^{-1}(1.21)$ (c) $\sin^{-1}(\sin 4.13)$

解 使用一部在弧度模式的计算器，它已经被程序化过，可以给出和我们定义一致的答案.

(a) $\cos^{-1}(-0.61)=2.2268569$

(b) 你的计算器会给出错误提示，因为 $\sin^{-1}(1.21)$ 不存在.

(c) $\sin^{-1}(\sin 4.13) = -0.9884073$

反正切和反正割函数 在图 5 中，我们给出了反正切函数的图形和它的定义域，以及函数 $y=\tan^{-1}x$ 的图形.

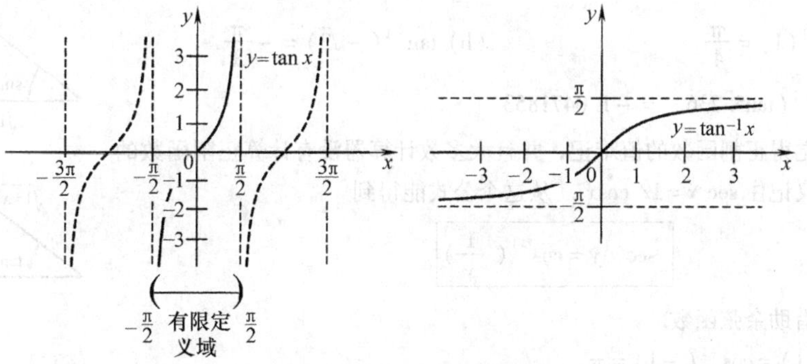

图 5

这里有一种标准的方法来限制余切函数的定义域，即把其限制在 $(0, \pi)$，这样，余切函数就有了反函数. 然而，余切函数在微积分中并没有扮演重要角色.

为了得到正割函数的反函数，我们先画出函数 $y=\sec x$ 的图形，适当限制其定义域，然后画出函数 $y=\sec^{-1}x$ 的图形，如图 6 所示.

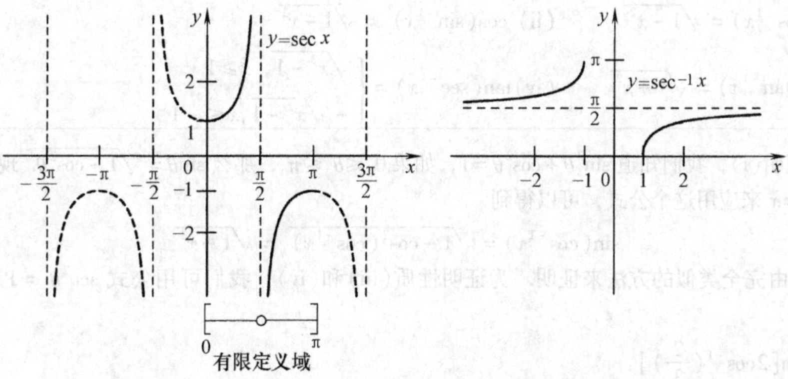

图 6

定义

为了得到正切和正割函数的反函数，分别限制其定义域为$(-\pi/2,\ \pi/2)$和$[0,\ \pi/2)\cup(\pi/2,\ \pi]$. 因此

$$x=\tan^{-1}y \Leftrightarrow y=\tan x,\qquad -\frac{\pi}{2}<x<\frac{\pi}{2}$$

$$x=\sec^{-1}y \Leftrightarrow y=\sec x,\qquad 0\leqslant x\leqslant \pi,\ x\neq\frac{\pi}{2}$$

一些专家用另外的方法来限制定义域. 因此，如果参考其他相关书籍，必须先查看对于函数的定义. 另外即使能够做到，我们也没有必要定义$\csc^{-1}$.

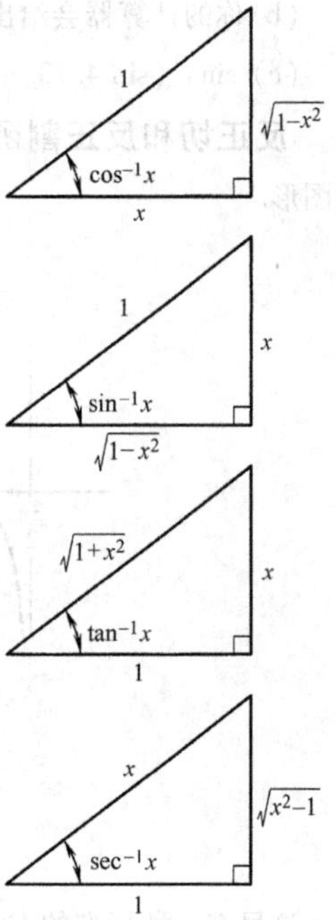

图 7

例 3 求：(a) $\tan^{-1}(1)$　(b) $\tan^{-1}(-\sqrt{3})$

(c) $\tan^{-1}(\tan 5.236)$　(d) $\sec^{-1}(-1)$

(e) $\sec^{-1}(2)$　(f) $\sec^{-1}(-1.32)$

解 (a) $\tan^{-1}(1)=\frac{\pi}{4}$　(b) $\tan^{-1}(-\sqrt{3})=-\frac{\pi}{3}$

(c) $\tan^{-1}(\tan 5.236)=-1.0471853$

大多数人会觉得正割函数的值难记，并且大多数计算器没有计算正割函数的按钮. 因此，建议记住$\sec x=1/\cos x$. 从这个公式能得到

$$\boxed{\sec^{-1}y=\cos^{-1}\left(\frac{1}{y}\right)}$$

由此，我们可以借助余弦函数.

(d) $\sec^{-1}(-1)=\cos^{-1}(-1)=\pi$

(e) $\sec^{-1}(2)=\cos^{-1}\left(\frac{1}{2}\right)=\frac{\pi}{3}$

(f) $\sec^{-1}(-1.32)=\cos^{-1}\left(-\frac{1}{1.32}\right)=\cos^{-1}(0.7575758)=2.4303875$

四个有用的性质 定理A给出了一些有用的性质，你可以通过图7中给出的三角形来记住它们.

定理 A

(i) $\sin(\cos^{-1}x)=\sqrt{1-x^2}$　(ii) $\cos(\sin^{-1}x)=\sqrt{1-x^2}$

(iii) $\sec(\tan^{-1}x)=\sqrt{1+x^2}$　(iv) $\tan(\sec^{-1}x)=\begin{cases}\sqrt{x^2-1}, & x\geqslant 1\\ -\sqrt{x^2-1}, & x\leqslant -1\end{cases}$

证明 为证明(i)，我们知道$\sin^2\theta+\cos^2\theta=1$，如果$0\leqslant\theta\leqslant\pi$，那么$\sin\theta=\sqrt{1-\cos^2\theta}$. 现在以$\theta=\cos^{-1}x$和$\cos(\cos^{-1}x)=x$来应用这个公式，可以得到

$$\sin(\cos^{-1}x)=\sqrt{1-\cos^2(\cos^{-1}x)}=\sqrt{1-x^2}$$

性质(ii)可由完全类似的方法来证明. 为证明性质(iii)和(iv)，我们可用公式$\sec^2\theta=1+\tan^2\theta$来代替$\sin^2\theta+\cos^2\theta=1$.

例 4 求$\sin\left[2\cos^{-1}\left(\frac{2}{3}\right)\right]$

解 回忆倍角公式$\sin 2\theta=2\sin\theta\cos\theta$，有

$$\sin\left[2\cos^{-1}\left(\frac{2}{3}\right)\right]=2\sin\left[\cos^{-1}\left(\frac{2}{3}\right)\right]\cos\left[\cos^{-1}\left(\frac{2}{3}\right)\right]=2\sqrt{1-\left(\frac{2}{3}\right)^2}\times\frac{2}{3}=\frac{4\sqrt{5}}{9}$$

三角函数的导数 我们在2.4节中已经学习了六个三角函数的导数公式，应该记住它们.

$D_x \sin x = \cos x$	$D_x \cos x = -\sin x$	$D_x \tan x = \sec^2 x$
$D_x \cot x = -\csc^2 x$	$D_x \sec x = \sec x \tan x$	$D_x \csc x = -\csc x \cot x$

我们可以把这些公式和链式法则结合起来. 例如，如果 $u = f(x)$ 是可导的，那么

$$D_x \sin u = \cos u \cdot D_x u$$

反三角函数的导数 从反函数定理(定理6.2B)我们推导出 $\sin^{-1}$, $\cos^{-1}$, $\tan^{-1}$ 以及 $\sec^{-1}$ 是可导的. 我们的目的是找出它们导函数的公式. 下面给出结果并予以证明.

定理B 反三角函数的导数

(i) $D_x \sin^{-1} x = \dfrac{1}{\sqrt{1-x^2}}, \quad -1 < x < 1$

(ii) $D_x \cos^{-1} x = \dfrac{-1}{\sqrt{1-x^2}}, \quad -1 < x < 1$

(iii) $D_x \tan^{-1} x = \dfrac{1}{1+x^2}$

(iv) $D_x \sec^{-1} x = \dfrac{1}{|x|\sqrt{x^2-1}}, \quad |x| > 1$

证明 对每一种情形，我们都采取同样的模式予以证明. 为了证明(i)，令 $y = \sin^{-1} x$，所以 $x = \sin y$. 现在同时对等式两边求导，并对等式右边运用链式法则. 得到

$$1 = \cos y D_x y = \cos(\sin^{-1} x) D_x(\sin^{-1} x) = \sqrt{1-x^2} D_x(\sin^{-1} x)$$

在最后一步，我们用了定理A(ii)，由此推导出 $D_x(\sin^{-1} x) = 1/\sqrt{1-x^2}$

公式(ii)、公式(iii)和公式(iv)可由类似的方法证明. 但公式(iv)稍有不同. 令 $y = \sec^{-1} x$，由此，我们得到 $x = \sec y$. 对等式两边同时求导，并运用定理A(iv)，可得到

$$\begin{aligned} 1 &= \sec y \tan y D_x y \\ &= \sec(\sec^{-1} x) \tan(\sec^{-1} x) D_x(\sec^{-1} x) \\ &= \begin{cases} x\sqrt{x^2-1} D_x(\sec^{-1} x), & x \geqslant 1 \\ x(-\sqrt{x^2-1}) D_x(\sec^{-1} x), & x \leqslant -1 \end{cases} \\ &= |x|\sqrt{x^2-1} D_x(\sec^{-1} x) \end{aligned}$$

例5 求 $D_x \sin^{-1}(3x-1)$

解 我们运用定理B(i)和链式法则.

$$D_x \sin^{-1}(3x-1) = \frac{1}{\sqrt{1-(3x-1)^2}} D_x(3x-1) = \frac{3}{\sqrt{-9x^2+6x}}$$

当然，每一个微分公式可引出一个积分公式，这个习题我们将在下一章详细讨论. 尤其是

1. $\displaystyle\int \frac{1}{\sqrt{1-x^2}} dx = \sin^{-1} x + C$

2. $\displaystyle\int \frac{1}{1+x^2} dx = \tan^{-1} x + C$

3. $\displaystyle\int \frac{1}{x\sqrt{x^2-1}} dx = \sec^{-1}|x| + C$

这些公式可以统一概括(见习题81 ~ 84)如下

1′. $\displaystyle\int \frac{1}{\sqrt{a^2-x^2}} dx = \sin^{-1}\left(\frac{x}{a}\right) + C$

2′. $\displaystyle\int \frac{1}{a^2+x^2} dx = \frac{1}{a}\tan^{-1}\left(\frac{x}{a}\right) + C$

$$3'.\ \int \frac{1}{x\sqrt{x^2-a^2}}dx = \frac{1}{a}\sec^{-1}\left(\frac{|x|}{a}\right)+C$$

例6 计算$\int_0^1 \frac{1}{\sqrt{4-x^2}}dx$

解 $$\int_0^1 \frac{1}{\sqrt{4-x^2}}dx = \left[\sin^{-1}\left(\frac{x}{2}\right)\right]_0^1 = \sin^{-1}\frac{1}{2}-\sin^{-1}0$$

$$= \frac{\pi}{6}-0=\frac{\pi}{6}$$

例7 计算$\int \frac{3}{\sqrt{5-9x^2}}dx$

解 回想一下$\int \frac{du}{\sqrt{a^2-u^2}}$. 令$u=3x$，于是$du=3dx$. 有

$$\int \frac{3}{\sqrt{5-9x^2}}dx = \int \frac{1}{\sqrt{5-u^2}}du$$

$$= \sin^{-1}\left(\frac{u}{\sqrt{5}}\right)+C$$

$$= \sin^{-1}\left(\frac{3x}{\sqrt{5}}\right)+C$$

例8 计算$\int \frac{e^x}{4+9e^{2x}}dx.$

解 回想一下$\int \frac{1}{a^2+u^2}du$. 令$u=3e^x$，于是$du=3e^x du$. 有

$$\int \frac{e^x}{4+9e^{2x}}dx = \frac{1}{3}\int \frac{1}{4+9e^{2x}}(3e^x dx) = \frac{1}{3}\int \frac{1}{4+u^2}du$$

$$= \frac{1}{3}\times\frac{1}{2}\tan^{-1}\left(\frac{u}{2}\right)+C = \frac{1}{6}\tan^{-1}\left(\frac{3e^x}{2}\right)+C$$

例9 计算$\int_6^{18} \frac{1}{x\sqrt{x^2-9}}dx$

解

$$\int_6^{18} \frac{1}{x\sqrt{x^2-9}}dx = \frac{1}{3}\left[\sec^{-1}\frac{|x|}{3}\right]_6^{18}$$

$$= \frac{1}{3}\left(\sec^{-1}\frac{|18|}{3}-\sec^{-1}\frac{|6|}{3}\right)$$

$$= \frac{1}{3}\left(\sec^{-1}6-\frac{\pi}{3}\right)\approx 0.1187$$

例10 一个人站在竖直的悬崖顶端，该悬崖高出湖面200ft. 当汽艇距悬崖底端150ft 时，他观察到汽艇从悬崖正下方的湖面处以 25ft/s 的速度离开，他的视线与水平线所成的角以多大的变化率在减小?

解 重要的细节如图8 所示，观察该角

$$\theta=\tan^{-1}\left(\frac{200}{x}\right)$$

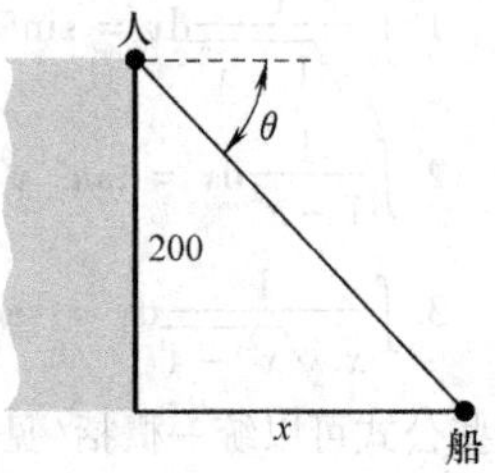

图 8

因此

$$\frac{d\theta}{dt}=\frac{1}{1+(200/x)^2}\cdot\frac{-200}{x^2}\cdot\frac{dx}{dt}=\frac{-200}{x^2+40000}\cdot\frac{dx}{dt}$$

代入$x=150$ 和$dx/dt=25$，可得到$d\theta/dt=-0.08(\text{rad/s})$.

调整积分 开始用换元法时，重写某些积分的形式是很有必要的. 常常把积分表达式分母中的二次式重写为完全平方标准形式. 比如 x^2+bx 只需加上一项 $(b/2)^2$ 就能写成完全平方形式.

例 11 计算 $\int \frac{7}{x^2-6x+25}dx$.

解
$$\int \frac{7}{x^2-6x+25}dx = \int \frac{7}{x^2-6x+9+16}dx$$
$$= 7\int \frac{1}{(x-3)^3+4^2}dx$$
$$= \frac{7}{4}\tan^{-1}\left(\frac{x-3}{4}\right)+C$$

我们用换元法，令 $u=x-3$ 来得到最后一步.

概念复习

1. 为了得到正弦函数的反函数，我们限制其定义域为________. 得到的反函数用 $\sin^{-1}$ 或__________表示.
2. 为了得到正切函数的反函数，我们限制其定义域为________，得到的反函数用 $\tan^{-1}$ 或______表示.
3. $D_x\sin(\arcsin x)=$__________.
4. 由于 $D_x\arctan x=1/(1+x^2)$，那么，$4\int_0^1 1/(1+x^2)dx=$__________.

习题 6.8

在习题 1 ~ 10 中，不使用计算器求精确值.

1. $\arccos\left(\frac{\sqrt{2}}{2}\right)$　　2. $\arcsin\left(-\frac{\sqrt{3}}{2}\right)$　　3. $\sin^{-1}\left(-\frac{\sqrt{3}}{2}\right)$

4. $\sin^{-1}\left(-\frac{\sqrt{2}}{2}\right)$　　5. $\arctan(\sqrt{3})$　　6. $\operatorname{arcsec}(2)$

7. $\arcsin\left(-\frac{1}{2}\right)$　　8. $\tan^{-1}\left(-\frac{\sqrt{3}}{3}\right)$　　9. $\sin(\sin^{-1}0.4567)$

10. $\cos(\sin^{-1}0.56)$

在习题 11 ~ 18 中，求近似值.

11. $\sin^{-1}(0.1113)$　　12. $\arccos(0.6341)$　　13. $\cos(\operatorname{arccot}3.212)$
14. $\sec(\arccos 0.5111)$　　15. $\sec^{-1}(-2.222)$　　16. $\tan^{-1}(-60.11)$
17. $\cos(\sin(\tan^{-1}2.001))$　　18. $\sin^2(\ln(\cos 0.5555))$

在习题 19 ~ 24 中，用 x 的反三角函数 $\sin^{-1}$、$\cos^{-1}$、$\tan^{-1}$、$\sec^{-1}$ 来表示 θ.

19. 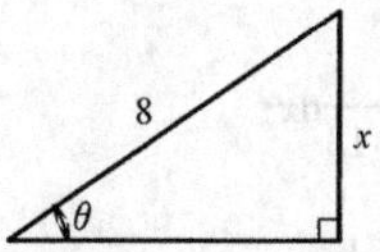

20. 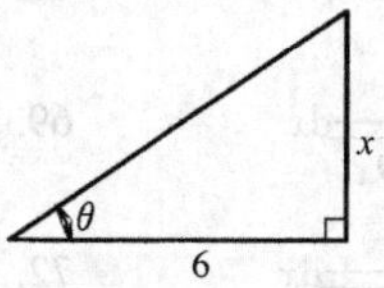

21. 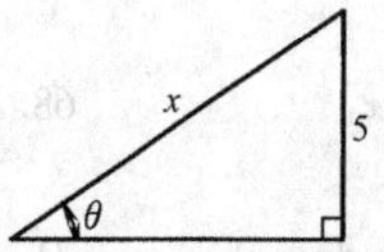

22. 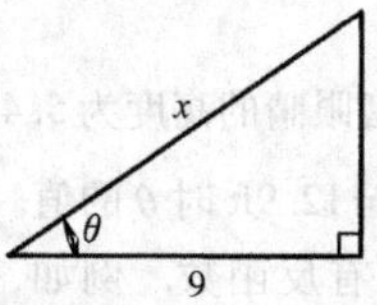

23. 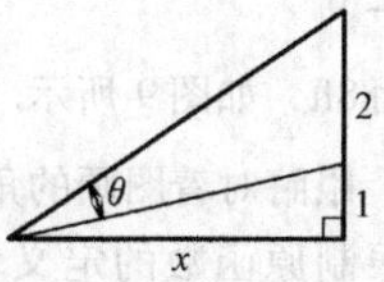

24. 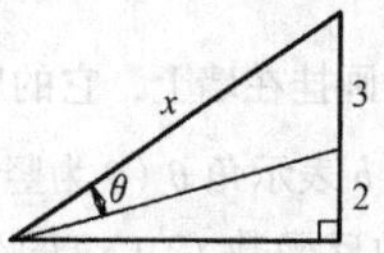

在习题 25 ~ 28 中，不使用计算器求值（参考例题 4）.

25. $\cos\left[2\sin^{-1}\left(-\frac{2}{3}\right)\right]$　　26. $\tan\left[2\tan^{-1}\left(\frac{1}{3}\right)\right]$

27. $\sin\left[\cos^{-1}\left(\frac{3}{5}\right)+\cos^{-1}\left(\frac{5}{13}\right)\right]$

28. $\cos\left[\cos^{-1}\left(\frac{4}{5}\right)+\sin^{-1}\left(\frac{12}{13}\right)\right]$

在习题29～32中，证明每个等式为恒等式.

29. $\tan(\sin^{-1}x)=\frac{x}{\sqrt{1-x^2}}$

30. $\sin(\tan^{-1}x)=\frac{x}{\sqrt{1+x^2}}$

31. $\cos(2\sin^{-1}x)=1-2x^2$

32. $\tan(2\tan^{-1}x)=\frac{2x}{1-x^2}$

33. 求极限

(a) $\lim\limits_{x\to\infty}\tan^{-1}x$

(b) $\lim\limits_{x\to-\infty}\tan^{-1}x$

34. 求极限

(a) $\lim\limits_{x\to\infty}\sec^{-1}x$

(b) $\lim\limits_{x\to-\infty}\sec^{-1}x$

35. 求极限

(a) $\lim\limits_{x\to1^-}\sin^{-1}x$

(b) $\lim\limits_{x\to-1^+}\sin^{-1}x$

36. $\lim\limits_{x\to1}\sin^{-1}x$ 存在吗？说明理由.

37. 当 c 从左边趋近于1时，函数 $y=\sin^{-1}x$ 在 c 点的切线斜率发生了什么变化？

38. 假定函数 $y=\cot^{-1}x$ 的定义域被限定为 $(0,\pi)$，作出它的图形.

在习题39～54中，求$\frac{dy}{dx}$.

39. $y=\ln(2+\sin x)$

40. $y=e^{\tan x}$

41. $y=\ln(\sec x+\tan x)$

42. $y=-\ln(\csc x+\cot x)$

43. $y=\sin^{-1}(2x^2)$

44. $y=\arccos e^x$

45. $y=x^3\tan^{-1}e^x$

46. $y=e^x\arcsin x^2$

47. $y=(\tan^{-1}x)^3$

48. $y=\tan(\cos^{-1}x)$

49. $y=\sec^{-1}x^3$

50. $y=(\sec^{-1}x)^3$

51. $y=(1+\sin^{-1}x)^3$

52. $y=\sin^{-1}\frac{1}{x^2+4}$

53. $y=\tan^{-1}(\ln x^2)$

54. $y=x\,\mathrm{arcsec}(x^2+1)$

在习题55～72中，计算每个积分的值.

55. $\int\cos 3x\,dx$

56. $\int x\sin x^2\,dx$

57. $\int\sin 2x\cos 2x\,dx$

58. $\int\tan x\,dx=\int\frac{\sin x}{\cos x}dx$

59. $\int_0^1 e^{2x}\cos e^{2x}\,dx$

60. $\int_0^{\pi/2}\sin^2x\cos x\,dx$

61. $\int_0^{\sqrt{2}/2}\frac{1}{\sqrt{1-x^2}}dx$

62. $\int_{\sqrt{2}}^{2}\frac{dx}{x\sqrt{x^2-1}}$

63. $\int_{-1}^{1}\frac{1}{1+x^2}dx$

64. $\int_0^{\pi/2}\frac{\sin\theta}{1+\cos^2\theta}d\theta$

65. $\int\frac{1}{1+4x^2}dx$

66. $\int\frac{e^x}{1+e^{2x}}dx$

67. $\int\frac{1}{\sqrt{12-9x^2}}dx$

68. $\int\frac{x}{\sqrt{12-9x^2}}dx$

69. $\int\frac{1}{x^2-6x+13}dx$

70. $\int\frac{1}{2x^2+8x+25}dx$

71. $\int\frac{1}{x\sqrt{4x^2-9}}dx$

72. $\int\frac{x+1}{\sqrt{4-9x^2}}dx$

C 73. 一幅5ft高的图画挂在墙上，它的底部距地面8ft，如图9所示. 一个观察者眼睛的高度为5.4ft，该观察者距离墙为 b ft. 用 b 表示角 θ（θ 为竖直方向上，眼睛对着图画的角）. 求当 $b=12.9$ft时 θ 的值.

74. 求以下函数的反函数 $f^{-1}(x)$ 的公式. 先限制原函数的定义域，以使其有反函数. 例如，$f(x)=3\sin 2x$，那么，我们先限制其定义域为 $-\pi/4\leqslant x\leqslant\pi/4$，则 $f^{-1}(x)=\frac{1}{2}\sin^{-1}(x/3)$.

(a) $f(x)=3\cos 2x$

(b) $f(x)=2\sin 3x$

(c) $f(x)=\frac{1}{2}\tan x$　　　　　(d) $f(x)=\sin\frac{1}{x}$

75. 通过多次运用两角和公式 $\tan(x+y)=(\tan x+\tan y)/(1-\tan x\tan y)$ 来证明

$$\frac{\pi}{4}=3\tan^{-1}\left(\frac{1}{4}\right)+\tan^{-1}\left(\frac{5}{99}\right)$$

76. 证明

$$\frac{\pi}{4}=4\tan^{-1}\left(\frac{1}{5}\right)-\tan^{-1}\left(\frac{1}{239}\right)$$

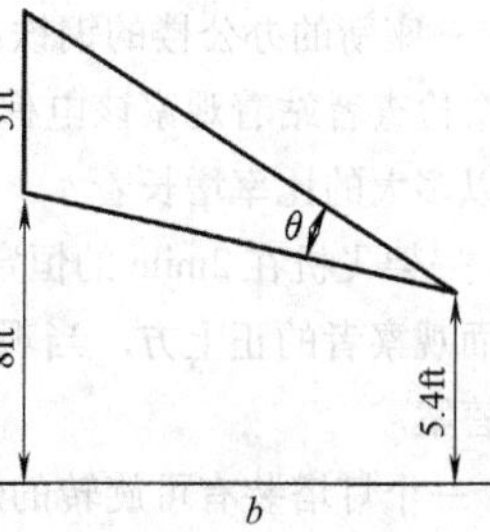

图 9

这个结果是由约翰麦金于1706年发现的，他运用此公式求出了 π 后面的100位小数.

77. 不使用微积分，以 a、b 为变量，求图10中所示阴影部分的面积公式. 注意：大圆的中心在小圆的边缘上.

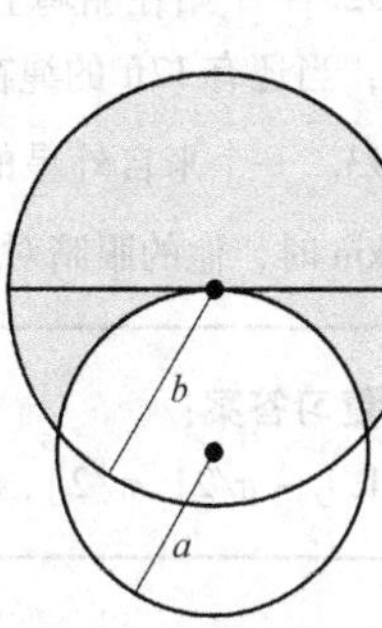

图 10

GC 78. 在同一坐标系中作出函数 $y=\arcsin x$ 和 $y=\arctan(x/\sqrt{1-x^2})$ 的图形. 先作出推测，再证明.

GC 79. 作出函数 $y=\frac{\pi}{2}-\arcsin x$ 的图形. 先作出推测，再证明.

GC 80. 作出函数 $y=\sin(\arcsin x)$ 在区间 $[-1,1]$ 的图形. 再作出函数 $y=\arcsin(\sin x)$ 在 $[-2\pi,2\pi]$ 上的图形. 解释观察到的不同之处.

81. 通过改写 $a^2-x^2=a^2[1-(x/a)^2]$，并作出替换 $u=x/a$ 证明：

$$\int\frac{dx}{\sqrt{a^2-x^2}}=\sin^{-1}\frac{x}{a}+c,\ a>0$$

82. 通过求等式右边的导数来得到习题81的结果.

83. 证明：

$$\int\frac{dx}{a^2+x^2}=\frac{1}{a}\tan^{-1}\frac{x}{a}+C,\ a\neq0$$

84. 证明：

$$\int\frac{dx}{x\sqrt{x^2-a^2}}=\frac{1}{a}\sec^{-1}\frac{|x|}{a}+C,a>0$$

85. 通过对等式右边求导来证明：

$$\int\sqrt{a^2-x^2}dx=\frac{x}{2}\sqrt{a^2-x^2}+\frac{a^2}{2}\sin^{-1}\frac{x}{a}+C，其中\ a>0.$$

86. 利用85题的结果证明：

$$\int_{-a}^{a}\sqrt{a^2-x^2}dx=\frac{\pi a^2}{2}$$

为什么可以得到这个预期的结果？

87. 一个10ft高的窗帘，底部比观测者的眼睛高出2ft. 使对向观察者的眼睛的角为最大，距离墙的理想的观测距离为多少(参考73题)？

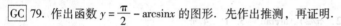

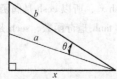

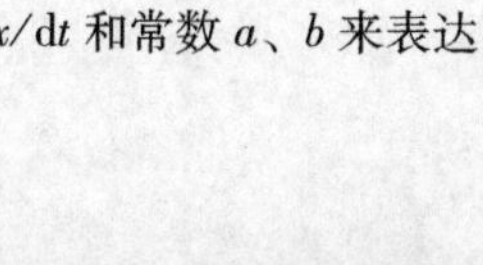

88. 以 x，dx/dt 和常数 a、b 来表达出 $d\theta/dt$.

89. 一座新的办公楼的钢铁结构工作已经完成．在街道对面，距离该楼底层的货物运输电梯 60ft 的地方，一个检查者站着观察该电梯以 15ft/s 的恒定速度上升着，那么在他的视线穿过水平线的 6s 后，他视线的仰角以多大的比率增长着？

90. 一架飞机在 2mile 的恒定高度以 600mile/h 的恒定速度飞行着，飞机的航线为直线，当它飞过时，恰好在地面观察者的正上方．当观察者距飞机 3mile 时，他视线的仰角以多大的比率增长着？以 rad/min 的形式给出答案．

91. 一个灯塔装有可旋转的灯，该灯塔固定在离大陆直海岸线 p 点 2mile 的小岛上，灯塔往海岸线上投射出一束随之移动着的光线，若投射点距离 p 点 1mile 时，投射点在海岸线上移动的速率是 5πmile/min，那么灯塔上的灯以什么速率旋转着？

92. 一个站在船坞上的人以 5ft/s 的速率拉着一根系着一个小舟的绳子．如果这个人的手高出系船点 8ft，那么，当还有 17ft 的绳在外边时，绳子的俯角以多大的速率在减小？

C 93. 一个来自外星的探访者以 2km/s 的速率接近地球（地球半径为 6376km）．那么，当他距地球表面 3000km 时，他的眼睛对着地球的角以多大的比率增长？

概念复习答案：

1. $[-\pi/2, \pi/2]$，arcsin　2. $(-\pi/2, \pi/2)$，arctan　3. 1　4. π

6.9 双曲函数及其反函数

在数学和自然科学中，e^x 和 e^{-x} 经常以一定的组合方式出现，于是它们便有了专门的名字．

定义　双曲函数

双曲正弦函数、双曲余弦函数和其他四个相关的函数定义如下

$$\sinh x = \frac{e^x - e^{-x}}{2} \qquad \cosh x = \frac{e^x + e^{-x}}{2}$$

$$\tanh x = \frac{\sinh x}{\cosh x} \qquad \coth x = \frac{\cosh x}{\sinh x}$$

$$\operatorname{sech} x = \frac{1}{\cosh x} \qquad \operatorname{csch} x = \frac{1}{\sinh x}$$

定义表明，这些函数**一定**和三角函数有一定联系．首先，双曲函数的基本性质（回忆三角函数中的 $\sin^2 x + \cos^2 x = 1$）是

$$\boxed{\cosh^2 x - \sinh^2 x = 1}$$

为证明，我们写出

$$\cosh^2 x - \sinh^2 x = \frac{e^{2x} + 2 + e^{-2x}}{4} + \frac{e^{2x} - 2 + e^{-2x}}{4} = 1$$

其次，回忆三角函数和单位圆有密切关系（图 1），以至有时它们被称作**循环函数**．事实上，参数方程 $x = \cosh t$，$y = \sinh t$ 描述了单位双曲线方程 $x^2 - y^2 = 1$（图 2）的右分支，还有，在两种情况下，参数 t 和阴影部分面积 A 有关（$t = 2A$），虽然这在第二种情况中并不明显（习题 56）．

因为 $\sinh(-x) = -\sinh x$，所以 sinh 是奇函数；$\cosh(-x) = \cosh x$，所以 cosh 是偶函数．相应地，$y = \sinh x$ 的图形关于原点对称，$y = \cosh x$ 的图形关于 y 轴对称．类似地，tanh 是奇函数，sech 是偶函数，它们的图形如图 3 所示．

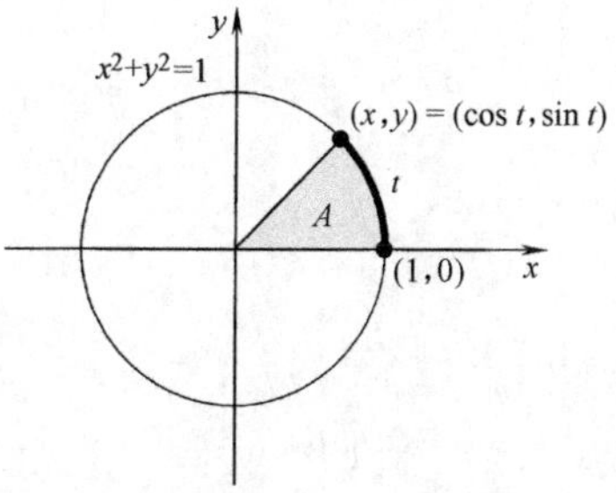

图 1

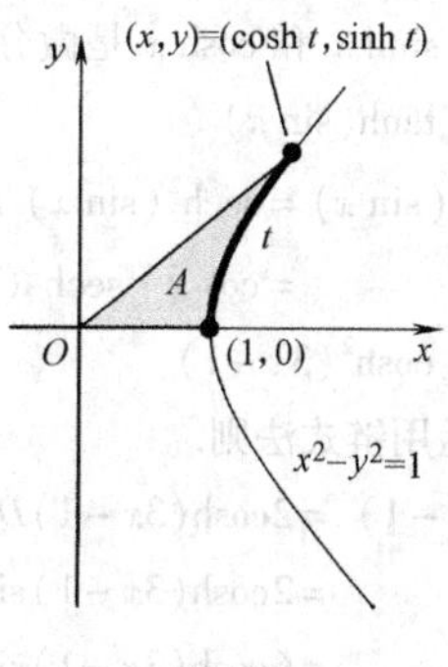

图 2

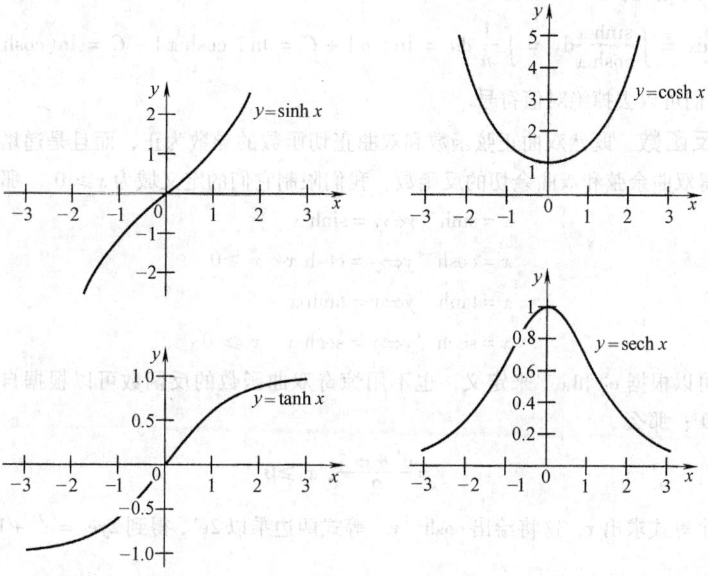

图 3

双曲函数的导数 我们可以由定义直接得到 $D_x \sinh x$ 和 $D_x \cosh x$

$$D_x \sinh x = D_x\left(\frac{e^x - e^{-x}}{2}\right) = \frac{e^x + e^{-x}}{2} = \cosh x$$

$$D_x \cosh x = D_x\left(\frac{e^x + e^{-x}}{2}\right) = \frac{e^x - e^{-x}}{2} = \sinh x$$

注意，这些事实确定了我们所画的图形的性质. 因为 $D_x \sinh x = \cosh x > 0$，所以双曲正弦函数总是递增的. 类似地，$D_x^2 \cosh x = \cosh x > 0$ ，这意味着双曲余弦函数的图形是凹的.

其他四个双曲函数的导数遵循同样的规律，与商数法则结合，结果如定理 A 所示.

定理 A

$$D_x \sinh x = \cosh x \qquad D_x \cosh x = \sinh x$$

$$D_x \tanh x = \operatorname{sech}^2 x \qquad D_x \coth x = -\operatorname{csch}^2 x$$

$$D_x \operatorname{sech} x = -\operatorname{sech} x \tanh x \qquad D_x \operatorname{csch} x = -\operatorname{csch} x \coth x$$

另外一种把三角函数和双曲函数联系起来的方式是微分方程. 函数 sin x 和 cos x 是二阶微分方程 $y''=$

$-y$ 的解，函数 $\sinh x$ 和 $\cosh x$ 是微分方程 $y''=y$ 的解.

例1 求 $D_x\tanh(\sin x)$

解 $D_x\tanh(\sin x)=\mathrm{sech}^2(\sin x)\,D_x(\sin x)$

$=\cos x\cdot\mathrm{sech}^2(\sin x)$

例2 求 $D_x\cosh^2(3x-1)$

解 我们运用链式法则.

$$\begin{aligned}D_x\cosh^2(3x-1)&=2\cosh(3x-1)D_x\cosh(3x-1)\\&=2\cosh(3x-1)\sinh(3x-1)D_x(3x-1)\\&=6\cosh(3x-1)\sinh(3x-1)\end{aligned}$$

例3 求 $\int\tanh x\mathrm{d}x$.

解 设 $u=\cosh x$，那么 $\mathrm{d}u=\sinh x$.

$$\int\tanh x\mathrm{d}x=\int\frac{\sinh x}{\cosh x}\mathrm{d}x=\int\frac{1}{u}\mathrm{d}u=\ln|u|+C=\ln|\cosh x|+C=\ln(\cosh x)+C$$

因为 $\cosh x>0$，我们可以去掉绝对值符号.

双曲函数的反函数 既然双曲正弦函数和双曲正切函数的导数为正，而且是递增函数，那么自然会有反函数. 为了获得双曲余弦和双曲余切的反函数，我们限制它们的定义域为 $x\geqslant 0$. 那么

$$x=\sinh^{-1}y\Leftrightarrow y=\sinh x$$

$$x=\cosh^{-1}y\Leftrightarrow y=\cosh x\quad x\geqslant 0$$

$$x=\tanh^{-1}y\Leftrightarrow y=\tanh x$$

$$x=\mathrm{sech}^{-1}y\Leftrightarrow y=\mathrm{sech}\,x\quad x\geqslant 0$$

既然双曲函数可以根据 e^x 和 e^{-x} 来定义，也不用惊奇双曲函数的反函数可以根据自然对数来表示. 例如，$y=\cosh x$，$x\geqslant 0$；那么

$$y=\frac{\mathrm{e}^x+\mathrm{e}^{-x}}{2},\ x\geqslant 0$$

我们的目标是解这个等式求出 x，这将给出 $\cosh^{-1}y$. 等式两边乘以 $2\mathrm{e}^x$，得到 $2y\mathrm{e}^x=\mathrm{e}^{2x}+1$，或者 $(\mathrm{e}^x)^2-2y\mathrm{e}^x+1=0$，$x\geqslant 0$.

如果解这个二次方程求出 e^x，得到

$$\mathrm{e}^x=\frac{2y+\sqrt{(2y)^2-4}}{2}=y+\sqrt{y^2-1}$$

二次方程求根公式给出两个解，包括上面给出的那个和 $(2y-\sqrt{(2y)^2-4})/2$. 因为后者小于1，而 e^x 对于 $x>0$ 的任何数时的值都大于1，所以它不符题意，因此 $x=\ln(y+\sqrt{y^2-1})$，故

$$x=\cosh^{-1}y=\ln(y+\sqrt{y^2-1})$$

类似的方式适用于每一个双曲函数的反函数. 我们得到以下的结果(注意：x 和 y 的角色已经调换了). 图3表明必须的定义限制. 图4所示为双曲函数的反函数的图形.

$$\sinh^{-1}x=\ln\left(x+\sqrt{x^2+1}\right)$$

$$\cosh^{-1}x=\ln\left(x+\sqrt{x^2-1}\right),\ x\geqslant 1$$

$$\tanh^{-1}x=\frac{1}{2}\ln\frac{1+x}{1-x},\ -1<x<1$$

$$\mathrm{sech}^{-1}x=\ln\left(\frac{1+\sqrt{1-x^2}}{x}\right),\ 0<x\leqslant 1$$

这些函数都是可导的. 事实上

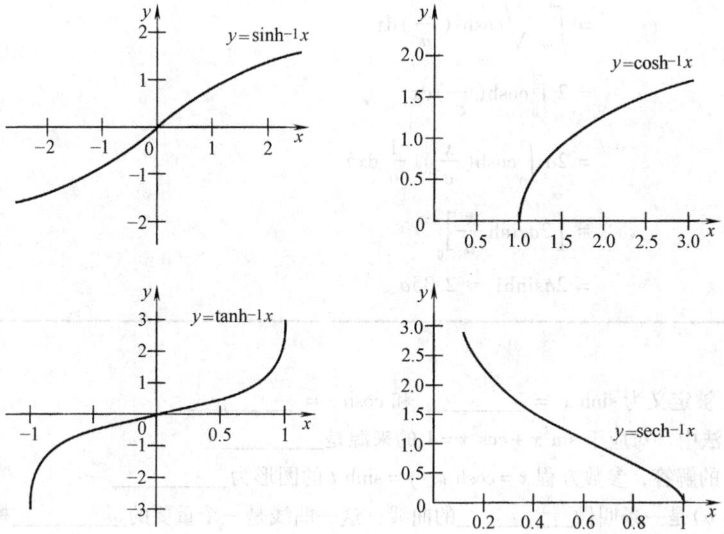

图 4

$$D_x \sinh^{-1} x = \frac{1}{\sqrt{x^2+1}}$$

$$D_x \cosh^{-1} x = \frac{1}{\sqrt{x^2-1}},\ x>1$$

$$D_x \tanh^{-1} x = \frac{1}{1-x^2},\quad -1<x<1$$

$$D_x \operatorname{sech}^{-1} x = \frac{-1}{x\sqrt{1-x^2}},\ 0<x<1$$

例 4 用两种不同的方法证明 $D_x \sinh^{-1} x = 1/\sqrt{x^2+1}$.

解 **方法一** 设 $y = \sinh^{-1} x$，即 $x = \sinh y$

两边对 x 求导 $1 = (\cosh y) D_x y$

那么 $D_x y = D_x(\sinh^{-1} x) = \dfrac{1}{\cosh y} = \dfrac{1}{\sqrt{1+\sinh^2 y}} = \dfrac{1}{\sqrt{1+x^2}}$

方法二 对 $\sinh^{-1} x$ 使用自然对数表示

$$D_x(\sinh^{-1} x) = D_x \ln(x+\sqrt{x^2+1}) = \frac{1}{x+\sqrt{x^2+1}} D_x(x+\sqrt{x^2+1})$$

$$= \frac{1}{x+\sqrt{x^2+1}}\left(1+\frac{x}{\sqrt{x^2+1}}\right) = \frac{1}{\sqrt{x^2+1}}$$

应用：悬链线 如果一条匀质的缆索或缆链悬挂于在同一高度的两点之间，它形成的曲线叫**悬链线**(图 5). 此外(见题 53)，将一悬链线置于直角坐标中可得它的方程形式为

$$y = a\cosh\frac{x}{a}$$

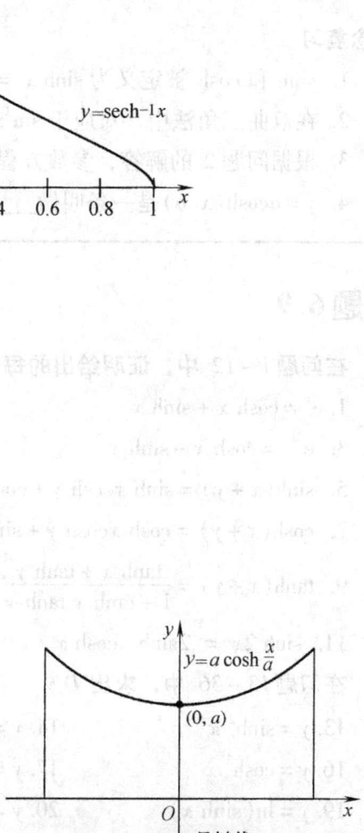

悬链线

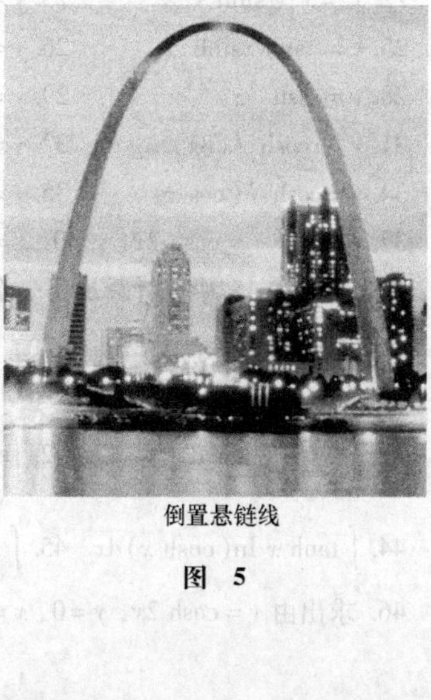

倒置悬链线

图 5

例 5 求出悬链线 $y = a\cosh(x/a)$ 在 $x=-a$ 和 $x=a$ 间的长度.

解 要求的长度(见 5.4 节)为

$$\int_{-a}^{a}\sqrt{1+\left(\frac{dy}{dx}\right)^2}\,dx = \int_{-a}^{a}\sqrt{1+\sinh^2\left(\frac{x}{a}\right)}\,dx$$

$$= \int_{-a}^{a} \sqrt{\cosh^2\left(\frac{x}{a}\right)}\,dx$$

$$= 2\int_0^a \cosh\left(\frac{x}{a}\right)dx$$

$$= 2a\int_0^a \cosh\left(\frac{x}{a}\right)\left(\frac{1}{a}dx\right)$$

$$= \left[2a\sinh\frac{x}{a}\right]_0^a$$

$$= 2a\sinh 1 \approx 2.35a$$

概念复习

1. sinh 和 cosh 被定义为 $\sinh x =$ ________和 $\cosh x =$ ________.
2. 在双曲三角法中，对应于 $\sin^2 x+\cos^2 x=1$ 的来源是________.
3. 根据问题 2 的解答，参数方程 $x=\cosh t$，$y=\sinh t$ 的图形为________.
4. $y=a\cosh(x/a)$ 是一条叫做________的曲线；这一曲线是一个重要的________模型.

习题 6.9

在问题 1 ~ 12 中，证明给出的每一等式都是恒等式.

1. $e^x=\cosh x+\sinh x$
2. $e^{2x}=\cosh 2x+\sinh 2x$
3. $e^{-x}=\cosh x-\sinh x$
4. $e^{-2x}=\cosh 2x-\sinh 2x$
5. $\sinh(x+y)=\sinh x\cosh y+\cosh x\sinh y$
6. $\sinh(x-y)=\sinh x\cosh y-\cosh x\sinh y$
7. $\cosh(x+y)=\cosh x\cosh y+\sinh x\sinh y$
8. $\cosh(x-y)=\cosh x\cosh y-\sinh x\sinh y$
9. $\tanh(x+y)=\dfrac{\tanh x+\tanh y}{1+\tanh x\tanh y}$
10. $\tanh(x-y)=\dfrac{\tanh x-\tanh y}{1-\tanh x\tanh y}$
11. $\sinh 2x = 2\sinh x\cosh x$
12. $\cosh 2x=\cosh^2 x+\sinh^2 x$

在习题 13 ~ 36 中，求出 $D_x y$.

13. $y=\sinh^2 x$
14. $y=\cosh^2 x$
15. $y=5\sinh^2 x$
16. $y=\cosh^3 x$
17. $y=\cosh(3x+1)$
18. $y=\sinh(x^2+x)$
19. $y=\ln(\sinh x)$
20. $y=\ln(\coth x)$
21. $y=x^2\cosh x$
22. $y=x^{-2}\sinh x$
23. $y=\cosh 3x\sinh x$
24. $y=\sinh x\cosh 4x$
25. $y=\tanh x\sinh 2x$
26. $y=\coth 4x\sinh x$
27. $y=\sinh^{-1}x^2$
28. $y=\cosh^{-1}x^2$
29. $y=\tanh^{-1}(2x-3)$
30. $y=\coth^{-1}x^5$
31. $y=x\cosh^{-1}(3x)$
32. $y=x^2\sinh^{-1}x^5$
33. $y=\ln(\cosh^{-1}x)$
34. $y=\cosh^{-1}(\cos x)$
35. $y=\tanh(\cot x)$
36. $y=\coth^{-1}(\tanh x)$
37. 求出被 $y=\cosh 2x$，$y=0$，$x=0$ 和 $x=\ln 3$ 的图形限定的区域的面积.

在习题 38 ~ 45 中，计算出每一个积分.

38. $\int \sinh(3x+2)\,dx$
39. $\int x\cosh(\pi x^2+5)\,dx$
40. $\int \frac{\cosh\sqrt{z}}{\sqrt{z}}\,dz$
41. $\int \frac{\sinh(2z^{1/4})}{\sqrt[4]{z^3}}\,dz$
42. $\int e^x\sinh e^x\,dx$
43. $\int \cos x\sinh(\sin x)\,dx$
44. $\int \tanh x\ln(\cosh x)\,dx$
45. $\int x\coth x^2\ln(\sinh x^2)\,dx$
46. 求出由 $y=\cosh 2x$，$y=0$，$x=-\ln 5$ 和 $x=\ln 5$ 围成的图形的面积.

47. 求由 $y=\sinh x$, $y=0$ 和 $x=\ln 2$ 围成图形的面积.

48. 求由 $y=\tanh x$, $y=0$, $x=-8$ 和 $x=8$ 围成图形的面积.

49. 求由 $y=0$, $y=\cosh x$, $x=1$ 和 $x=0$ 围成的图形绕 x 轴旋转一周形成的旋转体的体积. 提示: $\cosh^2 x=(1+\cosh 2x)/2$

50. 求由 $y=0$, $y=\sinh x$, $x=\ln 10$ 和 $x=0$ 围成图形绕 x 轴旋转一周形成的旋转体的体积.

51. 曲线 $y=\cosh x$, $0\leqslant x\leqslant 1$ 绕 x 轴旋转. 求所得到的旋转体的表面积.

52. 曲线 $y=\sinh x$, $0\leqslant x\leqslant 1$ 绕 x 轴旋转. 求所得到的旋转体的表面积.

53. 为了获得悬挂的绳索(悬链线)的方程, 我们把 AP 部分看做最低点 A 到任意点 $P(x, y)$(图 6), 想象其余的绳索都去掉. 作用在绳索上的力为:

(1) H = 作用在 A 点的水平张力; (2) T = 作用在 P 点的切向张力;

(3) $W=\delta s$ = 线密度为 δlb/ft 的 $s$ft 绳索的重量.

为了使 T 水平方向和垂直方向上的分力平衡一定要使 H 点、W 点各自平衡. 这样 $T\cos\phi=H$, $T\sin\phi=W=\delta s$ 即:

$$\frac{T\sin\phi}{T\cos\phi}=\tan\phi=\frac{\delta s}{H}$$

但是既然 $\tan\phi=\mathrm{d}y/\mathrm{d}x$, 我们得到 $\dfrac{\mathrm{d}y}{\mathrm{d}x}=\dfrac{\delta s}{H}$, 因此 $\dfrac{\mathrm{d}^2y}{\mathrm{d}x^2}=\dfrac{\delta}{H}\dfrac{\mathrm{d}s}{\mathrm{d}x}=\dfrac{\delta}{H}\sqrt{1+\left(\dfrac{\mathrm{d}y}{\mathrm{d}x}\right)^2}$

现在证明当 $a=H/\delta$ 时, $y=a\cosh(x/a)+C$ 满足这个微分方程.

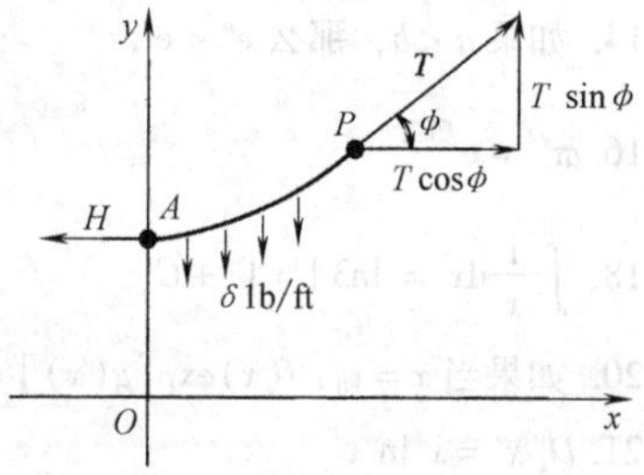

图 6

[C] 54. 我们把 $y=b-a\cosh(x/a)$ 的图形叫做反相的悬链线, 同时想象它像一拱门一样放置于 x 轴上. 证明如果这拱门在 x 轴上的宽度为 $2a$. 那么以下说法都是正确的.

(a) $b=a\cosh 1\approx 1.54308a$

(b) 拱门的高度近似为 $0.54308a$.

(c) 宽度为 48 的拱门的高度近似为 13.

[C] 55. 一农民建造了一个高为 100ft, 宽为 48ft 的大棚. 交叉部分为一个函数为 $y=37-24\cosh(x/24)$ 的反相悬链线(见习题 54).

(a) 画出这个棚的图形; (b) 求出这个棚的体积;

(c) 求出这个棚的棚顶的表面积.

56. 证明 $A=t/2$, 这里 A 表示图 2 的面积. 提示: 在某些地方你将会用到在书后面的公式 44.

57. 证明对于任意实数 r:

(a) $(\sinh x+\cosh x)^r=\sinh rx+\cosh rx$ (b) $(\cosh x-\sinh x)^r=\cosh rx-\sinh rx$

(c) $(\cos x+\mathrm{i}\sin x)^r=\cos rx+\mathrm{i}\sin rx$ (d) $(\cos x-\mathrm{i}\sin x)^r=\cos rx-\mathrm{i}\sin rx$

58. t 的**古德曼**(gudermannian)**函数**被定义为 $\mathrm{gd}(t)=\tan^{-1}(\sinh t)$

证明: (a) gd 是一个在原点有一个拐点的递增的奇函数;

(b) $\mathrm{gd}(t)=\sin^{-1}(\tanh t)=\int_0^t \operatorname{sech} u\,\mathrm{d}u$.

59. 证明曲线 $y=\cosh t$, $0\leqslant t\leqslant x$ 下的面积用数表示等于它的弧长.

60. 求出在圣路易密苏里州的 G·A 拱门函数, 已经知道它是反向的悬链线(见习题 54). 假设它位于 x 轴上方, 同时关于 y 轴对称且基部宽 630ft, 中心高 630ft.

[GC] 61. 用同样的坐标和比例画出 $y=\sinh x$, $y=\ln(x+\sqrt{x^2+1})$ 和 $y=x$ 在 $-3\leqslant x\leqslant 3$ 且 $-3\leqslant y\leqslant 3$ 上的图形. 这表明了什么?

[CAS] 62. 参照题 58, 导出 $\mathrm{gd}^{-1}(x)$ 的公式. 画出用和 $\mathrm{gd}(x)$ 同一个坐标的图形, 从而证实你的公式.

概念复习答案：

1. $(e^x - e^{-x})/2$，$(e^x + e^{-x})/2$ 2. $\cosh^2 x - \sinh^2 x = 1$
3. $x^2 - y^2 = 1$ 的图形（双曲线） 4. 悬链线，一悬挂的绳索

6.10 本章回顾

概念测试

判断以下说法的对与错，同时给出解释.

1. $\ln|x|$ 的定义域为所有实数.
2. $y = \ln x$ 的图形没有拐点.
3. $\int_1^{e^3} \frac{1}{t} dt = 3$.
4. 可逆函数 $y = f(x)$ 的图形与每条水平线相交.
5. $\ln^{-1}$ 的定义域为实数集合.
6. $\ln x / \ln y = \ln x - \ln y$
7. $(\ln x)^4 = 4\ln x$
8. 对于所有的实数 x，$\ln(2e^{x+1}) - \ln(2e^x) = 1$ 成立.
9. 函数 $f(x) = 4 + e^x$ 和 $g(x) = \ln(x-4)$ 互为反函数.
10. $\exp x + \exp y = \exp(x+y)$
11. 如果 $x > y > 0$，那么 $\ln x > \ln y$.
12. 如果 $a \ln x < b \ln x$，那 $a < b$.
13. 如果 $a < b$，那么 $ae^x < be^x$.
14. 如果 $a < b$，那么 $e^a < e^b$.
15. $\lim_{x \to 0^+} (\ln \sin x - \ln x) = 0$
16. $\pi^{\sqrt{2}} = e^{\sqrt{2}\ln\pi}$
17. $\frac{d}{dx}\ln\pi = \frac{1}{\pi}$
18. $\int \frac{1}{x} dx = \ln 3|x| + C$
19. $D_x x^e = ex^{x-1}$
20. 如果当 $x = x_0$，$f(x)\exp[g(x)] = 0$，那么 $f(x_0) = 0$.
21. $D_x x^x = x^x \ln x$
22. $y = \tan x + \sec x$ 是 $2y' - y^2 = 1$ 的一个解.
23. $y' + \frac{4}{x} = e^x$ 的积分因子是 x^4.
24. 微分方程 $y' = 2y$ 的解通过点 $(2, 1)$，且在该点的斜率为 2.
25. 在初始条件 $y(0) = 1$，欧拉法对微分方程 $y' = 2y$ 的解估计过大.
26. $\sin(\arcsin x) = x$ 对于所有实数 x 成立.
27. $\arcsin(\sin x) = x$ 对于所有的实数 x 成立.
28. 如果 $a < b$，那么 $\sinh a < \sinh b$.
29. 如果 $a < b$，那么 $\cosh a < \cosh b$.
30. $\cosh x \leqslant e^{|x|}$
31. $|\sinh x| \leqslant e^{|x|}/2$
32. $\tan^{-1} x = \sin^{-1} x / \cos^{-1} x$
33. $\cosh(\ln 3) = \frac{5}{6}$
34. $\lim_{x \to 0} \ln\left(\frac{\sin x}{x}\right) = 1$
35. $\lim_{x \to -\infty} \tan^{-1} x = -\frac{\pi}{2}$
36. $\sin^{-1}(\cosh x)$ 对于所有的实数 x 成立.
37. $f(x) = \tanh x$ 是奇函数.
38. $y = \sinh x$ 和 $y = \cosh x$ 都满足微分方程 $y'' + y = 0$.
39. $\ln 3^{100} > 100$.
40. $\ln(2x^2 - 18) - \ln(x-3) - \ln(x+3) = \ln 2$. 对于所有实数 x 都成立.
41. 如果 y 呈指数增长，y 三倍于 $t = 0$ 和 $t = t_1$ 之间，那么 y 将三倍于 $t = 2t_1$ 和 $t = 3t_1$ 之间.
42. $x(t) = Ce^{-kt}$ 的值降低为一半所需要的时间为 $\frac{\ln 2}{\ln k}$.

43. 如果 $y'(t)=ky(t)$ 和 $z'(t)=kz(t)$，那么 $(y(t)+z(t))'=k(y(t)+z(t))$.

44. 如果 $y_1(t)$ 和 $y_2(t)$ 满足 $y'(t)=ky(t)+C$，那么 $(y_1(t)+y_2(t))$ 也满足.

45. $\lim\limits_{h\to 0}(1-h)^{-1/h}=e^{-1}$.

46. 以5%连续复利计算比以6%月复利计算对储蓄者更有利.

47. 如果当 $a>0$ 时 $D_x a^x=a^x$，那么 $a=e$.

本章测试

在习题1~24中，求出每一函数的导数.

1. $\ln\dfrac{x^4}{2}$ 2. $\sin^2(x^3)$ 3. e^{x^2-4x} 4. $\log_{10}(x^5-1)$

5. $\tan(\ln e^x)$ 6. $e^{\ln\cot x}$ 7. $2\tanh\sqrt{x}$ 8. $\tanh^{-1}(\sin x)$

9. $\sinh^{-1}(\tan x)$ 10. $2\sin^{-1}\sqrt{3x}$ 11. $\sec^{-1}e^x$ 12. $\ln\sin^2\left(\dfrac{x}{2}\right)$

13. $3\ln(e^{5x}+1)$ 14. $\ln(2x^3-4x+5)$ 15. $\cos e^{\sqrt{x}}$ 16. $\ln(\tanh x)$

17. $2\cos^{-1}\sqrt{x}$ 18. $4^{3x}+(3x)^4$ 19. $2\csc e^{\ln\sqrt{x}}$ 20. $(\log_{10}2x)^{2/3}$

21. $4\tan 5x\sec 5x$ 22. $x\tan^{-1}\dfrac{x^2}{2}$ 23. x^{1+x} 24. $(1+x^2)^e$

在习题25~34中，求出各个函数的不定积分，并用求导来证明.

25. e^{3x-1} 26. $6\cot 3x$ 27. $e^x\sin e^x$ 28. $\dfrac{6x+3}{x^2+x-5}$ 29. $\dfrac{e^{x+2}}{e^{x+3}+1}$

30. $4x\cos x^2$ 31. $\dfrac{4}{\sqrt{1-4x^2}}$ 32. $\dfrac{\cos x}{1+\sin^2 x}$ 33. $\dfrac{-1}{x+x(\ln x)^2}$ 34. $\operatorname{sech}^2(x-3)$

在习题35和习题36中，求出 f 的递增区间和递减区间. 找出 f 图形的凸区间和凹区间. 找出所有的极值和拐点并画出它的草图.

35. $f(x)=\sin x+\cos x$，$\dfrac{-\pi}{2}\leqslant x\leqslant\dfrac{\pi}{2}$ 36. $f(x)=\dfrac{x^2}{e^x}$，$-\infty<x<\infty$

37. 设 $f(x)=x^5+2x^3+4x$，$-\infty<x<\infty$.

(a) 证明 f 有反函数 $g=f^{-1}$. (b) 计算 $g(7)=f^{-1}(7)$

(c) 计算 $g'(7)$

38. 某种放射性物质的半衰期为10年. 它从100g衰变为1g需要多长时间?

C 39. 当初始条件 $y(1)=2$，步长 $h=0.2$ 时，用欧拉法，求微分方程 $y'=xy$ 在区间 $[1,2]$ 的近似解.

40. 水平飞行于500ft高的一架飞机以300ft/s的速度径直离开地面的探照灯. 探照灯是在飞机上控制的. 当光束与地面的角度为30°时，角度改变的速率为多少?

41. 求出 $y=(\cos x)^{\sin x}$ 在点 $(0,1)$ 的切线方程.

42. 一乡镇的人口从1990年的10000人迅速增长为2000年的14000人. 假设按相同的速率增长下去，2010年时人口为多少?

在习题43~47中，解出每一个微分方程.

43. $\dfrac{dy}{dx}+\dfrac{y}{x}=0$ 44. $\dfrac{dy}{dx}-\dfrac{x^2-2y}{x}=0$

45. $\dfrac{dy}{dx}+2x(y-1)=0$，当 $x=0$ 时，$y=3$.

46. $\dfrac{dy}{dx}-ay=e^{ax}$ 47. $\dfrac{dy}{dx}-2y=e^x$

48. 假设葡萄糖以3g/min的速度注射到病人体内，但是病人的身体以一定的比率从血液现有的数量中转换和排出葡萄糖(以0.02的比率). 设现有总量与时间 t 的关系为 $Q(t)$ 且 $Q(0)=120$.

(a)写出关于 Q 的微分方程. (b)解这个微分方程.

(c)分析在长期的传播中 Q 会发生什么?

6.11 回顾与预习

计算习题 1~8 的积分.

1. $\int \sin 2x dx$ 2. $\int e^{3t} dt$ 3. $\int x \sin x^2 dx$ 4. $\int x e^{3x^2} dx$

5. $\int \frac{\sin t}{\cos t} dt$ 6. $\int \sin^2 x \cos x dx$ 7. $\int x \sqrt{x^2+2} dx$ 8. $\int \frac{x}{x^2+1} dx$

求习题 9 ~ 12 的函数的导数并化简.

9. $f(x) = x\ln x - x$ 10. $f(x) = x\arcsin x + \sqrt{1-x^2}$

11. $f(x) = -x^2\cos x + 2x\sin x + 2\cos x$ 12. $f(x) = e^x(\sin x - \cos x)$

13. 应用倍角公式(见 0.7 节)找出用 $\cos 2x$ 表示 $\sin^2 x$ 的式子.

14. 应用倍角公式找出用 $\cos 2x$ 表示 $\cos^2 x$ 的式子.

15. 应用倍角公式找出用 $\cos 2x$ 表示 $\cos^4 x$ 的式子.

16. 应用积化和差公式(见 0.7 节)将 $\sin 3x\cos 4x$ 表示成只有正弦函数,而不是两个三角函数相乘的表达式.

17. 应用积化和差公式将 $\cos 3x \cos 5x$ 表示成只有余弦函数,而不是两个三角函数相乘的表达式.

18. 应用积化和差公式将 $\sin 2x \sin 3x$ 表示成只有余弦函数,而不是两个三角函数相乘的表达式.

19. 当 $x = a\sin t, -\pi/2 \leqslant t \leqslant \pi/2$ 时,计算 $\sqrt{a^2-x^2}$.

20. 当 $x = a\tan t, -\pi/2 < t < \pi/2$ 时,计算 $\sqrt{a^2+x^2}$.

21. 当 $x = a\sec t, 0 \leqslant t \leqslant \pi, t \neq \pi/2$ 时,计算 $\sqrt{a^2-x^2}$.

22. 在等式 $\int_0^a e dx = \frac{1}{2}$ 中解出 a.

在习题 23 ~ 26 中,找出公分母,求分式之和,并化简.

23. $\frac{1}{1-x} - \frac{1}{x}$ 24. $\frac{7/5}{x+2} + \frac{8/5}{x-3}$

25. $-\frac{1}{x} - \frac{1/2}{x+1} + \frac{3/2}{x-3}$ 26. $\frac{1}{y} + \frac{1}{2000-y}$

第7章 积分技巧

7.1 基本积分规则

到目前为止我们所学过的函数系统已经包括了所有的初等函数，像常函数、幂函数、对数函数、指数函数、三角函数和反三角函数以及通过这些函数的加、减、乘、除及复合运算得到的新函数．如：

$$f(x)=\frac{e^{x}+e^{-x}}{2}=\cosh x$$

$$g(x)=(1+\cos^{4}x)^{1/2}$$

$$h(x)=\frac{3^{x^{2}-2x}}{\ln(x^{2}+1)}-\sin[\cos(\cosh x)]$$

都是初等函数．

初等函数的微分只需要系统地利用一些我们学过的公式就可以直接得到．而且微分的结果也几乎都是初等函数．但是函数的积分则完全是另一回事，它涉及一些技巧和许多窍门，并且它的结果并不总是初等函数．比如，我们都知道 $e^{-x^{2}}$ 和 $(\sin x)/x$ 的不定积分都不是初等函数．

两个主要的积分技巧是**换元积分**和**分部积分**．换元积分法我们已经在4.4节介绍过，而且我们已经在各章节中不时地使用过这种方法，这里一方面对这些方法进行复习，另一方面把它们应用到更广泛的范围．

标准积分形式 有效利用换元积分法和分部积分法依赖于现成的积分表．这样的一个表(背诵起来太长)列在本书的最后．如下给出一些十分有用的积分公式，我们学习微积分时应该记住它．

常函数

$$1.\ \int k\,du=ku+C$$

幂函数

$$2.\ \int u^{r}du=\begin{cases}\dfrac{u^{r+1}}{r+1}+C,r\neq-1\\ \ln|u|+C,r=-1\end{cases}$$

指数函数

$$3.\ \int e^{u}\,du=e^{u}+C$$

$$4.\ \int a^{u}du=\frac{a^{u}}{\ln a}+C,a\neq1,\ a>0$$

三角函数

$$5.\ \int\sin u\,du=-\cos u+C$$

$$6.\ \int\cos u\,du=\sin u+C$$

$$7.\ \int\sec^{2}u\,du=\tan u+C$$

$$8.\int \csc^2 u\,du = -\cot u + C$$

$$9.\int \sec u \tan u\,du = \sec u + C$$

$$10.\int \csc u \cot u\,du = -\csc u + C$$

$$11.\int \tan u\,du = -\ln|\cos u| + C$$

$$12.\int \cot u\,du = \ln|\sin u| + C$$

代数函数

$$13.\int \frac{du}{\sqrt{a^2-u^2}} = \sin^{-1}\left(\frac{u}{a}\right) + C$$

$$14.\int \frac{du}{a^2+u^2} = \frac{1}{a}\tan^{-1}\left(\frac{u}{a}\right) + C$$

$$15.\int \frac{du}{u\sqrt{u^2-a^2}} = \frac{1}{a}\sec^{-1}\left(\frac{|u|}{a}\right) + C = \frac{1}{a}\cos^{-1}\left(\frac{a}{|u|}\right) + C$$

双曲函数

$$16.\int \sinh u\,du = \cosh u + C$$

$$17.\int \cosh u\,du = \sinh u + C$$

不定积分的换元积分法 假设遇到一个不定积分，如果它是标准形式，我们可以简单地写出答案；如果遇到的不是标准形式的不定积分形式，那么我们可以将它换元转化为标准形式. 如果第一次的换元转化不能将其变成标准形式，那么多试几次其他转化替换方法. 这种技巧，和绝大多数的技能一样，得靠大量的练习来培养.

积分换元的方法已经在定理4.4B中作过介绍，这里我们给出个稍为简单的描述.

定理A 不定积分的换元积分法

令 g 为一个可导函数且函数 f 为函数 F 的导数，若 $u=g(x)$，则

$$\int f(g(x))g'(x)dx = \int f(u)du = F(u) + C = F(g(x)) + C$$

例1 求 $\int \frac{x}{\cos^2(x^2)}dx$

解 首先观察一下这个积分，由于 $1/\cos^2 x = \sec^2 x$，于是由此想到标准形式中的 $\int \sec^2 u\,du$、令 $u = x^2$，$du = 2x dx$，则

$$\int \frac{x}{\cos^2(x^2)}dx = \frac{1}{2}\int \frac{1}{\cos^2(x^2)}2x dx = \frac{1}{2}\int \sec^2 u du$$

$$= \frac{1}{2}\tan u + C = \frac{1}{2}\tan(x^2) + C$$

例2 求 $\int \frac{3}{\sqrt{5-9x^2}}dx$

解 先考虑 $\int \frac{du}{\sqrt{a^2-u^2}}$，令 $u = 3x$，则 $du = 3dx$. 于是

$$\int \frac{3}{\sqrt{5-9x^2}}dx = \int \frac{1}{\sqrt{5-u^2}}du = \sin^{-1}\frac{u}{\sqrt{5}} + C = \sin^{-1}\frac{3x}{\sqrt{5}} + C$$

例3 求 $\int \frac{6e^{1/x}}{x^2}dx$

解 首先考虑 $\int e^u du$，令 $u = 1/x$，则 $du = (-1/x^2)dx$. 于是

$$\int \frac{6e^{1/x}}{x^2}dx = -6\int e^{1/x}\left(\frac{-1}{x^2}dx\right) = -6\int e^u du = -6e^u + C = -6e^{1/x} + C$$

例4 求$\int \frac{e^x}{4+9e^{2x}}dx$

解 首先考虑$\int \frac{1}{a^2+u^2}du$，令 $u = 3e^x$，则 $du = 3e^x dx$．于是

$$\int \frac{e^x}{4+9e^{2x}}dx = \frac{1}{3}\int \frac{1}{4+9e^{2x}}(3e^x dx) = \frac{1}{3}\int \frac{1}{4+u^2}du$$

$$= \frac{1}{3} \times \frac{1}{2}\tan^{-1}\frac{u}{2} + C = \frac{1}{6}\tan^{-1}\frac{3e^x}{2} + C$$

没有规定必须写出代换的步骤．所以如果你能够心算也可以，下面就有两个例子．

例5 求$\int x\cos x^2 dx$

解 在心中换元 $u = x^2$

$$\int x\cos x^2 dx = \frac{1}{2}\int (\cos x^2)(2x\,dx) = \frac{1}{2}\sin x^2 + C$$

例6 求$\int \frac{a^{\tan t}}{\cos^2 t}dt$

解 心中想象 $u = \tan t$

$$\int \frac{a^{\tan t}}{\cos^2 t}dt = \int a^{\tan t}(\sec^2 t dt) = \frac{a^{\tan t}}{\ln a} + C$$

定积分的换元积分法 定积分的换元积分法我们在4.4节已经涉及到，其方法和求解不定积分一样，但记住在两个端点处作出适当改变．

例7 求$\int_2^5 t\sqrt{t^2-4}\,dt$

解 令$u=t^2-4$，则$du=2tdt$．注意到当$t=2$时，$u=0$；当$t=5$时，$u=21$．那么，

$$\int_2^5 t\sqrt{t^2-4}dt = \frac{1}{2}\int_2^5 (t^2-4)^{1/2}(2tdt) = \frac{1}{2}\int_0^{21} u^{1/2}du$$

$$= \left[\frac{1}{3}u^{3/2}\right]_0^{21} = \frac{1}{3} \times 21^{3/2} \approx 32.08$$

例8 求$\int_1^3 x^3\sqrt{x^4+11}dx$

解 心中想象$u=x^4+11$

$$\int_1^3 x^3\sqrt{x^4+11}dx = \frac{1}{4}\int_1^3 (x^4+11)^{1/2}(4x^3dx) = \left[\frac{1}{6}(x^4+11)^{3/2}\right]_1^3$$

$$= \frac{1}{6}(92^{3/2} - 12^{3/2}) \approx 140.144$$

概念复习

1. 初等函数的微分是简单的，但是有些情况下一个初等函数的积分不能够表示成________．

2. 积分$\int 3x^2(1+x^3)^5 dx$ 用 $u = 1+x^3$换元后变为________．

3. 积分$\int e^x/(4+e^{2x})dx$ 用________ 换元后变为$\int 1/(4+u^2)du$.

4. 积分$\int_0^{\pi/2}(1+\sin x)^3\cos x dx$ 用 $u = 1+\sin x$ 换元后变为________．

习题 7.1

求问题 1 ~ 54 中的积分.

1. $\int (x-2)^5 \mathrm{d}x$　　2. $\int \sqrt{3x}\mathrm{d}x$　　3. $\int_0^2 x(x^2+1)^5 \mathrm{d}x$

4. $\int_0^1 x\sqrt{1-x^2}\mathrm{d}x$　　5. $\int \frac{\mathrm{d}x}{x^2+4}$　　6. $\int \frac{\mathrm{e}^x}{2+\mathrm{e}^x}\mathrm{d}x$

7. $\int \frac{x}{x^2+4}\mathrm{d}x$　　8. $\int \frac{2t^2}{2t^2+1}\mathrm{d}t$　　9. $\int 6z\sqrt{4+z^2}\mathrm{d}z$

10. $\int \frac{5}{\sqrt{2t+1}}\mathrm{d}t$　　11. $\int \frac{\tan z}{\cos^2 z}\mathrm{d}z$　　12. $\int \mathrm{e}^{\cos z}\sin z\,\mathrm{d}z$

13. $\int \frac{\sin\sqrt{t}}{\sqrt{t}}\mathrm{d}t$　　14. $\int \frac{2x}{\sqrt{1-x^4}}\mathrm{d}x$　　15. $\int_0^{\pi/4} \frac{\cos x}{1+\sin^2 x}\mathrm{d}x$

16. $\int_0^{3/4} \frac{\sin\sqrt{1-x}}{\sqrt{1-x}}\mathrm{d}x$　　17. $\int \frac{3x^2+2x}{x+1}\mathrm{d}x$　　18. $\int \frac{x^3+7x}{x-1}\mathrm{d}x$

19. $\int \frac{\sin(\ln 4x^2)}{x}\mathrm{d}x$　　20. $\int \frac{\sec^2(\ln x)}{2x}\mathrm{d}x$　　21. $\int \frac{6\mathrm{e}^x}{\sqrt{1-\mathrm{e}^{2x}}}\mathrm{d}x$

22. $\int \frac{x}{x^4+4}\mathrm{d}x$　　23. $\int \frac{3\mathrm{e}^{2x}}{\sqrt{1-\mathrm{e}^{2x}}}\mathrm{d}x$　　24. $\int \frac{x^3}{x^4+4}\mathrm{d}x$

25. $\int_0^1 t3^{t^2}\mathrm{d}t$　　26. $\int_0^{\pi/6} 2^{\cos x}\sin x\,\mathrm{d}x$　　27. $\int \frac{\sin x-\cos x}{\sin x}\mathrm{d}x$

28. $\int \frac{\sin(4t-1)}{1-\sin^2(4t-1)}\mathrm{d}t$　　29. $\int \mathrm{e}^x\sec \mathrm{e}^x \mathrm{d}x$ 提示：见题 56　　30. $\int \mathrm{e}^x\sec^2(\mathrm{e}^x)\mathrm{d}x$

31. $\int \frac{\sec^3 x+\mathrm{e}^{\sin x}}{\sec x}\mathrm{d}x$　　32. $\int \frac{(6t-1)\sin\sqrt{3t^2-t-1}}{\sqrt{3t^2-t-1}}\mathrm{d}t$　　33. $\int \frac{t^2\cos(t^3-2)}{\sin^2(t^3-2)}\mathrm{d}t$

34. $\int \frac{1+\cos 2x}{\sin^2 2x}\mathrm{d}x$　　35. $\int \frac{t^2\cos^2(t^3-2)}{\sin^2(t^3-2)}\mathrm{d}t$　　36. $\int \frac{\csc^2 2t}{\sqrt{1+\cot 2t}}\mathrm{d}t$

37. $\int \frac{\mathrm{e}^{\tan^{-1}2t}}{1+4t^2}\mathrm{d}t$　　38. $\int (t+1)\mathrm{e}^{-t^2-2t-5}\mathrm{d}t$　　39. $\int \frac{y}{\sqrt{16-9y^4}}\mathrm{d}y$

40. $\int \cosh 3x\,\mathrm{d}x$　　41. $\int x^2\sinh x^3\,\mathrm{d}x$　　42. $\int \frac{5}{\sqrt{9-4x^2}}\mathrm{d}x$

43. $\int \frac{\mathrm{e}^{3t}}{\sqrt{4-\mathrm{e}^{6t}}}\mathrm{d}t$　　44. $\int \frac{\mathrm{d}t}{2t\sqrt{4t^2-1}}$　　45. $\int_0^{\pi/2} \frac{\sin x}{16+\cos^2 x}\mathrm{d}x$

46. $\int_0^1 \frac{\mathrm{e}^{2x}-\mathrm{e}^{-2x}}{\mathrm{e}^{2x}+\mathrm{e}^{-2x}}\mathrm{d}x$　　47. $\int \frac{1}{x^2+2x+5}\mathrm{d}x$　　48. $\int \frac{1}{x^2-4x+9}\mathrm{d}x$

49. $\int \frac{\mathrm{d}x}{9x^2+18x+10}$　　50. $\int \frac{\mathrm{d}x}{\sqrt{16+6x-x^2}}$　　51. $\int \frac{x+1}{9x^2+18x+10}\mathrm{d}x$

52. $\int \frac{3-x}{\sqrt{16+6x-x^2}}\mathrm{d}x$　　53. $\int \frac{\mathrm{d}t}{t\sqrt{2t^2-9}}$　　54. $\int \frac{\tan x}{\sqrt{\sec^2 x-4}}\mathrm{d}x$

55. 求出曲线 $y=\ln(\cos x)$ 在区间 $[0,\pi/4]$ 上的长度.

56. 现在有等式 $\sec x=\frac{\sin x}{\cos x}+\frac{\cos x}{1+\sin x}$.

利用上式对下面的函数求导

$$\int \sec x\,\mathrm{d}x=\ln|\sec x+\tan x|+C$$

57. 求 $\int_0^{2\pi} \frac{x\mid \sin x\mid}{1+\cos^2 x}dx$. 提示：在定义域内令 $u=x-\pi$，然后利用其对称性求解.

58. 设 R 为 $y=\sin x$ 和 $y=\cos x$ 在 $x=-\pi/4$ 及 $x=3\pi/4$ 间围成的区域，求 R 绕 $x=-\pi/4$ 旋转围成的柱体的体积. 提示：利用求圆柱体的体积的方法先写出一个积分，然后再令 $u=x-\pi/4$，利用其对称性求解.

概念复习答案：

1. 初等函数　2. $\int u^5 du$　3. e^x　4. $\int_1^2 u^3 du$

7.2 分部积分法

如果换元积分法失败了，可能就要尝试双重换元积分了，或称作**分部积分法**. 这种方法基于对乘法求导公式的综合运用.

令 $u=u(x)$，$v=(x)$，那么

$$D_x[u(x)v(x)]=u(x)v'(x)+v(x)u'(x)$$

或者可以写成

$$u(x)v'(x)=D_x[u(x)v(x)]-v(x)u'(x)$$

两边同时积分可以得到

$$\int u(x)v'(x)dx=u(x)v(x)-\int v(x)u'(x)dx$$

因为 $dv=v'(x)dx$，$du=u'(x)dx$，这个等式经常被写成如下的形式：

不定积分的分部积分法

$$\int u\,dv=uv-\int v\,du$$

相应的定积分的公式：

$$\int_a^b u(x)v'(x)dx=\Big[u(x)v(x)\Big]_a^b-\int_a^b v(x)u'(x)dx$$

图 1 解释了定积分分部积分法的几何意义，我们把它做如下化简：

定积分的分部积分法

$$\int_a^b u dv=[uv]_a^b-\int_a^b v du$$

这些公式使我们能转化积分 $u\,dv$ 为 $v\,du$. 积分成功与否取决于对 u 和 dv 恰当选取，这要靠大量的练习来实现.

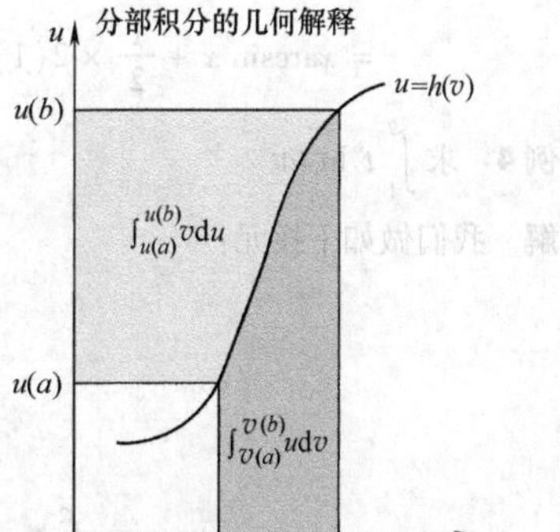

图 1

例 1　求 $\int x\cos x\,dx$.

解　我们想把 $x\cos x\,dx$ 写成 udv. 一种可能是使 $u=x$ 和 $dv=\cos x\,dx$，那么，$du=dx$，$v=\int\cos x\,dx=\sin x$（这个步骤我们可以大胆地假设）. 下面是对双换元简明概括：

$$u=x\quad dv=\cos x\,dx$$

$$du=dx\quad v=\sin x$$

由分部积分公式得

$$\int \underbrace{x}_{u}\underbrace{\cos x dx}_{dv}=\underbrace{x}_{u}\underbrace{\sin x}_{v}-\int\underbrace{\sin x}_{v}\underbrace{dx}_{du}$$

$$= x\sin x + \cos x + C$$

我们第一次尝试就成功了．另外一种换元方法是

$$u = \cos x \quad dv = xdx$$

$$du = -\sin x \quad v = \frac{x^2}{2}$$

这次由分部积分公式得出

$$\int \underbrace{\cos x}_{u} \underbrace{xdx}_{dv} = \underbrace{(\cos x)}_{u} \underbrace{\frac{x^2}{2}}_{v} - \int \underbrace{\frac{x^2}{2}}_{v} \underbrace{(-\sin x dx)}_{du}$$

这个式子是正确的但是对解题没有任何帮助．等号右边比原来的更复杂，这就使我们看出对 u 和 dv 合理选择的重要性．

例 2 求 $\int_1^2 \ln x dx$．

解 我们做如下换元：

$$u = \ln x \quad dv = dx$$

$$du = \left(\frac{1}{x}\right)dx \quad v = x$$

那么

$$\int_1^2 \ln x dx = \left[x\ln x\right]_1^2 - \int_1^2 x\frac{1}{x}dx = 2\ln 2 - \int_1^2 dx = 2\ln 2 - 1 \approx 0.386$$

例 3 求 $\int \arcsin x dx$.

解 我们做如下换元：

$$u = \arcsin x \quad dv = dx$$

$$du = \frac{1}{\sqrt{1-x^2}}dx \quad v = x$$

于是

$$\int \arcsin x dx = x\arcsin x - \int \frac{x}{\sqrt{1-x^2}}dx = x\arcsin x + \frac{1}{2}\int (1-x^2)^{-1/2}(-2xdx)$$

$$= x\arcsin x + \frac{1}{2}\times 2(1-x^2)^{1/2} + C = x\arcsin x + \sqrt{1-x^2} + C$$

例 4 求 $\int_1^2 t^6 \ln t dt$

解 我们做如下换元：

$$u = \ln t \quad dv = t^6 dt$$

$$du = \frac{1}{t}dt \quad v = \frac{1}{7}t^7$$

那么

$$\int_1^2 t^6 \ln t dt = \left[\frac{1}{7}t^7 \ln t\right]_1^2 - \int_1^2 \frac{1}{7}t^7\left(\frac{1}{t}dt\right)$$

$$= \frac{1}{7}(128\ln 2 - \ln 1) - \frac{1}{7}\int_1^2 t^6 dt$$

$$= \frac{128}{7}\ln 2 - \frac{1}{49}[t^7]_1^2$$

$$= \frac{128}{7}\ln 2 - \frac{127}{49} \approx 10.083$$

多次分部积分法 有时我们需要多次实施分部积分法来解决问题.

例5 求 $\int x^2 \sin x\mathrm{d}x$

解 令

$$u = x^2 \quad \mathrm{d}v = \sin x\mathrm{d}x$$
$$\mathrm{d}u = 2x\mathrm{d}x \quad v = -\cos x$$

于是

$$\int x^2 \sin x\mathrm{d}x = -x^2 \cos x + 2\int x\cos x\mathrm{d}x$$

我们已经简化了式子(x 的指数已经从2降到了1)，这提示我们可以再对右边做分部积分，事实上我们已经在例1中解出了积分，我们直接利用那个结果.

$$\int x^2 \sin x\mathrm{d}x = -x^2\cos x + 2(x\sin x + \cos x + C)$$
$$= -x^2 \cos x + 2x\sin x + 2\cos x + K$$

例6 求 $\int \mathrm{e}^x \sin x\mathrm{d}x$

解 取 $u = \mathrm{e}^x$，$\mathrm{d}v = \sin x\mathrm{d}x$，于是，$\mathrm{d}u = \mathrm{e}^x\mathrm{d}x$，$v = -\cos x$

因此

$$\int \mathrm{e}^x \sin x\mathrm{d}x = -\mathrm{e}^x \cos x + \int \mathrm{e}^x \cos x\mathrm{d}x$$

到这里似乎没什么进展，但也没有更糟糕. 我们先不要放弃，继续分部积分. 在积分式的右边，令 $u = \mathrm{e}^x$，$\mathrm{d}v = \cos x\mathrm{d}x$，那么 $\mathrm{d}u = \mathrm{e}^x\mathrm{d}x$，$v = \sin x$

于是

$$\int \mathrm{e}^x \cos x\mathrm{d}x = \mathrm{e}^x \sin x - \int \mathrm{e}^x \sin x\mathrm{d}x$$

将上式代入第一个结果，得到

$$\int \mathrm{e}^x \sin x\mathrm{d}x = -\mathrm{e}^x\cos x + \mathrm{e}^x\sin x - \int \mathrm{e}^x \sin x\mathrm{d}x$$

通过移项，合并可以得出

$$2\int \mathrm{e}^x \sin x\mathrm{d}x = \mathrm{e}^x(\sin x - \cos x) + C$$

这样有

$$\int \mathrm{e}^x \sin x\mathrm{d}x = \frac{1}{2}\mathrm{e}^x(\sin x - \cos x) + K$$

我们想要的积分式又重复出现在等式的右边，这就是例6得到的一个结果.

递推公式 形如 $\int f^n(x)\,g(x)\,\mathrm{d}x = h(x) + \int f^k(x)g(x)\mathrm{d}x$ 的式子，当 $k < n$ 时，称作**递推公式**(f 的指数递减). 分部积分经常得到这种式子.

例7 求一个关于 $\int \sin^n x\mathrm{d}x$ 的递推公式.

解 令 $u = \sin^{n-1} x$，$\mathrm{d}v = \sin x\mathrm{d}x$ 那么，$\mathrm{d}u = (n-1)\sin^{n-2} x\cos x\mathrm{d}x$，$v = -\cos x$

从而有

$$\int \sin^n x\mathrm{d}x = -\sin^{n-1} x\cos x + (n-1)\int \sin^{n-2} x\cos^2 x\mathrm{d}x$$

如果我们用 $1 - \sin^2 x$ 替换 $\cos^2 x$ ，我们得到

$$\int \sin^n \mathrm{d}x = -\sin^{n-1} x\cos x + (n-1)\int \sin^{n-2} x\mathrm{d}x - (n-1)\int \sin^n x\mathrm{d}x$$

在移项，合并项之后，我们就得到了递推公式($n \geqslant 2$)

$$\int \sin^n x\mathrm{d}x = \frac{-\sin^{n-1}x\cos x}{n} + \frac{n-1}{n}\int \sin^{n-2}x\mathrm{d}x$$

例 8 利用上面的递推公式计算 $\int_0^{\pi/2} \sin^8 x\mathrm{d}x$.

解 首先

$$\int_0^{\pi/2} \sin^n x\mathrm{d}x = \left[\frac{-\sin^{n-1}x\cos x}{n}\right]_0^{\pi/2} + \frac{n-1}{n}\int_0^{\pi/2} \sin^{n-2}x\mathrm{d}x$$

$$= 0 + \frac{n-1}{n}\int_0^{\pi/2} \sin^{n-2}x\mathrm{d}x$$

因此

$$\int_0^{\pi/2} \sin^8 x\mathrm{d}x = \frac{7}{8}\int_0^{\pi/2} \sin^6 x\mathrm{d}x = \frac{7}{8}\times\frac{5}{6}\int \sin x^4 \mathrm{d}x$$

$$= \frac{7}{8}\times\frac{5}{6}\times\frac{3}{4}\int_0^{\pi/2} \sin^2 x\mathrm{d}x = \frac{7}{8}\times\frac{5}{6}\times\frac{3}{4}\times\frac{1}{2}\int_0^{\pi/2} 1\mathrm{d}x$$

$$= \frac{7}{8}\times\frac{5}{6}\times\frac{3}{4}\times\frac{1}{2}\times\frac{\pi}{2} = \frac{35\pi}{256}$$

$\int_0^{\pi/2} \sin^n x\mathrm{d}x$ 的通用公式可以用相似的方法导出(书后公式 113).

概念复习

1. 分部积分法就是 $\int u\mathrm{d}v =$ __________.

2. 为了对 $\int x \sin x\mathrm{d}x$ 施用公式,令 $u =$ __________, $\mathrm{d}v =$ __________.

3. 对 $\int_0^{\pi/2} x \sin x\mathrm{d}x$ 施用分部积分公式,得到的值是__________.

4. 一个公式用 $\int f^k(x)g(x)\mathrm{d}x$ 表示 $\int f^n(x)g(x)\mathrm{d}x$,其中 $k < n$,这个公式叫__________.

习题 7.2

用分部积分法计算习题 1 ~ 36 .

1. $\int xe^x \mathrm{d}x$
2. $\int xe^{3x} \mathrm{d}x$
3. $\int te^{5t+\pi} \mathrm{d}t$
4. $\int (t+7)e^{2t+3} \mathrm{d}t$
5. $\int x\cos x\mathrm{d}x$
6. $\int x\sin 2x\mathrm{d}x$
7. $\int (t-3)\cos(t-3)\mathrm{d}t$
8. $\int (x-\pi)\sin x\mathrm{d}x$
9. $\int t\sqrt{t+1}\mathrm{d}t$
10. $\int t\sqrt[3]{2t+7}\mathrm{d}t$
11. $\int \ln 3x\mathrm{d}x$
12. $\int \ln(7x^5)\mathrm{d}x$
13. $\int \arctan x\mathrm{d}x$
14. $\int \arctan 5x\mathrm{d}x$
15. $\int \frac{\ln x}{x^2}\mathrm{d}x$
16. $\int_2^3 \frac{\ln 2x^5}{x^2}\mathrm{d}x$
17. $\int_1^e \sqrt{t}\ln t\mathrm{d}t$
18. $\int_5^1 \sqrt{2x}\ln x^3\mathrm{d}x$
19. $\int z^3\ln z\mathrm{d}z.$
20. $\int t\arctan t\mathrm{d}t$
21. $\int \arctan\frac{1}{t}\mathrm{d}t$
22. $\int t^5\ln t^7\mathrm{d}t$
23. $\int_{\pi/6}^{\pi/2} x\csc^2 x\mathrm{d}x$
24. $\int_{\pi/6}^{\pi/4} x\sec^2 x\mathrm{d}x$

25. $\int x^5 \sqrt{x^3+4}\,dx$ 26. $\int x^{13} \sqrt{x^7+1}\,dx$ 27. $\int \frac{t^7}{(7-3t^4)^{3/2}}dt$

28. $\int x^3 \sqrt{4-x^2}\,dx$ 29. $\int \frac{z^7}{(4-z^4)^2}dz$ 30. $\int x \cosh x dx$

31. $\int x \sinh x dx$ 32. $\int \frac{\ln x}{\sqrt{x}}dx$ 33. $\int x(3x+10)^{49}dx$

34. $\int_0^1 t(t-1)^{12}dt$ 35. $\int x2^x dx$ 36. $\int za^z dz$

利用两次分部积分法求解习题37 ~48（参见例5 和例6）.

37. $\int x^2 e^x dx$ 38. $\int x^5 e^{x^2}dx$ 39. $\int \ln^2 z dz$

40. $\int \ln^2 x^{20} dx$ 41. $\int e^t \cos t dt$ 42. $\int e^{at} \sin t dt$

43. $\int x^2 \cos x dx$ 44. $\int r^2 \sin r dr$ 45. $\int \sin(\ln x)dx$

46. $\int \cos(\ln x)dx$ 47. $\int (\ln x)^3 dx$ 提示：利用 39 题

48. $\int (\ln x)^4 dx$ 提示：利用 39 题和 47 题

利用分部积分法推导习题49 ~ 54.

49. $\int \sin x \sin 3x dx = -\frac{3}{8}\sin x\cos 3x + \frac{1}{8}\cos x\sin 3x + C$

50. $\int \sin 5x \sin 7x dx = -\frac{7}{24}\cos 5x \cos 7x - \frac{5}{24}\sin 5x \sin 7x + C$

51. $\int e^{\alpha z}\sin\beta z dz = \frac{e^{\alpha z}(\alpha\sin\beta z - \beta\cos\beta z)}{\alpha^2+\beta^2} + C$

52. $\int e^{\alpha z}\cos\beta z dz = \frac{e^{\alpha z}(\alpha\cos\beta z + \beta\sin\beta z)}{\alpha^2+\beta^2} + C$

53. $\int x^\alpha \ln x dx = \frac{x^{\alpha+1}}{\alpha+1}\ln x - \frac{x^{\alpha+1}}{(\alpha+1)^2} + C, \alpha \neq -1$

54. $\int x^\alpha (\ln x)^2 dx = \frac{x^{\alpha+1}}{\alpha+1}(\ln x)^2 - 2\frac{x^{\alpha+1}}{(\alpha+1)^2}\ln x + 2\frac{x^{\alpha+1}}{(\alpha+1)^3} + C, \alpha \neq -1$

利用分部积分证明递推习题55 ~ 61.

55. $\int x^\alpha e^{\beta x}dx = \frac{x^\alpha e^{\beta x}}{\beta} - \frac{\alpha}{\beta}\int x^{\alpha-1}e^{\beta x}dx$

56. $\int x^\alpha \sin\beta x dx = -\frac{x^\alpha\cos\beta x}{\beta} + \frac{\alpha}{\beta}\int x^{\alpha-1}\cos\beta x dx$

57. $\int x^\alpha \cos\beta x dx = \frac{x^\alpha\sin\beta x}{\beta} - \frac{\alpha}{\beta}\int x^{\alpha-1}\sin\beta x dx$

58. $\int (\ln x)^\alpha dx = x(\ln x)^\alpha - \alpha\int(\ln x)^{\alpha-1}dx$

59. $\int (a^2-x^2)^\alpha dx = x(a^2-x^2)^\alpha + 2a\int x^2(a^2-x^2)^{\alpha-1}dx$

60. $\int \cos^\alpha x dx = \frac{\cos^{\alpha-1}x\sin x}{\alpha} + \frac{\alpha-1}{\alpha}\int\cos^{\alpha-2}x dx$

61. $\int \cos^\alpha \beta x dx = \frac{\cos^{\alpha-1}\beta x\sin\beta x}{\alpha\beta} + \frac{\alpha-1}{\alpha}\int\cos^{\alpha-2}\beta x dx$

62. 运用55题公式证明$\int x^4 e^{3x}dx = \frac{1}{3}x^4 e^{3x} - \frac{4}{9}x^3 e^{3x} + \frac{4}{9}x^2 e^{3x} - \frac{8}{27}xe^{3x} + \frac{8}{81}e^{3x} + C$

63. 运用56题和57题的公式证明

$$\int x^4\cos 3x\mathrm{d}x = \frac{1}{3}x^4\sin 3x + \frac{4}{9}x^3\cos 3x - \frac{4}{9}x^2\sin 3x - \frac{8}{27}x\cos 3x + \frac{8}{81}\sin 3x + C$$

64. 运用61题公式证明

$$\int\cos^6 3x\mathrm{d}x = \frac{1}{18}\sin 3x\cos^5 3x + \frac{5}{72}\sin 3x\cos^3 3x + \frac{5}{48}\sin 3x\cos 3x + \frac{5}{16}x + C$$

≈ 65. 计算由曲线 $y = \ln x$，x 轴和 $x = \mathrm{e}$ 所围成部分的面积.

≈ 66. 计算将65题中所围成区域绕 x 轴旋转形成的旋转体的体积.

≈ 67. 计算由曲线 $y = 3\mathrm{e}^{-x/3}$，$y = 0$，$x = 0$ 和 $x = 9$ 所围成区域的面积. 画出略图.

≈ 68. 计算将67题中所围成区域绕 x 轴旋转形成的旋转体的体积.

≈ 69. 计算由曲线 $y = x\sin x$ 和 $y = x\cos x$ 所围成区域从 $x = 0$ 到 $x = \pi/4$ 的面积.

≈ 70. 计算将曲线 $y = \sin(x/2)$ 从 $x = 0$ 到 $x = 2\pi$ 的区域绕 y 轴旋转形成的旋转体的体积.

≈ 71. 计算由曲线 $y = \ln x^2$ 所和 x 轴围成的从 $x = 1$ 到 $x = \mathrm{e}$ 的部分的质心(见5.6节).

72. 运用分部积分计算 $\int\cot x\csc^2 x\mathrm{d}x$，对下列问题用两种不同方法计算.

(a) 求 $\cot x$ 的导数　　(b) 求 $\csc x$ 的导数

(c) 证明这两个结果等于同一个常数

73. 如果 $p(x)$ 是 n 多项式，并且 $G_1, G_2, \cdots, G_{n+1}$ 是 g 的连续原函数，那么重复用分部积分可以得到：

$$\int p(x)g(x)\mathrm{d}x = p(x)G_1(x) - p'(x)G_2(x) + p''(x)G_3(x) - \cdots + (-1)^n p^{(n)}(x)G_{n+1}(x) + C$$

用这个结论计算以下题目：

(a) $\int(x^3 - 2x)\mathrm{e}^x\mathrm{d}x$　　(b) $\int(x^2 - 3x + 1)\sin x\mathrm{d}x$

≈ 74. 当 $x\geqslant 0$，$y = x\sin x$ 的图形如图2所示.

(a)求出第 n 个拱面的面积公式

(b)计算将第2个拱面绕 y 轴旋转所形成的立体体积

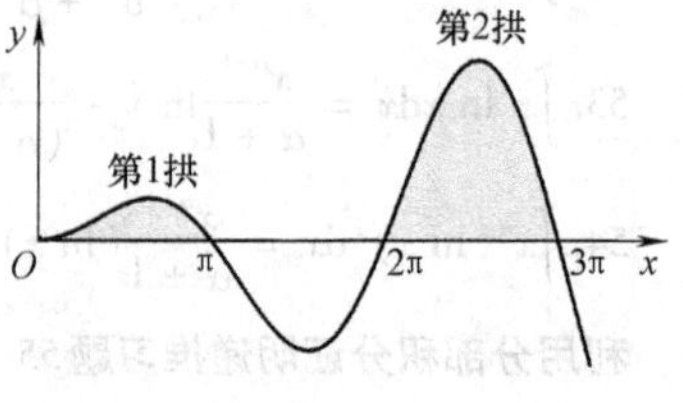

图 2

75. 数值 $a_n = \frac{1}{\pi}\int_{-\pi}^{\pi} f(x)\sin nx\mathrm{d}x$ 在应用数学中扮演着重要的角色. 证明如果 $f'(x)$ 在 $[-\pi, \pi]$ 上连续，则有 $\lim\limits_{n\to\infty} a_n = 0$. 提示：分部积分.

76. 设 $G_n = \sqrt[n]{(n+1)(n+2)\cdots(n+n)}$. 证明 $\lim\limits_{n\to\infty}(G_n/n) = 4/\mathrm{e}$. 提示：考虑 $\ln(G_n/n)$，将它看做黎曼和，并运用例2.

77. 找出以下"证明"0 = 1的错误.

ln $\int(1/t)\mathrm{d}t$，令 $u = 1/t$，并且 $\mathrm{d}v = \mathrm{d}t$. 因此 $\mathrm{d}u = -t^{-2}\mathrm{d}t$，$uv = 1$. 分部积分得

$$\int(1/t)\mathrm{d}t = 1 - \int(-1/t)\mathrm{d}t \text{ 或 } 0 = 1.$$

78. 假设要计算

$$\int\mathrm{e}^{5x}(4\cos 7x + 6\sin 7x)\mathrm{d}x$$

并且由经验知道结果将是 $\mathrm{e}^{5x}(C_1\cos 7x + C_2\sin 7x) + C_3$ 的形式. 求导这个结果计算出 C_1 和 C_2，并使之等于被积函数.

很多令人吃惊的理论结果得自分部积分的运用. 在所有例子里，一开始就可以确定积分结果的格式. 在这里我们探究出两个结果.

79. 证明

$$\int_a^b f(x)\,\mathrm{d}x = [xf(x)]_a^b - \int_a^b xf'(x)\,\mathrm{d}x = [(x-a)f(x)]_a^b - \int_a^b (x-a)f'(x)\,\mathrm{d}x$$

80. 运用 79 题并且用 f' 代替 f，证明

$$f(b) - f(a) = \int_a^b f'(x)\,\mathrm{d}x = (b-a)f'(b) - \int_a^b (x-a)f''(x)\,\mathrm{d}x = (b-a)f'(a) - \int_a^b (x-b)f''(x)\,\mathrm{d}x$$

81. 证明：$f(t) = f(a) + \sum_{i=1}^{n} \frac{f^{(i)}(a)}{i!}(t-a)^i + \int_a^t \frac{(t-x)^n}{n!} f^{(n+1)}(x)\,\mathrm{d}x$，已知 f 的 $n+1$ 阶导数存在.

82. 贝塔函数在很多数学分支中相当重要，定义如下：$B(\alpha,\beta) = \int_0^1 x^{\alpha-1}(1-x)^{\beta-1}\,\mathrm{d}x$，其中，$\alpha \geqslant 1, \beta \geqslant 1$.

(a) 通过换元证明 $B(\alpha,\beta) = \int_0^1 x^{\beta-1}(1-x)^{\alpha-1}\,\mathrm{d}x = B(\beta,\alpha)$

(b) 分部积分证明 $B(\alpha,\beta) = \frac{\alpha-1}{\beta}B(\alpha-1,\beta+1) = \frac{\beta-1}{\alpha}B(\alpha+1,\beta-1)$

(c) 假设 $\alpha=n$，$\beta=m$，并且 m，n 是正整数. 运用(b)的结果证明 $B(n,m) = \frac{(n-1)!\,(m-1)!}{(n+m-1)!}$ 只要我们给出 $(n-1)!$，$(m-1)!$，$(n+m-1)!$ 的含义，即使 m、n 不是整数时这个结果依然正确.

83. 假设 $f(t)$ 有 $f'(a)=f'(b)=0$ 并且 $f(t)$ 二阶连续可导. 运用分部积分证明 $\int_a^b f''(t)\,f(t)\,\mathrm{d}t \leqslant 0$. 提示：运用分部积分对 $f(t)$ 求导和对 $f''(t)$ 积分. 这个结果在应用数学中有很多应用.

84. 运用分部积分证明等式 $\int_0^x \left(\int_0^t f(z)\,\mathrm{d}z\right)\mathrm{d}t = \int_0^x f(t)(x-t)\,\mathrm{d}t$

85. 推广 84 题中的等式到 n 层迭代的情形

$$\int_0^x \int_0^{t_1} \cdots \int_0^{t_{n-1}} f(t_n)\,\mathrm{d}t_n \cdots \mathrm{d}t_1 = \frac{1}{(n-1)!}\int_0^x f(t_1)(x-t_1)^{n-1}\,\mathrm{d}t_1$$

86. 如果 $p_n(x)$ 是 n 次多项式，证明

$$\int \mathrm{e}^x p_n(x)\,\mathrm{d}x = \mathrm{e}^x \sum_{j=0}^{n} (-1)^j \frac{\mathrm{d}^j p_n(x)}{\mathrm{d}x^j}$$

87. 用 86 题的结果计算 $\int (3x^4 + 2x^2)\mathrm{e}^x\,\mathrm{d}x$

概念复习答案：

1. $uv - \int v\mathrm{d}u$ 2. $x, \sin x\mathrm{d}x$ 3. 1 4. 递减

7.3 三角函数的积分

如果把三角函数的特性很好地与换元积分的方法结合起来，可以对各种三角函数形式进行积分. 这里讨论以下五种最常见的类型.

1. $\int \sin^n x\,\mathrm{d}x$ 和 $\int \cos^n x\,\mathrm{d}x$

2. $\int \sin^m x \cos^n x\,\mathrm{d}x$

3. $\int \sin mx\cos nx\,\mathrm{d}x$，$\int \sin mx\sin nx\,\mathrm{d}x$，$\int \cos mx\cos nx\,\mathrm{d}x$

4. $\int \tan^n x\mathrm{d}x$, $\int \cot^n x\mathrm{d}x$

5. $\int \tan^m x\sec x^n\mathrm{d}x$, $\int \cot^m x\csc^n x\mathrm{d}x$

类型 1 （ $\int \sin^n x\,\mathrm{d}x$, $\int \cos^n x\,\mathrm{d}x$ ）

考虑第一种情况当 n 为正奇数时，在提出一个 $\sin x$ 或 $\cos x$ 后，利用 $\sin^2 x+\cos^2 x=1$ 这个性质可以进行求解.

例 1 （ n 为奇数）求 $\int \sin^5 x\,\mathrm{d}x$

解
$$\begin{aligned}\int \sin^5 x\mathrm{d}x &= \int \sin^4 \sin x\mathrm{d}x\\ &= \int (1-\cos^2 x)^2 \sin x\mathrm{d}x\\ &= \int (1-2\cos^2 x+\cos^4 x)\sin x\,\mathrm{d}x\\ &= -\int (1-2\cos^2 x+\cos^4 x)(-\sin x\,\mathrm{d}x)\\ &= -\cos x+\frac{2}{3}\cos^3 x-\frac{1}{5}\cos^5 x+C\end{aligned}$$

例 2 （ n 为偶数）求 $\int \sin^2 x\,\mathrm{d}x$ 及 $\int \cos^4 x\,\mathrm{d}x$

解 我们可以利用半角公式

$$\int \sin^2 x\mathrm{d}x = \int \frac{1-\cos 2x}{2}\mathrm{d}x = \frac{1}{2}\int \mathrm{d}x-\frac{1}{4}\int (\cos 2x)(2\mathrm{d}x) = \frac{1}{2}x-\frac{1}{4}\sin 2x+C$$

$$\begin{aligned}\int \cos^4 x\mathrm{d}x &= \int \left(\frac{1+\cos 2x}{2}\right)^2 \mathrm{d}x\\ &= \frac{1}{4}\int (1+2\cos 2x+\cos^2 2x)\mathrm{d}x\\ &= \frac{1}{4}\int \mathrm{d}x+\frac{1}{4}\int (\cos 2x)\times 2\mathrm{d}x+\frac{1}{8}\int (1+\cos 4x)\mathrm{d}x\\ &= \frac{3}{8}\int \mathrm{d}x+\frac{1}{4}\int \cos 2x(2\mathrm{d}x)+\frac{1}{32}\int \cos 4x(4\mathrm{d}x)\\ &= \frac{3}{8}x+\frac{1}{4}\sin 2x+\frac{1}{32}\sin 4x+C\end{aligned}$$

类型 2 （ $\int \sin^m x\cos^n x\,\mathrm{d}x$ ）

如果 m 和 n 中有一个是正奇数，而另外一个是任意数，可以提出一个 $\sin x$ 或 $\cos x$ ，接着利用 $\sin^2 x+\cos^2 x=1$ 这一性质进行求解.

例 3 （ m 或 n 为奇数）求 $\int \sin^3 x\cos^{-4} x\mathrm{d}x$

解

$$\begin{aligned}\int \sin^3 x\cos^{-4} x\mathrm{d}x &= \int (1-\cos^2 x)(\cos^{-4} x)(\sin x)\mathrm{d}x\\ &= -\int (\cos^{-4} x-\cos^{-2} x)(-\sin x\mathrm{d}x)\\ &= -\left[\frac{(\cos x)^{-3}}{-3}-\frac{(\cos x)^{-1}}{-1}\right]+C\\ &= \frac{1}{3}\sec^3 x-\sec x+C\end{aligned}$$

如果 m 和 n 都是正偶数，利用半角公式将被积函数进行降阶．如下例.

例 4 （m 和 n 都是偶数）求 $\int \sin^2 x\cos^4 x\,dx$

解

$$\begin{aligned}\int \sin^2 x\cos^4 x\,dx &= \int\left(\frac{1-\cos 2x}{2}\right)\left(\frac{1+\cos 2x}{2}\right)^2 dx\\ &= \frac{1}{8}\int(1+\cos 2x-\cos^2 2x-\cos^3 2x)\,dx\\ &= \frac{1}{8}\int\left[1+\cos 2x-\frac{1}{2}(1+\cos 4x)-(1-\sin^2 2x)\cos 2x\right]dx\\ &= \frac{1}{8}\int\left[\frac{1}{2}-\frac{1}{2}\cos 4x+\sin^2 2x\cos 2x\right]dx\\ &= \frac{1}{8}\left[\int\frac{1}{2}dx-\frac{1}{8}\int\cos 4x(4dx)+\frac{1}{2}\int\sin^2 2x(2\cos 2x\,dx)\right]\\ &= \frac{1}{8}\left(\frac{1}{2}x-\frac{1}{8}\sin 4x+\frac{1}{6}\sin^3 2x\right)+C\end{aligned}$$

类型 3 （$\int \sin mx\cos nx\,dx$，$\int \sin mx\sin nx\,dx$，$\int \cos mx\cos nx\,dx$）

此类积分常在物理和工程应用中出现．为了掌握这些积分，我们利用三角函数的积化和差公式．

1. $\sin mx\cos nx=\frac{1}{2}[\sin(m+n)x+\sin(m-n)x]$

2. $\sin mx\sin nx=-\frac{1}{2}[\cos(m+n)x-\cos(m-n)x]$

3. $\cos mx\cos nx=\frac{1}{2}[\cos(m+n)x+\cos(m-n)x]$

例 5 求 $\int \sin 2x\cos 3x\,dx$

解 利用积化和差的第 1 式

$$\begin{aligned}\int \sin 2x\cos 3x\,dx &= \frac{1}{2}\int[\sin 5x+\sin(-x)]\,dx\\ &= \frac{1}{10}\int\sin 5x(5dx)-\frac{1}{2}\int\sin x\,dx\\ &= -\frac{1}{10}\cos 5x+\frac{1}{2}\cos x+C\end{aligned}$$

例 6 若 m 或 n 为正整数，证明

$$\int_{-\pi}^{\pi}\sin mx\sin nx\,dx=\begin{cases}0, & n\neq m\\ \pi, & n=m\end{cases}$$

证明 利用积化和差的第 2 式，若 $m\neq n$，那么

$$\begin{aligned}\int_{-\pi}^{\pi}\sin mx\sin nx\,dx &= -\frac{1}{2}\int_{-\pi}^{\pi}[\cos(m+n)x-\cos(m-n)x]\,dx\\ &= -\frac{1}{2}\left[\frac{1}{m+n}\sin(m+n)x-\frac{1}{m-n}\sin(m-n)x\right]_{-\pi}^{\pi}\\ &= 0\end{aligned}$$

若 $m=n$，则

$$\int_{-\pi}^{\pi}\sin mx\sin nx\,dx=-\frac{1}{2}\int_{-\pi}^{\pi}[\cos 2mx-1]\,dx=-\frac{1}{2}\left[\frac{1}{2m}\sin 2mx-x\right]_{-\pi}^{\pi}$$

$$= -\frac{1}{2}[-2\pi] = \pi$$

例 7 若 m 或 n 为正整数，求

$$\int_{-L}^{L} \sin\frac{m\pi x}{L}\sin\frac{n\pi x}{L}dx$$

解 令 $u=\pi x/L$，$du=\pi\, dx/L$，若 $x=-L$，那么 $u=-\pi$；若 $x=L$，那么 $u=\pi$．则有

$$\int_{-L}^{L} \sin\frac{m\pi x}{L}\sin\frac{n\pi x}{L}dx = \frac{L}{\pi}\int_{-\pi}^{\pi} \sin mu \sin nu du$$

$$= \begin{cases} \frac{L}{\pi}\times 0, n\neq m \\ \frac{L}{\pi}\times \pi, n=m \end{cases}$$

$$= \begin{cases} 0, n\neq m \\ L, n=m \end{cases}$$

这里我们利用了例6的结果.

本书中我们曾多次提到应该结合代数方法和几何方法来看问题．到目前为止，本节都是利用代数方法来求解，但对于例 6 和例 7 中的定积分，我们还可以从几何的角度来解题.

图 1 表示的是 $y=\sin(3x)\sin(2x)$ 和 $y=\sin(3\pi x/10)\sin(2\pi x/10)$ 的图形，它表示的是在 x 轴上与下同等振幅的区域，即 $A_{上}-A_{下}=0$，例 6 和例 7 证实了这个结论.

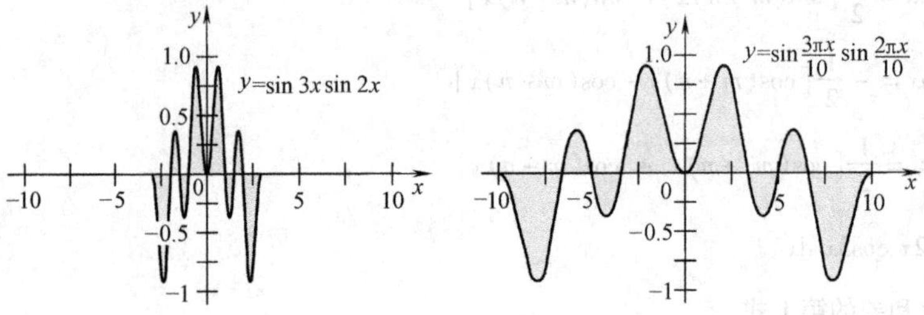

图 1

图 2 表示的是 $y=\sin 2x\ \sin 2x = \sin^2 2x$，$-\pi\leqslant x\leqslant\pi$ 及 $y=\sin(2\pi x/10)\sin(2\pi x/10) = \sin^2(2\pi x/10)$，$-10\leqslant x\leqslant 10$ 的图形．这两个图形看上去很相像，只是右边图形的水平距离扩大了 $10/\pi$．这是不是意味着它的面积也会比左边的图形扩大了 $10/\pi$ 呢？的确，右边图形的面积比左边的图形扩大了 $10/\pi$，也就是说，右边图形的面积应该是$(10/\pi)\times\pi=10$，这和例 7 中当 $L=10$ 时算出的结果相一致.

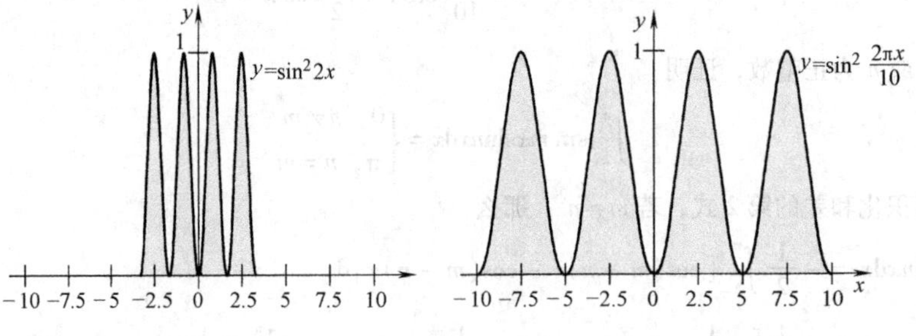

图 2

类型 4 （$\int \tan^n x\, dx$，$\int \cot^n x\, dx$）

被积函数是正切情况下，利用公式 $\tan^2 x=\sec^2 x-1$；被积函数是余切情况下，利用公式 $\cot^2 x=\csc^2 x-1$.

例 8 求 $\int \cot^4 x dx$

解 $\int \cot 4x dx = \int \cot^2 x(\csc^2 x - 1)dx$

$$= \int \cot^2 x \csc^2 x dx - \int \cot^2 x dx$$

$$= -\int \cot^2 x(-\csc^2 x dx) - \int (\csc^2 x - 1)dx$$

$$= -\frac{1}{3}\cot^3 x + \cot x + x + C$$

例 9 求 $\int \tan^5 x dx$

解 $\int \tan^5 x dx = \int \tan^3 x(\sec^2 x - 1)dx$

$$= \int \tan^3 x \sec^2 x dx - \int \tan^3 x dx$$

$$= \int \tan^3 x(\sec^2 x dx) - \int \tan x(\sec^2 x - 1)dx$$

$$= \int \tan^3 x(\sec^2 x dx) - \int \tan x(\sec^2 x dx) + \int \tan x dx$$

$$= \frac{1}{4}\tan^4 x - \frac{1}{2}\tan^2 x - \ln|\cos x| + C$$

类型 5 （$\int \tan^m x \sec^n x dx, \int \cot^m x \csc^n x dx$）

例 10 （n 是偶数，m 为任意数）求 $\int \tan^{-3/2} x \sec^4 x dx$

解 $\int \tan^{-3/2} x \sec^4 x dx = \int (\tan^{-3/2} x)(1 + \tan^2 x)\sec^2 x dx$

$$= \int (\tan^{-3/2} x)\sec^2 x dx + \int (\tan^{1/2} x)\sec^2 x dx$$

$$= -2\tan^{-1/2} x + \frac{2}{3}\tan^{3/2} x + C$$

例 11 （m 是奇数，n 为任意数）求 $\int \tan^3 x \sec^{-1/2} x dx$

解 $\int \tan^3 x \sec^{-1/2} x dx = \int (\tan^2 x)(\sec^{-3/2} x)(\sec x \tan x)dx$

$$= \int (\sec^2 x - 1)\sec^{-3/2} x(\sec x \tan x dx)$$

$$= \int \sec^{1/2} x(\sec x \tan x dx) - \int \sec^{-3/2} x(\sec x \tan x dx)$$

$$= \frac{2}{3}\sec^{3/2} x + 2\sec^{-1/2} x + C$$

概念复习

1. 为了求 $\int \cos^2 x\, dx$，我们首先把它改写为__________.

2. 为了求 $\int \cos^3 x\, dx$，我们首先把它改写为__________.

3. 为了求 $\int \sin^2 x \cos^3 x\, dx$，我们首先把它改写为__________.

4. 为了求 $\int_{-\pi}^{\pi} \cos mx \cos nx dx, m \neq n$，我们利用三角函数性质中的________.

习题 7.3

在习题 1 ~ 28 中，求出各积分.

1. $\int \sin^2 x\, dx$　　2. $\int \sin^4 6x\, dx$　　3. $\int \sin^3 x\, dx$

4. $\int \cos^3 x\, dx$　　5. $\int_0^{\pi/2} \cos^5 \theta\, d\theta$　　6. $\int_0^{\pi/2} \sin^6\theta\, d\theta$

7. $\int \sin^5 4x \cos^2 4x\, dx$　　8. $\int (\sin^3 2t)\ \sqrt{\cos 2t}\, dt$　　9. $\int \cos^3 3\theta \sin^{-2} 3\theta\, d\theta$

10. $\int \sin^{1/2} 2z \cos^3 2z\, dz$　　11. $\int \sin^4 3t \cos^4 3t\, dt$　　12. $\int \cos^6 \theta \sin^2 \theta\, d\theta$

13. $\int \sin 4y \cos 5y\, dy$　　14. $\int \cos y \cos 4y\, dy$　　15. $\int \sin^4\left(\frac{\omega}{2}\right)\cos^2\left(\frac{\omega}{2}\right)d\omega$

16. $\int \sin 3t \sin t\, dt$　　17. $\int x \cos^2 x \sin x dx$ 提示:运用分部积分法.

18. $\int x \sin^3 x \cos x dx$　　19. $\int \tan^4 x\, dx$　　20. $\int \cot^4 x\, dx$

21. $\int \tan^3 x\, dx$　　22. $\int \cot^3 2t\, dt$　　23. $\int \tan^5\left(\frac{\theta}{2}\right)d\theta$

24 . $\int \cot^5 2t dt$　　25. $\int \tan^{-3} x \sec^4 x dx$　　26. $\int \tan^{-3/2} x \sec^4 x dx$

27. $\int \tan^3 x \sec^2 x dx$　　28. $\int \tan^3 x \sec^{-1/2} x dx$

29. 求$\int_{-\pi}^{\pi} \cos mx \cos nx dx$,其中 $m \neq n$ 且 m,n 为整数.

30. 求$\int_{-L}^{L} \cos\frac{m\pi x}{L}\cos\frac{n\pi x}{L}dx, m \neq n$,且 m,n 为整数.

≈ 31. 求由 $y = x + \sin x$, $y = 0$, $x = \pi$ 围成的区域绕着 x 轴旋转形成的旋转体体积.

≈ 32. 求由 $y = \sin^2(x^2)$, $y = 0$, 和 $x = \sqrt{\pi/2}$ 围成的区域绕着 y 轴旋转形成的旋转体体积.

33. 令 $f(x) = \sum_{n=1}^{N} a_n \sin(nx)$. 根据例 6 证明如下命题.

(a) $\frac{1}{\pi}\int_{-\pi}^{\pi} f(x)\sin(mx)\,dx = \begin{cases} a_m, m \leqslant N \\ 0, m > N \end{cases}$

(b) $\frac{1}{\pi}\int_{-\pi}^{\pi} f^2(x)\,dx = \sum_{n=1}^{N} a_n^2$

注意：这类积分问题在所谓的傅里叶级数中使用，它适用于高温、振动及其他物理现象.

34. 按照如下步骤证明：$\lim_{n\to\infty}\cos\frac{x}{2}\cos\frac{x}{4}\cos\frac{x}{8}\cdots\cos\frac{x}{2^n} = \frac{\sin x}{x}$

(a) $\cos\frac{x}{2}\cos\frac{x}{4}\cdots\cos\frac{x}{2^n} = \left[\cos\frac{1}{2^n} + \cos\frac{3}{2^n} + \cdots\cos\frac{2^n-1}{2^n}x\right]\frac{1}{2^{n-1}}$(参考 0.7 节的习题 46)

(b) 转换黎曼和为一个定积分.

(c) 计算这个定积分.

35. 利用 34 题的结果导出著名的弗朗索瓦 · 韦达(1504—1603)公式：

$$\frac{2}{\pi} = \frac{\sqrt{2}}{2}\cdot\frac{\sqrt{2+\sqrt{2}}}{2}\cdot\frac{\sqrt{2+\sqrt{2+\sqrt{2}}}}{2}\cdots$$

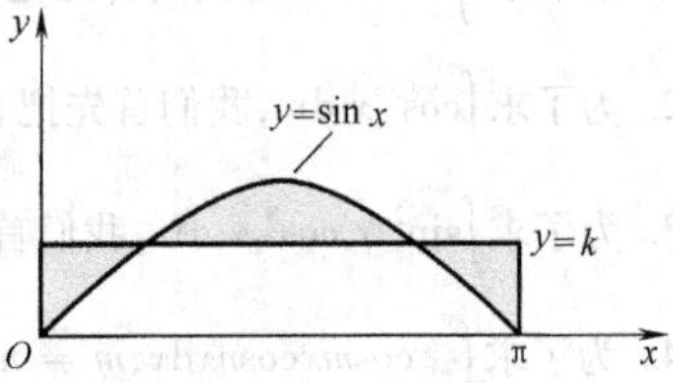

图 3

36. 由 $y=\sin x$, $0\leqslant x\leqslant\pi$ 和直线 $y=k$, $0\leqslant k\leqslant 1$, 围成的阴影部分(图3)绕直线 $y=k$ 形成旋转体 S. 问当 k 为何值时：

(a) S 有最小值；　　(b) S 有最大值.

概念复习答案：

1. $\int[(1+\cos 2x)/2]\mathrm{d}x$　　2. $\int(1-\sin^2 x)\cos x\mathrm{d}x$

3. $\int\sin^2 x(1-\sin^2 x)\cos x\mathrm{d}x$　　4. $\cos mx\cos nx=\frac{1}{2}[\cos(m+n)x+\cos(m-n)x]$

7.4　第二类换元积分法

根号出现在积分中总是很麻烦,我们通常会作些处理.通常,可以使用第二类换元来完成此类积分.

被积函数涉及 $\sqrt[n]{ax+b}$　如果 $\sqrt[n]{ax+b}$ 出现在被积函数中,用 $u=\sqrt[n]{ax+b}$ 换元可以解决问题.

例1　求 $\int\frac{\mathrm{d}x}{x-\sqrt{x}}$.

解　令 $u=\sqrt{x}$,那么 $u^2=x$, $2u\mathrm{d}u=\mathrm{d}x$,有

$$\int\frac{\mathrm{d}x}{x-\sqrt{x}}=\int\frac{2u}{u^2-u}\mathrm{d}u=2\int\frac{1}{u-1}\mathrm{d}u$$

$$=2\ln|u-1|+C=2\ln|\sqrt{x}-1|+C$$

例2　求 $\int x\sqrt[3]{x-4}\mathrm{d}x$.

解　令 $u=\sqrt[3]{x-4}$,那么 $u^3=x-4$,且 $3u^2\mathrm{d}u=\mathrm{d}x$,于是

$$\int x\sqrt[3]{x-4}\mathrm{d}x=\int(u^3+4)u(3u^2\mathrm{d}u)=3\int(u^6+4u^3)\mathrm{d}u$$

$$=3\left(\frac{u^7}{7}+u^4\right)+C=\frac{3}{7}(x-4)^{7/3}+3(x-4)^{4/3}+C$$

例3　求 $\int x\sqrt[5]{(x+1)^2}\mathrm{d}x$.

解　令 $u=(x+1)^{1/5}$, 那么 $u^5=x+1$ 且 $5u^4\mathrm{d}u=\mathrm{d}x$, 从而

$$\int x(x+1)^{2/5}\mathrm{d}x=\int(u^5-1)u^2 5u^4\mathrm{d}u=5\int(u^{11}-u^6)\mathrm{d}u$$

$$=\frac{5}{12}u^{12}-\frac{5}{7}u^7+C$$

$$=\frac{5}{12}(x+1)^{\frac{12}{5}}-\frac{5}{7}(x+1)^{\frac{7}{5}}+C$$

被积函数涉及 $\sqrt{a^2-x^2}$、$\sqrt{a^2+x^2}$ 和 $\sqrt{x^2-a^2}$ 的积分　为了有理化这些表达式，我们可以假设 a 是正数并作如下三角变换：

根式	换元	限制 t 的取值范围
$\sqrt{a^2-x^2}$	$x=a\sin t$	$-\pi/2\leqslant t\leqslant\pi/2$
$\sqrt{a^2+x^2}$,	$x=a\tan t$	$-\pi/2< t<\pi/2$
$\sqrt{x^2-a^2}$,	$x=a\sec t$	$0\leqslant t\leqslant\pi$, $t\neq\pi/2$

现在我们写出换元后的简化式子.

(1) $\sqrt{a^2-x^2}=\sqrt{a^2-a^2\sin^2 t}=\sqrt{a^2\cos^2 t}=|a\cos t|=a\cos t$

(2) $\sqrt{a^2+x^2}=\sqrt{a^2+a^2\tan^2 t}=\sqrt{a^2\sec^2 t}=|a\sec t|=a\sec t$

(3) $\sqrt{x^2-a^2}=\sqrt{a^2\sec^2 t-a^2}=\sqrt{a^2\tan^2 t}=|a\tan t|=\pm a\tan t$

对 t 的限制允许我们去掉前两式的绝对值符号，同时也有其他方面的好处. 这些限制恰好是我们在 6.7 节中为求正弦、正切和正割的反函数所要求的. 这就意味着可以把对 x 的积分转换成对 t 的积分，从而可以像下面的例子一样把最后结果写出来.

例 4 求 $\int\sqrt{a^2-x^2}\mathrm{d}x$.

解 令 $x=a\sin t$，$\frac{-\pi}{2}\leqslant t\leqslant\frac{\pi}{2}$，那么有 $\mathrm{d}x=a\cos t\mathrm{d}t$ 和 $\sqrt{a^2-x^2}=a\cos t$

$$\begin{aligned}\int\sqrt{a^2-x^2}\mathrm{d}x&=\int a\cos t\times a\cos t\mathrm{d}t=a^2\int\cos^2 t\mathrm{d}t\\&=\frac{a^2}{2}\int(1+\cos 2t)\mathrm{d}t\\&=\frac{a^2}{2}\left(t+\frac{1}{2}\sin 2t\right)+C\\&=\frac{a^2}{2}(t+\sin t\cos t)+C\end{aligned}$$

现在，$x=a\sin t$ 等价于 $x/a=\sin t$ 并因为 t 被限制，所以可以表示成反函数的形式

$$t=\sin^{-1}\left(\frac{x}{a}\right)$$

利用图 1 所示的三角形(参见 6.8 节) 得到

$$\cos t=\cos\left[\sin^{-1}\left(\frac{x}{a}\right)\right]=\sqrt{1-\frac{x^2}{a^2}}=\frac{1}{a}\sqrt{a^2-x^2}$$

因此

$$\int\sqrt{a^2-x^2}\mathrm{d}x=\frac{a^2}{2}\sin^{-1}\left(\frac{x}{a}\right)+\frac{x}{2}\sqrt{a^2-x^2}+C$$

例 4 的结果使我们能计算下面的积分，它能计算出半圆的面积(图 2)，尽管我们已经知道结果.

$$\int_{-a}^{a}\sqrt{a^2-x^2}\mathrm{d}x=\left[\frac{a^2}{2}\sin^{-1}\left(\frac{x}{a}\right)+\frac{x}{2}\sqrt{a^2-x^2}\right]_{-a}^{a}=\frac{a^2}{2}\left(\frac{\pi}{2}+\frac{\pi}{2}\right)=\frac{\pi a^2}{2}$$

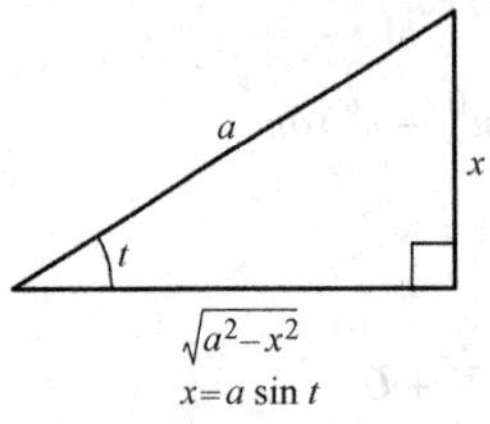

图 1

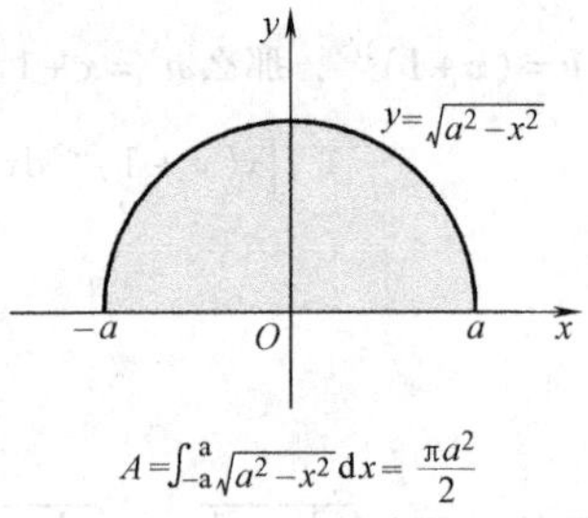

图 2

例 5 求 $\int\frac{\mathrm{d}x}{\sqrt{9+x^2}}$.

解 令 $x=3\tan t$，$-\pi/2<t<\pi/2$. 于是有 $\mathrm{d}x=3\sec^2 t\mathrm{d}t$，$\sqrt{9+x^2}=3\sec t$.

$$\int\frac{\mathrm{d}x}{\sqrt{9+x^2}}=\int\frac{3\sec^2 t}{3\sec t}\mathrm{d}t=\int\sec t\mathrm{d}t=\ln|\sec t+\tan t|+C$$

最后一步对 $\sec t$ 的积分我们曾在 7.1 节的习题 56 中接触过. 现在 $\tan t=x/3$，我们利用图 3 中的三角形可以得出 $\sec t=\sqrt{9+x^2}/3$

因此

$$\int \frac{\mathrm{d}x}{\sqrt{9+x^2}} = \ln\left|\frac{\sqrt{9+x^2}+x}{3}\right| + C$$

$$= \ln\left|\sqrt{9+x^2}+x\right| - \ln 3 + C$$

$$= \ln\left|\sqrt{9+x^2}+x\right| + K$$

例 6 求 $\int_2^4 \frac{\sqrt{x^2-4}}{x}\mathrm{d}x$

解 令 $x = 2\sec t$，其中 $0 \leqslant t \leqslant \pi/2$. 注意，因为 x 的定义在 $2 \leqslant x \leqslant 4$（图 4），所以 t 的取值范围的设定是合理的. 这点十分重要，因为它使我们在化简根式的时候，可以去掉绝对值符号. 这样

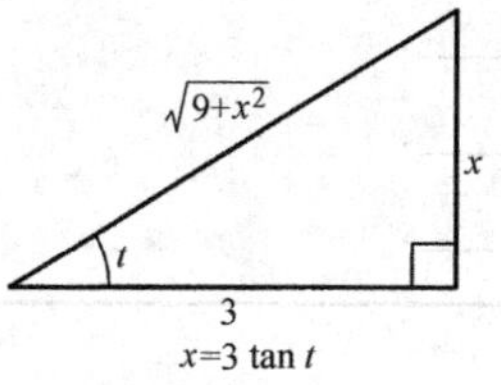

图 3

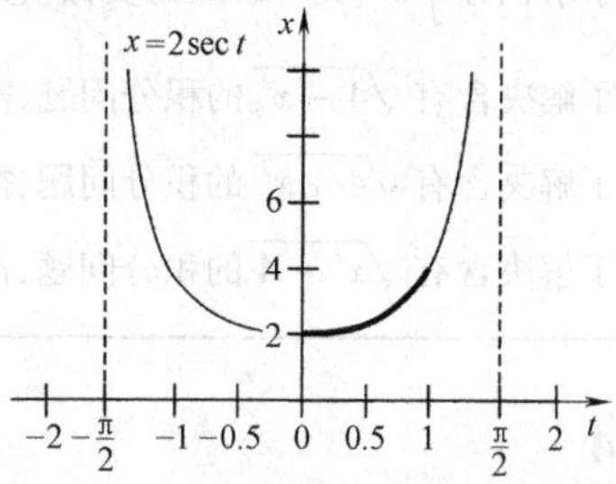

图 4

$$\sqrt{x^2-4} = \sqrt{4\sec^2-4} = \sqrt{4\tan^2 t} = 2|\tan t| = 2\tan t$$

于是可利用换元积分法（要求改变积分限）写出

$$\int_2^4 \frac{\sqrt{x^2-4}}{x}\mathrm{d}x = \int_0^{\pi/3} \frac{2\tan t}{2\sec t} 2\sec t\tan t\,\mathrm{d}t$$

$$= \int_0^{\pi/3} 2\tan^2 t\,\mathrm{d}t = 2\int_0^{\pi/3}(\sec^2 t - 1)\mathrm{d}t$$

$$= 2\Big[\tan t - t\Big]_0^{\pi/3} = 2\sqrt{3} - \frac{2\pi}{3} \approx 1.37$$

完全平方法 当一个形如 x^2+Bx+C 的二次式出现在根号下时，可把它拼凑成完全平方式，这样就可以进行三角换元了.

例 7 求(a) $\int \frac{\mathrm{d}x}{\sqrt{x^2+2x+26}}$ (b) $\int \frac{2x\mathrm{d}x}{\sqrt{x^2+2x+26}}$.

解 (a) $x^2+2x+26 = x^2+2x+1+25 = (x+1)^2+25$. 令 $u = x+1$，于是 $\mathrm{d}u = \mathrm{d}x$，那么

$$\int \frac{\mathrm{d}x}{\sqrt{x^2+2x+26}} = \int \frac{\mathrm{d}u}{\sqrt{u^2+25}}$$

下一步令 $u = 5\tan t$，$-\pi/2 < t < \pi/2$，于是 $\mathrm{d}u = 5\sec^2 t\,\mathrm{d}t$，那么

$$\sqrt{u^2+25} = \sqrt{25(\tan^2 t+1)} = 5\sec t$$

于是

$$\int \frac{\mathrm{d}u}{\sqrt{u^2+25}} = \int \frac{5\sec^2 t\,\mathrm{d}t}{5\sec t} = \int \sec t\,\mathrm{d}t = \ln|\sec t + \tan t| + C$$

$$\overset{\text{参见图 5}}{=\!=\!=} \ln\left|\frac{\sqrt{u^2+25}}{5} + \frac{u}{5}\right| + C = \ln\left|\sqrt{u^2+25}+u\right| - \ln 5 + C$$

$$= \ln\left|\sqrt{x^2+2x+26}+x+1\right|+K$$

(b)为了解决第二个积分，我们将其改写成如下形式：

$$\int\frac{2x\mathrm{d}x}{\sqrt{x^2+2x+26}}=\int\frac{2x+2}{\sqrt{x^2+2x+26}}\mathrm{d}x-2\int\frac{1}{\sqrt{x^2+2x+26}}\mathrm{d}x$$

等式右侧第一个式子可以利用换元 $u=x^2+2x+26$ 来解决，第二个则可利用(a)的结果. 于是我们得到

$$\int\frac{2x\mathrm{d}x}{\sqrt{x^2+2x+26}}=2\sqrt{x^2+2x+26}-2\ln\left|\sqrt{x^2+2x+26}+x+1\right|+K$$

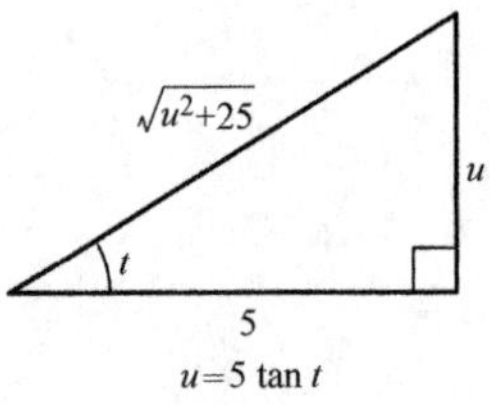

图 5

概念复习

1. 为了求积分 $\int x\sqrt{x-3}\mathrm{d}x$,需要做换元 $u=$ ____________.

2. 为了解决含有 $\sqrt{4-x^2}$ 的积分问题,需要做换元 $x=$ ____________.

3. 为了解决含有 $\sqrt{4+x^2}$ 的积分问题,需要做换元 $x=$ ____________.

4. 为了解决含有 $\sqrt{x^2-4}$ 的积分问题,需要做换元 $x=$ ____________.

习题 7.4

在习题 1 ~ 16 中，完成给出的积分.

1. $\int x\sqrt{x+1}\mathrm{d}x$
2. $\int x\sqrt[3]{x+\pi}\mathrm{d}x$
3. $\int\frac{t\mathrm{d}t}{\sqrt{3t+4}}$
4. $\int\frac{x^2+3x}{\sqrt{x+4}}\mathrm{d}x$
5. $\int_1^2\frac{\mathrm{d}t}{\sqrt{t}+\mathrm{e}}$
6. $\int_0^1\frac{\sqrt{t}}{t+1}\mathrm{d}t$
7. $\int t(3t+2)^{3/2}\mathrm{d}t$
8. $\int x(1-x)^{2/3}\mathrm{d}x$
9. $\int\frac{\sqrt{4-x^2}}{x}\mathrm{d}x$
10. $\int\frac{x^2\mathrm{d}x}{\sqrt{16-x^2}}$
11. $\int\frac{\mathrm{d}x}{(x^2+4)^{3/2}}$
12. $\int_2^3\frac{\mathrm{d}t}{t^2\sqrt{t^2-1}}$
13. $\int_{-2}^{-3}\frac{\sqrt{t^2-1}}{t^3}\mathrm{d}t$
14. $\int\frac{t}{\sqrt{1-t^2}}\mathrm{d}t$
15. $\int\frac{2z-3}{\sqrt{1-z^2}}\mathrm{d}z$
16. $\int_0^\pi\frac{\pi x-1}{\sqrt{x^2+\pi^2}}\mathrm{d}x$

在问题 17 ~ 26 中，利用完全平方法和三角换元(如果需要的话)求积分.

17. $\int\frac{\mathrm{d}x}{\sqrt{x^2+2x+5}}$
18. $\int\frac{\mathrm{d}x}{\sqrt{x^2+4x+5}}$
19. $\int\frac{3x}{\sqrt{x^2+2x+5}}\mathrm{d}x$
20. $\int\frac{2x-1}{\sqrt{x^2+4x+5}}\mathrm{d}x$
21. $\int\sqrt{5-4x-x^2}\mathrm{d}x$
22. $\int\frac{\mathrm{d}x}{\sqrt{16+6x-x^2}}$
23. $\int\frac{\mathrm{d}x}{\sqrt{4x-x^2}}$
24. $\int\frac{x}{\sqrt{4x-x^2}}\mathrm{d}x$
25. $\int\frac{2x+1}{x^2+2x+2}\mathrm{d}x$
26. $\int\frac{2x-1}{x^2-6x+18}\mathrm{d}x$

27. 由 $y=1/(x^2+x+5)$，$y=0$，$x=0$ 和 $x=1$ 围成的区域绕 x 轴旋转. 求形成的旋转体的体积.

28. 由 27 题中的区域绕 y 轴旋转. 求形成的旋转体体积.

29. 利用(a)代数换元积分法和(b)三角换元积分法求解 $\int\frac{x\mathrm{d}x}{x^2+9}$. 然后对比两结果.

30. 利用换元 $u=\sqrt{9+x^2}$，$u^2=9+x^2$，$2u\mathrm{d}u=2x\mathrm{d}x$ 求积分 $\int_0^3\frac{x^3\mathrm{d}x}{\sqrt{9+x^2}}$.

31. 利用(a)代数换元 $u=\sqrt{4-x^2}$；(b)三角换元，求积分 $\int\frac{\sqrt{4-x^2}}{x}\mathrm{d}x$．然后比较你的结果．提示：$\int\csc x\mathrm{d}x=\ln|\csc x-\cot x|+C$

32. 如图 6 所示，两个半径为 b 的圆相交，它们圆心相距 $2a$（$0\leqslant a\leqslant b$），求重叠区域的面积.

33. 希波克拉底的希俄斯(约公元 430 年)证明出如图 7 所示的阴影部分面积相同(他使半月形平方)．注意 C 是月形弧下面的中心．用下面两种方法证明希波克拉底的结果，

(a)用积分法　(b)积分法以外的其他方法

34. 推导出图 8 中所示的半月形阴影部分面积公式，从而使 33 题的结论一般化.

35. 从(a, 0)点开始，一物体被一条长度为 a、末段沿着 y 轴正方向运动的线拉动着(图 9)，物体的路径叫**等切面曲线**或**拽物线**，它的性质就是拉线总是拽物线的一条切线，建立曲线的一个微分方程，并求解.

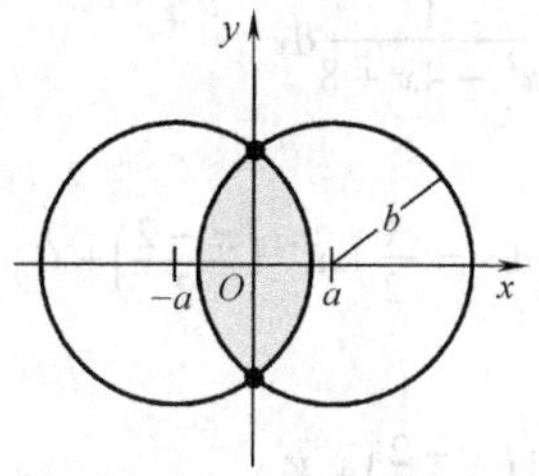

图 6

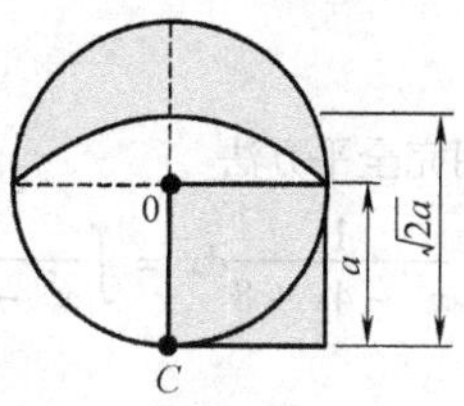

图 7

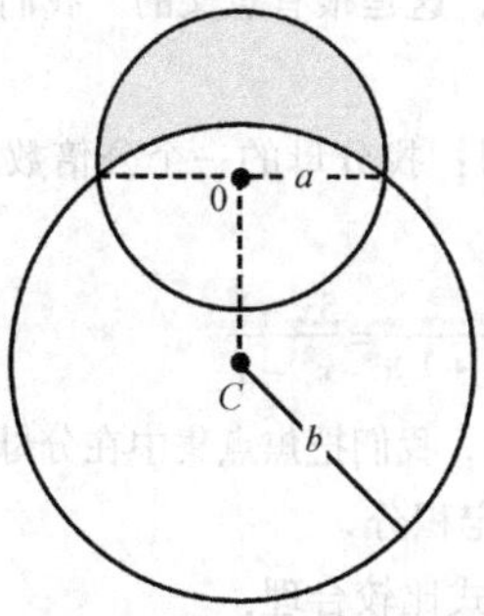

图 8

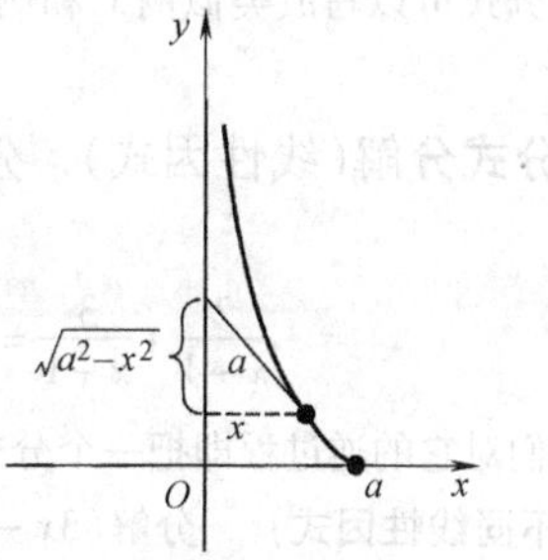

图 9

概念复习答案：

1. $\sqrt{x-3}$　2. $2\sin t$　3. $2\tan t$　4. $2\sec t$

7.5　用部分分式法求有理函数的积分

有理函数的定义是两个多项式函数的商，例如

$$f(x)=\frac{2}{(x+1)^3},\ g(x)=\frac{2x+2}{x^2-4x+8},\ h(x)=\frac{x^5+2x^3-x+1}{x^3+5x}$$

在此，f 和 g 是**真分式**，意思是分子中未知数的最高幂次小于分母中未知数的最高幂次．假分式(非真分式)总是可以写成一个多项式和一个真分式的和．例如，

$$h(x)=\frac{x^5+2x^3-x+1}{x^3+5x}=x^2-3+\frac{14x+1}{x^3+5x}$$

可以用长除法得到这个结果(图 1)．既然多项式容易积分，有理函数的积分问题实际上是真分式的积分问

题。但是我们总是可以对真分式进行积分吗？理论上，答案是肯定的，尽管实际的细节可能难倒我们．首先考虑对以上的 f 和 g 进行积分．

$$\begin{array}{r} x^2-3 \\ x^3+5x\overline{)x^5+2x^3-x+1} \\ \underline{x^5+5x^3} \\ -3x^3-x \\ \underline{-3x^3-15x} \\ 14x+1 \end{array}$$

图 1

例 1 计算 $\int \frac{2}{(x+1)^3}\mathrm{d}x.$

解 考虑换元 $u=x+1$

$$\int \frac{2}{(x+1)^3}\mathrm{d}x=2\int (x+1)^{-3}\mathrm{d}x=\frac{2(x+1)^{-2}}{-2}+C=\frac{-1}{(x+1)^2}+C$$

例 2 计算 $\int \frac{2x+2}{x^2-4x+8}\mathrm{d}x.$

解 首先考虑换元 $u=x^2-4x+8$，所以 $\mathrm{d}u=(2x-4)\mathrm{d}x$．接着将原式分解成两个积分的和

$$\int \frac{2x+2}{x^2-4x+8}\mathrm{d}x=\int \frac{2x-4}{x^2-4x+8}\mathrm{d}x+\int \frac{6}{x^2-4x+8}\mathrm{d}x$$

$$=\ln|x^2-4x+8|+6\int \frac{1}{x^2-4x+8}\mathrm{d}x$$

第二步积分，用完全平方法

$$\int \frac{1}{x^2-4x+8}\mathrm{d}x=\int \frac{1}{x^2-4x+4+4}\mathrm{d}x=\int \frac{1}{(x-2)^2+4}\mathrm{d}x=\frac{1}{2}\tan^{-1}\left(\frac{x-2}{2}\right)+C$$

结果是

$$\int \frac{2x+2}{x^2-4x+8}\mathrm{d}x=\ln|x^2-4x+8|+3\tan^{-1}\left(\frac{x-2}{2}\right)+K$$

任何真分式可以写成类似例 1 和例 2 中所算出的简单真分式的和，这是很有意义的。我们必须更准确地说明．

部分分式分解(线性因式) 分式加法是一种标准的代数练习：找分母的一个公倍数后再相加．例如

$$\frac{2}{x-1}+\frac{3}{x+1}=\frac{2(x+1)+3(x-1)}{(x-1)(x+1)}=\frac{5x-1}{(x-1)(x+1)}=\frac{5x-1}{x^2-1}$$

现在我们对它的逆过程即把一个分式分解成简单分式的和很感兴趣．我们把焦点集中在分母来考虑问题．

例 3（不同线性因式） 分解 $(3x-1)/(x^2-x-6)$，并求它的不定积分．

解 既然分母因式等同于 $(x+2)(x-3)$，这样好像分解成以下形式比较合理：

$$\frac{3x-1}{(x+2)(x-3)}=\frac{A}{x+2}+\frac{B}{x-3} \tag{1}$$

当然，我们的任务是计算出 A 和 B 使等式(1) 恒成立，左右都乘以 $(x+2)(x-3)$ 得

$$3x-1=A(x-3)+B(x+2) \tag{2}$$

或，等价地

$$3x-1=(A+B)x+(-3A+2B) \tag{3}$$

因此，当且仅当两边同次方的 x 项的系数相等时式(3) 恒成立；即

$$A+B=3$$
$$-3A+2B=-1$$

解关于 A 和 B 的两个等式得 $A=\frac{7}{5}$，$B=\frac{8}{5}$. 因此得

$$\frac{3x-1}{x^2-x-6}=\frac{3x-1}{(x+2)(x-3)}=\frac{7/5}{x+2}+\frac{8/5}{x-3}$$

且

$$\int \frac{3x-1}{x^2-x-6}\mathrm{d}x=\frac{7}{5}\int \frac{1}{x+2}\mathrm{d}x+\frac{8}{5}\int \frac{1}{x-3}\mathrm{d}x$$

$$= \frac{7}{5}\ln|x+2| + \frac{8}{5}\ln|x-3| + C$$

如果说这个过程有任何的困难，那就是求 A 和 B. 我们"强行"算出它们的值，但其实有一个简单的方法．对于式(2)，我们希望其为恒等式(即对任何 x 成立)，当将 $x=3$ 和 $x=-2$ 代入，得

$$8 = A\times 0 + B\times 5$$
$$-7 = A\times(-5) = B\times 0$$

即可求出 $B=\frac{8}{5}$和 $A=\frac{7}{5}$.

刚刚证明了一个偶然却正确的数学计算．式(1) 也是恒等式(除了 $x=-2$ 或 $x=3$)当且仅当本来与之等价的式(2) 对 $x=-2$ 或 $x=3$ 成立．为什么会这样？其本质在于，式(2) 在任意两点时两边的多项式的值是一样的．

例 4 (不同线性因式) 计算 $\int\frac{5x+3}{x^3-2x^2-3x}\mathrm{d}x$.

解 对分母分解因式得 $x(x+1)(x-3)$，于是可得

$$\frac{5x+3}{x(x+1)(x-3)} = \frac{A}{x} + \frac{B}{x+1} + \frac{C}{x-3}$$

接着求 A, B 和 C. 消除分母得

$$5x+3 = A(x+1)(x-3) + Bx(x-3) + Cx(x+1)$$

将 $x=0$，$x=3$ 和 $x=-1$ 代入得

$$3 = A(-3)$$
$$-2 = B\times 4$$
$$18 = C\times 12$$

即 $A=-1$，$B=-\frac{1}{2}$，$C=\frac{3}{2}$. 因此得

$$\int\frac{5x+3}{x^3-2x^2-3x}\mathrm{d}x = -\int\frac{1}{x}\mathrm{d}x - \frac{1}{2}\int\frac{1}{1+x}\mathrm{d}x + \frac{3}{2}\int\frac{1}{x-3}\mathrm{d}x$$

$$= -\ln|x| - \frac{1}{2}\ln|x+1| + \frac{3}{2}\ln|x-3| + C$$

例 5 (线性重因式) 计算 $\int\frac{x}{(x-3)^2}\mathrm{d}x$.

解 现在分母的形式如下：

$$\frac{x}{(x-3)^2} = \frac{A}{x-3} + \frac{B}{(x-3)^2}$$

A 和 B 有待确定，消除分母得

$$x = A(x-3) + B$$

如果我们现在将 $x=3$ 和其他值例如 $x=0$ 代入，可得 $B=3$ 和 $A=1$. 因此得

$$\int\frac{x}{(x-3)^2}\mathrm{d}x = \int\frac{1}{x-3}\mathrm{d}x + 3\int\frac{1}{(x+3)^2}\mathrm{d}x$$

$$= \ln|x-3| - \frac{3}{x-3} + C$$

例 6 (部分线性单因式、部分线性重因式) 计算 $\int\frac{3x^2-8x+13}{(x+3)(x-1)^2}\mathrm{d}x$.

解 我们把被积函数分解成以下形式：

$$\frac{3x^2-8x+13}{(x+3)(x-1)^2} = \frac{A}{x+3} + \frac{B}{x-1} + \frac{C}{(x-1)^2}$$

消除分母并化成

$$3x^2-8x+13=A(x-1)^2+B(x+3)(x-1)+C(x+3)$$

将 $x=1$，$x=-3$ 和 $x=0$ 代入得 $C=2$，$A=4$，$B=-1$，因此

$$\int\frac{3x^2-8x+13}{(x+3)(x-1)^2}\mathrm{d}x=4\int\frac{\mathrm{d}x}{x+3}-\int\frac{\mathrm{d}x}{x-1}+2\int\frac{\mathrm{d}x}{(x-1)^2}$$

$$=4\ln|x+3|-\ln|x-1|-\frac{2}{x-1}+C$$

注意：上述分解中对分母分解为 $B/(x-1)$ 和 $C/(x-1)^2$. 一般地，含有线性重因式的分式分解的普遍规则是：对分母的每个因子 $(ax+b)^k$，部分分式分解中有 k 项：

$$\frac{A_1}{ax+b}+\frac{A_2}{(ax+b)^2}+\frac{A_3}{(ax+b)^3}+\cdots+\frac{A_k}{(ax+b)^k}$$

部分分式分解(二次因式)　在对分式的分母进行因式分解时，我们可能刚好得到二次因式(比如 x^2+1)，若不引进复数将无法分解其成为线性因式.

例7　(二次单因式)　分解 $\frac{6x^2-3x+1}{(4x+1)(x^2+1)}$，并计算其不定积分.

解　我们所希望的最好的分解形式是

$$\frac{6x^2-3x+1}{(4x+1)(x^2+1)}=\frac{A}{4x+1}+\frac{Bx+C}{x^2+1}$$

为求常数 A, B 和 C，我们两边都乘以 $(4x+1)(x^2+1)$ 得

$$6x^2-3x+1=A(x^2+1)+(Bx+C)(4x+1)$$

将 $x=-\frac{1}{4}$，$x=0$ 和 $x=1$ 代入上式计算

$$\frac{6}{16}+\frac{3}{4}+1=A\times\frac{17}{16}\qquad\Rightarrow A=2$$

$$1=2+C\qquad\Rightarrow C=-1$$

$$4=4+(B-1)5\qquad\Rightarrow B=1$$

因此

$$\int\frac{6x^2-3x+1}{(4x+1)(x^2+1)}\mathrm{d}x=\int\frac{2}{4x+1}\mathrm{d}x+\int\frac{x-1}{x^2+1}\mathrm{d}$$

$$=\frac{1}{2}\int\frac{4\mathrm{d}x}{4x+1}+\frac{1}{2}\int\frac{2x\mathrm{d}x}{x^2+1}-\int\frac{\mathrm{d}x}{x^2+1}$$

$$=\frac{1}{2}\ln|4x+1|+\frac{1}{2}\ln(x^2+1)-\tan^{-1}x+C$$

例8　(二次重因式)　计算 $\int\frac{6x^2-15x+22}{(x+3)(x^2+2)^2}\mathrm{d}x$.

解　恰当的分解是

$$\frac{6x^2-15x+22}{(x+3)(x^2+2)^2}=\frac{A}{x+3}+\frac{Bx+C}{x^2+2}+\frac{Dx+E}{(x^2+2)^2}$$

计算后，我们得到 $A=1$，$B=-1$，$C=3$，$D=-5$ 和 $E=0$. 因此

$$\int\frac{6x^2-15x+22}{(x+3)(x^2+2)^2}\mathrm{d}x=\int\frac{\mathrm{d}x}{x+3}-\int\frac{x-3}{x^2+2}\mathrm{d}x-5\int\frac{x}{(x^2+2)^2}\mathrm{d}x$$

$$=\int\frac{\mathrm{d}x}{x+3}-\frac{1}{2}\int\frac{2x}{x^2+2}\mathrm{d}x+3\int\frac{\mathrm{d}x}{x^2+2}-\frac{5}{2}\int\frac{2x\mathrm{d}x}{(x^2+2)^2}$$

$$=\ln|x+3|-\frac{1}{2}\ln(x^2+2)+\frac{3}{\sqrt{2}}\tan^{-1}\left(\frac{x}{\sqrt{2}}\right)+\frac{5}{2(x^2+2)}+C$$

总结　分解一个有理函数 $f(x)=p(x)/q(x)$ 成部分分式的过程如下：

第一步：如果 $f(x)$ 为假分式，即如果 $p(x)$ 的次方至少等于 $q(x)$，用 $p(x)$ 除以 $q(x)$ 得

$$f(x) = \text{一个多项式} + \frac{N(x)}{D(x)}$$

第二步：将 $D(x)$ 分解成实系数的线性和不可约的二次因式：由代数定理可知，(理论上)这是绝对可能的．

第三步：对于每个 $(ax+b)^k$ 形式的因式，可以期待分解成

$$\frac{A_1}{ax+b}+\frac{A_2}{(ax+b)^2}+\frac{A_3}{(ax+b)^3}+\cdots+\frac{A_k}{(ax+b)^k}$$

第四步：对于每个 $(ax^2+bx+c)^m$ 形式的因式，可以期待分解成

$$\frac{B_1x+C_1}{ax^2+bx+c}+\frac{B_2x+C_2}{(ax^2+bx+c)^2}+\cdots+\frac{B_mx+C_m}{(ax^2+bx+c)^m}$$

第五步：令 $N(x)/D(x)$ 等于第三步和第四步中所有部分的和。常数的数目要等于分母 $D(x)$ 的指数。

第六步：将第五步建立的等式的两边都乘以 $D(x)$ 并求出未知常数．这可以用两种方法算出：(1)令相同指数部分的系数相等或(2) 令 x 等于简单的值．

逻辑微分方程 上一章中我们假设人口增长率与人口总数成正比，即 $y'=ky$，从而得出人口成指数增长．这个假设只是在生态系统的资源能够维持人口需求的时候才是可靠的．在这种情况下，更可靠的假设是假设生态系统有一个最大的能够维持需求的人口数 L，另外人口增长率和人口总数 y 、人口可增长数 $L-y$ 成正比．从而得出

$$y'=ky(L-y)$$

此式称为**逻辑微分方程**．这是一个可分离的微分方程，我们已经学习了部分分式法．我们能够运用必要的积分技巧来解这个方程．

例 9 一个人口增长的逻辑微分方程为 $y'=0.0003y(2000-y)$，人口的初始值是 800. 解这个微分方程并预测当 $t=2$ 时人口的数量．

解 将 y' 写成 $\frac{dy}{dt}$，这个微分方程就可以写成

$$\frac{dy}{dx}=0.0003y(2000-y)$$

$$\frac{dy}{y(2000-y)}=0.0003dt$$

$$\int\frac{dy}{y(2000-y)}=\int 0.0003dt$$

左边的积分可以通过部分分式法来计算

$$\frac{1}{y(2000-y)}=\frac{A}{y}+\frac{B}{2000-y}$$

从而

$$1=A(2000-y)+By$$

令 $y=0$ 和 $y=2000$ 得出

$$1=2000A$$
$$1=2000B$$

所以，$A=\frac{1}{2000}$和 $B=\frac{1}{2000}$，继而

$$\int\left(\frac{1}{2000y}+\frac{1}{2000(2000-y)}\right)dy = 0.0003t + C$$

$$\frac{1}{2000}\ln y-\frac{1}{2000}\ln(2000-y) = 0.0003t + C$$

$$\ln\frac{y}{2000-y} = 0.6t + 2000C$$

$$\frac{y}{2000-y}=e^{0.6t+2000C}$$

$$\frac{y}{2000-y}=C_1e^{0.6t}$$

其中,$C_1=e^{2000C}$. 现在用初始条件 $y(0)=800$ 来计算 C_1

$$\frac{800}{2000-800}=C_1e^{0.6\cdot 0}$$

$$C_1=\frac{800}{1200}=\frac{2}{3}$$

所以

$$\frac{y}{2000-y}=\frac{2}{3}e^{0.6t}$$

解得 $$y=\frac{(4000/3)e^{0.6t}}{1+(2/3)e^{0.6t}}=\frac{4000/3}{2/3+e^{-0.6t}}$$

因此,当 $t=2$ 时的人口总数是

$$y=\frac{4000/3}{2/3+e^{-0.6\cdot 2}}\approx 1378$$

人口随时间变化的图形如图2所示.

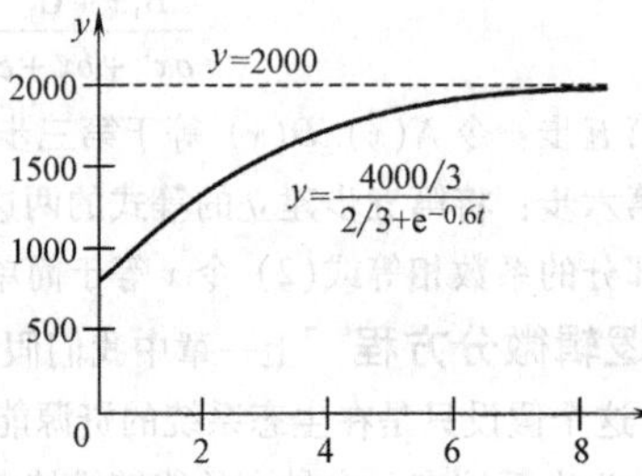

图 2

概念复习

1. 如果多项式 $p(x)$ 的最高次项的次数少于 $q(x)$ 的,则 $f(x)=p(x)/q(x)$ 称为______有理函数.
2. 对假分式有理函数 $f(x)=(x^2+4)/(x+1)$ 积分,首先将其化成 $f(x)=$______.
3. 如果 $(x-1)(x+1)+3x+x^2=ax^2+bx+c$,则 $a=$______, $b=$______, $c=$______.
4. $(3x+1)/[(x-1)^2(x^2+1)]$ 可以分解成______的形式.

习题 7.5

在习题 1 ~ 40 中,运用分解因式法按要求计算积分.

1. $\int\frac{1}{x(x+1)}dx$
2. $\int\frac{2}{x^2+3x}dx$
3. $\int\frac{3}{x^2-1}dx$
4. $\int\frac{5x}{2x^3+6x^2}dx$
5. $\int\frac{x-11}{x^2+3x-4}dx$
6. $\int\frac{x-7}{x^2-x-12}dx$
7. $\int\frac{3x-13}{x^2+3x-10}dx$
8. $\int\frac{x+\pi}{x^2-3\pi+2\pi^2}dx$
9. $\int\frac{2x+21}{2x^2+9x-5}dx$
10. $\int\frac{2x^2-x-20}{x^2+x-6}dx$
11. $\int\frac{17x-3}{3x^2+x-2}dx$
12. $\int\frac{5-x}{x^2-x(\pi+4)+4\pi}dx$
13. $\int\frac{2x^2+x-4}{x^3-x^2-2x}dx$
14. $\int\frac{7x^2+2x-3}{(2x-1)(3x+2)(x-3)}dx$
15. $\int\frac{6x^2+22x-23}{(2x-1)(x^2+x-6)}dx$
16. $\int\frac{x^3-6x^2+11x-6}{4x^3-28x^2+56x-32}dx$
17. $\int\frac{x^3}{x^2+x-2}dx$
18. $\int\frac{x^3+x^2}{x^2+5x+6}dx$

19. $\int \frac{x^4 + 8x^2 + 8}{x^3 - 4x}dx$

20. $\int \frac{x^6 + 4x^3 + 4}{x^3 - 4x^2}dx$

21. $\int \frac{x + 1}{(x - 3)^2}dx$

22. $\int \frac{5x + 7}{x^2 + 4x + 4}dx$

23. $\int \frac{3x + 2}{x^3 + 3x^2 + 3x + 1}dx$

24. $\int \frac{x^6}{(x - 2)^2(1 - x)^5}dx$

25. $\int \frac{3x^2 - 21x + 32}{x^3 - 8x^2 + 16x}dx$

26. $\int \frac{x^2 + 19x + 10}{2x^4 + 5x^3}dx$

27. $\int \frac{2x^2 + x - 8}{x^3 + 4x}dx$

28. $\int \frac{3x + 2}{x(x + 2)^2 + 16x}dx$

29. $\int \frac{2x^2 - 3x - 36}{(2x - 1)(x^2 + 9)}dx$

30. $\int \frac{1}{x^4 - 16}dx$

31. $\int \frac{1}{(x - 1)^2(x + 4)^2}dx$

32. $\int \frac{x^3 - 8x^2 - 1}{(x + 3)(x^2 - 4x + 5)}dx$

33. $\int \frac{(\sin^3 t - 8\sin^2 t - 1)\cos t}{(\sin t + 3)(\sin^2 t - 4\sin t + 5)}dt$

34. $\int \frac{\cos t}{\sin^4 t - 16}dx$

35. $\int \frac{x^3 - 4x}{(x^2 + 1)^2}dx$

36. $\int \frac{(\sin t)(4\cos^4 t - 1)}{(\cos t)(1 + 2\cos^2 t + \cos^4 t)}dt$

37. $\int \frac{2x^3 + 5x^2 + 16x}{x^5 + 8x^3 + 16x}dx$

38. $\int_4^6 \frac{x - 17}{x^2 + x - 12}dx$

39. $\int_0^{\pi/4} \frac{\cos\theta}{(1 - \sin^2\theta)(\sin^2\theta + 1)^2}d\theta$

40. $\int_1^5 \frac{3x + 13}{x^2 + 4x + 3}dx$

在习题 41 ~ 44 中，解出逻辑微分方程，用初始条件得出人口增长方程，并预算当 $t=3$ 时人口的数量.

41. $y' = y(1 - y)$，$y(0) = 0.5$

42. $y' = \frac{1}{10}y(12 - y)$，$y(0) = 2$

43. $y' = 0.0003y(8000 - y)$，$y(0) = 1000$

44. $y' = 0.001y(4000 - y)$，$y(0) = 100$

45. 逻辑微分方程的比例常量为 k，容量为 L，初始条件是 $y(0) = y_0$ 解该逻辑微分方程.

46. 说明当逻辑微分方程的初始量 y_0 比最大容量大时，会使逻辑微分方程的结果出现什么情况.

47. 在不解逻辑微分方程也不看它结果的情况下，说明如果 $y_0 < L$，为什么人口数量会增长.

48. 假设 $y_0 < L$，t 为何值时人口数量 $y(t)$ 的图形是凹的.

49. 在许多人口增长问题中，有一个人口所达不到的上限. 让我们假设地球不能养活多于 160 亿的人口，且 1925 年有 20 亿人口，1975 年有 40 亿. 如果 y 是 1925 年 t 年后的人口，一个适当的模型是以下的微分方程

$$\frac{dy}{dx} = ky(16 - y)$$

(a) 求解这个微分方程.　(b) 算出 2015 年的人口.　(c) 什么时候人口将达到 90 亿?

50. 假设人口上限是 100 亿，完成 49 题.

51. 化学的质量作用定律可以得出微分方程

$$\frac{dx}{dt} = k(a - x)(b - x),\ k > 0,\ a > 0,\ b > 0$$

其中，x 是一种由另外两个量反应所决定的在 t 时刻的物质的产量. 假设当 $t = 0$ 时 $x = 0$.

(a) 若 $b > a$，解这个微分方程.　(b) 证明当 $t \to \infty$ 时 $x \to a$（若 $b > a$).

(c) 假设 $a = 2$，$b = 4$，并且 20min 内产生了 1g 物质. 求 1h 可以产生多少物质.

(d) 若 $a = b$，求解这个微分等式.

52. 微分方程

$$\frac{dy}{dt} = k(y - m)(M - y),\ k > 0,\ 0 \leq m < y_0 < M$$

被用来模拟一些增长问题．求解这个等式并算出$\lim_{t\to\infty} y$.

53. 生物化学家提议用以下模型来描述消化过程中胰蛋白酶所产生的胰岛素的量

$$\frac{dy}{dt}=k(A-y)(B+y)$$

其中，$k>0$，A是胰蛋白酶的初始的量，B是胰岛素的最初的量．求解这个微分方程．

54. 计算$\int_{\pi/6}^{\pi/2}\frac{\cos x}{\sin x(\sin^2 x+1)^2}dx$.

概念复习答案：

1. 真分式 2. $x-1+\frac{5}{x+1}$ 3. 2，3，-1 4. $\frac{A}{x-1}+\frac{B}{(x-1)^2}+\frac{Cx+D}{x^2+1}$

7.6 积分策略

本章已经给出了一些求积分的技巧、到现在我们应该明白微分有相对固定的求导法则或公式，积分则不然．和法则、乘积法则、商法则和链式法则能应用在大多数函数的求导上面，但是在求积分时没有一定成功的方法．当然这里有一些方法能应用．求大多数积分是一个试-错的过程；当一个方法不行时，再试另一个．也就是说，不管如何，我们能给出下面的积分策略．

1. 用换元法使积分看起来和基本积分形式一样。例如

$$\int\sin 2x dx,\int xe^{-x^2}dx,\int x\sqrt{x^2-1}dx$$

能用第一类换元法计算．

2. 另外一种情况是两个函数的乘积，其中一个函数的导数乘以另一个函数的积分，我们在7.1节中，用分部积分法就能解决。例如$\int xe^x dx$和$\int x\sinh x dx$都能用分部积分法求解．

3. 第二类积分法为三角代换

如果积分中包含$\sqrt{a^2-x^2}$，考虑替代部分$x=a\sin t$；

如果积分中包含$\sqrt{x^2+a^2}$，考虑替代部分$x=a\tan t$；

如果积分中包含$\sqrt{x^2-a^2}$，考虑替代部分$x=a\sec t$.

4. 如果积分是真分式有理函数，也就是说，分子的次数小于分母的次数，就能用部分分式法分解被积函数求解．如果积分是假分式有理函数，用长除法将它写成多个多项式和真分式的和．然后在真分式上用部分因式分解．

这些建议和一些技巧，将会在求积分时大有帮助．

积分表的使用 在本书的附录中包含110个积分公式，就像CRC《标准数学表格和公式》及《数学函数手册》一样，还有包括内容更多的表格．但是列出来的110个公式已满足我们的需求了．记住，最重要的是你要在计算积分的换元法中经常使用这些公式．在许多积分表，包括本书最后的表中，积分中是用变量u，而不是x. 你应把u看成x的函数(也可能是x本身). 下面的例子表明怎样使用一个公式的换元法计算一些积分．

例1 用公式(54) $\int\sqrt{a^2-u^2}du=\frac{u}{2}\sqrt{a^2-u^2}+\frac{a^2}{2}\sin^{-1}\frac{u}{a}+C$计算下列积分：

(a) $\int\sqrt{9^2-x^2}dx$　　(b) $\int\sqrt{16-4y^2}dy$

(c) $\int y\sqrt{1-4y^4}dy$　　(d) $\int e^t\sqrt{100-e^{2t}}dt$

解 (a) 在此积分中我们有 $a=3$ 和 $u=x$，于是

$$\int \sqrt{9^2-x^2}\,dx=\frac{x}{2}\sqrt{9^2-x^2}+\frac{9}{2}\sin^{-1}\frac{x}{3}+C$$

(b)我们必须明白 $4y^2$ 就是$(2y)^2$。所以合适的替代是 $u=2y$ 且 $du=2dy$. 于是

$$\begin{aligned}\int \sqrt{16-4y^2}\,dy &= \frac{1}{2}\int \sqrt{4^2-(2y)^2}(2dy)\\ &=\frac{1}{2}\left(\frac{2y}{2}\sqrt{4^2-(2y)^2}+\frac{4^2}{2}\sin^{-1}\frac{2y}{4}\right)+C\\ &=\frac{y}{2}\sqrt{16-4y^2}+4\sin^{-1}\frac{y}{2}+C\end{aligned}$$

(c)要有一点点远见. 我们想令为 $u=1-4y^4$，但是 $du=-16y^3dy$. y^3在 du 的表达式中出现是很麻烦的，因为在剩下的积分中只有 y. 所以必须将开方看成 $\sqrt{1-(2y^2)^2}$，将公式(54)的换元看成 $u=2y^2$ 和 $du=4ydy$. 于是

$$\begin{aligned}\int y\sqrt{1-4y^4}\,dy &= \frac{1}{4}\int \sqrt{1-(2y^2)^2}(4ydy)\\ &=\frac{1}{4}\left(\frac{2y^2}{2}\sqrt{1-(2y^2)^2}+\frac{1}{2}\sin^{-1}\frac{2y^2}{1}\right)+C\\ &=\frac{y^2}{4}\sqrt{1-4y^4}+\frac{1}{8}\sin^{-1}2y^2+C\end{aligned}$$

(d) 必须明确能将开方写成 $\sqrt{100-(e^t)^2}$ 且令换元 $u=e^t$ 和 $du=e^tdt$. 于是

$$\begin{aligned}\int e^t\sqrt{100-e^{2t}}\,dt &= \int \sqrt{10^2-(e^t)^2}(e^tdt)\\ &=\frac{e^t}{2}\sqrt{10^2-(e^t)^2}+\frac{10^2}{2}\sin^{-1}\frac{e^t}{10}+C\\ &=\frac{e^t}{2}\sqrt{100-e^{2t}}+50\sin^{-1}\frac{e^t}{10}+C\end{aligned}$$

计算机代数系统与计算器 今天的计算机代数系统如 Maple、Mathmatica 或者 Derive，都能用于计算定积分或不定积分. 许多计算器也都能用于计算积分. 如果这样的系统计算的是定积分，那么判断它给你的是一个精确的答案(常常通过微积分第二基本定理获得)，还是一个近似值是很重要的. 如果我们要计算一个积分，以上两种在实际应用中都很好，这可能是正确的. 但是，多数情况下定积分的值被用于后续的计算中. 这种情况下，需要它更精确和更容易计算，才到找到精确解且将精确解用于进一步的计算。例如，如果 $\int_0^1\frac{1}{1+x^2}dx$ 需要用于下一步的计算，找到积分并用微积分第二基本定理去得到$\int_0^1\frac{1}{1+x^2}dx=[\tan^{-1}x]_0^1=\tan^{-1}1-\tan^{-1}0=\frac{\pi}{4}$是更好的. 将 $\pi/4$ 用于进一步计算比用 Mathmatica 给出的这个积分的数值近似解 0.785398 好.

在许多情况下，不管怎样努力，用微积分第二基本定理精确计算定积分是不可能的，因为许多函数的积分并不能表示成初等函数. 我们求积分的简单表达式的无能为力并没有使我们免除求定积分精确解的任务. 这仅表明我们必须用数值方法来逼近定积分. 许多实际问题会有这种情况，解决要求的积分是棘手的且我们必须借助于数值方法. 我们已经在4.6节中讨论了这种数值积分. CAS 常常会用类似于抛物线法的方法，但是更复杂.

例2 求图1中所示匀质板的质心.

解 用5.6节的公式，我们有

$$m = \delta\int_0^{\sqrt{\pi}} \sin x^2 \, dx$$

$$M_y = \delta\int_0^{\sqrt{\pi}} x\sin x^2 \, dx$$

$$M_x = \frac{\delta}{2}\int_0^{\sqrt{\pi}} \sin^2 x^2 \, dx$$

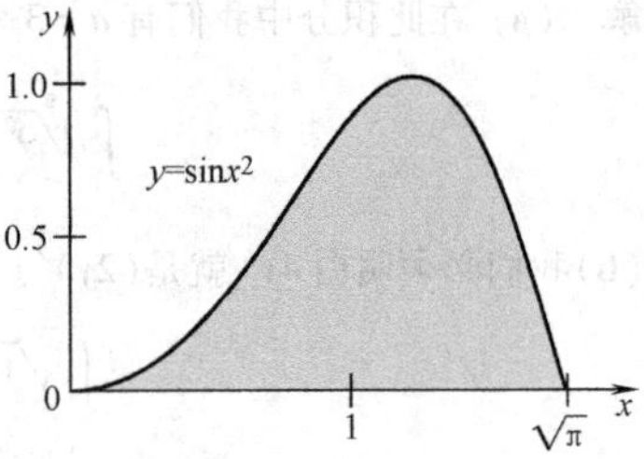

图 1

在这些积分中，只有第二个能用微积分第二基本定理来求．对于第一和第三个积分，它们的积分不能用初等函数表示．因此我们借助于求积分的近似值．一个 CAS 给出这些积分值如下：

$$m = \delta\int_0^{\sqrt{\pi}} \sin x^2 \, dx \approx 0.89483\delta$$

$$M_y = \delta\int_0^{\sqrt{\pi}} x\sin x^2 \, dx = \delta\left[-\frac{1}{2}\cos x^2\right]_0^{\sqrt{\pi}} = \delta$$

$$M_x = \frac{\delta}{2}\int_0^{\sqrt{\pi}} \sin^2 x^2 \, dx \approx 0.33494\delta$$

注意 CAS 能给出第二个积分的精确值和第一及第三个的近似值．从这些结果我们可以计算：

$$\bar{x} = \frac{M_y}{m} \approx \frac{\delta}{0.89483\delta} \approx 1.1175$$

$$\bar{y} = \frac{M_x}{m} \approx \frac{0.33494\delta}{0.89483\delta} \approx 0.3743$$

也有一些积分的上限是未知的．如果是这种情况，微积分第二基本定理比用数值计算近似解更好．下面的两个例子会说明这一点．这两个问题在原则上是一样的，但是在解的方法上是不一样的．

例 3 一根竹竿的线密度是 $\delta(x) = \exp(-x/4)$，其中，$x > 0$．我们应该怎么把这竹竿切断，使得从 0 到切断处的质量是 1？

解 将 a 记为切断点．我们得到

$$1 = \int_0^a \delta(x)\,dx = \int_0^a \exp(-x/4)\,dx = 4 - 4e^{-a/4}$$

解出 a

$$1 = 4 - 4e^{-a/4} \quad a = -4\ln\frac{3}{4} \approx 1.1507$$

这里我们得到精确解 $a = -4\ln(3/4)$，如需用近似解，可用近似值为 1.1507.

一个近似解

质量是密度的积分．所以，可以认为质量等于密度曲线下面的面积，当 $x=0$ 时，密度为 1，并且随 x 递减．为了使密度曲线下面的面积等于 1，我们期望选择切割的点稍大于 1.

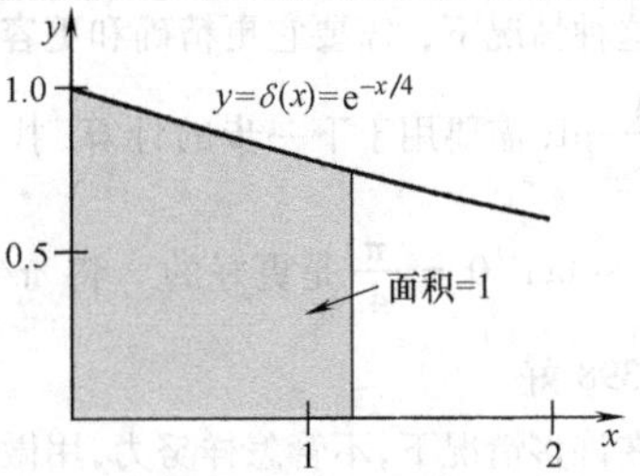

例 4 一根竹竿的线密度是 $\delta(x) = \exp(\frac{1}{2}x^{3/2})$，其中 $x > 0$. 我们应该怎么把这竹竿切断，使得从 0 到切断处的质量是 1？用二分法来逼近切断点，精确到两位小数．

解 将 a 记为切断点．我们得到

$$1 = \int_0^a \delta(x)\,dx = \int_0^a \exp\left(\frac{1}{2}x^{3/2}\right)dx$$

另一近似解

利用质量是密度曲线下面的面积这一事实，我们可以从下面图看到，切割的点一定在0.5与1之间，这给我们一个近似得到答案的起始点.

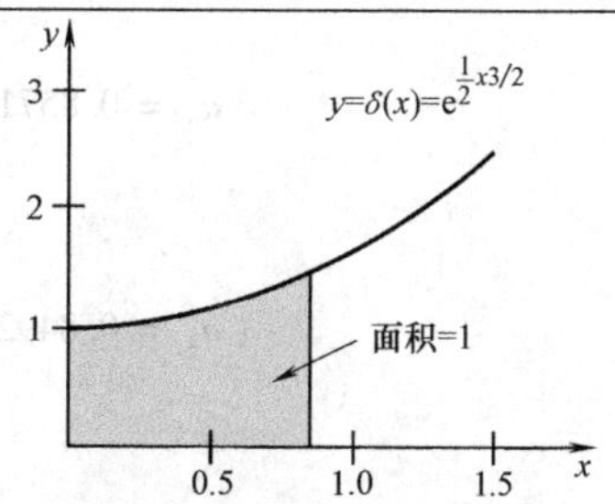

$\exp(\frac{1}{2}x^{3/2})$的原函数不能用初等函数表示，所以，我们不能用微积分第二基本定理来计算它的定积分，不得不用数值法逼近这个积分. 问题在于逼近它时必须有积分上下限，但是在这个问题中积分上限是变量a. 用试错法及程序来逼近定积分，会得到下面结果：

$a=1$; $\int_0^1 \exp(\frac{1}{2}x^{3/2})\,dx \approx 1.2354$　　$a=1$ 太大

$a=0.5$; $\int_0^{0.5} \exp(\frac{1}{2}x^{3/2})\,dx \approx 0.5374$　　$a=0.5$ 太小

从这一点我们知道要求的a值在0.5与1之间. [0.5, 1.0]的中点是0.75，所以，我们又试一下0.75：

$a=0.75$; $\int_0^{0.75} \exp(\frac{1}{2}x^{3/2})\,dx \approx 0.85815$　　$a=0.75$ 太小

继续用这种方法做：

$a=0.875$; $\int_0^{0.875} \exp(\frac{1}{2}x^{3/2})\,dx \approx 1.0385$　　$a=0.875$ 太大

$a=0.8125$; $\int_0^{0.8125} \exp(\frac{1}{2}x^{3/2})\,dx \approx 0.94643$　　$a=0.8125$ 太小

$a=0.84375$; $\int_0^{0.84375} \exp\left(\frac{1}{2}x^{3/2}\right)dx \approx 0.99198$　　$a=0.84375$ 太小

$a=0.859375$; $\int_0^{0.859375} \exp\left(\frac{1}{2}x^{3/2}\right)dx \approx 1.0151$　　$a=0.859375$ 太大

$a=0.8515625$; $\int_0^{0.8515625} \exp(\frac{1}{2}x^{3/2})\,dx \approx 1.0035$　　$a=0.8515625$ 太大

$a=0.84765625$; $\int_0^{0.84765625} \exp(\frac{1}{2}x^{3/2})\,dx \approx 0.99775$　　$a=0.84765625$ 太小

到了这里，我们将a确定在0.84765625和0.8515625之间，若精确到两位小数，切断点应该是$a=0.85$.

例5　用牛顿法逼近例4的解.

解　方程能写成

$$\int_0^a \exp(\frac{1}{2}x^{3/2})\,dx - 1 = 0$$

令方程左边记为$F(a)$，求$F(a)=0$的近似解. 回忆牛顿法是迭代法，定义为

$$a_{n+1} = a_n - \frac{F(a_n)}{F'(a_n)}$$

在此例中我们用微积分第一定理得到$F'(a)=\exp(\frac{1}{2}a^{3/2})$.

我们以$a_1=1$作为猜测的起始点进行迭代，于是

$$a_2 = 1 - \frac{\int_0^1 \exp(\frac{1}{2}x^{3/2})\,dx - 1}{\exp(\frac{1}{2}1^{3/2})} \approx 0.857197$$

$$a_3 = 0.857197 - \frac{\int_0^{0.857197} \exp\left(\frac{1}{2}x^{3/2}\right)dx - 1}{\exp\left(\frac{1}{2}0.857197^{3/2}\right)} \approx 0.849203$$

$$a_4 = 0.849203 - \frac{\int_0^{0.849203} \exp\left(\frac{1}{2}x^{3/2}\right)dx - 1}{\exp\left(\frac{1}{2}0.849203^{3/2}\right)} \approx 0.849181$$

$$a_5 = 0.849181 - \frac{\int_0^{0.849181} \exp\left(\frac{1}{2}x^{3/2}\right)dx - 1}{\exp\left(\frac{1}{2}0.849181^{3/2}\right)} \approx 0.849181$$

切断点的近似值是0.849181. 注意，牛顿法只需要较少的工作量就可给出较精确的答案.

由表格定义的函数 用计算机从系统中周期性的时间点(常常很频繁，例如每秒一次地)收集数据，是目前普遍采用的方法。当这些数据表示一个目标函数时，我们不能用微积分第二基本原理求解，相反地，我们需要使用这些样本点的数值方法。

例6 汽车上通常装有测量瞬时油耗(以 gal/mile 计)。假设有台计算机连接到这辆车上，所以它能记录瞬时油耗和瞬时速度. 一个约为两小时旅程的速度与油耗的图形如图2所示. 上面(深色)曲线表示速度，下面(浅色)曲线表示油耗. 油耗经常变化，主要依据汽车是上坡还是下坡. 部分数据由下面的表格给出. 在这两小时的旅程中，汽车行驶了多远？消耗了多少油？

时间/min	速度/mile·h⁻¹	耗油量/gal·mile⁻¹	速度/gal·mile⁻¹
0	36	20.00	1.80
1	37	22.35	1.66
2	36	23.67	1.52
3	36	28.75	1.25
⋮	⋮	⋮	⋮
118	42	24.30	1.73
119	40	24.83	1.61
120	41	26.19	1.57

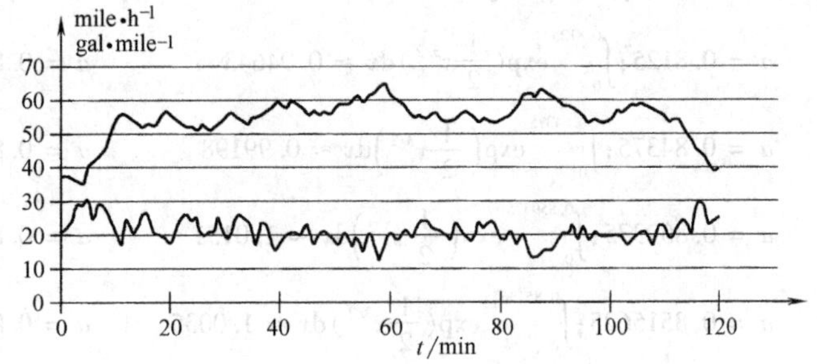

图 2

解 我们用梯形法逼近所求积分. 行驶的路程是瞬时速度的定积分，所以

$$D = \int_0^2 \frac{ds}{dt}dt \approx \frac{2-0}{2\times 120}[36 + 2\times(37+36+\cdots+40)+41] = 109.4(\text{mile})$$

所消耗的总油量是$\frac{df}{dt}$的定积分，其中，$f(t)$是在t时刻汽车油箱内的油量. 注意油耗是以 gal/mile 给出的，而它是 ds/df. 上面表格的最后一列是速度 ds/dt 除以 ds/df. 因此，油的消耗是

$$\int_0^2 \frac{df}{dt}dt = \int_0^2 \frac{ds/dt}{ds/df}dt \approx \frac{2-0}{2\times 120}[1.80 + 2\times(1.66+1.52+\cdots+1.61)+1.57] \approx 5.30(\text{gal})$$

特殊函数 在应用数学中经常遇到很多不能用微积分第二基本定理计算的定积分，所以就给它们赋予特殊的名称. 下面是一些计算函数和它们的常用名及简写：

误差函数 $\operatorname{erf}(x) = \frac{2}{\sqrt{\pi}}\int_0^x e^{-t^2}dt$

正弦积分 $\mathrm{Si}(x)=\int_0^x \frac{\sin t}{t}\mathrm{d}t$

菲涅耳正弦积分 $S(x)=\int_0^x \sin\left(\frac{\pi t^2}{2}\right)\mathrm{d}t$

菲涅耳余弦积分 $C(x)=\int_0^x \cos\left(\frac{\pi t^2}{2}\right)\mathrm{d}t$

还有其他很多函数，可参考数学函数手册．为了逼近这些函数已开发出很多算法，其中许多涉及到无限序列(第9章中讨论的主题)．这些算法常常是精确和高效的．事实上，用计算机来逼近 $S(1)$ 已经不会比逼近 sin1 难．既然很多实际问题都涉及到这些函数，知道它们的存在及如何逼近它们就显得很重要．

例7 将例2中的薄板的质量表示成菲涅耳正弦积分．

解 它的质量应该是

$$m=\delta\int_0^{\sqrt{\pi}}\sin x^2\,\mathrm{d}x$$

如果我们用换元 $x=t\sqrt{\pi/2}$，于是 $x^2=t^2\pi/2$ 和 $\mathrm{d}x=\sqrt{\pi/2}\mathrm{d}t$．定积分的上下限也需要转换

$$x=0\Rightarrow t=0$$

$$x=\sqrt{\pi}\Rightarrow t=\sqrt{2}$$

于是有

$$m=\delta\int_0^{\sqrt{2}}\sin\left(\frac{t^2\pi}{2}\right)\sqrt{\frac{\pi}{2}}\mathrm{d}t$$

$$=\delta\sqrt{\frac{\pi}{2}}\int_0^{\sqrt{2}}\sin\left(\frac{\pi t^2}{2}\right)\mathrm{d}t$$

$$=\delta\sqrt{\frac{\pi}{2}}S(\sqrt{2})\approx 0.895\delta$$

概念复习：

1. 当积分表与_________法联合使用时，它是非常有用的．
2. $\int(x^2+9)^{3/2}\mathrm{d}x$ 和 $\int(\sin^2x+1)^{3/2}\cos x\mathrm{d}x$ 都能用数值公式_________计算．
3. 当使用CAS计算定积分时，知道系统给出的是精确解或者是_________是很重要的．
4. 当 $t=0$ 的正弦积分是计算 $S(0)=$________．

习题 7.6

在习题1～12中，计算积分

1. $\int xe^{-5x}\mathrm{d}x$
2. $\int \frac{x}{x^2+9}\mathrm{d}x$
3. $\int_1^2 \frac{\ln x}{x}\mathrm{d}x$
4. $\int \frac{x}{x^2-5x+6}\mathrm{d}x$
5. $\int \cos^4 2x\mathrm{d}x$
6. $\int \sin^3 x\cos x\mathrm{d}x$
7. $\int_1^2 \frac{1}{x^2+6x+8}\mathrm{d}x$
8. $\int_0^{1/2} \frac{1}{1-t^2}\mathrm{d}t$
9. $\int_1^5 x\sqrt{x+2}\mathrm{d}x$
10. $\int_3^4 \frac{1}{t-\sqrt{2t}}\mathrm{d}t$
11. $\int_{-\pi/2}^{\pi/2} \cos^2 x\sin x\mathrm{d}x$
12. $\int_0^{2\pi} |\sin 2x|\mathrm{d}x$

在习题13～30中，运用本书后面的积分列表中的公式，适当时加上一些代换，计算下列积分．

13. (a) $\int x\sqrt{3x+1}\mathrm{d}x$ (b) $\int e^x\sqrt{3e^x+1}e^x\mathrm{d}x$

14. (a) $\int 2t\sqrt{3-4t}\mathrm{d}t$

(b) $\int \cos t\sqrt{3-4\cos t}\sin t\,dt$

15. (a) $\int \frac{dx}{9-16x^2}$　(b) $\int \frac{e^x}{9-16e^{2x}}dx$

16. (a) $\int \frac{dx}{5x^2-11}$　(b) $\int \frac{x}{5x^4-11}dx$

17. (a) $\int x^2\sqrt{9-2x^2}dx$　(b) $\int \sin^2 x\cos x\sqrt{9-2\sin^2 x}dx$

18. (a) $\int \frac{\sqrt{16-3t^2}}{t}dt$　(b) $\int \frac{\sqrt{16-3t^6}}{t}dt$

19. (a) $\int \frac{dx}{\sqrt{5+3x^2}}$　(b) $\int \frac{x}{\sqrt{5+3x^4}}dx$

20. (a) $\int t^2\sqrt{3+5t^2}dt$　(b) $\int t^8\sqrt{3+5t^6}dt$

21. (a) $\int \frac{dt}{\sqrt{t^2+2t-3}}$　(b) $\int \frac{dt}{\sqrt{t^2+3t-5}}$

22. (a) $\int \frac{\sqrt{x^2+2x-3}}{x+1}dx$　(b) $\int \frac{\sqrt{x^2-4x}}{x-2}dx$

23. (a) $\int \frac{y}{\sqrt{3y+5}}dy$　(b) $\int \frac{\sin t\cos t}{\sqrt{3\sin t+5}}dt$

24. (a) $\int \frac{dz}{z\sqrt{5-4z}}$　(b) $\int \frac{\sin x}{\cos x\sqrt{5-4\cos x}}dx$

25. $\int \sinh^2 3t\,dt$　26. $\int \frac{\operatorname{sech}\sqrt{x}}{\sqrt{x}}dx$　27. $\int \frac{\cos t\sin t}{\sqrt{2\cos t+1}}dt$

28. $\int \cos t\sin t\sqrt{4\cos t-1}\,dt$　29. $\int \frac{\cos^2 t\sin t}{\sqrt{\cos t+1}}dt$　30. $\int \frac{1}{(9+x^2)^3}dx$

用 CAS 计算习题 31～40 中的定积分，如果对于一个初等函数 CAS 没有给出一个精确的结果，那就给出一个近似值.

31. $\int_0^{\pi} \frac{\cos^2 x}{1+\sin x}dx$　32. $\int_0^1 \operatorname{sech}\sqrt[3]{x}dx$　33. $\int_0^{\pi/2} \sin^{12}x\,dx$

34. $\int_0^{\pi} \cos^4\frac{x}{2}dx$　35. $\int_1^4 \frac{\sqrt{t}}{1+t^8}dt$　36. $\int_0^3 x^4e^{-x/2}dx$

37. $\int_0^{\pi/2} \frac{1}{1+2\cos^5 x}dx$　38. $\int_{-\pi/4}^{\pi/4} \frac{x^3}{4+\tan x}dx$　39. $\int_2^3 \frac{x^2+2x-1}{x^2-2x+1}dx$

40. $\int_1^3 \frac{du}{u\sqrt{2u-1}}$

在习题 41～48 中，棒的线密度已经给出，找到一个 c 使这根棒从 0 到 c 的质量是 1. 可能的话尽量求出精确值，不可能的话就求出 c 的近似值.（参考例 4 和例 5）

41. $\delta(x)=\frac{1}{x+1}$　42. $\delta(x)=\frac{2}{x^2+1}$　43. $\delta(x)=\ln(x+1)$

44. $\delta(x)=\frac{x}{x^2+1}$　45. $\delta(x)=2e^{-x-3/2}$　46. $\delta(x)=\ln(x^3+1)$

47. $\delta(x)=6\cos\left(\frac{x^2}{2}\right)$　48. $\delta(x)=4\frac{\sin x}{x}$

49. 求出 c 使 $\int_0^c \frac{1}{3\sqrt{2\pi}}x^{3/2}e^{-x/2}dx=0.90$.

50. 求出 c 使 $\int_{-c}^c \frac{1}{\sqrt{2\pi}}e^{-x^2/2}dx=0.95$. 提示：利用对称性.

在习题 51～54 中，$y=f(x)$ 的图形和另一条直线的图形如图所示，求出 c 使图中阴影部分的中心的水平坐标等于 2.

51.　52.

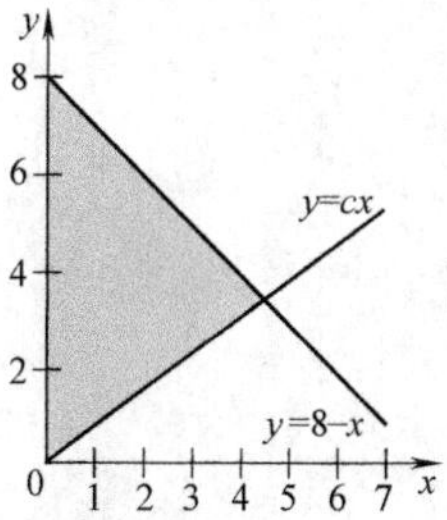

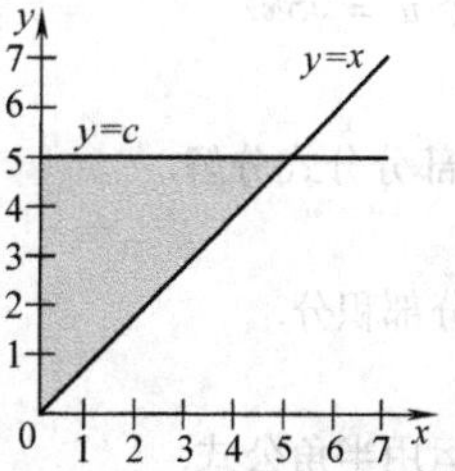

53.

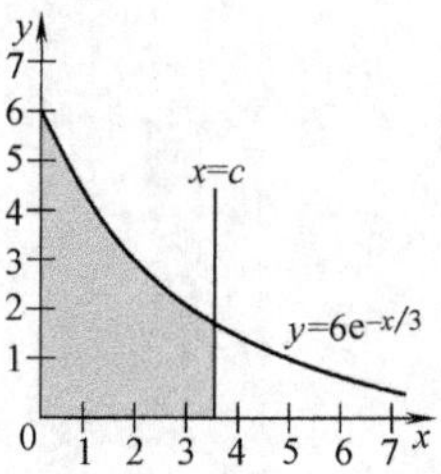

54.

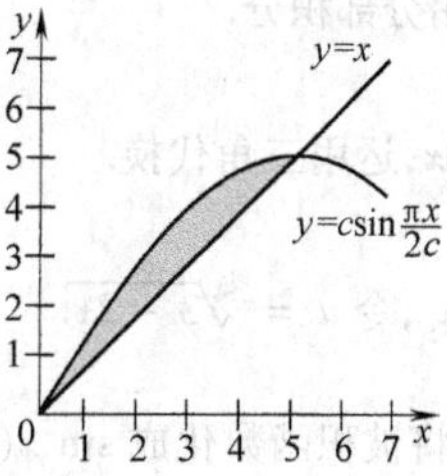

55．计算下列导数

（a）$\frac{\mathrm{d}}{\mathrm{d}x}\mathrm{erf}(x)$　　（b）$\frac{\mathrm{d}}{\mathrm{d}x}\mathrm{Si}(x)$

56．计算菲涅耳函数的导数

（a）$\frac{\mathrm{d}}{\mathrm{d}x}S(x)$　　（b）$\frac{\mathrm{d}}{\mathrm{d}x}C(x)$

57. 误差函数在哪些区间（非负）递增和下凸呢?

58．菲涅耳函数 $S(x)$ 在[0，2]中的那些子区间上是递增的和下凸的呢?

59．菲涅耳函数 $C(x)$ 在[0，2]中的那些子区间上是递增的和下凸的呢?

60．在原点的右边求出菲涅耳函数 $S(x)$ 的第一个拐点的坐标

概念复习答案：

1. 换元　2. 53　3. 逼近　4. 0

7.7 本章回顾

概念练习

判断以下说法的对错并解释.

1. 计算 $\int x\sin x^2\,\mathrm{d}x$，令 $u=x^2$.

2. 计算 $\int \frac{x}{9+x^4}\mathrm{d}x$，令 $u=x^2$.

3. 计算 $\int \frac{x^3}{9+x^4}\mathrm{d}x$，令 $u=x^2$.

4. 计算 $\int \frac{2x-3}{x^2-3x+5}\mathrm{d}x$，首先计算分母的平方.

5. 计算 $\int \frac{3}{x^2-3x+5}\mathrm{d}x$，首先计算分母的平方.

6. 计算$\int \frac{1}{\sqrt{4-5x^2}}dx$,令$u=\sqrt{5}x$.

7. 计算$\int \frac{t+2}{t^3-9t}dt$,运用部分分式分解.

8. 计算$\int \frac{t^4}{t^2-1}dt$,运用分部积分.

9. 计算$\int \sin^6 x\cos^2 x dx$,运用半角公式.

10. 计算$\int \frac{e^x}{1+e^x}dx$,运用分部积分.

11. 计算$\int \frac{x+2}{\sqrt{-x^2-4x}}dx$,运用三角代换.

12. 计算$\int x^2\sqrt[3]{3-2x}dx$,令$u=\sqrt[3]{3-2x}$.

13. 计算$\int \sin^2 x\cos^5 x dx$,将被积函数化成$\sin^2 x(1-\sin^2 x)^2\cos x$.

14. 计算$\int \frac{1}{x^2\sqrt{9-x^2}}dx$,运用三角代换.

15. 计算$\int x^2\ln x dx$,运用分部积分.

16. $\int \sin 2x\cos 4x dx$,运用半角公式.

17. $\frac{x^2}{x^2-1}$可以化成$\frac{A}{x-1}+\frac{B}{x+1}$的形式.

18. $\frac{x^2+2}{x(x^2-1)}$可以化成$\frac{A}{x}+\frac{B}{x-1}+\frac{C}{x+1}$的形式

19. $\frac{x^2+2}{x(x^2+1)}$可以化成$\frac{A}{x}+\frac{Bx+C}{x^2+1}$的形式.

20. $\frac{x+2}{x^2(x^2-1)}$可以化成$\frac{A}{x^2}+\frac{B}{x-1}+\frac{C}{x+1}$.

21. 算出ax^2+bx的平方，加上$(b/2)^2$.

22. 任何实系数多项式都可以分解因式成实系数线性多项式的乘积.

23. 两个关于x的多项式对任意x都有相同的值，当且仅当同次方项的系数相等.

24. 积分$\int x^2\sqrt{25-4x^2}dx$可以通过积分列表中的公式57再加上适当的代换计算.

25. 积分$\int x\sqrt{25-4x^2}dx$可以通过积分列表中的公式57再加上适当的代换计算.

26. $\operatorname{erf}(0)<\operatorname{erf}(1)$

27. 如果$C(x)=\int_0^x \cos\left(\frac{\pi t^2}{2}\right)dt$,，那么$C'(x)=\cos\left(\frac{\pi x^2}{2}\right)$.

28. 正弦积分函数$\operatorname{Si}(x)=\int_0^x \frac{\sin t}{t}dt$在区间$[0,\infty)$是增函数.

简单测试题

习题1～42题，计算积分.

1. $\int_0^4 \frac{4}{\sqrt{9+t^2}}dt$　　2. $\int \cot^2(2\theta)d\theta$　　3. $\int_0^{\pi/2} e^{\cos x}\sin x dx$

4. $\int_0^{\pi/4} x\sin 2x\mathrm{d}x$　5. $\int \frac{y^3+y}{y+1}\mathrm{d}y$　6. $\int \sin^3(2t)\mathrm{d}t$

7. $\int \frac{y-2}{y^2-4y+2}\mathrm{d}y$　8. $\int_0^{3/2} \frac{\mathrm{d}y}{\sqrt{2y+1}}$　9. $\int_0^4 \frac{\mathrm{e}^{2t}}{\mathrm{e}^t-2}\mathrm{d}t$

10. $\int \frac{\sin x+\cos x}{\tan x}\mathrm{d}x$　11. $\int \frac{\mathrm{d}x}{\sqrt{16+4x-2x^2}}$　12. $\int x^2\mathrm{e}^x\mathrm{d}x$

13. $\int \frac{\mathrm{d}y}{\sqrt{2+3y^2}}$　14. $\int \frac{w^3}{1-w^2}\mathrm{d}w$　15. $\int \frac{\tan x}{\ln|\cos x|}\mathrm{d}x$

16. $\int \frac{3\mathrm{d}t}{t^3-1}$　17. $\int \sinh x\mathrm{d}x$　18. $\int \frac{(\ln y)^5}{y}\mathrm{d}y$

19. $\int x\cot^2 x\mathrm{d}x$　20. $\int \frac{\sin\sqrt{x}}{\sqrt{x}}\mathrm{d}x$　21. $\int \frac{\ln t^2}{t}\mathrm{d}t$

22. $\int \ln(y^2+9)\mathrm{d}y$　23. $\int \mathrm{e}^{t/3}\sin 3t\mathrm{d}t$　24. $\int \frac{t+9}{t^3+9t}\mathrm{d}t$

25. $\int \sin\frac{3x}{2}\cos\frac{x}{2}\mathrm{d}x$　26. $\int \cos^4\frac{x}{2}\mathrm{d}x$　27. $\int \tan^3 2x\sec 2x\mathrm{d}x$

28. $\int \frac{\sqrt{x}}{1+\sqrt{x}}\mathrm{d}x$　29. $\int \tan^{3/2}x\sec^4 x\mathrm{d}x$　30. $\int \frac{\mathrm{d}t}{t(t^{1/6}+1)}$

31. $\int \frac{\mathrm{e}^{2y}\mathrm{d}y}{\sqrt{9-\mathrm{e}^{2y}}}$　32. $\int \cos^5 x\sqrt{\sin x}\mathrm{d}x$　33. $\int \mathrm{e}^{\ln(3\cos x)}\mathrm{d}x$

34. $\int \frac{\sqrt{9-y^2}}{y}\mathrm{d}y$　35. $\int \frac{\mathrm{e}^{4x}}{1+\mathrm{e}^{8x}}\mathrm{d}x$　36. $\int \frac{\sqrt{x^2+a^2}}{x^4}\mathrm{d}x$

37. $\int \frac{w}{\sqrt{w+5}}\mathrm{d}w$　38. $\int \frac{\sin t\mathrm{d}t}{\sqrt{1+\cos t}}$　39. $\int \frac{\sin y\cos y}{9+\cos^4 y}\mathrm{d}y$

40. $\int \frac{\mathrm{d}x}{\sqrt{1-6x-x^2}}$　41. $\int \frac{4x^2+3x+6}{x^2(x^2+3)}\mathrm{d}x$　42. $\int \frac{\mathrm{d}x}{(16+x^2)^{3/2}}$

43. 对每个有理函数进行部分分式分解，不必求出系数. 例如

$$\frac{3x+1}{(x-1)^2}=\frac{A}{(x-1)}+\frac{B}{(x-1)^2}$$

(a) $\frac{3-4x^2}{(2x+1)^3}$　(b) $\frac{7x-41}{(x-1)^2(2-x)^3}$　(c) $\frac{3x+1}{(x^2+x+10)^2}$

(d) $\frac{(x+1)^2}{(x^2-x+10)^2(1-x^2)^2}$　(e) $\frac{x^5}{(x+3)^4(x^2+2x+10)^2}$　(f) $\frac{(3x^2+2x-1)^2}{(2x^2+x+10)^3}$

44. 计算由将以下曲线从 $x=1$ 到 $x=2$ 的下部区域旋转所形成的旋转体的体积

$$y=\frac{1}{\sqrt{3x-x^2}}$$

(a) 绕 x 轴；　(b) 绕 y 轴.

45. 计算曲线 $y=x^2/16$ 从 $x=0$ 到 $x=4$ 的长度.

46. 曲线 $y=\frac{1}{x^2+5x+6}$ 从 $x=0$ 到 $x=3$ 的下部区域绕 x 轴旋转，计算形成的旋转体的体积.

47. 如果 46 题中的曲线绕 y 轴旋转，计算所形成旋转体的体积.

48. 计算将曲线 $y=4x\sqrt{2-x}$ 和 x 轴围成的区域绕 y 轴旋转所形成的旋转体的体积.

49. 计算将由 x 轴、y 轴、曲线 $y=2(\mathrm{e}^x-1)$ 和直线 $x=\ln 3$ 所围成的区域绕直线 $x=\ln 3$ 旋转所形成的旋转体的体积.

50. 计算由 x 轴、曲线 $y=18/(x^2\sqrt{x^2+9})$、直线 $x=\sqrt{3}$ 和 $x=3\sqrt{3}$ 所围成的区域的面积.

51. 计算由曲线 $s=t/(t-1)^2$、$s=0$、$t=-6$ 和 $t=0$ 所围成的区域的面积.

≈ 52. 计算将区域 $\left\{(x, y) \mid -3\leqslant x\leqslant -1, \dfrac{6}{x\sqrt{x+4}}\leqslant y\leqslant 0\right\}$ 绕 x 轴所形成的旋转体的体积. 画出略图.

≈ 53. 计算曲线 $y=\ln(\sin x)$ 从 $x=\pi/6$ 到 $x=\pi/3$ 的部分的长度.

54. 运用积分表计算下列积分

(a) $\int \dfrac{\sqrt{81-4x^2}}{x}dx$ (b) $\int e^x(9-e^{2x})^{3/2}dx$

55. 运用积分表计算下列积分

(a) $\int \cos x\sqrt{\sin^2 x+4}dx$ (b) $\int \dfrac{1}{1-4x^2}dx$

56. 计算正弦积分函数 $\mathrm{Si}(x)=\int_0^x \dfrac{\sin t}{t}dt$ 的一阶导数和二阶导数.

57. 有一根棒的密度满足方程 $\delta(x)=\dfrac{1}{1+x^3}$，运用牛顿法找出这样一个 c 使之满足这根棒从0到 c 的质量是0.5.

7.8 回顾与预习

求解习题1～14的极限.

1. $\lim\limits_{x\to 2}\dfrac{x^2+1}{x^2-1}$ 2. $\lim\limits_{x\to 3}\dfrac{2x+1}{x+5}$ 3. $\lim\limits_{x\to 3}\dfrac{x^2-9}{x-3}$ 4. $\lim\limits_{x\to 2}\dfrac{x^2-5x+6}{x-2}$

5. $\lim\limits_{x\to 0}\dfrac{\sin 2x}{x}$ 6. $\lim\limits_{x\to 0}\dfrac{\tan 3x}{x}$ 7. $\lim\limits_{x\to\infty}\dfrac{x^2+1}{x^2-1}$ 8. $\lim\limits_{x\to\infty}\dfrac{2x+1}{x+5}$

9. $\lim\limits_{x\to\infty}e^{-x}$ 10. $\lim\limits_{x\to\infty}e^{-x^2}$ 11. $\lim\limits_{x\to\infty}e^{2x}$ 12. $\lim\limits_{x\to-\infty}e^{-2x}$

13. $\lim\limits_{x\to\infty}\tan^{-1}x$ 14. $\lim\limits_{x\to\infty}\sec^{-1}x$

画出习题15～18所给函数在区域 $0\leqslant x\leqslant 10$ 上的图形，然后对 $\lim\limits_{x\to\infty}f(x)$ 作推测.

15. $f(x)=xe^{-x}$ 16. $f(x)=x^2e^{-x}$ 17. $f(x)=x^3e^{-x}$ 18. $f(x)=x^4e^{-x}$

19. 画出 $f(x)=x^{10}e^{-x}$ 在某个定义域的图形，使得你能推断出 $\lim\limits_{x\to\infty}x^{10}e^{-x}$.

20. 对某些正整数 n 作实验，然后推断出 $\lim\limits_{x\to\infty}x^n e^{-x}$.

对给定的值 a，计算习题21～28的积分.

21. $\int_0^a e^{-x}dx; a=1,2,4,8,16$ 22. $\int_0^a xe^{-x^2}dx; a=1,2,4,8,16$

23. $\int_0^a \dfrac{x}{1+x^2}dx; a=1,2,4,8,16$ 24. $\int_0^a \dfrac{1}{1+x}dx; a=1,2,4,8,16$

25. $\int_1^a \dfrac{1}{x^2}dx; a=2,4,8,16$ 26. $\int_1^a \dfrac{1}{x^3}dx; a=2,4,8,16$

27. $\int_a^4 \dfrac{1}{\sqrt{x}}dx; a=1,\dfrac{1}{2},\dfrac{1}{4},\dfrac{1}{8},\dfrac{1}{16}$ 28. $\int_a^4 \dfrac{1}{x}dx; a=1,\dfrac{1}{2},\dfrac{1}{4},\dfrac{1}{8},\dfrac{1}{16}$

第 8 章　不定型的极限和反常积分

8.1　0/0 型不定型的极限

这里有三个相似的极限问题：

$$\lim_{x\to 0}\frac{\sin x}{x},\lim_{x\to 3}\frac{x^2-9}{x^2-x-6},\lim_{x\to a}\frac{f(x)-f(a)}{x-a}$$

第一个问题在 1.4 节中有详细的讲解，而第三个实际上是导数 $f'(a)$ 的定义。这三个极限有一个共同的特点，那就是它们的除数和被除数的极限都为 0。按照极限基本定理，极限的商等于商的极限，那么，就会出现分母为 0 这种无意义的形式。事实上，极限基本定理不适用于这种情况，因为它要求分母的极限不为 0。我们并没有说它们的极限不存在，而只是说这个极限不能用极限基本定理去计算。

可能还记得以前通过复杂的几何方法得出 $\lim\limits_{x\to 0}(\sin x)/x=1$ 的结论。另一方面，用因式分解这种代数法可以得出

$$\begin{aligned}&\lim_{x\to 3}\frac{x^2-9}{x^2-x-6}\\&=\lim_{x\to 3}\frac{(x-3)(x+3)}{(x-3)(x+2)}\\&=\lim_{x\to 3}\frac{x+3}{x+2}=\frac{6}{5}\end{aligned}$$

对于所有分子分母的极限都为 0 的问题，是否有一种很好的处理这类问题的方法呢？虽然没有一个这样的方法，不过，有一个简单的定理对大多数问题都适用。

洛比达法则　1696 年，洛比达出版了第一本关于微积分的教科书，这本书包含了他从他的老师(Johann Bernoulli)那里学来的法则，法则如下：

> **定理 A　0/0 型的洛比达法则**
>
> 假设 $\lim\limits_{x\to u}f(x)=\lim\limits_{x\to u}g(x)=0$ 如果 $\lim\limits_{x\to u}[f'(x)/g'(x)]$ 存在，不管其值是有限还是无穷(也就是说，如果这个极限是一个有限的数或者是 $-\infty$ 或者是 $+\infty$)，那么
>
> $$\lim_{x\to u}\frac{f(x)}{g(x)}=\lim_{x\to u}\frac{f'(x)}{g'(x)}$$

在我们试图证明这个法则之前，先用几个例子来说明它。注意，洛比达法则允许我们用一个比较简单的且不是 0/0 型的极限形式代替另一个复杂的极限。

例 1　用洛比达法则证明 $\lim\limits_{x\to 0}\frac{\sin x}{x}$ 和 $\lim\limits_{x\to 0}\frac{1-\cos x}{x}=0$.

洛比达法则的几何意义

研究下面的图形．这些图形使得更好理解洛比达法则．(参见习题38～42)

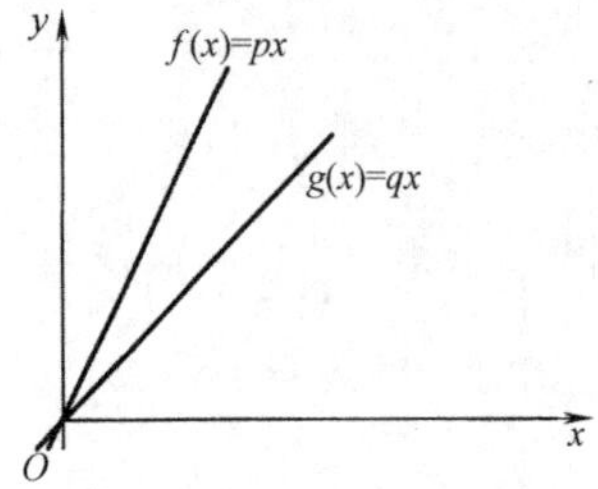

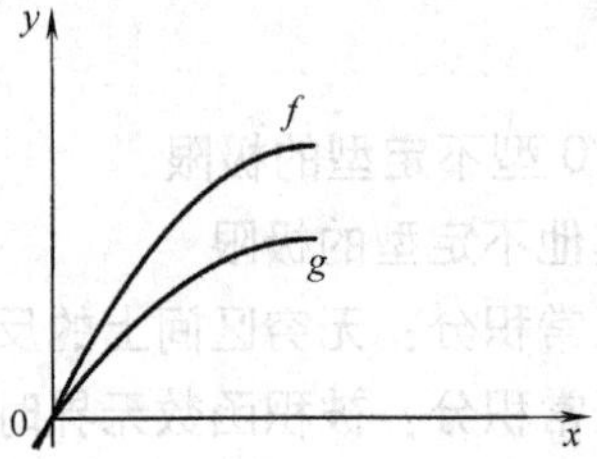

$$\lim_{x\to0}\frac{f(x)}{g(x)}=\lim_{x\to0}\frac{px}{qx}=\frac{p}{q}=\lim_{x\to0}\frac{f'(x)}{g'(x)}\qquad\qquad \lim_{x\to0}\frac{f(x)}{g(x)}=\lim_{x\to0}\frac{f'(x)}{g'(x)}$$

解　在1.4节里，我们费了很大工夫来说明这两个事实。用代替法来计算使我们发现这两个极限都是0/0形式；然而现在，我们用洛比达法则在两行内就可以得出需要的结果(见习题25)。

根据洛比达法则

$$\lim_{x\to0}\frac{\sin x}{x}=\lim_{x\to0}\frac{D_x\sin x}{D_x x}=\lim_{x\to0}\frac{\cos x}{1}=1$$

$$\lim_{x\to0}\frac{1-\cos x}{x}=\lim_{x\to0}\frac{D_x(1-\cos x)}{D_x x}=\lim_{x\to0}\frac{\sin x}{1}=0$$

例2　求极限 $\lim\limits_{x\to3}\dfrac{x^2-9}{x^2-x-6}$ 和 $\lim\limits_{x\to2^+}\dfrac{x^2+3x-10}{x^2-4x+4}$ 的值．

解　两个极限都是0/0型，用洛比达法则可得

$$\lim_{x\to3}\frac{x^2-9}{x^2-x-6}=\lim_{x\to3}\frac{2x}{2x-1}=\frac{6}{5}$$

$$\lim_{x\to2^+}\frac{x^2+3x-10}{x^2-4x+4}=\lim_{x\to2^+}\frac{2x+3}{2x-4}=\infty$$

第一个极限我们在本节开始用的是约分法计算的，当然，用两种方法得到同一个结果．

例3　求 $\lim\limits_{x\to0}\dfrac{\tan 2x}{\ln(1+x)}$.

解　分子分母的极限值都为0。所以 $\lim\limits_{x\to0}\dfrac{\tan 2x}{\ln(1+x)}=\lim\limits_{x\to0}\dfrac{2\sec^2 2x}{1/(1+x)}=\dfrac{2}{1}=2$

有时 $\lim f'(x)/g'(x)$ 也会出现0/0的形式。这时我们可以再次运用洛比达法则.

例4　求 $\lim\limits_{x\to0}\dfrac{\sin x-x}{x^3}$.

解　三次运用洛比达法则可得出正确结果

$$\lim_{x\to0}\frac{\sin x-x}{x^3}=\lim_{x\to0}\frac{\cos x-1}{3x^2}=\lim_{x\to0}\frac{-\sin x}{6x}=\lim_{x\to0}\frac{-\cos x}{6}=-\frac{1}{6}.$$

有这样一个简明好用的法则并不代表我们可以毫无选择地运用它，我们应该牢牢记住它所适用的条件，那就是极限有0/0的形式，否则将导致错误，下一个例题说明了这点.

例5　求 $\lim\limits_{x\to0}\dfrac{1-\cos x}{x^2+3x}$.

解 $\lim_{x\to0}\frac{1-\cos x}{x^2+3x}=\lim_{x\to0}\frac{\sin x}{2x+3}=\lim_{x\to0}\frac{\cos x}{2}=\frac{1}{2}$ (错误)

第一次运用洛比达法则是对的，但第二次就不对了，因为此时极限形式已不再是0/0型了。正确解答应该是

$$\lim_{x\to0}\frac{1-\cos x}{x^2+3x}=\lim_{x\to0}\frac{\sin x}{2x+3}=0$$

只要分子或者分母没有0极限我们就不用再求导.

即使条件适用，洛比达法则也可能帮不上忙，下一个例子说明这点.

例 6 求 $\lim_{x\to\infty}\frac{e^{-x}}{x^{-1}}$.

解 $\lim_{x\to\infty}\frac{e^{-x}}{x^{-1}}=\lim_{x\to\infty}\frac{e^{-x}}{x^{-2}}=\lim_{x\to\infty}\frac{e^{-x}}{2x^{-3}}=\cdots$

很明显，我们在不断增加问题的难度. 一个更好的方法是先做几步代数演算.

$$\lim_{x\to\infty}\frac{e^{-x}}{x^{-1}}=\lim_{x\to\infty}\frac{x}{e^x}$$

写成这种形式后，极限就变成∞/∞ 的形式。在下一节我们将会学到如何解决这种形式的极限问题. 不过，可以猜到结果是0，因为 e^x 的增长速度比 x 快多了(图1).

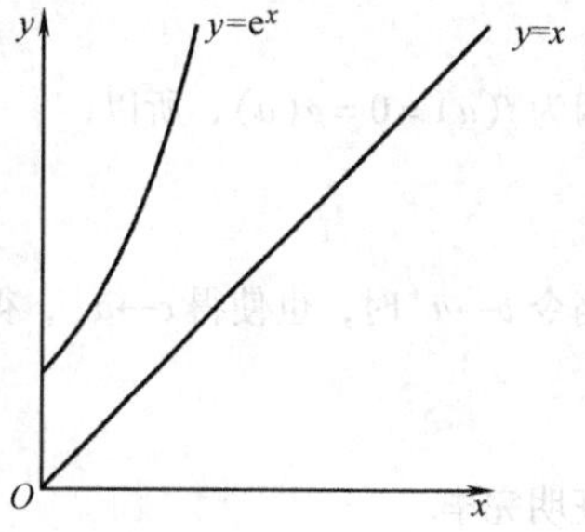

图 1

柯西中值定理 洛比达法则的证明是柯西对微分中值定理的延伸.

> **定理 B 柯西中值定理**
>
> 令函数 f 和 g 在 (a, b) 内可导，在 $[a, b]$ 上连续。如果对于 (a, b) 内的所有 x 都有 $g'(x)\neq0$ 成立，那么在 (a, b) 内至少存在一个数 c，使得 $\frac{f(b)-f(a)}{g(b)-g(a)}=\frac{f'(c)}{g'(c)}$ 成立.
>
> 注意到当 $g(x)=x$，此定理转化为之前学过的微分中值定理(定理3.6A).

证明：用一般中值定理可得

(1) $f(b)-f(a)=f'(c_1)(b-a)$

(2) $g(b)-g(a)=g'(c_2)(b-a)$

选择合适的 c_1 和 c_2. 如果 c_1 和 c_2 相等，我们将两等式相除就解决问题，不过这只是一种很巧合的情况. 然而，这种尝试并不完全是失败的，因为等式(2)提供了这样的信息 $g(b)-g(a)\neq0$. 我们在以下的证明中需要用到这一个事实(如果对于 (a, b) 内的所有 x 都有 $g'(x)\neq0$).

回忆微分中值定理(定理3.6A)的证明，我们借助了辅助函数 s. 如果模仿那个证明的话，可得到一个可供选择的函数 $s(x)$，令

$$s(x)=f(x)-f(a)-\frac{f(b)-f(a)}{g(b)-g(a)}[g(x)-g(a)]$$

由于 $g(b)-g(a)\neq0$，因此分母不为0. 注意到 $s(a)=0=s(b)$. 函数 s 在 $[a, b]$ 内是连续的，在 (a, b) 上是可导的. 通过微分中值定理，在 (a, b) 内至少存在一个值 c 使得

$$s'(c)=\frac{s(b)-s(a)}{b-a}=\frac{0-0}{b-a}=0$$

但是

$$s'(c)=f'(c)-\frac{f(b)-f(a)}{g(b)-g(a)}g'(c)=0$$

因此

$$\frac{f(b)-f(a)}{g(b)-g(a)}=\frac{f'(c)}{g'(c)}\quad 证明完毕.$$

洛比达法则的证明

证明 回过头来看一下定理 A，定理 A 一次陈述了很多定理，不过我们只证明当 L 是有限的和单侧极限 $\lim\limits_{x\to a^+}$ 的情况.

对定理 A 的假定表明的东西比它自身明确说明的要多. 特别是 $\lim\limits_{x\to a^+}[f'(x)/g'(x)]$ 的存在性，暗示了 $f'(x)$ 和 $g'(x)$ 在区间 $(a, b]$ 内成立，且 $g'(x)\neq 0$. 我们甚至不知道 f, g 在 a 点是否有定义，但是却知道 $\lim\limits_{x\to a^+}f(x)=0$ 和 $\lim\limits_{x\to a^+}g(x)=0$. 这样就可以定义 $f(a)$, $g(a)$ 都为 0，即两函数在区间连续. 所有这些都是为了说明 f, g 符合柯西中值定理，于是在 (a, b) 中，存在点 c 使得

$$\frac{f(b)-f(a)}{g(b)-g(a)}=\frac{f'(c)}{g'(c)}$$

因为 $f(a)=0=g(a)$，所以

$$\frac{f(b)}{g(b)}=\frac{f'(c)}{g'(c)}$$

当令 $b\to a^+$ 时，也使得 $c\to a^+$，得到

$$\lim_{b\to a^+}\frac{f(b)}{g(b)}=\lim_{c\to a^+}\frac{f'(c)}{g'(c)}$$

证明完毕.

对双边极限的证明与单边极限的证明相似，而当 L 或 a 为无穷时，证明就变的很难，在此，我们先省略对它的证明.

概念复习

1. 求极限 $\lim\limits_{x\to a}[f(x)/g(x)]$ 时，只有当________和________都为 0，洛比达法则才适用.
2. 洛比达法则描述的是：在合适的条件下，$\lim\limits_{x\to a}[f(x)/g(x)]=\lim\limits_{x\to a}$____________.
3. 由洛比达法则，可得出这样的结论 $\lim\limits_{x\to 0}(\tan x)/x=\lim\limits_{x\to 0}$__________ = __________，$\lim\limits_{x\to 0}\frac{\cos x}{x}$ 不适用洛比达法则是因为________.
4. 洛比达法则的证明是由________定理得出来的.

习题 8.1

求习题 1 ~ 24 的极限.

1. $\lim\limits_{x\to 0}\frac{2x-\sin x}{x}$
2. $\lim\limits_{x\to \pi/2}\frac{\cos x}{\frac{1}{2}\pi - x}$
3. $\lim\limits_{x\to 0}\frac{x-\sin 2x}{\tan x}$
4. $\lim\limits_{x\to 0}\frac{\tan^{-1}3x}{\sin^{-1}x}$
5. $\lim\limits_{x\to -2}\frac{x^2+6x+8}{x^2-3x-10}$
6. $\lim\limits_{x\to 0}\frac{x^3-3x^2+x}{x^3-2x}$
7. $\lim\limits_{x\to 1^-}\frac{x^2-2x+2}{x^2-1}$
8. $\lim\limits_{x\to 1}\frac{\ln x^2}{x^2-1}$
9. $\lim\limits_{x\to \pi/2}\frac{\ln(\sin x)^3}{\frac{1}{2}\pi - x}$
10. $\lim\limits_{x\to 0}\frac{e^x-e^{-x}}{2\sin x}$
11. $\lim\limits_{t\to 1}\frac{-t^2+\sqrt{t}}{\ln t}$
12. $\lim\limits_{x\to 0^+}\frac{7^{\sqrt{x}}-1}{2^{\sqrt{x}}-1}$
13. $\lim\limits_{x\to 0}\frac{\ln\cos 2x}{7x^2}$
14. $\lim\limits_{x\to 0^-}\frac{3\sin x}{\sqrt{-x}}$
15. $\lim\limits_{x\to 0}\frac{\tan x - x}{\sin 2x - 2x}$
16. $\lim\limits_{x\to 0}\frac{\sin x-\tan x}{x^2\sin x}$
17. $\lim\limits_{x\to 0^+}\frac{x^2}{\sin x - x}$
18. $\lim\limits_{x\to 0}\frac{e^x-\ln(1+x)-1}{x^2}$

19. $\lim\limits_{x\to 0}\frac{\tan^{-1}x-x}{8x^3}$　　20. $\lim\limits_{x\to 0}\frac{\cosh x-1}{x^2}$　　21. $\lim\limits_{x\to 0^+}\frac{1-\cos x-x\sin x}{2-2\cos x-\sin^2 x}$

22. $\lim\limits_{x\to 0^-}\frac{\sin x+\tan x}{e^x+e^{-x}-2}$　　23. $\lim\limits_{x\to 0}\frac{\int_0^x\sqrt{1+\sin t}\,dt}{x}$　　24. $\lim\limits_{x\to 0^+}\frac{\int_0^x\sqrt{t}\cos t\,dt}{x^2}$

25. 在1.4节,我们费了很大力气才得出$\lim\limits_{x\to 0}(\sin x)/x=1$的结论. 而洛比达法则却仅用一行就解决问题. 然而,即使我们在1.3节末尾讲到洛比达法则,它未必能帮上忙,请解释原因.(我们的确需用1.4节的方法证明$\lim\limits_{x\to 0}\frac{\sin x}{x}=1$)

26. 求$\lim\limits_{x\to 0}\frac{x^2\sin(1/x)}{\tan x}$的值. 提示:先弄明白为什么不可以在这里使用洛比达法则,然后找到另外的方法算出极限.

27. 对图2,计算下面两极限.

(a) $\lim\limits_{t\to 0^+}\frac{\text{三角形}ABC\text{的面积}}{\text{弧形}ABC\text{的面积}}$　　(b) $\lim\limits_{t\to 0^+}\frac{\text{弧形}BCD\text{的面积}}{\text{弧形}ABC\text{的面积}}$

28. 在图3中,$CD=CE=DF=t$,求以下算式的极限.

(a) $\lim\limits_{t\to 0^+}y$　　(b) $\lim\limits_{t\to 0^+}x$

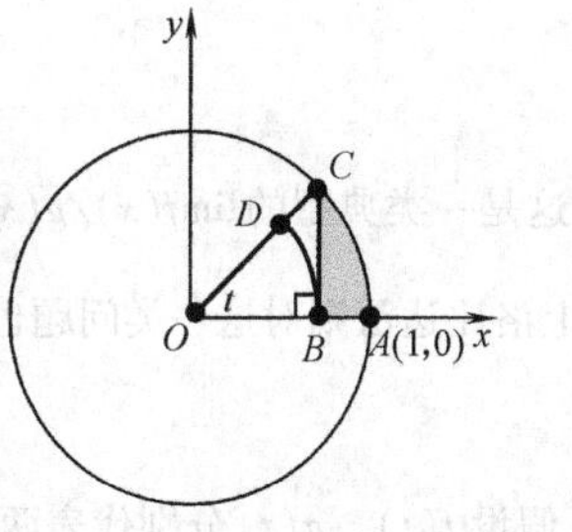

图 2

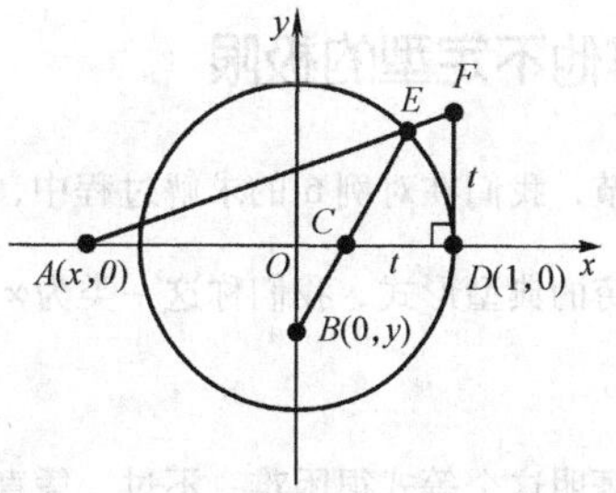

图 3

29. 令

$$f(x)=\begin{cases}\frac{e^x-1}{x}, & x\neq 0\\ c, & x=0\end{cases}$$

试问c取何值能使$f(x)$在$x=0$处连续?

30. 令

$$f(x)=\begin{cases}\frac{\ln x}{x-1}, & x\neq 1\\ c, & x=1\end{cases}$$

试问c取何值能使$f(x)$在$x=1$处连续?

31. 用5.4节中的概念,证明椭圆$x^2/a^2+y^2/b^2=1(a>b)$平面绕着x轴旋转,旋转体的表面积$A=2\pi b^2+2\pi ab\left[\frac{a}{\sqrt{a^2-b^2}}\arcsin\frac{\sqrt{a^2-b^2}}{a}\right]$,当$a\to b^+$,$A$该是多少?使用洛比达法则证明.

32. 确定常量a,b,c,使$\lim\limits_{x\to 1}\frac{ax^4+bx^3+1}{(x-1)\sin\pi x}=c$成立.

33. 洛比达法则在1696年时的形式是:如果$\lim\limits_{x\to a}f(x)=\lim\limits_{x\to a}g(x)=0$,那么$\lim\limits_{x\to a}f(x)/g(x)=f'(a)/g'(a)$,假定$f'(a)$和$g'(a)$都存在,且$g'(a)$不为0. 不用柯西中值定理证明它.

CAS 用 *CAS* 计算习题34~37的极限.

34. $\lim_{x\to 0} x = \dfrac{\cos x - 1 + x^2/2}{x^4}$　　35. $\lim_{x\to 0} x = \dfrac{e^x - 1 - x - x^2/2 - x^3/6}{x^4}$

36. $\lim_{x\to 0} x = \dfrac{1 - \cos x^2}{x^3 \sin x}$　　37. $\lim_{x\to 0} x = \dfrac{\tan x - x}{\arcsin x - x}$

GC 对习题 38 ~ 41，在同一个图中，画出分子 $f(x)$ 和分母 $g(x)$ 在以下定义域的图形：$[-1,1]$，$[-0.1,0.1]$，$[-0.01,0.01]$. 估计 $f'(x)$ 和 $g'(x)$ 的值，用它们去估计下面所给出极限的值.

38. $\lim_{x\to 0} \dfrac{3x - \sin x}{x}$　　39. $\lim_{x\to 0} \dfrac{\sin x/2}{x}$

40. $\lim_{x\to 0} \dfrac{x}{e^{2x} - 1}$　　41. $\lim_{x\to 0} \dfrac{e^x - 1}{e^{-x} - 1}$

EXPL 42. 用函数 2.9 节线性逼近的概念，来解释洛比达法则的几何意义.

概念复习答案：

1. $\lim_{x\to a} f(x)$，$\lim_{x\to a} g(x)$　2. $f'(x)/g'(x)$　3. $\sec^2 x, 1, \lim_{x\to 0}\cos x \neq 0$　4. 柯西中值定理

8.2　其他不定型的极限

上一节，我们在对例 6 的求解过程中，遇到极限问题 $\lim_{x\to\infty} \dfrac{x}{e^x}$，这是一类典型的 $\lim_{x\to\infty} f(x)/g(x)$，分子分母都趋向无穷的典型形式. 我们称这一类为 ∞/∞ 型的不定型，事实上洛比达法则对这一类问题也适用，即

$$\lim_{x\to\infty} \frac{f(x)}{g(x)} = \lim_{x\to\infty} \frac{f'(x)}{g'(x)}$$

精确证明这个等式很困难，不过，凭直觉我们知道它是对的. 假设 $f(t)$、$g(t)$ 分别代表两辆汽车在 t 轴上的位置，如图 1 所示. 这两辆汽车在无止境的旅程上以 $f'(x)$ 和 $g'(x)$ 的速度行驶. 如果 $\lim_{t\to\infty} f'(t)/g'(t) = L$，即最终 f 车行驶的速度是 g 车的 L 倍. 在很长的旅程中 f 车行驶的航程也是 g 车的 L 倍，这样讲是很合理的，用表达式表示即 $\lim_{x\to\infty} [f(x)/g(x)] = L$.

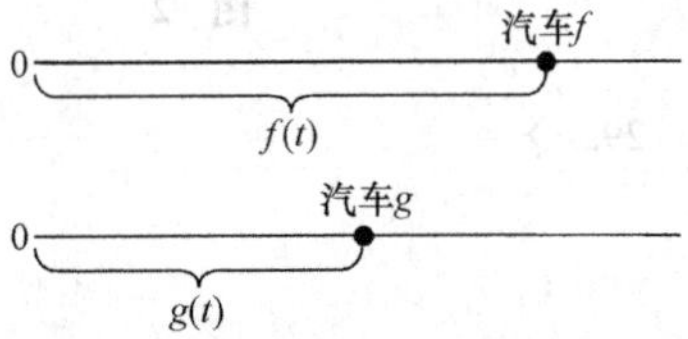

图 1

我们不称这为证明，不过这产生的结果是很合理的，接下来，我们来正式陈述.

> **定理 A　∞/∞ 型的洛比达法则**
>
> 假设 $\lim_{x\to u} |f(x)| = \lim_{x\to u} |g(x)| = \infty$，如果 $\lim_{x\to u} [f'(x)/g'(x)]$ 存在（无论该极限是无穷的还是有限的），那么
>
> $$\lim_{x\to u} \frac{f(x)}{g(x)} = \lim_{x\to u} \frac{f'(x)}{g'(x)}$$
>
> 其中，u 可以代表 a，a^-，a^+，$-\infty$ 或 ∞ 中任何有意义的形式.

∞/∞ 型的不定型　我们现在用定理 A 来解决上节中的例 6

例 1　求 $\lim_{x\to\infty} \dfrac{x}{e^x}$.

解　当 x 趋向无穷时 x 和 e^x 都趋向无穷，用洛比达法则

$$\lim_{x\to\infty} \frac{x}{e^x} = \lim_{x\to\infty} \frac{D_x x}{D_x e^x} = \lim_{x\to\infty} \frac{1}{e^x} = 0$$

例2 如果 a 是任意正实数，证明 $\lim\limits_{x\to\infty}\dfrac{x^a}{e^x}=0$.

解 先来看这样一种特定情况．假设 $a=2.5$，然后利用洛比达法则

$$\lim_{x\to\infty}\frac{x^{2.5}}{e^x}=\lim_{x\to\infty}\frac{2.5x^{1.5}}{e^x}=\lim_{x\to\infty}\frac{2.5\times1.5x^{0.5}}{e^x}=\lim_{x\to\infty}\frac{2.5\times1.5\times0.5}{x^{0.5}e^x}=0$$

对任意正实数 a，做法都是一样的．令 m 为小于 a 的最大整数，则 $m+1$ 次运用洛比达法则有

$$\lim_{x\to\infty}\frac{x^a}{e^x}=\lim_{x\to\infty}\frac{ax^{a-1}}{e^x}=\lim_{x\to\infty}\frac{a(a-1)x^{a-2}}{e^x}=\cdots=\lim_{x\to\infty}\frac{a(a-1)\cdots(a-m)}{x^{m+1-a}e^x}=0$$

例3 如果 a 为任意实数，证明 $\lim\limits_{x\to\infty}\dfrac{\ln x}{x^a}=0$.

解 当 x 趋于无穷时，$\ln x$，x^a 都趋于无穷．运用洛比达法则有

$$\lim_{x\to\infty}\frac{\ln x}{x^a}=\lim_{x\to\infty}\frac{1/x}{ax^{a-1}}=\lim_{x\to\infty}\frac{1}{ax^a}=0$$

例2和例3告诉我们：**对于 x 很大时，e^x 的增加速度要比任何 x 的指数形式都快，$\ln x$ 的增加速度比任何 x 的指数形式都慢**．举例而言，当 x 非常大时，e^x 比 x^{100} 增加速度要快得多，而 $\ln x$ 比 $\sqrt[100]{x}$ 增长速度要慢．图2提供了补充说明．

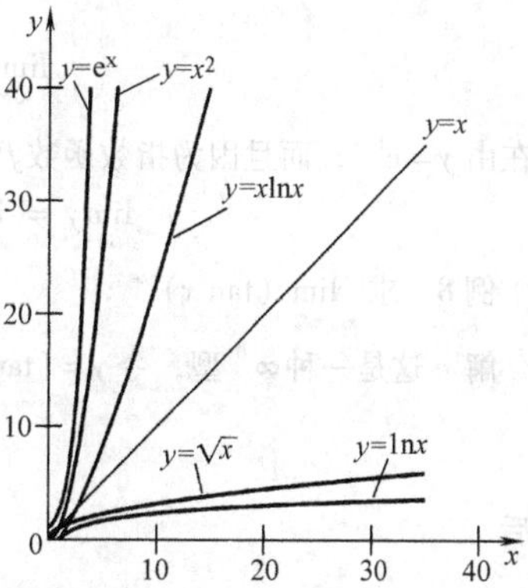

图 2

例4 求 $\lim\limits_{x\to0^+}\dfrac{\ln x}{\cot x}$.

解 当 $x\to0^+$，$\ln x\to-\infty$ 且 $\cot x\to\infty$，因此，洛比达法则适用

$$\lim_{x\to0^+}\frac{\ln x}{\cot x}=\lim_{x\to0^+}\left[\frac{1/x}{-\csc^2 x}\right]$$

这样仍然不确定，先不急着用洛比达法则，我们先将中括号里的式子变形

$$\frac{1/x}{-\csc^2 x}=-\frac{\sin^2 x}{x}=-\sin x\frac{\sin x}{x}$$

这样，$\lim\limits_{x\to0^+}\dfrac{\ln x}{\cot x}=\lim\limits_{x\to0^+}\left[-\sin x\dfrac{\sin x}{x}\right]=0\times1=0$

0 · ∞ 和 ∞ − ∞ 型不定型 设想 $A(x)\to0$，但是 $B(x)\to\infty$，对于乘积 $A(x)B(x)$，结果会怎样呢？这就好像有两股力量在竞争，把乘积的值拉向不同的方向．A 和 B 到底谁最终会胜利？这就要看谁变化得更快了．洛比达法则会帮我们作出判断，不过，我们得先把它们化成 0/0 和 ∞/∞ 的不定型．

例5 求 $\lim\limits_{x\to\pi/2}(\tan x\ln\sin x)$.

解 因为 $\lim\limits_{x\to\pi/2}\ln\sin x=0$ 且 $\lim\limits_{x\to\pi/2}|\tan x|=\infty$，所以这是一种 $0\cdot\infty$ 的不定型，我们可以用 $1/\cot x$ 替换 $\tan x$ 把它重写成 0/0 型，即

$$\lim_{x\to\pi/2}(\tan x\ln\sin x)=\lim_{x\to\pi/2}\frac{\ln\sin x}{\cot x}=\lim_{x\to\pi/2}\frac{\frac{1}{\sin x}\cos x}{-\csc^2 x}$$

$$=\lim_{x\to\pi/2}(-\cos x\sin x)=0$$

例6 求 $\lim\limits_{x\to1^+}\left(\dfrac{x}{x-1}-\dfrac{1}{\ln x}\right)$.

解 当 $x\to1^+$ 时，$\dfrac{x}{x-1}$ 和 $\dfrac{1}{\ln x}$ 都会趋向无穷，我们说这是一种 $\infty-\infty$ 型不定型，用洛比达法则可以求解出答案，但前提是我们要把它写成适合洛比达法则的形式，像这种情况，两个分式必须合并，通过这个过程我们把题目转换成 $\dfrac{0}{0}$ 型，运用洛比达法则得到

$$\lim_{x\to1^+}\left(\frac{1}{x-1}-\frac{1}{\ln x}\right)=\lim_{x\to1^+}\frac{x\ln x-x+1}{(x-1)\ln x}=\lim_{x\to1^+}\frac{x\times1/x+\ln x-1}{(x-1)(1/x)+\ln x}$$

$$=\lim_{x\to1^+}\frac{x\ln x}{x-1+x\ln x}=\lim_{x\to1^+}\frac{1+\ln x}{2+\ln x}=\frac{1}{2}$$

0^0，∞^0，1^∞ 型　现在我们来看三个指数形式的不定型，这里重点不是看原始的表达式，而是它的算法，通常，洛比达法则都会适用这种算法．

例 7　求 $\lim\limits_{x\to0^+}(x+1)^{\cot x}$.

解　这是一种 1^∞ 型，令 $y=(x+1)^{\cot x}$，得到

$$\ln y=\cot x\ln(x+1)=\frac{\ln(x+1)}{\tan x}$$

我们用洛比达法则得到

$$\lim_{x\to0^+}\ln y=\lim_{x\to0^+}\frac{\ln(x+1)}{\tan x}=\lim_{x\to0^+}\frac{\frac{1}{x+1}}{\sec^2 x}=1$$

现在由 $y=e^{\ln y}$，而且因为指数函数 $f(x)=e^x$ 是连续的，所以

$$\lim_{x\to0^+}y=\lim_{x\to0^+}\exp(\ln y)=\exp(\lim_{x\to0^+}\ln y)=\exp(1)=e$$

例 8　求 $\lim\limits_{x\to\pi/2^-}(\tan x)^{\cos x}$.

解　这是一种 ∞^0 型，令 $y=(\tan x)^{\cos x}$，因此

$$\ln y=\cos x\ln\tan x=\frac{\ln\tan x}{\sec x}$$

然后

$$\lim_{x\to\pi/2^-}\ln y=\lim_{x\to(\pi/2)^-}\frac{\ln\tan x}{\sec x}=\lim_{x\to(\pi/2)^-}\frac{\frac{1}{\tan x}\sec^2 x}{\sec x\tan x}$$

$$=\lim_{x\to(\pi/2)^-}\frac{\sec x}{\tan^2 x}=\lim_{x\to(\pi/2)^-}\frac{\cos x}{\sin^2 x}=0$$

因此

$$\lim_{x\to\pi/2^-}y=e^0=1$$

总结：我们已经把一些极限问题归类成为不定型，用 $0/0$，∞/∞，$0\cdot\infty$，$\infty-\infty$，0^0，∞^0 和 1^∞ 等符号表示．每一种都涉及两种相对势力的斗争，由于这种斗争，我们不能明显看出结果，尽管如此，在洛比达法则的帮助下(虽然只能直接运用于 $0/0$ 和 ∞/∞ 型)，我们通常可以求解这类极限．

还有许多其他可能的形式，如 $0/\infty$，$\infty/0$，$\infty+\infty$，$\infty\cdot\infty$，0^∞ 和 ∞^∞ 等．我们为什么不称这些形式为不定型呢？这是因为在这几种情况下，两股势力的作用效果一致，而不是相互斗争．

例 9　求 $\lim\limits_{x\to0^+}(\sin x)^{\cot x}$.

解　我们可以称其为 0^∞ 型，但它不是不定型，注意当 $x\to0^+$ 时，$\sin x$ 趋向于 0，而指数 $\cot x$ 却逐渐增长到无穷大，结果只能让整个表达式以更快的速度趋向于 0. 因此

$$\lim_{x\to0^+}(\sin x)^{\cot x}=0$$

概念复习

1. 若 $\lim\limits_{x\to a}f(x)=\lim\limits_{x\to a}g(x)=\infty$，那么用洛比达法则可以得到 $\lim\limits_{x\to a}f(x)/g(x)=\lim\limits_{x\to a}$ ________.

2. 若 $\lim\limits_{x\to a}f(x)=0$ 且 $\lim\limits_{x\to a}g(x)=\infty$，那么 $\lim\limits_{x\to a}f(x)g(x)$ 是一种不定型，为了用洛比达法则，我们把它重写成 ________.

3. 本书讨论了 7 种不定型，它们用符号表示分别是 0/0，∞/∞，0·∞还有________.
4. e^x 的增长速度比 x 的任何次方都快，但是________的增长速度比 x 的任何次方都要慢.

习题 8.2

求解习题 1 ~ 40，注意在用洛比达法则之前要确定它是不定型.

1. $\lim\limits_{x\to\infty}\dfrac{\ln x^{10000}}{x}$
2. $\lim\limits_{x\to\infty}\dfrac{(\ln x)^2}{2^x}$
3. $\lim\limits_{x\to\infty}\dfrac{x^{10000}}{e^x}$
4. $\lim\limits_{x\to\infty}\dfrac{3x}{\ln(100x+e^x)}$
5. $\lim\limits_{x\to\pi/2}\dfrac{3\sec x+5}{\tan x}$
6. $\lim\limits_{x\to0+}\dfrac{\ln\sin^2 x}{3\ln\tan x}$
7. $\lim\limits_{x\to\infty}\dfrac{\ln(\ln x^{1000})}{\ln x}$
8. $\lim\limits_{x\to(1/2)-}\dfrac{\ln(4-8x)^2}{\tan\pi x}$
9. $\lim\limits_{x\to0+}\dfrac{\cot x}{\sqrt{-\ln x}}$
10. $\lim\limits_{x\to0}\dfrac{2\csc^2 x}{\cot^2 x}$
11. $\lim\limits_{x\to0}(x\ln x^{1000})$
12. $\lim\limits_{x\to0}3x^2\csc^2 x$
13. $\lim\limits_{x\to0}(\csc^2 x-\cot^2 x)$
14. $\lim\limits_{x\to\pi/2}(\tan x-\sec x)$
15. $\lim\limits_{x\to0+}(3x)^{x^2}$
16. $\lim\limits_{x\to0}(\cos x)^{\csc x}$
17. $\lim\limits_{x\to(\pi/2)-}(5\cos x)^{\tan x}$
18. $\lim\limits_{x\to0}\left(\csc^2 x-\dfrac{1}{x^2}\right)^2$
19. $\lim\limits_{x\to0}(x+e^{x/3})^{3/x}$
20. $\lim\limits_{x\to(\pi/2)-}(\cos 2x)^{x-\pi/2}$
21. $\lim\limits_{x\to\pi/2}(\sin x)^{\cos x}$
22. $\lim\limits_{x\to\infty}x^x$
23. $\lim\limits_{x\to\infty}x^{1/x}$
24. $\lim\limits_{x\to0}(\cos x)^{1/x^2}$
25. $\lim\limits_{x\to0+}(\tan x)^{2/x}$
26. $\lim\limits_{x\to-\infty}(e^{-x}-x)$
27. $\lim\limits_{x\to0+}(\sin x)^x$
28. $\lim\limits_{x\to0}(\cos x-\sin x)^{1/x}$
29. $\lim\limits_{x\to0}\left(\csc x-\dfrac{1}{x}\right)$
30. $\lim\limits_{x\to\infty}\left(1+\dfrac{1}{x}\right)^x$
31. $\lim\limits_{x\to0+}(1+2e^x)^{1/x}$
32. $\lim\limits_{x\to1}\left(\dfrac{1}{x-1}-\dfrac{x}{\ln x}\right)$
33. $\lim\limits_{x\to0}(\cos x)^{1/x}$
34. $\lim\limits_{x\to0+}(x^{1/2}\ln x)$
35. $\lim\limits_{x\to\infty}e^{\cos x}$
36. $\lim\limits_{x\to\infty}[\ln(x+1)-\ln(x-1)]$
37. $\lim\limits_{x\to0+}\dfrac{x}{\ln x}$
38. $\lim\limits_{x\to0+}(\ln x\cot x)$
39. $\lim\limits_{x\to\infty}\dfrac{\int_1^x\sqrt{1+e^{-t}}\,dt}{x}$
40. $\lim\limits_{x\to1+}\dfrac{\int_1^x\sin t\,dt}{x-1}$

41. 求解下列极限. 提示:把问题转化成连续变量 x 的问题.

(a) $\lim\limits_{n\to\infty}\sqrt[n]{a}$ (b) $\lim\limits_{n\to\infty}\sqrt[n]{n}$

(c) $\lim\limits_{n\to\infty}n(\sqrt[n]{a}-1)$ (d) $\lim\limits_{n\to\infty}n(\sqrt[n]{n}-1)$

42. 求解下列极限.

(a) $\lim\limits_{x\to0+}x^x$ (b) $\lim\limits_{x\to0+}(x^x)^x$ (c) $\lim\limits_{x\to0+}x^{(x^x)}$

(d) $\lim\limits_{x\to0+}((x^x)^x)^x$ (e) $\lim\limits_{x\to0+}x^{(x^{(x^x)})}$

43. 画出 $y=x^{1/x}(x>0)$ 的图形,说明当 x 很小或很大时 y 的变化情况. 并且推测 y 的最大值.
44. 求下列极限.

(a) $\lim\limits_{x\to0^+}(1^x+2^x)^{1/x}$　　(b) $\lim\limits_{x\to0^-}(1^x+2^x)^{1/x}$

(c) $\lim\limits_{x\to\infty}(1^x+2^x)^{1/x}$　　(d) $\lim\limits_{x\to-\infty}(1^x+2^x)^{1/x}$

45. 若 $k\geqslant0$，求 $\lim\limits_{x\to\infty}\dfrac{1^k+2^k+\cdots+n^k}{n^{k+1}}$. 提示：虽然这是∞/∞型，但是洛比达法则在这里却不适用，思考其他的方法(黎曼和).

46. 若常量 $c_1, c_2, \cdots, c_n$ 是正数，且 $\sum\limits_{i=1}^{n}c_i=1$；而且 $x_1, x_2, \cdots, x_n$ 是正数，取自然对数，然后运用洛比达法则证明：

$$\lim_{t\to0^+}\Big(\sum_{i=1}^{n}c_ix_i^t\Big)^{1/t}=x_1^{c_1}x_2^{c_2}\cdots x_n^{c_n}=\prod_{i=1}^{n}x_i^{c_i}$$

式中，算子∏表示相乘；也就是说，$\prod\limits_{i=1}^{n}a_i$ 相当于 $a_1\cdot a_2\cdot\cdots\cdot a_n$. 特别地，如果 a，b，x 和 y 都是正数且 $a+b=1$ 那么

$$\lim_{t\to0^+}(ax^t+by^t)^{1/t}=x^ay^b$$

47. 计算下列各式，验证习题 46 的结论.

(a) $\lim\limits_{t\to0^+}\left(\dfrac{1}{2}2^t+\dfrac{1}{2}5^t\right)^{1/t}$　　(b) $\lim\limits_{t\to0^+}\left(\dfrac{1}{5}2^t+\dfrac{4}{5}5^t\right)^{1/t}$

(c) $\lim\limits_{t\to0^+}\left(\dfrac{1}{10}2^t+\dfrac{9}{10}5^t\right)^{1/t}$

48. 考虑函数 $f(x)=n^2xe^{-nx}$.

(a) 在同一坐标系中画出当 $n=1, 2, 3, 4, 5, 6$ 时 $f(x)$ 在区间 $[0, 1]$ 的图形.

(b) 若 $x>0$，求 $\lim\limits_{n\to\infty}f(x)$.

(c) 分别求出当 $n=1, 2, 3, 4, 5, 6$ 时，$\int_0^1 f(x)\,dx$ 的值.

(d) 猜想 $\lim\limits_{n\to\infty}\int_0^1 f(x)\,dx$ 的值，然后就你的猜想给出严格证明.

CAS 49. 找出方程 $f(x)=(x^{25}+x^3+2^x)e^{-x}$ 在区间 $[0, \infty)$ 上的绝对最大值和绝对最小值.

概念复习答案

1. $f'(x)/g'(x)$；　　2. $\lim\limits_{x\to a}f(x)/[1/g(x)]$ 或者 $\lim\limits_{x\to a}g(x)/[1/f(x)]$

3. $\infty-\infty$、0^0、∞^0 和 1^∞　　4. $\ln x$

8.3 反常积分㊀：无穷区间上的反常积分

在定义 $\int_a^b f(x)\,dx$ 的时候，我们假定区间 $[a, b]$ 是确定的，但是在许多实际应用中，如物理、经济、概率等，我们希望 a 或者 b(或两者同时)趋向于∞或 $-\infty$，因此，我们必须给出诸如

$$\int_0^\infty\frac{1}{x^2+1}dx,\quad\int_{-\infty}^{-1}xe^{-x^2}dx,\quad\int_{-\infty}^{\infty}x^2e^{-x^2}dx$$

等积分的含义，像这种积分我们称为无穷区间上的反常积分.

一端无穷的反常积分　考虑这样一个函数 $f(x)=xe^{-x}$，不管 b 取什么正值，积分 $\int_0^b xe^{-x}dx$ 都有意义.

㊀ 反常积分也常称为广义积分. —— 编辑注.

从下面的表中可以看出，当我们不断增大积分上限时，积分的结果明显不是无界的(至少在这个例子中如此)．为了给出$\int_0^\infty xe^{-x}dx$的意义，我们先计算函数xe^{-x}从0到任意一个有限数b的积分．使用分部积分法可得

$$\int_0^b xe^{-x}dx = [-xe^{-x}]_0^b - \int_0^b -e^{-x}dx = 1 - e^{-b} - be^{-b}$$

现在我们想像b趋向于无穷大．(请看下表)根据上面的计算，如果让$b\to\infty$，上面这个有限积分的值将收敛至1. 因此，很自然地，我们可以定义

$$\int_0^\infty xe^{-x}dx = \lim_{b\to\infty}\int_0^b xe^{-x}dx = \lim_{b\to\infty}(1 - e^{-b} - be^{-b}) = 1$$

积分	图形	准确值	数字近似值
$\int_0^1 xe^{-x}dx$	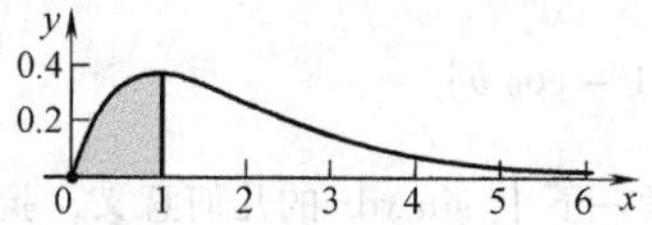	$1-e^{-1}-1e^{-1}$	0.2642
$\int_0^2 xe^{-x}dx$	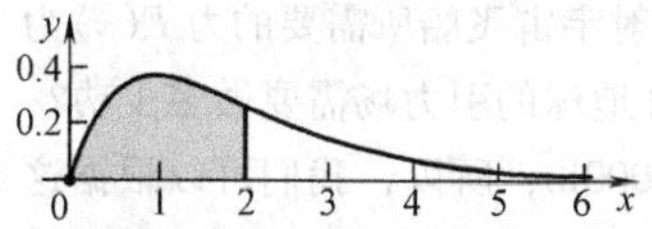	$1-e^{-2}-2e^{-2}$	0.5940
$\int_0^3 xe^{-x}dx$	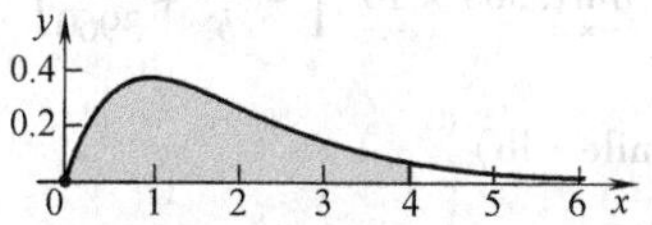	$1-e^{-3}-3e^{-3}$	0.8009
$\int_0^b xe^{-x}dx$	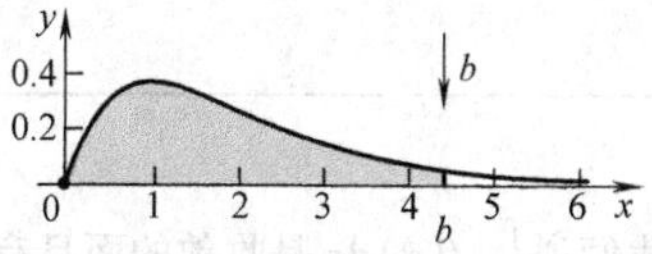	$1-e^{-b}-be^{-b}$	
$\int_0^\infty xe^{-x}dx$	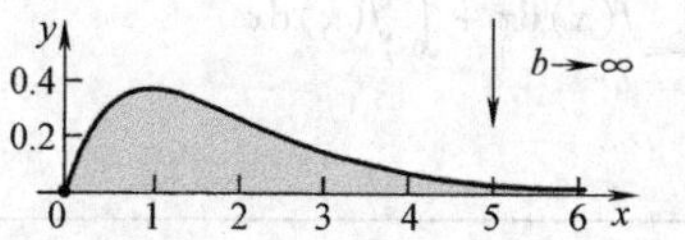	$\lim_{b\to\infty}[1-e^{-b}-be^{-b}]=1$	

以下是无穷区间反常积分的一般定义

定义

$$\int_{-\infty}^b f(x)\,dx = \lim_{a\to-\infty}\int_a^b f(x)\,dx$$

$$\int_a^\infty f(x)\,dx = \lim_{b\to\infty}\int_a^b f(x)\,dx$$

如果等式右边的极限存在而且是一个的数，那么我们就说对应的反常积分**收敛**且收敛于这个数；否则，我们就说这些反常积分**发散**．

例 1　求（如果存在）$\int_{-\infty}^{-1} xe^{-x^2}dx$.

解　$\int_{a}^{-1} xe^{-x^2}dx = -\frac{1}{2}\int_{a}^{-1} e^{-x^2}(-2xdx) = \left[-\frac{1}{2}e^{-x^2}\right]_{a}^{-1} = -\frac{1}{2}e^{-1} + \frac{1}{2}e^{-a^2}$

因此

$$\int_{-\infty}^{-1} xe^{-x^2}dx = \lim_{a\to-\infty}\left[-\frac{1}{2}e^{-1} + \frac{1}{2}e^{-a^2}\right] = -\frac{1}{2e}$$

我们说这个积分收敛且等于 $-\frac{1}{2e}$.

例 2　求（如果存在）$\int_{0}^{\infty} \sin xdx$.

解

图　1

$$\int_{0}^{\infty} \sin xdx = \lim_{b\to\infty}\int_{0}^{b} \sin xdx = \lim_{b\to\infty}\left[-\cos x\right]_{0}^{b} = \lim_{b\to\infty}\left[1 - \cos b\right]$$

最后那个极限不存在，我们说所给的积分发散. 思考一下 $\int_{0}^{\infty} \sin xdx$ 的几何意义，验证这个结果.（图 1）

例 3　根据牛顿反平方律，地球对宇宙飞船的作用力可以表示为 $-k/x^2$，这里的 x 是从宇宙飞船到地球中心的距离（图 2）. 因此发射宇宙飞船所需要的力 $F(x)$ 为 $F(x) = k/x^2$. 那么，推动一台 1000lb 的宇宙飞船离开地球的引力场需要做多少功？

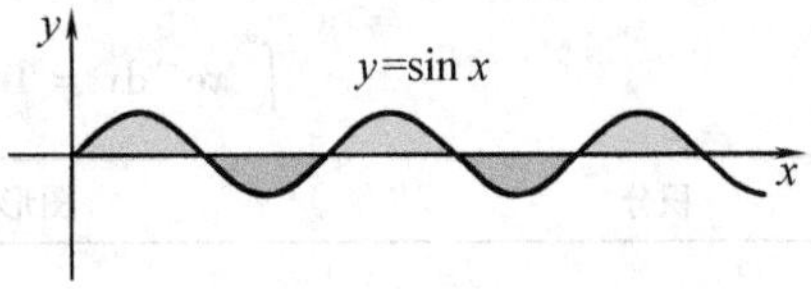

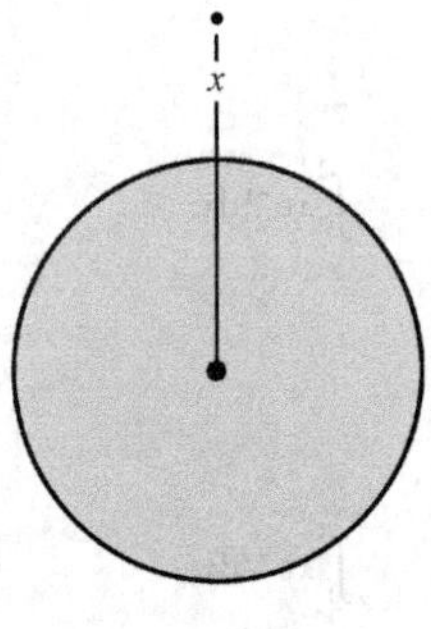

解　因为当 $x = 3960$mile（地球的半径）时，$F = 1000$lb，所以，我们可以根据这个条件计算出 $k = 1000 \times 3960^2 \approx 1.568 \times 10^{10}$. 因此，所做的功以 mile·lb 为单位为

$$1.568 \times 10^{10}\int_{3960}^{\infty} \frac{1}{x^2}dx = \lim_{b\to\infty} 1.568 \times 10^{10}\left[-\frac{1}{x^2}\right]_{3960}^{b} = \lim_{b\to\infty} 1.568 \times 10^{10}\left[-\frac{1}{b} + \frac{1}{3960}\right]$$

$$= \frac{1.568 \times 10^{10}}{3960} \approx 3.96 \times 10^6 (\text{mile·lb})$$

图　2

无穷区间 $(-\infty, \infty)$ 上的反常积分　现在我们可以给 $\int_{-\infty}^{\infty} f(x)dx$ 下一个定义.

定义

如果 $\int_{-\infty}^{0} f(x)dx$ 和 $\int_{0}^{\infty} f(x)dx$ 都是收敛的，那么我们说 $\int_{-\infty}^{\infty} f(x)dx$ 是收敛的而且有

$$\int_{-\infty}^{\infty} f(x)dx = \int_{-\infty}^{0} f(x)dx + \int_{0}^{\infty} f(x)dx$$

否则，我们就说 $\int_{-\infty}^{\infty} f(x)dx$ 是发散的.

例 4　求 $\int_{-\infty}^{\infty} \frac{1}{1+x^2}dx$ 的值，或者指出它是发散的.

解　$\int_{0}^{\infty} \frac{1}{1+x^2}dx = \lim_{b\to\infty}\int_{0}^{b} \frac{1}{1+x^2}dx = \lim_{b\to\infty}\left[\tan^{-1} x\right]_{0}^{b} = \lim_{b\to\infty}\left[\tan^{-1} b - \tan^{-1} 0\right] = \frac{\pi}{2}$

因为 $\frac{1}{1+x^2}$ 是一个偶函数，故

$$\int_{-\infty}^{0} \frac{1}{1+x^2}dx = \int_{0}^{\infty} \frac{1}{1+x^2}dx = \frac{\pi}{2}$$

因此

$$\int_{-\infty}^{\infty} \frac{1}{1+x^2}dx = \int_{-\infty}^{0} \frac{1}{1+x^2}dx + \int_{0}^{\infty} \frac{1}{1+x^2}dx = \frac{\pi}{2} + \frac{\pi}{2} = \pi$$

我们使用符号$[F(x)]_a^{\infty}$来表示$\lim\limits_{b\to\infty}F(b)-F(a)$. 类似的定义也适用于$[F(x)]_{-\infty}^{a}$和$[F(x)]_{-\infty}^{\infty}$. 注意上述几种情况都不是用来“取代”无穷的，它们都被定义为一个极限，同样可以用计算反常积分的方法来计算它们.

概率密度函数 当我们首次在5.7节引入随机变量和概率密度函数这些概念时，我们只能研究那些事件结果集有界的情况. 然而，在许多情况中，事件结果集很可能是无界的. 例如，一块电池的持续时间是没有上界的，一堆混合水泥的强度也是如此. 既然我们在本章研究中已经覆盖了无穷区间反常积分的所有情况，现在我们可以免除以前的那些限制.

如果我们定义连续随机变量X的概率密度函数(PDF)$f(x)$在所有可能事件外的情况时函数值取0，那么这个PDF必须满足：

(1) 对于任意的x，$f(x)\geqslant 0$；

(2) $\int_{-\infty}^{\infty}f(x)\,dx=1$.

随机变量的PDF使我们可以通过积分来求概率。图3所示为x在[4, 6]上的概率。

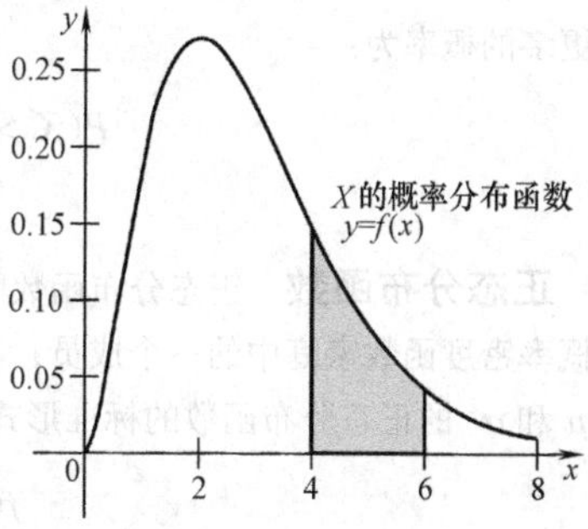

图 3

概率密度函数$f(x)$的随机变量的平均数和方差分别被定义为

$$\mu=E(X)=\int_{-\infty}^{\infty}xf(x)\,dx$$

$$\sigma^2=V(x)=\int_{-\infty}^{\infty}(x-\mu)^2f(x)\,dx$$

方差是离差的量度，或者说是离散程度，我们可以通过下式把$V(x)$推导出来(参见5.7节的习题41)

$$\sigma^2=E(X^2)-\mu^2$$

当σ^2是一个比较小的数时，概率的分布，粗略地说，集中在平均值的周围，当σ^2比较大的时候，概率的分布是比较分散的. 下面两个例子，以及后面的某些习题，介绍了几种有用的概率函数类型.

例5 指数分布函数 这种类型的概率密度函数通常用来模型化电气和机械设备的寿命. 其表达式为

$$f(x)=\begin{cases}\lambda e^{-\lambda x}, & x\geqslant 0\\ 0, & \text{其他}\end{cases}$$

式中，λ是一个正的常数.

(a) 证明这是一个概率密度函数.

(b) 计算平均值μ和方差σ^2.

(c) 求$f(x)$的累计离散函数(CDF)，即分布函数$F(x)$.

(d) 如果一件设备的寿命时间(以h计算)X是一个随机变量且该变量符合$\lambda=0.01$的指数类型概率密度函数，那么这件设备持续工作20h的概率是多少？

解 (a) 函数f恒为非负且

$$\int_{-\infty}^{\infty}f(x)\,dx=\int_{-\infty}^{0}0\,dx+\int_{0}^{\infty}\lambda e^{-\lambda x}\,dx=0+[-e^{-\lambda x}]_0^{\infty}=1$$

因此，$f(x)$是一个概率密度函数.

(b)

$$E(x)=\int_{-\infty}^{\infty}xf(x)\,dx=\int_{-\infty}^{0}x\times 0\,dx+\int_{0}^{\infty}x\lambda e^{-\lambda x}\,dx$$

对第二个积分使用分部积分法：$u=x$，$dv=\lambda e^{-\lambda x}dx$，使得$du=dx$，$v=-e^{-\lambda x}$. 那么

$$E(x)=[-x\lambda e^{-\lambda x}]_0^{\infty}-\int_0^{\infty}(-e^{-\lambda x})\,dx=(-0+0)+\left[-\frac{1}{\lambda}e^{-\lambda x}\right]_0^{\infty}=\frac{1}{\lambda}$$

方差为

$$\sigma^2 = E(X^2) - \mu^2 = \int_{-\infty}^{\infty} x^2 f(x)\mathrm{d}x - \left(\frac{1}{\lambda}\right)^2 = \int_{-\infty}^{0} x^2 \times 0\mathrm{d}x + \int_{0}^{\infty} x^2 \lambda \mathrm{e}^{-\lambda x}\mathrm{d}x - \frac{1}{\lambda^2}$$

$$= [-x^2\mathrm{e}^{-\lambda x}]_0^{\infty} - \int_0^{\infty}(\mathrm{e}^{-\lambda x})2x\mathrm{d}x - \frac{1}{\lambda^2}$$

$$= (-0+0) + 2\int_0^{\infty} x\mathrm{e}^{-\lambda x}\mathrm{d}x - \frac{1}{\lambda^2} = 2\times\frac{1}{\lambda^2} - \frac{1}{\lambda^2} = \frac{1}{\lambda^2}$$

(c) 当 $x<0$ 时，CDF 为 $F(x)=P(X\leqslant x)=0$. 而当 $x\geqslant 0$ 时

$$F(x) = \int_{-\infty}^{x} f(t)\mathrm{d}t = \int_{-\infty}^{0} 0\mathrm{d}x + \int_0^x \lambda \mathrm{e}^{-\lambda t}\mathrm{d}t$$

$$= 0 + [-\mathrm{e}^{-\lambda t}]_0^x = 1 - \mathrm{e}^{-\lambda x}$$

图 4 所示为这个 CDF 的图形.

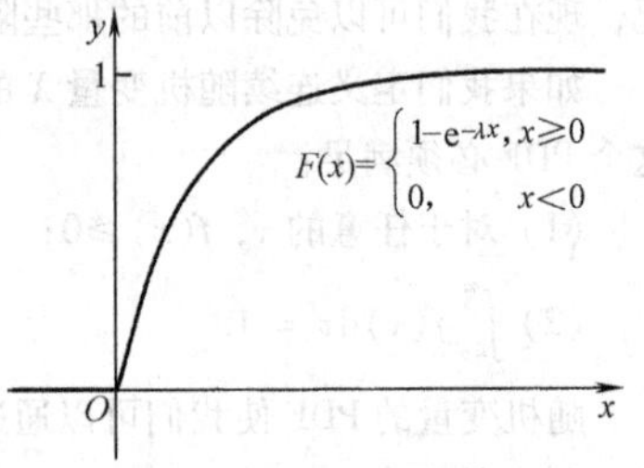

图　4

(d) $\lambda=0.01$. 这件设备工作时间至少 20h 即这件设备寿命为 20h 或更多的概率为:

$$P(X>20) = \int_{20}^{\infty} 0.01\mathrm{e}^{-0.01x}\mathrm{d}x = [-\mathrm{e}^{-0.01x}]_{20}^{\infty}$$

$$= 0 - (-\mathrm{e}^{-0.01\cdot 20}) = \mathrm{e}^{-0.2} \approx 0.819$$

正态分布函数　正态分布函数图像是一种我们熟知的曲线类型. 它看上去就像一个铃铛似的. 它无疑是概率密度函数家庭中的一个成员，因为它的均值 μ 可以是任何数而它的方差可以是任意正数 σ^2. 一个参数为 μ 和 σ^2 的正态分布函数的标准形式为

$$f(x) = \frac{1}{\sqrt{2\pi}\sigma}\exp[-(x-\mu)^2/2\sigma^2]$$

式中，参数 μ 和 σ^2 分别表示这个函数的均值和方差.

图 5 所示为一个均值 $\mu=0$ 和方差 $\sigma^2=1$ 的正态分布函数的图形. 要证明

$$\int_{-\infty}^{\infty}\frac{1}{\sqrt{2\pi}\sigma}\exp[-(x-\mu)^2/2\sigma^2]\mathrm{d}x = 1$$

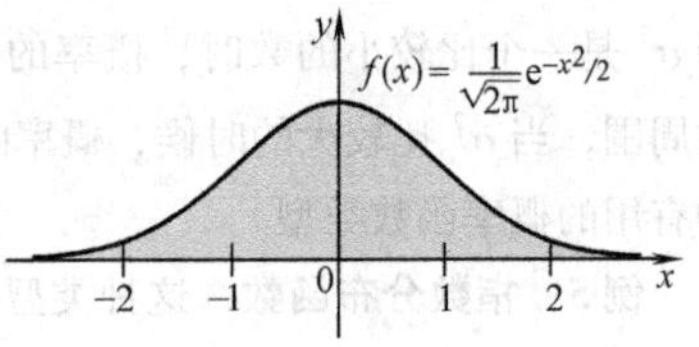

图　5

还是很困难的，尽管我们将在以后证明它(13.4 节). 正态分布函数的其他性质还有:

(a) 函数图形关于 $x=\mu$ 对称;

(b) 在 $x=\mu$ 处取得最大值;

(c) 在 $x=\mu\pm\sigma$ 处有拐点;

(d) 函数平均值为 μ;

(e) 函数方差为 σ^2.

习题 33 涉及概率密度函数的一些其他特性. $\mu=0$ 和 $\sigma^2=1$ 的正态分布函数称为**标准正态分布函数**. 图 5 正是一个标准正态分布函数的图形.

例 6　证明以下各式:

(a) $\dfrac{1}{\sqrt{2\pi}}\displaystyle\int_{-\infty}^{\infty} x\mathrm{e}^{-x^2/2}\mathrm{d}x = 0$　　(b) $\dfrac{1}{\sqrt{2\pi}}\displaystyle\int_{-\infty}^{\infty} x^2\mathrm{e}^{-x^2/2}\mathrm{d}x = 1$

解　(a) $\dfrac{1}{\sqrt{2\pi}}\displaystyle\int_0^{\infty} x\mathrm{e}^{-x^2/2}\mathrm{d}x = \lim_{b\to\infty}\left[-\frac{1}{\sqrt{2\pi}}\int_0^b \mathrm{e}^{-x^2/2}(-x)\mathrm{d}x\right] = \lim_{b\to\infty}\left[-\frac{1}{\sqrt{2\pi}}\mathrm{e}^{-x^2/2}\right]_0^b = \frac{1}{\sqrt{2\pi}}$

由于 $x\mathrm{e}^{-x^2/2}$ 是一个奇函数，故

$$\frac{1}{\sqrt{2\pi}}\int_{-\infty}^{0} x\mathrm{e}^{-x^2/2}\mathrm{d}x = -\frac{1}{\sqrt{2\pi}}\int_0^{\infty} x\mathrm{e}^{-x^2/2}\mathrm{d}x = -\frac{1}{\sqrt{2\pi}}$$

所以

$$\frac{1}{\sqrt{2\pi}}\int_{-\infty}^{\infty} xe^{-x^2/2}dx = \frac{1}{\sqrt{2\pi}}\int_{-\infty}^{0} xe^{-x^2/2}dx + \frac{1}{\sqrt{2\pi}}\int_{0}^{\infty} xe^{-x^2/2}dx = -\frac{1}{\sqrt{2\pi}} + \frac{1}{\sqrt{2\pi}} = 0$$

(b) 因为 $e^{-x^2/2}$ 是一个偶函数，而且有 $\int_{-\infty}^{\infty}\frac{1}{\sqrt{2\pi}}e^{-x^2/2}dx = 1$，故

$$\frac{1}{\sqrt{2\pi}}\int_{0}^{\infty} e^{-x^2/2}dx = \frac{1}{2}$$

然后，我们运用分部积分法和洛比达法则得到

$$\begin{aligned}\frac{1}{\sqrt{2\pi}}\int_{0}^{\infty} x^2e^{-x^2/2}dx &= \lim_{b\to\infty}\frac{1}{\sqrt{2\pi}}\int_{0}^{b}(-x)(e^{-x^2/2})dx \\ &= \lim_{b\to\infty}\frac{1}{\sqrt{2\pi}}\left([-xe^{-x^2/2}]_0^b + \int_0^b e^{-x^2/2}dx\right) \\ &= \frac{1}{\sqrt{2\pi}}\left(0 + \int_0^\infty e^{-x^2/2}dx\right) = \frac{1}{2}\end{aligned}$$

由于 $x^2e^{-x^2/2}$ 是一个偶函数，我们将左边的0作适当的替换，所以

$$\frac{1}{\sqrt{2\pi}}\int_{-\infty}^{\infty} x^2e^{-x^2/2}dx = \frac{1}{2} + \frac{1}{2} = 1$$

矛盾的加布里埃尔号角 使曲线 $y = \frac{1}{x}$ 在区间 $[1, \infty)$ 上的图形绕 x 轴旋转一周得到一个表面叫做加布里埃尔号角（图6），我们有以下结论：

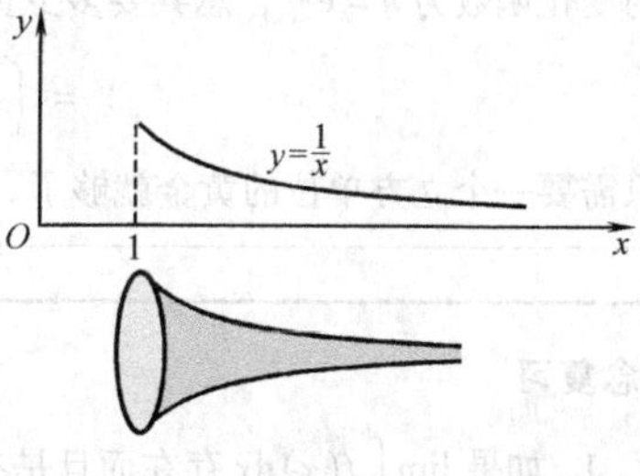

图 6

(1) 这个号角的体积 V 是有限的；

(2) 这个号角的表面积是无限的.

要把这两个结论转化为实际问题，就好比说这个号角可以被有限的颜料填满，但是我们却不可能有足够的颜料来粉刷它的内表面. 在我们解开这个矛盾之前，我们先用5.2节学到的有关体积的公式和5.4节学到的有关表面积的公式. 验证结论(1)和结论(2).

$$V = \int_1^\infty \pi\left(\frac{1}{x}\right)^2 dx = \lim_{b\to\infty}\pi\int_1^b x^{-2}dx = \lim_{b\to\infty}\left[-\frac{\pi}{x}\right]_1^b = \pi$$

$$\begin{aligned}A &= \int_1^\infty 2\pi y\,ds = \int_1^\infty 2\pi y\sqrt{1+\left(\frac{dy}{dx}\right)^2}dx \\ &= 2\pi\int_1^\infty \frac{1}{x}\sqrt{1+\left(\frac{-1}{x^2}\right)^2}dx = \lim_{b\to\infty}2\pi\int_1^b \frac{\sqrt{x^4+1}}{x^3}dx\end{aligned}$$

由于

$$\frac{\sqrt{x^4+1}}{x^3} > \frac{\sqrt{x^4}}{x^3} = \frac{1}{x}$$

因此

$$\int_1^b \frac{\sqrt{x^4+1}}{x^3}dx > \int_1^b \frac{1}{x}dx = \ln b$$

当 $b\to\infty$ 时 $\ln b\to\infty$，于是得出结论：A 是无穷的.

是我们的数学有问题吗？不是的. 想象一下把这个长角沿它的边缘切开，展开，摊平，给我们一定量的颜料，我们是不可能给它涂上一层均匀厚度的颜料的. 但是，如果当我们从长角的一头涂到另一头时，我们允许颜料的厚度越来越薄，这是可以做到的，这样，当然就跟我们往没有切开的长角里倒入 π 立方单位颜料所出现的情况是一样的.（想象颜料可以以任何厚度分布）

这个问题涉及到两个 $\int_1^\infty(1/x^p)dx$ 形式的积分的研究，作为以后的参考，我们现在分析 $\int_1^\infty(1/x^p)dx$ 对所有

p 值的情况.

例 7　证明当 $p\leqslant 1$ 时，$\int_1^{\infty}(1/x^p)\,dx$ 发散；当 $p>1$ 时，$\int_1^{\infty}(1/x^p)\,dx$ 收敛.

解　我们在解决加布里埃尔长角问题时，已经证明了当 $p=1$ 时，这个积分是发散的；我们假定 $p\neq 1$

$$\int_1^{\infty}(1/x^p)\,dx=\lim_{b\to\infty}\int_1^b x^{-p}\,dx=\lim_{b\to\infty}\left[\frac{x^{-p+1}}{-p+1}\right]_1^b=\lim_{b\to\infty}\left[\frac{1}{1-p}\right]\left[\frac{1}{b^{p-1}}-1\right]$$

$$=\begin{cases}\infty, & p<1\\ \dfrac{1}{p-1}, & p>1\end{cases}$$

所以结论成立.

加布里埃尔铺路问题

当加布里埃尔被要求用纯金铺一条街道($0\leqslant x<\infty$，$0\leqslant y<\infty$)时，他答应了，但是要求他厚度 h 随 x 的变化函数为 $h=e^{-x}$，总共要多少黄金呢？

$$V=\int_0^{\infty}e^{-x}dx=\lim_{b\to\infty}\int_0^b e^{-x}dx=\lim_{b\to\infty}[-e^{-x}]_0^b=1$$

只需要一个立方单位的黄金就够了.

概念复习

1. 如果 $\lim_{b\to\infty}\int_a^b f(x)\,dx$ 存在而且是有限的，$\int_0^{\infty}f(x)\,dx$ 被写成为______________的.

2. $\int_0^{\infty}\cos x\,dx$ 是不收敛的，因为________________不存在.

3. 如果________________或者________________发散，那么 $\int_{-\infty}^{\infty}f(x)\,dx$ 是发散的.

4. 当且仅当________________时，$\int_1^{\infty}(1/x^p)\,dx$ 是收敛的.

习题 8.3

习题 1～24，求解每个反常积分，或者证明它发散.

1. $\int_{100}^{\infty}e^x dx$　2. $\int_{-\infty}^{-5}\frac{dx}{x^4}$　3. $\int_1^{\infty}2xe^{-x^2}dx$　4. $\int_{-\infty}^{1}e^{4x}dx$

5. $\int_9^{\infty}\frac{x\,dx}{\sqrt{1+x^2}}$　6. $\int_1^{\infty}\frac{dx}{\sqrt{\pi x}}$　7. $\int_1^{\infty}\frac{dx}{x^{1.00001}}$　8. $\int_{10}^{\infty}\frac{x}{1+x^2}dx$

9. $\int_1^{\infty}\frac{dx}{x^{0.99999}}$　10. $\int_1^{\infty}\frac{x}{(1+x^2)^2}dx$　11. $\int_e^{\infty}\frac{1}{x\ln x}dx$　12. $\int_e^{\infty}\frac{\ln x}{x}dx$

13. $\int_2^{\infty}\frac{\ln x}{x^2}dx$　14. $\int_1^{\infty}xe^{-x}dx$　15. $\int_{-\infty}^{1}\frac{dx}{(2x-3)^3}$　16. $\int_4^{\infty}\frac{dx}{(\pi-x)^{2/3}}$

17. $\int_{-\infty}^{\infty}\frac{x}{\sqrt{x^2+9}}dx$　18. $\int_{-\infty}^{\infty}\frac{dx}{(x^2+16)^2}$　19. $\int_{-\infty}^{\infty}\frac{1}{x^2+2x+10}dx$　20. $\int_{-\infty}^{\infty}\frac{x}{e^{2|x|}}dx$

21. $\int_{-\infty}^{\infty}\operatorname{sech}x\,dx$ 提示：用积分表或者用计算器.　22. $\int_1^{\infty}\operatorname{csch}x\,dx$

23. $\int_0^{\infty}e^{-x}\cos x\,dx$ 提示：用积分表或者用计算器.　24. $\int_0^{\infty}e^{-x}\sin x\,dx$

25. 求由曲线 $y=2/(4x^2-1)$ 下部和 $x=1$ 右边所围成的区域的面积. 提示：分解因式.

26. 求由曲线 $y=1/(x^2+x)$ 下部和直线 $x=1$ 右边所围成的区域的面积.

27. 假设牛顿的引力定律的形式是 $-k/x$ 而不是 $-k/x^2$ (例 3). 证明如果这样的话，那将不可能将任何东西发射到地球的引力场之外.

28. 如果一架 1000lb 的宇宙飞船在月球(半径 1080mile)上只有 165lb 重，那么将这个宇宙飞船发射到月球的引力场之外要做多少功(例 3)?

29. 假设一个公司希望从今以后的年度收益关于 t 年的函数为 $f(t)$ 美元，利息以每年增长率 r 连续复利增长，那么现在衡量所有将来的利益为

$$FP=\int_0^{\infty}\mathrm{e}^{-rt}f(t)\,\mathrm{d}t$$

求当 $r=0.08$，且 $f(t)=100000$ 时 FP 的值.

30. 假设 $f(t)=100000+1000t$，求解第 29 题.

31. 如果一个连续的随机变量 X 的概率密度函数有以下形式：

$$f(x)=\begin{cases}\dfrac{1}{b-a}, & a<x<b\\ 0, & x\leqslant a \text{ 或 } x\geqslant b\end{cases}$$

那么这个连续随机变量是均匀分布的.

(a) 证明 $\int_{-\infty}^{\infty}f(x)\,\mathrm{d}x=1$. (b) 求平均值 μ 和方差 σ^2.

(c) 如果 $a=0$ 且 $b=10$，求 X 小于 2 的概率.

32. 如果一个连续的随机变量 X 的概率密度函数有以下形式：

$$f(x)=\begin{cases}\dfrac{\beta}{\theta}\left(\dfrac{x}{\theta}\right)^{\beta-1}\mathrm{e}^{-(x/\theta)\beta}, & x>0\\ 0, & x\leqslant 0\end{cases}$$

则称这个连续随机变量满足**威布尔分布**.

(a) 证明 $\int_{-\infty}^{\infty}f(x)\,\mathrm{d}x=1$. (假设 $\beta>1$)　　(b) 如果 $\theta=3$ 且 $\beta=2$，求平均值 μ 和方差 σ^2.

(c) 如果一台计算机显示器的寿命是一个随机变量 X(单位为年)，且满足威布尔分布 $\theta=3$ 且 $\beta=2$，求这个显示器在两年内烧毁的概率.

33. 作出正态分布密度函数 $f(x)=\dfrac{1}{\sigma\sqrt{2\pi}}\mathrm{e}^{(x-\mu)^2/2\sigma^2}$ 的图像，并用计算证明 σ 是均值 μ 到其中一个拐点的 x-坐标的距离.

34. 帕雷托概率密度函数形式为：

$$f(x)=\begin{cases}\dfrac{CM^k}{x^{k+1}}, & x\geqslant M\\ 0, & x<M\end{cases}$$

其中，k 和 M 是正的常数

(a) 求使 $f(x)$ 概率密度函数为 C 的值;

(b) 对于(a)中求出的 C 值，求平均值 μ. 问是否对所有的正数 k 平均值都是有限的，如果不是，那么平均值随着 k 如何变化?

(c) 对于(a)中求出的 C 的值，求方差 σ^2，问它随着 k 如何变化?

35. 帕雷托分布常常用来模拟收入分布. 假设在某些经济制度中，收入分布确实服从 $k=3$ 的帕雷托分布，若平均收入为 20000 美元. 求

(a) M 和 C;　　(b) 方差 σ^2;

(c) 收入大于 100000 美元的人的概率.

36. 在电磁理论中，一个环行线圈中轴上某点的磁场能 u 可以表示为

$$u = Ar\int_a^{\infty} \frac{dx}{(r^2 + x^2)^{3/2}}$$

式中，A，r 和 a 都是常量，求 u.

37. 在用下面的形式定义 $\int_{-\infty}^{\infty} f(x)\,dx$ 时，和我们的定义有一点细微的差别.

证明：(a) $\int_{-\infty}^{\infty} \sin x dx$ 发散；　　(b) $\lim\limits_{a\to\infty}\int_{-a}^{a} \sin x dx = 0$.

38. 想象有一条无限长的导线和 x 轴重合，而且质量分布情况满足 $\delta(x) = (1+x^2)^{-1}$，$0 \leqslant x < \infty$.

(a) 计算这根导线的总质量(例4)；　　(b) 证明这根导线没有质心.

39. 请举一个例子：当曲线在第一象限围成的区域绕 x 轴旋转时，得到的旋转体有有限的体积；但是当绕 y 轴旋转时，得到的旋转体有无穷的体积.

40. 设 f 是定义在区间 $[0, \infty)$ 上的连续的非负函数，且满足 $\int_0^{\infty} f(x)\,dx < \infty$，证明：

(a) 如果 $\lim\limits_{x\to\infty} f(x)$ 存在，那么它的值一定是0.

(b) 有可能 $\lim\limits_{x\to\infty} f(x)$ 不存在.

CAS 41. 只要知道积分 $\int_1^{\infty} f(x)\,dx$ 是收敛的，就可以取 b 为一个很大的值，用计算机算出 $\int_1^{b} f(x)\,dx$ 的值，从而估算 $\int_1^{\infty} f(x)\,dx$ 的值. 分别计算当 $p = 2, 1.1, 1.01, 1, 0.99$ 时 $\int_1^{100} (1/x^p)\,dx$ 的值，注意到这并不意味着当 $p > 1$ 时 $\int_1^{\infty} (1/x^p)\,dx$ 收敛，当 $p \leqslant 1$ 时发散.

CAS 42. 分别计算当 $a = 10, 50, 100$ 时，$\int_0^{a} \frac{1}{\pi}(1+x^2)^{-1}\,dx$ 的值.

CAS 43. 分别计算当 $a = 1, 2, 3, 4$ 时，$\int_0^{a} \frac{1}{\sqrt{2\pi}}\exp(1 - x^2/2)\,dx$ 的值.

概念复习答案：

1. 收敛　2. $\lim\limits_{b\to\infty}\int_0^{b} \cos x\,dx$　3. $\int_{-\infty}^{0} f(x)\,dx, \int_0^{\infty} f(x)\,dx$　4. $p > 1$.

8.4　反常积分：被积函数无界时的反常积分

回想我们做过的许多复杂的积分，这里有一个例子，看起来很简单，但是实际上它是错误的.

$$\int_{-2}^{1} \frac{1}{x^2}dx = \left[-\frac{1}{x}\right]_{-2}^{1} = -1 - \frac{1}{2} = -\frac{3}{2} \qquad \text{错误}$$

只要看一眼图1，我们就知道出现了严重错误，这个积分的值(如果有的话)一定是个正数.(想想为什么?)

我们的错误在哪里？要回答这个问题，我们回到4.2节，可积分函数在常规的思维中，必须是有界的，而我们的函数 $f(x) = 1/x^2$ 不是有界的，所以它在常规的思维中，是不可积的！

我们说 $\int_{-2}^{1} x^{-2}\,dx$ 是一个反常积分，因为它的被积函数是无限大(描述成**无界的被积函数**更准确，但却不够形象).

到现在为止，我们尽量避免在我们的例子中出现无穷被积函数. 我们可以一直这样做下去，但却错过了一种重要积分的应用. 我们这一节的任务就是定义并分析这种类型的积分.

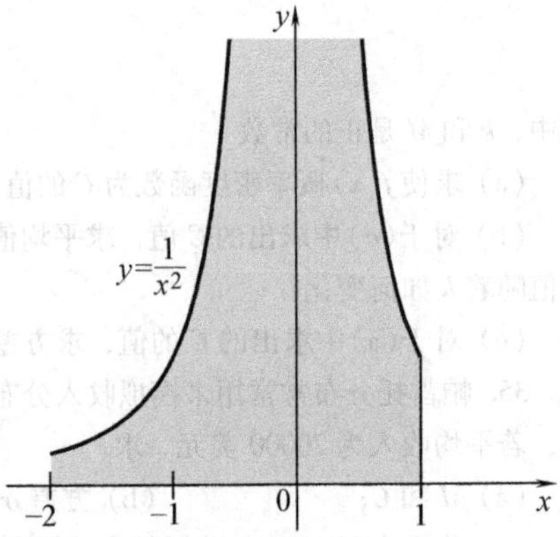

图 1

被积函数在一端端点为无穷的反常积分 我们对这种类型积分的定义是从被积函数在右端点取无穷的前提下定义的，当然，从左端点定义也是类似的.

定义

设f是在半开区间$[a, b)$范围内连续的函数并且$\lim\limits_{x\to b^-}|f(x)|=\infty$. 若极限

$$\int_a^b f(x)\,dx=\lim_{t\to b^-}\int_a^t f(x)\,dx$$

存在且有限，则称该积分收敛. 否则，我们说该积分发散.

注意图2所示的几何解释.

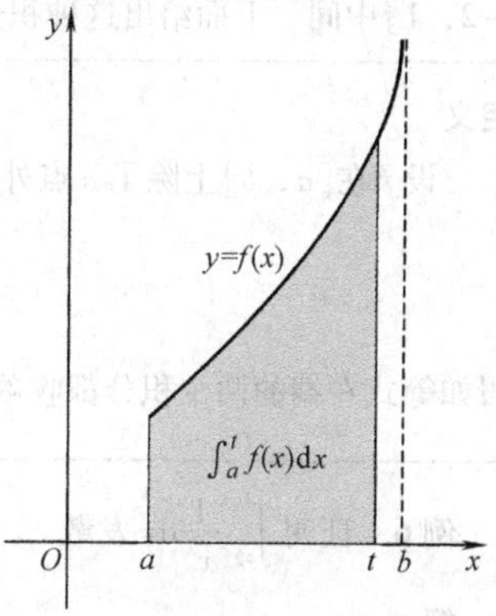

图 2

例1 计算$\int_0^2 \frac{dx}{\sqrt{4-x^2}}$(如果可能的话).

解 注意被积函数无限接近于2.

$$\int_0^2 \frac{dx}{\sqrt{4-x^2}}=\lim_{t\to 2^-}\int_0^t \frac{dx}{\sqrt{4-x^2}}$$

$$=\lim_{t\to 2^-}\left[\sin^{-1}\left(\frac{x}{2}\right)\right]_0^t=\lim_{t\to 2^-}\left[\sin^{-1}\left(\frac{t}{2}\right)-\sin^{-1}\left(\frac{0}{2}\right)\right]=\frac{\pi}{2}$$

例2 计算$\int_0^{16}\frac{dx}{\sqrt[4]{x}}$(如果可能的话).

解 $\int_0^{16}\frac{dx}{\sqrt[4]{x}}=\lim\limits_{t\to 0^+}\int_t^{16}x^{-1/4}dx=\lim\limits_{t\to 0^+}\left[\frac{4}{3}x^{3/4}\right]_t^{16}=\lim\limits_{t\to 0^+}\left[\frac{32}{3}-\frac{4}{3}t^{3/4}\right]=\frac{32}{3}$

例3 $\int_0^1 \frac{1}{x}dx$(如果可能的话).

解 $\int_0^1 \frac{1}{x}dx=\lim\limits_{t\to 0^+}\int_t^1 \frac{1}{x}dx=\lim\limits_{t\to 0^+}[\ln x]_t^1=\lim\limits_{t\to 0^+}[-\ln t]=\infty$

结论：该积分发散.

例4 证明当$p<1$时，$\int_0^1 \frac{1}{x^p}dx$是收敛的，但当$p\geqslant 1$时，它是发散的.

证明 例3已经证明了当$p=1$的情况. 当$p\neq 1$时，有

$$\int_0^1 \frac{1}{x^p}dx=\lim_{t\to 0^+}\int_t^1 x^{-p}dx=\lim_{t\to 0^+}\left[\frac{x^{-p+1}}{-p+1}\right]_t^1=\lim_{t\to 0^+}\left[\frac{1}{1-p}-\frac{1}{1-p}\frac{1}{t^{p-1}}\right]$$

$$=\begin{cases}\dfrac{1}{1-p}, & p<1\\ \infty, & p>1\end{cases}$$

例5 画出四个杯子的圆内旋轮线的图形$x^{2/3}+y^{2/3}=1$，并且算出其周长.

解 图形如图3所示. 为了算出其周长，我们只需找出其在第一象限的长度，再乘以4. 估算L比$\sqrt{2}\approx 1.4$稍大. 它的精确值(参照5.4节)是

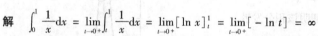

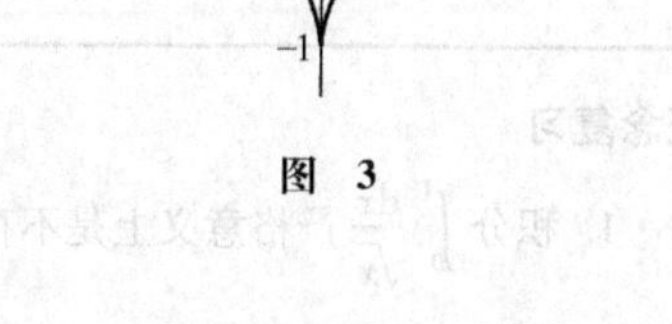

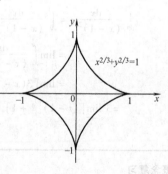

图 3

$$L=\int_0^1\sqrt{1+(y')^2}\,dx$$

对$x^{2/3}+y^{2/3}=1$使用隐微分法，得到

$$\frac{2}{3}x^{-1/3}+\frac{2}{3}y^{-1/3}y'=0 \quad 或 \quad y'=-\frac{y^{1/3}}{x^{1/3}}$$

那么

$$1+(y')^2=1+\frac{y^{2/3}}{x^{2/3}}=1+\frac{1-x^{2/3}}{x^{2/3}}=\frac{1}{x^{2/3}}$$

所以

$$L=\int_0^1\sqrt{1+(y')^2}\,dx=\int_0^1\frac{1}{x^{1/3}}dx$$

这个积分的值可以从例4中得到；答案是 $L=\dfrac{1}{\left(1-\dfrac{1}{3}\right)}=\dfrac{3}{2}$. 我们得出答案 $4L=6$.

被积函数在区间内某点为无穷的反常积分 积分 $\int_{-2}^{1}\frac{1}{x^2}dx$ 的被积函数在0处为无穷，0处于区间 $[-2,1]$ 中间．下面给出这种积分的定义．

> **定义**
>
> 设 f 在 $[a,b]$ 上除了 c 点外连续的函数，其中 $a<c<b$，如果 $\lim\limits_{x\to c}|f(x)|=\infty$. 我们定义
>
> $$\int_a^b f(x)\,dx=\int_a^c f(x)\,dx+\int_c^b f(x)\,dx$$
>
> 假如等式右端的两个积分都收敛,则称该反常积分收敛．否则,我们说 $\int_a^b f(x)\,dx$ 发散．

例6 证明 $\int_{-2}^{1}\frac{1}{x^2}dx$ 发散．

解

$$\int_{-2}^{1}\frac{1}{x^2}dx=\int_{-2}^{0}\frac{1}{x^2}dx+\int_{0}^{1}\frac{1}{x^2}dx$$

由例4知右边第二个积分发散，这就足以证明该积分发散．

例7 计算积分 $\int_0^3\frac{dx}{(x-1)^{2/3}}$（如果收敛的话)．

解 被积函数无限接近于 $x=1$ 是为无穷(图4)，所以

$$\begin{aligned}\int_0^3\frac{dx}{(x-1)^{2/3}}&=\int_0^1\frac{dx}{(x-1)^{2/3}}+\int_1^3\frac{dx}{(x-1)^{2/3}}\\&=\lim_{t\to1^-}\int_0^t\frac{dx}{(x-1)^{2/3}}+\lim_{s\to1^+}\int_s^3\frac{dx}{(x-1)^{2/3}}\\&=\lim_{t\to1^-}[3(x-1)^{1/3}]_0^t+\lim_{s\to1^+}[3(x-1)^{1/3}]_s^3\\&=3\lim_{t\to1^-}[(t-1)^{1/3}+1]+3\lim_{s\to1^+}[2^{1/3}-(s-1)^{1/3}]\\&=3+3\times2^{1/3}\approx6.78\end{aligned}$$

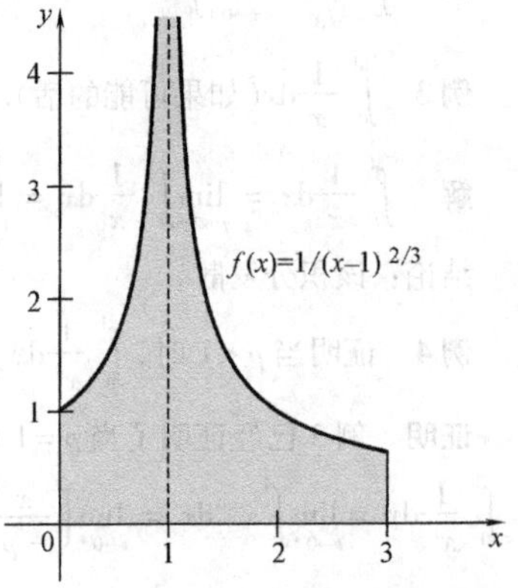

图 4

概念复习

1. 积分 $\int_0^1\frac{dx}{\sqrt{x}}$ 严格意义上是不存在的,因为函数 $f(x)=\frac{1}{\sqrt{x}}$ 在区间 $(0,1]$ 上是________的．

2. 考虑反常积分, $\int_0^1\frac{dx}{\sqrt{x}}=\lim\limits_{a\to0^+}\int_a^1x^{-1/2}dx=$ ________．

3. 反常积分 $\int_0^4\frac{dx}{\sqrt{4-x}}dx$ 是由________定义的．

4. 我们说反常积分 $\int_0^1\frac{dx}{x^p}$ 是收敛的,当且仅当________．

习题 8.4

在问题 1 ~ 32 中，计算每一个反常积分或证明它是发散的.

1. $\int_1^3 \frac{dx}{(x-1)^{1/3}}$
2. $\int_1^3 \frac{dx}{(x-1)^{4/3}}$
3. $\int_3^{10} \frac{dx}{\sqrt{x-3}}$
4. $\int_0^9 \frac{dx}{\sqrt{9-x}}$
5. $\int_0^1 \frac{dx}{\sqrt{1-x^2}}$
6. $\int_{100}^{\infty} \frac{x}{\sqrt{1+x^2}}dx$
7. $\int_{-1}^3 \frac{1}{x^3}dx$
8. $\int_5^{-5} \frac{1}{x^{2/3}}dx$
9. $\int_{-1}^{128} x^{-5/7}dx$
10. $\int_0^1 \frac{x}{\sqrt[3]{1-x^2}}dx$
11. $\int_0^4 \frac{dx}{(2-3x)^{1/3}}$
12. $\int_{\sqrt{5}}^{\sqrt{8}} \frac{x}{(16-2x^2)^{2/3}}dx$
13. $\int_0^{-4} \frac{x}{16-2x^2}dx$
14. $\int_0^3 \frac{x}{\sqrt{9-x^2}}dx$
15. $\int_{-2}^{-1} \frac{dx}{(x+1)^{4/3}}$
16. $\int_0^3 \frac{dx}{x^2+x-2}$
17. $\int_0^3 \frac{dx}{x^3-x^2-x+1}$
18. $\int_0^{27} \frac{x^{1/3}}{x^{2/3}-9}dx$
19. $\int_0^{\pi/4} \tan 2x dx$
20. $\int_0^{\pi/2} \csc x\, dx$
21. $\int_0^{\pi/2} \frac{\sin x}{1-\cos x}dx$
22. $\int_0^{\pi/2} \frac{\cos x}{\sqrt[3]{\sin x}}dx$
23. $\int_0^{\pi/2} \tan^2 x \sec^2 x dx$
24. $\int_0^{\pi/4} \frac{\sec^2 x}{(\tan x-1)^2}dx$
25. $\int_0^{\pi} \frac{dx}{\cos x-1}$
26. $\int_{-3}^{-1} \frac{dx}{x\sqrt{\ln(-x)}}$
27. $\int_0^{\ln 3} \frac{e^x dx}{\sqrt{e^x-1}}$
28. $\int_2^4 \frac{dx}{\sqrt{4x-x^2}}$
29. $\int_1^e \frac{dx}{x\ln x}$
30. $\int_1^{10} \frac{dx}{x\ln^{100} x}$
31. $\int_{2c}^{4c} \frac{dx}{\sqrt{x^2-4c^2}}$
32. $\int_c^{2c} \frac{xdx}{\sqrt{x^2+xc-2c^2}}, c>0$

33. 将反常积分分成几部分可以使其转化成常规积分．思考 $\lim\limits_{c\to 0^+}\int_c^1 \frac{dx}{\sqrt{x}(1+x)}$,用积分分割的方法在区间 $[c,1](c>0)$ 证明

$$\int_c^1 \frac{dx}{\sqrt{x}(1+x)} = 1-\frac{2\sqrt{c}}{c+1}+2\int_c^1 \frac{\sqrt{x}dx}{(1+x)^2}$$

并且据此得出结论，通过取极限 $c\to 0$ 我们可以将一个反常积分转化为常规积分.

34. 用积分分割以及 33 题所提及的方法将反常积分 $\int_0^1 \frac{dx}{\sqrt{x(1+x)}}$ 转化为常规积分.

35. 如果 $f(x)$ 在 a，b 均无界，那么我们定义

$$\int_a^b f(x)dx = \int_a^c f(x)dx + \int_c^b f(x)dx$$

其中，c 是 a、b 间的任意一点．假设后面的两个积分均收敛，则该积分收敛，否则我们说该积分发散．应用这个原理计算 $\int_{-3}^3 \frac{x}{\sqrt{9-x^2}}dx$,或证明它是发散的.

36. 计算 $\int_{-3}^3 \frac{x}{9-x^2}dx$ 或证明它是发散的．参考 35 题.

37. 计算 $\int_{-4}^4 \frac{1}{16-x^2}dx$ 或证明它是发散的．参考 35 题.

38. 计算 $\int_{-1}^1 \frac{dx}{x\sqrt{-\ln|x|}}$ 或证明它是发散的.

39. 如果$\lim\limits_{x\to 0^+}f(x)=\infty$，则定义

$$\int_0^{\infty}f(x)\,dx=\lim_{c\to 0^+}\int_c^1 f(x)\,dx+\lim_{b\to\infty}\int_1^b f(x)\,dx$$

假如后两个极限均存在的话，则称$\int_0^{\infty}f(x)\,dx$收敛．否则,我们说$\int_0^{\infty}f(x)\,dx$发散．证明$\int_0^{\infty}\frac{1}{x^p}dx$对于一切$p$发散．

40. 假如f是在区间$[0,\infty)$除$x=1$外的连续函数,其中$\lim\limits_{x\to 1}|f(x)|=\infty$,怎样确定$\int_0^{\infty}f(x)\,dx$?

41. 求由曲线$y=(x-8)^{-2/3}$和$y=0$在$0<x\leqslant 8$范围内构成区域的面积．

42. 求由曲线$y=\frac{1}{x}$和曲线$y=\frac{1}{(x^3+x)}$在$0<x\leqslant 1$范围内所围成区域的面积．

43. 设R是曲线$y=x^{-2/3}$位于第一象限下方和$x=1$左边的区域．
(a) 通过找到其值并证明R的面积是有限的．
(b) 证明将R绕x轴旋转所成旋转体的体积是无限的．

44. 找出b使得$\int_0^b \ln x\,dx=0$.

45. $\int_0^1 \frac{x}{\sin x}dx$是否是反常积分?请解释．

EXPL 46. **(比较法)** 如果在区间$[a,\infty)$上$0\leqslant f(x)\leqslant g(x)$,那么可以证明如果$\int_a^{\infty}g(x)\,dx$收敛,则$\int_a^{\infty}f(x)\,dx$收敛;如果$\int_a^{\infty}f(x)\,dx$发散,则$\int_a^{\infty}g(x)\,dx$也发散．应用这个原理证明$\int_1^{\infty}\frac{1}{x^4(1+x^4)}dx$收敛．提示:在$[1,\infty)$上$\frac{1}{x^4(1+x^4)}\leqslant\frac{1}{x^4}$.

47. 使用46题中的比较法证明$\int_1^{\infty}e^{-x^2}dx$收敛．提示:在区间$[1,\infty)$上,$e^{-x^2}\leqslant e^x$.

48. 使用46题中的比较法证明$\int_2^{\infty}\frac{1}{\sqrt{x+2}-1}dx$发散．

49. 使用46题中的比较法确定$\int_1^{\infty}\frac{1}{x^2\ln(x+1)}dx$是收敛还是发散．

50. 用无界的被积函数将反常积分的比较法公式化．

51. (a) 用8.2节的例2证明对于任意正实数n，存在一个M，使得

$$0<\frac{x^{n-1}}{e^x}\leqslant\frac{1}{x^2},\ x\geqslant M$$

(b) 应用(a)结论以及46题证明$\int_1^{\infty}x^{n-1}e^{-x}dx$收敛．

52. 应用50题的结论,证明$\int_0^1 x^{n-1}e^{-x}dx$对于$n>0$收敛．

EXPL 53. **(伽玛函数)** 令$\Gamma(n)=\int_0^{\infty}x^{n-1}e^{-x}dx,n>0$. 根据51和52题,这个积分收敛．证明下列各积分(注意伽玛函数对于任意正实数n都有定义):

(a) $\Gamma(1)=1$　　(b) $\Gamma(n+1)=n\Gamma(n)$　　(c) $\Gamma(n+1)=n!$

其中,n是正整数．

CAS 54. 当n取1,2,3,4,5时,计算$\int_0^{\infty}x^{n-1}e^{-x}dx$,并因此进一步确定习题53(c)的结论．

55. 伽玛概率密度函数为

$$f(x)=\begin{cases}Cx^{\alpha-1}e^{\beta x}, & x>0\\ 0, & x\leqslant 0\end{cases}$$

这里α和β是正的常数.

(a) 求C关于α和β的值,使$f(x)$为概率密度函数.

(b) 就(a)中所求C的值,求均值μ.

(c) 就(a)中所求C的值,求变差σ^2.

EXPL 56. **拉普拉斯变换**是以法国数学家皮埃尔西蒙·德·拉普拉斯(1749—1827)的名字命名的. 函数$f(x)$的拉普拉斯变换为$L\{f(t)\}(s) = \int_0^{\infty} f(t)\mathrm{e}^{-st}\mathrm{d}t$. 拉普拉斯变换对于求解微分方程很有用.

(a) 证明当$s > 0$时,t^{α}的拉普拉斯变换为$\Gamma(\alpha+1)/s^{\alpha+1}$.

(b) 证明当$s > \alpha$时,$\mathrm{e}^{\alpha t}$的拉普拉斯变换为$1/(s-\alpha)$.

(c) 证明当$s > 0$时,$\sin(\alpha t)$的拉普拉斯变换为$\alpha/(s^2+\alpha^2)$.

57. 把下列积分当做面积来理解,然后用y-积分法来计算面积:

(a) $\int_0^1 \sqrt{\dfrac{1-x}{x}}\mathrm{d}x$　　(b) $\int_{-1}^1 \sqrt{\dfrac{1+x}{1-x}}\mathrm{d}x$

58. 假设$0 < p < q$,且$\int_0^{\infty} \dfrac{1}{x^p + x^q}\mathrm{d}x$收敛,那么$p,q$应符合什么条件?

概念复习答案:

1. 无界　2. 2　3. $\lim\limits_{b\to 4^-}\int_0^b \dfrac{\mathrm{d}x}{\sqrt{4-x}}$　4. $p < 1$

8.5 本章回顾

概念测试

判断下列断言的正误,并证明.

1. $\lim\limits_{x\to\infty} \dfrac{x^{100}}{\mathrm{e}^x} = 0$

2. $\lim\limits_{x\to\infty} \dfrac{x^{1/10}}{\ln x} = \infty$

3. $\lim\limits_{x\to\infty} \dfrac{1000x^4 + 1000}{0.001x^4 + 1} = \infty$

4. $\lim\limits_{x\to\infty} x\mathrm{e}^{-1/x} = 0$

5. 如果$\lim\limits_{x\to a} f(x) = \lim\limits_{x\to a} g(x) = \infty$,那么$\lim\limits_{x\to a} \dfrac{f(x)}{g(x)} = 1$.

6. 如果$\lim\limits_{x\to a} f(x) = 1$并且$\lim\limits_{x\to a} g(x) = \infty$,那么$\lim\limits_{x\to a} [f(x)]^{g(x)} = 1$.

7. 如果$\lim\limits_{x\to a} f(x) = 1$,那么$\lim\limits_{n\to\infty}\{\lim\limits_{x\to a}[f(x)]^n\} = 1$.

8. 如果$\lim\limits_{x\to a} f(x) = 0$并且$\lim\limits_{x\to a} g(x) = \infty$,那么$\lim\limits_{x\to a}[f(x)]^{g(x)} = 0$.(假设当$x \neq a$时,$f(x) \geqslant 0$)

9. 如果$\lim\limits_{x\to a} f(x) = -1$并且$\lim\limits_{x\to a} g(x) = \infty$,那么$\lim\limits_{x\to a}[f(x)g(x)] = -\infty$.

10. 如果$\lim\limits_{x\to a} f(x) = 0$并且$\lim\limits_{x\to a} g(x) = \infty$,那么$\lim\limits_{x\to a}[f(x)g(x)] = 0$.

11. 如果$\lim\limits_{x\to\infty} \dfrac{f(x)}{g(x)} = 3$,那么$\lim\limits_{x\to\infty}[f(x) - 3g(x)] = 0$.

12. 如果$\lim\limits_{x\to a} f(x) = 2$并且$\lim\limits_{x\to a} g(x) = 0$,那么$\lim\limits_{x\to a} \dfrac{f(x)}{|g(x)|} = \infty$.(假设当$x \neq a$时,$g(x) \neq 0$)

13. 如果$\lim\limits_{x\to\infty} \ln f(x) = 2$,那么$\lim\limits_{x\to\infty} f(x) = \mathrm{e}^2$.

14. 如果当 $x \neq a$ 时, $f(x) \neq 0$ 并且 $\lim_{x\to a} f(x) = 0$, 那么 $\lim_{x\to a}[1+f(x)]^{1/f(x)} = \mathrm{e}$.

15. 如果 $p(x)$ 是多项式, 那么 $\lim_{x\to\infty}\frac{p(x)}{\mathrm{e}^x} = 0$.

16. 如果 $p(x)$ 是多项式, 那么 $\lim_{x\to 0}\frac{p(x)}{\mathrm{e}^x} = p(0)$.

17. 如果 $f(x)$ 和 $g(x)$ 都可导, 并且 $\lim_{x\to 0}\frac{f'(x)}{g'(x)} = L$, 那么 $\lim_{x\to 0}\frac{f(x)}{g(x)} = L$.

18. $\int_0^1 \frac{1}{x^{1.001}}\mathrm{d}x$ 是收敛的.

19. 对于任意 $p > 0$ 的数, $\int_0^\infty \frac{1}{x^p}\mathrm{d}x$ 是发散的.

20. 如果 f 在区间 $[0,\infty)$ 是连续的, 并且 $\lim_{x\to\infty} f(x) = 0$, 那么 $\int_0^\infty f(x)\mathrm{d}x$ 收敛.

21. 如果 f 是偶函数并且 $\int_0^\infty f(x)\mathrm{d}x$ 收敛, 那么 $\int_{-\infty}^\infty f(x)\mathrm{d}x$ 收敛.

22. 如果极限 $\lim_{b\to\infty}\int_{-b}^b f(x)\mathrm{d}x$ 存在且有界, 那么 $\int_{-\infty}^\infty f(x)\mathrm{d}x$ 收敛.

23. 如果 f' 在区间 $[0,\infty)$ 上连续并且 $\lim_{x\to\infty} f(x) = 0$, 那么 $\int_0^\infty f'(x)\mathrm{d}x$ 收敛.

24. 如果在区间 $[0,\infty)$ 上, $0 \leqslant f(x) \leqslant \mathrm{e}^{-x}$, 那么 $\int_0^\infty f(x)\mathrm{d}x$ 收敛.

25. $\int_0^{\pi/4}\frac{\tan x}{x}\mathrm{d}x$ 是反常积分.

典型题型测试

求习题1 ~18 的极限.

1. $\lim_{x\to 0}\frac{4x}{\tan x}$

2. $\lim_{x\to 0}\frac{\tan 2x}{\sin 3x}$

3. $\lim_{x\to 0}\frac{\sin x - \tan x}{\frac{1}{3}x^2}$

4. $\lim_{x\to 0}\frac{\cos x}{x^2}$

5. $\lim_{x\to 0} 2x\cot x$

6. $\lim_{x\to 1^-}\frac{\ln(1-x)}{\cot \pi x}$

7. $\lim_{t\to\infty}\frac{\ln t}{t^2}$

8. $\lim_{x\to\infty}\frac{2x^3}{\ln x}$

9. $\lim_{x\to 0^+}(\sin x)^{1/x}$

10. $\lim_{x\to 0^+} x\ln x$

11. $\lim_{x\to 0^+} x^x$

12. $\lim_{x\to 0}(1+\sin x)^{2/x}$

13. $\lim_{x\to 0^+}\sqrt{x}\ln x$

14. $\lim_{t\to\infty} t^{1/t}$

15. $\lim_{x\to 0^+}\left(\frac{1}{\sin x} - \frac{1}{x}\right)$

16. $\lim_{x\to\pi/2}\frac{\tan 3x}{\tan x}$

17. $\lim_{x\to\pi/2}(\sin x)^{\tan x}$

18. $\lim_{x\to\pi/2}\left(x\tan x - \frac{\pi}{2}\sec x\right)$

习题19 ~38 中, 算出给定的广义积分或者证明它们是发散的.

19. $\int_0^\infty \frac{\mathrm{d}x}{(x+1)^2}$

20. $\int_0^\infty \frac{\mathrm{d}x}{1+x^2}$

21. $\int_{-\infty}^1 \mathrm{e}^{2x}\mathrm{d}x$

22. $\int_{-1}^1 \frac{\mathrm{d}x}{1-x}$

23. $\int_0^\infty \frac{\mathrm{d}x}{x+1}$

24. $\int_{1/2}^2 \frac{\mathrm{d}x}{x(\ln x)^{1/5}}$

25. $\int_1^\infty \frac{\mathrm{d}x}{x^2+x^4}$

26. $\int_{-\infty}^1 \frac{\mathrm{d}x}{(2-x)^2}$

27. $\int_{-2}^0 \frac{\mathrm{d}x}{2x+3}$

28. $\int_1^4 \frac{dx}{\sqrt{x-1}}$
29. $\int_2^\infty \frac{dx}{x(\ln x)^2}$
30. $\int_0^\infty \frac{dx}{e^{x/2}}$
31. $\int_3^5 \frac{dx}{(4-x)^{2/3}}$
32. $\int_2^\infty x e^{-x^2} dx$
33. $\int_{-\infty}^\infty \frac{x}{x^2+1} dx$
34. $\int_{-\infty}^\infty \frac{x}{1+x^4} dx$
35. $\int_0^\infty \frac{e^x}{e^{2x}+1} dx$
36. $\int_{-\infty}^\infty x^2 e^{-x^3} dx$
37. $\int_{-3}^3 \frac{x}{\sqrt{9-x^2}} dx$
38. $\int_{\pi/3}^{\pi/2} \frac{\tan x}{(\ln \cos x)^2} dx$

39. p 取什么值时$\int_1^\infty \frac{1}{x^p} dx$ 收敛,取什么值时发散?

40. p 取什么值时$\int_0^1 \frac{1}{x^p} dx$ 收敛,取什么值时发散?

习题41 ~44 中,用比较判别法(看8.4 节习题46)判断下列积分是收敛还是发散.

41. $\int_1^\infty \frac{dx}{\sqrt{x^6+x}}$
42. $\int_1^\infty \frac{\ln x}{e^{2x}} dx$
43. $\int_3^\infty \frac{\ln x}{x} dx$
44. $\int_1^\infty \frac{\ln x}{x^3} dx$

8.6 回顾与预习

回忆0.1 节,蕴含关系 $P \Rightarrow Q$,逆命题为 $Q \Rightarrow P$,逆否命题为非 $Q \Rightarrow$ 非 P. 在习题1 ~8 中,给出给定陈述的逆命题和逆否命题. 判断原命题、逆命题、逆否命题哪个是真的?

1. 如果 $x > 0$,那么 $x^2 > 0$.
2. 如果 $x^2 > 0$,那么 $x > 0$.
3. 如果 f 在 c 上可微,那么 f 在 c 上连续.
4. 如果 f 在 c 上连续,那么 f 在 c 上可微.
5. 如果 f 在 c 上右连续,那么 f 在 c 上连续.
6. 如果 f 的导数恒为0,那么 f 是常函数.(假设 f 对于所有的 x 都是可微的)
7. 如果 $f(x) = x^2$,那么 $f'(x) = 2x$.
8. 如果 $a < b$,那么 $a^2 < b^2$.

习题9 ~12 中,计算各式.

9. $1 + \frac{1}{2} + \frac{1}{4}$
10. $1 + \frac{1}{2} + \frac{1}{4} + \frac{1}{8} + \frac{1}{16} + \frac{1}{32}$
11. $\sum_{i=1}^{4} \frac{1}{i}$
12. $\sum_{k=1}^{4} \frac{(-1)^k}{2^k}$

计算下列极限.

13. $\lim_{x\to\infty} \frac{x}{2x+1}$
14. $\lim_{n\to\infty} \frac{n^2}{2n^2+1}$
15. $\lim_{x\to\infty} \frac{x^2}{e^x}$
16. $\lim_{n\to\infty} \frac{n^2}{e^n}$

下列哪些反常积分收敛.

17. $\int_1^\infty \frac{1}{x} dx$
18. $\int_1^\infty \frac{1}{x^2} dx$
19. $\int_1^\infty \frac{1}{x^{1.001}} dx$
20. $\int_1^\infty \frac{x}{x^2+1} dx$
21. $\int_2^\infty \frac{1}{x \ln x} dx$
22. $\int_2^\infty \frac{1}{x(\ln x)^2} dx$

第9章 无穷级数

9.1 无穷数列
9.2 无穷级数
9.3 正项级数收敛的积分判别法
9.4 正项级数收敛的其他判别法
9.5 交错级数：绝对收敛和条件收敛
9.6 幂级数
9.7 幂级数的运算
9.8 泰勒级数和麦克劳林级数
9.9 函数的泰勒近似
9.10 本章回顾
9.11 回顾与预习

9.1 无穷数列

简单地说，一个数列

$$a_1, a_2, a_3, a_4, \cdots$$

是一组有序排列的实数，并且每一个都是正整数．更正式地说，**无穷数列**是定义域为正整数集、值域是实数集的函数．我们可以把数列表示成 a_1，a_2，a_3，a_4，…，$\{a_n\}_{n=1}^{\infty}$，或更简单地表示成$\{a_n\}$．有时，我们可以通过在定义域中用大于或等于某一特殊整数来稍微扩展其表示法，如 b_0，b_1，b_2，…和 c_8，c_9，c_{10}，…可分别表示为$\{b_n\}_0^{\infty}$ 和$\{c_n\}_8^{\infty}$．

一个数列可以通过给定足够的初始项建立一个模式来表示，例如

$$1, 4, 7, 10, 13, \cdots$$

或用第 n 项的**通项式**表示为

$$a_n = 3n - 2,\ n \geqslant 1$$

或用**递归公式**来表示

$$a_1 = 1,\ a_n = a_{n-1} + 3,\ n \geqslant 2$$

> 有些人可能认为有很多不同的数列是以 1，4，7，10，13 开头，比如通项式为 $3n-2+(n-1)\cdot(n-2)\cdots(n-5)$的数列也以 1，4，7，10，13 开头，一般当我们给出数列的部分初始项求通项式时，是指求最简单和最明显的通项式.

注意：上述三种表示都描述同一个数列．下面是四个数列的通项式和最初几项．

(1) $a_n = 1 - \dfrac{1}{n}$，　　$n \geqslant 1$：0，$\dfrac{1}{2}$，$\dfrac{2}{3}$，$\dfrac{3}{4}$，$\dfrac{4}{5}$，…

(2) $b_n = 1 + (-1)^n \dfrac{1}{n}$，　　$n \geqslant 1$：0，$\dfrac{3}{2}$，$\dfrac{2}{3}$，$\dfrac{5}{4}$，$\dfrac{4}{5}$，$\dfrac{7}{6}$，$\dfrac{6}{7}$，…

(3) $c_n = (-1)^n + \dfrac{1}{n}$，　　$n \geqslant 1$：0，$\dfrac{3}{2}$，$\dfrac{-2}{3}$，$\dfrac{5}{4}$，$\dfrac{-4}{5}$，$\dfrac{7}{6}$，$\dfrac{-6}{7}$，…

(4) $d_n = 0.999$；　　$n \geqslant 1$：0.999，0.999，0.999，0.999，…

收敛 考虑上面定义的四个数列．每一个数列项都聚集在 1 附近（图 1）．但是它们都在 1 处收敛吗？正确答案是 $\{a_n\}$ 和 $\{b_n\}$ 在 1 处收敛，但 $\{c_n\}$ 和 $\{d_n\}$ 不在 1 处收敛．

若一个数列在 1 处收敛，首先这个数列项的值必须接近 1．但单单接近是不够的，要对于任意的 n，当 n 大于一个给定的值时，它们都必须保持接近．这就排除了 $\{c_n\}$．然后，接近的意思是任意地接近，即与 1 的距离小于任意一个非零的数，这又排除了 $\{d_n\}$．虽然 $\{d_n\}$ 不在 1 处收敛，但是可以说它在 0.999 处收敛．$\{c_n\}$ 完全不收敛，我们说它是发散的．

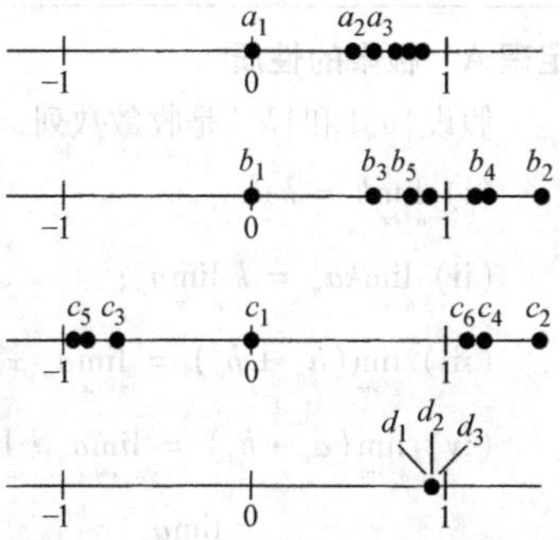

图 1

正式的定义如下，它已在 1.5 节中介绍过．

> **定义**
>
> 如果对于任意一个正数 ε，都有一个相应的正数 N 使得
>
> $$n \geqslant N \Rightarrow |a_n - L| < \varepsilon$$
>
> 则称数列 $\{a_n\}$ 在 L 处**收敛**，记为
>
> $$\lim_{n\to\infty} a_n = L$$
>
> 如果一个数列不收敛于任何一个有限的数 L，那么我们说它是**发散**的．

为了观察收敛和极限（1.5 节）的关系，画出 $a_n = 1 - 1/n$ 和 $a(x) = 1 - 1/x$ 的图形．唯一的不同是数列的定义域为正整数．第一种情况我们记为 $\lim_{n\to\infty} a_n = 1$；第二种情况我们记为 $\lim_{x\to\infty} a(x) = 1$. 注意在图 2 中 ε 和 N 的解释．

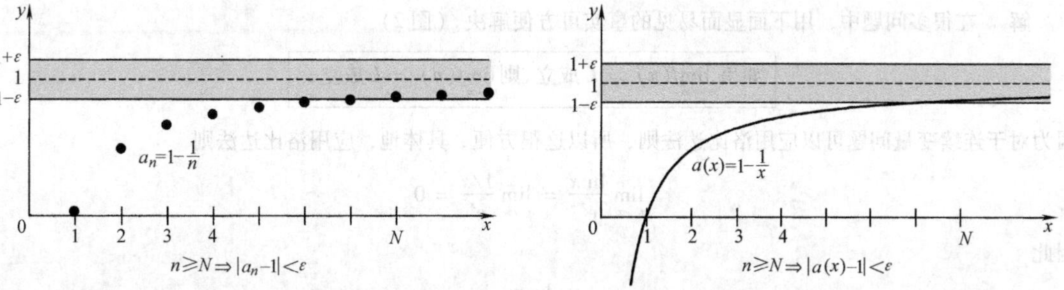

图 2

例 1 证明：如果 p 是正整数，那么 $\lim_{n\to\infty} \frac{1}{n^p} = 0.$

解 由前面所学，这是显而易见的，我们可以给出更正规的做法．对于任意的 $\varepsilon > 0$. N 是一任意大于 $\sqrt[p]{1/\varepsilon}$ 的值．当 $n \geqslant N$ 时，有

$$|a_n - L| = \left|\frac{1}{n^p} - 0\right|$$

$$= \frac{1}{n^p} \leqslant \frac{1}{N^p} < \frac{1}{(\sqrt[p]{1/\varepsilon})^p} = \varepsilon$$

不用证明，我们可说，所有熟悉的定理都支持收敛的结果．

定理 A 极限的性质

假设$\{a_n\}$和$\{b_n\}$是收敛数列，k是一常数．则

(i) $\lim\limits_{n\to\infty} k = k$;

(ii) $\lim\limits_{n\to\infty} ka_n = k\lim\limits_{n\to\infty} a_n$;

(iii) $\lim\limits_{n\to\infty}(a_n \pm b_n) = \lim\limits_{n\to\infty} a_n \pm \lim\limits_{n\to\infty} b_n$;

(iv) $\lim\limits_{n\to\infty}(a_n \cdot b_n) = \lim\limits_{n\to\infty} a_n \cdot \lim\limits_{n\to\infty} b_n$;

(v) $\lim\limits_{n\to\infty}\left(\frac{a_n}{b_n}\right) = \frac{\lim\limits_{n\to\infty} a_n}{\lim\limits_{n\to\infty} b_n}$，其中$\lim\limits_{n\to\infty} b_n \neq 0$.

例 2 求极限$\lim\limits_{n\to\infty}\frac{3n^2}{7n^2+1}$.

解 要求两个多项式商的极限，最明智的选择是在分子分母中分别除以分母中的n的最高次幂．这就得到了下面的第一步，其他的引用定理 A.

$$\lim_{n\to\infty}\frac{3n^2}{7n^2+1} = \lim_{n\to\infty}\frac{3}{7+(1/n^2)} \overset{\text{v}}{=\!=} \frac{\lim\limits_{n\to\infty} 3}{\lim\limits_{n\to\infty}[7+(1/n^2)]}$$

$$\overset{\text{iii}}{=\!=} \frac{\lim\limits_{n\to\infty} 3}{\lim\limits_{n\to\infty} 7 + \lim\limits_{n\to\infty} 1/n^2} \overset{\text{i}}{=\!=} \frac{3}{7+\lim\limits_{n\to\infty} 1/n^2} = \frac{3}{7+0} = \frac{3}{7}$$

到这时，当熟悉了极限定理后，就可直接从第一步跳到最后一步．

例 3 数列$\{(\ln n)/e^n\}$是否收敛，如果收敛，收敛到什么?

解 在很多问题中，用下面显而易见的事实可方便解决．(图 2)

如果$\lim\limits_{x\to\infty} f(x) = L$成立，则$\lim\limits_{n\to\infty} f(n) = L$成立．

因为对于连续变量问题可以应用洛比达法则，所以这很方便．具体地，应用洛比达法则

$$\lim_{x\to\infty}\frac{\ln x}{e^x} = \lim_{x\to\infty}\frac{1/x}{e^x} = 0$$

因此

$$\lim_{n\to\infty}\frac{\ln n}{e^n} = 0$$

也就是说，$\{(\ln n)/e^n\}$收敛于 0.

下面是一个与定理 1.3D 稍微不一样的定理．

定理 B 夹逼定理

假设$\{a_n\}$，$\{c_n\}$都收敛于L，同时对于任意的$n \geqslant K$(K是常量)，有$a_n \leqslant b_n \leqslant c_n$．那么，$\{b_n\}$也收敛于$L$.

例 4 证明$\lim\limits_{n\to\infty}\frac{\sin^3 n}{n} = 0$.

解 因为$n \geqslant 1$，$-1/n \leqslant (\sin^3 n)/n \leqslant 1/n$．又因$\lim\limits_{n\to\infty}(-1/n) = 0$，$\lim\limits_{n\to\infty}(1/n) = 0$，由夹逼定理即可得证此题．

对于变量的符号，下面的结果有帮助．

定理 C

如果$\lim\limits_{n\to\infty}|a_n|=0$成立，则$\lim\limits_{n\to\infty}a_n=0$成立.

证明 因为$-|a_n|\leqslant a_n\leqslant|a_n|$，结果由夹逼定理可得.

当n趋向于无穷时，数列$\{0.999^n\}$的项怎么变化？我们建议在计算器上算当$n=10,100,1000$和10000时，对0.999^n的值进行猜测. 然后注意下面的例子.

例 5 证明当$-1<r<1$时，$\lim\limits_{n\to\infty}r^n=0$.

解 如果$r=0$，结果是显然的，所以考虑其他的情况. 当$1/|r|>1$时，$1/|r|=1+p$，p为大于零的数. 根据二项式定理可得

$$\frac{1}{|r|^n}=(1+p)^n=1+pn+\cdots\geqslant pn$$

因此

$$0\leqslant|r|^n\leqslant\frac{1}{pn}$$

因为$\lim\limits_{n\to\infty}(1/pn)=(1/p)\lim\limits_{n\to\infty}(1/n)=0$，由夹逼定理可得，$\lim\limits_{n\to\infty}|r|^n=0$，等价地，$\lim\limits_{n\to\infty}|r^n|=0$. 根据定理 C，$\lim\limits_{n\to\infty}r^n=0$.

如果$r>1$，会怎样？例如，$r=1.5$时，r^n将趋向无穷. 在这种情况下，记为

$$\lim_{n\to\infty}r^n=\infty,\ r>1$$

然而，我们说数列$\{r^n\}$发散. 如果数列收敛，这数列必须趋向一个有限值. 当$r\leqslant-1$数列$\{r^n\}$也发散.

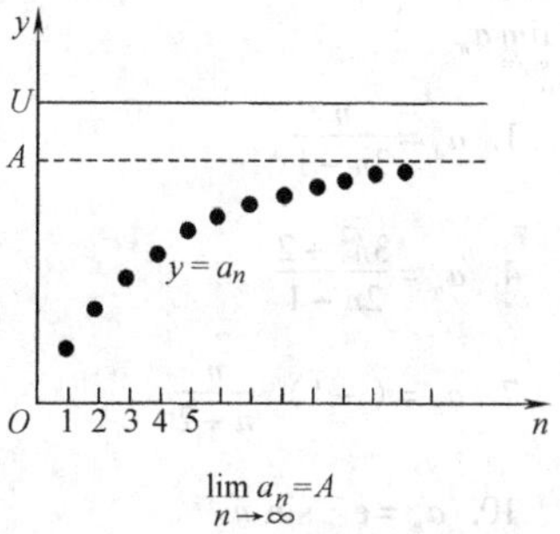

图 3

单调数列 考虑任一非减数列$\{a^n\}$，也就是说，$a_n\leqslant a_{n+1}$，$n\geqslant1$. 其中一个例子是数列$a_n=n^2$；另外一个是$a_n=1-1/n$. 细想一下，你便会发现，如此的数列只可能有两种情况. 它或者趋向无穷，或者趋向一定数(图 3). 下面是对这个重要结论的正式陈述.

定理 D 单调数列定理

如果单调递增数列$\{a_n\}$的上限是U，那么它将向一小于或等于U的极限A靠近. 同样地，如果L是一单调递减数列$\{b_n\}$的下限，数列$\{b_n\}$趋向一大于或等于L的极限B.

单调数列可用于描述单调递增或单调递减数列，所以用此命名这个定理.

定理 D 描述实数域的一个重要的性质. 这等价于实数的完备性，简单说是在实轴上没有“洞”(看习题 47 和习题 48). 这是区别实数轴和有理数轴(充满洞)的性质. 关于这个主题还可谈更多；我们希望能对定理 D 的应用进行研究，那样你就能真正掌握它，直至更深入.

我们再一次讨论定理 D. 数列$\{a_n\}$，$\{b_n\}$最初的单调性并不重要，只要从某些点开始就行，也就是$n\geqslant N$后. 实际上，数列的收敛，发散并不取决于最初的几个数，而是更大的n.

例 6 用定理 D 证明数列$b_n=n^2/2^n$收敛.

解 这个数列的前几项是

$$\frac{1}{2},1,\frac{9}{8},1,\frac{25}{38},\frac{36}{64},\frac{49}{128},\cdots$$

在$n\geqslant3$时，数列递减($b_n>b_{n+1}$). 下面各式都是等价的.

$$\frac{n^2}{2^n}>\frac{(n+1)^2}{2^{n+1}},\quad n^2>\frac{(n+1)^2}{2},\quad 2n^2>n^2+2n+1,$$

$$n^2-2n>1,\quad n(n-2)>1.$$

最后的等式对 $n\geqslant 3$ 是明显成立的．因这数列是递减(比不递增的要求更严格)，同时下限是0．单调定理保证它有极限．

用洛比达法则很容易证明它的极限是0．

概念复习

1. 一系列数字 a_1，a_2，a_3，…叫做________．
2. 如果________，数列 $\{a_n\}$ 收敛．
3. 递增数列在________时一定收敛．
4. 数列 $\{r^n\}$ 收敛的充要条件是______ $<r\leqslant$ ______．

习题9.1

在习题1～20中，a_n 是数列的通项式．写出数列 $\{a_n\}$ 的前5项，判断数列是收敛还是发散，如果收敛，求 $\lim\limits_{n\to\infty}a_n$．

1. $a_n=\dfrac{n}{3n-1}$
2. $a_n=\dfrac{3n+2}{n+1}$
3. $a_n=\dfrac{4n^2+2}{n^2+3n-1}$
4. $a_n=\dfrac{3n^2+2}{2n-1}$
5. $a_n=\dfrac{n^3+3n^2+3n}{(n+1)^3}$
6. $a_n=\dfrac{\sqrt{3n^2+2}}{2n+1}$
7. $a_n=(-1)^n\dfrac{n}{n+2}$
8. $a_n=\dfrac{n\cos(n\pi)}{2n-1}$
9. $a_n=\dfrac{\cos(n\pi)}{n}$
10. $a_n=\mathrm{e}^{-n}\sin n$
11. $a_n=\dfrac{\mathrm{e}^{2n}}{n^2+3n-1}$
12. $a_n=\dfrac{\mathrm{e}^{2n}}{4^n}$
13. $a_n=\dfrac{(-\pi)^n}{5^n}$
14. $a_n=\left(\dfrac{1}{4}\right)^n+3^{n/2}$
15. $a_n=2+0.99^n$
16. $a_n=\dfrac{n^{100}}{\mathrm{e}^n}$
17. $a_n=\dfrac{\ln n}{\sqrt{n}}$
18. $a_n=\dfrac{\ln(1/n)}{\sqrt{2n}}$
19. $a_n=\left(1+\dfrac{2}{n}\right)^{n/2}$
20. $a_n=(2n)^{1/2n}$

提示：定理6.5A.

在习题21～30中，对每个数列求它们的通项式 a_n．并判断这个数列是收敛还是发散，如收敛，求 $\lim\limits_{n\to\infty}a_n$．

21. $\dfrac{1}{2},\ \dfrac{2}{3},\ \dfrac{3}{4},\ \dfrac{4}{5},\ \cdots$
22. $\dfrac{1}{2^2},\ \dfrac{2}{2^3},\ \dfrac{3}{2^4},\ \dfrac{4}{2^5},\ \cdots$
23. $-1,\ \dfrac{2}{3},\ -\dfrac{3}{5},\ \dfrac{4}{7},\ -\dfrac{5}{9},\ \cdots$
24. $1,\ \dfrac{1}{1-\frac{1}{2}},\ \dfrac{1}{1-\frac{2}{3}},\ \dfrac{1}{1-\frac{3}{4}},\ \cdots$
25. $1,\ \dfrac{1}{2^2-1^2},\ \dfrac{1}{3^2-2^2},\ \dfrac{4}{4^2-3^2},\ \cdots$
26. $\dfrac{1}{2-\frac{1}{2}},\ \dfrac{2}{3-\frac{1}{3}},\ \dfrac{3}{4-\frac{1}{4}},\ \dfrac{4}{5-\frac{1}{5}},\ \cdots$
27. $\sin 1,\ 2\sin\dfrac{1}{2},\ 3\sin\dfrac{1}{3},\ 4\sin\dfrac{1}{4},\ \cdots$
28. $-\dfrac{1}{3},\ \dfrac{4}{9},\ -\dfrac{9}{27},\ \dfrac{16}{81},\ \cdots$
29. $2,\ 1,\ \dfrac{2^3}{3^2},\ \dfrac{2^4}{4^2},\ \dfrac{2^5}{5^2},\ \cdots$
30. $1-\dfrac{1}{2},\ \dfrac{1}{2}-\dfrac{1}{3},\ \dfrac{1}{3}-\dfrac{1}{4},\ \dfrac{1}{4}-\dfrac{1}{5},\ \cdots$

在习题31～36中，写出数列 $\{a_n\}$ 的前四项．然后用定理D证明数列收敛．

31. $a_n=\frac{4n-3}{2^n}$

32. $a_n=\frac{n}{n+1}\left(2-\frac{1}{n^2}\right)$

33. $a_n=\left(1-\frac{1}{4}\right)\left(1-\frac{1}{9}\right)\cdots\left(1-\frac{1}{n^2}\right)$，$n\geqslant2$

34. $a_n=1+\frac{1}{2!}+\frac{1}{3!}+\cdots+\frac{1}{n!}$

35. $a_1=1$，$a_{n+1}=1+\frac{1}{2}a_n$

36. $a_1=2$，$a_{n+1}=\frac{1}{2}\left(a_n+\frac{2}{a_n}\right)$

C 37. 假设 $u_1=\sqrt{3}$，$u_{n+1}=\sqrt{3+u_n}$决定一收敛数列，求 $\lim\limits_{n\to\infty}u_n$，精确到四位小数.

38. 证明 37 题有上限，且递增. 根据定理 D 证明数列$\{u_n\}$收敛. 提示：用数学归纳法.

39. 用代数法求出 $\lim\limits_{n\to\infty}u_n$. 提示：令 $u=\lim\limits_{n\to\infty}u_n$. 那么 $u_{n+1}=\sqrt{3+u_n}$，$u=\sqrt{3+u}$. 然后两边平方，解出 u.

40. 用第 39 题的方法求出 36 题中的 $\lim\limits_{n\to\infty}a_n$.

C 41. 假设 $u_1=0$，$u_{n+1}=1.1^{u_n}$ 决定一收敛数列. 求$\lim\limits_{n\to\infty}u_n$ 并精确到四位小数.

42. 证明 41 题中$\{u_n\}$递增，上限为 2.

43. 求 $\lim\limits_{n\to\infty}\sum\limits_{k=1}^{n}\left(\sin\frac{k}{n}\right)\frac{1}{n}$. 提示：找出等价的定积分.

44. 证明：

$$\lim_{n\to\infty}\sum_{k=1}^{n}\left[\frac{1}{1+(k/n)^2}\right]\frac{1}{n}=\frac{\pi}{4}$$

45. 用极限的定义证明 $\lim\limits_{n\to\infty}n/(n+1)=1$；即对任意给定的 $\varepsilon>0$，找到 N，从而由

$$n\geqslant N\Rightarrow\left|n/(n+1)-1\right|<\varepsilon.$$

46. 如 45 题，证明 $\lim\limits_{n\to\infty}n/(n^2+1)=0$.

47. 令 $S=\{x\mid x$ 是有理数，$x^2<2\}$，证明 S 在有理数域内没有最小上限，但却有最小实数上限. 换句话说，有理数列 1，1.4，1.41，1.414，…不存在有理数极限.

48. 实数完备性指出对于每个有上界的实数集必有实数上限. 这个性质常用来描绘实数. 用这个性质来证明定理 D.

49. 证明如果$\lim\limits_{n\to\infty}a_n=0$，$\{b_n\}$ 有界，那么$\lim\limits_{n\to\infty}a_nb_n=0$.

50. 证明如果$\{a_n\}$ 收敛，$\{b_n\}$ 发散，那么$\{a_n+b_n\}$ 发散.

51. 如果$\{a_n\}$ 和$\{b_n\}$ 都发散，那么$\{a_n+b_n\}$ 也发散吗?

52. 公元 1200 年斐波纳契发现了著名的斐波纳契数列$\{f_n\}$，定义如下

$$f_1=f_2=1,f_{n+2}=f_{n+1}+f_n$$

(a) 求$f_3,\cdots,f_{10}$.

(b) 设$\phi=\frac{1}{2}(1+\sqrt{5})\approx1.618034$，希腊人把它叫作黄金比例，这显示具有此比例的图形是"完美"的. 可表示为

$$f_n=\frac{1}{\sqrt{5}}\left[\left(\frac{1+\sqrt{5}}{2}\right)^n-\left(\frac{1-\sqrt{5}}{2}\right)^n\right]=\frac{1}{\sqrt{5}}[\phi^n-(-1)^n\phi^{-n}],$$

验证当 $n=1$，$n=2$ 成立. 一般性的结果可用归纳法证明(是一很好的挑战). 本章后续会用本结论证明 $\lim\limits_{n\to\infty}f_{n+1}/f_n=\phi$.

(c) 用刚证明的定理证明 ϕ 满足等式 $x^2-x-1=0$. 另一有趣的事是，用二次方程式定理证明这个等式的两个根是 ϕ，$-1/\phi$.

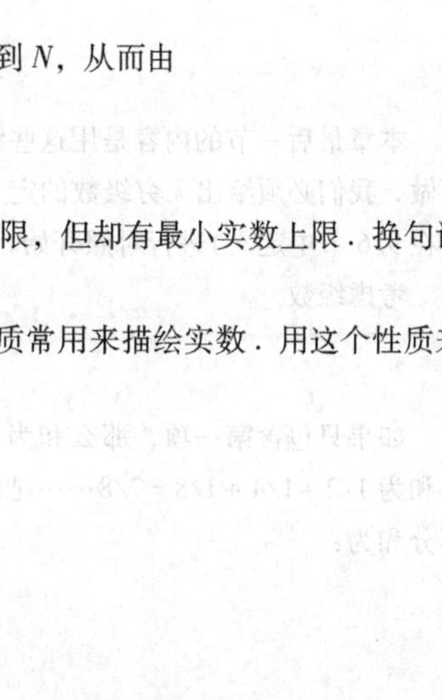

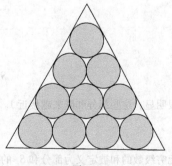

图 4

53. 假设一等边三角形包含 $1+2+3+\cdots+n=n(n+1)/2$ 个圆，每个圆的直径都是 1，当 $n=4$ 时堆砌的方式如图 4 所示. 求$\lim\limits_{n\to\infty}A_n/B_n$，其中，$A_n$ 是圆的总面积；B_n 是三角形的面积.

习题54 ~59 用$\lim\limits_{x\to\infty}f(x) = \lim\limits_{x\to 0^+}f\left(\frac{1}{x}\right)$来求出各极限.

54. $\lim\limits_{n\to\infty}\left(1+\frac{1}{n}\right)^n$　　55. $\lim\limits_{n\to\infty}\left(1+\frac{1}{2n}\right)^n$

56. $\lim\limits_{n\to\infty}\left(1+\frac{1}{n^2}\right)^n$　　57. $\lim\limits_{n\to\infty}\left(\frac{n-1}{n+1}\right)^n$

58. $\lim\limits_{n\to\infty}\left(\frac{2+n^2}{3+n^2}\right)^n$　　59. $\lim\limits_{n\to\infty}\left(\frac{2+n^2}{3+n^2}\right)^{n^2}$

概念复习答案：

1. 一数列　2. $\lim\limits_{n\to\infty}a_n$存在　3. 上限　4，-1，1

9.2　无穷级数

当我们让计算机或计算器算角度的正弦值或者e的幂时，通常都是用算法给出它们的近似值．很多算法都是基于本节和随后几节的无穷数列来确定的．我们将在9.8节看到

$$\sin x = x - \frac{x^3}{3!} + \frac{x^5}{5!} - \frac{x^7}{7!} + \cdots$$

$$e^x = 1 + x + \frac{x^2}{2!} + \frac{x^3}{3!} + \frac{x^4}{4!} + \cdots$$

本章最后一节的内容是用这些级数对一个给定的函数近似到任给的精度．但是要达到这点还有很多工作要做．我们必须给出无穷级数的定义．我们首先从一组数字的无穷级数与x幂的无穷级数列(也就是幂级数，将在9.6节中定义)进行对照开始．

考虑级数

$$\frac{1}{2} + \frac{1}{4} + \frac{1}{8} + \cdots$$

如果只包含第一项，那么和为1/2，如果包含前两项，那么和为1/2+1/4=3/4，如果包含前三项，那么和为1/2+1/4+1/8=7/8……把级数前有限项的和叫做部分和，记前n项部分和为S_n．对上面这个级数，部分和为：

$$S_1 = \frac{1}{2}$$

$$S_2 = \frac{1}{2} + \frac{1}{4} = \frac{3}{4}$$

$$S_3 = \frac{1}{2} + \frac{1}{4} + \frac{1}{8} = \frac{7}{8}$$

$$\vdots$$

$$S_n = \frac{1}{2} + \frac{1}{4} + \frac{1}{8} + \cdots + \frac{1}{2^n} = 1 - \frac{1}{2^n}$$

很明显，这些部分和越来越接近1．事实上

$$\lim_{n\to\infty}S_n = \lim_{n\to\infty}\left(1 - \frac{1}{2^n}\right) = 1$$

无穷级数的和被定义为部分和S_n的极限．

更一般的情况，考虑无穷级数$a_1 + a_2 + a_3 + a_4 + \cdots$

定义为$\sum\limits_{k=1}^{\infty}a_k$或者$\sum a_k$．这样$S_n$就是前$n$项部分和，用如下形式给出：

$$S_n = a_1 + a_2 + a_3 + \cdots + a_n = \sum_{k=1}^{n} a_k$$

下面我们给出正式的定义：

定义

假如无穷级数 $\sum_{k=1}^{\infty} a_k$ 的部分和数列 $\{S_n\}$ 收敛于 S，那么无穷级数 $\sum_{k=1}^{\infty} a_k$ 收敛并且有和 S. 假如 $\{S_n\}$ 发散，那么级数同样也发散．一个发散的无穷级数无和．

几何级数 以形式 $\sum_{k=1}^{\infty} ar^{k-1} = a + ar + ar^2 + ar^3 + \cdots$，其中，$a \neq 0$，表示的级数，称为几何级数．

例1 证明当 $|r| < 1$ 时几何级数收敛于 $S = a/(1-r)$，当 $|r| \geqslant 1$ 时发散．

解 令 $S_n = a + ar + ar^2 + ar^3 + \cdots + ar^{n-1}$. 假如 $r = 1$，$S_n = na$ 趋向于无穷．所以 $\{S_n\}$ 发散．假如 $r \neq 1$，我们可以将它写成

$$S_n - rS_n = (a + ar + \cdots + ar^{n-1}) - (ar + ar^2 + \cdots + ar^n) = a - ar^n$$

因此

$$\boxed{S_n = \frac{a - ar^n}{1-r} = \frac{a}{1-r} - \frac{a}{1-r}r^n}$$

假若 $|r| < 1$，那么 $\lim_{n\to\infty} r^n = 0$（见 9.1 节例 5），因此

$$S = \lim_{n\to\infty} S_n = \frac{a}{1-r}$$

假若 $|r| > 1$ 或 $r = -1$，数列 $\{r^n\}$ 发散，结果 $\{S_n\}$ 也同样发散．

例2 用例 1 的结果算出下面两个几何级数的和．

(a) $\frac{4}{3} + \frac{4}{9} + \frac{4}{27} + \frac{4}{81} + \cdots$　　(b) $0.515151\cdots = \frac{51}{100} + \frac{51}{10000} + \frac{51}{1000000} + \cdots$

解 (a) $S = \dfrac{a}{1-r} = \dfrac{\frac{4}{3}}{1-\frac{1}{3}} = \dfrac{\frac{4}{3}}{\frac{2}{3}} = 2$

(b) $S = \dfrac{\frac{51}{100}}{1-\frac{1}{100}} = \dfrac{\frac{51}{100}}{\frac{99}{100}} = \dfrac{51}{99} = \dfrac{17}{33}$

(b)的解答过程暗示了如何证明任意的循环小数等价于一个有理数．

例3 图 1 中，一个等边三角形内有无数个圆，每个圆都与三角形的两条边相切并与相邻的圆外切且不断地逼近顶角．问所有圆的面积和占这个三角形的几分之几?

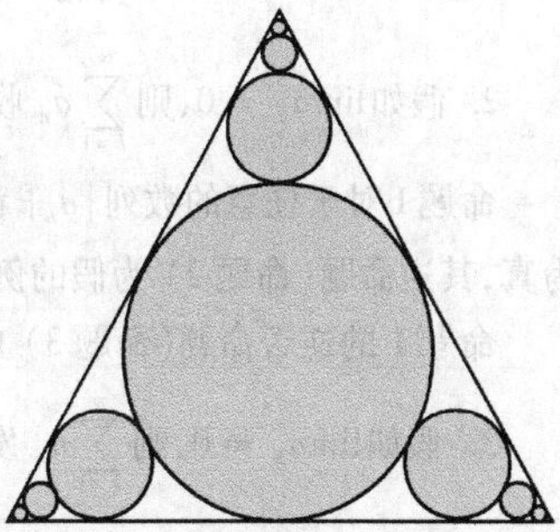

图 1

解 为了方便，我们假设最大的那个圆的半径为 1，那么正三角形的边长为 $2\sqrt{3}$. 注意到竖直方向的一堆圆．通过一点几何知识(最大的圆的圆心到上顶点的距离等于底边高的 $\frac{2}{3}$)可得这些圆的半径分别为 1，$\frac{1}{3}$，$\frac{1}{9}$，…继而得到图中竖直方向堆砌的圆的面积为

$$\pi\left[1^2 + \left(\frac{1}{3}\right)^2 + \left(\frac{1}{9}\right)^2 + \left(\frac{1}{27}\right)^2 + \cdots\right] = \pi\left[1 + \frac{1}{9} + \frac{1}{81} + \frac{1}{729} + \cdots\right] = \pi\left[\frac{1}{1-\frac{1}{9}}\right] = \frac{9\pi}{8}$$

因此图中所有圆的面积是上面的数值的三倍减去两倍大圆的面积，结果为 $27\pi/8 - 2\pi$ 即 $11\pi/8$.

已知三角形的面积为 $3\sqrt{3}$，所以圆的面积与三角形的面积的比为：$\frac{11\pi}{24\sqrt{3}}\approx 0.83$.

例4 假设 Peter 和 Paul 轮流地掷一枚硬币直到他们其中有一个人掷的硬币为正面，谁先掷得正面谁就获胜，如果 Peter 先掷，问 Peter 获胜的概率为多少？

解 Peter 第一次掷硬币就赢的概率为 1/2，失败的概率为 1/2；如果 Peter 掷第二次才赢，那么 Peter 第一次没有掷到正面，Paul 第一次也没有掷到正面，则 Peter 掷第二次赢的概率为 $\frac{1}{2}\times\frac{1}{2}\times\frac{1}{2}=\frac{1}{8}$；如果 Peter 掷第三次才赢，那么 Peter 前两次掷的都不是正面，Paul 前两次也没有掷到正面，则 Peter 掷第三次才赢的概率为 $\frac{1}{2}\times\frac{1}{2}\times\frac{1}{2}\times\frac{1}{2}\times\frac{1}{2}=\frac{1}{32}$；依此类推，Peter 获胜的概率是下面几何级数的部分和

$$\frac{1}{2}+\frac{1}{8}+\frac{1}{32}+\frac{1}{128}+\cdots=\frac{1/2}{1-1/4}=\frac{2}{3}$$

因此，Paul 获胜的概率为 $1-2/3=1/3$. Peter 获胜的概率比较大.

检验级数发散性的一般方法 再次考虑几何级数 $a+ar+ar^2+\cdots+ar^{n-1}+\cdots$. 它的第 n 项以 $a_n=ar^{n-1}$ 的形式给出. 例 1 表明一个几何级数只有当 $\lim_{n\to\infty}a_n=0$ 时才收敛. 这一点能够运用于所有的级数吗？答案是：不能. 虽然语句中的“只有”是正确的. 从这一点出发，我们得出一个关于级数发散性的重要定理.

定理A 第 n 项判别发散性法

假如级数 $\sum_{n=1}^{\infty}a_n$ 收敛，那么 $\lim_{n\to\infty}a_n=0$. 等价地，假如 $\lim_{n\to\infty}a_n\neq 0$ 或者 $\lim_{n\to\infty}a_n$ 不存在，那么，这个级数发散.

证明 设 S_n 是第 n 项部分和并且 $S=\lim_{n\to\infty}S_n$. 注意 $a_n=S_n-S_{n-1}$.

因为 $\lim_{n\to\infty}S_{n-1}=\lim_{n\to\infty}S_n=S$，则

$$\lim_{n\to\infty}a_n=\lim_{n\to\infty}S_n-\lim_{n\to\infty}S_{n-1}=S-S=0$$

逻辑性

考虑如下命题：

1. 假如 $\sum_{k=1}^{\infty}a_n$ 收敛，则 $\lim_{n\to\infty}a_n=0$.

2. 假如 $\lim_{n\to\infty}a_n=0$，则 $\sum_{k=1}^{\infty}a_n$ 收敛.

命题 1 对于任意的数列 $\{a_n\}$ 都成立，命题 2 对于任意的数列 $\{a_n\}$ 并不成立，这提供了一个命题（命题 1）为真，其逆命题（命题 2）为假的例子.

命题 1 的逆否命题（命题 3）成立.

3. 假如 $\lim_{n\to\infty}a_n\neq 0$，则 $\sum_{k=1}^{\infty}a_n$ 发散.

例5 证明 $\sum_{n=1}^{\infty}\frac{n^3}{3n^3+2n^2}$ 发散.

解 $\lim_{n\to\infty}a_n=\lim_{n\to\infty}\frac{n^3}{3n^3+2n^2}=\lim_{n\to\infty}\frac{1}{3+2/n}=\frac{1}{3}$

因此，通过定理 A 我们知道这个级数发散.

调和级数 学生总是想用定理 A 由 $a_n\to 0$ 推出级数 $\sum a_n$ 的收敛性. 然而调和级数

$$\sum_{n=1}^{\infty}\frac{1}{n}=1+\frac{1}{2}+\frac{1}{3}+\cdots+\frac{1}{n}+\cdots$$

表明这种想法是错误的．明显地，$\lim\limits_{n\to\infty}a_n = \lim\limits_{n\to\infty}(1/n) = 0$．但是这个级数却是发散的．

例 6 证明调和级数是发散的．

解 我们将证明它无限地增长．假设 n 非常大．

$$
\begin{aligned}
S_n &= 1+\frac{1}{2}+\frac{1}{3}+\frac{1}{4}+\frac{1}{5}+\cdots+\frac{1}{n}\\
&= 1+\frac{1}{2}+\left(\frac{1}{3}+\frac{1}{4}\right)+\left(\frac{1}{5}+\frac{1}{6}+\frac{1}{7}+\frac{1}{8}\right)+\left(\frac{1}{9}+\cdots+\frac{1}{16}\right)+\cdots+\frac{1}{n}\\
&> 1+\frac{1}{2}+\frac{2}{4}+\frac{4}{8}+\frac{8}{16}+\cdots+\frac{1}{n}\\
&= 1+\frac{1}{2}+\frac{1}{2}+\frac{1}{2}+\frac{1}{2}+\cdots+\frac{1}{n}
\end{aligned}
$$

很明显，只要取适当大的 n 就可以得到足够多的$\frac{1}{2}$．因而 S_n 增长没界限，所以$\{S_n\}$发散．因此，调和级数发散．

消去级数 几何级数是少数几个我们能够准确给出部分和 S_n 公式的级数之一，消去级数是另一个．

例 7 证明下面的级数收敛并求出它们的和．

$$\sum_{k=1}^{\infty} = \frac{1}{(k+2)(k+3)}$$

解 用一次因式分解 $\frac{1}{(k+2)(k+3)}=\frac{1}{k+2}-\frac{1}{k+3}$

那么

$$
\begin{aligned}
S_n &= \sum_{k=1}^{n}\left(\frac{1}{k+2}-\frac{1}{k+3}\right)=\left(\frac{1}{3}-\frac{1}{4}\right)+\left(\frac{1}{4}-\frac{1}{5}\right)+\cdots+\left(\frac{1}{n+2}-\frac{1}{n+3}\right)\\
&= \frac{1}{3}-\frac{1}{n+3}
\end{aligned}
$$

因此

$$\lim_{n\to\infty}S_n = \frac{1}{3}$$

级数收敛并且和为$\frac{1}{3}$.

收敛级数的性质 收敛的级数有有限的和．

> **定理 B 收敛级数的线性性质**
>
> 假如 $\sum\limits_{k=1}^{\infty}a_k$ 和 $\sum\limits_{k=1}^{\infty}b_k$ 均收敛且 c 是常数，那么 $\sum\limits_{k=1}^{\infty}ca_k$ 和 $\sum\limits_{k=1}^{\infty}(a_k+b_k)$ 也收敛，并且
>
> （Ⅰ）$\sum\limits_{k=1}^{\infty}ca_k = c\sum\limits_{k=1}^{\infty}a_k$；　　（Ⅱ）$\sum\limits_{k=1}^{\infty}(a_k+b_k) = \sum\limits_{k=1}^{\infty}a_k + \sum\limits_{k=1}^{\infty}b_k$.

证明 由于假设 $\lim\limits_{n\to\infty}\sum\limits_{k=1}^{n}a_k$ 和 $\lim\limits_{n\to\infty}\sum\limits_{k=1}^{n}b_k$ 都存在．因此，用前 n 项和公式和数列的性质．

（Ⅰ）$\sum\limits_{k=1}^{\infty}ca_k = \lim\limits_{n\to\infty}\sum\limits_{k=1}^{n}ca_k = \lim\limits_{n\to\infty}c\sum\limits_{k=1}^{n}a_k = c\lim\limits_{n\to\infty}\sum\limits_{k=1}^{n}a_k = c\sum\limits_{k=1}^{\infty}a_k$

（Ⅱ）$\sum\limits_{k=1}^{\infty}(a_k+b_k) = \lim\limits_{n\to\infty}\sum\limits_{k=1}^{n}(a_k+b_k) = \lim\limits_{n\to\infty}\left[\sum\limits_{k=1}^{n}a_k + \sum\limits_{k=1}^{n}b_k\right]$

$$= \lim_{n\to\infty}\sum_{k=1}^{n} a_k + \lim_{n\to\infty}\sum_{k=1}^{n} b_k = \sum_{k=1}^{\infty} a_k + \sum_{k=1}^{\infty} b_k$$

例 8　计算 $\sum_{k=1}^{\infty}\left[3\left(\frac{1}{8}\right)^k - 5\left(\frac{1}{3}\right)^k\right]$

解　通过定理 B 和例 1，有

$$\sum_{k=1}^{\infty}\left[3\left(\frac{1}{8}\right)^k - 5\left(\frac{1}{3}\right)^k\right] = 3\sum_{k=1}^{\infty}\left(\frac{1}{8}\right)^k - 5\sum_{k=1}^{\infty}\left(\frac{1}{3}\right)^k = 3\frac{\frac{1}{8}}{1-\frac{1}{8}} - 5\frac{\frac{1}{3}}{1-\frac{1}{3}}$$

$$= \frac{3}{7} - \frac{5}{2} = -\frac{29}{14}$$

定理 C

假如 $\sum_{k=1}^{\infty} a_k$ 发散并且 $c \neq 0$，那么 $\sum_{k=1}^{\infty} ca_k$ 发散．

我们将定理的证明留作作业．定理提示，例如只要我们知道调和级数是发散的，则知级数 $\sum_{k=1}^{\infty}\frac{1}{3k} = \sum_{k=1}^{\infty}\frac{1}{3}\times\frac{1}{k}$ 也发散．

加法的结合律允许我们随意组合几个数形成一个固定的和．例如：

$$2+7+3+4+5 = (2+7)+(3+4)+5 = 2+(7+3)+(4+5)$$

但是我们有时候忽略了一个作为部分和数列的极限的无穷级数的定义，并且我们被直觉带入了自相矛盾中．例如，级数

$$1-1+1-1+\cdots+(-1)^{n+1}+\cdots$$

有部分和

$$S_1 = 1$$
$$S_2 = 1-1 = 0$$
$$S_3 = 1-1+1 = 1$$
$$S_4 = 1-1+1-1 = 0$$
$$\vdots$$

但部分和数列，1，0，1，0，1，…发散；因此级数 $1-1+1-1+\cdots$ 发散．我们或许可能将这个级数看成

$$(1-1)+(1-1)+\cdots$$

并且将它的和视为 0. 同样地，我们可能视这个级数为

$$1-(1-1)-(1-1)-\cdots$$

并且认为和为 1. 这个级数的和既可以是 0 也可以是 1.

结果表明只有级数是收敛的，这种将几项视为一项的做法才是正确的，这样我们才可以随意进行组合，否则不然．

定理 D　无穷级数中的分组操作

一个收敛的级数的项可以任意地分组（项的次序保持不变），分组后形成的新级数与原级数收敛到同一数．

证明　设 $\sum a_n$ 为原始的收敛级数并令 $\{S_n\}$ 为其部分和数列．假如 $\sum b_m$ 是通过对 $\sum a_n$ 进行分组得到的级数并且 $\{T_m\}$ 是其部分和的数列．那么 T_m 就包含于 S_n 中．例如，T_4 可能是

$$T_4 = a_1 + (a_2+a_3) + (a_4+a_5+a_6) + (a_7+a_8)$$

这样的话 $T_4=S_8$. 因此，$\{T_m\}$是$\{S_n\}$的一部分. 即刻就可以想到假如 $S_n\to S$ 那么 $T_m\to S$.

概念复习

1. 一个形似 $a_1+a_2+a_3+\cdots$的式子叫做____________.
2. 只要数列$\{S_n\}$收敛，级数 $a_1+a_2+\cdots$是收敛的，$S_n=$____________.
3. 假如____________，几何级数 $a+ar+ar^2+\cdots$收敛；且级数的和为____________.
4. 假如 $\lim_{n\to\infty}a_n\neq 0$,我们可以确信级数 $\sum_{n=1}^{\infty}a_n$ ____________.

习题 9.2

在习题1~14中，指出给出的级数收敛还是发散. 假如它是收敛的，找出它的和. 提示：先写出级数的前几项，对你的解题或许很有帮助.

1. $\sum_{k=1}^{\infty}\left(\frac{1}{7}\right)^k$

2. $\sum_{k=1}^{\infty}\left(-\frac{1}{4}\right)^{-k-2}$

3. $\sum_{k=0}^{\infty}\left[2\left(\frac{1}{4}\right)^k+3\left(-\frac{1}{5}\right)^k\right]$

4. $\sum_{k=1}^{\infty}\left[5\left(\frac{1}{2}\right)^k-3\left(\frac{1}{7}\right)^{k+1}\right]$

5. $\sum_{k=1}^{\infty}\frac{k-5}{k+2}$

6. $\sum_{k=1}^{\infty}\left(\frac{9}{8}\right)^k$

7. $\sum_{k=2}^{\infty}\left(\frac{1}{k}-\frac{1}{k-1}\right)$提示:参考例6

8. $\sum_{k=1}^{\infty}\frac{3}{k}$

9. $\sum_{k=1}^{\infty}\frac{k!}{100^k}$

10. $\sum_{k=1}^{\infty}\frac{2}{(k+2)k}$

11. $\sum_{k=1}^{\infty}\left(\frac{e}{\pi}\right)^{k+1}$

12. $\sum_{k=1}^{\infty}\frac{4^{k+1}}{7^{k-1}}$

13. $\sum_{k=2}^{\infty}\left(\frac{3}{(k-1)^2}-\frac{3}{k^2}\right)$

14. $\sum_{k=6}^{\infty}\frac{2}{k-5}$

在习题15~20中,先将给出的小数写成无穷级数的形式,然后再找出级数的和,最后用上面的结果将小数写成分数(见例2).

15. 0.22222⋯
16. 0.21212121⋯
17. 0.013013013⋯
18. 0.125125125⋯
19. 0.49999⋯
20. 0.36717171⋯

21. 当$0<r<2$时,计算$\sum_{k=0}^{\infty}r(1-r)^k$的值.

22. 当$-1<x<1$时,计算$\sum_{k=0}^{\infty}(-1)^kx^k$的值.

23. 证明:$\sum_{k=1}^{\infty}\ln\frac{k}{1+k}$发散.(提示:首先得到一个 S_n 的公式)

24. 证明:$\sum_{k=2}^{\infty}\ln\left(1-\frac{1}{k^2}\right)=-\ln 2$.

25. 一个球从 100 ft 的高度落下，每次它撞击到地面反弹后的高度会变成原来高度的 2/3. 求它在静止之前经过的总路程.

26. 有 A、B、C 三人，按照以下的方法分一个苹果. 首先，他们把苹果分成四份，每个人拿四分之一，然后再把剩下那块苹果分成四份，每个人拿四分之一，依此类推．证明最后他们每个人拿到三分之一苹果．

27. 假设政府拿出额外的 10 亿美元用来发展经济．假定每个商户和个人都储存他收入的 25%，花掉剩下的钱，所以初始的 10 亿美元中有 75% 由商户和个人消费掉．在剩下的数量中，又有 75% 被花掉，剩下 25%，依此类推．求出由于政府的行动，经济在消费上的增长是多少？（这在经济学中被称为乘数效应）

28. 假设每次只有 10% 的钱被储存，重做 27 题．

≈ 29. 假设有一个边长为 1 的正方形 $ABCD$（图 2），点 E、F、G、H 是它各边的中点．如果按图中给出的图形无限继续下去，阴影部分图形的面积是多少？

≈ 30. 如果按图 3 给出的图形无限继续下去，原始图形的哪些部分将最终被阴影遮住？

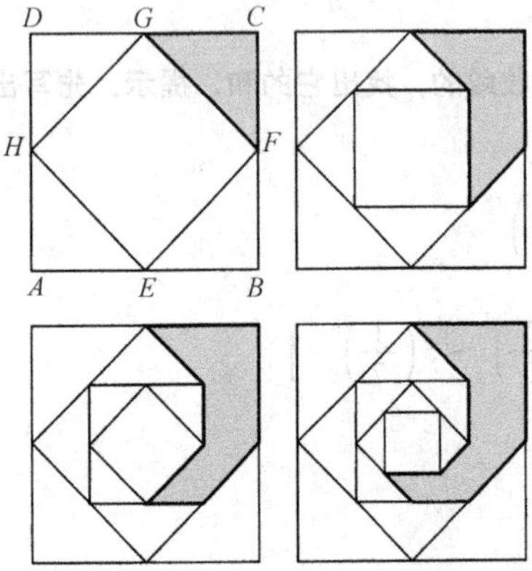

图　2

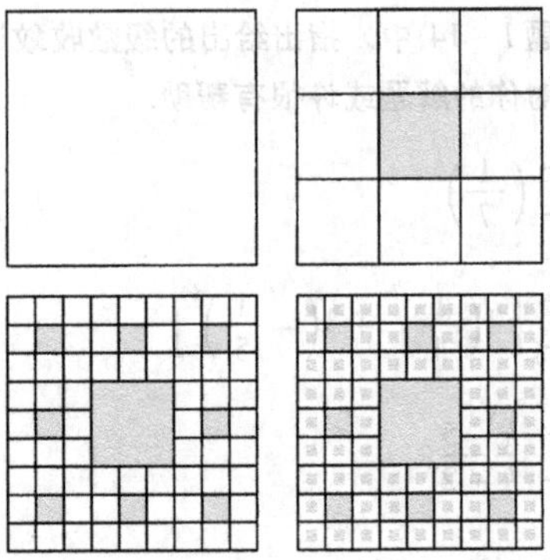

图　3

≈ 31. 如图 4 所示，每一个递减链中的三角形的顶点都在下一个大三角形的边的中点上．如果给出的图形无限继续下去，原始三角形的哪些部分将最终被阴影遮住？为了使这个结论成立，原始的三角形必须是等边三角形吗？

≈ 32. 如图 5 中所示，圆内切于 31 题中的三角形，如果初始的三角形是等边三角形，原始三角形的哪些部分将最终被阴影遮住？

33. 雪花图形的形成过程为：从一个等边三角形，假设边长为 9．每一边的中间三等分用一个边长为 3 的等边三角形的两边替代．然后类似地，在这 12 条边又用边长为 1 的等边三角形替代，雪花图形就形成了，前四步如图 6 所示．

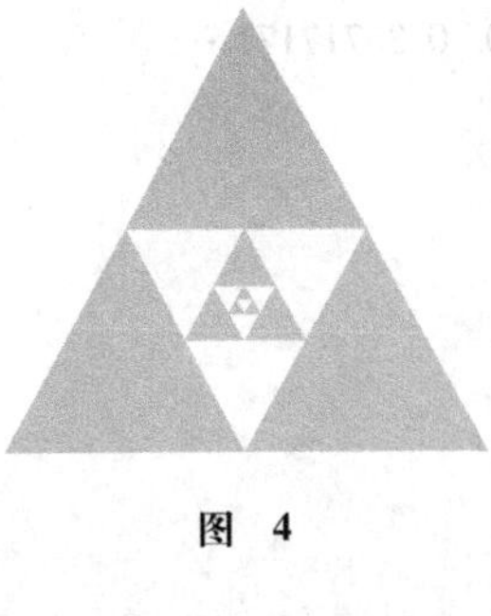

图　4

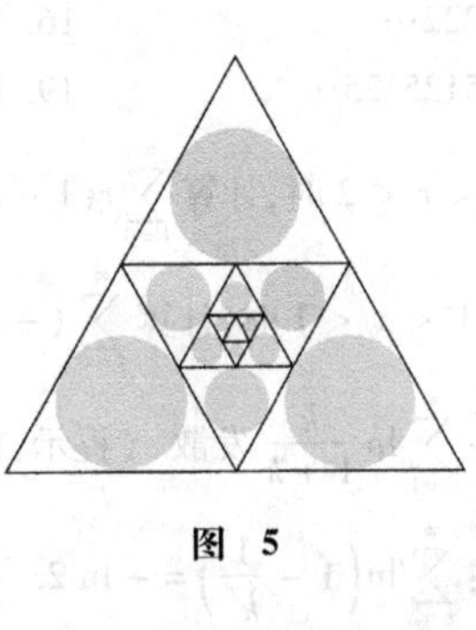

图　5

(a) 求雪花图形的周长，或者证明是无穷的．　　(b) 求雪花图形的面积，或者证明是无穷的．

34. 考虑图 7 所示的直角三角形 ABC. 点 A_1 是过点 C 垂直于 AB 的交点，点 B_1 是过点 A_1 平行于 AC 的交点．这样一直下去，产生了 A_2，A_3，…和 B_2，B_3，…．求这样方式形成的三角形的面积的级数，证明级数和是$\triangle ABC$的面积.

35. 在齐诺的一种悖论中，阿基里斯的跑步速度是迟缓的人行进速度的10倍，但是迟缓的人在阿基里斯前方100yd(1yd = 0.9144m)的地方．齐诺说阿基里斯不能追上迟缓的人，因为当阿基里斯跑过100yd时，迟缓的人也已经移动了10yd，当阿基里斯跑过10yd时，迟缓的人将向前移动1yd，依次类推．证明齐诺是错误的，阿基里斯可以追上迟缓的人，并计算阿基里斯跑过多少距离才可以追上迟缓的人.

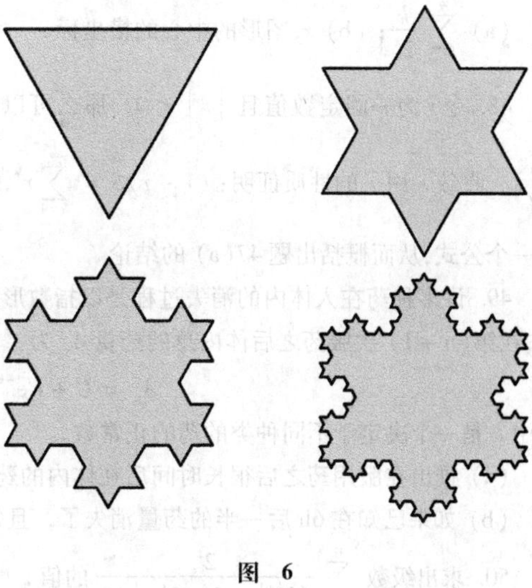

图 6

36. 汤姆和约翰都是很好的长跑运动员，他们跑步的速度为10mile/h. 他们的狗跑的速度为20mile/h. 汤姆和约翰同时从相距60mile的小镇出发相向跑步，同时狗在他们之间跑来跑去．当两人相遇时狗跑过多少路程？假设狗从汤姆处出发，首先跑向约翰，并且它可以立刻转向．用两种方法解决此问题：

(a) 用几何级数的方法；

(b) 找出一种简单的方法解决此问题.

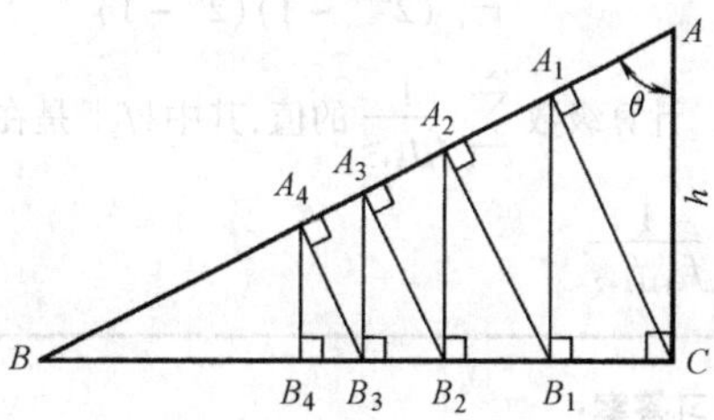

图 7

37. 假设彼得和保尔交替扔硬币，正面朝上的概率为1/3，反面朝上的概率为2/3. 如果由彼得先扔硬币直到正面朝上分出胜负为止，那么彼得赢的概率是多少？

38. 如果正面朝上的概率为p，反面朝上的概率为$1-p$，重复题37的事件，求彼得赢的概率是多少？

39. 假设玛丽一直掷骰子直到6出现，令X记录出现一次6所需要掷的次数的随机变量，求X的概率分布，且验证概率和为1.

40. 已知公式$\sum_{x=1}^{\infty} xp^x = \frac{p}{(1-p)^2}$(将在9.7节介绍)，求39题中的随机变量$X$的期望值.

41. 当$c \neq 0$时，证明如果$\sum_{k=1}^{\infty} a_k$发散，$\sum_{k=1}^{\infty} ca_k$也发散.

42. 使用35题的结论证明$\frac{1}{2}+\frac{1}{4}+\frac{1}{6}+\frac{1}{8}+\cdots$发散.

43. 假设有无限多个1个单位长的小木块.

(a) 证明按图8中的形式堆放小木块不会倾倒．提示：考虑质心.

(b) 用这种方法堆放，最顶端的木块可以突出最底端的木块多少？

44. 为了使$S_N = \sum_{k=1}^{N}(1/k)$的值刚好超过4，$N$值必须是多大？注释：计算机证明当$S_N$的值超过20时，$N = 272400600$，当$S_N$的值超过100时，$N \approx 1.5 \times 10^{43}$.

45. 证明当$\sum a_n$发散且$\sum b_n$收敛时，$\sum(a_n+b_n)$发散.

46. 举例说明当$\sum a_n$发散且$\sum b_n$也发散时，$\sum(a_n+b_n)$可能会是收敛的.

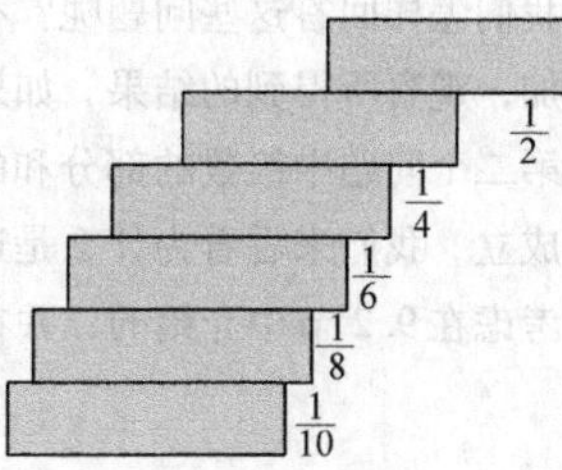

图 8

47. 通过对图9先垂直后水平地观察，证明：$1+\frac{1}{2}+\frac{1}{4}+\frac{1}{8}+\cdots=\frac{1}{2}+\frac{2}{4}+\frac{3}{8}+\frac{4}{16}+\cdots$并用这一事实计算：

(a) $\sum_{k=2}^{\infty}\frac{k}{2^k}$；(b) $\bar{x}$,图形的中心的横坐标.

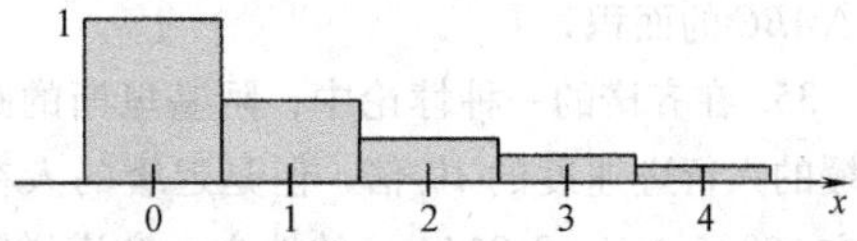

图 9

48. 令 r 为一固定数值且 $|r|<1$. 那么可以用和 S 证明 $\sum_{k=1}^{\infty}kr^k$ 收敛. 用∑的性质证明：$(1-r)S=\sum_{k=1}^{\infty}r^k$,然后,得到 S 的一个公式,从而概括出题47(a) 的结论.

49. 许多种药在人体内的消失过程是以指数形式体现的. 因此,如果一种药在时间段 t 内是以剂量 C 给出的,在第$(n+1)$ 次服药之后体内总的药量 A_n 为

$$A_n = C + Ce^{-kt} + Ce^{-2kt} + \cdots + Ce^{-nkt}$$

式中 k 是一个决定于不同种类的药的正常数.

(a) 推出在服用药之后很长时间后在体内的药的总量 A 的表达式.(假设是无限长的一段时间)

(b) 如果已知在6h 后一半的药量消失了，且每12h 供给2mg 的药量，计算 A.

50. 求出级数 $\sum_{k=1}^{\infty}\frac{2^k}{(2^{k+1}-1)(2^k-1)}$ 的值.

51. 计算级数 $\sum_{k=1}^{\infty}\frac{1}{f_kf_{k+2}}$ 的值,其中$\{f_k\}$ 是在9.1 节52 题中介绍的斐波纳契数列. 提示:首先证明:$\frac{1}{f_kf_{k+2}}=\frac{1}{f_kf_{k+1}}-\frac{1}{f_{k+1}f_{k+2}}$.

概念复习答案:

1. 一个无穷级数 2. $a_1+a_2+a_3+\cdots+a_n$ 3. $|r|<1$, $a/(1-r)$ 4. 发散

9.3 正项级数收敛的积分判别法

在9.2 节中已经介绍了一些重要的级数知识，但是也仅仅是介绍了两种特殊的形式：几何级数和调和级数. 对于它们的部分和 S_n，我们可以给出准确的表达式，但对于其他形式的级数则不能. 本节的任务是开始学习一般的无穷级数.

对于一个级数，总是有两个非常重要的问题：

(1) 级数收敛吗?

(2) 如果它收敛，那么它的部分和是什么?

我们怎样回答这些问题呢? 有人可能会建议我们用计算机. 对于第一个问题，我们仅仅需要更多的级数项相加，观察所得到的结果. 如果这些数好像接近一个固定的数 S，那么这个级数收敛. 在这种情况下，S 就是第二个问题中级数的部分和的极限. 这样的回答好像对于第一个问题是错误的，而仅仅部分地对于第二问题成立. 我们来看看为什么是这样.

考虑在9.2 节中介绍的，并在例题6 和习题44 中讨论过的调和级数：

$$1+\frac{1}{2}+\frac{1}{3}+\frac{1}{4}\cdots$$

我们已知这个级数发散，但是用计算机却会得出相反的答案. 这个级数的部分和 S_n 会无限地增长，但是它的增长太慢了，需要272 百万项才能使得部分和达到20，而部分和要达到100，必须有超过 10^{43} 项. 由于计算机本身能够处理的数字位数是有限的，它将最后给出一个重复的 S_n 数值，得出了级数是收敛的这一错误的答案. 这在其他缓慢减小的级数中也是正确的. 因此使用计算机并不是数学中考虑级数收敛或发散问题的根本方法.

重要提示

a_1，a_2，a_3，…是一个数列，$a_1+a_2+a_3+\cdots$是一个级数，$S_n=a_1+a_2+a_3+\cdots+a_n$是级数的$n$项部分和．$S_1$，$S_2$，$S_3$，…是级数的部分和数列，级数$a_1+a_2+a_3+\cdots$收敛当且仅当$S=\lim\limits_{n\to\infty}S_n$存在且有限，$S$称为级数的和．

在本节和下一节中，我们将集中全力讨论只包含正项（或者至少是非负项）的级数上．在这种限制条件下，我们可以给出一些简单、明了的级数收敛的判断准则．任意级数的收敛、发散的判断准则将在9.5节中给出．

级数收敛的部分和有界判别法　我们的第一个结论直接从9.1节定理D单调数列定理得出．

定理A　部分和有界判别法

当且仅当一个正项级数的部分和有上界，这个正项级数$\sum a_k$收敛．

证明　令$S_n=a_1+a_2+\cdots+a_n$，因为$a_k\geqslant 0$，$S_{n+1}\geqslant S_n$，即$\{S_n\}$是一个非递减数列．因此，根据定理9.1D，当有一个数U使得对于所有的n都有$S_n\leqslant U$成立时，$\{S_n\}$收敛．否则，S_n将会无限增长，在这种情况下，$\{S_n\}$发散．

例1　证明级数$\frac{1}{1!}+\frac{1}{2!}+\frac{1}{3!}+\cdots$收敛

证明　我们的目标是证明部分和S_n有上界．首先注意到：

$$n!=1\times2\times3\times\cdots\times n\geqslant 1\times2\times2\times\cdots\times2=2^{n-1}$$

所以，$1/n!\leqslant 1/2^{n-1}$．因此，

$$S_n=\frac{1}{1!}+\frac{1}{2!}+\frac{1}{3!}+\cdots+\frac{1}{n!}\leqslant 1+\frac{1}{2}+\frac{1}{4}+\cdots+\frac{1}{2^{n-1}}$$

后面的项来自一个$r=\frac{1}{2}$的几何级数．它们可以用9.2节例1中的公式相加．得到

$$S_n\leqslant\frac{1-\left(\frac{1}{2}\right)^n}{1-\frac{1}{2}}=2\left[1-\left(\frac{1}{2}\right)^n\right]<2$$

因此，根据部分和有界判别法，给出的级数收敛．求解过程得出它的部分和S最大值为2．以后我们会给出$S=e-1\approx1.71828$．

级数收敛的广义积分判别法　$\sum\limits_{k=1}^{\infty}f(k)$和$\int_1^{\infty}f(x)\,dx$在收敛时的特性非常相似，这就给出了一个有用的判别收敛法．

定理B　积分判别法

假设f在区间$[1,\infty)$上是连续、正的、非递增函数，同时对于所有正整数k有$a_k=f(k)$．那么当且仅当反常积分$\int_1^{\infty}f(x)\,dx$收敛时，无穷级数$\sum\limits_{k=1}^{\infty}a_k$收敛．

我们注意到在这个定理中，整数1可以被任意正整数M所代替（参照例4）．

证明　图1中显示出了怎么样用面积来解释级数$\sum a_k$的部分和，也就是怎么样把级数和积分联系起来．注意到因为每一个矩形的宽都等于1，因此矩形的面积都等于它的高．从这些图形中我们可以看出

$$\sum_{k=2}^{n}a_k\leqslant\int_1^n f(x)\,dx\leqslant\sum_{k=1}^{n-1}a_k$$

假设$\int_1^{\infty}f(x)\,dx$收敛．那么，根据上面左边的不等式，有

$$S_n = a_1 + \sum_{k=2}^{n} a_k \leqslant a_1 + \int_1^n f(x)\,dx \leqslant a_1 + \int_1^\infty f(x)\,dx$$

因此，根据有界和判别法，无限级数 $\sum_{k=1}^{\infty} a_k$ 收敛.

另一方面,假设级数 $\sum_{k=1}^{\infty} a_k$ 收敛,那么,根据上面右边的不等式,如果 $t \leqslant n$,有

$$\int_1^t f(x)\,dx \leqslant \int_1^n f(x)\,dx \leqslant \sum_{k=1}^{n-1} a_k \leqslant \sum_{k=1}^{\infty} a_k$$

因为 $\int_1^t f(x)\,dx$ 随着 t 增加,并且有上界, $\lim_{t\to\infty}\int_1^t f(x)\,dx$ 必须存在,就是说 $\int_1^\infty f(x)\,dx$ 收敛.

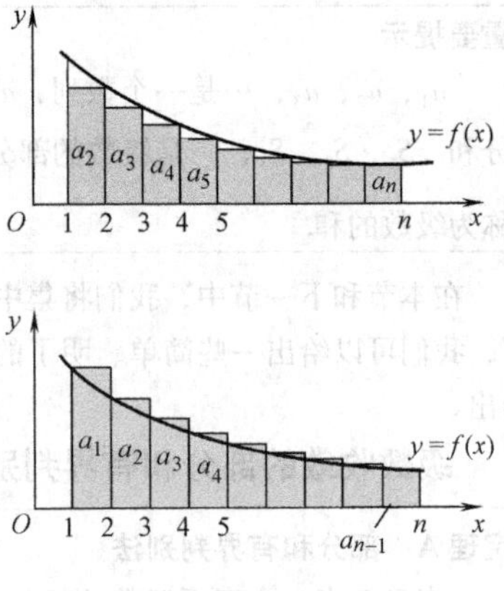

图 1

定理 B 的结论经常这样等同使用:级数 $\sum_{k=1}^{\infty} f(k)$ 和反常积分 $\int_1^\infty f(x)\,dx$ 同时收敛或发散. 显然，这个结论和我们的定理的陈述是一致的.

例 2　p 级数判别法

当 p 是一个常数时，级数 $\sum_{k=1}^{\infty} \frac{1}{k^p} = 1 + \frac{1}{2^p} + \frac{1}{3^p} + \frac{1}{4^p} + \cdots$ 称为 ***p* 级数**. 证明以下结论:

(a) 如果 $p > 1$, p 级数收敛.　　(b) 如果 $p \leqslant 1$, p 级数发散.

解　如果 $p \geqslant 0$,函数 $f(x) = 1/x^p$ 在区间$[1,\infty)$上为正的、非递增的连续函数,且 $f(k) = 1/k^p$. 因此,根据积分判别法,当且仅当 $\lim_{t\to\infty}\int_1^t x^{-p}\,dx$ 存在且有限时， $\sum(1/k^p)$ 收敛.

如果 $p \neq 1$,

$$\int_1^t x^{-p}\,dx = \left[\frac{x^{(1-p)}}{1-p}\right]_1^t = \frac{t^{1-p}-1}{1-p}$$

如果 $p = 1$,

$$\int_1^t x^{-1}\,dx = [\ln x]_1^t = \ln t$$

如果 $p > 1$, $\lim_{t\to\infty} t^{1-p} = 0$,如果 $p < 1$, $\lim_{t\to\infty} t^{1-p} = \infty$,因为 $\lim_{t\to\infty}\ln t = \infty$,可以得出如果 $p > 1$, p 级数收敛,如果 $0 \leqslant p \leqslant 1$, p 级数发散.

剩下 $p<0$ 的情况. 在这种情况下， $\sum 1/k^p$ 的第 n 项 $1/n^p$ 甚至都不趋向于0. 因此，根据第 n 项判别发散性法，级数发散.

当 $p=1$ 时，级数就是 9.2 节中介绍的调和级数. 得到的结论是一致的，调和级数发散.

例 3　级数 $\sum_{k=4}^{\infty} \frac{1}{k^{1.001}}$ 收敛还是发散?

解　根据 p 级数判别法， $\sum_{k=4}^{\infty} \frac{1}{k^{1.001}}$ 收敛. 在级数中插入或者移动一个有限数目的项时不能影响它的收敛性(虽然它们的部分和会受到影响). 因此,给出的级数收敛.

例 4　判断级数 $\sum_{k=2}^{\infty} \frac{1}{k\ln k}$ 收敛还是发散.

解　假设函数 $f(x) = 1/(x\ln x)$ 在区间$[2,\ \infty)$上满足积分判别法. 我们在定理 B 后注意到，函数的区间是$[2,\ \infty)$而不是定理中的$[1,\ \infty)$，这并不重要. 因

$$\int_2^\infty \frac{1}{x\ln x}dx = \lim_{t\to\infty}\int_2^t \frac{1}{\ln x}\left(\frac{1}{x}dx\right) = \lim_{t\to\infty}[\ln\ln x]_2^t = \infty$$

因此，级数 $\sum_{k=2}^{\infty} \frac{1}{k\ln k}$ 发散.

级数和的估算　我们已经讨论了如何判定一个级数是收敛还是发散，但是除了消去级数和几何级数

等特殊级数外，对于如何求一个收敛级数的收敛值这个问题，我们并没有完全解决．其实，这是一个难题，但是现在我们可以运用积分判别法近似计算一个级数的和．

如果我们用部分和的方法先算出前 n 项和 S_n，用它来近似收敛级数的和

$$S = a_1 + a_2 + a_3 + \cdots$$

两者间的误差为

$$E_n = S - S_n = a_{n+1} + a_{n+2} + \cdots$$

假设 $a_n = f(n)$，$f(x)$ 在 $[1, \infty)$ 上连续非增，且恒为正，即满足定理 B 的条件．因此有

$$E_n = a_{n+1} + a_{n+2} + \cdots < \int_n^\infty f(x)\,\mathrm{d}x$$

（图 2）．我们可以用这个结果计算出用部分和的方法估算级数值和 S 时的最大误差，并且可以算出 n 为多少时 S 可以达到理想精度．

例 5 计算用前 20 项部分和估算收敛级数 $S = \sum_{k=1}^{\infty} \frac{1}{k^{3/2}}$ 的最大误差值．

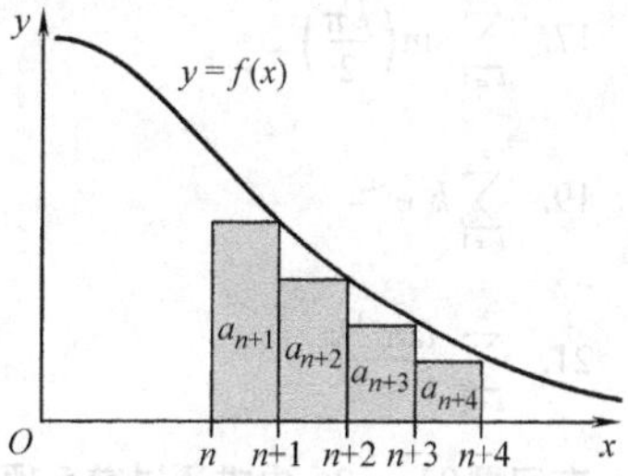

图 2

解 很明显可令 $f(x) = 1/x^{3/2}$，它满足 $f(x)$ 大于零的函数，在 $[1, \infty)$ 上连续但并不递增且大于零．因此误差为

$$E_{20} = \sum_{k=20+1}^{\infty} \frac{1}{k^{3/2}} < \int_{20}^{\infty} \frac{1}{x^{3/2}}\mathrm{d}x = \lim_{A\to\infty}\left[-2x^{-1/2}\right]_{20}^{A}$$

$$= \frac{2}{\sqrt{20}} \approx 0.44721$$

可以看出尽管 n 为 20，误差仍然很大．

例 6 计算当 n 至少为多少时例 5 中误差不大于 0.005？

解 已知误差为

$$E_n = \sum_{k=n+1}^{\infty} \frac{1}{k^{3/2}} < \int_n^{\infty} \frac{1}{x^{3/2}}\mathrm{d}x = \lim_{A\to\infty}\left[-2x^{-1/2}\right]_n^A = \frac{2}{\sqrt{n}}$$

因此，要使误差不大于 0.005，只要

$$\frac{2}{\sqrt{n}} < 0.005 \quad \text{即} \quad n > \left(\frac{2}{0.005}\right)^2 = 400^2 = 160000$$

概念复习

1. 正项级数收敛的充要条件是它的部分和是________．
2. 积分收敛法把 $\sum_{k=1}^{\infty} a_k$ 和 $\int_1^{\infty} f(x)\,\mathrm{d}x$ 联系起来，假设 a_k = ________ 并且 f 在区间 $[1,\infty)$ 上________，________，________．
3. 插入或去掉级数中的几项，不会影响该级数的________，然而可能影响它的部分和．
4. p 级数 $\sum_{k=1}^{\infty}(1/k^p)$ 收敛的充要条件是________________．

习题 9.3

用积分判别法判断下列级数的敛散性．

1. $\sum_{k=0}^{\infty} \frac{1}{k+3}$ 　2. $\sum_{k=1}^{\infty} \frac{3}{2k-3}$ 　3. $\sum_{k=0}^{\infty} \frac{k}{k^2+3}$

4. $\sum_{k=1}^{\infty} \frac{3}{2k^2+1}$ 　5. $\sum_{k=1}^{\infty} \frac{-2}{\sqrt{k+2}}$ 　6. $\sum_{k=100}^{\infty} \frac{3}{(k+2)^2}$

7. $\sum_{k=2}^{\infty} \frac{7}{4k+2}$　8. $\sum_{k=1}^{\infty} \frac{k^2}{e^k}$　9. $\sum_{k=1}^{\infty} \frac{3}{(4+3k)^{7/6}}$

10. $\sum_{k=1}^{\infty} \frac{1000k^2}{k^3+1}$　11. $\sum_{k=1}^{\infty} ke^{-3k^2}$　12. $\sum_{k=5}^{\infty} \frac{1000}{k(\ln k)^2}$

在习题 13 ~22 中运用我们至今所接触过的收敛法（包括 9.2 节中的）判断下列级数的敛散性，并阐述原因.

13. $\sum_{k=1}^{\infty} \frac{k^2+1}{k^2+5}$　14. $\sum_{k=1}^{\infty} \left(\frac{3}{\pi}\right)^k$

15. $\sum_{k=1}^{\infty} \left[\left(\frac{1}{2}\right)^k + \frac{k-1}{2k+1}\right]$　16. $\sum_{k=1}^{\infty} \left(\frac{1}{k^2} + \frac{1}{2^k}\right)$

17. $\sum_{k=1}^{\infty} \sin\left(\frac{k\pi}{2}\right)$　18. $\sum_{k=1}^{\infty} k\sin\frac{1}{k}$

19. $\sum_{k=1}^{\infty} k^2 e^{-k^3}$　20. $\sum_{k=1}^{\infty} \left(\frac{1}{k} - \frac{1}{k+1}\right)$

21. $\sum_{k=1}^{\infty} \frac{\tan^{-1}k}{1+k^2}$　22. $\sum_{k=1}^{\infty} \frac{1}{1+4k^2}$

在习题 23 ~26 中求通过前 5 项部分和得到的级数和与真实级数和之间的误差.

23. $\sum_{k=1}^{\infty} \frac{k}{e^k}$　24. $\sum_{k=1}^{\infty} \frac{1}{k\sqrt{k}}$

25. $\sum_{k=1}^{\infty} \frac{1}{1+k^2}$　26. $\sum_{k=1}^{\infty} \frac{1}{k(k+1)} = \sum_{k=1}^{\infty} \left(\frac{1}{k} - \frac{1}{k+1}\right)$

在习题 27 ~32 中计算 n 至少为多大时通过部分和得到的级数和与真实级数和之间的误差不大于 0.0002.

27. $\sum_{k=1}^{\infty} \frac{1}{k^2}$　28. $\sum_{k=1}^{\infty} \frac{1}{k^3}$　29. $\sum_{k=1}^{\infty} \frac{1}{1+k^2}$

30. $\sum_{k=1}^{\infty} \frac{k}{e^{k^2}}$　31. $\sum_{k=1}^{\infty} \frac{k}{1+k^4}$　32. $\sum_{k=1}^{\infty} \frac{1}{k(k+1)}$

33. 求使得级数 $\sum_{n=2}^{\infty} 1/[n(\ln n)^p]$ 收敛的 p 值，并阐述原因.

34. 判断 $\sum_{n=3}^{\infty} 1/[n\ln n(\ln n)]$ 的敛散性，并阐述原因.

35. 用如图 1 的图形法证明下列不等式.

$$\ln(n+1) < 1 + \frac{1}{2} + \frac{1}{3} + \cdots + \frac{1}{n} < 1 + \ln n$$

提示：$\int_1^n (1/x)\,dx = \ln n$.

36. 用习题 35 的结论证明下列数列

$$B_n = 1 + \frac{1}{2} + \frac{1}{3} + \cdots + \frac{1}{n} - \ln(n+1)$$

是递增的，且上界是 1.

37. 用 35 题的结论证明 $\lim_{n\to\infty} B_n$ 存在（用 γ 表示该极限，该极限被称为**欧拉常数**，约为 0.57772，目前还不知道它是有理数，还是无理数. 如果它是有理数，则它被化简后，它的分母至少为 10^{244663}）.

38. 用 35 题的结论求调和级数前一千万项的和的上界和下界.

39. 从 37 题，我们可以得到下面这个式子：

$$1+\frac{1}{2}+\frac{1}{3}+\cdots+\frac{1}{n}\approx\gamma+\ln(n+1)$$

用这个式子求当调和级数的前 n 项和大于 20 时，所需的项数 n. 并把结果与 9.2 节的习题 44 的结论比较.

40. 现在我们已经证明了欧拉常数的存在，我们将用一个简单的方法解决一个更一般的问题，打个比方，就像看见 γ 出现在稀薄的空气中. 令函数 f 在区间 $[1,\infty)$ 连续且递减，且令

$$B_n=f(1)+f(2)+\cdots+f(n)-\int_1^{n+1}f(x)\,dx$$

是图 3 中所示阴影部分的面积.

(a) 证明 B_n 关于 n 递增.

(b) 证明 $B_n\leqslant f(1)$，提示：把所有阴影向左移进长方形中.

(c) 证明 $\lim\limits_{n\to\infty}B_n$ 存在.

(d) 我们将怎样求出 γ 的值.

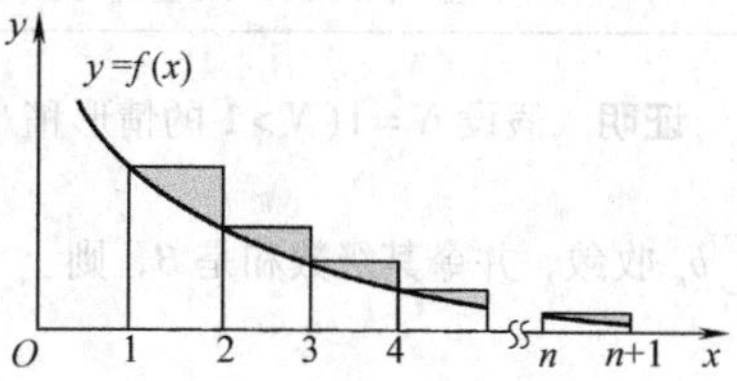

图 3

41. 函数 f 在区间 $[1,\infty)$ 连续且下凹（图 4），A_n 是阴影部分的面积，证明 A_n 关于 n 递增，以及 $A_n\leqslant T$（T 是图中边框加重的三角形的面积），且证明 $\lim\limits_{n\to\infty}A_n$ 存在.

42. 把 41 题中的函数特殊化成 $f(x)=\ln x$.

(a) 证明

$$\begin{aligned}A_n&=\int_1^n\ln x\,dx-\left[\frac{\ln 1+\ln 2}{2}+\cdots+\frac{\ln(n-1)+\ln n}{2}\right]\\&=n\ln n-n+1-\ln n!+\ln\sqrt{n}\\&=1+\ln\frac{(n/\mathrm{e})^n\sqrt{n}}{n!}\end{aligned}$$

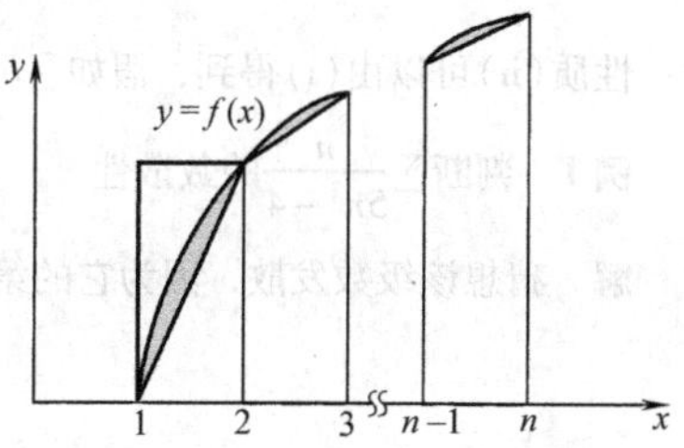

图 4

(b) 根据 (a) 和习题 41 得到

$$k=\lim_{n\to\infty}\frac{n!}{(n/\mathrm{e})^n\sqrt{n}}$$

存在，证明 $k=\sqrt{2\pi}$.

(c) 这意味着 $n!\approx\sqrt{2\pi n}(n/\mathrm{e})^n$，此式被称为斯特灵公式. 用它去估算 15! 的值，并将其与 15! 的确切值相比较.

43. 证明用 S_n 来逼近 S 的误差也满足 $E_n\geqslant\int_{n+1}^{\infty}f(x)\,dx$，题中的标记和例 5 中的可行性讨论一样.

概念复习答案：

1. 有上界 2. $f(k)$，连续，正，非递增 3. 收敛或发散 4. $p>1$

9.4 正项级数收敛的其他判别法

我们已经分析过下面两个级数（几何级数和 p 级数）的敛散性.

如果 $-1<r<1$，级数 $\sum\limits_{n=1}^{\infty}r^n$ 收敛，否则发散.

如果 $p>1$，级数 $\sum\limits_{n=1}^{\infty}\frac{1}{n^p}$ 收敛，否则发散.

对于第一类级数，如果它是收敛的，我们已经有办法求出它收敛的值，然而对于第二类级数，我们还没有找出求级数和的办法. 这些级数为我们提供了判别标准，我们可以利用它们判别其他级数，现在我们仍只对正项级数进行讨论.

比较判别法 一个级数的项比另一个收敛级数的对应项小，则该级数收敛．一个级数的项比另一个发散级数的对应项都大则该级数发散．

> **定理 A 比较判别法**
> 假如 $0 \leqslant a_n \leqslant b_n$ 对于所有的 $n \geqslant N$ 都成立．
> (i) 如果 $\sum b_n$ 收敛，则 $\sum a_n$ 收敛．
> (ii) 如果 $\sum a_n$ 发散，则 $\sum b_n$ 发散．

证明 假设 $N=1$($N>1$ 的情形稍难)．先证明(i)令 $S_n = a_1 + a_2 + \cdots + a_n$，显然 $\{S_n\}$ 是非递减数列，如果 $\sum_{n=1}^{\infty} b_n$ 收敛，并令其级数和是 B，则

$$S_n \leqslant b_1 + b_2 + \cdots + b_n \leqslant \sum_{n=1}^{\infty} b_n = B$$

根据和有界判别法(9.3 节定理 A)，$\sum_{n=1}^{\infty} a_n$ 收敛．

性质(ii)可以由(i)得到，假如 $\sum b_n$ 收敛，则 $\sum a_n$ 必须收敛.

例 1 判断 $\sum \frac{n}{5n^2-4}$ 的敛散性．

解 猜想该级数发散，因为它的第 n 项形似 $1/5n$，事实上

$$\frac{n}{5n^2-4} > \frac{n}{5n^2} = \frac{1}{5} \times \frac{1}{n}$$

我们知道 $\sum \frac{1}{5} \times \frac{1}{n}$ 发散，因为它等于调和级数的五分之一(定理 9.2C)，运用比较判别法，所给级数发散．

例 2 判断级数 $\sum \frac{n}{2^n(n+1)}$ 的敛散性．

解 因为它的第 n 项形似 $(1/2)^n$，我们猜想该级数收敛，为了证明猜想是正确的，注意到

$$\frac{n}{2^n(n+1)} = \left(\frac{1}{2}\right)^n \frac{n}{n+1} < \left(\frac{1}{2}\right)^n$$

因为 $\sum \left(\frac{1}{2}\right)^n$ 收敛(它是一个 $r=\frac{1}{2}$ 的几何级数)，至此，我们证明了所给级数是收敛的．

当运用比较判别法解题时，实际上是在找一个恰当的已经知道其敛散性的级数去与所要判断的级数比较．例如想知道下列级数的敛散性

$$\sum_{n=3}^{\infty} \frac{1}{(n-2)^2} = \sum_{n=3}^{\infty} \frac{1}{n^2-4n+4}$$

先假设它是收敛的，我们首先倾向于将 $1/(n-2)^2$ 与 $1/n^2$ 比较，但是

$$\frac{1}{(n-2)^2} > \frac{1}{n^2}$$

于是继续找恰当的级数，经过多次尝试发现

$$\frac{1}{(n-2)^2} \leqslant \frac{9}{n^2}$$

因为当 $n \geqslant 3$，$\sum \frac{9}{n^2}$ 收敛，所以 $\sum 1/(n-2)^2$ 收敛．

我们能不能避免这些烦琐的尝试呢？直觉告诉我们当 $\sum a_n$ 与 $\sum b_n$ 的比值的极限趋向一个常数时，它们的敛散性相同．即下面的定理

定理 B 极限比较法

假设 $a_n \geqslant 0$，$b_n > 0$ 且 $\lim\limits_{n\to\infty}\dfrac{a_n}{b_n} = L$

如果 $0 < L < \infty$，则 $\sum a_n$ 和 $\sum b_n$ 的敛散性相同；如果 $L = 0$ 且 $\sum b_n$ 收敛，则 $\sum a_n$ 收敛.

证明 令 $\varepsilon = L/2$，根据数列极限的定义(9.1 节)则存在正整数 N 使得对于任意的 $n > N \Rightarrow \left|(a_n/b_n) - L\right| < L/2$，即

$$-L/2 < \frac{a_n}{b_n} - L < L/2$$

这个不等式等价于

$$L/2 < \frac{a_n}{b_n} < 3L/2$$

因此，对于 $n \geqslant N$，有

$$b_n < \frac{L}{2}a_n, \quad a_n < \frac{3L}{2}b_n$$

利用这两个不等式，结合比较判别法，证明 $\sum a_n$ 和 $\sum b_n$ 的敛散性相同. 余下的证明由读者自己完成.

例 3 判断下面级数的敛散性.

(a) $\sum\limits_{n=1}^{\infty}\dfrac{3n-2}{n^3-2n^2+11}$ (b) $\sum\limits_{n=1}^{\infty}\dfrac{1}{\sqrt{n^2+19n}}$

解 运用极限比较法证明，我们仍需找出要与之进行比较的级数的第 n 项，我们发现(a) 级数中的第 n 项形似 $3/n^2$，(b) 级数中的第 n 项形似 $1/n$.

(a) $\lim\limits_{n\to\infty}\dfrac{a_n}{b_n} = \lim\limits_{n\to\infty}\dfrac{(3n-2)/(n^3-2n^2+11)}{3/n^2} = \lim\limits_{n\to\infty}\dfrac{3n^3-2n^2}{3n^3-6n^2+33} = 1$

(b) $\lim\limits_{n\to\infty}\dfrac{a_n}{b_n} = \lim\limits_{n\to\infty}\dfrac{1/\sqrt{n^2+19n}}{1/n} = \lim\limits_{n\to\infty}\sqrt{\dfrac{n^2}{n^2+19n}} = 1$

因为 $\sum 3/n^2$ 收敛，$\sum 1/n$ 发散，所以我们知道(a)收敛(b)发散.

例 4 判断级数 $\sum\limits_{n=1}^{\infty}\dfrac{\ln n}{n^2}$ 的敛散性.

解 应该将 $\dfrac{\ln n}{n^2}$ 与什么样的级数进行比较呢？如果尝试 $\dfrac{1}{n^2}$，则 $\lim\limits_{n\to\infty}\dfrac{a_n}{b_n} = \lim\limits_{n\to\infty}\dfrac{\ln n}{n^2}\div\dfrac{1}{n^2} = \lim\limits_{n\to\infty}\ln n = \infty$，尝试失败，因为条件不符；如果尝试 $\dfrac{1}{n}$，则 $\lim\limits_{n\to\infty}\dfrac{a_n}{b_n} = \lim\limits_{n\to\infty}\dfrac{\ln n}{n^2}\div\dfrac{1}{n} = \lim\limits_{n\to\infty}\dfrac{\ln n}{n} = 0$，仍失败. 因而我们推测也许在 $\dfrac{1}{n^2}$ 和 $\dfrac{1}{n}$ 之间有合适的. 如 $\dfrac{1}{n^{3/2}}$

$$\lim_{n\to\infty}\frac{a_n}{b_n} = \lim_{n\to\infty}\frac{\ln n}{n^2}\div\frac{1}{n^{3/2}} = \lim_{n\to\infty}\frac{\ln n}{n^{1/2}} = 0$$

(最后的等式运用洛比达法则得到)由于 p 级数 $\sum\dfrac{1}{n^{3/2}}$ 收敛，则根据极限比较法，我们得知 $\sum\dfrac{\ln n}{n^{1/2}}$ 收敛.

级数自身项的比较 运用前面的判别法解题，我们需要找到一个已知敛散性的级数与之比较，这项工作很难也很麻烦. 于是我们想，如果可以将其与自身比较就能得到级数的敛散性，那该多好啊. 而且事实告诉我们这是行得通的.

定理C 比率判别法

若$\sum a_n$是正项级数，且$\lim_{n\to\infty}\frac{a_{n+1}}{a_n}=\rho$

(i) 如果$\rho<1$,则级数收敛.

(ii) 如果$\rho>1$或$\lim_{n\to\infty}\frac{a_{n+1}}{a_n}=\infty$,则级数发散.

(iii) 如果$\rho=1$则该判别法不能得出级数的敛散性.

证明 因为$\lim_{n\to\infty}\frac{a_{n+1}}{a_n}=\rho$,即$a_{n+1}\approx\rho a_n$这形似以$\rho$为公比的几何级数. 当公比小于1时,几何级数收敛,当公比大于1时几何级数发散. 论证以上这些观点是摆在我们面前的任务.

(i) 因为$\rho<1$,我们可以选择一个数r使得$\rho<r<1$,例如$r=(\rho+1)/2$,然后选择一个足够大的数N,使得$n\geqslant N$,意味着 $\frac{a_{n+1}}{a_n}<r$(这是可行的,因为$\lim_{n\to\infty}\frac{a_{n+1}}{a_n}=\rho<r$)

则

$$\begin{aligned}a_{N+1}&<ra_N\\a_{N+2}&<ra_{N+1}<r^2a_N\\a_{N+3}&<ra_{N+2}<r^3a_N\\&\vdots\end{aligned}$$

因$ra_N+r^2a_N+r^3a_N+\cdots$是一个几何级数,当$0<r<1$,它收敛. 通过比较判别法,$\sum_{n=N+1}^{\infty}a_n$收敛,因此,$\sum_{n=1}^{\infty}a_n$也收敛.

(ii) 因为$\rho>1$,则存在一个正数N使得对于$n\geqslant N,a_{n+1}>a_n$,则

$$\begin{aligned}a_{N+1}&>a_N\\a_{N+2}&>a_{N+1}>a_N\\&\vdots\end{aligned}$$

因此对于$n\geqslant N$, $a_n>a_N>0$,这意味着$\lim_{n\to\infty}a_n$不为零,所以,$\sum a_n$发散.

(iii) $\sum 1/n$发散，但$\sum 1/n^2$收敛，对于第一个级数

$$\lim_{n\to\infty}\frac{a_{n+1}}{a_n}=\lim_{n\to\infty}\frac{1}{n+1}\div\frac{1}{n}=\lim_{n\to\infty}\frac{n}{n+1}=1$$

对于第二个级数

$$\lim_{n\to\infty}\frac{a_{n+1}}{a_n}=\lim_{n\to\infty}\frac{1}{(n+1)^2}\div\frac{1}{n^2}=\lim_{n\to\infty}\frac{n^2}{(n+1)^2}=1$$

因而，可以看出比率法无法区分当$\rho=1$时级数的收敛性.

对于那些第n项为n的有理表达式的级数，当$\rho=1$时比率法是难以奏效的(如我们的例子$a_n=1/n$和$a_n=1/n^2$). 然而，对于那些第n项包含着$n!$或者r^n的级数，比率法通常能很好地解决问题.

例5 讨论级数的收敛性：$\sum_{n=1}^{\infty}\frac{2^n}{n!}$.

解 $\rho=\lim_{n\to\infty}\frac{a_{n+1}}{a_n}=\lim_{n\to\infty}\frac{2^{n+1}}{(n+1)!}\frac{n!}{2^n}=\lim_{n\to\infty}\frac{2}{n+1}=0$

我们用比率法可得出结论:这个级数收敛.

例6 讨论级数的收敛性：$\sum_{n=1}^{\infty}\frac{2^n}{n^{20}}$.

解 $\rho=\lim\limits_{n\to\infty}\frac{a_{n+1}}{a_n}=\lim\limits_{n\to\infty}\frac{2^{n+1}}{(n+1)^{20}}\frac{n^{20}}{2^n}=\lim\limits_{n\to\infty}\left(\frac{n}{n+1}\right)^{20}\times 2=2$

我们可得出结论:所给级数发散.

例 7 讨论级数的收敛性:$\sum\limits_{n=1}^{\infty}\frac{n!}{n^n}$.

解 我们需要这个事实:$\lim\limits_{n\to\infty}\left(1+\frac{1}{n}\right)^n=\lim\limits_{h\to 0}(1+h)^{1/h}=\mathrm{e}$

这个按照定理 6.5A 是已知的,因此我们有

$$\rho=\lim_{n\to\infty}\frac{a_{n+1}}{a_n}=\lim_{n\to\infty}\frac{(n+1)!}{(n+1)^{n+1}}\frac{n^n}{n!}=\lim_{n\to\infty}\left(\frac{n}{n+1}\right)^n$$

$$=\lim_{n\to\infty}\frac{1}{[(n+1)/n]^n}=\lim_{n\to\infty}\frac{1}{[1+1/n]^n}=\frac{1}{\mathrm{e}}<1$$

也就是说,所给级数收敛.

总结 要讨论正项级数 $\sum a_n$ 的收敛性,就要认真审视 a_n.

1. 如果 $\lim\limits_{n\to\infty}a_n\neq 0$,由第 n 项判别法可得出此级数发散的结论.

2. 如果 a_n 项含有 $n!, r^n, n^n$ 可尝试用比率法.

3. 如果 a_n 项只含有 n 的常数幂,可尝试用极限比较法.特殊地,如果 a_n 是一个 n 的有理表达式,可用带着 b_n 的比较法的极限形式.

4. 如果以上方法都不奏效,则可以尝试用一般比较法、积分法或者部分和法.

5. 一些级数还需要一些灵活的操作和小技巧去确定其收敛性.

概念复习

1. 一般比较法是说,当______,且当 $\sum b_k$ 收敛,$\sum a_k$ 也收敛.

2. 假设 $a_k\geqslant 0$ 且 $b_k>0$,极限比较法是说如果 $0<$______$<\infty$ 那么 $\sum a_k$ 和 $\sum b_k$ 有着相同的收敛性.

3. 令 $\rho=\lim\limits_{n\to\infty}\frac{a_{n+1}}{a_n}$. 比率法是说如果______一个正项级数收敛,如果______则发散,如果______,则无法判断.

4. $\sum(3^k/k!)$ 明显应用______法,而 $\sum k/(k^3-k-1)$ 则应用______法较好.

习题 9.4

在习题 1 ~4,用极限比较法判断收敛性.

1. $\sum\limits_{n=1}^{\infty}\frac{n}{n^2+2n+3}$　2. $\sum\limits_{n=1}^{\infty}\frac{3n+1}{n^3-4}$　3. $\sum\limits_{n=1}^{\infty}\frac{1}{n\sqrt{n+1}}$　4. $\sum\limits_{n=1}^{\infty}\frac{\sqrt{2n+1}}{n^2}$

在习题 5 ~10,用比率法判断收敛性.

5. $\sum\limits_{n=1}^{\infty}\frac{8^n}{n!}$　6. $\sum\limits_{n=1}^{\infty}\frac{5^n}{n^5}$　7. $\sum\limits_{n=1}^{\infty}\frac{n!}{n^{100}}$　8. $\sum\limits_{n=1}^{\infty}n\left(\frac{1}{3}\right)^n$

9. $\sum\limits_{n=1}^{\infty}\frac{n^3}{(2n)!}$　10. $\sum\limits_{k=1}^{\infty}\frac{3^k+k}{k!}$

在习题 11 ~34,判断各级数的收敛性并指明所使用的方法.

11. $\sum\limits_{n=1}^{\infty}\frac{n}{n+200}$　12. $\sum\limits_{n=1}^{\infty}\frac{n!}{5+n}$　13. $\sum\limits_{n=1}^{\infty}\frac{n+3}{n^2\sqrt{n}}$　14. $\sum\limits_{n=1}^{\infty}\frac{\sqrt{n+1}}{n^2+1}$

15. $\sum_{n=1}^{\infty}\frac{n^2}{n!}$　　16. $\sum_{n=1}^{\infty}\frac{\ln n}{2^n}$　　17. $\sum_{n=1}^{\infty}\frac{4n^3+3n}{n^5-4n^2+1}$　　18. $\sum_{n=1}^{\infty}\frac{n^2+1}{3^n}$

19. $\frac{1}{1\times 2}+\frac{1}{2\times 3}+\frac{1}{3\times 4}+\frac{1}{4\times 5}+\cdots$　提示:$a_n=\frac{1}{n(n+1)}$

20. $\frac{1}{2^2}+\frac{2}{3^2}+\frac{3}{4^2}+\frac{4}{5^2}+\cdots$　　21. $\frac{1}{1\times 3\times 4}+\frac{1}{2\times 4\times 5}+\frac{1}{3\times 5\times 6}+\frac{1}{4\times 6\times 7}+\cdots$

22. $\frac{1}{1^2+1}+\frac{2}{2^2+1}+\frac{3}{3^2+1}+\frac{4}{4^2+1}+\cdots$　　23. $\frac{1}{3}+\frac{2}{3^2}+\frac{3}{3^3}+\frac{4}{3^4}+\cdots$

24. $3+\frac{3^2}{2!}+\frac{3^3}{3!}+\frac{3^4}{4!}+\cdots$　　25. $1+\frac{1}{2\sqrt{2}}+\frac{1}{3\sqrt{3}}+\frac{1}{4\sqrt{4}}+\cdots$　　26. $\frac{\ln 2}{2^2}+\frac{\ln 3}{3^2}+\frac{\ln 4}{4^2}+\frac{\ln 5}{5^2}+\cdots$

27. $\sum_{n=1}^{\infty}\frac{1}{2+\sin^2 n}$　　28. $\sum_{n=1}^{\infty}\frac{5}{3^n+1}$　　29. $\sum_{n=1}^{\infty}\frac{4+\cos n}{n^3}$　　30. $\sum_{n=1}^{\infty}\frac{5^{2n}}{n!}$

31. $\sum_{n=1}^{\infty}\frac{n^n}{(2n)!}$　　32. $\sum_{n=1}^{\infty}\left(1-\frac{1}{n}\right)^n$　　33. $\sum_{n=1}^{\infty}\frac{4^n+n}{n!}$　　34. $\sum_{n=1}^{\infty}\frac{n}{2+n5^n}$

35. 令 $a_n>0$ 且假设 $\sum a_n$ 收敛. 证明 $\sum a_n^2$ 收敛.

36. 思考级数 $\sum(n!/n^n)$，证明 $\lim_{n\to\infty}(n!/n^n)=0$. 提示：参考例7，用第 n 项判别法.

37. 证明如果 $a_n\geqslant 0$，$b_n>0$，$\lim_{n\to\infty}(a_n/b_n)=0$，且 $\sum b_n$ 收敛，那么 $\sum a_n$ 收敛.

38. 证明如果 $a_n\geqslant 0$，$b_n>0$，$\lim_{n\to\infty}(a_n/b_n)=\infty$，且 $\sum b_n$ 发散，那么 $\sum a_n$ 发散.

39. 假设 $\lim_{n\to\infty}na_n=1$. 证明 $\sum a_n$ 发散.

40. 证明如果 $\sum a_n$ 是收敛正项级数，那么 $\sum\ln(1+a_n)$ 收敛.

41. **根值判别法**. 证明如果 $a_n>0$ 且 $\lim_{n\to\infty}(a_n)^{1/n}=R$，那么当 $R<1$ 时 $\sum a_n$ 收敛，当 $R>1$ 时级数 $\sum a_n$ 发散.

42. 用根值判别法讨论以下级数的收敛性.

(a) $\sum_{n=2}^{\infty}\left(\frac{1}{\ln n}\right)^n$　　(b) $\sum_{n=1}^{\infty}\left(\frac{n}{3n+2}\right)^n$　　(c) $\sum_{n=1}^{\infty}\left(\frac{1}{2}+\frac{1}{n}\right)^n$

43. 讨论级数的收敛性. 在某些情况下,灵活使用对数的性质会使问题简化.

(a) $\sum_{n=1}^{\infty}\ln\left(1+\frac{1}{n}\right)$　　(b) $\sum_{n=1}^{\infty}\ln\left[\frac{(n+1)^2}{n(n+2)}\right]$　　(c) $\sum_{n=2}^{\infty}\frac{1}{(\ln n)^{\ln n}}$

(d) $\sum_{n=3}^{\infty}\frac{1}{[\ln(\ln n)]^{\ln n}}$　　(e) $\sum_{n=2}^{\infty}\frac{1}{(\ln n)^4}$　　(f) $\sum_{n=1}^{\infty}\left(\frac{\ln n}{n}\right)^2$

44. 令 $p(n)$ 和 $q(n)$ 为以 n 为变量的非负系数的多项式. 给出一个简单的条件来判断 $\sum_{n=1}^{\infty}\frac{p(n)}{q(n)}$ 的敛散性.

45. 给出能判断 $\sum_{n=1}^{\infty}\frac{1}{n^p}\left(1+\frac{1}{2^p}+\frac{1}{3^p}+\cdots+\frac{1}{n^p}\right)$ 敛散性的关于 p 的条件.

46. 讨论级数的收敛性.

(a) $\sum_{n=1}^{\infty}\sin^2\left(\frac{1}{n}\right)$　　(b) $\sum_{n=1}^{\infty}\tan\left(\frac{1}{n}\right)$　　(c) $\sum_{n=1}^{\infty}\sqrt{n}\left[1-\cos\left(\frac{1}{n}\right)\right]$

概念复习答案：

1. $0\leqslant a_k\leqslant b_k$　2. $\lim_{k\to\infty}(a_k/b_k)$　3. $\rho<1,\rho>1,\rho=1$　4. 比率,极限比较

9.5 交错级数：绝对收敛和条件收敛

在前两节里，讨论了正项级数．现在我们去掉这个限制，允许一些项为负的．特别地，我们研究交错级数，其形式为：

$$a_1 - a_2 + a_3 - a_4 + \cdots$$

这里对于所有的 n，$a_n > 0$. 一个重要的交错级数例子是交错调和级数

$$1 - \frac{1}{2} + \frac{1}{3} - \frac{1}{4} + \cdots$$

我们已经知道调和级数是发散的，我们将要发现交错调和级数是收敛的．

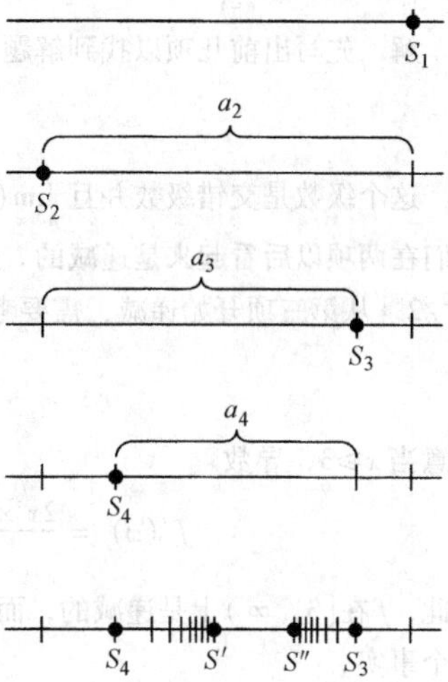

图 1

一个收敛的讨论 假设数列 $\{a_n\}$ 是递减的，即对于所有 n，$a_{n+1} < a_n$. 令 S_n 为通常所说的部分和．因而，对于交错级数 $a_1 - a_2 + a_3 - a_4 + \cdots$，我们有

$$\begin{aligned} S_1 &= a_1 \\ S_2 &= a_1 - a_2 = S_1 - a_2 \\ S_3 &= a_1 - a_2 + a_3 = S_2 + a_3 \\ S_4 &= a_1 - a_2 + a_3 - a_4 = S_3 - a_4 \\ &\vdots \end{aligned}$$

这些部分和的几何解释如图 1 所示．注意偶数项的 S_2，S_4，S_6，…是递减的并且有上界因而必定收敛于一个极限，记为 S'. 同样的，奇数项 S_1，S_3，S_5，…也递减并有下界，它们也是收敛的，设收敛于 S''.

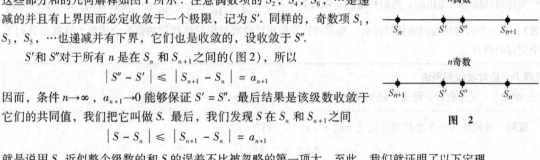

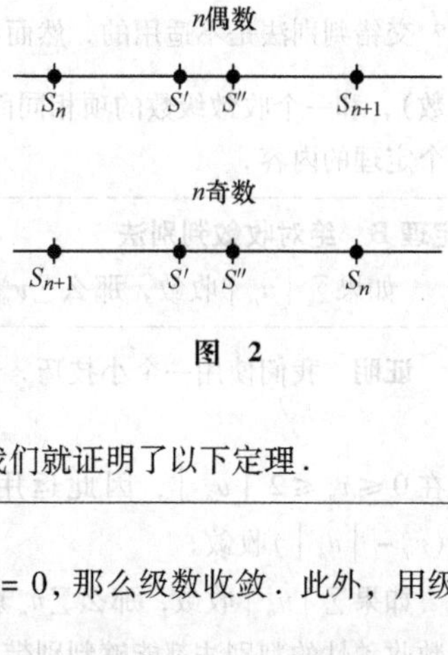

图 2

S' 和 S'' 对于所有 n 是在 S_n 和 S_{n+1} 之间的（图 2），所以

$$|S'' - S'| \leqslant |S_{n+1} - S_n| = a_{n+1}$$

因而，条件 $n \to \infty$，$a_{n+1} \to 0$ 能够保证 $S' = S''$. 最后结果是该级数收敛于它们的共同值，我们把它叫做 S. 最后，我们发现 S 在 S_n 和 S_{n+1} 之间

$$|S - S_n| \leqslant |S_{n+1} - S_n| = a_{n+1}$$

就是说用 S_n 近似整个级数的和 S 的误差不比被忽略的第一项大．至此，我们就证明了以下定理．

> **定理 A 交错级数收敛判别法**
>
> 令 $a_1 - a_2 + a_3 - a_4 + \cdots$ 是一个 $a_n > a_{n+1} > 0$ 的交错级数．如果 $\lim\limits_{n\to\infty} a_n = 0$，那么级数收敛．此外，用级数的前 n 项部分和去近似整个级数的和 S 的误差比 a_{n+1} 小．

例 1 证明交错调和级数 $1 - \frac{1}{2} + \frac{1}{3} - \frac{1}{4} + \cdots$ 收敛．我们需要多少项去计算部分和 S_n 以使得它与级数和 S 的误差在 0.01 以内呢？

解 交错调和级数满足定理 A 的假设，因而是收敛的．需要使 $|S - S_n| \leqslant 0.01$，而这只要使 $a_{n+1} \leqslant 0.01$，因为 $a_{n+1} = 1/(n+1)$，要 $1/(n+1) \leqslant 0.01$，这个只有 $n \geqslant 99$ 才能满足．因此，需要计算 99 项才能肯定我们的结果是准确的．可以知道交错调和级数是以很慢的速度收敛的．（看习题 45 以找到一个更灵活的找到该级数的准确和的方法）

例 2 证明 $\frac{1}{1!} - \frac{1}{2!} + \frac{1}{3!} - \frac{1}{4!} + \cdots$ 收敛．计算 S_5 并估算使用这个部分和作为总和的误差．

解 交错判别法（定理 A）适用并保证了它收敛．

$$S_5 = 1 - \frac{1}{2} + \frac{1}{6} - \frac{1}{24} + \frac{1}{120} \approx 0.6333$$

$$|S - S_5| \leqslant a_6 = \frac{1}{6!} \approx 0.0014$$

例3 证明 $\sum_{n=1}^{\infty}(-1)^{n-1}\frac{n^2}{2^n}$ 收敛.

解 先写出前几项以找到解题思路.

$$\frac{1}{2} - 1 + \frac{9}{8} - 1 + \frac{25}{32} - \frac{36}{64} + \cdots$$

这个级数是交错级数并且 $\lim_{n\to\infty}(n^2/2^n) = 0$（洛比达法则），但不幸的是这些项一开始并不递减，然而，它们在两项以后看起来是递减的．这就行了，因为刚开始的几项并不影响整个级数的收敛性．为了证明数列 $\{n^2/2^n\}$ 从第三项开始递减，需要考虑函数

$$f(x) = \frac{x^2}{2^x}$$

注意当 $x \geqslant 3$，导数

$$f'(x) = \frac{2x \times 2^x - x^2 2^x \ln 2}{2^{2x}} = \frac{x2^x(2 - x\ln 2)}{2^{2x}} \approx \frac{x(2 - 0.69x)}{2^x} < 0$$

因此，f 在 $[3, \infty)$ 上是递减的，而 $\{n^2/2^n\}$ 对于 $n \geqslant 3$ 也是递减的．9.1 节的习题 6 用一种不同的方法来表示这个事实．

绝对收敛 级数如 $1 + \frac{1}{4} - \frac{1}{9} + \frac{1}{16} + \frac{1}{25} - \frac{1}{36} + \cdots$，有两个正项跟在一个负项后面的，是收敛还是发散？交错判别法是不适用的．然而相应的正项级数 $1 + \frac{1}{4} + \frac{1}{9} + \frac{1}{16} + \frac{1}{25} + \frac{1}{36} + \cdots$ 是收敛的（这是 $p = 2$ 的 p 级数），和一个收敛级数的项相同而有一些项的符号却相反的级数说它也收敛的似乎合理的．这就是我们下一个定理的内容．

定理 B 绝对收敛判别法

如果 $\sum |u_n|$ 收敛，那么 $\sum u_n$ 收敛．

证明 我们使用一个小技巧．让 $v_n = u_n + |u_n|$，所以

$$u_n = v_n - |u_n|$$

现在 $0 \leqslant v_n \leqslant 2|u_n|$，因此运用一般比较法 $\sum u_n$ 是收敛的．它符合线性定理（定理 9.2B）$\sum u_n = \sum(v_n - |u_n|)$ 收敛．

如果 $\sum |u_n|$ 收敛，那么 $\sum u_n$ 就可以说是绝对收敛的．定理 B 强调绝对收敛推出收敛．我们所有的正项级数收敛性的判别法都能够判别带负项的绝对收敛级数．尤其是比率判别法，我们在这里重申一下．

定理 C 绝对比率判别法

令 $\sum u_n$ 是一个非零项的级数，并假设

$$\lim_{n\to\infty}\frac{|u_{n+1}|}{|u_n|} = \rho$$

(i) 如果 $\rho < 1$，级数绝对收敛（因而收敛）.

(ii) 如果 $\rho > 1$，级数发散．

(iii) 如果 $\rho = 1$，此判别法失效．

证明 (i) 和 (iii) 证明可由比率判别法直接得出．对于 (ii)，我们可以从一般原始比率判别法得出 $\sum |u_n|$ 发散，但我们还要 $\sum u_n$ 发散．因为

$$\lim_{n\to\infty}\frac{|u_{n+1}|}{|u_n|} > 1$$

它遵循对于 n 足够大，也就是说存在正整数 N 使得 $n \geqslant N$，有 $|u_{n+1}| > |u_n|$. 这样反过来，可推出对于所有 $n \geqslant N$，$|u_n| > |u_N| > 0$，所以 $\lim\limits_{n\to\infty} u_n$ 不可能为0. 我们可运用第 n 项判别法得出 $\sum u_n$ 发散的结论.

例4 证明 $\sum\limits_{n=1}^{\infty}(-1)^{n+1}\dfrac{3^n}{n!}$ 绝对收敛.

证明 $\rho = \lim\limits_{n\to\infty}\dfrac{|u_{n+1}|}{|u_n|} = \lim\limits_{n\to\infty}\dfrac{3^{n+1}}{(n+1)!} \div \dfrac{3^n}{n!} = \lim\limits_{n\to\infty}\dfrac{3}{n+1} = 0$

由绝对比率判别法可以得出结论：该级数绝对收敛(因而是收敛的).

例5 判别 $\sum\limits_{n=1}^{\infty}\dfrac{\cos(n!)}{n^2}$ 的敛散性.

解 如果你写出这个级数的前100项，你会发现，项的符号以一种很不确定的方式变化，事实上这个级数很难去直接分析. 然而

$$\left|\frac{\cos(n!)}{n^2}\right| \leqslant \frac{1}{n^2}$$

则根据一般判别法，这个级数是绝对收敛的. 我们由绝对收敛判别法(定理B)推断出该级数收敛.

条件收敛 一个常见的错误是试图使用定理B的逆定理. 定理B并没有指出收敛可以推出绝对收敛，这很明显是错误的；交错调和级数就是一个例子. 我们知道

$$1 - \frac{1}{2} + \frac{1}{3} - \frac{1}{4} + \cdots$$

收敛，但是

$$1 + \frac{1}{2} + \frac{1}{3} + \frac{1}{4} + \cdots$$

是发散的. 如果级数 $\sum u_n$ 收敛，但 $\sum |u_n|$ 发散，则级数 $\sum u_n$ 为条件收敛. 交错调和级数是条件收敛的主要的例子，但是还有很多其他的例子.

例6 证明 $\sum\limits_{n=1}^{\infty}(-1)^{n+1}\dfrac{1}{\sqrt{n}}$ 条件收敛.

解 根据交错级数判别法，$\sum\limits_{n=1}^{\infty}(-1)^{n+1}[1/\sqrt{n}]$ 收敛. 然而，由于是一个 $p=\dfrac{1}{2}$ 的 p 级数，$\sum\limits_{n=1}^{\infty}(1/\sqrt{n})$ 是发散的.

绝对收敛级数比条件收敛级数表现得更好. 下面是一个有关绝对收敛级数的定理. 它对于条件收敛级数是不适用的(见习题35~38). 这个定理的证明很困难，所以我们在这里不证明.

定理D 重排定理

一个绝对收敛级数的项可以被重新排列，而不影响这个级数的收敛性以及它的和.

例如，级数

$$1 + \frac{1}{4} - \frac{1}{9} + \frac{1}{16} + \frac{1}{25} - \frac{1}{36} + \frac{1}{49} + \frac{1}{64} - \frac{1}{81} + \cdots$$

绝对收敛. 它的重新排列

$$1 + \frac{1}{4} + \frac{1}{16} - \frac{1}{9} + \frac{1}{25} + \frac{1}{49} + \frac{1}{64} - \frac{1}{36} + \cdots$$

收敛，且它的和与原级数相同.

概念复习

1. 如果对于所有 n 都有 $a_n \geqslant 0$，则只要各项的大小单调递减且________时，交错级数 $a_1 - a_2 + a_3 - \cdots$ 收敛.

2. 如果$\sum |u_k|$收敛，则我们说$\sum u_k$ ______________收敛. 如果$\sum u_k$收敛，但$\sum |u_k|$发散，则我们说$\sum u_k$ ______________收敛.

3. 条件收敛级数的主要例子是______________.

4. 绝对收敛级数的项可以任意______________，而不影响它的收敛性或者它的和.

习题 9.5

在习题 1 ~6 中，证明每个交错级数的收敛性，然后估算将部分和 S_9 当作级数和的误差.

1. $\sum_{n=1}^{\infty}(-1)^{n+1}\frac{2}{3n+1}$
2. $\sum_{n=1}^{\infty}(-1)^{n+1}\frac{1}{\sqrt{n}}$
3. $\sum_{n=1}^{\infty}(-1)^{n+1}\frac{1}{\ln(n+1)}$
4. $\sum_{n=1}^{\infty}(-1)^{n+1}\frac{n}{n^2+1}$
5. $\sum_{n=1}^{\infty}(-1)^{n+1}\frac{\ln n}{n}$
6. $\sum_{n=1}^{\infty}(-1)^{n+1}\frac{\ln n}{\sqrt{n}}$

在习题 7 ~12 中，证明每个级数绝对收敛.

7. $\sum_{n=1}^{\infty}\left(-\frac{3}{4}\right)^n$
8. $\sum_{n=1}^{\infty}(-1)^{n}\frac{1}{n\sqrt{n}}$
9. $\sum_{n=1}^{\infty}(-1)^{n+1}\frac{n}{2^n}$
10. $\sum_{n=1}^{\infty}(-1)^{n+1}\frac{n^2}{e^n}$
11. $\sum_{n=1}^{\infty}(-1)^{n+1}\frac{1}{n(n+1)}$
12. $\sum_{n=1}^{\infty}(-1)^{n+1}\frac{2^n}{n!}$

在习题 13 ~30 中，对每个级数进行分类(绝对收敛、条件收敛或者发散).

13. $\sum_{n=1}^{\infty}(-1)^{n+1}\frac{1}{5n}$
14. $\sum_{n=1}^{\infty}(-1)^{n+1}\frac{1}{5n^{1.1}}$
15. $\sum_{n=1}^{\infty}(-1)^{n+1}\frac{n}{10n+1}$
16. $\sum_{n=1}^{\infty}(-1)^{n+1}\frac{n}{10n^{1.1}+1}$
17. $\sum_{n=2}^{\infty}(-1)^{n}\frac{1}{n\ln n}$
18. $\sum_{n=1}^{\infty}(-1)^{n+1}\frac{1}{n(1+\sqrt{n})}$
19. $\sum_{n=1}^{\infty}(-1)^{n+1}\frac{n^4}{2^n}$
20. $\sum_{n=2}^{\infty}(-1)^{n}\frac{1}{\sqrt{n^2-1}}$
21. $\sum_{n=1}^{\infty}(-1)^{n+1}\frac{n}{n^2+1}$
22. $\sum_{n=1}^{\infty}(-1)^{n+1}\frac{n-1}{n}$
23. $\sum_{n=1}^{\infty}\frac{\cos n\pi}{n}$
24. $\sum_{n=1}^{\infty}\frac{\sin(n\pi/2)}{n^2}$
25. $\sum_{n=1}^{\infty}(-1)^{n}\frac{\sin n}{n\sqrt{n}}$
26. $\sum_{n=1}^{\infty}n\sin\left(\frac{1}{n}\right)$
27. $\sum_{n=1}^{\infty}(-1)^{n+1}\frac{1}{\sqrt{n(n+1)}}$
28. $\sum_{n=1}^{\infty}\frac{(-1)^{n+1}}{\sqrt{n+1}+\sqrt{n}}$
29. $\sum_{n=1}^{\infty}\frac{(-3)^{n+1}}{n^2}$
30. $\sum_{n=1}^{\infty}(-1)^{n+1}\sin\frac{\pi}{n}$

31. 证明：如果$\sum a_n$发散，则$\sum |a_n|$也发散.

32. 给出一个$\sum a_n$，$\sum b_n$均收敛，但$\sum a_n b_n$发散的例子.

33. 证明交错调和级数的正数项可以组成一个发散级数，并证明这对于负数项也成立.

34. 证明 33 题的结论对于任何条件收敛级数都成立.

35. 证明：交错调和级数

$$1-\frac{1}{2}+\frac{1}{3}-\frac{1}{4}+\frac{1}{5}-\frac{1}{6}+\cdots$$

(它的和是 $\ln 2\approx 0.69$)通过以下步骤重新排列后收敛于 1.3.

(a) 取足够多的正数项 $1+\frac{1}{3}+\frac{1}{5}+\cdots$，使它们的和刚好超过 1.3.

(b) 现在加上足够多的负数项 $-\frac{1}{2}-\frac{1}{4}-\frac{1}{6}-\cdots$使得部分和 S_n 刚好小于 1.3.

(c) 再加上更多的正数项使它们的和超过 1.3，然后继续.

C 36. 用计算器找出 35 题中无穷级数的前 20 项，并计算 S_{20}.

37. 解释为什么一个条件收敛级数可以通过重新排列收敛于任意给定的数.

38. 证明：一个条件收敛级数通过重新排列，可以变为发散.

39. 证明：$\lim_{n\to\infty} a_n = 0$ 不是交错级数 $\sum(-1)^{n+1}a_n$ 收敛的充分条件. 提示：可以令 $\sum(1/n)$ 和 $\sum(-1/n^2)$ 的项相互交错.

40. 讨论无穷级数 $\frac{1}{\sqrt{2}-1}-\frac{1}{\sqrt{2}+1}+\frac{1}{\sqrt{3}-1}-\frac{1}{\sqrt{3}+1}+\frac{1}{\sqrt{4}-1}-\frac{1}{\sqrt{4}+1}+\cdots$ 的敛散性.

41. 证明：如果 $\sum_{k=1}^{\infty} a_k^2$ 和 $\sum_{k=1}^{\infty} b_k^2$ 同时收敛，则 $\sum_{k=1}^{\infty} a_k b_k$ 绝对收敛. 提示：首先证明 $2|a_k b_k| \leqslant a_k^2 + b_k^2$.

42. 画出 $y = (\sin x)/x$ 的曲线图，然后证明 $\int_0^{\infty} (\sin x)/x\mathrm{d}x$ 收敛.

43. 证明 $\int_0^{\infty} |\sin x|/x\mathrm{d}x$ 发散.

44. 证明：曲线 $y = x\sin\frac{\pi}{x}$ 在 $(0,1]$ 上的长度无穷大.

45. 注意到

$$1-\frac{1}{2}+\frac{1}{3}-\frac{1}{4}+\cdots-\frac{1}{2n} = 1+\frac{1}{2}+\frac{1}{3}+\cdots+\frac{1}{2n}-\left(1+\frac{1}{2}+\frac{1}{3}+\cdots+\frac{1}{n}\right)$$

$$=\frac{1}{n+1}+\frac{1}{n+2}+\cdots+\frac{1}{2n}$$

可以看出后面的一个表达式是一个黎曼和. 利用它找出这个交错调和级数的和.

概念复习答案：

1. $\lim_{n\to\infty} a_n = 0$ 2. 绝对，条件 3. 交错调和级数 4. 重新排列

9.6 幂级数

到目前为止，我们一直在学习常数项级数，即 $\sum u_n$ 形式的级数(u_n 是一个数). 现在我们考虑函数项级数，即 $\sum u_n(x)$ 形式的级数. 这种级数的一个典型的例子是

$$\sum_{n=1}^{\infty}\frac{\sin nx}{n^2} = \frac{\sin x}{1}+\frac{\sin 2x}{4}+\frac{\sin 3x}{9}+\cdots$$

当然，只要我们用一个值来代替 x(例如 $x=2.1$)就又回到我们熟悉的范围——得到一个常数项级数.

关于函数项级数，还存在这样两个重要的问题：

1. x 满足什么条件，该级数收敛.

2. 它收敛于什么样的函数；即该级数的和 $S(x)$ 是什么？

函数项级数的一般情况是高等数学课程研究的一个主题. 然而，即使在初等数学中，我们对幂函数的特殊情况也有所了解. 例如 x 的幂级数形式是

$$\sum_{n=0}^{\infty} a_n x^n = a_0 + a_1 x + a_2 x^2 + \cdots$$

(这里我们把 a_0x^0 当做 a_0，包括 $x=0$ 的情况.)对于这样一个幂级数，我们即刻就可以回答前面提到的两个问题.

例 1 x 满足什么条件，幂级数

$$\sum_{n=0}^{\infty} ax^n = a + ax + ax^2 + ax^3 + \cdots$$

收敛，它的和是多少？假设 $a\neq 0$.

解　事实上，我们在 9.2 节中已经研究过这个级数(用 r 代替 x)，并且把它叫做几何级数．它对于 $-1 < x < 1$ 收敛，且收敛于这样一个函数 $S(x)$：

$$S(x)=\frac{a}{1-x},\quad -1<x<1$$

> **傅里叶级数**
>
> 在引言里提到的正弦函数级数是傅里叶级数的一个例子，以让·巴普蒂斯·约瑟夫·傅里叶(1768—1830)命名．由于傅里叶级数使我们可以把复杂的波描绘成基波分量的和，所以傅里叶级数在波动现象的研究中具有巨大的作用．这是一个很大的领域，在这里我们留给其他著作去叙述．

幂级数的收敛集　若一个幂级数收敛于某个集合，则我们把这个集合称为它的收敛集．那么，怎样的集合能成为一个收敛集呢？例 1 表明它可以是一个开区间(图 1)．有没有其他的可能呢？

图　1

例 2　求 $\sum_{n=0}^{\infty}\frac{x^{n+1}}{(n+1)2^n}=1+\frac{1}{2}\frac{x}{2}+\frac{1}{3}\frac{x^2}{2^2}+\frac{1}{4}\frac{x^3}{2^3}+\cdots$ 的收敛集．

解　注意到某些项可能是负的(如果 $x<0$)．我们利用比率判别法(定理 9.5C)检验它是否绝对收敛．

$$\rho=\lim_{n\to\infty}\left|\frac{x^{n+1}}{(n+2)2^{n+1}}\div\frac{x^n}{(n+1)2^n}\right|=\lim_{n\to\infty}\frac{|x|}{2}\cdot\frac{n+1}{n+2}=\frac{|x|}{2}$$

当 $\rho=|x|/2<1$ 时，该级数绝对收敛(因此收敛)，而当 $|x|/2>1$ 时，级数发散．因此，该级数当 $|x|<2$ 收敛；当 $|x|>2$ 时发散．

如果 $x=2$ 或者 $x=-2$，比率判别法不再适用．然而，当 $x=2$ 时，这个级数是调和级数，则其发散；当 $x=-2$ 时，它是交错调和级数，则其收敛．所以我们断定，该级数的收敛集是区间 $-2\leqslant x<2$(图 2)．

图　2

例 3　求 $\sum_{n=0}^{\infty}\frac{x^n}{n!}$ 的收敛集．

解　$\rho=\lim_{n\to\infty}\left|\frac{x^{n+1}}{(n+1)!}\div\frac{x^n}{n!}\right|=\lim_{n\to\infty}\frac{|x|}{n+1}=0$

我们根据比率判别法推断，该级数对于所有 x 都收敛(图 3)．

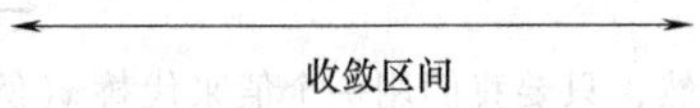

图　3

例 4　求 $\sum_{n=0}^{\infty}n!x^n$ 的收敛集．

解　$\rho=\lim_{n\to\infty}\left|\frac{(n+1)!x^{n+1}}{n!x^n}\right|=\lim_{n\to\infty}(n+1)|x|=\begin{cases}0, & x=0\\ \infty, & x\neq 0\end{cases}$

根据比率判别法推断，该级数仅在 $x=0$ 处收敛(图 4)．

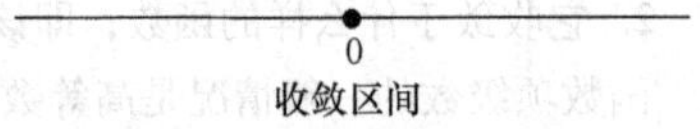

图　4

在我们的每一个例子里，收敛集都是一个区间(包括仅含一个点的区间)．这种情况总是发生．比方说，一个幂级数的收敛集由互不相连的两部分组成是不可能的(如[0，1]∪[2，3])．下面一个定理对此给出了完整的描述．

> **定理 A**
>
> 一个幂级数 $\sum a_n x^n$ 的收敛集总是下面三种情况中一种：
>
> (i) 单独一点 $x=0$.
>
> (ii) 区间$(-R,\ R)$，可能还包括该区间的其中一个或者两个端点．
>
> (iii) 整条实线．
>
> 在(i)，(ii)，(iii)中，我们说该幂级数拥有相对应的收敛半径为 0，R 和∞．

证明 假设幂级数在 $x=x_1\neq 0$ 处收敛，则 $\lim\limits_{n\to\infty}a_nx_1^n=0$，且肯定存在一个数 N，使得对于任意的 n 当 $n\geqslant N$ 时，$|a_nx_1^n|<1$ 成立．那么对于任何满足 $|x|<|x_1|$ 的 x，若 $n\geqslant N$，都有

$$|a_nx^n|=|a_nx_1^n|\left|\frac{x}{x_1}\right|^n<\left|\frac{x}{x_1}\right|^n$$

因为 $\sum|x/x_1|^n$ 是一个比值小于 1 的几何级数，则其收敛．因此，根据一般判别法（定理 9.4A）可以知道 $\sum|a_nx^n|$ 收敛．而我们已经证明了，如果一个幂级数在 x_1 处收敛，则它对于所有满足 $|x|<|x_1|$ 的 x 都（绝对）收敛．

另一方面，假设一个幂级数在 x_2 处发散，那么它必定对于所有满足 $|x|>|x_2|$ 的 x 都发散．因为我们已经证明了，如果它在 x_1（$|x_1|>|x_2|$）处收敛，则必定会在 x_2 处收敛；而这是与假设相矛盾的．

这两段话合起来就排除了上述定理提出的三种区间以外的所有可能情况．

事实上，我们所证明的比我们在定理 A 中提到的还稍稍多了一点，这些值得我们用另外一个定理来陈述．

> **定理 B**
>
> 幂级数 $\sum a_nx^n$ 在它的收敛区间的内部绝对收敛．

当然，它甚至可能在收敛区间的两个端点处也绝对收敛，但是这一点我们不能肯定；例 2 证明了这一点．

$x-a$ 的幂级数 一个形式为

$$\sum a_n(x-a)^n=a_0+a_1(x-a)+a_2(x-a)^2+\cdots$$

的幂函数称为关于 $x-a$ 的幂级数．有关 x 的幂级数的所有定理同样适用于 $x-a$ 的幂级数．特别地，它的收敛集必定是以下几种情况中一种：

1. 单独一点 $x=a$.
2. 区间 $(a-R,\ a+R)$，可能还包括该区间的其中一个或两个端点（图 5）.
3. 整条实线．

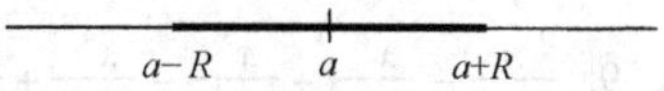

收敛区间

图 5

例 5 求 $\sum\limits_{n=0}^{\infty}\dfrac{(x-1)^n}{(n+1)^2}$ 的收敛集．

解 我们应用绝对比率判别法．

$$\rho=\lim_{n\to\infty}\left|\frac{(x-1)^{n+1}}{(n+2)^2}\div\frac{(x-1)^n}{(n+1)^2}\right|=\lim_{n\to\infty}|x-1|\frac{(n+1)^2}{(n+2)^2}=|x-1|$$

因此，如果 $|x-1|<1$，即 $0<x<2$，则该级数收敛；如果 $|x-1|>1$，该级数发散．我们通过代入法还发现，它（绝对）收敛于两个端点 0 和 2．所以收敛集是闭区间 $[0,\ 2]$（图 6）.

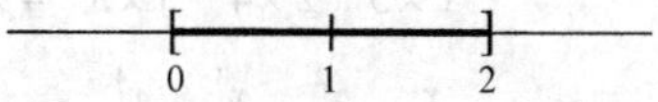

收敛区间

图 6

例 6 确定 $\dfrac{(x+2)^2\ln 2}{2\times 9}+\dfrac{(x+2)^3\ln 3}{3\times 27}+\dfrac{(x+2)^4\ln 4}{4\times 81}+\cdots$ 的收敛集．

解 第 n 项为 $u_n=\dfrac{(x+2)^n\ln n}{n3^n}$，$n\geqslant 2$．那么

$$\rho=\lim_{n\to\infty}\left|\frac{(x+2)^{n+1}\ln(n+1)}{(n+1)3^{n+1}}\cdot\frac{n3^n}{(x+2)^n\ln n}\right|=\frac{|x+2|}{3}\lim_{n\to\infty}\frac{n}{n+1}\frac{\ln(n+1)}{\ln n}$$

$$=\frac{|x+2|}{3}$$

我们知道当 $\rho<1$ 时，这个级数收敛．就是说，当 $|x+2|<3$ 或者等价地当 $-5<x<1$ 时，该级数收敛，但是我们必须检查端点 -5 和 1.

当 $x=-5$ 时，$u_n=\frac{(-3)^n \ln n}{n3^n}=(-1)^n\frac{\ln n}{n}$，并且通过交错级判别法得出 $\sum(-1)^n(\ln n)/n$ 收敛.

在 $x=1$，$u_n=(\ln n)/n$ 和 $\sum[(\ln n)/n]$ 通过与调和级数的比较得出级数发散.

从而得出级数在区间 $-5\leqslant x<1$ 收敛.

概念复习

1. 一个形式为 $a_0+a_1x+a_2x^2+\cdots$ 的级数叫做__________.
2. 与其问一个幂级数是否收敛，更好地，我们应该问__________.
3. 一个幂级数总是在__________上收敛，但可能或可能不包括它的__________.
4. 级数 $5+x+x^2+x^3+\cdots$ 在区间__________上收敛.

习题 9.6

在问题1~8中，找出给出的幂级数的收敛集.

1. $\sum_{n=1}^{\infty}\frac{x^n}{(n-1)!}$
2. $\sum_{n=1}^{\infty}\frac{x^n}{3^n}$
3. $\sum_{n=1}^{\infty}\frac{x^n}{n^2}$
4. $\sum_{n=1}^{\infty}nx^n$
5. $\sum_{n=1}^{\infty}(-1)^{n+1}\frac{x^n}{n^2}$
6. $\sum_{n=1}^{\infty}(-1)^n\frac{x^n}{n}$
7. $\sum_{n=1}^{\infty}(-1)^n\frac{(x-2)^n}{n}$
8. $\sum_{n=1}^{\infty}\frac{(x+1)^n}{n!}$

在问题9~28中，找出给出的幂级数的收敛集. 提示：首先找出一个第 n 项的方程，然后用绝对值比值检验.

9. $\frac{x}{1\times2}-\frac{x^2}{2\times3}+\frac{x^3}{3\times4}-\frac{x^4}{4\times5}+\frac{x^5}{5\times6}-\cdots$
10. $1+x+\frac{x^2}{2!}+\frac{x^3}{3!}+\frac{x^4}{4!}+\cdots$
11. $x-\frac{x^3}{3!}+\frac{x^5}{5!}-\frac{x^7}{7!}+\frac{x^9}{9!}-\cdots$
12. $1-\frac{x^2}{2!}+\frac{x^4}{4!}-\frac{x^6}{6!}+\frac{x^8}{8!}-\frac{x^{10}}{10!}+\cdots$
13. $x+2x^2+3x^3+4x^4+\cdots$
14. $x+2^2x^2+3^2x^3+4^2x^4+\cdots$
15. $1-x+\frac{x^2}{2}-\frac{x^3}{3}+\frac{x^4}{4}-\cdots$
16. $1+x+\frac{x^2}{\sqrt{2}}+\frac{x^3}{\sqrt{3}}+\frac{x^4}{\sqrt{4}}+\frac{x^5}{\sqrt{5}}+\cdots$
17. $1-\frac{x}{1\times3}+\frac{x^2}{2\times4}-\frac{x^3}{3\times5}+\frac{x^4}{4\times6}-\cdots$
18. $\frac{x}{2^2-1}+\frac{x^2}{3^2-1}+\frac{x^3}{4^2-1}+\frac{x^4}{5^2-1}+\cdots$
19. $1-\frac{x}{2}+\frac{x^2}{2^2}-\frac{x^3}{2^3}+\frac{x^4}{2^4}-\cdots$
20. $1+2x+2^2x^2+2^3x^3+2^4x^4+\cdots$
21. $1+2x+\frac{2^2x^2}{2!}+\frac{2^3x^3}{3!}+\frac{2^4x^4}{4!}+\cdots$
22. $\frac{x}{2}+\frac{2x^2}{3}+\frac{3x^3}{4}+\frac{4x^4}{5}+\frac{5x^5}{6}+\cdots$
23. $\frac{x-1}{1}+\frac{(x-1)^2}{2}+\frac{(x-1)^3}{3}+\frac{(x-1)^4}{4}+\cdots$
24. $1+(x+2)+\frac{(x+2)^2}{2!}+\frac{(x+2)^3}{3!}+\cdots$
25. $1+\frac{x+1}{2}+\frac{(x+1)^2}{2^2}+\frac{(x+1)^3}{2^3}+\cdots$
26. $\frac{x-2}{1^2}+\frac{(x-2)^2}{2^2}+\frac{(x-2)^3}{3^2}+\frac{(x-2)^4}{4^2}+\cdots$
27. $\frac{x+5}{1\times2}+\frac{(x+5)^2}{2\times3}+\frac{(x+5)^3}{3\times4}+\frac{(x+5)^4}{4\times5}+\cdots$
28. $(x+3)-2(x+3)^2+3(x+3)^3-4(x+3)^4+\cdots$
29. 从例3我们知道 $\sum(x^n/n!)$ 对于所有的 x 收敛. 为什么我们可以推断对于所有的 x 有 $\lim_{n\to\infty}x^n/n!=0$?
30. k 是一个任意的数并且满足 $-1<x<1$. 证明

$$\lim_{n\to\infty}\frac{k(k-1)(k-2)\cdots(k-n)}{n!}x^n=0$$，提示：见 29 题．

31. 求无穷级数 $\sum_{n=1}^{\infty}\frac{1\times2\times3\times\cdots\times n}{1\times3\times5\times\cdots\times(2n-1)}x^{2n+1}$ 的收敛半径．

32. 求无穷级数 $\sum_{n=0}^{\infty}\frac{(pn)!}{(n!)^p}x^n$（$p$ 是一个正整数）的收敛半径．

33. 求 $\sum_{n=0}^{\infty}(x-3)^n$ 的和 $S(x)$．它的收敛集合是什么？

34. 假设 $\sum_{n=0}^{\infty}a_n(x-3)^n$ 在 $x=-1$ 处收敛．为什么能得出它在 $x=6$ 处也收敛？能确保它在 $x=7$ 处收敛吗？请解释．

35. 求下面的级数的收敛集合．

(a) $\sum_{n=1}^{\infty}\frac{(3x+1)^n}{n\times2^n}$　　(b) $\sum_{n=1}^{\infty}(-1)^n\frac{(2x-3)^n}{4^n\sqrt{n}}$

36. 在 9.1 节的 52 题中提到的斐波纳契数列 $f_1,f_2,f_3,\cdots$，求 $\sum_{n=1}^{\infty}f_nx^n$ 的收敛半径．

37. 假设 $a_{n+3}=a_n$ 并且 $S(x)=\sum_{n=0}^{\infty}a_nx^n$．证明这个级数对于 $|x|<1$ 收敛并且给出 $S(x)$ 的表达式．

38. 在 37 题中，找出合适的正整数 p 使得 $a_{n+p}=a_n$．

概念复习答案：

1. 幂级数　2. 在它收敛的地方　3. 区间，端点　4. $(-1,1)$

9.7 幂级数的运算

通过前面的学习我们知道一个幂级数 $\sum a_nx^n$ 的收敛集合是一个区间 I. 这个区间是一个新函数级数和 $S(x)$ 的定义域．现在的问题是我们能否给出 $S(x)$ 一个简单的函数表达式．对于几何级数我们已经完成了这一工作．

$$\sum_{n=0}^{\infty}ax^n=\frac{a}{1-x},\quad -1<x<1$$

实际上，虽然我们没有理由期盼让任意给出的幂级数能用初等函数表示，但在这一节和 9.8 节中我们还是会在这方面做一些努力．

一个更现实的问题是我们能否知道 $S(x)$ 的一些性质．例如，它是否可导？是否可积？对于这两个问题的回答都是肯定的．

逐项微分和积分　想象一个幂级数是一个有无限项的多项式．它在微分和积分方面表现的就像一个多项式；这些运算可以逐项进行，如下所示．

定理 A

假设 $S(x)$ 是一个幂级数在区间 I 上的和，也就是

$$S(x)=\sum_{n=0}^{\infty}a_nx^n=a_0+a_1x+a_2x^2+a_3x^3+\cdots$$

那么，当 x 是 I 的内点时有

(i) $S'(x)=\sum_{n=0}^{\infty}D_x(a_nx^n)=\sum_{n=1}^{\infty}na_nx^{n-1}=a_1+2a_2x+3a_3x^2+\cdots$

(ii) $\int_0^x S(t)\,dt=\sum_{n=0}^{\infty}\int_0^x a_nt^n\,dt=\sum_{n=0}^{\infty}\frac{a_n}{n+1}x^{n+1}=a_0x+\frac{1}{2}a_1x^2+\frac{1}{3}a_2x^3+\frac{1}{4}a_3x^4+\cdots$

这个定理需要一些限定．它要求 S 既可微也可积，同时它也说明了如何计算这个级数的导数和积分，并且它暗示了进行了微分和积分后的级数的收敛半径和原来的级数一样(虽然它没有关于收敛区间端点的内容)．这个定理很难证明．它的证明留给更深入讨论的书籍．

定理A的一个漂亮的推论，就是我们可以对一个已知部分和函数的幂级数使用这个定理，从而去找出其他级数的部分和函数．

例1 对以下几何级数应用定理A求出两个新的级数的函数表达式．

$$\frac{1}{1-x}=1+x+x^2+x^3+\cdots,\quad -1<x<1$$

解 逐项求导得出

$$\frac{1}{(1-x)^2}=1+2x+3x^2+4x^3+\cdots,\quad -1<x<1$$

逐项求积分得到

$$\int_0^x\frac{1}{1-t}dt=\int_0^x 1dt+\int_0^x tdt+\int_0^x t^2dt+\cdots,\quad -1<x<1$$

也就是

$$-\ln(1-x)=x+\frac{x^2}{2}+\frac{x^3}{3}+\cdots,\quad -1<x<1$$

如果我们用 $-x$ 来代替 x 并且等号两边同时乘以 -1，我们得到

$$\boxed{\ln(1+x)=x-\frac{x^2}{2}+\frac{x^3}{3}-\frac{x^4}{4}+\cdots,\quad -1<x<1}$$

从9.5节的45题，我们知道了这个结果在 $x=1$ 这个端点上是有效．

端点结果问题

判断幂级数在收敛集的端点的敛散性是一个很棘手的问题，下面的结果归功于挪威的伟大的数学家阿贝尔(1802—1829)．

假设 $f(x)=\sum_{n=0}^{\infty}a_nx^n,\ |x|<R$

如果函数 f 在收敛集的端点(R 或 $-R$)连续且级数在端点处也收敛，则公式在端点处保持收敛的性质．

例2 求 $\tan^{-1}x$ 的幂级数形式．

解 回忆一下

$$\tan^{-1}x=\int_0^x\frac{1}{1+t^2}dt$$

从几何级数$\frac{1}{1-x}$(并且用 $-t^2$ 代替 x)，得到

$$\frac{1}{1+t^2}=1-t^2+t^4-t^6+\cdots,\quad -1<t<1$$

那么

$$\tan^{-1}x=\int_0^x(1-t^2+t^4-t^6+\cdots)dt$$

也就是

$$\boxed{\tan^{-1}x=x-\frac{x^3}{3}+\frac{x^5}{5}-\frac{x^7}{7}+\cdots,\quad -1<x<1}$$

(这里对于 $x=\pm1$ 同样成立．)

例 3 求以下级数的部分和函数

$$S(x) = 1 + x + \frac{x^2}{2!} + \frac{x^3}{3!} + \cdots$$

解 我们在以前见过(9.6 节例 3)这个级数对于所有 x 收敛．逐项求导，得到

$$S'(x) = 1 + x + \frac{x^2}{2!} + \frac{x^3}{3!} + \cdots$$

也就是说，对于所有的 x 有 $S'(x) = S(x)$．此外，$S(0) = 1$．这个微分方程有唯一解 $S(x) = e^x$（见 7.5 节）．那么

$$\boxed{e^x = 1 + x + \frac{x^2}{2!} + \frac{x^3}{3!} + \cdots}$$

例 4 求出 e^{-x^2} 的幂级数形式．

解 简单地用 $-x^2$ 代替 e^x 中的 x．

$$e^{-x^2} = 1 - x^2 + \frac{x^4}{2!} - \frac{x^6}{3!} + \cdots$$

代数运算 收敛的幂级数可以进行逐项地相加或相减(定理 9.2B)．在此情况下，它们表现得就像多项式．收敛的幂级数可以进行相乘或通过多项式的辗转相除法进行分解．

例 5 用 e^x 来乘和除 $\ln(1+x)$ 的幂级数．

解 我们在例 1 和例 3 中提及到题中两个级数．乘法的关键是首先找到常数项，然后是 x 项，然后是 x^2 项……这样一直下去．具体操作如下：

$$0 + x - \frac{x^2}{2} + \frac{x^3}{3} - \frac{x^4}{4} + \cdots$$

$$1 + x + \frac{x^2}{2!} + \frac{x^3}{3!} + \frac{x^4}{4!} + \cdots$$

$$0 + (0+1)x + \left(0 + 1 - \frac{1}{2}\right)x^2 + \left(0 + \frac{1}{2!} - \frac{1}{2} + \frac{1}{3}\right)x^3 + \left(0 + \frac{1}{3!} - \frac{1}{2!\,2} + \frac{1}{3} - \frac{1}{4}\right)x^4 + \cdots$$

$$= 0 + x + \frac{1}{2}x^2 + \frac{1}{3}x^3 + 0 \times x^4 + \cdots$$

以下介绍如何进行除法运算：

$$\begin{array}{r|l}
 & x - \frac{3}{2}x^2 + \frac{4}{3}x^3 - x^4 + \cdots \\
\hline
1 + x + \frac{1}{2}x^2 + \frac{1}{6}x^3 + \cdots & x - \frac{1}{2}x^2 + \frac{1}{3}x^3 - \frac{1}{4}x^4 + \cdots \\
 & x + x^2 + \frac{1}{2}x^3 + \frac{1}{6}x^4 + \cdots \\
\cline{2-2}
 & -\frac{3}{2}x^2 - \frac{1}{6}x^3 - \frac{5}{12}x^4 + \cdots \\
 & -\frac{3}{2}x^2 - \frac{3}{2}x^3 - \frac{3}{4}x^4 + \cdots \\
\cline{2-2}
 & \frac{4}{3}x^3 + \frac{1}{3}x^4 + \cdots \\
 & \frac{4}{3}x^3 + \frac{4}{3}x^4 + \cdots \\
\cline{2-2}
 & -x^4 + \cdots
\end{array}$$

例 5 中的真正的问题是我们得到的两个级数是否收敛到 $[\ln(1+x)]e^x$ 和 $[\ln(1+x)]/e^x$. 下面这个定理，在不给出证明的情况下，回答了这个问题.

定理 B

令 $f(x)=\sum a_n x^n$ 和 $g(x)=\sum b_n x^n$，并且这两个级数至少对于 $|x|<r$ 收敛. 如果对这两个级数像多项式那样进行加减乘运算，得出来的级数 $f(x)+g(x)$、$f(x)-g(x)$ 及 $f(x)\cdot g(x)$，对于 $|x|<r$ 也分别收敛. 如果 $b_0\neq 0$，那么对于除法也能得出相应的结论，但是我们只能保证它仅对充分小的 $|x|$ 有效.

注意：假如被替换的级数的常数项为 0，我们把一个幂级数用另外一个幂级数替代后的运算对于充分小的 $|x|$ 同样有效. 举例说明如下.

例 6 求 $e^{\tan^{-1}x}$ 的 4 阶幂级数.

解 由于

$$e^u=1+u+\frac{u^2}{2!}+\frac{u^3}{3!}+\frac{u^4}{4!}+\cdots$$

$$e^{\tan^{-1}x}=1+\tan^{-1}x+\frac{(\tan^{-1}x)^2}{2!}+\frac{(\tan^{-1}x)^3}{3!}+\frac{(\tan^{-1}x)^4}{4!}+\cdots$$

现在用例 2 里相关的内容把 $\tan^{-1}x$ 替换掉并合并同类项，即

$$\begin{aligned}e^{\tan^{-1}x}&=1+\left(x-\frac{x^3}{3}+\cdots\right)+\frac{\left(x-\frac{x^3}{3}+\cdots\right)^2}{2!}+\frac{\left(x-\frac{x^3}{3}+\cdots\right)^3}{3!}+\frac{\left(x-\frac{x^3}{3}+\cdots\right)^4}{4!}+\cdots\\&=1+\left(x-\frac{x^3}{3}+\cdots\right)+\frac{\left(x^2-\frac{2}{3}x^4+\cdots\right)}{2}+\frac{(x^3+\cdots)}{6}+\frac{(x^4+\cdots)}{24}+\cdots\\&=1+x+\frac{x^2}{2}-\frac{x^3}{6}-\frac{7x^4}{24}+\cdots\end{aligned}$$

S. Ramanujan(1887—1920)

印度数学家 Srinivasa Ramanujan 是 20 世纪初期最著名的人物之一，他完全靠自学成才，他留下的笔记中记载了他的很多发现，这些笔记正被彻底地研究，包括一些很奇怪和很美的表达式，一些是无穷级数的和，下面就是其中一个例子：

$$\frac{1}{\pi}=\frac{\sqrt{8}}{9801}\sum_{n=0}^{\infty}\frac{(4n)!\times(1103+26390n)}{(n!)^4\times 396^{4n}}$$

在 1989 年，用它来计算 π 后面小数点的位数超过了十亿位.（习题 35）

***x − a* 的幂级数** 我们已经在这一节里给出了一些关于 x 的幂级数的定理，但是通过一些显而易见的修改，它们同样适用于关于 $x-a$ 的幂级数.

概念复习

1. 一个幂级数在它的收敛区间的____________，可以逐项地求导或____________.
2. $\ln(1-x)$ 的幂级数的展开式的前 5 项是____________.
3. $\exp(x^2)$ 的幂级数的展开式的前 4 项是____________.
4. $\exp(x^2)-\ln(1-x)$ 的幂级数的展开式的前 5 项是____________.

习题 9.7

在习题 1 ~ 10 中，求出 $f(x)$ 的幂级数和它的收敛半径．下列各式均与几何级数有关(参考例 1 和例 2)．

1. $f(x)=\dfrac{1}{1+x}$

2. $f(x)=\dfrac{1}{(1+x)^2}$提示：对第 1 题求导．

3. $f(x)=\dfrac{1}{(1-x)^3}$

4. $f(x)=\dfrac{x}{(1+x)^2}$

5. $f(x)=\dfrac{1}{2-3x}=\dfrac{\frac{1}{2}}{1-\frac{3}{2}x}$

6. $f(x)=\dfrac{1}{3+2x}$

7. $f(x)=\dfrac{x^2}{1-x^4}$

8. $f(x)=\dfrac{x^3}{2-x^3}$

9. $f(x)=\int_0^x \ln(1+t)\,dt$

10. $f(x)=\int_0^x \tan^{-1}t\,dt$

11. 以 x 为变量，求出 $\ln[(1+x)/(1-x)]$ 的幂级数及其收敛半径．提示：

$$\ln[(1+x)/(1-x)]=\ln(1+x)-\ln(1-x)$$

12. 说明任意正数 M 都可被 $(1+x)/(1-x)$ 表示，这里 x 处于 11 题中级数的收敛区间．因此可总结出任意正数的自然对数都可通过这个级数求出．用这种方法求 ln8，并保留三位小数．

在习题 13 ~ 16 中，利用例 3 的结论，求出下列函数的幂级数．

13. $f(x)=e^{-x}$

14. $f(x)=xe^{x^2}$

15. $f(x)=e^x+e^{-x}$

16. $f(x)=e^{2x}-1-2x$

在习题 17 ~ 24 中，利用例 5 的方法求出下列函数的幂级数．

17. $f(x)=e^{-x}\dfrac{1}{1-x}$

18. $f(x)=e^x\tan^{-1}x$

19. $f(x)=\dfrac{\tan^{-1}x}{e^x}$

20. $f(x)=\dfrac{e^x}{1+\ln(1+x)}$

21. $f(x)=(\tan^{-1}x)(1+x^2+x^4)$

22. $f(x)=\dfrac{\tan^{-1}x}{1+x^2+x^4}$

23. $f(x)=\int_0^x \dfrac{e^t}{1+t}dt$

24. $f(x)=\int_0^x \dfrac{\tan^{-1}t}{t}dt$

25. 求出下列各级数的和，并说明它们与已经学过的哪些级数相关．

(a) $x-x^2+x^3-x^4+x^5-\cdots$

(b) $\dfrac{1}{2!}+\dfrac{x}{3!}+\dfrac{x^2}{4!}+\dfrac{x^3}{5!}+\cdots$

(c) $2x+\dfrac{4x^2}{2}+\dfrac{8x^3}{3}+\dfrac{16x^4}{4}+\cdots$

26. 求出下列各级数的和，并说明它们与已经学过的哪些级数相关．

(a) $1+x^2+x^4+x^6+x^8+\cdots$

(b) $\cos x+\cos^2x+\cos^3x+\cos^4x+\cdots$

(c) $\dfrac{x^2}{2}+\dfrac{x^4}{4}+\dfrac{x^6}{6}+\dfrac{x^8}{8}+\cdots$

27. 求 $\sum_{n=1}^{\infty}nx^n$ 之和.

28. 求 $\sum_{n=1}^{\infty}n(n+1)x^n$ 之和.

29. 利用换元法(例 6)求出三阶幂级数.

(a) $\tan^{-1}(e^x-1)$

(b) e^{e^x-1}

30. 假设对于所有 $|x|<R$ 都有 $f(x)=\sum_{n=0}^{\infty}a_nx^n=\sum_{n=0}^{\infty}b_nx^n$. 说明对于所有 n 都有 $a_n=b_n$. 提示：令 $x=0$，然后对其求导，再次令 $x=0$. 依此持续下去.

31. 求出 $x/(x^2-3x+2)$ 的幂级数. 提示：使用部分分式.

32. 令 $y=y(x)=x-\frac{x^3}{3!}+\frac{x^5}{5!}-\frac{x^7}{7!}+\cdots$，说明当 $y(0)=0$ 和 $y'(0)=1$ 时，y 满足微分方程 $y''+y=0$. 根据这一点，猜想出一个 y 的简单的表达式.

33. 令 $\{f_n\}$ 为斐波纳契数列定义有 $f_0=0$，$f_1=1$，$f_{n+2}=f_{n+1}+f_n$

（参考9.1节中的52题和9.6节中的28题）如果 $F(x)=\sum_{n=0}^{\infty}f_nx^n$，说明有

$$F(x)-xF(x)-x^2F(x)=x$$

并根据这一结论求出一个 $F(x)$ 的简单的表达式.

34. 令 $y=y(x)=\sum_{n=0}^{\infty}\frac{f_n}{n!}x^n$，这里 f_n 即为33题中的斐波纳契数列. 说明 y 满足微分方程 $y''-y'-y=0$.

C 35. 你有没有过这样的疑问，人们如何写出 π 小数点后很多位？其中一个方法就依据下面这个等式.（参看6.8节中的76题）.

$$\pi=16\tan^{-1}\left(\frac{1}{5}\right)-4\tan^{-1}\left(\frac{1}{239}\right)$$

根据这个等式和 $\tan^{-1}(x)$ 的幂级数，写出 π 的前六位（也许你会需要 $\tan^{-1}\left(\frac{1}{5}\right)$ 的 $x^9/9$ 及之前的项，但只需要 $\tan^{-1}\left(\frac{1}{239}\right)$ 的第一项.）在1706年，约翰·梅钦就是用这种方法计算出了 π 的前100位，然而在1973，古尔劳德和马丁波约尔就使用一个与之有关的等式计算出了 π 的前100万位.

$$\pi=48\tan^{-1}\left(\frac{1}{18}\right)+32\tan^{-1}\left(\frac{1}{57}\right)-20\tan^{-1}\left(\frac{1}{239}\right)$$

在1983年，我们已经通过另外一种方法求出了 π 的前1600万位. 当然，在近年的计算中计算机发挥了巨大的作用.

36. 使用下列收敛级数，就可轻易地求出 e 的任意多位

$$e=1+1+\frac{1}{2!}+\frac{1}{3!}+\frac{1}{4!}+\cdots$$

这个级数可用于说明 e 是无理数. 通过下面的步骤完成证明. 假设 $e=p/q$，p 和 q 是正整数. 令 $n>q$ 并且

$$M=n!\left(e-1-1-\frac{1}{2!}-\frac{1}{3!}-\cdots-\frac{1}{n!}\right)$$

那么 M 是正整数.（为什么？）而且

$$\begin{aligned}M&=n!\left[\frac{1}{(n+1)!}+\frac{1}{(n+2)!}+\frac{1}{(n+3)!}+\cdots\right]\\&=\frac{1}{n+1}+\frac{1}{(n+1)(n+2)}+\frac{1}{(n+1)(n+2)(n+3)}+\cdots\\&<\frac{1}{n+1}+\frac{1}{(n+1)^2}+\frac{1}{(n+1)^3}+\cdots\\&=\frac{1}{n}\end{aligned}$$

哪里产生了矛盾？与什么有矛盾？

概念复习答案：

1. 可积，内部的
2. $-x-\frac{1}{2}x^2-\frac{1}{3}x^3-\frac{1}{4}x^4-\frac{1}{5}x^5$
3. $1+x^2+\frac{1}{2}x^4+\frac{1}{6}x^6$
4. $1+x+\frac{3}{2}x^2+\frac{1}{3}x^3+\frac{3}{4}x^4$

9.8 泰勒级数和麦克劳林级数

本节的主要问题是：已知函数f(如 $\sin x$ 或 $\ln(\cos^2 x)$)，我们能否将它以x或是$x-a$的幂级数形式表达出来？再精确一些，我们能否找到这样一些数 c_0，c_1，c_2，c_3，…，使得

$$f(x)=c_0+c_1(x-a)+c_2(x-a)^2+c_3(x-a)^3+\cdots$$

在a附近的区间上成立？

假设这样的表达式存在. 那么，根据对级数求导的定理(定理 9.7A)有，

$$f'(x)=c_1+2c_2(x-a)+3c_3(x-a)^2+4c_4(x-a)^3+\cdots$$
$$f''(x)=2!\ c_2+3!\ c_3(x-a)+4\times 3c_4(x-a)^2+\cdots$$
$$f'''(x)=3!\ c_3+4!\ c_4(x-a)+5\times 4\times 3c_5(x-a)^2+\cdots$$
$$\vdots$$

当我们将x替换成a并求出c_n得

$$c_0=f(a)$$
$$c_1=f'(a)$$
$$c_2=\frac{f''(a)}{2!}$$
$$c_3=\frac{f'''(a)}{3!}$$
$$\vdots$$

一般情况下有

$$c_n=\frac{f^{(n)}(a)}{n!}$$

(为使当$n=0$时此式仍成立，我们令$f^{(0)}(a)=f(a)$和$0!=1$.)这样系数c_n就由函数f确定. 这也说明了函数f只能由一种(而不是多种)关于$x-a$的幂级数来表示，这是我们目前得到的一条重要的结论. 我们就用下面的定理作一概括.

定理 A 唯一性定理

假设对于a的任意邻域内的x使得f满足

$$f(x)=c_0+c_1(x-a)+c_2(x-a)^2+c_3(x-a)^3+\cdots$$

那么

$$c_n=\frac{f^{(n)}(a)}{n!}$$

这样，一个函数不能用多于一个关于$x-a$的幂级数来表示. 为了纪念英国数学家布鲁克泰勒(1685—1746)，就把以$x-a$为表达方式的幂级数称为泰勒级数. 为了纪念苏格兰数学家柯林·麦克劳林，如果$a=0$，则相关的级数称为麦克劳林级数.

泰勒级数的收敛 存在性问题仍然困扰着我们. 已知函数f，我们能否用$x-a$的幂级数形式将它表示出来(一定是泰勒级数吗?)下面两个定理给出了答案.

定理 B 具有余项的泰勒公式

设 x 是 a 的某一邻域 I 内的任意一点，令 f 及它的 $(n+1)$ 阶导数 $f^{(n+1)}(x)$ 在此邻域内存在. 那么对于在 I 内的每个 x，

$$f(x)=f(a)+f'(a)(x-a)+\frac{f''(a)}{2!}(x-a)^2+\cdots+\frac{f^{(n)}(a)}{n!}(x-a)^n+R_n(x)$$

其中余项(或误差) $R_n(x)$ 可表示为

$$R_n(x)=\frac{f^{(n+1)}(c)}{(n+1)!}(x-a)^{n+1}$$

c 是 x，a 之间的一点.

证明 下面证明当 $n=4$ 这种特殊情况下定理成立；对于任意 n，可模仿这个证明过程，并且这也是后面的练习(练习 37). 首先在 I 上将 $R_4(x)$ 定义为

$$R_4(x)=f(x)-f(a)-f'(a)(x-a)-\frac{f''(a)}{2!}(x-a)^2-\frac{f'''(a)}{3!}(x-a)^3-\frac{f^{(4)}(a)}{4!}(x-a)^4$$

现在将 x，a 视为常数，在 I 上定义一个新函数 g

$$g(t)=f(x)-f(t)-f'(t)(x-t)-\frac{f''(t)}{2!}(x-t)^2-\frac{f'''(t)}{3!}(x-t)^3$$
$$-\frac{f^{(4)}(t)}{4!}(x-t)^4-R_4(x)\frac{(x-t)^5}{(x-a)^5}$$

很明显 $g(x)=0$，(记住 x 被看做是定点)并且

$$g(a)=f(x)-f(a)-f'(a)(x-a)-\frac{f''(a)}{2!}(x-a)^2-\frac{f'''(a)}{3!}(x-a)^3-\frac{f^{(4)}(a)}{4!}(x-a)^4-R_4(x)\frac{(x-a)^5}{(x-a)^5}$$
$$=R_4(x)-R_4(x)=0$$

由于 a 和 x 在区间 I 里，都有 $g(a)=g(x)=0$，根据微分中值定理. 因此在 x，a 之间至少存在一个实数 c 使得 $g'(c)=0$. 为获得 g 的导数重复使用这一规律.

$$g'(t)=0-f'(t)-[f'(t)(-1)+(x-t)f''(t)]-\frac{1}{2!}[f''(t)2(x-t)(-1)+(x-t)^2f'''(t)]$$
$$-\frac{1}{3!}[f'''(t)3(x-t)^2(-1)+(x-t)^3f^{(4)}(t)]$$
$$-\frac{1}{4!}[f^{(4)}(t)4(x-t)^3(-1)+(x-t)^4f^{(5)}(t)]-R_4(x)\frac{5(x-t)^4(-1)}{(x-a)^5}$$
$$=-\frac{1}{4!}(x-t)^4f^{(5)}(t)+5R_4(x)\frac{(x-t)^4}{(x-a)^5}$$

这样，根据微分中值定理，在 x，a 之间一定存在一个实数 c 使得

$$0=g'(c)=-\frac{1}{4!}(x-c)^4f^{(5)}(c)+5R_4(x)\frac{(x-c)^4}{(x-a)^5}$$

则有

$$\frac{1}{4!}(x-c)^4f^{(5)}(c)=5R_4(x)\frac{(x-c)^4}{(x-a)^5}$$

$$R_4(x)=\frac{f^{(5)}(c)}{5!}(x-a)^5$$

这个定理告诉我们，在用有限项泰勒级数来近似表示的一个函数时误差可用泰勒余项表示. 在下一节中，我们将进一步讨论定理 B 中所给出的结论.

现在来回答关于函数 f 能否被以 $x-a$ 为通项的级数来表示的问题.

定理 C 泰勒定理

令 f 为在区间 $(a-r,\ a+r)$ 内所有函数的表达式，当且仅当

$$\lim_{n\to\infty}R_n(x)=0$$

这里

$$R_n(x)=\frac{f^{(n+1)}(c)}{(n+1)!}(x-a)^{n+1}$$

是泰勒级数的余项，式中，c 是区间 $(a-r,\ a+r)$ 上任意一点.

则泰勒级数

$$f(a)+f'(a)(x-a)+\frac{f''(a)}{2!}(x-a)^2+\frac{f'''(a)}{3!}(x-a)^3+\cdots$$

可表示在区间 $(a-r,\ a+r)$ 上的函数 f.

证明 我们只需要带余项的泰勒公式(定理 B).

$$f(x)=f(a)+f'(a)(x-a)+\cdots+\frac{f^{(n)}(a)}{n!}(x-a)^n+R_n(x)$$

就得到结论. 注意到当 $a=0$ 时，就得到了麦克劳林级数

$$f(0)+f'(0)x+\frac{f''(0)}{2!}x^2+\frac{f'''(0)}{3!}x^3+\cdots$$

例 1 求出 $\sin x$ 的麦克劳林级数，并证明对于全体 x，$\sin x$ 都可用它表示.

解

$$\begin{aligned}
f(x)&=\sin x & f(0)&=0\\
f'(x)&=\cos x & f'(0)&=1\\
f''(x)&=-\sin x & f''(0)&=0\\
f'''(x)&=-\cos x & f'''(0)&=-1\\
f^{(4)}(x)&=\sin x & f^{(4)}(0)&=0\\
&\ \vdots & &\ \vdots
\end{aligned}$$

于是有

$$\boxed{\sin x=x-\frac{x^3}{3!}+\frac{x^5}{5!}-\frac{x^7}{7!}+\cdots}$$

且对于任意的 x 都适用，进一步

$$\lim_{n\to\infty}R_n(x)=\lim_{n\to\infty}\frac{f^{(n+1)}(c)}{(n+1)!}x^{n+1}=0$$

因为 $|f^{(n+1)}(x)|=|\cos x|$ 或者 $|f^{(n+1)}(x)|=|\sin x|$，所以有

$$|R_n(x)|\leqslant\frac{|x|^{n+1}}{(n+1)!}$$

但是，由于 $x^n/n!$ 是收敛级数的第 n 项(参看 9.6 中的例 3 和习题 29)，对于全体 x 都有 $\lim_{n\to\infty}x^n/n!=0$. 作为一个数列，我们得到 $\lim_{n\to\infty}R_n(x)=0$.

例 2 求出 $\cos x$ 的麦克劳林级数，并证明对于全体 x，$\cos x$ 都可用它表示.

解 我们仿照例 1 中的步骤. 然后，可以将上题中的数列项求导从而轻易地得到结果(由定理 9.7A 可知这是可行的. 于是得到

$$\boxed{\cos x=1-\frac{x^2}{2!}+\frac{x^4}{4!}-\frac{x^6}{6!}+\cdots}$$

例 3 用两种不同的方法求出 $f(x)=\cosh x$ 的麦克劳林级数，并证明对于全体 x，$\cosh x$ 都可用它表示.

解 方法 1 直接方法

$$\begin{aligned} f(x) &= \cosh x & f(0) &= 1 \\ f'(x) &= \sinh x & f'(0) &= 0 \\ f''(x) &= \cosh x & f''(0) &= 1 \\ f'''(x) &= \sinh x & f'''(0) &= 0 \\ &\vdots & &\vdots \end{aligned}$$

如果我们可以证明对于全体 x 都有 $\lim\limits_{n\to\infty} R_n(x) = 0$，则

$$\boxed{\cosh x = 1 + \frac{x^2}{2!} + \frac{x^4}{4!} + \frac{x^6}{6!} + \cdots}$$

现在令 B 为一个任意数并且假设 $|x| \leqslant B$. 那么

$$|\cosh x| = \left|\frac{e^x + e^{-x}}{2}\right| \leqslant \frac{e^x}{2} + \frac{e^{-x}}{2} \leqslant \frac{e^B}{2} + \frac{e^B}{2} = e^B$$

同样地，$|\sinh x| \leqslant e^B$. 由于 $f^{(n+1)}(x)$ 是 $\cosh x$ 或者 $\sinh x$，由此得出结论

$$|R_n(x)| = \left|\frac{f^{(n+1)}(c)x^{n+1}}{(n+1)!}\right| \leqslant \frac{e^B |x|^{n+1}}{(n+1)!}$$

后面的表达式当 $n\to\infty$ 时趋近于0，就像例1中的一样.

方法2 我们可以利用 $\cosh x = (e^x + e^{-x})/2$. 由9.7节的例3可知

$$e^x = 1 + x + \frac{x^2}{2!} + \frac{x^3}{3!} + \frac{x^4}{4!} + \cdots$$

$$e^{-x} = 1 - x + \frac{x^2}{2!} - \frac{x^3}{3!} + \frac{x^4}{4!} - \cdots$$

把这两个级数式相加并除以2得出此函数的级数.

例4 求出 $\sinh x$ 的麦克劳林级数并且证明它对于所有 x 都成立.

解 我们省略在例3中的步骤并且由定理9.7A得

$$\boxed{\sinh x = x + \frac{x^3}{3!} + \frac{x^5}{5!} + \frac{x^7}{7!} + \cdots}$$

二项式级数 我们对二项式定理都很熟悉. 对于正数 p 有

$$(1+x)^p = 1 + \binom{p}{1}x + \binom{p}{2}x^2 + \cdots + \binom{p}{p}x^p$$

其中

$$\binom{p}{k} = \frac{p!}{k!\,(p-k)!} = \frac{p(p-1)(p-2)\cdots(p-k+1)}{k!}$$

注意当我们重新定义 $\binom{p}{k}$ 为

$$\binom{p}{k} = \frac{p(p-1)(p-2)\cdots(p-k+1)}{k!}$$

那么，如果 p 是一个正整数，$\binom{p}{k}$ 对任何实数都有意义. 当然，假如 p 是一个正整数，那么新定义可以简化为 $p!/[k!\,(p-k)!]$

定理D 二项式级数

对于任何实数并且当 $|x| < 1$ 时，

$$(1+x)^p = 1 + \binom{p}{1}x + \binom{p}{2}x^2 + \binom{p}{3}x^3 + \cdots$$

部分证明 令 $f(x) = (1+x)^p$，那么

$$
\begin{array}{ll}
f(x)=(1+x)^{p} & f(0)=1 \\
f'(x)=p(1+x)^{p-1} & f'(0)=p \\
f''(x)=p(p-1)(1+x)^{p-2} & f''(0)=p(p-1) \\
f'''(x)=p(p-1)(p-2)(1+x)^{p-3} & f'''(0)=p(p-1)(p-2) \\
\vdots & \vdots
\end{array}
$$

因此，$(1+x)^p$ 的麦克劳林级数和定理中的一样. 为了证明它可以代替$(1+x)^p$，我们需要证明$\lim_{n\to\infty} R_n(x)=0$. 然而这个结论很难得出，所以我们只能把它留在今后更高级的课程中学习.（在习题 38 中有一个证明定理 D 的完全不同的办法）.

假如 p 是一个正整数，对于所有 $k>p$ 都有$\binom{p}{k}=0$ 成立，因此，二次项级数缩至一个拥有有限项的级数，也就是一般的二项式公式.

例 5 对于 $-1<x<1$，求出$(1-x)^{-2}$的麦克劳林级数.

解 根据定理 D

$$
\begin{aligned}
(1+x)^{-2} &= 1+(-2)x+\frac{(-2)(-3)}{2!}x^2+\frac{(-2)(-3)(-4)}{3!}x^3+\cdots \\
&= 1-2x+3x^2-4x^3+\cdots
\end{aligned}
$$

因此

$$(1-x)^{-2}=1+2x+3x^2+4x^3+\cdots$$

很容易看出，这和 9.7 小节例 1 中用另一个办法所得的结果相同.

例 6 求 $\sqrt{(1+x)}$的麦克劳林级数并据此估计 $\sqrt{1.1}$，精确到小数点后五位.

解 根据定理 D，对于任意的 $|x|<1$

$$
\begin{aligned}
(1+x)^{1/2} &= 1+\frac{1}{2}x+\frac{\left(\frac{1}{2}\right)\left(-\frac{1}{2}\right)}{2!}x^2+\frac{\left(\frac{1}{2}\right)\left(-\frac{1}{2}\right)\left(-\frac{3}{2}\right)}{3!}x^3+\frac{\left(\frac{1}{2}\right)\left(-\frac{1}{2}\right)\left(-\frac{3}{2}\right)\left(-\frac{5}{2}\right)}{4!}x^4+\cdots \\
&= 1+\frac{1}{2}x-\frac{1}{8}x^2+\frac{1}{16}x^3-\frac{5}{128}x^4+\cdots
\end{aligned}
$$

因为$|0.1|<1$，故

$$
\begin{aligned}
\sqrt{1.1}=(1+0.1)^{1/2} &= 1+\frac{0.1}{2}-\frac{0.01}{8}+\frac{0.001}{16}-\frac{5\times 0.0001}{128}+\cdots \\
&\approx 1.04881
\end{aligned}
$$

例 7 求 $\int_0^{0.4}\sqrt{1+x^4}\,dx$，精确到小数点后面五位.

解 由例 6 可知

$$\sqrt{(1+x^4)}=1+\frac{1}{2}x^4-\frac{1}{8}x^8+\frac{1}{16}x^{12}-\frac{5}{128}x^{16}+\cdots$$

因此

$$\int_0^{0.4}\sqrt{1+x^4}\,dx=\left[x+\frac{x^5}{10}-\frac{x^9}{72}+\frac{x^{13}}{208}+\cdots\right]_0^{0.4}\approx 0.40102$$

小结

我们以一些已经找到的麦克劳林级数作为小结. 这些级数在解题时很有用，但是更有意义的是它们在数学和科学中应用非常广泛.

重要的麦克劳林级数

1. $\dfrac{1}{(1-x)}=1+x+x^2+x^3+x^4+\cdots \quad -1<x<1$

2. $\ln(1+x)=x-\dfrac{x^2}{2}+\dfrac{x^3}{3}-\dfrac{x^4}{4}+\dfrac{x^5}{5}-\cdots \quad -1<x\leqslant 1$

3. $\tan^{-1}x=x-\dfrac{x^3}{3}+\dfrac{x^5}{5}-\dfrac{x^7}{7}+\dfrac{x^9}{9}-\cdots \quad -1\leqslant x\leqslant 1$

4. $e^x=1+x+\dfrac{x^2}{2!}+\dfrac{x^3}{3!}+\dfrac{x^4}{4!}+\cdots$

5. $\sin x=x-\dfrac{x^3}{3!}+\dfrac{x^5}{5!}-\dfrac{x^7}{7!}+\dfrac{x^9}{9!}-\cdots$

6. $\cos x=1-\dfrac{x^2}{2!}+\dfrac{x^4}{4!}-\dfrac{x^6}{6!}+\dfrac{x^8}{8!}-\cdots$

7. $\sinh x=x+\dfrac{x^3}{3!}+\dfrac{x^5}{5!}+\dfrac{x^7}{7!}+\dfrac{x^9}{9!}+\cdots$

8. $\cosh x=1+\dfrac{x^2}{2!}+\dfrac{x^4}{4!}+\dfrac{x^6}{6!}+\dfrac{x^8}{8!}+\cdots$

9. $(1+x)^p=1+\dbinom{p}{1}x+\dbinom{p}{2}x^2+\dbinom{p}{3}x^3+\dbinom{p}{4}x^4+\cdots \quad -1<x<1$

概念复习

1. 假如函数 $f(x)$ 由幂级数 $\sum c_k x^k$ 表示，那么 $c_k=$ ________.
2. 泰勒公式余项中的 x 满足________时；一个函数才能由泰勒级数表示.
3. 当________ $<x<$ ________时，$\sin x$ 的麦克劳林级数才能表示 $\sin x$.
4. $(1+x)^{1/3}$ 的麦克劳林级数的前四项是____________.

习题9.8

在习题1～18 中，求函数 $f(x)$ 的麦克劳林级数到 x^5 项．提示：最简单的办法是对已知麦克劳林级数使用乘法、除法等方法得出所需函数．例如：$\tan x=(\sin x)/(\cos x)$．

1. $f(x)=\tan x$
2. $f(x)=\tanh x$
3. $f(x)=e^x\sin x$
4. $f(x)=e^{-x}\cos x$
5. $f(x)=(\cos x)\ln(1+x)$
6. $f(x)=(\sin x)\sqrt{1+x}$
7. $f(x)=e^x+x+\sin x$
8. $f(x)=\dfrac{\cos x-1+x^2/2}{x^4}$
9. $f(x)=\dfrac{1}{1-x}\cosh x$
10. $f(x)=\dfrac{1}{1+x}\ln\left(\dfrac{1}{1+x}\right)=\dfrac{-\ln(1+x)}{1+x}$
11. $f(x)=\dfrac{1}{1+x+x^2}$
12. $f(x)=\dfrac{1}{1-\sin x}$
13. $f(x)=\sin^3 x$
14. $f(x)=x(\sin 2x+\sin 3x)$
15. $f(x)=x\sec x^2+\sin x$
16. $f(x)=\dfrac{\cos x}{\sqrt{1+x}}$
17. $f(x)=(1+x)^{3/2}$
18. $f(x)=(1-x^2)^{2/3}$

在习题19～24 中，求 $(x-a)$ 形式的泰勒级数，求到 $(x-a)^3$ 项．

19. e^x，$a=1$
20. $\sin x$，$a=\dfrac{\pi}{6}$
21. $\cos x$，$a=\dfrac{\pi}{3}$
22. $\tan x$，$a=\dfrac{\pi}{4}$
23. $1+x^2+x^3$，$a=1$
24. $2-x+3x^2-x^3$，$a=-1$

25. $f(x)=\sum a_n x^n$ 为定义域为$(-R, R)$的偶函数. 证明当 n 为奇数时 $a_n=0$. 提示：使用唯一性定理.

26. 证明当$f(x)$为奇函数时习题 25 的结论正确与否.

27. 前面提到 $\sin^{-1}x=\int_0^x \frac{1}{\sqrt{1-t^2}}\mathrm{d}t$，求 $\sin^{-1}x$ 麦克劳林级数的非零项的前四项.

28. 有 $\sinh^{-1}x=\int_0^x \frac{1}{\sqrt{1+t^2}}\mathrm{d}t$，求 $\sinh^{-1}x$ 麦克劳林级数的非零项的前四项.

[C] 29. 计算 $\int_0^1 \cos(x^2)\,\mathrm{d}x$，精确到小数点后四位.

[C] 30. 计算 $\int_0^{0.5} \sin\sqrt{x}\,\mathrm{d}x$，精确到小数点后五位.

31. 由 $1/x=1/[1-(1-x)]$并且使用已知$1/(1-x)$展开式，求$\frac{1}{x}$关于$(x-1)$的泰勒级数.

32. 令$f(x)=(1+x)^{1/2}+(1-x)^{1/2}$，求$f$的麦克劳林级数并且使用它去求$f^{(4)}(0)$和$f^{(51)}(0)$.

33. 下面每一种情况中，使用已知级数求出$f(x)$的麦克劳林级数并且用它求出$f^{(4)}(0)$.

(a) $f(x)=e^{x+x^2}$　　(b) $f(x)=e^{\sin x}$　　(c) $f(x)=\int_0^x \frac{e^{t^2}-1}{t^2}\mathrm{d}t$

(d) $f(x)=e^{\cos x}=e\cdot e^{\cos x-1}$　　(e) $f(x)=\ln(\cos^2 x)$

34. 有时可以用一种叫做等化系数法的方法求麦克劳林级数. 例如，令 $\tan x=\frac{\sin x}{\cos x}=a_0+a_1x+a_2x^2+\cdots$那么乘以 $\cos x$ 并且用它们的级数取代 $\sin x$ 和 $\cos x$ 可得

$$x-\frac{x^3}{6}+\cdots=(a_0+a_1x+a_2x^2+\cdots)\left(1-\frac{x^2}{2}+\cdots\right)=a_0+a_1x+\left(a_2-\frac{a_0}{2}\right)x^2+\left(a_3-\frac{a_1}{2}\right)x^3+\cdots$$

因此

$$a_0=0,\ a_1=1,\ a_2-\frac{a_0}{2}=0,\ a_3-\frac{a_1}{2}=-\frac{1}{6},\ \cdots$$

所以

$$a_0=0,\ a_1=1,\ a_2=0,\ a_3=\frac{1}{3}\cdots$$

于是得到

$$\tan x=0+x+0+\frac{1}{3}x^3+\cdots$$

与习题 1 相同. 使用这个方法求 $\sec x$ 的级数到 x^4.

35. 使用习题 34 的方法求 $\tanh x$ 的麦克劳林级数到 x^5.

36. 使用习题 34 的方法求 $\mathrm{sech}\, x$ 的级数到 x^4.

37. 证明定理 B

(a)当 $n=3$ 这个特定情况下成立；　　(b)对于任意 n 都成立.

38. 按照下面的步骤证明定理 D：

令$f(x)=1+\sum_{n=1}^{\infty}\binom{p}{n}x^n$

(a)证明级数在$|x|<1$收敛；　　(b)证明$(1+x)f'(x)=pf(x)$以及$f(0)=1$；

(c)解微分方程求出$f(x)=(1+x)^p$.

39. 令当$t<0$，$f(t)=0$，当$t\geqslant 0$，$f(t)=t^4$. 解释为什么$f(t)$不能由麦克劳林级数表示. 并且证明，假如$g(t)$表示一辆汽车的路程，这辆车在$t<0$时静止在$t\geqslant 0$时前进，$g(t)$不能被麦克劳林级数表示.

40. 令当$x\neq 0$时，$f(x)=e^{-1/x^2}$，当$x=0$时，$f(x)=0$.

(a)用导数的定义证明$f'(0)=0$；　　(b)证明$f''(0)=0$；

(c)假设 $f^{(n)}(0)=0$ 对于所有 n 成立，求 $f(x)$ 的麦克劳林级数；

(d)这个麦克劳林级数可以表示 $f(x)$ 吗？

(e)当 $a=0$ 时，定理B中的级数成为麦克劳林级数. 对于 $f(x)$ 麦克劳林级数的余项是多少？

这证明了麦克劳林级数可能存在，但并不表示所给的函数(当 n 趋近于无限大时余数不趋近于0).

CAS 使用 *CAS* 求下面式子的麦克劳林级数的前四非零项. 检查习题43～48 看是否求得和9.7节结果一样的答案.

41. $\sin x$
42. $\exp x$
43. $3\sin x-2\exp x$
44. $\exp x^2$
45. $\sin(\exp x-1)$
46. $\exp(\sin x)$
47. $(\sin x)(\exp x)$
48. $(\sin x)/(\exp x)$

概念复习答案：

1. $f^{(k)}(0)/k!$　2. $\lim\limits_{x\to\infty}R_n(x)=0$　3. $-\infty,\ \infty$　4. $1+\frac{1}{3}x-\frac{1}{9}x^2+\frac{5}{81}x^3$

9.9 函数的泰勒近似

前面章节介绍的泰勒级数和麦克劳林级数不能够直接用来对如 e^x, $\tan x$ 类的函数求近似值. 然而，有限项泰勒级数或麦克劳林级数，也就是，去掉截断误差后剩下的有限项构成的级数是一个多项式函数，可以用来逼近已知的函数. 这种多项式叫做泰勒多项式或麦克劳林多项式.

1阶的泰勒多项式 在2.9节中我们强调了函数 f 在 a 点的值可以被过点 $(a, f(a))$(图1)的切线近似地逼近. 这条线叫做函数的线性近似并且我们发现

$$p_1(x)=f(a)+f'(a)(x-a)$$

在9.8节中学过泰勒级数之后，你应该认识到，$p_1(x)$ 是由两项组成的，即泰勒级数 f 关于 a 展开的0阶和1阶. 我们称此为一阶泰勒多项式. 如图1所示，可以认为 $p_1(x)$ 是函数 $f(x)$ 在 $x=a$ 附近的近似逼近函数.

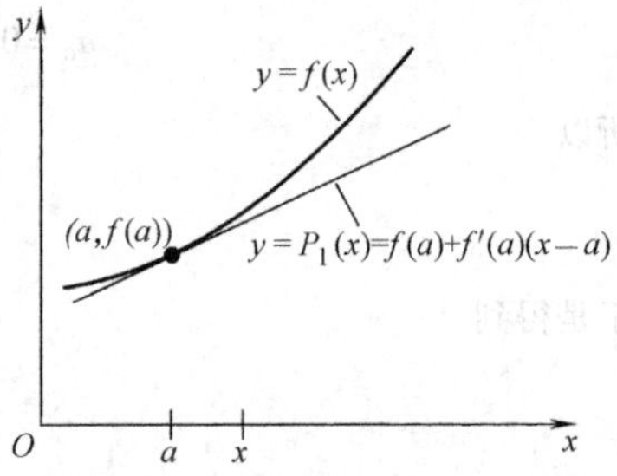

图 1

例1 在函数 $f(x)=\ln x$ 中求在 $a=1$ 处的一阶泰勒多项式，并用它来求 ln0.9，ln1.5 的近似值.

解 因为 $f(x)=\ln x$, $f'(x)=\frac{1}{x}$；则 $f(1)=0$, $f'(1)=1$. 因此

$$p_1(x)=0+1(x-1)=x-1$$

于是，当 x 趋近于1时

$$\ln x\approx x-1$$

并且

$$\ln 0.9\approx 0.9-1=-0.1$$

$$\ln 1.5\approx 1.5-1=0.5$$

ln0.9 和 ln1.5 正确的四位的值分别为 −0.1054 和 0.4055. 正如所料，ln0.9 的近似值比 ln1.5 的近似值更确切. 因为0.9比1.5更接近于1.（图2）

***n* 阶导数的泰勒多项式** 当 x 趋近于 a 时，$p_1(x)$ 线性近似的精度最高，但近似精度减小随着 x 逐渐远离 a. 你也许会想到，利用高阶泰勒多项式近似会取得更好的效果.

$$p_2(x)=f(a)+f'(a)(x-a)+\frac{f''(a)}{2}(x-a)^2$$

上式是由关于f的泰勒级数的前三项组成的，对于f，$p_2(x)$将会比线性近似的$p_1(x)$有一个更好的效果. 以a为基数的n阶泰勒多项式是

$$p_n(x)=f(a)+f'(a)(x-a)+\frac{f''(a)}{2!}(x-a)^2+\cdots+\frac{f^{(n)}(a)}{n!}(x-a)^n$$

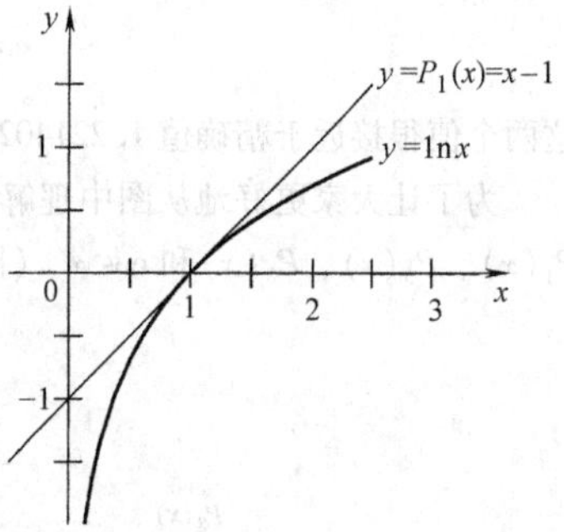

图 2

例 2 求对函数$f(x)=\ln x$以$a=1$为基数的函数$p_2(x)$，并用它来近似求 ln0.9 和 ln1.5 的值.

解 这里$f(x)=\ln x$，$f'(x)=\frac{1}{x}$；$f''(x)=\frac{-1}{x^2}$，则$f(1)=0$，$f'(1)=1$，$f''(1)=-1$. 因此

$$p_2(x)=0+1(x-1)-\frac{1}{2}(x-1)^2$$

于是，当x趋近于 1 时

$$\ln x\approx(x-1)-\frac{1}{2}(x-1)^2$$

并且

$$\ln 0.9\approx(0.9-1)-\frac{1}{2}(0.9-1)^2=-0.1050$$

$$\ln 1.5\approx(1.5-1)-\frac{1}{2}(1.5-1)^2=0.3750$$

正如所料，这个公式比线性近似$p_1(x)$的近似度更高. 图 3 展示出了函数$y=\ln x$以及它的近似值$p_2(x)$.

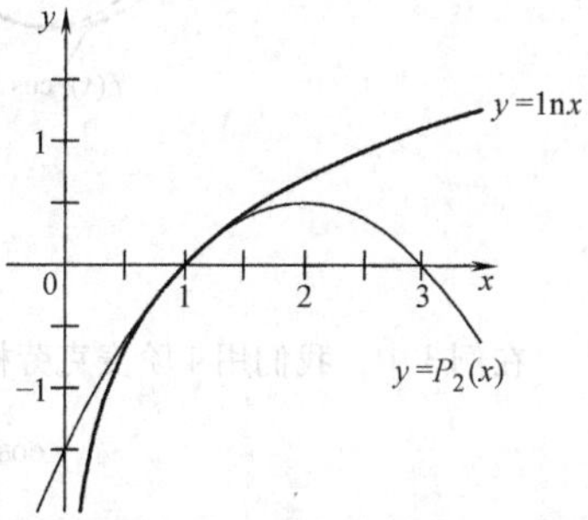

图 3

麦克劳林多项式 当$a=0$时，n阶的泰勒多项式就化简成为n阶麦克劳林多项式，麦克劳林多项式应用于$x=0$附近的近似.

$$f(x)\approx p_n(x)=f(0)+f'(0)x+\frac{1}{2}f''(0)x^2+\cdots+\frac{f^{(n)}(0)}{n!}x^n$$

例 3 求e^x和$\cos x$的n阶麦克劳林多项式. 然后用$n=4$求$e^{0.2}$和$\cos(0.2)$的近似值.

解 在计算中所需要的导数列在下表中：

0			$x=0$		$x=0$
0	$f(x)$	e^x	1	$\cos x$	1
1	$f'(x)$	e^x	1	$-\sin x$	0
2	$f''(x)$	e^x	1	$-\cos x$	-1
3	$f^{(3)}(x)$	e^x	1	$\sin x$	0
4	$f^{(4)}(x)$	e^x	1	$\cos x$	1
5	$f^{(5)}(x)$	e^x	1	$-\sin x$	0
⋮	⋮	⋮	⋮	⋮	⋮

已知：

$$e^x\approx1+x+\frac{1}{2!}x^2+\frac{1}{3!}x^3+\frac{1}{4!}x^4+\cdots+\frac{1}{n!}x^n$$

$$\cos x\approx1-\frac{1}{2!}x^2+\frac{1}{4!}x^4-\cdots+(-1)^{n/2}\frac{1}{n!}x^n\ (n\text{ 是偶数})$$

因此，当$x=0.2$时，用$n=4$，我们得到

$$e^{0.2}\approx1+0.2+\frac{1}{2!}0.2^2+\frac{1}{3!}0.2^3+\frac{1}{4!}0.2^4=1.2214000$$

$$\cos(0.2)\approx 1-\frac{1}{2!}0.2^2+\frac{1}{4!}0.2^4=0.9800667$$

这两个值很接近于精确值1.2214028和0.9800666.

为了让大家更好地从图中理解麦克劳林公式是如何求 $\cos x$ 的近似值的，我们给出了一个图，图中包括 $P_1(x)$、$P_5(x)$、$P_8(x)$ 和 $\cos x$.（图4）

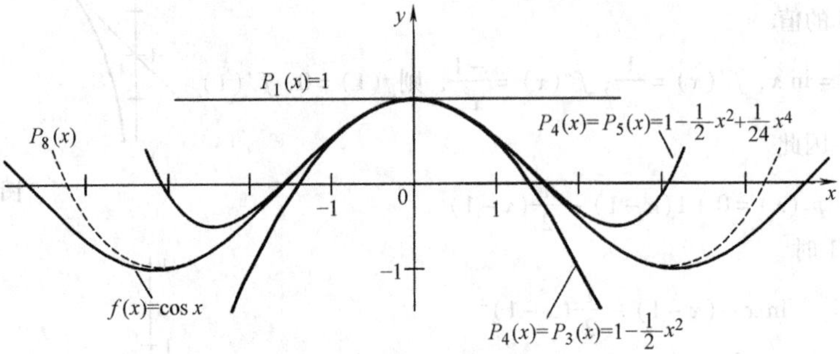

$f(x)=\cos x$ 的麦克劳林近似

图 4

在例3中，我们用4阶麦克劳林公式求 $\cos(0.2)$ 近似值的过程如下：

$$\cos(0.2)\approx 1-\frac{1}{2!}0.2^2+\frac{1}{4!}0.2^4\approx 0.9800667$$

这个例子向我们展示了在求近似值的两种误差. 第一种是所选方法的误差，我们用4阶的多项式而不是精确的级数部分和来计算 $\cos x$. 第二种误差是计算的误差，这是由近似带来的误差，正如我们把无限循环小数0.9800666…用0.9800667来代替一样.

我们可以用更高阶的麦克劳林多项式来减小误差，但是用更高阶的多项式意味着更多的计算，这也增加了计算出错的可能性. 如果想成为一个好的数值分析家，就必须在这两种错误中找到一个平衡点，而这不仅仅为一门科学更是一种艺术. 然而关于方法误差我们还是可以探讨一些确切的东西的，我们下面就证明这些东西。

方法中的误差 在9.8节中我们给出了泰勒多项式求函数近似值的公式. 带余项的泰勒公式是

$$f(x)=f(a)+f'(a)(x-a)+\frac{f''(a)}{2!}(x-a)^2+\cdots+\frac{f^{(n)}(a)}{n!}(x-a)^n+R_n(x)$$
$$=p_n(x)+R_n(x)$$

误差就是余项 $R_n(x)$，即

$$R_n(x)=\frac{f^{(n+1)}(c)}{(n+1)!}(x-a)^{n+1}$$

c 是 x 与 a 之间的实数. 这个误差公式是由约瑟夫·路易斯·拉格朗日给出的，因此经常称为泰勒多项式的拉格朗日误差公式. 当 $a=0$ 时，泰勒公式就是麦克劳林公式.

我们的问题就是要求 c 点，我们只知道 c 是 x 与 a 之间的数，对大多数的问题来说，我们必须根据 c 的边界来确定泰勒余项的范围. 下面的例子论述了这个观点.

例4 近似计算 $e^{0.8}$，误差值要小于0.001.

解 对于 $f(x)=e^x$，麦克劳林公式的余项为

$$R_n(x)=\frac{f^{(n+1)}(c)}{(n+1)!}x^{n+1}=\frac{e^c}{(n+1)!}x^{n+1}$$

因此

$$R_n(0.8)=\frac{e^c}{(n+1)!}0.8^{n+1}$$

而 $0<c<0.8$，我们的目标是选择足够大的 n，使得 $|R_n(0.8)|<0.001$. 现在，我们有 $e^c<e^{0.8}<3$ 和 $0.8^{n+1}<1^{n+1}$，因此

$$|R_n(0.8)|<\frac{3\times 1^{n+1}}{(n+1)!}=\frac{3}{(n+1)!}$$

很容易检验当 $n\geqslant 6$ 时，$\frac{3}{(n+1)!}<0.001$ 成立，所以当我们用 6 阶的麦克劳林公式时就能得到我们想要的精度.

$$e^{0.8}\approx 1+0.8+\frac{0.8^2}{2!}+\frac{0.8^3}{3!}+\frac{0.8^4}{4!}+\frac{0.8^5}{5!}+\frac{0.8^6}{6!}$$

经过计算器计算得到 2.2254948.

我们能够确保误差小于 0.001 吗？当然可以. 我们的近似会扭曲我们的答案吗？也许会，但我们可以很自信地写上 2.2255，误差一定小于 0.001.

求 $|R_n|$ 界的方法　R_n 的精确值几乎是永远得不到的，因为我们不知道 c，只知道它在一定的区间内. 因此，我们的任务就是 c 在区间内 $|R_n|$ 的最大可能值. 而这通常是很困难的，因此我们只找一个 $|R_n|$ 比较好的上界. 这需要用到不等式的一些性质，我们主要的方法就是用三角不等式 $|a\pm b|\leqslant|a|+|b|$ 以及当分子变大、分母变小时，分数值变大这一规律.

例 5　如果 c 在区间$[2, 4]$内，对于 $\left|\frac{c^2-\sin c}{c}\right|$ 的最大值，给一个合适的上界.

解　$$\left|\frac{c^2-\sin c}{c}\right|=\frac{|c^2-\sin c|}{|c|}\leqslant\frac{|c^2|+|\sin c|}{|c|}\leqslant\frac{4^2+1}{2}=8.5$$

一个不同的更好的上界是

$$\left|\frac{c^2-\sin c}{c}\right|=\left|c-\frac{\sin c}{c}\right|\leqslant|c|+\left|\frac{\sin c}{c}\right|\leqslant 4+\frac{1}{2}=4.5$$

例 6　用 2 阶的泰勒公式近似计算 cos62°，然后给出近似误差的一个上界.

解　由于 62°接近 60°，因此，我们用泰勒公式在 $a=\pi/3$ 求近似值.

$$f(x)=\cos x \qquad f\left(\frac{\pi}{3}\right)=\frac{1}{2}$$

$$f'(x)=-\sin x \qquad f'\left(\frac{\pi}{3}\right)=-\frac{\sqrt{3}}{2}$$

$$f''(x)=-\cos x \qquad f''\left(\frac{\pi}{3}\right)=-\frac{1}{2}$$

$$f'''(x)=\sin x \qquad f'''(c)=\sin c$$

而

$$62°=\left(\frac{\pi}{3}+\frac{\pi}{90}\right)\text{rad}$$

因此

$$\cos x=\frac{1}{2}-\frac{\sqrt{3}}{2}\left(x-\frac{\pi}{3}\right)-\frac{1}{4}\left(x-\frac{\pi}{3}\right)^2+R_2(x)$$

所以

$$\cos\left(\frac{\pi}{3}+\frac{\pi}{90}\right)=\frac{1}{2}-\frac{\sqrt{3}}{2}\left(\frac{\pi}{90}\right)-\frac{1}{4}\left(\frac{\pi}{90}\right)^2+R_2\left(\frac{\pi}{3}+\frac{\pi}{90}\right)\approx 0.4694654+R_2$$

并且

$$|R_2|=\left|\frac{\sin c}{3!}\left(\frac{\pi}{90}\right)^3\right|<\frac{1}{6}\left(\frac{\pi}{90}\right)^3\approx 0.0000071$$

由于误差很小，我们可以很确定地写上 cos62° = 0.4694654，误差小于 0.0000071.

计算误差 到目前为止的所有例子中，我们都假设了误差小到可以忽略的程度，在本书中我们通常都会做这样的假设，因为我们的计算只是涉及到计算次数很少的问题，但是有必要说明的是，当用计算机做上千甚至上百万次计算时，误差可能会积累而导致一个扭曲的答案.

有两类重要的计算误差的来源即使采用计算器也无法避免，考虑下列计算：

$$a+b_1+b_2+b_3+\cdots+b_m$$

其中，a 远大于式中任何的 $b_i(i=1,\cdots,m)$，例如，$a=10000000$ 而 $b_i=0.4$，$i=1.2,\cdots,m$. 如果我们依次把 b_1、b_2 等加到 a 中，我们每一步都近似等于 10000000，然而，当 b_i 的和加到 25 时，我们应该认为 b_i 的和影响了总和. 在把很多小的数加到一个或两个大的数之前，先计算所有小的数的和是明智的.

另一类更可能的计算误差的来源是在两个相近的数相减时，丢掉了有效数字，例如，用 0.823445 减去 0.823421，每个数都有六位有效数字，而它们的差得 0.000024，只有两位有效数字，我们通过一个求导数的例子来说明丢掉有效数字而造成的麻烦.

对于函数 $f(x)=x^4$，求 $f'(2)$.

$$f'(2)\approx\frac{f(2+h)-f(2)}{h}=\frac{(2+10^{-n})^4-2^4}{10^{-n}}$$

理论上说，当 n 增大时，结果应该越接近真实的值 32. 但是当我们用 8 位小数的计算器计算时，当 n 变得太大时，我们注意一下发生了什么.

n	$(2+10^{-n})^4-2^4$	$[(2+10^{-n})^4-2^4]/10^{-n}$
2	0.32240801	32.240801
3	0.03202401	32.024010
4	0.00320024	32.002400
5	0.00032000	32.000000
6	0.00003200	32.000000
7	0.00000320	32.000000
8	0.00000032	32.000000
9	0.00000003	30.000000
10	0.00000000	0.000000
⋮	⋮	⋮

即使用 16 位或 32 位的计算器也会发生同样的问题，如果不顾及计算中的有效数字，当 n 足够大时，在上式中的微商将会变为 0. 数值分析家一定要熟知这种类型的计算误差.

概念复习

1. 如果 $p_2(x)$ 是函数 $f(x)$ 的按 $(x-1)$ 幂展开的二阶泰勒多项式，那么 $p_2(1)=$________，$p_2'(1)=$________，$p_2''(1)=$________.

2. 函数 $f(x)$ 的 9 阶的麦克劳林多项式中，x^6 项的系数是________.
3. 在近似计算中的两类误差分别称为________和________.
4. 用泰勒公式计算误差时随着 n 值的增大，易导致________，而随着 n 值的增大，计算误差的方法易________.

习题 9.9

在习题 1 ~ 8 中，计算函数 $f(x)$ 的 4 阶麦克劳林多项式，并用其估算 $f(0.12)$.

1. $f(x)=e^{2x}$　2. $f(x)=e^{-3x}$　3. $f(x)=\sin 2x$　4. $f(x)=\tan x$

5. $f(x)=\ln(1+x)$　　6. $f(x)=\sqrt{1+x}$　　7. $f(x)=\tan^{-1}x$　　8. $f(x)=\sinh x$

在习题9～14 中，求所给函数的按$(x-a)$幂展开的3 阶的泰勒多项式.

9. e^x；$a=1$　　10. $\sin x$；$a=\frac{\pi}{4}$　　11. $\tan x$；$a=\frac{\pi}{6}$

12. $\sec x$；$a=\frac{\pi}{4}$　　13. $\cot^{-1}x$；$a=1$　　14. $\sqrt{x}$；$a=2$

15. 对于函数$f(x)=x^3-2x^2+3x+5$，求按$(x-1)$幂展开的3 阶泰勒多项式并且写出$f(x)$精确的表达式.

16. 对于函数$f(x)=x^4$，求按$(x-2)$幂展开的4 阶泰勒多项式并且写出$f(x)$精确的表达式.

17. 对于函数$f(x)=\frac{1}{1-x}$，求其n阶的麦克劳林多项式，并用$n=4$时的多项式近似计算下列各值.

(a) $f(0.1)$　(b) $f(0.5)$　(c) $f(0.9)$　(d) $f(2)$

C 18. 对于$\sin x$，求其n阶的麦克劳林多项式，并用$n=5$时的多项式近似计算下列各值.（这个例子将让大家看到如果x远离0 时，麦克劳林多项式的近似计算的值是相当不准确的）. 和用计算器计算的值相比较，能得出什么结论？

(a) $\sin(0.1)$　(b) $\sin(0.5)$　(c) $\sin(1)$　(d) $\sin(10)$

CAS **在习题19～28 中，在同一个坐标轴上画出所给函数的1，2，3，4 阶麦克劳林公式的图.**

19. $\cos 2x$　20. $\sin x$　21. $\sin x^2$　22. $\cos(x-\pi)$

23. e^{-x^2}　24. $e^{\sin x}$　25. $\sin e^x$　26. $\sin(\ln(1+x))$

27. $\frac{\sin x}{2+\sin x}$　28. $\frac{1}{1+x^2}$

在习题29～36 中，对于每个所给的表达式，找一个比较好的上界，c为所给的区间中的点，答案可以根据应用的不同方法而不同.（见例5）

29. $|e^{2c}+e^{-2c}|$；$[0, 3]$　　30. $|\tan c+\sec c|$；$\left[0, \frac{\pi}{4}\right]$

31. $\left|\frac{4c}{\sin c}\right|$；$\left[\frac{\pi}{4}, \frac{\pi}{2}\right]$　　32. $\left|\frac{4c}{c+4}\right|$；$[0, 1]$

33. $\left|\frac{e^c}{c+5}\right|$；$[-2, 4]$　　34. $\left|\frac{\cos c}{c+2}\right|$；$\left[0, \frac{\pi}{4}\right]$

35. $\left|\frac{c^2+\sin c}{10\ln c}\right|$；$[2, 4]$　　36. $\left|\frac{c^2-c}{\cos c}\right|$；$\left[0, \frac{\pi}{4}\right]$

在习题37～42 中，求$R_6(x)$，即关于a的6 阶泰勒多项式的余项. 然后求$|R_6(0.5)|$的范围. 见例4和例6.

37. $\ln(2+x)$；$a=0$　　38. e^{-x}；$a=1$　　39. $\sin x$；$a=\pi/4$

40. $\frac{1}{x-3}$；$a=1$　　41. $\frac{1}{x}$；$a=1$　　42. $\frac{1}{x^2}$；$a=1$

43. 求e^x的麦克劳林多项式取五位小数近似值后满足$|R_n(1)|\leq 0.000005$的阶数n.（见例4）

44. 计算$4\tan^{-1}x$的麦克劳林多项式并且将$\pi=4\tan^{-1}1$近似值取5 位小数后满足$|R_n(1)|\leq 0.000005$的阶数n.

45. 求$(1+x)^{1/2}$的3 阶麦克劳林多项式并在$-0.5\leq x\leq 0.5$时求误差$R_3(x)$的范围.

46. 求$(1+x)^{3/2}$的3 阶麦克劳林多项式并在$-0.1\leq x\leq 0$时求误差$R_3(x)$的范围.

47. 求$(1+x)^{-1/2}$的3 阶麦克劳林多项式并在$-0.05\leq x\leq 0.05$时求误差$R_3(x)$的范围.

48. 求$\ln[(1+x)/(1-x)]$的4 阶麦克劳林多项式并在$-0.5\leq x\leq 0.5$时求误差$R_4(x)$的范围.

49. 由于$\sin x$的4 阶麦克劳林多项式实际上是三次的(因为x^4的系数是0). 因此

$$\sin x = x - \frac{x^3}{6} + R_4(x)$$

证明：当$0 \leqslant x \leqslant 0.5$，$|R_4(x)| \leqslant 0.0002605$. 并利用所得结果求$\int_0^{0.5} \sin x \mathrm{d}x$的近似值及其误差的范围.

50. 与习题49类似，有

$$\cos x = 1 - \frac{x^2}{2} + \frac{x^4}{24} + R_5(x)$$

若$0 \leqslant x \leqslant 1$，求$|R_5(x)|$的范围. 并利用所得结果求$\int_0^1 \cos x \mathrm{d}x$的近似值及其误差的范围.

51. 习题49指出，如果n是奇数，那么$\sin x$的第n阶麦克劳林多项式也是第$n+1$阶多项式，所以误差可以用R_{n+1}计算. 用这个结果求多大的n可以使得对于在区间$0 \leqslant x \leqslant \frac{\pi}{2}$的所有$x$，$|R_{n+1}(x)|$小于0.00005.（$n$为奇数）

52. 习题50指出，如果n是偶数，那么$\cos x$的第n阶麦克劳林多项式也是第$n+1$阶多项式，所以误差可以用R_{n+1}计算. 用这个结果求多大的n可以使得对于在区间$0 \leqslant x \leqslant \frac{\pi}{2}$的所有$x$，$|R_{n+1}(x)|$小于0.00005.（$n$为偶数）

53. 如图5中所示的阴影部分，阴影的面积$A \approx r^2t^3/12$，用麦克劳林多项式求其近似值，首先写出A的精确表达式，然后求近似值.

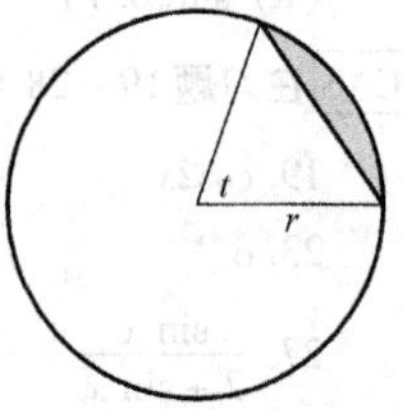

图 5

54. 如果一个物体静止时的质量为m_0，根据相对论的原理，在速度为v时，它的质量$m = m_0/\sqrt{1 - v^2/c^2}$，其中$c$为光速，解释一下物理学家是如何得到下列的近似：

$$m \approx m_0 + \frac{m_0}{2}\left(\frac{v}{c}\right)^2$$

55. 如果在月利率为r的银行存款（复利的方式），n年后本金将会翻倍，其中n满足$\left(1 + \frac{r}{12}\right)^{12n} = 2$.

(a) 求证：$n = \ln 2\left[\frac{1}{12\ln(1 + r/12)}\right]$

(b) 用$\ln(1+x)$的2阶麦克劳林多项式和部分分式分解并求近似值$n \approx \frac{0.693}{r} + 0.029$.

(c) 有些人用72法则$n \approx 72/(100r)$来求n的近似值，填下列表格，并比较用这三种方法所求得的值.

r	n（准确值）	n（近似值）	n（72法则）
0.05			
0.10			
0.15			
0.20			

56. 有一篇权威文章声称，假如k非常小，$x = 1 - \mathrm{e}^{-(1+k)x}$的最小正数解近似为$x = 2k$. 解释一下这篇文章的作者是如何得出这个结论的，并用$k = 0.01$来验证.

57. 用以1为基数的4阶泰勒多项式展开$x^4 - 3x^3 + 2x^2 + x - 2$，并证明对所有$x$有$R_4(x) = 0$始终成立.

58. 设$f(x)$为一个在$x = a$处至少有n阶导数的函数，又设$P_n(x)$为以a为基数的n阶泰勒多项式. 证明

$$P_n(a) = f(a),\ P_n'(a) = f'(a),\ P_n''(a) = f''(a),\ \cdots,\ P_n^{(n)}(a) = f^{(n)}(a).$$

C 59. 用以$\pi/4$为基数的$\sin x$的3阶泰勒多项式计算$\sin 43° = \sin(43\pi/180)$，然后求出误差的范围. 见例6.

C 60. 用例6描述的方法计算$\cos 63°$. 保证n足够大使得$|R_n| \leqslant 0.0005$.

C 61. 证明当 x 在区间 $[0, \pi/2]$ 中时，用

$$\sin x \approx x - \frac{x^3}{3!} + \frac{x^5}{5!} - \frac{x^7}{7!} + \frac{x^9}{9!}$$

计算出的误差小于 5×10^{-5}，所以，这个等式用来建立四位正弦表是很好的.

62. 使用麦克劳林多项式求：

(a) $\lim\limits_{x\to0}\frac{\sin x - x + x^3/6}{x^5}$　　(b) $\lim\limits_{x\to0}\frac{\cos x - 1 + x^2/2 - x^4/24}{x^6}$

EXPL 63. 令 $g(x) = p(x) + x^{n+1}f(x)$，这里 $p(x)$ 是多项式，其次数不小于 n 且 f 有 n 阶导数. 证明 $p(x)$ 是 g 的 n 阶麦克劳林多项式.

EXPL 64. 若对局部极值使用 2 阶导数判别法，会出现当 $f''(c) = 0$ 时不适用的情况. 证明下面的概述，它们可帮助你求 $f''(c) = 0$ 时的最大值和最小值. 假设

$$f'(c) = f''(c) = f'''(c) = \cdots = f^{(n)}(c) = 0$$

这里，n 是奇数且 $f^{(n+1)}(x)$ 在 c 附近连续.

(1) 若 $f^{(n+1)}(c) < 0$，$f(c)$ 是局部最大值.

(2) 若 $f^{(n+1)}(c) > 0$，$f(c)$ 是局部最小值.

用 $f(x) = x^4$ 测试这个结果.

概念复习答案：

1. $f(1)$，$f'(1)$，$f''(1)$.　2. $f^{(6)}(0)/6!$　3. 方法误差，计算误差　4. 增加，减少

9.10 本章回顾

概念测试

判断下列各题的正误，并证明.

1. 假如对于所有自然数 n，当 $0 \leqslant a_n \leqslant b_n$ 时且 $\lim\limits_{n\to\infty} b_n$ 存在，那么 $\lim\limits_{n\to\infty} a_n$ 存在.
2. 对于所有正整数 n，$n! \leqslant n^n \leqslant (2n-1)!$ 成立.
3. 假如 $\lim\limits_{n\to\infty} a_n = L$，那么 $\lim\limits_{n\to\infty} a_{3n+4} = L$.
4. 假如 $\lim\limits_{n\to\infty} a_{2n} = L$ 并且 $\lim\limits_{n\to\infty} a_{3n} = L$，那么 $\lim\limits_{n\to\infty} a_n = L$.
5. 假如对于所有 $m \geqslant 2$ 正整数 $\lim\limits_{n\to\infty} a_{mn} = L$，那么 $\lim\limits_{n\to\infty} a_n = L$.
6. 假如 $\lim\limits_{n\to\infty} a_{2n} = L$ 并且 $\lim\limits_{n\to\infty} a_{2n+1} = L$，那么 $\lim\limits_{n\to\infty} a_n = L$.
7. 假如 $\lim\limits_{n\to\infty}(a_n - a_{n+1}) = 0$，那么 $\lim\limits_{n\to\infty} a_n$ 存在并且是有限的.
8. 假如 $\{a_n\}$ 和 $\{b_n\}$ 都发散，那么 $\{a_n + b_n\}$ 发散.
9. 假如 $\{a_n\}$ 收敛，那么 $\{a_n/n\}$ 收敛于 0.
10. 假如 $\sum\limits_{n=1}^{\infty} a_n$ 收敛，那么 $\sum\limits_{n=1}^{\infty} a_n^2$ 也收敛.
11. 假如对于所有正整数 n，$0 < a_{n+1} < a_n$ 并且 $\lim\limits_{n\to\infty} a_n = 0$，那么 $\sum\limits_{n=1}^{\infty}(-1)^{n+1}a_n$ 收敛并且有和 S 且 $0 < S < a_1$.
12. $\sum\limits_{n=1}^{\infty}\left(\frac{1}{n}\right)^n$ 收敛并且有和 S 满足 $1 < S < 2$.
13. 假如级数 $\sum a_n$ 发散，那么它的部分和的数列没有边界.

14. 假如对于所有正整数 n，$0\leqslant a_n\leqslant b_n$ 并且 $\sum_{n=1}^{\infty} b_n$ 发散，那么 $\sum_{n=1}^{\infty} a_n$ 发散.

15. 比率判别法对于判断 $\sum_{n=1}^{\infty}\frac{2n+3}{3n^4+2n^3+3n+1}$ 的敛散性没有帮助.

16. 假如对于所有自然数 n，$a_n>0$ 并且 $\sum_{n=1}^{\infty} a_n$ 收敛，那么 $\lim_{x\to\infty}(a_{n+1}/a_n)<1$.

17. $\sum_{n=1}^{\infty}\left(1-\frac{1}{n}\right)^n$ 收敛.

18. $\sum_{n=1}^{\infty}\frac{1}{\ln(n^4+1)}$ 收敛.

19. $\sum_{n=2}^{\infty}\frac{n+1}{(n\ln n)^2}$ 收敛.

20. $\sum_{n=1}^{\infty}\frac{\sin^2(n\pi/2)}{n}$ 收敛.

21. 假如对于所有自然数 n，$0\leqslant a_{n+100}\leqslant b_n$ 并且 $\sum_{n=1}^{\infty} b_n$ 收敛，那么 $\sum_{n=1}^{\infty} a_n$ 收敛.

22. 假如对于所有自然数 n，有 $C>0$，$ca_n\geqslant 1/n$，那么 $\sum_{n=1}^{\infty} a_n$ 发散.

23. $\frac{1}{3}+\left(\frac{1}{3}\right)^2+\left(\frac{1}{3}\right)^3+\cdots+\left(\frac{1}{3}\right)^{1000}<\frac{1}{2}$.

24. 假如 $\sum_{n=1}^{\infty} a_n$ 收敛，那么 $\sum_{n=1}^{\infty}(-1)^n a_n$ 收敛.

25. 假如对于所有自然数 n，$b_n\leqslant a_n\leqslant 0$ 并且 $\sum_{n=1}^{\infty} b_n$ 收敛，那么 $\sum_{n=1}^{\infty} a_n$ 收敛.

26. 假如对于所有自然数 n，$0\leqslant a_n$ 且 $\sum_{n=1}^{\infty} a_n$ 收敛，那么 $\sum_{n=1}^{\infty}(-1)^n a_n$ 收敛.

27. $\left|\sum_{n=1}^{\infty}(-1)^{n+1}\frac{1}{n}-\sum_{n=1}^{99}(-1)^{n+1}\frac{1}{n}\right|<0.01$.

28. 假如 $\sum_{n=1}^{\infty} a_n$ 发散，那么 $\sum_{n=1}^{\infty}|a_n|$ 发散.

29. 假如幂级数 $\sum_{n=0}^{\infty} a_n(x-3)^n$ 在 $x=-1.1$ 收敛，那么它在 $x=7$ 处也收敛.

30. 假如 $\sum_{n=1}^{\infty} a_n x^n$ 在 $x=-2$ 收敛，那么它也在 $x=2$ 收敛.

31. 假如 $f(x)=\sum_{n=0}^{\infty} a_n x^n$ 且在 $x=1.5$ 收敛，那么 $\int_0^1 f(x)\,dx=\sum_{n=0}^{\infty} a_n/(n+1)$.

32. 每一个幂级数收敛则对于变量的两个不同值都收敛.

33. 假如 $f(0)$，$f'(0)$，$f''(0)$，…都存在，那么 $f(x)$ 的麦克劳林级数在 $x=0$ 附近趋近于 $f(x)$.

34. 函数 $f(x)=1+x+x^2+\cdots$ 在区间 $(-1,1)$ 上满足微分方程 $y'=y^2$.

35. 函数 $f(x)=\sum_{n=0}^{\infty}(-1)^n x^n/n!$ 在实数轴上满足微分方程 $y'+y=0$.

36. 如果 $P(x)$ 是 $f(x)$ 的二阶麦克劳林多项式，那么 $P(0)=f(0)$，$P'(0)=f'(0)$，$P''(0)=f''(0)$.

37. 对于 $f(x)$ 基于 a 的 n 阶泰勒多项式是唯一的，就是说，$f(x)$ 只有一个这样的多项式.

38. $f(x)=x^{5/2}$ 有 2 阶麦克劳林多项式.

39. 函数 $f(x)=2x^3-x^2+7x-11$ 的 3 阶麦克劳林多项式是 $f(x)$ 的精确描述.

40. $\cos x$ 的 16 阶麦克劳林多项式仅仅包括 x 的偶次幂.

41. 如果偶函数的 $f'(0)$ 存在，那么 $f'(0)=0$.

42. 中值定理是带泰勒余项的泰勒公式一个特例.

典型题型测试

在习题1～8中，给出的数列是否收敛？如果收敛，求出$\lim\limits_{x\to\infty} a_n$.

1. $a_n=\dfrac{9n}{\sqrt{9n^2+1}}$ 2. $a_n=\dfrac{\ln n}{\sqrt{n}}$ 3. $a_n=\left(1+\dfrac{4}{n}\right)^n$ 4. $a_n=\dfrac{n!}{3^n}$

5. $a_n=\sqrt[n]{n}$ 6. $a_n=\dfrac{1}{\sqrt[3]{n}}+\dfrac{1}{\sqrt[n]{3}}$ 7. $a_n=\dfrac{\sin^2 n}{\sqrt{n}}$ 8. $a_n=\cos\dfrac{n\pi}{6}$

在习题9～18中，判断级数是收敛还是发散，如果收敛，求出它的部分和.

9. $\sum\limits_{k=1}^{\infty}\left(\dfrac{1}{\sqrt{k}}-\dfrac{1}{\sqrt{k+1}}\right)$ 10. $\sum\limits_{k=1}^{\infty}\left(\dfrac{1}{k}-\dfrac{1}{k+2}\right)$

11. $\ln\dfrac{1}{2}+\ln\dfrac{2}{3}+\ln\dfrac{3}{4}+\cdots$ 12. $\sum\limits_{k=0}^{\infty}\cos k\pi$

13. $\sum\limits_{k=0}^{\infty}e^{-2k}$ 14. $\sum\limits_{k=0}^{\infty}\left(\dfrac{3}{2^k}+\dfrac{4}{3^k}\right)$

15. $0.91919191\cdots=\sum\limits_{k=1}^{\infty}91\left(\dfrac{1}{100}\right)^k$ 16. $\sum\limits_{k=1}^{\infty}\left(\dfrac{1}{\ln 2}\right)^k$

17. $1-\dfrac{2^2}{2!}+\dfrac{2^4}{4!}-\dfrac{2^6}{6!}+\cdots$ 18. $1-\dfrac{1}{1!}+\dfrac{1}{2!}-\dfrac{1}{3!}+\dfrac{1}{4!}-\cdots$

在习题19～32中，指出以下的级数是收敛还是发散，并说出你的理由.

19. $\sum\limits_{k=1}^{\infty}\dfrac{n}{1+n^2}$ 20. $\sum\limits_{n=1}^{\infty}\dfrac{n+5}{1+n^3}$ 21. $\sum\limits_{n=1}^{\infty}(-1)^{n+1}\dfrac{1}{\sqrt[3]{n}}$

22. $\sum\limits_{n=1}^{\infty}(-1)^{n+1}\dfrac{1}{\sqrt[n]{3}}$ 23. $\sum\limits_{n=1}^{\infty}\dfrac{2^n+3^n}{4^n}$ 24. $\sum\limits_{n=1}^{\infty}\dfrac{n}{e^{n^2}}$

25. $\sum\limits_{n=1}^{\infty}(-1)^{n+1}\dfrac{n+1}{10n+12}$ 26. $\sum\limits_{n=1}^{\infty}\dfrac{\sqrt{n}}{n^2+7}$ 27. $\sum\limits_{n=1}^{\infty}\dfrac{n^2}{n!}$

28. $\sum\limits_{n=1}^{\infty}\dfrac{n^2 3^n}{(n+1)!}$ 29. $\sum\limits_{n=1}^{\infty}\dfrac{2^n n!}{(n+2)!}$ 30. $\sum\limits_{n=2}^{\infty}\left(1-\dfrac{1}{n}\right)^n$

31. $\sum\limits_{n=1}^{\infty}n^2\left(\dfrac{2}{3}\right)^n$ 32. $\sum\limits_{n=1}^{\infty}\dfrac{(-1)^n}{1+\ln n}$

在习题33～36中，说明给出的级数是绝对收敛还是条件收敛，或者是发散.

33. $\sum\limits_{n=1}^{\infty}(-1)^n\dfrac{1}{3n-1}$ 34. $\sum\limits_{n=1}^{\infty}\dfrac{(-1)^n n^3}{2^n}$

35. $\sum\limits_{n=1}^{\infty}(-1)^n\dfrac{3^n}{2^{n+8}}$ 36. $\sum\limits_{n=2}^{\infty}\dfrac{(-1)^n\sqrt[n]{n}}{\ln n}$

在习题37～42中，求出幂级数的收敛集合.

37. $\sum\limits_{n=0}^{\infty}\dfrac{x^n}{n^3+1}$ 38. $\sum\limits_{n=0}^{\infty}\dfrac{(-2)^{n+1}x^n}{2n+3}$ 39. $\sum\limits_{n=0}^{\infty}\dfrac{(-1)^n(x-4)^n}{n+1}$

40. $\sum\limits_{n=0}^{\infty}\dfrac{3^n x^{3n}}{(3n)!}$ 41. $\sum\limits_{n=0}^{\infty}\dfrac{(x-3)^n}{2^n+1}$ 42. $\sum\limits_{n=0}^{\infty}\dfrac{n!(x+1)^n}{3^n}$

43. 对几何级数$\dfrac{1}{1+x}=1-x+x^2-x^3+x^4-\cdots$，$|x|<1$进行微分，找出一个幂级数来代替$\dfrac{1}{(1+x)^2}$. 这个级数收敛的区间是什么？

44. 在区间$(-1,1)$内找出$\dfrac{1}{(1+x)^3}$的幂级数.

45. 找出$\sin^2 x$的麦克劳林级数. 当x取何值时，级数能代表函数.

46. 找出泰勒级数e^x的以$x=2$为基数的前五项.

47. 写出函数 $f(x)=\sin x+\cos x$ 的麦克劳林级数. 并说明当 x 取何值时级数能代表函数 f.

48. 求当 n 多大时，才能使得用级数的前 n 项部分和法来近似级数 $\sum_{k=1}^{\infty}\frac{1}{9+k^2}$ 的误差小于 0.000005.

49. 求当 n 多大时，才能使得用级数的前 n 项部分和法来近似级数 $\sum_{k=1}^{\infty}\frac{k}{e^{k^2}}$ 的误差小于 0.000005.

50. 对于 $1-\frac{1}{\sqrt{2}}+\frac{1}{\sqrt{3}}-\frac{1}{\sqrt{4}}+\frac{1}{\sqrt{5}}-\frac{1}{\sqrt{6}}+\cdots$ 我们需要计算多少项级数才能保证它和级数的和的误差在 0.001 内.

51. 用你能想到的最简单的方法来求麦克劳林级数中前三个系数不为 0 的项 .

(a) $\frac{1}{1-x^3}$ (b) $\sqrt{1+x^2}$ (c) $e^{-x}-1+x$

(d) $x\sec x$ (e) $e^{-x}\sin x$ (f) $\frac{1}{1+\sin x}$

52. 求 $f(x)=\cos x$ 的 2 阶麦克劳林多项式，并用它估算出 $\cos 0.1$.

C 53. 求 $f(x)=x\cos x^2$ 的 1 阶麦克劳林多项式，并用它估算出 $f(0.2)$.

C 54. 求 $f(x)$ 的 4 阶麦克劳林多项式，并用它估算出 $f(0.1)$.

(a) $f(x)=xe^x$ (b) $f(x)=\cosh x$

55. 求函数 $g(x)=x^3-2x^2+5x-7$ 基于 $a=2$ 的 3 阶泰勒多项式，并证明它是 $g(x)$ 的准确表达 .

56. 用题 55 的结论，计算 $g(2.1)$.

57. 求 $f(x)=1/(x+1)$ 基于 1 的 4 阶泰勒多项式.

58. 给出题 57 中的误差 $R_4(x)$ 的表达式，并且，如果 $x=1.2$ 求它的范围.

59. 求 $f(x)=\sin^2 x=\frac{1}{2}(1-\cos 2x)$ 的 4 阶麦克劳林多项式，求如果 $|x|\leqslant 0.2$ 时误差 $R_4(x)$ 的范围. 注意：可以发现 $R_4(x)=R_5(x)$，可以通过求 $R_5(x)$ 来求 $R_4(x)$ 的范围.

C 60. 如果 $f(x)=\ln x$，那么 $f^{(n)}(x)=(-1)^{n-1}(n-1)!/x^n$. 因此，$\ln x$ 基于 1 的 n 阶泰勒多项式是

$$\ln x=(x-1)-\frac{1}{2}(x-1)^2+\frac{1}{3}(x-1)^3+\cdots+\frac{(-1)^{n-1}}{n}(x-1)^n+R_n(x)$$

如果 $0.8\leqslant x\leqslant 1.2$，那么当 n 为多大时才能保证 $|R_n(x)|\leqslant 0.00005$?

C 61. 参考习题 60，用基于 1 的 5 阶泰勒多项式来近似 $\int_{0.8}^{1.2}\ln x\,dx$，并且给出一个准确的误差界限.

9.11 回顾与预习

1. 对曲线 $y=x^2/4$，求通过点 $(2, 1)$ 的切线方程和法线(垂直于切线的直线)方程.

2. 求曲线 $y=x^2/4$ 上满足下面要求的点

(a) 切线平行于 $y=x$; (b) 法线平行于 $y=x$.

3. 求 $\frac{x^2}{16}+\frac{y^2}{9}=1$ 与 $\frac{x^2}{9}+\frac{y^2}{16}=1$ 的交点.

4. 求 $\frac{x^2}{16}+\frac{y^2}{9}=1$ 与 $x^2+y^2=9$ 的交点.

5. 用隐函数微分法求曲线 $x^2+y^2/4=1$ 在点 $\left(-\frac{\sqrt{3}}{2}, 1\right)$ 的切线方程.

6. 用隐函数微分法求曲线 $\frac{x^2}{9}-\frac{y^2}{16}=1$ 在点 $(9, 8\sqrt{2})$ 的切线方程.

7. 求 $\frac{x^2}{100}+\frac{y^2}{64}=1$ 与 $\frac{x^2}{9}-\frac{y^2}{27}=1$ 的交点，对第一象限的交点，用隐函数微分法求过这些点的关于这两条

曲线的切线方程，求两条切线的夹角.

8. 假设 $x=2\cos t$，$y=2\sin t$，填下表并画出有序对(x, y).

t	$x=2\cos t$	$y=2\sin t$
0		
$\frac{\pi}{6}$		
$\frac{\pi}{4}$		
$\frac{\pi}{3}$		
$\frac{\pi}{2}$		
π		
$\frac{3\pi}{2}$		
2π		

在习题 9 ~ 10 中，确定 r，θ 的值

9.
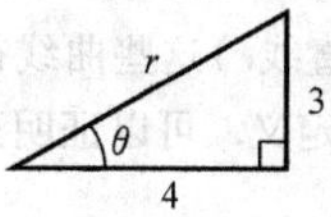

10.
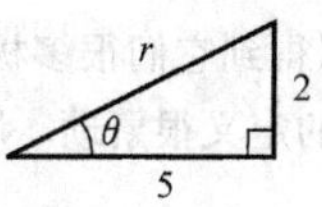

在习题 11 ~ 12 中，确定 x，y 的值

11.
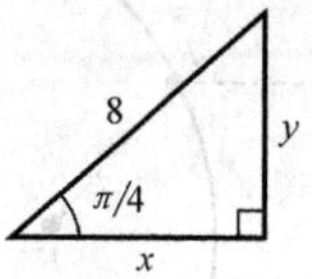

12.
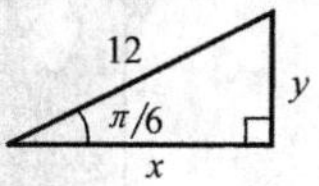

第10章　圆锥曲线与极坐标

10.1　抛物线

用一个平面以不同的角度去切割圆锥，如图1所示．对于每个截面，我们可以分别得到以下曲线：椭圆曲线、抛物线和双曲线．(你还可以得到它们很多极限形式：圆、点、相交线、直线．)这些曲线被称为圆锥曲线或圆锥截线．这个来源于希腊的定义很繁琐．所以我们往往采用它的另一种定义．可以证明这两种定义是等价的．

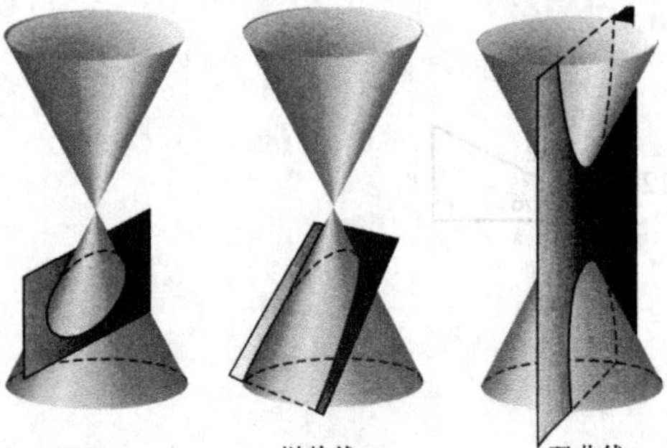

图　1

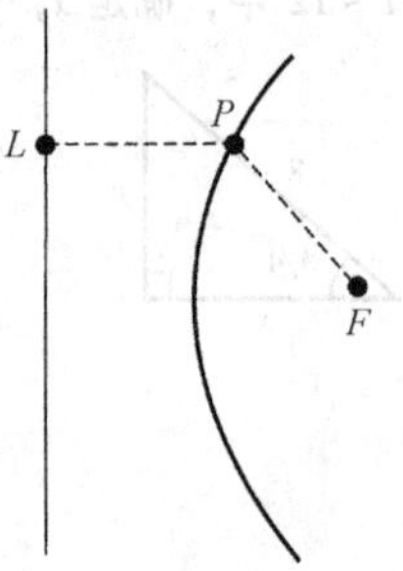

图　2

在一个平面上，令 l 为一条固定直线(准线)，F 为一不在此直线上的固定点(焦点)，如图2所示．若点 P 符合以下条件：点与焦点的距离 $|PF|$ 和点与直线的距离 $|PL|$ 的比值为一个正常数 e．也就是说 $|PF|=e|PL|$，那么点 P 的集合被称为圆锥曲线．更具体地，如果 $0<e<1$，这条曲线为椭圆曲线；如果 $e=1$，它是抛物线；如果 $e>1$，它是双曲线．

当分别作出 $e=\frac{1}{2}$，$e=1$，$e=2$ 的图形时，可以得到如图3所示的曲线．

在各种情况下，这些曲线都关于穿过焦点并垂直于准线的一条直线对称．我们把这条直线称为圆锥曲线的**主轴(或轴)**．这条轴与曲线的交点被称为**顶点**．抛物线有一个顶点，椭圆和双曲线各有两个顶点．

抛物线($e=1$)　一条抛物线是点到准线 l 的距离等于它到焦点 F 的距离的点的集合．也就是说，这些点符合

$$|PF|=|PL|$$

从这个定义中，我们希望得到一个关于 x、y 的等式，而且越简单越好．坐标轴的位置并不影响曲线，但它

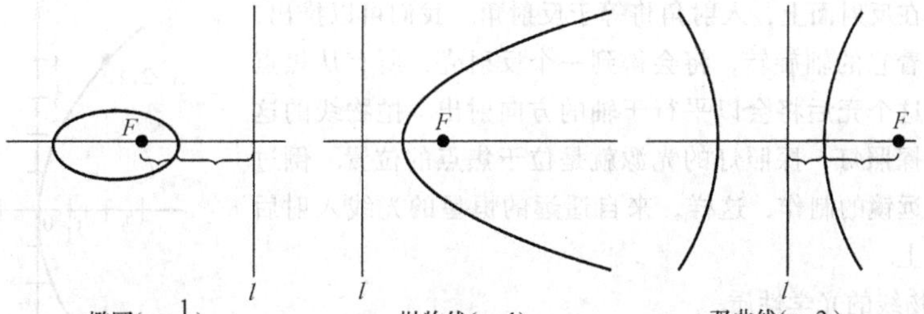

图 3

会影响曲线方程的直观形式．由于一条抛物线是关于它的轴对称的，所以我们会很自然地把其中一条坐标轴，例如 x 轴，放在这条轴线上．让焦点 F 位于原点的右边，看做$(p,\ 0)$，同时，准线 $x=-p$ 位于原点的左边．那么它的顶点会位于原点，如图 4 所示．

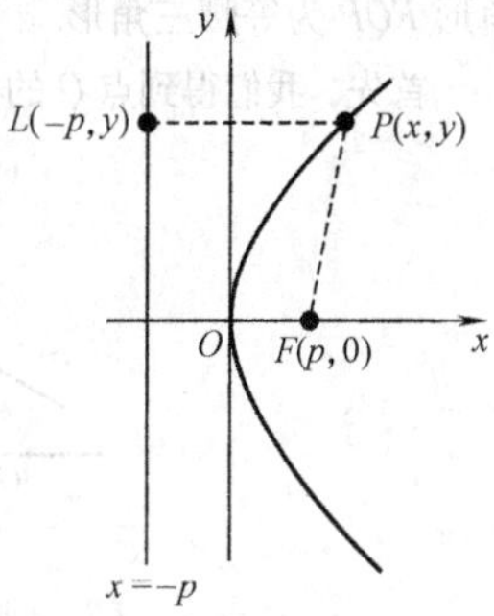

图 4

根据等式 $|PF|=|PL|$ 和距离公式，可以得到

$$\sqrt{(x-p)^2+(y-0)^2}=\sqrt{(x+p)^2+(y-y)^2}$$

两边平方并化简后得到

$$y^2=4px$$

此方程被称为开口向右的水平(水平轴)抛物线的标准方程．注意到：$p>0$ 且 p 是焦点到顶点的距离．

例 1　找出抛物线方程 $y^2=12x$ 的焦点和准线．

解　由于 $y^2=4\times3x$，知道 $p=3$，它的焦点为$(3,\ 0)$，它的准线为 $x=-3$．

标准方程中有三个变量．如果我们适当调换它们的位置，得到方程 $x^2=4py$．这是一条以$(0,\ p)$为焦点，$y=-p$ 为准线的竖直抛物线的方程．最后，在方程的左边引进一个负号，将会使抛物线的开口指向相反方向．以上四种情况如图 5 所示．

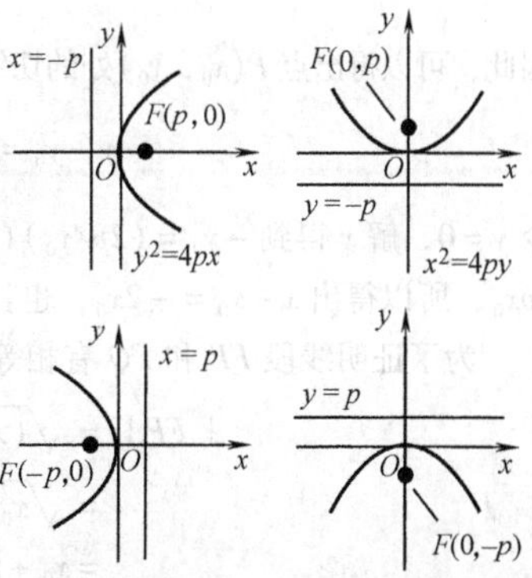

图 5

例 2　找出抛物线 $x^2=-y$ 的焦点和准线，并画出它的图形．

解　把它写成 $x^2=-4\times\frac{1}{4}y$，就可以得到 $p=\frac{1}{4}$．这种方程的形式告诉我们这条抛物线是竖直的且开口向下．它的焦点是$\left(0,\ -\frac{1}{4}\right)$，准线是 $y=\frac{1}{4}$．图形如图 6 所示．

例 3　求出顶点位于原点，焦点为$(0,\ 5)$的抛物线的方程．

解　这条抛物线的开口向上且 $p=5$．方程为 $x^2=4\times5y$，也就是 $x^2=20y$．

例 4　找出顶点在原点，经过点$(-2,\ 4)$且开口向左的抛物线的方程，画出它的图形．

解　它的方程具有 $y^2=-4px$ 的形式．因为点$(-2,\ 4)$在曲线上，$4^2=-4p(-2)$，可以得到 $p=2$．所以所求方程为 $y^2=-8x$，图形如图 7 所示．

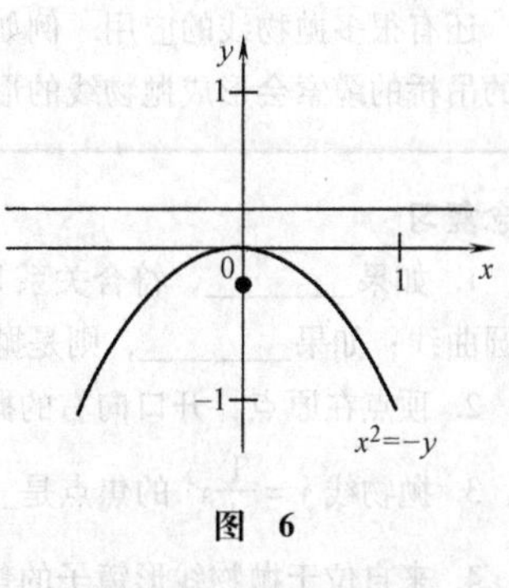

图 6

抛物线的光学性质　抛物线的一个简单的几何性质是许多重要应用的基础．如果 F 为焦点，P 是抛物线上的任何一个点，经过这一点 P的切线和 FP 的夹角等于它和 GP 的夹角，其中 GP 平行于抛物线的轴，如图 8 所示．物理中的一个原

理说当一条光线照在反射面上，入射角将等于反射角. 我们可以推出，如果一条抛物线绕着它的轴旋转，将会得到一个反射壳，所有从焦点射出来的光线碰到这个壳后将会以平行于轴的方向射出. 抛物线的这个性质被用于设计探照灯，探照灯的光源就是位于焦点的位置. 倒过来，它被应用于望远镜的制作，这样，来自遥远的恒星的光线入射后将会被聚集在一点上.

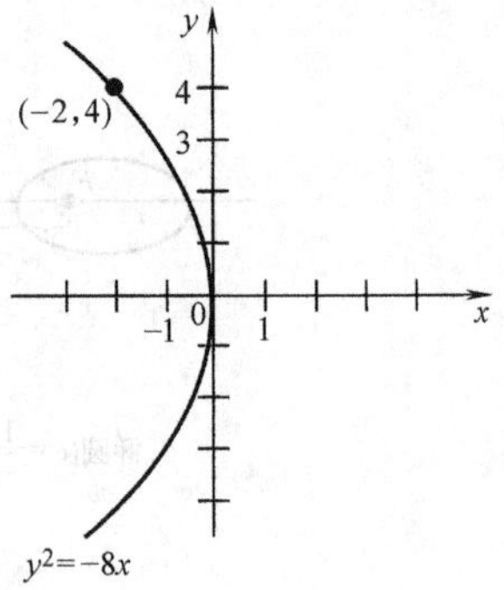

图 7

例 5　证明抛物线的光学性质.

解　在图 9 中，QP 为点 P 处的切线，GP 为平行于 x 轴的一条直线. 我们必须证明 $\alpha=\beta$. 注意到 $\angle FQP=\beta$，我们将问题化简为证明三角形 FQP 为等腰三角形.

首先，我们得到点 Q 的横坐标. 求导 $y^2=4px$，化简后得到 $2y'y=4p$，

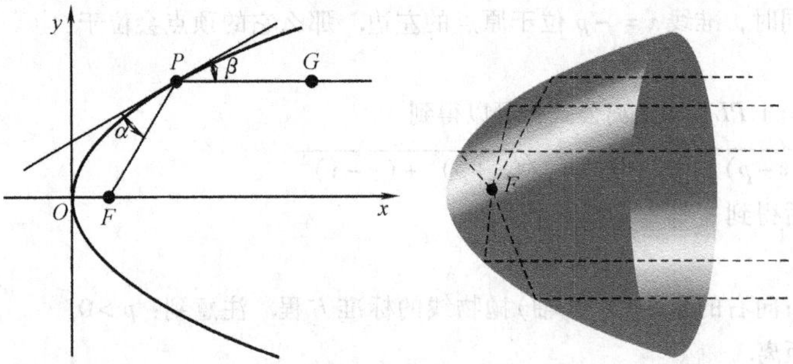

图 8

因此，可以得出点 $P(x_0, y_0)$ 处的切线的斜率为 $2p/y_0$. 直线的方程为

$$y-y_0=\frac{2p}{y_0}(x-x_0)$$

令 $y=0$，解 x 得到 $-y_0=(2p/y_0)(x-x_0)$ 或 $x-x_0=-y_0^2/2p$. 由于 $y_0^2=4px_0$，所以得出 $x-x_0=-2x_0$，也就是 $x=-x_0$；Q 的横坐标为 $(-x_0, 0)$.

为了证明线段 FP 和 FQ 有相等的长度，应用距离公式

$$\begin{aligned}|FP|&=\sqrt{(x_0-p)^2+y_0^2}=\sqrt{x_0^2-2x_0p+p^2+4px_0}\\&=\sqrt{x_0^2+2x_0p+p^2}\\&=x_0+p=|FQ|\end{aligned}$$

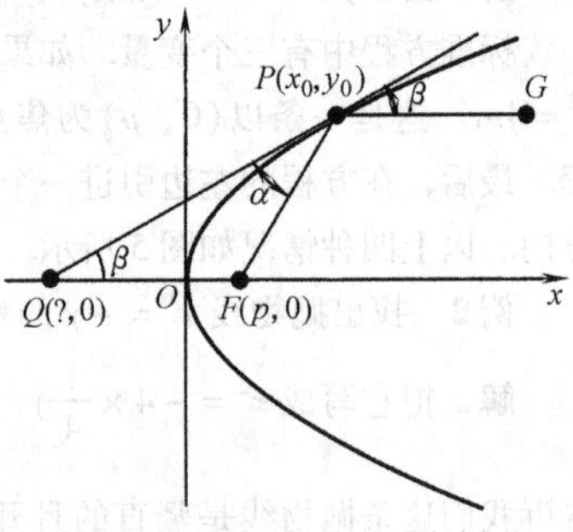

图 9

声音遵守与光线同样的规律，抛物面形的传声器(俗称麦克风)被用来接收并集中声音，比如说，来自远距离的足球场的声音. 雷达和望远镜也同样基于这些原理.

还有很多抛物线的应用. 例如，如果忽略空气阻力等微小因素的话，子弹的路线将会是一条抛物线. 平坦的吊桥的缆索会形成抛物线的形式. 拱桥通常是抛物线形的. 有些彗星的轨迹是抛物线形的.

概念复习

1. 如果________，符合关系 $|PF|=e|PL|$ 的点 P 的集合(到焦点的距离等于到准线的距离乘以 e)是椭圆曲线；如果________，则是抛物线；如果________，则是双曲线.

2. 顶点在原点，开口向右的抛物线的标准方程是________.

3. 抛物线 $y=\frac{1}{4}x^2$ 的焦点是________，准线是________.

4. 来自位于抛物线形镜子的焦点的光将会以________的方向射出.

习题 10.1

在习题1～8中，找出每条抛物线焦点的坐标和准线的方程．画出它们图形以及其焦点、准线．

1. $y^2=4x$　2. $y^2=-12x$　3. $x^2=-12y$　4. $x^2=-16y$

5. $y^2=x$　6. $y^2+3x=0$　7. $6y-2x^2=0$　8. $3x^2-9y=0$

在习题9～14中，根据给出的信息找出抛物线的标准方程．顶点设在原点．

9. 焦点位于(2，0)　10. 准线为 $x=3$.　11. 准线为 $y-2=0$

12. 焦点是$\left(0,\ -\dfrac{1}{9}\right)$　13. 焦点是(−4，0)　14. 准线为 $y=\dfrac{7}{2}$

15. 求出顶点在原点，对称轴位于 x 轴上并经过点(3，−1)的抛物线的方程，并画出它的图形．

16. 求出顶点在原点，对称轴位于 x 轴上并经过点(−2，4)的抛物线的方程，并画出它的图形．

17. 求出顶点在原点，对称轴位于 y 轴上并经过点(6，−5)的抛物线的方程，并画出它的图形．

18. 求出顶点在原点，对称轴位于 y 轴上并经过点(−3，5)的抛物线的方程，并画出它的图形．

在习题19～26中，找出所给抛物线在给出点上的切线和法线的方程．画出抛物线的方程以及它的切线和法线．

19. $y^2=16x$，(1，−4)　20. $x^2=-10y$，$(2\sqrt{5},\ -2)$

21. $x^2=2y$，(4，8)　22. $y^2=-9x$，(−1，−3)

23. $y^2=-15x$，$(-3,\ -3\sqrt{5})$　24. $x^2=4y$，(4，4)

25. $x^2=-6y$，$(3\sqrt{2},\ -3)$　26. $y^2=20x$，$(2,\ -2\sqrt{10})$

27. 抛物线 $y^2=5x$ 在某一点的切线的斜率是$\sqrt{5}/4$. 求出该点并画出函数图形．

28. 抛物线 $x^2=-14y$ 在某一点的切线的斜率是 $-2\sqrt{7}/7$. 求出该点．

29. 求出与直线 $3x-2y+4=0$ 平行，并与抛物线 $y^2=-18x$ 相切的切线方程．

30. 任何过抛物线焦点且端点在抛物线上的线段称为**焦弦**．试证明过任何焦弦端点的切线与准线相交．

31. 证明过任何焦弦端点的切线垂直相交．

32. 若抛物线中某条弦垂直于坐标轴，并距离顶点是1个单位长度．焦点到顶点的距离是多少？

33. 证明顶点是抛物线中距离焦点最近的点．

34. 太空中的一个小行星以地球作为它的焦点，绕其作轨迹为抛物线的曲线运动．当该小行星与地球连线与抛物线对称轴成90°角时，它们的距离是 4×10^7 mile. 问该小行星与地球的最短距离是多少(把地球看做一个点)？

[C] 35. 若34题中小行星与地球连线与抛物线对称轴成的角是75°而不是90°，该小行星与地球的最短距离是多少？

36. 悬吊桥上的钢索呈抛物线形状(参见习题41)．如果塔距是800m远，钢索系在离桥面400m高的灯塔上．问距离灯塔100m远的垂直支柱必须多长？假设钢索刚好与桥的中点接触(图10)．

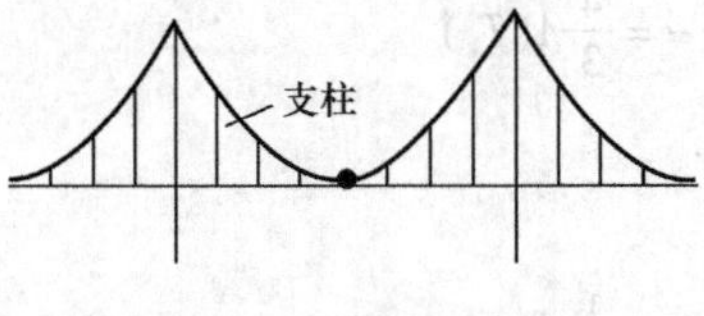

图 10

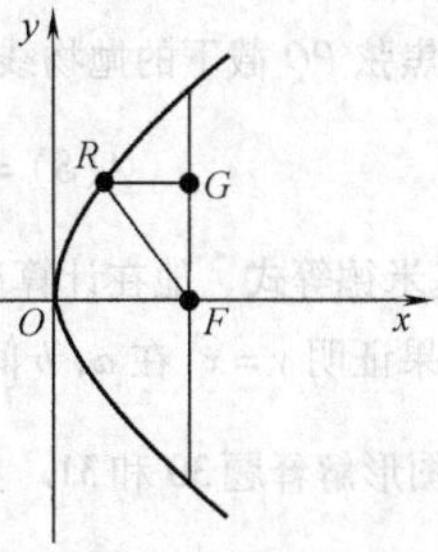

图 11

37. 与抛物线对称轴垂直的焦弦称为正焦弦. 对于图 11 所示的抛物线 $y^2=4px$，F 是它的焦点，R 是抛物线上在正焦弦左边的任一点，G 是正焦弦上一点，满足 RG 平行于对称轴. 求 $|FR|+|RG|$，并证明它是一个常数.

38. 对于图 12 所示的抛物线 $y^2=4px$. P 是除顶点外的任意一点，PB 是法线，PA 与对称轴垂直，其中 A、B 在对称轴上. 求出 $|AB|$，并证明它是常数.

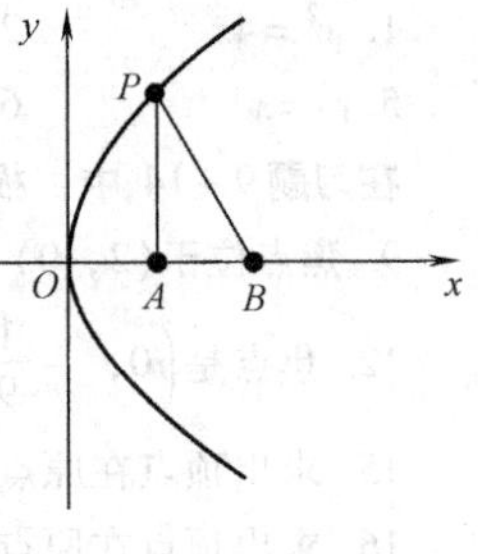

图 12

39. 抛物线 $y^2=4px$ 的焦弦的端点分别是 (x_1, y_1) 和 (x_2, y_2)，证明其弦长是 x_1+x_2+2p. 将其特殊化以找出正焦弦的弦长.

40. 证明与圆和圆外一直线距离相等的点的集合是抛物线.

EXPL 41. 假设桥板线密度为 δ lb/ft，由钢索支撑，钢索的重量与桥板相比可忽略不计. 钢索 OP 从最低点(原点)到点 $P(x, y)$，如图 13 所示.

这段钢索所受的力有：H，O 点处的水平拉力；T，P 点处的切向拉力；$W=\delta x$，$x$ft 长的桥板的重量. 为了平衡，T 的水平分量和竖直分量必与 H，W 分别相等. 因此

$$\frac{T\sin\phi}{T\cos\phi}=\tan\phi=\frac{\delta x}{H}$$

即

$$\frac{\mathrm{d}y}{\mathrm{d}x}=\frac{\delta x}{H},\ y(0)=0$$

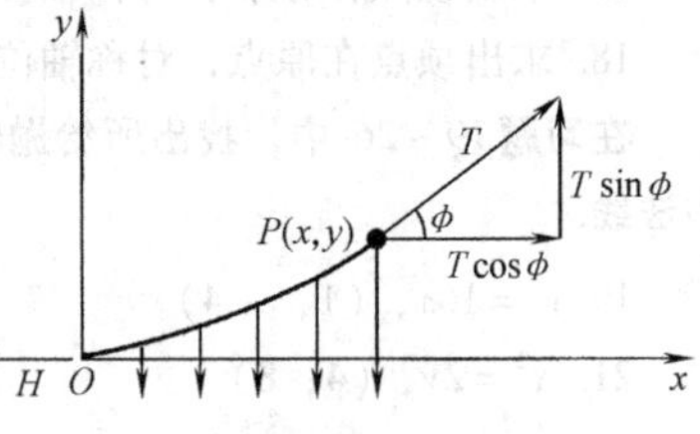

图 13

解这个微分方程，证明悬吊的钢索的形状是抛物线. (将这个结果与 6.9 节 53 题的无负重钢索相比)

EXPL 42. 考虑闭区间 $[a, b]$ 上的抛物线 $y=x^2$. 令 $c=(a+b)/2$ 为 $[a, b]$ 的中点，d 是 $[a, c]$ 的中点，e 是 $[c, b]$ 的中点. 令 T_1 是抛物线在 a、c 和 b 上的点所构成的三角形，T_2 是由抛物线分别在 a、d、c 和 c、e、b 的点所构成的三角形的和(图 14). 依次可得 T_3，T_4，…

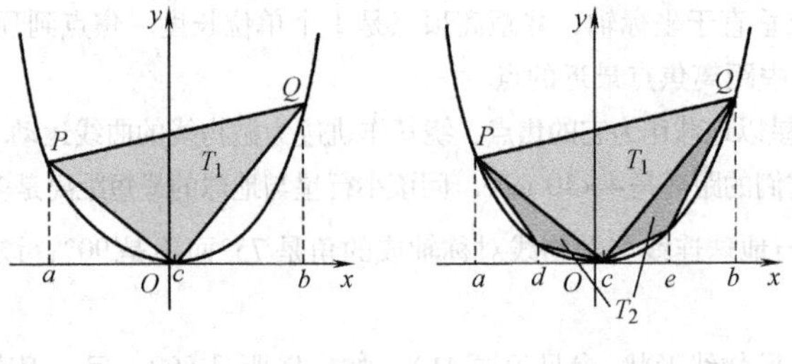

图 14

(a) 证明 $A(T_1)=(b-a)^3/8$.　　　(b) 证明 $A(T_2)=A(T_1)/4$.

(c) 设 S 是焦弦 PQ 截下的抛物线片断. 证明 S 的面积满足

$$A(S)=A(T_1)+A(T_2)+A(T_3)+\cdots=\frac{4}{3}A(T_1)$$

这是著名的阿基米德等式，他在计算出该等式时没有使用坐标系.

(d) 用该结果证明 $y=x^2$ 在 a，b 间的面积是 $b^3/3-a^3/3$.

CAS 43. 通过图形解释题 30 和 31. 在同一图形窗口画出抛物线 $y=\frac{1}{4}x^2+2$ 的图形、它的准线、它平行于 x 轴的焦点弦及在焦点弦端点的切线.

CAS 44. 在 6.9 节的习题 60 中，求出密苏里州的圣路易的大拱门的方程.

(a) 求出具有这些性质的抛物线方程，定点为(0, 630)，与 x 轴相交于 ±315.

(b) 在同一图形窗口画出大拱门的悬链线和在(a)中得到的抛物线.

(c) 估计悬链线与抛物线最大的垂直距离.

概念复习答案：

1. $e<1$，$e=1$，$e>1$　　2. $y^2=4px$　　3. (0, 1)，$y=-1$　　4. 平行于轴

10.2 椭圆和双曲线

由 $|PF|=e|PL|$ 决定的圆锥曲线，若 $0<e<1$ 则为椭圆，若 $e>1$ 则为双曲线. 不管是哪种情形，圆锥曲线拥有两个顶点，记为 A' 和 A. 我们称在主轴上 A' 和 A 之间的中点为圆锥曲线的中心. 椭圆和双曲线都关于它们的中心对称(我们很快会证明)，因此称为中心圆锥曲线.

为了得到中心圆锥曲线的方程，使 x 轴穿过主轴，并以原点为中心点. 我们假设焦点为 $F(c, 0)$，准线为 $x=k$，顶点为 $A'(-a, 0)$ 和 $A(a, 0)$，其中 c、k 和 a 都为正数. 很明显，A 一定在点 F 和线 $x=k$ 之间. 两种可能的情况如图 1 所示.

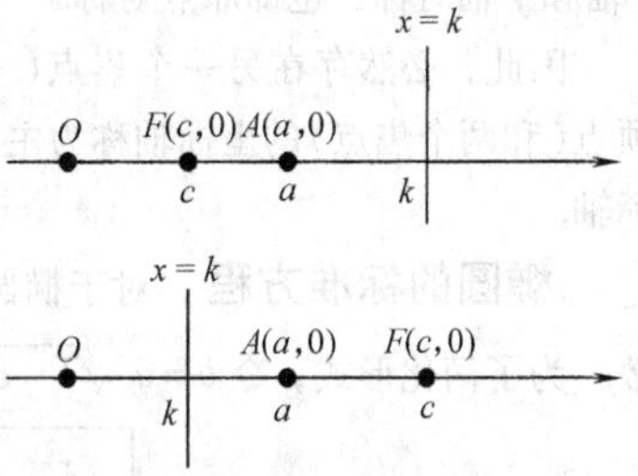

图 1

第一种情况，应用 $|PF|=e|PL|$，其中 $P=A$，可得

$$a-c=e(k-a)=ek-ea$$

第二种情况，应用 $|PF|=e|PL|$，其中 $P=A$，可得

$$c-a=e(a-k)=ea-ek$$

当两边同时乘以 -1，被认为与式(1)相等. 接下来，应用关系 $|PF|=e|PL|$，其中 $P=A'$，$A'(-a, 0)$ 和 $f'(-c, 0)$，以及线 $x=-k$. 得到

$$a+c=e(k+a)=ek+ea$$

当把式(1)和式(2)联立，解出 c 和 k

$$c=ea \text{ 和 } k=\frac{a}{e}$$

如果 $0<e<1$，那么 $c=ea<a$ 和 $k=a/e>a$. 因此在椭圆曲线这种情况下，焦点 F 在顶点 A 的左边并且准线 $x=k$ 在 A 的右边. 另一方面，如果 $e>1$，那么 $c=ea>a$ 和 $k=a/e<a$. 在双曲线的情况下，准线 $x=k$ 在 A 的左边，并且焦点 F 在 A 的右边. 这两种情况分别如图 2 和图 3 所示.

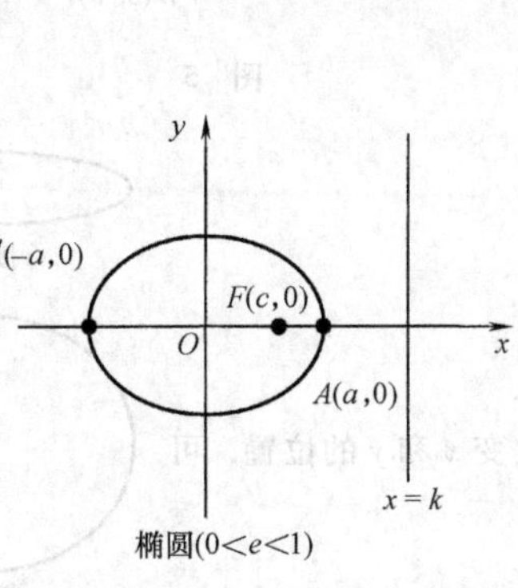

图 2

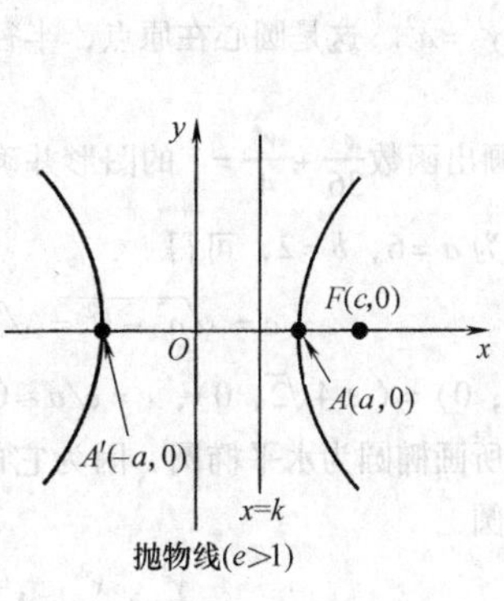

图 3

现令 $P(x, y)$ 为椭圆(或双曲线)上任意一点，则 $L(a/e, y)$ 是它在准线上的投影(图 4 以椭圆为例). 条

件 $|PF|=e|PL|$ 可化为

$$\sqrt{(x-ae)^2+y^2}=e\sqrt{\left(x-\frac{a}{e}\right)^2}$$

两边平方并合并同类项，得到另一等式

$$x^2-2aex+a^2e^2+y^2=e^2\left(x^2-\frac{2a}{e}x+\frac{a^2}{e^2}\right)$$

即

$$(1-e^2)x^2+y^2=a^2(1-e^2)$$

亦即

$$\frac{x^2}{a^2}+\frac{y^2}{a^2(1-e^2)}=1$$

因为最后一个等式中 x、y 为平方的形式，所以它所对应的曲线关于 x 轴和 y 轴对称，也即原点对称.

因此，必然存在另一个焦点 $(-ae,0)$ 和准线 $x=-a/e$. 拥有两个顶点（和两个焦点）的坐标轴称为主坐标轴，垂直于它的坐标轴称为次坐标轴.

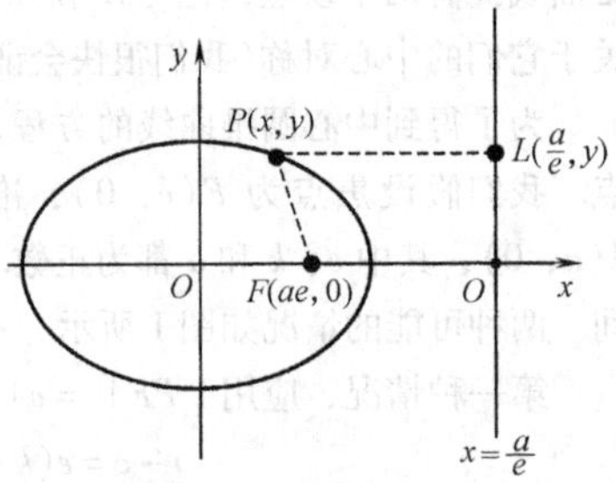

图 4

椭圆的标准方程　对于椭圆曲线，$0<e<1$，所以 $(1-e^2)$ 为正数. 为了简化形式，令 $b=a\sqrt{1-e^2}$. 则上面的等式可化为

$$\boxed{\frac{x^2}{a^2}+\frac{y^2}{b^2}=1}$$

上式称为**椭圆的标准方程**. 因为 $c=ae$，所以 a，b 和 c 满足关系式 $a^2=b^2+c^3$. 图 5 中，阴影部分的直角三角形说明了条件 $a^2=b^2+c^2$. 因此 $2a$ 是长轴，而 $2b$ 短轴.

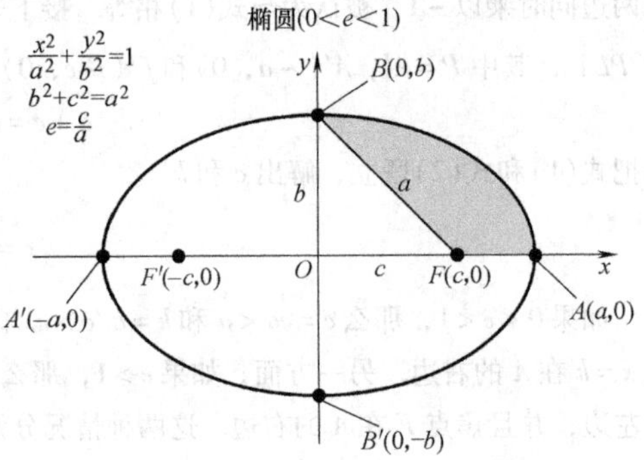

图 5

考虑改变 e 的值产生的效果. 如果 e 接近 1，则 $b=a\sqrt{1-e^2}$ 相对于 a 很小；因此椭圆很瘦. 另一方面，当 e 接近 0 时，b 几乎和 a 一样大，因此椭圆肥而圆（图 6）. 在极限情况 $b=a$ 下，等式形式为

$$\frac{x^2}{a^2}+\frac{y^2}{a^2}=1$$

即 $x^2+y^2=a^2$. 这是圆心在原点，半径为 a 的圆的方程.

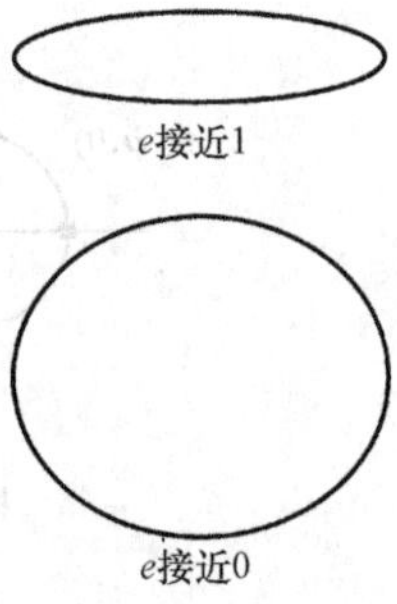

图 6

例 1　画出函数 $\dfrac{x^2}{36}+\dfrac{y^2}{4}=1$ 的图形并确定它的焦点和离心率.

解　因为 $a=6$，$b=2$，可得

$$c=\sqrt{a^2-b^2}=\sqrt{36-4}=4\sqrt{2}\approx 5.66$$

焦点在 $(\pm c,0)=(\pm 4\sqrt{2},0)$，$e=c/a\approx 0.94$. 图形如图 7 所示.

我们称所画椭圆为水平椭圆，因为它的主轴为 x 轴. 如果改变 x 和 y 的位置，可得到竖直椭圆

$$\frac{y^2}{a^2}+\frac{x^2}{b^2}=1 \text{ 或 } \frac{x^2}{b^2}+\frac{y^2}{a^2}=1$$

例 2　画出函数 $\dfrac{x^2}{16}+\dfrac{y^2}{25}=1$ 的图形，并确定它的焦点和离心率.

解　大的平方数在 y^2 下面，这意味着主轴是竖直的. 注意到 $a=5$，$b=4$，则 $c=\sqrt{25-16}=3$. 因此，

焦点是(0，±3)，离心率 $e=c/a=\dfrac{3}{5}=0.6$(图 8).

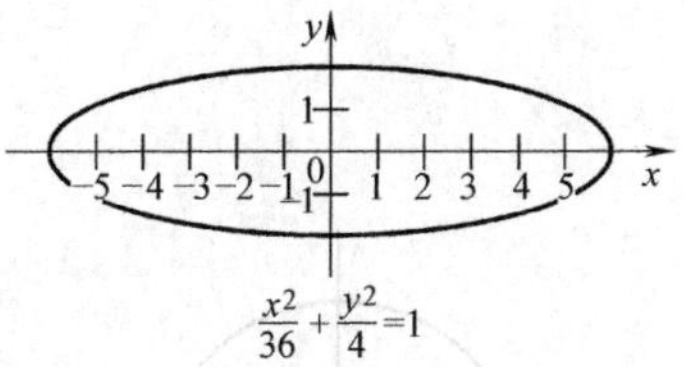

图 7

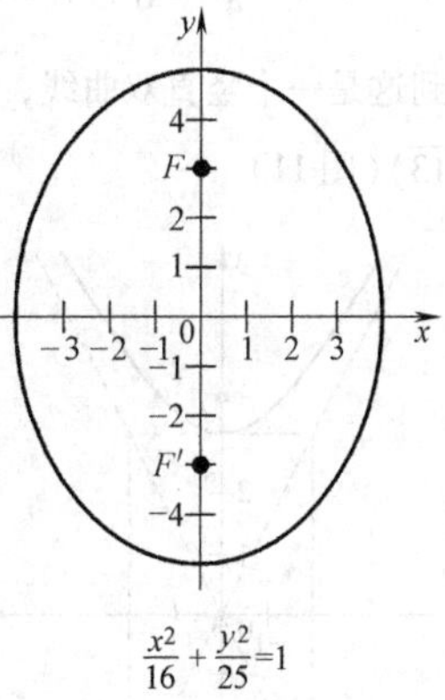

图 8

双曲线的标准方程　对于双曲线，$e>1$ 因此 e^2-1 是正数. 如果我们令 $b=a\sqrt{e^2-1}$，则方程 $x^2/a^2+y^2/(1-e^2)a^2=1$ 可化为

$$\boxed{\frac{x^2}{a^2}-\frac{y^2}{b^2}=1}$$

该方程称为**双曲线的标准方程**. 因为 $c=ae$，可得到 $c^2=a^2+b^2$. (注意该关系式与椭圆不同)

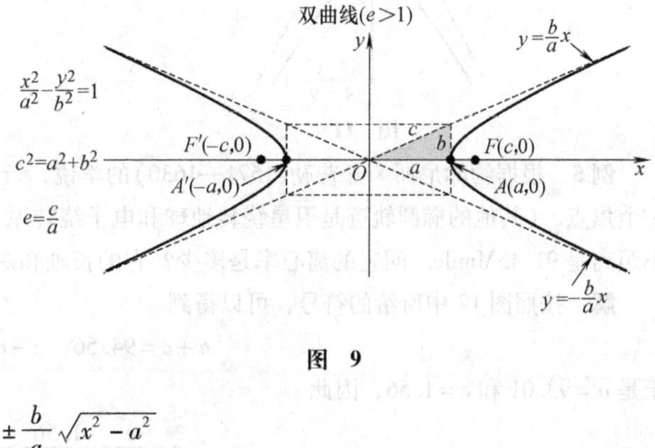

图 9

为了解释 b，注意到如果我们用 x 表示出 y，可得

$$y=\pm\frac{b}{a}\sqrt{x^2-a^2}$$

若 x 很大，则 $\sqrt{x^2-a^2}$ 接近于 x(当 $x\to\infty$ 时，$(\sqrt{x^2-a^2}-x)\to 0$；参见习题 70)，因此 y 趋向于

$$y=\frac{b}{a}x \text{ 或 } y=-\frac{b}{a}x$$

更确切地说，给定的双曲线以这两条直线作为渐近线.

双曲线的重要元素体现在图 9 中. 如同椭圆，存在一个重要的直角三角形(阴影部分)以 a、b 为边. 这个基本三角形确定了一个以原点为中心，以 $2a$、$2b$ 为边的矩形. 其对角线就是上面所说的渐近线.

例 3　画出函数 $\dfrac{x^2}{9}-\dfrac{y^2}{16}=1$ 的图形，标出其渐近线. 并写出渐近线的方程和焦点的坐标.

解　我们先确定基本三角形，它的水平边长为 3，竖直边长为 4. 画完后，标出渐近线并画出其图形(图 10). 渐近线为 $y=\dfrac{3}{4}x$ 和 $y=-\dfrac{4}{3}x$. 因为 $c=\sqrt{a^2+b^2}=\sqrt{9+16}=5$，焦点为(±5，0).

再次，我们考虑一下对换 x、y. 方程化为

$$\frac{y^2}{a^2}-\frac{x^2}{b^2}=1$$

这是竖直双曲线的方程形式(竖直主轴). 它的顶点坐标为(0，$\pm a$)，焦点是(0，$\pm c$).

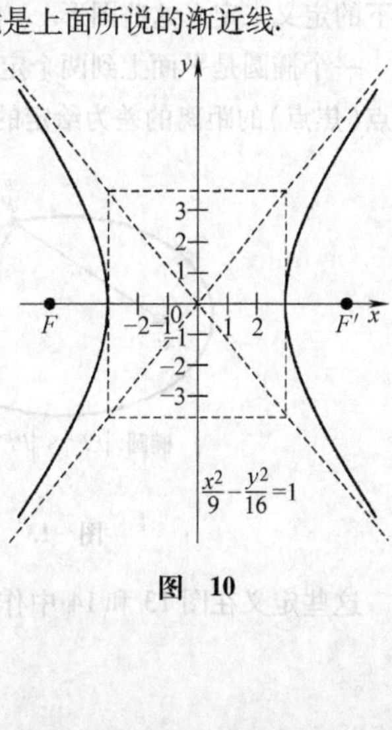

图 10

对于椭圆和双曲线，a 总是中心到顶点的距离. 对于椭圆，$a>b$；而双曲线却没有这个关系式.

例 4　确定双曲线 $-\frac{x^2}{4}+\frac{y^2}{9}=1$ 的焦点并画出其图形.

解　注意到这是一个竖直双曲线，因为正号在 y^2 下面. 因此 $a=3$，$b=2$，$c=\sqrt{9+4}=\sqrt{13}\approx 3.61$. 焦点为$(0,\ \pm\sqrt{13})$(图 11).

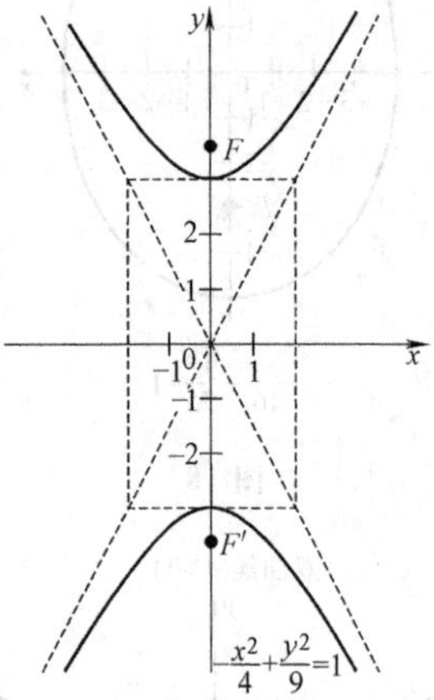

图　11

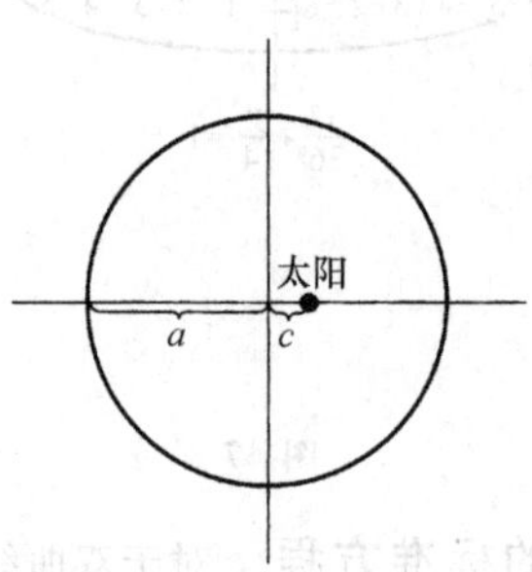

图　12

例 5　根据约翰尼斯·开普勒(1571—1630)的学说，行星绕太阳运行的轨迹是椭圆，并以太阳为其中的一个焦点. (其他的椭圆轨迹是卫星绕转地球和电子绕转原子核.) 地球距太阳的最大距离是 94. 56Mmile，最小距离是 91. 45Mmile. 问它的离心率是多少？它的长轴和短轴各是多少？

解　按照图 12 中所给的符号，可以得到

$$a+c=94.56,\ a-c=91.45$$

于是 $a=93.01$ 和 $c=1.56$，因此

$$e=\frac{c}{a}=\frac{1.56}{93.01}\approx 0.017$$

同时，我们得到长轴和短轴，分别表示为(以 Mmile 为单位)

$$2a\approx 186.02,\ 2b=2\sqrt{a^2-c^2}\approx 185.99$$

椭圆和双曲线的软绳性质　我们以 $|PF|=e|PL|$ 定义圆锥曲线，当 $0<e<1$ 时，图形为椭圆；当 $e>1$ 时，图形为双曲线. 这个定义允许我们可以用统一的标准研究这两种图形. 然而，很多作者喜欢用如下的定义来定义这些图形.

一个椭圆是平面上到两个定点(焦点)的距离的和为给定的常数 $2a$ 的点的集合. 双曲线是平面上到两个定点(焦点)的距离的差为给定的常数 $2a$ 的点的集合. (这里的差是指较长一段距离减去较小一段距离)

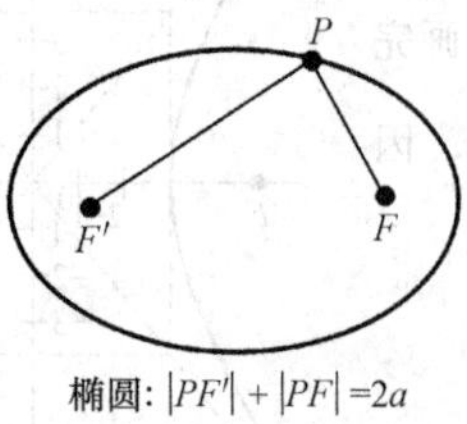

图　13

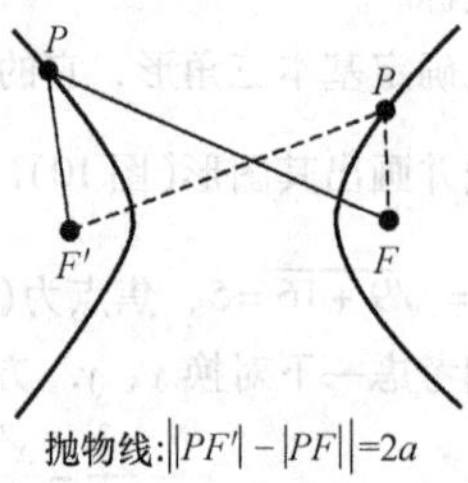

图　14

这些定义在图 13 和 14 中作了说明. 对于椭圆，想象一条长度为 $2a$ 的绳子，其两端点被钉在平面上，

如果用一只铅笔固定在点 P 上画线，那么移动铅笔能画出椭圆. 这些性质，称为软绳性质.

假设 a 和 e 是给定的. 我们知道焦点是$(\pm ae, 0)$、准线是 $x=\pm a/e$. 椭圆和双曲线的这种情况在图 15 中作了说明.

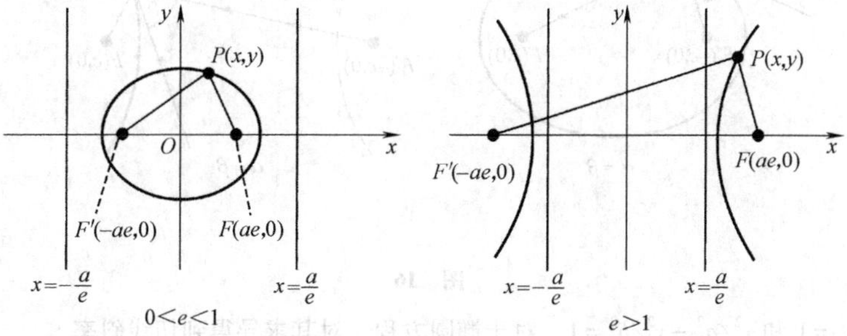

图 15

如果我们取椭圆上任意点 $P(x, y)$. 那么将条件 $|PF|=e|PL|$ 应用于左右两端焦点和准线，可以得到

$$|Pf'|=e\left(x+\frac{a}{e}\right)=ex+a \qquad |PF|=e\left(\frac{a}{e}-x\right)=a-ex$$

因此

$$|Pf'|+|PF|=2a$$

下面我们考虑双曲线，点 $P(x, y)$在双曲线右支，如图 15 右图所示. 则

$$|Pf'|=e\left(x+\frac{a}{e}\right)=ex+a \qquad |PF|=e\left(x-\frac{a}{e}\right)=ex-a$$

且$|Pf'|-|PF|=2a$，若 $P(x, y)$在左半支，则可用 $-2a$ 代替 $2a$，不论哪种情况都有

$$\|Pf'|-|PF\|=2a$$

例 6 求距两点$(\pm3, 0)$的距离的和为 10 的动点的轨迹方程.

解 这是一个水平椭圆，$a=5$，$c=3$. 因此，$b=\sqrt{a^2-c^2}=4$，轨迹方程为

$$\frac{x^2}{25}+\frac{y^2}{16}=1$$

例 7 求距两点$(0, \pm6)$的距离之差为 4 的动点的轨迹方程.

解 这是一个竖直方向上的双曲线，$a=2$，$c=6$. 因此，$b=\sqrt{c^2-a^2}=\sqrt{32}=4\sqrt{2}$，轨迹方程为

$$-\frac{x^2}{32}+\frac{y^2}{4}=1$$

透镜

圆锥曲线的光学性质在磨削透镜中的应用已有几百年历史。一个最新的革命就是用各种透镜去取代眼镜中的双焦透镜。从顶部开始，打磨这些透镜，使透镜的离心率连续变化(从 $e<1$ 到 $e=1$ 再到 $e>1$)，这样，产生的横截面从椭圆到抛物线再到双曲线并且可能容许在任何距离下通过合适的头转动有完美的物体的影像。

圆锥曲线的光学性质 考虑两个镜子，一个为椭圆状，另一个为双曲线状，如果光线从一焦点照射到镜子上，则对于椭圆形镜子，反射光会汇聚于另一焦点；对于双曲线形镜子，反射光会离开另一个焦点，反射光的反向延长线会汇聚于另一焦点. 图 16 说明了这两点.

为了论证这些光学性质(如证明在图 16 的两个图形中 $\alpha=\beta$ 均成立)，我们假设椭圆和双曲线的标准方程

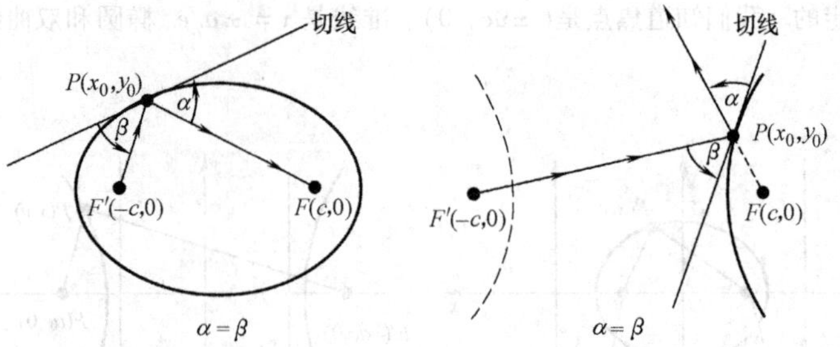

图　16

分别为 $x^2/a^2+y^2/b^2=1$ 和 $x^2/a^2-y^2/b^2=1$，对于椭圆方程，对其求导得到切线斜率

$$\frac{2x}{a^2}+\frac{2yy'}{b^2}=0$$

$$y'=-\frac{b^2}{a^2}\frac{x}{y}$$

切线的斜率在点$(x_0,\ y_0)$是 $m=-b^2x_0/(a^2y_0)$. 所以，切线方程可以写成

$$y-y_0=-\frac{b^2}{a^2}\frac{x_0}{y_0}(x-x_0)$$

$$\frac{x_0}{a^2}(x-x_0)+\frac{y_0}{b^2}(y-y_0)=0$$

$$\frac{x_0x}{a^2}+\frac{y_0y}{b^2}=\frac{x_0^2}{a^2}+\frac{y_0^2}{b^2}=1$$

为了计算椭圆的 $\tan\alpha$，我们回忆(0.7 节的习题 40)从线 l_1 到另一条线 l 的逆时针角的切线公式(m_1 和 m 是它们各自的斜率)

$$\tan\alpha=\frac{m-m_1}{1+mm_1}$$

现在回到图 16，使 l_1 为直线 FP 并使 l 为 P 点的切线，则

$$\tan\alpha=\frac{\dfrac{-b^2x_0}{a^2y_0}-\dfrac{y_0-0}{x_0-c}}{1+\left(\dfrac{-b^2x_0}{a^2y_0}\right)\left(\dfrac{y_0-0}{x_0-c}\right)}=\frac{-b^2x_0(x_0-c)-a^2y_0^2}{a^2y_0(x_0-c)-b^2x_0y_0}$$

$$=\frac{b^2cx_0-(b^2x_0^2+a^2y_0^2)}{(a^2-b^2)x_0y_0-a^2cy_0}$$

$$=\frac{b^2cx_0-a^2b^2}{c^2x_0y_0-a^2cy_0}$$

$$=\frac{b^2(cx_0-a^2)}{cy_0(cx_0-a^2)}=\frac{b^2}{cy_0}$$

同样，若用 $-c$ 代替 c，则得到

$$\tan(-\beta)=\frac{b^2}{-cy_0}$$

因此，$\tan\beta=b^2/cy_0$. 综上所述，我们可得 $\tan a=\tan\beta$，从而 $a=\beta$.

用类似的方法可以得到相应的双曲线的结果.

应用 椭圆的反射性质是回音廊效应的基础，比如，在美国国会大厦、摩门教徒的礼拜堂或者许多的自然博物馆里．一个人在一焦点处小声说话，在另一焦点处的人可以清楚地听到他在说什么，即使他的声音在房间的其他任何部分的人都听不到．

望远镜的设计思想同样来自于抛物线和双曲线的光学性质(图 17)，从星体发射来的平行光最终在目镜f'处会聚．

双曲线的软绳性质应用于导航中．一艘船在海中可以通过用两台固定位置发报机接收同步音频信号之间的时间差，计算出距离之差$2a$的长度．我们将船置于双曲线上，焦点F与f'为两个接收点(图 18)．如果使用另一对接收点G与G'，则船必位于两条相应的双曲线的交叉点(图 19)，远距离无线电导航系统便是根据此原理建立的．

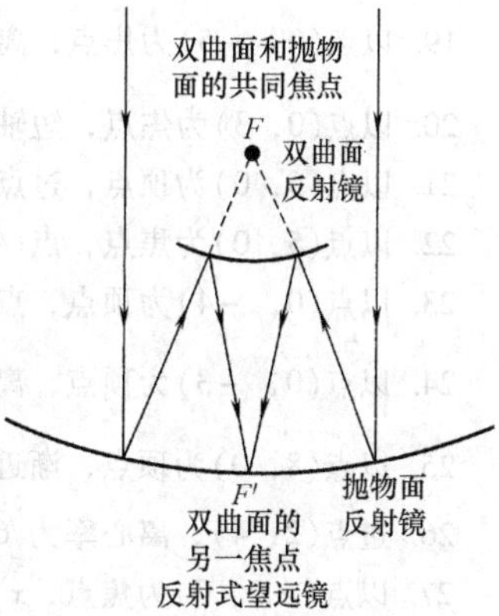

图 17

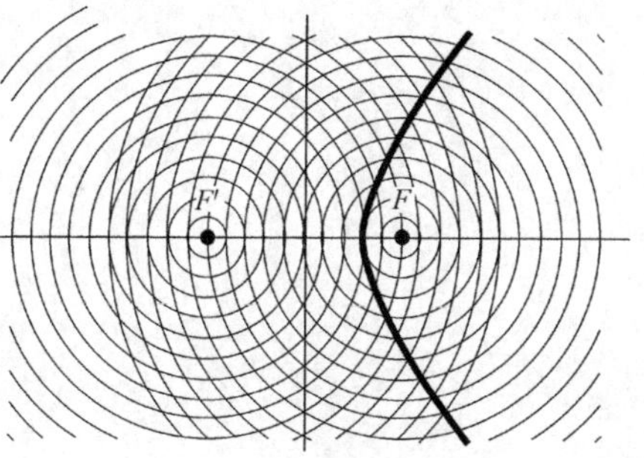

图 18

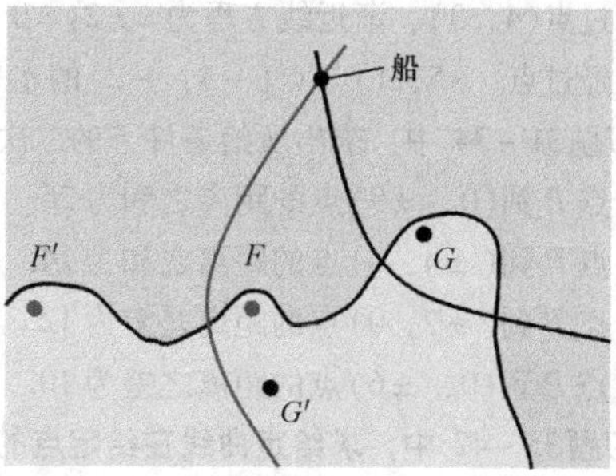

图 19

概念复习

1. 以点(0, 0)为中心的水平椭圆的标准方程为____________.

2. 以点(0, 0)为中心的竖直椭圆的长轴和短轴长度分别为 8 和 6，则其有关x、y的椭圆方程为____________.

3. 椭圆是满足条件$|PF|+|Pf'|=2a$的点P的集合，定点F与f'被称为椭圆的____________.

4. 椭圆形镜子光源从焦点射出的光线将____________反射．而一双曲线形镜子从光源焦点射出的光线将________________反射．

习题 10.2

在习题 1~8 中，通过所给方程式，判断下列二次曲线为何种曲线(如水平椭圆，竖直双曲线等)．

1. $\dfrac{x^2}{9}+\dfrac{y^2}{4}=1$ 2. $\dfrac{x^2}{9}-\dfrac{y^2}{4}=1$ 3. $\dfrac{-x^2}{9}+\dfrac{y^2}{4}=1$ 4. $\dfrac{-x^2}{9}+\dfrac{y^2}{4}=-1$

5. $\dfrac{-x^2}{9}+\dfrac{y^2}{4}=0$ 6. $\dfrac{-x^2}{9}=\dfrac{y^2}{4}$ 7. $9x^2+4y^2=9$ 8. $x^2-4y^2=4$

在习题 9~16 中，画出所给方程的草图，并标出其顶点、焦距和渐近线(如果是双曲线)．

9. $\dfrac{x^2}{16}+\dfrac{y^2}{4}=1$ 10. $\dfrac{x^2}{16}-\dfrac{y^2}{4}=1$ 11. $\dfrac{-x^2}{9}+\dfrac{y^2}{4}=1$ 12. $\dfrac{x^2}{7}+\dfrac{y^2}{4}=1$

13. $16x^2+4y^2=32$ 14. $4x^2+25y^2=100$ 15. $10x^2-25y^2=100$ 16. $x^2-4y^2=8$

在习题 17~30 中，求出所给二次曲线的方程．

17. 以点(-3, 0)为焦点，(6, 0)为顶点的椭圆．

18. 以点(6, 0)为焦点，离心率为$\dfrac{2}{3}$的椭圆．

19. 以点(0, −5)为焦点，离心率为$\frac{1}{3}$.
20. 以点(0, 3)为焦点，短轴长为8的椭圆.
21. 以点(5, 0)为顶点，过点(2, 3)的椭圆.
22. 以点(5, 0)为焦点，点(4, 0)为顶点的双曲线.
23. 以点(0, −4)为顶点，点(0, −5)为焦点的双曲线.
24. 以点(0, −3)为顶点，离心率为$\frac{3}{2}$的双曲线.
25. 以点(8, 0)为顶点，渐近线方程为$2x \pm 4y = 0$的双曲线.
26. 过点(2, 4)，离心率为$\sqrt{6}/2$的竖直方向上的双曲线.
27. 以点(±2, 0)为焦点，$x = \pm 8$为准线的椭圆.
28. 以点(±4, 0)为焦点，$x = \pm 1$为准线的双曲线.
29. 过点(4, 3)，渐近线方程为$x \pm 2y = 0$的双曲线.
30. 经过点(−5, 1)与点(−4, −2)的水平椭圆.

在习题31~34中，求出所给条件下的二次曲线的方程.

31. 点P到(0, ±9)点的距离之和为26.
32. 点P到(±4, 0)点的距离之和为14.
33. 点P到(±7, 0)点的距离之差为12.
34. 点P到(0, ±6)点的距离之差为10.

在习题35~42中，求给定曲线在给定点的切线的方程.

35. $\frac{x^2}{27} + \frac{y^2}{9} = 1$, $(3, \sqrt{6})$
36. $\frac{x^2}{24} + \frac{y^2}{16} = 1$, $(3\sqrt{2}, -2)$
37. $\frac{x^2}{27} + \frac{y^2}{9} = 1$, $(3, -\sqrt{6})$
38. $\frac{x^2}{2} - \frac{y^2}{4} = 1$, $(\sqrt{3}, \sqrt{2})$
39. $x^2 + y^2 = 169$, $(5, 12)$
40. $x^2 - y^2 = -1$, $(\sqrt{2}, \sqrt{3})$
41. 习题31中的方程，(0, 13).
42. 习题32中的方程，(7, 0).
43. 拱形(半椭圆)门廊高4ft，宽10ft. 若欲将一个2ft高的方盒推进门廊，则该方盒至多为多宽？
44. 若43题中的拱形门廊的宽度半径为2ft，则其相应的高度应为多少？
45. 椭圆$x^2/a^2 + y^2/b^2 = 1$的正焦弦(过焦点垂直于主轴的弦)长为多少？
46. 求双曲线$x^2/a^2 - y^2/b^2 = 1$的正焦弦长.

C 47. 哈雷彗星以一椭圆轨道运行，其长轴与短轴长分别为36.18AU与9.12AU(1AU为一宇宙单位，其长度定义为地球与太阳的平均间距). 求出彗星距太阳的最短距离(假设太阳为其中一个焦点).

C 48. Kahoutek彗星的运行轨道是以太阳为一焦点，离心率$e = 0.999925$的椭圆. 如果其最短距日距离为0.13AU，则其最远距日距离为多少？参看47题.

C 49. 在1957年，原苏联发射了Sputnik 1号人造卫星. 其椭圆轨道绕地球运行的最长距离与最短距离分别为583mile与132mile. 假设地球球心为该椭圆轨道的一个焦点，地球为半径为4000mile的球体，则该椭圆轨道的离心率为多少？

50. 冥王星运行轨道的离心率为0.249. 冥王星距太阳最近时为29.65AU，最远时为49.31AU，求出冥王星运行轨道的最大和最小直径.

51. 如果椭圆$9x^2 + 4y^2 = 36$的两条切线相交于(0, 6)点，求出切点的坐标.

52. 如果双曲线$9x^2 - y^2 = 36$的两条切线相交于(0, 6)点，求出切点的坐标.

53. 双曲线$2x^2 - 7y^2 - 35 = 0$在两点上的切线的斜率是$-\frac{2}{3}$. 切点的坐标是多少？

54. 找出与直线 $3x-3\sqrt{2}y-7=0$ 平行与椭圆 $x^2+2y^2-2=0$ 相切的切线方程.

55. 求椭圆 $b^2x^2+a^2y^2=a^2b^2$ 的面积.

56. 求椭圆 $b^2x^2+a^2y^2=a^2b^2$ 绕 y 轴旋转围成的立体图形的体积.

57. 求由双曲线 $b^2x^2-a^2y^2=a^2b^2$ 和经过焦点的垂直线围成的区域绕 x 轴旋转所形成的立体图形的体积.

58. 如果 56 题的椭圆是绕着 x 轴旋转，求所形成的立体图形的体积.

59. 求出椭圆 $b^2x^2+a^2y^2=a^2b^2$ 的最大内接矩形的长、宽. 假设矩形的边平行于椭圆的轴.

60. 证明双曲线的切线与双曲线的交点是切线与渐近线的两个交点的中点.

61. 找出双曲线 $25x^2-9y^2=225$ 与 $-25x^2+18y^2=450$ 在第一象限的交点.

62. 找出 $x^2+4y^2=20$ 与 $x+2y=6$ 的交点.

63. 用这节课学的抛物线和椭圆，而不是抛物线和双曲线，画出反射望远镜的图形 17.

64. 用一个巨大的力冲击放在类似椭圆的台球桌上的焦点上的小球，该小球不停地碰撞球桌的弹性衬里. 描述它的最后途径. 提示：画图.

65. 如果 64 题中的球最初在长轴的焦点和临近的顶点之间，它的路径将会怎样?

66. 证明有着相同焦点的椭圆和双曲线相交成直角. 提示：画图并用视觉性质.

67. 描述一个用来画双曲线的弦装置(有多种可能).

68. 声音以 $u$ft/s 的速度传播，来福枪子弹的速度是 $v>u$ft/s. 听者同时听到开枪的声音和子弹击中靶的声音. 如果来福枪在点 $A(-c, 0)$，靶在点 $B(c, 0)$，听者在点 $P(x, y)$，找出描述 P 点的方程(用 u, v 和 c 表示).

69. 听者 $A(-8, 0)$, $B(8, 0)$ 和 $C(8, 10)$ 记录了他们听到爆炸声的确切时间. 如果 B 和 C 同时听到爆炸声，A 在 12s 后听到爆炸声，爆炸点在哪里? 假设距离单位是 km; 声速是 $\frac{1}{3}$km/s.

70. 证明当 $x\to\infty$ 时，$(\sqrt{x^2-a^2}-x)\to 0$. 提示：将分子有理化.

71. 在一椭圆中，使得 p 和 q 为一焦点到两顶点的距离，证明当短轴长为 $2b$ 时，$b=\sqrt{pq}$.

72. 图 20 所示的轮胎以 $t$rad/s 的角速度转动，Q 点坐标为 $(a\cos t, a\sin t)$. 找出 t 时的 R 点的坐标，并证明 R 点的轨迹是椭圆. 注意：当 $P\neq R$ 和 $R\neq Q$ 时 PQR 为一直角三角形.

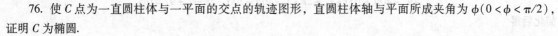

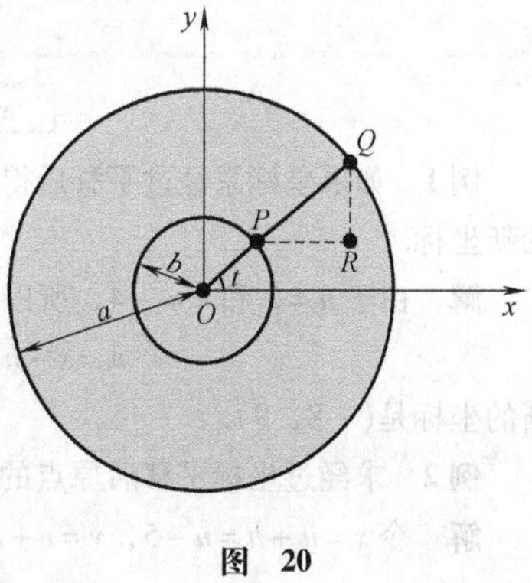

图 20

73. 设点 P 为长为 $a+b$ 的梯子上的一点，P 是从顶端到末尾距离的一个单位. 当梯子以顶端沿 y 轴、底端沿 x 轴滑动，P 点的运动形成一条轨迹，求出轨迹的方程.

74. 证明过双曲线的一个焦点并垂直于渐近线的直线和渐近线相交在离该焦点最近的准线上.

75. 若一个水平双曲线与一个竖直双曲线共有一对相同渐近线，证明它们的离心率 e 与 E 满足方程 $e^{-2}+E^{-2}=1$.

76. 使 C 点为一直圆柱体与一平面的交点的轨迹图形，直圆柱体轴与平面所成夹角为 $\phi(0<\phi<\pi/2)$，证明 C 为椭圆.

GC EXPL 77. 用同一坐标轴，画出二次曲线 $y=\pm(ax^2+1)^{1/2}$ 在 $-2\leq x\leq 2$ 和 $-2\leq y\leq 2$ 区间内的图形，使 a 分别为 -2, -1, -0.5, -0.1, 0, 0.1, 0.6, 1. 猜想图形会随着 a 的变化如何变化.

概念复习答案：

1. $x^2/a^2+y^2/b^2=1$　2. $x^2/9+y^2/16=1$　3. 焦点　4. 到另一个焦点，直接离开另一个焦点

10.3　坐标轴的平移与旋转

到目前为止我们用各种特殊的方式在直角坐标系上表示圆锥曲线，一般是长轴沿着坐标轴；顶点(若是抛物线)或中心(若是椭圆或双曲线)在原点．现在我们把圆锥曲线放在更加一般的位置，但我们仍要求长轴平行于坐标轴的某一轴(这个限制在 10.5 节中将会去掉)．

圆的方程给我们以启发．圆心在(2，3)、半径为 5 的圆的方程为

$$(x-2)^2+(y-3)^2=25$$

或展开式为

$$x^2+y^2-4x-6y=12$$

此圆在 uv 坐标系下(图 1)有简单的方程式

$$u^2+v^2=25$$

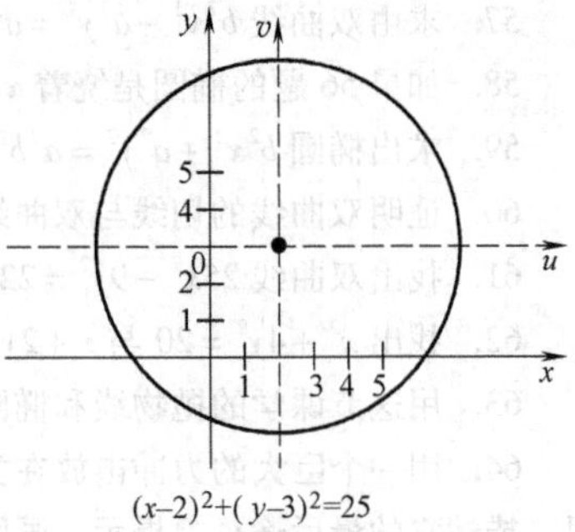

$(x-2)^2+(y-3)^2=25$
或 $u^2+v^2=25$

图　1

新的坐标轴的运用并没有改变曲线的形状或大小，但它却大大地简化了这个方程式．这就是我们想要研究的轴的平移和等式中变量相应的变化．

坐标轴的平移　如果在平面上选择新的轴，每个点将会有两套坐标，旧的坐标(x，y)相对于原来的坐标系，新的坐标(u，v)相对于新的坐标系．新坐标系是原来的坐标系经过平移得到的．如果新坐标系的坐标轴分别平行于原来的坐标轴，并有着一样的方向和尺度，那么这种平移被叫做坐标轴的平移．

从图 2 中很容易看出新的坐标(u，v)与旧的坐标(x，y)有着怎样的关系．令(h，k)为在新坐标系下原点的旧坐标，那么

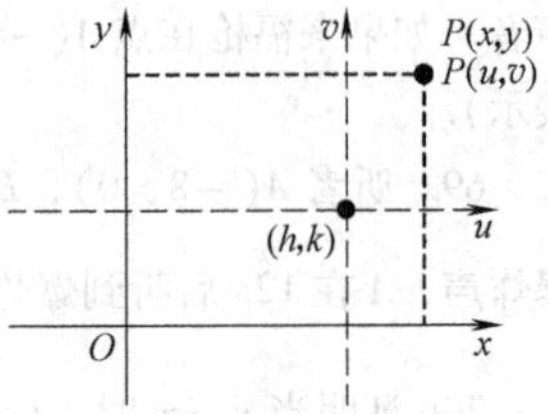

图 2

$$\boxed{u=x-h,\ v=y-k}$$

或

$$\boxed{x=u+h,\ y=v+k}$$

例 1　如果坐标系经过平移后得到新的原点坐标为(2，-4)，求旧坐标系下点 $P(-6,5)$ 在新坐标系下的新坐标．

解　由于 $h=2$ 和 $k=-4$，所以有

$$u=x-h=-6-2=-8\qquad v=y-k=5-(-4)=9$$

新的坐标是(-8，9)．

例 2　求经过坐标平移后原点的新坐标为(-5，1)时方程 $4x^2+y^2+40x-2y+97=0$ 的新方程．

解　令 $x=u+h=u-5$，$y=v+k=v+1$，得到

$$4(u-5)^2+(v+1)^2+40(u-5)-2(v+1)+97=0$$

或

$$4u^2-40u+100+v^2+2v+1+40u-200-2v-2+97=0$$

简化后得

$$4u^2+v^2=4\quad 或\quad u^2+\frac{v^2}{4}=1$$

由此可知，这是一个椭圆方程．

完全平方　对一个给定的复杂的二次方程，我们应经过怎样的平移来简化这个方程，使它变成一个熟悉的形式？我们可以用完全平方法，将类似于

$$Ax^2+Cy^2+Dx+Ey+F=0,\qquad A\neq 0,\qquad C\neq 0$$

形式中的一次项消去．

例 3 求可以将方程

$$4x^2+9y^2+8x-90y+193=0$$

中的一次项消去的平移，并画出方程的图形.

解 配方：要消去一次项必须给 x^2+ax 加上 $a^2/4$（x 系数一半的平方）. 由此可得方程

$$4(x^2+2x\quad)+9(y^2-10y\quad)=-193$$

$$4(x^2+2x+1)+9(y^2-10y+25)=-193+4+225$$

$$4(x+1)^2+9(y-5)^2=36$$

$$\frac{(x+1)^2}{9}+\frac{(y-5)^2}{4}=1$$

平移：令 $u=x+1$ 和 $v=y-5$ 得

$$\frac{u^2}{9}+\frac{v^2}{4}=1$$

这是水平椭圆的标准形式. 它的图形如图 3 所示.

例 4 用平移化简方程

$$y^2-4x-12y+28=0$$

然后确定该方程表达了哪个二次曲线，并写出该曲线的重要性质，画出它的图形.

解 配方：

$$y^2-12y=4x-28$$

$$y^2-12y+36=4x-28+36$$

$$(y-6)^2=4(x+2)$$

平移：令 $u=x+2$，$v=y-6$ 得 $v^2=4u$，它是右开口、$p=1$ 的水平抛物线（图 4）.

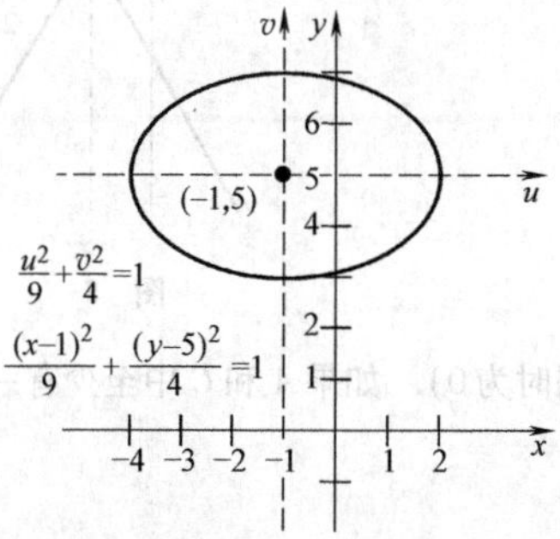

图 3

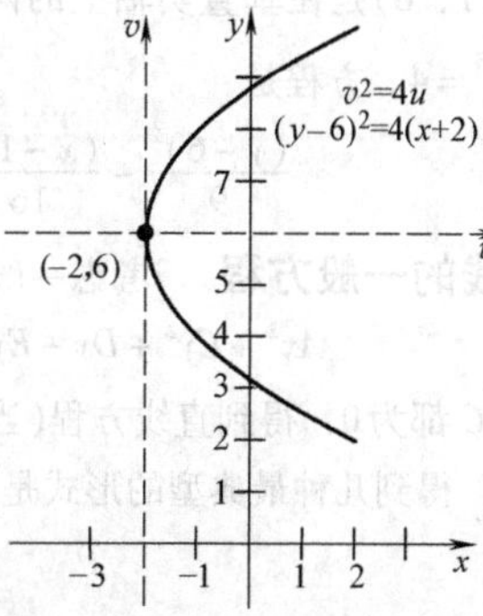

图 4

一般二次方程 现在我们问一个重要问题. 形如方程

$$Ax^2+Cy^2+Dx+Ey+F=0$$

的图形是否总是曲线. 答案是不一定，除非在一定限制条件下. 下表给出不同形式下的方程.

二次曲线的一般形式	二次曲线的特殊形式
1. ($AC=0$) 抛物线：$y^2=4x$ 	平行线：$y^2=4$ 单一直线：$y^2=0$ 空集：$y^2=-1$ 圆：$x^2+y^2=4$

（续）

二次曲线的一般形式	二次曲线的特殊形式
2. $(AC>0)$ 椭圆：$\frac{x^2}{9}+\frac{y^2}{4}=1$ 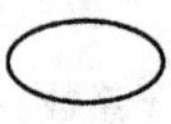	点：$2x^2+y^2=0$ 空集：$2x^2+y^2=-1$ 相交直线：
3. $(AC<0)$ 双曲线：$\frac{x^2}{9}-\frac{y^2}{4}=1$ 	$x^2-y^2=0$ 

由表中可看出，一般二次方程的图形可以划分为 3 种一般类别，共有 9 种不同的可能性，包括特殊形式。

例 5　用坐标轴平移化简 $4x^2-y^2-8x-6y-5=0$，并画出它的图形.

解　将方程重写成

$$4(x^2-2x\qquad)-(y^2+6y\qquad)=5$$
$$4(x^2-2x+1)-(y^2+6y+9)=5+4-9$$
$$4(x-1)^2-(y+3)^2=0$$

令 $u=x-1$ 和 $v=y+3$，得出

$$4u^2-v^2=0\text{ 或 }\quad(2u-v)(2u+v)=0$$

这是两相交直线的方程(图 5).

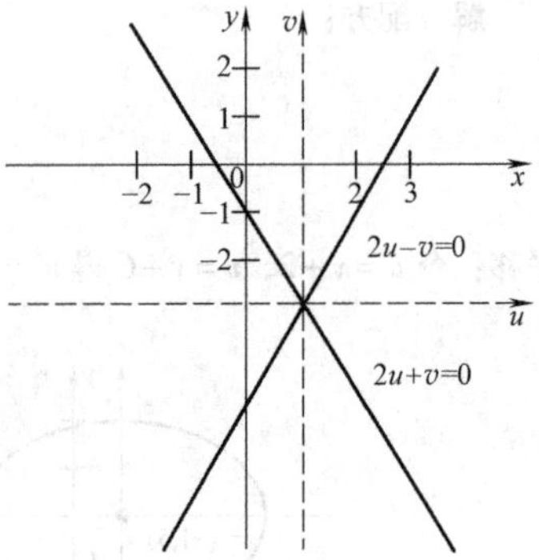

图　5

例 6　写出焦点在(1，1)和(1，11)，顶点在(1，3)，(1，9)的双曲线方程.

解　中心(1，6)是在垂直实轴上的两顶点的中点，因此 $a=3$，$c=5$，$b=\sqrt{c^2-a^2}=4$，方程是

$$\frac{(y-6)^2}{9}-\frac{(x-1)^2}{16}=1$$

圆锥曲线的一般方程　考虑一般方程

$$Ax^2+Cy^2+Dx+Ey+F=0$$

如果 A 和 C 都为 0，得到直线方程(当然还要假设 D 和 E 不同时为 0). 如果 A 和 C 中至少有一个不为 0，可以通过配方，得到几种最典型的形式是

$$(y-k)^2=\pm 4p(x-h)\tag{1}$$

$$\frac{(x-h)^2}{a^2}+\frac{(y-k)^2}{b^2}=1\tag{2}$$

$$\frac{(x-h)^2}{a^2}-\frac{(y-k)^2}{b^2}=1\tag{3}$$

它们分别是顶点在(h,k)的水平抛物线，中心在(h,k)上的水平椭圆(如果 $a^2>b^2$)和中心在(h,k)的水平双曲线.

在这些情况下，它们的对称轴是平行于 x 轴和 y 轴的. 如果它们含有交叉项 Bxy，即如

$$Ax^2+Bxy+Cy^2+Dx+Ey+F=0$$

仍然能获得一条圆锥曲线(或者它的一个特殊形式)，但它的对称轴平行于旋转后的 x 轴和 y 轴.

坐标轴的旋转　引入一对新的坐标轴，即 u 和 v 轴，它和 x、y 轴具有相同的原点，所不同的是旋转了 θ 角，如图 6 所示. 于是点 P 有了两种坐标表示，(x,y)和(u,v). 它们又是如何联系起来的呢？

用 r 表示 OP 的长度，ϕ 表示 u 正轴到 OP 的角度. 则 x、y、u 和 v 的几何表示如图所示.

注意到直角三角形 OPM，有

$$\cos(\phi+\theta)=\frac{x}{r}$$

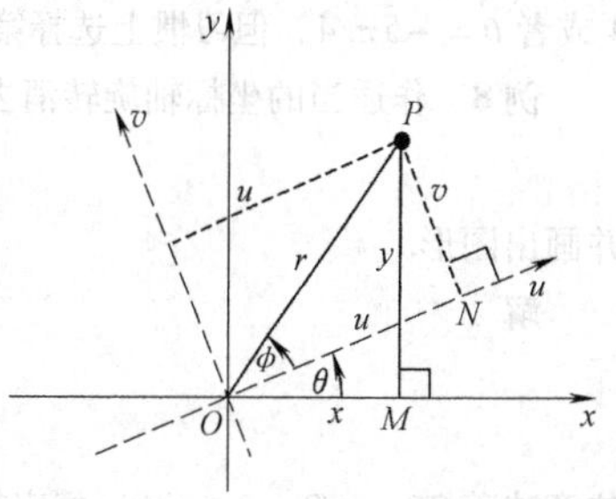

图 6

所以

$$x=r\cos(\phi+\theta)=r(\cos\phi\cos\theta-\sin\phi\sin\theta)$$
$$=(r\cos\phi)\cos\theta-(r\sin\phi)\sin\theta$$

观察直角三角形 OPN 可知 $u=r\cos\phi$，$v=r\sin\phi$，于是有

$$x=u\cos\theta-v\sin\theta$$

同理可得

$$y=u\sin\theta+v\cos\theta$$

以上公式确定了一种叫做**坐标轴旋转**的变换.

例 7 坐标轴旋转 $\theta=\pi/4$ 后求出方程 $xy=1$ 在新坐标下的新方程，并画出图形.

解 作代换

$$x=u\cos\frac{\pi}{4}-v\sin\frac{\pi}{4}=\frac{\sqrt{2}}{2}(u-v)$$
$$y=u\sin\frac{\pi}{4}+v\cos\frac{\pi}{4}=\frac{\sqrt{2}}{2}(u+v)$$

方程 $xy=1$ 的新形式为

$$\frac{\sqrt{2}}{2}(u-v)\frac{\sqrt{2}}{2}(u+v)=1$$

化简得

$$\frac{u^2}{2}-\frac{v^2}{2}=1$$

它是 $a=b=\sqrt{2}$ 的双曲线方程. 注意到交叉项在旋转后已经消失了. 选择角度 $\theta=\pi/4$ 刚好导致了这一现象的发生. 图形如图 7 所示.

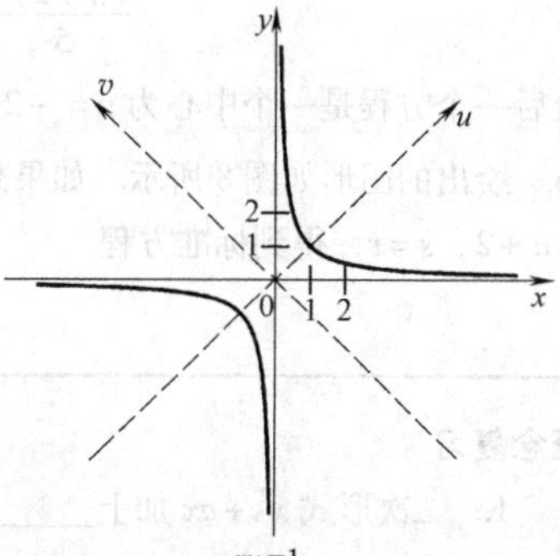

图 7

旋转角度 θ 的选取 如何旋转才能消掉交叉项呢? 思考下面的等式

$$Ax^2+Bxy+Cy^2+Dx+Ey+F=0$$

如果我们作如下代换

$$x=u\cos\theta-v\sin\theta$$
$$y=u\sin\theta+v\cos\theta$$

方程变为

$$au^2+buv+cv^2+du+ev+f=0$$

a、b、c、d、e 和 v 都依赖于 θ. 我们可以去找它们的表达式，但真正关心的只是 b. 当作必要的代数运算后可以发现

$$b=B(\cos^2\theta-\sin^2\theta)-2A(A-C)\sin\theta\cos\theta$$
$$=B\cos2\theta-(A-C)\sin2\theta$$

令 $b=0$，得到

$$B\cos2\theta=(A-C)\sin2\theta$$

或者

$$\boxed{\cot2\theta=\frac{A-C}{B}}$$

这个公式回答了我们的问题. 选择满足该公式的 θ 可以消去交叉项. 在例 1 的方程 $xy=1$ 中，$A=0$，$B=1$，$C=0$，所以我们选择了 θ 满足 $\cot2\theta=0$. $\theta=\pi/4$ 是其中一个满足条件的角度. 我们也可以选择 $\theta=3\pi/$

4 或者 $\theta = -5\pi/4$，但习惯上选择第一象限的角，也就是说，选择 2θ 满足 $0 \leqslant 2\theta < \pi$，所以 $0 \leqslant \theta < \pi/2$.

例 8　作适当的坐标轴旋转消去下面方程中的交叉项

$$4x^2 + 2\sqrt{3}xy + 2y^2 + 10\sqrt{3}x + 10y = 5$$

并画出图形.

解

$$\cot 2\theta = \frac{A-C}{B} = \frac{4-2}{2\sqrt{3}} = \frac{1}{\sqrt{3}}$$

这意味着 $2\theta = \pi/3$，$\theta = \pi/6$. 相应的代换如下

$$x = u\frac{\sqrt{3}}{2} - v\frac{1}{2} = \frac{\sqrt{3}u - v}{2}$$

$$y = u\frac{1}{2} + v\frac{\sqrt{3}}{2} = \frac{u + \sqrt{3}v}{2}$$

方程首先变换为

$$4\frac{(\sqrt{3}u - v)^2}{4} + 2\sqrt{3}\frac{(\sqrt{3}u - v)(u + \sqrt{3}v)}{4} + 2\frac{(u + \sqrt{3}v)^2}{4} + 10\sqrt{3}\frac{\sqrt{3}u - v}{2}$$

$$+10\frac{u + \sqrt{3}v}{2} = 5$$

化简后，得

$$5u^2 + v^2 + 20u = 5$$

将方程变为我们熟悉的形式，配方得

$$5(u^2 + 4u + 4) + v^2 = 5 + 20$$

$$\frac{(u+2)^2}{5} + \frac{v^2}{25} = 1$$

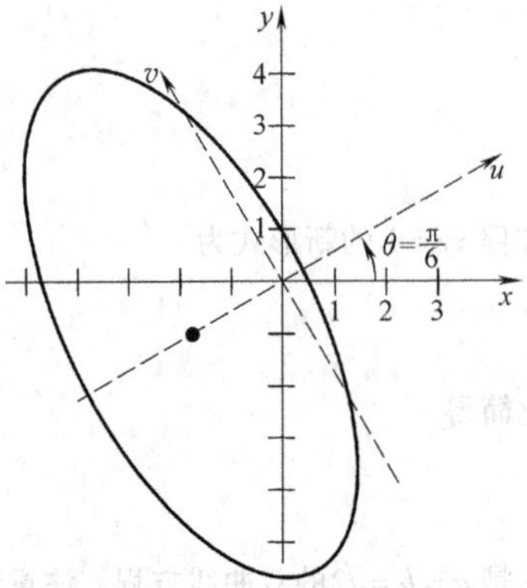

$4x^2+2=\sqrt{3}xy+2y^2+10=\sqrt{3}x+10y=5$

或 $\frac{(u+2)^2}{5} + \frac{v^2}{25} = 1$

图　8

最后一个方程是一个中心为 $u = -2$，$v = 0$ 的竖直椭圆，其中 $a = 5$，$b = \sqrt{5}$. 绘出的图形如图 8 所示. 如果想进一步化简，可以再作变换，令 $r = u + 2$，$s = v$，得到标准方程

$$r^2/5 + s^2/25 = 1.$$

概念复习

1. 二次形式 $x^2 + ax$ 加上________可形成完全平方.
2. $x^2 + 6x + 2(y^2 - 2y) = 3$（配方后）等同于 $(x+3)^2 + 2(y-1)^2 =$ ____，这是________的方程式.
3. 通过坐标轴旋转 θ 角可消去交叉项，这里 θ 满足 $\cot 2\theta =$ ________.
4. 把一个二阶方程化为标准形式，我们首先把一个坐标轴________，然后把另一个坐标轴________.

习题 10.3

在习题 1 ~ 14，说出给定方程式所代表的二次曲线或特殊形式. 通常需要配方（见例 3 ~ 5 例）.

1. $x^2 + y^2 - 2x + 2y + 1 = 0$
2. $x^2 + y^2 + 6x - 2y + 6 = 0$
3. $9x^2 + 4y^2 + 72x - 16y + 124 = 0$
4. $16x^2 - 9y^2 + 192x + 90y - 495 = 0$
5. $9x^2 + 4y^2 + 72x - 16y + 160 = 0$
6. $16x^2 + 9y^2 + 192x + 90y + 1000 = 0$
7. $y^2 - 5x - 4y - 6 = 0$
8. $4x^2 + 4y^2 + 8x - 28y - 11 = 0$
9. $3x^2 + 3y^2 - 6x + 12y + 60 = 0$
10. $4x^2 - 4y^2 - 2x + 2y + 1 = 0$

11. $4x^2-4y^2+8x+12y-5=0$

12. $4x^2-4y^2+8x+12y-6=0$

13. $4x^2-24x+36=0$

14. $4x^2-24x+35=0$

在习题15~28，画出给定方程的图形.

15. $\frac{(x+3)^2}{4}+\frac{(y+2)^2}{16}=1$

16. $(x+3)^2+(y-4)^2=25$

17. $\frac{(x+3)^2}{4}-\frac{(y+2)^2}{16}=1$

18. $4(x+3)=(y+2)^2$

19. $(x+2)^2=8(y-1)$

20. $(x+2)^2=4$

21. $(y-1)^2=16$

22. $\frac{(x+3)^2}{4}+\frac{(y-2)^2}{8}=0$

23. $x^2+4y^2-2x+16y+1=0$

24. $25x^2+9y^2+150x-18y+9=0$

25. $9x^2-16y^2+54x+64y-127=0$

26. $x^2-4y^2-14x-32y-11=0$

27. $4x^2+16x-16y+32=0$

28. $x^2-4x+8y=0$

29. 找出抛物线 $2y^2-4y-10x=0$ 的焦点和准线.

30. 确定 $-9x^2+18x+4y^2+24y=9$ 两顶点之间的距离.

31. 找出椭圆 $16(x-1)^2+25(y+2)^2=400$ 的焦点.

32. 找出抛物线 $x^2-6x+4y+3=0$ 的焦点和准线.

在习题33~42 中，找出给出的二次曲线的方程式.

33. 求中心在(5, 1)，长轴为10，短轴为8的水平椭圆方程.

34. 求中心在(2, −1)，顶点在(4, −1)，焦点在(5, −1)的双曲线方程.

35. 求顶点在(2, 3)，焦点在(2, 5)的抛物线方程.

36. 求中心在(2, 3)，过点(6, 3)和(2, 5)的椭圆方程.

37. 求顶点在(0, 0)和(0, 6)，焦点在(0, 8)的双曲线方程.

38. 求焦点在(2, 0)和(2, 12)，顶点在(2, 14)的椭圆方程.

39. 求焦点在(2, 5)，准线为 $x=10$ 的抛物线方程.

40. 求焦点在(2, 5)，顶点在(2, 6)的抛物线方程.

41. 求焦点在(±2, 2)，经过原点的椭圆方程.

42. 求焦点在(0, 0)和(0, 4)并经过(12, 9)的双曲线方程.

在习题43~48 中，对坐标轴作适当的旋转消去交叉项，必要的话，进一步将坐标轴平移使方程变为标准形式. 最后，画出图形并注明旋转轴.

43. $x^2+xy+y^2=6$

44. $3x^2+10xy+3y^2+10=0$

45. $4x^2+xy+4y^2=56$

46. $4xy-3y^2=64$

47. $-\frac{1}{2}x^2+7xy-\frac{1}{2}y^2-6\sqrt{2}x-6\sqrt{2}y=0$

48. $\frac{3}{2}x^2+xy+\frac{3}{2}y^2+\sqrt{2}x+\sqrt{2}y=13$

在习题49~52 中，继续43~48 题的做法. 求出 $\cot 2\theta$ 后，选用公式 $\sin\theta=\pm\sqrt{(1-\cos 2\theta)/2}$ 或 $\cos\theta=\pm\sqrt{(1+\cos 2\theta)/2}$ 求旋转的角度。

49. $4x^2-3xy=18$

50. $11x^2+96xy+39y^2+240x+570y+875=0$

51. $34x^2+24xy+41y^2+250y=-325$

52. $16x^2+24xy+9y^2-20x-15y-150=0$

53. 曲线 C 经过三个点(−1, 2)，(0, 0)和(3, 6)，求出 C 的方程式，如果 C 是

(a)垂直抛物线； (b)水平抛物线； (c)圆.

54. 中间有个结 $K(x, y)$ 的弹性绳的两端系在一个顶点为 $A(a, b)$ 和中心为(0, 0)、半径为 r 的轮子的边缘 P 点上，当轮子转动时，K 的轨迹形成了曲线 C，求出 C 的方程式. 假设绳一直保持拉紧状态和无变化

地拉伸(即 $\alpha = |KP|/|AP|$ 是常数).

55. 根据不同的 K 值确定二次曲线 $y^2 = Lx + Kx^2$，并证明在每种情况下，$|L|$ 是该曲线正焦弦的长度. 假设 $L \neq 0$.

56. 证明顶点在 $(a, 0)$，焦点在 $(c, 0)$，$c > a > 0$ 的抛物线和双曲线能被分别写成 $y^2 = 4(c-a)(x-a)$ 和 $y^2 = (b^2/a^2)(x^2 - a^2)$. 然后用 y^2 的表达式证明抛物线总是在双曲线的右支里.

57. $x\cos\alpha + y\sin\alpha = d$ 的图形是一条直线. 通过旋转角度为 α 的坐标轴变换，证明从原点到该直线的垂直距离为 $|d|$.

58. 通过将坐标轴旋转 45°及两次平方，消去方程 $x^{1/2} + y^{1/2} = a^{1/2}$ 中变量的根式. 确定对应的曲线.

59. 用 x 和 y 的形式写出 u 和 v 的旋转公式.

60. 用习题 59 结论，求出将坐标轴旋转 60°角后，uv 坐标系对应于 $(x, y) = (5, -3)$ 的坐标.

61. 求出曲线 $x^2 + 14xy + 49y^2 = 100$ 上距离原点最近的点.

62. 我们知道，通过坐标轴旋转可以将 $Ax^2 + Bxy + Cy^2 + Dx + Ey + F = 0$ 变换为 $au^2 + buv + cv^2 + du + ev + f = 0$. 求出 a 和 c 的表达式，并证明 $a + c = A + C$.

63. 证明 $b^2 - 4ac = B^2 - 4AC$(参考 62 题)

64. 使用 63 题的结论证明：二次方程通式的图形将会是

(a)一条抛物线，若 $B^2 - 4AC = 0$;　　(b)一个椭圆，若 $B^2 - 4AC < 0$;

(c)一条双曲线，若 $B^2 - 4AC > 0$，或者上述圆锥曲线的特殊形式.

65. 通过坐标轴旋转，令 $Ax^2 + Bxy + Cy^2 = 1$ 转换为 $au^2 + cv^2 = 1$，假设 $\Delta = 4AC - B^2 \neq 0$

用第 62 题和第 63 题证明

(a) $1/ac = 4/\Delta$;　　(b) $1/a + 1/c = 4(A+C)/\Delta$;

(c) $1/a$ 和 $1/c$ 是 $(2/\Delta)(A + C \pm \sqrt{(A-C)^2 + B^2})$ 的两个值.

66. 证明：如果 $A + C$ 和 $\Delta = 4AC - B^2$ 都是正值，那么 $Ax^2 + Bxy + Cy^2 = 1$ 的图形是一个面积为 $2\pi/\sqrt{\Delta}$ 的椭圆(或圆). (回忆 10.2 节中的第 55 题中椭圆 $x^2/p^2 + y^2/q^2 = 1$ 的面积为 πpq).

67. 当 B 为何值时，$x^2 + Bxy + y^2 = 1$ 的图形为

(a) 一个椭圆；　(b)一个圆；　(c)一条双曲线；　(d)两条平行线.

68. 用 65 题和 66 题的结论求出椭圆 $25x^2 + 8xy + y^2 = 1$ 焦点之间的距离椭圆的面积.

69. 参照图 6 证明 $y = u\sin\theta + v\cos\theta$.

概念复习答案：

1. $a^2/4$　2. 14，椭圆　3. $(A-C)/B$　4. 旋转，转换

10.4 平面曲线的参数方程

我们在 5.4 节中给出了与推导长度公式有关的平面曲线的一般定义. 一个平面曲线是由一对参数方程决定的

$$x = f(t), \quad y = g(t), \quad t \in I$$

这里的 f 与 g 在区间 I 均连续，通常 I 是一个闭区间 $[a, b]$. t 称为参数，用以测量时间. 当 t 由 a 增加到 b 时，点 (x, y) 即在 xy 平面上画出了一条曲线. 当 I 是闭区间 $[a, b]$ 时，点 $P = (x(a), y(a))$ 与 $Q = (x(b), y(b))$ 分别被称为始点与终点. 如果这个图形的两端点重合，称为封闭图形. 如果一个 t 对应的是平面上唯一的一个点(除了 t 有可能同时满足 $t = a$，$t = b$ 以外)的话，此曲线称为简单曲线(图 1). $x = f(t)$，$y = g(t)$ 与定义域 I 统称为曲线的参数方程.

消去参数　为了认识一个由参数形式给出的方程，我们可能需要消去参数. 有时这个过程可以由解其

中一个方程得到 t 的等式，并代入另一个方程(例 1)．我们经常可以利用一些熟悉的等式来做(如例 2)．

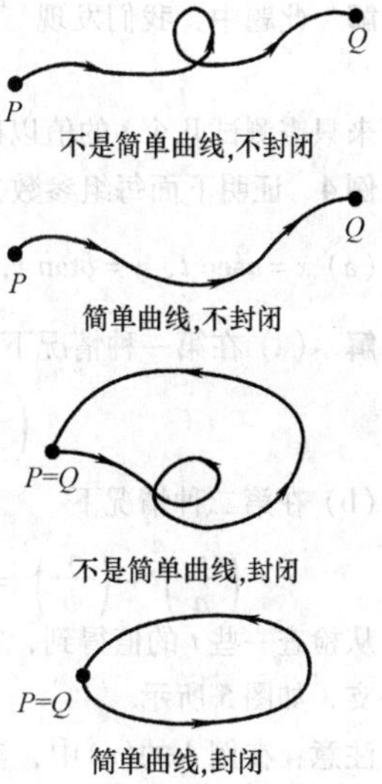

图 1

例 1 消去

$$x=t^2+2t,\qquad y=t-3,\qquad -2\leqslant t\leqslant 3$$

中的参数 t，确定相应的曲线并作出它的图形．

解 从第二个方程中得到 t 的表达式为 $t=y+3$. 代换第一个方程中的 t 得到

$$x=(y+3)^2+2(y+3)=y^2+8y+15$$

或者可以写为

$$x+1=(y+4)^2$$

我们知道，这是一个顶点为$(-1,\ -4)$，开口向右的抛物线．

画图时必须注意，我们要画的只是当 $-2\leqslant t\leqslant 3$ 的情况．图 2 中显示了取值表格与图形．图形中箭头指明了曲线随 t 变化的方向，即当 t 增大时图形的变化趋势．

t	x	y
−2	0	−5
−1	−1	−4
0	0	−3
1	3	−2
2	8	−1
3	15	0

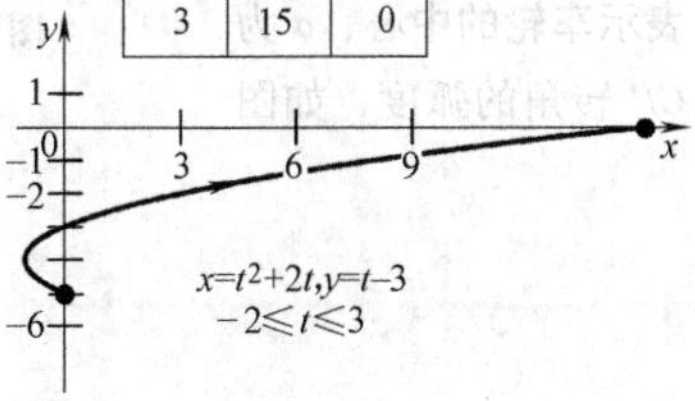

图 2

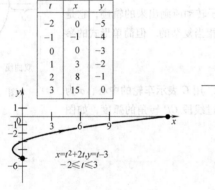

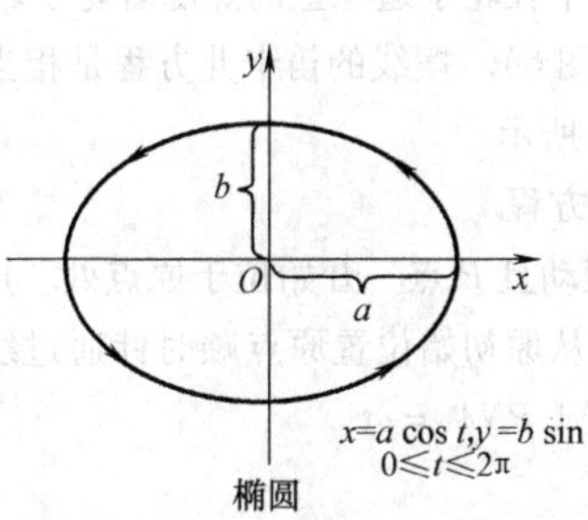

图 3

例 2 证明

$$x=a\cos t\qquad y=b\sin t\qquad 0\leqslant t\leqslant 2\pi$$

表示的是图 3 所示的一个椭圆．

解 求出 $\cos t$ 与 $\sin t$ 的等式，将它们平方后相加．

$$\left(\frac{x}{a}\right)^2+\left(\frac{y}{b}\right)^2=\cos^2 t+\sin^2 t=1$$

即

$$\frac{x^2}{a^2}+\frac{y^2}{b^2}=1$$

用几个特殊值快速检验，确信我们正确地得到了椭圆的方程．代入特殊点 $t=0$ 与 $t=2\pi$ 给出的是同一个点，即$(a,\ 0)$．

当 $a=b$ 时，我们得到了一个圆的方程 $x^2+y^2=a^2$．

不同的参数方程组也可能有相同的图形．换句话说，一条曲线可以有多于一个的参数方程．

例 3 证明下列给出的参数方程的图形是一样的，都为如图 4 所示的一个半圆．

(a) $x=\sqrt{1-t^2}$，$y=t$，$-1\leqslant t\leqslant 1$； (b) $x=\cos t$，$y=\sin t$，$-\dfrac{\pi}{2}\leqslant t\leqslant\dfrac{\pi}{2}$；

(c) $x=\dfrac{1-t^2}{1+t^2}$，$y=\dfrac{2t}{1+t^2}$，$-1\leqslant t\leqslant 1$．

解　此题中，我们发现

$$x^2+y^2=1$$

接下来只需测试几个 t 的值以确认在给出的 t 区间内画出的是圆的同一部分.

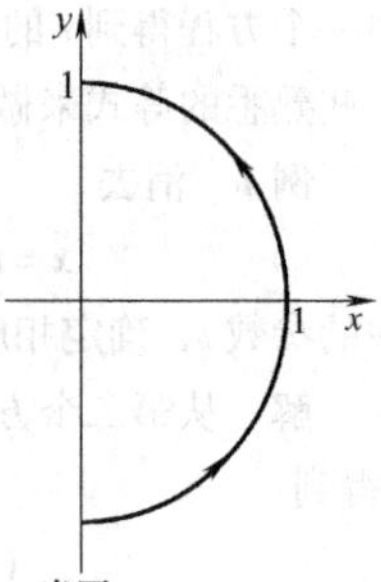

半圆

图 4

例 4　证明下面每组参数方程所得到的是双曲线的一支，假设 $a>0$，$b>0$

(a) $x=a\sec t$，$y=b\tan t$，$-\dfrac{\pi}{2}<t<\dfrac{\pi}{2}$；(b) $x=a\cosh t$，$y=b\sin t$，$-\infty<t<\infty$.

解　(a) 在第一种情况下

$$\left(\frac{x}{a}\right)^2-\left(\frac{y}{b}\right)^2=\sec^2 t-\tan^2 t=1$$

(b) 在第二种情况下

$$\left(\frac{x}{a}\right)^2-\left(\frac{y}{b}\right)^2=\cosh^2 t-\sinh^2 t=\left(\frac{e^t+e^{-t}}{2}\right)^2-\left(\frac{e^t-e^{-t}}{2}\right)^2=1$$

从检查一些 t 的值得到，在这两种情况下，我们可以获得双曲线 $x^2/a^2-y^2/b^2=1$ 的一支，如图 5 所示.

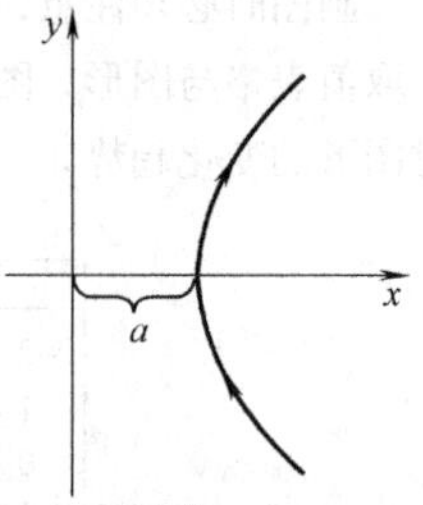

双曲线一支

图 5

注意：在例 4 的(a)中，参数曲线定义在开区间$(-\pi/2,\ \pi/2)$，在(b)中曲线被定义在无限区间$(-\infty,\ \infty)$. 所以这曲线不包含终点，它是不闭合的.

摆线　一条摆线是一个在轮子边缘上的点随着轮子转动所画出来的轨迹，它是以一条直线为参照的曲线(图 6). 摆线的笛卡儿方程是相当复杂的. 但简单形式的参数方程已经求出，如例题 5 所示.

例 5　求出摆线的参数方程.

解　令车轮沿着 x 轴滚动且 P 点一开始位于原点处. 用 C 表示车轮的中心，a 为它的半径，选择参数 t 代表从原初始位置原点顺时针通过线段 CP 转角的弧度，如图 6 所示. 因为 $|ON|=$弧线$|PN|=at$

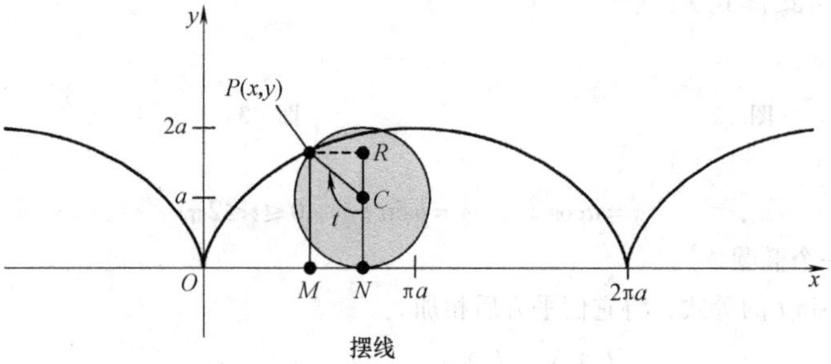

摆线

图 6

$$x=|OM|=|ON|-|MN|=at-a\sin t=a(t-\sin t)$$

且

$$y=|MP|=|NR|=|NC|+|CR|=a-a\cos t=a(1-\cos t)$$

因此，摆线的参数方程是

$$x=a(t-\sin t),\qquad y=a(1-\cos t),\qquad t>0$$

摆线有一些有趣的应用，特别是在力学上. 它是最快下降曲线. 如有一个质点只受到重力作用，它可以沿多种曲线从点 A 滑到不在同一竖直平面上的更低点 B，当曲线是倒转的摆线时它下落完成的时间最短(图 7). 当然，最短的距离是沿着直线段 AB，但是最少的时间是当它的路径是摆线段的时候；这是因为当释放它的时候加速度是依赖于下降的陡峭程度的，沿着摆线它增加速度比沿着直线快得多.

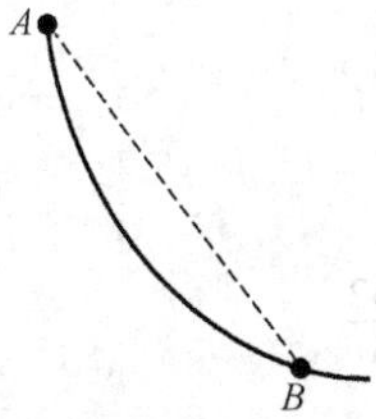

图 7

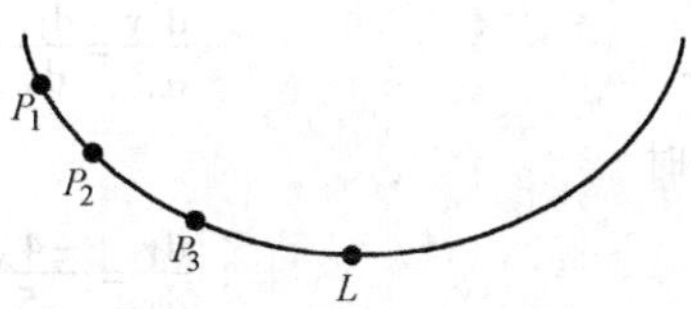

图 8

另一个有趣的特性是：如果 L 是倒转摆线的拱顶，它使一个质点 P 滑下摆线到点 L 所需要的时间和无论 P 从拱的哪一处释放的时间相等；因此，如果有数个质点 P_1、P_2 和 P_3，在摆线上的不同位置同时下滑(图 8)，所有都将同时到达最低点 L.

在 1673 年，荷兰天文学家克里斯蒂安 · 惠根斯(1629—1695)出版了一本书描述了一个理想的钟摆. 因为钟摆摆动于摆线之间(图 9)，这意味着摆动的周期是和振幅相对独立的，因此，计时是不会因为时钟的发条没有扭紧而改变.

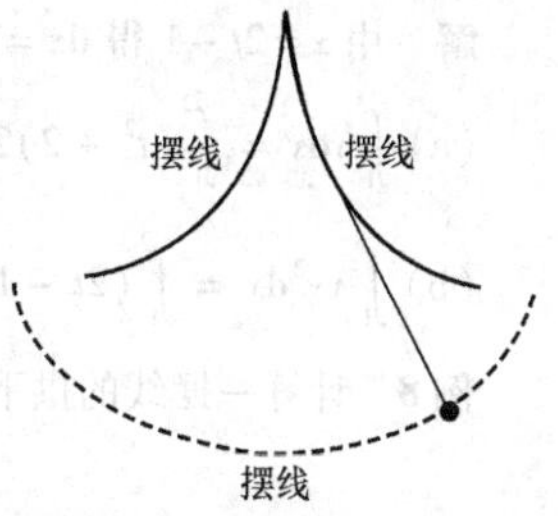

图 9

令人震惊的是，以上提到的三个结果和数据都是来自 17 世纪，然而要证明它们不是一件容易的事情，你可以通过阅读有关微积分史的书籍了解.

曲线参数方程的微积分 在没有消参的情况下能不能找到参数曲线的切线的斜率呢？答案是肯定的.

定理 A

令 f，g 是连续可微的，且在 $\alpha<t<\beta$ 上 $f'(t)\neq 0$. 于是有参数方程

$$x=f(t),\ y=g(t)$$

定义 y 作为 x 的可微函数且有

$$\frac{\mathrm{d}y}{\mathrm{d}x}=\frac{\mathrm{d}y/\mathrm{d}t}{\mathrm{d}x/\mathrm{d}t}$$

证明 因为当 $\alpha<t<\beta$ 时，$f'(t)\neq 0$ 且 f 是严格单调的，因此有一个可导的反函数 f^{-1}(见反函数定理(定理 6.2B))定义 F 为 $F=g\circ f^{-1}$，因此

$$y=g(t)=g(f^{-1}(x))=F(x)=F(f(t))$$

然后由链式法则可得

$$\frac{\mathrm{d}y}{\mathrm{d}t}=f'(f(t))\cdot f'(t)=\frac{\mathrm{d}y}{\mathrm{d}x}\frac{\mathrm{d}x}{\mathrm{d}t}$$

因为 $\frac{\mathrm{d}x}{\mathrm{d}t}\neq 0$，可以得到

$$\frac{\mathrm{d}y}{\mathrm{d}x}=\frac{\mathrm{d}y/\mathrm{d}t}{\mathrm{d}x/\mathrm{d}t}$$

例 6 求出下列方程的两个导数 $\frac{\mathrm{d}y}{\mathrm{d}x}$ 和 $\frac{\mathrm{d}^2y}{\mathrm{d}x^2}$

$$x=5\cos t,\qquad y=4\sin t\qquad 0<t<3$$

然后求出当 $t=\pi/6$ 时它们的值(见例 2).

解 令 y' 代表 $\frac{\mathrm{d}y}{\mathrm{d}x}$，然后

$$\frac{\mathrm{d}y}{\mathrm{d}x}=\frac{\mathrm{d}y/\mathrm{d}t}{\mathrm{d}x/\mathrm{d}t}=\frac{4\cos t}{-5\sin t}=-\frac{4}{5}\cot t$$

$$\frac{d^2y}{dx^2}=\frac{dy'}{dx}=\frac{dy'/dt}{dx/dt}=\frac{\frac{4}{5}\csc^2 t}{-5\sin t}=-\frac{4}{25}\csc^3 t$$

当 $t=\pi/6$ 时

$$\frac{dy}{dx}=\frac{-4\sqrt{3}}{5},\qquad \frac{d^2y}{dx^2}=-\frac{4}{25}\times 8=\frac{-32}{25}$$

第一个值是椭圆 $x^2/25+y^2/16=1$ 在点$(5\sqrt{3}/2,\ 2)$的切线斜率，你可以用隐函数微分定理.

有时一个定积分有两个变量，如 x 和 y，在被积式和微分中，y 定义为 x 的函数，这里 x 和 y 可用参数 t 表示. 在这种情况下，这往往是很方便的，用参数 t、dt 表示被积函数和微分以计算定积分，并在对参数 t 积分之前调整积分的范围.

例 7　计算(a) $\int_1^3 y\,dx$ 和(b) $\int_1^3 xy^2\,dx$，$x=2t-1$ 和 $y=t^2+2$.

解　由 $x=2t-1$ 得 $dx=2dt$ 当 $x=1$ 时 $t=1$，当 $x=3$ 时 $t=2$

(a) $\int_1^3 y\,dx=\int_1^2 (t^2+2)2dt=2\left[\frac{t^3}{3}+2t\right]_1^2=\frac{26}{3}$

(b) $\int_1^3 xy^2\,dx=\int_1^2 (2t-1)(t^2+2)^2 2dt=2\int_1^2 (2t^5-t^4+8t^3-4t^2+8t-4)\,dt=86\frac{14}{15}$

例 8　计算一摆线的拱下面的面积 A(图 10)和拱的长度 L.

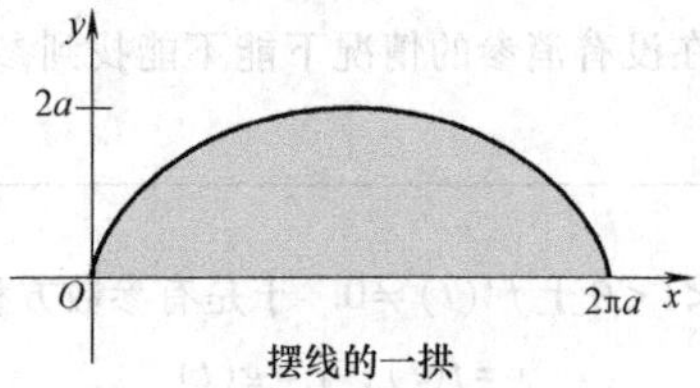

摆线的一拱

图　10

解　由例 5 可知，我们可以用下面的参数方程来表示摆线的拱

$$x=a(t-\sin t),\qquad y=a(1-\cos t),\qquad 0\leqslant t\leqslant 2\pi$$

因此，由 $dx=a(1-\cos t)dt$，有 A 为

$$A=\int_0^{2\pi a} y\,dx=a^2\int_0^{2\pi}(1-\cos t)(1-\cos t)\,dt=a^2\int_0^{2\pi}(1-2\cos t+\cos^2 t)\,dt$$

$$=a^2\int_0^{2\pi}\left(1-2\cos t+\frac{1}{2}+\frac{1}{2}\cos 2t\right)dt=a^2\left[\frac{3}{2}t-2\sin t+\frac{1}{4}\sin 2t\right]_0^{2\pi}=3\pi a^2$$

为了便于计算，我们回忆 5.4 节的弧长公式，于是

$$L=\int_\beta^\alpha\sqrt{\left(\frac{dx}{dt}\right)^2+\left(\frac{dy}{dt}\right)^2}\,dt$$

在本题中

$$L=\int_0^{2\pi}\sqrt{a^2(1-\cos t)^2+a^2(\sin^2 t)}\,dt=a\int_0^{2\pi}\sqrt{2(1-\cos t)}\,dt$$

$$=a\int_0^{2\pi}\sqrt{4\sin^2\frac{t}{2}}\,dt=2a\int_0^{2\pi}\sin\frac{t}{2}\,dt=\left[-4a\cos\frac{t}{2}\right]_0^{2\pi}=8a$$

三轮车上的两只跳蚤

两只趴在自行车轮胎上的跳蚤争论在 Jenny 骑车从公园到家过程中，谁运动的距离更长。跳蚤 A 趴在自行车前胎，跳蚤 B 趴在自行车后胎上。我们可以通过证明它们运行距离相等来解决这一争论. 可参见例 8.

概念复习

1. 圆是曲线的特殊例子，既________又________.
2. 我们称两方程 $x=f(t)$ 和 $y=g(t)$ 是________曲线的代表，t 称为________.
3. 在滚动轮子的边缘上的点的运动轨迹称为________.
4. 若 $x=f(t)$ 和 $y=g(t)$，那么有 $dy/dx=$________.

习题 10.4

在习题 1～20 中，每一题的参数方程都被给出.

(a) 做出曲线的图形；　(b) 是否是简单曲线？是否是封闭曲线？　(c) 通过消去参数得到笛儿尔方程.

1. $x=3t,\ y=2t;\ -\infty<t<\infty$
2. $x=2t,\ y=3t;\ -\infty<t<\infty$
3. $x=3t-1,\ y=t;\ 0\leqslant t\leqslant 4$
4. $x=4t-2,\ y=2t;\ 0\leqslant t\leqslant 3$
5. $x=4-t,\ y=\sqrt{t};\ 0\leqslant t\leqslant 4$
6. $x=t-3,\ y=\sqrt{2}t;\ 0\leqslant t\leqslant 8$
7. $x=\frac{1}{s},\ y=s;\ 1\leqslant s\leqslant 10$
8. $x=s,\ y=\frac{1}{s};\ 1\leqslant s\leqslant 10$
9. $x=t^3-4t,\ y=t^2-4;\ -3\leqslant t\leqslant 3$
10. $x=t^3-2t,\ y=t^2-2t;\ -3\leqslant t\leqslant 3$
11. $x=2\sqrt{t-2},\ y=3\sqrt{4-t};\ 2\leqslant t\leqslant 4$
12. $x=3\sqrt{t-3},\ y=2\sqrt{4-t};\ 3\leqslant t\leqslant 4$
13. $x=2\sin t,\ y=3\cos t;\ 0\leqslant t\leqslant 2\pi$
14. $x=3\sin r,\ y=-2\cos r;\ 0\leqslant r\leqslant 2\pi$
15. $x=-2\sin r,\ y=-3\cos r;\ 0\leqslant r\leqslant 4\pi$
16. $x=2\cos^2 r,\ y=3\sin^2 r;\ 0\leqslant r\leqslant 2\pi$
17. $x=9\sin^2\theta,\ y=9\cos^2\theta;\ 0\leqslant\theta\leqslant\pi$
18. $x=9\cos^2\theta,\ y=9\sin^2\theta;\ 0\leqslant\theta\leqslant\pi$
19. $x=\cos\theta,\ y=-2\sin^2\theta;\ -\infty<\theta<\infty$
20. $x=\sin\theta,\ y=2\cos^2 2\theta;\ -\infty<\theta<\infty$

在习题 21～30，不消参计算 $\frac{dy}{dx}$ 和 $\frac{d^2y}{dx^2}$.

21. $x=3r^2,\ y=4r^3;\ r\neq 0$
22. $x=6s^2,\ y=-2s^3;\ s\neq 0$
23. $x=2\theta^2,\ y=\sqrt{5}\theta^3;\ \theta\neq 0$
24. $x=\sqrt{3}\theta^2,\ y=-\sqrt{3}\theta^3;\ \theta\neq 0$
25. $x=1-\cos t,\ y=1+\sin t;\ t\neq n\pi$
26. $x=3-2\cos t,\ y=-1+5\sin t;\ t\neq n\pi$
27. $x=3\tan t-1,\ y=5\sec t+2;\ t\neq\frac{(2n+1)\pi}{2}$
28. $x=\cot t-2,\ y=-2\csc t+5;\ 0<t<\pi$
29. $x=\frac{1}{1+t^2},\ y=\frac{1}{t(1-t)};\ 0<t<1$
30. $x=\frac{2}{1+t^2},\ y=\frac{2}{t(1+t^2)};\ t\neq 0$

在习题 31～34 中不消参求曲线在定点的切线方程，并画图.

31. $x=t^2,\ y=t^3;\ t=2$
32. $x=3t,\ y=8t^3;\ t=-\frac{1}{2}$
33. $x=2\sec t,\ y=2\tan t;\ t=-\frac{\pi}{6}$
34. $x=2e^t,\ y=\frac{1}{3}e^{-t};\ t=0$

在习题 35～46 中，计算参数方程所刻画的曲线在所给区间内的长度.

35. $x=2t-1,\ y=3t-4;\ 0\leqslant t\leqslant 3$
36. $x=2-t,\ y=2t-3;\ -3\leqslant t\leqslant 3$
37. $x=t,\ y=t^{3/2};\ 0\leqslant t\leqslant 3$
38. $x=2\sin t,\ y=2\cos t;\ 0\leqslant t\leqslant\pi$
39. $x=3t^2,\ y=t^3;\ 0\leqslant t\leqslant 2$
40. $x=t+\frac{1}{t},\ y=\ln t^2;\ 1\leqslant t\leqslant 4$
41. $x=2e^t,\ y=3e^{3t/2};\ \ln 3\leqslant t\leqslant 2\ln 3$
42. $x=\sqrt{1-t^2},\ y=1-t;\ 0\leqslant t\leqslant\frac{1}{4}$

43. $x=4\sqrt{t}$，$y=t^2+\frac{1}{2t}$；$\frac{1}{4}\leqslant t\leqslant 1$

44. $x=\tanh t$，$y=\ln(\cosh^2 t)$；$-3\leqslant t\leqslant 3$

45. $x=\cos t$，$y=\ln(\sec t+\tan t)-\sin t$；$0\leqslant t\leqslant\frac{\pi}{4}$

46. $x=\sin t-t\cos t$，$y=\cos t+t\sin t$；$\frac{\pi}{4}\leqslant t\leqslant\frac{\pi}{2}$

47. 计算所给曲线参数方程的曲线长度.

(a) $x=\sin\theta$，$y=\cos\theta$；$0\leqslant\theta\leqslant 2\pi$　　(b) $x=\sin 3\theta$，$y=\cos 3\theta$；$0\leqslant\theta\leqslant 2\pi$

(c) 解释为什么(a)和(b)得到的长度不同.

你可以通过关于坐标轴旋转平滑曲线得到一个表面，这个平滑的曲线由曲线参数方程刻画. 随 t 从 a 增加到 b，平滑曲线 $x=F(t)$ 和 $y=G(t)$ 被勾画出. 绕着 x 轴旋转，且 $y\geqslant 0$. 我们得到表面积公式

$$S=\int_a^b 2\pi y\sqrt{\left(\frac{dx}{dt}\right)^2+\left(\frac{dy}{dt}\right)^2}\,dt$$

5.4 节的习题 48 ~ 54 是有关这样的表面积的.

48. 找出一个计算曲线 $x=F(t)$，$y=G(t)$，$a\leqslant t\leqslant b$，$x\geqslant 0$ 绕 y 轴旋转所得的曲面的面积公式，证明结果符合以下公式

$$S=\int_a^b 2\pi x\sqrt{\left(\frac{dx}{dt}\right)^2+\left(\frac{dy}{dt}\right)^2}\,dt$$

49. 位于 xy 平面半径为 1、圆心位于 (1, 0) 的圆的参数方程是 $x=1+\cos t$，$y=\sin t$，$0\leqslant t\leqslant 2\pi$，若曲线绕 y 轴旋转，求曲面的面积.

50. 计算曲线 $x=\cos t$，$y=3+\sin t$，$0\leqslant t\leqslant 2\pi$，绕 x 轴旋转所得的曲面的面积.

51. 计算曲线 $x=2+\cos t$，$y=1+\sin t$，$0\leqslant t\leqslant 2\pi$，绕 x 轴旋转所得的曲面的面积.

52. 计算曲线 $x=(2/3)t^{3/2}$，$y=2\sqrt{t}$，$0\leqslant t\leqslant 2\sqrt{3}$，绕 y 轴旋转所得的曲面的面积.

53. 计算曲线 $x=t+\sqrt{7}$，$y=t^2/2+\sqrt{7}t$，$-\sqrt{7}\leqslant t\leqslant\sqrt{7}$，绕 y 轴旋转所得的曲面的面积.

54. 计算曲线 $x=t^2/2+at$，$y=t+a$，$-\sqrt{a}\leqslant t\leqslant\sqrt{a}$，绕 x 轴旋转所得的曲面的面积.

计算习题 55 ~ 56 中积分.

55. $\int_0^1(x^2-4y)\,dx$，当 $x=t+1$，$y=t^3+4$.　　56. $\int_1^{\sqrt{3}}xy\,dy$，当 $x=\sec t$，$y=\tan t$.

57. 计算曲线 $x=e^{2t}$，$y=e^{-t}$ 和 x 轴从 $t=0$ 到 $t=\ln 5$ 所围成区域的面积. 并作图.

58. 抛射物的路径是从水平地面出发，有一个初速度 $v_0$ft/s，和与地面成 α 度角，参数方程如下 $x=(v_0\cos\alpha)t$，$y=-16t^2+(v_0\sin\alpha)t$

(a) 证明这路径是抛物线.　　(b) 计算飞行的时间.

(c) 证明水平位移是 $(v_0^2/32)\sin 2\alpha$.　　(d) 对于一个给定的 v_0，当 α 为何值是，水平位移最大.

59. 修改对摆线的描述及相关的图表，使得点 P 是处在距轮子中心 $b<a$ 个单位的地方. 证明相关的参数方程是 $x=at-b\sin t$，$y=a-b\cos t$. 并画出当 $a=8$，$b=4$ 时的图形(称为短幅旋轮线).

60. 同 59 题，当 $b>a$ 时的情况，证明可以得到相同的参数方程. 并画出当 $a=8$，$b=4$ 时该参数方程的曲线图(长幅(直线型)旋轮线).

61. 当一个半径为 b 的圆沿着一个内半径为 $a(a>b)$ 的固定的圆环内部无滑动滚动时，位于圆 b 上的固定点 P 的轨迹为内摆线. 求内摆线的参数方程. 提示：将原点 O 作为大圆的圆心，而点 $A(a, 0)$ 为轨迹上的一点. 指定两圆的切点为 B，用 t 表示 $\angle AOB$，并将 t 作为参数(图 11).

62. 证明在 61 题中，当 $b=a/4$ 时，内摆线的参数方程可化简为

$$x=a\cos^3 t,\ y=a\sin^3 t$$

我们称之为四叶内摆线．画出该曲线图，并证明其标准方程为 $x^{2/3}+y^{2/3}=a^{2/3}$

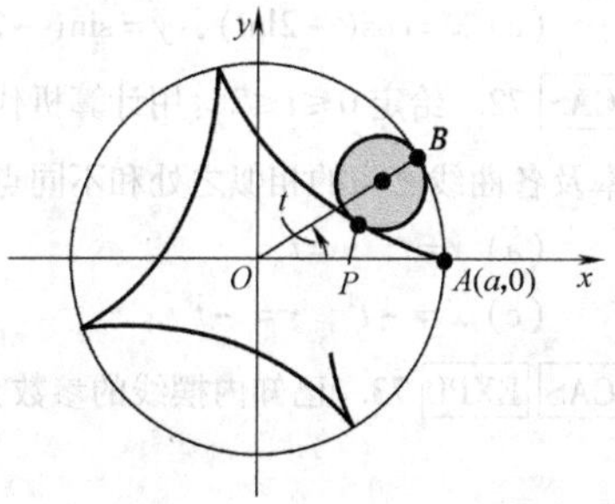

图 11

63. 当一个半径为 b 的圆沿着一个外半径为 a 的固定的圆环外部无滑动滚动时，位于圆 b 上的固定点 P 的轨迹为外摆线．证明该外摆线的参数方程为

$$x=(a+b)\cos t-b\cos\frac{a+b}{b}t$$

（见 61 题的提示）

$$y=(a+b)\sin t-b\sin\frac{a+b}{b}t$$

64. 当 $a=b$ 时，63 题中的方程为

$$x=2a\cos t-a\cos 2t$$
$$y=2a\sin t-a\sin 2t$$

通过消去方程中参数 t 来求外摆线的笛卡儿方程．

65. 题 61 中，当 $b=a/3$ 时，可以得到一个三叶的内摆线，称为三角肌，其参数方程为

$$x=\left(\frac{a}{3}\right)(2\cos t+\cos 2t),\ y=\left(\frac{a}{3}\right)(2\sin t-\sin 2t)$$

求三角肌的长度．

66. 已知椭圆 $x^2/a^2+y^2/b^2=1$

（a）证明其参数方程为

$$P=4a\int_0^{\pi/2}\sqrt{1-e^2\cos^2 t}\,dt$$

其中，e 表示离心率．

C（b）（a）中的积分方程称为椭圆积分．我们只能用近似的方法来求 P 的值．当 $a=1$，$e=\frac{1}{4}$ 时，取 $n=4$，用抛物线法则求 P 的值．（答案应该接近 2π，想想为什么？）

CAS（c）取 $n=20$，用（b）中的方法再求 P 的值．

CAS 67. 曲线参数方程 $x=\cos at$，$y=\sin bt$ 刻画的是著名的李萨如图形，当 t 从 0 增大到 2π 时，x 轴在 -1 到 1 的范围内振荡了 a 次，而 y 轴在同样的情况下振荡了 b 次，在每个 2π 的长度的区间内，曲线重复出现。整个移动都在一个单位平方形内。在一定的 t 的范围内画出下面的李萨如图形并保证所画的图形是封闭曲线。在每种情况下，统计曲线接触到单位平方形水平边或竖直边的次数．

（a）$x=\sin t$，$y=\cos t$　　（b）$x=\sin 3t$，$y=\cos 5t$

（c）$x=\cos 5t$，$y=\sin 15t$　　（d）$x=\sin 2t$，$y=\cos 9t$

CAS 68. 按照参数方程 $x=\cos 2t$，$y=\sin 7t$，$0\leqslant t\leqslant 2\pi$，画出李萨如图形，并说明为什么即使它的图形看上去并不封闭，但是实际上是封闭的．

CAS 69. 取 $0\leqslant t\leqslant 2\pi$，对于下列关于 a，b 的不同组合，画出李萨如图形．

（a）$a=1$，$b=2$　　（b）$a=4$，$b=8$

（c）$a=5$，$b=10$　　（d）$a=2$，$b=3$

（e）$a=6$，$b=9$　　（f）$a=12$，$b=18$

CAS 70. 用题 67 ~ 69 的结果来解释对于曲线碰到在 $0\leqslant t<2\pi$ 的面积区域的边或角的数目与比例 a/b 是怎样相关的．提示：如果一条曲线碰到区域的一个角，那么就当做 1/2 的联系．

CAS 71. 画出以下参数方程的图形．并用语言叙述图形上各点是怎样随参数的变化而运动的．

（a）$x=\cos(t^2-t)$，$y=\sin(t^2-t)$　　（b）$x=\cos(2t^2+3t+1)$，$y=\sin(2t^2+3t+1)$

(c) $x=\cos(-2\ln t)$, $y=\sin(-2\ln t)$　　　　(d) $x=\cos(\sin t)$, $y=\sin(\sin t)$

CAS 72. 给定 $0\leqslant t\leqslant 2$，用计算机代数软件(CAS)画出以下各参数方程的图形. 描述在各种情况下曲线的斜率及各曲线之间的相似之处和不同点.

(a) $x=t$, $y=t^2$　　　　(b) $x=t^3$, $y=t^6$

(c) $x=-t^4$, $y=-t^8$　　　　(d) $x=t^5$, $y=t^{10}$

CAS EXPL 73. 已知内摆线的参数方程

$$x=(a-b)\cos t+b\cos\frac{a-b}{b}t$$

$$y=(a-b)\sin t-b\sin\frac{a-b}{b}t$$

画出以下四种情况中参数方程的图形.

(a) $a=4$, $b=1$　　　　(b) $a=3$, $b=1$

(c) $a=5$, $b=2$　　　　(d) $a=7$, $b=4$

当 a 和 b 分别取其他正整数时，画出参数方程的图形，然后猜想使图形从起始点再回到起始点时 t 区间的长度. 当 a/b 的值为无理数时，你能得出什么结论?

CAS EXPL 74. 已知外摆线的参数方程，画出图形(见题 63)

$$x=(a+b)\cos t-b\cos\frac{a+b}{b}t$$

$$y=(a+b)\sin t-b\sin\frac{a+b}{b}t$$

对 a 和 b 两个变量的值，你能得出什么结论?(同 73 题)

75. 画出笛尔儿叶形线方程 $x=3t/(t^3+1)$, $y=3t^2/(t^3+1)$ 的图形. 并求出该图形在坐标系的每个象限内对应的 t 取值范围.

概念复习答案:

1. 简单，封闭，简单　2. 参数，参数　3. 摆线　4. $(dy/dt)/(dx/dt)$

10.5　极坐标系

两位法国人，皮埃尔·德·费马(1601—1665)和笛卡儿(1596—1650)，引入了我们现在的直角坐标系(或称笛卡儿坐标系)，他们的想法是将每个点用两个数值(x, y)表示，这两个数值代表点到一对相互垂直的坐标轴的直线距离(图 1). 我们是如此地熟悉这一观点，以至在使用的时候根本不加思考. 它不仅是解析几何的基本观点，而且也使微积分的发展成为可能. 但给出到一对相互垂直的坐标轴的直线距离并不是表示点的唯一方法，另一种方法是给出极坐标.

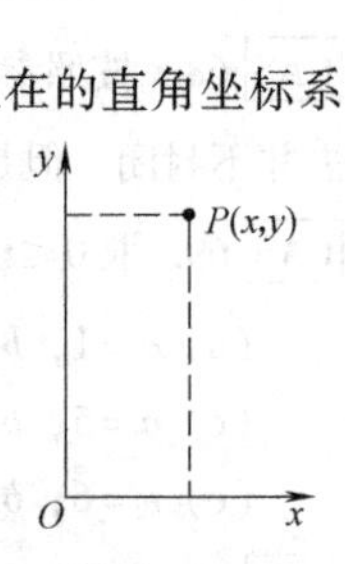

笛卡儿坐标

图 1

极坐标　我们从一条固定的射线开始. 该射线称为极轴，从定点 O(称为极点或原点)射出(图 2)，习惯上，极轴可以看成跟直角坐标系里的 x 一样，选取以指向正右方的水平线为宜. 任意点 P (极点除外)是中心为 O 的圆和一条从 O 点射出的射线的交点. 若 r 代表圆的半径、θ 代表射线和极轴所成的一个角度，那么(r, θ)就是 P 点的一组极坐标(图 2). 图 3 中展示了在极坐标系下的几个点.

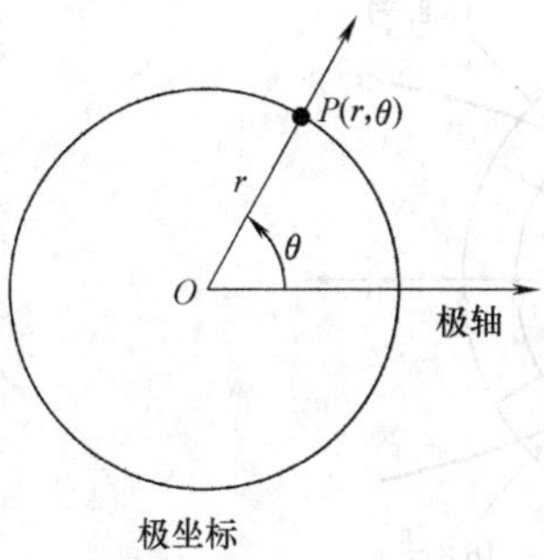

图 2

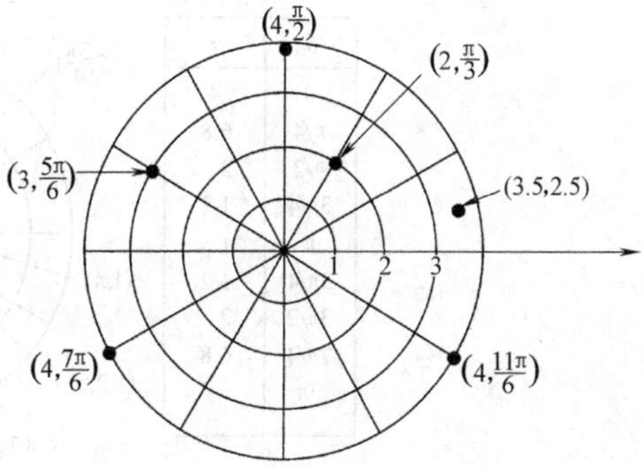

图 3

注意，这里有一个在笛卡儿坐标系下不会发生的现象：每一个点可以有无数组极坐标，这是由于 $\theta+2\pi n$，$n=0$，±1，±2，…，有同样的终边．比如，极坐标为 $(4,\ \pi/2)$ 的点还可用 $(4,\ 5\pi/2)$，$(4,\ 9\pi/2)$，$(4,\ -3\pi/2)$ 等坐标表示．因为我们允许 r 为负值，所以还会有更多的坐标表示．在 r 为负值情况下，$(r,\ \theta)$ 是与射线反向的 θ 的终边，且距离原点为 $|r|$ 个单位．因此，极坐标为 $(-3,\ \pi/6)$ 的点如图 4 所示，而 $(-4,\ 3\pi/2)$ 是 $(4,\ \pi/2)$ 的另一组坐标表示．原点的坐标为 $(0,\ \theta)$，此处 θ 为任意角．

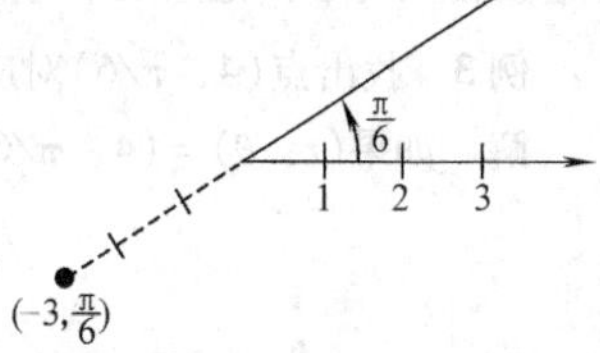

图 4

极坐标方程　极坐标方程的例子

$$r=8\sin\theta \quad 和 \quad r=\frac{2}{1-\cos\theta}$$

极坐标方程，像直角坐标系里的一样，最好的研究方法是观察它们的图形．极坐标方程的图形是一系列点，每个点至少有一组极坐标满足方程．描绘图形的最基本的方法是建立一个数值表，再描出相应的点，然后将这些点连接起来．这就是一个图形计算器或 CAS 画极坐标方程图形的方法．

例 1　画出 $r=8\sin\theta$ 的图形．

解　我们用 $\pi/6$ 的倍数代换 θ，并计算对应的 r 值．观察图 5．注意到 θ 角从 0 增大到 2π 时，图 5 的图形回溯了两次．

θ	r
0	0
π/6	4
π/3	6.93
π/2	8
2π/3	6.93
5π/6	4
π	0
7π/6	−4
4π/3	−6.93
3π/2	−8
5π/3	−6.93
11π/6	−4

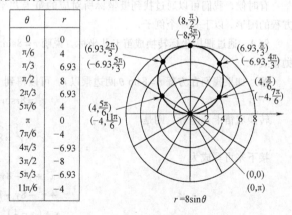

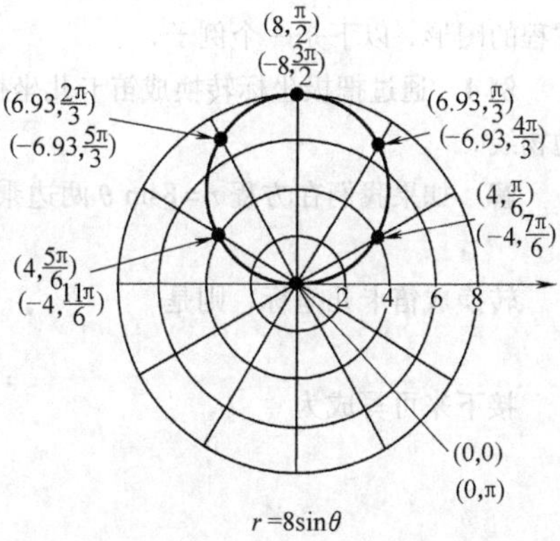

图 5

例 2　画出 $r=\dfrac{2}{1-\cos\theta}$ 的图形．

解　如图 6 中所示，我们可以看到一个在直角坐标系中看不到的现象．坐标 $(-2,\ 3\pi/2)$ 并不满足方程，但点 $(-2,\ 3\pi/2)$ 却在图形上，那是因为点 $(2,\ \pi/2)$ 是满足方程的，而且在图形上．我们总结出：一系列坐标所对应的点在方程的图形上并不能保证这些坐标满足这个方程．这个事实会给我们带来很多麻烦，但我们必须学会处理．

与笛卡儿坐标的关系　我们假设极坐标轴与笛卡儿坐标系的 x 轴是一致的，那极坐标上的一点 p 的坐标 $(r,\ \theta)$ 对应笛卡儿坐标上的一点的坐标 $(x,\ y)$，它们的关系可用方程表示．

极坐标到笛卡儿坐标	笛卡儿坐标到极坐标
$x=r\cos\theta$	$r^2=x^2+y^2$
$y=r\sin\theta$	$\tan\theta=y/x$

θ	r
0	–
$\pi/4$	6.8
$\pi/2$	2
$3\pi/4$	1.2
π	1
$5\pi/4$	1.2
$3\pi/2$	2
$7\pi/4$	6.8
2π	–

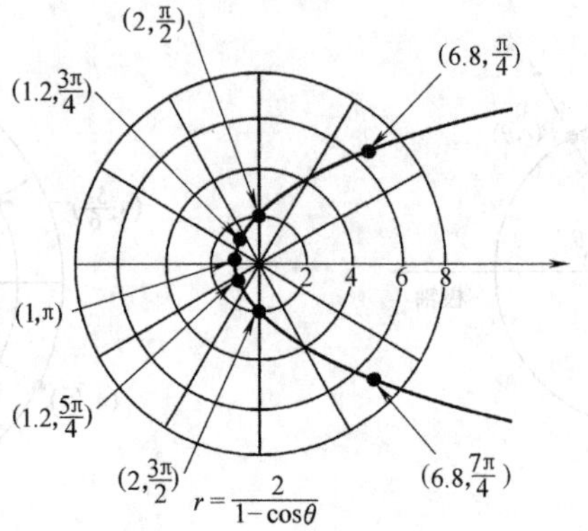

图　6

从图 7 中可以看出，对于第一象限中的一点 P，上面的等式很明显是成立的，而且也很容易证明对于其他象限中的点也同样成立.

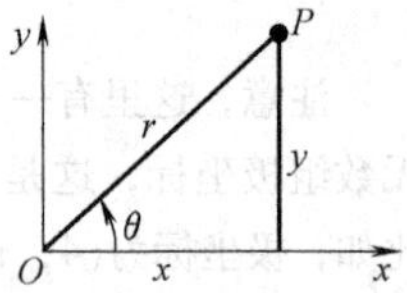

图　7

例 3　找出点$(4, \pi/6)$对应的笛卡儿坐标和点$(-3, \sqrt{3})$对应的极坐标.

解　如果$(r, \theta) = (4, \pi/6)$，那么

$$x = 4\cos\frac{\pi}{6} = 4\times\frac{\sqrt{3}}{2} = 2\sqrt{3}$$

$$y = 4\sin\frac{\pi}{6} = 4\times\frac{1}{2} = 2$$

如果$(x, y) = (-3, \sqrt{3})$，那么(图 8)

$$r^2 = (-3)^2 + (\sqrt{3})^2 = 12$$

$$\tan\theta = \frac{\sqrt{3}}{-3}$$

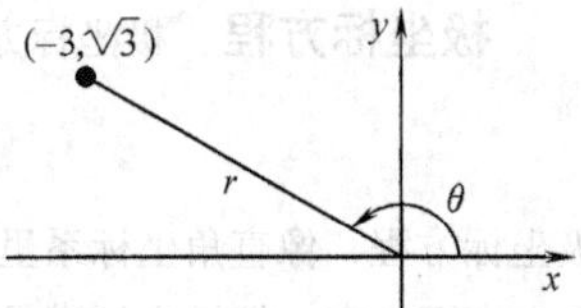

图　8

(r, θ)的一个值为$(2\sqrt{3}, 5\pi/6)$，而另一个则是$(-2\sqrt{3}, -\pi/6)$.

有时候，我们可以通过找到极坐标所对应的笛卡儿坐标来了解极坐标下方程的图形. 以下是一个例子.

例 4　通过把极坐标转换成笛卡儿坐标，说明 $r = 8\sin\theta$ 的图形是一个圆，而 $r = 2/(1-\cos\theta)$(例 2)则是抛物线.

解　如果我们在方程 $r = 8\sin\theta$ 两边乘以 r，可以得到

$$r^2 = 8r\sin\theta$$

转换成笛卡儿坐标，则是

$$x^2 + y^2 = 8y$$

接下来可写成为

$$x^2 + y^2 - 8y = 0$$

$$x^2 + y^2 - 8y + 16 = 16$$

$$x + (y-4)^2 = 16$$

可以看出这是一个以(0, 4)为圆心，4 为半径的圆.

第二个方程可按以下步骤解答：

$$r = \frac{2}{1-\cos\theta}$$

$$r - r\cos = 2$$

$$r - x = 2$$

$$r = x + 2$$

$$r^2 = x^2 + 4x + 4$$
$$x^2 + y^2 = x^2 + 4x + 4$$
$$y^2 = 4(x+1)$$

可以看出该方程表示顶点为$(-1, 0)$，并且以原点为焦点的抛物线．

注意

由于r可能为0，因此有一个潜在的危险是极坐标方程两边乘以r或两边除以r。在第一种情况下，我们把极点加到图形中；在第二种情况下，我们把极点从图形中删除。在例4中，我们在方程$r=8\sin\theta$两边同乘r，但由于极点已在图形中（θ轴的零点），所以并无影响。

直线，圆和圆锥曲线的极坐标方程　如果一条直线通过极点，它的方程是$\theta=\theta_0$. 如果直线不通过极点，假设极点到直线的距离为$d>0$，θ_0是极点到已知直线的垂线与极坐标轴的夹角（图9）．那么，如果$P(r, \theta)$是已知直线上的任一点，则$\cos(\theta-\theta_0)=d/r$，或者

$$\text{直线：} r = \frac{d}{\cos(\theta-\theta_0)}$$

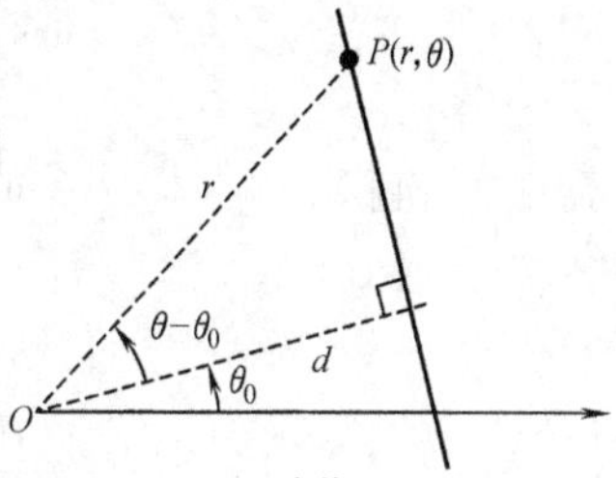

直线

图 9

如果半径为a的圆的圆心刚好为原点，那么其方程为$r=a$. 如果圆以(r_0, θ_0)为圆心，除非选择$r_0=a$，否则其方程将很复杂（图10）．根据余弦定理，$a^2=r^2+a^2-2ra\cos(\theta-\theta_0)$

可将其简化为

$$\text{圆：} r = 2a\cos(\theta-\theta_0)$$

如果$\theta_0=0$或者$\theta_0=\pi/2$是非常好的．当$\theta_0=0$时，等式可转化为$r=2a\cos\theta$；而当$\theta_0=\pi/2$时，则$r=2a\cos(\theta-\pi/2)$，即$r=2a\sin\theta$. 后者可以拿来跟例1作比较.

如果一条圆锥曲线（椭圆，双曲线，或者抛物线）放置在极坐标中，而且焦点落在极点，极点到准线的距离为d，如图11所示，那么，根据我们所熟悉的定义$|PF|=e|PL|$可转化为

$$r = e[d - r\cos(\theta-\theta_0)]$$

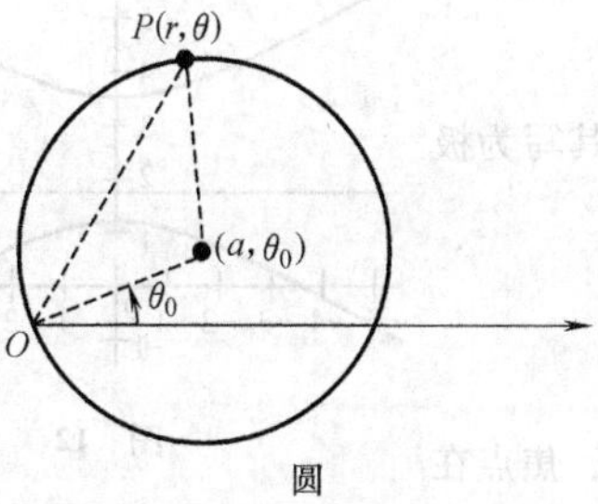

圆

图 10

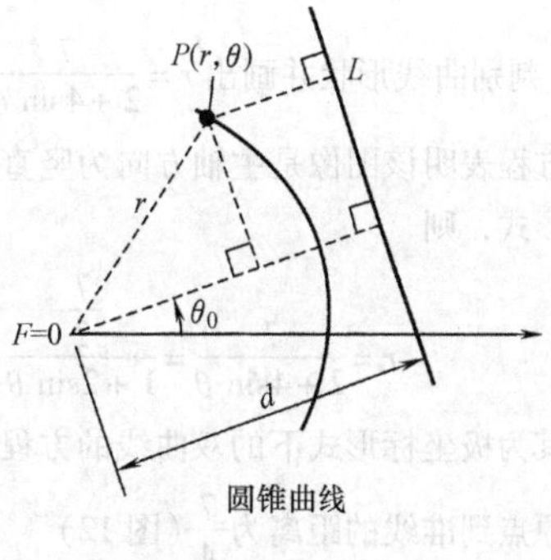

圆锥曲线

图 11

或者

$$\text{圆锥曲线：} r = \frac{ed}{1+e\cos(\theta-\theta_0)}$$

同样，这里有个有趣的特例，该等式在$\theta_0=0$或者$\theta_0=\pi/2$时，而如果情况更特殊一点，$e=1$，$d=2$且$\theta_0=0$时，则可转化为例2中的等式．

下表总结出了极坐标方程的图形.

极坐标方程的图形

图形类形	一般情况	$\theta_0=0$	$\theta_0=\pi/2$
直线	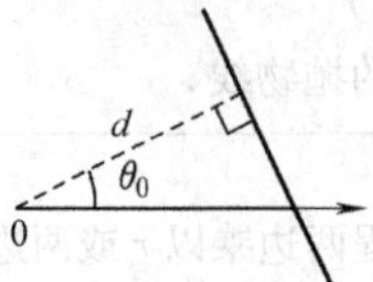 $r=\dfrac{d}{\cos(\theta-\theta_0)}$	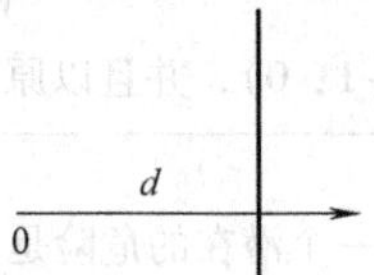 $r=\dfrac{d}{\cos\theta}$	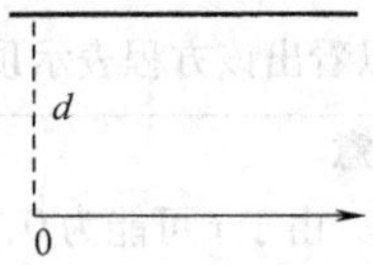 $r=\dfrac{d}{\sin\theta}$
圆	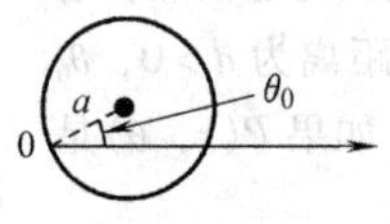 $r=2a\cos(\theta-\theta_0)$	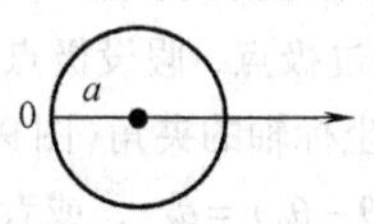 $r=2a\cos\theta$	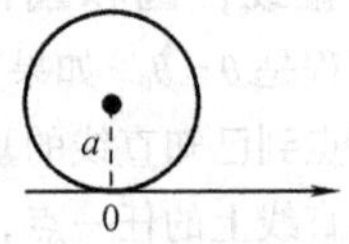 $r=2a\sin\theta$
椭圆（$0<e<1$） 抛物线（$e=1$） 双曲线（$e>1$）	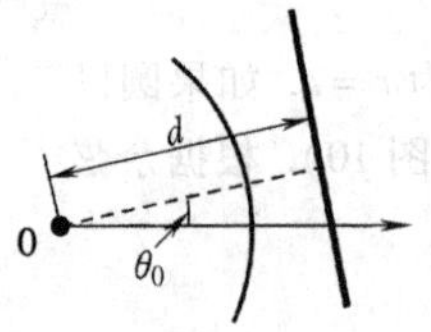 $r=\dfrac{ed}{1+e\cos(\theta-\theta_0)}$	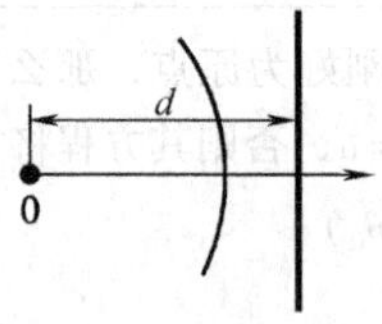 $r=\dfrac{ed}{1+e\cos\theta}$	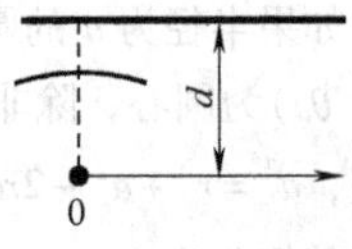 $r=\dfrac{ed}{1+e\sin\theta}$

例 5　求出水平放置，离心率为$\frac{1}{2}$，焦点处于极点，极点到准线距离为 10 的椭圆方程．

解

$$r=\frac{\frac{1}{2}\times 10}{1+\frac{1}{2}\cos\theta}=\frac{10}{2+\cos\theta}$$

例 6　判别曲线形状并画出 $r=\dfrac{7}{2+4\sin\theta}$的图形．

解　方程表明该图像是主轴方向为竖直方向的圆锥曲线，把其写为极坐标下的形式，则

$$r=\frac{7}{2+4\sin\theta}=\frac{\frac{7}{2}}{1+2\sin\theta}=\frac{2\left(\frac{7}{4}\right)}{1+2\sin\theta}$$

我们知道其为极坐标形式下的双曲线的方程，而且其离心率 $e=2$，焦点在极点上，原点到准线的距离为$\frac{7}{4}$（图 12）

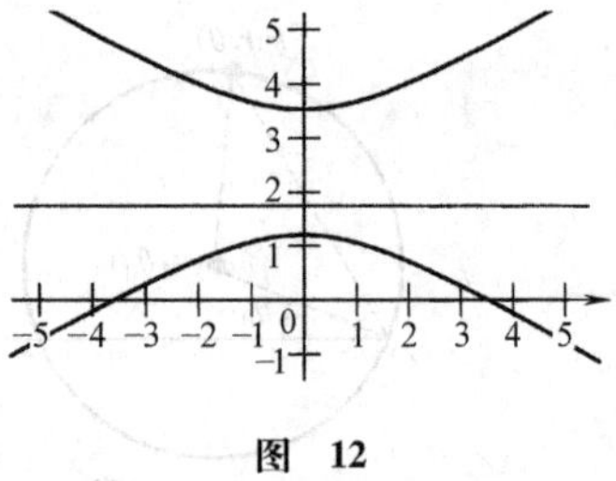

图　12

概念复习

1. 平面上的每一点在笛卡儿坐标系中都有唯一的一对(x, y)与其对应，但在极坐标中有＿＿＿＿对(r, θ)与其对应．

2. 笛卡儿坐标与极坐标的关系：$x=$＿＿＿＿，$y=$＿＿＿＿；也就是＿＿＿＿$=x^2+y^2$．

3. 极坐标下，方程 $r=5$ 的图形是＿＿＿＿，$\theta=5$ 的图形是＿＿＿＿．

4. 极坐标下，方程 $r=ed/(1+e\cos\theta)$的图形是＿＿＿＿．

习题 10.5

1. 在极坐标系下，标出以下各点：

$\left(3, \frac{1}{3}\pi\right)$, $\left(1, \frac{1}{2}\pi\right)$, $\left(4, \frac{1}{3}\pi\right)$, $(0, \pi)$, $(1, 4\pi)$, $\left(3, \frac{11}{7}\pi\right)$, $\left(\frac{5}{3}, \frac{1}{2}\pi\right)$和$(4, 0)$.

2. 在极坐标下，标出以下各点：

$(3, 2\pi)$, $\left(2, \frac{1}{2}\pi\right)$, $\left(4, -\frac{1}{3}\pi\right)$, $(0, 0)$, $(1, 54\pi)$, $\left(3, -\frac{1}{6}\pi\right)$, $\left(1, \frac{1}{2}\pi\right)$和$\left(3, -\frac{3}{2}\pi\right)$

3. 在极坐标下，标出以下各点：

$(3, 2\pi)$, $\left(-2, \frac{1}{3}\pi\right)$, $\left(-2, -\frac{1}{4}\pi\right)$, $(-1, 1)$, $(1, -4\pi)$, $\left(\sqrt{3}, -\frac{7}{6}\pi\right)$, $\left(-2, \frac{1}{4}\pi\right)$和$\left(-1, -\frac{1}{2}\pi\right)$

4. 在极坐标下，标出以下各点：

$\left(3, \frac{9}{4}\pi\right)$, $\left(-2, \frac{1}{2}\pi\right)$, $\left(-2, -\frac{1}{3}\pi\right)$, $(-1, -1)$, $(1, -7\pi)$, $\left(-3, -\frac{1}{6}\pi\right)$, $\left(-2, -\frac{1}{2}\pi\right)$和$\left(3, -\frac{33}{2}\pi\right)$.

5. 在极坐标下，标出以下各点，对每一个点，给出另外的四个点，其中两个 r 为正数，另外的两个 r 为负数.

(a) $\left(1, \frac{1}{2}\pi\right)$ (b) $\left(-1, \frac{1}{4}\pi\right)$ (c) $\left(\sqrt{2}, -\frac{1}{3}\pi\right)$ (d) $\left(-\sqrt{2}, \frac{5}{2}\pi\right)$

6. 在极坐标下，标出以下各点，对每一个点，给出另外的四个点，其中两个 r 为正数，另外的两个 r 为负数.

(a) $\left(3\sqrt{2}, \frac{7}{2}\pi\right)$ (b) $\left(-1, \frac{15}{4}\pi\right)$ (c) $\left(-\sqrt{2}, -\frac{2}{3}\pi\right)$ (d) $\left(-2\sqrt{2}, \frac{29}{2}\pi\right)$

7. 在笛卡儿坐标下，标出习题 5 中的各点． 8. 在笛卡儿坐标中，画出习题 6 中的各点．

9. 以下是笛卡儿坐标中各点的坐标，请在极坐标中画出相应的点.

(a) $(3\sqrt{3}, 3)$ (b) $(-2\sqrt{3}, 2)$ (c) $(-\sqrt{2}, -\sqrt{2})$ (d) $(0, 0)$

10. 以下是笛卡儿坐标中各点的坐标，请在极坐标中画出相应的点.

(a) $(-3/\sqrt{3}, 1/\sqrt{3})$ (b) $(-\sqrt{3}/2, \sqrt{3}/2)$ (c) $(0, -2)$ (d) $(3, -4)$

在习题 11 ~ 16 中，画出所给出的笛卡儿坐标系下的曲线，并找出极坐标下对应的方程.

11. $x-3y+2=0$ 12. $x=0$ 13. $y=-2$

14. $x-y=0$ 15. $x^2+y^2=4$ 16. $x^2=4py$

在习题 17 ~ 22 中，找出所给出方程的对应的笛卡儿坐标系下的方程.

17. $\theta=\frac{1}{2}\pi$ 18. $r=3$ 19. $r\cos\theta+3=0$

20. $r-5\cos\theta=0$ 21. $r\sin\theta-1=0$ 22. $r-6r\cos\theta-4r\sin\theta+9=0$

在习题 23 ~ 36 中，说出所给极坐标下方程图形的名字．如果是一条圆锥曲线，求出其离心率，并画出其图形.

23. $r=6$ 24. $\theta=\frac{2\pi}{3}$ 25. $r=\frac{3}{\sin\theta}$

26. $r=\frac{-4}{\cos\theta}$ 27. $r=4\sin\theta$ 28. $r=-4\cos\theta$

29. $r=\dfrac{4}{1+\cos\theta}$　　30. $r=\dfrac{4}{1+2\sin\theta}$　　31. $r=\dfrac{6}{2+\sin\theta}$

32. $r=\dfrac{6}{4-\cos\theta}$　　33. $r=\dfrac{4}{2+2\cos\theta}$　　34. $r=\dfrac{4}{2+2\cos(\theta-\pi/3)}$

35. $r=\dfrac{4}{\dfrac{1}{2}+\cos(\theta-\pi)}$　　36. $r=\dfrac{4}{3\cos(\theta-\pi/3)}$

37. 证明：在极坐标下，以(c, a)为圆心，a 为半径的圆的方程为 $r^2+c^2-2rc\cos(\theta-a)=a^2$.

38. 证明 $r=a\sin\theta+b\sin\theta$ 表示一个圆，并求出其圆心和半径.

39. 求出圆锥曲线 $r=ed/[1+e\cos(\theta-\theta_0)]$的正焦弦，结果用 e 和 d 表示.

40. 如果 r_1 和 r_2 分别表示焦点到椭圆 $r=ed/[1+e\cos(\theta-\theta_0)]$的最小和最大距离. 请证明.

(a) $r_1=ed/(1+e)$，$r_2=ed/(1-e)$；(b) 长轴为 $2ed/(1-e^2)$和短轴为 $2ed/\sqrt{1-e^2}$.

41. 已知伊卡洛斯小行星运行轨道的近日点和远日点分别为 17 和 183Mmile，问其所在椭圆的离心率为多少.

42. 已知地球绕太阳运行是一个椭圆，且该椭圆的离心率为 0.0167，长轴为 185.8Mmile. 求其近日点.

43. 某彗星的运行轨道是以太阳为焦点的抛物线. 当彗星离太阳的距离为 100Mmile 时，从太阳射向彗星的光线与抛物线的轴成 120°角，彗星到太阳的最短距离是多少?

44. 某彗星的运行轨道是以太阳为焦点的离心率很大(接近 1)的椭圆. 它的位置用一个固定的极坐标系表示(极坐标的轴不是椭圆的轴，太阳是一个焦点)测量两次，得到两个点$(4, \pi/2)$和$(3, \pi/4)$，在这里，距离用太空单位 AU 衡量(1AU≈93000000m)，对于接近太阳的部分，假设 $e=1$，因此轨道方程为

$$r=d/[1+\cos(\theta-\theta_0)].$$

(a) 题中的两点给出了两种情况下的 d 和 θ_0，利用它们来证明 $4.24\cos\theta_0-3.76\sin\theta_0-2=0$.

(b) 用牛顿的方法求解 θ_0.

(c) 彗星到太阳的最短距离是多少?

CAS 45. 为了使用参数方程绘图器来画出极坐标下方程 $r=f(t)$的图形，必须先把它转化为 $x=f(t)\cos t$ 和 $y=f(t)\sin t$. 这些方程可通过分别在方程两边乘以 $\cos t$ 和 $\sin t$ 得到. 分别选择 $e=0.1, 0.5, 0.9, 1, 1.1$ 通过画出 $r=4e/(1+e\cos t)$在区间$[-\pi, \pi]$的图形来验证教材中对圆锥曲线的讨论.

概念复习答案:

1. 无穷多　2. $r\cos\theta$，$r\sin\theta$，r^2　3. 圆，直线　4. 圆锥的

10.6 极坐标系下方程的图形

前一节对极坐标系下方程的讨论引出了几个熟悉的图形，主要是直线、圆和圆锥曲线. 现在我们来学习一些更奇异的图形——心形线、蜗牛形曲线、双纽线、玫瑰线和螺旋线，极坐标下这些曲线的方程仍旧是比较简单的，但在笛卡儿坐标系下，它会变得很复杂. 在这里，我们看到了使用多种坐标系的好处. 一些曲线在某一个坐标系下比较简单，而另一些则在另一个坐标系下比较简单. 在本书的后面我们将学习到这一点：当我们要研究某一个问题时，先选择一个合适的坐标系.

对称性可以帮助我们理解一个图形. 下面三种条件足以帮助我们判断极坐标下图形的对称性. 本节的一些图形也将帮助你理解它们是正确的.

1. 如果用$(r, -\theta)$或者$(-r, \pi-\theta)$代替(r, θ)得到相同的方程，那么，该图形关于 x 轴(极坐标系下)对称. (图 1)

2. 如果用$(-r, -\theta)$或者$(r, \pi-\theta)$代替(r, θ)得到相同的方程，那么，该图形关于 y 轴(极坐标系下，

$\theta=\pi/2$)对称.(图2)

3. 如果用$(-r,\ \theta)$或者$(r,\ \pi+\theta)$代替$(r,\ \theta)$得到相同的方程，那么，该图形关于原点(极坐标系下的极点)对称.(图3)

由于极坐标系下的一点有多种表示方法，不符合上面三种情况的点也可能存在对称性.(参看习题39).

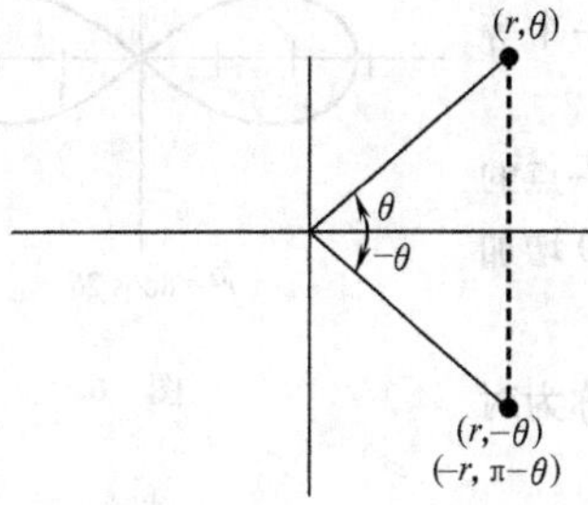

图 1

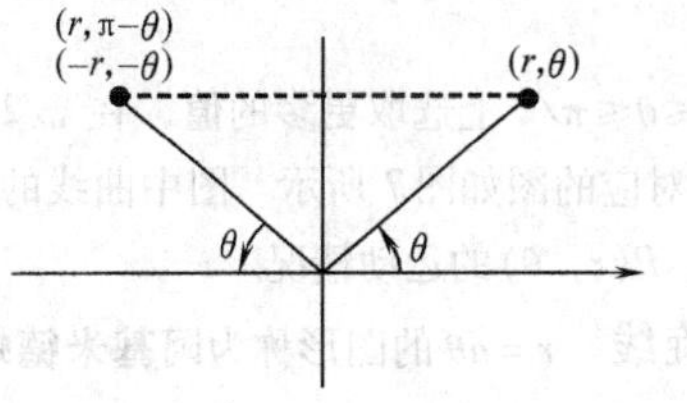

图 2

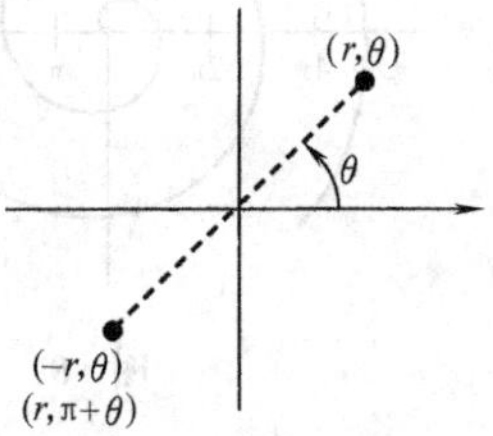

图 3

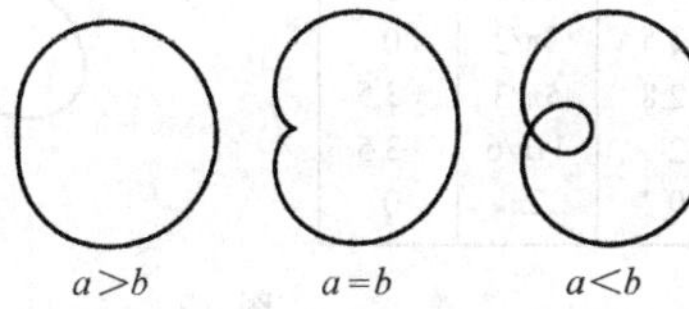

图 4

心形线和蜗牛形曲线 考虑以下方程

$$r=a\pm b\cos\theta,\qquad r=a\pm b\sin\theta$$

式中，a 和 b 均为正数. 它们的图形称为**蜗牛形曲线**，当 $a=b$ 时，又称为**心形线**. 典型的图形如图4所示.

例1 分析方程 $r=2+4\cos\theta$ 的对称性并画出其图形.

解 由于余弦函数是偶函数($\cos(-\theta)=\cos\theta$)，图形关于 x 轴对称. 而且该方程没有其他的对称性. 数值列表和图形如图5所示.

θ	r
0	6
π/6	5.5
π/3	4
π/2	2
7π/12	1.0
2π/3	0
3π/4	−0.8
5π/6	−1.5
π	−2

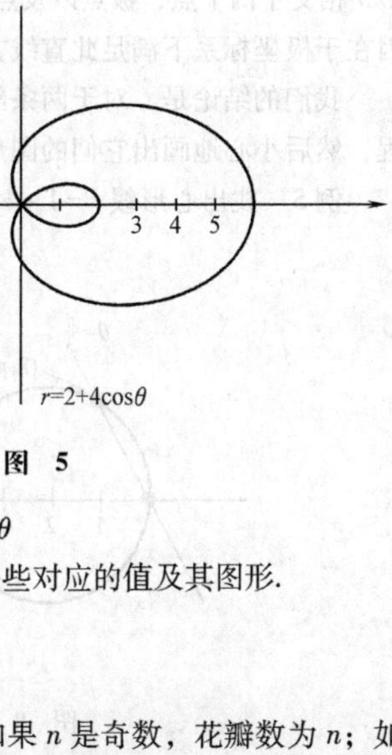

图 5

双纽线 $r^2=\pm a\cos 2\theta$ 和 $r^2=\pm a\sin 2\theta$ 的图形是"8"字形的曲线，称为**双纽线**.

例2 分析极坐标方程 $r^2=8\cos 2\theta$ 的对称性并画出其图形.

解 由于 $\cos(-2\theta)=\cos 2\theta$ 及

$$\cos[2(\pi-\theta)]=\cos(2\pi-2\theta)=\cos(-2\theta)=\cos 2\theta$$

故其图形关于两个坐标轴都对称. 显然，它同样关于原点对称. 图6列示了一些对应的值及其图形.

玫瑰曲线 下列形式的极坐标方程

$$r=a\cos n\theta,\qquad r=a\sin n\theta$$

描绘的是形状类似花的曲线，称为**玫瑰曲线**. 玫瑰曲线的花瓣由 n 所决定，如果 n 是奇数，花瓣数为 n；如

果 n 是偶数，花瓣数为 $2n$.

θ	r
0	± 2.8
$\pi/12$	± 2.6
$\pi/6$	± 2
$\pi/4$	0

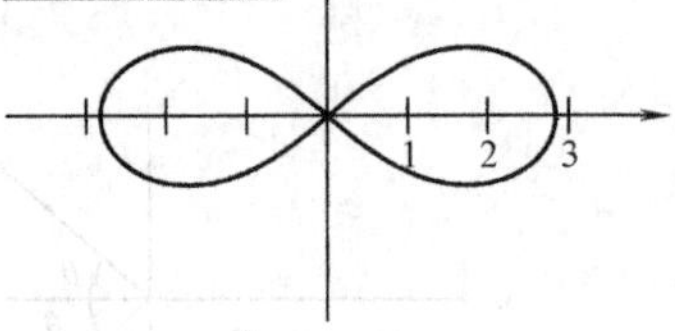

$r^2 = 8\cos 2\theta$

图　6

例 3　分析极坐标方程 $r = 4\sin 2\theta$ 的对称性并画出其图形.

解　你可以自己检查一下 $r = 4\sin 2\theta$ 满足全部的三个对称性条件. 例如，因为

$$\sin 2(\pi - \theta) = \sin(2\pi - 2\theta) = -\sin 2\theta$$

所以，它满足条件 1. 因此如果用 $(-r, \pi - \theta)$ 代替 (r, θ) 将生成一个等价的方程.

在 $0 \leqslant \theta \leqslant \pi/2$ 上选取更多的值，在 $\pi/2 \leqslant \theta \leqslant 2\pi$ 上选择相对少一点的值，得出对应的图如图 7 所示. 图中曲线的箭头方向表明了当 θ 由 0 增加到 2π 时，$P(r, \theta)$ 的运动情况.

螺旋线　$r = a\theta$ 的图形称为**阿基米德螺旋线**，$r = ae^{b\theta}$ 的图形称为**对数螺旋线**.

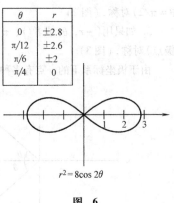

θ	r	θ	r
0	0	$2\pi/3$	−3.5
$\pi/12$	2	$5\pi/6$	−3.5
$\pi/8$	2.8	π	0
$\pi/6$	3.5	$7\pi/6$	3.5
$\pi/4$	4	$4\pi/3$	3.5
$\pi/3$	3.5	$3\pi/2$	0
$3\pi/8$	2.8	$5\pi/3$	−3.5
$5\pi/12$	2	$11\pi/6$	−3.5
$\pi/2$	0	2π	0

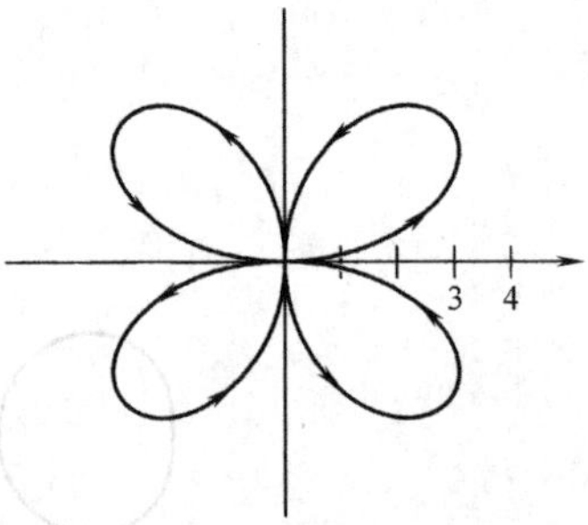

$r = 4\sin 2\theta$

图　7

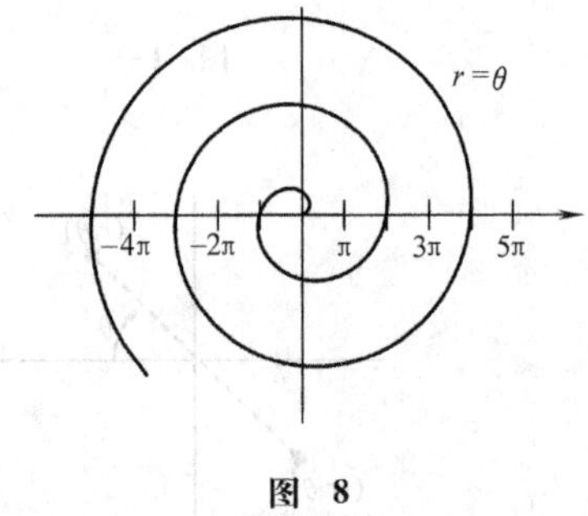

图　8

例 4　画出 $r = \theta$ 的图形，$\theta \geqslant 0$.

解　我们省略了对应值的表格，但注意当图形经过极坐标的点 $(0, 0)$，$(2\pi, 2\pi)$，$(4\pi, 4\pi)$，…和延伸的点 (π, π)，$(3\pi, 3\pi)$，$(5\pi, 5\pi)$，…如图 8 所示.

极坐标中曲线的交集　在笛卡儿坐标系中，两条曲线相交的所有点都能通过联立曲线方程找出来. 但在极坐标系统中，情况有所不同. 这是因为在极坐标系中，点 P 有很多对极坐标，并且可能其中一对坐标满足某条曲线的极坐标方程，另一对坐标满足另一条曲线的极坐标方程. 例如在图 9 中，圆 $r = 4\cos\theta$ 与直线 $\theta = \pi/3$ 相交于两个点，极点以及点 $(2, \pi/3)$，而只有点 $(2, \pi/3)$ 才是这两个方程的共同解. 发生这种情况的原因在于极坐标系下满足此直线方程的点是 $(0, \pi/3)$，而满足圆方程的点为 $(0, \pi/2 + \pi/n)$.

我们的结论是，对于两条给定了极坐标方程的曲线，要找出这两条曲线的交点，要联立并解这两个方程，然后小心地画出它们的图形并找出其他可能的交点.

例 5　找出心形线 $r = 1 + \cos\theta$ 与 $r = 1 - \sin\theta$ 的交点.

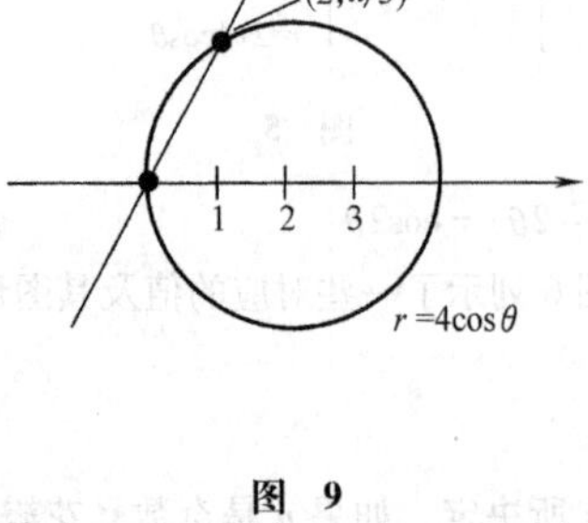

图　9

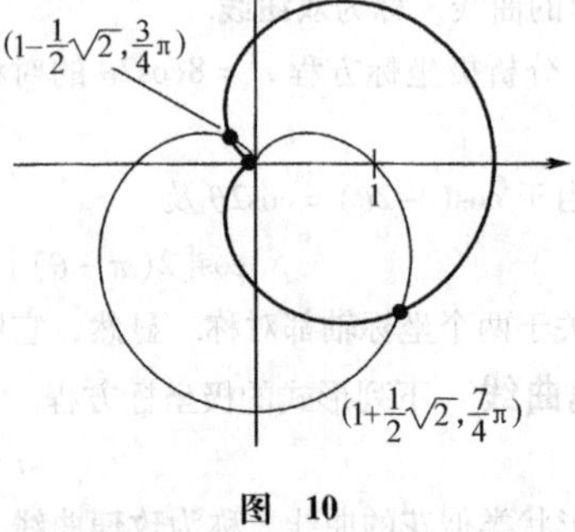

图　10

解 如果在两个方程中消去 r，得到 $1+\cos\theta=1-\sin\theta$. 因此 $\cos\theta=-\sin\theta$，即 $\tan\theta=-1$. 得出 $\theta=\frac{3}{4}\pi$ 或 $\theta=\frac{3}{7}\pi$，由两个值可以得出两个交点 $\left(1-\frac{\sqrt{2}}{2},\ \frac{3}{4}\pi\right)$ 和 $\left(1+\frac{\sqrt{2}}{2},\ \frac{7}{4}\pi\right)$，如图 10 所示，然而，却丢失了第三个交点——极点. 丢失的原因在于在 $r=1+\cos\theta$ 中当 $\theta=\pi$ 时 $r=0$，但在 $r=1-\sin\theta$ 中当 $\theta=\pi/2$ 时 $r=0$.

概念复习

1. $r=3+2\cos\theta$ 的图形是__________.
2. $r=2+2\cos\theta$ 的图形是__________.
3. $r=4\sin n\theta$ 的图形是__________. 当 n 为________时叶数为 n，当 n 为________时叶数为 $2n$.
4. $r=\theta/3$ 的图形是__________.

习题 10.6

在习题 1 ~ 32 中，画出所给极坐标方程的图形并验证其对称性(参考例 1 ~ 3).

1. $\theta^2-\pi^2/16=0$
2. $(r-3)\left(\theta-\frac{\pi}{4}\right)=0$
3. $r\sin\theta+4=0$
4. $r=-4\sec\theta$
5. $r=2\cos\theta$
6. $r=4\sin\theta$
7. $r=\frac{2}{1-\cos\theta}$
8. $r=\frac{4}{1+\sin\theta}$
9. $r=3-3\cos\theta$(心形线)
10. $r=5-5\sin\theta$(心形线)
11. $r=1-\sin\theta$(心形线)
12. $r=\sqrt{2}-\sqrt{2}\sin\theta$(心形线)
13. $r=1-2\sin\theta$(蜗牛线)
14. $r=4-3\cos\theta$(蜗牛线)
15. $r=2-3\sin\theta$(蜗牛线)
16. $r=5-3\cos\theta$(蜗牛线)
17. $r^2=4\cos 2\theta$(双纽线)
18. $r^2=9\sin 2\theta$(双纽线)
19. $r^2=-9\cos 2\theta$(双纽线)
20. $r^2=-16\cos 2\theta$(双纽线)
21. $r=5\cos 3\theta$(三叶玫瑰)
22. $r=3\sin 3\theta$(三叶玫瑰)
23. $r=6\sin 2\theta$(四叶玫瑰)
24. $r=4\cos 2\theta$(四叶玫瑰)
25. $r=7\cos 5\theta$(五叶玫瑰)
26. $r=3\sin 5\theta$(五叶玫瑰)
27. $r=\frac{1}{2}\theta$，$\theta\geqslant 0$(阿基米德螺旋线)
28. $r=2\theta$，$\theta\geqslant 0$(阿基米德螺旋线)
29. $r=e^{\theta}$，$\theta\geqslant 0$(对数螺旋线)
30. $r=e^{\theta/2}$，$\theta\geqslant 0$(对数螺旋线)
31. $r=\frac{2}{\theta}$，$\theta>0$(倒数螺旋线)
32. $r=-\frac{1}{\theta}$，$\theta>0$(倒数螺旋线)

在习题 33 ~ 38 中，画出极坐标方程的图形并找出其交点.

33. $r=6$，$r=4+4\cos\theta$
34. $r=1-\cos\theta$，$r=1+\cos\theta$
35. $r=3\sqrt{3}\cos\theta$，$r=3\sin\theta$
36. $r=5$，$r=\frac{5}{1-2\cos\theta}$
37. $r=6\sin\theta$，$r=\frac{6}{1+2\sin\theta}$
38. $r^2=4\cos 2\theta$，$r=2\sqrt{2}\sin\theta$

39. 10.6 节中所给出的关于对称性的条件只是充分条件，而非必要条件. 请举出一个极坐标方程的例子 $r=f(\theta)$，其图形关于 y 轴对称，并且不论用 $(-r,\ -\theta)$ 还是 $(r,\ \pi-\theta)$ 代替 $(r,\ \theta)$ 都不能产生等价的方程.

40. a 和 b 为大于 0 的定值，AP 为过点 $(0,\ 0)$ 的直线上的一段，且 A 在直线 $x=a$ 上，$|AP|=b$. 找出相应的极坐标方程和直角坐标方程上点 P 的集合(被称作蚌线)并画出其图形.

41. 设 F 和 f' 为极坐标上的定点 $(a, 0)$ 和 $(-a, 0)$. 通过极坐标方程证明满足 $|PF| \cdot |Pf'| = a^2$ 的点 P 的集合为双纽线.

42. 长度为 $2a$ 的线段 L 有两个点分别在 x 轴和 y 轴上. 点 P 在 L 上，且 OP 垂直与 L. 通过极坐标方程证明满足条件的点 P 的集合为四叶玫瑰曲线.

43. 找出下列笛卡儿坐标系方程所对应的极坐标方程.

(a) $y=45$　　(b) $x^2+y^2=36$

(c) $x^2-y^2=1$　　(d) $4xy=1$

(e) $y=3x+2$　　(f) $3x^2+4y=2$

(g) $x^2+2x+y^2-4y-25=0$

计算机以及具有画图功能的计算器可以提供一个很好的机会让我们画出形如 $r=f(\theta)$ 的图形. 在某些情况下，这些工具要求方程必须为参数形式. 由于 $x=r\cos\theta=f(\theta)\cos\theta$ 且 $y=r\sin\theta=f(\theta)\sin\theta$，你可以直接用参数画图，将 $x=f(t)\cos t$ 和 $y=f(t)\sin t$ 的一系列集合都描绘出来.

GC 44. 使用计算机(器)的参数画图功能将 $r=\cos(8\theta/5)$ 的图形画出来. 注意选择 θ 值在合适的范围. 假设从 $\theta=0$ 开始，必须知道 θ 取何值时，图形开始重复. 解释为什么 θ 的合适范围为 $0\leqslant\theta\leqslant10\pi$.

45. 将下列极坐标方程与图 11 中编号 Ⅰ ~ Ⅷ的图形配对. 并给出原因.

(a) $r=\cos(\theta/2)$　　(b) $r=\sec3\theta$

(c) $r=2-3\sin5\theta$　　(d) $r=1-2\sin5\theta$

(e) $r=3+2\cos\theta$　　(f) $r=\theta\cos\theta$

(g) $r=1/\theta^{3/2}$　　(h) $r=2\cos3\theta$

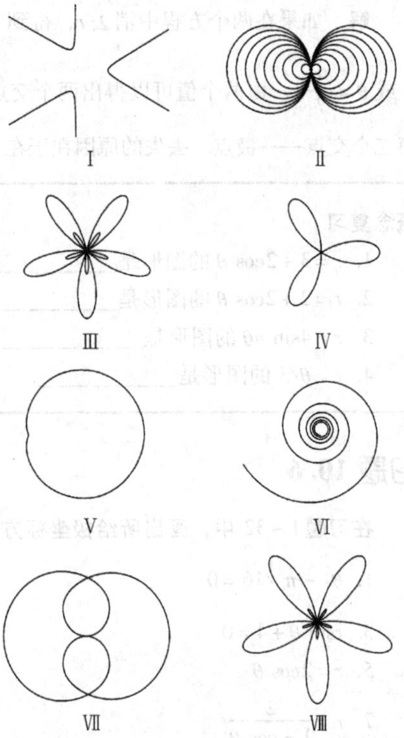

图 11

GC **在习题 46 ~ 49 中，用计算机或具有画图功能的计算器画出下列方程的图形. 选择足够大的区间以让图形能够完整呈现.**

46. $r=\sqrt{1-0.5\sin^2\theta}$　　47. $r=\cos(13\theta/5)$

48. $r=\sin(5\theta/7)$　　49. $r=1+3(\cos\theta/3)$

GC EXPL 50. 在很多情况下，某一极坐标方程的图形可以通过旋转变换来得到其他方程的图形. 我们在这里探索一下这些概念.

(a) $r=1+\sin(\theta-\pi/3)$ 和 $r=1+\sin(\theta+\pi/3)$ 的图形与 $r=1+\sin\theta$ 的图形之间有什么关系?

(b) $r=1+\sin\theta$ 与 $r=1-\sin\theta$ 的图形之间有什么关系?

(c) $r=1+\sin\theta$ 与 $r=1+\cos\theta$ 的图形之间有什么关系?

(d) $r=f(\theta)$ 与 $r=f(\theta-a)$ 的图形之间有什么关系?

GC EXPL 51. 研究 $r=a+b\cos[n(\theta+\phi)]$ 这一族函数

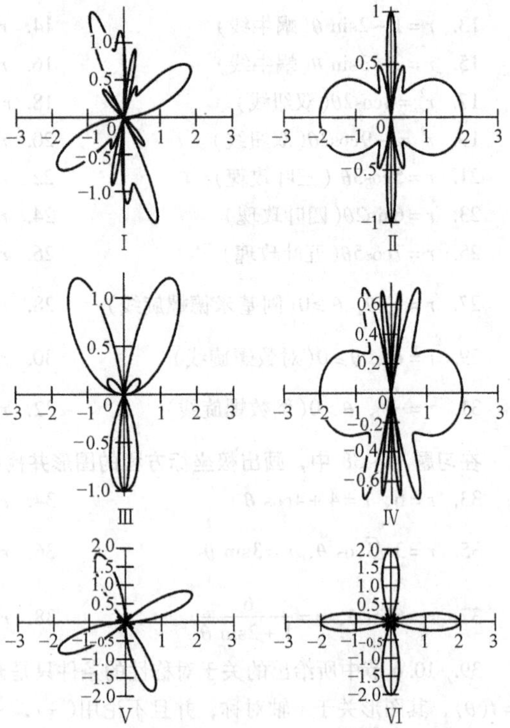

图 12

的曲线，a，b 和 ϕ 为实数，n 为正整数．在你回答下列问题之前，确保你画了足够多的点来支持你的结论．

(a) $\phi=0$ 与 $\phi\neq0$ 的图形之间有什么关系？

(b) 随着 n 的增长，图形如何变化？

(c) a 和 b 的比值和符号对图形有什么本质的影响？

52. 研究 $r=|\cos n\theta|$ 这一族函数的曲线，n 为任意一正整数．叶数与 n 之间有何关系？

53. 极坐标图形可以用来表示不同的螺旋线，螺旋线可以是顺时针或逆时针方向．找出满足条件的 c，使得阿基米德螺旋线 $r=c\theta$ 可以从顺时针或逆时针方向展开．

54. 画出倒数螺旋线 $r=c/\theta$，$c>0$ 的图形，该图形是否从顺时针方向展开？

55. 下列极坐标方程与图 12 中的六个图相对应．请将图形与方程配对．

(a) $r=\sin3\theta+\sin^2 2\theta$ (b) $r=\cos2\theta+\cos^2 4\theta$ (c) $r=\sin4\theta+\sin^2 5\theta$

(d) $r=\cos2\theta+\cos^2 3\theta$ (e) $r=\cos4\theta+\cos^2 4\theta$ (f) $r=\sin4\theta+\sin^2 4\theta$

概念复习答案：

1. 蜗牛线 2. 心形线 3. 玫瑰曲线，奇，偶 4. 螺旋线．

10.7 极坐标系下的微积分

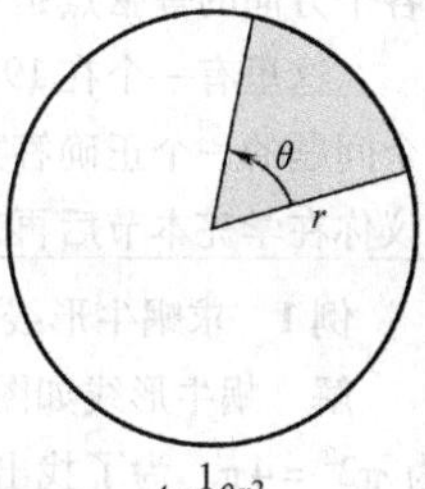

图 1

微积分中两个基本的问题就是确定切线的斜率和计算曲线所围区域的面积．在这里，我们同样考虑这两个问题，不过在极坐标的内容中，面积问题扮演了一个比较重要的角色，所以我们先来考虑它．

在笛卡儿坐标系中，面积问题的基本组成部分是矩形．在极坐标系中，基本组成部分则为扇形，如图 1 所示．从圆的面积等于 πr^2 可以推出对应弧度为 θ 的扇形面积为 $(\theta/2\pi)\pi r^2$，即

$$\text{扇形面积}\quad A=\frac{1}{2}\theta r^2$$

极坐标系下的面积公式 设 $r=f(\theta)$ 为平面上的曲线，当 $\alpha\leqslant\theta\leqslant\beta$，$\beta-\alpha\leqslant2\pi$ 时 f 连续且非负．则曲线 $r=f(\theta)$ 和 $\theta=\alpha$，$\theta=\beta$ 一起围成了区域 R，如图 2 左边所示，$A(R)$ 即为要求的面积．

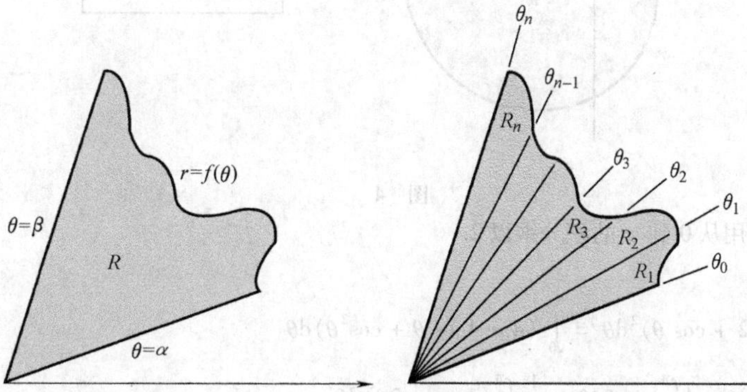

图 2

将区间 $[\alpha,\beta]$ 分割成 n 个子区间，通过一系列的数字 $\alpha=\theta_0<\theta_1<\theta_2<\cdots<\theta_n=\beta$，将 R 分成 n 个小馅饼（派）形状 R_1，R_2，…，R_n，如图 2 右边部分所示．很明显，$A(R)=A(R_1)+A(R_2)+\cdots+A(R_n)$．

事实上，我们可以通过两种途径计算第 i 块面积 $A(i)$ 的近似值．例如，在第 i 个区间 $[\theta_{i-1},\theta_i]$ 上 f 在 v_i 和 u_i 得到它的最大值和最小值，如图 3 所示．

因此，如果 $\Delta\theta_i=\theta_i-\theta_{i-1}$，则

$$\frac{1}{2}[f(u_i)]^2\Delta\theta_i\leqslant A(R_i)\leqslant\frac{1}{2}[f(v_i)]^2\Delta\theta_i$$

并且

$$\sum_{i=1}^{n}\frac{1}{2}[f(u_i)]^2\Delta\theta_i\leqslant\sum_{i=1}^{n}A(R_i)\leqslant\sum_{i=1}^{n}\frac{1}{2}[f(v_i)]^2\Delta\theta_i$$

式中第一和第三项是黎曼和，且两项的积分都为：$\int_\alpha^\beta\frac{1}{2}[f(\theta)]^2\mathrm{d}\theta$. 当我们让每个小区域都通过原点，用夹逼定理可以得到面积公式

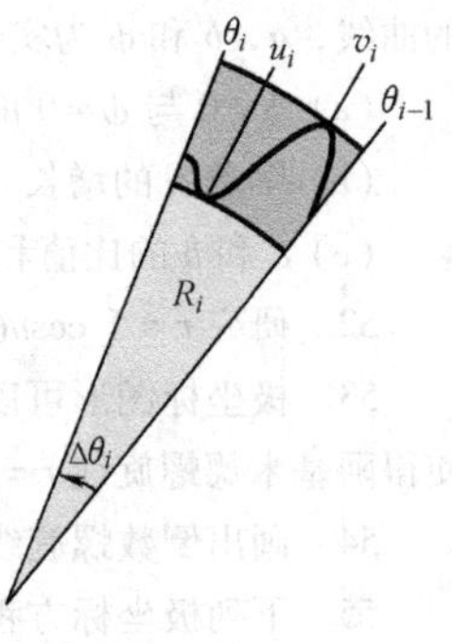

图　3

$$\boxed{A=\frac{1}{2}\int_\alpha^\beta[f(\theta)]^2\mathrm{d}\theta}$$

这个公式很容易记住. 关键是要记得这个公式是如何推导的. 事实上，你肯定注意到大家熟悉的三个词——分割，近似，积分，同样是解决极坐标系中面积问题的关键. 下面将举例说明.

等距点

蜗牛形曲线与圆一样有等弦点(通过该点所有的弦是相等的)。对例 1 中的蜗牛形曲线 $r=2+\cos\theta$，所有通过极点的弦长为4。注意到曲线的面积为$9\pi/2$。然而相应的圆的直径为4，面积为4π。因此，拥有各个方向的等弦点是不足以决定面积的。

这里有一个在 1916 年报告过但现在仍未解决的问题。一个平面区域能否有两个等弦点？你能得出这个问题的一个正确答案(或者举出类似的例子或者证明这种区域不存在)都将会使你出名。然而，我们建议你在学完本节后再来看这个问题。

例 1　求蜗牛形线 $r=2+\cos\theta$ 所围的面积.

解　蜗牛形线如图 4 所示，注意 θ 取值为 $0\sim2\pi$，图形好像是半径为 2 的圆. 因此，我们期望结果近似为 $\pi2^2=4\pi$. 为了找出精确解，我们把它分成若干份，近似计算，积分.

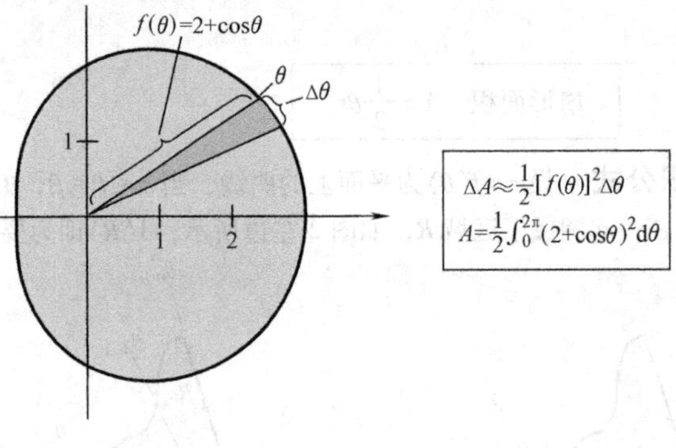

图　4

根据对称性，我们可以用从 0 到 π 的积分乘以 2.

因此

$$\begin{aligned}A&=\int_0^\pi(2+\cos\theta)^2\mathrm{d}\theta=\int_0^\pi(4+4\cos\theta+\cos^2\theta)\mathrm{d}\theta\\&=\int_0^\pi4\mathrm{d}\theta+4\int_0^\pi\cos\theta\mathrm{d}\theta+\frac{1}{2}\int_0^\pi(1+\cos2\theta)\mathrm{d}\theta\\&=\int_0^\pi\frac{9}{2}\mathrm{d}\theta+4\int_0^\pi\cos\theta\mathrm{d}\theta+\frac{1}{4}\int_0^\pi\cos2\theta\times2\mathrm{d}\theta\\&=\left[\frac{9}{2}\theta\right]_0^\pi+4[\sin\theta]_0^\pi+\left[\frac{1}{4}\sin2\theta\right]_0^\pi=\frac{9}{2}\pi\end{aligned}$$

例 2　计算在四叶玫瑰线 $r=4\sin2\theta$ 中的一个叶瓣的面积.

解　完整的玫瑰线在前一节例 3 中已经画出. 在此我们只画出第一象限中的叶瓣，如图 5 所示. 这个叶

瓣的长是4个单位，大约宽是1.5个单位，那么它的面积估计为6. 精确的面积在下面给出.

$$A=\frac{1}{2}\int_0^{\pi/2}16\sin^2 2\theta d\theta=8\int_0^{\pi/2}\frac{1-\cos 4\theta}{2}d\theta$$
$$=4\int_0^{\pi/2}d\theta-\int_0^{\pi/2}\cos 4\theta\times 4d\theta$$
$$=[4\theta]_0^{\pi/2}-[\sin 4\theta]_0^{\pi/2}=2\pi$$

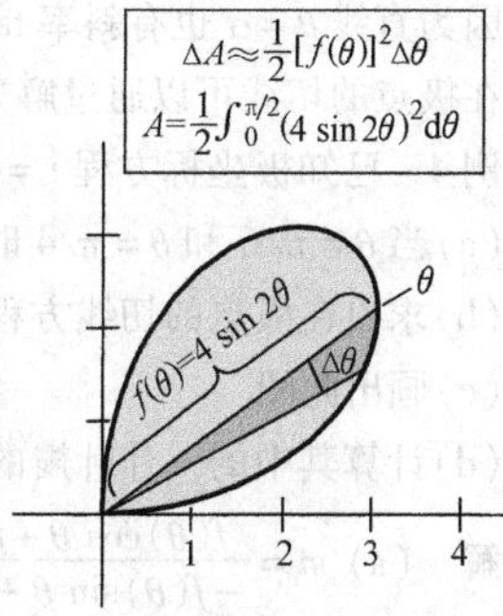

图 5

例3 计算在心形曲线 $r=1+\cos\theta$ 以外但在圆 $r=\sqrt{3}\sin\theta$ 以内的面积.

解 如图6所示. 我们需要求出在极坐标下心形曲线与圆的交点坐标. 为此解如下方程.

$$1+\cos\theta=\sqrt{3}\sin\theta$$
$$1+2\cos\theta+\cos^2\theta=3\sin^2\theta$$
$$1+2\cos\theta+\cos^2\theta=3(1-\cos^2\theta)$$
$$4\cos^2\theta+2\cos\theta-2=0$$
$$2\cos^2\theta+\cos\theta-1=0$$
$$(2\cos\theta-1)(\cos\theta+1)=0$$

解得

$$\cos\theta=\frac{1}{2}\text{或}\cos\theta=-1\quad\text{即}\quad\theta=\frac{\pi}{3}\text{或}\theta=\pi$$

现在通过分割，近似并积分求面积

$$A=\frac{1}{2}\int_{\pi/3}^{\pi}[3\sin^2\theta-(1+\cos\theta)^2]d\theta$$
$$=\frac{1}{2}\int_{\pi/3}^{\pi}[3\sin^2\theta-1-2\cos\theta-\cos\theta^2]d\theta$$
$$=\frac{1}{2}\int_{\pi/3}^{\pi}\left[\frac{3}{2}(1-\cos 2\theta)-1-2\cos\theta-\frac{1}{2}(1+\cos 2\theta)\right]d\theta$$
$$=\frac{1}{2}\int_{\pi/3}^{\pi}(-2\cos\theta-2\cos 2\theta)d\theta$$
$$=\frac{1}{2}[-2\sin\theta-\sin 2\theta]_{\pi/3}^{\pi}=\frac{1}{2}\left[\sqrt{3}+\frac{\sqrt{3}}{2}\right]=\frac{3\sqrt{3}}{4}\approx 1.299$$

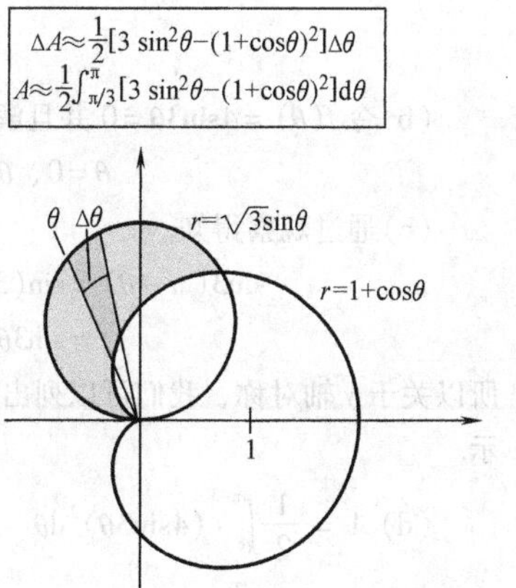

图 6

极坐标系下的切线斜率 在笛卡儿坐标系内，曲线切线的斜率是 $m=dy/dx$. 我们能很快联想 $dr/d\theta$ 作为在极坐标系下相应的切线斜率表达式. 并非如此，如果 $r=f(\theta)$ 定义了一条曲线，我们可写出

$$y=r\sin\theta=f(\theta)\sin\theta$$
$$x=r\cos\theta=f(\theta)\cos\theta$$

因此

$$\frac{dy}{dx}=\lim_{\Delta x\to 0}\frac{\Delta y}{\Delta x}=\lim_{\Delta x\to 0}\frac{\Delta y/\Delta\theta}{\Delta x/\Delta\theta}=\frac{dy/d\theta}{dx/d\theta}$$

也就是

$$m=\frac{f(\theta)\cos\theta+f'(\theta)\sin\theta}{-f(\theta)\sin\theta+f'(\theta)\cos\theta}$$

当 $r=f(\theta)$ 的图形经过极点时，这个公式变得简单. 例如，假设存在一定的角 α 满足 $r=f(\alpha)=0$ 和 $f'(\alpha)\neq 0$，那么对应的 m 的方程是

$$m=\frac{f'(\alpha)\sin\alpha}{f'(\alpha)\cos\alpha}=\tan\alpha$$

因为直线 $\theta=\alpha$ 也有斜率 $\tan\alpha$，从而总结得出这条直线就是曲线在极点的切线. 我们可以推出一个事实就是在极点的切线可以通过解方程 $f(\theta)=0$ 得出来. 下面举例说明.

例 4 已知极坐标方程 $r=4\sin3\theta$.

(a)当 $\theta=\pi/6$ 和 $\theta=\pi/4$ 时，求出切线的斜率.

(b)求出在极点的切线方程.

(c)画出此图.

(d)计算其中的一片叶瓣的面积.

解 (a) $m=\dfrac{f(\theta)\cos\theta+f'(\theta)\sin\theta}{-f(\theta)\sin\theta+f'(\theta)\cos\theta}=\dfrac{4\sin3\theta\cos\theta+12\cos3\theta\sin\theta}{-4\sin3\theta\sin\theta+12\cos3\theta\cos\theta}$

当 $\theta=\pi/6$ 时，有

$$m=\frac{4\times1\times\frac{\sqrt{3}}{2}+12\times0\times\frac{1}{2}}{-4\times1\times\frac{\sqrt{3}}{2}+12\times0\times\frac{1}{2}}=-\sqrt{3}$$

当 $\theta=\pi/4$ 时，有

$$m=\frac{4\times\frac{\sqrt{2}}{2}\times\frac{\sqrt{2}}{2}-12\times\frac{\sqrt{2}}{2}\times\frac{\sqrt{2}}{2}}{-4\times\frac{\sqrt{2}}{2}\times\frac{\sqrt{2}}{2}-12\times\frac{\sqrt{2}}{2}\times\frac{\sqrt{2}}{2}}=\frac{2-6}{-2-6}=\frac{1}{2}$$

(b)令 $f(\theta)=4\sin3\theta=0$ 并且解方程得

$$\theta=0、\theta=\pi/3、\theta=2\pi/3、\theta=\pi、\theta=4\pi/3 \text{ 和 } \theta=5\pi/3.$$

(c)通过观察得知

$$\sin3(\pi-\theta)=\sin(3\pi-3\theta)=\sin3\pi\cos3\theta-\cos3\pi\sin3\theta$$
$$=\sin3\theta$$

所以关于 y 轴对称，我们可以列出个表格包含它的一些具体值，如图 7 所示.

θ	r
0	0
π/12	2.8
π/6	4
π/4	2.8
π/3	0
5π/12	−2.8
π/2	−4

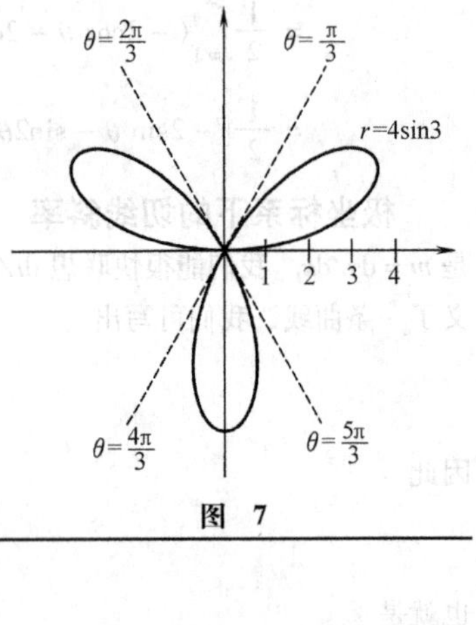

图 7

(d) $A=\dfrac{1}{2}\displaystyle\int_0^{\pi/3}(4\sin3\theta)^2\mathrm{d}\theta$

$=8\displaystyle\int_0^{\pi/3}\sin^2 3\theta\mathrm{d}\theta$

$=4\displaystyle\int_0^{\pi/3}(1-\cos6\theta)\mathrm{d}\theta$

$=4\displaystyle\int_0^{\pi/3}\mathrm{d}\theta-\frac{4}{6}\int_0^{\pi/3}\cos6\theta\times6\mathrm{d}\theta$

$=\left[4\theta-\dfrac{2}{3}\sin6\theta\right]_0^{\pi/3}$

$=\dfrac{4\pi}{3}$

概念复习

1. 一个半径为 r，夹角为 θ 的扇形的面积 A 是________.
2. 问题 1 中的曲线和另外一条曲线 $r=f(\theta)$ 相交，当 $\theta=\alpha$ 和 $\theta=\beta$ 时，它们围成的区域的面积 $A=$ ________.
3. 问题 2 中的区域在心形曲线 $r=2+2\cos\theta$ 内的区域 $A=$ ________.
4. 极坐标下的曲线 $r=f(\theta)$ 在极点的切线可以通过解方程式________得到.

习题 10.7

在习题 1 ~ 10 中，画出图形并求其所围图形的面积.

1. $r=a$，$a>0$
2. $r=2a\cos\theta$，$a>0$
3. $r=2+\cos\theta$
4. $r=5+4\cos\theta$
5. $r=3-3\sin\theta$
6. $r=3+3\sin\theta$
7. $r=a(1+\cos\theta)$，$a>0$
8. $r^2=6\cos2\theta$
9. $r^2=9\sin2\theta$
10. $r^2=a\cos2\theta$，$a>0$
11. 画出蜗牛线 $r=3-4\cos\theta$ 的图形，并计算在小圈内的面积.
12. 画出蜗牛线 $r=2-4\cos\theta$ 的图形，并计算在小圈内的面积.
13. 画出蜗牛线 $r=2-3\cos\theta$ 的图形，并计算在大圈内的面积.
14. 画出四叶玫瑰线中的一个叶瓣 $r=3\cos2\theta$，并且计算它围出的面积.
15. 画出三叶玫瑰线 $r=4\cos3\theta$ 的图形，并且计算它的面积.
16. 画出三叶玫瑰线 $r=2\sin3\theta$ 的图形，并且计算它的面积.
17. 求出在两条曲线 $r=7$ 和 $r=10$ 间的面积.
18. 画出在圆 $r=3\sin\theta$ 内，在心形曲线 $r=1+\sin\theta$ 外的区域，并且计算出它的面积.
19. 画出在圆 $r=2$ 外，在双纽线 $r^2=8\cos2\theta$ 内的区域，并且计算出它的面积.
20. 画出蜗牛线 $r=3-6\sin\theta$，并且计算出在它的大圈内的但又在小圈外的面积.
21. 画出第一象限内在心形曲线 $r=3+3\cos\theta$ 内和在 $r=3+3\sin\theta$ 外的图形，并计算出面积大小.
22. 画出第二象限内在心形曲线 $r=2+2\sin\theta$ 内和在 $r=2+2\cos\theta$ 外的图形，并计算出面积大小.
23. 算出当 $\theta=\pi/3$ 的切线的斜率.

(a) $r=2\cos\theta$　　(b) $r=1+\sin\theta$

(c) $r=\sin2\theta$　　(d) $r=4-3\sin\theta$

24. 求出在心形线 $r=a(1+\cos\theta)$ 上所有的点，这些点当切线满足以下条件

(a) 水平的　　(b) 竖直的

25. 求出蜗牛线 $r=1-2\sin\theta$ 上切线是水平的点的坐标.
26. 令 $r=f(\theta)$，并且 f 在 $[\alpha,\beta]$ 内连续. 证明极坐标曲线从 $\theta=\alpha$ 到 $\theta=\beta$ 时曲线的弧长 L 的公式为

$$L=\int_{\alpha}^{\beta}\sqrt{[f(\theta)]^2+[f'(\theta)]^2}\,d\theta$$

27. 用上题的方程来计算心形曲线 $r=a(1+\cos\theta)$ 的周长.
28. 计算出对数螺旋线 $r=e^{\theta/2}$ 从 $\theta=0$ 到 $\theta=2\pi$ 的曲线长度.
29. 计算 $r=a\cos n\theta$ 的总面积，n 是个正数.
30. 画出环索线 $r=\sec\theta-2\cos\theta$ 的图形，并且计算出圈内的面积.
31. 有两圆 $r=2a\sin\theta$ 和 $r=2b\cos\theta$，并且 a，b 都是正数.

(a) 计算出公共部分的面积　　(b) 证明两圆相交于垂直的方向

32. 假设一个质量为 m 的星球绕着太阳转(太阳位于极点)，以固定的角动量 $mr^2 d\theta/dt$ 转动. 用推理来获得开普勒第二定理：星球和太阳的连线在相同的时间内扫过相同的面积.

33. **第一只老山羊的问题**

有只山羊被用绳栓在了一个半径为 a 的圆形池塘的边缘，绳长为 $ka(0<k<2)$. 用这节的方法计算它可吃草的范围(图 8 的阴影部分). 注释：我们曾经解过这个问题，要证明答案.

34. **第二只老山羊的问题**

再做一次 33 题，但是假设这个池塘有围栏绕着，因此，形成了形状类似劈尖的区域 A，因为绳子不能穿越围栏而只能贴着池边的围栏(图 9). 提示：假如你非常有野心的，试用这节的方法，注意在劈尖 A 内

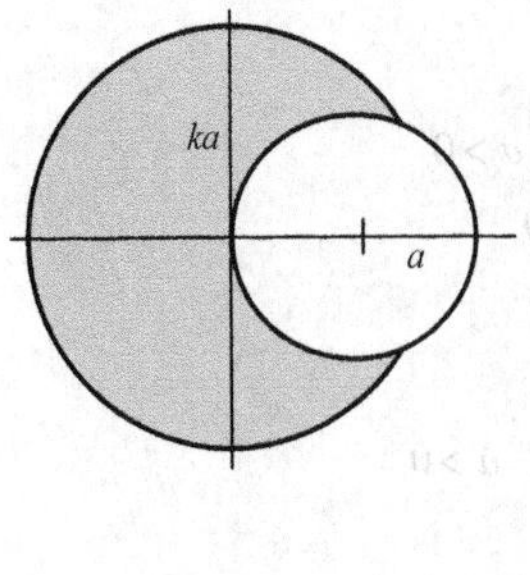

图　8

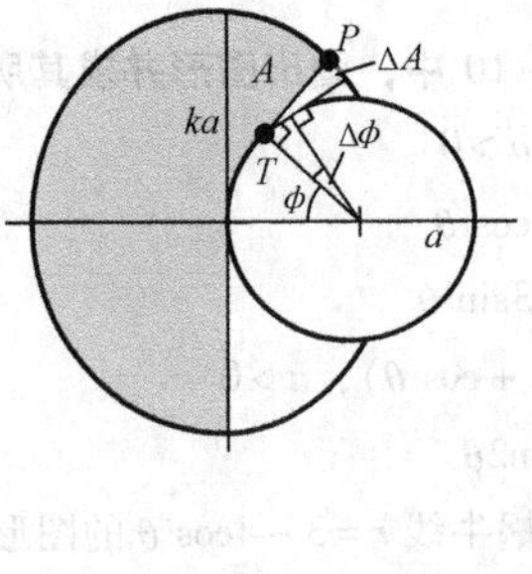

图　9

$$\Delta A \approx \frac{1}{2}|PT|^2\Delta\phi$$

上式引出了黎曼和作为一个积分．最后的答案是 $a^2(\pi k^2/2+k^3/3)$．这是习题 35 中必须利用的一个结果．

C 35. **第三只老山羊的问题**

一只没有栓住的山羊被围在院子里面，院子的半径是 α，另一只山羊在如 34 题那样围栏外给栓住了，计算另一只山羊的绳长，使得两只山羊的放牧面积是一样的．

CAS **用计算机来计算习题 36 ~ 39．但事先要对每道题目进行心算．长度公式应用 26 题结论．**

36. 计算蜗牛线 $r=2+\cos\theta$ 和蜗牛线 $r=2+4\cos\theta$ 的长度(参照本节的例 1 和 10.6 的例 1)．
37. 计算三叶玫瑰曲线 $r=4\sin 3\theta$ 的长度和面积(参照例 4)．
38. 计算双纽曲线 $r^2=8\cos 2\theta$ 的长度和面积(参照 10.6 节例 2)．
39. 画出曲线 $r=4(\sin 3\theta/2)0\leqslant\theta\leqslant 4\pi$ 的图形，再计算它的长度．

概念复习答案

1. $\frac{1}{2}r^2\theta$　2. $\frac{1}{2}\int_\alpha^\beta[f(\theta)]^2\mathrm{d}\theta$　3. $\frac{1}{2}\int_0^{2\pi}(2+2\cos\theta)^2\mathrm{d}\theta$　4. $f(\theta)=0$

10.8　本章回顾

概念测试

判断下列各题的正误，并证明．

1. 对所有的 a、b、c，函数 $y=ax^2+bx+c$ 的图形都是抛物线．
2. 抛物线的顶点是焦点到准线的线段的中点．
3. 椭圆的顶点离它的准线比离它的焦点近．
4. 抛物线上离焦点最近的点是它的顶点．
5. 双曲线 $x^2/a^2-y^2/b^2=1$ 和 $y^2/b^2-x^2/a^2=1$ 有相同的渐近线．
6. 椭圆 $x^2/a^2+y^2/b^2=1(b<a)$ 的周长 C 满足 $2\pi b<C<2\pi a$．
7. 椭圆的离心率 e 越小，这个椭圆越接近圆的形状．
8. 椭圆 $6x^2+4y^2=24$ 的焦点在 x 轴上．
9. 等式 $x^2-y^2=0$ 表示的是一条双曲线．
10. 等式 $(y^2-4x+1)^2=0$ 表示的是一个抛物线．
11. 当 $k\neq 0$ 时，$x^2/a^2-y^2/b^2=k$ 是一个双曲线方程．
12. 当 $k\neq 0$ 时，$x^2/a^2+y^2/b^2=k$ 是一个椭圆方程．

13. 在 $x^2/a^2+y^2/b^2=1$ 中，焦点间的距离为 $2\sqrt{a^2-b^2}$.

14. $x^2/9-y^2/8=-2$ 与 x 轴没有交点.

15. 椭圆镜内一个焦点与离它最近的顶点的连线上有一光源，证明由光源射出的一束光在通过这个椭圆镜反射后会越过另一个焦点.

16. 一条长为 8 的绳子两端分别连接在相距 2 个单位的焦点上，绷直这条绳子画出一个椭圆，这个椭圆的短轴是 $\sqrt{60}$.

17. $x^2+y^2+Cx+Dy+F=0$ 的图形可能是圆、点或空集.

18. $2x^2+y^2+Cx+Dy+F=0$ 的图形不可能是一个点.

19. 对于任意的 A，B，C，D，E，F，$Ax^2+Bxy+Cy^2+Dxy+Ey+F=0$ 的图形是一个平面与一个圆锥的交线.

20. 在一个适当的坐标系中一个平面与一个圆锥的交线的方程为

$$Ax^2+Cy^2+Dx+Ey+F=0.$$

21. 一个双曲线的图形分布在四个象限内.

22. 如果一个二次曲线经过点(1，0)，(-1，0)，(0，1)和(0，-1)，那么这个曲线一定是一个圆.

23. 每条曲线的参数方程都是唯一的.

24. $x=2t^3$，$y=t^3$ 构成的曲线是直线.

25. 如果有 $y=f(t)$，$y=g(t)$，那么存在一个函数 h 使得 $y=h(x)$.

26. 参数方程是 $x=\ln t$，$y=t^2-1$ 的曲线通过原点.

27. 如果 $x=f(t)$，$y=g(t)$ 并且 f''，g'' 存在，那么当 $f''\neq 0$ 时，$\dfrac{d^2y}{dx^2}=\dfrac{f''(t)}{g''(t)}$.

28. 曲线上的一点可能有多条切线.

29. 极坐标方程 $r=4\cos(\theta-\pi/3)$ 的图形是一个圆.

30. 平面内任意一个点有无穷多个极坐标.

31. 极坐标方程 $r=f(\theta)$ 与 $r=g(\theta)$ 的交集上的点可以由解这两个方程组成的方程组得到.

32. 如果 f 是一个奇函数，那么 $r=f(\theta)$ 的图形关于 y 轴对称(线 $\theta=\pi/2$).

33. 如果 f 是一个偶函数，那么 $r=f(\theta)$ 的图形关于 x 轴对称.(线 $\theta=0$).

34. $r=4\cos 3\theta$ 的图形是一个三叶玫瑰线，这个图形的面积小于圆 $r=4$ 的面积的一半.

典型题型测试

1. 从以下描述中选择相应的答案.

(1) 没有图形　　(2) 一个点

(3) 一条直线　　(4) 两条平行线

(5) 两条相交直线　　(6) 一个圆

(7) 一条抛物线　　(8) 椭圆曲线

(9) 一条双曲线　　(10) 以上的都不是

(a) ____ $x^2-4y^2=0$　　(b) ____ $x^2-4y^2=0.01$

(c) ____ $x^2-4=0$　　(d) ____ $x^2-4x+4=0$

(e) ____ $x^2+4y^2=0$　　(f) ____ $x^2+4y^2=x$

(g) ____ $x^2+4y^2=-x$　　(h) ____ $x^2+4y^2=-1$

(i) ____ $(x^2+4y-1)^2=0$　　(j) ____ $3x^2+4y^2=-x^2+1$

在习题 2～10，说出它们的形状. 求出它们的顶点和焦点，并画出它们的图形.

2. $y^2-6x=0$　　3. $9x^2+4y^2-36=0$

4. $25x^2-36y^2+900=0$　　5. $x^2+9y=0$

6. $x^2-4y^2-16=0$　　7. $9x^2+25y^2-225=0$

8. $9x^2+9y^2-225=0$

9. $r=\dfrac{5}{2+2\sin\theta}$

10. $r(2+\cos\theta)=3$

在习题 11 ~ 18 中，分别求出满足以下条件的曲线的笛卡儿方程.

11. 顶点$(\pm4, 0)$，离心率$\dfrac{1}{2}$

12. 离心率 1，焦点$(0, -3)$，顶点$(0, 0)$.

13. 离心率 1，顶点$(0, 0)$，图形关于 x 轴对称，经过点$(-1, 3)$.

14. 离心率$\dfrac{5}{3}$，顶点$(0, \pm3)$

15. 顶点$(\pm2, 0)$，渐近线 $x\pm2y=0$.

16. 顶点在$(3, 3)$，焦点在$(3, 2)$的抛物线

17. 焦点在$(4, 2)$，长轴为 10，中心在$(1, 2)$的椭圆.

18. 顶点在$(2, 0)$与$(2, 6)$，离心率为$\dfrac{10}{3}$的双曲线.

在习题 19 ~ 22 中，对等式进行完全平方转化成标准形式. 分别说出图形的名称并画出它们的图形.

19. $4x^2+4y^2-24x+36y+81=0$

20. $4x^2+9y^2-24x-36y+36=0$

21. $x^2+8x+6y+28=0$

22. $3x^2-10y^2+36x-20y+68=0$

23. 以 $\theta=45°$为对称轴旋转坐标轴，将 $x^2+3xy+y^2=10$ 转化成 $ru^2+sv^2=10$，确定 r 与 s 的值，说出这个图形的名称，求出它的焦距.

24. 给坐标轴旋转适当的角度 θ 消去方程 $7x^2+8xy+y^2=9$ 中的交叉项. 写出坐标轴旋转后它关于 u、v 的等式并说出这个图形的名称.

在习题 25 ~ 28 中，给出了曲线的参数方程，消去参数求出相应的笛卡儿方程，并画出图形.

25. $x=6t+2$，$y=2t$；$-\infty<t<\infty$

26. $x=4t^2$，$y=4t$；$-1\leqslant t\leqslant2$

27. $x=4\sin t-2$，$y=3\cos t+1$；$0\leqslant t\leqslant2\pi$

28. $x=2\sec t$，$y=\tan t$；$-\dfrac{\pi}{2}<t<\dfrac{\pi}{2}$

在习题 29 ~ 30 中，求 $t=0$ 时切线的方程.

29. $x=2t^3-4t+7$，$y=t+\ln(t+1)$

30. $x=3e^{-t}$，$y=\dfrac{1}{2}e^t$.

31. 求曲线 $x=1+t^{3/2}$，$y=2+t^{3/2}$，从 $t=0$ 到 $t=9$ 的曲线的长度.

32. 求曲线 $x=\cos t+t\sin t$，$y=\sin t-t\cos t$ 从 0 到 2π 的长度，并作图.

在习题 33 ~ 44 中，分析给出的极坐标方程并分别作出它们的图形.

33. $r=6\cos\theta$

34. $r=\dfrac{5}{\sin\theta}$

35. $r=\cos2\theta$

36. $r=\dfrac{3}{\cos\theta}$

37. $r=4$

38. $r=5-5\cos\theta$

39. $r=4-3\cos\theta$

40. $r=2-3\cos\theta$

41. $u=\dfrac{2}{3}\pi$

42. $r=4\sin3\theta$

43. $r^2=16\sin2\theta$

44. $r=-\theta$，$\theta\geqslant0$

45. 确定下面方程的笛卡儿方程：

$$r^2-6r(\cos\theta+\sin\theta)+9=0$$

并画出它的图形.

46. 确定 $r^2\cos2\theta=9$ 的笛卡儿方程并画出它的图形.

47. 确定 $r=3+3\cos\theta$ 在 $\theta=\dfrac{1}{6}\pi$ 处点的切线斜率.

48. 画出 $r=5\sin\theta$ 与 $r=2+\sin\theta$ 的图形，并求出它们的交点.

49. 求由 $r=5-5\cos\theta$ 围成的图形的面积.

50. 求出在蜗牛线 $r=2+\sin\theta$ 外，圆 $r=5\sin\theta$ 内的区域的面积.

51. 一辆跑车在椭圆跑道 $x^2/400+y^2/100=1$ 上的点(16, 6)失控，并沿着跑道的切线飞出，最后在点(14, k)撞到一颗树．确定 k 的值．

52. 找到以下极坐标方程相应的图形．

(a) $r=1-2\sin\theta$

(b) $r=1+\dfrac{\sin\theta}{2}$

(c) $r=1+2\cos\theta$

(d) $r=1+\dfrac{\cos\theta}{2}$

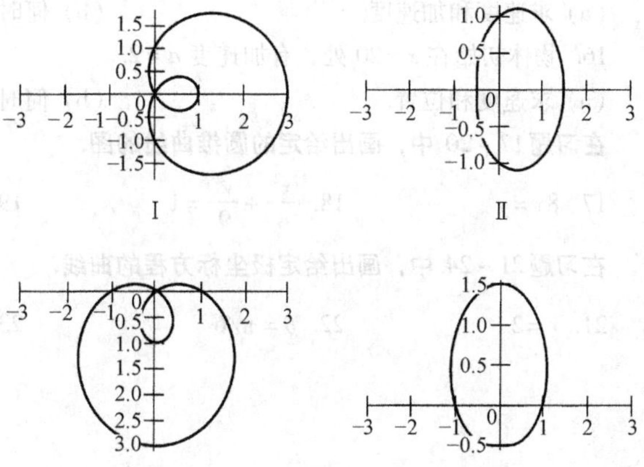

Ⅰ　Ⅱ　Ⅲ　Ⅳ

53. 找到以下极坐标方程相应的图形．

(a) $r=4\cos2\theta$

(b) $r=3\cos3\theta$

(c) $r=5\cos5\theta$

(d) $r=3\sin2\theta$

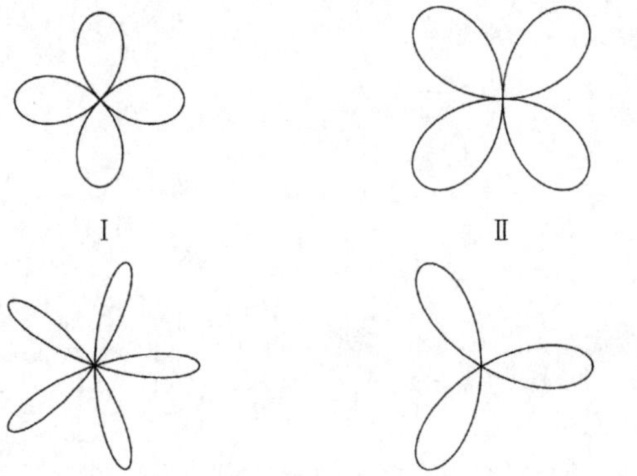
Ⅰ　Ⅱ　Ⅲ　Ⅳ

10.9 回顾与预习

在习题 1-6 中，画出给定参数方程的曲线

1. $x=2t$, $y=t-3$; $1\leqslant t\leqslant4$

2. $x=t/2$, $y=t^2$; $-1\leqslant t\leqslant2$

3. $x=2\cos t$, $y=2\sin t$; $0\leqslant t\leqslant2\pi$

4. $x=2\sin t$, $y=-2\cos t$; $0\leqslant t\leqslant2\pi$

5. $x=t$, $y=\tan 2t$; $-\pi/4\leqslant t\leqslant4$

6. $x=\cosh t$, $y=\sinh t$; $-4\leqslant t\leqslant4$

在习题 7 ~ 8 中，求出 h, θ 表示的 x, y 的表达式．

7. 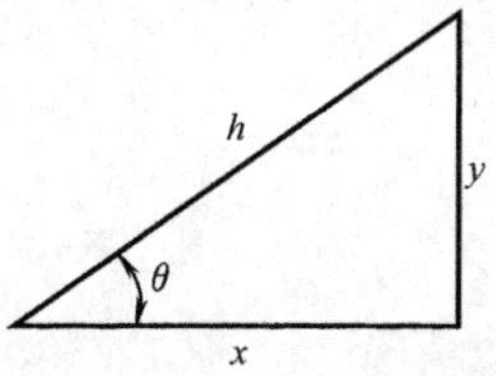

8. 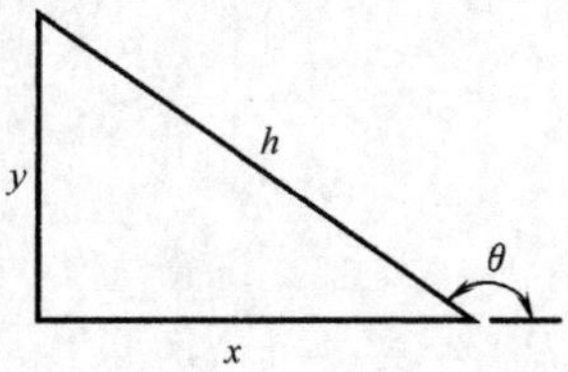

在习题 9 ~ 12 中，求给定曲线的长度．

9. $x=t$, $y=3t^{3/2}$; $0\leqslant t\leqslant4$

10. $x=t+2$, $y=2t-3$; $1\leqslant t\leqslant5$

11. $x=a\cos2t$, $y=a\sin2t$; $0\leqslant t\leqslant\pi/2$

12. $x=\tanh t$, $y=\operatorname{sech} t$; $0\leqslant t\leqslant4$

13. 求在直线 $y=2x+1$ 距离点(0, 3)最近的点。点与直线的最短距离是多少？

14. 求通过点(1, −1), (3, 3)的形如 $x=a_1t+b_1$, $y=a_2t+b_2$ 的直线的参数方程.

15. 物体沿着 x 轴移动，位置为 $s(t)=t^2-6t+8$.

（a）求速度和加速度.　　（b）何时物体向前移动？

16. 物体初始在 $x=20$ 处，有加速度 $a=2$.

（a）求速度和位置.　　（b）何时能到达 100 处？

在习题 17～20 中，画出给定的圆锥曲线的图.

17. $8x=y^2$　　18. $\frac{x^2}{4}+\frac{y^2}{9}=1$　　19. $x^2-4y^2=0$　　20. $x^2-y^2=4$

在习题 21～24 中，画出给定极坐标方程的曲线.

21. $r=2$　　22. $\theta=\pi/6$　　23. $r=4\sin\theta$　　24. $r=\frac{1}{1+\frac{1}{2}\cos\theta}$

第 11 章　空间解析几何与向量代数

11.1　笛卡儿三维坐标系

在微积分的学习中我们已经到达一个重要的转折点．至今，我们已经了解了被称为欧几里得平面或二维空间的广阔平面区域．微积分的概念已应用于一元函数，其图形可以在平面中画出．

下面我们将学习三维空间的微积分．所有熟悉的概念(例如极限，微分，积分)将会从一个更高层次的观点来重新研究．

首先，我们建立空间坐标系．考虑三个互相垂直的坐标轴(x 轴、y 轴和 z 轴)，使三个零点交于一个公共点 O，称为**原点**．虽然这些线能够任意确定方向，但我们沿袭习惯，认为 y 轴和 z 轴位于纸平面内且其正方向分别朝右和朝上．然后 x 轴垂直于该纸面，并且设 x 轴的正轴末端朝向我们，从而形成一个**右手系统**．我们称之为右手系，是因为如果右手的手指弯曲因而从 x 轴的正向弯向 y 轴的正向，拇指指向 z 轴的正方向，如图 1 所示．

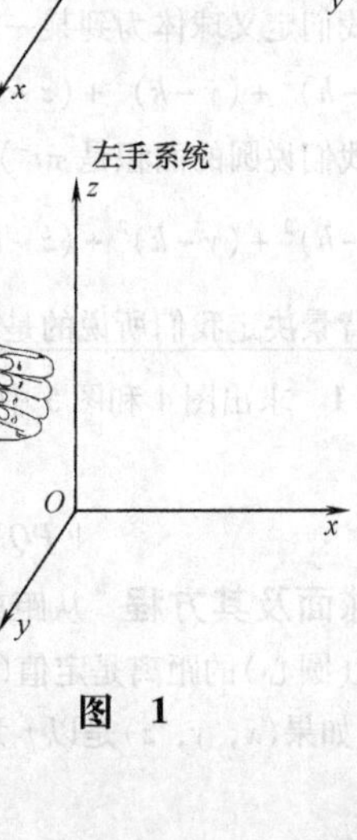

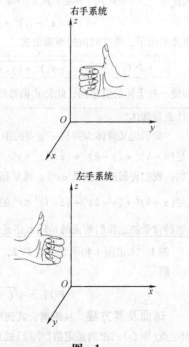

图　1

三个坐标轴决定三个平面(yz 面、xz 面和 xy 面)称为**坐标面**，把空间分成八个部分(图 2)，每一部分叫做一个**卦限**．其中把 xy 面之上、含有 x 轴正向与 y 轴正向的那个卦限称为第Ⅰ卦限，然后沿逆时针方向，顺次确定的部分称为Ⅱ、Ⅲ、Ⅳ卦限；在 xy 面之下与Ⅰ、Ⅱ、Ⅲ、Ⅳ相对应的部分依次称为Ⅴ、Ⅵ、Ⅶ、Ⅷ卦限．空间中每一点 P 对应于三个一组的有序实数(x, y, z)，称为点的**笛卡儿坐标**，可以测量其到三平面的距离(图 3)．

在第Ⅰ卦限描绘点(三个坐标全是正的)相对容易．在图 4 和图 5 中我们描绘了比较困难的来自不同卦限的点 $P(2, -3, 4)$和 $Q(-3, 2, -5)$．

距离公式　在三维空间内有两点 $P_1(x_1, y_1, z_1)$和 $P_2(x_2, y_2, z_2)$，其中 $x_1 \neq x_2$，$y_1 \neq y_2$，$z_1 \neq z_2$．它们决定了一个**平行六面体**(例如一个长方形的盒子)，该平行六面体以这两点为对角的顶

点，它的边平行于坐标轴(图 6)．三角形 P_1QP_2 和 P_1RQ 是直角三角形，根据勾股定理，有

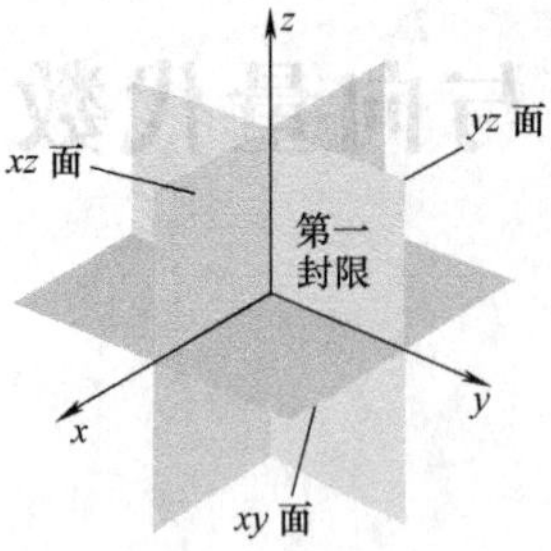

图　2

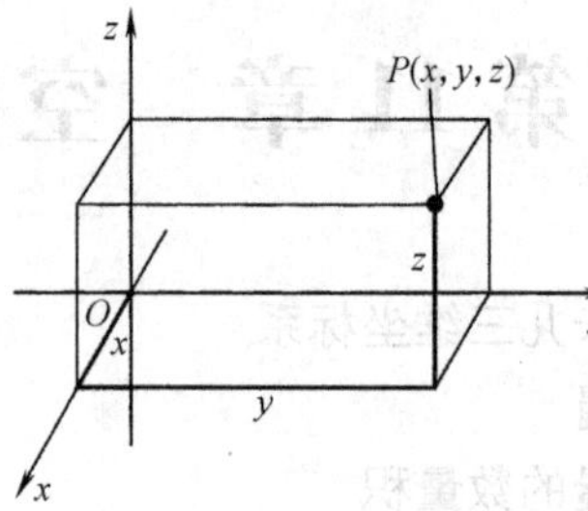

图　3

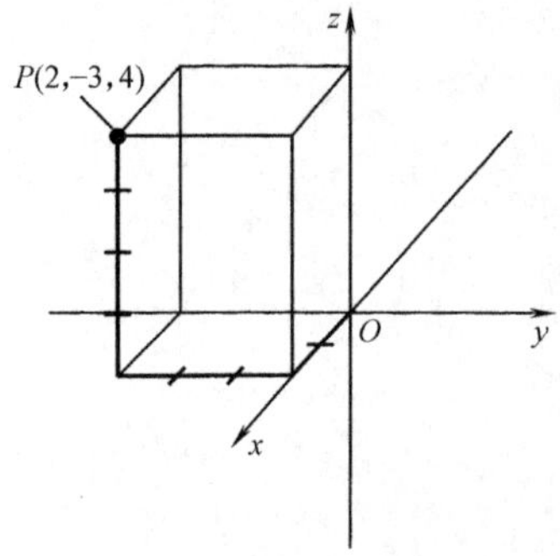

图　4

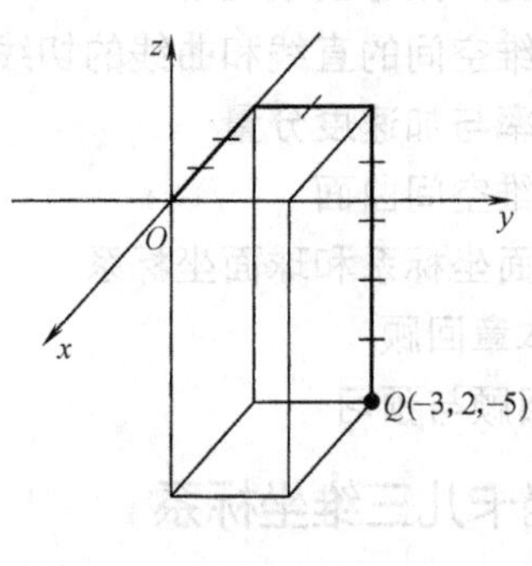

图　5

$$|P_1P_2|^2 = |P_1Q|^2 + |QP_2|^2$$

和

$$|P_1Q|^2 = |P_1R|^2 + |RQ|^2$$

因此

$$|P_1P_2|^2 = |P_1R|^2 + |RQ|^2 + |QP_2|^2 = (x_2 - x_1)^2 + (y_2 - y_1)^2 + (z_2 - z_1)^2$$

由此给出了三维空间内的**距离公式**

$$\boxed{|P_1P_2| = \sqrt{(x_2 - x_1)^2 + (y_2 - y_1)^2 + (z_2 - z_1)^2}}$$

即使一些坐标的值相同，此公式仍然适用．

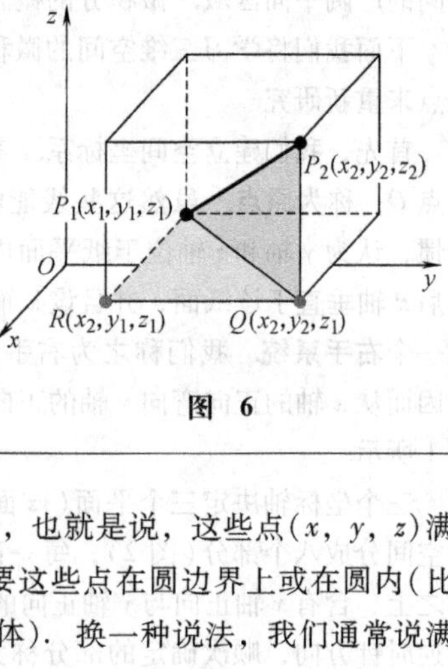

图　6

> 什么是球体？
>
> 我们定义球体为到某一定点的距离小于或等于定长的所有点的集合，也就是说，这些点(x, y, z)满足$(x-h)^2+(y-k)^2+(z-l)^2=r^2$．就像平面上的“圆”，我们有时想要这些点在圆边界上或在圆内(比如：我们说圆的面积是πr^2)，球是指所有边界的内部(通常称为球或球体)．换一种说法，我们通常说满足$(x-h)^2+(y-k)^2+(z-l)^2 \leqslant r^2$ 的点集．当我们说球的体积是$\frac{4}{3}\pi r^3$ 通常认为是后一种解释．通常由问题的背景决定我们所说的是球面还是球体．

例 1　求出图 4 和图 5 中点 $P(2, -3, 4)$ 和点 $Q(-3, 2, -5)$ 之间的距离．

解

$$|PQ| = \sqrt{(-3-2)^2 + (2+3)^2 + (-5-4)^2} = \sqrt{131} \approx 11.45$$

球面及其方程　从距离公式到球面方程仅仅是很小的一步．所谓球面，指的是在三维空间内到某一固定点(圆心)的距离是定值(半径)的点的集合．我们知道在平面内到定点距离是常数的点的集合是圆．事实上，如果(x, y, z)是以 r 为半径，以(h, k, l)为球心的球上一点(图 7)，那么

$$\boxed{(x-h)^2+(y-k)^2+(z-l)^2=r^2}$$

我们称之为**球面的标准方程**.

一般地，上式也可写为

$$x^2+y^2+z^2+Gx+Hy+Iz+J=0$$

然而，这种形式方程的图形可能是一个球面，也可能是一个点，还可能没有图形．为什么呢？请看下面的例子．

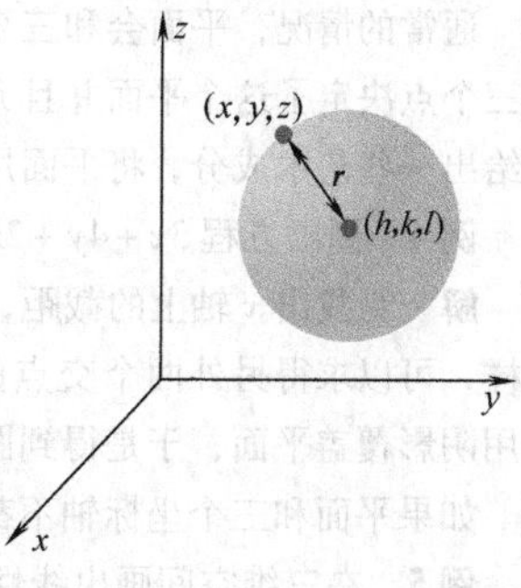

图 7

例2 求球面方程 $x^2+y^2+z^2-10x-8y-12z+68=0$ 的球心和半径，并画出其图形．

解 先配出完全平方公式

$$(x^2-10x+\quad)+(y^2+8y+\quad)+(z^2-12z+\quad)=-68$$

$$(x^2-10x+25)+(y^2-8y+16)+(z^2-12z+36)=-68+25+16+36$$

$$(x-5)^2+(y-4)^2+(z-6)^2=9$$

因此，该方程表示一个以(5，4，6)为球心，3为半径的球面，如图8所示．

如果例2中的方程完成配平方后变为

$$(x-5)^2+(y-4)^2+(z-6)^2=0$$

那么图形将会变为一个点(5，4，6)，如果方程右边变为负数，方程将没有图形．

另一个由距离公式得出的简单结果是**中点公式**．如果点 $P_1(x_1, y_1, z_1)$ 和 $P_2(x_2, y_2, z_2)$ 是线段的两个端点，则中点 $M(m_1, m_2, m_3)$ 有坐标

$$\boxed{m_1=\frac{x_1+x_2}{2},\ m_2=\frac{y_1+y_2}{2},\ m_3=\frac{z_1+z_2}{2}}$$

换言之，为得到线段的中点公式，取相应的两端点的坐标的平均值即可．

例3 求出以点(-1，2，3)和点(5，-2，7)为直径端点的球面的方程．（图9）

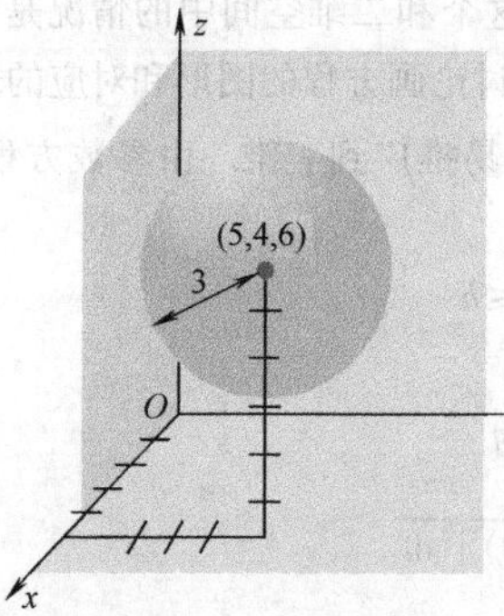

图 8

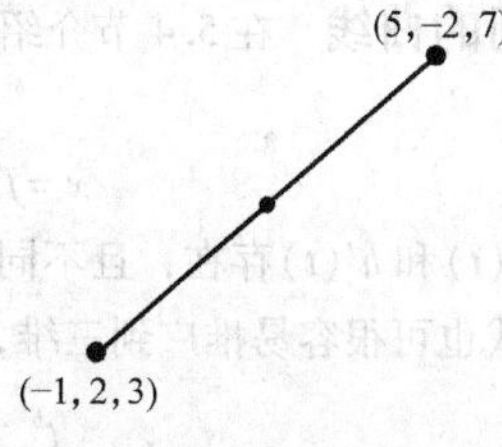

图 9

解 球心在线段的中点，即(2，0，5)，半径 r 满足

$$r^2=(5-2)^2+(-2-0)^2+(7-5)^2=17$$

由此，可以推出球面的方程是

$$(x-2)^2+y^2+(z-5)^2=17$$

三维空间内的图形 很自然，因为和距离公式的关系，我们很自然的会先想起一个二次方程．但是，我们推测，一个具有如下形式的关于 x，y，z 的**线性方程**

$$Ax+By+Cz=D,\ A^2+B^2+C^2\neq 0$$

这样将会更加易于分析(注意 $A^2+B^2+C^2\neq 0$，即 A、B 和 C 不同时为零)．事实上，我们将会在11.3节证明这个形式的线性方程的图形是一个平面，我们暂且将其视为必然，先考虑如何画直线的图形．

通常的情况，平面会和三个坐标轴相交，我们首先找到这些交点，那就是，找到 x，y，z 轴上的截距. 这三个点决定了这个平面并且允许我们画出其**轨迹**(依据坐标平面)，即此平面和坐标平面的交线(截痕). 为给出一些艺术成分，将平面用阴影着色.

例 4　画出方程 $3x+4y+2z=12$ 的图形.

解　为找出 x 轴上的截距，我们把 y，z 坐标设为 0，然后解 x，可以得到 $x=4$. 对应的点是(4，0，0)，同样，可以求得另外两个交点的坐标是(0，3，0)，(0，0，6). 然后，用线段连接这些点便可得到轨迹，再用阴影覆盖平面，于是得到图 10 所示的图形.

如果平面和三个坐标轴不都相交呢？当方程中没有某个变量(例如系数为 0)时，这种情况将会如何？

例 5　在三维空间画出线性方程 $2x+3y=6$ 的图形.

解　x 和 y 坐标轴上的交点分别是(3，0，0)和(0，2，0)，这两点决定了 xy 平面上的轨迹. 平面不会和 z 坐标轴相交(x 和 y 不能同时为 0)，所以该平面和 z 坐标轴是平行的. 在图 11 中画出了其图形.

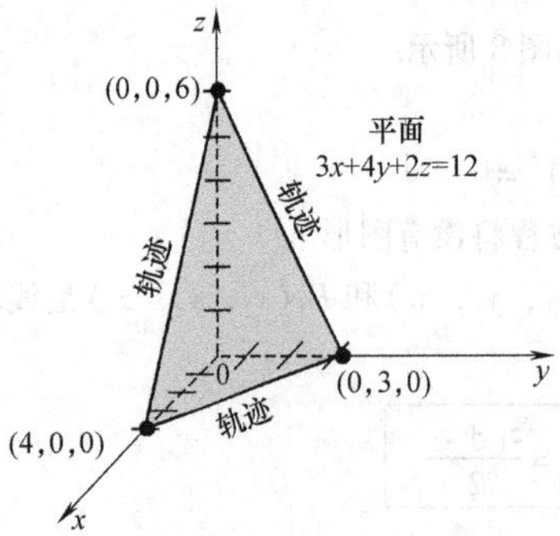

图　10

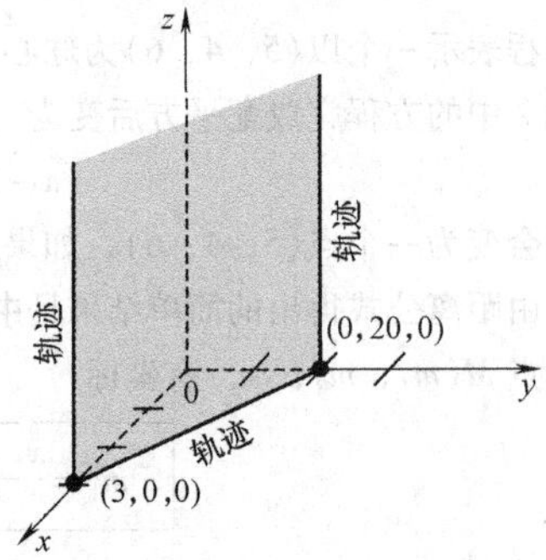

图　11

通过观察，可以注意到在每个例子中方程的图形都是一个平面. 这个和二维空间中的情况是不一样的，其中二维空间中方程的图形通常为一条曲线. 在 11.8 节中将更详细地讨论画方程的图形和对应的表面.

三维空间的曲线　在 5.4 节介绍的空间曲线的参数方程，很容易推广到三维. 由参数方程所决定的三维空间曲线

$$x=f(t),\ y=g(t),\ z=h(t);\ a\leqslant t\leqslant b$$

如果 $f'(t)$，$g'(t)$ 和 $h'(t)$ 存在，且不同时为零，则称曲线是平滑的.

弧长的公式也可很容易推广到三维，对于上述定义的曲线，弧长为

$$L=\int_a^b\sqrt{[f'(t)]^2+[g'(t)]^2+[h'(t)]^2}\,dt$$

例 6　一个物体在 t 时刻的位置由参数曲线给出 $x=\cos t$，$y=\sin t$，$z=t/\pi$，$0\leqslant t\leqslant 2\pi$，画出曲线并求出弧长.

解　首先，列出与 t，x，y，z 的值对应的表，然后在三维空间中连接这些点；曲线如图 12 所示，弧长为

$$\begin{aligned}L&=\int_0^{2\pi}\sqrt{(-\sin t)^2+(\cos t)^2+(1/\pi)^2}\,dt\\&=\int_0^{2\pi}\sqrt{\sin^2 t+\cos^2 t+1/\pi^2}\,dt\\&=\int_0^{2\pi}\sqrt{1+1/\pi^2}\,dt=2\pi\sqrt{1+1/\pi^2}\end{aligned}$$

例 6 的曲线叫做**螺旋线**. 注意，如果忽略 z 方向的运动，物体则是作匀速圆周运动. 再加上 z 方向上的匀速向上运动，物体随着它的运动一圈一圈地转，就好像是螺旋梯.

t	x	y	z
0	1	0	0
$\frac{\pi}{4}$	$\frac{\sqrt{2}}{2}$	$\frac{\sqrt{2}}{2}$	$\frac{1}{4}$
$\frac{\pi}{2}$	0	1	$\frac{1}{2}$
$\frac{3\pi}{4}$	$-\frac{\sqrt{2}}{2}$	$\frac{\sqrt{2}}{2}$	$\frac{3}{4}$
π	-1	0	1
$\frac{5\pi}{4}$	$-\frac{\sqrt{2}}{2}$	$-\frac{\sqrt{2}}{2}$	$\frac{5}{4}$
$\frac{3\pi}{2}$	0	-1	$\frac{3}{2}$
π	1	0	2

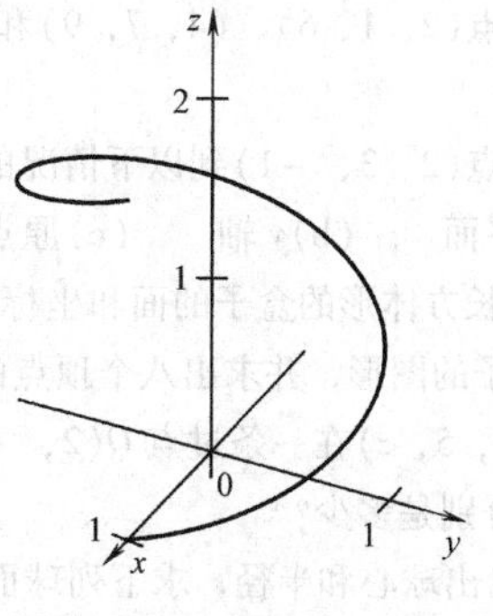

图 12

用另外一种方法来求曲线的弧长，如图 13 所示，螺旋线完全是在一个圆柱体的表面上．假设圆柱体如图所示被剪开，被剪成矩形，那么螺旋线就成了矩形的对角线，所以弧长为

$$\sqrt{4+4\pi^2}=\sqrt{4\pi^2(1+1/\pi^2)}=2\pi\sqrt{1+1/\pi^2}$$

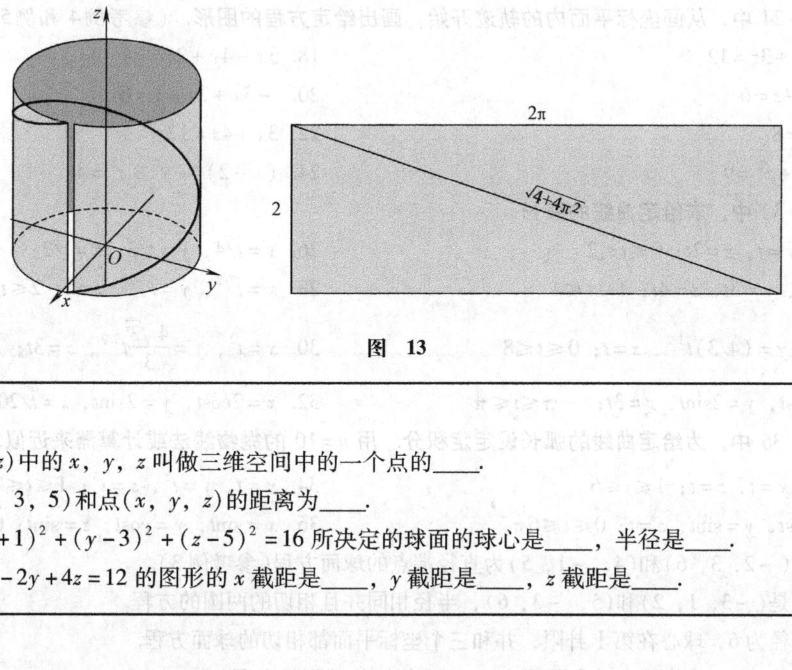

图 13

概念复习

1. (x, y, z)中的 x，y，z 叫做三维空间中的一个点的____.
2. 点$(-1, 3, 5)$和点(x, y, z)的距离为____.
3. 方程$(x+1)^2+(y-3)^2+(z-5)^2=16$ 所决定的球面的球心是____，半径是____.
4. 方程 $3x-2y+4z=12$ 的图形的 x 截距是____，y 截距是____，z 截距是____.

习题 11.1

1. 画出坐标是(1, 2, 3)、(2, 0, 1)、(−2, 4, 5)、(0, 3, 0)以及(−1, −2, −3)的点．如果适当的话，画示出如图 4 和图 5 中的“盒子”.

2. 按照题 1 的要求作出点$(\sqrt{3}, -3, 3)$、$(0, \pi, -3)$、$(-2, \frac{1}{3}, 2)$以及$(0, 0, e)$的图形.

3. 位于 yz 平面上的点有什么性质？位于 z 轴上的点呢？

4. 位于 xz 平面上的点有什么性质？位于 y 轴上的点呢？

5. 求出下列相应点之间的距离

(a)(6, −1, 0)和(1, 2, 3)　　(b)(−2, −2, 0)和(2, −2, −3)

(c)$(e, \pi, 0)$和$(-\pi, -4, \sqrt{3})$.

6. 证明点(4, 5, 3)、(1, 7, 4)和(2, 4, 6)是等边三角形的三个顶点.

7. 证明点(2, 1, 6)、(4, 7, 9)和(8, 5, -6)是直角三角形的三个顶点. 提示：只有直角三角形满足勾股定理.

8. 找出点(2, 3, -1)到以下情况的距离.

(a) xy 平面　(b) y 轴　(c) 原点

9. 一个长方体形的盒子的面和坐标轴平行，并且点(2, 3, 4)和点(6, -1, 0)位于主对角线的两端. 作出这个盒子的图形，并求出八个顶点的坐标.

10. $P(x, 5, z)$ 在一条过点 $Q(2, -4, 3)$ 并且平行于坐标轴的直线上. 那么，这条坐标轴是哪一个？坐标 x 和 z 分别是多少？

11. 已给出球心和半径，求下列球面方程.

(a) (1, 2, 3), 5　(b) (-2, -3, -6), $\sqrt{5}$　(c) (π, e, $\sqrt{2}$), $\sqrt{\pi}$

12. 求出球心是(2, 4, 5)并且和 xy 平面相切的球面的方程.

在习题 13 ~ 16 中，方程已给出，利用完全平方公式找出球心和半径.

13. $x^2+y^2+z^2-12x+14y-8z+1=0$

14. $x^2+y^2+z^2+2x-6y-10z+34=0$

15. $4x^2+4y^2+4z^2-4x+8y+16z-13=0$

16. $x^2+y^2+z^2+8x-4y-22z+77=0$

在习题 17 ~ 24 中，从画坐标平面内的轨迹开始，画出给定方程的图形.（参考例 4 和例 5）

17. $2x+6y+3z=12$

18. $3x-4y+2z=24$

19. $x+3y-z=6$

20. $-3x+2y+z=6$

21. $x+3y=8$

22. $3x+4z=12$

23. $x^2+y^2+z^2=9$

24. $(x-2)^2+y^2+z^2=4$

在习题 25 ~ 32 中，求给定曲线的弧长.

25. $x=t$, $y=t$, $z=2t$; $0\leqslant t\leqslant 2$

26. $x=t/4$, $y=t/3$, $z=t/2$; $1\leqslant t\leqslant 3$

27. $x=t^{3/2}$, $y=3t$, $z=4t$; $1\leqslant t\leqslant 4$

28. $x=t^{3/2}$, $y=t^{3/2}$, $z=t$; $2\leqslant t\leqslant 4$

29. $x=t^2$, $y=(4/3)t^{3/2}$, $z=t$; $0\leqslant t\leqslant 8$

30. $x=t^2$, $y=\dfrac{4\sqrt{3}}{3}t^{3/2}$, $z=3t$; $1\leqslant t\leqslant 4$

31. $x=2\cos t$, $y=2\sin t$, $z=3t$; $-\pi\leqslant t\leqslant \pi$

32. $x=2\cos t$, $y=2\sin t$, $z=t/20$; $0\leqslant t\leqslant 8\pi$

在习题 33 ~ 36 中，为给定曲线的弧长设定定积分. 用 $n=10$ 的抛物线法或计算器来近似求出积分.

33. $x=\sqrt{t}$, $y=t$, $z=t$; $1\leqslant t\leqslant 6$

34. $x=t$, $y=t^2$, $z=t^3$; $1\leqslant t\leqslant 2$

35. $x=2\cos t$, $y=\sin t$, $z=t$; $0\leqslant t\leqslant 6\pi$

36. $x=\sin t$, $y=\cos t$, $z=\sin t$; $0\leqslant t\leqslant 2\pi$

37. 求以点(-2, 3, 6)和(4, -1, 5)为直径端点的球面方程(参考例 3).

38. 求球心是(-3, 1, 2)和(5, -3, 6)，半径相同并且相切的两圆的方程.

39. 求出半径为 6，球心在第Ⅰ卦限，并和三个坐标平面都相切的球面方程.

40. 找出以(1, 1, 4)为球心并和平面 $x+y=12$ 相切的球面的方程.

41. 在三维空间里描述以下方程.

(a) $z=2$　(b) $x=y$　(c) $xy=0$

(d) $xyz=0$　(e) $x^2+y^2=4$　(f) $z=\sqrt{9-x^2-y^2}$

42. 球面 $(x-1)^2+(y+2)^2+(z+1)^2=10$ 和平面 $z=2$ 相交成一圆，求该圆的圆心和半径.

43. 一移动点 P，它到点(1, 2, -3)的距离是到点(1, 2, 3)的距离的两倍，证明该点在球面上，并找出其球心和半径.

44. 一移动点 P，到点(1, 2, -3)的距离和到点(2, 3, 2)的距离相等. 找出 P 点所在的平面.

45. 球 $(x-1)^2+(y-2)^2+(z-1)^2\leqslant 4$ 和 $(x-2)^2+(y-4)^2+(z-3)^2\leqslant 4$ 相交成一实体. 求它的体积.

46. 如果 45 题中的第二个球体 $(x-2)^2+(y-4)^2+(z-3)^2\leqslant 9$，那么实体的体积是多少？

47. 由 $x=a\cos t$, $y=a\sin t$, $z=ct$ 确定的曲线是一条螺旋线，固定 a，用 CAS 计算得到对不同 c 的参数曲

线．试问，c 对曲线有什么影响？

48. 对题 47 描述的螺旋线，固定 c，用 CAS 计算得到对不同 a 的参数曲线，试问 a 对曲线有什么影响？

概念复习答案：

1. 坐标 2. $\sqrt{(x+1)^2+(y-3)^2+(z-5)^2}$ 3. $(-1, 3, 5)$，4 4. 平面，4，-6，3

11.2 向量

在科学上，许多物理量（如长度、质量、体积和电流等）都可以用一个简单的数字来将其具体化．这些物理量（及用数字来表示它们）我们都称之为**标量**．而其他一些物理量，如速度、力、力矩和位移等既有大小又有方向的物理量，我们称之为**向量**，并用带箭头的符号来表示它们．箭头的长度表示该向量的**大小**，而箭头的方向表示该向量的**方向**．如图 1 中所示的向量的长度为 2.3，方向为东偏北 30°．

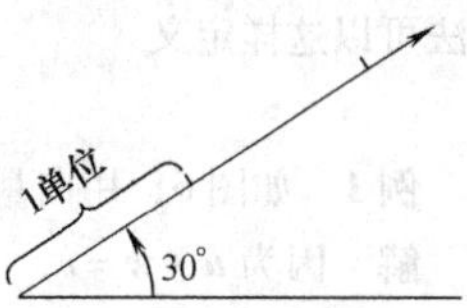

图 1

我们所画的箭头都有两个端点．一个是起始点，称为尾部，一个是末端点，称为头部（图 2）．当且仅当两个向量的大小相等和方向相同时，我们说这两个向量是相等的（图 3）．书中用黑体字来表示向量，如 $\mathbf{u}$，$\mathbf{v}$．这是因为很难用常规的方法写出这种字体．而手写体一般要求用 $\vec{u}$，$\vec{v}$．而向量 $\mathbf{u}$ 的大小（长度）则简化为 $\|\mathbf{u}\|$．

图 2

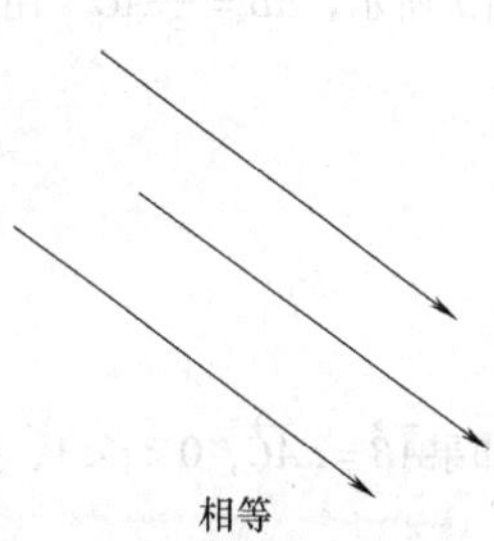

图 3

一般情况下，向量是三维的，这是因为它们的起始点和末端点都在三维空间内．然而很多情况下向量是完全处于 xy 平面内的．所以题目里应该先声明题内的向量是二维的还是三维的．

向量运算 求 $\mathbf{u}$ 和 $\mathbf{v}$ 的和时，我们不改变 $\mathbf{v}$ 的大小和方向，只需要把 $\mathbf{v}$ 的尾部移到与 $\mathbf{u}$ 的头部重合的位置，而 $\mathbf{u}+\mathbf{v}$ 所表示的向量即为由向量 $\mathbf{u}$ 的尾部指向向量 $\mathbf{v}$ 的头部的向量．图 4 的左图解释了这一三角形法则．

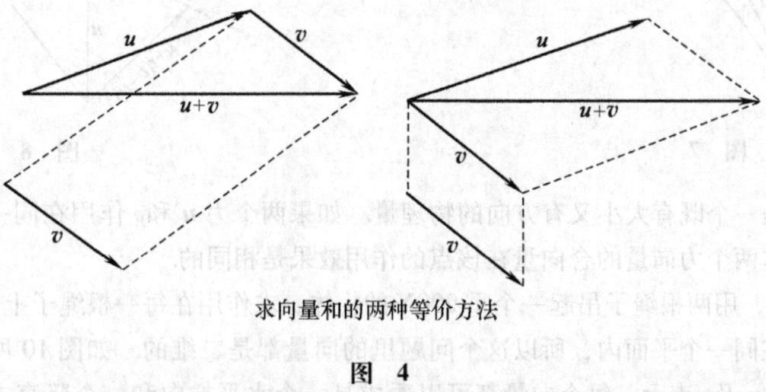

求向量和的两种等价方法

图 4

另外有一种计算 $\mathbf{u}+\mathbf{v}$ 的方法，移动 $\mathbf{v}$ 使其尾部与 $\mathbf{u}$ 的尾部重合，而向量 $\mathbf{u}+\mathbf{v}$ 的尾部与 $\mathbf{u}$ 和 $\mathbf{v}$ 的尾部重合，其头部是以向量 $\mathbf{u}$ 和 $\mathbf{v}$ 为边的平行四边形的对角线的端点．图 4 的右图解释了这一平行四边形法则．

这两种计算向量和的方法是等效的．我们也很容易的证明向量加法符合加法交换律和结合律，即

$$\boldsymbol{u}+v=v+\boldsymbol{u}$$

$$(\boldsymbol{u}+v)+\boldsymbol{w}=\boldsymbol{u}+(v+\boldsymbol{w})$$

已知如果 $\boldsymbol{u}$ 是一个向量，则 $3\boldsymbol{u}$ 也表示一个向量，该向量的方向与 $\boldsymbol{u}$ 的方向相同，大小是向量 $\boldsymbol{u}$ 的三倍. $-2\boldsymbol{u}$ 则表示大小是向量 $\boldsymbol{u}$ 的两倍，方向与 $\boldsymbol{u}$ 相反的向量(图 5). 一般地，$c\boldsymbol{u}$ 表示向量 $\boldsymbol{u}$ 的标量的乘积，其大小是向量 $\boldsymbol{u}$ 的 $|c|$ 倍，其方向与 $\boldsymbol{u}$ 相同或相反，而这取决于 c 是一个正数还是负数. $-\boldsymbol{u}$ 表示一个大小与 $\boldsymbol{u}$ 相同方向相反的向量，称为 $\boldsymbol{u}$ 的负向量，因为当将 $-\boldsymbol{u}$ 与 $\boldsymbol{u}$ 相加时，得到一个向量，该向量仅表示一个点. 这一向量是唯一没有方向的向量，称为零向量，记作 $\mathbf{0}$. 因此，可以得到，$\boldsymbol{u}+\mathbf{0}=\mathbf{0}+\boldsymbol{u}=\boldsymbol{u}$. 这样，向量的减法可以这样定义

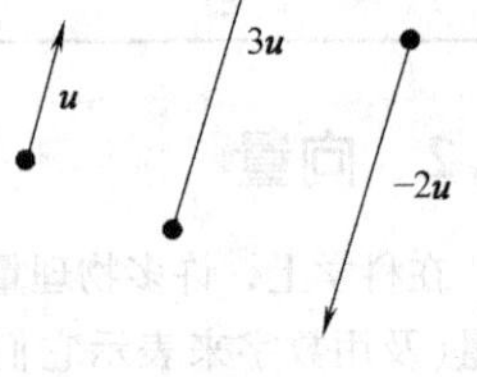

图 5

$$\boldsymbol{u}-v=\boldsymbol{u}+(-v)$$

例 1　如图 6，用向量 $\boldsymbol{u}$ 和向量 v 来表示向量 $\boldsymbol{w}$.

解　因为 $\boldsymbol{u}+\boldsymbol{w}=v$. 因此，可以得到

$$\boldsymbol{w}=v-\boldsymbol{u}$$

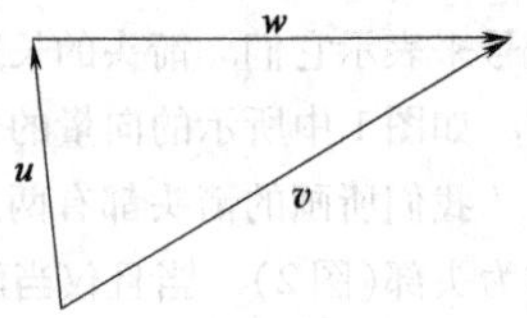

图 6

如果 P 与 Q 是平面上的两个点，则 $\overrightarrow{PQ}$ 表示一个以 P 为尾部，以 Q 为头部的向量.

例 2　如图 7 所示，$\overrightarrow{AB}=\dfrac{2}{3}\overrightarrow{AC}$. 用向量 $\boldsymbol{u}$ 和向量 v 来表示向量 $\boldsymbol{m}$.

解

$$\boldsymbol{m}=\boldsymbol{u}+\overrightarrow{AB}=\boldsymbol{u}+\frac{2}{3}\overrightarrow{AC}$$

$$=\boldsymbol{u}+\frac{2}{3}(v-\boldsymbol{u})=\frac{1}{3}\boldsymbol{u}+\frac{2}{3}v$$

一般地，如果 $\overrightarrow{AB}=t\overrightarrow{AC}$，$0<t<1$，那么

$$\boldsymbol{m}=(1-t)\boldsymbol{u}+tv$$

等式右边的表达式也可写成 $\boldsymbol{u}+t(v-\boldsymbol{u})$

如果定义 t 为任意标量，那么就可以得到一个尾部与 $\boldsymbol{u}$ 相同，而头部在直线 l 上的向量的集合(图 8). 这一点在稍后学到的用向量来表示直线时将会大有用处.

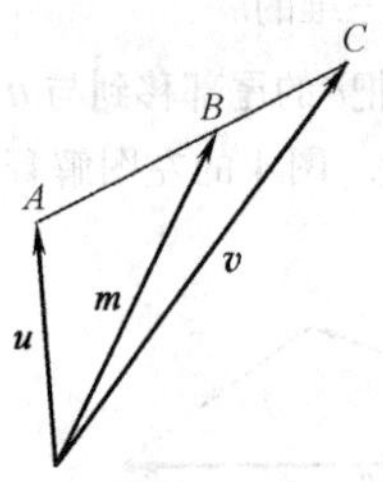

图 7

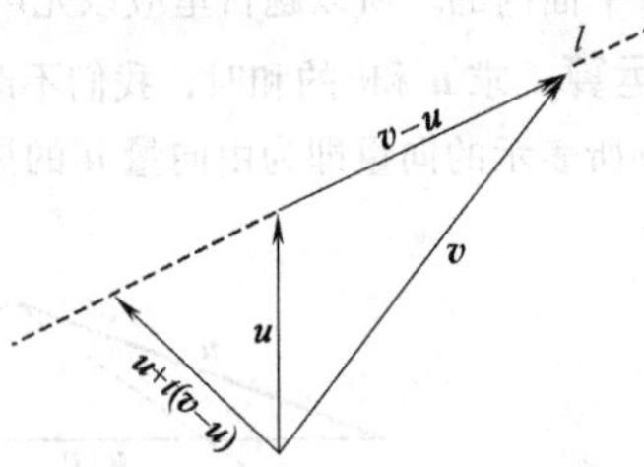

图 8

向量应用　力是一个既有大小又有方向的物理量. 如果两个力 $\boldsymbol{u}$ 和 v 作用在同一点上，那么它们在该点的共同作用效果与这两个力向量的合向量在该点的作用效果是相同的.

例 3　如图 9 所示，用两根绳子吊起一个重 200N 的物体，求作用在每一根绳子上的张力.

解　所有的力都在同一个平面内，所以这个问题里的向量都是二维的. 如图 10 所示，重力和绳子的张力可以分别用向量 $\boldsymbol{w}$，$\boldsymbol{u}$ 及 v 表示. 每个向量都可以看成是一个水平方向和一个竖直方向的向量的和. 因为整个系统是平衡的，所以，在水平方向上向左的向量的和与向右的向量的和大小相等，在竖直方向上向上的向量和与向下的向量的和大小相等. 由此，可得

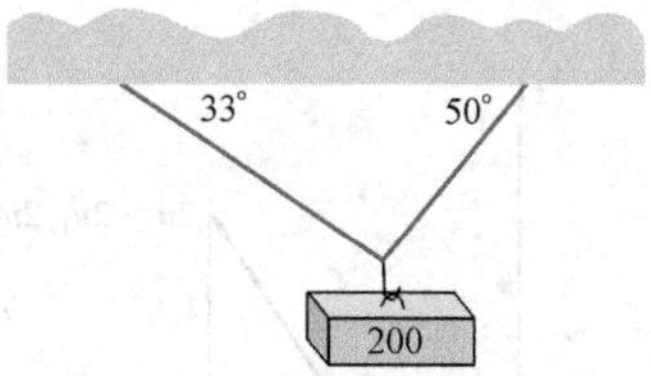

图 9

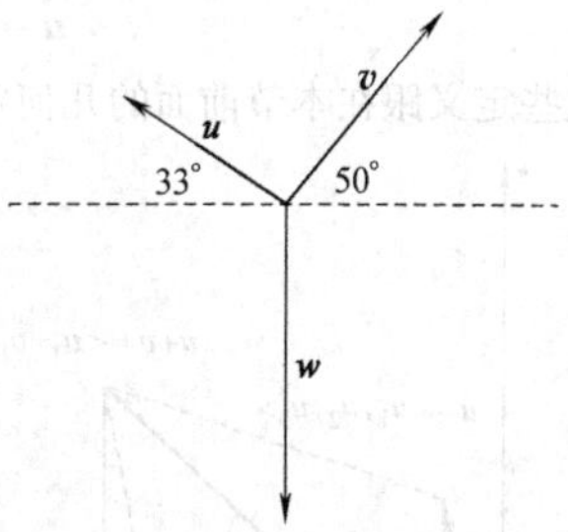

图 10

$$\| \boldsymbol{u} \| \cos 33° = \| v \| \cos 50° \qquad (1)$$

$$\| \boldsymbol{u} \| \sin 33° + \| v \| \sin 50° = \| \boldsymbol{w} \| = 200 \qquad (2)$$

在式(1)中求出 $\| v \|$ 并将其代入到式(2)中，得到

$$\| \boldsymbol{u} \| \sin 33° + \frac{\| \boldsymbol{u} \| \cos 33°}{\cos 50°} \sin 50° = 200$$

化简得

$$\| \boldsymbol{u} \| = \frac{200}{\sin 33° + \cos 33° \tan 50°} \approx 129.52(\mathrm{N})$$

代入到式(1)得

$$\| v \| = \frac{\| \boldsymbol{u} \| \cos 33°}{\cos 50°} \approx \frac{129.52 \cos 33°}{\cos 50°} \approx 168.99(\mathrm{N})$$

向量的代数表示 对于平面内一个给定的向量 $\boldsymbol{u}$，可以用尾部在直角坐标系原点的箭头记号表示它(图11). 这个箭头由它头部的坐标 u_1 和 u_2 唯一确定. 也就是说，向量 $\boldsymbol{u}$ 完全由有序对 $\langle u_1, u_2 \rangle$ 描述，我们称 u_1 和 u_2 为向量 $\boldsymbol{u}$ 的**分量**. 这样我们用记号 $\langle u_1, u_2 \rangle$ 表示一个以原点为尾部，以点 (u_1, u_2) 为头部的向量. 顺便说一下，用 $\langle u_1, u_2 \rangle$ 而不用 (u_1, u_2)，是因为后者有两重含义：一个开区间和一个平面上的点.

对于三维空间中的向量，也是易懂的. 我们用以从原点指向由坐标 (u_1, u_2, u_3) 确定的箭头表示向量，记向量为 $\langle u_1, u_2, u_3 \rangle$(图12)，在本节的余下部分，将介绍三维向量的特性，二维向量的结果将会是很明显的.

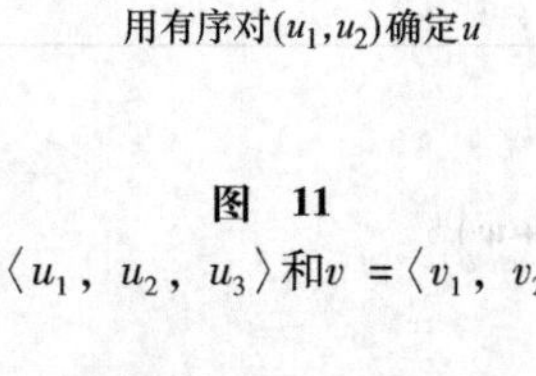

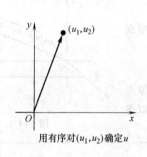

图 11

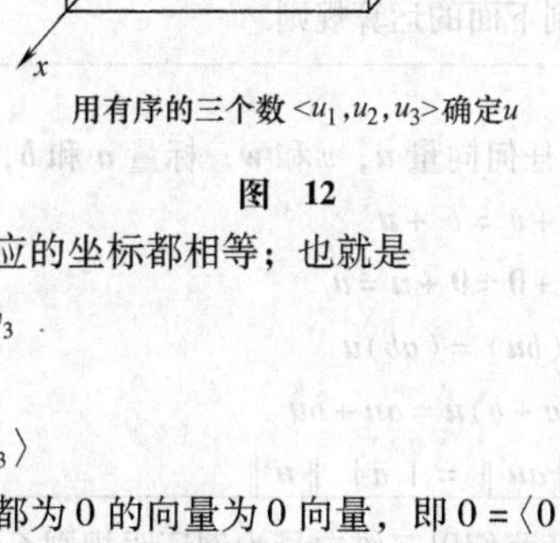

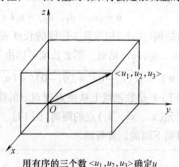

图 12

向量 $\boldsymbol{u} = \langle u_1, u_2, u_3 \rangle$ 和 $v = \langle v_1, v_2, v_3 \rangle$ 相等，当且仅当对应的坐标都相等；也就是

$$u_1 = v_1, \quad u_2 = v_2, \quad u_3 = v_3$$

向量乘以一个标量 c，就是把各个向量分量分别乘上 c；即

$$c\boldsymbol{u} = \boldsymbol{u}c = \langle cu_1, cu_2, cu_3 \rangle$$

记号 $-\boldsymbol{u}$ 表示向量 $(-1)\boldsymbol{u} = \langle -u_1, -u_2, -u_3 \rangle$，所有向量分量都为0的向量为0向量，即 $0 = \langle 0, 0, 0 \rangle$.

两个向量的和 $\boldsymbol{u} + v$ 为

$$\boldsymbol{u} + v = \langle u_1 + v_1, u_2 + v_2, u_3 + v_3 \rangle$$

向量 $\boldsymbol{u} - v$ 定义为

$$\boldsymbol{u}-\boldsymbol{v}=\langle u_1-v_1,\ u_2-v_2,\ u_3-v_3\rangle$$

图 13 表示这些定义跟在本节前面的几何定义是一致的.

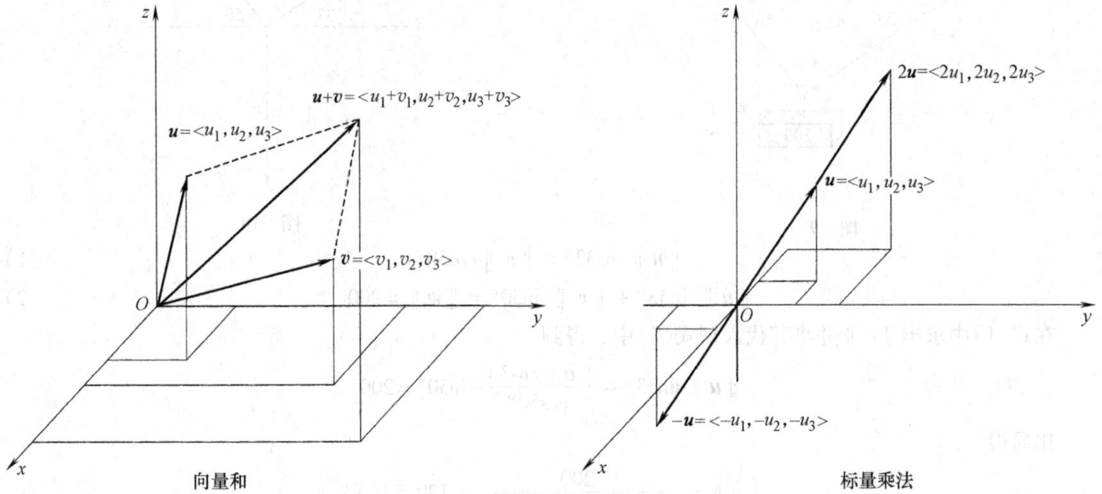

向量和　　　　标量乘法

图　13

二维空间的向量

这里是二维空间中向量的定义。若 $\boldsymbol{u}=\langle u_1,\ u_2\rangle$，$\boldsymbol{v}=\langle v_1,\ v_2\rangle$ 且 c 是标量，则

$$c\boldsymbol{u}=\langle cu_1,\ cu_2\rangle \qquad \boldsymbol{u}+\boldsymbol{v}=\langle u_1+v_1,\ u_2+v_2\rangle$$

$$\boldsymbol{u}-\boldsymbol{v}=\langle u_1-v_1,\ u_2-v_2\rangle \qquad \boldsymbol{i}=\langle 1,\ 0\rangle,\ \boldsymbol{j}=\langle 0,\ 1\rangle$$

$$\|\boldsymbol{u}\|=\sqrt{u_1^2+u_2^2}$$

三维空间中的三个特殊向量 $\boldsymbol{i}=\langle 1,\ 0,\ 0\rangle$，$\boldsymbol{j}=\langle 0,\ 1,\ 0\rangle$，$\boldsymbol{k}=\langle 0,\ 0,\ 1\rangle$，叫做**标准单位向量**或者**基向量**. 每个向量 $\boldsymbol{u}=\langle u_1,\ u_2,\ u_3\rangle$ 都可以写成 $\boldsymbol{i}$，$\boldsymbol{j}$，$\boldsymbol{k}$ 的表达形式

$$\boldsymbol{u}=\langle u_1,\ u_2,\ u_3\rangle=u_1\boldsymbol{i}+u_2\boldsymbol{j}+u_3\boldsymbol{k}$$

向量的模(大小)用带箭头的线的长度表示，如果带箭头的线从原点出发到 $(u_1,\ u_2,\ u_3)$ 结束，那么长度可以由下列距离公式给出

$$\|\boldsymbol{u}\|=\sqrt{(u_1-0)^2+(u_2-0)^2+(u_3-0)^2}=\sqrt{u_1^2+u_2^2+u_3^2}$$

就像 $|c|$ 是数轴线上从原点到点 c 的距离，$\|\boldsymbol{u}\|$ 是空间中从原点到有序三元 $(u_1,\ u_2,\ u_3)$ 点的距离(图 14). 由向量的代数说明，可以很容易地得到下面的运算规则.

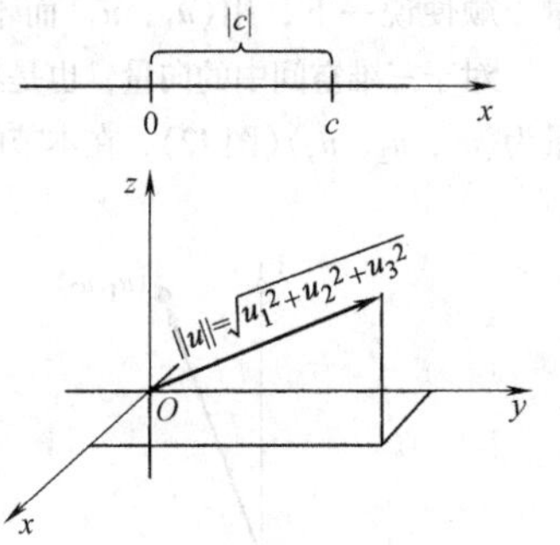

图　14

定理 A

对于任何向量 $\boldsymbol{u}$，$\boldsymbol{v}$ 和 $\boldsymbol{w}$，标量 a 和 b，下面的关系总是成立.

1. $\boldsymbol{u}+\boldsymbol{v}=\boldsymbol{v}+\boldsymbol{u}$
2. $(\boldsymbol{u}+\boldsymbol{v})+\boldsymbol{w}=\boldsymbol{u}+(\boldsymbol{v}+\boldsymbol{w})$
3. $\boldsymbol{u}+\boldsymbol{0}=\boldsymbol{0}+\boldsymbol{u}=\boldsymbol{u}$
4. $\boldsymbol{u}+(-\boldsymbol{u})=\boldsymbol{0}$
5. $a(b\boldsymbol{u})=(ab)\boldsymbol{u}$
6. $a(\boldsymbol{u}+\boldsymbol{v})=a\boldsymbol{u}+a\boldsymbol{v}$
7. $(a+b)\boldsymbol{u}=a\boldsymbol{u}+b\boldsymbol{u}$
8. $1\boldsymbol{u}=\boldsymbol{u}$
9. $\|a\boldsymbol{u}\|=|a|\ \|\boldsymbol{u}\|$

证明　我们以三维向量为例证明规则 6 和 9，下面的步骤是可行的.

$$\begin{aligned}a(\boldsymbol{u}+\boldsymbol{v})&=a(\langle u_1,\ u_2,\ u_3\rangle+\langle v_1,\ v_2,\ v_3\rangle)\\&=a\langle u_1+v_1,\ u_2+v_2,\ u_3+v_3\rangle\end{aligned}$$

$$=\langle a(u_1+v_1),\ a(u_2+v_2),\ a(u_3+v_3)\rangle$$
$$=\langle au_1+av_1,\ au_2+av_2,\ au_3+av_3\rangle$$
$$=\langle au_1,\ au_2,\ au_3\rangle+\langle av_1,\ av_2,\ av_3\rangle$$
$$=a\langle u_1,\ u_2,\ u_3\rangle+a\langle v_1,\ v_2,\ v_3\rangle$$
$$=a\boldsymbol{u}+a\boldsymbol{v}$$

证明了规则 6，现在来看规则 9

$$\|a\boldsymbol{u}\|=\|\langle au_1,\ au_2,\ au_3\rangle\|=\sqrt{(au_1)^2+(au_2)^2+(au_3)^2}$$
$$=\sqrt{a^2(u_1^2+u_2^2+u_3^2)}=|a|\sqrt{u_1^2+u_2^2+u_3^2}=|a|\ \|\boldsymbol{u}\|$$

例 4 令 $\boldsymbol{u}=\langle 1,\ 1,\ 2\rangle$，$\boldsymbol{v}=\langle 0,\ -1,\ 2\rangle$.

(a) 将 $\boldsymbol{u}+\boldsymbol{v}$ 写成 $\boldsymbol{i}, \boldsymbol{j}, \boldsymbol{k}$ 的形式　　(b) 将 $\boldsymbol{u}-2\boldsymbol{v}$ 写成 $\boldsymbol{i}, \boldsymbol{j}, \boldsymbol{k}$ 的形式

(c) 求 $\|\boldsymbol{u}\|$　　(d) 求 $\|-3\boldsymbol{u}\|$

解 (a) $\boldsymbol{u}+\boldsymbol{v}=\langle 1,\ 1,\ 2\rangle+\langle 0,\ -1,\ 2\rangle=\langle 1+0,\ 1+(-1),\ 2+2\rangle$

$=\langle 1,\ 0,\ 4\rangle=1\boldsymbol{i}+0\boldsymbol{j}+4\boldsymbol{k}=\boldsymbol{i}+4\boldsymbol{k}$

(b) $\boldsymbol{u}-2\boldsymbol{v}=\langle 1,\ 1,\ 2\rangle-2\langle 0,\ -1,\ 2\rangle=\langle 1-0,\ 1-(-2),\ 2-4\rangle=\langle 1,\ 3,\ -2\rangle=1\boldsymbol{i}+3\boldsymbol{j}-2\boldsymbol{k}$

(c) $\|\boldsymbol{u}\|=\sqrt{1^2+1^2+2^2}=\sqrt{6}$

(d) $\|-3\boldsymbol{u}\|=|-3|\ \|\boldsymbol{u}\|=3\sqrt{6}$

定义　单位向量

长度为 1 的向量叫做单位向量.

例 5 令 $\boldsymbol{u}=\langle 4,\ -3\rangle$，求 $\|\boldsymbol{u}\|$ 并找一个方向和 $\boldsymbol{u}$ 相同的单位向量 $\boldsymbol{v}$.

解 在这个问题中考虑的是二维向量，$\|\boldsymbol{u}\|=\sqrt{4^2+(-3)^2}=5$. 为了找到 $\boldsymbol{v}$，只要将 $\boldsymbol{u}$ 除以 $\|\boldsymbol{u}\|$，也就是

$$\boldsymbol{v}=\frac{\boldsymbol{u}}{\|\boldsymbol{u}\|}=\frac{\langle 4,\ -3\rangle}{5}=\frac{1}{5}\langle 4,\ -3\rangle=\left\langle\frac{4}{5},\ \frac{-3}{5}\right\rangle$$

则 $\boldsymbol{v}$ 的长度是

$$\|\boldsymbol{v}\|=\left\|\frac{\boldsymbol{u}}{\|\boldsymbol{u}\|}\right\|=\frac{1}{\|\boldsymbol{u}\|}\|\boldsymbol{u}\|=1$$

向量除以标量

我们将经常用标量 c 来分割向量 $\boldsymbol{v}$。这就是说，我们用 c 的倒数去乘向量。那就是，$\frac{\boldsymbol{v}}{c}=\frac{1}{c}\boldsymbol{v}$ 当然 $c\neq 0$。表达式的右边就是一个标量乘上一个向量，这一节的前面部分我们已经给出了定义. 用一个向量除另一个向量当然是无意义的.

概念复习

1. 向量不同于标量，因为向量不仅具有________而且具有________.
2. 两个向量是相等的，当且仅当________.
3. 如果向量 $\boldsymbol{v}$ 的尾部与向量 $\boldsymbol{u}$ 的头部重合，那么 $\boldsymbol{u}+\boldsymbol{v}$ 表示的向量的头部是________其尾部是________.
4. 向量 $\boldsymbol{u}=\langle 6,\ 3,\ 3\rangle$ 是向量 $\boldsymbol{u}=\langle 2,\ 1,\ 1\rangle$ 长度的________倍.

习题 11.2

在习题 1 ~ 4 中，画出向量 $\boldsymbol{w}$.

1. $\boldsymbol{w}=\boldsymbol{u}+\frac{3}{2}\boldsymbol{v}$

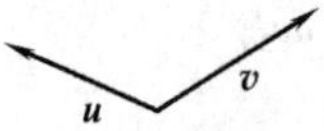

2. $\boldsymbol{w}=2\boldsymbol{u}-3\boldsymbol{v}$

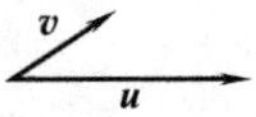

3. $\boldsymbol{w}=\boldsymbol{u}_1+\boldsymbol{u}_2+\boldsymbol{u}_3$

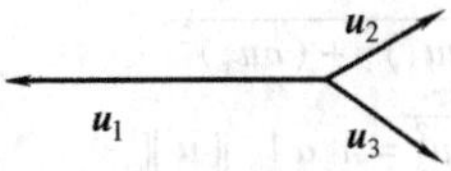

4. $\boldsymbol{w}=\boldsymbol{u}_1+\boldsymbol{u}_2+\boldsymbol{u}_3$

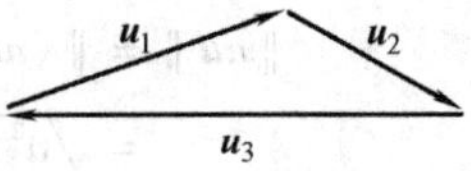

5. 图 15 所示为一个平行四边形. 用 $\boldsymbol{u}$ 和 $\boldsymbol{v}$ 来表示 $\boldsymbol{w}$.

6. 在图 16 所示的大三角形中，m 为三角形的中线. 用 $\boldsymbol{u}$ 和 $\boldsymbol{v}$ 来表示 $\boldsymbol{m}$ 和 $\boldsymbol{n}$.

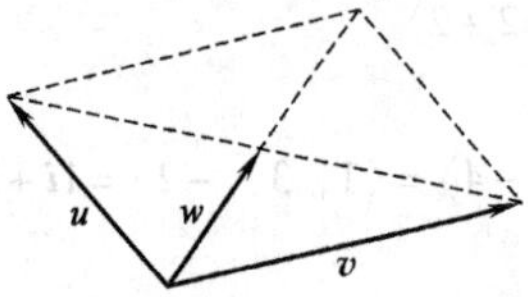

图　15

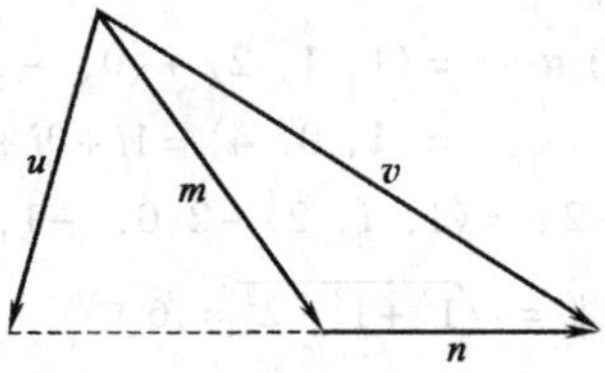

图　16

7. 在图 17 中，$\boldsymbol{w}=-(\boldsymbol{u}+\boldsymbol{v})$ 且 $\|\boldsymbol{u}\|=\|\boldsymbol{v}\|=1$. 求 $\|\boldsymbol{w}\|$.

8. 假设在第 7 题中，顶角为 90°，两边的角都为 135°，重做该题.

在习题 9 ~ 12 中，求二维向量 $\boldsymbol{u}$，$\boldsymbol{v}$ 的 $\boldsymbol{u}+\boldsymbol{v}$，$\boldsymbol{u}-\boldsymbol{v}$，$\|\boldsymbol{u}\|$，$\|\boldsymbol{v}\|$.

9. $\boldsymbol{u}=\langle -1, 0\rangle$，$\boldsymbol{v}=\langle 3, 4\rangle$

10. $\boldsymbol{u}=\langle 0, 0\rangle$，$\boldsymbol{v}=\langle -3, 4\rangle$

11. $\boldsymbol{u}=\langle 12, 12\rangle$，$\boldsymbol{v}=\langle -2, 2\rangle$

12. $\boldsymbol{u}=\langle -0.2, 0.8\rangle$，$\boldsymbol{v}=\langle -2, 1, 1.3\rangle$

在习题 13 ~ 16 中，求三维向量 $\boldsymbol{u}$，$\boldsymbol{v}$ 的 $\boldsymbol{u}+\boldsymbol{v}$，$\boldsymbol{u}-\boldsymbol{v}$，$\|\boldsymbol{u}\|$，$\|\boldsymbol{v}\|$.

13. $\boldsymbol{u}=\langle -1, 0, 0\rangle$，$\boldsymbol{v}=\langle 3, 4, 0\rangle$

14. $\boldsymbol{u}=\langle 0, 0, 0\rangle$，$\boldsymbol{v}=\langle -3, 3, 1\rangle$

15. $\boldsymbol{u}=\langle 1, 0, 1\rangle$，$\boldsymbol{v}=\langle -5, 0, 0\rangle$

16. $\boldsymbol{u}=\langle 0.3, 0.3, 0.5\rangle$，$\boldsymbol{v}=\langle 2.2, 1.3, -0.9\rangle$

17. 如图 18 所示，力 $\boldsymbol{u}$ 和 $\boldsymbol{v}$ 的大小都是 50lb. 为了能与力 $\boldsymbol{u}$ 和 $\boldsymbol{v}$ 维持平衡，求所需的力 $\boldsymbol{w}$ 的大小及方向.

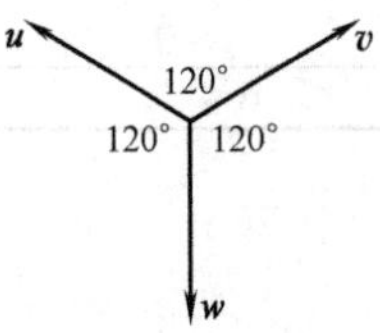

图　17

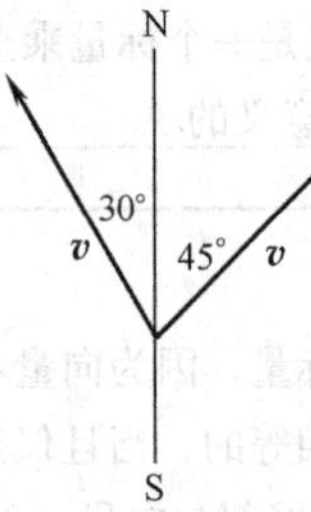

图　18

18. 马克用 60N 的力沿南偏东方向推一根柱子. 丹用 80N 的力沿南偏西方向推同一根柱子. 求两人的合力的大小及方向.

19. 已知某一光滑(无摩擦)斜平面的倾角为 30°，将一重 300N 的物体放置在该斜面上. 请问要用多大的平行于该斜面的力才能使该物体静止在该斜面上？提示：考虑向下 300N 的力是两个力的合力，一个平行于平面，一个垂直于平面.

20. 一个 258.5lb 的物体由两根等长的绳子悬挂着. 且这两根绳子与竖直方向的夹角分别为 27.34°和 39.22°. 分别求出作用在两根绳子上的张力.

21. 已知风速为 45mile/h，风向为北偏西 20°. 一架飞机在无风时飞行时速度为 425mile/h，这架飞机需要朝北飞行，请问这架飞机该朝什么方向才能使其径直地朝北飞行，此时其相对于地面的速度为多少？

22. 一艘轮船以 20mile/h 的速度朝南航行. 一个人在该船的甲板上朝西方向以 3mile/h 的速度穿越甲板. 则该人相对于海面的速度方向及大小为多少？

23. 朱利驾驶着一架飞机在风速为 40mile/h，风向朝北的风中飞行. 当飞机朝东时，她发现飞机的实际飞行方向为北偏东 60°. 请问该飞机在无风时的飞行速度为多少？

24. 当风速为 63mile/h，风向为南偏东 11.5°时，为使飞机能朝北以 837mile/h 的速度飞行，则飞机的实际速度及飞机应朝什么方向飞行？

25. 在二维向量空间证明定理 A.

26. 在三维向量空间证明定理 A 的规则 1 ~ 5 和规则 7 ~ 8.

27. 用向量方法证明，三角形两边中点的连线平行于第三边.

28. 证明连接任意四边形的四个中点所构成的图形为平行四边形.

29. 假设用向量 $\boldsymbol{v}_1, \boldsymbol{v}_2, \cdots, \boldsymbol{v}_n$ 分别表示顺序连接某一多边形的各边，试证明当 $n=7$(图 19)时 $\boldsymbol{v}_1+\boldsymbol{v}_2+\cdots+\boldsymbol{v}_n=\mathbf{0}$.

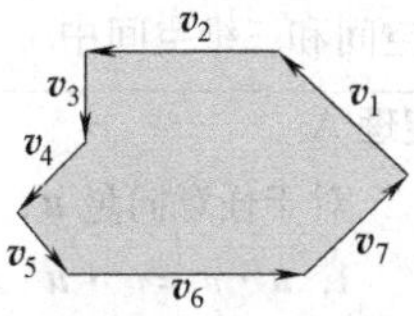

图 19

30. 假设某一圆上有 n 个等分点，$\boldsymbol{v}_1, \boldsymbol{v}_2, \cdots, \boldsymbol{v}_n$ 分别表示由该圆的圆心指向这些点的向量. 试证明 $\boldsymbol{v}_1+\boldsymbol{v}_2+\cdots+\boldsymbol{v}_n=\mathbf{0}$.

31. 将一个三角形木板水平放在桌面上，该三角形木板的三个顶角都小于 120°. 三个顶角上分别有一个无摩擦的滑轮，三根有共同接点 P 的绳子绕过滑轮，每个滑轮都悬挂着重 W 的物体，如图 20 所示. 试证明三条绳子在 P 点处三者之间的夹角相等，即证明 $\alpha+\beta=\alpha+\gamma=\beta+\gamma=120°$.

32. 试证明在 31 题中，当三条绳子之间的夹角相等时，$|AP|+|BP|+|CP|$ 最小值. 提示：设 A', B', C' 分别为系上重物的点，那么三个重物的质点在三角形木板下方 $\frac{1}{3}(|AA'|+|BB'|+|CC'|)$ 的位置. 三个重物的质点处于最低位置时，该系统处于平衡状态.

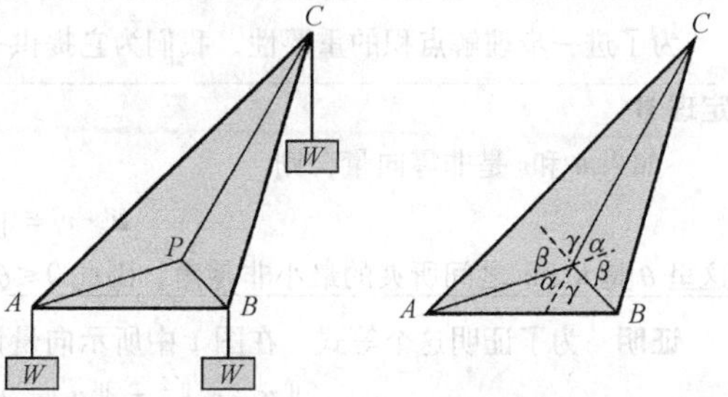

图 20

33. 令 31 题中在 A、B、C 三点的重量分别为 3ω、4ω、5ω. 确定平衡时 P 点的三个角. 现在哪一个几何量(如 32 题)被减到最小.

34. 一个公司建造一个工厂来生产冰箱，每年将在城市 A, B, C 分别卖出数量为 a, b, c 的冰箱，工厂的最佳位置应该在哪儿，也就是说，工厂建在哪里将使得运输成本最低(见 33 题)？

35. 100lb 的吊灯用 4 跟绳子挂在礼堂天花板上正方形的四个角，每条绳子都与水平面成 45°角，求每条绳子的拉力的大小.

36. 当 35 题中的 4 条绳子变为 3 条挂在礼堂天花板上等边三角形的三个角，求每条绳子的拉力的大小.

概念复习答案：

1. 大小，方向　2. 它们有相同的大小和方向　3. $\boldsymbol{u}$ 的尾，$\boldsymbol{v}$ 的头　4. 3

11.3　向量的数量积

我们已经讨论了数乘，也就是，向量 $\boldsymbol{u}$ 乘以标量 c. $c\boldsymbol{u}$ 的结果始终是一个向量. 现在我们介绍两个向量 $\boldsymbol{u}$，$\boldsymbol{v}$ 的乘积，称它为两向量的**数量积**或**点积**，并记为 $\boldsymbol{u}\cdot\boldsymbol{v}$. 我们定义二维向量的点积

$$\boldsymbol{u}\cdot\boldsymbol{v}=\langle u_1,\ u_2\rangle\cdot\langle v_1,\ v_2\rangle=u_1v_1+u_2v_2.$$

三维向量 $\boldsymbol{u}=\langle u_1,\ u_2,\ u_3\rangle$ 和 $\boldsymbol{v}=\langle v_1,\ v_2,\ v_3\rangle$ 的点积为

$$\boldsymbol{u}\cdot\boldsymbol{v}=\langle u_1,\ u_2,\ u_3\rangle\cdot\langle v_1,\ v_2,\ v_3\rangle=u_1v_1+u_2v_2+u_3v_3$$

例 1　已知 $\boldsymbol{u}=\langle 0,\ 1,\ 1\rangle$，$\boldsymbol{v}=\langle 2,\ -1,\ 1\rangle$ 及 $\boldsymbol{w}=\langle 6,\ -3,\ 3\rangle$，计算下列各式(假如有意义).

(a) $\boldsymbol{u}\cdot\boldsymbol{v}$；　(b) $\boldsymbol{v}\cdot\boldsymbol{u}$；　(c) $\boldsymbol{v}\cdot\boldsymbol{w}$；　(d) $\boldsymbol{u}\cdot\boldsymbol{u}$；　(e) $(\boldsymbol{u}\cdot\boldsymbol{v})\cdot\boldsymbol{w}$.

解　(a) $\boldsymbol{u}\cdot\boldsymbol{v}=\langle 0,\ 1,\ 1\rangle\cdot\langle 2,-1,\ 1\rangle=0\times2+1\times(-1)+1\times1=0$

(b) $\boldsymbol{v}\cdot\boldsymbol{u}=\langle 2,\ -1,\ 1\rangle\cdot\langle 0,\ 1,\ 1\rangle=2\times0+(-1)\times1+1\times1=0$

(c) $\boldsymbol{v}\cdot\boldsymbol{w}=\langle 2,\ -1,\ 1\rangle\cdot\langle 6,\ -3,\ 3\rangle=2\times6+(-1)\times3+1\times3=18$

(d) $\boldsymbol{u}\cdot\boldsymbol{u}=\langle 0,\ 1,\ 1\rangle\cdot\langle 0,\ 1,\ 1\rangle=0\times0+1\times1+1\times1=2$

(e) $(\boldsymbol{u}\cdot\boldsymbol{v})\cdot\boldsymbol{w}$ 无定义，由于 $\boldsymbol{u}\cdot\boldsymbol{v}$ 是一个标量，标量和向量的点积无意义.

点积的特性很容易理解，这里不作证明. 但要注意这个定理与本节中的其他定理一样，都可以应用到二维空间和三维空间中.

> **定理 A**
>
> 对于任意向量 $\boldsymbol{u}$、$\boldsymbol{v}$ 和 $\boldsymbol{w}$，以及标量 c，下列等式均成立.
>
> 1. $\boldsymbol{u}\cdot\boldsymbol{v}=\boldsymbol{v}\cdot\boldsymbol{u}$　　2. $\boldsymbol{u}\cdot(\boldsymbol{v}+\boldsymbol{w})=\boldsymbol{u}\cdot\boldsymbol{v}+\boldsymbol{u}\cdot\boldsymbol{w}$
> 3. $c(\boldsymbol{u}\cdot\boldsymbol{v})=(c\boldsymbol{u})\cdot\boldsymbol{v}$　　4. $\boldsymbol{0}\cdot\boldsymbol{u}=0$
> 5. $\boldsymbol{u}\cdot\boldsymbol{u}=\|\boldsymbol{u}\|^2$

为了进一步理解点积的重要性，我们为它提供一个包含向量 $\boldsymbol{u}$ 和 $\boldsymbol{v}$ 几何特性的替换形式.

> **定理 B**
>
> 如果 $\boldsymbol{u}$ 和 $\boldsymbol{v}$ 是非零向量，则
>
> $$\boldsymbol{u}\cdot\boldsymbol{v}=\|\boldsymbol{u}\|\ \|\boldsymbol{v}\|\cos\theta$$
>
> 这里 θ 是 $\boldsymbol{u}$ 和 $\boldsymbol{v}$ 之间所夹的最小非零角，因此 $0\leqslant\theta\leqslant\pi$.

证明　为了证明这个等式，在图 1 中所示向量计算应用余弦定理.

$$\|\boldsymbol{u}-\boldsymbol{v}\|^2=\|\boldsymbol{u}\|^2+\|\boldsymbol{v}\|^2-2\|\boldsymbol{u}\|\ \|\boldsymbol{v}\|\cos\theta$$

另一方面，从定理 A 中点积的特性，有

$$\begin{aligned}\|\boldsymbol{u}-\boldsymbol{v}\|^2&=(\boldsymbol{u}-\boldsymbol{v})\cdot(\boldsymbol{u}-\boldsymbol{v})=\boldsymbol{u}\cdot(\boldsymbol{u}-\boldsymbol{v})-\boldsymbol{v}\cdot(\boldsymbol{u}-\boldsymbol{v})\\&=\boldsymbol{u}\cdot\boldsymbol{u}-\boldsymbol{u}\cdot\boldsymbol{v}-\boldsymbol{v}\cdot\boldsymbol{u}+\boldsymbol{v}\cdot\boldsymbol{v}\\&=\|\boldsymbol{u}\|^2+\|\boldsymbol{v}\|^2-2\boldsymbol{u}\cdot\boldsymbol{v}\end{aligned}$$

将这两个关于 $\|\boldsymbol{u}-\boldsymbol{v}\|^2$ 等价，便得到了我们预期的结果.

$$\|\boldsymbol{u}\|^2+\|\boldsymbol{v}\|^2-2\|\boldsymbol{u}\|\ \|\boldsymbol{v}\|\cos\theta=\|\boldsymbol{u}\|^2+\|\boldsymbol{v}\|^2-2\boldsymbol{u}\cdot\boldsymbol{v}$$

$$-2\|\boldsymbol{u}\|\ \|\boldsymbol{v}\|\cos\theta=-2\boldsymbol{u}\cdot\boldsymbol{v}$$

$$\boldsymbol{u}\cdot\boldsymbol{v}=\|\boldsymbol{u}\|\ \|\boldsymbol{v}\|\cos\theta$$

例 2　求向量 $\boldsymbol{u}=\langle 8,\ 6\rangle$ 和 $\boldsymbol{v}=\langle 5,\ 12\rangle$ 的夹角. (图 2)

解

$$\cos\theta=\frac{\boldsymbol{u}\cdot\boldsymbol{v}}{\|\boldsymbol{u}\|\ \|\boldsymbol{v}\|}=\frac{8\times5+6\times12}{10\times13}=\frac{112}{130}\approx0.862$$

所以

$$\theta\approx\cos^{-1}(0.862)\approx0.532(\text{或 }30.5°)$$

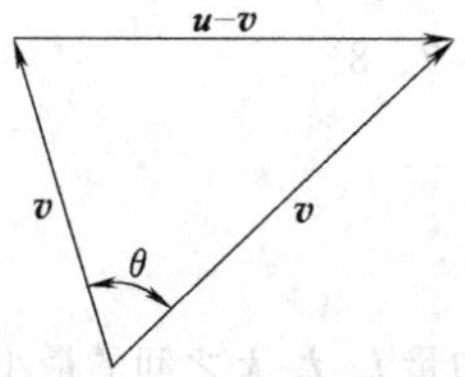

图 1

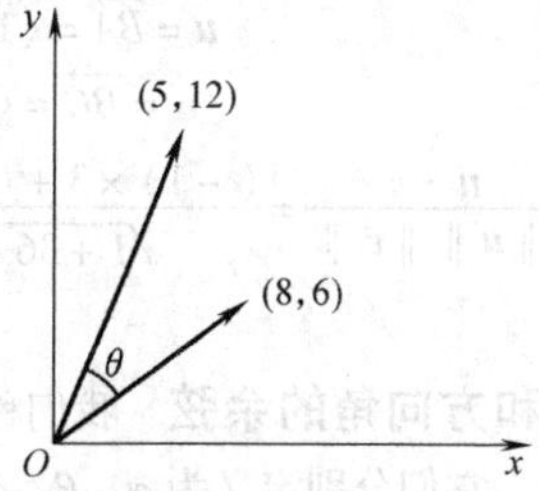

图 2

定理 B 的一个重要推论如下.

定理 C　两向量垂直的判定定理

两个向量 $\boldsymbol{u}$ 和 $\boldsymbol{v}$ 垂直的充要条件是点积 $\boldsymbol{u}\cdot\boldsymbol{v}$ 等于 0.

证明　当且仅当两个非零向量的夹角 θ 是 $\pi/2$ 的时候，它们垂直，也就是说，当且仅当 $\cos\theta=0$. 但是 $\cos\theta=0$ 当且仅当 $\boldsymbol{u}\cdot\boldsymbol{v}=0$ 时成立. 这个结果对于零向量是可行的. 因此我们认为零向量与任何向量都垂直.

定义　两向量正交

若两向量相互垂直，则称此两向量**正交**.

例 3　求例 1 中的三个向量间的夹角. 并说明那一对是正交的?

解　对向量 $\boldsymbol{u}$ 和 $\boldsymbol{v}$ 有

$$\cos\theta_1=\frac{\boldsymbol{u}\cdot\boldsymbol{v}}{\|\boldsymbol{u}\|\|\boldsymbol{v}\|}=\frac{0\times2+1\times(-1)+1\times1}{\|\langle0,1,1\rangle\|\cdot\|\langle2,-1,1\rangle\|}=\frac{0}{\sqrt{2}\times\sqrt{6}}=0$$

对向量 $\boldsymbol{u}$，$\boldsymbol{w}$ 有

$$\cos\theta_2=\frac{\boldsymbol{u}\cdot\boldsymbol{w}}{\|\boldsymbol{u}\|\|\boldsymbol{w}\|}=\frac{0\times6+1\times(-3)+1\times3}{\|\langle0,1,1\rangle\|\|\langle6,-3,3\rangle\|}=\frac{0}{\sqrt{2}\times3\sqrt{6}}=0$$

对向量 $\boldsymbol{v}$，$\boldsymbol{w}$ 有

$$\cos\theta_3=\frac{\boldsymbol{v}\cdot\boldsymbol{w}}{\|\boldsymbol{v}\|\|\boldsymbol{w}\|}=\frac{2\times6+(-1)\times(-3)+1\times3}{\|\langle2,-1,1\rangle\|\|\langle6,-3,3\rangle\|}=\frac{18}{\sqrt{6}\times3\sqrt{6}}=1$$

因此，$\boldsymbol{u}$，$\boldsymbol{v}$ 及 $\boldsymbol{u}$，$\boldsymbol{w}$ 是垂直的，所以 $\theta_1=\theta_2=\dfrac{\pi}{2}$，注意到 $\boldsymbol{v}$，$\boldsymbol{w}$ 夹角的余弦为 1，表明 $\theta_3=0$，也就是说，这两个向量同向.

平面内的任一向量 $\boldsymbol{u}$ 都可以写作：$\boldsymbol{u}=u_1\boldsymbol{i}+u_2\boldsymbol{j}$，其中 $\boldsymbol{i}=\langle1,0\rangle$，$\boldsymbol{j}=\langle0,1\rangle$，同样，三维空间的任一向量 $\boldsymbol{v}$ 都可以写作：$\boldsymbol{v}=v_1\boldsymbol{i}+v_2\boldsymbol{j}+v_3\boldsymbol{k}$，其中 $\boldsymbol{i}=\langle1,0,0\rangle$，$\boldsymbol{j}=\langle0,1,0\rangle$，$\boldsymbol{k}=\langle0,0,1\rangle$.

例 4　求角 ABC 的大小，这里 $A(4,3)$，$B(1,-1)$，$C(6,4)$，如图 3 所示.

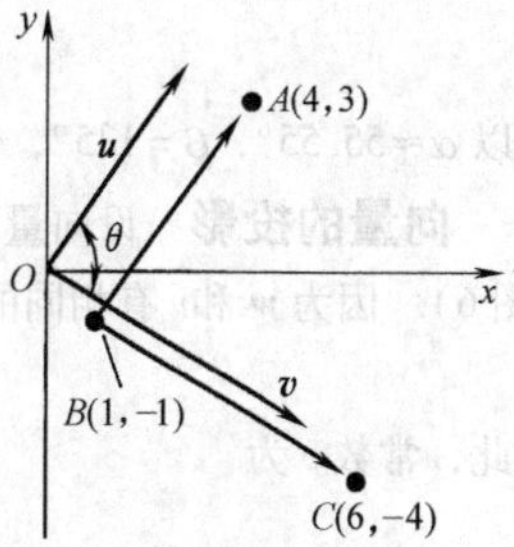

图 3

解

$$\boldsymbol{u}=\overrightarrow{BA}=(4-1)\boldsymbol{i}+(3+1)\boldsymbol{j}=3\boldsymbol{i}+4\boldsymbol{j}=\langle3,4\rangle$$

$$\boldsymbol{v}=\overrightarrow{BC}=(6-1)\boldsymbol{i}+(-4+1)\boldsymbol{j}=5\boldsymbol{i}-3\boldsymbol{j}=\langle5,-3\rangle$$

$$\|\boldsymbol{u}\|=\sqrt{3^2+4^2}=5,\quad\|\boldsymbol{v}\|=\sqrt{5^2+(-3)^2}=\sqrt{34}$$

$$\boldsymbol{u}\cdot\boldsymbol{v}=3\times5+4\times(-3)=3,\quad\cos\theta=\frac{\boldsymbol{u}\cdot\boldsymbol{v}}{\|\boldsymbol{u}\|\|\boldsymbol{v}\|}=\frac{3}{5\sqrt{34}}\approx0.1029$$

$$\theta\approx1.468(\text{大约 }84.09°)$$

例 5　如果 $A=(1,-2,3)$，$B=(2,4,-6)$，$C=(5,-3,2)$，求角 ABC(图 4).

解　首先，我们确定向量 $\boldsymbol{u}$ 和 $\boldsymbol{v}$（由原点出发），使它们分别为 $\overrightarrow{BA}$，$\overrightarrow{BC}$，用终点的坐标减去始点的坐标得

$$u = \overrightarrow{BA} = \langle 1-2,\ -2-4,\ 3+6\rangle = \langle -1,\ -6,\ 9\rangle$$
$$v = \overrightarrow{BC} = \langle 5-2,\ -3-4,\ 2+6\rangle = \langle 3,\ -7,\ 8\rangle$$

所以，$\cos\theta = \dfrac{u\cdot v}{\|u\|\ \|v\|} = \dfrac{(-1)\times 3+(-6)\times(-7)+9\times 8}{\sqrt{1+36+81}\sqrt{9+49+64}} \approx 0.9251$

$$\theta = 0.3894(约为 22.31°)$$

方向角和方向角的余弦　我们称非零三维向量 a 分别与基本向量 i、j、k 之间的最小非负角称为向量 a 的**方向角**，它们分别定义为 α，β，γ(图5)．通常情况下，用方向余弦 $\cos\alpha$，$\cos\beta$，$\cos\gamma$ 会更方便一些．如果 $a = a_1 i + a_2 j + a_3 k$，那么

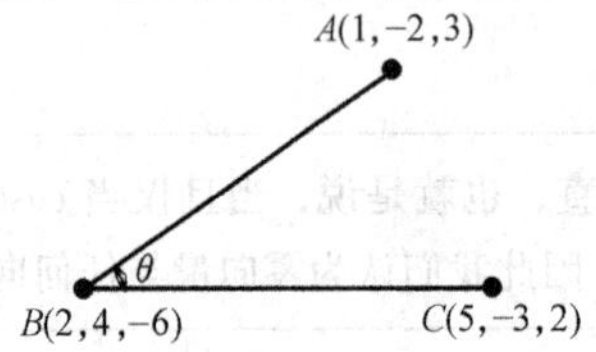

图　4

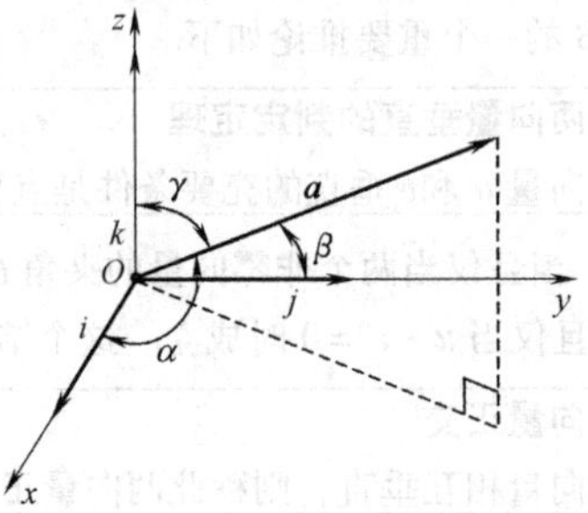

图　5

$$\cos\alpha = \frac{a\cdot i}{\|a\|\ \|i\|} = \frac{a_1}{\|a\|}$$

类似地

$$\cos\beta = \frac{a\cdot j}{\|a\|\ \|j\|} = \frac{a_2}{\|a\|},\quad \cos\gamma = \frac{a\cdot k}{\|a\|\ \|k\|} = \frac{a_3}{\|a\|}$$

我们可以观察到

$$\cos^2\alpha + \cos^2\beta + \cos^2\gamma = \frac{a_1^2}{\|a\|^2} + \frac{a_2^2}{\|a\|^2} + \frac{a_3^2}{\|a\|^2} = 1$$

事实上，向量 $\langle\cos\alpha,\ \cos\beta,\ \cos\gamma\rangle$ 是一个和原向量 a 方向相同的单位向量．

例 6　求向量 $a = 4i - 5j + 3k$ 的方向角．

解　既然 $\|a\| = \sqrt{4^2+(-5)^2+3^2} = 5\sqrt{2}$，

$$\cos\alpha = \frac{4}{5\sqrt{2}} = \frac{2\sqrt{2}}{5},\quad \cos\beta = \frac{-\sqrt{2}}{2},\quad \cos\gamma = \frac{3\sqrt{2}}{10}$$

所以 $\alpha \approx 55.55°$，$\beta = 135°$，$\gamma \approx 64.90°$．

向量的投影　设向量 u 和 v 的夹角为 θ，并假设 $0 \leqslant \theta \leqslant \pi/2$，$w$ 是 v 方向上具有长度 $\|u\|\cos\theta$ 的向量(图6)．因为 w 和 v 有相同的方向，我们知道存在正数 c 使 $w = cv$．另一方面，由 w 的长度 $\|u\|\cos\theta$．因此

$$\|u\|\cos\theta = \|w\| = \|cv\| = c\|v\|$$

因此，常数 c 为

$$c = \frac{\|u\|}{\|v\|}\cos\theta = \frac{\|u\|}{\|v\|}\ \frac{u\cdot v}{\|u\|\ \|v\|} = \frac{u\cdot v}{\|v\|^2}$$

从而

$$w = \left(\frac{u\cdot v}{\|v\|^2}\right)v$$

对于 $\pi/2 < \theta \leqslant \pi$，我们定义 w 是在由 v 确定的线上的向量，但是和 v 的方向相反(图7)，对于正数 c 它的长度是 $\|w\| = -\|u\|\cos\theta = c\|v\|$．因此 $c = (-\|u\|\cos\theta)/(\|v\|) = -u\cdot v/\|v\|^2$．因为 w 和 v 的方向相反，我们得到 $w = -cv = (u\cdot v/\|v\|^2)v$．

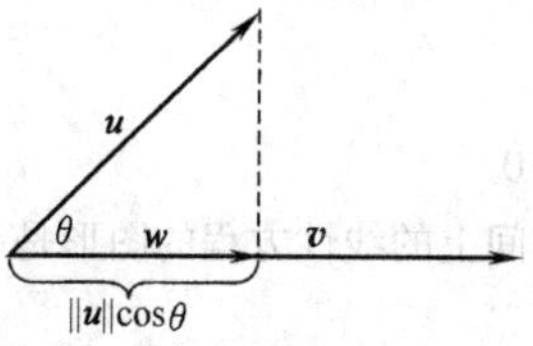

图 6

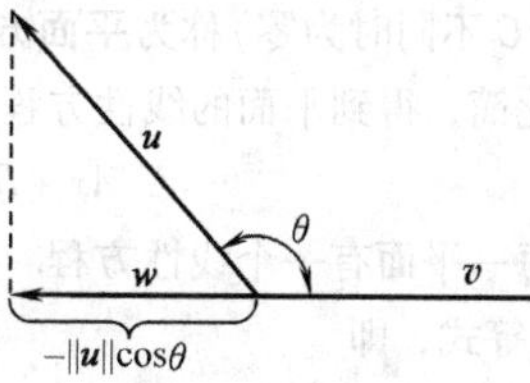

图 7

因此对θ的两种情形，都有$\boldsymbol{w}=(\boldsymbol{u}\cdot v/\|v\|^2)v$. 向量$\boldsymbol{w}$被叫做$\boldsymbol{u}$在$v$上的向量投影，或者有时就叫做$\boldsymbol{u}$在$v$上的投影，它用$\mathrm{pr}_v\boldsymbol{u}$来表示：

$$\mathrm{pr}_v\boldsymbol{u}=\left(\frac{\boldsymbol{u}\cdot v}{\|v\|^2}\right)v$$

$\boldsymbol{u}$在v上的标量投影被定义成$\|\boldsymbol{u}\|\cos\theta$. 它是正的，零，还是负的，取决于$\theta$是锐角，直角还是钝角. 当$0\leqslant\theta\leqslant\pi/2$，标量投影等于$\mathrm{pr}_v\boldsymbol{u}$的长度，而当$\pi/2<\theta\leqslant\pi$时，标量投影等于$\mathrm{pr}_v\boldsymbol{u}$长度的相反数.

例7 令$\boldsymbol{u}=\langle -1,5\rangle$，$v=\langle 3,3\rangle$，求$\boldsymbol{u}$在$v$上的标投影和向量投影.

解 在图8中表示出了这两个向量. 两个向量投影是

$$\mathrm{pr}_{\langle 3,3\rangle}\langle -1,5\rangle=\left(\frac{\langle -1,5\rangle\cdot\langle 3,3\rangle}{\|\langle 3,3\rangle\|^2}\right)\langle 3,3\rangle$$

$$=\frac{-3+15}{3^2+3^2}\langle 3,3\rangle=2\boldsymbol{i}+2\boldsymbol{j}$$

标投影是

$$\|\boldsymbol{u}\|\cos\theta=\|\langle -1,5\rangle\|\frac{\langle -1,5\rangle\cdot\langle 3,3\rangle}{\|\langle -1,5\rangle\|\|\langle 3,3\rangle\|}$$

$$=\frac{-3+15}{\sqrt{3^2+3^2}}=2\sqrt{2}$$

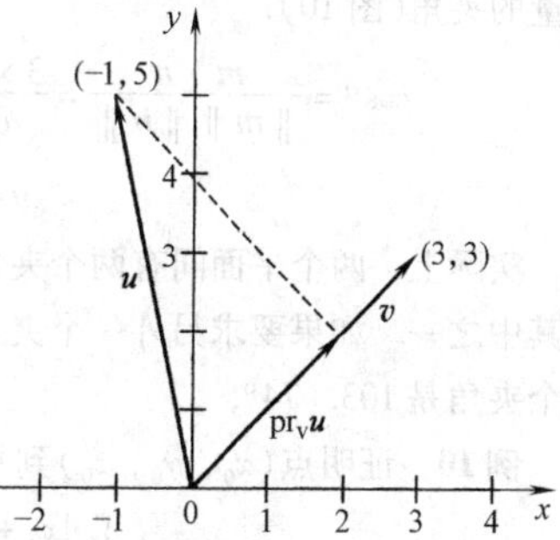

图 8

一个恒力$\boldsymbol{F}$将一物体沿直线从P移到Q所做的功等于这个力的长度乘以移动的距离. 因此，如果$\boldsymbol{D}$是从P到Q的向量，则所做的功是

$$(\boldsymbol{F}\text{在}\boldsymbol{D}\text{上的标量投影})\|\boldsymbol{D}\|=\|\boldsymbol{F}\|\cos\theta\|\boldsymbol{D}\|$$

也就是

$$\boxed{\text{功}=\boldsymbol{F}\cdot\boldsymbol{D}}$$

例8 一个以N为单位的力$\boldsymbol{F}=8\boldsymbol{i}+5\boldsymbol{j}$将一物体从(1, 0)移到(7, 1)，距离的单位是m(图9). 做了多少功?

解 令$\boldsymbol{D}$是从(1, 0)到(7, 1)的向量；也就是，$\boldsymbol{D}=6\boldsymbol{i}+\boldsymbol{j}$所以

$$\text{功}=\boldsymbol{F}\cdot\boldsymbol{D}=8\times 6+5\times 1=53\mathrm{J}$$

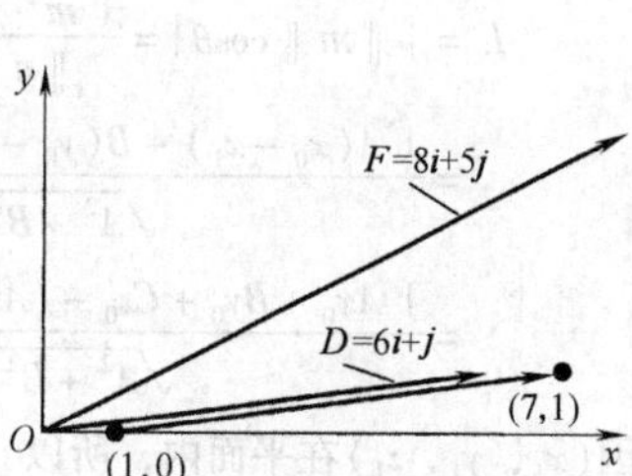

图 9

平面方程 利用向量可以有效的描述平面. 令$\boldsymbol{n}=\langle A,B,C\rangle$是一个固定的不为零的向量，$P_1(x_1,y_1,z_1)$是一个固定的点，则满足$\overrightarrow{P_1P}\cdot\boldsymbol{n}=0$的点$P(x,y,z)$的集合是通过$P_1(x_1,y_1,z_1)$且垂直于$\boldsymbol{n}$的平面. 既然每一平面都包含一点和垂直于某一向量，平面就可以这样来定义.

为了得到平面的笛卡儿方程，由向量$\overline{P_1P}$的坐标表示

$$\overline{P_1P}=\langle x-x_1,y-y_1,z-z_1\rangle$$

那么$\overrightarrow{P_1P}\cdot\boldsymbol{n}=0$等价于

$$\boxed{A(x-x_1)+B(y-y_1)+C(z-z_1)=0}$$

这一等式(A, B, C 不同时为零)称为**平面方程的标准形式**.

除去括号并化简，得到平面的线性方程的形式

$$Ax+By+Cz=D,\ A^2+B^2+C^2\neq 0$$

也就是说，每一平面有一个线性方程. 反过来说，每个在三维空间上的线性方程的图形是一个平面. 令(x_1, y_1, z_1)满足等式，即

$$Ax_1+By_1+Cz_1=D$$

当我们从上面的等式中减去这一方程时得到表示平面的等式.

例 9　求通过点$(5, 1, -2)$且垂直于$\boldsymbol{n}=\langle 2, 4, 3\rangle$的平面方程. 并求这一平面与平面$3x-4y+7z=5$的夹角.

解　显然平面的标准方程为

$$2(x-5)+4(y-1)+3(z+2)=0$$

即

$$2x+4y+3z=8$$

垂直于第二个平面的向量是$\boldsymbol{m}=\langle 3, -4, 7\rangle$. 两平面的夹角等于它们的法向量的夹角(图 10).

$$\cos\theta=\frac{\boldsymbol{m}\cdot\boldsymbol{n}}{\|\boldsymbol{m}\|\,\|\boldsymbol{n}\|}=\frac{3\times 2+(-4)\times 4+7\times 3}{\sqrt{9+16+49}\sqrt{4+16+9}}\approx 0.2375$$

$$\theta\approx 76.26°$$

实际上，两个平面间有两个夹角，但是它们是互补的. 以上过程求出的是其中之一. 如果要求另外一个夹角，则从180°中减去第一个角. 本例中第二个夹角是103. 74°.

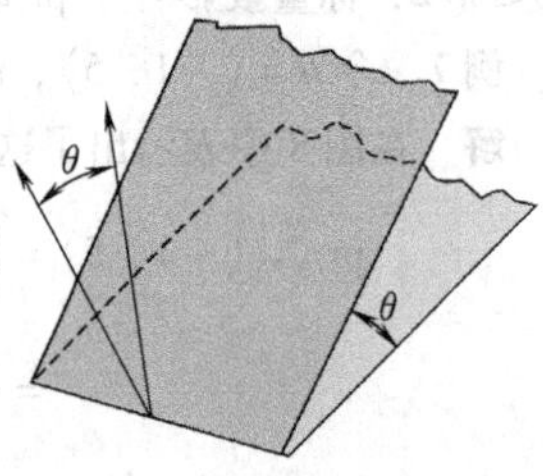

图　10

例 10　证明点(x_0, y_0, z_0)到平面$Ax+By+Cz=D$的距离L为

$$L=\frac{|Ax_0+By_0+Cz_0-D|}{\sqrt{A^2+B^2+C^2}}.$$

解　设(x_1, y_1, z_1)为平面内一点，$\boldsymbol{m}=\langle x_0-x_1, y_0-y_1, z_0-z_1\rangle$是从$(x_1, y_1, z_1)$到$(x_0, y_0, z_0)$的向量，如图 11 所示. 而$\boldsymbol{n}=\langle A, B, C\rangle$是一个垂直于给定平面的法向量. 由此可知$L$的数值是$\boldsymbol{m}$在$\boldsymbol{n}$上的投影的长度(图 6). 即

$$L=\left|\,\|\boldsymbol{m}\|\cos\theta\right|=\frac{|\boldsymbol{m}\cdot\boldsymbol{n}|}{\|\boldsymbol{n}\|}$$

$$=\frac{|A(x_0-x_1)+B(y_0-y_1)+C(z_0-z_1)|}{\sqrt{A^2+B^2+C^2}}$$

$$=\frac{|Ax_0+By_0+Cz_0-(Ax_1+By_1+Cz_1)|}{\sqrt{A^2+B^2+C^2}}\qquad(1)$$

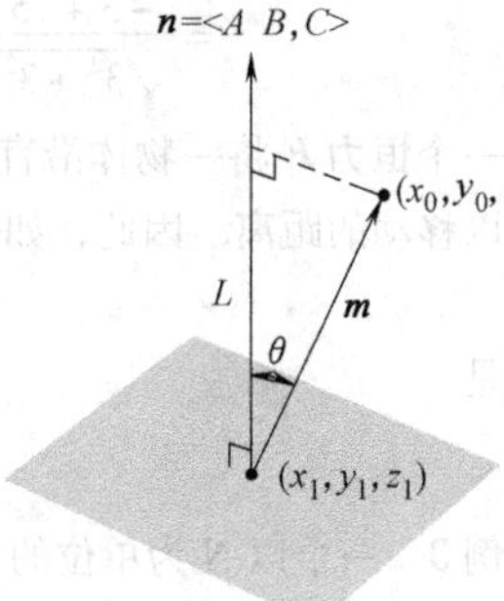

图　11

但因(x_1, y_1, z_1)在平面内，所以

$$Ax_1+By_1+Cz_1=D\qquad(2)$$

把式(2)代入式(1)就得到要求的结果.

例 11　求两平行平面$3x-4y+5z=9$和$3x-4y+5z=4$之间的距离L.

解　由于两平面平行，所以法向量$\langle 3, -4, 5\rangle$垂直于两个平面(图 12)，显然点$(1, 1, 2)$在第一个平面内. 我们用例 10 的公式求出点$(1, 1, 2)$到第二个平面的距离L即为所求.

$$L=\frac{|3\times 1-4\times 1+5\times 2-4|}{\sqrt{9+16+25}}=\frac{5}{5\sqrt{2}}\approx 0.7071$$

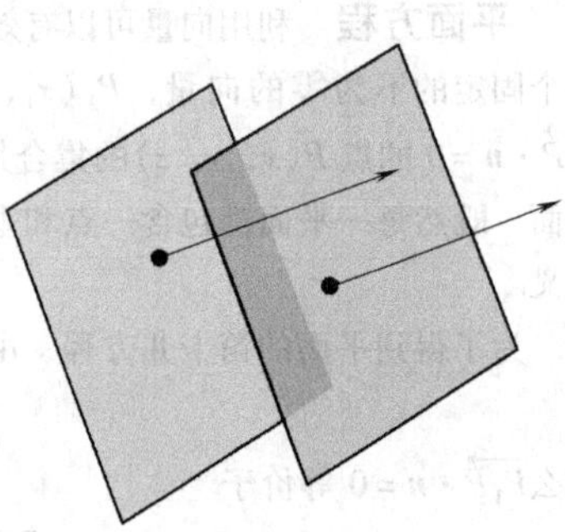
图　12

概念复习

1. 设向量$\boldsymbol{u}=\langle u_1, u_2, u_3\rangle$和$\boldsymbol{v}=\langle v_1, v_2, v_3\rangle$，则它们的点积定义为__________，相应的$\boldsymbol{u}\cdot\boldsymbol{v}$的表达式为________($\theta$是$\boldsymbol{u}$和$\boldsymbol{v}$的夹角).

2. 当且仅当向量$\boldsymbol{u}$和$\boldsymbol{v}$的点积是________，它们正交.

3. 一个力$\boldsymbol{F}$沿向量$\boldsymbol{D}$移动一物体做的功由_____给出.

4. 平面$Ax+By+Cz=D$的法向量是________.

习题 11.3

1. 令向量$\boldsymbol{a}=-2\boldsymbol{i}+3\boldsymbol{j}$，$\boldsymbol{b}=2\boldsymbol{i}-3\boldsymbol{j}$和$\boldsymbol{c}=-5\boldsymbol{j}$. 求下列各式：

(a)$2\boldsymbol{a}-4\boldsymbol{b}$　(b)$\boldsymbol{a}\cdot\boldsymbol{b}$　(c)$\boldsymbol{a}\cdot(\boldsymbol{b}+\boldsymbol{c})$

(d)$(-2\boldsymbol{a}+3\boldsymbol{b})\cdot 5\boldsymbol{c}$　(e)$\|\boldsymbol{a}\|\boldsymbol{c}\cdot\boldsymbol{a}$　(f)$\boldsymbol{b}\cdot\boldsymbol{b}-\|\boldsymbol{b}\|$

2. 令向量$\boldsymbol{a}=\langle 3, -1\rangle$，$\boldsymbol{b}=\langle 1, -1\rangle$和$\boldsymbol{c}=\langle 0, 5\rangle$. 求下列各式：

(a)$-4\boldsymbol{a}+3\boldsymbol{b}$　(b)$\boldsymbol{b}\cdot\boldsymbol{c}$　(c)$(\boldsymbol{a}+\boldsymbol{b})\cdot\boldsymbol{c}$

(d)$2\boldsymbol{c}\cdot(3\boldsymbol{a}+4\boldsymbol{b})$　(e)$\|\boldsymbol{b}\|\boldsymbol{b}\cdot\boldsymbol{a}$　(f)$\|\boldsymbol{c}\|^2-\boldsymbol{c}\cdot\boldsymbol{c}$

3. 求向量$\boldsymbol{a}$和$\boldsymbol{b}$夹角的余弦值，并作图.

(a)$\boldsymbol{a}=\langle 1, -3\rangle$，$\boldsymbol{b}=\langle -1, 2\rangle$　(b)$\boldsymbol{a}=\langle -1, -2\rangle$，$\boldsymbol{b}=\langle 6, 0\rangle$

(c)$\boldsymbol{a}=\langle 2, -1\rangle$，$\boldsymbol{b}=\langle -2, -4\rangle$　(d)$\boldsymbol{a}=\langle 4, -7\rangle$，$\boldsymbol{b}=\langle -8, 10\rangle$

4. 求向量$\boldsymbol{a}$和$\boldsymbol{b}$的夹角，并作图.

(a)$\boldsymbol{a}=12\boldsymbol{i}$，$\boldsymbol{b}=-5\boldsymbol{i}$　(b)$\boldsymbol{a}=4\boldsymbol{i}+3\boldsymbol{j}$，$\boldsymbol{b}=-8\boldsymbol{i}-6\boldsymbol{j}$

(c)$\boldsymbol{a}=-\boldsymbol{i}+3\boldsymbol{j}$，$\boldsymbol{b}=2\boldsymbol{i}-6\boldsymbol{j}$　(d)$\boldsymbol{a}=\sqrt{3}\boldsymbol{i}+\boldsymbol{j}$，$\boldsymbol{b}=3\boldsymbol{i}+\sqrt{3}\boldsymbol{j}$

5. 令向量$\boldsymbol{a}=\boldsymbol{i}+2\boldsymbol{j}-\boldsymbol{k}$，$\boldsymbol{b}=\boldsymbol{j}+\boldsymbol{k}$，$\boldsymbol{c}=-\boldsymbol{i}+\boldsymbol{j}+2\boldsymbol{k}$，求下列各式：

(a)$\boldsymbol{a}\cdot\boldsymbol{b}$　(b)$(\boldsymbol{a}+\boldsymbol{c})\cdot\boldsymbol{b}$　(c)$\boldsymbol{a}/\|\boldsymbol{a}\|$

(d)$(\boldsymbol{b}-\boldsymbol{c})\cdot\boldsymbol{a}$　(e)$\dfrac{\boldsymbol{a}\cdot\boldsymbol{b}}{\|\boldsymbol{a}\|\,\|\boldsymbol{b}\|}$　(f)$\boldsymbol{b}\cdot\boldsymbol{b}-\|\boldsymbol{b}\|^2$

6. 令向量$\boldsymbol{a}=\langle\sqrt{2}, \sqrt{2}, 0\rangle$，$\boldsymbol{b}=\langle 1, -1, 1\rangle$，$\boldsymbol{c}=\langle -2, 2, 1\rangle$，求下列各式：

(a)$\boldsymbol{a}\cdot\boldsymbol{c}$　(b)$(\boldsymbol{a}-\boldsymbol{c})\cdot\boldsymbol{b}$　(c)$\boldsymbol{a}/\|\boldsymbol{a}\|$

(d)$(\boldsymbol{b}-\boldsymbol{c})\cdot\boldsymbol{a}$　(e)$\dfrac{\boldsymbol{b}\cdot\boldsymbol{c}}{\|\boldsymbol{b}\|\,\|\boldsymbol{c}\|}$　(f)$\boldsymbol{a}\cdot\boldsymbol{a}-\|\boldsymbol{a}\|^2$

7. 求题6中的向量$\boldsymbol{a}$，$\boldsymbol{b}$，$\boldsymbol{c}$间的夹角.

8. 令向量$\boldsymbol{a}=\langle\sqrt{3}/3, \sqrt{3}/3, \sqrt{3}/3\rangle$，$\boldsymbol{b}=\langle 1, -1, 0\rangle$，$\boldsymbol{c}=\langle -2, -2, 1\rangle$，求向量间的夹角.

9. 求题6中$\boldsymbol{a}$，$\boldsymbol{b}$，$\boldsymbol{c}$中任意两个向量的方向余弦和夹角.

10. 求题8中$\boldsymbol{a}$，$\boldsymbol{b}$，$\boldsymbol{c}$中任意两个向量的方向余弦和夹角.

11. 证明向量$\boldsymbol{a}=\langle 6, 3\rangle$，$\boldsymbol{b}=\langle -1, 2\rangle$垂直.

12. 证明向量$\boldsymbol{a}=\langle 1, 1, 1\rangle$，$\boldsymbol{b}=\langle 1, -1, 0\rangle$，$\boldsymbol{c}=\langle -1, 1, 2\rangle$互相垂直，也就是，每对向量都垂直.

13. 证明向量$\boldsymbol{a}=\boldsymbol{i}-\boldsymbol{j}$，$\boldsymbol{b}=\boldsymbol{i}+\boldsymbol{j}$，$\boldsymbol{c}=2\boldsymbol{k}$互相垂直，也就是，每对向量都垂直.

14. 如果向量$\boldsymbol{u}+\boldsymbol{v}$垂直于向量$\boldsymbol{u}-\boldsymbol{v}$，你能说出向量$\boldsymbol{u}$和$\boldsymbol{v}$的大小关系吗？

15. 求出两个长度为10，且每一个都与向量$-4\boldsymbol{i}+5\boldsymbol{j}+\boldsymbol{k}$和向量$4\boldsymbol{i}+\boldsymbol{j}$垂直的向量.

16. 求出所有与向量$\langle 1, -2, -3\rangle\langle -3, 2, 0\rangle$同时垂直的向量.

17. 如果三点坐标为$A=(1, 2, 3)$，$B=(-4, 5, 6)$，$C=(1, 0, 1)$，求出角ABC.

18. 如果三点坐标为$A=(6, 3, 3)$，$B=(3, 1, -1)$，$C=(-1, 10, -2.5)$，证明三角形ABC是直角三角形. 提示：验证B的角度.

19. 当 c 取何值时，向量 $\langle c, 6\rangle$ 和 $\langle c, -4\rangle$ 是否正交？

20　当 c 取何值时，向量 $2c\boldsymbol{i}-8\boldsymbol{j}$ 和 $3\boldsymbol{i}+c\boldsymbol{j}$ 是否正交？

21　当 c，d 取何值时向量 $\boldsymbol{u}=c\boldsymbol{i}+\boldsymbol{j}+\boldsymbol{k}$ 和 $v=2\boldsymbol{j}+d\boldsymbol{k}$ 正交？

22　当 a，b，c 取何值时，向量 $\langle a, 0, 1\rangle$，$\langle 0, 2, b\rangle$，$\langle 1, c, 1\rangle$ 互相垂直.

在习题 23 ~ 28 中，如果 $\boldsymbol{u}=\boldsymbol{i}+\boldsymbol{j}$，$v=2\boldsymbol{i}-\boldsymbol{j}$，$\boldsymbol{w}=\boldsymbol{i}+5\boldsymbol{j}$，求下列各式的值.

23. $\mathrm{pr}_v\boldsymbol{u}$　　24. $\mathrm{pr}_{\boldsymbol{u}}v$　　25. $\mathrm{pu}_{\boldsymbol{u}}\boldsymbol{w}$

26. $\mathrm{pr}_{\boldsymbol{u}}(\boldsymbol{w}-v)$　　27. $\mathrm{pr}_{\boldsymbol{j}}\boldsymbol{u}$　　28. $\mathrm{pr}_{\boldsymbol{i}}\boldsymbol{u}$

在习题 29 ~ 34 中，如果向量 $\boldsymbol{u}=3\boldsymbol{i}+2\boldsymbol{j}+\boldsymbol{k}$，$v=2\boldsymbol{i}-\boldsymbol{k}$，$\boldsymbol{w}=\boldsymbol{i}+5\boldsymbol{j}-3\boldsymbol{k}$，求下列各式的值.

29. $\mathrm{pr}_v\boldsymbol{u}$　　30. $\mathrm{pr}_{\boldsymbol{u}}v$　　31. $\mathrm{pr}_{\boldsymbol{u}}\boldsymbol{w}$

32. $\mathrm{pr}_{\boldsymbol{u}}(\boldsymbol{w}+v)$　　33. $\mathrm{pr}_{\boldsymbol{j}}\boldsymbol{u}$　　34. $\mathrm{pr}_{\boldsymbol{i}}\boldsymbol{u}$

35. 求任意向量 $\boldsymbol{u}$ 的下列各式的表达式.

(a) $\mathrm{pr}_{\boldsymbol{u}}\boldsymbol{u}$　　(b) $\mathrm{pr}_{-\boldsymbol{u}}\boldsymbol{u}$

36. 求任意向量 $\boldsymbol{u}$ 的下列各式的表达式.

(a) $\mathrm{pr}_{\boldsymbol{u}}(-\boldsymbol{u})$　　(b) $\mathrm{pr}_{-\boldsymbol{u}}(-\boldsymbol{u})$.

37. 求出向量 $\boldsymbol{u}=-\boldsymbol{i}+5\boldsymbol{j}+3\boldsymbol{k}$ 在向量 $v=-\boldsymbol{i}+\boldsymbol{j}-\boldsymbol{k}$ 方向上的标量投影.

38. 求出向量 $\boldsymbol{u}=5\boldsymbol{i}+5\boldsymbol{j}+2\boldsymbol{k}$ 在向量 $v=-\sqrt{5}\boldsymbol{i}+\sqrt{5}\boldsymbol{j}+\boldsymbol{k}$ 方向上的标量投影.

39. 向量 $\boldsymbol{u}=2\boldsymbol{i}+3\boldsymbol{j}+z\boldsymbol{k}$ 从原点指向第一象限. 如果 $\|\boldsymbol{u}\|=5$，求出 z.

40. 如果 $\alpha=46°$ 和 $\beta=108°$ 是一个向量的两个方向角，求向量第三个方向角的两个可能值.

41. 求出两个相互垂直且都垂于向量 $\boldsymbol{w}=\langle -4, 2, 5\rangle$ 的向量 v 和 $\boldsymbol{u}$.

42. 求出从原点出发，终点为连接 $(3, 2, -1)$ 和 $(5, -7, 2)$ 的线段中点的向量.

43. 以下式子哪些没有意义？

(a) $\boldsymbol{u}\cdot(v\cdot\boldsymbol{w})$　　(b) $(\boldsymbol{u}\cdot\boldsymbol{w})+\boldsymbol{w}$

(c) $\|\boldsymbol{u}\|(v\cdot\boldsymbol{w})$　　(d) $(\boldsymbol{u}\cdot v)\boldsymbol{w}$

44. 以下式子哪些没有意义？

(a) $\boldsymbol{u}\cdot(v+\boldsymbol{w})$；　　(b) $(\boldsymbol{u}\cdot\boldsymbol{w})\|\boldsymbol{w}\|$

(c) $\|\boldsymbol{u}\|\cdot(v+\boldsymbol{w})$　　(d) $(\boldsymbol{u}+v)\boldsymbol{w}$

在习题 45 ~ 50 中，给出每个特征性质的证明. 用二维向量 $\boldsymbol{u}=\langle u_1, u_2\rangle$，$v=\langle v_1, v_2\rangle$ 和 $\boldsymbol{w}=\langle w_1, w_2\rangle$.

45. $(a+b)\boldsymbol{u}=a\boldsymbol{u}+b\boldsymbol{u}$　　46. $\boldsymbol{u}\cdot v=v\cdot\boldsymbol{u}$

47. $c(\boldsymbol{u}\cdot v)=(c\boldsymbol{u})\cdot v$　　48. $\boldsymbol{u}\cdot(v+\boldsymbol{w})=\boldsymbol{u}\cdot v+\boldsymbol{u}\cdot\boldsymbol{w}$

49. $\boldsymbol{0}\cdot\boldsymbol{u}=0$　　50. $\boldsymbol{u}\cdot\boldsymbol{u}=\|\boldsymbol{u}\|^2$

51. 给出 $\boldsymbol{a}=3\boldsymbol{i}-2\boldsymbol{j}$ 和 $\boldsymbol{b}=-3\boldsymbol{i}+4\boldsymbol{j}$ 两个非共线的向量(也就是它们之间的角度 θ 满足 $0<\theta<\pi$)和另一个向量 $\boldsymbol{r}=7\boldsymbol{i}-8\boldsymbol{j}$，求满足方程 $\boldsymbol{r}=k\boldsymbol{a}+m\boldsymbol{b}$ 的标量 k 和 m.

52. 给出 $\boldsymbol{a}=-4\boldsymbol{i}+3\boldsymbol{j}$ 和 $\boldsymbol{b}=2\boldsymbol{i}-\boldsymbol{j}$(两个个非共线向量)和另一个向量 $\boldsymbol{r}=6\boldsymbol{i}-7\boldsymbol{j}$，求满足方程 $\boldsymbol{r}=k\boldsymbol{a}+m\boldsymbol{b}$ 的标量 k 和 m.

53. 证明向量 $\boldsymbol{n}=a\boldsymbol{i}+b\boldsymbol{j}$ 垂直于满足方程 $ax+by=c$ 的直线. 提示：让 $P_1(x_1, y_1)$ 和 $P_2(x_2, y_2)$ 为直线上的两个点. 证明 $\boldsymbol{n}\cdot\overrightarrow{P_1P_2}=0$.

54. 证明 $\|\boldsymbol{u}+v\|^2+\|\boldsymbol{u}-v\|^2=2\|\boldsymbol{u}\|^2+2\|v\|^2$.

55. 证明 $\boldsymbol{u}\cdot v=\frac{1}{4}\|\boldsymbol{u}+v\|^2-\frac{1}{4}\|\boldsymbol{u}-v\|^2$.

56. 求一个立方体的主对角线与它的一个面的夹角.

57. 求 $4\times6\times10\mathrm{ft}^3$ 的长方体主对角线之间形成最小的夹角.

58. 求出一个立方体的对角线所形成的角.

59. 求用一个 $\boldsymbol{F}=3\boldsymbol{i}+10\boldsymbol{j}\mathrm{N}$ 的力把一个物体向北移动 10m 所做的功(即朝着 $\boldsymbol{j}$ 方向移动).

60. 求用 100N 的力把一个物体向南偏东 70°移动 30m 所做的功.

61. 求用一个 $\boldsymbol{F}=6\boldsymbol{i}+8\boldsymbol{j}$N 的力把一个物体从(1，0)移动到(6，8)(距离用 ft 计算)所做的功.

62. 求用一个 $\boldsymbol{F}=-5\boldsymbol{i}+8\boldsymbol{j}$N 的力把一个物体向北移动 12m 所做的功.

63. 用一个恒定的力 $\boldsymbol{F}=-4\boldsymbol{k}$ 作用于物体，当它从(0，0，8)到(4，4，0)移动时，这里坐标以 m 作单位. 求力所做的功. (见 13.3 节)

64. 用一个恒定的力 $\boldsymbol{F}=3\boldsymbol{i}-6\boldsymbol{j}+7\boldsymbol{k}$(力的单位为 lb)作用于一个物体上，使物体从(2，1，3)移动到(9，4，6)，坐标的单位是 ft. 求力所做的功.

在习题 65 ~ 68 中求出通过 P 且与法向量 $\boldsymbol{n}$ 垂直的平面的方程.

65. $\boldsymbol{n}=2\boldsymbol{i}-4\boldsymbol{j}+3\boldsymbol{k}$，$P(1,2,-3)$

66. $\boldsymbol{n}=3\boldsymbol{i}-2\boldsymbol{j}-1\boldsymbol{k}$，$P(-2,-3,4)$

67. $\boldsymbol{n}=\langle 1,4,4\rangle$，$P(1,2,1)$

68. $\boldsymbol{n}=\langle 0,0,1\rangle$，$P(1,2,-3)$

69. 求题 65 和题 66 的平面的较小的夹角.

70. 求通过点(-1，2，-3)且平行于平面 $2x+4y-z=6$ 的平面的方程.

71. 求通过点(-4，-1，2)且平行于下列平面的方程.

(a) xy 平面　　(b) 平面 $2x-3y-4z=0$

72. 求通过原点且平行于下列平面的方程.

(a) xy 平面　　(b) 平面 $x+y+z=1$

73. 求点(1，-1，2)到平面 $x+3y+z=7$ 的距离(见例 6).

74. 求点(2，6，3)到平面 $-3x+2y+z=9$ 的距离.

75. 求两平行平面 $-3x+2y+z=9$ 和 $6x-4y-2z=19$ 间的距离.

76. 求两平行平面 $5x-3y-2z=5$ 和 $-5x+3y+2z=7$ 间的距离.

77. 求球 $x^2+y^2+z^2+2x+6y-8z=0$ 到平面 $3x+4y+z=15$ 的距离.

78. 求使得平面上的每一个点到点(-2，1，4)和点(6，1，-2)的距离相等的平面方程.

79. 证明 Cauchy-Schwarz 不等式：$|\boldsymbol{u}\cdot\boldsymbol{v}|\leqslant\|\boldsymbol{u}\|\|\boldsymbol{v}\|$.

80. 证明三角不等式(图 13)：$\|\boldsymbol{u}+\boldsymbol{v}\|\leqslant\|\boldsymbol{u}\|+\|\boldsymbol{v}\|$

提示：利用点积计算 $\|\boldsymbol{u}+\boldsymbol{v}\|$，然后运用 79 题结论.

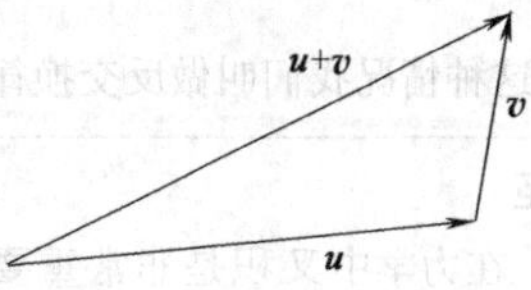

图 13

81. 一个重 30lb 的物体被三根线挂着，其张力分别为 $3\boldsymbol{i}+4\boldsymbol{j}+15\boldsymbol{k}$，$-8\boldsymbol{i}-2\boldsymbol{j}+10\boldsymbol{k}$ 和 $a\boldsymbol{i}+b\boldsymbol{j}+c\boldsymbol{k}$. 试确定 $\boldsymbol{a}$，$\boldsymbol{b}$ 和 $\boldsymbol{u}$ 的值使得合力是向上的.

82. 证明一个恒定的力 $\boldsymbol{F}$ 作用一个物体上沿着闭合的曲线移动一周所做的功为 0.

83. 设 $\boldsymbol{a}=\langle a_1,a_2,a_3\rangle$，$\boldsymbol{b}=\langle b_1,b_2,b_3\rangle$ 为固定的向量. 证明 $(\boldsymbol{x}-\boldsymbol{a})\cdot(\boldsymbol{x}-\boldsymbol{b})=0$ 是一个球的方程，并求球心和半径.

84. 证明平行平面 $Ax+By+Cz=D$ 和 $Ax+By+Cz=E$ 的距离为 $L=\dfrac{|D-E|}{\sqrt{A^2+B^2+C^2}}$.

85. 三角形的三条中线相交于一点 P(5.6 节的题 30 的质心)，该点位于从顶点到相对边中点的距离的三分之二处. 证明 P 点是位置向量 $(\boldsymbol{a}+\boldsymbol{b}+\boldsymbol{c})/3$ 的始点，这里 $\boldsymbol{a}$，$\boldsymbol{b}$，$\boldsymbol{c}$ 是三个顶点位置的坐标向量，并利用这个方法找出点 P，设三个顶点是(2，6，5)、(4，-1，2)和(6，1，2).

86. 设 $\boldsymbol{a}$、$\boldsymbol{b}$、$\boldsymbol{c}$、$\boldsymbol{d}$ 是一个四面体的四个顶点的坐标向量. 证明连接顶点与对面中心的线相交于一点 P，同时给出一个很好的坐标表示，就是题 85 的通式.

87. 假设三维空间中第一个象限放着一面镜子，一束方向为 $a\boldsymbol{i}+b\boldsymbol{j}+c\boldsymbol{k}$ 的光线从平面 xy，平面 xz，平面 yz 被反射. 确定每一次反射后光线的方向，并描述关于最后一次的反射光线的结论.

概念复习答案：

1. $u_1v_1+u_2v_2+u_3v_3$，$\|\boldsymbol{u}\|\|\boldsymbol{v}\|\cos\theta$　　2. 0　　3. $\boldsymbol{F}\cdot\boldsymbol{D}$　　4. $\langle A,B,C\rangle$

11.4　向量的向量积

两个向量的数量积是一个标量. 在前面的章节里我们已经研究过它的一些用法. 现在我们介绍两向量的**向量积**(叉积)，它也有很多用途.

当 $\boldsymbol{u}=\langle u_1, u_2, u_3\rangle$，$v=\langle v_1, v_2, v_3\rangle$时，叉积 $\boldsymbol{u}\times v$ 定义为

$$\boxed{\boldsymbol{u}\times v=\langle u_2v_3-u_3v_2,\ u_3v_1-u_1v_3,\ u_1v_2-u_2v_1\rangle}$$

这种形式的公式是很难记住的，而且它的意义也不明确. 但是有一点是明显的，两个向量的向量积是一个向量.

为了帮助我们记住叉积的公式，我们回忆一下以前学过的行列式的公式. 首先，一个 2×2 的行列式是

$$\begin{vmatrix} a & b \\ c & d \end{vmatrix}=ad-bc$$

那么 3×3 的行列式是(按第一行展开)，
$$\begin{vmatrix} a_1 & a_2 & a_3 \\ b_1 & b_2 & b_3 \\ c_1 & c_2 & c_3 \end{vmatrix}=a_1\begin{vmatrix} b_2 & b_3 \\ c_2 & c_3 \end{vmatrix}-a_2\begin{vmatrix} b_1 & b_3 \\ c_1 & c_3 \end{vmatrix}+a_3\begin{vmatrix} b_1 & b_2 \\ c_1 & c_2 \end{vmatrix}$$

参照行列式，我们可以写出 $\boldsymbol{u}\times v$ 的定义

$$\boldsymbol{u}\times v=\begin{vmatrix} \boldsymbol{i} & \boldsymbol{j} & \boldsymbol{k} \\ u_1 & u_2 & u_3 \\ v_1 & v_2 & v_3 \end{vmatrix}=\begin{vmatrix} u_2 & u_3 \\ v_2 & v_3 \end{vmatrix}\boldsymbol{i}-\begin{vmatrix} u_1 & u_3 \\ v_1 & v_3 \end{vmatrix}\boldsymbol{j}+\begin{vmatrix} u_1 & u_2 \\ v_1 & v_2 \end{vmatrix}\boldsymbol{k}$$

注意到左边的向量 $\boldsymbol{u}$ 的分量在第二行，向量v 的分量在第三行. 这一点很重要，假如我们交换了 $\boldsymbol{u}$ 和v 的位置，即交换了行列式的第二和第三行，行列式改变符号. 这样

$$\boldsymbol{u}\times v=-(v\times\boldsymbol{u})$$

这种情况我们叫做反交换律.

力矩

在力学中叉积是非常重要的. 令 O 是物体一固定点，并假设力 $\boldsymbol{F}$ 作用于物体上另一点 P，则 $\boldsymbol{F}$ 可使物体沿通过 O 点的轴旋转，旋转轴垂直于由向量 OP 和 $\boldsymbol{F}$ 组成的平面. 则向量 $\boldsymbol{\tau}=\overrightarrow{OP}\times\boldsymbol{F}$ 称为力矩. 它指向轴的方向并且大小为 $\|\overrightarrow{OP}\|\ \|\boldsymbol{F}\|\sin\theta$，这也就是 $\boldsymbol{F}$ 相对于旋转轴的力矩.

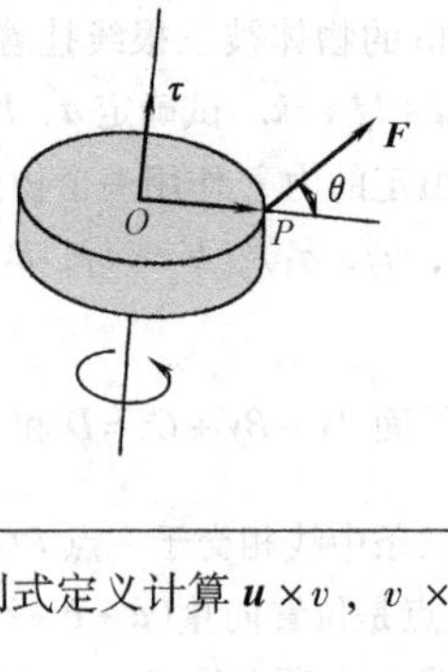

例 1　令向量 $\boldsymbol{u}=\langle 1, -2, -1\rangle$，$v=\langle -2, 4, 1\rangle$，利用行列式定义计算 $\boldsymbol{u}\times v$，$v\times\boldsymbol{u}$.

解
$$\boldsymbol{u}\times v=\begin{vmatrix} \boldsymbol{i} & \boldsymbol{j} & \boldsymbol{k} \\ 1 & -2 & -1 \\ -2 & 4 & 1 \end{vmatrix}=\begin{vmatrix} -2 & -1 \\ 4 & 1 \end{vmatrix}\boldsymbol{i}-\begin{vmatrix} 1 & -1 \\ -2 & 1 \end{vmatrix}\boldsymbol{j}+\begin{vmatrix} 1 & -2 \\ -2 & 4 \end{vmatrix}\boldsymbol{k}$$
$$=2\boldsymbol{i}+\boldsymbol{j}+0\boldsymbol{k}$$
$$v\times\boldsymbol{u}=\begin{vmatrix} \boldsymbol{i} & \boldsymbol{j} & \boldsymbol{k} \\ -2 & 4 & 1 \\ 1 & -2 & -1 \end{vmatrix}=\begin{vmatrix} 4 & 1 \\ -2 & -1 \end{vmatrix}\boldsymbol{i}-\begin{vmatrix} -2 & 1 \\ 1 & -1 \end{vmatrix}\boldsymbol{j}+\begin{vmatrix} -2 & 4 \\ 1 & -2 \end{vmatrix}\boldsymbol{k}$$
$$=-2\boldsymbol{i}-\boldsymbol{j}+0\boldsymbol{k}$$

$\boldsymbol{u}\times v$ 的几何解释　如同数量积一样，向量积也从它的几何意义中获得了重要的意义.

定理A

设 $\boldsymbol{u}$ 和 $\boldsymbol{v}$ 是三维空间的向量，而 θ 是它们之间的夹角. 那么

1. $\boldsymbol{u}\cdot(\boldsymbol{u}\times\boldsymbol{v})=0=\boldsymbol{v}\cdot(\boldsymbol{u}\times\boldsymbol{v})$，也就是说 $\boldsymbol{u}\times\boldsymbol{v}$ 同时垂直于 $\boldsymbol{u}$ 和 $\boldsymbol{v}$；
2. $\boldsymbol{u}$，$\boldsymbol{v}$ 和 $\boldsymbol{u}\times\boldsymbol{v}$ 符合右手螺旋法则；
3. $\|\boldsymbol{u}\times\boldsymbol{v}\|=\|\boldsymbol{u}\|\|\boldsymbol{v}\|\sin\theta$.

证明 设 $\boldsymbol{u}=\langle u_1, u_2, u_3\rangle$，$\boldsymbol{v}=\langle v_1, v_2, v_3\rangle$.

1. $\boldsymbol{u}\cdot(\boldsymbol{u}\times\boldsymbol{v})=u_1(u_2v_3-u_3v_2)+u_2(u_3v_1-u_1v_3)+u_3(u_1v_2-u_2v_1)$. 当我们除去圆括弧，这六项将相互抵消，最后和为0. 当我们展开 $\boldsymbol{v}\cdot(\boldsymbol{u}\times\boldsymbol{v})$ 的时候，也有类似情况发生.

2. $\boldsymbol{u}$，$\boldsymbol{v}$，$\boldsymbol{u}\times\boldsymbol{v}$ 形成的右手法则的意义如图1所示. 这里 θ 是 $\boldsymbol{u}$ 和 $\boldsymbol{v}$ 之间的夹角，右手的手指指向旋转的方向，通过 θ 使得 $\boldsymbol{u}$ 与 $\boldsymbol{v}$ 一致. 很难证明这个右手法则，但是你可以用一些例子来验证它. 注意到 $\boldsymbol{i}\times\boldsymbol{j}=\boldsymbol{k}$，根据定义我们知道 $\boldsymbol{i}$，$\boldsymbol{j}$，$\boldsymbol{k}$ 符合右手法则的.

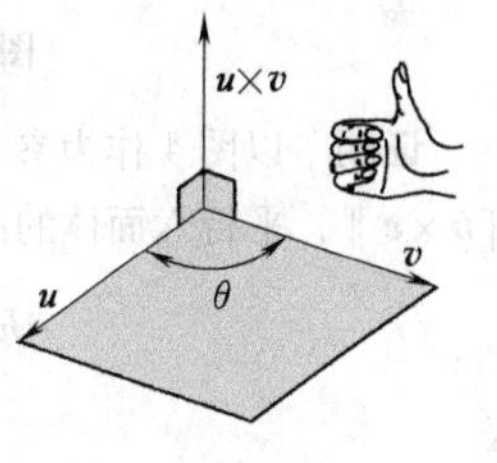

图 1

3. 我们需要用拉格朗日等式

$$\|\boldsymbol{u}\times\boldsymbol{v}\|^2=\|\boldsymbol{u}\|^2\|\boldsymbol{v}\|^2-(\boldsymbol{u}\cdot\boldsymbol{v})^2$$

这个证明是一个简单的代数习题(习题31). 利用这个等式可以得到

$$\begin{aligned}\|\boldsymbol{u}\times\boldsymbol{v}\|^2&=\|\boldsymbol{u}\|^2\|\boldsymbol{v}\|^2-(\|\boldsymbol{u}\|\|\boldsymbol{v}\|\cos\theta)^2=\|\boldsymbol{u}\|^2\|\boldsymbol{v}\|^2(1-\cos^2\theta)\\&=\|\boldsymbol{u}\|^2\|\boldsymbol{v}\|^2\sin^2\theta\end{aligned}$$

由于 $0\leqslant\theta\leqslant\pi$，$\sin\theta\geqslant0$，等号两边同时开方后得

$$\|\boldsymbol{u}\times\boldsymbol{v}\|=\|\boldsymbol{u}\|\|\boldsymbol{v}\|\sin\theta$$

$\boldsymbol{u}\cdot\boldsymbol{v}$ 和 $\boldsymbol{u}\times\boldsymbol{v}$ 的几何解释十分重要，尤其是这两种乘法最初均是由一种坐标系组成所定义，但实际上它们却和坐标系没有什么联系. 它们本质上是几何量，无论你怎样建立坐标系来计算 $\boldsymbol{u}\cdot\boldsymbol{v}$ 或 $\boldsymbol{u}\times\boldsymbol{v}$，最后的结果都是一样.

下面是定理A的简单推论，即当且仅当它们之间的夹角等于0°或180°时两个向量相互平行.

定理B

在三维空间中两个向量 $\boldsymbol{u}$ 和 $\boldsymbol{v}$ 相互平行的充要条件是 $\boldsymbol{u}\times\boldsymbol{v}=\boldsymbol{0}$.

应用 我们介绍的向量积的第一个应用是求出三个非共线点所在平面的方程.

例2 求过点 $P_1(1, -2, 3)$，$P_2(4, 1, -2)$，$P_3(-2, -3, 0)$ 的平面(图2)方程.

解 令 $\boldsymbol{u}=\overrightarrow{P_2P_1}=\langle -3, -3, 5\rangle$，$\boldsymbol{v}=\overrightarrow{P_2P_3}=\langle -6, -4, 2\rangle$. 由定理A.1可知

$$\boldsymbol{u}\times\boldsymbol{v}=\begin{vmatrix}\boldsymbol{i}&\boldsymbol{j}&\boldsymbol{k}\\-3&-3&5\\-6&-4&2\end{vmatrix}=14\boldsymbol{i}-24\boldsymbol{j}-6\boldsymbol{k}$$

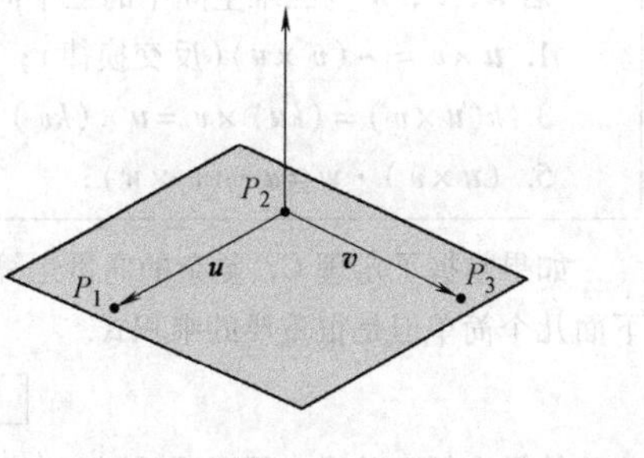

图 2

它与 $\boldsymbol{u}$ 和 $\boldsymbol{v}$ 垂直并与它们所在的平面垂直. 故过点 $(4, 1, -2)$ 且法向量为 $14\boldsymbol{i}-24\boldsymbol{j}-6\boldsymbol{k}$ 的平面方程(见11.3节)为

$$14(x-4)-24(y-1)-6(z+2)=0$$

即

$$14x-24y-6z=44$$

例3 证明以 $\boldsymbol{a}$，$\boldsymbol{b}$ 为邻边的平行四边形的面积为 $\|\boldsymbol{a}\times\boldsymbol{b}\|$.

证明 我们知道平行四边形的面积是底边乘以底边上的高. 现在观察图3，然后利用已知结论即得

$$\|\boldsymbol{a}\times\boldsymbol{b}\|=\|\boldsymbol{a}\|\|\boldsymbol{b}\|\sin\theta.$$

例4 证明由向量 $\boldsymbol{a}$，$\boldsymbol{b}$，$\boldsymbol{c}$ 决定的平行六面体的体积为

$$V=|\boldsymbol{a}\cdot(\boldsymbol{b}\times\boldsymbol{c})|=\left\|\begin{matrix}a_1 & a_2 & a_3\\ b_1 & b_2 & b_3\\ c_1 & c_2 & c_3\end{matrix}\right\|$$

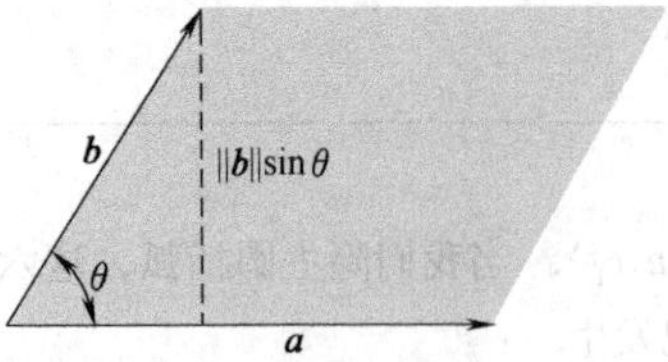

图 3

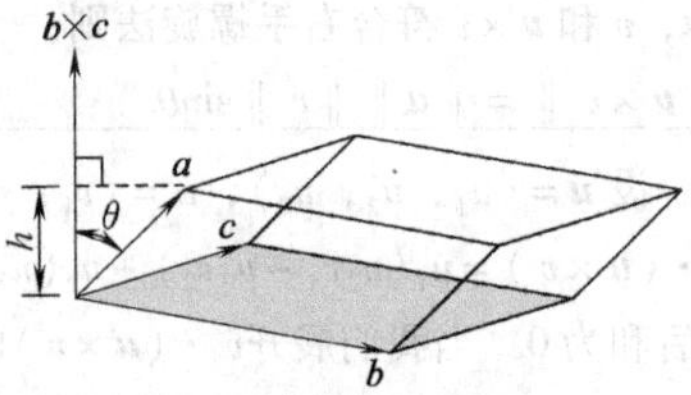

图 4

证明　以图 4 作为参考，把 $\boldsymbol{b}$，$\boldsymbol{c}$ 确定的平行四边形看做平行六面体的底面，则由例 3 可知底面面积为 $\|\boldsymbol{b}\times\boldsymbol{c}\|$，平行六面体的高 h 为 $\boldsymbol{a}$ 在 $\boldsymbol{b}\times\boldsymbol{c}$ 平面上的标量投影长度的绝对值．于是有

$$h=\|\boldsymbol{a}\|\,|\cos\theta|=\frac{\|\boldsymbol{a}\|\,|\boldsymbol{a}\cdot(\boldsymbol{b}\times\boldsymbol{c})|}{\|\boldsymbol{a}\|\,\|\boldsymbol{b}\times\boldsymbol{c}\|}=\frac{|\boldsymbol{a}\cdot(\boldsymbol{b}\times\boldsymbol{c})|}{\|\boldsymbol{b}\times\boldsymbol{c}\|}$$

及

$$V=h\|\boldsymbol{b}\times\boldsymbol{c}\|=|\boldsymbol{a}\cdot(\boldsymbol{b}\times\boldsymbol{c})|$$

假设上面例题中的向量 $\boldsymbol{a}$，$\boldsymbol{b}$，$\boldsymbol{c}$ 在同一平面上．在这种情况下，平行六面体的高为零，因此它的体积也应为零．然而，是否由上面给出的体积公式算出的结果也是零呢？如果 $\boldsymbol{a}$ 在 $\boldsymbol{b}$，$\boldsymbol{c}$ 所决定的平面内，则任何垂直于 $\boldsymbol{b}$，$\boldsymbol{c}$ 的向量必定也垂直于 $\boldsymbol{a}$．而向量 $\boldsymbol{b}\times\boldsymbol{c}$ 垂直于 $\boldsymbol{b}$，$\boldsymbol{c}$，故向量 $\boldsymbol{b}\times\boldsymbol{c}$ 也垂直于 $\boldsymbol{a}$，即 $|\boldsymbol{a}\cdot(\boldsymbol{b}\times\boldsymbol{c})|=0$.

> **检查极端情况**
>
> 永远不要被动地读一本数学书；更确切地说，要学会问问题．特别地，你尽可能问一些极端的情况．这里我们看看同一平面的向量 $\boldsymbol{a}$，$\boldsymbol{b}$ 和 $\boldsymbol{c}$．平行六面体的体积应为零，并且用公式计算确实也为零．如果向量 $\boldsymbol{b}$ 和 $\boldsymbol{c}$ 平行，那么例 3 会怎么样呢？

代数性质　下面定理给出了计算向量积的几种方法．定理的证明将在后面的练习中给出．

> **定理 C**
>
> 若 $\boldsymbol{u}$，$\boldsymbol{v}$，$\boldsymbol{w}$ 为三维空间中的三个向量，k 为常数，则有
>
> 1. $\boldsymbol{u}\times\boldsymbol{v}=-(\boldsymbol{v}\times\boldsymbol{u})$（反交换律）；
> 2. $\boldsymbol{u}\times(\boldsymbol{v}+\boldsymbol{w})=(\boldsymbol{u}\times\boldsymbol{v})+(\boldsymbol{u}\times\boldsymbol{w})$（左分配律）；
> 3. $k(\boldsymbol{u}\times\boldsymbol{v})=(k\boldsymbol{u})\times\boldsymbol{v}=\boldsymbol{u}\times(k\boldsymbol{v})$
> 4. $\boldsymbol{u}\times\boldsymbol{0}=\boldsymbol{0}\times\boldsymbol{u}=\boldsymbol{0}$，$\boldsymbol{u}\times\boldsymbol{u}=\boldsymbol{0}$；
> 5. $(\boldsymbol{u}\times\boldsymbol{v})\cdot\boldsymbol{w}=\boldsymbol{u}\cdot(\boldsymbol{v}\times\boldsymbol{w})$；
> 6. $\boldsymbol{u}\times(\boldsymbol{v}\times\boldsymbol{w})=(\boldsymbol{u}\cdot\boldsymbol{w})\boldsymbol{v}-(\boldsymbol{u}\cdot\boldsymbol{v})\boldsymbol{w}$.

如果掌握了定理 C，复杂的向量运算就可以轻易解决．我们从另一个角度阐述向量积的运算，需要利用下面几个简单但是很重要的乘积式．

$$\boxed{\boldsymbol{i}\times\boldsymbol{j}=\boldsymbol{k},\ \boldsymbol{j}\times\boldsymbol{k}=\boldsymbol{i},\ \boldsymbol{k}\times\boldsymbol{i}=\boldsymbol{j}}$$

这些结果有循环关系，可以通过图 5 来记忆．

例 5　若 $\boldsymbol{u}=3\boldsymbol{i}-2\boldsymbol{j}+\boldsymbol{k}$，$\boldsymbol{v}=4\boldsymbol{i}+2\boldsymbol{j}-3\boldsymbol{k}$，计算 $\boldsymbol{u}\times\boldsymbol{v}$．

解　利用定理 C，尤其是利用分配律和反交换律．

$$\begin{aligned}\boldsymbol{u}\times\boldsymbol{v}&=(3\boldsymbol{i}-2\boldsymbol{j}+\boldsymbol{k})\times(4\boldsymbol{i}+2\boldsymbol{j}-3\boldsymbol{k})\\&=12(\boldsymbol{i}\times\boldsymbol{i})+6(\boldsymbol{i}\times\boldsymbol{j})-9(\boldsymbol{i}\times\boldsymbol{k})-8(\boldsymbol{j}\times\boldsymbol{i})-4(\boldsymbol{j}\times\boldsymbol{j})+6(\boldsymbol{j}\times\boldsymbol{k})+4(\boldsymbol{k}\times\boldsymbol{i})+2\\&\quad(\boldsymbol{k}\times\boldsymbol{j})-3(\boldsymbol{k}\times\boldsymbol{k})\\&=12(\boldsymbol{0})+6(\boldsymbol{k})-9(-\boldsymbol{j})-8(-\boldsymbol{k})-4(\boldsymbol{0})+6(\boldsymbol{i})+4(\boldsymbol{j})+2(-\boldsymbol{i})-3(\boldsymbol{0})\\&=4\boldsymbol{i}+13\boldsymbol{j}+14\boldsymbol{k}\end{aligned}$$

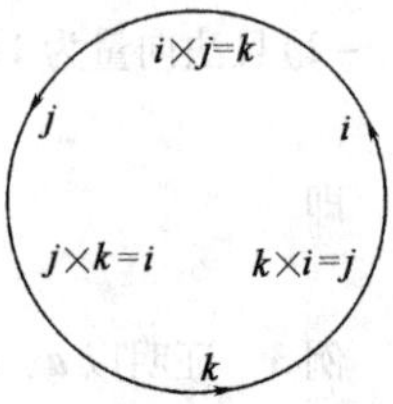

图 5

熟练的人可以直接心算，而新手则会觉得利用行列式求解比较简单.

概念复习

1. 向量 $\boldsymbol{u}=\langle -1, 2, 1\rangle$ 和 $v=\langle 3, 1, -1\rangle$ 的向量积是由行列式来给定的，在这种定义下 $\boldsymbol{u}\times v=$ ________.
2. 几何上，$\boldsymbol{u}\times v$ 是一个垂直于 $\boldsymbol{u}$ 和 v 构成的平面并且长度为 $\|\boldsymbol{u}\times v\|=$ ________的向量.
3. 叉积是反交换的，也就是 $\boldsymbol{u}\times v=$ ________.
4. 当且仅当两个向量的向量积为 $\mathbf{0}$ 时，两向量________.

习题 11.4

1. 若 $\boldsymbol{a}=-3\boldsymbol{i}+2\boldsymbol{j}-2\boldsymbol{k}$，$\boldsymbol{b}=-\boldsymbol{i}+2\boldsymbol{j}-4\boldsymbol{k}$，$\boldsymbol{c}=7\boldsymbol{i}+3\boldsymbol{j}-4\boldsymbol{k}$，求解下列各式.
(a) $\boldsymbol{a}\times\boldsymbol{b}$　(b) $\boldsymbol{a}\times(\boldsymbol{b}+\boldsymbol{c})$
(c) $\boldsymbol{a}\cdot(\boldsymbol{b}+\boldsymbol{c})$　(d) $\boldsymbol{a}\times(\boldsymbol{b}\times\boldsymbol{c})$
2. 若 $\boldsymbol{a}=\langle 3, 3, 1\rangle$，$\boldsymbol{b}=\langle -2, -1, 0\rangle$，$\boldsymbol{c}=\langle -2, -3, -1\rangle$，求解下列各式.
(a) $\boldsymbol{a}\times\boldsymbol{b}$　(b) $\boldsymbol{a}\times(\boldsymbol{b}+\boldsymbol{c})$
(c) $\boldsymbol{a}\cdot(\boldsymbol{b}+\boldsymbol{c})$　(d) $\boldsymbol{a}\times(\boldsymbol{b}\times\boldsymbol{c})$
3. 找出所有与 $\boldsymbol{a}=\boldsymbol{i}+2\boldsymbol{j}+3\boldsymbol{k}$ 和 $\boldsymbol{b}=-2\boldsymbol{i}+2\boldsymbol{j}-4\boldsymbol{k}$ 垂直的向量.
4. 找出所有与 $\boldsymbol{a}=-2\boldsymbol{i}+5\boldsymbol{j}-2\boldsymbol{k}$ 和 $\boldsymbol{b}=3\boldsymbol{i}-2\boldsymbol{j}+4\boldsymbol{k}$ 垂直的向量.
5. 找出与点(1, 3, 5)，(3, −1, 2)，(4, 0, 1)所决定平面垂直的单位向量.
6. 找出与点(−1, 3, 0)，(5, 1, 2)，(4, −3, −1)所决定平面垂直的单位向量.
7. 求以 $\boldsymbol{a}=-\boldsymbol{i}+\boldsymbol{j}-3\boldsymbol{k}$ 和 $\boldsymbol{b}=4\boldsymbol{i}+2\boldsymbol{j}-4\boldsymbol{k}$ 为邻边的平行四边形的面积.
8. 求以 $\boldsymbol{a}=2\boldsymbol{i}+2\boldsymbol{j}-\boldsymbol{k}$ 和 $\boldsymbol{b}=-\boldsymbol{i}+\boldsymbol{j}-4\boldsymbol{k}$ 为邻边的平行四边形的面积.
9. 求以(3, 2, 1)，(2, 4, 6)，(−1, 2, 5)为顶点的三角形的面积.
10. 求以(1, 2, 3)，(3, 1, 5)，(4, 5, 6)为顶点的三角形的面积.

在习题 11 ~ 14 中，求通过给定点的平面的方程.

11. (1, 3, 2)，(0, 3, 0)，(2, 4, 3)
12. (1, 1, 2)，(0, 0, 1)，(−2, −3, 0)
13. (7, 0, 0)，(0, 3, 0)，(0, 0, 5)
14. $(a, 0, 0)$，$(0, b, 0)$，$(0, 0, c)$（a, b, c 非 0）
15. 求通过点(2, 5, 1)且平行于平面 $x-y+2z=4$ 的平面的方程.
16. 求通过点(0, 0, 2)且平行于平面 $x+y+z=1$ 的平面的方程.
17. 求通过点(−1, −2, 3)且和平面 $x-3y+2z=7$ 及 $2x-2y-z=-3$ 垂直的平面的方程.
18. 求通过点(2, −1, 4)且和平面 $x+y+z=2$ 及 $x-y-z=4$ 垂直的平面的方程.
19. 求通过点(2, −3, 2)且和向量 $4\boldsymbol{i}+3\boldsymbol{j}-\boldsymbol{k}$ 及 $2\boldsymbol{i}-5\boldsymbol{j}+6\boldsymbol{k}$ 所在平面平行的平面方程.
20. 求通过原点且与 xy 平面和 $3x-2y+z=4$ 垂直的平面的方程.
21. 求通过点(6, 2, −1)且和平面 $4x-3y+2z+5=0$ 及 $3x+2y-z+11=0$ 的交线相垂直的平面的方程.
22. 设 $\boldsymbol{a}$，$\boldsymbol{b}$ 是两个不平行的向量，$\boldsymbol{c}$ 为非零向量. 证明：$(\boldsymbol{a}\times\boldsymbol{b})\times\boldsymbol{c}$ 是 $\boldsymbol{a}$，$\boldsymbol{b}$ 所在平面内的一个向量.
23. 求以 $\langle 2, 3, 4\rangle$，$\langle 0, 4, -1\rangle$，$\langle 5, 1, 3\rangle$ 为边的平行六面体的体积(参照例4).
24. 求以 $3\boldsymbol{i}-4\boldsymbol{j}+2\boldsymbol{k}$，$-\boldsymbol{i}+2\boldsymbol{j}+\boldsymbol{k}$，$3\boldsymbol{i}-2\boldsymbol{j}+5\boldsymbol{k}$ 为边的平行六面体的体积.
25. 设 K 为以 $\boldsymbol{u}=\langle 3, 2, 1\rangle$，$v=\langle 1, 1, 2\rangle$，$\boldsymbol{w}=\langle 1, 3, 3\rangle$ 为边的平行六面体.
(a) 求 K 的体积.　(b) 求 $\boldsymbol{u}$，v 所在面的面积.
(c) 求 $\boldsymbol{u}$ 与 v，$\boldsymbol{w}$ 所在平面的夹角.

26. 例 4 中的平行六面体的体积公式与我们把哪个向量叫做 $\boldsymbol{a}$、哪个叫做 $\boldsymbol{b}$、哪个叫做 $\boldsymbol{c}$ 无关. 利用这个特性解释为什么 $|\boldsymbol{a}\cdot(\boldsymbol{b}\times\boldsymbol{c})| = |\boldsymbol{b}\cdot(\boldsymbol{a}\times\boldsymbol{c})| = |\boldsymbol{c}\cdot(\boldsymbol{a}\times\boldsymbol{b})|$.

27. 指出下列各式哪些没有意义.

(a) $\boldsymbol{u}\cdot(\boldsymbol{v}\times\boldsymbol{w})$　　(b) $\boldsymbol{u}+(\boldsymbol{v}\times\boldsymbol{w})$

(c) $(\boldsymbol{a}\cdot\boldsymbol{b})\times\boldsymbol{c}$　　(d) $(\boldsymbol{a}\times\boldsymbol{b})+k$

(e) $(\boldsymbol{a}\cdot\boldsymbol{b})+k$　　(f) $(\boldsymbol{a}+\boldsymbol{b})\times(\boldsymbol{c}+\boldsymbol{d})$

(g) $(\boldsymbol{u}\times\boldsymbol{v})\times\boldsymbol{w}$　　(h) $(k\boldsymbol{u})\times\boldsymbol{v}$

28. 若向量 $\boldsymbol{a}$, $\boldsymbol{b}$, $\boldsymbol{c}$, $\boldsymbol{d}$ 共面，证明：$(\boldsymbol{a}\times\boldsymbol{b})\times(\boldsymbol{c}\times\boldsymbol{d})=\boldsymbol{0}$.

29. 已知四面体的体积等于$\frac{1}{3}$(底面积)(高). 据此证明以 $\boldsymbol{a}$, $\boldsymbol{b}$, $\boldsymbol{c}$ 为边的四面体的体积为$\frac{1}{6}|\boldsymbol{a}\cdot(\boldsymbol{b}\times\boldsymbol{c})|$.

30. 求以 $(-1, 2, 3)$, $(4, -1, 2)$, $(5, 6, 3)$, $(1, 1, -2)$ 为顶点的四面体的体积(参照第 29 题).

31. 不使用定理 A 证明**拉格朗日等式**：$\|\boldsymbol{u}\times\boldsymbol{v}\|^2=\|\boldsymbol{u}\|^2\|\boldsymbol{v}\|^2-(\boldsymbol{u}\cdot\boldsymbol{v})^2$.

32. 证明左分配律：$\boldsymbol{u}\times(\boldsymbol{v}+\boldsymbol{w})=(\boldsymbol{u}\times\boldsymbol{v})+(\boldsymbol{u}\times\boldsymbol{w})$.

33. 利用第 32 题结论和反交换律证明右分配律.

34. 若 $\boldsymbol{u}\times\boldsymbol{v}=\boldsymbol{0}$ 且 $\boldsymbol{u}\cdot\boldsymbol{v}=0$，你能得出关于 $\boldsymbol{u}$, $\boldsymbol{v}$ 的什么结论？

35. 利用例 3 推导出求以点 $P(a, 0, 0)$, $Q(0, b, 0)$, $R(0, 0, c)$ 为顶点的三角形(图 6)的面积的公式.

36. 证明以 (x_1, y_1), (x_2, y_2), (x_3, y_3) 为顶点的三角形面积等于下面行列式的绝对值的一半.

$$\begin{vmatrix} x_1 & y_1 & 1 \\ x_2 & y_2 & 1 \\ x_3 & y_3 & 1 \end{vmatrix}$$

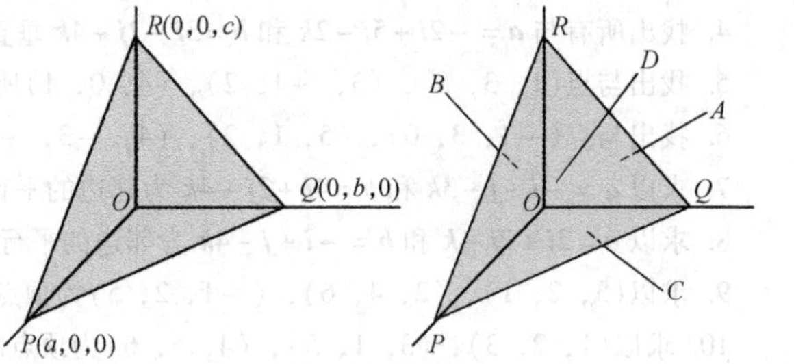

图 6

37. 三维空间里的毕达哥拉斯定理如图 6 所示，设 P, Q, R, O 为直角四面体的顶点，A, B, C, D 分别为相应对面的面积，证明：$A^2+B^2+C^2=D^2$.

38. 设共起始点的三个向量 $\boldsymbol{a}$, $\boldsymbol{b}$, $\boldsymbol{c}$ 决定一个四面体，向量 $\boldsymbol{m}$, $\boldsymbol{n}$, $\boldsymbol{p}$, $\boldsymbol{q}$ 分别垂直于四面体四个面，方向向外，长度大小等于其对应面的面积大小. 证明：$\boldsymbol{m}+\boldsymbol{n}+\boldsymbol{p}+\boldsymbol{q}=\boldsymbol{0}$.

39. 设 $\boldsymbol{a}$, $\boldsymbol{b}$, $\boldsymbol{a}-\boldsymbol{b}$ 为三角形的三边，长度分别为 a, b, c，利用拉格朗日等式以及 $2\boldsymbol{a}\cdot\boldsymbol{b}=\|\boldsymbol{a}\|^2+\|\boldsymbol{b}\|^2-\|\boldsymbol{a}-\boldsymbol{b}\|^2$ 证明三角形面积 A 的海伦公式

$$A=\sqrt{s(s-a)(s-b)(s-c)}$$

其中 $s=(a+b+c)/2$.

40. 利用例 5 的方法直接证明：若 $\boldsymbol{u}=u_1\boldsymbol{i}+u_2\boldsymbol{j}+u_3\boldsymbol{k}$, $\boldsymbol{v}=v_1\boldsymbol{i}+v_2\boldsymbol{j}+v_3\boldsymbol{k}$，则有

$$\boldsymbol{u}\times\boldsymbol{v}=(u_2v_3-u_3v_2)\boldsymbol{i}+(u_3v_1-u_1v_3)\boldsymbol{j}+(u_1v_2-u_2v_1)\boldsymbol{k}.$$

概念复习答案

1. $\langle -3, 2, -7\rangle$ 或 $-3\boldsymbol{i}+2\boldsymbol{j}-7\boldsymbol{k}$　2. $\|\boldsymbol{u}\|\|\boldsymbol{v}\|\sin\theta$　3. $-(\boldsymbol{v}\times\boldsymbol{u})$　4. 平行的

11.5　向量函数与曲线运动

回想一下，函数 f 表示一个法则，这个法则要求，对于定义域中的每个数 t，在另一个集合(值域)中有

唯一的值$f(t)$与之对应(图 1). 在本书中，到目前为止的函数都是有一个实数变量的实值函数(标量值函数)；也就是，定义域和值域都是实数的集合. 一个典型的例子是$f(t)=t^2$，每个实数t对应一个实数t^2.

现在我们提出一个实数与一个向量对应的一般关系(图 2). 设一个实变量t与一个实向量函数$\boldsymbol{F}(t)$对应. 因此

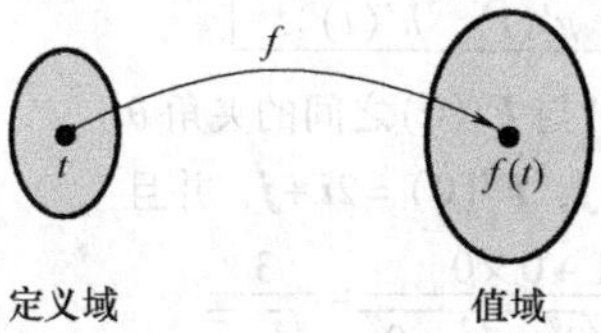

图 1

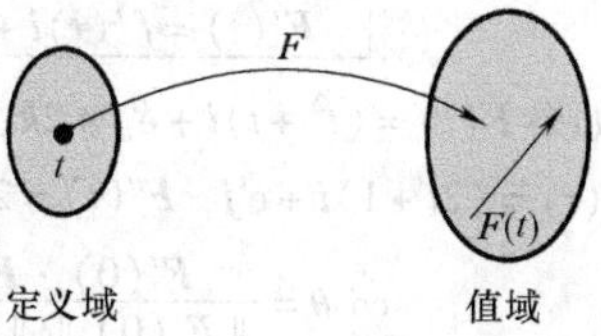

图 2

$$\boldsymbol{F}(t)=f(t)\boldsymbol{i}+g(t)\boldsymbol{j}+h(t)\boldsymbol{k}=\langle f(t),\ g(t),\ h(t)\rangle$$

其中，$f(t)$和$g(t)$是一般的实函数. 一个具体的例子是

$$\boldsymbol{F}(t)=t^2\boldsymbol{i}+e^t\boldsymbol{j}+2\boldsymbol{k}=\langle t^2,\ e^t,\ 2\rangle$$

注意到我们用了黑体字，可以有助于我们区别向量函数和标量函数.

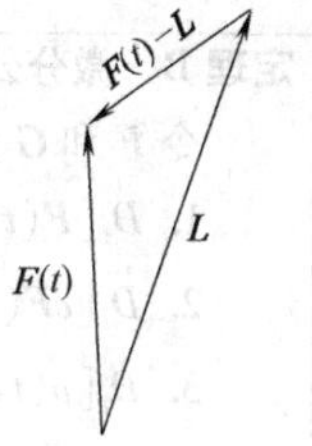

图 3

向量函数的积分 积分中最基本的符号是极限. 直观地，$\lim\limits_{t\to c}\boldsymbol{F}(t)=\boldsymbol{L}$意味着在$t$趋近于$c$的同时向量$\boldsymbol{F}(t)$趋近于向量$\boldsymbol{L}$. 同样意味着当$t\to c$(图 3)时向量$\boldsymbol{F}(t)-\boldsymbol{L}$趋近于$\boldsymbol{0}$. 精确的$\varepsilon-\delta$定义与在 1.2 节中对实函数给出的定义是几乎相同的.

定义 向量函数的极限

如果对任意一个$\varepsilon>0$(不管多小)，总存在一个数$\delta>0$，当$0<|t-c|<\delta$时，使$\|\boldsymbol{F}(t)-\boldsymbol{L}\|<\varepsilon$成立(也就是$0<|t-c|<\delta\Rightarrow\|\boldsymbol{F}(t)-\boldsymbol{L}\|<\varepsilon$)，则称当$t\to c$时，向量$\boldsymbol{F}(t)$的极限为$\boldsymbol{L}$. 记为

$$\lim_{t\to c}\boldsymbol{F}(t)=\boldsymbol{L}$$

定义$\lim\limits_{t\to c}\boldsymbol{F}(t)$与第 1 章定义的极限相似，我们曾把符号$\|\boldsymbol{F}(t)-\boldsymbol{L}\|$解释为向量$\boldsymbol{F}(t)-\boldsymbol{L}$的长度. 定义表明在$t$足够趋近(在$\delta$范围内)于$c$时，$\boldsymbol{F}(t)$可任意的(在$\varepsilon$范围内)接近$\boldsymbol{L}$(这里的距离在三维空间中测量). 下一个定理是证明了二维向量，它的证明在附录 A.2 中. 定理 D 给出了$\boldsymbol{F}(t)$的极限和$\boldsymbol{F}(t)$分量的极限的关系.

二维向量

本节的定义和定理都是在三维空间中给出的. 它们在二维空间中显然也是成立的. 例如，若$\boldsymbol{F}(t)=\langle f(t),g(t)\rangle=f(t)\boldsymbol{i}+g(t)\boldsymbol{j}$，则由定理 A 可得

$$\lim_{t\to c}\boldsymbol{F}(t)=[\lim_{t\to c}f(t)]\boldsymbol{i}+[\lim_{t\to c}g(t)]\boldsymbol{j}$$

定理 A

令$\boldsymbol{F}(t)=f(t)\boldsymbol{i}+g(t)\boldsymbol{j}+h(t)\boldsymbol{k}$. 当且仅当$f$、$g$和$h$在$c$处有极限时，$\boldsymbol{F}$在$c$处才有极限. 在此情况下

$$\lim_{t\to c}\boldsymbol{F}(t)=[\lim_{t\to c}f(t)]\boldsymbol{i}+[\lim_{t\to c}g(t)]\boldsymbol{j}+[\lim_{t\to c}h(t)]\boldsymbol{k}$$

像我们所期望的一样，所有的极限定理都支持这一定理. 同样地，连续性也有通常的意义；也就是，如果$\lim\limits_{t\to c}\boldsymbol{F}(t)=\boldsymbol{F}(c)$，那么$\boldsymbol{F}$在$c$处连续. 通过定理 A，可以清楚地得到只有$f$、$g$和$h$都在$c$处连续时，$\boldsymbol{F}$才在$c$处连续. 最后，导数$\boldsymbol{F}'(t)$的定义和实函数的一样，即

$$\boldsymbol{F}'(t)=\lim_{\Delta t\to 0}\frac{\boldsymbol{F}(t+\Delta t)-\boldsymbol{F}(t)}{\Delta t}$$

写成分量的形式，为

$$\boldsymbol{F}'(t)=\lim_{\Delta t\to 0}\frac{[f(t+\Delta t)\boldsymbol{i}+g(t+\Delta t)\boldsymbol{j}+h(t+\Delta t)\boldsymbol{k}]-[f(t)\boldsymbol{i}+g(t)\boldsymbol{j}+h(t)\boldsymbol{k}]}{\Delta t}$$

$$= \lim_{\Delta t \to 0} \frac{f(t+\Delta t)-f(t)}{\Delta t}\boldsymbol{i} + \lim_{\Delta t \to 0} \frac{g(t+\Delta t)-g(t)}{\Delta t}\boldsymbol{j} + \lim_{\Delta t \to 0} \frac{h(t+\Delta t)-h(t)}{\Delta t}\boldsymbol{k}$$

$$= f'(t)\boldsymbol{i} + g'(t)\boldsymbol{j} + h'(t)\boldsymbol{k}$$

一般地，如果 $\boldsymbol{F}(t)=f(t)\boldsymbol{i}+g(t)\boldsymbol{j}+h(t)\boldsymbol{k}$，则

$$\boxed{\boldsymbol{F}'(t) = f'(t)\boldsymbol{i} + g'(t)\boldsymbol{j} + h'(t)\boldsymbol{k} = \langle f'(t),\ g'(t),\ h'(t)\rangle}$$

例 1　如果 $\boldsymbol{F}(t)=(t^2+t)\boldsymbol{i}+e^t\boldsymbol{j}+2\boldsymbol{k}$，求 $\boldsymbol{F}'(t)$，$\boldsymbol{F}''(t)$ 和 $\boldsymbol{F}'(0)$ 与 $\boldsymbol{F}''(0)$ 之间的夹角 θ.

解　$\boldsymbol{F}'(t)=(2t+1)\boldsymbol{i}+e^t\boldsymbol{j}$，$\boldsymbol{F}''(t)=2\boldsymbol{i}+e^t\boldsymbol{j}$. 因而，$\boldsymbol{F}'(0)=\boldsymbol{i}+\boldsymbol{j}$，$\boldsymbol{F}''(0)=2\boldsymbol{i}+\boldsymbol{j}$，并且

$$\cos\theta = \frac{\boldsymbol{F}'(0)\cdot\boldsymbol{F}''(0)}{\|\boldsymbol{F}'(0)\|\,\|\boldsymbol{F}''(0)\|} = \frac{1\times2+1\times1+0\times0}{\sqrt{1^2+1^2+0^2}\sqrt{2^2+1^2+0^2}} = \frac{3}{\sqrt{2}\sqrt{5}}$$

$$\theta \approx 0.3218 (约 18.43°)$$

下面是关于微分法则的定理.

> **定理 B　微分公式**
>
> 令 $\boldsymbol{F}$ 和 $\boldsymbol{G}$ 为可微的向量函数，p 为一个可微的实函数，c 是一个标量. 则有
>
> 1. $D_t[\boldsymbol{F}(t)+\boldsymbol{G}(t)]=\boldsymbol{F}'(t)+\boldsymbol{G}'(t)$
> 2. $D_t[c\boldsymbol{F}(t)]=c\boldsymbol{F}'(t)$
> 3. $D_t[p(t)\boldsymbol{F}(t)]=p(t)\boldsymbol{F}'(t)+p'(t)\boldsymbol{F}(t)$
> 4. $D_t[\boldsymbol{F}(t)\cdot\boldsymbol{G}(t)]=\boldsymbol{F}(t)\cdot\boldsymbol{G}'(t)+\boldsymbol{G}(t)\cdot\boldsymbol{F}'(t)$
> 5. $D_t[\boldsymbol{F}(t)\times\boldsymbol{G}(t)]=\boldsymbol{F}(t)\times\boldsymbol{G}'(t)+\boldsymbol{F}'(t)\times\boldsymbol{G}(t)$
> 6. $D_t[\boldsymbol{F}(p(t))]=\boldsymbol{F}'(p(t))p'(t)$（链式法则）

证明　我们只证明公式 4 并把其他几个公式留给读者.

令
$$\boldsymbol{F}(t)=f_1(t)\boldsymbol{i}+f_2(t)\boldsymbol{j}+f_3(t)\boldsymbol{k}$$
$$\boldsymbol{G}(t)=g_1(t)\boldsymbol{i}+g_2(t)\boldsymbol{j}+g_3(t)\boldsymbol{k}$$

则

$$\begin{aligned}
D_t[\boldsymbol{F}(t)\cdot\boldsymbol{G}(t)] &= D_t[f_1(t)g_1(t)+f_2(t)g_2(t)+f_3(t)g_3(t)]\\
&= f_1(t)g_1'(t)+g_1(t)f_1'(t)+f_2(t)g_2'(t)+g_2(t)f_2'(t)+f_3(t)g_3'(t)+g_3(t)f_3'(t)\\
&= [f_1(t)g_1'(t)+f_2(t)g_2'(t)+f_3(t)g_3'(t)]+[g_1(t)f_1'(t)+g_2(t)f_2'(t)+g_3(t)f_3'(t)]\\
&= \boldsymbol{F}(t)\cdot\boldsymbol{G}'(t)+\boldsymbol{G}(t)\cdot\boldsymbol{F}'(t)
\end{aligned}$$

因为向量函数的微分由求分量的微分得到，很自然地，可以用分量的形式来定义积分，若 $\boldsymbol{F}(t)=f(t)\boldsymbol{i}+g(t)\boldsymbol{j}+h(t)\boldsymbol{k}$，即

$$\int\boldsymbol{F}(t)\,dt = \left[\int f(t)\,dt\right]\boldsymbol{i} + \left[\int g(t)\,dt\right]\boldsymbol{j} + \left[\int h(t)\,dt\right]\boldsymbol{k}$$

$$\int_a^b\boldsymbol{F}(t)\,dt = \left[\int_a^b f(t)\,dt\right]\boldsymbol{i} + \left[\int_a^b g(t)\,dt\right]\boldsymbol{j} + \left[\int_a^b h(t)\,dt\right]\boldsymbol{k}$$

例 2　若 $\boldsymbol{F}(t)=t^2\boldsymbol{i}+e^{-t}\boldsymbol{j}-2\boldsymbol{k}$，求

(a) $D_t[t^3\boldsymbol{F}(t)]$　　　　(b) $\int_0^1\boldsymbol{F}(t)\,dt$

解　(a) $D_t[t^3\boldsymbol{F}(t)]=t^3(2t\boldsymbol{i}-e^{-t}\boldsymbol{j})+3t^2(t^2\boldsymbol{i}+e^{-t}\boldsymbol{j}-2\boldsymbol{k})$

$$=5t^4\boldsymbol{i}+(3t^2-t^3)e^{-t}\boldsymbol{j}-6t^2\boldsymbol{k}$$

(b) $\int_0^1\boldsymbol{F}(t)\,dt = \left(\int_0^1 t^2\,dt\right)\boldsymbol{i}+\left(\int_0^1 e^{-t}\,dt\right)\boldsymbol{j}+\left(\int_0^1(-2)\,dt\right)\boldsymbol{k}$

$$=\frac{1}{3}\boldsymbol{i}+(1-e^{-1})\boldsymbol{j}-2\boldsymbol{k}$$

曲线运动　下面用前面已学的向量函数的知识来研究一个点在一个平面内的运动情况．t 代表时间，

而且假设点 P 运动的坐标参数方程为 $x=f(t)$，$y=g(t)$，$z=h(t)$，而向量

$$\boldsymbol{r}(t)=f(t)\boldsymbol{i}+g(t)\boldsymbol{j}+h(t)\boldsymbol{k}$$

是从原点出发的，则称这个向量是点 p 的**位置向量**. 当 t 变化时，向量 $\boldsymbol{r}(t)$ 的顶端的轨迹形成点 P 的运动轨迹(图4). 这是一条曲线，我们称对应的运动为**曲线运动**.

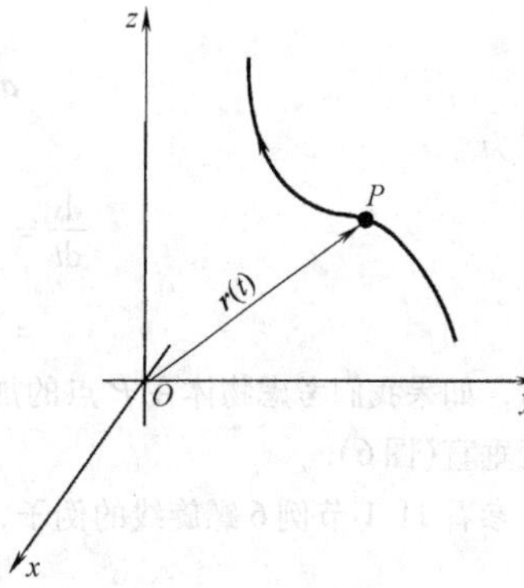

图 4

分析线性(直线)运动，我们定义该动点 P 的速度$v(t)$和加速度 $\boldsymbol{a}(t)$为

$$v(t)=\boldsymbol{r}'(t)=f'(t)\boldsymbol{i}+g'(t)\boldsymbol{j}+h'(t)\boldsymbol{k}$$

$$\boldsymbol{a}(t)=\boldsymbol{r}''(t)=f''(t)\boldsymbol{i}+g''(t)\boldsymbol{j}+h''(t)\boldsymbol{k}$$

由于

$$v(t)=\lim_{\Delta t\to 0}\frac{\boldsymbol{r}(t+\Delta t)-\boldsymbol{r}(t)}{\Delta t}$$

从图5可以很明显看出$v(t)$的方向就是切线的方向，速度的大小 $|v(t)|$ 称为点 P 的运动速率，加速度的方向指向曲线内凹的一边(即指向曲线弯曲的方向).

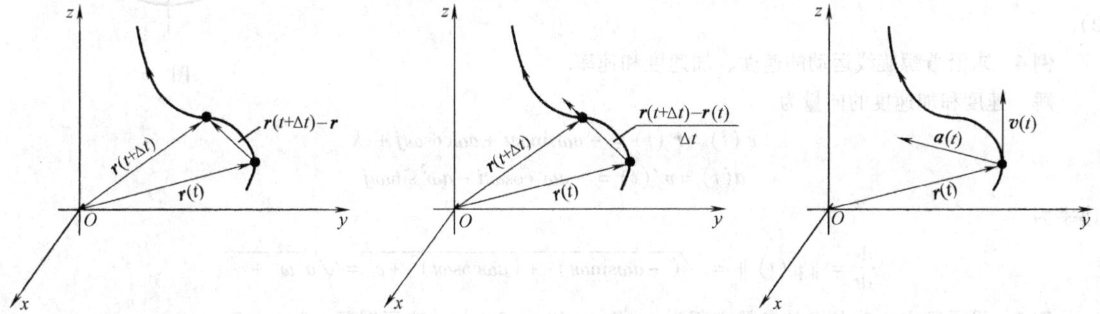

图 5

如果 $\boldsymbol{r}(t)$ 是一物体的位置向量，则从时间 $t=a$ 到时间 $t=b$ 所经过的弧长为

$$L=\int_a^b\sqrt{[f'(t)]^2+[g'(t)]^2+[h'(t)]^2}\,\mathrm{d}t=\int_a^b\|\boldsymbol{r}'(t)\|\,\mathrm{d}t$$

从时间 $t=a$ 到任意时刻 t 的累积弧长就为

$$L=\int_a^t\sqrt{[f'(u)]^2+[g'(u)]^2+[h'(u)]^2}\,\mathrm{d}u=\int_a^t\|\boldsymbol{r}'(u)\|\,\mathrm{d}u$$

由微积分第一基本定理，累积弧长的导数 $\mathrm{d}s/\mathrm{d}t$ 为

$$\frac{\mathrm{d}s}{\mathrm{d}t}=\sqrt{[f'(t)]^2+[g'(t)]^2+[h'(t)]^2}=\|\boldsymbol{r}'(t)\|$$

累积弧长的导数就是我们通常所说的速率. 因此，一个物体的速率可写为

$$速率=\frac{\mathrm{d}s}{\mathrm{d}t}=\|\boldsymbol{r}'(t)\|=\|v(t)\|$$

注意：一个物体的速度是向量，速率是标量.

曲线运动的一个重要应用匀速圆周运动出现在二维空间中. 假设一物体在 xy 平面上以恒定的角速度 ω (rad/s)沿逆时针方向绕一圆运动，该圆圆心为(0, 0)，半径为 a，设其初始位置是(a, 0)，则它的位置向量为

$$\boldsymbol{r}(t)=a\cos\omega t\boldsymbol{i}+a\sin\omega t\boldsymbol{j}$$

例3 求匀速圆周运动的速度，加速度和速率.

解 在时间 t 该点的位移向量为

$$\boldsymbol{r}(t)=a\cos\omega t\boldsymbol{i}+a\sin\omega t\boldsymbol{j}$$

对位置向量求导，得

$$\boldsymbol{v}(t)=\boldsymbol{r}'(t)=-a\omega\sin\omega t\boldsymbol{i}+a\omega\cos\omega t\boldsymbol{j}$$
$$\boldsymbol{a}(t)=\boldsymbol{v}'(t)=-a\omega^2\cos\omega t\boldsymbol{i}-a\omega^2\sin\omega t\boldsymbol{j}$$

速率为

$$\frac{\mathrm{d}s}{\mathrm{d}t}=\|\boldsymbol{v}(t)\|=\sqrt{(-\alpha\omega\sin\omega t)^2+(a\omega\cos\omega t)^2}$$
$$=\sqrt{a^2\omega^2(\sin^2\omega t+\cos^2\omega t)}=a\omega$$

注意，如果我们考虑物体在 P 点的加速度 $\boldsymbol{a}$，那么 $\boldsymbol{a}$ 指向原点而且和速度 $\boldsymbol{v}$ 相互垂直(图 6).

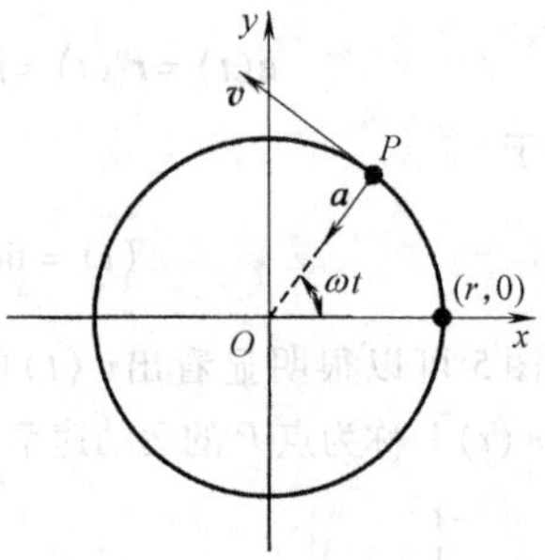

图　6

参看 11.1 节例 6 螺旋线的例子，通过简化螺旋线上物体的运动轨迹如下：

$$\boldsymbol{r}(t)=a\cos\omega t\boldsymbol{i}+a\sin\omega t\boldsymbol{j}+ct\boldsymbol{k}$$

我们发现在 xy 面上物体作匀速圆周运动，在 z 轴方向上物体做匀速直线运动. 当我们把这两个运动合成一个运动时就是物体向上螺旋上升($c>0$).

例 4　求沿着螺旋线运动的速度、加速度和速率.

解　速度和加速度的向量为

$$\boldsymbol{v}(t)=\boldsymbol{r}'(t)=-a\omega\sin\omega t\boldsymbol{i}+a\omega\cos\omega t\boldsymbol{j}+c\boldsymbol{k}$$
$$\boldsymbol{a}(t)=\boldsymbol{v}'(t)=-a\omega^2\cos\omega t\boldsymbol{i}-a\omega^2\sin\omega t\boldsymbol{j}$$

速率为

$$\frac{\mathrm{d}s}{\mathrm{d}t}=\|\boldsymbol{v}(t)\|=\sqrt{(-a\omega\sin\omega t)^2+(a\omega\cos\omega t)^2+c^2}=\sqrt{a^2\omega^2+c^2}$$

例 5　设平面内一动点 P 的参数方程为 $x=3\cos t$ 和 $y=2\sin t$，t 表示时间，$0<t<2\pi$.

(a)画出点 P 的运动轨迹.

(b)求出速度 $\boldsymbol{v}(t)$、速率 $\|\boldsymbol{v}(t)\|$、加速度 $\boldsymbol{a}(t)$ 的表达式.

(c)求出速率的最大值和最小值以及出现这些值点的坐标.

(d)证明以点 P 为起点的加速度向量总是指向坐标原点.

解　(a)由 $x^2/9+y^2/4=1$，点 P 的运动轨迹是一个椭圆，如图 7 所示.

(b)点 P 的位置向量为

$$\boldsymbol{r}(t)=3\cos t\boldsymbol{i}+2\sin t\boldsymbol{j}$$

所以

$$\boldsymbol{v}(t)=-3\sin t\boldsymbol{i}+2\cos t\boldsymbol{j}$$
$$\|\boldsymbol{v}(t)\|=\sqrt{9\sin^2t+4\cos^2t}=\sqrt{5\sin^2t+4}$$
$$\boldsymbol{a}(t)=-3\cos t\boldsymbol{i}-2\sin t\boldsymbol{j}$$

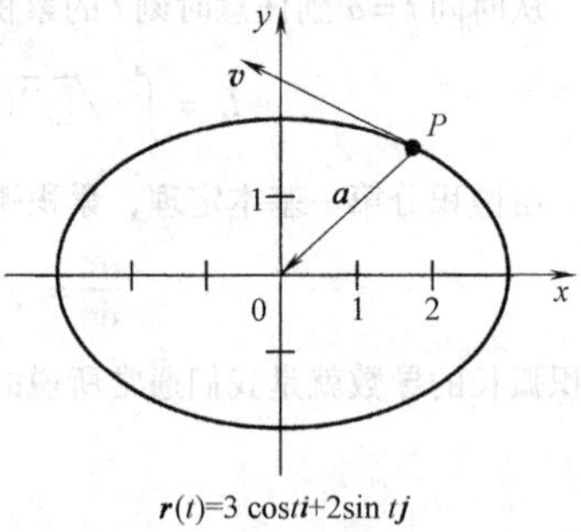

图　7

(c)由于速率的表达式为 $\sqrt{5\sin^2t+4}$，当 $\sin t=\pm1$ 时，速率有最大值 3，也即当 $t=\pi/2$ 或 $3\pi/2$ 时，对应椭圆上点坐标为(0，±2). 相应地，当 $\sin t=0$ 时，速率有最小值 2，在椭圆上对应的点为(±3，0).

(d)注意到 $\boldsymbol{a}(t)=-\boldsymbol{r}(t)$，因此我们设定 $\boldsymbol{a}(t)$ 的起点为点 P，这个向量会指向原点. 我们得出结论 $\|\boldsymbol{a}(t)\|$ 在点(±3，0)取得最大值，在点(0，±2)取得最小值.

例 6　从原点以与 x 正半轴成 θ 的角度发射一枚炮弹，发射时初速度为 v_0 ft/s(图 8). 忽略空气阻力，求出速度 $\boldsymbol{v}(t)$ 和位置向量 $\boldsymbol{r}(t)$ 的表达式，然后证明它的轨迹是一条抛物线.

解 重力加速度为 $\boldsymbol{a}(t)=-32\boldsymbol{j}$. 初始状态 $\boldsymbol{r}(0)=\boldsymbol{0}$、$\boldsymbol{v}(0)=v_0\cos\theta\,\boldsymbol{i}+v_0\sin\theta\,\boldsymbol{j}$. 从 $\boldsymbol{a}(t)=-32\boldsymbol{j}$ 开始，求两次积分：

$$\boldsymbol{v}(t)=\int\boldsymbol{a}(t)\,\mathrm{d}t=\int -32\,\mathrm{d}t\,\boldsymbol{j}=-32t\,\boldsymbol{j}+\boldsymbol{C}_1$$

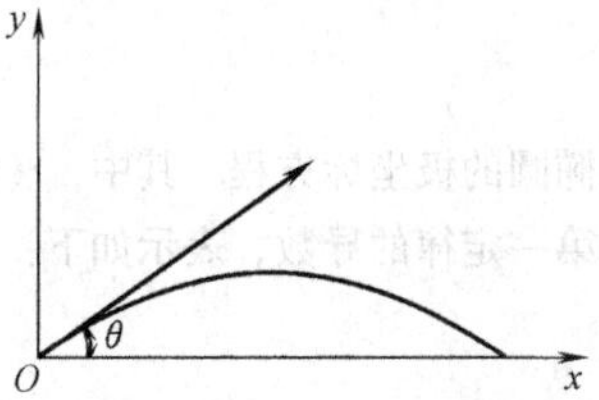

图 8

利用初始条件 $\boldsymbol{r}(0)=\boldsymbol{0}$ 和 $\boldsymbol{v}(0)=v_0\cos\theta\boldsymbol{i}+v_0\sin\theta\boldsymbol{j}$ 可以计算出 $\boldsymbol{C}_1=v_0\cos\theta\boldsymbol{i}+v_0\sin\theta\boldsymbol{j}$. 因此

$$\boldsymbol{v}(t)=(v_0\cos\theta)\boldsymbol{i}+(v_0\sin\theta-32t)\boldsymbol{j}$$

且

$$\boldsymbol{r}(t)=\int\boldsymbol{v}(t)\,\mathrm{d}t=(tv_0\cos\theta)\boldsymbol{i}+(tv_0\sin\theta-16t^2)\boldsymbol{j}+\boldsymbol{C}_2$$

由初始条件 $\boldsymbol{r}(0)=\boldsymbol{0}$，得出 $\boldsymbol{C}_2=\boldsymbol{0}$，因此

$$\boldsymbol{r}(t)=(tv_0\cos\theta)\boldsymbol{i}+(tv_0\sin\theta-16t^2)\boldsymbol{j}$$

要找到轨迹的方程，把下面方程里的参数 t 消去

$$x=(v_0\cos\theta)t\qquad y=(v_0\sin\theta)t-16t^2$$

特别地，解出第一个方程中的 t，然后把它代入第二个方程，结果如下：

$$y=(\tan\theta)x-\left(\frac{4}{v_0\cos\theta}\right)^2x^2$$

这个方程表示一条抛物线.

例 7 一个棒球从 8ft 的高度沿与 x 轴正向高于水平线成 1°的夹角，以 75mile/h(110ft/s)的初速度抛出. 初始位置为 $\boldsymbol{r}(0)=8\boldsymbol{k}$. 由于重力的影响，球在 y 轴正方向上运动的加速度为 2ft/s^2. 当 x 轴方向的分量为 60.5ft 时，求该点的坐标.

解 初始位置向量为 $\boldsymbol{r}(0)=8\boldsymbol{k}$，初始速度向量为 $\boldsymbol{v}(0)=110\cos1°\boldsymbol{i}+110\sin1°\boldsymbol{k}$. 加速度向量为 $\boldsymbol{a}(t)=2\boldsymbol{j}-32\boldsymbol{k}$. 与前面例子相似的过程，有

$$\boldsymbol{v}(t)=\int\boldsymbol{a}(t)\,\mathrm{d}t=\int(2\boldsymbol{j}-32\boldsymbol{k})\,\mathrm{d}t=2t\boldsymbol{j}-32t\boldsymbol{k}+\boldsymbol{C}_1$$

由于 $\boldsymbol{C}_1=\boldsymbol{v}(0)=110\cos1°\boldsymbol{i}+110\sin1°\boldsymbol{k}$，则

$$\boldsymbol{v}(t)=110\cos1°\boldsymbol{i}+2t\boldsymbol{j}+(110\sin1°-32t)\boldsymbol{k}$$

对速度向量积分可以得到位置向量

$$\begin{aligned}\boldsymbol{r}(t)&=\int\boldsymbol{v}(t)\,\mathrm{d}t=\int[110\cos1°\boldsymbol{i}+2t\boldsymbol{j}+(110\sin1°-32t)\boldsymbol{k}]\,\mathrm{d}t\\&=110\cos1°t\boldsymbol{i}+t^2\boldsymbol{j}+(110\sin1°t-16t^2)\boldsymbol{k}+\boldsymbol{C}_2\end{aligned}$$

由初始位置 $\boldsymbol{r}(0)=8\boldsymbol{k}$，可知 $\boldsymbol{C}_2=8\boldsymbol{k}$，因此

$$\boldsymbol{r}(t)=110\cos1°t\boldsymbol{i}+t^2\boldsymbol{j}+(8+110\sin1°t-16t^2)\boldsymbol{k}$$

求当 x 轴方向的分量为 60.5ft 时，t 的值. 令 $110\cos1°t=60.5$，有 $t=\dfrac{60.5}{110\cos1°}\text{s}\approx0.55008\text{s}$.

此时的位置为

$$\begin{aligned}\boldsymbol{r}(0.55008)&=110\cos1°\times0.55008\boldsymbol{i}+0.55008^2\boldsymbol{j}+(8+110\sin1°\times0.55008-16\times0.55008^2)\boldsymbol{k}\\&\approx60.5\boldsymbol{i}+0.303\boldsymbol{j}+4.21\boldsymbol{k}\end{aligned}$$

如果这个球是由主投手投向击球手，那么这个球要高于腰部(离地 4.21ft)大约离本垒中心 4in(0.303ft).

开普勒行星运动定律(选学) 在 17 世纪早期，开普勒沿用丹麦贵族第谷·布雷赫有关行星的数据. 开普勒花了几年时间反复试验这些数据，幸运的是，他阐明了行星运动的三大定律

1. 行星以太阳作为中心作椭圆运动.
2. 从太阳到行星所连接的直线在相等时间内扫过同等的面积.
3. 所有的行星的轨道的半长轴的三次方与公转周期的二次方的比值都相等.

后来才发现开普勒的行星运动定律是牛顿运动定律的结果. 开普勒第一定律可以描述为

$$r(\theta)=\frac{r_0(1+e)}{1+e\cos\theta}$$

是椭圆的极坐标方程．其中，$r(\theta)$是当角度为θ时行星与太阳的距离，e是椭圆的离心率．习题 48 给出开普勒第一定律的导数，表示如下：

$$e=\frac{r_0v_0^2}{GM}-1=\frac{1}{r_0GM}\left(2\frac{\mathrm{d}A}{\mathrm{d}t}\right)^2-1$$

式中，M是太阳的质量；G是重力加速度常量；r_0是太阳到行星的最短距离；v_0是当行星最接近太阳时的速度；$\frac{\mathrm{d}A}{dt}$是由太阳和行星连接的线段扫过面积的变化率(开普勒第二定律表明它是常量)．我们假定开普勒第一定律成立．

例 8　证明开普勒第二定律．

解　令$\boldsymbol{r}(t)$表示行星在时间t时的位置向量，令$\boldsymbol{r}(t+\Delta t)$是$\Delta t$时间后的位置(图 9)．在$\Delta t$时间内扫过的面积$\Delta A$近似于由$\boldsymbol{r}(t)$和$\Delta\boldsymbol{r}=\boldsymbol{r}(t+\Delta t)-\boldsymbol{r}(t)$形成的平行四边形面积的一半．用前面章节介绍的由两个向量构成的三角形的面积等于两个向量的叉积矢量长度(模)的一半

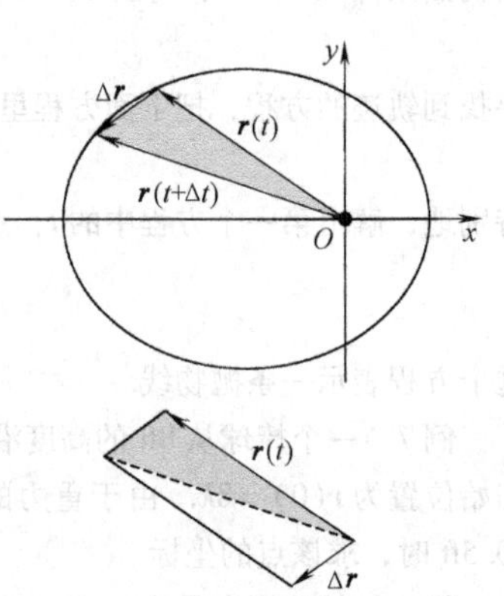

图　9

$$\Delta A\approx\frac{1}{2}\|\boldsymbol{r}(t)\times\Delta\boldsymbol{r}\|$$

因此

$$\frac{\Delta A}{\Delta t}\approx\frac{1}{2}\left\|\boldsymbol{r}(t)\times\frac{\Delta\boldsymbol{r}}{\Delta t}\right\|$$

所以，令$\Delta t\to0$，有

$$\frac{dA}{\mathrm{d}t}=\frac{1}{2}\|\boldsymbol{r}(t)\times\boldsymbol{r}'(t)\|$$

作用在行星上的唯一力为太阳对它的万有引力，方向沿太阳和行星连线，大小为$GMm/\|\boldsymbol{r}(t)\|^2$($m$是行星的质量)，由牛顿第二定律($F=ma$)得出

$$\frac{-GMm}{\|\boldsymbol{r}(t)\|^3}\boldsymbol{r}(t)=m\boldsymbol{a}(t)=m\boldsymbol{r}''(t)$$

两边都消去m，有

$$\boldsymbol{r}''(t)=\frac{-GM}{\|\boldsymbol{r}(t)\|^3}\boldsymbol{r}(t)$$

据此，考虑在上面$\frac{\mathrm{d}A}{dt}$表达式中的向量$\boldsymbol{r}(t)\times\boldsymbol{r}'(t)$，用定理 B 的第 5 条性质对该向量微分有

$$\frac{\mathrm{d}}{\mathrm{d}t}(\boldsymbol{r}(t)\times\boldsymbol{r}'(t))=\boldsymbol{r}(t)\times\boldsymbol{r}''(t)+\boldsymbol{r}'(t)\times\boldsymbol{r}'(t)=\boldsymbol{r}(t)\times\left(\frac{-GM}{\|\boldsymbol{r}(t)\|^3}\boldsymbol{r}(t)\right)+\boldsymbol{0}$$

$$=\left(\frac{-GM}{\|\boldsymbol{r}(t)\|^3}\right)\boldsymbol{r}(t)\times\boldsymbol{r}(t)=\boldsymbol{0}$$

这说明$\boldsymbol{r}(t)\times\boldsymbol{r}'(t)$是一常数，它的模$\|\boldsymbol{r}(t)\times\boldsymbol{r}'(t)\|$也为常数，因此$\frac{\mathrm{d}A}{\mathrm{d}t}$是常数．

例 9　证明开普勒第三定律．

解　把太阳当做原点，把行星的近日点所在的直线当做x轴，如图 10 所示近日点为A点．令C为短半轴与轨迹的交点，B为y轴与轨迹的交点．令a，b分别为椭圆的半长轴和短轴的长，c为从中心到两个焦点的距离．椭圆的性质表明，两个焦点到椭圆上任意点的距离和为$2a$．因此

$$\overline{f'C}+\overline{CF}=2a，由于\overline{f'C}=\overline{CF}，则\overline{f'C}=\overline{CF}=a.$$

这个性质用于B点的表达方式为$\overline{f'B}+\overline{BF}=2a$．

由勾股定理，有$a^2=b^2+c^2$并且$(\overline{f'B})^2=h^2+(2c)^2$(图 11)．从上面可知

$$\overline{f'B}=2a-\overline{BF}=2a-h$$

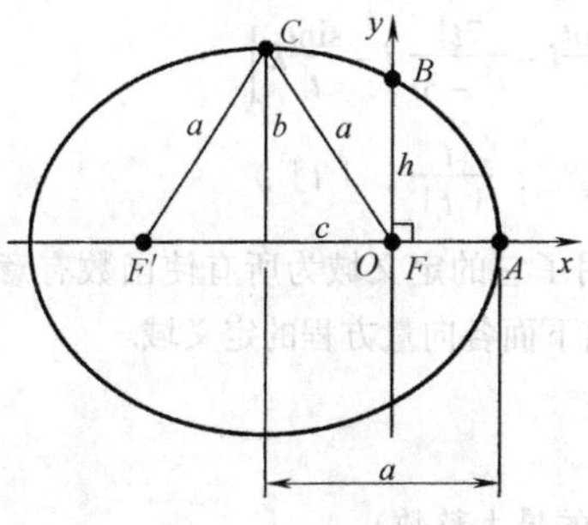

图 10

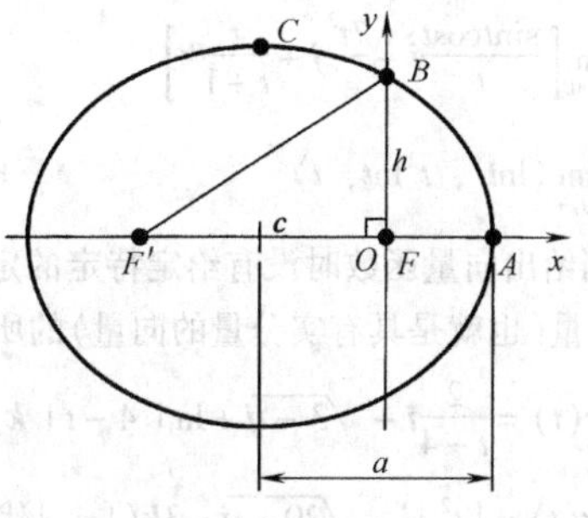

图 11

综合起来，有

$$h^2 + (2c)^2 = (\overline{f'B})^2 = (2a-h)^2 = 4a^2 - 4ah + h^2$$

得出 $4c^2 = 4a^2 - 4ah$，因此 $c^2 = a^2 - ah$. 由于 $a^2 = b^2 + c^2$，有 $a^2 - b^2 = c^2 = a^2 - ah$，因此，$b^2 = ah$.

当角 θ 为直角时，点 B 存在. 用开普勒第一定律

$$h = r\left(\frac{\pi}{2}\right) = \frac{r_0(1+e)}{1 + e\cos\frac{\pi}{2}} = \frac{1}{GM}\left(2\frac{\mathrm{d}A}{\mathrm{d}t}\right)^2$$

令 T 为行星的运动周期，在绕太阳的一次轨迹中，扫过的面积为 πab. 因此扫过面积的平均比率为 $\pi ab/T$，但由于 $\frac{\mathrm{d}A}{\mathrm{d}t}$ 是常数(开普勒第二定律)，$\frac{\mathrm{d}A}{\mathrm{d}t} = \frac{\pi ab}{T}$，因此

$$T = \frac{\pi ab}{\mathrm{d}A/\mathrm{d}t}$$

这些参数的关系式为：$b^2 = ah$，$h = \frac{1}{GM}\left(2\frac{\mathrm{d}A}{\mathrm{d}t}\right)^2$，有

$$T^2 = \left(\frac{\pi ab}{\mathrm{d}A/\mathrm{d}t}\right)^2 = \frac{\pi^2 a^2}{(\mathrm{d}A/\mathrm{d}t)^2}ah = \frac{\pi^2 a^3}{(\mathrm{d}A/\mathrm{d}t)^2}\frac{(2\mathrm{d}A/\mathrm{d}t)^2}{GM} = \frac{4\pi^2}{GM}a^3$$

行星距太阳最近为 $a-c$ 最远为 $a+c$. 开普勒把这两个值的平均值 $(a-c+a+c)/2 = a$ 叫做到太阳的平均距离. 最后的公式表示，周期的平方与距太阳平均距离的立方成正比.

概念复习

1. 一个将所有实数映成向量的函数叫做__________.

2. 当且仅当__________函数 $\boldsymbol{F}(t) = f(t)\boldsymbol{i} + g(t)\boldsymbol{j}$ 在 $t=c$ 上连续. $\boldsymbol{F}$ 的导数用 f 和 g 有关的项表示为 $\boldsymbol{F}'(t) =$__________.

3. 如果一个点沿着一条曲线运动而且在时刻 t 时到了点 P，那么从原点指向 P 的向量 $\boldsymbol{r}(t)$ 称为 P 的__________向量.

4. 在 $\boldsymbol{r}(t)$ 上，点 P 的速度是__________，加速度为__________. 在时刻 t 的速度向量与曲线__________，而加速度向量指向曲线的__________一边.

习题 11.5

在习题 1～8 里，求其极限或者指出它不存在.

1. $\lim\limits_{t\to1}[2t\boldsymbol{i} - t^2\boldsymbol{j}]$

2. $\lim\limits_{t\to3}[2(t-3)^2\boldsymbol{i} - 7t^3\boldsymbol{j}]$

3. $\lim\limits_{t\to1}\left[\frac{t-1}{t^2-1}\boldsymbol{i} - \frac{t^2+2t-3}{t-1}\boldsymbol{j}\right]$

4. $\lim\limits_{t\to-2}\left[\frac{2t^2-10t-28}{t+2}\boldsymbol{i} - \frac{7t^3}{t-3}\boldsymbol{j}\right]$

5. $\lim\limits_{t\to0}\left[\frac{\sin t\cos t}{t}\boldsymbol{i}-\frac{7t^3}{e^t}\boldsymbol{j}+\frac{t}{t+1}\boldsymbol{k}\right]$

6. $\lim\limits_{t\to\infty}\left[\frac{t\sin t}{t^2}\boldsymbol{i}-\frac{7t^3}{t^3-3t}\boldsymbol{j}-\frac{\sin t}{t}\boldsymbol{k}\right]$

7. $\lim\limits_{t\to0^+}\langle \ln t^3,\ t^2\ln t,\ t\rangle$

8. $\lim\limits_{t\to0^-}\langle e^{-1/t^2},\ \frac{t}{|t|},\ |t|\rangle$

9. 当给出向量函数时没有给定特定的定义域区间，这就表明了它的定义域为所有使函数有意义和可以得出实向量(也就是具有实分量的向量)的所有标量(实数). 找出下面各向量方程的定义域.

(a) $\boldsymbol{r}(t)=\frac{2}{t-4}\boldsymbol{i}+\sqrt{3-t}\boldsymbol{j}+\ln|4-t|\boldsymbol{k}$

(b) $\boldsymbol{r}(t)=[t^2]\boldsymbol{i}-\sqrt{20-t}\boldsymbol{j}+3\boldsymbol{k}$([ ]代表了求不超过这个数的最大整数)

(c) $\boldsymbol{r}(t)=\cos t\boldsymbol{i}+\sin t\boldsymbol{j}+\sqrt{9-t^2}\boldsymbol{k}$

10. 写出下面各向量函数的定义域:

(a) $\boldsymbol{r}(t)=\ln(t-1)\boldsymbol{i}+\sqrt{20-t}\boldsymbol{j}$

(b) $\boldsymbol{r}(t)=\ln(t^{-1})\boldsymbol{i}+\tan^{-1}t\boldsymbol{j}+t\boldsymbol{k}$

(c) $\boldsymbol{r}(t)=\frac{1}{\sqrt{1-t^2}}\boldsymbol{j}+\frac{1}{\sqrt{9-t^2}}\boldsymbol{k}$

11. 对于第 9 题中的每个函数，t 为何值时函数连续.

12. 对于第 10 题中的每个函数，t 为何值时函数连续.

13. 求下列各函数的 $D_t\boldsymbol{r}(t)$ 和 $D_t^2\boldsymbol{r}(t)$.

(a) $\boldsymbol{r}(t)=(3t+4)^3\boldsymbol{i}+e^{t^2}\boldsymbol{j}+\boldsymbol{k}$

(b) $\boldsymbol{r}(t)=\sin^2 t\boldsymbol{i}+\cos3t\boldsymbol{j}+t^2\boldsymbol{k}$

14. 求下列各函数的 $\boldsymbol{r}'(t)$ 和 $\boldsymbol{r}''(t)$.

(a) $\boldsymbol{r}(t)=(e^t+e^{-t^2})\boldsymbol{i}+2^t\boldsymbol{j}+t\boldsymbol{k}$

(b) $\boldsymbol{r}(t)=\tan2t\boldsymbol{i}+\arctan t\boldsymbol{j}$

15. 如果 $\boldsymbol{r}(t)=e^{-t}\boldsymbol{i}-\ln(t^2)\boldsymbol{j}$，求 $D_t[\boldsymbol{r}'(t)\cdot\boldsymbol{r}''(t)]$.

16. 如果 $\boldsymbol{r}(t)=\sin3t\boldsymbol{i}-\cos3t\boldsymbol{j}$，求 $D_t[\boldsymbol{r}(t)\cdot\boldsymbol{r}'(t)]$.

17. 如果 $\boldsymbol{r}(t)=\sqrt{t-1}\boldsymbol{i}+\ln(2t^2)\boldsymbol{j}$ 和 $h(t)=e^{-3t}$，求 $D_t[h(t)\boldsymbol{r}(t)]$.

18. 如果 $\boldsymbol{r}(t)=\sin2t\boldsymbol{i}+\cosh t\boldsymbol{j}$ 和 $h(t)=\ln(3t-2)$，求 $D_t[h(t)\boldsymbol{r}(t)]$.

在习题 19 ~ 30 中，求 $t=t_1$ 时刻的速度 v，加速度 $\boldsymbol{a}$，速率 s.

19. $\boldsymbol{r}(t)=4t\boldsymbol{i}+5(t^2-1)\boldsymbol{j}+2t\boldsymbol{k}$; $t_1=1$

20. $\boldsymbol{r}(t)=t\boldsymbol{i}+(t-1)^2\boldsymbol{j}+(t-3)^3\boldsymbol{k}$; $t_1=0$

21. $\boldsymbol{r}(t)=(1/t)\boldsymbol{i}+(t^2-1)^{-1}\boldsymbol{j}+t^5\boldsymbol{k}$; $t_1=2$

22. $\boldsymbol{r}(t)=t^6\boldsymbol{i}+(6t^2-5)^6\boldsymbol{j}+t\boldsymbol{k}$; $t_1=1$

23. $\boldsymbol{r}(t)=\boldsymbol{i}+(\int_0^t x^2\mathrm{d}x)\boldsymbol{j}+t^{3/2}\boldsymbol{k}$; $t_1=2$

24. $\boldsymbol{r}(t)=\int_1^t[x^2\boldsymbol{i}+5(x-1)^3\boldsymbol{j}+(\sin\pi x)\boldsymbol{k}]\mathrm{d}x$; $t_1=2$

25. $\boldsymbol{r}(t)=\cos t\boldsymbol{i}+\sin t\boldsymbol{j}+t\boldsymbol{k}$; $t_1=\pi$

26. $\boldsymbol{r}(t)=\sin2t\boldsymbol{i}+\cos3t\boldsymbol{j}+\cos4t\boldsymbol{k}$; $t_1=\pi/2$

27. $\boldsymbol{r}(t)=\tan t\boldsymbol{i}+3e^t\boldsymbol{j}+\cos4t\boldsymbol{k}$; $t_1=\pi/4$

28. $\boldsymbol{r}(t)=(\int_t^1 e^x\mathrm{d}x)\boldsymbol{i}+(\int_t^{\pi}\sin\pi\theta\mathrm{d}\theta)\boldsymbol{j}+t^{2/3}\boldsymbol{k}$; $t_1=2$

29. $\boldsymbol{r}(t)=t\sin\pi t\boldsymbol{i}+t\cos\pi t\boldsymbol{j}+e^{-t}\boldsymbol{k}$; $t_1=2$

30. $\boldsymbol{r}(t)=\ln t\boldsymbol{i}+\ln t^2\boldsymbol{j}+\ln t^3\boldsymbol{k}$; $t_1=2$

31. 一质点以恒定的速度运动，证明速度向量和加速度向量总是互相垂直.

32. 证明 $\|\boldsymbol{r}(t)\|$ 是常数当且仅当 $\boldsymbol{r}(t)\cdot\boldsymbol{r}'(t)=0$.

在习题 33 ~ 38 中，求给定向量方程的曲线的长度.

33. $\boldsymbol{r}(t)=t\boldsymbol{i}+\sin t\boldsymbol{j}+\cos t\boldsymbol{k}$; $0\leqslant t\leqslant2$

34. $\boldsymbol{r}(t)=t\cos t\boldsymbol{i}+t\sin t\boldsymbol{j}+\sqrt{2}t\boldsymbol{k}$; $0\leqslant t\leqslant2$

35. $\boldsymbol{r}(t)=\sqrt{6}t^2\boldsymbol{i}+\frac{2}{3}t^3\boldsymbol{j}+6t\boldsymbol{k}$；$3\leqslant t\leqslant 6$

36. $\boldsymbol{r}(t)=t^2\boldsymbol{i}-2t^3\boldsymbol{j}+6t^3\boldsymbol{k}$；$0\leqslant t\leqslant 1$

37. $\boldsymbol{r}(t)=t^3\boldsymbol{i}-2t^3\boldsymbol{j}+6t^3\boldsymbol{k}$；$0\leqslant t\leqslant 1$

38. $\boldsymbol{r}(t)=\sqrt{7}t^7\boldsymbol{i}-\sqrt{2}t^7\boldsymbol{j}+6t^7\boldsymbol{k}$；$0\leqslant t\leqslant 1$

在39题和40题里，$\boldsymbol{F}(t)=\boldsymbol{f}(u(t))$．用$t$表示$\boldsymbol{F}'(t)$．

39. $\boldsymbol{f}(u)=\cos u\boldsymbol{i}+e^{3u}\boldsymbol{j}$，$u(t)=3t^2-4$

40. $\boldsymbol{f}(u)=u^2\boldsymbol{i}+\sin^2 u\boldsymbol{j}$，$u(t)=\tan t$

计算41题和42题的积分．

41. $\int_0^1(e^t\boldsymbol{i}+e^{-t}\boldsymbol{j})\,dt$

42. $\int_{-1}^1[(1+t)^{3/2}\boldsymbol{i}+(1-t)^{3/2}\boldsymbol{j}]\,dt$

43. 设起始点在(5，0)，以6 rad/s的恒定角速率绕着圆$x^2+y^2=25$运动的动点．求动点关于$\boldsymbol{r}(t)$，$v(t)$，$\|v(t)\|$，$\boldsymbol{a}(t)$的表达式．（见例3）

44. 考虑质点沿着螺旋线的运动，有$\boldsymbol{r}(t)=\sin t\boldsymbol{i}+\cos t\boldsymbol{j}+(t^2-3t+2)\boldsymbol{k}$；$t\geqslant 0$其中$\boldsymbol{k}$分量是测量离地面的高度．

(a)质点会向下运动吗？

(b)质点会停止运动吗？

(c)质点什么时候能达到离地面12m．

(d)当质点离地面12m时，它的速度如何？

45. 在太阳系中的许多空间，卫星绕着行星转，而行星绕着太阳转．有时绕行的轨道近似于圆．因此我们就认为行星绕着以太阳为圆心的轨道转，而卫星绕着以行星为圆心的轨道转，进一步假设运动轨迹位于xy平面上．假定行星绕太阳转一周，卫星就绕行星转十周．

(a)如果卫星的运行轨道半径为R_m，行星绕太阳的运行轨道半径为R_p，证明：若太阳位于原点，则卫星的轨道方程由下式给出：

$$x=R_p\cos t+R_m\cos 10t,\quad y=R_p\sin t+R_m\sin 10t$$

(b)对于$R_p=1$和$R_m=0.1$，画出行星绕太阳转一圈时卫星的运行轨迹．

(c)求一组R_p、R_m和t值，使得在时刻t处，卫星相对于太阳是静止的．

46. 假设地球绕太阳的轨道和月亮绕地球的轨道在同一平面上且均为圆形，我们可以用下式来表示卫星的运行轨迹：

$$\boldsymbol{r}(t)=(93\cos 2\pi t+0.24\cos 26\pi t)\boldsymbol{i}+(93\sin 2\pi t+0.24\sin 26\pi t)\boldsymbol{j}$$

这里$\boldsymbol{r}(t)$的大小以M mile计．

(a)t的合适单位是什么？

(b)画出地球绕太阳一周时月亮的运行轨迹．

(c)两个运动的周期分别是多少？

(d)月亮离太阳的最大距离是多少？

(e)月亮离太阳的最小距离是多少？

(f)是否存在时刻t，此时月亮相对于太阳静止？

(g)在时刻$t=1/2$时，求月亮的速度、速率和加速度．

47. 描述下列“螺旋状”运动的通项：

(a)$\boldsymbol{r}(t)=\sin t\boldsymbol{i}+\cos t\boldsymbol{j}+t\boldsymbol{k}$

(b)$\boldsymbol{r}(t)=\sin t^3\boldsymbol{i}+\cos t^3\boldsymbol{j}+t^3\boldsymbol{k}$

(c)$\boldsymbol{r}(t)=\sin(t^3+\pi)\boldsymbol{i}+t^3\boldsymbol{j}+\cos(t^3+\pi)\boldsymbol{k}$

(d)$\boldsymbol{r}(t)=t\sin t\boldsymbol{i}+t\cos t\boldsymbol{j}+t\boldsymbol{k}$

(e)$\boldsymbol{r}(t)=t^{-2}\sin t\boldsymbol{i}+t^{-2}\cos t\boldsymbol{j}+t\boldsymbol{k}$；$t>0$

(f)$\boldsymbol{r}(t)=t^2\sin(\ln t)\boldsymbol{i}+\ln t\boldsymbol{j}+t^2\cos(\ln t)\boldsymbol{k}$；$t>1$

48. 在本题中，我们将证明开普勒第一定律，即行星以椭圆轨迹运行．设定太阳位于坐标的原点，时刻$t=0$时，行星位于最靠近太阳的点处，在x的正半轴上．令$\boldsymbol{r}(t)$表示位置向量，且$r(t)=\|\boldsymbol{r}(t)\|$表示行星在$t$时刻与太阳的距离．同样，令$\theta(t)$表示在$t$时刻向量$\boldsymbol{r}(t)$与$x$正半轴的夹角．因此，$(r(t),\theta(t))$表示行星位置的极坐标．令$\boldsymbol{u}_1=\boldsymbol{r}/r=(\cos\theta)\boldsymbol{i}+(\sin\theta)\boldsymbol{j}$和$\boldsymbol{u}_2=(-\sin\theta)\boldsymbol{i}+(\cos\theta)\boldsymbol{j}$，在$r$和$\theta$分别增加过程中，$\boldsymbol{u}_1$和$\boldsymbol{u}_2$是单位正交的．图12描述了这

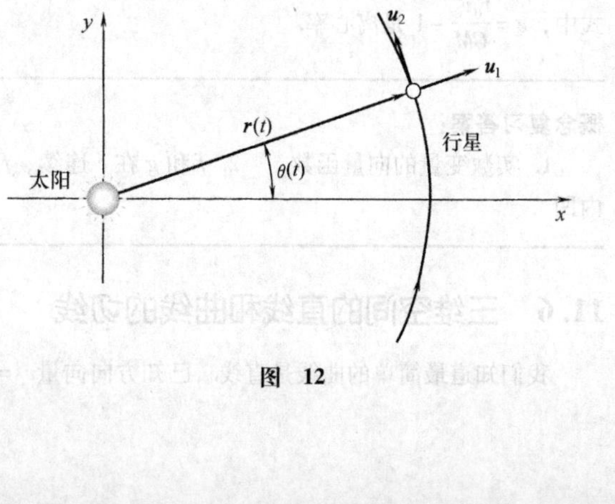

图 12

个表示. 我们通常忽略 t，但保留有 r、θ，$\boldsymbol{u}_1$ 和 $\boldsymbol{u}_2$(它们是 t 的函数). 关于 t 是可微的.

(a)证明 $\boldsymbol{u}_1' = \theta'\boldsymbol{u}_2$ 和 $\boldsymbol{u}_2' = -\theta'\boldsymbol{u}_1$

(b)证明速度和加速度满足：

$$\boldsymbol{v} = r'\boldsymbol{u}_1 + r\theta'\boldsymbol{u}_2$$

$$\boldsymbol{a} = (r'' - r(\theta')^2)\boldsymbol{u}_1 + (2r'\theta' + r\theta'')\boldsymbol{u}_2$$

(c)利用行星所受的唯一的力是太阳的吸引力来把 $\boldsymbol{a}$ 表示为 $\boldsymbol{u}_1$ 的倍数，并说明从中如何得出结论?

$$r'' - r(\theta')^2 = \frac{-GM}{r^2}$$

$$2r'\theta' + r\theta'' = 0$$

(d)$\boldsymbol{r}\times\boldsymbol{r}'$是一常向量(例 8)，即为 $\boldsymbol{D}$，运用(b)的结果来说明 $\boldsymbol{D} = r^2\theta'\boldsymbol{k}$.

(e)把 $t=0$ 代入可得 $\boldsymbol{D} = r_0v_0\boldsymbol{k}$，这里 $r_0 = r(0)$，$v_0 = \|v(0)\|$. 然后说明对所有的 t 都有 $r^2\theta' = r_0v_0$

(f)作替换 $q = r'$，并用(e)的结果得出 q 的一阶微分(非线性)方程：

$$q\frac{\mathrm{d}q}{\mathrm{d}r} = \frac{r_0^2v_0^2}{r^3} - \frac{GM}{r^2}$$

(g)通过对上述方程两边对 t 积分，并运用初始条件，可得

$$q^2 = 2GM\left(\frac{1}{r} - \frac{1}{r_0}\right) + v_0^2\left(1 - \frac{r_0^2}{r^2}\right)$$

(h)把 $p = 1/r$ 代入上述方程可得

$$\frac{r_0^2v_0^2}{(\theta')^2}\left(\frac{\mathrm{d}p}{\mathrm{d}t}\right)^2 = 2GM(p - p_0) + v_0^2\left(1 - \frac{p^2}{p_0^2}\right)$$

(i) 证明

$$\left(\frac{\mathrm{d}p}{\mathrm{d}\theta}\right)^2 = \left(p_0 - \frac{p_0^2GM}{v_0^2}\right)^2 - \left(p - \frac{p_0^2GM}{v_0^2}\right)^2$$

(j)从(i)中，我们可以得出结论

$$\frac{\mathrm{d}p}{\mathrm{d}\theta} = \pm\sqrt{\left(p_0 - \frac{p_0^2GM}{v_0^2}\right)^2 - \left(p - \frac{p_0^2GM}{v_0^2}\right)^2}$$

解释为什么负号是合理的.

(k)分离变量并积分可得

$$\cos^{-1}\left(\frac{p - \dfrac{p_0^2GM}{v_0^2}}{p_0 - \dfrac{p_0^2GM}{v_0^2}}\right) = \theta$$

(l)最后，得到 r 作为 θ 的函数

$$r = \frac{r_0(1+e)}{1 + e\cos\theta}$$

式中，$e = \dfrac{r_0^2v_0^2}{GM} - 1$ 是离心率.

概念复习答案：

1. 实数变量的向量函数　2. f 和 g 在 c 连续，$f'(t)\boldsymbol{i} + g'(t)\boldsymbol{j}$　3. 位置　4. $\boldsymbol{r}'(t)$，$\boldsymbol{r}''(t)$，切线，内凹

11.6　三维空间的直线和曲线的切线

我们知道最简单的曲线是直线. 已知方向向量 $\boldsymbol{v} = a\boldsymbol{i} + b\boldsymbol{j} + c\boldsymbol{k}$ 和一个定点 P_0 可以确定一条直线，它是所

有满足$\overrightarrow{P_0P}$平行v的点P的集合，即对于一定的实数t(图1)，满足

$$\overrightarrow{P_0P}=tv$$

若$\boldsymbol{r}=\overrightarrow{OP}$，$\boldsymbol{r}_0=\overrightarrow{OP_0}$分别为$P$，$P_0$的位置向量，相应地，$\overrightarrow{P_0P}=\boldsymbol{r}-\boldsymbol{r}_0$，于是直线方程可以写成

$$\boldsymbol{r}=\boldsymbol{r}_0+tv$$

如果令$\boldsymbol{r}=\langle x, y, z\rangle$，$\boldsymbol{r}_0=\langle x_0, y_0, z_0\rangle$，由上式可知

$$\boxed{x=x_0+at,\ y=y_0+bt,\ z=z_0+ct}$$

这就是过点(x_0, y_0, z_0)且与向量$v=\langle a, b, c\rangle$平行的直线的**参数方程**. 其中a、b、c称为直线的**方向数**. 注意：方向数并不唯一，任意非零常数ka，kb，kc仍然是方向数.

例1 求过点$(3, -2, 4)$和$(5, 6, -2)$的直线的参数方程(图2).

解 所求直线的方向向量为$v=\langle 5-3, 6+2, -2-4\rangle=\langle 2, 8, -6\rangle$

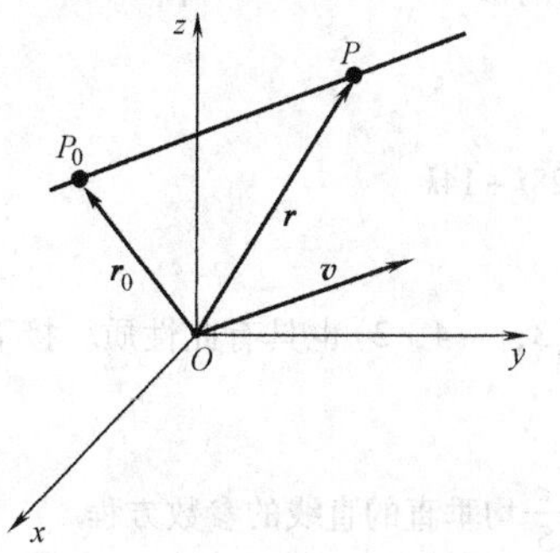

图 1

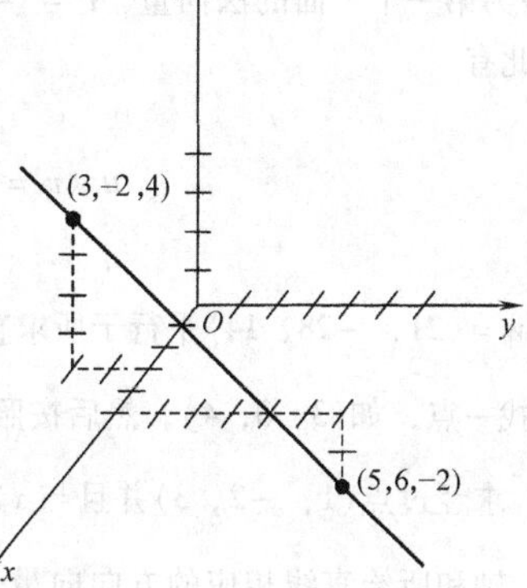

图 2

如果我们把$(3, -2, 4)$当做(x_0, y_0, z_0)，可得出所求直线的参数方程为

$$x=3+2t,\quad y=-2+8t,\ z=4-6t$$

我们注意到当$t=0$的时候可得点$(3, -2, 4)$，当$t=1$的时候可得点$(5, 6, -2)$. 实际上，所有的$0\leqslant t\leqslant 1$组成了以这两点为端点的线段.

如果我们一一解出所有关于t的参数方程(假设a、b、c均不为0)，并使各个结果相等，便可以得到过点(x_0, y_0, z_0)且方向数为a，b，c的直线的**对称方程**，即

$$\boxed{\frac{x-x_0}{a}=\frac{y-y_0}{b}=\frac{z-z_0}{c}}$$

上式为下列两个方程的联合：

$$\frac{x-x_0}{a}=\frac{y-y_0}{b}\text{和}\frac{y-y_0}{b}=\frac{z-z_0}{c}$$

上面两个方程均为平面方程(图3). 当然，两个平面相交的交线是一条直线.

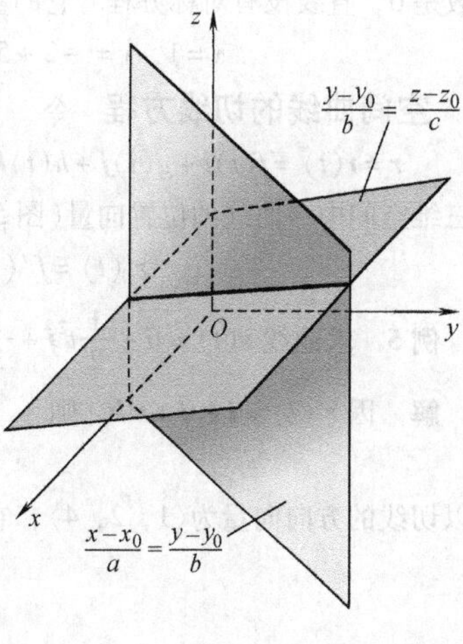

图 3

例2 求过点$(2, 5, -1)$且与向量$\langle 4, -3, 2\rangle$平行的直线的对称方程.

解 对称方程为

$$\frac{x-2}{4}=\frac{y-5}{-3}=\frac{z+1}{2}$$

例3 求下面两个平面的交线的对称方程.

$$2x-y-5z=-14,\ 4x+5y+4z=28$$

解　我们从找出直线上的任意两点开始，但这里我们选择 yz 平面和 xz 平面上的点(图4)．前者可以通过令 $x=0$ 然后解 $-y-5z=-14$ 和 $5y+4z=28$ 这个方程组得出一个点(0，4，2)．类似地，可以通过令 $y=0$ 来求得另外一个点(3，0，4)．因此，一个平行于所求直线的向量为

$$\langle 3-0,\ 0-4,\ 4-2\rangle=\langle 3,\ -4,\ 2\rangle$$

把(3，0，4)当做$(x_0,\ y_0,\ z_0)$，则可得

$$\frac{x-3}{3}=\frac{y-0}{-4}=\frac{z-4}{2}$$

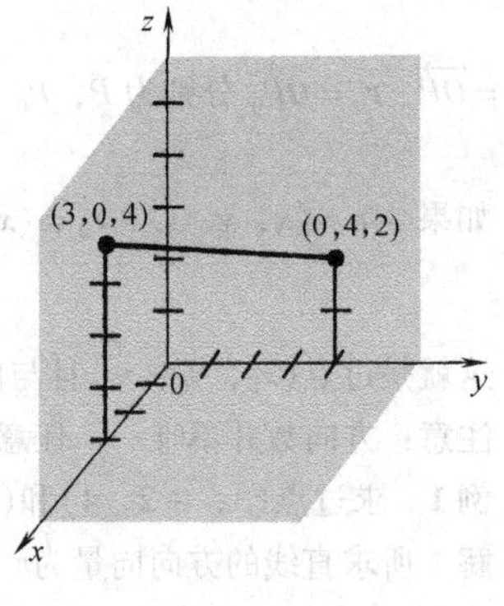

图　4

另一种解法则基于两平面的交线垂直于两平面的法向量．$\boldsymbol{u}=\langle 2,\ -1,\ -5\rangle$为第一个平面的法向量，$\boldsymbol{v}=\langle 4,\ 5,\ 4\rangle$为第二个平面的法向量．因此有

$$\boldsymbol{u}\times\boldsymbol{v}=\begin{vmatrix}\boldsymbol{i} & \boldsymbol{j} & \boldsymbol{k}\\ 2 & -1 & -5\\ 4 & 5 & 4\end{vmatrix}=21\boldsymbol{i}-28\boldsymbol{j}+14\boldsymbol{k}$$

向量 $\boldsymbol{w}=\langle 21,\ -28,\ 14\rangle$平行于所求直线，这意味着$\frac{1}{7}\boldsymbol{w}=\langle 3,\ -4,\ 2\rangle$也具有此性质．接下来，在交线上任意找一点，如(3，0，4)，然后按照之前的解法进行求解．

例 4　求经过点(1，-2，3)并且与 x 轴和直线$\frac{x-4}{2}=\frac{y-3}{-1}=\frac{z}{5}$均垂直的直线的参数方程．

解　x 轴和所给直线相应的方向向量分别为 $\boldsymbol{u}=\langle 1,\ 0,\ 0\rangle$和$\boldsymbol{v}=\langle 2,\ -1,\ 5\rangle$，同时垂直于$\boldsymbol{u}$ 和$\boldsymbol{v}$ 的向量是

$$\boldsymbol{u}\times\boldsymbol{v}=\begin{vmatrix}\boldsymbol{i} & \boldsymbol{j} & \boldsymbol{k}\\ 1 & 0 & 0\\ 2 & -1 & 5\end{vmatrix}=0\boldsymbol{i}-5\boldsymbol{j}-\boldsymbol{k}$$

要求的直线平行于$\langle 0,\ -5,\ -1\rangle$和$\langle 0,\ 5,\ 1\rangle$．因为第一个方向数是0，直线没有对称方程．它的参数方程是

$$x=1,\ y=-2+5t,\ z=3+t$$

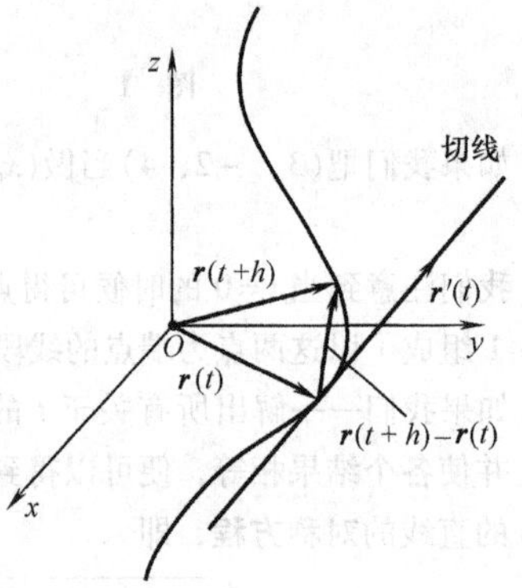

图　5

空间曲线的切线方程　令

$$\boldsymbol{r}=\boldsymbol{r}(t)=f(t)\boldsymbol{i}+g(t)\boldsymbol{j}+h(t)\boldsymbol{k}=\langle f(t),\ g(t),\ h(t)\rangle$$

是三维空间中一曲线的位置向量(图5)．曲线的切线有方向向量

$$\boldsymbol{r}'(t)=f'(t)\boldsymbol{i}+g'(t)\boldsymbol{j}+h'(t)\boldsymbol{k}=\langle f'(t),\ g'(t),\ h'(t)\rangle$$

例 5　求曲线 $\boldsymbol{r}(t)=t\boldsymbol{i}+\frac{1}{2}t^2\boldsymbol{j}+\frac{1}{3}t^3\boldsymbol{k}$ 在点 $P(2)=\left(2,\ 2,\ \frac{8}{3}\right)$处的切线的参数方程和对称方程．

解　因 $\boldsymbol{r}'(t)=\boldsymbol{i}+t\boldsymbol{j}+t^2\boldsymbol{k}$，则

$$\boldsymbol{r}'(2)=\boldsymbol{i}+2\boldsymbol{j}+4\boldsymbol{k}$$

所以切线的方向向量为$\langle 1,\ 2,\ 4\rangle$，它的对称方程是

$$\frac{x-2}{1}=\frac{y-2}{2}=\frac{z-\frac{8}{3}}{4}$$

参数方程为

$$x=2+t,\ y=2+2t,\ z=\frac{8}{3}+4t$$

这就是过点 P 垂直于一个平滑曲线的平面的表示，如果我们知道曲线在点 P 的切线的方向向量，则它就是这个平面的法向量(图6). 于是，平面的法向量与一个给定点一起，就足够得到平面的方程.

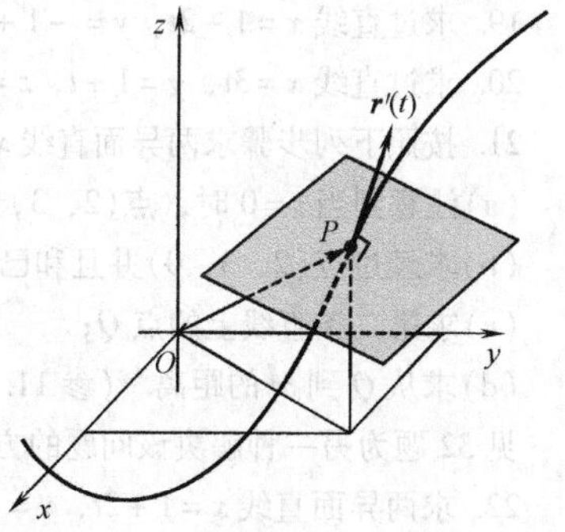

图 6

例6 求垂直于曲线 $\boldsymbol{r}(t)=2\cos\pi t\boldsymbol{i}+\sin\pi t\boldsymbol{j}+t^3\boldsymbol{k}$ 于点 $P(2,0,8)$ 的平面的方程.

解 首先求出给定点对应的 t 的值，计算 z 分量有 $t^3=8$，那么 $t=2$. 当 $t=2$ 时即可求出 P 点的 x 和 y 分量. 由于 $\boldsymbol{r}'(t)=-2\pi\sin\pi t\boldsymbol{i}+\pi\cos\pi t\boldsymbol{j}+3t^2\boldsymbol{k}$，可以看出在 P 点的切线向量，即所求平面的法向量，$\boldsymbol{r}'(2)=\pi\boldsymbol{j}+12\boldsymbol{k}=\langle 0,\pi,12\rangle$. 因此，平面方程为

$$0x+\pi y+12z=D$$

要确定 D，我们代入 $x=2$，$y=0$，$z=8$ 可以知道

$$D=0\times 2+\pi\times 0+12\times 8=96$$

得到所求平面方程为

$$\pi y+12z=96$$

概念复习

1. 经过点$(1,-3,2)$并和向量$\langle 4,-2,-1\rangle$平行的直线的参数方程为 $x=$______，$y=$______，$z=$______.

2. 问题1的对称方程是______.

3. 如果 $\boldsymbol{r}(t)=t^2\boldsymbol{i}-3t\boldsymbol{j}+t^3\boldsymbol{k}$，那么 $\boldsymbol{r}'(t)=$______.

4. 一个平行于问题3中的曲线在 $t=1$ 的切线的向量是______，这条切线的对称方程是______.

习题 11.6

在习题1~4中，求经过下列点的直线的参数方程.

1. $(1,-2,3)$，$(4,5,6)$
2. $(2,-1,-5)$，$(7,-2,3)$
3. $(4,2,3)$，$(6,2,-1)$
4. $(5,-3,-3)$，$(5,4,2)$

在习题5~8中，求经过指定点和平行于指定向量的直线对称方程和参数方程.

5. $(4,5,6)$，$\langle 3,2,1\rangle$
6. $(-1,3,-6)$，$\langle -2,0,5\rangle$
7. $(1,1,1)$，$\langle -10,-100,-1000\rangle$
8. $(-2,2,-2)$，$\langle 7,-6,3\rangle$

在习题9~12中，求给定平面的交线的对称方程.

9. $4x+3y-7z=1$，$10x+6y-5z=10$
10. $x+y-z=2$，$3x-2y+z=3$
11. $x+4y-2z=13$，$2x-y-2z=5$
12. $x-3y+z=-1$，$6x-5y+4z=9$
13. 求经过点$(4,0,6)$并且和平面 $x-5y+2z=10$ 垂直的直线的对称方程.
14. 求经过点$(-5,7,-2)$并且与向量$\langle 2,1,-3\rangle$和$\langle 5,4,-1\rangle$同时垂直的直线的对称方程.
15. 求经过点$(5,-3,4)$并且和 z 轴相交成直角的直线的参数方程.
16. 求经过点$(2,-4,5)$并平行于平面 $3x+y-2z=5$ 且垂直于直线$\dfrac{x+8}{2}=\dfrac{y-5}{3}=\dfrac{z-1}{-1}$的直线的对称方程.
17. 求包含平行直线$\begin{cases}x=-2+2t\\y=1+4t\\z=2-t\end{cases}$和$\begin{cases}x=2-2t\\y=3-4t\\z=1+t\end{cases}$的平面方程.
18. 证明直线$\dfrac{x-1}{-4}=\dfrac{y-2}{3}=\dfrac{z-4}{-2}$和直线$\dfrac{x-2}{-1}=\dfrac{y-1}{1}=\dfrac{z+2}{6}$相交，并且求出它们所在的平面.

19. 求过直线 $x=1+2t$，$y=-1+3t$，$z=4+t$ 和点(1，-1，5)的平面的方程.

20. 求过直线 $x=3t$，$y=1+t$，$z=2t$ 并平行于平面 $2x-y+z=0$ 和 $y+z+1=0$ 相交线的平面的方程.

21. 按照下列步骤求两异面直线 $x=2-t$，$y=3+4t$，$z=2t$ 和 $x=-1+t$，$y=2$，$z=-1+2t$ 的距离

(a)注意到当 $t=0$ 时，点(2，3，0)在第一条直线上；

(b)求经过点(2，3，0)并且和已知的两条直线平行的的平面 π 的方程(也就是法线垂直于两条直线)；

(c)求第二条直线上的点 Q；

(d)求从 Q 到 π 的距离.（参11.3节例10).

见32题为另一种解决该问题的方法.

22. 求两异面直线 $x=1+2t$，$y=-3+4t$，$z=-1-t$ 和 $x=4-2t$，$y=1+3t$，$z=2t$ 间的距离.（见习题21）

23. 求方程 $\boldsymbol{r}(t)=2\cos t\boldsymbol{i}+6\sin t\boldsymbol{j}+t\boldsymbol{k}$ 在 $t=\pi/3$ 时切线的对称方程.

24. 求在 $t=1$ 处曲线 $x=2t^2$，$y=4t$，$z=t^3$ 的切线的参数方程.

25. 求在 $t=-1$ 处垂直于曲线 $x=3t$，$y=2t^2$，$z=t^5$ 的平面方程.

26. 求在 $t=\pi/2$ 处垂直于曲线 $\boldsymbol{r}(t)=t\sin t\boldsymbol{i}+3t\boldsymbol{j}+2t\cos t\boldsymbol{k}$ 的平面方程.

27. 考虑曲线 $\boldsymbol{r}(t)=2t\boldsymbol{i}+\sqrt{7t}\,\boldsymbol{j}+\sqrt{9-7t-4t^2}\boldsymbol{k}$，$0\leqslant t\leqslant\frac{1}{2}$.

(a)证明曲线落在中心在原点的球面上；　(b)求曲线在 $t=\frac{1}{4}$ 处的切线与 xz 平面的交点.

28. 考虑曲线 $\boldsymbol{r}(t)=\sin t\cos t\boldsymbol{i}+\sin^2 t\boldsymbol{j}+\cos t\boldsymbol{k}$；$0\leqslant t\leqslant 2\pi$.

(a)证明曲线落在中心在原点的球面上；　(b)求曲线在 $t=\pi/6$ 处的切线与 xy 平面的交点.

29. 考虑曲线 $\boldsymbol{r}(t)=2t\boldsymbol{i}+t^2\boldsymbol{j}+(1-t^2)\boldsymbol{k}$.

(a)证明曲线位于一平面上并求该平面方程；　(b)求曲线在 $t=2$ 处的切线与 xy 平面的交点.

30. 令 P 点在法向量为 $\boldsymbol{n}$ 的平面上，Q 为平面外一点，证明 Q 到平面的距离 d 的公式为

$$d=\frac{|\overrightarrow{PQ}\cdot\boldsymbol{n}|}{\|\boldsymbol{n}\|}$$

利用这个结果求点(4，-2，3)到平面 $4x-4y+2z=2$ 的距离. 比较11.3节例10的结果.

31. 点到线的距离. 令 P 点在以 $\boldsymbol{n}$ 为方向向量的直线上，Q 点不在直线上，如图7所示. 证明 Q 点到直线的距离 d 为

$$d=\frac{\|\overrightarrow{PQ}\times\boldsymbol{n}\|}{\|\boldsymbol{n}\|}$$

利用这个结果求解下列两问.

(a) $Q(1，0，-4)$点到直线 $\frac{x-3}{2}=\frac{y+2}{-2}=\frac{z-1}{1}$ 的距离；

(b) $Q(2，-1，3)$点到直线 $x=1+2t$，$y=-1+3t$，$z=-6t$ 的距离.

32. 直线到直线的距离. 设点 P，Q 分别为以 $\boldsymbol{n}_1$，$\boldsymbol{n}_2$ 为方向向量的两条异面直线上，并令 $\boldsymbol{n}=\boldsymbol{n}_1\times\boldsymbol{n}_2$，如图8所示. 证明两条直线间的距离 d 为

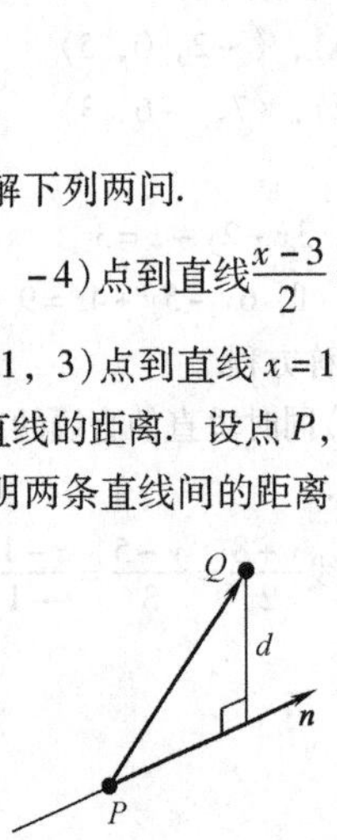

图　7

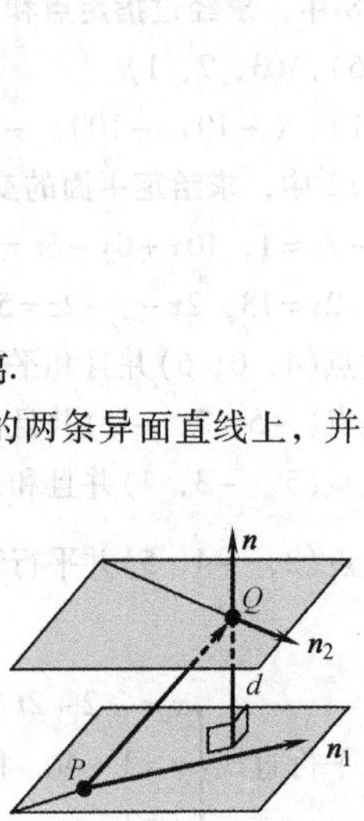

图　8

$$d=\frac{|\overrightarrow{PQ}\cdot\boldsymbol{n}|}{\|\boldsymbol{n}\|}$$

并利用此结果求以下两题中的直线间距离.

(a) $\frac{x-3}{1}=\frac{y+2}{1}=\frac{z-1}{2}$ 和 $\frac{x+4}{3}=\frac{y+5}{4}=\frac{z}{5}$;

(b) $x=1+2t,\ y=-2+3t,\ z=-4t$ 和 $x=3t,\ y=1+t,\ z=-5t$.

概念复习答案:

1. $1+4t,\ -3-2t,\ 2-t$

2. $\frac{x-1}{4}=\frac{y+3}{-2}=\frac{z-2}{-1}$

3. $2t\boldsymbol{i}-3\boldsymbol{j}+3t^2\boldsymbol{k}$

4. $\langle 2,\ -3,\ 3\rangle$, $\frac{x-1}{2}=\frac{y+3}{-3}=\frac{z-1}{3}$

11.7 曲率与加速度分量

我们引入曲率这个概念，它用于测量曲线在给定点的弯曲剧烈程度. 直线的曲率是 0，一条弯曲厉害的曲线应该具有大的曲率(图 1).

令 $\boldsymbol{r}(t)=f(t)\boldsymbol{i}+g(t)\boldsymbol{j}+h(t)\boldsymbol{k}$ 为物体在 t 时刻的位置向量. 假设 $\boldsymbol{r}'(t)$ 存在、连续且 $\boldsymbol{r}'(t)\neq 0$. $\boldsymbol{r}'(t)\neq 0$ 保证了弧长会随着 t 增大而增加. 曲率的尺度是和切线向量改变的快慢有关的，我们一般是选择单位切向量而不是切向量 $\boldsymbol{r}'(t)$ (图 2).

$$\boldsymbol{T}(t)=\frac{\boldsymbol{r}'(t)}{\|\boldsymbol{r}'(t)\|}=\frac{\boldsymbol{v}(t)}{\|\boldsymbol{v}(t)\|}$$

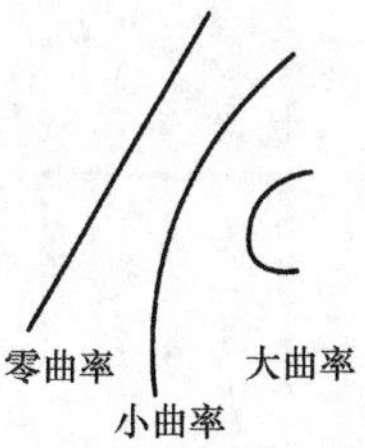

图 1

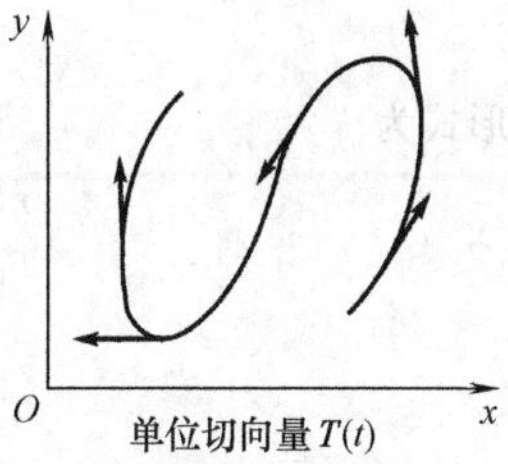

图 2

为了定义曲率，我们考虑单位切向量的变化率. 图 3 和图 4 说明了对给定曲线的曲率. 当物体在 Δt 时间内从 A 点运动到 B 点(图 3)，单位切向量改变很少；换句话说，$\boldsymbol{T}(t+\Delta t)-\boldsymbol{T}(t)$ 的模很小. 另一方面，当物体从 C 点运到 D 点时(图 4)，也是在 Δt 时间内，单位切向量改变就很大；换句话说，$\boldsymbol{T}(t+\Delta t)-\boldsymbol{T}(t)$ 的模很大. 因此，我们定义的曲率 κ 表示单位切向量关于弧长为 s 的弧的变化速度. 曲率 κ 表示为 $d\boldsymbol{T}/ds$ 的大小，即

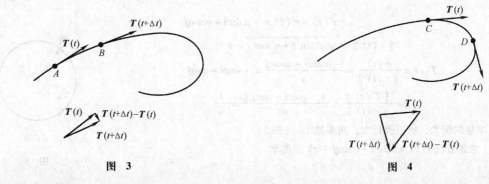

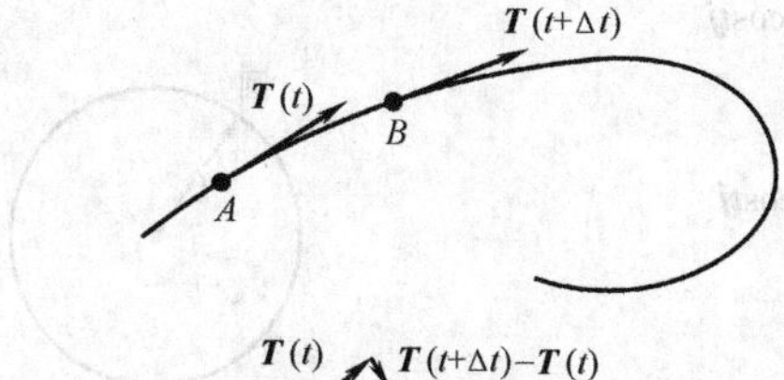

图 3

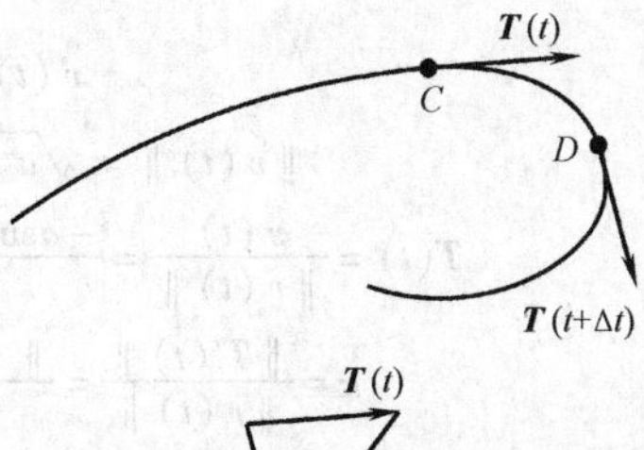

图 4

$$\kappa=\left\|\frac{\mathrm{d}\boldsymbol{T}}{\mathrm{d}s}\right\|$$

我们对弧长 s 微分，而不是对 t 微分是因为我们希望曲率是曲线的本质特征，而不是物体沿曲线运动的快慢.

但是，上述给出的曲率的定义并不能实际帮助我们计算曲线的曲率. 要给出一个可用的公式，我们进行如下的步骤. 在 11.5 节中，我们看到物体的速率表示为

$$速率=\|v(t)\|=\frac{\mathrm{d}s}{\mathrm{d}t}$$

由于 s 随着 t 的增大而增大，根据反函数定理(定理 6.2B)，$s(t)$ 的反函数存在，且有

$$\frac{\mathrm{d}t}{\mathrm{d}s}=\frac{1}{\mathrm{d}s/\mathrm{d}t}=\frac{1}{\|v(t)\|}$$

因此有

$$\kappa=\left\|\frac{\mathrm{d}\boldsymbol{T}}{\mathrm{d}s}\right\|=\left\|\frac{\mathrm{d}\boldsymbol{T}}{\mathrm{d}t}\frac{\mathrm{d}t}{\mathrm{d}s}\right\|=\left|\frac{\mathrm{d}t}{\mathrm{d}s}\right|\left\|\frac{\mathrm{d}\boldsymbol{T}}{\mathrm{d}t}\right\|=\frac{1}{\|v(t)\|}\|\boldsymbol{T}'(t)\|=\frac{\|\boldsymbol{T}'(t)\|}{\|\boldsymbol{r}'(t)\|}$$

曲率

曲率是一个相对简单的概念. 然而计算曲率却是一个很长很繁琐的过程.

几个重要的例子　为了确保对曲率的定义有进一步的认识. 举例如下:

例 1　证明直线的曲率恒为零.

解　对于直线，单位切向量是常量，因此导数为 0 但是要运用向量法，我们给出一个代数证明. 如果物体沿着直线运动，那么它的参数方程为

$$x=x_0+at$$
$$y=y_0+at$$
$$z=z_0+at$$

位置向量形式为

$$\boldsymbol{r}(t)=\langle x_0, y_0, z_0\rangle+t\langle a, b, c\rangle$$

所以

$$v(t)=\boldsymbol{r}'(t)=\langle a, b, c\rangle$$

$$\boldsymbol{T}(t)=\frac{\langle a, b, c\rangle}{\sqrt{a^2+b^2+c^2}}$$

$$\kappa=\frac{\|\boldsymbol{T}'(t)\|}{\|v(t)\|}=\frac{\|\boldsymbol{0}\|}{\sqrt{a^2+b^2+c^2}}=0$$

例 2　求半径为 a 的圆的曲率.

解　假设圆在 xy 平面上且圆心在原点. 那么它的向量方程可写成

$$\boldsymbol{r}(t)=a\cos t\boldsymbol{i}+a\sin t\boldsymbol{j}$$

所以

$$v(t)=\boldsymbol{r}'(t)=-a\sin t\boldsymbol{i}+a\cos t\boldsymbol{j}$$

$$\|v(t)\|=\sqrt{a^2\sin^2t+a^2\cos^2t}=a$$

$$\boldsymbol{T}(t)=\frac{v(t)}{\|v(t)\|}=\frac{-a\sin t\boldsymbol{i}+a\cos t\boldsymbol{j}}{a}=-\sin t\boldsymbol{i}+\cos t\boldsymbol{j}$$

$$\kappa=\frac{\|\boldsymbol{T}'(t)\|}{\|v(t)\|}=\frac{\|-\cos t\boldsymbol{i}-\sin t\boldsymbol{j}\|}{a}=\frac{1}{a}$$

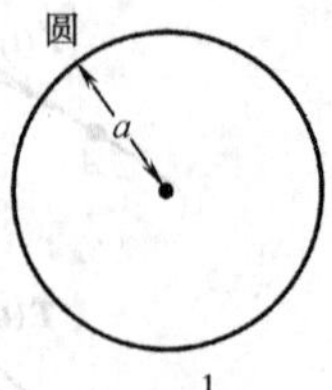

$\kappa=\frac{1}{a}$

图 5

由于 κ 是半径的倒数，所以圆越大，曲率越小. (图 5)

例 3　求螺旋线 $\boldsymbol{r}(t)=a\cos t\boldsymbol{i}+a\sin t\boldsymbol{j}+ct\boldsymbol{k}$ 的曲率.

解

$$v(t)=\boldsymbol{r}'(t)=-a\sin t\boldsymbol{i}+a\cos t\boldsymbol{j}+c\boldsymbol{k}$$

$$\|v(t)\|=\sqrt{a^2\sin^2t+a^2\cos^2t+c^2}=\sqrt{a^2+c^2}$$

$$\boldsymbol{T}(t)=\frac{v(t)}{\|v(t)\|}=\frac{-a\sin t\boldsymbol{i}+a\cos t\boldsymbol{j}+c\boldsymbol{k}}{\sqrt{a^2+c^2}}$$

$$\boldsymbol{T}'(t)=\frac{-a\cos t\boldsymbol{i}-a\sin t\boldsymbol{j}}{\sqrt{a^2+c^2}}$$

$$\kappa=\frac{\|\boldsymbol{T}'(t)\|}{\|v(t)\|}=\frac{\|(-a\cos t\boldsymbol{i}-a\sin t\boldsymbol{j})/\sqrt{a^2+c^2}\|}{\sqrt{a^2+c^2}}=\frac{a}{a^2+c^2}$$

因此，对于直线、圆、螺旋线，曲率 κ 都是常数．这种现象仅仅对特殊曲线成立，一般曲线的曲率是关于 t 的函数

检查极端情况

再次强调，考虑极端情况是很有益的．如果 $c=0$，则绕半径为 a 的圆运动的曲率是 $a/(a^2+0^2)=1/a$,这就是半径为 a 的圆的曲率。如果 $c\to\infty$，则我们垂直拉伸螺旋线成一直线且 $\lim\limits_{c\to\infty}\frac{a}{a^2+c^2}=0$，这就是直线的曲率．两个结果都是所预期的.

三维空间曲线的曲率圆

在三维空间中曲线的曲率半径和曲率圆应用都很广泛．曲率半径仍是 $R=1/\kappa$，但是曲率圆用的更广．曲率圆主要依赖于密切平面(在本节最后有定义)．对一个平面曲线，密切平面就是包含曲线的平面.

平面曲线的曲率圆半径和圆心　令 P 为平面曲线曲率 $\kappa\neq0$ 处的一点．假设有一个圆与曲线在 P 处相切并具有相同的曲率．它的圆心就在曲线内凹的一边．这个圆就叫做曲率圆(或者密切圆)，它的半径为 $R=1/\kappa$，就是曲率半径，而它的圆心就是曲率圆心(图 6)．下面举例说明这些概念.

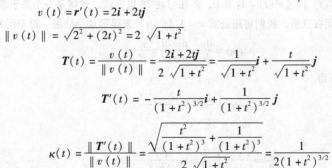

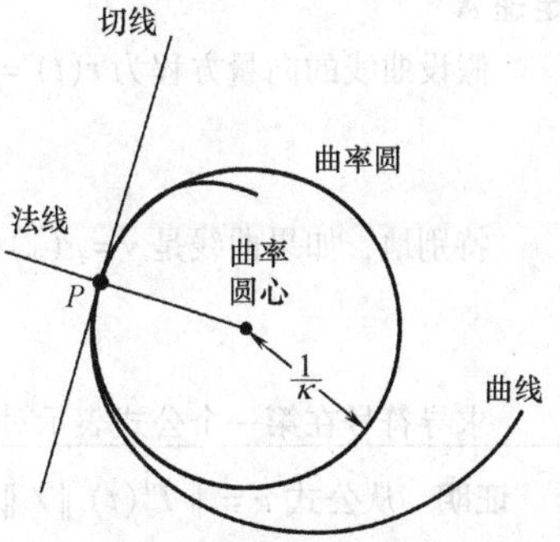

图 6

例 4　求曲线 $\boldsymbol{r}(t)=2t\boldsymbol{i}+t^2\boldsymbol{j}$ 在点(0, 0)，(2, 1)的曲率和曲率半径.

解

$$v(t)=\boldsymbol{r}'(t)=2\boldsymbol{i}+2t\boldsymbol{j}$$

$$\|v(t)\|=\sqrt{2^2+(2t)^2}=2\sqrt{1+t^2}$$

$$\boldsymbol{T}(t)=\frac{v(t)}{\|v(t)\|}=\frac{2\boldsymbol{i}+2t\boldsymbol{j}}{2\sqrt{1+t^2}}=\frac{1}{\sqrt{1+t^2}}\boldsymbol{i}+\frac{t}{\sqrt{1+t^2}}\boldsymbol{j}$$

$$\boldsymbol{T}'(t)=-\frac{t}{(1+t^2)^{3/2}}\boldsymbol{i}+\frac{1}{(1+t^2)^{3/2}}\boldsymbol{j}$$

$$\kappa(t)=\frac{\|\boldsymbol{T}'(t)\|}{\|v(t)\|}=\frac{\sqrt{\dfrac{t^2}{(1+t^2)^3}+\dfrac{1}{(1+t^2)^3}}}{2\sqrt{1+t^2}}=\frac{1}{2(1+t^2)^{3/2}}$$

当 $t=0$，$t=1$ 时，分别有点(0, 0)、(2, 1)，则在这两个点的曲率值为

$$\kappa(0)=\frac{1}{2(1+0^2)^{3/2}}=\frac{1}{2}\text{和}\kappa(1)=\frac{1}{2(1+1^2)^{3/2}}=\frac{\sqrt{2}}{8}$$

因此，曲率半径为 $1/\kappa(0)=2$ 和 $1/\kappa(1)=8/\sqrt{2}=4\sqrt{2}$，曲率圆如图 7 所示.

关于平面曲线曲率的其他公式　令 ϕ 记作从 $\boldsymbol{i}$ 到 $\boldsymbol{T}$ 逆时针方向的夹角(图 8)．那么

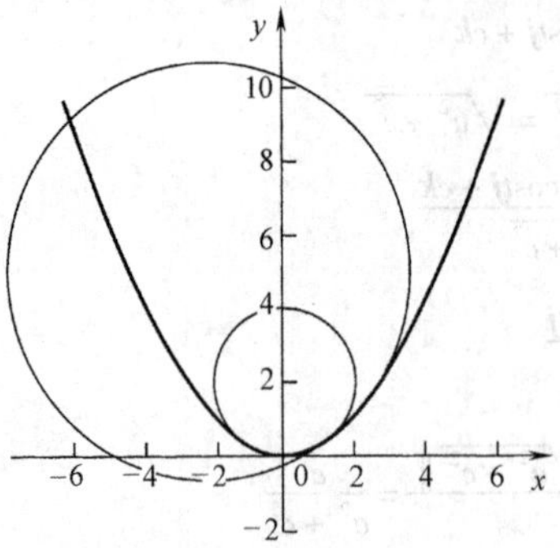

图 7

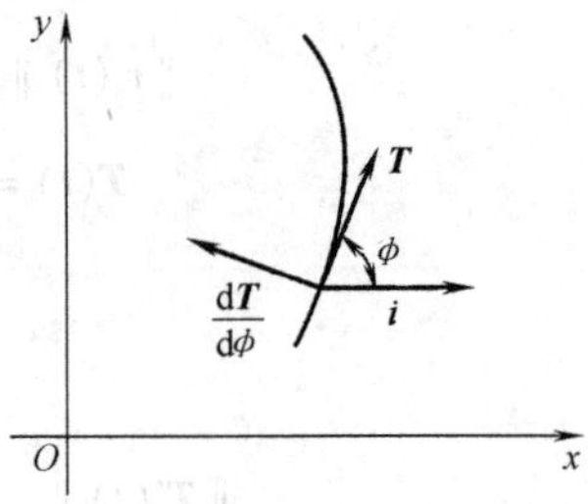

图 8

$$\boldsymbol{T}=\cos\phi\boldsymbol{i}+\sin\phi\boldsymbol{j}$$

且

$$\frac{\mathrm{d}\boldsymbol{T}}{\mathrm{d}\phi}=-\sin\phi\boldsymbol{i}+\cos\phi\boldsymbol{j}$$

现在 $\mathrm{d}\boldsymbol{T}/\mathrm{d}\phi$ 是一个单位向量(长度为 1)而 $\boldsymbol{T}\cdot\mathrm{d}\boldsymbol{T}/\mathrm{d}\varphi=0$，则

$$\kappa=\left\|\frac{\mathrm{d}\boldsymbol{T}}{\mathrm{d}s}\right\|=\left\|\frac{\mathrm{d}\boldsymbol{T}}{\mathrm{d}\phi}\frac{\mathrm{d}\phi}{\mathrm{d}s}\right\|=\left\|\frac{\mathrm{d}\boldsymbol{T}}{\mathrm{d}\phi}\right\|\left|\frac{\mathrm{d}\phi}{\mathrm{d}s}\right|=\left|\frac{\mathrm{d}\phi}{\mathrm{d}s}\right|$$

这个对于 κ 的公式帮助我们直观地了解曲率(它表达了 ϕ 随着 s 的变化率)，这也使我们对于下面这个重要定理给出很简捷的证明.

定理 A

假设曲线的向量方程为 $\boldsymbol{r}(t)=f(t)\boldsymbol{i}+g(t)\boldsymbol{j}$，即参数方程为 $x=f(t)$，$y=g(t)$．则

$$\kappa=\frac{|x'y''-y'x''|}{[(x')^2+(y')^2]^{3/2}}$$

特别地，如果曲线是 $y=g(x)$ 的图形，那么

$$\kappa=\frac{|y''|}{[1+(y')^2]^{3/2}}$$

求导符号在第一个公式表示对于 t 求微分，而在第二个公式里则表示对于 x 求微分.

证明　从公式 $\kappa=\|\boldsymbol{T}'(t)\|/\|\boldsymbol{r}'(t)\|$ 计算 κ，将在习题 78 里完成．这将是一个关于求微分和代数处理的好(却麻烦的)练习．然而在这里，我们将用公式 $\kappa=|\mathrm{d}\phi/\mathrm{d}s|$ 来得到这个结果．对于图 8，可以得到

$$\tan\phi=\frac{\mathrm{d}y}{\mathrm{d}x}=\frac{\mathrm{d}y/\mathrm{d}t}{\mathrm{d}x/\mathrm{d}t}=\frac{y'}{x'}$$

等号两边同时对于 t 求导可得

$$\sec^2\phi\frac{\mathrm{d}\phi}{\mathrm{d}t}=\frac{x'y''-y'x''}{(x')^2}$$

那么

$$\frac{\mathrm{d}\phi}{\mathrm{d}t}=\frac{x'y''-y'x''}{(x')^2\sec^2\phi}=\frac{x'y''-y'x''}{(x')^2(1+\tan^2\phi)}$$
$$=\frac{x'y''-y'x''}{(x')^2(1+(y')^2/(x')^2)}=\frac{x'y''-y'x''}{(x')^2+(y')^2}$$

而

$$\kappa=\left|\frac{\mathrm{d}\phi}{\mathrm{d}s}\right|=\left|\frac{\mathrm{d}\phi}{\mathrm{d}t}\frac{\mathrm{d}t}{\mathrm{d}s}\right|=\left|\frac{\mathrm{d}\phi/\mathrm{d}t}{\mathrm{d}s/\mathrm{d}t}\right|=\frac{|\mathrm{d}\phi/\mathrm{d}t|}{[(x')^2+(y')^2]^{1/2}}$$

当我们将这两个结果放在一起时，可以得到

$$\kappa=\frac{|x'y''-y'x''|}{[(x')^2+(y')^2]^{3/2}}$$

它是定理的第一个公式.

为了得到第二个公式，简单地把 $x=t$，$y=g(x)$ 当做 $y=g(x)$ 的参数方程，那么 $x'=1$，$x''=0$，结论便得证.

例 5　求椭圆

$$x=3\cos t,\ y=2\sin t$$

在对应 $t=0$ 和 $t=\pi/2$，即在点(3，0)和(0，2)的曲率. 画出这个椭圆及其相应的曲率圆.

解　由给出的方程可得

$$x'=-3\sin t,\ y'=2\cos t$$
$$x''=-3\cos t,\ y''=-2\sin t$$

因此

$$\kappa=\kappa(t)=\frac{|x'y''-y'x''|}{[(x')^2+(y')^2]^{3/2}}=\frac{6\sin^2 t+6\cos^2 t}{(9\sin^2 t+4\cos^2 t)^{3/2}}$$
$$=\frac{6}{(5\sin^2 t+4)^{3/2}}$$

所以有

$$\kappa(0)=\frac{6}{4^{3/2}}=\frac{3}{4}$$
$$\kappa\left(\frac{\pi}{2}\right)=\frac{6}{9^{3/2}}=\frac{2}{9}$$

注意 $\kappa(0)$ 比 $\kappa(\pi/2)$ 大，这也与预期吻合. 图 9 给出了半径为 $\frac{4}{3}$ 的圆在(3，0)的曲率和半径为 $\frac{9}{2}$ 的圆在(0，2)的曲率.

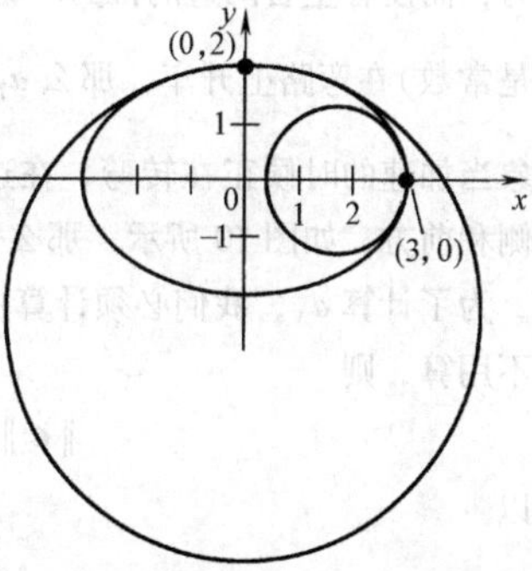

图 9

例 6　求 $y=\ln|\cos x|$ 在 $x=\pi/3$ 的曲率.

解　使用定理 A 的第二个公式，注意关于 x 的微分的最初表示. 因为 $y'=\tan x$，$y''=\sec^2 x$，于是

$$\kappa=\frac{|-\sec^2 x|}{(1+\tan^2 x)^{3/2}}=\frac{\sec^2 x}{(\sec^2 x)^{3/2}}=|\cos x|$$

在 $x=\pi/3$ 时，$\kappa=\frac{1}{2}$.

加速度的分量　沿着位置向量为 $\boldsymbol{r}(t)$ 的曲线运动，单位切向量为 $\boldsymbol{T}(t)=\boldsymbol{r}'(t)/\|\boldsymbol{r}'(t)\|$. 向量满足

$$\boldsymbol{T}(t)\cdot\boldsymbol{T}(t)=1$$

对所有的 t 成立. 两边对 t 微分，对等式左边用乘法法则得

$$\boldsymbol{T}(t)\cdot\boldsymbol{T}'(t)+\boldsymbol{T}(t)\cdot\boldsymbol{T}'(t)=0$$

即 $\boldsymbol{T}(t)\cdot\boldsymbol{T}'(t)=0$，这说明对所有的 t，$\boldsymbol{T}(t)$、$\boldsymbol{T}'(t)$ 互相垂直. 一般地，$\boldsymbol{T}'(t)$ 不是单位向量，我们可以定义单位法向量为

$$\boldsymbol{N}(t)=\frac{\boldsymbol{T}'(t)}{\|\boldsymbol{T}'(t)\|}$$

现在，假设你正在弯曲路上开着一辆汽车. 当车加速你将感到有相反的方向推力. 如果向前加速会感到向后的推力，如果左转弯会有向右的推力. 这两种加速度分别叫做加速度的切线分量和法线分量. 我们要做的是把加速度向量 $\boldsymbol{a}(t)=\boldsymbol{r}''(t)$ 用这两个分量来表示，也就是用单位切向量 $\boldsymbol{T}(t)$ 和单位法向量 $\boldsymbol{N}(t)$ 来表示. 特别地，我们求出标量 a_T，a_N 满足

$$\boldsymbol{a} = a_T\boldsymbol{T} + a_N\boldsymbol{N}$$

要完成求解，注意到

$$\boldsymbol{T} = \frac{\boldsymbol{v}}{\|\boldsymbol{v}\|} = \frac{\boldsymbol{v}}{\mathrm{d}s/\mathrm{d}t}$$

因此

$$\boldsymbol{v} = \frac{\mathrm{d}s}{\mathrm{d}t}\boldsymbol{T}$$

两边对 t 微分，用乘法法则，有

$$\boldsymbol{v}' = \frac{\mathrm{d}s}{\mathrm{d}t}\boldsymbol{T}' + \boldsymbol{T}\frac{\mathrm{d}^2 s}{\mathrm{d}t^2}$$

用已知的 $\boldsymbol{a} = \boldsymbol{v}'$，$\boldsymbol{T}' = \|\boldsymbol{T}'\|\boldsymbol{N}$，$\|\boldsymbol{T}'\| = \kappa\frac{\mathrm{d}s}{\mathrm{d}t}$

有

$$\boldsymbol{a} = \frac{\mathrm{d}^2 s}{\mathrm{d}t^2}\boldsymbol{T} + \frac{\mathrm{d}s}{\mathrm{d}t}\|\boldsymbol{T}'\|\boldsymbol{N} = \frac{\mathrm{d}^2 s}{\mathrm{d}t^2}\boldsymbol{T} + \left(\frac{\mathrm{d}s}{\mathrm{d}t}\right)^2\kappa\boldsymbol{N}$$

于是得到切线分量和法线分量为

$$a_T = \frac{\mathrm{d}^2 s}{\mathrm{d}t^2} \text{和} \ a_N = \kappa\left(\frac{\mathrm{d}s}{\mathrm{d}t}\right)^2$$

这些结果从物理角度看是有意义的．如果我们在直路上加速，那么 $a_T = \frac{\mathrm{d}^2 s}{\mathrm{d}t^2} > 0$，$\kappa = 0$，$a_N = 0$．因此，在这种情况下，你会感觉到有向后的推力，而没有左右两边的推力．另一方面，如果你以恒定的速度（如 $\mathrm{d}s/\mathrm{d}t$ 是常数）在弯路上开车，那么 $a_T = \frac{\mathrm{d}^2 s}{\mathrm{d}t^2} = 0$，$\kappa > 0$ 导致 a_N 为正数．最后想象当加速的时候正在转弯，在这种情况下，a_T，a_N 都是正的，$\boldsymbol{a}$ 指向内侧和前方，如图 10 所示．那么你将感到被推向外和后．

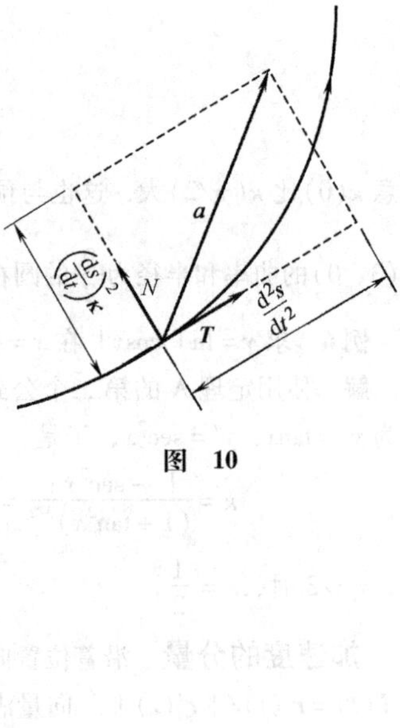

图　10

为了计算 a_N，我们必须计算曲率 κ．然而，由于 $\boldsymbol{T}$ 和 $\boldsymbol{N}$ 垂直，κ 可以不用算，则

$$\|\boldsymbol{a}\|^2 = a_T^2 + a_N^2$$

所以

$$a_N = \sqrt{\|\boldsymbol{a}\|^2 - a_T^2}$$

向量 $\boldsymbol{N}$ 直接计算得

$$\boldsymbol{N} = \frac{\boldsymbol{a} - a_T\boldsymbol{T}}{a_N}$$

加速度的分量表示　我们可以用位置向量 $\boldsymbol{r}$ 表示加速度的分量表达式

$$\boldsymbol{a} = a_T\boldsymbol{T} + a_N\boldsymbol{N}$$

两边点乘 $\boldsymbol{T}$，得到

$$\boldsymbol{T}\cdot\boldsymbol{a} = \boldsymbol{T}(a_T\boldsymbol{T} + a_N\boldsymbol{N}) = a_T\boldsymbol{T}\cdot\boldsymbol{T} + a_N\boldsymbol{T}\cdot\boldsymbol{N} = a_T(1) + a_N(0) = a_T$$

由于 $\boldsymbol{T}$ 是单位向量，$\boldsymbol{T}$，$\boldsymbol{N}$ 互相垂直，因此

$$a_T = \boldsymbol{T}\cdot\boldsymbol{a} = \frac{\boldsymbol{r}'}{\|\boldsymbol{r}'\|}\cdot\boldsymbol{r}'' = \frac{\boldsymbol{r}'\cdot\boldsymbol{r}''}{\|\boldsymbol{r}'\|}$$

对于 a_N，通过向量积得到类似的公式

$$\boldsymbol{T}\times\boldsymbol{a} = a_T\boldsymbol{T}\times\boldsymbol{T} + a_N\boldsymbol{T}\times\boldsymbol{N} = a_T\boldsymbol{0} + a_N(\boldsymbol{T}\times\boldsymbol{N}) = a_N(\boldsymbol{T}\times\boldsymbol{N})$$

对两边求模有

$$\|\boldsymbol{T}\times\boldsymbol{a}\| = |a_N|\ \|\boldsymbol{T}\times\boldsymbol{N}\| = a_N\|\boldsymbol{T}\|\cdot\|\boldsymbol{N}\|\sin\frac{\pi}{2} = a_N\times1\times1\times1 = a_N$$

注意到 $a_N=(\mathrm{d}s/\mathrm{d}t)^2\kappa>0$，所以 a_N 不需要绝对值，因此

$$a_N = \|\boldsymbol{T}\times\boldsymbol{a}\| = \left\|\frac{\boldsymbol{r}'}{\|\boldsymbol{r}'\|}\times\boldsymbol{r}''\right\| = \frac{\|\boldsymbol{r}'\times\boldsymbol{r}''\|}{\|\boldsymbol{r}'\|}$$

最后，可求得曲率 κ

$$\kappa = \frac{a_N}{(\mathrm{d}s/\mathrm{d}t)^2} = \frac{\|\boldsymbol{r}'\times\boldsymbol{r}''\|/\|\boldsymbol{r}'\|}{\|\boldsymbol{r}'\|^2} = \frac{\|\boldsymbol{r}'\times\boldsymbol{r}''\|}{\|\boldsymbol{r}'\|^3}$$

***P* 点的副法线**（选学） 给出曲线 C 和 P 点的单位切向量 $\boldsymbol{T}$，在 P 点就会有无穷多的单位向量垂直于 $\boldsymbol{T}$，如图 11 所示. 我们取其中一个 $\boldsymbol{N}=\boldsymbol{T}'/\|\boldsymbol{T}'\|$，并称它为主法线. 向量

$$\boldsymbol{B}=\boldsymbol{T}\times\boldsymbol{N}$$

称为副法线. 它也是一个单位向量并且垂直于 $\boldsymbol{T}$ 和 $\boldsymbol{N}$.（为什么?）

如果单位切向量 $\boldsymbol{T}$，主法线 $\boldsymbol{N}$ 和副法线 $\boldsymbol{B}$ 的起始点都在点 P，它们就形成了右手法则中两两互相垂直的三个单位向量，称为在 P 点的三交标架，如图 12 所示. 这个运动的三交标架在微分几何中扮演着至关重要的角色. $\boldsymbol{T}$ 和 $\boldsymbol{N}$ 组成的平面称为在点 P 的**密切平面**.

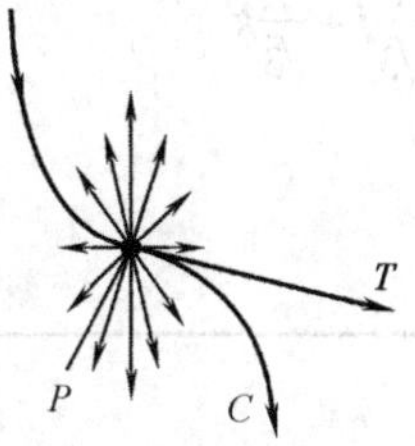

图 11

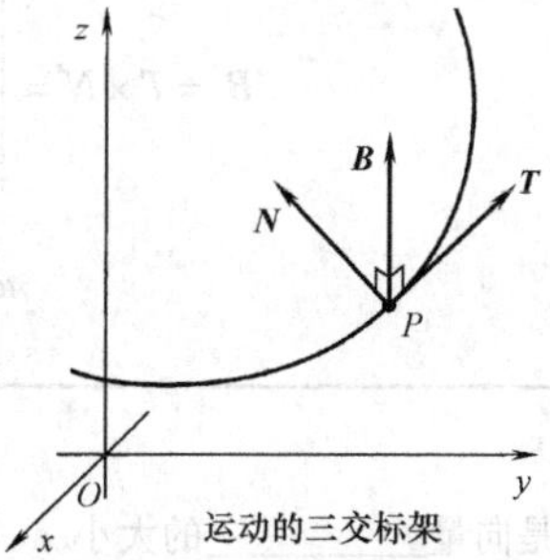

图 12

例 7 求匀速圆周运动 $\boldsymbol{r}(t)=a\cos\omega t\boldsymbol{i}+a\sin\omega t\boldsymbol{j}$ 的加速度的法线方向和切线方向的分量，及 $\boldsymbol{T}$，$\boldsymbol{N}$，$\boldsymbol{B}$.

解

$$\boldsymbol{T}=\frac{\boldsymbol{r}'}{\|\boldsymbol{r}'\|}=\frac{-a\omega\sin\omega t\boldsymbol{i}+a\omega\cos\omega t\boldsymbol{j}}{\|-a\omega\sin\omega t\boldsymbol{i}+a\omega\cos\omega t\boldsymbol{j}\|}=-\sin\omega t\boldsymbol{i}+\cos\omega t\boldsymbol{j}$$

$$\boldsymbol{N}=\frac{\boldsymbol{T}'}{\|\boldsymbol{T}'\|}=\frac{-\omega\cos\omega t\boldsymbol{i}-\omega\sin\omega t\boldsymbol{j}}{\|-\omega\cos\omega t\boldsymbol{i}-\omega\sin\omega t\boldsymbol{j}\|}=-\cos\omega t\boldsymbol{i}-\sin\omega t\boldsymbol{j}$$

$$\boldsymbol{B}=\boldsymbol{T}\times\boldsymbol{N}=\begin{vmatrix}\boldsymbol{i}&\boldsymbol{j}&\boldsymbol{k}\\-\sin\omega t&\cos\omega t&0\\-\cos\omega t&-\sin\omega t&0\end{vmatrix}=\boldsymbol{k}$$

$$a_{\mathrm{T}}=\frac{\boldsymbol{r}'\cdot\boldsymbol{r}''}{\|\boldsymbol{r}'\|}=\frac{(-a\omega\sin\omega t\boldsymbol{i}+a\omega\cos\omega t\boldsymbol{j})\cdot(-a\omega^2\cos\omega t\boldsymbol{i}-a\omega^2\sin\omega t\boldsymbol{j})}{a\omega}=0$$

$$\boldsymbol{r}'\times\boldsymbol{r}''=\begin{vmatrix}\boldsymbol{i}&\boldsymbol{j}&\boldsymbol{k}\\-a\omega\sin\omega t&a\omega\cos\omega t&0\\-a\omega^2\cos\omega t&-a\omega^2\sin\omega t&0\end{vmatrix}=a^2\omega^2\boldsymbol{k}$$

$$a_{\mathrm{N}}=\frac{\|\boldsymbol{r}'\times\boldsymbol{r}''\|}{\|\boldsymbol{r}'\|}=\frac{a^2\omega^3}{a\omega}=a\omega^2$$

由于物体是匀速运动，所以加速度的切线分量是 0. 法向分量与加速度方向一致. 在图 13 中表示出了 $\boldsymbol{T}$，$\boldsymbol{N}$，$\boldsymbol{B}$ 向量.

例 8 对于曲线运动方程 $\boldsymbol{r}(t)=t\boldsymbol{i}+t^2\boldsymbol{j}+\frac{1}{3}t^3\boldsymbol{k}$，在点$\left(1,\ 1,\ \frac{1}{3}\right)$处，求 $\boldsymbol{T}$、$\boldsymbol{N}$、$\boldsymbol{B}$、a_T、a_N 和 κ.

解

$$\boldsymbol{r}'(t) = \boldsymbol{i} + 2t\boldsymbol{j} + t^2\boldsymbol{k}$$
$$\boldsymbol{r}''(t) = 2\boldsymbol{j} + 2t\boldsymbol{k}$$

当 $t=1$，也就是点 $\left(1,\ 1,\ \frac{1}{3}\right)$，我们可以得到

$$\boldsymbol{r}' = \boldsymbol{i} + 2\boldsymbol{j} + \boldsymbol{k}$$
$$\boldsymbol{r}'' = 2\boldsymbol{j} + 2\boldsymbol{k}$$
$$\boldsymbol{T} = \frac{\boldsymbol{r}'}{\|\boldsymbol{r}'\|} = \frac{\boldsymbol{i}+2\boldsymbol{j}+\boldsymbol{k}}{\sqrt{6}}$$
$$a_T = \frac{\boldsymbol{r}'\cdot\boldsymbol{r}''}{\|\boldsymbol{r}'\|} = \frac{6}{\sqrt{6}}$$
$$a_N = \frac{\|\boldsymbol{r}'\times\boldsymbol{r}''\|}{\|\boldsymbol{r}'\|} = \frac{1}{\sqrt{6}}\left\|\begin{matrix} \boldsymbol{i} & \boldsymbol{j} & \boldsymbol{k} \\ 1 & 2 & 1 \\ 0 & 2 & 2 \end{matrix}\right\| = \frac{1}{\sqrt{6}}\,|\,2\boldsymbol{i}-2\boldsymbol{j}+2\boldsymbol{k}\,| = \sqrt{2}$$
$$\boldsymbol{N} = \frac{\boldsymbol{a}-a_T\boldsymbol{T}}{a_N} = \frac{(2\boldsymbol{j}+2\boldsymbol{k})-(\boldsymbol{i}+2\boldsymbol{j}+\boldsymbol{k})}{\sqrt{2}} = \frac{-\boldsymbol{i}+\boldsymbol{k}}{\sqrt{2}}$$
$$\boldsymbol{B} = \boldsymbol{T}\times\boldsymbol{N} = \begin{vmatrix} \boldsymbol{i} & \boldsymbol{j} & \boldsymbol{k} \\ 1/\sqrt{6} & 2/\sqrt{6} & 1/\sqrt{6} \\ -1/\sqrt{2} & 0 & 1/\sqrt{2} \end{vmatrix} = \frac{1}{\sqrt{3}}\boldsymbol{i} - \frac{1}{\sqrt{3}}\boldsymbol{j} + \frac{1}{\sqrt{3}}\boldsymbol{k}$$
$$\kappa = \frac{\|\boldsymbol{r}'\times\boldsymbol{r}''\|}{\|\boldsymbol{r}'\|^3} = \frac{a_N}{\|\boldsymbol{r}'\|^2} = \frac{\sqrt{2}}{6}$$

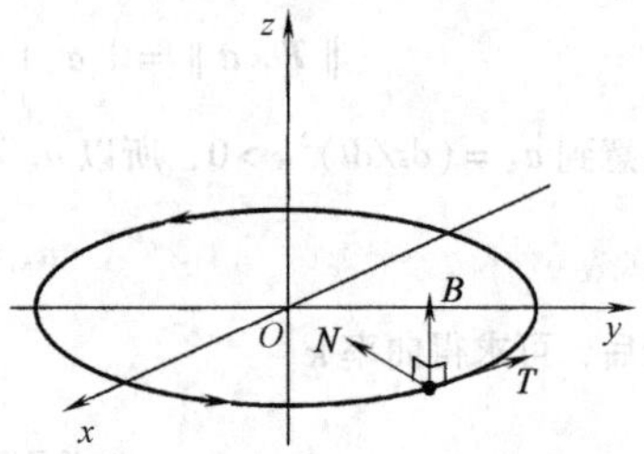

图 13

概念复习

1. 曲率是向量________的大小.
2. 半径为 a 的圆的曲率是一个常数，它的值为 $\kappa=$________. 直线的曲率是________.
3. 加速度向量 $\boldsymbol{a}$ 可以用单位切线向量 $\boldsymbol{T}$ 和单位法向量 $\boldsymbol{N}$ 表示为 $\boldsymbol{a}=$________ $\boldsymbol{T}+$________ $\boldsymbol{N}$.
4. 对于平面的匀速圆周运动，加速度的切线方向的分量是________.

习题 11.7

在习题 1 ~ 6 中，画出定义域内的轨迹，求 $\boldsymbol{T}$、v、$\boldsymbol{a}$ 和 $t=t_1$ 时曲率 $\kappa(t)$.

1. $\boldsymbol{r}(t) = t\boldsymbol{i} + t^2\boldsymbol{j}$; $0 \leqslant t \leqslant 2$; $t_1 = 1$
2. $\boldsymbol{r}(t) = t^2\boldsymbol{i} + (2t+1)\boldsymbol{j}$; $0 \leqslant t \leqslant 2$; $t_1 = 1$
3. $\boldsymbol{r}(t) = t\boldsymbol{i} + 2\cos t\boldsymbol{j} + 2\sin t\boldsymbol{k}$; $0 \leqslant t \leqslant 4\pi$; $t_1 = \pi$
4. $\boldsymbol{r}(t) = 5\cos t\boldsymbol{i} + 2t\boldsymbol{j} + 5\sin t\boldsymbol{k}$; $0 \leqslant t \leqslant 4\pi$; $t_1 = \pi$
5. $\boldsymbol{r}(t) = \frac{t^2}{8}\boldsymbol{i} + 5\cos t\boldsymbol{j} + 5\sin t\boldsymbol{k}$; $0 \leqslant t \leqslant 4\pi$; $t_1 = \pi$
6. $\boldsymbol{r}(t) = \frac{t^2}{4}\boldsymbol{i} + 2\cos t\boldsymbol{j} + 2\sin t\boldsymbol{k}$; $0 \leqslant t \leqslant 4\pi$; $t_1 = \pi$

在习题 7 ~ 14 中，求在点 $t=t_1$ 处的单位切线向量 $\boldsymbol{T}(t)$ 和曲率 $\kappa(t)$. 计算 κ 时，建议像例题 5 一样用定理 A.

7. $\boldsymbol{u}(t) = 4t^2\boldsymbol{i} + 4t\boldsymbol{j}$; $t_1 = \frac{1}{2}$
8. $\boldsymbol{r}(t) = \frac{1}{3}t^3\boldsymbol{i} + \frac{1}{2}t^2\boldsymbol{j}$; $t_1 = 1$
9. $\boldsymbol{z}(t) = 3\cos t\boldsymbol{i} + 4\sin t\boldsymbol{j}$; $t_1 = \frac{\pi}{4}$
10. $\boldsymbol{r}(t) = e^t\boldsymbol{i} + e^t\boldsymbol{j}$; $t_1 = \ln 2$

11. $x(t)=1-t^2$，$y(t)=1-t^3$；$t_1=1$

12. $x(t)=\sinh t$，$y(t)=\cosh t$；$t_1=\ln 3$

13. $x(t)=e^{-t}\cos t$，$y(t)=e^{-t}\sin t$；$t_1=0$

14. $\boldsymbol{r}(t)=t\cos t\boldsymbol{i}+t\sin t\boldsymbol{j}$；$t_1=1$

在习题15~26中，在 xy 平面内画出曲线．然后根据给出的点，求曲率和曲率圆半径．最后，画出在该点的曲率圆．提示：计算曲率时，要像例题6一样用定理A的第二个公式．

15. $y=2x^2$，$(1, 2)$

16. $y=x(x-4)^2$，$(4, 0)$

17. $y=\sin x$，$\left(\frac{\pi}{4}, \frac{\sqrt{2}}{2}\right)$

18. $y^2=x-1$，$(1, 0)$

19. $y^2-4x^2=20$，$(2, 6)$

20. $y^2-4x^2=20$，$(2, -6)$

21. $y=\cos 2x$，$\left(\frac{1}{6}\pi, \frac{1}{2}\right)$

22. $y=e^{-x^2}$，$\left(1, \frac{1}{e}\right)$

23. $y=\tan x$，$(\pi/4, 1)$

24. $y=\sqrt{x}$，$(1, 1)$

25. $y=\sqrt[3]{x}$，$(1, 1)$

26. $y=\tanh x$，$\left(\ln 2, \frac{3}{5}\right)$

在习题27~34中，求在 $t=t_1$ 时单位切向量 $\boldsymbol{T}$，单位法向量 $\boldsymbol{N}$，副法线向量 $\boldsymbol{B}$ 和曲率 κ．

27. $\boldsymbol{r}(t)=\frac{1}{2}t^2\boldsymbol{i}+t\boldsymbol{j}+\frac{1}{3}t^3\boldsymbol{k}$；$t_1=2$

28. $x=\sin 3t$，$y=\cos 3t$，$z=t$，$t_1=\pi/9$

29. $x=7\sin 3t$，$y=7\cos 3t$，$z=14t$，$t_1=\pi/3$

30. $\boldsymbol{r}(t)=\cos^3 t\boldsymbol{i}+\sin^3 t\boldsymbol{k}$；$t_1=\pi/2$

31. $\boldsymbol{r}(t)=3\cosh(t/3)\boldsymbol{i}+t\boldsymbol{j}$；$t_1=1$

32. $\boldsymbol{r}(t)=e^{7t}\cos 2t\boldsymbol{i}+e^{7t}\sin 2t\boldsymbol{j}+e^{7t}\boldsymbol{k}$；$t_1=\pi/3$

33. $\boldsymbol{r}(t)=e^{-2t}\boldsymbol{i}+e^{2t}\boldsymbol{j}+2\sqrt{2}t\boldsymbol{k}$；$t_1=0$

34. $x=\ln t$，$y=3t$，$z=t^2$；$t_1=2$

在习题35~40中，求曲线中最大曲率的点．

35. $y=\ln x$

36. $y=\sin x$；$-\pi\leqslant x\leqslant\pi$

37. $y=\cosh x$

38. $y=\sinh x$

39. $y=e^x$

40. $y=\ln\cos x$；$-\pi/2<x<\pi/2$

在习题41~52中，求加速度在时间 t 时的切线和法线分量（a_T 和 a_N）．然后计算 $t=t_1$ 时的情况．见例题7和8．

41. $\boldsymbol{r}(t)=3t\boldsymbol{i}+3t^2\boldsymbol{j}$；$t_1=\frac{1}{3}$

42. $\boldsymbol{r}(t)=t^2\boldsymbol{i}+t\boldsymbol{j}$；$t_1=1$

43. $\boldsymbol{r}(t)=(2t+1)\boldsymbol{i}+(t^2-2)\boldsymbol{j}$；$t_1=-1$

44. $\boldsymbol{r}(t)=a\cos t\boldsymbol{i}+a\sin t\boldsymbol{j}$；$t_1=\frac{\pi}{6}$

45. $\boldsymbol{r}(t)=a\cosh t\boldsymbol{i}+a\sinh t\boldsymbol{j}$；$t_1=\ln 3$

46. $x(t)=1+3t$，$y(t)=2-6t$；$t_1=2$

47. $\boldsymbol{r}(t)=(t+1)\boldsymbol{i}+3t\boldsymbol{j}+t^2\boldsymbol{k}$；$t_1=1$

48. $x=t$，$y=t^2$，$z=t^3$；$t_1=2$

49. $x=e^{-t}$，$y=2t$，$z=e^t$；$t_1=0$

50. $\boldsymbol{r}(t)=(t-2)^2\boldsymbol{i}-t^2\boldsymbol{j}+t\boldsymbol{k}$；$t_1=2$

51. $\boldsymbol{r}(t)=\left(t-\frac{1}{3}t^3\right)\boldsymbol{i}-\left(t+\frac{1}{3}t^3\right)\boldsymbol{j}+t\boldsymbol{k}$；$t_1=3$

52. $\boldsymbol{r}(t)=t\boldsymbol{i}+\frac{1}{3}t^3\boldsymbol{j}+t^{-1}\boldsymbol{k}$，$t>0$；$t_1=1$

53. 画出位置向量为 $\boldsymbol{r}(t)=\sin t\boldsymbol{i}+\sin 2t\boldsymbol{j}(0\leqslant t\leqslant 2\pi)$ 的质点的轨迹（你可以得到一个8字结）．在哪里加速度为零？哪里加速度指向原点？

54. 一个质点的位置向量在时间 $t\geqslant 0$ 时为 $\boldsymbol{r}(t)=(\cos t+t\sin t)\boldsymbol{i}+(\sin t-t\cos t)\boldsymbol{j}$.

(a) 证明速率 $ds/dt=t$

(b) 证明 $a_T=1$，$a_N=t$

55. 对一个质点，如果对所有的 t，$a_T=0$，它的速率是多少？如果对所有 t，$a_N=0$，它的曲率是多少？

56. 求椭圆 $\boldsymbol{r}(t)=a\cos\omega t\boldsymbol{i}+b\sin\omega t\boldsymbol{j}$ 的 $\boldsymbol{N}$.

57. 设有一个质点沿着螺旋曲线 $\boldsymbol{r}(t)=\sin t\boldsymbol{i}+\cos t\boldsymbol{j}+(t^2-3t+2)\boldsymbol{k}$ 运动，其中 $\boldsymbol{k}$ 分量的大小表示离地面的高度（单位：m），$t\geqslant 0$. 假如此质点在离地12m高时离开螺旋曲线而沿着此时的切线运动，给出描述其路

径的向量.

58. 一个物体沿着曲线 $y=\sin 2x$ 移动. 不通过计算，直接得出在哪里 $a_N=0$.

59. 一条狗按逆时针方向绕着圆 $x^2+y^2=400$ 跑(单位 ft). 在点$(-12, 16)$处的速度为 10ft/s，加速度为 5ft/s^2. 首先用 $\boldsymbol{T}$ 和 $\boldsymbol{N}$ 来表示这点的加速度 $\boldsymbol{a}$，然后用 $\boldsymbol{i}$ 和 $\boldsymbol{j}$ 表示.

60. 一个物体沿着抛物线 $y=x^2$ 以恒定速率 4 移动. 用 $\boldsymbol{T}$ 和 $\boldsymbol{N}$ 表示在点(x, x^2)时的 $\boldsymbol{a}$.

61. 一辆汽车沿着水平弯道以恒定速率 v 行驶，我们假设弯道是一个半径为 R 的圆. 如果小车要避免滑出弯道，弯道对轮胎的水平摩擦力 F 至少要与离心力平衡. 摩擦力 F 符合 $F=\mu mg$，μ 是摩擦因数，m 是小车的质量，g 是重力加速度. 因此，$\mu mg \geqslant mv^2/R$. 证明汽车不发生侧滑的临界速率 v_R 满足

$$v_R=\sqrt{\mu gR}$$

并且当 $R=400$ft，$\mu=0.4$ 时求弯道的 v_R. ($g=32$ft/s^2).

62. 再次考虑 61 题中的汽车. 作最坏的假设，假设弯道是冰面($\mu=0$)，但是与水平面倾斜为 θ(图 14). 设 $\boldsymbol{F}$ 是道路对小车施的力，那么，在临界速率 v_R 时，$mg=\|\boldsymbol{F}\|\cos\theta$，$mv_R^2/R=\|\boldsymbol{F}\|\sin\theta$.

(a)证明 $v_R=\sqrt{Rg\tan\theta}$　　(b)求 $R=400$ 和 $\theta=10°$时的弯道的速率 v_R

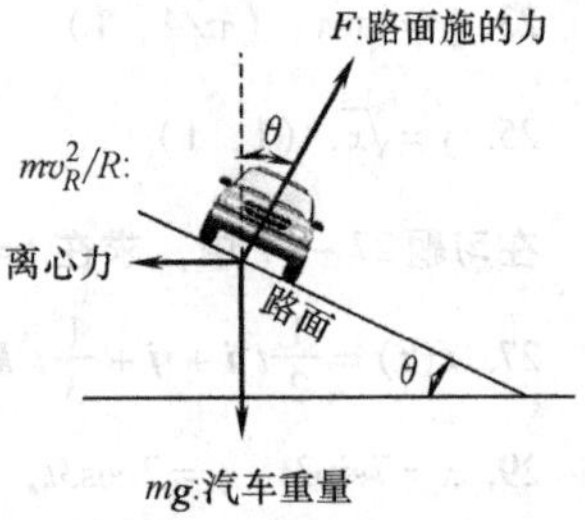

图 14

63. 证明定理 A 的第二个公式可以写成 $\kappa=|y''\cos^3\phi|$，其中，ϕ 是 $y=f(x)$的切线的倾斜角.

64. 证明 $\boldsymbol{N}$ 指向平面曲线的凹面部分. 提示：一个方法是证明

$$\boldsymbol{N}=(-\sin\phi\boldsymbol{i}+\cos\phi\boldsymbol{j})\frac{\mathrm{d}\phi/\mathrm{d}s}{|\mathrm{d}\phi/\mathrm{d}s|}$$

然后，分别考虑 $\mathrm{d}\phi/\mathrm{d}s>0$(曲线弯向左边)和 $\mathrm{d}\phi/\mathrm{d}s<0$(曲线弯向右边)的情形.

65. 证明 $\boldsymbol{N}=\boldsymbol{B}\times\boldsymbol{T}$，并用 $\boldsymbol{N}$ 和 $\boldsymbol{B}$ 来表示 $\boldsymbol{T}$.

66. 证明曲线

$$y=\begin{cases}0, & x\leqslant 0\\ x^3, & x>0\end{cases}$$

在所有点的一阶导数连续且曲率存在.

67. 找出一个以多项式 $P_5(x)$表示的曲线使其平滑连接两条水平线. 也就是说，假设方程 $P_5(x)=a_0+a_1x+a_2x^2+a_3x^3+a_4x^4+a_5x^5$ 平滑连接 $y=0$(当 $x\leqslant 0$)和 $y=1$(当 $x\geqslant 1$)，使得该方程及其导数和曲率对所有的 x 都连续

$$y=\begin{cases}0, & x\leqslant 0\\ P_5(x), & 0<x<1\\ 1, & x\geqslant 1\end{cases}$$

提示：$P_5(x)$必须满足六个条件 $P_5(0)=0$，$P_5'(0)=0$，$P_5''(0)=0$，$P_5(1)=1$，$P_5'(1)=0$ 和 $P_5''(1)=0$. 运用这六个条件计算出唯一的 a_0，…，a_5 并计算出 $P_5(x)$.

68. 求由多项式 $P_5(x)$平滑连接 $y=0$(当 $x\leqslant 0$)和 $y=x$(当 $x\geqslant 1$)的曲线.

69. 推出极坐标曲线公式

$$\kappa=\frac{|r^2+2(r')^2-rr''|}{(r^2+(r')^2)^{3/2}}$$

其中的导数是关于 θ 的导数.

在习题 70 ~ 75 中，用 69 题的公式求下列曲率值：

70. 圆 $r=4\cos\theta$

71. 心形线 $r=1+\cos\theta$，$\theta=0$

72. $r=\theta$，$\theta=1$

73. $r=4(1+\cos\theta)$，$\theta=\pi/2$

74. $r=\mathrm{e}^{3\theta}$，$\theta=1$

75. $r=4(1+\sin\theta)$，$\theta=\pi/2$

76. 证明极坐标曲线 $r=\mathrm{e}^{6\theta}$的曲率与 $1/r$ 成正比.

77. 证明极坐标曲线 $r^2=\cos 2\theta$ 的曲率与 $r(r>0)$ 成正比.

78. 直接用 $\kappa=\|\boldsymbol{T}'(t)\|/\|\boldsymbol{r}'(t)\|$ 推导出定理 A 的第一个公式推导出.

79. 画出 $x=4\cos t$, $y=3\sin(t+0.5)$, $0\leqslant t\leqslant 2\pi$ 的图形. 根据图形估计它的最大和最小曲率(曲率是曲半径的倒数). 然后用图形计算器或 CAS 近似计算这两个数到小数点后 4 位.

80. 证明单位副法向量 $\boldsymbol{B}=\boldsymbol{T}\times\boldsymbol{N}$ 有 $\frac{\mathrm{d}\boldsymbol{B}}{\mathrm{d}s}$ 垂直于 $\boldsymbol{B}$ 的特性.

81. 证明单位副法向量 $\boldsymbol{B}=\boldsymbol{T}\times\boldsymbol{N}$ 有 $\frac{\mathrm{d}\boldsymbol{B}}{\mathrm{d}s}$ 垂直于 $\boldsymbol{T}$ 的特性.

82. 运用 80 题和 81 题的结果证明 $\frac{\mathrm{d}\boldsymbol{B}}{\mathrm{d}s}$ 一定平行于 $\boldsymbol{N}$, 因此, 一定存在由 s 决定的实数 τ 使得 $\frac{\mathrm{d}\boldsymbol{B}}{\mathrm{d}s}=-\tau(s)\boldsymbol{N}$. 函数 $\tau(s)$ 称为曲线的转矩, 描述由 $\boldsymbol{T}$ 和 $\boldsymbol{N}$ 决定的平面上的曲线的扭曲.

83. 证明平面曲线的转矩 $\tau(s)=0$.

84. 证明对于直线 $\boldsymbol{r}(t)=r_0+a_0t\boldsymbol{i}+b_0t\boldsymbol{j}+c_0t\boldsymbol{k}$, κ 和 τ 均等于 0.

85. 一只苍蝇绕螺旋线爬动, 位置向量为 $\boldsymbol{r}(t)=6\cos\pi t\boldsymbol{i}+6\sin\pi t\boldsymbol{j}+2t\boldsymbol{k}$, $t\geqslant 0$. 计算在哪个点这个苍蝇碰到球 $x^2+y^2+z^2=100$, 并计算它所爬过的路程(假设它从 $t=0$ 开始).

86. 人体中的 DNA 分子是双螺旋结构的, 每个大概有 2.9×10^8 个完全的旋转. 每个螺旋的半径为 10×10^{-8} cm, 每个旋转上升大概 34×10^{-8} cm, 求螺旋线的总长度.

概念复习的答案:

1. $\mathrm{d}\boldsymbol{T}/\mathrm{d}s$ 2. $1/a$, 0 3. $\frac{\mathrm{d}^2s}{\mathrm{d}t^2}$, $\left(\frac{\mathrm{d}s}{\mathrm{d}t}\right)^2\kappa$ 4. 0

11.8 三维空间曲面

含有三个变量的方程的图形通常是一个曲面. 我们已经研究过两个例子, $Ax+By+Cz=D$ 的图形是一个平面; 而 $(x-h)^2+(y-k)^2+(z-l)^2=r^2$ 的图形是一个球面. 要画出曲面可能会很复杂, 但选出合适的平面, 找出面面之间的交线还是比较容易的. 这些交线围成的面称为**横截面**(图 1), 曲面与坐标面的交线称为**轨迹**.

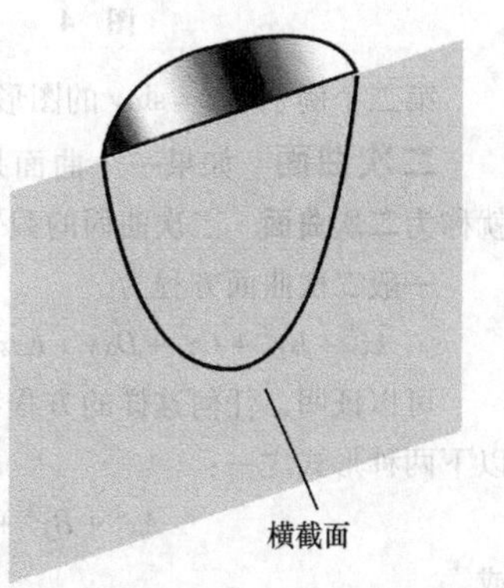

图 1

例 1 作出以下方程的曲面与坐标面的交线.

$$\frac{x^2}{16}+\frac{y^2}{25}+\frac{z^2}{9}=1$$

解 要找出 xy 平面的轨迹, 在给出的方程中令 $z=0$ 得

$$\frac{x^2}{16}+\frac{y^2}{25}=1$$

方程的图形是一个椭圆. xz 平面和 yz 平面(分别令 $y=0$, $x=0$)上的轨迹也是椭圆. 这三个轨迹如图 2 所示, 根据曲面与三个坐标面的交线可以形象地显示出所要的面(称为椭球面).

如果一个曲面很复杂, 作出很多平行于坐标平面的横截面会比较好. 如果有一台能绘图的计算机将很有帮助. 在图 3 中我们给出一个典型的由计算机绘制的图形——"马鞍"面, 其方程为 $z=x^3-3xy^2$. 下一章将进一步讨论关于计算机绘图的问题.

柱面 你一定对高中几何学过的正圆柱体很熟悉. 这里的柱面将定义为更广泛的一类曲面. 令 C 为一平面曲线, l 为不在 C 所在的平面上但与 C 相交的一条直线. 所有与直线 l 平行且与 C 相交的直线上的点的集合称为一个**柱面**, 如图 4 所示.

当我们在三维空间中作出只有两个变量的等式的图形时，柱面就产生了．首先考虑没有变量 z 的例子

$$\frac{y^2}{a^2}-\frac{x^2}{b^2}=1$$

这个等式决定了一条 xy 平面上的曲线——双曲线．此外，如果 $(x_1, y_1, 0)$ 满足等式，(x_1, y_1, z) 也满足．随着 z 取所有的实数，点 (x_1, y_1, z) 连成一条平行于 z 轴的直线．我们可以得出方程的图形是一个柱面——双曲线圆柱，如图 5 所示．

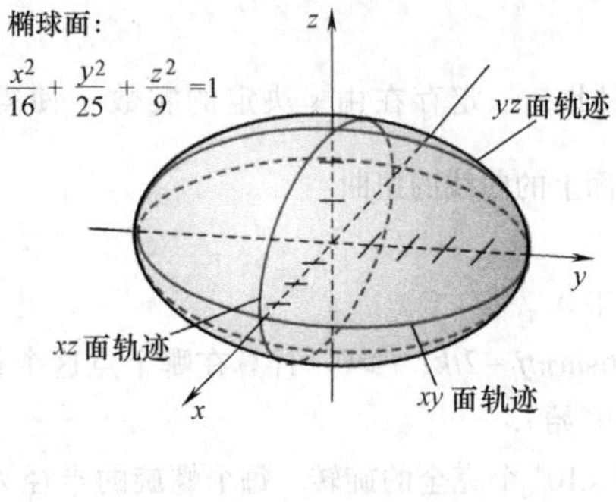

图　2

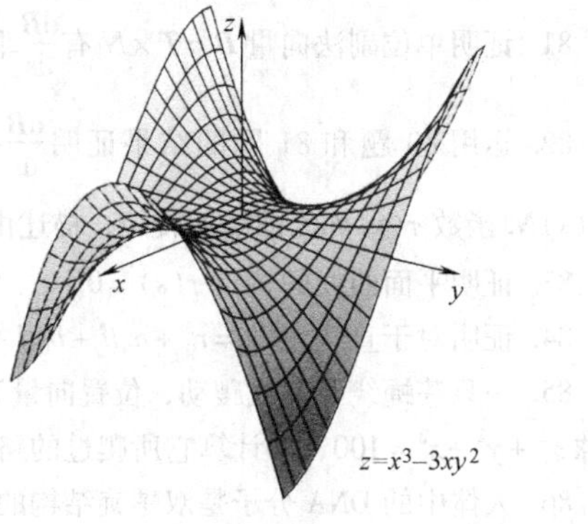

图　3

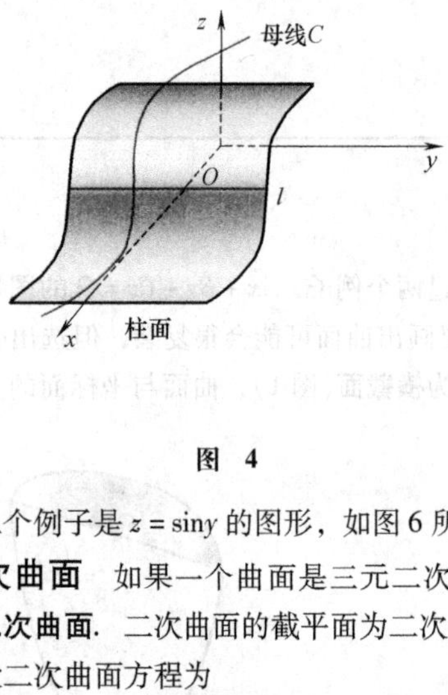

图　4

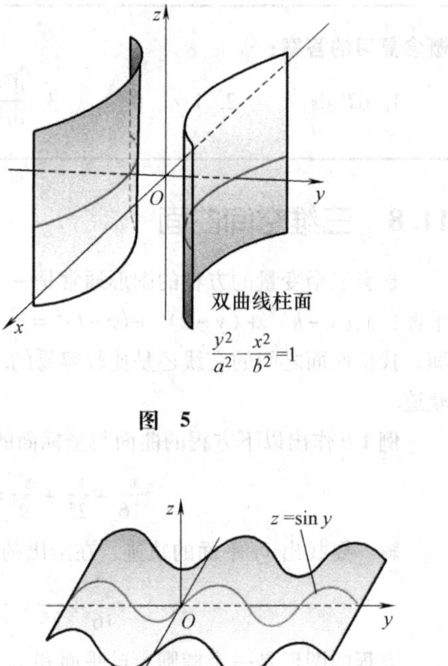

图　5

第二个例子是 $z=\sin y$ 的图形，如图 6 所示．

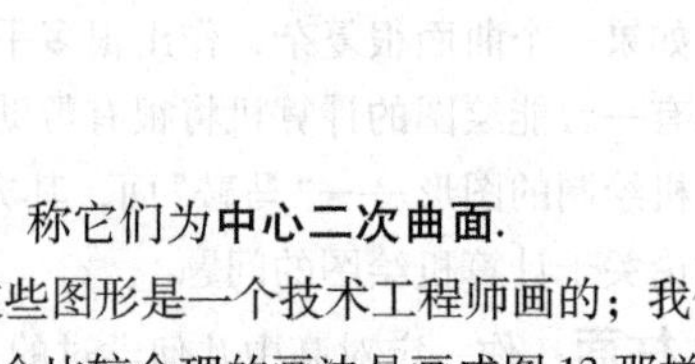

图　6

二次曲面　如果一个曲面是三元二次函数的图形，这个面就称为**二次曲面**．二次曲面的截平面为二次曲线．

一般二次曲面方程为

$$Ax^2+By^2+Cz^2+Dxy+Exz+Fyz+Gx+Hy+Iz+J=0$$

可以证明，任何这样的方程都可以通过旋转和坐标转换变成以下两种形式之一：

$$Ax^2+By^2+Cz^2+J=0$$

或

$$Ax^2+By^2+Iz=0$$

第一个方程表现的二次曲面相对于坐标平面和坐标原点呈对称性．称它们为**中心二次曲面**．

在图 7 ~ 图 12 中，给出了六种一般的二次曲面．认真学习它们．这些图形是一个技术工程师画的；我们不要求大多数读者在做这类题目时能复制出这些图形．对大多数人来说一个比较合理的画法是画成图 13 那样．

二次曲面

椭球面：$\frac{x^2}{a^2}+\frac{y^2}{b^2}+\frac{z^2}{c^2}=1$

平面	横截面
xy 平面	椭圆
xz 平面	椭圆
yz 平面	椭圆
xy 平面的平行面	椭圆，点或者空集
xz 平面的平行面	椭圆，点或者空集
yz 平面的平行面	椭圆，点或者空集

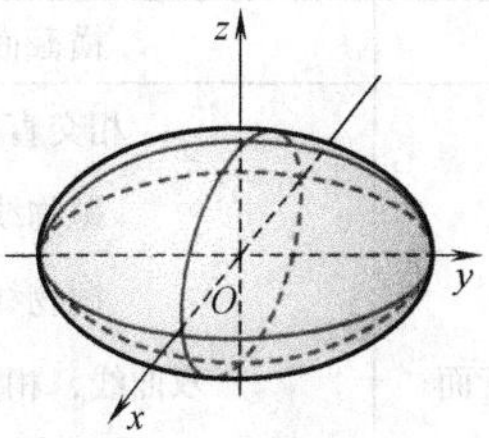

图 7

单叶双曲面：$\frac{x^2}{a^2}+\frac{y^2}{b^2}-\frac{z^2}{c^2}=1$

平面	横截面
xy 平面	椭圆
xz 平面	双曲线
yz 平面	双曲线
xy 平面的平行面	椭圆
xz 平面的平行面	双曲线
yz 平面的平行面	双曲线

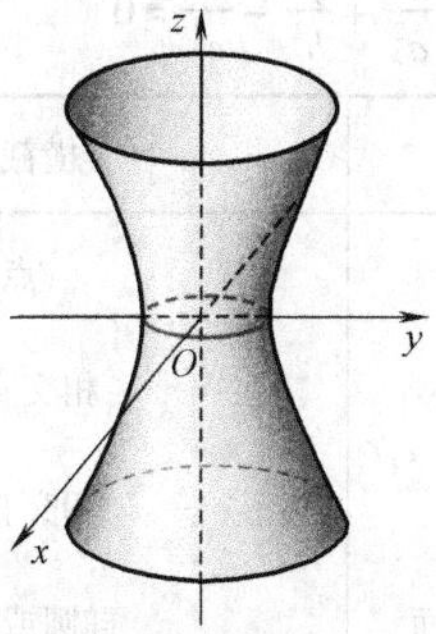

图 8

双叶双曲面：$\frac{x^2}{a^2}-\frac{y^2}{b^2}-\frac{z^2}{c^2}=1$

平面	横截面
xy 平面	双曲线
xz 平面	双曲线
yz 平面	空集
xy 平面的平行面	双曲线
xz 平面的平行面	双曲线
yz 平面的平行面	椭圆，点或者空集

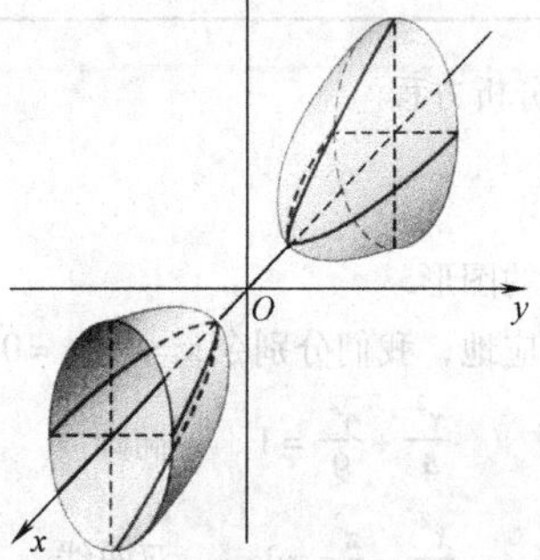

图 9

椭圆抛物面：$z=\frac{x^2}{a^2}+\frac{y^2}{b^2}$

平面	横截面
xy 平面	点
xz 平面	抛物线
yz 平面	抛物线
xy 平面的平行面	椭圆，点或者空集
xz 平面的平行面	抛物线
yz 平面的平行面	抛物线

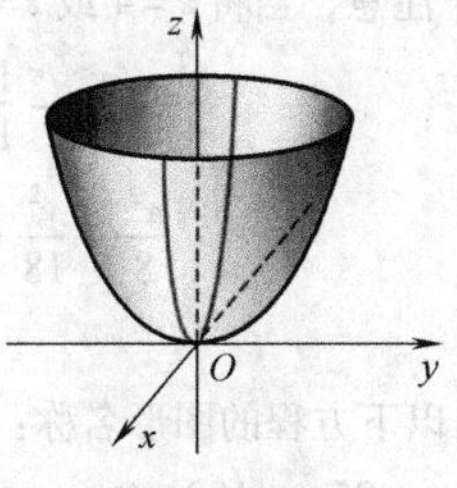

图 10

双曲抛物面：$z=\frac{y^2}{b^2}-\frac{x^2}{a^2}$

平面	横截面
xy 平面	相交直线
xz 平面	抛物线
yz 平面	抛物线
xy 平面的平行面	双曲线，相交直线
xz 平面的平行面	抛物线
yz 平面的平行面	抛物线

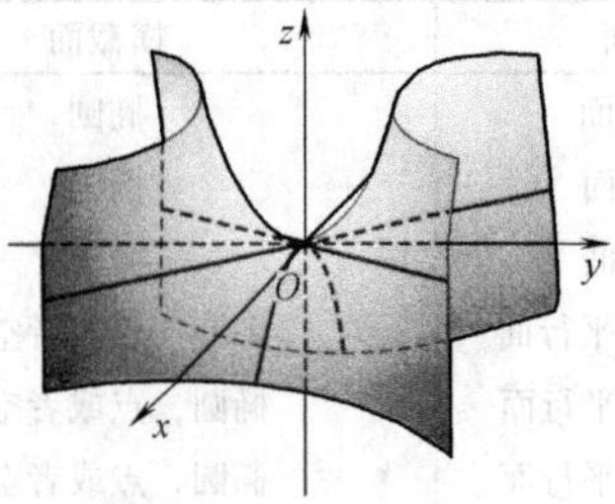

图　11

椭圆锥面：$\frac{x^2}{a^2}+\frac{y^2}{b^2}-\frac{z^2}{c^2}=0$

平面	横截面
xy 平面	点
xz 平面	相交直线
yz 平面	相交直线
xy 平面的平行面	椭圆或者点
xz 平面的平行面	双曲线或者相交直线
yz 平面的平行面	双曲线或者相交直线

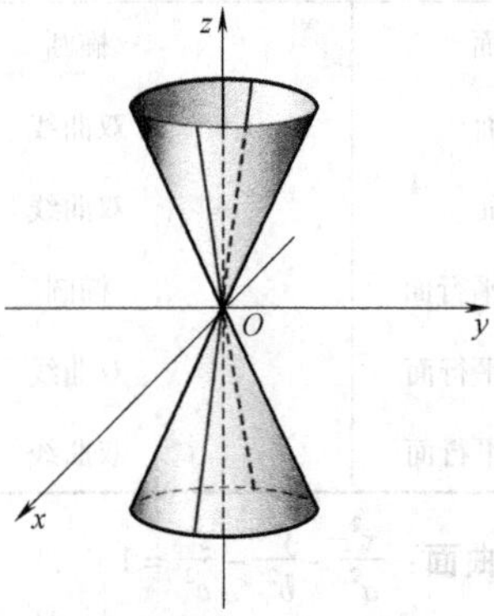

图　12

例 2　分析方程

$$\frac{x^2}{4}+\frac{y^2}{9}-\frac{z^2}{16}=1$$

并且画出它的图形.

解　相应地，我们分别令 $x=0$、$y=0$、$z=0$，可以得到该图形在三坐标面上的轨迹

xy 平面　$\frac{x^2}{4}+\frac{y^2}{9}=1$　椭圆

xz 平面　$\frac{x^2}{4}-\frac{z^2}{16}=1$　双曲线

yz 平面　$\frac{y^2}{9}-\frac{z^2}{16}=1$　双曲线

这些轨迹在图 13 中已经画出，并且把该图形与平面 $z=4$、$z=-4$ 的交线显示出来，注意，当将 $z=4$ 或 $z=-4$ 代入原等式，我们得到

$$\frac{x^2}{4}+\frac{y^2}{9}-\frac{16}{16}=1$$

等价于

$$\frac{x^2}{8}+\frac{y^2}{18}=1$$

这是椭圆.

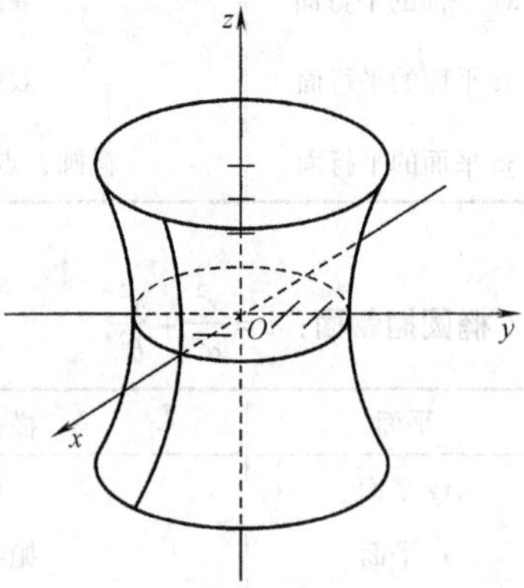

图　13

例 3　说出以下方程的图形名称：

(a) $4x^2+4y^2-25z^2+100=0$　　(b) $y^2+z^2-12y=0$

(c) $x^2-z^2=0$　　(d) $9x^2+4z^2-36y=0$

解　(a)将两边同时除以 -100 可以得到下面等式

$$-\frac{x^2}{25}-\frac{y^2}{25}+\frac{z^2}{4}=1$$

它的图形是双叶双曲面，它与 xy 平面没有交集但它与 xy 平面平行的平面的交集是无数的圆.

(b)变量 x 没有出现，所以它的图形是平行于 x 轴的柱面，因为方程可以简化为圆的形式 $(y-6)^2+z^2=36$，所以该图形是一个圆柱.

(c)因为变量 y 没有出现，所以其图形也是一个柱面，给出的方程可以写成 $(x-z)(x+z)=0$ 的形式，其图形由两个平面 $x=z$ 和 $x=-z$ 组成.

(d)该方程可以写成 $\frac{x^2}{4}+\frac{z^2}{9}=y$ 的形式，它图形是椭圆抛物面，并且关于 y 轴对称.

概念复习

1. 曲面和坐标平面的交集称为__________. 更普遍一点，与任意平面的交集被称为__________.

2. 只有两个变量的方程在三维空间所产生的图形叫__________. 特别地，方程 $x^2+y^2=1$ 的图形是圆柱，其对称轴是__________.

3. 方程 $3x^2+2y^2+4z^2=12$ 的图形曲面叫__________.

4. 方程 $4z=x^2+2y^2$ 所形成的图形曲面称为__________.

习题 11.8

在习题 1~20 中，说出并且画出以下每个等式在三维坐标系中的图形.

1. $4x^2+36y^2=144$
2. $y^2+z^2=15$
3. $3x+2z=10$
4. $z^2=3y$
5. $x^2+y^2-8x+4y+13=0$
6. $2x^2-16z^2=0$
7. $4x^2+9y^2+49z^2=1764$
8. $9x^2-y^2+9z^2-9=0$
9. $4x^2+16y^2-32z=0$
10. $-x^2+y^2+z^2=0$
11. $y=e^{2z}$
12. $6x-3y=\pi$
13. $x^2-z^2+y=0$
14. $x^2+y^2-4z^2+4=0$
15. $9x^2-36y^2+4z^2=0$
16. $9x^2+25y^2+9z^2=225$
17. $5x+8y-2z=10$
18. $y=\cos x$
19. $z=\sqrt{16-x^2-y^2}$
20. $z=\sqrt{x^2+y^2+1}$

21. 在一个方程中，如果我们用 $-z$ 代替 z，得到的方程与原方程等价. 那么该方程在三维坐标图中的图形关于 xy 平面对称. 那么什么样的条件可以使一个方程的图形关于以下几个位置对称：

(a) yz 平面　　(b) z 坐标轴　　(c)原点

22. 在什么样的条件下可以使一个方程的图形关于以下几个位置对称

(a) xz 平面　　(b) y 坐标轴　　(c) x 坐标轴

23. 求以下列为对称中心的椭球面的一般方程，

(a)原点　　(b) x 坐标轴　　(c) xy 平面

24. 求以下列为对称中心的单叶双曲线的一般方程，

(a)原点　　(b) y 坐标轴　　(c) xy 平面

25. 求以下列为对称中心的双叶双曲线的一般方程，

(a)原点　　(b) z 坐标轴　　(c) yz 平面

26. 在 1~20 题中，有哪几个方程图形关于以下两种位置对称：

(a) xy 平面　　　　　　　　　　(b) z 坐标轴.

27. 如果曲线 $z=x^2$ 绕 z 坐标轴旋转得到的曲面为 $z=x^2+y^2$，结果相当于用 $\sqrt{x^2+y^2}$ 代替 x. 那么，如果 $y=2x^2$ 绕 y 坐标轴旋转，请问，它得到的图形的方程是什么？

28. 求曲线 $z=2y$ 绕着 z 坐标轴旋转后形成的图形的方程.

29. 求曲线 $4x^2+3y^2=12$ 绕着 y 坐标轴旋转后形成的图形的方程.

30. 求曲线 $4x^2-3y^2=12$ 绕着 x 坐标轴旋转后形成的图形的方程.

31. 求 $z=x^2/4+y^2/9$ 与平面 $z=4$ 相交形成的椭圆的两个焦点的坐标.

32. 求 $z=x^2/4+y^2/9$ 与平面 $x=4$ 相交形成的抛物线的焦点的坐标.

33. 求用平面 $z=h(-c<h<c)$ 切割曲面 $x^2/a^2+y^2/b^2+z^2/c^2=1$ 所形成的椭圆面的面积. 提示：椭圆 $x^2/A^2+y^2/B^2=1$ 的面积等于 πAB.

34. 证明由椭圆抛物面 $x^2/a^2+y^2/b^2=h-z$，$h>0$ 和 xy 平面所围成的立体的体积为 $\pi abh^2/2$，即底面积与高乘积的一半.（用 5.2 节的方法）

35. 证明由曲面 $y=4-x^2$ 和 $y=x^2+z^2$ 的相交部分在 xz 平面的投影是椭圆，并求出它的长短半轴.

36. 画出在平面 $y=x$ 内，在平面 $z=y/2$ 上方，在平面 $z=2y$ 下方且位于柱面 $x^2+y^2=8$ 中的三角形的图形，求其面积.

37. 证明：螺旋线 $\mathbf{r}=t\cos t\mathbf{i}+t\sin t\mathbf{j}+t\mathbf{k}$ 在圆锥 $x^2+y^2-z^2=0$ 内. 并说出该螺旋线 $\mathbf{r}=3t\cos t\mathbf{i}+t\sin t\mathbf{j}+t\mathbf{k}$ 在哪个面上.

38. 证明由 $\mathbf{r}=t\mathbf{i}+t\mathbf{j}+t^2\mathbf{k}$ 确定的曲线是抛物线. 并求出其焦点坐标.

概念复习答案：

1. 轨迹，横截面　　2. 柱面，z 轴　　3. 椭球面　　4. 椭圆抛物面

11.9　柱面坐标系和球面坐标系

给定一个点的直角坐标 (x, y, z) 来指定它的三维位置只是确定点位置的其中一种方法，还有两种坐标表示法在微积分中扮演很重要的角色，它们是柱面坐标 (r, θ, z) 和球面坐标 (ρ, θ, φ). 这三种坐标表示法的意义在图 1 中有说明，其表示的是同一个点 P.

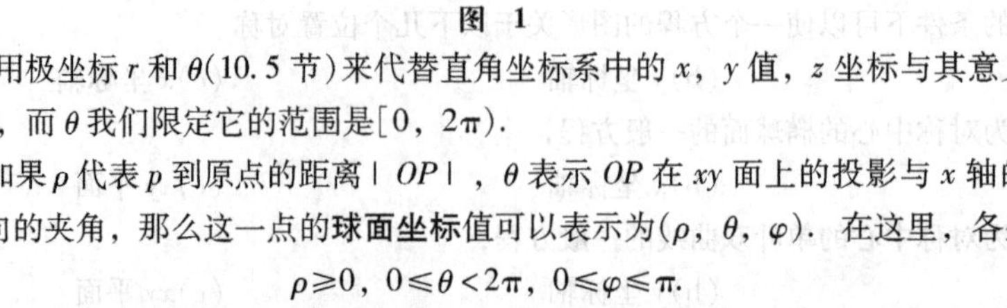

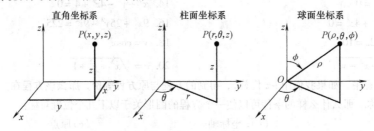

图 1

柱面坐标系使用极坐标 r 和 θ(10.5 节)来代替直角坐标系中的 x，y 值，z 坐标与其意义一样，对于 r 我们需要它为非负数，而 θ 我们限定它的范围是 $[0, 2\pi)$.

对于一点 p，如果 ρ 代表 p 到原点的距离 $|OP|$，θ 表示 OP 在 xy 面上的投影与 x 轴的夹角，φ 表示线段 OP 与 z 轴正方向的夹角，那么这一点的**球面坐标**值可以表示为 (ρ, θ, φ). 在这里，各坐标取值范围为

$$\rho \geqslant 0,\ 0 \leqslant \theta < 2\pi,\ 0 \leqslant \varphi \leqslant \pi.$$

柱面坐标　如果一个立体或曲面有对称轴，那么我们使用柱面坐标系来表示的话，设其对称轴为 z 轴，就是一个明智之举. 注意一个圆柱的对称轴是 z 轴，或一个包含 z 轴的平面，如图 2 和图 3 所示. 图 3 中我们允许 $r<0$.

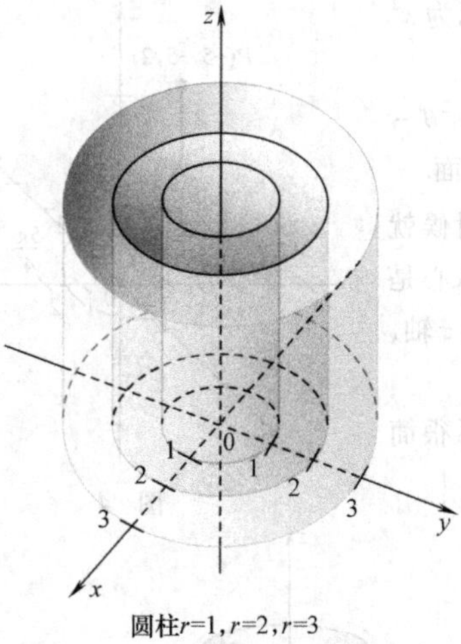

图 2

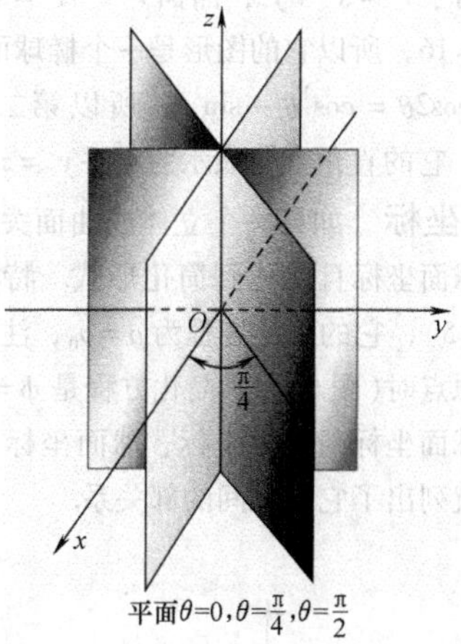

图 3

柱面坐标和直角坐标有以下联系：

柱面坐标到直角坐标	**直角坐标到柱面坐标**
$x = r\cos\theta$	$r = \sqrt{x^2 + y^2}$
$y = r\sin\theta$	$\tan\theta = y/x$
$z = z$	$z = z$

这些联系可以使我们游刃有余地对两种坐标进行转换.

例 1 求：(a)柱面坐标为(4, 2π/3, 5)点的直角坐标形式 (b)直角坐标为(-5, -5, 2)点的柱面坐标形式.

解 (a) $x = 4\cos\frac{2\pi}{3} = 4\times\left(-\frac{1}{2}\right) = -2$

$$y = 4\sin\frac{2\pi}{3} = 4\times\left(\frac{\sqrt{3}}{2}\right) = 2\sqrt{3}$$

$$z = 5$$

所以(4, 2π/3, 5)的直角坐标形式是$(-2, 2\sqrt{3}, 5)$.

(b) $r = \sqrt{(-5)^2 + (-5)^2} = 5\sqrt{2}$

$$\tan\theta = \frac{-5}{-5} = 1$$

$$z = 2$$

从图 4 可知 θ 在 $\pi/2$ 到 π 之间变化，由于 $\tan\theta = 1$，从而有 $\theta = 5\pi/4$，所以(-5, -5, 2)的柱面坐标形式是$(5\sqrt{2}, 5\pi/4, 2)$.

例 2 求在直角坐标系中的方程 $x^2 + y^2 = 4 - z$ 和 $x^2 + y^2 = 2x$ 的柱面坐标方程.

解 抛物面：$r^2 = 4 - z$

柱面：$r^2 = 2r\cos\theta$ 或 $r = 2\cos\theta$

在一个等式两边同时除以一个变量，就可能造成丢失一个解，比如说对于等式 $x^2 = x$，如果等式两边除以 x，得到 $x = 1$，那么我们就丢掉 $x = 0$ 的解. 同样的，从 $r^2 = 2r\cos\theta$ 到 $r = 2\cos\theta$ 的转变过程中，似乎丢掉了 $r = 0$(原点)这个解，不过原点坐标(0, π/2)满足等式 $r = 2\cos\theta$. 因此，这两个等式在极坐标中有相同的图形.

例 3 求在柱面坐标系中方程为 $r^2 + 4z^2 = 16$ 和 $r^2\cos 2\theta = z$ 的曲面在直角坐标系中的表示形式.

解　由于 $r^2 = x^2 + y^2$，曲面 $r^2 + 4z^2 = 16$ 在直角坐标系中表示为 $x^2 + y^2 + 4z^2 = 16$，所以它的图形是一个椭球面.

因为 $\cos 2\theta = \cos^2\theta - \sin^2\theta$，所以第二个方程可以写成 $r^2\cos^2\theta - r^2\sin^2\theta = z$，它的直角坐标表示为 $x^2 - y^2 = z$，它的图形是双曲抛物面.

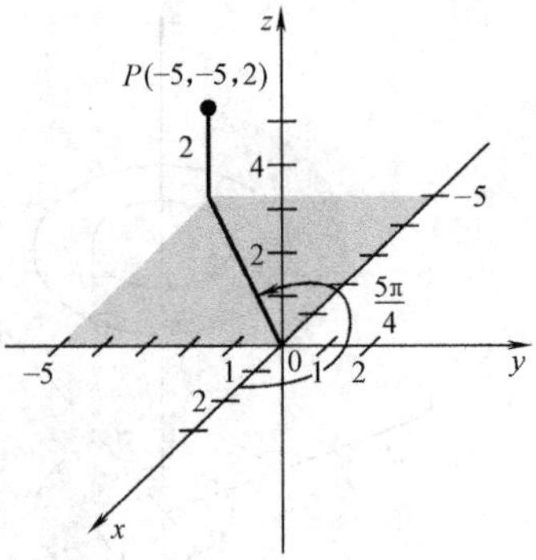

图　4

球面坐标　如果一个立体或曲面关于一点对称，那么这时候就可以运用球面坐标且能达到简化形式. 特别地，当一个球面的球心是原点时(图 5)，它的简化方程为 $\rho = \rho_0$，注意一个圆锥的对称轴是 z 轴，且顶点在原点时(图 6)，其简化方程是 $\phi = \phi_0$.

确定球面坐标与柱面坐标、球面坐标与直角坐标之间的关系很简单，下面就列出了它们之间的部关系.

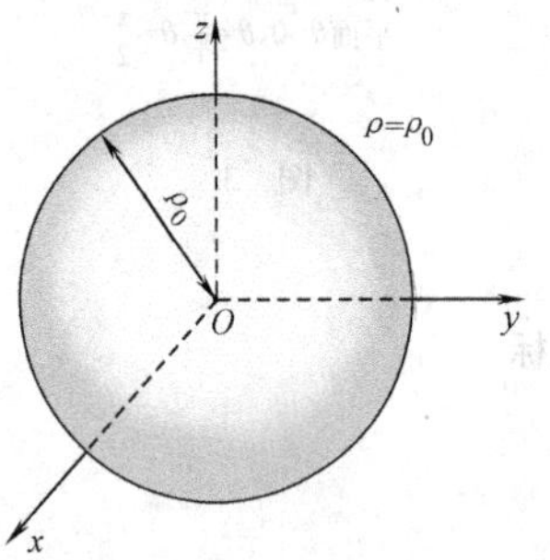

图　5

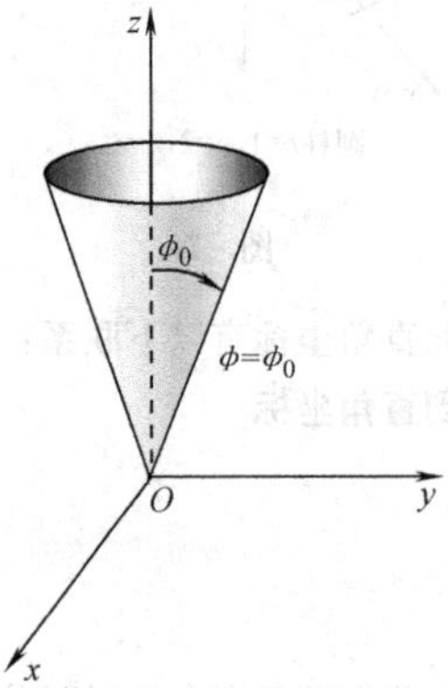

图　6

球面坐标到直角坐标	直角坐标到球面坐标
$x = \rho\sin\phi\cos\theta$	$\rho = \sqrt{x^2 + y^2 + z^2}$
$y = \rho\sin\phi\sin\theta$	$\tan\theta = y/x$
$z = \rho\cos\phi$	$\cos\varphi = \dfrac{z}{\sqrt{x^2 + y^2 + z^2}}$

例 4　求出在球面坐标中坐标为$(8,\ \pi/3,\ 2\pi/3)$的点 P 的直角坐标.

解　我们在图 7 中已经画出点 P，计算直角坐标

$$x = 8\sin\frac{2\pi}{3}\cos\frac{\pi}{3} = 8 \times \frac{\sqrt{3}}{2} \times \frac{1}{2} = 2\sqrt{3}$$

$$y = 8\sin\frac{2\pi}{3}\sin\frac{\pi}{3} = 8 \times \frac{\sqrt{3}}{2} \times \frac{\sqrt{3}}{2} = 6$$

$$z = 8\cos\frac{2\pi}{3} = 8 \times \left(-\frac{1}{2}\right) = -4$$

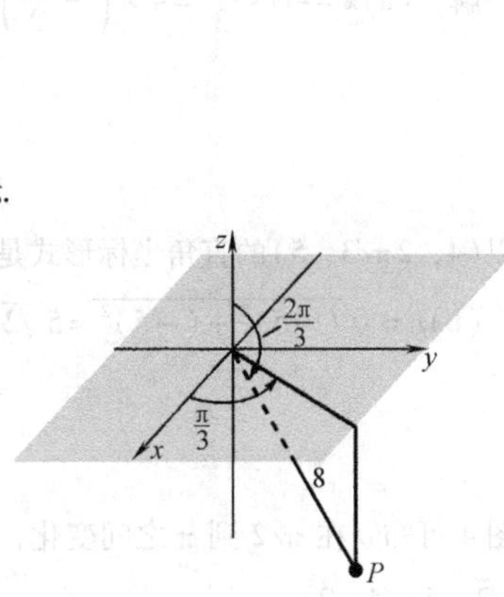

图　7

所以，P 的直角坐标是$(2\sqrt{3},\ 6,\ -4)$.

例 5　描述 $\rho = 2\cos\phi$ 的图形.

解　我们将它改成直角坐标，两边同时乘以 ρ，得到

$$\rho^2 = 2\rho\cos\phi \text{ 即 } x^2 + y^2 + z^2 = 2z \text{ 也就是 } x^2 + y^2 + (z-1)^2 = 1$$

这个图形是一个以笛卡儿坐标$(0,\ 0,\ 1)$为中心，1 为半径的球面.

例 6　求出抛物面 $z = x^2 + y^2$ 在球坐标系中的方程.

解　替换 x，y，z 我们可以得到

$$\rho\cos\phi = \rho^2\sin^2\phi\cos^2\theta + \rho^2\sin^2\phi\sin^2\theta$$

$$\rho\cos\phi = \rho^2\sin^2\phi(\cos^2\theta + \sin^2\theta)$$
$$\rho\cos\phi = \rho^2\sin^2\phi$$
$$\cos\phi = \rho\sin^2\phi$$
$$\rho = \cos\phi\csc^2\phi$$

注意，当 $\phi = \pi/2$ 时，$\rho = 0$，这说明我们在第四个步骤中消去 ρ 的时候没有去掉原点.

球坐标系在地理学中的应用 地理学家和航海家们使用一种与球坐标系很相似的坐标系统——经纬网. 假设地球是一个以中心为原点的球体，z 轴正半轴通过北极的极点，x 轴的正半轴通过本初子午线(图8). 根据惯例，经度表示为距离本初子午线(向东或者向西)的度数，纬度表示为距离赤道线(向南或者向北)的度数. 根据这些资料我们可以很容易地确定球面坐标系.

例7 假定地球是一个半径为3960mile的球体，求从巴黎(经度2.2°E，纬度48.4°N)到加尔格达(经度88.2°E，纬度22.3°N)的球面距离.

解 首先我们计算出这两个地方之间有关球体的角度 θ 和 ϕ.

巴黎：
$$\theta = 2.2° \approx 0.0384\text{rad}$$
$$\phi = 90° - 48.4° = 41.6° \approx 0.7261\text{rad}$$

加尔格达：
$$\theta = 88.2° \approx 1.5394\text{rad}$$
$$\phi = 90° - 22.3° = 67.7° \approx 1.1816\text{rad}$$

因为 $\rho = 3960$mile，我们可以确定出它们在笛卡儿坐标系中的坐标，如例4.

巴黎： $P_1(2627.2,\ 100.9,\ 2961.3)$

加尔格达： $P_2(115.1,\ 3662.0,\ 1502.6)$

然后，参照图9，求出 $\overrightarrow{OP_1}$ 和 $\overrightarrow{OP_2}$ 之间的夹角 γ.

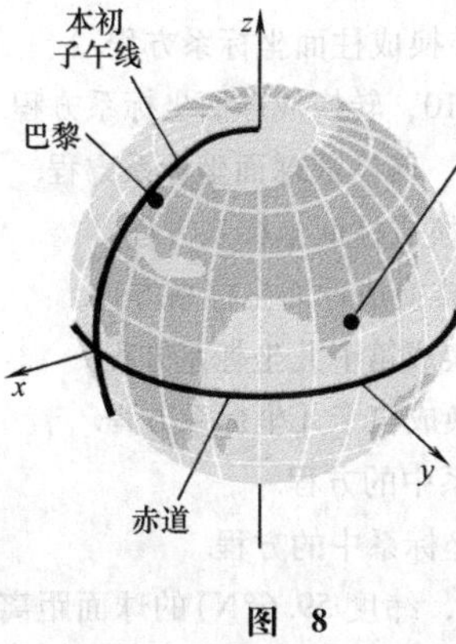

图 8

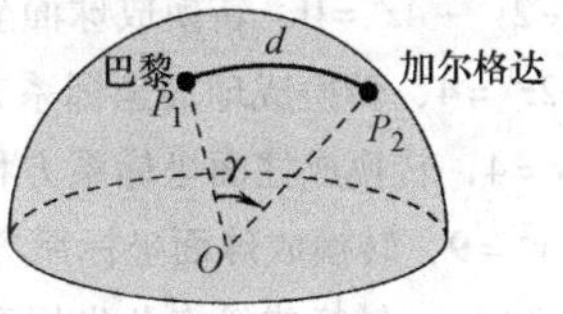

图 9

$$\cos\gamma = \frac{\overrightarrow{OP_1}\cdot\overrightarrow{OP_2}}{\|\overrightarrow{OP_1}\|\,\|\overrightarrow{OP_2}\|} \approx \frac{2627.2\times115.1 + 100.9\times3662 + 2961.3\times1502.6}{3960\times3960} \approx 0.3266$$

因此，$\gamma \approx 1.2381$rad，球面距离 d 为

$$d = \rho\gamma \approx 3960\times1.2381 \approx 4903\text{mile}$$

概念复习

1. 在柱面坐标系中，图形 $r = 6$ 是一个__________；在球面坐标系中，图形 $\rho = 6$ 是一个________.
2. 在柱面坐标中，图形 $\theta = \pi/6$ 是一个________；在球面坐标中，图形 $\phi = \pi/6$ 是一个________.
3. 等式________________将 ρ 与 r 和 z 联系在一起.
4. 在球面坐标系中等式 $\rho^2 = 4\rho\cos\phi$ 可以写成笛卡儿坐标系中的__________形式.

习题 11.9

1. 参照例 4 前面的例子，制作一个表格，写出柱面坐标系和球面坐标系的联系.

2. 把下面的柱面坐标系下的坐标转换成球面坐标系下的坐标.

(a) $(1, \pi/2, 1)$　　(b) $(-2, \pi/4, 2)$

3. 把下面的柱面坐标系坐标转换成笛卡儿坐标系坐标.

(a) $(6, \pi/6, -2)$　　(b) $(4, 4\pi/3, -8)$

4. 把下面的球面坐标系坐标转换成笛卡儿坐标系坐标.

(a) $(8, \pi/4, \pi/6)$　　(b) $(4, \pi/3, 3\pi/4)$

5. 把下面的笛卡儿坐标系坐标转换成球面坐标系坐标.

(a) $(2, -2\sqrt{3}, 4)$　　(b) $(-\sqrt{2}, \sqrt{2}, 2\sqrt{3})$

6. 把下面的笛卡儿坐标系坐标转换成柱面坐标系坐标.

(a) $(2, 2, 3)$　　(b) $(4\sqrt{3}, -4, 6)$

习题 7～16，画出所给的球面坐标系或柱面坐标系方程的草图.

7. $r=5$

8. $\rho=5$

9. $\phi=\pi/6$

10. $\theta=\pi/6$

11. $r=3\cos\theta$

12. $r=2\sin2\theta$

13. $\rho=3\cos\phi$

14. $\rho=\sec\phi$

15. $r^2+z^2=9$

16. $r^2\cos^2\theta+z^2=4$

习题 17～30，对给定的方程做相应的变换.

17. $x^2+y^2=9$，转换成柱面坐标系方程.

18. $x^2-y^2=25$，转换成柱面坐标系方程.

19. $x^2+y^2+4z^2=10$，转换成柱面坐标系方程.

20. $x^2+y^2+4z^2=10$，转换成球面坐标系方程.

21. $2x^2+2y^2-4z^2=0$，转换成球面坐标系方程.

22. $x^2-y^2-z^2=1$，转换成球面坐标系方程.

23. $r^2+2z^2=4$，转换成球面坐标系方程.

24. $\rho=2\cos\phi$，转换成柱面坐标系方程.

25. $x+y=4$，转换成柱面坐标系方程.

26. $x+y+z=1$，转换成球面坐标系方程.

27. $x^2+y^2=9$，转换成球面坐标系方程.

28. $r=2\sin\theta$，转换成笛卡儿坐标系方程.

29. $r^2\cos2\theta=z$，转换成笛卡儿坐标系方程.

30. $\rho\sin\phi=1$，转换成笛卡儿坐标系方程.

31. 抛物线 $z=2x^2$ 绕 z 轴旋转一周，写出所生成的曲面在柱面坐标系中的方程.

32. 双曲线 $2x^2-z^2=2$ 绕 z 轴旋转一周，写出所生成的曲面在柱面坐标系中的方程.

33. 求从圣保罗（经度 93.1°W，纬度 45°N）到奥斯陆（经度 10.5°E，纬度 59.6°N）的球面距离.（见例 7）

34. 求从纽约（经度 74°W，纬度 40.4°N）到格林威治（经度 0°E，纬度 51.3°N）的球面距离.

35. 求从圣保罗（经度 93.1°W，纬度 45°N）到意大利都灵（经度 7.4°E，纬度 45°N）的球面距离.

36. 沿着 45°纬线，从圣保罗到都灵的距离是多少？（看习题 35）

37. 经过圣保罗和都灵的大圆距离北极点多远？（看习题 35）

38. 假设在球面坐标系上有两个点 $(\rho_1, \theta_1, \phi_1)$ 和 $(\rho_2, \theta_2, \phi_2)$，$d$ 是这两个点之间的直线距离. 证明：

$$d=\{(\rho_1-\rho_2)^2+2\rho_1\rho_2[1-\cos(\theta_1-\theta_2)\sin\phi_1\sin\phi_2-\cos\phi_1\cos\phi_2]\}^{1/2}$$

39. 假设在球体 $\rho=a$ 上有两个点 (a, θ_1, ϕ_1) 和 (a, θ_2, ϕ_2)，（用习题 38 的结论）证明这两个点之间的球面距离是 $a\gamma(0\leqslant\gamma\leqslant\pi)$，且

$$\cos\gamma=\cos(\theta_1-\theta_2)\sin\phi_1\sin\phi_2+\cos\phi_1\cos\phi_2$$

40. 也许你会猜到，有一个简单的公式可以通过经度和纬度直接求出球面距离. 假设 (α_1, β_1) 和 (α_2, β_2) 是地球表面经纬网上的两个点，在这里我们认为 N 和 E 是正的，S 和 W 是负的. 证明这两个点之间的球

面距离是 3960γmile($0\leqslant\gamma\leqslant\pi$)，且

$$\cos\gamma=\cos(\alpha_1-\alpha_2)\cos\beta_1\cos\beta_2+\sin\beta_1\sin\beta_2$$

41. 使用习题 40 的结论求出下列各组地方的球面距离.

(a)纽约和格林威治(看习题 34) (b)圣保罗和都灵(看习题 35)

(c)都灵和南极点(使用 $\alpha_1=\alpha_2$) (d)纽约和开普敦(18.4°E, 33.9°S)

(e)赤道上的两点，对应的经度分别为 100°E 和 80°W

42. 我们很容易看出来方程 $\rho=2a\cos\phi$ 的图形是一个以 a 为半径，球心在 xy 平面原点的球体. 但是方程 $\rho=2a\sin\phi$ 的图形是什么呢?

概念复习答案：

1. 圆柱体，球体 2. 平面，圆锥体 3. $\rho^2=r^2+z^2$ 4. $x^2+y^2+(z-2)^2=4$

11.10 本章回顾

概念测试

判断以下命题真假，必要时证明你的答案.

1. 三维空间中的任意一点在笛卡儿坐标系中都有一个唯一的坐标表示.
2. 方程 $x^2+y^2+z^2-4x+9=0$ 表示一个球.
3. 如果 A, B, C 不全为0，那么线性方程 $Ax+By+Cz=D$ 表示三维空间里的一个平面.
4. 在三维空间中，方程 $Ax+By=C$ 表示一条直线.
5. 平面 $3x-2y+4z=12$ 和 $3x-2y+4z=-12$ 相互平行且相距 24 个单位.
6. 向量 $\langle 1, -2, 3\rangle$ 与平面 $2x-4y+6z=5$ 平行.
7. 直线 $x=2t-1$, $y=4t+2$, $z=6t-5$ 通过点 $(0, 4, -2)$.
8. 如果 $\boldsymbol{u}=a\boldsymbol{i}+b\boldsymbol{j}+c\boldsymbol{k}$ 是一个单位向量，那么 a、b、c 是 $\boldsymbol{u}$ 的方向余弦.
9. 向量 $2\boldsymbol{i}-3\boldsymbol{j}$, $6\boldsymbol{i}+4\boldsymbol{j}$ 相互垂直.
10. 如果 $\boldsymbol{u}$、v 是单位向量，那么它们之间的夹角 θ 满足 $\cos\theta=\boldsymbol{u}\cdot v$.
11. 向量的点乘满足结合律.
12. 如果 $\boldsymbol{u}$、v 是两个向量，那么 $\|\boldsymbol{u}\cdot v\|\leqslant\|\boldsymbol{u}\|\|v\|$.
13. $\|\boldsymbol{u}\cdot v\|\leqslant\|\boldsymbol{u}\|\|v\|$ 对于非零向量成立，当且仅当 $\boldsymbol{u}$、v 平行.
14. 如果 $\|\boldsymbol{u}\|=\|v\|=\|\boldsymbol{u}+v\|$ 那么 $\boldsymbol{u}=v=\boldsymbol{0}$.
15. 如果 $\boldsymbol{u}+v$ 与 $\boldsymbol{u}-v$ 垂直，那么 $\|\boldsymbol{u}\|=\|v\|$.
16. 对于任意两个向量 $\boldsymbol{u}$、v，$\|\boldsymbol{u}+v\|^2=\|\boldsymbol{u}\|^2+\|v\|^2+2\boldsymbol{u}\cdot v$.
17. 在 $t=a$ 时，向量函数 $\langle f(t), g(t), h(t)\rangle$ 是连续的，当且仅当 $f(t)$、$g(t)$、$h(t)$ 也在此点连续.
18. $D_t[\boldsymbol{F}(t)\cdot\boldsymbol{F}(t)]=2\boldsymbol{F}(t)\boldsymbol{F}'(t)$.
19. 对于任何向量 $\boldsymbol{u}$，$\|\|\boldsymbol{u}\|\boldsymbol{u}\|=\|\boldsymbol{u}\|^2$.
20. 对于任意向量 $\boldsymbol{u}$，$\|\boldsymbol{u}\|\cdot\boldsymbol{u}=\boldsymbol{u}\cdot\|\boldsymbol{u}\|$.
21. 对于任意向量 $\boldsymbol{u}$、v，$\|\boldsymbol{u}\times v\|=\|v\times\boldsymbol{u}\|$.
22. 如果 $\boldsymbol{u}$ 为 v 乘以一个标量，那么 $v\times\boldsymbol{u}=\boldsymbol{0}$.
23. 两个单位向量的向量积是一个单位向量.
24. 用标量 a 分别与向量 v 的分量相乘那么向量 v 的模变成原来的 a 倍.
25. 对于任意不为零且不相互垂直的向量 $\boldsymbol{u}$、v，如果它们的夹角是 θ，那么 $\|\boldsymbol{u}\times v\|/(\boldsymbol{u}\cdot v)=\tan\theta$.
26. 若 $\boldsymbol{u}\cdot v=0$ 且 $\boldsymbol{u}\times v=\boldsymbol{0}$ 那么 $\boldsymbol{u}$、v 有一个是 $\boldsymbol{0}$.
27. 由 $2\boldsymbol{i}$、$2\boldsymbol{j}$、$\boldsymbol{i}\times\boldsymbol{j}$ 决定的平行六面体的体积是 4.

28. 对于任意的向量 $\boldsymbol{u}$、v 和 $\boldsymbol{w}$，$\boldsymbol{u}\times(v\times\boldsymbol{w})=(\boldsymbol{u}\times v)\times\boldsymbol{w}$.

29. 如果 $a_1\boldsymbol{i}+a_2\boldsymbol{j}+a_3\boldsymbol{k}$ 是平面 $b_1x+b_2y+b_3z=0$ 上的一个向量，那么 $a_1b_1+a_2b_2+a_3b_3=0$.

30. 任何直线都可以用参数方程和对称方程表示.

31. 若对于任意的 t，$\kappa(t)=0$，那么它的轨迹是一条直线.

32. 一个椭圆在它的长轴端点上有最大曲率.

33. 曲率决定于曲线的形状和沿着曲线的运动速率.

34. 由 $x=3t+4$，$y=2t-1$ 确定的曲线的曲率对于任意 t 都为0.

35. 由 $x=2\cos t$，$y=2\sin t$ 确定的曲线的曲率对于任意 t 都为2.

36. 如果 $T=T(t)$ 是光滑曲线的单位切向量，那么 $T(t)$、$T'(t)$ 互相垂直.

37. 如果 $v=\|v\|$ 是质点沿着光滑曲线运动的速率，那么 $|dv/dt|$ 是加速度的大小.

38. 如果 $y=f(x)$ 且在任意点处有 $y''=0$，那么曲线的曲率为0.

39. 如果 $y=f(x)$ 且有 y'' 是常数，那么曲线的曲率为常数.

40. 如果 $\boldsymbol{u}\cdot v=\boldsymbol{0}$，那么 $\boldsymbol{u}=\boldsymbol{0}$ 或 $v=\boldsymbol{0}$ 或 $\boldsymbol{u}$、v 垂直.

41. 如果对于所有的 t，$\|\boldsymbol{r}(t)\|=1$，那么 $\|\boldsymbol{r}'(t)\|$ 是常数.

42. 如果 $v(t)\cdot v(t)$ 是常数，那么 $v(t)\cdot v'(t)=0$.

43. 对于沿着螺线的运动，$\boldsymbol{N}$ 始终指向 z 坐标轴.

44. 如果一个物体沿着曲线的运动速度是一个常数，那么这个物体没有加速度.

45. $\boldsymbol{T}$、$\boldsymbol{N}$ 和 $\boldsymbol{B}$ 只由曲线的形状决定，与沿着曲线的运动速率无关.

46. 如果 v 与 $\boldsymbol{a}$ 相互垂直，那么沿着这条曲线的物体的运动速率一定是一个常数.

47. 如果 v 与 $\boldsymbol{a}$ 相互垂直，那么物体的运动轨迹一定是一个圆.

48. 曲率是常数的曲线只有直线和圆.

49. 方程为 $\boldsymbol{r}_1(t)=\sin t\boldsymbol{i}+\cos t\boldsymbol{j}+t^3\boldsymbol{k}$ 和方程为 $\boldsymbol{r}_2(t)=\sin t^3\boldsymbol{i}+\cos t^3\boldsymbol{j}+t^9\boldsymbol{k}$ 的两条曲线在区间 $0\leqslant t\leqslant 1$ 的图形是一样的.

50. 物体沿着曲线 $\boldsymbol{r}_1(t)=\sin t\boldsymbol{i}+\cos t\boldsymbol{j}+t^3\boldsymbol{k}$ 和 $\boldsymbol{r}_2(t)=\sin t^3\boldsymbol{i}+\cos t^3\boldsymbol{j}+t^9\boldsymbol{k}$ 的运动轨迹在区间 $0\leqslant t\leqslant 1$ 上是一样的.

51. 对于给定的曲线，它的长度与它的参数是相互独立的.

52. 如果一条曲线在一个平面中，那么它的副法线 $\boldsymbol{B}$ 是一个常量.

53. 如果 $\|\boldsymbol{r}(t)\|=$ 常量，那么 $\boldsymbol{r}'(t)=\boldsymbol{0}$.

54. 同时和球 $x^2+y^2+z^2=1$ 及平面 $ax+by+cz=0$ 相交的曲线的曲率是常量1.

55. 方程 $\phi=0$ 的图形是 z 轴.（这里 ϕ 是一个球面坐标）

56. 方程 $y=x^2$ 在三维空间里的图形是抛物面.

57. 如果我们把 ρ、θ 和 ϕ 分别限制为 $\rho\geqslant 0$，$0\leqslant\theta<2\pi$ 和 $0\leqslant\phi\leqslant\pi$，那么在三维空间里的每一个点都有一个唯一的球坐标系表示.

典型题型测试

1. 点 $(-2,3,3)$ 和 $(4,1,5)$ 是直径的端点，求出球的方程.

2. 求球体 $x^2+y^2+z^2-6x+2y-8z=0$ 的球心和半径.

3. 若 $\boldsymbol{a}=\langle 2,-5\rangle$，$\boldsymbol{b}=\langle 1,1\rangle$，$\boldsymbol{c}=\langle -6,0\rangle$，求下列各式.

(a) $3\boldsymbol{a}-2\boldsymbol{b}$　(b) $\boldsymbol{a}\cdot\boldsymbol{b}$　(c) $\boldsymbol{a}\cdot(\boldsymbol{b}+\boldsymbol{c})$　(d) $(4\boldsymbol{a}+5\boldsymbol{b})\cdot 3\boldsymbol{c}$

(e) $\|\boldsymbol{c}\|\boldsymbol{c}\cdot\boldsymbol{b}$　(f) $\boldsymbol{c}\cdot\boldsymbol{c}-\|\boldsymbol{c}\|$

4. 求 $\boldsymbol{a}$、$\boldsymbol{b}$ 间的夹角的余弦，并且作图.

(a) $\boldsymbol{a}=3\boldsymbol{i}+2\boldsymbol{j}$，$\boldsymbol{b}=-\boldsymbol{i}+4\boldsymbol{j}$　(b) $\boldsymbol{a}=-5\boldsymbol{i}-3\boldsymbol{j}$，$\boldsymbol{b}=2\boldsymbol{i}-\boldsymbol{j}$

(c) $\boldsymbol{a}=\langle 7,0\rangle$，$\boldsymbol{b}=\langle 5,1\rangle$

5. 若 $\boldsymbol{a}=-\boldsymbol{i}+\boldsymbol{j}+2\boldsymbol{k}$，$\boldsymbol{b}=\boldsymbol{j}-2\boldsymbol{k}$，$\boldsymbol{c}=3\boldsymbol{i}-\boldsymbol{j}+4\boldsymbol{k}$，求下列各式.

(a) $\boldsymbol{a}+\boldsymbol{b}+\boldsymbol{c}$　(b) $\boldsymbol{b}\cdot\boldsymbol{c}$　(c) $\boldsymbol{a}\cdot(\boldsymbol{b}\times\boldsymbol{c})$　(d) $\boldsymbol{a}\times(\boldsymbol{b}\cdot\boldsymbol{c})$

(e) $\|\boldsymbol{a}-\boldsymbol{b}\|$　(f) $\|\boldsymbol{b}\times\boldsymbol{c}\|$

6. 求下列每组向量间的夹角.

(a) $\boldsymbol{a}=\langle 1, 5, -1\rangle$, $\boldsymbol{b}=\langle 0, 1, 3\rangle$　(b) $\boldsymbol{a}=-\boldsymbol{i}+2\boldsymbol{k}$, $\boldsymbol{b}=-\boldsymbol{i}-\boldsymbol{j}+3\boldsymbol{k}$

7. 画出位置向量 $\boldsymbol{a}=2\boldsymbol{i}-\boldsymbol{j}+2\boldsymbol{k}$ 和 $\boldsymbol{b}=5\boldsymbol{i}+\boldsymbol{j}-3\boldsymbol{k}$ 的草图，然后求出：

(a)它们的长度　(b)它们的方向余弦

(c)和向量 $\boldsymbol{a}$ 有相同方向的单位向量　(d)向量 $\boldsymbol{a}$ 和向量 $\boldsymbol{b}$ 之间的夹角 θ

8. 若 $\boldsymbol{a}=2\boldsymbol{i}-\boldsymbol{j}+\boldsymbol{k}$, $\boldsymbol{b}=-\boldsymbol{i}+3\boldsymbol{j}+2\boldsymbol{k}$, $\boldsymbol{c}=\boldsymbol{i}+2\boldsymbol{j}-\boldsymbol{k}$，求：

(a) $\boldsymbol{a}\times\boldsymbol{b}$　(b) $\boldsymbol{a}\times(\boldsymbol{b}+\boldsymbol{c})$

(c) $\boldsymbol{a}\cdot(\boldsymbol{b}\times\boldsymbol{c})$　(d) $\boldsymbol{a}\times(\boldsymbol{b}\times\boldsymbol{c})$

9. 求出同时和向量 $3\boldsymbol{i}+3\boldsymbol{j}-\boldsymbol{k}$ 和 $-\boldsymbol{i}-2\boldsymbol{j}+4\boldsymbol{k}$ 垂直的所有向量.

10. 求出与由三个点(3, −6, 4)、(2, 1, 1)、(5, 0, −2)决定的平面垂直的单位向量.

11. 求出经过点(−5, 7, −2)且满足以下条件的平面方程.

(a)平行于 xz 平面　(b)垂直于 x 轴

(c)同时和 x 轴，y 轴平行　(d)和平面 $3x-4y+z=7$ 平行

12. 一个平面经过点(2, −4, 5)并且和过两点(−1, 5, −7)、(4, 1, 1)的直线垂直.

(a)写出这个平面的向量方程　(b)写出这个平面在笛卡儿坐标系中的方程

(c)根据它的轨迹画出它的草图

13. 如果平面 $x+5y+Cz+6=0$ 和平面 $4x-y+z-17=0$ 相互垂直，求 C 的值.

14. 求出经过三个点(2, 3, −1)、(−1, 5, 2)和(−4, −2, 2)的平面的笛卡儿坐标方程.

15. 求出经过点(−2, 1, 5)和点(6, 2, −3)的直线的参数方程.

16. 求平面 $x-2y+4z-14=0$ 和 $-x+2y-5z+30=0$ 的交线穿过 xz 平面和 yz 平面的交点.

17. 写出习题 16 中直线的参数方程.

18. 求出经过点(4, 5, 8)且和平面 $3x+5y+2z=30$ 相互垂直的直线的对称方程. 并且画出平面和直线的草图.

19. 写出经过点(2, −2, 1)和点(−3, 2, 4)的直线的向量方程.

20. 画出向量方程为 $\boldsymbol{r}(t)=t\boldsymbol{i}+\frac{1}{2}t^2\boldsymbol{j}+\frac{1}{3}t^3\boldsymbol{k}$, $-2\leqslant t\leqslant 3$ 的曲线的草图.

21. 求出习题 20 中的曲线在点 $t=2$ 的切线的对称方程. 同时求出在这点法平面的方程.

22. 若 $\boldsymbol{r}(t)=\langle t\cos t, t\sin t, 2t\rangle$，求出 $\boldsymbol{r}'(\pi/2)$、$\boldsymbol{T}(\pi/2)$ 和 $\boldsymbol{r}''(\pi/2)$.

23. 求出曲线 $\boldsymbol{r}(t)=e^t\sin t\boldsymbol{i}+e^t\cos t\boldsymbol{j}+e^t\boldsymbol{k}$, $1\leqslant t\leqslant 5$ 的长度.

24. 一个点受两个力 $\boldsymbol{F}_1=2\boldsymbol{i}-3\boldsymbol{j}$ 和 $\boldsymbol{F}_2=3\boldsymbol{i}+12\boldsymbol{j}$ 的作用，求能抵消这两个力的合力 $\boldsymbol{F}$.

25. 已知风速为 100mile/h，方向为 N60°E，若要求飞机以 450mile/h 的速率往北飞，那么要求飞机的飞行的方向指向哪里？无风状态下飞行的速度是多少？

26. 若 $\boldsymbol{r}(t)=\langle e^{2t}, e^{-t}\rangle$，求下列各式.

(a) $\lim\limits_{t\to 0}\boldsymbol{r}(t)$　(b) $\lim\limits_{h\to 0}\dfrac{\boldsymbol{r}(0+h)-\boldsymbol{r}(0)}{h}$

(c) $\int_0^{\ln 2}\boldsymbol{r}(t)\,dt$　(d) $D_t[t\boldsymbol{r}(t)]$

(e) $D_t[\boldsymbol{r}(3t+10)]$　(f) $D_t[\boldsymbol{r}(t)\cdot\boldsymbol{r}'(t)]$

27. 求下式的 $\boldsymbol{r}'(t)$ 和 $\boldsymbol{r}''(t)$.

(a) $\boldsymbol{r}(t)=(\ln t)\boldsymbol{i}-3t^2\boldsymbol{j}$　(b) $\boldsymbol{r}(t)=\sin t\boldsymbol{i}+\cos 2t\boldsymbol{j}$

(c) $\boldsymbol{r}(t)=\tan t\boldsymbol{i}-t^4\boldsymbol{j}$

28. 假设一个运动的物体的位移向量随时间变化为

$$\boldsymbol{r}(t)=e^{t}\boldsymbol{i}+e^{-t}\boldsymbol{j}+2t\boldsymbol{k}$$

求出$v(t)$，$\boldsymbol{a}(t)$和$\kappa(t)$在点$t=\ln 2$的值.

29. 如果一个运动质点的位置向量随时间 t 的变化为$\boldsymbol{r}(t)=t\boldsymbol{i}+t^2\boldsymbol{j}+t^3\boldsymbol{k}$，求点 $t=1$ 处的加速度的切线方向分量和法线方向分量.

习题30～38，画出各个方程在三维空间的草图.

30. $x^2+y^2=81$　　31. $x^2+y^2+z^2=81$

32. $z^2=4y$　　33. $x^2+z^2=4y$

34. $3y-6z-12=0$　　35. $3x+3y-6z-12=0$

36. $x^2+y^2-z^2-1=0$　　37. $3x^2+4y^2+9z^2-36=0$

38. $3x^2+4y^2+9z^2+36=0$

39. 写出下列笛卡儿坐标方程在柱面坐标系中的方程.

(a)$x^2+y^2=9$　　(b)$x^2+4y^2=16$

(c)$x^2+y^2=9z$　　(d)$x^2+y^2+4z^2=10$

40. 写出下列柱面坐标系方程在笛卡儿坐标系中的方程.

(a)$r^2+z^2=9$　　(b)$r^2\cos^2\theta+z^2=4$　　(c)$r^2\cos 2\theta+z^2=1$

41. 写出下列方程的球面坐标形式.

(a)$x^2+y^2+z^2=4$　　(b)$2x^2+2y^2-2z^2=0$

(c)$x^2-y^2-z^2=1$　　(d)$x^2+y^2=z$

42. 求出球面坐标系中两个点$(8, \pi/4, \pi/6)$、$(4, \pi/3, 3\pi/4)$间的直线距离.

43. 求出两平行面$2x-3y+\sqrt{3}z=4$和$2x-3y+\sqrt{3}z=9$之间的距离.

44. 求出两个平面$2x-4y+z=7$和$3x+2y-5z=9$之间的锐角.

45. 证明如果一个运动质点的速率是一个常数，那么它的速度向量与加速度向量是正交的.

11.11 回顾与预习

在习题1～4，画出柱面和二次曲面的图形.

1. $x^2+y^2+z^2=64$　　2. $x^2+z^2=4$　　3. $z=x^2+4y^2$　　4. $z=x^2-y^2$

在习题5～8 中，求各导数.

5. (a)$\dfrac{d}{dx}2x^3$　　(b)$\dfrac{d}{dx}5x^3$　　(c)$\dfrac{d}{dx}kx^3$　　(d)$\dfrac{d}{dx}ax^3$

6. (a)$\dfrac{d}{dx}\sin 2x$　　(b)$\dfrac{d}{dt}\sin 17t$　　(c)$\dfrac{d}{dt}\sin at$　　(d)$\dfrac{d}{dt}\sin bt$

7. (a)$\dfrac{d}{da}\sin 2a$　　(b)$\dfrac{d}{da}\sin 17a$　　(c)$\dfrac{d}{da}\sin ta$　　(d)$\dfrac{d}{da}\sin sa$

8. (a)$\dfrac{d}{dt}e^{4t+1}$　　(b)$\dfrac{d}{dx}e^{-7x+4}$　　(c)$\dfrac{d}{dx}e^{ax+b}$　　(d)$\dfrac{d}{dx}e^{tx+s}$

习题9～12，判断函数在给定的点是否连续，是否可微.

9. $f(x)=\dfrac{1}{x^2-1}$，$x=2$　　10. $f(x)=\tan x$，$x=\pi/2$

11. $f(x)=|x-4|$，$x=4$　　12. $f(x)=\begin{cases}\sin\dfrac{1}{x}, & x\neq 0\\ 0, & x=0\end{cases}$，$x=0$.

在习题13～14 中，求函数在给定区间的最大值和最小值. 用第二微分检测法确定每个驻点是最大值还是最小值.

13. $f(x)=3x-(x-1)^3$，[2, 4]

14. $f(x)=x^4-18x^3+113x^2-288x+252$，[2，6]

15. 储存器要做成高为 h，半径为 r 的直圆柱体形状．如果体积为 $8ft^3$，求容器的表面积(包括上下底)关于 r 的函数.

16. 用侧面材料成本为 1 美元每平方英尺和底面材料成本为 3 美元每平方英尺制作一个无盖立体盒子，盒子的容积为 $27ft^3$．令 l、w、h 分别表示长、宽、高．由于盒子的容积为 $27ft^3$，因此有 $lwh=27$，或者等价的 $h=27/lw$．用 h 的表达式来求一个长为 l、宽为 w 的盒子的成本.

第 12 章　多元函数的微分

12.1　多元函数

目前为止，我们已经强调了两类函数，第一类是形为 $f(x)=x^2$，一个实数 x 和另一实数 $f(x)$ 相关联，我们称之为关于一个实变量的实值函数；第二类是形为 $f(x)=\langle x^3,\ e^x\rangle$，关于一个实数 x 和一向量 $f(x)$，我们称之为关于一个实变量的向量值函数.

我们现在感兴趣的是含两个实数自变量的实值函数，也就是，在某平面集合 D 内任给有序变量 $(x,\ y)$ 确定的唯一实数 $f(x,\ y)$（图 1）. 例如：

$$f(x,y)=x^2+3y^2 \tag{1}$$

$$g(x,y)=2x\sqrt{y} \tag{2}$$

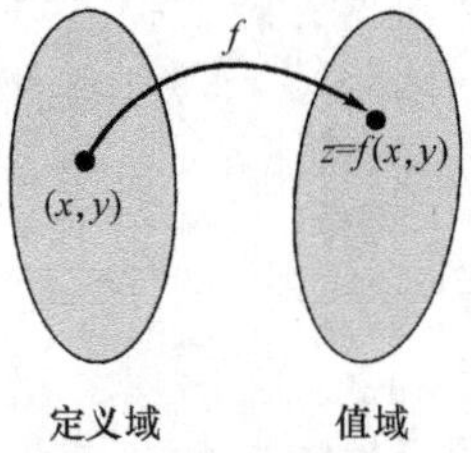

图 1

注意到 $f(-1,\ 4)=(-1)^2+3\times4^2=49$，$g(-1,\ 4)=2\times(-1)\times\sqrt{4}=-4$.

这个集合 D 称为函数的**定义域**. 如果没有明确说明，那就是它的自然定义域，也就是说，自然定义域是指某平面中的一个集合 D，D 中任何一点 $(x,\ y)$，均能使函数有意义且取得一个对应实数值. 且对应于唯一实数. 对于函数 $f(x,\ y)=x^2+3y^2$，它的自然定义域为整个平面；对于函数 $g(x,\ y)=2x\sqrt{y}$，它的自然定义域为 $\{(x,\ y)\mid -\infty<x<\infty,\ y\geqslant0\}$. 一个函数的范围就是它的所有值的集合，对于函数 $z=f(x,\ y)$，我们称 x，y 为函数的**自变量**，z 为函数的**因变量**.

以上我们说的可推广到三个实变量（或 n 个实变量），我们以后可以直接运用这些函数，而不需要进一步推导.

例 1　在 xOy 平面内，画出函数 $f(x,\ y)=\dfrac{\sqrt{y-x^2}}{x^2+(y-1)^2}$ 的自然定义域.

解　要使函数有意义，我们必须排除范围 $\{(x,\ y)\mid y<x^2\}$ 及点 $(0,\ 1)$，可得定义域如图 2 所示.

作图：我们知道，含两个自变量的函数 $z=f(x,\ y)$ 的图形通常是一个曲面，如图 3 所示，由于对定义域内任一 $(x,\ y)$，它对应唯一值 z，所以每条垂直于 xOy 平面的直线和该函数图形最多只有一个交点.

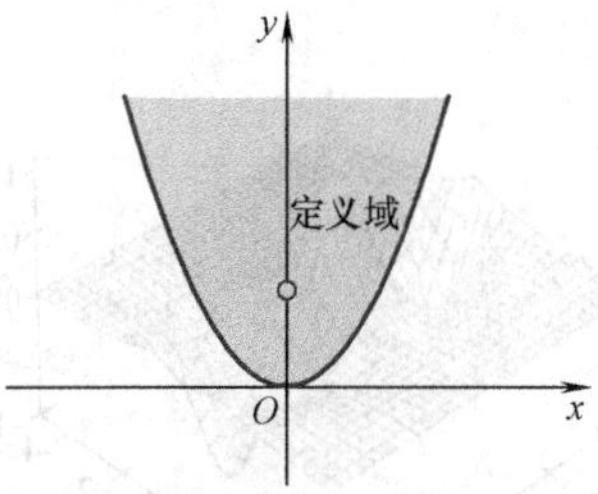

图 2

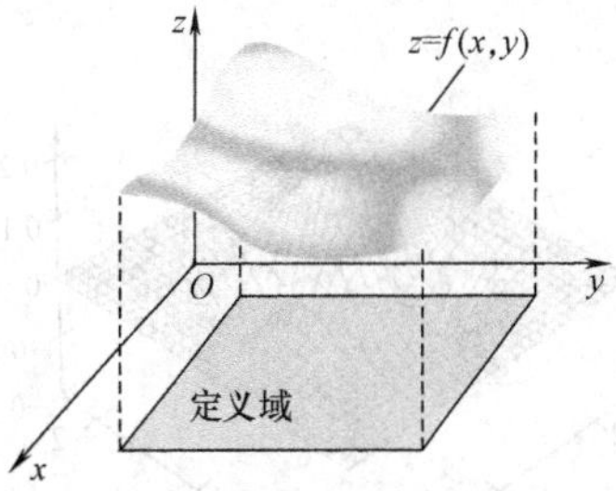

图 3

例 2 作函数 $f(x, y)=\frac{1}{3}\sqrt{36-9x^2-4y^2}$ 的图形.

解 令 $z=\frac{1}{3}\sqrt{36-9x^2-4y^2}$，注意 $z\geqslant 0$. 如果我们对两边平方并化简，可以得到

$$9x^2+4y^2+9z^2=36$$

这是我们熟悉的椭球面的方程(见 11.8 节)，所以所求函数的图形就是这个椭球面的上半部分，如图 4 所示.

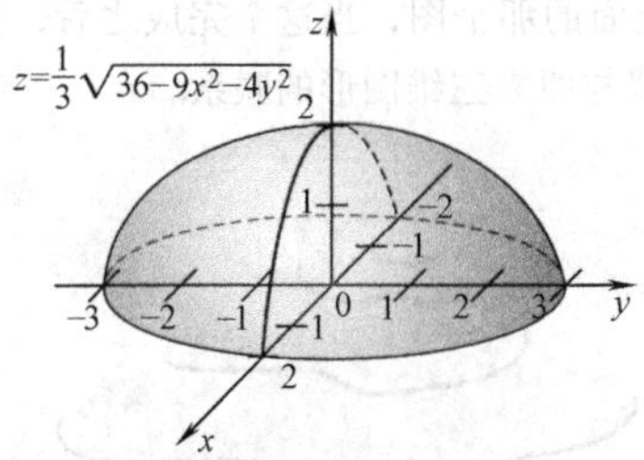

图 4

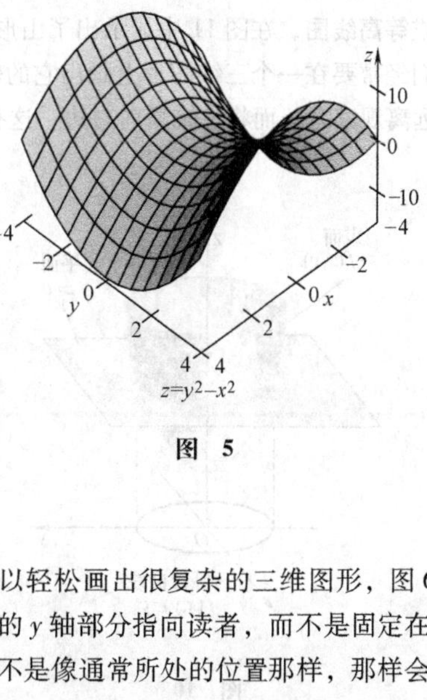

图 5

例 3 画出函数 $z=f(x, y)=y^2-x^2$ 的图形.

解 这个图形是双曲抛物面(见 11.8 节)，图形如图 5 所示.

计算机画图 很多软件包，如 Maple，Mathematica 等都可以轻松画出很复杂的三维图形，图 6 ~ 图 9 中显示了四个这样的图形。通常，如这四个例子，我们选择图形的 y 轴部分指向读者，而不是固定在纸张所处的平面上. 同样，我们通常把图形的轴放在图形的外表面，而不是像通常所处的位置那样，那样会对我们视觉产生干扰。变量(x 或 y)的值代表了它们离轴心的位置.

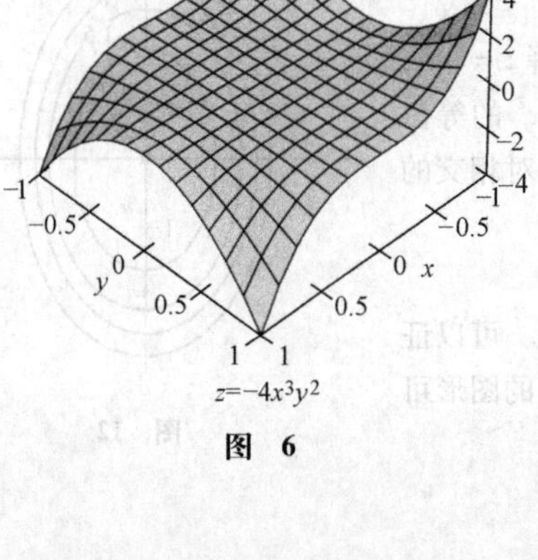

图 6

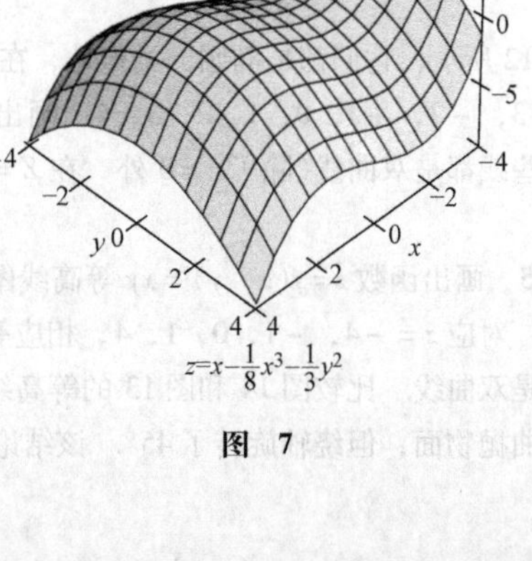

图 7

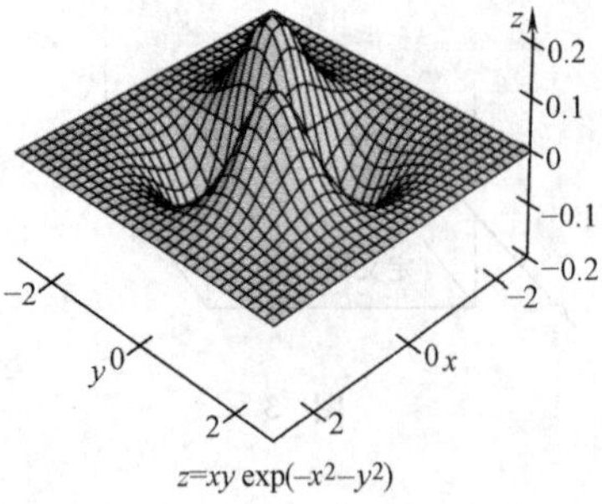

图　8

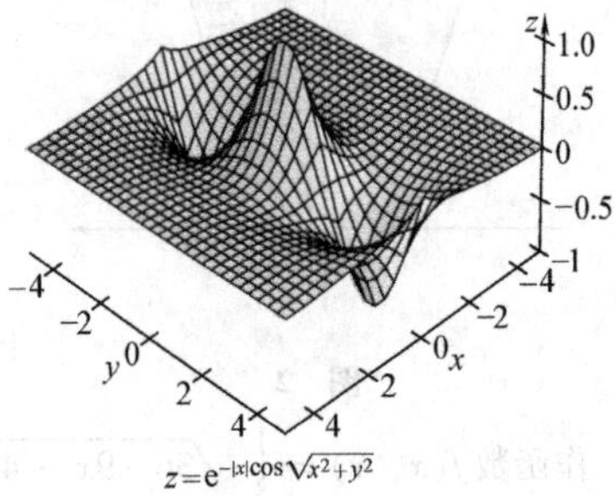

图　9

等位线　画出对应两个自变量的函数 $z=f(x,y)$ 的表面图形是相当困难的，而设计图形的人给我们提供了另一个(通常也较简单)方法来画表面图，那就是画出等高线图. 每一个水平面 $z=c$ 与函数图形表面相交于一条曲线，它投影到 xOy 平面上的曲线称为**等位线**(图 10)，而许许多多这样的等位线集合起来就称为**轮廓线**或**等高线图**，在图 11 中显示出了山形表面的轮廓线.

我们经常要在一个三维图形上画出它的轮廓线，就像图 11 上面的那个图，当这个完成之后，我们往往将 y 轴远离观察者，而将 x 轴指向右边，这有助于我们找出轮廓线与原来三维图形的联系.

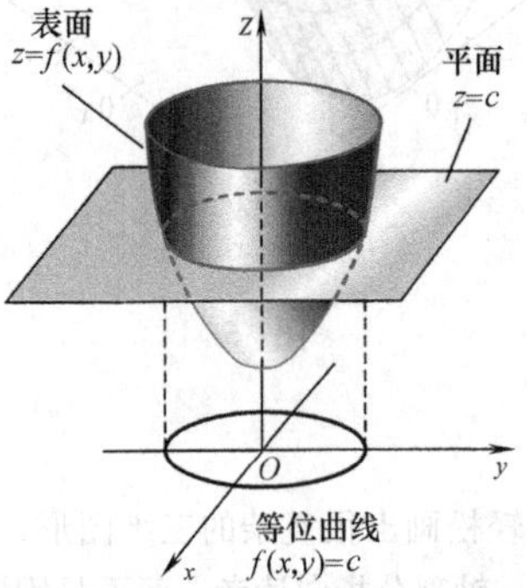

图　10

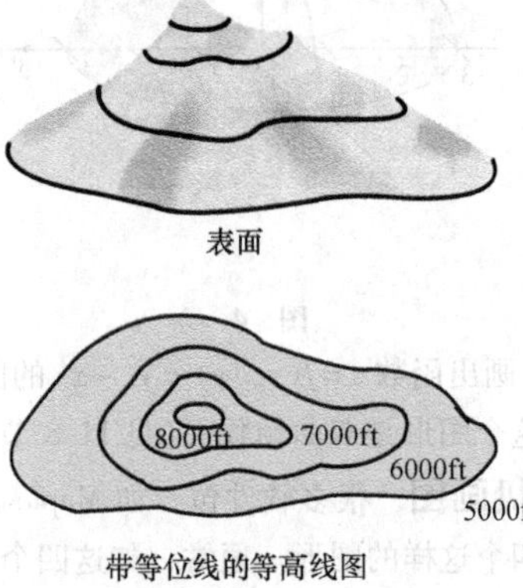

图　11

例 4　画出函数 $z=\frac{1}{3}\sqrt{36-9x^2-4y^2}$ 和 $z=y^2-x^2$ 所对应表面的轮廓线(参考例 2、例 3 以及图 4 和图 5).

解　对应 $Z=0,1,1.5,1.75,2$，函数 $z=\frac{1}{3}\sqrt{36-9x^2-4y^2}$ 等位线如图 12 所示，它们都是椭圆，类似地，在图 13 中，我们选择 $z=-5,-4,-3,-2,-1,0,1,2,3,4$，画出对应函数 $z=y^2-x^2$ 的等位线，这些线都是双曲线(除了 $z=0$ 外. 在 $Z=0$ 处的等位线是一对相交的直线).

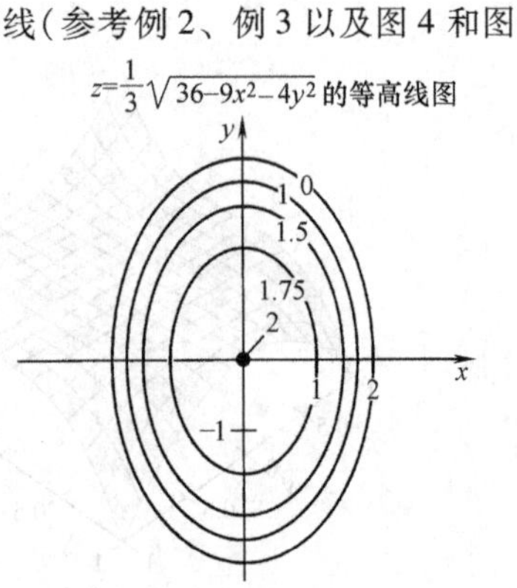

图　12

例 5　画出函数 $z=f(x,y)=xy$ 等高线图.

解　对应 $z=-4,-1,0,1,4$，相应等位线如图 14 所示. 可以证明它们是双曲线. 比较图 14 和图 13 的等高线，得出结论 $z=xy$ 的图形可能是双曲抛物面，但绕轴旋转了 45°. 该结论是正确的.

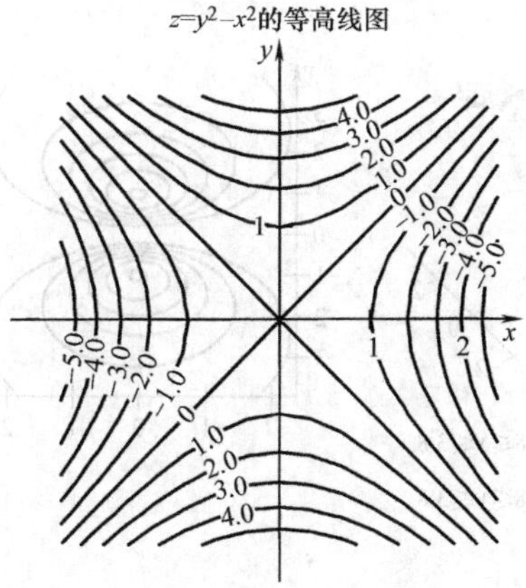

图 13

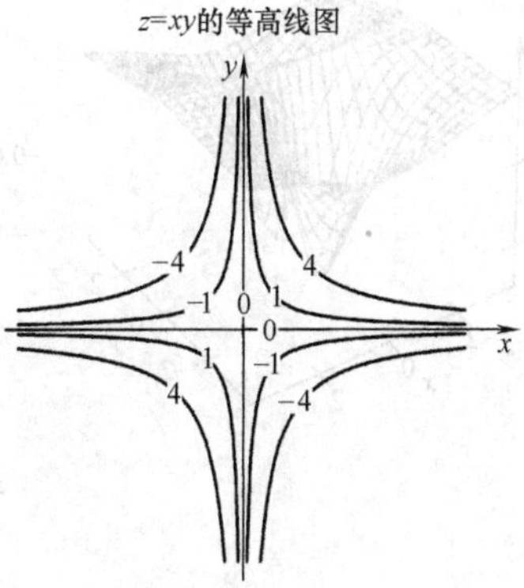

图 14

计算机图形和等位线 在图 15 ~ 图 19 中，我们画出了五种表面图，同时标出了相应的等位线. 一个三维区域图是一个三维图形并且图形表面标出了等位线. 注意，我们已经旋转了 xOy 平面，使得 x 轴上的点在右面，从而使表面和等位线联系起来更容易.

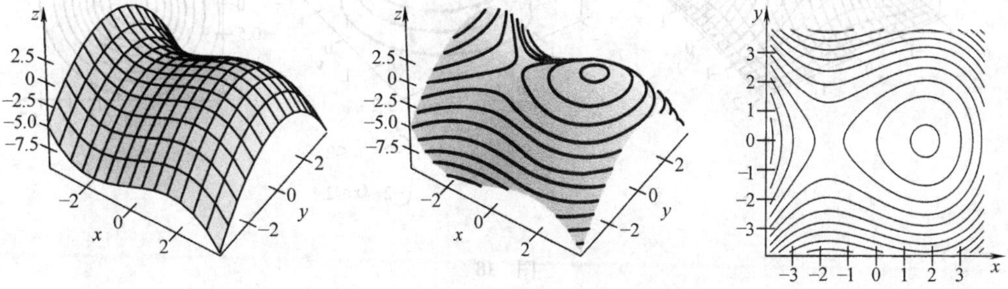

$$z=x-\left(\frac{1}{9}\right)x^3-\left(\frac{1}{2}\right)y^2 \quad \begin{cases}-3.8\leqslant x\leqslant 3.8\\ -3.8\leqslant y\leqslant 3.8\end{cases}$$

图 15

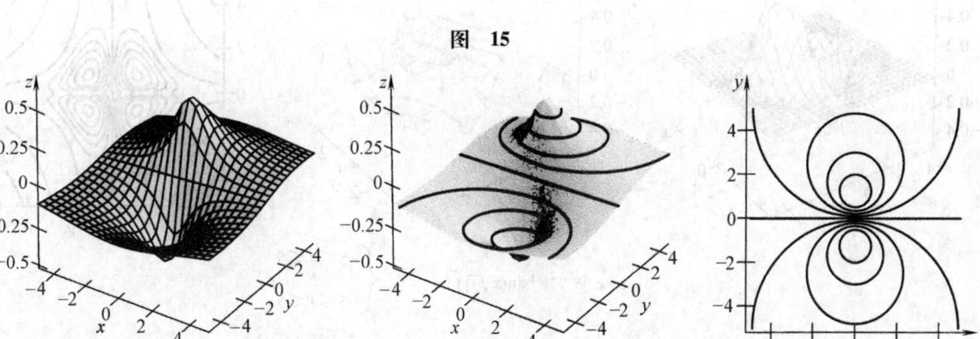

$$z=\frac{y}{(1+x^2+y^2)} \quad \begin{cases}-5\leqslant x\leqslant 5\\ -5\leqslant y\leqslant 5\end{cases}$$

图 16

等高线的应用 等高线图形经常用来表示天气状况或地图上其他各种各样的情况. 例如：各地的温度是不相同的. 我们可以想象将 $T(x, y)$ 作为地区 (x, y) 的温度. 温度相同的等位线叫做等温线或者等温曲线. 图 20 所示为一幅美国的等温线地图.

在 1917 年 4 月 9 日，一场大地震发生在密西西比河附近，位于圣路易斯北部，但其波及的范围向北远

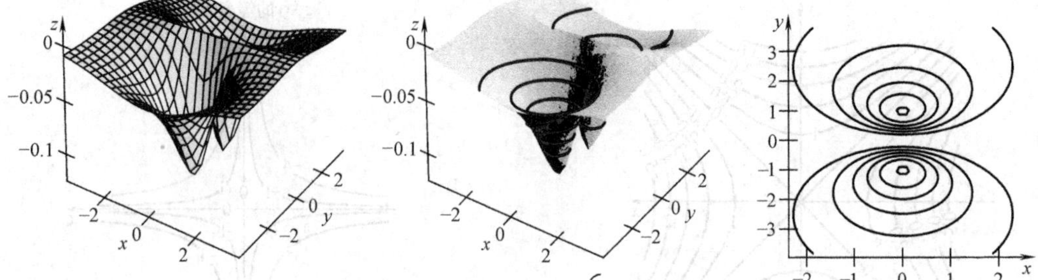

$$z=-1+\cos\left(\frac{y}{1+x^2+y^2}\right)\quad\begin{cases}-3.8\leqslant x\leqslant 3.8\\ -3.8\leqslant y\leqslant 3.8\end{cases}$$

图　17

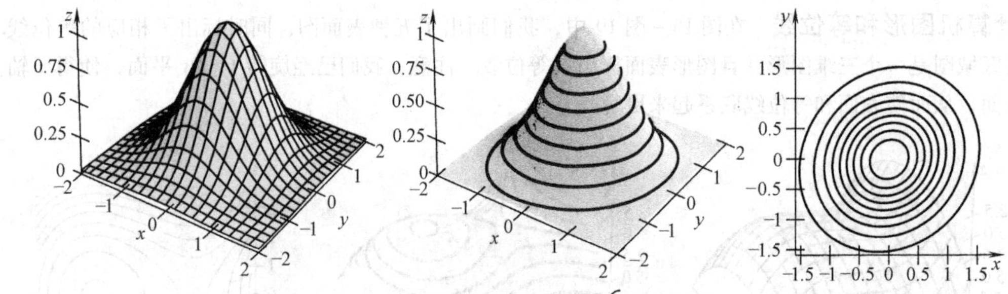

$$z=e^{-x^2-y^2+xy/4}\quad\begin{cases}-2\leqslant x\leqslant 2\\ -2\leqslant x\leqslant 2\end{cases}$$

图　18

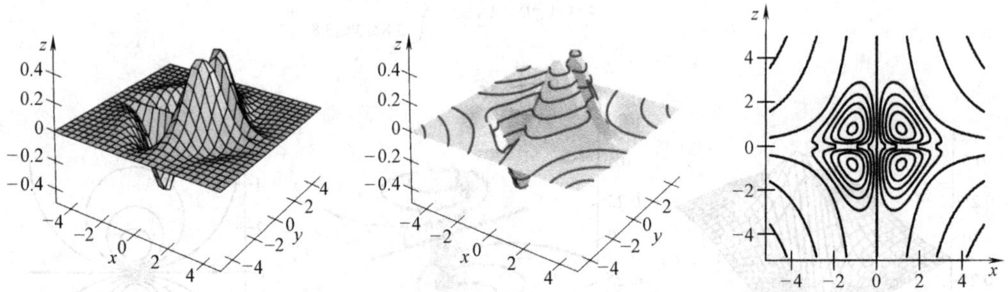

$$z=e^{-(x^2+y^2)/4}\sin(x\sqrt{|y|})\quad\begin{cases}-5\leqslant x\leqslant 5\\ -5\leqslant y\leqslant 5\end{cases}$$

图　19

至爱荷华州，向南远至密西西比州. 地震的强度可划分为Ⅰ到Ⅻ级，数字越大，地震越剧烈. 震级为Ⅵ的地震会引起建筑物的毁坏. 图 21 所示为另一种类型的等高线图. 如果我们将强度Ⅰ作为位置(x, y)的函数，那么我们能用带有表示相同强度的等位线的地图来表示地震的强度. 表示相同地震强度的曲线叫做等震曲线. 从图 21 可看出，经历Ⅵ级强度的区域，包括圣路易斯和密苏里州东南部的一个区域. 而密苏里州的东部以及伊利诺斯州西南部大部分地区经历的地震强度是介于Ⅴ和Ⅵ之间. 由于堪萨斯城和孟菲斯接近相同的等震曲线，所以两个城市的地震强度大致相同.

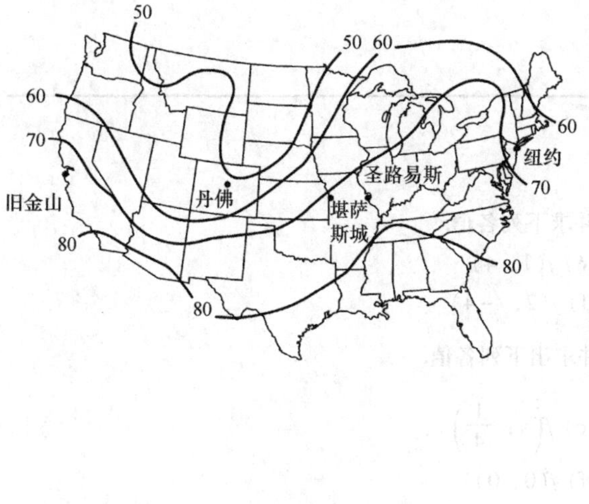

图 20

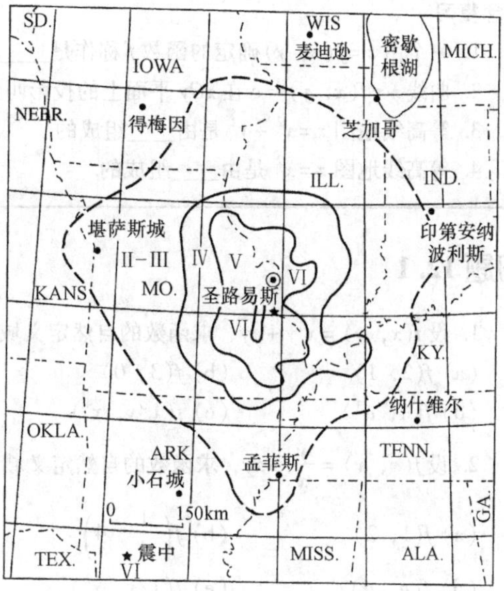

图 21

含有三个或多个自变量的函数 许多的未知量是由三个或更多的自变量决定的．例如，一个大的礼堂的温度可能决定于位置(x, y, z)，从而得到函数$T(x, y, z)$．流体的速度可能决定于位置(x, y, z)，还有时间t，从而有函数$V(x, y, z, t)$．一个有50个学生的班级的平均成绩决定于50个考试成绩$x_1, x_2, \cdots, x_{50}$，从而得到函数$A(x_1, x_2, \cdots, x_{50})$等．

我们能通过画出等位面来观察含有三个自变量的函数，也就是说，三维空间表面可以为函数得出一个确定的值．四个或更多的自变量的函数想象就比较困难．一个含有三个或更多自变量的函数的定义域是所有三个有序数(或更多个有序数)的集合，函数在定义域内有意义并取实值．

例6 找出下列函数的定义域并描述f的等位面．

(a) $f(x, y, z) = \sqrt{x^2 + y^2 + z^2 - 1}$

(b) $g(w, x, y, z) = \dfrac{1}{\sqrt{w^2 + x^2 + y^2 + z^2 - 1}}$

解 (a)为了避免负根，三个有序数(x, y, z)必须满足$x^2 + y^2 + z^2 - 1 \geqslant 0$．因此，$f$的定义域是由所有在单位球体上或者是在单位球体外的点(x, y, z)组成的．函数f的等位面是三维平面$f(x, y, z) = \sqrt{x^2 + y^2 + z^2 - 1} = c$。只要$c > 0$，就有$x^2 + y^2 + z^2 = c + 1$，是一个中心在原点的球面．等位面就是球心在$(0, 0, 0)$的同心圆．

(b) 由题意，四个有序数(w, x, y, z)必须满足$w^2 + x^2 + y^2 + z^2 - 1 > 0$，因为我们必须避免负根和除数为零．

例7 令$F(x, y, z) = z - x^2 - y^2$，描述$F$的等位面并画出$F$为$-1, 0, 1, 2$时的等位面．

解 由于$F(x, y, z) = z - x^2 - y^2 = c$，则$z = c + x^2 + y^2$

这是一个开口向上、顶点在$(0, 0, c)$的抛物面，如图22所示．

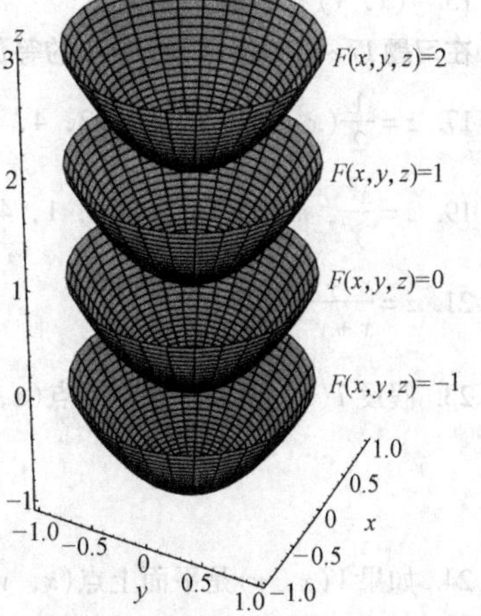

图 22

概念复习

1. 一个由 $z=f(x, y)$ 确定的函数 f 称作是____.
2. 曲线 $z=f(x, y)=c$ 在 xOy 平面上的投影叫做____，这种曲线的集合叫做____.
3. 等高线地图 $z=x^2+y^2$ 是由____组成的.
4. 等高线地图 $z=x^2$ 是由____组成的.

习题 12.1

1. 设 $f(x, y)=x^2y+\sqrt{y}$，求函数的自然定义域，并求下列各值.

(a) $f(2, 1)$　(b) $f(3, 0)$　(c) $f(1, 4)$

(d) $f(a, a^4)$　(e) $f(1/x, x^4)$　(f) $f(2, -4)$

2. 设 $f(x, y)=\dfrac{y}{x}+xy$，求函数的自然定义域，并求出下列各值.

(a) $f(1, 2)$　(b) $f\left(\dfrac{1}{4}, 4\right)$　(c) $f\left(4, \dfrac{1}{4}\right)$

(d) $f(a, a)$　(e) $f(1/x, x^2)$　(f) $f(0, 0)$

3. 设 $g(x, y, z)=x^2\sin yz$. 求出下列各值.

(a) $g(1, \pi, 2)$　(b) $g(2, 1, \pi/6)$　(c) $g(4, 2, \pi/4)$　C (d) $g(\pi, \pi, \pi)$

4. 设 $g(x, y, z)=\sqrt{x\cos y}+z^2$. 求出下列值.

(a) $g(4, 0, 2)$　(b) $g(-9, \pi, 3)$　(c) $g(2, \pi/3, -1)$　C (d) $g(3, 6, 1.2)$

5. 求 $F(f(t), g(t))$，其中 $F(x, y)=x^2y$，$f(t)=t\cos t$，$g(t)=\sec^2 t$.
6. 求 $F(f(t), g(t))$，其中 $F(x, y)=e^x+y^2$，$f(t)=\ln t^2$，$g(t)=e^{t/2}$.

在习题 7～16 中，画出 f 的图形.

7. $f(x, y)=6$
8. $f(x, y)=6-x$
9. $f(x, y)=6-x-2y$
10. $f(x, y)=6-x^2$
11. $f(x, y)=\sqrt{16-x^2-y^2}$
12. $f(x, y)=\sqrt{16-4x^2-y^2}$
13. $f(x, y)=3-x^2-y^2$
14. $f(x, y)=2-x-y^2$
15. $f(x, y)=e^{-(x^2+y^2)}$
16. $f(x, y)=x^2/y$，$y>0$

在习题 17～22 中，画出 $z=k$ 的等位线，其中 k 值为给出的各值.

17. $z=\dfrac{1}{2}(x^2+y^2)$，$k=0, 2, 4, 6, 8$
18. $z=\dfrac{x}{y}$，$k=-2, -1, 0, 1, 2$
19. $z=\dfrac{x^2}{y}$，$k=-4, -1, 0, 1, 4$
20. $z=x^2+y$，$k=-4, -1, 0, 1, 4$
21. $z=\dfrac{x^2+1}{x+y^2}$，$k=1, 2, 4$
22. $z=y-\sin x$，$k=-2, -1, 0, 1, 2$

23. 假设 $T(x, y)$ 表示平面上点 (x, y) 的温度，画出 $T=\dfrac{1}{10}, \dfrac{1}{5}, \dfrac{1}{2}, 0$ 时的等温线. 其中

$$T(x,y)=\frac{x^2}{x^2+y^2}$$

24. 如果 $V(x, y)$ 是平面上点 (x, y) 的电压，V 的等级曲线被称为是等位线. 画出 $V=\dfrac{1}{2}, 1, 2, 4$ 时的等位线. 其中 $V(x, y)=\dfrac{4}{\sqrt{(x-2)^2+(y+3)^2}}$.

25. 图 20 显示的是美国的等温线.

(a) 旧金山、丹佛及纽约三个城市中哪个城市的温度最接近圣路易斯的温度?

(b) 如果你在堪萨斯城，想开车在最短时间内去一个凉爽的地方，你开车的方向是什么方向? 如果你想去暖和的地方呢?

(c) 如果你正要离开堪萨斯城，走哪个方向能使温度大致相同?

26. 图 23 所示为大气压力的等高图，单位是 mbar($1\text{mbar}=10^2\text{Pa}$). 大气压力的等位线被称为是等压线.

(a) 哪个区域的大气压最低? 哪个地区的大气压最高?

(b) 如果你在圣路易斯，你应该朝哪个方向行进能够尽快到达大气压低的地方? 如果要去大气压高的地方呢?

(c) 如果你正要离开圣路易斯，走哪个方向能使大气压大致相同?

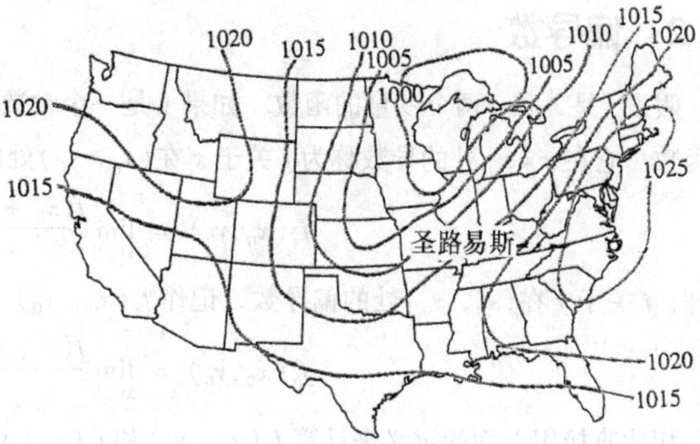

图 23

在习题27~32 中，描述给定的三元函数定义域的几何意义.

27. $f(x,\ y,\ z)=\sqrt{x^2+y^2+z^2-16}$

28. $f(x,\ y,\ z)=\sqrt{x^2+y^2-z^2-9}$

29. $f(x,\ y,\ z)=\sqrt{144-16x^2-9y^2-144z^2}$

30. $f(x,\ y,\ z)=\dfrac{(144-16x^2-16y^2+9z^2)^{3/2}}{xyz}$

31. $f(x,\ y,\ z)=\ln(x^2+y^2+z^2)$

32. $f(x,\ y,\ z)=z\ln(xy)$

在习题33~38 中，描述函数的等高面的几何意义.

33. $f(x,\ y,\ z)=x^2+y^2+z^2$; $k>0$

34. $f(x,\ y,\ z)=100x^2+16y^2+25z^2$; $k>0$

35. $f(x,\ y,\ z)=16x^2+16y^2-9z^2$

36. $f(x,\ y,\ z)=9x^2-4y^2-z^2$

37. $f(x,\ y,\ z)=4x^2-9y^2$

38. $f(x,\ y,\ z)=\mathrm{e}^{x^2+y^2+z^2}$, $k>0$

39. 找出下列函数的定义域.

(a) $f(w,\ x,\ y,\ z)=\dfrac{1}{\sqrt{w^2+x^2+y^2+z^2}}$

(b) $g(x_1,\ x_2,\ \cdots,\ x_n)=\exp(-x_1^2-x_2^2-\cdots-x_n^2)$

(c) $h(x_1,\ x_2,\ \cdots,\ x_n)=\sqrt{1-(x_1^2+x_2^2+\cdots+x_n^2)}$

40. 从标出 $z=0$ 的点开始，画出(尽量画好)马鞍面 $z=x(x^2-3y^2)$ 的图形.

41. 图 24 所示的等高线表示一座 3000ft 高的山的等高线.

(a) 图中通往山顶的标有 AC 的路径有什么特别? BC 呢?

(b) 估算 AC 和 BC 的总长度.

42. 确定 $f(x,\ y)=x^2-x+3y^2+12y-13$ 的图形在哪些点达到最小值，并求出相应的最小值.

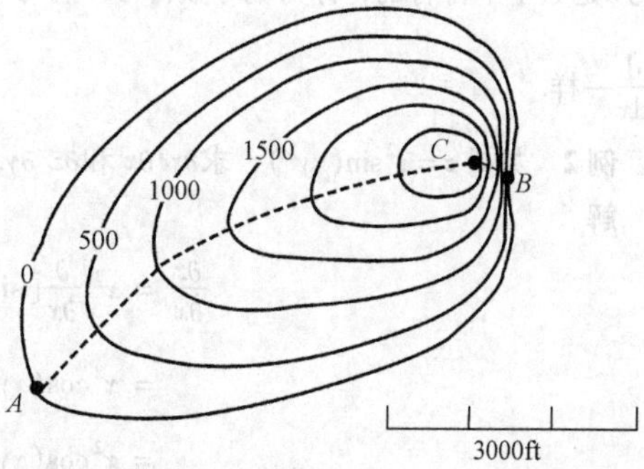

图 24

CAS 对于习题43~46 的各个函数，画出图形和相应的等高线图.

43. $f(x,\ y)=\sin\sqrt{2x^2+y^2}$; $-2\leqslant x\leqslant 2$, $-2\leqslant y\leqslant 2$

44. $f(x,\ y)=\sin(x^2+y^2)/(x^2+y^2)$, $f(0,\ 0)=1$; $-2\leqslant x\leqslant 2$, $-2\leqslant y\leqslant 2$

45. $f(x,\ y)=(2x-y^2)\exp(-x^2-y^2)$; $-2\leqslant x\leqslant 2$, $-2\leqslant y\leqslant 2$

46. $f(x, y)=(\sin x\sin y)/(1+x^2+y^2)$；$-2\leqslant x\leqslant 2$，$-2\leqslant y\leqslant 2$

概念复习答案：

1. 有两个实变量的实值函数　2. 等位线，等高线图　3. 同心圆　4. 平行线

12.2　偏导数

假设f是x和y两个变量的函数．如果y是一个常数，即$y=y_0$，那么$f(x, y_0)$就是一个只有单个变量x的函数．它在$x=x_0$处的导数称为f关于x在(x_0, y_0)处的**偏导数**，记作$f_x(x_0, y_0)$．因此

$$f_x(x_0,y_0)=\lim_{\Delta x\to 0}\frac{f(x_0+\Delta x,y_0)-f(x_0,y_0)}{\Delta x}$$

同理，f关于y在(x_0, y_0)处的偏导数，记作$f_y(x_0, y_0)$

$$f_y(x_0,y_0)=\lim_{\Delta y\to 0}\frac{f(x_0,y_0+\Delta y)-f(x_0,y_0)}{\Delta y}$$

相比直接用上面的定义来计算$f_x(x_0, y_0)$和$f_y(x_0, y_0)$，我们通常用求导法则求出$f_x(x, y)$和$f_y(x, y)$，然后，再用$x=x_0$和$y=y_0$代入即可．最关键的一点是，只要我们固定一个变量，就可以用单变量函数的求导法则(第 2 章)来求偏导数．

例 1　如果$f(x, y)=x^2y+3y^3$，求$f_x(1, 2)$和$f_y(1, 2)$.

解　要求$f_x(x, y)$，我们把y当做常数，关于x进行求导，得到

$$f_x(x,y)=2xy+0$$

因此

$$f_x(1,2)=2\times 1\times 2=4$$

同理，我们将x看做是常数，关于y进行求导，得到

$$f_y(x,y)=x^2+9y^2$$

所以

$$f_y(1,2)=1^2+9\times 2^2=37$$

如果$z=f(x, y)$，我们用下面的两种符号中的一种：

$$f_x(x,y)=\frac{\partial z}{\partial x}=\frac{\partial f(x,y)}{\partial x}\qquad f_y(x,y)=\frac{\partial z}{\partial y}=\frac{\partial f(x,y)}{\partial y}$$

$$f_x(x_0,y_0)=\left.\frac{\partial z}{\partial x}\right|_{(x_0,y_0)}\qquad f_y(x_0,y_0)=\left.\frac{\partial z}{\partial y}\right|_{(x_0,y_0)}$$

符号∂是数学中特有的，称为偏导数符号．符号$\frac{\partial}{\partial x}$和$\frac{\partial}{\partial y}$表示线性算子，就像我们在第 2 章遇到的线性算子$D_x$和$\frac{\mathrm{d}}{\mathrm{d}x}$一样.

例 2　如果$z=x^2\sin(xy^2)$，求$\partial z/\partial x$和$\partial z/\partial y$.

解

$$\begin{aligned}\frac{\partial z}{\partial x}&=x^2\frac{\partial}{\partial x}[\sin(xy^2)]+\sin(xy^2)\frac{\partial}{\partial x}(x^2)\\&=x^2\cos(xy^2)\frac{\partial}{\partial x}(xy^2)+\sin(xy^2)\cdot 2x\\&=x^2\cos(xy^2)\cdot y^2+2x\sin(xy^2)\\&=x^2y^2\cos(xy^2)+2x\sin(xy^2)\end{aligned}$$

$$\frac{\partial z}{\partial y}=x^2\cos(xy^2)\cdot 2xy=2x^3y\cos(xy^2)$$

偏导数的几何和物理解释 考虑方程 $z=f(x, y)$ 的曲面. 平面 $y=y_0$ 与这个曲面在平面曲线 QPR 处相交(图 1), $f_x(x_0, y_0)$ 的值就是这条曲线在 $P(x_0, y_0, f(x_0, y_0))$ 处的切线的斜率. 同理, 平面 $x=x_0$ 与曲面在平面曲线 LPM 处相交(图 2), $f_y(x_0, y_0)$ 就是这条曲线在 P 处的切线的斜率.

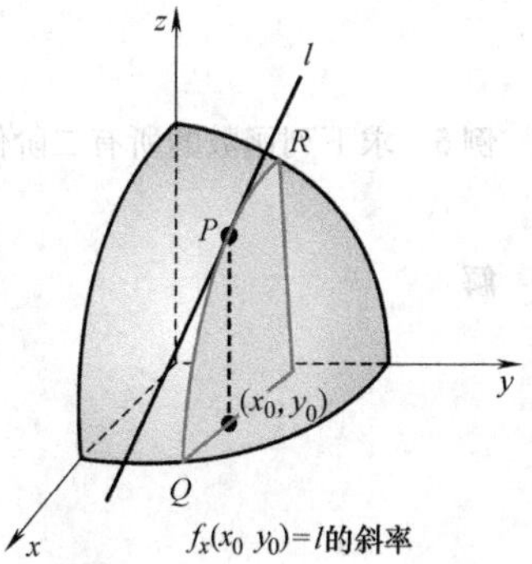

图 1

偏导数也可以用来描述变化的(瞬时)速率. 假设一把小提琴的弦固定在 A 和 B 并在 xOz 平面振动. 图 3 表示了在某一时间 t 时弦的位置. 如果 $z=f(x, t)$ 表示横坐标为 x、时间为 t 时弦上一点 P 的高度, 那么 $\partial z/\partial x$ 就是弦在 P 点的斜率, $\partial z/\partial t$ 就是 P 点在垂直线上的高的变化速率. 换而言之, $\partial z/\partial t$ 就是 P 点垂直速度.

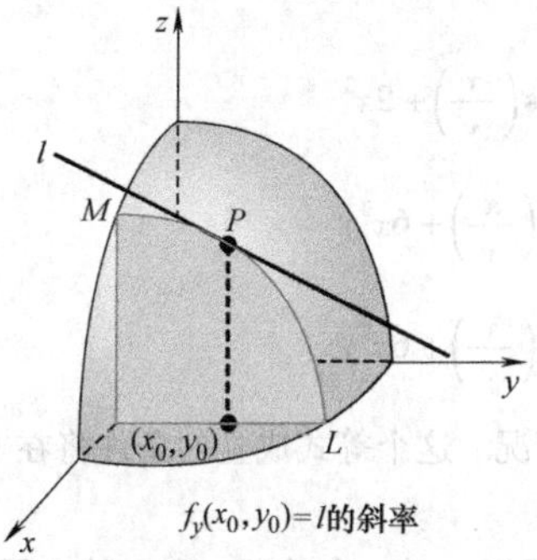

图 2

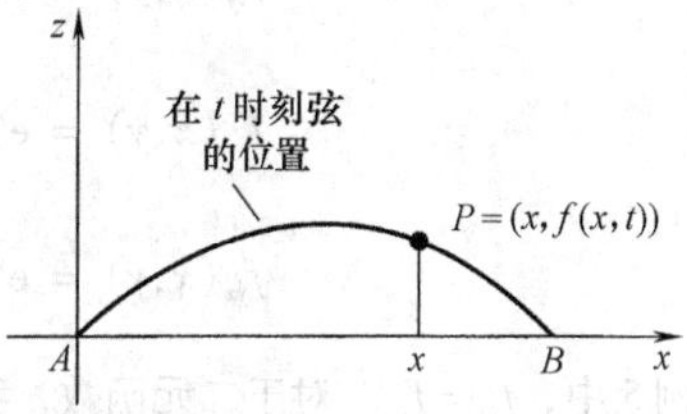

图 3

例 3 曲面 $z=f(x, y)=\sqrt{9-2x^2-y^2}$ 和平面 $y=1$ 相交成一条曲线, 如图 1 所示. 求在 $(\sqrt{2}, 1, 2)$ 处的切线的参数方程.

解
$$f_x(x,y)=\frac{1}{2}(9-2x^2-y^2)^{-1/2}(-4x)$$

所以 $f_x(\sqrt{2}, 1)=-\sqrt{2}$. 这个数就是曲线在 $(\sqrt{2}, 1, 2)$ 处的切线的斜率, 即 $-\sqrt{2}/1$ 是沿着切线上升的比率. 可知它的方向为 $(1, 0, -\sqrt{2})$, 这条线经过 $(\sqrt{2}, 1, 2)$.

$$x=\sqrt{2}+t, y=1, z=2-\sqrt{2}t$$

就是所求的参数方程.

例 4 某特定气体的体积和它的温度 T 与压强 P 的关系为 $PV=10T$(气体定律), 其中, V 的单位为 in^3, P 的单位为 lb/in^2, T 的单位是 K(开). 如果 V 保持 50 不变, 当 $T=200$ 时, 压强的变化速率是多少?

解 因为 $PV=10T$, 得
$$\frac{\partial P}{\partial T}=\frac{10}{V}$$

因此
$$\left.\frac{\partial P}{\partial T}\right|_{\substack{T=200\\V=50}}=\frac{10}{50}=\frac{1}{5}$$

因此, 压强按 $\frac{1}{5}\text{lb}/(\text{in}^2\cdot\text{K})$ 的速率增大.

高阶偏导数 一般而言, 一个函数关于 x 和 y 的偏导数仍然是一个关于 x 和 y 的函数, 对它们再求关于 x 和 y 偏导数, 可得到 f 的四个二阶偏导数.

$$f_{xx}=\frac{\partial}{\partial x}\left(\frac{\partial f}{\partial x}\right)=\frac{\partial^2 f}{\partial x^2} \qquad f_{yy}=\frac{\partial}{\partial y}\left(\frac{\partial f}{\partial y}\right)=\frac{\partial^2 f}{\partial y^2}$$

$$f_{xy}=(f_x)_y=\frac{\partial}{\partial y}\left(\frac{\partial f}{\partial x}\right)=\frac{\partial^2 f}{\partial y\partial x}$$

$$f_{yx}=(f_y)_x=\frac{\partial}{\partial x}\left(\frac{\partial f}{\partial y}\right)=\frac{\partial^2 f}{\partial x\partial y}$$

例 5 求下列函数的所有二阶偏导数：

$$f(x,y)=xe^y-\sin(x/y)+x^3y^2$$

解

$$f_x(x,y)=e^y-\frac{1}{y}\cos\left(\frac{x}{y}\right)+3x^2y^2$$

$$f_y(x,y)=xe^y+\frac{x}{y^2}\cos\left(\frac{x}{y}\right)+2x^3y$$

$$f_{xx}(x,y)=\frac{1}{y^2}\sin\left(\frac{x}{y}\right)+6xy^2$$

$$f_{yy}(x,y)=xe^y+\frac{x^2}{y^4}\sin\left(\frac{x}{y}\right)-\frac{2x}{y^3}\cos\left(\frac{x}{y}\right)+2x^3$$

$$f_{xy}(x,y)=e^y-\frac{x}{y^3}\sin\left(\frac{x}{y}\right)+\frac{1}{y^2}\cos\left(\frac{x}{y}\right)+6x^2y$$

$$f_{yx}(x,y)=e^y-\frac{x}{y^3}\sin\left(\frac{x}{y}\right)+\frac{1}{y^2}\cos\left(\frac{x}{y}\right)+6x^2y$$

注意例 5 中，$f_{yx}=f_{xy}$. 对于二元函数，我们会经常遇到这种情况. 这个等式成立的条件将在 12.3 节(定理 C)给出.

类似地，可定义三阶和更高阶的偏导数，符号也是相似的. 所以，对一个关于 x 和 y 的二元函数 f，要求三阶偏导数，可以对 f 分部进行求导. 例如，先关于 x 求一阶偏导数，然后再关于 y 进行两次求偏导，可以表示为

$$\frac{\partial}{\partial y}\left[\frac{\partial}{\partial y}\left(\frac{\partial f}{\partial x}\right)\right]=\frac{\partial}{\partial y}\left(\frac{\partial^2 f}{\partial y\partial x}\right)=\frac{\partial^3 f}{\partial y^2\partial x}=f_{xyy}$$

类似地，还有其他八个三阶偏导数.

多于两个变量的情形 令 f 是关于三个变量 x, y 和 z 的函数，则 f 在点 (x, y, z) 处关于 x 的偏导数表示为 $f_x(x, y, z)$ 或 $\partial f(x,y,z)/\partial x$，并定义为

$$f_x(x,y,z)=\lim_{\Delta x\to 0}\frac{f(x+\Delta x,y,z)-f(x,y,z)}{\Delta x}$$

因此，$f_x(x, y, z)$ 可通过把 y 和 z 看为常数，然后对 x 求导求得.

关于 y 和 z 的偏微分也类似定义. 而对于四个或更多变量偏导数的情形也是类似的(见习题 49). 形如 f_{xy} 和 f_{xyz} 这样关于多于一个变量的偏导数称为**混合偏导数**.

例 6 设 $f(x, y, z)=xy+2yz+3zx$，求 f_x，f_y 和 f_z.

解 为了求 f_x，我们把 y 和 z 看成是常量，然后关于 x 进行求导. 因此

$$f_x(x,y,z)=y+3z$$

为了求 f_y，我们把 x 和 z 看成是常量，然后关于 y 进行求导

$$f_y(x,y,z)=x+2z$$

同样地

$$f_z(x,y,z)=2y+3x$$

例 7 如果 $T(w, x, y, z)=ze^{w^2+x^2+y^2}$，求出所有一阶偏导数和$\frac{\partial^2 T}{\partial w\partial x}$、$\frac{\partial^2 T}{\partial x\partial w}$和$\frac{\partial^2 T}{\partial z^2}$.

解 四个一阶偏导数是

$$\frac{\partial T}{\partial w}=\frac{\partial}{\partial w}(ze^{w^2+x^2+y^2})=2wze^{w^2+x^2+y^2}$$

$$\frac{\partial T}{\partial x} = \frac{\partial}{\partial x}(ze^{w^2+x^2+y^2}) = 2xze^{w^2+x^2+y^2}$$

$$\frac{\partial T}{\partial y} = \frac{\partial}{\partial y}(ze^{w^2+x^2+y^2}) = 2yze^{w^2+x^2+y^2}$$

$$\frac{\partial T}{\partial z} = \frac{\partial}{\partial z}(ze^{w^2+x^2+y^2}) = e^{w^2+x^2+y^2}$$

其他的偏导数是

$$\frac{\partial^2 T}{\partial w \partial x} = \frac{\partial^2}{\partial w \partial x}(ze^{w^2+x^2+y^2}) = \frac{\partial}{\partial w}(2xze^{w^2+x^2+y^2}) = 4wxze^{w^2+x^2+y^2}$$

$$\frac{\partial^2 T}{\partial x \partial w} = \frac{\partial^2}{\partial x \partial w}(ze^{w^2+x^2+y^2}) = \frac{\partial}{\partial x}(2wze^{w^2+x^2+y^2}) = 4wxze^{w^2+x^2+y^2}$$

$$\frac{\partial^2 T}{\partial z^2} = \frac{\partial^2}{\partial z^2}(ze^{w^2+x^2+y^2}) = \frac{\partial}{\partial z}(e^{w^2+x^2+y^2}) = 0$$

概念复习

1. $f_x(x_0, y_0)$ 的极限由_____定义，叫做在 (x_0, y_0) 的_____.

2. 如果 $f(x, y) = x^3 + xy$，那么 $f_x(1, 2) =$ _____，$f_y(1, 2) =$ _____.

3. $f_{xy}(x, y)$ 的另一个记法是_____.

4. 如果 $f(x, y) = g(x) + h(x)$，那么 $f_{xy}(x, y) =$ _____.

习题 12.2

在习题 1~16 中，求每个函数的一阶偏导数.

1. $f(x, y) = (2x - y)^4$

2. $f(x, y) = (4x - y^2)^{3/2}$

3. $f(x, y) = \dfrac{x^2 - y^2}{xy}$

4. $f(x, y) = e^x \cos y$

5. $f(x, y) = e^y \sin x$

6. $f(x, y) = (3x^2 + y^2)^{-1/3}$

7. $f(x, y) = \sqrt{x^2 - y^2}$

8. $f(u, v) = e^{uv}$

9. $g(x, y) = e^{-xy}$

10. $f(s, t) = \ln(s^2 - t^2)$

11. $f(x, y) = \tan^{-1}(4x - 7y)$

12. $F(w, z) = w\sin^{-1}\left(\dfrac{w}{z}\right)$

13. $f(x, y) = y\cos(x^2 + y^2)$

14. $f(s, t) = e^{t^2 - s^2}$

15. $F(x, y) = 2\sin x \cos y$

16. $f(r, \theta) = 3r^3 \cos 2\theta$

在习题 17~20 中，证明 $\dfrac{\partial^2 f}{\partial y \partial x} = \dfrac{\partial^2 f}{\partial x \partial y}$.

17. $f(x, y) = 2x^2 y^3 - x^3 y^5$

18. $f(x, y) = (x^3 + y^2)^5$

19. $f(x, y) = 3e^{2x} \cos y$

20. $f(x, y) = \tan^{-1} xy$

21. 如果 $F(x, y) = \dfrac{2x - y}{xy}$，求 $F_x(3, -2)$，$F_y(3, -2)$.

22. 如果 $F(x, y) = \ln(x^2 + xy + y^2)$，求 $F_x(-1, 4)$，$F_y(-1, 4)$.

23. 如果 $f(x, y) = \tan^{-1}(y^2/x)$，求 $f_x(\sqrt{5}, -2)$，$f_y(\sqrt{5}, -2)$.

24. 如果 $f(x, y) = e^y \cosh x$，求 $f_x(-1, 1)$，$f_y(-1, 1)$.

25. 求曲面 $36z = 4x^2 + 9y^2$ 与平面 $x = 3$ 的交线在点 $(3, 2, 2)$ 的切线的斜率.

26. 求曲面 $3z = \sqrt{36 - 9x^2 - 4y^2}$ 与平面 $x = 1$ 的交线在点 $(1, -2, \sqrt{11}/3)$ 处切线的斜率.

27. 求曲面 $2z=\sqrt{9x^2+4y^2-36}$ 与平面 $y=1$ 的交线在点 $(2, 1, 3/2)$ 处切线的斜率.

28. 求柱面 $4z=5\sqrt{16-x^2}$ 与平面 $y=3$ 的交线在点 $(2, 3, 5\sqrt{3}/2)$ 处切线的斜率.

29. 圆柱体的体积 V 满足 $V=\pi r^2 h$，其中，r 是圆柱体的半径，h 是圆柱体的高度. 如果 $h=10\text{ft}$，求体积 V 在 $r=6\text{ft}$ 时的变化率.

30. 一铁板上的摄氏温度满足 $T(x, y)=4+2x^2+y^3$. 如果我们从点 $(3, 2)$ 处沿 y 的正向移动，用距离（单位为 in）表示温度的变化率.

31. 根据理想气体定率，压强、压力和体积的关系是 $PV=kT$，其中 k 是常量. 当温度是 300K 时，如果体积固定在 100in^3，求用温度表示的压强的变化率（lb/in^2）.

32. 证明，对于 31 题中气体定律

$$V\frac{\partial P}{\partial V}+T\frac{\partial P}{\partial T}=0 \quad \text{和} \quad \frac{\partial P}{\partial V}\frac{\partial V}{\partial T}\frac{\partial T}{\partial P}=-1$$

若 $f(x,y)$ 满足拉普拉斯方程

$$\frac{\partial^2 f}{\partial x^2}+\frac{\partial^2 f}{\partial y^2}=0$$

此方程叫做调和方程. 证明 33 题和 34 题的方程是调和方程.

33. $f(x, y)=x^3y-xy^3$

34. $f(x, y)=\ln(4x^2+4y^2)$

35. 如果 $F(x, y)=3x^4y^5-2x^2y^3$，求 $\partial^3F(x,y)/\partial y^3$.

36. 如果 $f(x, y)=\cos(2x^2-y^2)$，求 $\partial^3 f(x,y)/\partial y\partial x^2$.

37. 用符号 ∂ 表示下列式子

(a) f_{yyy}　(b) f_{xxy}　(c) f_{xyyy}

38. 用函数下角标符号表示下列式子

(a) $\dfrac{\partial^3 f}{\partial x^2\partial y}$　(b) $\dfrac{\partial^4 f}{\partial x^2\partial y^2}$　(c) $\dfrac{\partial^5 f}{\partial x^3\partial y^2}$

39. 如果 $f(x, y, z)=3x^2y-xyz+y^2z^2$，计算下列各值：

(a) $f_x(x, y, z)$　(b) $f_y(0, 1, 2)$　(c) $f_{xy}(x, y, z)$

40. 如果 $f(x, y, z)=(x^3+y^2+z)^4$，计算下列各值：

(a) $f_x(x, y, z)$　(b) $f_y(0, 1, 1)$　(c) $f_{zz}(x, y, z)$

41. 如果 $f(x, y, z)=e^{-xyz}-\ln(xy-z^2)$，求 $f_x(x, y, z)$.

42. 如果 $f(x, y, z)=(xy/z)^{1/2}$，求 $f_x(-2, -1, 8)$.

43. 一只蜜蜂沿着曲面 $z=x^4+xy^3+12$ 与平面 $x=1$ 的相交线向上飞行. 在点 $(1, -2, 5)$，沿切线飞出去. 这只蜜蜂撞到 xOy 平面的何处？（参考例 3）

44. $A(x, y)$ 是非退化矩形的面积，这个矩形内接于半径为 10 的圆内. 找出这个函数的值域和定义域.

45. 通过切割 x 和 y，区间 $[0, 1]$ 将被分成三块. $A(x, y)$ 是一个由这三块形成的任一不规则三角形的面积. 找出这个函数的值域和定义域.

46. 波动方程 $c^2\partial^2u/\partial x^2=\partial^2u/\partial t^2$ 和热量方程 $c\partial^2u/\partial x^2=\partial u/\partial t$ 是物理学中最重要的两个方程（c 是常量）. 它们叫做偏导数方程，证明：

(a) $u=\cos x\cos ct$ 和 $u=e^x\cosh ct$ 满足波动方程.

(b) $u=e^{-ct}\sin x$ 和 $u=t^{-1/2}e^{-x^2/(4ct)}$ 满足热量方程.

47. 对于图 4 所示 $z=f(x, y)$ 的等高线图，估算下列每个值.

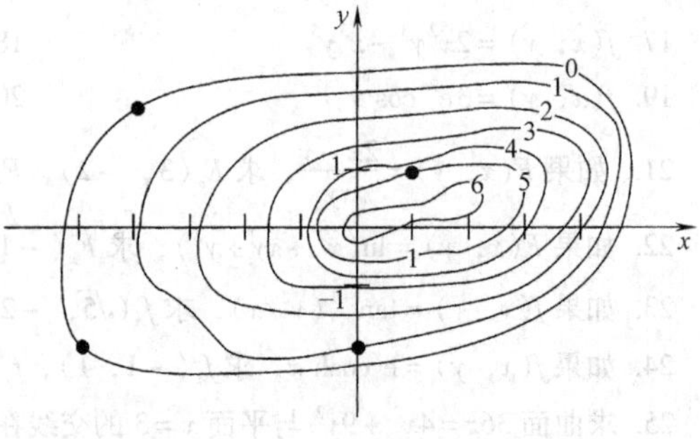

图 4

(a) $f_y(1, 1)$　　(b) $f_x(-4, 2)$

(c) $f_x(-5, -2)$　　(d) $f_y(0, -2)$

CAS 48. CAS 用来计算偏导数和绘制偏导数图形. 绘制下面函数的图形:

(a) $\sin(x+y^2)$　　(b) $D_x\sin(x+y^2)$

(c) $D_y\sin(x+y^2)$　　(d) $D_x(D_y\sin(x+y^2))$

49. 用极限形式定义下面的偏导数:

(a) $f_y(x, y, z)$　　(b) $f_z(x, y, z)$

(c) $G_x(w,x,y,z)$　　(d) $\frac{\partial}{\partial z}\lambda(x,y,z,t)$

(e) $\frac{\partial}{\partial b_2}S(b_0,b_1,b_2,\cdots,b_n)$

50. 计算偏导数.

(a) $\frac{\partial}{\partial w}(\sin w\sin x\cos y\cos z)$　　(b) $\frac{\partial}{\partial x}[x\ln(wxyz)]$

(c) $\lambda_t(x, y, z, t)$, 其中 $\lambda(x, y, z, t)=\frac{t\cos x}{1+xyzt}$

概念复习答案:

1. $\lim\limits_{\Delta x\to 0}[f(x_0+\Delta x, y_0)-f(x_0, y_0)]/\Delta x$, f 对于 x 的偏导数　2. 5, 1

3. $\partial^2 f/\partial y\partial x$　4. 0

12.3 极限与连续

本节中我们的目标是定义下面的函数极限

$$\lim_{(x,y)\to(a,b)} f(x,y) = L$$

在二元或多元函数极限之前介绍偏导数可能看起来很奇怪. 毕竟, 我们在第 1 章讲了极限, 在第 2 章讲了导数. 然而, 由于所有变量(除去一个因变量)都可以先固定, 偏导数其实是一个很简单的想法. 定义偏导数所需的唯一定义就是单变量函数的极限(见第 1 章). 另一方面, 两个(或更多)变量函数的极限是深一层的概念, 因为我们要解释当 (x, y) 趋近于 (a, b) 的所有情况. 这与每次只求一个变量的偏导数情况是不同的.

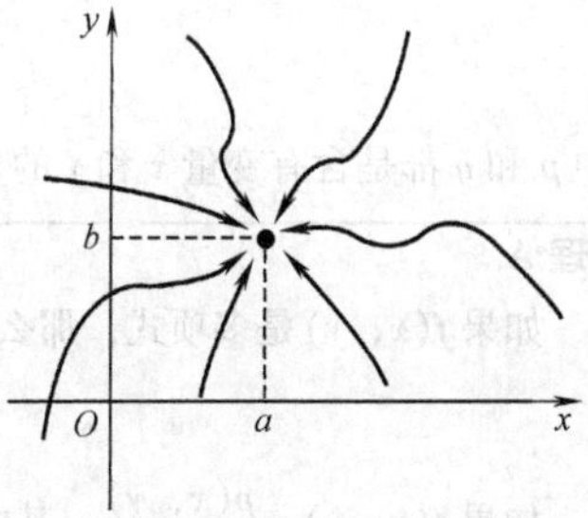

图 1

二元函数的极限具有一般的意义: $f(x, y)$ 的值在 (x, y) 趋近于 (a, b) 时趋近 L. 问题是 (x, y) 可通过不同的方式趋近 (a, b)(图 1)我们需要一个无论 (x, y) 采取什么方式趋近 (a, b) 都得到相同的 L 的定义. 幸运的是, 先前的定义首先给了一个变量的实值函数(1.1 节), 然后是类似地给出向量值函数(11.5 节), 这就要求我们更精确地定义它.

定义　二元函数的极限

若任给 $\varepsilon>0$(无论多小), 存在 $\delta>0$, 当 $0<\|(x, y)-(a, b)\|<\delta$ 时, $|f(x, y)-L|<\varepsilon$ 成立. 则称当 (x, y) 趋近 (a, b) 时, $f(x, y)$ 的极限为 L. 记作: $\lim\limits_{(x,y)\to(a,b)} f(x, y)=L$.

为了解释 $\|(x, y)-(a, b)\|$, 我们把 (x, y) 和 (a, b) 当成向量, 那么

$$\|(x,y)-(a,b)\| = \sqrt{(x-a)^2+(y-b)^2}$$

同时, 满足 $0<\|(x, y)-(a, b)\|<\delta$ 的点都在半径为 δ 的圆内, 包括圆心 (a, b)(图 2). 这个定义

的本质是：当(x, y)足够接近(a, b)时(在δ范围内，用$\|(x, y)-(a, b)\|$来衡量)，$f(x, y)$可任意接近L(在ε范围内，用$|f(x, y)-L|$来衡量)．与第 1 章中极限的定义和第 11 章实值向量极限定义比较可知，它们之间的类似性是显然的．

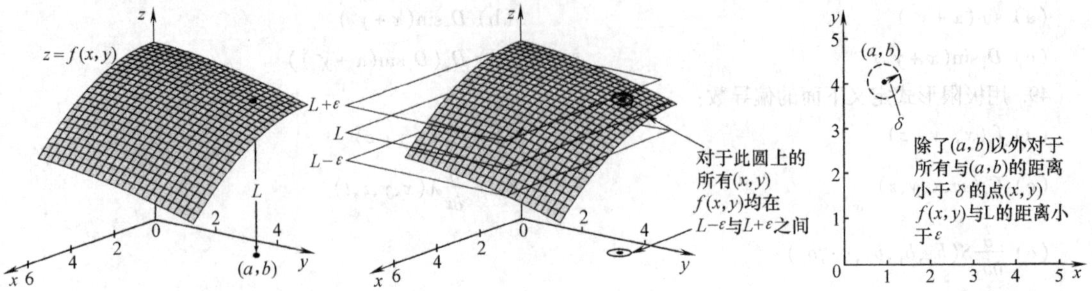

图　2

在定义中需注意以下几个方面：

1. (x, y)逼近(a, b)的路径都是任意的．也就是说如果不同的逼近路径得到不同的L值，那么这个极限不存在．

2. 极限存在与否与$f(x, y)$在(a, b)处是否有定义无关．也就是说这个函数在(a, b)处可以没有定义，这可由不等式$0<\|(x, y)-(a, b)\|$得知．

3. 定义可扩展至三元(多元)函数．比如对于三元函数，在定义中用(x, y, z)、(a, b, c)代替(x, y)、(a, b)即可．

我们可能希望大多数函数的极限都可以用替换来给出．对很多一元函数(并非全部)是可以的，在给出用替换来计算极限的定理之前，我们先给出一些定义．含有变量x和y的多项式的函数形式为

$$f(x,y) = \sum_{i=1}^{n}\sum_{j=1}^{m} c_{ij}x^i y^j$$

含有变量x和y的有理函数的形式为

$$f(x,y) = \frac{p(x,y)}{q(x,y)}$$

其中p和q都是含有变量x和y的多项式，假设q不为 0．下面的定理与定理 1.3B 是相似的．

定理 A

如果$f(x, y)$是多项式，那么

$$\lim_{(x,y)\to(a,b)} f(x,y) = f(a,b)$$

如果$f(x, y)=\dfrac{p(x, y)}{q(x, y)}$，其中$p$和$q$都是多项式，那么

$$\lim_{(x,y)\to(a,b)} f(x,y) = \frac{p(a,b)}{q(a,b)}$$

其中，$q(x, y)\neq 0$．

更进一步，如果

$$\lim_{(x,y)\to(a,b)} p(x,y) = L \neq 0,\quad \lim_{(x,y)\to(a,b)} q(x,y) = 0$$

那么

$$\lim_{(x,y)\to(a,b)} \frac{p(x,y)}{q(x,y)}$$

不存在．

例 1　如果极限存在，求下列极限

(a) $\lim\limits_{(x,y)\to(1,2)}(x^2y+3y)$ (b) $\lim\limits_{(x,y)\to(0,0)}\dfrac{x^2+y^2+1}{x^2-y^2}$

解 (a) 因为要求的极限的函数是多项式，所以根据定理 A

$$\lim_{(x,y)\to(1,2)}(x^2y+3y)=1^2\times2+3\times2=8$$

(b) 第二个函数是有理函数，但是分母的极限为 0，而分子的极限为 1，根据定理 A，极限不存在.

例 2 证明函数 $f(x,y)=\dfrac{x^2-y^2}{x^2+y^2}$ 在原点处无极限(图 3).

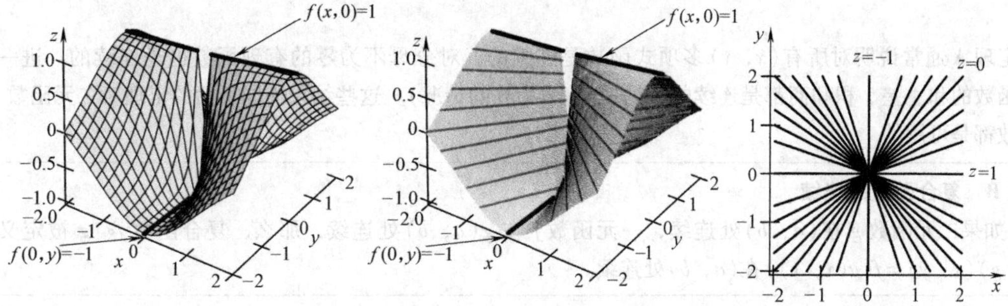

图 3

解 f 函数除原点外在 xOy 平面的任意处都有定义. 在 x 轴上不同于原点的所有点的 f 值为

$$f(x,0)=\frac{x^2-0^2}{x^2+0^2}=1$$

因此，当 (x,y) 沿 x 轴逼近 $(0,0)$ 时，$f(x,y)$ 的极限是

$$\lim_{(x,0)\to(0,0)}f(x,0)=\lim_{(x,0)\to(0,0)}\frac{x^2-0^2}{x^2+0^2}=+1$$

同样地，当 (x,y) 沿 y 轴逼近 $(0,0)$ 时，$f(x,y)$ 的极限是

$$\lim_{(0,y)\to(0,0)}f(0,y)=\lim_{(0,y)\to(0,0)}\frac{0^2-y^2}{0^2+y^2}=-1$$

因此，(x,y) 逼近 (a,b) 的方式不同可得到不同的值. 事实上，一部分点趋近于 $(0,0)$ 时，f 趋近于 1，而另一部分点趋近于 $(0,0)$ 时，f 则趋近于 -1，因此，在 $(0,0)$ 处极限不可能存在.

分析二元函数的极限是非常简单的，特别是在原点时，可通过极坐标变换. 重要的是当且仅当 $r=\sqrt{x^2+y^2}\to0$ 时 $(x,y)\to(0,0)$. 因此，二元函数的极限有时可通过变换表示为一个变量函数的极限.

例 2 的极坐标变换

我们可以通过对例 2 进行极坐标变换来证明它的极限不存在.

$$\begin{aligned}\lim_{(x,y)\to(0,0)}\frac{x^2-y^2}{x^2+y^2}&=\lim_{r\to0}\frac{r^2\cos^2\theta-r^2\sin^2\theta}{r^2}\\&=\lim_{r\to0}\cos2\theta=\cos2\theta\end{aligned}$$

它可以取 -1 到 1 中间的所有值并且在每一个 $(0,0)$ 邻域也有值. 因此我们得出极限不存在的结论.

例 3 若极限存在，求下列极限

(a) $\lim\limits_{(x,y)\to(0,0)}\dfrac{\sin(x^2+y^2)}{3x^2+3y^2}$ (b) $\lim\limits_{(x,y)\to(0,0)}\dfrac{xy}{x^2+y^2}$

解 (a) 转换为极坐标形式并运用洛比达法则，有

$$\lim_{(x,y)\to(0,0)}\frac{\sin(x^2+y^2)}{3x^2+3y^2}=\lim_{r\to0}\frac{\sin r^2}{3r^2}=\frac{1}{3}\lim_{r\to0}\frac{2r\cos r^2}{2r}=\frac{1}{3}$$

(b) 类似地，转换为极坐标形式

$$\lim_{(x,y)\to(0,0)} \frac{xy}{x^2+y^2} = \lim_{r\to 0} \frac{r\cos\theta r\sin\theta}{r^2} = \cos\theta r\sin\theta$$

由于这个极限取决于 θ，不同的趋近路径有不一样的值，因此，极限不存在.

某一点的连续性　函数 $f(x, y)$ 在点 (a, b) 处连续必须满足下列条件：① f 在点 (a, b) 处有定义；② f 在点 (a, b) 处极限存在；③ f 在 (a, b) 处的函数值与该处的极限值相等. 总的来说，就是

$$\lim_{(x,y)\to(a,b)} f(x,y) = f(a,b)$$

由此可见，二元函数连续的要求与一元函数连续的要求相同. 这也表明 f 在 (a, b) 处没有间断、波动或无边界.

定理 A 通常说明对所有 (x, y) 多项式函数是连续的，对分母不为零的有理函数也是连续的. 进一步，连续函数的和、差、积和商都是连续的(除去被除数为 0 的情况). 这些结果连同下面的定理对二元函数、多元函数都是可用的.

定理 B　复合函数的连续.

如果二元函数 g 在 (a, b) 处连续，一元函数 f 在 $g(a, b)$ 处连续，那么，复合函数 $f\circ g$ 被定义为 $(f\circ g)(x, y) = f(g(x, y))$ 在 (a, b) 处连续.

这个定理的证明与定理 1.6E 的证明类似.

例 4　讨论下列函数在平面上点 (x, y) 的连续性.

(a) $H(x, y) = \dfrac{2x+3y}{y-4x^2}$　　　　(b) $F(x, y) = \cos(x^3-4xy+y^2)$

解　(a) $H(x, y)$ 是有理函数，因此它在分母不为零的所有点都连续。分母 $y-4x^2$ 等于零，是一条抛物线 $y=4x^2$。因此，$H(x, y)$ 在除去抛物线 $y=4x^2$ 上点外的所有点都是连续的.

(b) 函数 $g(x, y) = x^3-4xy+y^2$ 是多项式方程，在任意点 (x, y) 处连续. 同样地，$f(t) = \cos t$ 对于的每个数 t 都是连续的. 从定理 B 中总结出，$F(x, y) = f(g(x, y))$ 在平面上的所有点 (x, y) 处连续.

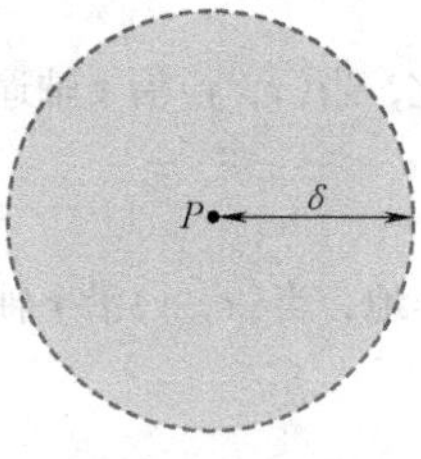

在二维空间中的邻域

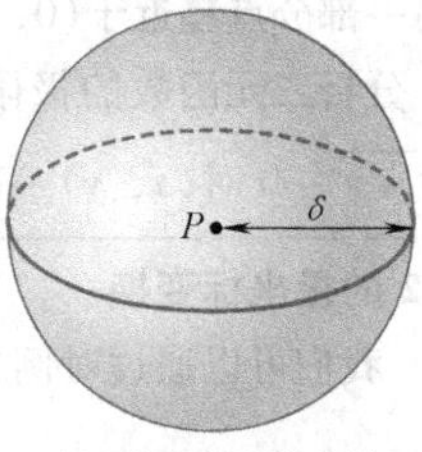

在三维空间中的邻域

图　4

区域上的连续函数　若函数 $f(x, y)$ 在区域 S 中每一点都连续，则称 $f(x, y)$ 在区域 S 中连续. 这里有几点需要注意.

首先，我们介绍几个与平面(以及多维空间)有关的术语. 点 P 的 **δ 邻域**，即所有满足不等式 $\|Q-P\|<\delta$ 的点 Q 的集合. 这个邻域在二维空间中，它是一个"圆的内部"；在三维空间中，它是一个球的内部(图 4). 如果在 S 中存在一个以 P 为中心的邻域，则 P 是区域 S 的**内点**. 邻域内的所有内点的集合是 S 的**内部**. 如果 P 的任一邻域内既有 S 中的点也有 S 外的点，则 P 是 S 的**边界点**. S 的所有边界点的集合就是 S 的**边界**. 如图 5 所示. A 是 S 的内点，B 是 S 的边界点. 如果区域内所有点都是内点，则是开区域；如果它还包含所有边界点，则它是**闭区域**. 既非开又非闭的集合也是存在的. 这就便于解释一维空间中的开区间和闭区间. 最后，如果存在 $R>0$，使得 S 中所有的有序对在以 $(0, 0)$ 为中心 R 为半径的圆域内，则称区域 S 是**有界的**.

假如 S 是个开区域，那么 f 在 S 上连续，就是说，f 在 S 上的每一点都连续. 另一方面，假如 S 包含它的部分或者所有边界点，我们必须仔细地辨别此类点是否是连续的点(回忆在一维空间中所讨论过的，于区间端点的左连续和右连续). f 在一个边界点 P 处连续，即当 Q 接近 P 时，$f(Q)$ 必须接近 $f(P)$.

下面是一个可以用来证实我们想法的例子(图 6).

$$f(x,y) = \begin{cases} 0, & x^2+y^2 \leqslant 1 \\ 4, & \text{其他} \end{cases}$$

假若集合 S 为 $\{(x, y) \mid x^2+y^2 \leqslant 1\}$，那么我们可以说 $f(x, y)$ 在 S 上是连续的. 另一方面，如果说 $f(x, y)$ 在整个区域内是连续的，则是错误的.

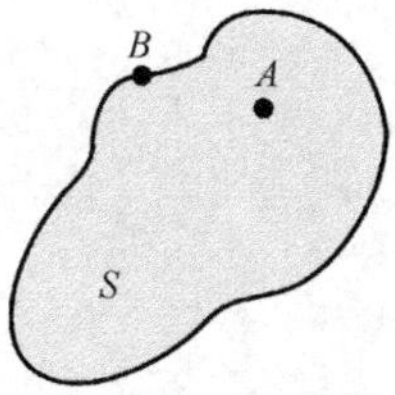

图 5

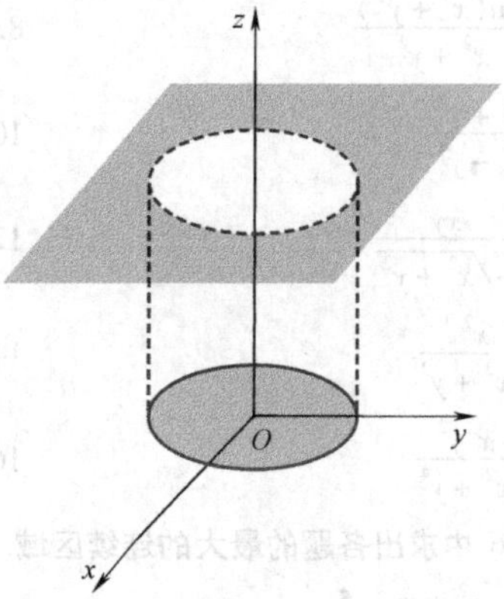

图 6

正如在 12.2 节中提到的：对于大多数二元函数，$f_{xy}=f_{yx}$. 这意味着函数的求导顺序是可以改变的. 现在连续性已经确定了，这种情况成立的条件也可以作简单地陈述.

一个集合的边界

如果你站在美国和加拿大的边界，那么不管有多近，你都可以到这两个国家. 这就是我们关于界点的定义. 所有界点邻域都包含 S 中的点和 S 外的点，不管邻域有多小.

当我们考虑函数的优化时，一个集合的边界在接下来的章节中会很重要，尤其在 13 章和 14 章中，我们将会讨论多重积分.

定理 C　混合偏导数的等式

假如在一个开集 S 里 f_{xy} 和 f_{yx} 分别连续，那么在 S 里的每一点都有 $f_{xy}=f_{yx}$.

定理的证明在程度更深的微积分书中给出. 一个关于 f_{xy} 连续性不存在的反例在习题 42 中给出.

我们关于连续性的讨论大多是与二元函数相关的. 相信你可以通过做一些简单的改变，来对三元或更多元函数进行讨论.

概念复习

1. 在直观上，$\lim\limits_{(x,y)\to(1,2)} f(x, y)=3$ 意味着当__________的时候，$f(x, y)$ 接近__________.
2. 对于 $f(x, y)$ 在点 $(1, 2)$ 连续，意味着__________.
3. P 点是区域 S 的内点，假如 P 的邻域__________.
4. 区域 S 是开区域，假如 S 内的每一点都是__________；S 为闭区域，假如 S 含有它所有的__________.

习题 12.3

在习题 1～16 中，如果极限存在则求出极限，不存在则说明原因.

1. $\lim\limits_{(x,y)\to(1,3)} (3x^2y - xy^3)$　　2. $\lim\limits_{(x,y)\to(-2,1)} (xy^3 - xy + 3y^2)$

3. $\lim\limits_{(x,y)\to(2,\pi)} [x\cos^2(xy) - \sin(xy/3)]$　　4. $\lim\limits_{(x,y)\to(1,2)} \dfrac{x^3-3x^2y+3xy^2-y^3}{y-2x^2}$

5. $\lim\limits_{(x,y)\to(-1,2)}\dfrac{xy-y^3}{(x+y+1)^2}$

6. $\lim\limits_{(x,y)\to(0,0)}\dfrac{xy+\cos x}{xy-\cos x}$

7. $\lim\limits_{(x,y)\to(0,0)}\dfrac{\sin(x^2+y^2)}{x^2+y^2}$

8. $\lim\limits_{(x,y)\to(0,0)}\dfrac{\tan(x^2+y^2)}{x^2+y^2}$

9. $\lim\limits_{(x,y)\to(0,0)}\dfrac{x^2+y^2}{x^4-y^4}$

10. $\lim\limits_{(x,y)\to(0,0)}\dfrac{x^4-y^4}{x^2+y^2}$

11. $\lim\limits_{(x,y)\to(0,0)}\dfrac{xy}{\sqrt{x^2+y^2}}$

12. $\lim\limits_{(x,y)\to(0,0)}\dfrac{xy}{(x^2+y^2)^2}$

13. $\lim\limits_{(x,y)\to(0,0)}\dfrac{x^{7/3}}{x^2+y^2}$

14. $\lim\limits_{(x,y)\to(0,0)}xy\dfrac{x^2-y^2}{x^2+y^2}$

15. $\lim\limits_{(x,y)\to(0,0)}\dfrac{x^2y^2}{x^2+y^4}$

16. $\lim\limits_{(x,y)\to(0,0)}\dfrac{xy^2}{x^2+y^4}$

在习题 17 ~ 26 中求出各题的最大的连续区域.

17. $f(x, y)=\dfrac{x^2+xy-5}{x^2+y^2+1}$

18. $f(x, y)=\ln(1+x^2+y^2)$

19. $f(x, y)=\ln(1-x^2-y^2)$

20. $f(x, y)=\dfrac{1}{\sqrt{x+y+1}}$

21. $f(x, y)=\dfrac{x^2+3xy+y^2}{y-x^2}$

22. $f(x, y)=\begin{cases}\dfrac{\sin(xy)}{xy}, & xy\neq 0\\ 1, & xy=0\end{cases}$

23. $f(x, y)=\sqrt{x-y+1}$

24. $f(x, y)=(4-x^2-y^2)^{-1/2}$

25. $f(x, y, z)=\dfrac{1+x^2}{x^2+y^2+z^2}$

26. $f(x, y, z)=\ln(4-x^2-y^2-z^2)$

在习题 27 ~ 32 中，画出区域，描述区域的边界．最后说明区域的开闭性.

27. $\{(x, y)\mid 2\leqslant x\leqslant 4,\ 1\leqslant y\leqslant 5\}$

28. $\{(x, y)\mid x^2+y^2<4\}$

29. $\{(x, y)\mid 0<x^2+y^2\leqslant 1\}$

30. $\{(x, y)\mid 1<x\leqslant 4\}$

31. $\{(x, y)\mid x>0,\ y<\sin(1/x)\}$

32. $\{(x, y)\mid x=0,\ y=1/n,\ n$ 为正整数$\}$

33. 设

$$f(x,y)=\begin{cases}\dfrac{x^2-4y^2}{x-2y} & x\neq 2y\\ g(x), & x=2y\end{cases}$$

假如 f 在整个平面区域内都连续，求出 $g(x)$ 的表达式.

34. 证明：当 $\lim\limits_{(x,y)\to(a,b)}f(x, y)$ 和 $\lim\limits_{(x,y)\to(a,b)}g(x, y)$ 都存在时，下列等式成立.

$$\lim_{(x,y)\to(a,b)}[f(x,y)+g(x,y)]=\lim_{(x,y)\to(a,b)}f(x,y)+\lim_{(x,y)\to(a,b)}g(x,y)$$

35. 通过考虑路径沿 x 轴和沿直线 $y=x$，证明 $\lim\limits_{(x,y)\to(0,0)}\dfrac{xy}{x^2+y^2}$ 不存在.

36. 证明 $\lim\limits_{(x,y)\to(0,0)}\dfrac{xy+y^3}{x^2+y^2}$ 不存在.

37. 设 $f(x, y)=x^2y/(x^4+y^2)$

(a) 证明沿直线 $y=mx$，当 $(x, y)\to(0, 0)$ 时 $f(x, y)\to 0$.

(b) 证明沿着抛物线 $y=x^2$，当 $(x, y)\to(0, 0)$ 时 $f(x, y)\to\dfrac{1}{2}$.

(c) 你得出什么结论？

38. 假如 $f(x, y)$ 是一滴在科罗拉多州朝着纬度为 x、经度为 y 方向降落的雨滴到达海洋的最短距离的函数．在科罗拉多州什么地方，函数不连续呢？

39. 假若 H 为一个半球片 $x^2+y^2+(z-1)^2=1$，$0\leqslant z<1$，如图 7 所示，并且 $D=\{(x, y, z) \mid 1\leqslant z\leqslant 2\}$. 对于下面定义的任何函数，求出它们在 D 中不连续的区域.

(a) $f(x, y, z)$ 是质点从点 (x, y, z) 降落到水平线 $z=0$ 的时间.

(b) $f(x, y, z)$ 是 H(假设不反光)内从点 (x, y, z) 看到的面积.

(c) $f(x, y, z)$ 是 H 在位于点 (x, y, z) 处的点光源照射下的在 xy 平面上的投影.

(d) $f(x, y, z)$ 是点 (x, y, z) 到点 $(0, 0, 0)$ 沿着 H 表面的最短距离.

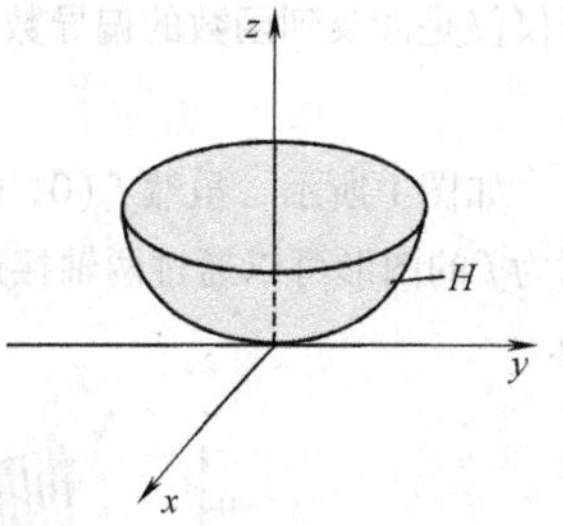

图 7

40. 假定 f 是一个有 n 个自变量的函数，并且 f 在开区域 D 上是连续的. 假设 D 中有 P_0 使得 $f(P_0)>0$. 证明存在 P_0 的一个半径为 $\delta(\delta>0)$ 的邻域，使得 $f(P)>0$.

41. 假如巴黎位于平面坐标轴的原点处，铁路线从巴黎向各个方向延伸，并且它们都是直线. 确定下面函数的不连续区域.

(a) $f(x, y)$ 为在法国铁路上点 (x, y) 到点 $(1, 0)$ 间的距离.

(b) $g(u, v, x, y)$ 为在法国铁路上点 (u, v) 到点 (x, y) 之间的距离.

42. $f(x, y)=xy\dfrac{x^2-y^2}{x^2+y^2}$，若 $(x, y)\neq(0, 0)$ 并且 $f(0, 0)=0$，通过下列步骤证明 $f_{xy}(0, 0)\neq f_{yx}(0, 0)$.

(a) 证明对于任意的 y 都有 $f_x(0, y)=\lim\limits_{h\to 0}\dfrac{f(0+h, y)-f(0, y)}{h}=-y$.

(b) 证明对于任意的 x 都有 $f_y(x, 0)=x$.

(c) 证明 $f_{yx}(0, 0)=\lim\limits_{h\to 0}\dfrac{f_y(0+h, 0)-f_y(0, 0)}{h}=1$.

(d) 同样地，证明 $f_{xy}(0, 0)=-1$.

CAS 43. 画出题 42 中的函数的图形. 你知道为什么它的表面有时候称为马鞍吗?

CAS 44. 画出下面函数在区域 $-2\leqslant x\leqslant 2$，$-2\leqslant y\leqslant 2$ 上的图形，并且确定它们在这个区域内是否连续.

(a) $f(x, y)=x^2/(x^2+y^2)$，$f(0, 0)=0$

(b) $f(x, y)=\tan(x^2+y^2)/(x^2+y^2)$，$f(0, 0)=0$

CAS 45. 在一个能够表达函数特殊性质的方向上，画出函数 $f(x, y)=x^2y/(x^4+y^2)$ 的图形.（见习题 37）

46. 给出一个三元函数在一点连续和在一个区域连续的定义.

47. 证明函数

$$f(x, y, z)=\frac{xyz}{x^3+y^3+z^3}, (x, y, z)\neq(0, 0, 0), \text{并且} f(0, 0, 0)=0, \text{在点}(0, 0, 0)\text{处不连续.}$$

48. 证明函数

$$f(x, y, z)=(y+1)\frac{x^2-z^2}{x^2+z^2}, (x, y, z)\neq(0, 0, 0), \text{并且} f(0, 0, 0)=0, \text{在点}(0, 0, 0)\text{处不连续.}$$

概念复习答案：

1. (x, y) 接近 $(1, 2)$，3　2. $\lim\limits_{(x,y)\to(1,2)} f(x, y)=f(1, 2)$　3. 包含于 S　4. S 的一个内点，边界点

12.4 多元函数的微分

对于一个一元函数，函数 f 在 x 处可微意味着函数的导数 $f'(x)$ 存在. 又等价于函数 f 的图形没有垂直于 x 轴的切线.

现在的问题是：二元函数的微分如何定义呢? 当然它很自然地与函数的一个切平面联系在一起，显然这

不仅仅是涉及到函数的偏导数的存在性，而且它在双重方向上影响到了函数的特性．为此，分析函数

$$f(x,y) = -10\sqrt{|xy|}$$

如图 1 所示，虽然 $f_x(0,\ 0)$ 和 $f_y(0,\ 0)$ 都存在并且均为 0，但是图形在原点处不存在一个切平面．这是因为 f 的图形可以通过两轴接近，但却无法通过平面接近．一个切平面应该是在各个方向上都接近得非常好的．

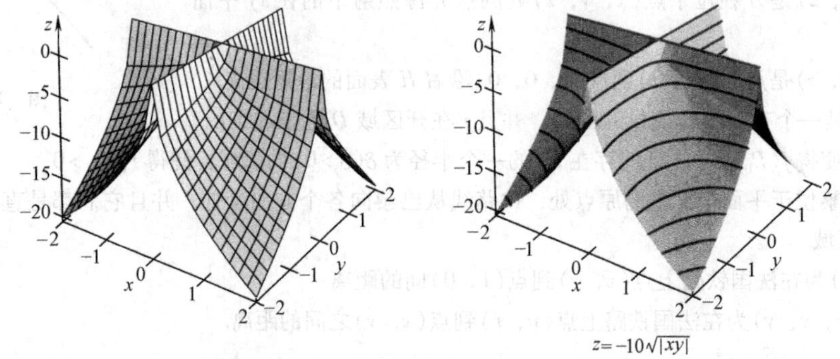

图　1

考虑第二个问题．在二元函数的微分中什么起着重要的作用？显然还是偏导数。

为了回答这个问题，我们先忽略点 $(x,\ y)$ 和向量 $\langle x,\ y\rangle$ 符号上的不同．因此我们可以这样写：$\boldsymbol{p}=(x,\ y)=\langle x,\ y\rangle$，并且 $f(\boldsymbol{p})=f(x,\ y)$．回忆：

$$f'(a) = \lim_{x\to a}\frac{f(x)-f(a)}{x-a} = \lim_{h\to 0}\frac{f(a+h)-f(a)}{h} \tag{1}$$

同样地，可以写成：

$$f'(\boldsymbol{p}_0) = \lim_{\boldsymbol{p}\to\boldsymbol{p}_0}\frac{f(\boldsymbol{p})-f(\boldsymbol{p}_0)}{\boldsymbol{p}-\boldsymbol{p}_0} = \lim_{\boldsymbol{h}\to 0}\frac{f(\boldsymbol{p}_0+\boldsymbol{h})-f(\boldsymbol{p}_0)}{\boldsymbol{h}} \tag{2}$$

但是，当除数是一个向量时没有意义．

但我们也不要过早地放弃．另一种看待一元函数的微分的方法如下：假如 f 在 a 处可导，那么存在一条切线通过点 $(a,\ f(a))$ 并且接近在点 a 周围的 x 点的函数值．换一句话说，f 在 a 附近是近似线性的．图 2 准确地反映了一元函数的这种性质．当我们放大函数 $y=f(x)$ 的图像时，我们发现，切线和函数的图像已经非常接近了．

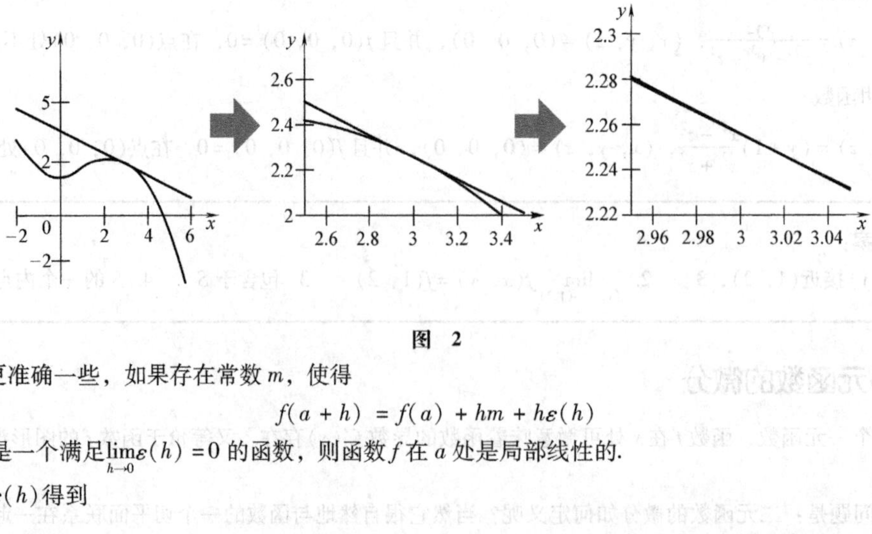

图　2

为了更准确一些，如果存在常数 m，使得

$$f(a+h) = f(a) + hm + h\varepsilon(h)$$

$\varepsilon(h)$ 是一个满足 $\lim\limits_{h\to 0}\varepsilon(h)=0$ 的函数，则函数 f 在 a 处是局部线性的．

解出 $\varepsilon(h)$ 得到

$$\varepsilon(h) = \frac{f(a+h)-f(a)}{h} - m$$

函数 $\varepsilon(h)$ 是过点 $(a, f(a))$ 和点 $(a+h, f(a+h))$ 的直线与过点 $(a, f(a))$ 的切线之间的高度差. 假如 f 在 a 处是局部线性的，那么

$$\lim_{h\to 0}\varepsilon(h) = \lim_{h\to 0}\left[\frac{f(a+h)-f(a)}{h} - m\right] = 0$$

这意味着

$$\lim_{h\to 0}\frac{f(a+h)-f(a)}{h} = m$$

我们得出结论：f 在 a 处必定是可微分的且 $f'(a)$ 必定等于 m.

相反地，f 在 a 处可微，那么 $\lim_{h\to 0}\frac{f(a+h)-f(a)}{h} = f'(a) = m$，因此 f 为局部线性的. 也就是，在单变量情况下，当且仅当 f 在 a 点可微时，f 在 a 点局部线性.

局部线性的概念同样适用于二元函数，我们将用这种性质来定义二元函数的可微性. 首先，我们定义二元函数的局部线性的性质.

定义　二元函数的局部线性

我们认为函数 f 在 (a, b) 处**局部线性的**，只要

$$f(a+h_1, b+h_2) = f(a, b) + h_1 f_x(a, b) + h_2 f_y(a, b) + h_1\varepsilon_1(h_1, h_2) + h_2\varepsilon_2(h_1, h_2)$$

当 $(h_1, h_2)\to 0$ 时 $\varepsilon_1(h_1, h_2)\to 0$，并且当 $(h_1, h_2)\to 0$ 时 $\varepsilon_2(h_1, h_2)\to 0$.

就像在一元函数情况下 h 作为 x 的微小增量一样，我们可以在二元函数情况下认为 h_1、h_2 分别为 x、y 的微小增量.

图 3 展示了当我们放大一个二元函数图形时会发生什么.（图 3 是在点 $(1, 1)$ 处的放大图形）假如我们放得足够大，三维的表面会变得类似于平面，等高线图看起来像由平行线组成的一样. 我们可以把上述定义简化，定义 $\boldsymbol{p}_0 = (a, b)$，$\boldsymbol{h} = (h_1, h_2)$，并且 $\boldsymbol{\varepsilon}(\boldsymbol{h}) = (\varepsilon_1(h_1, h_2), \varepsilon_2(h_1, h_2))$.（函数 $\boldsymbol{\varepsilon}(\boldsymbol{h})$ 是一个变量为向量的向量函数.）因此

$$f(\boldsymbol{p}_0 + \boldsymbol{h}) = f(\boldsymbol{p}_0) + (f_x(\boldsymbol{p}_0), f_y(\boldsymbol{p}_0))\cdot\boldsymbol{h} + \boldsymbol{\varepsilon}(\boldsymbol{h})\cdot\boldsymbol{h}$$

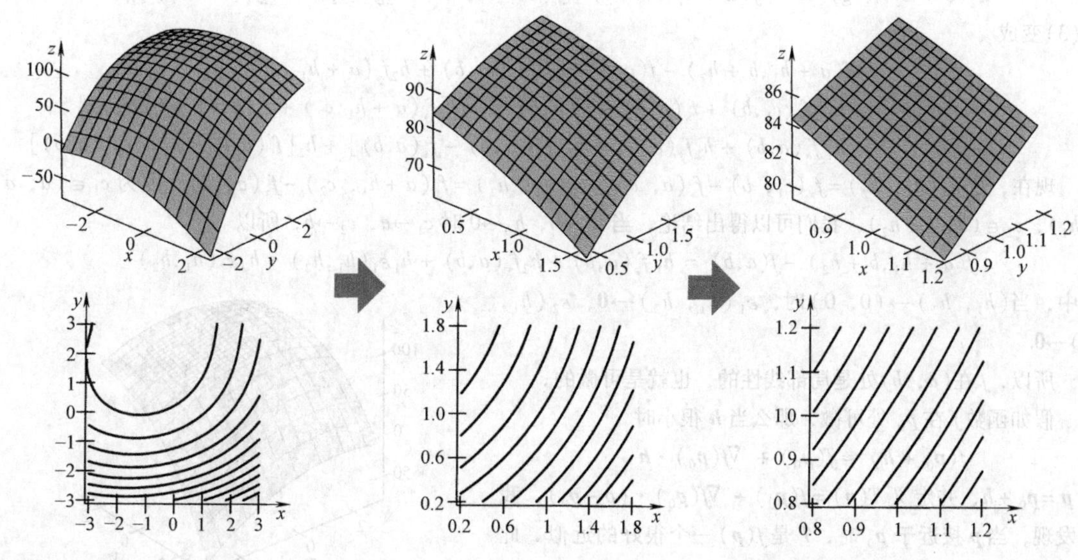

图 3

这个公式可以很容易地推广到函数为三(或多)元函数时的情况. 现在我们可以用局部线性来定义可微性.

定义 二元函数或多元函数的可微性

假如函数 f 在 P 处呈现局部线性，那么该函数在 $\boldsymbol{P}$ 处可微。假如函数 f 在开集 R 上每一点都可微，那么就说它在 R 上可微。

记向量 $(f_x(\boldsymbol{p}), f_y(\boldsymbol{p})) = f_x(\boldsymbol{p})\boldsymbol{i} + f_y(\boldsymbol{p})\boldsymbol{j}$ 为 $\nabla f(\boldsymbol{p})$ 并且称之为 f 的梯度. 那么, f 在 $\boldsymbol{p}$ 处可微当且仅当

$$f(\boldsymbol{p}+\boldsymbol{h}) = f(\boldsymbol{p}) + \nabla f(\boldsymbol{p}) \cdot \boldsymbol{h} + \varepsilon(\boldsymbol{h}) \cdot \boldsymbol{h}$$

其中当 $\boldsymbol{h}\to\boldsymbol{0}$ 时, $\varepsilon(\boldsymbol{h})\to\boldsymbol{0}$. 运算符 ∇ 读作"del"并且经常被叫作哈密顿算子.

从上面的描述，梯度变得和导数有些相似. 在定义中有以下几个方面需要注意:

1) 导数 $f'(x)$ 是个数，而梯度 $\nabla f(\boldsymbol{p})$ 是个向量.

2) 乘积 $\nabla f(\boldsymbol{p}) \cdot \boldsymbol{h}$ 和 $\varepsilon(\boldsymbol{h}) \cdot \boldsymbol{h}$ 是点乘.

3) 可微性和梯度可以很容易地扩展到任意维度.

接下来的定理给出了确保函数在某点上可微性的条件.

定理 A

假如 $f(x, y)$ 在包含 (a, b) 的区域 D 上有连续偏导数 $f_x(x, y)$ 和 $f_y(x, y)$，那么 $f(x, y)$ 在 (a, b) 处可微。

证明 令 h_1, h_2 分别为 x, y 的微小增量，它们很小以至于 $(a+h_1, b+h_2)$ 包含在区域 D 内. (这样 h_1 和 h_2 的值是存在的，因为区域 D 的内部是一个开集). $f(a+h_1, b+h_2)$ 和 $f(a, b)$ 的差是

$$f(a+h_1,b+h_2) - f(a,b) = [f(a+h_1,b) - f(a,b)] + [f(a+h_1,b+h_2) - f(a+h_1,b)] \quad (3)$$

我们对它应用两次求导的中值定理(定理 3.6A): 首先对 $f(a+h_1, b) - f(a, b)$ 求导，其次对 $f(a+h_1, b+h_2) - f(a+h_1, b)$ 求导.

在第一种情况下，定义 $g_1(x) = f(x, b)$, x 在区间 $[a, a+h_1]$ 中取值，由微分中值定理可以推出在 $(a, a+h_1)$ 中存在值 c_1，使得 $g_1(a+h_1) - g_1(a) = f(a+h_1, b) - f(a, b) = h_1 g_1'(c_1) = h_1 f_x(c_1, b)$.

在第二个情况下，定义 $g_2(y) = f(a+h_2, y)$, y 在区间 $[b, b+h_2]$ 中. 在区间 $(b, b+h_2)$ 存在值 c_2，使得 $g_2(b+h_2) - g_2(b) = h_2 g_2'(c_2)$，由此得出

$$g_2(b+h_2) - g_2(b) = f(a+h_1,b+h_2) - f(a+h_1,b) = h_2 g_2'(c_2) = h_2 f_y(a+h_1,c_2)$$

式(3)变成

$$\begin{aligned} f(a+h_1,b+h_2) - f(a,b) &= h_1 f_x(c_1,b) + h_2 f_y(a+h_1,c_2) \\ &= h_1[f_x(c_1,b) + f_x(a,b) - f_x(a,b)] + h_2[f_y(a+h_1,c_2) + f_y(a,b) - f_y(a,b)] \\ &= h_1 f_x(a,b) + h_2 f_y(a,b) + h_1[f_x(c_1,b) - f_x(a,b)] + h_2[f_y(a+h_1,c_2) - f_y(a,b)] \end{aligned}$$

现在，令 $\varepsilon_1(h_1, h_2) = f_x(c_1, b) - f_x(a, b)$, $\varepsilon_2(h_1, h_2) = f_y(a+h_1, c_2) - f_y(a, b)$. 因为 $c_1 \in (a, a+h_1)$, $c_2 \in (b, b+h_2)$，我们可以得出结论，当 $h_1\to 0$, $h_2\to 0$ 时 $c_1\to a$, $c_2\to b$，所以

$$f(a+h_1,b+h_2) - f(a,b) = h_1 f_x(a,b) + h_2 f_y(a,b) + h_1\varepsilon_1(h_1,h_2) + h_2\varepsilon_2(h_1,h_2)$$

其中，当 $(h_1, h_2)\to(0, 0)$ 时，$\varepsilon_1(h_1, h_2)\to\boldsymbol{0}$, $\varepsilon_2(h_1, h_2)\to\boldsymbol{0}$.

所以, f 在 (a, b) 处是局部线性的，也就是可微的.

假如函数 f 在 $\boldsymbol{p}_0$ 处可微，那么当 $\boldsymbol{h}$ 很小时

$$f(\boldsymbol{p}_0+\boldsymbol{h}) \approx f(\boldsymbol{p}_0) + \nabla f(\boldsymbol{p}_0) \cdot \boldsymbol{h}$$

令 $\boldsymbol{p} = \boldsymbol{p}_0 + \boldsymbol{h}$，并定义 $T(\boldsymbol{p}) = f(\boldsymbol{p}_0) + \nabla f(\boldsymbol{p}_0) \cdot (\boldsymbol{p} - \boldsymbol{p}_0)$，我们发现，当 $\boldsymbol{p}$ 接近于 $\boldsymbol{p}_0$ 时，T 是 $f(\boldsymbol{p})$ 一个很好的近似. 此时 $z = T(\boldsymbol{p})$ 在 $\boldsymbol{p}_0$ 处定义了一个近似于 f 的平面. 自然地，这个平面称为**切平面**，如图 4 所示.

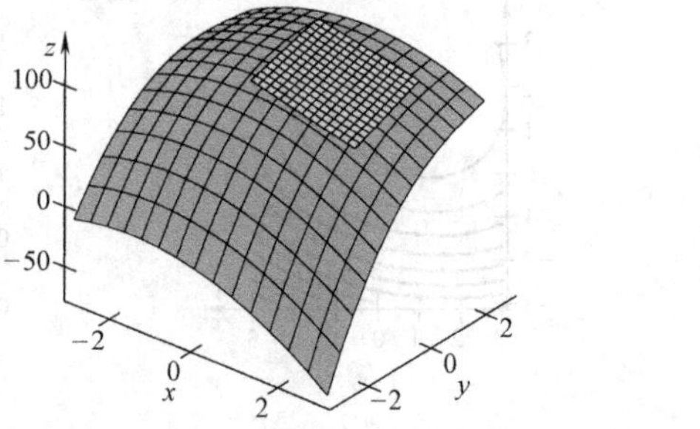

图 4

证明中的间隔符号

形如$[a, a+h_1]$的区间在证明过程中通常认为$h_1>0$. 但这并无影响，h_1和h_2也可为负数。在这个证明中，我们应把区间定义为两端点之间的所有点的集合(不管哪个大). 包括端点的区间就是闭的，不包括端点的区间就是开的.

例1 证明$f(x, y)=xe^y+x^2y$处处可微并且计算它的梯度，然后求它在点(2, 0)的切平面方程.

解 我们首先注意到

$$\frac{\partial f}{\partial x}=e^y+2xy,\ \frac{\partial f}{\partial y}=xe^y+x^2$$

这两个函数都是处处连续的，所以根据定理A，f处处可微. 梯度是

$$\nabla f(x,y)=(e^y+2xy)\boldsymbol{i}+(xe^y+x^2)\boldsymbol{j}=\langle e^y+2xy, xe^y+x^2\rangle$$

所以

$$\nabla f(2,0)=\boldsymbol{i}+6\boldsymbol{j}=\langle 1,6\rangle$$

切平面的方程是

$$\begin{aligned} z&=f(2,0)+\nabla f(2,0)\cdot\langle x-2,y\rangle\\ &=2+\langle 1,6\rangle\cdot\langle x-2,y\rangle=2+x-2+6y \end{aligned}$$

即

$$z=x+6y$$

例2 设$f(x, y, z)=x\sin z+x^2y$, 求$\nabla f(1, 2, 0)$.

解 偏导数为

$$\frac{\partial f}{\partial x}=\sin z+2xy,\ \frac{\partial f}{\partial y}=x^2,\ \frac{\partial f}{\partial z}=x\cos z$$

在点(1, 2, 0)，这些偏导数的值分别是4、1、1. 因此

$$\nabla f(1,2,0)=4\boldsymbol{i}+\boldsymbol{j}+\boldsymbol{k}$$

梯度法则 在很多情况下，梯度表现得像倒数一样. 回忆一下算子D，它是线性的。算子∇也是线性的.

定理B ∇的性质

梯度算子∇满足：

(i) $\nabla[f(\boldsymbol{p})+g(\boldsymbol{p})]=\nabla f(\boldsymbol{p})+\nabla g(\boldsymbol{p})$

(ii) $\nabla[\alpha f(\boldsymbol{p})]=\alpha\nabla f(\boldsymbol{p})$

(iii) $\nabla[f(\boldsymbol{p})g(\boldsymbol{p})]=f(\boldsymbol{p})\nabla g(\boldsymbol{p})+g(\boldsymbol{p})\nabla f(\boldsymbol{p})$

证明 三个结果都是由导数的相应性质得出的. 我们来证明(iii)的二元函数时的情形(为了简洁略写$\boldsymbol{p}$).

$$\begin{aligned} \nabla fg&=\frac{\partial(fg)}{\partial x}\boldsymbol{i}+\frac{\partial(fg)}{\partial y}\boldsymbol{j}=\left(f\frac{\partial g}{\partial x}+g\frac{\partial f}{\partial x}\right)\boldsymbol{i}+\left(f\frac{\partial g}{\partial y}+g\frac{\partial f}{\partial y}\right)\boldsymbol{j}\\ &=f\left(\frac{\partial g}{\partial x}\boldsymbol{i}+\frac{\partial g}{\partial y}\boldsymbol{j}\right)+g\left(\frac{\partial f}{\partial x}\boldsymbol{i}+\frac{\partial f}{\partial y}\boldsymbol{j}\right)=f\nabla g+g\nabla f \end{aligned}$$

函数可微性与连续的关系 之前讲过一元函数的可微性是连续性的充分条件但不是必要条件，在这里这个说法仍是正确的.

定理C

假如f在$\boldsymbol{p}$处可微，那么f在$\boldsymbol{p}$处连续.

证明 因为f在$\boldsymbol{p}$处可微，即

$$f(\boldsymbol{p}+\boldsymbol{h})-f(\boldsymbol{p})=\nabla f(\boldsymbol{p})\cdot\boldsymbol{h}+\varepsilon(\boldsymbol{h})\cdot\boldsymbol{h}$$

所以

$$\begin{aligned}|f(\boldsymbol{p}+\boldsymbol{h})-f(\boldsymbol{p})| &\leq |\nabla f(\boldsymbol{p})\cdot\boldsymbol{h}|+|\varepsilon(\boldsymbol{h})\cdot\boldsymbol{h}| \\ &= \|\nabla f(\boldsymbol{p})\|\,\|\boldsymbol{h}\|\,|\cos\theta|+|\varepsilon(\boldsymbol{h})\cdot\boldsymbol{h}|\end{aligned}$$

后面的两项都在 $\boldsymbol{h}\to\boldsymbol{0}$ 时趋近于0，所以

$$\lim_{\boldsymbol{h}\to\boldsymbol{0}} f(\boldsymbol{p}+\boldsymbol{h}) = f(\boldsymbol{p})$$

最后这个等式是 f 在 $\boldsymbol{p}$ 点处连续的一种阐述.

梯度场 梯度把一个向量 $\nabla f(\boldsymbol{p})$ 和在 f 定义域内的每一个点 $\boldsymbol{p}$ 联系起来. 这些向量的集合叫做 f 的梯度场. 在图5和图6中，我们展示了曲面 $z=x^2-y^2$ 的图形和相应的梯度场. 这些图是否阐明了梯度向量的方向呢？我们在下一章会进一步研究.

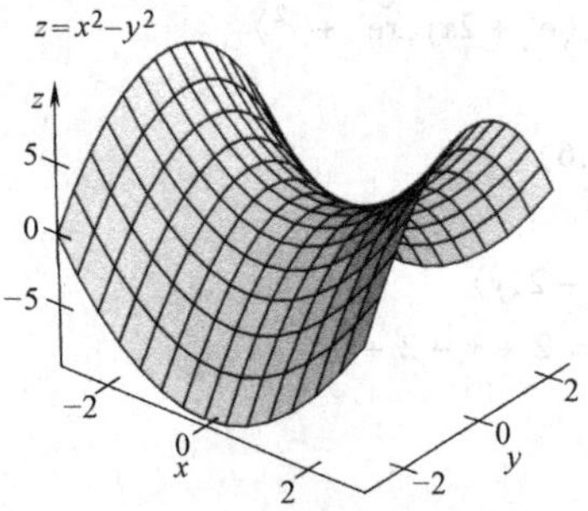

图 5

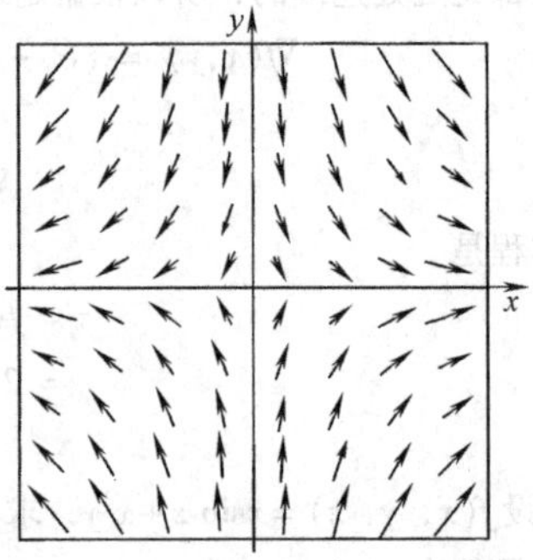

图 6

概念复习

1. 与导数 $f'(x)$ 相似，用于多元函数且由 $\nabla f(\boldsymbol{p})$ 表示的称为________.
2. 函数 $f(x, y)$ 在 (a, b) 可微，当且仅当 f 在 (a, b) 处________.
3. 对于一个二元函数 f，梯度 $\nabla f(\boldsymbol{p})=$________. 那么，假如 $f(x, y)=xy^2$，$\nabla f(x, y)=$________.
4. $f(x, y)$ 在 (x_0, y_0) 处可微等价于它的图形在这一点存在________.

习题 12.4

在习题1～10中，求出梯度 ∇f.

1. $f(x, y)=x^2y+3xy$
2. $f(x, y)=x^3y-y^3$
3. $f(x, y)=xe^{xy}$
4. $f(x, y)=x^2y\cos y$
5. $f(x, y)=\dfrac{x^2y}{x+y}$
6. $f(x, y)=\sin^3(x^2y)$
7. $f(x, y, z)=\sqrt{x^2+y^2+z^2}$
8. $f(x, y, z)=x^2y+y^2z+z^2x$
9. $f(x, y, z)=x^2ye^{x-z}$
10. $f(x, y, z)=xz\ln(x+y+z)$

在习题11～14中，在给定点 $\boldsymbol{p}$ 处求出所给函数的梯度向量，然后求出它在 $\boldsymbol{p}$ 点处的切平面方程.（见例1）

11. $f(x, y)=x^2y-xy^2$，$\boldsymbol{p}=(-2, 3)$
12. $f(x, y)=x^3y+3xy^2$，$\boldsymbol{p}=(2, -2)$
13. $f(x, y)=\cos\pi x\sin\pi y+\sin 2\pi y$，$\boldsymbol{p}=\left(-1, \dfrac{1}{2}\right)$
14. $f(x, y)=\dfrac{x^2}{y}$，$\boldsymbol{p}=(2, -1)$

在习题 15 和习题 16 中，求出在 p 处的超切平面方程 $w=T(x, y, z)$.

15. $f(x, y, z)=3x^2-2y^2+xz^2$, $\boldsymbol{p}=(1, 2, -1)$

16. $f(x, y, z)=xyz+x^2$, $\boldsymbol{p}=(2, 0, -3)$

17. 证明：$\nabla\left(\dfrac{f}{g}\right)=\dfrac{g\ \nabla f-f\ \nabla g}{g^2}$

18. 证明：$\nabla(f^r)=rf^{r-1}\ \nabla f$

19. 求在曲面 $z=x^2-6x+2y^2-10y+2xy$ 上，使切平面是水平面的所有点(x, y).

20. 求在 $z=x^3$ 上使切平面是水平面的所有点(x, y).

21. 求在 $z=y^2+x^3y$ 表面上点$(2, 1, 9)$的切线的参数方程，使该切线在 xy 面的投影

(a) 平行于 x 轴.　(b) 平行于 y 轴.　(c) 平行于直线 $x=y$.

22. 求在 $z=x^2y^3$ 表面上点$(3, 2, 72)$的切线的参数方程，使该切线在 xy 面的投影

(a) 平行于 x 轴.　(b) 平行于 y 轴.　(c) 平行于直线 $x=-y$.

23. 在图 1 中求 $z=-10\sqrt{|xy|}$ 在点$(1, -1)$的切平面的方程. 提示：当 $x\neq0$ 时，$\mathrm{d}|x|/\mathrm{d}x=|x|/x$.

24. **多元函数的中值定理**　如果 f 在从 $\boldsymbol{a}$ 到 $\boldsymbol{b}$ 的线段上各处都可导，则在该线段上存在一个点 $\boldsymbol{c}$ 使得

$$f(\boldsymbol{b})-f(\boldsymbol{a})=\nabla f(\boldsymbol{c})\cdot(\boldsymbol{b}-\boldsymbol{a})$$

假设这个结论是正确的，证明如果 f 在一个凸集 S 内都可导且 $\nabla f(\boldsymbol{p})=\boldsymbol{0}$，则 f 在 S 上是定值.

注意：如果集合 S 中的任意两点均可用 S 中一条线段连接，则集合 S 是凸的.

25. 当 $\boldsymbol{a}=\langle0, 0\rangle$, $\boldsymbol{b}=\langle2, 1\rangle$ 时，求函数 $f(x, y)=9-x^2-y^2$ 满足多元函数中值定理(见习题 24)的 $\boldsymbol{c}$ 的值.

26. 当 $\boldsymbol{a}=\langle0, 0\rangle$, $\boldsymbol{b}=\langle2, 6\rangle$ 时，求函数 $f(x, y)=\sqrt{4-x^2}$ 满足多元函数中值定理(见习题 24)的 $\boldsymbol{c}$ 的值.

27. 用习题 24 的结论证明，如果对在凸集 S 中所有的 $\boldsymbol{p}$ 都有 $\nabla f(\boldsymbol{p})=\nabla g(\boldsymbol{p})$，则在 S 中，f 与 g 相差的值为常数值.

28. 找出满足 $\nabla f(\boldsymbol{p})=\boldsymbol{p}$ 的一般表达式 $f(\boldsymbol{p})$.

CAS 29. 画出 $f(x, y)=-|xy|$ 和它的梯度场的图形.

(a) 基于该图形和图 5、图 6，推测出梯度向量的方向.

(b) f 在原点可导吗？证明你的结论.

CAS 30. 画出 $f(x, y)=\sin x+\sin y-\sin(x+y)$ 在区间 $0\leqslant x\leqslant2\pi$, $0\leqslant y\leqslant2\pi$ 上的图形，同时也画出它们的梯度场，从而判断习题 29(a) 中结论是否正确.

31. 证明定理 B 是否适合下列情况：

(a) 三元函数的情况.

(b) 多元函数的情况. 提示：用 $\boldsymbol{i}_1, \boldsymbol{i}_2, \cdots, \boldsymbol{i}_n$ 表示单位向量.

概念复习答案：

1. 梯度　2. 局部线性　3. $\dfrac{\partial f(\boldsymbol{p})}{\partial x}\boldsymbol{i}+\dfrac{\partial f(\boldsymbol{p})}{\partial y}\boldsymbol{j}, y^2\boldsymbol{i}+2xy\boldsymbol{j}$　4. 切平面

12.5 方向导数和梯度

考虑二元函数 $f(x, y)$，它的偏导数 $f_x(x, y)$ 和 $f_y(x, y)$ 分别表示平行于 x 轴和 y 轴方向上的变化率(切线的斜率). 我们把目标扩展一下，就是研究函数 f 在任意方向上的变化率，即方向导数. 它与梯度密切相

关.

用向量来表示会方便得多. 令 $\boldsymbol{p}=(x, y)$, $\boldsymbol{i}$、$\boldsymbol{j}$ 分别表示平行于 x 轴、y 轴并且方向与其正向相同的单位向量. 则在 $\boldsymbol{p}$ 点的两个偏导数可如下表示:

$$f_x(\boldsymbol{p}) = \lim_{h\to 0}\frac{f(\boldsymbol{p}+h\boldsymbol{i})-f(\boldsymbol{p})}{h}, \quad f_y(\boldsymbol{p}) = \lim_{h\to 0}\frac{f(\boldsymbol{p}+h\boldsymbol{j})-f(\boldsymbol{p})}{h}$$

为了方便讨论, 我们用任意单位向量 $\boldsymbol{u}$ 来代替 $\boldsymbol{i}$ 和 $\boldsymbol{j}$.

定义

对于任意单位向量 $\boldsymbol{u}$, 有

$$D_{\boldsymbol{u}}f(\boldsymbol{p}) = \lim_{h\to 0}\frac{f(\boldsymbol{p}+h\boldsymbol{u})-f(\boldsymbol{p})}{h}$$

如果该极限存在, 则 f 在 $\boldsymbol{p}$ 上, 沿方向 $\boldsymbol{u}$ 的偏导数存在. 称该偏导数为 f 在 $\boldsymbol{p}$ 处沿方向 $\boldsymbol{u}$ 的**方向导数**.

显然有

$$D_{\boldsymbol{i}}f(\boldsymbol{p}) = f_x(\boldsymbol{p}), \quad D_{\boldsymbol{j}}f(\boldsymbol{p}) = f_y(\boldsymbol{p})$$

因为 $\boldsymbol{p}=(x, y)$, 所以 f 在 $\boldsymbol{p}$ 处沿方向 $\boldsymbol{u}$ 的方向导数也可表示成 $D_{\boldsymbol{u}}f(x, y)$.

图1给出了 $D_{\boldsymbol{u}}f(x_0, y_0)$ 的几何解释. 向量 $\boldsymbol{u}$ 确定了经过点 (x_0, y_0) 的 xy 面内的一条直线 L. 通过直线 L 且垂直于 xy 面的平面交曲面 $z=f(x, y)$ 于曲线 C, 它在点 $(x_0, y_0, f(x_0, y_0))$ 处的切线的斜率是 $D_{\boldsymbol{u}}f(x_0, y_0)$. 另外一个合理解释是 $D_{\boldsymbol{u}}f(x_0, y_0)$ 表示了在方向 $\boldsymbol{u}$ 上 f 关于距离的变化率.

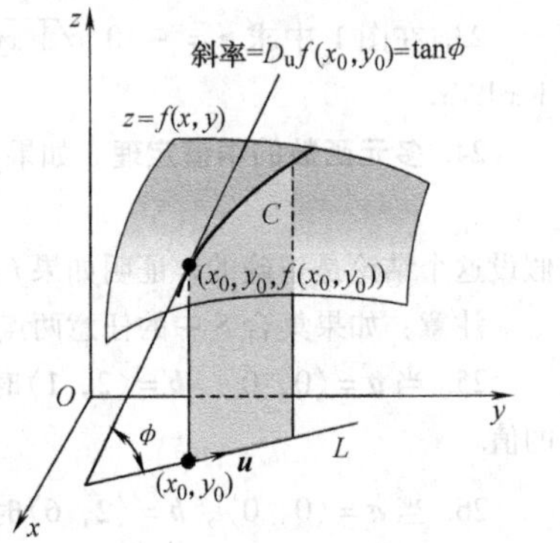

图 1

方向导数与梯度的联系　从12.4节开始, $\nabla f(\boldsymbol{p})$ 可表示如下:

$$\nabla f(\boldsymbol{p}) = f_x(\boldsymbol{p})\boldsymbol{i} + f_y(\boldsymbol{p})\boldsymbol{j}$$

定理 A

函数 f 在 $\boldsymbol{p}$ 处沿任一方向单位向量 $\boldsymbol{u}=u_1\boldsymbol{i}+u_2\boldsymbol{j}$ 的方向导数存在, 且有

$$D_{\boldsymbol{u}}f(\boldsymbol{p}) = \boldsymbol{u}\cdot\nabla f(\boldsymbol{p})$$

即

$$D_{\boldsymbol{u}}f(x, y) = u_1 f_x(x, y) + u_2 f_y(x, y)$$

证明　因为 f 在点 $\boldsymbol{p}$ 处可微, 则

$$f(\boldsymbol{p}+h\boldsymbol{u}) - f(\boldsymbol{p}) = \nabla f(\boldsymbol{p})\cdot(h\boldsymbol{u}) + \boldsymbol{\varepsilon}(h\boldsymbol{u})\cdot(h\boldsymbol{u})$$

其中当 $h\to 0$ 时, $\boldsymbol{\varepsilon}(h\boldsymbol{u})\to\boldsymbol{0}$, 那么

$$\frac{f(\boldsymbol{p}+h\boldsymbol{u})-f(\boldsymbol{p})}{h} = \nabla f(\boldsymbol{p})\cdot\boldsymbol{u} + \boldsymbol{\varepsilon}(h\boldsymbol{u})\cdot\boldsymbol{u}$$

故当 $h\to 0$ 时命题得证.

例1　设 $f(x, y)=4x^2-xy+3y^2$, 求 f 在点 $(2, -1)$ 沿方向 $\boldsymbol{a}=4\boldsymbol{i}+3\boldsymbol{j}$ 上的方向导数.

解　依题意, 与 $\boldsymbol{a}$ 同向的单位向量为: $\boldsymbol{u}=\left(\frac{4}{5}\right)\boldsymbol{i}+\left(\frac{3}{5}\right)\boldsymbol{j}$, 因 $f_x(x, y)=8x-y$, $f_y(x, y)=-x+6y$, 且 $f_x(2, -1)=17$, $f_y(2, -1)=-8$, 则根据定理A, 有

$$D_{\boldsymbol{u}}f(2, -1) = \left\langle\frac{4}{5}, \frac{3}{5}\right\rangle\cdot\langle 17, -8\rangle = \frac{4}{5}\times 17 + \frac{3}{5}\times(-8) = \frac{44}{5}$$

在此我们并没有写出详细的解析过程, 但通过对该定理的一些改动, 对于三元以上的函数显然也是适用的.

例2　求函数 $f(x, y, z)=xy\sin z$ 在点 $(1, 2, \pi/2)$ 上沿方向 $\boldsymbol{a}=\boldsymbol{i}+2\boldsymbol{j}+2\boldsymbol{k}$ 的方向导数.

解 依题意，与 $\boldsymbol{a}$ 同向的单位向量为：$\boldsymbol{u}=\frac{1}{3}\boldsymbol{i}+\frac{2}{3}\boldsymbol{j}+\frac{2}{3}\boldsymbol{k}$，因

$$f_x(x, y, z)=y\sin z,\ f_y(x, y, z)=x\sin z,\ f_z(x, y, z)=xy\cos z$$

且

$$f_x(1, 2, \pi/2)=2,\ f_y(1, 2, \pi/2)=1,\ f_z(1, 2, \pi/2)=0$$

则

$$D_{\boldsymbol{u}}f(1, 2, \pi/2)=\frac{1}{3}\times 2+\frac{2}{3}\times 1+\frac{2}{3}\times 0=\frac{4}{3}$$

最大变化率 给定一个函数 f 和一个点 $\boldsymbol{p}$，自然而然就会想知道在哪个方向上函数 f 的值变化最快，即在哪个方向上 $D_{\boldsymbol{u}}f(\boldsymbol{p})$ 的值最大．根据点乘的几何意义(11.3 节)，可得

$$D_{\boldsymbol{u}}f(\boldsymbol{p}) = \boldsymbol{u}\cdot\nabla f(\boldsymbol{p}) = \|\boldsymbol{u}\|\,\|\nabla f(\boldsymbol{p})\|\cos\theta = \|\nabla f(\boldsymbol{p})\|\cos\theta$$

θ 是 $\boldsymbol{u}$ 与 $\nabla f(\boldsymbol{p})$ 之间的夹角．当 $\theta=0$，$D_{\boldsymbol{u}}f(\boldsymbol{p})$ 最大．当 $\theta=\pi$，$D_{\boldsymbol{u}}f(\boldsymbol{p})$ 最小．我们总结如下：

定理 B

在 $\boldsymbol{p}$ 点函数值沿梯度方向增加得最快(速率为 $\|\nabla f(\boldsymbol{p})\|$)，逆梯度方向减小得最快(速率为 $-\|\nabla f(\boldsymbol{p})\|$)．

例 3 一只虫子停在双曲抛物面 $z=y^2-x^2$ 上的点(1, 1, 0)上，如图 2 所示．该虫沿哪个方向向上爬是最陡的？求出该虫出发点的斜率．

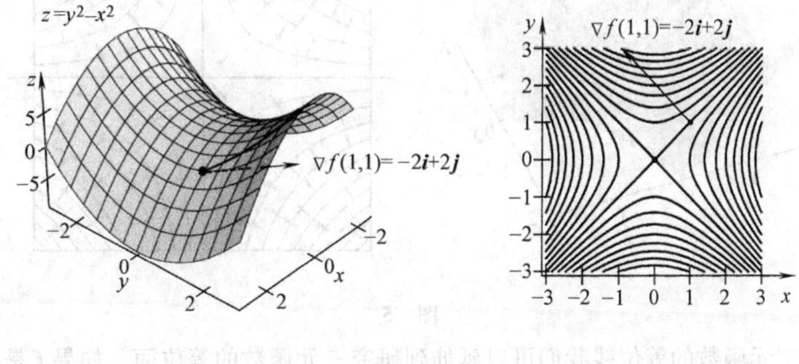

图 2

解 由 $f(x, y)=y^2-x^2$，$f_x(x, y)=-2x$，$f_y(x, y)=2y$，则

$$\nabla f(1,1) = f_x(1,1)\boldsymbol{i}+f_y(1,1)\boldsymbol{j} = -2\boldsymbol{i}+2\boldsymbol{j}$$

这虫子应该从点(1, 1, 0)出发，沿方向 $-2\boldsymbol{i}+2\boldsymbol{j}$ 爬，该方向的斜率为 $\|-2\boldsymbol{i}+2\boldsymbol{j}\|=\sqrt{8}=2\sqrt{2}$．

等位线和梯度 在 12.1 节中，曲面 $z=f(x, y)$ 的等位线是该面与平面 $z=k$ 的交线在 xy 面上的投影．在同一等位线上函数值是相同的，如图 3 所示．

用 L 表示经过 $f(x, y)$ 定义域内任意一点 $P(x, y)$ 的等位线．单位向量 $\boldsymbol{u}$ 与 L 相切于点 P．因为 $f(x, y)$ 的值在等位线上处处相等，当 $\boldsymbol{u}$ 与 L 相切时，它的偏导数 $D_{\boldsymbol{u}}f(x_0, y_0)$(在方向 $\boldsymbol{u}$ 上的变化率)为零(这个结论很直观，所以我们省略了证明步骤，并在 12.7 节会给出)．

因为 $\quad 0=D_{\boldsymbol{u}}f(x_0, y_0)=\nabla f(x_0, y_0)\cdot\boldsymbol{u}$

我们总结出 ∇f 与 $\boldsymbol{u}$ 互相垂直．这是一个很重要的结论．

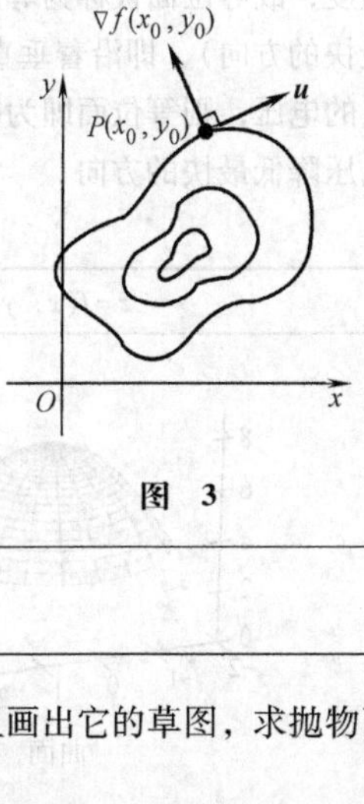

图 3

定理 C

f 在点 $\boldsymbol{p}$ 处的梯度和经过该点的等位线相垂直．

例 4 已知抛物面 $z=\frac{x^2}{4}+y^2$，找出该抛物面经过点 $P(2, 1)$ 的等位线并且画出它的草图，求抛物面在 P 点上的梯度向量并且以点 P 为始点画出该梯度．

解 对应于$z=k$的等高方程为$\frac{x^2}{4}+y^2=k$，求出k的值使得等位线经过点P，我们用$(2,1)$替代(x,y)，得$k=2$. 则经过点P的等位线的方程为椭圆

$$\frac{x^2}{8}+\frac{y^2}{2}=1$$

接着令$f(x,y)=x^2/4+y^2$，因为$f_x(x,y)=x/2$，$f_y(x,y)=2y$，则该抛物面在点$P(2,1)$的梯度为

$$\nabla f(2,1)=f_x(2,1)\boldsymbol{i}+f_y(2,1)\boldsymbol{j}=\boldsymbol{i}+2\boldsymbol{j}$$

在点P处的等位线和梯度如图4所示.

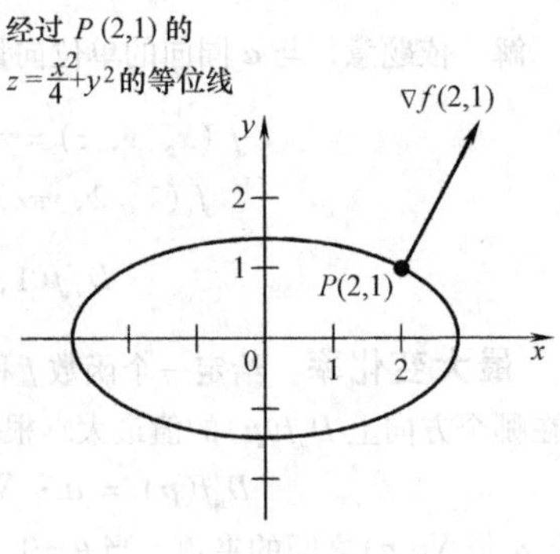

图 4

为了给出定理B和C的证明，我们利用计算机画出曲面$z=|xy|$的图形和它的等高线图以及梯度场，如图5所示. 注意梯度向量与等位线垂直，它指向函数值变化最快的方向.

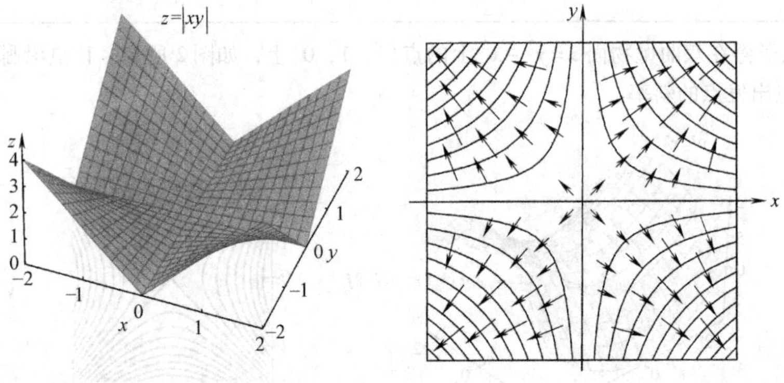

图 5

高维情形 从二元函数的等位线我们可以延伸到研究三元函数的等位面. 如果f是一个三元函数，则曲面$f(x,y,z)=k$(k是常数)是f的**等位面**. 在等位面上的所有点对应的f的值都相等，并且在f定义域内的点$P(x,y,z)$处f的梯度向量与经过点$P(x,y,z)$的等位面互相垂直.

在同介质的热传导问题中，$w=f(x,y,z)$给出了点(x,y,z)上的温度，因在等位面上的所有点都有相同的温度，故等位面被称为**等温面**. 在物体上的任意点处，热量都是逆着梯度的方向进行传递的(沿着温度降低最快的方向)，即沿着垂直于经过该点的等温面的方向上进行传导的. 如果$w=f(x,y,z)$给出了电压场中各点的电压，则等位面即为**等势面**了. 等势面上的所有点的电压相等，电流的方向与梯度的方向相反，即沿着电压降低最快的方向.

从二元函数到三元函数

$z=f(x,y)$	$w=f(x,y,z)$
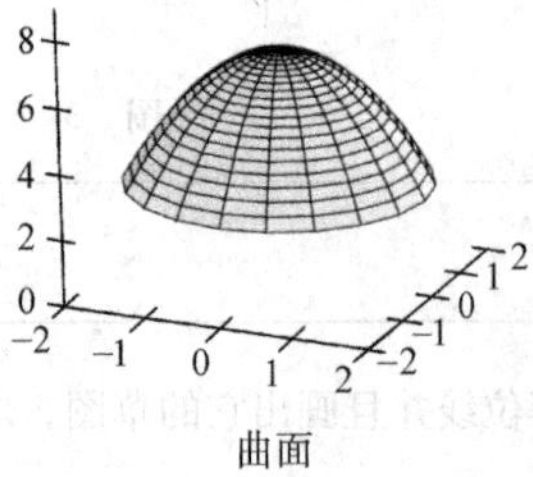 曲面	由于为4维空间，因此无法画图

（续）

$z=f(x, y)$	$w=f(x, y, z)$
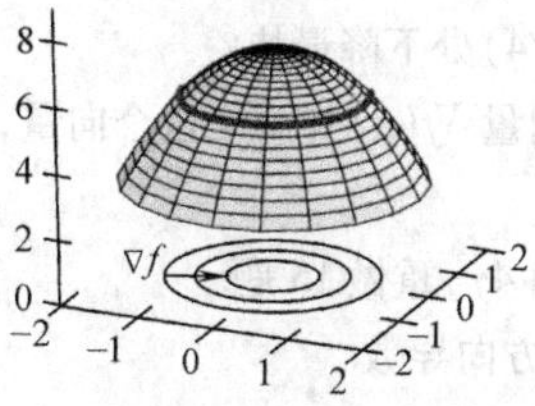 $f(x, y)=k$ 确定 xOy 平面上的等位线	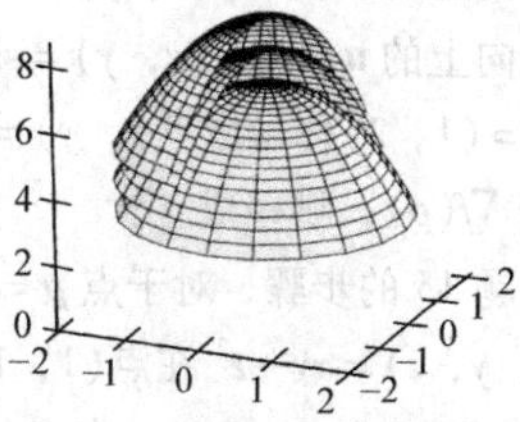 $f(x, y, z)=k$ 确定 xyz 空间的等位面
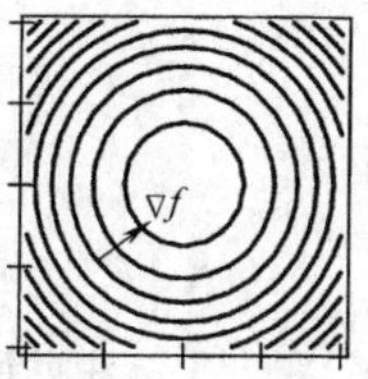 ∇f 为垂直于等位线的向量	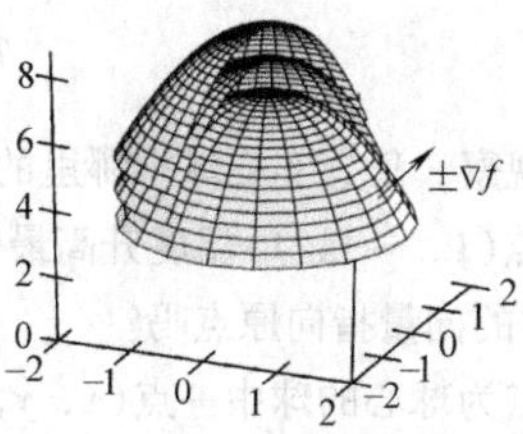 ∇f 为垂直于等位面的向量

例 5 如果一个密度均匀物体的任一点的温度是 $T=e^{xy}-xy^2-x^2yz$，求在点(1, −1, 2)处温度下降最快的方向.

解 在点(1, −1, 2)处温度下降最快的方向是在该点梯度的相反方向. 因为

$$\nabla T=(ye^{xy}-y^2-2xyz)\boldsymbol{i}+(xe^{xy}-2xy-x^2z)\boldsymbol{j}+(-x^2y)\boldsymbol{k}$$

所以我们得到在(1, −1, 2)处，$-\nabla T$ 是

$$(e^{-1}-3)\boldsymbol{i}-e^{-1}\boldsymbol{j}-\boldsymbol{k}$$

概念复习

1. f 在 $\boldsymbol{p}$ 的方向导数用单位向量 $\boldsymbol{u}$ 的方向表示为 $D_{\boldsymbol{u}}f(\boldsymbol{p})$，用 $\lim\limits_{h\to 0}$______来定义.
2. 如果 $\boldsymbol{u}=u_1\boldsymbol{i}+u_2\boldsymbol{j}$ 是单位向量，那么我们可以根据公式 $D_{\boldsymbol{u}}f(x, y)=$______来计算 $D_{\boldsymbol{u}}f(x, y)$.
3. 梯度向量 ∇f 总是指向 f 的______方向.
4. f 在点 P 的梯度向量总是垂直于过点 P 的 f 的______.

习题 12.5

在习题 1~8，求 f 在 $\boldsymbol{p}$ 点沿 $\boldsymbol{a}$ 方向上的方向导数.

1. $f(x, y)=x^2y$；$\boldsymbol{p}=(1, 2)$；$\boldsymbol{a}=3\boldsymbol{i}-4\boldsymbol{j}$
2. $f(x, y)=y^2\ln x$；$\boldsymbol{p}=(1, 4)$；$\boldsymbol{a}=\boldsymbol{i}-\boldsymbol{j}$
3. $f(x, y)=2x^2+xy-y^2$；$\boldsymbol{p}=(3, -2)$；$\boldsymbol{a}=\boldsymbol{i}-\boldsymbol{j}$
4. $f(x, y)=x^2-3xy+2y^2$；$\boldsymbol{p}=(-1, 2)$；$\boldsymbol{a}=2\boldsymbol{i}-\boldsymbol{j}$
5. $f(x, y)=e^x\sin y$；$\boldsymbol{p}=(0, \pi/4)$；$\boldsymbol{a}=\boldsymbol{i}+\sqrt{3}\boldsymbol{j}$
6. $f(x, y)=e^{-xy}$；$\boldsymbol{p}=(1, -1)$；$\boldsymbol{a}=-\boldsymbol{i}+\sqrt{3}\boldsymbol{j}$
7. $f(x, y, z)=x^3y-y^2z^2$；$\boldsymbol{p}=(-2, 1, 3)$；$\boldsymbol{a}=\boldsymbol{i}-2\boldsymbol{j}+2\boldsymbol{k}$
8. $f(x, y, z)=x^2+y^2+z^2$；$\boldsymbol{p}=(1, -1, 2)$；$\boldsymbol{a}=\sqrt{2}\boldsymbol{i}-\boldsymbol{j}-\boldsymbol{k}$

在习题 9~12，求 f 在 $\boldsymbol{p}$ 点增长最快方向上的单位向量，并求这个方向上的变化率.

9. $f(x, y)=x^3-y^5$；$\boldsymbol{p}=(2, -1)$

10. $f(x, y)=e^y\sin x$；$\boldsymbol{p}=(5\pi/6, 0)$

11. $f(x, y, z)=x^2yz$；$\boldsymbol{p}=(1, -1, 2)$

12. $f(x, y, z)=xe^{yz}$；$\boldsymbol{p}=(2, 0, -4)$

13. 哪个方向上的 $\boldsymbol{u}$ 使得 $f(x, y)=1-x^2-y^2$ 在点 $\boldsymbol{p}=(-1, 2)$ 处下降最快？

14. 哪个方向上的 $\boldsymbol{u}$ 使得 $f(x, y)=\sin(3x-y)$ 在点 $\boldsymbol{p}=(\pi/6, \pi/4)$ 处下降最快？

15. 过点 $\boldsymbol{p}=(1, 2)$ 作函数 $f(x, y)=y/x^2$ 的等位线，计算梯度向量 $\nabla f(\boldsymbol{p})$ 并画出这个向量，把它的起点放在点 $\boldsymbol{p}$. 对于 $\nabla f(\boldsymbol{p})$，哪些成立？

16. 按照习题 15 的步骤，对于点 $\boldsymbol{p}=(2, 1)$ 和函数 $f(x, y)=x^2+4y^2$ 重做 15 题.

17. 求 $f(x, y, z)=xy+z^2$ 在点 $(1, 1, 1)$ 指向点 $(5, -3, 3)$ 的方向导数.

18. 求函数 $f(x, y)=e^{-x}\cos y$ 在点 $(0, \pi/3)$ 指向原点的方向导数.

19. 以原点为球心的实心球上一点 (x, y, z) 的温度可以表示为

$$T(x,y,z)=\frac{200}{5+x^2+y^2+z^2}$$

(a) 通过观察，猜想实心球中哪里的温度最高.

(b) 求在点 $(1, -1, 1)$ 温度升高最快的方向的向量.

(c)(b) 中的向量指向原点吗？

20. 以原点为球心的球中一点 (x, y, z) 的温度是 $T(x, y, z)=100e^{-(x^2+y^2+z^2)}$. 注意到这个球在原点最热. 证明温度下降最快的方向总是一个指向原点反方向的向量.

21. 求 $f(x, y, z)=\sin\sqrt{x^2+y^2+z^2}$ 的梯度，证明这个梯度总是指向原点或背向原点的.

22. 假设点 (x, y, z) 的温度 T 只与其到原点的距离有关. 证明 T 上升最快的方向不是指向原点就是背向原点.

23. 在海平面上一座山在点 (x, y) 处的海拔是 $f(x, y)$. 一个登山者在点 $\boldsymbol{p}$ 处发现向东方向的斜率是 $-\frac{1}{2}$，向北方向的斜率是 $-\frac{1}{4}$. 问他朝哪个方向下山最快.

24. 已知 $f_x(2, 4)=-3$ 和 $f_y(2, 4)=8$，求 f 在点 $(2, 4)$ 指向 $(5, 0)$ 的方向导数.

25. 在海平面上一座山在点 (x, y) 处的海拔是 $3000e^{-(x^2+2y^2)/100}$ m. x 轴正向指向东方，y 轴正向指向北方. 一个登山者在 $(10, 10)$ 的正上方，如果她向西北方移动，那么她是以什么斜率在上升或下降？

26. 一块金属板上点 (x, y) 的温度是 $T(x, y)=10+x^2-y^2$，找出热量寻求仪（能自动沿着温度上升最快方向运动的仪器）以点 $(-2, 1)$ 开始的路径. 提示：该仪器沿着梯度方向的路径移动：

$$\nabla T=2x\boldsymbol{i}-2y\boldsymbol{j}$$

我们可以用参数的形式来这样描述路径

$$\boldsymbol{r}(t)=x(t)\boldsymbol{i}+y(t)\boldsymbol{j}.$$

我们希望 $x(0)=-2$，$y(0)=1$. 要按照要求的方向是指 $\boldsymbol{r}'(t)$ 应该与 ∇T 平行，而满足这个条件，只要 $\frac{x'(t)}{2x(t)}=-\frac{y'(t)}{2y(t)}$ 和 $x(0)=-2$，$y(0)=1$. 现在就可以解这个微分方程并计算任一定积分的值了.

27. 做习题 26，假设 $T(x, y)=20-2x^2-y^2$.

28. 点 $P(1, -1, -10)$ 在曲面 $z=-10\sqrt{|xy|}$ 上（见 12.4 节图 1）. 一个人从 P 点开始，在以下情形下应该向什么方向 $\boldsymbol{u}=u_1\boldsymbol{i}+u_2\boldsymbol{j}$ 移动？

(a) 爬得最快.　　(b) 在同一水平线上.　　(c) 以斜率 1 爬坡.

29. 在点 (x, y, z) 的摄氏温度表示为 $T=10/(x^2+y^2+z^2)$，距离的单位是 m. 一只蜜蜂以热点为原点以螺旋线飞离，它在时间 ts 内的位置向量是 $\boldsymbol{r}=t\cos\pi t\boldsymbol{i}+t\sin\pi t\boldsymbol{j}+t\boldsymbol{k}$. 判断以下情形 T 的变化率.

(a) 在 $t=1$ 时，T 相对于距离的变化率. (b) 在 $t=1$ 时，T 相对于时间的变化率（用两种方法做）.

30. 令 $\boldsymbol{u}=(3\boldsymbol{i}-4\boldsymbol{j})/5$，$\boldsymbol{v}=(4\boldsymbol{i}+3\boldsymbol{j})/5$，假设有点 P，并且 $D_{\boldsymbol{u}}f=-6$，$D_{\boldsymbol{v}}f=17$.

(a) 求点 P 处的 ∇f.

(b)在(a)中有 $\|\nabla f\|^2=(D_u f)^2+(D_v f)^2$，证明只要 $\boldsymbol{u}$ 和 v 互相垂直，这个关系总是成立的.

31. 图 6 所示为一个 60ft 高的山的等高线图，假设这座山的表达式 $z=f(x, y)$.

(a) A 是山上的一点，一个雨滴在 A 点之上沿着最陡的路径下降抵达 xy 平面的点 A'. 画出这条路径并判断 A'的位置.

(b) 对点 B 完成同样的工作.

(c) 当 $\boldsymbol{u}=(\boldsymbol{i}+\boldsymbol{j})/\sqrt{2}$时，判断 C 点的 f_x，D 点的 f_y 和 E 点的 $D_u f$.

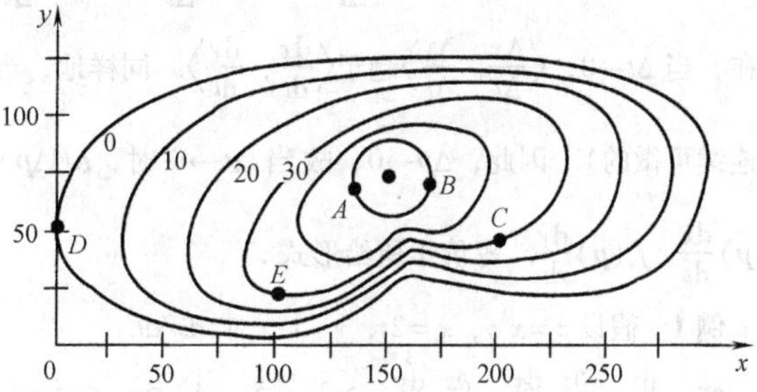

图 6

32. 根据定理 A，f 在点 $\boldsymbol{p}$ 的可微性意味着 $D_u f(\boldsymbol{p})$在各个方向的存在性. 通过思考$f(x, y)=\begin{cases}1, & 0<y<x^2 \\ 0, & 其他\end{cases}$在原点的情形，来证明其逆命题是错误的.

CAS 33. 作 $z=x^2-y^2$ 在 $-5\leqslant x\leqslant 5$，$-5\leqslant y\leqslant 5$ 上的图形，并作出它的等高线图和梯度场，由此说明定理 B 和 C. 接着，若离开这个曲面的水珠落在 xy 面上$(-5, -0.1)$处，估计水珠在曲面上的位置.

CAS 34. 按照习题 33 的要求做 $z=x-x^3/9-y^2$.

CAS 35. 对于 $z=x^3-3xy^2$，$-5\leqslant x\leqslant 5$，$-5\leqslant y\leqslant 5$，离开这个曲面的水珠落在 xy 坐标平面上$(5, -0.2)$处，估计水珠在曲面上的位置.

CAS 36. 已知曲面 $z=\sin x+\sin y-\sin(x+y)$，$0\leqslant x\leqslant 2\pi$，$0\leqslant y\leqslant 2\pi$. 在曲面上的水珠自哪里开始滚动至 xy 面上点$(4, 1)$最终静止?

概念复习答案：

1. $[f(\boldsymbol{p}+h\boldsymbol{u})-f(\boldsymbol{p})]/h$ 2. $u_1 f_x(x, y)+u_2 f_y(x, y)$ 3. 增大最快 4. 等位线

12.6 链式法则

到现在为止，我们已经很熟悉一元复合函数的的链式法则，即如果 $y=f(x(t))$且 f 和 x 都是可微的函数，那么$\frac{dy}{dt}=\frac{dy}{dx}\frac{dx}{dt}$. 现在我们的目标是推而广之，使其适用于含多个变量的函数即多元函数.

优点和一般性

一元函数的链式法则(2.5 节定理 A)在一般情况成立吗? 答案是肯定的，这里有关于它的一个特别的陈述. 令 $\mathbf{R}$ 代表实数且 $\mathbf{R}^n$ 表示欧几里得 n 维空间，g 为从 $\mathbf{R}$ 到 $\mathbf{R}^n$ 的函数，f 是从 $\mathbf{R}^n$ 到 $\mathbf{R}$ 的函数. 如果 g 在 t 处可微且 f 在 $g(t)$处可微，则复合函数$f\circ g$ 在 t 点可微，且

$$(f\circ g)'(t)=\nabla f(g(t))\cdot g'(t)$$

第一种类型 如果 $z=f(x, y)$，x 和 y 都是关于 t 的函数，求$\frac{dz}{dt}$，这里有一个关于它的公式.

定理 A 链式法则

设 $x=x(t)$，$y=y(t)$在 t 处可微，且 $z=f(x, y)$在$(x(t), y(t))$处可微. 那么 $z=f(x(t), y(t))$在 t 处可微，而且$\frac{dz}{dt}=\frac{\partial z}{\partial x}\frac{dx}{dt}+\frac{\partial z}{\partial y}\frac{dy}{dt}$.

证明　我们模仿附录 A.2 和定理 B 的证法. 为了简化表示，令

$\boldsymbol{p}=(x,y),\Delta\boldsymbol{p}=(\Delta x,\Delta y),\Delta z=f(\boldsymbol{p}+\Delta\boldsymbol{p})-f(\boldsymbol{p})$. 由于 f 是可微的，则

$\Delta z=f(\boldsymbol{p}+\Delta\boldsymbol{p})-f(\boldsymbol{p})=\nabla f(\boldsymbol{p})\cdot\Delta\boldsymbol{p}+\boldsymbol{\varepsilon}(\Delta\boldsymbol{p})\cdot\Delta\boldsymbol{p}=f_x(\boldsymbol{p})\Delta x+f_y(\boldsymbol{p})\Delta y+\boldsymbol{\varepsilon}(\Delta\boldsymbol{p})\cdot\Delta\boldsymbol{p}$,

且当 $\Delta\boldsymbol{p}\to\mathbf{0}$ 时，$\boldsymbol{\varepsilon}(\Delta\boldsymbol{p})\to 0$.

两边都除以 Δt，得到

$$\frac{\Delta z}{\Delta t}=f_x(\boldsymbol{p})\frac{\Delta x}{\Delta t}+f_y(\boldsymbol{p})\frac{\Delta y}{\Delta t}+\boldsymbol{\varepsilon}(\Delta\boldsymbol{p})\cdot\left\langle\frac{\Delta x}{\Delta t},\frac{\Delta y}{\Delta t}\right\rangle \tag{1}$$

现在，当 $\Delta t\to 0$，$\left\langle\frac{\Delta x}{\Delta t},\ \frac{\Delta y}{\Delta t}\right\rangle$趋于$\left\langle\frac{dx}{dt},\ \frac{dy}{dt}\right\rangle$. 同样地，当 $\Delta t\to 0$，Δx 和 Δy 都趋于 0（记住，$x(t)$ 和 $y(t)$ 都是连续可微的）. 因此，$\Delta\boldsymbol{p}\to 0$，故当 $\Delta t\to 0$ 时，$\boldsymbol{\varepsilon}(\Delta\boldsymbol{p})\to\mathbf{0}$. 通常，我们在式(1)中令 $\Delta t\to 0$，得到 $\frac{dz}{dt}=f_x(\boldsymbol{p})\frac{dx}{dt}+f_y(\boldsymbol{p})\frac{dy}{dt}$. 等价于所给形式.

例 1　假设 $z=x^3y$，$x=2t$，$y=t^2$，求 dz/dt.

解　$\frac{dz}{dt}=\frac{\partial z}{\partial x}\frac{dx}{dt}+\frac{\partial z}{\partial y}\frac{dy}{dt}=3x^2y\times 2+x^3\times 2t=6(2t)^2\cdot t^2+2(2t)^3\cdot t=40t^4$.

我们也可以不用链式法则来做例 1，可直接代换，$z=x^3yx=(2t)^3\cdot t^2=8t^5$，因而 $dz/dt=40t^4$. 然而，直接的代换通常是不可用和不方便的——请看下面的例子.

例 2　当一个正圆柱被加热，它的半径 r 和高度 h 便不断增加；因此它的表面积 S 也随之增加. 假设在某一瞬间，当 $r=10$cm，$h=100$cm 时，r 以 0.2cm/h 增长，h 以 0.5cm/h 增长. 在这一瞬间，S 的增长速度如何?

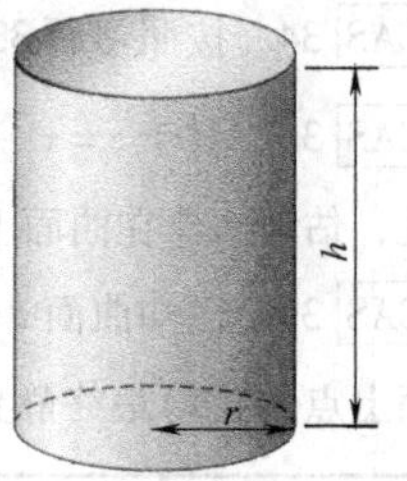

图 1

解　求一个圆柱(图 1)总表面积的公式是 $S=2\pi rh+2\pi r^2$，因此

$$\frac{dS}{dt}=\frac{\partial S}{\partial r}\frac{dr}{dt}+\frac{\partial S}{\partial h}\frac{dh}{dt}=(2\pi h+4\pi r)\times 0.2+2\pi r\times 0.5$$

当 $r=10$，$h=100$ 时，

$$\frac{dS}{dt}=(2\pi\times 100+4\pi\times 10)\times 0.2+2\pi\times 10\times 0.5\text{cm}^2/\text{h}=58\pi\text{cm}^2/\text{h}$$

正如下面这个例子，定理 A 的结果很容易地被扩展为三元函数的情形.

例 3　假设 $w=x^2y+y+xz$，$x=\cos\theta$，$y=\sin\theta$，$z=\theta^2$. 求 $dw/d\theta$，并计算它在 $\theta=\pi/3$ 时的值.

解

$$\begin{aligned}\frac{dw}{d\theta}&=\frac{\partial w}{\partial x}\frac{dx}{d\theta}+\frac{\partial w}{\partial y}\frac{dy}{d\theta}+\frac{\partial w}{\partial z}\frac{dz}{d\theta}\\&=(2xy+z)(-\sin\theta)+(x^2+1)\cos\theta+x\times 2\theta\\&=-2\cos\theta\sin^2\theta-\theta^2\sin\theta+\cos^3\theta+\cos\theta+2\theta\cos\theta\end{aligned}$$

在 $\theta=\pi/3$ 处

$$\left.\frac{dw}{d\theta}\right|_{\theta=\frac{\pi}{3}}=-2\times\frac{1}{2}\times\frac{3}{4}-\frac{\pi^2}{9}\frac{\sqrt{3}}{2}+\left(\frac{1}{4}+1\right)\times\frac{1}{2}+\frac{2\pi}{3}\times\frac{1}{2}=-\frac{1}{8}-\frac{\pi^2\sqrt{3}}{18}+\frac{\pi}{3}$$

第二种类型　假设 $z=f(x,\ y)$，$x=x(s,\ t)$，$y=y(s,\ t)$，求 $\partial z/\partial s$ 和 $\partial z/\partial t$.

定理 B　链式法则

设 $x=x(s,\ t)$，$y=(s,\ t)$ 在 $(s,\ t)$ 一阶偏导数存在，$z=f(x,\ y)$ 在 $(x(s,\ t),\ y(s,\ t))$ 可微，则 $z=f(x(s,\ t),y(s,\ t))$ 有一阶偏导数，并且

1. $\frac{\partial z}{\partial s}=\frac{\partial z}{\partial x}\frac{\partial x}{\partial s}+\frac{\partial z}{\partial y}\frac{\partial y}{\partial s}$;　2. $\frac{\partial z}{\partial t}=\frac{\partial z}{\partial x}\frac{\partial x}{\partial t}+\frac{\partial z}{\partial y}\frac{\partial y}{\partial t}$.

证明　如果 s 固定，那么 $x(s,t)$ 和 $y(s,t)$ 变成只是关于 t 的函数，那就意味着可以应用定理 A 了，当我们在

这个定理中用∂代替 d，对于$\frac{\partial z}{\partial t}$我们固定 s 得到定理中第二个公式；对于$\frac{\partial z}{\partial s}$，我们可以使 t 固定，用同样的方式得到.

例 4 如果 $z=3x^2-y^2$，$x=2s+7t$，$y=5st$，求$\partial z/\partial t$，并用 s 和 t 来表达.

解

$$\begin{aligned}\frac{\partial z}{\partial t} &= \frac{\partial z}{\partial x}\frac{\partial x}{\partial t}+\frac{\partial z}{\partial y}\frac{\partial y}{\partial t}\\ &= 6x\times 7+(-2y)\times 5s = 42(2s+7t)-10st\times 5s\\ &= 84s+294t-50s^2t\end{aligned}$$

当然，如果我们把 x，y 的表达式代入 z 的表达式，然后再对 t 求一阶偏导数，可以得到同样的结果.

$$\begin{aligned}\frac{\partial z}{\partial t} &= \frac{\partial}{\partial t}[3(2s+7t)^2-(5st)^2] = \frac{\partial}{\partial t}(12s^2+84st+147t^2-25s^2t^2)\\ &= 84s+294t-50s^2t\end{aligned}$$

下面我们看看三元函数的相应做法.

例 5 如果 $w=x^2+y^2+z^2+xy$，$x=st$，$y=s-t$，并且 $z=s+2t$，求$\partial w/\partial t$.

解

$$\begin{aligned}\frac{\partial w}{\partial t} &= \frac{\partial w}{\partial x}\frac{\partial x}{\partial t}+\frac{\partial w}{\partial y}\frac{\partial y}{\partial t}+\frac{\partial w}{\partial z}\frac{\partial z}{\partial t}\\ &= (2x+y)s+(2y+x)(-1)+2z\times 2\\ &= (2st+s-t)s+(2s-2t+st)(-1)+(2s+4t)\times 2\\ &= 2s^2t+s^2-2st+2s+10t\end{aligned}$$

隐函数 假设 $F(x, y)=0$ 把 y 隐式地定义为 x 的一个函数，如 $y=g(x)$，只是这个函数 g 很难或者不可能写成显式的形式. 但我们仍然可以求出$\frac{\mathrm{d}y}{\mathrm{d}x}$，其中一个方法是隐式求导，这种方法在 2.7 节已经讨论过. 这里介绍另外一种方法.

首先利用链式法则，对等式 $F(x, y)=0$ 两边关于 x 求导. 我们得到

$$\frac{\partial F}{\partial x}\frac{\mathrm{d}x}{\mathrm{d}x}+\frac{\partial F}{\partial y}\frac{\mathrm{d}y}{\mathrm{d}x}=0$$

求解出 $\mathrm{d}y/\mathrm{d}x$ 得

$$\boxed{\frac{\mathrm{d}y}{\mathrm{d}x}=-\frac{\partial F/\partial x}{\partial F/\partial y}}$$

例 6 已知 $x^3+x^2y-10y^4=0$，求 $\mathrm{d}y/\mathrm{d}x$，分别利用：

(a) 链式法则； (b) 隐函数求导.

解 (a)令 $F(x, y)=x^3+x^2y-10y^4$，则

$$\frac{\mathrm{d}y}{\mathrm{d}x}=-\frac{\partial F/\partial x}{\partial F/\partial y}=-\frac{3x^2+2xy}{x^2-40y^3}$$

(b) 对等式两边关于 x 求导，得到

$$3x^2+x^2\frac{\mathrm{d}y}{\mathrm{d}x}+2xy-40y^3\frac{\mathrm{d}y}{\mathrm{d}x}=0$$

求出 $\mathrm{d}y/\mathrm{d}x$ 得到结果，与我们利用链式法则所得结果一样.

如果 z 是 x 和 y 的一个隐函数，定义 $F(x, y, z)=0$. 这时固定 y，对等式两边关于 x 求导，可以得到

$$\frac{\partial F}{\partial x}\frac{\partial x}{\partial x}+\frac{\partial F}{\partial y}\frac{\partial y}{\partial x}+\frac{\partial F}{\partial z}\frac{\partial z}{\partial x}=0$$

如果求出$\partial z/\partial x$，并注意到$\partial y/\partial x=0$，我们可以得到下面的第一个等式. 类似地，令 x 固定，关于 y 求导，可以得到第二个等式.

$$\boxed{\frac{\partial z}{\partial x}=-\frac{\partial F/\partial x}{\partial F/\partial z},\quad \frac{\partial z}{\partial y}=-\frac{\partial F/\partial y}{\partial F/\partial z}}$$

例7　如果 $F(x, y, z)=x^3e^{y+z}-y\sin(x-z)=0$，把 z 隐式地定义成 x 和 y 的一个函数，求 $\partial z/\partial x$.

解
$$\frac{\partial z}{\partial x}=-\frac{\partial F/\partial x}{\partial F/\partial z}=-\frac{3x^2e^{y+z}-y\cos(x-z)}{x^3e^{y+z}+y\cos(x-z)}$$

概念复习

1. 如果 $z=f(x, y)$，其中 $x=g(x)$，$y=h(t)$，则根据链式法则，$dz/dt=$__________.
2. 如果 $z=xy^2$，其中 $x=\sin t$，$y=\cos t$，则 $dz/dt=$__________.
3. 如果 $z=f(x, y)$，其中 $x=g(s, t)$，$y=h(s, t)$，则根据链式法则 $\partial z/\partial t=$__________.
4. 如果 $z=xy^2$，其中 $x=st$，$y=s^2+t^2$，则 $\partial z/\partial t$ 在 $s=1$，$t=1$ 时的值为__________.

习题12.6

在习题1～6中，利用链式法则计算 dw/dt，并把答案用 t 表示出来.

1. $w=x^2y^3$；$x=t^3$，$y=t^2$
2. $w=x^2y-y^2x$；$x=\cos t$，$y=\sin t$
3. $w=e^x\sin y+e^y\sin x$；$x=3t$，$y=2t$
4. $w=\ln(x/y)$；$x=\tan t$，$y=\sec^2 t$
5. $w=\sin(xyz^2)$；$x=t^3$，$y=t^2$，$z=t$
6. $w=xy+yz+xz$；$x=t^2$，$y=1-t^2$，$z=1-t$

在习题7～12题中，利用链式法则计算 $\partial w/\partial t$，并把答案用 s 和 t 表示出来.

7. $w=x^2y$；$x=st$，$y=s-t$
8. $w=x^2-y\ln x$；$x=s/t$，$y=s^2t$
9. $w=e^{x2+y2}$；$x=s\sin t$，$y=t\sin s$
10. $w=\ln(x+y)-\ln(x-y)$；$x=te^s$，$y=e^{st}$
11. $w=\sqrt{x^2+y^2+z^2}$；$x=\cos st$，$y=\sin st$，$z=s^2t$
12. $w=e^{xy+z}$；$x=s+t$，$y=s-t$，$z=t^2$
13. 如果 $z=x^2y$，$x=2t+s$，$y=1-st^2$，计算 $\left.\frac{\partial z}{\partial t}\right|_{s=1,t=-2}$
14. 如果 $z=xy+x+y$，$x=r+s+t$，且 $y=rst$，计算 $\left.\frac{\partial z}{\partial s}\right|_{r=1,s=-1,t=2}$
15. 如果 $w=u^2-u\tan v$，$u=x$，$v=\pi x$，计算 $\left.\frac{dw}{dx}\right|_{x=1/4}$
16. 如果 $w=x^2y+z^2$，$x=\rho\cos\theta\sin\phi$，$y=\rho\sin\theta\sin\phi$，$z=\rho\cos\phi$，计算
$$\left.\frac{\partial w}{\partial\theta}\right|_{\rho=2,\theta=\pi,\phi=\pi/2}$$

17. 通常被加工成木材的是树的主干部分，它是一个近似于圆柱的几何体. 如果某一棵树的树干的半径每年增长 $\frac{1}{2}$in，而它的高度每年增加8in，则当树干的半径是20in、高度是400in的时候，它的体积以多大的速度增长？把你的答案用板英尺每年表示出来(1板英尺＝1in×12in×12in).

18. 一块金属板在(x, y)点的温度是 e^{-x-3y}℃. 一个小虫以 $\sqrt{8}$ft/min 的速率朝东北方向爬行(即 $dx/dt=dy/dt=2$). 则对小虫来说，当它经过原点时，温度随时间怎样变化？

19. 一个玩具船从一个男孩的手中滑落到一条笔直的河中. 河流载着玩具船以5ft/s的速度流走. 一股侧风以4ft/s的速度把它垂直向对岸吹去. 如果男孩以3ft/s的速度沿着岸边追小船，则当 $t=3$s 时，小船以怎样的速度远离他？

20. 沙子以这样一种方式倾泻下来形成一个圆锥形沙堆：在某一时刻沙堆的高度是100in，并以3in/min的速度增加；而底部半径是40in，以2in/min的速度增加. 问沙堆的体积在这一时刻以什么速度增大.

在习题21～24题中，利用例6(a)中的方法计算 dy/dx.

21. $x^3+2x^2y-y^3=0$
22. $ye^{-x}+5x-17=0$
23. $x\sin y+y\cos x=0$
24. $x^2\cos y-y^2\sin x=0$
25. 如果 $3x^2z+y^3-xyz^3=0$，计算 $\partial z/\partial x$(例7).

26. 如果 $ye^{-x}+z\sin x=0$，计算 $\partial x/\partial z$(例 7)

27. 如果 $T=f(x, y, z, w)$，且 x，y，z 和 w 都是 s 和 t 的函数，写一个关于 $\partial T/\partial s$ 的链式法则.

28. 令 $z=f(x, y)$，其中 $x=r\cos\theta$，$y=r\sin\theta$. 证明

$$\left(\frac{\partial z}{\partial x}\right)^2+\left(\frac{\partial z}{\partial y}\right)^2=\left(\frac{\partial z}{\partial r}\right)^2+\frac{1}{r^2}\left(\frac{\partial z}{\partial \theta}\right)^2$$

29. 物理学中的波动方程是一个偏微分方程 $\frac{\partial^2 y}{\partial t^2}=c^2\frac{\partial^2 y}{\partial x^2}$，其中，$c$ 是一个常量. 证明：如果 f 是任意一个二阶微分方程，那么 $y(x,t)=\frac{1}{2}[f(x-ct)+f(x+ct)]$ 满足波动方程.

30. 证明：如果 $w=f(r-s,s-t,t-r)$，则 $\frac{\partial w}{\partial r}+\frac{\partial w}{\partial s}+\frac{\partial w}{\partial t}=0$.

31. 令 $F(t)=\int_{g(t)}^{h(t)}f(u)\,du$，其中，$f$ 连续，且 g 和 h 可微. 证明

$$F'(t)=f(h(t))h'(t)-f(g(t))g'(t)$$

并利用这个结果计算 $F'(\sqrt{2})$，其中 $F(t)=\int_{\sin\sqrt{2}\pi t}^{t^2}\sqrt{9+u^4}\,du$.

32. 如果对于所有 $t>0$，都有 $f(tx, ty)=tf(x, y)$，则称方程 $f(x, y)$ 为一阶齐次方程. 例如，$f(x, y)=x+ye^{y/x}$ 可以满足这个条件. 试证明欧拉定理：一阶齐次方程满足

$$f(x,y)=x\frac{\partial f}{\partial x}+y\frac{\partial f}{\partial y}$$

提示：令 $f(x, y)$ 表示投入 x 单位的资金和 y 单位的劳动力后的产出量. 那么 f 是一个齐次方程(比方说，投入双倍的资金和劳动力会使产出加倍). 欧拉定理断言了经济学的一条重要定律，它可以表达为：产出量 $f(x, y)$ 等于资金的耗费量加上劳动力的投入量，前提是两者以各自的边际利率 $\partial f/\partial x$ 和 $\partial f/\partial y$ 被支付.

C 33. 从同一点 P 出发，飞机 A 朝正东方向飞行，而飞机 B 沿北偏东 50°的方向飞行. 在某一时刻，A 离 P 点 200mile，飞行速度为 450mile/h；B 离 P 点 150 英里，飞行速度为 400mile/h. 则在该时刻，它们以什么速度远离对方？

34. 回忆一下牛顿万有引力定律，它断言了两个质量分别为 M 和 m 的物体之间吸引力 F 的大小为 $F=GMm/r^2$，其中，r 是两者间的距离，G 是一个常量. 令质量为 M 的物体放置在原点，并假设另一个拥有可变质量 m 的物体(例如燃料的消耗)正远离原点运动，它的位置矢量是 $\mathbf{r}=x\mathbf{i}+y\mathbf{j}+z\mathbf{k}$. 请写出 dF/dt 的表达式，并用 m，x，y 和 z 关于时间的导数表示出来.

概念复习答案：

1. $\frac{\partial z}{\partial x}\frac{dx}{dt}+\frac{\partial z}{\partial y}\frac{dy}{dt}$　2. $y^2\cos t+2xy(-\sin t)=\cos^3 t-2\sin^2 t\cos t$

3. $\frac{\partial z}{\partial x}\frac{\partial x}{\partial t}+\frac{\partial z}{\partial y}\frac{\partial y}{\partial t}$　4. 12

12.7 切平面及其近似

我们在 12.4 节中介绍过关于曲面的切平面的概念，但是仅仅处理了方程为 $z=f(x, y)$ 形式的曲面(图 1). 现在我们要考虑由 $F(x, y, z)=k$ 所确定的更加一般的曲面(注意 $z=f(x, y)$ 也可以写成 $F(x, y, z)=f(x, y)-z=0$). 考虑在该曲面上经过点 (x_0, y_0, z_0) 的一条曲线，如果 $x=x(t)$，$y=y(t)$，$z=z(t)$ 是这条曲线的参数方程，则对于所有 t，都有

$$F(x(t),y(t),z(t))=k$$

根据链式法则

$$\frac{\mathrm{d}F}{\mathrm{d}t}=\frac{\partial F}{\partial x}\frac{\mathrm{d}x}{\mathrm{d}t}+\frac{\partial F}{\partial y}\frac{\mathrm{d}y}{\mathrm{d}t}+\frac{\partial F}{\partial z}\frac{\mathrm{d}z}{\mathrm{d}t}=\frac{\mathrm{d}}{\mathrm{d}t}(k)=0$$

我们也可以把它用 F 的梯度以及曲线位置矢量 $\boldsymbol{r}(t)=x(t)\boldsymbol{i}+y(t)\boldsymbol{j}+z(t)\boldsymbol{k}$ 的导数表示出来

$$\nabla F\cdot\frac{\mathrm{d}\boldsymbol{r}}{\mathrm{d}t}=0$$

我们在前面(11.5 节)已经知道，$\mathrm{d}\boldsymbol{r}/\mathrm{d}t$ 与该曲线相切．可以得出结论，在 (x_0, y_0, z_0) 上的梯度垂直于经过该点的切线.

上面的论断对于位于曲面 $F(x, y, z)=k$ 上的经过点 (x_0, y_0, z_0) 的所有曲线都成立(图 2)．这样就引出了下面的一般定义．

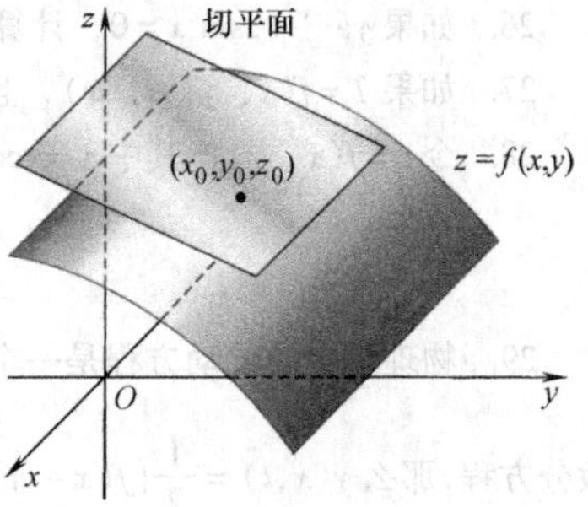

图 1

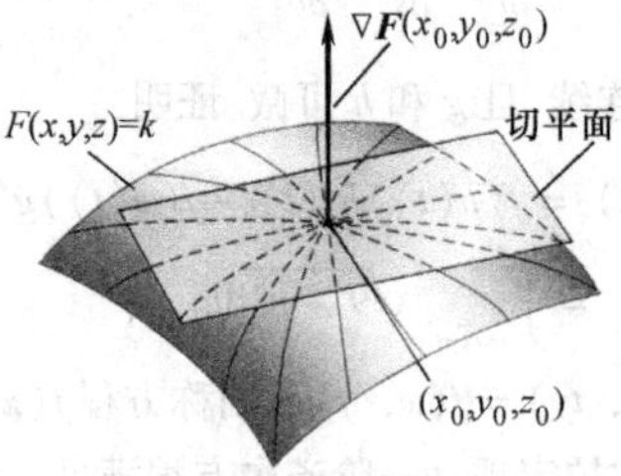

图 2

定义

令 $F(x, y, z)=k$ 确定一个曲面，假设 F 在曲面上一点 $P(x_0, y_0, z_0)$ 处可微，且 $\nabla F(x_0, y_0, z_0)\neq\mathbf{0}$．则通过 P 并且垂直于 $\nabla F(x_0, y_0, z_0)$ 的平面称为该曲面在 P 点的切平面.

利用这个定义和 11.3 节的内容，我们可以写出切平面的方程.

定理 A　切平面

曲面 $F(x, y, z)=k$ 在点 (x_0, y_0, z_0) 处的切平面方程是

$$\nabla F(x_0,y_0,z_0)\cdot\langle x-x_0,y-y_0,z-z_0\rangle=0$$

即

$$F_x(x_0,y_0,z_0)(x-x_0)+F_y(x_0,y_0,z_0)(y-y_0)+F_z(x_0,y_0,z_0)(z-z_0)=0$$

特别地，对于曲面 $z=f(x, y)$，在 $(x_0, y_0, f(x_0, y_0))$ 的切平面方程为

$$z-z_0=f_x(x_0,y_0)(x-x_0)+f_y(x_0,y_0)(y-y_0)$$

证明　第一个结论是显而易见的，第二个结论则可通过考虑 $F(x, y, z)=f(x, y)-z$，由第一个得出．

如果 z 是 x、y 的一个函数，比方说 $z=f(x, y)$，则根据定理 A 的第二个结论，我们可以将切平面方程写成

$$z-f(x_0,y_0)=f_x(x_0,y_0)(x-x_0)+f_y(x_0,y_0)(y-y_0)$$

令 $\boldsymbol{p}=(x, y)$，$\boldsymbol{p}_0=(x_0, y_0)$，注意到切平面方程

$$\begin{aligned}z&=f(x_0,y_0)+\langle f_x(x_0,y_0),f_y(x_0,y_0)\rangle\cdot\langle x-x_0,y-y_0\rangle\\&=f(\boldsymbol{p}_0)+\nabla f(\boldsymbol{p}_0)\cdot(\boldsymbol{p}-\boldsymbol{p}_0)\end{aligned}$$

因此，我们在这一节中对切平面的定义与 12.4 节中的定义一致.

例 1　求曲面 $z=x^2+y^2$ 在点 $(1, 1, 2)$ 处的切平面方程(图 3).

解　令 $f(x, y)=x^2+y^2$，注意到 $\nabla f(x, y)=2x\boldsymbol{i}+2y\boldsymbol{j}$．所以，$\nabla f(1, 1)=2\boldsymbol{i}+2\boldsymbol{j}$，根据定理 A，待求方程为

$$z-2=2(x-1)+2(y-1)$$

或者写成

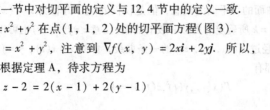

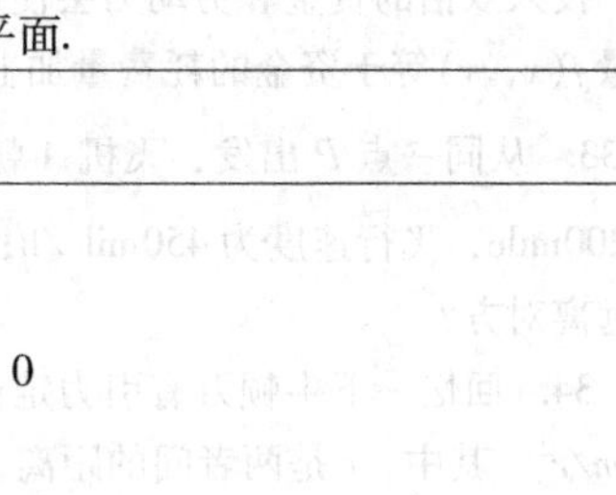

图 3

$$2x+2y-z=2$$

例2 求曲面 $x^2+y^2+2z^2=23$ 在点(1, 2, 3)处的切平面方程和法线方程.

解 令 $F(x,y,z)=x^2+y^2+2z^2-23$，则 $\nabla F(x,y,z)=2x\boldsymbol{i}+2y\boldsymbol{j}+4z\boldsymbol{k}$，$\nabla F(1,2,3)=2\boldsymbol{i}+4\boldsymbol{j}+12\boldsymbol{k}$. 根据定理A，点(1, 2, 3)处切平面方程是

$$2(x-1)+4(y-2)+12(z-3)=0$$

类似地，通过点(1, 2, 3)的法线的对称方程是

$$\frac{x-1}{2}=\frac{y-2}{4}=\frac{z-3}{12}$$

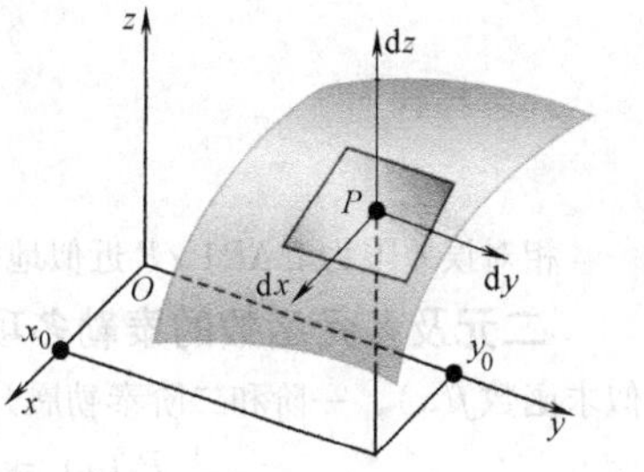

图 4

微分在近似计算上的应用 令 $z=f(x,y)$，并且 $P(x_0,y_0,z_0)$是相应曲面上的固定点. 通过引入新坐标系(dx, dy, dz坐标系)来代替旧坐标系，P是原点(图4). 在旧的坐标系中，P点处的切平面满足等式

$$z-z_0=f_x(x_0,y_0)(x-x_0)+f_y(x_0,y_0)(y-y_0)$$

但是在新的坐标系中这个方程有一个简单的形式

$$dz=f_x(x_0,y_0)dx+f_y(x_0,y_0)dy$$

这样，就引出了一个定义：

> **定义**
>
> 令 $z=f(x,y)$，f是一个可微函数，并且dx和dy(称为x和y的微分)是变量. 因变量的微分为dz，也称为f的全微分并且写作 $df(x,y)$，定义为
>
> $$dz=df(x,y)=f_x(x,y)dx+f_y(x,y)dy=\nabla f\cdot\langle dx,dy\rangle$$

如果 $dx=\Delta x$ 和 $dy=\Delta y$ 分别表示在x和y上的细微变化，在此情况下dz就有意义，那么dz就是Δz的一个很好的近似值. 这个关系在图5中显示了，如果dz不是对Δz的一个很好的近似值，可以看到当Δx和Δy变得越来越小的时候，这个情况会有所改善.

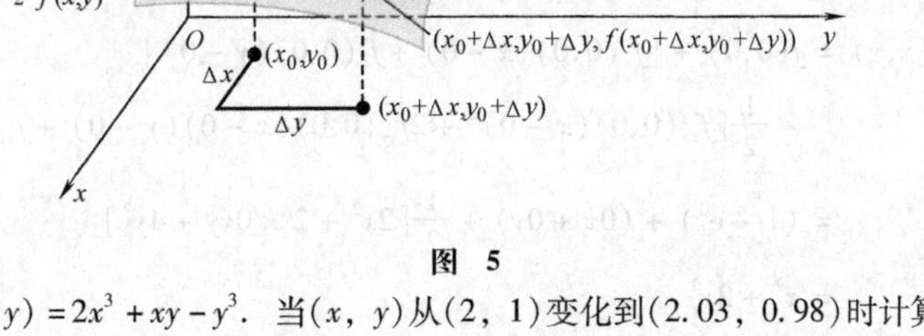

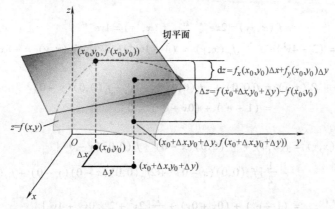

图 5

例3 令 $z=f(x,y)=2x^3+xy-y^3$. 当(x,y)从(2, 1)变化到(2.03, 0.98)时计算Δz和dz.

解

$$\begin{aligned}\Delta z&=f(2.03,0.98)-f(2,1)\\&=2\times2.03^3+2.03\times0.98-0.98^3-(2\times2^3+2\times1-1^3)\\&=0.779062\end{aligned}$$

$$dz=f_x(x,y)\Delta x+f_y(x,y)\Delta y=(6x^2+y)\Delta x+(x-3y^2)\Delta y$$

在(2, 1)处有 $\Delta x=0.03$，$\Delta y=-0.02$，则

$$dz=25\times0.03+(-1)(-0.02)=0.77$$

例 4 方程 $P=k(T/V)$，其中 k 是一个常数，给出了特定气体的体积 V、温度 T 和气压 P 之间的关系．近似地求出由于测量温度时误差为 ±0.4% 和测量体积时误差为 ±0.9% 而产生的 P 的相对误差限．

解 P 的误差为 ΔP，近似地用 $\mathrm{d}P$ 来代替它．因此

$$\begin{aligned}|\Delta P| \approx |\mathrm{d}P| &= \left|\frac{\partial P}{\partial T}\Delta T+\frac{\partial P}{\partial V}\Delta V\right| \\ &\leqslant \left|\frac{k}{V}(\pm 0.004T)\right|+\left|-\frac{kT}{V^2}(\pm 0.009V)\right| \\ &= \frac{kT}{V}(0.004+0.009)=0.013\frac{kT}{V}=0.013P\end{aligned}$$

相对误差限为 $|\Delta P|/P$ 近似地等于 0.013，即约等于 1.3%.

二元及多元函数的泰勒多项式 回忆一下一元函数，我们可以通过用一个泰勒多项式 $P_n(x)$ 来近似求函数 $f(x)$，一阶和二阶泰勒展开式如下

$$P_1(x)=f(x_0)+f'(x_0)(x-x_0)$$

$$P_2(x)=f(x_0)+f'(x_0)(x-x_0)+\frac{1}{2}f''(x_0)(x-x_0)^2$$

前一个展开式是过点 $(x_0, f(x_0))$ 的切线．类似地对于二元函数有

$$P_1(x,y)=f(x_0,y_0)+[f_x(x_0,y_0)(x-x_0)+f_y(x_0,y_0)(y-y_0)]$$

当然，也是过点 $(x_0, y_0, f(x_0, y_0))$ 的切平面，且

$$\begin{aligned}P_2(x,y) &= f(x_0,y_0)+[f_x(x_0,y_0)(x-x_0)+f_y(x_0,y_0)(y-y_0)] \\ &\quad +\frac{1}{2}[f_{xx}(x_0,y_0)(x-x_0)^2+2f_{xy}(x_0,y_0)(x-x_0)(y-y_0) \\ &\quad +f_{yy}(x_0,y_0)(y-y_0)^2]\end{aligned}$$

此外，这些结果可以推广到 n 阶泰勒多项式和多元函数的情况．

例 5 求函数 $f(x, y)=1-\mathrm{e}^{-x^2-2y^2}$ 在点 (0, 0) 的一阶和二阶泰勒展开式，并求 $f(0.05, -0.06)$ 的近似值.

解

$$f_x(x, y)=2x\mathrm{e}^{-x^2-2y^2},\ f_y(x, y)=4y\mathrm{e}^{-x^2-2y^2}$$

$$f_{xx}(x,y)=(2-4x^2)\mathrm{e}^{-x^2-2y^2},\ f_{yy}(x,y)=(4-16y^2)\mathrm{e}^{-x^2-2y^2},\ f_{xy}(x,y)=-8xy\mathrm{e}^{-x^2-2y^2}$$

因此

$$\begin{aligned}P_1(x,y) &= f(0,0)+[f_x(0,0)(x-0)+f_y(0,0)(y-0)] \\ &= (1-\mathrm{e}^0)+(0x+0y)=0\end{aligned}$$

并且

$$\begin{aligned}P_2(x,y) &= f(0,0)+[f_x(0,0)(x-0)+f_y(0,0)(y-0)] \\ &\quad +\frac{1}{2}[f_{xx}(0,0)(x-0)^2+2f_{xy}(0,0)(x-0)(y-0)+f_{yy}(0,0)(y-0)^2] \\ &= (1-\mathrm{e}^0)+(0x+0y)+\frac{1}{2}[2x^2+2\times 0xy+4y^2] \\ &= x^2+2y^2\end{aligned}$$

因此，$f(0.05, -0.06)$ 的一阶近似值为

$$f(0.05, -0.06)\approx P_1(0.05, -0.06)=0$$

$f(0.05, -0.06)$ 的二阶近似值为

$$f(0.05, -0.06)\approx P_2(0.05, -0.06)=0.05^2+2(-0.06)^2=0.00970$$

图 6 给出了函数 $f(x, y)$ 的二阶多项式（一阶多项式很简单，即 $P_1(x, y)=0$），$f(0.05, -0.06)$ 的真实值为

$$\begin{aligned}f(0.05, -0.06) &= 1-\mathrm{e}^{-(0.05)^2-2(-0.06)^2} \\ &= 1-\mathrm{e}^{-0.0097}\approx 0.00965\end{aligned}$$

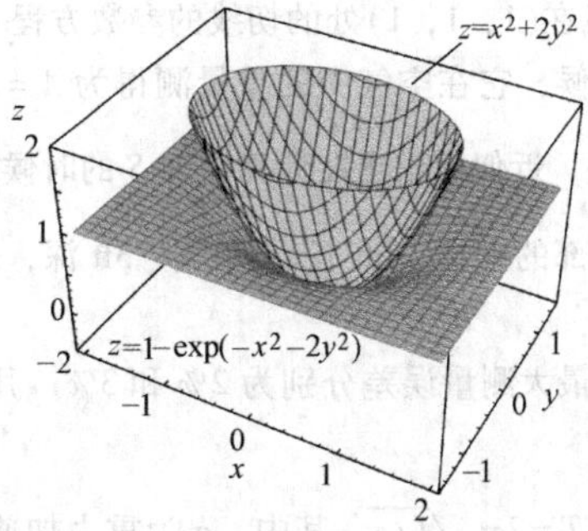

图 6

概念复习

1. 令 $F(x, y, z)=k$ 表示一个曲面. 那么梯度向量 ∇F 的方向是__________于曲面.
2. 令 $z=x^2+xy$ 表示一个曲面. 一个在(1, 1, 2)处垂直于这个曲面的向量是__________.
3. 令 $xy^2z^3=2$ 表示一个曲面. 那么在(2, 1, 1)处的切平面的方程为__________.
4. 我们定义 $f(x, y)$ 的全微分为 $df(x, y)=$__________.

习题 12.7

求习题 1 ~ 8 给出的曲面在固定点的切平面方程.

1. $x^2+y^2+z^2=16$; $(2, 3, \sqrt{3})$
2. $8x^2+y^2+8z^2=16$; $(1, 2, \sqrt{2}/2)$
3. $x^2-y^2+z^2+1=0$; $(1, 3, \sqrt{7})$
4. $x^2+y^2-z^2=4$; $(2, 1, 1)$
5. $z=\dfrac{x^2}{4}+\dfrac{y^2}{4}$; $(2, 2, 2)$.
6. $z=xe^{-2y}$; $(1, 0, 1)$
7. $z=2e^{3y}\cos 2x$; $(\pi/3, 0, -1)$.
8. $z=x^{1/2}+y^{1/2}$; $(1, 4, 3)$

C 在习题 9 ~ 12 中，用全微分 dz 近似地求出当 (x, y) 从 P 移到 Q 时 z 的变化量，然后用计算器求出相应的变化量 Δz 的真实值(取决于你的计算器的精度). (见例3)

9. $z=2x^2y^3$; $P(1, 1)$, $Q(0.99, 1.02)$
10. $z=x^2-5xy+y$; $P(2, 3)$, $Q(2.03, 2.98)$
11. $z=\ln(x^2y)$; $P(-2, 4)$, $Q(-1.98, 3.96)$
12. $z=\tan^{-1}xy$; $P(-2, -0.5)$, $Q(-2.03, -0.51)$
13. 求曲面 $z=x^2-2xy-y^2-8x+4y$ 上切平面是水平面的所有点.
14. 求曲面 $z=2x^2+3y^2$ 上切平面平行于平面 $8x-3y-z=0$ 的所有点.
15. 证明曲面 $x^2+4y+z^2=0$ 和曲面 $x^2+y^2+z^2-6z+7=0$ 在(0, −1, 2)处相切，即，证明它们在(0, −1, 2)处有相同的切平面.
16. 证明曲面 $z=x^2y$ 和 $y=\dfrac{1}{4}x^2+\dfrac{3}{4}$ 在(1, 1, 1)处相交并且有相垂直的切平面.
17. 在曲面 $x^2+2y^2+3z^2=12$ 上找一个点，在该点处的切平面垂直于参数直线：$x=1+2t$, $y=3+8t$, $z=2-6t$.
18. 证明椭球面 $\dfrac{x^2}{a^2}+\dfrac{y^2}{b^2}+\dfrac{z^2}{c^2}=1$ 在 (x_0, y_0, z_0) 处的切平面方程可以写成 $\dfrac{x_0x}{a^2}+\dfrac{y_0y}{b^2}+\dfrac{z_0z}{c^2}=1$ 的形式.
19. 求曲面 $f(x, y, z)=9x^2+4y^2+4z^2-41=0$ 和 $g(x, y, z)=2x^2-y^2+3z^2-10=0$ 的交线在(1, 2, 2)处的切线的参数方程. 提示：这条线垂直于 $\nabla f(1, 2, 2)$ 和 $\nabla g(1, 2, 2)$.

20. 求曲面 $x=z^2$ 和 $y=z^3$ 的交线在(1，1，1)处的切线的参数方程.（见习题 19）

21. 在测量一个物体的密度的时候，它在空气中的重量测得为 $A=36\text{lb}$，在水里的重量为 $W=20\text{lb}$，每次测量伴随着一个 0.02lb 可能的误差．近似地求出在计算密度 S 的时候的绝对误差限，其中 $S=\frac{A}{A-W}$.

22. 有一个有 4 个侧面和一个底部的铜罐，6ft 长、4ft 宽、3ft 深，若铜片厚 1/4in，用微分近似地求出总用铜量．提示：作图法.

23. 一个圆硬币的半径和高度的最大测量误差分别为 2% 和 3%．用微分估算，在计算体积时的相对误差限.（见例 4）

24. 一个长度为 L 的单摆的周期 $T=2\pi\sqrt{L/g}$，其中，g 为重力加速度．证明 $dT/T=\frac{1}{2}(dL/L-dg/g)$，并用这个结论去估算当 L 和 g 的测量误差分别为 0.5% 和 0.3% 时，T 的最大测量误差.

25. 公式 $1/R=1/R_1+1/R_2$ 给出了当电阻 R_1 和 R_2 并联时 R 的计算方法．假设 R_1 和 R_2 分别为 25Ω 和 100Ω，测量误差为 0.5Ω．计算 R 并且估算最大测量误差.

26. 一只蜜蜂落在椭球面 $x^2+y^2+2z^2=6$ 上的点(1，2，1)处(单位为 ft)．在 $t=0$ 时刻，它沿着法线以 4ft/s 的速度起飞．什么时候它会在哪个地方到达平面 $2x+3y+z=49$?

27. 证明曲面 $xyz=k$ 上任意一点的切平面与坐标平面所形成的四面体有固定的体积，并求此体积.

28. 求出并简化曲面 $\sqrt{x}+\sqrt{y}+\sqrt{z}=a$ 在 (x_0, y_0, z_0) 上的切平面方程．然后证明这个平面在各坐标轴上的截距之和为 a^2.

C 29. 对于函数 $f(x, y)=\sqrt{x^2+y^2}$，求出以 $(x_0, y_0)=(3, 4)$ 为基点的二阶泰勒近似值．然后使用以下方法估算 $f(3.1, 3.9)$：

(a) 一阶近似值；　(b) 二阶近似值；　(c) 直接用计算器.

C 30. 对于函数 $f(x, y)=\tan[(x^2+y^2)/64]$，求出以 $(x_0, y_0)=(0, 0)$ 为基点的二阶泰勒近似值，然后，使用以下方法估算 $f(0.2, -0.3)$：

(a) 一阶近似值　(b) 二阶近似值；　(c) 直接计算器.

概念复习答案：

1. 垂直　2. $\langle 3,1,-1\rangle$　3. $(x-2)+4(y-1)+6(z-1)=0$　4. $\frac{\partial f}{\partial x}dx+\frac{\partial f}{\partial y}dy$

12.8　最大值与最小值

我们的目标是把第 3 章的概念扩展到多元函数；快速地回顾一下第 3 章，特别是 3.1 节和 3.3 节会很有帮助．在那里给出的定义在扩展的时候几乎不用改变，但为了清楚，我们再重复一遍．接下来，令 $\boldsymbol{p}=(x, y)$ 和 $\boldsymbol{p}_0=(x_0, y_0)$ 分别为二维空间的一动点和一定点（它们也可以扩展成 n 维空间里的点）.

定义

设 f 是一个定义域为 S 的函数，并且令 $\boldsymbol{p}_0$ 是 S 里的一个点.

(i) 当对于 S 内的所有点 $\boldsymbol{p}$ 都有 $f(\boldsymbol{p}_0)\geqslant f(\boldsymbol{p})$ 时，则称 $f(\boldsymbol{p}_0)$ 是 f 在 S 上的一个**全局最大值**.

(ii) 当对于 S 内的所有点 $\boldsymbol{p}$ 都有 $f(\boldsymbol{p}_0)\leqslant f(\boldsymbol{p})$ 时，则称 $f(\boldsymbol{p}_0)$ 是 f 在 S 上的一个**全局最小值**.

(iii) 当 $f(\boldsymbol{p}_0)$ 是一个全局最小值或全局最大值时，$f(\boldsymbol{p}_0)$ 是 S 上的一个**全局极值**.

如果在(i)和(ii)中我们只要求不等式在 $N\cap S$ 上成立，其中 N 是 $\boldsymbol{p}_0$ 的邻域，那么我们就得到**局部最大值(极大值)**和**局部最小值(极小值)**的定义．当 $f(\boldsymbol{p}_0)$ 是 f 在 S 上的一个局部最大值或局部最小值时，$f(\boldsymbol{p}_0)$ 称为**局部极值(极值)**.

图 1 给出了我们所定义的几何解释．注意一个全局最大(或最小)值自然地是一个局部最大(或最小)值．

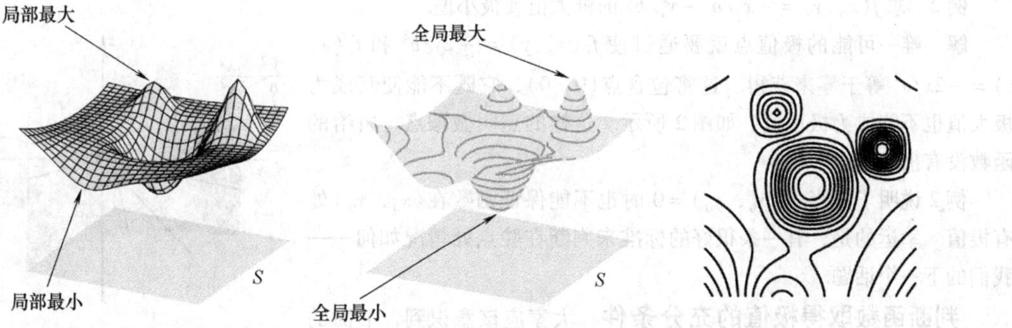

图 1

第一个定理是一个很复杂的且不容易证明的定理，但同时又很直观．

> **定理 A 最大—最小值存在性定理**
>
> 如果 f 在一个封闭区域 S 里连续，那么 f 在 S 上必有(全局)最大值和(全局)最小值．

此定理的证明可以在大多数高等微积分书籍中找到．

极值出现在什么地方？ 情况和一元函数相类似，f 在 S 上的临界点有三种类型．

1) **边界点**．见 12.3 节．

2) **稳定点(驻点)**．当 $\boldsymbol{p}_0$ 是 S 内点、f 在此处可微并且 $\nabla f(\boldsymbol{p}_0)=\boldsymbol{0}$ 时，称 $\boldsymbol{p}_0$ 是一个稳定点或驻点．在这样一个点上的切平面是水平的．

3) **奇异点(奇点)**．当 $\boldsymbol{p}_0$ 是 S 内部的一个点、f 在此处不可微时，称 $\boldsymbol{p}_0$ 是一个奇异点或奇点．例如，在该点处函数 f 的图像会有一个很大的拐弯．

现在我们介绍另一个大定理，我们可以证明这个定理．

> **定理 B 临界点定理**
>
> 令 f 是定义在 S 上，并包含 $\boldsymbol{p}_0$ 的一个函数．如果 $f(\boldsymbol{p}_0)$ 是一个极值，那么 $\boldsymbol{p}_0$ 就一定是一个临界点，即，$\boldsymbol{p}_0$ 有可能是：
>
> (1) S 的一个边界点；　(2) f 的一个稳定点；　(3) f 的一个奇异点．

证明 假设 $\boldsymbol{p}_0$ 既不是一个边界点，也不是一个奇异点(则 $\boldsymbol{p}_0$ 是 ∇f 存在的区域的一个内点)．如果能够证明 $\nabla f(\boldsymbol{p}_0)=\boldsymbol{0}$ 的话，证明就完成了．为了简单起见，令 $\boldsymbol{p}_0=(x_0, y_0)$(更高维的情况也是类似的)．

因为 f 在 (x_0, y_0) 上有一个极值，所以函数 $g(x)=f(x, y_0)$ 在 x_0 处有极值．此外，因为 f 在 (x_0, y_0) 上可导，所以 g 在 x_0 上也可导．故由一元函数的临界点定理(定理 3.1B)可得

$$g'(x_0)=f_x(x_0, y_0)=0$$

同理，函数 $h(y)=f(x_0, y)$ 在 y_0 上有极值并且满足

$$h'(y_0)=f_y(x_0, y_0)=0$$

因为两个偏微分都为 0，因此梯度也为 0.

如果极值是全局性的或是局部极值，那么这个定理和它的证明也是合理的．

例 1 求 $f(x, y)=x^2-2x+y^2/4$ 的极大值或极小值．

解 给出的函数在它的定义域内，即在 xy 平面内是可微的．这样，唯一可能的极值点就要通过使 $f_x(x, y)=0$ 和 $f_y(x, y)=0$ 来获得．只有当 $x=1$、$y=0$ 时，$f_x(x, y)=2x-2$ 和 $f_y(x, y)=y/2$ 才为零．仍然需要考虑的是 $(1, 0)$ 能否使其成为极大值或极小值，或不是极值．这时要运用一个简单的方法，但要做一些微小的变形．注意到 $f(1, 0)=-1$，并且

$$f(x,y)=x^2-2x+\frac{y^4}{4}=x^2-2x+1+\frac{y^2}{4}-1=(x-1)^2+\frac{y^2}{4}-1\geqslant -1$$

这样，$f(1,0)$就是f在全局的极小值. 没有局部极大值.

例 2　求$f(x,y)=-x^2/a^2+y^2/b^2$的极大值或极小值.

解　唯一可能的极值点就要通过使$f_y(x,y)=-2y/b^2$和$f_x(x,y)=-2x/a^2$等于零来获得. 这将包含点$(0,0)$，它既不能使其成为极大值也不能成为极小值，如图 2 所示. 这样的点叫做**鞍点**. 所给的函数没有极值.

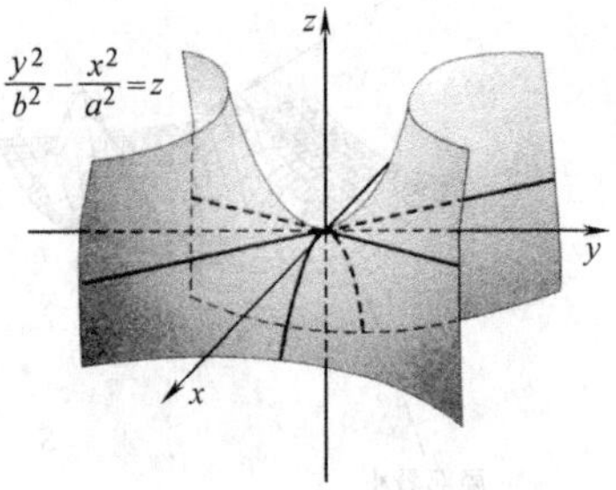

图 2

例 2 说明了，当$\nabla f(x_0,y_0)=0$时也不能保证函数在(x_0,y_0)处有极值. 幸运的是，有一条很好的标准来判断在驻点处情况如何——我们的下一个话题.

判断函数取得极值的充分条件　大家应该意识到，下面的定理于对一元函数求二阶导数(定理 3.3B)是类似的. 证明可在高等微积分丛书中找到. 在这里，我们将提供一个粗略的证明，它是运用前一节所讲到的关于两个变量的函数的泰勒多项式.

定理 C　二阶偏导检验法

假设$f(x,y)$在(x_0,y_0)附近有连续的二阶偏导数，并且$\nabla f(x_0,y_0)=\mathbf{0}$. 令

$$D=D(x_0,y_0)=f_{xx}(x_0,y_0)f_{yy}(x_0,y_0)-f_{xy}^2(x_0,y_0)$$

那么

(i) 如果$D>0$并且$f_{xx}(x_0,y_0)<0$，$f(x_0,y_0)$是极大值.

(ii) 如果$D>0$并且$f_{xx}(x_0,y_0)>0$，$f(x_0,y_0)$是极小值.

(iii) 如果$D<0$，$f(x_0,y_0)$不是极值((x_0,y_0)是鞍点).

(iv) 如果$D=0$，检验法无效.

简要证明　假定$f(0,0)=0$且$x_0=y_0=0$(如果条件不成立，可在不改变形状的基础上对图像进行平移和旋转，使得条件成立，然后再通过逆过程得到原图像). 当$(x,y)\to(0,0)$，f可看成是$(0,0)$点的二阶泰勒多项式.

$$P_2(x,y)=f(0,0)+f_x(0,0)x+f_y(0,0)y+\frac{1}{2}[f_{xx}(0,0)x^2+2f_{xy}(0,0)xy+f_{yy}(0,0)y^2]$$

(一个更严密的证明，可以考虑用$P_2(x,y)$去接近$f(x,y)$)，在$\nabla f(0,0)=\langle f_x(0,0),f_y(0,0)\rangle=\mathbf{0}$和$f(0,0)=0$条件下，二阶泰勒多项式可简化为

$$P_2(x,y)=\frac{1}{2}[f_{xx}(0,0)x^2+2f_{xy}(0,0)xy+f_{yy}(0,0)y^2]$$

令$A=f_{xx}(0,0)$，$B=f_{xy}(0,0)$，$C=f_{yy}(0,0)$，就有

$$P_2(x,y)=\frac{1}{2}(Ax^2+2Bxy+Cy^2)$$

按x整理

$$\begin{aligned}P_2(x,y)&=\frac{A}{2}\left[x^2+2\frac{By}{A}x+\left(\frac{By}{A}\right)^2+\frac{C}{A}y^2-\left(\frac{By}{A}\right)^2\right]\\&=\frac{A}{2}\left[\left(x+\frac{B}{A}y\right)^2+\left(\frac{C}{A}-\frac{B^2}{A^2}\right)y^2\right]\end{aligned}$$

除了$(0,0)$点外的所有(x,y)，表达式$\left(x+\frac{B}{A}y\right)^2$大于零. 如果$\frac{C}{A}-\frac{B^2}{A^2}>0$，即若$AC-B^2=f_{xx}(0,0)f_{yy}(0,0)-f_{xy}^2(0,0)=D>0$，中括号内的表达式对所有$(x,y)\neq(0,0)$都是正的，另外，若$A>0$，对于所有$(x,y)\neq0$，都有$P_2(x,y)>0$，在这种情况下，$f(0,0)=0$是局部最小值. 类似地，如果$D>0$和$A<0$，则对于所有的$(x,y)\neq(0,0)$，有$P_2(x,y)<0$，在这种情况下，$f(0,0)$是局部最大值. 当$D>0$，$P_2(x,y)$是

顶点在(0, 0)开口向上($A>0$)或开口向下($A<0$)的旋转抛物面. 当$D<0$, $P_2(x, y)$是以(0, 0)为鞍点的旋转双曲抛物面(见11.8节中图11).

最后，当$D=0$，及$P_2(x, y)$中所有的项都为零，则$P_2(x, y)=0$. 在这种情况下，需要更高阶项才能决定$f(x, y)$接近(0, 0)的趋势. 由于定理中对高阶项没有做出假设，我们无法得出$f(0, 0)$是局部最小值还是最大值的结论.

例3 如果有的话，求出函数$F(x, y)=3x^3+y^2-9x+4y$的极值.

解 既然有$F_x(x, y)=9x^2-9$和$F_y(x, y)=2y+4$，通过使$F_x(x, y)=0$和$F_y(x, y)=0$求出临界点(1, -2)和(-1, -2).

现在$F_{xx}(x, y)=18x$, $F_{yy}(x, y)=2$，并且$F_{xy}=0$. 因此，在临界点(1, -2)处

$$D=F_{xx}(1,-2)F_{yy}(1,-2)-F_{xy}^2(1,-2)=18\times 2-0=36>0$$

而且，$F_{xx}(1, -2)=18>0$，由定理C(ⅱ)可知，$F(1, -2)=-10$是F的极小值.

再检验另一临界点(-1, -2)，我们发现$F_{xx}(-1, -2)=-18$, $F_{yy}(-1, -2)=2$和$F_{xy}(-1, -2)=0$，可使$D=-36<0$. 这样，由定理C(ⅲ)可知，(-1, -2)是鞍点，且$F(-1, -2)$不是极值.

例4 求原点与$z^2=x^2y+4$表面上点的最小距离.

解 令$P(x, y, z)$为表面上的任意一点. 原点与P之间距离的平方是$d^2=x^2+y^2+z^2$. 要求出P的坐标以使d^2取得最小值.

由于P在曲面上，它的坐标满足曲面方程. 将$z^2=x^2y+4$带入$d^2=x^2+y^2+z^2$，得到以两个变量x, y为自变量的d^2的函数表达式

$$d^2=f(x,y)=x^2+y^2+x^2y+4$$

要求出极值点，令$f_x(x, y)=0$和$f_y(x, y)=0$，得到

$$2x+2xy=0\text{ 和 }2y+x^2=0$$

通过将两式中的y约掉，得到

$$2x-x^3=0$$

这样，$x=0$或$x=\pm\sqrt{2}$. 将这些值代入第二个方程中，得到$y=0$和$y=-1$. 因此，临界点是(0, 0)，$(\sqrt{2}, -1)$和$(-\sqrt{2}, -1)$.（无边界点）

要检验每一个临界点，我们需要$f_{xx}(x, y)=2+2y$, $f_{yy}(x, y)=2$, $f_{xy}(x, y)=2x$并且

$$D(x,y)=f_{xx}f_{yy}-f_{xy}^2=4+4y-4x^2$$

由于$D(\pm\sqrt{2}, -1)=-8<0$，在点$(\sqrt{2}, -1)$，$(-\sqrt{2}, -1)$处均不是极值. 可是$D(0, 0)=4>0$并且$f_{xx}(0, 0)=2>0$，所以(0, 0)是最小值点. 将$x=0$和$y=0$代入d^2的表达式，求出$d^2=4$.

所以原点与曲面上点的最小距离是2.

当我们最大化或最小化一元函数时，很容易验证界点，因为通常界点包括两个端点. 对于二元函数或多元函数而言，这是一个很复杂的问题. 在某些情况下，比如在例5中，整个边界可以参数化，并用第3章中的方法来找出最大值和最小值. 而在其他的情况下，如例6，边界可以划分，然后再参数化，并对每一划分求出最大值和最小值. 我们还可以看到另一种方法，即下一节中的拉格朗日乘数法.

例5 求出$f(x, y)=2+x^2+y^2$在闭区间$S=\left\{(x, y)\mid x^2+\frac{1}{4}y^2\leq 1\right\}$上的最大值和最小值.

解 图3所示为曲面$z=f(x, y)$在区间S内在xy平面上的图形. 函数的一阶偏导数是$f_x(x, y)=2x$和$f_y(x, y)=2y$. 这样，唯一可能的极值点就是(0, 0). 由于

$$D(0,0)=f_{xx}(0,0)f_{yy}(0,0)-f_{xy}^2(0,0)=2\times 2-0^4=4>0$$

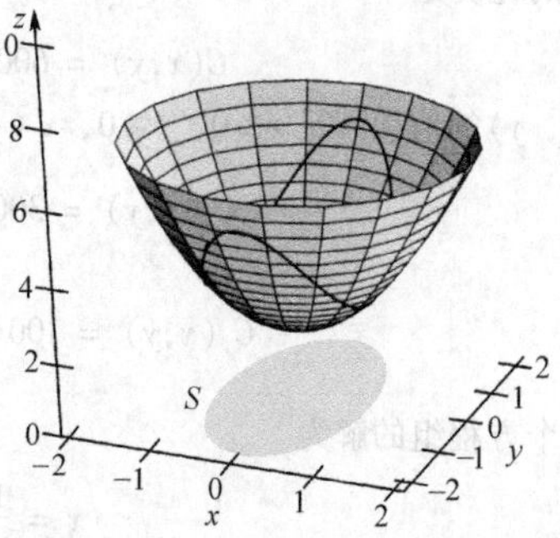

图 3

并且 $f_{xx}(0,0)=2>0$，由此可知 $f(0,0)=2$ 是极小值.

全局极大值一定出现在区间 S 的边界上. 图 3 同样也显示了 S 的边界向上投影到曲面 $z=f(x,y)$ 上的图形，在曲线的某处 f 可达到极大值. 我们可以将 S 的边界用参数形式表达

$$x=\cos t,\qquad y=2\sin t,\qquad 0\leqslant t\leqslant 2\pi$$

将它化简成为单变量函数形式

$$g(t)=f(\cos t,2\sin t)\qquad 0\leqslant t\leqslant 2\pi$$

由链式法则可知(定理 12.6A)

$$\begin{aligned}g'(t)&=\frac{\partial f}{\partial x}\frac{\mathrm{d}x}{\mathrm{d}t}+\frac{\partial f}{\partial y}\frac{\mathrm{d}y}{\mathrm{d}t}=2x(-\sin t)+2y(2\cos t)\\&=-2\sin t\cos t+8\sin t\cos t\\&=6\sin t\cos t\\&=3\sin 2t\end{aligned}$$

令 $g'(t)=0$，可得到 $t=0,\ \frac{\pi}{2},\ \pi,\ \frac{3\pi}{2}$ 和 2π. 这样 g 在 $[0,2\pi]$ 上有五个临界点. 五个不同的 t 就决定了 f 的五个临界点的坐标分别为 $(1,0)$，$(0,2)$，$(-1,0)$，$(0,-2)$ 和 $(1,0)$，最后一个点和第一个是相同的，因为 2π 和 0 对应的是相同的值. 与之相对应的 f 分别为

$$f(1,0)=3,\quad f(0,2)=6$$
$$f(-1,0)=3,\quad f(0,-2)=6$$

由 S 的内部临界点，我们得到 $f(0,0)=2$. 因此，得出 f 在 S 上的极小值是 2，极大值是 6.

例 6　从一个发电厂引一根电力电缆到一新工厂，经过一浅河. 河宽 50ft，工厂在河顺流 200ft，并且离岸 100ft(图 4). 铺设电缆的花费在水下为每英尺 600 美元，在河岸为每英尺 100 美元，从工厂到河岸为每英尺 200 美元. 如何铺设电缆使得花费最小，并求出最小值?

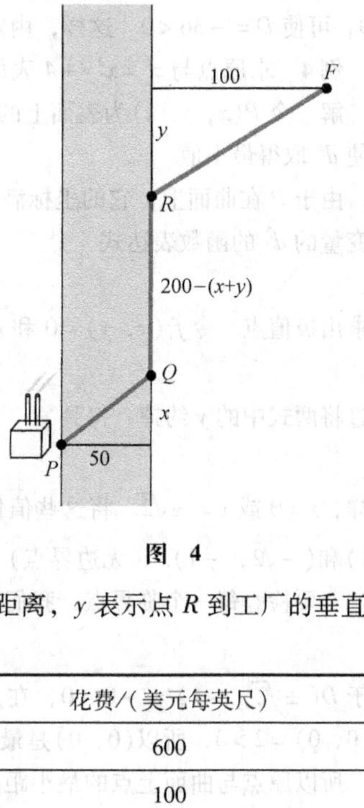

图 4

解　令 P、Q、R 和 F 代表图 4 中的点，让 x 表示 Q 点到电厂的垂直距离，y 表示点 R 到工厂的垂直距离. 电缆长度和花费如下表所示：

铺设电缆地点	长度	花费/(美元每英尺)
水下	$\sqrt{x^2+50^2}$	600
沿岸	$200-(x+y)$	100
陆地	$\sqrt{y^2+100^2}$	200

总的花费是

$$C(x,y)=600\sqrt{x^2+50^2}+100(200-x-y)+200\sqrt{y^2+100^2}$$

(x,y) 的值须满足 $x\geqslant 0$，$y\geqslant 0$，$x+y\leqslant 200$(图 5). 求偏导数并让它们等于零

$$C_x(x,y)=300(x^2+50^2)^{-1/2}\times 2x-100=\frac{600x}{\sqrt{x^2+50^2}}-100=0$$

$$C_y(x,y)=100(y^2+100^2)^{-1/2}\times 2y-100=\frac{200y}{\sqrt{y^2+100^2}}-100=0$$

这个方程组的解为

$$x=\frac{10}{7}\sqrt{35}\approx 8.4515,\quad y=\frac{100}{3}\sqrt{3}\approx 57.735$$

求二阶偏导数

$$C_{xx}(x,y) = \frac{600\sqrt{x^2+50^2} - 600x^2/\sqrt{x^2+50^2}}{x^2+50^2}$$

$$C_{yy}(x,y) = \frac{200\sqrt{y^2+100^2} - 200y^2/\sqrt{y^2+100^2}}{y^2+100^2}$$

$$C_{xy}(x,y) = 0$$

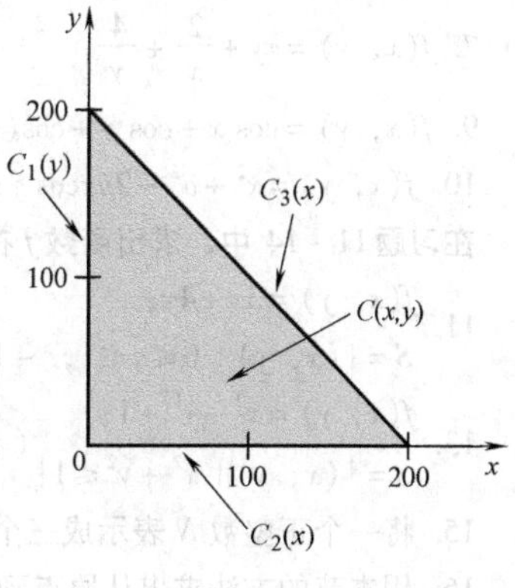

图 5

在 $x=\frac{10}{7}\sqrt{35}$ 和 $y=\frac{100}{3}\sqrt{3}$ 处求 D

$$\begin{aligned} D &= C_{xx}\left(\frac{10}{7}\sqrt{35},\frac{100}{3}\sqrt{3}\right)C_{yy}\left(\frac{10}{7}\sqrt{35},\frac{100}{3}\sqrt{3}\right) \\ &\quad - \left[C_{xy}\left(\frac{10}{7}\sqrt{35},\frac{100}{3}\sqrt{3}\right)\right]^2 \\ &= \frac{35\sqrt{35}}{18}\frac{3\sqrt{3}}{4} - 0^2 = \frac{35}{24}\sqrt{105} > 0 \end{aligned}$$

因此，$x=\frac{10}{7}\sqrt{35}$ 和 $y=\frac{100}{3}\sqrt{3}$ 处有局部最小值，其值为

$$C\left(\frac{10}{7}\sqrt{35},\frac{100}{3}\sqrt{3}\right) = 36000\sqrt{\frac{5}{7}} + 100\left(200-\frac{10}{7}\sqrt{35}-\frac{100}{3}\sqrt{3}\right) + \frac{40000}{\sqrt{3}} \approx 66901 \text{ 美元}$$

我们也必须验证边界，当 $x=0$ 时，花费函数

$$C_1(y) = C(0,y) = 30000 + 100\times(200-y) + 200\sqrt{y^2+100^2}$$

（函数 $C_1(y)$ 和 $C(x,y)$ 都有三角区域的左边界．类似地，下面的 $C_2(x)$ 和 $C_3(x)$ 和 $C(x,y)$ 一样具有高和低的边界，如图 5 所示），用第 3 章的方法，我们能找到 C_1 得出最小值约为 67321 美元，此时 $y=100/\sqrt{3}$．在边界 $y=0$ 处，花费函数

$$C_2(x) = C(x,0) = 20000 + 600\sqrt{x^2+50^2} + 100\times(200-x)$$

再一次用第 3 章的方法，我们发现当 $x=10\sqrt{5/7}$ 时，C_2 可达到最小值，大约为 69580 美元．最后，考虑边界 $x+y=200$，把 $200-x$ 代替 y 可得到花费函数的 x 表达式

$$C_3(x) = C(x,200-x) = 600\sqrt{x^2+50^2} + 200\sqrt{(200-x)^2+100^2}$$

这个函数在 $x\approx15.3292$ 时，达到最小值，大约为 73380 美元．

因此，花费函数在 $x=\frac{10}{7}\sqrt{35}\approx8.4515$ 和 $y=\frac{100}{3}\sqrt{3}\approx57.735$ 时，达到最小值，大约为 66901 美元．

概念复习

1. 如果 $f(x, y)$ 在____的区域 S 是连续的，那么 f 在该区域上既有极大值又有极小值．
2. 如果 $f(x, y)$ 在点 (x_0, y_0) 处有极大值，那么 (x_0, y_0) 可以是____点、____点或是____点．
3. 如果 (x_0, y_0) 是 f 的一个驻点，那么 f 在这一点处可微且____．
4. 对于二元函数 f 的二阶导数检验中，字母 $D=$____扮演了重要的角色．

习题 12.8

在习题 1～10 中，求出所有的临界点．指出是否这些点可使函数获得极大值、极小值或不是极值．提示：运用定理 C．

1. $f(x, y)=x^2+4y^2-4x$
2. $f(x, y)=x^2+4y^2-2x+8y-1$
3. $f(x, y)=2x^4-x^2+3y^2$
4. $f(x, y)=xy^2-6x^2-3y^2$
5. $f(x, y)=xy$
6. $f(x, y)=x^3+y^3-6xy$

7. $f(x, y)=xy+\frac{2}{x}+\frac{4}{y}$　　　　8. $f(x, y)=e^{-(x^2+y^2-4y)}$

9. $f(x, y)=\cos x+\cos y+\cos(x+y)$；$0<x<\pi/2$，$0<y<\pi/2$.

10. $f(x, y)=x^2+a^2-2ax\cos y$；$-\pi<y<\pi$.

在习题 11 ~ 14 中，求出函数 f 在定义域 S 上的全局极大值和极小值并说明哪些点是极值点.

11. $f(x, y)=3x+4y$；$S=\{(x, y)\mid 0\leqslant x\leqslant 1, -1\leqslant y\leqslant 1\}$.　　12. $f(x, y)=x^2+y^2$；$S=\{(x, y)\mid -1\leqslant x\leqslant 3, -1\leqslant y\leqslant 4\}$.

13. $f(x, y)=x^2-y^2+1$；$S=\{(x, y)\mid x^2+y^2\leqslant 1\}$ (参考例 5).　　14. $f(x, y)=x^2-6x+y^2-8y+7$；$S=\{(x, y)\mid x^2+y^2\leqslant 1\}$.

15. 将一个正整数 N 表示成三个正整数之和的形式，并使这三个数的积为最小.

16. 用本节的方法求出从原点到平面 $x+2y+3z=12$ 的最短距离.

17. 求出一个体积为 V_0 且拥有最小表面积的封闭矩形盒子的形状尺寸.

18. 求出一个体积为 V_0 且拥有最小边长之和的封闭矩形盒子的形状尺寸.

19. 一个未封口的矩形金属容器能容纳 256ft^3 的液体. 若想用最少的金属材料来制作这样一个容器，那么这个容器要多大的尺寸?

20. 一个矩形盒子，边与坐标轴平行，其边界内接于一椭球面 $96x^2+4y^2+4z^2=36$. 求出这个盒子最大的体积.

21. 求出一个长度为 9 且其分量之和为最大的三维向量.

22. 求平面 $2x+4y+3z=12$ 上最接近原点的点及其最小距离.

23. 求抛物面 $z=x^2+y^2$ 上最接近点(1, 2, 0)的点及其最小距离.

24. 求出点(1, 2, 0)与锥平面 $z^2=x^2+y^2$ 之间的最小距离.

25. 将一个长为 12in 的金属长条弯曲成一个敞口的(无顶边)、两斜边相等、斜边与底边有相同夹角的梯形槽，斜边与底边的夹角和各边的长度为多少时才能使得它有最大的容积.

26. 求出参数方程分别为 $x=t-1$，$y=2t$，$z=t+3$ 和 $x=3s$，$y=s+2$，$z=2s-1$ 的两条直线间的最小距离.

27. 试着验证，线性方程 $f(x, y)=ax+by+c$ 在一封闭多边形区域(即多边形及其内点)内的极值点常常是多边形的顶点. 运用这一结论求解下列各问:

(a) 求出 $2x+3y+4$ 在顶点为(-1, 2)，(0, 1)，(1, 0)，(-3, 0)和(0, -4)的封闭多边形区域内的极大值.

(b) 求出 $-3x+2y+1$ 在顶点为(-3, 0)，(0, 5)，(2, 3)，(4, 0)，(-1, 4)的封闭多边形区域内的极小值.

28. 运用 27 题的结论，求出 $2x+y$ 在 $4x+y\leqslant 8$，$2x+3y\leqslant 14$，$x\geqslant 0$ 和 $y\geqslant 0$ 限制下的极大值. 提示：先画出限制区域的图形.

29. 求出在以(0, 0)，(1, 2)，(2, -2)为顶点的闭三角形区域的限制下，$z=y^2-x^2$(图 2)的极大值和极小值.

30. **最小二乘法**　已知在 xy 平面上的 n 个点(x_1, y_2)，(x_2, y_2)，…，(x_n, y_n)，我们希望能找出这样一条直线 $y=mx+b$，使得上述各点到这条直线距离的平方之和为最小；即，希望使得 $f(m,b)=\sum_{i=1}^{n}(y_i-mx_i-b)^2$ 为最小. (如图 6 所示. 并且记住 x_i 和 y_i 是定值)

(a) 求出$\partial f/\partial m,\partial f/\partial b$,并令它们为零. 证明会得出下面的方程组:

$$m\sum_{i=1}^{n}x_i^2+b\sum_{i=1}^{n}x_i=\sum_{i=1}^{n}x_iy_i$$

$$m\sum_{i=1}^{n}x_i+nb=\sum_{i=1}^{n}y_i$$

（b）求出方程组中的 m 和 b.

（c）运用二阶导数检验法（定理 C）说明上面求出的 m 和 b 使得 f 为最小.

31. 求出数据(3, 2)、(4, 3)、(5, 4)、(6, 4)和(7, 5)的最小二乘直线（题 30）.

32. 求出在顶点为(0, 0)，(4, 0)和(0, 1)的闭三角形区域的内 $z=2x^2+y^2-4x-2y+5$（图 3）的极大值和极小值.

33. 假设如例 6，成本如下：水下 400 美元每英尺、沿着岸堤 200 美元每英尺、横穿平地 300 美元每英尺，要使成本最小应该选取哪种路径并求最小成本.

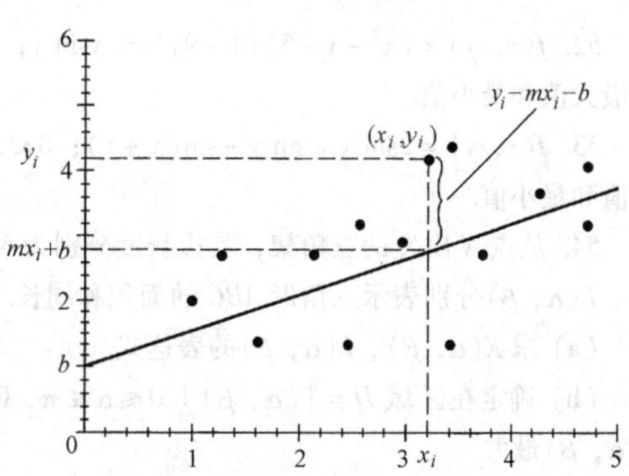

图 6

34. 假设如例 6，成本如下：水下 500 美元每英尺、沿着岸堤 200 美元每英尺、横穿平地 100 美元每英尺，要使成本最小应该选取哪种路径并求最小成本.

35. 求函数 $f(x, y)=10+x+y$ 在区域 $x^2+y^2\leqslant 9$ 上的最大值和最小值. 提示：通过 $x=3\cos t$，$y=3\sin t$，$0\leqslant t\leqslant 2\pi$ 参数化边界.

36. 求函数 $f(x, y)=x^2+y^2$ 在椭圆区域 $x^2/a^2+y^2/b^2\leqslant 1$，$a>b$ 内的最大值和最小值. 提示：通过 $x=a\cos t$，$y=b\sin t$，$0\leqslant t\leqslant 2\pi$ 参数化边界.

37. 制造一个盒子，边及盖子的材料费用是 0.25 美元每平方英尺，底部的材料费用是 0.4 美元每平方英尺. 求制造容积为 2 立方英尺的盒子并使成本最小时盒子的尺寸.

38. 容积为 60 立方英尺的无盖铁盒的底部材料制造费用为 4 美元每平方英尺，边的材料制造费用为 1 美元每平方英尺，边与底部的焊接要 3 美元每英尺，边与边的焊接要 1 美元每英尺. 求最小费用的盒子的尺寸并且求出最小费用.

39. 若在一个 $\{(x, y) \mid x^2+y^2\leqslant 1\}$ 的圆盘上温度 T 被表示为 $T=2x^2+y^2-y$. 求出圆盘上温度的极大值点和极小值点.

40. 以长度为 k 的金属丝要被至多裁成三条来做一个圆和两个正方形. 如何剪裁可使得做成图形的面积最大或最小？提示：将此问题简化成求 $x^2+y^2+z^2$ 在平面 $2\sqrt{\pi}x+4y+4z=k$ 第一象限上进行优化.

41. 求出边界为一半径为 r 的圆的三角形的最大面积. 提示：令 α，β 和 γ 为三个与三角形三边相对的圆心角. 证明三角形的面积为 $\frac{1}{2}r^2[\sin\alpha+\sin\beta-\sin(\alpha+\beta)]$，并求其极大值.

42. 令(a, b, c)为第一象限的一个定点. 求穿过这一点的平面与三条坐标轴围成的四面体体积的极小值，并求出该体积.

在习题 43 ~ 53 中，用你的方法来求出给出区域的最大或最小值的点，并且求出点的函数值.

43. $f(x, y)=x-x^3/9-y^2/2$； $-3.8\leqslant x\leqslant 3.8$，$-3.8\leqslant y\leqslant 3.8$ 局部最大值的点接近(2, 0)，同时也是全局最大值，请用微积分检验.

44. $f(x, y)=y/(1+x^2+y^2)$； $-5\leqslant x\leqslant 5$，$-5\leqslant y\leqslant 5$，求全局最大值和最小值，用微积分检验.

45. $f(x, y)=-1+\cos(y/(1+x^2+y^2))$； $-3.8\leqslant x\leqslant 3.8$，$-3.8\leqslant y\leqslant 3.8$，求全局最小值.

46. $f(x, y)=\exp(-x^2-y^2+xy/4)$； $-2\leqslant x\leqslant 2$，$-2\leqslant y\leqslant 2$，求全局最大值和最小值，用微积分检验.

47. $f(x, y)=\exp(-(x^2+y^2)/4)\sin(x\sqrt{|y|})$； $-5\leqslant x\leqslant 5$，$-5\leqslant y\leqslant 5$，求全局最大值和最小值.

48. $f(x, y)=-x/(x^2+y^2)$，$f(0, 0)=0$； $-1\leqslant x\leqslant 1$，$-1\leqslant y\leqslant 1$，求全局最大值和最小值.

49. $f(x, y)=8\cos(xy+2x)+x^2y^2$； $-3\leqslant x\leqslant 3$，$-3\leqslant y\leqslant 3$，求全局最大值和最小值.

50. $f(x, y)=(\sin x)/(6+x+|y|)$； $-3\leqslant x\leqslant 3$，$-3\leqslant y\leqslant 3$，求全局最大值和最小值.

51. $f(x, y)=\cos(|x|+y^2)+10x\exp(-x^2-y^2)$； $-2\leqslant x\leqslant 2$，$-2\leqslant y\leqslant 2$，求全局最大值和最小值.

52. $f(x, y)=(x^2-x-5)(1-9y)\sin x\sin y$；$-6\leqslant x\leqslant 6$，$-6\leqslant y\leqslant 6$，求全局最大值和最小值.

53. $f(x, y)=2\sin x+\sin y-\sin(x+y)$；$0\leqslant x\leqslant 2\pi$，$0\leqslant y\leqslant 2\pi$，求全局最大值和最小值.

54. 从点 N 出发的三角架，其边长度分别为 6，8，10，如图 7 所示，$K(\alpha, \beta)$、$L(\alpha, \beta)$分别表示三角形 ABC 的面积和周长.

(a) 求 $K(\alpha, \beta)$、$L(\alpha, \beta)$的表达式.

(b) 确定在区域 $D=\{(\alpha, \beta)\mid 0\leqslant\alpha\leqslant\pi, 0\leqslant\beta\leqslant\pi\}$ 中的(α, β)，使得 $K(\alpha, \beta)$最大.

(c) 确定 D 内的(α, β)，使得 $L(\alpha, \beta)$最大.

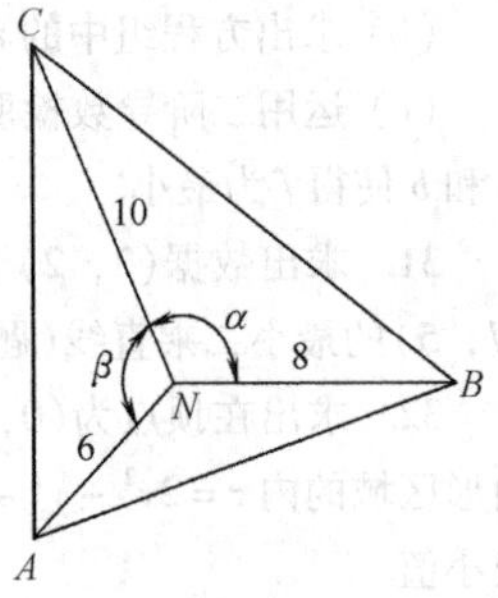

图　7

概念复习答案：

1. 封闭有界　2. 边界点，驻点，奇异点　3. $\nabla f(x_0, y_0)=\mathbf{0}$

4. $f_{xx}(x_0, y_0)f_{yy}(x_0, y_0)-f_{xy}^2(x_0, y_0)$

12.9　拉格朗日乘数法

我们首先区别下面两个问题. 求 $x^2+2y^2+z^4+4$ 的最小值是一个无条件极值的问题，求在 $x+3y-z=7$ 条件下 $x^2+2y^2+z^4+4$ 的最小值是一个有条件极值问题. 现实中的很多问题，特别是经济方面的问题都属于后面的类型. 比如说，工厂希望得到最大的利润，但是极有可能受到可用原材料的多少、劳动力的多少等条件的限制.

前一节的例 4 就是一个有条件极值的问题. 要找到从曲面 $z^2=x^2y+4$ 到原点的最短路径. 实际上就是求在 $z^2=x^2y+4$ 条件下，$d^2=x^2+y^2+z^2$ 的最小值. 我们用限制条件 $z^2=x^2y+4$ 代替掉 z^2，然后转化为解自由(即无条件)极值问题. 前一节的例 5 同样是一受限优化的问题. 我们知道最大值必须在 S 区域的边界上，所以可转化为在 $x^2+\frac{1}{4}y^2=1$ 条件下求 $z=2+x^2+y^2$ 的最大值的问题. 通过对受限条件参数化，然后找关于一元函数(在受限条件下参数化的变量)的最大值，然而，通常求解一个变量的受限方程是不容易的，或者说在受限条件不能用一个变量参数化. 即使当这些方法都适用，这里还有另一个方法可能更简单，它就是**拉格朗日乘数法**.

拉格朗日法的几何解释　前一节例 5 中有一个问题是在 $g(x, y)=x^2+\frac{1}{4}y^2-1=0$ 的条件下，求目标函数 $f(x, y)=2+x^2+y^2$ 的最大值. 图 1 所示为受限条件下的曲面 $z=f(x, y)$，椭圆柱体表示受限条件. 图 1 中的第二部分表示出了曲面 $z=f(x, y)$与受限条件相交. 这个优化问题就是找在相交曲线上，函数在哪里可以得到最大值和最小值. 图 1 的二、三部分表明了最大值和最小值将在目标函数 f 的一个等位线与受限曲线的相切处. 这就是拉格朗日乘数法的关键所在.

下面考虑在条件 $g(x, y)=0$ 下，优化 $f(x, y)$的一般问题. 函数 f 的等位线是曲线 $f(x, y)=k$，k 为常数. 对于 $k=200, 300, \cdots, 700$ 等，已在图 2 中用细曲线表示出来；受限方程 $g(x, y)=0$ 的图像同样是一条曲线，它在图 2 中用粗线表示. 在受限函数 $g(x, y)=0$ 条件下最大化 f 意味着找到最大可能值 k 的等位线与受限曲线的交界. 显然，从图 2 中可以看出这样的等位线就是与受限曲线相切的点 $\boldsymbol{p}_0=(x_0, y_0)$，因此受限条件下的 f 的最大值就是 $f(x_0, y_0)$. 另外一个切点 $\boldsymbol{p}_1=(x_1, y_1)$，即受限条件 $g(x, y)=0$ 下的最小值 $f(x_1, y_1)$.

拉格朗日法提供了一种找点 $\boldsymbol{p}_0$ 和点 $\boldsymbol{p}_1$ 的代数步骤. 因为在该点上，等位线与受限曲线是相切的(即有

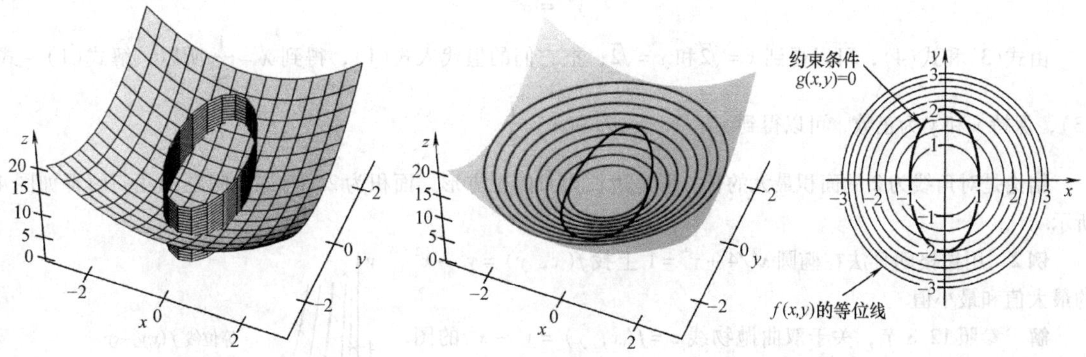

图 1

共同的切线)，这两条曲线有个共同的垂线．但是在等位线上的任意点上的梯度向量 ∇f 是垂直于等位线的(参考 12.5 节)，而且，同样的 ∇g 垂直于受限曲线．所以，在点 $\boldsymbol{p}_0$ 和点 $\boldsymbol{p}_1$ 处 ∇f 和 ∇g 平行，也就是说对一些非零数 λ_0 和 λ_1，有

$$\nabla f(\boldsymbol{p}_0) = \lambda_0 \nabla g(\boldsymbol{p}_0) \text{ 和 } \nabla f(\boldsymbol{p}_1) = \lambda_1 \nabla g(\boldsymbol{p}_1)$$

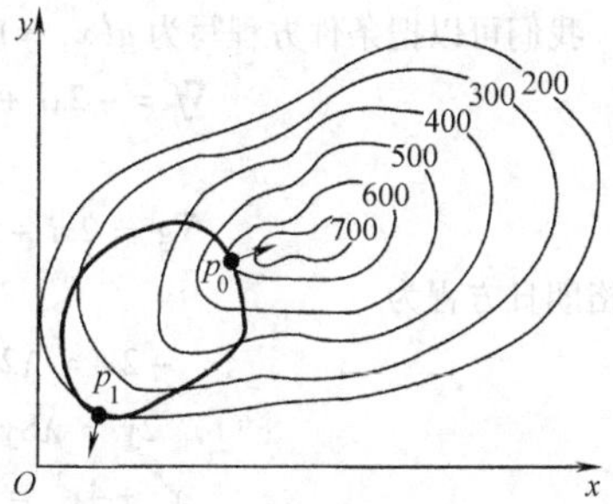

图 2

这些公式显然是很直观的，但是它在恰当的假设前提下可以说是完全正确的．再说，这些公式只有在受限条件 $g(x, y, z)=0$ 下求 $f(x, y, z)$ 的最大值和最小值时才适用．事实上，我们简单地考虑等位面而不是等位线，这个结果对多元函数也是有效的．

综上所述，得出下面的拉格朗日乘数法的公式．

定理 A 拉格朗日法

在条件 $g(\boldsymbol{p})=0$ 下，求 $f(\boldsymbol{p})$ 的最小值或者最大值，只需解方程组

$$\begin{cases} \nabla f(\boldsymbol{p}) = \lambda \nabla g(\boldsymbol{p}) \\ g(\boldsymbol{p}) = 0 \end{cases}$$

求出 $\boldsymbol{p}$ 和 λ．对于条件极值的问题，每一个点 $\boldsymbol{p}$ 都是一个临界点，对应的 λ 叫做拉格朗日乘子．

拉格朗日法的应用 下面我们用几个例子来说明这个方法．

例 1 如果长方形的对角线为 2，它的最大面积为多少？

解 把长方形的两条直角边放在第一象限的坐标轴上，设一条对角线的两个端点分别为原点和点 (x, y)，x 和 y 为正数(图 3)．对角线的长度 $\sqrt{x^2+y^2}=2$，面积为 xy．

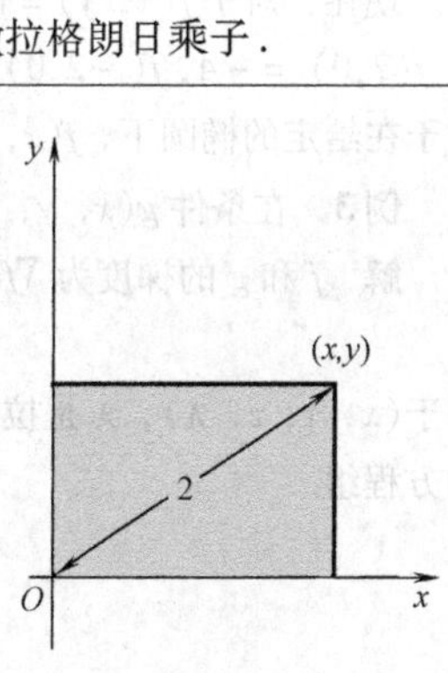

图 3

我们把问题转化为在条件 $g(x, y)=x^2+y^2-4=0$ 下，求 $f(x, y)=xy$ 的最大值．对应的梯度为

$$\nabla f(x,y) = f_x(x,y)\boldsymbol{i} + f_y(x,y)\boldsymbol{j} = y\boldsymbol{i} + x\boldsymbol{j}$$

$$\nabla g(x,y) = g_x(x,y)\boldsymbol{i} + g_y(x,y)\boldsymbol{j} = 2x\boldsymbol{i} + 2y\boldsymbol{j}$$

拉格朗日方程变为

$$y = \lambda(2x) \tag{1}$$

$$x = \lambda(2y) \tag{2}$$

$$x^2 + y^2 = 4 \tag{3}$$

我们必须同时对它们求解，如果把第一个方程乘以 y，并且把第二个方程乘以 x，得到 $y^2=2\lambda xy$ 和 $x^2=2\lambda xy$，从而得到

$$y^2 = x^2 \tag{4}$$

由式(3)和式(4)，可以得到 $x=\sqrt{2}$ 和 $y=\sqrt{2}$；把它们的值代入式(1)，得到 $\lambda=\dfrac{1}{2}$ 所以，解式(1)～式(3)，保持 x 和 y 为正数，可以得到 $x=\sqrt{2}$，$y=\sqrt{2}$ 和 $\lambda=\dfrac{1}{2}$.

结论是对角线为2的面积最大的长方形是边长为 $\sqrt{2}$ 的正方形，面积为2. 对这个问题的几何解释如图4所示.

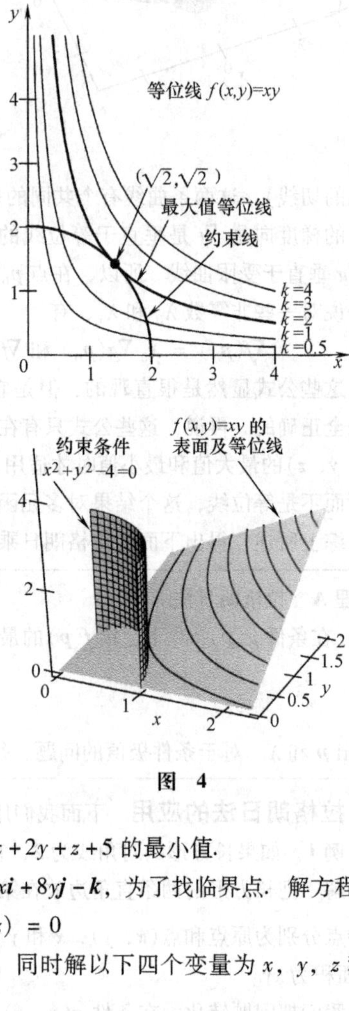

图 4

例2 用拉格朗日法在椭圆 $x^2/4+y^2=1$ 上找 $f(x,y)=y^2-x^2$ 的最大值和最小值.

解 参照12.8节，关于双曲抛物线 $z=f(x,y)=y^2-x^2$ 的图2. 从这个图中，可以准确地猜到最小值在点 $(\pm2,0)$，最大值在 $(0,\pm1)$. 现在，让我们检验一下这个猜测.

我们可以把条件方程写为 $g(x,y)=x^2+4y^2-4=0$，有

$$\nabla f = -2x\boldsymbol{i}+2y\boldsymbol{j}$$

和

$$\nabla g = 2x\boldsymbol{i}+8y\boldsymbol{j}$$

拉格朗日方程为

$$-2x = \lambda 2x \tag{1}$$

$$2y = \lambda 8y \tag{2}$$

$$x^2+4y^2 = 4 \tag{3}$$

注意到式(3)中，x 和 y 不可以都为0. 如果 $x\neq0$，由式(1)得出 $\lambda=-1$，而式(2)要求 $y=0$. 我们由式(3)可以得到 $x=\pm2$，于是得到临界点 $(\pm2,0)$.

同样，对于 $y\neq0$ 由式(2)得到 $\lambda=\dfrac{1}{4}$，由式(1)得出此时 $x=0$，最后由式(3)得出 $y=\pm1$，我们可以得出 $(0,\pm1)$ 同样是临界点.

现在，对于 $f(x,y)=y^2-x^2$

$$f(2,0)=-4,\ f(-2,0)=-4,\ f(0,1)=1,\ f(0,-1)=1.$$

对于在给定的椭圆下，$f(x,y)$ 的最小值为 -4，最大值为1.

例3 在条件 $g(x,y,z)=9x^2+4y^2-z=0$ 下，求 $f(x,y,z)=3x+2y+z+5$ 的最小值.

解 f 和 g 的梯度为 $\nabla f(x,y,z)=3\boldsymbol{i}+2\boldsymbol{j}+\boldsymbol{k}$ 和 $\nabla g(x,y,z)=18x\boldsymbol{i}+8y\boldsymbol{j}-\boldsymbol{k}$，为了找临界点. 解方程

$$\nabla f(x,y,z) = \lambda\,\nabla g(x,y,z)\ 和\ g(x,y,z)=0$$

对于 (x,y,z,λ)，λ 是拉格朗日乘子. 同样的道理，对于这个问题，同时解以下四个变量为 x，y，z 和 λ 的方程组.

$$3 = 18x\lambda \tag{1}$$

$$2 = 8y\lambda \tag{2}$$

$$1 = -\lambda \tag{3}$$

$$9x^2+4y^2-z = 0 \tag{4}$$

由式(3)得出 $\lambda=-1$. 代入式(1)和式(2)，我们得到 $x=-\dfrac{1}{6}$ 和 $y=-\dfrac{1}{4}$，把这些值代入式(4)，得到 $z=\dfrac{1}{2}$. 所以，方程组的解为 $\left(-\dfrac{1}{6},-\dfrac{1}{4},\dfrac{1}{2},-1\right)$，所以唯一的临界点是 $\left(-\dfrac{1}{6},-\dfrac{1}{4},\dfrac{1}{2}\right)$. 因此，在条件 $g(x,y,z)=0$ 下，$f(x,y,z)$ 的最小值为 $f\left(-\dfrac{1}{6},-\dfrac{1}{4},\dfrac{1}{2}\right)=4\dfrac{1}{2}$.（考虑一下，我们怎么知道这

个值为最小值而不是最大值呢?)

两个或多个约束条件的最值问题 在求一个函数最大最小值，当超过一个限制条件时，要利用附加的拉格朗日乘子(约束条件一一对应). 例如，我们求含有两个限制条件 $g(x, y, z)=0$ 和 $h(x, y, z)=0$ 的函数 f 的极值，解方程组

$$\nabla f(x,y,z) = \lambda \nabla g(x,y,z) + \mu \nabla h(x,y,z),\ g(x,y,z) = 0,\ h(x,y,z) = 0$$

求 x、y、z、λ 和 μ，这里 λ、μ 为拉格朗日乘子. 这相当于求五元一次方程组的解 x、y、z、λ 和 μ.

$$f_x(x,y,z) = \lambda g_x(x,y,z) + \mu h_x(x,y,z) \quad (1)$$

$$f_y(x,y,z) = \lambda g_y(x,y,z) + \mu h_y(x,y,z) \quad (2)$$

$$f_z(x,y,z) = \lambda g_z(x,y,z) + \mu h_z(x,y,z) \quad (3)$$

$$g(x,y,z) = 0 \quad (4)$$

$$h(x,y,z) = 0 \quad (5)$$

从这五个方程中求出系统的临界点.

例4 在椭圆上求函数 $f(x, y, z)=x+2y+3z$ 的最大值和最小值，椭圆是用平面 $y+z=1$ 截圆柱 $x^2+y^2=2$ 所得. (图5)

解 我们欲求函数 $f(x, y, z)$ 在条件 $g(x, y, z)=x^2+y^2-2=0$ 和 $h(x, y, z)=y+z-1=0$ 约束下的最大值和最小值，相当于解方程组

$$1 = 2\lambda x \quad (1)$$

$$2 = 2\lambda y + \mu \quad (2)$$

$$3 = \mu \quad (3)$$

$$x^2 + y^2 - 2 = 0 \quad (4)$$

$$y + z - 1 = 0 \quad (5)$$

从式(1)中得 $x=1/2\lambda$；从式(2)和式(3)中得 $y=-1/2\lambda$. 因此，从式(4)中得 $(1/2\lambda)^2+(-1/2\lambda)^2=2$，得出 $\lambda=\pm 1/2$. 由 $\lambda=1/2$ 得临界点 $(x, y, z)=(1, -1, 2)$，由 $\lambda=-1/2$ 得临界点 $(x, y, z)=(-1, 1, 0)$. 从而得出 $f(1, -1, 2)=5$ 是最大值，$f(-1, 1, 0)=1$ 是最小值.

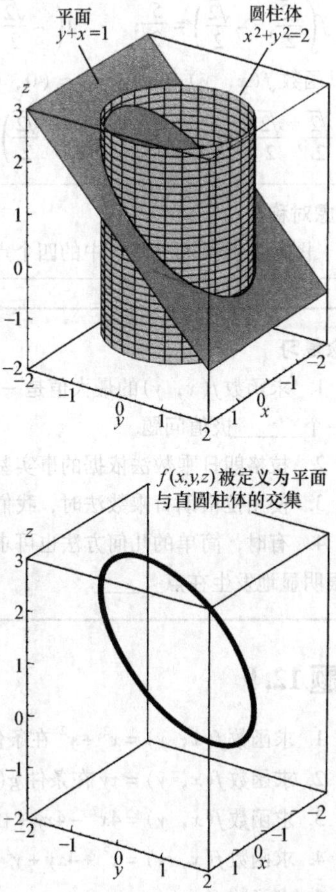

图 5

有界封闭集上函数的优化 我们可以对函数 $f(x, y)$ 在有界闭集 S 上做处理得到最大或最小值. 首先，用12.8节中的方法求 S 中内点的最大或最小值. 其次，用拉格朗日乘子来求边界上的最大或最小值. 最后，在计算集合 S 上函数的最大或最小值.

例5 求函数 $f(x, y)=4+xy-x^2-y^2$ 在集合 $S=\{(x, y) \mid x^2+y^2\leqslant 1\}$ 上的最大值和最小值.

解 图6所示为 $z=4+xy-x^2-y^2$ 的图形. 集合 S 是圆心在原点、半径为1的圆. 因此，要求函数 $f(x, y)$ 在区域内和曲线上的最大最小值. 首先求 S 的内部所有的临界点.

$$\frac{\partial f}{\partial x} = y - 2x = 0$$

$$\frac{\partial f}{\partial y} = x - 2y = 0$$

唯一的解是(0, 0). 接下来，我们将用拉格朗日乘数法去求边界上的最大最小值. 边界上的点满足 $x^2+y^2-1=0$，所以，我们令 $g(x, y)=x^2+y^2-1$，则有

$$\nabla f(x,y) = (y-2x)\boldsymbol{i} + (x-2y)\boldsymbol{j}$$
$$\nabla g(x,y) = 2x\boldsymbol{i} + 2y\boldsymbol{j}$$

令 $\nabla f(x, y) = \lambda \nabla g(x, y)$，则有

$$y - 2x = \lambda 2x$$
$$x - 2y = \lambda 2y$$

关于 λ 解这两个方程，有

$$\frac{y}{2x} - 1 = \lambda = \frac{x}{2y} - 1$$

这就得出 $x = \pm y$. 连同条件 $x^2 + y^2 - 1 = 0$，得出 $x = \pm\sqrt{2}/2$，$y = \pm\sqrt{2}/2$.

我们必须计算 $(0, 0)$，$\left(\frac{\sqrt{2}}{2}, \frac{\sqrt{2}}{2}\right)$，$\left(-\frac{\sqrt{2}}{2}, \frac{\sqrt{2}}{2}\right)$，$\left(\frac{\sqrt{2}}{2}, -\frac{\sqrt{2}}{2}\right)$ 和 $\left(-\frac{\sqrt{2}}{2}, -\frac{\sqrt{2}}{2}\right)$ 五个点的 $f(x, y)$ 值：

$$f(0, 0) = 4;\quad f\left(\frac{\sqrt{2}}{2}, \frac{\sqrt{2}}{2}\right) = \frac{7}{2};\quad f\left(-\frac{\sqrt{2}}{2}, \frac{\sqrt{2}}{2}\right) = \frac{5}{2};$$

$$f\left(\frac{\sqrt{2}}{2}, -\frac{\sqrt{2}}{2}\right) = \frac{5}{2};\quad f\left(-\frac{\sqrt{2}}{2}, -\frac{\sqrt{2}}{2}\right) = \frac{7}{2}.$$

所以函数 $f(x, y)$ 在 $(x, y) = (0, 0)$ 点取得最大值 4，在 $(x, y) = \left(-\frac{\sqrt{2}}{2}, \frac{\sqrt{2}}{2}\right)$ 和 $(x, y) = \left(\frac{\sqrt{2}}{2}, -\frac{\sqrt{2}}{2}\right)$ 点取得最小值 5/2.

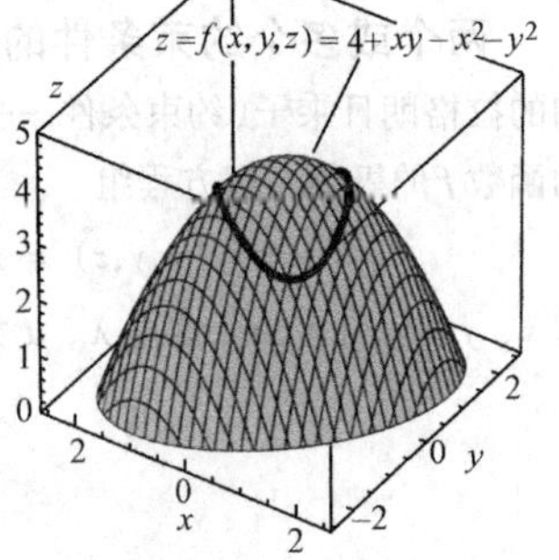

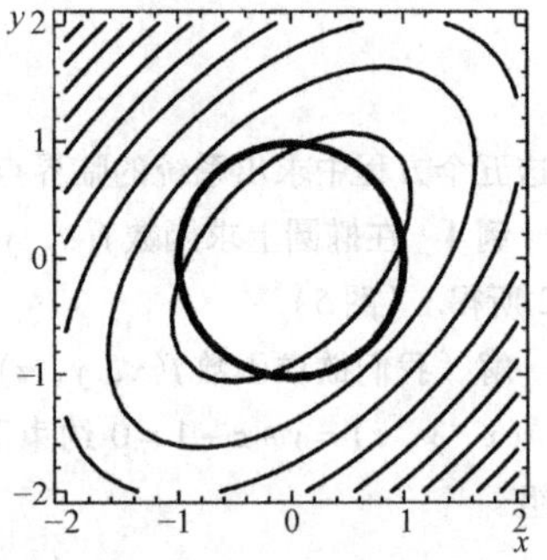

图　6

考虑对称性

图 6 告诉我们这些点中的四个点是关于原点对称的，这就是问题的原因.

概念复习

1. 求函数 $f(x, y)$ 的最大值是一个______极值问题；求函数 $f(x, y)$ 在约束条件 $g(x, y) = 0$ 下的最大值是一个______极值问题.

2. 拉格朗日乘数法依据的事实基础是在临界点处，梯度 ∇f 和 ∇g __________.

3. 使用拉格朗日乘数法时，我们尝试同时解决等式 $\nabla f(x, y) = \lambda \nabla g(x, y)$ 和__________.

4. 有时，简单的几何方法也可求出解. 在圆 $(x-1)^2 + (y-1)^2 = 2$ 上，求函数 $f(x, y) = x^4 + y^4$ 的最大值很明显地发生在点______.

习题 12.9

1. 求函数 $f(x, y) = x^2 + y^2$ 在条件 $g(x, y) = xy - 3 = 0$ 下的最小值.
2. 求函数 $f(x, y) = xy$ 在条件 $g(x, y) = 4x^2 + 9y^2 - 36 = 0$ 下的最大值.
3. 求函数 $f(x, y) = 4x^2 - 4xy + y^2$ 在条件 $x^2 + y^2 = 1$ 下的最大值.
4. 求函数 $f(x, y) = x^2 + 4xy + y^2$ 在条件 $x - y - 6 = 0$ 下的最小值.
5. 求函数 $f(x, y, z) = x^2 + y^2 + z^2$ 在条件 $x + 3y - 2z = 12$ 下的最小值.
6. 求函数 $f(x, y, z) = 4x - 2y + 3z$ 在条件 $2x^2 + y^2 - 3z = 0$ 下的最小值.
7. 顶部打开的一个矩形盒子，它的表面积是 48，求盒子的尺寸以满足它的容积达到最大.
8. 求原点到平面 $x + 3y - 2z = 4$ 的最短距离.
9. 矩形盒子的底部每平方米材料的单价是它侧面每平方米材料的单价的三倍. 当总材料费为 12 美元，

用于侧面的材料的单价为 0.60 美元时，求这个盒子的最大容积.

10. 求原点到曲面 $x^2y-z^2+9=0$ 的最短距离.

11. 当一个闭合的长方体盒子在椭球面$\frac{x^2}{a^2}+\frac{y^2}{b^2}+\frac{z^2}{c^2}=1$内，并且其面平行于坐标平面时，求其最大容积.

12. 在第一卦限的矩形盒子，当它的面平行于坐标面，且一个顶点为(0, 0, 0)，另一对角的顶点在平面$\frac{x}{a}+\frac{y}{b}+\frac{z}{c}=1$内时，求它的最大容积.

在习题 13 ~ 20 中，用拉格朗日乘数法重做 12.8 节中的习题.

13. 习题 21
14. 习题 22
15. 习题 23
16. 习题 24
17. 习题 37
18. 习题 38
19. 习题 40(仅计算最小值)
20. 习题 42. 提示：令平面为$\frac{x}{A}+\frac{y}{B}+\frac{z}{C}=1$.

在习题 21 ~ 25 中，求函数 f 在有界封闭集 S 上的最大和最小值. 用 12.8 节的方法在 S 的范围内找出最大和最小值，然后用拉格朗日乘数法求在 S 边界上找出最大和最小值.

21. $f(x, y)=10+x+y$；$S=\{(x, y) \mid x^2+y^2\leqslant 1\}$
22. $f(x, y)=x+y-xy$；$S=\{(x, y) \mid x^2+y^2\leqslant 9\}$
23. $f(x, y)=x^2+y^2+3x-xy$；$S=\{(x, y) \mid x^2+y^2\leqslant 9\}$
24. $f(x, y)=\frac{x}{1+y^2}$；$S=\left\{(x, y) \left| \frac{x^2}{4}+\frac{y^2}{9}\leqslant 1\right.\right\}$
25. $f(x, y)=(1+x+y)^2$；$S=\left\{(x, y) \left| \frac{x^2}{4}+\frac{y^2}{16}\leqslant 1\right.\right\}$

26. 求半径为 r 的圆的内接三角形取得最大周长时的形状. 提示：令 α, β, γ 为如图 7 中所示的角，则问题等价于求函数 $p=2r[\sin(\alpha/2)+\sin(\beta/2)+\sin(\gamma/2)]$ 在条件 $\alpha+\beta+\gamma=2\pi$ 下的最大值.

27. 思考道格拉斯乘法模型，用来解决生产问题，投入为 x, y, z，单价分别为 a, b, c, $p=kx^\alpha y^\beta z^\gamma$, $\alpha>0$, $\beta>0$, $\gamma>0$, $\alpha+\beta+\gamma=1$，且限制条件为 $ax+by+cz=d$. 确定 x, y, z，求生产值 p 的最大值.

28. 求原点到两个平面 $x+y+z=8$ 和 $2x-y+3z=28$ 所交的曲线之间的最短距离.

29. 在椭圆 $x^2+y^2=2$，$y+2z=1$ 上，求函数 $f(x, y, z)=-x+2y+2z$ 的最大值和最小值. (见例 4)

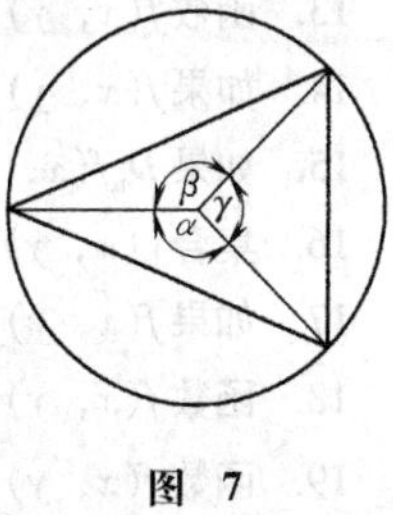

图 7

30. 令 $w=x_1x_2\cdots x_n$.

(a) 在 $x_1+x_2+\cdots+x_n=1$ 和 $x_i>0$ 条件下，求 w 的最大值.

(b) 用 (a) 推导著名的算术几何平均不等式，即对于正数 a_1, a_2, $\cdots$, a_n，有 $\sqrt[n]{a_1a_2\cdots a_n}\leqslant\frac{a_1+a_2+\cdots+a_n}{n}$

31. 求 $w=a_1x_1+a_2x_2+\cdots+a_nx_n$ 的最大值，约束条件为 $a_i>0$, $x_1^2+x_2^2+\cdots+x_n^2=1$.

CAS 画出曲面和等位线，再加上一点常识，我们可以求解一些有条件限制的极值问题，求解下面各题，它们就是 12.1 节中图 6 ~ 图 9 所示的问题.

32. 求函数 $z=-4x^3y^2$ 在限制条件 $x^2+y^2=1$ 下的最大值.

33. 求函数 $z=x-x^3/8-y^2/3$ 在限制条件 $x^2/16+y^2=1$ 下的最小值.

34. 求函数 $z=xy\exp(-x^2-y^2)$ 在限制条件 $xy=2$ 下的最大值.

35. 求函数 $z=\exp(-|x|)\cos\sqrt{x^2+y^2}$ 在限制条件 $x^2+y^2/9=1$ 下的最小值.

概念复习答案：

1. 自由，约束　2. 平行　3. $g(x, y)=0$　4. $(2, 2)$

12.10　本章回顾

概念测试

判断下面的命题正确与否，并加以证明.

1. 函数 $z=2x^2+3y^2$ 的等位线是椭圆.
2. 如果 $f_x(0, 0)=f_y(0, 0)$，则 $f(x, y)$ 在原点连续.
3. 如果 $f_x(0, 0)$ 存在. 则 $g(x)=f(x, 0)$ 在点 $x=0$ 连续.
4. 如果 $\lim\limits_{(x,y)\to(0,0)} f(x, y)=L$，则 $\lim\limits_{y\to 0} f(y, y)=L$.
5. 假设 $f(x, y)=g(x)h(y)$，g 和 h 分别对所有的 x 和 y 连续，则 f 在 xy 面上连续.
6. 假设 $f(x, y)=g(x)h(y)$，g 和 h 都有二阶导数，则
$$\frac{\partial^2 f}{\partial x^2}+\frac{\partial^2 f}{\partial y^2}=g''(x)h(y)+g(x)h''(y)$$
7. 如果 $f(x, y)$ 和 $g(x, y)$ 有相同的梯度，则说明它们是同一个方程.
8. 函数 f 的梯度与 $z=f(x, y)$ 的图形垂直.
9. 如果 f 可导，且 $\nabla f(a, b)=\mathbf{0}$，则函数 $z=f(x, y)$ 在点 (a, b) 有一个水平的切面.
10. 如果 $\nabla f(\boldsymbol{p}_0)=\mathbf{0}$，则 f 在点 $\boldsymbol{p}_0$ 有极值.
11. 如果函数 $T=e^y\sin x$ 是在给定平面内点 (x, y) 处的温度，则热导仪将从原点出发沿着方向 $\boldsymbol{i}$ 运动.
12. 函数 $f(x, y)=\sqrt[3]{x^2+y^4}$ 在原点有全局最小值.
13. 函数 $f(x, y)=\sqrt[3]{x+y^4}$ 既没有全局最大值，也没有全局最小值.
14. 如果 $f(x, y)=4x+4y$，则 $|D_{\boldsymbol{u}}f(x, y)|\leqslant 4$.
15. 如果 $D_{\boldsymbol{u}}f(x, y)$ 存在，则 $D_{-\boldsymbol{u}}f(x, y)=-D_{\boldsymbol{u}}f(x, y)$.
16. 集合 $\{(x, y)\mid y=x, 0\leqslant x\leqslant 1\}$ 是平面内的闭集.
17. 如果 $f(x, y)$ 在有界闭集 S 上连续，则 f 在 S 上存在最大值.
18. 函数 $f(x, y)$ 在集合 S 内的点 (x_0, y_0) 处存在最大值，则 $\nabla f(x_0, y_0)=\mathbf{0}$.
19. 函数 $f(x, y)=\sin xy$ 在集合 $\{(x, y)\mid x^2+y^2<4\}$ 上没有最大值.
20. 如果 $f_x(x_0, y_0)$ 和 $f_y(x_0, y_0)$ 都存在，则 f 在 (x_0, y_0) 点可导.

测试题

1. 求出以下二元函数的定义域并作图，明确指出属于定义域的边界点.

(a) $z=\sqrt{x^2+4y^2-100}$　　(b) $z=-\sqrt{2x-y-1}$

2. 画出在 $k=0, 1, 2, 4$ 时函数 $f(x, y)=x+y^2$ 的等位线.

在习题 3 ~ 6 题中，求 $\dfrac{\partial f}{\partial x}, \dfrac{\partial^2 f}{\partial x^2}, \dfrac{\partial^2 f}{\partial y\partial x}$.

3. $f(x, y)=3x^4y^2+7x^2y^7$　　4. $f(x, y)=\cos^2 x-\sin^2 y$
5. $f(x, y)=e^{-y}\tan x$　　6. $f(x, y)=e^{-x}\sin y$
7. 如果 $F(x, y)=5x^3y^6-xy^7$，求 $\partial^3F(x,y)/\partial x\partial y^2$
8. 函数 $f(x, y, z)=xy^3-5x^2yz^4$ 有三个变量，求 $f_x(2, -1, 1)$，$f_y(2, -1, 1)$，$f_z(2, -1, 1)$.
9. 求曲面 $z=x^2+y^2/4$ 与平面 $x=2$ 在点 $(2, 2, 5)$ 处的交线部分的切线的斜率.
10. 函数 $f(x, y)=xy/(x^2-y)$ 在哪一点连续.

11. $\lim\limits_{(x,y)\to(0,0)}\frac{x-y}{x+y}$存在吗？并说明原因.

12. 求下列各式的极限，如果不存在，说明原因.

(a) $\lim\limits_{(x,y)\to(2,2)}\frac{x^2-2y}{x^2+2y}$ (b) $\lim\limits_{(x,y)\to(2,2)}\frac{x^2+2y}{x^2-2y}$ (c) $\lim\limits_{(x,y)\to(0,0)}\frac{x^4-4y^4}{x^2+2y^2}$

13. 求 $\nabla f(1, 2, -1)$.

(a) $f(x, y, z)=x^2yz^3$ (b) $f(x, y, z)=y^2\sin xz$

14. 求$f(x, y)=\tan^{-1}(3xy)$在点(4, 2)处方向向量为$\boldsymbol{u}=(\sqrt{3}/2)\boldsymbol{i}-(1/2)\boldsymbol{j}$的方向导数.

15. 求平面$x-\sqrt{3}y+2\sqrt{3}-1=0$与曲面$z=x^2+y^2$在点(1, 2, 5)处的交线处的切线的斜率.

16. 函数$f(x, y)=9x^4+4y^2$在点(1, 2)沿着哪个方向增长得最快？

17. 对于$f(x, y)=x^2/2+y^2$.

(a) 在定义域内，求出它穿过点(4, 1)的等位线； (b) 求点(4, 1)处的梯度向量∇f;

(c) 作它的等位线和梯度向量，起始点为(4, 1).

18. 如果$F(u, v)=\tan^{-1}(uv)$，$u=\sqrt{xy}$，$v=\sqrt{x}-\sqrt{y}$，求关于u，v，x和y的$\frac{\partial F}{\partial x}$,$\frac{\partial F}{\partial y}$.

19. 如果$f(u, v)=u/v$，$u=x^2-3y+4z$，$v=xyz$，求关于x，y和z的f_x，f_y，f_z.

20. 如果$F(u, v)=x^3-xy^2-y^4$，$x=2\cos 3t$，$y=3\sin t$，求关于x，y和z的$\left.\frac{\mathrm{d}F}{\mathrm{d}x}\right|_{t=0}$.

21. 如果$F(x, y, z)=5x^2y/z^3$，$x=t^{3/2}+2$，$y=\ln 4t$，$z=\mathrm{e}^{3t}$求关于x，y和z的$\frac{\mathrm{d}F}{\mathrm{d}t}$.

22. 一个三角形的顶点分别为A、B和C. 边长$c=AB$以3ft/s的速度增加，边长$b=AC$以1ft/s的速度增加，内角α以0.1rad/s的速度增加. 如果当$\alpha=\pi/6$时，$c=10$，$b=8$，面积增加的速率是多大？

23. 求函数$F(x, y, z)=9x^2+4y^2+9z^2-34$在点$P(1, 2, -1)$的梯度. 写出曲面$F(x, y, z)=0$的切平面的方程.

24. 一个正圆柱的半径为(10±0.02)in，高度为(6±0.01)in. 求它的体积并用微分法给出误差范围.

25. 如果$f(x, y, z)=xy^2/(1+z^2)$，用微分法求$f(1.01, 1.98, 2.03)$.

26. 求$f(x, y)=x^2y-6y^2-3x^2$的极值.

27. 一个长方体的盒子各边平行于坐标轴，且在椭球面$36x^2+4y^2+9z^2=36$上有定义. 求它可能的最大体积.

28. 用朗格拉日乘数法求函数$f(x, y)=xy$在条件$x^2+y^2=1$下的最大值.

29. 用朗格拉日乘数法求正圆柱体在表面积为24π时体积达到最大时的高度和半径.

12.11 回顾与预习

在习题1~6中，画出给定函数的图形.

1. $f(x, y)=\sqrt{64-x^2-y^2}$ 2. $f(x, y)=9-x^2-y^2$

3. $f(x, y)=x^2+4y^2$ 4. $f(x, y)=x^2-y^2$

5. $f(x, y)=x^2$ 6. $f(x, y)=\sqrt{9-y^2}$

在习题7~14中，画出给定圆柱体或球面方程的图形.

7. $r=2$ 8. $\rho=2$ 9. $\phi=\frac{\pi}{4}$

10. $\theta=\frac{\pi}{4}$ 11. $r^2+z^2=9$ 12. $r=\cos\theta$

13. $r=2\sin\theta$ 14. $z=9-r^2$

计算习题15~26中的积分.

15. $\int e^{-2x}dx$　　16. $\int xe^{-2x}dx$　　17. $\int_{-a/2}^{a/2}\cos\left(\frac{\pi x}{a}\right)dx$

18. $\int_0^2(a+bx+c^2x^2)dx$　　19. $\int_0^{\pi}\sin^2 x dx$　　20. $\int_{1/4}^{3/4}\frac{1}{1-x^2}dx$

21. $\int_0^1\frac{x}{1+x^2}dx$　　22. $\int_0^4\frac{e^x}{1+e^{2x}}dx$　　23. $\int_0^3 r\sqrt{4r^2+1}dr$

24. $\int_0^{a/\sqrt{2}}\frac{ar}{\sqrt{a^2-r^2}}dr$　　25. $\int_0^{\pi/2}\cos^2\theta d\theta$　　26. $\int_0^{\pi/2}\cos^4\theta d\theta$

27. 不用微积分的第二基本定理，计算

$$\int_0^{2\pi}(\sqrt{a^2-b^2}-\sqrt{a^2-c^2})d\theta$$

28. 求平面 $x+y+z+1$ 在第一象限部分的面积.

用基本的几何性质或第 5 章的方法求习题 29 ~ 34 中所围空间体的体积.

29. 以 $z=\sqrt{9-y^2}$ 为顶，xy 平面为底，$x=0$，$x=8$ 为侧面的空间体.

30. 在三维空间中，在球面坐标下满足 $\rho\leqslant 7$ 的点围成的空间体.

31. 曲线 $y=\sin x$，$0\leqslant x\leqslant\pi$ 绕 x 轴旋转所围成的空间体.

32. 在三维空间中，在柱面坐标下满足 $r\leqslant 7$，$0\leqslant z\leqslant 100$ 的点组成的空间体.

33. 在三维空间中，以 $z=9-x^2-y^2$ 为顶，xy 平面为底的空间体. 提示：可理解为旋转的空间体.

34. 在三维空间中，在球面坐标下，满足 $1\leqslant\rho\leqslant 4$，$0\leqslant\phi\leqslant\frac{\pi}{2}$ 的点组成的空间体.

第13章　多重积分

13.1　投影为矩形区域的二重积分

微积分的主要内容就是求微分和求积分，我们已经学习了二维和三维曲面上的微分(第12章)，下面我们将学习二维和三维曲面上的积分．在第5章我们已经学会了用定(黎曼)积分求曲线围成区域的面积、求曲线的弧长、求变密度直线的质心．在本章中，我们将用多重积分求立体的体积、物体表面的表面积、变密度薄板的质心、变密度实体的质心．

导数和积分的关系由微积分基本定理联系起来，我们可以把多重积分化成累次积分的形式，在此，微积分第二基本定理将会发挥重要作用，从第4章到第7章所学的积分技巧将会受到检验．

在4.2节关于一元函数的黎曼积分(定积分)的学习中，我们将在坐标轴上的区间$[a,\ b]$分割成长度为$\Delta x_k(k=1,\ 2,\ \cdots,\ n)$的$n$个小区间，第$k$个小区间内任取一点$\bar{x}_k$作黎曼和，然后求极限，即获得定积分，记作

$$\int_a^b f(x)\,\mathrm{d}x = \lim_{\|P\|\to 0}\sum_{k=1}^{n} f(\bar{x}_k)\Delta x_k$$

我们可以很容易地把这种思想方法用在二元函数上，获得二重积分的概念．

设R为一个平行于坐标轴的矩形，即$R=\{(x,\ y)\mid a\leqslant x\leqslant b,\ c\leqslant y\leqslant d\}$，如图1所示．用平行于$x$轴和$y$轴的直线把$R$分成一个个小矩形，每个记作$R_k$，$k=1,\ 2,\ \cdots,\ n$. Δx_k和Δy_k为小矩形的长和宽，$\Delta A_k=\Delta x_k\Delta y_k$为小矩形的面积，在$R_k$中，选取一个样点$(\bar{x}_k,\ \bar{y}_k)$，形成的黎曼和为

$$\sum_{k=1}^{n} f(\bar{x}_k,\bar{y}_k)\Delta A_k$$

这个和就代表了n个小长方体的体积(如果$f(x,\ y)\geqslant 0$)，分得越细，得到的值与真实的体积越近似．如图2和图3所示．

我们马上就要给出一个关于二重积分的正式定义，在给出定义之前，先解释一下分割P，$\|P\|$代表了分成的一个个小矩形中的对角线最长的那个值．

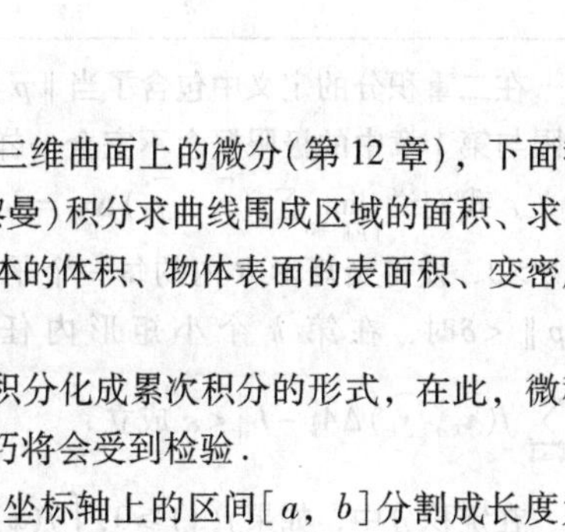

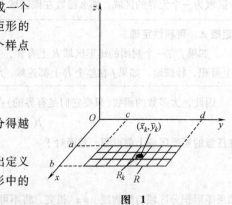

图　1

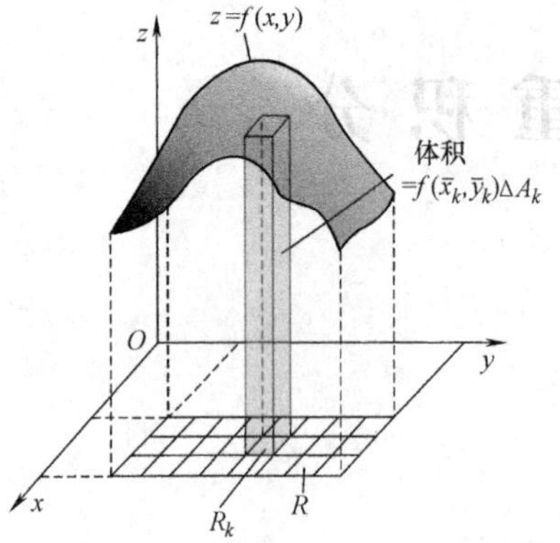

图　2

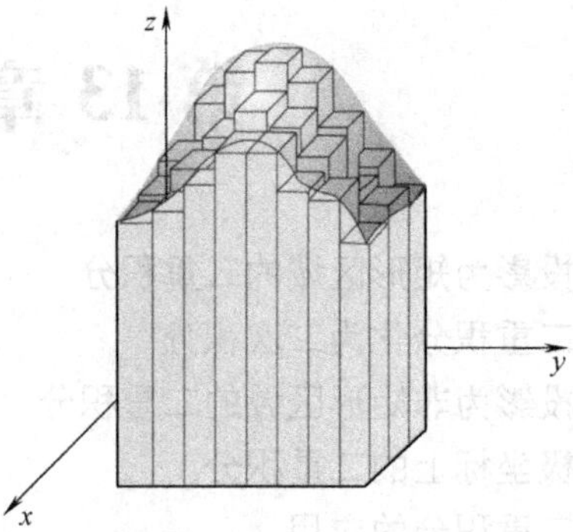

图　3

定义　二重积分

设 f 为定义在一个封闭的矩形区域 R 上的二元函数，如果极限 $\lim\limits_{\|P\|\to 0}\sum\limits_{k=1}^{n} f(\bar{x}_k,\ \bar{y}_k)\Delta A_k$ 存在，我们就说，f 在 R 上是可积的．$\iint\limits_R f(x,y)\,\mathrm{d}A$ 称为 f 在 R 上的二重积分，并且 $\iint\limits_R f(x,y)\,\mathrm{d}A = \lim\limits_{\|P\|\to 0}\sum\limits_{k=1}^{n} f(\bar{x}_k,\bar{y}_k)\Delta A_k$．

在二重积分的定义中包含了当 $\|P\|\to 0$ 时的极限概念，这个极限与第 1 章中的极限概念不完全一样，我们应该明确其真正的含义．我们说 $\lim\limits_{\|P\|\to 0}\sum f(\bar{x}_k,\ \bar{y}_k)\Delta x_k = L$ 是指，如果任给 $\varepsilon>0$，存在 $\delta>0$，使得当矩形 R 内的每一个平行于坐标轴的小矩形都有 $\|P\|<\delta$ 时，在第 k 个小矩形内任意一点 $(\bar{x}_k,\ \bar{y}_k)$，都有 $\left|\sum\limits_{k=1}^{n} f(\bar{x}_k,\ \bar{y}_k)\Delta A_k - L\right|<\varepsilon$ 成立．

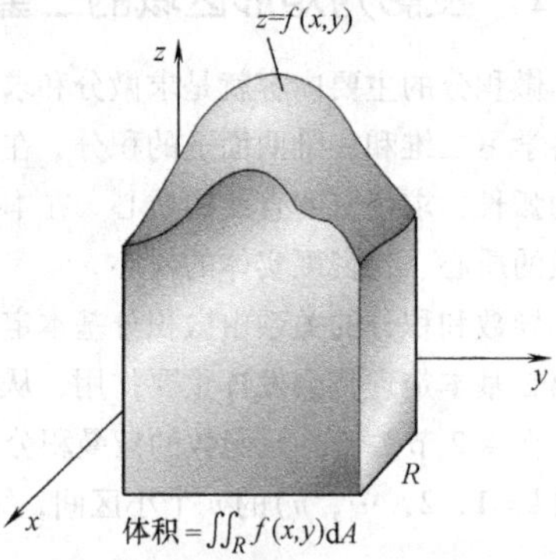

图　4

在定积分中，如果 $f(x)\geqslant 0$，$\int_a^b f(x)\,\mathrm{d}x$ 代表的是 $f(x)$ 在 a 和 b 之间与 x 轴围成的面积．在二重积分中，如果 $f(x,\ y)\geqslant 0$，$\iint\limits_R f(x,y)\,\mathrm{d}A$ 代表的是在曲面 $z=f(x,y)$ 下方，与矩形 R(图 4)之间围成的体积．

存在问题　不是每一个二元函数都在给定的矩形区域 R 上可积，如同一元函数那样．特殊地，如果积分区域为一个无界的区域，那么函数在该区域上就不可积．

定理 A　可积性定理

如果 f 在一个封闭的矩形区域 R 上有界，并且除了一些个别的光滑曲线之外，f 是连续的，那么 f 在 R 上可积．特殊地，如果 f 在整个 R 上都连续，f 在 R 上可积．

因此，大多数的函数(只要它们是有界的)在每个矩形区域上都可积．例如

$$f(x,\ y)=\mathrm{e}^{\sin(xy)}-y^3\cos(x^2y)$$

在任意的矩形区域上都可积．然而对于

$$g(x,\ y)=\frac{x^2y-2x}{y-x^2}$$

如果矩形积分区域与抛物线 $y=x^2$ 相交，将不可积．如图 5 中所示的阶梯形的函数，它在 R 上是可积的，因

为这个函数只在两条线上不连续.

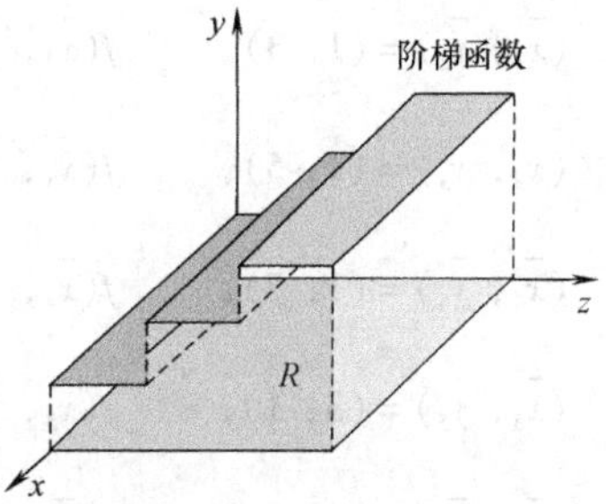

图 5

二重积分的性质 二重积分继承了定积分的大部分性质.

1. 二重积分是线性的，即

(a) $\iint\limits_R kf(x,y)\,\mathrm{d}A = k\iint\limits_R f(x,y)\,\mathrm{d}A$

(b) $\iint\limits_R [f(x,y) + g(x,y)]\,\mathrm{d}A = \iint\limits_R f(x,y)\,\mathrm{d}A + \iint\limits_R g(x,y)\,\mathrm{d}A$

2. 二重积分仅在边界上重叠的矩形上具有可加性，如图 6 所示.

$$\iint\limits_R f(x,y)\,\mathrm{d}A = \iint\limits_{R_1} f(x,y)\,\mathrm{d}A + \iint\limits_{R_2} f(x,y)\,\mathrm{d}A$$

3. 二重积分可比性定理依然存在. 对所有的$(x, y) \in R$，若$f(x, y) \leqslant g(x, y)$，则有

$$\iint\limits_R f(x,y)\,\mathrm{d}A \leqslant \iint\limits_R g(x,y)\,\mathrm{d}A$$

所有这些性质在比矩形集更一般的集合中依然成立，我们将在 13.3 节中讨论.

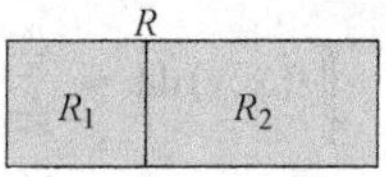

图 6

二重积分的估算 这本应是下一节的重点，在下一节中我们将介绍估算二重积分的有力工具. 尽管如此，实际上我们现在已经能估算一些积分了.

我们注意到，若$f(x, y) = 1$ 在 R 上成立，则二重积分就是 R 的面积，由此可得

$$\iint\limits_R k\,\mathrm{d}A = k\iint\limits_R 1\,\mathrm{d}A = kA(R)$$

例 1 令 f 为图 5 中所示的阶梯形函数；也就是令

$$f(x, y) = \begin{cases} 1; & 0 \leqslant x \leqslant 3,\ 0 \leqslant y \leqslant 1 \\ 2; & 0 \leqslant x \leqslant 3,\ 1 < y \leqslant 2 \\ 3; & 0 \leqslant x \leqslant 3,\ 2 < y \leqslant 3 \end{cases}$$

计算 $\iint\limits_R f(x,y)\,\mathrm{d}A$，这里 $R = \{(x, y) \mid 0 \leqslant x \leqslant 3,\ 0 \leqslant y \leqslant 3\}$.

解 引入矩形集 R_1，R_2 和 R_3 如下：

$$R_1 = \{(x, y) \mid 0 \leqslant x \leqslant 3,\ 0 \leqslant y \leqslant 1\}$$
$$R_2 = \{(x, y) \mid 0 \leqslant x \leqslant 3,\ 1 \leqslant y \leqslant 2\}$$
$$R_3 = \{(x, y) \mid 0 \leqslant x \leqslant 3,\ 2 \leqslant y \leqslant 3\}$$

接着，利用二重积分的可加性，得到

$$\begin{aligned}\iint\limits_R f(x,y)\,\mathrm{d}A &= \iint\limits_{R_1} f(x,y)\,\mathrm{d}A + \iint\limits_{R_2} f(x,y)\,\mathrm{d}A + \iint\limits_{R_3} f(x,y)\,\mathrm{d}A \\ &= 1A(R_1) + 2A(R_2) + 3A(R_3) \\ &= 1 \times 3 + 2 \times 3 + 3 \times 3 = 18\end{aligned}$$

在这个推导中，我们利用了 f 在矩形集边界上的值不影响积分值的这个事实.

例 1 只是一个很简单的例子，但实际上，在目前还没有更多工具的情况下，我们也做不了什么. 然而用求黎曼和的方法可以求二重积分的近似值，也可以由更好地分割区域来取得更精确的近似值.

例 2 求 $\iint\limits_R f(x, y)\,\mathrm{d}A$，这里$f(x, y) = \dfrac{64 - 8x + y^2}{16}$且 $R = \{(x, y) \mid 0 \leqslant x \leqslant 4,\ 0 \leqslant y \leqslant 8\}$，计算时可将 R 分成 8 个相等的正方形，取正方形的中心为采样点，然后再利用黎曼和，如图 7 所示.

解 要求的采样点及相关函数的值如下所示

$(\bar{x}_1, \bar{y}_1) = (1, 1)$，　　$f(\bar{x}_1, \bar{y}_1) = \dfrac{57}{16}$

$(\bar{x}_2, \bar{y}_2)=(1, 3)$, $f(\bar{x}_2, \bar{y}_2)=\frac{65}{16}$

$(\bar{x}_3, \bar{y}_3)=(1, 5)$, $f(\bar{x}_3, \bar{y}_3)=\frac{81}{16}$

$(\bar{x}_4, \bar{y}_4)=(1, 7)$, $f(\bar{x}_4, \bar{y}_4)=\frac{105}{16}$

$(\bar{x}_5, \bar{y}_5)=(3, 1)$, $f(\bar{x}_5, \bar{y}_5)=\frac{41}{16}$

$(\bar{x}_6, \bar{y}_6)=(3, 3)$, $f(\bar{x}_6, \bar{y}_6)=\frac{49}{16}$

$(\bar{x}_7, \bar{y}_7)=(3, 5)$, $f(\bar{x}_7, \bar{y}_7)=\frac{65}{16}$

$(\bar{x}_8, \bar{y}_8)=(3, 7)$, $f(\bar{x}_8, \bar{y}_8)=\frac{89}{16}$

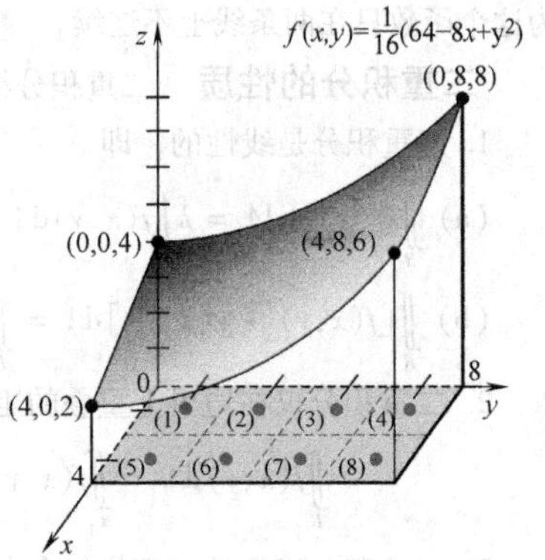

图 7

所以，由于 $\Delta A_k=4$，有

$$\iint_R f(x,y)\,\mathrm{d}A \approx \sum_{k=1}^{8} f(\bar{x}_k,\bar{y}_k)\Delta A_k = 4\sum_{k=1}^{8} f(\bar{x}_k,\bar{y}_k)$$

$$=\frac{4(57+65+81+105+41+49+65+89)}{16}=138$$

在13.2节，我们将会学习如何求这个积分的准确值，应该是 $138\frac{2}{3}$.

概念复习

1. 假设矩形区域 R 被分成了 n 个面积为 ΔA_k 的小矩形，其采样点为 $(\bar{x}_k, \bar{y}_k)$，$k=1, 2, \cdots, n$. 则 $\iint_R f(x, y)\,\mathrm{d}A=\lim\limits_{\|P\|\to 0}$________.

2. 若 $f(x, y)\geqslant 0$ 在 R 上成立，则 $\iint_R f(x, y)\,\mathrm{d}A$ 的几何意义是________.

3. 若 f 在 R 上________，那么 f 在该处是可积的.

4. 若 $f(x, y)=6$ 在矩形区域 $R=\{(x, y)\mid 1\leqslant x\leqslant 2, 0\leqslant y\leqslant 2\}$ 上成立，则 $\iint_R f(x, y)\,\mathrm{d}A$ 的值是________.

习题13.1

在习题1~4中，令 $R=\{(x, y)\mid 1\leqslant x\leqslant 4, 0\leqslant y\leqslant 2\}$，计算 $\iint_R f(x, y)\,\mathrm{d}A$，这里 f 如下给出(参考例1).

1. $f(x, y)=\begin{cases}2, & 1\leqslant x<3, 0\leqslant y\leqslant 2\\ 3, & 3\leqslant x\leqslant 4, 0\leqslant y\leqslant 2\end{cases}$

2. $f(x, y)=\begin{cases}-1, & 1\leqslant x\leqslant 4, 0\leqslant y<1\\ 2, & 1\leqslant x\leqslant 4, 1\leqslant y\leqslant 2\end{cases}$

3. $f(x, y)=\begin{cases}2, & 1\leqslant x<3, 0\leqslant y<1\\ 1, & 1\leqslant x<3, 1\leqslant y\leqslant 2\\ 3, & 3\leqslant x\leqslant 4, 0\leqslant y\leqslant 2\end{cases}$

4. $f(x, y)=\begin{cases}2, & 1\leqslant x\leqslant 4, 0\leqslant y<1\\ 3, & 1\leqslant x<3, 1\leqslant y\leqslant 2\\ 1, & 3\leqslant x\leqslant 4, 1\leqslant y\leqslant 2\end{cases}$

假设 $R=\{(x, y)\mid 0\leqslant x\leqslant 2, 0\leqslant y\leqslant 2\}$，$R_1=\{(x, y)\mid 0\leqslant x\leqslant 2, 0\leqslant y\leqslant 1\}$，$R_2=\{(x, y)\mid 0\leqslant x\leqslant 2, 1\leqslant y\leqslant 2\}$. 再假设 $\iint_R f(x, y)\,\mathrm{d}A=3$，$\iint_R g(x, y)\,\mathrm{d}A=5$，且 $\iint_{R_1} g(x, y)\,\mathrm{d}A=2$. 利用上述条件及积分性质来求习

题5～8的值.

5. $\iint\limits_{R}[3f(x,y)-g(x,y)]\mathrm{d}A$　　6. $\iint\limits_{R}[2f(x,y)+5g(x,y)]\mathrm{d}A$

7. $\iint\limits_{R_2}g(x,y)\mathrm{d}A$　　8. $\iint\limits_{R_1}[2g(x,y)+3]\mathrm{d}A$

在习题9～14中，$R=\{(x,y)\mid 0\leqslant x\leqslant 6,0\leqslant y\leqslant 4\}$，且$P$是$R$被直线$x=2$，$x=4$，$y=2$分割成的六个等大正方形中的一个．用计算相关黎曼和$\sum_{k=1}^{6}f(\bar{x}_k,\bar{y}_k)\Delta A_k$的方法求$\iint\limits_{R}f(x,y)\mathrm{d}A$的近似值，假设$(\bar{x}_k,\bar{y}_k)$是每个正方形的中心点(参考例2).

9. $f(x,y)=12-x-y$　　10. $f(x,y)=10-y^2$

11. $f(x,y)=x^2+2y^2$　　12. $f(x,y)=\dfrac{1}{6}(48-4x-3y)$

C 13. $f(x,y)=\sqrt{x+y}$　　C 14. $f(x,y)=\mathrm{e}^{xy}$

在习题15～20中，画出下列函数在矩形区域$R=\{(x,y)\mid 0\leqslant x\leqslant 2,0\leqslant y\leqslant 3\}$的二重积分的图形.

15. $\iint\limits_{R}3\mathrm{d}A$　　16. $\iint\limits_{R}(x+1)\mathrm{d}A$

17. $\iint\limits_{R}(y+1)\mathrm{d}A$　　18. $\iint\limits_{R}(x-y+4)\mathrm{d}A$

19. $\iint\limits_{R}(x^2+y^2)\mathrm{d}A$　　20. $\iint\limits_{R}(25-x^2-y^2)\mathrm{d}A$

21. 计算$\iint\limits_{R}(6-y)\mathrm{d}A$，这里$R=\{(x,y)\mid 0\leqslant x\leqslant 1,0\leqslant y\leqslant 1\}$，提示：这个积分表示某个立体的体积．描绘出这个立体并利用基础知识求出它的体积.

22. 计算$\iint\limits_{R}(1+x)\mathrm{d}A$，这里$R=\{(x,y)\mid 0\leqslant x\leqslant 2,0\leqslant y\leqslant 1\}$，可参考上题的提示.

23. 运用二重积分的大小比较性质来证明，若$f(x,y)\geqslant 0$在R上成立，则$\iint\limits_{R}f(x,y)\mathrm{d}A\geqslant 0$.

24. 假设$m\leqslant f(x,y)\leqslant M$在$R$上成立．证明

$$mA(R)\leqslant\iint\limits_{R}f(x,y)\,\mathrm{d}A\leqslant MA(R)$$

C 25. 令R为图8中所示的矩形区域．对所示的被分成十二等分的正方形的矩形区域，计算$\iint\limits_{R}\sqrt{x^2+y^2}\mathrm{d}A$的黎曼和的最大值和最小值，并求出$c$和$C$使之满足

$$c\leqslant\iint\limits_{R}\sqrt{x^2+y^2}\mathrm{d}A\leqslant C$$

26. 估算$\iint\limits_{R}x\cos^2(xy)\mathrm{d}A$，这里的$R$是图8中所示的矩形区域．提示：被积函数的图形是否有对称性?

27. 已知$[x]$是最大整数函数．对于图8中的R求：

(a) $\iint\limits_{R}[x][y]\mathrm{d}A$　　(b) $\iint\limits_{R}([x]+[y])\mathrm{d}A$

28. 假设图8中所示的矩形表示在点(x,y)处密度为$\delta(x,y)$的一个薄片，单位是$\mathrm{g/m^2}$．那么$\iint\limits_{R}\delta(x,y)\mathrm{d}A$表示什么?

29. 美国科罗拉多州(Colorado)是一个形状为矩形的州(前提是我们忽略地球表面的曲度)．若$f(x,y)$表示2005年州内一点(x,y)的降水

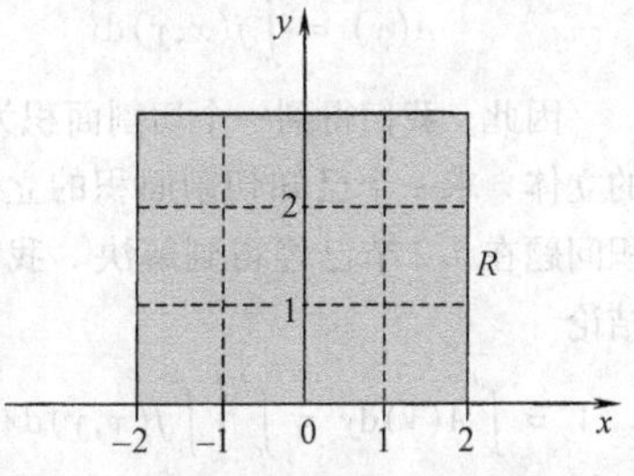

图 8

量，单位是 in. 那么 $\iint\limits_{\text{Colorado}} f(x,\ y)\,\mathrm{d}A$ 表示什么？这个数除以科罗拉多州的面积的值又表示什么？

30. 若 x 和 y 都是有理数时，满足 $f(x,\ y)=1$，而 x，y 属于其他情况时有 $f(x,\ y)=0$. 请证明 $f(x,\ y)$ 在图 8 所示函数在矩形区域 R 内是不可积的.

31. 利用图 9 中的两幅图求 $\iint\limits_R f(x,\ y)\,\mathrm{d}A$，这里 $R=\{(x,\ y)\mid 0\leqslant x\leqslant 4,\ 0\leqslant y\leqslant 4\}$ 的近似值.

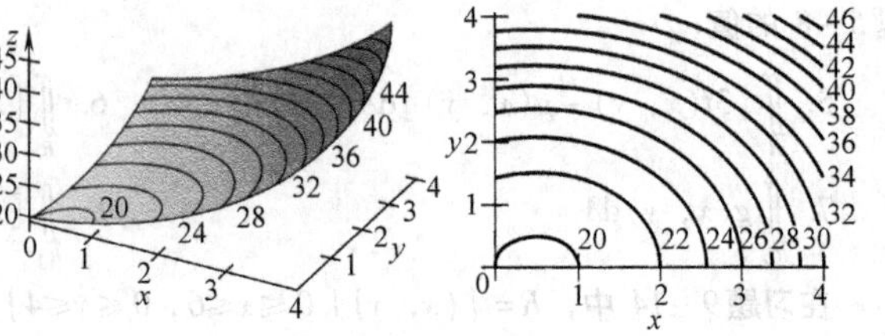

图 9

概念复习答案：

1. $\sum_{k=1}^{n} f(\bar{x}_k, \bar{y}_k)\Delta A_k$　　2. 在 $z=f(x,y)$ 之下 R 之上的立体体积

3. 连续的　　4. 12

13.2　二重积分化为二次积分

现在我们必须面对最重要的问题了，那就是计算 $\iint\limits_R f(x,\ y)\,\mathrm{d}A$ 的值，这里 R 是矩形区域

$$R=\{(x,\ y)\mid a\leqslant x\leqslant b,\ c\leqslant y\leqslant d\}$$

假设在 R 上满足 $f(x,\ y)\geqslant 0$ 时，我们就可以把二重积分理解为在曲面下的立体的体积 V 了，如图 1 所示. 即

$$V=\iint\limits_R f(x,y)\,\mathrm{d}A \tag{1}$$

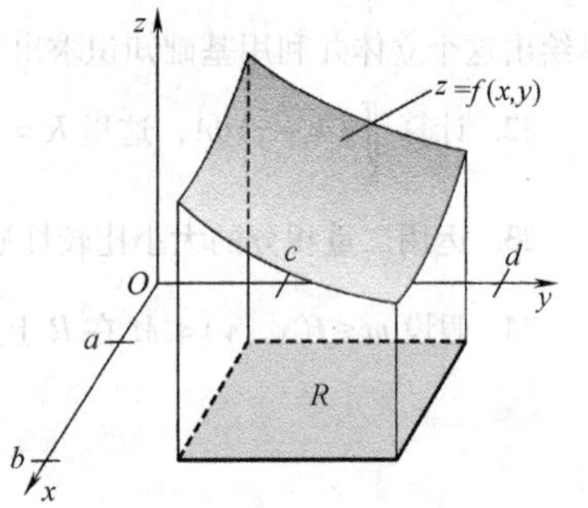

图 1

还有另一种求立体体积的方法，这种方法至少直观上是可行的. 将立体切成平行于 xz 面的薄片. 薄片的典型范例如图 2a 所示. 薄片的面积决定于它与 xz 面之间的距离. 也就是说，由 y 决定. 所以，可以用 $A(y)$ 来表示这个面积，如图 2b 所示.

薄片的体积 ΔV 近似为

$$\Delta V\approx A(y)\Delta y$$

由已学知识(分割、近似值、积分)，可以得到

$$V=\int_c^d A(y)\,\mathrm{d}y$$

另一方面，对于确定了的 y 我们也可以利用定积分的方法，就是

$$A(y)=\int_a^b f(x,y)\,\mathrm{d}x$$

因此，我们得到一个切割面积为 $A(y)$ 的立体. 求一个已知切割面积的立体的体积问题在 5.2 节已经得到解决. 我们得到结论

$$V=\int_c^d A(y)\,\mathrm{d}y=\int_c^d\left[\int_a^b f(x,y)\,\mathrm{d}x\right]\mathrm{d}y \tag{2}$$

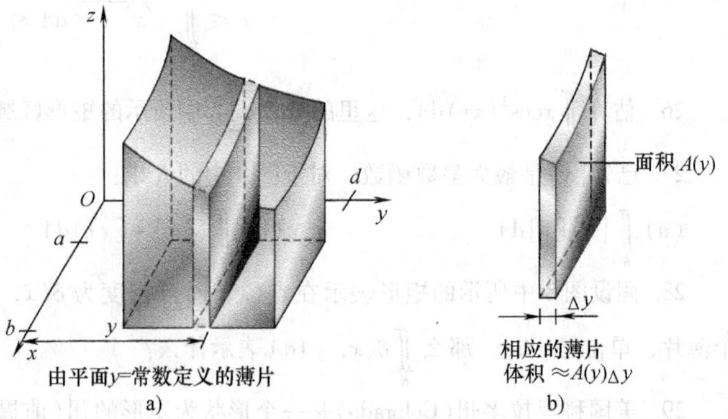

图 2

这个表达式称为**二次积分**.

表达式(1)和式(2)均表示立体的体积，故相等，得到

$$\iint_R f(x,y)\,\mathrm{d}A = \int_c^d \left[\int_a^b f(x,y)\,\mathrm{d}x\right]\mathrm{d}y$$

如果我们开始的时候采用平行 yz 面的平面切割这个立体，则得到另外一个积分顺序相反的二次积分

$$\iint_R f(x,y)\,\mathrm{d}A = \int_a^b \left[\int_c^d f(x,y)\,\mathrm{d}y\right]\mathrm{d}x$$

这里有两个值得注意的地方．第一，虽然上面两个公式是以 f 为非负前提得到的，但它们是普遍适用的．第二，如果二次积分不能计算，那整个练习将是无意义的．幸运的是，二次积分通常是容易计算的．

如果 f 是负数会如何？

如果函数 $f(x, y)$ 在 R 上的值有正有负，则 $\iint_R f(x, y)\,\mathrm{d}A$ 表示曲面 $z=f(x, y)$ 和长方形 R 在 xy 平面的部分所夹区域的带有正负号体积。

这个物体的实际体积是

$$\iint_R |f(x,y)|\,\mathrm{d}A$$

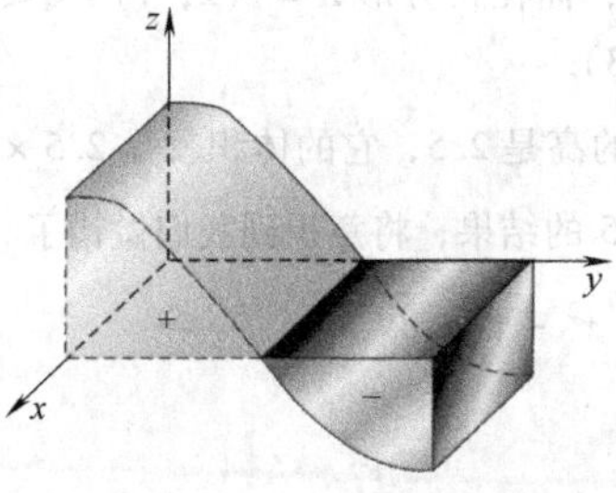

二次积分的计算　我们从一个简单的例子开始．

例 1　计算

$$\int_0^3 \left[\int_1^2 f(2x+3y)\,\mathrm{d}x\right]\mathrm{d}y$$

解　在内层积分里面，y 暂时不变．所以

$$\int_1^2 (2x+3y)\,\mathrm{d}x = [x^2+3yx]_1^2 = 4+6y-(1+3y) = 3+3y$$

因此

$$\int_0^3 \left[\int_1^2 (2x+3y)\,\mathrm{d}x\right]\mathrm{d}y = \int_0^3 (3+3y)\,\mathrm{d}y = \left[3y+\frac{3}{2}y^2\right]_0^3 = 9+\frac{27}{2} = \frac{45}{2}$$

例 2　计算 $\int_1^2 \left[\int_0^3 (2x+3y)\,\mathrm{d}y\right]\mathrm{d}x$.

解　注意到我们仅颠倒了例 1 的积分顺序，类似例 1

$$\int_0^3 (2x+3y)\,\mathrm{d}y = \left[2xy+\frac{3}{2}y^2\right]_0^3 = 6x+\frac{27}{2}$$

因此

$$\int_1^2 \left[\int_0^3 f(2x+3y)\,\mathrm{d}y\right]\mathrm{d}x = \int_1^2 \left[6x+\frac{27}{2}\right]\mathrm{d}x = \left[3x^2+\frac{27}{2}x\right]_1^2 = 12+27-\left(3+\frac{27}{2}\right) = \frac{45}{2}$$

得到的结果跟例 1 一样．从今以后，我们通常省略二次积分间的括弧．

二次积分符号注释

dx 和 dy 的顺序是很重要的，因为它能决定对被积函数的积分先后顺序. 第一积分包括被积函数，积分符号在它左边，符号 dx 或 dy 在它右侧. 我们有时称这个积分为内层积分并把它的值称为内层积分值.

例 3 计算

$$\int_0^8\int_0^4 \frac{1}{16}(64-8x+y^2)\,dx\,dy$$

解 注意到这个二次积分与 13.1 节中例 2 的二重积分相对应，而且我们已经说它的准确答案为 $138\frac{2}{3}$. 我们通常将内层积分作分离考虑；现在，我们将从里到外计算.

$$\begin{aligned}\int_0^8\int_0^4 \frac{1}{16}(64-8x+y^2)\,dx\,dy &= \frac{1}{16}\int_0^8 [64x-4x^2+xy^2]_0^4\,dy\\ &= \frac{1}{16}\int_0^8 (256-64+4y^2)\,dy = \int_0^8\left(12+\frac{1}{4}y^2\right)dy\\ &= \left[12y+\frac{y^3}{12}\right]_0^8 = 96+\frac{512}{12} = 138\frac{2}{3}\end{aligned}$$

计算体积 现在我们可以计算各种各样立体的体积.

例 4 求在曲面 $z=4-x^2-y$ 之下，而在长方形 $R=\{(x,y)\mid 0\leq x\leq 1,\ 0\leq y\leq 2\}$ 之上的立体的体积(图 3).

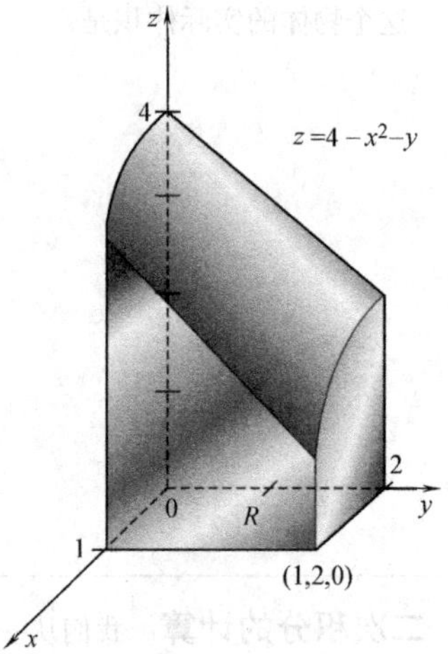

图 3

≈ **解** 我们估算它的体积，假设它的高是 2.5，它的体积就是 2.5 × 2 = 5. 如果下面的计算得到一个不接近 5 的结果，将意识到我们做错了.

$$\begin{aligned}V &= \iint_R (4-x^2-y)\,dA = \int_0^2\int_0^1 (4-x^2-y)\,dx\,dy\\ &= \int_0^2 \left[4x-\frac{x^3}{3}+yx\right]_0^1 dy\\ &= \int_0^2 \left(4-\frac{1}{3}-y\right)dy = \left[4y-\frac{1}{3}y-\frac{1}{2}y^2\right]_0^2\\ &= 8-\frac{2}{3}-2 = \frac{16}{3}\end{aligned}$$

概念复习

1. 表达式 $\int_a^b\left[\int_c^d f(x,y)\,dy\right]dx$ 称为________积分.

2. 假设 $R=\{(x,y)\mid -1\leq x\leq 2,\ 0\leq y\leq 2\}$，那么 $\iint_R f(x,y)\,dA$ 可以被表达为二次积分________或________.

3. 对于一个定义在 R 上的函数 f，$\iint_R f(x,y)\,dA$ 能够被理解为在曲面 $z=f(x,y)$ 和 xy 面之间立体的________体积；平面上面的一部分为________号，下面部分则为________号.

4. 如果一个二重积分的结果是一个负值，我们就知道这立体的多一半________.

习题 13.2

计算习题 1 ~ 16 的二次积分.

1. $\int_0^2\int_0^3 (9-x)\,dy\,dx$　2. $\int_{-2}^2\int_0^1 (9-x^2)\,dy\,dx$　3. $\int_0^2\int_1^3 x^2y\,dy\,dx$　4. $\int_{-1}^4\int_1^2 (x+y^2)\,dy\,dx$

5. $\int_1^2\int_0^3(xy+y^2)\,\mathrm{d}x\mathrm{d}y$　　6. $\int_{-1}^1\int_1^2(x^2+y^2)\,\mathrm{d}x\mathrm{d}y$　　7. $\int_0^{\pi}\int_0^1 x\sin y\,\mathrm{d}x\mathrm{d}y$　　8. $\int_0^{\ln 3}\int_0^{\ln 2}\mathrm{e}^{x+y}\,\mathrm{d}y\mathrm{d}x$

9. $\int_0^{\pi/2}\int_0^1 x\sin xy\,\mathrm{d}y\mathrm{d}x$　　10. $\int_0^1\int_0^1 x\mathrm{e}^{xy}\,\mathrm{d}y\mathrm{d}x$　　11. $\int_0^3\int_0^1 2x\sqrt{x^2+y}\,\mathrm{d}x\mathrm{d}y$　12. $\int_0^1\int_0^1\frac{y}{(xy+1)^2}\mathrm{d}x\mathrm{d}y$

13. $\int_0^{\ln 3}\int_0^1 xy\mathrm{e}^{xy^2}\,\mathrm{d}y\mathrm{d}x$　　14. $\int_0^1\int_0^2\frac{y}{1+x^2}\mathrm{d}y\mathrm{d}x$　　15. $\int_0^{\pi}\int_0^3 y\cos^2 x\,\mathrm{d}y\mathrm{d}x$　　16. $\int_{-1}^1\int_0^1 x\mathrm{e}^{x^2}\,\mathrm{d}y\mathrm{d}x$

计算习题 17 ~ 20 在 R 上的二重积分.

17. $\iint\limits_R xy^3\,\mathrm{d}A;R=\{(x,y)\mid 0\leqslant x\leqslant 1,-1\leqslant y\leqslant 1\}$

18. $\iint\limits_R (x^2+y^2)\,\mathrm{d}A;R=\{(x,y)\mid -1\leqslant x\leqslant 1,0\leqslant y\leqslant 2\}$

19. $\iint\limits_R \sin(x+y)\,\mathrm{d}A;R=\{(x,y)\mid 0\leqslant x\leqslant \pi/2,0\leqslant y\leqslant \pi/2\}$

20. $\iint\limits_R xy\sqrt{1+x^2}\,\mathrm{d}A;\ R=\{(x,y)\mid 0\leqslant x\leqslant \sqrt{3},1\leqslant y\leqslant 2\}$

在习题 21 ~ 24 中，求出在下列各曲面下立体的体积.

21. $z=20-x-y$　　22. $z=25-x^2-y^2$

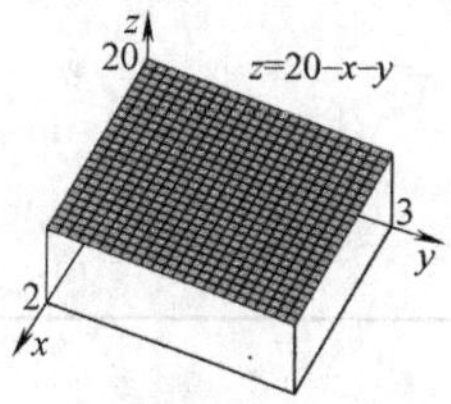

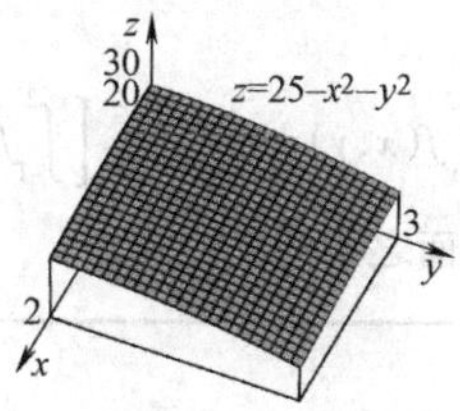

23. $z=1+x^2+y^2$　　24. $z=5xy\exp(-x^2)$

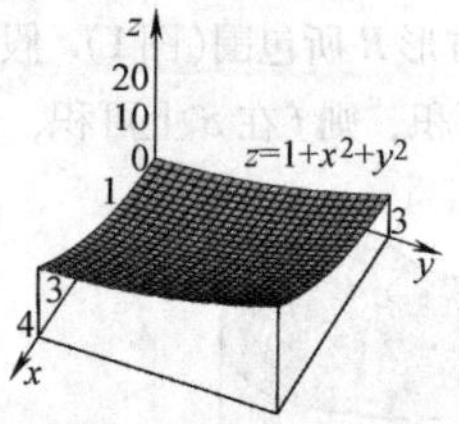

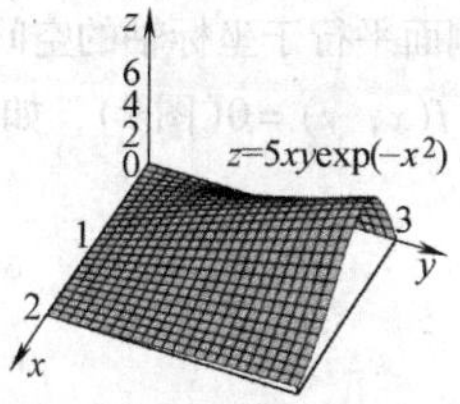

e

在习题 25 ~ 28 中，画出二次积分的立体图.

25. $\int_0^1\int_0^1\frac{x}{2}\mathrm{d}x\mathrm{d}y$　　26. $\int_0^1\int_0^1(2-x-y)\,\mathrm{d}y\mathrm{d}x$

27. $\int_0^2\int_0^2(x^2+y^2)\,\mathrm{d}y\mathrm{d}x$　　28. $\int_0^2\int_0^2(4-y^2)\,\mathrm{d}y\mathrm{d}x$

≈ **在习题 29 ~ 32 中，求出所给立体的体积. 首先绘画出图形，然后估算它的体积，最后求出它的精确值.**

29. 介于平面 $z=x+y+1$ 和 $R=\{(x,\ y)\mid 0\leqslant x\leqslant 1,\ 1\leqslant y\leqslant 3\}$ 的立体.

30. 介于平面 $z=2x+3y$ 和 $R=\{(x,\ y)\mid 1\leqslant x\leqslant 2,\ 0\leqslant y\leqslant 4\}$ 的立体.

31. 介于 $z=x^2+y^2+2$、$z=1$ 和 $R=\{(x,\ y)\mid -1\leqslant x\leqslant 1,\ 0\leqslant y\leqslant 1\}$ 的立体.

32. 位于第一卦限而介于 $z=4-x^2$ 和 $y=2$ 的立体.

33. 证明：如果 $f(x,\ y)=g(x)h(y)$，那么

$$\int_a^b\int_c^d f(x,y)\,\mathrm{d}y\mathrm{d}x=\left[\int_a^b g(x)\,\mathrm{d}x\right]\left[\int_c^d h(y)\,\mathrm{d}y\right]$$

34. 利用上题的结果计算

$$\int_0^{\sqrt{\ln 2}}\int_0^1\frac{xy\mathrm{e}^{x^2}}{1+y^2}\mathrm{d}y\mathrm{d}x$$

35. 计算 $\int_0^1\int_0^1 xye^{x^2+y^2}\,\mathrm{d}y\mathrm{d}x$.

36. 求介于曲面 $z=\cos x\cos y$ 和 xy 面之间立体的体积，其中 $-\pi\leqslant x\leqslant\pi$，$-\pi\leqslant y\leqslant\pi$.

计算习题37～39的二次积分.

37. $\int_{-2}^{2}\int_{-1}^{1}|x^3y^3|\,\mathrm{d}y\mathrm{d}x$　　38. $\int_{-2}^{2}\int_{-1}^{1}[x^2]y^3\,\mathrm{d}y\mathrm{d}x$　　39. $\int_{-2}^{2}\int_{-1}^{1}[x^2]\,|y^3|\,\mathrm{d}y\mathrm{d}x$

40. 计算 $\int_0^{\sqrt{3}}\int_0^1\frac{8x}{(x^2+y^2+1)^2}\mathrm{d}y\mathrm{d}x$. 提示：颠倒积分顺序.

41. 证明**柯西-施瓦兹积分不等式**：$\left[\int_a^b f(x)g(x)\,\mathrm{d}x\right]^2\leqslant\int_a^b f^2(x)\,\mathrm{d}x\int_a^b g^2(x)\,\mathrm{d}x$

提示：先计算 $R=\{(x,\ y)\mid a\leqslant x\leqslant b,\ a\leqslant y\leqslant b\}$ 上的二重积分 $F(x,\ y)=[f(x)g(y)-f(y)g(x)]^2$.

42. 假设 f 在 $[a,\ b]$ 中递增而且 $\int_a^b f(x)\,\mathrm{d}x>0$. 证明：$\frac{\int_a^b xf(x)\,\mathrm{d}x}{\int_a^b f(x)\,\mathrm{d}x}>\frac{a+b}{2}$. 然后给出一个关于这个结果的物理解释. 提示：让 $F(x,\ y)=(y-x)[f(y)-f(x)]$ 然后利用上题的提示.

概念复习答案：

1. 二次　　2. $\int_{-1}^{2}\left[\int_0^2 f(x,y)\,\mathrm{d}y\right]\mathrm{d}x,\int_0^2\left[\int_{-1}^{2}f(x,y)\,\mathrm{d}x\right]\mathrm{d}y$

3. 有符号的，正，负　　4. 在 xy 面之下

13.3　投影为非矩形区域的二重积分

考虑平面上的任意有界封闭集 S. 它被侧面平行于坐标轴的空间体的投影长方形 R 所包围(图1). 假设 $f(x,\ y)$ 在 S 上有定义，且在 R 上但在 S 之外定义 $f(x,\ y)=0$(图2)，如果它在 R 上可积，则 f 在 S 上可积，记为

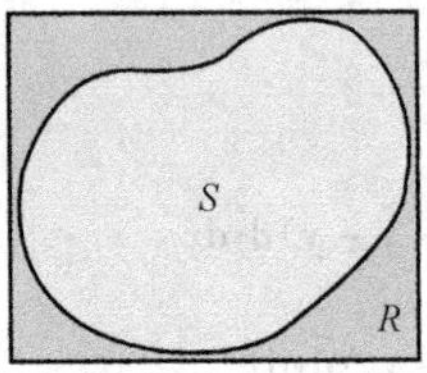

图　1

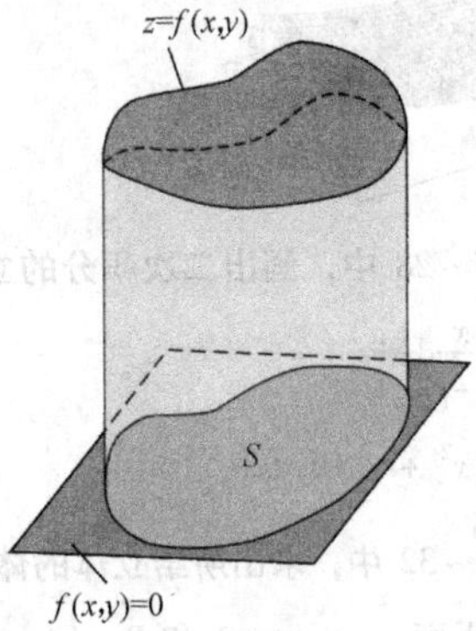

图　2

$$\iint_S f(x,y)\,\mathrm{d}A=\iint_R f(x,y)\,\mathrm{d}A$$

我们认为在任意平面区域 S 上二重积分是①线性的；②沿平滑曲线交叠的平面区域上是可加的；③满足比较性质(见13.1节).

任意平面区域上二重积分的计算　平面曲线围成的区域相当复杂. 对于我们来说，只考虑 x 型区域和 y 型区域就已经足够了. 如果用一条平行于 y 轴的直线穿过区域 S，它与 S 的交集是一线段或者一个点或空集，即如果存在 $[a,\ b]$ 中的符合条件 $S=\{(x,\ y)\mid\phi_1(x)\leqslant y\leqslant\phi_2(x),\ a\leqslant x\leqslant b\}$ 的函数 ϕ_1 和 ϕ_2，则称区域 S 为 y 型区域(图3)；同样，如果存在 $[c,\ d]$ 中的符合条件 $S=\{(x,\ y)\mid\psi_1(y)\leqslant x\leqslant\psi_2(y),\ c\leqslant y\leqslant d\}$

的函数 ψ_1 和 ψ_2(图 4)，那么区域 S 称为一个 x 型区域．但图 5 给出的区域既不是 x 型区域也不是 y 型区域．

现在假设，我们希望计算函数 $f(x, y)$ 在 y 型区域 S 上的二重积分．我们用一个矩形 R(图 6)围住 S，并令在 S 外围处 $f(x, y)=0$. 则有

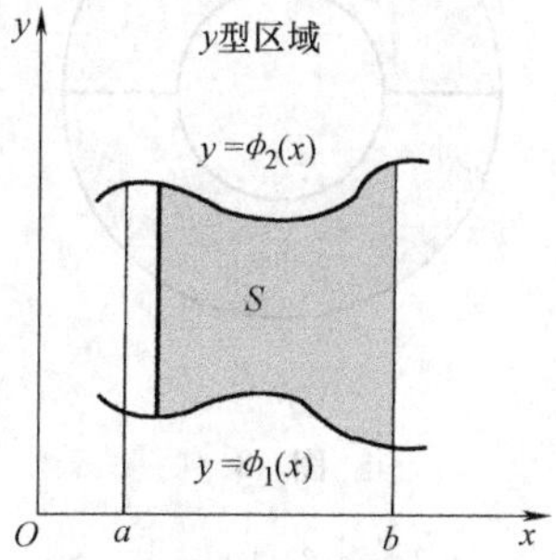

图　3

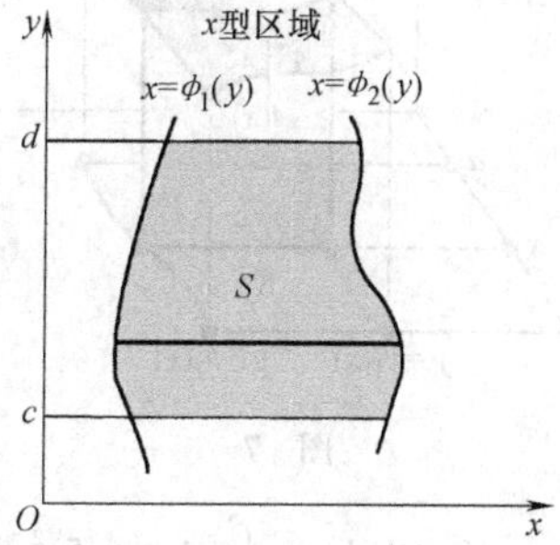

图　4

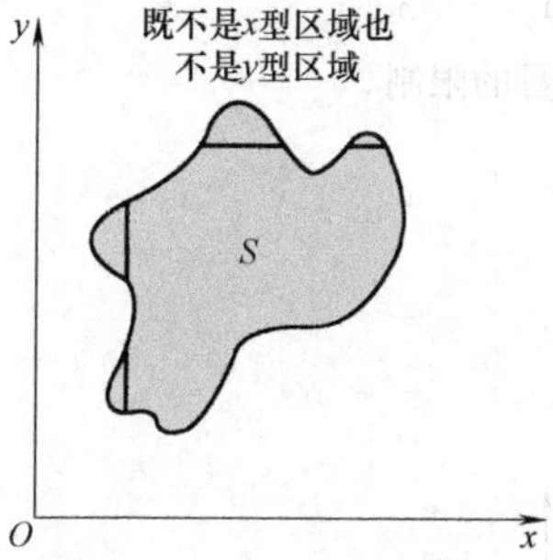

图　5

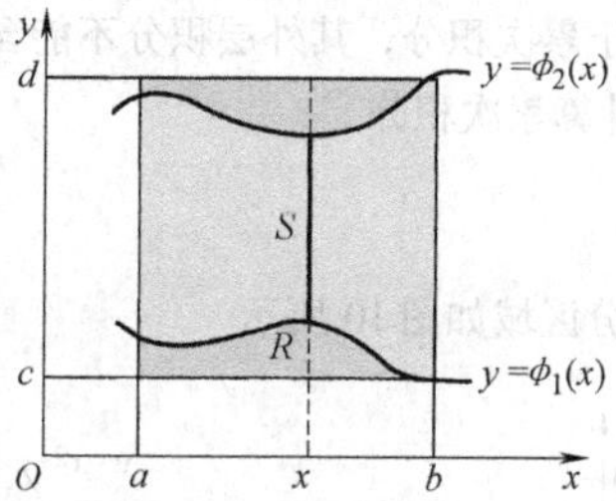

图　6

$$\iint_S f(x,y)\,\mathrm{d}A = \iint_R f(x,y)\,\mathrm{d}A = \int_a^b \left[\int_c^d f(x,y)\,\mathrm{d}y\right]\mathrm{d}x = \int_a^b \left[\int_{\phi_1(x)}^{\phi_2(x)} f(x,y)\,\mathrm{d}y\right]\mathrm{d}x$$

概括起来，有

$$\boxed{\iint_S f(x,y)\,\mathrm{d}A = \int_a^b \int_{\phi_1(x)}^{\phi_2(x)} f(x,y)\,\mathrm{d}y\mathrm{d}x}$$

在内层积分中，x 是保持固定的；因而，这一积分沿着图 6 中垂直线方向进行．此积分得出图 7 所示的截面的面积 $A(x)$．最后，再对 $A(x)$ 从 a 到 b 积分．

若 S 为 x 型区域(图 4)，类似的推理可导出公式

$$\boxed{\iint_S f(x,y)\,\mathrm{d}A = \int_c^d \int_{\psi_1(y)}^{\psi_2(y)} f(x,y)\,\mathrm{d}x\mathrm{d}y}$$

若 S 集既不是 x 型区域也不是 y 型区域(图 5)，它通常可看做为若干个 x 型区域和 y 型区域的组合．例如，图 8 中的环形物既不是 x 型区域也不是 y 型区域，但它是两个 y 型区域 S_1 和 S_2 的组合．这些分块上的积分可以计算并加起来就可得到 S 上的积分．

举例　为了做一点初步练习，我们计算两个二次积分，其中内层积分符号上的积分限为变量．

例 1　计算累次积分

$$\int_3^5 \int_{-x}^{x^2} (4x + 10y)\,\mathrm{d}y\mathrm{d}x$$

解　我们首先完成关于 y 的内层积分，暂时把 x 看做常数(图 9)，得到

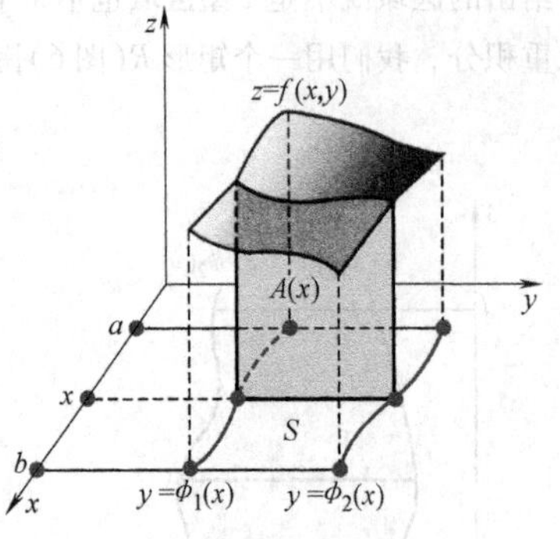

图 7

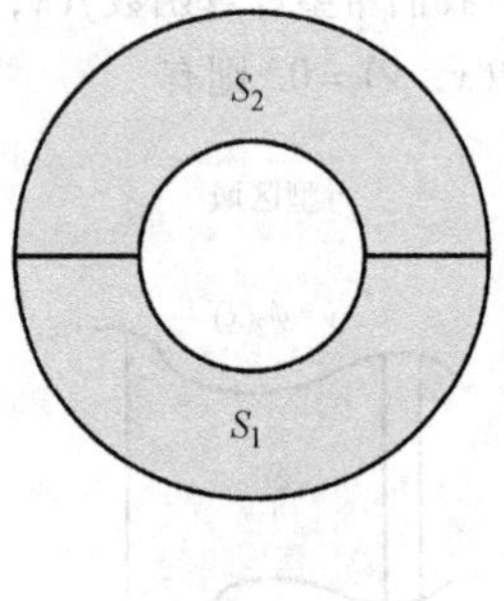

图 8

$$\int_3^5\int_{-x}^{x^2}(4x+10y)\,dydx=\int_3^5\left[4xy+5y^2\right]_{-x}^{x^2}dx=\int_3^5\left[(4x^3+5x^4)-(-4x^2+5x^2)\right]dx$$

$$=\int_3^5(5x^4+4x^3-x^2)\,dx=\left[x^5+x^4-\frac{x^3}{3}\right]_3^5=\frac{10180}{3}=3393\frac{1}{3}$$

注意对于累次积分，其外层积分不能含有取决于积分中任何变量的限制.

例2 计算累次积分

$$\int_0^1\int_0^{y^2}2ye^x\,dxdy$$

解 积分区域如图10所示

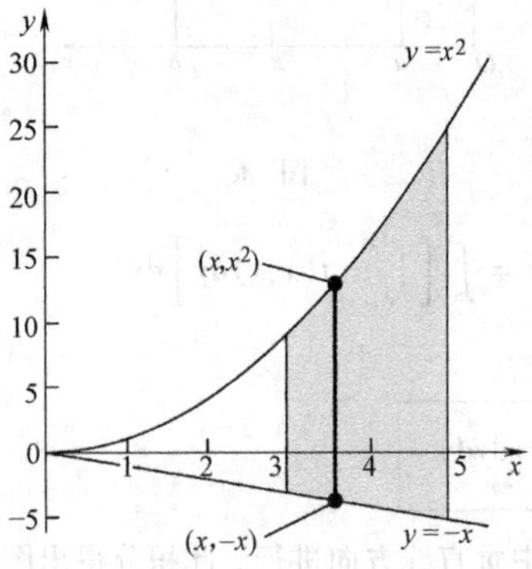

图 9

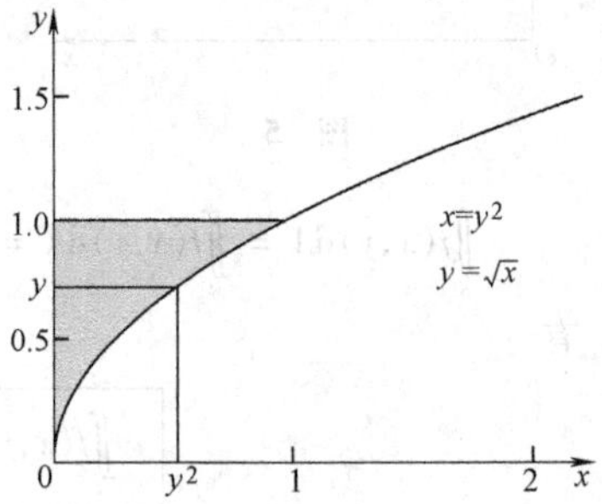

图 10

$$\int_0^1\int_0^{y^2}2ye^x\,dxdy=\int_0^1\left[\int_0^{y^2}2ye^x\,dx\right]dy=\int_0^1\left[2ye^x\right]_0^{y^2}dy=\int_0^1(2ye^{y^2}-2ye^0)\,dy$$

$$=\int_0^1e^{y^2}(2ydy)-2\int_0^1ydy=\left[e^{y^2}\right]_0^1-2\left[\frac{y^2}{2}\right]_0^1=e-1-2\times\frac{1}{2}=e-2$$

下面我们转向用累次积分的方法解决体积的计算问题.

例3 用二重积分来计算由坐标面和平面 $3x+6y+4z-12=0$ 围成的四面体的体积.

解 把四面体在 xy 平面的投影用 S 表示(图11、图12). 我们求由平面 $z=\frac{3}{4}(4-x-2y)$ 下部和 S 上部所围立体的体积.

给定区域与 xy 平面交线是 $x+2y-4=0$，其中的一段属于 S 的边界. 由于直线方程可写作 $y=2-x/2$ 和 $x=4-2y$，S 可看做 y 型区域

$$S=\left\{(x,\ y)\mid 0\leqslant x\leqslant 4,\ 0\leqslant y\leqslant 2-\frac{x}{2}\right\}$$

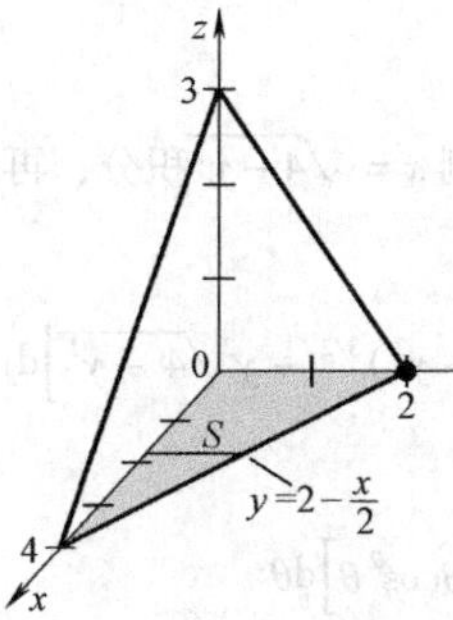

图 11

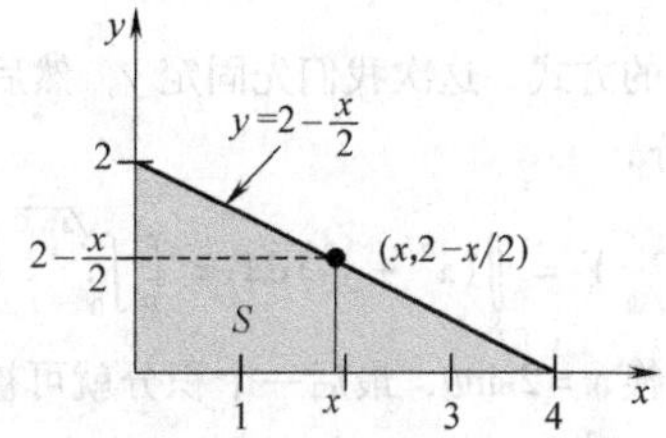

图 12

或者作为 x 型区域

$$S=\{(x,\ y)\mid 0\leqslant x\leqslant 4-2y,\ 0\leqslant y\leqslant 2\}$$

不管用哪种方法最后结果是相同的．这里，我们把 S 作为 y 型区域对待，该立体的体积为 V

$$V=\iint_S \frac{3}{4}(4-x-2y)\,\mathrm{d}A$$

写成累次积分形式，我们固定 x 并沿着一直线(图 11 和图 12)从 $y=0$ 到 $y=2-\dfrac{x}{2}$ 积分，再把结果从 $x=0$ 到 $x=4$ 积分．于是

$$\begin{aligned}V&=\int_0^4\int_0^{2-x/2}\frac{3}{4}(4-x-2y)\,\mathrm{d}y\mathrm{d}x=\int_0^4\left[\frac{3}{4}\int_0^{2-x/2}(4-x-2y)\,\mathrm{d}y\right]\mathrm{d}x\\&=\int_0^4\frac{3}{4}\left[4y-xy-y^2\right]_0^{2-x/2}\mathrm{d}x=\frac{3}{16}\int_0^4(16-8x+x^2)\,\mathrm{d}x\\&=\frac{3}{16}\left[16x-4x^2+\frac{x^3}{3}\right]_0^4=4\end{aligned}$$

我们知道，四面体的体积等于底面积乘以高的三分之一．在本例中，$V=\dfrac{1}{3}\times4\times3=4$. 这验证了我们的答案．

例 4 求由抛物球面 $z=x^2+y^2$ 和圆柱面 $x^2+y^2=4$ 以及坐标平面(图 13)所围得第一卦线内的立体的体积．

解 区域 S 是 xy 平面上由圆 $x^2+y^2=4$ 和直线 $x=0$，$y=0$ 所围成．S 既可被看成 y 型区域也可看成为 x 型区域，这里假设为后者，且边界曲线为 $x=\sqrt{4-y^2}$，$x=0$，$y=0$，因此

$$S=\{(x,\ y)\mid 0\leqslant x\leqslant\sqrt{4-y^2},\ 0\leqslant y\leqslant 2\}$$

图 14 显示 xy 平面上的区域 S. 我们的目标是计算

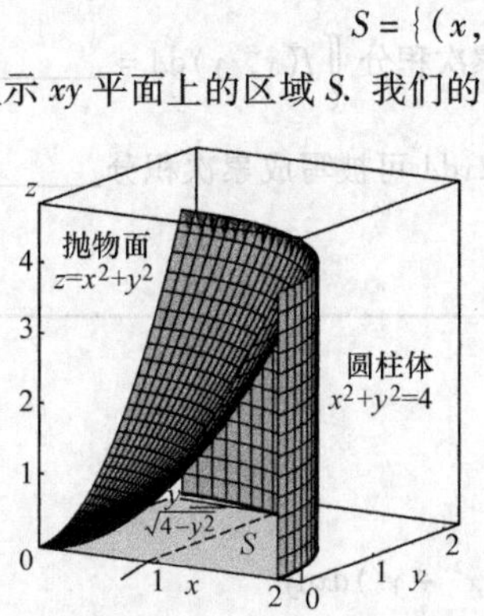

图 13

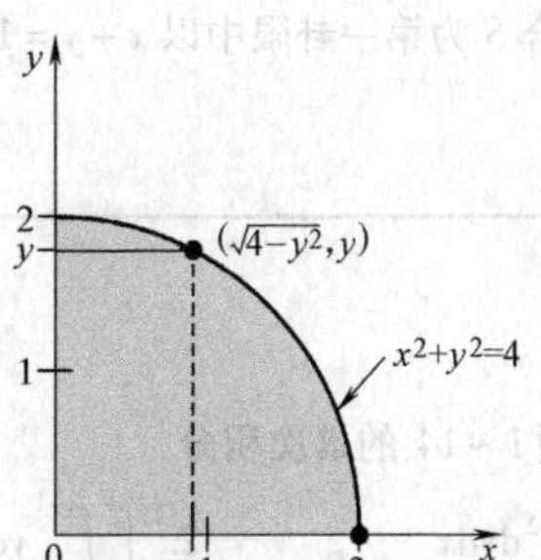

图 14

$$V = \iint_S (x^2 + y^2)\,dA$$

按累次积分的方式．这次我们先固定 y，然后沿着图 14 的直线从 $x=0$ 到 $x=\sqrt{4-y^2}$ 积分，再把结果从 $y=0$ 到 $y=2$ 积分．

$$V = \iint_S (x^2 + y^2)\,dA = \int_0^2 \int_0^{\sqrt{4-y^2}} (x^2 + y^2)\,dx\,dy = \int_0^2 \left[\frac{1}{3}(4-y^2)^{3/2} + y^2\sqrt{4-y^2}\right]dy$$

通过三角变换 $y=2\sin\theta$，最后一个积分就可被重写为

$$\int_0^{\pi/2}\left[\frac{8}{3}\cos^3\theta + 8\sin^2\theta\cos\theta\right]2\cos\theta\,d\theta = \int_0^{\pi/2}\left[\frac{16}{3}\cos^4\theta + 16\sin^2\theta\cos^2\theta\right]d\theta$$

$$= \frac{16}{3}\int_0^{\pi/2}\cos^2\theta(1-\sin^2\theta+3\sin^2\theta)\,d\theta = \frac{16}{3}\int_0^{\pi/2}(\cos^2\theta + 2\sin^2\theta\cos^2\theta)\,d\theta$$

$$= \frac{16}{3}\int_0^{\pi/2}\left(\cos^2\theta + \frac{1}{2}\sin^2 2\theta\right)d\theta = \frac{16}{3}\int_0^{\pi/2}\left(\frac{1+\cos 2\theta}{2} + \frac{1-\cos 4\theta}{4}\right)d\theta = 2\pi$$

这个结果合理吗？注意到四分之一的圆柱体积是 $\frac{1}{4}\pi r^2 h = \frac{1}{4}\pi \times 2^2 \times 4 = 4\pi$. 这个答案的二分之一就是所要求的体积．

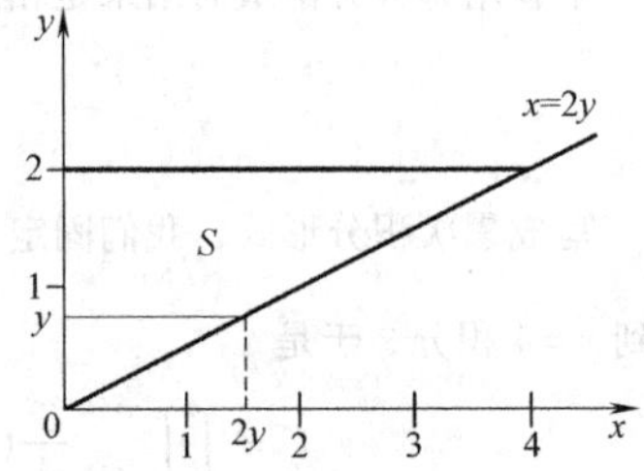

图 15

例 5　通过改变积分顺序，计算

$$\int_0^4\int_{x/2}^2 e^{y^2}\,dy\,dx$$

解　内层积分没法计算，因为 e^{y^2} 目前我们无法求出它的原函数．然而，我们清楚所给二次积分等价于

$$\iint_S e^{y^2}\,dA$$

这里 $S=\{(x,y)\mid x/2\leqslant y\leqslant 2,\ 0\leqslant x\leqslant 4\}=\{(x,y)\mid 0\leqslant x\leqslant 2y,\ 0\leqslant y\leqslant 2\}$（图 15）．如果我们把二重积分化作累次积分（首先积 x 项），我们可得

$$\int_0^2\int_0^{2y} e^{y^2}\,dx\,dy = \int_0^2 [xe^{y^2}]_0^{2y}\,dy = \int_0^2 2ye^{y^2}\,dy = [e^{y^2}]_0^2 = e^4 - 1$$

概念复习

1. 对任意集合 S，我们定义 $\iint_S f(x,y)\,dA$ 等价于 $\iint_R f(x,y)\,dA$，当 R 是________且在集合 S 的外部 $f(x,y)=$________．

2. 如果存在 $[a,b]$ 上函数 ϕ_1，ϕ_2 满足 $S=\{(x,y)\mid$ ________，$a\leqslant x\leqslant b\}$．集合 S 是 y 型区域．

3. 如果 S 是题 2 中的 y 型区域，则 S 上的二重积分可被写成累次积分 $\iint_S f(x,y)\,dA=$________．

4. 若集合 S 为第一卦限中以 $x+y=1$ 为边界的三角形，则 $\iint_S 2x\,dA$ 可被写成累次积分________，其值为________．

习题 13.3

计算习题 1 ~ 14 的累次积分．

1. $\int_0^1\int_0^{3x} x^2\,dy\,dx$　　2. $\int_1^2\int_0^{x-1} y\,dy\,dx$　　3. $\int_{-1}^3\int_0^{3y}(x^2+y^2)\,dx\,dy$

4. $\int_{-3}^1\int_0^x (x^2-y^3)\,dy\,dx$　　5. $\int_1^3\int_{-y}^{2y} xe^{y^3}\,dx\,dy$　　6. $\int_1^5\int_0^x \frac{3}{x^2+y^2}\,dy\,dx$

7. $\int_{1/2}^{1}\int_{0}^{2x}\cos(\pi x^2)\,\mathrm{d}y\mathrm{d}x$　8. $\int_{0}^{\pi/4}\int_{\sqrt{2}}^{\sqrt{2}\cos\theta} r\mathrm{d}r\mathrm{d}\theta$　9. $\int_{0}^{\pi/9}\int_{\pi/4}^{3r}\sec^2\theta\mathrm{d}\theta\mathrm{d}r$

10. $\int_{0}^{2}\int_{-x}^{x}\mathrm{e}^{-x^2}\mathrm{d}y\mathrm{d}x$　11. $\int_{0}^{\pi/2}\int_{0}^{\sin y}\mathrm{e}^x\cos y\mathrm{d}x\mathrm{d}y$　12. $\int_{1}^{2}\int_{0}^{x^2}\frac{y^2}{x}\mathrm{d}y\mathrm{d}x$

13. $\int_{0}^{2}\int_{0}^{\sqrt{4-x^2}}(x+y)\,\mathrm{d}y\mathrm{d}x$　14. $\int_{\pi/6}^{\pi/2}\int_{0}^{\sin\theta}6r\cos\theta\mathrm{d}r\mathrm{d}\theta$

在习题15~20中，通过转换二次积分来计算给定的二重积分.

15. $\iint\limits_S xy\mathrm{d}A$；$S$是由$y=x^2$和$y=1$围成的区域.

16. $\iint\limits_S (x+y)\,\mathrm{d}A$；$S$是由(0，0)，(0，4)，(1，4)为顶点所围成的三角形.

17. $\iint\limits_S (x^2+2y)\,\mathrm{d}A$；$S$是由$y=x^2$和$y=\sqrt{x}$所围成的区域.

18. $\iint\limits_S (x^2-xy)\,\mathrm{d}A$；$S$是由$y=x$和$y=3x-x^2$所围成的区域.

19. $\iint\limits_S \frac{2}{1+x^2}\mathrm{d}A$；$S$是由(0，0)，(2，2)，(0，2)为顶点所围成的三角区域.

20. $\iint\limits_S x\mathrm{d}A$；$S$是由$y=x$和$y=x^3$所围区域(注：$S$有两部分).

≈ 在习题21~32中，画出下列所给立体，然后用二次积分求体积.

21. 由坐标平面和平面$z=6-2x-3y$所围四面体.
22. 由坐标平面和平面$3x+4y+z-12=0$所围四面体.
23. 由坐标平面和平面$x=5$，$y+2z-4=0$所围楔形物.
24. 由坐标平面和平面$2x+y-4=0$，$8x+y-4z=0$在第一卦限内所围的立体.
25. 由平面$9x^2+4y^2=36$和平面$9x+4y-6z=0$在第一卦限内所围的立体.
26. 由曲面$z=9-x^2-y^2$和坐标面在第一卦限内所围的立体.
27. 由柱面$y=x^2$和平面$x=0$，$z=0$，$y+z=1$在第一卦限内所围的立体.
28. 由抛物柱面$x^2=4y$和平面$z=0$及$5y+9z-45=0$所围立体.
29. 由柱面$z=\tan x^2$和平面$x=y$，$x=1$，$y=0$在第一卦限内所围的立体.
30. 由曲面$z=\mathrm{e}^{x-y}$和平面$x+y=1$以及坐标平面在第一卦限内所围的立体.
31. 由曲面$9z=36-9x^2-4y^2$和坐标平面在第一卦限内所围的立体.
32. 由圆柱面$x^2+z^2=16$，$y^2+z^2=16$和坐标平面在第一卦限内所围的立体.

在习题33~38中，通过改写积分顺序来写出二次积分的值(如例5).

33. $\int_{0}^{1}\int_{0}^{x}f(x,y)\,\mathrm{d}y\mathrm{d}x$　34. $\int_{0}^{2}\int_{y^2}^{2y}f(x,y)\,\mathrm{d}x\mathrm{d}y$　35. $\int_{0}^{1}\int_{x^2}^{x^{1/4}}f(x,y)\,\mathrm{d}y\mathrm{d}x$

36. $\int_{1/2}^{1}\int_{x^3}^{x}f(x,y)\,\mathrm{d}y\mathrm{d}x$　37. $\int_{0}^{1}\int_{-y}^{y}f(x,y)\,\mathrm{d}x\mathrm{d}y$　38. $\int_{-1}^{0}\int_{-\sqrt{y+1}}^{\sqrt{y+1}}f(x,y)\,\mathrm{d}x\mathrm{d}y$

39. 计算$\iint\limits_S xy^2\mathrm{d}A$，其中$S$是由图16所示区域.

40. 计算$\iint\limits_S xy\mathrm{d}A$，其中$S$是由图17所示区域.

41. 计算$\iint\limits_S (x^2+x^4y)\,\mathrm{d}A$，其中$S=\{(x,\ y)\mid 1\leqslant x^2+y^2\leqslant 4\}$. 提示：运用对称法简化计算$4\left[\iint\limits_{S_1}x^2\mathrm{d}A+\iint\limits_{S_2}x^2\mathrm{d}A\right]$，这里，$S_1$、$S_2$是由图18所示区域.

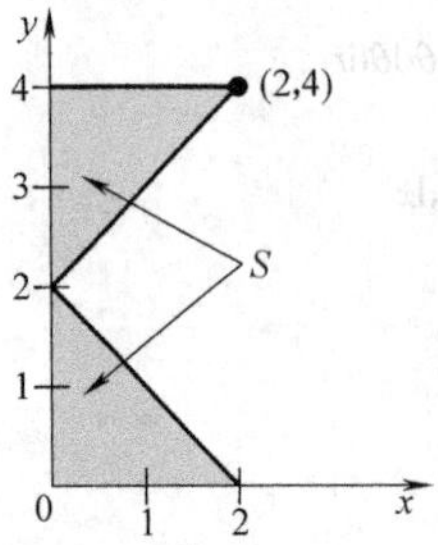

图　16

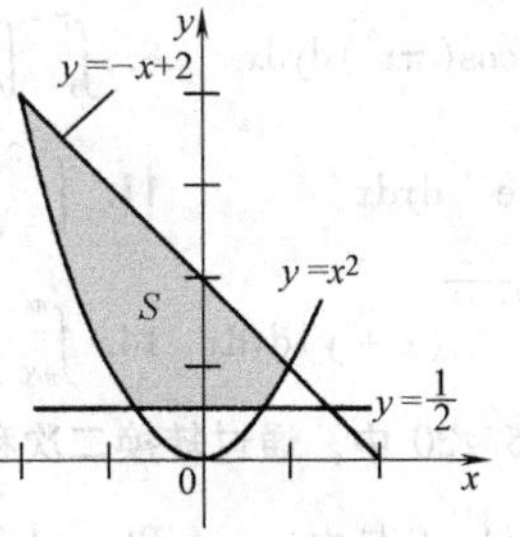

图　17

42. 计算 $\iint\limits_S \sin(xy^2)\,\mathrm{d}A$，这里 S 是圆环域$\{(x,\ y)\mid 1\leqslant x^2+y^2\leqslant 4\}$. 提示：用对称性.

43. 计算 $\iint\limits_S \sin y^3\,\mathrm{d}A$，这里 S 是由 $y=\sqrt{x}$，$y=2$，$x=0$ 所围区域.

44. 计算 $\iint\limits_S x^2\,\mathrm{d}A$，这里 S 是椭圆 $x^2+2y^2=4$ 和圆 $x^2+y^2=4$ 中间的那部分.

45. 图 19 显示的是一坝和一桥之间河深的等高图. 近似求在坝和桥之间水的体积. 提示：把河平行于桥分割成 11 个 100ft 的部分，并假定横截面是等腰三角形. 河面在坝处大约 300ft 宽，河面在桥处大约 175ft 宽.

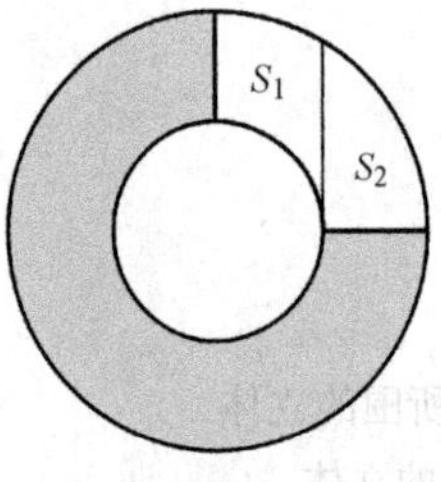

图　18

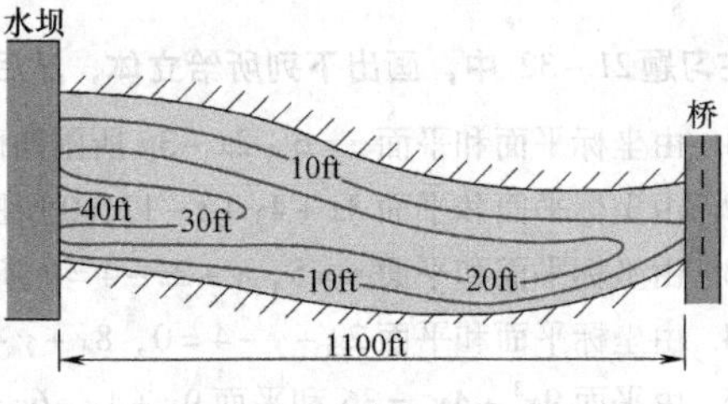

图　19

46. 假定 $f(x,\ y)$ 是定义在有界闭域 R 上的连续函数. 证明：存在 R 中有序对$(a,\ b)$，使得

$$\iint\limits_R f(x,y)\,\mathrm{d}A = f(a,b)A(R)$$

这个结果被称为二重积分的均值定理. 提示：用中值定理(定理 1.6F).

概念复习答案：

1. 一个包含 S 的矩形，0　　2. $\phi_1(x)\leqslant y\leqslant \phi_2(x)$

3. $\int_a^b\int_{\phi_1(x)}^{\phi_2(x)} f(x,y)\,\mathrm{d}y\mathrm{d}x$　　4. $\int_0^1\int_0^{1-x} 2x\,\mathrm{d}y\mathrm{d}x, \dfrac{1}{3}$

13.4　极坐标上的二重积分

平面中的一些曲线，如圆、心形线和玫瑰线，在极坐标上比在直角坐标上更容易表示. 由此，我们期望这些曲线围成的区域上的二重积分的求值在极坐标上会比较容易. 在 13.9 节中，我们将看到怎样去做更一般的转换. 现在，我们只研究一种特定转换，就是把直角坐标转换成极坐标，这种方法是很有用的.

设 R 是如图 1 所示的图形，称为极矩形. $z=f(x,\ y)$ 决定一个在 R 上的曲面，f 是连续且非负的. 在这个表面和 R(图 2)之间的立方体体积 V 是

$$V = \iint\limits_R f(x,y)\,\mathrm{d}A \tag{1}$$

在极坐标下，极矩形表示为

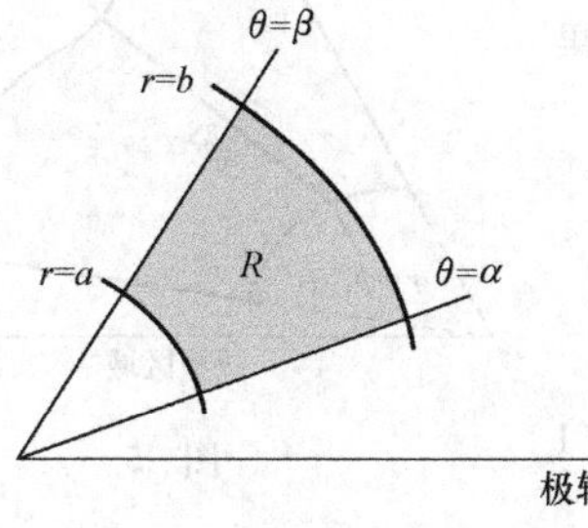

图 1

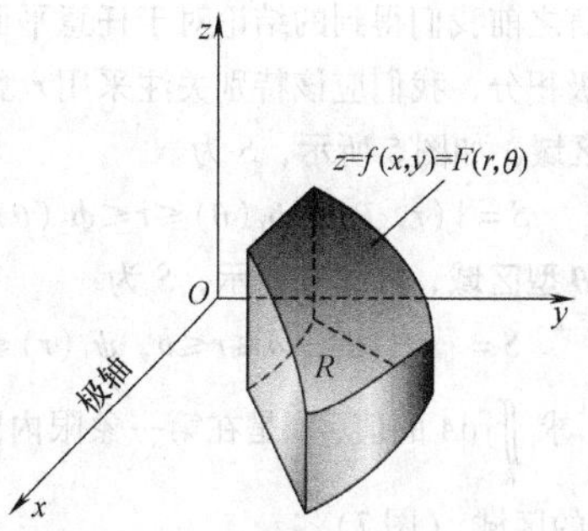

图 2

$$R=\{(r,\ \theta)\mid a\leqslant r\leqslant b,\ \alpha\leqslant\theta\leqslant\beta\},\ a\geqslant0,\ \beta-\alpha\leqslant2\pi$$

同时，表面的方程可以表示为

$$z=f(x,\ y)=f(r\cos\theta,\ r\sin\theta)=F(r,\ \theta)$$

我们将要用极坐标计算体积 V.

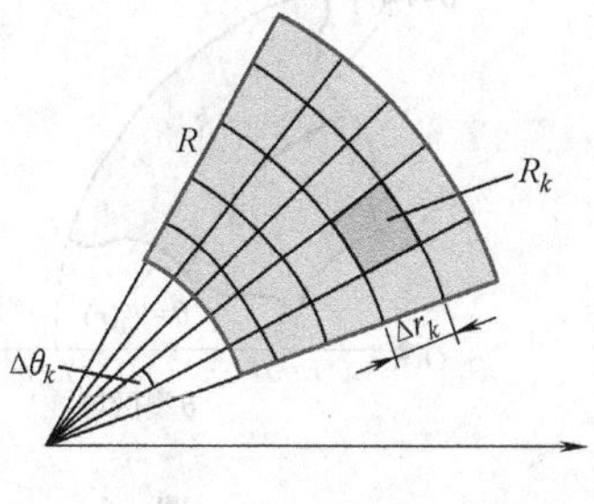

图 3

将 R 分成小极矩形格 R_1，R_2，…，R_n，Δr_k 和 $\Delta\theta_k$ 表示某一块 R_k 的大小，如图 3 所示．面积 $A(R_k)$ 为(见习题 38)

$$A(R_k)=\bar{r}_k\Delta r_k\Delta\theta_k$$

$\bar{r}_k$ 是 R_k 的平均半径．这样

$$V\approx\sum_{k=1}^{n}F(\bar{r}_k,\bar{\theta}_k)\bar{r}_k\Delta r_k\Delta\theta_k$$

当我们使 R_k 体积的通项极限为零时，可以得到实际体积．这个极限是一个二重积分．

$$V=\iint_R F(r,\theta)r\mathrm{d}r\mathrm{d}\theta=\iint_R f(r\cos\theta,r\sin\theta)r\mathrm{d}r\mathrm{d}\theta \tag{2}$$

现在我们对 V 有两种表述，就是式(1)和式(2)．使它们相等，得到

$$\boxed{\iint_R f(x,y)\,\mathrm{d}A=\iint_R f(r\cos\theta,r\sin\theta)\,r\mathrm{d}r\mathrm{d}\theta}$$

上面的结果是由假设 f 为非负得到的，但它对于一般函数(特别是对于任意符号的连续函数)也是正确的．

累次积分 上述结论在我们把极二重积分写成二次积分时很有用，举例如下．

例 1 求极矩形 $R=\left\{(r,\ \theta)\mid 1\leqslant r\leqslant3,\ 0\leqslant\theta\leqslant\dfrac{\pi}{4}\right\}$(图 4)与曲面 $z=\mathrm{e}^{x^2+y^2}$之间的立体体积 V.

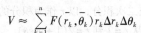

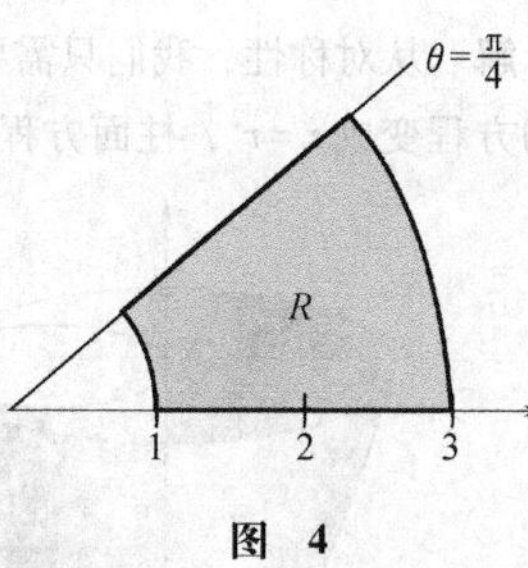

图 4

解 因为 $x^2+y^2=r^2$，有

$$V=\iint_R \mathrm{e}^{x^2+y^2}\mathrm{d}A=\int_0^{\pi/4}\left[\int_1^3\mathrm{e}^{r^2}r\mathrm{d}r\right]\mathrm{d}\theta=\int_0^{\pi/4}\left[\frac{1}{2}\mathrm{e}^{r^2}\right]_1^3\mathrm{d}\theta$$

$$=\int_0^{\pi/4}\frac{1}{2}(\mathrm{e}^9-\mathrm{e})\mathrm{d}\theta=\frac{\pi}{8}(\mathrm{e}^9-\mathrm{e})\approx3181$$

没有极坐标的帮助，我们解决不了这个问题．注意我们在求 e^{r^2} 的原函数时是怎样使用额外元 r 的．

任意域 回忆一下，我们如何把在矩形 R 区域上的二重积分扩展到任意平面区域 S 上的积分．我们只是把 S 放在一个矩形内，然后令函数在 S 之外的值为零，再求积分．我们可以对极坐标下的二重积分做同样

的工作，只不过是用极矩形代替了一般矩形．省略掉一些细节部分，我们可断言之前我们得到的结论对于任意平面区域 S 依然成立．

对于极积分，我们应该特别关注采用 r 型区域还是 θ 型区域．如果使用 **r 型区域**，如图 5 所示，S 为

$$S=\{(r,\ \theta)\mid \phi_1(\theta)\leqslant r\leqslant \phi_2(\theta),\ \alpha\leqslant\theta\leqslant\beta\}$$

如果使用 **θ 型区域**，如图 6 所示，S 为

$$S=\{(r,\ \theta)\mid a\leqslant r\leqslant b,\ \psi_1(r)\leqslant\theta\leqslant\psi_2(r)\}$$

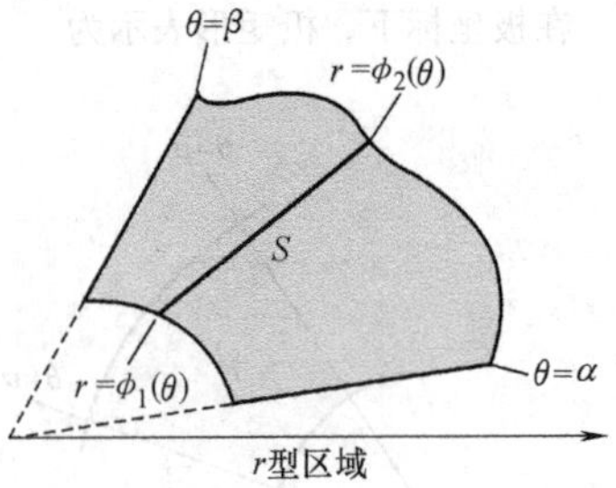

图 5

例 2 求 $\iint\limits_R y\mathrm{d}A$ 的值，S 是在第一象限内圆 $r=2$ 外、心形线 $r=2(1+\cos\theta)$ 内的区域．(图 7)

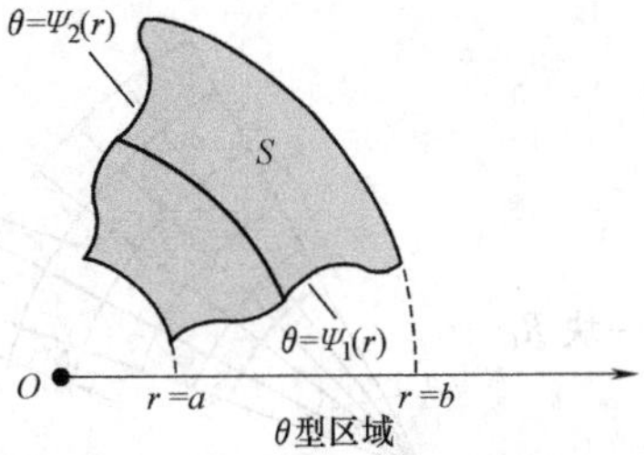

图 6

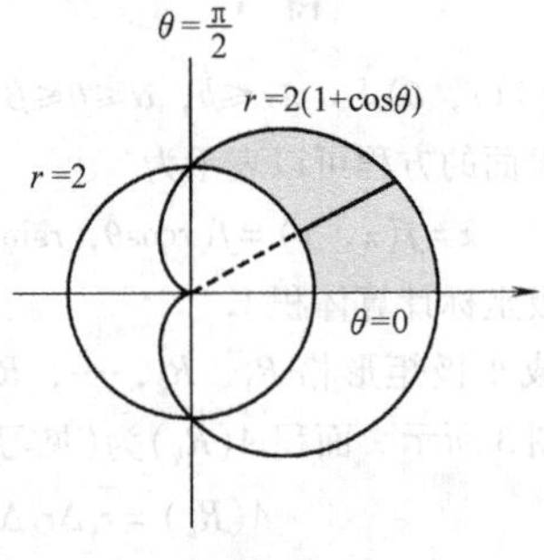

图 7

解 因为 S 是一个 r 型区域，我们将已知的积分写成极二次积分，以 r 作为积分的内层变量．在这个内层积分中，θ 是固定不变的；积分沿着图 7 的粗实线进行，从 $r=2$ 到 $r=2(1+\cos\theta)$．

$$\begin{aligned}\iint\limits_S y\mathrm{d}A &= \int_0^{\pi/2}\int_2^{2(1+\cos\theta)}(r\sin\theta)r\mathrm{d}r\mathrm{d}\theta=\int_0^{\pi/2}\left[\frac{r^3}{3}\sin\theta\right]_2^{2(1+\cos\theta)}\mathrm{d}\theta\\&=\frac{8}{3}\int_0^{\pi/2}[(1+\cos\theta)^3\sin\theta-\sin\theta]\mathrm{d}\theta=\frac{8}{3}\left[-\frac{1}{4}(1+\cos\theta)^4+\cos\theta\right]_0^{\pi/2}\\&=\frac{8}{3}\left[-\frac{1}{4}+0(-4+1)\right]=\frac{22}{3}\end{aligned}$$

例 3 求在曲面 $z=x^2+y^2$ 之下、xy 面之上、柱面 $x^2+y^2=2y$ 之内的立体的体积(图 8)．

解 从对称性，我们只需要计算第 I 卦限的立体体积，然后加倍即可．当我们令 $x=r\cos\theta$，$y=r\sin\theta$，曲面的方程变成 $z=r^2$，柱面方程变成 $r=2\sin\theta$．令 S 为图 9 所示的区域．所求的体积 V 为

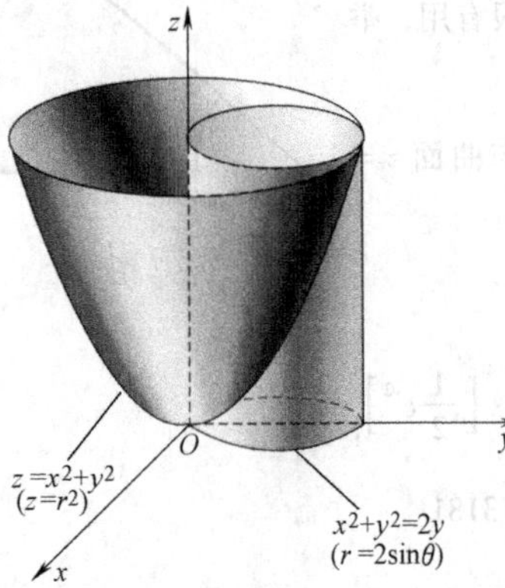

图 8

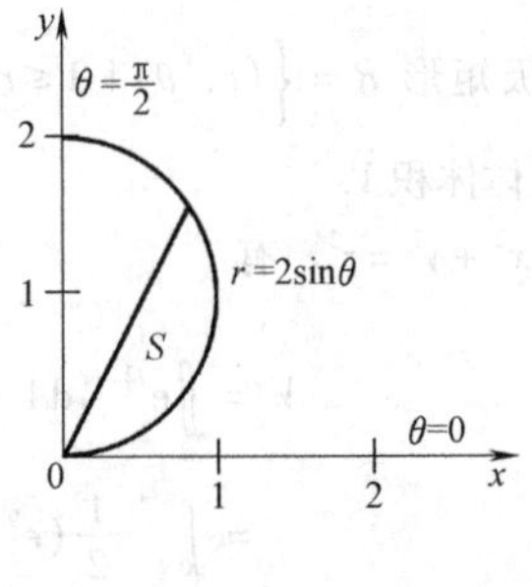

图 9

$$V=2\iint\limits_S(x^2+y^2)\mathrm{d}A=2\int_0^{\pi/2}\int_0^{2\sin\theta}r^2\,r\mathrm{d}r\mathrm{d}\theta$$

$$= 2\int_0^{\pi/2}\left[\frac{r^4}{4}\right]_0^{2\sin\theta}d\theta = 8\int_0^{\pi/2}\sin^4\theta d\theta = 8\left(\frac{3}{8}\cdot\frac{\pi}{2}\right) = \frac{3\pi}{2}$$

最后的这个积分是根据书后的积分表中公式 113 得出的.

常识

为了计算例 3 中体积的值，注意到图 8 中圆柱的高度是 4(在 $z=x^2+y^2$ 中取 $x=0$，$y=2$). 因此，所要求的立体的体积就少于半径为 1 高度为 4 的圆柱体体积的一半，即，小于 $\left(\frac{1}{2}\right)\pi(1^2)4=2\pi$. 所以所得结果 $3\pi/2$ 是合理的.

概率积分 在第 8 章中我们讨论了标准正态分布的密度函数 $f(x)=\frac{1}{\sqrt{2\pi}}e^{-x^2/2}$，在那里，我们给出了 $\int_{-\infty}^{\infty}f(x)dx = 1$，但未能证明. 在下面的两个例子中，我们将证明这个结论.

例 4 证明 $I=\int_0^{\infty}e^{-x^2}dx=\frac{\sqrt{\pi}}{2}$.

解 我们将采用迂回方式解决这个问题，这是很巧妙的.

首先复习一下 $I=\int_0^{\infty}e^{-x^2}dx=\lim_{b\to\infty}\int_0^b e^{-x^2}dx$

现在设 V_b 是位于曲面 $z=e^{-x^2-y^2}$ 之下、顶点为($\pm b$，$\pm b$)的矩形之上的立体体积(图 10). 那么

$$V_b = \int_{-b}^{b}\int_{-b}^{b}e^{-x^2-y^2}dydx = \int_{-b}^{b}e^{-x^2}\left[\int_{-b}^{b}e^{-y^2}dy\right]dx$$

$$= \int_{-b}^{b}e^{-x^2}dx\int_{-b}^{b}e^{-y^2}dy = \left[\int_{-b}^{b}e^{-x^2}dx\right]^2 = 4\left[\int_0^{b}e^{-x^2}dx\right]^2$$

紧接着，位于曲面 $z=e^{-x^2-y^2}$ 之下，整个 xy 平面以上的区域的体积为

$$V = \lim_{b\to\infty}V_b = \lim_{b\to\infty}4\left[\int_0^{b}e^{-x^2}dx\right]^2 = 4\left[\int_0^{\infty}e^{-x^2}dx\right]^2 = 4I^2 \tag{1}$$

另一方面，可以用极坐标来计算 V. 这里的 V 是当 $a\to\infty$ 时 V_a 的极限，在曲面 $z=e^{-x^2-y^2}=e^{-r^2}$ 以下，以 a 为半径、原点为圆心的圆形区域以上的立体的体积 (图 11).

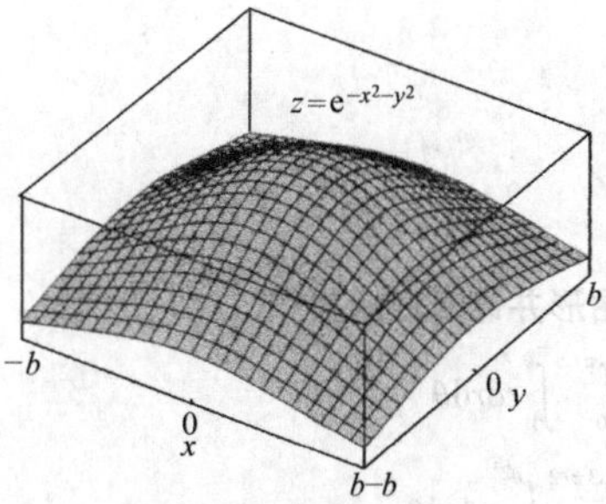

图 10

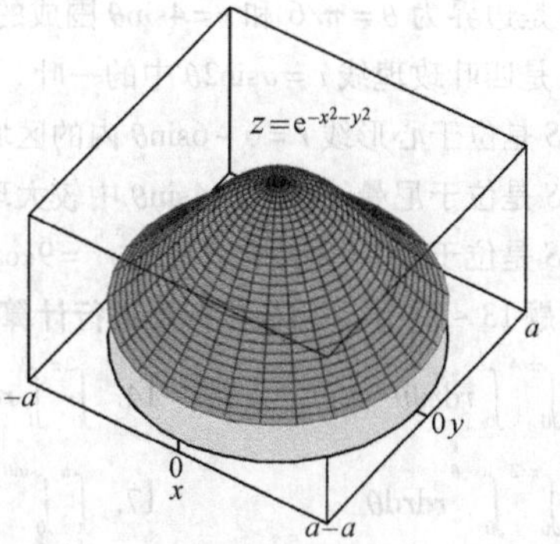

图 11

$$V = \lim_{a\to\infty}V_a = \lim_{a\to\infty}\int_0^{2\pi}\int_0^{a}e^{-r^2}rdrd\theta = \lim_{a\to\infty}\int_0^{2\pi}\left[-\frac{1}{2}e^{-r^2}\right]_0^a d\theta$$

$$= \lim_{a\to\infty}\frac{1}{2}\int_0^{2\pi}\left[1-e^{-a^2}\right]d\theta = \lim_{a\to\infty}\pi\left[1-e^{-a^2}\right] = \pi$$

从式(1)和式(2)的两个 V 值中得出 $4I^2=\pi$，或 $I=\frac{1}{2}\sqrt{\pi}$，符合要求.

例 5 证明 $\int_{-\infty}^{\infty}\frac{1}{\sqrt{2\pi}}e^{-x^2/2}dx = 1$.

解　根据对称性

$$\int_{-\infty}^{\infty}\frac{1}{\sqrt{2\pi}}\mathrm{e}^{-x^2/2}\mathrm{d}x = 2\int_0^{\infty}\frac{1}{\sqrt{2\pi}}\mathrm{e}^{-x^2/2}\mathrm{d}x$$

现在作代换 $u=\frac{x}{\sqrt{2}}$，所以 $\mathrm{d}x=\sqrt{2}\mathrm{d}u$. 积分限依然没变，我们得到

$$\int_{-\infty}^{\infty}\frac{1}{\sqrt{2\pi}}\mathrm{e}^{-x^2/2}\mathrm{d}x = 2\int_0^{\infty}\frac{1}{\sqrt{2\pi}}\mathrm{e}^{-u^2}\sqrt{2}\mathrm{d}u = \frac{2\sqrt{2}}{\sqrt{2\pi}}\int_0^{\infty}\mathrm{e}^{-u^2}\mathrm{d}u = \frac{2\sqrt{2}}{\sqrt{2\pi}}\frac{\sqrt{\pi}}{2} = 1$$

计算中用了例 4 的结论.

概念复习

1. 矩形区域 R 在极坐标下的形式为 $R=\{(r,\ \theta)\mid$ ________$\}$.
2. 在直角坐标系中积分 $\mathrm{d}y\mathrm{d}x$ 可以转换为极坐标系中积分的________.
3. 积分 $\iint\limits_S(x^2+y^2)\mathrm{d}A$，$S$ 是边界为 $y=\sqrt{4-x^2}$ 和 $y=0$ 的半球，可以转化为在极坐标系下积分________.
4. 第 3 题中积分的值是________.

习题 13.4

在习题 1 ~ 6 中，计算二次积分.

1. $\int_0^{\pi/2}\int_0^{\cos\theta}r^2\sin\theta\mathrm{d}r\mathrm{d}\theta$　　2. $\int_0^{\pi/2}\int_0^{\sin\theta}r\mathrm{d}r\mathrm{d}\theta$　　3. $\int_0^{\pi}\int_0^{\sin\theta}r^2\mathrm{d}r\mathrm{d}\theta$

4. $\int_0^{\pi}\int_0^{1-\cos\theta}r\sin\theta\mathrm{d}r\mathrm{d}\theta$　　5. $\int_0^{\pi}\int_0^{2}r\cos\frac{\theta}{4}\mathrm{d}r\mathrm{d}\theta$　　6. $\int_0^{2\pi}\int_0^{\theta}r\mathrm{d}r\mathrm{d}\theta$

在习题 7 ~ 12 中，通过计算 $\iint\limits_S r\mathrm{d}r\mathrm{d}\theta$ 找出所给区域 S 的面积，首先应作出区域的图形.

7. S 是位于圆 $r=4\cos\theta$ 内和圆 $r=2$ 外的区域.
8. S 是边界为 $\theta=\pi/6$ 和 $r=4\sin\theta$ 围成的较小区域.
9. S 是四叶玫瑰线 $r=a\sin2\theta$ 中的一叶.
10. S 是位于心形线 $r=6-6\sin\theta$ 内的区域.
11. S 是位于尼曼线 $r=2-4\sin\theta$ 中较大环中的区域.
12. S 是位于圆 $r=2$ 外和双扭线 $r^2=9\cos2\theta$ 内的区域.

在习题 13 ~ 18 中，用极坐标系进行计算，首先作出区域的图形并计算区域面积.

13. $\int_0^{\pi/4}\int_0^{2}r\mathrm{d}r\mathrm{d}\theta$　　14. $\int_0^{2\pi}\int_1^{3}r\mathrm{d}r\mathrm{d}\theta$　　15. $\int_0^{\pi/2}\int_0^{\theta}r\mathrm{d}r\mathrm{d}\theta$

16. $\int_0^{\pi/2}\int_0^{\cos\theta}r\mathrm{d}r\mathrm{d}\theta$　　17. $\int_0^{\pi}\int_0^{\sin\theta}r\mathrm{d}r\mathrm{d}\theta$　　18. $\int_0^{3\pi/2}\int_0^{\theta^2}r\mathrm{d}r\mathrm{d}\theta$

在习题 19 ~ 26 中，用极坐标来计算，并且画出积分区域.

19. $\iint\limits_S\mathrm{e}^{x^2+y^2}\mathrm{d}A$，$S$ 是 $x^2+y^2=4$ 中的区域.

20. $\iint\limits_S\sqrt{4-x^2-y^2}\mathrm{d}A$，$S$ 是圆 $x^2+y^2=4$ 在第一象限中位于 $y=0$ 和 $y=x$ 之间的扇形区域.

21. $\iint\limits_S\frac{1}{4+x^2+y^2}\mathrm{d}A$，$S$ 同上题.

22. $\iint\limits_S y\mathrm{d}A$，$S$ 在第一卦限内位于 $x^2+y^2=4$ 内、$x^2+y^2=1$ 外的极矩形.

23. $\int_0^1\int_0^{\sqrt{1-x^2}}(4-x^2-y^2)^{-1/2}\mathrm{d}y\mathrm{d}x$　　24. $\int_0^1\int_0^{\sqrt{1-y^2}}\sin(x^2+y^2)\mathrm{d}x\mathrm{d}y$

25. $\int_0^1\int_x^1 x^2\mathrm{d}y\mathrm{d}x$　　26. $\int_1^2\int_0^{\sqrt{2x-x^2}}(x^2+y^2)^{-1/2}\mathrm{d}y\mathrm{d}x$

≈ 27. 用极坐标算出第一卦限中位于抛物面 $z=x^2+y^2$ 之下、圆柱面 $x^2+y^2=9$ 之内的立体体积．

≈ 28. 用极坐标计算上界为 $2x^2+2y^2+z^2=18$，下界为 $z=0$，侧界为 $x^2+y^2=4$ 的立体体积．

29. 转化为直角坐标系后计算 $\int_{3\pi/4}^{4\pi/3}\int_0^{-5\sec\theta} r^3\sin^2\theta\mathrm{d}r\mathrm{d}\theta$

30. 设 $V=\iint\limits_S\sin\sqrt{x^2+y^2}\mathrm{d}A$ 和 $W=\iint\limits_S|\sin\sqrt{x^2+y^2}|\mathrm{d}A$，$S$ 是圆 $x^2+y^2=4\pi^2$ 内的区域．

(a) 不用计算，判定 V 的符号　　(b) 计算 V　　(c) 计算 W

31. 半径为 a 和 $2b$ 的两个球，$b\leqslant a$，在球心连线中用 $d=a-b$ 表示它们交集部分，求交集的体积．

32. 旋转草坪抽水机使水深(ft)每小时增加 $k\mathrm{e}^{-r/10}$，$0\leqslant r\leqslant 10$，r 是到抽水机的距离，k 是常量．如果水每小时增加 $100\mathrm{ft}^3$，计算 k.

33. 计算用圆柱 $r=a\sin\theta$ 切割过的球 $r^2+z^2\leqslant a^2$ 的体积．

34. 半径为 a 的圆柱被通过其底面直径且与其底面成 α 度角($0<\alpha<\pi/2$)的平面切割，计算生成的楔形的体积．(参见 5.2 节第 37 题)．

35. 想象一个半径为 a 的球被从中心挖去一个半径为 $c(c<a)$ 的通孔后得到的高为 $2b$ 的圆环 A(图 12 的左半部分)．证明 A 的体积是 $\frac{4\pi b^3}{3}$，它与半径 a 无关，它与半径为 b 的球体 B 体积相同(图 12 的右半部分)．

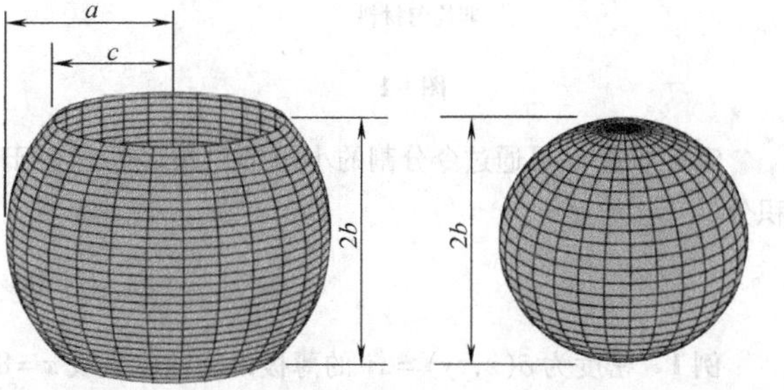

图 12

36. 上题的重要结论有一个简单的解释．证明图 12 中两个立体(环 A 和球 B)被高度为 h 的水平面截得的截面面积是一样的，表明了在此面以下的实体体积相同(这就是 Cavalier 体积原则，见 5.2 节第 40 题)，用 h 和 b 给这个体积写一个好的公式．

37. 证明 $\int_0^\infty\int_0^\infty\frac{1}{(1+x^2+y^2)^2}\mathrm{d}y\mathrm{d}x=\frac{\pi}{4}$.

38. 复习半径为 r，圆心角为 θ 弧度(10.7 节)的扇形面积为 $A=\frac{1}{2}r^2\theta$，用这个推出极三角形 $\{(r,\theta)\mid r_1\leqslant r\leqslant r_2,\ \theta_1\leqslant\theta\leqslant\theta_2\}$ 的面积 $A=\frac{r_1+r_2}{2}(r_2-r_1)(\theta_2-\theta_1)$.

39. 对于所有的 μ 和所有的 $\sigma>0$，证明 $\int_{-\infty}^{+\infty}\frac{1}{\sigma\sqrt{2\pi}}\mathrm{e}^{-(x-\mu)^2/2\sigma^2}\mathrm{d}x=1$．提示：利用例 5 的结果．

概念复习答案：

1. $a\leqslant r\leqslant b,\alpha\leqslant\theta\leqslant\beta$　2. $r\mathrm{d}r\mathrm{d}\theta$　3. $\int_0^\pi\int_0^2 r^3\mathrm{d}r\mathrm{d}\theta$　4. 4π

13.5　二重积分的应用

二重积分最明显的应用就是求立体体积．对这个应用，我们已经讲解得很充分了，现在我们介绍另外的一些应用(质量、质心、转动惯量和旋转半径等)．

想象一个非常薄的平板，我们可以把它看成二维的．在5.6节中，我们把这样的平板称为薄板，但那时我们只考虑密度为常量的薄板．这里要涉及的是密度为变量的薄板，也就是用非均匀材料制成的薄板(图1).

假设薄板在xy平面上覆盖区域S，设在点(x, y)的密度为$\delta(x, y)$(质量/单位体积)．把S分为小矩形$R_1, R_2, \cdots, R_k$，如图2所示．在R_k上找一点$(\bar{x}_k, \bar{y}_k)$，那么R_k的质量近似于$\delta(\bar{x}_k, \bar{y}_k)A(R_k)$，整个薄板的质量近似于$m \approx \sum_{k=1}^{n} \delta(\bar{x}_k, \bar{y}_k)A(R_k)$.

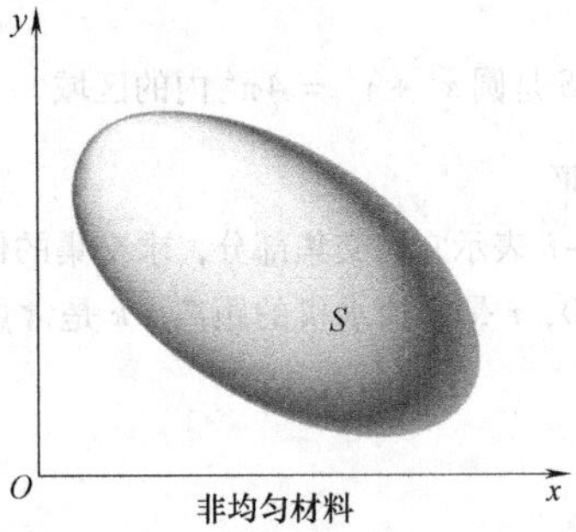

图 1

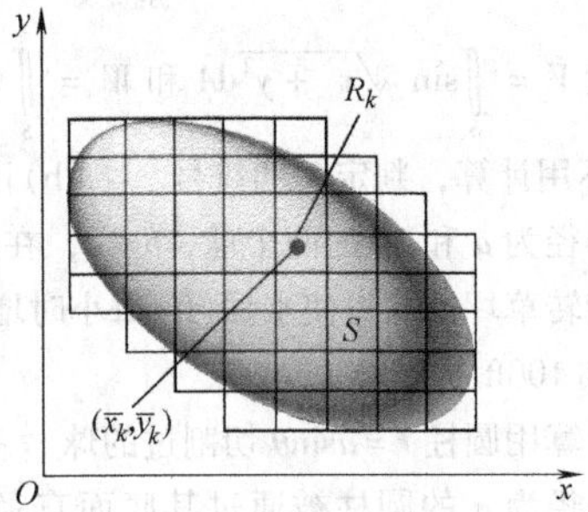

图 2

实际质量m可通过令分割的小矩形对角线长趋近于零时，计算上式的极限得到，当然，表达式是二重积分．

$$m = \iint_S \delta(x,y)\,\mathrm{d}A$$

例1 密度为$\delta(x, y)=xy$的薄板以x轴、直线$x=8$、曲线$y=x^{2/3}$为边界(图3)，求它的总质量．

解

$$m = \iint_S xy\,\mathrm{d}A = \int_0^8\int_0^{x^{2/3}} xy\,\mathrm{d}y\mathrm{d}x = \int_0^8\left[\frac{xy^2}{2}\right]_0^{x^{2/3}}\mathrm{d}x = \frac{1}{2}\int_0^8 x^{7/3}\,\mathrm{d}x$$

$$= \frac{1}{2}\left[\frac{3}{10}x^{10/3}\right]_0^8 = \frac{768}{5} = 153.6$$

质心 我们可以回顾5.6节中关于质心的概念．从那里我们知道，如果$m_1, m_2, \cdots, m_n$分别是位于平面上点$(x_1, y_1), (x_2, y_2), \cdots, (x_n, y_n)$的质量，关于$y$轴和$x$轴的总力矩是

$$M_y = \sum_{k=1}^{n} x_k m_k,\ M_x = \sum_{k=1}^{n} y_k m_k$$

此外，质心(平衡点)的坐标$(\bar{x}, \bar{y})$为

$$\bar{x} = \frac{M_y}{m} = \frac{\sum_{k=1}^{n} x_k m_k}{\sum_{k=1}^{n} m_k},\ \bar{y} = \frac{M_x}{m} = \frac{\sum_{k=1}^{n} y_k m_k}{\sum_{k=1}^{n} m_k}$$

考虑一个密度为变量$\delta(x, y)$的薄板在平面上覆盖S区域，如图1所示．像图2一样对薄板进行分割，假设每个R_k的质量近似地集中在$(\bar{x}_k, \bar{y}_k)$处，$k=1, 2, \cdots, n$. 最后，当分割的小矩形对角线趋近于零时取极限，导出公式：

$$\bar{x} = \frac{M_y}{m} = \frac{\iint_S x\delta(x,y)\,\mathrm{d}A}{\iint_S \delta(x,y)\,\mathrm{d}A},\ \bar{y} = \frac{M_x}{m} = \frac{\iint_S y\delta(x,y)\,\mathrm{d}A}{\iint_S \delta(x,y)\,\mathrm{d}A}$$

例 2 计算例 1 中薄板质心的坐标.

解 在例 1 中，我们得出薄板的质量 m 是 $\frac{768}{5}$. 关于 y 轴和 x 轴的力矩 M_y 和 M_x 分别是

$$M_y=\iint_S x\delta(x,y)\,\mathrm{d}A=\int_0^8\int_0^{x^{2/3}}x^2y\,\mathrm{d}y\mathrm{d}x=\frac{1}{2}\int_0^8 x^{\frac{10}{3}}\mathrm{d}x=\frac{12\ 288}{13}\approx 945.23$$

$$M_x=\iint_S y\delta(x,y)\,\mathrm{d}A=\int_0^8\int_0^{x^{2/3}}xy^2\mathrm{d}y\mathrm{d}x=\frac{1}{3}\int_0^8 x^3\mathrm{d}x=\frac{1\ 024}{3}\approx 341.33$$

由此得出结论
$$\bar{x}=\frac{M_y}{m}=6\ \frac{2}{13}\approx 6.15,\ \bar{y}=\frac{M_x}{m}=2\ \frac{2}{9}\approx 2.22.$$

注意，图 3 中质心$(\bar{x},\ \bar{y})$在 S 的右上部分；这正是我们想要的结果，因为密度是 $\delta(x,\ y)=xy$ 的薄板随着它到 x 轴和 y 轴的距离的增大而变重.

例 3 如图 4 所示的一块薄板，其形状是半径为 a 的圆的四分之一，其密度与距圆心的距离成正比，求出该薄板的质心.

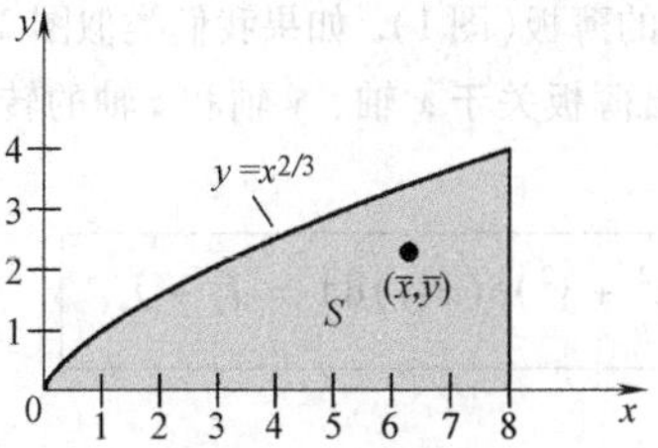

图 3

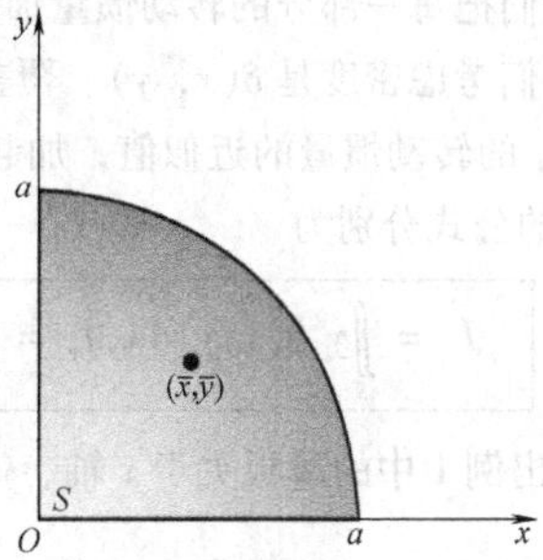

图 4

解 假设 $\delta(x,\ y)=k\sqrt{x^2+y^2}$，其中 k 是常数. S 的形状提示我们可使用极坐标.

$$m=\iint_S k\sqrt{x^2+y^2}\,\mathrm{d}A=k\int_0^{\pi/2}\int_0^a rr\mathrm{d}r\mathrm{d}\theta=k\int_0^{\pi/2}\frac{a^3}{3}\mathrm{d}\theta=\frac{k\pi a^3}{6}$$

同样

$$M_y=\iint_S xk\sqrt{x^2+y^2}\,\mathrm{d}A=k\int_0^{\pi/2}\int_0^a(r\cos\theta)r^2\mathrm{d}r\mathrm{d}\theta$$
$$=k\int_0^{\pi/2}\frac{a^4}{4}\cos\theta\mathrm{d}\theta=\left[\frac{ka^4}{4}\sin\theta\right]_0^{\pi/2}=\frac{ka^4}{4}$$

由此得出结论

$$\bar{x}=\frac{M_y}{m}=\frac{ka^4/4}{k\pi a^3/6}=\frac{3a}{2\pi}$$

由于薄板的对称性，我们知道 $\bar{y}=\bar{x}$，不需要进一步计算了.

此时，善于思考的读者会提出一个很好的问题. 如果薄片是均匀的，即 $\delta(x,\ y)=k$，结果会怎么样呢？这一节得出的包含二重积分的公式和 5.6 节的只包含定积分的公式一致吗？答案是肯定的. 为了给出部分的证明，计算一个 y 型区域 S(图 5)的情形.

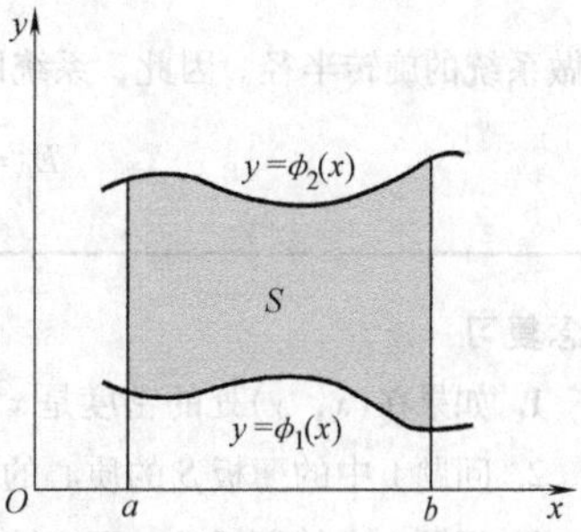

图 5

$$M_y=\iint_S xk\mathrm{d}A=k\int_a^b\int_{\phi_1(x)}^{\phi_2(x)}x\mathrm{d}y\mathrm{d}x=k\int_a^b x[\phi_2(x)-\phi_1(x)]\mathrm{d}x$$

等式右边的定积分正是 5.6 节给出的结果.

转动惯量 从物理学上，我们知道，一个质量是 m、速度是 v 且沿直线运动的物体，其动能 E_k 是

$$E_k=\frac{1}{2}mv^2 \tag{1}$$

假如物体不是沿直线运动，而是以角速度 ω 绕着一条轴运动，它的线速度是 $v=r\omega$，其中，r 是它的圆形路线的半径．当代入式(1)时，得到

$$E_k=\frac{1}{2}(r^2m)\omega^2$$

表达式 r^2m 叫做质点的**转动惯量**(惯性矩)，记做 J. 因而，对于一个旋转的质点

$$E_k=\frac{1}{2}J\omega^2 \tag{2}$$

由式(1)和式(2)可以得出这样的结论：对于一个作圆周运动的物体，转动惯量在其中扮演的角色与质量在直线运动的物体中扮演的角色类似．

对于一个在平面内包含了质量分别是 m_1，m_2，…，m_n，距离直线 L 分别为 r_1，r_2，…，r_n 的 n 个物体的系统，这个系统关于 L 的转动惯量定义为

$$J=m_1r_1^2+m_2r_2^2+\cdots+m_nr_n^2=\sum_{k=1}^{n}m_kr_k^2$$

换而言之，我们把每一部分的转动惯量加起来．

现在，我们考虑密度是 $\delta(x,y)$、覆盖位于 xy 面内的区域 S 的薄板(图1)．如果我们类似图2把 S 分块，求出每小块 R_k 的转动惯量的近似值，加起来，求极限，可以推出薄板关于 x 轴、y 轴和 z 轴的转动惯量(也叫第二力矩)的公式分别为

$$J_x=\iint_S y^2\delta(x,y)\,dA,\ J_y=\iint_S x^2\delta(x,y)\,dA,\ J_z=\iint_S(x^2+y^2)\delta(x,y)\,dA=J_x+J_y$$

例4 求出例1中的薄板关于 x 轴、y 轴和 z 轴的转动惯量．

解

$$J_x=\iint_S xy^3\,dA=\int_0^8\int_0^{x^{2/3}}xy^3\,dy\,dx=\frac{1}{4}\int_0^8x^{11/3}\,dx=\frac{6144}{7}\approx 877.71$$

$$J_y=\iint_S x^3y\,dA=\int_0^8\int_0^{x^{2/3}}x^3y\,dy\,dx=\frac{1}{2}\int_0^8x^{13/3}\,dx=6144$$

$$J_z=J_x+J_y=\frac{49\,152}{7}\approx 7021.71$$

一个总质量是 m 的质量系统，现在考虑用一个具有相同质量 m，关于直线 L 的转动惯量 J 的单独点来代替它，如图6所示．如果他们具有同样的转动惯量，那么这个点应该距离直线 L 多远呢？答案是 $\bar{r}$，其中 $m\bar{r}^2=J$.

$$\bar{r}=\sqrt{\frac{J}{m}}$$

叫做系统的旋转半径．因此，系统以 ω 的角速度绕着直线 L 运动的动能是

$$E_k=\frac{1}{2}m\bar{r}^2\omega^2$$

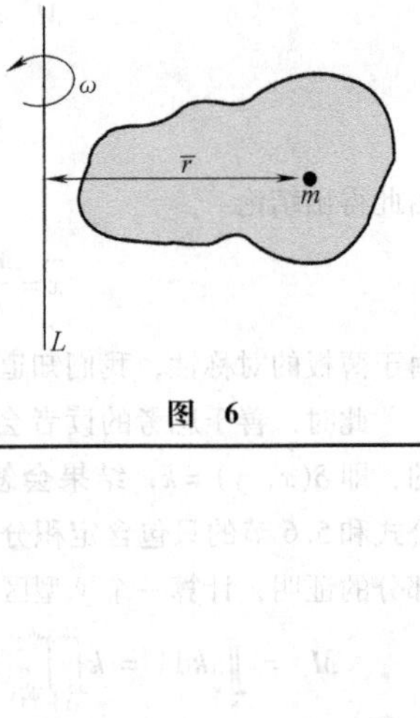

图 6

概念复习

1. 如果在(x, y)处的密度是 x^2y^4，那么薄板 S 的质量 $m=$________.
2. 问题1中的薄板 S 的质心的 y 坐标为 $\bar{y}=$________.
3. 问题1中的薄板 S 关于 y 轴的转动惯量表示为 $J_y=$________.
4. 如果 $S=\{(x,y)\mid 0\leqslant x\leqslant 1,\ 0\leqslant y\leqslant 1\}$，那么由几何推理可知，若 $\delta(x,y)=x^2y^4$，则 $\bar{x}$ 和 $\bar{y}$ 都________于$\frac{1}{2}$.

习题 13.5

在习题 1 ~ 10 中，求出以所给曲线为边界，并且指定了密度的薄板的质量 m 和质心 $(\bar{x}, \bar{y})$.

1. $x=0, x=4, y=0, y=3; \delta(x,y)=y+1$
2. $y=0, y=\sqrt{4-x^2}; \delta(x,y)=y$
3. $y=0, y=\sin x, 0\leqslant x\leqslant \pi; \delta(x,y)=y$
4. $y=\frac{1}{x}, y=x, y=0, x=2; \delta(x,y)=x$
5. $y=e^{-x}, y=0, x=0, x=1; \delta(x,y)=y^2$
6. $y=e^{x}, y=0, x=0, x=1; \delta(x,y)=2-x+y$
7. $r=2\sin\theta; \delta(r,\theta)=r$
8. $r=1+\cos\theta; \delta(r,\theta)=r$
9. $r=1, r=2, \theta=0, \theta=\pi, (0\leqslant\theta\leqslant\pi); \delta(r,\theta)=1/r$
10. $r=2+2\cos\theta; \delta(r,\theta)=r$

在习题 11 ~ 14 中，求出以所给曲线为边界，并且指定了密度的薄板的转动惯量 J_x，J_y，J_z

11. $y=\sqrt{x}$，$x=9$，$y=0$；$\delta(x, y)=x+y$
12. $y=x^2$，$y=4$；$\delta(x, y)=y$
13. 顶点是 $(0, 0)$，$(0, a)$，(a, a)，$(a, 0)$ 的正方形，$\delta(x, y)=x+y$.
14. 顶点是 $(0, 0)$，$(0, a)$，$(a, 0)$ 的三角形，$\delta(x, y)=x^2+y^2$.

在习题 15 ~ 20 中，以直角坐标或极坐标形式给出二次积分．二重积分是薄片 R 的质量，画出薄片 R 的形状，确定其密度 δ，求其质量及质心.

15. $\int_0^2\int_0^x k\,dy\,dx$
16. $\int_0^1\int_x^1 ky\,dy\,dx$
17. $\int_{-3}^3\int_0^{9-x^2} k(x^2+y^2)\,dy\,dx$
18. $\int_{-\pi/2}^{\pi/2}\int_0^{\cos x} k\,dy\,dx$
19. $\int_0^{\pi}\int_1^3 kr^2\,dr\,d\theta$
20. $\int_0^{\pi/2}\int_0^{\theta} kr\,dr\,d\theta$
21. 求出习题 13 中的薄板关于 x 轴的旋转半径.
22. 求出习题 14 中的薄板关于 y 轴的旋转半径.
23. 求出半径是 a 的圆形均匀（密度 δ 是常数）薄板的关于一条直径的转动惯量和旋转半径.
24. 证明：两条边长分别是 a 和 b 的均质长方形薄板，关于穿过它的质心的垂直坐标轴的转动惯量是

$$J=\frac{k}{12}(a^3b+ab^3)$$

式中，k 是常数密度.

25. 求出习题 23 中的薄板关于一条边界切线的转动惯量．提示：设圆为 $r=2a\sin\theta$，那么边界切线就是 x 轴了．本书后面的公式 113 可以帮助解决这个问题.

26. 考虑密度是常数 k 的被心形线 $r=a(1+\sin\theta)$ 包围的薄板 S，如图 7 所示．找出它的质心和关于 x 轴的转动惯量.

提示：10.7 节的习题 7 表明一个有用的事实，即 S 的面积是 $\frac{3\pi^2 a}{2}$，本书后面的公式 113 也会有用.

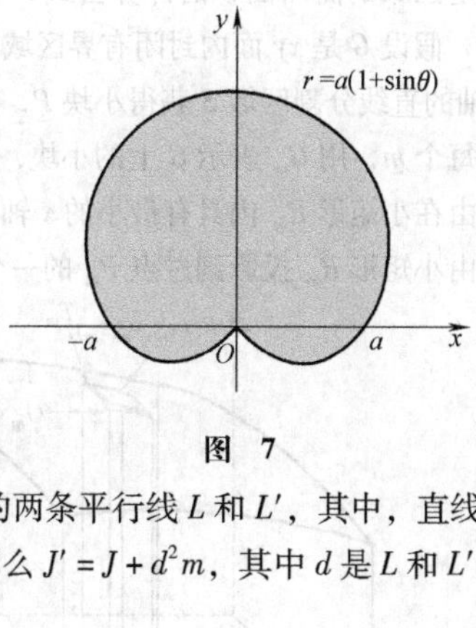

图 7

27. 求出习题 26 中的心形线上位于圆 $r=a$ 外部分的质心.

28. **平行坐标轴定理**　考虑 xy 面内质量为 m 的薄板 S 以及 S 平面内的两条平行线 L 和 L'，其中，直线 L 通过物体的质心．证明，如果 J 和 J' 分别是 S 关于 L 和 L' 的转动惯量，那么 $J'=J+d^2m$，其中 d 是 L 和 L' 间的距离．提示：假设位于平面内，L 是 y 轴，L' 是直线 $x=-d$.

29. 涉及到习题 13 的薄板，对于它，我们发现 $J_y=\frac{5a^2}{12}$，找出下列量的值

(a) m　　(b) $\bar{x}$　　(c) J_L

其中，L 是通过点 $(\bar{x}, \bar{y})$ 并且平行于 y 轴的直线.（见习题 28）

30. 同时运用平行坐标轴定理和习题 23，通过另外一种方法解决习题 25.

31. 求出图8中所示的两块密度是常数 k 的薄板的 J_x、J_y 和 J_z(看习题23和习题28).

32. 平行坐标轴定理对垂直于薄板的直线也成立. 习题24中是关于一条坐标轴垂直薄板并且通过拐角处的坐标轴, 请运用这个事实, 求出薄板的转动惯量.

33. 设 S_1 和 S_2 是在 xy 平面两个不相交的薄片, 质量分别为 m_1 和 m_2, 对应的质心分别为 $(\bar{x}_1, \bar{y}_1)$ 和 $(\bar{x}_2, \bar{y}_2)$, 证明: 这两个薄片的联合 $S_1 \cup S_2$ 的质心 $(\bar{x}, \bar{y})$ 满足

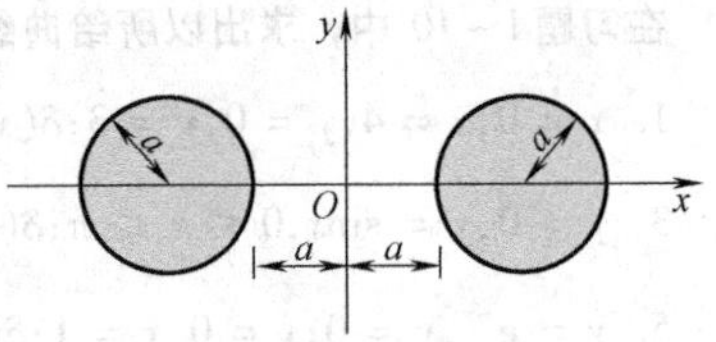

图 8

$$\bar{x} = \bar{x}_1 \frac{m_1}{m_1 + m_2} + \bar{x}_2 \frac{m_2}{m_1 + m_2}$$

对于 y, 公式也是一样的. 由此可得出, 在求 $(\bar{x}, \bar{y})$ 时, 两个薄片可分别来看待.

34. 设 S_1 和 S_2 是半径分别是 a 和 ta, 质心分别是 $(-a, a)$, $(ta, 0)$ 的圆形均匀薄板 $(t>0)$. 运用习题17的结论求出物体 $S_1 \cup S_2$ 的质心.

35. 设 S 是 xy 面内质心在原点的薄板, L 是通过原点的直线 $ax+by=0$. 证明: 点 (x, y) 到 L 的(有符号的)距离是 $d = \dfrac{ax+by}{\sqrt{a^2+b^2}}$, 并运用它推出关于 L 的转动惯量是0. 注: 本题表明薄板会对通过它质心的任意直线保持平衡.

36. 对于例3的薄板, 求出它与 x 轴正方向成135°角的平衡线的方程(看上题). 把答案写成 $Ax+By=C$ 的形式.

概念复习答案:

1. $\iint_S x^2y^4 \mathrm{d}A$　2. $\iint_S x^2y^5 \mathrm{d}A/m$　3. $\iint_S x^4y^4 \mathrm{d}A$　4. 大

13.6 曲面面积

我们已经了解曲面面积的一些特殊情形. 例如, 在11.4节的例3中已经求过空间平行四边形的面积. 我们也知道球体的曲面面积(5.4节习题29和习题30)是 $4\pi r^2$. 在本节中, 我们将推导由 $z=f(x, y)$ 定义的特定区域的曲面面积的计算公式.

假设 G 是 xy 面内封闭有界区域 S 内的曲面. 设 f 有一阶连续偏导数 f_x 和 f_y. 开始时, 我们用平行于 x 轴和 y 轴的直线分割区域 S 获得小块 P, 如图1所示. 用 R_m 表示完全位于区域 S 内的小矩形 $(m=1, 2, \cdots, n)$. 对于每个 m, 用 G_m 表示 G 上的小块, 它是由小矩形 R_m 投影到曲面 G 上的部分构成; 用 P_m 表示 G_m 上一点, 它是由在小矩形 R_m 内具有最小的 x 轴和 y 轴坐标值所对应的点; 最后, 用 T_m 表示过 P_m 的一个平行四边形, 它是由小矩形 R_m 投影到过点 P_m 的一个切平面上形成的, 更加详细的情况见图2.

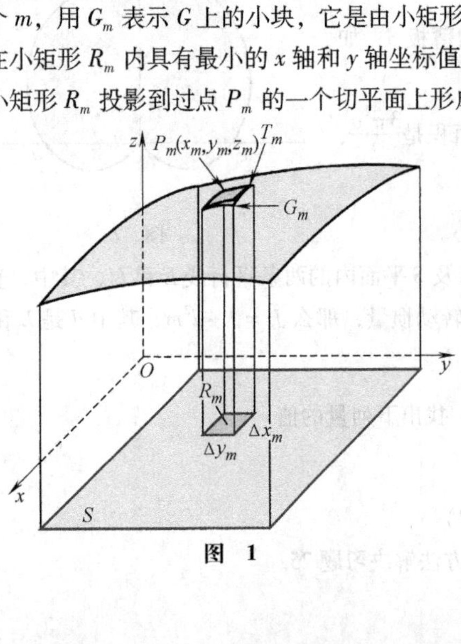

图 1

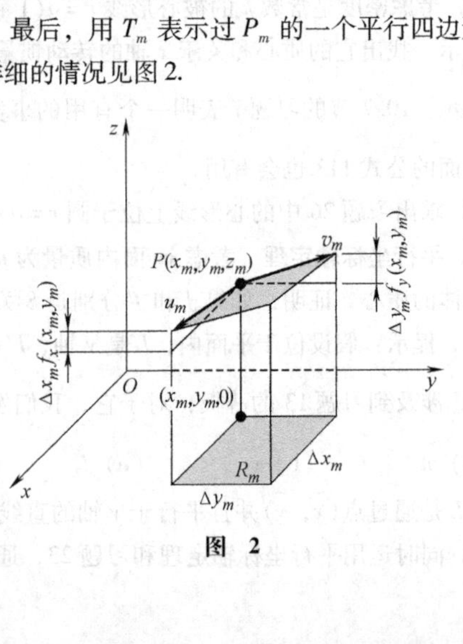

图 2

下一步，求投影为 R_m 的平行四边形 T_m 的面积．用向量 $\boldsymbol{u}_m$ 和v_m 表示构成 T_m 的向量．那么

$$\boldsymbol{u}_m=\Delta x_m\boldsymbol{i}+f_x(x_m,\ y_m)\Delta x_m\boldsymbol{k}$$
$$v_m=\Delta y_m\boldsymbol{i}+f_y(x_m,\ y_m)\Delta y_m\boldsymbol{k}$$

从 11.4 节我们知道平行四边形 T_m 的面积是 $|\boldsymbol{u}_m\times v_m|$，其中

$$\begin{aligned}\boldsymbol{u}_m\times v_m&=\begin{vmatrix}\boldsymbol{i}&\boldsymbol{j}&\boldsymbol{k}\\ \Delta x_m&0&f_x(x_m,\ y_m)\Delta x_m\\ 0&\Delta y_m&f_y(x_m,\ y_m)\Delta y_m\end{vmatrix}\\&=(0-f_x(x_m,\ y_m)\Delta x_m\Delta y_m)\boldsymbol{i}-(f_y(x_m,\ y_m)\Delta x_m\Delta y_m-0)\boldsymbol{j}+(\Delta x_m\Delta y_m-0)\boldsymbol{k}\\&=\Delta x_m\Delta y_m[-f_x(x_m,\ y_m)\boldsymbol{i}-f_y(x_m,\ y_m)\boldsymbol{j}+\boldsymbol{k}]\\&=A(R_m)[-f_x(x_m,\ y_m)\boldsymbol{i}-f_y(x_m,\ y_m)\boldsymbol{j}+\boldsymbol{k}]\end{aligned}$$

因此，T_m 的面积为

$$A(T_m)=\|\boldsymbol{u}_m\times v_m\|=A(R_m)\sqrt{[f_x(x_m,\ y_m)]^2+[f_y(x_m,\ y_m)]^2+1}$$

然后，我们将这些平行四边形 T_m 的面积加起来，$m=1,\ 2,\ \cdots,\ n$，再求它的极限就可以得到整个曲面的面积 G.

$$\begin{aligned}A(G)&=\lim_{\|P\|\to 0}\sum_{m=1}^{n}A(T_m)=\lim_{\|P\|\to 0}\sum_{m=1}^{n}A(R_m)\sqrt{[f_x(x_m,y_m)]^2+[f_y(x_m,y_m)]^2+1}\\&=\iint_S\sqrt{[f_x(x,y)]^2+[f_y(x,y)]^2+1}\,\mathrm{d}A\end{aligned}$$

或者，更简明地表示为

$$\boxed{A(G)=\iint_S\sqrt{f_x^2+f_y^2+1}\,\mathrm{d}A}$$

图 1 中，在 xy 面上的区域 S 看上去很像是矩形，事实上并不一定要这样．图 3 表明了当 S 不是矩形时的情形．

例题 我们将会用四个例子来说明上面的面积公式．

例 1 如果 S 是在 xy 面上的矩形区域，它被以下的直线包围：$x=0$，$x=1$，$y=0$ 和 $y=2$. 求投影在 S 上的部分圆柱面 $z=\sqrt{4-x^2}$ 的面积．(图 4)

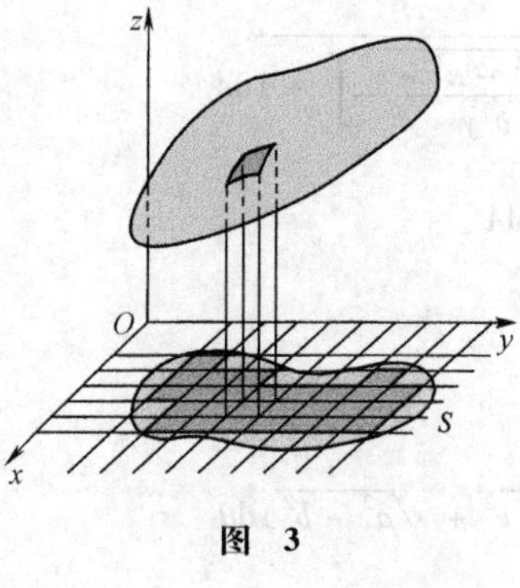

图 3

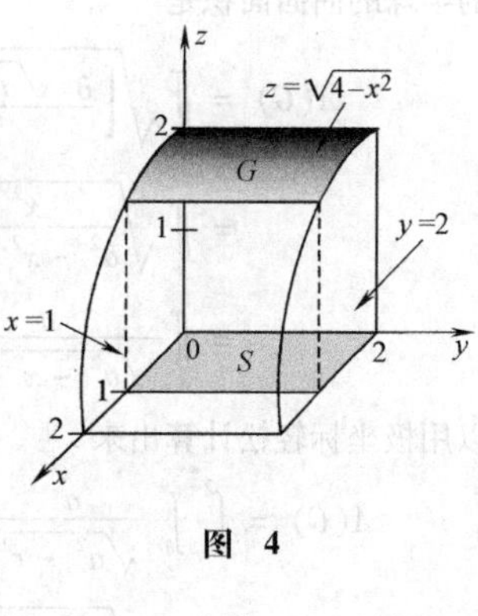

图 4

解 令 $f(x,\ y)=\sqrt{4-x^2}$. 则 $f_x=-\dfrac{x}{\sqrt{4-x^2}}$，$f_y=0$，而且

$$\begin{aligned}A(G)&=\iint_S\sqrt{f_x^2+f_y^2+1}\,dA=\iint_S\sqrt{\frac{x^2}{4-x^2}+1}\,dA=\iint_S\frac{2}{\sqrt{4-x^2}}\mathrm{d}A\\&=\int_0^1\int_0^2\frac{2}{\sqrt{4-x^2}}\mathrm{d}y\mathrm{d}x=4\int_0^1\frac{1}{\sqrt{4-x^2}}\mathrm{d}x=4\left[\sin^{-1}\frac{x}{2}\right]_0^1=\frac{2\pi}{3}\end{aligned}$$

例2 求出在平面 $z=9$ 下的曲面 $z=x^2+y^2$ 的面积.

解 被标记出来的曲面的区域 G 投影在 $x^2+y^2=9$ 中的圆形区域 S 上，如图5所示. 令 $f(x, y)=x^2+y^2$. 然后我们有 $f_x=2x$，$f_y=2y$，而且

$$A(G)=\iint_S \sqrt{4x^2+4y^2+1}\,dA$$

S 的形状提醒我们使用极坐标.

$$A(G)=\int_0^{2\pi}\int_0^3 \sqrt{4r^2+1}\,r\,dr\,d\theta=\int_0^{2\pi}\frac{1}{8}\left[\frac{2}{3}(4r^2+1)^{\frac{3}{2}}\right]_0^3 d\theta$$

$$=\int_0^{2\pi}\frac{1}{12}(37^{\frac{3}{2}}-1)\,d\theta=\frac{\pi}{6}(37^{\frac{3}{2}}-1)\approx 117.32$$

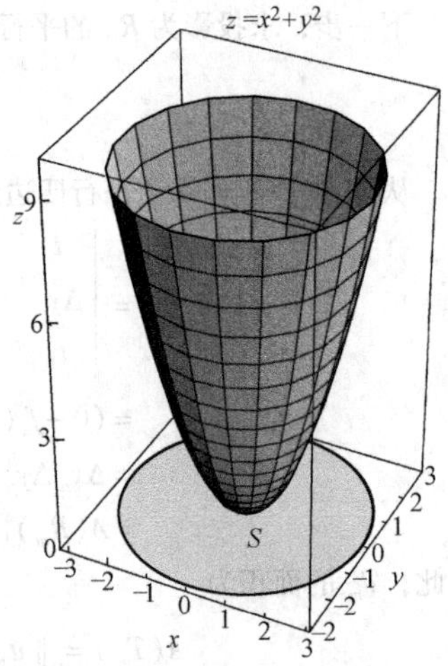

图 5

一个圆柱体(高和直径相等)和一个内切球拥有一些显著的性质：在两个平行平面(垂直圆柱的轴)之间的曲面的面积相等. 下一个例子将会在一个半球中证明这个性质，证明出图6中所示的两个曲面具有相等的面积. 这些步骤能够轻易地延伸到证明球体的性质.

例3 证明：平面 $z=h_1$，$z=h_2\,(0\leqslant h_1\leqslant h_2\leqslant a)$ 从半球 $x^2+y^2+z^2=a^2$，$z\geqslant 0$，截切下来的曲面的面积是

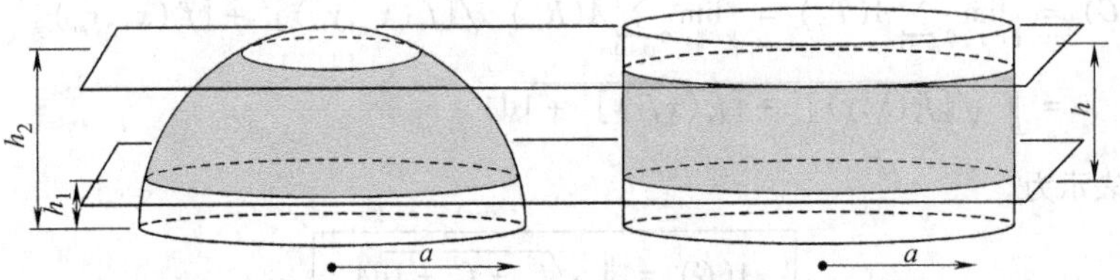

图 6

$$A(G)=2\pi a(h_2-h_1)$$

并证明这也是夹在平面 $z=h_1$，$z=h_2$ 之间的曲面 $x^2+y^2=a^2$ 的面积.

解 令 $h=h_2-h_1$. 半球的曲面被定义为：$z=\sqrt{a^2-x^2-y^2}$.

它在 xy 面上的区域 S 是一个圆环 $b\leqslant x^2+y^2\leqslant c$，其中 $b=\sqrt{a^2-h_2^2}$，$c=\sqrt{a^2-h_1^2}$，如图7所示. 在两个水平面之间的半球的曲面面积是

$$A(G)=\iint_S \sqrt{\left[\frac{\partial\sqrt{a^2-x^2-y^2}}{\partial x}\right]^2+\left[\frac{\partial\sqrt{a^2-x^2-y^2}}{\partial y}\right]^2+1}\,dA$$

$$=\iint_S \sqrt{\frac{x^2}{a^2-x^2-y^2}+\frac{y^2}{a^2-x^2-y^2}+1}\,dA$$

$$=\iint_S \frac{a}{\sqrt{a^2-x^2-y^2}}\,dA$$

这个积分可以用极坐标轻松计算出来.

$$A(G)=\int_0^{2\pi}\int_b^c \frac{a}{\sqrt{a^2-r^2}}\,r\,dr\,d\theta=\int_0^{2\pi}a(-\sqrt{a^2-c^2}+\sqrt{a^2-b^2})\,d\theta$$

$$=2\pi a(\sqrt{a^2-b^2}-\sqrt{a^2-c^2})=2\pi a(h_2-h_1)=2\pi ah$$

因为圆柱的曲面面积是圆的周长 $2\pi a$ 乘以高 h，所以在两个平面之间的部分圆柱的曲面面积为 $2\pi ah$，这显然是符合半球的曲面面积的.

例4 求双曲抛物面 $z=x^2-y^2$ 基于顶点为(0, 0)、(2, 0)、(0, 2)的三角形的曲面面积.

解 令 $f(x, y)=x^2-y^2$ 那么有 $f_x(x, y)=2x$ 和 $f_y(x, y)=-2y$

由累次积分，面积为

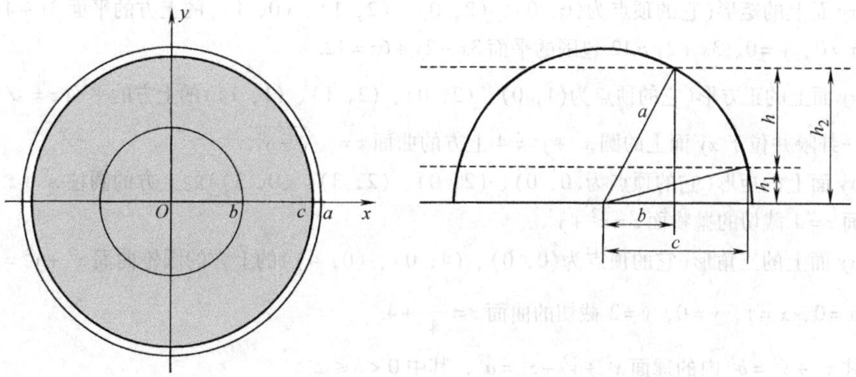

图 7

$$
\begin{aligned}
A &= \int_0^2\int_0^{2-x}\sqrt{f_x^2+f_y^2+1}\,\mathrm{d}y\mathrm{d}x\\
&= \int_0^2\int_0^{2-x}\sqrt{(2x)^2+(-2y)^2+1}\,\mathrm{d}y\mathrm{d}x\\
&= 2\int_0^2\left(\int_0^{2-x}\sqrt{y^2+\left(x^2+\frac{1}{4}\right)}\mathrm{d}y\right)\mathrm{d}x \qquad \text{(用积分表公式 44)}\\
&= 2\int_0^2\left[\frac{y}{2}\sqrt{y^2+\left(x^2+\frac{1}{4}\right)}+\frac{\left(x^2+\frac{1}{4}\right)}{2}\ln\left|y+\sqrt{y^2+\left(x^2+\frac{1}{4}\right)}\right|\right]_0^{2-x}\mathrm{d}x\\
&= 2\int_0^2\left[\frac{2-x}{2}\sqrt{2x^2-4x+\frac{17}{4}}+\frac{4x^2+1}{8}\ln\left(2-x+\sqrt{2x^2-4x+\frac{17}{4}}\right)-\frac{4x^2+1}{16}\ln\left(x^2+\frac{1}{4}\right)\right]\mathrm{d}x
\end{aligned}
$$

最后的积分用微积分第二基本定理计算太复杂，所以我们采用数值方法．用 $n=10$ 的抛物线准则，给出了最后积分的一个近似值 4.8363（n 越大，值越接近真实值）．

在最后的一个例子中，我们可以通过求不定积分，应用微积分第二基本定理来计算内层积分．然后用数值近似方法求积分．虽然有很多数值方法去近似计算二重积分，但通过大量的点来计算仍然是很繁琐的．如果可能的话，计算内层积分是很容易的．

表面积问题

对大多数表面积问题，通过建立二重积分可以很简单解决。只需要通过适当的变换就行了．然而，运用微积分第二基本定理来计算通常是很困难的，那是因为求不定积分非常复杂．

概念复习

1. 一个两条边为向量 $\boldsymbol{u}$ 和 $\boldsymbol{v}$ 的平行四边形的面积等于________．

2. 更概括地说，如果曲面 $z=f(x, y)$ 在 xy 平面上 S 区域上的投影是曲面 G，那么 G 的面积的计算公式为 $A(G)=$________．

3. 应用上题的结论，如果曲面的方程为 $z=(a^2-x^2-y^2)^{1/2}$，那么半径为 a 的半球的曲面面积积分公式为 $A=$________．当对这个积分求值时，我们得到一个熟悉的公式 $A=$________．

4. 假设一个球内切在一个半径为 a 的圆柱内．两个距离 h 的垂直于圆柱的轴的平行平面将会把这两个曲面切出面积为________的区域．

习题 13.6

在习题 1～17 中，求出指定曲面的面积，并绘出图形．

1. 位于 xy 面上的矩形(它的顶点为(0, 0)、(2, 0)、(2, 1)、(0, 1))的上方的平面 $3x+4y+6z=12$.

2. 被面 $x=0$、$y=0$、$3x+2y=12$ 包围的平面 $3x-2y+6z=12$.

3. 位于 xy 面上的正方形(它的顶点为(1, 0)、(2, 0)、(2, 1)、(1, 1))的上方的平面 $z=\sqrt{4-y^2}$.

4. 在第一卦限并位于 xy 面上的圆 $x^2+y^2=4$ 上方的曲面 $z=\sqrt{4-y^2}$.

5. 位于 xy 面上的矩形(它的顶点为(0, 0)、(2, 0)、(2, 3)、(0, 3))的上方的圆柱 $x^2+z^2=9$.

6. 被平面 $z=4$ 截切的抛物面 $z=x^2+y^2$.

7. 位于 xy 面上的三角形(它的顶点为(0, 0)、(4, 0)、(0, 4))的上方的圆锥曲面 $x^2+y^2=z^2$.

8. 被面 $x=0$, $x=1$, $y=0$, $y=2$ 截切的曲面 $z=\dfrac{x^2}{4}+4$.

9. 在圆柱 $x^2+y^2=b^2$ 内的球面 $x^2+y^2+z^2=a^2$, 其中 $0<b\leqslant a$.

10. 在椭圆柱 $b^2x^2+a^2y^2=a^2b^2$ 内的球面 $x^2+y^2+z^2=a^2$, 其中 $0<b\leqslant a$.

11. 在圆柱 $x^2+y^2=ay$ 内的球面 $x^2+y^2+z^2=a^2$(在极坐标中 $r=a\sin\theta$), 其中 $a>0$.

12. 在球体 $x^2+y^2+z^2=a^2$ 内的圆柱 $x^2+y^2=ay$, 其中 $a>0$. 提示: 投影到 yz 面去寻找积分区域.

13. 在圆柱 $x^2+y^2=a^2$ 内的鞍面 $az=x^2-y^2$, 其中 $a>0$.

14. 两个实心圆柱 $x^2+y^2\leqslant a^2$ 和 $x^2+z^2\leqslant a^2$ 的相交实体的曲面. 提示: 我们需要用到积分公式

$$\int(1+\sin\theta)^{-1}\mathrm{d}\theta=-\tan[(\pi-2\theta)/4]+C.$$

15. 在平面 $z=5$ 上方的曲面 $z=9-x^2-y^2$.

16. 在 xy 平面上方且 $0\leqslant x\leqslant 20$ 的曲面 $z=9-x^2$.

17. 在第一象限的平面 $Ax+By+Cz=D$(A、B、C、D 都是正数).

18. 图8所示为南伊力诺依大学的建筑物, 从图中看到的螺旋梯是直径为36ft的圆柱体形状. 屋顶是45°角倾斜, 求屋顶的表面积.

习题19~21 与例3 相关.

19. 考虑夹在平面 $z=h_1$, $z=h_2(-a\leqslant h_1<h_2\leqslant a)$ 之间的均质球体 $x^2+y^2+z^2=a^2$, 求出 h 的值, 使得平面 $z=h$ 把表面积等分.

20. 证明以 a 为半径的圆的两极帽(它的球面角为 ϕ)的面积为 $2\pi a^2(1-\cos\phi)$. (图9)

图 8

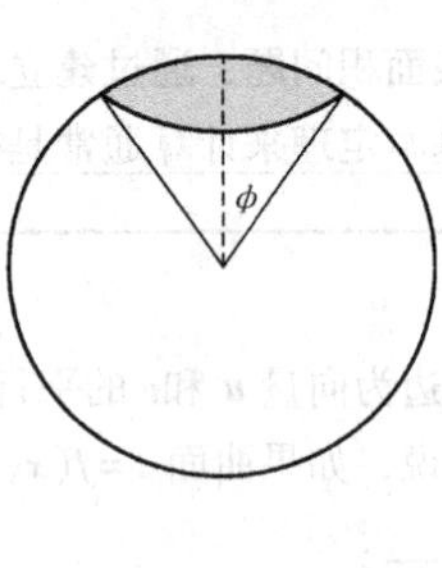

图 9

21. 另一个关于羊的老问题(见10.7习题)四只羊分别得到 A, B, C, D 几块区域. 前三只羊是用长为 b 的绳子围起来的, 第一只在一个水平面上、第二只在一个半径为 a 的球体的外面、第三只在一个半径为 a 的球体内、第四只必须在一个半径为 b 的环形的内部, 这个环形是从半径为 a 的球体中分离下来的. 求出 A, B, C, D 的公式并且按大小排列, 假设 $b<a$.

22. S 是三维空间中的平面区域, 让 S_{xy}、S_{xz}、S_{yz} 为它在三个坐标面上的投影, 如图10所示. 证明:

$$[A(S)]^2=[A(S_{xy})]^2+[A(S_{xz})]^2+[A(S_{yz})]^2$$

23. 假设图 10 中的区域 S 在平面 $z=f(x, y)=ax+by+c$ 上，且在 xy 面的上方. 证明：在 S 下方的圆柱立体的体积为 $A(S_{xy})f(\bar{x}, \bar{y})$，其中 $(\bar{x}, \bar{y})$ 是 S_{xy} 的质心.

24. Joe 的房子以矩形为底，人字形屋顶. Alex 的房子有相同的底，但他的屋顶是金字塔型的，如图 11 所示. 两个屋顶的所有倾斜部分的斜率都相等. 问谁的屋顶面积更小?

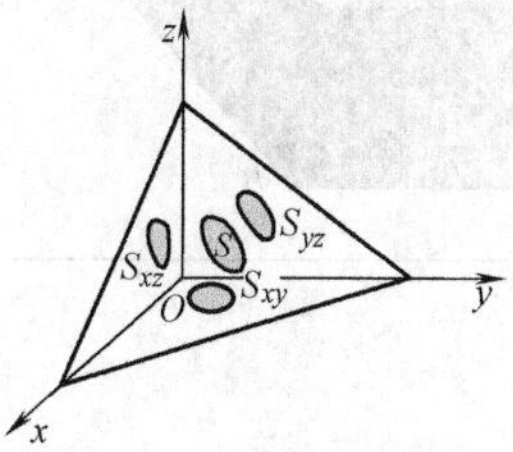

图 10

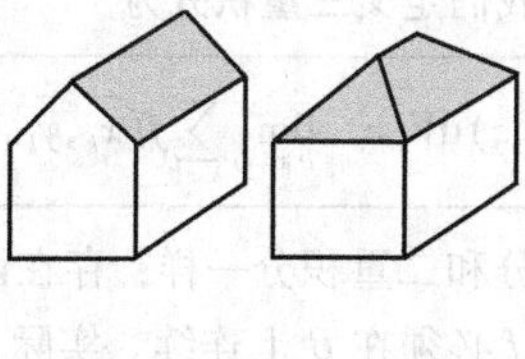

图 11

25. 证明：一个位于 xy 面的区域 S 上方的非垂直平面的曲面面积是 $A(S)\sec\gamma$，其中 γ 是这个平面的法向量与 z 轴的锐夹角.

26. 令 $\gamma=\gamma(x, y, f(x, y))$ 为 z 轴与曲面 $z=f(x, y)$ 在点 $(x, y, f(x, y))$ 处的法向量的锐夹角. 证明：$\sec\gamma=\sqrt{f_x^2+f_y^2+1}$.（注意到它提供了另一个曲面面积的公式 $A(G)=\iint\limits_S \sec\gamma dA$）

在习题 27 ~ 28 中，求给定曲面的曲面面积. 如果用微积分第二基本定理不能算出来的话，那么可以用 $n=10$ 的抛物线法则.

27. 在下面区域的抛物面 $z=x^2+y^2$.

(a) 第一象限且在圆 $x^2+y^2=9$ 内；　　(b) 包含在顶点为 (0, 0)、(3, 0)、(0, 3) 的三角形内.

28. 在下面区域的双曲抛物面 $z=y^2-x^2$.

(a) 第一象限且在圆 $x^2+y^2=9$ 内；　　(b) 包含在顶点为 (0, 0)、(3, 0)、(0, 3) 的三角形内.

29. 下面给出了 6 个曲面，不用积分计算，对曲面按照曲面的面积从小到大排列.（注意：有可能有的面积相等）

(a) 在第一象限且在圆 $x^2+y^2=1$ 内的抛物面 $z=x^2+y^2$；

(b) 在第一象限且在圆 $x^2+y^2=1$ 内的双曲抛物面 $z=x^2-y^2$；

(c) 在顶点为 (0, 0), (1, 0), (1, 1), (0, 1) 的矩形内的抛物面 $z=x^2+y^2$；

(d) 在顶点为 (0, 0), (1, 0), (1, 1), (0, 1) 的矩形内的双曲抛物面 $z=x^2-y^2$；

(e) 在顶点为 (0, 0), (1, 0), (0, 1) 的三角形区域内的抛物面 $z=x^2+y^2$；

(f) 在顶点为 (0, 0), (1, 0), (0, 1) 的三角形区域内的双曲抛物面 $z=x^2-y^2$.

概念复习答案

1. $\|\boldsymbol{u}\times\boldsymbol{v}\|$　　2. $\iint\limits_S \sqrt{f_x^2+f_y^2+1}\,dA$

3. $\int_{-a}^{a}\int_{-\sqrt{a^2-x^2}}^{\sqrt{a^2-x^2}} \dfrac{a}{\sqrt{a^2-x^2-y^2}}dydx=\int_0^{2\pi}\int_0^a \dfrac{ar}{\sqrt{a^2-r^2}}drd\theta, 2\pi a^2$　　4. $2\pi ah$

13.7 笛卡儿坐标系上的三重积分

定积分和二重积分的内容很自然地可以延伸到三重积分，甚至是 n 重积分.

假设有一个三元函数 f 定义在一个箱型的区域 B 内，这个箱型区域 B 的面平行于坐标面. 我们不能画出具有四维空间的 f 的图形，但可以画出 B（图 1）. 用平行于坐标面的平面去切割 B，并得到它的一部分 P. 因此，我们可以把 B 切割成一个个小的立体块 B_1, B_2, $\cdots B_n$. 设其中一个为 B_k，我们挑出一个特殊点 $(\bar{x}_k, \bar{y}_k,$

$\bar{z}_k$)，然后考虑黎曼和

$$\sum_{k=1}^{n} f(\bar{x}_k,\bar{y}_k,\bar{z}_k)\Delta V_k$$

其中 $\Delta V=\Delta x_k\Delta y_k\Delta z_k$ 为 B_k 的体积．

令最小分块的最长的对角线长为 $\|P\|$．则只要它的极限存在，我们定义**三重积分**为

$$\iiint_B f(x,y,z)\,\mathrm{d}V=\lim_{\|P\|\to 0}\sum_{k=1}^{n} f(\bar{x}_k,\bar{y}_k,\bar{z}_k)\Delta V_k$$

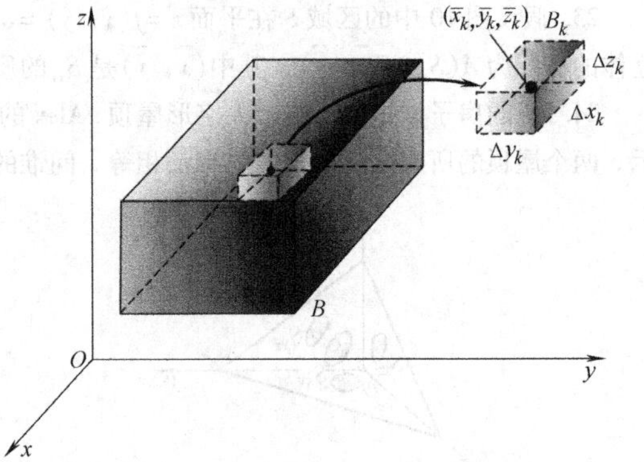

图 1

正如定积分和二重积分一样，存在函数是否可积的问题．显然 f 必须在 B 上连续．实际上，我们允许存在不连续的点，例如，在光滑表面上有有限个不连续的点时，函数仍可积，我们不准备证明它(也很难证)，但我们假定它是正确的．

正如你所猜想的一样，三重积分有一些标准的性质：线性性、只在边界上重合的有限区域的可加性，以及可比性．最后，三重积分可以写成累次积分，这正是我们下面要讲的．

例1 计算 $\iiint_B x^2yz\mathrm{d}V$，其中 $B=\{(x,y,z)\mid 1\leqslant x\leqslant 2,0\leqslant y\leqslant 1,0\leqslant z\leqslant 2\}$．

解 $\iiint_B x^2yz\mathrm{d}V=\int_0^2\int_0^1\int_1^2 x^2yz\mathrm{d}x\mathrm{d}y\mathrm{d}z=\int_0^2\int_0^1\left[\frac{1}{3}x^3yz\right]_1^2\mathrm{d}y\mathrm{d}z=\int_0^2\int_0^1\frac{7}{3}yz\mathrm{d}y\mathrm{d}z$

$$=\frac{7}{3}\int_0^2\left[\frac{1}{2}y^2z\right]_0^1\mathrm{d}z=\frac{7}{3}\int_0^2\frac{1}{2}z\mathrm{d}z=\frac{7}{6}\left[\frac{z^2}{2}\right]_0^2=\frac{7}{3}$$

本题一共有六种不同积分顺序，但每一种都将得出同样的答案$\frac{7}{3}$.

一般区域上的三重积分 考虑三维空间上的一个有界封闭区间 S，并把它包含在一个三维有界箱型区域 B 中，如图2所示．让 $f(x,y,z)$ 定义在 S 上，并令 f 在 S 区域外的值为零．则我们定义

$$\iiint_S f(x,y,z)\,\mathrm{d}V=\iiint_B f(x,y,z)\,\mathrm{d}V$$

右边的积分正是我们在前面所讲的，但并不意味着容易计算．事实上，如果 S 很复杂，我们很难计算出它的解．

让 S 为 z 型区域(即竖直线与 S 相交为一条线段或一个点)，并令 S_{xy} 表示它在 xy 面上的投影．则

$$\iiint_S f(x,y,z)\,\mathrm{d}V=\iint_{S_{xy}}\left[\int_{\psi_1(x,y)}^{\psi_2(x,y)} f(x,y,z)\,\mathrm{d}z\right]\mathrm{d}A$$

如果 S_{xy} 是 y 型区域，如图3所示，我们可以将外层的二重积分改写为

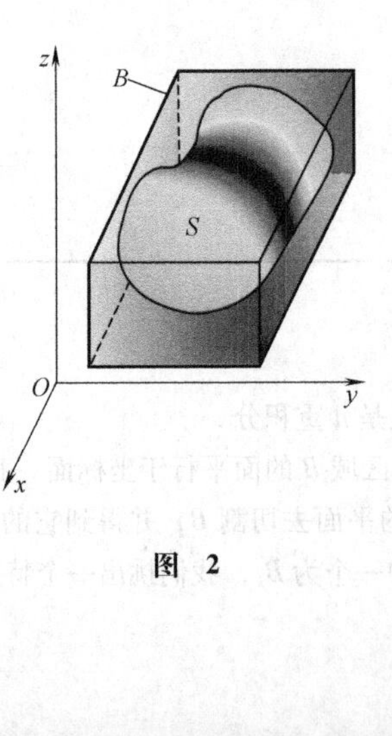

图 2

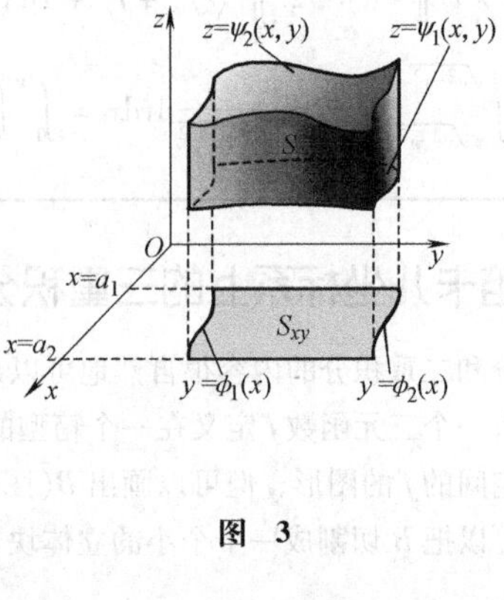

图 3

$$\iiint_S f(x,y,z)\,\mathrm{d}V = \int_{a_1}^{a_2}\int_{\phi_1(x)}^{\phi_2(x)}\int_{\psi_1(x,y)}^{\psi_2(x,y)} f(x,y,z)\,\mathrm{d}z\mathrm{d}y\mathrm{d}x$$

还可能有其他积分顺序，可根据 S 的形状选用，但不管是哪一种情况，我们都应该看到内层的积分限是关于两个变量的函数，中间的积分限是关于一个变量的函数，而最外层的积分限是关于常量的积分．

我们将给出几个例子，第一个例子较简单地告诉我们怎样求三重积分的值．

积分限

在内层积分中积分限通常是建立在积分的其他变量基础上的．中间层积分的积分限仅建立在积分的外部变量基础上．最后，最外层积分的积分限则与积分的任意变量无关．

例 2 计算下面的积分

$$\int_{-2}^{5}\int_{0}^{3x}\int_{y}^{x+2} 4\,\mathrm{d}z\mathrm{d}y\mathrm{d}x$$

解

$$\int_{-2}^{5}\int_{0}^{3x}\int_{y}^{x+2} 4\,\mathrm{d}z\mathrm{d}y\mathrm{d}x = \int_{-2}^{5}\int_{0}^{3x}\left(\int_{y}^{x+2} 4\,\mathrm{d}z\right)\mathrm{d}y\mathrm{d}x = \int_{-2}^{5}\int_{0}^{3x}[4z]_{y}^{x+2}\,\mathrm{d}y\mathrm{d}x$$

$$= \int_{-2}^{5}\int_{0}^{3x}(4x-4y+8)\,\mathrm{d}y\mathrm{d}x = \int_{-2}^{5}[4xy-2y^2+8y]_{0}^{3x}\,\mathrm{d}x$$

$$= \int_{-2}^{5}(-6x^2+24x)\,\mathrm{d}x = -14$$

例 3 计算 $f(x, y, z)=2xyz$ 在空间区域 S 上的三重积分，其中 S 由抛物柱面 $z=2-\frac{1}{2}x^2$ 和平面 $y=0$、$y=x$、$z=0$ 所围成．

解 空间区域 S 如图 4 所示．三重积分 $\iiint_S 2xyz\,\mathrm{d}V$ 能用累次积分计算．

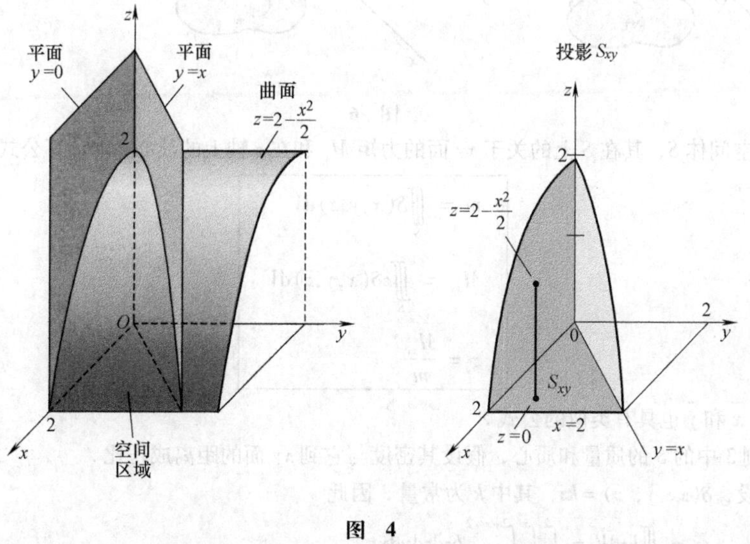

图 4

首先注意到 S 是 z 型区域且它在 xy 面上的投影 S_{xy} 是 y 型区域(也是 x 型区域)．在第一层积分中 x、y 是固定的，我们沿着一条竖直线从 $z=0$ 到 $z=2-\frac{x^2}{2}$ 积分．把所得结果再在 S_{xy} 上积分．

$$\iiint_S 2xyz\,\mathrm{d}V = \int_0^2\int_0^x\int_y^{2-x^2/2} 2xyz\,\mathrm{d}z\mathrm{d}y\mathrm{d}x = \int_0^2\int_0^x[xyz^2]_0^{2-x^2/2}\,\mathrm{d}y\mathrm{d}x$$

$$= \int_0^2\int_0^x\left(4xy-2x^3y+\frac{1}{4}x^5y\right)\mathrm{d}y\mathrm{d}x$$

$$= \int_0^2\left(2x^3-x^5+\frac{1}{8}x^7\right)\mathrm{d}x = \frac{4}{3}$$

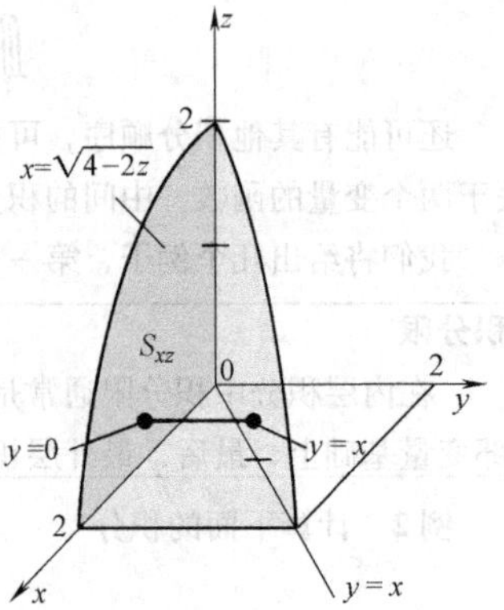

图　5

例题3有多种积分顺序．我们介绍另一种解决方法．

例4　用积分顺序 dydxdz 重新计算例3.

解　注意到 S 是 y 型区域且它在 xz 面上的投影 S_{xz} 如图5所示．我们首先沿一水平线从 $y=0$ 到 $y=x$ 积分．然后我们把所得结果再在 S_{xz} 积分．

$$\iiint_S 2xyz\mathrm{d}V=\int_0^2\int_0^{\sqrt{4-2z}}\int_0^x 2xyz\mathrm{d}y\mathrm{d}x\mathrm{d}z$$

$$=\int_0^2\int_0^{\sqrt{4-2z}} x^3z\mathrm{d}x\mathrm{d}z=\frac{1}{4}\int_0^2(\sqrt{4-2z})^4z\mathrm{d}z$$

$$=\frac{1}{4}\int_0^2(16z-16z^2+4z^3)\mathrm{d}z=\frac{4}{3}$$

质量和质心　质量与质心的概念对于空间区域来说一般比较容易．到目前为止，推导出正确公式的过程我们已经很熟悉，它可以归纳为：分割、极限、积分．图6给出了整个思路．符号 $\delta(x,y,z)$ 表示在点 (x,y,z) 处的密度(质量/单位体积)．

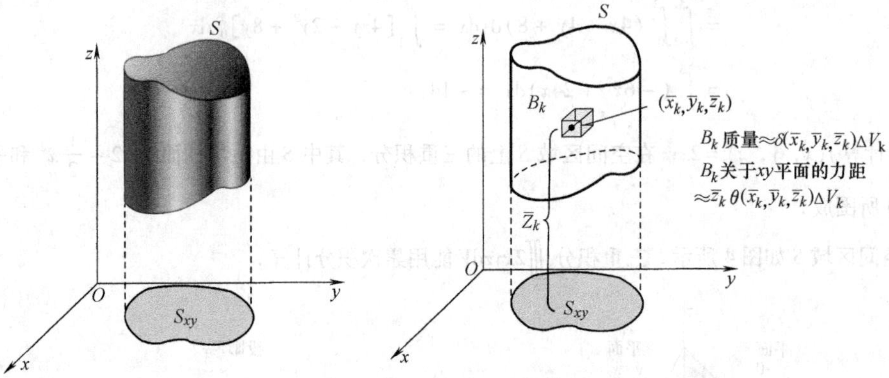

图　6

质量为 m 的空间体 S，其在 S 上的关于 xy 面的力矩 M_{xy} 和在 z 轴上的质心 $\bar{z}$ 的计算公式如下：

$$m=\iiint_S\delta(x,y,z)\mathrm{d}V$$

$$M_{xy}=\iiint_S z\delta(x,y,z)\mathrm{d}V$$

$$\bar{z}=\frac{M_{xy}}{m}$$

同样，M_{yz}、M_{xz}、$\bar{x}$ 和 $\bar{y}$ 也具有类似的公式．

例5　计算例3中的 S 的质量和质心，假设其密度与它到 xy 面的距离成正比．

解　根据假设，$\delta(x,y,z)=kz$，其中 k 为常量．因此

$$m=\iiint_S kz\mathrm{d}V=\int_0^2\int_0^x\int_0^{2-x^2/2}kz\mathrm{d}z\mathrm{d}y\mathrm{d}x$$

$$=k\int_0^2\int_0^x\frac{1}{2}\left(2-\frac{x^2}{2}\right)^2\mathrm{d}y\mathrm{d}x=k\int_0^2\int_0^x\left(2-x^2+\frac{1}{8}x^4\right)\mathrm{d}y\mathrm{d}x$$

$$=k\int_0^2\left(2x-x^3+\frac{1}{8}x^5\right)\mathrm{d}x=k\left[x^2-\frac{x^4}{4}+\frac{x^6}{48}\right]_0^2=\frac{4}{3}k$$

$$M_{xy}=\iiint_S kz^2\mathrm{d}V=\int_0^2\int_0^x\int_0^{2-\frac{x^2}{2}}kz^2\mathrm{d}z\mathrm{d}y\mathrm{d}x$$

$$=\frac{k}{3}\int_0^2\int_0^x\left(2-\frac{x^2}{2}\right)^3\mathrm{d}y\mathrm{d}x=\frac{k}{3}\int_0^2\int_0^x\left(8-6x^2+\frac{3}{2}x^4-\frac{x^6}{8}\right)\mathrm{d}y\mathrm{d}x$$

$$= \frac{k}{3}\int_0^2\left(8x - 6x^3 + \frac{3}{2}x^5 - \frac{x^7}{8}\right)dx$$

$$= \frac{k}{3}\left[4x^2 - \frac{3}{2}x^4 + \frac{1}{4}x^6 - \frac{1}{64}x^8\right]_0^2 = \frac{4}{3}k$$

$$M_{xz} = \iiint_S kyz\,dV = \int_0^2\int_0^x\int_0^{2-x^2/2} kyz\,dz\,dy\,dx$$

$$= k\int_0^2\int_0^x \frac{1}{2}y\left(2 - \frac{x^2}{2}\right)^2 dy\,dx = k\int_0^2 \frac{1}{4}x^2\left(2 - \frac{x^2}{2}\right)^2 dx$$

$$= k\int_0^2\left(x^2 - \frac{1}{2}x^4 + \frac{1}{16}x^6\right)dx = \frac{64}{105}k$$

$$M_{yz} = \iiint_S kxz\,dV = \int_0^2\int_0^x\int_0^{2-x^2/2} kxz\,dz\,dy\,dx = \frac{128}{105}k$$

$$\bar{z} = \frac{M_{xy}}{m} = \frac{4k/3}{4k/3} = 1$$

$$\bar{y} = \frac{M_{xz}}{m} = \frac{64k/105}{4k/3} = \frac{16}{35}$$

$$\bar{x} = \frac{M_{yz}}{m} = \frac{128k/105}{4k/3} = \frac{32}{35}$$

多元随机变量 从5.7节看出随机变量的概率可以通过计算概率密度函数下面的面积来得到，以及怎样计算期望值．这些概念都可以很简单地推广到一组随机变量的情况．如果函数$f(x, y, z) \geqslant 0$ 对 S 中的所有(x, y, z)都成立，且有

$$\iiint_S f(x,y,z)\,dz\,dy\,dx = 1$$

那么$f(x, y, z)$是随机变量(X, Y, Z)的联合概率密度函数(PDF)．其中，S是对于(X, Y, Z)的所有可能值的区域．(X, Y, Z)的概率可以通过合适的区域上的三重积分来计算．函数$g(X, Y, Z)$的期望值定义如下：

$$E(g(X,Y,Z)) = \iiint_S g(x,y,z)f(x,y,z)\,dz\,dy\,dx$$

通过适当的变换，上述讨论对n维随机变量的情形也成立。

例6 随机变量(X, Y, Z)的联合概率密度函数如下：

$$f(x,\ y,\ z) = \begin{cases} \frac{1}{2},\ 0\leqslant x\leqslant 2;\ 0\leqslant y\leqslant x;\ 0\leqslant z\leqslant 1 \\ 0,\ 其他 \end{cases}$$

求(a)$P(Y\leqslant X/2)$ (b) $E(Y)$

解 (a)注意到$Y\leqslant X/2$当且仅当(X, Y)在如图7中的阴影区域R，且$0\leqslant Z\leqslant 1$. 因此

$$P(Y \leqslant X/2) = \int_0^2\int_0^{x/2}\int_0^1 \frac{1}{2}dz\,dy\,dx = \int_0^2\int_0^{x/2}\frac{1}{2}dy\,dx = \int_0^2 \frac{x}{4}dx = \frac{1}{2}$$

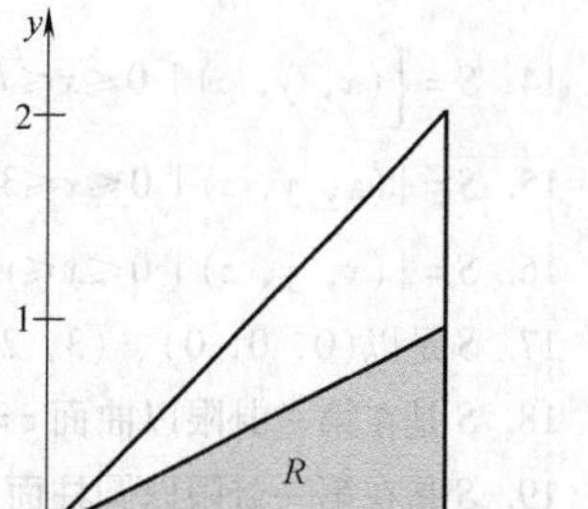

图 7

(b) Y的期望值

$$E(Y) = \iiint_S yf(x,y,z)\,dz\,dy\,dx = \int_0^2\int_0^x\int_0^1 \frac{y}{2}dz\,dy\,dx$$

$$= \int_0^2\int_0^x \frac{y}{2}dy\,dx = \int_0^2\left[\frac{y^2}{4}\right]_0^x dx$$

$$= \int_0^2 \frac{x^2}{4}dx = \left[\frac{x^3}{12}\right]_0^2 = \frac{2}{3}$$

概念复习

1. $\iiint_S 1\mathrm{d}V$ 给出立体 S 的________.

2. 如果(x, y, z)点的密度为$|xyz|$，则 S 的质量为________.

3. 当 $g(y)=$________，$h(y)=$________时 $\int_0^1\int_0^1\int_{x^2}^{x} f(x,y,z)\,\mathrm{d}y\mathrm{d}x\mathrm{d}z = \int_0^1\int_0^1\int_{g(y)}^{h(y)} f(x,y,z)\,\mathrm{d}x\mathrm{d}y\mathrm{d}z$.

4. 设 S 为以原点为中心的单位圆，则根据对称性原理可 得$\iiint_S (x+y+z)\,\mathrm{d}V=$________.

习题 13.7

在习题 1 ~ 10 中，算出累次积分的值.

1. $\int_{-3}^{7}\int_0^{2x}\int_y^{x-1} \mathrm{d}z\mathrm{d}y\mathrm{d}x$

2. $\int_0^{2}\int_{-1}^{4}\int_0^{3y+x} \mathrm{d}z\mathrm{d}y\mathrm{d}x$

3. $\int_1^{4}\int_{z-1}^{2z}\int_0^{y+2z} \mathrm{d}x\mathrm{d}y\mathrm{d}z$

4. $\int_0^{5}\int_{-2}^{4}\int_1^{2} 6xy^2z^3\,\mathrm{d}x\mathrm{d}y\mathrm{d}z$

5. $\int_4^{24}\int_0^{24-x}\int_0^{24-x-y} \frac{y+z}{x}\mathrm{d}z\mathrm{d}y\mathrm{d}x$

6. $\int_0^{5}\int_0^{3}\int_{z^2}^{9} xyz\,\mathrm{d}x\mathrm{d}z\mathrm{d}y$

7. $\int_0^{2}\int_1^{z}\int_0^{\sqrt{x/z}} 2xyz\,\mathrm{d}y\mathrm{d}x\mathrm{d}z$

8. $\int_0^{\pi/2}\int_1^{z}\int_0^{y} \sin(x+y+z)\,\mathrm{d}x\mathrm{d}y\mathrm{d}z$

9. $\int_{-2}^{4}\int_{x-1}^{x+1}\int_0^{\sqrt{2y/x}} 3xyz\,\mathrm{d}z\mathrm{d}y\mathrm{d}x$

10. $\int_0^{\frac{\pi}{2}}\int_{\sin 2z}^{0}\int_0^{2yz} \sin\left(\frac{y}{x}\right)\mathrm{d}x\mathrm{d}y\mathrm{d}z$

在习题 11 ~ 20 中，画出空间体 S 的图形，然后将 $\iiint_S f(x,y,z)\,\mathrm{d}V$ 写成累次积分形式.

11. $S=\left\{(x, y, z) \mid 0\leqslant x\leqslant 1,\ 0\leqslant y\leqslant 3,\ 0\leqslant z\leqslant \frac{1}{6}(12-3x-2y)\right\}$

12. $S=\{(x, y, z) \mid 0\leqslant x\leqslant \sqrt{4-y^2},\ 0\leqslant y\leqslant 2,\ 0\leqslant z\leqslant 3\}$

13. $S=\left\{(x, y, z) \mid 0\leqslant x\leqslant \frac{1}{2}y,\ 0\leqslant y\leqslant 4,\ 0\leqslant z\leqslant 2\right\}$

14. $S=\left\{(x, y, z) \mid 0\leqslant x\leqslant \sqrt{y},\ 0\leqslant y\leqslant 4,\ 0\leqslant z\leqslant \frac{3}{2}x\right\}$

15. $S=\{(x, y, z) \mid 0\leqslant x\leqslant 3z,\ 0\leqslant y\leqslant 4-x-2z,\ 0\leqslant z\leqslant 2\}$

16. $S=\{(x, y, z) \mid 0\leqslant x\leqslant y^2,\ 0\leqslant y\leqslant \sqrt{z},\ 0\leqslant z\leqslant 1\}$

17. S 是以$(0, 0, 0)$、$(3, 2, 0)$、$(0, 3, 0)$、$(0, 0, 2)$点为顶点的四面体.

18. S 是在第一卦限以曲面 $z=9-x^2-y^2$ 和坐标平面围成的立体.

19. S 是在第一卦限以圆柱面 $y^2+z^2=1$ 和平面 $x=1$，$x=4$ 围成的空间体.

20. S 是以圆柱面 $x^2+y^2-2y=0$ 和平面 $x-y=0$，$z=0$，$z=3$ 围成的空间体.

在习题 21 ~ 28 中，利用三重积分找出要求的数据.

21. 求以曲面 $y=2x^2$ 和平面 $y+4z=8$ 围成的在第一卦限的空间体的体积.

22. 求以椭圆柱面 $y^2+64z^2=4$ 和平面 $y=x$ 围成的在第一卦限的空间体的体积.

23. 求以柱面 $x^2=y$、$z^2=y$ 和平面 $y=1$ 围成的空间体的体积.

24. 求以柱面 $y=x^2+2$ 及平面 $y=4$、$z=0$、$3y-4z=0$ 围成的空间体的体积.

25. 求以平面 $x+y+z=1$、$x=0$、$y=0$、$z=0$ 围成的密度与各坐标点之和成比例的四面体的质心.

26. 求以柱面 $x^2+y^2=9$ 和平面 $z=0$、$z=4$ 围成的密度与距原点的距离平方成比例的空间体的质心.

27. 求密度均匀的球$\{(x, y, z) \mid x^2+y^2+z^2 \leqslant a^2\}$在第一卦限部分的质心.

28. 求以圆柱面$x^2+y^2=9$和平面$x-y=0$、$x=0$、$z=0$围成的密度为$\delta(x, y, z)=z$的立体关于x轴的转动惯量. 提示：你需要建立自己的方程；切割、近似值、积分.

在习题29～32中，按所指定的积分次序改写所给的累次积分.

29. $\int_0^1\int_0^{\sqrt{1-y^2}}\int_0^{\sqrt{1-y^2-z^2}} f(x,y,z)\,dxdzdy$；dzdydx 30. $\int_0^2\int_0^{4-2y}\int_0^{4-2y-z} f(x,y,z)\,dxdzdy$；dzdydx

31. $\int_0^2\int_0^{9-x^2}\int_0^{2-x} f(x,y,z)\,dzdydx$；dydxdz 32. $\int_0^2\int_0^{9-x^2}\int_0^{2-x} f(x,y,z)\,dzdydx$；dzdxdy

33. 图8所示为在第一卦限内，各侧面由$x=0$、$x=1$、$z=0$、$z=1$切割而成的方柱被平面$2x+y+2z=6$切割所成的图形，用三种方法求它的体积.

(a) 困难：按dzdydx次序积分

(b) 中等难度：按dydxdz次序积分

(c) 容易：参考13.6节23题

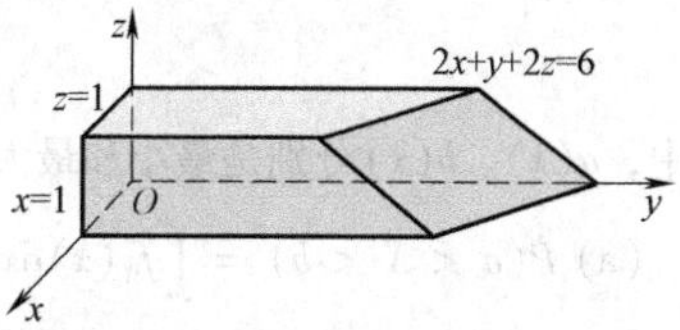

图 8

34. 假设图8中立体的密度为一常数k，求其关于y轴的转动惯量.

35. 如果点(x, y, z)的温度为$T=30-z$(℃)，求图8中所示立体的平均温度. 并求出质心在y轴的坐标.

36. 假设图8中所示固体在点(x, y, z)处的温度函数为$T(x, y, z)=30-z$，求出固体中真实温度与平均温度相等的所有点.

37. 求图8中所示的匀质物体的质心.

38. 考虑第一卦限的物体(图9)，平面$x+y+z=4$与由$x=0$、$x=1$、$y=0$、$y=1$为边围成的方柱相切. 用下列三种方式求体积：

(a) 难的方法：按dxdzdy次序积分

(b) 简单方法：按dzdydx次序积分

(c) 最简单的方法：13.6节的23题

39. 求图9中所示的匀质物体的质心.

40. 假设图9中所示物体的温度是从底部40℃(xy平面)开始，且向上方每单位连续上升5℃，求物体的平均温度.

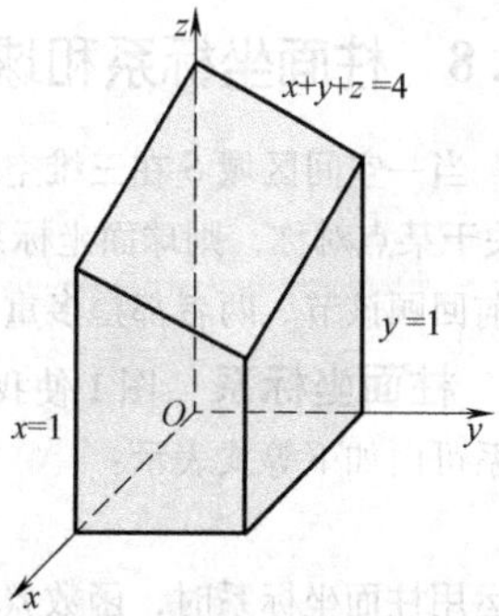

图 9

41. **苏打罐问题** 一个装满苏打的罐高为h，竖直放在xy面上. 在底部打孔，并观察$\bar{z}$(质心的z轴坐标)随着苏打漏出而变化. 开始时高度为$\frac{h}{2}$，$\bar{z}$渐渐跌到一最小值后又回升，当罐空时回升至$\frac{h}{2}$. 证明$\bar{z}$与苏打高度一致时最小(不要忽略罐自身重量)，是否对苏打瓶也有类似情形？提示：不要计算，思考几何方法.

42. (计算题)已知$S=\{(x,y,z) \mid x^2/a^2+y^2/b^2+z^2/c^2 \leqslant 1\}$. 求$\iiint_S (xy+xz+yz)\,dV$.

43. 假设随机变量(X, Y)有联合概率密度函数

$$f(x, y)=\begin{cases} ky, & 0\leqslant x\leqslant 12;\ 0\leqslant y\leqslant x \\ 0, & \text{其他} \end{cases}$$

求下列值：

(a) k (b) $P(Y>4)$ (c) $E(X)$

44. 假设随机变量(X, Y, Z)有联合概率密度函数

$$f(x, y)=\begin{cases} kxy, & 0\leqslant x\leqslant y;\ 0\leqslant y\leqslant 4;\ 0\leqslant z\leqslant 2 \\ 0, & \text{其他} \end{cases}$$

求下列值：

(a)k　　　(b)$P(X>2)$　　　(c)$E(X)$

45. 假设随机变量(X, Y)有联合概率密度函数

$$f(x, y)=\begin{cases}\frac{3}{256}(x^2+y^2), & 0\leqslant x\leqslant y;\ 0\leqslant y\leqslant 4\\ 0, & 其他\end{cases}$$

求下列值:

(a)$P(X>2)$　(b)$P(X+Y\leqslant 4)$　　(c)$E(X+Y)$

46. 假设随机变量(X, Y)有联合概率密度函数$f(x, y)$. 则X的边际概率密度函数是

$$f_X(x,y)=\int_{a(x)}^{b(x)} f(x,y)\,\mathrm{d}y$$

式中, $a(x)$、$b(x)$分别是最小和最大的概率值, y可以是给定x的函数. 证明:

(a) $P(a<X<b)=\int_a^b f_X(x)\,\mathrm{d}x$　　(b) $E(X)=\int_a^b xf_X(x)\,\mathrm{d}x$

47. 求题43中的随机变量X的边际概率密度函数, 并且用它来求$E(X)$.

48. 对Y的边际概率密度函数给定一个合理的定义, 用它来计算题44中Y的边际概率密度函数.

概念复习答案:

1. 体积　2. $\iiint_S |xyz|\,\mathrm{d}V$　3. $y, \sqrt{y}$　4. 0

13.8 柱面坐标系和球面坐标系上的三重积分

当一空间区域S在三维空间内有对称轴, 则对S的三重积分在柱面坐标系中往往更加简单. 类似地, 若S关于某点对称, 则球面坐标系更适用. 柱面坐标系和球面坐标系已在11.9节中介绍, 可以在阅读以下内容之前回顾该节. 两者都是多重积分中变量转换的特殊情形.

柱面坐标系　图1使我们回顾柱面坐标系的定义和一些用到的符号. 柱面坐标系与笛卡儿坐标系的关系可由如下等式表示:

$$x=r\cos\theta,\ y=r\sin\theta,\ x^2+y^2=r^2$$

当运用柱面坐标系时, 函数$f(x, y, z)$可写为以下形式:

$$f(x, y, z)=f(r\cos\theta, r\sin\theta, z)=F(r, \theta, z)$$

假设我们希望解$\iiint_S f(x,y,z)\,\mathrm{d}V$, S是一个空间区域. 用圆柱形小格将S分割, 如图2所示. 这些小块(称为圆柱形楔)的体积为$\Delta V_k=\bar{r}_k\Delta r_k\Delta\theta_k\Delta z_k$, 则近似于积分的和为

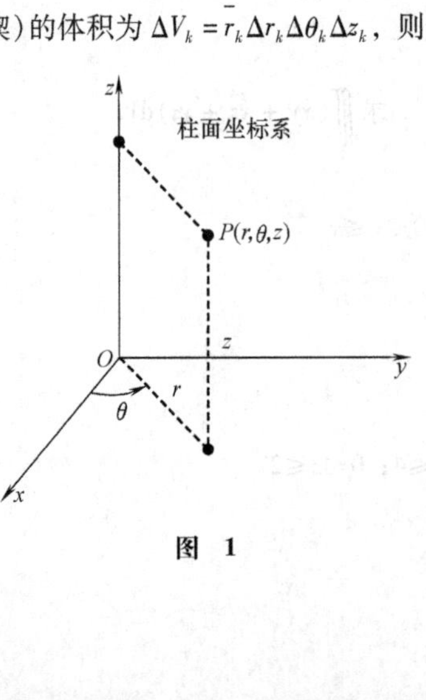

图 1

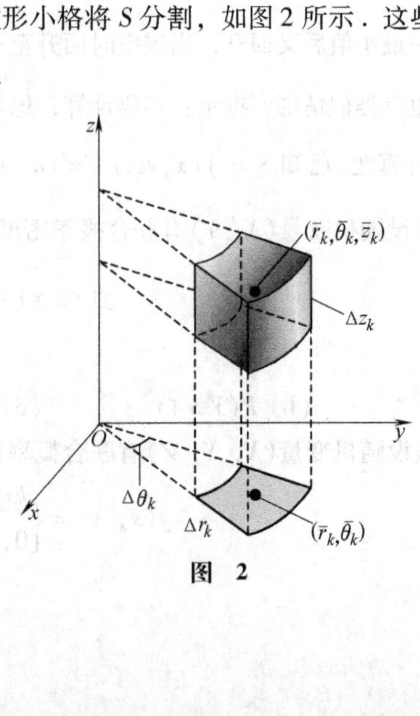

图 2

$$\sum_{k=1}^{n} F(\bar{r}_k,\bar{\theta}_k,\bar{z}_k)\bar{r}_k\Delta z_k\Delta r_k\Delta\theta_k$$

使各部分趋于0，取其极限，可得到一个新的积分，也是将笛卡儿坐标系转换为柱面坐标系的重要的三重积分的公式.

设S为z型域，投影面S_{xy}为xy面上r型域，如图3所示. 若f在S上连续，则

$$\boxed{\iiint_S f(x,y,z)\,\mathrm{d}V = \int_{\theta_1}^{\theta_2}\int_{r_1(\theta)}^{r_2(\theta)}\int_{g_1(r,\theta)}^{g_2(r,\theta)} f(r\cos\theta, r\sin\theta, z)\,r\mathrm{d}z\mathrm{d}r\mathrm{d}\theta}$$

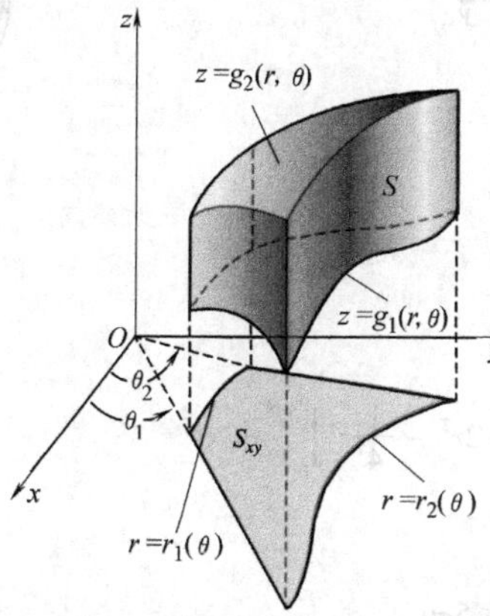

图 3

关键是要注意从笛卡儿坐标系转化到柱面坐标系时，dzdydx 换为 $r\mathrm{d}z\mathrm{d}r\mathrm{d}\theta$.

柱面坐标和极坐标

从笛卡儿坐标(二维空间)转换为极坐标：$x=r\cos\theta$，$y=r\sin\theta$.

从笛卡儿坐标(三维空间)转换为柱面坐标：$x=r\cos\theta$，$y=r\sin\theta$，$z=z$.

换句话说，为了用柱面坐标去确定三维空间中的点，我们用有序对(x, y)来表示极坐标，则添加z分量. 由于：$\mathrm{d}x\mathrm{d}y=r\mathrm{d}r\mathrm{d}\theta$，我们也不应感到奇怪：$\mathrm{d}x\mathrm{d}y\mathrm{d}z=r\mathrm{d}z\mathrm{d}r\mathrm{d}\theta$

例 1　假设圆柱体S的密度与距底面距离成正比，求其质量和质心.

解　如图4所示，我们可以写出密度函数$\delta(x, y, z)=kz$，k为常数，则

$$\begin{aligned} m &= \iiint_S \delta(x,y,z)\,\mathrm{d}V = k\int_0^{2\pi}\int_0^a\int_0^h zr\mathrm{d}z\mathrm{d}r\mathrm{d}\theta \\ &= k\int_0^{2\pi}\int_0^a \frac{1}{2}h^2 r\mathrm{d}r\mathrm{d}\theta = \frac{1}{2}kh^2\int_0^{2\pi}\int_0^a r\mathrm{d}r\mathrm{d}\theta \\ &= \frac{1}{2}kh^2\int_0^{2\pi}\frac{1}{2}a^2\mathrm{d}\theta = \frac{1}{2}kh^2\pi a^2 \end{aligned}$$

$$\begin{aligned} M_{xy} &= \iiint_S z\delta(x,y,z)\,\mathrm{d}V = k\int_0^{2\pi}\int_0^a\int_0^h z^2 r\mathrm{d}z\mathrm{d}r\mathrm{d}\theta \\ &= k\int_0^{2\pi}\int_0^a \frac{1}{3}h^3 r\mathrm{d}r\mathrm{d}\theta = \frac{1}{3}kh^3\int_0^{2\pi}\int_0^a r\mathrm{d}r\mathrm{d}\theta = \frac{1}{3}kh^3\pi a^2 \end{aligned}$$

$$\bar{z} = \frac{M_{xy}}{m} = \frac{\frac{1}{3}kh^3\pi a^2}{\frac{1}{2}kh^2\pi a^2} = \frac{2}{3}h$$

根据对称性，$\bar{x}=\bar{y}=0$.

例 2　空间区域S为第一卦限中的空间体，上方被抛物面$z=4-x^2-y^2$所截，侧面被圆柱面$x^2+y^2=2x$所截，求该空间体的体积，如图5所示.

解 在柱面坐标系中，抛物面为 $z=4-r^2$，圆柱面为 $r=2\cos\theta$. 变量 z 从 xy 平面到抛物面，即从 0 到 $4-r^2$，图 6 显示了立体在 xy 面上的区域；从图中可知，对于一固定 θ，r 从 0 变化到 $2\cos\theta$，θ 从 0 到 $\pi/2$，因此

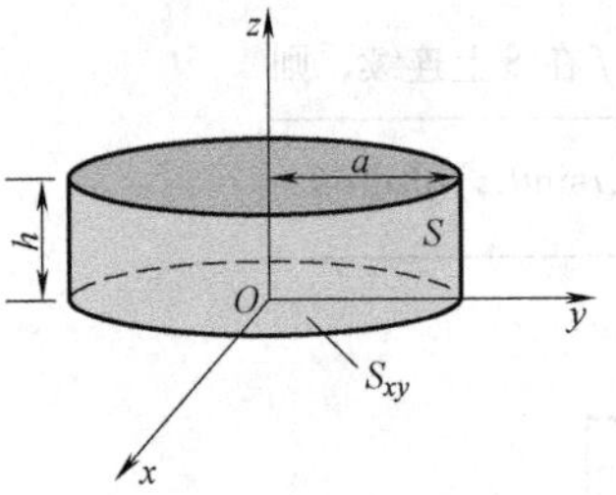

图 4

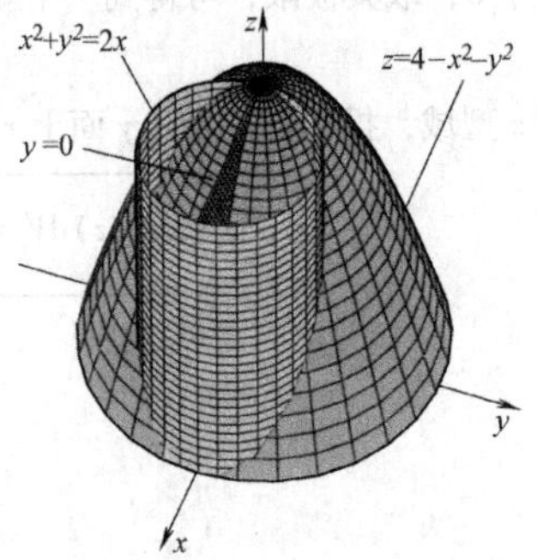

图 5

$$V = \iiint_S 1\mathrm{d}V = \int_0^{\pi/2}\int_0^{2\cos\theta}\int_0^{4-r^2} r\mathrm{d}z\mathrm{d}r\mathrm{d}\theta$$

$$= \int_0^{\pi/2}\int_0^{2\cos\theta} r(4-r^2)\mathrm{d}r\mathrm{d}\theta = \int_0^{\pi/2}\left[2r^2-\frac{1}{4}r^4\right]_0^{2\cos\theta}\mathrm{d}\theta$$

$$= \int_0^{\pi/2}(8\cos^2\theta - 4\cos^4\theta)\mathrm{d}\theta$$

$$= 8\times\frac{1}{2}\times\frac{\pi}{2} - 4\times\frac{3}{8}\times\frac{\pi}{2} = \frac{5\pi}{4}$$

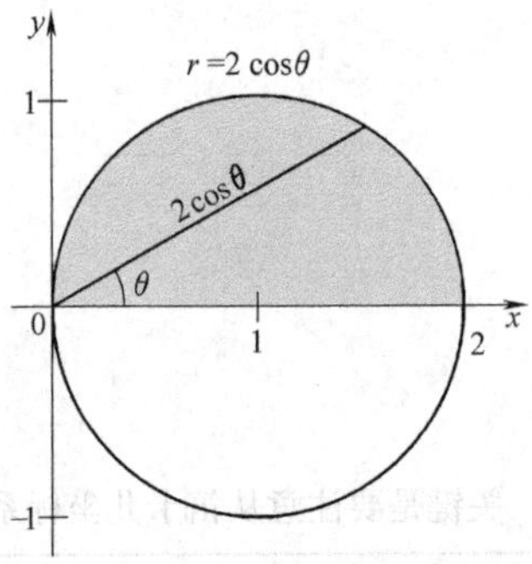

图 6

我们可以用书后的积分列表中的公式 113 计算出答案.

球面坐标系 图 7 使我们回顾 11.9 节中介绍的球面坐标系的定义，我们学习过以下关于球面坐标系与笛卡儿坐标系的方程

$$x=\rho\sin\phi\cos\theta,\qquad y=\rho\sin\phi\sin\theta,\qquad z=\rho\cos\phi$$

图 8 显示出球面坐标系的体积元素(称为球形楔). 尽管我们省略了细节，仍能得出图中所示球形楔的体积为

$$\Delta V=\bar{\rho}^2\sin\bar{\phi}\Delta\rho\Delta\theta\Delta\phi$$

$(\bar{\rho},\ \bar{\theta},\ \bar{\phi})$ 为楔上选取的适当的点.

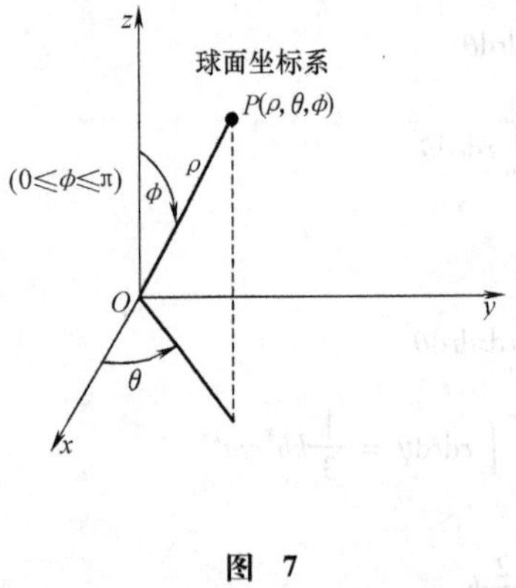

图 7

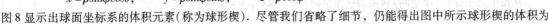

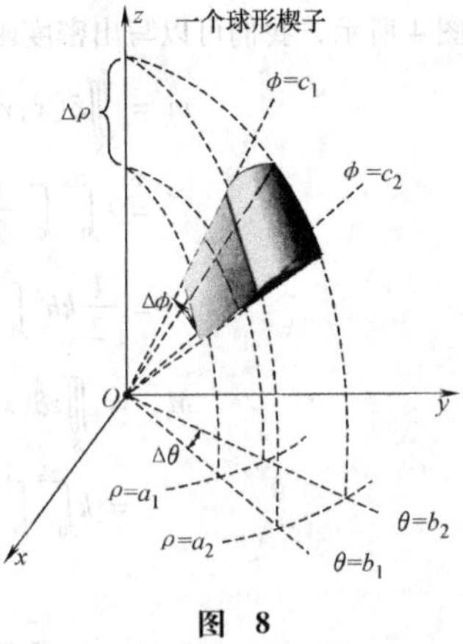

图 8

用球体状的格子划分立体 S，形成一个近似和，取极限时会得出一个三重积分，在其中，$\mathrm{d}z\mathrm{d}y\mathrm{d}x$ 可以被 $\rho^2\sin\phi\mathrm{d}\rho\mathrm{d}\theta\mathrm{d}\phi$ 代替.

$$\iiint_S f(x,y,z)\,\mathrm{d}V = \iiint_{\text{近似取极限}} f(\rho\sin\varphi\cos\theta,\rho\sin\varphi\sin\theta,\rho\cos\varphi)\rho^2\sin\varphi\mathrm{d}\rho\mathrm{d}\theta\mathrm{d}\varphi$$

例 3 设球体 S 的密度 δ 与球上任意一点到中心的距离成正比，求它的质量.

解 设球心在原点，半径为 a，密度 δ 由 $\delta=k\sqrt{x^2+y^2+z^2}=k\rho$ 给出. 因此，质量 m 为

$$\begin{aligned} m &= \iiint_S \delta \mathrm{d}V = k\int_0^{\pi}\int_0^{2\pi}\int_0^{a}\rho\rho^2\sin\phi \mathrm{d}\rho\mathrm{d}\theta\mathrm{d}\phi \\ &= k\frac{a^4}{4}\int_0^{\pi}\int_0^{2\pi}\sin\phi \mathrm{d}\theta\mathrm{d}\phi = \frac{1}{2}k\pi a^4\int_0^{\pi}\sin\phi \mathrm{d}\phi \\ &= k\pi a^4 \end{aligned}$$

例 4 找出上部由球面 $\rho=a$（a 为常数）和下部由圆锥面 $\phi=\alpha$（α 为常数）围成的空间体 S 的体积和质心.（图 9）

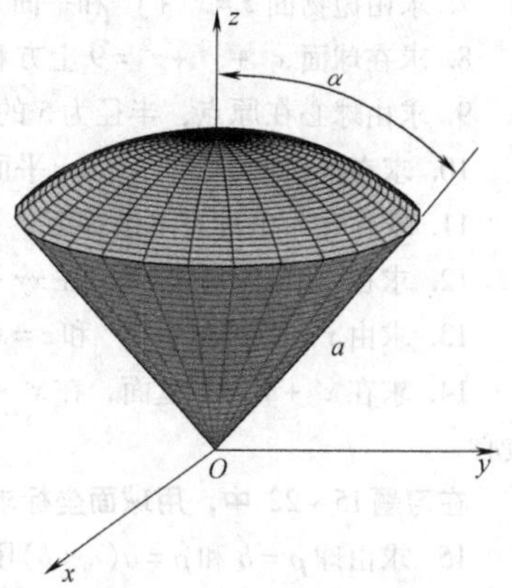

图 9

解 体积 V 为

$$\begin{aligned} V &= \int_0^{\alpha}\int_0^{2\pi}\int_0^{a}\rho^2\sin\phi \mathrm{d}\rho\mathrm{d}\theta\mathrm{d}\phi = \int_0^{\alpha}\int_0^{2\pi}\left(\frac{a^3}{3}\right)\sin\phi \mathrm{d}\theta\mathrm{d}\phi \\ &= \frac{2\pi a^3}{3}\int_0^{\alpha}\sin\phi \mathrm{d}\phi = \frac{2\pi a^3}{3}(1-\cos\alpha) \end{aligned}$$

所以这个空间体的质量 m 为

$$m = kV = \frac{2\pi a^3 k}{3}(1-\cos\alpha)$$

式中，常数 k 是密度.

根据对称，质心是在 z 轴上，也就是说，$\bar{x}=\bar{y}=0$，为了找出 $\bar{z}$，我们首先计算 M_{xy}.

$$\begin{aligned} M_{xy} &= \iiint_S kz \mathrm{d}V = \int_0^{\alpha}\int_0^{2\pi}\int_0^{a}k(\rho\cos\phi)\rho^2\sin\phi \mathrm{d}\rho\mathrm{d}\theta\mathrm{d}\phi \\ &= \int_0^{\alpha}\int_0^{2\pi}\int_0^{a}k\rho^3\sin\phi\cos\phi \mathrm{d}\rho\mathrm{d}\theta\mathrm{d}\phi \\ &= \int_0^{\alpha}\int_0^{2\pi}\frac{1}{4}ka^4\sin\phi\cos\phi \mathrm{d}\theta\mathrm{d}\phi \\ &= \int_0^{\alpha}\frac{1}{2}\pi ka^4\sin\phi\cos\phi \mathrm{d}\phi = \frac{1}{4}\pi a^4 k\sin^2\alpha \end{aligned}$$

因此

$$\bar{z} = \frac{\frac{1}{4}\pi a^4 k\sin^2\alpha}{\frac{2}{3}\pi a^3(1-\cos\alpha)} = \frac{3a\sin^2\alpha}{8(1-\cos\alpha)} = \frac{3}{8}a(1+\cos\alpha)$$

概念复习

1. $\mathrm{d}z\mathrm{d}y\mathrm{d}x$ 在柱面坐标上的形式为________，在球面坐标上的形式为________.

2. $\int_0^1\int_0^{\sqrt{1-x^2}}\int_0^3 xy\mathrm{d}z\mathrm{d}y\mathrm{d}x$ 在柱面坐标上是________.

3. 如果 S 是球心在原点的一个单位球，那么 $\iiint_S z^2\mathrm{d}V$ 写成在球面坐标时的三次积分是________.

4. 第 3 题中积分的值是________.

习题 13.8

在习题 1 ~ 6 中，用柱面坐标或球坐标计算所给积分，并描述积分区域 R.

1. $\int_0^{2\pi}\int_0^3\int_0^{12} r\mathrm{d}z\mathrm{d}r\mathrm{d}\theta$　　2. $\int_0^{2\pi}\int_1^3\int_0^{12} r\mathrm{d}z\mathrm{d}r\mathrm{d}\theta$

3. $\int_0^{\pi/4}\int_0^3\int_0^{9-r^2} zr\mathrm{d}z\mathrm{d}r\mathrm{d}\theta$　　4. $\int_0^{\pi}\int_0^{\sin\theta}\int_0^{2} r\mathrm{d}z\mathrm{d}r\mathrm{d}\theta$

5. $\int_0^{\pi}\int_0^{2\pi}\int_0^{a} \rho^2\sin\phi\mathrm{d}\rho\mathrm{d}\theta\mathrm{d}\phi$　　6. $\int_0^{\pi/2}\int_0^{\pi/2}\int_0^{a} \rho^2\cos^2\phi\sin\phi\mathrm{d}\rho\mathrm{d}\theta\mathrm{d}\phi$

在习题7~14 中，用柱面坐标计算.

7. 求由抛物面 $z=x^2+y^2$ 和平面 $z=4$ 围成的立体的体积.

8. 求在球面 $x^2+y^2+z^2=9$ 上方和平面 $z=0$ 下方，并以圆柱面 $x^2+y^2=4$ 为侧面的立体的体积.

9. 求由球心在原点，半径为5的球面和平面 $z=4$ 所围成的立体的体积.

10. 求在平面 $z=y+4$ 上，xy 平面下，侧面由以 z 为轴半径为4的圆柱体所包围的空间体的体积.

11. 求在球面坐标系下由球面 $r^2+z^2=5$ 和抛物面 $r^2=4z$ 所围成的立体的体积.

12. 求在曲面 $z=xy$ 下方，在 xy 平面上方，并在圆柱 $x^2+y^2=2x$ 里面的立体的体积.

13. 求由 $z=12-2x^2-2y^2$ 和 $z=x^2+y^2$ 围成的同材料的立体的质心.

14. 求在 $x^2+y^2=4$ 里面，在 $x^2+y^2=1$ 外面，在 $z=12-x^2-y^2$ 下面，在 $z=0$ 上面所围成的均质立体的质心.

在习题15~22 中，用球面坐标求出要求的量.

15. 求由球 $\rho=b$ 和 $\rho=a(a<b)$ 围成的立体的质心，假设它的密度和点到原点的距离成正比.

16. 假设一空间体在半径为 $2a$ 的球里面，在半径为 a 的圆柱外面，圆柱的轴是球的直径，如果它的密度与点到球心的距离的平方成正比，求它的质量.

17. 求半径为 a 的半球的质心，它的密度与点到球心的距离成正比.

18. 求半径为 a 的半球的质心，它的密度与点到对称轴的距离成正比.

19. 求第18题中的半球围绕着对称轴旋转时的惯性矩.

20. 在 xy 平面上的，由球面 $x^2+y^2+z^2=16$ 和圆锥曲面 $z=\sqrt{x^2+y^2}$ 围成的立体的体积.

21. 两个平面在单位球的直径处相交成30°，求由这两个平面切单位球所形成的较小劈尖的体积.

22. $\int_{-3}^{3}\int_{-\sqrt{9-x^2}}^{\sqrt{9-x^2}}\int_{-\sqrt{9-x^2-z^2}}^{\sqrt{9-x^2-z^2}}(x^2+y^2+z^2)^{3/2}\mathrm{d}y\mathrm{d}z\mathrm{d}x.$

23. 求由平面 $z=y$ 和抛物面 $z=x^2+y^2$ 围成的立体的体积. 提示：在柱面坐标系中平面方程为 $z=r\sin\theta$，抛物面方程为 $z=r^2$. 同时得到它们在 xy 平面上的投影.

24. 求由球面 $\rho=2\sqrt{2}\cos\phi$ 和球面 $\rho=2$ 所围立体的体积.

25. 对于一个半径为 a 的球，求出每个平均距离.

(a)到球心　　(b)到一条直径　　(c)到它的边界上的一点(考虑 $\rho=2a\cos\phi$)

26. 对于任一个均质的空间体 S. 证明线性方程 $f(x,y,z)=ax+by+cz+d$ 在 S 上的平均值是 $f(\bar{x},\bar{y},\bar{z})$，这里 $(\bar{x},\bar{y},\bar{z})$ 是质心坐标.

27. 半径为 a 的同材料的球的球心在原点. 对于由半平面 $\theta=-\alpha$ 和 $\theta=\alpha$(像一个橙子的纵切面)围成的区域 S，求下列各值.

(a)质心的 x 坐标　　(b)与 z 轴的平均距离

28. 本题中所有的球的半径是 a，密度是常数 k，质量是 m. 针对下面的情形，找出用 a 和 m 表示的惯性矩.

(a)关于直径旋转的球

(b)关于它的边界的一条切线旋转的球(平行轴定理在空间体中仍然适用，见13.5节中的习题28)

(c)图10中所示绕着 z 轴旋转的两个球

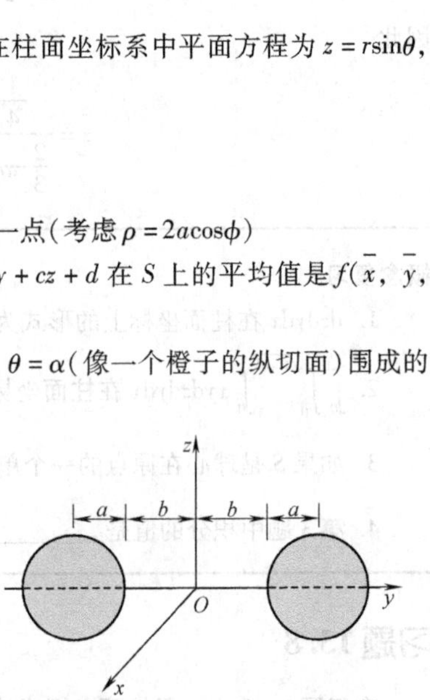

图 10

29. 假如图 10 中所示左边的球的密度是 k，右边的球的密度是 ck. 求出两个小球的质心的 y 坐标(确信 13.5 节的习题 33 的模型仍然适用).

概念复习答案

1. $rdzdrd\theta, \rho^2\sin\phi d\rho d\theta d\phi$
2. $\int_0^{\pi/2}\int_0^1\int_0^3 r^3\cos\theta\sin\theta dzdrd\theta$
3. $\int_0^{\pi}\int_0^{2\pi}\int_0^1 \rho^4\cos^2\phi\sin\phi d\rho d\theta d\phi$
4. $\frac{4\pi}{15}$

13.9 多重积分下的变量替换

公式

$$dxdy = rdrd\theta$$
$$dxdydz = rdzdrd\theta$$
$$dxdydz = \rho^2\sin\phi d\rho d\theta d\phi$$

是变量替换的特殊例子. 我们在这节中将讨论它们的普遍形式. 在给出多重积分的结果之前, 我们回顾下定积分的变量转换或替换.

如果 g 是一个一一对应的函数, 那么存在反函数 g^{-1}, 从第 4 章, 我们知道

$$\int_a^b f(g(x))g'(x)\,dx = \int_{g(a)}^{g(b)} f(u)\,du$$

把 x, u 对调, 有

$$\int_a^b f(x)\,dx = \int_{g^{-1}(a)}^{g^{-1}(b)} f(g(u))g'(u)\,du$$

由最后的式子可以看出作变换 $x=g(u)$ 的结果. 图 1 所示为函数 g 和反函数 g^{-1} 的关系. 在这节中, 我们将给出多重积分下的变量转换的类似公式. 首先学习从 R^2 到 R^2 的转换.

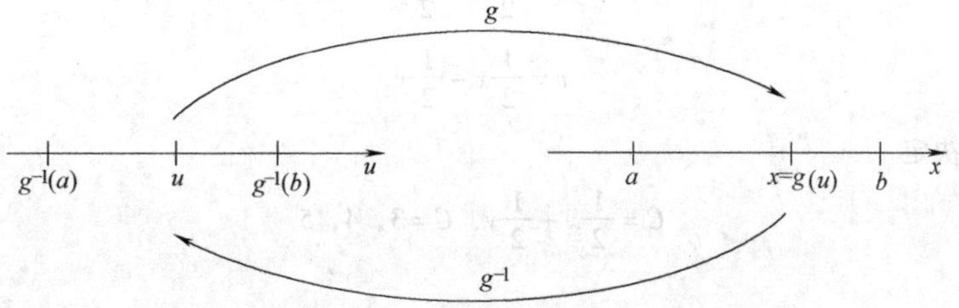

图 1

uv 平面到 xy 平面的转换 令

$$x=x(u, v), \ y=y(u, v)$$

再令

$$G(u, v)=(x(u, v), y(u, v))$$

函数 G 是一个带有向量输入的向量值函数. 这样的函数叫做从 R^2 到 R^2 的转换. 有序对 $(x, y)=G(u, v)$ 称为 G 转换下的 (u, v) 的像, (u, v) 称为 (x, y) 的原像. 在 uv 平面的集合 S 的像等价于在 xy 平面上满足 $(x, y)=G(u, v)$, $(u, v)\in S$ 的点 (x, y) 的集合. 由于函数 G 需要四维空间, 因此不能通过普通的方式画出来. 然而, 我们通过把函数作为从 uv 平面的点到 xy 平面上的点来描述, 如图 2 所示. 这个图显示了在 uv 平面平行于 u 和 v 轴的网格, 及在 xy 平面的对应的像. 在 uv 平面的竖直线的像叫做 G 的 u-曲线(uv 平面的垂直线形如 u = 常数). 类似地, 水平线的像叫做 G 的 v-曲线.

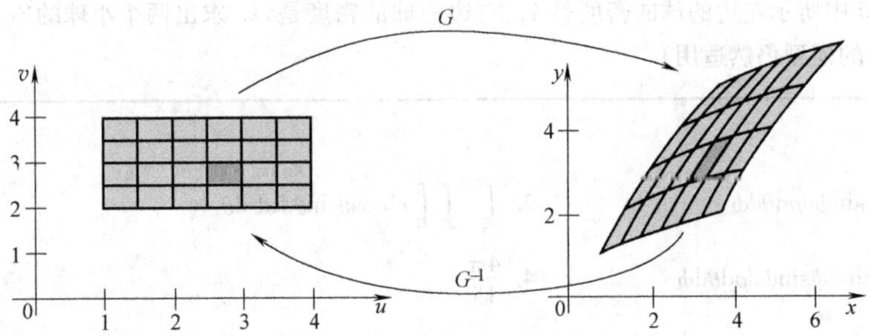

图　2

术语和注释

如果A中不同x和y映射到B中为不同$f(x)$和$f(y)$，则函数f称为集合A到集合B的一对一映射．如果函数f的值域包括B，则称f是映上的．函数f是一对一的和映上的，则f有反函数f^{-1}，R^2表示所有实数有序对的集合．

例1　令

$$x=x(u,\ v)=u+v$$

$$y=y(u,\ v)=u-v$$

及

$$G(u,\ v)=(x(u,\ v),\ y(u,\ v))$$

对于网格$\{(u,\ v)\mid(u=3,\ 4,\ 5,\ 1\leqslant v\leqslant 4)$或$(v=1,\ 2,\ 3,\ 4,\ 3\leqslant u\leqslant 5)\}$，求出并画出$G$的$u$-曲线和$v$-曲线．

解　已知

$$x=u+v$$

$$y=u-v$$

则

$$u=\frac{1}{2}x+\frac{1}{2}y$$

$$v=\frac{1}{2}x-\frac{1}{2}y$$

那么u-曲线由下列决定

$$C=\frac{1}{2}x+\frac{1}{2}y,\ C=3,\ 4,\ 5$$

则有曲线

$$y=2C-x,\ C=3,\ 4,\ 5$$

这些都是斜率为-1的平行线．

同理，v-曲线也通过解下面的方程而得

$$C=\frac{1}{2}x-\frac{1}{2}y,\ C=1,\ 2,\ 3,\ 4$$

当$C=1,\ 2,\ 3,\ 4$时求y，有

$$y=-2C+x,\ C=1,\ 2,\ 3,\ 4$$

这些也都是斜率为1的平行线．图3给出了这些曲线．图中$u=3$的u-曲线和$v=2$的v-曲线用虚线表示．

例2　对$u>0$，$v>0$，令

$$x=x(u,\ v)=u^2-v^2$$

$$y=y(u,\ v)=uv$$

及

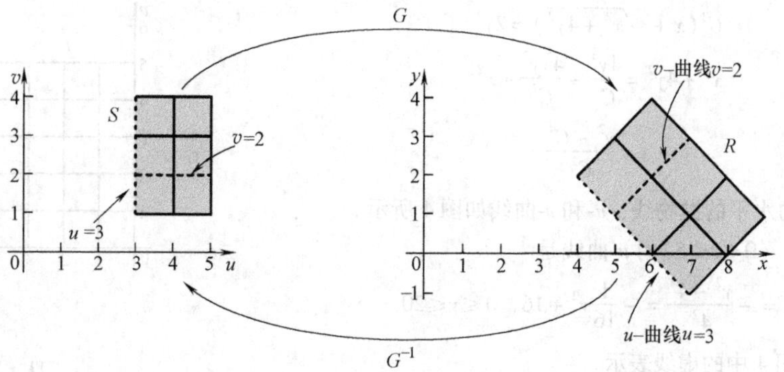

图 3

$$G(u,\ v)=(x(u,\ v),\ y(u,\ v))$$

对于网格$\{(u,v)\mid(u=0,1,2,3,4,5;\ 0\leqslant v\leqslant5)\cup(v=0,1,2,3,4,5;\ 0\leqslant u\leqslant5)\}$，求并画出 G 的 u-曲线和 v-曲线，再标明对 $u=4$ 的 u-曲线.

解 要解出 u，v

$$x=u^2-v^2$$
$$y=uv$$

通过第二个方程解出 v(用 u 表示)，得到 $v=y/u$. 用结果代入第一个方程中，有

$$x=u^2-y^2/u^2$$

等价于

$$u^4-xu^2-y^2=0$$

上式为 u^2 的二次方程，所以我们解出

$$u^2=\frac{x+\sqrt{x^2+4y^2}}{2}$$

因此

$$u=\sqrt{\frac{1}{2}(x+\sqrt{x^2+4y^2})}$$

$$v=\frac{y}{u}=\frac{y}{\sqrt{\frac{1}{2}(x+\sqrt{x^2+4y^2})}}$$

只要$(x,\ y)\neq(0,\ 0)$，这公式就可以应用；$(x,\ y)=(0,\ 0)$当且仅当$(u,\ v)=(0,\ 0)$的证明将留作习题.

u-曲线由下式确定

$$C=\sqrt{\frac{x+\sqrt{x^2+4y^2}}{2}},\ C=0,1,2,3,4,5$$

简化为

$$2C^2=x+\sqrt{x^2+4y^2}$$
$$4C^4-4C^2x+x^2=x^2+4y^2$$
$$x=-\frac{y^2-C^4}{C^2}$$

其中 $C=0,1,2,3,4,5$. 这些是开口向左的水平的抛物线.

同理，v-曲线由下式确定

$$C=\frac{y}{\sqrt{\frac{1}{2}(x+\sqrt{x^2+4y^2})}}$$

$$C^2(x+\sqrt{x^2+4y^2})=2y^2$$

$$x^2+4y^2=\frac{4y^4}{C^4}-\frac{4xy^2}{C^2}+x^2$$

$$x=\frac{y^2-C^4}{C^2}$$

这些是开口向右的水平的抛物线，u-和 v-曲线如图 4 所示．

对应于 $u=4$，$(0\leqslant v\leqslant 5)$ 的 u-曲线是

$$x=-\frac{y^2-4^4}{4^2}=-\frac{1}{16}y^2+16,\ 0\leqslant y\leqslant 20$$

对应的 u-曲线为图 4 中的虚线表示．

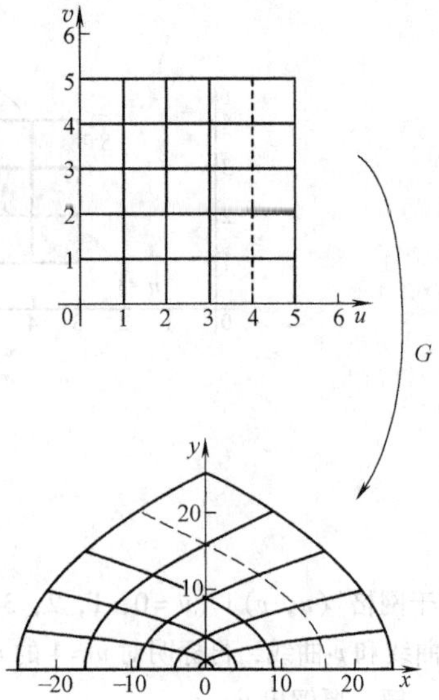

图 4

二重积分的变量转换公式 当对定积分用变量转换，如 $\int_a^b f(x)\,dx$ 时，我们必须考虑：

1. 被积函数 $f(x)$；
2. 微分 dx；
3. 积分的极限．

对二重积分，如 $\iint_R f(x,y)\,dxdy$ 时，过程是类似的，我们也必须考虑

1. 被积函数 $f(x,\ y)$；
2. 微分 $dxdy$；
3. 积分域．

下面的定理给出了主要的结论．

定理 A 二重积分的变量替换

假设 G 是从 R^2 到 R^2 的一对一变换，把 uv 平面的有界域 S 映射到 xy 平面的有界域 R 上．如果 G 为

$$G(u,\ v)=(x(u,\ v),\ y(u,\ v))$$

那么

$$\iint_R f(x,y)\,dxdy=\iint_S f(x(u,v),y(u,v))\,|J(u,v)|\,dudv$$

其中，$J(u,\ v)$ 叫做雅克比行列式，等价于行列式

$$J(u,\ v)=\begin{vmatrix}\dfrac{\partial x}{\partial u} & \dfrac{\partial x}{\partial v}\\[2ex] \dfrac{\partial y}{\partial u} & \dfrac{\partial y}{\partial v}\end{vmatrix}=\frac{\partial x}{\partial u}\frac{\partial y}{\partial v}-\frac{\partial x}{\partial v}\frac{\partial y}{\partial u}$$

证明 对在 uv 平面上的包含 S 的矩形进行分割（也就是，以 Δu，Δv 分割）．尽管一般情况下，u-曲线、v-曲线不平行于 x-轴和 y-轴，该分割的像是 xy 平面上的 R 区域上的一个分割．令 $(u_i,\ v_i)$，$i=1,\ 2,\ \cdots,\ n$ 为第 i 个矩形的左下角点坐标，$(x_i,\ y_i)$ 是 $(u_i,\ v_i)$ 在变换 G 下的像．令 S_k 是区域 S 的第 k 个矩形，R_k 是 S_k 在 xy 平面的像，如图 5 所示．f 在区域 R 上的二重积分为

$$\iint_R f(x,y)\,dxdy\approx\sum_{k=1}^{n}f(x_k,y_k)\Delta A_k$$

其中，ΔA_k 是 R_k 的面积．尽管 R_k 不是矩形，但是它接近平行四边形，所以面积可以粗略计算为平行四边形的面积．在 11.4 节中，我们证明了如何用向量积来求平行

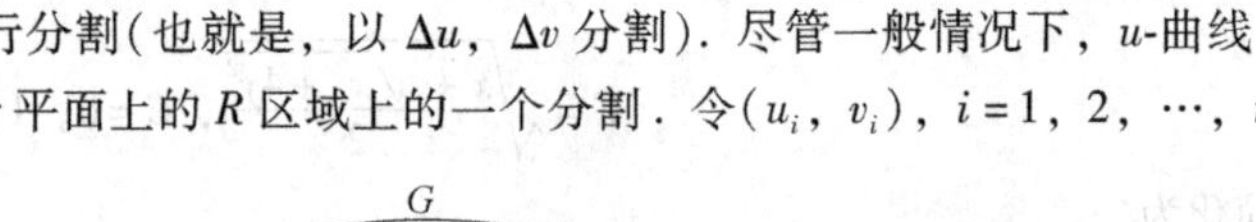

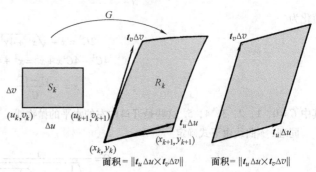

图 5

四边形的面积. 因此, 我们求在点(x_k, y_k)切于u-曲线和v-曲线的两个向量. 如(x_{k+1}, y_{k+1})是(u_{k+1}, v_{k+1})的像(图5), 则有

$$
\begin{aligned}
(x_{k+1}-x_k)\boldsymbol{i}+(y_{k+1}-y_k)\boldsymbol{j} &= [x(u_{k+1}, v_k)-x(u_k, v_k)]\boldsymbol{i}+[y(u_{k+1}, v_k)-y(u_k, v_k)]\boldsymbol{j} \\
&\approx \Delta u\frac{\partial x}{\partial u}(u_k, v_k)\boldsymbol{i}+\Delta u\frac{\partial y}{\partial u}(u_k, v_k)\boldsymbol{j} \\
&= \Delta u\left(\frac{\partial x}{\partial u}(u_k, v_k)\boldsymbol{i}+\frac{\partial y}{\partial u}(u_k, v_k)\boldsymbol{j}\right)
\end{aligned}
$$

括号中的向量称为$\boldsymbol{t}_u$, 过点(x_k, y_k)切于u-曲线. 同理, 向量

$$
\boldsymbol{t}_v=\frac{\partial x}{\partial v}(u_k, v_k)\boldsymbol{i}+\frac{\partial y}{\partial v}(u_k, v_k)\boldsymbol{j}
$$

过点(x_k, y_k)切于v-曲线. 因此, R_k区域的面积ΔA_k为

$$
\begin{aligned}
\Delta A_k &\approx \|\Delta u\boldsymbol{t}_u\times\Delta v\boldsymbol{t}_v\| \\
&= \left\|\begin{vmatrix} \boldsymbol{i} & \boldsymbol{j} & \boldsymbol{k} \\ \Delta u\dfrac{\partial x}{\partial u}(u_k, v_k) & \Delta u\dfrac{\partial y}{\partial u}(u_k, v_k) & 0 \\ \Delta v\dfrac{\partial x}{\partial v}(u_k, v_k) & \Delta v\dfrac{\partial y}{\partial v}(u_k, v_k) & 0 \end{vmatrix}\right\| \\
&= \Delta u\Delta v\left\|\begin{vmatrix} \dfrac{\partial x}{\partial u} & \dfrac{\partial y}{\partial u} \\ \dfrac{\partial x}{\partial v} & \dfrac{\partial y}{\partial v} \end{vmatrix}_{(u_k,v_k)}\boldsymbol{k}\right\| \\
&= \Delta u\Delta v\left|\left[\frac{\partial x}{\partial u}\frac{\partial y}{\partial v}-\frac{\partial x}{\partial v}\frac{\partial y}{\partial u}\right]_{(u_k,v_k)}\right|\|\boldsymbol{k}\| \\
&= |J(u_k, v_k)|\Delta u\Delta v
\end{aligned}
$$

因此, 有

$$
\begin{aligned}
\iint_R f(x,y)\,dxdy &\approx \sum_{k=1}^{n} f(x_k,y_k)\Delta A_k \\
&\approx \sum_{k=1}^{n} f(x(u_k,v_k),y(u_k,v_k))\,|J(u_k,v_k)|\,\Delta u\Delta v \\
&\approx \iint_S f(x(u,v),y(u,v))\,|J(u,v)|\,dudv
\end{aligned}
$$

证明完毕.

例3 计算$\iint_R\cos(x-y)\sin(x+y)\,dA$, 其中, R为顶点为$(0, 0)$、$(\pi, -\pi)$、(π, π)的三角形.

解 令$u=x-y$, $v=x+y$. 解出x, y, 得$x=\frac{1}{2}(u+v)$, $y=\frac{1}{2}(u-v)$. 区域R可以描述为

$$
\begin{gathered}
-x\leqslant y\leqslant x \\
0\leqslant x\leqslant\pi
\end{gathered}
$$

代入u和v, 有

$$
\begin{gathered}
-\frac{1}{2}(u+v)\leqslant\frac{1}{2}(v-u)\leqslant\frac{1}{2}(u+v) \\
0\leqslant\frac{1}{2}(u+v)\leqslant\pi
\end{gathered}
$$

化简为

$$
\begin{gathered}
u\geqslant 0,\ v\geqslant 0 \\
0\leqslant u+v\leqslant 2\pi
\end{gathered}
$$

这是 uv 平面的区域 S(图 6)，此变换的雅克比行列式为

$$J=\begin{vmatrix}\dfrac{\partial x}{\partial u} & \dfrac{\partial x}{\partial v}\\ \dfrac{\partial y}{\partial u} & \dfrac{\partial y}{\partial v}\end{vmatrix}=\begin{vmatrix}\dfrac{1}{2} & \dfrac{1}{2}\\ -\dfrac{1}{2} & \dfrac{1}{2}\end{vmatrix}=\frac{1}{2}$$

因此

$$\begin{aligned}\iint_R \cos(x-y)\sin(x+y)\,\mathrm{d}A &= \iint_S \cos u\sin v\left|\frac{1}{2}\right|\mathrm{d}v\mathrm{d}u\\ &= \frac{1}{2}\int_0^{2\pi}\int_0^{2\pi-u}\cos u\sin v\,\mathrm{d}v\mathrm{d}u\\ &= \frac{1}{2}\int_0^{2\pi}\cos u(1-\cos(2\pi-u))\,\mathrm{d}u\\ &= \frac{1}{2}\int_0^{2\pi}\cos u(1-\cos u)\,\mathrm{d}u\\ &= \frac{1}{2}\int_0^{2\pi}\left(\cos u-\frac{1+\cos 2u}{2}\right)\mathrm{d}u\\ &= \frac{1}{2}\left[\sin u-\frac{1}{2}u-\frac{1}{4}\sin 2u\right]_0^{2\pi}\\ &= -\frac{\pi}{2}\end{aligned}$$

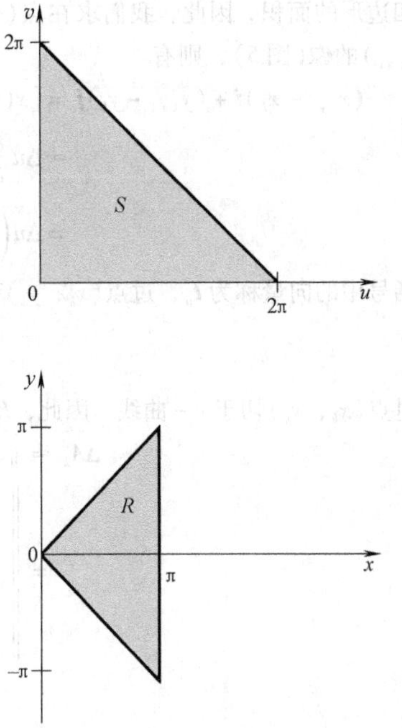

图　6

这类积分区域常常需要如下例中介绍的变换.

例 4　求区域 R 在第一象限的质心. R 是由下列曲线围成的区域.

$$x^2+y^2=9,\ y^2-x^2=1$$
$$x^2+y^2=16,\ y^2-x^2=9$$

设密度与到原点距离的平方成正比.

解　质量为 $\iint_R k(x^2+y^2)\,\mathrm{d}x\mathrm{d}y$，虽然被积函数很简单，但积起来却很复杂，因为有些极限很繁琐. 然而，通过变化 $u=x^2+y^2$，$v=y^2-x^2$，把区域 R 转换为区域 S，这样，在 uv 平面上就是一个长方形区域：$9\leqslant u\leqslant 16$，$1\leqslant v\leqslant 9$，如图 7 所示.

从 $u=x^2+y^2$，$v=y^2-x^2$ 中解出

$$x=\sqrt{\frac{u-v}{2}}=\frac{1}{\sqrt{2}}(u-v)^{1/2}$$

$$y=\sqrt{\frac{u+v}{2}}=\frac{1}{\sqrt{2}}(u+v)^{1/2}$$

因此，该变换的雅可比行列式为

$$J=\begin{vmatrix}\dfrac{\partial x}{\partial u} & \dfrac{\partial x}{\partial v}\\ \dfrac{\partial y}{\partial u} & \dfrac{\partial y}{\partial v}\end{vmatrix}=\begin{vmatrix}\dfrac{1}{2\sqrt{2}}(u-v)^{-1/2} & -\dfrac{1}{2\sqrt{2}}(u-v)^{-1/2}\\ \dfrac{1}{2\sqrt{2}}(u+v)^{-1/2} & \dfrac{1}{2\sqrt{2}}(u+v)^{-1/2}\end{vmatrix}=\frac{1}{4\sqrt{u^2-v^2}}$$

那么，质量为

$$\begin{aligned}m &= \iint_R k(x^2+y^2)\,\mathrm{d}x\mathrm{d}y = k\iint_S u\,|\,J(u,v)\,|\,\mathrm{d}u\mathrm{d}v\\ &= k\int_1^9\int_9^{16}\frac{u}{4\sqrt{u^2-v^2}}\mathrm{d}u\mathrm{d}v = \frac{k}{4}\int_1^9\left[\sqrt{u^2-v^2}\right]_{u=9}^{u=16}\mathrm{d}v\end{aligned}$$

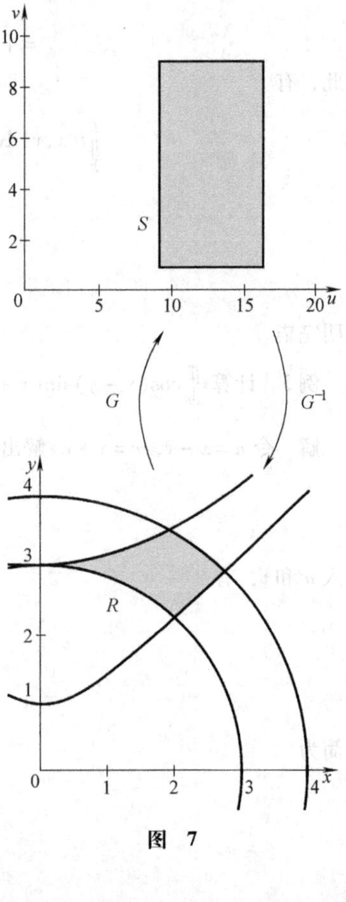

图　7

$$= \frac{k}{4}\int_1^9 \left[\sqrt{256 - v^2} - \sqrt{81 - v^2}\right] dv$$

$$= \frac{k}{4}\left(\frac{45}{2}\sqrt{7} + 128\arcsin\frac{9}{16} - \frac{81}{4}\pi - \frac{1}{2}\sqrt{255} - 128\arcsin\frac{1}{16} + 2\sqrt{5} + \frac{81}{2}\arcsin\frac{1}{9}\right) \approx 16.343k$$

倒数第三行的积分可以用书后的积分表中的公式 54 或计算器来计算．于是有

$$M_y = \iint_R xk(x^2 + y^2)\,dxdy = \iint_S k\sqrt{\frac{u - v}{2}}u \mid J(u,v) \mid dudv$$

$$= \frac{k}{4\sqrt{2}}\int_1^9\int_9^{16} \frac{u\sqrt{u - v}}{\sqrt{u^2 - v^2}}dudv = \frac{k}{4\sqrt{2}}\int_9^{16}\int_1^9 \frac{u}{\sqrt{u + v}}dvdu$$

$$= \frac{k}{2\sqrt{2}}\int_9^{16}(u\sqrt{u + 9} - u\sqrt{u + 1})du$$

$$= \frac{k\sqrt{2}}{4}\left(500 - \frac{1564}{15}\sqrt{17} - \frac{324}{5}\sqrt{2} + \frac{100}{3}\sqrt{10}\right) \approx 29.651k$$

及

$$M_x = \iint_R yk(x^2 + y^2)\,dxdy = \iint_S k\sqrt{\frac{u + v}{2}}u \mid J(u,v) \mid dudv$$

$$= \frac{k}{4\sqrt{2}}\int_1^9\int_9^{16} \frac{u\sqrt{u + v}}{\sqrt{u^2 - v^2}}dudv$$

$$= \frac{k}{4\sqrt{2}}\int_9^{16}\int_1^9 \frac{u}{\sqrt{u - v}}dvdu$$

$$= \frac{k}{2\sqrt{2}}\int_9^{16}(u\sqrt{u - 1} - u\sqrt{u - 9})du$$

$$= \frac{k\sqrt{2}}{4}\left(100\sqrt{15} - \frac{308}{5}\sqrt{7} - \frac{928}{15}\sqrt{2}\right) \approx 48.376k$$

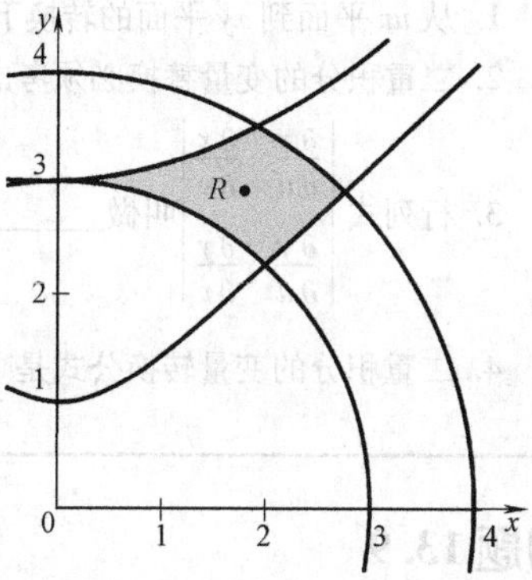

图 8

倒数第三行的积分可以用书后的积分表中的公式 96 或计算器来计算．因此，质心的坐标为

$$\bar{x} = \frac{M_y}{m} = \frac{29.651k}{16.343k} = 1.814$$

$$\bar{y} = \frac{M_x}{m} = \frac{48.376k}{16.343k} = 2.960$$

点$(\bar{x}, \bar{y}) = (1.814, 2.960)$，如图 8 所示．

三重积分的变量替换公式 定理 A 可以扩展到三重（或者更高）积分．假设 G 是从 R^3 到 R^3 的一一对应变换，把 uvw 空间的有界域 S 映射到 xyz 空间的有界域 R 上．如果 G 为

$$G(u, v, w) = (x(u, v, w), y(u, v, w), z(u, v, w))$$

那么

$$\iiint_R f(x,y,z)\,dxdydz = \iiint_S f((x(u,v,w), y(u,v,w), z(u,v,w))) \mid J(u,v,w) \mid dudvdw$$

其中，$J(u, v, w)$ 为

$$J(u, v, w) = \begin{vmatrix} \frac{\partial x}{\partial u} & \frac{\partial x}{\partial v} & \frac{\partial x}{\partial w} \\ \frac{\partial y}{\partial u} & \frac{\partial y}{\partial v} & \frac{\partial y}{\partial w} \\ \frac{\partial z}{\partial u} & \frac{\partial z}{\partial v} & \frac{\partial z}{\partial w} \end{vmatrix}$$

例5 证明变换到柱面坐标的变量替换公式为 $dxdydz=rdrd\theta dz$

解 由于变量替换：$x=r\cos\theta$，$y=r\sin\theta$，$z=z$，雅可比行列式为

$$J(r,\ \theta,\ z)=\begin{vmatrix}\frac{\partial x}{\partial r} & \frac{\partial x}{\partial \theta} & \frac{\partial x}{\partial z}\\ \frac{\partial y}{\partial r} & \frac{\partial y}{\partial \theta} & \frac{\partial y}{\partial z}\\ \frac{\partial z}{\partial r} & \frac{\partial z}{\partial \theta} & \frac{\partial z}{\partial z}\end{vmatrix}=\begin{vmatrix}\cos\theta & -r\sin\theta & 0\\ \sin\theta & r\cos\theta & 0\\ 0 & 0 & 1\end{vmatrix}=r\cos^2\theta+r\sin^2\theta=r$$

因此

$$dxdydz=|J(r,\ \theta,\ z)|\,drd\theta dz=rdrd\theta dz$$

球面坐标的转换关系 $dxdydz=\rho^2\sin\phi d\rho d\theta d\phi$ 的证明留作习题(习题21).

概念复习

1. 从 uv 平面到 xy 平面的转换下竖直线的像叫做________，水平线的像叫做________.
2. 二重积分的变量替换必须考虑________，________，________.
3. 行列式 $\begin{vmatrix}\frac{\partial x}{\partial u} & \frac{\partial x}{\partial v}\\ \frac{\partial y}{\partial u} & \frac{\partial y}{\partial v}\end{vmatrix}$ 叫做________.
4. 二重积分的变量转换公式是 $\iint\limits_R f(x,y)\,dxdy=\iint\limits_S f(x(u,v),y(u,v))$ ________ $dudv$.

习题13.9

1. 对于转换 $x=u+v$，$y=v-u$，画出网格

$$\{(u,\ v)\mid(u=2,\ 3,\ 4,\ 5;\ 1\leqslant v\leqslant 3)\cup(v=1,\ 2,\ 3;\ 2\leqslant u\leqslant 5)\}$$

的 u - 曲线和 v - 曲线.

2. 对于转换 $x=2u+v$，$y=v-u$，画出网格

$$\{(u,\ v)\mid(u=2,\ 3,\ 4,\ 5;\ 1\leqslant v\leqslant 3)\cup(v=1,\ 2,\ 3;\ 2\leqslant u\leqslant 5)\}$$

的 u - 曲线和 v - 曲线.

3. 对于转换 $x=u\sin v$，$y=u\cos v$，画出网格

$$\left\{(u,\ v)\mid(u=0,\ 1,\ 2,\ 3;\ 0\leqslant v\leqslant\pi)\cup\left(v=0,\ \frac{\pi}{2},\ \pi;\ 0\leqslant u\leqslant 3\right)\right\}$$

的 u - 曲线和 v - 曲线.

4. 对于转换 $x=u\cos v$，$y=u\sin v$，画出网格

$$\{(u,\ v)\mid(u=0,\ 1,\ 2,\ 3;\ 0\leqslant v\leqslant 2\pi)\cup(v=0,\ \pi,\ 2\pi;\ 0\leqslant u\leqslant 3)\}$$

的 u - 曲线和 v - 曲线.

5. 对于变换 $x=u/(u^2+v^2)$，$y=-v/(u^2+v^2)$，画出网格

$$\{(u,\ v)\mid(u=0,\ 1,\ 2,\ 3;\ 1\leqslant v\leqslant 3)\cup(v=1,\ 2,\ 3;\ 0\leqslant u\leqslant 3)\}$$

的 u - 曲线和 v - 曲线.

6. 对于转换 $x=u+u/(u^2+v^2)$，$y=v-v/(u^2+v^2)$，画出网格

$$\{(u,\ v)\mid(u=-2,\ -1,\ 0,\ 1,\ 2;\ 1\leqslant v\leqslant 3)\cup(v=1,\ 2,\ 3;\ -2\leqslant u\leqslant 2)\}$$

的 u - 曲线和 v - 曲线.

在习题7~10中，求给定点的矩形的像，并求出变换的雅可比行列式.

7. $x=u+2v$，$y=u-2v$；$(0,\ 0)$，$(2,\ 0)$，$(2,\ 1)$，$(0,\ 1)$

8. $x=2u+3v$, $y=u-v$; (0, 0), (3, 0), (3, 1), (0, 1)

9. $x=u^2+v^2$, $y=v$; (0, 0), (1, 0), (1, 1), (0, 1)

10. $x=u$, $y=u^2-v^2$; (0, 0), (3, 0), (3, 1), (0, 1)

在习题 11 ~ 16 中，求从 uv 平面到 xy 平面的变换，并求出雅可比行列式．假设 $x\geqslant 0$，$y\geqslant 0$.

11. $u=x+2y$, $v=x-2y$

12. $u=2x-3y$, $v=3x-2y$

13. $u=x^2+y^2$, $v=x$

14. $u=x^2-y^2$, $v=x+y$

15. $u=xy$, $v=x$

16. $u=x^2$, $v=xy$

在习题 17 ~ 20 中，用变换来计算顶点为 (1, 0)、(4, 0)、(4, 3) 的三角形区域 R 上的二重积分.

17. $\iint\limits_R \ln\frac{x+y}{x-y}\,\mathrm{d}A$

18. $\iint\limits_R \sqrt{\frac{x+y}{x-y}}\,\mathrm{d}A$

19. $\iint\limits_R \sin(\pi(2x-y))\cos(\pi(y-2x))\,\mathrm{d}A$

20. $\iint\limits_R (2x-y)\cos(y-2x)\,\mathrm{d}A$

21. 求从直角坐标变换到球面坐标的雅可比行列式．

22. 通过变量变换 $x=ua$，$y=vb$，$z=cw$ 求椭球体 $x^2/a^2+y^2/b^2+z^2/c^2=1$ 的体积．并求它关于 z 轴的转动惯量，假定它的密度是常数 k。

23. 假设 X, Y 是联合概率密度函数为 $f(x, y)$ 的连续的随机变量，U、V 是随机变量，满足 X、Y 的函数也就是变换 $X=x(U, V)$，$Y=y(U, V)$ 是一一对应的．证明 U、V 的联合概率密度函数为

$$g(u, v)=f(x(u, v), y(u, v))\,|J(u, v)|$$

24. 假设随机变量 X、Y 有联合概率密度函数为

$$f(x, y)=\begin{cases}\frac{1}{4}, & 0\leqslant x\leqslant 2,\ 0\leqslant y\leqslant 2\\ 0, & \text{其他}\end{cases}$$

也就是说，X、Y 是 $0\leqslant x\leqslant 2$，$0\leqslant y\leqslant 2$ 上的均匀分布．求

(a) $U=X+Y$, $V=X-Y$ 的联合概率密度函数　　(b) U 的边际概率密度函数

25. 假设 X, Y 有联合概率密度函数

$$f(x, y)=\begin{cases}e^{-x-y}, & x\geqslant 0,\ y\geqslant 0\\ 0, & \text{其他}\end{cases}$$

求 (a) $U=X+Y$, $V=X$ 的联合概率密度函数　　(b) U 的边际概率密度函数

概念复习答案：

1. u – 曲线，v – 曲线　2. 被积函数，微分 $\mathrm{d}x\mathrm{d}y$，积分域　3. 雅可比行列式　4. $|J(u, v)|$

13.10 本章回顾

概念测试

判断下面的说法是否正确．证明你的答案．

1. $\int_a^b\int_a^b f(x)f(y)\,\mathrm{d}y\mathrm{d}x = \left[\int_a^b f(x)\,\mathrm{d}x\right]^2$

2. $\int_0^1\int_0^x f(x,y)\,\mathrm{d}y\mathrm{d}x = \int_0^1\int_0^y f(x,y)\,\mathrm{d}x\mathrm{d}y$

3. $\int_0^2\int_{-1}^1 \sin(x^3y^3)\,\mathrm{d}x\mathrm{d}y = 0$

4. $\int_{-1}^1\int_{-1}^1 e^{x^2+2y^2}\,\mathrm{d}y\mathrm{d}x = 4\int_0^1\int_0^1 e^{x^2+2y^2}\,\mathrm{d}y\mathrm{d}x$

5. $\int_1^2\int_0^2 \sin^2(x/y)\,\mathrm{d}x\mathrm{d}y \leqslant 2$

6. 如果 f 在 R 上是连续非负的，且 $f(x_0, y_0)>0$，(x_0, y_0) 是 R 上的一个内点，那么 $\iint\limits_R f(x,y)\,\mathrm{d}A>0$.

7. 如果$\iint\limits_R f(x,y)\,dA \leqslant \iint\limits_R g(x,y)\,dA$，那么在$R$上$f(x, y) \leqslant g(x, y)$.

8. 如果在R上$f(x, y) \geqslant 0$，且$\iint\limits_R f(x, y)\,dA = 0$，那么对于所有在$R$上的$(x, y)$，有$f(x, y) = 0$.

9. 如果$\delta(x, y) = k$为薄板在(x, y)的密度，那么薄板的质心的坐标与k无关.

10. 如果$\delta(x, y) = y^2/(1+x^2)$为薄板$\{(x, y) \mid 0 \leqslant x \leqslant 1, 0 \leqslant y \leqslant 1\}$的密度，不用计算便可以得出$\bar{x} < \frac{1}{2}$和$\bar{y} > \frac{1}{2}$.

11. 如果$S = \{(x, y, z) \mid 1 \leqslant x^2 + y^2 + z^2 \leqslant 16\}$，那么$\iiint\limits_S dV = 84\pi$.

12. 如果一个半径为1的竖直圆柱体的顶部被一个与圆柱底部成30°的平面切割，那么所产生的斜面的面积是$2\sqrt{3}\pi/3$.

13. 对于一个三重积分，有8种积分顺序.

14. $\int_0^2 \int_0^{2\pi} \int_0^1 dr\,d\theta\,dz$代表了半径为1，高为2的竖直圆柱的体积.

15. 如果$|f_x| \leqslant 2$和$|f_y| \leqslant 2$，那么由$z = f(x, y)$，$0 \leqslant x \leqslant 1$，$0 \leqslant y \leqslant 1$所产生的表面$G$的面积大约是3.

16. 从笛卡儿坐标到极坐标的变换，其雅可比行列式$J(r, \theta) = r$.

17. 变换$x = 2u$，$y = 2v$的雅可比行列式为$J(u, v) = 2$.

测试题

习题1～4，计算各个积分的值.

1. $\int_0^1 \int_x^{\sqrt{x}} xy\,dy\,dx$

2. $\int_{-2}^{2} \int_{-\sqrt{4-y^2}}^{\sqrt{4-y^2}} 2xy^2\,dx\,dy$

3. $\int_0^{\pi/2} \int_0^{2\sin\theta} r\cos\theta\,dr\,d\theta$

4. $\int_1^2 \int_3^x \int_0^{\sqrt{3}y} \frac{y}{y^2+z^2}\,dz\,dy\,dx$

习题5～8，用给出的积分顺序重写累次积分. 先画图.

5. $\int_0^1 \int_x^1 f(x,y)\,dy\,dx;\ dx\,dy$

6. $\int_0^1 \int_0^{\cos^{-1}y} f(x,y)\,dx\,dy;\ dy\,dx$

7. $\int_0^1 \int_0^{(1-x)/2} \int_0^{1-x-2y} f(x,y,z)\,dz\,dy\,dx;\ dx\,dz\,dy$

8. $\int_0^2 \int_{x^2}^4 \int_0^{4-y} f(x,y,z)\,dz\,dy\,dx;\ dx\,dy\,dz$

9. 写出下面每种情况下半径为a的球的体积的三重积分.

(a)笛卡儿坐标　(b)柱面坐标　(c)球面坐标

10. 计算$\iint\limits_S (x+y)\,dA$，S是由$y = \sin x$和$y = 0$围成，在$x = 0$和$x = \pi$之间的区域.

11. 计算$\iiint\limits_S z^2\,dV$，S是由$x^2 + z = 1$，$y^2 + z = 1$和xy平面围成的区域.

12. 计算$\iint\limits_S \frac{1}{x^2+y^2}\,dA$，$S$是在圆$x^2 + y^2 = 4$和圆$x^2 + y^2 = 9$之间的区域.

13. 求由$x = 1$，$x = 3$，$y = 0$和$y = 2$围成的长方形薄板的质心，它的密度是$\delta(x, y) = xy^2$.

14. 以x轴为对称轴，求13题中薄片的质心.

15. 求圆柱面$z^2 + y^2 = 9$在第一卦限内处于平面$y = x$和$y = 3x$之间的表面积.

16. 通过将柱面坐标转化为球面坐标计算

(a) $\int_0^3 \int_0^{\sqrt{9-x^2}} \int_0^2 \sqrt{x^2+y^2}\,dz\,dy\,dx$

(b) $\int_0^2 \int_0^{\sqrt{4-x^2}} \int_0^{\sqrt{4-x^2-y^2}} z\sqrt{4-x^2-y^2}\,dz\,dy\,dx$

17. 若密度与到原点的距离成正比，求$x^2 + y^2 + z^2 = 1$与$x^2 + y^2 + z^2 = 9$相交区域的质量.

18. 求由心形线$r = 4(1+\sin\theta)$围成的均匀薄片的质心.

19. 求第一卦限内位于平面 $x/a+y/b+z/c=1$（a，b，c 为正值）以下的部分的质量，假设密度为 $\delta(x, y, z)=kx$.

20. 计算由 $z=x^2+y^2$，$z=0$ 和 $x^2+(y-1)^2=1$ 围成的部分的体积.

21. 用代换求下面积分

$$\iint_R \sin(x-y)\cos(x+y)\,dA$$

其中，R 是顶点为 $(0, 0)$、$(\pi/2, -\pi/2)$、$(\pi, 0)$、$(\pi/2, \pi/2)$ 的矩形.

13.11 回顾与预习

在习题 1～9 中，求给定曲线的参数方程.（给出参数 t 的取值域）

1. 以原点为圆心的半径为 3 的圆.
2. 以 $(2, 1)$ 为圆心且半径为 1 的圆.
3. 半圆形 $x^2+y^2=4$，$y>0$.
4. 顺时针方向的半圆形 $x^2+y^2=a^2$，$y\leqslant 0$.
5. 直线 $y=2$ 在点 $(-2, 2)$ 与 $(3, 2)$ 之间的部分.
6. 直线 $y=9-x$ 在第一象限，方向为右下方的部分.
7. 直线 $y=9-x$ 在第一象限，方向为左上方的部分.
8. 抛物线 $y=9-x^2$ 在 x 轴上方，方向为从左到右的部分.
9. 抛物线 $y=9-x^2$ 在 x 轴上方，方向为从右到左的部分.
10. 用弧长公式求题 6 的曲线长度.

在习题 11～16 中，求给出函数的梯度.

11. $f(x, y)=x\sin x+y\cos y$　12. $f(x, y)=xe^{-xy}+ye^{xy}$　13. $f(x, y, z)=x^2+y^2+z^2$

14. $f(x, y, z)=\dfrac{1}{x^2+y^2+z^2}$　15. $f(x, y, z)=xy+xz+yz$　16. $f(x, y, z)=\dfrac{1}{\sqrt{x^2+y^2+z^2}}$

计算习题 17～22 的积分.

17. $\int_0^{\pi}\sin^2 t\,dt$　18. $\int_0^{\pi}\sin t\cos t\,dt$　19. $\int_0^1\int_1^2 xy\,dy\,dx$

20. $\int_{-1}^1\int_1^4(x^2+2y)\,dy\,dx$　21. $\int_0^{2\pi}\int_1^2 r^2\,dr\,d\theta$　22. $\int_0^{2\pi}\int_0^{\pi}\int_1^2\rho^2\sin\phi\,d\rho\,d\phi\,d\theta$

23. 题 22 的积分代表了三维空间的某些区域的体积，说明是什么区域.
24. 求位于平面 $z=36$ 上的抛物面 $z=144-x^2-y^2$ 部分的表面积.
25. 求 $x^2+y^2+z^2=169$ 在点 $(3, 4, 12)$ 的一个单位法向量.

第 14 章　向量微积分

14.1　向量场

函数的概念在微积分中起着重要的作用．本书的前三分之二大部分都在处理自变量和因变量都是实数的函数．在第 11 章我们介绍了一个函数的输入值是一个实数，而输出值是一个向量的情况．在第 12 章我们介绍了多个变量的实数值函数，也就是说，输入值是两个、三个或者是更多个实数而输出值是一个实数．很自然下一步就是研究输入和输出值都是向量的函数．这是正常的微积分系列之中的最后一步．

向量函数 $\boldsymbol{F}$ 意思是指与 n 维空间内的任意点 $\boldsymbol{p}$ 都对应一个向量 $\boldsymbol{F}(\boldsymbol{p})$. 就一个二维空间的例子来说，即为

$$\boldsymbol{F}(\boldsymbol{p}) = \boldsymbol{F}(x, y) = -\frac{1}{2}y\boldsymbol{i} + \frac{1}{2}x\boldsymbol{j}$$

习惯上把这样的函数称为**向量场**，是根据我们想描述的一个视觉图像而命名的. 想象一下在空间内的每一点 $\boldsymbol{p}$ 都有一个向量 $\boldsymbol{F}(\boldsymbol{p})$ 从这点发散出来. 我们不能画出每个向量. 但是可以画出代表性的向量，让我们对向量场有直观的认识. 图 1 所示正是向量场 $\boldsymbol{F}(\boldsymbol{p}) = \boldsymbol{F}(x, y) = -\frac{1}{2}y\boldsymbol{i} + \frac{1}{2}x\boldsymbol{j}$ 的图形. 这是一个轮子转动的速度场，这个轮子以 $\frac{1}{2}$ 弧度每单位时间(见例 2) 转动. 图 2 所示为水流过弯管的速度场.

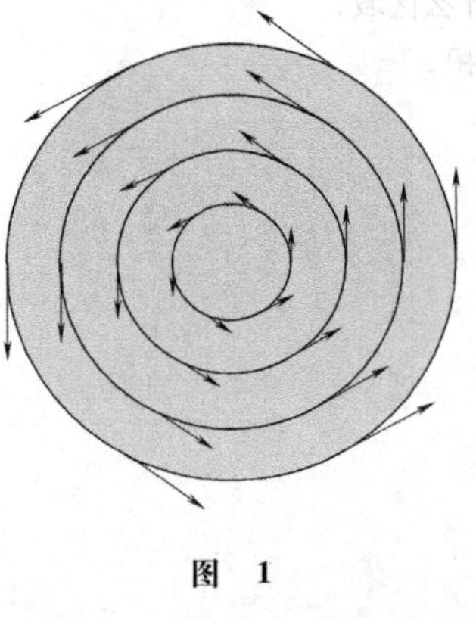

图　1

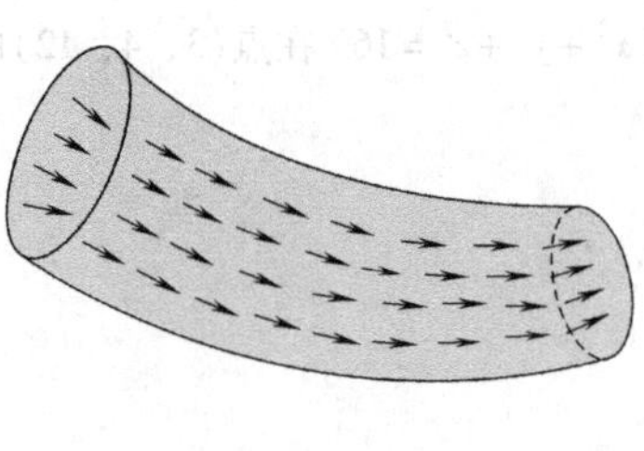

图　2

其他的向量场还包括电场、磁场、力场和重力场等. 在这里我们只考虑**稳恒向量场**，即不随时间变化的向量场. 与向量场相对照，**标量场**是每一个点对应一个数的函数. 在物理中，每一个点对应一个温度就是一个很好的标量场的例子.

例 1　画出以下向量场对应的部分向量.

$$F(x, y) = \frac{x\boldsymbol{i} + y\boldsymbol{j}}{\sqrt{x^2 + y^2}}$$

解 $\boldsymbol{F}(x, y)$ 是一个与向量 $x\boldsymbol{i} + y\boldsymbol{j}$ 有相同方向的单位向量. 图 3 所示为其中的几个向量.

例 2 试证明向量场 $\boldsymbol{F}(x, y) = -\frac{1}{2}y\boldsymbol{i} + \frac{1}{2}x\boldsymbol{j}$ 中的每一个向量都与以原点为圆心的圆相切,其长度为该圆半径的一半. (图 1)

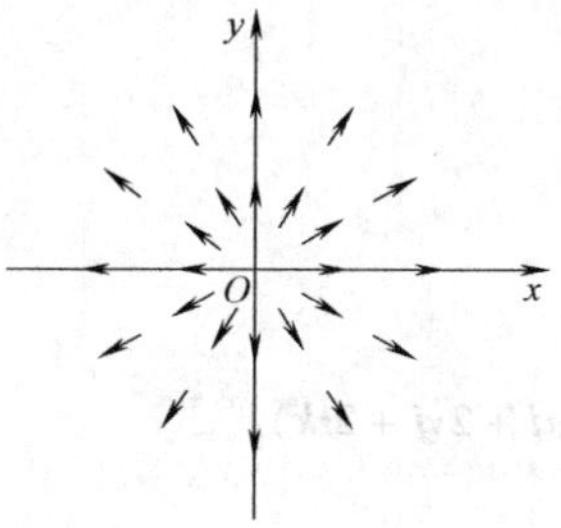

图 3

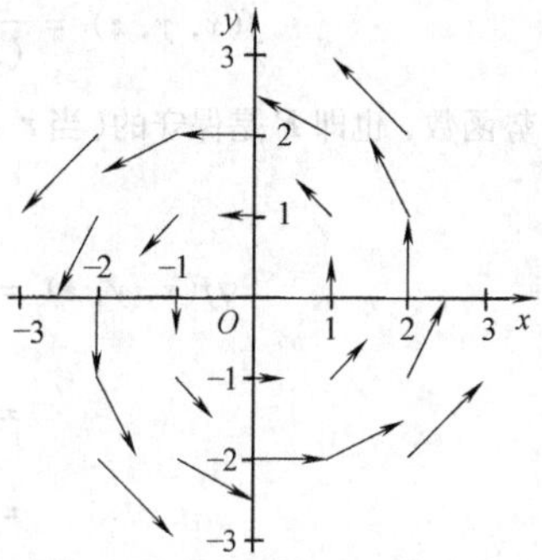

图 4

证明 图 4 所示为矢量场的图形. 如果 $\boldsymbol{r} = x\boldsymbol{i} + y\boldsymbol{j}$ 是点 (x, y) 的位置向量, 那么

$$\boldsymbol{r} \cdot \boldsymbol{F}(x, y) = -\frac{1}{2}xy + \frac{1}{2}xy = 0$$

因此, $\boldsymbol{F}(x, y)$ 与 $\boldsymbol{r}$ 垂直, 也就是和半径为 $\|\boldsymbol{r}\|$ 的圆弧相切. 而且

$$\|\boldsymbol{F}(x, y)\| = \sqrt{\left(-\frac{1}{2}y\right)^2 + \left(\frac{1}{2}x\right)^2} = \frac{1}{2}\|\boldsymbol{r}\|$$

根据万有引力定律, 两个质量分别为 M 和 m 的物体之间的万有引力为 GMm/d^2, 其中 d 为两物体之间的距离, G 为万有引力常数. 它为我们提供了有关向量场的一个很重要的例子. 既然该向量是表示力的, 我们称它为**力场**.

例 3 假设一个质量为 M 的球体(例如, 地球) 的球心被放置在原点, 且假设放置在空间一点 (x, y, z) 上的质量为 m 的物体与其之间的万有引力为 $\boldsymbol{F}(x, y, z)$. 试推导 $\boldsymbol{F}(x, y, z)$ 的公式, 然后画出该向量场.

解 我们把质量为 M 的物体看成一个位于原点质点. 令 $r = x\boldsymbol{i} + y\boldsymbol{j} + z\boldsymbol{k}$, 那么力 $\boldsymbol{F}$ 的大小为

$$\|\boldsymbol{F}\| = \frac{GMm}{\|\boldsymbol{r}\|^2}$$

$\boldsymbol{F}$ 的方向是指向原点的, 也就是说 $\boldsymbol{F}$ 与单位向量 $-\boldsymbol{r}/|\boldsymbol{r}|$ 有相同的方向. 因此

$$\boldsymbol{F}(x, y, z) = \frac{GMm}{\|\boldsymbol{r}\|^2}\left(\frac{-\boldsymbol{r}}{\|\boldsymbol{r}\|}\right) = -GMm\frac{\boldsymbol{r}}{\|\boldsymbol{r}\|^3}$$

向量场如图 5 所示.

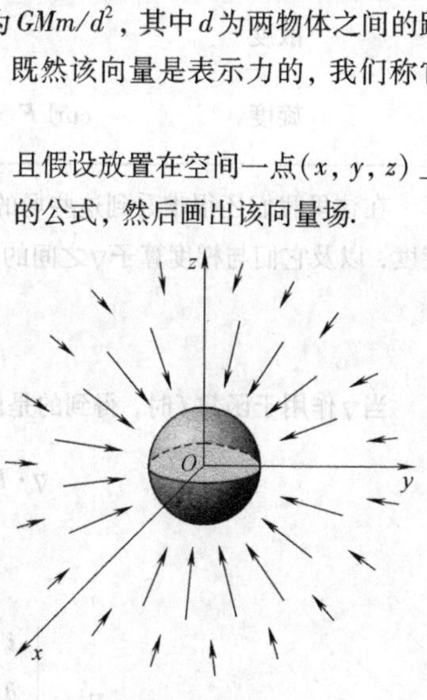

图 5

标量场的梯度 假设 $f(x, y, z)$ 为一标量场且 f 可微. 那么 f 的梯度 ∇f 是一个向量场, 即

$$\boldsymbol{F}(x, y, z) = \nabla f(x, y, z) = \frac{\partial f}{\partial x}\boldsymbol{i} + \frac{\partial f}{\partial y}\boldsymbol{j} + \frac{\partial f}{\partial x}\boldsymbol{k}$$

我们第一次学习**梯度场**是在 12.4 节和 12.5 节, 在那里我们已经学习了 $\nabla f(x, y, z)$ 指向 $f(x, y, z)$ 递减最快的方向. 作为一个标量场 f 梯度的向量场被称为**保守向量场**, 而 f 则被称为**势函数**(这些名称的来源将在 14.3 节

陈述). 保守场与势函数在物理中都有重要应用. 下面将要证明凡是符合平方反比定律的场都是保守场(例如电场、引力场等).

例 4　假设 $\boldsymbol{F}$ 是一个由平方反比定律获得的力场，也就是说

$$\boldsymbol{F}(x, y, z) = -c\frac{\boldsymbol{r}}{\|\boldsymbol{r}\|^3} = -c\frac{x\boldsymbol{i} + y\boldsymbol{j} + z\boldsymbol{k}}{(x^2 + y^2 + z^2)^{3/2}}$$

式中 c 是一个常量(参看例 3). 证明

$$f(x, y, z) = \frac{c}{(x^2 + y^2 + z^2)^{1/2}} = c(x^2 + y^2 + z^2)^{-1/2}$$

是 $\boldsymbol{F}$ 的一个势函数，也即 $\boldsymbol{F}$ 是保守的(当 $\boldsymbol{r} \neq \boldsymbol{0}$ 时).

解

$$\begin{aligned}\nabla f(x, y, z) &= \frac{\partial f}{\partial x}\boldsymbol{i} + \frac{\partial f}{\partial y}\boldsymbol{j} + \frac{\partial f}{\partial z}\boldsymbol{k} \\ &= \frac{-c}{2}(x^2 + y^2 + z^2)^{-3/2}(2x\boldsymbol{i} + 2y\boldsymbol{j} + 2z\boldsymbol{k}) \\ &= \boldsymbol{F}(x, y, z)\end{aligned}$$

例 4 是非常容易的，因为我们给出了函数 f. 另一个难得多但意义更大的问题是：给定一个向量场 $\boldsymbol{F}$，试决定其是否保守，如果是的话，求出它的势函数. 我们将在 14.3 节讨论这一问题.

向量场的散度与旋度　对于给定的一个向量场

$$\boldsymbol{F}(x, y, z) = M(x, y, z)\boldsymbol{i} + N(x, y, z)\boldsymbol{j} + P(x, y, z)\boldsymbol{k}$$

另外有两个重要的场与它相关：第一个称为散度，它是一个标量场；另外一个称为旋度，是一个向量场.

定义　散度与旋度

假设 $\boldsymbol{F} = M\boldsymbol{i} + N\boldsymbol{j} + P\boldsymbol{k}$ 是一个向量场，且 M, N 和 P 的一阶偏导数都存在. 那么

散度　$$\operatorname{div}\boldsymbol{F} = \frac{\partial M}{\partial x} + \frac{\partial N}{\partial y} + \frac{\partial P}{\partial z}$$

旋度　$$\operatorname{curl}\boldsymbol{F} = \left(\frac{\partial P}{\partial y} - \frac{\partial N}{\partial z}\right)\boldsymbol{i} + \left(\frac{\partial M}{\partial z} - \frac{\partial P}{\partial x}\right)\boldsymbol{j} + \left(\frac{\partial N}{\partial x} - \frac{\partial M}{\partial y}\right)\boldsymbol{k}$$

在这里我们还很难看到这些场的巨大意义，但在后面我们能了解到. 这里我们主要介绍如何求解散度和旋度，以及它们与梯度算子 ∇ 之间的关系. 首先回忆一下算子 ∇

$$\nabla = \frac{\partial}{\partial x}\boldsymbol{i} + \frac{\partial}{\partial y}\boldsymbol{j} + \frac{\partial}{\partial z}\boldsymbol{k}$$

当 ∇ 作用于函数 f 时，得到的是函数的梯度 ∇f，也可以写为 grad$f$. 这里我们"滥用"一下该算子，即

$$\begin{aligned}\nabla\cdot\boldsymbol{F} &= \left(\frac{\partial}{\partial x}\boldsymbol{i} + \frac{\partial}{\partial y}\boldsymbol{j} + \frac{\partial}{\partial z}\boldsymbol{k}\right)\cdot(M\boldsymbol{i} + N\boldsymbol{j} + P\boldsymbol{k}) \\ &= \frac{\partial M}{\partial x} + \frac{\partial N}{\partial y} + \frac{\partial P}{\partial z} = \operatorname{div}\boldsymbol{F}\end{aligned}$$

$$\begin{aligned}\nabla\times\boldsymbol{F} &= \begin{vmatrix}\boldsymbol{i} & \boldsymbol{j} & \boldsymbol{k} \\ \dfrac{\partial}{\partial x} & \dfrac{\partial}{\partial y} & \dfrac{\partial}{\partial z} \\ M & N & P\end{vmatrix} \\ &= \left(\frac{\partial P}{\partial y} - \frac{\partial N}{\partial z}\right)\boldsymbol{i} - \left(\frac{\partial P}{\partial x} - \frac{\partial M}{\partial z}\right)\boldsymbol{j} + \left(\frac{\partial N}{\partial x} - \frac{\partial M}{\partial y}\right)\boldsymbol{k} = \operatorname{curl}\boldsymbol{F}\end{aligned}$$

因此，grad f, div $\boldsymbol{F}$ 和 curl $\boldsymbol{F}$ 均可用算子 ∇ 表示，这也帮助我们记忆这些场是如何被定义的.

它们意味着什么?

为了更清楚地认识散度和旋度，我们做出如下物理解释. 若 $\boldsymbol{F}$ 表示液体的流速场，则在点 $\boldsymbol{p}$ 处 div $\boldsymbol{F}$ 表示液体流离 $\boldsymbol{p}$ 点(div $\boldsymbol{F}>0$)或在 $\boldsymbol{p}$ 点积聚(div $\boldsymbol{F}<0$)的趋势. 另一方面，curl$\boldsymbol{F}$ 可表示出液体按哪个轴向旋转最快. 并且 ‖curl $\boldsymbol{F}$‖ 表示这种旋转的速度. 而旋转的方向满足右手法则. 我们将在后续章节进一步讨论这个问题.

例 5 假设

$$\boldsymbol{F}(x, y, z) = x^2yz\boldsymbol{i} + 3xyz^3\boldsymbol{j} + (x^2 - z^2)\boldsymbol{k}$$

求 div $\boldsymbol{F}$ 和 curl $\boldsymbol{F}$.

解

$$\text{div}\,\boldsymbol{F} = \nabla\cdot\boldsymbol{F} = 2xyz + 3xz^3 - 2z$$

$$\text{curl}\,\boldsymbol{F} = \nabla\times\boldsymbol{F} = \begin{vmatrix} \boldsymbol{i} & \boldsymbol{j} & \boldsymbol{k} \\ \dfrac{\partial}{\partial x} & \dfrac{\partial}{\partial y} & \dfrac{\partial}{\partial z} \\ x^2yz & 3xyz^3 & x^2-z^2 \end{vmatrix}$$

$$= -(9xyz^2)\boldsymbol{i} - (2x - x^2y)\boldsymbol{j} + (3yz^3 - x^2z)\boldsymbol{k}$$

概念复习

1. 与向量 $\boldsymbol{F}(x, y, z)$ 空间中每一点 (x, y, z) 相联系的函数被称为______.
2. 具体地，与标量函数 $f(x, y, z)$ 相联系的向量场 $\nabla f(x, y, z)$ 被称为______.
3. 物理学中两个以标量场梯度呈现的很重要的向量场是______和______.
4. 给定一个向量场 $\boldsymbol{F} = M\boldsymbol{i} + N\boldsymbol{j} + P\boldsymbol{k}$，我们已经介绍了与其对应的一个标量场 div $\boldsymbol{F}$ 和一个向量场 curl $\boldsymbol{F}$. 它们可以被对称地定义为 div $\boldsymbol{F}$ = ______和 curl $\boldsymbol{F}$ ______.

习题 14.1

在习题 1 ~ 6 中，画出给定向量场 $\boldsymbol{F}$ 中的几个向量.

1. $\boldsymbol{F}(x, y) = x\boldsymbol{i} + y\boldsymbol{j}$
2. $\boldsymbol{F}(x, y) = x\boldsymbol{i} - y\boldsymbol{j}$
3. $\boldsymbol{F}(x, y) = -x\boldsymbol{i} + 2y\boldsymbol{j}$
4. $\boldsymbol{F}(x, y) = 3x\boldsymbol{i} + y\boldsymbol{j}$
5. $\boldsymbol{F}(x, y, z) = x\boldsymbol{i} + 0\boldsymbol{j} + \boldsymbol{k}$
6. $\boldsymbol{F}(x, y, z) = -z\boldsymbol{k}$

在习题 7 ~ 12 中，求 ∇f.

7. $f(x, y, z) = x^2 - 3xy + 2z$
8. $f(x, y, z) = \sin(xyz)$
9. $f(x, y, z) = \ln|xyz|$
10. $f(x, y, z) = \dfrac{1}{2}(x^2 + y^2 + z^2)$
11. $f(x, y, z) = xe^y\cos z$
12. $f(x, y, z) = y^2e^{-2z}$

在习题 13 ~ 18 中，求 div $\boldsymbol{F}$ 与 curl $\boldsymbol{F}$.

13. $\boldsymbol{F}(x, y, z) = x^2\boldsymbol{i} - 2xy\boldsymbol{j} + yz^2\boldsymbol{k}$
14. $\boldsymbol{F}(x, y, z) = x^2\boldsymbol{i} + y^2\boldsymbol{j} + z^2\boldsymbol{k}$
15. $\boldsymbol{F}(x, y, z) = yz\boldsymbol{i} + xz\boldsymbol{j} + xy\boldsymbol{k}$
16. $\boldsymbol{F}(x, y, z) = \cos x\boldsymbol{i} + \sin y\boldsymbol{j} + 3\boldsymbol{k}$
17. $\boldsymbol{F}(x, y, z) = e^x\cos y\boldsymbol{i} + e^x\sin y\boldsymbol{j} + z\boldsymbol{k}$
18. $\boldsymbol{F}(x, y, z) = (y+z)\boldsymbol{i} + (x+z)\boldsymbol{j} + (x+y)\boldsymbol{k}$

19. 假设 f 是一个标量场，$\boldsymbol{F}$ 是一个向量场. 指出下列式子中哪些是标量场，哪些是向量场，或者是没意义的式子.

(a) div f　　(b) grad f　　(c) curl $\boldsymbol{F}$

(d) div(grad f)　　(e) curl(grad f)　　(f) grad(div $\boldsymbol{F}$)

(g) curl(curl $\boldsymbol{F}$)　　(h) div(div $\boldsymbol{F}$)　　(i) grad(grad f)

(j) div(curl(grad f))　　(k) curl(div(grad f))

20. 假设偏导数存在而且连续，证明：

(a) div(curl $\boldsymbol{F}$) = 0　　(b) curl(grad f) = $\boldsymbol{0}$

(c) div($f\boldsymbol{F}$) = (f)(div $\boldsymbol{F}$) + (grad f) · $\boldsymbol{F}$　　(d) curl($f\boldsymbol{F}$) = (f)(curl $\boldsymbol{F}$) + (grad f) × $\boldsymbol{F}$

21. 假设 $\boldsymbol{F}(x, y, z) = c\boldsymbol{r}/\|\boldsymbol{r}\|^3$ 是一个满足平方反比定律的力场(参看例3、例4). 试证明 curl $\boldsymbol{F} = \boldsymbol{0}$ 且 div $\boldsymbol{F} = 0$. 提示：利用习题20，且 $f = -c/\|\boldsymbol{r}\|^3$.

22. 假设 $F(x, y, z) = c\boldsymbol{r}/\|\boldsymbol{r}\|^m$，$c \neq 0$，$m \neq 3$. 试证明 div $\boldsymbol{F} \neq 0$ 但 curl $\boldsymbol{F} = \boldsymbol{0}$.

23. 假设 $\boldsymbol{F}(x, y, z) = f(r)\boldsymbol{r}$，其中 $r = \|\boldsymbol{r}\| = \sqrt{x^2 + y^2 + z^2}$ 且 f 是一个可微的标量函数($r = 0$ 点除外). 试证明 $\boldsymbol{F} = \boldsymbol{0}$(除去 $r = 0$ 点). 提示：首先证明 grad $f = f'(r)\boldsymbol{r}/r$，然后利用习题20(d) 结论.

24. 假设 $\boldsymbol{F}(x, y, z)$ 与23题相同. 试证明如果 div $\boldsymbol{F} = 0$，则 $f(r) = cr^{-3}$，其中 c 是一个常数.

25. 在我们定义div和curl的同时也给出了它的解释. 本题就与该解释有关. 假设存在四个向量场 $\boldsymbol{F}$、$\boldsymbol{G}$、$\boldsymbol{H}$ 和 $\boldsymbol{L}$，对于每个 z 值，其对应的图形如图6所示，用几何分析的方法求解以下各题.

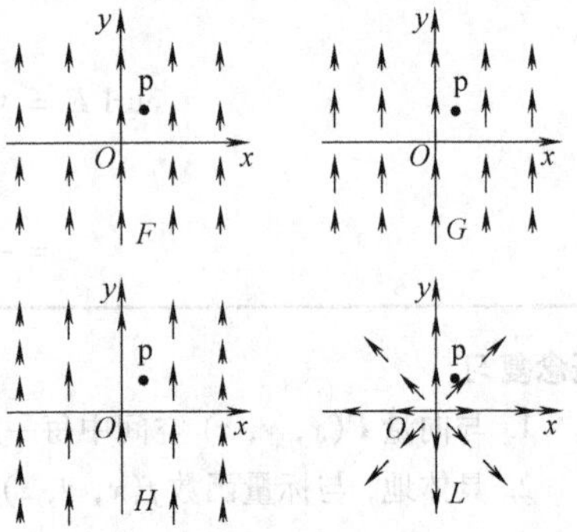

图　6

(a) 在 $\boldsymbol{P}$ 点处的散度是正值、负值还是零？

(b) 如果有一个垂直轴的桨轮位于 $\boldsymbol{P}$ 点，它是会顺时针转，逆时针转，还是不转呢？

(c) 现在我们假设 $\boldsymbol{F} = c\boldsymbol{j}$，$\boldsymbol{G} = e^{-y^2}\boldsymbol{j}$，$\boldsymbol{H} = e^{-x^2}\boldsymbol{j}$，且 $\boldsymbol{L} = (x\boldsymbol{i} + y\boldsymbol{j})/\sqrt{x^2 + y^2}$，其图形也可以用图6表示. 计算每一个场的散度和旋度，对比(a)，(b) 中的结果.

26. 画出在矩形区域 $1 \leq x \leq 2$，$0 \leq y \leq 2$ 中点(x, y) 的向量场 $\boldsymbol{F} = y\boldsymbol{i}$ 的图形，确定在点(1, 1) 处 div 是正，负，还是0；确定在点(1, 1) 的桨轮是顺时针转，逆时针转，还是不转.

27. 画出在矩形区域 $-1 \leq x \leq 1$，$-1 \leq y \leq 1$ 中点(x, y) 的向量场

$$\boldsymbol{F} = -\frac{x}{(1 + x^2 + y^2)^{3/2}}\boldsymbol{i} - \frac{y}{(1 + x^2 + y^2)^{3/2}}\boldsymbol{j}$$

确定在原点处div是正，负，还是0；确定在原点处的桨轮是顺时针转，逆时针转，还是不转.(对curl，把 $\boldsymbol{F}$ 当做是 $z = 0$ 的三维空间的向量场)

28. 考虑一下速度场 $v(x, y, z) = -\omega y\boldsymbol{i} + \omega x\boldsymbol{j}$，其中 $\omega > 0$(见例2和图1). 注意到 v 与 $x\boldsymbol{i} + y\boldsymbol{j}$ 垂直且 $\|v\| = \omega\sqrt{x^2 + y^2}$. 因此，$v$ 描述了围绕 z 轴以角速度 ω 匀速转动的流体的转动情况. 试证明 div $v = 0$ 且 curl $v = 2\omega\boldsymbol{k}$.

29. 一个质量为 m 的物体以角速度 ω 作匀速圆周运动，其所受到的向心力为

$$\boldsymbol{F}(x, y, z) = m\omega^2 r = m\omega^2(x\boldsymbol{i} + y\boldsymbol{j} + z\boldsymbol{k})$$

试证明

$$f(x, y, z) = \frac{1}{2}m\omega^2(x^2 + y^2 + z^2)$$

是 $\boldsymbol{F}$ 的一个势函数.

30. 标量函数 div(grad F) = $\nabla \cdot \nabla f$(也可写为 $\nabla^2 f$) 被称为**拉普拉斯算子**，而满足 $\nabla^2 f = 0$ 的方程则被称为是**齐次的**，这是物理中一个很重要的内容. 试证明：$\nabla^2 f = f_{xx} + f_{yy} + f_{zz}$.

然后计算下列方程的 $\nabla^2 f$ 并确定哪些是齐次的.

(a) $f(x, y, z) = 2x^2 - y^2 - z^2$　　(b) $f(x, y, z) = xyz$

(c) $f(x, y, z) = x^3 - 3xy^2 + 3z$　　(d) $f(x, y, z) = (x^2 + y^2 + z^2)^{-1/2}$

31. 试证明：

(a) $\text{div}(\boldsymbol{F}\times\boldsymbol{G}) = \boldsymbol{G}\cdot\text{curl}\,\boldsymbol{F} - \boldsymbol{F}\cdot\text{curl}\,\boldsymbol{G}$　　(b) $\text{div}(\nabla f\times\nabla g) = 0$

32. 利用先前的定义类推，给下列各式下定义：

(a) $\lim\limits_{(x,y,z)\to(a,b,c)} \boldsymbol{F}(x, y, z) = \boldsymbol{L}$　　(b) $\boldsymbol{F}(x, y, z)$ 在(a, b, c)点连续

概念复习答案：

1. 三个变量的向量方程，或者一个向量场　2. 梯度场　3. 引力场，电场　4. $\nabla\cdot\boldsymbol{F}$，$\nabla\times\boldsymbol{F}$

14.2 曲线积分

求解定积分$\int_a^b f(x)\,dx$的一种方法是将积分域$[a, b]$代换为二维或三维的集合，这使我们在第13章学习了二重积分和三重积分. 另外一种方法是利用xOy平面的一条曲线C来代替积分域$[a,b]$. 表示为$\int_C f(x, y)\,ds$，我们称其为**线积分**，或更准确地称为**曲线积分**.

假设C是一条平滑的平面曲线，也就是说，假设C由参数方程给出

$$x = x(t),\ y = y(t),\ a \leqslant t \leqslant b$$

其中，x'和y'均连续且在(a, b)点处不同时为零. 如果C的方向对应于t值增加，我们则称其方向为**正向的**. 我们假设C是正向的且C在$[a, b]$上只随t的改变而改变. 因此，C有一个始点$A = (x(a), y(a))$和终点$B = (x(b), y(b))$. 假设在参数区间$[a, b]$上插入一系列的点构成了分区P.

$$a = t_0 < t_1 < t_2 < \cdots < t_n = b$$

这种在$[a, b]$上的分区导致了曲线C被分成了n段子弧，$P_{i-1}P_i$中的P_i对应t_i. 设Δs_i为弧$P_{i-1}P_i$的长度，且$\|P\|$为分区P的模；即令$\|P\|$为$\Delta t = t_i - t_{i-1}$中的最大值. 最后，在子弧$P_{i-1}P_i$中选择一个点$Q_i(\bar{x}_i, \bar{y}_i)$，如图1所示.

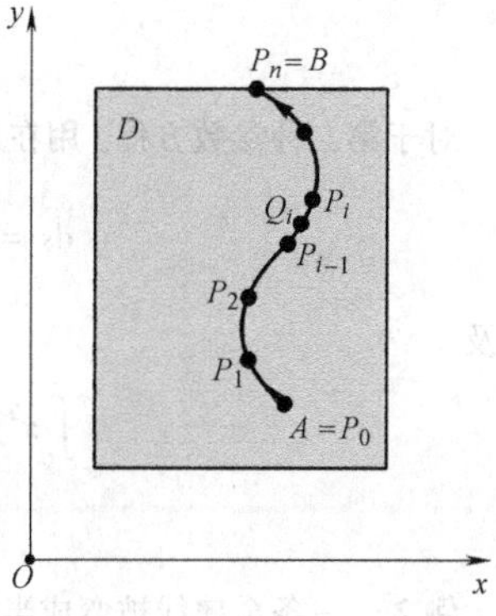

图 1

考虑它们的黎曼和$\sum_{i=1}^{n} f((\bar{x}_i, \bar{y}_i)\Delta s_i$. 如果$f$是非负，那么这个和所趋近的垂直曲线面积如图2所示. 如果f在区域D上连续且包含C，那么当$\|P\|\to 0$时，这个和有极限. 这个极限被称为在C上由A到B的对应弧长的曲线积分.

$$\int_C f(x, y)\,ds = \lim_{\|P\|\to 0}\sum_{i=1}^{n} f(\bar{x}_i, \bar{y}_i)\Delta s_i$$

图2表示了对于任意$f(x, y) \geqslant 0$所对应的曲线面积.

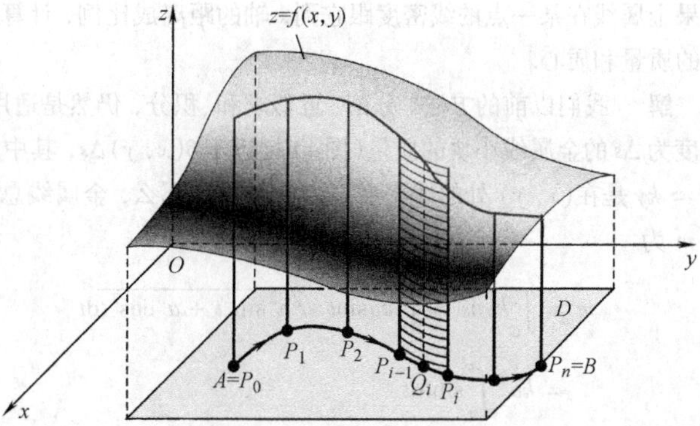

图 2

定义并未提供一个很好的方法来计算$\int_C f(x, y)\,ds$. 最好通过参数t来表示，并形成普通的定积分来完成. 设$ds = \sqrt{[x'(t)]^2 + [y'(t)]^2}\,dt$（参见5.4节），则

$$\boxed{\int_C f(x, y)\,ds = \int_a^b f(x(t), y(t))\sqrt{[x'(t)]^2 + [y'(t)]^2}\,dt}$$

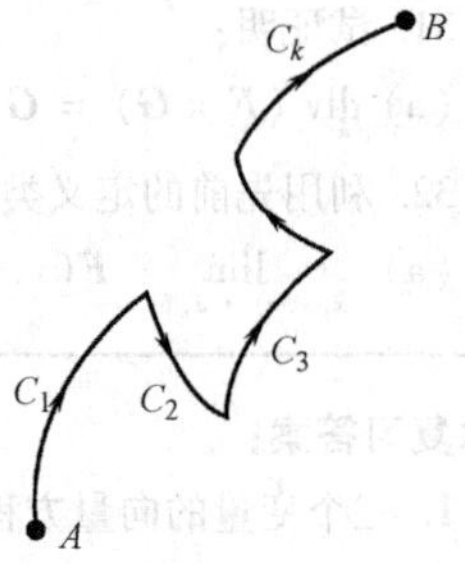

图 3

当然，一条曲线可以有多个参数形式；幸运的是，它能保证参数化后的结果跟$\int_C f(x, y)\mathrm{d}s$ 的结果是一样的.

曲线积分的定义可以进一步延伸，若曲线 C 并不平滑，即包括一系列平滑的曲线 C_1，C_2，…，C_k 组合在一起. 如图 3 所示. 我们把它简单地定义为每条独立曲线的积分之和即为曲线 C 的积分.

例题和应用　我们以 C 为部分圆的两个例子开始.

例 1　计算$\int_C x^2y\mathrm{d}s$，C 由参数方程 $x = 3\cos t$，$y = 3\sin t$，$0 \leqslant t \leqslant \frac{\pi}{2}$ 决定. 并通过将 $x = \sqrt{9 - y^2}$，$y = y$，$0 \leqslant y \leqslant 3$ 参数化，得出同样的值.

解　用第一种参数方程，得到

$$\begin{aligned}\int_C x^2y\mathrm{d}s &= \int_0^{\frac{\pi}{2}}(3\cos t)^2(3\sin t)\sqrt{(-3\sin t)^2 + (3\cos t)^2}\mathrm{d}t \\ &= 81\int_0^{\frac{\pi}{2}}\cos t^2\sin t\mathrm{d}t \\ &= \left[-\frac{81}{3}\cos^3 t\right]_0^{\frac{\pi}{2}} = 27\end{aligned}$$

对于第二种参数方程，用在 5.4 节中给出的关于 $\mathrm{d}s$ 的公式. 得到

$$\mathrm{d}s = \sqrt{1 + \left(\frac{\mathrm{d}x}{\mathrm{d}y}\right)^2}\mathrm{d}y = \sqrt{1 + \frac{y^2}{9 - y^2}}\mathrm{d}y = \frac{3}{\sqrt{9 - y^2}}\mathrm{d}y$$

以及

$$\begin{aligned}\int_C x^2y\mathrm{d}s &= \int_0^3(9 - y^2)y\frac{3}{\sqrt{9 - y^2}}\mathrm{d}y = 3\int_0^3\sqrt{9 - y^2}y\mathrm{d}y \\ &= -\left[(9 - y^2)^{3/2}\right]_0^3 = 27\end{aligned}$$

例 2　一条金属线被弯成半圆形状.

$$x = a\cos t,\ y = a\sin t,\ 0 \leqslant t \leqslant \pi,\ a > 0$$

如果金属线在某一点的线密度跟它到 x 轴的距离成比例，计算金属线的质量和质心.

解　我们以前的方法，分割、近似求和、积分，仍然是适用的. 长度为 Δs 的金属线小块的质量(图4) 接近于 $\delta(x, y)\Delta s$，其中 $\delta(x, y) = ky$ 是在 (x, y) 处的线密度，(k 为常数). 那么，金属线总的质量 m 为

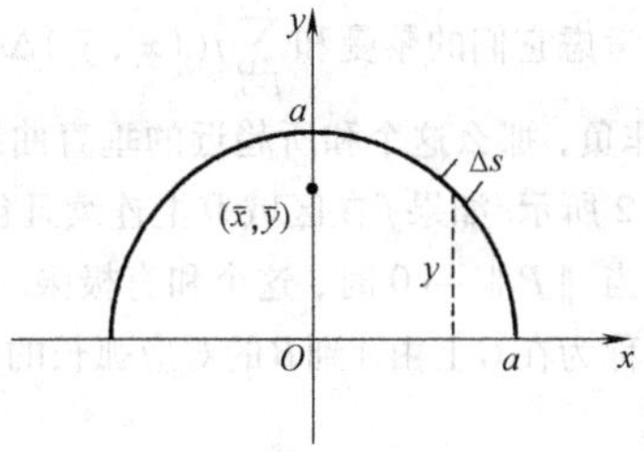

图　4

$$\begin{aligned}m &= \int_C ky\mathrm{d}s = \int_0^\pi ka\sin t\sqrt{a^2\sin^2 t + a^2\cos^2 t}\mathrm{d}t \\ &= ka^2\int_0^\pi \sin t\mathrm{d}t \\ &= \left[-ka^2\cos t\right]_0^\pi = 2ka^2\end{aligned}$$

金属线对应于 x 轴的力矩为

$$\begin{aligned}M_x &= \int_C yky\mathrm{d}s = \int_0^\pi ka^3\sin^2 t\mathrm{d}t = \frac{ka^3}{2}\int_0^\pi(1 - \cos 2t)\mathrm{d}t \\ &= \frac{ka^3}{2}\left[t - \frac{1}{2}\sin 2t\right]_0^\pi = \frac{ka^3\pi}{2}\end{aligned}$$

因此

$$\bar{y}=\frac{M_x}{m}=\frac{\frac{1}{2}ka^3\pi}{2ka^2}=\frac{1}{4}\pi a$$

由对称性，$\bar{x}=0$，所以质心为$(0,\ \pi a/4)$.

以上我们所做的都只是关于平滑曲线C在三维空间的简单延伸. 特别地，如果C是由以下的参数方程所确定的.

$$x=x(t),\ y=y(t),\ z=z(t),\ a\leqslant t\leqslant b$$

那么

$$\int_C f(x,y,z)\,\mathrm{d}s=\int_a^b f(x(t),y(t),z(t))\sqrt{[x'(t)]^2+[y'(t)]^2+[z'(t)]^2}\,\mathrm{d}t$$

例3 计算给定金属线的质量，其线密度$\delta(x,y,z)=kz$，C为螺旋形区域，参数方程如下：

$$x=3\cos t,\ y=3\sin t,\ z=4t,\ 0\leqslant t\leqslant\pi$$

解

$$m=\int_C kz\,\mathrm{d}s=k\int_0^{\pi}(4t)\sqrt{9\sin^2 t+9\cos^2 t+16}\,\mathrm{d}t$$

$$=20k\int_0^{\pi}t\,\mathrm{d}t=\left[20k\frac{t^2}{2}\right]_0^{\pi}=10k\pi^2$$

m的单位由长度和线密度的单位决定.

功 假设作用在点(x,y,z)上的力由向量场决定

$$\boldsymbol{F}(x,y,z)=M(x,y,z)\boldsymbol{i}+N(x,y,z)\boldsymbol{j}+P(x,y,z)\boldsymbol{k}$$

其中，M、N和P是连续的. 我们想找出力$\boldsymbol{F}$在沿平滑曲线C移动时质点所做的功W(图5)，设$\boldsymbol{r}=x\boldsymbol{i}+y\boldsymbol{j}+z\boldsymbol{k}$是点$Q(x,y,z)$处的位置向量. 如果$\boldsymbol{T}$是一个在$Q$点的单位切线向量$\mathrm{d}\boldsymbol{r}/\mathrm{d}s$. 那么$\boldsymbol{F}\cdot\boldsymbol{T}$为$\boldsymbol{F}$在点$Q$上的切线分量. $\boldsymbol{F}$从点Q沿着曲线移动质点经过一段小距离Δs所做的功接近于$\boldsymbol{F}\cdot\boldsymbol{T}\Delta S$，因此，沿着曲线$C$从$A$到$B$移动质点所做的功为$\int_C\boldsymbol{F}\cdot\boldsymbol{T}\mathrm{d}s$. 功是一个标量，但因为力沿着曲线方向的分量的方向与质点的移动方向可能相同也可能相反，所以功可以为正也可以为负. 从11.7节中，我们知道$\boldsymbol{T}=(\mathrm{d}\boldsymbol{r}/\mathrm{d}t)(\mathrm{d}t/\mathrm{d}s)$，所以得到以下几种关于功的公式

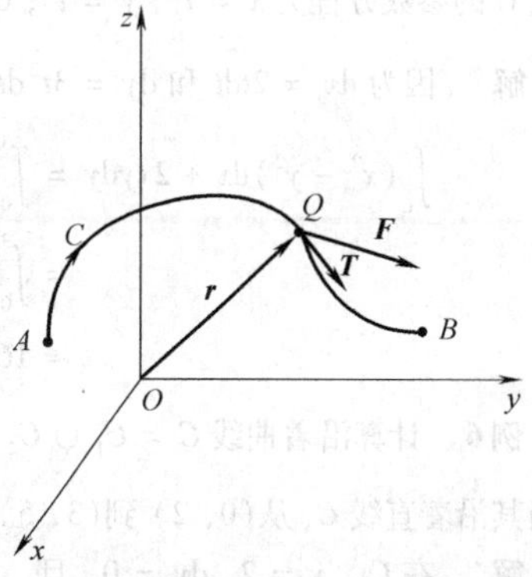

图 5

$$W=\int_C\boldsymbol{F}\cdot\boldsymbol{T}\mathrm{d}s=\int_C\boldsymbol{F}\cdot\frac{\mathrm{d}\boldsymbol{r}}{\mathrm{d}t}\mathrm{d}t=\int_C\boldsymbol{F}\cdot\mathrm{d}\boldsymbol{r}$$

为了解释最后一个表达式，思考一下$\boldsymbol{F}\cdot\mathrm{d}\boldsymbol{r}$表示$\boldsymbol{F}$在移动质点沿着“无穷小”的切线向量$\mathrm{d}\boldsymbol{r}$所做的功，这是一个许多物理学家和应用数学家所喜欢的公式.

还有一个在计算中非常适用的关于功的公式. 如果我们将$\mathrm{d}\boldsymbol{r}$表示为$\mathrm{d}\boldsymbol{r}=\mathrm{d}x\boldsymbol{i}+\mathrm{d}y\boldsymbol{j}+\mathrm{d}z\boldsymbol{k}$. 那么

$$\boldsymbol{F}\cdot\mathrm{d}\boldsymbol{r}=(M\boldsymbol{i}+N\boldsymbol{j}+P\boldsymbol{k})\cdot(\mathrm{d}x\boldsymbol{i}+\mathrm{d}y\boldsymbol{j}+\mathrm{d}z\boldsymbol{k})=M\mathrm{d}x+N\mathrm{d}y+P\mathrm{d}z$$

并且

$$W=\int_C\boldsymbol{F}\cdot\mathrm{d}\boldsymbol{r}=\int_C M\mathrm{d}x+N\mathrm{d}y+P\mathrm{d}z$$

积分$\int_C M\mathrm{d}x$，$\int_C N\mathrm{d}y$和$\int_C P\mathrm{d}z$是特殊的曲线积分. 除了Δs_i被替换成相应的Δx_i，Δy_i和Δz_i，它们的定义正如在本节开头中所定义的$\int_C f\mathrm{d}s$一样. 然而，必须指出Δs_i总是正的，而Δx_i，Δy_i和Δz_i则可正可负. 这导致了曲线C方向的不同选择改变了$\int_C M\mathrm{d}x$，$\int_C N\mathrm{d}y$和$\int_C P\mathrm{d}z$的符号，而$\int_C f\mathrm{d}s$是不变的(见习题33).

例 4　找出由平方反比定律力场

$$\boldsymbol{F}(x,\ y,\ z)=\frac{-c\boldsymbol{r}}{\|\boldsymbol{r}\|^3}=\frac{-c(x\boldsymbol{i}+y\boldsymbol{j}+z\boldsymbol{k})}{(x^2+y^2+z^2)^{3/2}}=M\boldsymbol{i}+N\boldsymbol{j}+P\boldsymbol{k}$$

质点沿直线 C 从 $(0,\ 3,\ 0)$ 移动到 $(4,\ 3,\ 0)$ 所做的功，如图 6 所示.

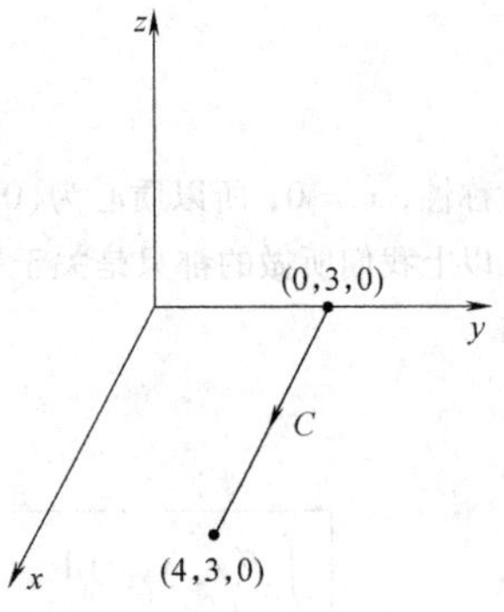

图　6

解　在 C 上，$y=3$ 且 $z=0$，所以 $\mathrm{d}y=\mathrm{d}z=0$. 用 x 作为参数，我们得到

$$W=\int_C M\mathrm{d}x+N\mathrm{d}y+P\mathrm{d}z=-c\int_C\frac{x\mathrm{d}x+y\mathrm{d}y+z\mathrm{d}z}{(x^2+y^2+z^2)^{3/2}}$$

$$=-c\int_0^4\frac{x}{(x^2+9)^{3/2}}\mathrm{d}x=\left[\frac{c}{(x^2+9)^{1/2}}\right]_0^4$$

$$=\frac{-2c}{15}$$

当然，功的单位取决于长度和力的单位. 如果 $c>0$，那么力 $\boldsymbol{F}$ 所做的功即为负. 有意义吗?在这个问题中，力总是指向原点. 所以力沿着曲线的分量总是与质点运动的方向相反(图 7). 在这种情形下，功就是负的.

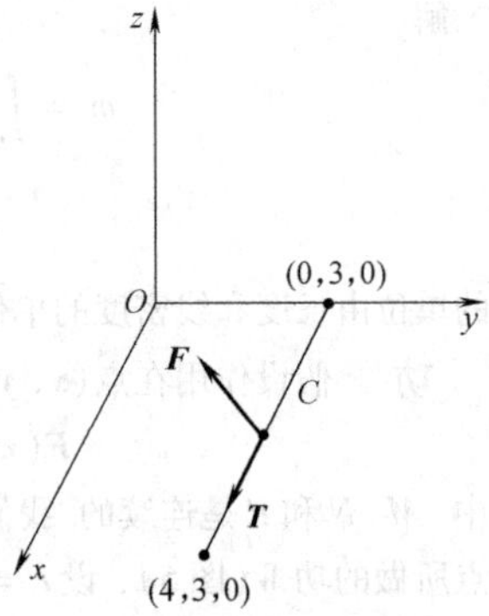

图　7

下面是一个关于前面所讲的曲线积分公式的平面版本.

例 5　计算曲线积分

$$\int_C(x^2-y^2)\mathrm{d}x+2xy\mathrm{d}y$$

曲线 C 的参数方程为 $x=t^2,\ y=t^3,\ 0\leqslant t\leqslant\frac{3}{2}$.

解　因为 $\mathrm{d}x=2t\mathrm{d}t$ 和 $\mathrm{d}y=3t^2\mathrm{d}t$，则

$$\int_C(x^2-y^2)\mathrm{d}x+2xy\mathrm{d}y=\int_0^{3/2}[(t^4-t^6)2t+2t^5(3t^2)]\mathrm{d}t$$

$$=\int_0^{3/2}(2t^5+4t^7)\mathrm{d}t=\frac{8505}{512}$$

$$\approx 16.61$$

例 6　计算沿着曲线 $C=C_1\cup C_2$ 的积分 $\int_C xy^2\mathrm{d}x+xy^2\mathrm{d}y$，如图 8 所示. 并计算当其沿着直线 C_3 从 $(0,\ 2)$ 到 $(3,\ 5)$ 的积分.

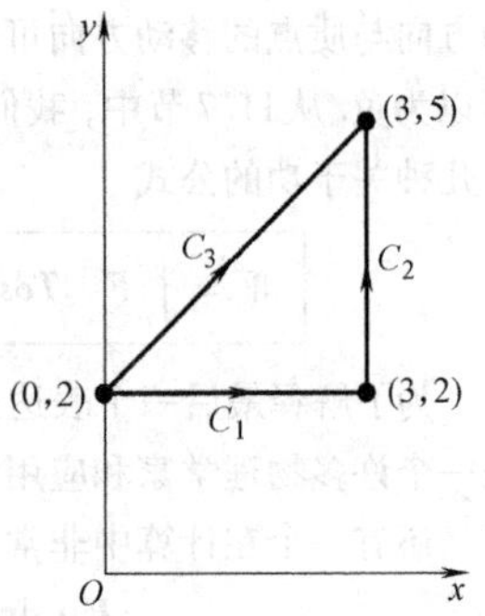

图　8

解　在 C_1，$y=2$，$\mathrm{d}y=0$，且

$$\int_{C_1}xy^2\mathrm{d}x+xy^2\mathrm{d}y=\int_0^3 4x\mathrm{d}x=[2x^2]_0^3=18$$

在 C_2，$x=3$，$\mathrm{d}x=0$，且

$$\int_{C_2}xy^2\mathrm{d}x+xy^2\mathrm{d}y=\int_2^5 3y^2\mathrm{d}y=[y^3]_2^5=117$$

因此

$$\int_C xy^2\mathrm{d}x+xy^2\mathrm{d}y=18+117=135$$

在 C_3 上，$y=x+2$，$\mathrm{d}y=\mathrm{d}x$，于是

$$\int_{C_3}xy^2\mathrm{d}x+xy^2\mathrm{d}y=2\int_0^3 x(x+2)^2\mathrm{d}x$$

$$=2\int_0^3(x^3+4x^2+4x)\mathrm{d}x=2\left[\frac{x^4}{4}+\frac{4x^3}{3}+2x^2\right]_0^3$$

$$=\frac{297}{2}$$

可见，从(0, 2) 到(3, 5) 沿不同的两条路积分得到的不同值.

概念复习

1. 已知曲线 $x = x(t)$，$y = y(t)$，$a \leqslant t \leqslant b$，假如它的正方向和________一致，那么称它为正向的.

2. 当 C 是题 1 中的正向的曲线，曲线积分 $\int_C f(x, y)\,ds$ 被定义为 $\lim\limits_{\|P\| \to 0}$________.

3. 题 2 中的第二类曲线积分可以转变为普通的积分 $\int_a^b$________ dt.

4. 假设 $\boldsymbol{r} = x(t)\boldsymbol{i} + y(t)\boldsymbol{j}$ 是题 1 中的曲线上的一点的位置向量，并且 $\boldsymbol{F} = M(x, y)\boldsymbol{i} + N(x, y)\boldsymbol{j}$ 是个平面上的作用力场，那么由力 $\boldsymbol{F}$ 沿着曲线 C 移动物体做的功 W 等于 $\int_C$________ dt.

习题 14.2

在习题 1 ~ 16 中，计算出它们的曲线积分.

1. $\int_C (x^3 + y)\,ds$，曲线 C 为 $x = 3t$，$y = t^3$，$0 \leqslant t \leqslant 1$.

2. $\int_C xy^{2/5}\,ds$，曲线 C 为 $x = \frac{1}{2}t$，$y = t^{5/2}$，$0 \leqslant t \leqslant 1$.

3. $\int_C (\sin x + \cos y)\,ds$，曲线 C 是由(0, 0) 到(π, 2π) 的线段.

4. $\int_C xe^y\,ds$，曲线 C 是由(−1, 2) 到(1, 1) 的线段.

5. $\int_C (2x + 9z)\,ds$，曲线 C 为 $x = t$，$y = t^2$，$z = t^3$，$0 \leqslant t \leqslant 1$.

6. $\int_C (x^2 + y^2 + z^2)\,ds$，曲线 C 为 $x = 4\cos t$，$y = 4\sin t$，$z = 3t$，$0 \leqslant t \leqslant 2\pi$.

7. $\int_C y\,dx + x^2\,dy$，曲线 C 为 $x = 2t$，$y = t^2 - 1$，$0 \leqslant t \leqslant 2$.

8. $\int_C y\,dx + x^2\,dy$，曲线 C 为是直角三角形的边，由(0, −1) 到(4, −1) 到(4, 3).

9. $\int_C y^3\,dx + x^3\,dy$，曲线 C 为是直角三角形的边，由(−4, 1) 到(−4, −2) 到(2, −2).

10. $\int_C y^3\,dx + x^3\,dy$，曲线 C 为 $x = 2t$，$y = t^2 - 3$，$-2 \leqslant t \leqslant 1$.

11. $\int_C (x + 2y)\,dx + (x - 2y)\,dy$，曲线 C 是由(1, 1) 到(3, −1) 的线段.

12. $\int_C y\,dx + x\,dy$，曲线 C 为 $y = x^2$，$0 \leqslant t \leqslant 1$.

13. $\int_C (x + y + z)\,dx + x\,dy - yz\,dz$，曲线 C 是由(1, 2, 1) 到(2, 1, 0) 的线段.

14. $\int_C xz\,dx + (y + z)\,dy + x\,dz$，曲线 C 为 $x = e^t$，$y = e^{-t}$，$z = e^{2t}$，$0 \leqslant t \leqslant 1$.

15. $\int_C (x + y + z)\,dx + (x - 2y + 3z)\,dy + (2x + y - z)\,dz$，曲线 C 是分段线段，由(0, 0, 0) 到(2, 0, 0) 再到(2, 3, 0) 最后到(2, 3, 4).

16. 曲线积分式和习题 15 一样，但是曲线是由(0, 0, 0) 到(2, 3, 4) 的线段.

17. 计算出电线的质量，形状为曲线 $y = x^2$ 中位于(−2, 4)、(2, 4) 之间的一段，并且已知它的线密度为 $\delta(x, y) = k|x|$.

18. 有条螺旋状电线 $x = a\cos t$, $y = a\sin t$, $z = bt$, $0 \leqslant t \leqslant 3\pi$, 它的线密度是常数. 计算出它的质量和质心.

习题 19 ~ 24 中，求力 F 沿曲线 C 所做的功.

19. $\boldsymbol{F}(x, y) = (x^3 - y^3)\boldsymbol{i} + xy^2\boldsymbol{j}$, 曲线 C 为 $x = t^2$, $y = t^3$, $-1 \leqslant t \leqslant 0$.

20. $\boldsymbol{F}(x, y) = e^x\boldsymbol{i} - e^{-y}\boldsymbol{j}$, 曲线 C 为 $x = 3\ln t$, $y = \ln 2t$, $1 \leqslant t \leqslant 5$.

21. $\boldsymbol{F}(x, y) = (x + y)\boldsymbol{i} + (x - y)\boldsymbol{j}$, 曲线 C 为 $x = a\cos t$, $y = b\sin t$, $0 \leqslant t \leqslant \pi/2$.

22. $\boldsymbol{F}(x, y, z) = (2x - y)\boldsymbol{i} + 2z\boldsymbol{j} + (y - z)\boldsymbol{k}$, 曲线 C 是由(0, 0, 0)到(1, 1, 1)的线段.

23. 曲线积分式子和习题 22 一样，但是曲线 C 是 $x = \sin(\pi t/2)$, $y = \sin(\pi t/2)$, $z = t$, $0 \leqslant t \leqslant 1$.

24. $\boldsymbol{F}(x, y, z) = y\boldsymbol{i} + z\boldsymbol{j} + x\boldsymbol{k}$, 曲线 C 是 $x = t$, $y = t^2$, $z = t^3$, $0 \leqslant t \leqslant 2$.

25. 图 9 是向量场 $\boldsymbol{F}$ 包含三条曲线 C_1、C_2、C_3 的图，确定各曲线积分 $\int_{C_i} \boldsymbol{F} \cdot d\boldsymbol{r}$, $i = 1、2、3$ 是正、负、还是 0，并证明你的结论.

26. 图 10 是向量场 $\boldsymbol{F}$ 包含三条曲线 C_1、C_2、C_3 的图，确定各曲线积分 $\int_{C_i} \boldsymbol{F} \cdot d\boldsymbol{r}$, $i = 1、2、3$ 是正、负、还是 0，并证明你的结论.

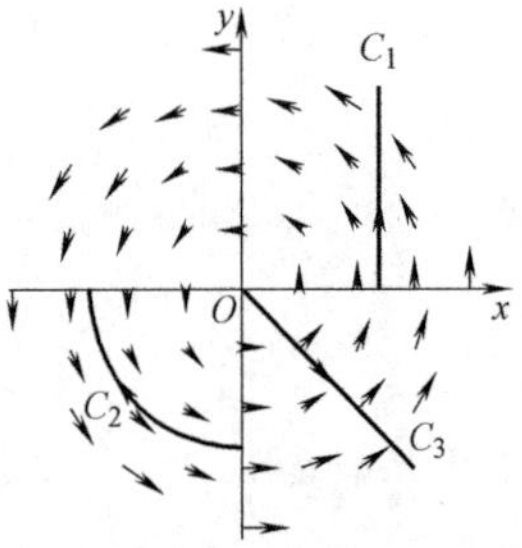

图　9

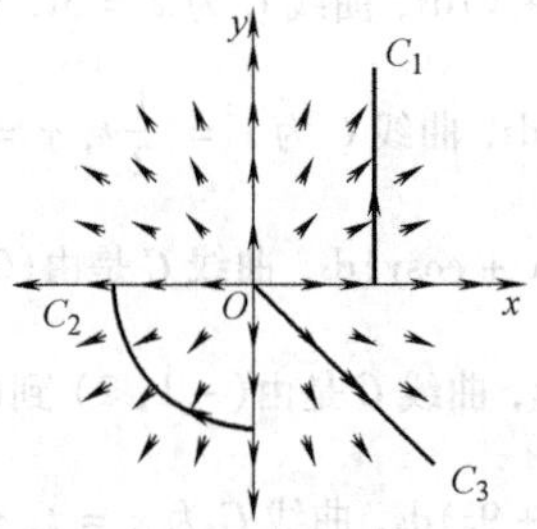

图　10

27. Christy 计划给一个篱笆的两面上漆，篱笆基底部在 xy 平面上，并且形状为 $x = 30\cos^3 t$, $y = 30\sin^3 t$, $0 \leqslant t \leqslant \pi/2$, 它在点$(x, y)$处的高为 $1 + \frac{1}{3}y$, 单位为 ft, 先画出篱笆的图形，然后计算出它需要多少油漆. 假如每加仑可以涂 200ft^2.

28. 一只重 1.2 lb 的小松鼠在圆柱形的树上，沿着螺旋状的曲线 $x = \cos t$, $y = \sin t$, $z = 4t$, $0 \leqslant t \leqslant 8\pi$ 向上爬(长度以 ft 为单位)，它做了多少功?运用曲线积分计算，再用普通方法求解.

29. 运用曲线积分计算出用垂直的正方体 $|x| + |y| = a$ 截球 $x^2 + y^2 + z^2 = a^2$ 得到的那部分立体的面积，并用普通的方法做这道题来核对你的答案.

30. 一条电线的线密度是常数，它的形状是曲线 $|x| + |y| = a$, 计算出它相对 y 轴的力矩以及相对 z 轴的力矩.

31. 已知圆柱体 $x^2 + y^2 = ay$ 和球 $x^2 + y^2 + z^2 = a^2$ 相交得出一空间体，运用曲线积分计算出空间体的表面积(和 13.6 的习题 12 相比较) 提示：运用极坐标替换 $ds = [r^2 + (dr/d\theta)^2]^{1/2}d\theta$

32. 两半径为 a 的圆柱相交，它们的对称轴互成直角. 运用曲线积分计算出一个圆柱被另一圆柱所截得的部分的表面积(和 13.6 的习题 14 相比较)，如图 11 所示.

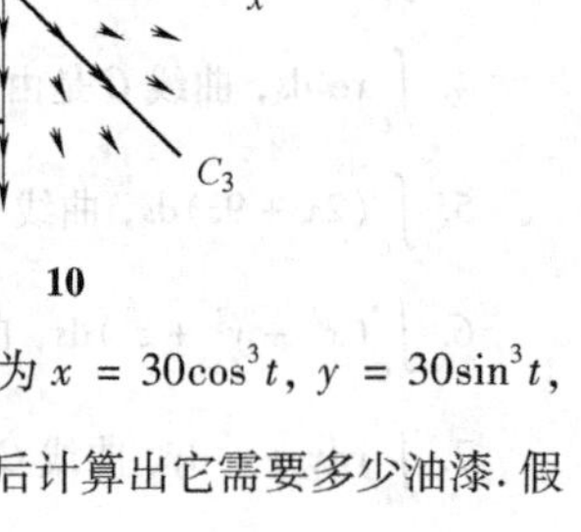

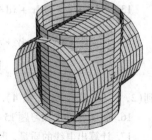

图　11

33. 计算

(a) $\int_C x^2 y\,ds$, 曲线 C 的参数方程为 $x = 3\sin t$, $y = 3\cos t$, $0 \leqslant t \leqslant \pi/2$, 但是曲线 C 的方向是和例 1 相反的.

(b) $\int_{C_4} xy^2\mathrm{d}x + xy^2\mathrm{d}y$，曲线 C_4 的参数方程为 $x = 3 - t$, $y = 5 - t$, $0 \leqslant t \leqslant 3$，并且注意 C_4 的方向是和例6里的 C_3 的方向相反的.

引用相反方向的参数方程并不改变 $\int_C f\mathrm{d}s$ 的符号，但是会改变本章中的其他类型曲线积分的符号.

概念复习答案

1. 随着 t 的增长　2. $\sum_{i=1}^{n} f(\bar{x}_i, \bar{y}_i)\Delta s_i$　3. $f(x(t), y(t))\sqrt{[x'(t)]^2 + [y'(t)]^2}$　4. $\boldsymbol{F}\cdot \mathrm{d}\boldsymbol{r}/\mathrm{d}t$

14.3 与路径无关的曲线积分

积分第二基本定理是在计算不同定积分中用到的基本工具，表达式为

$$\int_a^b f'(x) = f(b) - f(a)$$

现在我们提出这样的问题：对曲线积分，是否有类似的结论?答案是肯定的.

在下文中假如是二维的话，把 $\boldsymbol{r}(t)$ 解释为 $x(t)\boldsymbol{i} + y(t)\boldsymbol{j}$；如是三维的就把它解释为 $x(t)\boldsymbol{i} + y(t)\boldsymbol{j} + z(t)\boldsymbol{k}$. 相应地，$f(\boldsymbol{r})$ 在前一种情况下解释为 $f(x, y)$，在第二种情况下解释为 $f(x, y, z)$.

定理 A　曲线积分的基本定理

假如 C 是分段光滑的曲线，并且已知它的参数方程为 $\boldsymbol{r} = \boldsymbol{r}(t)$，$a \leqslant t \leqslant b$，由 $\boldsymbol{a} = \boldsymbol{r}(a)$ 开始，到 $\boldsymbol{b} = \boldsymbol{r}(b)$ 结束. 并且 f 在一个包括在曲线 C 的开集中连续可微. 那么

$$\int_C \nabla f(\boldsymbol{r})\,\mathrm{d}\boldsymbol{r} = f(\boldsymbol{b}) - f(\boldsymbol{a})$$

证明　首先假设 C 是光滑的. 那么

$$\begin{aligned}\int_C \nabla f(\boldsymbol{r})\,\mathrm{d}\boldsymbol{r} &= \int_a^b [\nabla f(\boldsymbol{r}(t))\cdot \boldsymbol{r}'(t)]\,\mathrm{d}t \\ &= \int_a^b \frac{\mathrm{d}}{\mathrm{d}t} f(\boldsymbol{r}(t))\,\mathrm{d}t \\ &= f(\boldsymbol{r}(b)) - f(\boldsymbol{r}(a)) \\ &= f(\boldsymbol{b}) - f(\boldsymbol{a})\end{aligned}$$

注意我们先按照普通定积分的形式写出曲线积分，然后再运用复合函数链式求导法，最后运用积分第二基本定理.

假如 C 只是分段光滑但不是全光滑的，我们将上述结论运用到那些简单的分段函数中来求，可以获得同样的结论. 下面我们通过例题来进行详细的介绍.

例 1　回忆 14.1 节中的例 4

$$f(x, y, z) = f(\boldsymbol{r}) = \frac{c}{\|\boldsymbol{r}\|} = \frac{c}{\sqrt{x^2 + y^2 + z^2}}$$

是一个平方反比定律场 $\boldsymbol{F}(\boldsymbol{r}) = -c\boldsymbol{r}/\|\boldsymbol{r}\|^3$ 的势函数，计算 $\int_C \boldsymbol{F}(\boldsymbol{r})\cdot \mathrm{d}\boldsymbol{r}$，$C$ 是任何简单的分段平滑的曲线，由 $(0, 3, 0)$ 到 $(4, 3, 0)$，不包括原点.

解　既然 $\boldsymbol{F}(\boldsymbol{r}) = \nabla f(\boldsymbol{r})$

$$\int_C \boldsymbol{F}(\boldsymbol{r}) \cdot \mathrm{d}\boldsymbol{r} = \int_C \nabla f(\boldsymbol{r}) \cdot \mathrm{d}\boldsymbol{r} = f(4, 3, 0) - f(0, 3, 0)$$

$$= \frac{c}{\sqrt{16+9}} - \frac{c}{\sqrt{9}} = \frac{-2c}{15}$$

现在将例 1 与前一节的例 4 比较一下. 计算的是同样的积分，但是对特定的由$(0, 3, 0)$到$(4, 3, 0)$的曲线 C 积分. 奇怪的是我们发现无论沿哪一条曲线去计算积分，得到的答案是相同的. 我们称这样的曲线积分是与路径无关的.

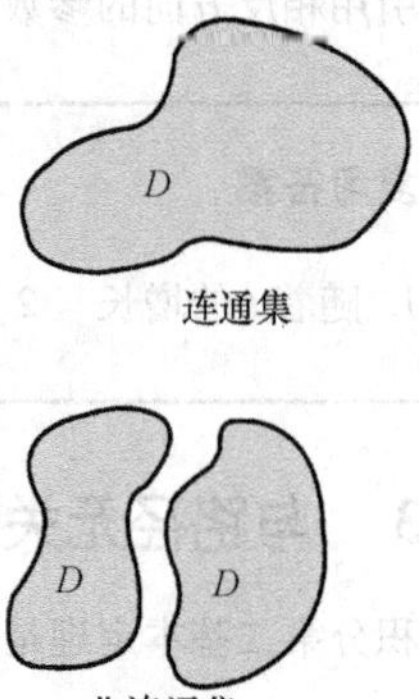

图 1

与路径无关的准则 假如在集合 D 内的任意两点之间都能用在集合 D 内的一分段光滑曲线相连，我们称这样的集合 D 是**连通的**(图 1). 连通的开集称为**区域**. 若在 D 内的任意两点 A 和 B 之间的曲线积分沿所有不同的曲线 C 积得的答案是相同的，当然曲线是沿正向积的，那么把曲线积分$\int_C \boldsymbol{F}(\boldsymbol{r}) \cdot \mathrm{d}\boldsymbol{r}$称为**与路径无关**.

定理 A 的一个结论是，假如 $\boldsymbol{F}$ 是另一函数 f 的梯度，那么$\int_C \boldsymbol{F}(\boldsymbol{r}) \cdot \mathrm{d}\boldsymbol{r}$是与路径无关的，反之也成立.

定理 B 与路径无关的定理

假如$\boldsymbol{F}(\boldsymbol{r})$是在开的并且连通的集合 D 上是连续的，那么曲线积分$\int_C \boldsymbol{F}(\boldsymbol{r}) \cdot \mathrm{d}\boldsymbol{r}$在 D 上与路径无关的充要条件是对于标量函数 f 有 $\boldsymbol{F}(\boldsymbol{r}) = \nabla f(\boldsymbol{r})$. 也就是说，充要条件是 $\boldsymbol{F}$ 在 D 上是保守的向量场.

证明 定理 A 十分注重"假如"这个说法. 假设已知$\int_C \boldsymbol{F}(\boldsymbol{r}) \cdot \mathrm{d}\boldsymbol{r}$在 D 上是与路径无关的. 我们的任务是构造函数 f 满足 $\nabla f = \boldsymbol{F}$，也就是说必须要找到向量场 $\boldsymbol{F}$ 的势函数. 为了简单起见，我们把范围限制在二维平面内，D 是一平面域，$\boldsymbol{F}(\boldsymbol{r}) = M(x, y)\boldsymbol{i} + N(x, y)\boldsymbol{j}$.

假设(x_0, y_0)是 D 上的一定点，(x, y)是 D 上的任意一点，另选 D 中一点(x_1, y)作为第三点，此点在(x, y)的稍微的靠左边，并用一水平线来连接这两点. 然后，用 D 中曲线连接(x_0, y_0)和(x_1, y).（以上操作都是可以进行的，因为 D 是开的并且是连通的，见图 2a）最后，用 C 来表示由(x_0, y_0)到(x, y)的路径，并且它是由两条曲线段组成的. 定义 f 为

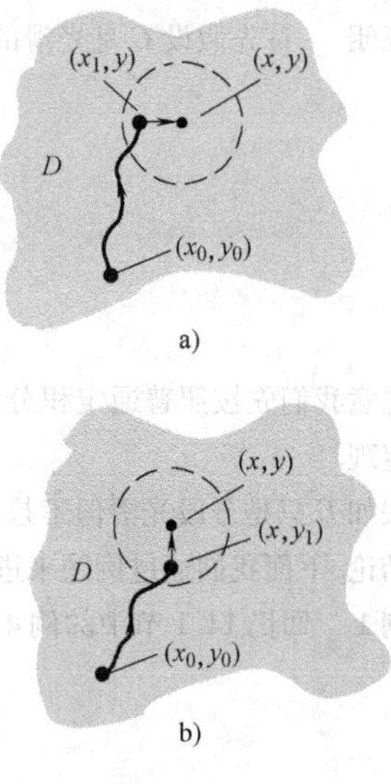

图 2

$$f(x, y) = \int_C \boldsymbol{F}(\boldsymbol{r}) \cdot \mathrm{d}\boldsymbol{r}$$

$$= \int_{(x_0, y_0)}^{(x_1, y)} \boldsymbol{F}(\boldsymbol{r}) \cdot \mathrm{d}\boldsymbol{r} + \int_{(x_1, y)}^{(x, y)} \boldsymbol{F}(\boldsymbol{r}) \cdot \mathrm{d}\boldsymbol{r}$$

则我们可以从这与路径无关的曲线得到唯一的值.

上式中右边的第一项是和 x 无关的；第二项中 y 是固定的，可以写成一个普通的定积分形式，例如，让 t 做个参数之类的形式. 因此可得

$$\frac{\partial f}{\partial x} = 0 + \frac{\partial}{\partial x}\int_{x_1}^{x} M(t, y)\,\mathrm{d}t = M(x, y)$$

这就是我们对积分第一基本定理公式的结论(定理 4.4A)

类似地，再用一次上述方法，可得 $\partial f/\partial y = N(x, y)$，因此可以得到 $\nabla f = M(x, y)\boldsymbol{i} + N(x, y)\boldsymbol{j} = \boldsymbol{F}$，这也恰恰是我们最初想要的结论.

本节重要的结论，即在保守矢量场、与路径无关的曲线积分和所有沿闭合路径的曲线积分等于 0 三者之间建立关联，见定理 C.

定理 C 曲线积分的等价条件

设 $\boldsymbol{F}(\boldsymbol{r})$ 是连续的开的连通集 D. 那么以下三种说法等价

(1) 对某些函数 f 来说，$\boldsymbol{F}(\boldsymbol{r}) = \nabla f(\boldsymbol{r})$（$\boldsymbol{F}$ 在 D 上是保守的）；

(2) $\int_C \boldsymbol{F}(\boldsymbol{r}) \cdot \mathrm{d}\boldsymbol{r}$ 在 D 内与路径无关；

(3) 对于 D 内每个闭合曲线，$\int_C \boldsymbol{F}(\boldsymbol{r}) \cdot \mathrm{d}\boldsymbol{r} = 0$.

证明 定理 B 证明了(1) 和(2) 是等价的. 我们必须证明(2) 和(3) 是等价的. 假设在 D 内，$\int_C \boldsymbol{F}(\boldsymbol{r}) \cdot \mathrm{d}\boldsymbol{r}$ 是与路径无关的，并且 C 是 D 内的闭合曲线，A 和 B 为 C 上不同的两点（图 3 左半部分），那么 $\int_C \boldsymbol{F}(\boldsymbol{r}) \cdot \mathrm{d}\boldsymbol{r} = 0$. 为了证明这个结论，我们先令 C 分为两条曲线 C_1（从 A 到 B）和 C_2（从 B 到 A）组成，$-C_2$ 用来表示曲线 C_2 的反方向曲线（图 3 右半部分）. 既然 C_1 和 $-C_2$ 都有同样的起点和终点，那么由路径无关的定理得

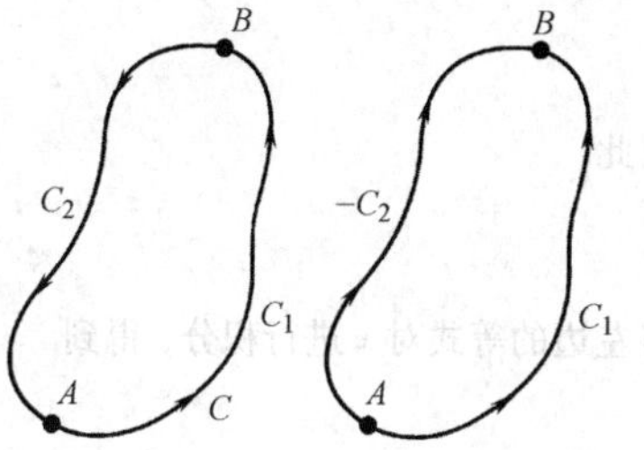

图 3

$$\begin{aligned}\int_C \boldsymbol{F}(\boldsymbol{r}) \cdot \mathrm{d}\boldsymbol{r} &= \int_{C_1} \boldsymbol{F}(\boldsymbol{r}) \cdot \mathrm{d}\boldsymbol{r} + \int_{C_2} \boldsymbol{F}(\boldsymbol{r}) \cdot \mathrm{d}\boldsymbol{r} \\ &= \int_{C_1} \boldsymbol{F}(\boldsymbol{r}) \cdot \mathrm{d}\boldsymbol{r} - \int_{-C_2} \boldsymbol{F}(\boldsymbol{r}) \cdot \mathrm{d}\boldsymbol{r} \\ &= \int_{C_1} \boldsymbol{F}(\boldsymbol{r}) \cdot \mathrm{d}\boldsymbol{r} - \int_{C_1} \boldsymbol{F}(\boldsymbol{r}) \cdot \mathrm{d}\boldsymbol{r} = 0\end{aligned}$$

这证明了由(2) 可推出(3). 由(3) 推出(2) 的论证基本上就是这个证明的逆反. 我们把它留给读者去证明（习题 31）.

对于定理 C 的第三种情况，存在着一个有趣的物理解释. 在一保守的力场中，质点沿一闭合曲线运动，那么场力所做的功为 0. 具体在重力场和电场中，这是个事实，因为它们都是保守场.

虽然第二种情况和第三种情况是暗含着 $\boldsymbol{F}$ 是一标量函数 f 的梯度，但是这并没有什么实际的意义. 更多有用的准则将会在接下来的定理里介绍. 但是我们要求 D 是单连通的. 在二维空间内，这意味着 D 内没有孔，在三维空间中 D 内没有通道.

定理 D

令 $\boldsymbol{F} = M\boldsymbol{i} + N\boldsymbol{j} + P\boldsymbol{k}$，其中 M，N，P 和它们的一阶偏导函数在一个单连通集 D 上连续. 那么当且仅当 $\operatorname{curl} \boldsymbol{F} = \boldsymbol{0}$ 时，即

$$\frac{\partial M}{\partial y} = \frac{\partial N}{\partial x}, \frac{\partial M}{\partial z} = \frac{\partial P}{\partial x}, \frac{\partial N}{\partial z} = \frac{\partial P}{\partial y}$$

则 $\boldsymbol{F}$ 被称作保守的（$\boldsymbol{F} = \nabla f$）.

在二元的情况下，$\boldsymbol{F} = M\boldsymbol{i} + N\boldsymbol{j}$，$\boldsymbol{F}$ 被称为保守的当且仅当

$$\frac{\partial M}{\partial y} = \frac{\partial N}{\partial x}$$

其中必要条件这个表述易证（习题 21），充分条件这个表述，在二元的例子中用格林公式（定理 14.4A），三元的例子中用斯托克斯定理（14.7 节例 4）. 习题 29 证明了简单连通的必要性.

通过梯度求势函数 假设已给出满足定理 D 条件的向量场 $\boldsymbol{F}$，那么必然有一个函数 f 满足 $\nabla f = \boldsymbol{F}$. 然而，怎样求出 f 呢？首先用一个二维的向量场来了解和分析这个问题.

例 2 确定 $\boldsymbol{F} = (4x^3 + 9x^2y^2)\boldsymbol{i} + (6x^3y + 6y^5)\boldsymbol{j}$ 的保守性，如果这个向量场保守，求出函数 f 的表达式.

解　$M(x, y) = 4x^3 + 9x^2y^2$, $N(x, y) = 6x^3y + 6y^5$. 在二元情况下，由定理 D 得

$$\frac{\partial M}{\partial y} = \frac{\partial N}{\partial x}$$

题中

$$\frac{\partial M}{\partial y} = 18x^2y,\ \frac{\partial N}{\partial x} = 18x^2y$$

满足条件，因此 f 一定存在.

为了求得 f，有

$$\nabla f = \frac{\partial f}{\partial x}\boldsymbol{i} + \frac{\partial f}{\partial y}\boldsymbol{j} = M\boldsymbol{i} + N\boldsymbol{j}$$

因此

$$\frac{\partial f}{\partial x} = 4x^3 + 9x^2y^2,\ \frac{\partial f}{\partial y} = x^3y + 6y^5 \tag{1}$$

将左边的等式对 x 进行积分，得到

$$f(x, y) = x^4 + 3x^3y^2 + C_1(y) \tag{2}$$

其中，“常数” C_1 是关于 y 的函数. 式(2) 关于 y 的偏导数必须等于 $6x^3y + 6y^5$，因此

$$\frac{\partial f}{\partial y} = 6x^3y + C_1'(y) = 6x^3y + 6y^5$$

得出 $C_1'(y) = 6y^5$. 从而积分得出

$$C_1(y) = y^6 + C$$

其中，C 是一个常数(与 x 和 y 均无关). 式(2) 与下式等价：

$$f(x, y) = x^4 + 3x^3y^2 + y^6 + C$$

接下来我们用例 2 中的结果来计算曲线积分问题.

路径无关的曲线积分表示法

如果曲线积分 $\int_C P(x, y)\,\mathrm{d}x + Q(x, y)\,\mathrm{d}y$ 是与路径无关的，则可把它改写为 $\int_{(a, b)}^{(c, d)} P(x, y)\,\mathrm{d}x + Q(x, y)\,\mathrm{d}y$，它的值与路径 C 的始点 (a, b) 和终点 (c, d) 有关. 更简单地，可写为 $[f(x, y)]_{(a, b)}^{(c, d)}$，等价于 $f(c, d) - f(a, b)$.

例 3　令 $\boldsymbol{F}(\boldsymbol{r}) = \boldsymbol{F}(x, y) = (4x^3 + 9x^2y^2)\boldsymbol{i} + (6x^3y + 6y^5)\boldsymbol{j}$. 计算 $\int_C \boldsymbol{F}(\boldsymbol{r}) \cdot \mathrm{d}\boldsymbol{r} = \int_C (4x^3 + 9x^2y^2)\,\mathrm{d}x + (6x^3y + 6y^5)\,\mathrm{d}y$，其中 C 为从 $(0, 0)$ 到 $(1, 2)$ 的任意路径.

解　例 1 证明了 $\boldsymbol{F} = \nabla f$，其中

$$f(x, y) = x^4 + 3x^3y^2 + y^6 + C$$

因此，给出的曲线积分与路径无关，事实上，根据定理 A

$$\begin{aligned}\int_C \boldsymbol{F}(\boldsymbol{r}) \cdot \mathrm{d}\boldsymbol{r} &= \int_{(0, 0)}^{(1, 2)} (4x^3 + 9x^2y^2)\,\mathrm{d}x + (6x^3y + 5y^5)\,\mathrm{d}y \\ &= [x^4 + 3x^3y^2 + y^6 + C]_{(0, 0)}^{(1, 2)} \\ &= 1 + 12 + 64 = 77\end{aligned}$$

例 4　证明 $\boldsymbol{F} = (\mathrm{e}^x\cos y + yz)\boldsymbol{i} + (xz - \mathrm{e}^x\sin y)\boldsymbol{j} + xy\boldsymbol{k}$ 是保守场，并证明 f 满足 $\boldsymbol{F} = \nabla f$.

解

$$M = \mathrm{e}^x\cos y + yz,\ N = xz - \mathrm{e}^x\sin y,\ P = xy$$

因此

$$\frac{\partial M}{\partial y} = -\mathrm{e}^x\sin y + z = \frac{\partial N}{\partial x},\ \frac{\partial M}{\partial z} = y = \frac{\partial P}{\partial x},\ \frac{\partial N}{\partial z} = x = \frac{\partial P}{\partial y}$$

满足定理 D 中的条件. 令

$$\begin{cases} \dfrac{\partial f}{\partial x} = e^x\cos y + yz \\ \dfrac{\partial f}{\partial y} = xz - e^x\sin y \\ \dfrac{\partial f}{\partial y} = xy \end{cases} \tag{3}$$

将式(3) 中第一个表达式对 x 积分, 得

$$f(x, y, z) = e^x\cos y + xyz + C_1(y, z) \tag{4}$$

将式(4) 对 y 求偏导并令结果等于式(3) 中第二个表达式.

$$-e^x\sin y + xz + \frac{\partial C_1}{\partial y} = xz - e^x\sin y$$

上式可简化成

$$\frac{\partial C_1(y, z)}{\partial y} = 0$$

对 y 积分, 得

$$C_1(y, z) = C_2(z)$$

代入式(4), 得

$$f(x, y, z) = e^x\cos y + xyz + C_2(z) \tag{5}$$

将式(5) 关于 z 求偏导, 并让结果等于式(3) 中第三个表达式. 得

$$\frac{\partial f}{\partial z} = xy + C_2'(z) = xy$$

可简化成 $C_2'(z) = 0$ 即 $C_2(z) = C$. 最终得出

$$f(x, y, z) = e^x\cos y + xyz + C$$

能量守恒 在物理中我们运用这个定理, 并解释为什么命名为“保守力场”. 我们确立能量守恒定律, 即当作用在物体上的保守力不变时, 动能与势能的总和不变.

假设一个质量为 m 的物体沿着一条平滑曲线 C 移动, 且曲线 C 为

$$\boldsymbol{r} = \boldsymbol{r}(t) = x(t)\boldsymbol{i} + y(t)\boldsymbol{j} + z(t)\boldsymbol{k}, \quad a \leqslant t \leqslant b$$

在保守力 $\boldsymbol{F}(\boldsymbol{r}) = \nabla f(\boldsymbol{r})$ 的作用下, 从物理的角度来看, 在时间 t 时, 物体满足以下三个方程:

1. $\boldsymbol{F}(\boldsymbol{r}(t)) = m\boldsymbol{a}(t) = m\boldsymbol{r}''(t)$ (牛顿第二定律)
2. $E_K = \frac{1}{2}m\|\boldsymbol{r}'(t)\|^2$ (E_K = 动能)
3. $E_P = -f(\boldsymbol{r})$ (E_P = 势能)

因此

$$\begin{aligned} \frac{d}{dt}(E_K + E_P) &= \frac{d}{dt}\left[\frac{1}{2}m\|\boldsymbol{r}'(t)\|^2 - f(\boldsymbol{r})\right] \\ &= \frac{m}{2}\frac{d}{dt}[\boldsymbol{r}'(t)\cdot\boldsymbol{r}'(t)] - \left[\frac{\partial f}{\partial x}\frac{dx}{dt} + \frac{\partial f}{\partial y}\frac{dy}{dt} + \frac{\partial f}{\partial z}\frac{dz}{dt}\right] \\ &= m\boldsymbol{r}''(t)\cdot\boldsymbol{r}'(t) - \nabla f(\boldsymbol{r})\cdot\boldsymbol{r}'(t) \\ &= [m\boldsymbol{r}''(t) - \nabla f(\boldsymbol{r})]\cdot\boldsymbol{r}'(t) \\ &= [\boldsymbol{F}(\boldsymbol{r}) - \boldsymbol{F}(\boldsymbol{r})]\cdot\boldsymbol{r}'(t) = 0 \end{aligned}$$

得 $E_K + E_P$ 是一个常数.

概念复习

1. C 由 $\boldsymbol{r} = \boldsymbol{r}(t)$, $a \leqslant t \leqslant b$ 决定，令 $\boldsymbol{a} = \boldsymbol{r}(a)$ 与 $\boldsymbol{b} = \boldsymbol{r}(b)$. 由曲线积分基本定理得，$\int_C \nabla f(\boldsymbol{r}) \cdot \mathrm{d}\boldsymbol{r} =$ ________.

2. $\int_C \boldsymbol{F}(\boldsymbol{r}) \cdot \mathrm{d}\boldsymbol{r}$ 与路径无关，当且仅当 $\boldsymbol{F}$ 是一个________向量场时，即当且仅当有标量函数 f 存在时 $\boldsymbol{F}(\boldsymbol{r}) =$ ________.

3. 在一个简单连通开区域 D 上，若 curl $\boldsymbol{F} =$ ________，则对一些在 D 上定义的 f 有 $\boldsymbol{F} = \nabla f$，反之有 curl$(\nabla f) =$ ________.

4. $\boldsymbol{F} = f(x)\boldsymbol{i} + g(y)\boldsymbol{j}$ 是一个二维向量场. 若 $\dfrac{\partial f}{\partial y} = \dfrac{\partial g}{\partial x}$ 成立，可得结论________.

习题 14.3

在习题 1 ~ 12 中判断给出的 $\boldsymbol{F}$ 是不是保守场，如果是，求出满足 $\boldsymbol{F} = \nabla f$ 的 f 表达式，如果不是，请说明. 见例 2 和例 4.

1. $\boldsymbol{F}(x, y) = (10x - 7y)\boldsymbol{i} - (7x - 2y)\boldsymbol{j}$
2. $\boldsymbol{F}(x, y) = (12x^2 + 3y^2 + 5y)\boldsymbol{i} + (6xy - 3y^2 + 5x)\boldsymbol{j}$
3. $\boldsymbol{F}(x, y) = (45x^4y^2 - 6y^6 + 3)\boldsymbol{i} + (18x^5y - 12xy^5 + 7)\boldsymbol{j}$
4. $\boldsymbol{F}(x, y) = (35x^4 - 3x^2y^4 + y^9)\boldsymbol{i} - (4x^3y^3 - 9xy^8)\boldsymbol{j}$
5. $\boldsymbol{F}(x, y) = \left(\dfrac{6x^2}{5y^2}\right)\boldsymbol{i} - \left(\dfrac{4x^3}{5y^3}\right)\boldsymbol{j}$
6. $\boldsymbol{F}(x, y) = 4y^2\cos(xy^2)\boldsymbol{i} + 8x\cos(xy^2)\boldsymbol{j}$
7. $\boldsymbol{F}(x, y) = (2\mathrm{e}^y - y\mathrm{e}^x)\boldsymbol{i} + (2x\mathrm{e}^y - \mathrm{e}^x)\boldsymbol{j}$
8. $\boldsymbol{F}(x, y) = -\mathrm{e}^{-x}\ln y\boldsymbol{i} + -\mathrm{e}^{-x}y^{-1}\boldsymbol{j}$
9. $\boldsymbol{F}(x, y, z) = 3x^2\boldsymbol{i} + 6y^2\boldsymbol{j} + 9z^2\boldsymbol{k}$
10. $\boldsymbol{F}(x, y, z) = (2xy + z^2)\boldsymbol{i} + x^2\boldsymbol{j} + (2xz + \pi\cos\pi z)\boldsymbol{k}$
11. $\boldsymbol{F}(x, z) = \dfrac{-2x}{x^2 + z^2}\boldsymbol{i} + \dfrac{-2z}{x^2 + z^2}\boldsymbol{k}$
12. $\boldsymbol{F}(y, z) = (1 + 2yz^2)\boldsymbol{j} + (1 + 2y^2z)\boldsymbol{k}$

在习题 13 ~ 20 中，证明给出的曲线积分与路径无关（用定理 C）并求出积分（选择一个简便的路径或者找到一个势函数并使用定理 A）.

13. $\displaystyle\int_{(-1,2)}^{(3,1)} (y^2 + 2xy)\,\mathrm{d}x + (x^2 + 2xy)\,\mathrm{d}y$

14. $\displaystyle\int_{(0,0)}^{(1,\pi/2)} \mathrm{e}^x\sin y\,\mathrm{d}x + \mathrm{e}^x\cos y\,\mathrm{d}y$

15. $\displaystyle\int_{(2,1)}^{(6,3)} \frac{x^3}{(x^4 + y^4)^2}\mathrm{d}x + \frac{y^3}{(x^4 + y^4)^2}\mathrm{d}y$

16. $\displaystyle\int_{(-1,1)}^{(4,2)} \left(y - \frac{1}{x^2}\right)\mathrm{d}x + \left(x - \frac{1}{y^2}\right)\mathrm{d}y$

17. $\displaystyle\int_{(0,0,0)}^{(1,1,1)} (6xy^3 + 2z^2)\,\mathrm{d}x + 9x^2y^2\,\mathrm{d}y + (4xz + 1)\,\mathrm{d}z$. 提示：尝试从点 $(0, 0, 0)$ 到 $(1, 0, 0)$ 再到 $(1, 1, 0)$ 最后到 $(1, 1, 1)$.

18. $\displaystyle\int_{(0,1,0)}^{(1,1,1)} (yz + 1)\,\mathrm{d}x + (xz + 1)\,\mathrm{d}y + (xy + 1)\,\mathrm{d}z$

19. $\displaystyle\int_{(0,0,0)}^{(-1,0,\pi)} (y + z)\,\mathrm{d}x + (x + z)\,\mathrm{d}y + (x + y)\,\mathrm{d}z$

20. $\displaystyle\int_{(0,0,0)}^{(\pi,\pi,0)} (\cos x + 2yz)\,\mathrm{d}x + (\sin y + 2xz)\,\mathrm{d}y + (z + 2xy)\,\mathrm{d}z$

21. 若$\nabla f(x, y, z) = M(x, y, z)\boldsymbol{i} + N(x, y, z)\boldsymbol{j} + P(x, y, z)\boldsymbol{k}$，其中$M$，$N$，$P$和它们的一阶偏导函数在一个开集$D$上连续. 证明

$$\frac{\partial M}{\partial y} = \frac{\partial N}{\partial x},\ \frac{\partial M}{\partial z} = \frac{\partial P}{\partial x},\ \frac{\partial N}{\partial z} = \frac{\partial P}{\partial y}$$

提示：对f运用定理12.3C.

22. 对所有(x, y, z)，$\boldsymbol{F}(x, y, z)$指向原点，模与其到原点的距离成反比，即

$$\boldsymbol{F}(x, y, z) = \frac{-k(x\boldsymbol{i} + y\boldsymbol{j} + z\boldsymbol{k})}{x^2 + y^2 + z^2}$$

通过找到$\boldsymbol{F}$的势函数，证明$\boldsymbol{F}$是一个保守场. 提示：见习题24.

23. 在22题中，若$\boldsymbol{F}(x, y, z)$背离原点，模与其到原点的距离成正比，求解.

24. 将22题、23题一般化，证明若$\boldsymbol{F}(x, y, z) = [g(x^2 + y^2 + z^2)](x\boldsymbol{i} + y\boldsymbol{j} + z\boldsymbol{k})$，其中$g$是一个一元连续函数，那么$\boldsymbol{F}$是一个保守场. 提示：证明$\boldsymbol{F} = \nabla f$，其中$f(x, y, z) = \frac{1}{2}h(x^2 + y^2 + z^2)$且$h(u) = \int g(u)\mathrm{d}u$.

25. 若一个质量为m的物体沿着一条平滑曲线C运动，描述运动的方程为

$$\boldsymbol{r} = \boldsymbol{r}(t) = x(t)\boldsymbol{i} + y(t)\boldsymbol{j} + z(t)\boldsymbol{k}, \quad a \leqslant t \leqslant b$$

只有在连续力$\boldsymbol{F}$作用下才成立. 证明力做的功等于物体动能的变化量，即证明

$$\int_C \boldsymbol{F} \cdot \mathrm{d}\boldsymbol{r} = \frac{m}{2}[\ \|\boldsymbol{r}'(b)\|^2 - \|\boldsymbol{r}'(a)\|^2\ ]$$

提示：$\boldsymbol{F}(\boldsymbol{r}(t)) = m\boldsymbol{r}''(t)$.

26. 马特在地面上将一个重物从A搬到B. 运动初始和结束时物体为静止状态. 根据25题是不是说明马特没有做功?请解释.

27. 我们一般认为地球给质量为m的物体施加的重力可以表示成$\boldsymbol{F} = -gm\boldsymbol{k}$，当然这只在地球表面才成立. 求$\boldsymbol{F}$的势函数$f$，并用其证明：力$\boldsymbol{F}$作用在物体上，将物体从$(x_1, y_1, z_1)$移动到邻近点$(x_2, y_2, z_2)$所做的功为$mg(z_1 - z_2)$.

C 28. 地球(质量m)与太阳(质量M)之间的距离在最大值(远日点)152.1×10^6km到最小值(近日点)147.1×10^6km之间变化. 假设$\boldsymbol{F} = -GMm\boldsymbol{r}/\|\boldsymbol{r}\|^3$成立，$G = 6.67 \times 10^{-11}\mathrm{N \cdot m^2/kg^2}$，$M = 1.99 \times 10^{30}$kg，$m = 5.97 \times 10^{24}$kg. $\boldsymbol{F}$做了多少功?

(a) 从远日点到近日点　　(b) 绕完整的轨道

29. 这个问题证明了单连通性的必要性，即定理C中“如果”的表述. 设$\boldsymbol{F} = (y\boldsymbol{i} - x\boldsymbol{j})/(x^2 + y^2)$定义在区域$D = \{(x, y) \mid x^2 + y^2 \neq 0\}$上. 解决以下问题.

(a) 求$\partial M/\partial y = \partial N/\partial x$在区域$D$上成立的条件;

(b) 证明$\boldsymbol{F}$在区域D上不保守.

提示：想证明(b)，先证明$\int_C \boldsymbol{F} \cdot \mathrm{d}\boldsymbol{r} = -2\pi$，其中，$C$可表示为圆的参数方程$x = \cos t$，$y = \sin t$，$0 \leqslant t \leqslant 2\pi$.

30. 令$f(x, y) = \tan^{-1}(y/x)$. 证明$\nabla f = (y\boldsymbol{i} - x\boldsymbol{j})/(x^2 + y^2)$，即习题29中的向量函数. 为什么这个提示中的内容与定理A不矛盾?

31. 证明：在定理C中，由条件(3)可推出条件(2).

概念复习答案：

1. $f(\boldsymbol{b}) - f(\boldsymbol{a})$　2. 梯度或保守，$\nabla f(\boldsymbol{r})$　3. $\boldsymbol{0}$，$\boldsymbol{0}$　4. $\boldsymbol{F}$是一个保守场

14.4　平面内的格林公式

本节我们从另一个角度来解释微积分的第二基本公式

$$\int_a^b f'(x)\,dx = f(b) - f(a)$$

函数在集合 $S=[a,b]$ 上的积分等于该函数在集合 $S=[a,b]$ 边界上的计算，在这种计算中只包含 a、b 两点. 在本章我们将给出该结论的三个推论：格林公式、高斯公式和斯托克斯公式. 微积分第二基本定理的一般化就是一些积分(二重或三重积分，或曲面积分，下一节中将定义)可推出积分区域边界上的一些性质. 这些公式常运用于物理学中，特别是热学、电学、磁学和流体学. 第一个公式是由自学英语的数学物理学家格林(1793—1841)发明的.

我们假设 C 是形成 xy 面上区域 S 边界的简单闭曲线. 令 C 是正向的，即绕 C 正方向使得 S 在 C 的左边(也就是逆时针旋转). $\boldsymbol{F}(x,y)=M(x,y)\boldsymbol{i}+N(x,y)\boldsymbol{j}$ 沿 C 的曲线积分是

$$\oint_C M\,dx + N\,dy$$

定理 A　格林公式

设 S 是以分段平滑曲线 C 为边界的平面单连通区域. 如果 $M(x,y)$ 与 $N(x,y)$ 在 S 及其边界 C 上有连续的偏导数，那么

$$\iint_S\left(\frac{\partial N}{\partial x}-\frac{\partial M}{\partial y}\right)dA = \oint_C M\,dx + N\,dy$$

证明　我们先证明公式在 S 上是 x 型区域和 y 型区域时的情况，然后再扩展到一般情况.

由于 S 是 y 型区域，它具有图 1a 所示的形状；则

$$S=\{(x,y)\mid g(x)\leqslant y\leqslant f(x),\ a\leqslant x\leqslant b\}$$

它的边界包含 4 段弧 C_1、C_2、C_3 和 C_4

$$\oint_C M\,dx = \int_{C_1} M\,dx + \int_{C_2} M\,dx + \int_{C_3} M\,dx + \int_{C_4} M\,dx$$

沿 C_2 和 C_4 的积分为 0，因为在这段曲线上 x 是常数，$dx=0$. 因此

$$\oint_C M\,dx = \int_a^b M(x,g(x))\,dx + \int_b^a M(x,f(x))\,dx$$

$$= -\int_a^b [M(x,f(x)) - M(x,g(x))]\,dx$$

$$= -\int_a^b\int_{g(x)}^{f(x)} \frac{\partial M(x,y)}{\partial y}\,dy\,dx = -\iint_S \frac{\partial M}{\partial y}\,dA$$

类似地，把 S 当做 x 型区域来看待，可以得到

$$\oint_C N\,dy = \iint_S \frac{\partial N}{\partial x}\,dA$$

虽然曲线 C_1、C_2、C_3 和 C_4 在图 1b 中重新定义，但我们得出结论，格林公式在 x 型区域和 y 型区域上都可以使用.

这结果可以简单地推广到可以分解为多个简单集的并区域 S，它可分为 $S_1, S_2, \cdots, S_k$，这些既可以是 x 型区域也可以是 y 型区域(图 2). 在那些已经证明了可以相加的集合上，我们同样可以运用这个定理的结果. 注意到曲线积分的贡献在于取消区域边界的形状. 因为这些边界都是绕了两遍，只是方向相反.

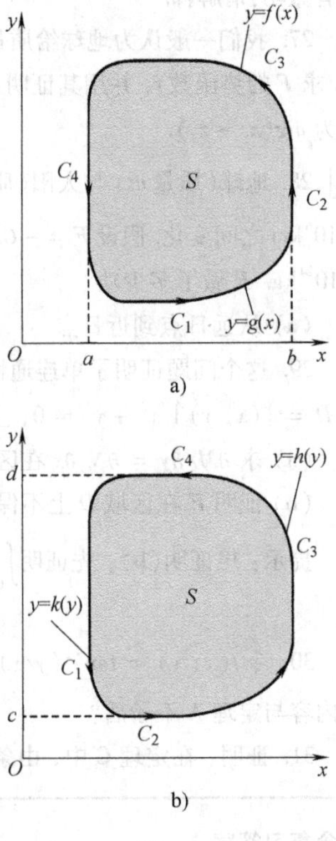

图　1

格林公式甚至可以运用于有一个或多个洞的区域 S(复连通集)，如图 3 所示. 假设每一个边界都是正向

的，这样，当沿着 C 的正方向时，S 就总是在左边. 我们可以简单的把它分解为单连通集，方法如图 4 所示.

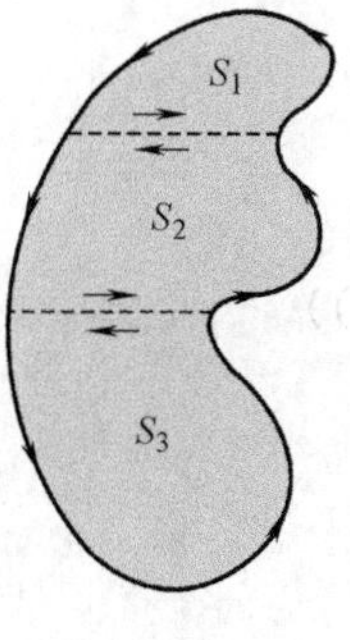

图 2

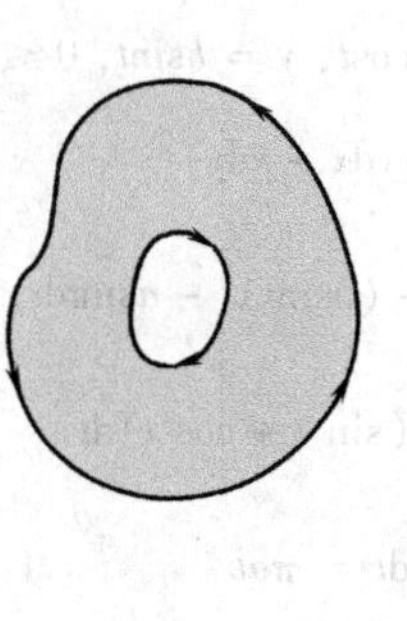

图 3

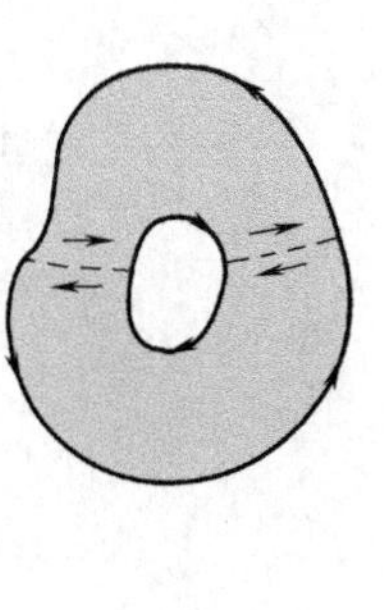

图 4

预料的结果

假设 $\partial N/\partial x = \partial M/\partial y$，则由格林公式 $\oint_C M\mathrm{d}x + N\mathrm{d}y = 0$，这就是说场 $\boldsymbol{F} = M\boldsymbol{i} + N\boldsymbol{j}$ 是保守场. 这是我们在定理 14.3D(二元函数情况) 所讨论的一部分.

例题及运用　有时候，格林公式可以提供计算曲线积分的简单算法.

例 1　令 C 是向量 $(0, 0)$，$(1, 2)$，$(0, 2)$(图5) 构成的三角形的边界. 计算

$$\oint_C 4x^2y\mathrm{d}x + 2y\mathrm{d}y$$

(a) 用直接的方法；(b) 用格林公式.

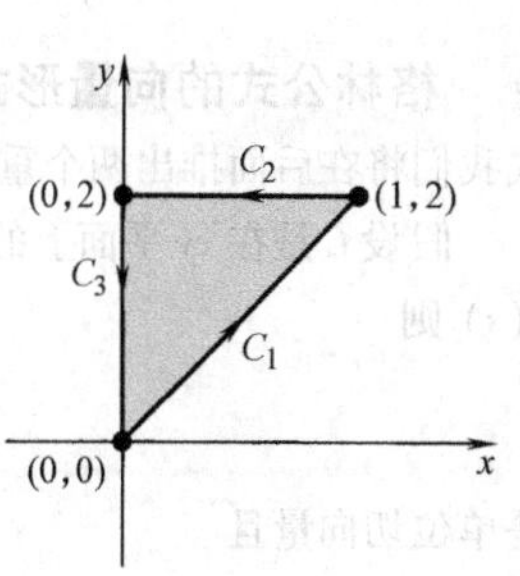

图 5

解　(a) 在 C_1 上，$y = 2x$，$\mathrm{d}y = 2\mathrm{d}x$，所以

$$\int_{C_1} 4x^2y\mathrm{d}x + 2y\mathrm{d}y = \int_0^1 8x^3\mathrm{d}x + 8x\mathrm{d}x = [2x^4 + 4x^2]_0^1 = 6$$

同理，有

$$\int_{C_2} 4x^2y\mathrm{d}x + 2y\mathrm{d}y = \int_1^0 8x^2\mathrm{d}x = \left[\frac{8x^3}{3}\right]_1^0 = -\frac{8}{3}$$

$$\int_{C_3} 4x^2y\mathrm{d}x + 2y\mathrm{d}y = \int_2^0 2y\mathrm{d}y = [y^2]_2^0 = -4$$

于是

$$\oint_C 4x^2y\mathrm{d}x + 2y\mathrm{d}y = 6 - \frac{8}{3} - 4 = -\frac{2}{3}$$

(b) 用格林公式

$$\int_C 4x^2y\mathrm{d}x + 2y\mathrm{d}y = \int_0^1\int_{2x}^2 (0 - 4x^2)\mathrm{d}y\mathrm{d}x$$

$$= \int_0^1 [-4x^2y]_{2x}^2\mathrm{d}x = \int_0^1 (-8x^2 + 8x^3)\mathrm{d}x$$

$$= \left[\frac{-8x^3}{3} + 2x^4\right]_0^1 = -\frac{2}{3}$$

例 2　证明：若平面上的区域 S 有边界 C，C 是分段光滑简单封闭曲线，则 S 的面积是

$$A(S) = \frac{1}{2}\oint_C (-y\mathrm{d}x + x\mathrm{d}y)$$

解　令 $M(x, y) = -y/2$，$N(x, y) = x/2$，运用格林公式

$$\oint_C \left(-\frac{y}{2}\mathrm{d}x + \frac{x}{2}\mathrm{d}y\right) = \iint_S \left(\frac{1}{2} + \frac{1}{2}\right)\mathrm{d}A = A(S)$$

例 3 用例 2 的结果计算椭圆 $b^2x^2 + a^2y^2 = a^2b^2$ 围成的面积.

解 给定椭圆的参数方程为

$$x = a\cos t,\ y = b\sin t,\ 0 \leqslant t \leqslant 2\pi$$

$$\begin{aligned} A(S) &= \frac{1}{2}\oint_C(-y\mathrm{d}x + x\mathrm{d}y) \\ &= \frac{1}{2}\int_0^{2\pi}(-(b\sin t)(-a\sin t\mathrm{d}t) + (a\cos t)(b\cos t\mathrm{d}t)) \\ &= \frac{1}{2}\int_0^{2\pi}ab(\sin^2 t + \cos^2 t)\mathrm{d}t \\ &= \frac{1}{2}ab\int_0^{2\pi}\mathrm{d}t = \pi ab \end{aligned}$$

例 4 用格林公式计算曲线积分

$$\oint_C(x^3 + 2y)\mathrm{d}x + (4x - 3y^2)\mathrm{d}y$$

C 为椭圆 $\frac{x^2}{a^2} + \frac{y^2}{b^2} = 1$.

解 令 $M(x, y) = x^3 + 2y$, $N(x, y) = 4x - 3y^2$ $\partial M/\partial y = 2$, $\partial N/\partial x = 4$, 由格林公式和例 3 得

$$\oint_C(x^3 + 2y)\mathrm{d}x + (4x - 3y^2)\mathrm{d}y = \iint_S(4 - 2)\mathrm{d}A = 2A(S) = 2\pi ab$$

格林公式的向量形式 我们的下个目标是用两种不同方法重申平面格林公式的向量形式. 用这些形式我们将在后面推出两个重要的空间公式.

假设 C 是在 xy 平面上的光滑简单封闭曲线, 规定逆时针方向为正向, 它的弧长参数方程是 $x = x(s)$, $y = y(s)$ 则

$$\boldsymbol{T} = \frac{\mathrm{d}x}{\mathrm{d}s}\boldsymbol{i} + \frac{\mathrm{d}y}{\mathrm{d}s}\boldsymbol{j}$$

是单位切向量且

$$\boldsymbol{n} = \frac{\mathrm{d}y}{\mathrm{d}s}\boldsymbol{i} - \frac{\mathrm{d}x}{\mathrm{d}s}\boldsymbol{j}$$

是区域 S 的边界 C 指向外部的单位法向量, 如图 6 所示. ($\boldsymbol{T}\cdot\boldsymbol{n} = 0$), 如果 $\boldsymbol{F}(x, y) = M(x, y)\boldsymbol{i} + N(x, y)\boldsymbol{j}$ 是平面向量场, 则

$$\begin{aligned} \oint_C \boldsymbol{F}\cdot\boldsymbol{n}\mathrm{d}s &= \oint_C(M\boldsymbol{i} + N\boldsymbol{j})\cdot\left(\frac{\mathrm{d}y}{\mathrm{d}s}\boldsymbol{i} - \frac{\mathrm{d}x}{\mathrm{d}s}\boldsymbol{j}\right)\mathrm{d}s = \oint_C(-N\mathrm{d}x + M\mathrm{d}y) \\ &= \iint_S\left(\frac{\partial M}{\partial x} + \frac{\partial N}{\partial y}\right)\mathrm{d}A \end{aligned}$$

最后的等式来自格林公式, 另一方面

$$\operatorname{div}\boldsymbol{F} = \nabla\cdot\boldsymbol{F} = \frac{\partial M}{\partial x} + \frac{\partial N}{\partial y}$$

得到

$$\boxed{\oint_C \boldsymbol{F}\cdot\boldsymbol{n}\mathrm{d}s = \iint_S \operatorname{div}\boldsymbol{F}\mathrm{d}A = \iint_S \nabla\cdot\boldsymbol{F}\mathrm{d}A}$$

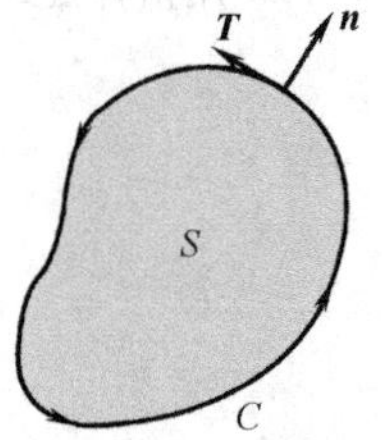

图 6

这结果经常叫做**平面格林散度公式**.

为了理解词语"散度"的原意, 我们给出一个物理上的关于这个公式的解释. 想象在 xy 面上有一个密度恒定的流体的一个均匀层片, 这个层片很薄, 我们可以认为它只有两维. 我们希望计算出在区域 S 上的流体流出边界 C 的速率(图 7).

令 $\boldsymbol{F}(x, y) = v(x, y)$ 表示流体在 (x, y) 时的速度向量, 并令 Δs 为曲线 C 上距初始点 (x, y) 的一段很短

的距离的线段. 流体每单位时间通过这线段的量近似于图 7 的平行四边形的面积，即为$\boldsymbol{v}\cdot\boldsymbol{n}\Delta s$. 流体每单位时间离开 S 的总量称为向量场 $\boldsymbol{F}$ 通过曲线 C 向外的流量，由此得到

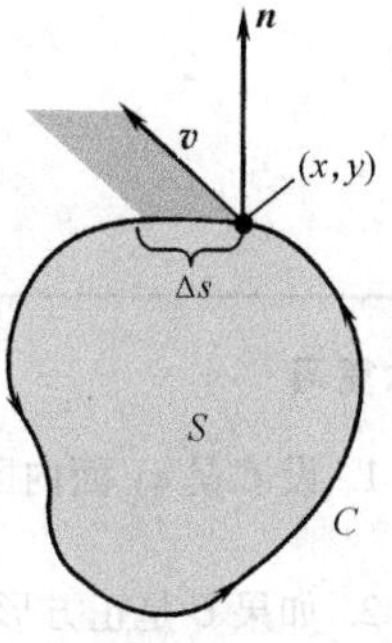

图 7

$$\boldsymbol{F}\text{ 通过 }C\text{ 的流量}=\oint_C \boldsymbol{F}\cdot\boldsymbol{n}\,ds$$

现在假设一个在 S 中的定点(x_0, y_0)和一个围绕它的半径为 r 的小圆 C_r. S_r 为包括边界 C_r 的圆形区域，在 S_r 上，div $\boldsymbol{F}$ 将近似等于它在中心(x_0, y_0)的值 div $\boldsymbol{F}(x_0, y_0)$（我们假设 div $\boldsymbol{F}$ 是连续的）；因此由格林公式有

$$\boldsymbol{F}\text{ 通过 }C_r\text{ 的流量}=\oint_C \boldsymbol{F}\cdot\boldsymbol{n}\,ds$$

$$=\iint_{S_r}\operatorname{div}\boldsymbol{F}\,dA\approx\operatorname{div}\boldsymbol{F}(x_0, y_0)(\pi r^2)$$

我们得出 div $\boldsymbol{F}(x_0, y_0)$ 测量的是流体从(x_0, y_0)外散的速率. 假如 div $\boldsymbol{F}(x_0, y_0)>0$，在$(x_0, y_0)$处有流体源头；假如 div $\boldsymbol{F}(x_0, y_0)<0$，表示流体流入$(x_0, y_0)$，$(x_0, y_0)$为流体储池. 若流体经过区域的边界的流量为 0，那么在区域中的源头和储池肯定相互平衡. 另一方面，若区域内没有源头或储池，则 div $\boldsymbol{F}(x_0, y_0)=0$，而且根据格林公式，$S$ 的边界上的合流量为 0.

还有一个向量形式可以表达格林公式. 我们将图 6 放在是三维空间中（图 8）. 假如

$$\boldsymbol{F}=M\boldsymbol{i}+N\boldsymbol{j}+0\boldsymbol{k}$$

则格林公式为

$$\oint_C \boldsymbol{F}\cdot\boldsymbol{T}\,ds=\oint_C M\,dx+N\,dy=\iint_S\left(\frac{\partial N}{\partial x}-\frac{\partial M}{\partial y}\right)dA$$

另一方面

$$\operatorname{curl}\boldsymbol{F}=\nabla\times\boldsymbol{F}=\begin{bmatrix}\boldsymbol{i} & \boldsymbol{j} & \boldsymbol{k}\\ \dfrac{\partial}{\partial x} & \dfrac{\partial}{\partial y} & \dfrac{\partial}{\partial z}\\ M & N & 0\end{bmatrix}=\left(\frac{\partial N}{\partial x}-\frac{\partial M}{\partial y}\right)\boldsymbol{k}$$

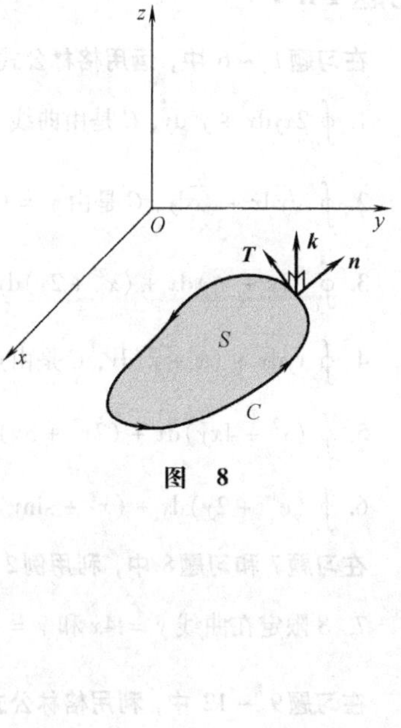

图 8

因此

$$(\operatorname{curl}\boldsymbol{F})\cdot\boldsymbol{k}=\left(\frac{\partial N}{\partial x}-\frac{\partial M}{\partial y}\right)$$

格林公式有以下的形式

$$\boxed{\oint_C \boldsymbol{F}\cdot\boldsymbol{T}\,ds=\iint_S(\operatorname{curl}\boldsymbol{F})\cdot\boldsymbol{k}\,dA}$$

上式有时候也叫做**平面斯多克斯公式**.

假如运用这结论于圆心在(x_0, y_0)的一个小圆 C_r，我们得到

$$\oint_{C_r}\boldsymbol{F}\cdot\boldsymbol{T}\,ds\approx(\operatorname{curl}\boldsymbol{F}(x_0, y_0))\cdot\boldsymbol{k}(\pi r^2)$$

这是说流体沿 C_r 的切线方向的流量是由 curl $\boldsymbol{F}$ 来测量. 换句话说 curl $\boldsymbol{F}$ 测量流体绕(x_0, y_0)旋转的趋势. 假如在 S 上 curl $\boldsymbol{F}=\boldsymbol{0}$，那么相关的流体被称为不旋转的.

例 5 向量场 $\boldsymbol{F}(x, y)=-\dfrac{1}{2}y\boldsymbol{i}+\dfrac{1}{2}x\boldsymbol{j}=M\boldsymbol{i}+n\boldsymbol{j}$ 是一个固定的绕 z 轴逆时针旋转的轮的速度场（见 14.1 节的例 2）. 对于任意的 xy 面上的封闭曲线 C，计算$\oint_C \boldsymbol{F}\cdot\boldsymbol{n}\,ds$ 和$\oint_C \boldsymbol{F}\cdot\boldsymbol{T}\,ds$.

解 假如 S 是被 C 封闭环绕的区域，则

$$\oint_C \boldsymbol{F}\cdot\boldsymbol{n}\,ds=\iint_S\operatorname{div}\boldsymbol{F}\,dA=\iint_S\left(\frac{\partial M}{\partial x}+\frac{\partial N}{\partial y}\right)dA=0$$

$$\oint_C \boldsymbol{F}\cdot\boldsymbol{T}\mathrm{d}s = \iint_S (\operatorname{curl}\boldsymbol{F})\cdot\boldsymbol{k}\mathrm{d}A = \iint_S \left(\frac{\partial N}{\partial x} - \frac{\partial M}{\partial y}\right)\mathrm{d}A$$
$$= \iint_S \left(\frac{1}{2} + \frac{1}{2}\right)\mathrm{d}A = A(S)$$

概念复习

1. 设 C 是 xy 面内区域 S 的简单闭曲线边界. 那么由格林公式，$\oint_C M\mathrm{d}x + N\mathrm{d}y = \iint_S$ ________ $\mathrm{d}A$.

2. 如果 C 是正方形 $S = \{(x, y) \mid 0 \leqslant x \leqslant 1, 0 \leqslant y \leqslant 1\}$ 的边界，那么$\oint_C y\mathrm{d}x - x\mathrm{d}y = \iint_S$ ________ $\mathrm{d}A$ = ________.

3. $\operatorname{div}\boldsymbol{F}(x, y)$ 测量的是一个速度场 $\boldsymbol{F}$ 由 (x, y) 向外发散的单调流体的速率. 如果 $\operatorname{div}\boldsymbol{F}(x, y) > 0$，那么在 (x, y) 存在一个________；如果 $\operatorname{div}\boldsymbol{F}(x, y) < 0$，那么在 (x, y) 存在一个________.

4. 另一方面，$\operatorname{curl}\boldsymbol{F}(x, y)$ 测量的是流体关于点 (x, y) 的________趋势. 如果在某一区域内有 $\operatorname{curl}\boldsymbol{F}(x, y) = \boldsymbol{0}$，那么流体是________.

习题 14.4

在习题 1 ~ 6 中，运用格林公式计算给定的曲线积分. 首先画出区域 S 的草图.

1. $\oint_C 2xy\mathrm{d}x + y^2\mathrm{d}y$，$C$ 是由曲线 $y = \frac{x}{2}$ 和 $y = \sqrt{x}$ 在点 $(0, 0)$ 和 $(4, 2)$ 之间的所形成的封闭曲线.

2. $\oint_C \sqrt{y}\mathrm{d}x + \sqrt{x}\mathrm{d}y$，$C$ 是由 $y = 0$、$x = 2$ 和 $y = \frac{x^2}{2}$ 相交形成的封闭曲线.

3. $\oint_C (2x + y^2)\mathrm{d}x + (x^2 + 2y)\mathrm{d}y$，$C$ 是由 $y = 0$、$x = 2$ 和 $y = \frac{x^3}{4}$ 相交形成的封闭曲线.

4. $\oint_C xy\mathrm{d}x + (x + y)\mathrm{d}y$，$C$ 是由点 $(0, 0)$、$(2, 0)$ 和 $(0, 1)$ 为顶点所组成的三角形.

5. $\oint_C (x^2 + 4xy)\mathrm{d}x + (2x^2 + 3y)\mathrm{d}y$，$C$ 是椭圆 $9x^2 + 16y^2 = 144$.

6. $\oint_C (\mathrm{e}^{3x} + 2y)\mathrm{d}x + (x^2 + \sin y)\mathrm{d}y$，$C$ 是顶点为 $(2, 1)$、$(6, 1)$、$(6, 4)$ 和 $(2, 4)$ 的矩形.

在习题 7 和习题 8 中，利用例 2 的结果来计算区域 S 的面积，并画出草图.

7. S 限定在曲线 $y = 4x$ 和 $y = 2x^2$ 内.

8. S 限定在曲线 $y = \frac{1}{2}x^3$ 和 $y = x^2$ 内.

在习题 9 ~ 12 中，利用格林公式的向量形式来计算 (a) $\oint_C \boldsymbol{F}\cdot\boldsymbol{n}\mathrm{d}s$ 和 (b) $\oint_C \boldsymbol{F}\cdot\boldsymbol{T}\mathrm{d}s$.

9. $\boldsymbol{F} = y^2\boldsymbol{i} + x^2\boldsymbol{j}$，$C$ 是顶点为 $(0, 0)$、$(1, 0)$、$(1, 1)$ 和 $(0, 1)$ 的单位正方形.

10. $\boldsymbol{F} = ay\boldsymbol{i} + bx\boldsymbol{j}$，$C$ 同上题.

11. $\boldsymbol{F} = y^3\boldsymbol{i} + x^3\boldsymbol{j}$，$C$ 是单位圆.

12. $\boldsymbol{F} = x\boldsymbol{i} + y\boldsymbol{j}$，$C$ 是单位圆.

13. 假定积分$\oint_C \boldsymbol{F}\cdot\boldsymbol{T}\mathrm{d}s$ 绕圆 $x^2 + y^2 = 36$ 和 $x^2 + y^2 = 1$ 逆时针旋转所得到的结果分别是 30 和 -20. 计算 $\iint_S (\operatorname{curl}\boldsymbol{F})\cdot\boldsymbol{k}\mathrm{d}A$，$S$ 是上述两圆所夹的区域.

14. 如果 $\boldsymbol{F} = (x^2 + y^2)\boldsymbol{i} + 2xy\boldsymbol{j}$，那么计算 $\boldsymbol{F}$ 通过顶点为 $(0, 0)$、$(1, 0)$、$(1, 1)$ 和 $(0, 1)$ 的单位正方形边界 C 的流量，也就是计算$\oint_C \boldsymbol{F}\cdot\boldsymbol{n}\mathrm{d}s$.

15. 计算由 $\boldsymbol{F} = (x^2 + y^2)\boldsymbol{i} - 2xy\boldsymbol{j}$ 绕 C 逆时针推动一物体所做的功，C 同上题.

16. 如果 $\boldsymbol{F}=(x^2+y^2)\boldsymbol{i}+2xy\boldsymbol{j}$. 计算 $\boldsymbol{F}$ 绕题 14 中 C 的旋量，也就是计算 $\oint_C \boldsymbol{F}\cdot\boldsymbol{T}\mathrm{d}s$.

17. 证明：恒力 $\boldsymbol{F}$ 推动一物体绕一简单闭曲线一周所做的功为 0.

18. 利用格林公式证明平面情况下的定理 14.3D，即证明由 $\dfrac{\partial N}{\partial x}=\dfrac{\partial M}{\partial y}$ 推导出 $\oint_C M\mathrm{d}x+N\mathrm{d}y=0$，也就是可以推导出 $\boldsymbol{F}=M\boldsymbol{i}+N\boldsymbol{j}$ 是保守的.

19. 假设 $\boldsymbol{F}=\dfrac{y}{x^2+y^2}\boldsymbol{i}-\dfrac{x}{x^2+y^2}\boldsymbol{j}=M\boldsymbol{i}+N\boldsymbol{j}$

(a) 证明 $\dfrac{\partial N}{\partial x}=\dfrac{\partial M}{\partial y}$.

(b) 用换元法：$x=\cos t$，$y=\sin t$，证明 $\oint_C M\mathrm{d}x+N\mathrm{d}y=-2\pi$，$C$ 是单位圆.

(c) 为什么这不与格林公式相矛盾？

20. 假设 $\boldsymbol{F}$ 同上题. 计算 $\oint_C M\mathrm{d}x+N\mathrm{d}y$，当

(a) C 是椭圆 $\dfrac{x^2}{9}+\dfrac{y^2}{4}=1$；

(b) C 是顶点为 $(1,-1)$、$(1,1)$、$(-1,1)$ 和 $(-1,-1)$ 的正方形；

(c) C 是顶点为 $(1,0)$、$(2,0)$ 和 $(1,1)$ 的三角形.

21. 假设平滑封闭曲线 C 是 xy 面内某一区域 S 的边界. 修改例 2 中的参数来证明

$$A(s)=\oint_C(-y)\mathrm{d}x=\oint_C x\mathrm{d}x$$

22. 假设 S 和 C 同题 21. 证明关于 x 轴和 y 轴的力矩分别为

$$M_x=-\frac{1}{2}\oint_C y^2\mathrm{d}x,\ M_y=\frac{1}{2}\oint_C x^2\mathrm{d}y$$

23. 计算行星轨道 $x^{2/3}+y^{2/3}=a^{2/3}$ 所围成的区域的面积. 提示：换元 $x=a\cos^3 t$，$y=a\sin^3 t$，$0\leqslant t\leqslant 2\pi$.

24. 计算 $\boldsymbol{F}=2y\boldsymbol{i}-3x\boldsymbol{j}$ 推动物体绕上题中的行星轨道一周所做的功.

25. 让 $\boldsymbol{F}(\boldsymbol{r})=\boldsymbol{r}/\|\boldsymbol{r}\|^2=(x\boldsymbol{i}+y\boldsymbol{j})/(x^2+y^2)$.

(a) 证明 $\int_C \boldsymbol{F}\cdot\boldsymbol{n}\mathrm{d}s=2\pi$，其中 C 是圆心在原点，半径为 a 的圆，$\boldsymbol{n}=(x\boldsymbol{i}+y\boldsymbol{j})/\sqrt{x^2+y^2}$ 是 C 的单位外法线.

(b) 证明 $\operatorname{div}\boldsymbol{F}=0$.

(c) 解释为什么(a)、(b) 中的结果和格林定理的向量式不矛盾.

(d) 证明：如果 C 为简单平滑的闭合曲线，那么 $\int_C \boldsymbol{F}\cdot\boldsymbol{n}\mathrm{d}s$ 等于 2π 或者 0 取决于原点是在 C 内还是在 C 外.

26. **多边形的面积** $V_0(x_0,y_0)$，$V_1(x_1,y_1)$，…，$V_n(x_n,y_n)$ 是一个简单多边形的顶点，并且是按逆时针方向排列的且 $V_0=V_n$. 证明下面的问题.

(a) $\int_C x\mathrm{d}y=\dfrac{1}{2}(x_1+x_0)(y_1+y_0)$，其中 C 在边 V_0V_1 上；

(b) 面积$(P)=\displaystyle\sum_{i=1}^{n}\frac{x_i+x_{i-1}}{2}(y_i-y_{i-1})$；

(c) 一个有积分坐标顶点的多边形的面积总是 $\dfrac{1}{2}$ 的倍数；

(d)(b) 中的表达式对于顶点是 $(2,0)$、$(2,-2)$、$(6,-2)$、$(6,0)$、$(10,4)$ 和 $(-2,4)$ 的多边形是正确的.

CAS 在下面的习题中，画出 $f(x,y)$ 的图形和在 $S=\{(x,y)\mid -3\leqslant x\leqslant 3,\ -3\leqslant y\leqslant 3\}$ 上相应的梯度域.

注意在每一种情况下都有 curl $\boldsymbol{F}=\boldsymbol{0}$(定理 14.3D)，因此在任何点都没有旋转的趋势.

27. 令 $f(x, y)=x^{2}+y^{2}$.

(a) 通过观察场 $\boldsymbol{F}$，可以肯定在 S 上 div $\boldsymbol{F}>0$. 计算 div $\boldsymbol{F}$.

(b) 计算 $\boldsymbol{F}$ 通过 S 的边界的流量.

28. 令 $f(x, y)=\ln(\cos(x/3))-\ln(\cos(y/3))$.

(a) 随便给出几个点，猜想 div $\boldsymbol{F}$ 在其上是正的还是负的，然后计算 div $\boldsymbol{F}$，验证你的猜想.

(b) 计算 $\boldsymbol{F}$ 通过 S 的边界的流量.

29. 令 $f(x, y)=\sin x\sin y$.

(a) 通过观察场 $\boldsymbol{F}$，猜猜 div $\boldsymbol{F}$，在哪些地方是正的，在哪些地方又是负的，然后计算 div $\boldsymbol{F}$，验证你的猜想.

(b) 计算 $\boldsymbol{F}$ 通过 S 的边界的流量；然后计算它通过 $T=\{(x, y) \mid 0 \leqslant x \leqslant 3, 0 \leqslant y \leqslant 3\}$ 的边界的流量.

30. 令 $f(x, y)=\exp(-(x^{2}+y^{2})/4)$. 猜测 div $\boldsymbol{F}$ 在哪里为正，哪里为负. 解释你的猜想.

概念复习答案：

1. $\dfrac{\partial N}{\partial x}-\dfrac{\partial M}{\partial y}$　2. $-2, -2$　3. 源头，储池　4. 旋转，不可旋转的

14.5 曲面积分

曲线积分产生了一般的定积分；类似地，曲面积分产生了二重积分.

假设曲面 G 是 $z=f(x, y)$ 的图形，其中 (x, y) 的范围是 xy 面上的矩形 R. 令 P 是将 R 分成 n 等分的子矩形 R_i 的分割；这导致在曲面 G 上出现相应的分成 n 等分后的 G_i(图1). 在 R_i 上选一个样点 $(\bar{x}_i, \bar{y}_i)$，让 $(\bar{x}_i, \bar{y}_i, \bar{z}_i)=(\bar{x}_i, \bar{y}_i, f(\bar{x}_i, \bar{y}_i))$ 是在 G_i 上相应的点. 然后定义 G 上的曲面积分 g 为

$$\iint_G g(x, y, z)\,\mathrm{d}S=\lim_{\|P\| \rightarrow 0} \sum_{i=1}^{n} g(\bar{x}_i, \bar{y}_i, \bar{z}_i) \Delta S_i$$

式中，ΔS_i 是 G_i 的面积.

最后，通过一般的方式(通过在 R 外给 g 赋值0) 把这个定义扩展到 R 是一个 xy 平面上的有界封闭集的情况.

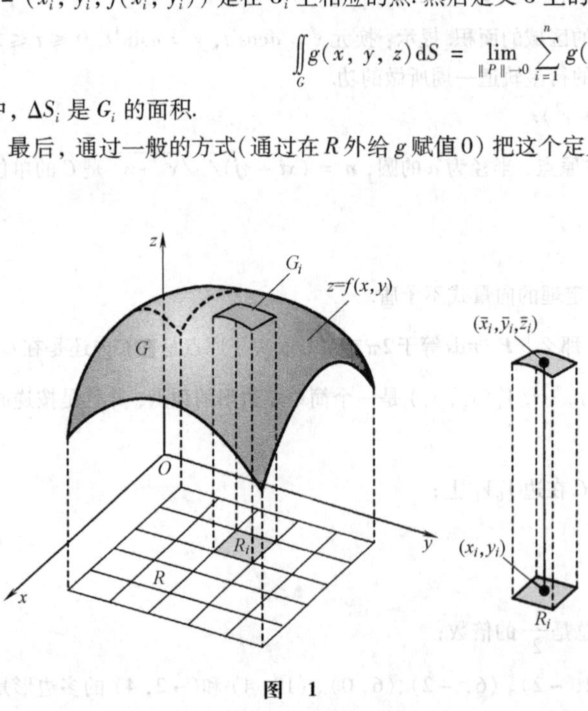

图 1

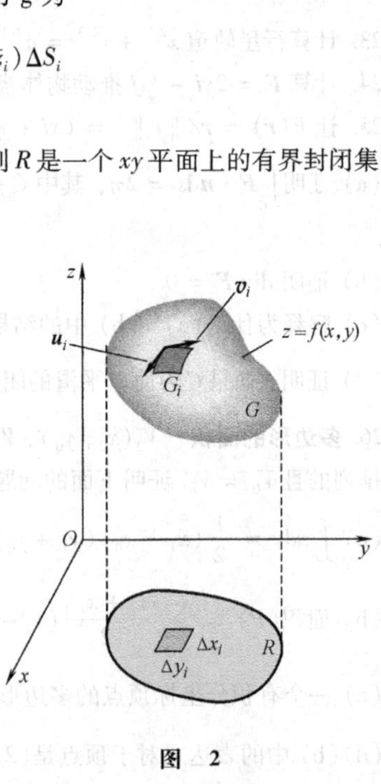

图 2

曲面积分的计算　利用定义来计算曲面积分是非常复杂或者无法实现的，我们需要一个实用的方法去计算一个曲面积分. 13.6 节为这种方法提供了前提. 在那里，我们证明在恰当的假设下一块小片 G_i(图2) 的

面积接近于$\|\boldsymbol{u}_i \times v_i\|$，其中$\boldsymbol{u}_i$和$v_i$是切于曲面的平行四边形之边. 所以

$$A(G_i) \approx \|\boldsymbol{u}_i \times v_i\| \approx \sqrt{f_x^2(x_i, y_i) + f_y^2(x_i, y_i) + 1}\Delta y_i \Delta x_i$$

于是，引出了下面的定理

定理 A

令G为由$z = f(x, y)$给出的曲面，其中(x, y)在R中. 假如f的一阶偏导数连续并且$g(x, y, z) = g(x, y, f(x, y))$在$R$上连续，那么

$$\iint_G g(x, y, z)\mathrm{d}S = \iint_R g(x, y, f(x, y))\sqrt{f_x^2 + f_y^2 + 1}\mathrm{d}y\mathrm{d}x$$

注意，当$g(x, y, z) = 1$时定理A给出了13.6节中一般平面表面积的公式.

例 1 计算$\iint_G (xy + z)\mathrm{d}S$，其中$G$是平面$2x - y + z - 3$在图3所示三角区域$R$上的部分.

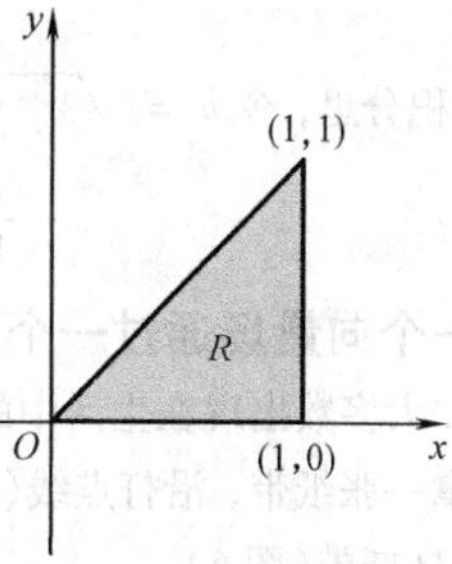

图 3

解 在这种情况下，$z = 3 + y - 2x = f(x, y)$，$f_x = -2$，$f_y = 1$，并且$g(x, y, z) = xy + 3 + y - 2x$. 那么

$$\begin{aligned}\iint_G (xy + z)\mathrm{d}S &= \int_0^1\int_0^x (xy + 3 + y - 2x)\sqrt{(-2)^2 + 1^2 + 1}\mathrm{d}y\mathrm{d}x \\ &= \sqrt{6}\int_0^1\left[\frac{xy^2}{2} + 3y + \frac{y^2}{2} - 2xy\right]_0^x \mathrm{d}x \\ &= \sqrt{6}\int_0^1\left(\frac{x^3}{2} + 3x - \frac{3x^2}{2}\right)\mathrm{d}x = \frac{9\sqrt{6}}{8}\end{aligned}$$

例 2 计算$\iint_G xyz\mathrm{d}S$，其中G是圆锥面$z^2 = x^2 + y^2$在平面$z = 1$和$z = 4$中间的部分(图4).

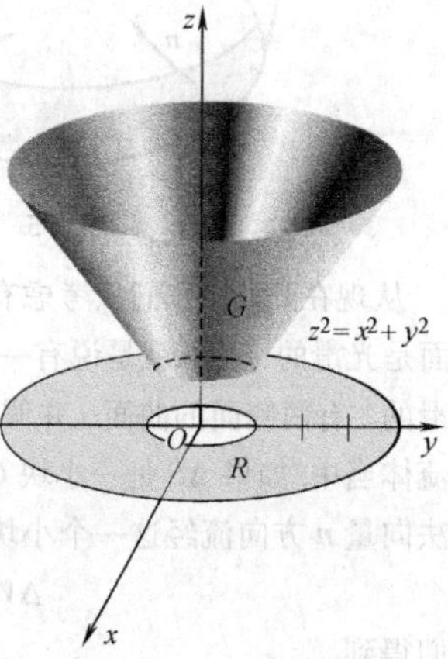

图 4

解 由$z = (x^2 + y^2)^{1/2} = f(x, y)$得

$$f_x^2 + f_y^2 + 1 = \frac{x^2}{x^2 + y^2} + \frac{y^2}{x^2 + y^2} + 1 = 2$$

所以

$$\iint_G xyz\mathrm{d}S = \iint_R xy\sqrt{x^2 + y^2}\sqrt{2}\mathrm{d}y\mathrm{d}x$$

转变为极坐标后，上式变为

$$\begin{aligned}\sqrt{2}\int_0^{2\pi}\int_1^4 (r\cos\theta)(r\sin\theta)r^2\mathrm{d}r\mathrm{d}\theta &= \sqrt{2}\int_0^{2\pi}\left[\sin\theta\cos\theta\frac{r^5}{5}\right]_1^4\mathrm{d}\theta \\ &= \frac{1023\sqrt{2}}{5}\left[\frac{\sin^2\theta}{2}\right]_0^{2\pi} = 0\end{aligned}$$

例 3 部分球面G有方程

$$z = f(x, y) = \sqrt{9 - x^2 - y^2}$$

这里x和y满足$x^2 + y^2 \leqslant 4$，并且在曲面上(x, y, z)处的密度为$\delta(x, y, z) = z$. 求该曲面的质量.

解 令R是G在xy面上的投影，即$R = \{(x, y) \mid x^2 + y^2 \leqslant 4\}$. 那么

$$\begin{aligned}m &= \iint_G \delta(x, y, z)\mathrm{d}S = \iint_R z\sqrt{f_x^2 + f_y^2 + 1}\mathrm{d}A \\ &= \iint_R z\sqrt{\frac{x^2}{9 - x^2 - y^2} + \frac{y^2}{9 - x^2 - y^2} + 1}\mathrm{d}A \\ &= \iint_R z \times \frac{3}{z}\mathrm{d}A = 3\pi \times 2^2 = 12\pi\end{aligned}$$

令曲面由方程 $y = h(x, z)$ 给出，并令 R 是它在 xz 面的投影. 那么对于这个曲面积分，有公式

$$\iint_G g(x, y, z)\,dS = \iint_R g(x, h(x, z), z)\sqrt{h_x^2 + h_z^2 + 1}\,dx\,dz$$

当曲面 G 由 $x = k(y,z)$ 确定,也有一个对应公式.

例 4　计算 $\iint_G (x^2 + z^2)\,dS$, G 是部分抛物面 $y = 1 - x^2 - y^2$ 在 $R = \{(x, z) \mid x^2 + z^2 \leqslant 1\}$ 上的投影部分.

解

$$\iint_G (x^2 + z^2)\,dS = \iint_R (x^2 + z^2)\sqrt{4x^2 + 4z^2 + 1}\,dA$$

如果用极坐标，这就变成了

$$\int_0^{2\pi}\int_0^1 r^2\sqrt{4r^2 + 1}\,r\,dr\,d\theta$$

在内层积分里，令 $u = \sqrt{4r^2 + 1}$，因此 $u^2 = 4r^2 + 1$ 和 $u\,du = 4r\,dr$. 于是得到

$$\frac{1}{16}\int_0^{2\pi}\int_1^{\sqrt{5}}(u^2 - 1)u^2\,du\,d\theta = \frac{(25\sqrt{5} + 1)\pi}{60} \approx 2.979$$

一个向量场通过一个曲面的流量　对于现在讨论和以后要应用的曲面，有必要限定一下这些曲面的种类. 大多数出现在生活中的曲面都有正反两个侧面. 然而，建立一个只有一个侧面的曲面也是出人意料的容易. 拿一张纸带，沿打点线(图5)撕开，将一端半扭，再将它们贴在一起. 你将获得只有一个侧面的曲面，叫做莫比乌斯带(图6).

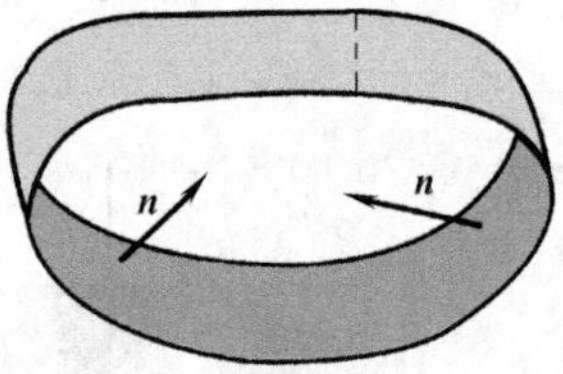

图　5

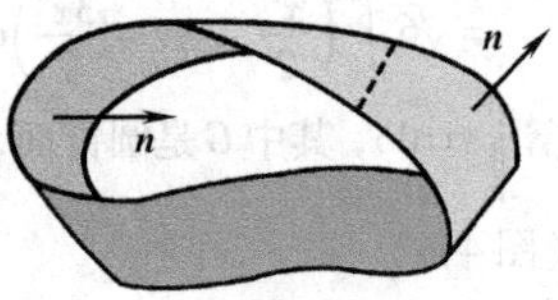

图　6

从现在开始，我们只考虑有两个侧面的表面，这样论及从曲面的一面流向另一面时才有意义. 我们假设曲面是光滑的，意思就是说有一个连续变化的单位法向量 $\boldsymbol{n}$. 令 G 是一个光滑的、有两侧面的曲面，并假设它处于一个有连续速度场 $\boldsymbol{F}(x, y, z)$ 的流体当中. 如果 ΔS 是一小块 G 的面积，那么 $\boldsymbol{F}$ 就几乎是个常量，沿单位法向量 $\boldsymbol{n}$ 方向流经这一个小块的体积 ΔV 如图 7 所示，为

$$\Delta V \approx \boldsymbol{F}\cdot\boldsymbol{n}\,\Delta S$$

我们得到

$$\boldsymbol{F}\text{ 流过 } G \text{ 的流量} = \iint_G \boldsymbol{F}\cdot\boldsymbol{n}\,dS$$

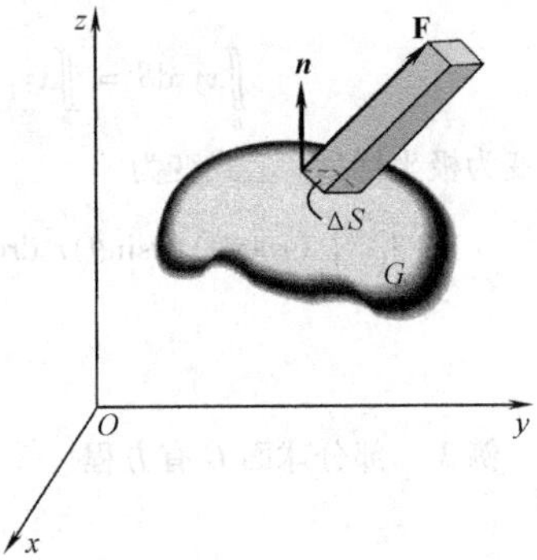

图　7

例 5　求通过部分球面 G 朝上的流量 $\boldsymbol{F} = -y\boldsymbol{i} + x\boldsymbol{j} + 9\boldsymbol{k}$, G 的方程是

$$z = f(x, y) = \sqrt{9 - x^2 - y^2},\ 0 \leqslant x^2 + y^2 \leqslant 4$$

解　注意到场 $\boldsymbol{F}$ 是沿 z 轴正方向的旋转流.

曲面的方程可以写成

$$H(x, y, z) = z - \sqrt{9 - x^2 - y^2} = z - f(x, y) = 0$$

因此

$$\boldsymbol{n} = \frac{\nabla H}{\|\nabla H\|} = \frac{-f_x\boldsymbol{i} - f_y\boldsymbol{j} + \boldsymbol{k}}{\sqrt{f_x^2 + f_y^2 + 1}} = \frac{(x/z)\boldsymbol{i} + (y/z)\boldsymbol{j} + \boldsymbol{k}}{\sqrt{(x/z)^2 + (y/z)^2 + 1}}$$

是这个曲面的单位法向量. 向量 $-\boldsymbol{n}$ 也是它的法向量，但是，我们所期望的单位法向量是向上的，因此，$\boldsymbol{n}$ 才是恰当的. 利用 $x^2+y^2+z^2=9$ 直接计算：

$$\boldsymbol{n}=\frac{(x/z)\boldsymbol{i}+(y/z)\boldsymbol{j}+\boldsymbol{k}}{3/z}=\frac{x}{3}\boldsymbol{i}+\frac{y}{3}\boldsymbol{j}+\frac{z}{3}\boldsymbol{k}$$

（一个简单的几何论点也能给出结果；法方向一定从原点指向外面）

通过 G 的 $\boldsymbol{F}$ 的流量为

$$\text{流量}=\iint_G \boldsymbol{F}\cdot\boldsymbol{n}\mathrm{d}S=\iint_G(-y\boldsymbol{i}+x\boldsymbol{j}+9\boldsymbol{k})\cdot\left(\frac{x}{3}\boldsymbol{i}+\frac{y}{3}\boldsymbol{j}+\frac{z}{3}\boldsymbol{k}\right)\mathrm{d}S$$

$$=\iint_G 3z\mathrm{d}S$$

最后，我们利用 R 是一个半径为2的圆和 $\sqrt{f_x^2+f_y^2+1}=3/z$ 这一事实，我们将这个曲面积分写成二重积分.

$$\text{流量}=\iint_G 3z\mathrm{d}S=\iint_R 3z\frac{3}{z}\mathrm{d}A=9\pi\times 2^2=36\pi$$

所以单位时间内流经 G 的总流量是 36π 立方单位.

注意到在例 5 中消除一些具体表象之后，留心的读者将会猜测到潜藏着的一个定理.

定理 B

令 G 是平滑的、有两侧面的曲面，方程为 $z=f(x,y)$，(x,y) 在 R 中取值. 令 $\boldsymbol{n}$ 是 G 的朝上的法向量. 如果 f 有连续的一阶偏导数并且 $\boldsymbol{F}=M\boldsymbol{i}+N\boldsymbol{j}+P\boldsymbol{k}$ 是一个连续的向量场，那么 $\boldsymbol{F}$ 流经 G 的流量为

$$\boldsymbol{F}\text{ 的流量}=\iint_G\boldsymbol{F}\cdot\boldsymbol{n}\mathrm{d}S=\iint_R(-Mf_x-Nf_y+P)\mathrm{d}x\mathrm{d}y$$

证明 令 $H(x,y,z)=z-f(x,y)$，得到

$$\boldsymbol{n}=\frac{\nabla H}{\|\nabla H\|}=\frac{-f_x\boldsymbol{i}-f_y\boldsymbol{j}+\boldsymbol{k}}{\sqrt{f_x^2+f_y^2+1}}$$

由定理 A

$$\iint_G\boldsymbol{F}\cdot\boldsymbol{n}\mathrm{d}S=\iint_R(M\boldsymbol{i}+N\boldsymbol{j}+P\boldsymbol{k})\cdot\frac{-f_x\boldsymbol{i}-f_y\boldsymbol{j}+\boldsymbol{k}}{\sqrt{f_x^2+f_y^2+1}}\sqrt{f_x^2+f_y^2+1}\mathrm{d}x\mathrm{d}y$$

$$=\iint_R(-Mf_x-Nf_y+P)\mathrm{d}x\mathrm{d}y$$

建议读者用定理 B 再做一遍例 5. 下面我们再提供一个不同的例子.

例 6 计算通过抛物面 $z=1-x^2-y^2$ 在 xy 平面上方部分曲面 G 的向量场 $\boldsymbol{F}=x\boldsymbol{i}+y\boldsymbol{j}+z\boldsymbol{k}$ 的流量，将 $\boldsymbol{n}$ 看成是朝上的法向量.

解

$$f(x,y)=1-x^2-y^2,\ f_x=-2x,\ f_y=-2y$$

$$-Mf_x-Nf_y+P=2x^2+2y^2+z$$

$$=2x^2+2y^2+1-x^2-y^2$$

$$=1+x^2+y^2$$

$$\iint_G\boldsymbol{F}\cdot\boldsymbol{n}\mathrm{d}S=\iint_R(1+x^2+y^2)\mathrm{d}x\mathrm{d}y$$

$$=\int_0^{2\pi}\int_0^1(1+r^2)r\mathrm{d}r\mathrm{d}\theta=\frac{3}{2}\pi$$

参数化曲面 当 $a<t<b$ 时，空间曲线可以表达为 $\boldsymbol{r}(t)=x(t)\boldsymbol{i}+y(t)\boldsymbol{j}+z(t)\boldsymbol{k}$. 若 $\boldsymbol{r}$ 是一个有两个

参数 v 和 u 的函数又会怎么样呢？正常来说应该是

$$\boldsymbol{r}(u,v)=x(u,v)\boldsymbol{i}+y(u,v)\boldsymbol{j}+z(u,v)\boldsymbol{k},\ (u,v)\in R$$

的形式. 对于集合 R 中的每一个 (u,v)，我们都可获得一个矢量 $\boldsymbol{r}$. 矢量 $\boldsymbol{r}$ 的终点的集合叫做**参数化曲面**.

例 7　描述并且画出由下面式子确定的曲面.

(a) $\boldsymbol{r}(u,v)=u\boldsymbol{i}+v\boldsymbol{j}+(9-u^2-v^2)\boldsymbol{k},\ u^2+v^2\leqslant 9$

(b) $\boldsymbol{r}(u,v)=u\cos v\boldsymbol{i}+u\sin v\boldsymbol{j}+(9-u^2)\boldsymbol{k},\ 0\leqslant u\leqslant 3,\ 0\leqslant v\leqslant 2\pi$

(c) $\boldsymbol{r}(u,v)=3\cos u\sin v\boldsymbol{i}+3\sin u\sin v\boldsymbol{j}+3\cos v\boldsymbol{k},\ 0\leqslant u\leqslant 2\pi,\ 0\leqslant v\leqslant \pi$

解　(a) 对于 $\boldsymbol{r}$，可以看出 x，y 轴上的分量是 u 与 v，而 z 轴上的分量是 $9-u^2-v^2$. 它是函数 $f(x,y)=9-x^2-y^2$ 在 $x^2+y^2\leqslant 9$ 的图形，如图 8 所示. 即为顶点在 $(0,0,9)$ 开口向下的抛物面.

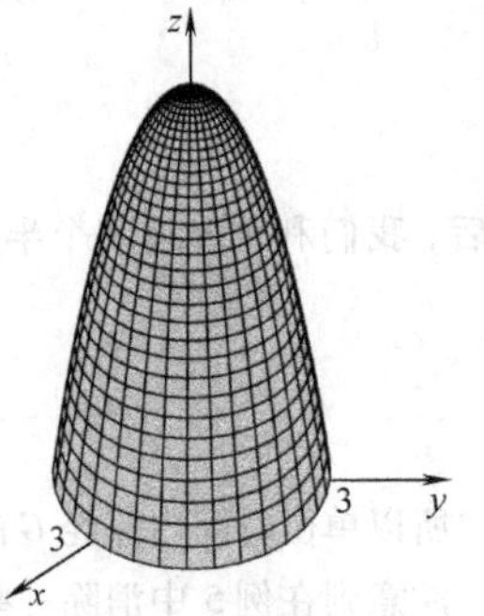

图　8

(b) 若把 x，y 轴上的分量 u 与 v 当做是极坐标下参数 r 和 θ 的函数，则 $z=9-u^2=9-x^2-y^2$，所以曲面与 (a) 相同.

(c) 我们可以把 $r(u,v)$ 的分量当做是以原点为球心、半径为 3 的球体的球坐标，当 u 从 0 变到 2π、v 从 0 变到 π 时，可以得到整个球体，如图 9 所示.

很多种情况下，我们都是先做出一个参数化曲面. 通常也有更多的方法可以去实现，如下例.

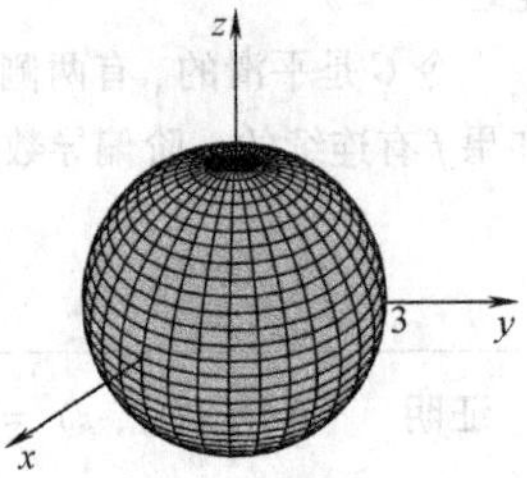

图　9

例 8　求曲面的参数方程

(a) y 满足 $-4\leqslant y\leqslant 4$，半径为 2 的直圆柱的侧面；

(b) 以原点为球心，位于 xy 平面上的半径为 2 的半球体的球面.

解　(a) 考虑在 xz 平面上的极坐标，有 $x=2\cos v$，$z=2\sin v$. 另一个参数 u 是到 yz 平面的距离. 参数方程为 $\boldsymbol{r}(u,v)=2\cos v\boldsymbol{i}+u\boldsymbol{j}+2\sin v\boldsymbol{k}$，其中 $-4\leqslant u\leqslant 4,\ 0\leqslant v\leqslant 2\pi$.

(b) 对半球体，可以用柱面坐标 $x=u\cos v$，$y=u\sin v$，此时有 $x^2+y^2+z^2=4$，$z\geqslant 0$，即

$$z=\sqrt{4-x^2-y^2}=\sqrt{4-u^2}$$

因此，参数方程为 $\boldsymbol{r}(u,v)=u\cos v\boldsymbol{i}+u\sin v\boldsymbol{j}+\sqrt{4-u^2}\boldsymbol{k},\ 0\leqslant u\leqslant 2,\ 0\leqslant v\leqslant 2\pi$.

另外，可以考虑球面坐标，令正 z 轴的角 ϕ 从 0 到 2π 取值. 此时，参数方程为

$$\boldsymbol{r}(u,v)=2\cos u\sin v\boldsymbol{i}+2\sin u\sin v\boldsymbol{j}+2\cos v\boldsymbol{k},\ 0\leqslant u\leqslant 2\pi,\ 0\leqslant v\leqslant \frac{\pi}{2}.$$

参数化曲面的表面积　图 10 显示了从长方形 R 到曲面 G 的映射.（一般而言，定义域不一定为长方形，但为了积分的方便，我们通常假设为长方形）如果把长方形 R 分割，把 R_i 认为是第 i 个长方形，映射成曲面 G_i，长方形平面映射成曲面的表面. 然而，若 Δu_i、Δv_i 很小，曲面片可近似看成边长分别为 $\Delta u_i\boldsymbol{r}_u(u_i,v_i)$ 和 $\Delta v_i\boldsymbol{r}_v(u_i,v_i)$ 的平行四边形，其中 (u_i,v_i) 是第 i 个长方形的左下角，$\boldsymbol{r}_u$ 和 $\boldsymbol{r}_v$ 分别表示偏微分 $\frac{\partial \boldsymbol{r}}{\partial u}$ 和 $\frac{\partial \boldsymbol{r}}{\partial v}$.

曲面片 G_i 的表面积近似为

$$\Delta S_i\approx\|(\Delta u_i\boldsymbol{r}_u(u_i,v_i))\times(\Delta v_i\boldsymbol{r}_v(u_i,v_i))\|=\|\boldsymbol{r}_u(u_i,v_i)\times\boldsymbol{r}_v(u_i,v_i)\|\Delta u_i\Delta v_i$$

参数化曲面的表面积为

$$SA=\iint_R\|\boldsymbol{r}_u(u,v)\times\boldsymbol{r}_v(u,v)\|\,\mathrm{d}A$$

表面积的微分为

$$\mathrm{d}S=\|\boldsymbol{r}_u(u,v)\times\boldsymbol{r}_v(u,v)\|\,\mathrm{d}A$$

参数化曲面的积分就为

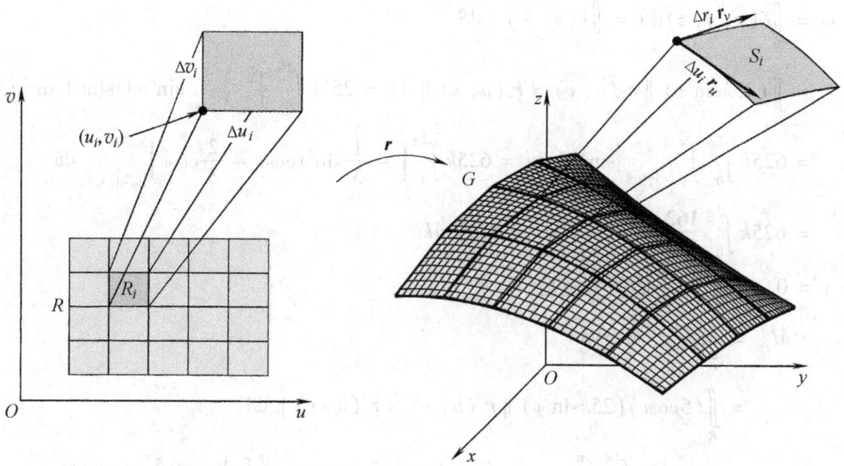

图 10

$$\iint_G f(x, y, z)\,\mathrm{d}S = \iint_R f(\boldsymbol{r}(u, v))\,\|\boldsymbol{r}_u(u, v) \times \boldsymbol{r}_v(u, v)\|\,\mathrm{d}A$$

例 9 对一个以原点为球心、半径为 5 的薄球壳，从其上部去掉一部分，形成一个半径为 3 的洞(图 11)．假定密度与距 z 轴距离的平方成正比，求其表面积、质量和质心．

解 我们把这个曲面参数化

对于所有 $0 \leqslant u \leqslant 2\pi$, $\sin^{-1}\dfrac{3}{5} \leqslant v \leqslant \pi$，有 $\boldsymbol{r}(u, v) = 5\cos u\sin v\boldsymbol{i} + 5\sin u\sin v\boldsymbol{j} + 5\cos v\boldsymbol{k}$

求导可得

$$\boldsymbol{r}_u(u, v) = -5\sin u\sin v\boldsymbol{i} + 5\cos u\sin v\boldsymbol{j} + 0\boldsymbol{k}$$
$$\boldsymbol{r}_v(u, v) = 5\cos u\cos v\boldsymbol{i} + 5\sin u\cos v\boldsymbol{j} - 5\sin v\boldsymbol{k}$$

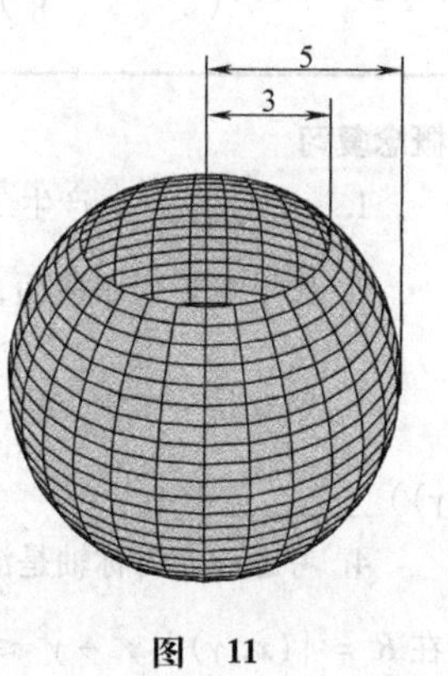

图 11

$$\boldsymbol{r}_u(u, v) \times \boldsymbol{r}_v(u, v) = \begin{vmatrix} \boldsymbol{i} & \boldsymbol{j} & \boldsymbol{k} \\ \dfrac{\partial x}{\partial u} & \dfrac{\partial y}{\partial u} & \dfrac{\partial z}{\partial u} \\ \dfrac{\partial x}{\partial v} & \dfrac{\partial y}{\partial v} & \dfrac{\partial z}{\partial v} \end{vmatrix}$$

$$= \begin{vmatrix} \boldsymbol{i} & \boldsymbol{j} & \boldsymbol{k} \\ -5\sin u\sin v & 5\cos u\sin v & 0 \\ 5\cos u\cos v & 5\sin u\cos v & -5\sin v \end{vmatrix}$$

$$= -25\cos u\sin^2 v\boldsymbol{i} - 25\sin u\sin^2 v\boldsymbol{j} - 25\sin v\cos v(\sin^2 u + \cos^2 u)\boldsymbol{k}$$
$$= -25\cos u\sin^2 v\boldsymbol{i} - 25\sin u\sin^2 v\boldsymbol{j} - 25\sin v\cos v\boldsymbol{k}$$

叉积的值为(见习题 27)

$$\|\boldsymbol{r}_u(u, v) \times \boldsymbol{r}_v(u, v)\| = 25\,|\sin v|$$

表面积为

$$SA = \iint_R \|\boldsymbol{r}_u(u, v) \times \boldsymbol{r}_v(u, v)\|\,\mathrm{d}A = \iint_R 25\,|\sin v|\,\mathrm{d}v\mathrm{d}u$$
$$= 25\int_0^{2\pi}\int_{\sin^{-1}(3/5)}^{\pi} \sin v\,\mathrm{d}v\mathrm{d}u = 25\int_0^{2\pi}[-\cos v]_{\sin^{-1}(3/5)}^{\pi}\,\mathrm{d}u$$
$$= 25 \times 2\pi \times \frac{9}{5} = 90\pi \approx 282.74$$

质量就等价于表面积的积分

$$
\begin{aligned}
m &= \iint_G \delta(x, y, z)\,dS = \iint_G k(x^2 + y^2)\,dS \\
&= \iint_R (25k\sin^2 v)\,\|\boldsymbol{r}_u(u, v) \times \boldsymbol{r}_v(u, v)\|\,dA = 25^2 k \int_0^{2\pi}\int_{\sin^{-1}(3/5)}^{\pi} \sin^2 v\,|\sin v|\,dv\,du \\
&= 625k \int_0^{2\pi}\int_{\sin^{-1}(3/5)}^{\pi} \sin^3 v\,dv\,du = 625k \int_0^{2\pi} \left[-\frac{1}{3}\sin^2 v\cos v - \frac{2}{3}\cos v\right]_{\sin^{-1}(3/5)}^{\pi} du \\
&= 625k \int_0^{2\pi} \frac{162}{125}\,du = 1620\pi k \approx 5089.4k
\end{aligned}
$$

由对称性 $\bar{x} = \bar{y} = 0$，关于 xy 平面的力矩是

$$
\begin{aligned}
M_{xy} &= \iint_G z\delta(x, y, z)\,dS \\
&= \iint_R (5\cos v)(25k\sin^2 v)\,\|\boldsymbol{r}_u(u, v) \times \boldsymbol{r}_v(u, v)\|\,dA \\
&= 5 \times 25^2 k \int_0^{2\pi}\int_{\sin^{-1}(3/5)}^{\pi} \cos v\sin^3 v\,dv\,du = 3125k \int_0^{2\pi} \left[\frac{1}{4}\sin^4 v\right]_{\sin^{-1}(3/5)}^{\pi} du \\
&= 3125k \int_0^{2\pi} \left[-\frac{81}{2500}\right] du = -\frac{81 \times 3125k}{2500} 2\pi = -\frac{405}{2} k\pi
\end{aligned}
$$

质心的 z - 分量为

$$
z = \frac{M_{xy}}{m} = \frac{-\dfrac{405}{2}k\pi}{1620\pi k} = -\frac{1}{8}
$$

因此，质心为$\left(0, 0, -\dfrac{1}{8}\right)$. 由于球的顶部被去掉而非底部，所以质心的 z - 分量是负的.

概念复习

1. 一个________产生二重积分的方法和一条曲线产生定积分的方法相似.

2. 如果 G 是一个曲面，$\iint_G g(x, y, z)\,dS = \lim\limits_{\|P\| \to 0}$ ________.

3. 令 G 是一个由方程 $z = f(x, y)$ 给出的曲面，(x, y) 在 R 中取值. 那么 $\iint_G g(x, y, z)\,dS = \iint_R g(x, y, f(x, y))$ ________ $dx dy$.

4. 考虑一个对称轴是沿着 z 轴正方向、顶点在原点、母线和 z 轴的夹角是30° 的圆锥体. 如果 G 是该圆锥体在 $R = \{(x, y) \mid x^2 + y^2 \leq 9\}$ 上的一部分，那么 $\iint_G dS = \iint_R$ ________ $dy dx$ = ________.

习题 14.5

在习题 1 ~ 8 中，计算 $\iint_G g(x, y, z)\,dS$.

1. $g(x, y, z) = x^2 + y^2 + z$; G: $z = x + y + 1$, $0 \leq x \leq 1$, $0 \leq y \leq 1$.
2. $g(x, y, z) = x$; G: $x + y + 2z = 4$, $0 \leq x \leq 1$, $0 \leq y \leq 1$.
3. $g(x, y, z) = x + y$; G: $z = \sqrt{4 - x^2}$, $0 \leq x \leq \sqrt{3}$, $0 \leq y \leq 1$.
4. $g(x, y, z) = 2y^2 + z$; G: $z = x^2 - y^2$, $0 \leq x^2 + y^2 \leq 1$.
5. $g(x, y, z) = \sqrt{4x^2 + 4y^2 + 1}$; G: $z = x^2 + y^2$ 在 $y = z$ 下面的部分.
6. $g(x, y, z) = y$; G: $z = 4 - y^2$, $0 \leq x \leq 3$, $0 \leq y \leq 2$.

7. $g(x, y, z) = x + y$; G 是立方体 $0 \leqslant x \leqslant 1, 0 \leqslant y \leqslant 1, 0 \leqslant z \leqslant 1$ 的表面.

8. $g(x, y, z) = z$; G 是被坐标平面和平面 $4x + 8y + 2z = 16$ 包围的四面体.

在习题 9 ~ 12 中，用定理 B 计算 $\boldsymbol{F}$ 通过 G 的流量.

9. $\boldsymbol{F}(x, y, z) = -y\boldsymbol{i} + x\boldsymbol{j}$; G 是顶点为 $(0, 0, 0)$、$(0, 1, 0)$、$(1, 0, 0)$ 三角形上曲面 $z = 8x - 4y - 5$ 的一部分.

10. $\boldsymbol{F}(x, y, z) = (9 - x^2)\boldsymbol{j}$; G 是平面 $2x + 3y + 6z = 6$ 在第一象限的部分.

11. $\boldsymbol{F}(x, y, z) = y\boldsymbol{i} - x\boldsymbol{j} + 2\boldsymbol{k}$; G 是由 $z = \sqrt{1 - y^2}, 0 \leqslant x \leqslant 5$ 决定的表面.

12. $\boldsymbol{F}(x, y, z) = 2\boldsymbol{i} + 5\boldsymbol{j} + 3\boldsymbol{k}$; G 是圆锥 $z = (x^2 + y^2)^{1/2}$ 在圆柱 $x^2 + y^2 = 1$ 里的部分.

13. 如果顶点为 $(a, 0, 0)$, $(0, a, 0)$, $(0, 0, a)$ 的三角形的密度满足 $\delta(x, y, z) = kx^2$, 求它的质量.

14. 如果满足 $0 \leqslant x \leqslant 1, 0 \leqslant y \leqslant 1, z = 0$ 的曲面 $z = 1 - \frac{1}{2}(x^2 + y^2)$ 的密度是 $\delta(x, y, z) = kxy$, 求它的质量.

15. 求顶点为 $(a, 0, 0)$, $(0, a, 0)$, $(0, 0, a)$ 的均质三角形的质心.

16. 求顶点为 $(a, 0, 0)$, $(0, b, 0)$, $(0, 0, c)$ 的均质三角形的质心，其中 a、b 和 c 都是正的.

在习题 17 ~ 20 中，画出给定区域的参数曲面.

17. $\boldsymbol{r}(u, v) = u\boldsymbol{i} + 3v\boldsymbol{j} + (4 - u^2 - v^2)\boldsymbol{k}$; $0 \leqslant u \leqslant 2, 0 \leqslant v \leqslant 1$.

18. $\boldsymbol{r}(u, v) = 2u\boldsymbol{i} + 3v\boldsymbol{j} + (u^2 + v^2)\boldsymbol{k}$; $-1 \leqslant u \leqslant 1, -2 \leqslant v \leqslant 2$.

19. $\boldsymbol{r}(u, v) = 2\cos v\boldsymbol{i} + 3\sin v\boldsymbol{j} + u\boldsymbol{k}$; $-6 \leqslant u \leqslant 6, 0 \leqslant v \leqslant 2\pi$.

20. $\boldsymbol{r}(u, v) = u\boldsymbol{i} + 3\sin v\boldsymbol{j} + 5\cos v\boldsymbol{k}$; $-6 \leqslant u \leqslant 6, 0 \leqslant v \leqslant 2\pi$.

CAS **在习题 21 ~ 24 中，用 CAS 来画出给定区域的参数曲面，并且求出曲面的面积.**

21. $\boldsymbol{r}(u, v) = u\sin v\boldsymbol{i} + u\cos v\boldsymbol{j} + v\boldsymbol{k}$; $-6 \leqslant u \leqslant 6, 0 \leqslant v \leqslant \pi$.

22. $\boldsymbol{r}(u, v) = \sin u\sin v\boldsymbol{i} + \cos u\sin v\boldsymbol{j} + \sin v\boldsymbol{k}$; $0 \leqslant u \leqslant 2\pi, 0 \leqslant v \leqslant 2\pi$.

23. $\boldsymbol{r}(u, v) = u^2\cos v\boldsymbol{i} + u^2\sin v\boldsymbol{j} + 5u\boldsymbol{k}$; $0 \leqslant u \leqslant 2\pi, 0 \leqslant v \leqslant 2\pi$.

24. $\boldsymbol{r}(u, v) = \cos u\cos v\boldsymbol{i} + \cos u\sin v\boldsymbol{j} + \cos u\boldsymbol{k}$; $0 \leqslant u \leqslant \pi/2, 0 \leqslant v \leqslant 2\pi$.

25. 如果密度与到 xy 平面的距离成正比，求题 23 中的曲面质量.

26. 如果密度与 (a) 到 z 轴的距离成正比; (b) 到 xy 平面的距离成正比，分别求出题 24 中曲面的质量.

27. 证明例 9 中的叉积 $\| \boldsymbol{r}_u(u, v) \times \boldsymbol{r}_v(u, v) \|$ 的值等于 $25|\sin v|$.

28. 回顾例 3. 半球表面 $z = f(x, y) = \sqrt{9 - x^2 - y^2}$ 有一个薄金属外壳，密度是 $\delta(x, y, z) = z$. 求外壳的质量. 注意不能直接运用定理 A，因为 f_x 和 f_y 在 $x^2 + y^2 = 9$ 的边界无定义. 因此，通过令 $0 \leqslant x^2 + y^2 \leqslant (3 - \varepsilon)^2$，做积分运算，再令 $\varepsilon \to 0$. 当你忽视这个微妙的点，你也会得到相同的结果.

29. 令 G 是球面 $x^2 + y^2 + z^2 = a^2$，计算下列各式：

(a) $\iint\limits_G z\,dS$　　(b) $\iint\limits_G \frac{x + y^3 + \sin z}{1 + z^4}dS$　　(c) $\iint\limits_G (x^2 + y^2 + z^2)dS$

(d) $\iint\limits_G x^2 dS$　　(e) $\iint\limits_G (x^2 + y^2)dS$

提示：利用对称性，简化问题.

30. 若球 $x^2 + y^2 + z^2 = a^2$ 的面密度为常数 k. 求转动惯量.

(a) 关于一个直径;　　(b) 关于一条切线（假设已经知道 13.5 节 28 题的平行轴定理）.

31. 对于各种形状容器，都充满了重度为 k 的液体，求其对容器表面的合力；

(a) 半径为 a 的球;　(b) 半径为 11 的平底半球;　(c) 高为 h，半径 a 的圆柱体.

提示：对面积为 ΔG 的小块的作用力为 $kd\Delta G$，d 为小块处水深.

32. 求位于平面 $z = h_1$ 和平面 $z = h_2$ 之间的球 $x^2 + y^2 + z^2 = a^2$ 的质心，其中 $0 \leqslant h_1 \leqslant h_2 \leqslant a$. 用本章的方法解，然后与 13.6 节的 19 题作比较.

概念复习答案:

1. 曲面积分 2. $\sum_{i=1}^{n} g(\bar{x}_i, \bar{y}_i, \bar{z}_i)\Delta S_i$ 3. $\sqrt{f_x^2 + f_y^2 + 1}$ 4. 2, 18π

14.6 高斯散度定理

格林定理、高斯定理和斯托克斯定理都是把在集合 S 上的积分同另一个在 S 的边界上的积分联系起来. 为了强调这些定理中的相似性，我们引入了标记 ∂S 来代表 S 的边界. 因此，格林定理(14.4 节) 可以写成

$$\oint_{\partial S} \boldsymbol{F} \cdot \boldsymbol{n} \mathrm{d}S = \iint_{S} \operatorname{div} \boldsymbol{F} \mathrm{d}A$$

就是说通过有界封闭平面区域边界 ∂S, $\boldsymbol{F}$ 的流量等于 $\boldsymbol{F}$ 的散度在那个区域上的二重积分. 高斯定理将这个结果提升了一维.

一个集合的边界

回忆一下 12.3 节，如果 P 点的每一个邻域都含有集合 S 中或 S 外的点，则 P 点是 S 的界点. 集合 S 的边界就是所有界点的集合.

高斯定理 令 S 是被一个有界封闭的三维空间的立体，它被分段平滑的曲面 ∂S 所包围(图 1).

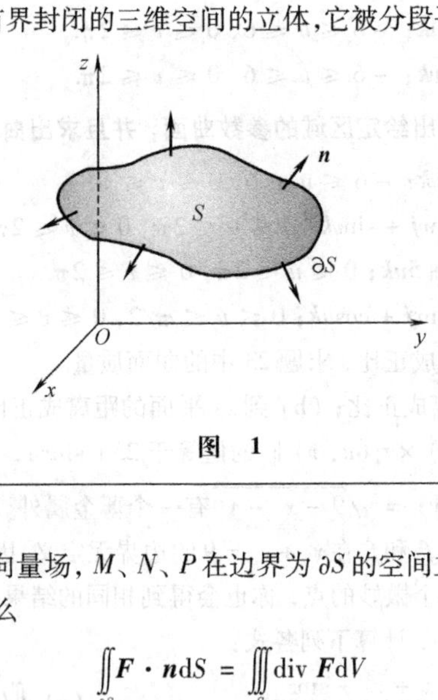

图 1

定理 A 高斯定理

令 $\boldsymbol{F} = M\boldsymbol{i} + N\boldsymbol{j} + P\boldsymbol{k}$ 是一个向量场，M、N、P 在边界为 ∂S 的空间立体 S 上有连续的一阶偏导数. 如果 $\boldsymbol{n}$ 表示对于 ∂S 的单位法向量，那么

$$\iint_{\partial S} \boldsymbol{F} \cdot \boldsymbol{n} \mathrm{d}S = \iiint_{S} \operatorname{div} \boldsymbol{F} \mathrm{d}V$$

换言之，过封闭三维区域边界 ∂S, $\boldsymbol{F}$ 的流量就是它的散度在那个区域上的三重积分.

高斯定理的笛卡儿形式无论是对应用还是结论的证明都是有用的. 若单位法向量

$$\boldsymbol{n} = \cos\alpha\boldsymbol{i} + \cos\beta\boldsymbol{j} + \cos\gamma\boldsymbol{k}$$

式中，α、β 和 γ 是向量 $\boldsymbol{n}$ 的方向角. 因此

$$\boldsymbol{F} \cdot \boldsymbol{n} = M\cos\alpha + N\cos\beta + P\cos\gamma$$

那么高斯公式变成了

$$\boxed{\iint_{\partial S} (M\cos\alpha + N\cos\beta + P\cos\gamma)\mathrm{d}S = \iiint_{S} \left(\frac{\partial M}{\partial x} + \frac{\partial N}{\partial y} + \frac{\partial P}{\partial z}\right)\mathrm{d}V}$$

高斯定理的证明 我们首先考虑区域 S 是 x 型区域、y 型区域和 z 型区域. 可以充分地表示为

$$\iint_{\partial S} M\cos\alpha \mathrm{d}S = \iiint_S \frac{\partial M}{\partial x}\mathrm{d}V$$

$$\iint_{\partial S} N\cos\beta \mathrm{d}S = \iiint_S \frac{\partial N}{\partial y}\mathrm{d}V$$

$$\iint_{\partial S} P\cos\gamma \mathrm{d}S = \iiint_S \frac{\partial P}{\partial z}\mathrm{d}V$$

因为这些表示是相似的，所以我们只证明第三个.

因为 S 是 z 型区域，它能用不等式 $f_1(x, y) \leqslant z \leqslant f_2(x, y)$ 描述. 如图 2 所示，∂S 包括三个部分：S_1，对应 $z = f_1(x, y)$；S_2，对应 $z = f_2(x, y)$ 和可能为空的侧表面 S_3. 在 S_3 上，$\cos\gamma = \cos 90° = 0$，所以，我们可以无视它的作用. 同样地，从 13.6 节的第 26 题和定理 14.5A 可知

$$\iint_{S_2} P\cos\gamma \mathrm{d}S = \iint_R P(x, y, f_2(x, y))\mathrm{d}x\mathrm{d}y$$

我们刚才得到的结果，假设法向量 $\boldsymbol{n}$ 指向上. 因此，当我们把它应用于 S_1，在那里 $\boldsymbol{n}$ 是一个向下的法向量(图 2)，我们必须用相反的符号：

$$\iint_{S_1} P\cos\gamma \mathrm{d}S = -\iint_R P(x, y, f_1(x, y))\mathrm{d}x\mathrm{d}y$$

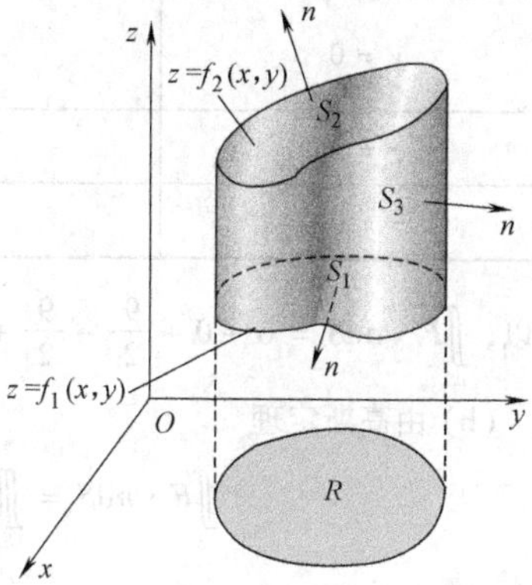

图 2

接着

$$\begin{aligned}\iint_{\partial S} P\cos\gamma \mathrm{d}S &= \iint_R [P(x, y, f_2(x, y)) - P(x, y, f_1(x, y))]\mathrm{d}x\mathrm{d}y \\ &= \iint_R \left[\int_{f_1}^{f_2} \frac{\partial P}{\partial z}\mathrm{d}z\right]\mathrm{d}x\mathrm{d}y \\ &= \iiint_S \frac{\partial P}{\partial z}\mathrm{d}V\end{aligned}$$

这个结果可以容易地扩展到通过指定类型的有限结合所形成的区域，这里我们不做详述.

例 1 当 $\boldsymbol{F} = x\boldsymbol{i} + y\boldsymbol{j} + z\boldsymbol{k}$ 和 $S = \{(x, y, z) \mid x^2 + y^2 + z^2 \leqslant a^2\}$ 时检验高斯定理，分别计算

(a) $\iint_{\partial S} \boldsymbol{F}\cdot\boldsymbol{n}\mathrm{d}S$ (b) $\iiint_S \mathrm{div}\,\boldsymbol{F}\mathrm{d}V$

解 (a) 在 ∂S 上，$\boldsymbol{n} = (x\boldsymbol{i} + y\boldsymbol{j} + z\boldsymbol{k})/a$，所以 $\boldsymbol{F}\cdot\boldsymbol{n} = (x^2 + y^2 + z^2)/a = a$. 因此

$$\iint_{\partial S} \boldsymbol{F}\cdot\boldsymbol{n}\mathrm{d}S = a\iint_{\partial S}\mathrm{d}S = a(4\pi a^2) = 4\pi a^3$$

(b) 因为 $\mathrm{div}\,\boldsymbol{F} = 3$，故有

$$\iiint_S \mathrm{div}\,\boldsymbol{F}\mathrm{d}V = 3\iiint_S \mathrm{d}V = 3\times\frac{4\pi a^3}{3} = 4\pi a^3$$

例 2 计算向量场 $\boldsymbol{F} = x^2y\boldsymbol{i} + 2xz\boldsymbol{j} + yz^3\boldsymbol{k}$ 经过由方程 $0 \leqslant x \leqslant 1$，$0 \leqslant y \leqslant 2$，$0 \leqslant z \leqslant 3$ 确定的矩形立体表面(图 3) 的流量.

(a) 用直接方法 (b) 运用高斯定理

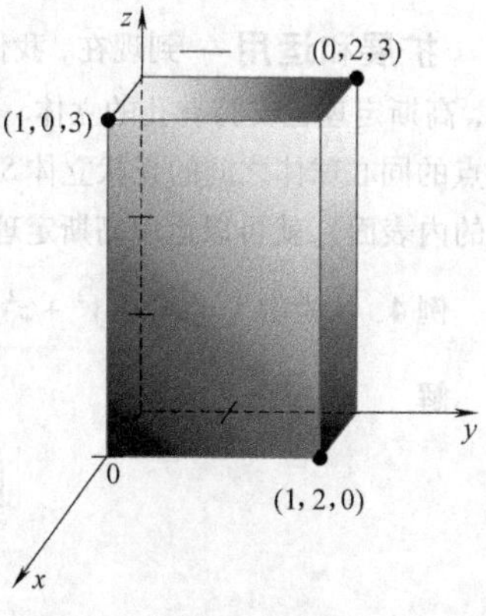

图 3

解 (a) 为了直接计算 $\iint_{\partial S}\boldsymbol{F}\cdot\boldsymbol{n}\mathrm{d}S$，我们计算六个面的积分并且把结果加起来. 在面 $x = 1$，$\boldsymbol{n} = \boldsymbol{i}$ 和 $\boldsymbol{F}\cdot\boldsymbol{n} = x^2y = 1^2y = y$，所以 $\iint_{x=1}\boldsymbol{F}\cdot\boldsymbol{n}\mathrm{d}S = \int_0^3\int_0^2 y\mathrm{d}y\mathrm{d}z = 6$. 用相似的计算方法，我们可以得到以下的表格：

表面	$\boldsymbol{n}$	$\boldsymbol{F}\cdot\boldsymbol{n}$	$\iint_{表面}\boldsymbol{F}\cdot\boldsymbol{n}\mathrm{d}S$
$x=1$	$\boldsymbol{i}$	y	6
$x=0$	$-\boldsymbol{i}$	0	0
$y=2$	$\boldsymbol{j}$	$2xz$	$\frac{9}{2}$
$y=0$	$-\boldsymbol{j}$	$-2xz$	$-\frac{9}{2}$
$z=3$	$\boldsymbol{k}$	$27y$	54
$z=0$	$-\boldsymbol{k}$	0	0

所以，$\iint_{\partial S}\boldsymbol{F}\cdot\boldsymbol{n}\mathrm{d}S=6+0+\frac{9}{2}-\frac{9}{2}+54+0=60$

(b) 由高斯定理

$$\begin{aligned}\iint_{\partial S}\boldsymbol{F}\cdot\boldsymbol{n}\mathrm{d}S&=\iiint_S(2xy+0+3yz^2)\mathrm{d}V=\int_0^1\int_0^2\int_0^3(2xy+3yz^2)\mathrm{d}z\mathrm{d}y\mathrm{d}x\\&=\int_0^1\int_0^2(6xy+27y)\mathrm{d}y\mathrm{d}x\\&=\int_0^1(12x+54)\mathrm{d}x=[6x^2+54x]_0^1=60\end{aligned}$$

例 3　S 是由 $x^2+y^2=4$, $z=0$, 和 $z=3$ 限定的圆柱体，$\boldsymbol{n}$ 为边界 ∂S 的外向单位法向量(图 4). 如果 $\boldsymbol{F}=(x^3+\tan yz)\boldsymbol{i}+(y^3-\mathrm{e}^{xz})\boldsymbol{j}+(3z+x^3)\boldsymbol{k}$, 求 $\boldsymbol{F}$ 穿过 ∂S 的流量.

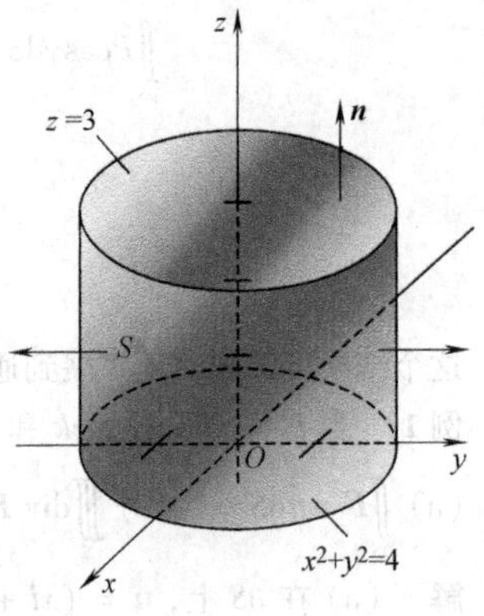

图　4

解　我们可以想象，想要直接求 $\iint_{\partial S}\boldsymbol{F}\cdot\boldsymbol{n}\mathrm{d}S$ 很困难，但是由于

$$\mathrm{div}\,\boldsymbol{F}=3x^2+3y^2+3=3(x^2+y^2+1)$$

所以，由高斯定理和柱面坐标的转换

$$\begin{aligned}\iint_{\partial S}\boldsymbol{F}\cdot\boldsymbol{n}\mathrm{d}S&=3\iiint_S(x^2+y^2+1)\mathrm{d}V\\&=3\int_0^{2\pi}\int_0^2\int_0^3(r^2+1)r\mathrm{d}z\mathrm{d}r\mathrm{d}\theta\\&=9\int_0^{2\pi}\int_0^2(r^3+r)\mathrm{d}r\mathrm{d}\theta=9\int_0^{2\pi}6\mathrm{d}\theta=108\pi\end{aligned}$$

扩展和运用　到现在，我们含蓄地假设立体内部没有孔并且它的边界由一个连接的表面组成. 事实上，高斯定理也支持有孔的立体，像一大块的瑞士奶酪，只需要 $\boldsymbol{n}$ 指向与立体内部相反的方向. 例如，中心在原点的同心球体之间的壳状立体 S. 我们可以认为 ∂S 由两个表面组成(一个 $\boldsymbol{n}$ 指向外的外表面和一个 $\boldsymbol{n}$ 指向原点的内表面)，就可以运用高斯定理.

例 4　S 为由 $1\leqslant x^2+y^2+z^2\leqslant 4$ 决定的立体，并且 $\boldsymbol{F}=x\boldsymbol{i}+(2y+z)\boldsymbol{j}+(z+x^2)\boldsymbol{k}$. 求 $\iint_{\partial S}\boldsymbol{F}\cdot\boldsymbol{n}\mathrm{d}S$ 的值.

解

$$\begin{aligned}\iint_{\partial S}\boldsymbol{F}\cdot\boldsymbol{n}\mathrm{d}S&=\iiint_S\mathrm{div}\,\boldsymbol{F}\mathrm{d}V=\iiint_S(1+2+1)\mathrm{d}V\\&=4\times\left(\frac{4}{3}\pi\times2^3-\frac{4}{3}\pi\times1^3\right)=\frac{112\pi}{3}\end{aligned}$$

回想 14.1 节中一个在原点的质点 M 的重力场 $\boldsymbol{F}$，有如下形式

$$F(x, y, z) = -cM\frac{r}{\|r\|^3}$$

式中，$r = xi + yj + zk$，c 是常数.

例 5 S 为内部包括一个在原点的质量为 M 的质点的立体区域并且有对应的场 $F = -cMr/\|r\|^3$. 证明经过 ∂S 的流量 F 是 $-4\pi cM$，不考虑 S 的形状.

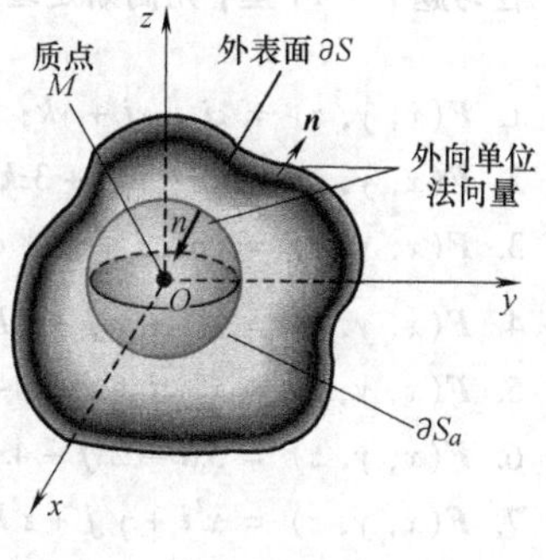

图 5

解 因为 F 在原点是不连续的，不能直接运用高斯定理. 但是，让我们假设从 S 分离出的一个半径为 a 的小球体 S_a，留下一个外表面 ∂S 和内表面 ∂S_a 的立体 W(图 5). 当我们对 W 运用高斯定理，我们得到

$$\iint_{\partial S} F \cdot n \mathrm{d}S + \iint_{\partial S_a} F \cdot n \mathrm{d}S = \iint_{\partial W} F \cdot n \mathrm{d}S$$

$$= \iiint_W \operatorname{div} F \mathrm{d}V$$

但是，可以简单地得知 $\operatorname{div} F = 0$(14.1 节的第 21 题)，所以

$$\iint_{\partial S} F \cdot n \mathrm{d}S = -\iint_{\partial S_a} F \cdot n \mathrm{d}S$$

在表面 ∂S_a，$n = -r/\|r\|$ 和 $\|r\| = a$. 因此

$$-\iint_{\partial S_a} F \cdot n \mathrm{d}S = -\iint_{\partial S_a}\left(-cM\frac{r}{\|r\|^3}\right)\cdot\left(-\frac{r}{\|r\|}\right)\mathrm{d}S$$

$$= -cM\iint_{\partial S_a}\frac{r \cdot r}{a^4}\mathrm{d}S$$

$$= -cM\iint_{\partial S_a}\frac{1}{a^2}\mathrm{d}S$$

$$= \frac{-cM}{a^2} \times 4\pi a^2 = -4\pi cM$$

扩展例 5 的结果到一个包括 k 个质点 $M_1, M_2, \cdots, M_k$ 在内部的立体 S 的情况. 结果为

$$\iint_{\partial S} F \cdot n \mathrm{d}S = -4\pi c(M_1 + M_2 + \cdots + M_k)$$

此式给出了穿过 ∂S 的流量 F，即为高斯定理.

最后，高斯定理可以扩展到一个形体 B，由连续分布的质量为 M 的质点组成，把质点细分为小块，并估算这些小块. 结果是

$$\iint_{\partial S} F \cdot n \mathrm{d}S = -4\pi cM$$

对任意的包含 B 的区域 S 都成立.

概念复习

1. 格林、斯托克斯和高斯定理都与在 S 上的积分及 S 上的________积分有关，用________表示.

2. 具体地，高斯定理表示为

$$\iiint_S \operatorname{div} F \mathrm{d}V = \iint_{\partial S} \underline{\qquad\qquad} \mathrm{d}S.$$

3. 表达高斯定理的另一个方法是通过 S 的表面的流量 F 等于 $\iiint_S \underline{\qquad\qquad} \mathrm{d}V$.

4. 高斯定理的一个推论是由质点 M 形成的引力场经过包括 M 的任意立体 S 的________是 $-4\pi cM$；也就是与 S 的________无关.

习题 14.6

在习题 1 ~ 14 里，用高斯定理来计算 $\iint_{\partial S} \boldsymbol{F}\cdot\boldsymbol{n}\mathrm{d}S$.

1. $\boldsymbol{F}(x, y, z) = z\boldsymbol{i} + x\boldsymbol{j} + y\boldsymbol{k}$；$S$ 是半球 $0 \leqslant z \leqslant \sqrt{9 - x^2 - y^2}$.

2. $\boldsymbol{F}(x, y, z) = x\boldsymbol{i} + 2y\boldsymbol{j} + 3z\boldsymbol{k}$；$S$ 是正方体 $0 \leqslant x \leqslant 1,\ 0 \leqslant y \leqslant 1,\ 0 \leqslant z \leqslant 1$.

3. $\boldsymbol{F}(x, y, z) = \cos z^2\boldsymbol{i} + y\boldsymbol{j} + \cos x^2\boldsymbol{k}$；$S$ 是正方体 $-1 \leqslant x \leqslant 1,\ -1 \leqslant y \leqslant 1,\ -1 \leqslant z \leqslant 1$.

4. $\boldsymbol{F}(x, y, z) = x^3\boldsymbol{i} + y^3\boldsymbol{j} + z^3\boldsymbol{k}$；$S$ 是半球 $0 \leqslant z \leqslant \sqrt{a^2 - x^2 - y^2}$.

5. $\boldsymbol{F}(x, y, z) = x^2yz\boldsymbol{i} + xy^2z\boldsymbol{j} + xyz^2\boldsymbol{k}$；$S$ 是长方体 $0 \leqslant x \leqslant a,\ 0 \leqslant y \leqslant b,\ 0 \leqslant z \leqslant c$.

6. $\boldsymbol{F}(x, y, z) = 3x\boldsymbol{i} - 2y\boldsymbol{j} + 4z\boldsymbol{k}$；$S$ 是球 $x^2 + y^2 + z^2 \leqslant 9$.

7. $\boldsymbol{F}(x, y, z) = x^2\boldsymbol{i} + y^2\boldsymbol{j} + z^2\boldsymbol{k}$；$S$ 是抛物体 $0 \leqslant z \leqslant 4 - x^2 - y^2$.

8. $\boldsymbol{F}(x, y, z) = (x^2 + \cos yz)\boldsymbol{i} + (y - e^z)\boldsymbol{j} + (z^2 + x^2)\boldsymbol{k}$；$S$ 是由曲线 $x^2 + y^2 = 4,\ x + z = 2,\ z = 0$ 围成的立体.

9. $\boldsymbol{F}(x, y, z) = (x + z^2)\boldsymbol{i} + (y - z^2)\boldsymbol{j} + x\boldsymbol{k}$；$S$ 是由曲线 $0 \leqslant y^2 + z^2 \leqslant 1,\ 0 \leqslant x \leqslant 2$ 围成的立体.

10. $\boldsymbol{F}(x, y, z) = x^2\boldsymbol{i} + y^2\boldsymbol{j} + z^2\boldsymbol{k}$；$S$ 是由直线 $x + y + z = 4,\ x = 0,\ y = 0,\ z = 0$ 围成的立体.

11. $\boldsymbol{F}(x, y, z) = 2x\boldsymbol{i} + 3y\boldsymbol{j} + 4z\boldsymbol{k}$；$S$ 是球壳 $9 \leqslant x^2 + y^2 + z^2 \leqslant 25$.

12. $\boldsymbol{F}(x, y, z) = 2z\boldsymbol{i} + x\boldsymbol{j} + z^2\boldsymbol{k}$；$S$ 是圆柱壳 $1 \leqslant x^2 + y^2 \leqslant 4,\ 0 \leqslant z \leqslant 2$.

13. $\boldsymbol{F}(x, y, z) = z^2\boldsymbol{i} + y^2\boldsymbol{j} + x^2\boldsymbol{k}$，$S$ 是圆柱壳区域 $x^2 + z^2 \leqslant 1,\ 0 \leqslant y \leqslant 10$（提示：做变换 $x = r\cos\theta,\ z = r\sin\theta,\ y = y$，用 13.9 节的方法求雅可比式）.

14. $\boldsymbol{F}(x, y, z) = (x^3 + y)\boldsymbol{i} + (y^3 + z)\boldsymbol{j} + (x + z^3)\boldsymbol{k}$，$S$ 是区域 $x^2 + z^2 \leqslant y^2,\ x^2 + y^2 + z^2 \leqslant 1,\ y \geqslant 0$（提示：作类似于球面坐标转换，并用 13.9 节的方法求雅可比式）.

15. 令 $\boldsymbol{F}(x, y, z) = x\boldsymbol{i} + y\boldsymbol{j} + z\boldsymbol{k}$，又令 S 是一个可以应用高斯定理的立体，证明 S 的体积是

$$V(S) = \frac{1}{3}\iint_{\partial S} \boldsymbol{F}\cdot\boldsymbol{n}\mathrm{d}S$$

16. 用 15 题的结论来检查在直角坐标系下，高为 h 半径为 a 的圆柱的体积公式.

17. 平面 $ax + by + cz = d$，其中，a、b、c、d 都是正数. 用 15 题的结论来证明，在第一象限里用这个平面切一个四面体得到的体积为 $dD/(3\sqrt{a^2 + b^2 + c^2})$，其中，$D$ 为平面在第一象限内的面积.

18. 令 $\boldsymbol{F}$ 为一个常向量场. 证明对任何一个"良好"的立体，都有

$$\iint_{\partial S} \boldsymbol{F}\cdot\boldsymbol{n}\mathrm{d}S = 0$$

在这里，我们说的"良好" 是什么意思呢？

19. 对于每个小题都计算 $\iint_{\partial S} \boldsymbol{F}\cdot\boldsymbol{n}\mathrm{d}S$. 若方法正确，这些题目都很简单.

(a) $\boldsymbol{F} = (2x + yz)\boldsymbol{i} + 3y\boldsymbol{j} + z^2\boldsymbol{k}$；$S$ 为球 $x^2 + y^2 + z^2 \leqslant 1$

(b) $\boldsymbol{F} = (x^2 + y^2 + z^2)^{5/3}(x\boldsymbol{i} + y\boldsymbol{j} + z\boldsymbol{k})$；$S$ 同(a)

(c) $\boldsymbol{F} = x^2\boldsymbol{i} + y^2\boldsymbol{j} + z^2\boldsymbol{k}$；$S$ 为球 $(x - 2)^2 + y^2 + z^2 \leqslant 1$

(d) $\boldsymbol{F} = x^2\boldsymbol{i}$；$S$ 为正方体 $0 \leqslant x \leqslant 1,\ 0 \leqslant y \leqslant 1,\ 0 \leqslant z \leqslant 1$

(e) $\boldsymbol{F} = (x + z)\boldsymbol{i} + (y + x)\boldsymbol{j} + (z + y)\boldsymbol{k}$；$S$ 为由平面 $3x + 4y + 2z = 12$ 割第一象限所形成的四面体

(f) $\boldsymbol{F} = x^3\boldsymbol{i} + y^3\boldsymbol{j} + z^3\boldsymbol{k}$；$S$ 同(a)

(g) $\boldsymbol{F} = (x\boldsymbol{i} + y\boldsymbol{j})\ln(x^2 + y^2)$；$S$ 为圆柱 $x^2 + y^2 \leqslant 4,\ 0 \leqslant z \leqslant 2$

20. 计算 $\iint_{\partial S} \boldsymbol{F}\cdot\boldsymbol{n}\mathrm{d}S$. 在每小题里，$\boldsymbol{r} = x\boldsymbol{i} + y\boldsymbol{j} + z\boldsymbol{k}$.

(a) $\boldsymbol{F} = \boldsymbol{r}/\|\boldsymbol{r}\|^3$；$S$ 是球 $(x - 2)^2 + y^2 + z^2 \leqslant 1$

(b) $\boldsymbol{F}=\boldsymbol{r}/\|\boldsymbol{r}\|^3$; S 是球 $x^2+y^2+z^3\leqslant a^2$

(c) $\boldsymbol{F}=\boldsymbol{r}/\|\boldsymbol{r}\|^2$; S 与(b)一样

(d) $\boldsymbol{F}=f(\|\boldsymbol{r}\|)\boldsymbol{r}$, f 为任意标量函数; S 与(b)一样

(e) $\boldsymbol{F}=\|\boldsymbol{r}\|^n\boldsymbol{r}$, $n\geqslant 0$; S 为球 $x^2+y^2+z^2\leqslant az$(在球面坐标下 $\rho\leqslant a\cos\phi$)

21. 定义标量场的拉普拉斯算子为

$$\nabla^2 f=\frac{\partial^2 f}{\partial x^2}+\frac{\partial^2 f}{\partial y^2}+\frac{\partial^2 f}{\partial z^2}$$

证明

$$\iint_{\partial S} D_{\mathbf{n}} f \mathrm{d}S=\iiint_S \nabla^2 f \mathrm{d}V$$

式中, $D_{\mathbf{n}} f$ 为在单位法向量 $\boldsymbol{n}$ 上的方向导数.

22. 假设 $\nabla^2 f$ 在区域 S 内为零. 证明

$$\iint_{\partial S} f D_{\mathbf{n}} f \mathrm{d}S=\iiint_S \|\nabla f\|^2 \mathrm{d}V$$

23. 运用高斯定理 $\boldsymbol{F}=f\nabla g$ 证明格林第一性质

$$\iint_{\partial S} f D_{\mathbf{n}} g \mathrm{d}S=\iiint_S (f\nabla^2 g+\nabla f\cdot\nabla g)\mathrm{d}V$$

24. 证明格林第二性质

$$\iint_{\partial S}(f D_{\mathbf{n}} g-g D_{\mathbf{n}} f)\mathrm{d}S=\iiint_S (f\nabla^2 g-g\nabla^2 f)\mathrm{d}V$$

概念复习答案:

1. 边界, ∂S 2. $\boldsymbol{F}\cdot\boldsymbol{n}$ 3. $\operatorname{div}\boldsymbol{F}$ 4. 流量, 形状

14.7 斯托克斯定理

我们在 14.4 节里, 证明了格林定理的结论可以写成

$$\oint_{\partial S}\boldsymbol{F}\cdot\boldsymbol{T}\mathrm{d}s=\iint_S(\operatorname{curl}\boldsymbol{F})\cdot\boldsymbol{k}\mathrm{d}A$$

这是对于一个在平面上的被简单封闭曲线 ∂S 围成的区域 S. 我们将把这个结果推广到三维曲面 S. 这个形式的定理是由爱尔兰科学家乔治·加百利·斯托克斯(1819—1903)发现的.

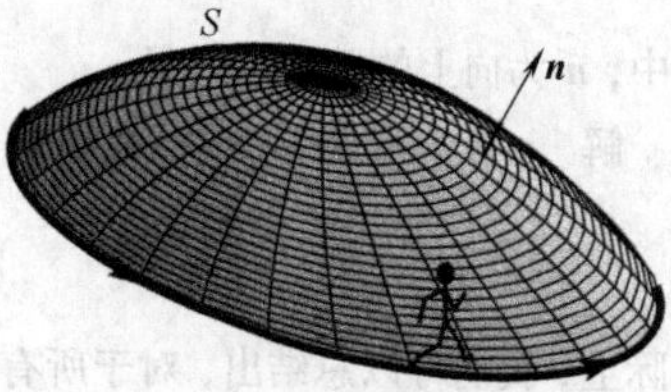

图 1

我们需要在 S 上加一些限定条件. 首先假设 S 两面都有连续变化的单位法向量 $\boldsymbol{n}$(一面的情况在章节 14.5 里已经讨论过了). 第二, 要求边界 ∂S 分段平滑, 简单封闭, 一直与 $\boldsymbol{n}$ 的指向对应. 也就是, 假设你站在曲面上时, 你的头就指向 $\boldsymbol{n}$ 的方向而眼睛就看向曲线的切线方向, 此时曲面在你的左侧如图 1 所示.

> **定理 A 斯托克斯定理**
>
> 如果 S、∂S 和 $\boldsymbol{n}$ 如上所述, 假设 $\boldsymbol{F}=M\boldsymbol{i}+N\boldsymbol{j}+P\boldsymbol{k}$ 为向量场, 而 M、N 和 P 在 S 和 ∂S 上都有连续的一阶偏导数. 如果 $\boldsymbol{T}$ 为 ∂S 的单位切向量, 那么
>
> $$\oint_{\partial S}\boldsymbol{F}\cdot\boldsymbol{T}\mathrm{d}s=\iint_S(\operatorname{curl}\boldsymbol{F})\cdot\boldsymbol{n}\mathrm{d}S$$

例题与应用　斯托克斯定理的证明更适合高级的微积分课程，然而我们可以在例子中检验它.

例 1　对于 $\boldsymbol{F}=y\boldsymbol{i}-x\boldsymbol{j}+yz\boldsymbol{k}$，$S$ 为由抛物面 $z=x^2+y^2$、圆 $x^2+y^2=1$ 及平面 $z=1$ 所围成的区域（图 2），检验斯托克斯定理.

解　我们可以把 δS 用参数式表示出来

$$x=\cos t,\ y=\sin t,\ z=1$$

此时 $\mathrm{d}z=0$（见 14.2 节）.

$$\oint_{\partial S}\boldsymbol{F}\cdot\boldsymbol{T}\mathrm{d}s=\oint_{\partial S}y\mathrm{d}x-x\mathrm{d}y=\int_0^{2\pi}[\sin t(-\sin t)\mathrm{d}t-\cos t\cos t\mathrm{d}t]$$
$$=-\int_0^{2\pi}(\sin^2t+\cos^2t)\mathrm{d}t=-2\pi$$

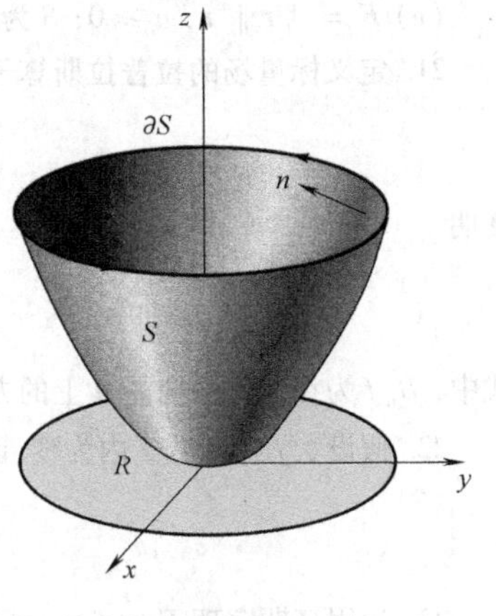

图　2

同时，要计算 $\iint_S(\mathrm{curl}\,\boldsymbol{F})\cdot\boldsymbol{n}\mathrm{d}S$，我们先计算

$$\mathrm{curl}\,\boldsymbol{F}=\nabla\times\boldsymbol{F}=\begin{vmatrix}\boldsymbol{i}&\boldsymbol{j}&\boldsymbol{k}\\\dfrac{\partial}{\partial x}&\dfrac{\partial}{\partial y}&\dfrac{\partial}{\partial z}\\y&-x&yz\end{vmatrix}=z\boldsymbol{i}+0\boldsymbol{j}-2\boldsymbol{k}$$

然后，根据定理 14.5B

$$\iint_S(\mathrm{curl}\,\boldsymbol{F})\cdot\boldsymbol{n}\mathrm{d}S=\iint_R[-z(2x)-0(2y)-2]\mathrm{d}x\mathrm{d}y$$
$$=-2\iint_R(xz+1)\mathrm{d}x\mathrm{d}y$$
$$=-2\iint_R[x(x^2+y^2)+1]\mathrm{d}x\mathrm{d}y$$
$$=-2\int_0^{2\pi}\int_0^1(r^3\cos\theta+1)r\mathrm{d}r\mathrm{d}\theta$$
$$=-2\int_0^{2\pi}\left(\frac{1}{5}\cos\theta+\frac{1}{2}\right)\mathrm{d}\theta=-2\pi$$

例 2　令 S 为球面 $x^2+y^2+(z-4)^2=10$ 低于平面 $z=1$ 的部分，又令 $\boldsymbol{F}=y\boldsymbol{i}-x\boldsymbol{j}+yz\boldsymbol{k}$. 用斯托克斯定理计算

$$\iint_S(\mathrm{curl}\,\boldsymbol{F})\cdot\boldsymbol{n}\mathrm{d}S$$

式中，$\boldsymbol{n}$ 为向上的单位法向量.

解　场 $\boldsymbol{F}$ 与例 1 一样，所以 S 也有同样的圆形界限. 我们就可以得出

$$\iint_S(\mathrm{curl}\,\boldsymbol{F})\cdot\boldsymbol{n}\mathrm{d}S=\oint_{\partial S}\boldsymbol{F}\cdot\boldsymbol{n}\mathrm{d}s=-2\pi$$

实际上，我们可以总结出，对于所有如图 2 所示的存在有向界限的圆 ∂S 的表面 S，$\mathrm{curl}\,\boldsymbol{F}$ 的流量都是 -2π.

例 3　用斯托克斯定理来计算 $\oint_C\boldsymbol{F}\cdot\boldsymbol{T}\mathrm{d}s$，其中 $\boldsymbol{F}=2z\boldsymbol{i}+(8x-3y)\boldsymbol{j}+(3x+y)\boldsymbol{k}$，而 C 为图 3 中所示的三角形曲线.

解　我们可以设以 C 为有向边界的任意曲面 S，但最好找出最简单的曲面，例如平面三角形 T. 要得到这个曲面的 $\boldsymbol{n}$，我们写出向量

$$\boldsymbol{A}=(0-1)\boldsymbol{i}+(0-0)\boldsymbol{j}+(2-0)\boldsymbol{k}=-\boldsymbol{i}+2\boldsymbol{k}$$
$$\boldsymbol{B}=(0-1)\boldsymbol{i}+(1-0)\boldsymbol{j}+(0-0)\boldsymbol{k}=-\boldsymbol{i}+\boldsymbol{j}$$

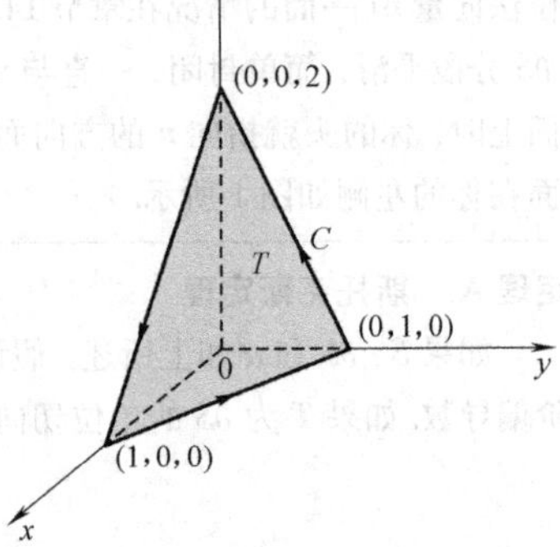

图　3

在表面上，于是

$$N = A \times B = \begin{vmatrix} i & j & k \\ -1 & 0 & 2 \\ -1 & 1 & 0 \end{vmatrix} = -2i - 2j - k$$

就垂直于它. 向上的单位法向量为

$$n = \frac{2i + 2j + k}{\sqrt{4 + 4 + 1}} = \frac{2}{3}i + \frac{2}{3}j + \frac{1}{3}k$$

同时

$$\text{curl}\, F = \begin{vmatrix} i & j & k \\ \frac{\partial}{\partial x} & \frac{\partial}{\partial y} & \frac{\partial}{\partial z} \\ 2z & 8x - 3y & 3x + y \end{vmatrix} = i - j + 8k$$

而此时 $\text{curl}\, F \cdot n = \frac{8}{3}$. 可以得出

$$\oint_C F \cdot T ds = \iint_T (\text{curl}\, F) \cdot n dS = \frac{8}{3} \times (T 的面积) = \frac{8}{3} \times \frac{3}{2} = 4$$

例 4 令向量场 F 和区域 D 满足定理 14.3D 的假定. 证明：如果 $\text{curl}\, F = 0$ 在 D 上成立，那么 F 就在那为保守场.

解 从 14.3 节的讨论中，可以证明对于在 D 上任意封闭路径 C 都有 $\oint_C F \cdot dr = 0$. 令 S 为以 C 为边界而且一直与 C 指向一样(D 作为一个平面，其连通性可能看做一定存在). 那么，从斯托克斯定理可以得出

$$\oint_C F \cdot dr = \oint_C F \cdot T ds = \iint_C (\text{curl}\, F) \cdot n dS = 0$$

旋度的实际意义 在 14.4 节我们给出了关于 curl 的解释，现在我们展开讨论一下. 令 C 为以 P 为圆心 a 为半径的圆，那么

$$\oint_C F \cdot T ds$$

就叫 F 绕 C 的流动，这是用来量度速度场为 F 的绕 C 流动的流度趋势. 现在，如果 F 为连续而 C 非常小，由斯托克斯定理给出

$$\oint_C F \cdot T ds = \iint_S (\text{curl}\, F) \cdot n dS \approx [\text{curl}\, F(P)] \cdot n(\pi a^2)$$

如果 n 和 $\text{curl}\, F(P)$ 具有相近的方向，这个表达式的右边会变得非常大.

假设有一个小的桨轮放在流体的中点 P，而在这点流动方向为 n(图 4). 当 n 和 $\text{curl}\, F$ 方向一样的时候，这个轮会转得最快，旋转的方向符合右手法则.

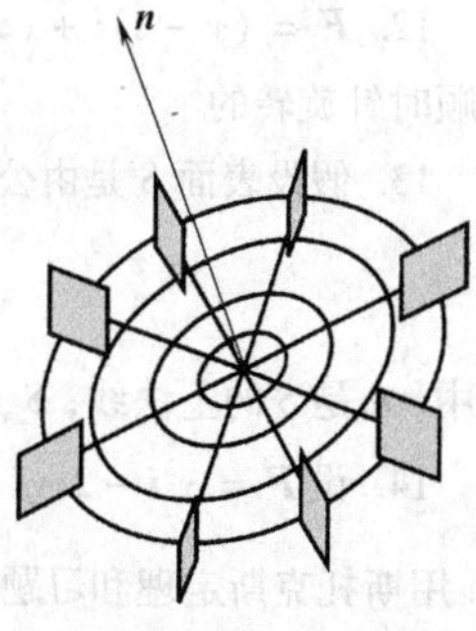

图 4

概念复习

1. 立体空间的斯托克斯定理说，在恰当的假定下 $\int_{\partial S} F \cdot T dS = \iint_S$ ________ dS. 这里 S 是表面，∂S 是它的边界.

2. 对 S 的一个假定是说 S 是具有两侧面的. 只有一个面的例子是________. 它是将一个普通圆柱面沿轴向边切开，旋转其中一端，再粘合而成的.

3. 依据斯托克斯定理，所有两边有相同边界 ∂S 的面对________有相同的值.

4. 将一个中心是 P 的轮桨浸入水中，水的速度场为 F，如果 n 的方向是________，则轮桨将绕 P 点快速旋转.

习题 14.7

在习题 1 ~6 中，用斯托克斯定理计算 $\iint_S (\mathrm{curl}\ \boldsymbol{F}) \cdot \boldsymbol{n} \mathrm{d}S$

1. $\boldsymbol{F} = x^2\boldsymbol{i} + y^2\boldsymbol{j} + z^2\boldsymbol{k}$; S 是半球 $z = \sqrt{1 - x^2 - y^2}$, $\boldsymbol{n}$ 是上法线.
2. $\boldsymbol{F} = xy\boldsymbol{i} + yz\boldsymbol{j} + xz\boldsymbol{k}$; S 是顶点为$(0, 0, 0)$、$(1, 0, 0)$ 和$(0, 2, 1)$ 的三角形表面, $\boldsymbol{n}$ 是上法线.
3. $\boldsymbol{F} = (y + z)\boldsymbol{i} + (x^2 + z^2)\boldsymbol{j} + y\boldsymbol{k}$; S 是在 $y = 0$ 和 $y = 1$ 之间的半圆柱 $z = \sqrt{1 - x^2}$, $\boldsymbol{n}$ 是上法线.
4. $\boldsymbol{F} = xz^2\boldsymbol{i} + x^3\boldsymbol{j} + \cos xz\boldsymbol{k}$; S 是在 xy 面下的椭圆体 $x^2 + y^2 + 3z^2 = 1$ 的部分, $\boldsymbol{n}$ 是下法线.
5. $\boldsymbol{F} = yz\boldsymbol{i} + 3xz\boldsymbol{j} + z^2\boldsymbol{k}$; S 是在 $z = 2$ 面下的球体 $x^2 + y^2 + z^2 = 16$ 的部分, $\boldsymbol{n}$ 是上法线.
6. $\boldsymbol{F} = (z - y)\boldsymbol{i} + (z + x)\boldsymbol{j} - (x + y)\boldsymbol{k}$; S 是在 xy 平面上的抛物面 $z = 1 - x^2 - y^2$ 的部分, $\boldsymbol{n}$ 是上法线.

在习题 7 ~12 中，用斯托克斯定理计算 $\oint_C \boldsymbol{F} \cdot \boldsymbol{T} \mathrm{d}s$.

7. $\boldsymbol{F} = 2z\boldsymbol{i} + x\boldsymbol{j} + 3y\boldsymbol{k}$; C 是与平面 $z = x$ 和圆柱 $x^2 + y^2 = 4$ 相交的椭圆, 从上方看是顺时针旋转的.
8. $\boldsymbol{F} = y\boldsymbol{i} + z\boldsymbol{j} + x\boldsymbol{k}$; C 是$(0, 0, 0)$、$(2, 0, 0)$ 和$(0, 2, 2)$ 组成的三角形曲线, 从上方看是逆时针旋转的.
9. $\boldsymbol{F} = (y - x)\boldsymbol{i} + (x - z)\boldsymbol{j} + (x - y)\boldsymbol{k}$; C 是面 $x + 2y + z = 2$ 在第一卦限的边界, 从上方看是顺时针旋转的.
10. $\boldsymbol{F} = y(x^2 + y^2)\boldsymbol{i} - x(x^2 + y^2)\boldsymbol{j}$; C 是从$(0, 0, 0)$ 到$(1, 0, 0)$ 到$(1, 1, 1)$ 到$(0, 1, 1)$ 到$(0, 0, 0)$ 的矩形路径.
11. $\boldsymbol{F} = (z - y)\boldsymbol{i} + y\boldsymbol{j} + x\boldsymbol{k}$; C 是圆柱体 $x^2 + y^2 = x$ 和球体 $x^2 + y^2 + z^2 = 1$ 的交集, 从上方看是逆时针旋转的.
12. $\boldsymbol{F} = (y - z)\boldsymbol{i} + (z - x)\boldsymbol{j} + (x - y)\boldsymbol{k}$; C 是平面 $x + z = 1$ 和圆柱体 $x^2 + y^2 = 1$ 相交的椭圆, 从上方看是顺时针旋转的.
13. 假设表面 S 是由公式 $z = g(x, y)$ 决定的. 证明在斯托克斯定理下曲面积分可以写成下列二重积分：

$$\iint_S (\mathrm{curl}\ \boldsymbol{F}) \cdot \boldsymbol{n} \mathrm{d}S = \iint_{S_{xy}} (\mathrm{curl}\ \boldsymbol{F}) \cdot (-g_x\boldsymbol{i} - g_y\boldsymbol{j} + \boldsymbol{k}) \mathrm{d}A$$

式中, $\boldsymbol{n}$ 是 S 的上法线; S_{xy} 是 S 在 xy 面上的投影.

14. 设 $\boldsymbol{F} = x^2\boldsymbol{i} - 2xy\boldsymbol{j} + yz^2\boldsymbol{k}$, ∂S 是表面 $z = xy$, $0 \leqslant x \leqslant 1$, $0 \leqslant y \leqslant 1$ 的边界, 从上方看是以逆时针旋转的. 用斯托克斯定理和习题 13, 计算 $\oint_{\partial S} \boldsymbol{F} \cdot \boldsymbol{T} \mathrm{d}s$ ______.
15. 设 $\boldsymbol{F} = 2\boldsymbol{i} + xz\boldsymbol{j} + z^3\boldsymbol{k}$, ∂S 是表面 $z = xy^2$, $0 \leqslant x \leqslant 1$, $0 \leqslant y \leqslant 1$ 的边界, 从上方看是以逆时针旋转的. 计算 $\oint_{\partial S} \boldsymbol{F} \cdot \boldsymbol{T} \mathrm{d}s$.
16. 设 $\boldsymbol{F} = 2\boldsymbol{i} + xz\boldsymbol{j} + z^3\boldsymbol{k}$, ∂S 是表面 $z = x^2y^2$, $x^2 + y^2 \leqslant a^2$ 的边界, 从上方看是以逆时针旋转的. 计算 $\oint_{\partial S} \boldsymbol{F} \cdot \boldsymbol{T} \mathrm{d}s$.
17. 设 $\boldsymbol{F} = 2z\boldsymbol{i} + 2y\boldsymbol{k}$, 且令 ∂S 为圆柱 $x^2 + y^2 = ay$ 和半球 $z = \sqrt{a^2 - x^2 - y^2}$ 交集, $a > 0$. 设距离单位为 m, 力单位为 N, 一个物体在力的作用下(由上方看是逆时针方向的) 在 ∂S 上移动, 求力所做的功.
18. 一个形如 $\boldsymbol{F} = f(\|\boldsymbol{r}\|)\boldsymbol{r}$ 的中心力, f 是连续可微函数(除 $\|\boldsymbol{r}\| = 0$ 以外). 证明：物体绕闭合路径(不包括 $\|\boldsymbol{r}\| = 0$ 点) 运动, 此力所做的功.
19. 设 S 是一个球体(或者任何有“良好” 表面 ∂S 的立体), 证明

$$\iint_{\partial S} (\mathrm{curl}\ \boldsymbol{F}) \cdot \boldsymbol{n} \mathrm{d}S = 0$$

(a) 用斯托克斯定理证明　　(b) 用高斯定理证明. 提示：证明 $\mathrm{div}(\mathrm{curl}\ \boldsymbol{F}) = \boldsymbol{0}$

20. 证明$\oint_{\partial S}(f\nabla g)\cdot\boldsymbol{T}\mathrm{d}s=\iint_S(\nabla f\times\nabla g)\cdot\boldsymbol{n}\mathrm{d}S$

概念复习答案:

1. $(\mathrm{curl}\,\boldsymbol{F})\cdot\boldsymbol{n}$ 2. 莫比乌斯带 3. $\iint_S(\mathrm{curl}\,\boldsymbol{F})\cdot\boldsymbol{n}\mathrm{d}S$ 4. $\mathrm{curl}\,\boldsymbol{F}$

14.8 本章回顾

概念测试

判断下列命题的正误，并证明你的答案.

1. 平方反比定律向量场是保守的.
2. 一个向量场的散度是另一个向量场.
3. 物理学家会对 $\mathrm{curl}(\mathrm{grad}\,f)$ 和 $\mathrm{grad}(\mathrm{curl}\,\boldsymbol{F})$ 感兴趣.
4. 如果f有连续的二阶偏导数，那么 $\mathrm{curl}(\mathrm{grad}\,f)=\boldsymbol{0}$.
5. 一个保守力场在一个闭合回路移动一个物体所做的功等于零.
6. 如果$\int_C\boldsymbol{F}(\boldsymbol{r})\cdot\mathrm{d}\boldsymbol{r}=0$在开连通集$D$的每个闭合回路成立，那么存在一个函数$f$，令$\nabla f=\boldsymbol{F}$在$D$中成立.
7. 场 $\boldsymbol{F}(x,y,z)=(2x+2y)\boldsymbol{i}+2x\boldsymbol{j}+yz^2\boldsymbol{k}$ 是保守的.
8. 格林定理支持带孔的区域 S.
9. 二重积分是曲面积分的特殊形式.
10. 一个面总有两个侧面.
11. 如果区域内没有源头和储池，那么通过区域边界的净流量是 0.
12. 如果 S 是一个没有法线 $\boldsymbol{n}$ 的球体，$\boldsymbol{F}$ 是常向量场，那么

$$\iint_S(\boldsymbol{F}\cdot\boldsymbol{n})\,\mathrm{d}S=0$$

测试题

1. 画出向量场 $\boldsymbol{F}(x,y)=x\boldsymbol{i}+2y\boldsymbol{j}$ 的向量.
2. 如果 $\boldsymbol{F}(x,y,z)=2xyz\boldsymbol{i}-3y^2\boldsymbol{j}+2y^2z\boldsymbol{k}$，求 $\mathrm{div}\,\boldsymbol{F}$，$\mathrm{curl}\,\boldsymbol{F}$，$\mathrm{grad}(\mathrm{div}\,\boldsymbol{F})$ 和 $\mathrm{div}(\mathrm{curl}\,\boldsymbol{F})$.
3. 我们证明了 14.1 节的 20 题 $\mathrm{curl}(f\boldsymbol{F})=f(\mathrm{curl}\,\boldsymbol{F})+\nabla f\times\boldsymbol{F}$ 和 14.3 节的 21 题 $\mathrm{curl}(\nabla f)=\boldsymbol{0}$，用这些结论来证明 $\mathrm{curl}(f\nabla f)=\boldsymbol{0}$.
4. 求一个函数f使它符合：

(a) $\nabla f=(2xy+y)\boldsymbol{i}+(x^2+x+\cos y)\boldsymbol{j}$

(b) $\nabla f=(yz-\mathrm{e}^{-x})\boldsymbol{i}+(xz+\mathrm{e}^y)\boldsymbol{j}+xy\boldsymbol{k}$

5. 计算：

(a) $\int_C(1-y^2)\mathrm{d}s$；C 是从$(0,-1)$到$(1,0)$的四分之一圆，圆心是原点.

(b) $\int_C xy\mathrm{d}x+z\cos x\mathrm{d}y+z\mathrm{d}z$；$C$ 是曲线 $x=t$，$y=\cos t$，$z=\sin t$，$0\leqslant t\leqslant\pi/2$.

6. 证明$\int_C y^2\mathrm{d}x+2xy\mathrm{d}y$是路径无关的，并用它计算$(0,0)$到$(1,2)$的任意路径的积分.
7. 求 $\boldsymbol{F}=y^2\boldsymbol{i}+2xy\boldsymbol{j}$ 把一个物体从$(1,1)$移动到$(3,4)$所做的功(见习题 6).
8. 计算(见习题 4b) $\int_{(0,0,0)}^{(1,1,4)}(yz-\mathrm{e}^{-x})\mathrm{d}x+(xy+\mathrm{e}^y)\mathrm{d}y+xy\mathrm{d}z$.

9. 计算$\oint_C xy\mathrm{d}x + (x^2 + y^2)\mathrm{d}y$，如果

(a) C是正方形路径从(0, 0)到(1, 0)到(1, 1)再到(0, 1)，最后到(0, 0)；

(b) C是三角形路径从(0, 0)到(2, 0)到(2, 1)到(0, 0)；

(c) C是圆$x^2 + y^2 = 1$的顺时针方向的运动路径.

10. 计算$\boldsymbol{F} = x\boldsymbol{i} + y\boldsymbol{j}$过顶点(1, 1)、(−1, 1)、(−1, −1)和(1, −1)的正方形曲线C的流量；也就是说计算$\oint_C \boldsymbol{F}\cdot\boldsymbol{n}\mathrm{d}s$.

11. 计算$\boldsymbol{F} = x\boldsymbol{i} + y\boldsymbol{j} + 3\boldsymbol{k}$过球$x^2 + y^2 + z^2 = 1$的流量.

12. 计算$\iint_G xyz\mathrm{d}S$，其中，G是平面$z = x + y$在顶点为(0, 0, 0)、(1, 0, 0)和(0, 2, 0)的三角形区域上面的部分.

13. 计算$\iint_G (\mathrm{curl}\,\boldsymbol{F})\cdot\boldsymbol{n}\mathrm{d}S$，其中$\boldsymbol{F} = x^3y\boldsymbol{i} + \mathrm{e}^y\boldsymbol{j} + z\tan\left(\frac{xyz}{4}\right)\boldsymbol{k}$，$G$是球体$x^2 + y^2 + z^2 = 2$在平面$z = 1$上面的部分，且单位法向量$\boldsymbol{n}$是向上的.

14. 计算$\iint_G \boldsymbol{F}\cdot\boldsymbol{n}\mathrm{d}S$，其中$\boldsymbol{F} = \sin x\boldsymbol{i} + (1 - \cos x)y\boldsymbol{j} + 4z\boldsymbol{k}$，$G$是由$z = \sqrt{9 - x^2 - y^2}$围成的闭合曲面，且$z = 0$有向外的单位法向量$\boldsymbol{n}$.

15. 令C是由平面$ax + by + z = 0 (a \geqslant 0, b \geqslant 0)$和球体$x^2 + y^2 + z^2 = 9$相交的圆，$\boldsymbol{F} = y\boldsymbol{i} - x\boldsymbol{j} + 3y\boldsymbol{k}$，求$\oint_C \boldsymbol{F}\cdot\boldsymbol{T}\mathrm{d}S$.（提示：用斯托克斯定理）

附　　录

A. 1　数学归纳法

在数学中，我们通常会面临诸如要求建立某一命题的任务，如：对每一个整数 $n \geqslant 1$（或任意整数 $n \geqslant N$），有命题 P_n 成立. 下面是三个例子：

1. $P_n: 1^2 + 2^2 + 3^2 + \cdots + n^2 = \dfrac{n(n+1)(2n+1)}{6}$

2. $Q_n: 2^n > n + 20$

3. $R_n: n^2 - n + 41$ 是素数

命题 P_n 对所有的整数均成立，而 Q_n 对大于或等于 5 的每一整数才成立（稍后会给出说明）. 第三个命题 R_n 就有意思了. 注意到对 $n = 1, 2, 3, \cdots$, $n^2 - n + 41$ 的值为 41, 43, 47, 53, 61, …（均为素数）. 事实上，当 n 从 1 增大到 40，我们一直可以得到素数；但在 $n = 41$ 时，根据相应公式可得合数 $1684 = 41 \times 41$. 这说明，对一个命题来说，有可能对 40 种（或 4 千万种）情况取值都成立，但并不能保证对所有的情况都成立. 因此，对有限种情况和对所有情况之间的差别还是非常大的.

那应该怎么做呢?是否存在一个法则，对于所有的 n 都有命题 P_n 成立？

数学归纳法原理将给出肯定的答案.

> **数学归纳法原理**
>
> 令 $\{P_n\}$ 是命题的一个序列，它若满足下面两个条件：
>
> (i) P_N 成立（N 通常等于 1）.
>
> (ii) 由 P_i 成立可推出 P_{i+1} 成立，$i \geqslant N$.
>
> 则，P_n 对所有的 $n \geqslant N$ 都成立.

对此原理我们不做证明；它通常被当做公理来用，它看起来是显然成立的. 毕竟，如果第一条就不成立或如果每一条都不能导致下一条成立，整个定理也就不可能成立了. 我们主要是学习如何运用数学归纳法.

例 1　证明

$$P_n: 1^2 + 2^2 + 3^2 + \cdots + n^2 = \frac{n(n+1)(2n+1)}{6}$$

对所有的 $n \geqslant 1$ 都成立.

解　首先，我们注意到

$$P_1: 1^2 + \frac{1(1+1)(2+1)}{6}$$

是显然成立的.

其次，我们将运用条件(ii). 首先，写出表达式 P_i 和 P_{i+1}.

$$P_i:1^2+2^2+\cdots+i^2=\frac{(i+1)(2i+1)}{6}$$

$$P_{i+1}:1^2+2^2+\cdots+i^2+(i+1)^2=\frac{(i+1)(i+2)(2i+3)}{6}$$

我们必须说明由 P_i 可推出 P_{i+1}，因此我们先假定 P_i 成立. 然后 P_{i+1} 的左边可写为(* 表示 P_i 被运用)：

$$\begin{aligned}[1^2+2^2+\cdots+i^2]+(i+1)^2 &\overset{*}{=}\frac{i(i+1)(2i+1)}{6}+(i+1)^2\\ &=(i+1)\frac{2i^2+i+6i+6}{6}\\ &=\frac{(i+1)(i+2)(2i+3)}{6}\end{aligned}$$

这一系列的等式可推出 P_{i+1}. 因此，P_i 成立可推出 P_{i+1} 也成立. 运用数学归纳法原理可知，P_n 对所有的正整数 n 都成立.

例 2　证明 P_n：$2^n>n+20$ 对 $n\geqslant 5$ 的整数成立.

解　首先，我们注意到 P_5：$2^5>5+20$ 成立. 其次，我们假定 P_i：$2^i>i+20$ 成立，并且试着去推出 P_{i+1}：$2^{i+1}>i+1+20$ 也成立. 有

$$2^{i+1}=2\times 2^i\overset{*}{>}2(i+20)=2i+40>i+21=i+1+20$$

命题 P_{i+1} 成立. 于是，P_n 对 $n\geqslant 5$ 是成立的.

例 3　证明

P_n：$x-y$ 是 x^n-y^n 的一个因子，对大于 1 的整数成立.

解　很明显，$x-y$ 是 $x-y$ 的因子，即 P_1 成立. 假定 $x-y$ 是 x^i-y^i 的因子，即存在某多项式 $Q(x,y)$，使得

$$x^i-y^i=Q(x,y)(x-y)$$

则

$$\begin{aligned}x^{i+1}-y^{i+1}&=x^{i+1}-x^iy+x^iy-y^{i+1}\\ &=x^i(x-y)+y(x^i-y^i)\\ &\overset{*}{=}x^i(x-y)+yQ(x,y)(x-y)\\ &=[x^i+yQ(x,y)](x-y)\end{aligned}$$

因此，由 P_i 成立能推出 P_{i+1} 也成立.

根据数学归纳法原理，我们可得出 P_n 对所有的 $n\geqslant 1$ 成立.

习题 A.1

在习题 1 ~ 8 中，运用数学归纳法原理对所给命题在 $n\geqslant 1$ 情况下作出证明.

1. $1+2+3+\cdots+n=\dfrac{n(n+1)}{2}$

2. $1+3+5+\cdots+(2n-1)=n^2$

3. $1\times 2+2\times 3+3\times 4+\cdots+n(n+1)=\dfrac{n(n+1)(n+2)}{3}$

4. $1^2+3^2+5^2+\cdots+(2n-1)^2=\dfrac{n(2n-1)(2n+1)}{3}$

5. $1^3+2^3+3^3+\cdots+n^3=\left[\dfrac{n(n+1)}{2}\right]^2$

6. $1^4+2^4+3^4+\cdots+n^4=\dfrac{n(n+1)(6n^3+9n^2+n-1)}{30}$

7. n^3-n 被 6 整除.

8. $n^3+(n+1)^3+(n+2)^3$ 被 9 整除.

在习题 9 ~ 12 中，通过整数 N 对下列命题做猜想，说明哪个命题对所有的 $n\geqslant N$ 成立，并证明之.

9. $3n+25<3^n$

10. $n-100>\log_{10}n$

11. $n^2\leqslant 2^n$

12. $|\sin nx|\leqslant n|\sin x|$，对所有的 x 成立.

在习题13 ~20 中，从下列信息中可得出有关 P_n 的什么结论.

13. P_5 成立，并且由 P_i 成立可推出 P_{i+2} 成立.

14. P_1 和 P_2 成立，并且由 P_i 成立可推出 P_{i+2} 成立.

15. P_{30} 成立，并且由 P_i 成立可推出 P_{i-1} 成立.

16. P_{30} 成立，并且由 P_i 成立可推出 P_{i+1} 和 P_{i-1} 成立.

17. P_1 成立，并且由 P_i 成立可推出 P_{4i} 和 P_{i-1} 成立.

18. P_1 成立，并且由 P_{2i} 成立可推出 P_{2i+1} 成立.

19. P_1 和 P_2 成立，并且由 P_i 和 P_{i+1} 成立可推出 P_{i+2} 成立.

20. P_1 成立，并且由 P_j 对所有 $j\leqslant i$ 成立可推出 P_{i+1} 成立.

在习题21 ~27 中，确定对于哪些 n 值，下列给定命题成立，并运用数学归纳法（或者习题13 ~20 中的结论）**来证明之.**

21. $x+y$ 是 x^n+y^n 的一个因子.

22. 一个凸 n 多边形的内角和为 $(n-2)\pi$.

23. 凸 n 多边形的对角线条数为 $\frac{n(n-3)}{2}$.

24. $\frac{1}{n+1}+\frac{1}{n+2}+\frac{1}{n+3}+\cdots+\frac{1}{2n}>\frac{3}{5}$

25. $\left(1-\frac{1}{4}\right)\left(1-\frac{1}{9}\right)\left(1-\frac{1}{16}\right)\cdots\left(1-\frac{1}{n^2}\right)=\frac{n+1}{2n}$

26. 令 $f_0=0, f_1=1$ 并且对于所有的 $n\geqslant 0$ 有 $f_{n+2}=f_{n+1}+f_n$（这是斐波那契数列）. 则

$$f_n=\frac{1}{\sqrt{5}}\left[\left(\frac{1+\sqrt{5}}{2}\right)^n-\left(\frac{1-\sqrt{5}}{2}\right)^n\right]$$

27. 令 $a_0=0$, $a_1=1$ 并且对于所有的 $n\geqslant 0$ 有 $a_{n+2}=(a_{n+1}+a_n)/2$, 则

$$a_n=\frac{2}{3}\left[1-\left(-\frac{1}{2}\right)^n\right]$$

28. 下面说法表明任意由 n 个人组成的集合中所有人同龄，有什么不对？这个命题对于 $n=1$ 时，肯定是正确的. 设对于有 i 个人的集合也成立，考虑 $i+1$ 个人的集合 M. 可把 W 看做集合 X 和 Y（X、Y 中均有 i 个人）的并（画图，例如，W 有 6 个人）. 通过推测，每个集合包含同龄人. 但 X 与 Y 的重叠部分（$X\cap Y$）和所有 $W=X\cup Y$ 的成员也都是同龄的.

A.2 几个定理的证明

定理 A　主极限定理

设 n 是一正整数，k 是一常数，并且 f 和 g 是在点 c 有极限的函数，则

1. $\lim\limits_{x\to c}k=k$

2. $\lim\limits_{x\to c}x=c$

3. $\lim\limits_{x\to c}kf(x)=k\lim\limits_{x\to c}f(x)$

4. $\lim\limits_{x\to c}[f(x)+g(x)]=\lim\limits_{x\to c}f(x)+\lim\limits_{x\to c}g(x)$

5. $\lim\limits_{x\to c}[f(x)-g(x)]=\lim\limits_{x\to c}f(x)-\lim\limits_{x\to c}g(x)$

6. $\lim\limits_{x\to c}[f(x)\cdot g(x)]=\lim\limits_{x\to c}f(x)\cdot\lim\limits_{x\to c}g(x)$

7. $\lim\limits_{x\to c}\frac{f(x)}{g(x)}=\frac{\lim\limits_{x\to c}f(x)}{\lim\limits_{x\to c}g(x)}$, $\lim\limits_{x\to c}g(x)\neq 0$

8. $\lim\limits_{x\to c}[f(x)]^n=[\lim\limits_{x\to c}f(x)]^n$

9. $\lim\limits_{x\to c}\sqrt[n]{f(x)}=\sqrt[n]{\lim\limits_{x\to c}f(x)}$，当 n 是偶数时 $\lim\limits_{x\to c}f(x)>0$

证明　在 1.3 节中，我们证明了结论 1 ~ 5，因此，我们从结论 6 开始. 首先，我们考虑结论 8 中的一种特殊情形（$n=2$）：

$$\lim_{x\to c}[g(x)]^2 = [\lim_{x\to c}g(x)]^2$$

回忆一下，我们证明过$\lim_{x\to c}x^2 = c^2$(1.2 节例 7)，并且$f(x) = x^2$是处处连续的，因此由复合函数极限定理(定理 1.6E)

$$\lim_{x\to c}[g(x)]^2 = \lim_{x\to c}f(g(x)) = f[\lim_{x\to c}g(x)] = [\lim_{x\to c}g(x)]^2$$

下一步

$$f(x)g(x) = \frac{1}{4}\{[f(x)+g(x)]^2 - [f(x)-g(x)]^2\}$$

运用结论 3、4 和 5，加上我们刚才证明过的. 结论 6 得证.

为证明结论 7，对$f(x) = 1/x$运用复合函数极限定理，结合 1.2 节例 8，有

$$\lim_{x\to c}\frac{1}{g(x)} = \lim_{x\to c}f(g(x)) = f\left(\lim_{x\to c}g(x)\right) = \frac{1}{\lim_{x\to c}g(x)}$$

从而可得出结论.

结论 8 可通过反复运用结论 6 得出.

对结论 9，我们只证明平方根的情形. 令$f(x) = \sqrt{x}$，它对于正数是连续的(1.2 节例 5). 运用复合函数极限定理，

$$\lim_{x\to c}\sqrt{g(x)} = \lim_{x\to c}f(g(x)) = f[\lim_{x\to c}g(x)] = \sqrt{\lim_{x\to c}g(x)}$$

这和所要证明的结果是等价的.

定理 B　链式法则

如果 g 在 a 处可微，f 在 $g(a)$ 处可微，则 $f\circ g$ 在 a 处可微，并且

$$(f\circ g)'(a) = f'(g(a))g'(a)$$

证明　我们提供一个证明，它很容易推广到高维的情形(12.6 节). 由假设，f 在 $b = g(a)$ 处可微，即有 $f'(b)$ 使得

$$\lim_{\Delta u\to 0}\frac{f(b+\Delta u)-f(b)}{\Delta u} = f'(b) \tag{1}$$

定义关于 Δu 的函数 ε

$$\varepsilon(\Delta u) = \frac{f(b+\Delta u)-f(b)}{\Delta u} - f'(b)$$

两边都乘以 Δu 可得

$$f(b+\Delta u) - f(b) = f'(b)\Delta u + \Delta u\varepsilon(\Delta u) \tag{2}$$

式(1) 中极限的存在等价于式(2) 中当 $\Delta u\to 0$ 时 $\varepsilon(\Delta u)\to 0$. 如果，在式(2) 中，我们用 $g(a+\Delta x) - g(a)$ 代替 Δu，$g(a)$ 代替 b，可以得到

$$f(g(a+\Delta x)) - f(g(a)) = f'(g(a))[g(a+\Delta x) - g(a)] + [g(a+\Delta x) - g(a)]\varepsilon(\Delta u)$$

或用上式除 Δx，得到

$$\frac{f(g(a+\Delta x)) - f(g(a))}{\Delta x} = f'(g(a))\frac{g(a+\Delta x)-g(a)}{\Delta x} + \frac{g(a+\Delta x)-g(a)}{\Delta x}\varepsilon(\Delta u) \tag{3}$$

在式(3) 中，令 $\Delta x\to 0$，由于 g 在 a 点可微，且在那里是连续的，因此，$\Delta x\to 0$ 可推出 $\Delta u\to 0$；这里就有 $\varepsilon(\Delta u)\to 0$，我们可得

$$\lim_{\Delta x\to 0}\frac{f(g(a+\Delta x)) - f(g(a))}{\Delta x} = f'(g(a))\lim_{\Delta x\to 0}\frac{g(a+\Delta x)-g(a)}{\Delta x} + 0$$

即 $f\circ g$ 在点 a 处可微，并且

$$(f\circ g)'(a) = f'(g(a))g'(a)$$

定理 C　指数法则

如果 r 是有理数，则 x^r 在 x 的任意开区间内是可微的，x^{r-1} 是实数，且

$$D_x(x^r) = rx^{r-1}$$

证明　考虑第一种情况，$r = 1/q$，q 是正整数. 回忆 $a^q - b^q$ 的因子

$$a^q - b^q = (a-b)(a^{q-1} + a^{q-2}b + \cdots + ab^{q-2} + b^{q-1})$$

有

$$\frac{a-b}{a^q - b^q} = \frac{1}{(a^{q-1} + a^{q-2}b + \cdots + ab^{q-2} + b^{q-1})}$$

因此，如果 $f(t) = t^{1/q}$，则

$$f'(x) = \lim_{t\to x}\frac{t^{1/q} - x^{1/q}}{t - x} = \lim_{t\to x}\frac{t^{1/q} - x^{1/q}}{(t^{1/q})^q - (x^{1/q})^q}$$

$$= \lim_{t\to x}\frac{1}{t^{(q-1)/q} + t^{(q-2)/q}x^{1/q} + \cdots + x^{(q-1)/q}} = \frac{1}{qx^{(q-1)/q}} = \frac{1}{q}x^{1/q-1}$$

现在，通过链式法则，p 是整数，可得

$$D_x(x^{p/q}) = D_x[(x^{1/q})^p] = p(x^{1/q})^{p-1}D_x(x^{1/q}) = px^{p/q-1/q}\frac{1}{q}x^{1/q-1} = \frac{p}{q}x^{p/q-1}$$

定理 D　向量极限

令 $\boldsymbol{F}(t) = f(t)\boldsymbol{i} + g(t)\boldsymbol{j}$. 则 F 在 c 点有极限，当且仅当 f 和 g 在 c 点有极限，即

$$\lim_{t\to c}\boldsymbol{F}(t) = [\lim_{t\to c}f(t)]\boldsymbol{i} + [\lim_{t\to c}g(t)]\boldsymbol{j}$$

证明　首先，注意到对任意向量 $\boldsymbol{u} = u_1\boldsymbol{i} + u_2\boldsymbol{j}$，必然有

$$|u_1| \leqslant \|\boldsymbol{u}\| \leqslant |u_1| + |u_2| \quad 或 \quad |u_2| \leqslant \|\boldsymbol{u}\| \leqslant |u_1| + |u_2|$$

现在假设 $\lim_{t\to c}\boldsymbol{F}(t) = \boldsymbol{L} = a\boldsymbol{i} + b\boldsymbol{j}$，这意味着对任意的 $\varepsilon > 0$，存在对应的 $\delta > 0$ 有

$$0 < |t - c| < \delta \Rightarrow \|\boldsymbol{F}(t) - \boldsymbol{L}\| < \varepsilon$$

但是，根据不等式的左边

$$|f(t) - a| \leqslant \|\boldsymbol{F}(t) - \boldsymbol{L}\|$$

因此

$$0 < |t - c| < \delta \Rightarrow |f(t) - a| < \varepsilon$$

这表明 $\lim_{t\to c}f(t) = a$.

同样，可得出 $\lim_{t\to c}g(t) = b$

我们定理的第一部分已经完成

反过来，假定

$$\lim_{t\to c}f(t) = a,\ \lim_{t\to c}g(t) = b$$

并且令 $\boldsymbol{L} = a\boldsymbol{i} + b\boldsymbol{j}$. 对任意给定的 $\varepsilon > 0$，存在对应的 $\delta > 0$，使得当 $0 < |t - c| < \delta$ 时，有

$$|f(t) - a| < \frac{\varepsilon}{2} \quad 和 \quad |g(t) - b| < \frac{\varepsilon}{2}$$

因此，根据不等式的右边

$$0 < |t - c| < \delta \Rightarrow \|\boldsymbol{F}(t) - \boldsymbol{L}\| \leqslant \frac{\varepsilon}{2} + \frac{\varepsilon}{2} < \varepsilon$$

从而

$$\lim_{t\to c}\boldsymbol{F}(t) = \boldsymbol{L} = a\boldsymbol{i} + b\boldsymbol{j} = \lim_{t\to c}f(t)\boldsymbol{i} + \lim_{t\to c}g(t)\boldsymbol{j}$$

公 式 卡

导数公式

$D_x x^r = rx^{r-1}$

$D_x |x| = \frac{|x|}{x}$

$D_x \sin x = \cos x$

$D_x \cos x = -\sin x$

$D_x \tan x = \sec^2 x$

$D_x \cot x = -\csc^2 x$

$D_x \sec x = \sec x \tan x$

$D_x \csc x = -\csc x \cot x$

$D_x \sinh x = \cosh x$

$D_x \coth x = -\mathrm{csch}^2 x$

$D_x \cosh x = \sinh x$

$D_x \mathrm{sech} x = -\mathrm{sech} x \tanh x$

$D_x \tanh x = \mathrm{sech}^2 x$

$D_x \mathrm{csch} x = -\mathrm{csch} x \coth x$

$D_x \ln x = \frac{1}{x}$

$D_x \log_a x = \frac{1}{x \ln a}$

$D_x \mathrm{e}^x = \mathrm{e}^x$

$D_x a^x = a^x \ln a$

$D_x \sin^{-1} x = \frac{1}{\sqrt{1-x^2}}$

$D_x \cos^{-1} x = \frac{-1}{\sqrt{1-x^2}}$

$D_x \tan^{-1} x = \frac{1}{1+x^2}$

$D_x \sec^{-1} x = \frac{-1}{|x|\sqrt{x^2-1}}$

积分公式

1. $\int u\mathrm{d}v = uv - \int v\mathrm{d}u$
2. $\int u^n \mathrm{d}u = \frac{1}{n+1}u^{n+1} + C,\ n \neq -1$
3. $\int \frac{1}{u}\mathrm{d}u = \ln|u| + C$
4. $\int e^u \mathrm{d}u = e^u + C$
5. $\int a^u \mathrm{d}u = \frac{a^u}{\ln a} + C$
6. $\int \sin u\mathrm{d}u = -\cos u + C$
7. $\int \cos u\mathrm{d}u = \sin u + C$
8. $\int \sec^2 u\mathrm{d}u = \tan u + C$
9. $\int \csc^2 u\mathrm{d}u = -\cot u + C$
10. $\int \sec u \tan u\mathrm{d}u = \sec u + C$
11. $\int \csc u \cot u\mathrm{d}u = -\csc u + C$
12. $\int \tan u\mathrm{d}u = -\ln|\cos u| + C$
13. $\int \cot u\mathrm{d}u = \ln|\sin u| + C$
14. $\int \sec u\mathrm{d}u = \ln|\sec u + \tan u| + C$
15. $\int \csc u\mathrm{d}u = \ln|\csc u - \cot u| + C$
16. $\int \frac{1}{\sqrt{a^2-u^2}}\mathrm{d}u = \sin^{-1}\frac{u}{a} + C$
17. $\int \frac{1}{a^2+u^2}\mathrm{d}u = \frac{1}{a}\tan^{-1}\frac{u}{a} + C$
18. $\int \frac{1}{a^2-u^2}\mathrm{d}u = \frac{1}{2a}\ln\left|\frac{u+a}{u-a}\right| + C$
19. $\int \frac{1}{u\sqrt{u^2-a^2}}\mathrm{d}u = \frac{1}{a}\sec^{-1}\left|\frac{u}{a}\right| + C$

几何学

三角形

勾股定理 $a^2 + b^2 = c^2$

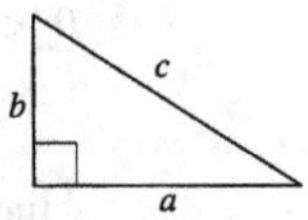

直角三角形

内角 $\alpha + \beta + \gamma = 180°$

面积 $A = \frac{1}{2}bh$

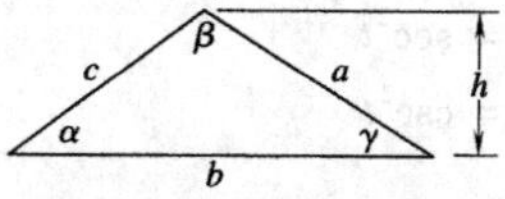

任意三角形

圆

周长 $C = 2\pi r$

面积 $A = \pi r^2$

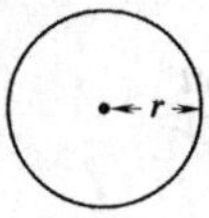

圆柱

表面积 $S = 2\pi r^2 + 2\pi rh$

体积 $V = \pi r^2 h$

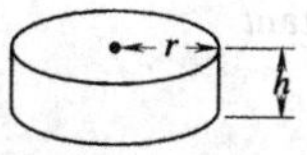

圆锥

表面积 $S = \pi r^2 + \pi r\sqrt{r^2 + h^2}$

体积 $V = \frac{1}{3}\pi r^2 h$

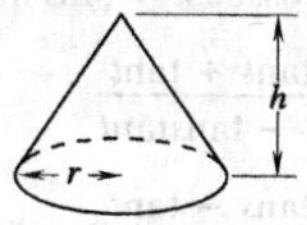

球

表面积 $S = 4\pi r^2$

体积 $V = \frac{4}{3}\pi r^3$

单位换算

1in = 2.54cm

1km ≈ 0.62mile

1L = 1000cm^3

1L ≈ 1.057quart

1kg ≈ 2.20lb

1lb ≈ 453.6g

πrad = 180°

1ft^3 ≈ 7.48gal

反三角函数

$y = \sin^{-1}x \Leftrightarrow x = \sin y, \ -\pi/2 \leqslant y \leqslant \pi/2$

$y = \cos^{-1}x \Leftrightarrow x = \cos y, \ 0 \leqslant y \leqslant \pi$

$y = \tan^{-1}x \Leftrightarrow x = \tan y, \ -\pi/2 < y < \pi/2$

$y = \sec^{-1}x \Leftrightarrow x = \sec y, \ 0 \leqslant y \leqslant \pi, \ y \neq \pi/2$

$\sec^{-1}x = \cos^{-1}(1/x)$

双曲函数

$$\sinh x = \frac{1}{2}(e^x - e^{-x})$$

$$\cosh x = \frac{1}{2}(e^x + e^{-x})$$

$$\tanh x = \frac{\sinh x}{\cosh x}$$

$$\coth x = \frac{\coth x}{\sinh x}$$

$$\operatorname{sech} x = \frac{1}{\cosh x}$$

$$\operatorname{csch} x = \frac{1}{\sinh x}$$

级数

$$\frac{1}{1-x} = 1 + x + x^2 + x^3 + \cdots, \ -1 < x < 1$$

$$\ln(1+x) = x - \frac{x^2}{2} + \frac{x^3}{3} - \frac{x^4}{4} + \cdots, \ -1 < x \leqslant 1$$

$$\tan^{-1}x = x - \frac{x^3}{3} + \frac{x^5}{5} - \frac{x^7}{7} + \cdots, \ -1 \leqslant x \leqslant 1$$

$$e^x = 1 + x + \frac{x^2}{2!} + \frac{x^3}{3!} + \cdots$$

$$\sin x = x - \frac{x^3}{3!} + \frac{x^5}{5!} - \frac{x^7}{7!} + \cdots$$

$$\cos x = 1 - \frac{x^2}{2!} + \frac{x^4}{4!} - \frac{x^6}{6!} + \cdots$$

$$\sinh x = x + \frac{x^3}{3!} + \frac{x^5}{5!} + \frac{x^7}{7!} + \cdots$$

$$\cosh x = 1 + \frac{x^2}{2!} + \frac{x^4}{4!} + \frac{x^6}{6!} + \cdots$$

$$(1+x)^p = 1 + \binom{p}{1}x + \binom{p}{2}x^2 + \binom{p}{3}x^3 + \cdots, \ -1 < x < 1$$

$$\binom{p}{k} = \frac{p(p-1)(p-2)\cdots(p-k+1)}{k!}$$

三角法

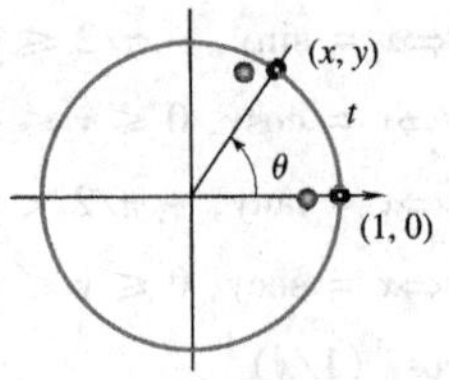

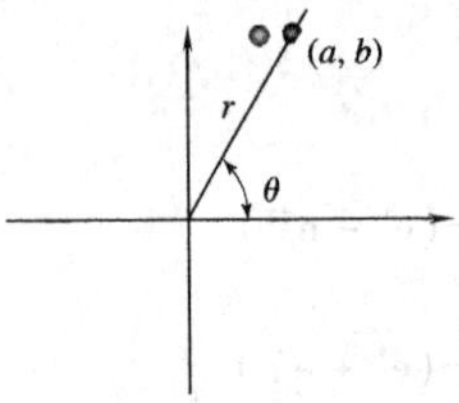

$$\sin t=\sin\theta=y=\frac{b}{r}$$

$$\cos t=\cos\theta=x=\frac{a}{r}$$

$$\tan t=\tan\theta=\frac{y}{x}=\frac{b}{a}$$

$$\cot t=\cot\theta=\frac{x}{y}=\frac{a}{b}$$

图

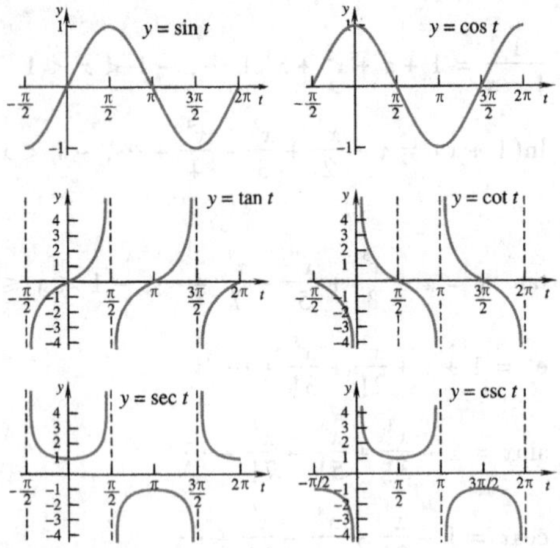

基本等式

$$\tan t=\frac{\sin t}{\cos t}$$

$$\cot t=\frac{\cos t}{\sin t}$$

$$\cot t=\frac{1}{\tan t}$$

$$\sec t=\frac{1}{\cos t}$$

$$\csc t=\frac{1}{\sin t}$$

$$\sin^2 t+\cos^2 t=1$$

$$1+\tan^2 t=\sec^2 t$$

$$1+\cot^2 t=\csc^2 t$$

余函数等式

$$\sin\left(\frac{\pi}{2}-t\right)=\cos t$$

$$\cos\left(\frac{\pi}{2}-t\right)=\sin t$$

$$\tan\left(\frac{\pi}{2}-t\right)=\cot t$$

奇偶等式

$$\sin(-t)=-\sin t$$

$$\cos(-t)=\cos t$$

$$\tan(-t)=-\tan t$$

加法公式

$$\sin(s+t)=\sin s\cos t+\cos s\sin t$$

$$\sin(s-t)=\sin s\cos t-\cos s\sin t$$

$$\cos(s+t)=\cos s\cos t-\sin s\sin t$$

$$\cos(s-t)=\cos s\cos t+\sin s\sin t$$

$$\tan(s+t)=\frac{\tan s+\tan t}{1-\tan s\tan t}$$

$$\tan(s-t)=\frac{\tan s-\tan t}{1+\tan s\tan t}$$

倍角公式

$$\sin 2t=2\sin t\cos t$$

$$\tan 2t=\frac{2\tan t}{1-\tan^2 t}$$

$$\cos 2t=\cos^2 t-\sin^2 t=1-2\sin^2 t=2\cos^2 t-1$$

半角公式

$$\sin\frac{t}{2}=\pm\sqrt{\frac{1-\cos t}{2}}$$

$$\cos\frac{t}{2}=\pm\sqrt{\frac{1+\cos t}{2}}$$

$$\tan\frac{t}{2}=\frac{1-\cos t}{\sin t}$$

积化和差公式

$$2\sin s\cos t=\sin(s+t)+\sin(s-t)$$

$2\cos s\cos t = \cos(s+t) + \cos(s-t)$

$2\cos s\sin t = \sin(s+t) - \sin(s-t)$

$2\sin s\sin t = \cos(s-t) - \cos(s+t)$

和差化积公式

$$\sin s + \sin t = 2\cos\frac{s-t}{2}\sin\frac{s+t}{2}$$

$$\cos s + \cos t = 2\cos\frac{s+t}{2}\cos\frac{s-t}{2}$$

$$\sin s - \sin t = 2\cos\frac{s+t}{2}\sin\frac{s-t}{2}$$

$$\cos s - \cos t = -2\sin\frac{s+t}{2}\sin\frac{s-t}{2}$$

正、余弦公式

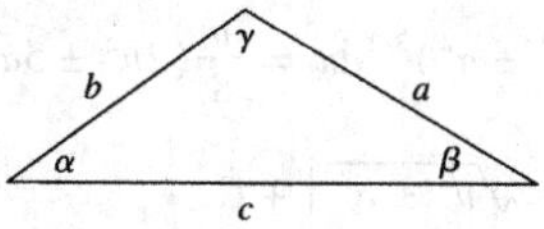

$$\frac{\sin\alpha}{a} = \frac{\sin\beta}{b} = \frac{\sin\gamma}{c}$$

$$a^2 = b^2 + c^2 - 2bc\cos\alpha$$

积分公式

基本公式

1. $\int u\mathrm{d}v = uv - \int v\mathrm{d}u$

2. $\int u^n\mathrm{d}u = \frac{1}{n+1}u^{n+1} + C,\ n \neq -1$

3. $\int \frac{\mathrm{d}u}{u} = \ln|u| + C$

4. $\int \mathrm{e}^u\mathrm{d}u = \mathrm{e}^u + C$

5. $\int a^u\mathrm{d}u = \frac{a^u}{\ln a} + C$

6. $\int \sin u\mathrm{d}u = -\cos u + C$

7. $\int \cos u\mathrm{d}u = \sin u + C$

8. $\int \sec^2 u\mathrm{d}u = \tan u + C$

9. $\int \csc^2 u\mathrm{d}u = -\cot u + C$

10. $\int \sec u\tan u\mathrm{d}u = \sec u + C$

11. $\int \csc u\cot u\mathrm{d}u = -\csc u + C$

12. $\int \tan u\mathrm{d}u = -\ln|\cos u| + C$

13. $\int \cot u\mathrm{d}u = \ln|\sin u| + C$

14. $\int \sec u\mathrm{d}u = \ln|\sec u + \tan u| + C$

15. $\int \csc u\mathrm{d}u = \ln|\csc u - \cot u| + C$

16. $\int \frac{\mathrm{d}u}{\sqrt{a^2 - u^2}} = \sin^{-1}\frac{u}{a} + C$

17. $\int \frac{\mathrm{d}u}{a^2 + u^2} = \frac{1}{a}\tan^{-1}\frac{u}{a} + C$

18. $\int \frac{\mathrm{d}u}{a^2 - u^2} = \frac{1}{2a}\ln\left|\frac{u+a}{u-a}\right| + C$

19. $\int \frac{\mathrm{d}u}{u\sqrt{u^2 - a^2}} = \frac{1}{a}\sec^{-1}\left|\frac{u}{a}\right| + C$

三角公式

20. $\int \sin^2 u\mathrm{d}u = \frac{1}{2}u - \frac{1}{4}\sin 2u + C$

21. $\int \cos^2 u\mathrm{d}u = \frac{1}{2}u + \frac{1}{4}\sin 2u + C$

22. $\int \tan^2 u\mathrm{d}u = \tan u - u + C$

23. $\int \cot^2 u\mathrm{d}u = -\cot u - u + C$

24. $\int \sin^3 u\mathrm{d}u = -\frac{1}{3}(2 + \sin^2 u)\cos u + C$

25. $\int \cos^3 u\mathrm{d}u = \frac{1}{3}(2 + \cos^2 u)\sin u + C$

26. $\int \tan^3 u\mathrm{d}u = \frac{1}{2}\tan^2 u + \ln|\cos u| + C$

27. $\int \cot^3 u\mathrm{d}u = -\frac{1}{2}\cot^2 u - \ln|\sin u| + C$

28. $\int \sec^3 u\mathrm{d}u = \frac{1}{2}\sec u\tan u + \frac{1}{2}\ln|\sec u + \tan u| + C$

29. $\int \csc^3 u\mathrm{d}u = -\frac{1}{2}\csc u\cot u + \frac{1}{2}\ln|\csc u - \cot u| + C$

30. $\int \sin au\sin bu\mathrm{d}u = \frac{\sin(a-b)u}{2(a-b)} - \frac{\sin(a+b)u}{2(a+b)} + C,\ a^2 \neq b^2$

31. $\int \cos au\cos bu\mathrm{d}u = \frac{\sin(a-b)u}{2(a-b)} + \frac{\sin(a+b)u}{2(a+b)} + C,\ a^2 \neq b^2$

32. $\int \sin au\cos bu\mathrm{d}u = -\frac{\cos(a-b)u}{2(a-b)} -$

$\frac{\cos(a+b)u}{2(a+b)} + C,\ a^2 \neq b^2$

33. $\int \sin^n u\,du = -\frac{1}{n}\sin^{n-1}u\cos u + \frac{n-1}{n}\int \sin^{n-2}u\,du$

34. $\int \cos^n u\,du = \frac{1}{n}\cos^{n-1}u\sin u + \frac{n-1}{n}\int \cos^{n-2}u\,du$

35. $\int \tan^n u\,du = \frac{1}{n-1}\tan^{n-1}u - \int \tan^{n-2}u\,du,\ n \neq 1$

36. $\int \cot^n u\,du = \frac{-1}{n-1}\cot^{n-1}u - \int \cot^{n-2}u\,du,\ n \neq 1$

37. $\int \sec^n u\,du = \frac{1}{n-1}\sec^{n-2}u\tan u + \frac{n-2}{n-1}\int \sec^{n-2}u\,du,\ n \neq 1$

38. $\int \csc^n u\,du = \frac{-1}{n-1}\csc^{n-2}u\cot u + \frac{n-2}{n-1}\int \csc^{n-2}u\,du,\ n \neq 1$

39a. $\int \sin^n u\cos^m u\,du = -\frac{\sin^{n-1}u\cos^{m+1}u}{n+m} + \frac{n-1}{n+m}\int \sin^{n-2}u\cos^m u\,du,\ n \neq -m$

39b. $\int \sin^n u\cos^m u\,du = \frac{\sin^{n+1}u\cos^{m-1}u}{n+m} + \frac{m-1}{n+m}\int \sin^n u\cos^{m-2}u\,du,\ m \neq -n$

40. $\int u\sin u\,du = \sin u - u\cos u + C$

41. $\int u\cos u\,du = \cos u + u\sin u + C$

42. $\int u^n\sin u\,du = -u^n\cos u + n\int u^{n-1}\cos u\,du$

43. $\int u^n\cos u\,du = u^n\sin u - n\int u^{n-1}\sin u\,du$

含有$\sqrt{u^2 \pm a^2}$的公式

44. $\int \sqrt{u^2 \pm a^2}\,du = \frac{u}{2}\sqrt{u^2 \pm a^2} \pm \frac{a^2}{2}\ln\left|u + \sqrt{u^2 \pm a^2}\right| + C$

45. $\int \frac{du}{\sqrt{u^2 \pm a^2}} = \ln\left|u + \sqrt{u^2 \pm a^2}\right| + C$

46. $\int \frac{\sqrt{u^2 + a^2}}{u}\,du = \sqrt{u^2 + a^2} - a\ln\left(\frac{a + \sqrt{u^2 + a^2}}{u}\right) + C$

47. $\int \frac{\sqrt{u^2 - a^2}}{u}\,du = \sqrt{u^2 - a^2} - a\sec^{-1}\frac{u}{a} + C$

48. $\int u^2\sqrt{u^2 \pm a^2}\,du = \frac{u}{8}(2u^2 \pm a^2)\sqrt{u^2 \pm a^2}$ $\frac{a^4}{8}\ln\left|u + \sqrt{u^2 \pm a^2}\right| + C$

49. $\int \frac{u^2\,du}{\sqrt{u^2 \pm a^2}} = \frac{u}{2}\sqrt{u^2 \pm a^2} \mp \frac{a^2}{2}\ln\left|u + \sqrt{u^2 \pm a^2}\right| + C$

50. $\int \frac{du}{u^2\sqrt{u^2 \pm a^2}} = \mp\frac{\sqrt{u^2 \pm a^2}}{a^2 u} + C$

51. $\int \frac{\sqrt{u^2 \pm a^2}}{u^2}\,du = -\frac{\sqrt{u^2 \pm a^2}}{u} + \ln\left|u + \sqrt{u^2 \pm a^2}\right| + C$

52. $\int \frac{du}{(u^2 \pm a^2)^{3/2}} = \frac{\pm u}{a^2\sqrt{u^2 \pm a^2}} + C$

53. $\int (u^2 \pm a^2)^{3/2}\,du = \frac{u}{8}(2u^2 \pm 5a^2)\sqrt{u^2 \pm a^2} + \frac{3a^4}{8}\ln\left|u + \sqrt{u^2 \pm a^2}\right| + C$

含有$\sqrt{a^2 - u^2}$的公式

54. $\int \sqrt{a^2 - u^2}\,du = \frac{u}{2}\sqrt{a^2 - u^2} + \frac{a^2}{2}\sin^{-1}\frac{u}{a} + C$

55. $\int \frac{\sqrt{a^2 - u^2}}{u}\,du = \sqrt{a^2 - u^2} - a\ln\left|\frac{a + \sqrt{a^2 - u^2}}{u}\right| + C$

56. $\int \frac{u^2\,du}{\sqrt{a^2 - u^2}} = -\frac{u}{2}\sqrt{a^2 - u^2} + \frac{a^2}{2}\sin^{-1}\frac{u}{a} + C$

57. $\int u^2\sqrt{a^2 - u^2}\,du = \frac{u}{8}(2u^2 - a^2)\sqrt{a^2 - u^2} + \frac{a^4}{8}\sin^{-1}\frac{u}{a} + C$

58. $\int \frac{du}{u^2\sqrt{a^2 - u^2}} = -\frac{\sqrt{a^2 - u^2}}{a^2 u} + C$

59. $\int \frac{\sqrt{a^2 - u^2}}{u^2}\,du = -\frac{\sqrt{a^2 - u^2}}{u} - \sin^{-1}\frac{u}{a} + C$

60. $\int \frac{du}{u\sqrt{a^2 - u^2}} = -\frac{1}{a}\ln\left|\frac{a + \sqrt{a^2 - u^2}}{u}\right| + C$

61. $\int \frac{du}{(a^2 - u^2)^{3/2}} = \frac{u}{a^2\sqrt{a^2 - u^2}} + C$

62. $\int (a^2 - u^2)^{3/2}\,du = \frac{u}{8}(5a^2 - 2u^2)\sqrt{a^2 - u^2}$

$+\frac{3a^4}{8}\sin^{-1}\frac{u}{a}+C$

指数和对数公式

63. $\int ue^u du = (u-1)e^u + C$

64. $\int u^n e^u du = u^n e^u - n\int u^{n-1}e^u du$

65. $\int \ln u du = u\ln u - u + C$

66. $\int u^n \ln u du = \frac{u^{n+1}}{n+1}\ln u - \frac{u^{n+1}}{(n+1)^2} + C$

67. $\int e^{au}\sin bu du = \frac{e^{au}}{a^2+b^2}(a\sin bu - b\cos bu) + C$

68. $\int e^{au}\cos bu du = \frac{e^{au}}{a^2+b^2}(a\cos bu + b\sin bu) + C$

反函数公式

69. $\int \sin^{-1}u du = u\sin^{-1}u + \sqrt{1-u^2} + C$

70. $\int \tan^{-1}u du = u\tan^{-1}u - \frac{1}{2}\ln(1+u^2) + C$

71. $\int \sec^{-1}u du = u\sec^{-1}u - \ln\left|u+\sqrt{u^2-1}\right| + C$

72. $\int u\sin^{-1}u du = \frac{1}{4}(2u^2-1)\sin^{-1}u + \frac{u}{4}\sqrt{1-u^2} + C$

73. $\int u\tan^{-1}u du = \frac{1}{2}(u^2+1)\tan^{-1}u - \frac{u}{2} + C$

74. $\int u\sec^{-1}u du = \frac{u^2}{2}\sec^{-1}u - \frac{1}{2}\sqrt{u^2-1} + C$

75. $\int u^n\sin^{-1}u du = \frac{u^{n+1}}{n+1}\sin^{-1}u - \frac{1}{n+1}\int\frac{u^{n+1}}{\sqrt{1-u^2}}du, n\neq -1$

76. $\int u^n\tan^{-1}u du = \frac{u^{n+1}}{n+1}\tan^{-1}u - \frac{1}{n+1}\int\frac{u^{n+1}}{1+u^2}du, n\neq -1$

77. $\int u^n\sec^{-1}u du = \frac{u^{n+1}}{n+1}\sec^{-1}u - \frac{1}{n+1}\int\frac{u^n}{\sqrt{u^2-1}}du, n\neq -1$

双曲函数公式

78. $\int \sinh u du = \cosh u + C$

79. $\int \cosh u du = \sinh u + C$

80. $\int \tanh u du = \ln(\cosh u) + C$

81. $\int \coth u du = \ln\left|\sinh u\right| + C$

82. $\int \operatorname{sech} u du = \tan^{-1}\left|\sinh u\right| + C$

83. $\int \operatorname{csch} u du = \ln\left|\tanh\frac{u}{2}\right| + C$

84. $\int \sinh^2 u du = \frac{1}{4}\sinh 2u - \frac{u}{2} + C$

85. $\int \cosh^2 u du = \frac{1}{4}\sinh 2u + \frac{u}{2} + C$

86. $\int \tanh^2 u du = u - \tanh u + C$

87. $\int \coth^2 u du = u - \coth u + C$

88. $\int \operatorname{sech}^2 u du = \tanh u + C$

89. $\int \operatorname{csch}^2 u du = -\coth u + C$

90. $\int \operatorname{sech} u\tanh u du = -\operatorname{sech} u + C$

91. $\int \operatorname{csch} u\coth u du = -\operatorname{csch} u + C$

各种代数公式

92. $\int u(au+b)^{-1}du = \frac{u}{a} - \frac{b}{a^2}\ln\left|au+b\right| + C$

93. $\int u(au+b)^{-2}du = \frac{1}{a^2}\left[\ln\triangle\left|au+b\right| + \frac{b}{au+b}\right] + C$

94. $\int u(au+b)^n du = \frac{u(au+b)^{n+1}}{a(n+1)} - \frac{(au+b)^{n+2}}{a^2(n+1)(n+2)} + C, n\neq -1, -2$

95. $\int\frac{du}{(a^2\pm u^2)^n} = \frac{1}{2a^2(n-1)}\left(\frac{u}{(a^2\pm u^2)^{n-1}} + (2n-3)\int\frac{du}{(a^2\pm u^2)^{n-1}}\right), n\neq 1$

96. $\int u\sqrt{au+b}du = \frac{2}{15a^2}(3au-2b)(au+b)^{3/2} + C$

97. $\int u^n\sqrt{au+b}du = \frac{2}{a(2n+3)}\left(u^n(au+b)^{3/2} - nb\int u^{n-1}\sqrt{au+b}du\right)$

98. $\int \frac{u\mathrm{d}u}{\sqrt{au+b}} = \frac{2}{3a^2}(au-2b)\sqrt{au+b}+C$

99. $\int \frac{u^n\mathrm{d}u}{\sqrt{au+b}} = \frac{2}{a(2n+1)} \times \left(u^n\sqrt{au+b}-nb\int\frac{u^{n-1}\mathrm{d}u}{\sqrt{au+b}}\right)$

100a. $\int \frac{\mathrm{d}u}{u\sqrt{au+b}} = \frac{1}{\sqrt{b}}\ln\left|\frac{\sqrt{au+b}-\sqrt{b}}{\sqrt{au+b}+\sqrt{b}}\right|+C,\ b>0$

100b. $\int \frac{\mathrm{d}u}{u\sqrt{au+b}} = \frac{2}{\sqrt{-b}}\tan^{-1}\sqrt{\frac{au+b}{-b}}+C,\ b<0$

101. $\int \frac{\mathrm{d}u}{u^n\sqrt{au+b}} = -\frac{\sqrt{au+b}}{b(n-1)u^{n-1}}-\frac{(2n-3)a}{(2n-2)b}\times\int\frac{\mathrm{d}u}{u^{n-1}\sqrt{au+b}},\ n\neq 1$

102. $\int \sqrt{2au-u^2}\,\mathrm{d}u = \frac{u-a}{2}\sqrt{2au-u^2}+\frac{a^2}{2}\sin^{-1}\frac{u-a}{a}+C$

103. $\int \frac{\mathrm{d}u}{\sqrt{2au-u^2}} = \sin^{-1}\frac{u-a}{a}+C$

104. $\int u^n\sqrt{2au-u^2}\,\mathrm{d}u = -\frac{u^{n-1}(2au-u^2)^{2/3}}{n+2}+\frac{(2n+1)a}{n+2}\int u^{n-1}\sqrt{2au-u^2}\,\mathrm{d}u$

105. $\int \frac{u^n\mathrm{d}u}{\sqrt{2au-u^2}} = -\frac{u^{n-1}}{n}\sqrt{2au-u^2}+\frac{(2n-1)a}{n}\int\frac{u^{n-1}\mathrm{d}u}{\sqrt{2au-u^2}}$

106. $\int \frac{\sqrt{2au-u^2}}{u}\mathrm{d}u = \sqrt{2au-u^2}+a\sin^{-1}\frac{u-a}{a}+C$

107. $\int \frac{\sqrt{2au-u^2}}{u^n}\mathrm{d}u = \frac{(2au-u^2)^{3/2}}{(3-2n)au^n}+\frac{n-3}{(2n-3)a}\int\frac{\sqrt{2au-u^2}}{u^{n-1}}\mathrm{d}u$

108. $\int \frac{\mathrm{d}u}{u^n\sqrt{2au-u^2}} = \frac{\sqrt{2au-u^2}}{a(1-2n)u^n}+\frac{n-1}{(2n-1)a}\int\frac{\mathrm{d}u}{u^{n-1}\sqrt{2au-u^2}}$

109. $\int(\sqrt{2au-u^2})^n\mathrm{d}u = \frac{u-a}{n+1}(2au-u^2)^{n/2}+\frac{na^2}{n+1}\int(\sqrt{2au-u^2})^{n-2}\mathrm{d}u$

110. $\int \frac{\mathrm{d}u}{(\sqrt{2au-u^2})^n} = \frac{u-a}{(n-2)a^2}\times(\sqrt{2au-u^2})^{2-n}+\frac{n-3}{(n-2)a^2}\int\frac{\mathrm{d}u}{(\sqrt{2au-u^2})^{n-2}}$

定积分

111. $\int_0^{\infty} u^n\mathrm{e}^{-u}\mathrm{d}u = \Gamma(n+1) = n!(n\geqslant 0)$

112. $\int_0^{\infty}\mathrm{e}^{-au^2}\mathrm{d}u = \frac{1}{2}\sqrt{\frac{\pi}{a}}(a>0)$

113. $\int_0^{\pi/2}\sin^n u\mathrm{d}u = \int_0^{\pi/2}\cos^n u\mathrm{d}u = \begin{cases}\frac{1\cdot 3\cdot 5\cdot\cdots\cdot(n-1)}{2\cdot 4\cdot 6\cdot\cdots\cdot n}\frac{\pi}{2}, & n\text{ 为偶数且 }n\geqslant 2\\ \frac{2\cdot 4\cdot 6\cdot\cdots\cdot(n-1)}{3\cdot 5\cdot 7\cdot\cdots\cdot n}, & n\text{ 为奇数且 }n\geqslant 3\end{cases}$